电力工程设计手册

01 火力发电厂总图运输设计
02 火力发电厂热机通用部分设计
03 火力发电厂锅炉及辅助系统设计
04 火力发电厂汽轮机及辅助系统设计
05 火力发电厂烟气治理设计
06 燃气-蒸汽联合循环机组及附属系统设计
07 循环流化床锅炉附属系统设计
08 火力发电厂电气一次设计
09 火力发电厂电气二次设计
10 火力发电厂仪表与控制设计
11 火力发电厂结构设计
12 火力发电厂建筑设计
13 火力发电厂水工设计
14 火力发电厂运煤设计
15 火力发电厂除灰设计
16 火力发电厂化学设计
17 火力发电厂供暖通风与空气调节设计
18 火力发电厂消防设计
19 火力发电厂节能设计

20 架空输电线路设计
21 电缆输电线路设计
22 换流站设计
23 变电站设计

24 电力系统规划设计
25 岩土工程勘察设计
26 工程测绘
27 工程水文气象
28 集中供热设计
29 技术经济
30 环境保护与水土保持
31 职业安全与职业卫生

电力工程设计手册

·火力发电厂水工设计·

中国电力工程顾问集团有限公司
中国能源建设集团规划设计有限公司 编著

Power
Engineering
Design Manual

中国电力出版社

内 容 提 要

本书是《电力工程设计手册》系列手册中的一个分册，是按火力发电厂水工专业的设计要求编写的实用性工具书，可以满足火力发电厂各设计阶段水工专业设计的内容深度要求。主要内容包括火力发电厂水工工艺和水工结构专业的设计原则、设计要点、设计计算、系统设计、设备选择与布置、水工建（构）筑物工艺和结构设计、设计内外接口、设计注意事项等，并提供了一定的工程设计和计算示例。

本书是在归纳总结国内多年来在电力工程水工设计方面积累的经验和技术资料的基础上，同时学习和借鉴国外先进技术成果及成熟经验编写而成的，充分吸纳了 21 世纪新型火力发电厂建设的先进理念和成熟技术，广泛收集了火力发电厂水工设计的成熟案例，全面反映了近年来新建和扩建火力发电厂工程中水工设计的新技术、新设备、新工艺，列入了大量成熟可靠的设计基础资料、技术数据和技术指标。

本书是供火力发电厂水工工艺专业和水工结构专业设计、施工和运行管理人员使用的工具书，可作为其他行业水工工艺和水工结构专业设计人员的参考书，也可供高等院校水工工艺和水工结构专业的师生参考使用。

图书在版编目（CIP）数据

电力工程设计手册. 火力发电厂水工设计 / 中国电力工程顾问集团有限公司，中国能源建设集团规划设计有限公司编著. —北京：中国电力出版社，2019.6

ISBN 978-7-5198-2906-3

Ⅰ. ①电… Ⅱ. ①中… ②中… Ⅲ. ①火电厂–水工结构–设计–中国 Ⅳ. ①TM7-62 ②TM621-62

中国版本图书馆 CIP 数据核字（2019）第 007530 号

出版发行：中国电力出版社
地　　址：北京市东城区北京站西街 19 号（邮政编码 100005）
网　　址：http://www.cepp.sgcc.com.cn
印　　刷：北京盛通印刷股份有限公司
版　　次：2019 年 6 月第一版
印　　次：2019 年 6 月北京第一次印刷
开　　本：787 毫米×1092 毫米　16 开本
印　　张：51.75
字　　数：1857 千字　　2 插页
印　　数：0001—1500 册
定　　价：330.00 元

《火力发电厂水工设计》
编 写 组

主　　编　张爱军

副 主 编　姚友成

参编人员　（按姓氏笔画排序）

王　锋　王　毅　王永发　左孝红　石俊昭　田克俭
同　刚　朱云涛　闫　明　李元梅　李江斌　李武申
杨迎哲　郝秉元　胡劲松　侯宪安　姚冬梅　高志广
梁娅莉

《火力发电厂水工设计》
编辑出版人员

编审人员　姜　萍　曹　慧　代　旭　杨伟国　周　娟

出版人员　王建华　邹树群　黄　蓓　郝军燕　李　楠　太兴华
郑书娟　王红柳　赵姗姗　单　玲

序言

改革开放以来，我国电力建设开启了新篇章，经过40年的快速发展，电网规模、发电装机容量和发电量均居世界首位，电力工业技术水平跻身世界先进行列，新技术、新方法、新工艺和新材料得到广泛应用，信息化水平显著提升。广大电力工程技术人员在多年的工程实践中，解决了许多关键性的技术难题，积累了大量成功的经验，电力工程设计能力有了质的飞跃。

电力工程设计是电力工程建设的龙头，在响应国家号召，传播节能、环保和可持续发展的电力工程设计理念，推广电力工程领域技术创新成果，促进电力行业结构优化和转型升级等方面，起到了积极的推动作用。为了培养优秀电力勘察设计人才，规范指导电力工程设计，进一步提高电力工程建设水平，助力电力工业又好又快发展，中国电力工程顾问集团有限公司、中国能源建设集团规划设计有限公司编撰了《电力工程设计手册》系列手册。这是一项光荣的事业，也是一项重大的文化工程，彰显了企业的社会责任和公益意识。

作为中国电力工程服务行业的“排头兵”和“国家队”，中国电力工程顾问集团有限公司、中国能源建设集团规划设计有限公司在电力勘察设计技术上处于国际先进和国内领先地位，尤其在百万千瓦级超超临界燃煤机组、核电常规岛、洁净煤发电、空冷机组、特高压交直流输变电、新能源发电等领域的勘察设计方面具有技术领先优势；另外还在中国电力勘察设计行业的科研、标准化工作中发挥着主导作用，承担着电力新技术的研究、推广和国外先进技术的引进、消化和创新等工作。编撰《电力工程设计手册》，不仅系统总结了电力工程设计经验，而且能促进工程设计经验向生产力的有效转化，意义重大。

这套设计手册获得了国家出版基金资助，是一套全面反映我国电力工程设计领域自有知识产权和重大创新成果的出版物，代表了我国电力勘察设计行业的水平和发展方向，希望这套设计手册能为我国电力工业的发展作出贡献，成为电力行业从业人员的良师益友。

汪建平

2019年1月18日

总前言

电力工业是国民经济和社会发展的基础产业和公用事业。电力工程勘察设计是带动电力工业发展的龙头，是电力工程项目建设不可或缺的重要环节，是科学技术转化为生产力的纽带。新中国成立以来，尤其是改革开放以来，我国电力工业发展迅速，电网规模、发电装机容量和发电量已跃居世界首位，电力工程勘察设计能力和水平跻身世界先进行列。

随着科学技术的发展，电力工程勘察设计的理念、技术和手段有了全面的变化和进步，信息化和现代化水平显著提升，极大地提高了工程设计中处理复杂问题的效率和能力，特别是在特高压交直流输变电工程设计、超超临界机组设计、洁净煤发电设计等领域取得了一系列创新成果。“创新、协调、绿色、开放、共享”的发展理念和全面建成小康社会的奋斗目标，对电力工程勘察设计工作提出了新要求。作为电力建设的龙头，电力工程勘察设计应积极践行创新和可持续发展理念，更加关注生态和环境保护问题，更加注重电力工程全寿命周期的综合效益。

作为电力工程服务行业的“排头兵”和“国家队”，中国电力工程顾问集团有限公司、中国能源建设集团规划设计有限公司（以下统称“编著单位”）是我国特高压输变电工程勘察设计的主要承担者，完成了包括世界第一个商业运行的 1000kV 特高压交流输变电工程、世界第一个 ±800kV 特高压直流输电工程在内的输变电工程勘察设计工作；是我国百万千瓦级超超临界燃煤机组工程建设的主力军，完成了我国 70%以上的百万千瓦级超超临界燃煤机组的勘察设计工作，创造了多项“国内第一”，包括第一台百万千瓦级超超临界燃煤机组、第一台百万千瓦级超超临界空冷燃煤机组、第一台百万千瓦级超超临界二次再热燃煤机组等。

在电力工业发展过程中，电力工程勘察设计工作者攻克了许多关键技术难题，形成了一整套先进设计理念，积累了大量的成熟设计经验，取得了一系列丰硕的设计成果。编撰《电力工程设计手册》系列手册旨在通过全面总结、充实和完善，引导电力工程勘察设计工作规范、健康发展，推动电力工程勘察设计行业技术水平提升，助力电力工程勘察设计从业人员提高业务水平和设计能力，以适应新时期我国电力工业发展的需要。

2014 年 12 月，编著单位正式启动了《电力工程设计手册》系列手册的编撰工作。《电力工程设计手册》的编撰是一项光荣的事业，也是一项艰巨和富有挑战性的任务。为此，编著单位和中国电力出版社抽调专人成立了编辑委员会和秘书组，投入专项资金，为系列手册编撰工作的顺利开展提供强有力的保障。在手册编辑委员会的统一组织和领导下，700 多位电力勘察设计行业的专家学者和技术骨干，以高度的责任心和历史使命感，坚持充分讨论、深入研究、博采众长、集思广益、达成共识的原则，以内容完整实用、资料翔实准确、体例规范合理、表达简明扼要、使用方便快捷、经得起实践检验为目标，参阅大量的国内外资料，归纳和总结了勘察设计经验，经过几年的反复斟酌和锤炼，终于编撰完成《电力工程设计手册》。

《电力工程设计手册》依托大型电力工程设计实践，以国家和行业设计标准、规程规范为准绳，反映了我国在特高压交直流输变电、百万千瓦级超超临界燃煤机组、洁净煤发电、空冷机组等领域的最新设计技术和科研成果。手册分为火力发电工程、输变电工程和通用三类，共 31 个分册，3000 多万字。其中，火力发电工程类包括 19 个分册，内容分别涉及火力发电厂总图运输、热机通用部分、锅炉及辅助系统、汽轮机及辅助系统、燃气-蒸汽联合循环机组及附属系统、循环流化床锅炉附属系统、电气一次、电气二次、仪表与控制、结构、建筑、运煤、除灰、水工、化学、供暖通风与空气调节、消防、节能、烟气治理等领域；输变电工程类包括 4 个分册，内容分别涉及架空输电线路、电缆输电线路、换流站、变电站等领域；通用类包括 8 个分册，内容分别涉及电力系统规划、岩土工程勘察、工程测绘、工程水文气象、集中供热、技术经济、环境保护与水土保持、职业安全与职业卫生等领域。目前新能源发电蓬勃发展，编著单位将适时总结相关勘察设计经验，编撰有关新能源发电方面的系列设计手册。

《电力工程设计手册》全面总结了现代电力工程设计的理论和实践成果，系统介绍了近年来电力工程设计的新理念、新技术、新材料、新方法，充分反映了当前国内外电力工程设计领域的重要科研成果，汇集了相关的基础理论、专业知识、常用算法和设计方法。全套书注重科学性、体现时代性、强调针对性、突出实用性，可供从事电力工程投资、建设、设计、制造、施工、监理、调试、运行、科研等工作的人员使用，也可供电力和能源相关教学及管理工作者参考。

《电力工程设计手册》的编撰和出版，凝聚了电力工程设计工作者的集体智慧，展现了当今我国电力勘察设计行业的先进设计理念和深厚技术底蕴。《电力工程设计手册》是我国第一部全面反映电力工程勘察设计成果的系列手册，且内容浩繁，编撰复杂，其中难免存在疏漏与不足之处，诚恳希望广大读者和专家批评指正，以期再版时修订完善。

在此，向所有关心、支持、参与编撰的领导、专家、学者、编辑出版人员表示衷心的感谢！

《电力工程设计手册》编辑委员会

2019年1月10日

《火力发电厂水工设计》是《电力工程设计手册》系列手册之一。

本书是在总结新中国成立以来，特别是2000年以后火力发电厂水工专业设计、施工、运行管理经验的基础上，充分吸收21世纪火力发电厂水工设计技术和先进案例编制而成。书中对各系统、主要设备和建（构）筑物的优化、选型、计算、布置和安装要求进行了较为详细的介绍，并给出了主要设备的选型和优化算例，以及一些具有代表性的工程实例，方便读者在火力发电厂水工专业具体设计工作中参考和借鉴。本书对提高火力发电厂水工专业的设计质量，提升设计水平，实现火力发电厂水工专业设计的标准化、规范化，促进绿色、节能、环保型火力发电厂建设将起到指导作用。

本书以实用性为主，按照现行相关规范、标准的内容规定，结合火力发电厂水工工艺和水工结构专业的特点，以工艺系统或建（构）筑物为基本单元，分别论述了各个系统和建（构）筑物的设计原则、设计要点、设计计算方法、系统确定原则、设备选型及其布置、相关设计图纸内容及设计内外接口等。本书内容主要包括水工专业工作内容及基础资料，火力发电厂水源选择和全厂水务管理，湿冷系统的设计与布置，空冷系统的设计与布置，空湿联合冷却系统的设计与布置，取排水建（构）筑物与水泵房的工艺和结构设计，管、沟、渠和调蓄构筑物的设计，湿式冷却设施工艺设计，冷却塔结构设计，厂区给水、排水及回用系统的设计，防洪（潮）堤及排洪沟设计，贮灰场及外部水力除灰管的设计，不包含消防部分、水处理系统、建筑室内给水排水系统等的设计。

本书主编单位为中国电力工程顾问集团西北电力设计院有限公司。本书由张爱军担任主编，姚友成担任副主编，负责总体框架设计和校稿，并编写前言、附录和参考文献；张爱军、姚友成编写第一、二章；张爱军编写第三章；杨迎哲编写第四章；朱云涛编写第五章；高志广编写第六章；李元梅编写第七章；李江斌、石俊昭、田克俭编写第八章；王锋、闫明、田克俭编写第九章；杨迎哲、王毅、左孝红编写

第十章；侯宪安、梁娅莉、姚友成编写第十一章；王毅、胡劲松编写第十二章；李武申编写第十三章；郝秉元、王永发、姚冬梅、同刚编写第十四章。

本书是供火力发电厂水工工艺和水工结构专业设计人员使用的工具书，可以满足火力发电厂前期工作、初步设计、施工图设计等阶段的深度要求，同时可供火力发电厂水工专业施工、运行管理人员参考。本书也可作为其他行业水工工艺和水工结构专业设计人员的参考书，还可供高等院校水工工艺专业和水工结构专业的教师和学生参考使用。

《火力发电厂水工设计》编写组

2019 年 1 月

目录

第十章 湿式冷却设施工艺设计 ………… 516

第十一章 冷却塔结构设计 ……………… 614

第一章　综　述

电力是国民经济的基础产业，同时也是用水大户。水在火力发电过程中担负着能量传递、冷却和清洁的重要作用，水工专业是直接负责火力发电厂水资源利用和管理的重要专业。水工专业的设计内容以水为线索，包括从水源取水，将水输送到电厂，对原水进行预处理使之成为满足工业、生活、消防要求的净水，再升压输送给电厂各工艺车间和民用建筑使用，使用后的排水按照水质分别处理达到回用要求，再次分配给各工艺车间，无法回用的排水达到环保要求排到市政管网或水体；水工专业还给主机和辅机提供冷却水，因此水工专业设计包含冷却设施的设计；此外，建筑给排水及消防设施、防洪（潮）堤及排洪沟、贮灰场及外部水力除灰管也属于水工专业的设计内容。

随着社会经济的快速发展，电力工程建设也取得了长足发展，电力工程设计在注重综合经济效益和安全施工运行的同时，也更关注生态和环境保护问题。而新技术和新材料的发展，信息化和现代化水平的显著提升，对水工专业各系统的发展也提出了新的要求。因此，近年来火力发电厂水工专业各系统设计也取得了长足的发展和完善，各系统的选择、类型、设备、建（构）筑物布置和设计原则也有很大的变化，设计工作的内容和深度要求也更加规范化和精细化，需要对火力发电厂水工专业各系统设计工作进行全面梳理和归纳总结。

在火力发电工程的不同设计阶段，水工专业的设计内容、深度和要求不同，各个设计阶段需要的基础资料也不同。在初步可行性研究和可行性研究阶段，水工专业的任务是落实水源和贮灰场及主要系统的工程设想；在初步设计阶段，水工专业须进一步落实水源、厂外补给水系统和贮灰场，进行冷却系统优化计算，优化主要系统的工程设计，落实水工结构方案及地基处理方案；在施工图设计阶段，水工专业须进行辅机设备招标评标和施工图设计。

火力发电厂的供水水源和贮灰场是影响电厂厂址选择的重要因素，在初步可行性研究和可行性研究阶段，要重点对供水水源和贮灰场的选择进行分析论证，并应取得相关支持性文件。火力发电厂水源的选择要满足国家产业政策，以及与节水有关的法律和标准的要求，生产用水严禁取用地下水，控制使用地表水，积极利用城市再生水、矿区排水和其他废水等，通过全厂水务管理和工程措施节约水资源，进一步降低耗水指标，防止排水污染环境。

火力发电厂的冷却方式是影响主机选型和厂址选择的重要因素，应根据火力发电厂的性质、类型与规模，以及水源情况、气象条件及环保要求等条件，通过技术经济比较确定。2000 年以前机组主机冷却主要采用湿冷系统，目前随着国家产业政策的调整和空冷技术的发展，在北方缺水地区新建机组都采用空冷系统。发电机组的冷端优化设计包含热力优化和水力优化，系统优化方案经济比较方法一般采用年费用最小法。

取排水建（构）筑物和水泵房的设计是火力发电厂整体设计过程中的一个重要环节。布置水工建（构）筑物时，应充分考虑当地自然条件和发电厂的总体规划，合理地选择建（构）筑物的类型和位置，尽可能缩短给排水管沟的长度，并满足施工、运行及安全、稳定和扩建等要求。

湿式冷却塔常用的类型是自然通风冷却塔和机械通风冷却塔，因自然通风冷却塔无风机耗电，且运行稳定、维护简单，多年来在设计、施工、运行等方面都积累了较多的经验。目前，自然通风冷却塔在国内火力发电厂中应用最多，1000MW 机组的湿式冷却塔和间接空气冷却塔（以下简称间接空冷却）已有较多投产业绩；在气温高、湿度大的地区，或混合供水系统及其他特殊情况下，也可采用机械通风冷却塔。

第一节　水工专业总体要求

一、基本要求

（1）火力发电厂的水工工艺系统设计寿命为 30 年，除临时结构外，火力发电厂水工建（构）筑物的结构设计使用年限为50年。

（2）水工专业系统设计与布置按电厂规划容量和本期工程建设规模统筹考虑，并应满足下列要求：

1）水工建（构）筑物按规划容量统一规划和布置。当条件合适时，水工设施宜分期建设。

2）火力发电厂的取排水设施须根据电厂规划容量和本期工程建设规模、水源、地形与地质条件和环境保护等要求统筹规划和布置。对于补给水系统的取水设施及中继升压设施，当施工条件困难、占地及布置受到限制、分期建设在经济上不合理时，宜按规划容量一次建成。

3）根据当地自然条件和火力发电厂的总体规划，合理地选择建（构）筑物的类型和位置，缩短给排水管沟的长度，并满足施工、运行及安全、稳定和扩建等要求。

4）厂区外水工设施的规划布置不应占用基本农田，并应满足城乡规划的要求。

5）对扩建或改建工程，应从实际出发，充分发挥原有设施的效能。

二、工艺要求

（1）水工专业各工艺系统中，水泵的运行可采用就地、集中或自动控制。参与自动控制的阀门应采用电动、气动或液压驱动。直径为400mm及以上的水泵出口阀门、直径为600mm及以上的其他阀门应装有电力驱动装置。对于长距离输水管道，直径为800mm及以下的其他阀门也可采用手动。

（2）水工设计方案的技术经济比较须符合下列规定：

1）宜按设计规划容量与分期建设容量分别进行火力发电厂主机冷却系统的优化计算和全面的技术经济比较。

2）考虑技术先进、运行安全、施工方便、满足工期等因素，并符合国家技术政策要求。

3）宜采用动态经济分析方法。当进行局部范围方案的经济比较时，可采用静态经济分析方法，方案比较的回收年限可按5～10年考虑。

4）按电力工程概算指标，并参照当地价格和工程实际情况综合考虑投资费用。

5）年运行费用应包括水泵与风机实耗电费、水费、水处理费、动态经济分析时的大修费、静态经济分析时的折旧费、汽轮机微增出力引起的补偿电量的电费等。

6）年运行费用计算应符合下列规定：①根据工程具体情况确定汽轮机年利用小时数。②宜按发电成本计算水泵、风机等耗电的电价。③按制造厂提供的同类型机组的特性资料确定汽轮机微增出力。湿冷机组计算时，宜按累年逐月平均水文、气象参数进行；空冷机组计算时，宜采用典型年小时气温气象条件进行，气温间隔宜采用2℃。计算时间可根据工程所处地区条件确定。④联合供水的水费宜按各方协商一致的水价进行计算。⑤火力发电厂大修费率根据工程技经指标选取，可取2%。

三、结构要求

（1）水工建（构）筑物结构和构件必须符合规程规范对其承载能力、正常使用及耐久性的要求。

（2）单面临空的水工建（构）筑物必须满足抗滑、抗倾、整体稳定及地基承载力的要求，其措施可以是配重、减少压力、增加阻滑、利用被动土压力等。

（3）埋至地下水位以下的各类沟、井、池、管道及地下设施必须满足抗浮稳定要求，抗浮计算必须取最高地下水位或地下水计算水位，可采取配重、深埋、锚拉、泄压等措施。

（4）涉水的水工建（构）筑物必须满足抗浮和抗冲稳定要求，其措施可以是配重、深埋、锚拉、铺盖防护等。位于冲刷部位的水工建（构）筑物基础埋深必须大于最大冲刷线，穿越的管沟宜埋在最大冲刷线下或采取其他抗冲措施。施工安全及防洪度汛措施应符合规程规范的要求。

（5）水工建（构）筑物深基深坑施工应编制专项方案，其安全措施及专项设计审查要求应符合JGJ 311《建筑深基坑工程施工安全技术规范》的规定；毗邻的建（构）筑物基础应按先深后浅的施工顺序进行施工，必要时应进行支护。

（6）悬挑构件必须进行稳定验算并满足稳定要求，施工期混凝土强度不低于设计强度的75%时方可拆除底模。

（7）自然通风双曲线冷却塔安全措施要求如下：

1）除满足承载能力、正常使用及耐久性要求外，塔筒壳体的各部位壁厚需根据风荷载、壳体直径、混凝土强度按稳定要求确定；构造要求应符合GB/T 50102《工业循环水冷却设计规范》的规定。

2）环基、下环梁及塔筒下部施工应严格按照GB 50496《大体积混凝土施工标准》制订大体积混凝土施工温度控制措施；环基应采取跳仓施工，跳仓间隔时间不低于两周。

3）当筒壁施工部位处在室外日最低温度低于0℃时，即进入冬期施工，应按冬期施工要求采取混凝土冬期施工措施，并应注意天气预报。当有寒流袭来，气温可能突然下降时，要随即采取应急措施；当筒壁施工部位处在环境温度日最低温度低于–5℃时，不宜进行筒壁施工。

4）各部位已浇筑混凝土的拆模及其以上浇筑混

凝土时，对其强度的要求应符合设计规定；设计无要求时，应不低于 GB 50573《双曲线冷却塔施工与质量验收规范》的相关规定，其强度应为相同条件养护试件强度。

5）当遇到六级或六级以上大风、沙尘暴或雷雨雪时，应停止高处作业。施工人员应撤离作业面，并切断电源。

6）冷却塔必须设置避雷设施，其接地装置安装完成后应测试接地电阻，电阻值必须符合设计要求。施工期应设置临时避雷接地装置，其接地电阻不得大于 10Ω。

7）冷却塔施工的其他安全措施应符合 GB 50573《双曲线冷却塔施工与质量验收规范》的相关规定。

（8）贮灰场应按其等级、洪水标准进行防洪和边坡稳定设计，并应满足相应的要求；为确保防洪安全，必须按不同堆灰标高下调洪计算确定的调洪库容留出相应的库容及安全超高。对于山谷干式贮灰场，宜采取坝前堆灰的贮灰方式，并按调洪计算留出调洪库容及安全超高，汛期应保证排水设施安全畅通，施工期应有防洪度汛措施。原则上每三年进行一次贮灰场安全评估，遇到以下情形之一时，应当开展专项安全评估：

1）加筑子坝后；

2）遭遇特大洪水、破坏性地震等自然灾害；

3）贮灰场发生安全事故后；

4）其他影响贮灰场安全运行的异常情况。

（9）水工建（构）筑物的设计文件中注明涉及危大工程的重点部位和环节，提出保障工程周边环境安全和工程施工安全的意见，必要时进行专项设计。

（10）水工建（构）筑物的施工应遵守国家相关安全生产法律法规和标准规范。主要的法律法规和标准规范有：《电力建设工程施工安全监督管理办法》（国家发改委 28 号令）、DL 5009.1《电力建设安全工作规程 第 1 部分：火力发电》、GB 50720《建设工程施工现场消防安全技术规范》《危险性较大的分部分项工程安全管理规定》（住房和城乡建设部第 37 号令）、JGJ 311《建筑深基坑工程施工安全技术规范》、DL 5190.9《电力建设施工技术规范 第 9 部分：水工结构工程》、GB 50573《双曲线冷却塔施工与质量验收规范》《燃煤发电厂贮灰场安全评估导则》及《燃煤发电厂贮灰场安全监督管理规定》等。

第二节 水工专业系统选择原则

一、主机冷却系统

1. 湿冷系统

（1）火力发电厂供水系统的选择须根据水源条件和规划容量，通过技术经济比较确定。在水源条件允许的情况下，宜采用直流供水系统。当水源条件受限制时，可采用循环供水系统和混合供水系统，缺水地区可采用空冷系统。

（2）直流供水系统机组的汽轮机背压、凝汽器面积、冷却水流量、水泵和进排水管沟的经济配置，须根据多年月平均的水温、水位和温排水影响，并结合汽轮机特性和系统布置进行优化计算确定。

（3）循环供水系统机组的汽轮机背压、凝汽器面积、冷却水量、水泵和进排水管沟的配置、冷却塔的选型及经济配置，须根据多年月平均的气象条件，并结合汽轮机特性和系统布置进行优化计算确定。

（4）直流或循环供水系统优化计算宜采用汽轮机在额定进汽量下的排气参数。

（5）当采用直流供水系统时，冷却水的最高计算温度须按多年水温最高时期（可采用夏季 3 个月）频率为 10%的日平均水温确定，并将温排水对取水水温的影响计算在内。

（6）循环供水系统的设计冷却水温宜按照多年逐月平均气象条件计算年平均水温。确定冷却水的最高计算温度时，设计采用的气象资料应为厂址附近的气象站资料，且应采用年平均气象资料和近期 5～10 年最热时期（可采用夏季 3 个月）频率为 10%的日平均气象资料。

（7）单机容量为 300MW 级及以上的火力发电厂宜采用单元制或扩大单元制供水系统。每台汽轮机可配置 2 台或 3 台循环水泵，宜根据工程情况优化确定，其总出力应为机组的最大计算用水量。水泵可采用静叶可调、双速、变频等控制方式运行。采用单元制或扩大单元制供水系统时，每台机组宜采用 1 条进排水管沟。

2. 空冷系统

（1）空冷系统的选择须根据当地气象条件、总平面布置，以及环境保护、防冻度夏、防噪声、机组运行等要求，经技术经济比较后确定。

（2）空冷系统的设计气温宜根据典型年干球温度统计，宜按 5℃以上年加权平均法计算设计气温并向上取整，5℃以下按 5℃计算。主机空冷系统夏季计算气温可根据典型年干球温度统计表，在不超过累计时间 200h 的气温范围内选择。

（3）直接空冷系统须根据当地气象条件，结合不同末级叶片的汽轮机特性等因素进行优化计算，确定最佳的汽轮机背压、空冷凝汽器面积、迎风面风速、冷却单元排（列）数、空冷平台高度、轴流风机选型及电动机配置等。

（4）直接空冷凝汽器可采用单排管或多排管。空冷凝汽器管束类型的选择应根据气象条件、换热能力、防冻要求和综合造价等因素，经技术经济比较后确定。

（5）直接空冷系统轴流风机宜采用变频调速控制方式，风机群的噪声应满足环境保护要求。

（6）间接空冷系统须根据当地气象条件，结合不同末级叶片的汽轮机特性等因素进行优化计算，确定最佳的汽轮机背压、凝汽器的型式和面积、空冷散热器的面积、冷却水流量、循环水泵参数、进排水管径及空冷塔的类型。

（7）表面式凝汽器间接空冷系统可采用钢管钢片或铝管铝片等散热器。混合式凝汽器间接空冷系统须根据机组的水化学工况选择散热器的材质。

（8）当空冷机组采用汽动给水泵时，给水泵汽轮机排汽的冷却宜采用间接空冷系统，可与主机间接空冷系统合并。

（9）空冷机组宜设置单独的辅机冷却水系统，可采用湿式冷却塔循环冷却；在严重缺水地区，经论证后辅机冷却水系统也可采用空冷系统或干湿联合冷却系统。

二、补给水系统

1. 补给水系统一般规定

（1）火力发电厂须按规划容量确定补给水系统的建设规模，统筹规划、合理布局，并根据工程具体情况合理分期实施。

（2）火力发电厂须根据水源类型、设计流量、地形地质条件、输水距离及高差等因素综合确定补给水系统的型式及配置。根据选定的水源，确定取水方式、取水设施位置、净水站位置及补给水管线的路径，并留出适当的扩建条件。

（3）当地表水和海水水源的原水泥沙含量大，且取水点与厂区距离远或高差大时，宜将净水站设置在取水点附近或与取水点结合，采用清水输送方式。

（4）当以城市再生水为水源时，其补给水系统的贮水池、升压水泵及补给水管的配置须根据城市污水处理厂的工艺流程、水量调节方式、运行及检修条件、备用水源情况等因素综合确定。

（5）当以矿区排水为水源时，其补给水系统的集水池、升压水泵和补给水管的配置须根据矿区取水点分布、来水的不均匀性、补充水源等因素综合确定。采用煤中取水技术的电厂，须通过产水与耗水的调节计算，确定补给水系统的配置规模。

（6）当采用地下水水源时，地下水取水建筑物的位置须根据水文地质条件选择，其类型须根据水文地质条件及邻近水源地的运行经验确定。

（7）采用多水源供水的补给水系统须根据各水源之间的相互关系、调度方式、供水量等因素统筹考虑确定各系统的配置，根据输水管路系统的布置情况，可共用贮水池及补给水管等设施。

（8）当水源地与厂区之间有地形高差可以利用时，须对重力输水与加压输水系统进行技术经济比较，优先采用重力输水。

（9）当水源水质有季节性恶化时，经技术经济比较，可设备用水源或修建蓄水池。蓄水池的有效容积须根据运行、检修、需水量和当地具体条件等因素综合考虑确定。

（10）当补给水需中继升压时，须设置贮水池和升压水泵房。

（11）有可能产生水锤危害的补给水系统，须进行必要的水锤分析计算，并进行水锤综合防护设计。

2. 补给水泵、补给水管和水池

（1）集中取水的补给水泵不宜少于 3 台，其中 1 台为备用。

（2）补给水泵的型号及数量须根据水量变化、扬程要求、水质情况、泵组的效率、电源条件等综合考虑确定。

（3）水泵的选择须符合节能要求。当流量或扬程变幅较大时，经技术经济比较，可采用大、小泵搭配或变速调节等方式满足要求。

（4）水泵之间宜设联锁装置，可分组联锁。高扬程、长距离压力输水的水泵，其出水管上宜选用两阶段关闭的液压操作阀。

（5）补给水泵房总出水管上须设置计量装置，泵进出口应设置压力监测装置。

（6）当采用管井取地下水作为补给水源时，须设置备用井。备用井数量不宜小于井群设计水量的 15%，且不得少于 1 口。

（7）补给水管的数量须根据火力发电厂的规划容量和水源情况考虑，不宜少于 2 条，可根据工程具体情况分期建设。当有备用水源或适当容量的蓄水池，并有可靠性的论证时，也可采用 1 条补给水管。蓄水池的容积须根据检修条件及检修时长等因素确定。当每条补给水管能保证供给补给水量的 60%时，补给水管之间可不设联络管。

（8）长距离补给水管宜设置事故检修隔断阀门，在管道起伏高点须设置排气阀门，在管道低点宜设置放空阀门，并依据水锤分析计算结果设置必要的水锤防护设施。

（9）中继升压泵站及地下水升压泵站贮水池的有效容积根据电厂特点、设计流量、水泵的容量和台数、控制方式、贮水池与取水设施间的距离等因素综合考虑确定，但不宜小于最大一台水泵 0.5h 的输水量。

（10）再生水贮水池的有效容积根据污水处理厂来水量的稳定性、设计流量、水泵的容量和台数、补给水系统的运行及控制方式、输水距离等因素综合考虑确定。对于矿区排水水源的集水池，其设置数量及有效容积根据矿区排水点分布情况、可收集水量及其稳定性、设计流量、水泵的容量和台数、补给水系统的运行及控制方式、输水距离等因素综合考虑确定。当不需要调节水量时，水池的有效容积不宜小于最大一台水泵 0.5h 的输水量。

（11）当高位水池起调压作用时，其调节容积须能满足水锤防护措施的需要。

（12）用于贮存泥沙含量较大的原水的水池不宜少于 2 个，并应设排泥设施或有清淤条件。

（13）水池须有水位显示和溢流设施。贮存再生水的水池，应根据再生水水质及其腐蚀性采取防腐措施。严寒地区贮水池须考虑保温防冻措施。

（14）补给水管道系统根据管道布置、地形条件及泵站的重要性程度等情况，有选择性地进行水锤计算。

三、厂区给水系统

（1）厂区给水系统的选择须根据电厂规划、供水规模、生产工艺，以及用户对水量、水质和水压的要求等因素确定，宜采用分质供水。厂区地形高差大时，根据工艺设施及给水系统设施承压能力要求，可采用分区供水。

（2）当火力发电厂和生活区靠近城市或其他工业企业时，生活给水和排水的管网系统宜与城市或其他工业企业的给水和排水系统统筹规划。

（3）当火力发电厂采用自备的生活用水系统时，水源选择、水源卫生防护及水质须符合 GB 5749《生活饮用水卫生标准》的有关规定，且生活用水须消毒。

（4）工业给水系统的设计流量和供水压力根据其用户的要求，按最高日最大时用水量经计算确定。

（5）化学生水系统的设计流量和供水压力须满足后续处理工艺设施的要求。

（6）循环水补充水系统的设计流量宜按需直接补入循环水系统的最大流量计算确定，宜采用重力方式向循环水系统补水。当需要升压供给时，供水压力须经计算确定。系统应有调节补水量的措施。

（7）回用水系统的设计流量及供水压力宜根据可能同时用水的对象，按最不利组合经计算确定。

（8）生活给水系统的设计流量须根据选定的供水方式确定。当采用变频调速供水方式时，系统设计流量采用设计秒流量；当采用高位水箱调节的供水方式时，系统设计流量采用最大时用水量。

（9）工业给水系统、化学生水系统、生活给水系统及回用水系统均须设贮水池、供水泵及供水管。贮水池及供水泵可与化学水处理设施合并布置。

（10）厂区各给水系统须设置水量计量装置。

四、厂区排水系统

（1）厂区内的生活污水、生产废水和雨水的排水系统宜采用完全分流制。

（2）火力发电厂各场所排出的各类污废水，应按清、污分流的原则分类收集和输送，并根据其污染的程度、回用和排放的要求进行处理。设计时应根据污废水的水质和水量，处理的难易程度，回用系统对水质的要求以及尽量减少对外排放污染物等因素，对污废水的合理回用和排放进行综合优化。对外排放水的水质应符合国家现行相关标准的要求和环保部门的许可。

（3）火力发电厂排水系统须根据火力发电厂规划和建设情况统一布置，分期建设。生活污水系统按远期规划的最高日最高时设计水量设计，分期建设。生产污废水输送系统根据相关工艺的要求设计。各类排水可采用重力、压力或二者结合的方式输送到相应的污水处理站或达标排放，具体方式须经技术经济比较确定。

（4）对各类非经常性废水，须设置一定容积的废水贮存池（箱）收集。

（5）火力发电厂的露天煤场宜设煤场雨水沉淀池，含煤废水应设独立的收集系统并进行处理回用。

（6）厂区雨水排水系统应根据电厂厂区规划、总平面及竖向布置，以及雨水排水的最终出路等综合因素确定，并与排洪设施相协调。雨水的综合利用须根据当地水资源情况、经济发展水平和火力发电厂节水需求，经技术经济分析后合理确定。

（7）电厂的雨水利用系统须设雨水收集、贮存、处理、升压和回用水管网等设施，并有雨水紧急外排的措施。

第二章　水工专业设计工作的内容及基础资料

第一节　水工专业设计工作的内容及深度

火力发电厂水工专业设计工作内容按设计阶段划分为初步可行性研究设计、可行性研究设计、初步设计和施工图设计四个设计阶段。

一、初步可行性研究设计阶段

按照 DL/T 5374《火力发电厂初步可行性研究报告内容深度规定》的有关要求，火力发电厂初步可行性研究设计阶段是新建、扩建或改建工程项目建设中的一个重要环节，须由有资质的单位编制初步可行性研究报告。初步可行性研究报告应由具有管理权限的政府主管部门、经授权的电网公司或经国家主管部门认可的咨询机构组织审查，也可由上述单位联合组织审查。

（一）初步可行性研究设计阶段的主要任务

火力发电厂初步可行性研究设计阶段的主要任务是厂址选择和项目立项，进行现场踏勘调研、收集资料，比选厂址，论证建厂的必要性，初步落实建厂的外部条件。水工专业应落实电厂水源和贮灰场，以及水工专业主要系统的初步工程设想。

（二）初步可行性研究设计阶段的工作内容

（1）收集资料。编写收资提纲，收集拟建厂址附近的水源和贮灰场的水文资料、气象资料、水文地质和测量等资料。

（2）现场踏勘调研。踏勘各厂址水源和贮灰场的水文及地质条件、地形地貌、取排水设施的初步布置条件、厂外补给水管线基本走向等，了解各厂址是否受洪水影响。

（3）专业间资料交换。水工专业提供给外专业的资料包括全厂水工建（构）筑物资料、电动机清单、贮灰场的工程量估算资料和技经资料等。

（4）提出初步可行性研究设计阶段的勘测任务书，包括水文气象勘测任务书、水文地质勘测任务书和工程测量任务书。

（5）编制初步可行性研究设计文件。

（三）初步可行性研究报告的主要内容

火力发电厂初步可行性研究设计阶段须论证建厂的必要性，进行现场踏勘调研、收集资料，必要时进行少量的勘测和试验工作，对可能影响厂址选择的因素进行论证，初步落实建厂的外部条件。水工专业须落实电厂水源、贮灰场，以及水工专业主要系统的初步工程设想。

1. 电厂水源

（1）说明各厂址的供水水源及水质、冷却方式、冷却水量、补给水量，以及其他工业用水与生活用水需水量。说明拟采用供水水源的可靠性和合理性，以及是否符合所在地区水资源利用总体规划的要求；各供水水源须取得水行政主管部门原则同意使用该水源的文件，并初步明确允许取水量。

（2）充分收集各供水水源的水文资料、当地现状与规划条件下各行业用水量情况、水资源利用规划、水利工程现状及规划等资料，初步分析现状及规划条件下设计保证率枯水年份发电厂用水的可靠性，经比较后提出推荐的供水水源方案、存在的主要问题及对下一阶段工作的建议。

（3）当发电厂用水与工农（牧）业及城市用水有矛盾时，须提出可行的解决矛盾的初步方案和意见。当发电厂需要新建水库或对现有水库进行改造时，须由有资质的设计单位编制新建或改造水库的初步可行性研究报告，并经相关主管部门审查确定。

（4）在允许开采地下水的地区，如拟采用地下水水源，须收集已有的水文地质资料，初步分析水源地地下水储量、补给量、可开采量等参数，必要时要提出水文地质初勘报告。

（5）当采用再生水作为补给水源时，须收集城市用水量、污水排放量、处理规模、处理工艺，以及再生水的水量、水质及其变化情况。若有适当容量的备用水源，须初步说明再生水备用水源方案。当采用矿区排水的作为补充水源时，须收集已有矿区排水的相关资料，初步论证发电厂可利用量和供水可靠性；对新建矿井（区），应收集矿井（区）设计和矿区排水设计相关资料。

（6）若采用海水淡化方案，必要时提出海水淡化专题论证。

（7）采用直流供水系统冷却的发电厂，应对发电厂温排放作出初步的分析判断，必要时提出初步专题论证。

2. 贮灰场

（1）说明各厂址可供选择的贮灰场情况及贮灰方式。包括各贮灰场与对应厂址的方位、距离、高差，贮灰场地形地貌、用地类型（包括荒地、滩地或养殖水域等）、库容、用地范围，以及贮灰场边界外房屋、人口、树木、水产和其他设施等情况，一般考虑500m范围。此外，还应说明山洪流量、洪水位、潮水位、工程地质与水文地质条件，初步探明贮灰场区域内渗漏的可能性，说明建坝材料状况等建设条件。

（2）说明灰渣及脱硫副产品综合利用情况，按贮灰要求提出贮灰场用地面积、堆灰高度和库容；对以热定电的城市热电厂，应按热电联产的有关规定设置事故备用贮灰场。

（3）利用前期工程已建成的贮灰场时，首先应说明已建灰场是否满足当前环保要求及治理措施方案，简述前期工程灰渣量、灰场的设计及运行情况，说明灰场现有剩余库容及本工程投产时的剩余库容，以及现有贮灰场贮存全厂灰渣及脱硫副产品弃物时的贮存年限。

（4）说明拟选贮灰场的用地类型、拆迁量，以及是否压覆矿产资源、有无文物及军事设施等情况，并应取得相关管理部门的意向性文件。

3. 工程设想

初步确定全厂冷却系统方案，论述冷却系统、补给水系统、供水和排水系统、水处理系统、消防系统和贮灰场等与初步投资估算有关的初步工程设想。

4. 初步可行性研究报告附件与附图

初步可行性研究报告中和水工专业有关的附件与附图包括：

（1）具有管理权限的土地主管部门原则同意厂址（包括厂区、水源地、交通运输设施、灰场）用地的文件。

（2）具有管理权限的水行政主管部门原则同意取水的文件。

（3）利用城市再生水时，还应取得与污水处理部门的供水协议及地级污水处理主管部门同意供水的文件。

（4）如果有排水，还应取得允许排水的文件及排放标准等。

（5）初步可行性研究报告，水工专业不需要单独出图，但需配合总图专业在多个厂址的总体规划图（1:50000）和各厂址的总体规划图（1:10000）中，示意出水源、直流供水系统的供排水管沟、厂外补给水管道和贮灰场的位置。

二、可行性研究设计阶段

按照DL/T 5375《火力发电厂可行性研究报告内容深度规定》的有关规定，可行性研究是基本建设程序中为项目决策提供科学依据的一个重要阶段，发电厂新建、扩建或改建工程项目均应进行可行性研究。编制可行性研究报告时，应以审定的初步可行性研究报告为基础，项目单位应委托具有相应资质的单位编制可行性研究报告。可行性研究报告是编写项目申请报告的基础，是项目单位投资决策的参考依据。设计单位编制的可行性研究报告须经国家主管部门认可的咨询机构进行审查，审查后的可行性研究报告是上报项目核准申请报告的依据之一。

（一）可行性研究设计阶段的主要任务

火力发电厂可行性研究设计阶段的主要任务是进一步落实厂址选择和项目立项，在初步可行性研究阶段的基础上，根据初步可行性研究报告及其审查会议纪要，进行现场踏勘调研、收集资料，比选厂址，论证建厂的必要性，落实建厂的外部条件，编制可行性研究报告，作为编写项目申请报告的基础。水工专业应进一步落实电厂水源、贮灰场和厂外取排水系统，对受洪水影响的厂址提出防洪方案，优化水工专业主要系统的工程设计。

（二）可行性研究设计阶段的工作内容

（1）收集资料，编写可行性研究阶段收资提纲。进一步收集拟建厂址附近的水源和贮灰场的水文资料、气象资料、水文地质和测量资料。

（2）现场踏勘调研。踏勘各厂址水源条件、取排水设施的初步布置、贮灰场、厂外补给水管线基本走向、厂址地形地貌等。

（3）专业间资料交换。提供全厂水工建（构）筑物资料、电动机清单和技经资料。

（4）提出可行性研究设计阶段的勘测任务书，包括水文气象勘测任务书、水文地质勘测任务书、工程测量任务书和工程地质勘测任务书。

（5）工程方案设想。进一步落实电厂水源和厂外取排水系统设计，对全厂冷却系统进行优化比选，初步确定冷却系统的设计参数，进行全厂水量平衡设计，对全厂供排水系统和消防系统进行方案设计，对贮灰场和水工建（构）筑物及厂址防排洪进行方案设计，并对全厂水工建（构）筑物工程量进行计算。

（6）编制可行性研究设计报告、专题和相关附图。

（三）可行性研究报告的主要内容

1. 电厂水源

电厂水源必须落实可靠，须委托有资质的单位编制水资源论证报告并通过评审，取得经水行政主管部门批复的取水许可申请书。在掌握可靠和充分的资料的基础上，必要时通过技术经济比较，说明各厂址的供水水源和冷却方式（直流、循环、空冷等），以及冷却水需水量和补充水需水量。

（1）当采用地下水源时，须进行水文地质勘探、抽水试验等工作，说明水源地位置、范围、水文地质条件，提出地下水资源量及允许开采量。

（2）当采用江、河地表水源时，须分析说明现状及规划条件下取水河段保证率为97%、99%的设计枯水流量、枯水位；进行河势、行洪等方面的分析论证工作；说明河流冰况、漂浮物及污染情况等，论证发电厂水源及取水设施的可行性，必要时进行水工模型试验；根据审批权限取得相应水行政主管部门对发电厂建设取排水构筑物的意见；通航河道应进行航运影响论证，并取得航道管理部门同意发电厂建设取排水构筑物的文件。

（3）当在已建水库、闸上或不闭塞湖泊取水时，应说明其设计特征参数、调度运行方式、泥沙来源及淤积等情况，分析说明现状和规划条件下97%保证率的可供水量和相应水位、99%保证率的枯水位。分析取水点的岸边稳定性，取得有关主管部门同意发电厂建设取排水构筑物的文件。

（4）当发电厂自建专用水库时，须编制水库或闸坝的可行性研究报告，并取得水行政主管部门的审查意见。水库设计防洪标准不低于100年一遇设计、1000年一遇校核，设计供水保证率为97%。

（5）当在闭塞湖泊取水时，根据现状及规划用水分析说明湖泊最大消落深度、消落时间及平衡水位，提出保证率为97%、99%的设计枯水年的设计水位。

（6）当在滨海与潮汐河口地区取水时，分析说明保证率为97%和99%的设计低潮位，以及潮汐、波浪、海流、泥沙、岸滩演变、盐度及水温等情况；在潮汐河口地区，还应包括潮流过程、盐水楔运动及冰坝壅水等相关情况，必要时进行相关专题论证和模型实验。对于工程海域，应进行海域使用论证，并取得海洋行政主管部门同意用海的文件。当有航运时，说明航道管理部门对发电厂建设取排水构筑物的意见，必要时进行航运影响专题论证。

（7）当采用城市自来水时，核实自来水厂的取水保证率和批复取水规模；说明自来水厂取水、净化规模及管网输水能力；说明城市现状、规划用水量及水量富余情况，以及当地市政管理部门对发电厂用水的意见和供水协议落实情况。

（8）当采用城市再生水水源时，说明城市污水厂与厂址的相对位置及距离，污水厂现状和规划来水量、水质情况，污水厂规划容量、建设规模、处理工艺及运行情况，水量保证程度和出水水质情况以及有无其他用户；说明市政管理部门对发电厂用水的意见及供水协议落实情况，以及备用水源的可行性及落实情况。

（9）当采用矿区排水水源时，说明矿区排水与厂址的相对位置、距离、补给范围、边界条件、水文地质特征及补给水量，并结合矿区开采规划和疏干方式，分析确定可供发电厂使用的矿区稳定的最小排水量，以及矿区主管部门对发电厂取水的意见。

（10）对采用直流循环冷却的发电厂，根据取排水构筑物的布置和水功能区划管理的要求，论证温排水的影响。在水文条件复杂的水域，应进行温排水的试验研究工作，并取得相关评审意见，以及水行政主管部门或海洋主管部门的同意文件。

（11）对发电厂拟用水源，应按设计需要提出水质分析资料。

2. 贮灰场（含脱硫副产品）

（1）说明各厂址可供选择的贮灰场情况及贮灰方式。包括各贮灰场与对应厂址的方位、距离，贮灰场地形地貌、用地类型（包括荒地、滩地或养殖水域等）、库容、用地范围及贮灰场边界外房屋、人口、树木、水产和其他设施等情况，一般考虑500m范围。此外，还应说明山洪流量、洪水位、潮水位、工程地质与水文地质条件，初步探明贮灰场区域内渗漏的可能性，说明建坝材料储量、运输距离及运输状况等建设条件。

（2）说明发电厂年灰渣及脱硫副产品弃物量，结合当地灰渣及脱硫副产品综合利用情况，按规程要求提出贮灰场用地面积、堆灰高度和库容，并提出贮灰场分期建设使用的方案；对以热定电的城市热电厂，应按热电联产的有关规定设置事故备用灰场。

（3）利用前期工程已建成的贮灰场时，首先应说明已建灰场是否满足当前环保要求及治理措施方案，简述前期工程灰渣量、贮灰场的设计及运行情况，说明灰场现有剩余库容及本工程投产时的剩余库容，以及现有贮灰场贮存全厂灰渣及脱硫副产品弃物时的贮存年限。

（4）说明拟选贮灰场的用地类型、拆迁量，以及是否压覆矿产资源、有无文物及军事设施等情况，并应取得相关管理部门的批复文件。

（5）对贮灰场的贮灰方式作出说明，说明灰场等级、设计标准、设计方案、初期和后期灰场统一规划、分期分块使用、灰渣和脱硫副产品隔离堆放措施；对灰坝类型、灰坝（堤）结构、坝基处理、灰场区域防渗及防排洪工程措施等进行研究和比较，对推荐方案进行说明。根据环保要求，明确脱硫副产品堆贮方案。

（6）对干贮灰管理站位置及用地面积，运灰道路路径、标准，以及灰场作业设备配置方案等进行说明。

3. 工程设想

（1）供排水系统及冷却设施：

1）比较并拟订供水系统方案，说明冷却方式、冷却水量及补充水量。对供水系统进行初步优化，并根据优化结果提出初步的设计冷却水温、冷却倍率、循环水总管管径、凝汽器面积等的推荐意见，说明供排水管道的走向。初步拟订采取的各项节水措施，进行初步的全厂水量平衡设计，提出发电厂耗水指标。

2）对采用直流供水系统的发电厂，说明泵房及取排水口位置，初步拟订取排水形式及规模，以及拟采取的施工方案。

3）对采用循环供水系统的发电厂，说明冷却塔面积的推荐意见，补给水取水位置、形式和规模，以及补给水管道管径、数量、材质、长度、厂内蓄水池容积和净化设施处理规模。

4）对采用空冷系统的发电厂，对直接空冷系统（含机械通风和自然通风）与间接空冷系统（表面式凝汽器和混合式凝汽器）进行初步优化，并进行技术经济比较，提出配置方案及推荐意见；提出设备招标主要原则。对辅机循环冷却水系统进行优化，并提出配置方案及推荐意见。

5）提出水工建（构）筑物的结构形式、主要结构尺寸、施工方案、地基处理方案等。

（2）贮灰渣（含脱硫副产品）场：

1）说明贮灰场等别、设计标准；对灰坝类型，灰坝（堤）结构、坝基处理等进行研究比较，提出推荐方案，并考虑灰、渣分期筑坝的可能条件；说明排水、排洪设施的结构形式及布置；说明贮灰场环保措施、初步的运行管理设想等；明确各方案的主要工程量及投资。

2）当采用水力除灰方案时，提出灰水回收站位置及用地面积，根据灰、渣及石膏特性和水质情况，拟订除灰管、灰水回收管和石膏输送管的管材及防结垢和防磨损等措施。

4. 可行性研究报告附件与附图

（1）水工专业附件：

1）取用地下水时，应取得水行政主管部门对发电厂取水许可申请书的批复意见。

2）当取用江、河、湖泊地表水源时，根据流域管理审批权限，应取得相应级别的水行政主管部门（一般为流域主管部门或省、自治区、直辖市水行政主管部门）对发电厂取水许可申请书的批复意见。

3）取用水库水时，应取得相应级别的水行政主管部门对发电厂取水许可申请书的批复意见，并应签订供水协议。

4）利用城市自来水或再生水时，应取得主管部门的同意文件，并应签订供水协议。

5）利用矿区排水时，应取得煤矿排水管理部门的同意文件，并应签订供水协议。

6）当在海、江、河岸边滩地及其水域修建码头、取排水等建（构）筑物时，应取得所属管辖的省级海洋、渔业、水利、航道、港政等主管部门同意的文件。涉及水产资源或养殖时，尚应取得有关主管部门的同意文件。

7）贮灰场用地协议。

8）直流供水系统的排水和厂区排水，应取得有关主管部门的同意文件。

（2）水工专业附图：

1）水工建筑物总布置图。

2）供水系统图。

3）全厂水量平衡图。

4）直接或间接空冷系统图、直接或间接散热器（冷却器）平面布置图、直接或间接散热器（冷却器）纵剖面图。

5）取水建筑平面布置图和剖面图。

6）排水口平面布置图和剖面图。

7）地下水源地开采布置图。

8）灰场平面布置图（比例为1:2000或1:5000）。

9）灰场围堤纵、横剖面图。

三、初步设计阶段

按照DL/T 5427《火力发电厂初步设计文件内容深度规定》的有关要求，初步设计阶段是火力发电厂设计的重要阶段，以政府主管部门对项目批准或核准的文件和审定的可行性研究报告为初步设计文件编制的主要依据，送审的初步设计文件应包括说明书、图纸和专题报告三部分；重大设计原则应进行多方案的优化比选，提出专题报告和推荐方案供审批确定。初步设计阶段按专业分卷设计，水工专业主要负责水工部分和消防部分这两卷内容的编写，消防部分的编制可参见本系列手册《火力发电厂消防设计》。

（一）初步设计阶段的主要任务

在初步设计阶段，厂址、水源和贮灰场已基本落实，主机参数和主、辅机的冷却方式也基本确定，水工专业须根据可行性研究报告及审查意见，进一步落实电厂水源、厂外给排水系统和贮灰场的设计方案，进行冷却系统优化计算，优化水工专业主要系统的工程设计，落实主要水工结构方案及地基处理方案。

（二）初步设计阶段的工作内容

（1）收集资料。进一步收集拟建厂址附近的水源和贮灰场的水文资料、气象资料、水文地质和测量资料。

（2）现场踏勘调研。进一步踏勘厂址水源条件，了解厂址和水源地的地形地貌等，确定取排水设施的布置方案、厂外补给水管线走向及厂址防洪方案。

（3）专业间资料交换。提供全厂水工建（构）筑物资料、电动机清单和技经资料。

（4）提出初步设计阶段的勘测任务书。包括水文气象勘测任务书、水文地质勘测任务书、工程测量任务书和工程地质勘测任务书。

（5）编制冷却塔试桩要求。包括试桩的目的、内容、测试要求、承载能力特征值的期望值等。

（6）编制初步设计任务书。主要包括设计依据、设计范围、设计原则。

（7）工程方案设想。进一步落实电厂水源和厂外补给水管道，对全厂冷却系统进行优化设计，初步确定冷却系统的设计参数，进行全厂水量平衡设计和全厂耗水指标计算，对全厂供排水系统和消防系统进行方案设计。

（8）落实可行性研究审查意见。重点在于落实可行性研究对贮灰场建设方案、取排水结构及施工方案、主要水工结构方案及地基处理方案的批复意见。

（9）须进行的主要水工建（构）筑物计算内容：

1）水工建筑物结构计算。

2）水工建筑物稳定性计算。

3）水工建筑物结构工程量计算。

4）山谷灰场排洪系统的调洪演算。

5）自然冷却塔结构选型计算。

6）水工主要建（构）筑物的地基处理计算。

（10）编制水工部分和消防部分初步设计报告、专题和相关附图。

（三）初步设计文件编制内容

1. 初步设计阶段水工专业说明书内容

（1）概述：

1）厂址位置：描述电厂厂址的位置，包括所处的行政区域、地理位置。

2）本期规模及建设性质：说明电厂本期建设规模、建设性质（新建、续建、扩建、改建等）。

3）设计依据：①可行性研究报告及审批文件；②水源审批文件；③电厂类型、规划容量、本期装机容量；④国家及行业的相关标准、规程和规范；⑤模型试验报告；⑥环境影响报告及审查意见、水土保持报告及审查意见、防洪影响评价报告。

4）主要设计原则：本工程水工专业设计遵循的主要设计原则。

5）设计范围：简述本专业设计范围及有关衔接配合问题，与本专业设计有关的外委设计内容和分界线应予说明。

6）设计主要内容概述：简述专业各系统的主要设计内容。对改建、扩建工程，应说明原有老厂的情况、存在的问题及本期需要考虑的问题。

（2）区域自然条件：

1）自然地理条件：说明厂址、水源及灰场的位置、地貌、地形、工程地质、地震、水文地质条件等情况。

2）水文气象：说明常规气象要素。对于直流循环水系统，列出逐月各项水文、水温特征参数；对于循环供水系统，列出逐月各项气象特征参数。列出冷却设施（冷却塔、冷却池、空冷散热器）所需的设计气象条件。说明影响厂址的洪水情况。

3）工程地质：说明区域地质概况、工程地质条件、各层岩土的物理力学指标，以及场地类别、地震基本烈度。

4）供水水源：说明发电厂拟采用的水源概况、类型、流量、水文特性、水利工程、各设计水位、水温、泥沙、波浪、水库防洪标准、水质等特征参数，以及水行政主管部门对电厂取水设施的批复意见和有关供水协议，并进行供水水源可靠性分析。

（3）全厂水务管理和水量平衡：

1）水量平衡设计原则。

2）电厂循环水量及辅机冷却水量。

3）电厂各项用水水量、排水和耗水量。

4）全厂废水回收及利用。

5）主要节水措施。

6）全厂水量平衡结果及各项用水指标。

7）全厂给排水计量控制设施。

（4）冷却系统的选择及布置：

1）冷却系统描述。

2）系统方案比较与优化设计：①冷却系统方案比较。列出汽轮机主要工况热力参数，说明冷却系统设计工况和校核工况；初步给出各优化比较参数。空冷系统方案还包括典型年气温的选择等。②方案优化比较计算及结果。说明计算方法，给出表格或曲线形式的计算结果，进行结果分析，提出推荐意见，说明推荐方案的主要技术经济参数。

3）冷却设施：可根据冷却设施的不同类型，如湿冷塔方案、空冷塔或机械通风空冷装置方案、水面冷却方案、空冷凝汽器（直接空冷系统）、辅机冷却水系统等，分类说明冷却设施的工艺尺寸、设计参数，主要设备选型、设备参数，附属设备、设备布置，以及防噪、度夏、防冻等措施。

对于水面冷却方案，以水库、湖泊、河道为冷却方案时，应说明其水文特征值，如有关流量、水位及其相应的冷却面积和库容、水库调节计算结果、淤积计算和防淤措施、水库与电厂联合运行的调度、建设进度的配合、冷却水的流程、河道和河网的规划、主管单位同意的书面意见或协议；说明数字模拟计算或水工模型试验的成果，温排水对取水和环境生态的影响，以及冷却工程设施与构筑物。

冷却设施结构部分：说明设计基本风压及地貌类型、抗震设防标准、结构形式的选择及结构布置、结构主要特征尺寸、耐久性设计内容、地基处理方案；说明循环水泵房结构设计及地基处理。

4）凝汽器的选择：对表面式凝汽器，说明凝汽器型式、背压数、壳体数、流程数、布置方式、面积及冷却管管径、壁厚、管材选择等；对混合式凝汽器，说明凝汽器型式、壳体数、喷嘴数、布置方式、材质选择等。

5）系统水力计算及冷却水泵的选择：简要介绍系统布置，说明系统各主要运行工况；说明水力计算公式、粗糙系数的选择等；列表逐项汇总系统各主要运行工况的水力计算结果，包括系统静扬程、各项阻力值等；说明直流供水系统的高程设计；根据水力计算结果，初步选择冷却水泵，并绘制水泵并联曲线，确定水泵的主要运行工作点。

6）冷却水系统瞬变流分析：对冷却系统可能发生的事故状态、启动、停运等进行瞬变流计算分析，并根据计算结果给出泵出口阀的开启关闭时间，确定系统设计压力等。

7）给出冷却系统防腐、防海生物的措施。

（5）取排水建（构）筑物设计及供排水管沟：

1）地表水方案：①取排水口位置及型式选择、温排放扩散及对取水水温的影响、水工模型试验概况及结论；②取水构筑物方案论述、技术经济比较、比较结果及推荐意见；③冷却水管沟长度、断面尺寸、流速、布置等，虹吸井设计、布置条件，以及防冲淤、防冰冻、防草及防漂浮物措施；④取水构筑物布置及附属设备选择，说明取水头部、引水管渠、进水流道和泵房的设计参数、布置及尺寸，以及格栅、滤网、起重设备、冲洗设备、闸板等的选型及布置；⑤厂外取水建（构）筑物区域总体布置、辅助设施布置，以及取水对河道行洪的影响。

2）污水再生水水源补给水方案：再生水升压泵房型式、尺寸及布置，升压水泵数量、容量、型式、材质；再生水蓄水池数量、容量等。

3）地下水方案：泵房型式、尺寸及布置，水泵数量、容量、型式、材质。

4）矿井疏干水方案：取水方式及升压泵房型式、尺寸及布置，水泵数量、容量、型式、材质。

5）取排水建（构）筑物结构设计：①取排水建（构）筑物所处场地的自然条件，已有的水利设施及其相关的设计标准、工程地质、工程水文；②取排水建（构）筑物的设计等级、抗震设防标准、结构形式选择、设计方案（包括顶管、盾构、沉井、围堰、大开挖等设计方案）、基础类型及地基处理方案、水工模型试验或试验要求；③取排水建（构）筑物处的最大冲刷深度估算及防护措施；④特殊的水工混凝土材料要求；⑤防沙、防撞、防冰的结构设施；⑥对河道行洪的影响（项目防洪影响评价中的意见及执行情况）；⑦河道局部整治和堤防加固的情况。

6）补给水管道：补给水管道布置、数量、管材选择、管径选择和敷设方案，以及补给水系统水力计算和瞬态水力分析。

（6）灰渣水输送系统：

1）水力除灰管道：水力除灰管线选择及敷设方式，除灰管数量、管径、运行备用情况，管材选择，水力除灰管道支座和补偿设计；跨越道路、河流、铁路等的方式，以及检修道路及管廊用地说明。

2）灰场灰水回收系统：回收水量、回收水泵的选择及回收水泵房设计，回收水管道数量、管径、管材。

3）渣水冷却系统：渣水冷却系统流程，提升水泵、水池和冷却设施的选型、容量及配置。

4）干灰场用水：灰场生活用水、绿化用水、防尘水及水源，防尘水系统设置、主要设施配置。

（7）灰场：

1）灰场的自然条件。

2）工程地质。

3）工程水文。

4）灰场的面积、容积、分期建设的划分及相应的存灰年限，以及灰渣和石膏综合利用状况的描述。

5）灰场的堆灰方式、最终堆灰标高、级别、抗震设防标准。

6）挡灰坝的设计标准、坝型选择、建设方案、分期加高方式。

7）灰场防洪、排洪设计标准和防洪、排洪构筑物的布置、防排洪能力、结构形式。

8）灰场环保措施。

9）灰场的辅助建筑物及灰场的占地面积、土地类型，拆迁户数、人数、房屋间数和建筑面积，运行设备等。

10）堆灰方式。

（8）厂区给排水泵房及给排水管沟：

1）生产、生活给水系统：①生产、生活用水量，生产、生活蓄水池的容量、尺寸、数量，屋顶水箱设置位置、容量；②给水泵房布置及尺寸，水泵型式、数量、流量、扬程及电动机功率等；③供水管网布置，包括母管管径、是否考虑扩建等。

2）排水系统：①工业废水和生活污水下水道是

采用合流制还是分流制，管网布置情况，干管管径，是否考虑扩建等；②工业废水和生活污水提升泵房布置及尺寸，水泵型式、数量、流量、扬程、电动机功率，以及污水池的调节容量、尺寸、布置等。③厂区雨水管道布置，干管管径，是否考虑扩建等；雨水集水池的调节容量、尺寸、布置；雨水泵房布置及尺寸，水泵型式、数量、流量、扬程及电动机功率等。

（9）给水处理：给水处理规划和处理能力，给水处理工艺流程和布置，各处理构筑物主要设计参数、容量配置、数量、布置尺寸等。

（10）污废水处理：生活污水处理系统、工业废水处理系统和煤水处理系统的处理能力、处理工艺流程和布置，各处理构筑物主要设计参数、容量配置、数量、布置尺寸等。

（11）厂址防洪及防护工程：

1）自然条件：地形、地貌、河流、水系等一般自然条件。现有防洪（涝）工程设施、标准、运转使用状况及存在的问题。工程地质条件及当地材料料源、种类。

2）水文气象条件：①位于江、河、湖旁的电厂防洪应说明历史洪水位、流量，设计洪水位、流量、流速，施工洪水位、流量、流速，最大冲刷深度及河流特性等；②位于滨海及河口地区的电厂防护应说明潮汐资料、潮汐特征值、滩地资料、海岸水深、风速、波浪要素等；③位于山区、丘陵区的电厂防洪应说明洪水的流域特征、上游汇流方向、沿程设计洪水流量、下游泄洪能力，有蓄滞洪要求的说明洪水过程等；④位于内涝区的电厂应说明内涝水位。

3）防洪及防护工程方案：①说明设计标准，包括工程级别、设计频率（重现期）、抗震设防烈度；②位于江、河、湖旁的电厂防洪应说明岸线、堤线布置及结构（含走向、堤线长度、堤顶标高、断面形式、防护结构形式、护坡及护脚措施），以及防渗方案、地基处理方案、施工方案或措施；③位于滨海及河口地区的电厂防护应说明设计潮位、设计波浪要素，说明岸线、堤线布置和结构（含走向、堤线长度、堤顶标高、防浪墙顶标高、断面形式、防护结构形式、消浪及防浪措施、护坡、护肩及护底措施）及地基处理方案；围海工程还应说明合龙措施和施工方案；④位于山区、丘陵区的电厂防洪应说明截洪沟、排洪渠、防洪堤的布置及结构（含走向、长度、沟渠顶底标高、堤顶标高、断面形式、护面材料、堤体结构）及消能措施；⑤位于内涝区的电厂应说明防涝围堤的布置（含走向、堤线长度、堤顶标高、断面形式、堤体结构）。

2. 初步设计阶段水工专业图纸目录

——水工建（构）筑物布置形式图（比例为1:5000～1:25000，可与总交专业总体规划图合并）；

——水工建（构）筑物总布置图（比例为1:500～1:2000，可与总交专业总体规划图合并）；

——全厂水量平衡图；

——冷却水系统管道和仪表流程（P&ID）图；

——补给水系统管道和仪表流程（P&ID）图（包含给水处理系统）；

——冷却水系统高程图；

——取水建（构）筑物平面布置图、剖面图（比例为1:100～1:200）；

——取水或深井泵房平面布置图、剖面图（比例为1:50～1:200）；

——厂外冷却水管、沟、渠的平面布置图、剖面图（比例为1:200～1:1000用于直流冷却水系统）；

——排水口平面布置图、剖面图（比例为1:100～1:200，用于直流冷却水系统）；

——地下水或矿井疏干水开采布置图（比例为1:1000～1:50000）；

——厂外补给水管平面布置图、剖面图或路径图（水平比例为 1:1000～1:2000；垂直比例为 1:100～1:200；当管路没有跨越时，可绘制管路的路径图）；

——循环水泵房平面布置图、剖面图（比例为1:100）；

——循环水管、沟、渠布置图（比例为 1:200～1:1000）；

——冷却塔平面布置图、剖面图（比例为1:100～1:300）；

——直接空冷凝汽器平面布置图、剖面图（比例为1:100）；

——直接空冷系统管道和仪表流程（P&ID）图；

——给水处理系统总平面布置图（比例为1:100～1:200）；

——主要给水泵房平面布置图、剖面图（比例为1:100，包括综合水泵房、辅机冷却水泵房等）；

——生活污水处理系统管道和仪表流程（P&ID）图；

——工业废水处理系统管道和仪表流程（P&ID）图；

——大型雨水泵房平面布置图、剖面图（比例为1:100）；

——工业废水处理间平面布置图、剖面图（比例为1:100）；

——厂外水力除灰渣管路平面布置图、剖面图或路径图（水平比例为 1:1000～1:2000；垂直比例为1:100～1:200）；

——灰管大跨越管桥平面布置图、剖面图（比例为1:50～1:200）；

——灰场平面布置图（比例为1:1000～1:2000）；

——灰场围堤纵、横剖面图（比例为1:100～1:500）；

——灰场排水道纵、横剖面图（比例为1:100～1:1000）；

——灰场管理站平面布置图（比例为1:200～1:300，用于干式贮灰场）；

——防洪及防护工程平面布置图（可与总交总体规划图合并，比例为1:500～1:1000）；

——防洪及防护工程纵、横剖面图（比例为1:100～1:1000）。

四、施工图设计阶段

水工工艺专业施工图设计须按照DL/T 5461.13—2013《火力发电厂施工图设计文件内容深度规定　第13部分：水工工艺》的规定执行，水工结构专业施工图设计须按照DL/T 5461.14—2013《火力发电厂施工图设计文件内容深度规定　第14部分：水工结构》的规定执行。

（一）水工专业施工图设计阶段的主要任务

施工图设计阶段是火力发电厂设计的主要阶段，它是在审查后的初步设计文件和外部资料的基础上开展施工图详图设计，对各系统、设备、管道、建（构）筑物等进行全面的安装和施工设计，以满足施工现场设备安装和土建施工的要求。

（二）水工专业施工图设计阶段的工作内容

1. 编写勘测任务书

工程的测量任务、水文气象任务和水文地质任务基本在初步设计阶段已完成，只有需要补充资料或工程方案有调整时，才会重新下达相应的任务。

工程地质勘测任务主要包括厂区水工建（构）筑物、厂址防排洪、贮灰场、灰场管理站、取排水设施、输水管线、水工跨越设施及边坡工程的工程地质勘测。

2. 编写专业项目定制和设计计划书

根据初步设计文件和初步设计审查意见，在施工图设计开始阶段应进行专业项目定制和编制设计计划书，确定工程各系统的主要设计原则和设计内容，进行施工图总图设计，编排施工图卷册目录和设计进度。

3. 辅机设备招标评标

施工图设计阶段，水工工艺专业需根据主要设计原则编制各系统主要辅机技术规范书，用于辅机设备招标，参与辅机设备招标和评标工作，并与中标厂家签订辅机设备技术协议书；组织和参与辅机设备设计联络会，取得满足施工图设计深度要求的系统和设备资料。

4. 编制卷册设计任务书

卷册设计任务书主要包括设计依据，主要设计原则，适用的法律、法规、强条的要求，设计内容及范围，交换资料内容，主要设计图纸目录等。

5. 资料交换

为满足施工图各分册的设计，各专业之间需进行互提资料交换。

6. 施工图设计

根据专业项目定制和设计计划书及卷册设计任务书等确定的设计原则，开展施工图详图设计工作。

（三）水工专业施工图设计内容

1. 水工工艺专业施工图设计内容

火力发电厂水工工艺专业施工图设计是按系统分卷，以卷册为基本设计单位。水工工艺专业施工图卷册设计的主要工作内容是：按照DL/T 5461.13—2013的相关要求，绘制卷册设计范围内的施工图详图，主要应包含设计说明、系统图、建（构）筑物平面布置图和剖面图、设备安装图、厂区室外管道安装图、管道透视图或轴测图、管件制造图、材料表和计算书等。

火力发电厂水工工艺专业按系统一般划分为以下12个卷册来开展施工图设计：

（1）总的部分。

（2）供水系统（包括直流供水系统、循环供水系统、混合供水系统、空冷系统和辅机冷却水系统）。

（3）补给水系统（包括厂外补给水系统和厂内补给水系统）。

（4）原水预处理系统。

（5）消防系统。

（6）煤水处理系统。

（7）除灰渣系统。

（8）室内上下水系统。

（9）室外上下水系统。

（10）生活污水、工业废水处理系统。

（11）雨水排放系统。

（12）灰水回收系统。

2. 水工结构专业施工图设计内容

火力发电厂水工结构专业施工图设计是以水工工艺系统为基础组卷，以卷册为基本设计单位。水工结构专业施工图卷册设计的主要工作内容是：按照DL/T 5461.14—2013的相关要求，绘制卷册设计范围内的施工图详图，主要应包含结构布置图、模板图、留孔埋件图、结构配筋图、设计说明和计算书等。

火力发电厂水工结构专业按系统一般划分为以下12个卷册来开展施工图设计：

（1）总的部分。

（2）供水系统建（构）筑物［包括直流供水系统、循环供水系统、混合供水系统、空冷系统和辅机冷却水系统的建（构）筑物］。

（3）补给水系统建（构）筑物［包括厂外补给水系

统和厂内补给水系统建（构）筑物及跨越、支撑结构]。

（4）原水预处理系统建（构）筑物。

（5）消防系统建（构）筑物。

（6）煤水处理系统建（构）筑物。

（7）除灰渣系统建（构）筑物。

（8）室外上下水系统建（构）筑物。

（9）生活污水、工业废水处理系统建（构）筑物。

（10）雨水排放系统建（构）筑物。

（11）灰水回收系统建（构）筑物。

（12）厂址防排洪建（构）筑物。

第二节 基 础 资 料

水工专业各设计阶段所需基础资料可按照 DL/T 5507—2015《火力发电厂水工设计基础资料及其深度规定》的相关规定提出要求，分阶段根据工程具体情况分别提出水文、气象、地形测量、工程地质和水文地质、地下水水源等基础资料要求。

一、水文资料

1. 初步可行性研究阶段

（1）本阶段应对影响建厂的主要水文资料，通过收集资料与调研，根据需要作出定性或定量分析，提出区域建厂的可能性。

（2）收集当地各行业用水量情况、水资源利用规划情况、水源水质及污染情况、水利工程现状、区域防洪及规划资料。

（3）取得水行政主管部门原则同意使用水源、水量的文件。

（4）多水源供水时，应对各水源联合供水方式进行初步分析。

（5）当采用天然河流为水源时，需收集下列资料：

1）取水口附近水文站简述，包括站名、位置、间距、监测项目、记录年限及高程系统（注明与电厂地形图高程系统的换算关系）。

2）流域水系概况及附图资料，厂址附近支流汇入或渠道引出对电厂取水的影响。

3）水文地理特性，河流的补给来源与特点。

4）通航取水河段航运现状、航运规划。

5）取水河段治导线规划、堤防实达设防标准、河道的综合利用、河道整治及河流其他建筑物等情况。

6）取水河段上游两岸工农业及城市用水与排水的现状和规划。

7）最高水位及相应重现期，初步分析频率为 1%的最高水位、潮位或内涝水位；判断厂址是否受洪涝威胁。

8）最小流量及相应的重现期，初步分析保证率为 97%的最小流量，初步判断水源的可靠程度。

9）最高、最低及年平均含沙量特征值。

10）最高、最低及年平均水温特征值。

11）最高、最低及年平均水位特征值，初步分析保证率为 97%的最低水位。

12）冰情的年特征值，包括初冻、解冻日期，冰厚和流冰等资料。

13）河势变化情况资料，初步分析取水河段的稳定性及取水条件，提出初步分析意见，以及对下一阶段工作的建议。

（6）当采用水库作为水源时，需收集下列资料：

1）流域水系概况及水文特性。

2）水库的资料文件及现实状况，主要包括水库概况，水库特征，以及水库库容、水位、下泄量、年径流量、防洪、调节计算等特征值和主要技术经济指标，水库现状及坝体质量。

3）水库的运行方式、调度运用原则，水库综合利用的现状与规划的有关设施情况，水库在运行与施工中存在的质量问题。

4）水库工农业及城市用水量的现状和规划情况，有关单位对电厂取排水的意见与要求。估算电厂可能利用的水量。

5）水库的泥沙淤积与污染情况、水温特征值、冰冻情况、水生物滋长及养殖情况。

6）水库的容积和相应面积、历年运行水位年特征值、各种特征水位及频率为 1%的最高水位、水库死水位。

7）新建电厂因利用水库作冷却池或供水水源而引起水库改建所增加的工程量、费用与占地面积的估算及其他影响分析。

8）水库的原设计标准、校核标准、实达设计及审核标准与保坝标准。

（7）当采用湖泊作为水源时，除参见水库有关内容外，还需收集下列资料：

1）流域水系概况及水文特性。

2）逐年最高、最低水位和蓄水量特征值。

3）湖水位相应面积和容积资料，估算平衡水位和消落深度。

4）年水面、陆面蒸发量及除水量特征值。

5）工农业用水量和城市用水量等资料。

6）水生物滋长与养殖情况，泥沙淤积及污染情况。

7）洪水期、枯水期、平水期典型年进出水量。

8）电厂可能利用的水量。

9）湖泊作冷却池的影响、存在的问题及有关方面的意见。

10）湖泊水上交通情况。

（8）当以滨海或潮汐河口为水源时，需收集下列资料：

1）厂址附近海域地形图，以及海域水工建筑物规划设计资料。

2）电厂沿岸海洋水文概况，在受海潮影响的指定区域内的最高潮位和最低潮位及相应的重现期。

3）最高潮位、海啸与风暴潮概况。

4）取水区域岸滩的冲淤变化及含沙量，初步判断取水区域的稳定性。

5）潮汐性质、涨落潮情、波浪、冰情、盐度特征值、潮流及流向特征。

6）泥沙的运动规律及取水区域的推移质、含沙量及泥沙特征值。

7）多年潮位特征值、涨落潮潮差和历时特征值。

8）多年水温特征值，取水区域所在水域的污染情况及水产、养殖情况。

9）潮位基面和各基面的换算关系。

10）潮区界（感潮河段的上界，即潮水位影响的最远地点资料）。

11）淡水水源资料。淡水水源可考虑厂址周围的径流、水库、湖泊、城市自来水，以及条件许可时的地下水等。若采用海水淡化的蒸馏法，还须考虑淡水备用水源。

（9）河网区除参考河流部分外，还需收集下列资料：

1）查勘和收集河网水系图及洪、枯蓄水情况。

2）取水河段的纵、横断面图和水面比降，并估算河道过水能力。

3）逐年水位特征值和水质资料。

4）河网化河流上下游与湖泊、水库相连情况和流向变动情况。

5）河系逐年流量、水质特征值。

6）估算取水河段频率为1%的最高水位和保证率为97%的最低水位。

（10）当采用城市污水再生水作为水源时，需收集下列资料：

1）城市生活、工业用水量现状及规划，城市人口发展情况及规划。

2）在建或已建城市污水处理厂或再生水处理厂位置，与电厂的相对位置、距离及高程资料，拟建或已建的污水处理厂设计文件及审批意见。

3）污水处理厂设计处理规模、处理工艺、出水水量和水质，实测处理量、出水量、出水水质和回用情况，评估可用水量，初步分析、评估现状及规划水平年发电厂用水可靠性。

4）可利用的备用水源资料。

5）污水再生水的水价。

（11）当采用矿区排水作为水源时，需收集下列资料：

1）矿区水文地质资料及煤矿疏干排水设计资料。

2）实测矿区排水资料。

3）已建矿区自用水资料、富余水量资料。

4）结合矿区开采规划和排水方式，初步分析可供电厂使用的稳定的最小排水量。

5）对新建矿区，收集矿区设计及矿区排水设计资料，初步分析可利用水量及供水可能性。

（12）厂址防洪排水流量及设计暴雨量计算公式。

（13）收集灰场汇水面积、洪峰流量、洪水总量及设计暴雨量资料。

2. 可行性研究阶段

（1）应在初步可行性研究阶段的基础上进一步收集水文资料，对其中关键性资料进行查勘、分析与计算，提出定量成果，确保水源可靠。

（2）应取得经批复的水资源论证报告及水行政主管部门批复的取水许可文件、用水协议文件。海水水源应取得海域使用论证报告。

（3）应取得港航、防洪、规划、海事等主管部门所管辖范围的有关批准文件。调查水产养殖及水生物分布、类别与滋长情况。补充了解水产养殖的经济效益情况。

（4）应取得水源水质全分析资料及水质年际变化情况资料。对于地表水、再生水，应为一年逐月资料；对于地下水、矿区排水、海水，应为一年逐季资料。对于滨海与潮汐河口工程，还应收集海水盐度、海水腐蚀性资料。

（5）多水源供水时，应明确各水源供水量，并分析论证各水源联合供水方式。

（6）拟建厂址受内涝影响时，应收集内涝设计水位的分析论证资料。

（7）当采用天然河流为水源时，需进一步收集下列资料：

1）流域水系概况、水文地理特性、水文站分布、监测项目、年限和高程基面。

2）查明水利、工农业用水、城市给水以及航运等方面的现状、规划和特性，分析电厂取水的可靠性。

3）频率为 1%与 0.1%的最高水位或防洪控制水位（山区河流可增加其他频率高水位）；保证率为97%与99%的最低水位，夏季97%枯水位；多年逐月最高、平均和最低水位；设计内涝水位。

4）取水河段高、中、低水期平均的水面比降和最大相应平均流速；实测最大流速。

5）全年和炎热季节（一般以 3 个月计）保证率为97%的最小流量（包括受水库调节的放水量等）。取水河段的综合水位–流量关系曲线。多年逐月最大、平均和最小流量，一次最大洪峰洪水总量。

6）分析取水河段的河床演变及冲淤变化规律

（年际与年内）。判断与分析取水河段和局部地带的稳定性（若难以作出判断，应在后阶段设计取得论证分析资料），在复杂的取水河段可借助数值模拟或物理模型试验加以判断。

7）收集河道历史变迁、河势变化及水沙条件等对取水影响的资料。

8）收集或实测有关河道地形图与河段纵、横断面图。对复杂取水河段，在可行性研究完成后即进行3年以上的洪、中、枯水位的地形测量。

9）多年逐月最大、平均、最小含沙量。典型洪水期含沙量过程线，含沙量垂线分布，泥沙颗粒级配曲线、沙波高度及推移质运动特性。

10）最近5年炎热季节频率为10%的日平均水温。多年逐月最高、平均与最低水温。

11）取水河段结冰（解冰）一般日期、最早最晚出现日期，流冰天数，最大流冰密度，封冰天数，以及最大结冰厚度、流冰、冰絮、漂浮物等项调查。

12）河流的现状与整治规划，防洪堤现状和标准。深入收集工农业及城市用水量。

13）航运整治与规划情况、航道位置，并应取得当地水利和航运部门同意的书面协议文件。

（8）当以水库为水源时，需进一步收集及落实下列资料：

1）工农业用水及城市给水的现状和规划，不同时期用水过程线；年径流资料和参数；水量平衡或径流调节计量；设计库容及设计水位（正常库容及水位、最高水位及库容、死水位及死库容），或保证率为97%的枯水年调节水量，并取得水库的设计文件和主要工程特性以及对国民经济的影响。

2）落实水库的水源，确定或分析电厂可用水量及其可靠性。配合水利部门作出新建或改建水库的可行性研究报告，并取得用水协议。收集各项技术经济指标及水库水位与库容、面积的关系曲线。

3）多年逐月最高、平均、最低水温。近5年夏季10%的日平均水温及沿水深垂线的水温分布。

4）当以水库作冷却池时，收集近5年夏季连续最高15天平均水温和相应气象条件、多年最热月月平均水温和相应气象条件、夏季10%的日平均水温及沿水深垂线的水温分布，收集水库养殖情况及微生物种类及繁殖情况资料，分析温排水对水生物的影响。

5）冰厚与封冻、解冻时间及其相应水位。

6）频率为1%、0.1%的最高设计水位，多年逐月平均水位。

7）水库的泥沙淤积与污染情况对电厂的影响，并有水质分析资料。

8）厂址位于水库上、下游时，根据情况需要了解水库回水、库区淤积、水库溃坝和集中排沙等对取水的影响。

9）电厂用水与工农业、城市用水的关系分析，并应取得水库管理部门用水协议及水费协议文件。

（9）当以湖泊为水源时，除参考水库部分内容外，还需进一步搜集下列资料：

1）逐年逐月最高、平均、最低水位及来水量、水温、进出水量特征值，逐年逐月工农业和城市用水量，近5年炎热季节频率为10%的日平均水温。

2）湖水位相应的面积、容积资料，水生物滋长与养殖情况，泥沙淤积情况。

3）闭塞湖泊应计算湖泊平衡水位和趋势近于平衡水位的时间，或者计算湖泊最大消落深度和消落时间，提出正常消落深度、死水位与历史最高水位等。

4）非闭塞湖泊保证率为97%的枯水年水量平衡计算，以及频率为1%的湖泊最高水位计算成果。

5）供水可靠性的论证意见及用水协议文件。

（10）当在滨海与潮汐河口取水时，需进一步搜集下列资料：

1）滨海水文特性。潮汐性质，不同潮型的实测潮流和流向特征；取排水口处不同潮型的实测表层、中层、下层的海流流速及流向和运动规律。

2）典型潮位过程线，各种潮位的历时。历年逐月特征潮位、特征潮差以及涨落潮历时特征值；海啸与风暴潮情况。

3）在指定区域内频率为1%、0.1%的最高潮位和保证率为97%与99%的最低潮位。示明潮位基面和换算关系。

4）涉及范围内的冲淤变化规律，岸滩和取水段稳定性分析。

5）泥沙运动特性（泥沙来源、数量、运动方向和漂沙带范围）。不同潮型的含沙量垂线分布和粒径级配曲线；推移质分析；风浪掀沙及泥沙骤淤情况；厂址附近海湾特征。

6）设计站历年波浪要素资料。取排水口及各工程点处强波向不同周期波高，波浪玫瑰图，波浪破碎带范围，重现期为50年一遇及波列累积频率为1%、5%、13%的波高。根据工程实际分析说明相应浪爬高，必要时开展数值模拟和物理模型试验。

7）指定断面水温、盐度沿水深的分布，冰凌情况及其特征值。

8）多年逐月最高、平均、最低潮位及水温和盐度。近5年炎热时期频率为10%的日平均水温。

9）冰凌、冰坝情况及其特征值。

10）海生物分布、类别与滋长情况，水质资料。

11）航运部门对取排水口的要求及岸线规划文件，港务监督等部门对取排水口位置的同意文件。

（11）当在河网区取水时，除参考河流部分外，还需进一步搜集下列资料：

1）取水河段纵、横断面图，水面比降及糙率等。

2）多年逐月最高、平均、最低水位，保证率为97%的枯水位时相应的河道过水能力，频率0.1%、1%的最高水位。

3）河网上、下游湖泊串联情况，流向变动情况，河网面积占河网地区的比例。枯水水源的流向、流量。

4）通航河网对取排水口的要求及河道管理部门同意取水的文件。

（12）当采用再生水作为水源时，需进一步收集下列资料：

1）城市生活、工业用水量现状及规划，城市人口发展情况及规划。城市污水、工业废水的来源和水质构成、排放量、排水水质、回收利用情况。

2）在建或已建城市污水处理厂或再生水处理厂的位置，与电厂的相对位置、距离及高程资料，拟建或已建污水处理厂的设计文件及审批意见。

3）污水处理厂设计处理规模、处理工艺运行情况、出水水量和水质监测情况、污水回用情况，评估可用水量，分析、评估现状及规划水平年发电厂用水可靠性。

4）市政管理部门对电厂用水的意见及供水协议落实情况。

5）备用水源的可行性论证资料。

（13）当以矿区排水为水源时，需进一步核实下列资料：

1）矿区水文地质及煤矿疏干排水设计资料，包括矿井开采规划、矿区水文地质勘察资料、水资源论证资料；矿区排水补给范围、边界条件及影响范围，水文地质特征及补给水量。

2）实测矿区排水资料。

3）已建矿区自用水资料、富余水量资料。

4）结合矿区开采规划，分析可利用水量。

5）新建矿区设计及矿区排水设计资料，分析可利用水量及供水可靠性。

（14）当电厂采用直流式或冷却池供水系统时，温排水数值模拟及物理模型试验需补充下列资料：

1）多年夏季10%的自然日平均水温。

2）多年逐月平均水温、水位及流量。

3）取排水范围内河流断面实测水温。

4）流量与流速水面线。

5）感潮河流，大、中、小潮的潮位过程及潮量、潮流量，上游径流来水量，含盐量垂直分布资料。

6）水库或湖泊的水位、面积和容积关系曲线。

7）气象资料。

（15）有特殊要求时需收集的水文资料（可根据工程实际需要选用及增加）：

1）河道水面曲线。

2）日平均流量历时曲线。

3）区间洪水及洪水组合分析。

4）湖泊、水库作为供水水源时的水文分析。

5）天然河道的水量平衡计算。

6）河网化河道过水能力分析。

7）潮汐河道流速、水温测量及有关水文分析。

8）为满足模型试验要求的其他特殊水文项目。

（16）厂区、灰场排洪、运灰道路和外部管线工程，需进一步收集下列水文资料：

1）各厂址、灰场排洪不同频率的洪峰流量及洪水流量过程线和一次性洪水总量；各厂址及平原灰场内涝水位。

2）不同频率的设计洪水计算或不同历时的设计暴雨计算。

3）岸滩灰场对河道泄洪的影响分析，以及设计洪水、水面线流速。

4）道路、管沟跨河的设计洪峰流量及相应的水位、流速、水深和自然冲刷深度；通航河道对过河设施的要求。

5）邻近灰场的铁路、公路和堤防等设施现状和规划情况。

3. 初步设计阶段

（1）在厂址审定的基础上，进一步进行调查、收资、分析与计算，取得可靠的基本资料，对前阶段的成果数据加以充实与论证，全面准确地提供水文设计数据。对于复杂地区，应进行专门的勘测，外部条件发生变化时应补充勘测，以弥补现有资料的不足，必要时补充前阶段数值模拟或物理模型试验深度及范围，以满足初步设计的需要。

（2）当以天然河流为水源时，需补充落实水源概况、流量、水位、流速、泥沙、波浪、水温、水质等特征参数；落实取水河段的泥沙情况及冲淤变化和河段河床演变情况；落实取水河段及防洪堤防情况；落实冰情、水草、水生物情况以及对取水的影响分析和供水可靠性分析；落实水利、航运、环保等主管部门对电厂取排水设施的意见。需核实或补充下列资料：

1）水位与比降：①取排水口处频率为1%、0.1%的最高设计水位；保证率为97%、99%的最低水位。②施工期间频率为5%、10%的洪水位。③频率为2%的浪高，可采用重现期为50年、波列累积频率为1%的波高乘以折减系数0.6～0.7后的波高值。④丰水、平水、枯水（保证率为97%）典型年水位过程线。⑤典型年最高、最低水位持续时间，洪水涨落的最大水位变速。⑥典型年中月平均气温低于–3℃的时间内水位变化而产生的冻融交替次数，寒冷季节水位涨落次数及变幅（按最不利情况考虑）。⑦相当于设计洪水位、枯水位的水面比降或水面曲线。

2）流量与流速：①频率为1%的最大流量和保证率97%的最小流量。施工期间频率为5%、10%的最大流量。丰水、平水、枯水（保证率为97%）典型年流量过程线。②对循环式供水系统，若河流枯水流量小于电厂补给水量，应提供河流枯水流量过程线及河道冰封期等（供确定蓄水设施与蓄水容量）。③设计典型年的流量–水位过程线或历时曲线，典型年取排水口的水位–流量关系曲线。④取水口附近指定断面或位置的最大流速、平均流速及垂线流速分布。洪水涨落的最大水位变速（含出现时间）。

3）泥沙与河床稳定性：①取水口附近最大含沙量和泥沙颗粒级配曲线、断面含沙量垂线分布；典型年含沙量过程线或历时曲线。②以高含沙量、高浊度河流作电厂补给水源时，应分别提供含沙量连续出现超过100、20、10、5kg/m^{3}的持续时间，沙峰过程线及泥沙颗粒级配。如在短期内连续有两个至数个沙峰期，则还应提供相应的沙峰过程线和历时曲线。③河床推移质运动特性和河道漂浮物情况。④分析河道演变情况、河势变化、水沙条件、边界条件，以及取水口附近河床的稳定性、冲淤变化特性（年际、年内）；充分论证取水的可靠性、泥沙的运动规律及其影响；河床的最大冲刷深度和最大淤积高度及其变迁情况。⑤实测取水河段纵、横断面图（含取水口横断面）及河床地形图。

4）水温：①多年逐月水温特征值、夏季连续15天平均水温（河网冷却）、水体的水温分布。②取水口前日平均水温垂线分布。③极端最高水温、多年（或最近5年）最炎热时期（一般以3个月计）频率为10%的日平均水温。

5）冰情：①流冰的分布、运动规律、堆积、冰坝、冰塞等情况及其对取水口的影响。②流冰的冰块、冰凌、冰渣、冰絮等的运动规律及分布情况。③封冻与解冻时期、结冻厚度、流冰期天数（含始终时间）。④流冰最大体积及相应水位和最大流速。

6）其他：①河流漂浮物的来源、类别、数量、尺寸；河流的污染程度和水生物的分布情况。②水质全分析资料：悬浮物含量（mg/L）、pH值、碳酸盐硬度（mol/m^3）及浑浊度等（按循环水、化学水、生活饮用水水质标准要求）。③取水口上下游其他相关的取排水口分布，以及排水量、水质、水温对电厂取水的影响。

（3）当以水库为水源时，应核实流域水系、水库概况及水文特性，水库防洪标准、设计库容、调蓄库容、设计水位、死水位等各项设计特征参数，水库供水对象、供水量、保证率，水库来水泥沙分析情况及水质情况；分析水库供水可靠性；落实水利、交通、环保等主管部门对电厂取排水设施的意见，并核实下列资料：

1）典型年水位过程线。年调节水库、枯水年进流库水量及水位过程线。

2）设计波高（与河道设计波高要求相同）。

3）水量平衡、径流调节和水库回水的补充计算。

4）水库溃坝洪水及其演进的深入计算（厂址或取水建设物位于坝下时）。

5）对水库上游回水区及库内取水，应提供库区淤积形态及高滩深槽现象。

6）水库冰情的进一步了解情况。

7）在水库下游取水时，应提供水库近期及远期的泥沙出流情况。

8）施工水位的分析计算。

9）以水库为冷却池时，各月最高与最低水位。

（4）当以湖泊为水源时，应核实流域水系、湖泊概况及水文特性，湖泊容量、可调容量及水位，湖泊供水对象、供水量、保证率，湖泊来水泥沙分析情况，水质情况；分析湖泊供水可靠性；落实水利、交通、环保等主管部门对电厂取排水设施的意见。除参考水库部分内容外，还需搜集下列资料：

1）典型年湖泊水位过程线。

2）湖泊频率为1%、0.1%的最高水位和保证率为97%的最低水位计算。

3）水位、面积与容积的关系曲线。

4）淤积与冰情的深入了解情况。

5）以湖泊为冷却池时，各月的最高与最低水位。

（5）当以滨海与潮汐河口为水源时，应核实沿岸海洋概况、潮汐性质、涨落潮情况；落实波浪、潮位、海啸、盐度特征值、水温、水质、潮流及流向特征；落实冰情、水草、海生物及漂浮物情况及影响；分析滨海与潮汐河口取水可靠性；落实防洪、航运、海洋、海事、环保等主管部门对电厂取排水设施的意见，并充实下列资料：

1）潮汐河口的实测流量、潮量、潮流及流向，上游径流来水量。

2）最高、最低潮位频率曲线及频率为1%、0.1%的最高潮位，保证率为97%、99%的最低潮位。

3）典型年潮位累积频率曲线（历时曲线）及典型潮位过程线。

4）指定范围的最高潮位时，累积频率为1%、5%、13%，重现期为50年一遇的最大波高及相应波长、周期；波浪破碎带的宽度。

5）取水口处泥沙淤积状况。岸滩泥沙运动特性（动力、运移形态、方向等），沿岸输沙量，沿岸悬移质含沙量垂线分布，泥沙粒径级配曲线，推移质颗粒分析。

6）近5年热季频率为10%的日平均水温频率曲

线、水温沿垂线分布。

7）漂浮物的类别、尺寸、数量与分布情况。

8）冰凌特征资料。冰冻期、冰厚、冰的宽度、流冰块尺寸及相应流速、方向、堆积位置与高度。

9）施工时段频率为5%、10%、20%的潮位及其历时。

10）取水段附近港口、码头及其航运情况。

（6）河网区相关资料：

1）频率为 1%、0.1%的最高水位及相应过水能力，保证率为97%、99%的最低水位及相应的过水能力。

2）其他参照河流部分有关内容。

（7）当以再生水为水源时，应核实污水处理厂污水来源及水量、污水管网建设、污水厂处理能力及处理工艺、水质、电厂可用水量及供水可靠性分析；落实供水协议、备用水源情况及相关的供水可靠性分析等资料。此外，尚需落实以下资料：

1）不少于 12 个月的出水水质、水量观测资料。

2）出水水量月、日、时变化规律，水量保证程度。

（8）当以矿区排水为水源时，应核实矿井分布、设计和规划开采量；落实设计排水水量、实际可供电厂水量、矿区排水系统运行方式、矿区排水水质及供水设施、矿区排水资源量及保证程度的详细评价论证资料等；核实矿区主管部门同意电厂用水的协议文件。

（9）厂址、灰场排洪、运灰道路和外部管线工程需核实下列水文资料：

1）厂址排洪流量。

2）山谷灰场设计洪水频率下的最大下泄流量、洪水总量、洪水过程线。平原灰场设计暴雨量。灰场溃坝对附近农作物等的影响。

3）山谷灰场灰坝洪水位频率为 1%、2%、5%、0.2%与 0.5%，据情选定。

4）滩涂灰场的设计暴雨最高水位、设计波高、设计流速、水面曲线及滩涂灰场的自然冲刷深度。

5）江、河、湖、海滩涂灰场灰堤设计，其最高潮位（洪水位）重现期为30、50 年或 100 年一遇；风浪重现期为 50 年一遇，根据 DL/T 5339《火力发电厂水工设计规范》中规定的灰场级别选定。

6）运灰道路、管沟跨越河槽频率为 50%、1%、0.1%的设计最高水位及与管桥方案相适应的设计流速。漂浮物的类别、大小。跨河处的河道变迁，河床、岸边稳定性分析，河道自然冲刷深度。

7）山谷型干灰场截洪沟应补充落实频率为 10%的洪峰流量、洪水过程线。

8）当山谷型干灰场需要设置拦洪坝时，应根据灰场级别收集洪水位频率为 1%、2%、3.3%、0.2%与 0.5%的水文资料。

4. 施工图设计阶段

按照施工设计要求进行下列水文气象工作，并对前阶段的水文资料进行必要的补充和复核：

（1）提供施工围堰设计洪水、设计流速数据以及选择施工时期所需的水文气象资料。

（2）灰场位置变动或新增灰场，灰场排水路径的建议，灰管跨越河槽的冲刷计算，洪水数据和查勘工作等。

（3）设计条件、方案变更，施工图设计应对某些水文气象设计数据进行审查和做进一步分析论证工作。

（4）对可行性研究阶段的专门水文气象观测，必要时可在本阶段继续观测、积累资料。

（5）因水文条件发生特殊变化，应进行项目修改或补充。

（6）对影响安全的特别重大问题，应进行深入的补充工作。

二、气象资料

1. 初步可行性研究阶段

（1）本阶段应初步落实与水工设计有关的气象资料，广泛收集各厂址区域相关气象资料，初步分析统计有关气象要素。

（2）需收集各厂址区域参证气象站（台）的概况，主要内容包括气象站（台）名称、地理位置、地形地貌、观测年限、海拔、风速仪标高等，并分析观测资料的代表性。

（3）需收集参证气象站及厂址所在地区的气候特点、气象灾害情况。

（4）应收集参证气象站气象资料并注明极值发生时间，其主要内容应包括：

1）气象站（台）的概况与地区气候概况。

2）累年月最高、最低、平均气温，极端最高、最低气温（注明出现时间）；最近 5～10 年最热 3 个月频率为 10%的日平均湿球温度及相应干球温度、相对湿度和气压。

3）累年最高、平均、最低气压与相对湿度。

4）累年最大、平均风速及其风向（含出现时间）；全年、夏季和冬季的风玫瑰图。

5）累年平均、最大与最小降水量。

6）累年最大与平均土壤冻结深度。

7）累年最大积雪及平均积雪深度。

8）累年各种天气日数：沙暴、雨、雷暴、雾、积雪、大风以及日照日数（时数）。

（5）对于采用空冷系统的电厂，还需收集以下气象资料：

1）典型年逐时干球温度累积频率统计表及相应的累积频率曲线图；最近 5 年逐时干球温度累积频率统计表及相应的累积频率曲线。

2）气象站近 10 年全年风频、风向、平均风速、最大风速统计成果表及其风玫瑰图。

3）气象站近10年夏季风频、风向、平均风速、最大风速统计成果表及其风玫瑰图。

4）气象站近10年风速大于或等于3m/s的各月各风向频率统计表及风玫瑰图，最热3个月风速大于或等于3m/s的风玫瑰图，气温不低于26℃及风速大于或等于3、4、5m/s的风频、风向统计成果表及其风玫瑰图。

2. 可行性研究阶段

（1）本阶段的主要任务是进一步落实与建厂有关的气象条件。全面收集各拟选厂址区域相关气象资料，全面提供水工设计所需气象设计值。

（2）收集提供各厂址区域参证气象站（台）的概况，主要内容需包括气象站名称、地理位置、地形地貌、观测环境、观测年限、海拔、风速仪观测高度以及观测资料的代表性。

（3）收集参证气象站及厂址所在地区气候特点、历史气象灾害情况等；进行台站与工程点气候条件关系分析。

（4）在初步可行性研究的基础上，进一步收集、统计并分析计算常规气象资料，其成果主要包括以下内容：

1）累年平均、极端最高、最低气温。

2）累年平均、最高、最低气压。

3）累年平均、最低相对湿度。

4）累年平均、最大与最小降水量。

5）累年平均年蒸发量。

6）累年平均风速、实测最大风速。

7）累年全年、夏季、冬季各风向频率及静风频率（风玫瑰图）。

8）累年各种天气日数：沙暴、雨、雷暴、冰雹、积雪、大风以及日照日数（时数）。

9）累年逐月气温、气压、相对湿度、降雨量、水气压、蒸发量、风速等。

10）累年最大、平均冻土深度。

11）累年最大、平均积雪深度。

12）50年一遇、100年一遇离地10m高10min平均最大风速及相应最低气温。

13）50年一遇、100年一遇基本雪压。

14）30年一遇最低气温及相应的离地10m高10min平均最大风速。

15）最近10年最多冻融交替循环次数（即1年内气温从+3℃以上降至−3℃以下，然后再回升到+3℃以上的交替循环次数）和最冷月平均气温。

（5）有近期湿球观测资料的湿式冷却塔气象参数计算，需收集最近5年炎热时期（一般以3个月计算）逐日湿球温度，计算频率为10%的湿球温度及相应的日平均干球温度、相对湿度、风速和气压。

（6）无近期湿球观测资料的湿式冷却塔气象参数计算，可选用气象学公式法、气象要求相关法、查表法、差值法等多种方法推算湿球温度，并宜与该站或附近气象站历史实测湿球温度计算成果相比较，分析后采用。

（7）对于采用空冷系统的电厂，工程地点地形条件复杂或不能确切分析参证站资料对工程点的代表性时，需在工程地点设立空冷气象临时观测站进行对比分析。观测期为一个完整年，对与当地气象站之间的风速、风向、气温、气压、相对湿度等的相关性进行分析，对风速、风向、气温等要素进行修正，重建合理的空冷气象条件分析成果，并对参证站资料与观测站资料进行代表性、一致性、合理性分析。

（8）对于采用直接空冷系统的电厂，对初步可行性研究阶段提供的各项气象参数进行修正后，还需提供以下气象勘测资料成果：

1）典型年逐时干球温度累积频率统计表及相应的累积频率曲线图。

2）最近10年全年及热季各风向频率、平均风速、最大风速统计表及风玫瑰图。

3）最近10年全年及热季风速大于3m/s的各风向频率及风玫瑰图。

4）最近10年全年及热季10min平均风速大于或等于3、4、5m/s且气温不低于26℃的各风向频率及风玫瑰图。

5）厂址10m、1/2空冷平台高度和挡风墙顶部高度历年全年及最热3个月各风向下的平均风速、频率及风玫瑰图。

6）厂址10m、1/2空冷平台高度和挡风墙顶部高度逐时风速大于或等于3、4、6、8m/s（风速间隔可根据实际厂址条件取值），气温不低于26℃（气温可根据实际厂址条件取值）的各风向下的平均风速、风频及风玫瑰图。

7）厂址临时气象站实测年10m、1/2空冷平台高度和挡风墙顶部高度最大5次风对应的干球温度。

8）当地气象站近10年10min平均风速大于或等于8、12、16、20m/s累计小时数统计（风速间隔可根据实际厂址条件取值）。

9）当地气象站及厂址临时气象站实测年10m、1/2空冷平台高度和挡风墙顶部高度实测风速大于或等于8、12、16、20m/s累计小时数统计（风速间隔可根据实际厂址条件取值）。

（9）对于采用间接空冷系统的电厂，应提供典型年逐时干球温度累积频率曲线及统计表，必要时需收集或观测空冷塔处气温垂直变化、风速垂直变化等资料。对夏季大气100、150、200m高逆温分布和变化情况进行分析。

3. 初步设计阶段

（1）本阶段气象勘测的主要任务为复核推荐厂址

水工气象条件。在可行性研究的基础上，补充气象查勘与专题研究，全面提供推荐厂址的气象参数设计值。

（2）滨海电厂采用最冷月平均气温。

（3）保证率97%枯水年的逐月平均降雨量、蒸发量。

（4）地区暴雨强度计算公式、最大日降雨量及多年最大暴雨量和历时。

三、地形测量

1. 初步可行性研究阶段

（1）收集包括水源、取排水口、灰场位置和厂址位置关系的地形图（比例为1:10000或1:50000）。

（2）收集港区图或沿岸海图（比例为1:25000或1:50000）。

（3）收集河床地形图或航道地形图（比例为1:5000或1:10000）。

（4）应调查了解灰场、水源地的用地现状及类型，以及与土地利用总体规划的关系及拆迁工程量。

（5）使用属于国家秘密的基础测绘成果地形图，应符合《中华人民共和国保守国家秘密法》。

2. 可行性研究阶段

（1）测量厂址地形图（比例为1:10000或1:25000）。其范围包括厂区、水源地、取排水口、管线、运灰道路和灰场等。

（2）当从江河取水时，需测量多年河道形势图（比例为1:10000或1:50000）；多年河床地形图与航道河床地形图（比例为1:5000～1:10000）；需测量取排水设施区域地段河道水下地形图（比例为1:1000或1:2000），测至频率为0.1%的最高水位以上并包括陆地取排水设施区域。

（3）当从滨海与潮汐河口取水时，需测量取排水口海域地形图（比例为1:1000或1:2000），宜测至频率为0.1%的最高潮位以上并包括陆地取排水设施区域，水下宜测至保证率为99%的最低潮位以下3～10m，海床坡降较缓时宜取小值，海床坡降较陡或地形变化较大时宜取大值。

（4）当从水库或湖泊取水时，需测量取排水口区域库（湖）底及岸线地形图（比例为1:1000或1:2000），测至频率为0.1%的最高水位以上。

（5）冷却池地形图（比例为1:2000或1:5000），并标出与厂的位置及标高关系。

（6）地下水取水建筑物的地形图（比例为1:10000或1:25000），标出现有深井、宽井等位置。

（7）当采用城市再生水水源时，需收集或测量取水构筑物区域地形图（比例为1:2000或1:5000）。

（8）当采用矿区排水水源时，需收集或测量取水构筑物区域地形图（比例为1:2000或1:5000）。

（9）需收集或测量贮灰渣场地形图（比例为1:2000或1:5000），测至最终库容高程以上。

（10）地形图的高程和坐标系统应与厂区取得一致，或取得换算关系公式。

3. 初步设计阶段

除可行性研究阶段所需资料外，还须补充下列资料：

（1）当采用江河取水水源时，需有取水泵房、取排水口地段的陆域和水下地形图（比例为1:500或1:1000）；当河床变化剧烈时，宜测量洪水前、后的水下地形图。必要时水下地形图的比例可采用1:200。在取水口中心线及上、下游各测至少一条河床横断面图（比例为水平向1:500、垂向1:50）。

（2）当采用海滨与潮汐河口取水水源时，应测量包括取水泵房、取排水口的陆域和水下地形图（比例为1:500或1:1000）。在取水口中心线及两侧各测至少一条海床横断面图（比例为水平向1:500、垂向1:50）。

（3）当采用水库或湖泊取水水源时，应测量包括取水泵房、取排水口的陆域和水下地形图，比例宜采用1:1000。

（4）当采用城市再生水水源时，需测量包括蓄水池、升压水泵房区域等地形图，比例宜采用1:1000。

（5）当采用矿区排水水源时，需测量包括蓄水池、升压水泵房区域等地形图，比例宜采用1:1000。

（6）当采用地下水水源时，需测量或收集井群区域地形图，比例宜采用1:2000～1:10000；需测量取水泵房、蓄水池区域等地形图，比例宜采用1:1000。

（7）需收集或测量取排水冷却池坝址地形图和冷却池进排水沟（渠）道地形图（比例为1:500～1:1000）。

（8）需收集或测量贮灰渣场地形图，比例宜采用1:1000或1:2000。

（9）需收集或测量灰坝、回收灰水泵房、排水设施及管站地形图（比例为1:500或1:1000）。

（10）需收集或测量厂外循环水管沟带状地形图（比例为1:500或1:1000）。带状地形图宽100～200m。需测量厂外循环水管沟纵断面图，纵向比例宜采用1:500或1:1000，垂向比例宜采用1:50或1:100。纵断面图上需详细标出交叉构筑的位置和标高，如铁路、渠道、管道等。地形复杂的局部地段宜增测横断面图，水平比例宜采用1:200，垂向比例宜采用1:50。

（11）需测量取排水明渠带状地形图（比例为1:500或1:1000），带宽100～300m；需测量取排水明渠纵断面图，纵向比例宜采用1:500或1:1000，垂向比例宜采用1:50或1:100。

（12）需测量厂外补给水管、水力除灰管和回收水管带状地形图（比例为1:1000或1:2000），带宽100～150m；需测量厂外管线纵断面图，纵向比例为1:1000或1:2000，垂向比例为1:100，并详细标出交叉构筑物的位置和标高。

（13）需测量厂外管线的中继泵房、管线调压池或渠道建（构）筑物，宜测 1:500 或 1:200 地形图。

（14）需测量运灰道路带状地形图，条带应测至最终堆灰标高，比例宜采用 1:1000 或 1:2000，带宽 100～150m。对于地形复杂的区域，应测量运灰道路纵断面图，纵向比例宜采用 1:1000 或 1:2000，垂向比例宜采用 1:100 或 1:200。

（15）需测量厂址防排洪设施地形图，比例宜采用 1:500 或 1:1000。

（16）上述测量图一般施工设计在初步设计中一次完成，必要时，亦可将 1:500 或者 1:200 的地形图安排在施工设计时进行。

四、工程地质

（一）初步可行性研究阶段

（1）有关区域地质、构造地质及工程地质条件概略评述。对拟建水工建（构）筑物场地的稳定和地基条件的初步评价。

（2）水工建（构）筑物范围内的地基岩土性质、不良地质现象和地下水情况，以及对建有关水工建（构）筑物适宜性的意见。

（3）地区的地震基本烈度及近期地震活动资料。

（4）灰场工程地质特性、成库条件、场地断裂构造、压矿与压文物古迹的可能性，并初步了解筑坝地段沟谷覆盖层厚度和岩土性质以及附近的筑坝材料等情况。

（5）地区的一般建筑及水工建筑经验。

（二）可行性研究阶段

1. 取水构筑物及水泵房

（1）拟建取水构筑物和水泵房地段的地质构造、河床和河岸稳定性及地层均匀性；有无较大障碍物，有无不利的工程地质问题；对场地工程地质条件的基本评价，以及对建取水构筑物和水泵房适宜性的基本意见。

（2）建（构）筑物地区的地质钻孔资料。

（3）岩、土的主要物理力学性质指标：地基承载力、抗剪强度、压缩模量，以及基岩面标高与风化程度、地下水埋藏条件和对基础的影响等。

（4）不良地质现象及其成因、危害程度和发展趋势的判断，以及防治的初步意见。

（5）进一步明确地震基本烈度。当基本烈度大于或等于 7 度时，应划分场地岩土类型和建筑场地类别，必要时还应有判定地基液化特性的资料。

（6）滨海与潮汐河口取水时，应有水下基岩和软土的等深线图。

2. 厂区水工建（构）筑物

厂区水工建（构）筑物，在可行性研究阶段可用土建专业厂区地质资料，不另提要求。

3. 贮灰场

（1）对贮灰场范围内的工程地质特性、成库条件及坝址的稳定性与适宜性的工程地质基本评价。

（2）库区的工程地质调查资料，判断有无对拟建坝型不利的工程地质问题和库岸失稳的可能性；不良地质现象成因、发育程度和防治的初步意见。

（3）灰场水文地质条件及库区渗漏的可能性判断资料。

（4）筑坝地段的工程地质测绘资料，必要时可要求地质钻孔资料及地基土的主要物理力学指标，如地基承载力、抗剪强度和渗透系数等。

（5）可能采用的筑坝材料的来源、储量及其土质情况。

（6）灰场区域的压矿、小煤窑采空区、塌陷区、古洞穴及泥石流等情况。

（三）初步设计阶段

1. 取水构筑物及水泵房

（1）取水构筑物及水泵房地段河岸或山坡稳定性，地下水位及与河水的补给关系，不良地质现象的分布范围及处理建议。

（2）取水构筑物及水泵房地段的小区域大比例尺（1:1000 或 1:500）工程地质测绘图，以及其地质地貌变迁情况的调查资料。

（3）取水构筑物及水泵房建筑范围内沿主要构筑物轴线的地质剖面图和柱状图。

（4）岩基的岩性、产状、风化程度、夹层情况、节理和裂隙的分布、填充物的性质以及岩石的主要物理力学指标，如重度、抗压强度、抗剪强度、牢固系数等。

（5）各层地基土的主要物理力学指标，如承载力、重度、内摩擦角、黏聚力、压缩模量、渗透系数、天然含水量和孔隙率等。

（6）对软弱地基采用桩基的技术可能性，初步查明桩基持力层的岩性、埋深、层厚及下卧层的性质。

（7）对拟建拦河溢流坝和需进行整治的河床、河岸的地质条件、基岩面标高和坝肩稳定性的初步评价。

（8）当水源为海洋时，除有与内河取水相同的资料要求外，还应有取水口附近海底松散地层的分布范围、组成和颗粒百分比等资料。当有引水渠和前池时，应有岩石的性质及其推荐的稳定边坡值。

2. 冷却塔和循环水管、沟

（1）冷却塔地基稳定性初步评价及定位钻孔资料。当地基需作处理时，应查清塔区地质情况。

（2）循环水管、沟，在初步设计阶段可用厂区的地质资料，不另提要求。遇有特殊地质条件时，应视需要予以增补。

3. 厂外管、沟及渠道

（1）沿线地层岩土生成条件、颗粒组成、渗透性和地质钻孔资料，不良地质现象及其范围和整治的建议。

（2）各段地基土的主要物理力学指标，如重度、内摩擦角、黏聚力、压缩模量、弹性模量、泊松比、含水量、渗透系数和地基承载力等。

（3）地下水类型及埋藏条件。

（4）地基土的最大冻深及冻胀性能。

4. 隧洞

（1）对隧洞洞口岩体稳定性和成洞条件的初步评价。

（2）沿隧洞轴线的大比例尺（1:500 或 1:200）工程地质测绘图。

（3）隧洞通过地段的地层结构、岩土性质，有无断层破碎带和软弱结构面；地下水埋藏条件和活动特征；不良地质现象的分布和发育程度；进、出口洞脸推荐的放坡比。

（4）隧洞岩体的重度、抗压强度、牢固系数和岩体的弹性抗力系数指标。

5. 排水构筑物

（1）对排水构筑物建筑地段的工程地质条件及河岸或山坡稳定性的初步评价。

（2）排水口河床和河岸地质构造、岩土成层状态及主要物理力学指标，如重度、内摩擦角、黏聚力、渗透系数和地基承载力等；不良地质现象及处理建议。

（3）排水构筑物建筑范围内的地质钻孔资料。

6. 贮灰场及灰管、沟

（1）贮灰场范围内地质构造，岩、土成因类型，地下水类型及埋藏条件，不良地质现象范围、危害程度及处理建议。

（2）灰坝坝基坝肩的工程地质条件。坝址存在的主要工程地质问题和处理措施建议。坝基的地质钻孔资料。坝基土的主要物理力学指标，如承载力、重度、内摩擦角、黏聚力和渗透系数等。排洪设施地段的工程地质条件及其稳定性。对河、海、滩（涂）灰场，还应有地基土颗粒组成资料。对彩矿塌陷区灰场，应查明塌陷区岩层及地表移动规律，并提供地下采矿位置。

（3）筑坝材料产地、储量及其主要物理力学指标，如土的重度、内摩擦角、黏聚力、渗透系数和含水量等。

（4）灰管沿线的工程地质条件。灰管跨越构筑物地段地质构造、岩土性质、承载力及边坡稳定性。

（5）采用灰渣筑坝技术的子坝加筑工程，应具备以下资料：

1）本灰场灰渣的沉积特性、排水固结情况、沉积灰渣作为子坝坝基的工程地质评价及灰渣作为子坝材料的建筑性能评价。

2）取坝前有代表性的灰样，进行灰渣特性的基本参数测试，以及颗粒分析、物理分析、力学性质分析及原位测试。颗粒分析应提供粒径组成、平均粒径、限制粒径、有效粒径和不均匀系数。物理分析应提供天然含水量、天然密度、干密度、天然孔隙比、孔隙率、饱和度、相对密度、垂直及水平渗透系数。力学性质分析应提供压缩系数、压缩模量、快剪和固结快剪的内摩擦角和黏聚力。原位测试应提供标准贯入深度、击数、静力触探深度、比贯入阻力及灰渣层的允许承载力。

3）在地震烈度大于或等于 7 度的地区，应对坝体进行液化可能性评价，并进行灰坝静动力特性试验，提供静、动力分析所需的计算参数，具体内容见 DL/T 5045—2006《火力发电厂灰渣筑坝设计技术规定》中附录 B。

4）寒冷地区灰渣的冻结深度。

（四）施工图设计阶段

1. 地表水取水构筑物及水泵房

（1）取水构筑物及水泵房等建筑范围内，沿主要建（构）筑物轴线应有相应的地质纵剖面及横剖面图（采用沉井法施工时，还应增加沿沉井四周的刃脚线），并应有足够的钻孔数量。

（2）各地层岩、土的物理力学指标。其中，土基应包括土的重度、内摩擦角、黏聚力、土粒相对密度、孔隙比、含水量、压缩系数、压缩模量、渗透系数和地基承载力等指标。在软弱地基，尚应有详细的关于计算地基变形所需的资料。岩基应包括重度、抗压强度、抗剪强度、牢固系数、压缩模量等。对土的抗剪强度，应分别有饱和固结不排水的抗剪强度（c）、内摩擦角（φ）和固结排水的有效强度指标。

（3）取水构筑物和水泵房基础底面混凝土与地基土或岩石的摩擦系数，对重要建筑物，宜提出做试验确定。

（4）取水构筑物和水泵房地区的冻深资料。地下水位、特征及对混凝土的侵蚀性；是否属湿陷性黄土或胀缩性土地区及其处理措施建议。

（5）放置在河床中的构筑物，应有计算河床的可能最大冲刷深度的资料，具体包含该处河床质的性质、分层厚度、颗粒组成、平均粒径，以及基岩面标高、风化程度、岩土物理力学指标和沿构筑物轴线的地质纵（横）剖面和地质钻孔图等。

（6）对拦河溢流坝（包括水闸）坝基、坝房的稳定性和渗透性的工程地质评价。包含基岩的岩性、产状、岩溶情况，节理、裂隙发育程度，软弱层和透水层情况；沿坝轴线及沿消力池中心线的地质剖面图。必要时，应有对坝基软土层触变性的评价。

（7）必须进行整治、加固的河床、河岸的地质构造、土壤颗粒级配和岸滩钻孔资料、泥石流资料、塌岸区及渗漏区的范围预测资料等。

（8）当地震烈度大于或等于 7 度，地基存在弱软土层和岩石软弱夹层时，应有判定地基液化和震陷可能性的资料。

（9）针对不同的施工方法和采用人工地基情况，

还应分别取得建筑场地的下列资料：

1）当采用明挖施工时，应按基坑边坡的稳定性提供允许开挖边坡值，并有基坑周边和基底土壤的渗透系数、地下水位及其对施工可能产生的不利影响；当施工排水时，因水位降低，对地基土天然结构及基坑边坡稳定性的影响，以及对河道取水建（构）筑物施工基坑周边地基渗漏的评价。

2）当采用沉井、沉箱或地下连续墙等方法施工时，应着重了解地层的均匀性（对大块碎石或卵石层，应了解层厚、粒径大小、级配和渗水量情况）。查明地基内有无较大障碍物和有害气体，判定其正常下沉的可能性。此外，还应取得各层土的极限承载力及其与沉井、沉箱墙壁的摩擦力等资料。

3）当采用人工地基时，对桩基应着重了解桩基持力层的岩性、埋深和整体稳定性，各地层土壤分布、层厚、特性、下卧层性质和分布规律、沉桩难易程度及沉降计算所需资料，并通过试桩，取得桩尖承载力、各层土对桩周的摩擦力等资料；对用强夯法加固地基时，应着重了解地基土层分布、层厚、颗粒大小、含水量、透水性、孔隙比、压缩系数等资料，并通过试夯，取得加固后地基强度、压缩性、沉降量和加固影响深度等数据。

4）当采用围堰法施工时，应着重了解地层的渗透性，取得地基土及围堰土料的重度、内摩擦角、黏聚力、颗粒组成、渗透系数及围堰其他建筑材料的主要性质和指标。

5）当采用水下施工时，应了解地层岩性、河床质性质；对碎石类土，应了解其颗粒组成情况。

6）其他：对初步设计阶段取水构筑物及水泵房中需要加深勘测的资料，或要进一步查明的工程地质问题，应另提要求。

2. 冷却塔

（1）建筑场地的岩、土性质，成层状态及地基稳定性的进一步评价。

（2）冷却塔地区的钻孔数量应充分控制塔区范围，提出纵、横和沿环基的地质剖面图。当遇有不良地质现象时，应有其成因、分布范围资料，并有整治措施的建议。

（3）地基的不均匀性，各层岩、土的重度，内摩擦角，黏聚力，孔隙比，含水量，承载力，渗透系数和其他物理力学指标，以及水池漏水对地基土性质的影响。

（4）当地基土组成差异较大，需计算沉降量时，应提出压缩系数和压缩模量等有关计算变形所需指标。

（5）地下水位及水位变化幅度，地下水对混凝土的侵蚀性。

（6）对胀缩性土或湿陷性黄土，除物理力学指标外，尚应了解其胀缩性质或湿陷性质及分布范围。

（7）当地震烈度大于或等于7度，塔基存在软弱黏性土层、松散砂土和岩石软弱夹层时，应有判定塔基液化和震陷可能性的资料。

（8）有关墓穴、地下废墟、古墓和土洞等情况。

（9）对冷却塔地基做人工地基处理时，应按需要另提要求。

3. 管、沟

（1）管、沟沿线的地层结构；岩、土成层状态及其构造，地质纵剖面图；必要时补充若干与轴线垂直的横剖面描述。

（2）地基土的物理力学指标，如重度、土粒相对密度、内摩擦角、黏聚力、孔隙比、含水量、压缩系数、压缩模量、弹性模量、泊松比、渗透系数和地基承载力等。

（3）采用顶管法施工时，尚应取得各层土壤的牢固系数 f_k 值、颗粒级配，以及明确沿线地层是否存在有害气体等。

（4）管、沟沿线地下水类型，水位及侵蚀性；是否通过湿陷性黄土或胀缩性土地区及其对管、沟的影响。

（5）当管道与河沟交叉，需敷设在河沟底部或在河沟中设立支墩时，应取得该处河床地质剖面图、河床土壤颗粒级配、风化岩厚度和各层地基土的重度、承载力、压缩系数和压缩模量等物理力学指标。

（6）对于管道跨越铁路或公路，需设立管道架空跨越构筑物地段时，应了解地基稳定条件，取得地基承载力、土的重度、内摩擦角、黏聚力等主要物理力学指标。

（7）敷设地下钢管地段，要取得土壤的酸碱度、电阻率，判断是否存在杂散电流。

4. 渠道和渠道建筑物

（1）渠道沿线地层岩性、成层状态及其构造。对天然边坡或人工开挖边坡地段的工程地质条件及稳定性的评价。

（2）渠道及渠道建筑物地质剖面图。

（3）渠道沿线分段的地基土物理力学指标，如重度、土粒相对密度、内摩擦角、黏聚力、孔隙比、含水量、液性指数、压缩系数、压缩模量、渗透系数和地基承载力等。其中，对挖方渠道边坡土壤抗剪强度，应按设计需要取得自然状态和浸水状态下的固结不排水剪和固结排水剪等不同指标；对填方渠道边坡土壤抗剪强度，应根据土质、渠水位变化大小及速度等因素取得压实填土的自然状态和饱和状态下的快剪、饱和快剪等不同指标，并有压实填土在最优含水量下的最大干密度资料。

（4）地下水的水位、补给及排泄方式，含水层的性质及水的侵蚀性。

（5）对不良地质现象，如在地下水出露地段的具有流砂现象的砂土、遇水侵蚀后易造成塌陷的黄土、饱和后极易造成渠坡坍滑的高岭土、浸水变软的夹层、有岩溶现象的岩土、节理发育的页岩、带有裂缝的硬碎土、含可溶性盐类超过3%的土壤，以及泥石流、滑坡、洞穴、古墓、采空区等的危害程度和整治措施建议。

（6）渠道沿线砂堆、砂梁和移动性砂丘现象的调查资料。

（7）渠道护面材料及填方渠道土料来源、运距和土料物理力学指标。

5. 隧洞

（1）隧洞进出口成洞条件，覆盖层类别和厚度，岩层性质、产状、破碎情况和对隧洞整体稳定性的进一步工程地质评价。

（2）隧洞沿线地层的结构、性质、构造、岩石的风化和裂隙发育程度。不良地质现象及其范围和处理措施建议。地下水活动和侵蚀性，对洞体稳定和施工的影响。地温和有害气体情况。深埋隧洞地段和构造运动强烈地区的断裂和破碎带发育情况，隧洞围岩的产状，节理裂隙发育情况，软弱层、软弱结构面位置、规模与特性。浅埋和傍山隧洞地段的覆盖层和风化层厚度，上复岩土地质特性和第四纪地层岩性、产状、岩体破碎和偏压情况及其稳定性。

（3）设计参数：按沿线围岩性质分段的岩石重度、抗压强度、抗剪强度、牢固系数、压缩模量、弹性模量、泊松比、渗透系数和弹性抗力系数等。

（4）当隧洞穿越软质岩层、胀缩性（岩）土和黄土等地层时，应了解该软质岩土在水的浸泡作用下产生的软化、崩解、泥化、膨胀和湿陷等特性，及其对洞体稳定的影响。

6. 排水构筑物

（1）对排水构筑物地段河岸或山坡稳定性的进一步评价。

（2）排水口河床和岸边地层结构、岩土性质、岩层产状，以及排水构筑物地段地基土分层物理力学指标，如重度、土粒相对密度、内摩擦角、黏聚力、孔隙比、含水量、液性指数、压缩系数、压缩模量、渗透系数和地基承载力等。

（3）地下水类型、水位、侵蚀性及与河水的补给关系。

（4）排水口范围内是否属湿陷性黄土等特殊土地区，有无易受冲刷、侵蚀的土层。土壤颗粒级配，软、硬土层性质及埋藏分布情况。

（5）沿排水构筑物和排水口轴线的地质纵剖面图，必要时补充与主要构筑物轴线垂直的地质横剖面图。

7. 地下水取水建筑物和升压水泵房

（1）建筑范围内地质剖面图。

（2）岩基的岩石产状、风化程度、夹层情况、节理裂隙分布及填充物性质等。土基的分层地基土的物理力学性质指标，如土粒相对密度、重度、内摩擦角、黏聚力、含水量、压缩模量、孔隙比和承载力等。

（3）地下水位及地下水的侵蚀性。

（4）地基土的冻深及冻胀性能资料。

8. 贮灰场及灰管、沟

（1）贮灰场范围内的地层结构，岩、土的分布，地层的渗透性，灰场内及周围的地下水水位、流向、四季变化和侵蚀性，以及地表水与地下水的补给关系。

（2）灰坝沿线的岩、土性质，覆盖层厚度及其分段分层物理力学指标，如重度、内摩擦角、黏聚力、渗透系数、孔隙比、压缩系数、承载力和压缩模量等。基岩产状、裂隙和岩溶情况、表层风化程度。第四纪土层中，软弱层和强透水层的分布和埋藏条件，以及对坝基和坝肩稳定性和渗漏性的进一步评价。

（3）当为江、河、湖、海滩（涂）灰场时，应有坝基土壤颗粒组成情况，饱和软土、淤泥层厚度和松散土层埋藏深度及最大自然冲刷深度等资料。

（4）灰场建筑地区是否属湿陷性黄土或胀缩性土等特殊土地区，其湿陷或胀缩情况，对坝基和坝肩稳定的影响及处理建议。

（5）灰场排洪设施，包括竖井、斜槽、卧管、隧洞、溢洪道及消力池等地段的工程地质条件；地基和山坡稳定性，沿线岩、土和软、硬土层的性质及埋藏分布情况；有无易受冲刷、侵蚀的土层。主要物理力学指标，如重度、内摩擦角、黏聚力、孔隙比、含水量、压缩系数、压缩模量、渗透系数和地基承载力等。

（6）沿灰坝轴线和垂直于坝轴线的地质剖面以及沿排洪设施轴线的地质剖面图。

（7）筑坝材料：黏性土（或代用土、石料）块石、砂、卵石料的产地，储量，运距，材料颗粒组成，有机质和水溶盐的含量以及土料的主要物理力学指标，如重度、内摩擦角、黏聚力、土粒相对密度、孔隙比、含水量、压缩系数、压缩模量和渗透系数等。对土的抗剪强度，应有压实填土的自然状态与饱和状态下的快剪及饱和快剪等不同指标；必要时，并应取得饱和固结不排水的抗剪强度和固结排水的抗剪强度指标。填土的击实指标应包含压实填土在最优含水量下的最大干密度指标。

（8）当地震烈度大于或等于7度，坝基存在软弱黏性土层、松散砂土和岩石软弱夹层时，应有判定坝基液化和渗透变形可能性的资料。

（9）采用灰渣筑坝技术的子坝加筑工程，应对初步设计阶段未能完善的试验及资料进行补充与完善，对工程稳定性做进一步评价。

（10）灰场排水泵房或灰水回收泵房及沉灰池等建筑范围内的工程地质条件，地基和山坡稳定性评价，岩土性质、承载力和其他物理力学指标及地质剖面图。

（11）灰管、沟和灰水回收管沿线的工程地质概况及条件。

（12）管线主要支墩、支架地点和跨越（或穿越）构筑物处边坡和地基的稳定性。各层地基土重度、内摩擦角、黏聚力、地基承载力等物理力学指标，地质钻孔图或地质剖面图，以及所跨越河、沟处的土壤颗粒组成等资料。

五、供水水文地质

1. 初步可行性研究阶段

本阶段通过现场调查与收集有关地下水利用的可能性意见，结合当地具体情况，提出区域水文地质条件的概略评述：

（1）收集现有和规划地下水取水构筑物的分布、设计与规划取水能力资料。

（2）现有取水井的数量、类型、井径、井深、设计单井出水量以及实际运行情况。

（3）现有井群抽水时的相互干扰情况。

（4）收集区域水文地质条件的勘察报告，以及地区有关利用地下水的资料、文件与结论性意见。

（5）初步分析水源地地下水储量、补给量和可允许开采量（D 级精确度）等参数。

（6）上游工厂对水源可能造成的污染情况。

2. 可行性研究阶段

本阶段以水文调查、收集资料和现场踏勘进行水文地质初勘工作，必要时进行简易的水文测量，初步进行水文地质分析和计算，提出满足水文地质要求的 C 级精确度的地下水资料及评价意见；取得水文地质勘察报告，并对详勘阶段水文勘测工作提出意见，必要时对评价区的地下水提出建立动态观测站的要求。

（1）进行多年平均值的地下水均衡计算。根据含水层的平均厚度、地下水多年平均变幅，估算多年平均综合补给量和地下水的多年平均径流补给量。

（2）当有地表水体或河流时，应进行地表水体和河流的多年平均径流量计算，再算出河流的诱导补给量。

（3）根据含水层的分析面积计算降雨入渗量与地下水蒸发量。

（4）计算含水层中地下水的排泄量，了解工农业的用水量及城市规划用水量。

（5）供水地区地质图、地貌图和水文地质图。

（6）供水地区的地下水类型、分布规律、埋藏及补给条件，含水层岩性、渗透性、颗粒组成与给水度。

（7）地下水的物理性质与化学成分、补给来源、可靠程度和动态变化规律。

（8）不同季节的地下水水温。

（9）地下水的补给量、储存量和允许开采量的分析与意见。

（10）供水地区地下水上游取水对下游取水的影响。

（11）地下水活动对地基土及场地稳定性的影响。

（12）应取得经批复的地下水资源论证报告，以及省级水资源管理部门的批准使用文件。

3. 初步设计阶段

在可行性研究阶段深度的基础上，通过进一步水文测验、收资和调查，查明评价区地下水的补给、径流和排泄条件，对评价区的地下水资源作进一步评价，进行水文地质详勘，取得水文地质勘测报告。

（1）地下水水位过程线及不同季节的地下水位等高线图。

（2）钻孔平面位置图、钻孔柱状图和地质剖面图。

（3）供水地区的抽水试验资料：

1）抽水试验方法。

2）抽水孔构造和柱状图。

3）各抽水孔单位涌水量及水位下降和涌水量的关系曲线。

4）各含水层的渗透系数和影响半径。

5）群孔抽水的数据。

（4）自流井或泉水涌水量过程线、水平集水管地段水文地质资料。

（5）不同季节地下水各含水层水质分析、地下水腐蚀性及其对混凝土的侵蚀性分析。

（6）水源地的开采方式、单井出水量与设计动水位，建议的取水构筑物类型及布置方案。

（7）地下水变化幅度，各时期的水力坡度，今后可能的变化趋势及其对建筑物的影响。

（8）场地抽取地下水时，对上覆土层稳定性的影响。

（9）确定枯水年系列长度以及枯水频率组合，按拟订的取水方案，确定开采能力。

（10）计算勘测工作控制范围内的地下水径流量、大气降水渗入量，河水的诱导补给量，农田用水回归渗入量。

（11）工农业和城市规划用水量，计算地下水排泄量和蒸发量。

（12）进行以年为单位的地下水的均衡计算。

（13）电厂取水与周围工农业取水的相互关系。

（14）取河滩地下水时，需分析提供河流历史上主流摆动情况、河床演变趋势、河滩水源地稳定性分析、河床和河滩冲淤变化规律（含冲刷深度和淤积高度等）及洪水期过滩流速。

六、地下水水源

（一）概述

1. 地下水水源地水文地质类型划分

根据主要含水层的类型、特征及埋藏分布情况，将水源地水文地质类型划分为四类十三型（见表 2-1）。

表 2-1　　地下水水源地水文地质类型

类	型	分布地区
孔隙水类水源地	山间河谷型	狭长山间河谷地区
	傍河型	具有常水头河流的傍河冲积平原地区
	冲洪积扇型	山前冲积、洪积倾斜平原及山间盆地冲积、洪积扇地区
	冲积、湖积平原型	山前冲积、洪积倾斜平原至滨海平原之间的宽阔平原及大型盆地的中部地区
	滨海平原型	滨海平原地区
	河口三角洲型	河流入海口及内陆湖口三角洲地区
岩溶水类水源地	裸露岩溶型	碳酸盐岩类大片或块段出露地区
	隐伏岩溶型	岩溶地层大部分被其他地层覆盖地区
裂隙水类水源地	红层孔隙裂隙型	主要指三叠纪以后的以红色为主、夹有杂色薄层的泥岩、砂岩、砾岩分布区
	碎屑岩裂隙型	指侏罗纪以前的以砂岩、页岩为主的地层分布区
	玄武岩裂隙孔洞型	主要指新生代玄武岩分布区
	块状岩石孔隙裂隙型	主要指火成岩、片麻岩、混合岩分布区的风化带、接触带、断裂带
混合类型		两种或两种以上水源地类型分布区

注　考虑到有些水源地类型资料不多，如黄土型、沙漠型、冻土型等，暂不列入本表。

2. 水源勘察的目的

水资源是人类赖以生存和发展的基本物质之一；地下水是水资源的组成部分，也是重要的矿产资源。

勘察和评价地下水资源是制订国民经济发展规划和重点工程建设前期工作的重要组成部分，是地下水资源合理开发利用的首要环节。

供水水文地质勘察的目的在于查明勘察区地下水的赋存规律、地下水资源、地下水开发利用条件，为水源地的选择和地下水资源的合理开发与保护提供依据。勘察重点是：圈定富水地段，选择供水水源地；评价地下水的可开采量和水质；研究与相邻水源地的关系；论证地下水合理的开采方案；预测水源地开采后可能产生的环境地质问题及其防治措施。

3. 水源地供水规模分级标准

（1）特大型水源地：可开采量大于 15 万 m^3/d；

（2）大型水源地：可开采量 5 万～15 万 m^3/d；

（3）中型水源地：可开采量 1 万～5 万 m^3/d；

（4）小型水源地：可开采量小于 1 万 m^3/d。

小型水源地供水规模下限可根据各地具体条件制定。

2×300MW 电厂所需的补给水量约 5 万 m^3/d，所以电厂地下水水源地供水规模一般属大型或特大型水源地。根据设计进度，要提前进行有关的水文地质勘察工作。

（二）水源勘察的阶段划分

供水水文地质勘察是在区域水文地质普查的基础上进行的。勘察工作分为前期论证、初步勘察、详细勘察和开采四个阶段，其勘察精确度应满足相应给水设计阶段的要求。

1. 前期论证阶段

在搜集与分析已有水文地质资料和调查地下水开发利用现状的基础上，概略计算地下水资源，进行供需平衡分析，圈定具有供水前景的富水地段；必要时，对具有供水前景的富水地段进行水文地质调查和勘探，初步查明其水文地质条件。提供的地下水资源应满足精确度 D 级的要求，为城镇和经济区的规划、大型建设项目总体设计（预可行性研究）以及厂址选择提供水源依据。

2. 初步勘察阶段

为特定的供水目的，对富水地段进行比较，选择供水水源地。要求基本查明区域水文地质条件，初步评价地下水资源，对兴建集中供水水源地的可能性作出评价，确定布置水源地的有利地段及详细勘察工作的内容和方法。提供的地下水资源应满足精确度 C 级的要求，为建设项目的初步设计（可行性研究）提供地下水源依据。

3. 详细勘察阶段

在初步勘察工作的基础上选定的或根据已有资料论证适宜兴建供水水源地的地段，已列入国家计划或有对口单位需要时，应进行详细勘察工作。要求在详细查明水文地质条件的基础上，主要通过钻探、试验等手段，对地下水开采技术条件、长期开采的保证程度作出可靠的评价，建立并初步论证地下水渗流的解析模型或数值模型，预测开采期间地下水资源的变化趋势、开采后对邻近已建水源地的影响，以及可能产生的环境地质问题，为设计项目编制水源地的技术设计提供依据。提供的地下水资源应满足精确度 B 级的要求。

4. 开采阶段

对中型以上水源地，在开采过程中，验证地下水资源，查明扩大水源的可能性；针对出现的水量减少、水质恶化以及不良工程地质现象等问题，进行专门的调查研究，必要时辅以勘探、试验等手段；继续完善地下水动态监测系统，利用开采过程中地下水动态资料及补充勘探、试验资料，提供地下水A级资源，提出调整地下水开发方案及水资源保护措施；在条件具备时，建立地下水管理模型及数据库。

对一个开发建设地区的供水水源进行宏观规划时，一般应进行前期论证工作，但对某一具体建设项目，可以不进行本阶段的工作。小型水源地及水文地质条件简单、研究程度较高、水源地已基本确定的中型以上水源地，其初步勘察和详细勘察可合并进行。为扩建水源地所进行的补充水文地质勘察工作，应达到详细勘察阶段的精确度要求。

（三）勘察方法及工作内容

不同勘察阶段的勘察方法及工作内容见表2-2。

表2-2　不同勘察阶段的勘察方法及工作内容

勘察阶段	勘察方法及工作内容					
	遥　感	测　绘	物　探	钻　探	水文地质试验	动态观测
前期论证	搜集卫星图像、航空相片等遥感图像，进行室内水文地质解译，编制水文地质解译图	充分利用已有1∶200000、1∶100000水文地质普查和其他地质、水文地质资料，有目的、有重点地进行地面踏勘。对有供水前景的地段，根据需要做少量水文地质调查	搜集、分析、整理地面物探和测井资料	若地区研究程度不能满足规划要求，可布置少量勘探孔	若计算参数不能满足规划要求，可做少量抽水试验	搜集地下水动态和水文气象资料，利用已有井、孔、泉和地表水测流点进行动态观测
初步勘察	进行图像处理、野外验证，制作相片镶嵌图，编制详细的水文地质解译图	全面进行水文地质测绘。若无相同比例尺的地质底图，应进行综合性地质、水文地质测绘	勘探区开展与测绘同比例尺的地面物探工作；全面开展地球物理测井；定量解译物探资料	布置控制性勘探孔、多孔抽水试验孔及观测孔	单孔抽水试验和多孔抽水试验	建立控制性地下水长期观测孔和井、泉、地表水测流点
详细勘察		根据需要对水源区进行补充水文地质测绘	少量补充性物探工作	布置群孔干扰抽水试验孔或试验性开采抽水孔及观测孔	进行群孔干扰抽水试验或试验性开采抽水试验，根据需要补充单孔及多孔抽水试验	在初步勘察的基础上健全地下水观测网点
开采		专门性水文地质调查	专门性地面物探和测井工作	专门性钻探	试验性开采抽水试验和其他专门性试验研究，如模拟试验、人工回灌试验、地下水污染机理研究以及水源地其他环境地质问题研究等	继续地下水和地表水的长期观测工作，建立地下水动态预报模型，并建立与专门性试验有关的观测工作

（四）地下水水量计算与评价

1. 基本要求

所评价的地下水水量是指人类可资利用的地下水水量。根据需要，结合地区的水文地质条件，分别计算地下水的补给量、储存量和可开采量。

（1）补给量。补给量是指单位时间内流入含水层的地下水总量，其中包括天然补给量、开采补给增量和人工补给量等。

（2）储存量。储存量是指储存于含水层内的重力水体积，其中包括容积储存量、弹性储存量和弱含水层的释水量。

（3）可开采量。可开采量是指在一定的技术经济条件下，采用合理开采方案和合理开采动态，在整个开采期间不明显袭夺已有水源地、不发生危害性环境地质问题的前提下允许开采的水量，其中包括开采时可夺取的天然补给量或排泄量、开采补给增量、可利用的储存量和人工补给量。

2. 具体规定

（1）考虑地表水和地下水具有相互转化的关系，将二者作为统一体进行综合评价。

（2）地下水资源评价是一个研究过程，应贯穿于勘察工作的始终。勘察工作初期阶段，即应对地下水资源进行概略或预测性的评价和论证，并通过勘察资料的累积，不断修改或深化历次的评价和论证，以期获得较为切合实际的结论。

（3）地下水水量计算，一般只计算补给量和可开采量；在补给量难以计算的地区，可计算排泄量；在储存量较大、补给量较小的干旱地区，或有深潭和地下湖分布的裸露岩溶地区，或开采深层地下水地区，还应计算储存量；在宜建地下调蓄水库的地区，还应计算地下调蓄库容量。

（4）地下水可开采量一般不宜大于地下水补给量。

（5）凡具备水均衡计算条件的地区，均应进行地下水均衡计算。

（6）应根据需水量、勘察阶段和地区水文地质条件，选择两种以上的方法进行地下水水量计算，经过分析对比得出比较符合实际的结论。

3. 地下水可开采量的计算方法

地下水可开采量应根据经济技术水平，结合开采方案和设施，在环境地质预测的基础上计算。各类型水源地不同勘察阶段的可开采量宜参照表 2-3 中方法计算。

表 2-3　　地下水可开采量主要计算方法

<table>
<tr><th rowspan="2">类型方法
勘察阶段</th><th colspan="4">孔隙水</th><th rowspan="2">岩溶水</th><th rowspan="2">裂隙水</th></tr>
<tr><th>山间河谷及傍河型</th><th>冲洪积扇型</th><th>冲积、湖积平原型</th><th>滨海平原及河口三角洲型</th></tr>
<tr><td>前期论证</td><td colspan="4">（1）水文地质比拟法；
（2）水均衡法；
（3）水文分析法；
（4）根据单孔抽水试验计算</td><td>（1）泉、地下河枯季测流法；
（2）均衡法；
（3）地下水径流模数法；
（4）水文分析法</td><td>（1）水文分析法；
（2）水文地质比拟法；
（3）水均衡法</td></tr>
<tr><td>初步勘察</td><td>（1）干扰井群法；
（2）补偿疏干法；
（3）地下水断面流量法；
（4）水文分析法；
（5）傍河水源地选用岸边渗入公式和有限差分法</td><td>（1）干扰井群法；
（2）水均衡法；
（3）试验推断法；
（4）降落漏斗法；
（5）数值法</td><td colspan="2">（1）非稳定流干扰井群法；
（2）开采强度法；
（3）降落漏斗法；
（4）数值法</td><td>（1）泉、地下河动态分析法；
（2）水均衡法；
（3）水文分析法；
（4）干扰井群法</td><td>（1）非稳定流干扰井群法；
（2）水均衡法；
（3）水文分析法</td></tr>
<tr><td>详细勘察</td><td>（1）数值法或电模拟法；
（2）截潜流工程实抽法；
（3）水文分析法</td><td>（1）数值法或电模拟法；
（2）水均衡法；
（3）干扰井群法；
（4）降落漏斗法；
（5）小型水源地允许采用试验推断法</td><td>（1）数值法或电模拟法；
（2）非稳定流干扰井群抽水法；
（3）降落漏斗法；
（4）小型水源地允许采用开采强度法</td><td>（1）数值法或电模拟法；
（2）试验性开采抽水法</td><td colspan="2">（1）数值法或电模拟法；
（2）试验性开采抽水法；
（3）水文分析法；
（4）以矿坑实际排水量的多年观测资料计算</td></tr>
<tr><td>开采</td><td colspan="6">数理统计模型、数值模型、电模拟模型等</td></tr>
</table>

当水源地具有长期的开采动态资料时，还应选用相关分析法和开采抽水法计算可开采量。

4. 地下水水量评价

地下水水量评价一般只评价可开采量，其评价内容主要包括：

（1）前期论证阶段和初步勘察阶段，一般根据地下水的补给量，论证可开采量的保证程度；当补给量难以查明时，可根据排泄量来论证可开采量的保证程度。

（2）详细勘察阶段，应根据技术经济条件对不同计算方案进行对比、论证，确定最合理的开采方案，并根据设计开采量及设计水位降深，预测开采下降漏斗的形状、发展趋势及开采条件下补给、消耗发生的变化，论证设计开采量的保证程度。

（3）在已建水源地附近勘察新水源地时，应根据设计开采量，计算对已建水源地开采动态的影响，论证新水源地可开采量和开采方案的合理性。

（4）评价水源地投产后有可能引起的水质恶化、地面沉降或塌陷、海水入侵、工程建筑破坏以及对生态平衡的影响等环境地质问题。

根据地质、水文地质条件研究程度、地下水动态观测资料的可靠程度及观测时间的长短，计算所引用的原始数据和参数的精确度，确保计算方法和公式的合理性、地下水补给量的保证程度等，将地下水资源评价精确度划分为 A、B、C、D 四级（见表 2-4）。不同勘察阶段应提交相应评价精确度的地下水资源勘察报告。

表 2-4 地下水资源评价精确度分级

级别	勘察阶段	水文地质研究程度	应用范围
D（C_1）	前期论证 1∶200000～1∶50000	初步查明含水层数目、特征、分布规律和水质类型，地下水补给、径流、排泄条件及动态规律，初步圈定出有利开采地段。水文地质参数主要根据已有的抽水试验资料求得，资料不足时可补做少量的单孔抽水试验或选用经验数值。可采用比拟法、水文分析法、均衡法等概略计算和评价地下水资源	为城市或经济区规划、大型建设项目的总体设计（初步可行性研究）提供水源依据
C（B）	初步勘察 1∶50000～1∶25000	基本查明含水层特征，地下水补给、径流、排泄条件及地下水化学特征，掌握不少于半年的地下水动态观测资料。水文地质参数主要根据多孔抽水试验或地下水动态资料确定。建立初步的数学模型，利用解析法、水文分析法、均衡法等系统地计算地下水资源，初步评价地下水可开采量，并对兴建新水源地的可能性作出评价	选择水源地，为给水初步设计（可行性研究）提供依据
B（A_2）	详细勘察 1∶25000～1∶10000	在查明含水层特征及水文地质条件的基础上，对地下水开采技术条件进行详细的勘察研究，掌握一年以上系统的地下水动态资料，进行群孔干扰抽水试验或试验性开采抽水试验，建立和完善数学模型，利用数值法、电模拟法、开采抽水法或解析法等对可开采量进行计算和评价，预测开采期内水质、水量的变化趋势	为建设水源地提供技术设计和施工设计依据
A（A_1）	开采 1∶25000～1∶10000	对地下水开采动态、开采方案及开采过程中存在的环境地质问题，进行专门的调查研究及三年以上的实际开采动态观测工作。根据多年开采动态及各项专题研究资料，对地下水资源进行系统的多年均衡计算和评价，对所建立的数学模型进行进一步的检验和论证，并尽量建立初步的随机模型和管理模型。研究地下水开采方案的合理性，论证保证程度，提出扩大水源开采、人工补给、防止水源枯竭及水质恶化等水资源保护问题	为调整开采方案、改造及扩建水源地提供设计依据，同时为科学管理提供依据

注 A_1、A_2、B、C_1 为原五级地下水资源评价精确度分级级别。

（五）北方隐伏岩溶水源地的勘察

1. 水文地质概况

根据气候、岩溶现象和岩溶作用的特点，我国岩溶类型可划分为南方岩溶、北方岩溶和西部岩溶。大致秦岭、淮河以北为北方岩溶区，以南为南方岩溶区，贺兰山、兰州一线以西为西部岩溶区。

我国可溶岩分布遍及南北各地，总面积超过 2.0×10^6km²，其中裸露面积约 1.25×10^6km²。岩溶水源地以其岩溶裸露和埋藏程度的不同，可分为裸露型、覆盖型和埋藏型水源地，后两种统称为隐伏岩溶。

裸露型岩溶水源地，因岩溶大部裸露，只有零星较薄第四系覆盖，富水性极不均一，水位季节变化大，含水层非均质性明显，地下水的调蓄能力弱，河流多干谷和季节性悬挂河，地下水动态受控于降水。尤其是少雨的北方地区，难以建成有一定规模的稳定型水源地。

覆盖型岩溶，特别是浅覆盖型岩溶水源地，以上覆第四系松散堆积物为主，覆盖层厚度一般小于100m。因其裂隙岩溶发育、岩溶水补给、径流条件好、蓄水能力强等诸多优越性，已成为大型火力发电厂及城市和其他工业的主要供水水源。

埋藏型岩溶水源地，因上覆地层厚度大、埋藏深、补给条件差，只能通过区域边缘露头渗入补给，地下径流微弱，主要为古岩溶，因而开发利用少。

我国北方大部地区处半干旱大陆性气候带，年平均降水量在400～800mm。主要属溶蚀裂隙型岩溶水，主要含水层为中上寒武统与中奥陶统的碳酸盐岩，其中以中奥陶统灰岩居多，因其层厚、质纯，岩溶裂隙发育，富水性强，为岩溶水的主要目的层。分布在河北、山东、山西、陕西及豫北、皖北各地，水量丰富，动态稳定，多建成大型水源地。

2. 覆盖岩溶水的水文地质特征

（1）覆盖岩溶地区天然露头少，绝大部分为第四系松散地层覆盖，从而使水文地质测绘、调查工作难度加大。遥感技术的应用和综合物探工作的开展，能更有效地揭示隐伏构造和地下岩溶发育规律，显得十分重要。

（2）由于碳酸盐岩浅部岩溶较发育，在地表常有不同的微地貌形态表现，如岩溶洼地、古坍陷、沼泽地、暗河、岩溶泉等。古岩溶洼地是覆盖型岩溶形态的重要标志，是古岩溶洼地在地表的反映。

（3）覆盖类型的岩溶水，由于上覆岩层的阻水性或弱透水性，使水动力特性发生改变，当岩溶水运动到径流区和排泄区后，常由潜水转变为承压水的水动力特性。

（4）覆盖岩溶水在形成和富集过程中，与上覆第四系孔隙水具有广泛而普遍的水力联系，其联系的密切程度取决于第四系地层底部沉积物的岩性和分布的连续性。其水力联系形式有两种，即通过“天窗”或“侧窗”直接发生水量交换和以越流形式产生水量交换。其水量交换强度取决于"天窗"或"侧窗"的岩性结构及越流层的渗透性、厚度和它们之间的水头差。岩溶水的天然排泄则完全是补给的逆过程，当岩溶水的压力水头高于上覆第四系孔隙水的水头时，遵循与补给相反的过程而向第四系地层排泄。

北方型岩溶水，如果在奥陶系灰岩之上直接覆盖着石炭、二叠系地层（属埋藏型），岩溶水主要是在水动力条件的垂向分异作用控制下，可溶岩的富水性、水量、水质、水温均呈现一定的垂向分带性，即地下水动力场、水化学场、温度场的垂向分带明显；构造的规模及其封闭程度，控制着埋藏型岩溶水的主要规律和基本特征。岩溶水具承压或自流的水动力性质，常由于断裂构造作用，使上、下古生界碳酸盐岩含水层发生水力联系。

（5）降水是岩溶水的总补源，对上覆为第四系的覆盖岩溶水系统，降水首先渗入上覆松散层中，然后再下渗补给岩溶水，呈间接补给；只有在补给区，当碳酸盐岩裸露时，降水才能沿溶隙直接下渗补给；当地表水流经隐伏岩溶区时，根据河床下垫层的岩性及河流切割程度，与岩溶地下水发生水力联系，降水、地表水、岩溶地下水三者互为转化而又处于同一循环系统中。

（6）研究岩溶水与上覆第四系孔隙水之间的水量交换，是覆盖型岩溶水水文地质勘测的主要特点，是研究岩溶水与孔隙水的联系形式、强度及补排关系。

（7）地面坍陷是开采隐伏岩溶水的又一特点，它与岩溶水运动以及上覆第四系地层的厚度、岩性和孔隙水的水量交换强度有关。在大量开采覆盖岩溶地下水的地区，要根据上覆层的岩性、厚度以及区域水位降，研究有无因开采地下水而引起地面沉降、开裂、坍陷等不良环境地质问题的出现，并提出预防措施。

3. 勘察工作的特点

由于岩溶含水层具有非均质性和各向异性的特点，因而勘察手段和评价方法都有其特点：

（1）勘察区范围的圈定以控制水文地质边界为目的。

（2）由于岩溶水的复杂性，应采用综合勘探方法，应用遥感、物探和同位素技术等，以获取较多信息。

（3）控制岩溶含水层的勘探线应垂直于构造线方向，线距和孔距视水文地质条件而定。

（4）勘探线深度以揭穿岩溶发育带为目的。北方型岩溶水源地由于可溶岩顶埋深大，揭露孔深一般为200～300m，个别孔深达600m；南方型岩溶水源地多控制浅部岩溶发育带，孔深一般为80～150m。

（5）抽水试验：在详查阶段多采用单孔抽水和多孔抽水试验，以确定涌水量和水位降的关系，取得含水层的渗透系数，以便作富水性分区；在勘探阶段主要采用群孔抽水试验，以暴露水源地的水文地质条件，获得有关水文地质参数，为岩溶水资源评价、拟订布井方案及建井结构等提供依据；对地下水补给量不易查清的水源地，可采用试验性抽水试验，抽水量一般达到需水量的66%以上。

（6）地下水动态观测点的设置包括观测孔及泉、民井等，其范围应控制水源地开采范围内的地下水动态。观测内容包括水位、水温、水质及流量。为查明地表水和地下水间的水力联系，动态观测还包括对地表水水位和断面流量的观测。

4. 地下水资源评价

（1）评价原则：

1）当岩溶水与上覆孔隙水有水力联系时，适当降低孔隙水水位，以夺取潜水蒸发量和越流量，同时也要顾及工农业用水矛盾。

2）一旦富水带找到以后，宜在几个富水带内集中布井，建立井组。

3）地下水开采后不致对已建水源地产生严重影响，对其影响程度要作预测，并在允许限度内。

4）求得的允许开采量要有足够保证，与水源地基本水文地质条件相匹配。

5）在含水层厚度大或降水较充沛地区，应充分利用储存量的调节作用，即把岩溶含水体当作地下水库，进行调节计算，做到以丰补歉。

6）地下水开采后不产生严重的环境地质问题。

（2）水文地质模型概化及参数的确定：

1）从整个区域的水量均衡出发，查明水源地的补给形式和排泄形式。

2）反映水源地的边界性质。

3）利用单井、群井抽水试验资料计算水文地质参数及确定含水层水力参数，利用动态观测资料求取降水入渗系数、潜水位平均变幅、含水层给水度等。

（3）允许开采量的计算，主要计算方法有：

1）解析法：主要有断面流量法、开采试验法及非稳定流计算法。

2）数值法：随着电子计算机技术的兴起，目前已广泛应用此法进行地下水资源（岩溶水和第四系孔隙水）的计算。首先用解析法求出水文地质参数初值，然后利用此初值，在计算机上试调校正，模拟反求水文地质参数及边界条件，最后计算出该区地下水资源。

根据GB 50027—2016《供水水文地质勘察规范》要求：采用数值法评价地下水资源时，宜进行一次大流量、大降深的抽水试验，并应以非稳定流抽水试验为主。

3）电网络模拟法：借助于地下水流场与电网络场相似原理，用阻容（*R-C*）网络求解地下水非稳定流微分方程的差分解。

（六）北方岩溶泉域水源地的勘察

1. 概述

按补给泉水的含水介质不同，可分为孔隙泉水、岩溶泉水和裂隙泉水；按对泉水开发利用方式的不同，可分为直接引用（在泉、暗河出口处蓄积或直接引用）和在泉域内勘察凿井取水。这里着重介绍北方隐伏岩溶泉域水源地的勘察评价方法。

岩溶泉分布甚广，由于南北方岩溶发育的差异性，造成北方岩溶水排泄以泉为主，南方岩溶水排泄以暗河为主。山西、河北、山东、河南、辽宁、陕西六省，流量大于 $1m^3/s$ 的岩溶大泉有 40 余处，总流量达 $4.73\times10^{10}m^3$/年。

北方岩溶大泉常以大泉为中心，四周边界为彼此相连的岩溶地下水系统，即岩溶泉域，构成一个完整的补给、径流、排泄系统。其层位以寒武、奥陶系为主，因其灰岩质纯层厚，岩溶发育，在一定地貌和构造组合下常溢出成泉。隐伏岩溶泉区型水源地，按其排泄条件又细分为全排型和非全排型两个亚类。全排型是指岩溶水系统内的岩溶地下水绝大部分通过泉口排出地表，此类泉水流量即可表征该系统内岩溶水资源；非全排型是指岩溶地下水系统内的地下水资源只有一部分通过泉口排泄，剩余部分以地下径流的形式流向泉口下游地段。

2. 北方岩溶大泉主要水文地质特征

（1）岩溶地下水系统（泉域）分布范围大，地下调蓄能力强，形成了具有良好储存和调节功能的大型地下水库，因而北方岩溶大泉多为多年调节型泉水，泉流量一般与前 3～5 年降水量密切相关，乃至与前 10 年以上降水密切相关。

（2）受系统范围内大气降水周期性特征控制，泉流量在年内和年际间都呈现明显的丰、枯水期变化，一般年内不稳定系数为 0.6～0.9。

（3）岩溶含水层以溶隙导水为主，形成溶隙网络地下通道系统，并与现代侵蚀基准面相适应，多数泉点主要沿这些溶隙分散涌出，汇流成大的泉群或溢出带。

（4）岩泉域封闭条件好，则泉流量基本代表了岩溶水资源量。泉水成因常与阻水岩层或构造有关。

（5）泉域内都发育有通向泉口的强岩溶径流带，都向着岩溶水的排泄中心——岩溶大泉汇流。

3. 勘察工作的特点

泉源水源地的调查可以采用地表调查、遥感、物探、连通试验、地下水动态观测及其他手段。

泉水调查需重点查明补给泉的含水层分布及水文地质特征，查明泉域分布范围，正确划分泉类型。

系统收集历年降水量资料，监测泉水动态变化情况，包括泉流量、水质、水温、水位随季节的变化情况，建立降水量与泉流量间的相关关系。地下水动态观测工作是泉源水源地勘察的最重要的一项工作，应在勘察工作一开始就建立起来，包括泉域内河流流量断面观测，以查明泉水补给来源的性质和范围，掌握泉水长期动态变化规律。

查明泉源水源地开发利用的技术条件，如以引泉形式取水，则主要掌握泉流量的动态变化为主；如以凿井工程取水，尚需进行水文地质钻探和抽水试验等一些勘察手段。

4. 地下水资源评价

（1）水文地质模型概化及参数的确定。全排型可概化为大气降水的输入和泉水流量的输出；非全排型水文地质模型可概化为大气降水的输入和泉水与地下径流的输出。涉及的参数或变量主要有大气降水量和泉流量，有时尚需降水入渗系数、地下径流模数、泉口附近导水系数、过水断面及水力坡度等。

（2）允许开采量的计算及评价：

对全排型的泉源水源地，计算能满足一定供水保证率要求的泉水自流量，其评价方法主要建立在泉流量动态长期观测资料的基础上，目前常用的方法有系统分析、频率分析和泉水消耗系数法等。有的直接利用泉水枯季测流资料评价地下水允许开采量，最好要有保证率的概念。

对非全排型的泉源水源地来说，当取水量小于泉水最枯季流量时，可参照全排型方法评价地下水允许开采量；当取水量大于泉水天然流量时，必须借助水井工程取水，其资源评价方法类似于覆盖型岩溶水源地的评价方法。但在确定设计井群开采量时，必须考虑井泉间干扰，并计算不同开采条件下泉流量的削减值以及泉的地下潜流量。

北方岩溶大泉是一个庞大的岩溶地下水库，具有良好的天然调节功能，采用多年均衡计算，实现以丰补歉。

第三节　供水系统选择

一、冷却水系统选择原则

（1）火力发电厂的冷却水系统主要指机组的主机、给水泵汽轮机和辅机的冷却系统，主要采用的有辅机冷却水系统、空冷系统和空湿联合冷却系统。湿冷系统分为直流供水系统、循环供水系统和混合式供水系统；空冷系统分为直接空冷系统和间接空冷系统。

（2）火力发电厂主机冷却系统的选择应根据火力发电厂的性质、类型与规模，水源情况、气象条件及环保要求等条件，通过技术经济比较确定。

（3）在水源条件允许的情况下或水资源丰富地区，宜采用湿冷系统；在内陆干旱指数大于 1.5 的缺水地区，主机和给水泵汽轮机排汽宜采用空冷系统。

空冷机组的辅机冷却水宜采用辅机冷却水系统，在干旱指数大于 3 的严重缺水地区宜采用空冷系统。当主机及辅机冷却水系统采用湿冷系统会对周围环境产生较大影响时，应采用空冷系统或干湿联合冷却系统。

二、直流供水系统选择

1. 一般原则

（1）火力发电厂可利用水库、湖泊、河道或海湾等水体的自然水面冷却循环水，也可根据自然条件新建冷却池。当利用水面冷却时，应根据水量、水质和水温的变化对工业、农业、渔业、水利、航运、海洋、海事和环境等的影响进行论证，并应取得主管部门的书面同意文件。

（2）当水源水量充足，供水总扬程在 25m 以内，输水距离不超过 1km 时，采用直流供水系统通常是经济的。我国长江和珠江三角洲及沿海平原电厂的几何扬程只有 0～2m，循环水泵总扬程为 15m 左右，个别标高较高的厂址可能增至 25m；长江中游地区水位变幅较大，总扬程为 30m 左右；长江上游地区水泵总扬程在 40m 以上，在这些地区要考虑排水位能的回收，约可回收循环水泵功率的 30%。

在长江上游地区，如可简单地取得循环供水系统的补给水量，例如直流系统电厂的扩建，为避免再建取水构筑物，通过技术经济比较，亦可采用循环供水系统。

（3）滨海发电厂宜采用海水直流冷却系统或海水循环供水系统，厂址宜靠近海边。目前，由于环保和保护生态的要求，在内陆河流上采用直流供水系统的发电厂已经很少了。滨海地区的发电厂在满足环保、温排水影响和生态要求的前提下，多采用海水直流冷却系统。

（4）采用直流供水系统的发电厂，应考虑水源的综合利用及取排水对水域的影响。

2. 河流或者海洋环境热容量

采用直流供水系统电厂的温排水要考虑河流或者海洋环境热容量的影响，GB 3838—2002《地面水环境质量标准》中规定，对人为造成的环境水温变化，应限制在夏季周平均最大温升不超过 1.0℃，冬季周平均最大温降不超过 2.0℃。根据这一要求，以直流冷却水温升为 8～10℃计，则要求为直流供水系统提供冷却水的河流夏季流量至少为冷却水量的 10 倍，冬季至少为冷却水量的 5 倍。这使许多中小河流采用直流供水系统成为不可能，采用混流系统便更不可能了。

许多流量较大的河流，由于沿江建了多个火电厂，河流的环境热容量根据水温升高的限制，已不能满足有关电厂再扩建直流供水系统的要求，增加装机容量，只能采用循环供水系统。

3. 取水对水生动物的影响

发电厂取水泵房设备的抽吸、碰撞、高速旋扰及凝汽器的温升对水生动物都会造成较大危害，这种危害称为卷载效应。其危害性常较温排水的温升造成的危害更大。

海湾和河口的某些区域为鱼虾集中的产卵区或索饵区，而在邻近的地区可能并非鱼虾密集的产卵区或索饵区。选厂时要对有关水生动物进行调查研究，应选择对水生动物危害较小的厂址及取排水地点。

大港电厂采用二级升压的海水直流供水系统。在鱼虾产卵期停运一级海水泵房，利用厂区附近的河网进行海水循环冷却，以保护水生动物。

4. 温排水对水环境的影响

温排水对水环境的影响是多方面的：

（1）大江大河及海域的水域广阔，水容量宏大，温排水一般符合国家水环境质量标准的要求，因而采用直流供水系统是可行的。

（2）对中、小河流，当温排水不符合国家水环境质量标准要求时，应对水环境进行调查研究，评估其影响程度，论证采用直流供水系统或混合供水系统是否可行。

（3）采用综合利用水库作冷却池时，应尽量利用水库向下游排放热水。温排水进入水库后的水温分布情况，宜进行较长时间的动态水温三维分布的预报。在这一基础上，全面分析温排水对水环境的影响，必要时应制订相应的工程措施。

5. 淤泥质海岸供水系统

淤泥质海滩坡度平缓，多为 1:500～1:2000，退潮时水边线远离海岸可达数千米，如仍采用全潮取水，取水构筑物建在岸边时，引潮沟将很长，防淤清淤有一定困难。在低潮水边线附近建取水构筑物，不但建造费用较高，交通及输水构筑物的建造也有一定困难。通常的解决方案是高潮取水，河网或蓄水池蓄水。低潮时以蓄水供直流用水，潮位再低时利用河网或蓄水池再循环冷却。

例如，大港电厂在中潮位海滩建一级升压泵房，以渠道输水到河网，在主厂房设二级升压泵房供凝汽器冷却水。低潮时利用河网蓄水或再循环冷却。又如某电厂，高潮时由悬挂式拍门进水，将三个大蓄水池充满水，供低潮时直流供水或再循环冷却。直至新厂 2×300MW 机组建设时，某海湾环海公路在广阔的淤泥质海滩上建成，才在离老厂 1km 远的公路靠海侧建成新的海床式取水泵房，同时对新老厂一级升压供水。引水钢筋混凝土沟单长近 700m。

6. 多泥沙河流直流供水系统

根据目前的认识与实践，河流含沙量一般不大于 200kg/m^3，泥沙平均粒径为 0.01～0.05mm，凝汽器冷却管流速为1.5～2.0m/s，在有效地除去杂草与石子的情况下，电厂可以采用不经沉淀的河水作直流供水，可使凝汽器冷却管不堵不磨。

例如，黄河上游某河段，其最大含沙量为94kg/m³。某电厂一期采用黄河水不经沉淀的直流供水系统，河心泵房取水，引桥长约110m，而二期（4×300MW）距一期仅1.5km。经试验研究，附近无经济合理的取水地点，而改用循环供水系统，补给水由一期河心泵房供给。

某热电厂以黄河为直流供水水源，河流最大含沙量约300kg/m³，采用辐流式沉淀池沉沙。

7. 直流供水系统升压方式的选择

直流供水系统一般均采用一次升压系统，冷却水由水泵房升压，通过循环水管直接送水进入凝汽器。但根据自然条件，也可采用其他升压方式，主要有以下几种：

（1）两级升压系统。输水距离较远，通过天然河道、湖泊或人工建造的沟渠输水。优点是沿程水头损失小，投资省。

1）利用厂区和水源之间的天然河网或湖泊输水。水源设一级升压泵房，在厂区设二级升压泵房向凝汽器供水。例如，某热电厂在长江设一级泵房供水到河网湖泊。

2）在海水直流供水系统中，为防止紫贝贻在封闭的输水构筑物中生长及便于清理，采用混凝土明沟输水到汽机房前，在汽机房内设二级升压泵房。

3）水源为综合利用水库时，水位变幅较大，高水位历时较长，为节省投资及运行费用，高、中水位时停运一级泵房，由高、中水位进水闸进水，经输水明渠送水到汽机房前的二级泵房。

（2）一级升压自流到凝汽器：

1）长江上游，泥沙粒径较大，可能淤塞或磨损凝汽器冷却管，故一般设高位沉沙池，以除去粒径为0.25mm以上的泥沙。长江上游水位变幅较大，在泵房设置旋转滤网有一定困难，也不合理。一般设后置滤网，将后置滤网设在沉沙池上。沉沙池一般设在高地上，没有条件时可高架布置，处理后的水自流到凝汽器。

2）在输水距离较远，而输水沿途有基本连续的丘陵小山时，可一级打水到高位输水渠，到厂区后自流进入凝汽器。

（3）无泵直流供水系统。寒冷及山前冲积扇地区，电厂水源水温较低，可采用较低的冷却倍率，这时系统阻力较小，河流及引水渠道坡降较大。利用这一特点，可实现无泵直流供水系统。

例如，新疆某电厂以某河流河水为水源，利用引该河流的大坡度输水渠道将水引入厂区。当冷却倍率为40～55时，系统阻力为657～716kPa。进、排水点的水位高差可满足无泵直流供水的要求。

三、火力发电厂补给水源选择

1. 火力发电厂的补给水源

（1）采用循环供水系统冷却的火力发电厂补给水主要为湿式冷却塔的蒸发损失、风吹损失、排污水，以及锅炉补给水处理系统补水、生活用水、脱硫用水和其他厂区工业用水量。

（2）采用空冷系统冷却的火力发电厂耗水量较小，仅为采用循环供水系统冷却机组耗水量的20%，用水量主要为辅机湿式冷却塔的蒸发损失、风吹损失、排污水，以及锅炉补给水处理系统补水、生活用水、脱硫用水和其他厂区工业用水量。如辅机采用空冷系统或干湿联合冷却系统，耗水量会进一步减少。

（3）火力发电厂的补给水源可采用地表水、地下水、海水、城市再生水、矿区排水和其他污废水等多种水源。

（4）火力发电厂补给水系统的选择应根据水源情况、取水及输水规模、当地地形及地质条件、水域及陆域现状及规划、水利及航道管理部门要求、环保要求等因素，经综合技术经济比较确定。

（5）当有不同的水源可供选用时，应根据水量、水质和水价等因素经技术经济比较确定。

（6）采用多水源供水的补给水系统宜采取在事故时能相互调度的措施。

（7）采用单一水源可靠性不能保证时，应另设备用水源。

（8）北方缺水地区新建、扩建电厂生产用水严禁取用地下水，应严格控制使用地表水，积极利用城市再生水和其他废水，坑口电厂应首先使用矿区排水。

（9）滨海发电厂采用海水循环供水系统冷却时，可就近取用淡水水源；当缺少淡水水源时，宜采用海水淡化工艺制取淡水。

（10）扩建工程宜优先利用已建机组的各种排水。

（11）供水水源的设计保证率：单机容量在125MW及以上的火力发电厂供水水源的设计保证率应为97%；单机容量在125MW以下的火力发电厂供水水源的设计保证率应为95%。

（12）城市再生水经生化及深度处理后，可作为火力发电厂冷却水系统的补给水和其他工业用水。当采用城市再生水作为火力发电厂工业用水水源时，还需单独设置生活用水水源。

（13）矿区排水经深度处理后，可作为火力发电厂冷却水系统的补给水和其他工业用水。当采用矿区排水作为火力发电厂工业用水水源时，还需单独设置生活用水水源。

2. 地下水水源优选方案

（1）当采用地下水作为水源时，应根据该地区目前及必须保证的各项规划用水量，按枯水年或连续枯水年进行水量平衡计算后确定取水量，取水量不应大于允许开采量。

（2）第四纪潜水的大部或部分已为农业用水所开采，电厂采用这一部分水往往会引起水资源分配的问题。在条件可能时，电厂用水要尽量考虑未被开发的岩溶水或深层地下水。例如，平凉电厂采用部分地下水，与农业用水有一定矛盾，后开发岩溶水，缓解了部分与农业用水的矛盾。

（3）岩溶泉水常出露在标高较低的河床中，开采比较困难。根据水文地质条件，在附近洪水位以上区域另凿管井取水，可能是经济合理的方案。例如，蒲城电厂袁家坡水源地，在洛河河床上有 $2m^3/s$ 水量的泉水，在附近较广阔的范围内用管井取水，比较合理。

（4）山前洪冲积扇地下水的开采要注意地下水源上游地层的组成。如上游地层中含有硫化物，则地下水中含硫量较高，不适合作生活用水及锅炉补给水。而左右相邻的山前洪冲积扇，水质可能较好。例如，大武口电厂从大武口沟取水，水中含硫量较高，只能作冷却水的补给水，生活用水和锅炉补给水则从相邻的归德沟取水质较好的水。

（5）有的岩溶地下水源地，如全年超过开采储量开采，将导致水源枯竭，可采用地面水与地下水交互开采的方案，地面水丰水季采用地面水，使地下水得以恢复。例如，邹县电厂就采用这种开采方式。

3. 高含沙量水的处理与调蓄

根据目前的认识与经验，通过二级水处理可将含沙量在 $100kg/m^3$ 以下的高浊度水处理到含沙量为 100mg/L 补给水的水质要求。当采用高浑度水为水源时，根据含沙量大于 $100kg/m^3$ 的最长持续天数，建造避沙峰蓄水池，含沙量高时取水及处理设施停运。利用黄河水作水源的大坝、靖远、达拉特等电厂都是采取这种方式。

4. 平原地上蓄水库供水方案

黄河下游经常断流，这些地区地下水亦较贫乏，可采用在地上围堤建地上大型蓄水库的方案，利用黄河水可取水的有限时段，将水抽到水库存蓄，供全年使用。胜利油田和德州电厂等都是采用这种方式。

第四节　水工总体布置

一、直流供水系统水工总体布置

1. 直流供水系统的厂址场地标高

（1）几何扬程。循环水泵扬程由几何扬程和系统阻力两部分组成。几何扬程为水源水位与虹吸井水位之差，亦称静扬程。降低虹吸井水位，相应地降低了几何扬程。虹吸井水位受凝汽器水侧顶部绝对压力不小于 20kPa 条件的控制，一般为 20～30kPa，虹吸井水位一般在汽机房地坪下 1～2m。双流程凝汽器可采用上部进水下部出水的形式，可降低虹吸井水位半个凝汽器的高度。

（2）一般厂址场地高程。一般厂址场地高程高于百年一遇洪水位，并根据厂址位置、防洪堤情况及风浪等因素加适当的裕度。场地高程的提高，会加大循环水泵的几何扬程。

（3）三角洲厂址场地高程。长江、钱塘江、珠江河口三角洲厂址地势较低，都建有可靠的防洪堤。厂址场地高程一般都低于水源洪水位，而只需稍高出内涝水位即可。在合理规划的条件下，对水源多年平均水位而言，可实现几何扬程为零的供水系统布置。

2. 直流供水水源与主厂房朝向

直流供水厂址，力求主厂房尽量靠近水源。主厂房与水源的关系一般有下列几种：

（1）汽机房朝向水源。汽机房朝向水源，取水构筑物可布置在汽机房纵向长度的中央。在条件合适时，采用表排深取的取排水布置方案，这样取排水管线最短。电气出线可由电缆经锅炉房出线或高架在主厂房上方出线。

（2）锅炉房朝向水源。锅炉房朝向水源，电气出线方便。循环水管可穿越锅炉房进入汽机房。凝汽器可反向布置。

（3）明渠引水。在水源水位变幅较小、水源含沙量较小的条件下，可用明渠引水到汽机房前或附近供水。引水明渠投资较低，水阻损失小，根据主厂房朝向布置与水源的关系和工程条件，可较灵活地布置。

3. 直流供水系统的布置要求

（1）直流供水系统的取排水建（构）筑物布置和循环水管线路径应工艺顺捷、分期明确。

（2）采用直流供水系统时，取排水口的位置和形式应根据水源特点、温排水对取水温度和环境的影响、泥沙冲淤和工程施工等因素，通过物模试验或数模计算研究确定。

（3）在煤码头附近取水的直流供水系统的冷却水进、排水口与煤码头之间的距离应避免两者之间的相互影响，并应通过模型试验充分论证、合理确定。

（4）直流供水系统经综合技术经济比较后，凝汽器宜采用低位布置。

（5）直流供水系统可根据排水落差情况，设置水能利用系统。

（6）直流供水系统的排水，在不影响火力发电厂经济运行的条件下，可供其他用户使用。

二、循环供水系统水工总体布置

1. 循环供水系统的布置要求

（1）冷却塔的布置应根据地形、地质、循环水管线的长度、相邻设施的布置条件及常年风向等综合因素确定。冷却塔宜布置在地层均匀、地基承载力较高的区域。

（2）在山区和丘陵地带布置冷却塔时，应避免受到湿热空气回流的影响。

（3）冷却塔宜靠近汽机房前布置，但与主厂房之间的净距不应小于50m。

（4）具备扩建条件的工程，冷却塔不宜布置在主厂房扩建端。

（5）冷却塔应考虑冷却塔的飘滴和雾对周围环境的影响。

（6）冷却塔宜远离液氨区，并宜布置在液氨区全年主导风向的上风侧。

（7）采用机械通风冷却塔的火力发电厂，单侧进风塔的进风面宜面向夏季主导风向，双侧进风塔的进风面宜平行于夏季主导风向。

（8）湿式冷却塔的噪声应满足环境保护的要求。

（9）自然通风冷却塔不设备用，单机容量为300MW级及以上的机组，每台机组宜配置一座自然通风冷却塔。

（10）汽机房前进、排水管沟走廊的布置应按规划容量管、沟的数目和断面确定，且应考虑与其他管、沟和基础之间的相互影响。

（11）循环水泵房宜靠近冷却塔布置，可一机一泵房，也可二机共用一座泵房。

（12）单机容量为300MW级及以下的机组的循环水泵，在条件许可时可设在汽机房内或汽机房披屋内。

2. 冷却塔与其周围设施的最小间距

（1）冷却塔与其周围建（构）筑物的最小间距不应小于表2-5中的规定。

表2-5 冷却塔与其周围建（构）筑物的最小间距 （m）

建筑物名称 塔型	丙、丁、戊类建筑物耐火等级一、二、三级	供氢站、贮氢罐、点火油罐、露天油库	液氨储罐	屋外配电装置	露天煤场及卸煤装置	行政生活服务建筑	围墙	铁路（中心线）		道路（路边）	
								厂外	厂内	厂外	厂内
自然通风冷却塔	15～30	20	30	25～40	25～30	30	10	25	15	25	10
机械通风冷却塔	15～30	25	25	40～60	40～45	35	15	35	20	35	15

注 1. 最小间距应按与塔相邻建（构）筑物外墙距冷却塔零米标高斜支柱中心的最近距离计算。

2. 冷却塔与屋外配电装置的最小间距，对于自然通风冷却塔，为塔零米（水面）至屋外配电装置构架边净距。当冷却塔位于屋外配电装置冬季盛行风向的上风侧时，最小间距为40m；位于下风侧时，最小间距为25m。对于机械通风冷却塔，在非严寒地区为40m，严寒地区采取有效措施后可小于60m。

（2）自然通风冷却塔底零米标高处塔体支柱中心与其他建（构）筑物的净距不应小于2倍冷却塔进风口高度。机械通风冷却塔进风口侧与其他建（构）筑物的净距不应小于2倍冷却塔进风口高度。当冷却塔与其周围设施的最小间距不满足冷却塔通风要求时，可通过模型试验确定其间距。

（3）相邻的冷却塔或塔排的净距应符合GB/T 50102—2014《工业循环水冷却设计规范》的规定。

3. 冷却塔群布置

冷却塔装除水器后，飘滴不影响配电装置及电气出线，所以布置方式比较灵活。主要有下列几种：

（1）塔群位于高压配电装置固定端外侧，这种布置初期管线较短，后期较长。要留够扩建管沟走廊的宽度。

（2）塔群位于高压配电装置的扩建端，这种布置初期不宜采用，后期采用管线较短。因此，较多的电厂初期和后期塔群分别布置在高压配电装置的两端。

（3）塔群布置在锅炉房外侧，管线可穿越锅炉房。地势较高时，冷却塔可高位布置。

（4）塔群布置在汽机房与配电装置之间，冷却塔呈一字形布置，出线在塔间穿过，管线最短。

三、空冷系统水工总体布置

（一）直接空冷系统水工总体布置

1. 直接空冷系统布置原则

（1）直接空冷平台朝向应根据全年、夏季、夏季高温大风的主导风向、风速、风频等因素，结合工艺布置要求，并兼顾空冷机组运行的安全性和经济性综合确定。

（2）空冷凝汽器主进风侧宜面向夏季主导风向，并兼顾全年主导风向，避免来自锅炉房后较高的风频风速，特别是炉后斜向的来风。对夏季主导风向与次主导风向形成180°左右对角的厂址，汽机房与空冷凝汽器平台宜平行于主导风向布置。

（3）直接空冷平台应远离电厂内露天热源，并避开露天热源热季下风侧。

（4）直接空冷平台宜布置在粉尘源的全年主导风向上风侧或侧风向。

（5）空冷平台高度应根据空冷凝汽器的总体布置和空冷系统进风断面的要求确定，同时应满足空冷平台下布置的变压器出线高度及其防护距离的要求。

（6）直接空冷凝汽器宜布置在汽机房A列外空冷

平台上，空冷凝汽器平台与汽机房的最小间距应满足排汽管道的布置要求。空冷汽轮机采用纵向布置的电厂，宜将空冷凝汽器平台平行于汽机房A列布置，每台机组空冷凝汽器中心线宜与汽轮机排汽装置中心线对齐，空冷凝汽器平台长度尺寸与汽机房长度相协调。

（7）受场地条件所限或其他特殊情况下，空冷凝汽器平台也可采用长度方向垂直于汽机房A列或其他布置方式，此时应进行数值模拟或物理模型试验，以确定最佳布置方式。

（8）当风环境比较复杂或电厂周边地形地貌特殊时，应利用数值模拟或物理模型试验对空冷凝汽器的布置方案进行分析论证，并采取有效措施减少对空冷系统散热的影响。

2. 直接空冷平台布置要求

（1）同容量空冷机组连续布置台数应结合总平面布置，经技术经济比较后确定。连续布置的直接空冷凝汽器机组台数不宜超过表2-6中规定值。当连续布置的机组台数超过上述规定时，宜通过数值模拟或物理模型试验确定。

表2-6　　直接空冷系统连续布置机组数量

序号	单机容量	机组连续布置数量（台）
1	300MW级及以下	6
2	600MW级	4
3	1000MW级	2～3

（2）不同容量的直接空冷机组空冷凝汽器平台宜分开布置，如分开布置确有困难，应通过模型试验确定连续布置方案。空冷凝汽器平台（含相应的主厂房）之间分开布置的间距宜大于较高平台高度的2倍，应避免夏季主导风向或次主导风向由低的平台吹向高的平台。

（3）当直接空冷机组在其他冷却形式的机组基础上进行扩建时，应通过数值模拟或物理模型试验验证，确定主厂房和空冷凝汽器平台的布置方式。

（4）直接空冷电厂规划时应确定连续建设机组的台数，以便一次合理确定空冷凝汽器平台的高度。空冷凝汽器平台高度应满足进风的要求。

（5）变压器、电气配电间、贮油箱等可布置在直接空冷平台下方，但应保证空冷平台支柱位置不影响变压器的安装、消防和运输通道的检修。

（6）空冷凝汽器平台下布置的设备及建筑物宜靠近A列布置，高度不宜超过空冷凝汽器平台高度的1/4。

（7）空冷凝汽器支撑柱网布置应根据冷却单元的数量和尺寸、冷却单元排（列）方案、总平面布置，以及空冷凝汽器平台下方电气设施布置方案综合确定。当主变压器等电气设施布置在空冷凝汽器平台下方时，宜按每两个冷却单元的距离设置柱网。

（8）空冷凝汽器平台的上风向不宜布置机力通风冷却塔。

（9）空冷凝汽器平台与机力通风冷却塔的净距不宜小于空冷凝汽器平台与机力通风冷却塔进风口高度之和。

3. 直接空冷平台的防噪要求

直接空冷系统噪声应满足GB 12348—2008《工业企业厂界环境噪声排放标准》的要求，根据工程具体条件，经技术经济比较后可选择以下防噪声措施：

（1）选择低噪声风机。

（2）选择较低的迎面风速。

（3）在挡风墙内设置消声设施。

（4）在空冷风机入风口设置消声设施。

（5）在空冷凝汽器平台下零米地面铺设碎石。

（6）在厂区围墙周围种植不产生飞絮的高大树木。

（二）间接空冷系统水工总体布置

1. 间接空冷系统布置原则

（1）间接空冷塔应远离电厂内露天热源，并避开露天热源夏季主导风向下风侧。

（2）间接空冷塔宜布置在粉尘源的全年主导风向上风侧或侧风向。

（3）间接空冷塔宜位于高大建筑物夏季主导风向下风侧。

（4）间接空冷塔除作为排烟冷却塔外，宜靠近汽机房侧布置；排烟冷却塔宜靠近炉后区域。

（5）当间接空冷塔内放置有防火要求的设施时，宜根据相关设施的消防要求设置消防通道及配套的消防设施。

（6）能够适应间接空冷塔内环境的低矮设施或地下构筑物，可结合相关工艺系统布置及总平面布置的要求设置于间接空冷塔内。

（7）表面式凝汽器间接空冷系统循环水泵房宜靠近间接空冷塔布置，可每台机组对应一座泵房，也可两台机组合建一座泵房；混合式凝汽器间接空冷系统循环水泵组宜靠近凝汽器布置在汽机房或汽机房披屋内。

（8）满足下列条件中之一时，可采用脱硫装置、排烟口与间接空冷塔合并设置的排烟空冷塔：

1）经论证采用排烟空冷塔技术经济更优；

2）厂址所在地对烟囱有限高要求；

3）经论证采用排烟空冷塔对烟气污染物扩散更有利，且在机组的各种运行工况下都能满足环保要求。

2. 间接空冷塔布置要求

（1）间接空冷塔与周围建筑物的相对位置关系应符合下列规定：

1）宜避开直接空冷平台夏季主导风向下风侧；

2）宜避开湿冷塔冬季主导风向下风侧；

3）宜避开粉尘源的全年主导风向下风侧；

4）宜远离露天热源，并不宜布置在露天热源夏季主导风向下风侧。

（2）相邻间接空冷塔的塔间净距应符合下列规定：

1）间接空冷塔之间的净距宜为间接空冷塔最外缘之间的距离；当散热器在塔周垂直布置时，间接空冷塔最外缘宜为散热器最外缘；当散热器在塔内水平布置时，间接空冷塔最外缘宜为零米标高对应的塔筒支柱中心处。

2）散热器塔内水平布置的塔间净距不宜小于4倍较大的进风口高度，对于自然通风间接空冷塔且不小于0.5倍自然通风间接空冷塔零米直径。

3）散热器塔周垂直布置的塔间净距不宜小于3倍较高的散热器高度，且不应小于0.5倍较大的自然通风间接空冷塔塔筒支柱中心零米处直径。

（3）机械通风间接空冷塔与自然通风间接空冷塔的塔间净距宜符合下列规定：

1）机械通风间接空冷塔和自然通风间接空冷塔散热器垂直布置时，塔间净距宜不小于两塔散热器高度之和的1.5倍。

2）机械通风间接空冷塔散热器垂直布置、自然通风间接空冷塔散热器水平布置时，塔间净距不宜小于机械通风间接空冷塔散热器高度的1.5倍与自然通风间接空冷塔进风口高度的2倍之和。

3）机械通风间接空冷塔散热器水平布置、自然通风间接空冷塔散热器垂直布置时，塔间净距不宜小于机械通风间接空冷塔进风口高度的2倍与自然通风间接空冷塔散热器高度的1.5倍之和。

4）机械通风间接空冷塔和自然通风间接空冷塔散热器水平布置时，塔间净距不宜小于两塔进风口高度之和的2倍。

（4）间接空冷塔与周围建（构）筑物之间的最小净距可按下式确定：

$$L_{min} \geqslant 0.4H + h \tag{2-1}$$

式中 L_{min}——间接空冷塔与周围建（构）筑物之间的最小净距，m；

H——间接空冷塔最外围进风面有效高度，m；

h——间接空冷塔周围建（构）筑物有效阻风高度，m。

对于靠近冷却塔的特别高大的障碍物，应通过专项研究评估其对冷却塔热力性能的不利影响。

四、空湿联合冷却系统水工总体布置

适合于大中型机组的空湿联合冷却系统可考虑采用直接空冷系统加湿冷系统方案。湿冷系统可建造自然通风冷却塔或机械通风冷却塔，冷却塔可远离主厂房布置。湿冷循环水泵房可建在湿式冷却塔附近，用压力管道将循环水输送到位于汽轮机大直径排汽管下方的表面式凝汽器。空冷系统采用机械通风直接空冷系统，布置要求可参考本节“三、空冷系统水工总体布置”的要求；湿冷系统布置要求可参考本节“二、循环供水系统水工总体布置”的要求。

第五节 厂址选择水工设计工作实例

一、工程概况

在某河流河口外海滨北岸地区选择燃煤发电厂厂址（可行性研究阶段）。一期工程容量为2×600MW，二期工程再扩建2×600MW。

电厂所需燃煤用3.5万t浅吃水肥大型海轮直接运至电厂专用码头。

电厂冷却水拟采用厂区岸线外某河流河口外某海湾海水进行直流供水。厂区附近河网水源丰富，可作为淡水水源。

在指定区域内，初步可行性研究阶段已选择三个厂址方案，即A厂址、B厂址和C厂址，本阶段需确定厂址。厂址地理位置见图2-1。

三个厂址方案沿某海湾北岸由东向西顺序布置。B厂址与A厂址相距仅3km，中间仅隔一座小山。C厂址在A厂址以西11km，但该厂址前的某海湾深槽宽度和深度不能满足输煤轮船吃水深度及回转半径的要求，故将厂址东移3.2km成为C厂址第二方案。

二、海湾水文特征

1. 概述

某河流自D处以东至某海湾入海口处河宽急剧放大，呈喇叭形。D处到某海湾口长100km，D处河宽20.3km，湾口处河宽100.6km。湾内水域面积5618km²。

D处以西，该河流河床迅速抬高，形成长130km、高达10m的沙坎，河槽又急剧缩狭，故形成著名的涌潮。

该河流山水（上游径流）年平均流量988m³/s，山水造床流量1980m³/s。但该海湾的涨潮平均流量为山水造床流量的100倍，故山水的影响可忽略不计。山水的年平均含沙量为0.2kg/m³，而该河流湾湾顶涨潮平均含沙量为1～3kg/m³，故该海湾为典型的强潮海相河口。

该海湾河床质和悬移质泥沙颗粒组成无太大区别，平均粒径为0.01～0.05mm，且颗粒甚为均匀，60%～80%的颗粒均在0.01～0.05mm范围内。因此，该海湾的泥沙除某河流江口补给外，湾内泥沙运动主要是悬移质泥沙随潮流大小时沉时扬往返搬运的过程。而该海湾河床地貌的冲淤变化，明显地是这种泥沙掀起、搬运和沉积的结果。该海湾北岸的冲刷深槽为各厂址的航运和取水提供了条件，见图2-1。

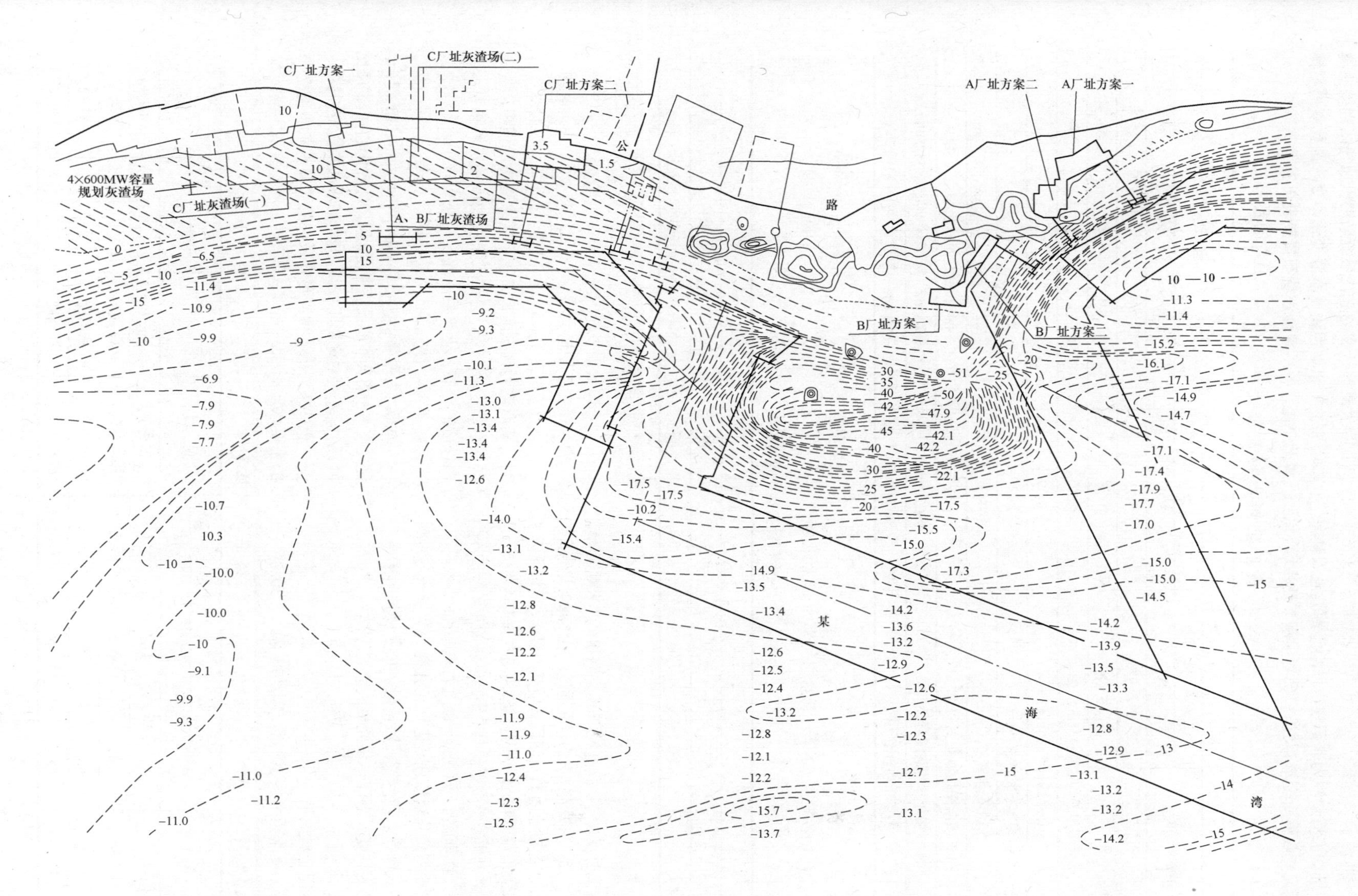

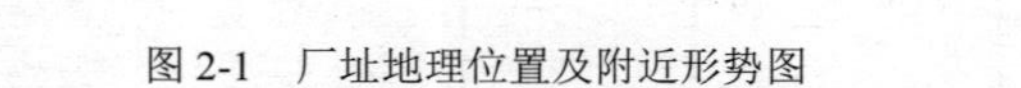
图 2-1　厂址地理位置及附近形势图

2. 潮位

厂址处海湾潮汐为非正规半日潮。潮波进入某海湾后受河宽收缩而变形，从湾口到湾顶潮差逐步增大，湾顶最大潮差达 8.93m，平均潮差为 5.47m，潮差比湾口增加了 1 倍。但由于水深变化不大，因此潮周期基本无变化。各厂址潮汐特征值见表 2-7。

表 2-7　各厂址潮汐特征值

厂址		A	B	C
最高潮位（m）	P=1%	6.93	7.02	7.34
	P=0.1%	7.41	7.51	7.85
最低潮位（m）	P=97%	−1.73	−1.76	−1.88
	P=99%	−1.78	−1.81	−2.00
多年平均高潮位（m）		4.09	4.14	4.30
多年平均低潮位（m）		−0.26	−0.27	−0.30
多年平均潮位（m）		2.08	2.10	2.17
历年最大潮差（m）		7.13	7.22	7.58
多年平均潮差（m）		4.35	4.40	4.60
多年平均涨潮历时		5h22min	5h23min	5h25min
多年平均落潮历时		7h3min	7h2min	7h

3. 风浪

三个厂址各地点 50 年一遇累积频率为 1%的设计波高见表 2-8。

表 2-8　三个厂址各地点设计波高　（m）

厂址	A		B		C		
地点	取水口	塘前	取水口	塘前	取水口	塘前	灰堤前
设计波高	5.24	1.68	1.52	1.75	5.24	1.50	3.71

4. 潮流

涨潮时潮波自外海传入，东南来潮和东北来潮在滩浒以西汇合后，涨潮流在某山以北通过，沿该海湾北侧直趋 D 处河段。落潮流由 D 处河段直射某山以南，而该海湾东南部海域落潮先落，这些促使落潮主流在该海湾南侧。该海湾泥沙基本趋于平衡，但由于涨落潮流主轴线的不一致，加之涨潮流强于落潮流，故有北冲南淤的现象。

该海湾口外潮汐曲线近似正弦曲线，潮流呈扁椭圆旋转式潮流，但到某河流段时，由于受地形影响，潮流已为往复式潮流，该处最大流速可达 6～7m/s。

5. 水温

水温资料如下：

夏季频率为 10%的日平均水温　30.3℃

夏季平均　27℃

春秋季平均　18℃

冬季平均　8℃

全年平均　17.7℃

某海湾为强潮河口，上下层水流掺混强烈，故表底层水温趋于一致，曾在水深为 23m 的水域测量水温沿深度的分布，上下层水温仅相差 0.5℃。

6. 水质

该海湾为强混合型河口，咸淡水间存在强烈的混合，因此在水平方向有明显的密度比降，而在垂直方向密度比降甚小，不会对深层取水表层排水的热水扩散产生影响。

表 2-9 列出了全固形物最大的 2 月及最小的 7 月的主要水质指标。

表 2-9　某海湾水质分析

项　目	单位	分析日期		项　目	单位	分析日期	
		2月	7月			2月	7月
pH 值		7.6	7.8	氯离子	mg/L	7050	4400
全固形物	mg/L	13528	8302	硫酸根离子	mg/L	1703	648
悬浮物	mg/L	380	58	全硬度	德国度	136.15	91.32
氧消耗量	mg/L	1.58	3.03	碳酸盐硬度	德国度	5.1	4.4

7. 含沙量

根据潮流与地形条件，从整体而言，该海湾湾口含沙量比湾顶小，北部比南部小。

该海湾的河床质为淤泥质轻亚黏土，其起动流速较小，而该海湾的底流速一般都大于起动流速，故泥沙易于掀扬，含沙量与潮流流速呈同步升降。

根据 B 厂址实测资料，最大垂线平均含沙量为 1.6～2.0kg/m^3，涨落潮平均含沙量为 0.5kg/m^3 左右。

局部地区受局部水流的影响，含沙量能达较高值，在下一步工作中将对拟订取水口区域进行观测。

三、河床稳定性分析

近 2000 年来，该海湾南涨北坍，变化剧烈，由于近世沿岸堤塘不断加固，使北岸岸线趋于稳定，冲刷深槽近百年来无大变迁。

从厂址 A 向东 15km 一段，冲刷深槽深 15～20m、宽 1km。在厂址 B 外侧湾中有数个岩岛成为中流砥柱，形成了海湾内较大的冲刷深潭，最深处达 50m。厂址 A、厂址 B 和规划中的港口均处于深潭的边缘，使之有良好的建造码头及取水条件。深槽虽然向厂址 C 伸延，但逐渐变狭、变浅，深槽外侧有一大片自澉浦向东北伸延的沙洲，对厂址 C 的深槽起到一定的制约作用。

深槽在年内及年间仍有冲淤变化，海岸河口研究所根据 1958 年以来 30 多次水下地形图分析，多年来冲淤基本平衡。年内夏冲冬淤，年内冲淤量虽大到 1 亿 m^3，但仍只有总水深的 5%。由于外海条件不会有大的变化，因此北岸的涨潮冲刷深槽基本稳定。

海岸河口研究所对在厂址 C 一带滩涂上筑坝建造电厂贮灰场进行了试验研究，结果表明建贮灰场后使涨潮流增加 3%～5%，落潮流减少 3%～5%，对深槽影响不大，且小于天然冲淤幅度。

海岸河口研究所对某河流近期围垦对深槽的影响进行了物理与数学模型的试验研究，结果认为围垦使涨落潮流速减少 3%左右，因此认为某处河流段以上近期围垦 10 万亩（1 亩≈666.7m^2）左右的规模不致对深槽的稳定性带来大的影响。远期围垦规模，以不影响北岸深槽的通航条件为原则。

四、冷却水取排水方案设计原则

1. 取排水口布置

（1）某海湾涨潮主流在北岸，落潮主流在南岸，所以该海湾涨落潮流主轴线是很不一致的。

电厂温排水在涨潮时沿北岸深槽随涨潮主流上溯经厂址 A、B 外诸岩岛急流区，流速可增大到 4m/s 以上，沿途冷热水掺混剧烈。落潮时，这股掺混后的水流很大部分随落潮主流排向海湾南岸，不会像某些感潮河段一样，在取水口一侧上下游相当长的河段中徘徊游荡，造成自然水体环境水温的升高。这对水体环境保护及电厂取水不受热水回流影响都是有利的。

根据温排水与冷水剧烈掺混的特点，取排水口宜在平面上采用分列式布置，避免取水口吸入排水口强烈掺混的温水。在垂面上采用表排深取的差位式。在厂址条件允许时，还可以利用岸边突出岩岬，将排水挑离取水口。

（2）该海湾涨潮历时 5h 20min，落潮历时约 7h，两者相差 1h 40min。厂址附近涨潮平均流速约 1m/s，落潮平均流速约 0.5m/s。较高的流速使贴岸流宽度变狭，对取水头部取水有利。因此，故宜按落潮时间较长，将排水口布置在取水口落潮方向的下游，以减少温水流经取水河段的历时。

2. 设计

厂址所处海湾悬移质和推移质泥沙运动剧烈，除此之外，根据海岸动力地貌分析，沿岸水下近滩为波浪破碎带，河床质较易掀起，在波浪沿岸分力及潮流的作用下，除悬移质泥沙运动外，沿岸漂沙的活动也较剧烈和频繁。从地貌上看，三个厂址上下游均有沿岸岩岬分隔，但沿岸漂沙仍能越过岩岬而贯通。

根据上述泥沙运动的特点，在取水建筑物设计中应考虑以下几个方面：

（1）取水地点宜选择在稳定深潭的边缘，泥沙运动相对平稳。厂址 A 取水头部深潭水深约 30m，厂址 B 引水明渠前深潭水深约 40m，厂址 C 取水头部位于水深为 15m 的冲刷深槽的中部。

（2）厂址最低潮位为–2m 左右，估算厂址破波水深为 8m，所以取水头部宜设在–10m 标高以外，以避开破波时泥沙掀起。

（3）取水头部进水孔口的下缘宜在河床上 3m 左右，以留有年内冲淤变化的裕度，并减少底沙进入取水孔口。

（4）采用引水明渠方案时要充分考虑泥沙的淤积条件，一般要求取水口不设在明显突出的岩岬端部。取水口处风浪要小，潮流较缓，沿岸漂沙弱，岸坡要陡，取水口前水要深，引水明渠要短，水下引水明渠两侧要有一定高度的防沙堤。

（5）施工方案要注意水下基槽开挖的回淤问题。

3. 防波措施

该海湾每年都受台风的影响，由于海域开阔，波浪较大。据统计计算，厂区岸外深水 50 年一遇 1%大波浪高 5.24m。取水建筑物的结构设计要考虑波浪的影响。自流引水管方案可保证波浪不会影响水泵集水井的水位上下波动。引水明渠方案要在进口段设一定长度的淹没管涵或间隙式防浪设施，以保证水泵吸水井内水位波动不超过 0.2m。

4. 海生物保护

该海湾是某渔区鱼类的产卵区和子幼鱼的索饵区，所以设计中要考虑海生物的保护。由于该海湾冷热水掺混剧烈，3℃的超温线范围很小，因而电厂的温排水对海生物的影响很小，温排水可采用造价较低的表层排水，但取水口要考虑下列问题：

（1）在可能的条件下，尽量采用深层取水的方式，因为许多海生物较多地活动在水表面到 4m 水深的范围。深层取水也可减少电厂水质的污染。

（2）取水头部要在水力条件上防止鱼类被吸入。利用鱼类逆流回避的自然习性，取水头部设计成水平方向进水，水平进水流速宜不高于 0.3m/s。

5. 各厂址取排水方案技术数据（见表 2-10）

表 2-10　　三厂址取排水方案特点及有关数据

厂　址		A	B	C（第二方案）
主厂房朝向		固定端朝江	汽机房朝江	锅炉房朝江
水泵房地点		岩岬头部	削平岩山，布置主厂房与泵房	新建海堤内
泵房前深潭底标高（m）		–30	–45	–15
水泵房施工取水方式		基岩上做混凝土围埝，基坑大开挖	基岩上做混凝土围埝，基坑大开挖	沉井
取水方式		2 × ϕ4m 自流引水管，水下埋管	引水明渠，底宽 15m，水下开挖	1m × 6m 自流引水隧道，盾构法施工
取水标高		取水孔口下缘标高–9m	渠底标高–5m	取水孔口下缘标高–12m
取排水口热力水力关系		分列式和位差式混合	排水利用地形挑流掺混，分列式	分列式和位差式混合
引水管（渠、隧道）长度（m）		180	50	1360
进水管长度（m）		550	110	550
排水沟长度（m）		470	540	750
水工相对投资比较（万元）		0	–1235	+2630
全厂单位千瓦造价（元/kW）		1523.5	1541.5	1564.35
厂区及海塘土石方量（万 m^3）		51	310	131
–12m 冲刷深槽宽度（m）	平均	810	1240	672
	最大	860	1440	1050
	最小	760	1100	270

五、厂址选择方案比较

（1）输煤采用 3.5 万 t 浅吃水肥大型海轮。该船吃水深 9.5m，码头前水深需 11m，回转直径需 400m。码头设计低水位采用低潮累积频率 90%的潮位，为 –1.0m，故厂址前北岸冲刷深槽–12m 标高等深线间的深槽宽度应在 400m 以上。

厂址所处海湾北岸冲刷深槽的宽度及深度由东向西逐渐变狭、变浅。对深槽的位置及宽度，有关部门自 1958 年开始进行了 30 多次测量。结果表明，在原厂址 C 的第一方案处深槽最小宽度仅 100m，其中 4 次测量的深槽深度不足–12m。因此，原厂址 C 不能满足航运的要求，要将厂址 C 向东移动 3.2km（第二方案）处，才能勉强满足航运的要求。该处–12m 深槽平均宽度为 672m，最小宽度仅为 270m。

厂址 C 处于冲刷深槽的末端，深槽宽度有时不能满足航运的要求，要进行疏浚；深槽离岸较远，输煤栈桥与自流引水隧洞都较长；单位千瓦投资是三个厂址中最高的；厂址 C 的航道冲淤变化对现自 D 处向东北方向伸延的水下沙洲的发展以及南岸围垦面积的扩大都比较敏感，可能构成潜在的影响。在厂址 A 和厂址 B 航运及水工条件都较优越的情况下，厂址 C 不予推荐。

（2）厂址 B 的优点：汽机房邻近海湾，明渠开敞式引水，泵房紧靠主厂房，压力管最短，排水沟亦不长，冷却水供排水条件较为优越，水工投资是三个厂址中最低的；主厂房和烟囱等主要建（构）筑物基础可建在基岩上，投资省、稳定性高；码头深槽稳定性好，输煤栈桥短。

厂址B的缺点：场地地形狭窄，合理的总布置有一定难度，扩建余地较差；削平小山，开山，修路、筑堤和场地平整工程量最大，"三通一平"较为困难，对建设工期造成影响。

厂址B现有良好的自然环境，地方上规划开发为旅游景点，与建电厂相矛盾，因而该厂址只能放弃。

（3）厂址A的优点：码头前沿深槽稳定性好，水流条件较为平顺，码头引桥及厂内输煤栈桥不长，输煤最为理想；循环水泵房设在岩岬头部，采用自流引水管深层取水，压力管和排水沟短，供水可靠性大；配电装置布置近便，高压出线方便；利用原有海塘加固，工程量最少；场地平坦，土石方量最小，陆地条件好，有充分的发展余地；"三通一平"方便，施工布置灵活，建设周期最短；自然环境好，工程造价最低。

厂址A的缺点：民房拆迁工作量大。

（4）综合比较，厂址A优点较多，作为推荐厂址。

第三章

第一节　水　　源

一、水源的类型与选择

（一）水源的类型

火力发电厂可利用的水源有地表水、地下水、海水、城市再生水、矿区排水和已建机组的排水等，当有不同的水源可供火力发电厂选用时，应根据环保要求、取水量、水质和水价等综合因素经技术经济比较确定。采用单一水源可靠性不能保证时，需另设备用水源或其他措施保证供水可靠性。

（二）水源的选择

火力发电厂的水源选择非常重要，在初步可行性研究阶段和可行性研究阶段选择厂址时水源必须予以认真落实，确保供水安全可靠。火力发电厂的水源选择应符合下列要求：

（1）水量安全可靠。对于单机容量在125MW及以上的火力发电厂，供水水源设计保证率为97%；单机容量在125MW以下的火力发电厂，供水水源的设计保证率应为95%。

（2）原水水质较好，当有多水源可供发电厂选择时，要尽量选择原水水质较好的水源，以降低原水处理系统的造价。

（3）采用直流、混流或混合供水系统的火力发电厂宜靠近水源。

（4）应考虑水源的综合利用及取排水对水域的影响。

（5）应考虑其他用户对火力发电厂取水水质、水量和水温的影响。

（6）取排水设施的设置应能满足保护区及水功能区划的要求。

（7）缺水地区新建、扩建电厂生产用水严禁取用地下水，严格控制使用地表水，应优先利用城市再生水和其他废水，坑口电厂应首先使用矿区排水。

（8）滨海发电厂的淡水水源宜采用地表水，当厂址附近缺少淡水资源时，也可采用海水淡化工艺制取淡水。

（9）生活用水水源宜采用城市自来水或地表水，当生产用水采用城市再生水或矿区排水等非常规水源，且附近无城市自来水可供利用时，电厂的生活用水也可以考虑取用地下水。

（10）扩建工程应充分利用已建机组的各种排水，如淡水循环供水系统排水、工业废（污）水、生活污水等。

（11）缺水地区或环保要求高时，淡水循环供水系统的排水经处理后可作为其补充水及化学补给水处理系统的水源。

（12）燃用高水分褐煤的电厂所在地区极度缺水时，可采用煤中取水技术获得水源，减少厂外水源补水量。例如，内蒙古锡林浩特市部分火电厂燃用的就是高水分褐煤（含水率为20%～50%），对于采用煤中取水技术的2×660MW机组，约可从褐煤中提水160m^3/h左右，相当于耗水指标可降低0.034m^3/（s·GW）。

二、各类水源设计要求

（一）地表水水源

（1）当火力发电厂采用地表水作为水源时，在下述情况下，仍应保证其满负荷运行时所需的水量：

1）当从天然河道取水时，对于单机容量在125MW及以上的火力发电厂，应按供水保证率为97%的最小流量考虑，对于单机容量在125MW以下的火力发电厂，应按保证率为95%的最小流量考虑，同时均应扣除取水口上游必须保证的工农业规划用水量和河道水域生态用水量。

2）当河道受水库、湖泊、闸调节时，对于单机容量在125MW及以上的火力发电厂，应按其保证率为97%的最小调节流量考虑，对于单机容量在125MW以下的火力发电厂，应按保证率为95%的最小调节流量考虑，同时均应扣除取水口上游必须保证的工农业规划用水量和生态用水量。

3）当从水库、湖泊、闸坝取水时，对于单机容量在125MW及以上的火力发电厂，应按保证率为97%的枯水年最小供水量考虑；对于单机容量在125MW以下的火力发电厂，应按保证率为95%的枯水年最小供水量考虑。

（2）当采用天然河道作为水源时，必须对河流（包括地下河段）的水文特性进行全面分析，应根据河流的深度、宽度、流速、流向、泥沙（悬移质及推移质）和河床地形及其稳定性等因素，并结合取水形式对河道在设计保证率时的可取水量及排水回流进行充分论证，必要时应进行物理模型试验。

（3）当火力发电厂自建专用水库或拦河闸坝取水时，对于单机容量在125MW及以上的火力发电厂，其洪水设计标准不应低于100年的重现期，校核洪水标准不应低于1000年的重现期；对于单机容量在125MW以下的火力发电厂，其洪水设计标准不应低于50年的重现期，校核洪水标准不应低于100年的重现期。

（二）地下水水源

当采用地下水作为水源时，应根据该地区目前及必须保证的各项规划用水量，按枯水年或连续枯水年进行水量平衡计算后确定取水量。取水量不应大于允许开采量。

目前国家严格加强地下水管理和保护，要求各地区核定并公布地下水禁采和限采范围，在地下水超采区，禁止农业、工业建设项目和服务业新增取用地下水，规定深层承压地下水原则上只能作为应急和战略储备水源。许多地区规定，在地下水超采区、禁采区及限采区，严禁工业建设项目新增取用地下水。因此，目前新建火力发电厂工业用水基本不采用地下水水源，只有部分火力发电厂的生活用水采用地下水水源，取水量较小，需对地下水水源进行水文地质勘察，对地下水补给量、储存量、可开采量和允许开采量进行计算和评价，并提出水文地质勘察评价报告。

（三）海水水源

当火力发电厂采用海水作为水源时，应对滨海水文、当地港航现状与规划、水域功能区划和环境保护要求、海生物资源等进行全面的调查研究，并应结合海岸类型、海床地质、海流流向、泥沙运动等因素对取水水质、取排水对当地海产资源及排水对海水水质与海域生态的影响进行分析论证，根据工程特点和水源条件，可分阶段进行数值模拟与物理模型试验。

（四）城市再生水水源

当采用城市再生水作为水源时，应根据污水处理厂现状和规划来水量及水质情况、处理工艺及运行情况、出水水量及出水水质情况、其他用户情况等分析确定可供电厂使用的水量，并应达到设计保证率的要求。若不能确定再生水源的供水保证率，则应设置备用水源。备用水源的供水量宜根据市政污水收集系统及污水处理厂的检修及故障失常情况确定，对于单机容量在125MW及以上的火力发电厂，城市再生水水源与备用水源的共同供水保证率应达到97%;对于单机容量在125MW以下的火力发电厂，城市再生水水源与备用水源的共同供水保证率应达到95%。

GB 50335—2016《城镇污水再生利用工程设计规范》规定，工业水采用再生水时，应以新鲜水系统作备用。但现实中，缺水地区的工程项目难以找到能满足火力发电厂供水保证率的新鲜水水源，且水资源管理部门也严加控制新鲜水的利用，提出以再生水作为备用水源，即满足火力发电厂需水量要求的不同污水处理厂的出水互为备用，或是再生水与新鲜水共同供水达到设计供水保证率的要求，亦即水量备用。因此，当再生水有多处来源，且水量充足，供水保证率满足火力发电厂要求时，则可不设备用水源。

备用水源的选择根据各工程的具体情况及当地水资源管理规定综合确定。关于备用水量的确定，目前，有些工程项目的备用水量按电厂最大用水量运行30天的耗水量考虑，而有些工程项目开始考虑备用15天的耗水量，实际备用水量及备用水源应经水资源论证确定。

城市再生水的来源主要是城市居民生活污水和少量工业废水，一般经城市污水处理厂处理后的城市污水再生水还需经深度处理后才能作为火力发电厂的工业用水水源，再生水深度处理站可根据火力发电厂厂区布置设在厂内或厂外。

（五）矿区排水水源

矿区排水是指在煤炭开采过程中，需要及时排出的矿井内涌出来的地下水。矿区排水水质一般较好，但也可能会含有砂泥颗粒、粉尘、溶解盐、酸、碱、煤炭颗粒和油脂等，需要处理后才能作为火力发电厂的工业用水水源。

当采用矿区排水作为水源时，应根据补给范围、边界条件、水文地质特征及补给水量，并结合矿井开采规划和疏干方式，分析确定可供电厂使用的矿区稳定的最小排水量。

矿区排水水源一般不设置备用水源，但对于单机容量在125MW及以上的火力发电厂，矿区排水水源的供水保证率应达到97%；对于单机容量在125MW以下的火力发电厂，矿区排水水源的供水保证率应达到95%。当矿区排水水源的供水保证率不满足火力发电厂要求时，应有补充水源，补充水源的可供水量及其保证率应满足火力发电厂的需求。

第二节　用水量和水质

一、火力发电厂各项用水量的组成

火力发电厂的用水点众多，大部分工艺系统都需要用水，全厂用水量由以下各项用水量组成：

（1）凝汽器冷却用水，包括直流冷却系统、湿式循环供水系统和间接空冷系统等的冷却水。

（2）除凝汽器以外的其他附属设备的冷却用水，主要指除凝汽器外的各种冷却器及汽机房、锅炉房能使用循环水冷却的机械设备。

（3）化学水处理系统用水，主要指锅炉补给水处理系统的补水及供热机组的热网补水。

（4）工业用水，是指需要经过沉淀或澄清处理的工业用水，包括全厂转动机械的轴承冷却水、轴封水和取样冷却水、压缩机冷却水和厂区的其他工业用水。

（5）除灰渣系统用水，包括水力除灰渣用水、干灰渣加湿用水和干灰场喷洒用水。

（6）烟气脱硫系统用水，包括脱硫系统轴承冷却水、润滑水及脱硫系统工艺用水。

（7）输煤系统用水，主要指输煤系统的地面冲洗用水、煤场喷洒用水和除尘器补水。

（8）生活用水，指火力发电厂厂区内的生活用水，不包括电厂生活区的生活用水。

（9）消防用水，指用于厂区火灾消防时的用水量，厂区一次消防用水量储存在厂内的消防蓄水池内。在全厂水量平衡设计和设计耗水指标计算时，不计入消防水量。

（10）其他用水，主要指一些不可预见的用水量。

二、火力发电厂各系统用水量和水质要求

（一）火力发电厂冷却系统用水

火力发电厂主机和辅机的冷却方式和冷却用水，应根据水源条件通过技术经济比较确定。火力发电厂主机和辅机的冷却方式主要分为湿冷系统和空冷系统。空冷系统包括直接空冷系统和间接空冷系统，直接空冷系统不耗水，间接空冷系统为密闭的循环冷却水系统，正常系统没有损耗和排污，只有少量的系统渗漏补水，工程中一般计入化水专业的锅炉补给水处理系统补给水量里，不再单独计列。

1. 火力发电厂冷却系统用水量

当火力发电厂采用湿冷系统时，可供参考的电厂冷却水系统用水量见表3-1。

表3-1　电厂冷却水系统用水量参考

项目名称		机组容量（MW）				
		125	200	300	600	1000
凝汽量（t/h）		290	435	622	1200	1720
直流冷却水系统水量，冷却倍率为50～75	m^3/h	14500～21750	21750～32625	31100～46650	60000～90000	86000～129000
	m^3/s	4.03～6.04	6.04～9.06	8.64～12.96	16.67～25.0	23.89～35.83
循环冷却系统水量，冷却倍率为50～65	m^3/h	14500～18850	21750～28275	31100～40430	60000～78000	86000～111800
	m^3/s	4.03～5.24	6.04～7.85	8.64～11.23	16.67～21.67	23.89～31.06
辅机冷却水量	m^3/h	900～1300	1300～1800	1900～2500	2600～3600	3000～4500
	m^3/s	0.25～0.36	0.36～0.5	0.53～0.69	0.72～1.0	0.83～1.25

注　1. 表中数值均为纯凝汽式机组的冷却水量。
2. 供热机组的冷却水量应按最小热负荷时的凝汽量计算。

2. 循环供水系统的水量补给

带冷却塔的循环供水系统的水量损失由三部分组成，即冷却塔蒸发损失 Q_e、冷却塔风吹损失 Q_w 和循环供水系统的排污损失 Q_b。各种损失率以进塔循环水量 Q 的百分数来表示，分别为 P_e、P_w 和 P_b。

循环供水系统的水量损失和补给流程见图3-1。

（1）蒸发损失水率 P_e。蒸发损失水率与气温、相对湿度、大气压力、冷却塔气水比及冷却水温降等因素有关。根据设计阶段不同，有下列计算方法：

1）当不进行冷却塔的出口气态计算时，蒸发损失水率仅与气温有关，简化计算公式如下：

$$P_e = K_{ZF}\Delta t \tag{3-1}$$

式中　P_e——蒸发损失水率，%；

K_{ZF}——与大气温度有关的系数，℃$^{-1}$，可按表3-2的规定采用，当进塔气温（干球温度）为中间值时，可采用内插法计算；

Δt——循环水温差，℃。

当冷却塔全部为蒸发散热时 K_{ZF} =0.19，不同气温

时蒸发散热占总散热量的百分数见表 3-2。

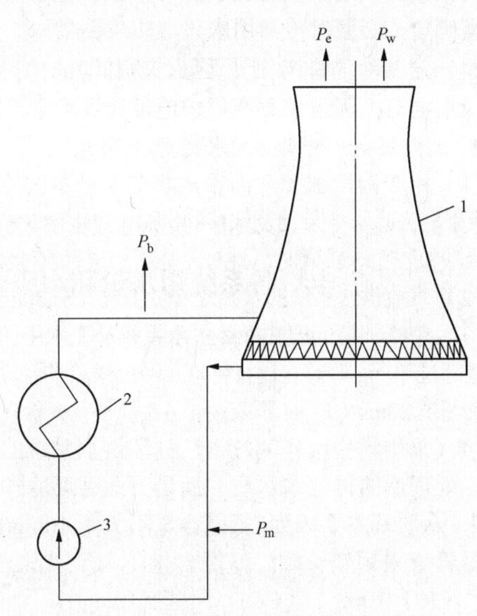

图 3-1 循环供水系统水量损失和补给流程示意
1—冷却塔；2—凝汽器；3—循环水泵；
P_e—蒸发损失水率；P_w—风吹损失水率；
P_b—排污损失水率；P_m—补给水率

表 3-2 系数 K_{ZF} 取值

气温（℃）	−10	0	10	20	30	40
K_{ZF} 值（℃$^{-1}$）	0.08	0.10	0.12	0.14	0.15	0.16
蒸发散热占总散热量的百分数（%）	42	53	63	74	79	84

低排放率或零排放的电厂，其蒸发损失水量占全厂补给水量的 90%左右。所以，按季或按月较精确地计算蒸发损失水量，对设计全厂水务管理是很重要的。

2）当对进入和排出冷却塔的空气状态进行详细的计算时，蒸发损失水率按下式计算：

$$P_e = \frac{G_d}{Q}(X_2 - X_1)\times 100 \tag{3-2}$$

式中 G_d——进入冷却塔的干空气质量流量，kg/h；
X_1——进塔空气的含湿量，kg/kg；
X_2——出塔空气的含湿量，kg/kg；
Q——循环水流量，kg/h。

3）蒸发损失计算示例。某电厂装机容量为 2×300MW，循环水量为 64000m^3/h，冷却塔进出水温差Δt=10.6℃，年利用小时数 6000h，四季平分，在给定的各季气象条件下，求各季及全年的蒸发水量。

蒸发水量计算结果见表 3-3。

表 3-3 蒸发水量计算结果

季 节	夏季 3 个月	春秋季 6 个月	冬季 3 个月	频率 10%
气温（℃）	26.2	14.2	−0.3	29.8
相对湿度（%）	71	62	61	72
大气压力（hPa）	1000	1010	1020	1000
系数 K_{ZF}（查表 3-2）	0.145	0.129	0.102	0.150
蒸发损失水率（%）	1.54	1.37	1.08	1.59
蒸发水量（m^3/h）	986	877	691	1018
各季总耗水量（×10^{4}m^3）	147.9	263.1	103.7	
全年总耗水量（×10^{4}m^3）		514.7		
年均小时水量（m^3/h）		857.8		

（2）风吹损失水率 P_w。装有除水器的湿式冷却塔的风吹损失水率宜采用下列数值：

1）机械通风冷却塔，0.1%。

2）风筒式自然通风冷却塔，0.05%。

（3）排污损失水率 P_b 及浓缩倍率 N。循环水系统的蒸发损失为不含溶解固形物的纯水，这导致循环水的含盐量及吸入的尘土不断浓缩，运行中需要从循环水中排走一部分水量（同时补充一部分新鲜水），以维持水质的稳定。排污率一般在 0.1%～3%范围内变化。排污率一方面决定于水质的稳定要求，另一方面要根据电厂的其他用水需求由排污水供给的水量确定，如高水灰比的除灰系统要求有较大的排污率。

1）湿式循环供水系统及辅机冷却水湿冷系统的排水损失水量应根据对循环水水质的要求确定，可按下式计算：

$$Q_b = [Q_e - (N-1)Q_w]/(N-1) \tag{3-3}$$

式中 Q_b——排污损失水量，m^3/h；
Q_e——蒸发损失水量，m^3/h；
Q_w——风吹损失水量，m^3/h；
N——循环水浓缩倍率。

2）循环水补给水量占循环水量的百分数称为补给水率 P_m，可按下式计算：

$$P_m = P_e + P_w + P_b \tag{3-4}$$

式中 P_m——循环水系统的补给水率，%；
P_w——冷却塔风吹损失水率，%；
P_b——循环水系统的排污损失率，%。

3）循环水的浓缩倍率 N 为循环水含盐量与补给水含盐量之比，其表达式如下：

$$N = \frac{C_c}{C_m} = \frac{P_e + P_w + P_b}{P_w + P_b} \tag{3-5}$$

式中 N——循环水的浓缩倍率；

C_c——循环水含盐量，mg/L；

C_m——补给水含盐量，mg/L。

3. 冷却池的水量损失

当火力发电厂循环供水系统采用冷却池作为冷却设施时，冷却池的水量损失由自然蒸发损失、附加蒸发损失、渗漏损失和排水损失等 4 项损失水量组成。冷却池的自然蒸发损失水量和附加蒸发损失水量的计算应符合 GB/T 50102《工业循环水冷却设计规范》的有关规定。

（1）冷却池的自然蒸发损失水量。冷却池水面自然蒸发率宜按下式计算：

$$E=\frac{86400}{\rho_w r_{ts}}\alpha(e_s-e_a) \quad (3-6)$$

$$\alpha=\left[22.0+12.5v^2+2.0\times(t_s-t_a)\right]^{1/2} \quad (3-7)$$

其中 r_{ts}=2500–2.39t_s

式中 E——冷却池水面自然蒸发率，mm/d；

α——水面蒸发系数，W/（m^2 • hPa）；

e_s——水温为 T_s 时相应的水面饱和水汽压，hPa；

e_a——水面以上 1.5m 处水汽压，hPa；

ρ_w——水的密度，可近似采用 1000kg/m^3；

r_{ts}——与水面水温 t_s 相应的水的汽化热，kJ/kg；

v——水面以上 1.5m 处的风速，m/s；

t_s——水面水温，℃；

t_a——水面以上 1.5m 处的气温，℃。

计算冷却池的自然蒸发水量时，还应符合下列规定：

1）年调节水量的冷却池，当地表径流补给时，应采用与补给水源同一设计标准的枯水年；人工补水时，可按历年中蒸发量与降水量的差值最大年份考虑。

2）多年调节水量的冷却池，可采用多年平均值。

3）蒸发量年内各月分配率可采用设计枯水年的年内月分配率。

4）自然水温应根据实测资料或条件相似水体的观测资料确定。当缺乏上述资料时，可按热量平衡方程或经验公式计算确定。

（2）冷却池的附加蒸发损失水量（q_e）。冷却池的附加蒸发损失水量宜按下式计算：

$$q_e=k_2\Delta tQ \quad (3-8)$$

式中 k_2——附加蒸发系数，℃$^{-1}$，可按表 3-4 的规定采用；

Δt——循环水温差，℃；

Q——循环水量，m^3/h。

表 3-4 附加蒸发系数 k_2 取值

冷却池进水温度（℃）	5	10	20	30	40
k_2（℃$^{-1}$）	0.0008	0.0009	0.0011	0.0013	0.0015

（3）冷却池的渗漏损失水量。冷却池的渗漏损失水量可根据池区的水文地质条件和水工构筑物的型式等因素确定，必要时冷却池应采取防渗漏措施。

（4）冷却池的排污损失水量。冷却池的排污损失水量应根据对循环水水质的要求通过计算确定。

4. 火力发电厂冷却系统用水水质要求

（1）用于凝汽器等表面管式热交换设备的冷却用水，应采取去除水中杂物及水草的措施。当水中含沙量较大，且沙粒较粗、较硬时，宜对冷却用水进行沉沙处理。

（2）直流供水系统的水源含沙量不宜大于 50kg/m^3。

（3）带冷却塔的湿式循环供水系统补充水中的悬浮物含量超过 50mg/ L 时宜进行处理，经处理后的悬浮物含量不宜超过 20mg/L，pH 不应小于 6.5 且不宜大于 9.5。

（4）采用再生水作为发电厂循环供水系统的补充水时，处理后的再生水水质应满足工业循环冷却水水质要求。水质基本要求为：氨氮含量不大于 10mg/L（当凝汽器管束采用铜管时，氨氮含量不大于 1mg/L），BOD_5 不大于 10mg/L，COD 不大于 10mg/L。

（5）间接空冷系统的补给水宜采用除盐水，水质应符合下列要求：

1）散热器基管为钢制时，pH 应不小于 9，且不大于 10。电导率应不大于 0.2μS/cm，SiO_2 含量不大于 20μg/L

2）散热器基管为铝制时，pH 应不小于 7，且不大于 8.5。电导率应不大于 0.2μS/cm，SiO_2 含量应不大于 20μg/L。

（6）空冷系统的散热器外表面冲洗系统水源水质宜根据不同环境、不同材质的散热器选择不同的冲洗水水质，水质基本要求为：$CaCO_3$ 含量不大于 90mg/L，Cl^-含量不大于 30mg/L，pH 为 6～8；空冷系统的散热器外表面冲洗系统水源可采用除盐水、软化水或一级反渗透出水等满足要求的水源。

（二）化学水处理系统用水

1. 化学水处理系统用水量

化学水处理系统的补给水量包括锅炉补给水处理系统的补给水量和供热机组的热网补水等除盐水处理系统的补充水量，可按照 DL 5068—2014《发电厂化学设计规范》的规定进行计算，锅炉补给水处理系统的补给水量应满足发电厂全部正常水汽损失，并考虑在一定时间累积机组启动或一次事故非正常水量。由化水专业提供化学水处理系统需要的补给水量。

锅炉补给水处理系统用水量参见表 3-5。

表 3-5 锅炉补给水处理系统用水量

机组容量（MW）	2×125	2×200	2×300	2×600	2×1000
锅炉补给水处理系统用水量（m^3/h）	40～80	60～100	70～140	80～160	100～220

注 表中数据均按两台机组的耗水总量考虑。

2. 化学水处理系统用水水质要求

化学水处理系统的原水可采用发电厂的各种水源，包括地表水、地下水、深度处理后的再生水和矿区排水，原水水质要求需满足 DL 5068—2014 的规定。化学水处理系统所需原水一般多采用预处理后的工业水，对于湿冷机组，经技术经济比较后，也可采用循环水排水。

（三）烟气脱硫系统用水

1. 烟气脱硫系统用水量

目前，国内外应用于火力发电厂的烟气脱硫工艺主要有以下三种：

（1）湿法烟气脱硫工艺。湿法烟气脱硫工艺以石灰石-石膏法应用最广，我国目前有 90%以上的大中机组烟气脱硫采用该工艺，该脱硫工艺技术成熟、适用范围广、运行可靠，但耗水量较大。

（2）半干法烟气脱硫工艺。主要指旋转喷雾干燥法烟气脱硫工艺和循环流化床烟气脱硫工艺。

（3）干法烟气脱硫工艺。主要指活性焦干法烟气脱硫工艺。

设置烟气再热器（GGH）的烟气脱硫系统可以节省用水量，在脱硫装置不设置 GGH 时，经论证可设置烟气余热利用装置（低温省煤器），降低脱硫系统入口的烟气温度，减少烟气蒸发水分，以达到节约用水的目的。目前，较多火力发电厂已在锅炉烟气排放系统设置烟气余热利用装置，可减少 40%～50%的脱硫耗水量。

烟气脱硫系统的用水量由脱硫专业根据所选用的烟气脱硫工艺和煤质资料提供，不同脱硫工艺用水量参见表 3-6。

表 3-6　　脱硫系统用水量

脱硫工艺		不同容量机组的耗水量（m^3/h）				
		2×125MW 机组	2×200MW 机组	2×300MW 机组	2×600MW 机组	2×1000MW 机组
湿法	有 GGH	35～40	50～60	70～80	130～170	180～230
	无 GGH	50～55	80～90	100～110	180～230	250～320
	低温省煤器	30～40	50～60	70～80	120～150	150～210
海水法		15～20	20～30	30～40	50～60	70～80
半干法或干法（以循环流化床半干法为例）		—	30～40	50～60	70～80	90～100

注　1. 表中数据均按两台机组的耗水总量考虑，海水法不包括海水量。

2. 表中数据以脱硫入口烟气温度 115℃为基准。

2. 烟气脱硫系统用水水质要求

烟气脱硫系统用水分为轴承冷却润滑用水和脱硫工艺用水，轴承冷却润滑水需采用工业水，烟气脱硫系统工艺用水可采用循环水排污水和各种经过处理的污废水，包括高含盐的污废水。烟气脱硫系统用轴承冷却润滑用水使用后可直接用作脱硫工艺用水，作为脱硫工艺用水的部分补充水。

（四）热力系统用水

热力系统辅机冷却水系统分为开式循环水、闭式循环水、工业水冷却水系统；开式循环水、闭式循环水、工业水冷却水系统中供水压力、温度及流量应满足系统内辅机设备冷却要求。

对于湿冷机组，辅机冷却水系统宜取自主机湿冷系统冷却水；对于空冷机组，辅机冷却水系统宜单独设置。

热力系统辅机冷却水量和掺混水量的资料由汽机专业和锅炉专业提供。

GB 50660—2011《大中型火力发电厂设计规范》规定，发电厂辅机设备分为转动机械和非转动机械。转动机械的冷却水包括转动机械轴承的冷却水和机械密封水等，转动机械轴承冷却水的水质要求为：碳酸盐硬度宜小于 250mg/L（以 $CaCO_3$ 计）；pH 为 6.5～9.5；300MW 及以上机组，悬浮物的含量宜小于 50mg/L；其他机组，悬浮物的含量应小于 100mg/L。

（五）采暖通风与空气调节系统用水

采暖通风与空气调节系统用水资料由暖通专业提供，所需除盐水由化水专业提供，所需工业水由水工专业提供。

采暖通风与空气调节系统的补水及循环水水质，应符合 GB/T 29044—2012《采暖空调系统水质》的规定。

（六）除灰渣系统用水

1. 除灰渣系统用水量

除灰渣系统的选择应充分考虑节约用水、灰渣综合利用和环保要求，宜优先采用干除灰渣方式。干式除灰渣系统用水主要包括除灰空气压缩机冷却用水、除渣系统用水、干灰加湿用水和干灰场喷洒用水。

不同除灰除渣工艺平均用水量见表 3-7。

表 3-7　不同除灰渣工艺平均用水量

除灰除渣工艺		用水量（m^3/h）				
		2×125MW 机组	2×200MW 机组	2×300MW 机组	2×600MW 机组	2×1000MW 机组
除渣	湿式	8～20	10～25	15～30	20～35	20～45
	干式	3～8	4～10	4～10	5～12	8～15
干式除灰		8～20	10～22	12～30	15～35	18～40
除灰空气压缩机冷却		50～80	60～100	80～130	120～170	150～260
干灰场喷洒		5～10	8～15	8～15	10～18	10～20

注　表中数据均按两台机组的用水总量考虑。

（1）除渣系统用水。除渣系统的冲渣和冷却用水可循环供水，除渣系统的排水经处理冷却后回用至本系统，系统补水只需补充蒸发损失和排污损失。

（2）干式除灰系统用水。干除灰系统采用汽车或带式输送机将灰输送到灰场，只需将灰调试到不飞扬的程度即可，一般调湿水量占灰量的 20%左右。

（3）干灰场用水。为防止飞灰，应对干灰场进行灰渣碾压调湿、灰渣面降尘喷洒、运灰车及机械设备冲洗、管理站区域及运灰道路降尘喷洒等用水量的计算。灰渣碾压调湿用水量可按灰渣量的 2%～4%确定；灰场表面降尘喷洒用水量可按每 3～4d 喷洒一次、每次喷洒水量 7～8mm 进行计算；运灰车及机械设备冲洗用水量宜按每次每辆 80～120L 进行估算；管理站区域及运灰道路降尘喷洒用水按每周冲洗两次，每次冲洗用水量 4L/m^2 计算，冬季可适当减少喷洒次数。运行管理人员生活用水量及淋浴用水量要求和计算与电厂内工作人员的生活用水量及淋浴用水量计算相同。

2. 除灰渣系统用水水质要求

除灰渣用水对水温和水质的要求均不高，可利用循环水排污水和经处理后的生活污水、工业废水、化学废水和脱硫废水等作为除灰渣系统的用水。

除灰空气压缩机冷却用水，进水要求工业冷却水水质，排水水质变化不大，但水温升高，可采用闭式循环冷却水、工业水或开式循环冷却水。

（七）输煤系统用水

1. 输煤系统用水量

输煤系统用水主要为输煤系统的防尘系统、除尘系统和积尘清扫系统等系统用水。

（1）防尘系统用水。防尘系统用水包括煤加湿、煤场喷洒水防尘等用水。

1）煤加湿用水。对于表面水分偏低、容易产尘的煤，宜对煤进行加湿，使煤表面水分达到不产尘的要求。煤加湿用水量可按照 DL/T 5187.2—2004《火力发电厂运煤设计技术规程　第 2 部分：煤尘防治》第 5.1 条的规定进行计算。当缺少必要的数据时，煤加湿后的表面水分设计值，可按将煤表面水分提高到 8%～10%选取。

2）煤场喷洒水防尘。煤场喷洒水防尘的喷洒强度可按每次喷洒 0.002～0.004m^3/m^2 选取，用水量可按照 DL/T 5187.2—2004 第 5.2 条的规定进行计算。

（2）除尘系统用水。输煤系统的各构筑物宜采用机械降尘、水喷雾降尘方式，当采用湿式除尘器或水喷雾降尘方式时，用水量可按照 DL/T 5187.2—2004 第 6.4、6.5 条的规定进行计算。

（3）积尘清扫系统用水。输煤系统各构筑物的各层地面积尘宜采用水力清扫，单位面积每次的冲洗水量推荐为 0.01m^3/m^2，用水量可按照 DL/T 5187.2—2004 第 7.2 条的规定进行计算。

输煤系统用水量一般由运煤专业提供输煤系统冲洗水量和喷洒水量，暖通专业提供输煤系统除尘水量。输煤系统冲洗排水应回收处理后重复使用，输煤系统冲洗水系统只需补充损耗的水量。输煤系统用水量参见表 3-8。

表 3-8　输煤系统用水量

用水类型	用水量（m^3/h）				
	2×125MW 机组	2×200MW 机组	2×300MW 机组	2×600MW 机组	2×1000MW 机组
输煤系统冲洗水	6～12	8～15	8～15	10～18	10～20
输煤系统喷洒水	4～8	4～8	4～10	5～10	5～10
输煤系统除尘水	4～8	5～10	6～12	6～12	8～15
补给水	10～20	12～22	15～25	16～30	18～35

注　表中数据均按两台机组的耗水总量考虑。

2. 输煤系统用水水质要求

输煤系统的用水应有可靠的水源和水质保证，水力清扫用水、煤场喷洒水宜采用循环水排污水或废水回收水，加湿及除尘用水可选用循环水排污水或工业用水。

（八）其他杂用水

其他杂用水主要指厂区工业用水，包括锅炉排污冷却水、空气预热器冲洗用水、制氢站冷却水、油罐区用水，以及冲洗汽车、浇洒道路和绿化等用水，宜符合下列规定：

（1）生活杂用水水质和卫生防护应符合 GB/T 18920—2002《城市污水再生利用 城市杂用水水质》的要求。

（2）浇洒道路和绿化用水量，应根据路面种类、绿化、气候和土壤等条件确定，浇洒道路和浇洒绿地的单位面积用水量可按 2.0～3.0L/（m^2·d）计算。浇洒道路和绿化用水可采用工业水、生活水和处理后的生活污水等。

（3）冲洗车间地面、冲洗汽车和冲洗设备等用水可采用工业水、生活水、处理后的工业废水和生活污水等。

（4）发电厂主厂房附近的辅机设备冷却水宜采用主机冷却水系统或辅机冷却水系统；对于远离主厂房的辅机设备（如制氢站、燃油泵房和气化风机房等），建议采用工业水直接冷却，冷却排水回收利用，以减少厂区冷却水管的敷设。

（九）生活用水

1. 生活用水系统用水量

（1）生活用水系统的组成。火力发电厂生活给水系统的用户应根据全厂水量平衡、节约用水、重复使用、满足用户水质要求等原则确定，一般可包括下列用水项目：

1）职工生活用水（饮用水、淋浴水、洗涤水、便溺冲洗水等）。

2）冲洗及绿化用水（冲洗地面用水、冲洗道路用水、冲洗汽车用水、冲洗设备用水、浇洒绿地用水等）。

3）公共建筑物用水。

4）居住区用水（临近厂区时考虑）。

5）部分生产用水（各种化验室和实验室零星用水等）。

6）未预见用水，可按各项用水组合后日用水总量的 15%～25%计算。

（2）生活用水量计算：

1）生活用水量定额可按 DL/T 5339—2006《火力发电厂水工设计规范》的规定，电厂内工作人员的生活用水量一般可采用 35L/（人·班），其小时变化系数采用 2.5，用水使用时间为 8h。电厂工作人员的淋浴用水量一般可采用 40～60L/（人·班），其延续时间为 1h。电厂最大班职工人数按电厂职工人数的 80%计。浴室使用人数可按最大班人数的 93%计。

2）火力发电厂厂内宿舍、食堂等各类公共建筑以及居住区的生活用水量，应按 GB 50015—2003《建筑给水排水设计规范》中的有关规定计算确定。浇洒道路和绿化用水量应根据路面种类、绿化、气候和土壤等条件确定，一般可采用 2.0L/（m^2·d）。可采用处理后的生活污水。

生活用水量参见表 3-9。

表 3-9 火力发电厂生活用水量

用水类型	用水量（m^3/h）				
	2×125MW机组	2×200MW机组	2×300MW机组	2×600MW机组	2×1000MW机组
生活用水	3～6	4～8	5～10	5～10	5～12

注 表中数据均按两台机组的耗水总量考虑。

2. 生活用水水质要求

（1）当电厂靠近有自来水供应的城镇时，宜采用城镇自来水作电厂生活饮用水水源。

（2）生活饮用水的水质应符合 GB 5749—2006《生活饮用水卫生标准》的要求。

第三节 水 务 管 理

一、水务管理的内容和主要节水原则

（一）水务管理的内容

国民经济的持续发展和人民生活水平的提高对水的需要量与日俱增，有限的水资源日益紧缺；另一方面，环境保护要求日趋严格，对废水的处理和排放提出了较高的要求。水务管理的主要任务就是要合理解决水资源利用和环境保护两方面的问题。水务管理研究的主要内容为：

（1）优化选择和合理确定电厂水源。

（2）研究各系统用排水的要求和特点，分析影响节水的各种因素，制订一系列有效的技术措施，使水资源在电厂生产和生活中得到合理充分的利用，发挥其最大的综合经济效益和社会效益。

（3）通过全厂水量和水质平衡，确定最合理的用水流程和最佳的废水处理方式。

（4）根据厂址的水资源条件，因地制宜地确定电厂用水指标、耗水率及排放率。

（二）水务管理主要节水原则

（1）水是国家的重要资源，必须厉行节约用水。水务管理是一项重要的综合性技术管理工作，发电厂

设计中应由项目设计总工程师组织，相关专业参与，通过水务管理设计中制订的各项工程措施，实现合理用水、节约水资源和防止排水污染环境等目标。

（2）发电厂水务管理除要满足电厂生产、生活需要外，还应遵守和执行现行的与水有关的法律和标准，如《中华人民共和国水法》《中华人民共和国水污染防治法》、GB 3838《地表水环境质量标准》、GB 5749《生活饮用水卫生标准》、GB 8978《污水综合排放标准》等，并应考虑发电厂所在地区的有关规定和要求。

（3）设计中应根据厂址水源条件和环保对污废水排放的要求，按照批复的水资源论证报告和项目环境评价报告要求开展水量平衡设计工作，因地制宜地对发电厂的各类供水、用水、排水进行全面规划、综合平衡和优化比较，积极采用成熟可靠的节水工艺和技术，一水多用、综合利用，实现提高重复用水率、减少污水排放量、排水符合排放标准、降低全厂耗水指标的目的。对循环使用、重复利用的水系统，应进行水质平衡和考虑改善水质的措施。

（4）应把节约用水作为一项重要技术工作，在电厂各阶段设计中贯穿节水思想，根据全厂水量水质科学、合理规划平衡用水。工程可行性研究报告中应提出水务管理设计原则和规划。初步设计文件中应提出水务管理设计细则和节水具体措施，并对重大水务设计方案进行必要的技术经济比较和论证。施工图中应体现水务管理细则和各项节水措施的落实情况。在可行性研究、初步设计和施工图设计阶段，均应绘制全厂水量平衡图。

（5）在水量平衡设计、各工艺系统拟订、设备选用、用水系统流程制定、监测控制设备选择与配备，以及电厂运行水务管理过程中应重视节水工作，积极稳妥地采用节水新技术。电厂设计各专业（汽机、锅炉、运煤、除灰、脱硫、化水、暖通等）在工艺系统设计、设备选择与布置时均应采取节约用水的措施，采用节水型的工艺系统和设备，科学、合理地计算各项用水量、用水时间、平均耗水量、用水和排水水质，在水务管理中进行平衡。涉及专业工艺系统设计的重大节水方案，应经综合论证比较后确定。

（6）电厂各类排水应尽可能循环重复使用，并按照清污分流原则分类回收和重复利用，排水水质和温度可以满足工艺要求的应直接回用，其他排水有条件时经过处理后再利用。排水重复利用的方式可采用循环使用、分级梯次使用、处理后回用等。

（7）北方缺水地区新建、扩建电厂生产用水应优先利用城市污水再生水、矿区排水和其他废水，应严格控制使用地表水，严禁取用地下水。有条件时，扩建机组宜优先使用老厂排水。当有不同水源可供选用时，应根据水量、水质和水价等因素，经技术经济比较后确定。

（8）机组冷却方式的选择：

1）滨海、滨江（河）等水资源丰富地区，当环保和取排水条件允许时，应优先采用直流供水系统冷却。

2）当地表水资源相对丰富且允许取用时，可采用循环供水系统。

3）缺水地区（干旱指数大于 1.5）原则上应采用空冷机组。

4）空冷机组采用汽动给水泵和引风机时，给水泵汽轮机排汽和引风机排汽的冷却方式宜采用间接空冷。

5）空冷机组宜设置单独的辅机冷却水系统，可采用湿式冷却塔循环冷却；在严重缺水地区，经论证辅机冷却水系统也可采用空冷系统或干湿联合冷却系统。

（9）循环水系统补给水的补给及处理、排污水的排放及处理和重复利用等问题是水务管理的关键。这些系统的工艺流程，循环水浓缩倍率应根据水源条件（水量、水质和水价等）、节约用水要求、环保要求、水处理费用及药品来源等因素，经经济比较后确定。

（10）除灰渣系统的选择，应根据锅炉、除尘器和排渣装置的形式，灰渣量，灰渣的化学、物理特性，可用水源，灰场贮灰方式，发电厂与贮灰场的距离、高差、地形、地质和气象等条件，经技术经济比较后确定，并应充分考虑灰渣综合利用条件和环保要求，贯彻节约用水的方针。在缺水地区和条件合适的电厂，宜尽量采用干式除尘、干式除灰渣及干贮灰场。

1）水力除灰的灰浆浓度应采用高浓度（水灰比不超过 2.5～3）或中浓度（水灰比不超过 5～6），不应采用低浓度水力除灰。当采用干式除尘和厂外高浓度或中浓度水力除灰时，厂内宜采用干灰集中后再加水制成灰浆的水力除灰系统。

2）滨海电厂采用水力除灰渣方式时，宜尽量利用海水。

3）锅炉排渣装置宜采用捞渣机等节水设备。捞渣机取出的干渣和制粉系统排出的石子煤，可采用带式输送机集中于高位渣斗后装车外运。当炉底渣和石子煤采用水力集中时，可采用管道送至高位脱水仓，再装车运至渣场。

（11）对冷却塔水池和大型蓄水池的补给水，应设有根据水位自动调节水量的可靠装置，以防止水池经常性地大量溢流水。

（12）我国缺水地区多处于亚干旱或干旱区，蒸发量远大于降水量。可考虑采用蒸发池方案处理高浓度废水，以降低排放率或实现零排放。

（13）发电厂的水务管理应贯穿规划设计、施工和生产运行全过程，并应加强部门间和专业间的密切配合和相互协调。水务管理设计时，应把节约用水作为一项重要的技术原则，为施工和生产过程做好节水工作创造条件。施工和运行时，应全面贯彻和正确实施设计的各项节水技术措施和要求。机组启动前，应做好水系统的调试和试验。生产运行中，应加强对各系统水量、水质的计量、监测和控制，并应加强对水系统设备、管道的检修和维护。

（14）发电厂的排水应按质分类收集、处理和回用，不能回用的废水应处理达标后集中对外排放；排水的水质应符合 GB 8978《污水综合排放标准》的有关规定和地方综合排放标准的要求。

（15）对各类非经常性的废、污排水，应设置废水贮存池，废水贮存池的有效容积应满足 GB 50014—2006《室外排水设计规范》（2016 年版）的规定。

（16）主要供排水系统、设施、设备应设置必要的水量计量和水质监测装置。

（17）发电厂可选择下列节水技术和措施：

1）生产水源采用再生水或矿区排水。

2）主机选择高效率的机组。

3）提高循环水浓缩倍率和循环水排水再利用。

4）采用海水直流供水系统或带海水冷却塔的循环供水系统。

5）主机和给水泵汽轮机的冷却采用空冷系统。

6）辅机冷却采用空冷系统。

7）回收对外蒸汽供热产生的凝结水。

8）采用海水脱硫、干法脱硫或半干法脱硫工艺。

9）烟气余热利用装置。

10）采用干式除灰渣系统和干式贮灰场。

11）煤仓层和锅炉房采用负压真空吸尘清扫。

12）输煤系统除尘采用干式除尘设备或微雾抑尘方式。

13）采用风冷式空调机组。

14）采用热水采暖。

15）雨水回收利用。

16）污废水经处理合格后回收利用。

17）脱硫废水深度处理。

二、各耗水设计指标计算

1. 设计耗水量

设计耗水量指夏季纯凝工况、频率为10%的日平均气象条件下机组铭牌出力时的单位装机容量的耗水流量。

机组满负荷运行，对湿冷机组为铭牌出力，对空冷机组为夏季工况出力。设计耗水量即原水经预处理后达到工业用水标准的耗水量，应包括厂内各项生产、冲洗、人员在工作时间内的生活、厂外灰场、浇洒道路和绿化、未预见用水等，不包括原水预处理系统自用水、长距离输水管道损失、供热机组外网损失、再生水深度处理系统的自用水、消防用水、直流系统主机冷却水和生活区用水等。上述厂内各项生产、冲洗和生活用水量等按照最高日平均时用水量考虑。

设计耗水量可按下式计算：

$$Q_{sh}=\sum Q_i+Q_s+Q_w \tag{3-9}$$

式中 Q_{sh}——设计耗水量，在夏季10%日平均气象条件下、纯凝工况时，机组为满负荷运行时，发电厂的实际耗水量，m^3/h；

Q_i——各生产系统用水量，含厂内各项生产、冲洗和厂外灰场用水量等，m^3/h；

Q_s——生活用水量，m^3/h；

Q_w——未预见用水量，可按照 $\sum Q_i$ 与 Q_s 的总水量的5%～10%计算，淡水循环供水机组的总水量不宜包括冷却塔蒸发、风吹损失的补给水量，m^3/h。

GB 50013—2006《室外给水设计规范》中对城镇供水的未预见水量按照各项水量之和的 8%～12%计算，考虑电厂用水项目和用户相对较少，又确实存在实际用水量和设计值不符的情况。循环供水系统的补给水量占全厂耗水量的大部分，循环供水系统的湿冷机组的全厂总用水量扣除循环供水系统的补给水量后，与直流冷却系统和空冷系统的机组全厂总水量相差不大，因此未预见水量按照扣除冷却塔蒸发和风吹损失的全厂总水量的 5%～10%计算。初步可行性研究和可行性研究等前期设计阶段水量平衡设计时，未预见水量可采用高值；对初步设计和施工图阶段水量平衡设计时，未预见水量可采用低值。

2. 设计耗水指标

设计耗水指标可按下式计算：

$$W_{sj}=\frac{Q_{sh}}{3600P} \tag{3-10}$$

式中 W_{sj}——设计耗水指标，$m^3/(s \cdot GW)$；

Q_{sh}——设计耗水量，m^3/h；

P——装机容量，湿冷机组为铭牌出力，空冷机组为夏季工况出力，GW。

设计耗水指标是衡量发电厂用水和节水的重要指标，也是考核发电厂用水和节水设计的主要指标，目前国内发电厂均采用设计耗水指标作为考核用水和节水设计的主要性能指标。火力发电厂的设计耗水指标宜根据当地的水资源条件和采用的相关工艺方案来确定，并应符合 DL/T 5513—2016《发电厂节水设计规程》的规定。

3. 单位发电量耗水量

单位发电量耗水量指发电厂生产每单位发电量需要消耗的水量。

单位发电量耗水量可按下式计算：

$$V_{dh} = \frac{Q_{hi}}{D} \tag{3-11}$$

式中 V_{dh}——单位发电量耗水量，发电厂生产每单位发电量需要消耗的水量，L/（kW·h）或 m^3/（MW·h）；

Q_{hi}——一定计量时间内生产过程中需消耗的水量，m^3；

D——一定计量时间内的发电量，MW·h。

4. 设计取水量

设计取水量指火力发电厂设计耗水量加上原水预处理系统自用水量与长距离输水管道损失水量之和，为火力发电厂的原水取水量。

设计取水量可按下式计算：

$$Q_{sj} = Q_{sh} + Q_y + Q_c \tag{3-12}$$

式中 Q_{sj}——设计取水量，m^3/h；

Q_y——原水预处理系统自用水量，应根据原水水质和处理工艺确定计算，当缺乏资料时，可按照处理水量的2%～10%计算；

Q_c——长距离输水管道损失水量，应根据输送距离、输送管材和连接方式等确定，可按照夏季设计耗水量与原水预处理系统或再生水深度处理系统自用水量之和的0.5%～2%计算。采用钢管或输送距离较短时可采用小值，采用承插连接的非金属管道或长距离输送时可适当取大值。

5. 单位装机容量取水量

单位装机容量取水量指按火力发电厂单位装机容量核定的取水量。

单位装机容量取水量可按下式计算：

$$W_{zj} = \frac{Q_{sj}}{3600P} \tag{3-13}$$

式中 W_{zj}——单位装机容量取水量，按发电厂单位装机容量核定的取水量，m^3/（s·GW）。

6. 单位发电量取水量

单位发电量取水量指火力发电厂生产每单位发电量需要从各种常规水资源提取的水量，包括取自地表水（以净水厂供水计量）、地下水、城镇供水工程，以及发电厂从市场购得的其他水或水的产品（如蒸汽、热水、地热水等）的水量。

采用直流冷却系统的发电厂取水量不包括从江、河、湖等水体取水用于凝汽器及其他换热器开式冷却并排回原水体的水量；发电厂从直流冷却水（不包括海水）系统中取水用作其他用途，则该部分应计入发电厂取水范围。

单位发电量取水量可按下式计算：

$$V_{dq} = \frac{Q_{qi}}{D} \tag{3-14}$$

式中 V_{dq}——单位发电量取水量，发电厂生产每单位发电量需要从各种水资源提取的水量，L/（kW·h）或 m^3/（MW·h）；

Q_{qi}——一定计量时间内，生产过程中的取水量总和，m^3；

D——一定时间内的发电量，MW·h。

7. 年取水量

在水资源论证报告中，发电厂年取水量是一个重要的水资源评价指标，也是水资源主管部门批复工程取水量的主要指标。因此，应给出一个合理的发电厂年取水量的计算方法，使所批复的年取水量既能满足发电厂实际生产运行用水量的要求，又能符合国家节约用水的产业政策。

年取水量可按下式计算：

$$Q_n = \frac{\sum Q_{fj}T_{ly} + (Q_{sj} - Q_{fj} - Q_s)T_{yx} + Q_{cq}T_{cq} + 8760Q_s}{10000} \tag{3-15}$$

式中 Q_n——年取水量，$\times 10^4 m^3$/年；

Q_{sj}——设计取水量，m^3/h；

Q_{fj}——发电厂与负荷变化和季节变化有关的设计取水量，为循环供水系统的补给水量，并按季节分为夏季、春秋季和冬季分别计算；采用直流供水系统和空冷系统的机组此部分水量为零，m^3/h；

Q_s——生活用水量，m^3/h；

Q_{cq}——抽汽、供热机组的抽汽部分所需取水量，m^3/h；

T_{ly}——折算到各季节的发电厂年利用小时数，h；

T_{yx}——发电厂的年运行小时数，h；

T_{cq}——抽汽、供热机组的全年抽汽小时数，按实际供给小时数计算，h。

发电厂设计取水量是按照机组额定出力时所需要的水量计算的，但发电厂全年会有相当多的时间低于额定出力运行，而生产所需水量却不会按照减少的机组出力而成比例降低，因此有必要将设计取水量分为与机组负荷变化有关的取水量和与机组负荷变化无关的取水量两部分。与机组负荷变化有关的取水量为循环供水系统的补给水量，会随机组负荷和季节的变化而变化；与机组负荷变化无关的取水量，如输煤系统煤场喷洒用水、部分生产冲洗用水、生活用水、浇洒道路和绿化用水等即使在机组停运期间用水量均不会大幅减少，而且机组启动时会提前启动用水系统，一些工艺系统还需要短时大量的冲洗水，而机组停运时用水系统却不会立即停止。

发电厂年取水量的计算：分为与机组负荷变化有

关的取水量乘以年利用小时数和与机组负荷变化无关的取水量乘以年运行小时数两部分，与机组负荷变化有关的取水量应按季节分别计算，并折算对应的年利用小时数再求和。这种计算方法基本能反映发电厂实际运行的年耗水量，便于操作计算；与目前水资源主管部门批复的淡水湿式循环冷却系统机组全年分为夏季、春秋季和冬季分别计算取水量，以及直流冷却和空冷机组为设计取水量乘以年运行小时（6500～7500h）计算出年总用水量等基本接近。

当无机组年运行小时数数据时，可按年利用小时数乘以1.25～1.30取整估算。

生活用水量取水时间按全年8760h计算。

抽汽补水量应考虑抽汽补水量及相应的水处理自用水量。

8. 重复利用率

重复利用率可按下式计算：

$$R_c = \frac{Q_{fy}}{Q_{fy} + Q_{sj}} \times 100 \qquad (3\text{-}16)$$

式中 R_c——重复利用率，%；

Q_{fy}——额定工况复用水量，即循环水量、梯级使用水量和回用水量之和，m^3/h。

循环水量是指在工业系统中用过的水经过适当处理后，仍用于原工艺流程形成循环回路的水量；梯级使用水量（串用水量）指在水质、水温满足要求的条件下，前一系统的排水被直接作为另外系统补充水的水量；回用水量指生产过程中已经使用过的，其水质、水温再经过适当处理后被回收利用于另外系统的水量。

设计取水量是指当发电厂冷却系统采用直流供水系统时，发电取水量应等于从水源的总取水量中扣除返还水源的排水量（排水水温发生变化，水质没有变化）后的净取水量。

9. 外排水率

外排水率可按下式计算：

$$R_p = \frac{Q_{ps}}{Q_{sj}} \times 100 \qquad (3\text{-}17)$$

式中 R_p——外排水率，%；

Q_{ps}——额定工况发电厂外排水量，不包括外排雨水，m^3/h。

三、设计耗水指标要求

（1）发电厂水务管理应进行设计耗水指标、设计取水量、单位装机容量取水量和年取水量的计算。

（2）供热机组的取水量应按设计取水量和供热、抽汽需要的取水量之和计算。

（3）火力发电厂的设计耗水指标宜根据当地的水资源条件和采用的相关工艺方案计算确定。对于单机容量为125MW及以上的火力发电厂，其设计耗水指标应符合DL/T 5513—2016《发电厂节水设计规程》的规定；对于单机容量为125MW以下的火力发电厂，其设计耗水指标应符合GB 50049《小型火力发电厂设计规范》的规定。

（4）DL/T 5513—2016《发电厂节水设计规程》中有关火力发电厂设计耗水指标的要求如下：

1）火力发电厂的设计耗水指标要求。火力发电厂的设计耗水指标宜根据当地的水资源条件和采用的相关工艺方案来确定，设计耗水指标不应高于表3-10中规定值，低于表3-10中规定值时，应进行专题论证。

表3-10　火力发电厂设计耗水指标要求　[$m^3/(s \cdot GW)$]

序号	机组类型	机组冷却方式	单机容量＜300MW	单机容量300MW级	单机容量≥600MW	参考的相关工艺方案
1	燃煤火力发电厂	淡水循环供水系统	0.55～0.80	0.50～0.70	0.40～0.60	湿法脱硫、干式除灰、湿式除渣
2		淡水直流供水系统 海水直流供水系统 海水循环供水系统	0.08～0.12	0.07～0.10	0.04～0.08	湿法脱硫、干式除灰、湿式除渣
3		空冷系统	0.11～0.15	0.08～0.12	0.05～0.10	湿法脱硫、干式除灰、干式除渣、电动给水泵或汽动给水泵排汽空冷、辅机冷却水湿冷
			0.09～0.12	0.07～0.10	0.04～0.08	湿法脱硫、干式除灰、干式除渣、电动给水泵或汽动给水泵排汽空冷、辅机冷却水空冷
			—	0.04～0.06	0.025～0.05	干法脱硫、干式除灰、干式除渣、电动给水泵或汽动给水泵排汽空冷、辅机冷却水空冷
4	燃气-蒸汽联合循环凝汽式机组	循环供水系统	≤0.40	≤0.35		
		直流供水系统	≤0.06	≤0.05		
		空冷系统	≤0.06	—		

2）火力发电厂单位装机容量取水量定额指标。火力发电厂单位装机容量取水量定额指标宜根据当地的水资源条件和采用的相关工艺方案来确定，不应超过 GB/T 18916.1—2012《取水定额　第 1 部分：火力发电》规定的单位装机容量取水量定额指标，并应符合表 3-11 的规定。

GB/T 18916.1—2012《取水定额　第 1 部分：火力发电》规定的单位装机容量取水量定额指标见表 3-12。

表 3-11　　火力发电厂单位装机容量取水量定额指标要求　　［m³/（s·GW）］

序号	机组类型	机组冷却方式	单机容量			参考的相关工艺方案
			＜300MW	300MW 级	≥600MW	
1	燃煤火力发电厂	淡水循环供水系统	≤0.88	≤0.77	≤0.66	湿法脱硫、干式除灰、湿式除渣
2		淡水直流供水系统 海水直流供水系统 海水循环供水系统	≤0.13	≤0.11	≤0.09	湿法脱硫、干式除灰、湿式除渣
3		空冷系统	≤0.17	≤0.14	≤0.11	湿法脱硫、干式除灰、干式除渣、电动给水泵或汽动给水泵排汽空冷、辅机冷却水湿冷
			≤0.13	≤0.11	≤0.09	湿法脱硫、干式除灰、干式除渣、电动给水泵或汽动给水泵排汽空冷、辅机冷却水空冷
			—	≤0.07	≤0.06	干法脱硫、干式除灰、干式除渣、电动给水泵或汽动给水泵排汽空冷、辅机冷却水空冷
4	燃气-蒸汽联合循环凝汽式机组	循环供水系统	≤0.44	≤0.40		
		直流供水系统	≤0.07	≤0.06		
		空冷系统	≤0.07	—		

注　各类火力发电厂申请取水指标时，应以单位装机容量取水量为准，取水指标不应超过 GB/T 18916.1—2012《取水定额　第 1 部分：火力发电》规定的单位装机容量取水量定额指标。

表 3-12　　单位装机容量取水量定额指标　　［m³/（s·GW）］

机组冷却形式	单机容量		
	＜300MW	300MW 级	600MW 级及以上
循环冷却	0.88	0.77	0.77
直流冷却	0.19	0.13	0.11
空气冷却	0.23	0.15	0.13

注　1. 单机容量 300MW 级的机组指 300MW≤单机容量＜500MW 的机组，单机容量 600MW 级及以上的机组指单机容量≥500MW 的机组。

2. 热电联产发电企业取水量增加对外供汽、供热不能回收而增加的取水量（含自用水量）。

3. 配备湿法脱硫系统且采用直流冷却或空气冷却的发电企业，当脱硫系统采用的新鲜水为工业水时，可按实际用水量增加脱硫系统所需的水量。

4. 当采用再生水、矿井水等非常规水资源及水质较差的常规水资源时，取水量可根据实际水质情况适当增加。

第四节　节水设计和水量平衡

一、各系统的节水设计要求

1. 冷却水系统

（1）循环供水系统应采取提高循环水浓缩倍率的措施，浓缩倍率设计值应符合 GB 50660—2011《大中型火力发电厂设计规范》的有关规定。

根据 GB 50660—2011《大中型火力发电厂设计规范》第 13.5.2 条规定，火力发电厂循环供水系统采用非海水水源时，浓缩倍率宜为 3～5 倍；采用海水水源时，浓缩倍率不宜超过 2.5 倍；采用干式除灰渣系统和干式烟气脱硫系统时，为减少循环水排水，浓缩倍率可进一步提高，这时要对循环水加强防垢和防腐蚀处理。

在水源较充足地区的电厂，循环水浓缩倍率一般采用3～5。在严重缺水地区、原水水费很高、原水水质很好或要求达到零排放的电厂，循环水浓缩倍率可提高到15左右，但须经充分的技术经济论证和具有有效的防垢和防腐蚀措施。

（2）湿式冷却塔宜安装高效除水器。

（3）循环供水系统排水应充分利用，可用于脱硫、除灰渣、输煤冲洗和喷洒，也可经处理后可作为化学水处理系统的水源。

（4）循环供水系统可采用旁流处理工艺提高浓缩倍率，旁流处理水量应根据循环水的水质和处理工艺计算确定，并应符合DL 5068—2014《发电厂化学设计规范》的规定。

DL 5068—2014《发电厂化学设计规范》第9.0.7条规定，循环水旁流处理水量应通过计算确定，并宜控制在循环水量的1%～5%范围内。

（5）空冷机组采用汽动给水泵时，给水泵汽轮机排汽的冷却方式宜采用空冷系统。如果空冷机组给水泵汽轮机排汽的冷却方式再采用湿冷，则与主机采用空冷系统节水的初衷不一致，也不符合国家的产业政策。

（6）空冷机组的辅机冷却水系统宜采用湿式冷却系统，在严重缺水地区可采用空冷系统或干湿联合冷却系统。辅机冷却水系统采用带喷水的空冷塔闭式冷却水系统，节水效果明显，可完全避免风吹和蒸发损失，节约辅机冷却水量的1.0%～1.5%。只是在夏季炎热天气条件下，闭式冷却水温度达不到要求时，才在空冷管束外喷少量除盐水辅助冷却。

（7）发电厂主厂房区域以外的辅机设备冷却排水应回收利用。发电厂主厂房区域以外的辅机设备轴承冷却排水主要是水温有所升高，水质基本无污染，有一定水压，可直接补至循环水系统、空冷机组的辅机冷却水系统或其他系统。

2. 化学水处理系统

（1）锅炉补给水处理系统的排水应分水质回用，并符合下列规定：

1）过滤设备反冲洗排水：悬浮物含量较高，含盐量与原水水质接近，处理后可作为循环供水系统补给水或其他工业用水。

2）反渗透浓水及离子交换器再生废水：悬浮物含量较低，含盐量比原水水质高出1倍以上，处理后可作为除灰渣、干灰场喷洒、脱硫和输煤系统用水。

（2）凝结水精处理系统的排水应分水质回用，并符合下列规定：

1）再生废水中和后可作为除灰渣、干灰场喷洒、脱硫和输煤系统用水。

2）过滤器反洗排水可回收作为循环供水系统补水或其他工业用水。

（3）汽水取样装置冷却宜采用闭式水系统。

（4）汽水取样装置的取样排水一般水质较好，但在分析过程中易受试剂的污染，不能直接补入凝汽器；此外，取样中的生产回水样水水质也较差，也不适合补入凝汽器，回收后可作为循环供水系统补水或其他工业用水。

（5）制氢站和制氯站的冷却水宜采用循环水或工业水，冷却排水应回收利用。

（6）全厂工业水水源采用城市再生水、循环水排水及矿区排水时，应根据所采用的不同深度处理工艺对系统中的各类排水加以回收、处理和利用。

（7）发电厂宜设置废水集中处理系统，处理后废水宜分类回收利用。

3. 热力系统

（1）热力系统启动、运行和停机阶段的排水应根据水质情况确定排水去向：水质满足热力系统要求时，应排回热力系统；水质不满足热力系统要求时，应处理后回收利用；部分温度高于40℃的排水可掺混冷却后回收利用。

（2）热力设备和管道应设置疏水、放水和锅炉排污水回收利用系统；设备、管道的经常性疏水，以及疏水扩容器和连续排污扩容器所产生的蒸汽，应回收至热力系统加以利用；设备和管道的启动疏水、事故及检修放水和锅炉排污水等排水可作为热网水的补充水，或降温后作为锅炉补给水处理系统的原水、湿冷循环冷却水及工业水。

（3）热水热力网宜采用闭式双管制系统，热网水循环使用。闭式热网水的正常补水率应按GB 50660—2011《大中型火力发电厂设计规范》的规定执行。热网加热器的凝结水水质满足要求时，宜回收至热力系统直接利用；水质较差时，可直接作为热网水的补给水，降温后可作为湿冷循环冷却水及工业水，也可单独处理后回收至热力系统。

（4）蒸汽热力网的凝结水应根据凝结水的水质、回水量及发电厂的水源条件等经技术经济比较后确定回收方案。蒸汽热力网的凝结水水质满足要求时，宜回收至热力系统直接利用；水质较差时，可直接作为热网水的补给水，降温后可作为湿冷循环冷却水及工业水，也可单独处理后回收至热力系统。

（5）辅机冷却水系统应根据循环冷却水源、水质情况和设备对冷却水水量、水温和水质的不同要求合理确定，并应符合GB 50660—2011《大中型火力发电厂设计规范》的规定；辅机设备自身冷却可采用风冷形式。

（6）热网补给水及热网回水处理：热网补给水可

采用锅炉排污扩容器后的排污水、软化水、除盐水或反渗透出水。热网回水重复利用时，根据水质污染情况，应设置热网回水的处理措施。

4. 采暖通风与空气调节系统

（1）集中采暖地区供暖热媒宜采用热水，不宜采用蒸汽，从而可以减少蒸汽采暖系统的凝结水量；当供暖热媒采用蒸汽时，凝结水宜回收利用。

（2）空调冷源的冷却水和水蒸发冷却设备排污水应回收利用。

（3）水冷式空调装置的冷却水系统应采用循环供水方式。

5. 烟气脱硫系统

（1）烟气脱硫系统节水设计应符合下列规定：

1）轴承冷却水和润滑水使用后应全部回收利用。

2）脱硫装置内的各种管道及设备冲洗排水应收集到集水池，并全部回用于工艺系统。

3）石膏滤出液应全部回用于工艺系统。

4）烟道和烟囱的冷凝液应全部收集并回用于工艺系统。

5）烟气系统可设置烟气余热利用装置。

6）海水脱硫吸收塔除雾器可采用海水冲洗，停机时可短时采用工艺水冲洗。

7）半干法脱硫工艺石灰消化用水宜采用工业水。

（2）脱硫废水应单独处理并回收利用，经处理合格后的脱硫废水可用于干灰渣加湿和灰场喷洒，不应对外排放。当发电厂灰渣综合利用程度较高，干灰渣和灰场不能容纳全部脱硫废水时，可考虑对脱硫废水进行深度处理，例如广东河源电厂（2×600MW）工程部分脱硫废水就采用蒸发结晶的方法进行深度处理，达到脱硫废水不外排。但是，蒸发结晶处理工艺投资较大，处理工艺较复杂，目前应用较少。

6. 除灰渣系统

（1）除灰渣系统的选择应符合节约用水、灰渣综合利用和环保要求。

（2）除灰渣系统严禁使用新鲜水，其排水宜回收使用。

（3）火力发电厂应采用干式贮灰场，并提高灰渣的综合利用水平。根据国家发展改革委等十部委 2013 年 19 号令《粉煤灰综合利用管理办法》，新建发电厂应以便于粉煤灰综合利用为原则，不得湿排粉煤灰。

（4）干灰经湿式搅拌机调湿后碾压的最优含水量宜在 20%～30%之间选择，只需将灰调试到不飞扬的程度即可。

（5）缺水地区和采用空冷机组的发电厂宜采用机械密封与锅炉连接的风冷机械除渣系统及设备。当电厂燃煤灰渣存在严重结渣倾向时，宜采用湿式除渣系统；锅炉正常排渣量较大（超过 20t/h）或灰渣量变化较大时，不推荐采用单级干式除渣系统。

7. 输煤系统

（1）输煤系统的地面冲洗水、煤场的喷洒水和除尘器补水等宜采用循环水排水、煤水处理回用水或其他符合水质要求的废水。

（2）输煤系统除尘和抑尘设施的选择应符合下列要求：

1）宜采用袋式除尘器或静电除尘器。

2）当采用湿式除尘器时，除尘器排水宜回收利用。

3）卸煤站和翻车机室应设置喷雾抑尘系统，缺水地区宜采用微雾抑尘系统，可提高控制粉尘的效果，降低抑尘系统运行耗水量。

（3）缺水地区输煤系统积尘宜采用真空清扫措施。

8. 雨水回收系统

（1）雨水作为一种宝贵的淡水资源，经收集、处理后应用于电厂杂用水系统具有重要的现实意义。缺水地区的发电厂宜设置雨水收集和回用系统，处理后的雨水可作为发电厂冷却水补给水、杂用水，也可作为发电厂的补充水源。将雨水作为火力发电厂的补充水源，国外已有一些尝试，如美国科罗拉多州 Pawnee 2×500MW 电站，将厂区内雨水回收，澄清处理后补入电厂工业水系统。目前，国内电厂雨水的实际应用较少，尚需进一步探索和发展雨水利用的理论研究和处理工艺。

（2）火力发电厂露天煤场宜设置煤场雨水调节池，用于收集煤场受污染的初期雨水。其集雨时间宜按 0.5～1.0h 考虑，设计重现期的取值宜为 2～5 年。

9. 水处理系统

（1）水处理系统应采用技术先进、成熟可靠的处理工艺和技术，减少水处理系统自用水量。

（2）水处理系统澄清、过滤设备的排水应回收利用。

（3）水处理系统的排泥水应进行脱水处理，脱水后的排水应回收利用。

10. 其他杂用水系统

冲洗车间地面、汽车和冲洗设备的排水应收集处理，处理后的排水宜回收利用。

11. 生活用水系统

（1）发电厂应加强对生活用水的管理，用水点处应设置计量设备，对公共浴室、食堂、卫生间和招待所等场所，宜采用节水型卫生器具。

（2）生活污水经处理合格后，宜回收用于厂区绿化、输煤系统冲洗水、除灰渣系统用水或杂用水系统；经深度处理合格，可作为循环冷却水的补充水。

二、水量计量和水质监测及控制

1. 一般规定

（1）发电厂的用水和排水系统应按水务管理需求配置水量计量装置、水温和水质监测装置。水量计量装置、水温和水质监测装置应根据发电厂用水和排水的特点、介质的性质、使用场所和功能要求进行选择。测点应布置合理，安装应符合技术要求，并应定期进行校验、检查、维护和修理，以保证计量数据的准确性。

（2）发电厂水平衡测试应符合 GB/T 12452—2008《企业水平衡测试通则》和 DL/T 606.5—2009《火力发电厂能量平衡导则　第 5 部分：水平衡试验》的规定。

2. 水量计量

（1）发电厂下列部位应设置水量计量装置（计量装置应具有即时和累计计量功能，并具远传信号功能，以满足全厂水务管理的监测和考核要求，为全厂的水平衡测试和各项耗水指标计算提供数据）：

1）淡水取水设施的供水管。

2）进入厂区的补给水管。

3）原水预处理系统进、出水总管。

4）冷却塔补给水进水管。

5）工业/公用/杂用水泵出水总管。

6）生水泵出水总管。

7）生活水泵出水总管及送至生活区的总管。

8）化学水处理室的除盐水进、出水总管。

9）热网供汽管及回水管。

10）备用水系统供水管或补给水管。

11）发电厂工业排水管。

12）各类污水或废水处理系统的进、出口总管。

13）发电厂总排水管。

14）发电厂其他各类对外排放口。

（2）发电厂下列部位宜设置水量计量装置（计量装置宜具有即时和累计计量功能，不要求具有远传信号功能，以满足对各工艺系统供水和排水的水量监测及考核要求）：

1）各建（构）筑物和露天布置的设施、设备的工业进水管。

2）各建（构）筑物生活水进户管。

3）各除盐水用水点进水管。

4）除灰渣系统供水、排水管。

5）烟气脱硫系统供水、排水管。

6）热水网供、回水管和补水管。

7）各车间供水、排水管。

8）至灰场供水管道。

9）用水量在 5m³/h 以上的用水设备、用水点进口处。

10）其他需要计量的部位。

3. 水温测量

发电厂下列部位应设置水温测量仪表：

（1）表面式或混合式凝汽器冷却水进、出水管道。

（2）直接空冷系统的凝结水管道。

（3）给水泵汽轮机凝汽器冷却水进、出水管道。

（4）辅机冷却水进、出水管道。

（5）其他需要设置水温测点的部位。

4. 水质监测

（1）发电厂给水和排水系统水质采样点的布置应按各类水质分别取得有代表性的水样。

（2）当选用水质自动监测仪器时，应有人工采样的备用措施。发电厂即使配置了水质自动监测仪器，也要配置一定数量的移动式人工采样设备，作为当水质自动监测仪器故障时的备用人工监测措施。

（3）发电厂下列部位应设置水质监测装置：

1）原水补给水管。

2）原水净化站进、出水。

3）各类污水或废水处理系统进、出水。

4）循环供水系统排水。

5）火力发电厂、灰场的废水外排口。

5. 水量控制

（1）发电厂节水设计中应采取流量联锁控制措施，保持补给水、回用水与发电厂内各系统用水的平衡。

（2）蓄水池、储水箱等储水设施应设置防止溢流的措施，如进水管上可设浮球阀、液位控制阀、与水位联锁的电动阀门等，或补给水泵与蓄水池液位联锁。

（3）用水量变化大的供水系统宜采用变频调速水泵、大小泵组合或流量调节阀等方式进行流量调节，以节约用水和能耗。

三、水量平衡设计和水量平衡图编制原则

1. 水量平衡设计原则

（1）水量平衡设计应通过各项工程措施，采用资源利用率高、污染物排放量少的清洁生产工艺，实现合理用水、节约水资源，减少废水的排放量和控制废水中污染物的浓度，防止排水污染环境的目标。

（2）水量平衡设计应根据厂址水源、建厂条件、水资源论证报告和环境评价报告，对发电厂的各类用水和排水进行全面规划、综合平衡和优化，确定合理的用水流程和水处理工艺，提高重复用水率，减少污水排放量和控制设计耗水指标。

水量平衡设计应综合考虑多种因素，针对不同水源和机组类型进行全面水务管理，确定合理的用水流程和原水预处理工艺，降低新鲜水的使用量，提高水的重复利用率，控制全厂设计耗水指标在规范允许的范围之内。

（3）各阶段水量平衡设计应符合下列要求：

1）可行性研究报告应提出水务管理设计原则和规划。

2）初步设计文件应提出水务管理方案和节水具体措施。

3）施工图设计应落实水量平衡设计方案和各项节水措施。

4）在可行性研究、初步设计和施工图等设计阶段需编制全厂水量平衡图。对于初步可行性设计阶段，要求进行全厂初步的水量平衡设计分析，控制设计耗水指标在规范允许的范围内。

（4）水量平衡设计应包括以下内容：

1）采用节水型的工艺系统和设备。

2）计算各项用水量、用水时间和平均耗水量，以及用水和排水的水质，进行水量平衡设计。

3）制定用水系统流程。

4）监测控制设备的选择与配备。

（5）发电厂各类排水应循环使用、梯级使用、处理后回用；按照清污分流原则分类回收和重复利用，排水水质和温度可以满足工艺要求的应直接回用，其他排水可处理后再利用。

发电厂各类排水可采用以下排水重复利用方式：

1）循环使用：排水经简单处理或降温后仍用于原工艺流程。

2）梯级使用：在水质、水温能够满足另一流程要求的条件下，上游流程的排水可用于下游对水质和水温要求不高的流程。

3）处理后回用：不适合梯级使用的各类废（污）水，经收集处理后变为可用水回用。

2. 水量平衡图编制原则

（1）水量平衡图宜采用方框图的形式，图中应示出各类水用户，废水回收处理设施，各种水的来源、流程和流向，标出各点的水流量；对于一个划定的水平衡体系，其总进水量与总排水量和总损失水量应平衡。根据水平衡体划分的范围不同，发电厂的水量平衡可以分为全厂水量平衡、车间（或分场）水量平衡、单项用水系统水量平衡和设备水量平衡。

（2）水量平衡各项水量宜按各系统最高日平均时水量编制。对于不同工艺系统用水、排水的特点，需把不同工况的用水量和排水量折算成最高日平均时用水量。

（3）水量平衡图宜按设计工况分季节编制，也可根据实际工程需要分别编制夏季10%气象条件、春秋季或年平均、冬季等不同季节时的水量平衡图。

四、典型工程水量平衡设计

（一）2×660MW超临界淡水循环供水机组水量平衡设计

1. 水务管理

（1）概述。

某2×660MW超超临界燃煤火力发电厂位于陕西省，汽轮机为超超临界、一次中间再热、四缸四排汽、单轴、双背压、凝汽式汽轮机。每台机组配置一台凝汽器，采用带自然通风冷却塔的循环供水系统冷却。

厂区供水水源采用地表水，厂区内设有原水净化站。

本期工程主机、给水泵汽轮机和辅机的冷却采用带自然通风冷却塔的循环供水系统冷却；除灰和除渣采用干除灰和湿式除渣方案，湿法脱硫，电厂的各种污水分别收集后统一处理，然后回收重复使用。

（2）电厂各项用水及对水质的要求如下。

1）循环供水系统用水：本期2×660MW机组循环冷却水系统的循环冷却水量约为2×65827m³/h，蒸发损失水量为2×1707m³/h，风吹损失水量为2×33m³/h，排污水量为2×148m³/h。

2）辅助设备冷却水：制氢站冷却水和空气压缩机冷却水采用工业水，主要用于设备轴承冷却润滑水，回用水水质不变仅水温升高，直接回用至循环冷却水系统中。脱硫系统工业用水采用工业水，主要用于设备轴承冷却润滑水，回用水水质不变仅水温升高，直接回用至脱硫工艺用水系统中。

3）锅炉补给水及循环水处理系统用、排水：锅炉补给水及循环水处理系统利用循环水排污水，处理后的水一部分供给锅炉，一部分补充到循环水系统，剩余高含盐废水全部补充到脱硫工艺用水系统。

4）脱硫工艺用水：脱硫工艺用水主要由脱硫工业用水回水、循环水系统排污水、锅炉补给水及循环水处理系统高含盐废水和深度处理后的脱硫废水回用补给。

5）除灰、渣系统用、排水：本期工程干灰加湿和湿式除渣系统补水量全部采用循环水系统的排污水，除灰、渣系统无废、污水外排。

6）输煤系统用、排水：输煤系统冲洗、除尘、煤场喷洒用水和斗轮机用水等采用循环供水系统排污水，输煤系统冲洗排水经回收处理后回用。

7）厂区杂用水：厂区绿化用水采用处理后的生活污水；空调蒸发用水仅夏季使用，此部分水无法回收，由厂内工业水系统供给；油泵房冷却水和夏季油罐喷淋用水采用工业水，排水进入厂区工业废水下水道系统，处理后回用；冲洗地面及汽车用水由工业水系统供给，其排水悬浮物含量较高，排水进入厂区工业废水下水道系统，处理后回用。

8）厂区生活用水：供水标准为35L/（人·班），设计时，除电厂职工人数外，还考虑了一些流动、临时人员和检修工的人数，避免出现电厂大、小修时生活用水量偏紧的情况。经计算，2×660MW机组厂区生活日平均用水量按6m³/h设计。生活污水经本期厂区生活污水下水道收集后，最终排至本期工程污水处理站，处理后回用。

9）未预见水量：电厂有部分非经常性用水及排水仅在机组启动、事故、检修时发生，没有规律。例如，启动前锅炉排污水，热力设备和管道正常、事故工况的疏放水，锅炉空气预热器冲洗用水等均属短期用水，故不宜一一列入水量平衡计算。考虑以上综合用水、排水情况和管网损失水量，该工程未预见水量按 100m³/h 进行水量平衡设计，其中考虑 50m³/h 损失，50m³/h 回收。

（3）主要节水措施：

1）主机、给水泵汽轮机和辅机的冷却采用带自然通风冷却塔的再循环供水系统，冷却塔的风吹损失通过安装高效除水器使风吹损失率降低到 0.05%，减少风吹损失水量。

2）该工程循环水系统夏季设计浓缩倍率约为 7，全年平均浓缩倍率约为 6，使循环水系统的排污量降低到 296m³/h，且全部回用。

3）为了实现全厂废水零排放，循环水排污水经旁路处理后，作为锅炉补给水及循环水系统的补水，系统排出的高含盐废水作为脱硫工艺用水。

4）该工程脱硫系统采用湿法脱硫，在除尘器入口加装了烟气余热利用装置，降低了入口烟气温度，大大减少了脱硫系统耗水量，脱硫系统耗水量可减少 40%以上。

5）脱硫废水采取蒸发结晶处理工艺，废水经处理后全部回用到脱硫工艺用水系统。

6）除灰系统采用正压气力除灰、干灰输送。除渣采用湿式除渣系统，该系统用水为闭式循环，仅需少量补充水。干灰仅需少量加湿用水。

7）按照各工艺系统对水量及水质的要求，结合水源条件设计合理的工艺系统，尽量做到少用水、循环用水、一水多用。

8）全厂排水资源化并重复利用。全厂排水根据条件，采用两种方式重复利用：①梯（递）级使用。简化上一级排水处理工艺，做到“废”尽其用。②全厂各类废水处理后综合利用。生活污水和工业废水综合处理后作为脱硫用水，含煤废水经处理后回用于输煤冲洗系统，正常情况下厂区污废水排放量为零。

9）分类收集全厂污废水：全厂各类污废水采用分流制。为实现梯（递）级供水和重复利用目标，设立工业废水（淡水）中水道系统和独立的生活污水下水道。根据其水质和处理难度对污废水进行分类，使污废水的收集、处理和回用落到实处，便于运行管理。

10）根据电厂各排水点的水量及水质情况，按照国家有关规范对回用水水质的要求，合理确定各排水系统及污废水处理设计方案。

11）加强水务管理。在各供水系统的出水干管及主要用水支管上安装水量计量装置，必要时设调节和控制流量的装置，并将厂区内主要计量数据送到一个地点，进行统计分析，以便有针对性地控制水量。

2. 用水量计算

根据全厂水量平衡的设计，各项用水量见表 3-13、表 3-14。

耗水指标一览见表 3-15。

表 3-13　2×660MW 机组年平均补给水量

（m³/h）

序号	项　目	需水量	耗水量	回用水量
1	冷却塔蒸发损失	1707	1707	
2	冷却塔风吹损失	66	66	
3	冷却塔排污损失	296	0	296
4	锅炉补给水及循环水处理	220	70	150
5	循环水加药用水	2	0	2
6	制氢站冷却用水	30	0	30
7	空气压缩机室冷却用水	200	0	200
8	油泵房冷却用水	10	0	10
9	脱硫工业冷却用水	40	0	40
10	脱硫工艺用水	150	140	10
11	脱硫废水处理用水	10	1	9
12	除渣用水	10	10	0
13	除灰用水	12	12	0
14	输煤系统冲洗用水	15	3	12
15	油罐冷却水	0	0	0
16	地面冲洗用水	3	1	2
17	工业废水处理排水	3	3	0
18	生活用水	6	1	5
19	绿化用水	5	5	0
20	煤场喷洒及斗轮机用水	6	6	0
21	输煤系统除尘用水	4	4	0
22	未预见水量	100	50	50
23	净水用水量小计	2895	2079	816
24	净化站自耗水	151	151	
25	原水用水量合计	3046	2230	816

表 3-14　2×660MW 机组年夏季补给水量

（m³/h）

序号	项　目	需水量	耗水量	回用水量
1	冷却塔蒸发损失	2035	2035	
2	冷却塔风吹损失	66	66	
3	冷却塔排污损失	296	0	296
4	锅炉补给水及循环水处理	220	70	150
5	循环水加药用水	2	0	2
6	制氢站冷却用水	30	0	30
7	空气压缩机室冷却用水	200	0	200
8	油泵房冷却用水	10	0	10
9	脱硫工业冷却用水	40	0	40
10	脱硫工艺用水	150	140	10
11	脱硫废水处理用水	10	1	9
12	除渣用水	10	10	0
13	除灰用水	12	12	0
14	输煤系统冲洗用水	15	3	12
15	油罐冷却水	10	4	6

续表

序号	项　目	需水量	耗水量	回用水量
16	地面冲洗等用水	3	1	2
17	工业废水处理排水	3	3	0
18	生活用水	6	1	5
19	绿化用水	5	5	0
20	煤场喷洒及斗轮机用水	6	6	0
21	输煤系统除尘用水	4	4	0
22	未预见水量	100	50	50
23	净水用水量小计	3233	2411	822
24	净化站自耗水	239	239	
25	原水用水量合计	3472	2650	822

表 3-15　　耗 水 指 标 一 览

序号	项　目	夏季（原水）	年平均（原水）	夏季（净水）	年平均（净水）
1	2×660MW 机组补给水量（m^3/h）	2650	2230	2411	2079
2	折合到百万千瓦用水量［$m^3/(s \cdot GW)$］	—	—	0.507	—
3	2×660MW 机组年用水总量（$\times 10^4 m^3$/年）（年利用小时数按 5500h 计）	1457.50		1326.05	
4	电厂补给水的有效利用率（%）	100	100	100	100
5	每年电厂的排水总量（$\times 10^4 m^3$）	0	0	0	0
6	机组水的排放率（%）	0	0	0	0

注　夏季日平均补给水量按频率为 10%的气象条件计算。

3. 水量平衡图

某 2×660MW 超超临界湿冷机组水量平衡图见图 3-2。

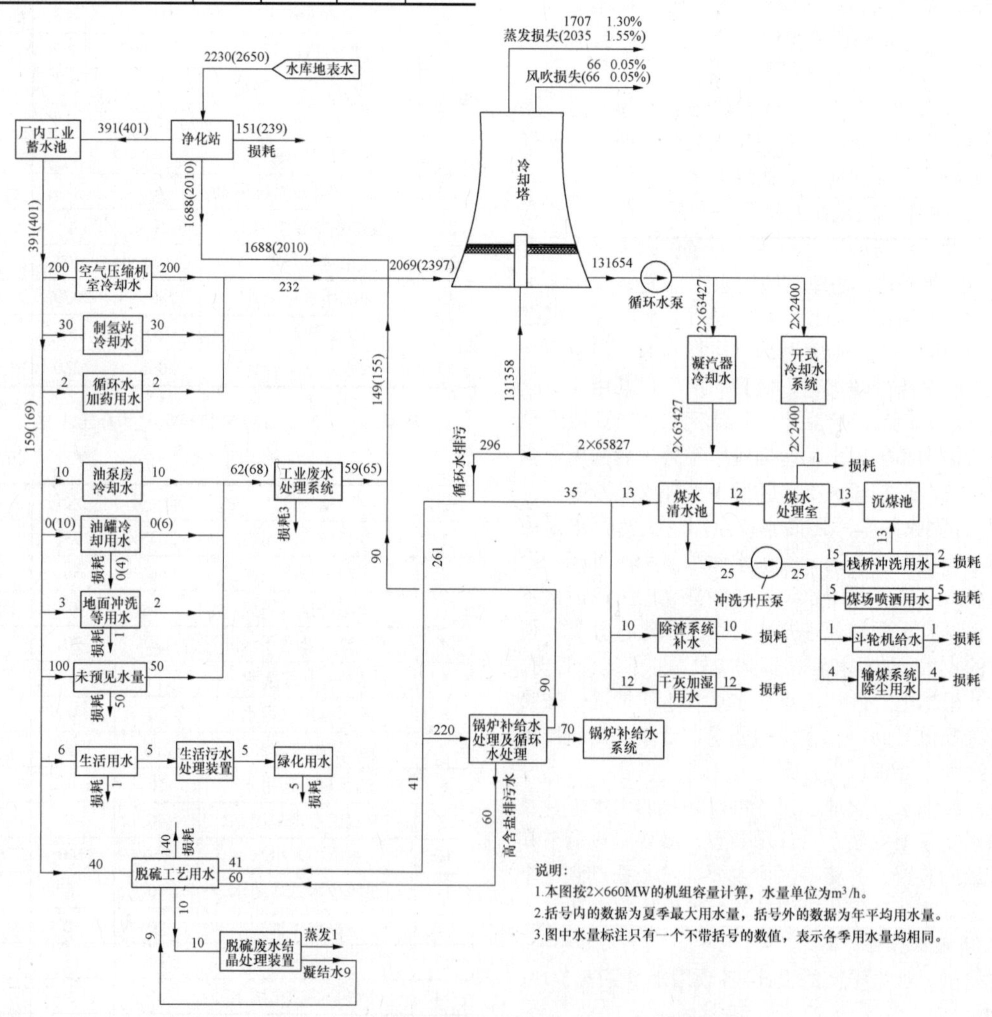

图 3-2　某 2×660MW 超超临界湿冷机组水量平衡图

（二）2×660MW 超临界间接空冷机组水量平衡设计

1. 水务管理

（1）概述。

某2×660MW超临界燃煤火力发电厂位于新疆维吾尔自治区，主机采用660MW超临界、一次中间再热凝汽式、单轴、三缸二排汽汽轮机，采用表凝式间接空冷系统冷却。

厂区供水水源采用地表水，厂区内设有原水净化站。

本期工程主机采用间接空冷系统，给水泵采用汽动给水泵方案；辅机冷却水系统采用干湿联合冷却系统方案；除灰和除渣采用干除灰和水式除渣方案，电厂的各种污水分别收集后统一处理，然后回收重复使用。

（2）电厂各项用水及对水质的要求如下。

1）辅机冷却系统用水：本工程辅机冷却水系统采用干湿联合的闭式冷却水系统，系统用水对水温有要求，要求出水水温不高于38℃。辅机冷却水量见表3-16。

表 3-16 辅机冷却系统用水量

序号	机组容量（MW）	辅机冷却水量（m^3/h）	除灰空气压缩机冷却水量（m^3/h）	总冷却水量（m^3/h）
1	1×660	2430	75	2505
2	2×660	4860	150	5010

2）锅炉补给水处理系统用水：由本期净化站引接未过滤的生水。

3）空气压缩机轴承冷却水：对水质及水温有要求，该工程采用闭式冷却水。

4）输煤系统冲洗水、除尘用水：对水质没有特殊要求，由工业水及工业废水回用水系统供给。

5）脱硫系统用水：由工业水及工业废水回用水系统供给。脱硫系统冷却水在冷却设备后用作脱硫工艺用水消耗掉。脱硫废水经处理后运至灰场喷洒。

6）生活用水：对水质要求较高，要求达到国家生活饮用水标准。

7）绿化用水、地面冲洗等用水：要求低含盐水。

8）干灰、干渣加湿用水：对水质没有特殊要求，要求由工业水、工业废水回用水系统和脱硫废水回收处理后的水供给。

9）冲洗路面、汽车等用水：由工业水供给。

（3）主要节水措施：

1）主机和给水泵汽轮机的冷却采用间接空冷系统，最大限度地节约水资源。

2）辅机冷却系统采用干湿联合冷却系统。

3）烟气系统设置烟气余热利用装置，减少脱硫系统用水量。

4）按照各工艺系统对水量及水质的要求，结合水源条件，设计合理的工艺系统，尽量做到少用水、循环用水、一水多用。

5）全厂排水资源化并重复利用，全厂排水根据条件，采用两种方式重复利用：①梯（递）级使用。简化上一级排水处理工艺，做到“废”尽其用。②全厂各类废水处理后综合利用。生活污水和工业废水综合处理后作为脱硫用水，含煤废水经处理后回用于输煤冲洗系统，正常情况下厂区污废水排放量为零。

6）分类收集全厂污废水：全厂各类污废水采用分流制。为实现梯（递）级供水和重复利用目标，设立工业废水（淡水）中水道系统和独立的生活污水下水道。根据其水质和处理难度对污废水进行分类，使污废水的收集、处理和回用落到实处，便于运行管理。

7）根据电厂各排水点的水量及水质情况，按照国家有关规范对回用水水质的要求，合理确定各排水系统及污废水处理设计方案。

8）加强水务管理。在各供水系统的出水干管及主要用水支管上安装水量计量装置，必要时设调节和控制流量的装置，并将厂区内主要计量数据送到一个地点，进行统计分析，以便有针对性地控制水量。

2. 用水量计算

该工程所在地区水资源比较贫乏，利用条件较差。根据工程具体条件，该厂主机采用空冷系统，辅机采用闭式干湿联合冷却系统，同时提高水的重复利用率，采用最新的水处理工艺，降低电厂耗水量，节约水资源。各项用水量见表3-17。

表 3-17 2×660MW 空冷机组各项用水量

（m^3/h）

序号	项 目	需水量	回用水量	耗水量
1	锅炉补给水	115	45	70
2	生活用水	4	3.5	0.5
3	生活污水处理水系统	3.5	3	0.5
4	绿化用水	3	0	3
5	制氢站冷却用水	20	20	0
6	汽车地面冲洗用水	5	3	2
7	灰库加湿用水	15	0	15
8	渣仓冲洗水补水	1		1
9	捞渣机补水	2	0	2
10	输煤系统冲洗用水	10	8	2
11	煤水处理自用水	1	0	1
12	输煤系统除尘用水	4	0	4
13	斗轮机上水	3		3
14	工业废水处理自用水	2	0	2

续表

序号	项　目	需水量	回用水量	耗水量
15	脱硫用水	120	15	105
16	湿式电除尘器用水	26	26	0
17	蒸发冷却机组补水	0（3）	0	0（3）
18	油罐喷淋用水	0（15）	0（10）	0（5）
19	氨罐喷淋用水	0（3）	0（2）	0（1）
20	灰场喷洒用水	15	0	15
21	未预见水量	25	0	25
22	净水量	251（260）		
23	净化站自用水	13（14）	0	13（14）
24	原水量	264（274）		

注　括号内数据为夏季工况时的水量。

耗水指标见表3-18。

表3-18　耗水指标一览

序号	项　目	夏季（原水）	年平均（原水）	夏季（净水）	年平均（净水）
1	2×660MW机组补给水量（m^3/h）	274	264	260	251
2	折合到百万千瓦用水量［m^3/（s·GW）］	—	—	0.0547	—
3	2×660MW机组年用水总量（$\times10^4m^3$/年，系统供水小时数按7000h计）	192.50		182.70	
4	电厂补给水的有效利用率（%）	100	100	100	100
5	每年电厂的排水总量（$\times10^4m^3$）	0	0	0	0
6	机组水的排放率（%）	0	0	0	0

注　1. 夏季日平均补给水量按频率为10%的气象条件计算。
2. 年平均补给水量按夏季气象以及年运行小时数7000h计算。

3. 水量平衡图

某2×660MW超临界间接空冷机组水量平衡图见图3-3。

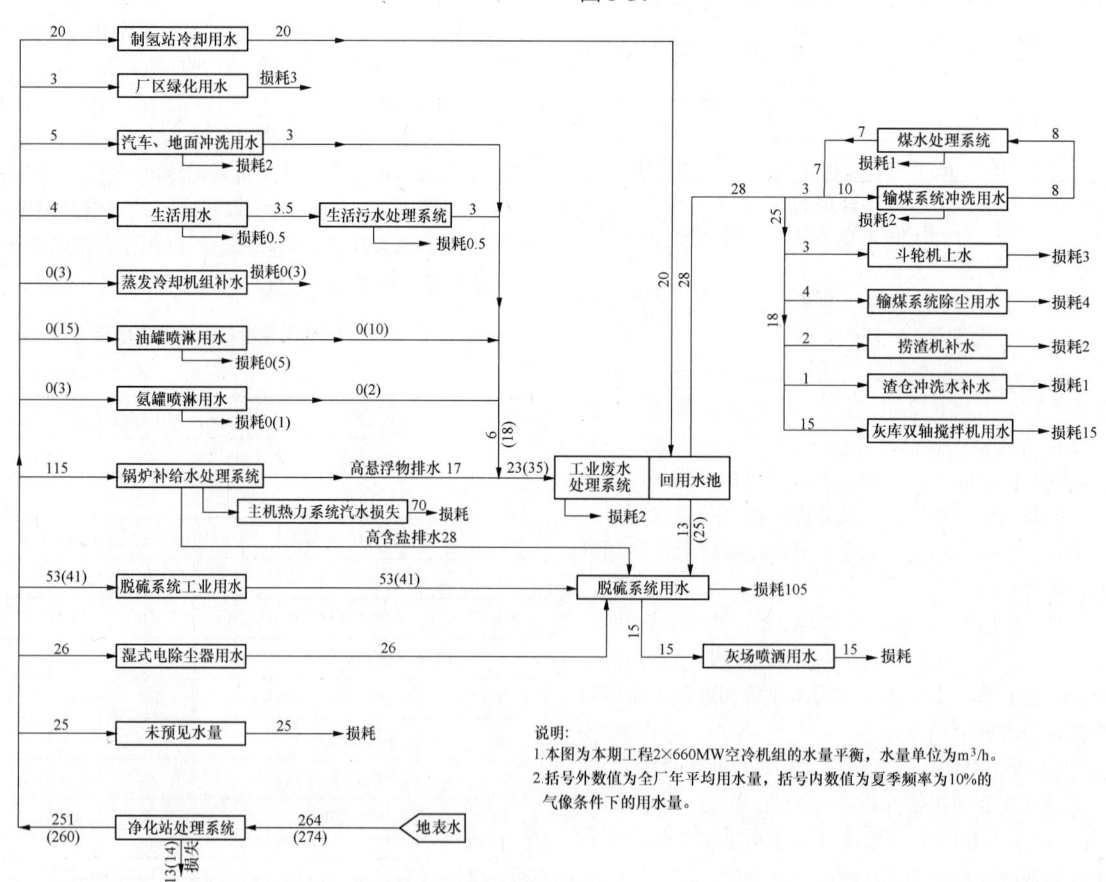

图3-3　某2×660MW超临界间接空冷机组水量平衡图

第四章

湿冷系统设计与布置

第一节　概　　述

一、湿冷系统基本形式

（一）按供水方式分类

主机冷却系统采用湿式冷却系统时，根据工程供水方式可分为直流供水系统、循环供水系统及混合供水系统三种基本形式。

1. 直流供水系统

直流供水是冷却水直接从水源取得，通过凝汽器加热后直接排回自然水体中去。通常河流流量大，供水高度在20～25m以下，输水距离在0.8～1.0km以内采用直流供水系统是经济合理的。

当在某一时期水源水量不足时，排回河流的热水与自然水体的冷水掺混后再供凝汽器用水，通常称为混流供水系统，是直流供水系统的特例。

2. 循环供水系统

由于供水水源流量不足，或者由于主厂房距水源太远，又或者厂址地坪比水源高出很多，采用直流供水系统不经济时，主机冷却系统可采用循环供水系统。循环供水系统的冷却水进入凝汽器加热后，再送到冷却塔或冷却池中冷却，冷却后重复进入凝汽器，如此进行循环。从水源只取补充冷却系统中损失的水量。

3. 混合供水系统

大部分时间供水水源流量能满足直流供水量要求，仅在个别季节水量不足，只能满足循环供水系统要求时，可采用混合供水系统。该系统兼有直流供水系统和循环供水系统的特点，即在水源水量丰富时，采用直流供水方式运行；在水源水量不足时，采用直流供水和循环供水的混合方式运行；在水源最枯时，全部采用循环供水方式运行。

（二）按循环水散热途径分类

湿式冷却系统按散热途径可分为水面冷却和水滴水膜冷却两种形式。

1. 水面冷却

利用水库、湖泊、河道、人工水池、港湾、海洋各种自由水面冷却。其中，河道冷却又分为单向流河道冷却和双向流河道冷却。

（1）单向流河道冷却。单向流河道宽度一般小于250m。

1）当上游来水量与电厂取（排）水量之比等于零时，属河网水面冷却，相当于带形冷却池，如部分取用运河水的电厂。

2）当上游来水量与电厂取（排）水量之比大于5时，属直流供水，排水直接流向排水口下游，如取水口无热水回流，取水直接引取上游来水。

3）当上游来水量与电厂取排水量之比为 0～5时，有可能全部热水流至排水口下游，也有可能部分热水流至排水口下游，剩余部分热水上溯至取水口或更远。其流动特性及排水口上下游分流量视河道水力条件有所不同。

（2）双向流河道冷却。河段内有上游来水量，亦有自下而上的潮流量。

2. 水滴水膜冷却

利用冷却塔、喷溅装置等各种冷却装置将水体变成水滴水膜来冷却。

（三）湿式冷却系统基本形式总结

按循环水散热途径分类与按工程的供水方式分类是相互关联的，并无明确界线。

湿式冷却系统基本形式见图4-1。

二、湿冷系统主要参数

（一）基本参数的定义

1. 设计冷却水温 t_1

汽轮机在额定工况时的背压称为额定背压，对应的凝汽器冷却水入口处的水温称为设计冷却水温，通常用 t_1 表示。

2. 背压 p_c

背压即凝汽器压力，是指在凝汽器壳体内第一排

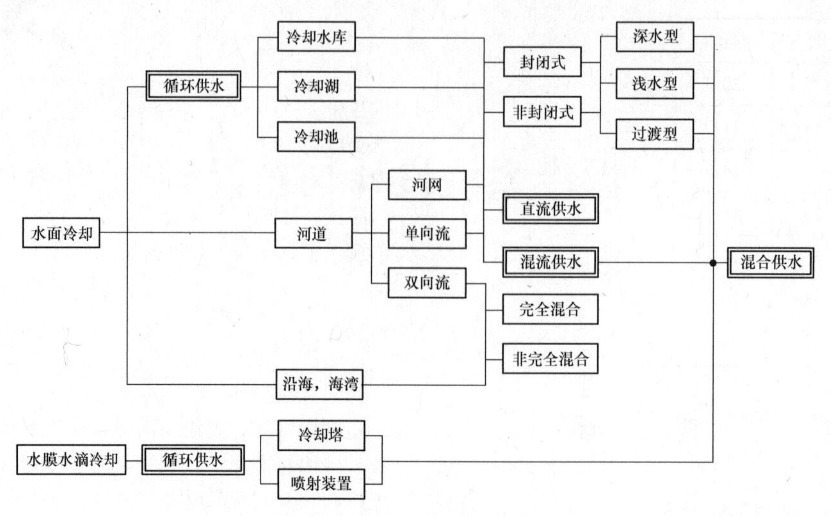

图 4-1 湿式冷却系统基本形式

冷却水管上方 300mm 内的蒸汽通道处所维持的绝对静压力，工程中常用符号 p_c 表示。设计冷却水温下相应的背压即为工程的设计背压。

在已知排汽温度的条件下，背压可由附录 A 查取。

3. 初始温差 ITD

初始温差是指蒸汽凝结温度与冷却水进口温度的差值。常用符号 ITD 表示，湿式冷却系统的 ITD 值是由冷却水的冷却倍率和凝汽器的参数（主要指凝汽器面积、管材、冷却水管流速等）确定的。

（二）基本参数的确定原则

1. 背压 p_c 和初始温差 ITD 值

根据 JB/T 10085—1999《汽轮机凝汽器技术条件》的规定，设计水温分为 15、20、25℃三档，按照各档水温凝汽器压力的变化范围，直流供水系统相应的 ITD 值见表 4-1。

表 4-1 凝汽器 t_1、p_c、ITD 值表

设计冷却水温 t_1（℃）	背压 p_c（kPa）	排汽温度 t_c（℃）	ITD=t_c−t_1（℃）
15	4	29.0	14.0
	5	32.8	17.8
20	5	32.8	12.8
	6	36.2	16.2
25	6.5	37.6	12.6
	7.5	40.3	15.3

由表 4-1 可知，在我国，直流供水系统的 ITD 值为 12～18℃。

对于海水水位变幅较小，采用引水明渠将冷却水引到汽机房前，循环水泵分机组布置在汽机房前的情况，循环水系统阻力和静扬程都较低，循环水冷却倍率可选用较大值，例如冷却倍率取 75～80，冷却水温升 Δt 为 6～7℃，ITD 值较低。图 4-2 为冷却倍率较大时凝汽器压力与冷却水温的关系图，图中阴影部分为压力变化范围，*AB* 线为平均值线。由此可知，ITD 值下限值约为 9℃，上限值约为 15℃，平均值约为 12℃。

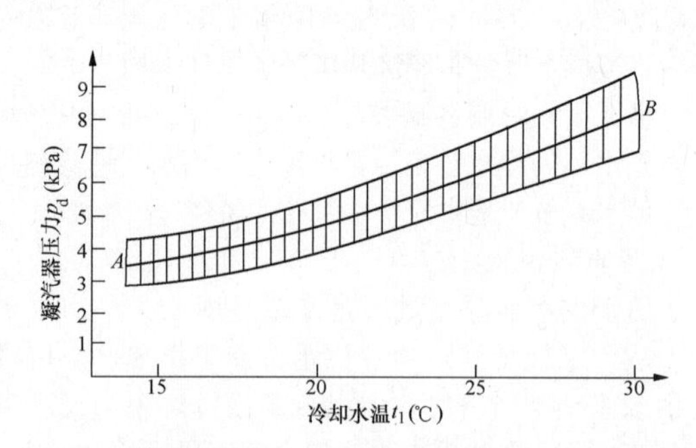

图 4-2 凝汽器压力与冷却水温关系图（大冷却倍率）

2. 设计冷却水温 t_1 的确定原则

工程选用的设计冷却水温 t_1 宜采用全年平均水温。

（1）直流供水系统的设计冷却水温。采用直流供水系统时，在没有热水回流的情况下，设计冷却水温就是水源的年平均水温。

表 4-2 给出了我国主要江河及沿海各季节水温。

表 4-2 我国主要江河及沿海各季节水温 （℃）

地区	夏	春秋	冬	寒冬	年平均
长江上游	23	20	15	11	18
长江中游	27	20	13	9	18

续表

地区	夏	春秋	冬	寒冬	年平均
长江下游	27	20	13	8	18
东北江河	18	11	3	2	9
黄河上游	21	14	4	0	10
黄海北部	23	16	7	0	11
渤海、黄海沿岸	25	17	7	1	14
浙闽沿岸	25	20	16	12	19
南海沿岸	27	23	20	15	22

由表 4-2 可知，我国大部分地区的年平均水温为 20℃左右，但东北地区江河、黄河上游地区和黄海北部地区年平均水温只有 10℃左右，渤、黄海沿岸年平均水温为 14℃，在这些地区设计选用的汽轮机低压缸末级叶片长度应适应较低设计冷却水温的要求。

我国幅员辽阔，南北差异较大，自然水体的温度范围也不尽相同，特别是低温值，海南一带的月平均水温在 20～30℃，而山东、东北一带的月平均水温 0～28℃。湿冷机组的设计背压一般为 4.0～6.5kPa，实际的背压运行范围大多在 3.0～11kPa，即阻塞背压在 3.0kPa 附近，即使背压再低，也不能降低热耗或增加机组出力。如果冬季水温较低的地区按照实际各月平均水温计算设计背压，会使其比实际运行平均背压值低，主机的综合效率下降。

在计算全年平均设计冷却水温时，宜修正无效低温的影响，使得到的年平均设计冷却水温对应的设计背压和实际情况更为接近。对于直流冷却系统，其无效低温的修正方法为修正月平均水温，对月平均水温低于无效低温点的月份，可将该月的月平均水温值取为无效低温点的水温。在主机、凝汽器参数和冷却水量都确定时，从理论上讲，可根据阻塞背压计算出 100%水量下对应的精确的无效低温点；在主机等系统参数还不确定时，且对于绝大多数工程设计的精度而言，可简化计算和统一算法，阻塞背压对应的冷却水温为 8～10℃，计算得到的设计背压相差 0.2kPa 以内，差距不大，可统一按水温 8℃以上加权平均法（月平均水温低于 8℃按 8℃计）计算设计冷却水温。

当有热水回流时，设计冷却水温还需考虑排水对取水温度的影响，温升值应通过模型试验确定。

（2）循环供水系统的设计冷却水温。采用循环供水系统时，设计冷却水温由冷却塔出塔水温而定，随地区气象要素、冷却塔面积及冷却倍率而变化，即用各季或各月平均的气象条件进行冷却系统的优化计算，确定冷却塔出塔水温。近年来国内设计的 300～1000MW 机组循环供水系统主要参数列于表 4-3。通过几个电厂的优化设计，可基本掌握循环水系统各参数的选用规律。

我国南北方的气象参数差异很大，例如广东地区的月平均气温在 9.5～27.8℃之间，年平均气温为 19.8℃，黑龙江地区的月平均气温在−17.5～22.6℃之间，年平均气温为 4.9℃，在东北、山东等寒冷地区，如果较冷月份的计算背压远远低于阻塞背压，在计算全年平均气象参数时同样要修正各月无效低温的影响。出于冷却塔防冻的需要，一般在运行中也需采取措施控制冷却塔的出水温度不低于 12℃左右，按照这个控制条件对应的主机背压为 3.2～3.5kPa，和主机阻塞背压也是相匹配的。

因此，设计时可以多年逐月气象参数（月平均干球温度、相对湿度、大气压力）为条件，按循环水系统优化计算推荐的冷端组合配置方案计算 100%循环水量下各月的冷却塔出塔水温，并取 12 个月份的出塔水温平均值作为机组额定背压对应的年平均设计水温值。无效低温的修正方法为修正月平均水温，即将水温 12℃定为循环供水系统的无效低温点，对月平均出塔水温低于无效低温点的月份，可将该月的平均水温值取为无效低温点的温度值，继而计算出年平均水温值。

表 4-3　　循环供水系统主要设计参数

工程所在地	山东	安徽	山东	河南	山东	陕西	陕西	甘肃	甘肃	宁夏
机组容量（MW）	1000	1000	600	600	300	330	300	300	300	300
末级叶片型式	4F-1092.2	4F-1146	4F-1016	4F-1016	2F-905	4F-785	2F-900	2F-905	2F-900	2F-905
设计阶段	施工图	施工图	初步设计	概念设计	初步设计	施工图	施工图	施工图	施工图	施工图
冷却塔面积（m^2）	12000	12500	9246	9500	5500	4750	5000	4500	4500	4500
填料支承方式	搁置	搁置	悬吊	悬吊	悬吊	悬吊	悬吊	搁置	搁置	搁置
凝汽器面积（m^2）	60000	55600	36000	36000	17650	17606	19000	17000	17600	17650

续表

工程所在地			山东	安徽	山东	河南	山东	陕西	陕西	甘肃	甘肃	宁夏
凝汽量（t/h）（工况）			1780.40（夏季）	1858.80（夏季）	1231.50（夏季）	1231.50（夏季）	620.50（夏季）	705.710（夏季）	614.50（VWO）	611.47（VWO）	623.61（MCR）	620.50（夏季）
冷却倍率			55	55	55	55	55	57	55	55	55	50
季节	频率10%	水温（℃）	32.14	32.70	31.64	30.75	30.86	30.86	30.64	28.03	28.05	28.64
		背压（kPa）	8.04/10.25	8.71/11.20	7.49/9.55	7.38/9.56	8.91	9.25	8.67	8.02	7.72	8.20
	夏	水温（℃）	29.52	30.00	29.15	28.92	28.45	29.08	28.26	26.32	26.34	26.34
		背压（kPa）	6.96/8.89	7.30/9.28	6.57/8.42	6.52/8.37	7.86	8.34	7.63	7.19	7.02	7.29
	春秋	水温（℃）	23.72	21.84	21.65	23.16	22.27	23.94	22.70	21.47	20.57	20.94
		背压（kPa）	5.14/6.62	5.01/6.54	4.78/6.60	4.78/6.20	5.70	6.43	5.64	5.59	5.73	5.51
	冬	水温（℃）	15.40	12.68	15.08	15.00	15.52	15.83	16.76	15.47	15.00	15.00
		背压（kPa）	3.73/5.14	3.43/4.6	3.34/4.54	3.52/4.88	4.04	4.67	4.97	4.98	4.25	4.07
	寒冬	水温（℃）	15.00	—	15.00	15.00	15.00	15.00	15.00	15.00	15.00	15.00
		背压（kPa）	3.66/5.04	—	3.34/4.54	3.52/4.88	—	—	4.57	4.87	4.25	4.07
全年平均水温（℃）			21.50	22	20.77	21.66	20.79	19.39	21.18	20.065	19.69	19.81

第二节　湿冷系统的冷端优化

一、优化的分类与内容

（一）概述

凝汽冷却系统优化的分类与内容见图4-3。

1. 湿式冷却系统优化

湿式冷却系统包括湿式冷却塔和水面冷却两部分。

（1）湿式冷却塔优化。湿式冷却塔的优化主要包括三方面内容：

1）冷却塔本体优化。输入气象条件、冷却水量、冷却温差、冷却后水温及有关冷却塔经济指标，计算输出投资费最低或年总费用最低和较低的一系列冷却塔的各主要部位的尺寸等，适用于已知冷却后水温求冷却塔面积。

2）冷却塔热力及空气动力计算。输入气象条件，冷却水量、冷却温差、冷却塔各主要部位尺寸及填料特性后，计算输出冷却后水温、各部位阻力及蒸发损失水量等。根据计算结果，再调整和优化各部位尺寸。

3）配水系统水力优化。计算范围从冷却塔进水管开始，经竖井、配水主槽和配水管到喷头出口。根据配水系统的布置、给定的内外围淋水密度分配的要求，确定配水管各段的直径及各个喷头的口径。

（2）水面冷却。直流供水系统属于水面冷却的范畴。根据水源水位变幅的大小，确定优化计算方法。

2. 系统水力优化

系统水力优化的主要内容为：

（1）恒定流。优化管沟布置，从水力学角度尽量减小系统阻力，合理选择阻力系数，考虑各管件间的相互影响，使水泵选择建立在安全可靠的基础上。

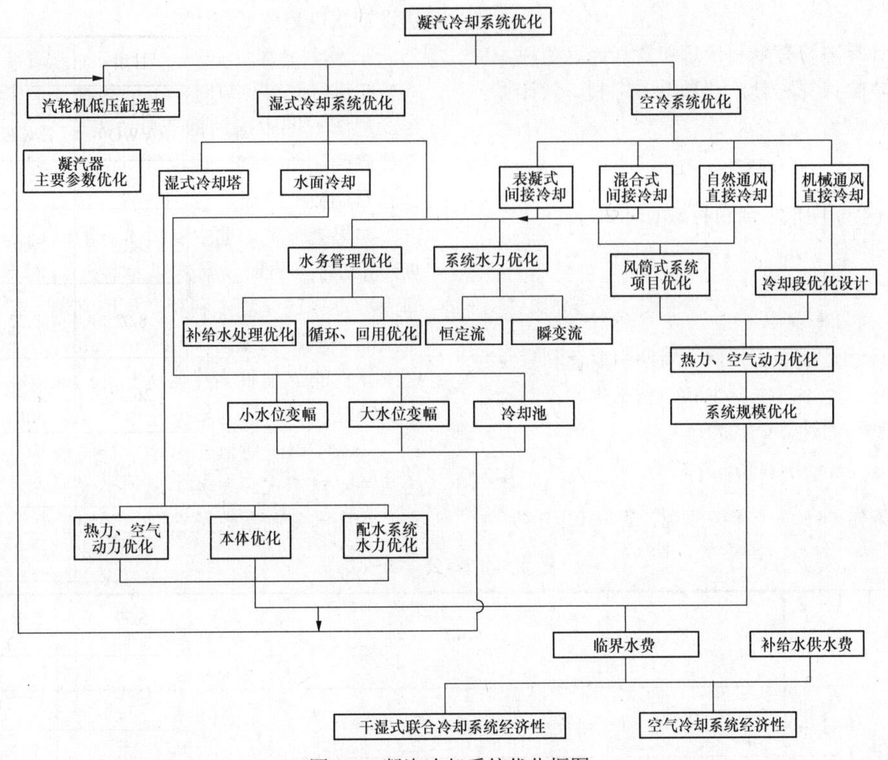

图 4-3　凝汽冷却系统优化框图

（2）瞬变流。考虑供水系统在各种瞬变流情况下的流量和压力的变化，探讨减少压力升高和流量减少的有效措施，为设备选择和管道设计提供依据。

3. 汽轮机低压缸选型

汽轮机低压缸选型和凝汽器主要参数优化与冷却系统优化同时进行。低压缸选型是工程前期冷端优化的主要目标之一。

（二）系统优化设计内容

1. 系统优化设计形式

系统优化设计宜运用整体优化和局部优化相结合的形式。

（1）系统优化设计时还没有主机设备参数，各水工建筑物也只是概念设计，因而经济分析只能从水工总体设计方面来宏观考虑，着重确定几个主要参数，如额定背压、设计水温和冷却倍率等。

（2）对局部系统或构筑物的优化或经济比较宜在系统优化前分析研究，得出结论，再代入系统优化计算中。这可使系统优化时参变数项目减少，容易得出最优的组合方案。

事先进行局部优化的项目主要有：

1）冷却塔各部的几何尺寸；

2）凝汽器冷却管的经济流速；

3）直流供水时的几何静扬程及动能回收；

4）取水建筑物和泵房的投资与冷却倍率的关系；

5）凝汽器面积。

2. 优化中的敏感因素

在优化计算前，对优化结果影响较大的敏感因素要慎重确定。这些因素主要有冷却塔和凝汽器单位面积的造价与电价的比值、末级叶片长度和电价折减系数。本节第八部分将通过湿式冷却系统优化示例详细说明。

二、优化的方法及经济因素

（一）资金的时间价值及利息计算

货币的价值是随时间发生变化的，货币可以通过人们的经济活动（储蓄或投资）获得一定数量的利息或利润。这种货币随时间而增值的现象是普遍存在的，这已为人们所理解和加以应用。系统优化设计与资金的时间价值密切相关。

1. 利息和利息率

利息是使用他人资金所付的费用。在借贷过程中，借款人付给贷款人超过原借款金额（本金）的部分称为利息。

每单位时间的利息与本金之比称为利息率，用百分数表示：

$$利息率=\frac{每单位时间的利息}{本金}\times 100\%$$

两次计算利息的时间间隔称为计息周期，通常为一年。

利息的计算方法有单利计息和复利计息两种。单利计息仅按本金计算利息，利息不再生利。其计算公式为：

$$F = P(1 + n \cdot i) \tag{4-1}$$

式中 F——第 n 期末本金和利息的总和，元；

P——本金，元；

n——计算周期数；

i——每期利息率，%。

复利计息就是按本金和前一周期中累计利息总额的和计算利息，即不仅本金生利，利息也因不断资本化而生利。复利的计算公式为：

$$F = P(1 + i)^n \tag{4-2}$$

从国外筹借的款项一律按复利计算。我国的基本建设贷款也是按复利计算。

2. 复利计算

在进行利息计算时，常借助表 4-4 中现金流量图帮助理解，图中横轴每一单位表示一个计息周期。0 为计算的起始时刻，也称“现在”时刻。n 表示总的计息周期数。

如果把借贷活动中支付本金的时刻作为横轴的零点，则 0 时点的现金流 P 即为本金，n 时点的现金流 F 即为 n 期末的复利本利和。更广义地，把出现在时间零点的 P 值称为现值（present value），出现在时间轴期末 n 点的 F 值称为终值（future value）。A 表示一连串的等额支付，称为年值或年金（annual）。

一次支付与等额支付是借贷中最常见也是最基本的两种支付形式。表 4-4 总结了最基本的复利计算公式、对应的复利系数及它们之间的相互关系。

表 4-4　　复利计算公式一览

编号	名称		复利系数	公式	现金流量图	系数相互关系	应用（求/知）
（1）	一次支付	复利公式	$(F/P,\ i,n) = (1+i)^n$	$F = P(1+i)^n$	0 1 2 n F P	（1）与（2）互为倒数	F/P
（2）		现值公式	$(P/F,\ i,n) = F\left[\frac{1}{(1+i)^n}\right]$	$P = F\left[\frac{1}{(1+i)^n}\right]$			P/F
（3）	等额支付序列	复利公式	$\left(\frac{F}{A},i,A\right) = A\left[\frac{(1+i)^n - 1}{i}\right]$	$F = A\left[\frac{(1+i)^n - 1}{i}\right]$	0 1 2 n F A	（3）与（4）互为倒数；（5）－（4）$=i$；（5）与（6）互为倒数	F/A
（4）		偿债基金公式	$(A/F,i,n) = F\left[\frac{i}{(1+i)^n - 1}\right]$	$A = F\left[\frac{i}{(1+i)^n - 1}\right]$			A/F
（5）		资金回收公式	$(A/P,i,n) = P\left[\frac{i(1+i)^n}{(1+i)^n - 1}\right]$	$A = P\left[\frac{i\,(1+i^n)}{(1+i)^n - 1}\right]$	A 0 1 2 n P		A/P
（6）		现值公式	$(P/A,i,n) = A\left[\frac{(1+i)^n - 1}{i(1+i)^n}\right]$	$P = A\left[\frac{(1+i)^n - 1}{i(1+i)^n}\right]$			P/A

（二）优化方法

1. 热耗率变化的计费

（1）计费方法。冷却水温和水量的变化，引起凝汽器压力变化，进而影响汽轮机的热耗率或发电量。对于这些变化的计费方法，目前通用的有以下两种：

1）假设进入汽轮机的汽量不变，凝汽器压力的变化将引起汽轮机输出功率的变化，一般称之为微增出力的变化。实际上，输煤设施等有关部分的负荷亦有所变化（厂用电电量或燃煤量也在变化）。因此，微增出力所引起的补偿电量单纯按燃煤量或厂用电量计算都不尽合理。考虑到补偿电量与厂用电量、循环水泵用电量、冷却塔风机用电量是有区别的，DL/T 5339—2006《火力发电厂水工设计规范》指出，“汽轮机微增出力引起补偿电量的电价按发电成本乘以 0.8～0.9 的折减系数后进行计算”。

2）只要汽轮机背压在最高允许背压之下，匹配的锅炉出力在最大连续出力（BMCR）以下，汽轮机是可以达到额定出力的，故微增出力实际上并不存在，因而热耗率的变化应以由此引起的燃料费用变化来计费，国内外进行空冷系统与湿冷系统比较时大都是采用这一方法。一般工程的燃料费约占发电成本的 60%，与第一种方法中发电成本折减系数取 0.8～0.9 相差较大。

计费方法的不同，循环水系统优化结果的差异也较大。

（2）供电煤耗率和厂用电率。在研究计费方法之前，先论述与之有关的发电总成本、发电单位成本和供电煤耗率等的定义。

根据DL/T 5435—2009《火力发电工程经济评价导则》，发电总成本包括生产成本和财务费用两部分，其中生产成本包括可变成本（燃料费、用水费、材料费、脱硫剂费用、脱硝剂费用、排污费用）和固定成本（工资及福利费、折旧费、摊销费、修理费、其他费用和保险费）两大类共12项，财务费用包括长期借款利息、流动资金借款利息和短期借款利息等。

$$发电单位成本=\frac{发电总成本}{厂供电量}$$

厂供电量=发电量×（1–厂用电率）

发电量=机组容量×设备当年利用小时数

优化设计中，所谓发电成本应与成本计算办法相协调，即为厂供电成本，其对应的煤耗率为供电煤耗率。供电煤耗率一般根据设计资料按下式计算：

$$b=\frac{q_t}{\eta_b\eta_p(1-\xi)\times 29.3} \tag{4-3}$$

式中　b——供电煤耗率，g/（kW·h）；

q_t——汽轮机热耗率，kJ/（kW·h）；

η_b——锅炉效率，%；

η_p——管道效率，%；

ξ——厂用电率，%；

29.3——每克标准煤的发热量，kJ/g，即相当于7000kcal/kg。

优化计算时，可结合设备厂提供的q_t及η_p、η_b值按式（4-3）计算供电煤耗率。

（3）发电成本中的燃料费。某工程循环水优化设计中发电成本成为方案取舍的重要因素，为此进行了发电成本测算。其发电成本估算见表4-5。

表4-5　某工程发电成本估算

费用项目	单价	指标	发电成本	
			元/（MW·h）	%
燃料费	175元/t（标准煤）	330g/（kW·h）	57.75	61.74
折旧费	投资费2000元/kW	5.51%投资费	16.95	18.12
修理费	投资费2000元/kW	2.5%投资费	7.69	8.22
水费、材料费、工资及福利费、其他	按区域电网平均费用计算		11.15	11.92
厂供电成本			93.54	100

根据2010～2014年的《火电工程限额设计参考造价指标》，常规火电燃煤机组参考电价的构成见图4-4。

从上述成本分析可知，各地区发电成本中燃料费占50%～70%，煤电比价为1.6～2.3，这主要与当时、当地煤价有关。

$$煤电比价=\frac{标准煤价（元/t）}{厂供电成本（元/MW）}$$

表4-6列出了不同煤价及占发电成本不同百分比时的厂供电成本，供参考。表中厂供电煤耗以300g/（kW·h）计算。

表4-6　厂供电成本费计算表　［元/（MW·h）］

燃料费占发电成本的比例(%)	标准煤价（元/t）									
	100	200	300	400	500	600	700	800	900	1000
40	75	150	225	300	375	450	525	600	625	700
50	60	120	180	240	300	360	420	480	540	600
60	50	100	150	200	250	300	350	400	450	500
70	43	86	129	171	214	257	300	343	386	429
80	38	75	113	150	188	225	263	300	338	375

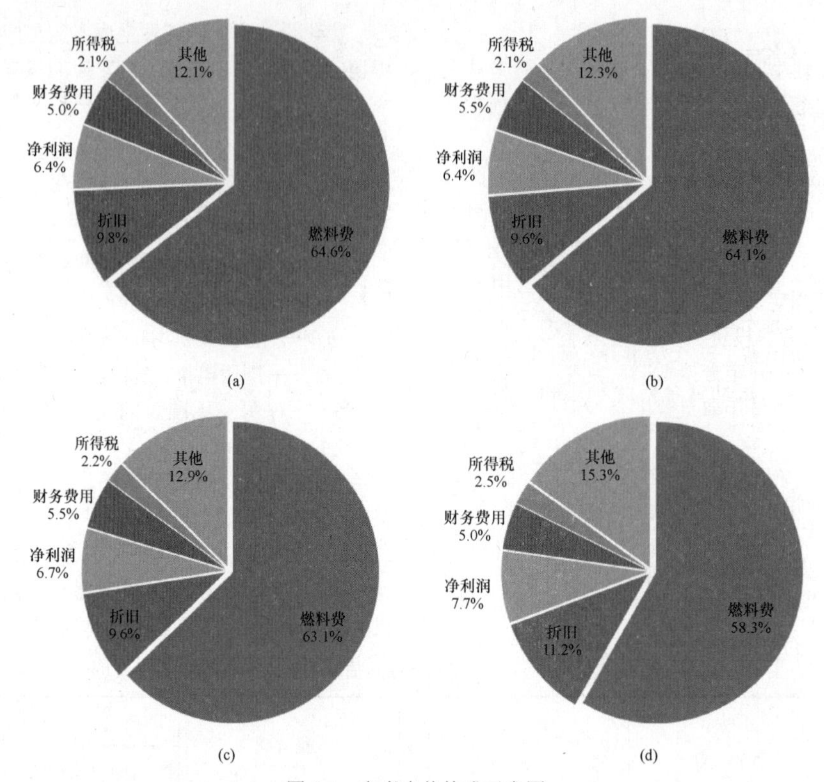

图 4-4　参考电价构成示意图

（a）2010 水平年；（b）2011 水平年；（c）2012 水平年；（d）2013 水平年

（4）建议：

1）按循环水系统优化设计的汽轮机背压远较其满发最高背压低，汽轮机均能满发，所以微增出力实际上并不存在。

2）供电成本中折旧费和修理费两项之和约占供电成本的 14%～20%，而这两项费用的计值基数是固定资产原值，如果按照全厂单位功率造价将这两项费用计入循环水系统的运行费用中则不合理，而宜将这两项费用计入循环水系统的年固定分摊费中。根据循环水系统的特点，将发电成本分解后分别算到与之有关联的部分较为合理。

3）汽轮机热耗率的变化以燃料费来计算较为合理。当以成本电价来计算时，汽轮机微增出力引起的补偿功率，在未经充分论证时不宜考虑。

2. 年费用最小法

系统优化方案经济比较方法一般采用年费用最小法。年费用最小法属于项目经济动态评价方法中的费用年值（AC）法。它是将各方案在计算期内不同时点发生的所有费用支出，按基准收益率换算成与其等值的等额序列年费用进行评价的方法。年费用由等年值（年固定费用）、年均大修分摊费和年均运行费构成，在各方案产出相同的条件下，年费用最低的为最优方案。年费用最小法中将初投资折算为等年值 S_0，其含义为每年的等额序列偿付值，亦即每年消耗的等额固定投资，计算期结束后初投资将消耗完（无残值时），这点与折旧费的意义相同，故年费用计算中不能再次计入折旧费。

该方法计算步骤如下：

（1）将电厂投产前建设期内每一年的投资 P_t 折算到投产第 1 年的现值，求得工程总投资的现值 P_0：

$$P_0 = \sum_{t=1}^{m_0} P_t (1+i_0)^{m_0 - t} \tag{4-4}$$

式中　P_0——总投资现值，元；

t——从投资开工这一年起到计算年的年数，年；

m_0——包括投产年度在内的施工年数，年；

P_t——第 t 年的基建投资，元；

i_0——投资利润率，可取电力工业投资回收率，取 8%～10%。

很多工程系统优化时，没有考虑投资逐年投入，简化为投产年一次投入资金 P_0。

（2）计算等额支付序列资金回收值，即求总投资现值 P_0 在经济运行期 n_0 年内每年所能得到的等额序列偿付值 S_0：

$$S_0 = P_0 \times \text{CR} \tag{4-5}$$

$$CR=\frac{i_0(1+i_0)^{n_0}}{(1+i_0)^{n_0}-1} \quad (4-6)$$

式中 S_0 ——每年所能得到的等额序列偿付值，元/年；

CR ——资金回收系数，如取 i_0 =8%～10%，n_0 =20，则求得 CR=0.102～0.117；

n_0 ——电厂经济运行期，一般取 20 年。

（3）计算年固定分摊费率（annual fixed charge rate，AFCR）。在考虑投资 P_0 每年要求能得到的等额序列偿付值，亦即年固定分摊费时，只考虑投资回收率是不够的，还要将每年要支付的与投资有关的费用率相加：

$$AFCR=CR+MR \quad (4-7)$$

式中 AFCR——年固定分摊费率，%；

MR——修理费率，在《火电工程限额设计参考造价指标》（2014 年水平）第七章参考电价中，燃煤机组修理费率取 2.0%，燃气轮机取 3.5%。考虑对循环水系统来说燃气轮机与燃煤电厂差异不大，故可统一取 2.0%。

（4）计算年费用 NF，具体计算公式如下：

$$NF=P_0\times AFCR+\mu \quad (4-8)$$

式中 NF——年费用值，元/年；

μ——年运行费，包括风机、水泵的电耗和热耗变化而增加的燃料费，元/年。

年费用最小的方案即为诸多方案中的优者。

上述 AFCR 值中已包括每年消耗的等额固定投资（与折旧费意义相同）及修理费率，这两项已计在发电成本中。根据近几年的电价分析，这两项费用占发电成本的 14%～20%。所以认为，汽轮机热耗的变化用燃料费计算，而与投资有关的折旧费率与大修费率两项列入 AFCR 计算，基本避免了费用的重复计算，是比较合理的。

3. 经济回收年限

国家规定，建设项目要用动态方法进行经济评价，但对工程具体方案比较一般采用回收年限的计算方法，即考虑每年得到的收益后，增加的静态投资多少年能回收。如采用 AFCR 值为 12%～14%时，其相应的经济回收年限为 8.3～7.1 年，亦属合理。因此，在作具体方案比较时，动态与静态的分析方法有一定的贯通性。

三、汽轮机概述及低压缸有关特性

（一）概述

汽轮机是由水蒸气驱动做旋转运动的原动机。汽轮机接收锅炉送来的蒸汽，将蒸汽的热能转换为机械能，驱动发电机发电。汽轮机的转速可以设计为定速或变速，变速汽轮机可用于驱动风机、压气机、泵和船舶螺旋桨等，定速汽轮机则用于驱动同步发电机。

1. 汽轮机本体构造

汽轮机由汽缸和转子两大部分组成，转子位于汽缸内。一般汽缸分上下两半，其前端为高压缸的进汽或排汽端，后端为连接凝汽器的排汽口。转子与汽缸同心。转子中心部分为主轴。主轴上有叶轮，叶轮外缘装有动叶，转鼓式转子的动叶直接装在转鼓上。转子由轴承支承。主轴末端有联轴器，用以连接发电机。

汽轮机本体同凝汽器、回热加热系统、调节保安系统、监视仪表、油系统和汽水系统等构成汽轮机组。图 4-5 为某 600MW 汽轮机剖面图。

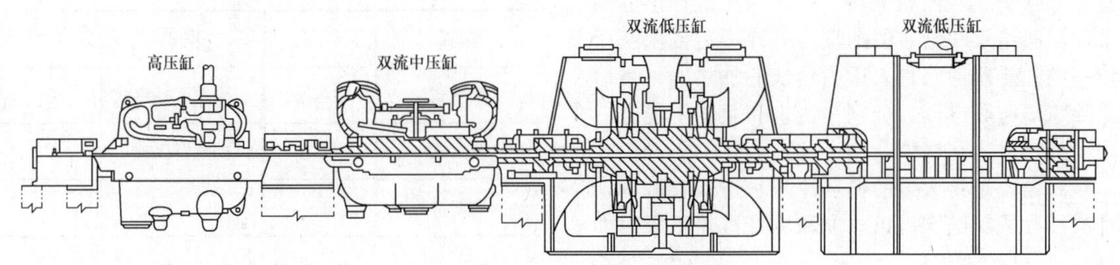

图 4-5　某 600MW 汽轮机剖面图

2. 汽轮机热力系统

汽轮机热力系统是使汽轮机的热力循环和热功转换得以继续进行的所有设备和系统的组合。汽轮机热力系统主要是主蒸汽和再热蒸汽系统、凝结水和给水回热系统、凝汽系统，与之相辅的还有疏水系统、轴封汽系统和循环水系统等。图 4-6 为亚临界压力一次中间再热 300MW 汽轮机典型热力系统图。

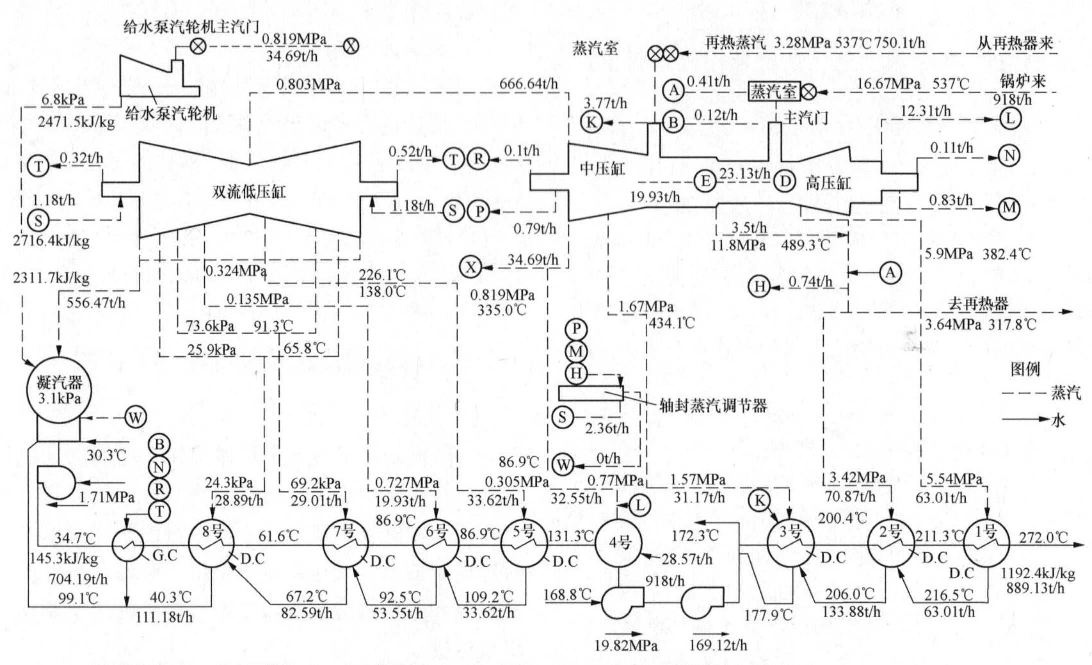

机械损失1517kW，发电机效率0.988，发电机功率3042.2kW，汽耗3.0175kg/(kW·h)，热耗79.55kJ/(kW·h)

图 4-6　亚临界压力一次中间再热 300MW 汽轮机典型热力系统简图

如图 4-6 所示，从锅炉过热器送来的新蒸汽经过主汽门和调节汽门进入汽轮机的蒸汽室，随后进入高压缸做功。蒸汽从高压缸排出再送回锅炉再热器中进行再热，再热后的蒸汽送回汽轮机的中压缸做功。从中压缸排出的蒸汽，一部分进入给水泵汽轮机用以驱动给水泵，其余的蒸汽进入双流低压缸分流做功后从两个排汽口排出进入凝汽器。蒸汽被冷凝成凝结水，由凝结水泵抽出经轴封加热器串联进入第 8、7、6、5 级低压加热器。流过低压加热器的凝结水送入除氧器 4 加热除去溶解的气体，然后由升压泵送入给水泵加压，再经串联的多级高压加热器送回锅炉。从汽轮机高、中、低压缸抽出分别用于加热凝结水和给水的抽汽，被冷凝后依次从压力较高的加热器逐级进入压力较低的加热器，最后进入除氧器和凝汽器，分别与给水和凝结水混合，一同经加热器送回锅炉。

凝汽系统是将大量的循环冷却水送入凝汽器，使排汽冷凝成凝结水，以建立和维持汽轮机末端的真空。

汽轮机设计时要计算热力系统汽水流程各点的参数变化，以及热量转换和流量平衡状况。标明汽水流量和热量平衡的热力系统图称为汽轮机热力系统热平衡图。

3. 汽轮机型号表示方法

国产汽轮机产品型号由型式、额定功率、蒸汽参数和设备厂设计变型次数等几部分组成，编排顺序如下：

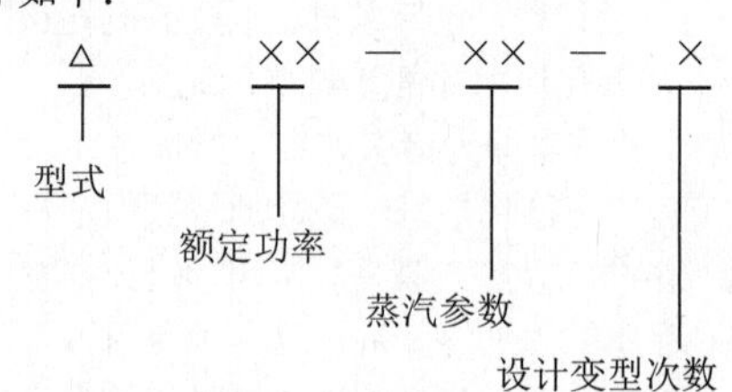

其中，型式代号见表 4-7，蒸汽参数表示方法见表 4-8。

表 4-7　　汽轮机型式代号

型式	代号	型式	代号
凝汽式	N	二次调整抽汽式	CC
背压式	B	抽汽背压式	CB
一次调整抽汽式	C		

表 4-8　　蒸汽参数表示方法

型式	参数表示方法	示例
凝汽式	主蒸汽压力	N100-9
凝汽式（具有中间再热）	主蒸汽压力/主蒸汽温度/再热蒸汽温度	N200-13/535/535

续表

型式	参数表示方法	示例
抽汽式	主蒸汽压力/高压抽汽压力/低压抽汽压力	CC12-3.5/1.0/1.2
背压式	主蒸汽压力/背压	B25-9/1.0
抽汽背压式	主蒸汽压力/抽汽压力/背压	CB25-9/1.5/5

注　表中参数单位：功率—MW；压力—MPa；温度—℃。

（二）汽轮机的型式与分类

汽轮机的型式可以从工作原理、功能、蒸汽参数、汽缸数、轴数和旋转速度等方面进行分类。

1. 按工作原理分类

按工作原理分类，可分为冲动式汽轮机和反动式汽轮机两大类。蒸汽主要在喷嘴或静叶间膨胀的汽轮机称为冲动式汽轮机，蒸汽在静叶间和动叶间都膨胀的汽轮机称为反动式汽轮机。

2. 按汽轮机功能分类

按汽轮机的功能分类，可分为凝汽式、抽汽式和背压式三大类。凝汽式汽轮机是指工作的蒸汽除中途抽出供给水回热加热之外，全部进入凝汽器冷凝成凝结水的汽轮机。这种汽轮机只带电力负荷。抽汽式汽轮机是指蒸汽在汽轮机内工作的中途尚未进入凝汽器之前抽出供热力用户使用的汽轮机。抽汽式汽轮机可同时带电力负荷和热力负荷。背压式汽轮机是指蒸汽排出汽轮机后不进入凝汽器，排汽仍有较高的压力，可用于供热或其他用途或进入较低压力的汽轮机中继续做功。汽轮机按功能分类示意图见图4-7。

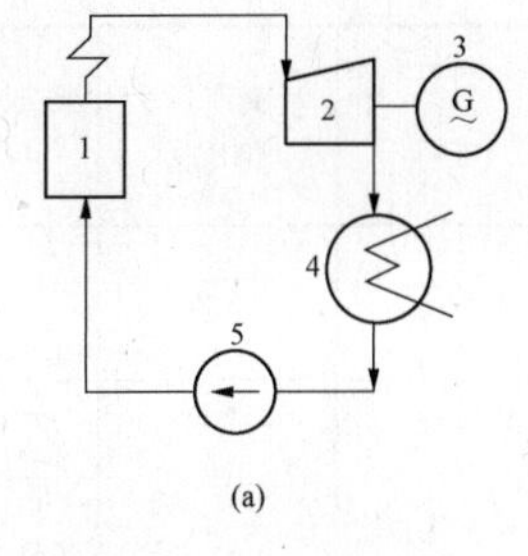

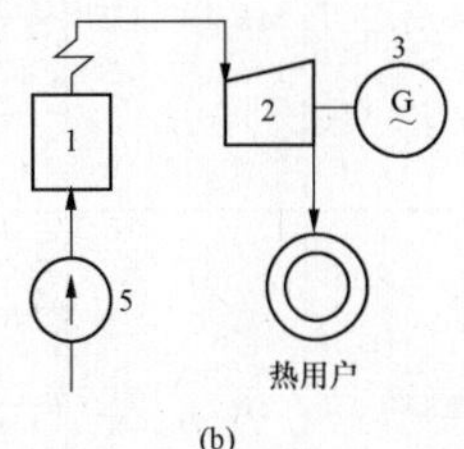

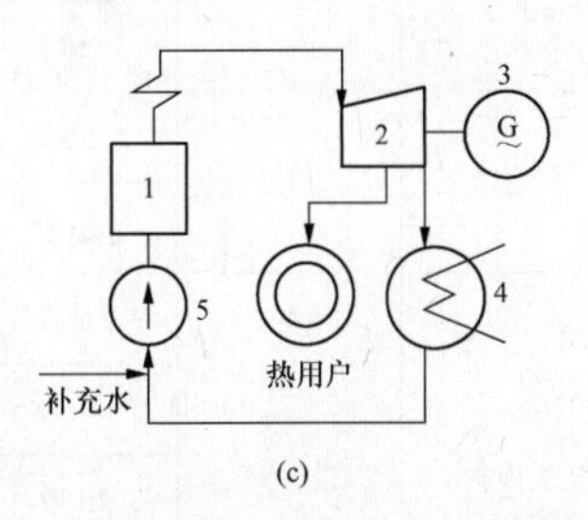

图4-7　汽轮机按功能分类示意图

(a）凝汽式汽轮机；(b）背压式汽轮机；(c）抽汽式汽轮机
1—锅炉；2—汽轮机；3—发电机；4—凝汽器；5—给水泵

3. 按蒸汽参数分类

按蒸汽参数分类，可分为低压（2.4MPa以下）汽轮机、中压（3.5MPa左右）汽轮机、高压（9.0MPa左右）汽轮机、超高压（13MPa左右）汽轮机、亚临界压力（17MPa左右）汽轮机、超临界压力（24MPa左右）汽轮机和超超临界压力（>31MPa）汽轮机。

表4-9所列为GB/T 754—2007《发电用汽轮机参数系列》中给出的我国火力发电厂汽轮机新蒸汽参数系列。

4. 按汽缸数分类

按汽缸数分类，可分为单缸汽轮机和多缸汽轮机。只有一个汽缸的汽轮机称为单缸汽轮机，具有两个或

表4-9　　**火力发电厂汽轮机新蒸汽参数系列**

类别		新蒸汽压力（MPa）	新蒸汽温度（℃）	（一次）再热温度（℃）	二次再热温度（℃）	新蒸汽流量推荐范围（t/h）	仅凝汽式汽轮机适用的容量等级（MW）/相应的大致新蒸汽流量（阀门全开，t/h）
非再热式汽轮机	低压	1.28	340	—	—	5～10	0.75/5、1/10
	次中压	2.35	390	—	—	10～20	1.5/10、3/20
	中压	3.43	435、450、470	—	—	12～120	3/20、6/40、12/70、20/100、25/120
非再热式汽轮机	次高压	4.9	435、450、470	—	—	30～150	6/30、12/65、20/90、25/110、35/150
		5.88	460、470	—	—		25/100、35/140、50/210、100/410

续表

<table>
<tr><th colspan="2">类别</th><th>新蒸汽压力（MPa）</th><th>新蒸汽温度（℃）</th><th>（一次）再热温度（℃）</th><th>二次再热温度（℃）</th><th>新蒸汽流量推荐范围（t/h）</th><th>仅凝汽式汽轮机适用的容量等级（MW）/相应的大致新蒸汽流量（阀门全开，t/h）</th></tr>
<tr><td>非再热式汽轮机</td><td>高压</td><td>8.8</td><td>535</td><td>—</td><td>—</td><td>100～410</td><td>25/100、35/140、
50/210、100/410</td></tr>
<tr><td rowspan="10">再热式汽轮机</td><td rowspan="4">超高压</td><td rowspan="4">12.7、13.2</td><td>535</td><td>535</td><td rowspan="4">—</td><td rowspan="4">400～670</td><td rowspan="4">125/400、150/480、200/670</td></tr>
<tr><td>537</td><td>537</td></tr>
<tr><td>538</td><td>538</td></tr>
<tr><td>540</td><td>540</td></tr>
<tr><td rowspan="4">亚临界</td><td rowspan="4">16.7、17.8</td><td>535</td><td>535</td><td rowspan="4">—</td><td rowspan="4">800～2500</td><td rowspan="4">250/800、300/1025、
330/1018（电动给水泵）
600/2020、700/2350</td></tr>
<tr><td>537</td><td>537</td></tr>
<tr><td>538</td><td>538</td></tr>
<tr><td>540</td><td>540</td></tr>
<tr><td rowspan="2">超临界</td><td rowspan="2">24.2</td><td>538</td><td rowspan="2">566</td><td rowspan="2">—</td><td rowspan="2">1500～4000</td><td rowspan="2">600/2000、700/2300、
800/2600、1000/3300</td></tr>
<tr><td>566</td></tr>
<tr><td rowspan="9">超超临界汽轮机</td><td rowspan="5">仅温度超过规定值</td><td rowspan="5">24.2、25、26</td><td>566</td><td>580</td><td rowspan="5">—</td><td rowspan="5">≥1800</td><td rowspan="5">600/1800、700/2100、
800/2400、1000/3000</td></tr>
<tr><td>566</td><td>593</td></tr>
<tr><td>580</td><td>580</td></tr>
<tr><td>593</td><td>593</td></tr>
<tr><td>600</td><td>600</td></tr>
<tr><td>仅压力超过规定值</td><td>28、31</td><td>566</td><td>566</td><td>566</td><td>≥2000</td><td>600/2000、700/2150、
800/2450、1000/3050</td></tr>
<tr><td rowspan="3">压力温度均超过规定值</td><td rowspan="3">28、31</td><td>580</td><td>580</td><td>580</td><td rowspan="3">≥2000</td><td rowspan="3">600/2000、700/2000、
800/2300、900/2700、
1000/2900</td></tr>
<tr><td>593</td><td>593</td><td>593</td></tr>
<tr><td>600</td><td>600</td><td>600</td></tr>
</table>

两个以上汽缸的汽轮机称为多缸汽轮机。单缸汽轮机只用于中小容量机组，大容量汽轮机都为多缸结构，其汽缸可分为高压缸、中压缸和低压缸三种。有的高压和中压转子联合在一个汽缸内，称为高、中压合缸。高、中、低压汽缸都有单流和双流之分。双流汽缸的蒸汽从中部进入，由两端流出，这样可以增加汽缸的功率。由于离心力的作用，汽轮机末级叶片的长度受到限制，因而汽轮机末级单排汽口的通流面积有限。大容量汽轮机的低压缸都采用双流，即每个低压缸有两个排汽口。现代大型汽轮机的每一个排汽口可通过的蒸汽约可发电 150MW，故单机容量为 300MW 的汽轮机采用一个双排汽口的低压缸，600MW 则要两个低压缸四个排汽口。汽轮机汽缸排列参见图 4-8。

5. 按汽轮机轴数分类

按汽轮机轴数分类，可分为单轴汽轮机和双轴汽轮机。这里所说的轴是指汽轮机转子与发电机转子用联轴器联成一根对中的轴系。具有一个轴系的汽轮机称为单轴汽轮机，具有两个轴系的汽轮机称为双轴汽轮机。采用双轴是为了降低末级叶片的离心力，增大排汽口面积，将低压转子的转速设计为高压转子转速的一半，组成另一轴系。两根轴系各带一台发电机运行。也有因发电机的容量限制，设计成转速相同的双轴机组的。图 4-9 为 1300MW 机组双轴汽轮机配置及热力系统简图。

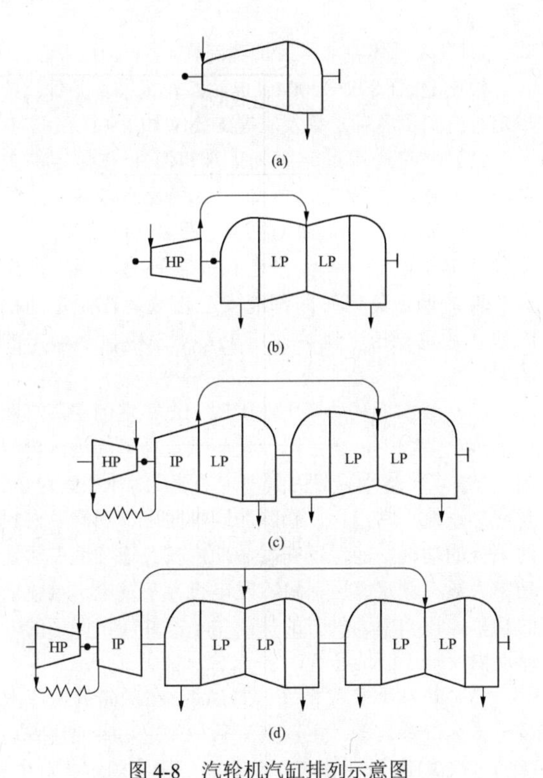

图 4-8　汽轮机汽缸排列示意图

（a）单缸汽轮机；（b）双缸双排汽汽轮机；

（c）三缸三排汽汽轮机；（d）四缸四排汽汽轮机

HP—高缸压；IP—中压缸；LP—低压缸；

•—推力轴承；〰—再热器

6. 按旋转速度分类

按旋转速度分类，可分为全速汽轮机和半速汽轮机。全世界范围内电力频率只有 50Hz 和 60Hz 两种，中国为 50Hz，美国为 60Hz，故发电机的转速最高为 3000r/min（50Hz）或 3600r/min（60Hz），或者是该转速的 1/2。转速为 3000r/min 或 3600r/min 的汽轮机称为全速汽轮机，1500r/min 或 1800r/min 的汽轮机称为半速汽转机。一般火电单轴机组都为全速，双轴汽轮机的低压轴则可能为半速。

（三）汽轮机主要性能参数

1. 排汽压力

汽轮机排汽压力或称背压（单位：kPa）是指汽轮机末级叶片后的绝对压力，而凝汽器压力是指凝汽器壳体内第一排冷却管上方 300mm 的蒸汽通道处所维持的绝对静压力。一个设计良好的汽轮机，蒸汽从末级叶片经排汽通道到凝汽器的阻力损失很小，排汽速度头因流速降低后有一部分动能转换成静压，故一般可认为末级叶片处的静压力等于凝汽器的压力。

（1）设计背压 p_d。在设计背压下，汽轮机效率最高。设计背压是代表全年各时期加权平均的背压，因而要通过循环水系统优化确定凝汽器面积、冷却塔面积、全年各时期的冷却水温及冷却倍率。

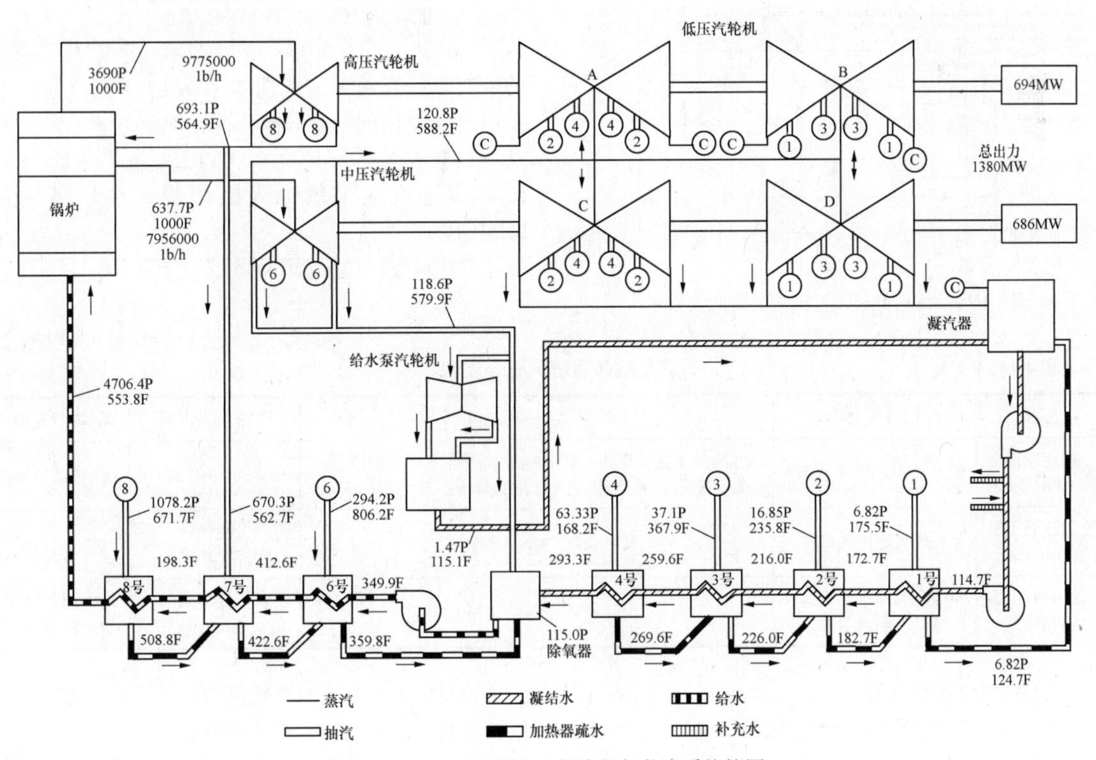

图 4-9　1300MW 机组双轴汽轮机热力系统简图

（2）夏季满发背压 p_s。直流供水时在夏季频率为10%的日平均水温下，循环供水时在夏季频率为 10%的日平均气象条件下，保证汽轮机满发的背压值为夏季满发背压。

（3）阻塞背压 p_{min}。当冬天水温较低，形成背压较低而负荷较大时，汽轮机末级叶片容积流量较大，造成余速损失增大，叶片弯曲应力增加；当汽流马赫数 *Ma* 增大到 0.87～0.9 时，末级叶片通过截面会出现汽流阻塞，即使背压再降低，也不能增加机组的功率，这时的背压称为阻塞背压。

阻塞背压值主要与低压缸的末级叶片长度、排汽面积和排汽口的数量有关。

（4）极限背压 p_{max}。极限背压是指保证机组安全运行的最高背压。考虑到末级叶片的安全性等因素，极限背压的确定与末级叶片的容积流量以及叶片动强度等因素相关联，末级叶片出力为零时所对应的背压称为极限背压。

图4-10所示为设计背压4.7kPa的汽轮机的极限背压与负荷的关系曲线。由图可以看出，在 100%负荷时极限背压可达 30kPa，在 60%负荷时极限背压可达20kPa。

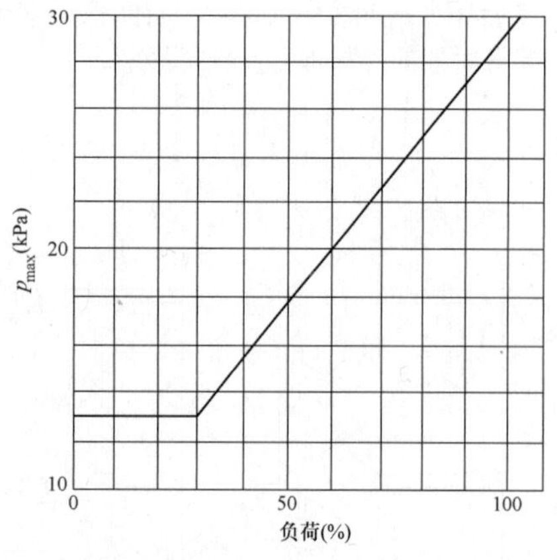

图4-10 汽轮机极限背压与负荷的关系

2. 汽轮机各项功率及工况定义

根据DL/T 892—2004《电站汽轮机技术条件》的规定，汽轮机各项功率及工况的定义如下：

（1）额定功率或铭牌功率（TRL）：在额定的主蒸汽及再热蒸汽参数、冷却水最高设计温度对应的背压、补水率为3%及回热系统正常投入的条件下，扣除非同轴励磁、润滑及密封油泵等的功耗，能保证在寿命期内任何时间都能安全连续地在额定功率因数、额定氢压（氢冷发电机）下发电机端输出的功率。

（2）最大连续功率（TMCR）：在额定的主蒸汽及再热蒸汽参数下，主蒸汽流量与额定功率的进汽量相同，考虑年平均水温等因素规定的背压、补水率为0%及回热系统正常投入，扣除非同轴励磁、润滑及密封油泵等的功耗，能保证在寿命期内安全连续地在额定功率因数、额定氢压（氢冷发电机）下发电机端输出的功率。该功率为供方的保证功率，并能在保证的寿命期内安全连续地运行。

（3）热耗率验收功率（THA）：在额定的主蒸汽及再热蒸汽参数下，主蒸汽流量与额定功率或铭牌功率的进汽量不同，考虑年平均水温等因素规定的背压、补水率为0%及回热系统正常投入，扣除非同轴励磁、润滑及密封油泵等的功耗，在额定功率因数、额定氢压（氢冷发电机）下发电机端输出的功率，其值与额定功率相同，能保证在寿命期内安全连续地运行。该热耗率一般作为汽轮机验收保证值。

（4）最大计算容量：在调节阀全开时（VWO）的进汽量以及最大连续功率（TMCR）定义条件下发电机端输出的功率，或称阀门全开功率。在此定义下的进汽量为额定功率（TRL）进汽量的 1.05倍。该进汽量一般作为锅炉最大连续蒸发量（BMCR）。

汽轮机各项功率及工况定义见表 4-10。

表 4-10　　汽轮机各项功率及工况定义

工况	汽轮机功率	主要技术条件	汽轮机进汽量	锅炉蒸发量
额定工况（TRL）	额定功率（铭牌功率）	10%冷却水温（直流）或 10%气象条件下对应的冷却水温（循环供水系统）所对应的背压；补给水率 3%	额定进汽量	额定蒸发量
最大连续工况（TMCR）	最大连续功率	设计背压；补给水率 0%	额定进汽量（与额定工况相同）	额定蒸发量
阀门全开工况（VWO）	阀门全开功率（最大发电机端输出功率）	设计背压；补给水率 0%	额定进汽量的1.05 倍	最大连续蒸发量（BMCR）

3. 汽轮机的经济性

汽轮机经济性的重要指标是它的净热耗率或汽耗率，即每发出 1kW·h 电能所耗用的热量或蒸汽量，统称为热经济性。这与汽轮机静叶与动叶中的能量转换效率有关，更与热力循环及其参数有关。例如，提高蒸汽的压力和温度、降低排汽压力、采用给水回热和中间再热，以及增大单机容量等都可提高汽轮机的热经济性。300～1000MW 汽轮机的热耗率为 8080～7220kJ/（kW·h），但运行中因参数偏离、负荷波动、汽水损失和启停耗功等原因，实际运行的热耗率比制造厂的保证值要大。300～1000MW 汽轮机的汽耗率约为 3kg/（kW·h），凝汽率约为 2kg/（kW·h）。

汽轮机的经济性不仅包括热耗率，还应包括每发出的 1kW·h 的电能所分摊的固定成本。这就与机组可用率有关，也与机组每千瓦容量的造价有关。提高蒸汽的初参数（蒸汽压力和温度）、降低排汽背压、采用再热系统和增加再热次数都能提高循环的热效率。一般认为提高单机容量可降低每千瓦容量造价，同时还可提高蒸汽参数，因此在相同可用率的情况下，提高单机容量不仅能降低单位千瓦造价，还能降低热耗率。根据各发电机厂的资料，目前成熟的百万千瓦发电机，其最大连续功率达到 1100MW，如再增大，则需修改现有结构设计。主蒸汽和再热蒸汽压力参数的提高，要考虑与温度参数的匹配，以及考虑提高压力使热效率提高和投资增加的技术经济比较。大容量机组蒸汽参数的确定是一个需要根据国家产业政策，同时因地（煤价等因素）、因时（市场价格因素、耐热钢材研制及供货条件等因素）通过具体的技术经济比较来求得最优化选择的问题。

4. 汽轮机热耗率与背压的关系

典型汽轮机热耗率与背压关系曲线见图 4-11。

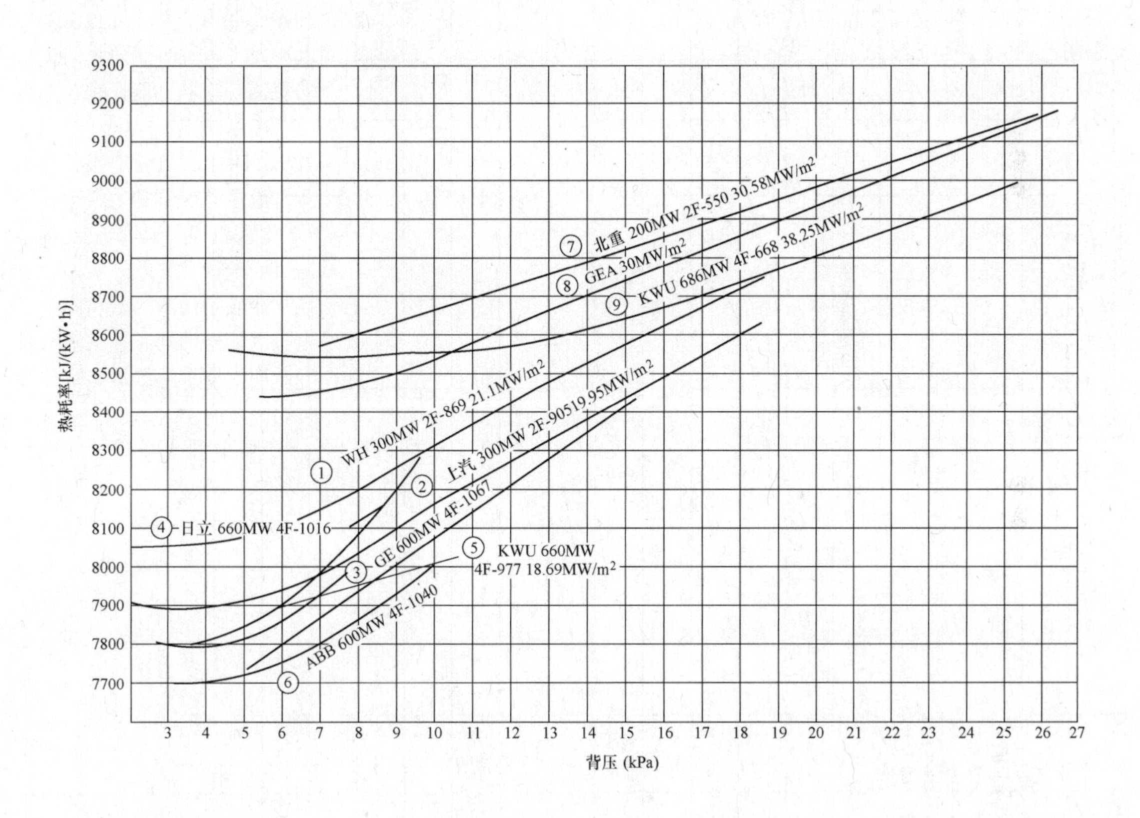

图 4-11　典型汽轮机热耗率与背压关系曲线

5. 汽轮机参数与热效率的关系

图 4-12 所示为汽轮机参数与热效率的关系，可作为前期工作的参考。

（四）汽轮机末级叶片

汽轮机末级叶片是汽轮机内蒸汽膨胀过程的最后一级叶片。由于最后一级叶片的蒸汽压力最低、容积流量最大，因此末级叶片是汽轮机各级叶片中最长的一级，承受最大的离心力荷载和由此产生的应力。凝汽式汽轮机末级叶片在湿度较高的蒸汽中工作，容易受到蒸汽水滴的冲刷侵蚀，在顶部进汽边需采取防蚀措施，如焊硬质合金片、高频淬硬、电火花强化等。末级叶片从根部到顶部蒸汽流动的速度、方向均有很大变化，为保持高的效率，要求各截面叶型沿叶高连续改变，并且为了减小离心力荷载，顶部截面面积比底部截面面积小得多，所以大型汽轮机末级叶片都是变截面扭叶片（见图 4-13）。

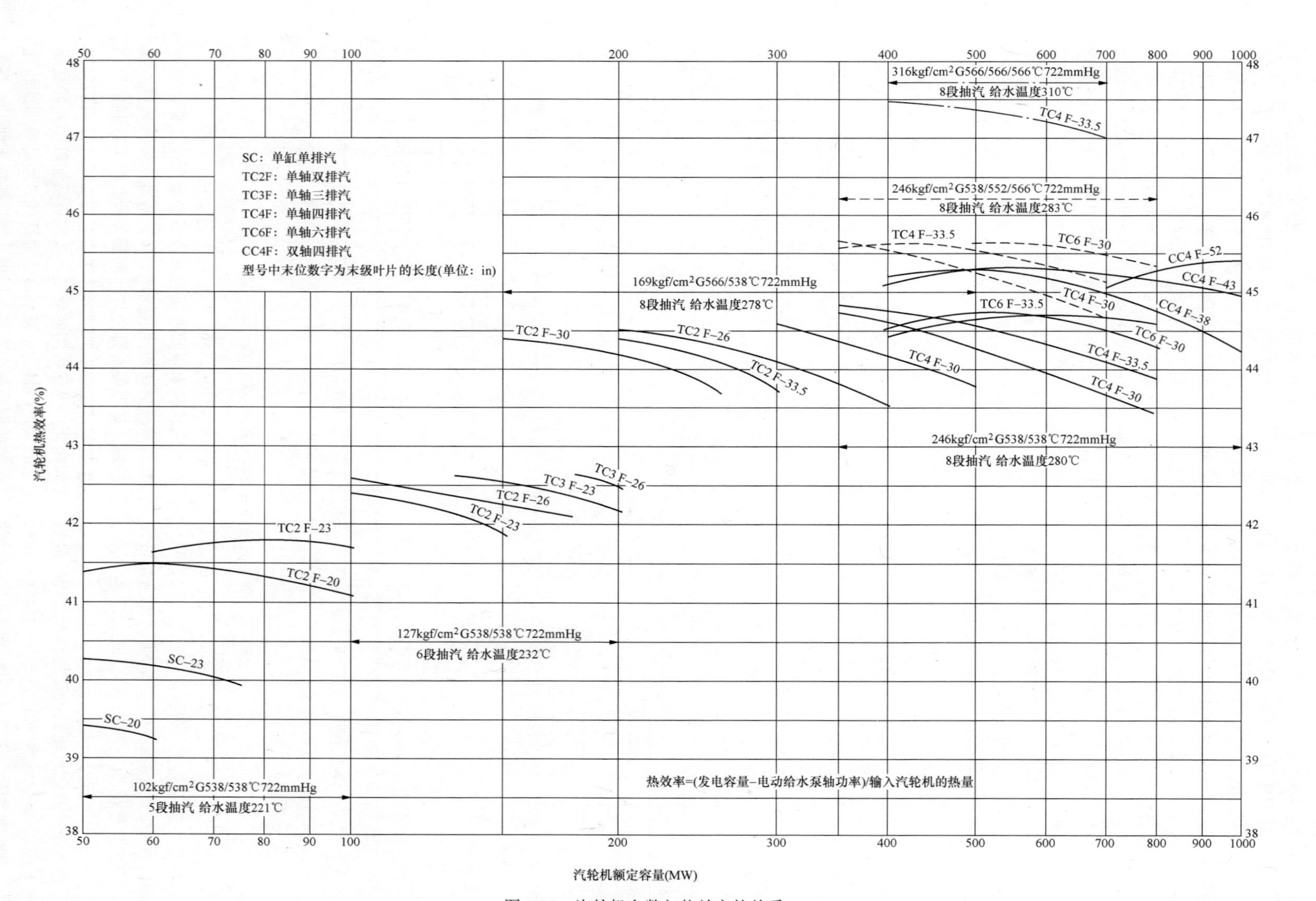

图 4-12 汽轮机参数与热效率的关系

注：1in=0.0254m；1kgf/cm²=9.80665×10⁴Pa；1mmHg=1.33322×10²Pa。

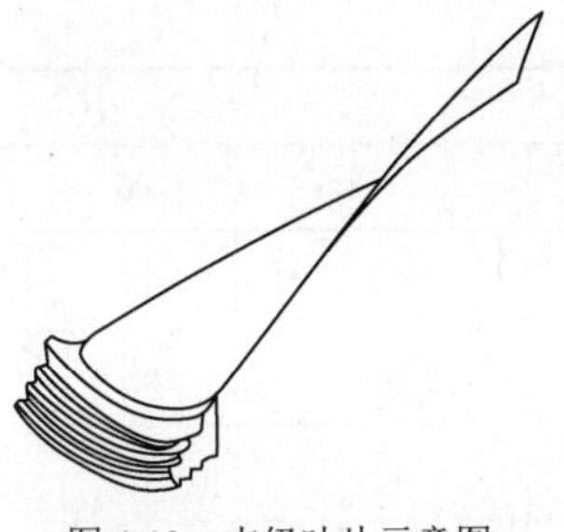

图 4-13　末级叶片示意图

在特殊运行工况下，如高背压、小流量时，末级叶片有可能发生在均匀汽流流场下振幅可以维持甚至振幅增大的自激振动，也有可能在随机变化的汽流力作用下产生较大的振动。末级叶片这些特殊的振动称为颤振，强烈的颤振也会造成叶片损坏。

由于末级叶片在空气动力学和强度振动方面都遇到了最苛刻的条件，因此末级叶片的发展是汽轮机的一个重大关键技术问题，已成为汽轮机技术进步的重要标志。世界各主要汽轮机制造厂家都已开发出长达1m 左右的末级叶片（用于 3000r/min 汽轮机）。表 4-11 列出了汽轮机主要末级叶片长度和相应的机组容量。

表 4-11　　汽轮机主要末级叶片长度和相应的机组容量一览表

叶片长度（mm）	机组容量（MW）	制造国别	叶片长度（mm）	机组容量（MW）	制造国别
660	125，250	日本	851	250、300、350、600	美国、日本、意大利、中国
665	50，100，200	中国、苏联	867	300、600	瑞士、法国
680	75，200	中国	869	300、600	美国、中国
685	50	中国	945	350、900	英国
700	125，300	中国	960	500	苏联
710	200	中国	1000	300	中国
765	200	苏联	1016	350	日本
800	200	中国	1030	300	苏联
840	200，500	捷克	1080	300、600	法国
850	100	中国			

末级叶片所形成的排汽环面积，其每平方米面积所负担的机组的额定功率数称为排汽负荷率，单位为 MW/m^2。排汽负荷率可作为不同冷却方式下汽轮机末级叶片长度选择的参考。

一般情况下，长度较短、排汽面积较小、阻塞背压较高、相应供水系统的冷却倍率较低的汽轮机末级叶片适合南温带的循环供水系统和亚热带直流/循环供水系统等设计冷却水温较高的情况；长度较长、排汽面积较大、阻塞背压较低、相应供水系统的冷却倍率较高的汽轮机末级叶片适合寒冷地区的循环供水系统和黄海北部，以及黄河上游地区的直流供水系统等设计冷却水温较低的情况。

直流供水系统水温较低，一般选择较长的末级叶片（1000mm 级），排汽负荷率一般为 18～20MW/m^2。循环供水系统水温稍高，一般选用长度适中的末级叶片（851mm 级），排汽负荷率一般为 20～22MW/m^2；如背压与热耗的变化曲线较平缓，亦可选用较长的末级叶片。

下面介绍国内外机组的末级叶片情况。

1. 国产机组末级叶片

国产 12～1000MW 机组采用的叶片见表 4-12。

表 4-12　　国产机组末级叶片采用长度

项目名称	机组容量（MW）						
	12	50	100	125	200	300	
叶片高度（mm）	262	665	665	700	685	700	1030
平均节径（mm）	1640	2000	2000	2035	2055	2035	
末级分流数	1	1	2	2	3	4	2
排汽面积（m^2）	1.35	4.2	8.4	9	13.26	18	20.8
排汽负荷率（MW/m^2）	9.1	11.9	11.9	13.9	15.08	16.67	14.42

续表

项目名称	机组容量（MW）						
	600				1000		
叶片高度（mm）	1016	914	977	1040	1092	1220	1146
平均节径（mm）	2746	2547	2898	2768	2948	2950	3046
末级分流数	4	4	4	4	4	4	4
排汽面积（m^2）	8.76	7.31	8.89	9.04	10.11	11.3	10.96
排汽负荷率（MW/m^2）	17.12	20.52	16.87	16.59	24.73	22.12	22.81

由表4-12看出中小容量机组由于凝汽率较大，故其相应的排汽负荷率较小。

2. 国产引进机组末级叶片

从国外引进的末级叶片高度有851、869、1016、1040mm。我国在引进869mm叶片的基础上分别改型为900及905mm叶片。

四、凝汽器概述及优化设计

（一）凝汽器的分类和总体结构

在现代大型电站凝汽式汽轮机组的热力循环中，凝汽器起着冷源的作用，其主要任务是将汽轮机排汽凝结成水，并在汽轮机排汽口建立与维持一定的真空度。

1. 凝汽器的分类

就蒸汽动力装置的广泛意义而言，作为凝结蒸汽、回收凝结水、建立与维持一定真空度的凝汽器，可按其配置对象分为蒸汽机凝汽器和汽轮机凝汽器、主凝汽器（配置于主机）和辅凝汽器（配置于辅机）、固定式（电站）凝汽器和运输式（船舶、机车）凝汽器；按电站汽轮机功率大小来分，可相应地分为大型、中型、小型凝汽器；按蒸汽凝结的方式分，可分为混合式凝汽器和表面式凝汽器。电站湿冷系统所使用的凝汽器仅限于表面式凝汽器，其中冷却介质与蒸汽被冷却表面隔开，互不接触，以保证得到适用于锅炉或蒸汽发生器给水要求的洁净的凝结水。用空气做冷却介质的凝汽器称为空冷凝汽器，它适用于缺乏冷却水源的电站。对于间接空冷系统，可采用表面式凝汽器或混合式凝汽器。

有些旧式中、小型凝汽器，其中全部蒸汽都流经管束凝结成水，然后流向凝汽器底部，凝结水没有得到加热，过冷度较大，称为非回热式凝汽器。若有部分蒸汽不流经管束而直接流向凝汽器热井去加热凝结水，减小乃至消除凝结水过冷度，则称为回热式凝汽器。现代大型电站的凝汽器均采用回热式凝汽器。

大型电厂凝汽器是一种以水做冷却介质的表面式、回热式凝汽器。大型电厂凝汽器还可按其布置、冷却水供水进水方式、总体构造形式等进行分类，如表4-13所列。

表4-13　　大型电厂凝汽器常见分类

分类依据	类别		定义	备注
与汽轮机排布位置的关系	1	下向布置	布置在低压缸下面	世界上绝大多数电厂采用下向布置凝汽器。侧向布置凝汽器能节省空间、降低机房高度，整体布置凝汽器可提高汽轮机组的经济性。但是，这两种凝汽器的运行维修都不方便。我国大型电厂凝汽器一律采取下向布置形式
	2	侧向布置	布置在低压缸侧面	
	3	整体布置	与低压缸做成整体	
与汽轮机轴线的关系	1	横向布置	冷却管中心线与汽轮机轴线垂直	电厂凝汽器采取横向布置还是纵向布置，很大程度上取决于电厂汽轮机房设备布置的条件，没有明确的限制条件和优劣之分，实际上两种布置形式都采用
	2	纵向布置	冷却管中心线与汽轮机轴线平行	

续表

分类依据	类别		定义	备注
冷却水供水方式	1	直流供水	冷却水一次性使用	冷却水供水方式完全取决于电厂所在地区的水源情况，这也是电厂建造可行性论证的一项重要内容
	2	循环供水	冷却水循环使用	
冷却水进水方式	1	单一制（单道制）	在同一壳体内冷却水通过单根进水管进入一个水室	大型电厂多数采用对分制凝汽器，随着电厂特别是核电站汽轮机单机功率的增长，凝汽器冷却水进水方式已不限于对分制，而出现在同一壳体内冷却水通过 3～6 根进水管进入相应的 3～6 个水室去的凝汽器，分别称为三道～六道制凝汽器
	2	对分制（双道制）	在同一壳体内冷却水通过两根进水管进入带分隔板的一个水室或两个独立的水室	
冷却水流程数	1	单流程	冷却水在管内只流过一个单程就排出	
	2	双流程	冷却水在管内流过一个往返才排出	
凝汽器壳体数	1	单壳	采用单个壳体	
	2	多壳	采用多个壳体	
凝汽器压力数	1	单压	按单一压力（真空度）设计	
	2	多压	按多种压力（真空度）设计	

此外，大型凝汽器还能进一步分类：按冷却管排列方式分错列排列、顺列排列、辐向排列凝汽器；按冷却管束类型分带状管束、外围带状管束、教堂窗管束和岛状管束凝汽器；按管束中汽流方向分蒸汽下流式、蒸汽侧流式、汽流向心式及多区域汽流向心式凝汽器；按冷却管材料分铜合金管、铜镍合金管、不锈钢管及钛管凝汽器；按管板结构分普通单管板、带充水密封腔室的单管板及双管板凝汽器。

2. 大型凝汽器总体构造

图 4-14 和图 4-15 所示分别为 N-6815-1 型和 N-11220-1 型凝汽器的总体构造。表 4-14 列出了这两种凝汽器的主要设计特性。

N-6815-1 型凝汽器主要由两个相同的矩形壳体以及各自的水室构成，壳体之间用通流面积为 4.44m² 的带膨胀节的连通管相连接，以适应汽轮机带负荷清洗凝汽器的需要，并保证两个壳体工况一致。壳体、管板、水室为全焊接结构。主管束属外围带状形式，其冷却管呈辐向排列，空气冷却区的冷却管为三角形排列。空气集管布置在管束下部，从进出口水室引出。热井内设有淋水盘式除氧装置。

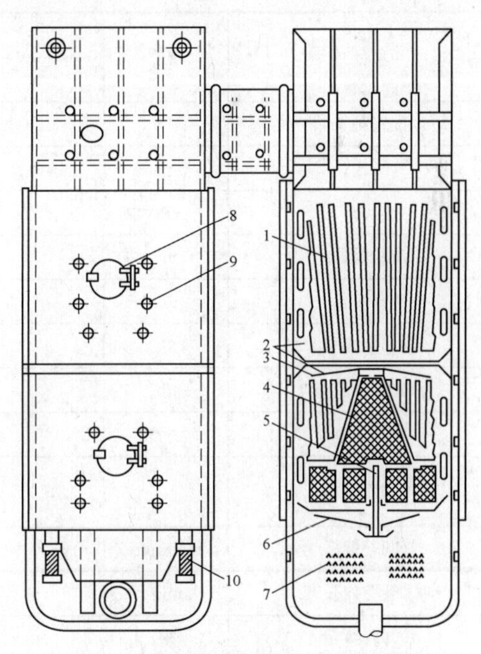

图 4-14 N-6815-1 型凝汽器总体构造

1—主管束；2—支撑隔板；3—挡水板；4—空气冷却区；5—抽气集管；6—淋水盘；7—溅水角钢；8—水室人孔盖；9—加强条固定螺栓；10—弹簧支承

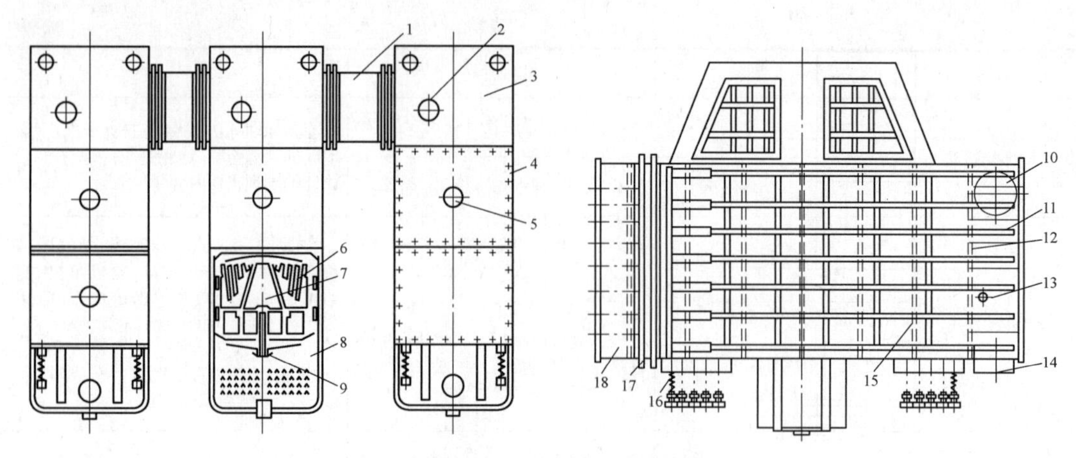

图 4-15 N-11220-1 型凝汽器总体构造

1—蒸汽连通管；2—喉部人孔盖；3—喉部；4—壳体；5—水室人孔盖；6—主管束；7—空气冷却区；8—热井；9—除氧装置；10—出水接管；11—进出口水室；12—管板；13—抽气口；14—进水接管；15—支撑隔板；16—弹簧支承；17—波形膨胀节；18—折回水室

N-11220-1 型凝汽器的构造与 N-6815-1 型凝汽器基本相同。三个矩形壳体的相邻两个壳体之间用两根通流面积各为 2.65m² 的连通管连接。管束设有 5 块支撑隔板，每块隔板管孔中心相对于端管板的管孔中心依次抬高 3、5mm 及 7mm，因此安装后的冷却管呈拱状，有一定的挠度，使冷却管紧贴于支撑隔板的管孔中，以增强支撑刚性并改善冷却管的振动特性，减小胀接处热应力，补偿壳体与冷却管的膨胀差，还有利于凝结水沿弯曲冷却管自中部向两端流下。

表 4-14　　N-6815-1、N-11220-1 型凝汽器主要设计特性

项目	单位	主要设计特性	
		N-6815-1 型	N-11200-1 型
配置对象	—	N100-90/535 型汽轮机	N200-130/535/535 型汽轮机
形式	—	两壳、单压、单一制、双流程	三壳、单压、单一制、双流程
压力	kPa	4.9	4.9
冷却面积	m²	6815	11220
冷却水温	℃	20	20
冷却水流量	t/h	15420	25000
汽轮机排汽量	t/h	257	—
冷却倍率	—	60	—
冷却管材料	—	HA177-2 管	HA177-2 管（海水） HSn70-1A 管（淡水）
冷却管规格	mm×mm	ϕ26×1	ϕ25×1
冷却管有效长度	mm	8470	8470
冷却管数量	根	2×5168=10336	3×5667=17001
冷却管与管板的连接	—	胀接	胀接
冷却水阻	kPa	47.7	47.2
水室设计压力	MPa	0.245	0.245
壳体的热补偿	—	在壳体的折回水室侧装波形膨胀节	在壳体的折回水室侧装波形膨胀节

续表

项目	单位	主要设计特性	
		N-6815-1 型	N-11200-1 型
本体的连接与支承	—	与低压缸刚性连接，弹簧支承	与低压缸刚性连接，弹簧支承
干重	t	152.7	261.0
外形（长×高）	mm×mm	10520×8239	10510×8886

N-40000 型凝汽器的总体构造如图 4-16 所示，表 4-15 列出了该型凝汽器的主要设计特性。

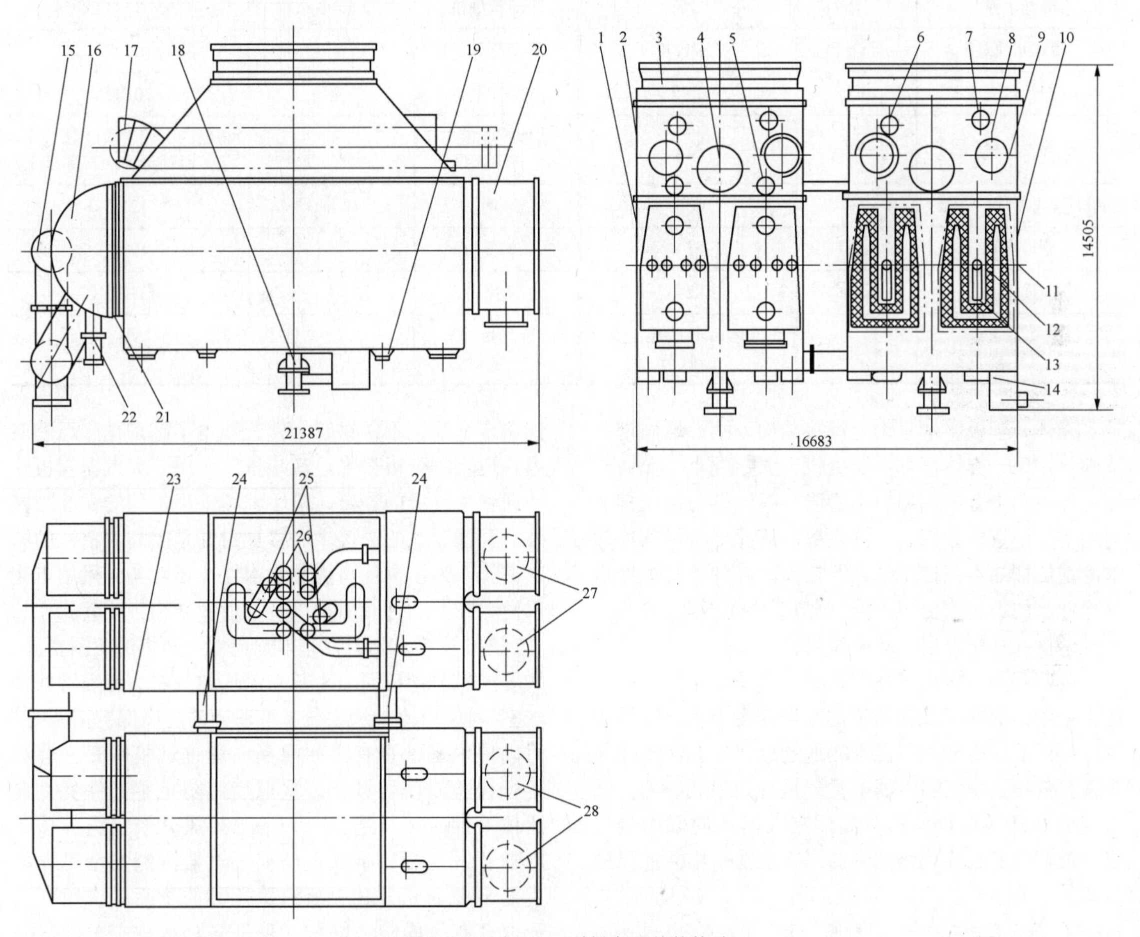

图 4-16　N-40000 型凝汽器总体构造

1—低压凝汽器壳体；2—低压凝汽器喉部；3—喉部橡胶膨胀节；4—7 号、8 号低压加热器；5—抽气接管；6—5 号低压加热器抽汽管道；7—6 号低压加热器抽汽管道；8—旁路排汽接收装置；9—高压凝汽器喉部；10—高压凝汽器壳体；11—主管束；12—抽气集管；13—空气冷却区；14—凝结水联箱；15—冷却水连通管；16—后水室；17—给水泵汽轮机排汽接管；18—死点；19—固定支座；20—前水室；21—壳体波形膨胀节；22—后水室支座；23—从高压凝汽器进入低压凝汽器的抽气管；24—高、低压凝汽器之间的凝结水连通管；25—7 号低压加热器抽汽管道；26—8 号低压加热器抽汽管道；27—出水接管；28—进水接管

N-40000 型凝汽器有两个独立的壳体（汽测不相通），每一个壳体相应接收一个低压缸的排汽。冷却水通过连通管依次流过第一个壳体内的管束和第二个壳体内的管束。鉴于两个壳体内管束的冷却面积相等，因此第一个壳体内的压力比第二个壳体内的压力低，前者称为低压汽室，后者称为高压汽室，两者总称双压凝汽器。

表 4-15　　N-40000 型凝汽器主要设计特性

项目	单位	主要设计特性	项目	单位	主要设计特性
配置对象	—	600MW 汽轮机	热井容量	—	相当于凝结水泵 5min 的流量
形式	—	双壳、双压、对分制	汽轮机排汽量	t/h	1100
压力	kPa	4.0（低压）、5.6（高压）	冷却倍率	—	52.3
冷却面积	m^2	40000	冷却管材料	—	HSn70-1A（主管束）、B30（空气冷却区）
冷却水温	℃	20	冷却管规格	mm×mm	ϕ28.57×1.24
冷却水流量	t/h	57121	冷却管有效长度	mm	14707
冷却管内流速	m/s	1.97	冷却管数量	根	30300
管板材料	—	A3F	本体的连接与支承	—	与低压缸用橡胶膨胀节连接，刚性地支承在基础上
冷却管与管板的连接	—	胀接	干重	t	1212
冷却水阻	kPa	61.8	湿重	t	1994
水室设计压力	MPa	0.245	满水重	t	3273
壳体的热补偿	—	在壳体后水室侧装波形膨胀节	外形尺寸（长×宽×高）	mm×mm×mm	21387×16683×14505

壳体、管板、水室为全焊接结构，刚性地固定在基础上。每一壳体下部中心处设一固定死点，允许壳体以死点为中心向四周自由膨胀。凝汽器与低压缸之间为柔性连接。管板、支撑隔板的管孔中心线从冷却水冷水侧向热水侧按千分之四抬高，以保证机组停机时冷却水的顺利流出，有利于预防冷却管腐蚀，同时，当管子振动时起阻尼、减振作用。

冷却管为三角形排列，带状管束呈山字形。布置在管束中部的抽气集管的下部开设许多小孔，流经空气冷却区后的少量汽气混合物通过这些小孔流入抽气集管。低压、高压凝汽器的抽气集管为串联结构，汽气混合物通过这种结构从高压凝汽器流向低压凝汽器，最后从低压凝汽器的冷却水冷水端引出并通向抽气器。

3. 凝汽器的基本设计原则

基于世界各国的研制发展成果，对现代大型电厂凝汽器的基本要求及设计原则可归纳如下：

（1）确保凝汽器的安全可靠性、较长的运行寿命和足够的年运行小时数。其中，提高冷却水侧零部件结构的水密性最为重要。要根据动力装置形式、系统设计要求和冷却水质合理选择冷却管与管板的材料，而合理选择冷却管与管板的密封连接形式，是保证凝汽器水密性的最重要的前提与最根本的措施，是凝汽器设计最关键的环节。大型凝汽器除了继续采用传统的经改进的铜合金冷却管外，耐蚀性良好的较昂贵的铜镍合金管、不锈钢管、钛管获得了越来越广泛的应用。近代复合板技术已逐步推广应用于凝汽器管板。冷却管与管板的连接，除了继续采用常用的光孔胀接外，开槽管孔的胀接、胀接加封焊是提高水密性的有效措施。为了进一步提高水密性，还可考虑采用带充水密封腔室的管板结构以及双管板结构。此外，在加工制造、安装和运行阶段制订有效、严格的检漏措施，采用能保证管板面上冷却水流均匀分布的特殊型线的水室，对整个冷却水系统采取适当的防腐保护措施等，对确保水密性也有重要意义。通过试验研究、总结运行经验或模仿设计，采取措施防止零部件受高速流体冲蚀破坏，选择合理的热膨胀补偿措施，预防冷却管发生振动事故是确保凝汽器汽侧安全可靠的主要问题。充分利用凝汽器热井的空间，选用、设计合理有效的除氧结构，保证各种运行工况下凝结水出口含氧量保持在容许范围内，对整个凝结水给水系统管道设备和锅炉（或蒸汽发生器）的安全运行有重要意义。

（2）要争取凝汽器有良好的经济性。过去黄铜管凝汽器的造价大约是汽轮机造价的 1/4，近代不锈钢管或钛管凝汽器的造价已经达到汽轮机造价的 1/3～1/2，因此改善凝汽器经济性的意义越来越大。必须强调指出，由于凝汽器作为辅助设备往往不为人们所重视，其研究试验工作开展比较晚，因此提高其经济性的潜力远比汽轮机大。如果说试图通过提高汽轮机效率来降低其造价比如1%,需要付出昂贵的试验研究费用,那么通过提高凝汽器传热系数来降低1%的造价所需付出的代价将小得多。提高大型凝汽器经济性的主要途径有两条：一是通过优化设计确定凝汽器热力设计参数（凝汽器压力 p_c、冷却水温 t_1、冷却管内流速 v_w、冷却倍率 m 等）；二是通过试验研究或模仿设计，合理排布冷却管和选择管束，以提高传热系数，减小壳侧阻力，减小凝结水过冷度。此外，提高凝汽器的气密性，合理配置、设计抽气器，改善冷却水泵的调节性能，为冷却水侧配置较为先进的清洗设备，减小冷却水阻等对改善凝汽器的运行经济性都有重要意义。

（3）对于大型凝汽器，还必须根据制造厂具体情况和交通条件采取合理的运输方式，要制定严格的工地安装程序，以及详细的验收试验要求和运行管理规程。

（二）凝汽器热力计算

1. 热力计算方法及内容

凝汽器的热力计算就是应用热平衡方程式计算凝汽器的尺寸。热力计算的主要问题是确定传热系数。传热学理论中关于伴随有蒸汽凝结现象的换热器的传热系数计算公式为：

$$K=\frac{1}{\frac{1}{K_s}+\frac{1}{K_w}\times\frac{d_1}{d_2}+\frac{d_1}{2\lambda}\ln\frac{d_1}{d_2}} \tag{4-9}$$

式中　K_s——蒸汽侧对流放热系数，W/（m²·℃）；

K_w——冷却水侧对流放热系数，W/（m²·℃）；

d_1、d_2——冷却管的外径、内径，mm；

λ——冷却管材的导热系数，W/（m·℃）。

对于单根冷却管或者冷却管为数不多的换热器，利用传热学中在相似理论指导下得到的各种准则关系式，可以通过试验得到相当精确的计算关系式。问题是凝汽器的冷却管有成千上万根，夹带有空气的蒸汽在真空条件下，在如此庞大的冷却管束中凝结，有一系列流体动力因素、工况变化因素影响着冷却管外侧（蒸汽侧）和内侧（冷却水侧）对流放热的条件，以致管束各区域的冷却管，甚至每一根冷却管的传热系数都是不相同的。因此，凝汽器的热力计算主要是利用传热学试验和凝汽器工业性试验结果以及运行经验，建立适用于整台凝汽器热力计算的总传热系数公式。基于这种公式进行热力计算的方法称为工程热力计算，它满足工程设计计算的实际需要和计算精度要求。

凝汽器热力计算是循环水系统优化设计的重要组成部分，热力计算主要对不同凝汽器面积方案、冷却倍率方案，在循环供水时还要对不同冷却塔面积方案进行组合后求出年总费用最小方案。所以，在各种组合条件下，凝汽器面积和冷却水量是已知的，凝汽器热力计算就是求凝汽器压力。

（1）热平衡方程式。根据传热学理论，作为换热器的凝汽器，假定不考虑它与外界大气之间的换热，则其热平衡方程式为：

$$\begin{aligned}Q&=D_c(h_s-h_c)=K\times \text{LMTD}\times A\\&=Gc_w(t_2-t_1)\end{aligned} \tag{4-10}$$

式中　Q——凝汽器热负荷，W；

D_c——凝汽器蒸汽负荷，即汽轮机排汽量，kg/s；

h_s——汽轮机排汽比焓，J/kg；

h_c——凝结水比焓，J/kg；

K——总传热系数，W/（m²·℃）；

LMTD——对数平均温差，℃；

A——凝汽器冷却面积，m²；

G——冷却水流量，kg/s；

c_w——冷却水比热容，对于淡水，c_w=4187J/（kg·℃）；

t_2——冷却水出口温度，℃；

t_1——冷却水进口温度，℃。

式（4-10）中，$D_c(h_s-h_c)$ 表示蒸汽凝结成水时释放出的热量，$K\times\text{LMTD}\times A$ 表示通过冷却管的传热量，$Gc_w(t_2-t_1)$ 表示冷却水带走的热量。

（2）对数平均温差计算。凝汽器热力计算采用传热学中广泛使用的换热器热力计算的对数平均温差公式：

$$\text{LMTD}=\frac{t_2-t_1}{\ln\frac{t_s-t_1}{t_s-t_2}}=\frac{\Delta t}{\ln\frac{\text{ITD}}{\text{TTD}}} \tag{4-11}$$

其中

$$\Delta t=t_2-t_1$$

$$\text{ITD}=t_s-t_1$$

$$\text{TTD}=t_s-t_2$$

式中　Δt——冷却水温升，℃；

ITD——初始温差，℃；

TTD——终端温差，℃；

t_s——对应于凝汽器压力（p_c）的蒸汽饱和温度。

（3）总传热系数计算。计算总传热系数的方法很多，有代表性的是美国热交换学会（HEI）标准中的总传热系数计算方法和苏联颁布的《火力和原子能电厂大功率汽轮机表面式凝汽器热力计算指示》中规定的别尔曼总传热系数计算方法。在我国，美国热交换学会标准中的总传热系数计算方法更为常用。

1）美国热交换学会标准中的总传热系数计算公式如下：

$$K=K_0F_tF_mF_c \tag{4-12}$$

式中　K_0——以冷却管外径和管内流速确定的基本总

传热系数，W/（m²·℃），见表 4-16；

F_t——冷却水温修正系数，见图 4-17；

F_m——冷却管材料与壁厚的修正系数，见表 4-17；

F_c——清洁系数，根据冷却水水质条件对冷凝器管材的影响，推荐选取：铜管 0.80～0.85，钛管、不锈钢管 0.85～0.90。

表 4-16　**基本总传热系数 K_0**　［W/（m²·℃）］

冷却管内流速 v_w（m/s）	冷却管外径（mm）					
	15.875～19.050	22.225～25.400	28.575～31.750	34.925～38.100	41.275～44.450	47.626～50.800
0.9	2604.163	2561.123	2525.917	2486.941	2446.733	2407.800
1.0	2746.790	2704.796	2664.251	2623.583	2582.532	2541.451
1.1	2880.027	2836.870	2793.637	2750.807	2707.499	2664.346
1.2	3007.501	2962.484	2917.318	2872.375	2827.123	2781.848
1.3	3130.546	3083.632	3036.629	2989.737	2943.020	2895.830
1.4	3249.339	3200.659	3151.837	3103.149	3055.010	3006.329
1.5	3363.751	3313.422	3262.850	3212.461	3162.635	3112.817
1.6	3473.876	3421.924	3369.708	3317.691	3265.888	3215.023
1.7	3580.168	3526.593	3472.803	3419.226	3365.380	3313.244
1.8	3683.399	3628.181	3572.875	3517.755	3462.117	3408.298
1.9	3784.208	3727.420	3670.613	3614.033	3556.938	3501.063
2.0	3883.151	3824.859	3766.606	3708.524	3650.376	3592.228
2.1	3980.033	3920.373	3860.645	3801.159	3741.980	3681.788
2.2	4074.474	4013.562	3952.455	3891.470	3831.087	3769.248
2.3	4165.661	4103.470	4040.970	3978.531	3916.412	853.677
2.4	4252.417	4188.989	4124.888	4061.123	3996.550	3933.391
2.5	4334.685	4269.778	4204.068	4139.028	4071.537	4008.345
2.6	4412.190	4345.923	4278.139	4211.819	4141.412	4078.166
2.7	4485.918	4418.012	4347.870	4280.623	4207.442	4143.743
2.8	4556.040	4486.702	4413.934	4345.478	4270.246	4205.575
2.9	4624.858	4553.855	4478.610	4408.994	4332.425	4266.243
3.0	4691.845	4619.140	4541.385	4470.943	4392.757	4325.084
3.1	4756.455	4682.758	4602.953	4531.069	4451.530	4382.626
3.2	4820.400	4745.088	4662.989	4589.791	4509.109	4439.511
3.3	4880.820	4804.187	4720.123	4645.524	4563.132	4491.677
3.4	4937.691	4861.052	4772.789	4697.770	4614.148	4540.771
3.5	4997.948	4918.661	4828.124	4753.400	4668.925	4594.544
3.6	5051.443	4971.514	4879.181	4803.092	4715.837	4640.741
3.7	5107.589	5026.934	4927.682	4848.686	4766.730	4689.384

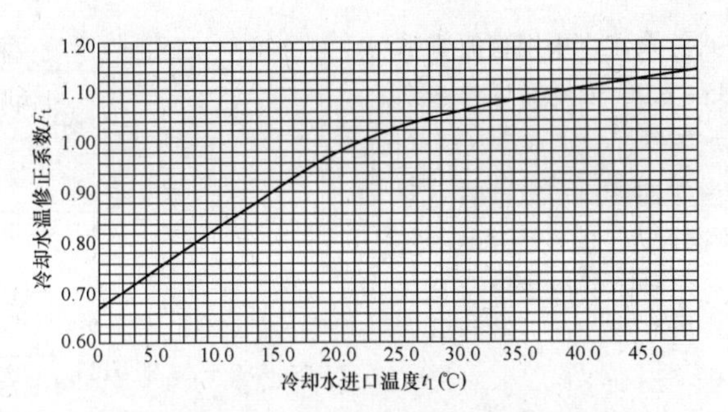

图 4-17　冷却水温修正系数

表 4-17　　冷却管材料与壁厚的修正系数 F_m

冷却管材	冷却管壁厚（mm）								
	0.5080	0.5588	0.6350	0.7112	0.8128	0.8890	1.0668	1.2446	1.4732
海军铜管	1.03	1.03	1.02	1.02	1.01	1.00	0.98	0.96	0.93
砷铜管	1.04	1.04	1.04	1.03	1.03	1.02	1.01	1.00	0.98
194 铜管	1.04	1.04	1.04	1.04	1.03	1.03	1.02	1.01	1.00
铝黄铜管	1.03	1.02	1.02	1.02	1.01	0.99	0.97	0.95	0.92
铝青铜管	1.02	1.02	1.01	1.01	1.00	0.98	0.96	0.93	0.89
90-10Cu-Ni	1.00	0.99	0.99	0.98	0.96	0.93	0.89	0.85	0.80
70-30Cu-Ni	0.97	0.97	0.96	0.95	0.92	0.88	0.83	0.78	0.71
冷轧碳钢管	1.00	1.00	0.99	0.98	0.97	0.93	0.89	0.85	0.80
不锈钢 304/316 型	0.91	0.90	0.88	0.86	0.82	0.75	0.69	0.62	0.54
钛管	0.95	0.94	0.92	0.91	0.88	0.82	0.77	0.71	0.63
不锈钢 UNSN 8367	0.90	0.89	0.87	0.85	0.81	0.74	0.67	0.60	0.52
不锈钢 UNSS 43035	0.95	0.94	0.92	0.91	0.88	0.82	0.77	0.71	0.63
不锈钢 UNSS 44735	0.93	0.91	0.90	0.88	0.85	0.78	0.72	0.65	0.57
不锈钢 UNSS 44660	0.93	0.91	0.90	0.88	0.85	0.78	0.72	0.65	0.57

2）别尔曼总传热系数计算公式如下：

$$K = 4070\xi_0 \Phi_w \Phi_t \Phi_z \Phi_\delta \tag{4-13}$$

式中　ξ_0——冷却管的内表面清洁状态、材料及壁厚的修正系数；

Φ_w——冷却管内冷却水流速及冷却管内径的修正系数；

Φ_t——冷却水温 t_1、修正系数 ξ_0 及凝汽器比蒸汽负荷的修正系数；

Φ_z——冷却水流程数与冷却水温 t_1 的修正系数；

Φ_δ——凝汽器蒸汽负荷变化的修正系数。

上述各修正系数按下列公式求得：

$$\xi_0 = \xi_c \xi_M \tag{4-14}$$

$$\Phi_w = \left(\frac{1.1 \times v_w}{\sqrt[4]{d_2}}\right)^x \tag{4-15}$$

$$\Phi_t = 1 - \frac{(0.52 - 0.0072 g_s) \times \sqrt{\xi}}{10^3} \times (35 - t_1) \quad (t_1 \leqslant 35℃) \tag{4-16}$$

$$\Phi_t = 1 + 0.002 \times (t_1 - 35) \quad (35℃ < t_1 < 45℃) \tag{4-17}$$

$$\Phi_z = 1 + \frac{Z-2}{10}\left(1 - \frac{t_1}{45}\right) \tag{4-18}$$

$\Phi_\delta = 1$［当凝汽器在 g_s 至 $g_s' = (0.8 - 0.01t_1) \times g_s$ 的变工况范围内运行时］

$$\Phi_\delta = \frac{g_s''}{g_s'} \times \left(2 - \frac{g_s''}{g_s'}\right)$$

［当凝汽器在 $g_s'' < (0.8 - 0.01t_1) \times g_s$ 时］　(4-19)

式中 ξ_c ——冷却水供水方式的系数，采用直流供水系统时 $\xi_c=0.85\sim0.90$，采用循环供水系统时 $\xi_c=0.75\sim0.85$；

ξ_M ——冷却管材料与壁厚的修正系数，对于壁厚为1mm的黄铜管为1.0，B5管为0.95，B30管为0.92，不锈钢管为0.85；

v_w ——冷却管内流速，m/s；

Z ——凝汽器流程数；

χ ——计算指数，$\chi=0.12\xi_0(1+0.15t_1)$，当冷却水温 t_1＞26.7℃时，取 χ=0.6ξ_0；

g_s ——凝汽器额定比蒸汽负荷，g/（m²·s）；

g_s'，g_s'' ——凝汽器比蒸汽负荷变化范围值，g/（m²·s）。

（4）终端温差（TTD）计算

$$\mathrm{TTD}=\frac{\Delta t}{\exp\left(\frac{KA}{c_wG}\right)-1} \tag{4-20}$$

2. 热力计算示例

已知汽轮机的排汽量 D_c=183.5+195.75=379.25（kg/s），凝汽器面积 A=2×20077m²，冷却水温 t_1=20℃，冷却水流量 W=62100t/h，总温升 11.46℃，冷却管内流速 v_w=2.1m/s，冷却管材料不锈钢304，冷却管外径及壁厚为ϕ23mm×0.5mm，清洁系数取 0.85，计算凝汽器的总传热系数及背压。

一般按HEI标准中总传热系数法计算总传热系数K。

根据给定的冷却管径及流速查表4-16，得基本总传热系数 K_0=3920.373W/（m²·℃）。

根据给定的冷却水温查图4-17，得冷却水温修正系数 F_{t1}=0.987、F_{t2}=1.0372。

根据给定的冷却管材料及壁厚查表4-17，得冷却管材料及壁厚修正系数 F_{m1}=0.91、F_{m2}=0.91。

$$\begin{aligned}K_1&=K_0K_{t1}K_{m1}K_c\\&=3920.373\times0.987\times0.91\times0.85\\&=2992.99\ [\mathrm{W/(m^2\cdot{}^\circ C)}]\end{aligned}$$

$$\begin{aligned}K_2&=K_0K_{t2}K_{m2}K_c\\&=3920.373\times1.0372\times0.91\times0.85\\&=3145.21\ [\mathrm{W/(m^2\cdot{}^\circ C)}]\end{aligned}$$

$$\begin{aligned}\mathrm{TTD}_1&=\frac{\Delta t_1}{\exp\left(\frac{K_1A_1}{c_wG}\right)-1}\\&=\frac{5.55}{\exp\left(\frac{2992.99\times20077}{1163\times62100}\right)-1}\\&=4.28\ (^\circ\mathrm{C})\end{aligned}$$

$$\begin{aligned}\mathrm{TTD}_2&=\frac{\Delta t_2}{\exp\left(\frac{K_2A_2}{c_wG}\right)-1}\\&=\frac{5.91}{\exp\left(\frac{3145.21\times20077}{1163\times62100}\right)-1}\\&=4.23\ (^\circ\mathrm{C})\end{aligned}$$

$$t_{s1}=t_1+\Delta t_1+\mathrm{TTD}_1=20+5.55+4.28=29.83\ (^\circ\mathrm{C})$$

$$t_{s2}=t_2+\Delta t_2+\mathrm{TTD}_2=25.55+5.91+4.23=35.69\ (^\circ\mathrm{C})$$

查表得：p_{c1}=4.2kPa，p_{c2}=5.8kPa。

（三）凝汽器水力计算

凝汽器水力计算主要是计算凝汽器水阻，它是凝汽器热力设计的组成部分，是确定冷却水泵扬程必不可少的参数。凝汽器水阻指冷却水从凝汽器进水接管起至出水接管的整个流动过程中发生的阻力，主要包含三部分：

（1）冷却水流在冷却管内产生的摩擦损失，它取决于冷却管内的流速、冷却水流经冷却管的长度及冷却管内径。

（2）冷却水自水室空间流入冷却管及自冷却管流入水室空间时产生的局部损失，简称管端损失，主要取决于冷却管内流速。

（3）冷却水自进水接管流入水室空间以及自水室空间流入出水接管时产生的局部损失，分别简称水室进口损失及水室出口损失，主要取决于接管内流速。

凝汽器水阻按下列公式计算：

$$H_c=L_T\times(R_T\times R_1)+\sum R_E \tag{4-21}$$

其中

$$R_T=\frac{2.925\times v_w^{1.75}}{d_2^{1.25}} \tag{4-22}$$

所以

$$H_c=2.925\times L_T\frac{v_w^{1.75}}{d_2^{1.25}}\times R_1+\sum R_E \tag{4-23}$$

式中 H_c ——凝汽器水阻，mH₂O（1mH₂O≈9.8kPa）；

L_T ——全流程冷却管总长度，m；

R_T ——每米长度冷却管水阻，mH₂O/m；

R_1 ——水温修正系数，见图4-18；

$\sum R_E$ ——凝汽器水室及管端水阻，见图4-19～图4-22，mH₂O。

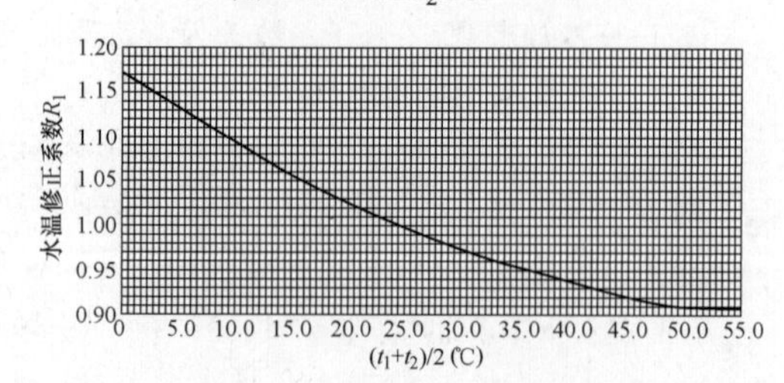

图4-18 冷却管水温修正系数

计算管端水阻时 v_w 采用冷却管内平均水流速度，计算水室入口水阻及水室出口水阻时 v_w 分别采用循环水进水管及出水管流速。

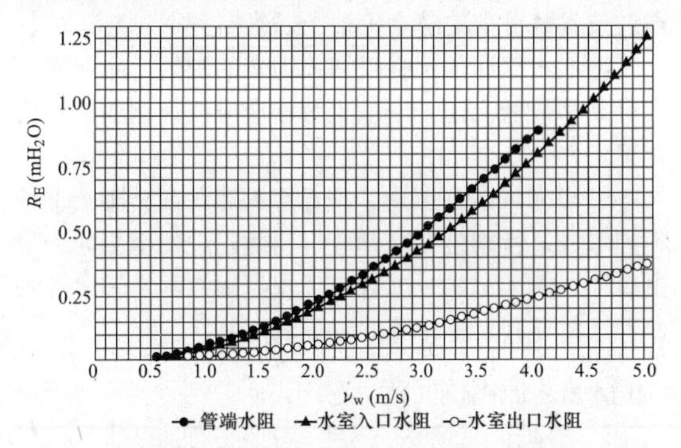

图 4-19　单流程凝汽器水室及管端水阻

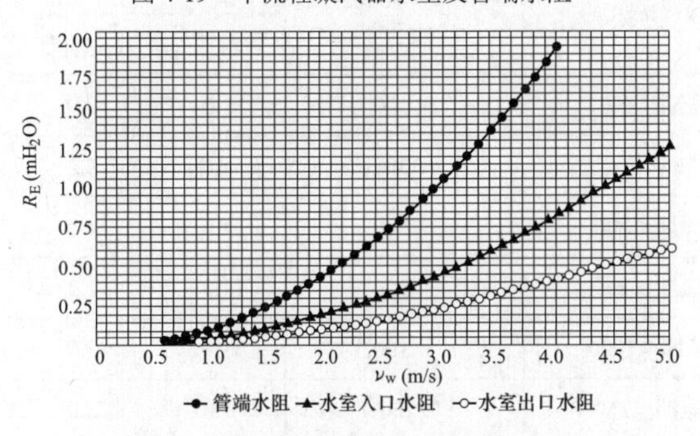

图 4-20　双流程凝汽器水室及管端水阻

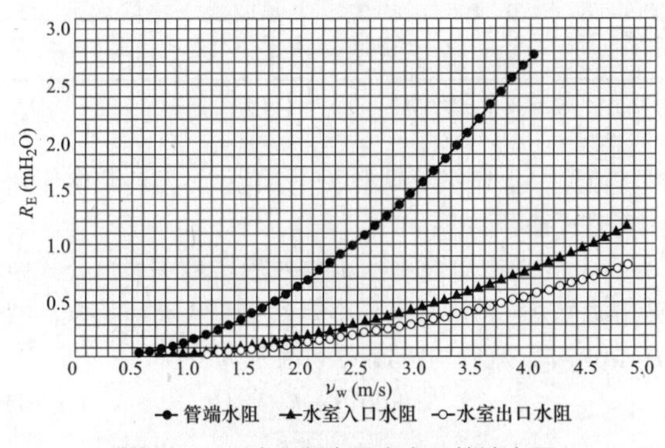

图 4-21　三流程凝汽器水室及管端水阻

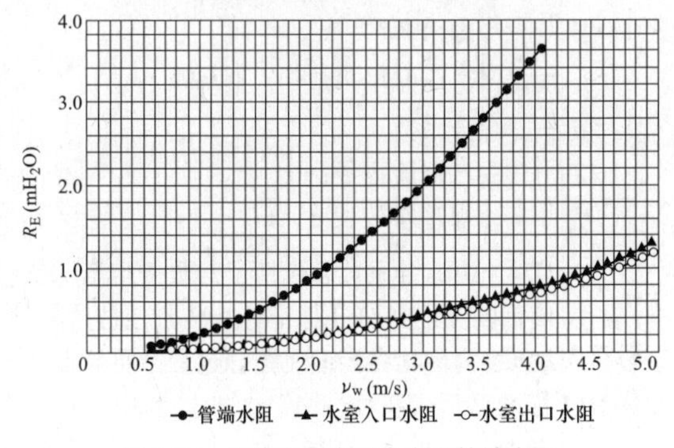

图 4-22　四流程凝汽器水室及管端水阻

（四）凝汽器冷却管管内流速与选材

冷却管是凝汽器最重要的部分，其质量占整个凝汽器的 1/8～1/4，造价占 1/4～1/2。凝汽器设计运行中的安全可靠性和经济性很大程度上取决于冷却管。

凝汽器冷却管的选用原则：应根据管材的耐蚀性、使用年限、价格、维护费用及凝汽器结构等进行全面的技术经济比较确定。所选用的凝汽器冷却管，在采用正确维护措施的条件下，不出现管材的严重腐蚀和泄漏，使用寿命应在 20 年以上。DL/T 712—2010《发电厂凝汽器及辅机冷却器选材导则》对凝汽器的选材有详细的规定。

1. 冷却水水质

冷却水水质指标为凝汽器管材选择的技术依据，具体包含以下方面：

（1）溶解固形物和氯离子含量。冷却水中的溶解固形物、氯离子和硫酸根离子等含量对凝汽器管材的腐蚀起着重要作用。根据水中的溶解固形物含量，可将天然水分为表 4-18 中 4 类。在选择凝汽器管材时，应取得历年的四季水质分析资料。对靠近海边的江河水，应有海水倒灌期的水质资料，根据正常的及短期较高的溶解固形物和氯离子含量综合考虑。对循环供水系统，按提高浓缩倍率后的水质考虑。

表 4-18　选用管材的水质分类　（mg/L）

水质分类	淡水	微咸水	咸水	海水
溶解固形物含量	＜500	500～2000	＞2000	35000 左右
氯离子含量	＜200	200～1000	＞1000	15000 左右

（2）悬浮物和泥沙含量。冷却水中的悬浮物和泥沙含量，是引起凝汽器管冲击腐蚀和沉积物下局部腐蚀的重要因素，选材时应充分考虑各种可能的因素对水中的悬浮物和泥沙含量的影响。对新投产的电厂，应考虑实际运行时冷却水中的悬浮物含量会远远超过未投产时设计用的测定值；对靠近海边的江河水，应同时考虑海水倒灌及吸入口位置；对内陆地区，应详细了解水源上游的情况。

在确定冷却水水质时，应有洪水或雨季时水的悬浮物含量数据。对泥沙含量，除确定其含量外，还应注意泥沙的粒径及形状特性。

（3）冷却水的污染。受污染的冷却水会引起铜合金的局部腐蚀、微生物腐蚀或应力腐蚀，特别是对铝黄铜管及白铜管的影响更为显著。

水的污染程度，可用表 4-19 中的 4 个水质指标来衡量：①硫离子（S^{2-}）含量；②氨（NH_3）含量；③溶解氧（O_2）含量；④化学需氧量（COD_{Mn}）。当上述指标之一超过规定值时，即认为水体已受污染，应采取措施，减少其影响。

表 4-19　　冷却水污染的判断　　(mg/L)

污染物质	硫 (S^{2-})	氨 (NH_3)	溶解氧 (O_2)	化学需氧量 (COD_{Mn})
洁净水	<0.02	<1	>4	<4
污染水	>0.02	>1	<4	>4

2. 冷却水流速

冷却管内冷却水流速对凝汽器的传热性能有很大影响。必须指出，该流速的高低也是决定冷却管材耐腐蚀性能的重要因素。冷却管内冷却水流速往往同冷却水水质并列作为冷却管选材的依据。冷却水流速有一个经济性上的最佳值，因此，冷却水的合理流速要通过技术经济上的综合论证予以确定。

冷却水流速的选择受诸多因素的制约，主要有允许最高和最低流速，一般推荐流速应按优化的经济流速确定。

（1）允许最高流速。冷却水流速过高会影响保护膜的形成，特别是在冷却管进口侧附近的范围内会发生溃蚀。DL/T 712—2010《发电厂凝汽器及辅机冷却器管选材导则》中相关规定见表 4-20。

表 4-20　　国产不同材质凝汽器管所适应的水质及允许流速

管材＼水质	溶解固体形物含量（mg/L）	氯离子浓度（mg/L）	悬浮物和泥沙含量（mg/L）	允许流速（m/s）	
				最低	最高
H68A	<300，短期<500	<50，短期<100	<100	1.0	2.0
HSn70-1	<1000，短期<2500	<400，短期 800	<300	1.0	2.2
HSn70-1B	<3500，短期<4500	<400，短期<800	<300	1.0	2.2
HSn70-1AB	<4500，短期<5000	<1000，短期<2000	<500	1.0	2.2
BFe10-1-1	<5000，短期<8000	<600，短期<1000	<100	1.4	3.0
HA177-2	<35000，短期<40000	<20000，短期<25000	<50	1.0	2.0
BFe30-1-1	<35000，短期<40000	<20000，短期<25000	<1000	1.4	3.0
Ti	不限	不限	<1000	1.0	不限

注　HA177-2 只适合于水质稳定的清洁海水。短期是指一年中累计运行不超过 2 个月。

（2）允许最低流速。冷却管中流速小于 0.9m/s 时，不能保证冷却管中水流分布均匀，而使凝汽器的特性难保证，因而可认为 0.9m/s 是凝汽器设计和运行允许的最低流速。

（3）管中水流速度推荐值。JB/T 10085—1999《汽轮机凝汽器技术条件》中规定了冷却管中水流速度推荐值，见表 4-21。该值已考虑到水室内水速分布不均和夏季冷却水量增加而引起的流速增加。

表 4-21　　冷却管中水流速度推荐值

冷却水质	管材	流速（m/s）
淡水		1.7～2.1
海水	B30 镍铜管	1.8～2.1
	钛管	2.1～2.4

（4）冷却管中水流速度的优化。为主机招标而进行的循环水系统优化计算，凝汽器各参数是优化计算的目的之一。计算时要输入不同冷却倍率时冷却管的经济流速。上述三项只给了一个范围，现将经济流速计算公式推导如下：

1）先求冷却管内径 d_2 与外径 d_1 的关系，公式中采用 $\phi25/\phi23$ 的冷却管不会对结果产生大的偏差，即 $d_1=1.087d_2$，则管内流速 v_w 可表示为

$$v_w = 0.0012md_kZl_e / d_2 \tag{4-24}$$

其中

$$d_k = a\sqrt{v_w}$$

式中　m——冷却倍率；

d_k——凝汽器凝汽负荷率，kg/（h・m²）；

a——综合系数；

Z——凝汽器流程数；

l_e——冷却管有效长度，m。

式（4-24）中综合系数 a 包括了对数平均温差值、排汽焓差值，以及根据 HEI 标准计算传热系数的各种系数。a 值包含内容虽多，但在推导过程中将被消去。根据 HEI 标准总传热系数与管中冷却水流速平方根成正比，故有 $\sqrt{v_w}$ 一项。

2）每千瓦装机容量所需的凝汽器面积为：

$$A_c = 1000q / d_k = 1000q / (a\sqrt{v_w}) \quad (4\text{-}25)$$

式中 A_c ——每千瓦装机容量所需的凝汽器面积，m^2/kW；

q——单位凝汽量，t/（kW·h）。

该凝汽器面积的造价分摊到每年的费用为：

$$NF_c = A_c C_c AFCR \quad (4\text{-}26)$$

式中 NF_c ——凝汽器造价的年费用值，元/年；

C_c ——凝汽器单位造价，元/m^2；

AFCR ——年固定分摊费率，%。

3）冷却管阻力包括沿程和进出口局部阻力。进出口局部阻力在 1.5～2.5m/s 流速范围内可近似地简化为线性关系。阻力公式按 HEI 标准可表述为：

$$h_t = Z\left[2.86v_w^{1.75} \times \frac{l_e}{d_2^{1.75}} + 0.235 \times (v_w - 1)\right] \quad (4\text{-}27)$$

式中 h_t——冷却管阻力损失，mH_2O。

4）每千瓦装机容量所需循环水泵功率为：

$$P_p = \frac{mq(h_0 + h_t)}{367\eta_w\eta_m} \quad (4\text{-}28)$$

式中 P_p ——循环水泵功率，kW；

h_0 ——除冷却管外的其他阻力，mH_2O；

η_w ——水泵效率，%；

η_m ——电动机效率，%。

如考虑厂用电所耗的功率需补偿，则每年分摊的补偿功率费用为：

$$NF_p = P_p C_{pp} AFCR \quad (4\text{-}29)$$

式中 NF_p ——补偿水泵所需功率的年费用，元/年；

C_{pp} ——厂用电所耗功率的补偿费，元/kW。

水泵运行年费用为：

$$\mu_p = P_p T C_e \quad (4\text{-}30)$$

式中 μ_p ——水泵运行年费用，元/年；

T——年运行小时数，h；

C_e ——发电单位成本，元/（kW·h）。

5）每千瓦装机容量所需用于循环水供水及凝汽器的年费用 NF_{pc} 为 NF_c、NF_p 及 μ_p 三者之和，即：

$$NF_{pc} = NF_c + NF_p + \mu_p \quad (4\text{-}31)$$

式中 NF_{pc} ——循环水供水及凝汽器的年费用，元/年。

将等式右侧各分项的值代入，便求得一个以 v_w 为变数的表达式，使 $\frac{d(NF)}{dv_w} = 0$，经移项及略去微小项，便求得年费用最小对应的经济流速：

$$v_{wopt} = \sqrt[2.75]{\frac{34.87 \times AFCR \times C_c \times \eta_w \times \eta_m d_2^{0.25}}{AFCR \times C_{pp} + T \times C_e}} \quad (4\text{-}32)$$

式中 v_{wopt} ——年费用最小时对应的经济流速，m/s。

上述公式中假设 AFCR=17.4%，不考虑功率补偿，即 $C_{pp} = 0$，T=6500h，d_2=23mm，η_w=0.85，η_m=0.95，则上式可简化为：

$$v_{wopt} = \sqrt[2.75]{0.00165 \times \frac{C_c}{C_e}} \quad (4\text{-}33)$$

由上两式可知，冷却管的经济流速主要取决于凝汽器单位面积造价与电价的比值，而与其他因素（如冷却倍率、冷却管长度、凝汽负荷率等）无关。如 C_c=500 元/m^2，C_e=0.1 元/（kW·h），则 $v_{wopt} = 2.15$ m/s；如考虑功率补偿，取 C_{pp}=1600 元/kW，则求得 v_{wopt}=1.89m/s。

由上可知，冷却管内经济流速约为 2.0m/s。我国汽轮机厂一般都采用 2.0m/s 作为设计流速，但其所取冷却倍率不一定符合工程的优化结果。适用于海水的钛管凝汽器单位面积造价较高，在 1000 元/m^2 以上，所以冷却管内经济流速会更高。

综上所述，在进行循环水系统优化计算时，不同冷却倍率方案均可按凝汽器单位面积造价与电价的比值初步确定冷却管内经济流速。

3. 凝汽器管材

（1）按照 DL/T 712—2010《发电厂凝汽器及辅机冷却器管选材导则》，根据水质和流速条件，冷却管选材可按照表 4-20 选用我国现有的各种管材，或参考表 4-22 和表 4-23 选用对应的国外管材。

表 4-22　国产管材和国外管材品种对照

材料	国产管材牌号	国外管材相当的牌号	国别	标准号
加砷黄铜	H68A	70/30Bra（CZ105）	英国	BS 2871
		CuZn30As（CW707R）	欧共体	EN 12451：1999
		ЛМЩ-68-0.05	俄罗斯	ГОСТ 21646

续表

材料	国产管材牌号	国外管材相当的牌号	国别	标准号
加砷锡黄铜	HSn70-1	CZ111（Admiralty brass）	英国	BS 2871
		CuZn28Sn1As（CW706R）	欧共体	EN 12451：1999
加砷锡黄铜	HSn70-1	CuZn28Sn（SoMs71）	德国	DIN 17660
		ЛМЩ70-1-0.05	俄罗斯	ГОСТ 21646
		C4430	日本	JISH 3300
		CuZn29Sn1	法国	NFA 51-102
		C44300	美国	ASTM B111
加砷铝黄铜	HA177-2	CZ110（Aluminum brass）	英国	BS 2871
		CuZn20A12As（CW702R）	欧共体	EN 12451：1999
		CuZn20Al（SoMs76）	德国	DIN 17660
		ЛМЩ77-2-0.05	俄罗斯	ГОСТ 21646
		C6870、C6871、C6872	日本	JISH 3300
		C68700	美国	ASTM B111
		CuZn22Al2	法国	NFA 51-102
白铜管	BFe30-1-1	CN107	英国	BS 2871
		CuNi30Fe2Mn2（CW353H）	欧共体	EN 12451：1999
		CuNi30Fe	德国	DIN 17664
		МНЖМц30-1-1	俄罗斯	ГОСТ 10092
		C7150	日本	JISH 3300
		C71500	美国	ASTM B111
		CuNi30Mn1Fe	法国	NFA 51-102
	BF10-1-1	CN102	英国	BS 2871
		CuNi10Fe1Mn（CW352H）	欧共体	EN 12451：1999
		CuNi10Fe	德国	DIN 17664
		МНЖМц10-1-1	俄罗斯	ГОСТ 10092
		C7060	日本	JISH 3300
		C70600	美国	ASTM B111
		CuNi10Mn1Fe	法国	NFA 51-102
钛管	TA0	BS2TA1	英国	BS
		Nr.37025	德国	DIN 17850
		TTH28D、TTH28W	日本	JISH 4631
		Grade 1	美国	ASTM B338
		TTV35	法国	NFL 15-610

续表

材料	国产管材牌号	国外管材相当的牌号	国别	标准号
钛管	TA1	BS2TA	英国	BS
		Nr.37035	德国	DIN 17850
		TTH35D、TTH35W	日本	JISH 4631
		Grade 2	美国	ASTM B338
		TTV40	法国	NFL 15-610
	TA3	Nr.37055	德国	DIN 17850
		TTH49D、TTH49W	日本	JIS H4631
		Grade 3	美国	ASTM B338
		TTV50	法国	NFL 15-610

表 4-23　常用不锈钢凝汽器管适用水质的参考标准

Cl^-浓度（mg/L）	中国标准 GB/T 20878—2007		美国标准 ASTM A959-04	日本标准 JIS G4303—1998 JIS G4311—1991	国际标准 ISO/TS 15510：2003	欧洲标准 EN 10088-1：1995 EN 10095：1999 等
	统一数字代码	牌号				
<200	S30408	06Cr19Ni10	S30400，304	SUS304	X5CrNil8-10	X5CrNil8-10，1.4301
	S30403	022Cr19Ni10	S30403，304L	SUS304L	X2CrNi19-11	X2CrNi19-11，1.4306
	S32168	06Cr18Ni11Ti	S32100，321	SUS321	X6CrNiTi18-10	X6CrNiTi18-10，1.4541
<1000	S31608	06Cr17Ni12Mo2	S31600，316	SUS316	X5CrNiMo17-12-2	X5CrNiMo17-12-2，1.4401
	S31603	022Cr17Ni12Mo2	S31603，316L	SUS316L	X2CrNiMo17-12-2	X2CrNiMo17-12-2，1.4404
<2000[a]	S31708	06Cr19Nil3Mo3	S31700，317	SUS317	—	—
	S31703	022Cr19Nil3Mo3	S31703，317L	SUS317L	X2CrNiMo19-14-4	X2CrNiMo18-15-4，1.4438
<5000[b]	S31708	06Cr19Ni13Mo3	S31700，317	SUS317	—	—
	S31703	022Cr19Ni13Mo3	S31703，317L	SUS317L	X2CrNiMo19-14-4	X2CrNiMo18-15-4，1.4438
海水[c]			S44660（Sea-Cure） S44735（AL29-4C） SN08366（AL-6X） SN08367（AL-6XN） S31254（254SMo）			

注 1. 未列入表中的不锈钢管如能通过试验验证，也可以选用。

2. 冷却水中Cl^-浓度小于 100mg/L，且不加水处理药剂时可以直接选用 S30403、S30408 或对应牌号的不锈钢管。

3. 表内同一栏中，排在下面的不锈钢的耐点蚀性能明显优于排在上面的不锈钢，但对耐蚀性能较低的管板的电偶腐蚀也更强。

[a] 可用于再生水。

[b] 适用于无污染的咸水。

[c] 用于海水的不锈钢管仅作选用参考。

不锈钢管管内允许流速为1.0～2.5m/s。

（2）冷却水中的悬浮物和泥沙含量对管材的使用有影响。各种管材均有冷却水悬浮物和泥沙含量限值。对于含沙量较少、含细泥较多的水，允许悬浮物含量可适当放宽。

（3）目前国产的凝汽器铜合金管只适用于清洁程度为洁净水的水质。当水质污染程度超过此限时，应根据实际水质情况，采用加氯处理、海绵球清洗、硫酸亚铁处理等措施。当水质污染较重时，还可采用限制排放措施，以减少其影响，或者选用耐污染水的不锈钢管或钛管。

（4）硫酸亚铁成膜处理是提高铜合金管耐蚀性能的有效手段。H68A和HSn70-1管在采用硫酸亚铁处理时，允许的悬浮物含量可提高到500～1000mg/L。HSn70-1管允许的溶解固形物含量可以提高到1500mg/L，氯离子含量可提高到200mg/L。

（5）选用凝汽器铜合金管时，对空抽区布置在中间部位的凝汽器以及空抽区铜管已有氨蚀的凝汽器，其空抽区宜采用BFe10-1-1、BFe30-1-1或不锈钢管。

（6）流速过低会造成悬浮物等在铜合金管内的沉积，易引起铜合金管的沉积物下腐蚀；流速过高会造成铜合金管的冲刷腐蚀。使用铜合金管时，应按照各种管子规定的流速条件，特别注意过低流速和过高流速的影响。

（7）钛管对氯化物、硫化物和氨具有较好的耐蚀性，耐冲击腐蚀的性能也较强。采用海水或咸水冷却的凝汽器宜使用钛管。对受污染的海水、悬浮物含量高或污染严重的水，应使用钛管。

（8）对确认水质会长期遭受污染或有恶化趋势而又无法改善时，宜选择适合水质条件的不锈钢管或钛管。

（9）采用钛管或不锈钢管时，应保证足够的流速，并采取完善的加氯处理、胶球清洗等措施，以保证所需的清洁度。

（五）多压凝汽器

冷凝式汽轮机设计成具有单一背压值，即与之配套的凝汽器具有单一设计压力值，这种凝汽器称为单压凝汽器。如果低压汽轮机有多个排汽缸，而且相应地有多壳凝汽器分别接收这些排汽缸的排汽，或者虽然是单壳凝汽器，但该凝汽器设计成具有多个独立的蒸汽室，分别接收各个排汽缸的排汽，那么，通过采取一定的措施，可以使多壳凝汽器的各个壳内或者凝汽器的各蒸汽室内达到不同的设计压力值。这种凝汽器称为多压凝汽器，它可以使汽轮机在多种不同的背压值下运行。在特定的条件下，采用多压凝汽器的经济性优于采用单压凝汽器。

多压凝汽器是现代大型电厂凝汽器研制发展的一个重要方向，在这方面美国、日本发展较早、较快，我国很多600MW汽轮机组都采用多压凝汽器。

1. 工作原理

大型电厂汽轮机通常有两个或两个以上的排汽缸及相应的排汽口。如果与每一个排汽口相连接的是独立壳体的凝汽器，或者把单壳凝汽器的汽侧分隔成与汽轮机排汽口数目相同的独立汽室，那么，让冷却水依次流过各独立壳体或各独立汽室内的冷却管，使各壳体或汽室在不同压力下运行，就形成了所谓的多压凝汽器。具有两个壳体或两个汽室的凝汽器可以构成双压凝汽器，具有三个壳体或三个汽室的凝汽器可以构成三压凝汽器，典型的双压凝汽器构成如图4-23所示。图中示出的是单壳体凝汽器，故用隔压板把壳体分隔成与汽轮机排汽口数目相同的、冷却面积基本相等的独立的两个汽室，冷却水应依次流过这两个汽室。

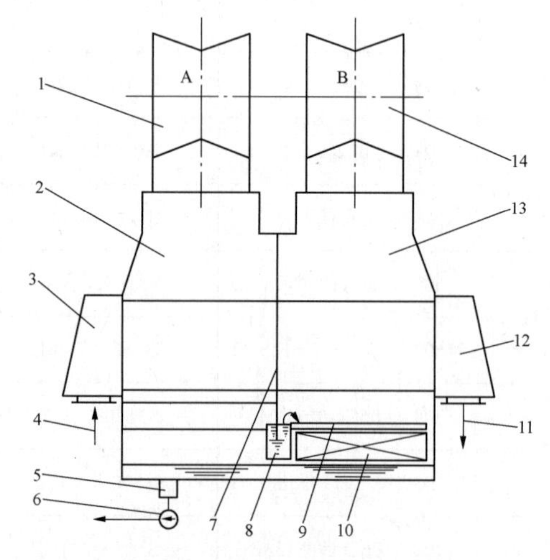

图4-23 双压凝汽器构成示意图

1—低压汽轮机A；2—汽室A（低压汽室，亦称冷段汽室）；3—进口水室；4—冷却水进口；5—凝结水出口；6—凝结水泵；7—隔压板；8—U形汽封室；9—凝结水分配栅；10—凝结水泼洒装置；11—冷却水出口；12—出口水室；13—汽室B（高压汽室，亦称热段汽室）；14—低压汽轮机B

图4-24（a）所示为常规单压凝汽器的传热过程。其中，温度为t_1的冷却水流过冷却管全长L并吸收热量Q后，温度升高至t_2，冷却水温升$\Delta t=t_2-t_1$；凝汽器压力p_s相应的饱和蒸汽温度$t_s=t_1+\Delta t+\mathrm{TTD}$，其中端差$\mathrm{TTD}=t_s-t_2$，而$t_s-t_1=\mathrm{ITD}$称为初始温差。

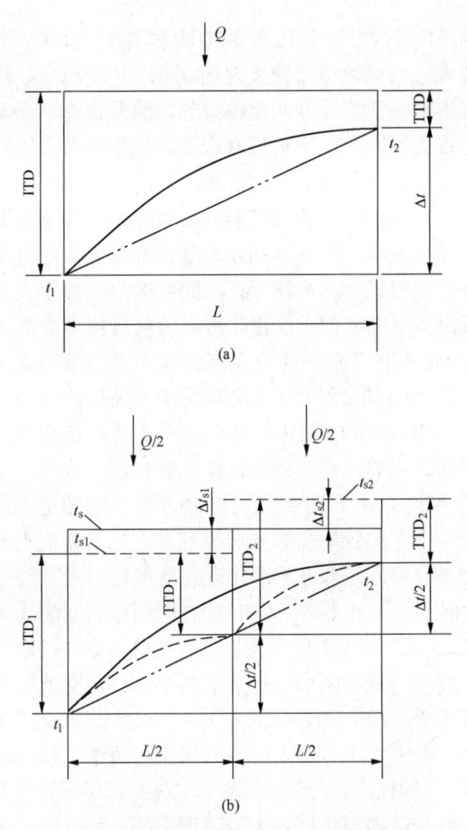

图 4-24　凝汽器内蒸汽与冷却水温度的关系

（a）单压凝汽器；（b）双压凝汽器

图 4-24（b）所示为双压凝汽器的传热过程，其中部的垂直分界线相当于图 4-23 中的隔压板，它把整个凝汽器的传热过程分隔成独立的两部分，左部相应于图 4-23 中的低压汽室，右部相应于图 4-23 中的高压汽室。两个汽室内的冷却面积相等。温度为 t_1 的冷却水依次流过这两个汽室，各自吸收热量 $Q/2$ 后温度升高 $\Delta t/2$，最后升至 t_2。两个汽室内各自的传热过程与单压凝汽器相类似，如图中虚线所示的蒸汽温度 t_{s1}、初始温差 ITD_1、温升 $\Delta t/2$ 和端差 TTD_1（低压汽室）以及 t_{s2}、ITD_2、$\Delta t/2$ 和 TTD_2（高压汽室）。由图 4-24（b）不难看出，鉴于冷却水是先流经左汽室并且温度升高至 $t_1+\Delta t/2$ 后才流经右汽室，并且最终温度升高至 $t_1+\Delta t/2+\Delta t/2$，因此左汽室内蒸汽温度 $t_{s1}<t_s$，相应的蒸汽压力 $p_{s1}<p_s$，故称低压汽室，而右汽室内蒸汽温度 $t_{s2}>t_s$，相应的蒸汽压力 $p_{s2}>p_s$，故称高压汽室。下面将要说明，在一般情况下，图 4-24（b）中 $\Delta t_{s1}=t_s-t_{s1}$ 将大于 $\Delta t_{s2}=t_{s2}-t_s$，亦即双压凝汽器内蒸汽平均温度 $t_{sm}=(t_{s1}+t_{s2})/2$ 将低于单压凝汽器内蒸汽温度 t_s，相应地 $p_{sm}<p_s$，这正是多压凝汽器的主要优越性所在。

2. 多压凝汽器的布置

大型电厂凝汽器的总体布置形式有多种，有纵向布置和横向布置，有单流程和双流程，有单壳和多壳。具体采用哪种布置形式，应根据电厂设备布置要求、汽轮机基座形式、冷却水管线布置和凝汽器设计条件等综合确定。原则上，单压凝汽器的各种总体布置形式都可以演变成多压凝汽器的总体布置形式，其关键是要满足多压凝汽器的根本要求：冷却水依次流过压力顺次增大的各壳体或各汽室内的冷却管束。

图 4-25（a）和图 4-25（b）所示为常见的纵向布置的单壳单流程单压凝汽器。在这种凝汽器的壳体中间位置上设置隔压板，将整个壳体分成低压和高压两个汽室，便得到双压凝汽器［见图 4-25（c）］，这时冷却水流向相同。类似地可以得到三压凝汽器，如图 4-25（d）所示。

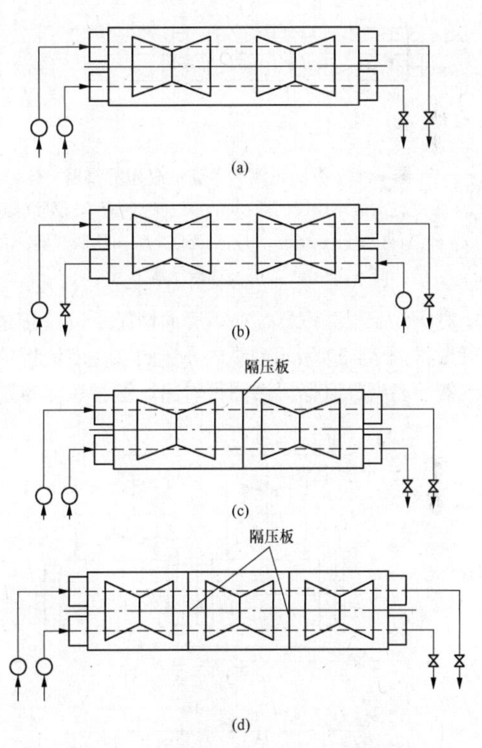

图 4-25　纵向布置的单壳单流程凝汽器

（a）同向流单压凝汽器；（b）逆向流单压凝汽器；

（c）双压凝汽器；（d）三压凝汽器

图 4-26 所示为纵向布置的多壳单流程单压凝汽器与多压凝汽器，与图 4-25 所示凝汽器相比，单根冷却管长度均大大缩短，方便了冷却管的安装，而且不必设置隔压板（对多压凝汽器而言）。但是，这类多壳凝汽器需增设中间水室，增大了尺寸和质量。由于长冷却管的供货和安装并无多大困难，隔压板技术已过关，因此趋向于采取图 4-25 所示的布置形式。

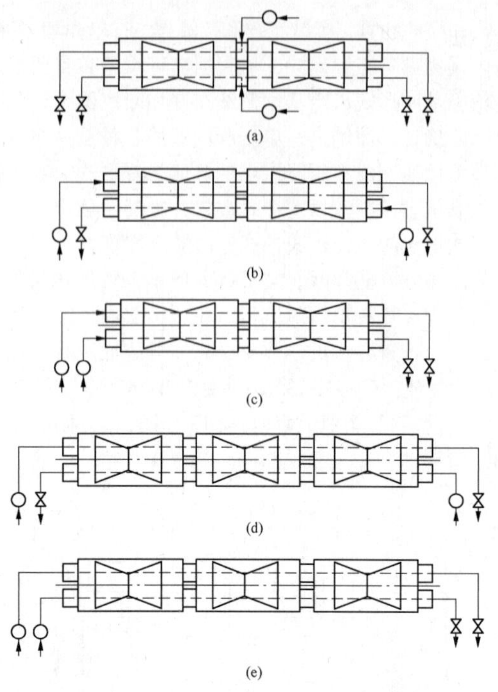

图 4-26　纵向布置的多壳单流程凝汽器

（a）双壳同向流单压凝汽器；（b）双壳逆向流单压凝汽器；
（c）双壳双压凝汽器；（d）三壳逆向流单压凝汽器；
（e）三壳三压凝汽器

对于双流程凝汽器，在单壳的情况下，通常是单压凝汽器。图 4-27 所示为纵向布置的多壳双流程单压凝汽器与多压凝汽器。由图可看出，这种总体布置形式的纵向尺寸很大，比图 4-26 所示形式还要大，而且冷却水进出口管道布置很困难。在多压情况下，这种布置形式会造成冷却水流路很长，温升很高，流动阻力也很大。因此，双流程凝汽器，特别是在多壳的情况下，很少采取纵向布置形式。

对于横向布置的凝汽器，在单壳的情况下，通常是单压凝汽器。图 4-28 所示为横向布置多壳凝汽器的各种布置形式。图 4-28（a）、图 4-28（b）所示双壳单压凝汽器（前者为单流程，后者为双流程）及图 4-28（d）、图 4-28（e）所示三壳单压凝汽器（前者为单流程，后者为双流程）在大型电厂中获得广泛应用。相应于图 4-28（a）和图 4-28（d）的双壳单流程双压凝汽器和三壳单流程三压凝汽器也获得广泛应用，分别如图 4-28（c）和图 4-28（f）所示。必须指出，从布置示意图上比较单压和多压凝汽器，似乎变化不大，只是需要将双压凝汽器两个壳相应的出口水室连接起来，但实际上并不那么简单。对于单压凝汽器［见图 4-28（a）］，每台冷却水泵的水量是由两个进口水室进入，并分别流经两个通道后从两个出口水室流出。对于双压凝汽器［见图 4-28（c）］，每台冷却水泵的水量是由一个进口水室进入，并顺次流经两个壳体的通道后从一个出口水室流出。因此，双压凝汽器的热力设计参数及结构形状都将大大区别于单压凝汽器。此外还必须指出，横向布置的多壳双流程凝汽器一般均为单压凝汽器，因为多压凝汽器冷却水流路径很长，温升很高，流动阻力也很大。

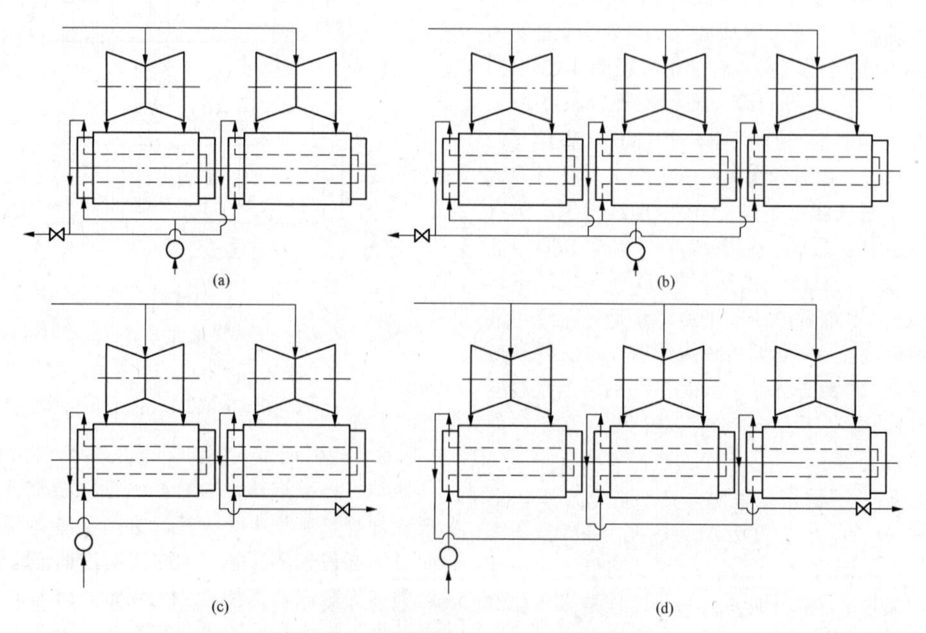

图 4-27　纵向布置的多壳双流程凝汽器

（a）双壳单压凝汽器；（b）三壳单压凝汽器；（c）双壳双压凝汽器；（d）三壳三压凝汽器

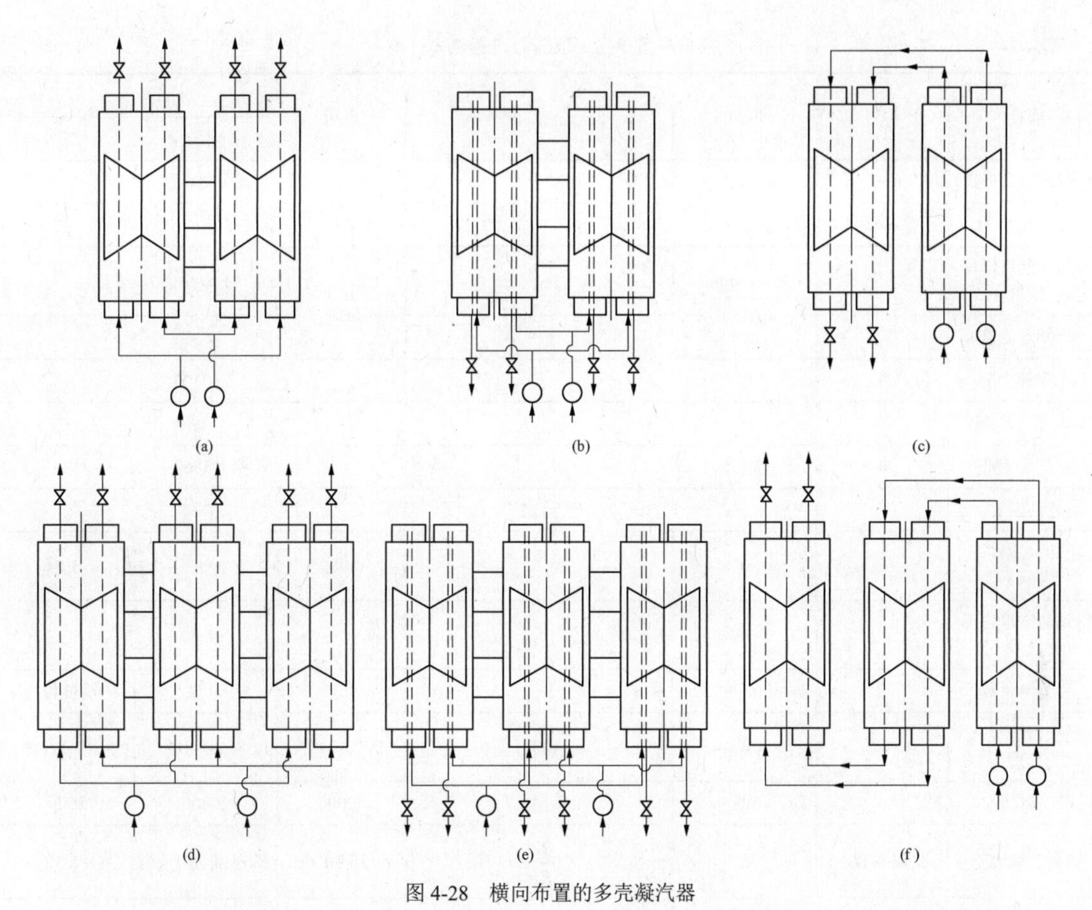

图 4-28　横向布置的多壳凝汽器

(a) 双壳单流程单压凝汽器；(b) 双壳双流程单压凝汽器；(c) 双壳单流程双压凝汽器；(d) 三壳单流程单压凝汽器；(e) 三壳双流程单压凝汽器；(f) 三壳单流程三压凝汽器

3. 多压凝汽器的热力计算

多压凝汽器热力计算的基本原理、方法、公式和步骤与单压凝汽器完全相同，只是在热力计算过程中要注意下述几点：

(1) 确定各汽室的冷却水的流量（冷却倍率）、流速、流程数和进出口温度。

(2) 明确多压凝汽器的热力计算是建立在下列原则基础上的：低压汽轮机各排汽缸排入多压凝汽器相应各汽室的蒸汽量相等；各汽室的热负荷相等；各汽室的冷却面积相等；各汽室的冷却水温升相等。

(3) 进行单压凝汽器与多压凝汽器方案比较而进行热力计算时，要特别注意凝汽器纵向布置和横向布置的不同特点。

4. $2\times20000m^2$ 双壳双压单流程凝汽器热力计算示例

火电 600MW 机组确定采用横向布置双壳单流程双压凝汽器，其详细特性数据见图 4-16 及表 4-15。图 4-29 (a) 所示为该双压凝汽器的外形与布置，图 4-29 (b) 所示为设想的单压凝汽器的外形与布置情况。为了说明双压凝汽器的优越性，利用核算（或称反算）的方法计算了单压与双压凝汽器在设计工况下的压力值（见表 4-24）。可以看出，双压凝汽器的压力值比正式产品的计算特性值（见表 4-15）均稍低。

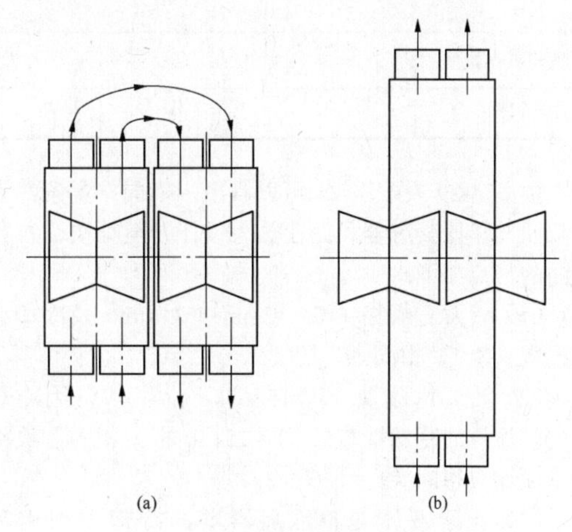

图 4-29　横向布置的凝汽器

(a) 双壳单流程双压凝汽器（设计方案）；
(b) 单壳单流程单压凝汽器（对比方案）

表 4-24 横向布置单压、双压凝汽器热力计算

项目	符号	单位	公式或来源	单压	双压	
					低压	高压
凝汽器布置形式	—	—	—	横向布置		
流程数	Z	—	—	1		
冷却管的材料与规格	—	mm×mm	—	HSn70-1，ϕ28.57×1.24		
冷却水流速	v_w	m/s	—	1.97		
冷却管数量	N	根		30300		
冷却管有效长度	L	m		14.70		
冷却水流量	W	kg/s		15867		
清洁系数	F_c	—	给定	0.85		
冷却水温修正系数	F_t	—		0.985	0.985	1.04
材料与壁厚修正系数	F_m	—		1.00		
总传热系数	K	W/（m²·℃）		3172	3172	3349
凝汽器的蒸汽负荷	Q	W	给定	722.6×10^6	361.3×10^6	361.3×10^6
冷却面积	A	m²	已知	40000	20000	20000
对数平均温差	LMTD	℃	$\frac{Q}{KA}$	5.70	5.70	5.39
冷却水温升	Δt_w	℃	$\frac{Q}{Gc_w}$，c_w=4187J/（kg·℃）	10.88	5.44	5.44
冷却水进口温度	t_1	℃	给定或计算	20	20	25.44
终端温差	TTD	℃	$\frac{\Delta t_w}{\exp\left(\frac{KA}{4187W}\right)-1}$	1.89	3.40	3.13
饱和蒸汽温度	t_s	℃	$t_1+\Delta t_w+\mathrm{TTD}$	32.77	28.84	34.01
凝汽器压力	p_c	kPa		4.96	3.96	5.32

由图 4-29 及表 4-24 可以看出，横向布置条件下的双压与单压凝汽器相比在热力设计乃至结构、布置方面的特点如下：

（1）冷却管规格（ϕ28.57mm×1.24mm）及冷却水流程数（Z=1）相同。

（2）冷却水流量（W=15867kg/s）相等，因冷却水同时流过的冷却管数量（N=15150 根）相同，故冷却水流速也相同（v_w=1.97m/s）。

（3）由于双压与单压凝汽器的冷却面积相等（40000m²），并且双压凝汽器具有长 L=14.7m 的冷却管 2×15150 根，因此单压凝汽器应具有长 L=2×14.7m 的冷却管 15150 根。

（4）双压凝汽器低压室与高压室的热负荷相同，冷却水温升相同，均各为单压凝汽器相应值的一半。

（5）双压凝汽器低压汽室与高压汽室相比，其对数平均温差较高，而总传热系数较小。

（6）在维持冷却水流量相同和总冷却面积相等的情况下，双压凝汽器压力从单压的 4.96kPa 降低至 4.61kPa。

综上所述，在横向布置的情况下，多压凝汽器的热力设计并非在单压凝汽器设计布置方案的基础上进行，而应根据机组总体布置条件和凝汽器本身的设计要求进行。图 4-29（b）所示单压凝汽器仅仅是为了与双压凝汽器相比而设想出来的，实际工程设计中不可

能出现如此细长布置的凝汽器。工程设计中可能出现的横向布置单压凝汽器如图 4-28（a）所示。从外形尺寸布置上看，它与图 4-29（a）所示的双压凝汽器基本相同，但冷却水流量相差 1 倍，热力特性相差很远，不能简单地与双压凝汽器对比。

对于横向布置的双压凝汽器，也应进行变工况核算，得到冷却水流量不少情况下的 $p_c=f(D_c, t_1)$ 特性线，并根据汽轮机微增功率曲线具体计算不同 D_c、不同 t_1 下运行时汽轮机功率的增减值。

必须指出，以上两个计算实例都是在假定冷却水流量不变的条件下进行的。也可以假定凝汽器压力或冷却面积不变，利用类似的方法和程序，进行单压与多压凝汽器的热力性能计算和比较。

5. 经济效益分析

（1）概述。在常规单压单流程凝汽器中，汽轮机排汽的较大部分是在靠近冷却水进口段的管束上凝结的，因为这里的冷却水温度较低。随着冷却水在冷却管内的流动，冷却水的温度逐渐升高，因而管束上凝结的蒸汽负荷逐渐降低。在靠近冷却水出口段的管束上，蒸汽负荷最低，因为其中冷却水温度较高。所以，在这种凝汽器中，沿管束长度方向上，蒸汽负荷是不均匀的。对双流程的凝汽器，或者虽然是单流程凝汽器，但同一壳体内两个对称管束冷却管内的冷却水流方向相反时，则可在一定程度上减轻这种蒸汽负荷的不均匀性。

在多压凝汽器，如双压凝汽器中，无论是单流程还是双流程，根据前述定义，冷却水将依次流过低压汽室和高压汽室内的冷却管，而且两个汽室接收的排汽量是相等的。因此，在低压汽室内，冷却水温较低，而蒸汽饱和温度也较低；在高压汽室内，冷却水温较高，而蒸汽饱和温度也较高。多压凝汽器从根本上改善了蒸汽负荷的不均匀性，从而提高了凝汽器的传热性能，也就提高了机组的经济性。

与单压凝汽器相比，多压凝汽器在传热性能上的优越性还可粗略、直观地通过图 4-30 加以说明。

首先，从温升曲线形状进行说明。单压凝汽器的冷却水温升曲线呈抛物线形状［见图 4-30（a）］，而多压凝汽器的则趋于直线［见图 4-30（b）、图 4-30（c）］。由此可见，在多压凝汽器的传热过程中，冷却水温度除了在进口处（t_1）和出口处（t_2）与单压凝汽器相等外，其余均比单压凝汽器低，因此多压凝汽器的传热性能优于单压凝汽器。

其次，从凝汽器传热平均温差 Δt_m 加以说明。在单压凝汽器中，冷却水温度按抛物线升高，蒸汽与冷却水之间的传热是在对数平均温差下进行的，而在多压凝汽器中，冷却水温度趋于按直线升高，传热趋于在算术平均温差下进行，如图 4-30 所示。从凝汽器热平衡方程 $Q=D_c(h_s-h_c)=K \cdot A \cdot LMTD$ 可知，假定多压凝汽器和单压凝汽器中蒸汽的 D_c、(h_s-h_c) 及 K、A 都相等，则多压凝汽器 LMTD 的增加必然导致 t_{sm} 的降低，如图 4-30（b）和图 4-30（c）所示。

多压凝汽器的经济效益还表现在另一方面：由于高压汽室中的蒸汽温度 $t_{s2}>t_{sm}$ 和低压汽室中的蒸汽温度 $t_{s1}<t_{sm}$，因此若将低压汽室中温度为 t_{s1} 的凝结水设法送入高压汽室，并且利用高压汽室中的蒸汽将它加热到 t_{s2}，则送往锅炉的凝结水的温度将高于 t_{sm}，从而又可使循环热效率进一步提高。

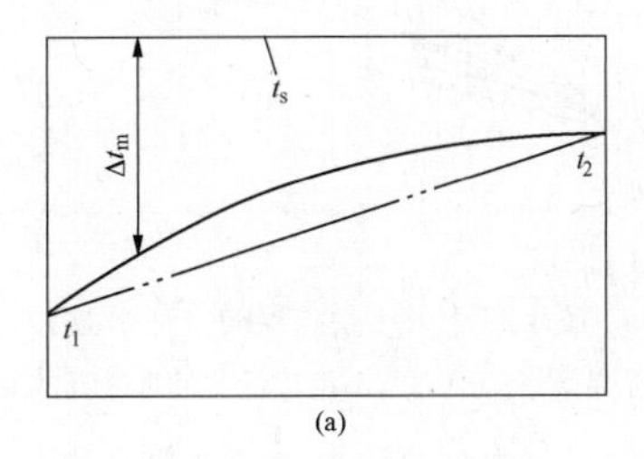

(a)

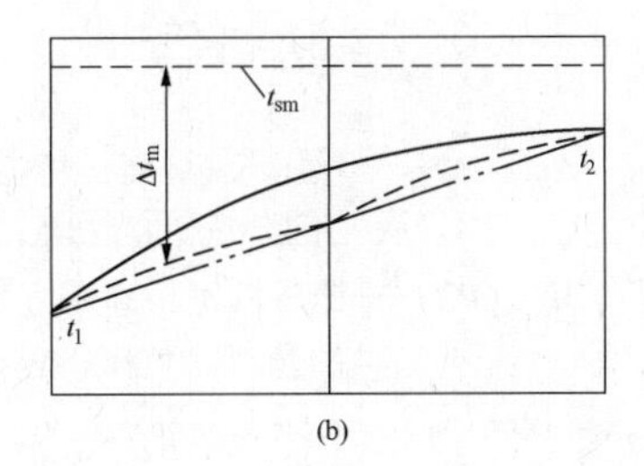

(b)

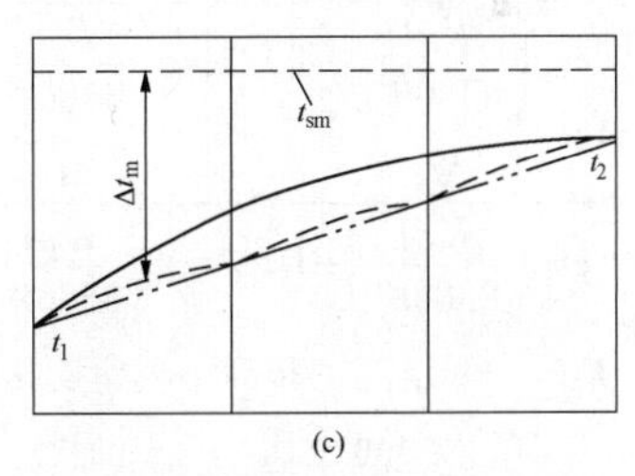

(c)

图 4-30　多压凝汽器工作原理图
（a）单压凝汽器；（b）双压凝汽器；（c）三压凝汽器

影响多压凝汽器经济效益高低的两个主要因素为：

1）汽室数目。多压凝汽器汽室数目越多，平均压力越低、效益越高。这是由于冷却水温升曲线越接近于直线的原因，如图 4-30（b）和图 4-30（c）所示。

2）进口冷却水温度和冷却水温升。在凝汽器同一平均压力及相应的同一平均饱和温度下，多压凝汽器进口冷却水温越高和冷却水温升越大，效益也越高，如图 4-31（a）和图 4-31（b）所示。

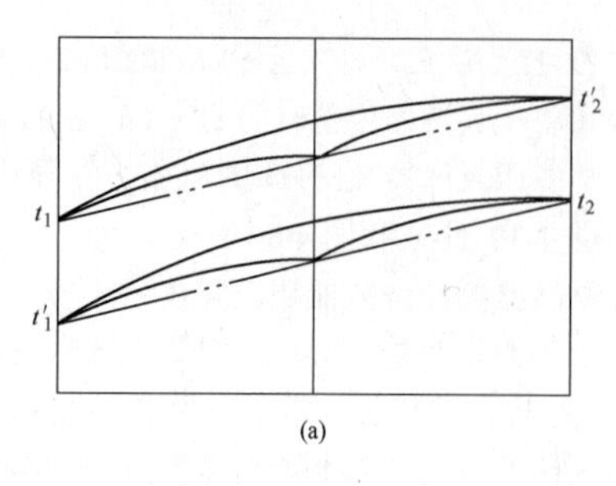

(a)

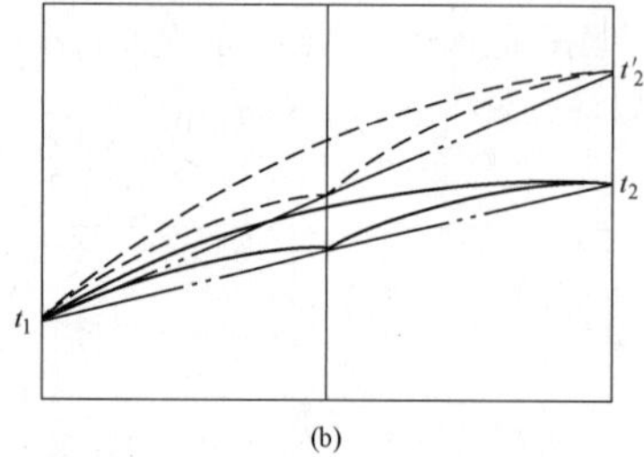

(b)

图 4-31 多压凝汽器的冷却水温

（a）提高进口冷却水温度；（b）增加冷却水温升

（2）多压凝汽器经济效益的定量计算公式：

$$\Delta t_1=\Delta t_2=\frac{1}{2}\Delta t=\frac{Q/2}{c_{\mathrm{w}}G}$$

式中 Δt_1、Δt_2、Δt——低压汽室、高压汽室和整个双压凝汽器的冷却水温升，℃；

$Q/2$——低压汽室和高压汽室中等量的蒸汽热负荷，W。

低压汽室和高压汽室的端差分别为：

$$\mathrm{TTD}_1=\frac{\Delta t_1}{\exp\left(\dfrac{K_1A}{8380W}\right)-1}=\frac{\Delta t}{2\exp\left(\dfrac{K_1A}{8380W}\right)-1}$$

$$\mathrm{TTD}_2=\frac{\Delta t_2}{\exp\left(\dfrac{K_2A}{8380W}\right)-1}=\frac{\Delta t}{2\exp\left(\dfrac{K_2A}{8380W}\right)-1}$$

式中 K_1、K_2——低压汽室和高压汽室的传热系数，W/（m²·℃）。

双压凝汽器低压汽室和高压汽室内的蒸汽温度分别为：

$$t_{\mathrm{s1}}=t_1+\frac{\Delta t}{2}+\mathrm{TTD}_1$$

$$t_{\mathrm{s2}}=t_1+\frac{\Delta t}{2}+\frac{\Delta t}{2}+\mathrm{TTD}_2=t_1+\Delta t+\mathrm{TTD}_2$$

蒸汽的平均温度计算式：

$$t_{\mathrm{sm}}=\frac{t_{\mathrm{s1}}+t_{\mathrm{s2}}}{2}=t_1+\frac{3}{4}\Delta t+\frac{\mathrm{TTD}_1+\mathrm{TTD}_2}{2}$$

单压凝汽器内蒸汽温度：

$$t_{\mathrm{s}}=t_1+\Delta t+\mathrm{TTD}$$

双压凝汽器经济效益的蒸汽平均温度降低值：

$$\Delta t_{\mathrm{s}}=t_{\mathrm{s}}-t_{\mathrm{sm}}=\frac{1}{4}\Delta t+\mathrm{TTD}-\frac{\mathrm{TTD}_1+\mathrm{TTD}_2}{2}$$

根据上述公式，对多压凝汽器的经济效益可概括说明如下：

1）按照多压凝汽器各汽室的温度 t_{s1}、t_{s2}、…分别决定各汽室的压力 p_{s1}、p_{s2}、…，但多压凝汽器的平均压力不能按 p_{s1}、p_{s2}、…的平均值确定，而应按 t_{s1}、t_{s2}、…计算平均温度 t_{sm} 后，再根据 t_{sm} 计算饱和压力来确定。

2）当冷却水温升 Δt 增加（即冷却倍率或冷却水流量减小）时，多压凝汽器的经济效益 Δt_{s} 将提高。由于凝汽器内传热现象的复杂性，TTD、TTD_1、TTD_2、…分别与传热系数 K、K_1、K_2、…有关，而传热系数又与冷却水进口温度等因素相关。因此，试图准确地计算多压凝汽器的经济效益是较复杂的。国内外多台多压凝汽器详细计算的结果表明：进口冷却水温度 t_1 越高，Δt_{s} 越大，效益越高；t_1 低于某一界限值时，Δt_{s} 很小，甚至没有效益。

3）上述公式未包括由于低压汽室凝结水在高压汽室被加热而带来的经济效益，这部分效益不受凝汽器内传热过程复杂性和冷却水进口温度高低的影响。

（3）双压凝汽器和单压凝汽器的经济性比较。采用双压凝汽器的先决条件是汽轮机低压缸为 4 个及以上排汽口。300MW 级机组大都为 2 个排汽口，某工程安装 4 个排汽口的 300MW 机组，采用双压凝汽器比较经济，但因制造厂报价太高而没有采用。600MW 级汽轮机大都是 4 个排汽口，适于采用双压凝汽器。1000MW 级汽轮机一般为 6 个排汽口，可采用三压或双压凝汽器。

双压凝汽器的经济性，以一 2×600MW 机组为例来说明。

进行循环水系统优化时，对单压与双压凝汽器进行了比较。冷却倍率采用 40～60；与凝汽器采用 30000、35000m² 和 40000m² 三方案组合进行比较，比较结果表明：冷却倍率较低时，双压凝汽器平均排汽温度较单压的低 1.5℃左右；冷却倍率较高时，两者排汽温度差为 1℃左右。设计推荐采用双压凝汽器。

初步设计审批及各种资料齐全后，对采用双压凝汽器的经济性进行了核算。循环水系统各主要参数如下：

凝汽器面积 2×18000m²

凝汽量 1231t/h

排汽焓差 2172kJ/kg

冷却倍率 55

冷却管尺寸 ϕ25mm×1mm

冷却管流速 2.01m/s

循环水泵容量 3×33%额定流量

核算结果如表 4-25 所示。

表 4-25　　双压凝汽器与单压凝汽器的比较

比 较 项 目	参数		
	夏	春、秋	冬
月数	3	4	5
冷却水温（℃）	29.15	21.65	15.27
开泵台数	3	2	2
冷却倍率	55	41	41
双压凝汽器排汽平均温度（℃）	40.0	35.53	29.32
单压凝汽器排汽温度（℃）	40.96	36.98	30.84
单、双压凝汽器排汽温差（℃）	0.96	1.45	1.52
热耗率差值（%）	0.4	0.3	0.15
年均热耗率差值（%）	0.26		
年均节约电功率（kW）	1560		
年均节约燃料费（万元）[电费 0.1 元/（kW·h），折减系数 0.6]	60.8		

根据工程优化计算及其他资料介绍，双压凝汽器的经济性主要表现在：

1）计算表明，双压凝汽器的平均排汽温度较单压凝汽器低 1～1.5℃，亦即相当于循环水温度降低 1～1.5℃。这对循环水系统设计而言是很重要的。

2）双压凝汽器在水温高时比水温低时更有利。这是因为饱和蒸汽压力与汽温关系曲线和汽轮机热耗率与背压关系曲线两者在水温高时均较陡。但苏联 800MW 机组在采用冷却池方案时，年平均水温仅 13℃，仍采用双压或三压凝汽器。

3）双压凝汽器在冷却倍率较低（即 Δt 较大）时更有利。这对循环供水系统采用“低倍率、高温差”时有利。对采用一机三泵方案，常年只开两泵也有利。

4）低压汽室凝结水被加热到高压汽室的凝结水温度后，汽轮机热耗率还有所降低，为双压凝汽器热效益的 10%～20%。

5）双压凝汽器的终端温差（排汽与出水的温差）较大，一般不会降到 2.8℃以下，凝汽器特性较有保证。

按我国条件和工程实践，600MW 湿冷机组大都采用双压凝汽器。

6. 多压凝汽器的应用

（1）降低热耗。假定设计工况下凝汽器压力为 5kPa，则汽轮机组热耗的变化率（%）与凝汽器真空的关系大致如图 4-32 所示。利用该图可粗略地估计，由于多压凝汽器在较低的平均压力下工作而使汽轮机组降低的热耗。

从汽轮机原理可知，根据末级特性，汽轮机背压与微增功率的关系并非纯粹的直线关系，当背压较低时，再降低背压只能使功率稍许增加，甚至不再增加，图 4-32 所示热耗修正曲线左部趋于平坦便可证实这一点。此外，如前所述，只有当进口冷却水温度超过某一限值时，双压凝汽器蒸汽平均温度的降低值才能为正值，这种情况可概略地用图 4-33 说明。图中，ΔP_r 表示由于低压汽室凝结水被加热到 t_{s2} 而引起末级低压加热器抽汽量的减少，从而使汽轮机末级蒸汽通流量增加所产生的附加功率。在某一冷却水进口温度 t_1 下，低压汽室内较低蒸汽压力引起的汽轮机功率的增加量 ΔP_1 加上 ΔP_r 等于高压汽室内较高蒸汽压力引起的汽轮机功率的减少量 $\Delta P_1'$，此时汽轮机功率不增不减。当冷却水进口温度达到 t_1' 时，ΔP_2 恰好等于 $\Delta P_2'$，此时汽轮机功率增加了 ΔP_r。当冷却水进口温度越过 t_1' 达到 t_1'' 时，汽轮机功率增加 $\Delta P = \Delta P_r + (\Delta P_3 - \Delta P_3')$。

汽轮机功率增加意味着热耗的降低，这对燃料费较贵的电厂是有利的。

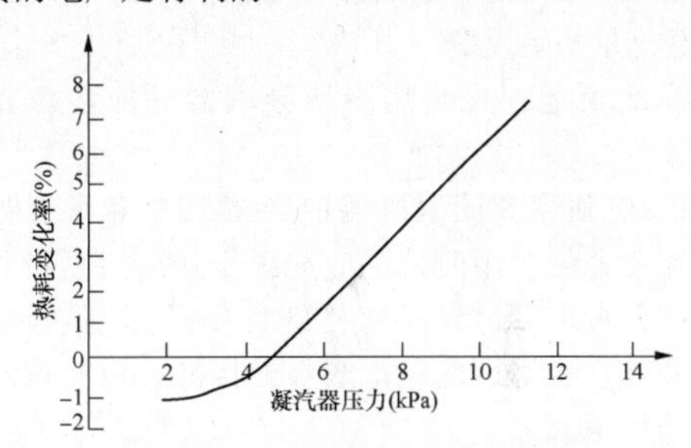

图 4-32　汽轮机组热耗修正曲线

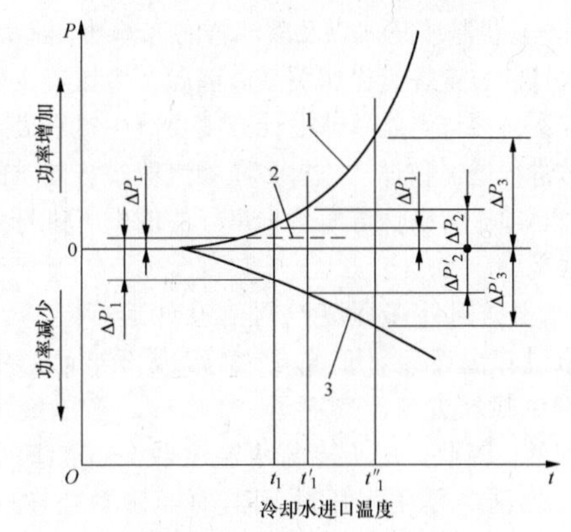

图 4-33　配置双压凝汽器的汽轮机的功率的增减示意图

1—低压汽室压力降低引起的功率增加；
2—低压汽室凝结水被加热引起的功率增加；
3—高压汽室压力升高引起的功率减少

（2）减少冷却面积和冷却水流量。对于降低初始投资有重要意义的凝汽器（例如钛凝汽器），可把多压凝汽器平均蒸汽压力调整到单压凝汽器压力值，即维持汽轮机功率（或热耗）不变，从而使多压凝汽器冷却面积减少。

如果减小凝汽器冷却水流量有重要意义（例如配置冷却塔的凝汽器），则多压凝汽器可减小冷却水流量，提高经济效益。此时，可把多压凝汽器的压力及冷却面积都保持在与单压凝汽器相同的条件下，而使多压凝汽器冷却水流量减小。为了减小冷却水流量，可降低冷却管内的流速或减少冷却管数量（相应地增加冷却管长度）。减小凝汽器冷却水流量，将降低包括冷却水泵及其驱动机械、冷却塔在内的整个冷却水系统的建造费用和运行费用。

在保持汽轮机功率（或热耗）不变的情况下，多压凝汽器亦可根据设计需要同时减少冷却面积和冷却水流量，以提高经济效益。

（3）改善凝汽器布置。对于多压凝汽器，根据其定义，容许（有时甚至有必要）采用较长的冷却管。由长冷却管构成的凝汽器比由短冷却管构成的凝汽器的横截面小，壳体质量轻，并且土建工作量小，甚至容许使用单壳体而不必采用双壳体，因此可以减少凝汽器建造的初始投资。

综上所述，在选用多压凝汽器时应注意以下几点：

1）在估算多压凝汽器的经济效益并考虑如何发挥该效益的作用时，不应局限于从凝汽器设计和投资的角度出发，还应计及整个冷却水系统设备的投资和运行费用、汽轮机末级的特性，以及电厂的燃料费用等。

2）多压凝汽器具体结构形式的确定与电站设备布置、汽轮机基座形式以及凝汽器的壳体数、流程数、冷却水管线布置等有密切关系。因此，多压凝汽器的设计方案必须与电站总体设计方案及汽轮机组设计方案同时进行论证和评估。对多压凝汽器经济效益的评估，也必须在其设计方案基本可行的前提下进行才有实际意义。

3）根据国外多压凝汽器的设计运行经验，当冷却水进口温度设计值高于 21℃或一年运行中多数月份冷却水进口温度高于 21℃时，多压凝汽器是有利的。因此，对于冷却水温度较高或冷却水不充裕的地区，采用多压凝汽器的经济效益比较明显。当然，在此基本前提下，能否实现多压凝汽器的设计，还要根据其他诸如汽轮机末级特性、冷却水系统、凝汽器的布置和结构等条件进行综合论证后确定。

（六）凝汽器特性曲线示例

1. 双背压凝汽器

（1）主要设计技术数据：

单台机组容量	600MW
凝汽器型式	双壳体、双背压、单流程、回热式
凝汽器面积	36000m²
冷却水流量	67700m³/h
冷却水温	20℃
冷却水温升	10.95℃
冷却水流速	2m/s
冷却管径及壁厚	ϕ25mm×1mm
冷却管有效长度	10.23m
冷却管数量	44800 根
冷却管材料	主凝结区 HSn70-1A、空气冷却区 B30
凝汽器压力	4.14/5.32kPa
冷却管水阻	49.03kPa

（2）凝汽器特性曲线。不同冷却水流量下凝汽器的特性曲线见图 4-34～图 4-37。凝汽器的水阻曲线见图 4-38。

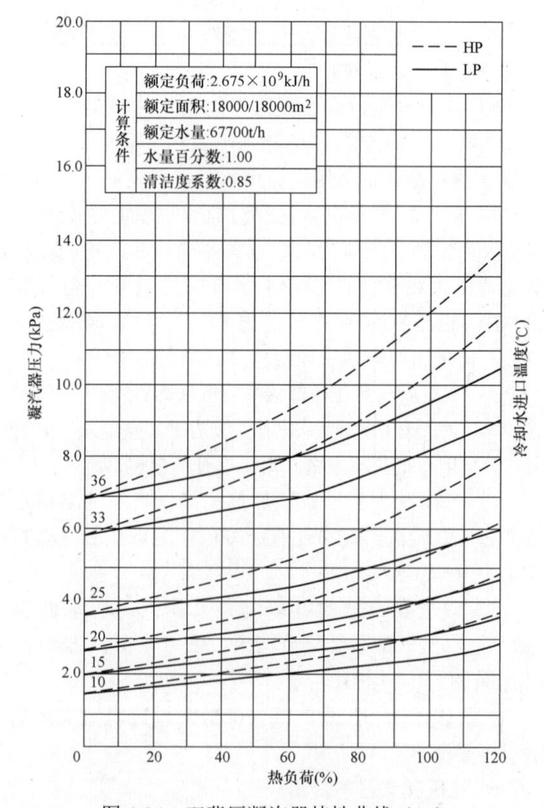

图 4-34 双背压凝汽器特性曲线（一）

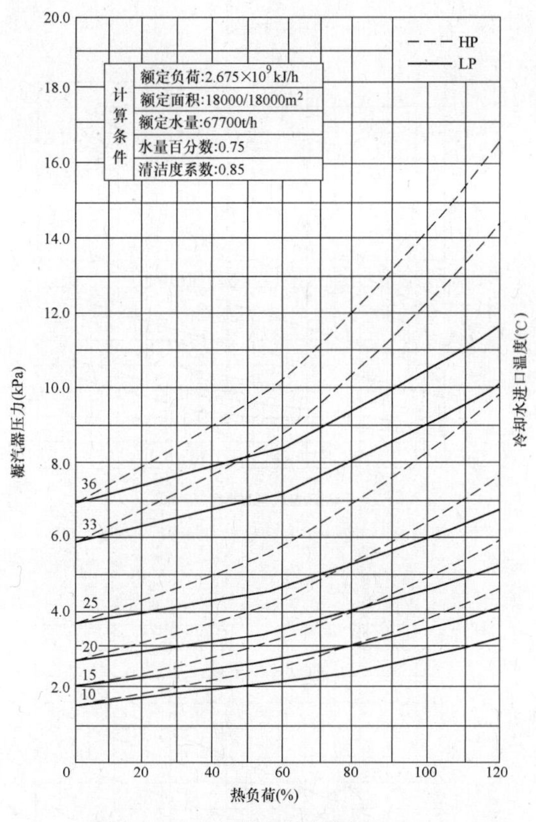

图 4-35　双背压凝汽器特性曲线（二）

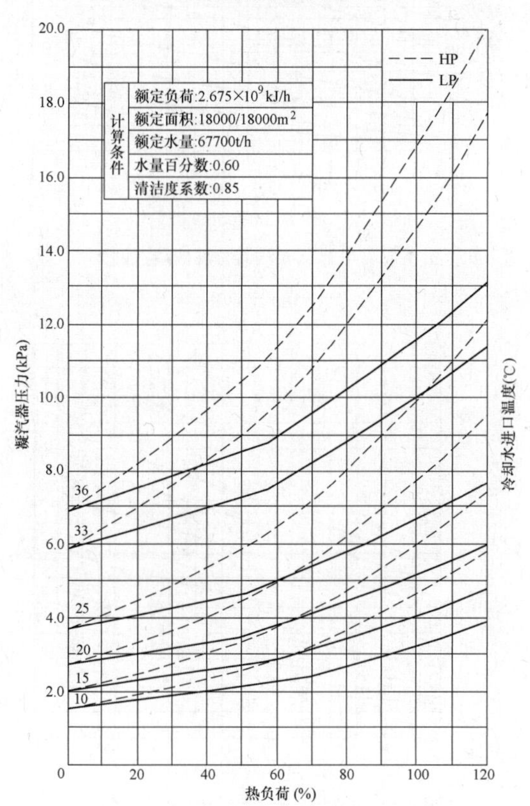

图 4-36　双背压凝汽器特性曲线（三）

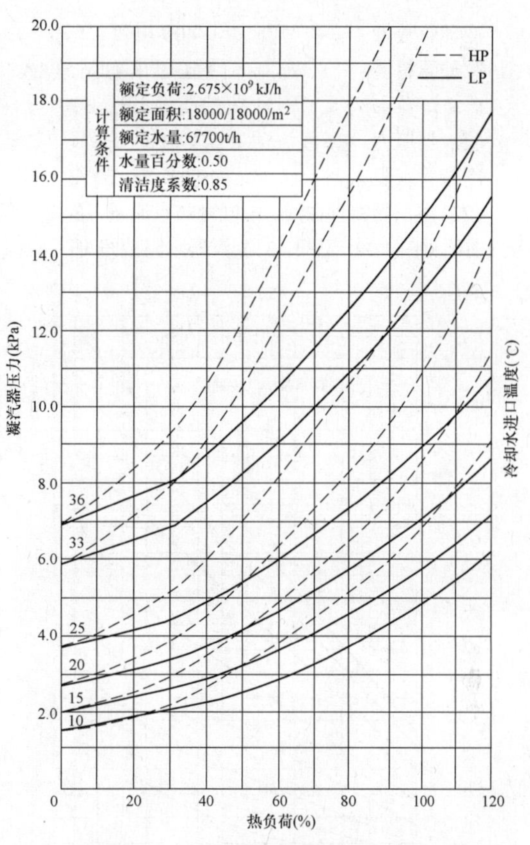

图 4-37　双背压凝汽器特性曲线（四）

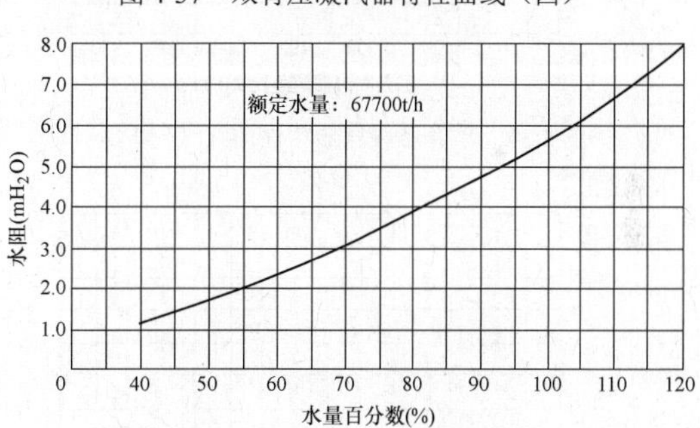

图 4-38　双背压凝汽器水阻曲线

2. 单背压凝汽器

（1）主要设计技术数据：

单台机组容量	300MW（引进型机组）
凝汽器型式	单壳体、单背压、双流程
凝汽器面积	16000m^2
冷却水流量	28800m^3/h
净热负荷	673377kJ/s
冷却水温	20℃
冷却水温升	10.95℃
冷却水流速	≤2.0m/s
冷却管径及壁厚	ϕ25mm×1mm
冷却管有效长度	12.50m

冷却管数量	19400 根
冷却管材料	主凝结区 HSn70-1A、空气冷却区 B30
凝汽器压力	5.39kPa
冷却管水阻	49.03kPa

（2）凝汽器特性曲线。不同冷却水流量下的凝汽器特性曲线见图 4-39～图 4-43。凝汽器水阻曲线见图 4-44。

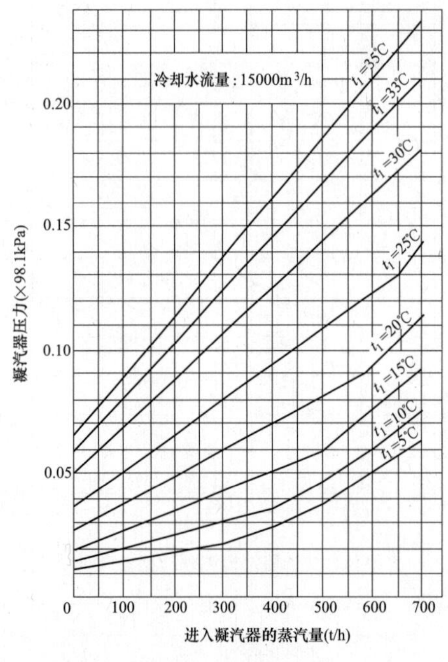

图 4-39　单背压凝汽器特性曲线（一）

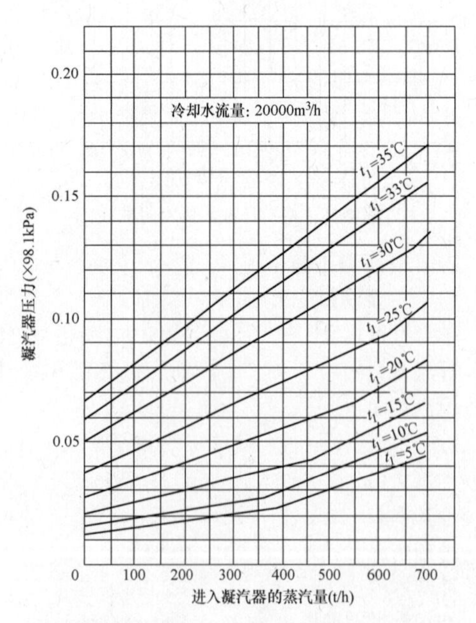

图 4-40　单背压凝汽器特性曲线（二）

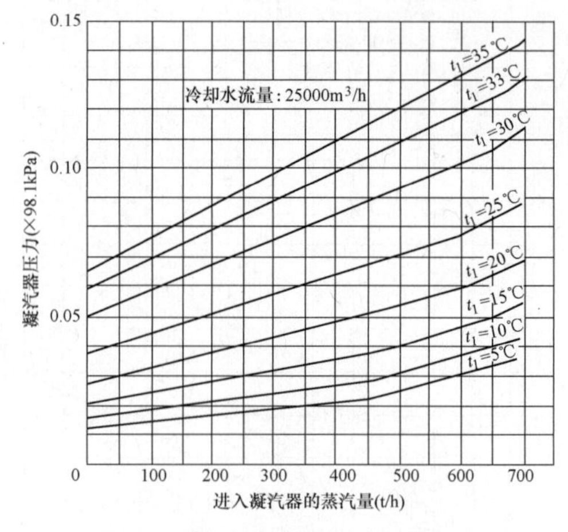

图 4-41　单背压凝汽器特性曲线（三）

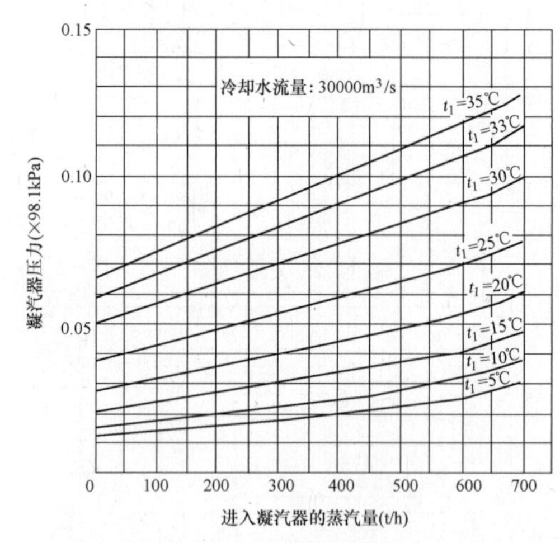

图 4-42　单背压凝汽器特性曲线（四）

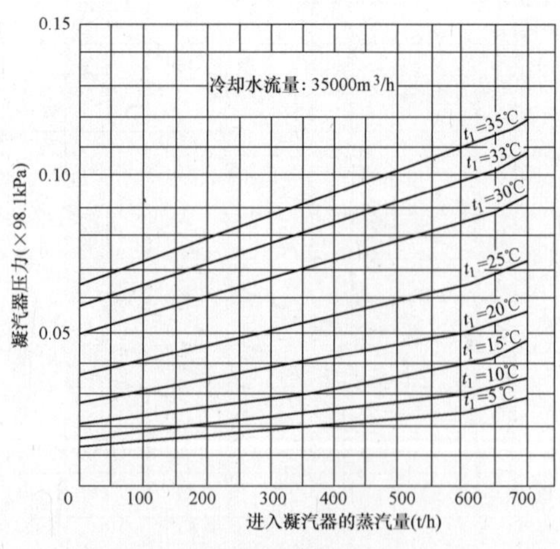

图 4-43　单背压凝汽器特性曲线（五）

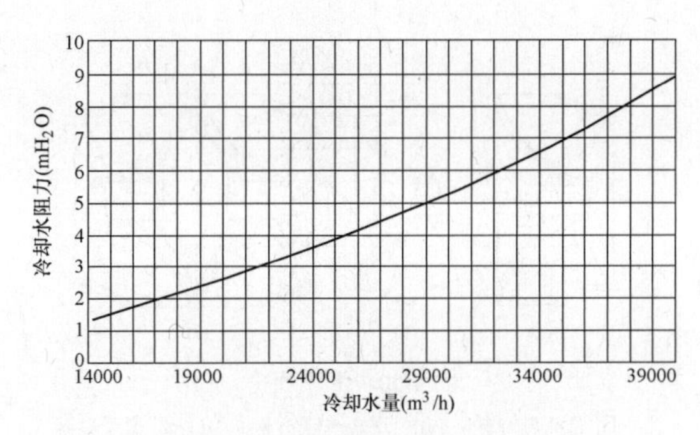

图 4-44　单背压凝汽器水阻曲线

五、循环水泵的特性及选用

（一）水泵的一般特性

1. 比转速

两台泵相似的三个条件是：过流部分几何相似；各相应点的液体速度和速度三角形相似（即运动相似）；两台泵相应点作用在液体上的同名力（如惯性力、黏性力、重力）的比值相等。

以比转速 n_s 作为一系列几何相似泵的特征数或判别数。在相似工况下，相似两泵的比转速必然相等。比转速 n_s 以最高效率点参数进行计算：

$$n_s = 3.65 \times \frac{n\sqrt{Q}}{H^{3/4}} \tag{4-34}$$

式中　n_s——比转速；

n——水泵转速，r/min；

Q——水泵流量，m^3/s，双吸泵以 $Q/2$ 代入；

H——水泵扬程，m，以单级泵扬程代入。

比转速 n_s 不是无因次数，各国采用的公式及性能参数单位不同，计算得到的比转速也不同，见表 4-26。

表 4-26　　比转速换算表

公式		$3.65\frac{n\sqrt{Q}}{H^{3/4}}$	$\frac{n\sqrt{Q}}{H^{3/4}}$			
国别		中国、俄罗斯（n_s）	德国（n_q）	日本（N_s）	英国（N_s）	美国（N_s）
单位	n	r/min	r/min	r/min	r/min	r/min
	Q	m^3/s	m^3/s	m^3/min	英 gal/min	ft^3/min
	H	m	m	m	ft	ft
系数		1	0.274	2.12	12.9	5.17	14.15

2. 叶轮型式

叶轮是由叶片组成的水泵转动部分。叶轮将传到泵轴的机械能转换成以流量、扬程和效率为主要表征的水泵输出能量。

根据液体在叶轮中的流态，叶轮型式可分为：

（1）径向流，亦称离心式。比转速为 35～150，叶轮型式见图 4-45 和图 4-46。

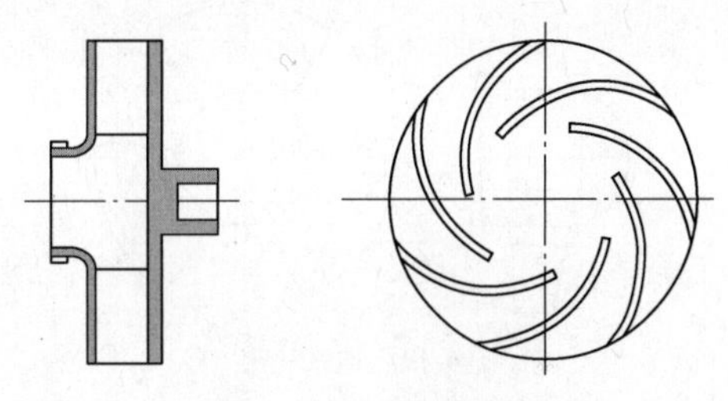

图 4-45　纯径向流叶轮
（前视图中前侧板移去）

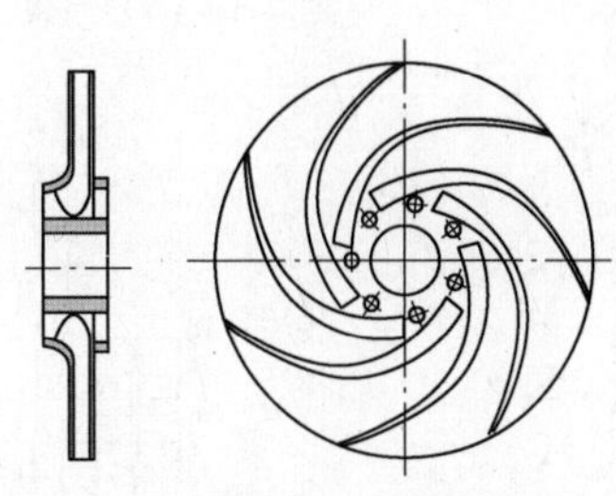

图 4-46　叶片伸延到吸水口的径向流叶轮
（前视图中前侧板移去）

（2）混流，亦称斜流，较高比转速的泵亦称半轴流式。比转速为 150～500，叶轮型式见图 4-47 和图 4-48。

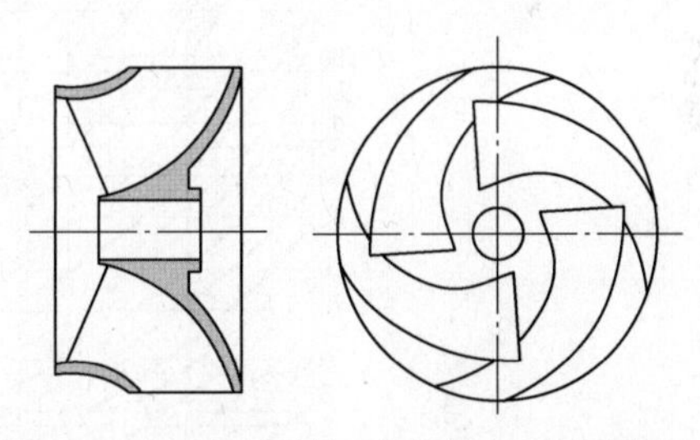

图 4-47　闭式混流叶轮（前视图中前侧板移去）

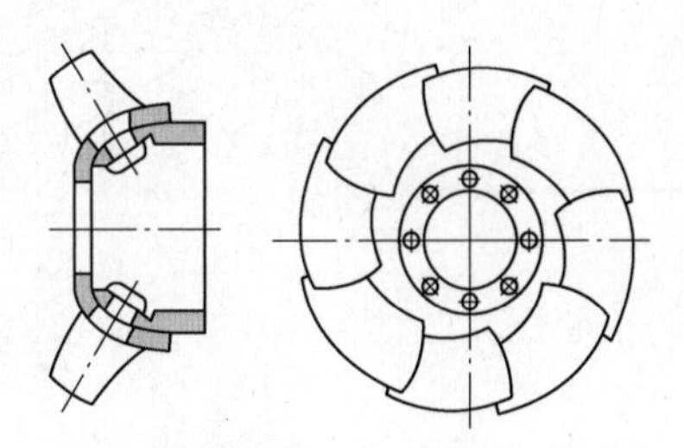

图 4-48　混流叶轮（半轴流叶轮）

（3）轴流，比转速为 500～1200，叶轮型式见图 4-49。

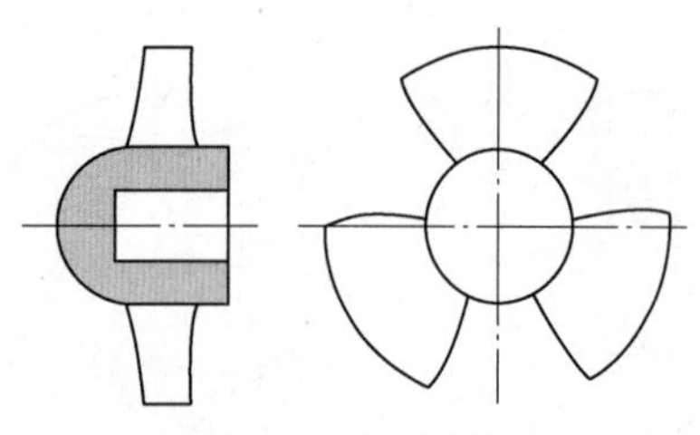

图 4-49　轴流叶轮

多数叶轮都带有后侧板，只有后侧板的叶轮称开式叶轮，见图 4-50（b）。有后侧板，还有前侧板的叶轮称为闭式叶轮，见图 4-50（a）及图 4-50（c）。

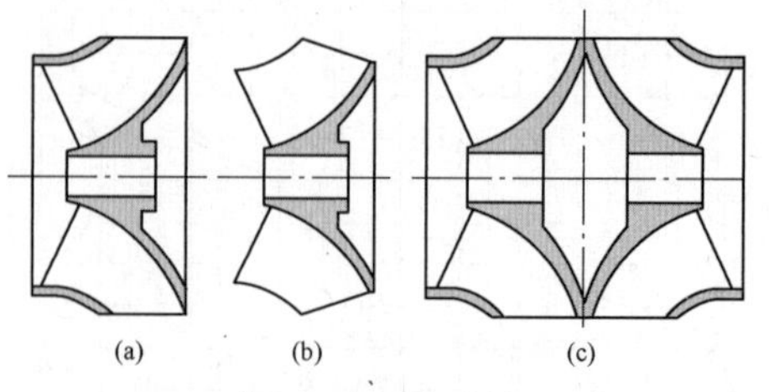

图 4-50　混流叶轮

（a）闭式单吸叶轮；（b）开式单吸叶轮；（c）闭式双吸叶轮

3. 水泵效率与比转速及流量的关系

水泵效率与比转速及流量的关系见图 4-51。

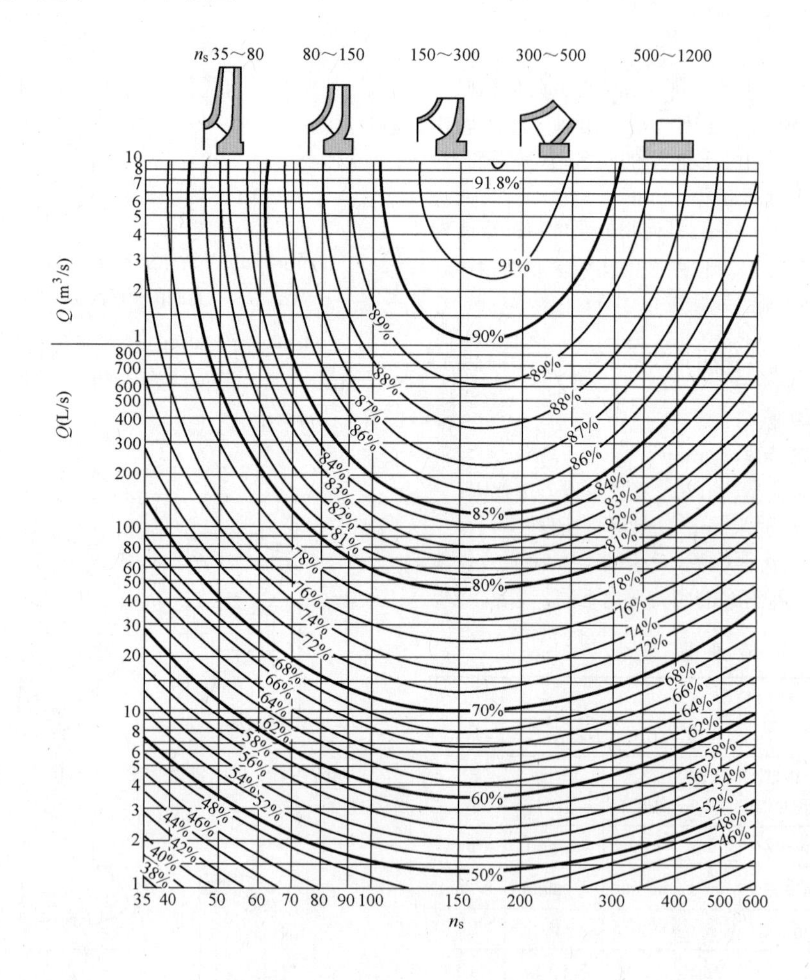

图 4-51　水泵效率与比转速及流量关系图

4. 无因次特性曲线

一种较简单的无因次特性曲线表示方法是将最优点的流量（Q_N）、扬程（H_N）、轴功率（P_N）和效率（η_N）分别取为 100%，其他工况点用百分比表示。这些无因次特性曲线分别见图 4-52～图 4-54，这样可以显示不同比转速泵的特性差别。

图中 7 根曲线的比转速 n_s 和泵型如下：

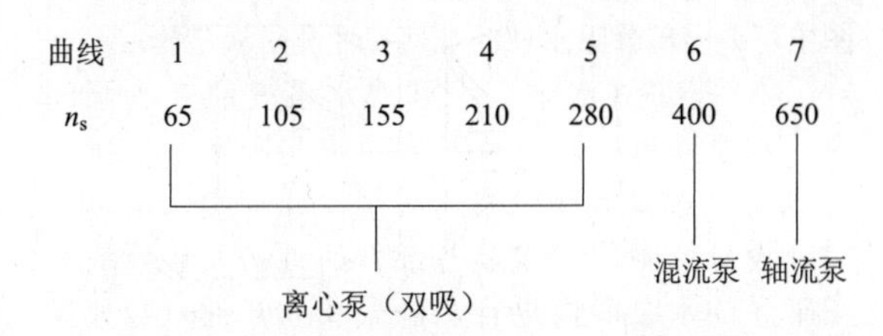

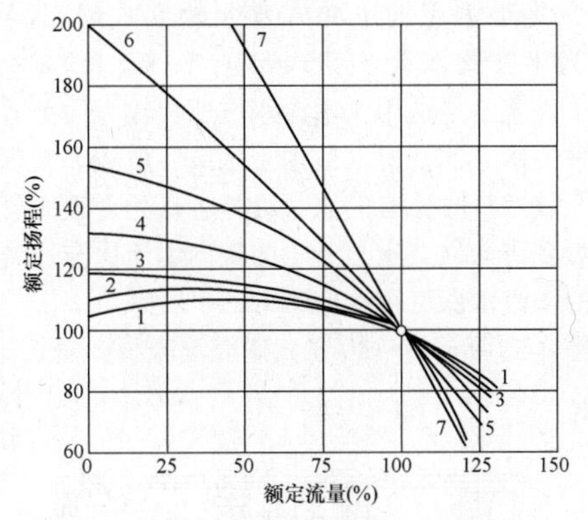

图 4-52　不同 n_s 的流量—扬程无因次特性曲线

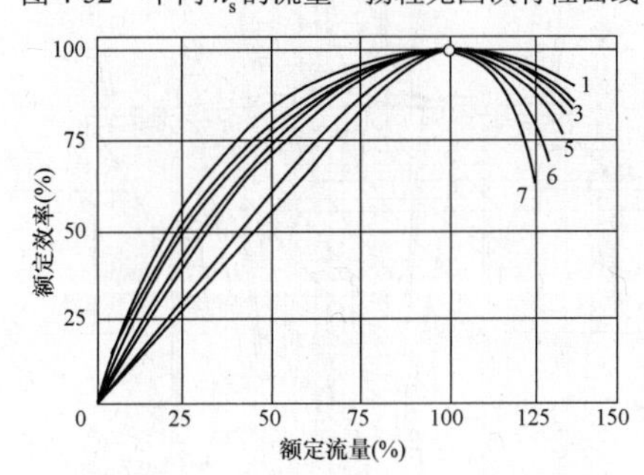

图 4-53　不同 n_s 的效率无因次特性曲线

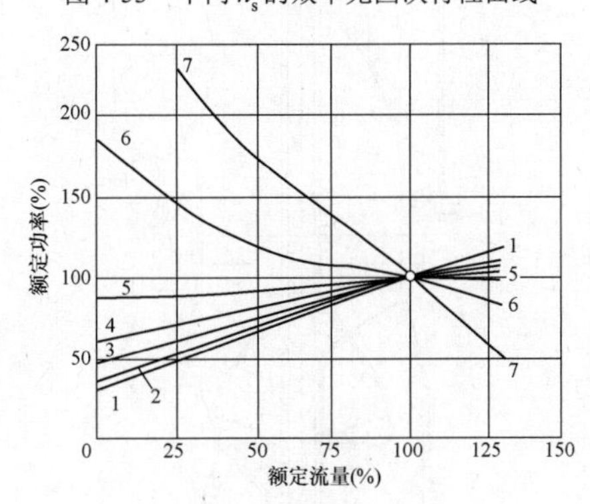

图 4-54　不同 n_s 的功率无因次特性曲线

5. 转速与特性曲线的关系

当转速变化在±20%以内时，可根据下列公式进行特性换算：

流量比　$$\frac{Q_1}{Q_2}=\frac{n_1}{n_2} \tag{4-35}$$

扬程比　$$\frac{H_1}{H_2}=\left(\frac{n_1}{n_2}\right)^2 \tag{4-36}$$

轴功率比　$$\frac{P_1}{P_2}=\left(\frac{n_1}{n_2}\right)^3 \tag{4-37}$$

水泵效率　$$\eta_1 \approx \eta_2$$

转速相差较大时，换算误差增大，特别是效率相差较大，需通过试验确定。

6. 改变叶轮外径时的特性曲线变化

制造厂和使用部门均可采用车削叶轮外径的方法来改变一台泵的性能范围，以使泵更适合实际需要。表 4-27 给出了叶轮外径切削与其性能的关系。不同类型叶轮的车削见图 4-55。

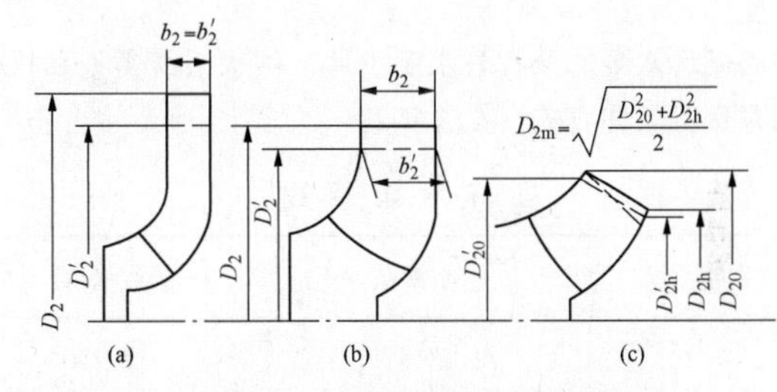

图 4-55　不同类型叶轮的车削

（a）低比转速离心叶轮；（b）中、高比转速离心叶轮；（c）混流叶轮

叶轮外径不允许车削过多（与 n_s 有关），以免泵效率降低过多。通常 n_s<250 的离心泵，当车削量在 5%以内时，车削后的性能可按表 4-27 直接求出，否则需通过试验确定。

混流叶轮可平行车削或斜切。

叶轮外径允许车削量与 n_s 的关系见表 4-28。

表 4-27　叶轮外径车削与其性能的关系

叶轮外径车削后，出口面积改变的离心径流叶轮[两侧盖板平行的低比转速叶轮，见图 4-55（a）]	叶轮外径车削后，出口面积基本不变的中、高比转速离心叶轮［见图 4-55（b）]	混流叶轮［见图 4-55（c）]
$\frac{H'}{H}=\left(\frac{D_2'}{D_2}\right)^2$	$\frac{H'}{H}=\left(\frac{D_2'}{D_2}\right)^2$	$\frac{H'}{H}=\left(\frac{D_{2m}'}{D_{2m}}\right)^2$
$\frac{Q'}{Q}=\left(\frac{D_2'}{D_2}\right)^2$	$\frac{Q'}{Q}=\frac{D_2'}{D_2}$	$\frac{Q'}{Q}=\frac{D_{2m}'}{D_{2m}}$
$\frac{P'}{P}=\left(\frac{D_2'}{D_2}\right)^4$	$\frac{P'}{P}=\left(\frac{D_2'}{D_2}\right)^3$	$\frac{P'}{P}=\left(\frac{D_{2m}'}{D_{2m}}\right)^3$

注　加“′”的参数代表车削后的外径及性能参数。

表 4-28　叶轮外径允许车削量

n_s	≤60	60～120	120～200	200～250	250～350	350～450
最大车削量 $\frac{D_2-D_2'}{D_2}\times100\%$	20	15	11	9	7	5

（二）循环水泵的选择

1. 循环水泵的流量和扬程

循环水泵的流量与机组容量、冷却倍率和水泵台数有关，一般通过优化设计确定。当机组容量为 100～1000MW、冷却倍率为 50～70、每台机组配置 2～3 台循环水泵时，循环水泵单泵容量在 1.5～20m^3/s 范围内变化。

循环水泵的扬程与水源条件、供水系统类型和机组容量等条件有关，见表 4-29。

表 4-29　循环水泵扬程

供水系统	水源条件	扬程（m）
直流	海水及河口地区	12～20
	长江中游	30～45
	长江上游	45～60
循环	扬程随塔容量加大	20～30

2. 湿井式水泵和干井式水泵

按水泵安装位置分类，水泵可分为湿井式水泵和干井式水泵两种。两种水泵对进水流道的要求有所不同，湿井式水泵着重于吸水井的水力设计，而干井式水泵则着重于吸水弯道的水力设计。

（1）湿井式水泵。湿井式水泵均为立式水泵，水泵直接安装在吸水井之上，叶轮、出水导叶及下部管筒带喇叭口均淹没在最低水位以下。检修时，可将叶轮、出水导叶、立轴及下部管筒整体从水泵运转层的上部管筒中抽出，也可设计成不可抽的，而将整台水泵从运转层吊出。水泵运转层标高布置合理时最好在最高水位以上，在条件受限的特殊情况下，水泵运转层标高也要设在全年平均水位以上，以便有可能吊出水泵可抽部分，而不必关闭整个进水流道。

20 世纪 80 年代开始新设计的立式混流泵和轴流泵多采用湿井式。

以带冷却塔的循环供水系统的循环水泵为例，在靠近冷却塔分建的循环水泵房中共安装 8 台立式可抽式混流泵。闭式叶轮水泵的主要参数为：水量 4.44m^3/s、扬程 25m、转速 495r/min、电动机功率 1600kW。水泵结构和布置分别见图 4-56、图 4-57，从图中可看出部分吸水井的几何尺寸及防涡措施。

（2）干井式水泵。干井式水泵安装在水泵间内。水泵通过吸水管或吸水弯道与吸水井连接，一般在吸水管上设检修隔离阀，或在吸水弯道入口处设检修闸门，水泵各部件的维护及检修均可在干燥的水泵间内进行。卧式和立式的双吸式离心水泵是最常见的干井式水泵，立式蜗壳混流水泵亦为干井式水泵。

干井式水泵适用于水源水位变幅较大而不适于采用湿井式水泵的情况，或由于水泵容量较大采用干井式水泵较经济时。有的水泵设计者认为合理的弯道设计可做到进入立式水泵叶轮的轴向水流比较均匀，故要求的淹没水深可较小。

图 4-58 所示为干井立式蜗壳混流泵剖面。

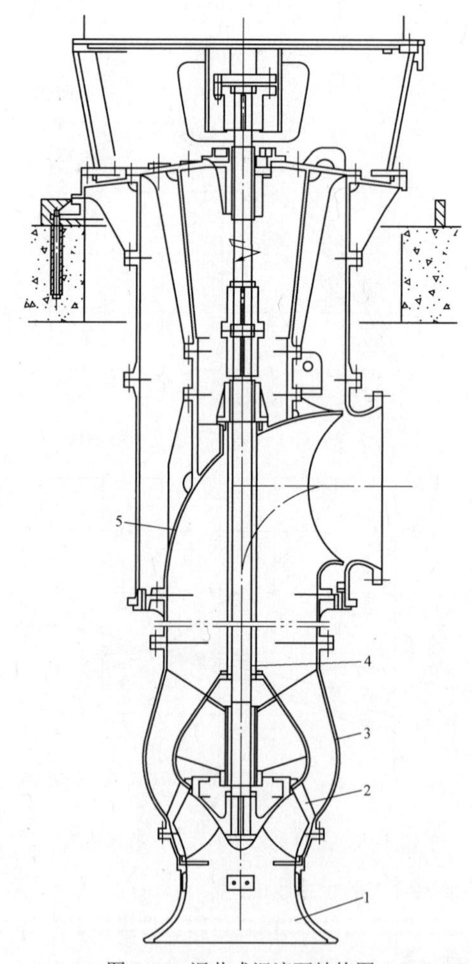

图 4-56　湿井式混流泵结构图

1—进水喇叭口；2—叶轮；3—导叶；4—泵轴；5—出水弯管

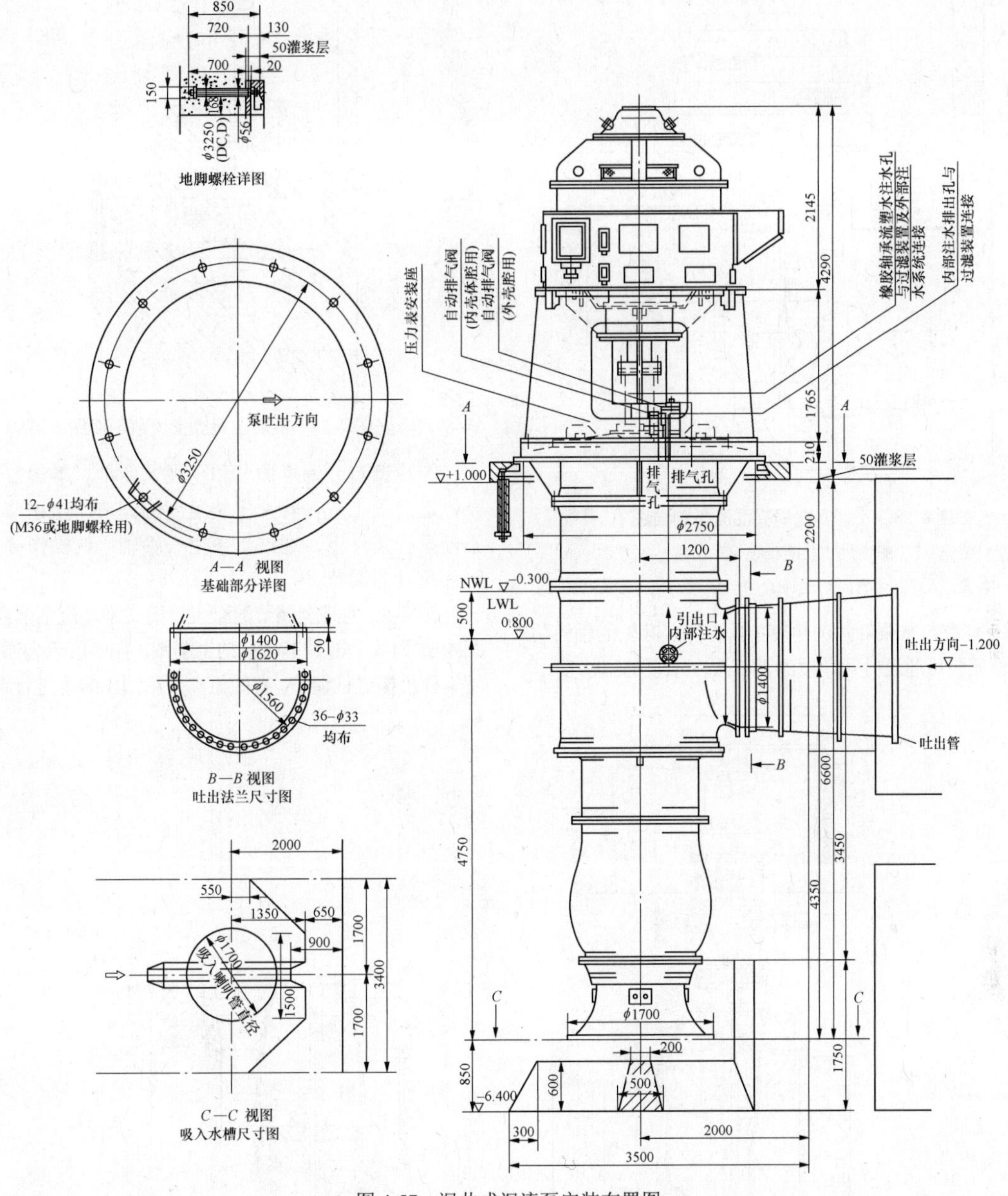

图 4-57　湿井式混流泵安装布置图

水泵主要参数为：水量 5.65m³/s、扬程 15.3m、转速 367r/min、轴功率 1118kW。

3. 混凝土壳体水泵

中小型循环水泵的壳体一般由铸铁或钢板焊制而成，当水泵出口直径大于 1800mm 时，由于经济的原因，有时采用混凝土蜗壳泵（见图 4-59），或采用部分混凝土管筒泵（见图 4-60）。

4. 循环水系统水量调节

循环水系统经济水量随机组负荷、水源水温及水位和气象条件等的变化而变化，所以要对循环水系统水量进行调节。循环水系统水量调节方法主要有以下几种：

（1）调节开泵台数：

1）母管制供水系统通过调节开泵台数可以比较容易地调节水量。

2）单元制直流供水系统若采用一机两泵，水量调节比较困难，可采用扩大单元制供水系统进行水泵开泵台数的调节。

3）单元制循环供水系统，由于循环水泵房造价较低，可考虑采用一机三泵方案，夏季开三台泵，其他季节开两台泵。工程实践表明，对 1000MW 机组采用这种配置较经济。工程中认为一机三泵方案不合理时，亦可采用扩大单元制供水系统。

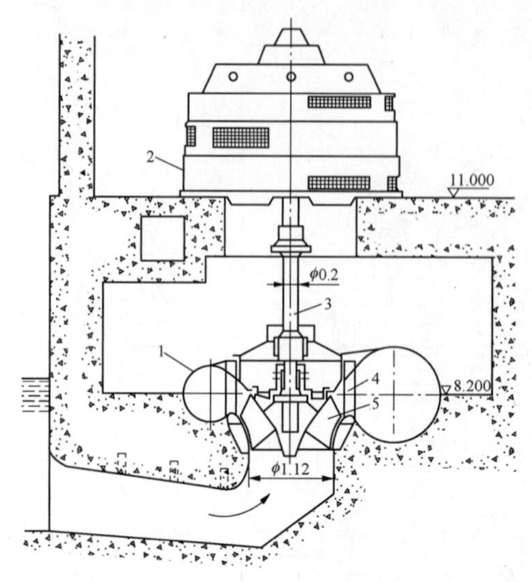

图 4-58　干井立式蜗壳混流泵剖面图

（图中尺寸及高程单位：m）

1—蜗壳；2—电动机；3—泵轴；4—导叶；5—混流叶轮

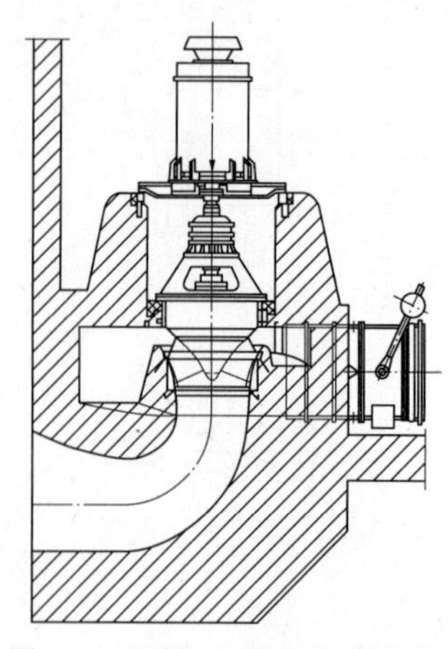

图 4-59　混凝土涡壳混流泵剖面图

叶片调节分为半调节和全调节两种。半调节是水泵停运后人工进行叶片安装角度的调节。全调节是指不停泵的条件下，通过水泵空心轴轴心的操作杆进行叶片角度的调节。

（2）调节水泵叶片的角度：具有开式叶轮的轴流泵或半轴流泵可通过叶片角度的调节改变水泵的出水量。

图 4-60 为某全调节混凝土管筒式半轴流泵剖视图，图 4-61 为其上部调节机构的组装图，图中所示为通过蜗轮蜗杆机构进行调节。有的机构采用液压装置进行调节。

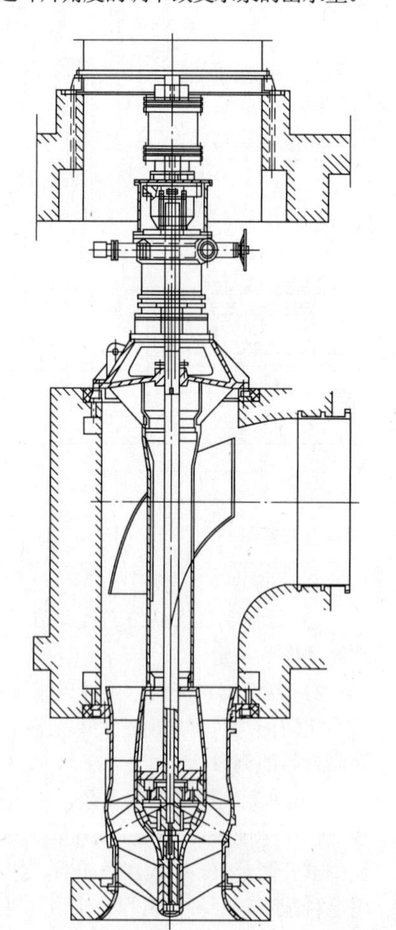

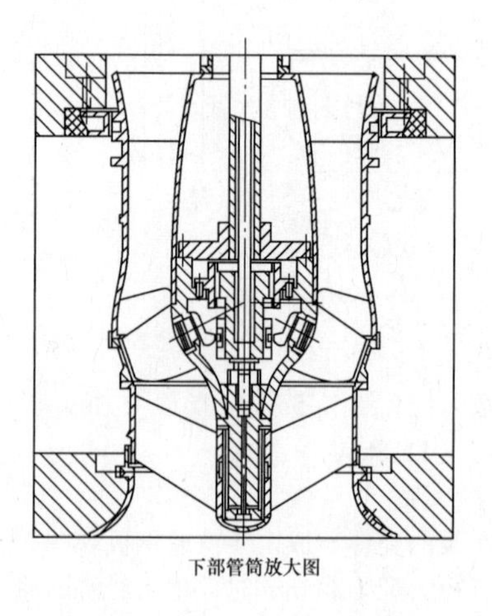

下部管筒放大图

图 4-60　全调节混凝土管筒式半轴流泵剖视图

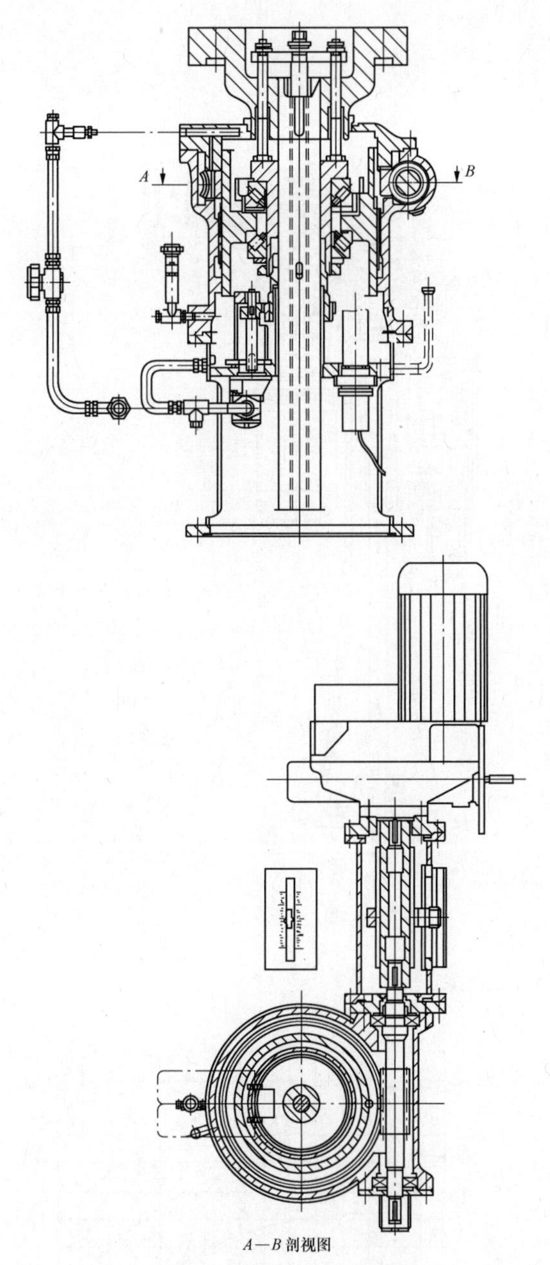

图 4-61　叶片调节机构组装图

叶片调节范围内的轮毂必须是加工精密的球形体，以免间隙损失增大。

叶片角度可调节的半轴流泵特性曲线见图 4-62，由图可看出效率比曲线为一长轴接近水平的椭圆，故这种调节方式主要适用于扬程变化不大而水量变化较大的情况，如一台泵事故停泵而需加大运转水泵的流量时。

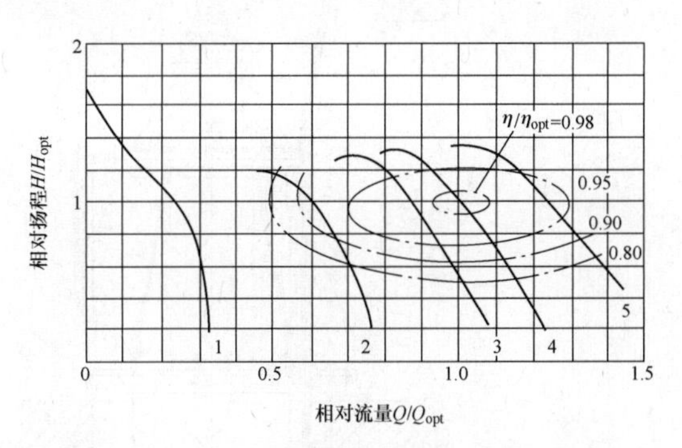

图 4-62　叶片角度可调节的半轴流泵相对特性曲线

η_{opt}—最高水泵效率；

Q_{opt}—最高水泵效率点对应的流量

改变叶片角度除了可调节水泵水量外，在轴流泵启动时还可将叶片角度调到最小，以降低启动功率，停泵前可将水量调到最小，以降低循环水系统的水锤压力。

作为循环水系统优化运行自动化的手段，水泵叶片可调节机构可使水泵根据水温、水位和机组负荷等的变化在最优状态下运行，但这种水泵的设备费用可能比固定叶片泵增加 1/3 左右。

（3）调节预旋装置导叶的角度：对于扬程稍高的混流泵，叶片角度不能调节，可通过调节安装在叶轮前的预旋装置导叶的角度实现水量的调节。

图 4-63 为某安装有预旋装置的混流式水泵立面图。调节机构安装在电动机层，操作杆安装在水泵壳体外侧。在要求减少水量时，预旋流调到与水泵叶轮同一转向；要求增大水量时，向相反方向调节。

这种水泵的特性曲线见图 4-64。由图可以看出，效率与最佳点效率的比值的相对效率曲线为长轴大体平行于相对流量与相对扬程的特性曲线的椭圆。这种流量的调节方式适用于扬程变幅较大而流量变幅较小的情况，例如在水源水位变幅较大的直流供水系统中应用。

（4）调节水泵转速：改变水泵转速，水泵的水量、扬程和轴功率均按相似准则发生改变。图 4-65 所示为 n_s=73 的离心泵转速改变后的特性曲线，参数均为以额定转速的最高效率点为基础的无因次比值。图 4-66 所示为 n_s=730 的半轴流泵转速改变后的特性曲线。

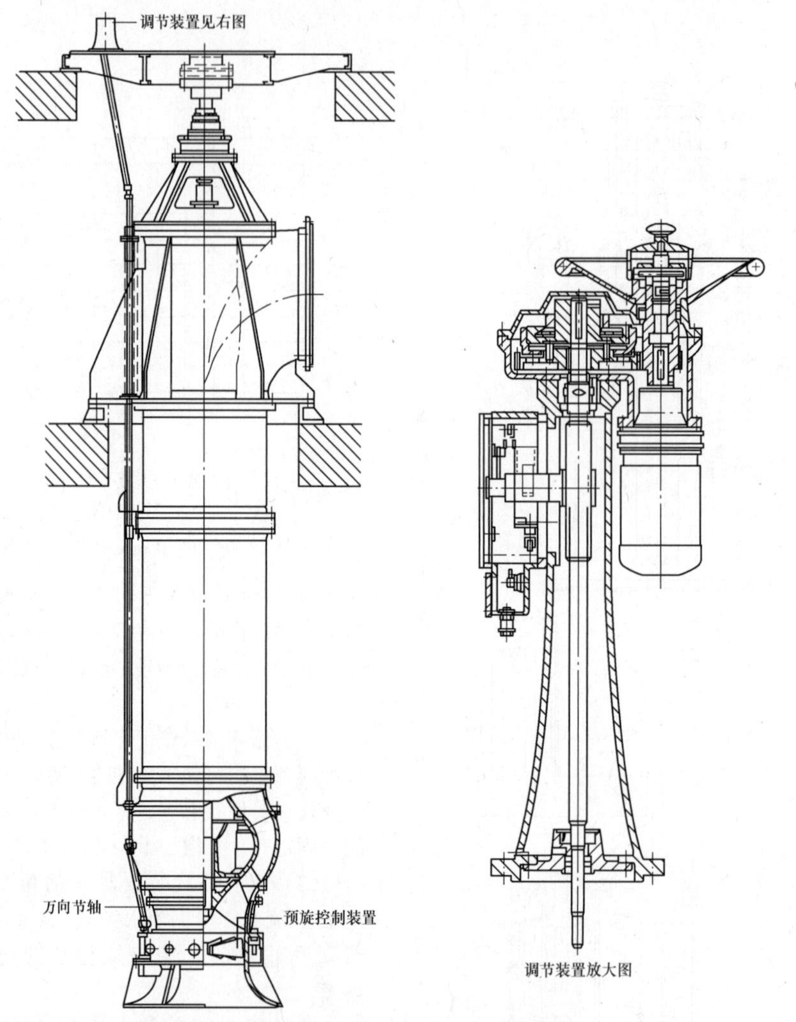

图 4-63　有进口预旋装置的混流泵立面图

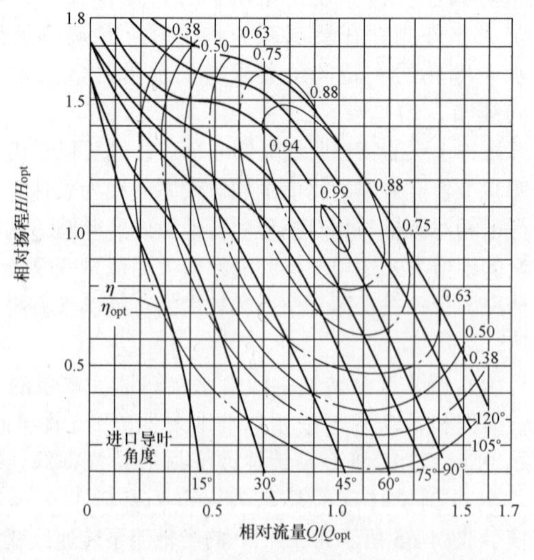

图 4-64　有进口预旋装置的混流泵相对特性曲线

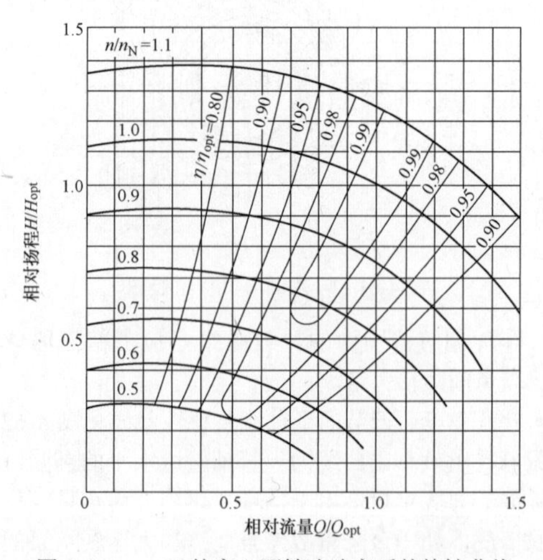

图 4-65　n_s=73 的离心泵转速改变后的特性曲线

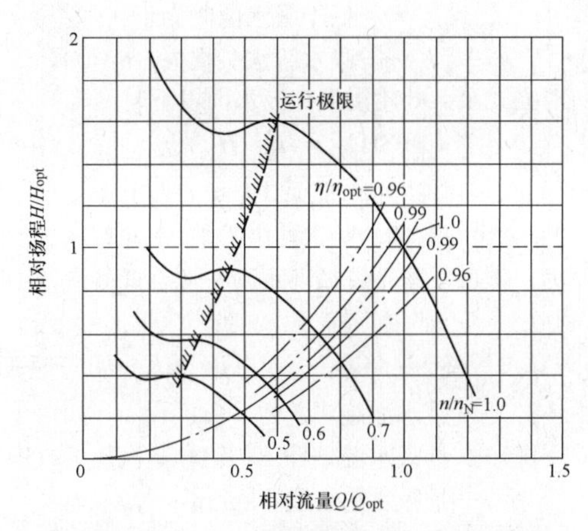

图 4-66 n_s=730 的半轴流泵转速改变后的特性曲线

大功率循环水泵改变转速的方法，可考虑采用硅整流器改变电源频率来实现。可以按大约 5Hz 一挡进行调节，实际运行中的频率调节范围和水泵的静扬程有关；也可以采用双速电动机，一般低速电动机比高速电动机低 1～2 级。

（5）调节水泵出口阀门：调节水泵出口阀门会增加系统的能量损失，所以正常运行情况下一般不采用这种节流方式，只有特殊运行情况下才采用。例如，实际运行情况下系统阻力较设计的系统阻力小，水泵出水量偏大，影响水泵的安全运行，只有临时调节水泵出口阀门进行节流。

（三）水泵中的气穴与气蚀

1. 概述

气穴是流体动力学现象，是无数微气泡发育和膨胀的结果。气蚀则是气泡溃灭时对边壁材料产生机械剥蚀、化学腐蚀及电化等破坏作用。气穴产生于负压区，而气蚀产生于压力回升区。有气穴不一定产生气蚀，因为是否造成气蚀破坏，还与材料的抗气蚀性能及气穴溃灭的部位有关。

2. 水泵内压力过低的水力原因

（1）整个吸水装置压力过低：

1）水泵吸水高度过大，使水泵进口真空度增加、绝对压力下降。

2）安装水泵的地点海拔较高、大气压较低，引起吸入装置压力下降。

大气压力（以米水柱表示）与海拔的关系可用下式表示：

$$H_a = 10.33 \times (1 - 2.257 \times 10^{-5} h)^{5.526} \quad (4\text{-}38)$$

式中 H_a——大气压力，mH_2O；

h——海拔，m。

根据式(4-38)求得的大气压与海拔的关系见表 4-30。

表 4-30 大气压与海拔的关系

h（m）	−400	0	200	400	600	800	1000	1500	2000	3000	4000	5000
H_a（mH_2O）	10.86	10.33	10.07	9.83	9.58	9.34	9.11	8.54	8.00	7.01	6.12	5.33

3）水泵流量增加，流速加大，引起吸入装置压力下降。

4）被抽吸的液体温度较高，汽化压力较大，容易汽化，其结果等于泵内压力降低。

水的饱和水蒸气压力可查表 4-31。

表 4-31 水的饱和水蒸气压力

水温（℃）	20	30	40	50	60	70	80
饱和水蒸气压力（mH_2O）	0.238	0.433	0.752	1.26	2.03	3.18	4.83

（2）泵内局部区域压力过低：

1）进入叶轮内的水流方向偏离设计工况，可能产生撞击、旋涡等现象，使局部流速加大，局部压力降低。水流方向偏离主要是流量发生变化引起的。

2）水泵进水流道设计不合理，造成水泵叶轮进口流速分布不均匀。流道的不良设计可能在叶轮下方产生自下而上的带状旋涡。涡带中心压力下降到汽化压力时，该涡带即形成气穴带。当此涡带深入泵内后，不仅能加重和促进水泵某些部位气蚀的严重程度，而且会引起机组的强烈振动。

3）泵内水流经过狭窄的间隙部位，如轴流泵叶轮外缘与泵壳的间隙、离心泵蜗壳隔舌等部位时，由于局部流速很大，使间隙处压力下降而形成汽化条件。

4）泵过流部分表面制造质量较差，某些粗糙凸出物后面产生局部旋涡，引起局部压力降低。

5）由于机组振动，引起某些部件在水中产生某一频率的振动，在部件两侧正、负压交替产生，当负压达到汽化压力时，即产生振动型气穴。

除上述水力原因外，泵本身的结构参数（如轴流泵叶轮的轮毂比、叶栅稠密度、叶片厚度及叶型参数）对气穴性能也有重要影响。

3. 气穴的危害

（1）水泵工作性能恶化，泵内产生气穴时，由于气泡的存在，改变了流道内，特别是叶槽内的过流面积和流动方向，而使叶轮与水流之间能量交换的稳定性遭到破坏，损失增加，引起流量、扬程、效率的下降，甚至达到断流状态。

（2）产生噪声与振动水泵发生气穴时，由于气泡连续形成和破坏而产生脉冲压力，发出噼噼啪啪的声响，有时泵站的水泵层会产生让人难以忍受的噪声。此外，还伴随产生频率很高的振动，泵越大，噪声和振动越严重。

（3）产生气蚀破坏。由于气穴现象而使固体边壁产生损伤和破坏称为气蚀。在许多气泡破灭的情况下，冲击频率可达每秒几万次。这一巨大的脉冲压力长期作用在水泵部件壁面上时，会使金属表面产生塑性变形和硬化，然后在冲击压力的继续作用下，表面金属颗粒逐渐剥落，最后形成蜂窝麻面的孔洞和裂缝，直至整个叶轮破坏和断裂。

4. 气蚀余量 NPSH（net positive suction head）

气蚀余量分为能利用的吸水装置的有效气蚀余量［以$(NPSH)_{av}$表示］，以及水泵需要的气蚀余量［以$(NPSH)_{re}$表示］。

（1）有效气蚀余量$(NPSH)_{av}$。$(NPSH)_{av}$表示在气蚀基准面水泵叶轮进口处的液体全压（绝对压力，以mH_2O计）超过液体在同一温度的饱和蒸汽压力（绝对压力，以mH_2O计）的数值，即富余能量。

水泵气蚀基准面的基准点S'见图4-67。

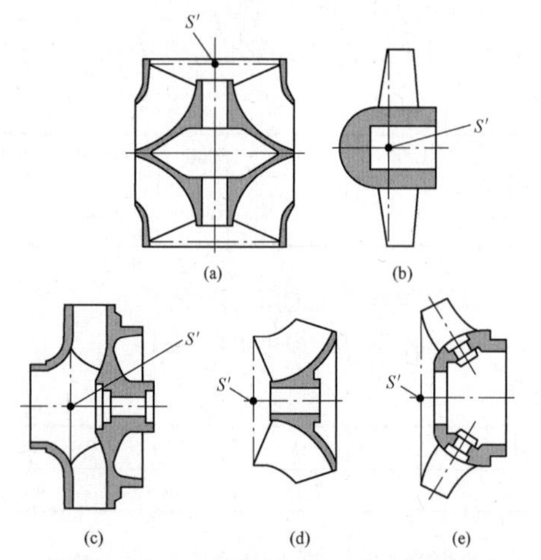

图4-67 不同型式水泵叶轮的气蚀基准点
（a）双吸混流叶轮；（b）轴流叶轮；（c）单吸离心式叶轮；（d）单吸混流叶轮；（e）半轴流叶轮

1）当大气压力作用在吸水面时：

对离心式卧式泵：

$$(NPSH)_{av} = H_a - H_v + h_r - h_l \tag{4-39}$$

式中 $(NPSH)_{av}$——有效气蚀余量，mH_2O；

H_a——大气压力，mH_2O；

H_v——抽吸水的饱和蒸汽压力，mH_2O，见表4-31；

h_r——实际吸水高度，m，当水泵基准面高于吸水面时为负（−），当低于吸水面时为正（+）；

h_l——吸水管水头损失，mH_2O。

对立式泵，叶轮浸没在吸水面以下时：

$$(NPSH)_{av} = H_a - H_v + h_r \tag{4-40}$$

式中 h_r——叶轮基准面淹没深度，为正（+）。

2）水泵在封闭的吸水箱中吸水，水面有一定的绝对压力，例如空冷系统循环水泵在混合式凝汽器中吸水，则：

$$(NPSH)_{av} = (p_a - p_v)/(\rho g) + h_r - h_l \tag{4-41}$$

式中 p_a——吸水面绝对压力，Pa；

p_v——抽吸水温条件下的饱和蒸汽压力，Pa；

ρ——抽吸水的密度，kg/m^3；

g——重力加速度，m/s^2。

当吸水面上压力达到抽吸水饱和蒸汽压力时，$p_a = p_v$，例如在混合式凝汽器中，则式（4-41）变为：

$$(NPSH)_{av} = h_r - h_l \tag{4-42}$$

（2）需要的气蚀余量$(NPSH)_{re}$。需要的气蚀余量$(NPSH)_{re}$是水泵避免产生气蚀在给定的运行条件下所需的气蚀余量。同一水泵在不同转速和水量时，$(NPSH)_{re}$是变化的。

需要的气蚀余量虽可通过经验公式求得，但不够精确，主要通过试验测得。即保持流量和转速恒定，减小$(NPSH)_{av}$值，直到水泵扬程开始下降，表明气蚀已发展到一定程度，但不影响或不明显影响水泵特性。

直接确定这一点很困难，通常用某一流量和转速恒定时较稳定扬程（H）的百分数来确定水泵该流量下的$(NPSH)_{re}$的临界值（ΔH）。根据ISO标准规定：离心泵ΔH=3%H；混流泵ΔH=4%H；轴流泵ΔH=5%H。一般水泵样本上的$(NPSH)_{re}$曲线较上述试验值增加了0.3～0.5m的安全度。

5. 水泵运行范围和气蚀

水泵不可能恰好在设计点运行，一般由于水位和开泵台数的变化，水量和扬程在一定范围内变化。

水泵在非设计点运行时，水流经过叶轮的角度在变化，水泵的效率和气蚀性能都在下降，如图4-68所示，在水泵的$(NPSH)_{re}$超出$(NPSH)_{av}$时，气蚀就有可能发生。图4-69所示为$(NPSH)_{re}$与水泵类型的关系。

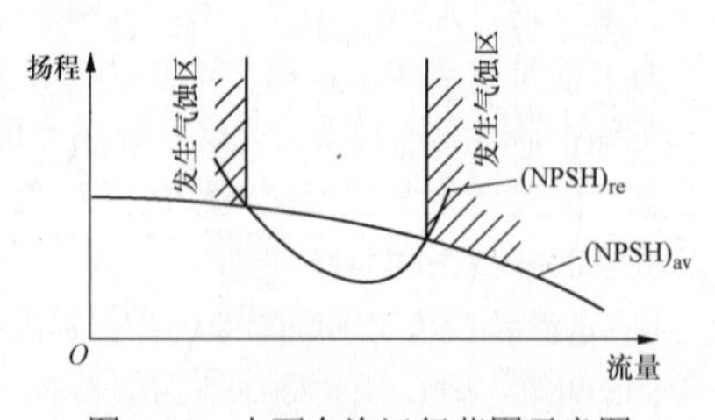

图4-68 水泵允许运行范围示意图

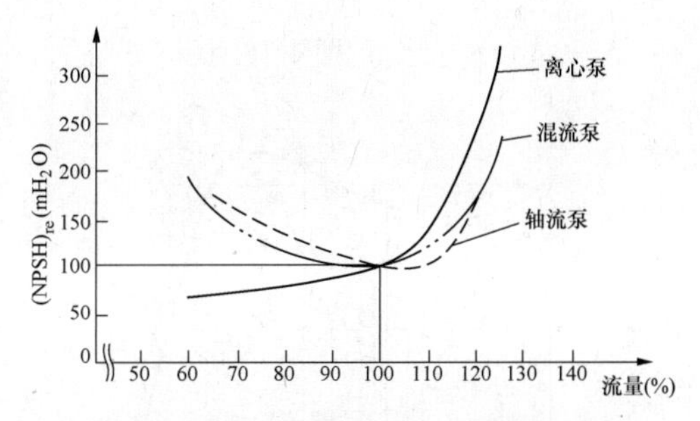

图 4-69　水泵 $(NPSH)_{re}$ 与水泵类型的关系

6. 循环水泵避免发生气蚀的设计要点

（1）进行循环水系统水力计算时，正确选择沿程阻力损失计算公式和局部阻力系数，避免使水泵实际运行扬程低于设计扬程较多而使水量增大导致偏离设计点。有的电厂只得车削水泵叶轮以减少水量。

（2）正确合理地设计水泵房进水间进水流道，使进入水泵叶轮的流态平稳和流速均匀，没有旋涡和水中涡带。必要时应进行物理模型试验。

（3）在一机三泵的单元制循环供水系统中，宜将常年运行一机两泵的工况作为水泵设计点，以一机三泵工况作为校核。在一机两泵的扩大单元制循环供水系统中，宜将常年运行的二机三泵工况作为设计点，以一机两泵工况校核。

（4）在一机两泵的单元供水系统中，要计算一机一泵的气蚀条件是否允许，如不允许则全年只能一机两泵工况运行。有的工程为保证不产生气蚀，要求一机两泵全年运行。

（5）大水位变幅的直流供水系统，根据水位特征，合理确定水泵设计水位，校核各种水位运行工况的 $(NPSH)_{av}$ 和 $(NPSH)_{re}$ 值。

（6）水泵叶轮淹没深度除应满足 $(NPSH)_{re}$ 的要求外，还要根据喇叭口的吸入流量确定喇叭口的淹没深度以免吸入空气。在确定泵房深度时，应确定两者中的大者为设计条件。

（7）合理选择循环水泵关键部件（如叶轮）的材质，应具有良好的抗气蚀性能。一般而言，金属材料是抗疲劳强度高且耐腐蚀的材质，其抗气蚀性能也较好。应在合理质价比的条件下，提高材质的抗气蚀性能。

（四）水泵启动特性和电动机匹配

1. 水泵机组启动过程

（1）启动转矩方程式。电动机驱动的水泵机组在启动过程中的转矩平衡方程式为：

$$T_m - T_p = J\frac{d\omega}{dt} = \frac{GD^2}{4g}\times\frac{\pi}{30}\times\frac{dn}{dt} = \frac{GD^2}{375}\times\frac{dn}{dt} \tag{4-43}$$

其中
$$T_p = T_f + T_1 + T_h \tag{4-44}$$

式中　T_m——异步电动机转矩，或同步电动机异步启动时的转矩，N·m；

T_p——机组负荷转矩，N·m；

T_f——电动机启动时的摩擦转矩，N·m；

T_1——机组的损耗转矩，N·m；

T_h——水泵水力转矩，N·m；

J——机组转子转动惯量，kg·m²；

ω——角速度，rad/s；

GD^2——机组的飞轮惯量，kg·m²，可从有关样本中查得；

n——转速，r/min。

式（4-43）用图 4-70 表示，概念就很清楚。图中 T_1 为电动机启动转矩，由于电动机在启动前是静止的，启动瞬间要克服机组转子的摩擦转矩才能使水泵动起来，逐渐加速，因此要求 $T_1 > T_f$。

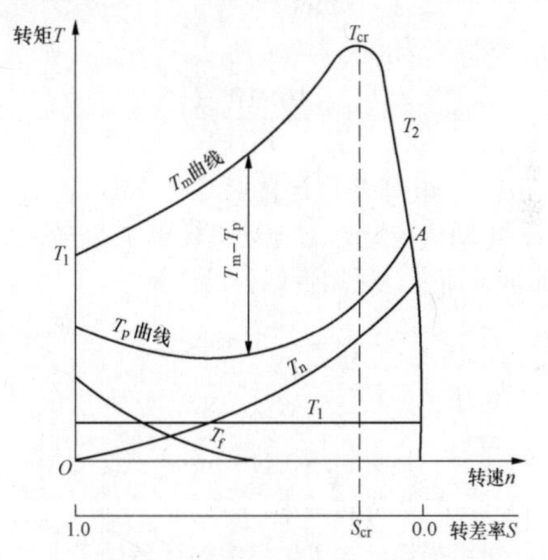

图 4-70　机组启动转矩特征示意图

启动后电动机转矩 T_m 如大于负荷转矩 T_p，就能把剩余转矩 $T_m - T_p$ 传给机组转子，使它加速运转，所以 $\frac{GD^2}{375}\frac{dn}{dt}$ 又称机组的加速惯性力矩。如果是异步电动机，则当转速大到某一值时，转矩 T_m 与 T_p 相交于 A 点，此为启动过程的稳定点，在此点：

$$T_m - T_p = 0,\ \frac{dn}{dt} = 0$$

即 n 为常数，机组进入稳定运转状态。如为同步电动机，则当转速达到 90%～95%同步转速时，牵入同步转速，这时的电动机转矩称为牵入转矩 T_2，要求 $T_2 > T_p$，即要求 T_2 点在 A 点之上，启动才不会发生困难。

图中电动机转矩随转速增加而上升到最高点时，称为临界转矩（或最大转矩）T_{cr}，此时的转差率称为临界转差率 S_{cr}。

（2）各种转矩计算：

1）异步电动机或同步电动机异步启动时启动转矩为 T_1。一般可选用额定转矩的 0.4～0.75 倍，要求 $T_1 > T_f$。

2）机组摩擦转矩 T_f：

① 对于立式水泵：

启动瞬间：

$$T_f = \mu_0 mRg \tag{4-45}$$

启动过程：

$$T_f = \mu_0 mRS^2 g \tag{4-46}$$

其中
$$S = \frac{n_N - n}{n_N}$$

式中 m——机组转子质量，kg；

R——电动机转子半径，m；

μ_0——轴承摩擦系数，0.1～0.2；

S——转差率，随转速 n 而定；

n_N——电动机额定转速，r/min；

n——转速，r/min。

② 对卧式离心泵

$$T_f = \frac{16\times10^4}{n^2}T_N \tag{4-47}$$

式中 T_N——电动机额定转矩，N·m。

3）电动机转矩 T_m。电动机转矩 T_m 随转差率（亦即随时间）而变，采用近似公式计算：

$$T_m = \frac{2T_{cr}}{\frac{S}{S_{cr}} + \frac{S_{cr}}{S}} \tag{4-48}$$

式中 T_{cr}——临界转矩，N·m；

S_{cr}——临界转差率。

4）机组损耗转矩 T_l。机组损耗转矩 T_l 是在风扇、声、热等方面的损耗，假设其不随时间而变，则：

$$T_l = (1-\eta_m)T_N \tag{4-49}$$

式中 T_l——机组损耗转矩，N·m；

η_m——电动机效率。

5）水泵水力转矩 T_h。水泵水力转矩计算复杂，尚无精确的理论公式，建议按下式计算：

$$T_h = 9555\times\left(\frac{n}{n_N}\right)^2\left(\frac{P_N}{n_N}\right) \tag{4-50}$$

式中 P_N——水泵额定功率，kW；

n_N——电动机额定转速，r/min。

（3）机组启动时间的估算。以上公式中 T_m、T_f、T_h 均随时间而变，根据式（4-43）移项积分得：

$$t = \frac{GD^2}{375}\int_0^{n_N}\frac{dn}{T_m - T_p}$$

从转速 0 到稳定运转所需的时间可近似地用下式求得：

$$t = \frac{GD^2}{375}\left(\frac{\Delta n_1}{T_{b1}} + \frac{\Delta n_2}{T_{b2}} + \frac{\Delta n_3}{T_{b3}} + \cdots\right) = \frac{GD^2}{375}\times T_B \times T_{b,av}$$

式中 Δn_i、T_{bi}、T_B、$T_{b,av}$ 如图 4-71 所示。

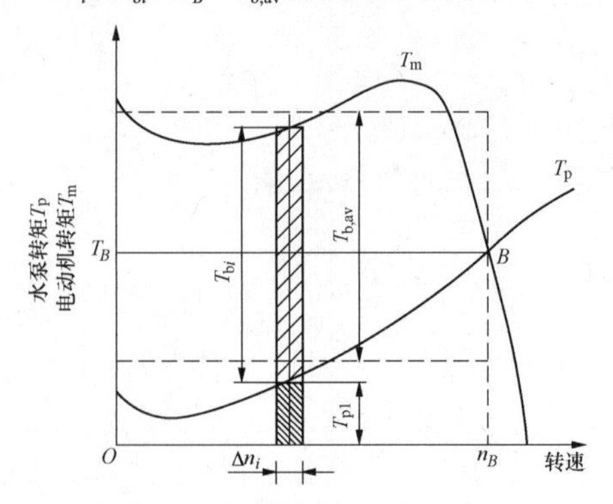

图 4-71 机组启动时间估算示意图

2. 水泵出口阀门开启过程

根据工程实践经验，循环水泵出口一般不装止回阀，而靠出口电动或液压蝶阀控制系统中水的倒流量，使机组反转转速在允许启动的范围内。同时考虑启动过程是否有足够的剩余转矩加速转子，使其在规定时间内达到额定转速。这些问题都与水泵出口阀门开启过程有关。为了合理确定电动机额定功率，首先根据泵的类型合理选择出口阀门的开启过程。

（1）离心泵启动。离心泵零流量时功率小于额定功率，故离心泵采取出口阀全关的启动方式。

图 4-72 所示为出口阀全关时水泵启动的扬程和转矩曲线。图的左侧表示从静止状态加速到全速的过程，图的右侧表示出口阀开启直到正常运行点的情况。

机组启动从 A 点开始，在启动瞬间要克服静止摩擦转矩（为额定转矩的 10%～30%）。随着转速增大，转矩很快降至 B 点，在全速时达到 C 点，这时出口阀开始开启，转矩增加，最后达到 D 点。扬程曲线从图的左下侧开始，全速时到 E 点，最后降至 D 点。

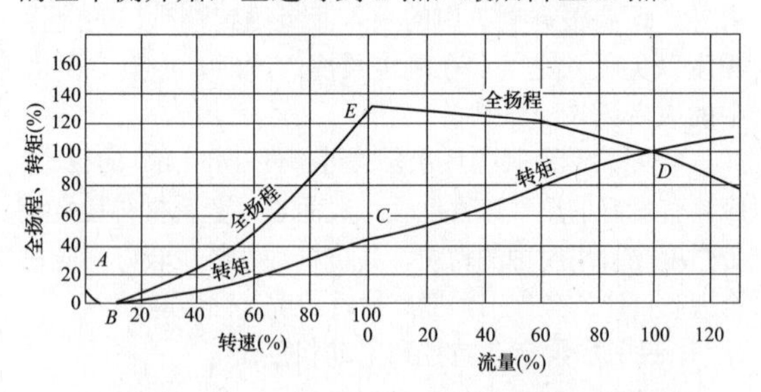

图 4-72 离心泵出口阀关闭—启动扬程转矩曲线

（2）混流泵启动。混流泵的零流量功率稍大于运行点的轴功率。如果电动机有剩余功率，则机组可以关阀启动，这时的机组转矩曲线由 $A \rightarrow B \rightarrow C \rightarrow D$ 上升，如图 4-73 所示。与其相应的扬程曲线从图的左下方上升到 I 点，全速时到 J 点。

如果电动机没有剩余功率，则阀门先开启少许后，启动机组，阀门连续开启到全开。在阀门达到一半开度前，水泵出水量可能仍为零，一直到机组加速到水泵扬程与管路实际扬程相等时（I 点）才开始出水。

扬程点 I 相对应的转矩点为 C。图的右半侧 $O \to R_1$ 表示阀门半开时的管路损失曲线，这时水泵的运行点为 K，相应的转矩点为 G，相应的转矩曲线从开始出水到全速运行为从 C 点到与 G 点对应的 E 点。图中 $O \to R_2$ 表示阀门全开时管路损失曲线。转矩曲线从与 C 点相对应的 F 点经 G 点到达 H 点，相似地扬程变化为 $L \to K \to H$。

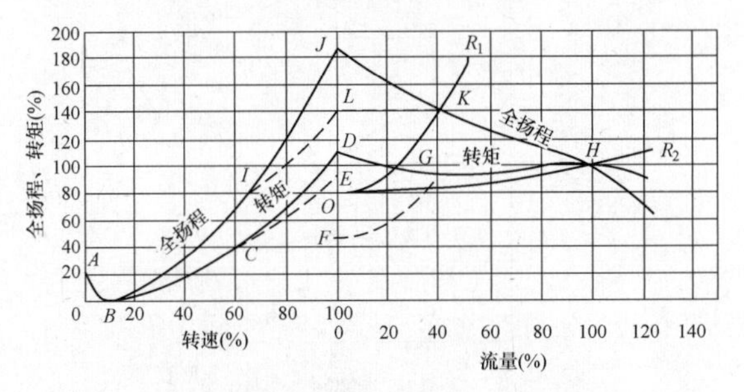

图 4-73 混流泵启动扬程—转矩曲线

工程中，混流泵启动一般先开启出口蝶阀到 10% 开度，这时水泵反转速约为额定转速的–10%，再联动启动机组，出口蝶阀连续开到全开。

（3）轴流泵启动：

1）根据我国取用海水和河口地区工程的统计，直流供水系统的循环水泵扬程约为 15m，属扬程较高的半轴流泵，其出口阀的开阀过程可参照混流泵启动模式。

2）部分直流供水系统的循环水泵扬程较低，可考虑选用叶片可全调节的水泵，启动时将叶片角度调至最小，使有足够的剩余转矩来启动水泵。

3）二级提水系统的第一级提水泵，可考虑采用出水前池溢流堰或拍门，在不安装出口阀的条件下，全流量启动。

3. 电动机匹配

（1）电动机功率。水泵轴功率按下式计算：

$$P_{\mathrm{p}} = \frac{\rho QH}{102\eta_{\mathrm{w}}} \tag{4-51}$$

式中 P_{p} ——水泵轴功率，kW；

η_{w} ——水泵效率。

匹配的电动机功率按下式计算：

$$P_{\mathrm{m}} \geqslant \frac{K_{\mathrm{p}} K_{\mathrm{h}} P_{\mathrm{p}}}{K_{\mathrm{t}}} \tag{4-52}$$

式中 P_{m} ——电动机功率，kW；

K_{p} ——循环水泵备用系数，一般为 1.1～1.2；

K_{t} ——电动机温度修正系数，见表 4-32；

K_{h} ——海拔修正系数，当电动机用于海拔 1000m 以上地区，如使用地区环境温度随海拔增加而递减，并满足 $\frac{h-1000}{100}\Delta\theta-(40-\theta)\leqslant 0$ 时，一般按最热月平均最高气温加 5℃。其中，$\Delta\theta$ 为海拔每升高 100m 电动机温升递增值，℃，其值为额定温升的 1%；θ 为环境最高温度，℃。

表 4-32 温度修正系数 K_{t}

冷却空气温度(℃)	25	30	35	40	45	50
修正系数	1.1	1.08	1.05	1	0.95	0.875

（2）电动机类型选择。循环水泵宜选择鼠笼式感应电动机，该设备具有结构简单、牢固、尺寸小、造价低和易维护等优点。虽然启动电流大，瞬间压降大，但由于水泵机械属于轻载启动，对整个厂用电源电压降影响不大，故此类电动机已能满足要求。

（五）混凝土蜗壳泵

1. 混凝土蜗壳泵构造

简单的机械结构设计使混凝土蜗壳泵具有高度的可靠性。这些设计包括短轴、一个通常的轴承和一个密封圈。混凝土蜗壳泵剖面见图 4-74。该类型泵的主要机械部件见图 4-75。

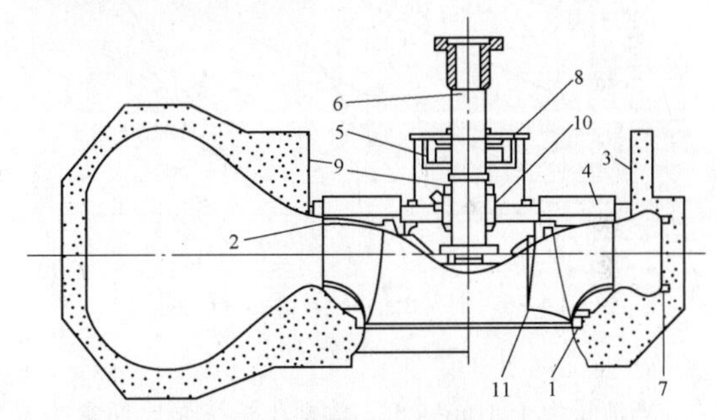

图 4-74 混凝土蜗壳泵剖面图

1—吸水灌浆部分；2—叶轮；3—上部灌浆部分；4—壳体盖；5—轴承；6—轴；7—止水片；8—轴颈轴承；9—轴套；10—填料函；11—密封环

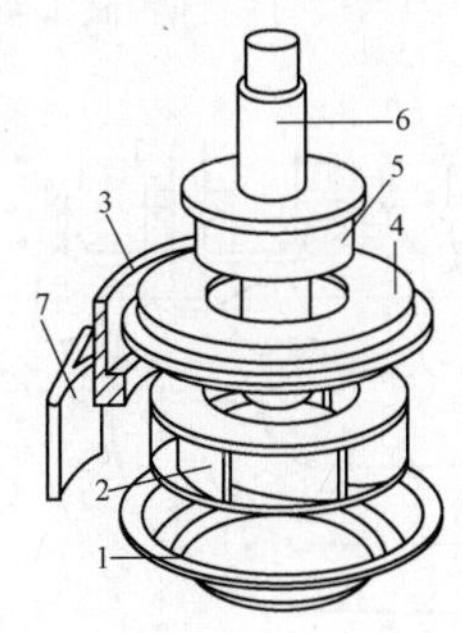

图 4-75 混凝土蜗壳泵主要机械部件图

1—吸水灌浆部分；2—叶轮；3—上部灌浆部分；4—壳体盖；5—轴承；6—轴；7—止水片

轴长度通常很短，所以没有振动问题和敏感的轴向振动。轴不和水接触，在壳盖以下部分有轴套保护，上面较长部分暴露在空气中，所以轴没有腐蚀问题。当为清水时，轴用 45 号钢锻成，轴套为铸钢；当为海水时，轴用不锈钢锻成，轴套用不锈钢或铝青铜制成。

轴承为油润滑的轴颈轴承，便于观察和维修。润滑油由轴带动旋转的油箱供给。这种轴承设计即使在水泵房被淹没的情况下也是可靠的。止推轴承为普通型，均匀分布在泵盖上或电动机上。

轴封为通常压盖填料型，冷却水由出水管接出。当冷却水中有较大杂质（>100μm）时，冷却水要先经过旋流器处理。

2. 特性曲线

混凝土蜗壳泵设计比转速为 250～450。

图 4-76 所示为混凝土蜗壳泵的工作范围。由图看出，水量变化范围为 2～30m³/s，扬程变化范围为 5～30m，叶轮的外径为 1～4m。在这一范围内混凝土蜗壳泵可得到经济合理的设计。

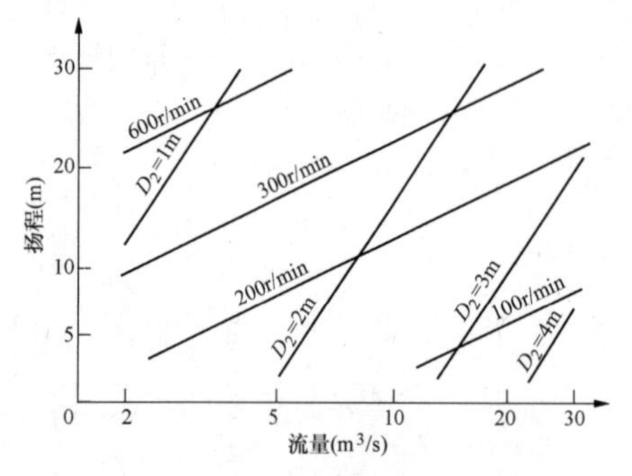

图 4-76　混凝土蜗壳泵常用工作范围

D_2—叶轮外径

当流量大于 10m³/s 时，混凝土蜗壳泵比通常的湿井式水泵或金属蜗壳泵经济，这种大容量水泵通常在火力发电厂及核电站中应用；当流量小于 10m³/s 时，混凝土蜗壳泵可能仍是经济的，尤其是当水源为海水时更有吸引力，因为没有腐蚀和微生物结垢问题。

当总扬程高于 30～40m 时，由于采取在混凝土蜗壳中流速小于 10m/s 的措施，混凝土蜗壳泵仍是适用的。当大容量泵扬程超过 100m 或更高时，可采取特殊的涂料或浆料的方法。

图 4-77 所示为混凝土蜗壳泵典型特性曲线，其主要特点为：

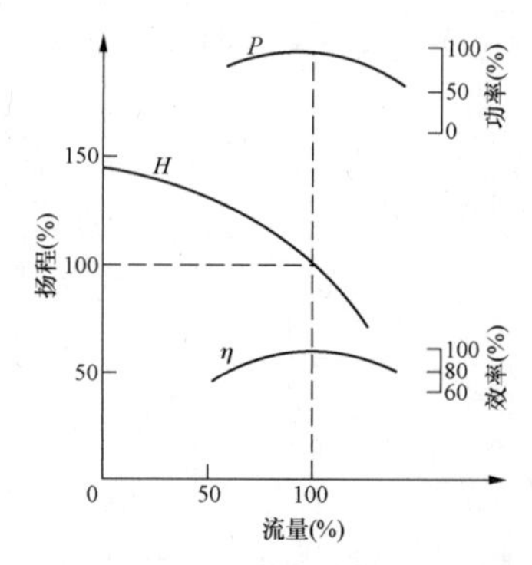

图 4-77　混凝土蜗壳泵典型相对特性曲线

（1）零流量时扬程小于 1.5 倍额定扬程。

（2）流量一扬程曲线为一连续的下降曲线。

（3）零流量时功率小于额定功率。

（4）大多数情况下，总效率大于 90%。

3. 水泵的吸入特性

在大多数情况下，吸水水平面不需要高于叶轮的顶部，有效气蚀余量只要稍高于大气压力即可，水泵吸入特性良好。

4. 蜗壳形状

蜗壳形状要结合土木施工模型的制作来考虑。当要求有优良的水力效率时，圆形截面最优，见图 4-78（a）；当要求简化施工模型和便于混凝土制作时，可考虑采用多角形截面，见图 4-78（b）和图 4-78（c）。

当采用多角形截面时，对较低比转速（n_s=250～365）的水泵，水力效率下降不超过 1%；对较高比转速（n_s=365～450）的水泵，效率下降值是很微小的。

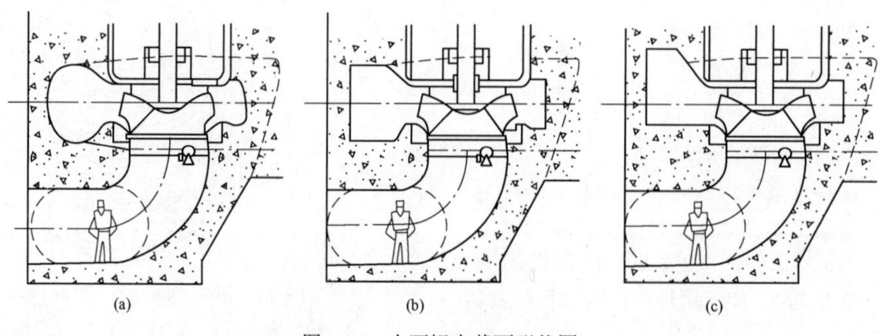

图 4-78　水泵蜗壳截面形状图

5. 混凝土蜗壳泵的维护

减少维修和容易观察是混凝土蜗壳泵运行费用较低的主要原因。唯一的运行监视项目是远方监控轴承油位和温度。主要维护观察项目如下：

（1）每年预防性维护，不停泵核验润滑油品质及更换压盖填料函填料，高性能填料可使用数年后更换。

（2）建议每5年检查轴承间隙，只取下轴承盖而不需拆装其他部件。

（3）停泵排水后检查密封环间隙，这种泵可连续运行5～7年（50000h）而不更换主要部件（轴承、轴套、密封环）。

6. 小结

混凝土蜗壳泵具有下列优点：

（1）减轻金属部件质量，减少投资费约20%。

（2）降低起吊设施的高度和起重量。

（3）提高泵壳的抗腐蚀性能，尤其是采用海水和盐水时。

（4）减少振动和噪声。

（5）高度的可到达性。在不拆卸水泵的情况下，容易进行内部观察。当水泵容量超过10m³/s时，水泵叶轮可从吸水弯道进行检验。对所有水泵部件（包括转动部件），都能通过一个人孔进入混凝土蜗壳进行检验。

（六）循环水泵部件材料选用

根据国内外经验，循环水泵部件主要选用的材料见表4-33。近几年水温较高、盐度较大的海外海水工程也有按合同要求过流部件使用超级双向钢2507或双相钢2205的情况。

表4-33　循环水泵部件主要选用的材料

部件名称	清水	海水	部件名称	清水	海水
叶轮	ZG1Cr13 ZG06Cr13Ni4Mo ZG310-570 铸青铜	ZG0Cr18Ni12Mo2Ti ZG0Cr18Ni9 铸Ni-Al青铜	壳体	HT-250、 Q-235A·F、16Mn	ZG0Cr18Ni9 高镍奥氏体球墨铸铁 耐海水合金铸铁
轴	优质碳素结构钢35 优质碳素结构45 2Cr13	2Cr13 0Cr18Ni9 1Cr18Ni12Mo2Ti	淹没轴承	耐磨橡胶 含氟塑料 陶瓷	耐磨橡胶 含氟塑料 陶器
轴套	1Cr18Ni9 TiZG310-570 表面镀铬	1Cr18Ni12Mo2Ti 0Cr13	泵支座	HT-250、 Q235-A·F、16Mn	HT-250、Q235-A·F、 16Mn
密封环	ZG1Cr13 HT-250	0Cr18Ni9 高镍奥氏体球墨铸铁			

1. 材料选用概述和牌号说明

（1）不锈钢。对不锈钢性能的要求，最重要的是耐蚀性能，以及合适的力学性能、一定的冷热加工和焊接工艺性能。

铬是不锈钢获得耐蚀性的基本合金元素。当钢中铬的质量分数达到12%左右时，会使钢表面生成致密的Cr_2O_3保护膜，主要表现出钢在氧化性介质中的耐蚀性发生突变性上升，而在还原性介质中，铬的作用则不明显。

组成成分和工艺处理方法不同，不锈钢的组织结构也不同。根据组织结构的不同，不锈钢可分为奥氏体不锈钢、铁素体不锈钢、马氏体不锈钢、双相不锈钢和沉淀硬化不锈钢等。其中，以铬镍元素为主的奥氏体不锈钢是应用最广泛的一类不锈钢，约占不锈钢总产量的70%。一般说来，所有不锈钢均可用于大气、淡水等弱腐蚀介质中，而用得最多的是含铬质量分数为13%～18%的马氏体、铁素体和奥氏体不锈钢。

研究表明，海水中氧含量、氯离子浓度、流速、海水污染情况及海洋生物等均可对材料产生侵蚀并构成影响。一般情况下，30℃以下的海水可选用Mo的质量分数为2%～3%的Cr-Ni奥氏体不锈钢，如0Cr18Ni12Mo2（AlSi316）及1Cr18Ni12MO2Ti（AlSi317）。

不锈钢牌号首位数字表示含碳量（千分数），一个0表示含碳量≤0.09%，两个0表示含碳量≤0.03%。元素符号后的数字表示平均合金含量，以百分数表示。

不锈钢铸件在不锈钢牌号前冠以ZG。

中国与其他国家不锈钢牌号对照见表4-34。

表4-34　中国与其他国家不锈钢牌号对照

中国 GB（YB）	美国		德国 DIN	瑞典	日本 JIS
	AISI	ASTM			
0Cr13	410S	S41000	X7Cr13		SUS410S
1Cr12	403	S40300	X10Cr13		SUS403

续表

中国 GB（YB）	美国		德国 DIN	瑞典	日本 JIS
	AISI	ASTM			
2Cr13	420	S42000	X20Cr13		SUS420J1
0Cr18Ni9	304	S30400	X5CrNi189		SUS304
0Cr18Ni11Ti	321	S32100	X10CrNiTi89		SUS321
1Cr18Ni9Ti					
0Cr17Ni12Mo2	316	S31600	X5CrNiMo1810		SUS316
0Cr26Ni5Mo2	329	S32900	X8CrNiMo275		SUS329J1
1Cr18Ni12Mo2Ti	317	S31700	X10CrNiMoTi1810		SUS317L
ZG0Cr18Ni9			G-X6CrNi189		SCS13
ZG1Cr18Ni9			G-X10CrNi189		SCS12
ZG0Cr18Ni9Ti					
ZG1Cr18Ni9Ti					
ZG0Cr18Ni12Mo2Ti			G-X6CrNiMo1812		SCS16、SCS20
ZG1Cr18Ni12Mo2Ti					
00Cr23Ni4N		S32304	W.Nr.1.4362	SS2327（ASF2304）	DP 11
00Cr18Ni5Mo3Si2		S31500	W.Nr.1.4417	SS2376（3RE60）	DP 1
00Cr22Ni5Mo3N		S31803/S32205	W.Nr.1.4462	SS2377（ASF2205）	DP 8
00Cr25Ni5Mo2		S32900	W.Nr.1.4460	SS2324（10RE51）	329J1
00Cr25Ni7Mo3WCuN		S31260	W.Nr.1.4501		329J21
00Cr25Ni7Mo4N		S32750	W.Nr.1.4410	SS2328（ASF2507）	
00Cr25Ni6Mo3WCuN		S32550	W.Nr.1.4507		

（2）耐蚀铸铁。耐蚀铸铁有高硅铸铁、铝铸铁、铝硅铸铁、高镍奥氏体铸铁及铬系铸铁等。

铸铁受周围介质的作用易发生化学腐蚀和电化学腐蚀。化学腐蚀是指铸铁和干燥气体及非电介质发生直接的化学作用而引起的腐蚀，主要发生在表层范围。电化学腐蚀是由于铸铁本身是一种多相合金（如石墨、渗碳体、铁素体），在电介质中有不同的电极电位，电极电位高的构成阳极（如石墨为+0.37V），电极电位低的构成阴极（如铁素体为-0.44V），从而组成原电池，构成阳极的材料不断被消耗掉。这种局部腐蚀会深入到铸铁内部，危害十分严重。

高镍奥氏体铸铁（Ni-Resist）一般含有少量的铬，在盐酸与苛性纳中有优良的耐蚀性，其耐蚀性随含镍量的提高而提高，在稀或浓的硫酸中也有较好的耐蚀性。

高镍铸铁还具有优良的抗冲蚀和抗气蚀性能，特别是含铬量较高时这一性能更为优异，在海水中具有优良的耐蚀性。

美国制定的高镍奥氏体球墨铸铁标准（ASTM A439–80）中牌号 D-2 是在腐蚀环境中最常用的高镍铸铁。D-2 最小抗拉强度 400MPa，最小屈服强度 207MPa。化学成分质量分数分别为：C3%、Si1.5%～3.0%、Mn0.7%～1.25%、Ni18%～22%、Cr1.25%～2.75%。

（3）碳素结构钢。碳素结构钢分普通碳素钢和优质碳素钢两种。普通碳素钢的含碳量较低，对性能要求以及磷、硫和其他残余元素含量限制较宽，多用于工程结构用材。优质碳素钢的杂质元素（磷、硫及残余镍、铬、铜等）含量较低，夹杂物也较少，钢的纯洁度和均匀性较好，因而其综合力学性能比普通碳素钢优良，通常以热轧材、冷拉（轧）材或锻材供应，主要为机械制造用钢。

1）普通碳素结构钢。普通碳素结构钢钢号有Q195、Q215、Q235、Q255、Q275五种，数字代表以MPa为单位的屈服点强度。质量由低到高分为多个等级，如Q235钢分为A、B、C、D四个等级。每种钢还应标明脱氧方法，对质量要求较高的钢，则要求镇静脱氧和特殊脱氧。

钢号Q235是普通碳素钢中最常用的一种，碳含量0.14%～0.22%，屈服点强度235MPa，抗拉强度375～460MPa。

2）优质碳素结构钢。优质碳素结构钢的性能主要取决于钢中的碳含量。按碳含量的不同，可分为低碳钢（碳含量小于0.25%）、中碳钢（碳含量0.3%～0.6%）和高碳钢（含碳量大于0.60%）。

中碳钢中45号钢的含碳量为0.42%～0.5%，是机械行业中最常用的钢号之一，其屈服点强度353MPa，抗拉强度598MPa。

3）碳素铸钢。用于轧材和锻件的钢号原则上都可以用于铸钢件。碳素铸钢按用途分为一般工程用碳素铸钢和焊接结构用碳素铸钢。

一般工程用碳素铸钢主要用于各种机械零件、机座、壳体、底板等，有ZG200-400、ZG230-450、ZG270-500、ZG310-570、ZG340-640五种钢号。钢号是以强度为主要特征，ZG（表示铸钢）后第一组数字表示屈服强度值，第二组数字表示抗拉强度值，单位均为MPa。

4）低合金结构钢。低合金结构钢是一类可焊接的低碳低合金工程结构用钢，其合金元素的质量分数总量不超过5%，一般在3%以下。这类钢和相同碳含量的碳素结构钢相比，有较高的强度和屈强比，并有较好的韧性和焊接性。由于钢中含有耐大气和海水腐蚀或细化晶粒的元素，而具有较相应碳素钢为优的耐蚀性和较低的脆性转折温度。

低合金结构钢的强度，尤其是屈服点大大高于碳含量相同的碳钢。例如，最常用的碳素结构钢Q235，其屈服点为235MPa，抗拉强度为375～460MPa；而最常用的低合金结构钢16Mn，在其碳含量和钢材尺寸与Q235钢相当的条件下，其屈服点为345MPa，抗拉强度为510～660MPa。16Mn钢的化学成分为：C，0.12%～0.20%；Mn，1.2%～1.6%；Si，0.2%～0.55%。

5）灰铸铁。铸铁的碳含量一般在2%以上，这是它和钢的主要区别。一般工程应用，碳主要以石墨形态存在。按照石墨形貌的不同，这类铸铁又分为片状石墨铸铁（灰铸铁）、可锻铸铁、球墨铸铁和蠕墨铸铁四种。

灰铸铁的断面呈暗灰色，一般碳含量为2.7%～4.0%，硅含量为1.0%～3.0%，锰、磷、硫总含量一般不超过2.0%。灰铸铁中的碳将近80%以片状石墨析出。石墨强度低，特别是片状石墨易形成尖端应力集中，所以灰铸铁强度较低，但耐磨性、耐蚀性较好。与其他钢铁材料相比，有优良的铸造性能、减振性能、较小的缺口敏感性和良好的加工性能，价格也比较低廉。

灰铸铁按抗拉强度分为六个牌号：HT100、HT150、HT200、HT250、HT300、HT350。HT后的数字表示最小抗拉强度，单位为MPa。

2. 材料的耐气蚀特性

采用耐气蚀材料制造水泵叶轮、部分泵壳及有关部件是抗气蚀的重要措施。材料抗气蚀的控制因素是硬度、疲劳强度、结晶粒度和耐腐蚀性能。一般来说，疲劳强度高和耐腐蚀性能优良的材料，其耐气蚀性能亦是优良的。

图4-79所示为各种材料的气蚀系数。气蚀系数N_e的定义为：以布氏硬度为140～230的奥氏体不锈钢的气蚀容积损失量为1，其他对比材料的气蚀容积损失量与之对比，即

$$N_e=\frac{\text{奥氏体不锈钢气蚀容积损失量}}{\text{对比材料的气蚀容积损失量}}$$

图4-79中司太立（Stellite）合金为钨铬钴合金，含钴75%～90%、铬10%～25%，带少量钨、铁。因康镍（Inconel）合金含镍80%、铬14%、铁6%。蒙乃尔（Monel）合金为镍铜合金，含镍68%、铜28%、锰1.5%、铁2.5%。

3. 材料的耐冲蚀特性

叶轮进口水流相对速度在30m/s以上，叶轮外缘与叶轮室内壁之间的间隙亦会产生很高的水流速度。黄铜、铝黄铜和铜镍合金只适用于小于3m/s的较低水流速度，而不锈钢SUS316和SUS304可适用于较高水流速度。图4-80所示为各种材料的适用流速。

（七）循环水泵型谱及特性曲线示例

图4-81所示为机组容量100～1000MW、冷却倍率50～70、一台机组配置两台或三台水泵、单泵流量1.5～20m^3/s、扬程9～65m的循环水泵型谱。

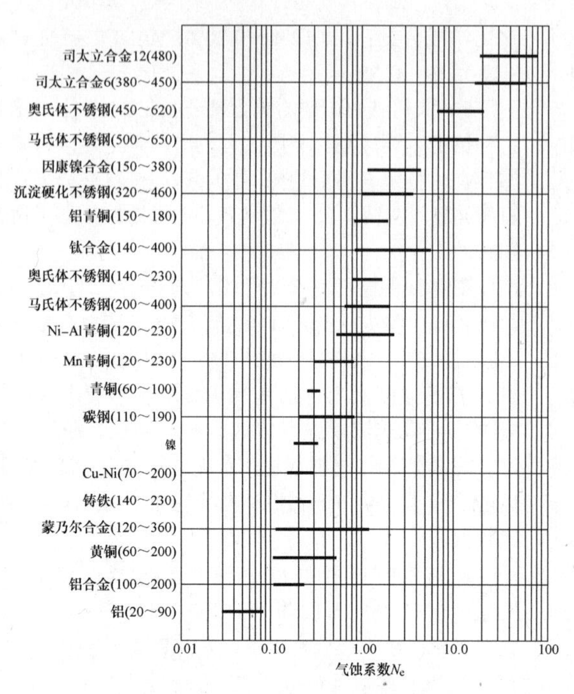

图 4-79　各种材料的气蚀系数（括号中数据为布氏硬度）

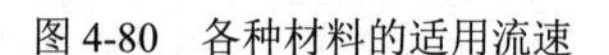

图 4-80　各种材料的适用流速

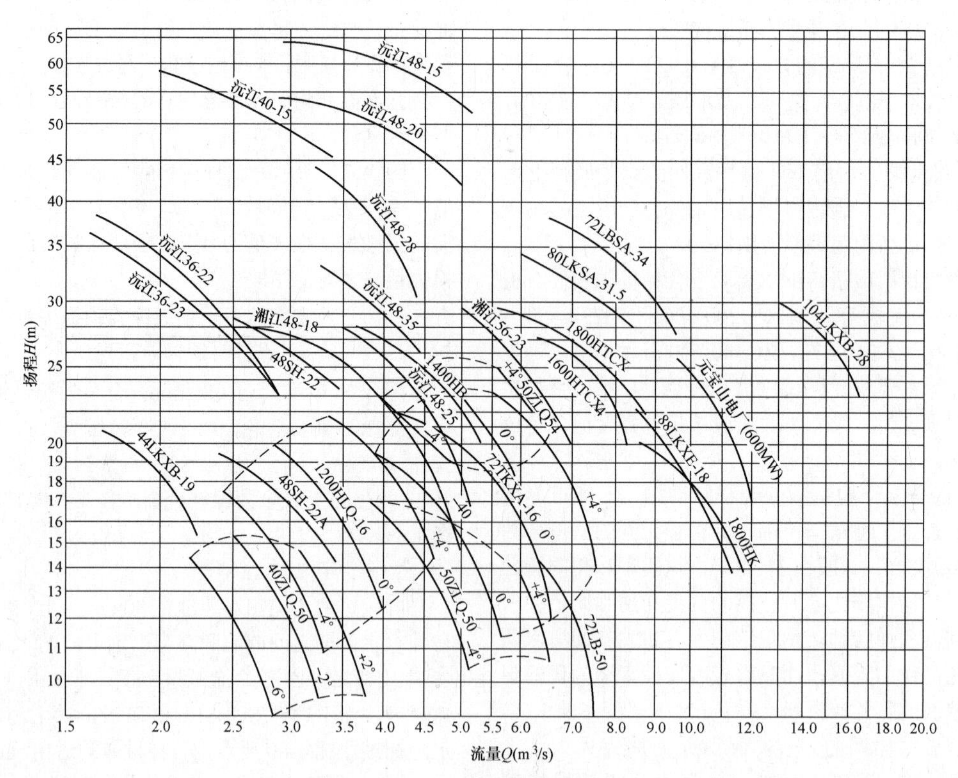

图 4-81　循环水泵型谱

1. 立式混流泵

（1）结构。图 4-82～图 4-84 所示分别为全调节转子可抽（TK）、叶片不调节转子不可抽（LB）和叶片不调节转子可抽（LK）三种泵型的结构。

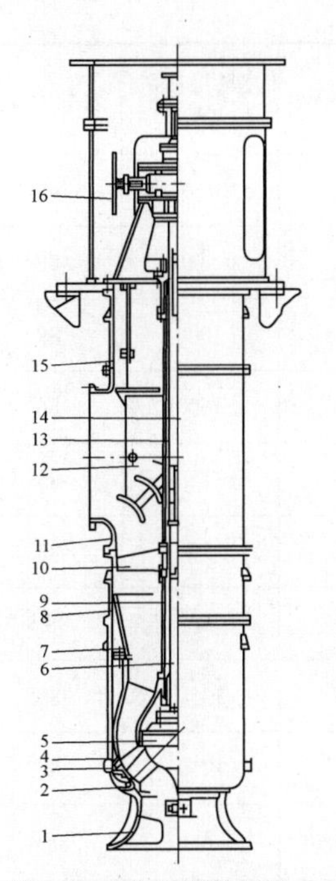

图 4-82　TK 泵型结构图

1—吸入喇口；2—外接管（1）；3—叶轮室；4—导叶体；5—叶轮部件；6—下主轴；7—扩散管；8—外接管（Ⅱ）；9—润滑内接管（下）；10—轴承支座；11—吐出弯管；12—导流片；13—润滑内接管（上）；14—上主轴；15—外接管（Ⅲ）；16—调节部件

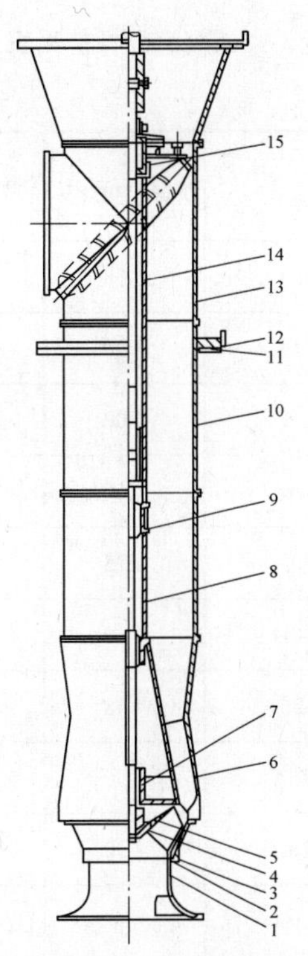

图 4-83　LB 泵型结构图

1—吸入喇叭口；2—叶轮口环；3—泵体口环；4—叶轮哈夫卡环；5—叶轮；6—导叶体；7—轴承（下）；8—润滑内接管（下）；9—轴承（上、中）；10—外接管；11—O 形圈（内）；12—O 形圈（外）；13—吐出弯管；14—润滑内接管（上）；15—O 形圈

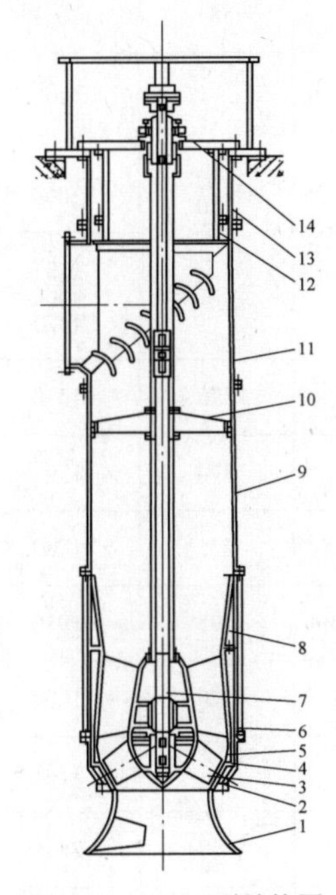

图 4-84　LK 泵型结构图

1—吸入喇叭管；2—叶轮室；3—叶轮；4—外接管（Ⅰ）；5—导叶轮；6 —外接管（Ⅱ）；7—下主轮；8—扩散管；9—中间接管；10—轴承支座；11—吐出弯管；12—导流片；13—外接管（Ⅲ）；14—支撑板

（2）性能。立式混流泵性能见表 4-35。

表 4-35　　立 式 混 流 泵 性 能

<table>
<tr><th>型号</th><th>流量（m³/s）</th><th>扬程（m）</th><th>转速（r/min）</th><th>轴功率（kW）</th><th>电动机功率（kW）</th><th>效率（%）</th><th>水泵需要的气蚀余量（NPSH）re（m）</th></tr>
<tr><td>40LKXB-20</td><td>1.58</td><td>20.0</td><td>590</td><td>362</td><td>450</td><td>86</td><td>5.6</td></tr>
<tr><td>44LKXB-19</td><td>1.90</td><td>19.0</td><td>590</td><td>402</td><td>500</td><td>88</td><td>6.7</td></tr>
<tr><td>56LBSC-14</td><td>5.00</td><td>14.2</td><td>375</td><td>782</td><td>1000</td><td>89</td><td>4.9</td></tr>
<tr><td>56LBSA-60</td><td>4.50</td><td>60.0</td><td>495</td><td>3078</td><td>3600</td><td>86</td><td>10</td></tr>
<tr><td>56LBSA-60A</td><td>4.25</td><td>51.7</td><td>495</td><td>2534</td><td>3150</td><td>85</td><td>9.5</td></tr>
<tr><td>56LBSA-60B</td><td>4.00</td><td>44.5</td><td>495</td><td>2102</td><td>2500</td><td>83</td><td>9.0</td></tr>
<tr><td>60LKXB-26</td><td>4.48</td><td>26.3</td><td>495</td><td>1305</td><td>1600</td><td>88.5</td><td>9.4</td></tr>
<tr><td>60LKXB-26A</td><td>4.50</td><td>21.0</td><td>495</td><td>1048</td><td>1250</td><td>88</td><td>9.4</td></tr>
<tr><td>60LKXB-26B</td><td>4.30</td><td>19.8</td><td>495</td><td>959</td><td>1250</td><td>87</td><td>9.0</td></tr>
<tr><td>64TKXD-10</td><td>4.32～6.48</td><td>8.38～9.35</td><td>370</td><td>410～683</td><td>900</td><td>88.4</td><td>5.5～9.7</td></tr>
<tr><td>64LBSB-13.5</td><td>6.30</td><td>13.5</td><td>333</td><td>950</td><td>1250</td><td>88</td><td>8.4</td></tr>
<tr><td>DG464LBSB-19</td><td>8.50
6.25</td><td>18.75
10.50</td><td>330
双速 246</td><td>1817
748</td><td>2000
1000</td><td>86
86</td><td>7.7
9.1</td></tr>
<tr><td>DG264LKSA-40</td><td>4.25</td><td>41.90</td><td>585</td><td>2011</td><td>2500</td><td>869</td><td>10.0</td></tr>
<tr><td>DG672TKXA-16</td><td>5.0
5.5
6.0</td><td>13.6
14.8
16.0</td><td rowspan="2">370</td><td>775
917
1069</td><td rowspan="2">1600</td><td>86
87
88</td><td>6.2
6.5
6.5</td></tr>
<tr><td>DWG72TKSA-16</td><td>6.5
7.0</td><td>17.0
18.3</td><td>1231
1427</td><td>88
88</td><td>7.0
6.8</td></tr>
<tr><td>72LKSA-17</td><td>5.65</td><td>17.3</td><td>370</td><td>1090</td><td>1250</td><td>88</td><td>8.5</td></tr>
<tr><td>DW72LKSA-21</td><td>6.02</td><td>21.0</td><td>370</td><td>1393</td><td>1600</td><td>89</td><td>8.8</td></tr>
<tr><td>72LKXB-24</td><td>6.6</td><td>24.0</td><td>425</td><td>1780</td><td>2000</td><td>87.8</td><td>8.2</td></tr>
<tr><td>72LKXD-26</td><td>6.6</td><td>26.1</td><td>495</td><td>1930</td><td>2500</td><td>87.5</td><td>11.9</td></tr>
<tr><td>72LKXA-28.5</td><td>6.0</td><td>28.5</td><td>370</td><td>1900</td><td>2500</td><td>87</td><td>7.3</td></tr>
<tr><td>72LBSA-34</td><td>8.0</td><td>33.8</td><td>367</td><td>3101</td><td>3600</td><td>88</td><td>9.0</td></tr>
<tr><td>72LBSA-34A</td><td>7.57</td><td>29.0</td><td>367</td><td>2445</td><td>3200</td><td>88</td><td>10.0</td></tr>
<tr><td>80LKXD-17</td><td>9.50</td><td>16.6</td><td>372</td><td>1777</td><td>2000</td><td>87</td><td>8.0</td></tr>
</table>

续表

型号	流量（m^3/s）	扬程（m）	转速（r/min）	轴功率（kW）	电动机功率（kW）	效率（%）	水泵需要的气蚀余量（$NPSH)_{re}$（m）
DW80LKXD-17A	9.40	15.6	372	1633	2000	88	7.9
80LKXD-17B	8.75	15.0	372	1445	1800	89	6.6
80LKXD-17C	8.65	150	372	1445	1800	88	6.6
80LKXD-170	8.15	13.2	372	1219	1600	86.5	5.2
80LKSA-31.5	7.24	31.5	370	2570	3150	87	8.5
88LKXE-18	16.0	18.0	370	2005	2500	88	10
104LKXB-28	14.5	27.5	292	4442	4800	88	8.2
104LKXB-28A	14.25	25	292	3924	4800	89	8.1
104LKXB-28B	13.75	19.2	292	2992	3600	86.5	8.8
1200HB	3.89	24	495		1250	87	9
1200HKT	3.20	24	495		1250	86	11
1400HB	4.83	23	495		1600	87	11
1400HB-BⅡ	4.80	23.5	495		1600	87	11
1400HB-C	5.06	18.5	423		1600	87	11
1400HB-D	5.50	22	423		1600	86	11
1400HB-E	5.30	24	495		1800	87	11
1400HKUⅡ-A	4.50	20.5	495		1400	85	8.8
1400HKU	4.50	18	495		1250	85.5	8.8
1600HB	6.60	18.5	370		1800	88	8.8
1600HK	6.77	9.3	295		800	88	7
1600HⅡ VC	5.71	17.8	370		1400	88	11
1600HⅡ VCX	6.87	12.5	370		1250	88	8
1600HTCX	7.00	24	370		2500	88	11
1600HTCX 2	6.11	20.35	370		1800	88	11
1600HTCX 4	7.16	24.5	370		2500	88	11
1600HTCX 6	5.00	24	423		1600	88	11
1800HK	8.66	20	370		2500	88	13.5
1800HV	4.80	17.1	495		1400	85.3	8
1800HTCX	7.80	25.1	370		3000	88	9
2200HB	13.30	21	247		3500	89	9

（3）特性曲线。图 4-85～图 4-90 所示为立式混流泵特性曲线。

2. 立式离心泵

立式单级单吸离心泵流量为 1.65～7.25m^3/s，扬程为 15～65m。

（1）结构及外形。立式离心泵叶轮结构为平衡筋（Ⅰ）及平衡孔（Ⅱ、Ⅲ）两种。泵与电动机的连接形式有直连结构（P，Z）和中间传动（I 或无注脚）两种，其外形分别见图 4-91 及图 4-92。

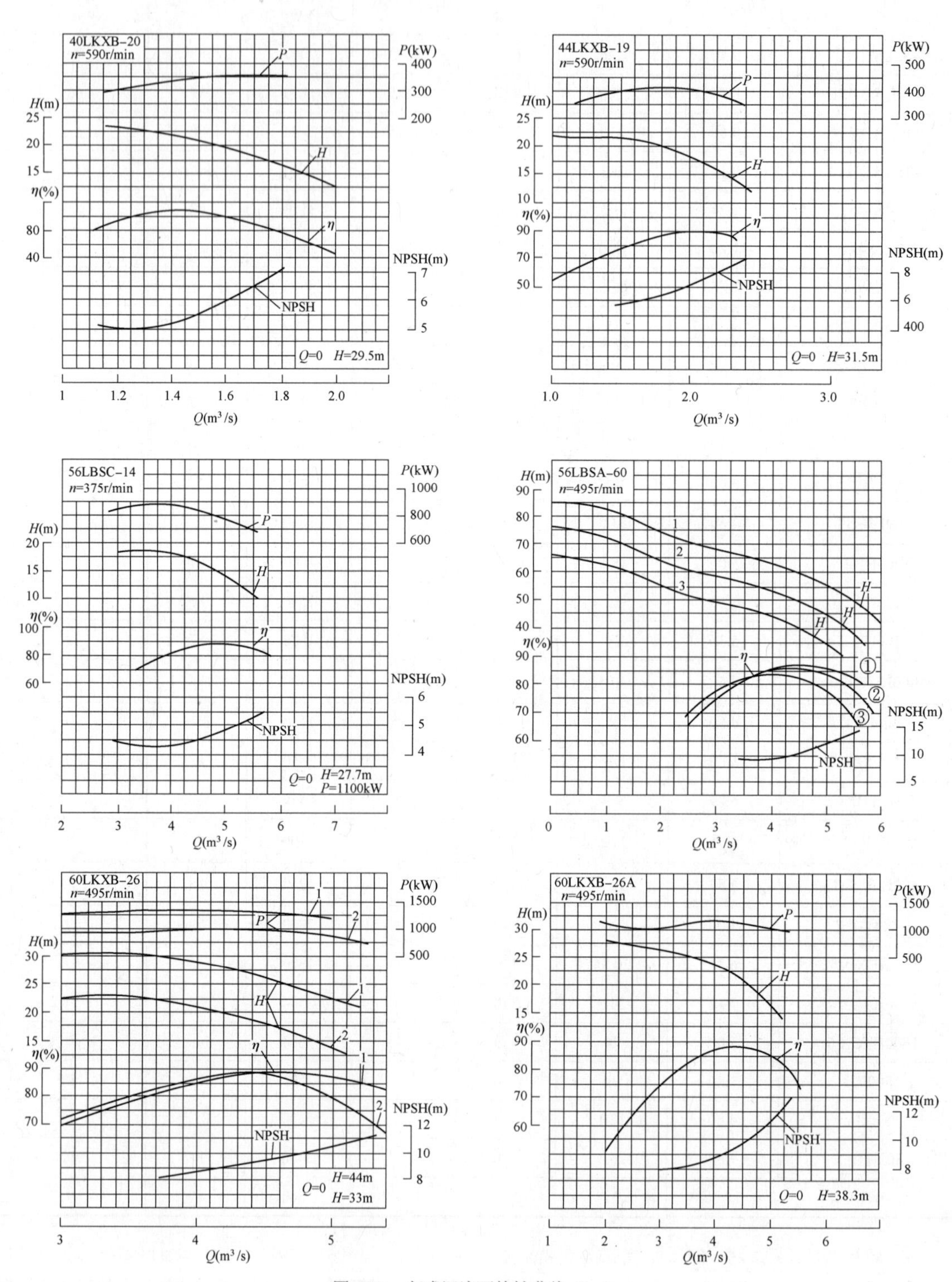

图 4-85　立式混流泵特性曲线（一）

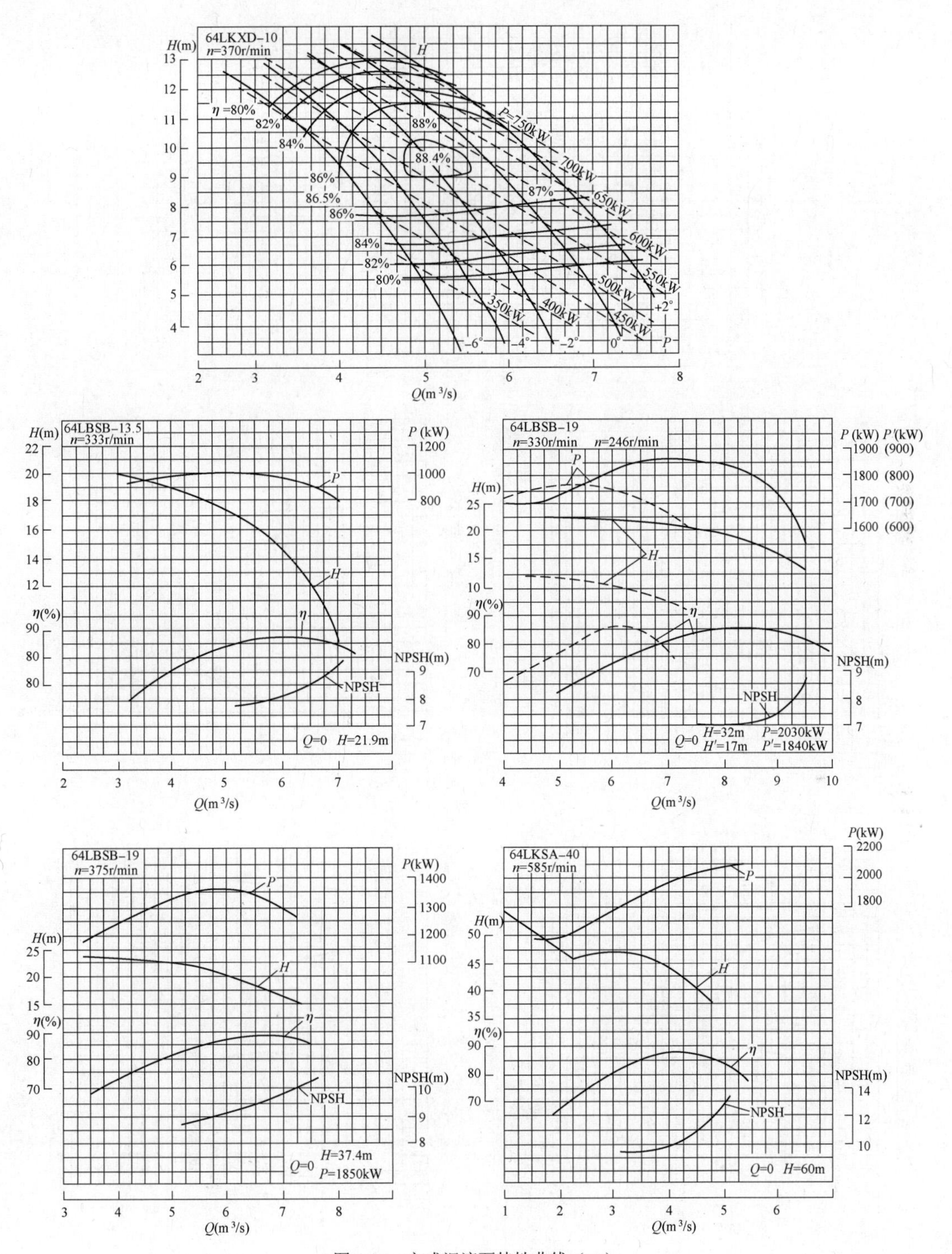

图 4-86　立式混流泵特性曲线（二）

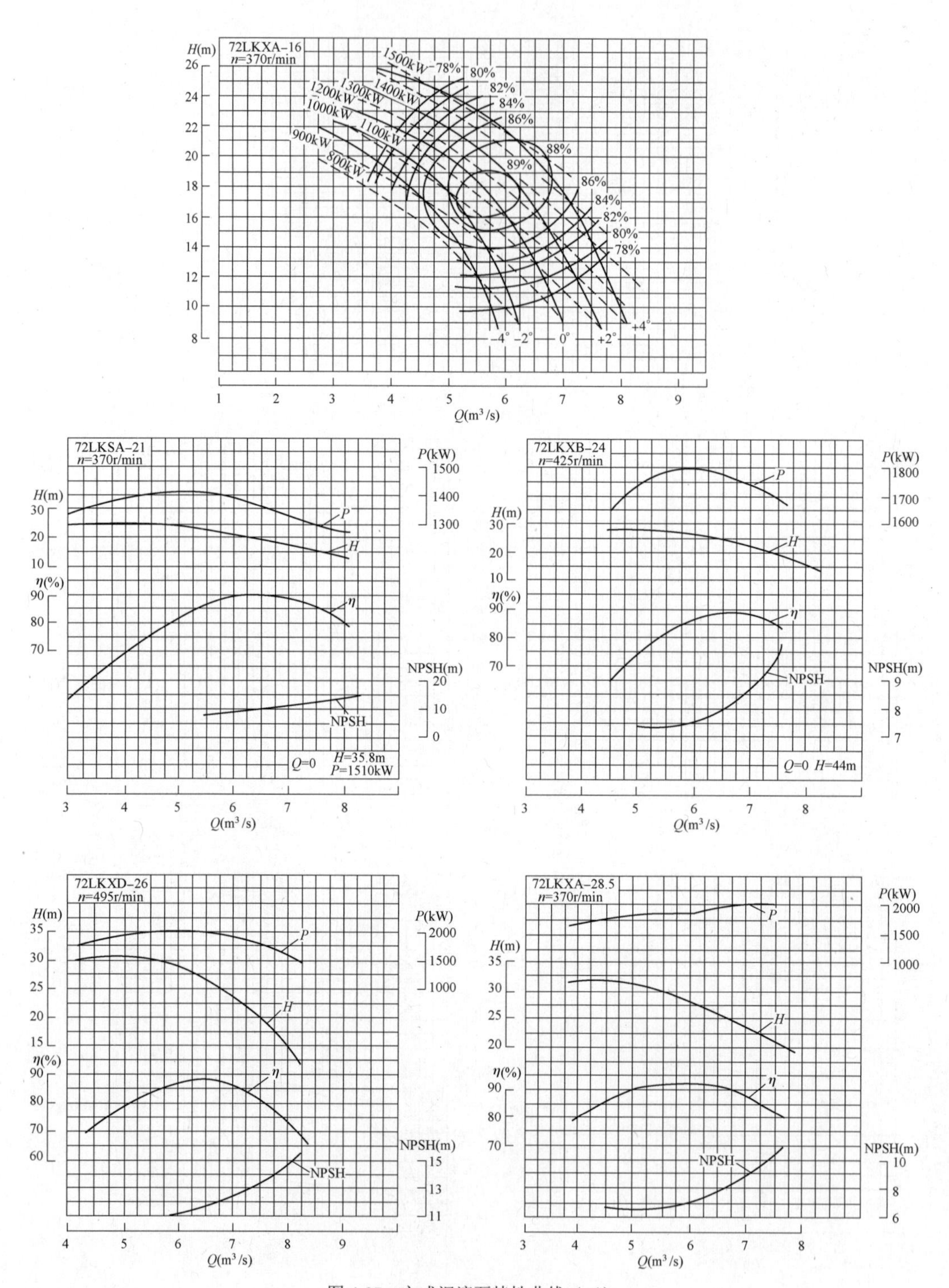

图 4-87　立式混流泵特性曲线（三）

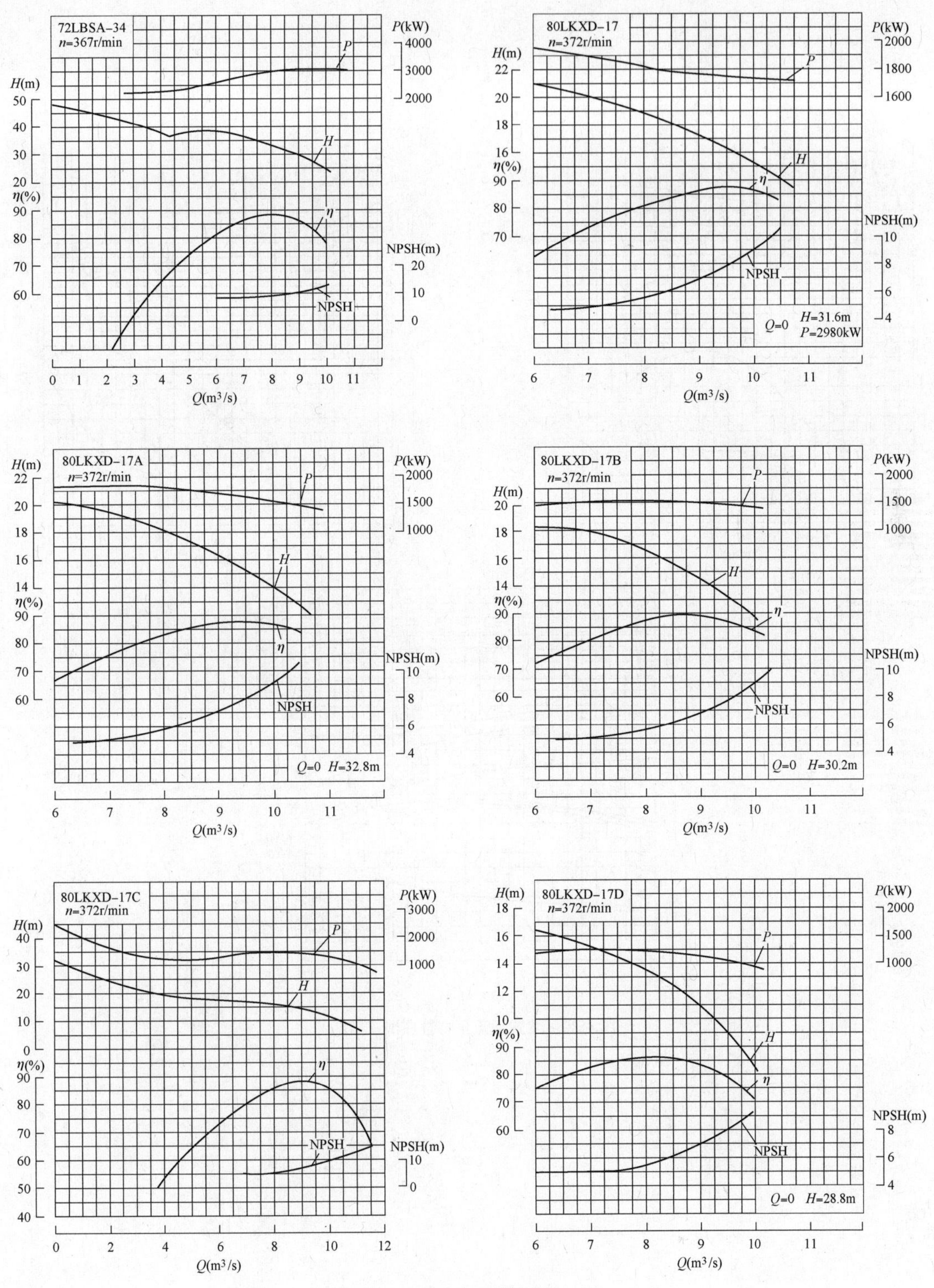

图 4-88　立式混流泵特性曲线（四）

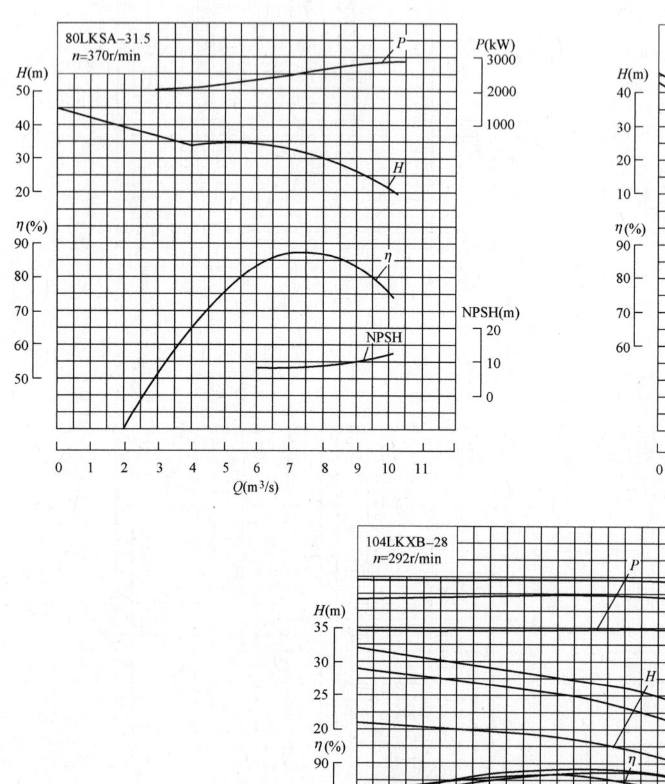

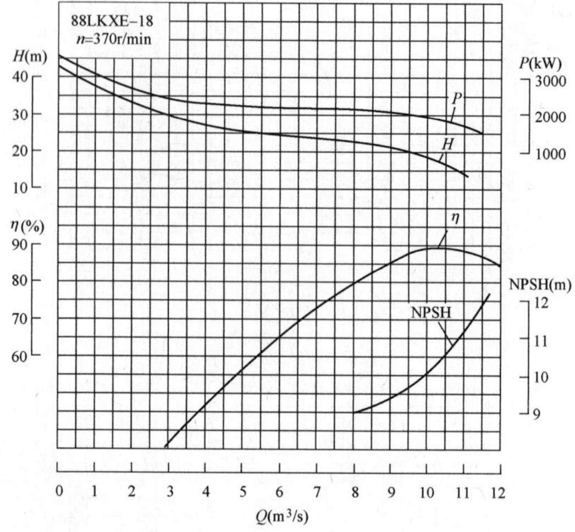

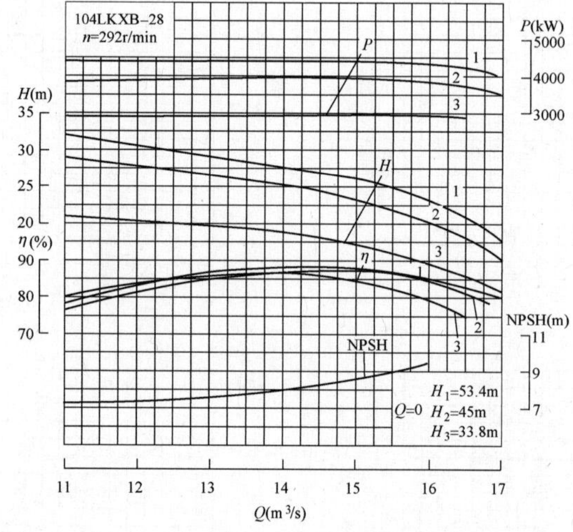

图 4-89　立式混流泵特性曲线（五）

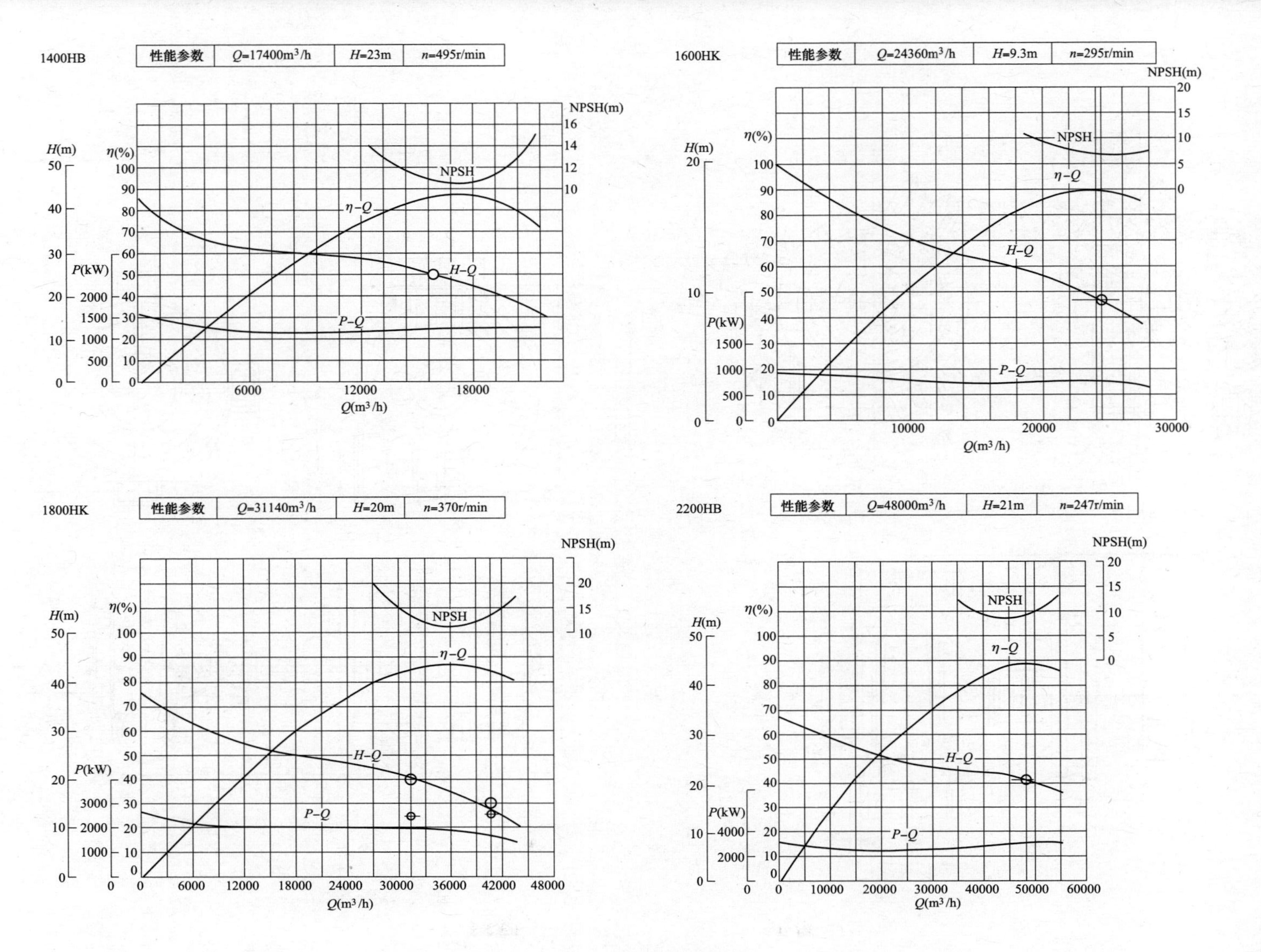

图 4-90　立式混流泵特性曲线（六）

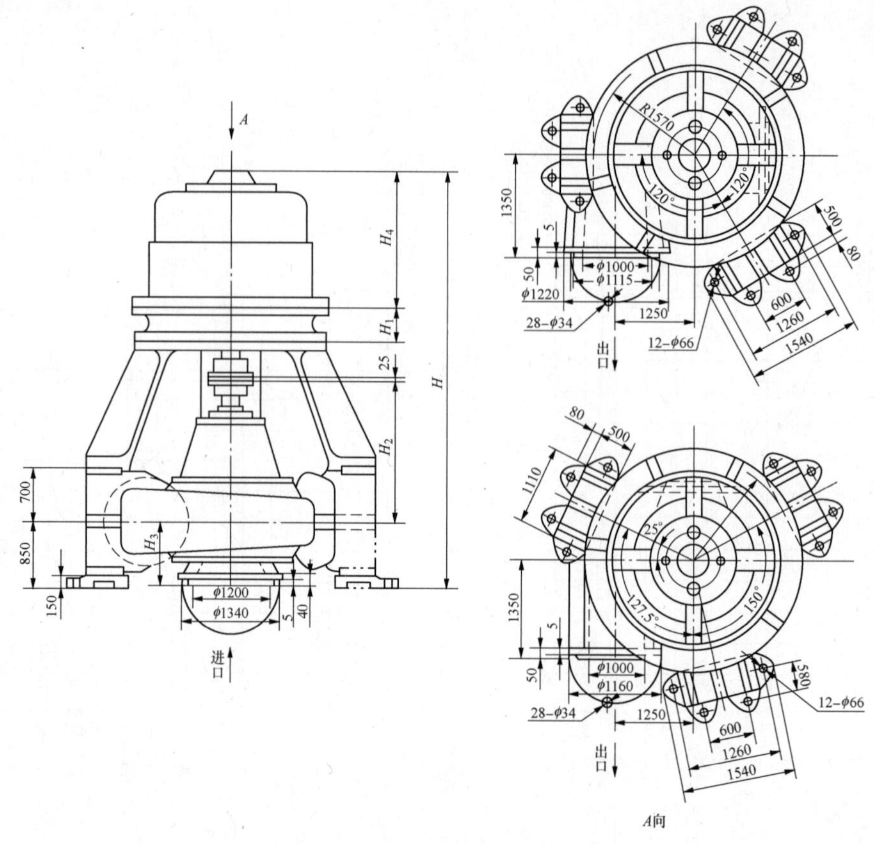

图 4-91　直连结构立式离心泵外形图

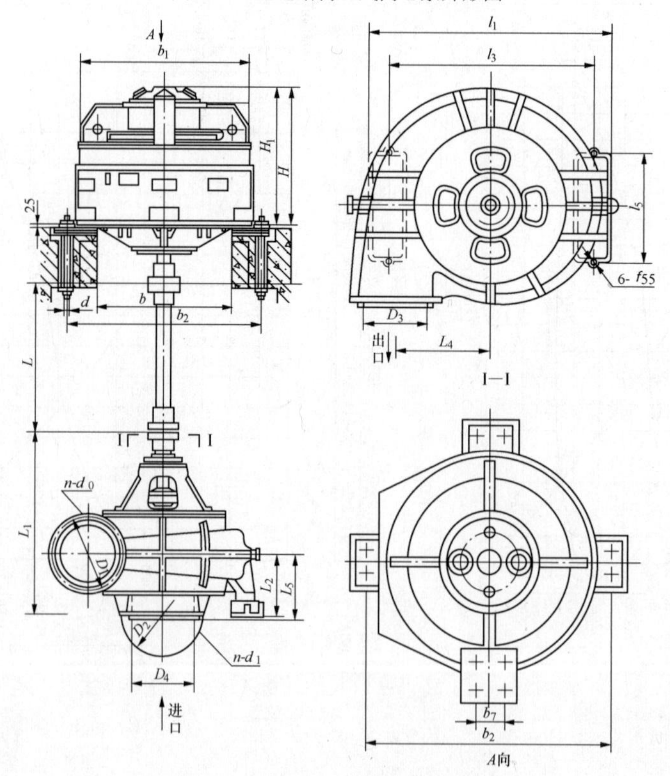

图 4-92　中间传动立式离心泵外形图

（2）性能。立式离心泵性能见表 4-36。

表 4-36 立式离心泵性能

<table>
<tr><th rowspan="2">型号</th><th colspan="2">流量 Q</th><th rowspan="2">扬程 H
（m）</th><th rowspan="2">转速 n
（r/min）</th><th rowspan="2">泵轴
功率 P
（kW）</th><th colspan="2">配电动机</th><th rowspan="2">效率 η
（%）</th><th rowspan="2">允许吸上
真空高度
H_s（m）</th><th rowspan="2">叶轮直径 D
（mm）</th><th rowspan="2">泵重
（kg）</th></tr>
<tr><th>（m^3/h）</th><th>（L/s）</th><th>功率
（kW）</th><th>电压
（V）</th></tr>
<tr><td>沉江 36-22Ⅲ</td><td>6120～
10620</td><td>1700～
2950</td><td>38～
23</td><td rowspan="6">495</td><td>791.7～
855.0</td><td rowspan="4">1000</td><td rowspan="4">6000</td><td>78～
86</td><td></td><td>1092</td><td></td></tr>
<tr><td>36-23$_{\mathrm{III}}^{\mathrm{II}}$</td><td>5940～
9900</td><td>1650～
2750</td><td>36.1～
25</td><td>750.0～
805.0</td><td>78～
87</td><td></td><td>1070</td><td>11000</td></tr>
<tr><td>36-23$_{\mathrm{III}\ A}^{\mathrm{II}\ A}$</td><td>6000～
9810</td><td>1666.67～
2725</td><td>33～
22</td><td>677.5～
722</td><td>79.5～
86.2</td><td></td><td>1030</td><td></td></tr>
<tr><td>36-23$_{\mathrm{III}\ B}^{\mathrm{II}\ B}$</td><td>6000～
9000</td><td>1666.67～
2500</td><td>30～
22</td><td>570～
639</td><td>80～
86.2</td><td></td><td>990</td><td></td></tr>
<tr><td>48Ⅰ-15Ⅰ</td><td>10500～
18000</td><td>2917～
5000</td><td>64～
52.5</td><td>2287.8～
2812.6</td><td>3200</td><td>—</td><td>80～
91.5</td><td>1.75～
0.5</td><td>1440</td><td>26000</td></tr>
<tr><td>DG48Ⅰ-20Ⅰ</td><td>10000～
18000</td><td>2777.78～
5000.00</td><td>54～
42.2</td><td>1960～
2455</td><td>2500</td><td>6000</td><td>75～
85</td><td>0.20～
-3.10</td><td>1320</td><td>26000</td></tr>
<tr><td>P
48 Z -25
I</td><td>18360～
12600</td><td>5100～
3500</td><td>16.7～
28</td><td rowspan="2">370</td><td>1144～
1229.5</td><td>1250</td><td rowspan="6">—</td><td>73～
86</td><td>0.25～
2.2</td><td>1320</td><td>（40920）
26000</td></tr>
<tr><td>P
48 Z -26
I</td><td>14292～
21960</td><td>3970～
6100</td><td>28.5～
16.2</td><td>1329～
1391</td><td>1600</td><td>71.6～
84</td><td>1.49～
1.03</td><td>13721352</td><td>（40980）
26000</td></tr>
<tr><td>P
48 Z -26Ⅰ
I</td><td>11700～
17010</td><td>3250～
4725</td><td>27.4～
15.7</td><td rowspan="2">375</td><td>1006～
963</td><td>1250</td><td>75.5～
88.3</td><td>3.2～
1.9</td><td>1340</td><td>（41110）
26000</td></tr>
<tr><td>P
48 Z -26ⅠA
I</td><td>10800～
16200</td><td>3000～
4500</td><td>25.75～
15</td><td>901.0～
865</td><td>1000</td><td>76.5～
87.5</td><td>3.38～
2.2</td><td>1304</td><td>（41110）
26000</td></tr>
<tr><td>P
48 Z -26Ⅱ
I</td><td>12600～
19800</td><td>3500～
5500</td><td>30.8～
21.9</td><td rowspan="2">370</td><td>1273.3～
1490</td><td>1600</td><td>82.5～
87.5</td><td>3.35～
1.25</td><td>1373</td><td>（40360）
25300</td></tr>
<tr><td>P
48 Z -26ⅡA
I</td><td>9000～
15840</td><td>2500～
4400</td><td>24.7～
16.4</td><td>778.1～
908.2</td><td>1000</td><td>77.8～
85.2</td><td>3.85～
2.47</td><td>1232</td><td>（40360）
25300</td></tr>
<tr><td>I
48 P -$\frac{28}{28}$ Ⅰ
Z</td><td>11700～
16100</td><td>3250～
4475</td><td>44.2～
30.3</td><td>495</td><td>1635～
1580</td><td>2000</td><td>6000</td><td>84.1～
90.0</td><td></td><td>1250</td><td>（40700）
26000</td></tr>
<tr><td>I
48 P -28ⅠA
Z</td><td>11232～
15480</td><td>3120～
4300</td><td>40.75～
27.9</td><td>495</td><td>1400～
1450</td><td>2000</td><td>6000</td><td>84～
90.5</td><td></td><td>1200</td><td></td></tr>
<tr><td>I
48 P -35Ⅰ
Z</td><td>11700～
19750</td><td>3250～
5485</td><td>32.8～
19.4</td><td></td><td>1264～
1160</td><td rowspan="2">1600</td><td rowspan="2"></td><td>86.5～
91</td><td>0.4～
-2</td><td>1086</td><td>（39550）
26000</td></tr>
<tr><td>P
48 Z -35Ⅱ
I</td><td>15912～
26082</td><td>4.42～
724.5</td><td>26.6～
15.95</td><td>370</td><td>1388.8～
1310</td><td>83～87.6</td><td></td><td></td><td>25500</td></tr>
<tr><td>40-15
40-15Ⅰ</td><td>7200～
12500</td><td>2000～
3472</td><td>58.5～
45.2</td><td>495</td><td>1350～
1750</td><td>2000</td><td>—</td><td>85～88.9</td><td></td><td>1300</td><td></td></tr>
</table>

注 括号内数字为 PZ 型泵重。

（3）特性曲线。泵的特性曲线见图4-93和图4-94。

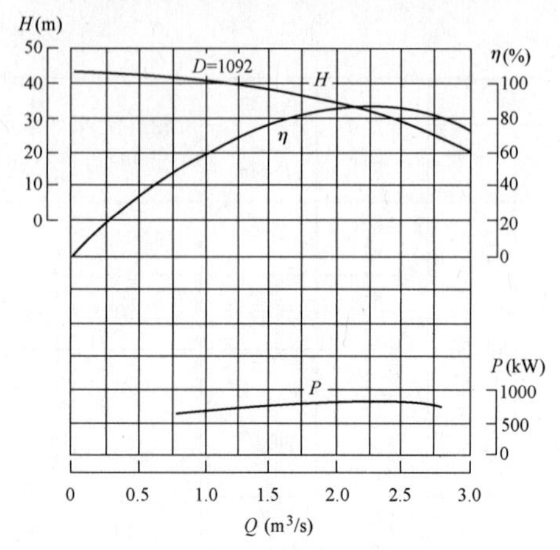

沅江36-22Ⅲ型泵特性曲线

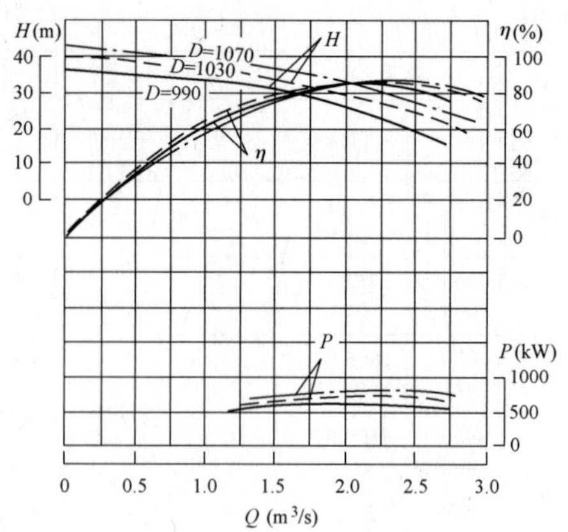

沅江36-23 $\frac{Ⅱ}{Ⅲ}$ A、B型泵特性曲线

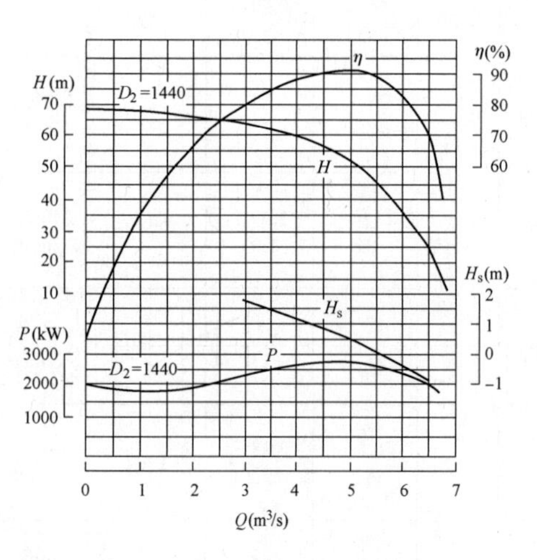

P
沅江48Z-15Ⅰ型泵特性曲线
Ⅰ

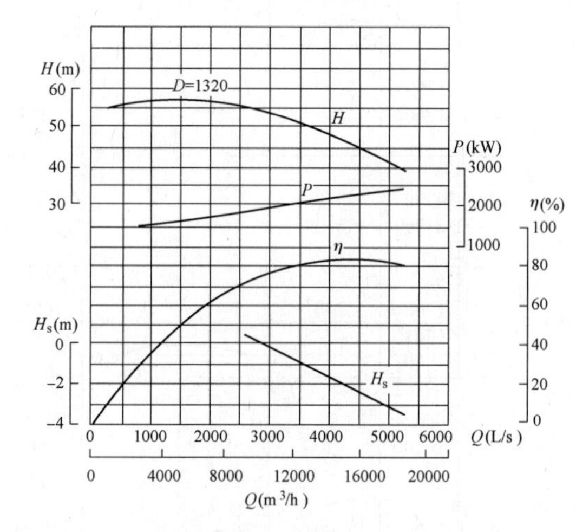

P
沅江48Z-20Ⅰ型泵特性曲线
Ⅰ

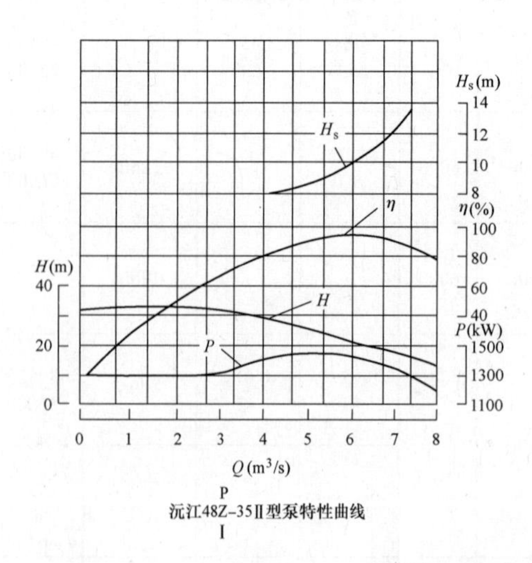

P
沅江48Z-35Ⅱ型泵特性曲线
Ⅰ

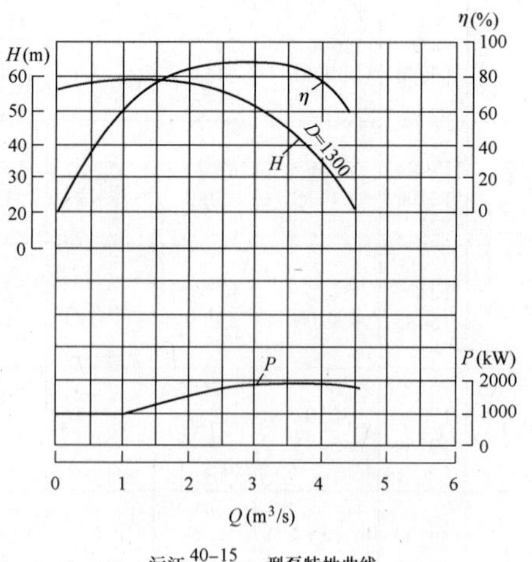

沅江 $\frac{40\text{-}15}{40Ⅰ\text{-}15Ⅰ}$ 型泵特性曲线

图4-93 立式离心泵特性曲线（一）

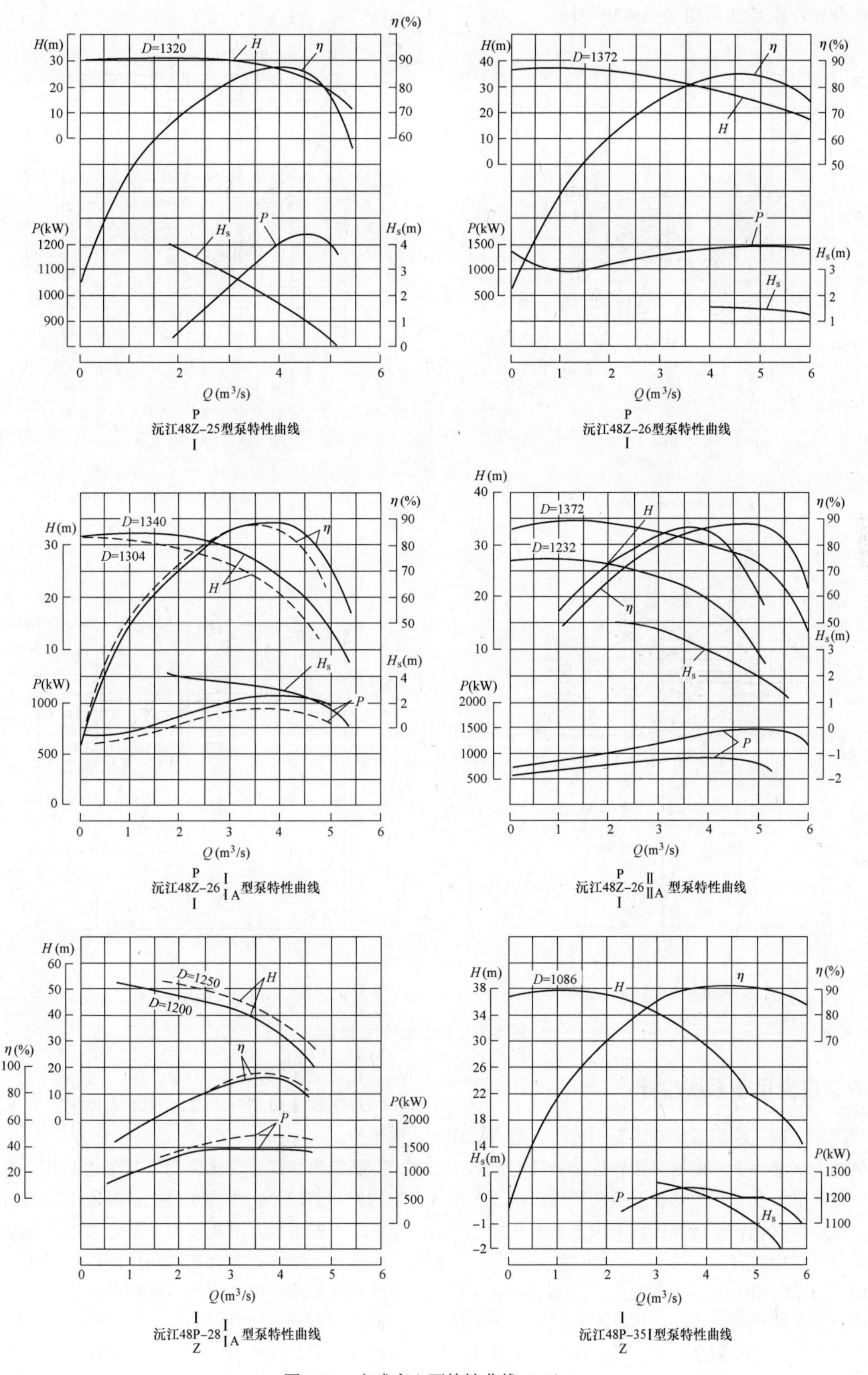

图 4-94　立式离心泵特性曲线（二）

3. 轴流泵

部分轴流泵特性曲线如图 4-95 所示。

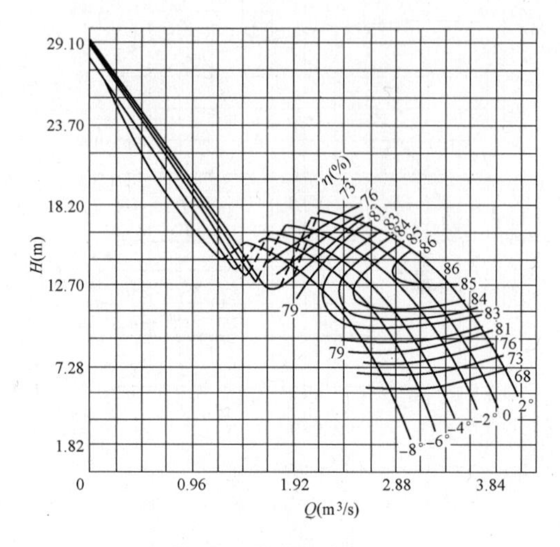

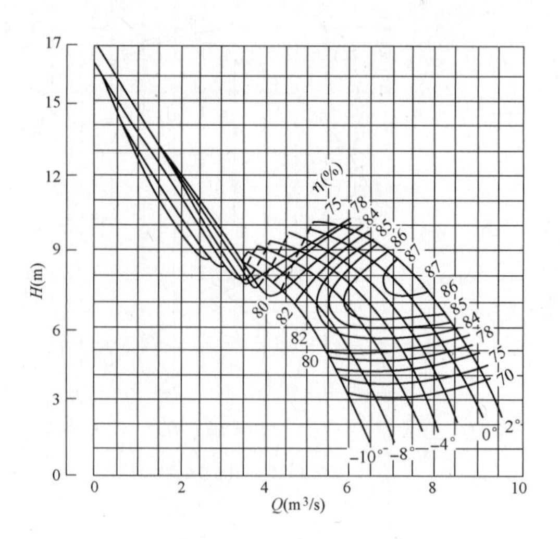

40ZL$\frac{B}{Q}$-50型泵特性曲线(n=585r/min)

64ZLB-50型泵特性曲线(n=250r/min)

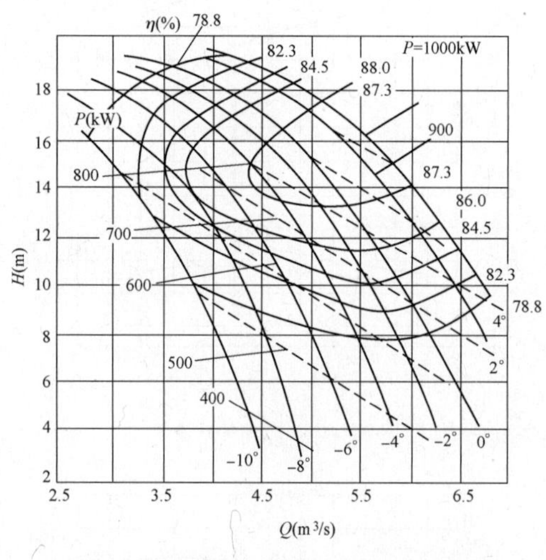

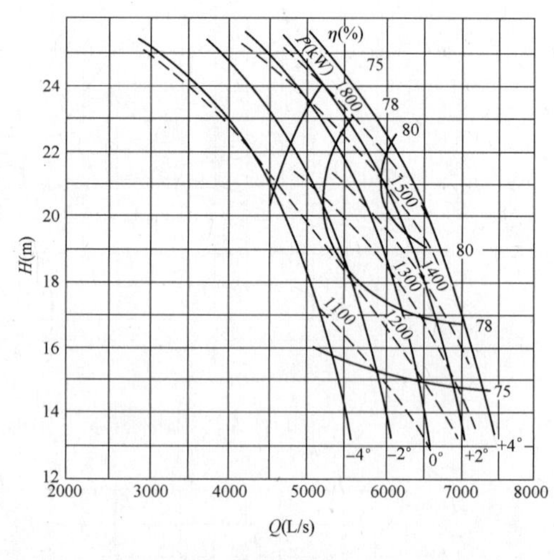

50ZLQ-50型泵特性曲线(n=485r/min)

50ZLQ-54型泵特性曲线(n=585r/min)

图 4-95　轴流泵特性曲线

六、直流供水系统设计

我国大部分地区水资源比较匮乏，可供大型电厂作直流供水的水源不多。根据多年厂址选择情况，这些厂址主要在沿海及长江、珠江三角洲和长江中、上游地区，故本节仅讨论这些地区直流供水水源水位、水温特征及其优化问题。

DL/T 5339—2006《火力发电厂水工设计规范》指出，当采用直流供水系统时，优化过程的水力热力计算应采用多年月平均的水位和水温。所以，月平均水位是优化设计中的重要参数。

1. 小水位变幅水源

月平均水位值与多年年平均水位值之差称为水位偏差值。

我国沿海岸平均水位的季节变化虽有差异，但偏差的绝对值较小。平均水位的最高值由北向南逐渐变小。年变幅黄海、渤海较大，东海次之，南海较小。

长江、珠江三角洲靠近河口的厂址，江面开阔，月平均水位偏差值与沿海厂址相近。

将沿海各站最高、最低水位的起算面分别统一到该站的多年平均海面上。最高水位的特点是东海沿岸大，渤海、黄海、南海沿岸较小。最低水位分布趋势与最高水位相对称。

潮差是指相邻的高潮与低潮的水位差。平均潮差分布总趋势是东海较大、南海较小，湾顶较大、湾口较小。最大可能潮差的地理分布与平均潮差相似。

根据上述水位特征，结合工程厂址条件，小水位变幅水源厂址直流供水系统优化时，一般要考虑下述特点：

（1）各厂址月平均水位偏差值均较小。水位的变化对直流供水系统的优化没有明显的影响。

（2）很多厂址全年大多数月份在优化计算中采用月平均水位为基点时，供水静扬程（即供水几何高差）为零。水泵总扬程只用来克服包括排水系统在内的系统阻力损失。

（3）水泵的选型要适合上述两个特点，水泵流量几乎与潮位的涨落无关，这样可以简化水泵对流量调节的要求。水泵的额定点应以年平均水位为基准计算点，再按夏季频率97%水位和夏季频率10%水温条件校核。这样，水泵额定扬程有可能降低1m左右。

2. 大水位变幅水源

长江中、上游水位年变化较大，月平均水位偏差值为5m左右，但最高水位与最低水位差要大得多，高达33m。优化计算时一般可考虑下列条件：

（1）以多年平均水位为选定水泵额定工况（亦即效率最高点）的基准点。

（2）根据工程经验及制造厂资料，拟订选泵系列无因次相对流量和扬程关系曲线。

（3）以多年平均水位时的冷却倍率为名义冷却倍率，可有几个名义冷却倍率的方案，按拟订泵系列的流量和扬程关系曲线，求各月平均水位时的实际冷却倍率。

（4）优化一般按逐月平均水位和平均水温计算。

（5）合理确定系统的校核条件是系统优化的重要部分，一般以下列条件来校核保证汽轮机满发：

1）夏季频率为97%的低水位，该时水温为夏季频率为10%的日平均水温。

2）全年频率为97%的低水位，该时水温为枯水季的平均水温。

3. 水源水温

我国沿海表层水温地区差异悬殊。冬季，北方的渤海沿岸和辽南沿岸最低水温在0℃以下，常有冰冻现象；而地处亚热带的粤东、粤西沿岸，最低水温在15℃以上。夏季，除了某些受涌升流影响的沿岸水温较低外，其余各沿岸之间的水温差则较小。

上述海水温度均指表层水温。海水温度随深度分布成层次结构，主要可分为季节变化层、主跃层和下均匀层三层。风混和层及周日跃层都包括在季节变化层中。由于该层比较厚，因此一般工程可只考虑表层水温。当需考虑取深层较低温水时，要有专门的较长期的观测资料。

我国江河及沿海季节水温见表4-37，季节划分方法同气象条件的划分。

表4-37　我国江河及沿海季节水温　（℃）

地区	夏	春、秋	冬	寒冬	年平均
长江上游	23	20	15	11	18
长江中游	27	20	13	9	18
长江下游	27	20	13	8	18
东北江河	18	11	3	2	9
黄河上游	21	14	4	0	10
黄海北部	23	16	7	0	11
渤黄河沿岸	25	17	7	1	14
浙闽沿岸	25	20	16	12	19
南海沿岸	27	23	20	15	22

由表4-37看出，东北江河、黄河上游及黄海北部年平均水温为10℃左右，其他地区年平均水温为20℃左右。这给直流供水系统设计水温提供了大体的依据。

七、冷却塔优化设计

一般要进行冷却塔本体各主要部位尺寸的优化，工程中本体优化可以和面积选择同时进行，也可以按工程具体条件（如风速、地基处理及地震等）优化冷却塔本体各主要部位尺寸的比例，再按此比例拟订适用于工程的面积变化范围的系列冷却塔的各主要部位尺寸，再由系统优化确定面积。

1. 冷却塔本体优化和面积选择

某2×600MW工程的本体优化和面积选择同在系统优化计算中进行：

（1）冷却塔本体优化计算是在确定设计频率的气象条件下，计算冷却后水温和冷却倍率进行塔体优化的。该工程拟订P=10%气象条件下冷却后水温为30.5、31.0、31.5℃及32.0℃ 4组，冷却倍率为45、50、55倍及60倍4组，组成16组冷却塔方案。每组方案进行本体优化，选择基建费用和总费用均较低而进风口高度较高（因空气动力计算进风口垂向阻力可能偏高）为优选方案。16个冷却塔优选尺寸见表4-38。

表 4-38　　冷却塔本体优化结果一览

冷却塔方案号	1	2	3	4	5	6	7	8	9	10	11	12	13	14	15	16
冷却倍率 m	45	45	45	45	50	50	50	50	55	55	55	55	60	60	60	60
循环水流量 Q（t/h）	55422	55422	55422	55422	61580	61580	61580	61580	67738	67738	67738	67738	73896	73896	73896	73896
冷却后水温 t_2（℃）	30.5	31.0	31.5	32.0	30.5	31.0	31.5	32.0	30.5	31.0	31.5	32.0	30.5	31.0	31.5	32.0
循环水温升 Δt（℃）	11.69	11.69	11.69	11.69	10.52	10.52	10.52	10.52	9.57	9.57	9.57	9.57	8.77	8.77	8.77	8.77
β_z[①]	0.32	0.32	0.32	0.32	0.32	0.32	0.32	0.32	0.32	0.32	0.32	0.32	0.32	0.32	0.32	0.32
i[②]	0.25	0.25	0.25	0.25	0.25	0.25	0.25	0.25	0.25	0.25	0.25	0.25	0.25	0.25	0.25	0.25
$P_z=\frac{Z_t}{D_b}$	1.28	1.28	1.28	1.28	1.28	1.28	1.28	1.28	1.28	1.28	1.28	1.28	1.28	1.28	1.28	1.28
$P_c=\frac{D_c}{D_b}$	0.56	0.56	0.56	0.56	0.56	0.60	0.56	0.56	0.56	0.54	0.56	0.54	0.56	0.56	0.60	0.56
$P_L=\frac{Z_L}{D_b}$	0.082	0.080	0.078	0.080	0.078	0.082	0.074	0.080	0.080	0.082	0.076	0.080	0.078	0.074	0.074	0.074
塔高 Z_t（m）	150.86	144.62	139.14	133.96	157.72	149.52	145.36	139.18	163.00	156.16	149.84	147.17	168.77	161.87	154.86	149.25
塔底部直径 D_b（m）	117.86	112.98	108.70	104.66	123.22	116.81	113.56	108.74	127.34	122.00	117.06	114.98	131.85	126.46	120.98	116.60
塔喉部直径 D_c（m）	66.00	63.27	60.87	58.61	69.00	70.09	63.59	60.89	71.31	65.88	65.56	62.09	73.84	70.82	72.59	65.30
进风口高度 Z_L（m）	9.66	9.04	8.48	8.37	9.61	9.58	8.40	8.70	10.19	10.00	9.37	7.59	10.28	9.36	8.95	8.63
斜支柱对数 N_D（对）	70	70	70	68	74	70	74	68	74	70	70	78	76	76	76	74
D_z[③]（m）	1.02	0.86	0.86	0.86	1.02	1.02	0.86	0.86	1.02	1.02	1.02	0.86	1.02	1.02	1.02	0.86
填料层数 n（层）	2	2	2	2	2	2	2	2	2	2	2	2	2	2	2	2

① β_z为塔底部支柱斜率。
② i为塔喉部以上高度与塔高的比值。
③ D_z为斜支柱直径。

（2）计算夏季及 P=10%工况循环水量为 100%设定水量，其他季节循环水量分别为 100%、75%、60%及 40%设定水量的各方案冷却后的水温。

（3）优选出冷却后水温、冷却倍率、装泵台数、各季节的开泵台数、凝汽器面积、冷却塔面积和循环水管主支管直径等。

2. 300～1000MW 级机组冷却塔系列

参照以往工程设计，表 4-39 所列为 300～1000MW 级机组的冷却塔系列参考尺寸。工程的冷却塔系列要通过详细的本体优化后确定。

表 4-39 中尺寸并不全等于参照工程的，在系列化中已稍作修改；表中底径 D_b 为斜支柱中心在 0.000m 标高处的直径。

表 4-39　　300～1000MW 级机组冷却塔系列参考尺寸

面积（m^2）	填料顶内径（m）	进风口上缘内径 D_i（m）	底径 D_b（m）	进风口高度 H_i（m）	H_i/D_i	塔全高 H_t（m）	H_t/D_b
3500	66.76	67.62	72.64	6.3	0.093	92.0	1.27
4000	71.36	72.22	77.57	6.8	0.094	99.0	1.28
4500	75.69	76.55	82.16	7.2	0.094	104.0	1.27
5000	79.79	80.65	86.52	7.6	0.094	110.0	1.27
5500	83.68	84.54	90.68	8.0	0.095	115.0	1.27
6000	87.40	88.26	94.66	8.4	0.095	120.0	1.27
6500	90.97	91.83	98.43	8.7	0.095	125.0	1.27
7000	94.41	94.96	101.76	9.0	0.095	130.0	1.28
7500	97.72	98.62	105.55	9.1	0.092	134.0	1.27
8000	100.93	101.83	108.89	9.3	0.091	138.0	1.27
8500	104.03	104.93	112.12	9.5	0.091	142.0	1.27
9000	107.05	107.95	115.28	9.7	0.090	146.0	1.27
9500	109.98	110.88	118.40	10.0	0.090	150.0	1.27
10000	112.84	113.74	121.40	10.2	0.090	154.0	1.27
10500	115.62	116.52	124.37	10.5	0.090	158.0	1.27
11000	118.35	119.25	127.30	10.8	0.091	162.0	1.27
12000	123.62	124.80	134.65	11.64	0.093	165.0	1.23
12500	126.21	127.45	137.83	11.77	0.092	170.0	1.23
13000	128.69	129.8	139.5	11.90	0.092	173.0	1.24
13500	131.90	132.8	142.9	12.00	0.090	177.2	1.24

八、湿冷系统优化示例

以有典型特点的 4 个地域为例优化进行分析比较，并非工程实例。对不同地区汽轮机末级叶片型式、汽轮机设计背压、凝汽器冷却面积及循环水冷却倍率的确定提出一些建议。

优化中采用汽轮机末级叶片长度为 1016mm 机组和 851mm 机组的热耗率——背压曲线进行比较，这两种机组具有较明显的较长叶片机组和短叶片机组的特点。对于各不同工程和不同条件，应结合各工程的具体条件进行优化，以确定各工程合理的汽轮机冷端参数值和优化组合方案。

（一）厂址条件及参数取值

1. 厂址条件

4个示例厂址分别位于山东、宁夏、江苏及辽宁，4个工程均为600MW机组，其中两个为循环供水系统，两个为直流供水系统。4个厂址气象条件及水温条件见表4-40。

表4-40　优化厂址气象条件及水温条件

<table>
<tr><td rowspan="2">供水系统</td><td rowspan="2">厂址地点</td><td rowspan="2">地区</td><td colspan="6">气象条件</td></tr>
<tr><td>气象参数</td><td>夏季6～8月</td><td>春、秋4、5、9、10月</td><td>冬季3、11月</td><td>寒冬12、1、2月</td><td>夏季频率10%</td></tr>
<tr><td rowspan="6">循环供水</td><td rowspan="3">山东</td><td rowspan="3">南温带</td><td>湿球温度 τ(℃)</td><td>22.8</td><td>14.2</td><td>5.1</td><td>−1.7</td><td>26.4</td></tr>
<tr><td>相对湿度 ϕ(%)</td><td>71</td><td>63</td><td>61</td><td>60</td><td>77</td></tr>
<tr><td>大气压力 p（hPa）</td><td>995</td><td>1008</td><td>1013</td><td>1013</td><td>1007</td></tr>
<tr><td rowspan="3">宁夏</td><td rowspan="3">中温带</td><td>湿球温度 τ(℃)</td><td>17.7</td><td>9.5</td><td>−0.1</td><td>−7.6</td><td>19.9</td></tr>
<tr><td>相对湿度 ϕ(%)</td><td>65</td><td>57</td><td>53</td><td>49</td><td>73</td></tr>
<tr><td>大气压力 p（hPa）</td><td>883</td><td>889</td><td>892</td><td>893</td><td>881</td></tr>
<tr><td rowspan="4">直流供水</td><td rowspan="3">江苏</td><td rowspan="3">长江下游</td><td colspan="6">水温（℃）</td></tr>
<tr><td colspan="2">夏季6～9月</td><td>春、秋4、5、10、11月</td><td colspan="2">冬季1、2、3、12月</td><td>夏季频率10%</td></tr>
<tr><td colspan="2">26.5</td><td>18.2</td><td colspan="2">8.2</td><td>29.5</td></tr>
<tr><td>辽宁</td><td>黄海北部</td><td colspan="2">22.0</td><td>14.5</td><td colspan="2">2.0</td><td>25.0</td></tr>
</table>

2. 优化方法及优化参数取值

（1）优化方法。优化采用年总费用最小法，主要通过年总费用的经济比较来确定系统参数组合的优劣。除确定一般优化参数取值范围外，另增加了两种不同末级叶片长度机组和不同电价折减系数的比较。优化结果中年总费用仅是相对值，系统中未参与比较的项目未计入年总费用中，并且在优化中未考虑两种不同末级叶片长度汽轮机低压缸的差价。优化中采用的两种汽轮机，其末级叶片长度分别为1016和851mm，其热耗率—背压关系曲线见图4-96。为叙述方便，称1016mm较长末级叶片机组为长叶片机组，称851mm长度适中的末级叶片机组为短叶片机组，两种不同叶片机组的主要差别在于长叶片机组在较低背压时热耗率较短叶片机组小，而短叶片机组在较高背压时热耗率较长叶片机组小。为使两种叶片机组的优化结果可比，取两种叶片机组热耗率及背压相同的点，即热耗率 7985kJ/（kW·h）、背压6.85kPa为基准点，以此点为两种机组的基准点，经换算后的功率修正曲线见图4-97。

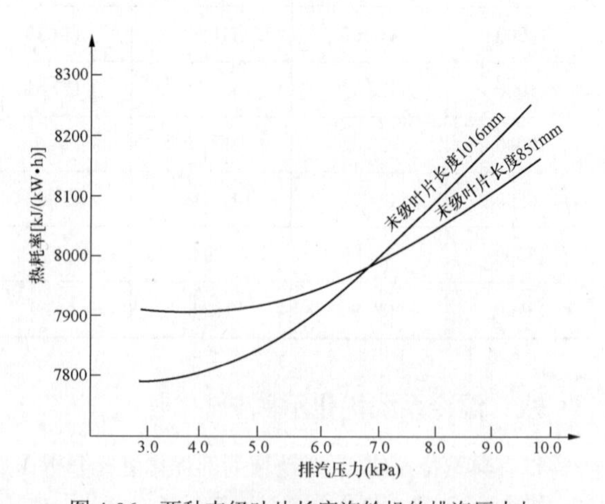

图4-96　两种末级叶片长度汽轮机的排汽压力与热耗率关系曲线

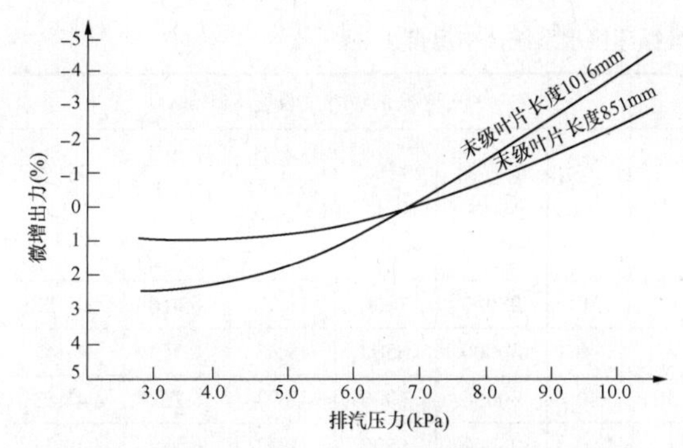

图 4-97　两种末级叶片长度汽轮机的功率修正曲线

按 DL/T 5339—2006《火力发电厂水工设计规范》，优化中电价折减系数取 0.8～0.9，但微增电量增减只改变了热耗率，即只改变了燃料费用，其他发电成本并未改变，而电厂燃料费用按统计仅占发电成本的60%左右，故电价折减系数取 0.6 可能和按热耗率优化的结果更相近。所以，优化中对电价折减系数 0.9、0.8、0.7、0.6 均做了比较。

循环供水系统按夏季 6～8 月，春、秋 4、5、9、10 月，冬季 3、11 月和寒冬 12、1、2 月四个季节平均气象条件计算，循环水泵按安装三台泵、夏季运行三台泵、其他季节运行两台泵计算。当冷却塔出水水温低于 15℃时以 15℃计算。

直流供水系统按夏季 6～9 月，春、秋 4、5、10、11 月，冬季 1、2、3、12 月三个季节平均水温计算，也对一台机组安装两台循环水泵、全年运行两台泵进行了计算。

（2）优化参数取值。为使各工程可比，优化中各参数统一取值，主要参数取值见表 4-41。

表 4-41　优化参数统一取值

序号	名称		单位	参数值
1	发电成本		元/（MW・h）	100
2	电价折减系数			0.6、0.7、0.8、0.9
3	冷却塔综合造价		元/m²	3000
4	凝汽器综合造价		元/m²	860
5	凝汽量（统一取夏季工况凝汽量）		t/h	1231.5
6	年固定分摊率			0.16
7	大修费率			0.014
8	凝汽器材质			Hsn70–1
9	凝汽器清洁系数			0.85
10	凝汽器面积方案（每 2000m² 一档）		m²	28000～38000
11	冷却塔面积方案（每 500m² 一档）		m²	6000～10000
12	冷却倍率方案（每 5 倍一档）	循环供水系统		40～55
		直流供水系统		40～80

（二）优化结果及分析

1. 优化结果

将 4 个工程各参数组合优化后，其年总费用最小前 5 名列于表 4-42～表 4-45。为说明规律性，另将各工程前 5 名优化确定的参数值平均后列于表 4-46 中。

注：表中所注的年总费用只是相对值，工程中未参与优化的项目未列入。

表 4-42　山东厂址 600MW 机组优化结果（循环供水系统，南温带）

优劣名次	电价折减系数	汽轮机末级叶片长度 1016mm						汽轮机末级叶片长度 851mm					
		冷却倍率	凝汽器面积（m²）	冷却塔面积（m²）	年平均凝汽器进水温度（℃）	年平均汽轮机背压（kPa）	年总费用（万元）	冷却倍率	凝汽器面积（m²）	冷却塔面积（m²）	年平均凝汽器进水温度（℃）	年平均汽轮机背压（kPa）	年总费用（万元）
1	0.9	50	36000	9000	20.60	5.779	1048.87	40	30000	7500	20.62	6.850	1123.10
2		50	36000	9500	20.38	5.704	1049.04	40	32000	7500	20.62	6.677	1125.89
3		50	38000	9000	20.60	5.673	1049.34	40	32000	7000	20.99	6.811	1126.68
4		50	38000	9500	20.38	5.599	1050.29	45	30000	7500	21.11	6.663	1127.09
5		45	38000	9000	20.28	5.826	1051.32	40	30000	7000	20.99	6.987	1127.42
1	0.6	45	32000	8000	20.74	6.365	1098.30	40	28000	6500	21.42	7.361	1086.36
2		45	34000	8000	20.74	6.220	1101.05	40	28000	7000	20.99	7.194	1087.91
3		45	32000	7500	21.11	6.491	1101.67	40	30000	6500	21.42	7.151	1089.42
4		45	34000	7500	21.11	6.344	1101.87	40	28000	6000	21.92	7.559	1091.29
5		45	30000	8000	20.74	6.535	1103.13	40	30000	7000	20.99	6.987	1091.58

表 4-43　　宁夏厂址 600MW 机组优化结果（循环供水系统，中温带）

优劣名次	电价折减系数	汽轮机末级叶片长度 1016mm						汽轮机末级叶片长度 851mm					
		冷却倍率	凝汽器面积（m²）	冷却塔面积（m²）	年平均凝汽器进水温度（℃）	年平均汽轮机背压（kPa）	年总费用（万元）	冷却倍率	凝汽器面积（m²）	冷却塔面积（m²）	年平均凝汽器进水温度（℃）	年平均汽轮机背压（kPa）	年总费用（万元）
1	0.9	45	34000	8000	18.78	5.534	801.67	40	28000	7000	18.97	6.416	947.26
2		45	34000	8500	18.51	5.449	801.83	40	30000	6500	19.33	6.353	947.47
3		45	36000	8000	18.78	5.419	803.50	40	30000	7000	18.97	6.223	947.53
4		45	36000	8500	18.51	5.334	804.18	40	28000	6500	19.33	6.549	949.24
5		45	32000	8500	18.51	5.582	804.63	40	28000	7500	18.65	6.302	949.35
1	0.6	45	32000	7000	19.38	5.870	912.13	40	28000	6000	19.74	6.703	949.47
2		45	32000	7500	19.07	5.766	912.46	40	28000	6500	19.33	6.549	952.74
3		45	30000	7500	19.07	5.925	912.88	40	30000	6000	19.74	6.505	957.10
4		45	30000	7000	19.38	6.031	913.30	40	28000	7000	18.97	6.416	960.98
5		40	32000	7500	18.65	5.952	913.50	40	30000	6500	19.33	6.353	962.14

表 4-44　　江苏厂址 600MW 机组优化结果（直流供水系统，长江下游）

优劣名次	电价折减系数	汽轮机末级叶片长度 1016mm						汽轮机末级叶片长度 851mm					
		冷却倍率	凝汽器面积（m²）	冷却塔面积（m²）	年平均凝汽器进水温度（℃）	年平均汽轮机背压（kPa）	年总费用（万元）	冷却倍率	凝汽器面积（m²）	冷却塔面积（m²）	年平均凝汽器进水温度（℃）	年平均汽轮机背压（kPa）	年总费用（万元）
1	0.9	60	32000		17.63	4.944	227.53	50	28000		17.63	5.592	479.70
2		60	30000		17.63	5.088	229.41	55	28000		17.63	5.407	480.42
3		65	32000		17.63	4.828	230.07	60	28000		17.63	5.259	490.21
4		65	30000		17.63	4.970	230.88	50	30000		17.63	5.415	491.72
5		60	34000		17.63	4.818	231.11	45	28000		17.63	5.822	492.50
1	0.6	60	28000		17.63	5.259	382.02	50	28000		17.63	5.592	524.44
2		55	28000		17.63	5.407	383.77	45	28000		17.63	5.822	526.39
3		55	30000		17.63	5.234	384.15	55	28000		17.63	5.407	532.59
4		60	30000		17.63	5.088	384.80	45	30000		17.63	5.648	541.98
5		55	28000		17.63	5.139	390.68	50	30000		17.63	5.415	543.14

表 4-45　　辽宁厂址 600MW 机组优化结果（直流供水系统，黄海北部）

优劣名次	电价折减系数	汽轮机末级叶片长度 1016mm						汽轮机末级叶片长度 851mm					
		冷却倍率	凝汽器面积（m²）	冷却塔面积（m²）	年平均凝汽器进水温度（℃）	年平均汽轮机背压（kPa）	年总费用（万元）	冷却倍率	凝汽器面积（m²）	冷却塔面积（m²）	年平均凝汽器进水温度（℃）	年平均汽轮机背压（kPa）	年总费用（万元）
1	0.9	55	28000		12.83	4.362	−11.11	45	28000		12.83	4.702	353.88
2		60	28000		12.83	4.242	−7.97	50	28000		12.83	4.511	359.21
3		55	30000		12.83	4.205	−6.20	40	28000		12.83	4.954	360.63
4		50	28000		12.83	4.511	−2.74	55	28000		12.83	4.362	372.94
5		50	30000		12.83	4.351	−1.04	45	30000		12.83	4.537	376.10
1	0.6	50	28000		12.83	4.511	203.08	40	28000		12.83	4.954	433.14
2		55	28000		12.83	4.362	205.17	45	28000		12.83	4.702	434.24

续表

优劣名次	电价折减系数	汽轮机末级叶片长度1016mm						汽轮机末级叶片长度851mm					
		冷却倍率	凝汽器面积（m²）	冷却塔面积（m²）	年平均凝汽器进水温度（℃）	年平均汽轮机背压（kPa）	年总费用（万元）	冷却倍率	凝汽器面积（m²）	冷却塔面积（m²）	年平均凝汽器进水温度（℃）	年平均汽轮机背压（kPa）	年总费用（万元）
3	0.6	45	28000		12.83	4.702	211.81	50	28000		12.83	4.511	444.38
4		50	30000		12.83	4.351	214.91	40	30000		12.83	4.785	456.08
5		60	28000		12.83	4.242	216.13	45	30000		12.83	4.537	459.75

表 4-46　　优化结果汇总

优劣名次	电价折减系数	汽轮机末级叶片长度1016mm							汽轮机末级叶片长度851mm						
		冷却倍率	凝汽器面积（m²）	冷却塔面积（m²）	冷却塔凝汽器投资费用（万元）	年平均凝汽器进水温度（℃）	年平均汽轮机背压（kPa）	年总费用（万元）	冷却倍率	凝汽器面积（m²）	冷却塔面积（m²）	冷却塔凝汽器投资费用（万元）	年平均凝汽器进水温度（℃）	年平均汽轮机背压（kPa）	年总费用（万元）
山东	0.9	49	37200	9200	5959.2	20.45	5.716	1049.77	41	30800	7400	4868.8	20.87	6.798	1126.04
	0.6	45	32400	7800	5126.4	20.89	6.391	1101.20	40	28800	6600	4456.8	21.35	7.250	1089.31
宁夏	0.9	45	34400	8300	5448.4	18.62	5.464	803.16	40	28800	6900	4546.8	19.05	6.369	948.17
	0.6	44	31200	7300	4950.6	19.11	5.909	912.85	40	28800	6400	4396.8	19.42	6.505	956.49
江苏	0.9	62	31600		2717.6	17.63	4.930	229.80	52	28400		2442.4	17.63	5.499	486.91
	0.6	57	28800		2476.8	17.63	5.225	385.08	49	28800		2476.8	17.63	5.577	533.71
辽宁	0.9	54	28800		2476.8	12.83	4.334	−5.81	47	28400		2442.4	12.83	4.613	364.55
	0.6	52	28400		2442.4	12.83	4.434	210.22	44	28800		2476.8	12.83	4.698	445.52

2. 优化结果分析

在四个地域的优化中，参与优化的参数较多，但优化结果总的趋势是：对于短的汽轮机末级叶片机组或较低的电价折减系数，采用较低的冷却倍率、较小的凝汽器面积和冷却塔面积、较高的汽轮机年平均运行背压为较优方案。对于长的汽轮机末级叶片机组或较高的电价折减系数，采用较高的冷却倍率、较大的凝汽器面积和冷却塔面积、较低的汽轮机年平均运行背压为较优方案。

电价折减系数为0.9时按山东厂址优化结果中趋势分析表绘制的分析曲线如图4-98和图4-99所示。它们是将凝汽器面积固定，分析不同叶片机组和不同冷却倍率下的年总费用和冷却塔面积的关系曲线。其中，图4-98为取长叶片机组最优方案中凝汽器面积为36000m²时的分析曲线，图4-99为取短叶片机组最优方案中凝汽器面积为30000m²时的分析曲线。

下面按优化结果表和分析曲线对长短叶片机组、汽轮机背压、凝汽器面积和冷却倍率进行分析。

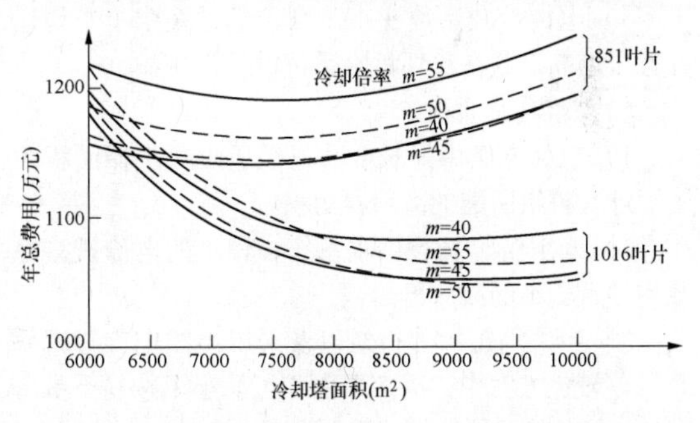

图4-98　山东厂址优化分析曲线（凝汽器面积36000m²）

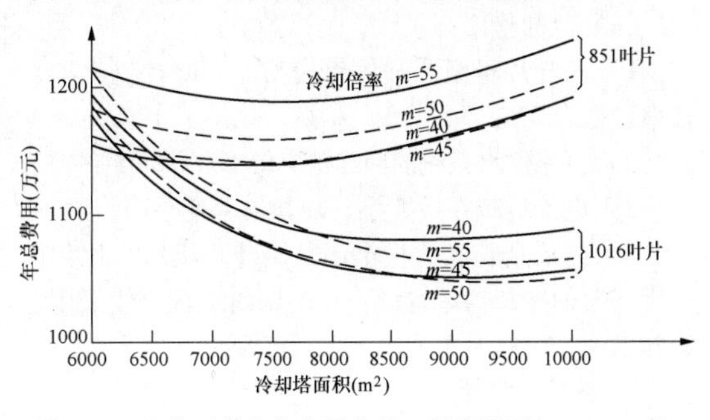

图4-99　山东厂址优化分析曲线（凝汽器面积30000m²）

（1）长、短叶片机组的分析比较。各厂址较优方案均具有下列明显规律：

1）当年平均水温较低时，长叶片机组优势较明显，其年总费用较短叶片机组小得多。

2）直流供水系统一般年平均水温低于循环供水系统，故长叶片机组较短叶片机组的优势比循环供水系统大。

3）长叶片机组宜配较大的凝汽器面积和冷却塔面积，短叶片机组宜配较小的凝汽器面积和冷却塔面积。

4）当电价折减系数由0.9降至0.6时，长叶片机组较短叶片机组的优势减小。

5）长叶片机组的年平均运行背压低于短叶片机组的年平均运行背压，在同一工程的循环供水系统中，长、短叶片机组较优方案下的年平均运行背压相差0.6～1.1kPa。

6）如不考虑两种叶片机组的差价，年平均运行背压超过6.85kPa时短叶片机组的优势也将出现。

（2）汽轮机背压：

1）根据电厂所处地区不同，循环供水系统中长叶片机组汽轮机年平均运行背压变化为5.5～6.4kPa，短叶片机组汽轮机年平均运行背压变化为6.3～7.2kPa。

2）不同地区的直流供水系统，长叶片机组汽轮机年平均运行背压为4.3～5.2kPa，短叶片机组汽轮机年平均运行背压为4.6～5.6kPa。

3）电价折减系数变小，则较优方案中年平均运行背压增高，这在循环供水系统中较为明显。

（3）凝汽器面积：

1）较优方案中，长叶片机组所配凝汽器面积大于短叶片机组所配的凝汽器面积。

2）低水温、直流供水系统、较小的电价折减系数均导致较小的凝汽器面积。

3）当采用短叶片机组以及采用小的电价折减系数时，较优方案中的凝汽器面积可能小于按夏季频率10%气象条件校核时的凝汽器面积。

（4）冷却倍率：

1）长叶片机组冷却倍率较高，短叶片机组冷却倍率较低。

2）直流供水系统的冷却倍率较循环供水系统高。

3）电价折减系数变小，冷却倍率变小。

4）无论是长叶片机组还是短叶片机组，优化的较优方案的冷却倍率均低于目前国内工程一般采用的冷却倍率。

3. 敏感性分析

对优化结果影响较大的敏感因素主要有冷却塔和凝汽器单位面积造价与电价的比值（以下简称塔电比价、凝电比价）、末级叶片长度的影响和电价折减系数。

（1）塔电比价、凝电比价。影响优化结果的最主要因素是发电成本及冷却塔和凝汽器的造价。冷却塔和凝汽器单位面积的造价和供电单位成本是三个主要经济因素，上述三种经济因素不可避免地有一定的波动，是对优化结果影响最大的不确定因素。当单独改变发电成本或冷却塔造价或凝汽器造价时，优化结果发生较大的变化，这样就可能出现对于工程条件相近的电厂由于不同设计单位采用不同的发电成本和冷却塔、凝汽器的造价造成优化结果不同。但这三者之间仍有一定的内在联系，这就是各个单价可能有较大的变动，但造价与电价比值是相对稳定的，这就比较有效地消除了一些不确定因素，使优化结果较为可信。

和对国民经济发展起重要控制作用的钢煤比价相似，对循环水系统优化起重要控制作用的是塔电比价和凝电比价：

1）塔电比价

$$塔电比价=\frac{冷却塔单位面积造价（元/m^2）}{供电单位成本［元/（MW\cdot h）］\times 10}=\frac{C_t}{C_e\times 10}$$

2）凝电比价

$$凝电比价=\frac{凝汽器单位面积造价（元/m^2）}{供电单位成本［元/（MW\cdot h）］\times 10}=\frac{C_c}{C_e\times 10}$$

循环水系统优化的主要特点是冷却塔和凝汽器面积的增减和汽轮机热耗率降升之间的比较。在一定范围内，这三者之间近似线性关系。在工程优化计算中，C_t、C_c及C_e值随工程条件及时间可能有较大的变化，但只要上述两比价不变，优化结果不会有大的变化。

尽管不同设计单位或不同工程可能采用不同的发电成本和冷却塔、凝汽器造价，但遵循市场规律，应当存在一个相对稳定的塔电比价和凝电比价规律。随着国家政策的调整和燃料价格的提高，发电成本会逐步提高，而冷却塔和凝汽器的造价也会随市场规律而提高，尽管不严格遵守一个比值规律，但一般认为发电成本与冷却塔及凝汽器造价的单位比值在一定的时间内不会发生很大的变化。

例如，一设计院1991年进行的2×600MW工程的循环水系统优化计算，当时发电成本为100元/（MW·h），冷却塔造价3000元/m²，其塔电比价为3。而另一设计院在1995年进行的2×660MW电厂循环水系统优化时采用的发电成本为169.9元/（MW·h），冷却塔造价 5000 元/m²，发电单位成本上涨 60%，冷却塔造价经核算亦上涨近 60%，其塔电比为 5000/（10×169.9）=2.94，两个工程尽管优化时间不同，且由不同设计单位来做，但采用的塔电比值是接近的。这两个工程的优化结果是相似的。

优化时若采用不同的发电成本或冷却塔和凝汽器的造价，优化结果会发生很大变化，但这些参数以一定的塔电比价、凝电比价的关系输入时，除年总费用改变外，其他优化结果不变。表 4-47 所示为按相同的塔电比价和凝电比价输入不同的发电成本和冷却塔及凝汽器造价的优化结果。从结果可看出，除年总费用外，其他的最优参数未发生改变。

表 4-47　相同塔电比价及凝电比价的优化结果比较

优劣名次	冷却倍率	凝汽器面积（m²）	冷却塔面积（m²）	循环水管径（m）	循环水沟		年总费用（万元）
					宽（m）	高（m）	
（1）发电成本：100 元/（MW·h）；冷却塔造价：3000 元/m²；凝汽器造价：860 元/m²							
1	50	36000.00	9000.00	3.0/2.2	2.50	3.00	1048.87
2	50	36000.00	9500.00	3.0/2.2	2.50	3.00	1049.04
3	50	38000.00	9000.00	3.0/2.2	2.50	3.00	1049.34
4	50	38000.00	9500.00	3.0/2.2	2.50	3.00	1050.29
5	45	38000.00	9000.00	3.0/2.2	2.50	3.00	1051.32
6	45	38000.00	8500.00	3.0/2.2	2.50	3.00	1052.40
7	45	36000.00	9000.00	3.0/2.2	2.50	3.00	1052.53
8	45	36000.00	9500.00	3.0/2.2	2.50	3.00	1052.66
9	45	38000.00	9500.00	3.0/2.2	2.50	3.00	1052.75
10	50	34000.00	9500.00	3.0/2.2	2.50	3.00	1053.05
（2）发电成本：150 元/（MW·h）；冷却塔造价：4500 元/m²；凝汽器造价：1290 元/m²							
1	50	36000.00	9000.00	3.0/2.2	2.50	3.00	1564.05
2	50	36000.00	9500.00	3.0/2.2	2.50	3.00	1564.30
3	50	38000.00	9000.00	3.0/2.2	2.50	3.00	1564.76
4	50	38000.00	9500.00	3.0/2.2	2.50	3.00	1566.18
5	45	38000.00	9000.00	3.0/2.2	2.50	3.00	1567.72
6	45	38000.00	8500.00	3.0/2.2	2.50	3.00	1569.35
7	45	36000.00	9000.00	3.0/2.2	2.50	3.00	1569.55
8	45	36000.00	9500.00	3.0/2.2	2.50	3.00	1569.74
9	45	38000.00	9500.00	3.0/2.2	2.50	3.00	1569.87
10	50	34000.00	9500.00	3.0/2.2	2.50	3.00	1570.32

优化中采用的塔电比价和凝电比价是根据几个工程的经验取得的，究竟塔电比价和凝电比价定为多少合理，应根据更广泛的统计得出。

（2）末级叶片长度的影响。末级叶片长度不同，汽轮机的背压与热耗率的关系曲线也不同，但装备不同末级叶片长度的汽轮机低压缸的选型，又正是循环水系统优化和汽轮机标书评定的目的之一。

水源水温较低及供水扬程较低的直流供水系统，宜采用较长的末级叶片，排汽负荷率（汽轮机末级叶片所形成的排汽环形面积每平方米面积所负担的机组额定功率数）为 18～20MW/m²；循环供水系统冷却水温较高，一般选用长度适中的末级叶片，排汽负荷率为 20～22MW/m²，如背压与热耗的变化曲线较平缓，亦可选用较长的末级叶片；背压较高、工程条件变化大的，一般选用较短的末级叶片，排汽负荷率为 25～45MW/m²。汽轮机厂商根据供水方式的不同，一般都有两种及以上低压缸可供选择。

选择末级叶片长度，重要的是使所选的末级叶片不但在设计点热耗率低，而且要求全年运行范围内的加权平均热耗也低。加权平均值不但考虑每一气温的历时，并且考虑这一温度条件下的机组负荷率。

招标时，对如末级叶片的长度、性能及其对汽轮机造价的影响等一些不能简单确定的问题，可在标书中说明投标商可根据标书基本要求，提出两种或两种以上方案供业主选择。这样一方面设备得到优选，另一方面亦为建设单位及设计单位积累了经验和资料。

（3）电价折减系数。DL/T 5339—2006《火力发电厂水工设计规范》规定："汽轮机微增出力引起的补偿电量的电价按发电成本乘以 0.8～0.9 的折减系数后进行计算"。但微增电量的变化仅与热耗率有关，即微增电量变化时仅改变燃料费用，其他非燃料性的发电成本并不发生变化，从一些发电厂的实际统计中发现，燃料费仅占发电成本的 60%左右，故电价折减系数取 0.6 可能和按热耗率优化的结果更相近。

从优化结果可看出，当电价折减系数由 0.9 变为 0.6 时，较优方案中冷却倍率、冷却塔面积及凝汽器面积均减小，汽轮机年平均运行背压升高。由于汽轮机年平均运行背压升高，长叶片机组的优势也不再明显，图 4-100 所示为山东厂址在不同电价折减系数下冷却塔面积与年总费用的关系曲线。从图 4-100 和表 4-42 中可看出，当电价折减系数变小时，较优方案向较小的冷却塔靠近，即水温及汽轮机年平均运行背压升高，长、短叶片年总费用的差值也在减小。优化中并未考虑长、短叶片机组的差价，实际上长的末级叶片机组可能比短的末级叶片机组贵得多，如将这一因素考虑进去，当电价折减系数为 0.6 时，采用短叶片机组更为合理。

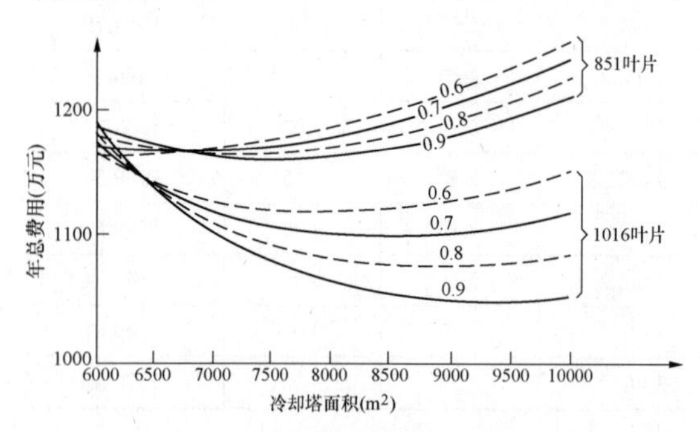

图 4-100　不同电价折减系数的优化分析曲线
（冷却倍率 50、凝汽器面积 36000m²）

（三）优化结果评述

对汽轮机冷端进行优化，目的是为工程下一阶段标书或技术规范书的编制提供重要的设计依据，确定合理的汽轮机冷端设备参数，选择经济合理的设备和系统组合方案。优化工作应在工程的预初步设计阶段进行，为下一阶段标书或技术规范书的编制，同时也为合同谈判做好准备。下面根据示例厂址的优化结果，对汽轮机冷端参数的确定提出一些宏观上的看法。

1. 长短叶片汽轮机的选择

两种不同长度末级叶片机组的特点是：长叶片机组在较低背压下的热耗比短叶片机组低，而在较高背压下长叶片机组的热耗较短叶片机组高。良好设计的汽轮机除热耗率低外，还应随着背压升高，热耗率增加较慢。

从优化结果看，年平均水温低，特别是对直流供水系统，长叶片机组的年总费用远小于短叶片机组，但优化中未考虑两种不同叶片机组的差价，实际上投标商在报价中长叶片机组可能比短叶片机组贵得多，在招标工程中究竟采用哪一种叶片机组，可在招标书中根据不同长度末级叶片的优化结果，提出一个长、短叶片机组都能接受的额定背压，请投标商按不同叶片机组报价，并同时提供热耗—背压曲线。用投标商报价的不同叶片汽轮机的热耗—背压曲线和机组造价再优化，即可由优化结果确定哪一种叶片机组经济合理。

对于一些气象条件或水温条件特殊，如寒冷地区和湿热地区的电厂，在编标阶段即可确定对长叶片或短叶片机组的倾向，此时应将这些倾向反映在标书内。

例如，在南温带的循环供水系统和亚热带直流和循环供水系统等冷却水温较高的情况下，长叶片机组较短叶片机组在年总费用上的优势已不明显，如果将长叶片机组较短叶片机组贵的因素也考虑进去，短叶片机组的优势将明显超过长叶片机组，这时宜通过编标时对某些参数值，如较高的额定背压的确定，来引导投标商按短叶片机组报价。对于水温较低的寒冷地区，如黄海北部和黄河上游地区，特别是直流供水系统，长叶片机组在年总费用上的优势较短叶片机组大得多。例如，辽宁厂址长叶片机组年总费用比短叶片机组少 200 多万元，就是将长叶片机组贵的因素考虑进去也不足以抵消其运行上年总费用低的优势，在投标商有较多的长叶片机组安全运行业绩的条件下，这些地区的工程应优先考虑长叶片机组。

2. 凝汽器面积的确定

工程中确定凝汽器冷却面积的方法有两种：一是按优化结果来确定凝汽器面积，二是按校核条件再考虑富余量来确定凝汽器面积。当优化结果中的凝汽器面积大于校核条件所需的面积时，应按优化结果确定凝汽器面积，而当优化的凝汽器面积小于校核条件所需的面积时，应按校核条件加富余量来确定凝汽器的面积。

从前面的优化结果看，只有水温很低时，可能采用长叶片机组低背压运行的工程，如黄海北部和黄河上游地区，优化的凝汽器面积才可能大于校核条件所需的凝汽器面积，而大多数南温带及亚热带的工程，优化结果趋向于短叶片高背压运行机组和小的凝汽器面积，这时较优方案中凝汽器的面积可能小于校核条件所需的凝汽器面积，特别是当电价折减系数变小时，这种情况更加明显。

不管由哪种方式确定凝汽器面积，都应在标书中直接注明凝汽器面积，如果要由投标商来根据校核条件确定凝汽器面积，应在标书中注明校核条件，并注明留有足够的余量。

3. 汽轮机设计背压的确定

根据 JB/T 10085—1999《汽轮机凝汽器技术条件》的规定，凝汽器压力设计推荐值见表 4-48。

冷却水进口温度仅是一个设计值，它应当相对于什么气象条件下的冷却塔出水水温或直流供水系统的水温并未明确，一般认为冷却水进口温度的设计值应接近于全年平均气象条件下的冷却塔出水水温，或直流供水系统的年平均水温。

表 4-48　凝汽器压力设计推荐值

冷却水进口温度（℃）	凝汽器压力设计推荐值（kPa）
15	4～5
20	5～6
25	6.5～7.5

在上述条件下设计的汽轮机适用于不同气象分区地区，即 15℃水温、4～5kPa 机组应用于北部较寒冷地区，而 25℃水温、6.5～7.5kPa 机组应用于南方湿热地区。高背压机组年平均运行热耗率大于低背压机组。具体工程中究竟应采用哪种机组，在编标阶段就应确定。

从前面几个典型地域厂址优化的结果看，较寒冷地区的直流供水系统工程，如辽宁厂址较优方案中年平均运行背压为 4.3～4.7kPa（长叶片机组为 4.3kPa，短叶片机组为 4.7kPa），汽轮机设计背压定在 4.5kPa 是合理的，尤其是在采用长叶片机组的情况下。对循环供水系统的工程，较优方案中中温带的年平均运行背压，如宁夏厂址为 5.4～6.5kPa，南温带的年平均运行背压，如山东厂址为 5.7～7.2kPa，此时如仍采用汽轮机设计背压为 4～5kPa 的机组，显然不适合工程较优方案下的实际运行情况。现在一些不在寒冷地区的工程往往不考虑工程具体条件要求而将汽轮机设计背压定在 4.5～5kPa，在此较低背压下，投标商为降低热耗值，可能会按在低背压下运行热耗较小的长叶片机组报价，等于将短叶片机组排斥在外，而从前面的优化结果看，这些区域的工程采用短叶片机组更合理。

建议标书中设计背压应接近于较优方案下运行的年平均背压，也就是除了寒冷地区的直流供水系统外，中温带、南温带汽轮机设计背压值为 5.5～6.5kPa，亚热带地区可采用更高设计背压的机组。

需要说明的是，示例厂址优化中采用的是夏季工况凝汽量，按额定工况凝汽量校核后，较优方案运行下的年平均背压仅比用夏季工况计算时的低 0.2kPa 左右，故上述背压值仍能说明问题。

4. 冷却倍率

上循环水泵全开时的循环水量对额定工况凝汽量的倍数，称为名义冷却倍率。

较优方案中的冷却倍率仅是一个名义倍数，它不代表全年实际平均的倍率，若一个选用多台循环水泵的系统在寒冷季节只运行部分水泵，则全年的实际平均冷却倍率要比名义冷却倍率低一些。例如，表 4-42 中长叶片机组方案中较优的冷却倍率为 50，系统共配备三台循环水泵，夏季三台泵全开，其他季节只运行两台泵，则全年实际平均的冷却倍率为 41.5。

对于每台机组配备两台循环水泵的单元制系统，一般认为单元制系统只运行一台泵是不可靠的，故只配备两台泵的单元制系统一般都是全年运行两台泵。如果全年循环水泵全开，则较优方案中的名义冷却倍率会降下来。

优化的结果冷却倍率普遍较国内一般工程实际采用的要低，特别是采用短叶片机组的方案冷却倍率更低。其主要原因有下面几种：

（1）一般工程按规范采用的冷却倍率为额定工况下凝汽量的倍率，而示例中均采用夏季工况凝汽量的倍率。

（2）很多工程都是在凝汽器确定以后才仅对系统其他部分进行优化，而制造厂提供的凝汽器面积和冷却水量都比较大。

（3）工程中考虑了一定的富余量。

（4）受水泵选型的限制，一般选用的泵的流量往往大于设计水量。

（5）国外普遍采用高背压、低倍率运行，特别是短叶片机组（叶片长度适中）已证明高背压、低倍率运行是合理的，而国内由于习惯尚不能完全接受，特别是制造厂和业主，需要一个过渡时期，实际上冷却倍率已经在逐渐变小，如目前循环供水系统一般采用 50～55。

（四）优化结果等值线图

图 4-101 和图 4-102 所示为某示例厂址条件下优化结果的年总费用等值线图，图中参数分别为：A_t—冷却塔面积，m^2；A_c—凝汽器面积，m^2；m—冷却倍率；C—年总费用，万元，即图中曲线值；DN—循环水管公称直径；B—循环水沟道宽度；H—循环水沟道高度。

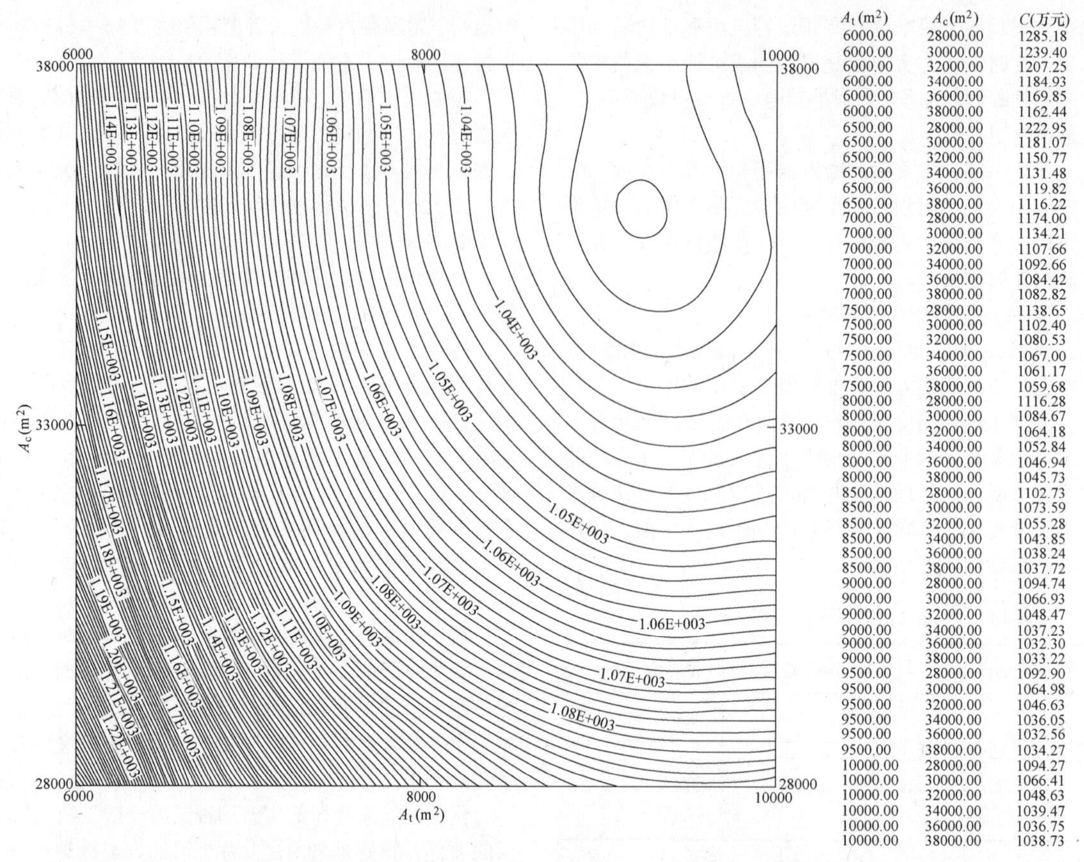

A_t(m²)	A_c(m²)	C(万元)
6000.00	28000.00	1285.18
6000.00	30000.00	1239.40
6000.00	32000.00	1207.25
6000.00	34000.00	1184.93
6000.00	36000.00	1169.85
6000.00	38000.00	1162.44
6500.00	28000.00	1222.95
6500.00	30000.00	1181.07
6500.00	32000.00	1150.77
6500.00	34000.00	1131.48
6500.00	36000.00	1119.82
6500.00	38000.00	1116.22
7000.00	28000.00	1174.00
7000.00	30000.00	1134.21
7000.00	32000.00	1107.66
7000.00	34000.00	1092.66
7000.00	36000.00	1084.42
7000.00	38000.00	1082.82
7500.00	28000.00	1138.65
7500.00	30000.00	1102.40
7500.00	32000.00	1080.53
7500.00	34000.00	1067.00
7500.00	36000.00	1061.17
7500.00	38000.00	1059.68
8000.00	28000.00	1116.28
8000.00	30000.00	1084.67
8000.00	32000.00	1064.18
8000.00	34000.00	1052.84
8000.00	36000.00	1046.94
8000.00	38000.00	1045.73
8500.00	28000.00	1102.73
8500.00	30000.00	1073.59
8500.00	32000.00	1055.28
8500.00	34000.00	1043.85
8500.00	36000.00	1038.24
8500.00	38000.00	1037.72
9000.00	28000.00	1094.74
9000.00	30000.00	1066.93
9000.00	32000.00	1048.47
9000.00	34000.00	1037.23
9000.00	36000.00	1032.30
9000.00	38000.00	1033.22
9500.00	28000.00	1092.90
9500.00	30000.00	1064.98
9500.00	32000.00	1046.63
9500.00	34000.00	1036.05
9500.00	36000.00	1032.56
9500.00	38000.00	1034.27
10000.00	28000.00	1094.27
10000.00	30000.00	1066.41
10000.00	32000.00	1048.63
10000.00	34000.00	1039.47
10000.00	36000.00	1036.75
10000.00	38000.00	1038.73

图 4-101　冷却塔和凝汽器面积变化时年总费用等值线图（m=50，DN=3.0m，B×H=2.5m×3.0m）

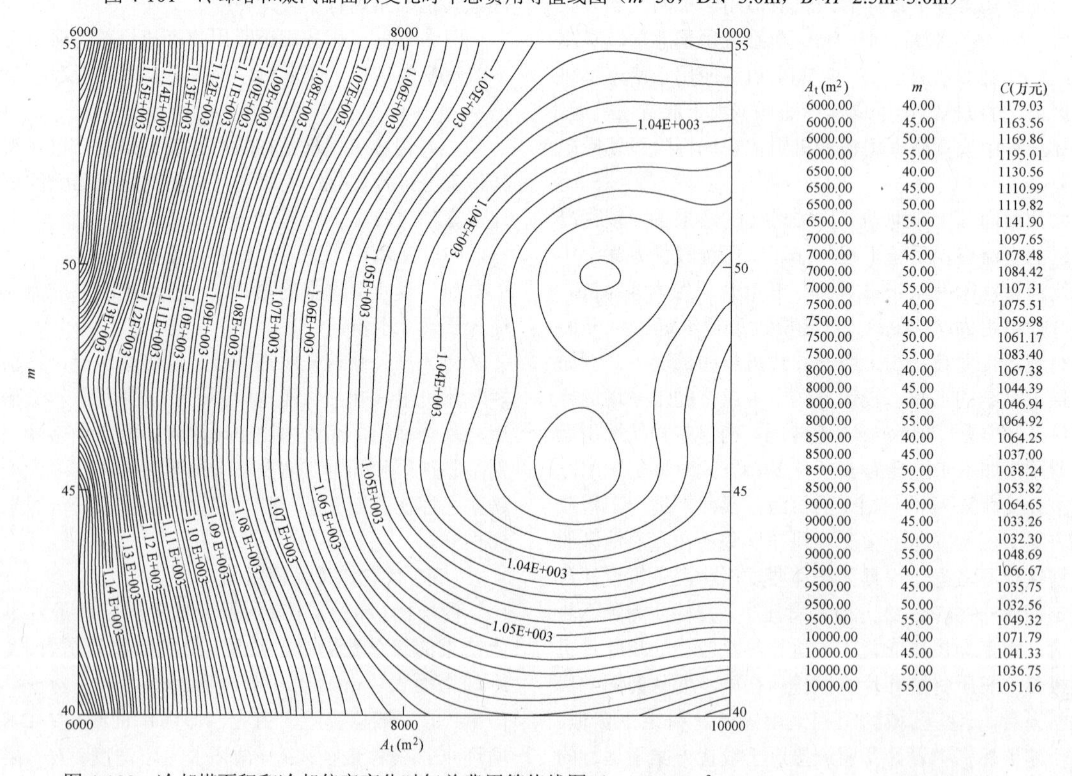

A_t(m²)	m	C(万元)
6000.00	40.00	1179.03
6000.00	45.00	1163.56
6000.00	50.00	1169.86
6000.00	55.00	1195.01
6500.00	40.00	1130.56
6500.00	45.00	1110.99
6500.00	50.00	1119.82
6500.00	55.00	1141.90
7000.00	40.00	1097.65
7000.00	45.00	1078.48
7000.00	50.00	1084.42
7000.00	55.00	1107.31
7500.00	40.00	1075.51
7500.00	45.00	1059.98
7500.00	50.00	1061.17
7500.00	55.00	1083.40
8000.00	40.00	1067.38
8000.00	45.00	1044.39
8000.00	50.00	1046.94
8000.00	55.00	1064.92
8500.00	40.00	1064.25
8500.00	45.00	1037.00
8500.00	50.00	1038.24
8500.00	55.00	1053.82
9000.00	40.00	1064.65
9000.00	45.00	1033.26
9000.00	50.00	1032.30
9000.00	55.00	1048.69
9500.00	40.00	1066.67
9500.00	45.00	1035.75
9500.00	50.00	1032.56
9500.00	55.00	1049.32
10000.00	40.00	1071.79
10000.00	45.00	1041.33
10000.00	50.00	1036.75
10000.00	55.00	1051.16

图 4-102　冷却塔面积和冷却倍率变化时年总费用等值线图（A_c=36000m²，DN=3.0m，B×H=2.5m×3.0m）

第三节　直 流 供 水 系 统

一、小水位变幅直流供水系统

我国沿海和海口三角洲厂址均采用小水位变幅直流供水系统，各月平均水位偏差小，水位的变化对系统的优化没有明显的影响。

典型小水位变幅直流供水系统高程见图 4-103。当水源水位在多年平均水位以上时，虹吸井水位随水源水位变动，为零静扬程的供水系统；当水源水位在多年平均水位以下时，供水系统有不到 1mH_2O 的静扬程。

二、大水位变幅直流供水系统

长江中、上游厂址月平均水位偏差值为 5m 左右，但最高与最低水位差要大得多，甚至高达 33.3m，属大水位变幅直流供水系统。

长江上游厂址直流供水系统的特点为：

（1）一次升压至高位沉沙池自流入凝汽器。一般利用厂址高地建高位沉沙池及后置式滤网间。在无高地条件下用网格构架将有关构筑物架高。

（2）沉沙池沉去有害泥沙。长江上游水流流速较大，有较粗的悬移质和推移质泥沙进入供水系统，会使凝汽器磨损或阻塞，故一般建沉沙池，以除去粒径大于 0.25mm 的泥沙。

（3）设置后置式滤网间。长江上游洪枯水位差超过 30m，水泵深度则更深。深基泵房装设旋转滤网较困难且不经济，故一般在沉沙池后设后置滤网间，以保证进入凝汽器的水质。

（4）考虑水能回收。长江上游水位变幅大，汽机房地坪标高较高，所以供水系统中要考虑水能回收。一般在泵房设与电动机同轴的水轮机共同驱动循环水泵。为了简化泵房布置及便于管理，亦可另建水电站回收水能。一般水轮机回收的功率为驱动水泵功率的 30%。

典型大水位变幅直流供水系统高程见图 4-104。

三、二级升压直流供水系统

直流供水系统一般均采用一级升压系统，冷却水由水泵房升压通过循环水管直接送水进入凝汽器。但根据自然条件，也可采用二级升压直流供水系统。二级升压系统主要用于输水距离较远，通过天然河道、河网、湖泊或人工建造的沟渠输水。在下列条件下可采用二级升压直流供水系统：

（1）利用厂区和水源之间的天然河网及湖泊输水，在水源设一级升压泵房，在厂区设二级升压泵房向凝汽器供水。例如，武汉某热电厂在长江设一级升压泵房供水到河网湖泊。

（2）淤泥质海滩坡度平缓，多为 1:500～1:2000。退潮时水边线远离海岸。如仍采用全潮取水，取水构筑物建在岸边时，则引潮沟将很长，防淤清淤有一定困难。在低潮水边线附近建取水构筑物，不但建造费用较高，交通及输水构筑物建造也有一定困难。通常解决的方案是高潮取水，河网或蓄水池蓄水，低潮时以蓄水供直流用水，潮位再低时利用河网或蓄水池循环供水冷却。例如，天津某电厂在中潮位海滩建一级升压泵房，以渠道输水到河网，在主厂房设二级升压泵房供凝汽器冷却水。低潮时利用河网蓄水或循环供水冷却。

（3）为防止紫贝贻在封闭的输水构筑物中生长及便于清理，采用混凝土明沟输水到汽机房前，在汽机房内设二级升压泵房。

示例：某电厂北距外海 0.7km，西南离口湾 1.2km。电厂一级升压由明沟将水送到厂前，经厂内二级泵升压通过凝汽器后入虹吸井排入外海，通过闸门控制排水亦可回流口湾一级泵房前池，以消除冰情及清除海生物。

示例电厂供水系统见图 4-105，系统高程见图 4-106。

四、无泵直流供水系统

当供水水源水位与排水水位高差足以克服供水系统的阻力损失，而其他工程条件亦合适时，可采用无泵直流供水系统。

某电厂厂址地势自西南向东北倾斜，自然坡度约 10‰。

根据供水水源的资料分析，工程的供水特点为：

（1）地下水源充沛，可满足一、二期循环（冷却塔）供水系统补给水需水量的要求，且厂址就坐落在水源地上，取水输水方便。

（2）厂址东侧有东岸大渠自南向北通过。该渠系农业引水渠道，常年引用 M 河的径流，供沿途的农业灌溉用水流经厂址并汇入下游水库。同时，厂址上游 H 水电厂四、五级电站的发电尾水也汇入此渠道中下泄。如此丰富的地表水可资利用作为直流供水水源，而循环水排水仍可回入渠中下泄入下游水库中。再者，该工程取水口处的 D 渠水位比厂址标高高出 90m。有利用此水位差直接供电厂的无泵供水的优越条件。

（3）D 渠全年各月的平均流量差值较大，除夏季 6～9 月洪水期河水水量充沛，能满足电厂直流供水外，其他季节河水水量偏少，尤其在 4、5 月正值农业灌溉季节，用水量急增，大部分由上游各灌溉渠引走，导致在本厂取水口处渠段的来水量不足。再者，每年 4、5 月渠道进行维修而停水 15～20 天，6 月中旬有时也要停水 1～2 天维修闸门（洪水期之前的维修工作）。因此，在直流供水系统中尚需设置备用冷却塔满足 4～6 月气象条件下的电厂正常运行。而当来水量不足时，则采取掺混热水的混流供水系统方式。

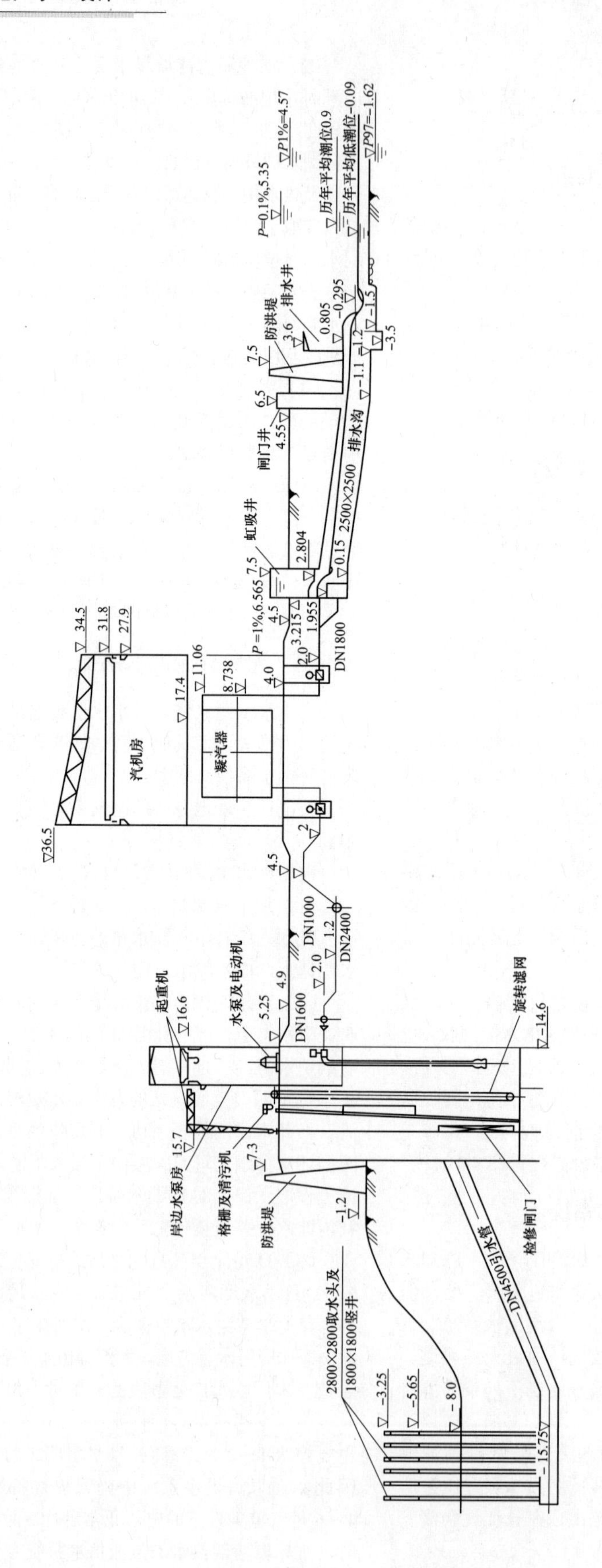

图 4-103　小水位变幅直流供水系统高程图

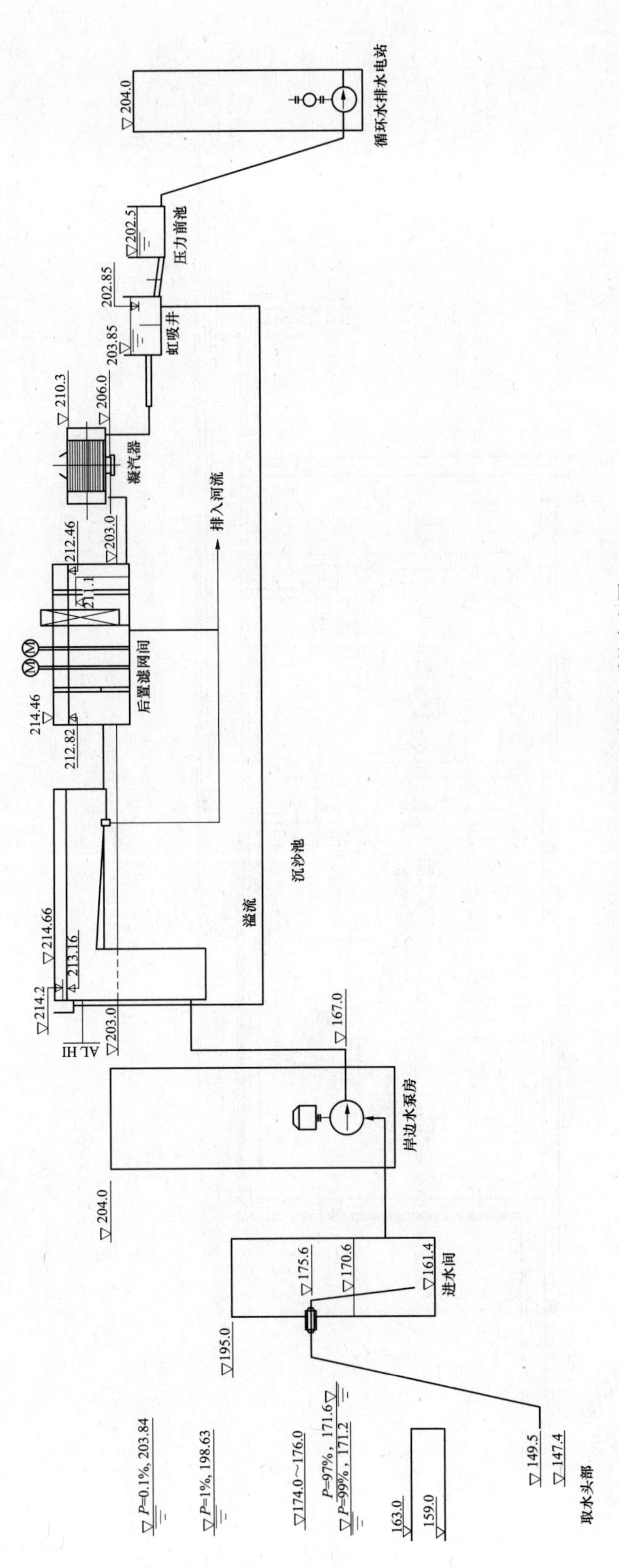

图 4-104　典型大水位变幅直流供水系统高程图

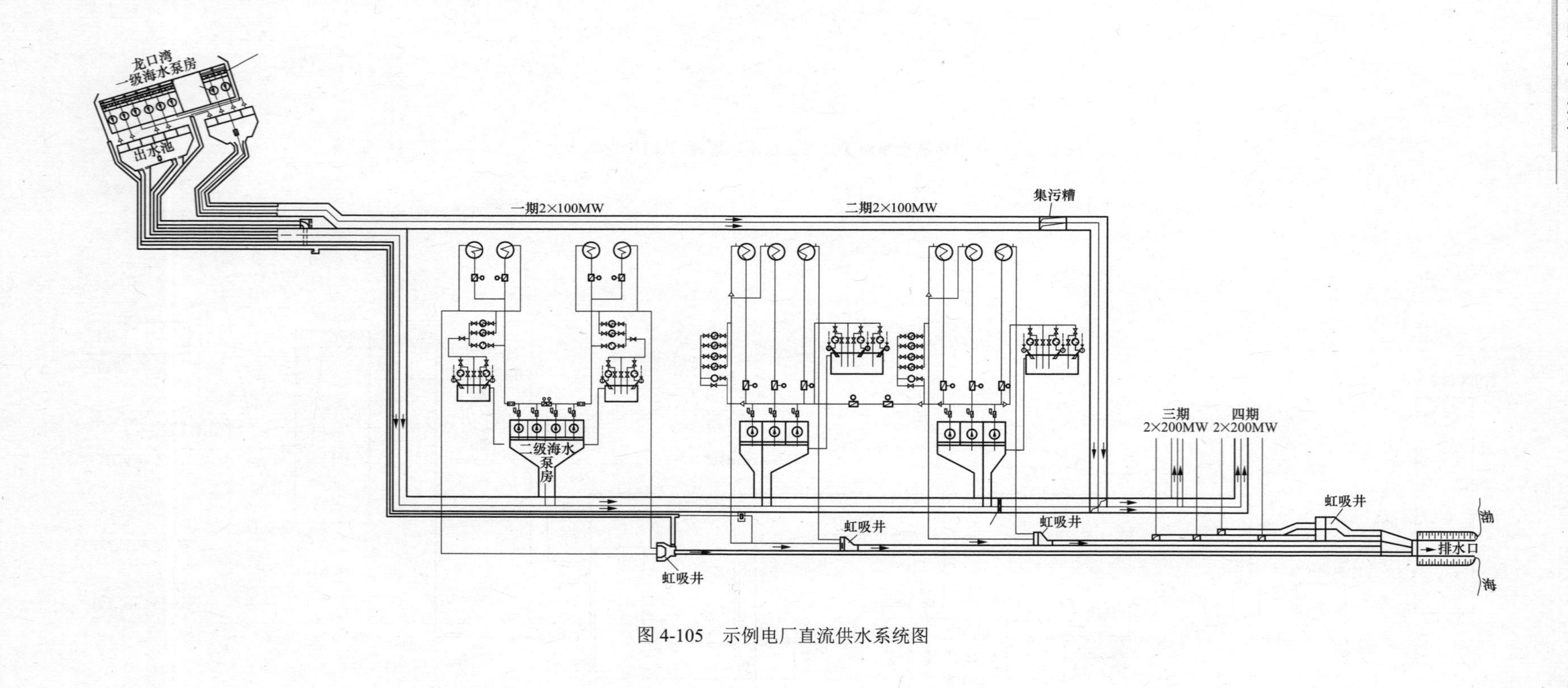

图 4-105　示例电厂直流供水系统图

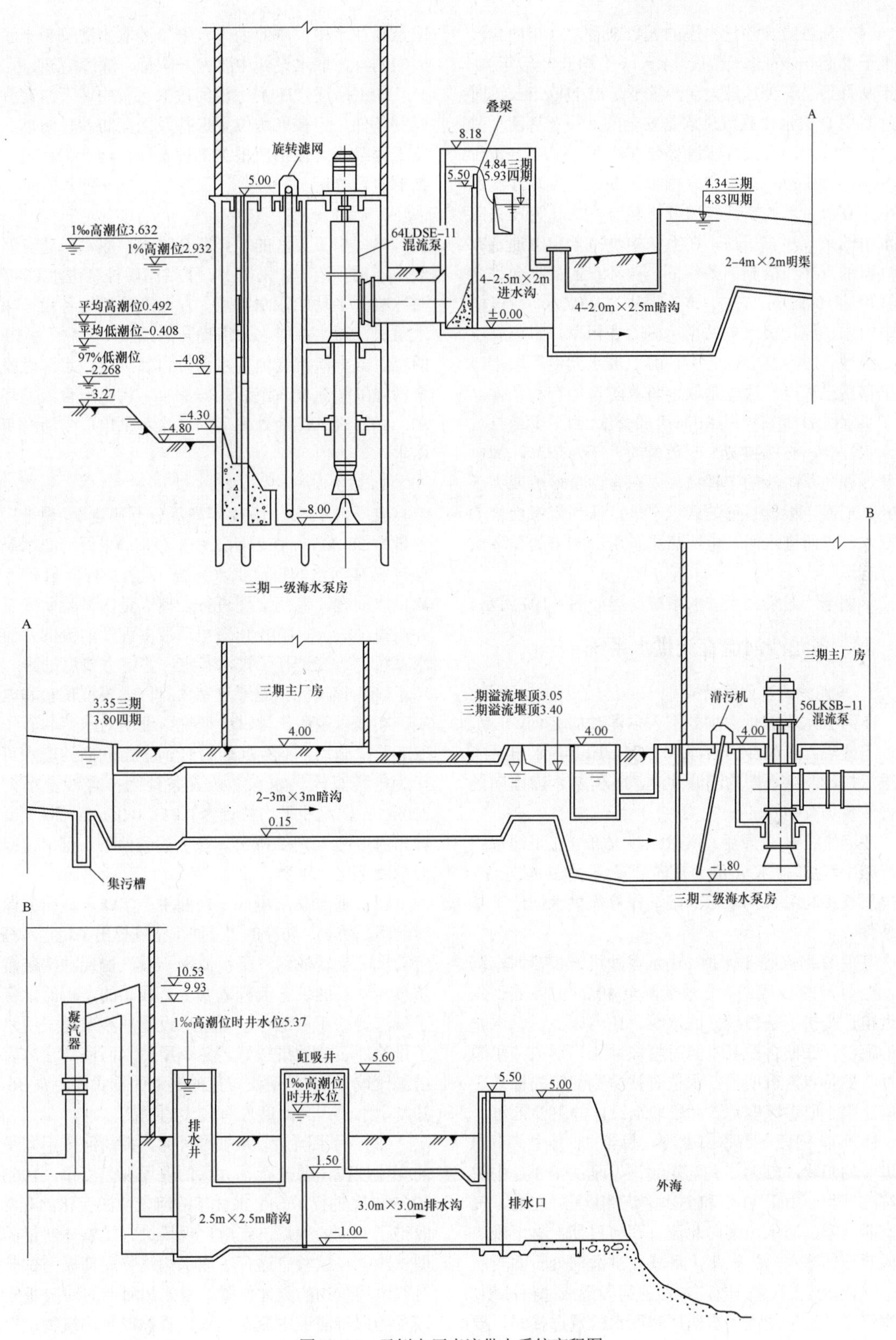

图 4-106　示例电厂直流供水系统高程图

在河水量虽属枯水期，但农业用水已经停止使用，河水全部由D渠流经本厂址而下泄入下游水库时，因河水水温较低（0～5℃），电厂可采用低倍率或热水回流的运行方式，仍然能满足直流、混流供水的条件。

（4）从各级含沙量出现的天数来看，20 年内含沙量大于 20kg/m³的总天数仅 14 天（平均 0.7 天/年）。每年 9 月到翌年 3 月最大含沙量不超过 11kg/m³，这时电厂取用 D 渠水作直流供水是安全的。6、7 月两个月内含沙量较大，最大含沙量曾分别达 95.5、112kg/m³和 166、223kg/m³ 的纪录。根据我国取用多泥沙河流作电厂直流供水的实践经验及试验研究，认为在去除河水中的杂草和石子后，在系统中维持一定流速及有凝汽器的反冲洗措施的条件下，循环水的最大允许含沙量可达 100kg/m³左右。该工程从 D 渠来水，一般情况下河水已经几级水电站拦污栅除去粗草，水电站引水渠纵坡一般为 1/2000～1/1300，放水到电厂取水口处推移质已很少，这些是取水防草防沙的有利条件。但在洪水时 D 渠直接从 M 河引部分水，由于渠道纵坡大、水流急，必然挟带一定数量的石子及杂草，故电厂要加强防草防沙的工程措施。在含沙量接近或大于 100kg/m³时，根据目前的认识水平，认为需停止从 D 渠取水，关闭进水闸，电厂启用备用冷却塔的循环供水方式运行。

示例电厂无泵直流供水系统高程如图 4-107 所示。

五、多泥沙河流直流供水系统

1. 多泥沙河流水文特点

H 河 L 水库靠近大坝处汇入多泥沙的 Z 河，L 水库以下又汇入多泥沙的 G 水和 S 河，加上各水电站的异重流排沙及洪水期的溯源冲沙，H 在 Q 水库出库最大含沙量仍有 300kg/m³ 左右。

H 河流经 N 平原后，洪水泥沙大部分在平缓宽阔的河床上沉淀，至 K 山最大含沙量降到 90kg/m³ 左右，为电厂直接利用 H 河水不经沉淀作直流供水创造了基本条件。

其后 H 河流经 T 平原，洪水泥沙进一步在河床沉淀，至 H 河的 B 段最大含沙量降至 40kg/m³左右，为附近电厂提供了条件较好的水源。在河床上，洪水淤积的泥沙，在低含沙量水源时将被冲刷，形成“洪淤清冲”的特点，查明最低水位时被冲刷河床的标高，以确定最小取水深度是该河段取水设计的主要工作。

H 河 N 河段冬春季节寒冷，每年 11 月中、下旬河道开始淌凌，12 月上旬河道封冻，至次年 3 月中旬才解冻开河。由于 Q 地和 B 地纬度相差 3°左右，气温南暖北寒，河水由南向北流，开河日期上早下晚，上段解冻的冰水沿程汇集，形成凌洪涌向处于固封状态的下段，常在比降平缓、弯曲的河段形成冰桥冰坝，阻塞河道，水位陡涨。在选厂和取水位置选择时，要研究分析这一地区特点。

H 河流经 N 平源，河宽滩广，滩地上生长着大片芦苇，洪水时芦苇根及茎须夹带着泥沙，呈团状漂浮或悬浮在水中，顺流而下，给下游取水防草带来了较大的困难，取水设计中要做好防草、除沙措施。

如上所述，H 河上游河段取水较中、下游有许多有利条件，但在取水位置选择及采取防沙、防冰、防草工程措施方面仍应根据工程条件，逐个工程进行详细的研究分析。

2. 示例一

电厂由工业区的水厂联合供水。取水口建有两个双向斗槽预沉池，采用上、下游闸板控制进水、冲沙、防冰凌的多功能取水特点。在两个斗槽边各设一座取水泵房，原水由取水泵房提升后经 12 个直径为 100m 的辐射式一次沉淀池（水清时自然沉淀，水浑时投加聚丙烯酰胺絮凝）沉淀为一次水，供电厂直流循环用水；经二次沉淀池处理后的二次水供电厂生活及工业用水。

3. 示例二

电厂自 1959～1991 年先后分五期建设，现电厂总容量为 286MW。在四期工程扩建时，采用河心水泵房直接取 H 河水的直流供水系统。为解决好取 H 河水直流供水问题，专门立题进行长期大量的试验研究工作并取得了成果，1981 年对电厂取多泥沙河流的直流供水系统的研究进行了技术鉴定，鉴定主要意见为：

（1）该研究课题通过室内凝汽器模型试验和电厂生产实践以及生产性试验研究，证明对水草和石子采取防除措施后，不经沉淀的 H 河上游的高浊度水可以作为电厂直流供水水源，其条件为：含沙量不大于 200kg/m³，泥沙平均粒径为 0.01～0.05mm，凝汽器铜管内流速在 1.5～2.0m/s。在上述条件下，可保证凝汽器铜管不堵、不磨。

（2）通过总结电厂一期的生产实践，该研究课题对防草、防石、防冰的“三防”措施提出了粗拦污栅—沉石坑—旋转滤网—平板滤网—凝汽器反冲洗装置，防草、防石的工艺流程基本上是成功的，较好地保证了凝汽器的正常运行。水泵房设置冲沙廊道采用水抽子排除沙石的效果较好。冬季用热水回流防止冰害的措施比较有效。采用低转速的改型的立式离心泵 36-23ⅡA 型水泵，其耐磨性有较大的提高。

（3）为了确保取水安全可靠，摸清河床不同季节的变化规律，曾进行了大量的现场观测工作。1965～1966 年底进行了一个水文年的河床冲淤变化的观测，取得了一定的数据；在电厂现场进行了整体河道的模型试验；在试验室进行了取水构筑物局部模型试验，对取水构筑物的具体位置、型式和河道的冲淤变化，以及为保持河道主流在枯水位紧靠取水构筑物，提出了工程措施。

综合上述观测试验成果的基础上，提出了圆端形河心泵房的取水方案。

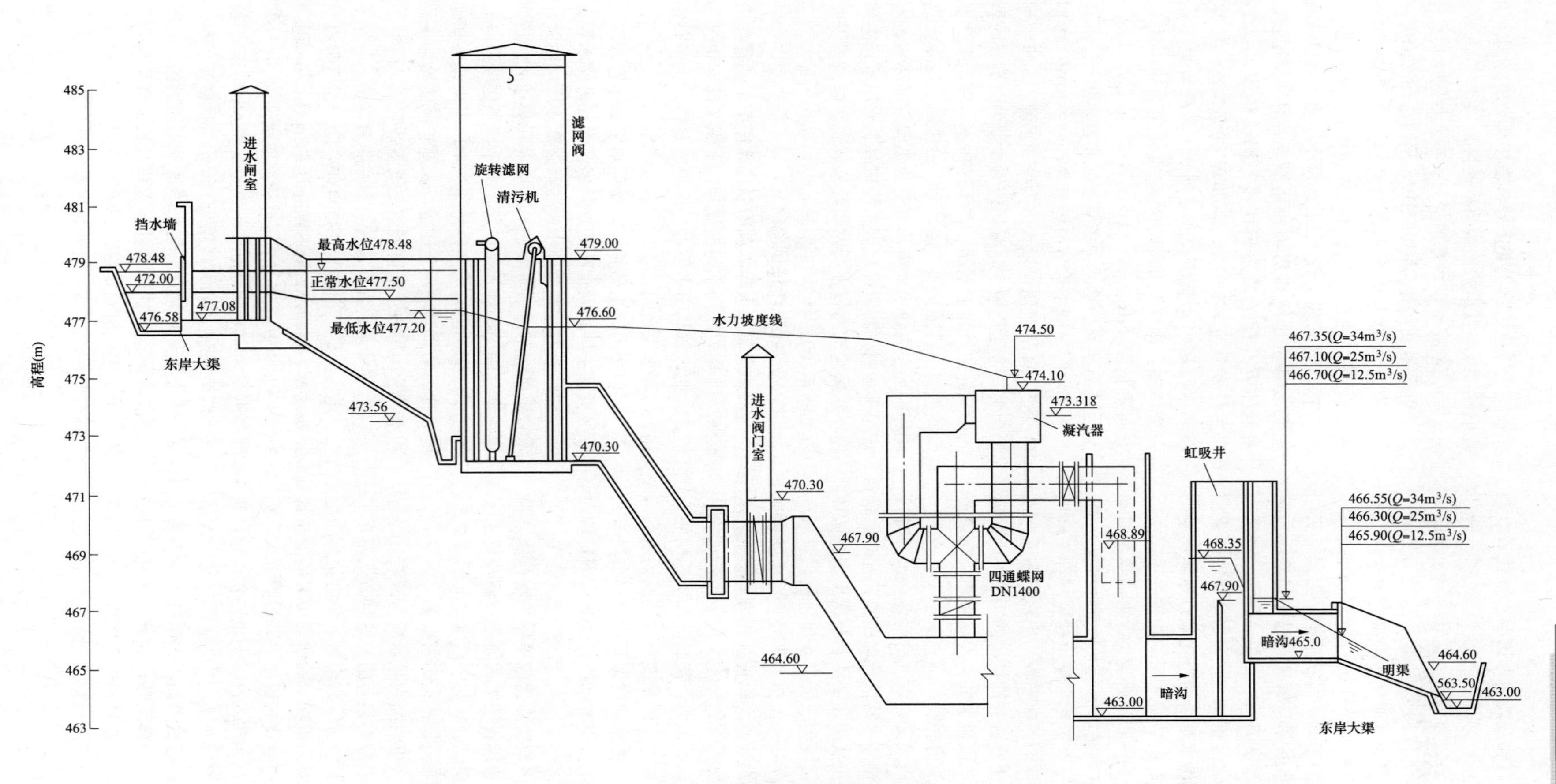

图 4-107 无泵直流供水系统高程图

一年多的生产运行实践证明，该取水方式基本上是成功的。

六、直流供水系统布置要求

直流供水系统布置的首要任务是确定取排水口的位置和型式。取排水口的位置和型式应根据水源特点，温排水对环境和取水的影响，泥沙淤积，工程施工，冷却水管、沟、渠的长度等因素通过技术经济比较确定，必要时应进行模型试验。

在取排水口已经通过论证，并确定了布置位置和型式的情况下，直流供水系统的布置重点是解决主厂房、水源、电气出线配电装置之间的布置关系。主厂房与水源的关系可分为汽机房外侧 A 排轴线面向水源、锅炉房面向水源和固定端面向水源三种布置方式。

按一般电厂生产工艺流程，配电装置平行于汽机房外侧柱且须离开一定的距离布置，当汽机房面向水源时，配电装置加大了水源与汽机房的距离，因此应避免将配电装置布置在汽机房外侧，尽量将其布置在主厂房的固定端或锅炉房外侧。

另一方面，电气出线又要求汽机房背对水源时较为经济，但这增加了循环水的供排水距离。此时，供水系统按通常的布置是从岸边循环水泵房出来的循环水管沿主厂房的固定端绕到汽机房 A 排外侧再进入汽机房，排水亦从汽机房引到 A 排外再经主厂房固定端排出，但该方案循环水管、沟较长；亦可采用循环水管从锅炉房横穿的方案。

当厂址离水源较远时，主厂房朝向与水源的关系不是太密切；当厂区所占岸线长度有限制或供水系统采用二级升压，以及水源水位变幅不大可用自流方式引水时，主厂房的朝向可以灵活些，如采用固定端面向水源或其他方案。

总之，直流供水系统的布置应根据工程具体条件合理安排，注意水工管沟投资大的特点，解决好水工设施、电气出线、燃料储存区与主厂房之间的关系。

（一）汽机房外侧 A 排轴线面向水源

对大容量电厂，汽机房面向且紧靠水源布置是各种布置方式中经济效果较为显著的。这种方式便于扩建，采用单元制供水系统时最为合适，但会给高压配电装置的出线带来困难。根据实际情况可采用的布置方式有：①将高压配电装置布置在主厂房固定端，高压出线从 A 排引出后转角接入高压配电装置；②将高压配电装置布置在锅炉房外侧，主变压器布置在 A 排外，高压进线跨越主厂房接入高压配电装置；③当汽轮发电机纵向布置且锅炉露天时，主变压器可利用炉侧空地布置，高压进线从两台锅炉之间接入高压配电装置，此种方式应注意解决防火防爆和检修问题；④小型电厂也可将主变压器布置在锅炉房外侧，用电缆或硬母线与发电机出线小室连接。

1. 汽机房面向水源的二列式布置示例

电厂本期规模 4×300MW，预留 2×600MW，直流供水，取排水口采用差位式位置。为缩短循环水管距离，经经济比较后汽机房（纵向布置）面江布置，配电装置设在锅炉房外，呈二列式布置；主变压器位于汽机房前，用高压电缆通过主厂房将变压器与配电装置相连接。码头输煤，煤场设在主厂房固定端。4 台 300MW 机组共建一座岸边循环水泵房，水泵房位于 2 号、3 号机组之间，压力管道短，排水从本期的扩建端排出。该厂的总平面布置见图 4-108。

2. 汽机房面向水源的三列式布置示例

某电厂一期工程装机容量为 2×125MW，本期扩建 2×250MW 机组，以水库为冷却水源。厂址地形平坦，土石方工程量少，采用较为典型的三列式布置。汽机房面向且靠近水源，便于进排水，固定端朝南，至城镇和生活区交通方便，为少占耕地，220kV 高压线利用水库内边缘地带作为出线走廊，循环水进水母管和排水明渠布置在厂区东围墙外与水库尾坝之间，循环水排水沟布置在旁路母线构架底。电厂总平面布置见图 4-109。

（二）锅炉房面向水源

锅炉房面向水源有利于安排高压配电装置和出线走廊，当电厂采用水路运煤时，上煤及储存也较为方便。此时，煤场可布置在主厂房固定端，也可布置在锅炉房与水源之间。

锅炉房面向水源时，如循环水泵房布置在岸边，应尽量使主厂房固定端靠近泵房，避免进排水管、沟从扩建端引入；如循环水泵房布置在主厂房附近，进水管可以绕至主厂房固定端，从 A 排外引入汽机房，也可穿过锅炉房进入汽机房，其中后者比较经济，但管线穿过锅炉房时应注意协调与主厂房内设备基础和地下管沟的布置，避免碰撞，此外管线的检修条件较困难，管沟事故渗漏可能危及设备基础。

1. 锅炉房面向水源的二列式布置示例

电厂一期工程安装 4×300MW 国产引进型机组，二期建设 2×900MW 超临界压力进口机组，并预留 2～3 台 900MW 机组场地。厂址紧靠取水江河，厂区及岸线范围东西向为 1800m。厂区地势平坦，厂址沿长江深水线可通航 35000t 级轮船，取水条件良好，两台机组共设一座岸边泵房。引水隧道采用盾构施工。循环水进排水管沟从扩建端引至 A 排前进入汽机房。二期煤场位于主厂房固定端，锅炉房面向长江，炉后预留二期脱硫场地。该厂总平面布置见图 4-110。

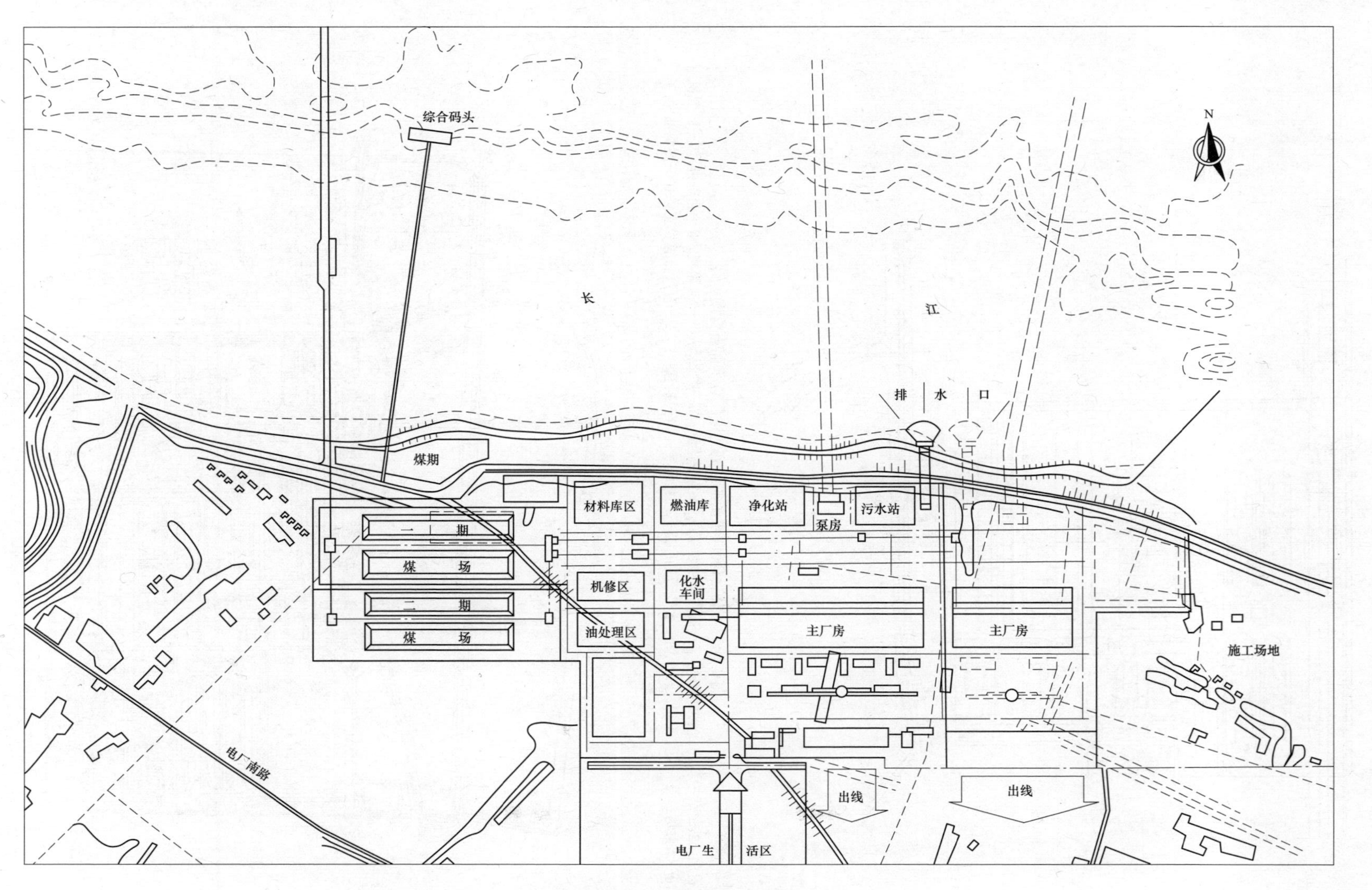

图 4-108　汽机房面向水源的二列式布置图

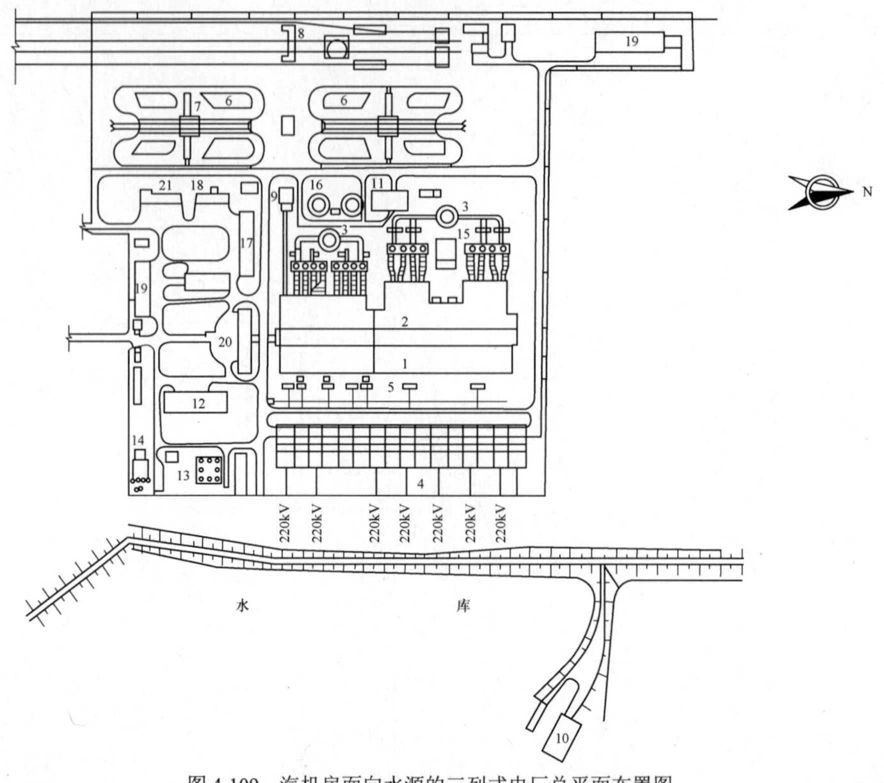

图 4-109　汽机房面向水源的三列式电厂总平面布置图

1—汽机房；2—锅炉房；3—烟囱烟道；4—高压配电装置；5—主变压器；6—贮煤场；7—斗轮机；8—翻车机；9—碎煤机室；10—水泵房；11—灰浆泵房；12—化学水处理室；13—油处理室；14—制氢站；15—空气压缩机室；16—燃料油库；17—修配厂；18—铸工车间；19—材料库；20—生产办公楼；21—汽车库

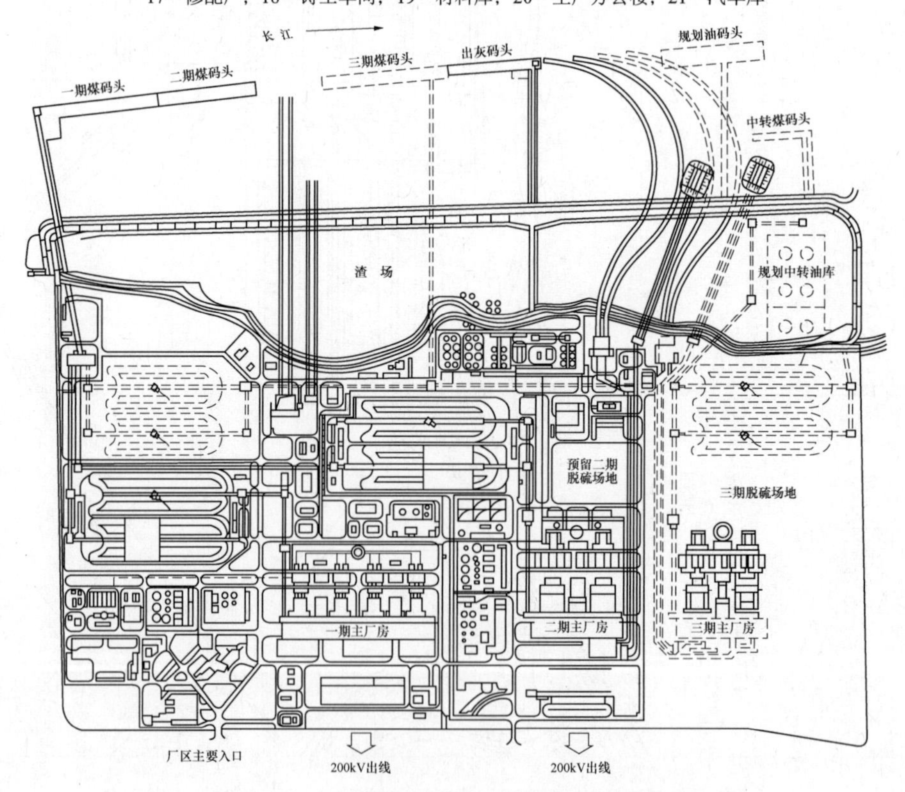

图 4-110　锅炉房面向水源的二列式电厂总体布置图

2. 锅炉房面向水源，港池和取水结合布置

某电厂本期装机容量 4×600MW，预留扩建 2×600MW。电厂取用海湾水作直流供水水源，燃煤为水运。码头前沿水深在设计低水位下 10.6m，这一深度满足取水要求。在码头后面紧接着布置引水明渠，将水引至岸边水泵房，与引水结合；码头后面在原海床上建设实体堤，作为明渠引水一侧的挡沙堤，并在明渠的另一侧建标准较低的专用挡沙堤，防止东西向移动的漂沙进入明渠。水泵房前建一防波堤，使南向风浪高度由原来的 3.8m 减小到泵房前的 0.2m，保证水泵稳定运行。泵房出水管穿过本期与预留的煤场之间，再穿过锅炉房进入汽机房。排水根据地形在汽机房前向东排到海中。总平面布置见图 4-111。

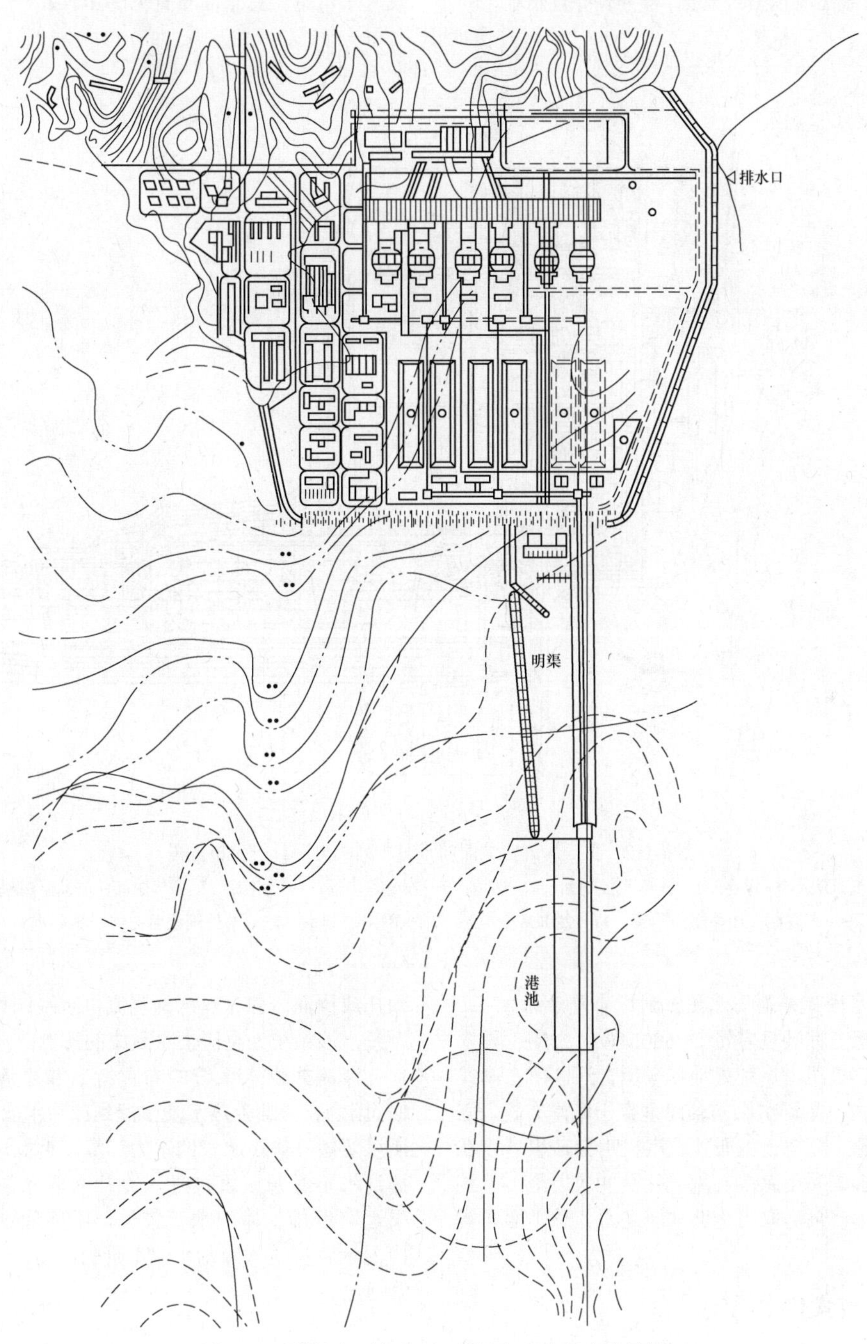

图 4-111　锅炉房面向水源、港池与取水结合布置图

（三）主厂房固定端面向水源

主厂房固定端面向水源，进出水管在主厂房与高压配电装置之间引入。此时，应根据地形、地质条件，尽量压缩厂前布置的长度。该布置方案的优点是便于安排高压配电装置、出线走廊和上煤设施，可采用常规的三列式或四列式布置，从而有利于电厂的扩建；该方案的缺点是扩建机组（一般均比前期容量大）进、排水管沟长，且由于管线走廊预留的宽度不够而使布置困难。

1. 主厂房固定端面向水源二列式布置示例

电厂规划容量为 4×360MW+2×600MW，一、二期装机容量各为 2×360MW。厂址紧靠取水河段，固定端面朝河流，配电装置位于汽机房前，炉后设脱硫装置，煤场布置在炉后扩建端侧。供水系统采用扩大单元制直流供水，设岸边泵房、高位沉沙池和后置滤网，冷却水一次升压至高位沉沙池后自流入凝汽器，排水设尾水电站。总平面布置见图 4-112。

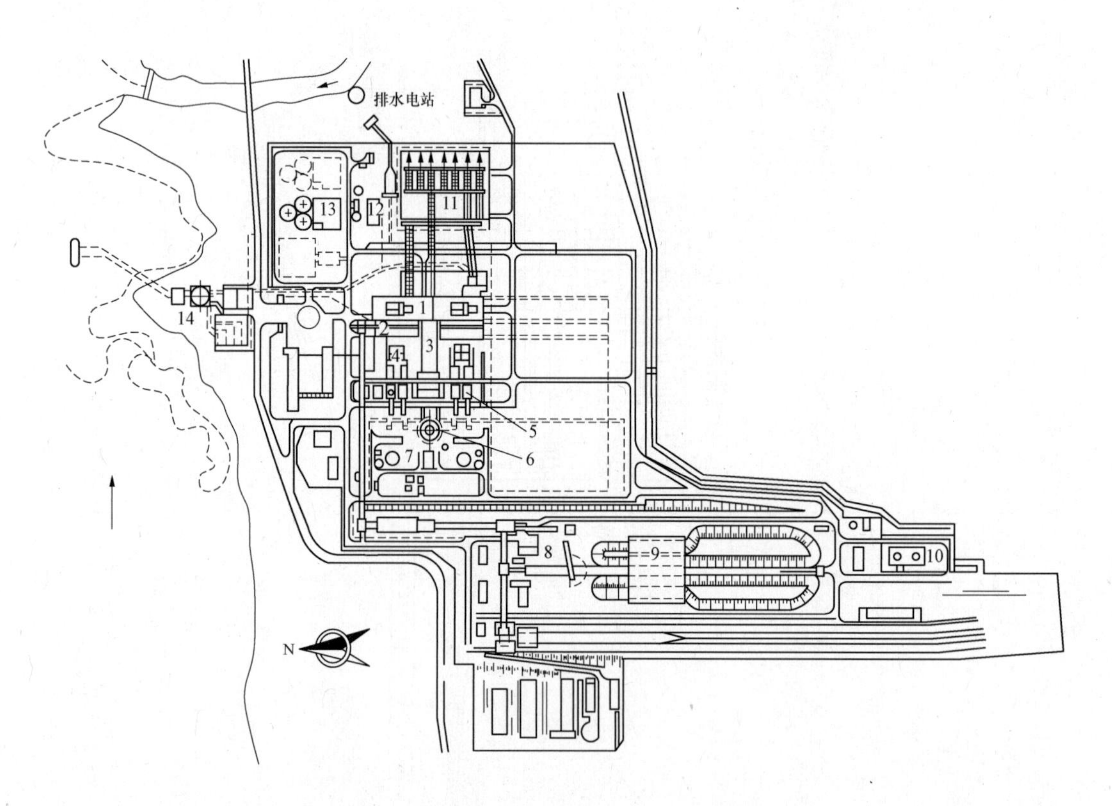

图 4-112 主厂房固定端面向水源二列式电厂总平面布置图

1—汽机房；2—煤仓间；3—单元控制室；4—锅炉；5—静电除尘器；6—烟囱；7—烟气脱硫；8—输煤装置；9—干煤棚；10—燃油贮罐；11—220kV 变电站；12—网络控制室；13—水处理设备；14—循环水站

2. 主厂房固定端面向水源三列式布置示例

电厂一期工程装机容量 2×600MW，二期工程安装 3×600MW 机组，厂址处地形平坦，厂区所占岸线在 1km 范围内，主厂房纵向轴线垂直于海岸布置，固定端面向水源，配电设施布置在汽机房前，煤场设在炉后。供水系统采用海水直流，并供冲灰之用，每期各设一座岸边水泵房取用金塘水道之水。总平面布置见图 4-113。

七、混流式供水系统

河流在枯水季节来流量较小时，采用冷却水排水顶托或掺混一部分热水的直流供水系统称为混流供水系统，该系统为直流供水系统的特例。

混流式供水系统的布置特点和直流供水系统类似。因为有一部分热水要掺混到冷却水取水泵的前池，所以要做好掺混水管的水力计算，近取远排比较利于掺混水不经升压直接进入冷却水取水泵的前池；如果远取近排，掺混水管较长，不能通过优化管径使掺混水直接进入冷却水取水泵的前池，则需设掺混水升压泵。

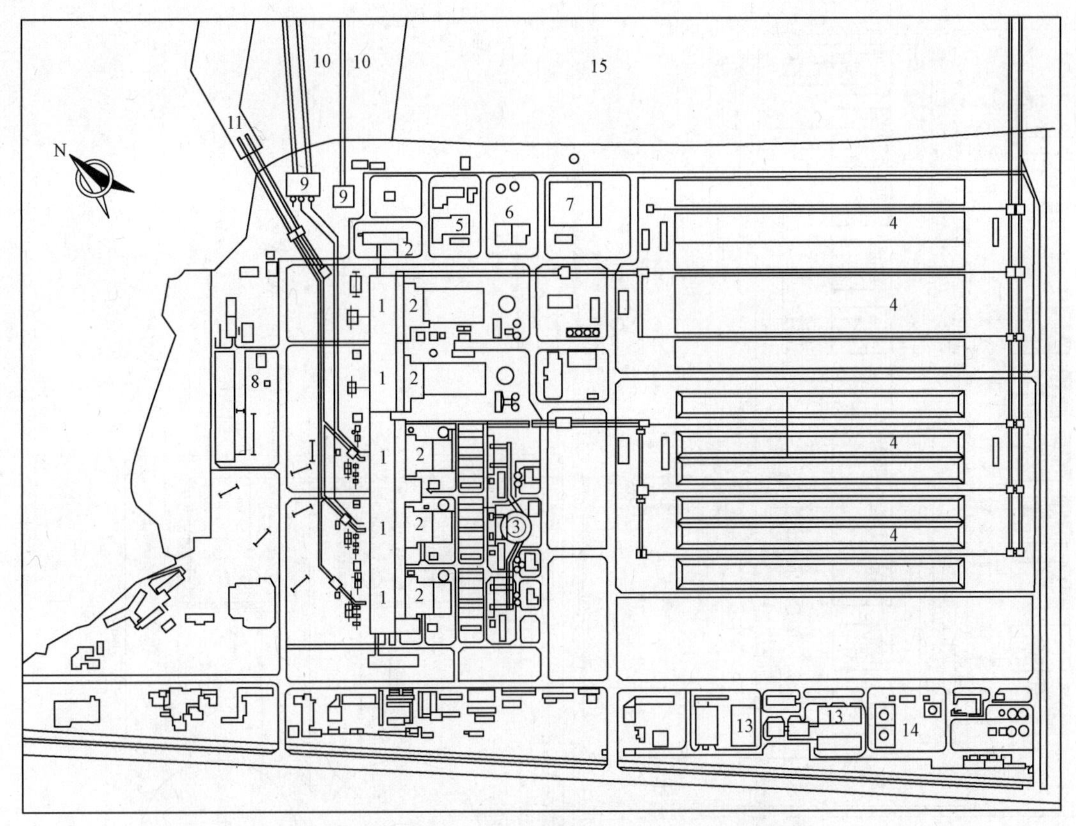

图 4-113　主厂房固定端面向水源三列式电厂总平面布置图

1—汽机房；2—锅炉间；3—烟囱；4—贮煤场；5—净水设施；6—化学水处理设施；7—废水处理设施；8—配电设施；9—循环水泵房；10—循环水进水管；11—循环水排水口；12—生产办公楼；13—辅助生产设施；14—油库；15—渣场

第四节　循环供水系统

一、系统的特点

1. 循环供水系统供水高程

循环系统的几何供水高程为冷却塔竖井水位与冷却塔水池水面之间的距离，该距离加上塔内进水管和竖井在设计流量时所需的阻力即为冷却塔的配水高程。

冷却塔的配水高程主要与进风口高度、填料层高度、配水管阻力及喷头所需的压力有关。提高进风口高度有利于减少冷却塔的通风动力损失，提高冷却塔的冷却效果，但这样增加了系统几何供水高度。在进行大机组新型冷却塔设计时，应对进风口的高度进行优化。冷却塔填料应选用效率高而高度低的填料，在横流塔设计中填料的高度是确定横流塔供水高度的主要因素，这对横流塔或逆流塔的塔型选择是至关重要的。

2. 工程示例

某电厂装机容量 2×600MW，采用带冷却塔的循环供水系统。每台机组配 9500m^2 逆流式冷却塔一座，配 2×18000m^2 双压凝汽器，冷却倍率 55；配三台循环水泵，夏季运行三台，其他季节运行两台。此外，每台机组还配有一台辅机冷却水泵，供机组启动前使用。循环水泵和辅机冷却水泵安装在冷却塔附近的水泵房内，冷却塔出水通过单独的开敞流道进入水泵房前池。

电厂循环供水系统图见图 4-114。

二、冷却设施布置的环境因素分析

1. 冷却塔的布置对环境的影响

冷却塔的布置对环境的影响主要表现在以下几个方面：

（1）飘滴影响：冷却塔内上升的气流带走部分溅散的小水滴到冷却塔外（该现象称为飘滴）。此外，冷却塔下部在进风口高度范围内也会有被风吹出的水滴。

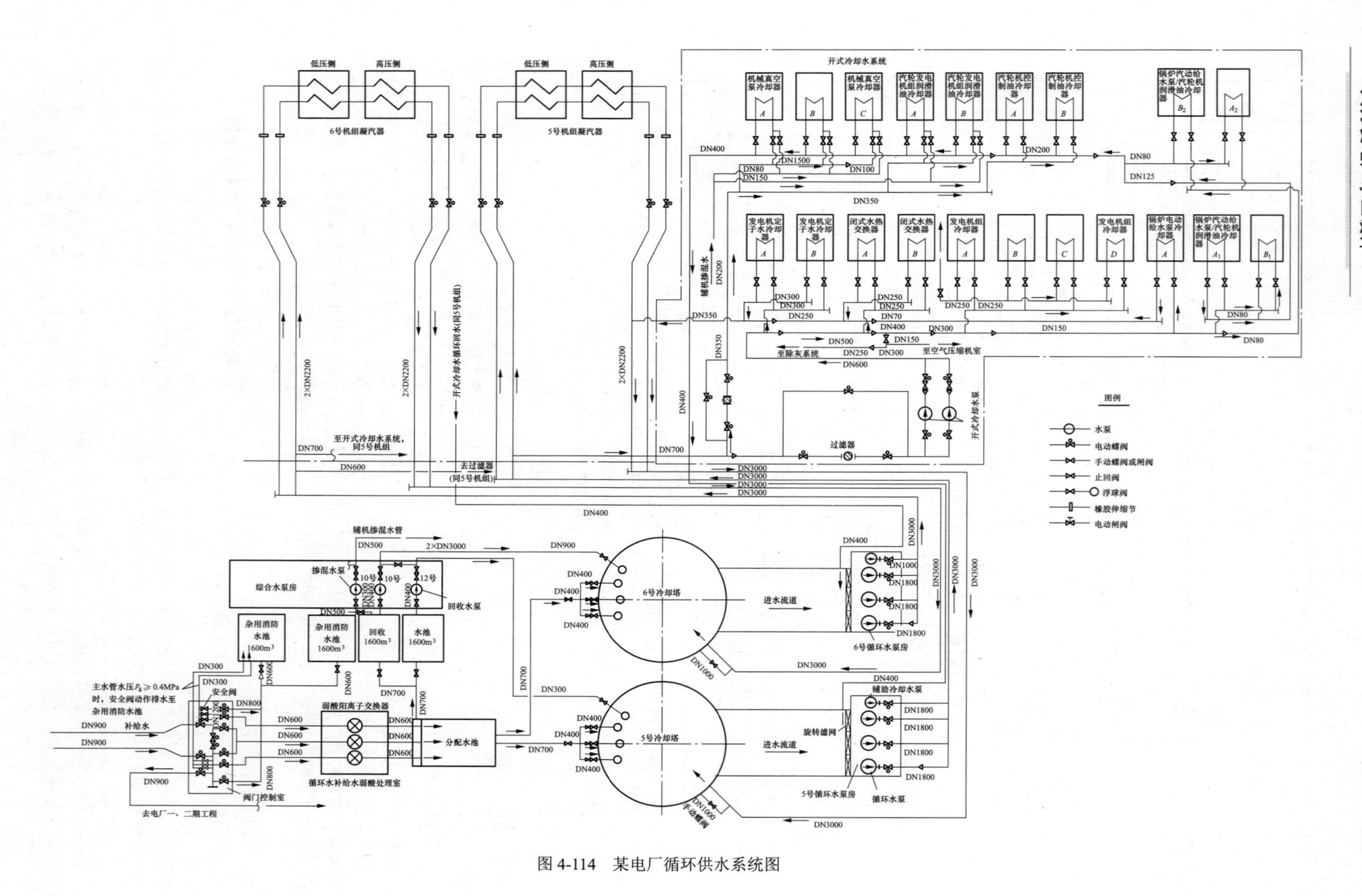

图 4-114　某电厂循环供水系统图

（2）雾羽现象：冷却塔内蒸发损失水量形成的水蒸气，出塔后在不同的气象条件下形成不同的雾汽流，称为雾羽。在特殊气象条件下，雾羽可能下降到地面。

（3）噪声影响：冷却塔淋水装置的淋水和淋下的水滴在水池水面形成的溅水声。当采用机械通风冷却塔时，风机运行也会产生噪声。

（4）视觉影响：多塔组合布置时，塔顶的水雾汽流可能会遮挡阳光，减少经过地区的日照。在视觉环境要求较高的地区，高大的自然通风冷却塔风筒亦认为有视觉影响。

飘滴和雾羽现象会对屋外电气设施有影响，使其绝缘性能降低，当厂址环境的工业大气污染较为严重，水汽和飘尘等有害物质混合附着在电气设备上时，其危害更大；北方严寒季节，飘滴会使道路、铁路产生较为严重的冰冻，影响交通安全和周围居民生活，屋外配电装置的设备上也可能形成冰溜，增加构架负荷；此外，飘滴和雾羽还加速了附近建构筑物的冻溶损坏，还可能与环境中工业大气的有害介质，如酸、碱、盐类共同作用，加速露天设备铁件的锈蚀。冷却塔中安装除水器后飘滴影响将大大减小。

2. 环境条件对冷却塔设计和运行的影响

环境条件对冷却塔设计和运行也会产生影响，主要是：

（1）风和大气温度随高度的变化对冷却塔空气动力和热力特性的影响。

（2）自然通风冷却塔群布置对塔筒壳体风荷载分布的影响。

（3）冷却塔周围建筑物对冷却塔进风的影响。

上述内容的有关说明详见第十章。

三、冷却设施布置原则

（1）冷却塔的飘滴和雾羽对环境的影响范围与风向关系很大，冷却设施尽可能布置在主要生产建（构）筑物、屋内外配电装置、铁路和主要道路最大频率风向的上风侧或冬季盛行风向的下风侧，以减少其影响。

（2）大型自然通风冷却塔，当经济技术论证合理时，宜呈一字形布置在主厂房A排外。

（3）为减少湿热空气回流，尽量避免机械通风冷却塔多排布置，或将冷却塔布置在高大建筑物中间的狭长地带。

（4）当机械通风冷却塔塔数较多时，宜分成多排布置，每排的长度和宽度之比不宜大于5:1。

（5）多格毗连的机械通风冷却塔平面宜采用正方形或矩形，当塔的平面为矩形时，边长比不宜大于4:3，进风口宜设在长边。

（6）机械通风冷却塔的长边宜与夏季主导风向平行。

（7）采用混合供水系统的电厂，冷却设施应布置在直流供水相应水管、沟、渠经过的地方。

（8）有条件时，冷却塔应布置在粉尘源（如煤场）的全年主导风向的上风侧。

（9）山区或丘陵地区电厂，机械通风冷却塔不宜贴近山坡或土丘布置，应布置在四周开阔的地带，以免使热空气回流影响冷却效果。

（10）为减少噪声危害，生产行政办公区和生活福利设施应尽量远离冷却塔。

（11）冷却塔与冷却塔之间的间距需考虑塔群布置不致使塔的壳体承受过大的附加风荷载，并需考虑热力影响。国内外对自然通风冷却塔之间间距的要求见第二章。

（12）冷却塔与电厂其他建（构）筑物之间的间距要求除了要考虑建筑物对通风的影响之外，还要考虑建筑物之间的防火间距。冷却塔与火力发电厂内其他建（构）筑物之间的间距要求见第二章。

四、系统布置方式

当采用循环供水系统时，补给水量仅为直流供水系统冷却水量的2%左右，主厂房与补给水水源的关系不像直流供水系统那么密切，这时与冷却塔等冷却设施的关系则成为考虑的主要问题。在安排主厂房方位时，应同时考虑冷却塔的布置，两者结合起来，在满足防护间距等要求的情况下，尽量缩短供排水管线。

当采用带冷却池的循环供水系统时，其总布置中应考虑的原则与直流供水系统类似，有关说明参见本章第三节。

当循环供水系统采用冷却塔时，通常分为自然通风冷却塔和机械通风冷却塔两大类，按空气和水的流动方向又分为逆流式冷却塔和横流式冷却塔，因相同冷却面积条件下后者占地面积较前者大20%～40%，故目前国内大容量机组多采用逆流式冷却塔。

（一）冷却塔的布置方式

1. 冷却塔位于高压配电装置固定端及扩建端的外侧

这是我国国内常用的一种布置方式，这种布置方式最大的优点是便于进、排水管从汽机房A排外引入主厂房。初期工程管线较短，上煤设施和屋外配电装置可按常规的三列式或四列式进行布置。后期扩建的冷却塔布置较为灵活。若后期冷却塔仍设在配电装置的固定端，则后期工程的管线越来越长。当预留管线走廊宽度不够时，进、排水管沟的布置和施工较为困难。

初期冷却塔布置在高压配电装置的固定端，当后期电厂规划容量明确时，后期冷却塔可布置在扩建端，此时进、排水管可以从主厂房两端进入，距离短，又可压缩管线走廊宽度，并且便于分期敷设。

某电厂一期工程安装两台500MW超临界燃煤发电机组，采用自然通风冷却塔循环供水系统，设6500m²自然通风冷却塔两座。

厂区总体布局为三列式，即500kV屋外配电装置—主厂房—煤场。电厂总平面布置见图4-115。

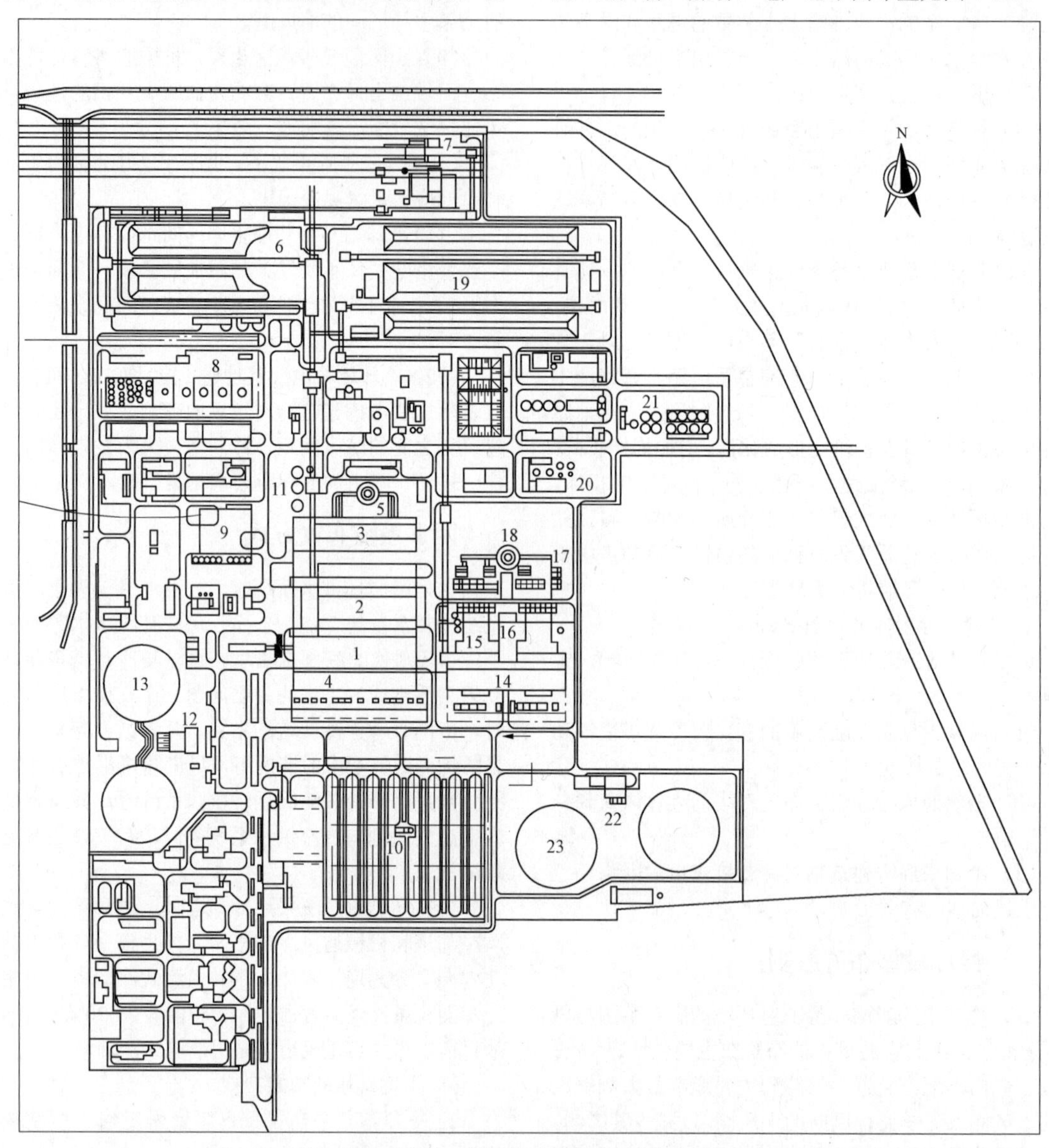

图4-115　冷却塔位于高压配电装置固定端及扩建端的电厂总平面布置图

一期及公用建筑：1—汽机房；2—锅炉房；3—电除尘器；4—电控楼；5—烟囱；6—煤场；7—翻车机；8—燃油区；9—化学车间；10—500kV升压站；11—灰库区；12—循环水泵房；13—冷却塔；

二期建筑：14—汽机房；15—锅炉；16—集控楼；17—电除尘器；18—烟囱；19—煤场；20—化学车间；21—灰库区；22—循环水泵房；23—冷却塔

二期工程扩建两台600MW燃煤发电机组，采用循环供水冷却系统，设8000m²自然通风冷却塔两座。

一、二期主厂房脱开布置，脱开距离46m。A列与一期主厂房取齐，预留脱硫场地。

2. 冷却塔布置在汽机房外侧

这种布置方式的特点与直流供水系统汽机房面向水源相类似，进、排水管线长度最短，且不需穿越厂房建筑，更有利于单元制供水系统，但需考虑汽机房A排外侧变压器的布置问题。这种布置方式较多采用冷却塔一字形布置在汽机房与高压配电装置之间。

某电厂一、二期共建4×300MW燃煤发电机组，每台机组配一座4500m²自然通风冷却塔。冷却塔布置在主厂房A排与配电装置之间，呈一字形布置，主变压器设在A排外侧，高压出线在两塔之间架空穿行。由于冷却塔设有常规的单波形除水器，冷却塔飘滴不会对配电装置及高压线造成危害。一台机组配两台循环水泵，安装在主厂房内，冷却后循环水自流至水泵吸水井。

电厂总平面布置见图4-116。

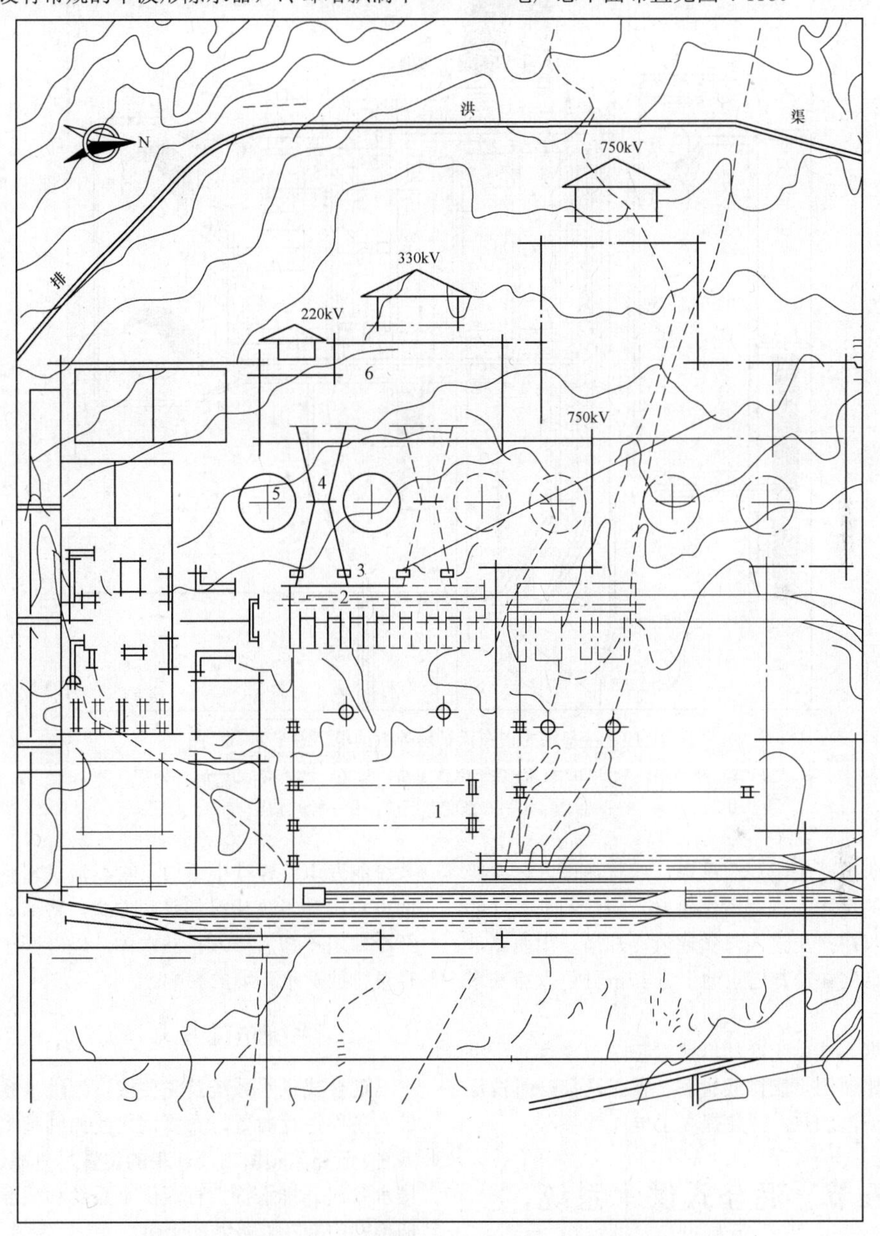

图4-116　冷却塔布置在汽机房外侧的四列式电厂总平面布置图

1—贮煤场；2—主厂房；3—变压器；4—高压线；5—冷却塔；6—配电装置

3. 冷却塔布置在锅炉房的外侧

这种布置方式的优缺点与直流供水系统中的锅炉房面向水源布置方案相似。当进、排水管线可以穿越锅炉房从主厂房B排侧接入凝汽器时，管线长度比第一种布置方式要短。冷却塔水汽对屋外配电装置的影响最小。但当机组台数较多时，进、排水管线长度增加。此布置方式可用于燃油和天然气电厂，因其锅炉房设备和管沟较少，便于进、排水管线通过。

脱硫后的烟气在条件合适时可由冷却塔排放，这是该布置方式的特例。

电厂装机容量2×800MW，总平面布置见图4-117。

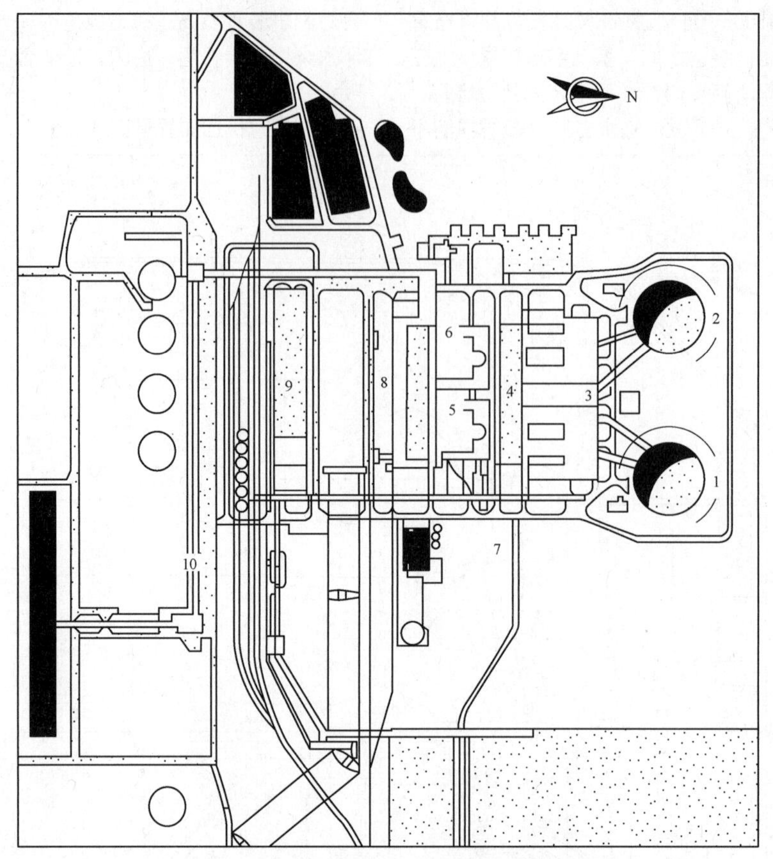

图 4-117　冷却塔布置在锅炉房外侧的电厂总平面布置图

1、2—冷却塔；3—FGD 装置；4—电除尘器；5、6—锅炉房；7—辅助锅炉；
8—汽机房；9—石膏储存厂房；10—输煤皮带

烟气脱硫装置采用双流湿塔，烟气在塔内分二级冲洗，生产的优质石膏可用作建材，清洁的烟气（约70℃）由吸收塔排出进入自然通风冷却塔，用两路玻璃钢烟道将烟气在冷却塔水池上方17m处引入冷却塔中并排出。

这种排烟方式由于冷却塔的湿热空气量远大于烟气量，排放比使用烟囱排放更利于保护环境，且洗涤后的烟气不需再加热，因此提高了电厂效率。

第五节　混合式供水系统

一、系统概述

直流供水和循环供水两种供水系统同时存在、混合运行的系统，称为混合式供水系统。丰水季节采用直流供水系统，枯水季节采用湿式循环供水系统，或将所取天然水体的冷却水与冷却塔冷却后的冷却水掺混在一起。

近几年来，为满足环保要求，一些采用直流供水系统的发电厂设计中采取了在直流供水系统的排水侧增设二次升压泵和冷却塔的方式，将部分循环水排水经冷却塔冷却后排入自然水体，以降低排水温度，减轻温排放对水环境的影响。

二、系统布置方式

混合式供水系统首先要按直流供水系统取、排水口的条件进行布置，布置优化的原则基本同直流供水系统，但要兼顾留出冷却塔的位置尽量靠近冷却水供、排水管线，排水管上直流供水系统和循环供水系统的切换阀门应在虹吸井的上游。

某 425MW 燃机电厂采用混合式供水系统，冷却水源来自运河，排水口在取水口下游 500～600m，汽机房面朝运河，远取近排，设有 1 个取水口。受运河河道上水电站运行水位变化的影响，在水电站的上游和下游各设 1 个排水口，并设有 9 段机械通风冷却塔和 1 座循环水泵房，布置在冷却水管附近，靠近主厂房，如图 4-118 所示。

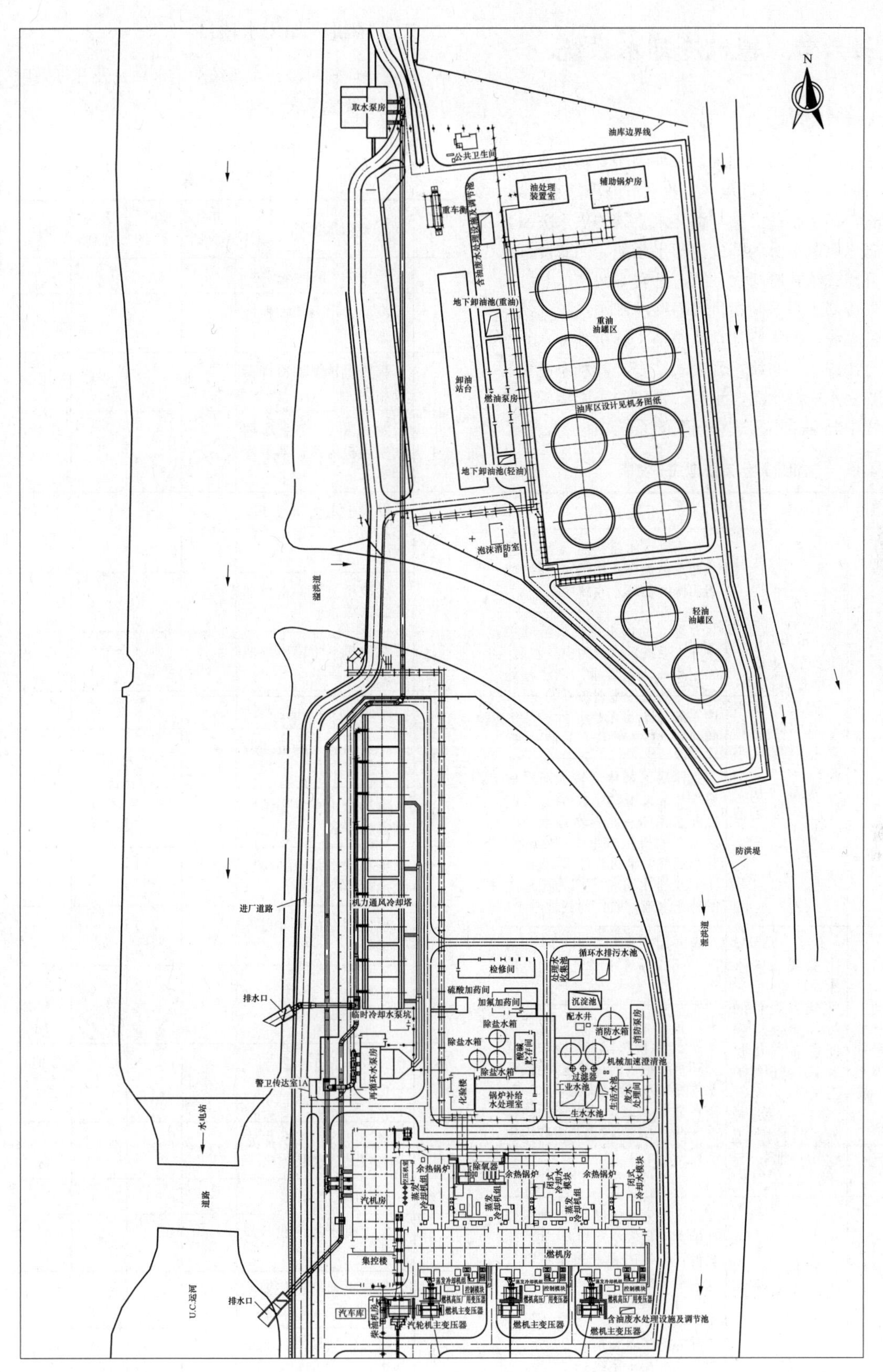

图 4-118　某 425MW 燃机电厂总平面布置图

第六节　辅机冷却水系统

一、系统概述

除汽轮机凝汽器冷却水系统外的所有辅机冷却器（辅机冷却水）和机械轴承（工业水）的冷却水系统，称为辅机冷却水系统。按与循环水系统的供水关系，辅机冷却水系统可分为开式冷却水系统、闭式冷却水系统、开闭式结合冷却水系统，见表4-49。

开式冷却水系统是指直接外接冷却水水源，冷却后排掉的系统。闭式冷却水系统是指辅机冷却水系统自成一个闭式循环系统。开闭式结合冷却水系统是根据用水点对水质、水温、水量、水压的不同要求，在同一工程中分别采用开式和闭式的系统。

表4-49　辅机冷却水系统型式一览表

序号	系统	特点	采用方式
1	开式冷却水系统	优点：系统简单，可用公用水系统或补给水系统作为备用，或在夏季掺入低温水以保持较低的运行水温。 缺点：水质不稳定，有结垢的可能性	作为循环水系统的一个分支，冷却水由循环水进水管引接，使用后排回循环水系统中
			设独立的供水系统供给辅机冷却水系统，水源为电厂水源，如水质不满足要求，需经预处理。对缺水或水费较高的电厂，该系统排水可考虑作为循环水的补充水或回收作为其他用水
			主厂房区域内的较大流量辅机冷却水采用循环水；设独立的工业水系统供给对水温水质要求较严的机械轴承冷却水和部分小流量的辅机冷却水，该部分工业水排水可考虑作为循环水的补充水或回收作为其他用水
2	闭式冷却水系统	优点：采用软化水或除盐水作为冷却介质，可减少设备的污垢和水垢，保证设备的传热效率，减少维护工作量。 缺点：系统较为复杂，冷却水温较高，一般高于循环水温4～5℃	设专用的辅机冷却水冷却塔冷却闭式循环水系统内的冷却水
			设水-水换热器系统冷却闭式循环水系统内的冷却水，用循环水作冷却水源。闭式循环水一般采用软化水或除盐水作为冷却水。一般用于水源为海水或再生水的电厂
3	开闭式结合冷却水系统	兼具开式、闭式两个系统的优点	对水质要求较低、水温要求较严的大流量辅机冷却器（如汽轮机润滑油冷却器和发电机空气冷却器、闭式系统的换热器等），采用开式冷却系统；对水量较小、水质要求较高，但水温要求不高的冷却器和轴承冷却水，采用闭式冷却水系统

二、辅机冷却用水项目

常规电厂辅机冷却水系统的用水项目及其可采用的冷却水系统参见表4-50。

表4-50　常规电厂辅机冷却水系统用水项目及分类

序号	用水项目	开式系统	闭式系统	备用水源	备注
1	汽轮机冷油器冷却水	✓		✓	
2	汽动给水泵冷油器冷却水	✓			
3	汽轮机抗燃油冷却器冷却水	✓			
4	发电机空气冷却器（发电机氢冷却器）冷却水	✓			
5	发电机水冷却器（发电机定子冷却器）冷却水	✓			
6	发电机空气侧密封油冷却器冷却水	✓			
7	发电机氢气侧密封油冷却器冷却水	✓			
8	励磁机冷却器冷却水	✓			
9	电动给水泵润滑油冷却器冷却水	✓			
10	电动给水泵工作油冷却器冷却水	✓			
11	电动给水泵电动机空气冷却器冷却水	✓			
12	机械真空泵冷却器冷却水	✓			
13	锅炉取样（包括给水取样）冷却器冷却水	✓	✓	✓	也可取自杂用水
14	CO_2分析冷却水	✓	✓		也可取自杂用水
15	疏水箱取样冷却水（包括凝结水取样）	✓	✓		
16	硅整流器冷却水	✓			
17	发电机水冷母线冷却水	✓			
18	送风机油站冷却器冷却水	✓	✓		
19	引风机油站冷却器冷却水	✓	✓		

续表

序号	用水项目	开式系统	闭式系统	备用水源	备注
20	一次风机油站冷却器冷却水	✓	✓		
21	主变压器冷却水	✓	✓		
22	磨煤机润滑油站冷却水	✓	✓		
23	磨煤机轴承冷却水		✓		
24	火焰检测风机冷却水	✓	✓		
25	电动给水泵（前置泵）轴承冷却水	✓	✓		
26	汽动给水泵（前置泵）轴承冷却器冷却水	✓	✓		
27	低压加热器疏水泵轴承冷却器冷却水	✓	✓		
28	空气预热器润滑油站及轴承冷却水	✓	✓		
29	凝结水泵及凝结水输送泵轴承冷却水	✓	✓		
30	抗燃油泵轴承冷却水	✓	✓		
31	空气压缩机冷却水	✓			
32	排粉风机冷却水	✓	✓		
33	锅炉冷灰斗水封补充水	✓	✓		
34	顶轴油泵冷却水	✓	✓		
35	定期排污扩容器冷却水				也可取自杂用水
36	主厂房内其他转动机械轴承冷却水	✓	✓		
37	除灰系统风机冷却用水	✓			
38	制氢站工业用水	✓			也可取自杂用水
39	循环水泵电动机冷却器	✓			
40	循环水泵轴承冷却水	✓			
41	闭式系统的水–水换热器	✓			

三、系统的选择

辅机冷却水系统应根据水源条件、辅机冷却器材质和机械轴承对水质的要求、机组容量以及布置条件综合考虑。

1. 以淡水作为冷却水水源

（1）以淡水作为冷却水水源且不需处理即可作为辅机冷却水的，宜采用开式冷却水系统。

（2）若冷却水源为淡水但需经处理，可按具体情况采用开式、闭式或开式闭式相结合的冷却水系统。具体情况可考虑如下因素：

1）开式冷却水系统主要用于对水质要求不严和要求较低冷却水温的大流量辅机冷却器。如系统中还设有闭式冷却水系统，则开式冷却水系统还负责向闭式冷却水系统的水-水换热器提供冷却水。开式冷却水系统的冷却水一般取自循环水。

2）闭式冷却水系统主要用于旋转机械的轴承冷却水和高温设备的冷却器，可用于下列情况：机组容量较大，要求辅机冷却水系统运行安全可靠；部分辅机冷却器温升较高，对水质要求较高，用循环水易于结垢；部分辅机冷却器和轴承冷却水对水中的含沙量和杂质颗粒大小有要求，否则易于阻塞；部分辅机冷却器远离循环水管，管路较长；部分检修困难的辅机冷却器等。闭式冷却水系统适用于冷却水量较小，对温度限制不严格的冷却器。采用除盐水作冷却介质，可以减少设备的腐蚀、污染和流道阻塞，系统的传热效率高、安全可靠性好、维修工作量小。

（3）单机容量 300MW 及以上机组，对冷却水质要求较高的辅机设备宜采用以除盐水作冷却水的闭式系统。

（4）缺水地区的电厂应采用闭式冷却水系统。

2. 以海水作为冷却水水源

以海水作为冷却水水源时，可采用闭式或开式闭式相结合的冷却水系统。具体考虑如下因素：

（1）闭式冷却水系统：辅机冷却水采用闭式系统，运行安全可靠，可用于大容量机组和其他有较高安全性要求的电厂。该系统内部辅机冷却水为软化水或除盐水，大多采用水–水换热器，其外部冷却水水源可为海水；也可采用带冷却塔的闭式系统，冷却水为淡水稍经软化。闭式冷却水系统示意见图 4-119。

（2）开式冷却水系统：主要用于可使用海水的辅机冷却器（如部分汽轮机厂供货的冷油器和真空泵）。如系统中还设有闭式冷却水系统，则开式冷却水系统还负责向闭式冷却水系统的水–水换热器提供冷却水。开式冷却水系统的冷却水一般为海水。

3. 以高悬浮物和含沙量的水作为冷却水水源

较高的悬浮物和含沙量供给辅机冷却器和机械轴承会造成严重的堵塞或磨损，此时辅机冷却水系统宜采用闭式冷却水系统，一般可采用带冷却塔的闭式系统，也可采用水-水换热器的闭式系统。

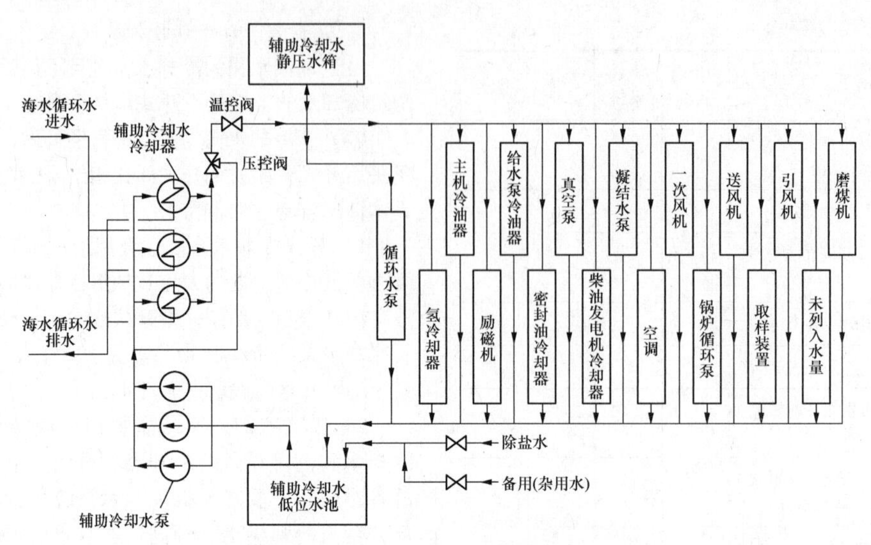

图 4-119　闭式冷却水系统示意图

4. 空冷机组的辅机冷却水系统

空冷机组的汽轮机组背压高，相应的汽轮机循环冷却水温最高可达 60～70℃，无法满足辅机冷却水系统对冷却水温的要求；采用直接空冷系统的机组汽轮机排汽在空冷凝汽器中由环境空气直接冷却，无循环冷却水系统；当机组采用间接空冷系统时，循环水水质较好；在带混合式凝汽器的间接空冷系统中，由于循环冷却水与凝结水混合，要求循环冷却水水质与凝结水相同；在带表面式凝汽器的间接空冷系统中，凝汽器的循环冷却水采用闭式系统，水质一般为除盐水。单独的辅机冷却水循环系统可以是带冷却塔的循环冷却系统；当电厂装有湿冷机组时，其辅机冷却水系统水源可以取自湿冷机组。

四、系统设计特点

（1）单机容量 300MW 以下机组，辅机冷却水湿冷系统可采用母管制；采暖供热机组、单机容量 300MW 及以上机组，辅机冷却水湿冷系统宜采用扩大单元制。

（2）对冷却水压力和水质可以满足设备冷却要求的开式系统，应采用冷却水直接供水方式，冷却水压力无法达到的用水点应设置升压泵；也可直接采用升压泵，升压泵一般设在凝汽器循环水进水附近。开式系统可不设水箱。

（3）闭式系统宜设高位水箱或回水箱、水泵及水–水换热器或其他冷却设备。

（4）采用单元制或扩大单元制的辅机冷却水系统，每台机组宜设置 1 台 100%容量的运行辅机冷却水泵，辅机冷却水泵应设备用泵，多台机组集中布置时可共用 1 台 100%容量的备用泵。母管制系统宜采用 2～4 台水泵，其中 1 台备用。水泵的设计水量应满足备用水点同时累计最大用水量的需要，另加 5%～10%裕量。

（5）辅机冷却水宜采用机械通风冷却方式。当环境气温季节性波动较大时，机械通风冷却塔风机可选配变频电机或双速电机。

（6）机械通风冷却塔不宜少于 2 格，可不设备用格，但总冷却能力应有不少于 20%的余量，且当 1 格检修时，其余冷却塔的冷却水量应不小于总冷却能力的 75%。

（7）寒冷地区辅机湿式冷却塔宜布置在主机直接空冷平台及间接空冷塔的冬季下风侧。

（8）当闭式系统由开式系统提供外部冷却水，且闭式系统内部冷却水水质好于外部冷却水水质时，闭式系统的水压应高于开式系统的水压。

（9）当开式系统的冷却水为水源原水，且其水质不稳定（如水源恶化、汛期含沙量大幅增加）时，开式系统应设备用水源。备用水可由电厂工业及杂用水系统供给，当工业及杂用水系统容量不足时，可专设备用水泵提供。

（10）对大容量机组或要求较高的辅机冷却水用水点，可在每个用水点的进口或出口端设温度调节阀或节流阀，用来控制冷却设备在合适的温度和水量下运行，满足用水点的冷却要求。

五、系统参数

某工程装机容量为 2×350MW，每台机组的辅机冷却水量为 1800m^3/h，连续运行。采用海水作循环水时其水温取 30℃，辅机冷却水系统按 35℃设计，以保证冷油器出油温度不超过 46℃、氢冷却器氢出口温度不超过 45℃。电厂循环水温定为 33℃，为不使辅机冷却器面积过大，将辅机冷却器出口水温定为 37.5℃，此时需稍增大冷油器和氢冷却器的面积。

闭式系统的水-水换热器按海水温度为21℃计算面积，此时考虑备用一台，当海水温度为22～30℃运行时不考虑备用。在水温为32℃及以下时运行一台、备用一台，水温超过32℃时两台冷却器均投入运行。电厂换热器主要设计参数如下：

（1）型式：卧式直管型，钛管钛板。

（2）数量：2台。

（3）冷却面积：615m^2。

（4）管内循环水流速：3m/s。

（5）管内水阻：9mH_2O。

（6）循环水流量：2040m^3/h。

（7）辅机冷却水流量：1800m^3/h。

（8）循环水进/出口温度：32℃/35.92℃。

（9）辅机冷却水进/出口温度：37.5℃/41.94℃。

（10）总传热系数：10340kJ/（m^2·h）。

（11）系统设有温度自动调节和差压自动调节装置。

（12）辅机冷却水泵两台，每台泵流量1800m^3/h、扬程53m。

第五章

空冷系统设计与布置

第一节　概　　述

一、相关定义

空冷是汽轮机的排汽或凝结排汽的冷却水被送入由翅片管束组成的冷却器管内，用横掠翅片管外侧的空气进行凝结或冷却的整个过程。管内液体不与空气直接接触，而湿式冷却的塔内空气直接与冷却水接触并靠蒸发和对流冷却，因此空冷系统可节省湿式冷却系统的蒸发、风吹和排污损失的水量，从而大幅降低电厂的耗水量。

按照火力发电厂设计规范及其他设计规范的规定，并考虑目前实际的习惯叫法，对于与“湿式冷却系统”相对应的“干式冷却系统”，本书中称为“空冷系统”。

“散热”和“冷却”是对同一种现象从不同角度的描述，考虑目前的习惯叫法，文中在直接空冷系统中多数称为散热，如“散热器”“散热面积”等，在间接空冷系统中多数情况称为冷却，如“冷却柱”“冷却三角”等。

二、空冷系统的分类及特点

（一）空冷系统的分类

常见的空冷系统分类如下：

- 空冷系统
  - 直接空冷系统
    - 机械通风（ACC）
    - 自然通风（NDC）
  - 间接空冷系统
    - 表面式凝汽器（ISC）
    - 混合式凝汽器（IMC）

（二）空冷系统的特点

1. 机械通风直接空冷系统（ACC）

机械通风直接空冷系统（ACC）是以布置在主厂房外的空气冷却凝汽器代替布置在汽轮机下方的常规的水冷却凝汽器。到目前为止，直接空冷系统基本都是以机械通风方式供给凝结排汽用的空气。空气冷却凝汽器的冷却三角由许多翅片管组成，下方设置大直径轴流风机组成空气冷却凝汽器。大型空气冷却凝汽器布置在汽机房外侧高度为35～50m的上方，不影响变压器及出线的布置。

机械通风直接空冷机组原则性汽水系统简图见图5-1。汽轮机排汽通过大直径的排汽管道送到室外的空气冷却凝汽器内。轴流风机使空气流过凝汽器翅片管束的外侧，将排汽冷凝为水。凝结水靠重力自流汇集于布置在下方的凝结水箱内，由凝结水泵送回汽轮机的回热系统。

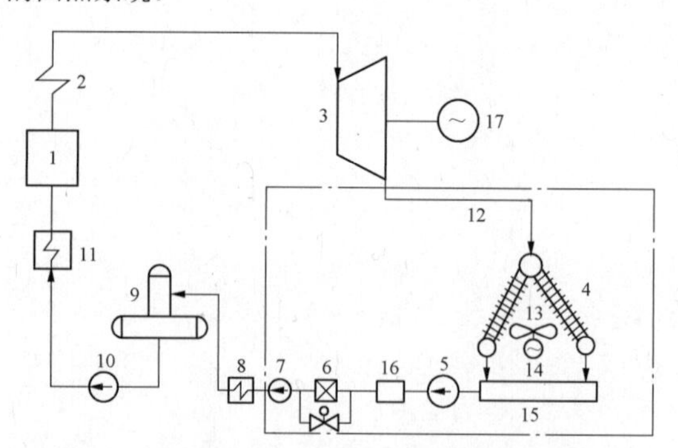

图5-1　机械通风直接空冷机组原则性汽水系统简图

1—锅炉；2—过热器；3—汽轮机；4—空冷凝汽器；5—凝结水泵；6—凝结水精处理装置；7—凝结水升压泵；8—低压加热器；9—除氧器；10—给水泵；11—高压加热器；12—汽轮机排汽管道；13—轴流冷却风机；14—立式电动机；15—凝结水箱；16—除铁器；17—发电机

直接空冷系统的排汽管道和空气冷却凝汽器内部容积很大，且焊接接口很多，因而系统的密封性是关键问题之一。设计中要尽量减少阀门和连接法兰的数量，阀门要采用真空密封型，焊接工艺要有质量保证体系，抽真空系统要有足够的出力。

抽真空系统出力的确定，一般要求能使空气冷却凝汽器内部的压力在30min内从大气压降至30kPa（绝对压力），在60min内降低至10kPa（绝对压力）。真空保持系统可用水环式真空泵，也可采用射汽抽气器。

直接空冷系统的优点是系统简单、投资较低。采用机械通风可使通过翅片管束的空气流速较大，而使管束的数量减少；通过风机的启停及不同转速的运转可使空气流量随气温及凝结水温变化而灵活调节，因而防冻性能可靠，可作为严寒地区空冷系统首选方案。

直接空冷系统的缺点是风机耗电较大，约占汽轮机出力的1%；机械的维修量亦较大；风机运行会产生噪声污染；在环境风的影响下会产生已经通过散热器的热空气重新回到风机的进风口，即产生热风回流的情况，影响换热效率。

2. 自然通风直接空冷系统（NDC）

自然通风直接空冷系统（NDC）以自然通风塔塔内外空气密度差产生的抽力而形成的空气流动代替 ACC 系统的风机送风。空气冷却凝汽器可水平布置安装在冷却塔内进风口以上，或竖直布置安装在塔外进风口处。其热力系统图除空气流通部分外，与图 5-1 基本相同。

NDC 系统是针对上述 ACC 系统存在的缺点而提出的空冷系统，以自然通风代替机械通风，节省了风机电耗；也减少了维修工作量；没有噪声和排出热空气回流到进风口等问题。但是也带来了一些新问题，如进塔空气量的调节没有 ACC 系统灵活，因而存在系统防冻性能的可靠性问题；自然通风的空气流量受塔高的限制，使通过翅片管束的空气流速较低，进而使管束面积增大和投资增加；在汽机房前布置巨大的自然通风塔及大直径排汽管道在厂区布置困难等。

目前 NDC 系统尚无成熟的设计及运行经验，有鉴于此，本书不包括 NDC 系统的内容。

3. 带喷射混合凝汽器的间接空冷系统（IMC）

带喷射混合凝汽器的间接空冷系统（IMC）为匈牙利的海勒所创建，所以也称海勒系统。其简单的热力系统如图 5-2 所示。

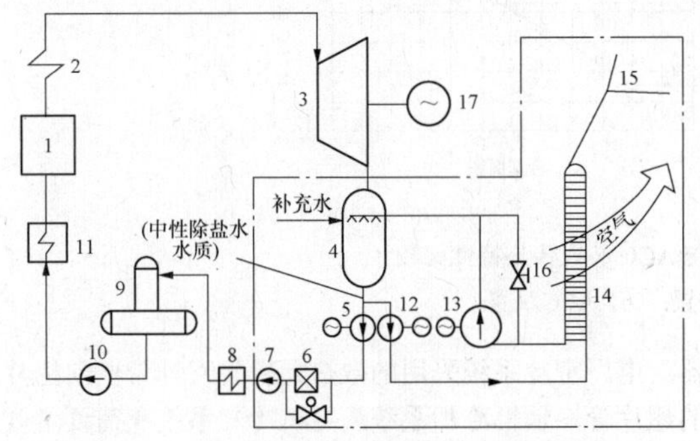

图 5-2　IMC 空冷机组原则性汽水系统简图

1—锅炉；2—过热器；3—汽轮机；4—喷射式凝汽器；5—凝结水泵；6—凝结水精处理装置；7—凝结水升压泵；8—低压加热器；9—除氧器；10—给水泵；11—高压加热器；12—冷却水循环泵；13—调压水轮机；14—全铝制散热器；15—空冷塔；16—旁路节流阀；17—发电机

典型的 IMC 系统主要由喷射式凝汽器和装有福哥型冷却器的空冷塔构成。由外表面经防腐处理的圆形铝管、套以铝翅片的管束所组成的“∧”形排列的冷却器，在缺口处装上百叶窗组成一个冷却三角。系统中的冷却水是高纯度的中性水（pH=6.8～7.2）。中性冷却水进入凝汽器直接与汽轮机排汽混合并将其冷凝。受热后的冷却水绝大部分由冷却水循环泵送至空冷塔冷却器，经与空气对流换热冷却后通过调压水轮机回收部分能量，将冷却水再送至喷射式凝汽器进入下一个循环。受热的循环冷却水的极少部分经凝结水精处理装置处理后，送至汽轮机回热系统。

该系统中的调压水轮机有两个功能：一是通过调节水轮机导叶开度来调节喷射式凝汽器喷嘴前的水压，保证形成微薄且均匀的水膜，减小排汽通道阻力，使冷却水与排汽充分接触换热；二是回收能量，减少冷却水循环的功率消耗。调压水轮机在系统中的连接方式有两种：一种是立式水轮机与立式异步交流发电机连接；另一种是卧式水轮机与卧式冷却水循环泵、卧式电动机的同轴连接。水轮机的两种连接方式各有其优缺点，可视实际情况选用。

IMC 系统的优点是混合式凝汽器端差小，机组运行背压更低，在系统设计合理和运行良好的条件下，机组煤耗率较低；缺点是设备多、系统复杂、冷却水与凝结水具有相同的水质，对水质要求高、自动控制系统复杂。

4. 带表面式凝汽器的间接空冷系统（ISC）

ISC 系统如图 5-3 所示，它是在海勒式间接空冷系统的运行实践基础上发展起来的。鉴于海勒式间接空冷系统采用的喷射式凝汽器，其运行端差实际值和表面式凝汽器端差相比有一定的降低，但降幅没有理论上那么大；在喷射式凝汽器中，循环冷却水与锅炉给水相连通，由于锅炉给水品质控制严格，系统中需要

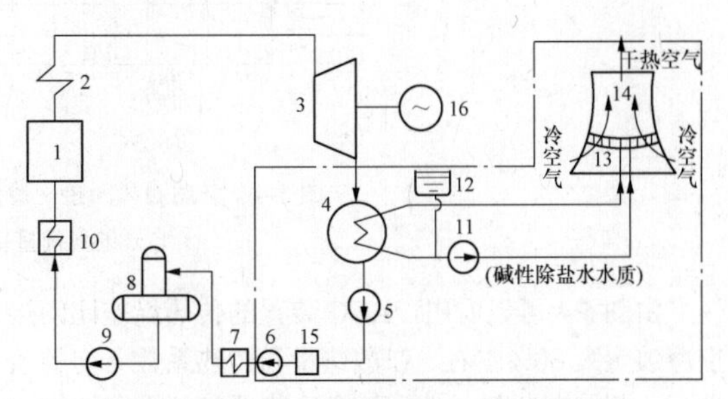

图 5-3　ISC 空冷机组原则性汽水系统简图

1—锅炉；2—过热器；3—汽轮机；4—表面式凝汽器；5—凝结水泵；6—凝结水升压泵；7—低压加热器；8—除氧器；9—给水泵；10—高压加热器；11—循环水泵；12—膨胀水箱；13—全钢制冷却器；14—空冷塔；15—除铁器；16—发电机

设更复杂的凝结水精处理装置，这给高参数大容量的火电机组给水水质控制和处理带来了困难。而ISC系统采用表面式凝汽器，凝结水与冷却水完全隔开，使水质控制变得简单。同时，ISC系统没有水轮机，系统比IMC系统简单。

ISC间接空冷系统主要由表面式凝汽器与空冷塔构成。该系统与常规的湿冷系统基本相仿，不同之处是用空冷塔代替湿冷塔，循环水采用除盐水，用密闭式循环冷却水系统代替开敞式循环冷却水系统。

在ISC间接空冷系统中，由于冷却水在温度变化时体积发生变化，故需设置膨胀水箱。如需要（尤其对钢制散热器），可以设充氮系统，膨胀水箱顶部和充氮系统连接，使膨胀水箱水面上充满一定压力的氮气，既可对冷却水容积膨胀起到补偿作用，又可避免冷却水和空气接触，保持冷却水品质不变。

在空冷塔底部设有贮水箱，并设置输送泵，可向冷却塔中的冷却器充水。

早期ISC空冷系统的冷却器由椭圆形钢管外缠绕椭圆形翅片或套嵌矩形钢翅片的管束组成。椭圆形钢管及翅片外表面进行整体热浸锌处理。冷却器水平布置在自然通风冷却塔内进风口以上。之后的ISC系统采用的散热元件型式更加灵活，铝制圆管配大翅片的散热器也被用于ISC系统，散热器竖直布置在塔外进风口处。

目前投运的ISC系统均采用自然通风方式。理论上说，ISC系统也可采用机械通风，在技术上并没有太大的难度。

与IMC相比较，ISC间接空冷系统设备少，系统更简单，有利于运行；冷却水系统与汽水系统分开，两者的水质可按各自的要求控制，冷却水量可根据季节调整。缺点是表面式凝汽器端差略大于喷射式凝汽器，因而其运行背压略高于IMC。

5. 直接空冷和间接空冷系统传热比较

直接空冷装置与间接空冷装置之间最明显的差别在于直接空冷是将乏汽送入空冷凝汽器内直接冷凝，而间接空冷是采用冷却介质间接冷却乏汽。

直接空冷装置内的汽轮机排汽直接进入空冷翅片散热器管束内与管外冷空气进行热交换，使蒸汽进行等温凝结；间接空冷系统的冷却水先进入塔内冷却器被管外空气冷却，再进入表面式或喷射式凝汽器内与汽轮机排汽进行热交换，使汽轮机排汽冷凝。实质上直接空冷装置直接与冷空气进行换热，只进行一次换热过程（直接冷却过程），间接空冷系统以水为冷却介质，冷却水先与冷空气进行热交换，冷却后的水进入凝汽器再与汽轮机排汽进行热交换，有两次换热过程（间接冷却过程）。

综上所述，间接空冷系统内包括两个传热过程（汽轮机排汽冷凝和冷却水与空气的传热过程），其总传热对数平均温差（LMTD）比ACC的小，如图5-4所示。为了达到同样的冷凝效果，如果冷却器换热性能相同，则只能增大冷却器热交换面积和/或增加冷却风量。

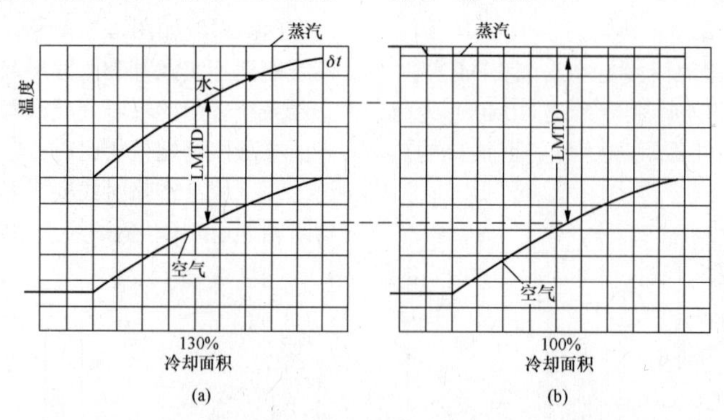

图5-4　自然通风间接空冷装置与ACC装置传热特性比较

（a）自然通风间接空冷装置；（b）ACC装置

由图5-4可以看出，ACC装置的传热温差比间接空冷装置大30%左右。在散热量和传热系数一定的条件下，相同的散热元件间接空冷装置冷却面和要增大30%左右。

三、翅片管及冷却器

（一）翅片管的基本类型

翅片管是空冷系统的核心和关键元件，又称散热器。电厂空冷系统采用的散热元件为管外带横向翅片的翅片管。辅机冷却系统或主机冷却系统在需要增效改造时，也有使用光管作为散热元件的，这种情况一般需要夏季喷水运行。

翅片管按形式、材质、加工方法以及在冷却元件中的排列分为许多种，可供电站空冷系统使用的目前主要是下述5种：

（1）铝圆管套铝共用大翅片：亦称福哥型，用于间接空冷。

（2）钢椭圆管套钢矩形单翅片：2A 型用于间接空冷系统，2B 型用于直接空冷系统。

（3）钢椭圆管绕钢翅片。

（4）钢圆管绕铝翅片：是我国空冷设计初期使用的管型，亦是目前石油化工工业采用的通用翅片管型。后期的电厂空冷系统未广泛使用。

（5）钢制扁平管钎焊铝折形翅片（简称单排管）：用于直接空冷系统。

上述五种管型的尺寸及特点见表 5-1 及图 5-5。

表 5-1　　翅片管基本特征

管型编号		1	2A	2B	3	4	5	6
管材基管/翅片		铝/铝	钢/钢	钢/钢	钢/钢	钢/铝	钢/铝	铝/铝
表面处理		氧化膜	热浸锌	热浸锌	热浸锌			钝化
加工方式		套片胀管	套片	套片	绕片	绕片	钎焊	套片胀管
基管	管　型	圆	椭圆	椭圆	椭圆	圆	扁平管	圆
	管壁厚（mm）	0.75	1.5	1.5	1.5	1.5	1.5	1
	管外径（mm）	18	36×14	100×20	36×14	25	219×19	25
	管外表面积（m^2/m）	0.0565	0.0834	0.21	0.0834	0.0785		
	管内表面积（m^2/m）	0.0518	0.07	0.20	0.07	0.0691		
	管内截面面积（cm^2）	2.14	2.83	12.95	2.83	3.80		
翅片	片　型	大矩形	单矩形	单矩形	椭圆	圆	折片形	大矩形
	片厚（mm）	0.33	0.35	0.6	0.4	0.3	0.3	0.3
	片距（mm）	2.88	2.5	2.5/4	2.5	2.3	2.31	3.3
	片尺寸（mm）	600×150	26×55	119×49	10	16	200×19	960×136

注　表中所列参数各制造厂略有不同，且同一制造厂针对不同的工程项目其翅片管参数也会进行调整，工程中应根据实际情况确定。

目前投运的电厂空冷系统中，直接空冷采用最多的是钢制扁平管钎焊铝折形翅片，间接空冷采用最多的是铝圆管套铝共用大翅片。随着冷却技术的发展，出现了新的翅片管或改良的翅片管，如六排管的铝圆管套铝共用大翅片、钢制多通道扁平管钎焊铝折形翅片等。

（二）翅片管的基本特点

由上述资料可看出大型空冷系统多趋向于采用椭圆形翅片管，其优点是：

（1）与同样截面的圆管相比，其水力半径小，因而管内传热系数大。

（2）由于在管子后面形成的涡流小，因此管外气流压降可减小约 30%。

（3）与同样横截面的圆管相比，其表面积约大 15%，因此，在相同流速下管外传热系数可提高约 25%。

（4）翅片效率高，在同样的条件下，圆管的翅片效率为 74%，而椭圆管为 82%。

（5）椭圆翅片管采用短边迎风，迎风面积较小，因而设计紧凑，占地面积仅为圆管的 80%。

但是椭圆形翅片管也有其不足之处，主要是管束的维护检修比较困难，管束的造价较高，管束承受压力较低。

近年来采用较多的扁平管钢管钎焊铝翅片（亦称单排管），其基管长轴为椭圆管的 1 倍多。在直接空冷系统中采用单排管，防冻性能较好，蒸汽通过性能好，空气侧阻力亦较低。

翅片管的几何参数包括管径、壁厚、翅高、翅厚、翅片间距及翅化比等，这些参数对翅片管的传热、空气阻力及造价均有直接影响。由于这些参数互相关联和制约，各厂商对产品都进行了研究，提出了各种设计条件下的优化几何参数，设计单位主要是合理选用产品。

（三）翅片管空气侧的抗腐蚀性能

冷却元件的使用寿命主要取决于翅片管空气侧的抗腐蚀性能，而翅片管型与材质的选择又与空冷系统的选择密切相关。各生产厂商对其推荐的材质和防腐处理方法各自进行了许多抗腐蚀试验，都各自强调其优点。西德大电站主技术协会（VGB）1977～1983 年进行了历时 50000h 的 6 种冷却元件空气侧的抗腐蚀试验。试样由 5 个厂商提供包括如表 5-1 所列的 4 种翅片管型的 6 种试样。

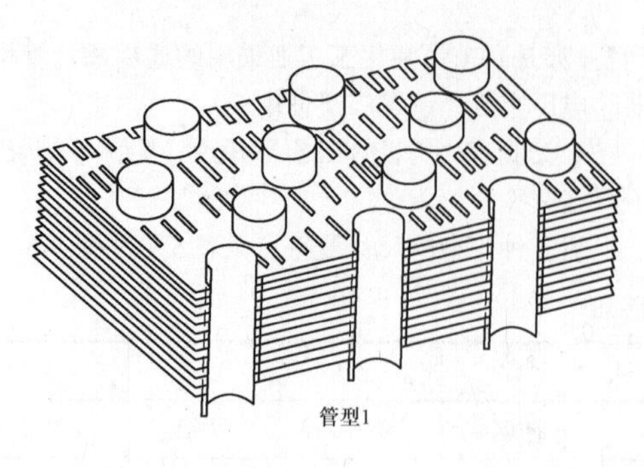

管型1

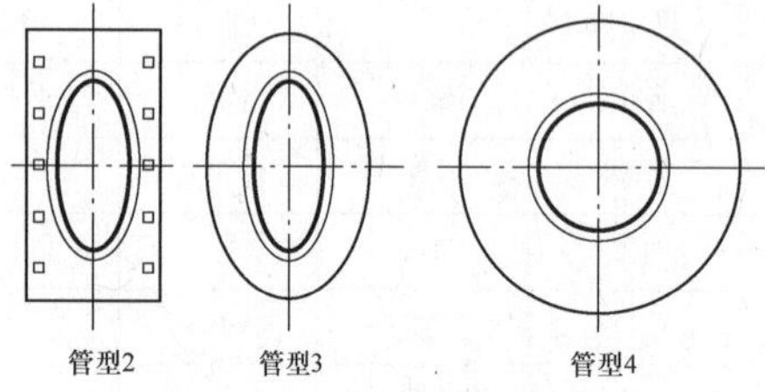

管型2　　管型3　　管型4

管型5

管型6

图 5-5　翅片管管型类别

6 种试样同时在 3 个电厂进行风洞试验，或在空冷却塔中做放置试验。在风洞试验中，采用提高风速（3～5m/s）和在每立方米空气中注入约 2mg SO_2 气体的方法以加强空气的腐蚀条件，1985 年提出最终报告，主要内容为：

（1）在加强腐蚀条件的风洞中试验，试验总的腐蚀情况见表 5-2，表中的管型编号同表 5-1。

表 5-2　　风洞腐蚀试验结果

管型编号	腐蚀形式	最大腐蚀深度（mm）	腐蚀率（μm/年）
1	环氧涂层不完善处点蚀	0.3	—
2A、3	锌涂层层蚀、基材阴极保护	0.035	5～10
4	点蚀	0.3	—

（2）用铝、锌、铁及铜的线材放置在不同的环境中进行腐蚀率的试验，其结果见表 5-3。

表 5-3　　纯金属线材的腐蚀率

放置地点	腐蚀率（μm/年）			
	铝	锌	铁	铜
户　外	0.9	5.5	101	4.9
有屋顶遮盖	5.2	3.8	103	4.2
试验风洞，加 SO_2 前	5.7	4.0	75	6.8
试验风洞，加 SO_2 后	17	52	142	13
试验风洞，冷却元件后	0.2	1.1	9	0.3

从表 5-3 可以看出，加 SO_2 后的腐蚀率最大，冷却元件本身的腐蚀率比放置在其后的线材要小得多，这是因为试验中冷却元件是模拟加热的。

（3）在试验期终了时管型 2A 及 3 的纯锌层部分或全部受到破坏，但留下的铁锌合金层仍给基材以完全的腐蚀保护。局部锌镀层受到损坏时，对基材的阴极保护作用没有受到影响。由试验结果表明，由 SO_2 引起腐蚀的空冷塔的冷却元件采用管型 2 和 3 时使用寿命可望达到 40 年。

（4）没有保护层的铝质冷却元件，其抗腐蚀性能最差，这主要是由点蚀所致。有保护层的铝质冷却元件的使用寿命可以达到期望的要求。

（四）冷却器

冷却器（也称冷却单元或冷却三角）是空冷系统的核心部件。对机械通风直接空冷系统，冷却器由若干管束和一套风机组成，称为冷却单元。对于自然通风间接空冷系统，冷却器由若干管束和一套百叶窗组成，称为冷却三角。本节对铝制圆管配铝制大翅片的冷却器进行介绍。

1. 翅片管

典型的 IMC 系统冷却器是由福哥型翅片管组成，其特点是基管及翅片均由纯铝（99.5%）制成，在许多基管上配以大面积的板式翅片替代通用的每根基管配置翅片的做法。在板式翅片管上采用扰流结构，以减小附面层的厚度。基管和翅片是在冷态通过胀管予以接合。图 5-6 为冷却器翅片管结构图。

2. 管束

管束由翅片管和管板等配件组成。典型的福哥冷却器管束长 4840mm、宽 599mm、厚 150mm，每组管束由 60 根长 4840mm、规格为 ϕ17.75mm×0.75mm 的圆铝管和 1666 片大板翅片及 5 块加强板组成，见图 5-7。

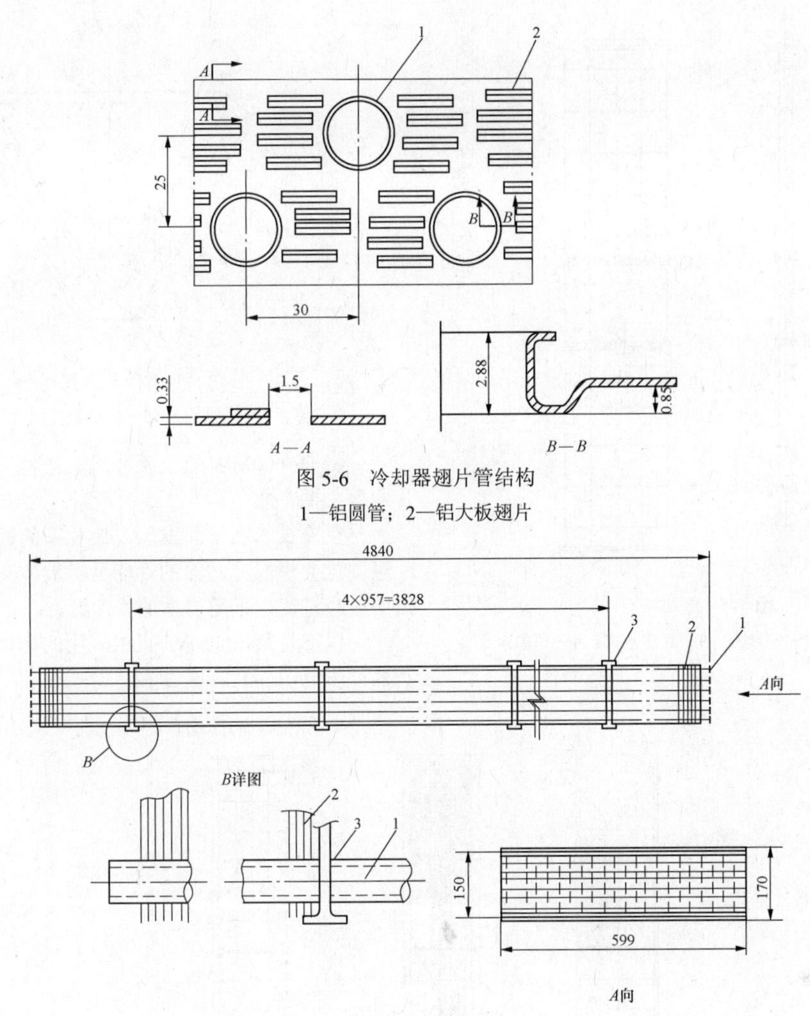

图 5-6　冷却器翅片管结构

1—铝圆管；2—铝大板翅片

图 5-7　冷却管束

1—冷却管；2—翅片；3—加强板

3. 冷却元件

如图 5-8 所示，4 组冷却管束由两管板并联构成一个冷却元件。每个冷却元件宽 2404mm，厚 150mm。铝合金管板厚 18mm，上面留有管孔及螺栓孔。冷却元件是冷却器的最基本单元，它可组成不同长度的冷却柱。

4. 冷却柱

如图 5-9 所示，冷却柱在 IMC 系统中垂直布置。每个冷却柱可由 1～4 组冷却元件串联组成，两个冷却元件的管板用螺栓连接固定。冷却柱上、下端分别和顶部水室及底部水室相连，底部水室设有进水口与出水口，中间设有隔板使水流进入一半（3 排）管子，到顶部水室后折回到另三排管形成双流程。顶部水室有排气口，以便连接立管排放空气。冷却柱标准长度为 5、10、15m 及 20m 四种。

5. 冷却器

如图 5-10 所示，在一个夹角为 60° 的三角形钢构架的两边固定两个冷却柱，第三边为空气通道，其上设置控制空气流量的百叶窗即构成冷却器。冷却器是安装的基本单元。

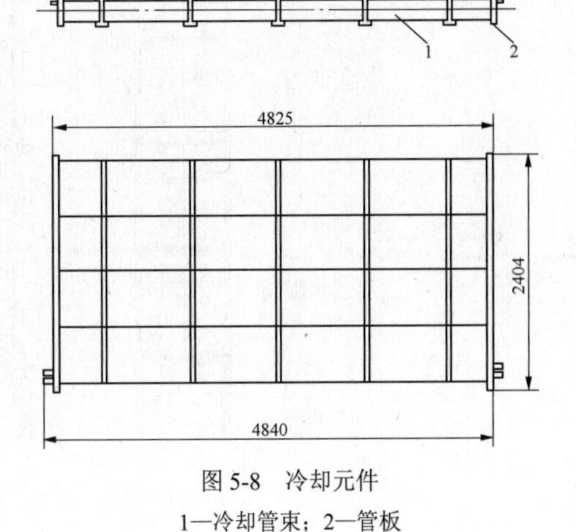

图 5-8　冷却元件

1—冷却管束；2—管板

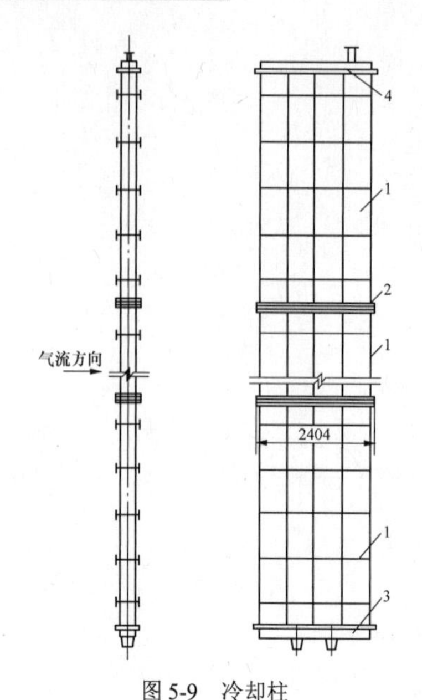

图 5-9　冷却柱

1—冷却元件；2—连接板；3—底部水库；4—顶部水室

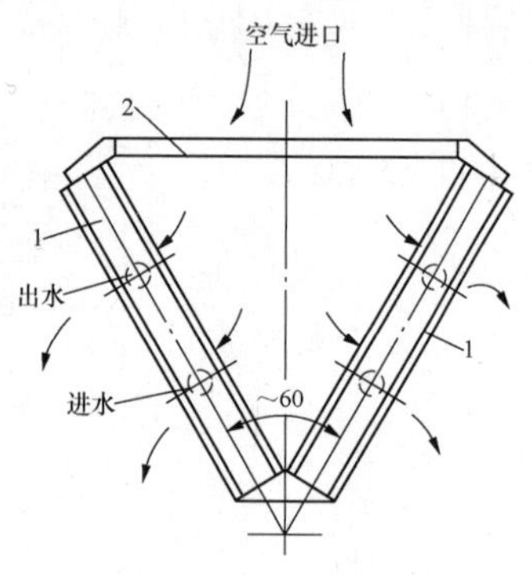

图 5-10　冷却器顶视图

1—冷却柱；2—百叶窗空气通道

6. 某 600MW 机组混合式凝汽器间接空冷系统冷却器主要参数

空冷技术在不断发展，翅片管的性能也在持续改进，这会引起冷却器的性能及参数的变化，实际工程中应经过比选采用合适的冷却器。

以下是某 600MW 机组采用的冷却器参数，冷却器外形见图 5-11、图 5-12。

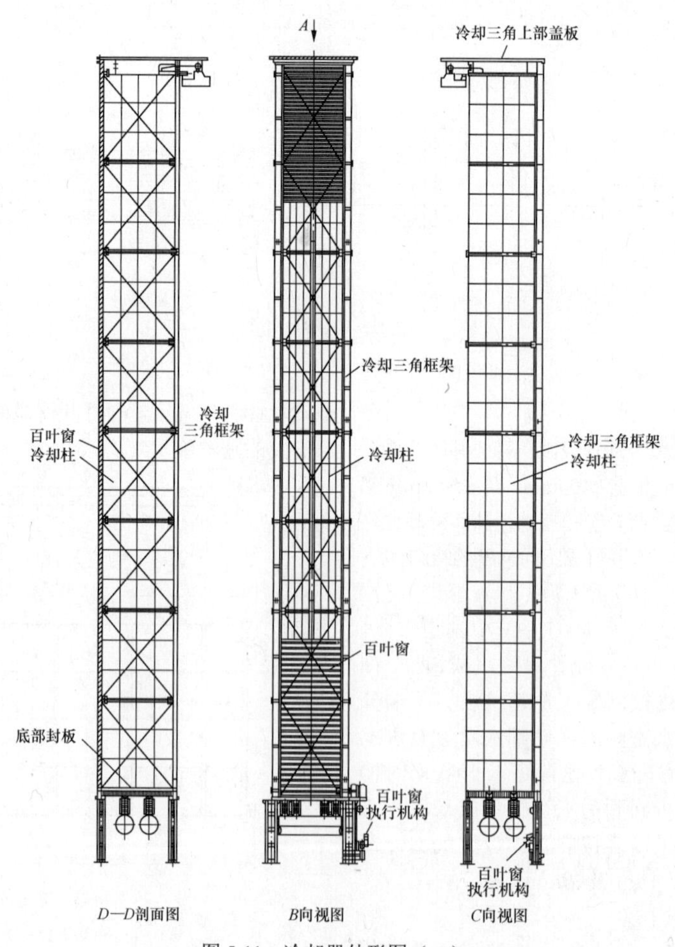

图 5-11　冷却器外形图（一）

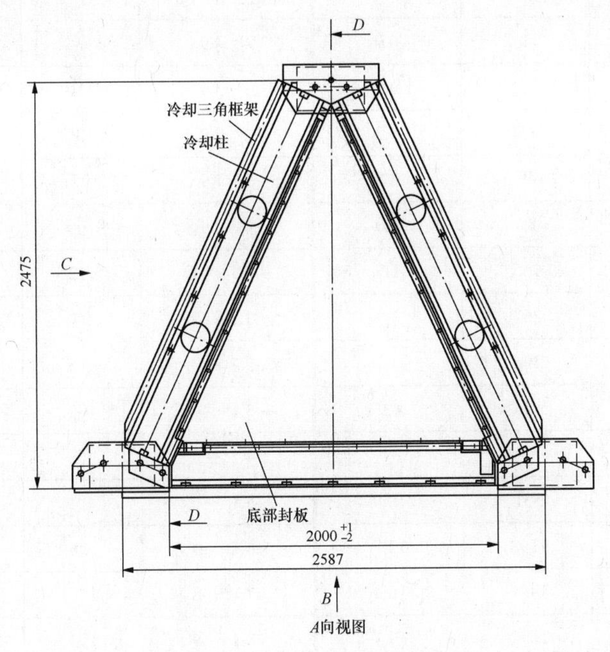

图 5-12　冷却器外形图（二）

（1）翅片间距：3.1mm。

（2）翅片厚度：0.3mm。

（3）管道外部直径：18.6mm。

（4）管壁厚度：0.75mm。

（5）气流方向的管排数：6 排。

（6）冷却元件标准尺寸（长度×宽度×厚度）：6m×2.4m×0.15m。

（7）4 个冷却元件组装到一起，两端设有联箱，形成 24m 长的冷却三角。

四、气象条件

（一）空气干球温度

1. 概述

湿式冷却系统一般采用月平均或季平均气象条件计算月平均或季平均冷却水温。水温的控制条件主要是大气湿球温度。湿球温度的日变化比干球温度的日变化小得多，这是因为干球温度随太阳辐射而升高时，大气中的水分不能随之变化而使相对湿度下降，因而湿球温度上升较干球温度缓慢。

干球温度的日变化及月变化都较大，所以空冷系统要采用小时平均干球温度来进行热力计算和经济比较，其结果比较接近实际。

2. 统计方法

（1）典型年的概念。所称典型年，是指该年平均干球温度最接近该地区多年平均干球温度的年份。典型年的干球温度代表了机组运行年限内的小时平均干球温度，是设计空冷系统时的气象依据。取典型年的干球温度统计各温度段的全年历时小时数进行空冷系统计算，这一方法在选定典型年后，只需一年的逐时干球小时历时资料，工作较简单。

（2）典型年的选取。从当地的气象资料中求出多年（一般为近期 10 年）的年平均气温，然后再求出最近 5 年内各年按小时气温统计的算术年平均值，将该算术年平均值逐一与多年年平均气温比较，其中与多年年平均气温最相近的一年被认为是典型年。

例如，某厂址处近 10 年的年平均气温为 20.1℃，2001～2005 年按小时气温统计的干球温度算术年平均值为 16、17、19、20、22℃，其中 20℃与 20.1℃最接近，则 2004 年即为典型年。

表 5-4 为某厂址用这种方法统计的资料。

表 5-4　　某厂址典型年逐时干球温度累积频率

温度区间（℃）	小时数（个）	累积数（个）	累积频率（%）	温度区间（℃）	小时数（个）	累积数（个）	累积频率（%）
38～38.9	1	1	0.0	4～4.9	134	5428	62.0
37～37.9	5	6	0.1	3～3.9	116	5544	63.3
36～36.9	9	15	0.2	2～2.9	105	5649	64.5
35～35.9	25	40	0.5	1～1.9	97	5746	65.6
34～34.9	47	87	1.0	0～0.9	109	5855	66.8
33～33.9	78	165	1.9	−0.1～−1	112	5967	68.1
32～32.9	92	257	2.9	−1.1～−2	97	6064	69.2
31～31.9	139	396	4.5	−2.1～−3	115	6179	70.5
30～30.9	147	543	6.2	−3.1～−4	109	6288	71.8
29～29.9	185	728	8.3	−4.1～−5	97	6385	72.9
28～28.9	223	951	10.9	−5.1～−6	85	6469	73.8
27～27.9	247	1198	13.7	−6.1～−7	126	6595	75.3
26～26.9	243	1441	16.4	−7.1～−8	126	6721	76.7
25～25.9	230	1671	19.1	−8.1～−9	173	6894	78.7
24～24.9	234	1905	21.7	−9.1～−10	188	7082	80.8
23～23.9	258	2163	24.7	−10.1～−11	189	7271	83.0
22～22.9	247	2410	27.5	−11.1～−12	175	7446	85.0
21～21.9	262	2672	30.5	−12.1～−13	145	7591	86.7
20～20.9	212	2884	32.9	−13.1～−14	181	7772	88.7
19～19.9	215	3099	35.4	−14.1～−15	148	7920	90.4
18～18.9	201	3300	37.7	−15.1～−16	154	8074	92.2
17～17.9	164	3464	39.5	−16.1～−17	150	8224	93.9
16～16.9	176	3640	41.6	−17.1～−18	99	8323	95.0
15～15.9	163	3803	43.4	−18.1～−19	101	8424	96.2
14～14.9	176	3979	45.4	−19.1～−20	86	8510	97.1
13～13.9	156	4135	47.2	−20.1～−21	91	8601	98.2
12～12.9	186	4321	49.3	−21.1～−22	67	8668	98.9
11～11.9	176	4497	51.3	−22.1～−23	57	8725	99.6
10～10.9	151	4648	53.1	−23.1～−24	25	8750	99.9
9～9.9	128	4776	54.5	−24.1～−25	2	8752	99.9
8～8.9	122	4898	55.9	−25.1～−26	5	8757	100.0
7～7.9	144	5042	57.6	−26.1～−27	2	8759	100.0
6～6.9	143	5185	59.2	−27.1～−28	1	8760	100.0
5～5.9	109	5294	60.4				

图 5-13 所示为某厂址逐时干球温度累计频率。

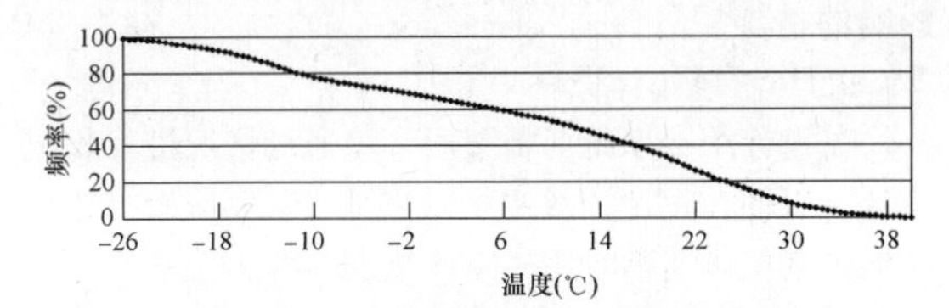

图 5-13　厂址典型年逐时干球温度累计频率

（3）结合电厂预期的机组运行率及负荷率进行统计。这一方法可用于不同目的的计算和优化比较，结果较为精确。表 5-5 中所列为某厂址用这种方法统计的资料。

表 5-5　某厂址干球温度出现小时数及机组运行小时数和利用小时数

空气温度（区段，℃）	出现小时数（h）	机组运行率(%)	运行小时数（出现小时数×运行率，h）	平均负荷率(%)	利用小时数（运行小时数×负荷率，h）
−28	5	97	5	75	4
−26	13	97	13	75	10
−24	26	97	25	75	19
−22	43	97	42	75	32
−20	85	97	83	75	62
−18	122	97	119	75	89
−16	168	97	164	75	123
−14	197	97	192	75	144
−12	311	97	302	75	226
−10	347	97	338	75	253
−8	379	97	369	75	277
−6	444	97	432	75	324
−4	445	97	433	75	325
−2	386	97	375	75	281
0	347	97	338	75	253
2	320	97	312	75	234
4	265	97	258	75	194
6	280	78	218	85	185
8	305	78	238	85	202
10	317	78	247	85	210
12	361	78	282	85	241
14	392	78	306	85	261
16	451	78	352	85	300
18	480	78	374	85	319
20	490	78	383	85	327

续表

空气温度（区段，℃）	出现小时数（h）	机组运行率(%)	运行小时数（出现小时数×运行率，h）	平均负荷率(%)	利用小时数（运行小时数×负荷率，h）
22	462	78	337	85	286
24	392	78	287	85	244
26	337	78	246	85	209
28	271	78	198	85	168
30	176	78	128	85	109
32	98	78	72	85	61
34	39	78	28	85	24
36	6	78	4	85	4
全年累计	8760		7500		6000

典型年干球温度的间隔为 1～2℃，一般取 1℃。表 5-4 中干球温度的间隔为 1℃，表 5-5 中干球温度的间隔为 2℃。

3. 气象设计参数

（1）空冷系统的设计气温。空冷系统设计气温的确定，应使全年尽量多的时段运行在汽轮机的高效段。低于阻塞背压对应的气温是无效的；同时，考虑空冷系统防冻的要求，空冷系统设计气温规定为：根据典型年干球温度统计，按 5℃以上年加权平均法（5℃以下按 5℃计算）计算设计气温并向上取整。

（2）夏季设计气温。夏季设计气温是指汽轮机满发背压条件下对应的干球气温值。夏季计算气温应根据发电机组夏季电力负荷需求和特点合理确定，可选取典型年小时干球温度由高至低累计不大于 200h 对应的环境气温。

（二）环境风

1. 环境风对空冷系统的影响

环境风对空冷系统的影响远大于湿冷系统。空冷系统运行在有风的环境下，环境风会对空冷系统的冷却效率产生不利影响。当环境风速很大和风向不利时，可能会使空冷系统的冷却效率急剧下降，汽轮机背压大幅升高，严重时会引起汽轮机跳机。在实际工程中，因为环境风的影响而引起汽轮机跳机的情况已发生过多起，因而在设计空冷系统时应高度重视环境风的影响。

设计空冷系统时，除了需要常规气象资料外，还需要风速和风向的资料，通常收集近 10 年的资料进行分析，得出全年和各季节（或各月）的风速风向统计表和风玫瑰图。

一般来说，机械通风的直接空冷系统（ACC）

受环境风的影响比自然通风的间接空冷系统更大一些，在全年大风较多的地区设计空冷系统，要对环境风对冷却系统的影响进行认真分析，必要时应采取适当的措施，以保证机组安全运行。尤其是对机械通风的直接空冷系统，当环境风速高或空冷平台布置方向不利时，宜进行数值模拟计算，估算环境风对空冷系统的影响程度，以及确定可采用的降低影响的措施。

2. 环境风统计资料

在设计空冷系统前需要对环境风的情况进行收集统计，以便在设计计算中予以修正或采取应对措施。某地区某年风速小时历时统计见表5-6。

表5-6　某地区某年风速小时历时统计　(h)

月　份		1	2	3	4	5	6	7	8	9	10	11	12	合计	从高累计
风速（m/s）	≤2	434	375	285	306	304	315	336	386	370	377	380	377	4245	8760
	2～3	185	139	105	161	152	134	167	177	143	133	152	146	1794	4515
	3～4	65	75	81	92	80	99	125	89	94	74	65	101	1040	2721
	4～5	34	37	65	57	72	76	68	51	49	51	40	62	662	1681
	5～6	13	19	54	37	49	40	31	19	30	40	24	31	390	1019
	6～7	6	17	46	24	28	27	10	14	19	32	21	13	260	629
	7～8	4	6	41	20	22	15	4	6	8	13	17	8	164	369
	8～9	2	2	25	13	9	7	0	2	2	12	7	5	86	205
	9～10	0	2	20	6	11	4	0	0	3	10	7	0	63	119
	≥10	1	0	22	1	17	3	0	0	2	2	4	1	56	65

表5-6是某地区某年风速小时历时统计，在需要对环境风的影响进行详细分析时采用。对工程设计而言，一般采用最大月平均风速作为设计依据。

某地区基本气象要素统计见表5-7。

表5-7　某地区基本气象要素统计

项目	单位	数值	发生日期
平均气压	hPa	889.8	
极端最高气压	hPa	915.4	1975年11月22日
极端最低气压	hPa	867.1	1996年3月15日
平均气温	℃	8.8	
最热月平均气温	℃	23.6	
最冷月平均气温	℃	–8.1	
极端最高气温	℃	41.4	1953年7月8日
极端最低气温	℃	–28.0	1954年12月28日
平均相对湿度	%	57	
年平均降水量	mm	203.4	
年平均蒸发量	mm	1774.4	
年最大蒸发量	mm	2055.4	1972年
年最小蒸发量	mm	1508.8	1988年
平均风速	m/s	2.5	
最大风速	m/s	21.0（NW）	1993年4月23日

续表

项目	单位	数值	发生日期
极大风速	m/s	27.7	1993年5月6日
最大积雪深度	cm	13	1963年4月5日
最大冻土深度	cm	109	1968年3月
平均雷暴日数	d	15.8	
最多雷暴日数	d	30	
平均沙暴日数	d	6.8	
最多沙暴日数	d	50	
平均大风日数	d	12.1	
最多大风日数	d	80	

某地区逐月气象要素统计见表5-8。

表5-8　某地区逐月气象要素统计

月份	平均温度（℃）	平均相对湿度（%）	平均气压（hPa）	平均风速（m/s）
1	–8.1	54	894.4	2.7
2	–4.2	50	892.4	2.7
3	3.3	50	889.9	2.9
4	11.0	45	887.4	3.0
5	17.3	46	885.7	2.8

续表

月份	平均温度（℃）	平均相对湿度（%）	平均气压（hPa）	平均风速（m/s）
6	21.6	52	883.1	2.5
7	23.6	62	881.2	2.4
8	21.9	68	884.3	2.2
9	16.1	67	889.7	1.9
10	9.2	64	894.0	2.1
11	1.2	62	895.9	2.7
12	-6.0	60	895.4	2.7

3. 设计风速

空冷系统横向风的设计风速应根据电厂所在地的气象资料确定。对于直接空冷系统，不宜小于最大月平均风速换算到蒸汽分配管上部 1m 标高处的风速；对于间接空冷系统，不宜小于 10m 标高处最大月平均风速。

（三）工程设计中需要收集的气象资料

冷却系统的设计与气象资料密切相关，与湿冷系统相比，空冷系统受环境气象条件的影响更大。设计空冷系统时需要收集相关气象资料，主要是厂址地区温度和环境风的情况。

根据设计阶段、当地气候条件以及项目的重要程度来决定收集气象资料的内容。除常规的气象资料外，设计空冷系统需要收集的气象资料内容如下。

1. 夏季及全年平均风速资料

厂址处不同高度历年最热 3 个月及全年各风向的平均风速、频率及风玫瑰图。高度的选取一般为 10m，如有必要，可以在进风口高度范围内再增加一个或多个高度值；对直接空冷系统，还需要配汽管上方 1m 高度的风速资料。

2. 高温大风资料

（1）厂址处不同高度气温高于某一设定值（一般取 26℃）、风速大于某些设定值（如 3、4、6、8m/s）时，各风向的平均风速、风频及风玫瑰图。高度的确定参见上条，以下各条相同。

（2）厂址处不同高度最大几次风对应的干球温度值。

3. 大风累计小时数

（1）厂址处多年（5～10 年）平均风速大于某些特定值（如 8、12、16、20m/s）的累计小时数统计。

（2）厂址处不同高度实测风速大于某些特定值（如 8、12、16、20m/s）的累计小时数统计。

4. 逐时干球温度

最近 5～10 年逐时干球温度统计资料。

5. 逆温情况

厂址处逆温情况分析。

选取的气象站，其气象资料应能够代表厂址处的情况；当选取的气象站代表性较差时，需要在厂址设临时气象观测站，观测一个完整年的 10m 及拟建的空冷凝汽器分配管高度气温、风向、风速、大气压力、相对湿度等观测资料。同时，同步观测当地气象站的气象资料，并将两者进行相关性分析，对风速、风向、气温等要素进行修正，以得出合理的气象资料。

6. 工程示例

气象资料的收集内容根据工程实际需要确定，对以上内容可以进行适当简化，如某工程项目的气象资料收集内容如下：

（1）最近 5 年典型年逐时干球气温。

（2）典型年风速大于 3m/s 的风向频率统计及风玫瑰图。

（3）典型年夏季最热 3 个月风速大于 3m/s 的风向频率统计及风玫瑰图。

（4）典型年风速大于 3m/s 的各月发生小时数统计。

（5）最近 10 年风速不小于 4m/s、气温不低于 26℃的风向频率统计（另附风玫瑰图）及发生小时数、次数及对应的干球温度。

（6）历年夏季逐月各风向频率统计。

（7）最近 5 年，每年夏季最大 5 次风的风速、风向和发生小时数、次数及对应的干球温度。

（8）夏季距离地面 10、30m 及 50m 高处的平均风速。

（9）连续 5 年夏季（3 个月）小时气温频率曲线。

（10）夏季最热月平均风速、大气压力。

（11）厂址逆温层分析（包含 150、200m 高度）。

五、环境因素对空冷系统的影响

（一）影响因素及数值模拟计算

对空冷系统影响较大的环境因素主要有空气干球温度、环境风速和风向。不利的环境条件会影响空冷系统的安全性和运行效率。试验研究表明，环境因素对采用空冷平台（机械通风）和采用空冷塔（自然通风）两种布置方式的影响各不相同，且对采用空冷平台的布置方式影响更大。

不利的环境因素首先会影响空冷系统的运行效率，使空冷系统的出力达不到设计值。对机械通风直接空冷系统，其设计保证条件一般是配汽管以上 1m 位置的环境风速不超过 3.0m/s，当风速超过 3.0m/s 时其出力得不到保证。

环境因素对空冷系统安全性的影响主要包括两个

方面：一是夏季高温时段，由于环境风速瞬时大幅增大，从而导致汽轮机背压大幅升高，超过“跳机”背压；二是在冬季低温条件下凝结水或冷却水温度过低而使空冷散热器结冻。

为了研究环境因素对空冷系统的影响，各相关单位进行了大量的试验研究工作，早期应用了物理模型试验（风洞试验），以后基本都采用了数值模拟。通过与物理模型试验以及与现场实际运行数据的比对，数值模拟越来越成熟，其结果基本能反映实际情况。考虑到成本及时间的因素，数值模拟被广泛采用来模拟环境因素对空冷系统的影响。

（二）环境因素对机械通风直接空冷系统的影响

直接空冷系统受不同风向和不同风速的影响比较敏感，特别是风速超过 3.0m/s 以上时，对空冷系统的散热效果就有明显的影响。当一定速度和方向的环境风吹向平台散热器时，会出现热风再回流，经过换热后的热空气上升气流被大风压至平台以下，这样的热风又重新被风机吸入，形成热风再循环，同时环境风速较大时会对风机运行产生不利影响，降低风机效率。在空冷平台四周设置挡风墙可以有效降低环境风的不利影响，挡风墙高度通常与配汽管顶部平齐。

环境因素对直接空冷系统的影响以及采取的措施可以通过数值模拟计算来评估，应用流体和热交换模拟的软件可以模拟各种布置情况、各种工况、各种环境因素下空冷系统的运行情况，从而为设计和运行提供参考数据。

以下是某 2×660MW 机组直接空冷系统的数值模拟计算情况。数值模拟计算结果与环境条件、设计参数、布置情况等都有关系，以下的数值模拟计算结果仅代表本示例设定的外部条件下的结果，且只是一部分计算结果，供参考。

1. 数值模拟计算模型

直接空冷系统以 8 个×8 个冷却单元布置的模型见图 5-14。

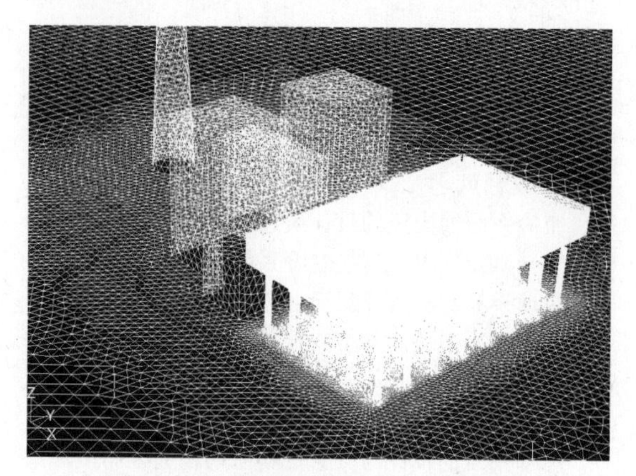

图 5-14　直接空冷系统 8×8 单元布置模型

2. 冷却单元各区域的命名及风向关系

冷却单元各区域的命名及空冷平台布置方位与风向的关系见图 5-15。

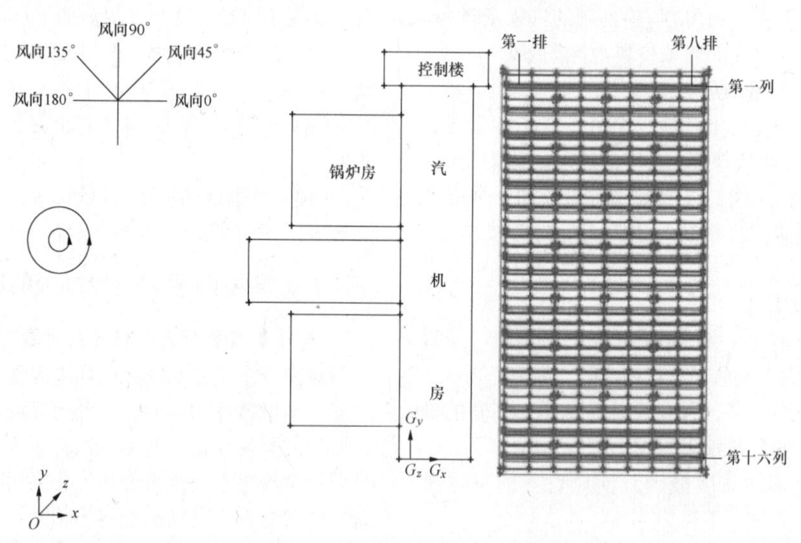

图 5-15　直接空冷单元各区域的命名及空冷平台布置方位与风向的关系

3. 风向对直接空冷系统的影响

图 5-16～图 5-21、表 5-9 所示为不同方向来风对直接空冷系统各冷却单元的风机风量、冷却单元温升、冷却效率的影响程度。设定的条件为：风机风量一定，环境温度 16℃，10m 高度上风速为 6m/s，风向依次分别为 0°、45°、90°、135°、180°。

其他风速下的影响规律与此相似。

（1）不同风向下各冷却单元风机风量分布见图 5-16。

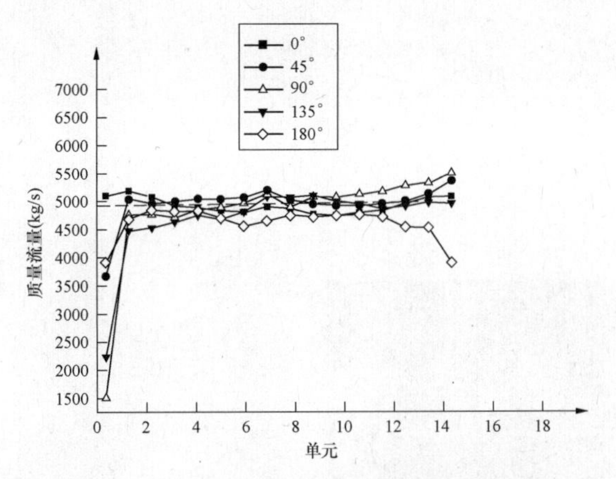

图 5-16　不同风向下各冷却单元风机风量分布图

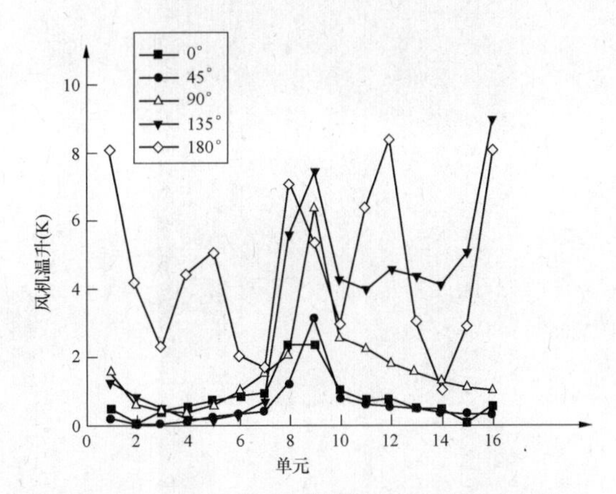

图 5-17　不同风向下各冷却单元风机温升分布图

（2）不同风向下各冷却单元风机温升分布见图 5-17。

（3）不同风向下空冷平台的效率和背压见表 5-9。

表 5-9　　　　不同风向角下空冷平台的效率和背压

项目名称	0°角	45°角	90°角	135°角	180°角
平台 1 效率（%）	105.02	106.46	95.55	94.70	89.52
平台 2 效率（%）	104.78	108.06	105.58	93.47	88.96
平均效率（%）	104.90	107.26	100.57	94.09	89.24
平台 1 背压（kPa）	11.96	11.81	13.43	13.70	15.33
平台 2 背压（kPa）	11.98	11.76	12.26	14.88	15.56
平均背压（kPa）	11.97	11.79	12.85	14.29	15.45
平台 1 风量（m^3/s）	559.59	549.63	500.78	495.59	521.53
平台 2 风量（m^3/s）	558.73	566.37	591.59	569.10	524.13

注　由于数模计算采用的基准与设计基准不一致，表中数据只看相对关系。

（4）不同风向下风机入口温度云图见图 5-18。

（5）不同风向下风机出口压力云图见图 5-19。

（6）不同风向下风机出口温度云图见图 5-20。

（7）不同风向下冷却单元第 1 列中心截面温度图见图 5-21。

4. 风速对直接空冷系统的影响

图 5-22、图 5-23 及表 5-10 所示为设计温度下，固定一个风向角时，不同风速对空冷系统各单元通风量、温度及冷却效率的影响。设定的计算条件：环境温度为 16℃，风向角为 0°，10m 高度上风速依次为 6、10、12、15、25m/s。

（1）不同风速下各冷却单元风机风量分布见图 5-22。

从图 5-22 可以看出，各列的风量随着环境风速的增加而降低，在环境风速达到 15m/s 后，风机的风量不再降低，甚至有增加的趋势，局部地方由于环境风速的增加、入口风压提高而使得风机的风量大幅度增加。这种状况是在假设迎风面上风机还能够运行的条件下才出现，实际上迎风面上部分风机在该风速下已经不能正常运行。因此，当风速高到一定程度时，图中的风机风量已不能代表实际情况。

（2）不同风向下各冷却单元温升分布见图 5-23。

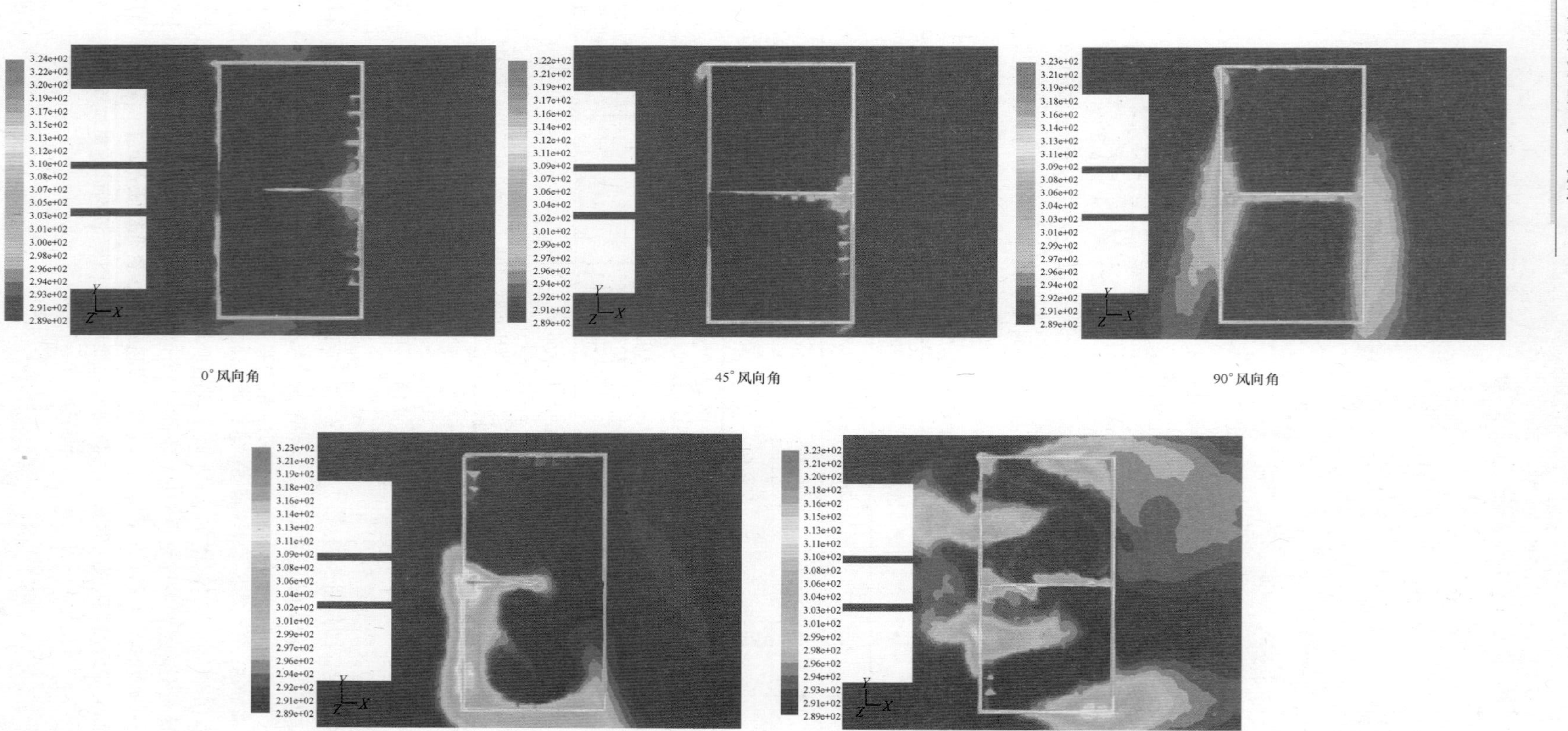

图 5-18　不同风向下风机入口温度云图

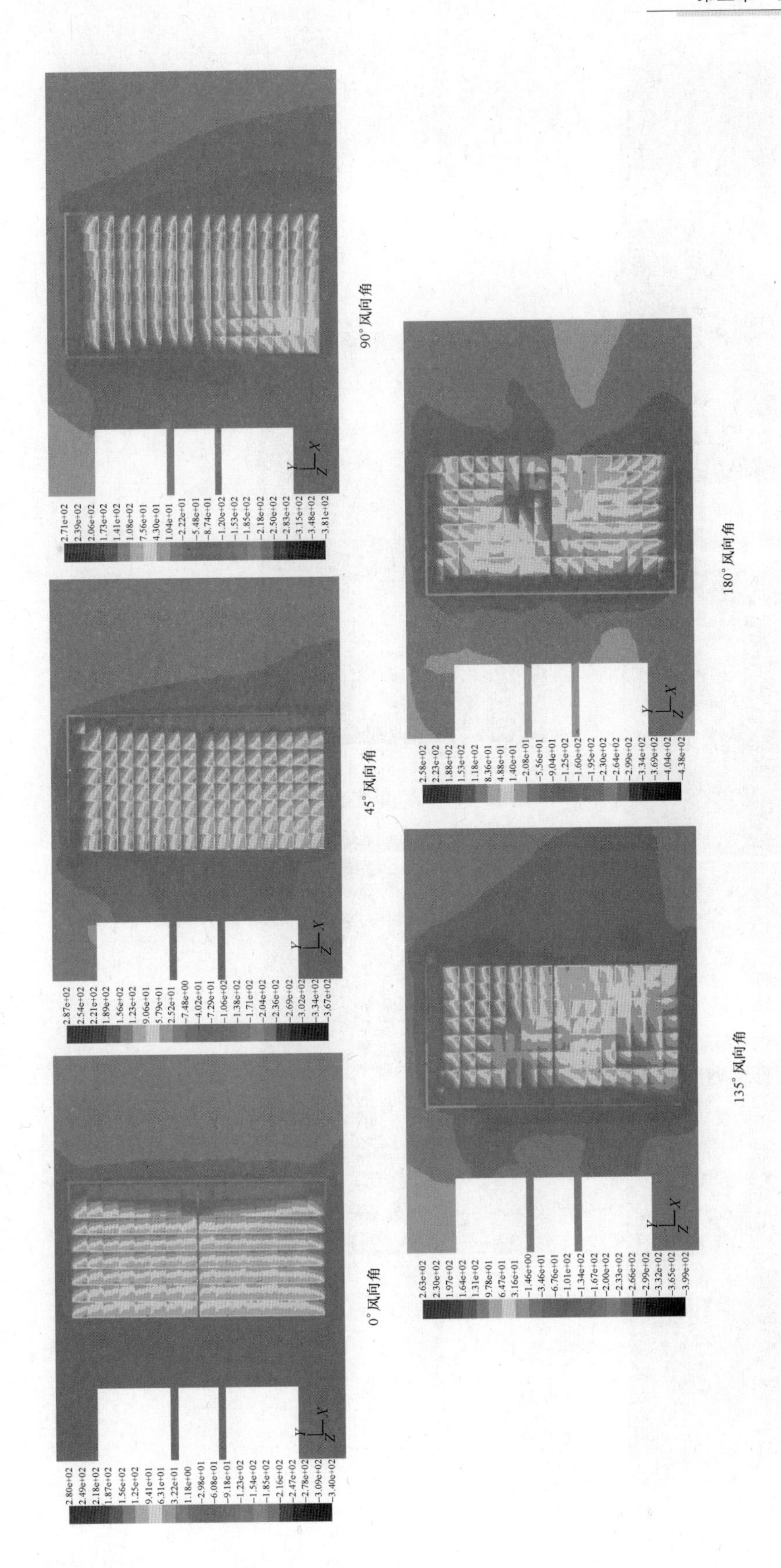

图 5-19 不同风向下风机出口面压力云图

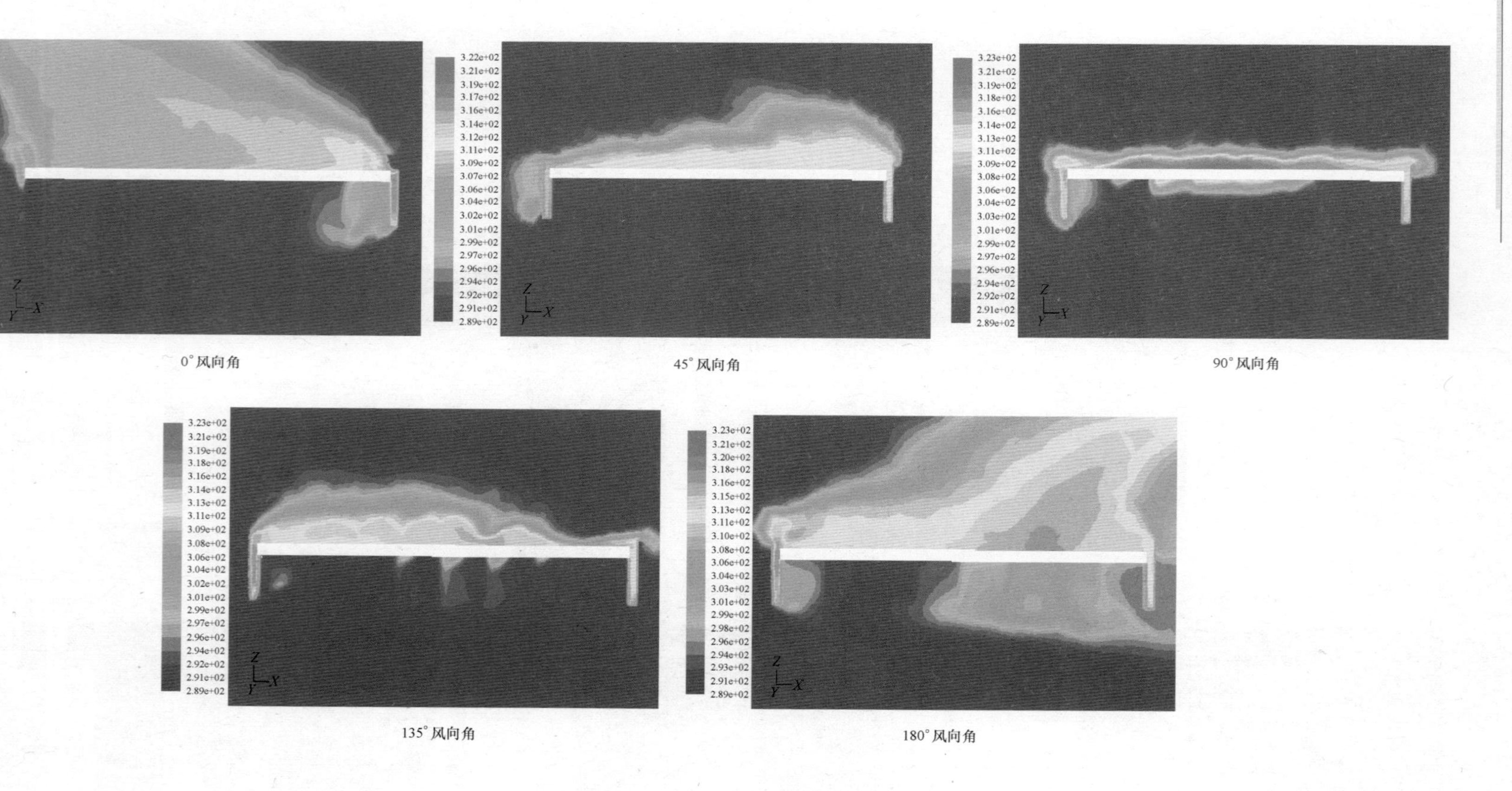

图 5-20　不同风向下风机出口面温度云图

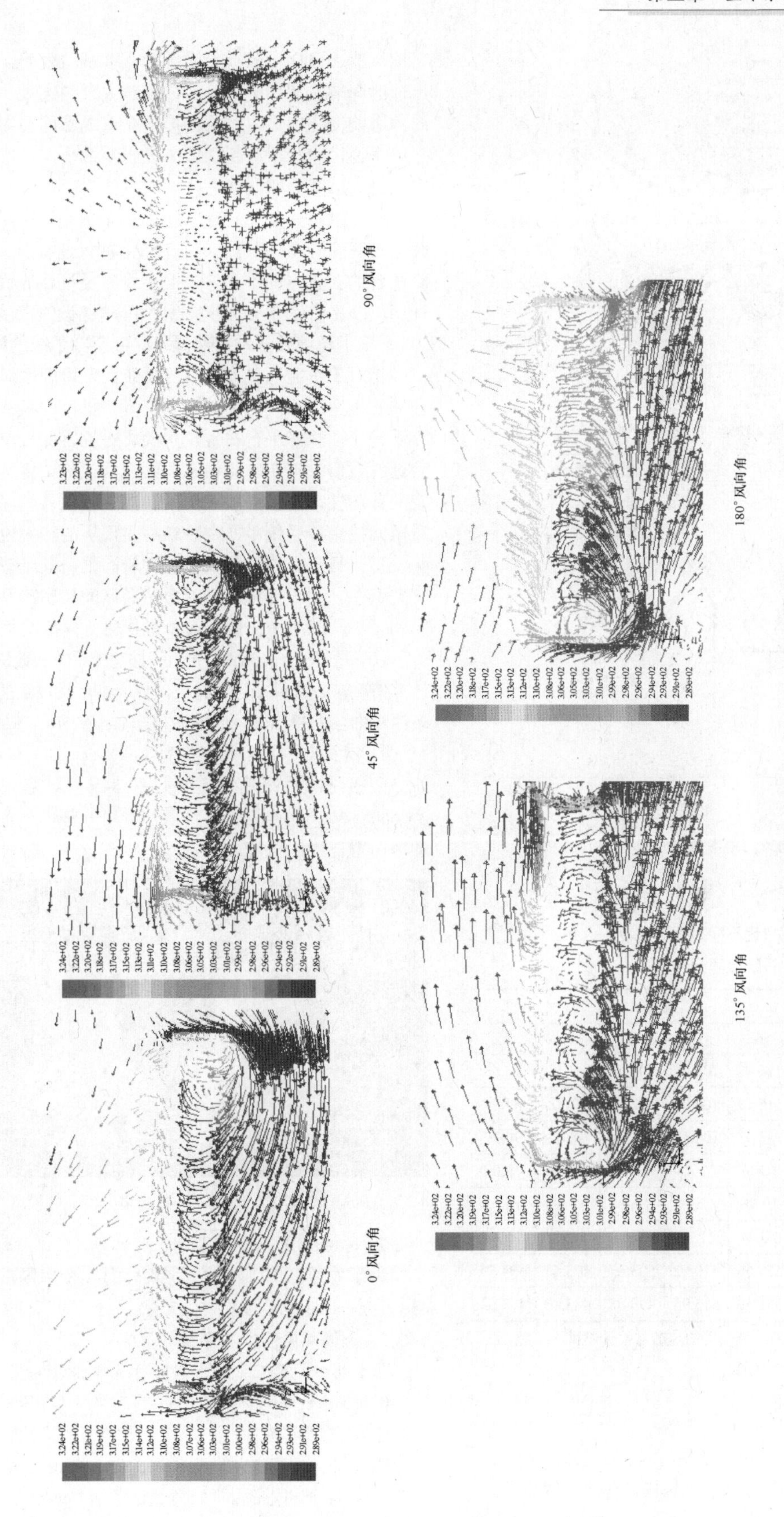

图 5-21 不同风向下冷却单元第 1 列中心截面温度图

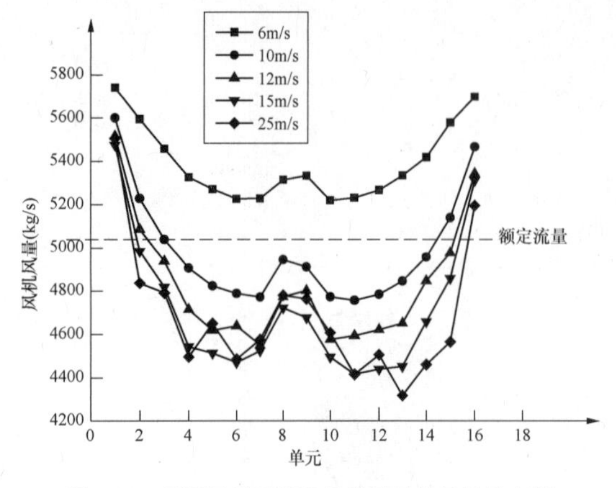

图 5-22 不同风速下各冷却单元风机风量分布图

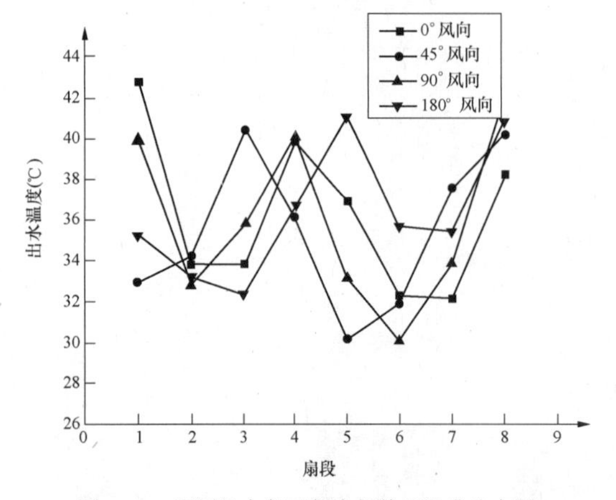

图 5-23 不同风向角下各冷却单元温升分布图

（3）不同风速下空冷系统效率分布见表 5-10。

表 5-10 某机组不同风速下空冷系统效率分布情况

项目名称	风速（m/s）				
	6	10	12	15	25
平台 1 效率（%）	114.47	105.08	103.66	99.38	97.68
平台 2 效率（%）	116.19	104.06	102.66	97.82	95.09
平均效率（%）	115.33	104.57	103.16	98.60	96.39
平均背压（kPa）	10.96	12.48	13.27	15.19	16.07
平台 1 背压（kPa）	10.98	12.39	13.04	14.98	15.73
平台 2 背压（kPa）	10.94	12.56	13.49	15.40	16.41
平台 1 风量（m^3/s）	559.66	520.02	503.61	493.43	494.35
平台 2 风量（m^3/s）	558.59	513.95	498.08	483.80	477.63

注 由于数值模拟计算采用的基准与设计基准不一致，表中数据只看相对关系。

5. 一般结论

机械通风直接空冷系统受环境因素的影响很大，影响因素也很复杂，包括厂址周围地形、厂区总布置、环境风速、风向、附近热源等。众多试验表明，环境风速的影响呈递增之势，即风速越大影响越大，而风向的影响变化很大，不同的风向会造成不同的影响，一般来说，空冷平台正面的来风影响最小，炉后来风影响最大，其余风向次之。

上述结论具有一定的普遍性，一般的空冷电厂设计时可以直接引用，只有在特殊情况，如风速特别大或空冷平台的布置方向不利等情况下才需要进行数值模拟计算，以评估环境风的影响程度和采取措施的效果。

（三）环境因素对自然通风间接空冷系统的影响

相对于机械通风直接空冷系统，环境因素对自然通风间接空冷系统的影响要小很多。机械通风直接空冷系统中，空冷平台与主厂房的相对位置比较单一，做过的数值模拟实验也很多，因而其试验结论具有一定的普遍性，可以直接应用于实际工程项目。而自然通风间接空冷系统中，空冷塔与主厂房的相对位置变化较多，目前做过的数值模拟实验有限，其结论不具有普遍性。由于环境因素对自然通风间接空冷系统的影响较小，工程中一般不需要进行数值模拟实验。

以下是某 2×660MW 机组间接空冷系统的数值模拟计算情况。数值模拟计算结果仅代表本示例设定的外部条件下的结果，且只是一部分数值模拟计算结果，供参考。

1. 间接空冷系统几何模型

间接空冷系统几何模型见图 5-24。计算条件为 2×660MW 一机一塔方案，散热器塔外竖直布置，冷却塔布置在主厂房前。

图 5-24 某 2×660MW 一机一塔方案几何模型

2. 区域划分

为了方便分析，将一周平均分为 8 个扇段，即每 45°设立一个扇段，如图 5-25 所示。

3. 风速对间接空冷系统的影响

图 5-26～图 5-32 及表 5-11 所示为风速对间接空冷系统的影响情况。采用的计算条件：环境温度为 16℃，凝汽器端差为 3℃，风向为正面来风，属于两塔之间正面来风。风速依次取 10m 高度上的 6、10、15、25、40m/s 和 45m/s。

（1）各个扇段在不同风速下的出水温度如图 5-26 所示。

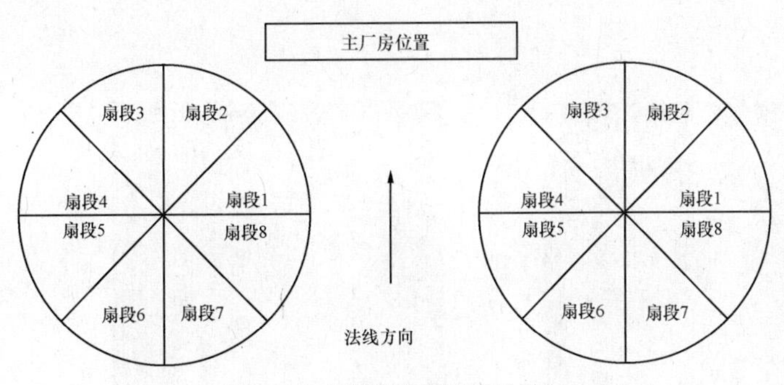

图 5-25 间接空冷系统区域划分

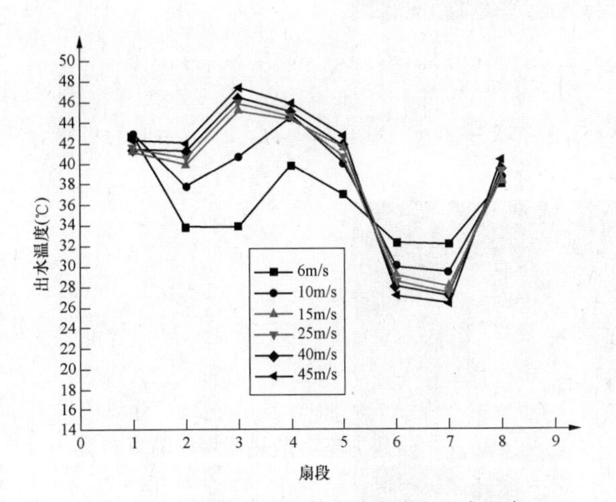

图 5-26 不同风速下间接空冷各扇段出水温度

（2）不同风速下空冷塔出水温度及背压见表5-11。

（3）空冷塔出水温度随环境风速的变化情况见图5-27。

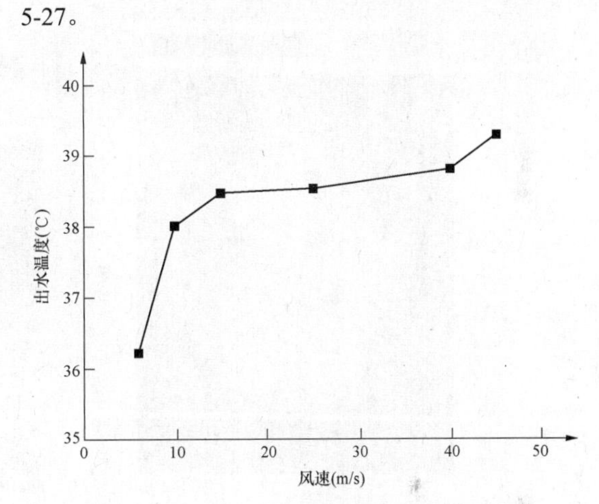

图 5-27 空冷塔出水温度随环境风速的变化情况

表 5-11 不同风速下空冷塔出水温度及背压

项目名称	风速（m/s）					
	6	10	15	25	40	45
总出水温度（℃）	36.21	38.03	38.48	38.54	38.81	39.27
背压（kPa）	11.88	13.00	13.29	13.34	13.51	13.82
最低出水温度（℃）	32.11	29.47	27.99	27.37	27.17	26.41
最高出水温度（℃）	42.82	44.81	45.12	45.92	46.34	47.41

（4）不同风速下间接空冷塔横剖面（距离地面15m）温度见图5-28。

（5）不同风速下间接空冷塔横剖面（距离地面15m）速度见图5-29。

（6）不同风速下间接空冷塔横剖面压力见图5-30。

（7）不同风速下间接空冷塔纵剖面温度见图5-31。

（8）不同风速下间接空冷塔纵剖面压力见图5-32。

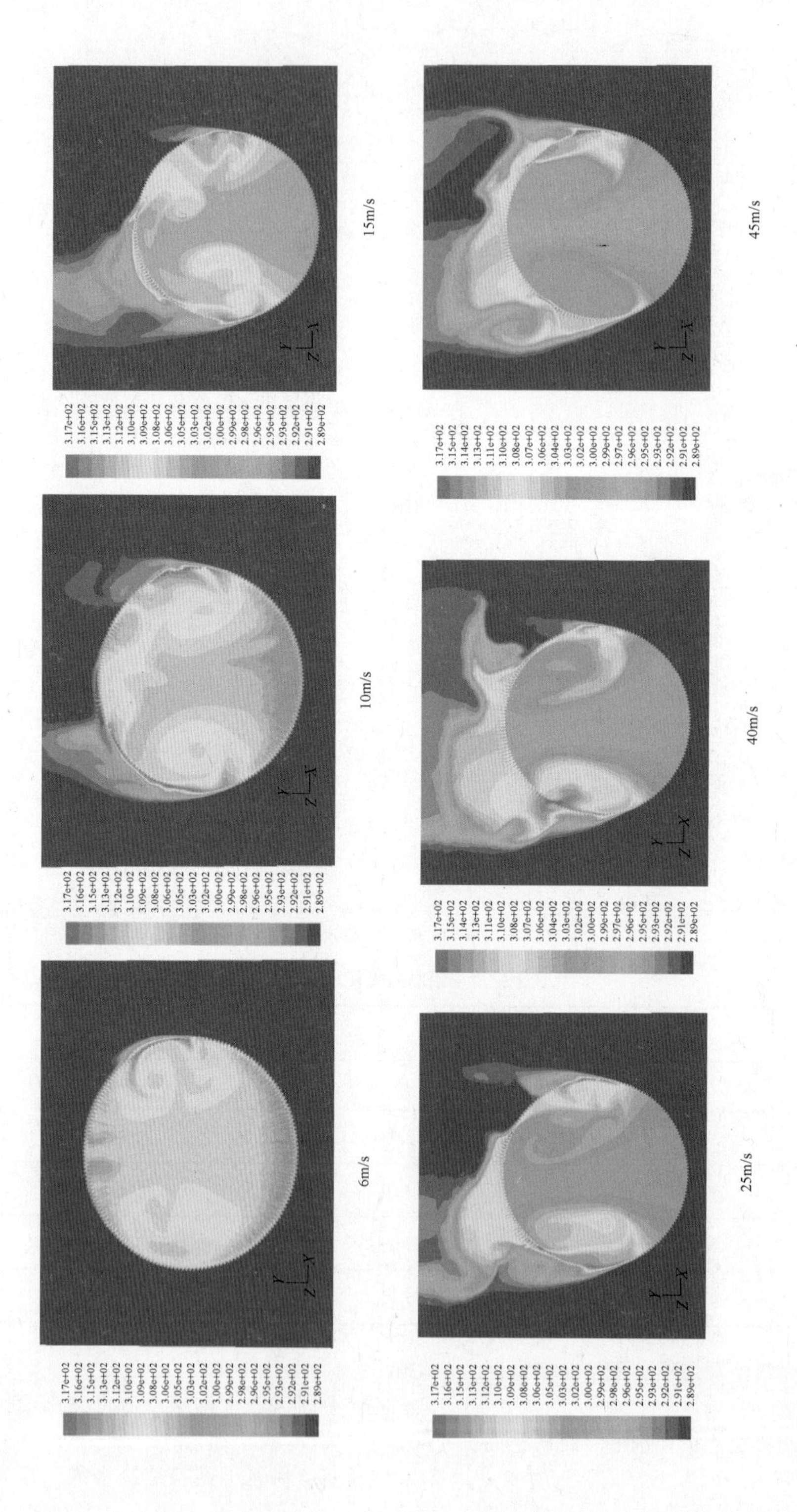

图 5-28 不同风速下间接空冷塔横剖面温度图

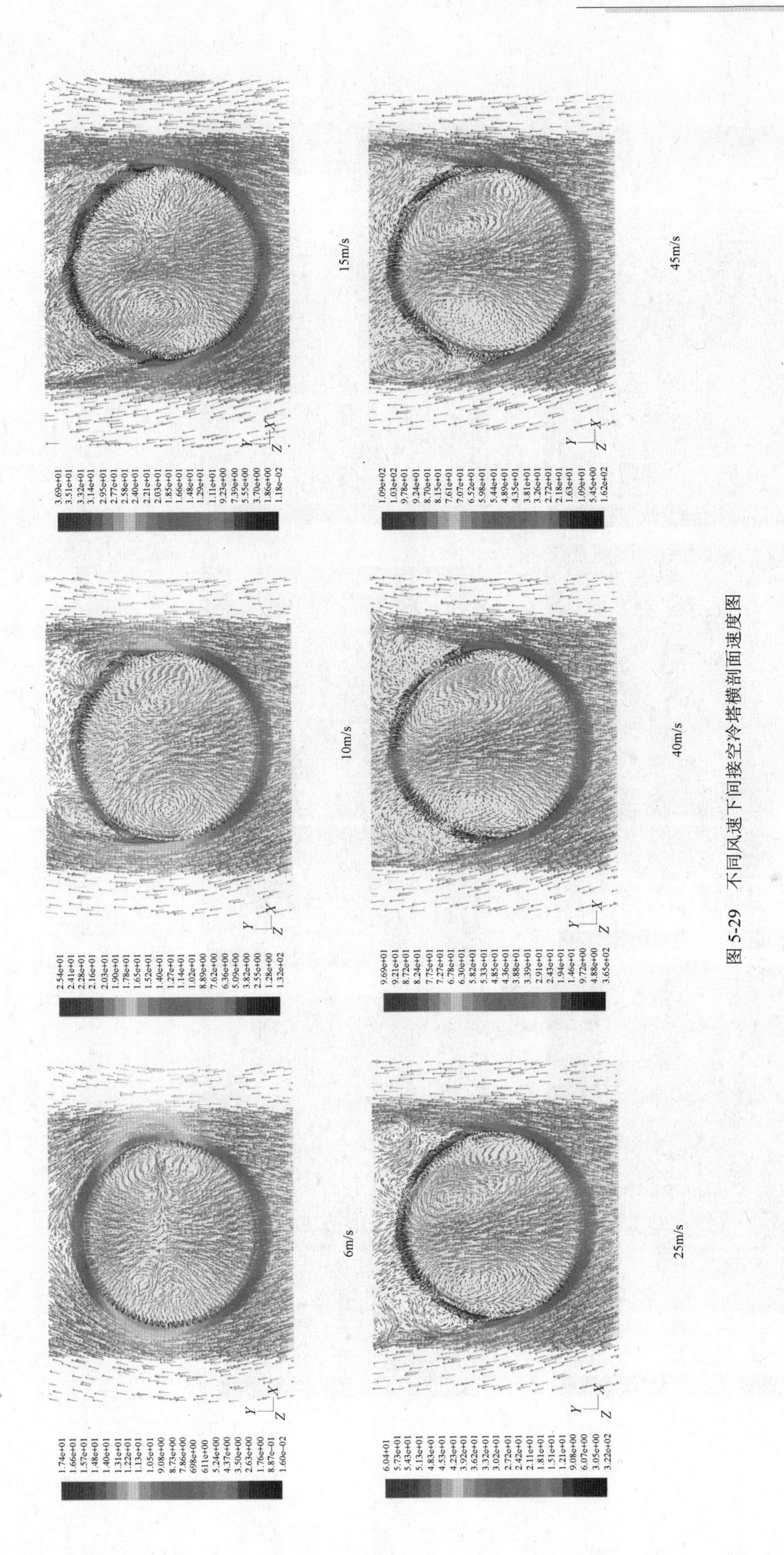

图 5-29　不同风速下间接空冷塔横剖面速度图

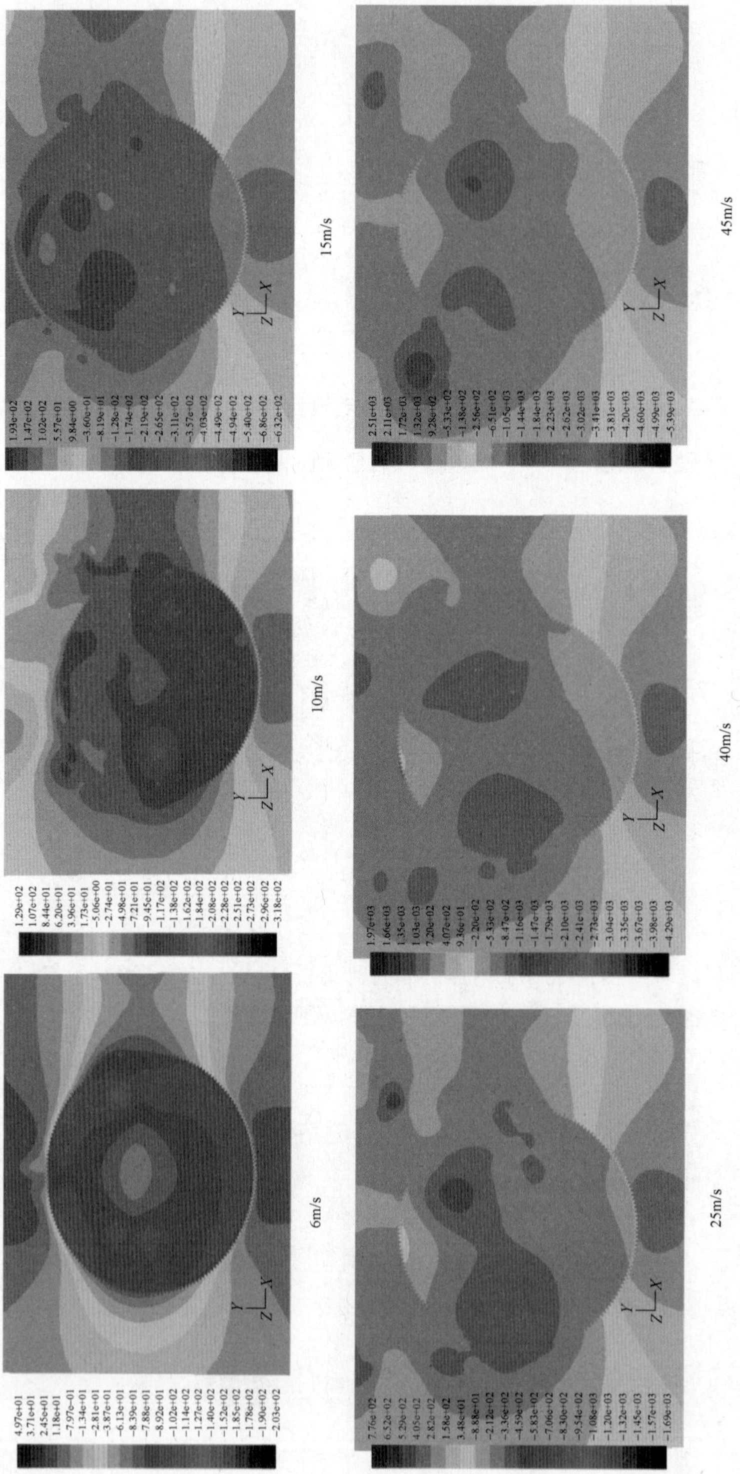

6m/s　10m/s　15m/s

25m/s　40m/s　45m/s

图 5-30　不同风速下间接空冷塔横剖面压力图

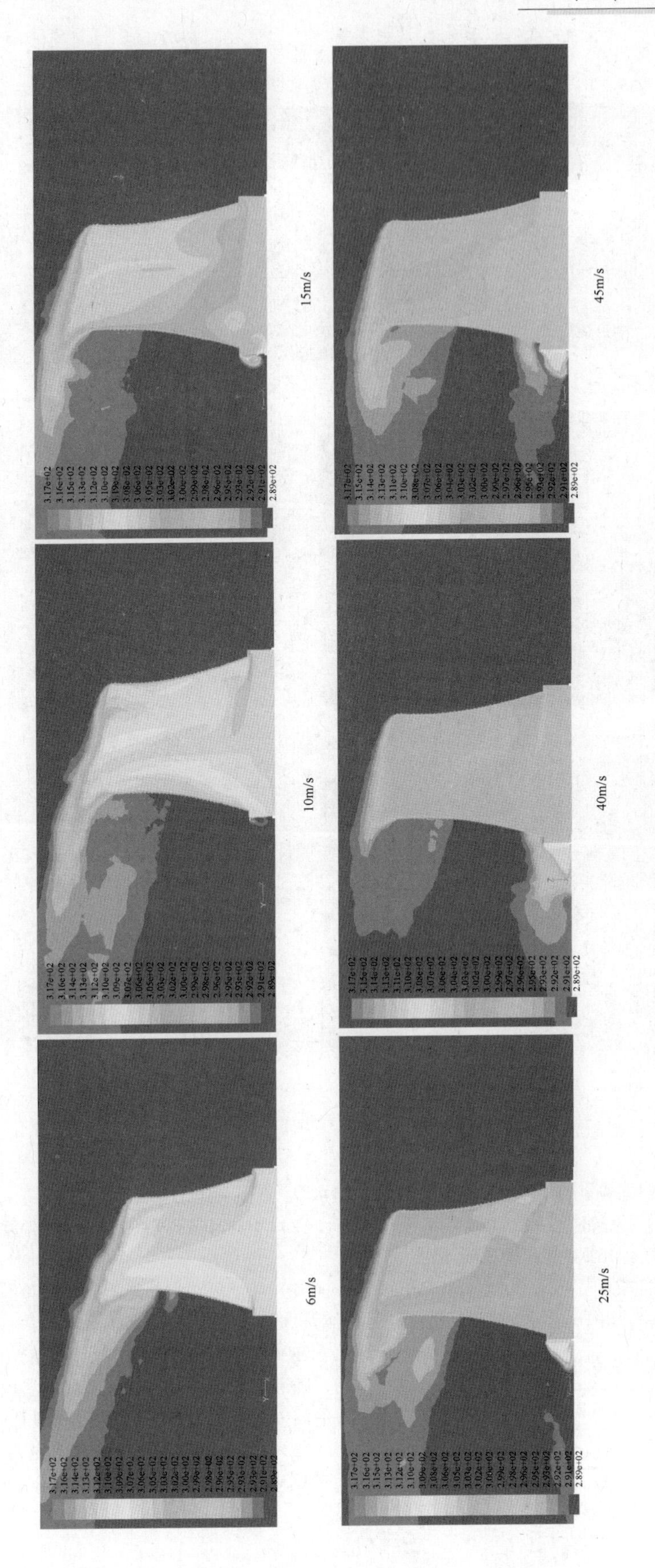

图 5-31　不同风速下间接空冷塔纵剖面温度图

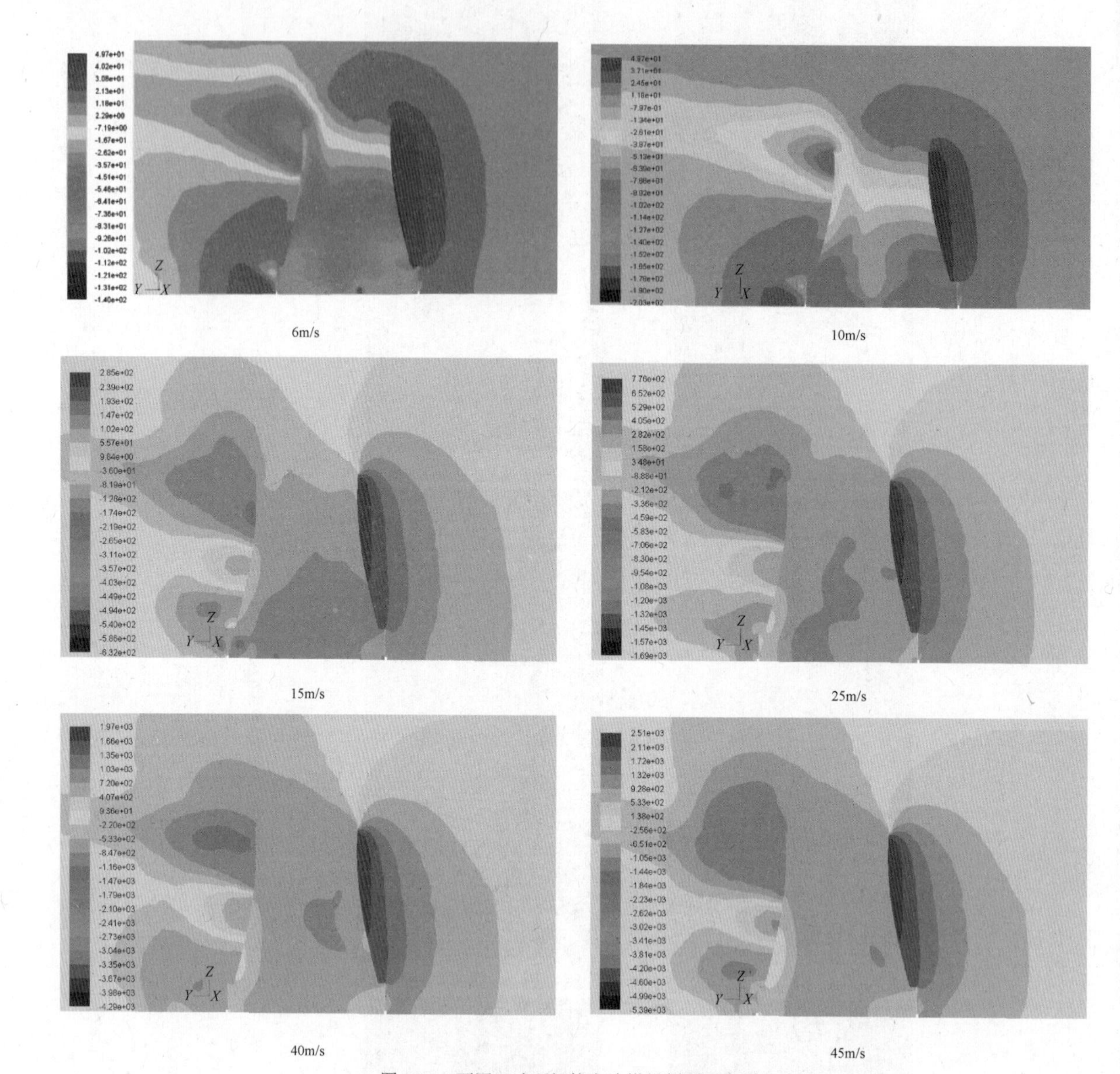

图 5-32　不同风速下间接空冷塔纵剖面压力图

4. 风向对间接空冷系统的影响

图 5-33 及表 5-12 所示为风向对间冷系统的影响情况。采用的计算条件：环境温度为 16℃，风速为 10m 高度上 6m/s，风向分别与 *Y* 轴正方向成 0°、45°、90° 和 180° 角。

（1）不同风向下间接空冷塔平均出水温度见表 5-12。

表 5-12　不同风向下间接空冷塔平均出水温度

风向角（°）	0	45	90	180
出水温度（℃）	36.21	35.42	35.96	36.33

从表 5-12 可以看出，在正常运行条件下，风向对出水温度的影响很小。

（2）不同风向下间接空冷塔出水温度分布见图 5-33。

5. 一般结论

（1）环境风对自然通风间接空冷系统的影响远小于对机械通风直接空冷系统的影响。

（2）在相同的风速下 8 个扇段的出水温度很不均匀，随着风速的提高，扇段之间的温差增加。冷却扇段的温差大容易造成散热器冻结，设计中应充分重视。

（3）风向对塔各个扇段出水温度的影响很小，在本例中以 45° 角风向为最佳风向，炉后风出水温度最高。

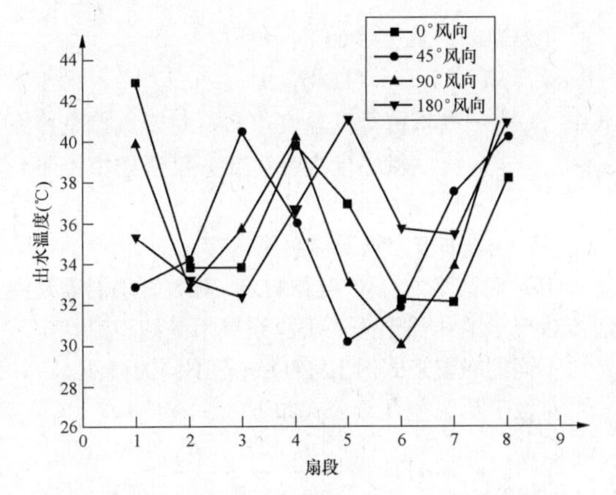

图 5-33 不同风向角下间接空冷出水温度分布图

六、空冷系统的计算

(一)传热基本公式

根据传热学基本原理，热介质的放热量、散热装置的传热量及冷介质的吸热量三者相等，各自的计算公式如下。

1. 翅片管传热基本公式

(1) 翅片管传热基本公式见式(5-1):

$$Q = KA\Delta t_m \tag{5-1}$$

式中 Q——总传热量，W;

K——总传热系数，W/(m²·K);

A——传热面积；m²;

Δt_m——传热平均温差，℃。

传热面积 A 可有不同的定义，一般可以三种方式表示：①以基管外表面积 A_o 计算；②以翅片及基管外总外表面积 A_f 计算；③以冷却器迎风面面积 A_n 计算。根据传热面积的不同表示方法，相应的 K 值亦不同，分别以 K_o、K_f 及 K_n 表示。设计中较通用的是以冷却器的总面积来计算，当采用迎风面面积计算时，要注意冷却器中翅片管根数及排列方式；翅化比及流程数等参数变化时，A_n 值虽没有变化，但 K_n 值将随之变化。

(2) 以基管外表面积计算的总传热系数 K_o 简化后可以表示为：

$$\frac{1}{K_o} = \frac{1}{\alpha_i} + \frac{\delta}{\lambda} + \frac{1}{\alpha_o} \tag{5-2}$$

式中 K_o——基管外表面积总传热系数，W/(m²·K);

α_i——包括管内流体膜热阻及管内垢阻的传热系数，W/(m²·K);

α_o——包括间隙热阻、翅片热阻、管外污垢热阻及翅片管对空气放热的综合管外传热系数，W/(m²·K);

δ——基管壁厚，m;

λ——基管管材导热系数，W/(m·K)。

α_i 值与 α_o 值相比要大得多，所以 K_o 值主要取决于综合管外传热系数 α_o 值。采用间接空冷时 K_o 值为 700～815W/(m²·K)，采用直接空冷时 K_o 值为 815～930W/(m²·K)。

2. 热介质放热量

汽轮机排热量计算公式如下：

$$Q_k = D_k(h_k - h_c) \tag{5-3}$$

式中 Q_k——空冷汽轮机排汽冷凝过程中的放热量，W;

D_k——汽轮机的排汽量，kg/s;

h_k——汽轮机的排汽比焓，kJ/kg;

h_c——凝结水的比焓，kJ/kg。

3. 环境空气吸热量

环境空气的吸热量计算公式如下：

$$Q_2 = \Delta\theta v_m A_n c_{pa} \tag{5-4}$$

式中 Q_2——环境空气的吸热量，W;

$\Delta\theta$——空气温升，℃;

v_m——通过散热器的迎面质量风速，kg/(s·m²);

A_n——散热器的迎风面面积，m²;

c_{pa}——空气比定压热容，kJ/(kg·℃)。

(二)翅片管热力及空气阻力特性

1. 翅片管热力及空气阻力特性数据

常用翅片管热力及空气阻力特性数据见表 5-13。表中管型编号同表 5-1，表中的数据是对应于表 5-1 中的翅片管规格的。即便是同一种管型，当翅片管规格数据发生变化时，其热力及空气阻力特性数据相应发生变化。

表 5-13 常用翅片管热力及空气阻力特性数据

序号	管型编号	风速(m/s)	传热系数[W/(m²·K)]	阻力损失(mmH_2O)
1	1(a)	2	45.4	8.7
		3	55.2	18.4
2	1(b)	2	43.4	8.0
		3	52.9	16.2
3	2A	2	44.2	9.1
		3	52.9	17.2
4	3	2	39.0	6.7
		3	47.1	12.6
5	4	2	29.7	4.45
		3	35.1	8.9
6	5	2	27.35	6.91
		3	31.39	13.03

注 1(a)和 1(b)对应于表 5-1 中的 1 型翅片管，规格数据有所不同。

2. 翅片管热力及空气阻力特性公式

以冷却器迎风面面积的质量风速来表示翅片管的热力特性，如式(5-5)所示：

$$K_f = B_h v_m^{\ p} \tag{5-5}$$

式中 K_f——以翅片管总面积为基准的传热系数，W/（m²·K）；

B_h——系数，介于30～38之间；

v_m——迎风面质量风速，kg/（m²·s）；

p——指数，介于0.33～0.39之间。

以冷却器迎风面面积的质量风速来表示翅片管的空气阻力特性，如式（5-6）所示：

$$\Delta p = B_r v_m^{\ q} \tag{5-6}$$

式中 Δp——通过冷却器翅片管空气阻力，Pa；

B_r——系数，介于10～30；

v_m——迎风面质量风速，kg/（m²·s）；

q——指数，介于1.5～1.6之间。

3. 翅片管热力及空气阻力特性系数

表达式（5-5）中的系数 B_h 及指数 q 应由空冷凝汽器现场性能试验求得。由小型试验求得的总传热系数的表达式，在应用时要慎重地加以修正，其理由是：

（1）小型试验翅片管长度一般在0.5m以下，而实际是采用10m级长度，尺寸相差很大。

（2）设计计算时，ITD值一般取排汽口排汽温度与进口空气温度之差，而实际上系统中排汽经排汽管、配汽管、顺流及逆流凝汽器时都有局部的压降与温降，因而传热温差较计算值要小。

（3）凝汽器中不可避免地存在配汽管及管束汽量分配不均匀。

（4）水和空气通过冷却三角及各冷却三角之间也不可避免地产生分配不均匀。

（三）冷却器热力计算

1. 空气与水的流动方向

目前电厂采用的空冷系统中，空气都是横掠过翅片管的，这种空气流动称为交叉流（cross flow）或错流。

对间接空冷系统，冷却水一般采用二管程，每一管程一般有两排管。热水进塔管程排列在空气流的后侧，出塔管程排列在空气流的前侧与进塔冷空气相接触，这种水流相对于空气流向而言称为逆流。这种冷却器总称为逆向交叉流（reverse cross flow）。间接空冷都属于这种流态。

直接空冷系统蒸汽及凝结水都在单管程中流动。主凝结器部分蒸汽与凝结水是在管束内同向流动，称为顺流管束；辅助凝结器部分蒸汽与凝结水在管束内为逆向流动，称为逆流管束。

2. 计算公式

（1）初始温差（ITD）。初始温差为汽轮机排汽温度与进塔空气干球温度的差值，代表了空冷系统中最大的温差，是热力计算中的基本参数。也有采用散热器入口处的热介质温度与进塔空气干球温度的差值作为初始温差的，在进行空冷系统设计计算时应注意区分。

初始温差计算公式如下：

$$\text{ITD} = t_s - \theta_1 \tag{5-7}$$

式中 t_s——汽轮机排汽温度，℃，对于直接空冷系统，忽略排汽管道部分仅考虑空冷平台时，$t_s \approx t_2$；

θ_1——进塔空气干球温度，℃。

（2）对数平均温差（LMTD）。对数平均温差是纯逆流状况下的传热温差。干冷系统不是纯逆流状况，针对不同的布置形式对LMTD进行不同的修正。

对数平均温差计算公式如下：

$$\text{LMTD} = \frac{(t_1-\theta_2)-(t_2-\theta_1)}{\ln\dfrac{t_1-\theta_2}{t_2-\theta_1}} \tag{5-8}$$

式中 t_1、t_2——进、出塔水温，℃；

θ_1、θ_2——进、出塔气温，℃。

（3）传热平均温差（Δt_m）。传热平均温差是热力计算时采用的温差。纯逆流状况下的传热温差即为对数平均温差，由于电厂空冷系统散热器不是纯逆流而是交叉流，因而计算时的传热平均温差不能直接采用对数平均温差，而应加以修正。

交叉流散热器的传热温差计算公式如下：

$$\Delta t_m = \phi \text{LMTD} \tag{5-9}$$

式中 ϕ——修正系数。

ϕ值随翅片管的布置、温度效率 E 及气水当量比 R 值不同而变化。在电厂空冷系统翅片管常规布置及一般 E 和 R 值的范围内，ϕ值变化范围为0.96～0.98，接近于1，故间接空冷系统可用LMTD代替 Δt_m 值进行计算，而用“总体修正系数”进行修正。

（4）空气温度效率（E）。空气温度效率是单位初始温差时的冷却塔进、出口水温差。

空气温度效率计算公式如下：

$$E = \frac{\theta_2-\theta_1}{t_1-\theta_1} \tag{5-10}$$

温度效率公式中的分母 $t_1-\theta_1$ 亦即 ITD$-\delta_t$，δ_t 为凝汽器的终端差。

（5）气水当量比（R）。气水当量比计算公式如下：

$$R = \frac{Gc_{pa}}{Wc_w} = \frac{t_1-t_2}{\theta_2-\theta_1} \tag{5-11}$$

式中 G——空气质量流量，kg/s；

W——水的质量流量，kg/s；

c_{pa}、c_w——空气、水的比定压热容，J/（kg·℃）。

（6）传热单元数（NTU）。传热单元数为一无量纲数，为空气温升与传热平均温差的比值。它与总传热系数 K 和总传热面积 A 的乘积成正比，可粗略地作为一个“冷却器尺寸系数”。

传热单元数的计算公式如下：

$$NTU = \frac{KA}{Gc_{pa}} = \frac{\Delta\theta}{\Delta t_m} \tag{5-12}$$

其中 $G=A_n v_m$

式中　NTU——传热单元数；

K——总传热系数，W/（m^2·K）；

A——总传热面积，m^2；

G——总空气质量流量，kg/s；

c_{pa}——空气比定压热容，J/（kg·K）；

$\Delta\theta$——空气进出口温升，℃；

Δt_m——传热平均温差，℃；

A_n——凝汽器迎风面面积，m^2；

v_m——迎风面质量风速，kg/（m^2·s）。

（7）直接空冷系统传热单元数计算公式。对于直接空冷系统，由于蒸汽在管内凝结放热，因此放热系数很大。由式（5-8）可推导出简单的热力计算公式如下：

$$NTU = \ln\left(\frac{1}{1-E}\right) \tag{5-13}$$

或

$$E = 1 - e^{-NTU} \tag{5-14}$$

第二节　机械通风直接空冷系统

一、系统组成及技术要求

（一）机械通风直接空冷系统的组成

机械通风直接空冷系统亦称空气冷却凝汽器（ACC）系统。系统从汽轮机排汽口开始，排汽经排汽管道、配汽管道至空气冷却凝汽器（包括散热器及风机），凝结水经管道采集至凝结水管箱，经处理后再回至热力系统。ACC 系统图参见图 5-34。

（二）机械通风直接空冷系统技术要求

1. 基本要求

（1）空冷系统的设计应保证便于检查、清洗、维护和检修，在厂址处气象和负荷条件下，在不必更换空气冷却凝汽器冷却元件或主要设备的情况下，空冷系统应持续、安全、高效地运行不低于 30 年。

（2）空气冷却凝汽器的设计应保证在冬季最低气温条件下，在包括最小负荷的所有运行条件下避免发生凝结水的过冷却，以及空冷系统，特别是冷却元件因结冰而变形或损坏。采用的防止凝结水过冷却及冷却元件的防冻措施应能长期连续运行、安全可靠、操作维护简便，以及以自动控制为主。

（3）空气冷却凝汽器安装在钢结构平台上，应避免风机与支撑结构发生共振，同时整个供风系统的振动应不超过相关标准的规定：

1）对风机减速箱和电动机外壳上测定的机械振动不应超过技术标准规定的可接受的振动范围的上限。

2）每台风机不应因为震颤的影响或与其他风机同时运行而出现有害振动及共振现象。

3）消除内部件，如控制阀、旁路阀和类似装置引起振动的影响。

4）能够承受由其他因素，如管道与钢结构连接、旋转或振动设备与钢结构连接等引起的振动的影响。

5）地震发生时，整个系统和土建结构按规范有足够的安全度。

（4）每台空冷凝汽器的噪声，在风机全开的条件下，离开空冷凝汽器外缘 1m 处，噪声不大于 85dB（A）。

（5）空冷凝汽器内部体积大且处于高真空状态，对管道阀门及附件，焊口等易漏入空气的部位在设备质量及施工工艺上应采取必要的措施并有严格的验收制度，保证系统长期安全地运行。

2. 性能要求

（1）ACC 系统性能设计应与配套的汽轮机和锅炉相适应，三者在工程预初设时经综合优化同时确定各主要参数。空冷汽轮机各项功率及工况定义见表 5-14。

表 5-14　空冷汽轮机各项功率及工况定义

工况	汽轮机功率	主要技术要求	大气干球温度	汽轮机进汽量	锅炉蒸发量
能力工况	额定功率（铭牌功率）	夏季满发背压补给水率为 1%～3%	满发温度（不满发小时数不超过 200h）	额定进汽量	额定蒸发量
最大连续工况	最大连续功率	设计背压补给水率为 0	设计气温（负温限制全年加权平均）	额定进汽量（与能力工况相同）	额定蒸发量
阀门全开工况	阀门全开功率（最大容量）	设计背压补给水率为 0	设计气温	阀门全开工况（VWO）进汽量（为额定进汽量的 1.03～1.05 倍）	最大连续蒸发量（BMCR）
阻塞背压工况	额定功率	阻塞背压补给水率为 0	与阻塞背压相应的气温	相应	相应
允许最高背压工况	计算值	允许最高背压补给水率为 3%		VWO 进汽量	最大连续蒸发量（BMCR）

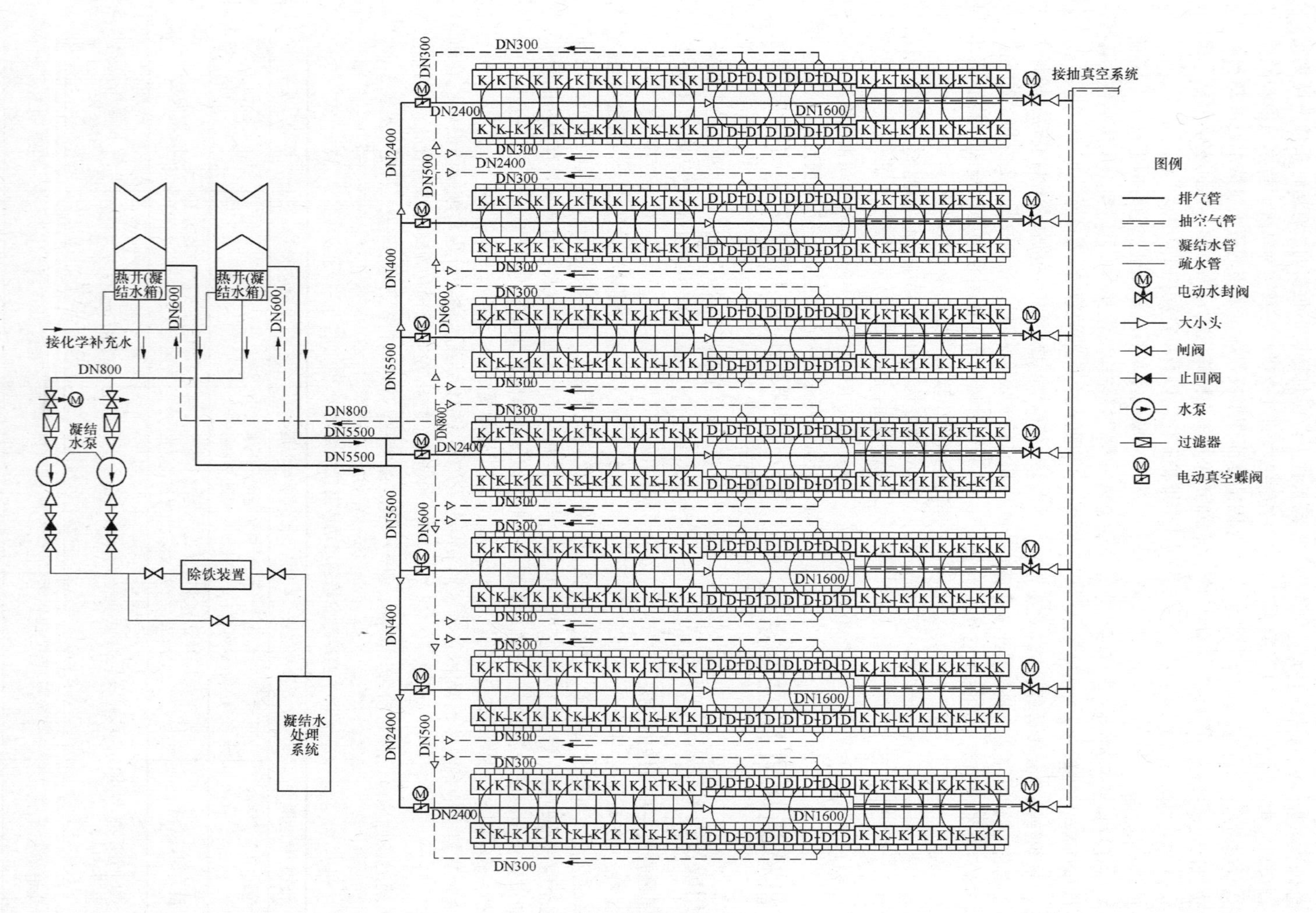
接抽真空系统
图例
排气管
抽空气管
凝结水管
疏水管
电动水封阀
大小头
闸阀
止回阀
水泵
过滤器
电动真空蝶阀
DN1600
DN2400
DN300
DN500
DN600
DN800
DN400
DN5500
热井(凝结水箱)
接化学补充水
凝结水泵
除铁装置
凝结水处理系统

图 5-34　ACC 系统图

（2）在空冷系统设计气温时，ACC 的设计排汽压力应使汽轮机排汽口的压力不高于汽轮机的设计背压。此工况一般作为空冷系统的验收考核工况。

（3）在夏季计算气温时，ACC 的设计排汽压力应使汽轮机排汽口的压力不高于汽轮机的夏季满发背压。此工况可作为 ACC 系统的能力工况，同时可作为 ACC 的验收考核工况。

（4）根据各干球温度段（每 1～2℃为一段）的利用小时历时资料及汽轮机背压与热耗率的关系曲线，在保证某些特定条件（比如在夏季计算温度时，汽轮机背压不低于夏季满发背压等）的情况下，对空冷系统进行优化计算，以确定合理的空冷凝汽器散热面积、风机参数及系统主要部分的合理搭配，使年总费用最低。

（5）空冷凝汽器在设计气温和汽轮机排汽口压力为设计背压时，应保证空冷系统运行处于经济状态。

（6）在锅炉为最大连续蒸发量（BMCR），汽轮机为阀门全开工况并处于允许最高背压工况时，校核允许最高大气干球温度及汽轮发电机组可输出的功率。

（7）根据电厂的总平面布置，采取措施控制空冷凝汽器对周围环境的噪声污染。噪声强度不应超过 GB 12348—2008《工业企业厂界环境噪声排放标准》中规定值，并满足环保部门对噪声控制的要求。厂界噪声通常作为空冷系统验收考核的一项指标。

3. 系统设计主要技术要求

（1）蒸汽排汽管道：

1）蒸汽排汽管道应接收低压缸排汽、低压旁路排汽、本体疏水箱汽侧排汽和本体疏水扩容器汽侧排汽。排汽母管上设置两路真空破坏管道。

2）所有蒸汽排汽管道的设计应使振动、压力降以及噪声最小，并能承受系统的真空和 1.5 个大气压的过压力。

3）蒸汽管道的设计应保持连接处密封、受力均衡，并能满足与汽轮机低压缸接口处的推力和力矩的要求。蒸汽管道施加给汽轮机低压缸排汽法兰的管道推力最好为零，或推力值应不超过汽轮机制造厂所能接受的外力。

4）蒸汽管道应设计足够的补偿装置，以便使管道和汽轮机的膨胀和收缩产生的应力降至最小。需要热位移补偿时，应采用双回膨胀节，以降低正/负压力产生的轴向力。应按照在整个背压和大气温度变化范围设计膨胀节，并应配有膨胀节导向和限位装置。

（2）空气冷却凝汽器（ACC）：

1）空气冷却凝汽器的组成。根据汽流和凝结水的流动方向分类，空冷凝汽器内部可分为顺流凝汽器和逆流凝汽器两部分。顺流凝汽器（德文 kondensor，简称 K）蒸汽经配汽管由上而下进入翅片管束，与凝结水流向相同而进入下集管。逆流凝汽器（德文 dephlegmator，简称 D）将在顺流凝器中未被凝结的蒸汽和不凝结的空气通过下集管由下而上送入翅片管束，与凝结水流向相反，最后不凝结的空气及其他气体由逆流凝汽器的顶部由抽真空系统抽出，凝结水仍返回到下集管，见图 5-34。空冷凝汽器的这种组成方式可有效地提高凝汽器的防冻性能，习称 K/D 结构。

理论上说，不凝结气体的含量百分比很小，D 的冷却面积可较小，但工程中为了有效地防冻，特将 D 的面积增大。D 与 K 的面积比为 1:7 到 1:4，气候温和地区逆流段减少，气候寒冷地区逆流段增加。

进入逆流凝汽器的蒸汽经过顺流凝汽器后有一定的压力降低和温度降低，即传热温差有所降低而使凝汽器效率下降。所以，工程中对 D 与 K 面积比例的选用要进行分析研究。

2）ACC 冰害原因。当外界气温降到 0℃以下时，冷却器如没有采取有效的防冻措施，翅片管内的凝结水可能过冷却甚至冰冻。发生冰冻的原因是蒸汽已在前段凝结完毕，后段只有不凝结的气体，不能使凝结水保持蒸汽的温度，而是很快地被冷却到管壁及外界空气的温度而结冰。这些管段称为“死区”，如图 5-35 所示。

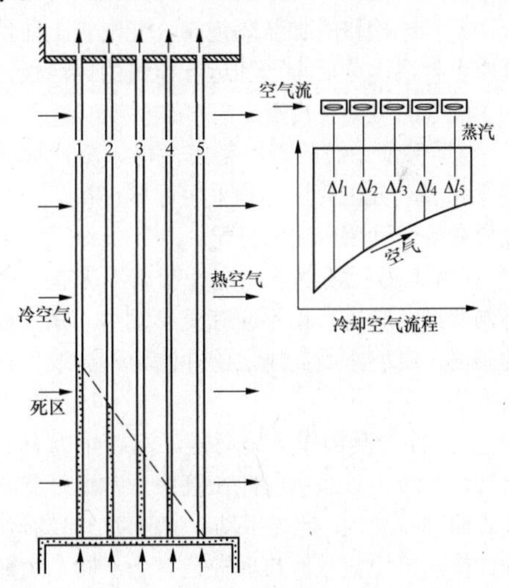

图 5-35　ACC 冬季过冷却示意图

图 5-35 所示为 5 排管顺列的 ACC 布置，每排管的长度相等，故每排管的热力特性（如翅化面积、传热系数、阻力系数及内外流道横截面面积等）都相等。冷空气经过每一排管都加温，所以每排管蒸汽与空气的温差是不同的，每排管的凝汽率也不同。但上部的蒸汽联箱和下部的凝结水联箱都是相通的，因而通过的蒸汽量相同，这表明前几排管的表面积没有充分地被利用，从而产生了死区。

3）防冻措施：①二排管布置。多排管的布置，前几排管容易产生死区，因而散热器管排数不宜太多。②改变翅片的片距。前排管蒸汽与空气温差大，采用较大的片距，后排管采用较小的片距。如前排管片距为4mm，后排管片距为2.5mm。③采用K/D结构，如上节所述。④增大基管的横截面及基管的高度，使蒸汽有较大的流动空间，减少产生死区的可能。⑤加强防冻的自动控制。当冷却器的出水温度降低到某一设定值时，自动使风机减速或停机，直至凝结水温度回升。凝汽器上部可能会结一层薄冰，可周期性地关闭有关的风机。常采用的是每四小时关闭5min。

4）根据特性要求及有关经济因素，对空冷凝汽器进行多方案优化比较，最后确定空冷凝汽器的各主要参数，如顺流及逆流凝汽器的风机台数、风机直径、风机转速、风机风量、风机工作全压头、管束迎风面积、空气通过迎风面的质量流速、翅片管总面积等。

5）一台机组的空冷凝汽器一般以风机为单元按一定比例分成顺流凝汽器及逆流凝汽器。排汽管道在空冷凝汽器前分成若干根配汽管，每一列冷却单元设一根配汽管。配汽管上是否装隔绝阀根据气象条件及预期的翅片管检修条件确定。在严寒地区，冬季需要关闭一根或数根配汽管，因而要安装相应数量的隔绝阀；在非严寒冷地区，可不装隔绝阀。预期对翅片管在运行中要考虑检修时加装隔绝阀。配汽管上隔绝阀要为真空密封型，装后可增加运行检修的灵活性，但亦增加了漏气的机会及投资。

6）为了保证系统的真空密封性能，凝汽器的管束、集管和蒸汽分配管道必须采用焊接连接。汽轮机的排汽应在整个管束内均匀分配。

7）在所有运行条件下，翅片管束不应有水平和垂直方向变形，其翅片也不应有变形发生。翅片应有足够的强度，应能承受高压水的冲洗而不会发生永久性损伤变形。

8）应设置一套操作维修简便、运行可靠有效的高压水冲洗系统。该系统应能在管束正常运行状态下对管束表面进行清洗，应能手动、半自动、自动运行。具体的冲洗水压力值各散热器管型有所不同，由散热器供货商提供。

9）每台机组凝汽器应考虑从地面到运行平台上的电动起吊设施。每排风机上应设手动起吊设施。

10）设计中应考虑必要和实用的检修条件及检修工具。系统运行时，对其检修和维护的人员应设有避免直接接触转动机械和其他危险的设施。

（3）空气供给系统：

1）风机的性能参数及电动机功率应通过优化计算确定，风机静压效率不应低于60%。风机和电动机为户外型，应能适应厂址地区的自然环境。风机调速方式可采用调频变速、双速或单速，应经过比较后确定。

2）风机叶片尖端速度不宜超过60m/s。风机不应引起其周围结构或凝汽器产生过大的振动；如需要，应采用减振装置。风机应设轴振动的保护装置。

3）风机下方应设置防护网，防护网应能承受1000N/m^{2}的活动荷载。防护网可以在风机下方连成一整层，也可以在每个风机风筒下方单独设置。

4）应对风机噪声进行限制。选择噪声低的翼型及增加叶片数。如需在风机的进口区域安装降噪装置，应考虑降噪装置的效果及安装后对空冷凝汽器通风阻力的影响。

（4）凝结水系统：

1）凝结水箱主要用于收集启动和正常工作时来自空冷凝汽器的凝结水、化学补给水、汽轮机本体疏水箱来水，以及排汽管疏水箱的来水等。凝结水箱的容积应能满足启动和所有运行条件的要求。其值应大于按锅炉最大连续出力（BMCR）时在纯凝汽工况下运行6～10min的凝结水量。

2）凝结水箱布置在空冷凝汽器平台以下，以便凝结水靠重力排入凝结水箱。其安装高度应保证卧式凝结水泵有足够的吸头。

3）凝结水泵应能将凝结水箱中的凝结水输送至除氧器，同时向汽轮机低压旁路及各种减温器提供减温水。

每台凝汽式机组宜设2台凝结水泵，每台凝结水泵容量为最大凝结水量的110%；如大容量机组需装设3台容量各为最大凝结水量55%的凝结水泵时，应进行技术经济比较后确定。

供热机组凝结水泵根据条件可安装2台或3台。

4）凝结水除铁装置主要用于机组长期停运后的初次启动，以减少凝结水的排放量。正常运行时应将装置旁路，以节省凝结水泵的耗电量。

（5）疏水系统：

1）每台汽轮机排汽管道上可根据情况配置疏水箱，以收集排汽管道的疏水。疏水箱可直接焊接在蒸汽管道上。疏水箱的容积按储存5min疏水量设计。疏水箱按照全真空条件设计。疏水箱设高、低水位开关，以联锁疏水泵的启停。

2）当疏水箱中的疏水不能自流到凝结水箱而需要安装疏水泵时，一般配置两台100%容量的疏水泵。

（6）抽真空系统：

1）抽真空系统分为启动抽真空系统和真空保持系统。

2）启动抽真空系统要求空冷凝汽器内部压力在30min内由大气压降至30kPa（绝对压力），在60min内降低至10kPa（绝对压力）。

3）按照标准规定的空气泄漏率选取抽真空设备的容量，应能满足系统连续运行的真空度要求。真空保持系统可采用电动水环式真空泵或射汽抽气器。

（7）热工自动化：

1）配置直接空冷系统的汽轮机背压随气温在一年中和一日中都有较大变化。随时优化背压成为汽轮机运行中的重要因素。在寒冷季节对空冷凝汽器进行自动监控，防止凝结水过冷却和冰冻事故是保证空冷凝汽器安全的重要问题。为实现空冷机组的安全、经济运行，对空冷系统采用程序控制自动化运行必不可少，一般采用分散控制系统（DCS）。

2）空冷系统的分散控制系统主要包括下列子系统：

a）数据采集、处理和监视系统（DAS）。

b）空冷凝汽器的启动/停运和正常运行的顺序控制系统。

c）设备联锁保护系统。

d）背压优化控制及防冻控制。

e）人—机接口。

f）与其他系统的接口。

3）用分散控制系统实现大型火电机组自动化控制的主要优点是：

a）连续控制、断续控制、逻辑控制和监控等功能集中在统一的系统中，可由品种不多的硬件，凭借丰富的软件和通信功能来实现综合控制，既节省投资，又提高了系统的可靠性、可操作性和维修性。

b）可按工艺、控制功能、可靠性要求由功能和地理位置不同的各个工作站组成控制系统，系统结构灵活，且大大节省电缆。

c）一个站的故障不会影响其他站的工作，系统可靠性高。

d）各种监视控制功能均采用软件模块来完成，所以修改方便，易于实现高效控制。

二、热力计算

（一）特性模块化冷却段设计

冷却段是指一台风机和与风机配套的数组翅片管束的总成，它是组成ACC装置的基本单元。一般将顺流凝汽器和逆流凝汽器安装在不同的风机上，可以适应不同风量调节的要求，风机与安装其上呈A形的翅片管束组成一个冷却三角，翅片管束布置的顶角为60°左右，顶角过小使空气通过翅片管束的流速分布更不均匀，顶角过大则将使翅片管过短，所以冷却三角接近等边三角形，即风机直径与翅片管长度相近。优化时，要同时确定风机直径和翅片管长度。在翅片管束的宽度方向，可较风机直径大 20%～40%，没有严格的限制，过宽则可能引起各翅片管束间空气分配的不均匀。

特性模块化冷却段设计是将顺流凝汽器和逆流凝汽器按实际选定的比例分配到每一台风机，组成一特性模块化冷却段，这样整个ACC装置每一冷却段特性都是一致的。这种模块化设计，便于ACC系统的规划设计及优化。在冷却段布置时，仍将顺流凝汽器和逆流凝汽器按相近的比例分配到不同的风机上。

（二）ACC系统热力计算

1. 热力计算方法

ACC系统热力计算公式已在本章第一节中介绍。根据设计要求，计算方法主要分为两类：

（1）确定的汽轮机背压，计算ACC系统的配置。给定条件为热负荷、气象条件、汽轮机背压，即ITD值为已知，计算需要的ACC系统配置。设计计算步骤如下：

1）根据经验选择风机直径；

2）确定顺流凝汽器和逆流凝汽器的面积比例及翅片管长度，以及沿气流方向的排数和翅片管各特征值；

3）设计布置翅片管束；

4）预选风机数目；

5）根据试验资料，确定合适的翅片管束冷却能力表达式 $K_f=B_h v_m^p$ 中的 B_n 及 n 值；

6）计算不同空气质量流速 v_m 的冷却能力的 K_f 值及冷却任务的 K_f' 值，求得 $K_f=K_f'$ 时的 v_m 值；

7）进行ACC系统的阻力计算；

8）绘制阻力曲线与风机特性曲线的并联曲线，确定风机转速及叶片安装角度；

9）计算结果不理想或不经济时，重复步骤4）以后的步骤，优化风机段数及空气质量流速。

（2）确定的ACC系统配置，计算汽轮机背压：给定条件为热负荷、气象条件、ACC系统配置，计算汽轮机背压。设计计算步骤见计算示例。

下面通过两个热力计算示例说明 ACC 系统热力计算的方法（以双排管为例）。

2. 热力计算示例1

设计满足一台200MW汽轮机的空气冷却凝汽器，夏季满发背压为26kPa。该时干球气温 t_1=30℃，大气压 p_a=900hPa，相对湿度 H_1=0.43，凝汽器热负荷302.48MW。

（1）设计选用主要参数。设计初步选用 ϕ9.14m 轴流通风机 24 台。计算按特性模块和冷却段方式布置，每台风机布置6片翅片管长度为9.0m的顺流凝汽器、2片翅片管长度为6.0m的逆流凝汽器，翅片管速的宽度均为2.85m。

翅片管采用 100mm×20mm×1.5mm 椭圆形钢基管，119mm×49mm×0.35mm 矩形钢翅片，两排布置。

（2）翅片管束基本资料，见表 5-15。

表 5-15　　翅 片 管 束 基 本 资 料

项　目	符号	单位	数值
椭圆基管尺寸	$a\times b\times\delta$	mm×mm×mm	100×20×1.5
矩形翅片尺寸	$c\times d\times\delta$	mm×mm×mm	119×49×0.35
基管外横截面面积	A_o	m^2	0.001571
基管内横截面面积	A_i	m^2	0.001295
第一排管数量	N_1	根	57
第二排管数量	N_2	根	58
第一排管翅片距	P_1	mm	4
第二排管翅片距	P_2	mm	2.5
一台风机的翅片管束数量		片	8
D:K 管束数量			2:6
D:K 面积比			1:4.5
一台风机的翅片管总面积	F_f	m^2	22770
一台风机的总迎风面面积	F_n	m^2	188.1
翅化比	F_f/F_n		121.05

（3）每台风机的热负荷为 $\frac{302.48}{24}$=12.60（MW），背压 26kPa 的对应饱和温度为 65.9℃，故 ITD=65.9−30=35.9（℃）。

（4）翅片管束冷却能力。翅片管束冷却能力根据小型试验资料以 $K_f=21.67v_m^{0.34}$ 表示。考虑以 LMTD 代替传热温差的修正系数ϕ，以及以汽轮机排汽温度代替凝汽器各点实际汽温的综合修正系数 C，二者的乘积 $C\times\phi$参照原体塔热力测定资料，确定为 $C\times\phi$=0.85。所以，$K_f=0.85\times21.67v_m^{0.34}=18.42v_m^{0.34}$［W/（$m^2$·℃）］。

其中 v_m 为以翅片管束迎风面为基准的质量流速，kg/（s·m^2）。

（5）求冷却任务 K_f' 与冷却能力 K_f 相平衡的 v_m 值，计算步骤如下：

1）求空气温升：

$$\Delta\theta=\frac{Q\times10^6}{A_n\times v_m\times c_{pa}}=\frac{12.60\times10^6}{188.10\times v_m\times1000}=\frac{66.99}{v_m}$$

假设各种 v_m 求得相应的$\Delta\theta$。

式中　Q——每段风机单元的热负荷，MW；

A_n——每段风机单元的迎风面面积，m^2；

v_m——迎风面质量流速，kg/（s·m^2）；

c_{pa}——空气比定压热容，取 1000kJ/（kg·K）。

2）计算空气温度效率：

$$E=\frac{\Delta\theta}{\text{ITD}}=\frac{\Delta\theta}{35.9}$$

3）计算传热单元数：

$$\text{NTU}=\ln\frac{1}{1-E}$$

4）计算 K_f'：

$$K_f'=\frac{\text{NTU}\times A_n\times v_m\times c_{pa}}{A_f}=\frac{\text{NTU}\times188.10\times v_m\times1000}{22770}$$
$$=8.261\times\text{NTU}\times v_m$$

5）假设不同的 v_m 值分别计算 K_f 及 K_f'，K_f 值随 v_m 值增加而增加，K_f' 值随 v_m 值增大而减小，作图可求得平衡的 v_m 值。

假设 v_m 为 2.6、2.7、2.8、2.9kg/（s·m^2），求 4 种情况下的 K_f 及 K_f'，如表 5-16 所示。

表 5-16　不同风速下的 K_f 及 K_f' 值（24 台风机）

项目	数　值			
v_m	2.6	2.7	2.8	2.9
K_f	25.49	25.82	26.14	26.45
$\Delta\theta$（℃）	25.77	24.81	23.93	23.10
E	0.718	0.691	0.666	0.643
NTU	1.266	1.174	1.097	1.030
K_f'	27.19	26.18	25.37	24.67

根据上述结果，v_m 介于 2.7～2.8kg/（s·m^2）之间，作图如图 5-36 所示，求得精确值为 v_m=2.731kg/（s·m^2）。经空气阻力计算和作并联曲线，求得风机转速为 110r/min，叶片安装角度为 6°。

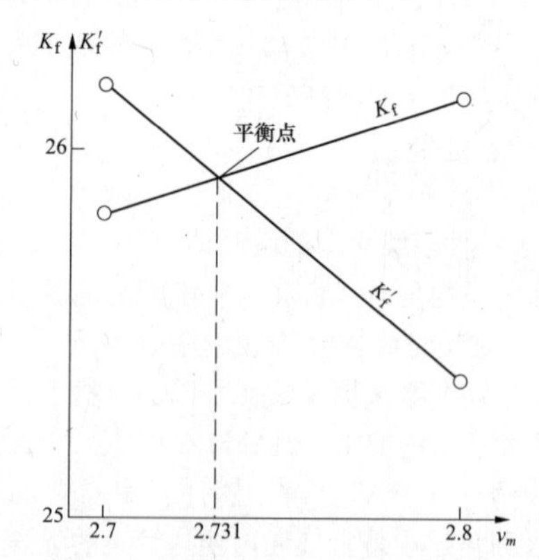

图 5-36　热力计算示例 1：作图求 K_f– K_f' 平衡点

以上计算示例中风机是 24 台，如果觉得风机台数偏多、投资费用偏高，可将风机台数减少。下面示例按 20 台风机计算。

原始资料不变，将预选的 24 台ϕ9.14m 风机改为 20 台ϕ9.14m 风机，求符合给定要求的空气质量风速 v_m。

经多风速的试算，v_m 在 3.6 与 3.7kg/（s·m²）之间求精确值，见表 5-17。

表 5-17 不同风速下的 K_f 及 K_f' 值（20 台风机）

项目	数值	
v_m［kg/（s·m²）］	3.6	3.7
K_f［W/（m²·℃）］	28.47	28.74
$\Delta\theta$（℃）	22.33	21.73
E	0.622	0.605
NTU	0.973	0.929
K_f'［W/（m²·℃）］	28.937	28.396

作图求平衡点，求得 v_m=3.657kg/（s·m²），$K_f=K_f'$=28.63。

20 台风机方案风机转速可在 110、127r/min 两者中选择，叶片安装角度视转速而定。

3. 热力计算示例 2

根据示例 1 计算得出的空冷系统方案，风机选用 20 台ϕ9.14m 风机，考虑留有一定的裕量，按停运两台风机计算。求在年加权平均气温为 14℃的汽轮机背压。

在进行空冷系统计算时应留有一定的裕量，这主要考虑设备随时间的效率衰减、设备脏污以及其他一些未预见的因素。留裕量的方式可以是停运一定比例的风机，也可以是计算背压低于目标背压，以在背压上留裕量的方式，后者比较符合实际运行情况，使用较多。

（1）按汽轮机厂家资料，在设计背压为 12kPa 时，凝汽器负荷为 276.48MW，故每台风机的热负荷为 276.48/18=15.36（MW）。

（2）空气迎风面质量流速按示例 1 的计算结果为 3.657kg/（s·m²），在 t_1=14℃时

$$v_m=3.657\times\frac{273.16+30}{273.16+14}=3.86\text{kg/（s·m}^2\text{）。}$$

（3）$K_f=18.42\times3.86^{0.34}=29.16$W/（m²·℃）。

（4）$\text{NTU}=\dfrac{K_f\times A_f}{A_n\times v_m\times c_{pa}}=\dfrac{29.16\times22770}{188.1\times3.86\times1000}=0.914$。

（5）$E=1-\exp^{-\text{NTU}}=0.60$。

（6）$\Delta\theta=\dfrac{Q\times10^6}{v_m\times A_n\times c_{pa}}=\dfrac{15.36\times10^6}{3.86\times188.1\times1000}=21.16$（℃）。

（7）$\text{ITD}=\dfrac{\Delta\theta}{E}=\dfrac{21.16}{0.60}=35.27$（℃）。

（8）排汽温度 $t_c=t_1+\text{ITD}=14+35.27=49.27$（℃）。

相应汽轮机背压为 11.91kPa，与设计背压 12kPa 接近。

（三）ACC 系统空气阻力计算

1. 阻力计算方法

ACC 系统空气阻力计算方法有下列三种：

（1）分别计算各部件阻力。空气通过 ACC 系统的总阻力为各部件阻力之和，表达式如下：

$$\Delta p_t=\sum K_j\frac{\rho_j v_j^2}{2}=\sum K_j\frac{v_{mj}^2}{2\rho_j}\qquad(5\text{-}15)$$

式中 Δp_t——空气通过 ACC 系统的总阻力，Pa；

K_j——各部件阻力系数；

ρ_j——空气通过各部件的密度，kg/m³；

v_j——空气通过各部件的流速，m/s；

v_{mj}——空气通过各部件的质量流速，kg/(s·m²)。

这种按各部件分别计算阻力的方法比较精确，K_j 可以是 v_{mj} 的函数或其他表达方式，v_j 和 v_{mj} 为通过各部件的数值，ρ_j 可根据各部件的温度及标高精确计算。

（2）按总阻力系数计算。空气通过 ACC 系统的总阻力系数可以认为是空气通过各部件的阻力系数之和，各部件的阻力系数都应换算到同一断面的空气流速或质量流速来考虑，一般考虑换算到空气通过翅片管束迎风面的流速或质量流速为基准。可用式（5-16）表达为：

$$\Delta p_t=K_t\frac{\rho_1 v_{ne}^2}{2}=K_t\frac{v_{mhe}^2}{2\rho_1}\qquad(5\text{-}16)$$

式中 Δp_t——空气通过 ACC 系统的总阻力，Pa；

K_t——ACC 系统总阻力系数；

ρ_1——空气进口密度，kg/m³；

v_{ne}——空气通过翅片管束迎风面的流速，m/s；

v_{mhe}——空气通过翅片管束迎风面的质量流速，kg/（s·m²）。

这种方法有一定的近似性，整个系统考虑为等温，密度以进口ρ_1取值，翅片管束的阻力系数为 v_{mhe} 的函数，但表达公式比较简单，适合于原型现场测试资料的整理。

（3）翅片管束的阻力单独计算，其他部件采用总阻力系数的方法计算。由于翅片管束的阻力系数为 v_{mhe} 的函数，故单独计算，其他各部件采用总阻力系数的方法。

ACC 装置翅片管前后阻力系数见图 5-37。

这种计算方法可以式（5-17）表达：

$$\Delta p_t=\sum K_{he}\frac{v_{mhe}}{2\rho_1}+\sum K_t\frac{v_{mhe}}{2\rho_1}\qquad(5\text{-}17)$$

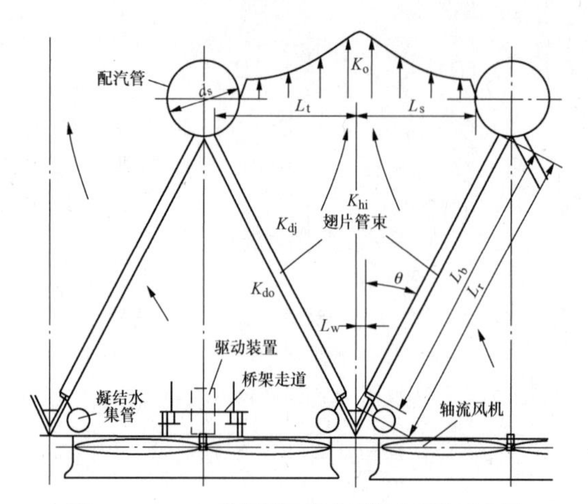

图 5-37　ACC 装置翅片管前后阻力系数示意图

其中 $$K_t=K_i+K_{up}+K_{do}+K_{hi}+K_{dj}+K_o \tag{5-18}$$

式中　Δp_t——空气通过 ACC 系统的总阻力；

K_{he}——翅片管束阻力系数；

v_{mhe}——空气通过翅片管束迎风面的质量流速，kg/（s・m²）；

ρ_1——空气进口密度，kg/m³；

K_t——除翅片管束以外的各部件总阻力系数；

K_i——ACC 空气进口损失系数；

K_{up}——风机上游阻力系数；

K_{do}——风机下游阻力系数；

K_{hi}——翅片管束倾斜布置阻力系数；

K_{dj}——翅片管束空气出口阻力系数；

K_o——两配汽管间的空气出口阻力系数。

2. 翅片管束阻力系数及阻力

通用的两排管椭圆形翅片管束（对应管型见表 5-1 中的 2B）的阻力系数可以式（5-19）表示，该系数包括翅片管本体及本体进、出口损失：

$$K_{he}=4177\times(v_{mhe}/\mu_a)^{-0.43927} \tag{5-19}$$

式中　K_{he}——翅片管束阻力系数；

v_{mhe}——空气通过翅片管束迎风面的质量流速，kg/（s・m²）；

μ_a——空气动力黏度，kg/（m・s）。

若空气温度 t_1=20℃，则$\mu_a=18.15\times10^{-6}$kg/（m・s），代入上式可求得 t_1=20℃时，$K_{he}=34.53v_{mhe}^{-0.43927}$；当 t_1=20℃时，翅片管束阻力计算见式（5-20）：

$$\Delta p_{he}=34.53\times v_{mhe}^{-0.43927}\times\frac{v_{mhe}^2}{2\rho_1}=17.27\times\frac{v_{mhe}^{1.56}}{\rho_1} \tag{5-20}$$

3. 其他部件阻力系数

（1）ACC 进风口阻力损失，包括 ACC 圆形支柱阻力损失，阻力系统以 K_i 表示。外界冷空气进入 ACC 装置下部，改变流速和方向，同时通过钢结构平台下的圆形支柱，这些都会造成阻力损失，这主要与平台上沿进风方向的风机台数、进风口高度和进风方向数有关。在正常设计条件下，ACC 为两个方向或三个方向进风时，其平均水平方向的空气流速为 4～5m/s。如只有一个方向进风，其最大空气流速最大可达 8m/s。设计时通常将 ACC 装置与汽机房 A 排柱间隔一定的距离，使其至少形成两面进风的条件。

当进风平均水平流速为 4.5m/s，通过翅片管束迎风面的质量流速为 2.8kg/（s・m²）时，K_i 值可考虑为 1.4，其他条件下可按式（5-21）计算：

$$K_i=1.4\times\left(\frac{v_i}{4.5}\right)^2\left(\frac{2.8}{v_{mhe}}\right)^2 \tag{5-21}$$

式中　v_i——进风平均水平流速；

v_{mhe}——通过翅片管束迎风面的质量流速。

（2）风机上游阻力系数 K_{up}。风机上游阻力损失主要是在风机进口下方安装防护网，检修时防护网用作检修平台，在其上更换叶片或调整叶片安装角度。其阻力系数主要视阻塞面积及防护网与叶片间的距离而定。以风机导风筒横截面空气流速为基准的阻力系数见图 5-38，计算 K_{up} 时要将该系数换算到翅片管束迎风面风速的数值，即按图 5-38 查得的阻力系统值要乘以（A_n/A_c）²，其中 A_n 为翅片管束迎风面面积，A_c 为风机导风筒横断面面积。一般布置条件下 A_n/A_c 值为 3～3.3。

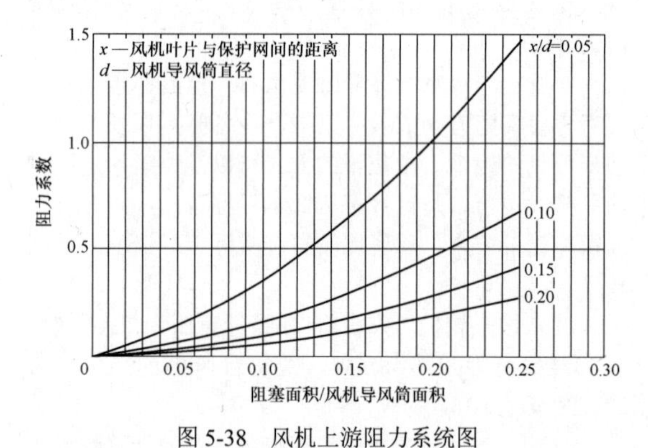

图 5-38　风机上游阻力系统图

（3）风机下游阻力系数 K_{do}。风机下游阻力主要产生于安装在风机上的桥架。风机的驱动装置全部安装在桥架上，桥架要有足够的刚度并保证其自然振动频率远离由于风机剩余不平衡力及空气动力激发的振动频率，以有效保证在平常运行情况下风机平顺地运转。桥架上敷设镀锌格栅，风机运转时，运行维修人员可在其上行走，进行维修和观察。与风机上游阻力系数一样，阻力系数主要取决于阻塞面积及桥架与风机叶片间的距离。以风机导风筒横截面、空气流速为基准的阻力系数见图 5-39。与 K_{up} 一样，要将该系数换算到翅片管束迎风面风速时的数值。

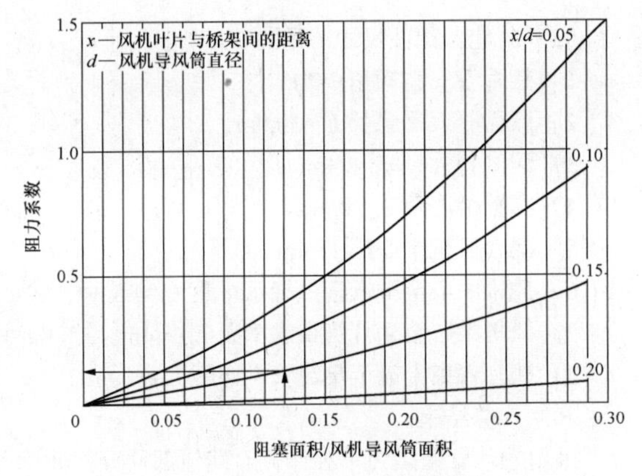

图 5-39　风机下游阻力系统图

（4）翅片管束倾斜布置阻力系数 K_{hi}。风机出口空气流垂直上升，翅片管束倾斜布置在其上，气流转向进入翅片管束形成阻力。经较多研究者试验，该阻力系数可以式（5-22）、式（5-23）表示：

$$K_{hi}=\left(\frac{1}{\sin\theta_m}-1\right)\left[2K_c^{0.5}+\left(\frac{1}{\sin\theta_m}-1\right)\right] \quad (5\text{-}22)$$

$$\theta_m=0.0019\theta^2+0.9133\theta-3.1558 \quad (5\text{-}23)$$

式中　θ——两片翅片管束顶部夹角的半角，（°）；

K_c——翅片管进口收束阻力系数，一般取 0.85。

（5）翅片管束空气出口阻力系数 K_{dj}。相邻翅片管束的出口空气流相互碰撞转向向上排出而形成阻力，其阻力系数可以式（5-24）、式（5-25）表示，式中有关翅片管束布置的几何尺寸见图 5-37：

$$K_{dj}=\left\{\left[-2.89188\times\left(\frac{L_w}{L_b}\right)+2.93291\times\left(\frac{L_w}{L_b}\right)^2\right]\times\left(\frac{L_b}{L_s}\right)\left(\frac{L_t}{L_s}\right)\left(\frac{28}{\theta}\right)^{0.4}+K_{dj(L_w/L_r=0)}^{0.5}\left(\frac{L_b}{L_t}\right)\right\}^2 \quad (5\text{-}24)$$

$$K_{dj\,(L_w/L_r=0)}=\mathrm{e}\,(2.36987+5.8601\times10^{-2}\theta-3.3797\times10^{-3}\theta^2)\left(\frac{L_s}{L_t}\right) \quad (5\text{-}25)$$

式中　L_w、L_b、L_s、L_t、L_r——翅片管束有关布置长度，m，见图 5-37；

θ——两片翅片管束布置顶角半角，（°）。

（6）两配汽管间空气出口阻力系数 K_o。空气离开翅片管束后，气流转弯同上，从而导致两配汽管间中间部位流速很高，最大值接近出口断面平均流速的 4 倍，向两侧空气流速逐渐降低。这种空气不均匀的分配加大了出口动能损失。空气出口阻力系数 K_o 可用式（5-26）、式（5-27）表示：

$$K_o=\left\{\left[-2.89188\times\left(\frac{L_w}{L_b}\right)+2.93291\times\left(\frac{L_w}{L_b}\right)^3\right]\times\left(\frac{L_s}{L_t}\right)^3+\alpha_{e(L_w/L_r=0)}\right\}\left(\frac{L_b}{L_s}\right)^2 \quad (5\text{-}26)$$

$$\alpha_{e\,(L_w/L_r=0)}=1.9874-3.02783\times\frac{d_s}{2L_t}+2.0187\times\left(\frac{d_s}{2L_t}\right)^2 \quad (5\text{-}27)$$

式中　L_w、L_b、L_s、L_t、L_r——翅片管束有关布置长度，m，见图 5-37；

d_s——配汽管外径，m。

式（5-26）和式（5-27）是根据出口气流的不均匀性推导而来。ACC 出口空气流速无因次分布情况见图 5-40，图中横坐标 y/L_t 代表水平方向的相对位置，纵坐标 v_x/v_m 代表各点垂直向上的空气流速与出口断面平均空气流速之比。

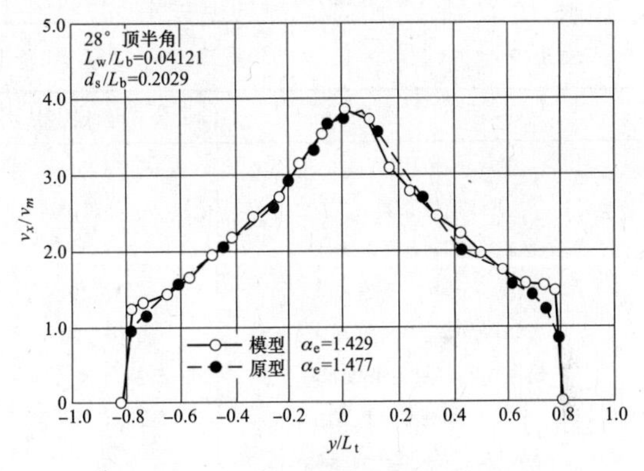

图 5-40　ACC 出口空气流速无因次分布情况

4. 空气阻力计算示例

设计一配 600MW 汽轮机组的空气冷却凝汽器（ACC）系统。进行系统的空气阻力计算，并绘制系统阻力和风机特性的并联曲线。

（1）设计选用主要参数：

根据设计任务，ACC 系统需要 40～56 台 ϕ9.14m 风机，在计算空气阻力后，再进行风机转速、叶片安装角度和冷却段段数的优化。

系统优化的热力计算采用特性模块化冷却段方法，故阻力计算亦采用同一方法。每段布置 6 片翅片管长度为 10.0m 的顺流凝汽器和 2 片翅片管长度为 8.3m 的逆流凝汽器。翅片管束宽度均为 2.85m。

翅片管采用 100mm×20mm×1.5mm 椭圆钢基管和 119mm×49mm×0.35mm 矩形钢翅片。

（2）翅片管束基本资料，见表 5-18。

表 5-18　　翅片管束基本资料

项目	符号	单位	数值
椭圆基管尺寸	$a \times b \times \delta$	mm×mm×mm	100×20×1.5
矩形翅片尺寸	$c \times d \times \delta$	mm×mm×mm	119×49×0.35
基管外横截面面积	A_o	m^2	0.001571
基管内横截面面积	A_i	m^2	0.001295
第一排管数量	N_1	根	51
第二排管数量	N_2	根	58
第一排管翅片距	P_1	mm	4
第二排管翅片距	P_2	mm	2.5
一台风机的翅片管束数量		片	8
D:K 管束数			2:6
D:K 面积比			1:3.6
一台风机的翅片管总面积	A_f	m^2	26427
一台风机的总迎风面面积	A_n	m^2	218.3
	A_f/A_n		121.05

（3）其他各部件尺寸（见图 5-37）：

1）翅片管安装倾角θ=30°。

2）顺流凝汽器管长 L_b=10.0m。

3）配汽管外径 d_s=2.4m。

4）布置偏心距 L_w=0.4m。

5）两台风机中心距 11.4m。

6）风机中心至配汽管外缘水平距 L_s=4.5m。

7）风机中心至翅片管束水平距 L_t=5.4m。

8）翅片管束上端至集流管中心距 L_r=10.5m。

（4）计算结果：

采用翅片管束阻力单独计算，其他部件分别计算阻力系数后相加求总阻力系数，最后得出系统总阻力。由于风机特性按空气密度为 1.2kg/m³ 考虑，故阻力计算亦以ρ_1=1.2kg/m³ 计。

计算基础风量为 590m³/s，通过迎风面的风速为 2.7m/s。

计算结果见表 5-19。

（5）绘制并联曲线。ACC 系统阻力曲线由下列两曲线组成：

表 5-19　　翅片管阻力计算表

项　　目	公式号或图号	阻力系数	阻力（Pa）	备　注
翅片管束阻力Δp_{he}	式（5-20）		67.77	
进口损失系数 K_i	式（5-21）	0.87		
风机上游阻力系数 K_{up}	图 5-38	1.09		
风机下游阻力系数 K_{do}	图 5-39	1.31		
倾斜布置阻力系数 K_{hi}	式（5-22）	2.84		两侧进风 v_i=4.62
翅片管出口阻力系数 K_{dj}	式（5-24）、式（5-25）	9.15		$(A_n/A_c)^2$=10.9
空气出口阻力系数 K_o	式（5-26）、式（5-27）	10.99		
$K_t=K_i+K_{up}+K_{do}+K_{hi}+K_{di}+K_a$		26.25		
其他总阻力			114.82	
ACC 系统阻力			182.59	

翅片管束阻力

$$\Delta p_{he} = 67.77 \times \left(\frac{Q}{590}\right)^{1.56}$$

其他总阻力

$$\Delta p_t = 114.82 \times \left(\frac{Q}{590}\right)^{2.0}$$

式中　Q——阻力曲线上的不同风量，m³/s。

考虑运行条件，ACC 系统阻力在上两式相加后再增加 10%的裕量。阻力曲线与ϕ9.14m 风机特性曲线的并联见图 5-41。

由并联曲线求得风机运行工况，见表 5-20。

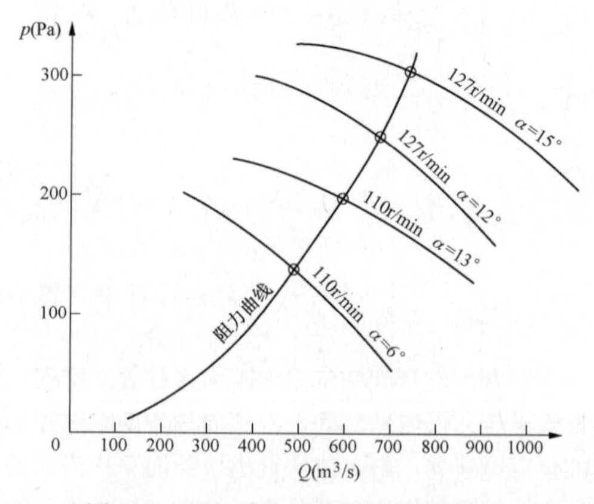

图 5-41　风机特性与系统阻力并联曲线

表 5-20 风机运行工况

风机转速（r/min）	127		110	
叶片安装角度（°）	15	12	13	6
风量（m^3/s）	740	670	595	485
轴功率（kW）	230	190	132	78

5. ACC系统风机转速及叶片角度优化计算示例

配600MW汽轮机组的空气冷却凝汽器系统，假设该系统配48台ϕ9.14m风机。特性模块化冷却段布置数据及空气阻力计算同上面算例。

要求对风机转速及叶片角度进行优化计算。

（1）气象条件。神木地区干球温度分档的多年平均历时及相应频率见表5-21。

表 5-21 逐时干球温度统计

干球温度（℃）	月份												全年合计（h）	从上至下累计（h）	从下至上累计（h）	频率（全年，%）	频率（6～8月，%）
	1	2	3	4	5	6	7	8	9	10	11	12					
−20	0	0	0	0	0	0	0	0	0	0	0	0	0	0	8760	100.00	100.00
−19	0	0	0	0	0	0	0	0	0	0	0	0	0	0	8760	100.00	100.00
−18	2	0	0	0	0	0	0	0	0	0	0	0	2	2	8760	100.00	100.00
−17	9	1	0	0	0	0	0	0	0	0	0	7	17	19	8758	99.98	100.00
−16	18	6	0	0	0	0	0	0	0	0	0	14	38	57	8741	99.78	100.00
−15	53	9	0	0	0	0	0	0	0	0	0	24	86	143	8703	99.35	100.00
−14	59	11	0	0	0	0	0	0	0	0	0	32	102	245	8617	98.37	100.00
−13	67	20	0	0	0	0	0	0	0	0	0	52	139	384	8515	97.20	100.00
−12	63	26	0	0	0	0	0	0	0	0	0	42	131	515	8376	95.62	100.00
−11	57	40	0	0	0	0	0	0	0	0	13	69	179	694	8245	94.12	100.00
−10	54	42	0	0	0	0	0	0	0	0	9	50	163	857	8866	92.86	100.00
−9	38	46	5	0	0	0	0	0	0	0	8	63	162	1017	7983	98.22	100.00
−8	48	50	6	0	0	0	0	0	0	0	13	49	168	1185	7743	88.39	100.00
−7	42	45	23	0	0	0	0	0	0	0	16	55	181	1365	7375	86.47	100.00
−6	34	50	29	0	0	0	0	0	0	0	18	47	178	1544	1386	84.41	100.00
−5	36	50	27	0	0	0	0	0	0	0	25	41	179	1723	7216	82.37	100.00
−4	31	39	39	0	0	0	0	0	0	0	40	44	193	1916	7037	88.33	100.00
−3	39	41	52	0	0	0	0	0	0	0	64	41	237	2153	6844	78.13	100.00
−2	38	41	53	0	0	0	0	0	0	1	68	37	238	2391	6687	75.42	100.00
−1	28	34	48	1	0	0	0	0	0	4	78	32	225	2616	6369	72.71	100.00
0	18	37	52	2	0	0	0	0	0	13	61	15	198	2814	6144	70.14	100.00
1	9	29	43	0	0	0	0	0	0	27	47	11	172	2886	5346	67.83	100.00
2	1	26	45	12	0	0	0	0	0	33	36	8	161	3147	5774	89.91	100.00
3	0	12	49	22	0	0	0	0	0	29	37	3	152	3292	5013	64.88	100.00
4	0	14	49	25	0	0	0	0	2	36	29	9	142	2418	5491	62.34	100.00
5	0	3	36	40	0	0	0	0	4	43	26	0	194	2692	5312	60.64	100.00
6	0	0	34	51	0	0	0	0	4	51	32	0	199	3904	5158	58.88	100.00
7	0	0	33	45	9	0	0	0	13	53	30	0	198	3884	4953	58.01	100.00
8	0	0	20	44	7	0	0	0	12	61	27	0	179	4163	4776	54.52	100.00

续表

干球温度（℃）	月份												全年合计（h）	从上至下累计（h）	从下至上累计（h）	频率（全年，%）	频率（6～8月,%）
	1	2	3	4	5	6	7	8	9	10	11	12					
9	0	0	17	43	10	0	0	0	32	43	14	0	199	4332	4537	52.46	100.00
10	0	0	22	12	10	0	0	0	99	54	15	0	181	4512	4425	53.56	100.00
11	0	0	12	42	21	3	0	0	59	52	8	0	187	4715	4248	48.49	89.91
12	0	0	11	41	24	2	0	4	60	50	4	0	229	4918	4051	46.24	92.71
13	0	0	4	44	44	0	0	11	53	22	2	0	198	5112	3842	43.86	99.40
14	0	0	6	40	44	18	2	25	51	27	0	0	210	5225	3547	41.63	96.69
15	0	0	2	56	59	39	11	24	54	30	0	0	298	5663	2457	89.24	98.68
16	0	0	0	44	57	46	19	52	44	18	0	0	278	5881	3157	36.04	92.89
17	0	0	0	29	49	59	57	34	43	15	0	0	222	6163	2879	32.87	87.68
18	0	0	0	25	45	52	61	78	26	15	0	0	302	6465	2597	29.68	80.84
19	0	0	0	20	47	51	79	63	42	14	0	0	322	6797	2285	26.20	72.49
20	0	0	0	19	49	49	69	52	42	9	0	0	279	7076	1963	22.41	62.72
21	0	0	0	16	51	55	57	49	40	8	0	0	275	7351	1684	10.22	55.30
22	0	0	0	10	55	52	48	47	46	11	0	0	264	7615	1489	16.09	48.05
23	0	0	0	2	48	49	50	46	23	7	0	0	227	7849	1145	13.07	41.62
24	0	0	0	0	31	38	49	62	16	1	0	0	197	8039	919	10.48	34.96
25	0	0	0	0	34	50	49	48	12	0	0	0	193	8232	721	8.23	28.22
26	0	0	0	0	29	47	55	45	0	0	0	0	176	8408	528	6.03	21.56
27	0	0	0	0	11	33	39	22	0	0	0	0	105	8513	352	4.02	14.90
28	0	0	0	0	9	33	47	16	0	0	0	0	107	8620	247	2.82	10.64
29	0	0	0	0	3	16	38	12	0	0	0	0	69	8689	140	1.60	6.20
30	0	0	0	0	0	12	26	10	0	0	0	0	40	8787	71	0.81	3.22
31	0	0	0	0	0	0	17	4	0	0	0	0	21	8758	23	0.26	1.04
32	0	0	0	0	0	0	2	0	0	0	0	0	2	8760	2	0.02	0.09
33	0	0	0	0	0	0	0	0	0	0	0	0	0	8760	0	0.00	0.00
34	0	0	0	0	0	0	0	0	0	0	0	0	0	8760	0	0.00	0.00

根据表5-21得出有关气象特征值，见表5-22。

表5-22　　气象特征值

气象特征	气压（hPa）	干球温度		相对温度（%）	空气密度（kg/m³）
		数值（℃）	历时（h）		
夏季小时频率10%	890	28.0	247	40	1.025
夏季加权平均（30～15℃）	895	19.6	3154	60	1.059
春秋季加权平均（14～4℃）	900	2.4	3880	50	1.137

（2）汽轮机特性。根据各制造厂提的600MW汽轮机资料，可大致认为排汽背压每变化1kPa，排汽热负荷变化0.4%，据此求得各工况排汽热负荷，见表5-23。

表5-23　　汽轮机排热负荷特征

工况	背压（kPa）	排汽热负荷（MW）
夏季频率10%	30.0	900
夏季平均	15.0	846
春秋平均	9.0	826

（3）翅片管束散热系数。根据小型试验资料，翅片管散热系数 K_f=24.65 $v_{ma}^{0.34}$ W/（m²·K），转换为工业规模时乘以修正系数 K=0.85。

（4）按夏季加权平均气象条件计算，结果见表5-24。

表5-24 按夏季加权平均气象条件优化计算风机转速及叶片角度

风机转速（r/min）	127		110	
叶片角度（°）	15	12	13	6
风机风量（m³/s）	740	670	595	485
通过迎风面的质量风速 v_{ma}［kg/（m²·s）］	3.59	3.25	2.89	2.35
散热系数 K_f［W/（m²·K）］	32.35	31.28	30.06	28.01
冷却单元数NTU	1.090	1.165	1.259	1.442
传热效率 E	0.664	0.688	0.716	0.764
空气温升 $\Delta\theta$（℃）	22.49	24.84	27.94	34.36
初始温差ITD（℃）	33.78	36.70	39.02	44.97
排汽温度 t_c（℃）	53.38	56.30	58.62	64.57
排汽压力 p_c（kPa）	14.57	16.74	18.66	24.56
排汽压力差 Δp_c（kPa）	0	2.17	4.09	9.99
发电功率差 ΔP_e（MW）	0	5.208	9.816	23.976
48台风机功率差 ΔP_f（MW）	7.296	5.376	2.529	0
总功率差 $\Delta P_e+\Delta P_f$（MW）	7.296	10.584	12.408	23.970

（5）按春秋季加权平均气象条件计算，结果见表5-25。

表5-25 按春秋季加权平均气象条件进行风机转速及叶片角度优化计算

风机转速（r/min）	127		110	
叶片角度（°）	15	12	13	6
风机风量（m³/s）	740	670	595	485
通过迎风面的质量风速 v_{ma}［kg/（m²·s）］	3.85	3.49	3.10	2.53
传热系数 K_f［W/（m²·K）］	33.13	32.04	30.78	28.72
冷却单元数NTU	1.042	1.111	1.201	1.374
传热效率 E	0.6473	0.6708	0.6991	0.7469
空气温升 $\Delta\theta$（℃）	20.48	22.59	25.43	31.16
初始温差ITD（℃）	31.64	33.68	36.38	41.72
排汽温度 t_c（℃）	34.04	36.08	38.78	44.12
排汽压力 p_k（kPa）	5.318	5.974	6.917	9.147
排汽压力差 Δp_c（kPa）	0	0.656	1.599	3.829
发电功率差 ΔP_e（MW）	0	1.574	3.838	9.190
48台风机功率差 ΔP_f（MW）	7.296	5.376	2.592	0
总功率差 $\Delta P_e+\Delta P_f$（MW）	7.296	6.950	6.430	9.190

（6）结果论述：

1）夏季加权平均气温19.6℃，经计算以风机转速较高和叶片角度较大的方案为优化方案。但转速为127r/min、叶片角度为15°的方案电动机容量较大，需采用6000V电压，增加了投资，同时噪声和振动也较大，因而建议选用居次位的方案，即采用转速为127r/min、叶片安装角度为12°的方案，可采用电压为380V的电动机。

2）春秋季加权平均气温为2.4℃，经计算以风机转速110r/min和叶片角度13°为优化方案。

3）经过翅片管迎风面的经济质量风速随着计算空气温度的升高而增大，一般变化在3～4kg/（m²·s）。在投资增加不多的条件下，宜采用自动调节风量的措施，以适应气温和负荷变动的条件下，风机全年经常在经济风速下运行。

三、风机

轴流式风机是ACC系统的通风设备。它能在较低压力下供给大流量的冷却空气。ACC系统采用的风机与用于湿式机械通风冷却塔的轴流式风机类似，只是传动方式和电动机型式有所不同。

通常，轴流式风机具有4～8个叶片，增加叶片数，其价格和提供的空气量都要增加。当空气流量维持不变时，降低风机转速就要增加叶片数量，这对降低噪声和提高效率都是有利的。

1. 风机特性

（1）风机全压差，全压差等于静压差和动压差之和，通风系统中静压差和动压差可以相互转换。风机全压差计算公式为：

$$p = p_{st} + p_{dy} \tag{5-28}$$

式中 p——风机全压差，Pa；

p_{st}——风机静压差，Pa；

p_{dy}——风机动压差，Pa。

（2）风机动压差，计算公式为：

$$p_{dy} = \left(\frac{Q}{A_b - A_h}\right)^2 \times \frac{\rho}{2} \tag{5-29}$$

式中 Q——风机风量，m^3/s；

A_b——以风机叶片直径计算的面积，m^2；

A_h——以风机轮毂直径计算的面积，m^2；

ρ——空气密度，kg/m^3。

风机的动压差在正常工作范围内一般为 40～60Pa。

风机的流量—压力差关系曲线有的以静压表示，有的以全压表示。

（3）轴流风机性能曲线。图 5-42 所示为一直径为 9150mm、6 个叶片、空气密度为 $0.991kg/m^3$ 的轴流风机特性曲线，图中横坐标表示风机风量，纵坐标分别表示风机静压差及轴功率。

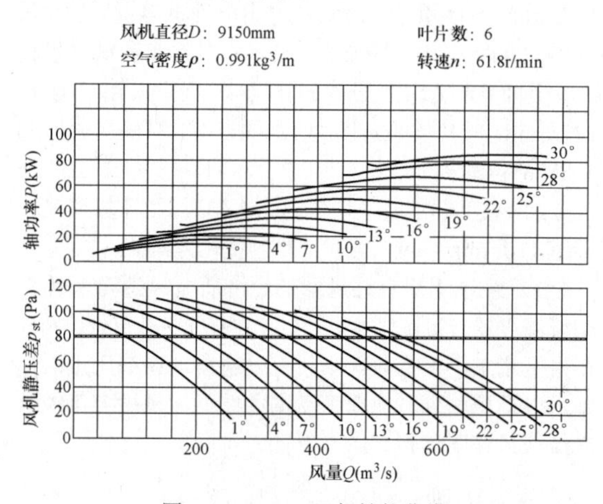

图 5-42　9.15m 风机性能曲线

2. 风机传动装置

直径在 1.5m 以下的风机通常是与电动机直接连接的，风机直径较大时，风机转速必须降低，以避免叶尖速度过大而引起噪声的增大。降低速度比较简单的方法是在电动机与风机之间用三角皮带传动，三角皮带的传输功率可达 30～40kW，对更高的传输功率，可采用齿轮减速装置。ACC 采用的风机一般由齿轮减速装置连接，可直接安装在风机轮毂的支架上。

各种连接方式的机械效率按表 5-26 选用。

表 5-26　各种连接方式的机械效率

连接方式	机械效率 η_m
电动机直连	1.00
联轴节连接	0.98
齿轮减速装置连接	0.95
三角皮带连接	0.92

3. 风机功率及效率

风机功率及效率计算公式见表 5-27。

表 5-27　风机功率及效率计算公式

项　目	公　式	单 位
有效功率	$P_e=\frac{pQ}{1000}$	kW
内功率	$P_i=\frac{pQ}{1000\eta_i}$	kW
轴功率	$P_b=\frac{pQ}{1000\eta_i\eta_m}$	kW
电动机功率	$P=\frac{pQ}{1000\eta_i\eta_m}K$	kW
内效率	$\eta_i=\frac{P_e}{P_i}$	
全压效率	$\eta=\frac{P_e}{P_b}$	
静压效率	$\eta_{st}=\frac{p_{st}Q}{1000P_b}$	

注　p—全压，Pa；Q—风量，m^3/s；η_m—传动机械效率，见表 5-26；K—电动机储备系数，取 1.05～1.20（大电动机取下限，小电动机取上限）。

4. 风量调节

（1）改变转速。这种调节方式没有调节损失，相应工况点的效率不变，但不能超过风机的最高转速，改变转速后的性能变化以式（5-30）表示：

$$\frac{n_1}{n_2}=\frac{Q_1}{Q_2}=\sqrt{\frac{p_1}{p_2}}=\sqrt[3]{\frac{P_1}{P_2}} \tag{5-30}$$

式中 n——转速；

Q——风量；

p——压力；

P——功率；

下角标 1、2——两种转速下工况。

ACC 系统的风机可采用定速、双速或变频调速电动机，近期的 ACC 系统多采用变频调速电动机，有利于根据气温和负荷优化汽轮机背压和防冻的自动化。

（2）改变叶片安装角度。改变叶片安装角度，可扩大性能的范围。调节方式有以下三种：

1）不停机自动调角式。通过仪表信号压力变化，风机在运行中自动调节叶片角度以改变风量。

2）不停机半自动调角式。在风机运行过程中，手动调节工作气源压力，可随时调节叶片角度。

3）停机手调式。ACC 系统一般风机数量较多，根据气温和负荷可启停部分风机，加以采用改变转速的方式调节风量已有足够的调节范围，故可采用停机手调式。

改变风机叶片的安装角度可以改变风机的参数，

ACC 系统的风机在安装时已根据设计的风机参数调整好叶片安装角度，故一般在投入运行后不再调整叶片角度。特殊情况下需要调整叶片安装角度时，需由专业的公司或人员操作。

5. 噪声

风机噪声主要是空气动力性噪声，它是当气体有了涡流或压力发生突变时，因气体的扰动而产生的空气动力性噪声，其次是由电动机及传动装置产生的噪声。

（1）噪声的定义式及单位。噪声某些量的定义式及单位见表 5-28。

表 5-28　噪声某些量的定义式及单位

名称	符号	定义式	单位	备注
声压	p	p_i–p_a	Pa	p_i 为空间某点压力，p_a 为大气压力
声压级	L_p	$2\log\dfrac{p}{p'}$	dB	$p'=2\times10^{-5}$Pa
声功率	P_o	单位时间内垂直通过指定面积的声能量	W	
声功率级	L_{po}	$10\log\dfrac{P_o}{P_{oa}}$	dB	$P_o'=10^{-12}$W
声 强	I	$p\mu$	W/m^2	μ为振速（m/s）
声强级	L_I	$10\log\dfrac{I}{I'}$	dB	$I'=10^{-12}$W/m^2

（2）轴流风机 A 计权声功率噪声计算。ACC 系统轴流风机 A 计权声功率噪声 L_{po} 可采用式（5-31）近似计算：

$$L_{po}=C+30\log\omega+10\log\frac{p_{st}Q}{1000}-5\log D \tag{5-31}$$

式中　C——基本噪声水平值，正常设计情况可取 44dB（A），低噪声设计情况可取 37dB（A）；

ω——叶片尖端速度，m/s；

p_{st}——静压升高值，Pa；

Q——空气流量，m^3/s；

D——风机直径，m。

（3）风机群噪声计算。若 ACC 系统共有 n 个风机，则总的噪声水平 L_{pon} 可采用式（5-32）计算：

$$L_{pon}=L_{po}+10\log n \tag{5-32}$$

（4）风机噪声随距离衰减计算。距风机 R（m）处的声压级噪声 L_p 可近似由式（5-33）计算：

$$L_p=L_{po}-10\log(2\pi R^2) \tag{5-33}$$

四、系统优化计算

（一）优化的目的

主汽轮机排汽冷却系统（冷端）是火力发电厂的重要系统之一，冷端的配置直接关系到主汽轮机的安全及经济运行，冷端规模越小，其投资越少，同时汽轮机背压会升高，发电量下降；反之冷端规模越大，其投资越大，同时汽轮机背压会降低，发电量增加。如何确定一个合理的冷端规模，是冷端优化需要解决的问题。

优化设计的目的是根据项目所在地的客观条件，如气象条件、工程造价水平、燃料价格、电价等，经过优化计算，兼顾技术、经济、安全等因素后，找到最适合的冷端参数配置，包括汽轮机背压、散热器面积、迎风面风速等。

（二）优化的原则

（1）优化方案须满足国家法律法规的要求，比如噪声等。

（2）采用汽轮机 TMCR 工况的凝汽量进行计算。

（3）电量计算尽量准确，一般是采用典型年气温—小时分布，逐时计算微增电量，干球温度间隔不超过 2℃。

（4）经济比较可按现价考虑。

（5）对煤价、电价等对方案经济性影响较大的因素，必要时宜进行敏感性分析。

（三）优化的方法

优化计算一般采用年总费用最小法。将空冷系统的投资按规定的回收率分摊到每一年中作为年固定费用，再加上年运行费（主要是风机耗电费用及煤耗）、折旧费、维修费以及微增出力引起的补偿电量的电费即为年总费用，其值最小的方案即为最优方案。计算公式同第四章式（4-6）～式（4-8）。

（四）优化计算示例

1. 优化计算所需资料

（1）汽轮机有关资料：

1）汽轮机排汽量、排汽焓。用于计算进入空冷系统的热负荷，如果有其他辅机（如汽动给水泵等）热负荷进入空冷系统，则需全部计算在内。对于某一特定工况（如 TMCR 工况），汽轮机的排热量是随着背压的变化而变化的，计算时应采用与各背压对应的排热量。

2）汽轮机背压功率（或煤耗）修正曲线。汽轮机的功率（或煤耗）随着背压的变化而变化，利用汽轮机背压功率（或煤耗）修正曲线可以计算出不同背压时汽轮机的微增功率（或煤耗）。

3）汽轮机特性参数。汽轮机特性参数主要包括设计背压、夏季背压、阻塞背压等，这些特性参数在优化计算中起限制作用。

在工程初期，可先参考同类型汽轮机组的热力参数，通过优化计算确定汽轮机的设计背压。在汽轮机确定后，可根据实际确定的汽轮机参数进行优化计算，以优选出合理的空冷系统。

当要求汽轮机组夏季某气温要满发时，夏季背压成为一个限制条件，所有参与优化的空冷配置方案中，不能满足夏季背压条件的方案被淘汰，可以满足夏季背压要求的方案才能参与优化比较。

阻塞背压与优化计算中的计算最低背压有关，最低计算背压应在阻塞背压之上，通常考虑防冻的因素，最低计算背压均高于阻塞背压。

（2）气象资料：

1）干球温度。典型年逐时干球温度统计表是空冷系统的基本气象资料，据此可以计算出空冷系统的设计气温、夏季设计气温等。优化计算时，通常根据典型年逐时干球温度统计表来分段计算汽轮机背压和微增功率（或煤耗）。

当没有典型年逐时干球温度统计表时，可采用月平均或季度平均干球温度进行优化计算，这样计算的结果精确度低一些。

2）环境风资料。环境风对直接空冷系统的影响很大，会引起热风回流并且影响风机出力，导致汽轮机背压升高，因而在优化计算时应考虑环境风的影响并予以修正。

（3）技经资料。技经资料包括煤价、电价、设备造价、土建造价等。其中，煤价、电价对优化结果影响很大，必要时应做敏感性分析。

2. 计算过程

（1）根据经验取一组不同的空气冷却器面积（或ITD），再取一组不同的迎风面风速（对应不同的风机），两组数据组合出不同的空冷配置方案参与优化计算。

（2）对每一个空冷配置方案，分别计算总投资费用、年固定分摊率及年运行费用，从而计算出各方案的年总费用。计算公式见式（4-8）。

（3）剔除不满足限制条件的方案，如夏季背压、噪声要求等，其余方案列表进行年总费用排序。

（4）根据年总费用排序表及其他因素，选择推荐的空冷配置方案。

3. 示例

采用微增电量法对某 2×350MW 机组进行优化计算。

（1）基本设计条件：

1）设计气温：14℃；夏季设计气温为 31℃。

2）空冷系统设计环境风速：4.0m/s。

3）电价：0.30 元/（kW • h）。

4）机组利用小时数：5500h。

（2）汽轮机特性数据，见表 5-29。

表 5-29　某 2×350MW 空冷汽轮机特性数据

序号	项目名称	汽轮机最大连续功率（TMCR）工况	汽轮机额定功率（TRL）工况
1	汽轮机发电机组功率（MW）	350	328.18
2	汽轮机排汽量（t/h）	620.03	632.76
3	主汽轮机排汽焓（kJ/kg）	2438.5	2561.3
4	给水泵汽轮机排汽量（t/h）	60.3	70.71
5	给水泵汽轮机排汽焓（kJ/kg）	2542.9	2639.5

（3）背压功率修正曲线，见图 5-43。

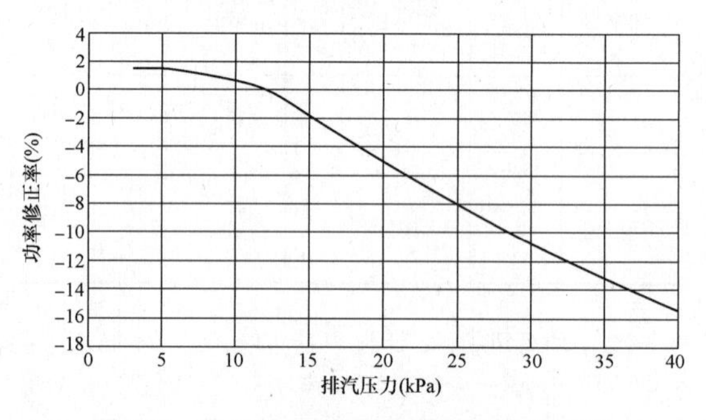

图 5-43　某 2×350MW 机组背压功率修正曲线

（4）背压热耗修正曲线，见图 5-44。

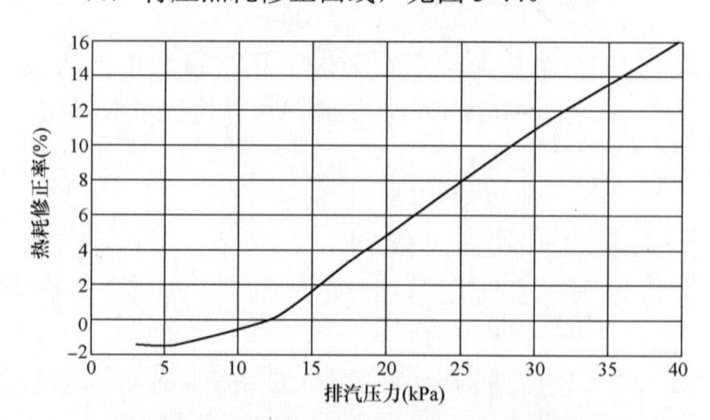

图 5-44　某 2×350MW 机组背压热耗修正曲线

（5）典型年干球温度统计，见表 5-30。

表 5-30　　某 2×350MW 机组典型年干球温度累积频率

温度区间（℃）	累积次数	出现次数	累积频率（%）	温度区间（℃）	累积次数	出现次数	累积频率（%）
39.9～39	1	1	0.01	9.9～9	4788	193	54.66
38.9～38	5	4	0.06	8.9～8	5014	226	57.24
37.9～37	12	7	0.14	7.9～7	5226	212	59.66
36.9～36	21	9	0.24	6.9～6	5449	223	62.2
35.9～35	30	9	0.34	5.9～5	5643	194	64.42
34.9～34	43	13	0.49	4.9～4	5857	214	66.86
33.9～33	61	18	0.7	3.9～3	6079	222	69.39
32.9～32	88	27	1	2.9～2	6309	230	72.02
31.9～31	139	51	1.59	1.9～1	6492	183	74.11
30.9～30	217	78	2.48	0.9～0	6697	205	76.45
29.9～29	299	82	3.41	−0.1～−1	6925	228	79.05
28.9～28	401	102	4.58	−1.1～−2	7117	192	81.24
27.9～27	515	114	5.88	−2.1～−3	7292	175	83.24
26.9～26	652	137	7.44	−3.1～−4	7484	192	85.43
25.9～25	806	154	9.2	−4.1～−5	7716	232	88.08
24.9～24	982	176	11.21	−5.1～−6	7902	186	90.21
23.9～23	1207	225	13.78	−6.1～−7	8069	167	92.11
22.9～22	1426	219	16.28	−7.1～−8	8219	150	93.82
21.9～21	1687	261	19.26	−8.1～−9	8365	146	95.49
20.9～20	1969	282	22.48	−9.1～−10	8469	104	96.68
19.9～19	2259	290	25.79	−10.1～−11	8548	79	97.58
18.9～18	2552	293	29.13	−11.1～−12	8598	50	98.15
17.9～17	2846	294	32.49	−12.1～−13	8655	57	98.8
16.9～16	3143	297	35.88	−13.1～−14	8689	34	99.19
15.9～15	3419	276	39.03	−14.1～−15	8719	30	99.53
14.9～14	3693	274	42.16	−15.1～−16	8743	24	99.81
13.9～13	3946	253	45.05	−16.1～−17	8750	7	99.89
12.9～12	4169	223	47.59	−17.1～−18	8751	1	99.9
11.9～11	4381	212	50.01	−18.1～−19	8754	3	99.93
10.9～10	4595	214	52.45	−19.1～−20	8758	4	99.98
				−20.1～−21	8760	2	100

（6）技经参数。空气冷却器和风机设备投资根据目前市场各投标商的价格综合考虑。土建安装费用根据当地价格计算。

（7）优化计算结果：

1）根据以上条件，对各组合方案进行年总费用计算，并按年总费用排序，结果见表 5-31。

表 5-31　　直接空冷系统优化计算结果汇总

序号	年总费用（万元）	ITD（℃）	空冷散热器总冷却面积（m²）	迎风面风速（m/s）	全年风机总功耗（GW·h/年）	全年总发电量（GW·h/年）
1	2691.836	29.500	942769.938	2.200	18.537	1915.380
2	2692.250	29.500	958512.938	2.150	17.691	1915.367
3	2692.440	29.000	959024.563	2.200	18.857	1917.780
4	2692.840	29.000	975039.063	2.150	17.996	1917.769
5	2694.234	29.000	943708.750	2.250	19.739	1917.792
6	2694.877	30.000	927057.125	2.200	18.228	1912.856
7	2695.298	30.000	942537.750	2.150	17.396	1912.843
8	2696.344	28.500	975849.563	2.200	19.188	1920.081
9	2696.579	30.000	912251.750	2.250	19.081	1912.869
10	2696.735	28.500	992145.000	2.150	18.312	1920.071
11	2697.404	29.500	913298.750	2.300	20.295	1915.404
12	2698.139	29.000	929045.313	2.300	20.645	1917.803
13	2698.187	28.500	960265.000	2.250	20.086	1920.092
14	2700.323	30.000	898077.125	2.300	19.957	1912.881
15	2702.177	28.500	945344.313	2.300	21.007	1920.103
16	2703.226	29.500	899483.813	2.350	21.208	1915.416
17	2703.971	28.000	993275.438	2.200	19.530	1922.264
18	2704.079	29.000	914992.188	2.350	21.574	1917.814
19	2704.356	28.000	1009861.875	2.150	18.639	1922.254
20	2705.859	28.000	977412.625	2.250	20.445	1922.274
21	2706.034	30.000	884492.438	2.350	20.854	1912.894
22	2708.238	28.500	931044.688	2.350	21.952	1920.113
23	2709.934	28.000	962225.500	2.300	21.383	1922.284
24	2710.980	29.500	886230.875	2.400	22.144	1915.427
25	2691.836	29.500	942769.938	2.200	18.537	1915.380

2）根据计算结果，绘制 ITD、设计迎风面风速与年总费用的关系曲线，见图 5-45。

（8）推荐方案的选择。根据以上计算结果并结合其他因素，推荐方案空冷系统的主要参数为：

1）设计背压：12kPa。

2）夏季工况设计背压：30kPa。

3）散热器面积：960000m²。

4）迎风面风速：2.20m/s。

（9）优化结果表的说明：

1）年总费用是相对值，也就是说各方案的相同部分可以不计入，这样不影响对各方案的比较，同时简化了计算。

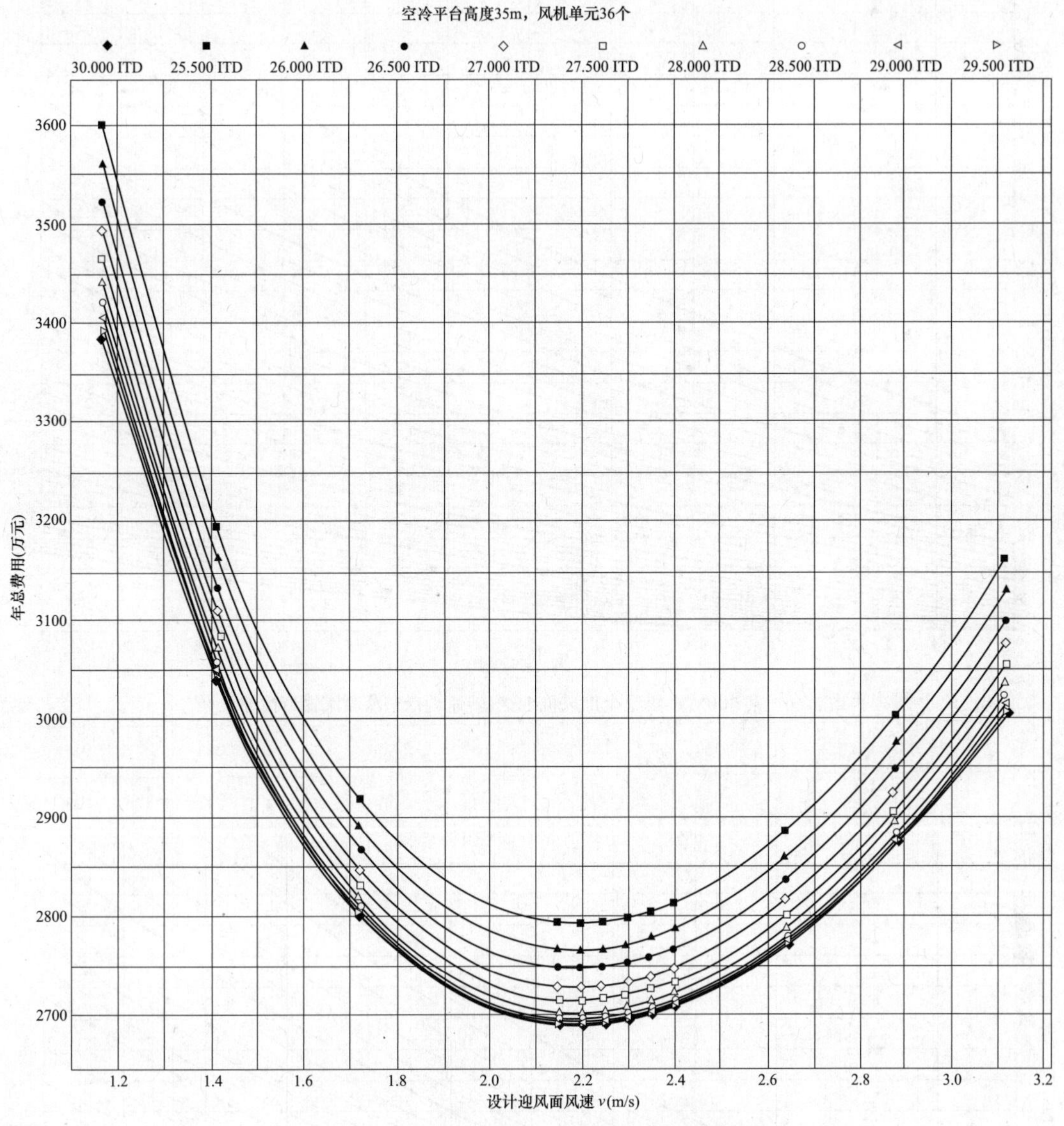

图 5-45　ITD、设计迎风面风速—年总费用关系曲线

2）考虑计算存在误差，表中年总费用很接近的方案可以视为年总费用基本相同，这些方案的排序可视为并列。

3）理论上，年总费用最小的方案即为最优方案，但在实际工程中还要考虑工程特点、燃料价格趋势、电价趋势以及其他综合因素等确定推荐方案。

五、系统特性曲线

在空冷系统确定后，对不同排汽量、不同气温、不同风机转速分别进行热力计算，得出不同的背压，将这些背压值连成曲线即可得到空冷系统的特性曲线。

特性曲线全面反映了空冷系统的特性，不同条件下的运行参数可以在曲线上查到，对系统的运行具有指导意义，也可为空冷系统的性能考核试验提供验证依据。

某 300MW 机组的空冷系统特性曲线见图 5-46～图 5-50。

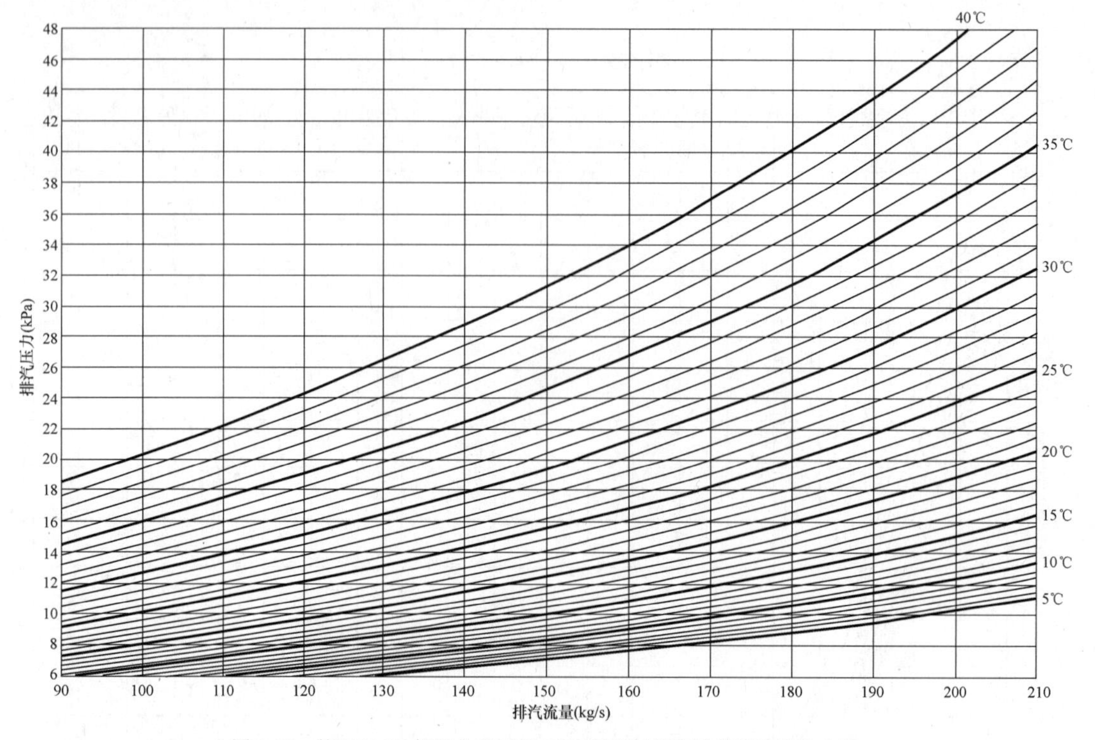

图 5-46　某 300MW 机组全部风机 110%转速运行空冷凝汽器特性曲线

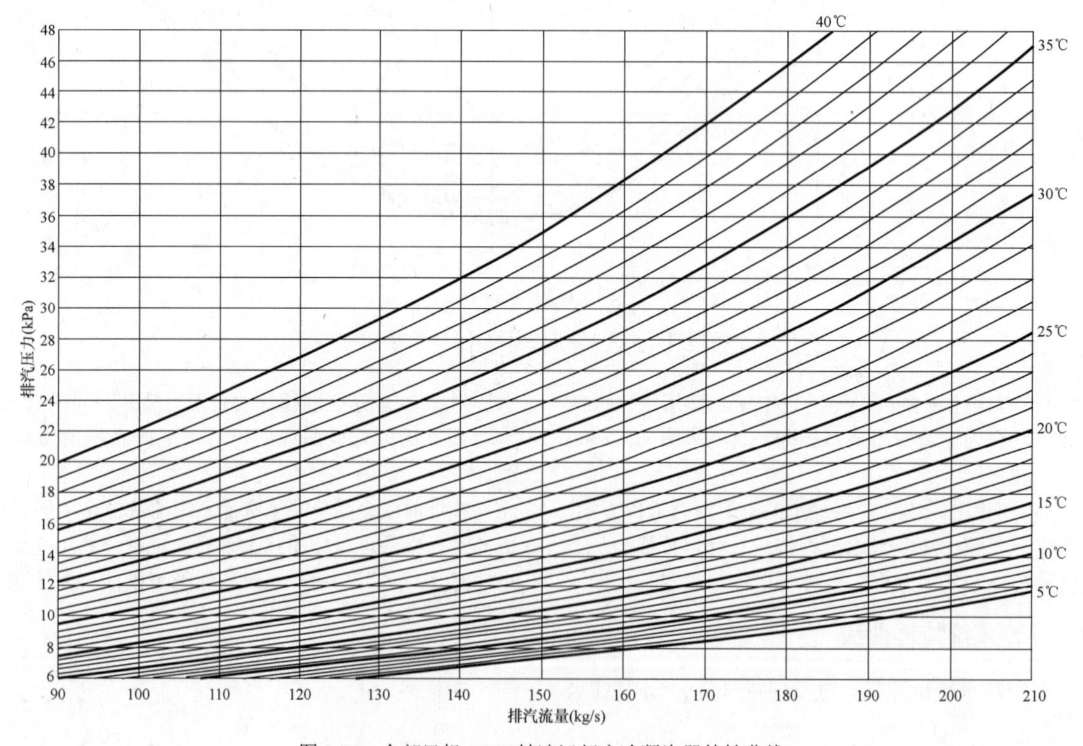

图 5-47　全部风机 100%转速运行空冷凝汽器特性曲线

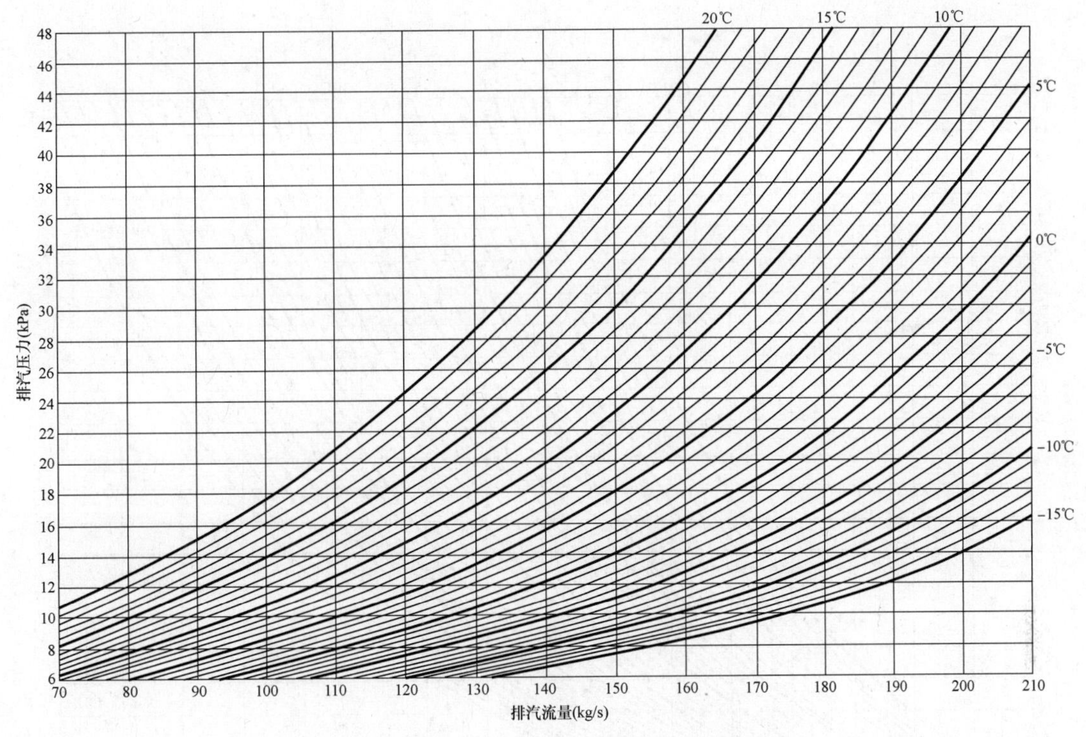

图 5-48　全部风机 75%转速运行空冷凝汽器特性曲线

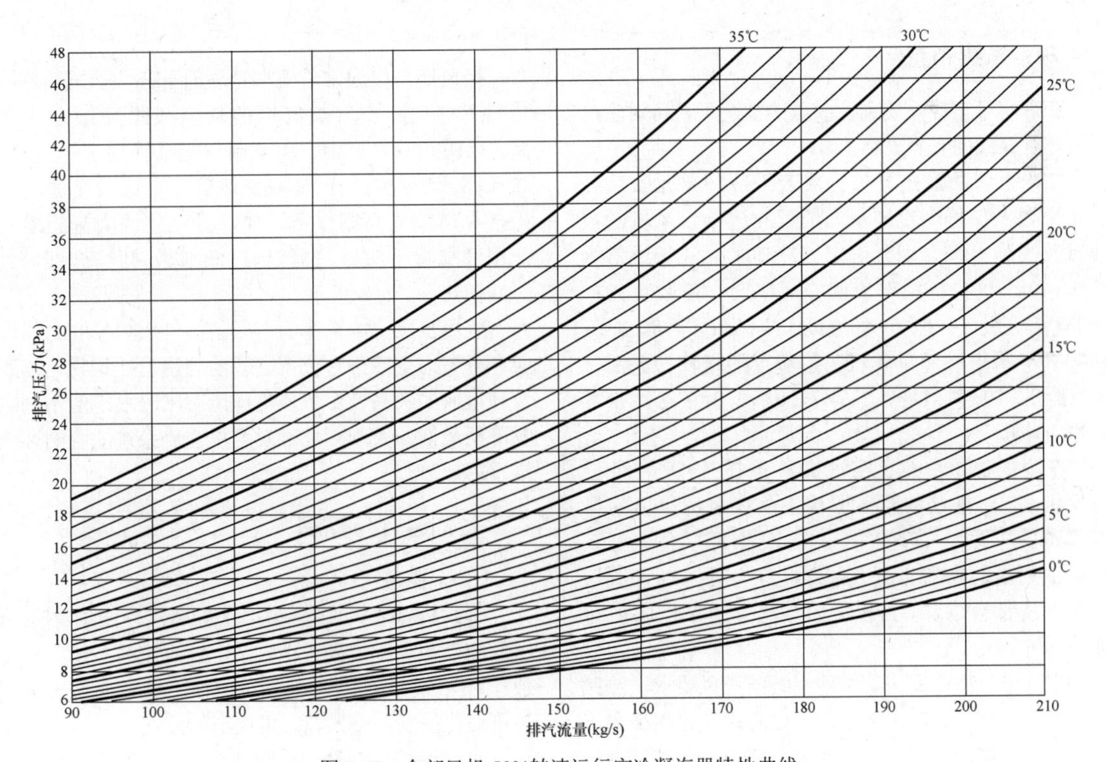

图 5-49　全部风机 50%转速运行空冷凝汽器特性曲线

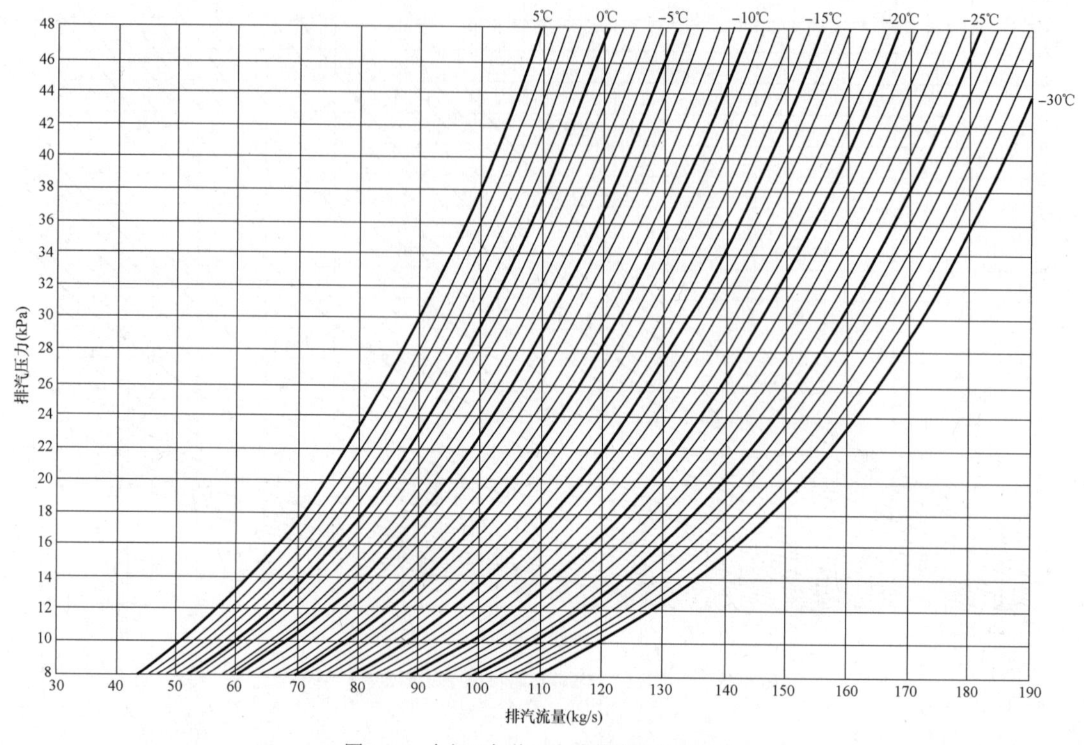

图 5-50　全部风机停运空冷凝汽器特性曲线

六、系统布置

在确定了空冷系统主要参数的情况下，可对空冷系统进行详细的布置设计。

空冷系统的散热器被分成若干冷却单元安装在空冷平台上，每个冷却单元的尺寸应结合风机的尺寸以及防冻等综合因素确定。冷却单元边长通常为11～14m，单台机组对应的冷却单元参考数量为：300MW 机组，4×6、5×6；600MW 机组，7×8、8×8；1000MW 机组冷却单元较多，布置形式较为灵活，如 10×8、10×7、11×7、12×7、8×9、9×9 等，推荐采用 10×8。

空冷平台通常布置在汽机房 A 排外，平台外沿与汽机房 A 排柱的距离取决于从汽机房引出的排汽管道的布置，一般为 15～19m。空冷平台也可以有其他灵活的布置方式，远离主厂房时排汽管道压降和投资都会增加，且粗大的排汽管道在厂区内布置很困难。

空冷平台高度取决于空冷系统的进风要求，热风回流条件也有一定的影响，同时要考虑布置在平台下设备和建筑物的高度。一般情况下空冷平台高度为：300MW 机组 34～40m，600MW 40～45m，1000MW 机组 48～50m。

挡风墙高度通常与配汽管顶部平齐。挡风墙使散热器入口的冷空气与出口的热空气隔开一定的距离，以防止热风回流。挡风墙与配汽管顶部平齐时，热风回流情况与挡风墙投资达到一个比较合适的平衡，挡风墙过高则投资增加，且对热风回流的遏制作用增加得不明显，挡风墙过低则热风回流会增大，影响散热。

采用直接空冷系统的电厂，在厂区总平面布置时，应充分考虑空冷平台位置、朝向与附近建筑物、热源及环境风的关系，尽量使环境风对空冷系统的不利影响降至最低。关于环境风对直接空冷系统的影响详见本章第一节。

七、运行与控制

（一）概述

（1）机械通风直接空冷系统（ACC）的控制系统涉及的设备多、边界条件复杂，因而控制系统比较复杂，为保证机组的经济、安全运行，ACC 系统采用程控自动化控制，不推荐人工控制的方式。

（2）运行控制是机械通风直接空冷系统的重要环节，直接影响到系统运行的经济性，甚至影响到运行的安全性。

（3）系统运行的经济性是追求的目标，可使空冷系统的冷却能力得以充分利用。系统的最低运行背压是一个很重要的参数，其值偏高将直接降低运行的经济性，其值偏低又可能造成安全风险，因而需要根据运行经验，结合当地特点慎重确定。

（4）运行的安全性需要充分重视，主要包括在高温大风不利组合的情况下不发生跳机事故，以及在寒冷气候下不产生结冻的情况。

（二）控制原则

（1）机械通风直接空冷系统的控制主要是通过调节风机风量来实现的，通过调节风量使汽轮机的排汽压力保持在一个设定值的范围内。系统的风机一般采用变频调速方式，可以通过改变风机转速来调节每个风机的风量，调节灵活。如采用双速风机，可通过风机的高、低速运行以及运行台数来调节风量，如采用定速风机，则只能通过调整风机运行台数来调节风量。

（2）在满足一定的先决条件的情况下才能启动风机，先决条件为冷凝水收集管中的凝结水温高于某一设定值（一般为 35℃），并且凝结水温度高于环境温度某一设定值（一般为 5℃）。

（3）ACC 系统的风机数量较多，为了系统平稳及防止结冻，风机群启动时应按照风机转速配置表进行。

（4）在机组启动阶段，抽真空系统工作，使 ACC 系统达到设定的抽真空状态值（一般为 13kPa）后，且在排汽管、蒸汽分配管和凝汽器管束充满蒸汽的条件下，风机才能投运。

（5）由于通过改变流过空气冷却器的空气流量来调节温度及压力的过程中，从开始调节风量到温度及压力发生变化有一定的滞后，因此控制设备要求有足够的延迟时间。

（6）为保证空冷系统安全，在排汽超温、超压及排汽装置水位高的情况下，应关闭空冷凝汽器（即切断 ACC 系统的所有汽源）。

（三）主要注意事项

（1）在初次向空冷凝汽器输送蒸汽时，凝汽器的背压会突然升高，这是由于蒸汽未能立即凝结以及凝汽器中残存的不可凝汽体未能被马上排出所导致，该排汽压力峰值持续时间很短暂。对于汽轮机排汽压力控制，该短暂的凝汽器压力峰值不得导致风机控制系统的投入或手动启动风机。

（2）在启动抽气系统而使真空系统的压力降低到某一设定值（至少 13kPa）后，蒸汽才能由汽轮机或旁路管道进入凝汽器。如果真空系统只是部分被排空，则从汽轮机或旁路进入的蒸汽会通过管道将残留的气体带入凝汽器管束中，并在那里聚集起来，它会妨碍蒸汽进入冷凝的区域。此时将风机投入运行并不能使背压很快降低，并且在空气被排气系统排除前会导致真空系统中压力的急剧升高。

（3）在进行长时间的维修工作之后，在投入运行前应对阀门的位置再次进行检查，以确保设定在正确的位置。

（四）工况说明

直接空冷系统在启动、停机及正常运行期间的控制和操作，应根据外界环境温度分为冬季工况和非冬季工况。环境温度不低于某一设定值（一般为 2℃）时定义为非冬季工况，环境温度低于某一设定值（一般为 2℃）时定义为冬季工况。两种工况的控制和操作步序有很大的不同，非冬季工况操作步序相对简单，冬季工况操作步序较为复杂，在启动、停机及正常运行期间的控制和操作必须严格按照冬季、非冬季工况的操作步序进行。

（五）隔绝阀配置说明

直接空冷系统根据工程情况可设置隔绝阀，用于将某一列或几列冷却单元隔绝。是否设置或设置几个隔绝阀根据空冷系统的最小蒸汽流量、汽轮机的相关设计参数，以及启动时的环境干球温度确定。隔绝阀通常设置在每台机组空冷平台的两侧。

（六）空冷凝汽器启动的主要步骤

1. 启动空冷系统阀门

非冬季工况时开启所有被隔绝列的隔绝阀，以及对应的抽真空电动门和凝结水电动门。

冬季工况时关闭所有被隔绝列的隔绝阀，以及对应的抽真空电动门和凝结水电动门。

2. 真空泵组投入

（1）当空冷凝汽器真空大于设定值（一般为 13kPa）时，启动真空泵主泵和备用泵开始抽真空。

（2）当空冷凝汽器真空小于或等于设定值 A（一般为 13kPa）时，空冷凝汽器进入预真空状态。

（3）当空冷凝汽器真空继续下降，小于设定值 B（一般为 11kPa）时，空冷凝汽器进入真空状态。

（4）真空状态维持一段时间（约 0.5h）且仍有继续下降的趋势时，停运部分真空泵，同时联锁关闭相应抽真空旁路电动门。至此，抽真空系统由“启动运行方式”转为“真空维持方式”。

（5）继续维持真空状态使真空小于或等于设定值 B 1h 后，开始准备投入蒸汽。

（6）蒸汽进入空冷凝汽器前，程控系统随时根据环境温度值再次设置空冷凝汽器电动门的相应位置。在冬季工况下，如果环境温度上升至超过设定值（一般为 5℃），则程控系统自动打开所有列的相关电动门。

(7) 再次将全部真空泵投入运行。全部真空泵运行且空冷凝汽器的真空保持在设定值 B 以下时，才允许蒸汽进入空冷凝汽器（冬季工况启动时，进入的蒸汽量应大于最小流量）。监控到启动列逆流单元凝结水收集管的温度开始上升后，才允许更多蒸汽进入空冷凝汽器。

(8) 当所有未被隔离列的空冷凝汽器左、右侧凝结水收集管中的凝结水平均温度高于设定值（一般为35℃），且高于环境温度（一般为5℃）时，意味着排汽管、蒸汽分配管和凝汽器管束均被蒸汽充满，延时一定时间（1～3min）后风机开始投入运行。

(9) 空冷系统风机数量多，为使系统平稳启动（或停运）且防止冻结，需要制定风机控制步序表。空冷风机的启动（或停运）根据冬季或非冬季工况按相应的风机步序表进行。

(10) 在风机组按照步序表开始逐步投运，在未被隔离列的逆流单元风机均已投入的条件下，当排汽压力小于或等于设定值 B（一般为11kPa）时，延时一定时间（5～10min）后，自动停运备用真空泵，保留主泵运行。此时空冷凝汽器程控系统进入正常运行模式。

(11) 进入正常运行模式后，程控系统将根据风机控制步序表来控制相关排/列风机的顺序启停，控制蒸汽分配管道隔离阀、凝结水隔离阀、抽真空隔离阀的开关，同时通过自动调节这些风机的转速，实现不同机组负荷及环境条件下汽轮机背压运行在安全、合理、经济的范围内。

(七) 空冷风机控制步序表

1. 步序表说明

空冷系统风机众多，风机控制步序表规定了启动、停运和运行时风机（包括隔绝阀）的操作程序，以使系统平稳运行。

以下用一个示例说明风机控制步序表及其使用。示例中空冷系统有5排6列共30个冷却单元，6列中有4列安装隔绝阀，每列的5个冷却单元中有2个逆流单元、3个顺流单元。

风机控制步序表见表5-32，表中A1、A2、A5、A6表示安装在空冷平台两侧的隔绝阀。

表5-32　　某风机控制步序表

阀门位置		第一列					第二列					第三～四列					第五列					第六列					步级
		1号风机	2号风机	3号风机	4号风机	5号风机	1号风机	2号风机	3号风机	4号风机	5号风机	1号风机	2号风机	3号风机	4号风机	5号风机	1号风机	2号风机	3号风机	4号风机	5号风机	1号风机	2号风机	3号风机	4号风机	5号风机	
开	关	顺流风机	逆流风机	顺流风机	逆流风机	顺流风机	顺流风机	逆流风机	顺流风机	逆流风机	顺流风机	顺流风机	逆流风机	顺流风机	逆流风机	顺流风机	顺流风机	逆流风机	顺流风机	逆流风机	顺流风机	顺流风机	逆流风机	顺流风机	逆流风机	顺流风机	
A1～A2 A5～A6		15～50(55)Hz	15～50(55)Hz	15～50(55)Hz	15～50(55)Hz	15～50(55)Hz	15～50(55)Hz	15～50(55)Hz	15～50(55)Hz	15～50(55)Hz	15～50(55)Hz	15～50(55)Hz	15～50(55)Hz	15～50(55)Hz	15～50(55)Hz	15～50(55)Hz	15～50(55)Hz	15～50(55)Hz	15～50(55)Hz	15～50(55)Hz	15～50(55)Hz	15～50(55)Hz	15～50(55)Hz	15～50(55)Hz	15～50(55)Hz	15～50(55)Hz	14
A1～A2 A5～A6		○	15～25Hz	15～25Hz	15～25Hz	○	15～25Hz	15～25Hz	15～25Hz	15～25Hz	15～25Hz	15～25Hz	15～25Hz	15～25Hz	15～25Hz	15～25Hz	15～25Hz	15～25Hz	15～25Hz	15～25Hz	15～25Hz	○	15～25Hz	15～25Hz	15～25Hz	○	13
A1～A2 A5～A6		○	15～25Hz	○	15～25Hz	○	15～25Hz	15～25Hz	15～25Hz	15～25Hz	15～25Hz	15～25Hz	15～25Hz	15～25Hz	15～25Hz	15～25Hz	15～25Hz	15～25Hz	15～25Hz	15～25Hz	15～25Hz	○	15～25Hz	○	15～25Hz	○	12
A1～A2 A5～A6		○	15～25Hz	15～25Hz	15～25Hz	○	○	15～25Hz	15～25Hz	15～25Hz	○	○	15～25Hz	15～25Hz	15～25Hz	○	○	15～25Hz	15～25Hz	15～25Hz	○	○	15～25Hz	15～25Hz	15～25Hz	○	11
A1～A2 A5～A6		○	15～25Hz	○	15～25Hz	○	○	15～25Hz	○	15～25Hz	○	○	15～25Hz	○	15～25Hz	○	○	15～25Hz	○	15～25Hz	○	○	15～25Hz	○	15～25Hz	○	10
A1～A2 A5～A6		○	○	○	○	○	○	○	○	○	○	○	○	○	○	○	○	○	○	○	○	○	○	○	○	○	9
A2 A5	A1 A6	○	○	○	○	○	15～25Hz	15～25Hz	15～25Hz	15～25Hz	15～25Hz	15～25Hz	15～25Hz	15～25Hz	15～25Hz	15～25Hz	15～25Hz	15～25Hz	15～25Hz	15～25Hz	15～25Hz	○	○	○	○	○	8
A2 A5	A1 A6	○	○	○	○	○	○	15～25Hz	15～25Hz	15～25Hz	○	15～25Hz	15～25Hz	15～25Hz	15～25Hz	15～25Hz	○	15～25Hz	15～25Hz	15～25Hz	○	○	○	○	○	○	7
A2 A5	A1 A6	○	○	○	○	○	○	15～25Hz	○	15～25Hz	○	15～25Hz	15～25Hz	15～25Hz	15～25Hz	15～25Hz	○	15～25Hz	○	15～25Hz	○	○	○	○	○	○	6
A2 A5	A1 A6	○	○	○	○	○	○	○	○	○	○	○	○	○	○	○	○	○	○	○	○	○	○	○	○	○	5
	A1～A2 A5～A6	○	○	○	○	○	○	○	○	○	○	15～25Hz	15～25Hz	15～25Hz	15～25Hz	15～25Hz	○	○	○	○	○	○	○	○	○	○	4
	A1～A2 A5～A6	○	○	○	○	○	○	○	○	○	○	○	15～25Hz	15～25Hz	15～25Hz	○	○	○	○	○	○	○	○	○	○	○	3
	A1～A2 A5～A6	○	○	○	○	○	○	○	○	○	○	○	15～25Hz	○	15～25Hz	○	○	○	○	○	○	○	○	○	○	○	2
	A1～A2 A5～A6	○	○	○	○	○	○	○	○	○	○	○	○	○	○	○	○	○	○	○	○	○	○	○	○	○	1

上切到步级14　下切到步级11　上切到步级12　下切到步级5　上切到步级6　下切到步级1　下切到步级4

注　○表示风机停运。

2. 操作步骤

（1）启动。风机正常启动的步序分为冬季、非冬季两种工况：

当环境温度低于某设定值（一般为 2℃）时即为冬季工况，对应风机控制步序表，从步级 1 开始启动风机，启动顺序依次为 1→2→3→4→6→7→8→12→13→14，按照风机控制步序表定义，依次投入相应排和相应列风机，以及相应排的蒸汽隔离阀。

当环境温度不低于某设定值（一般为 2℃）时即为非冬季工况，此时蒸汽隔离阀全开，对应风机控制步序表，从步级 9 开始启动风机，启动顺序依次为 9→10→11→14，按照风机控制步序表定义，依次投入相应排和相应列风机。

（2）停运。风机正常停止的步序分为冬季、非冬季两种工况：

当环境温度低于某设定值（一般为 2℃）时即为冬季工况，且全部风机已投运，则从步级 14 开始停运风机，停运顺序依次为 14→11→10→9→5→1，按照风机控制步序表定义依次关闭相应排和相应列风机，以及相应排的蒸汽隔离阀。

在冬季工况，如第 1、6 列的风机未投运，则从步级 8 开始停运风机，停运顺序依次为 8→7→6→4→3→2→1，按照风机控制步序表定义依次关闭相应排和相应列风机，以及相应排的蒸汽隔离阀。

在冬季工况，如第 1、2、5、6 列的风机未投运，则从步级 4 开始停运风机，停运顺序依次为 4→3→2→1，按照风机控制步序表定义依次关闭相应排和相应列风机，以及相应排的蒸汽隔离阀。

当环境温度不低于某设定值（一般为 2℃）时即为非冬季工况，此时蒸汽隔离阀全开，从步级 14 开始停运风机，停运顺序依次为 14→11→10→9→5→1，按照风机控制步序表定义依次关闭相应排和相应列风机。

3. 风机上切的条件

风机上切、下切是指步序表中风机从一种运行状态变为另一种运行状态，向上即为上切，向下即为下切。例如，表 5-32 中从 2 到 3 即为上切，从 3 到 2 即为下切。

下列条件均满足时，可进行风机的上切操作：

（1）未被隔离列空冷凝汽器左、右侧凝结水收集管中的凝结水平均温度高于某一设定值（一般高于 35℃），且高于环境温度某一设定值（一般高于 5℃）；

（2）风机转速：≥25Hz（可调）；

（3）实际排汽压力大于设定值约 3kPa（延时 1～3min）。

4. 风机下切的条件

下列条件均满足时，可进行风机的下切操作：

（1）风机转速：≤15Hz；

（2）实际排汽压力小于设定值（延时 5～6min）。

5. 风机上切、下切时的控制要求

无论风机上切还是下切，除了控制步序表中最后一级，其他所有步级中风机的转速均限制在低速（15～25Hz）运行，以减少相应列凝结水量不平衡情况的发生。

冬季工况下，当被隔离列空冷凝汽器的风机由程控系统被切到启动状态后，应把备用真空泵投入并使其保持运行状态。当排汽隔离阀打开时，如果该列凝汽器左、右侧凝结水收集管中的凝结水平均温度高于某一设定值（一般为 35℃）且凝结水平均温度与环境温度的温差大于某一设定值（一般为 5℃）的条件没有满足，该列上的顺流风机就将保持停止状态，同时正在运转列的风机也将降低到最低转速，直到凝结水平均温度的条件得到满足，才可将顺流风机打开。这之后延时一段时间（5～10min）即可停运备用真空泵。

（八）空冷凝汽器防冻保护

直接空冷系统在寒冷地区运行时，应特别注意其防冻问题，一旦发生结冻的情况，轻则可能引起翅片管束变形，使换热效率降低；重则可能破坏翅片管束，使其不能使用。通过程控系统对空冷凝汽器进行防冻保护，是防止空冷凝汽器结冻的有效手段。

空冷凝汽器的防冻保护包括顺流管束单元的防冻保护、逆流管束单元的防冻保护和逆流管束单元的回暖运行。防冻保护的优先级别从高至低依次为：顺流管束单元的防冻保护→逆流管束单元的防冻保护→逆流管束单元的回暖运行。

1. 顺流管束单元的防冻保护

（1）在冬季运行工况（环境温度低于某一设定值，一般为 2℃），当某列左、右任一侧的凝结水温度低于某一设定值（一般为 35℃）时，表明该列凝结水温度过低，此时程控系统发出过冷报警信号。

（2）如果上述凝结水温度继续降低，低于上述设定值一定温度（一般为 5℃，也就是凝结水温度低于 30℃），此时有结冻的风险，程控系统自动启动防冻保护。

防冻保护过程为：

1）提高背压设定值（一般提高 3kPa）。因为在程控状态下风机转速与背压设定值是相关联的，如运行背压高于设定值，则风机转速会提高；反之，运行背压低于设定值，则风机转速会降低，因而运行过程中运行背压值在设定值附近，当提高背压设定值后，运行背压会低于设定值，在程控系统的作用下，风机转速会自动降低，这样凝结水温度会逐渐升高。

2）提高背压设定值一段时间（15min）后，如果凝结水温度没有回升，则再联锁启动一台或几台备用真空泵。

3）再过一段时间（15min），如果凝结水温度仍没有回升，此时该列顺流风机以一定的速率降低至最低转速并停止，直至凝结水温度开始回升，此时逆流风机恒速转动。

（3）当凝结水温度回升至高于设定温度（一般为高于设定温度 3℃，即凝结水温度升至 38℃）时，延时一段时间（5min），此时已没有结冻的风险。所有报警解除，顺流风机转速以一定速率上升，逆流风机恢复正常的压力调节，备用真空泵停运，背压设定值自动降低至正常的设定值，顺流单元防冻保护结束。

2. 逆流管束单元的防冻保护

（1）在冬季运行工况（环境温度低于某一设定值，一般为 2℃），当某列抽真空温度低于某一设定值（一般为 25℃）时，表明该列抽真空温度过低，此时程控系统发出抽真空过冷报警信号。

（2）如果上述抽真空温度继续降低，低于上述设定值一定温度（一般为 5℃，也就是抽真空温度低于 20℃），此时有结冻的风险，程控系统自动启动防冻保护。

防冻保护过程为：

1）锁定顺流风机转速，逆流风机以一定的速率降低至最低转速，同时提高背压设定值（一般提高 3kPa）。一段时间（15min）后，如果抽真空温度没有回升，则联锁启动一台备用真空泵。

2）当抽真空温度回升至高于设定温度（一般为高于设定温度 5℃，即抽真空温度升至 30℃）时，延时一段时间（5min），此时已没有结冻的风险。所有报警解除，停运备用真空泵，逆流风机转速以一定速率上升，顺流风机恢复正常的压力调节，防冻保护结束。

3. 逆流管束单元的回暖运行

（1）逆流风机的回暖运行是冬季运行工况下防止冻结的预防手段，就是将所有的逆流风机每隔一段时间（如 30min）以较低的转速（如 15Hz、30%转速）反转一定的时间（如 5min），此时其余风机正常运行。可以先从第 1 列开始，第 1 列的逆流管束风机停运，经过一段时间，然后以低转速反向旋转。经过一段时间（5min）的回暖运行之后，该风机被再次停运，再经过一段等待时间后，该风机投运，并将其速度调整到与该列其他风机相同方向的速度上。至此，第一列逆流管束单元的回暖运行完成，然后依次进行其他列逆流管束单元的回暖运行。

（2）被隔离列的逆流单元不需要回暖运行。

（3）逆流管束单元的回暖运行只在冬季工况才需进行，在回暖运行过程中，如果环境温度升高至某一设定温度（一般为 5℃），回暖运行自动结束。

（九）空冷凝汽器背压保护

机械通风直接空冷系统的运行受环境因素的影响很大，当出现大风，尤其是不利风向出现大风时，空冷系统的背压会在很短的时间内出现大幅上升。夏季高温时段，空冷系统在高背压下运行，此时再出现大风，尤其是不利风向的大风时，空冷系统背压的快速升高可能会导致汽轮发电机组不能正常运行，即跳机。为防止出现跳机情况，需要进行空冷凝汽器背压保护操作。

机组在夏季运行时，当出现高温大风天气而使机组运行背压升高到一定值时，应及时采取降低负荷的运行方式，控制机组运行背压在安全的范围内，防止因高温大风影响造成机组跳机，从而保证机组安全运行。有条件时可以在空冷平台四周或附近设置风速仪，并将环境风速实时传输至主控制，使运行人员时刻掌握环境风的变化情况，提前做好准备。

八、工程示例

1. 国内某 2×1000MW 机组直接空冷系统配置

空冷系统主要参数见表 5-33～表 5-36，布置图见图 5-51（见文后插页）～图 5-53。

表 5-33　某直接空冷凝汽器各工况主要参数（单台 1000MW 机组）

序号	项目	单位	设计工况				
			TRL 工况	TMCR 工况	THA 工况	VWO 工况	最低运行背压
1	环境温度	℃	31	15	16	14	5.5
2	汽轮机排汽量	t/h	1735.863	1728.461	1663.897	1770.285	1621.356
3	排汽焓	kJ/kg	2630.3	2433.2	2438.7	2429.7	2391.1
4	汽轮机排汽背压	kPa	33	13	13	13	8.5
5	汽轮机输出功率	MW	938.467	1039.378	1000.014	1064.77	1017.697

续表

序号	项目	单位	设 计 工 况				
			TRL 工况	TMCR 工况	THA 工况	VWO 工况	最低运行背压
6	空冷凝汽器散热面积	m^2	2287058	2287058	2287058	2287058	2287058
7	迎风面风速	m/s	2.2	2.2	2.2	2.2	2.2
8	风机直径	m	9.754	9.754	9.754	9.754	9.754
9	风机运行台数	台	76	80	80	80	80
10	全部风机消耗功率	kW	6075	6441	6437	6446	6475

表 5-34　　空冷凝汽器主要参数（单台）

序号	项　目	单　位	主 要 参 数	
			顺　流	逆　流
1	管　束			
1.1	管束尺寸	mm×mm	10000×2875	9500×2875
1.2	数量	个	540	100
1.3	基管横截面尺寸	mm×mm	220×20	220×20
1.4	基管壁厚	mm	1.6	1.6
1.5	翅片管外形尺寸	mm×mm	200×19	200×19
1.6	翅片厚度	mm	0.25	0.25
1.7	翅片间距	mm	2.3	2.3
1.8	每片管束质量	t	5.2	5.0
1.9	翅片管/翅片材质		碳钢/铝	碳钢/铝
1.10	翅片管排数	排	1	1
1.11	翅片管总散热面积	m^2	1944600	342458
1.12	翅化比（散热面积/迎风面积）		约 123.9	约 123.9
2	A 型冷却单元段（每台风机对应一个冷却段）			
2.1	迎风面面积	m^2	约 15695	约 2764
2.2	空气迎风面流速（对应 TMCR 工况）	m/s	2.2	2.2
2.3	空气通过迎风面的质量流速（对应 TMCR 工况）	kg/（m^2·s）	2.213	2.213
2.4	散热系数	W/（m^2·K）	31.2	30.6
2.5	每个冷却段的尺寸	m×m	11.30×11.50	11.30×11.50
2.6	A 型夹角	（°）	57	57

表 5-35　　风机主要参数（单台）

序号	名称	单位	顺流单元风机	逆流单元风机
1	风机类型		轴流型	轴流型
2	风机数量	台	60	20
3	厂址标高	m	1115.50	1115.50
4	大气压力	hPa	889.8	889.8
5	驱动类型		电动机/齿轮箱	电动机/齿轮箱
6	调速方式		变频器	变频器
7	转速控制		25%～110%	25%～110%
8	电动机额定转速	r/min	990（可以超速 110%）	990（可以超速 110%）
9	电动机铭牌功率	kW	110	110
10	齿轮箱减速比		12.53	12.53
11	主转动方向（从进风口向出风口看）		逆时针	逆时针（可反方向运转）
12	体积流量（设计气温、密度下）	m^3/s	506（100%名义转速）（含 4m/s 横向风）	487（100%名义转速）（含 4m/s 横向风）
13	静压	Pa	93.2（100%名义转速含 4m/s 横向风）	92.2（100%名义转速含 4m/s 横向风）
14	风机直径	m	9.75	9.75
15	风机名义转速	r/min	79	79
16	风机轴功率	kW	70.7	66.1
17	叶片数量	个	5	5
18	风机最小运行转速	r/min	19.75（名义转速的 25%）	19.75（名义转速的 25%）
19	最大允许风机轴功率	kW	94.1（110%转速）	88.0（110%转速）
20	最小压力裕量	%	26	26
21	最小流量裕量	%	11	11
22	叶片材质		FRP	FRP
23	轮毂材质		钢	钢
24	联轴器材质		16Mn	16Mn

表 5-36　　减速齿轮箱主要参数表（单台）

序号	名称	单位	顺流凝汽器风机	逆流凝汽器风机
1	减速机类型		平行轴螺旋齿轮	
2	驱动类型		变频电动机	
3	额定转速（输入速度）	r/min	990	
4	速度范围	%	25～110	25～110（最大反转速度为额定速度的 30%）
5	负荷类型		可变扭矩风机驱动	
6	计算的功率	kW	221	
7	使用系数		2.01（基于电动机铭牌功率）	
8	在 100%速度下的风机速度（输出速度）	r/min	79	
9	风机轴功率（100%转速）	kW	70.7	66.1
10	风机最大轴功率（110%的转速）	kW	94.1	88.0
11	减速机减速比		12.53	
12	减速机效率	%	≥97.5	
13	1m 远处声压水平	dB（A）	≤80	
14	齿轮材料		18CrNiMo6	
15	轴的材料		16MnCrS55	
16	轴承润滑油的种类		干井/油润滑	
17	油量	L	40	
18	润滑类型		双向法兰强制润滑	
19	油加热器数量	台（套）	每台减速机一套（两支）	
20	单台油加热器功率	W	730	

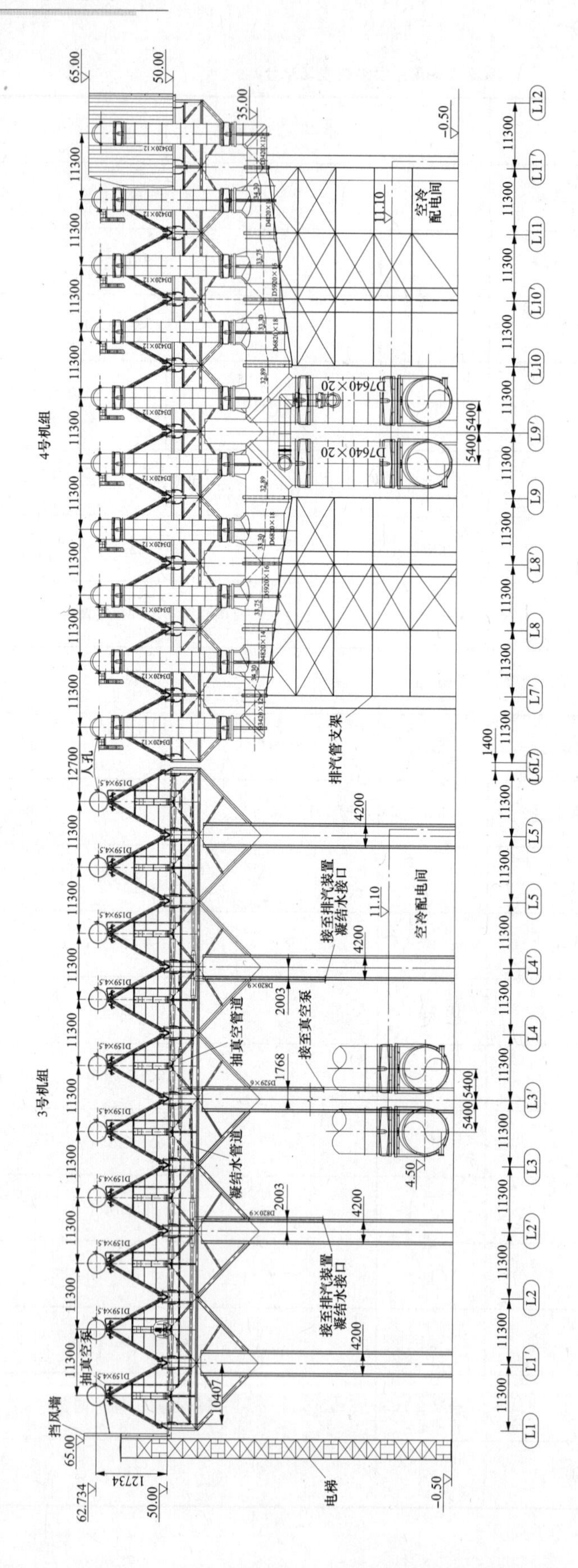

图 5-52　空冷凝汽器横剖面图

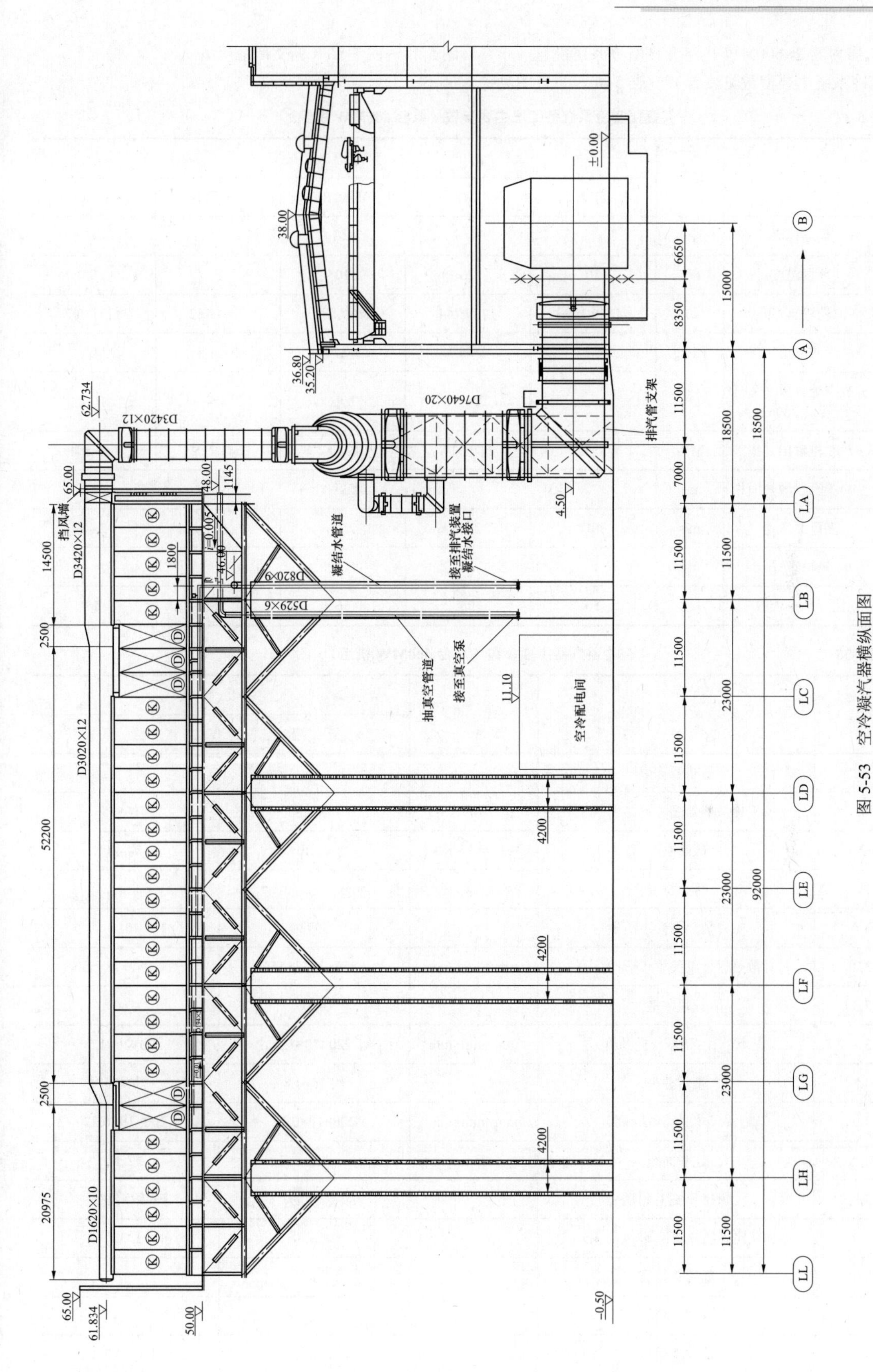

图 5-53　空冷凝汽器横纵面图

2. 国内某2×600MW机组直接空冷系统配置　　　图5-54～图5-56（见文后插页）。
空冷系统主要参数见表5-37～表5-40，布置图见

表5-37　　　　某直接空冷系统各工况主要参数（单台600MW机组）

序号	项目	单位	计算工况				
			THA	TRL	TMCR	阻塞背压	VWO
1	现场标高	m	661				
2	环境温度	℃	10	26	10	5	9
3	汽轮机排汽量	t/h	1120.149	1229.744	1199.557	1184.562	1231.807
4	排汽焓	kJ/kg	2432.7	2549.3	2427.5	2423.5	2426
5	分界点处背压（蒸汽分配管顶200mm）	kPa	10.2	26.5	10.2	8.5	10.2
6	汽轮机输出功率	MW	600.324	600.319	642.582	643.228	659.891
7	空冷凝汽器散热面积	m^2	1457800				
8	迎风面风速	m/s	2.07	2.21	2.21	2.21	2.21
9	风机直径	m	9140				
10	运行风机台数	台	56	53	56	56	56

表5-38　　　　空冷凝汽器主要参数（单台600MW机组）

序号	项　　目	单　位	主要参数	
			顺　流	逆　流
1	散热器管束			
1.1	空冷散热器翅片管总面积	m^2	1041285	416515
1.2	散热系数	W/（m^2·K）	约30	约30
1.3	管束型号			
1.3.1	每片散热器管束质量	kg	3993	4018
1.3.2	每片散热器管束尺寸（长×宽×高）	mm×mm×mm	8850×2378×550	8850×2378×550
1.3.3	管束数量	片	400	160
1.3.4	基管外径×壁厚（椭圆管）	mm×mm×mm	220×20×1.5	220×20×1.5
1.3.5	基管总重	t	约1064.8	约426
1.3.6	翅片尺寸（长×宽×高）	mm×mm×mm	200×19×0.27	200×19×0.27
1.3.7	翅片间距	mm	2.3	2.3
1.3.8	翅片管/翅片材质		碳钢/铝翅片	碳钢/铝翅片
1.3.9	翅化比（散热面积/迎风面积）		123.7	123.7
1.3.10	翅片管排数	排	1	1
1.4	冷却单元			
1.4.1	迎风面面积	m^2	8418.1	3367.2

续表

序号	项　　目	单 位	主 要 参 数	
			顺 流	逆 流
1.4.2	空气迎风面流速（对应 TMCR 工况）	m/s	2.2	2.2
1.4.3	空气通过迎风面质量流速（对应 TMCR 工况）	kg/（m^2·s）	2.55	2.55
1.4.4	每个冷却单元尺寸（长×宽）	mm×mm	10700×11890	
1.4.5	A 型三角顶角	（°）	61	61
1.4.6	设计压力（绝对压力，kPa）		0&145	0&145
1.4.7	试验压力（绝对压力，kPa）		150	150

表 5-39　　风机主要参数（单台）

序号	名　　称	单位	参　　数
1	风机类型		轴流型
2	驱动类型		电动机/齿轮箱
3	调速方式		变频器
4	转速控制		正向 30%～110%
5	电动机额定转速	r/min	990
6	电动机铭牌功率	kW	110
7	齿轮箱减速比		12.18
8	主转动方向（从进风口向出风口看）		逆时针（单向）
9	体积流量（设计气温、密度下）	m^3/s	465（100%名义转速）
10	静压（10℃时）	Pa	88（100%名义转速）不含 4m/s 横向风
11	风机静压效率	%	大于 60
12	风机直径	ft/m	30/9.144
13	风机名义转速（100%转速）	r/min	81.28
14	风机最小运行转速	r/min	16.26 名义转速的 20%
15	最大允许风机轴功率（根据 110kW 电动机功率考虑）	kW	107.6（100%名义转速）
16	实际压力裕量	%	33
17	实际流量裕量	%	15.3
18	叶片材质		FRP

表 5-40　　减速齿轮箱主要参数（单台）

序号	名　　称	单位	顺流凝汽器风机	逆流凝汽器风机
1	减速齿轮箱类型		平行轴斜齿轮	
2	速度控制		变频器	

续表

序号	名　称	单位	顺流凝汽器风机	逆流凝汽器风机
3	额定转速（输入速度）	r/min	990（满频）	
4	速度范围	%	正向 30～110 反向 0～30	
5	计算的功率（AGMA）	kW	238	
6	使用系数		大于 2.0（基于电动机铭牌功率）	
7	减速齿轮箱减速比		12.18（100%名义转速）	
8	减速齿轮箱效率	%	97.8	
9	1m 远处声压水平	dB（A）	<80	
10	声功率水平	dB（A）	85	
11	质量（空/满）	kg	940/970	
12	齿轮材料		16MnCrS5	
13	轴的材料		18CrNiMo6	
14	轴承润滑油的种类		干井/油润滑	
15	油量	L	约 33	
16	润滑类型		双向法兰泵强制润滑	
17	油开关类型		压力开关	
18	油加热器		电加热器 220V，小于 1000W	

第三节　表面式凝汽器间接空冷系统

一、系统概述

（一）系统组成

表面式凝汽器间接空冷（ISC）系统是在海勒式间接空冷系统的运行实践基础上发展起来的。鉴于海勒式间接空冷系统采用的喷射式凝汽器，其运行端差实际值和表面式凝汽器端差相比较没有明显的减小；在喷射式凝汽器中，循环冷却水与锅炉给水是连通的，由于锅炉给水品质控制严格，系统中要求设凝结水精处理装置；对高参数大容量的火电机组，给水水质控制和处理尤为困难，于是单机容量 300MW 级和 600MW 级火电机组发展了 ISC 系统。该系统如图 5-3 所示。

ISC 系统由表面式凝汽器与空冷塔构成。该系统与常规湿冷系统基本相仿，不同之处是用空冷塔代替湿冷塔，用除盐水代替循环水，用密闭式循环冷却水系统代替开敞式循环冷却水系统。

在 ISC 系统回路中，由于冷却水在温度变化时体积发生变化，故需设置膨胀水箱。膨胀水箱顶部和充氮系统连接，使膨胀水箱水面上充满一定压力的氮气，既可对冷却水容积膨胀起到补偿作用，又可避免冷却水和空气接触，保持冷却水品质不变。

在空冷塔底部设有贮水箱，并设置输送泵和补水泵，可向冷却塔中的冷却器充水以及向膨胀水箱补水。

ISC 的冷却器可采用椭圆形钢管外缠绕椭圆形钢翅片管或套嵌矩形钢翅片的管束，椭圆形钢管及翅片外表面进行整体热浸锌处理，也可采用铝制大翅片穿铝制圆管的管束。

该系统采用自然通风方式冷却，将冷却器安装在自然通风冷却塔中。

（二）系统特点

（1）ISC 系统类似于湿冷系统，设备较少，系统简单，操作运行方便。

（2）冷却水和凝结水分成两个独立系统，其水质可按各自的水质标准和要求进行处理。

（3）空冷塔运行基本无噪声，对环境影响小。

（4）防冻控制较烦琐，防冻性能不如 ACC 系统。

（5）风筒式冷却塔占地面积大。

（6）投资费用高。

（7）运行稳定。

（8）受自然界大风影响较直接空冷系统小，间接空冷塔和主厂房布置位置相对灵活。

二、系统设计重点

（一）系统规模设计优化

根据电厂所在地区电力系统的特点，ISC 系统规模优化分两种情况进行：

（1）根据建厂地区夏季负荷需求及汽轮机低压缸可能选择的条件，确定夏季满发背压及相应的干球温度和频率。在满足夏季满发的前提下，优化 ISC 系统规模，包括翅片管型式、冷却器尺寸及片数、塔内布置及塔高等。优化求得年总费用最小的方案。

（2）建厂地区夏季无严格的负荷需求或电力系统中水电、风电、太阳能等夏季可多发，ISC 系统规模按全年气温分档计算，按全年发电费用最低来进行优化。

（二）冷却器冷却过程及防冻措施

ISC 系统的冷却器都采用双流程，每一流程如有两排管，则称为双流程四排管布置。为提高传热效果，热水进塔管程排列在空气流的后侧，出塔管程排列在空气流的前侧与进塔的冷空气接触，这种水流相对空气流而言称为逆流。空气都是横掠过翅片管的交叉流，故这种冷却器的流态称为逆向交叉流。

1. 冷却过程

逆向交叉流两流程冷却器水在整个翅片管长度（如 15m）上的冷却过程见图 5-57。图 5-57 中横坐标为翅片管长度，垂直坐标表示相对冷却值 K。$K=\dfrac{t_1-t_n}{t_1-\theta_1}$，式中 t_1 为进塔水温；t_n 为翅片管中任一点的水温；θ_1 为大气温度。此图所示为冷却三角塔内水平布置的情况，由图可以看出外环百叶窗不同开度与沿程水温的关系。

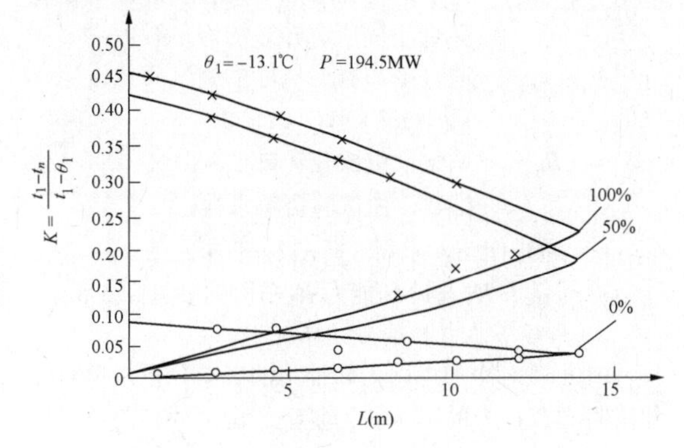

图 5-57　外环百叶窗开度与沿程水温关系

根据逆向交叉流两流程冷却器空气与水流程的特点，进塔冷空气与出塔水流程末端水温最低的水间接接触，这是造成 ISC 系统防冻性能较差的原因，加之冷却段和冷却器之间水量和空气分配的不均匀，更促使小水流量和大空气量的局部地方首先开始结冰，逐渐向邻近冷却器扩展。

2. 防冻措施

（1）冷却器和管路的布置力求各冷却段和冷却器的水量分配及空气流分布均匀，以使各冷却段和冷却器的冷却水温基本一致。

（2）严格监控各冷却器的水温，采用程控系统实现对各冷却器的水温监测。当出现某个冷却器水温过低的情况时，程控系统自动启动防冻模式。

（3）设置百叶窗，通过控制百叶窗的开度来调节空冷塔的进风量，从而调节冷却器内的水温，以防止结冻。这是 ISC 系统防冻的主要手段，百叶窗可以设置在冷却塔进风口处，也可以设置在冷却器的一个边，与冷却器组成冷却三角；对于冷却器塔外竖直布置的情况，百叶窗也可以设置在展宽平台上。

（4）改变冷却器的水流方向，使原运行的逆向交叉流在冬天改变为顺向交叉流，这可有效地降低出塔允许最低水温，但要增加较多的切换阀门。

（三）ITD 取值

ISC 系统初始温差（ITD）的定义和其他空冷系统一样，仍为汽轮机排汽温度与大气干球温度之差。间接空冷系统与直接空冷系统相比较，在冷却塔与汽轮机之间增加了一个凝汽器。表面式凝汽器存在一个排汽温度与循环水出口温度的温差，称为凝汽器终端温差 $(\mathrm{TTD})_c$。这和直接空冷系统中排汽管道的阻力损失形成的排汽压力降与温度降相类似。所以，ISC 系统的 ITD 仍定义为：

$$\mathrm{ITD}=t_s-\theta_1=t_1+(\mathrm{TTD})_c-\theta_1 \tag{5-34}$$

式中　t_s——汽轮机排汽温度，℃；

θ_1——大气干球温度，℃；

t_1——冷却塔进水温度，℃；

$(\mathrm{TTD})_c$——凝汽器终端温差，℃。

表面式凝汽器的终端温差 $(\mathrm{TTD})_c$，为保证特性的可靠，美国热交换学会（HEI）标准规定其不小于 2.8℃。但 ISC 系统表面凝汽器的设计，根据具体情况有可能突破这一限制，重要的是凝汽器的真空保持系统质量要有保证。

（四）散热器的布置

空冷散热器单元通常由两片散热器和百叶窗组成一个三角形，称为冷却三角。三角形的两边是散热器，另一边为百叶窗。冷却三角有两种布置方式：一种是将冷却三角水平布置在冷却塔内进风口之上；另一种是将冷却三角竖直布置在冷却塔外进风口处。对于相同的冷却塔尺寸，两种布置方式的散热器面积各不相同，如果需要布置相同的散热器面积，两种布置方式的冷却塔尺寸有所不同。塔内水平布置方式可利用的布置面积为冷却塔进风口上方一定高度处的横截面面积，而塔外竖直布置方式可利用的布置面积为冷却塔进风口的环形面积。早期带表面式凝汽器的间接空冷系统采用钢管钢片散热器塔内水平布置方式；带喷射式凝汽器的间接空冷系统则采用铝管铝片散热器塔外竖直布置方式。而近期设计的间接空冷系统大部分采用了铝管铝片散热器塔外竖直布置的方式，主要原因一方面是铝材价格降低，另一方面是塔内水平布置方案需要梁柱支撑，这部分土建费用较大。无论哪种布置方式，在强度允许的情况下两种布置方式在技术上都可行，主要取决于造价因素。

（五）ISC 系统空冷塔的计算

冷却塔的设计计算包括热力计算及空气阻力和抽力计算。

热力计算的目的是求得冷却塔冷却任务与冷却能力平衡时通过冷却器迎风面的空气质量流速，为下一步阻力和抽力计算提供依据，以最后确定冷却塔高度。

阻力计算是确定空气通过冷却塔各部件的阻力及有风时增加的阻力。

抽力计算时除考虑由冷却塔内外空气密度差形成的有效高度抽力外，还应考虑排出热空气羽流产生的附加抬升高度，以及由风引起的抽力增大或减小值。

设计计算时，选取不同冷却器散热面积和冷却塔尺寸的组合方案，进行冷却任务和冷却能力的热力平衡，以及阻力和抽力的空气动力平衡计算，求得符合要求的几个冷却塔方案，最后再进行优化计算，确定最终方案。

1. 热力计算

ISC 系统的热力计算基本公式与 ACC 系统相同，已在本章第一节“六、空冷系统的计算”中介绍。ISC 冷却塔的计算步骤如下：

（1）计算冷却塔进出口水温：

1）冷却塔进口中水温 t_1：

$$t_1=t_s-(\mathrm{TTD})_c \tag{5-35}$$

式中 t_s——相应于汽轮机排汽压力的饱和排汽温度，℃；

$(\mathrm{TTD})_c$——表面式凝汽器终端温差，℃。

2）冷却塔出口水温 t_2：

$$t_2=t_1-\Delta t \tag{5-36}$$

式中 Δt——循环水进出水温差，由排汽和凝结水比焓差和冷却倍率确定。

（2）计算每片冷却器的热负荷 Q：

$$Q=\frac{\text{汽轮机排汽总热负荷}}{\text{冷却塔冷却器片数}} \tag{5-37}$$

（3）计算冷却任务和冷却能力平衡计算。平衡计算要先假定几档经过冷却器迎风面的空气质量流速，再求冷却任务的传热系数 K_f' 与冷却能力的传热系数 K_f 平衡时的空气质量流速。

1）空气温升 $\Delta\theta$：

$$\Delta\theta=\frac{Q\times10^6}{v_m\times A_n\times c_{pa}} \tag{5-38}$$

式中 Q——每片冷却器的热负荷，MW；

v_m——通过迎风面的空气质量流速，kg/（m²·s）；

A_n——冷却器的迎风面面积，m²；

c_{pa}——空气比定压热容，可取 1000k J/(kg·K)。

2）计算冷却塔出口空气温度。求出 $\Delta\theta$ 后，可求得相应的冷却塔出口空气温度 θ_2，见式（5-42）：

$$\theta_2=\theta_1+\Delta\theta \tag{5-39}$$

式中 θ_1——冷却塔进口空气温度（大气干球温度），℃。

3）传热平均温差。冷却器为交叉流逆流传热形式，其传热平均温差一般以纯逆流式的对数平均温差（LMTD）来代替，一般只有小于 5%的误差。

逆流式对数平均温差计算公式如下：

$$\mathrm{LMTD}=\frac{\Delta t'-\Delta t''}{\ln\dfrac{\Delta t'}{\Delta t''}} \tag{5-40}$$

式中 $\Delta t'$——冷却器两端传热温差（$t_1-\theta_2$）及（$t_2-\theta_1$）中较大的值，℃；

$\Delta t''$——冷却器两端传热温差（$t_1-\theta_2$）及（$t_2-\theta_1$）中较小的值，℃。

4）计算冷却任务的传热系数 K_f' 值：

$$K_f'=\frac{Q\times10^6}{\mathrm{LMTD}\times A_f} \tag{5-41}$$

式中 Q——每片冷却器的热负荷，MW；

A_f——每片冷却器的翅片管总面积，m²。

5）计算冷却能力的传热系数 K_f 值：

$$K_f=C\phi\times B_h v_m^n \tag{5-42}$$

式中 C、ϕ——包括采用 LMTD 计算及工业塔与试验条件不同所有误差的修正系数；

v_m——通过冷却器迎风面的空气质量流速，kg/（m²·s）；

B_h——系数，由试验资料求得；

n——指数，由试验资料求得。

6）通过作图，求得 $K_f'-K_f$ 相等的 v_m 值。

冷却任务 K_f' 与冷却能力 K_f 平衡图参见图 5-62。

2. 冷却塔阻力和抽力计算

（1）风对冷却塔阻力和抽力的影响分析。风对冷却塔阻力和抽力的影响较为复杂。国内外有关单位通过现场测试并结合冷空气动力模型和热态模型试验，对这一问题有了一个初步认识，可以从以下三个方面来阐述：

1）湿式冷却塔出口的热湿气流，遇塔外冷空气的掺混作用，在较多的外界气象条件下，形成可见的白色雾状羽毛形的气流带，称之为“雾羽”。空冷塔出口的热气流虽不会形成雾羽，但热空气流仍形成“羽流”。在无风及大气无低空逆温层的情况下，雾羽或羽流依靠冷却塔出口的动能可垂直上升一段高度。这一上升高度是在风筒有效高度范围外附加的抬升高度，也会对冷却塔内气流产生抽力。随着塔顶风速的增加，羽流轨迹逐渐偏转，偏转后羽流横断面减小，气流阻力增大，附加抬升高度亦降低，到一定风速时，羽流的热动力抬升高度降为零。

2）塔顶风的射流作用。塔顶风与冷却塔出口气流方向垂直。风速较低时，由于出塔气流受到干扰，射流作用为负值。当塔顶风速增加到一定值后，射流作用产生并随风速的增大而较快地加强，从而使风对冷却塔产生一附加的抽力。

雾羽抬升和射流对冷却塔抽力产生的综合作用示意图见图 5-58。

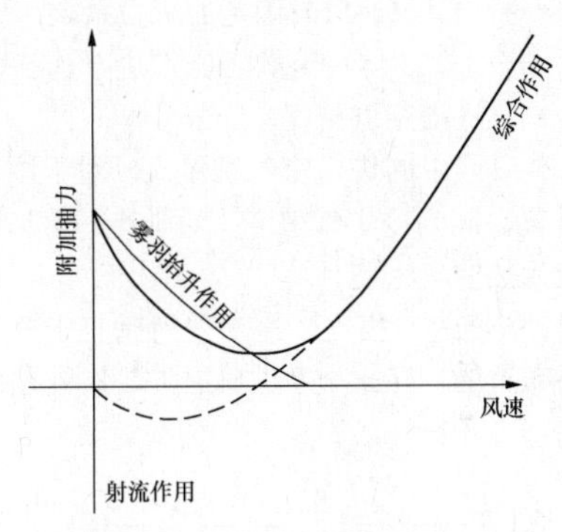

图 5-58　附加抽力与风速关系示意图

3）风对进风口和冷却器阻力的影响。通常，冷却塔的设计计算模型是以一维来考虑，即全塔空气流都是均匀分布的。有风时，空气通过进风口和冷却器及其前后时成为三维流，恶化了气流条件。有关这一部分的阻力随风速增加而增大。

以上只是风对冷却塔阻力和抽力的影响，实际上风不仅对冷却塔阻力和抽力产生影响，也会对冷却器散热产生影响，由于这种影响很复杂，其影响程度一般通过数值模拟或物理模型试验来评估。有关风对冷却系统换热的影响见本章第一节。

（2）风速随高度变化规律。在冷却塔进行测试时，一般以离地面 2m 高度处的风速为基准。风速随高度的变化可采用式（5-43）进行计算：

$$v_Z = v_2 \times \left(\frac{Z}{2}\right)^n \tag{5-43}$$

式中　v_Z——离地面 Z m 高度的风速，m/s；

v_2——离地面 2m 高度实测风速，m/s；

Z——离地面高度，m；

n——指数，其值为 0.18～0.19。

进风口高度范围内的平均风速可以进风口上缘风速和 2m 高风速的平均值表示：

$$v_{im} = \frac{v_e + v_2}{2} \tag{5-44}$$

式中　v_{im}——进风口平均风速，m/s；

v_e——进风口上缘风速，m/s；

v_2——2m 高风速，m/s。

（3）湿空气密度计算。湿空气密度计算公式如下：

$$\rho_1 = \frac{1}{273+\theta_1}\left(\frac{p_a}{2.871} - 1.313 \times \phi \times p''_{\theta_1}\right) \tag{5-45}$$

式中　ρ_1——冷却塔进口空气密度，kg/m³；

θ_1——空气干球温度，℃；

p_a——大气压力，hPa；

ϕ——大气相对湿度（小数）；

p''_{θ_1}——气温为 θ_1 时的饱和蒸汽压力，kPa。

冷却器出口空气密度可近似地以式（5-46）计算：

$$\rho_2 = \frac{273+\theta_1}{273+\theta_1+\Delta\theta} \times \rho_1 \tag{5-46}$$

式中　ρ_2——冷却器出口空气密度，kg/m³；

θ_1——冷却器进口空气温度，℃；

$\Delta\theta$——空气经过冷却器的温升，K；

ρ_1——冷却器进口空气密度，kg/m³。

（4）阻力计算。空气通过冷却塔的总阻力由各部件的阻力构成，各部件的阻力还有其他的计算方法和公式，应用时可优先采用经实塔或试验验证的计算公式。

空气通过冷却塔各部件的阻力损失可以式（5-47）表示：

$$T_p = \sum K_j \frac{v_j^2}{2} \rho_j \tag{5-47}$$

式中　T_p——空气通过冷却塔的总阻力损失，Pa；

K_j——冷却塔各部件的阻力系数；

v_j——空气通过各部件的流速，m/s；

ρ_j——空气通过各部件时的密度，kg/m³。

1）通过 X 斜支柱断面的阻力损失。X 斜支柱断面面积为进风口高度范围的截锥体面积减去 X 斜支柱所占的面积，其计算公式如下：

$$A_d = (D_b + D_i) \times \frac{\pi}{2} \times \frac{H_i}{\cos\beta} - n \times d\sqrt{\left(\frac{D_b \times \pi}{n \times d}\right)^2 + \left(\frac{H_i}{\cos\beta}\right)^2} \tag{5-48}$$

式中　A_d——空气通过 X 斜支柱断面的净面积，m²；

D_b——冷却塔底部直径，m；

D_i——进风口上缘塔筒直径，m；

H_i——进风口高度，m；

β——斜支柱与垂线的夹角，(°)；

n——斜支柱根数；

d——斜支柱迎风方向的宽度或直径，m。

通过斜支柱断面的空气流速计算公式如下：

$$v_d = \frac{A_n \times N}{A_d} \times v_n \tag{5-49}$$

式中 v_d——空气通过斜支柱断面流速，m/s；

A_n——一片冷却器的迎风面积，m^2；

N——全塔冷却器总片数；

v_n——冷却器迎风面空气流速，m/s，由热力计算求得。

通过斜支柱断面的空气阻力损失（Δp_d）计算公式如下：

$$\Delta p_d = K_d \times \frac{v_d^2}{2} \rho_1 \tag{5-50}$$

式中 K_d——斜支柱断面空气进口阻力系数，可取 K_d=0.5；

v_d——通过斜支柱断面的空气流速，m/s；

ρ_1——进口空气密度，kg/m^3（对于冷却器塔内水平布置，应为冷空气密度，对于冷却器塔外竖直布置，应为热空气密度）。

2）空气进口转弯向上及收缩阻力损失。冷却器支承构架支柱间距较大，支柱横断面相应较小，故构架支柱对空气流的阻力损失可略而不计。

气流进塔后一方面向塔内水平流动，一方面转向向上。由于冷却三角平面投影为矩形，因而在圆形的塔的横断面上形成了较大的空隙，见图5-59。这些空隙要用挡板封住，因而上升气流要收缩后进入冷却器，当空隙较大时，还会产生旋涡。空气进口转弯向上及收缩的阻力系数经模型试验可以式（5-54）表示：

$$K_i = \frac{\left[1.05 - 0.01\left(\frac{D_i}{H_i}\right)\right]\left[1.6 - 0.29\left(\frac{D_i}{H_i}\right) + 0.072\left(\frac{D_i}{H_i}\right)^2\right]}{S_c} \tag{5-51}$$

式中 K_i——进口转弯向上及收缩系数；

D_i——进风口上缘塔筒直径，m；

H_i——进风口高度，m；

S_c——冷却塔有效利用系数，见式（5-52）及图5-59。

式（5-51）及式（5-52）是针对冷却器塔内水平布置，适用于 $19 \leqslant K_{ne} \leqslant 50$、$0.4 \leqslant S_c \leqslant 1$ 和 $5 \leqslant D_i/H_i \leqslant 10$ 的情况，冷却器塔外竖直布置的情况可参照使用，S_c 近似取1。

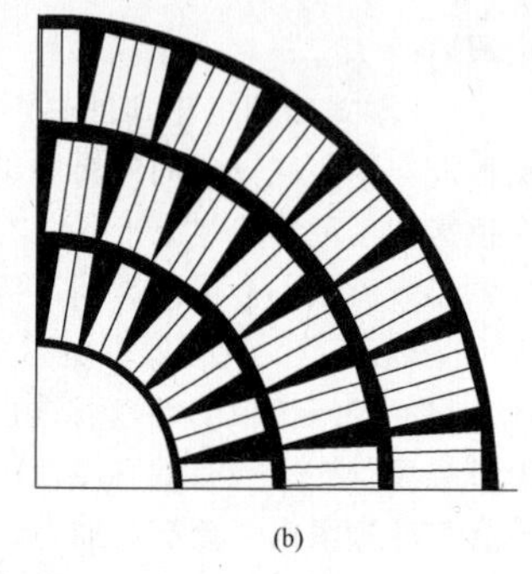

图5-59 冷却器在冷却塔中的布置

ISC冷却塔的有效利用系数 S_c 可以式（5-52）表示：

$$S_c = \frac{\text{冷却器沿塔周边的有效长度}}{\text{塔周边长度}} \tag{5-52}$$

空气进口转弯向上及收缩的阻力损失Δp_i 以式（5-56）计算：

$$\Delta p_i = K_i \frac{v_1^2}{2} \rho_1 \tag{5-53}$$

式中 K_i——由式（5-51）确定的阻力系数；

v_1——进风上缘风筒横截面平均空气流速，m/s；

ρ_1——进塔空气密度，kg/m^3。

式（5-53）中的进塔空气密度ρ_1，对于冷却器塔内水平布置，应为冷空气密度；对于冷却器塔外竖直布置，应为热空气密度。

3）冷却器进口损失。冷却器对垂直上升气流而言是倾斜布置的，存在一个进口损失，其阻力系数 K_θ 表达式为：

$$K_\theta = \left(\frac{1}{\sin\theta_m} - 1\right)\left[\left(\frac{1}{\sin\theta_m} - 1\right) + 0.45\right] \tag{5-54}$$

$$\theta_m = 0.0019\theta^2 + 0.9133\theta - 3.1558 \tag{5-55}$$

式中 K_θ——冷却器三角形布置进口阻力系数；

θ——冷却三角顶角的半角，(°)。

冷却器进口阻力损失值Δp_θ以式（5-59）计算：

$$\Delta p_\theta = K_\theta \times \frac{v_n^2}{2} \times \rho_1 \tag{5-56}$$

式中 K_θ——按式（5-54）计算的阻力系数；

v_n——通过冷却器迎风面的空气流速，m/s；

ρ_1——进口空气密度，kg/m^3。

4）冷却器阻力（包括冷却器本体进口及出口）损失。按选定的翅片管束的特性选用，一般表达式为：

$$\Delta p_{he} = B v_a^n \tag{5-57}$$

式中 Δp_{he}——冷却器阻力损失，Pa；

B——系数，按试验资料定；

v_a——通过冷却器迎风面的空气质量流速，kg/（$m^2 \cdot s$）；

n ——指数，按试验资料确定。

5）冷却器出口干扰损失。相邻两个冷却三角的出口气流相互干扰，其阻力系数 K_{dj} 表达式为：

$$K_{dj}=\exp\left(5.488-0.213\theta+3.533\times10^{-3}\theta^2+0.290\times10^{-4}\theta^3\right) \quad (5\text{-}58)$$

冷却器出口干扰损失值 Δp_{dj} 以式（5-59）计算：

$$\Delta p_{dj}=K_{dj}\times\frac{\left(v_n\frac{\rho_1}{\rho_2}\right)^2}{2}\times\rho_2 \quad (5\text{-}59)$$

式中　v_n ——通过冷却器迎风面的空气流速，m/s；

ρ_1——冷却器进口空气密度，kg/m³；

ρ_2——冷却器出口空气密度，kg/m³。

6）冷却塔出口损失。冷却塔出口损失为出口动能损失，即出口阻力系数 K_o=1，故出口损失 Δp_o 为：

$$\Delta p_o=\frac{v_o^2}{2}\times\rho_2 \quad (5\text{-}60)$$

式中　v_o ——塔出口流速，m/s；

ρ_2 ——塔出口空气密度，kg/m³。

7）风对进风口阻力的影响。风对进风口阻力的影响可近似认为是 0.75 倍进风口平均风速的速度头，以式（5-61）计算：

$$\Delta p_{iw}=0.75\times N_i \quad (5\text{-}61)$$

其中

$$N_i=\frac{w_i^2}{2}\rho_1 \quad (5\text{-}62)$$

式中　Δp_{iw}——风对进风口阻力的影响，Pa；

N_i——进风口平均风速（w_i）速度头，Pa。

8）风对冷却器及其进出口阻力的影响。风对冷却器及其进出口阻力的影响 Δp_{new} 可近似地以式（5-63）表示：

$$\Delta p_{new}=f\left(\frac{N_i}{\Delta p_\theta+\Delta p_{ne}+\Delta p_{dj}}\right)(\Delta p_\theta+\Delta p_{ne}+\Delta p_{dj}) \quad (5\text{-}63)$$

式中　N_i——进风口平均风速速度头，Pa；

Δp_θ——冷却器进口阻力损失，Pa；

Δp_{ne} ——冷却器本体阻力损失，Pa；

Δp_{dj} ——冷却器出口阻力损失，Pa。

（5）抽力计算：

1）风筒有效高度产生的抽力（N_D）。一般自然通风冷却塔的抽力只考虑风筒有效高度产生的抽力，其计算公式如下：

$$N_D=\Delta\rho\times H_e\times9.81 \quad (5\text{-}64)$$

式中　$\Delta\rho$——风筒内外空气平均密度差，kg/m³；

H_e ——风筒有效抽风高度，m。

风筒内外空气平均密度按是否考虑塔外气温逆温和塔内气流上升作绝热膨胀而分为两种情况：

一般按无逆温及绝热膨胀考虑，计算公式如下：

$$\Delta\rho=\rho_1-\rho_2 \quad (5\text{-}65)$$

式中　ρ_1 ——按地面气象条件计算的空气密度，kg/m³；

ρ_2 ——按冷却器出口气温计算的空气密度，kg/m³。

考虑大气有逆温和塔内气流上升作绝热膨胀时，可近似地以式（5-66）计算。

考虑塔顶气温较地面高 I℃时，塔顶外部空气密度 ρ_1' 为：

$$\rho_1'=\frac{273+\theta_1}{273+\theta_1+I}\times\rho_1 \quad (5\text{-}66)$$

塔外平均空气密度 ρ_{1m} 计算公式如下：

$$\rho_{1m}=\frac{\rho_1+\rho_1'}{2} \quad (5\text{-}67)$$

塔内气流作绝热膨胀，每升高 1m 温度下降 0.00975K，故塔顶内空气密度 ρ_2' 以式（5-68）计算：

$$\rho_2'=\frac{273+\theta_1+\Delta\theta}{273+\theta_1+\Delta\theta-H_e\times0.00975}\times\rho_2 \quad (5\text{-}68)$$

式中　θ_1——冷却塔进口空气温度，℃；

$\Delta\theta$——空气经冷却器后的温升，K；

H_e ——冷却塔风筒有效抽风高度，m；

ρ_2——冷却器后的空气密度，kg/m³。

塔内平均空气密度 ρ_{2m} 以式（5-69）计算：

$$\rho_{2m}=\frac{\rho_2+\rho_2'}{2} \quad (5\text{-}69)$$

风筒内外空气平均密度差 $\Delta\rho$ 以式（5-70）计算：

$$\Delta\rho=\rho_{1m}-\rho_{2m} \quad (5\text{-}70)$$

2）塔出口热空气羽流产生的附加抬升高的抽力（P_D）。塔出口热空气羽流产生的附加抬升高度 H_p（m）的表达式为：

$$H_p=f\left(\frac{w_o^2\rho_1'}{v_o^2\rho_2'},D_o\right) \quad (5\text{-}71)$$

式中　w_o ——塔顶风速，m/s；

v_o ——冷却塔出口空气流速，m/s；

ρ_1' ——塔筒外塔顶空气密度，kg/m³；

ρ_2' ——塔筒内塔顶空气密度，kg/m³；

D_o ——冷却塔出口直径，m。

根据式（5-71）计算，当 w_o=0 时，抬升高度约为 $0.4D_o$；当风速增大至 4 倍的出口空气流速，即 $w_o=4v_o$ 时，抬升高度变为零。

H_p 产生的抽力 P_D 可以式（5-72）计算：

$$P_D=H_p\times(\rho_{1m}-\rho_{2m})\times9.81 \quad (5\text{-}72)$$

3）塔顶风的射流作用对抽力的影响（W_D）。塔顶风的射流作用对抽力的影响（W_D）可以式（5-73）表示：

$$W_D = f\left(\frac{w_o^2\rho_1'}{w\rho_2'}\right)\cdot N_o \qquad (5\text{-}73)$$

式中　w_o、v_o、ρ_1'及ρ_2'意义同上式；

N_o——冷却塔出口空气速度头，Pa；

$f\left(\frac{w_o^2\rho_1'}{v_o^2\rho_2'}\right)$——风的射流作用系数，自变量$\frac{w_o^2\rho_1'}{v_o^2\rho_2'}$的函数，其值见图 5-60。

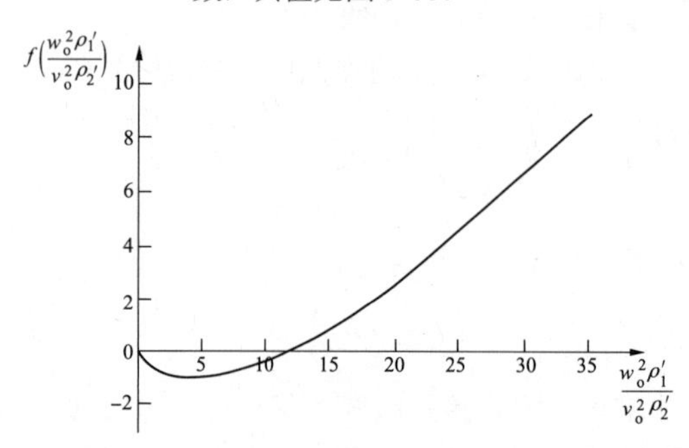

图 5-60　风的射流作用系数值

4）综上所述，冷却塔的总抽力（T_D）为三种抽力之和：

$$T_D=N_D+P_D+W_D \qquad (5\text{-}74)$$

3. ISC 系统冷却塔热力、阻力及抽力计算示例

（1）给定条件。设计一满足 600MW 级容量汽轮机的 ISC 系统冷却塔，要求在夏季干球气温为 28℃时，达到满发背压 25.45kPa。

1）汽轮机数据：排入冷却塔的热量 924.84MW、循环水进出水温差 14.5℃、凝汽器终端温差 2.0℃。

2）气象条件：气温 28℃、相对湿度 60%、大气压力 835hPa，设计考虑离地面 2m 高度的平均风速为 5m/s，考虑塔顶高度处逆温为 2.0℃。

（2）冷却塔方案。本算例中冷却器在冷却塔内为水平布置。

根据经验先选定冷却塔各部尺寸，如抽力与阻力不能平衡，则需要调整冷却塔尺寸，直到抽力与阻力达到平衡。

1）冷却塔主要尺寸：冷却塔底部直径 163m、冷却塔进风口高度 25m、进风口上缘风筒直径 145m、冷却塔出口直径 104.2m、冷却塔高度 165m、斜支柱 104 根、宽度 0.6m。

2）冷却器主要数据：全塔冷却器 500 片、冷却器迎风面面积 45m²（3m×15m）、一片冷却器翅片管总面积 4047m²，根据小型试验结果，冷却器传热系数 K_f=31.6v_m。

（3）热力计算：

1）求冷却塔进出口水温：满发背压为 25.45kPa，对应排汽温度为 65.4℃。根据式（5-35），冷却塔进水温度=65.4−2.0=63.4（℃）。

根据式（5-36），冷却塔出水温度=63.4−14.5=48.9（℃）。

2）每片冷却器所需散热量根据式（5-37）得到 $Q=\frac{924.84}{500}=1.85$（MW）。

3）冷却任务与冷却能力的平衡。冷却任务与冷却能力的平衡计算见表 5-41。

表 5-41　冷却任务与冷却能力的平衡计算表

项目	单位	公式编号	数值	
假设迎风面空气质量流速	kg/（m²·s）		1.5	1.6
空气温升$\Delta\theta$	℃	（5-38）	27.4	25.69
传热温差 LMTD		（5-40）	13.43	14.61
冷却任务 K_f'	W/(m²·℃)	（5-41）	34.04	31.29
冷却能力 K_f	W/(m²·℃)	（5-42）	33.01	33.74

计算冷却能力 K_f 时修正系数 $C\phi$ 取 0.91。

4）作图求 K_f'–K_f 平衡，如图 5-61 所示，求得迎风面空气质量流速 v_m=1.53kg/（m²·s），$\Delta\theta$=26.87℃。

（4）空气密度计算：

1）冷却塔进口密度ρ_1计算。根据式（5-45），有：

$$\rho_1=\frac{1}{273+28}\left(\frac{8357}{2.871}-1.313\times0.6\times3.778\right)=0.9564\text{（kg/m}^3\text{）}$$

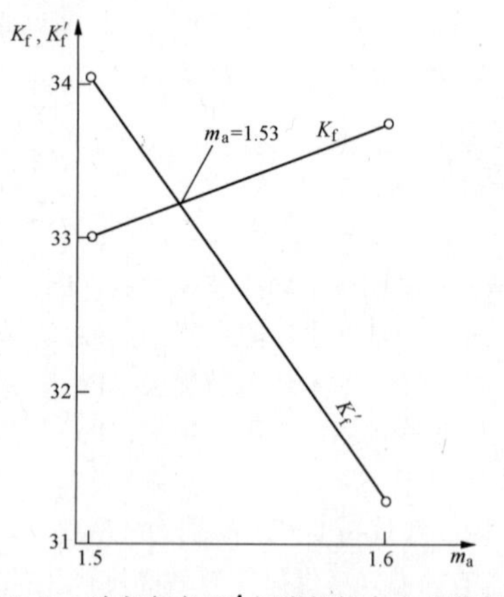

图 5-61　冷却任务 K_f' 与冷却能力 K_f 平衡图

2）冷却器出口密度ρ_2计算。根据式（5-46），有：

$$\rho_2=\frac{273+28}{273+28+26.87}\times0.9564=0.8780\text{（kg/m}^3\text{）}$$

（5）冷却塔空气通道面积和空气流速计算。冷却塔空气通道面积和空气流速计算见表 5-42。

表 5-42 冷却塔空气通道面积和空气流速计算表

部 位	面积（m^2）	空气流速（m/s）	备注
斜支柱截锥面净面积	A_d=11181	v_d=3.22	式（5-49）
进风口垂直圆周	A_i=111388	v_i=3.16	$A_i=\pi D_i H_i$
进风口上缘塔横截面	A_e=16513	v_l=2.18	
塔出口	A_o=8527.6	v_o=4.60	

注 D_i为进风口直径，H_i为进风口高度。

（6）自然风速计算。给定 v_z=5.0m/s，根据式（5-43）求得：

进风口上缘 v_{25}=7.88m/s

冷却塔顶部 v_{165}=11.06m/s

进风口平均风速$=\dfrac{7.88+5.6}{2}=6.44$（m/s）

（7）阻力计算。阻力计算见表 5-43。

表 5-43 阻 力 计 算 表

项 目	阻力系数	公式编号	阻力损失（P_a）	公式编号
X 斜支柱	K_d=0.5		Δp_d=2.48	（5-50）
进口转弯向上及收缩	K_i=3.07	（5-51）	Δp_i=6.86	（5-53）
冷却器进口	K_θ=2.23	（5-54）	Δp_θ=2.73	（5-56）
冷却器本体			Δp_{ne}=41.47	$\Delta p_{ne}=21.0(v_m)_a'^{1.6}$
冷却器出口干扰	K_{dj}=4.47	（5-68）	Δp_{dj}=6.36	（5-59）
冷却塔出口	K_d=1.0		Δp_o=9.29	（5-60）
风对进风口			Δp_{iw}=14.87	（5-61）
风对冷却器及进出口			Δp_{new}=28.76	（5-63）
T_P=112.82Pa				

（8）抽力计算：

1）风筒有效高度产生的抽力（N_D）。塔筒内外空气密度差根据给定条件，塔筒外在塔的高度处考虑2.0℃逆温，塔筒内热空气考虑绝热膨胀。

$$\rho_1'=\frac{273+28}{273+28+2}\rho_1=0.9934\times0.9564=0.9501(\text{kg/m}^3)$$

$$\rho_m=\frac{\rho_1+\rho_1'}{2}=0.9532(\text{kg/m}^3)$$

$$\rho_2'=\frac{273+28+26.87}{273+28+26.87-1.365}\times\rho_2=0.8817(\text{kg/m}^3)$$

$$\rho_{2m}=\frac{\rho_2+\rho_2'}{2}=0.8798(\text{kg/m}^3)$$

根据式（5-70），$\Delta\rho=\rho_{1m}-\rho_{2m}=0.0734$；

根据式（5-74），N_D=140×0.0734×9.81=100.76（Pa）。

2）由塔排出热空气羽流产生的附加抽力（P_D）：附加抬升高度根据式（5-71）求得：

$$H_p=16.94\text{m}$$

附加抽力为：

$$P_D=16.94\times\Delta\rho\times9.81=12.20\ (\text{Pa})$$

3）塔顶风的射流作用对抽力的影响（W_D）：

自变量 $\dfrac{w_o^2\rho_1'}{v_o^2\rho_2'}$=6.23，由图 5-61 查得 $f\left(\dfrac{w_o^2\rho_1'}{v_o^2\rho_2'}\right)$值为 –0.181，故根据式（5-73）求得：

$$W_D=-0.181\times9.29=-1.68\ (\text{Pa})$$

4）总抽力 T_D：

$$\begin{aligned}T_D&=N_D+P_D+W_D\\&=100.76+12.20-1.68\\&=111.28\ (\text{Pa})\end{aligned}$$

根据冷却塔热力计算求得 $K_f'-K_f$ 平衡时 v_{ma}=1.53kg/（m^2·s），再以此进行阻力与抽力计算，结果 T_P和 T_D两者基本相等，表示所确定的冷却塔高度是合理的。

三、系统优化计算

（一）计算方法

ISC 系统各参数，如设计背压、冷却器面积、冷却塔尺寸、冷却倍率等应通过优化计算确定。优化计算的目的、原则、方法与 ACC 系统相同，参见本章第二节。优化方法采用年总费用法，年总费用按式（4-8）

计算。

与ACC系统相比较，ISC系统的优化计算更为复杂，因为其优化变量更多，这些变量包括冷却器面积、冷却塔尺寸、冷却倍率、循环水管径、循环水泵台数等。其中，冷却塔尺寸包括塔底径、塔高、进风口高度、塔出口直径等，而冷却塔尺寸的变化又会影响到冷却器的布置，从而影响冷却器面积。

在进行ISC系统的优化计算时，参与优化计算的变量越多，组成的方案数越多。例如有N各变量，每个变量取M个值，则可以组成M^N个方案。如果参与计算的方案数过多，则计算工作量会很大，同时大量的优化计算结果也很难取舍。鉴于此，一般在优化计算时，只考虑主要的影响因素，这些主要因素包括冷却器面积、冷却倍率、循环水管管径、冷却塔零米直径、冷却塔高度。

冷却塔参数有很多，这些参数之间是有关联的，经过多年的计算以及经验的积累，基本确定了各参数之间恰当的比例关系，在优化计算时，主要关注以下参数。

1. 高径比

高径比是指冷却塔高度与底径的比值，它是冷却塔塔型的重要指标，其值范围一般为1.2～1.4。对于一定的冷却目标，冷却塔高径比越大，则相同底径的冷却塔高度越高，冷却塔抽力越大，从而需要的冷却器面积越小，这样冷却器投资降低，但冷却塔投资费用增大；反之亦然。

2. 进风口高度

冷却器布置形式对冷却塔进风口高度影响很大。对于冷却器塔内水平布置的情况，冷却器布置面积与冷却器标高层的冷却塔直径有关，进风口高度可按冷却塔经验比例取值。对于冷却器塔外垂直布置的情况，冷却器布置面积与冷却塔直径和进风口高度有关，进风口高度按冷却器高度加上支撑高度确定。

（二）计算示例

以下示例为某2×660MW空冷机组表面式凝汽器间接空冷系统的优化计算。

1. 冷却系统基本配置

主汽轮机排汽冷却采用表面式间接空冷系统，给水泵汽轮机排汽排入主汽轮机冷却系统。采用扩大单元制供水方式，每台机组配一个表面式凝汽器、三台循环水泵、一座空冷塔及相应的散热器、一根循环水进水母管和一根循环水出水母管。散热器管型采用铝制四排管散热器。

循环水泵开启台数对应的循环水量百分比见表5-44。

表5-44 循环水泵运行台数对应的循环水量百分比

水泵装置数量（台）	水量百分比（%）		
	运行一台	运行两台	运行三台
3	40～45	75～80	100

本算例未进行冷却塔本体优化，冷却塔各部分尺寸比例采用经验值，空冷散热器采用塔外进风口处竖直布置的方式，进风口高度根据散热器布置要求确定。确定了冷却塔各部分尺寸比例以及进风口高度后，就设定了一个散热器面积，即对应了一个冷却塔尺寸，减少了优化变量，使优化计算得以简化。在实际工程中，如有必要可以将冷却塔各部分尺寸作为优化变量参与优化计算，这样优化计算的结果更全面。但是，由于冷却塔参数项较多，如冷却塔底径、高度、出口直径、进风口高度等，而且冷却塔的参数与散热器面积相互之间有关联，最终组成的优化方案数会很多，优化计算很烦琐。间接空冷系统的优化也可以分两步进行，即先进行冷却塔本体优化，再进行系统优化。在冷却塔本体优化中，根据优化结果确定冷却塔各部尺寸比例关系，如高径比等，并确定各塔型与散热器的匹配，在冷却塔本体优化的基础上，再进行间冷系统的优化。在系统优化时，设定一个散热器面积即对应了一个冷却塔尺寸，这样参与优化的变量减少很多，优化计算就会变得简单清晰。对于冷却塔本体优化，在经过一定数量的工程计算后，积累的经验足够多，只要影响计算结果的外部条件，如散热器价格、钢材价格、混凝土造价等不发生大的变化，冷却塔各部分的比例关系就不会发生大的变化，在间接空冷系统优化计算时可以直接采用其他工程的优化结果来确定冷却塔尺寸，而不需要每个工程都进行冷却塔本体优化，直接进行系统的优化计算即可以满足工程要求。

2. 计算条件

（1）气象参数。优化计算需要的气象资料主要是典型年逐时气温表，还有与之对应的大气压力和相对湿度，当需要对某些影响因素（如风速、逆温等）进行计算修正时，也需要这些气象参数。

典型年逐时干球温度累积频率表见表5-45。

表 5-45　　典型年逐时干球温度累积频率

气温分级（℃）	出现时数（h）	累积时数（h）	累积频率（%）	气温分级（℃）	出现时数（h）	累积时数（h）	累积频率（%）
35.9～35.0	0	0	0.0	5.9～5.0	222	5417	61.8
34.9～34.0	2	2	0.0	4.9～4.0	208	5625	64.2
33.9～33.0	7	9	0.1	3.9～3.0	212	5837	66.6
32.9～32.0	37	46	0.5	2.9～2.0	214	6051	69.1
31.9～31.0	57	103	1.2	1.9～1.0	223	6274	71.6
30.9～30.0	82	185	2.1	0.9～0.0	256	6530	74.5
29.9～29.0	106	291	3.3	−0.1～−1.0	205	6735	76.9
28.9～28.0	79	370	4.2	−1.1～−2.0	210	6945	79.3
27.9～27.0	118	488	5.6	−2.1～−3.0	191	7136	81.5
26.9～26.0	128	616	7.0	−3.1～−4.0	187	7323	83.6
25.9～25.0	163	779	8.9	−4.1～−5.0	150	7473	85.3
24.9～24.0	166	945	10.8	−5.1～−6.0	152	7625	87.0
23.9～23.0	189	1134	13.0	−6.1～−7.0	162	7787	88.9
22.9～22.0	217	1351	15.4	−7.1～−8.0	149	7936	90.6
21.9～21.0	207	1558	17.8	−8.1～−9.0	137	8073	92.2
20.9～20.0	212	1770	20.2	−9.1～−10.0	147	8220	93.8
19.9～19.0	227	1997	22.8	−10.1～−11.0	115	8335	95.2
18.9～18.0	272	2269	25.9	−11.1～−12.0	86	8421	96.1
17.9～17.0	293	2562	29.3	−12.1～−13.0	70	8491	96.9
16.9～16.0	269	2831	32.3	−13.1～−14.0	71	8562	97.7
15.9～15.0	254	3085	35.2	−14.1～−15.0	49	8611	98.3
14.9～14.0	264	3349	38.2	−15.1～−16.0	58	8669	99.0
13.9～13.0	253	3602	41.1	−16.1～−17.0	23	8692	99.2
12.9～12.0	261	3863	44.1	−17.1～−18.0	26	8718	99.5
11.9～11.0	228	4091	46.7	−18.1～−19.0	17	8735	99.7
10.9～10.0	225	4316	49.3	−19.1～−20.0	17	8752	99.9
9.9～9.0	240	4556	52.0	−20.1～−21.0	4	8756	100.0
8.9～8.0	212	4768	54.4	−21.1～−22.0	2	8758	100.0
7.9～7.0	204	4972	56.8	−22.1～−23.0	2	8760	100.0
6.9～6.0	223	5195	59.3				

根据 DL/T 5339—2006《火力发电厂水工设计规范》，本算例按 5℃以上加权平均气温法计算得到的设计气温为 14.0℃。夏季温度在典型年干球温度统计表中，取从高往低累计小时数 200h 对应的气温为 30.00℃。

1）设计大气压：866hPa；相对湿度：0.50。

2）夏季大气压：859.7hPa；夏季相对湿度：0.56。

（2）汽轮机主要参数。汽轮发电机组不同工况下的主要热力数据见表 5-46。

表 5-46　汽轮发电机组不同工况下的主要热力数据

项目	单位	设计工况	考核工况
主汽轮机排汽量	t/h	1060.50	1083.13
主汽轮机排汽焓	kJ/kg	2417.1	2527
给水泵汽轮机排汽量	t/h	125.61	148.55
给水泵汽轮机排汽焓	kJ/kg	2527.1	2622.5

表 5-46 仅列出了设计工况及考核工况的热力数据，详细计算时应采用 TMCR 工况下不同背压对应的排汽量及对应的排汽焓。

（3）优化计算中的有关参数：

1）成本电价：0.186 元/（kW·h）。

2）微增功率电价取 0.8～0.9 的折减系数，本算例取 0.85 的折减系数。

3）资金回收系数：10%；年维修费用率：2.5%。

4）电厂经济运行年限：20 年。

5）机组年利用小时：5500h。

3. 优化方案组合

本算例中间接空冷优化变量包括凝汽器面积、冷却倍率、散热器面积（给定每个冷却三角的面积，则冷却三角个数即代表了散热器面积，同时一组冷却三角个数对应一个冷却塔尺寸）、循环水主管管径和循环水支管管径。

（1）凝汽器面积按下列 3 组数据计算：38000、40000、42000m^2。

（2）冷却倍率按下列 3 组数据计算：45、50、55。

（3）空冷散热器采用铝质四排管散热器，冷却三角个数按下列 3 组数据计算：154、160、168 个。

（4）循环水管管径按一组数据参与优化：主管 DN3000、支管 DN2200。

上述变量组合出 3×3×3=27 个方案进行循环水系统优化计算。

4. 计算结果

对以上每个组合方案，分别计算其年总费用（计算方法见本章第二节），将计算结果按年总费用进行排序，结果见表 5-47。

（1）优化结果排序，见表 5-47。

表 5-47　优化计算结果排序

排名	年总费用（万元）	设计工况背压（kPa）	设计工况系统ITD（℃）	冷却倍率	冷却三角个数（个）	散热器总面积（m^2）	凝汽器面积（m^2）	冷却塔高（m）	塔出口直径（m）	循环水主管管径（mm）	循环水支管管径（mm）	出塔水温（℃）	凝汽器端差（℃）	散热器传热系数[W/（m^2·℃）]	散热器迎风面风速（m/s）	冷却塔出口风速（m/s）
1	4038.8	10.1	32	50	160	1534201	42000	167	86	3000	2200	32.2	3.1	41.6	1.497	6
2	4041.5	10.1	32.1	50	160	1534201	40000	167	86	3000	2200	32.2	3.3	41.6	1.497	6
3	4042.4	10.5	32.9	50	154	1476524	42000	161.8	83.3	3000	2200	33.1	3.1	41.9	1.491	6.2
4	4046.3	10.4	32.7	45	160	1534201	42000	167	86	3000	2200	31.7	3.1	40.7	1.496	6
5	4046.7	10.6	33	50	154	1476524	40000	161.8	83.3	3000	2200	33.1	3.2	41.9	1.491	6.2
6	4048.9	10.2	32.3	50	160	1534201	38000	167	86	3000	2200	32.2	3.4	41.6	1.497	6
7	4049.5	9.6	31	50	168	1611103	42000	172.2	88.7	3000	2200	31.1	3.2	41.2	1.495	5.9
8	4050.1	10.5	32.8	45	160	1534201	40000	167	86	3000	2200	31.7	3.3	40.7	1.496	6
9	4051.8	9.7	31.1	50	168	1611103	40000	172.2	88.7	3000	2200	31.1	3.3	41.2	1.495	5.9
10	4052.5	9.9	31.7	45	168	1611103	42000	172.2	88.7	3000	2200	30.7	3.2	40.2	1.494	5.9
11	4054	10.9	33.6	45	154	1476524	42000	161.8	83.3	3000	2200	32.6	3.1	40.9	1.49	6.2
12	4054.5	10	31.8	45	168	1611103	40000	172.2	88.7	3000	2200	30.6	3.3	40.2	1.494	5.9
13	4054.7	10.7	33.1	50	154	1476524	38000	161.8	83.3	3000	2200	33.1	3.4	41.9	1.491	6.2
14	4056.5	10.6	32.9	45	160	1534201	38000	167	86	3000	2200	31.7	3.4	40.7	1.496	6
15	4056.8	9.7	31.3	50	168	1611103	38000	172.2	88.7	3000	2200	31.1	3.4	41.2	1.495	5.9
16	4059.3	10.1	32	45	168	1611103	38000	172.2	88.7	3000	2200	30.6	3.5	40.2	1.494	5.9
17	4059.3	11	33.7	45	154	1476524	40000	161.8	83.3	3000	2200	32.6	3.2	40.9	1.49	6.2
18	4067	11.1	33.8	45	154	1476524	38000	161.8	83.3	3000	2200	32.6	3.4	40.9	1.49	6.2
19	4071.6	10.3	32.3	55	154	1476524	42000	161.8	83.3	3000	2200	33.5	3.1	42.8	1.491	6.2

续表

排名	年总费用（万元）	设计工况背压（kPa）	设计工况系统ITD（℃）	冷却倍率	冷却三角个数（个）	散热器总面积（m^2）	凝汽器面积（m^2）	冷却塔高（m）	塔出口直径（m）	循环水主管管径（mm）	循环水支管管径（mm）	出塔水温（℃）	凝汽器端差（℃）	散热器传热系数［W/（m^2·℃）］	散热器迎风面风速（m/s）	冷却塔出口风速（m/s）
20	4071.7	9.8	31.4	55	160	1534201	42000	167	86	3000	2200	32.6	3.1	42.5	1.498	6.1
21	4076.5	9.9	31.6	55	160	1534201	40000	167	86	3000	2200	32.6	3.3	42.5	1.497	6.1
22	4077.5	10.3	32.5	55	154	1476524	40000	161.8	83.3	3000	2200	33.5	3.2	42.8	1.491	6.2
23	4083.9	9.9	31.7	55	160	1534201	38000	167	86	3000	2200	32.6	3.4	42.5	1.497	6
24	4085.3	9.3	30.5	55	168	1611103	42000	172.2	88.7	3000	2200	31.6	3.2	42	1.495	5.9
25	4086.4	10.4	32.6	55	154	1476524	38000	161.8	83.3	3000	2200	33.5	3.4	42.8	1.491	6.2
26	4088.5	9.4	30.6	55	168	1611103	40000	172.2	88.7	3000	2200	31.6	3.3	42	1.495	5.9
27	4094.8	9.4	30.7	55	168	1611103	38000	172.2	88.7	3000	2200	31.6	3.4	42	1.495	5.9

（2）优化结果曲线。优化计算结果也可以用曲线来表示，其优点是表达更加直观、一目了然。

图5-62～图5-65分别表示ITD、冷却倍率、冷却三角个数（对应散热器面积）、凝汽器面积与年总费用的关系。

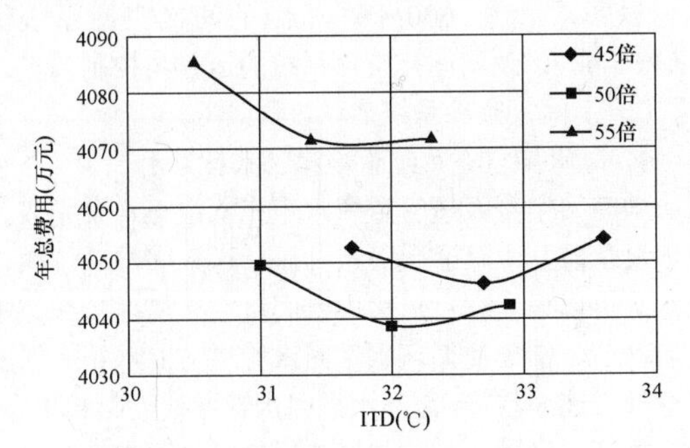

图5-62 ITD－年总费用变化曲线

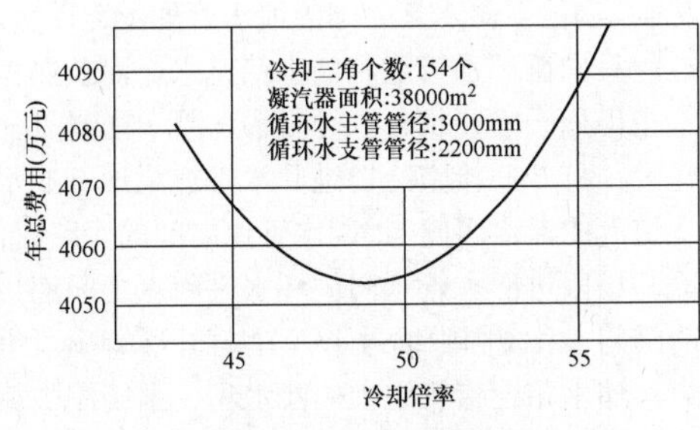

图5-63 冷却倍率－年总费用变化曲线

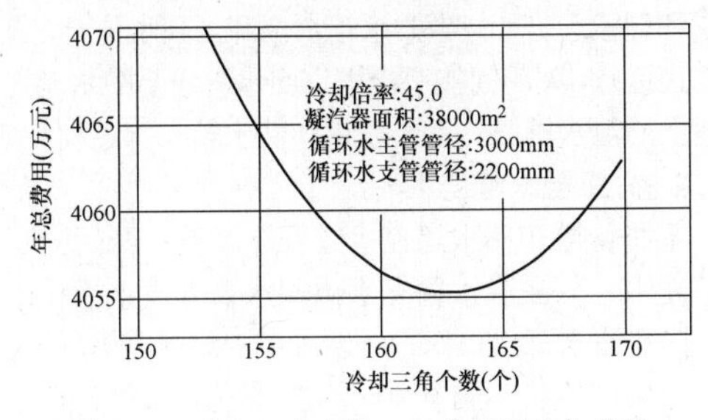

图5-64 冷却三角个数－年总费用变化曲线

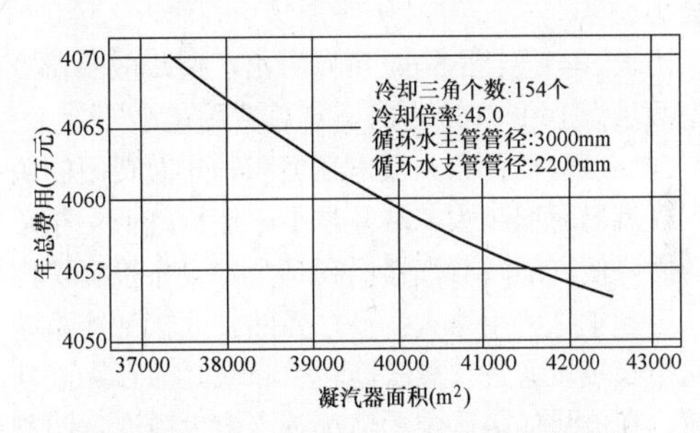

图5-65 凝汽器面积－年总费用变化曲线

5. 结果分析及说明

（1）初始温差（ITD）。初始温差决定了间接空冷系统的规模（或称冷却能力），在冷却任务一定的情况下，初始温差越大，需要的冷却规模越小；反之，初始温差越小，则需要的冷却规模越大。

初始温差与年总费用的关系为：初始温差增大则冷却塔及散热器投资费用会减小，这会引起年总费用的降低，同时冷却规模的降低会使运行背压升高，从而引起发电量的降低，最终导致年运行费用的增加。因而，初始温差应在一个合理的范围，使投资费用与运行费用达到合理的平衡。通过优化计算可以找到合理的初始温差值。

在本算例中，从表5-47及图5-62可以看出，ITD值在32.6℃附近年总费用最小。

（2）循环水冷却倍率。循环水冷却倍率决定了循环水系统的规模，如循环水泵容量、台数、循环水管尺寸等。在一定范围内，冷却倍率增大会使主汽轮机背压降低从而增加发电量，这会使年总费用降小。同时，冷却倍率增大会使循环水系统投资及电耗增大，这会使年总费用增加；反之亦然。由表5-47及图5-63可以看出，最优的冷却倍率在50左右，此时年总费用较小。

（3）散热器面积。散热器面积与空冷塔尺寸密切相关，在需要的冷却能力一定的情况下，散热器面积越大则需要的迎风面风速越小，对应的冷却塔高度越小；反之，散热器面积越小则需要的迎风面风速越大，对应的冷却塔高度越大。散热器面积与冷却塔尺寸之间需要合理的匹配，通过冷却塔本体优化计算，可以找到合理的匹配关系。本算例为了简化计算过程，根据以往的计算经验，确定了散热器与冷却塔的匹配关系后再进行系统优化计算。一个散热器面积即对应一个冷却塔尺寸，且散热器面积越大，其对应的冷却塔尺寸也越大。其与年总费用的关系为：散热器面积越大，冷却能力越强，主汽轮机背压降低，发电量增加，年总费用趋向于减小，同时散热器面积越大，设备费用和土建费用增加，年总费用趋于增大；反之亦然。通过优化计算可以确定合理的散热器面积，使年总费用最小。

由表 5-47 及图 5-64 可以看出，空冷散热器冷却三角数量为 160～165 个时，年总费用最小。

（4）凝汽器面积。凝汽器面积与年总费用的关系为：凝汽器面积越大，端差越小，背压越低，年总费用随之降低，同时凝汽器面积越大，设备投资费用增加，引起年总费用增大；反之亦然。间接空冷系统中的两个换热设备——凝汽器和空冷塔之间存在互补的关系，在冷却任务确定的情况下，增大凝汽器面积可以使空冷散热器的面积减小；反之，减小凝汽器面积就需要增大散热器面积。与湿冷系统相比较，由于空冷散热器的投资费用远高于湿冷塔的淋水填料，因而理论上相同容量时空冷系统的凝汽器面积应该比湿冷系统大。

由表 5-47 及图 5-65 可以看出，在所选择的三组凝汽器面积中，凝汽器面积最大的方案其年总费用最低，且凝汽器面积继续增大，年总费用还有降低的趋势。考虑到凝汽器面积过大会使其在主厂房内布置困难，本算例中凝汽器面积取 40000m^2。

在分析年总费用排序表时，理论上年总费用最低的方案即为最优方案，但考虑到计算误差、边界条件等因素，年总费用的计算结果是有一定误差的，因而对于年总费用比较接近的方案，在拟订推荐方案时，应更多地考虑其他因素。为了避免各方案计算结果年总费用都很接近，难以确定推荐方案，在优化计算时每个变量（比如散热器面积）应取足够的组数（比如取 5 组散热器面积），且每组参数根据经验确定合适的步长。计算结果中，对于主要参数应能够显示出拐点。

算例中为了简化计算，参与计算的方案数较少，在各参数与年总费用关系曲线（见图 5-62～图 5-65）中，由于计算的点太少，拟合的曲线误差较大。

6. 系统配置的确定

根据优化计算结果，本算例推荐的间接空冷系统配置如下：

（1）ITD 值：32℃。

（2）循环水冷却倍率：50。

（3）冷却三角数：160 个。

（4）散热器散热面积：约 153 万 m^2。

（5）凝汽器面积：40000m^2。

（6）空冷塔人字柱零米直径：135m。

（7）散热器外缘直径：145m。

（8）进风口高度：28.50m。

（9）出口直径：86m。

（10）塔总高：167m。

（11）循环水母/支管道：DN3000/DN2200。

四、系统运行与控制

科学的运行及控制方式，是间接空冷系统安全经济运行的前提，系统的启动、运行、停运应按照合理的步骤进行，尤其是夏季高温季节和冬季寒冷季节，必须按照制定的操作步骤和措施进行，以保证间接空冷系统安全度夏及冬季不冻结。

以下对照某 600MW 机组的间接空冷系统图（见图 5-66），说明间接空冷系统的运行与控制要求。

（一）间接空冷系统启动过程

1. 向间接空冷系统管道和储水箱充水

向间接空冷系统管道和水箱充水由充水泵完成，充水泵从除盐水管道上吸水升压后送入间冷系统内，充水泵可以设置在主厂房内或间接空冷塔内，在充水泵启动前，需要使循环水进回水管道与储水箱之间的管道处于连通状态，循环水进回水管道处于连通状态，同时循环水进回水管道与散热器扇区进回水管道处于隔离状态，扇区至储水箱之间的泄水管处于连通状态，这个过程只向循环水管道和储水箱充水，而散热器和膨胀水箱仍处于空置状态。对应系统图（见图 5-66）的操作为：打开间接空冷塔进回水管道至地下贮水箱之间管道上的泄水阀门、进回水管道之间的旁路阀门、关闭冷却扇段进回水管道与循环水进回水之间连接管道上的阀门（系统图中编号①②），打开冷却扇段进回水管道与储水箱连接管道上的泄水阀（系统图中编号③），管路系统的阀门设置完成后，启动充水泵向系统管道和储水箱充水。当贮水箱水位升至高水位时，充水泵停止运行，关闭间接空冷塔进回水管道至贮水箱之间管道上的泄水阀门，系统管道和储水箱充水过程完成。

2. 向膨胀水箱充水

系统管道和储水箱充水过程完成后，开始向膨胀水箱充水。向膨胀水箱充水由输水泵完成，操作过程为：打开输水泵出口阀门（系统图中编号⑥），同时启动输水泵向膨胀水箱补水，当膨胀水箱水位升至正常水位时，停运输水泵，向膨胀水箱充水完成。

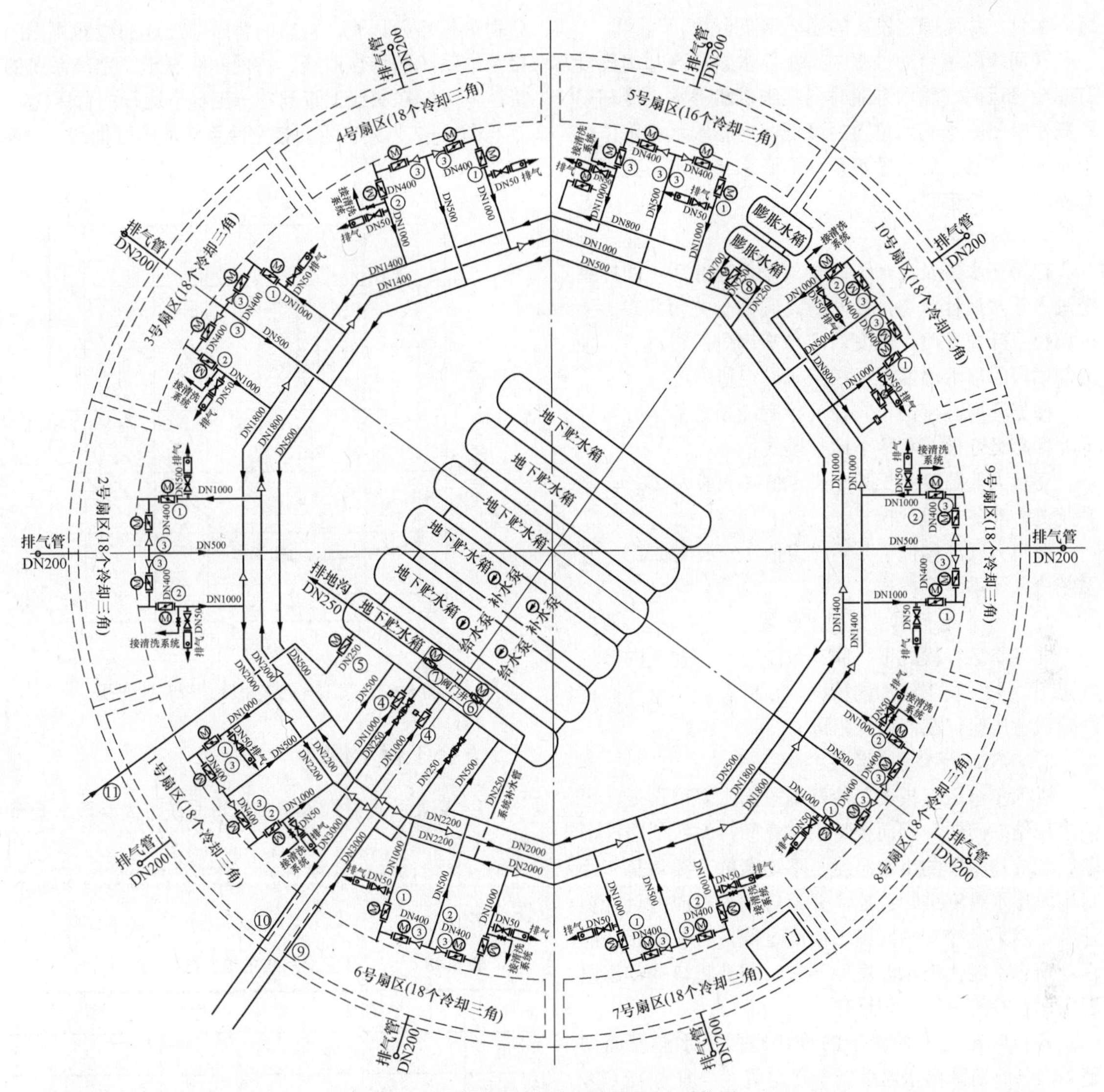

图 5-66 某 600MW 机组间接空冷系统图

①—扇区进水电动蝶阀；②—扇区出水电动蝶阀；③—扇区泄水电动蝶阀；④—紧急泄水阀；⑤—贮水箱补水电动蝶阀；⑥—系统补水电动蝶阀；⑦—贮水箱排水电动蝶阀；⑧—膨胀水箱排水电动蝶阀；⑨，⑩—进水管；⑪—补水管

3. 间接空冷系统启动

当循环水管道、储水箱、膨胀水箱充水完成后，可以开始启动循环水泵并向各扇区的散热器充水，间冷系统开始运行。操作过程为：开启第一台循环水泵，循环水旁路运行（此时进回水管道之间的旁路阀门为开启状态），当循环水温度升高至某一设定值（一般为18℃），开始向第一个冷却扇段的散热器充水，关闭该冷却扇段进回水管道与储水箱连接管道上的泄水阀(系统图中编号③)，打开冷却扇段进回水管道与循环水进回水之间连接管道上的阀门(系统图中编号①②)，第一个冷却扇段的散热器充水完成后，当水温再升至设定值（一般为 18℃），再开始向第二个冷却扇段的散热器充水，直至所有冷却扇段的散热器充水完成。

冷却扇段完成充水后即投入运行，对应的百叶窗开度取决于该冷却扇段出水温度与设定值的关系，当出水温度高于设定值时，百叶窗开度增加；反之，当出水温度低于设定值时，百叶窗开度减小。在冷却扇段充水前，对应的百叶窗处于关闭状态，冷却扇段充水后，对应的百叶窗开度随着冷却扇段出水温度的变化而调整。

冷却扇段应逐一开启，不推荐同时开启两个或多个冷却扇段。

循环水泵依次投运，从第一台循环水泵开始直至全部水泵投运，投运的台数应与循环水量相匹配。间冷系统启动过程中，循环水量随着投运冷却扇段数量的增加而逐渐增大，根据投运的冷却扇段数量计算出循环水量，从而确定投运的循环水泵台数。

在间冷系统启动过程中，循环水泵和冷却扇段没有完全投运前，输水泵随时向膨胀水箱补水。冷却扇段充水时膨胀水箱水位随之降低，当膨胀水箱水位低于正常水位时，启动输水泵向膨胀水箱补水，直至所有冷却扇段投运。

（二）运行

在循环水泵及冷却扇段全部投入运行后，间冷系统进入正常运行状态，此时旁路阀处于关闭状态。通过调整百叶窗开度，改变对应冷却扇段的进风量，使冷却扇段的出水温度运行在某一设定值附近。

根据环境温度的不同，间接空冷系统的运行可分为非冬季运行模式和冬季运行模式。

环境大气温度高于某一设定值（一般为2℃），则系统进入非冬季运行模式。

环境大气温度低于某一设定值（一般为2℃），则系统进入冬季运行模式。

1. 非冬季运行模式的温度控制

非冬季运行模式下，间冷系统运行在较高的环境气温下，不会发生结冻的情况，百叶窗通常全开，使汽轮机背压运行在高效点附近。

2. 冬季运行模式的温度控制

进入冬季运行模式，冷却扇段出水温度过低，可能出现结冻问题，因而要特别注意间冷系统的防冻问题。各冷却扇段的出水温度是不均衡的，要对每个冷却扇段出水温度进行监控，并相应调整对应的百叶窗开度，当某个冷却扇段出水温度过低，且关闭相应的百叶窗也不能使出水温度回升时，需要将该冷却扇段退出运行并放空，以防结冻。

各百叶窗开度随对应的冷却扇段出水温度而调整。当某一扇区出水温度低于设定值（一般为18℃），则百叶窗减小一定的开度，以提升相关扇区的出水温度。如果该扇区出水温继续降低，当低于设定值（一般为16℃）时，则需要打开该扇区的泄水阀，将循环水泄至贮水箱，该扇区退出运行。

（三）间冷系统停运

间接空冷系统需要停运时，循环水泵停止运行，接着放空系统中贮水箱以上空间的冷却水。操作过程为：停运循环水泵，再关闭冷却扇段的进出水阀门，打开冷却扇段、循环水管道上的排水阀以及高位膨胀水箱的放空阀门，将水排至贮水箱，同时连锁关闭百叶窗，间冷系统停运。冬季间冷系统停运时，系统中贮水箱以上空间的冷却水必须快速放空，其他季节间冷系统停运时，系统中贮水箱以上空间的冷却水也可以不放空。

（四）间接空冷系统的特性曲线

对间接空冷系统在不同热负荷、不同干球温度下，分别进行热力计算，得出的背压值连成曲线即得出间接空冷系统的特性曲线。特性曲线表示了空冷系统的特性，可以在曲线上查到任一工况下运行的背压值。

图5-67为某工程间接空冷系统的特性曲线，供参考。

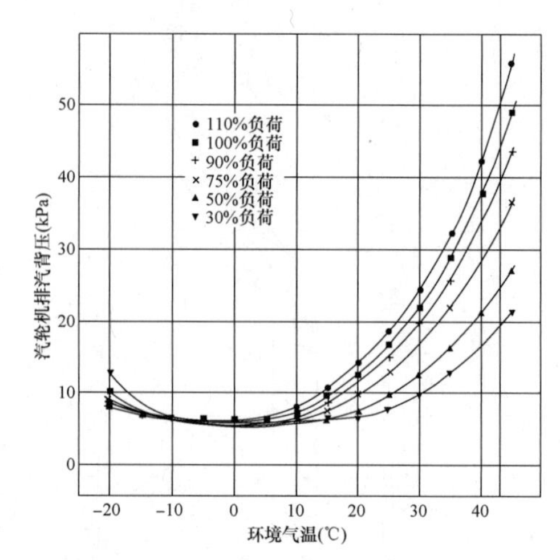

图5-67　某工程间接空冷系统特性曲线

五、工程示例

1. 某表面式凝汽器间接空冷系统（散热器水平布置）配置

空冷系统主要参数见表5-48，布置图见图5-68和图5-69。

表5-48　　某空冷系统主要参数

序号	项目	单位	参数
1	热力特性		
1.1	气温变化	℃	−8～+32
1.2	设计气温	℃	−6/+32
1.3	设计背压	kPa	4.6/31.1
1.4	ITD	℃	36.5/37.9
1.5	循环水量	m^3/h	54920
1.6	进出水温差	℃	13.9/14.7
1.7	凝汽器终端温差	℃	4.4/1.9
1.8	凝汽器面积	m^2	2×20383
1.9	凝汽器管材		不锈钢
2	翅片管		
2.1	基管尺寸	mm	椭圆/55×18×1.5
2.2	翅片尺寸	mm	高13
2.3	翅片间距	mm	4.5
2.4	加工方法		绕片，热浸锌

续表

序号	项目	单位	参数
2.5	基管/翅片材质		钢/钢
3	冷却器		
3.1	冷却器尺寸	m	3×15
3.2	翅片管数量	根	264
3.3	翅片管面积	m^2	4047
4	冷却塔		
4.1	塔高	m	165
4.2	底部直径	m	163
4.3	冷却器层直径	m	145
4.4	塔顶直径	m	104.2
4.5	进风口高度	m	25
5	冷却器布置		
5.1	冷却三角数	个	250
5.2	布置		三环，中央方形
5.3	倾角		微倾
5.4	百叶窗		无

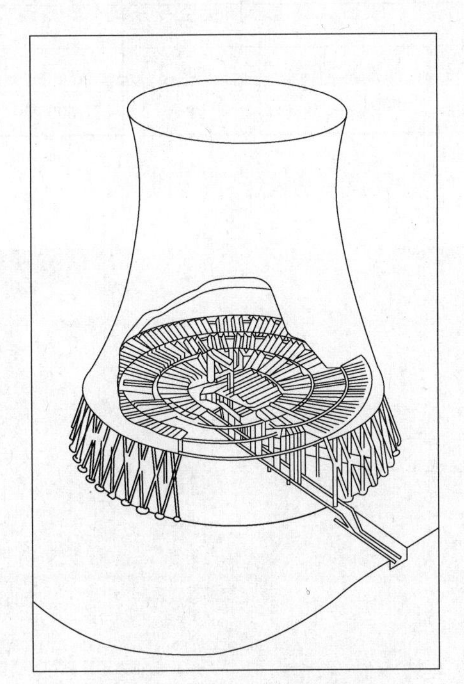

图 5-68　ISC 系统冷却塔布置图

2. 某表面式凝汽器间接空冷系统（散热器竖直布置）配置

某 2×600MW 机组工程采用表面式凝汽器间接空冷系统（ISC），空冷散热器竖直布置在塔外进风口处，利用表凝式间接空冷塔排烟，烟气脱硫的主要工艺装置布置在空冷塔内。

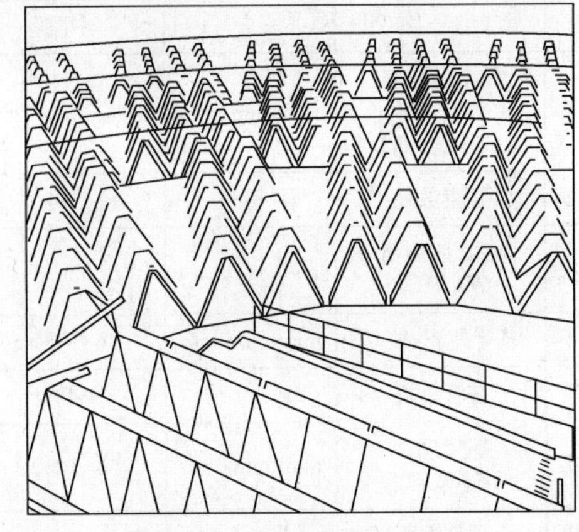

图 5-69　冷却三角塔内布置图

空冷系统主要参数见表 5-49、表 5-50，塔内实景见图 5-70。

（1）间接空冷系统设计基础资料见表 5-49。

表 5-49　某间接空冷系统设计基础资料

项目	单位	TRL 工况	TMCR 工况
主汽轮机排汽量	t/h	1179	1173
主汽轮机排汽焓	kJ/kg	2532	2402
给水泵汽轮机排汽量	t/h	134	116
给水泵汽轮机排汽焓	kJ/kg	2608	2514
设计气温	℃	32.5	15.7
大气压力	hPa	963.4	972.5
相对湿度	%	75	70
设计环境风速	m/s	冷却塔 0m 以上 10m 高处环境风速为 4	冷却塔 0m 以上 10m 高处环境风速为 4
冷却水量	m^3/h	64470	64470
空冷塔冷却水进水温度	℃	63.95	44.90
空冷塔冷却水出水温度	℃	52.95	34.34

（2）间接空冷系统主要参数见表 5-50。

表 5-50　某间接空冷系统主要参数（单台机组）

序号	项目	单位	主要参数
1	散热器		
1.1	空冷散热器总面积	m^2	1811230
1.2	散热系数	W/（m^2·K）	36.7

续表

序号	项目	单位	主要参数
1.3	管束型号及尺寸		4 排管
1.3.1	每片散热器管束尺寸（长×宽×高）	mm×mm×mm	2424×204×12500
1.3.2	管束数量	片	544
1.3.3	每片散热器管束质量	t	6.314
1.3.4	基管外径×壁厚	mm×mm×mm	36×14×1.5
1.3.5	基管总重	t	3435
1.3.6	翅片尺寸（长×宽×高）	mm×mm×mm	54×34×0.3
1.3.7	翅片间距	mm	2.5
1.3.8	翅片管/翅片材质		碳钢/碳钢
1.3.9	翅化比（散热面积/迎风面积）		112
1.3.10	翅片管排数	排	4
1.3.11	流程数	个	2
1.4	三角形冷却单元		
1.4.1	迎风面面积	m^2	29.8
1.4.2	空气迎风面流速	m/s	2.13
1.4.3	每个冷却三角尺寸（长×宽×高）	mm×mm×mm	约 3024×2500×13100
1.4.4	冷却三角的夹角	（°）	60
1.4.5	冷却三角的数量	个	272
1.4.6	污垢系数	$m^2 \cdot K/W$	约 0.0015
1.4.7	每个三角形构架的质量	t	5.24
1.4.8	三角形构架总质量	t	1424
1.4.9	设计压力	kPa	500
1.4.10	试验压力	kPa	750
1.4.11	设计温度	℃	100
1.5	百叶窗		
1.5.1	尺寸	mm×mm×mm	2509×2842×120
1.5.2	百叶窗调节范围	（°）	0～90
1.6	冷却扇段		
1.6.1	每座塔分段数		8
2	空冷塔		
2.1	X 柱 0m 直径	m	127.8
2.2	0m 直径（管束外侧）	m	135.5

续表

序号	项目	单位	主要参数	
2.3	进风口高度/进风口处直径	m	28/约 112	
2.4	喉部高度/喉部直径	m	152.4 /83.2	
2.5	出口高度/出口直径	m	177.9/84.6	
			TRL 工况	TMCR 工况
2.6	空冷塔总抽力		115	118
2.7	空冷塔总阻力	Pa	115	118
2.8	空冷塔总风量（出口）	m^3/s	32734	34653
3	充水和排水系统			
3.1	输水泵系统			
3.1.1	数量	台	2	
3.1.2	扬程	m	55	
3.1.3	流量	m^3/h	648	
3.1.4	功率	kW	146	
3.2	地下贮水箱			
3.2.1	数量	座	3	
3.2.2	每座容积	m^3	547	
3.2.3	设计压力	kPa	600/220	

（3）间接空冷塔运行实景见图 5-70。

图 5-70　间接空冷塔运行实景

第四节　混合式凝汽器间接空冷系统

一、系统概述

1. 系统组成

混合式凝汽器间接空冷（IMC）系统是由匈牙利人海勒发明的，故又称海勒系统。系统由喷射式凝汽器、散热器、循环水泵、冷却塔、进回水管道等组成。图5-71为IMC系统的原则系统图。

IMC系统采用具有凝结水水质的循环水，在喷射混合式凝汽器中喷成水膜与汽轮机排汽直接接触而将其凝结。循环水吸热升温后，大部分经循环水泵送到空冷塔的冷却器冷却，再通过水轮机调压及回收部分能量后进入凝汽器。大约3%的循环水量的凝结水经凝结水泵送到凝结水精处理装置，再经凝结水升压泵送到汽轮机回热系统。

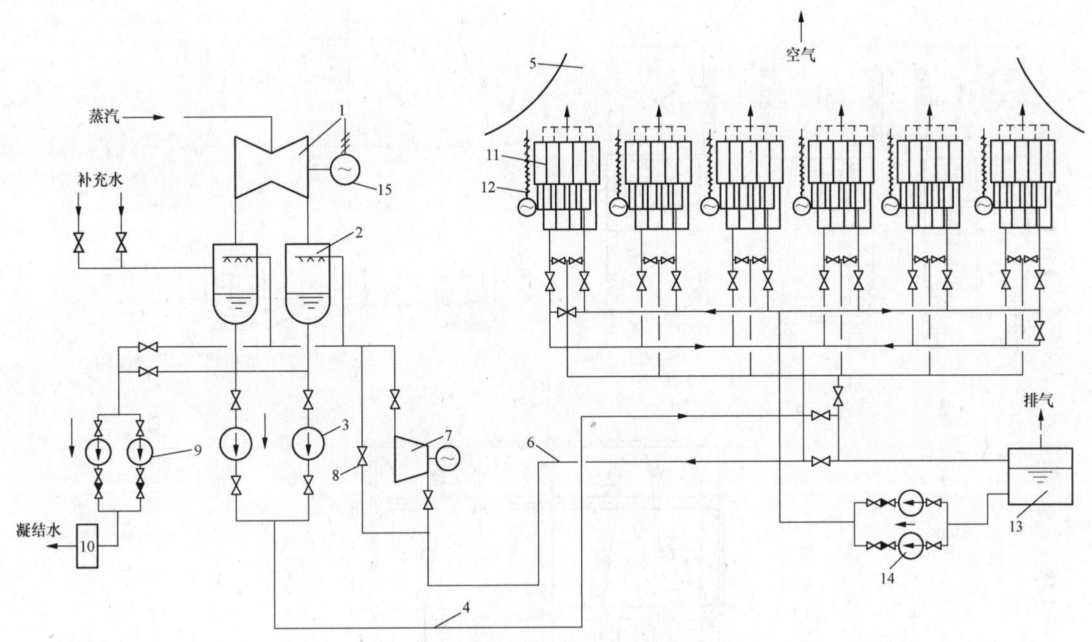

图5-71　IMC系统的原则系统图

1—汽轮机；2—喷射式凝汽器；3—冷却水循环泵；4—热水管；5—自然通风空冷塔；6—冷水管；7—水轮机；8—旁路节流阀；9—凝结水泵；10—凝结水精处理装置；11—冷却器；12—百叶窗；13—塔内地下贮水箱；14—输送泵；15—发电机

2. 喷射混合式凝汽器

某200MW机组喷射混合式凝汽器结构如图5-72所示。为与汽轮机排汽口相配合，采用三台同容量的凝汽器。凝汽器自上而下分为凝汽区、后冷却器及热井三大部分。

（1）凝汽区。每个凝汽器有两个水室，呈三角形，高约1m、宽0.4m。水室两侧排列精密铸造的双孔铸铁喷嘴，共1404只，三台凝汽器共4212只，总喷射水量22000m³/h。喷嘴两侧均有隔板，将喷水变成薄膜。排汽与水膜混合后凝结。

（2）后冷却器。排汽大部分凝结后，仍残留有部分蒸汽—空气混合物。用抽气器将这部分混合物抽入后冷却器进一步冷却。冷却水中5%～10%的水量进入后冷却器，利用淋水盘形成的水膜与混合气体再次接触而使剩余部分蒸汽凝结，最后空气由排气口抽出。

（3）热井。热井是一个容积较大的空腔，腔内只有支撑外壳的结构。大同二厂热井最高水位标高5.0m，正常水位标高4.0m，补水阀及排水阀在这水位附近开关，报警水位标高3.0m，最低水位标高2.7m，自动停泵。热井有效容积共140m³。要求容积较大的原因是：

1）冷却器内冷却段是在运行过程中充水的。热井贮存有较大量的凝结水，可避免充水过程水位变幅过大。

2）凝汽器水位变动作为控制调节的信号，热井容积大，水位波动小，便于控制调节。

3）循环水泵进口处于真空状态，要求有一定的必需气蚀余量（NPSH）$_r$，热井有一定的容积可使有效气蚀余量变化范围不大。

某 600MW 机组喷射混合式凝汽器外形如图 5-73 所示。

喷射混合式凝汽器排汽与循环水出水的温度差（TTD）$_c$按设计计算仅为 0.1～0.5℃，这是喷射混合式凝汽器的优势。大同二电厂现场实测在额定负荷下（TTD）$_c$值一般为 3℃左右，偏离额定负荷条件越多，终端差值越大，这主要和设计性能和安装质量有关。宝鸡二厂的喷射混合式凝汽器排汽与循环水出水的温度差（TTD）$_c$值在 1℃内。

3. 冷却器的布置

IMC 系统冷却器通常垂直布置在冷却塔进风口的外侧，如图 5-74 所示。

为了运行调节方便，将冷却三角分为若干组。每组设有进出水母管，母管上装有进水阀及放水阀。充水系统、放水系统及控制系统均以一组为一个单元。由于每组冷却三角在塔内呈扇形布置，故每组冷却三角亦称为一冷却扇段。全塔冷却扇段布置见图 5-75。

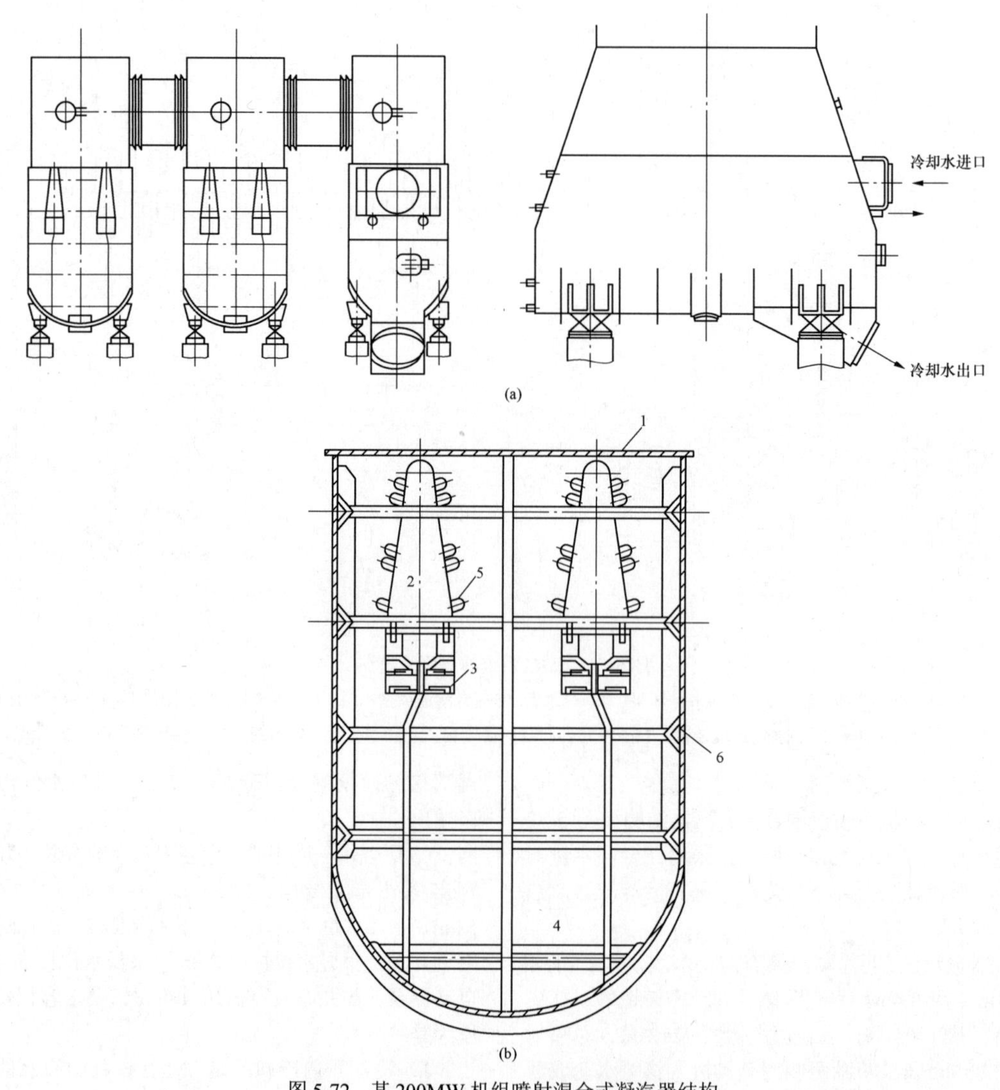

图 5-72　某 200MW 机组喷射混合式凝汽器结构

（a）外形图；（b）横剖视图

1—外壳；2—水室；3—后冷却器；4—热井；5—喷嘴；6—加固肋

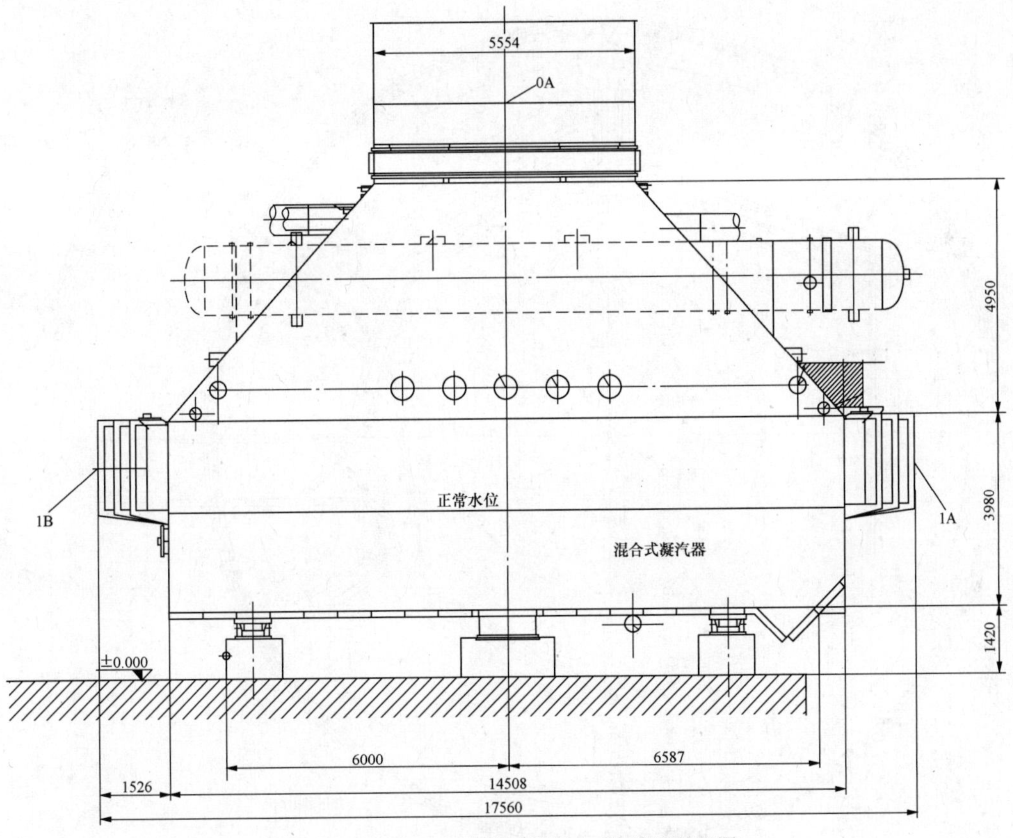

图 5-73　某 600MW 机组喷射混合式凝汽器外形图

0A—蒸汽进口；1A—冷却水入口；1B—冷却水出口

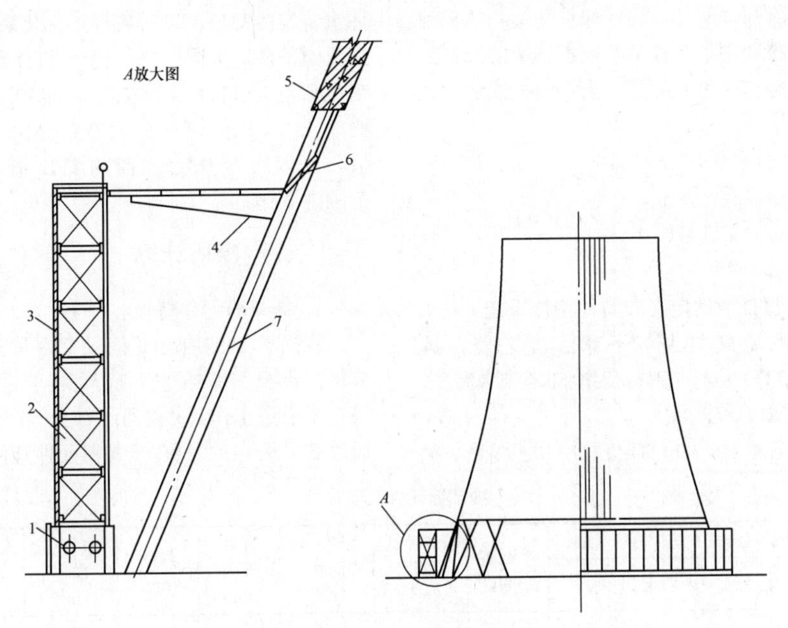

图 5-74　IMC 系统冷却塔示意

1—水管；2—冷却器；3—百叶窗；4—托梁；5—塔壳；6—封板；7—X 形支柱

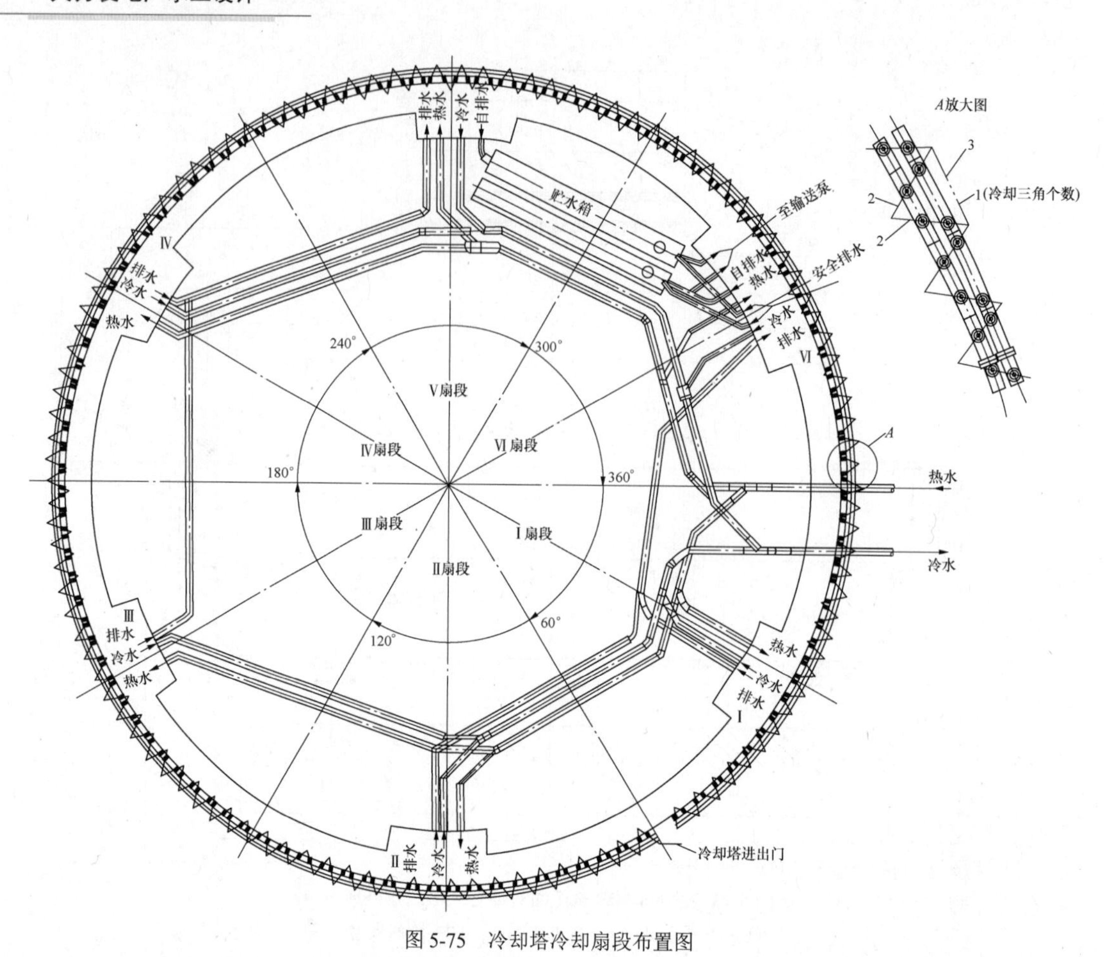

图 5-75　冷却塔冷却扇段布置图

对于确定的冷却器型号，其冷却三角边长的尺寸是固定的，所以冷却塔基底直径可根据选用的冷却三角数及留出一个冷却三角的位置作为塔内外通道，以式（5-78）表示：

$$D_b=0.9\times(N+1) \qquad (5\text{-}75)$$

式中　D_b——冷却塔底径，m；

N——冷却三角数量，个。

4. ITD 值选择

IMC 系统的 ITD 值的定义和其他空冷系统一样，仍为汽轮机排汽温度与大气干球温度之差，即 $ITD=t_s-\theta_1=t_1+(TTD)_c-\theta_1$，式中 t_1 为冷却塔进水温度，$(TTD)_c$ 为混合式凝汽终端温差。

IMC 系统的各参数，如 ITD 值、冷却三角数、循环水量及冷却塔高度等应经过优化后确定。例如，根据我国条件，大同二电厂优化 ITD 值为 25.6℃，丰镇电厂优化 ITD 值为 28℃，宝鸡二厂优化 ITD 值约为 32℃。结合国内外大多数 IMC 系统选用的 ITD 值，可以认为 IMC 系统的 ITD 值一般在 25～35℃范围内变化。

二、空冷塔计算

1. 冷却器元件特性

我国于 1983 年引进海勒空冷系统，哈尔滨空气调节机厂承担了福哥型空气冷却器的设计、制造、试验等技术引进工作，并进行了部分国产化改进，1988 年通过 EGI 公司的考核。冷却器元件几何尺寸见表 5-51。

表 5-51　　冷却器元件几何尺寸

项目 制造厂	基管外径（mm）		基管内径（mm）		管壁厚（mm）	管内流通面积（m²）	光管外表面积（m²）	翅片厚度（mm）	片距（mm）	总传热面积（m²）	有效通风面积（m²）	迎风面积（m²）
	胀前	胀后	胀前	胀后								
哈尔滨空调机厂	18.0	18.78	16.5	17.28	0.75	0.028	67.90	0.35	2.88	979.3* 966.6**	5.15* 5. 68**	11.5
匈牙利	17.75	18.60	16.25	17.10	0.75	0.029	67.25	0.33	2.88	966.7	5.59	11.5

*　翻边处厚度 δ=1.06mm 的元件的数据。

**　翻边处厚度 δ=0.81mm 的元件的数据。

（1）总传热系数 K_f 的表达式如下：

$$K_f=36.98\times v_m^{0.366}w^{0.225} \tag{5-76}$$

式中 v_m——迎风面空气质量流速，kg/（m²·s）；

w——管内水流流速，m/s。

（2）管外侧空气阻力 Δp_{he}，取试验平均值，见式（5-77）：

$$\Delta p_{he}=18.94\times v_m^{1.60} \tag{5-77}$$

（3）管内侧水流阻力与水流量的关系式如下：

$$\Delta p_w=21.32\times10^3\times(q_m/100)^2 \tag{5-78}$$

式中 q_m——试验元件为4.789m×2.4m时水的质量流量，t/h。

（4）以上计算表达式是针对表5-51中冷却元件的表达式，不同的散热元件，其计算表达式各不相同。工程中选用的 K_f 值应根据现场测试资料，将小型试验资料乘以换算系数 c 和 ϕ 后使用。

2. 热力计算方法

可采用本章第三节中ISC系统的设计计算方法，即 K_f-K_f' 平衡法计算。

3. 空气动力计算

本书的计算方法不考虑斜支柱阻力、空气流转弯阻力及风和逆温等因素的影响。

（1）冷却器阻力按制造厂试验资料计算，但冷却器组合成冷却三角后，由于是倾斜布置阻力增加12%。

（2）百叶窗阻力可近似地用式（5-79）计算：

$$\Delta p_l=0.6v_m^2 \tag{5-79}$$

（3）冷却塔出口损失即为出口气流动能损失，以式（5-80）计算：

$$\Delta p_o=\frac{v_o^2}{2}\times\rho_2 \tag{5-80}$$

式中 v_o——冷却塔出口气流流速，m/s；

ρ_2——出口气流空气密度，kg/m³。

（4）空冷塔总阻力 T_P，考虑冷却三角和百叶窗阻力因污秽阻塞而增加10%，有：

$$T_P=1.1\times（1.12\Delta p_{he}+\Delta p_l）+\Delta p_o \tag{5-81}$$

（5）空冷塔抽力 T_D 计算，只计算风筒有效高度产生的抽力。冷却三角下侧为进出水环形管高度2m。有效高度由冷却器1/2高度处至塔顶的高度，见式（5-82）：

$$T_D=[H_t-(H_i/2+2)]\times\Delta\rho\times9.81 \tag{5-82}$$

式中 T_D——总抽力，Pa；

H_t——塔全高，m；

H_i——冷却器高度，亦即进风口高度，m；

$\Delta\rho$——冷却塔进出口空气密度差，kg/m³。

三、空冷塔计算示例

1. 给定条件

设计一满足200MW容量汽轮机的IMC系统冷却塔，要求在年加权平均气温为15℃时达到设计背压8.8kPa。

（1）汽轮机数据：排入冷却塔的热量为275.00MW；循环水量 W=22000m³/h；混合式凝汽器终端差 TTD_c=1.5℃。

（2）气象条件：气温 θ_1=15℃；相对湿度 ϕ_1=55%；大气压力 p_a=890hPa。

2. 冷却器参数

（1）选用的冷却三角数 N=119；

（2）冷却器高度15m；

（3）每片冷却器的迎风面面积 A_n=34.5m²；

（4）每片冷却器翅片管总面积 A_f=2937.9m²；

（5）面积比 A_f/A_n=85.16；

（6）每片冷却器排热量 Q=275/(2×119)=1.156（MW）；

（7）每片冷却器水量92.44m³/h；

（8）管内水流速度 w=1.0m/s。

3. 冷却塔尺寸

（1）冷却塔底径108m，按式（5-75）计算；

（2）冷却塔斜支柱底径100m；

（3）冷却塔出口直径65m；

（4）冷却塔高度待阻力与抽力计算后确定。

4. 热力计算

设计背压8.8kPa，相应排汽温度为43.3℃；ITD=43.3−15=28.3（℃）。

（1）冷却塔进出水温差 Δt：

$$\Delta t=\frac{275\times10^6}{\dfrac{22000\times1000}{3600}\times4186}=10.75（℃）$$

（2）冷却塔进水温度：

$$t_1=t_c-(TTD)_c=43.30-1.5=41.80（℃）$$

（3）冷却塔出水温度：

$$t_2=t_1-\Delta t=41.80-10.75=31.05（℃）$$

（4）冷却任务与冷却能力平衡计算见表5-52。

表5-52 冷却任务与冷却能力平衡计算表

项 目	单位	数值	
迎风面空气质量流速（假设）	kg/（m²·s）	1.7	1.8
通过每片冷却器的质量风量 $G=A_n\times v_m=34.5\times v_m$	kg/s	58.65	62.10
空气温升 $\Delta\theta=\frac{Q\times10^6}{Gc_{pa}}$	℃	19.71	18.62

续表

项　目	单位	数值	
$LMTD=\dfrac{(t_2-\theta_1)-(t_1-\theta_2)}{\ln\dfrac{t_2-\theta_1}{t_1-\theta_2}}$	℃	10.97	11.67
$K_f'=\dfrac{Q\times10^6}{LMTD\times A_f}$	W/（m²·℃）	35.87	33.72
$K_f=36.98v_m^{0.366}w^{0.225}$	W/（m²·℃）	33.68	34.39

（5）作图求 K_f-K_f' 平衡点 v_m=1.776kg/（m²·s），如图 5-76 所示，求得相应的$\Delta\theta$=18.87℃。

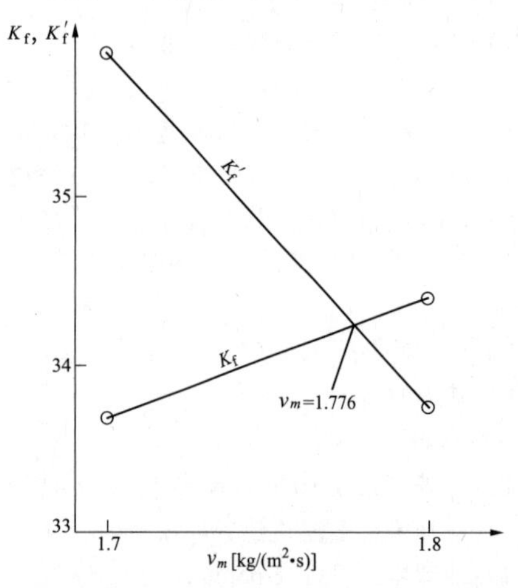

图 5-76　K_f-K_f' 平衡图

5. 空气密度计算

根据式（5-45），进口空气密度为：

$$\rho_1=\frac{1}{273+15}\times\left(\frac{890}{2.871}-1.313\times0.55\times1.704\right)$$
$$=1.0721(\text{kg/m}^3)$$

根据式（5-46），出口空气密度为：

$$\rho_2=\frac{273+15}{273+15+18.87}\times1.0721=1.0062(\text{kg/m}^3)$$

6. 阻力计算

（1）通过百叶窗的阻力损失：

$$\Delta p_e=0.6\,v_m^2=1.89\ (\text{Pa})$$

（2）通过冷却器阻力损失，按式（5-77）计算：

$$\Delta p_{he}=18.94\times v_m^{1.60}=47.48\ (\text{Pa})$$

（3）冷却塔出口损失：

经计算冷却塔出口流速 u_o=4.37m/s

$$\Delta p_o=\frac{4.37^2}{2}\times1.0062=9.6(\text{Pa})$$

（4）总阻力损失 T_P 按式（5-81）计算：

$$T_P=1.1\times(1.12\Delta p_{he}+\Delta p_e)+\Delta p_o=67.47\ (\text{Pa})$$

（5）抽力等于总阻力求塔高，先求有效风筒高度：

$$H_e=\frac{t_P}{\Delta\rho\times9.81}=\frac{67.47}{(1.0721-1.0062)\times9.81}=104.37(\text{m})$$

塔全高 H_t 按式（5-82）计算：

$$H_t=H_e+H_i/2+2=104.37+7.5+2=113.87\ (\text{m})$$

四、系统水力计算

循环水泵从混合式凝汽器热井中吸水升压，经循环水母管送水到冷却塔冷却器后半侧的翅片管中，垂直上行到顶部联箱。为保证空气不漏入冷却器，冷却器顶部联箱的水压需保持比大气压高出 0.5m 水柱。这一循环水流程称为热管段。循环水泵扬程便是根据热管段的水力条件确定的。

循环水从顶部联箱沿冷却器前半侧翅片管垂直下行，经循环水母管进入主厂房，其压力远高于混合式凝汽器中喷嘴所需的水头，故要用水轮机或节流阀调节压力。水轮机的水头就是根据冷管段的水力条件确定的。

IMC 系统设备布置相对高差见图 5-77。

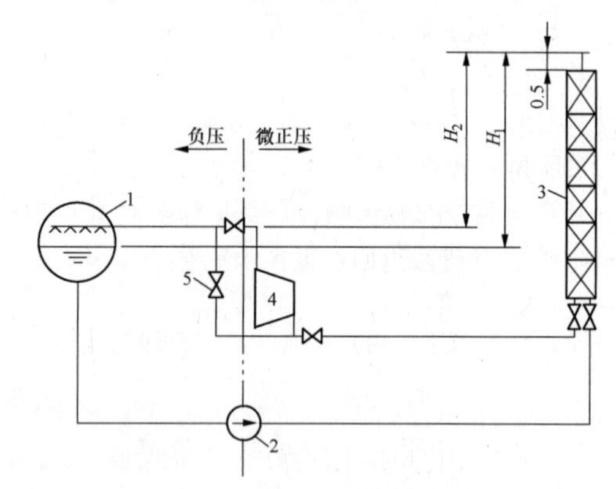

图 5-77　IMC 系统设备布置相对高差

1—喷射式凝汽器；2—循环水泵；3—冷却器；4—水轮机；5—旁路节流阀

1. 冷却器水阻

冷却器水阻一般由制造厂提供。根据制造厂资料，15m 高冷却器水阻以式（5-83）计算：

$$H_{he}=4.04\times\left(\frac{Q_o}{100}\right)^2 \qquad (5\text{-}83)$$

式中　H_{he}——冷却器总水阻，mH_2O；

Q_o——冷却器流量，m³/h。

冷却器水阻亦可参照表面式凝汽器水力计算方法计算。由于设计时单个冷却器流量一般为 100m³/h 左右，故冷却器的水阻为 4m 水柱左右。在热管段或冷管段水力计算时，仅取双管程中的一个管程计算，故水阻为 2m 水柱左右。

2. 循环水泵扬程

循环水泵扬程 H_p 按式（5-84）计算：

$$H_{\mathrm{p}} = H_1 + H_{\mathrm{f1}} + \frac{p_{\mathrm{a}} - p_{\mathrm{c}}}{9.81} \tag{5-84}$$

式中　H_1——冷却器顶部水压水面标高与凝汽器水位标高差，m；

H_{f1}——包括循环水泵吸水管及冷却器上行管程在内的热管段总水阻，m；

p_{a}——大气压力，kPa；

p_{c}——凝汽器压力，kPa。

3. 循环水泵必需气蚀余量 $(\mathrm{NPSH})_{\mathrm{r}}$

IMC 系统循环水泵在凝汽器热井中吸水，水温有时可能高达 70℃，凝汽器压力常在 10kPa 以下，所以对循环水泵而言，防止气蚀问题很重要。

循环水泵的 $(\mathrm{NPSH})_{\mathrm{r}}$ 是制造厂要求在水泵叶轮中心线处，包括凝汽器压力在内的不会产生气蚀现象必需的水压值。$(\mathrm{NPSH})_{\mathrm{r}}$ 值随水泵流量变化而变化，在额定流量时 $(\mathrm{NPSH})_{\mathrm{r}}$ 最低，流量增加时 $(\mathrm{NPSH})_{\mathrm{r}}$ 值上升较快，流量减小时 $(\mathrm{NPSH})_{\mathrm{r}}$ 值上升平缓。循环水泵的安装高程要考虑到各种不利运行工况的合理组合，如热井水位最低、凝结水温较高、冷却扇段全开而只有单泵运行及热管段阻力较设计值低、循环水泵流量增大等条件。要保证实际工程有效气蚀余量 $(\mathrm{NPSH})_{\mathrm{a}}$ 大于水泵必需气蚀余量 $(\mathrm{NPSH})_{\mathrm{r}}$。

4. 水轮机调压水头

混合式凝汽器喷嘴工作水头一般只需要 1.5mH_2O，故冷管段返回的循环水头要经水轮机或节流阀调压后才能进入凝汽器，如图 5-78 所示。

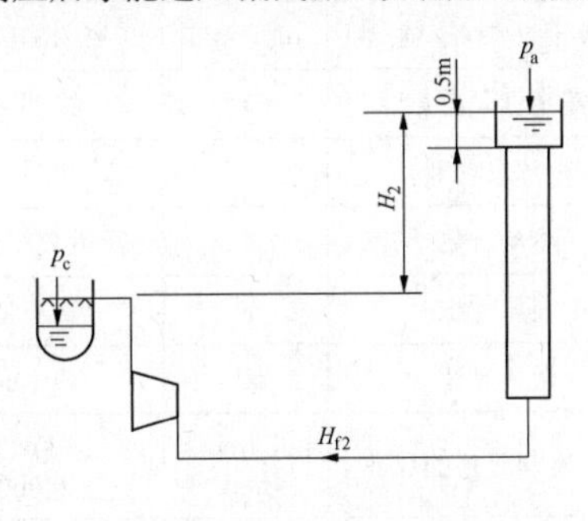

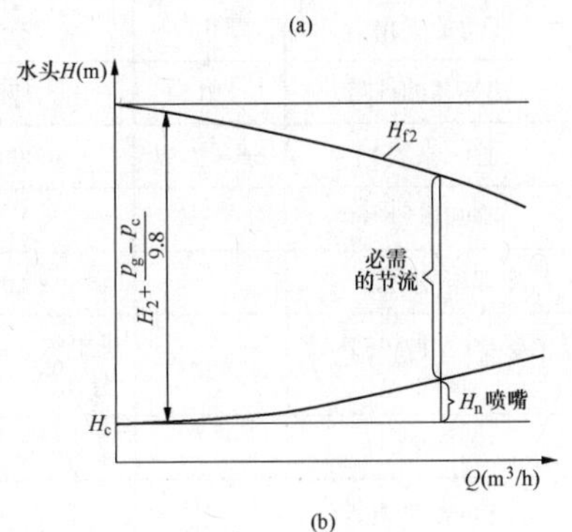

图 5-78　系统的节流水头

（a）冷管部分几何高差；（b）冷管部分节流水头

系统所需节流水头（H_{t}）按式（5-85）计算：

$$H_{\mathrm{t}} = \frac{p_{\mathrm{a}} - p_{\mathrm{c}}}{9.81} + H_2 - H_{\mathrm{f2}} - H_{\mathrm{n}} \tag{5-85}$$

式中　p_{a}——大气压力，kPa；

p_{c}——凝汽器压力，kPa；

H_2——冷却器顶部水压水面标高与喷嘴的标高差，m；

H_{f2}——包括冷却器下行管程在内的冷管段总水阻，mH_2O；

H_{n}——喷嘴前工作水头，mH_2O。

上述节流水头是随水泵运行台数、冷却扇段投入段数而变化的，设计时要绘制水泵与水轮机运行特性曲线。

根据计算，一般工程节流水头约为水泵工作水头的 1/2，水轮机能回收的能量约为水泵电动机功率的 25%～30%。

五、系统的其他问题

IMC 系统和 ISC 系统都是间接空冷系统，两种冷却系统的系统组成、布置方式、系统特性都很接近。其中，IMC 系统采用喷射混合式凝汽器，而 ISC 系统采用表面式凝汽器，由于采用了不同的凝汽器，两个系统略有不同。IMC 系统需要设置水轮机或节流阀调压，以满足喷射混合式凝汽器喷嘴压力的要求，而 ISC 系统不需要。ISC 系统是密闭系统，需要设置高位膨胀水箱，而 IMC 系统由于有喷嘴，系统没有密闭，因此不设置高位膨胀水箱。

IMC 系统的优化设计方法、运行控制等可以参照 ISC 系统，见本章第三节。

六、工程示例

某发电厂 2×600MW 机组扩建工程采用烟塔合一、脱硫吸收塔布置在塔内的三塔合一方案，冷却器采用铝管铝翅片六排管，塔外竖直布置。

（1）夏季工况汽轮机计算热量及设计参数，见表 5-53、表 5-54。

表 5-53　夏季工况（27kPa）汽轮机排热量

序号	热源	质量流量（t/h）	排汽焓（kJ/kg）	凝汽焓（kJ/kg）	计算热量（MW）
1	主汽轮机	1170	2533.9	279.21	732.78
2	给水泵汽轮机	124.27	2600.2	279.21	80.12
3	其他	184.70	305	279.21	1.32
4	总热负荷	—	—	—	814.22

表 5-54　夏季条件设计参数

序号	名称	单位	数值
1	设计冷却塔进气温度	℃	33
2	设计环境气压	hPa	9.27
3	10m 高处设计风速	m/s	4
4	凝汽器压头	kPa	25
5	凝汽器温度	℃	65
6	凝汽器热负荷	MW	814.22
7	ITD	℃	32
8	单位 ITD 热负荷	MW/℃	25.44

（2）额定工况汽轮机计算热量及设计参数，见表 5-55 和表 5-56。

表 5-55　额定工况（11kPa）汽轮机排热量

编号	热源	质量流量（t/h）	排汽焓（kJ/kg）	凝汽焓（kJ/kg）	计算热量（MW）
1	主汽轮机	1139	2404.4	199.65	697.56
2	给水泵汽轮机	105.9	2524	199.65	68.37
3	其他	225.84	225.9	199.65	1.65
4	总热负荷	—	—	—	767.58

表 5-56　工 况 设 计 参 数

序号	名称	单位	数值
1	设计冷却塔进气温度	℃	16
2	设计环境气压	hPa	9.27
3	10m 高处设计风速	m/s	4
4	凝汽器压头	kPa	11
5	凝汽器温度	℃	47.71
6	凝汽器热负荷	MW	767.58
7	ITD	℃	31.71
8	单位 ITD 热负荷	MW/℃	24.21

（3）调节阀全开（VWO）工况汽轮机计算热量及设计参数，见表 5-57、表 5-58。

表 5-57　VWO 工况（11kPa）汽轮机排热量

编号	热源	质量流量（t/h）	排汽焓（kJ/kg）	凝汽焓（kJ/kg）	计算热量（MW）
1	主汽轮机	1188.1	2397.8	199.65	725.45
2	给水泵汽轮机	113.1	2519.4	199.65	72.88
3	其他	241.2	225.8	199.65	1.75
4	总热负荷	—	—	—	800.08

表 5-58　VWO 工况设计参数

序号	名称	单位	数值
1	设计冷却塔进气温度	℃	16
2	设计环境气压	hPa	9.27
3	10m 高处设计风速	m/s	4
4	凝汽器压头	kPa	11
5	凝汽器温度	℃	47.71
6	凝汽器热负荷	MW	800.08
7	ITD	℃	31.71
8	单位 ITD 热负荷	MW/℃	25.23

（4）间接空冷系统主要参数，见表 5-59。

表 5-59　海勒间接空冷系统主要参数（单台机组）

序号	名称	单位	主要参数
1	热交换器		
1.1	空冷热交换器翅片管束总面积	m^2	约 1670000
1.2	热交换器每个管束质量	kg	约 840
1.3	每个热交换器管束尺寸	mm×mm×mm	约 2400×150×6000
1.4	管束的数量	个	1424
1.5	基本管子外径×壁厚	mm×mm	约 18×0.75
1.6	基本管子总重	t	约 1195
1.7	翅片管材料		全铝
2	冷却三角		第五代福哥型
2.1	迎风面积	m^2	约 20500
2.2	迎风风速	m/s	约 1.66
2.3	每个冷却三角的尺寸	mm×mm×mm	约 2600×2600×24000
2.4	三角的夹角	（°）	约 50
2.5	冷却三角的数量	组	178
2.6	脏污系数	$m^2 \cdot K/W$	0.00017
3	冷却扇段		
3.1	冷却扇段个数	个	10
3.2	每个扇段冷却水主水管直径	mm	进出水管：DN900 分水管：DN600
4	空冷塔		
4.1	X 柱 0m 高处直径/塔总高	m/m	约 145/ 170
4.2	0m 高处冷却三角外径	m	≤153

续表

序号	名称	单位	主要参数
4.3	进风口高度/进风口直径	m	约 26/≤153
4.4	喉部高度/喉部直径	m	145/82
4.5	出口高度/出口直径	m	170/84
4.6	空冷塔总抽力	Pa	约 110
4.7	空冷塔总阻力	Pa	约 85
4.8	空冷塔总进风量	m^3/s	约 34000
5	混合式凝汽器		
5.1	混合式凝汽器尺寸	mm×mm×mm	约 7500×12000×4000
5.2	模块数量	个	2×6
5.3	每个模块尺寸	mm×mm	约 1250×12000
5.4	每个模块的喷嘴数	个	840～1000
5.5	喷嘴的材质		铸铁
6	循环水泵及水力机组		
6.1	数量	组	3
6.2	水头	m	约 41
6.3	总流量	m^3/h	约 50000
6.4	轴功率	kW	约 2200
6.5	$(NPSH)_r$	m	约 6.8
6.6	循环水泵效率	%	>87
6.7	电动机效率	%	>93
6.8	水轮机效率	%	>85
6.9	循环水泵出水阀门直径	mm	DN1800
7	输水泵		

续表

序号	名称	单位	主要参数
7.1	数量	组	2
7.2	水头	m	约 40
7.3	流量	m^3/h	约 300
7.4	功率	kW	约 75
8	地下储水箱		
8.1	数量	组	6
8.2	每个水箱的容积	m^3	约 275
9	清洗系统		
9.1	清洗泵和电动机的数量	组	1
9.2	水头	m	120
9.3	流量	m^3/h	150
9.4	功率	kW	约 90
10	循环水管		
10.1	直径	mm	DN2800～DN50
10.2	材料		焊接碳钢
11	排汽管		
11.1	管道直径	mm	DN300
11.2	壁厚	mm	8
11.3	材料		焊接碳钢
11.4	每个冷却扇段的排汽管数量	个	1
11.5	排汽管高度	m	约 30

（5）各运行工况的主要参数，见表 5-60。

表 5-60　　间接空冷系统各工况主要参数（单台机组）

序号	名称	单位	设计工况			
			夏季工况（包括给水泵汽轮机）	额定工况（包括给水泵汽轮机）	VWO 工况（包括给水泵汽轮机）	最低运行背压（包括给水泵汽轮机）
1	现场海拔	m	652.5（黄海高程）			
2	环境温度	℃	33	17	16	−20～5
3	主汽轮机排汽流量	t/h	1170	1139	1188.1	1121.4
4	排汽焓	kJ/kg	2533.9	2404.4	2397.8	2375.8
5	设计散热量	MW	814.22	767.58	800.08	760.22
6	汽轮机排汽背压	kPa	≤25	≤11	≤11	5.8
7	汽轮机出力	MW	614.8	660	685	668.7
8	热交换器表面积	m^2	约 1670000	约 1670000	约 1670000	约 1670000

续表

序号	名称	单位	设计工况			
			夏季工况（包括给水泵汽轮机）	额定工况（包括给水泵汽轮机）	VWO 工况（包括给水泵汽轮机）	最低运行背压（包括给水泵汽轮机）
9	冷却水流量	t/h	50000	50000	50000	50000
10	冷却塔进水温度	℃	64.5	47.06	47.06	34.6
11	冷却塔出水温度	℃	50.5	33.85	33.3	21.5
12	端差	℃	≤0.5	≤0.65	≤0.65	≤1
13	循环水含氧量	ppb	20	20	20	20
14	循环水泵电动机输入功率	kW	约 4650	约 4650	约 4650	约 4650

注　1ppb 相当于 10^{-9}。

第五节　辅机冷却水空冷系统

一、系统概述

近年来，随着国家节水力度的不断加强、高度节水产业政策的推出、辅机空冷系统的完善以及运行经验的丰富，“三北”及缺水地区电厂越来越多地采用空冷技术进行辅机冷却。辅机冷却系统需要排除汽轮机凝汽器冷却水以外所有辅机冷却器和机械轴承冷却装置所产生的热量。常见的电厂辅机冷却水系统的用水项目参见表 4-50，这里不再赘述。

辅机冷却空冷系统为闭式系统。与辅机冷却器及轴承等冷却装置直接接触的闭式循环水一般采用软化水或除盐水。一般在主厂房外设置专用的空冷散热器以实现气水换热，将闭式循环水中的热量排放至大气。

二、辅机冷却水系统分类

从冷却方式来划分，辅机冷却系统主要有湿冷、空冷以及空湿联合三种类型。从通风方式来划分，辅机冷却系统可分为自然通风冷却系统、机械通风冷却系统和混合通风冷却系统。

采用湿冷方式的辅机冷却系统参见本书第四章第六节相关内容。本节主要讨论采用空冷方式的辅机冷却系统的设计。由于辅机空冷系统相对规模较小，考虑运行灵活性等因素，空冷塔多采用机械通风的形式。本节以机械通风空冷系统为重点，介绍工程中常用的几种辅机空冷方案。

三、机械通风空冷

（一）机械通风辅机空冷系统

常见的机械通风辅机空冷系统如图 5-79 所示。

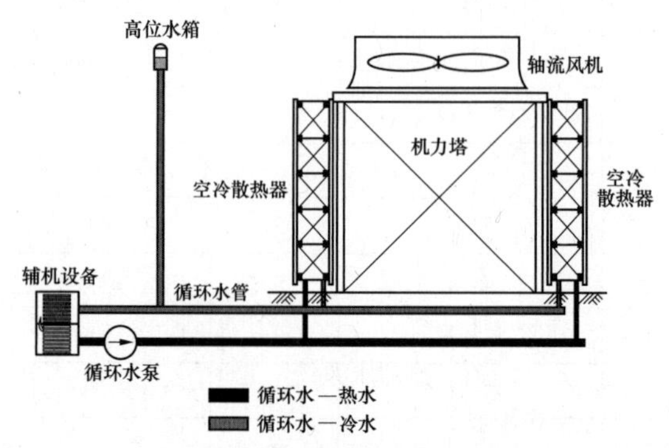

图 5-79　常见的机械通风辅机空冷系统（竖直布置）

该系统工艺流程为：冷却水经冷却水泵的作用流经各种辅机轴承和所设置的冷油器等，将设备局部冷却到所需要的参数条件。冷却水本身被加热，由循环水管引出到室外，再经支管分配到机力塔的各段散热器，在塔的上部设置提供冷却空气的轴流风机，冷却空气流经散热器外表面形成强迫对流换热，散热器基管内被加热的冷却水通过基管管壁及翅片与空气进行热交换，将冷却水温度降低。流出散热器的冷却水经循环水回水管返回到冷却水系统内，循环运行。

（二）系统设计及配置要点

（1）辅机空冷系统的配置应纳入辅机系统整体规划考虑，空冷系统应满足辅机设备冷却要求。相对于辅机湿冷系统，辅机空冷系统的冷却能力有限，辅机设备散热器可选择能承受更高的冷却水温的设备或产品。

（2）辅机冷却水各子系统进出水温度和温升要求差异较大时，宜分别采用独立的冷却系统。

（3）空冷散热器选型及布置形式应根据辅机冷却

水量、冷却水温升、气象条件、运行方式、场地条件等因素综合考虑后确定。单机容量300MW及以上机组宜采用竖直布置方式，相邻冷却单元之间宜设置挡风隔板并留有巡视通道。

（4）空冷塔的布置位置应远离热源，以免散热效果受到影响。

（5）机力塔冷却单元数量较多时，宜分成多排布置，每排的长度与宽度之比不宜大于5:1。散热器竖直布置的机力塔塔间净距不宜小于两塔冷却柱之和的1.5倍。

（6）散热器采用垂直布置的冷却单元，可采用双侧进风单列布置，也可单侧进风双列布置，单元之间宜设置隔板。

（7）空冷塔之间、空冷塔与建筑物之间的距离应满足规范要求。

（8）辅机空冷系统的设计气象参数宜根据典型年干球温度统计表，可选取干球气温从高到低累积小时数100h以内的干球气温作为设计气温。对于冷却要求或辅机运行安全性较高的工程，可配置喷雾降温系统应对短时的高温工况。

（9）辅机循环冷却水泵宜布置在主厂房内，单元制系统每台机组宜设置2×100%容量循环冷却水泵。扩大单元制的辅机冷却水系统，宜采用2～3台水泵，其中1台备用。

（10）辅机空冷系统宜有一定的设计裕量，可以按以下方式设置：

1）在迎面风速不变的条件下，预留不小于5%的冷却面积裕量；

2）在冷却水量和温升不变的情况下，出水温度预留不小于0.5℃的裕量；

3）当采用机械通风空冷塔时，风机预留不小于10%的风量裕量。

（11）多台机组采用一组机械通风空冷塔，机组辅机冷却水系统采用单元制或扩大单元制时，根据夏季主导风向，各机组迎风侧冷却单元数量宜分配均匀。

（12）膨胀水箱的容积应按照系统的最高和最低水温的总水容积差计算，且不宜小于一个冷却单元及其相应管道的水容积。寒冷地区膨胀水箱容积应满足扇区一次最大充水用水量，充水时间不宜超过5min。

（13）储水箱的容积应大于一台机辅机干冷塔全部散热器和冻土线以上管道的水容积。在无冰冻影响的地区，地下贮水箱可以不设置或适当减小容积。排水设施的配置应能够迅速完成冷却单元的排水，寒冷地区泄水时间不宜超过3min。

（三）系统设计参数

1. 系统配置

图5-80所示为某2×600MW工程辅机空冷系统，为单元制，每台机组配4段冷却单元、1条DN700辅机冷却进水母管、1条DN700辅机冷却回水母管、2台辅机冷却水泵、1座高位补给水箱。辅机冷却水泵和高位补给水箱布置在主厂房内，每台机组干冷塔的4个冷却单元两两“背对背”布置，两台干冷塔毗邻连建。

每段冷却单元的平面尺寸约为11.3m×14.75m，塔高15m，4段冷却单元总平面尺寸为23m×22.5m。每段冷却单元配1台轴流风机，散热器三角垂直布置在干冷塔外，塔筒为钢筋混凝土结构。辅机干冷系统设充（放）水及排水系统，由储水箱、充（排）水泵、充（放）水管道和阀门等组成。

散热器设排气系统，每个冷却段都有其独立的排气系统；排气管道应带有一定的坡度，以保证排气顺畅，系统压力稳定，每片管束的基管内流态和流速均匀一致，不出现流速低的死区。设置两套带轨道的移动式高压水清洗系统，高压清洗水水源从地下储水箱接出。

为满足夏季高温时段冷却效果，设置了水喷雾系统。系统包括喷头、喷淋水泵、管道、阀门及管道支吊架、管件和配件等。其中，喷淋水泵两台（两台运行），水泵布置在塔内，喷雾用水从地下储水箱接出。

2. 技术参数

（1）辅机冷却水量（单台机组）：2150m^3/h。

（2）冷却介质为除盐水，水质要求：电导率（25℃）≤0.20μS/cm（标准值），≤0.15μS/cm（期望值）；二氧化硅≤20μg/L（标准值），≤10μg/L（期望值）。

（3）设计干球温度：29.5℃。

（4）干冷塔段数（一台机组）：4。

（5）每段干冷塔平面尺寸（包括散热器）：11.30m×14.75m。

（6）散热面积：61433m^2。

（7）干冷塔冷却水设计进水温度：42℃。

（8）干冷塔冷却水设计出水温度：≤37℃。

（9）塔进风口高度：12m。

（10）塔总高度：15m。

（11）风机轴功率：82kW。

（12）电动机功率：110kW。

系统所采用的空冷散热器参数见表5-61。

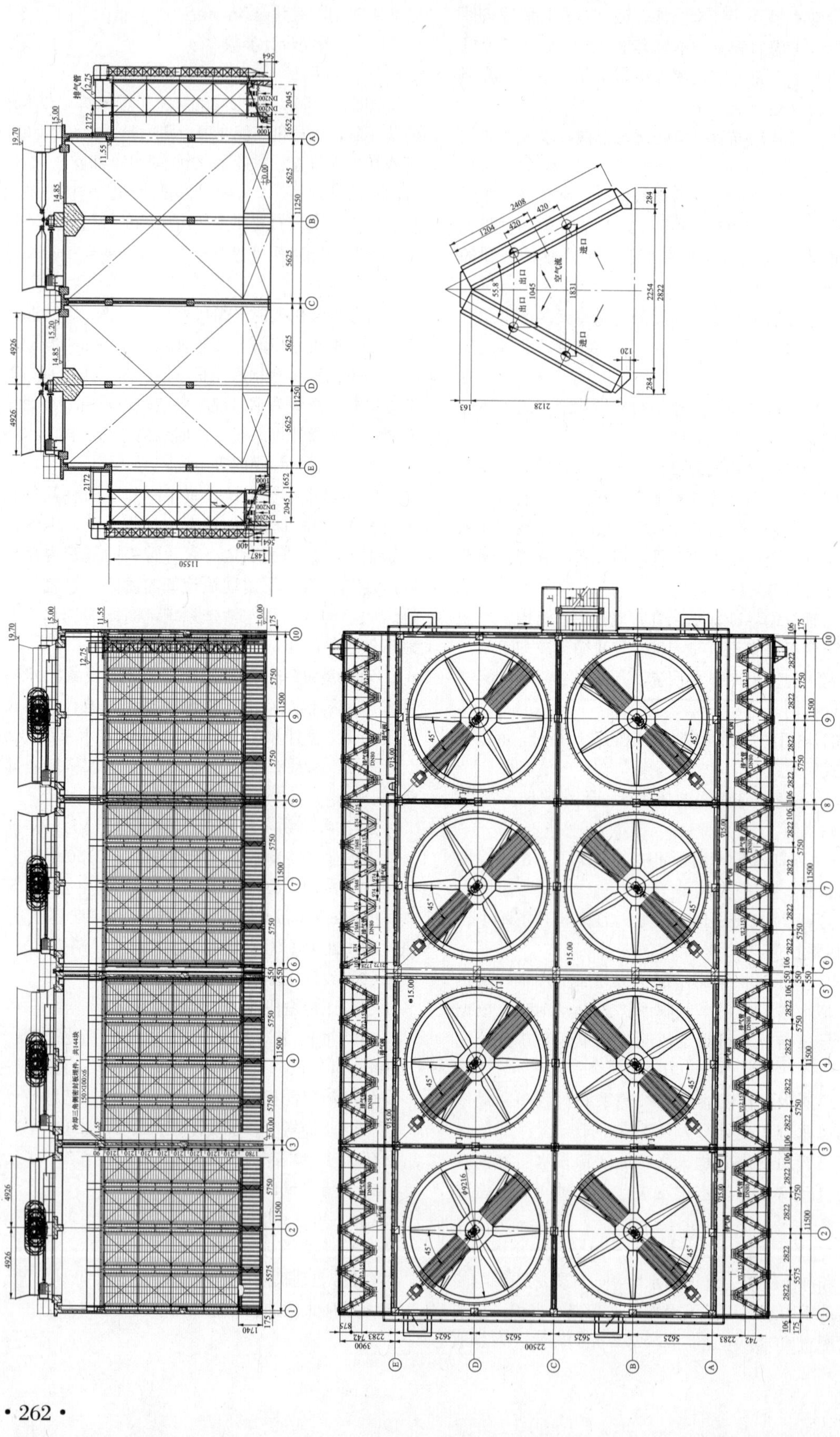

图 5-80　机械通风空冷系统布置图

表 5-61　　空冷散热器参数

序号	项　目	单位	主要参数
1	管束型号		FORGO T60
2	每片散热器管束质量	kg	735
3	每片散热器管束尺寸	mm×mm×mm	2400×150×5000
4	管束数量	片	64
5	基管外径×壁厚	mm×mm	ϕ18×0.75
6	基管总重	t	16
7	翅片尺寸	mm×mm×mm	600×150×0.3
8	翅片间距	mm	2.88
9	翅片管/翅片材质		铝
10	翅化比（散热面积/迎风面积）		83.4
11	翅片管排数	排	6
12	流程数		2
13	翅片管材质（材质标准）		1050A（GB/T 6893—2010）
14	翅片管加工方法		拉胀
15	翅片管防腐处理方法		改进铬酸盐法（MBV）

（3）系统运行。机械通风辅机空冷系统运行控制主要通过各冷却单元风机转速、百叶窗开度来调节通过散热器的空气量以及投运的冷却单元数，从而控制干冷系统冷却水回水温度在一定范围内（上述工程为15～37℃）运行。

四、蒸发冷却

如前所述，辅机空冷系统冷却能力有限，其冷却极限为环境干球气温。当辅机设备要求较低的冷却温度时，或对新疆等夏季高温时间较长的地区，完全采用辅机空冷系统无法满足辅机冷却要求或代价太高。上述情况下可以考虑采用蒸发式冷却器来进行辅机冷却。蒸发式冷却器是一种间接接触式冷却，将普通机力塔的填料替换为换热盘管组，夏季高温时段可以湿式方式运行，满足冷却要求；低温时段可以干式运行，节约用水。

有关蒸发冷却系统的描述及设计方法详见第六章第二节。

五、混合冷却

当夏季高温时段气温高于空冷系统的设计气温时，辅机设备经受着相对于主机更大的考验，因为并非所有辅机设备都可以像主机一样降负荷运行。从某种程度上来说，主机冷却关乎运行的经济性，而辅机冷却则关乎运行的安全性。辅机冷却系统运行安全性的要求与空冷系统干球气温为冷却极限的特性并不是十分匹配。很多场合，设计人员需要寻求一种冷却能力与节水的平衡。

空湿联合系统（或称混合冷却系统）为设计人员提供了一种选择。有关空湿联合系统的描述和设计方法，将在第六章进行详细阐述。当辅机冷却系统同时面临高温时段可靠冷却和节水要求时，可以考虑采用混合冷却方案。

第六章 空湿联合冷却系统设计与布置

第一节 概 述

一、系统特点

空冷系统和湿冷系统各自有其适用范围和优缺点。我国诸如新疆等地区既高温又缺水，往往需采用兼顾空冷系统和湿冷系统技术优势的空湿联合冷却系统。南方水资源丰富地区受限于枯水季节冷却水量，或出于限制温排水的目的，也可能会采用空湿联合冷却系统。

空湿联合冷却系统是根据预定要求将不同比例冷却能力配置的空气冷却系统和湿式冷却系统合建或分建的冷却设施，以达到合理利用水资源、环境保护、降低能耗、降低造价或消除湿式冷却塔出口雾羽等目的。

图 6-1 所示为某 1000MW 空湿联合冷却系统年补水量及建造费用曲线。由图可以看出，湿冷系统投资最小，但补充水量最大；空冷系统投资最高，但补水量最小。空湿联合冷却系统为介于湿冷和空冷系统之间的一种联合冷却系统，它既可发挥空冷节水优势，又保持了湿冷节资、高效的优点，运行方式灵活，是高温缺水地区，或对机组满发要求较高项目的一种各项性能较均衡的冷却技术方案和发展方向。

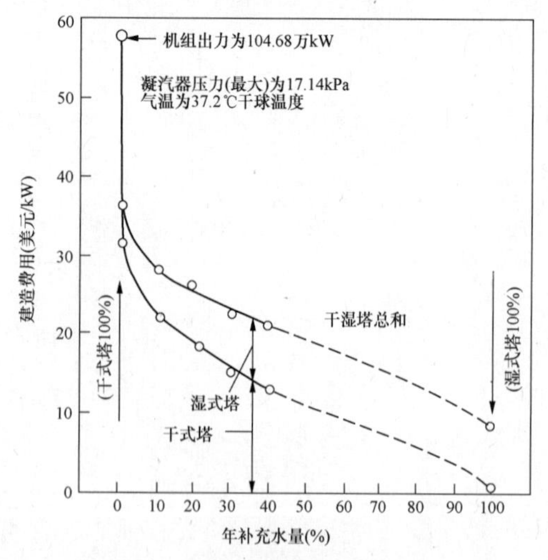

图 6-1 某 1000MW 空湿联合冷却系统年补水量及建造费用曲线

空湿联合冷却系统起步较晚，是在湿冷系统和空冷系统基础上发展起来的一种冷却技术。空湿联合冷却系统相对成熟的国家是德国、美国等发达国家。早在 1987 年，德国就建成了采用风机辅助通风冷却的空湿联合冷却塔（见图 6-2）的阿尔特巴赫-戴奇绍发电厂 5 号机组。该系统实现节水 20%，消雾效果良好。我国在空湿联合冷却系统方面起步更晚，大规模空湿联合冷却系统应用很少。近年来，空湿联合冷却系统理论研究方面有所增加，空湿联合冷却系统产品应用越来越多。

“十三五”期间，我国火电在节能减排方面制定了严苛的目标。《全面实施燃煤电厂超低排放和节能改造工作方案》要求东、中、西部有条件的燃煤电厂分别在 2017、2018、2020 年底前实现超低排放。节能减排和超低排放改造要求电厂冷段背压进一步降低，喷雾降温和部分乏汽分流单独抽出进行湿式冷却的干湿联合系统应用逐渐增多。

二、系统分类

按照通风方式，空湿联合冷却系统可分为机械通风空湿联合冷却系统和自然通风空湿联合冷却系统。空湿联合冷却系统多数采用机械通风方式，也有采用自然通风辅以机械通风方式的。

按照空冷系统形式，空湿联合冷却系统可分为直接空湿联合冷却系统和间接空湿联合冷却系统。目前，国内新建机组多数为机械通风间接空湿联合冷却系统，项目改造也有部分直接空湿联合冷却系统。

按照空冷和湿冷系统整合形式，空湿联合冷却系统可分为独立式（又称分建式）、整合型（又称合建式）联合冷却系统。整合型多为市售产品，本书仅作一般性介绍。独立式空湿联合冷却系统的空、湿冷部分完全分开，可最大限度地避免空冷换热器间在湿热环境下的腐蚀现象。本章主要介绍相对可靠的独立式空湿联合冷却系统。按照空冷和湿冷系统连接方式，独立式空湿联合冷却系统又可分为串联式和并联式两类，如图 6-3 和图 6-4 所示。

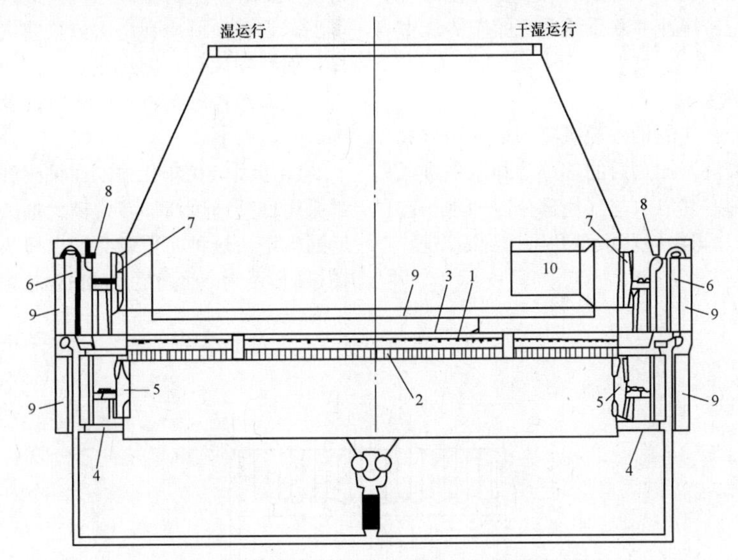

图 6-2　阿尔特巴赫-戴奇绍电厂空湿联合冷却塔

1—配水装置；2—湿冷填料；3—收水器；4—旁路管；5—湿冷鼓风机；6—热交换器元件；7—干冷引风机；8—活动门（百叶窗）；9—消声器；10—排风道

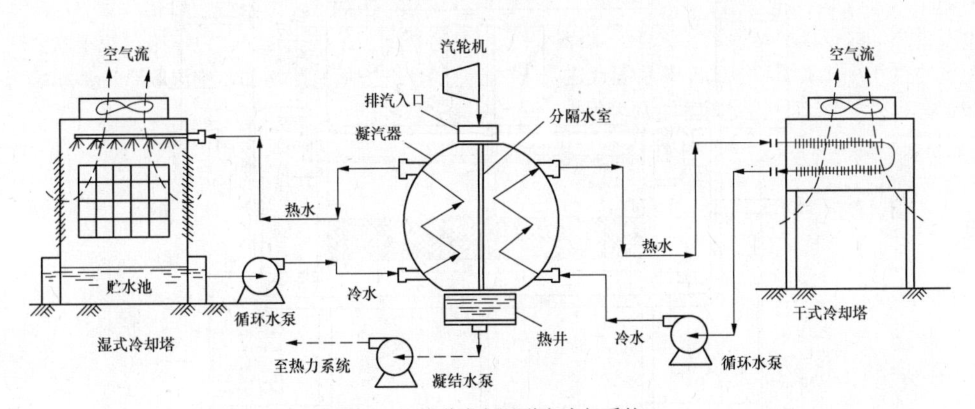

图 6-3　并联式空湿联合冷却系统

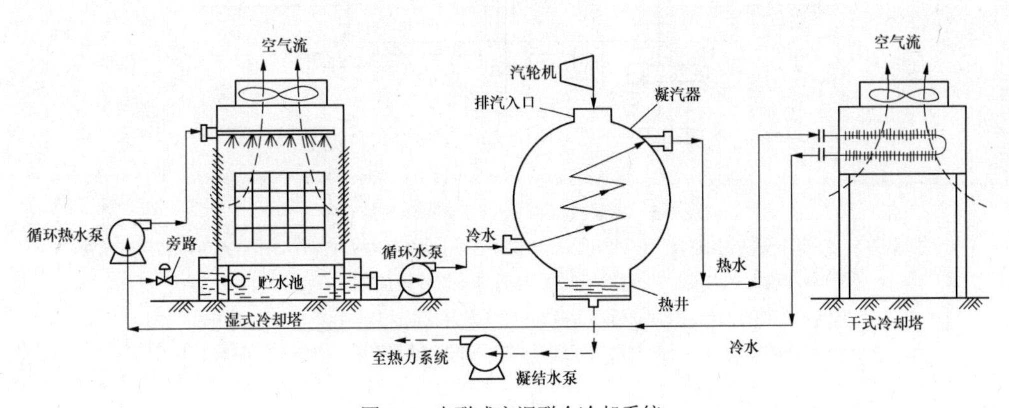

图 6-4　串联式空湿联合冷却系统

三、常见空湿联合冷却系统

工程中常见的湿式联合冷却系统主要分为空冷湿冷串联系统、间接空冷湿冷并联系统和直接空冷加湿冷系统等几大类。

1. 空冷湿冷串联系统

采用空冷和湿冷合建的机械通风冷却塔采用常规表面式凝汽器。经凝汽器加热后的部分冷却水先进入间接空冷冷却器冷却，其出水与其他部分冷却水一起进入湿式冷却塔冷却，再由循环水泵升压送到凝汽器，如图 6-5 所示。

早期串联系统每段冷却塔由一台风机对空冷和湿冷部分并联抽风。其目的是用经空冷加热后的热空气与湿冷部分排出的湿热空气掺混，以消除冷却塔出口雾羽。这种系统冷却塔出口热空气可能回流到空气冷却器而对翅片管外侧形成腐蚀，而冷却水在湿式塔中与空气直接接触再进入空气冷却器的管内可能形成腐蚀或结垢。

20 世纪 80 年代中期在德国开始建造的串联系统都采用低矮通风筒加多台辅助抽风及送风机的合建辅助通风塔。这种布置避免了出口热空气回流的可能。图 6-6 所示为一座满足 1300MW 核电站的这种串联系统。

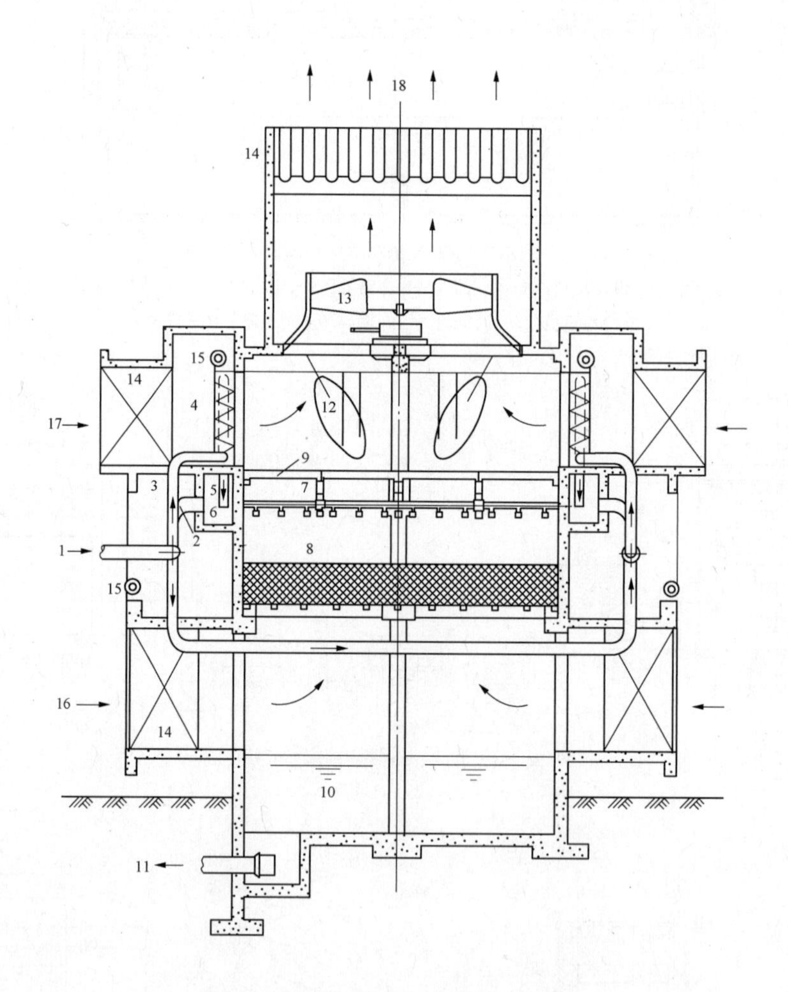

图 6-5　串联式间接空冷湿冷联合冷却系统

1—热水进口；2—湿冷段热水进口；3—空冷段热水进口；4—空冷段热交换器；5—空冷段冷却水返回管；6—湿冷段配水沟道；7—湿冷段配水系统；8—湿冷段填料；9—湿冷段除水器；10—冷水池；11—冷水返回管道；12—空气混合装置；13—风机；14—消声器；15—活动闸阀；16—湿冷段空气进口；17—干冷段空气进口；18—空气排出口

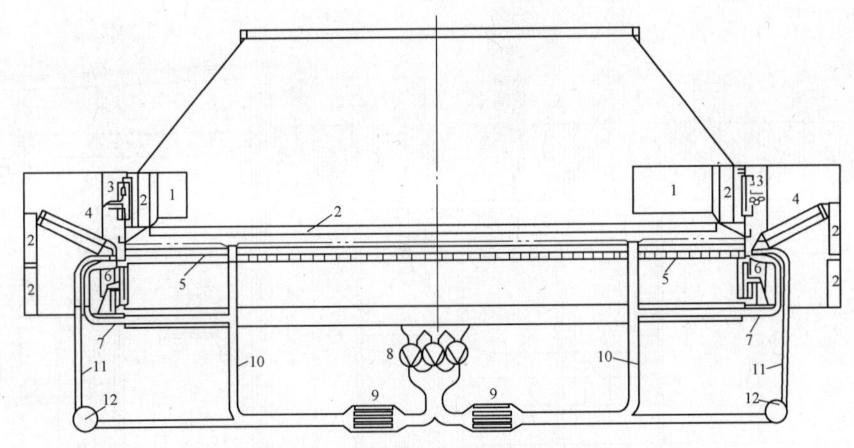

图 6-6　1300MW 核电站圆形辅助通风空湿合建式冷却塔

1—空气混合槽；2—消声器；3—空冷部件引风机；4—空冷部件（冷却器）；5—湿冷部件（淋水填料）；6—湿冷部件鼓风机；7—空冷冷水管；8—主冷却水循环泵；9—凝汽器；10—湿冷热水管；11—空冷热水管；12—塔升压泵

图 6-6 所示系统的主要特征为：总冷却热负热 2500MW，空冷段与湿冷段热负荷分配比例 1:4；在干球温度为 10℃、湿球温度为 8℃时，冷却后水温为 24℃；空冷段采用钢管钢翅片热浸锌管束；湿冷段采用陶瓷填料；高效除水器控制风吹损失在 0.001%以下；沿塔圆周上下两层分别安装引风机和鼓风机；塔通风筒高 50m，下部直径 160m，湿冷段直径 120m；在进风口和引风机出口都装设消声器，在离塔 750m 处噪声水平不超过 30dB；空冷段引风机出口设混合条槽以加强空冷段出口热空气与湿冷段热湿空气的掺混，从而消除雾羽。

2. 间接空冷湿冷并联系统

间接空冷湿冷并联系统采用间接空冷冷却塔和湿式冷却塔分建而成。两个系统冷却后的冷却水分别送入同一表面式凝汽器，但其水侧为按负荷比例分配而分隔的两个流程。这种系统避免了空冷部分的腐蚀或结垢问题，但凝汽器结构较复杂，尺寸也较大，增加了汽轮机基座及主厂房的投资。系统图见图 6-7。

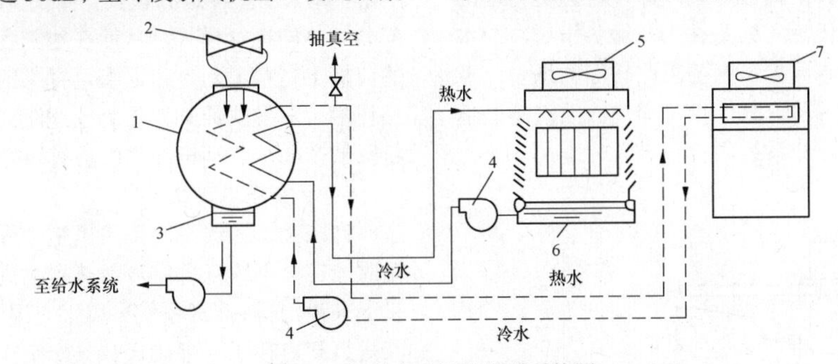

图 6-7　间接空冷湿冷并联系统图

1—表面式凝汽器；2—汽轮机；3—热井；4—循环水泵；5—湿冷塔；6—集水池；7—空冷塔

3. 直接空冷湿冷并联系统

直接空冷湿冷并联系统采用直接空冷及常规湿冷系统。汽轮机排汽在寒冷季节可全部进入空气冷却凝汽器，而在温暖季节可分别进入表面式凝汽器及空气冷却凝汽器。在排汽全部空冷凝结时，关闭湿冷部分。在空冷湿冷部分同时运行时，用控制空冷塔和湿冷塔通风量的方法来实现两者热负荷的分配。直接空冷由于换热平均温差较间接空冷的大，因此直接空冷设施规模较小，湿式塔面积亦相应减小。与常规湿式冷却系统相比，直接空冷湿冷并联系统可节约 1/3 以上的补给水量。

直接空冷湿冷并联系统将常规布置在汽轮机下的表面式凝汽器移到汽机间外侧。汽轮机排汽先引到表面凝汽器进汽联箱，再继续引到常规的空气冷却凝汽器。系统布置见图 6-8。

4. 蒸发式冷却器

水资源极其匮乏的三北地区往往夏季干球温度高，湿球温度相对较低，干、湿球温差较大，空气吸湿能力大，只依靠显热交换，显然不能将出水温度降低到接近环境温度甚至低于环境温度，但利用潜热交换，就可以将换热管内循环水的出水温度降到工艺所需的温度。

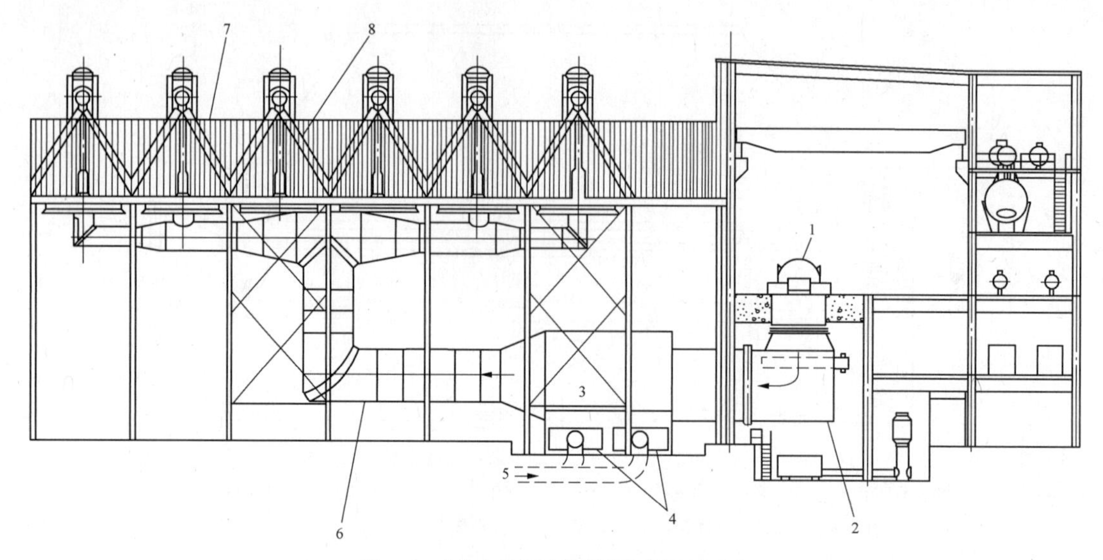

图 6-8　直接空冷湿冷并联系统布置剖面图

1—汽轮机；2—至两个凝汽器的排汽管道；3—进汽联箱；4—表面式凝汽器水联箱；5—从湿冷塔来循环水进水；6—至空气冷却凝汽器的排汽管；7—风墙；8—空冷翅片管束

近年来，由于工艺要求的提高以及闭式冷却塔本身性能的逐步完善，蒸发式冷却塔（闭式湿冷塔）逐渐开始在电力行业应用。蒸发式冷却塔严格来讲属于湿式冷却技术范畴，但由于其可以在冬季或低温时段干式运行，从广义上说，也是一种空湿联合冷却系统。蒸发式冷却器是一种间接接触式冷却，普通机力塔的填料被换热盘管组代替（见图 6-9），服务于对冷却水水质要求高或冷却水温控精度要求比较高的场合。蒸发式冷却器常用于辅机冷却，也可与空冷系统串联运行，组成空湿联合冷却系统。

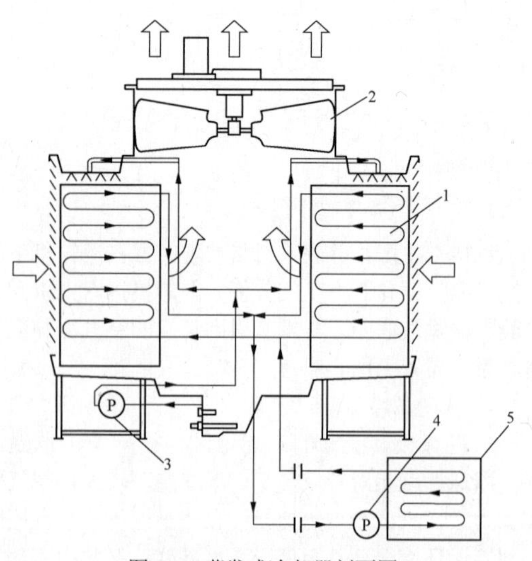

图 6-9　蒸发式冷却器剖面图

1—换热盘管；2—轴流风机；3—喷淋水泵；4—循环水泵；5—热源

蒸发式冷却器系统设计成空湿交替运行的全盘管逆流闭塔，夏季在换热管外喷淋水，在风机强制对流作用下，加快管外水膜的蒸发，强化传热，并设内部除水器，阻挡空气流中未蒸发的水滴，使其流回水盘，减少喷淋水的消耗，即采用湿冷运行模式；冬季停止喷淋，即采用空冷运行模式；春秋季则采用部分湿冷、部分空冷的运行模式，从而在达到各季节的冷却要求的前提下尽量节水。市面上可提供的蒸发式冷却器产品较多，蒸发式冷却器作为上述湿式空气冷却器一类特殊的产品，在辅机冷却中具有较好的应用前景。

5. 喷雾降温系统

许多工程在改造时采用以空冷系统为主，夏季高温时段在全部或部分空冷散热器上进行喷雾降温。广义上来说，这种冷却系统也属于空湿联合系统的一种，其规划要点在于合理确定和分配空冷系统以及配套的喷雾降温系统规模，喷雾降温系统相当于前面系统规划中的湿式冷却系统。

（1）喷雾增湿降温过程。喷雾增湿降温过程是一个同时存在流动、传热和相变传质等多个传递过程相互耦合并相互影响，复杂的、不可逆的热力过程。当干燥的空气与水雾直接接触时，空气与水滴表面的未饱和空气层之间存在温差和水蒸气分压力差，水分蒸发（见图 6-10）；从宏观上看，空气的含湿量增加、相对湿度增大，同时空气温度降低。整个加湿过程中，湿空气的焓值不变，是一个等焓过程。

一般认为，喷雾降温系统热交换主要包括温度变化引起的显热交换和水分蒸发引起的潜热交换两部分。水经过喷嘴雾化形成一定粒径的雾滴，雾滴在运

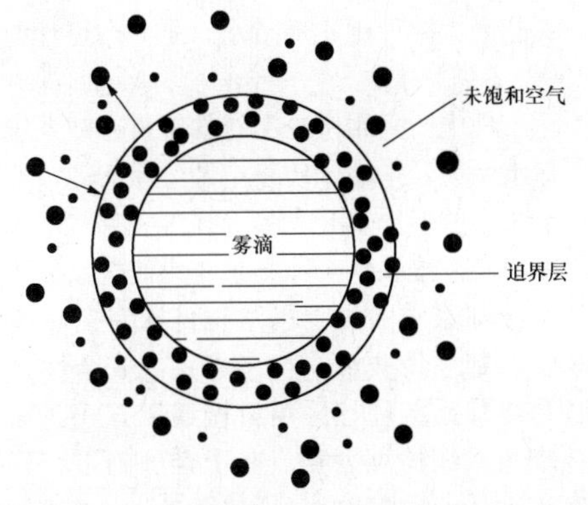

图 6-10　雾滴与空气热湿交换示意图

动过程中与空气充分混合并迅速蒸发。由于水的汽化潜热较大，蒸发时会大量吸收空气中的热量，从而降低空气的干球温度，将降温后的湿空气送到空冷散热器，以提高空冷散热器的换热量。在一定的雾化强度和喷射角度下，喷雾还会在空气冷却器的表面形成水膜，水膜的蒸发进一步带走热量，可大大提高空气冷却器的换热能力，从而提高机组的出力。

（2）喷雾降温计算。国内外对喷雾强化空气冷却器提出了一些近似设计方法。建议采用考虑传热传质综合效果的有效膜传热系数（α_0）来计算管外的传热。其定义为：

$$\alpha_0=\frac{Q_s+Q_l}{A_o(t_b-t_g)} \tag{6-1}$$

其中
$$t_b=t_m-q_0(R_1+R_2+R_3) \tag{6-2}$$

$$q_0=(Q_s+Q_l)/F_0$$

式中　Q_s、Q_l——显热交换和水分蒸发引起的潜热交换；

A_o——光管外表面面积；

t_g——湿空气平均温度；

t_b——光管外表面的平均温度；

t_m——管内流体平均温度；

F_0——光管表面的热负荷；

R_1——管内对流换热热阻；

R_2——管壁热阻；

R_3——管内污垢热阻。

有效膜传热系数计算公式为：

$$\alpha_0=78\psi v_m^{0.05+0.08N}B^{0.77-0.035N}\theta^{-0.35} \tag{6-3}$$

式中　ψ——翅片高度影响系数，对高翅片管建议 ψ=1，对低翅片管 ψ=0.91；

N——管排数；

v_m——迎风面空气质量速度，kg/（m^2·s）；

B——喷雾过程中的喷水强度；

θ——影响传热传质的无量纲温度系数。

需要指出的是，以上是基于空气冷却器的对数平均温差或ε-NTU 方法对湿式空气冷却器进行设计或计算，是近似的。如果具备条件，应针对具体工程条件进行试验，以确定合理的θ、ψ及δ等经验公式相关参数。

第二节　空湿联合冷却系统

空湿联合冷却系统既具有湿冷系统热经济效益较高、投资较少、对环境影响不敏感的技术优势，又具有空冷系统节水的技术优势。但与单独的湿冷系统或空冷系统相比，空湿联合冷却系统的复杂度大大增加，涉及的因素与变量更多。空湿联合冷却系统的规划和设计（包括各子系统负荷分配、初始温差 ITD 的确定以及塔形优化）就成为一个需要研究的重要课题。

鉴于采用空湿联合冷却系统的目的有多种，如合理利用水资源、环境保护、降低能耗、降低造价以及消除冷却塔出口雾羽等，其设计方法及目标也不尽相同。

一、空湿联合冷却系统规划

空湿联合冷却系统灵活性较强、应用场景较多，本章仅就电力工程中常见的应用展开讨论。鉴于空湿联合冷却系统的复杂性，下面做一必要的简化和假设：

（1）采用空湿式联合冷却系统的目的是充分利用当地可得到的有限水资源，部分采用冷却效率较高的湿式冷却系统，以替代部分建造费用高昂而冷却效率较低的空气冷却凝汽器，从而较多地降低工程造价；或者是利用冷却效率较高的湿式冷却系统，实现夏季高温时段机组满发以及满足安全运行冷却要求。

（2）湿冷系统比空冷系统增加的水量，可只考虑冷却塔的蒸发损失和风吹损失。排污损失的水量可作电厂其他用水，因此在比较时简化不作考虑。蒸发损失水量宜按月计算，并考虑电厂的负荷率。风吹损失按安装高效除水器考虑，风吹损失率可降至 0.002%。

（3）空冷系统采用直冷的空湿联合系统的汽轮机仍是公用的一根或两根排汽管，该排汽管在主厂房外的表面式凝汽器上方有一排汽分配联箱，根据设备规模及气象条件，排汽自动分配到空冷及湿式系统中。考虑到空冷系统排汽管较长，在平衡热力计算时，可预留一定的裕度，以补偿排汽损失的增加。

（4）空冷系统将间接冷却的空湿联合冷却系统冷却后的冷却水分别送入同一表面式凝汽器。对于并联式空湿联合冷却系统，假设凝汽器水侧为按负荷比例分配而理想分隔的，即凝汽器水室的分隔总是能满足循环水量在空冷系统和湿冷系统中的设计分配比例。系统规划设计时暂不考虑蒸汽动态分配偏离设计工况而产生的性能偏差。

（5）空湿联合冷却系统的汽轮机一般可选用空冷冷却系统的汽轮机，其夏季满发背压在 30kPa 左右，故湿冷部分的各参数优化计算应考虑汽轮机高背压的特点。

（6）大规模湿式冷却系统及间接空冷系统通常采用自然通风方式。本部分暂按自然通风表凝式间接空冷系统和湿冷系统开展空湿联合冷却系统规划相关说明。对于采用机械通风形式的空湿联合冷却系统，冷却塔的投资应按照带风机的机力塔进行计算，系统运行费用中需增加风机动力费用，其他概念和计算方法基本相同。

二、常见空湿联合冷却系统设计

1. 以充分利用水资源为目的的空湿联合冷却系统

湿冷系统冷却效率相对较高，投资较低，性价比较高。因此，水资源允许的情况下，电力工程冷却系统通常采用湿式冷却技术。但我国大部分地区尤其是三北地区水资源匮乏，产业政策鼓励采用空冷等节水技术。对于某些具有一定可利用水资源的项目，采用空湿联合冷却系统可充分利用获批的有限的水资源，最大程度降低工程造价和运行费用。随着可开发利用水资源的减少，未来水资源费用必将大幅增加。空湿联合冷却系统规划的一项重要内容就是根据项目水价等边界条件合理确定空冷单元和湿冷单元的比例。对于可利用水资源有限的工程，可通过设置是冷循环倍率上限等方式来对湿冷系统水量进行约束。串联空湿联合系统往往需要实现空冷系统单独运行的工况。因此循环水泵配置要有足够的灵活性，既能满足夏季空湿系统联合运行的要求，又能满足冬季空冷系统单独运行的要求。相应的，年运行费用的计算宜根据工程实际情况考虑空冷单独运行等多种工况。

2. 以尖峰冷却为目的的空湿联合冷却系统

空湿式联合冷却系统的另一常见应用是利用湿冷系统冷却的高效性，满足机组夏季高温时段满发的要求。目标为尖峰冷却的空湿联合冷却系统规划的思路与空冷系统的规划设计基本相同，只是在约束条件中增加汽轮机背压夏季工况的上限要求，将优化工作集中于满足夏季或特定条件下背压要求的方案簇内。

3. 辅机空湿联合冷却系统

随着节水政策的推进落实和经济水平的提高，我国三北地区等缺水地区火力发电厂辅机冷却系统越来越多地采用空冷系统。相对于湿冷系统，空冷系统可实现较低的水耗，但其冷却极限为当地干球气温。我国新疆等干旱地区缺水的同时也具有较高的夏季干球气温，辅机冷却采用空湿联合系统既能保证辅机运行安全，又能最大限度地实现节水，是一个可行的技术方案。

实际工程中，采用空冷系统的辅机冷却系统多为闭式冷却水系统。考虑水质稳定及结垢问题，空湿联合冷却系统中的湿冷部分大多选择湿式空气冷却器或蒸发式冷却器，维系整个冷却系统为闭式系统。辅机空湿联合冷却系统的规划思路与目标为尖峰冷却的空湿联合冷却系统类似，但考虑系统安全性，辅机空湿联合冷却系统往往采用机械通风方式。辅机空湿联合冷却系统的规划要点在于合理确定和分配空冷系统以及配套的湿式空气冷却器或蒸发式冷却器规模。湿式空气冷却器或蒸发式冷却器相当于前面系统设计中的湿式冷却系统。

三、空湿联合冷却系统总体布置

适合于大中型机组的空湿联合冷却系统可考虑采用如图 6-8 所示的直接空冷加湿冷系统方案。湿冷系统建造自然通风或机械通风冷却塔，冷却塔可远离主厂房布置。循环水泵房建在湿式塔附近，用压力管将循环水输送到位于汽轮机大直径排汽管下方的表面式凝汽器。空冷系统采用机械通风 ACC 系统，按常规布置在汽机房前上侧。空冷和湿冷系统的设计规模及负荷分配按工程气温特征、可取得的补充水量和季节分配及供水费用等因素经优化后确定。

四、空湿联合冷却系统设计示例

1. 厂址条件

电厂规划容量 4×600MW。补给水源为地下水，除电厂其他用水外，可供湿式冷却塔蒸发和风吹损失的水量为 $1150\times10^4 m^3$/年。地下水储量可调节月份间用水的不均匀。

采用空湿联合冷却系统。气象条件以神木地区为依托。各气温段的历时统计见表 5-20。夏季满发的干球气温取 27℃（夏季三个月累计频率为 15%时），相应湿球气温为 22.8℃。设计背压时的气温取正温度加权平均，为 14℃。机组满发小时每年为 6000h，各月平均分配为每月 500h。

2. 确定湿式冷却塔蒸发和风吹损失量

每台 600MW 湿冷机组的热力参数如下：

（1）凝汽量：1150t/h。

（2）冷却倍率：50。

（3）排汽与凝结水焓差：2177kJ/kg。

（4）冷却水温差 Δt：10.4℃。

（5）循环水量 Q：$57500m^3/h=15.97m^3/s$。

蒸发损失水量按 $Q_e = K_e \Delta t Q$ 计算，K_e 值根据干球温度 θ_1 及相对湿度 ϕ_1 查得。风吹损失以循环水量的 0.05%计。蒸发和风吹损失水量计算见表 6-1。

表 6-1 蒸发和风吹损失水量计算

月份	1	2	3	4	5	6	7	8	9	10	11	12
干球温度θ_1（℃）	−9.9	−5.5	2.8	10.8	17.5	22.1	23.9	21.9	15.9	9.2	0.4	−7.7
相对湿度ϕ_1（%）	53	54	48	42	41	46	62	69	67	63	60	58
K_e（%）	0.08	0.09	0.1	0.125	0.142	0.14	0.144	0.138	0.13	0.122	0.102	0.08
$K_e\Delta tQ$（m^3/h）	478.4	538.2	598	747.5	849.3	837.2	861.4	821.1	777.4	729.7	610.1	478.4
蒸发损失水量（$\times10^4m^3$/月）	23.92	26.91	29.9	37.38	42.26	41.86	43.07	41.26	38.87	36.48	30.5	23.92
全年蒸发损失水量（$\times10^4m^3$/年）	416.53											
全年风吹损失水量（$\times10^4m^3$/年）	5.75×0.05%×6000=17.25											
4×600MW 损失水量（$\times10^4m^3$/年）	4×（416.53+17.25）=1735.12											

3. 确定湿冷部分负荷的比例

根据厂址条件可供湿式冷却塔的水量为 1150×10^4m^3/年，故湿冷部分的热负荷为$\frac{1150\times10^4}{1735.12\times10^4}\times100\%=$66%，即湿冷部分负荷为全部热负荷的 2/3，而空冷部分负荷为全部热负荷的 1/3。

4. 空冷部分规划

根据常规空气冷却凝汽器（ACC）优化结果，在夏季满发背压条件下，初始温差（ITD）可取 40℃，这时的排汽温度为 27+40=67（℃），相应汽轮机夏季满发背压为 27.3kPa。这一背压下匹配的锅炉 MCR 容量可能增加不多。

空气冷却凝汽器与空气阻力计算采用第五章第二节介绍的模块化冷却段设计方法。采用 9.14m 风机，每段冷却器迎风面面积为 188.10m^2，翅片面积为 22770m^2。根据风机特性、系统阻力及气象条件，通过迎风面的质量风速 v_m 大致在 4.0kg/（s • m^2）左右。根据 ACC 的 NTU-E 热力计算方法，考虑到空湿联合冷却系统在低温时可能加大 ITD 值的可能，绘制模块化冷却段热负荷与 ITD 的关系曲线，如图 6-11 所示。

由图可查得夏季满发 ITD 为 40℃时每段热负荷为 18MW。汽轮机在 27.3kPa 时的排汽热负荷为 762MW，故模块化冷却段段数为 $762\times\frac{1}{3}\div18=13.97$（段）。采用 14 段模块化冷却段。

5. 湿式冷却部分规划

为了方便各种气象条件下空冷冷却部分和湿式冷却部分热力平衡的试算，规划中采用机械通风湿式冷却塔。采用 9.14m 风机，每段冷却塔冷却面积为 18×18=324（m^2）。

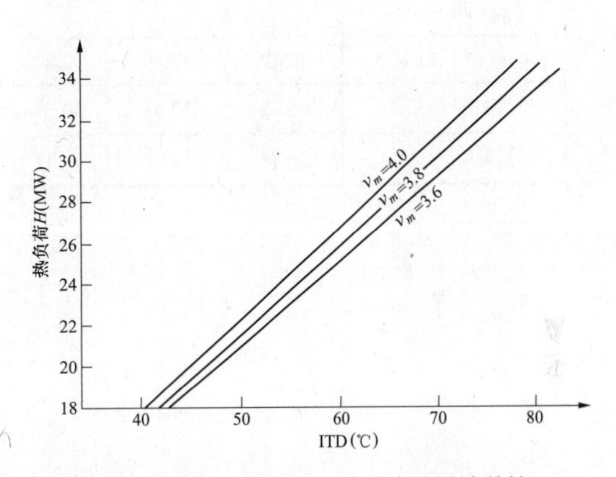

图 6-11 ACC ϕ9.14m 风机冷却段热力特性

根据机组高背压的条件，凝汽器凝汽负荷可增加至 100kg/（h • m^2）左右。在夏季满发条件下，循环水冷却倍率选用 30，在其他季节空冷部分多带热负荷时，循环水量不变、冷却倍率增加，湿式冷却塔进出水温差为 2177/（30×4.186）=17.33（℃）。冷却塔淋水密度选用 20m^3/（h • m^2）。

按照水侧换热计算公式，一段湿式冷却塔热负荷为：

$$Q_s=\frac{324\times20\times1000\times17.33\times4.186}{3600}$$
$$=130578(\text{kW})=130.578(\text{MW})$$

湿式冷却塔段数=762×66%/130.578=3.85（段），采用 4 段。

6. 计算结果

计算结果见表 6-2。

表 6-2　空冷和湿冷部分各工况计算汇总

工况		夏季满法	设计工况	冬季
空冷部分	负荷（%）	31.5	35.8	41.7
	干球温度 θ_1（℃）	27.0	14.0	0
	初始温差 ITD（℃）	40	44	51
	排汽温度 t_c（℃）	67.0	58.0	51.0
	排汽压力 p_c（kPa）	27.33	18.15	12.96
湿冷部分	负荷（%）	68.5	64.2	58.3
	湿球温度 τ_1（℃）	22.8	9.0	−3
	逼近度 A（℃）	12.5	18.8	26.0
	冷却水温 t_2（℃）	35.3	27.8	23.0
	冷却倍率 m	30	32	35.3
	冷却水温差 Δt（℃）	17.33	16.25	14.75
	凝汽负荷 d_c［kg/（h·m^2）］	125	117	106
	末端温差 TTD（℃）	13.82	13.48	12.82
	排汽温度 t_c（℃）	66.45	57.53	50.57
	排汽压力 p_c（kPa）	26.68	17.75	12.67

五、空湿联合冷却系统的运行

空湿联合冷却系统不是单纯的干、湿式冷却塔的结合，而是两种冷却系统的结合。空湿联合冷却系统中的空冷系统应尽可能常年运行，并在严寒气候下起主导作用；湿冷塔宜在较高气温条件下投入运行，并在夏季炎热期起主导作用。

空湿联合冷却系统在全年不同的环境温度下，性能显然不同。以某空湿联合冷却系统（湿冷系统容量按照 75%、空冷系统容量按照 25%设计）为例，夏季气温为 37.8℃时，空冷系统带 25%热负荷，当气温下降至−13.3℃时，空冷系统约可带 78 %热负荷。可见，空冷系统在低气温下的超载能力可达数倍，这是空湿联合冷却冬季或低温时段的突出优点。空湿联合冷却系统的补充水量取决于电厂厂址所处的地理位置。很明显，气温越低，空冷系统运行时间越长，补充水量就越少。以上述湿冷系统容量按照 75%、空冷系统容量按照 25%设计的联合冷却系统为例，在我国北方（如山西大同），实际消耗的补充水量仅为常规湿冷补充水量的 40%，陕西西安为 47%，而在广东茂名则为 54%。

第七章

取排水建（构）筑物和水泵房工艺设计

第一节　概　　述

一、火力发电厂取排水建（构）筑物的特点

火力发电厂设计的主要原则是“安全可靠、节能环保、技术先进、经济适用”，故对电厂取水的可靠性要求较高。取排水建筑物的设计是火力发电厂整个工艺过程中的一个重要环节。布置水工建筑物时，应充分考虑当地自然条件和发电厂的总体规划，合理选择建筑物的形式和位置，尽可能缩短进排水管沟的长度，并满足施工、运行及安全、稳定和扩建等要求。取排水口的位置和形式应根据取排水方式、水源特点、温排水影响、地形和地质条件以及工程施工等因素，通过技术经济比较确定。

另外，由于各电厂取排水位置、所处环境不同，设计中所遇到的问题也各不相同，故在取排水布置、形式及高程的确定、泥沙分析及防治措施等设计中，无法通过规程及经验确定或对方案需进行优化完善时，常常需要通过模型试验进行验证。

火力发电厂取排水建(构)筑物具有如下主要特点：

（1）安全要求高，要求有完整和正确的基础资料，在出现97%（单机容量在125MW以下的火力发电厂为95%）设计低水位时保证取到足够的水量；

（2）取水量大；

（3）建设时间短、施工难度大；

（4）投资大，需处理好一次建设与分期建设的关系；

（5）要充分考虑取排水构筑物之间的关系，避免和减少热回流的影响；

（6）取排水建筑物的布置与电厂最终容量有密切关系；

（7）要重视排水构筑物的布局；

（8）确定取排水建筑物的最佳方案，常常需借助于模型试验。

二、取排水口布置原则

直流供水系统为了取得较低水温的冷却水，要求取水口尽量减少吸入回流的热水。

（1）当取排水口之间可利用防波堤、栈桥实体分隔堤等水工建筑物相隔，或者利用天然岬角相隔，使排放的热水难以回归到取水口，有利于降低取水温升，因此宜尽量利用这些分隔设施，分开布置取排水口，采用分列式布置形式。当在单向河道布置取排水口时，宜采用在上游河岸布置取水口、下游河岸布置排水口的分列式布置形式。

（2）当在往复流的感潮河段或海域，取排水水域离岸方向宽度较大时，取水口和排水口宜采用差位式布置，可采用深取浅排的方式；如果环境要求深水排放，也可采用浅取深排的方式。

（3）当取排水水域水深较大时，可以在同一位置设置取排水口，取水在下面，排水在上面，利用冷热水的温差异重流的特性，使得冷水和热水分别在下面和上面流动，采用重叠式布置。实际上，重叠式布置也是一种竖向上的差位。

（4）当取水水域条件复杂、布置条件受限时，取水口和排水口可采用混合式布置形式。

（5）需要注意的是，差位式布置和重叠式布置的水域需要有一定的水动力条件。对于差位式布置，如果水深较小的区域水流流动很小，一旦在取排水水域上下游被其他水工设施阻隔，那么排出的热水容易回归到取水口。对于重叠式布置，仅仅是取排水水域水深较大，但上下游水深较小，温差异重流就会被破坏，上层的热水被下部的取水口吸入。这两种情况应该避免。

第二节　取水地点的选择

一、江河水源及取水地点的选择

(一) 河流分类

按地理位置不同，河流一般分为山区河流及平原

河流两大类。

1. 山区河流特性

山区河流的形成与地壳构造运动及水流侵蚀有关。水流在构造运动所形成的原始地形上不断地纵向切割和横向扩宽逐步形成河谷。

山区河流的水位猛涨猛落，流量变幅大，洪水流量与枯水流量的差值很大。山区河流推移质多为卵石和粗沙。悬移质（含沙量）的多少视不同地区而异。在岩石风化不严重和植被较好的地区，含沙量较小。我国南方一些山区河流含沙量只有 $1kg/m^3$。水工流失严重地区，在山洪暴发期，河流含沙量可达几百乃至 $1000kg/m^3$ 以上，极端情况形成泥石流。

山区河流的河谷断面一般呈 V 形或 U 形，断面较窄深。山区河流纵剖面比较陡，流速大，含沙量不饱和，河床处于被受蚀状态，但河床多为原生基岩、乱石或卵石，抗冲性能强，变形速度十分缓慢。由于河道摆动不大，故两岸常有阶地存在。河道沿程急滩与缓流相间。在两个急滩之间的缓流段，非汛期可能淤积，淤沙在汛期又被冲走。

2. 平原河流特性

平原河流流经地段多为地势平坦、土质疏松的平原地区。由于泥沙堆积作用，形成深厚的冲积层，层厚达数十米或数百米以上，最深处为卵石层或原生基岩，其上为粗沙、中沙和细沙，河漫滩表层有黏土和黏壤土。

平原河流的河谷发育完整。典型平原河流河谷断面见图 7-1。

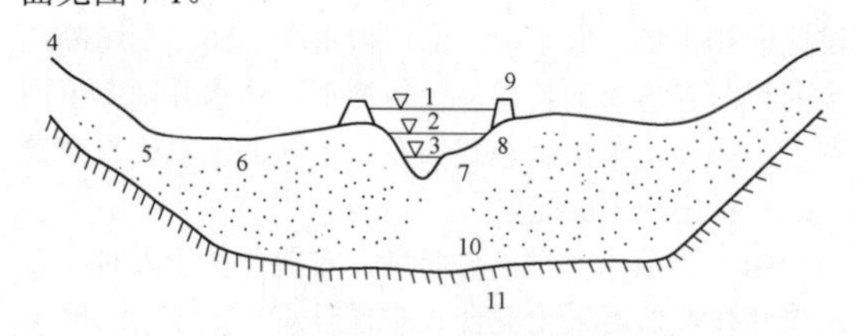

图 7-1　典型平原河流河谷断面

1—洪水位；2—中水位；3—枯水位；4—堆积阶地形式谷坡；5—谷坡与谷地交界处坡脚；6—河滩；7—边滩；8—滩唇；9—堤防；10—冲积层；11—原生基岩

平原河流的洪峰过程比较平缓，洪枯水流量比值较小。但我国北方的一些多沙平原河流，仍有洪峰猛涨猛落的特性。平原河流含沙量大小和流域特性及水文气象条件有关。黄河流经黄土高原，水土流失严重，含沙量大，陕县多年平均含沙量达 $37.6kg/m^3$，而长江荆江段仅为 $0.8kg/m^3$。平原河流泥沙以悬移质为主，推移质较少。平原河流的比降较小，多在 10/10000～100/10000 以下。

（二）河型分类

河型分类目前尚无统一方法，一般可把河型分为顺直、蜿蜒（弯曲）、分汊（江心洲）、游荡四类。划分河型所遵循的原则及采用的方法大致有下面三种。

1. 河床稳定性指标

（1）纵向稳定性指标。由洛赫金（Лохтин，В.И.^）公式，有：

$$f=\frac{D}{I} \tag{7-1}$$

式中　f——稳定性指标；

D——床沙平均直径，mm；

I——比降，mm/m。

（2）横向稳定性指标。根据阿尔图宁（Алтунин，С.Г.）公式，有：

$$\rho=\frac{BJ^{0.2}}{Q^{0.5}} \tag{7-2}$$

式中　ρ——稳定系数；

B——造床流量下的河宽，m；

J——造床流量下的水面比降，m/km；

Q——造床流量，m^3/s。

不同河流 f 及 ρ 值见表 7-1。

表 7-1　稳定性指标及系数

河流	f	ρ	河流	f	ρ
山区河流	≥7	0.75	平原河流	≥5	1.0
山麓河流	≥6	0.9	下游河道	≥2	1.1

2. 河流的水文、水力学特性

（1）方宗岱采用洪峰流量变差系数（C_v）、来水含沙量（S_i）与实际挟沙能力（S_o）之比及洪水时河带宽（B）与河面宽（b）之比作为划分河型的指标，见表 7-2。

表 7-2　河型分类指标

河型	C_v	S_i/S_o	B/b	稳定程度
江心洲	<0.3	≤1	2～7	最稳定
弯曲	<0.4	≥1	7～40	次稳定
摆动	>0.4	≥1	>40	最不稳定

（2）流量与比降有较明显的相关性。同样流量的河流，比降越陡，越易向游荡型发展。同样比降的河流，流量越小，越能保持弯曲外形。钱宁、麦乔威提出用下式划分弯曲河道及游荡型河道（见图 7-2）：

$$J=0.01Q_n^{-0.44} \tag{7-3}$$

式中　J——比降，通常采用万分率表示；

Q_n——平滩流量，m^3/s。

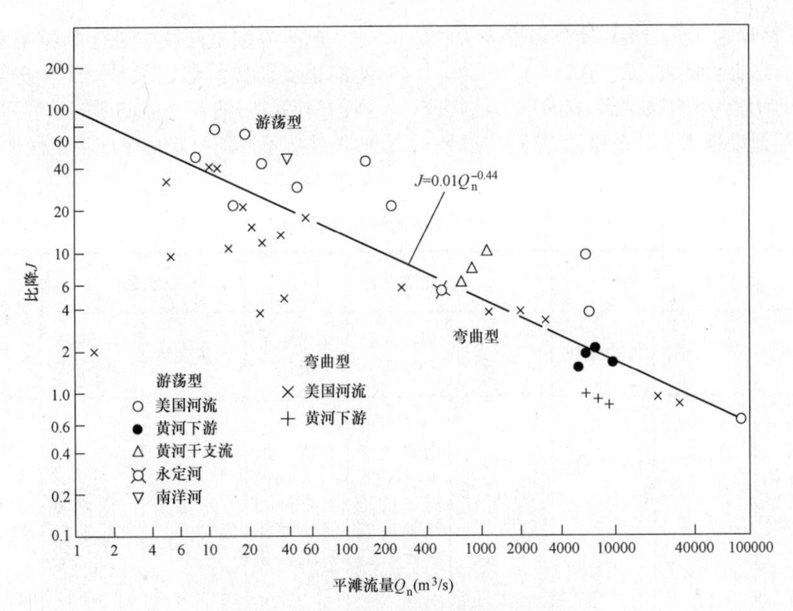

图 7-2 不同河型的比降与平滩流量的关系

注 图中纵坐标数值为万分率。

（3）罗海超提出用下式划分分汊型与蜿蜒型河流（见图 7-3）：

$$J = 0.248Q_{\mathrm{n}}^{-0.85} \tag{7-4}$$

式中 J——比降。

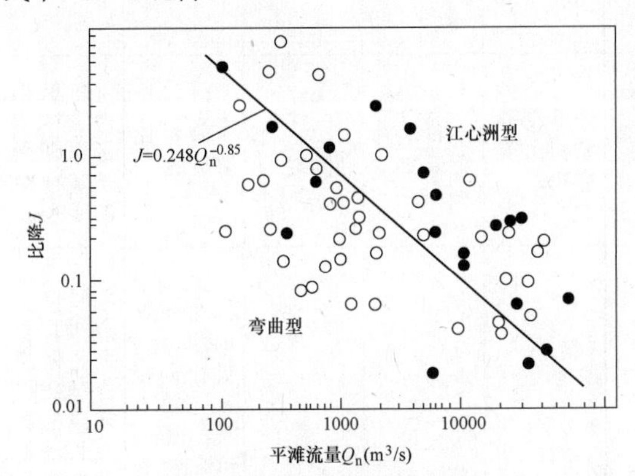

图 7-3 比降与平滩流量的关系

注 图中纵坐标数值为万分率。

3. 河床边界条件

（1）林承坤根据河床边界土层（或岩层）的组成与结构、抗冲性差异、河床地形类型及其与河岸的相对可动性、河床的平面形式与演变过程划分河型，见表 7-3。

（2）尤联元、洪笑天等曾统计了我国一些冲积河流的边界条件及其他因素对河型形成的影响，河床的可动性应与河床的床沙中径成反比，河岸的可动性则与河岸中粉砂、黏土含量成反比。作为定量的指标，河岸与河床的相对可动性可用下式表示：

$$\Pi=\frac{100D}{M_{\mathrm{W}}} \tag{7-5}$$

式中 Π——河岸与河床的相对可动性；

D——床沙中径，mm；

M_{W}——河岸中砂、黏土的含量，%。

形成各种河型的边界条件如下：

1）游荡型。河岸为砂或砂砾的单一结构，粉砂黏土含量小，$\Pi>0.65$。

2）分汊型。河岸为二元结构，土层厚度小于砂、砾层厚度，也有为混合结构的，粉砂、黏土含量中等，$\Pi=0.25\sim0.65$。

表 7-3 河 型 分 类

河型		河床边界组成与结构	河床地形	河床与河岸的相对可动性
顺直微弯		基岩或坚韧的土层	边滩形成附聚在河床两岸	河床大于河岸
河曲	稳定	砂层与黏土层组成	高河滩的凸岸	河床大于河岸
	摆动	具有二元结构或互层结构	低河滩的凹岸	河床小于河岸
分汊	稳定	主要是砂层或粉砂组成的二元结构	江心洲	河床小于河岸
	摆动		江心滩	河床河岸均大

3）弯曲型。河岸为二元结构，土层厚度大于砂、砾层厚度，粉砂、黏土含量大，$\Pi<0.25$。

4）顺直型。河岸为由细颗粒组成的单一结构或二元结构，但土层厚度远大于砂、砾层厚度，粉砂、黏土含量大，$\Pi<0.25$。

把河流按不同性质进行分类是系统概括河床演变的重要前提，但它又是一个十分复杂而理论性很强的问题，归纳各方面的研究，可列出不同河型的形成条件，不同河型形成中起决定性作用的主要因素，见表 7-4。

表 7-4　　不同河型的形成条件

形成条件	边界条件			来沙条件			来水条件		河谷比降	地理位置
	河岸组成物质	节点控制	水位顶托	流域来沙量	纵向冲淤平衡	年内冲淤变化	流量变幅	洪水涨落情况		
游荡型	两岸由松散的颗粒组成，抗冲性较弱	—	—	床沙质来量相对较大	历史时期曾处于堆积状态，河流的堆积抬高有利于游荡型河流的形成	平水期、枯水期的主槽淤积促使河流朝游荡型发展	流量变幅大	洪水暴涨猛落	河谷比降较陡	出山谷的冲积扇上或冲积平原的上部
分汊型	两岸组成物质介于游荡型与弯曲型之间	在分汊河段的进、出口常有节点控制、河流横向自由摆动范围也有一定限制	—	床沙质来量相对较小，但有一定冲泻质来量	纵向冲淤变化基本保持平衡	—	流量变幅和洪峰流量变差系数小	洪水起落平缓	河谷比降较小	冲积平原的中、下部
弯曲型	两岸组成物质具有二元结构，有一定的抗冲性，但仍能坍塌后退	—	汛期下游水位受到顶托，有利于弯曲型河流的维持	床沙质来量相对较小，但有一定冲泻质来量	纵向冲淤变化基本保持平衡	汛期微淤，非汛期微冲	流量变幅和洪峰流量变差系数小	洪水起落平缓	河谷比降较小	冲积平原的中、下部汛期受干流或湖泊顶托处
顺直型	除弯道蠕动过程中暂时形成顺直河流以外，一般两岸组成物质中黏土含量较多或植被生长茂密	河流中有间距短促的节点控制，或两岸因构造运动影响有广泛分布的出露的基岩	—	—	—	—	—	—	位于河口三角洲地区的顺直型河流比降很平，两岸有基岩出露，或植被生长茂密的顺直型河流可以在各种河谷比降下发育形成	河口三角洲地区，两岸有基岩出露或植被生长茂密的顺直型河流可以在不同地理位置发育形成

（三）河道水流、泥沙运动及河床演变

1. 蜿蜒性河道

蜿蜒性河道由弯道和过渡段连接，一般多为单股，很少分汊。蜿蜒性河道水流运动的主要特点是弯道段的水流受河弯形态制约而做曲线运动，同时产生弯道次生流，即弯道环流。

弯道的主流线（水力动力轴线）可用沿程各断面垂线平均流速最大处的连接线表示。主流线有“低水靠岸，高水趋中”的特点。

蜿蜒性河道纵比降随水位而变化，高水期过渡段的比降减小、弯道比降增大，低水期过渡段的比降增大、弯道比降减小。

水流在弯道内运动时，因受离心力的作用，凹岸水位高于凸岸水位，形成横比降。最大横比降一般出现在弯道顶点附近。

弯道横向环流是由于弯道水流受重力与离心力的

作用，表层水流流向凹岸，底层水流流向凸岸而形成。横向环流与纵向水流一起形成螺旋流。横向环流强度可用断面最大垂线平均流速处的表层水流横向分速表示，一般在弯道顶部和后半部最大。图 7-4 所示为长江荆江段碾子湾弯道横断面的环流分布。

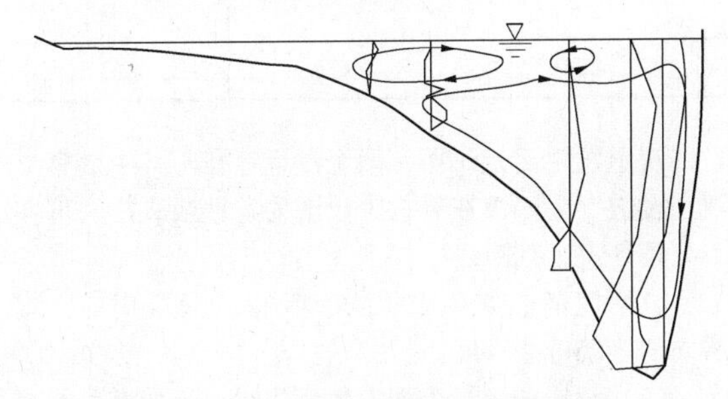

图 7-4　碾子湾弯道横断面环流分布图

弯道断面垂线平均流速的横向分布是凹岸大于凸岸，最大垂线平均流速位于靠近最大水深的位置。过渡段断面的垂线平均流速的横向分布比较均匀，中间大、两侧小。弯道断面的垂线平均含沙量的横向分布是凹岸小、凸岸大。过渡段的垂线平均含沙量的横向分布是中间大、两侧小。

长江荆江段碾子湾弯道及过渡段断面的垂线平均流速、垂直平均床沙质含沙量及测点床沙质含沙量分布见图 7-5。

弯道的泥沙运动与螺旋流密切相关。表层含沙量较小的水流流向凹岸，并潜入河底。而底部推移质泥沙则在螺旋流的作用下由凹岸斜向凸岸。对于曲率不大的弯道，来自凹岸的泥沙并非全部到达对岸，而大部分运移到下一弯道的凸岸。

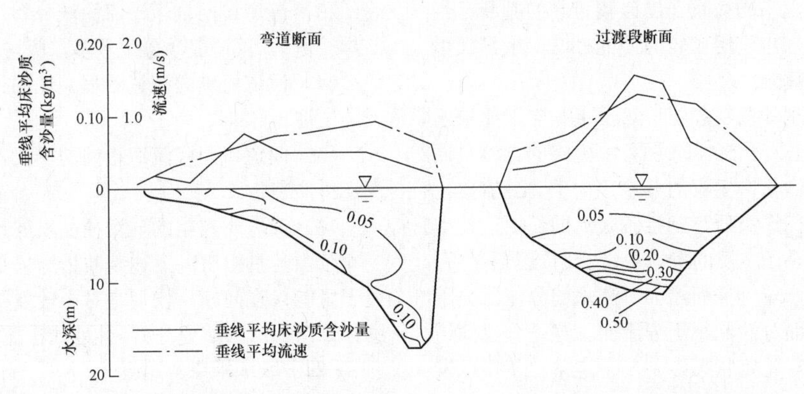

图 7-5　碾子湾弯道断面及过渡段断面的垂线平均流速及测点床沙质含沙量等值线图

蜿蜒性河道河床演变的特点是高水期过渡段淤积，弯道段冲刷，低水位期反之，弯道凹岸崩坍，凸岸淤积，在较长时间内，凹岸累计崩坍量与凸岸累计淤积量基本相等。

蜿蜒性河道在发展过程中，弯顶不断向下游蠕移，河身不断延长。当河弯狭颈两侧崩退到宽度很小时，将发生自然裁弯；当河弯半径变得较小时，则发生撇弯切滩。河弯自然裁直后，新河又重新向弯曲方向发展，老河则逐渐淤积，形成牛轭湖。

2. 分汊河道

分汊河道两岸的组成物质不均匀，平面形态为宽窄相间。宽段有江心洲，把水流分成二股或多股比较稳定的汊道。窄段为单一河槽。汊道的进口段上游或出口段下游一般有两岸或一岸的自然或人工节点。

分汊河道有三种基本类型：顺直分汊型、微弯分汊型与弯曲分汊型。顺直分汊型的曲折系数小于 1.1，微弯分汊型的曲折系数为 1.1～1.5，弯曲分汊型的曲折系数大于 1.5。可以用分汊系数和分汊放宽率作为标志河道分汊程度及形态特征的指标：

$$分汊系数=\frac{分汊段各汊道的总长度}{分汊段直线长度}$$

$$分汊放宽率=\frac{分汊段最大宽度（包括江心洲）}{分汊段上游的狭窄段宽度}$$

分汊河段的典型平面形态见图 7-6。

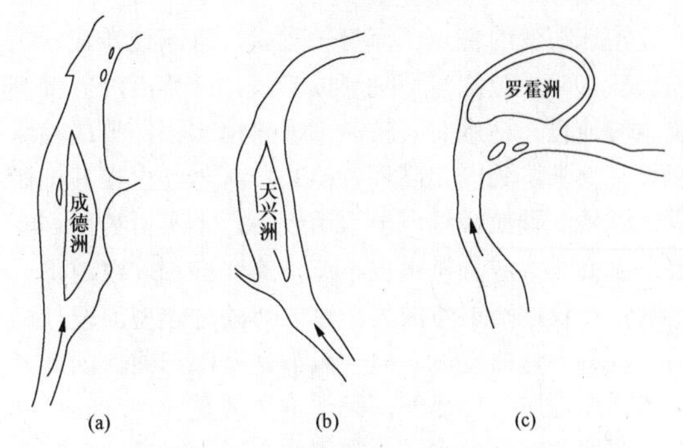

图 7-6　分汊河段的典型平面形态

（a）顺直分汊型；（b）微弯分汊型；（c）弯曲分汊型

长江城陵矶至江阴分汊河段的特征见表 7-5。

表 7-5　　长江城陵矶至江阴分汊河段的特征

分汊河段类型	处数	平均摆幅（km）	平均分汊系数	平均分汊放宽率	宽深比 $\frac{\sqrt{B}}{h}$
顺直分汊	16	3.5	2.17	2.17	3.42
微弯分汊	15	5.5	2.6	4.21	3.64
弯曲分汊	10	8.6	4.09	6.72	4.63

分汊河段的上端，由于江面展宽，比降减小，泥沙落淤，使河床抬高。如果分汊口门上游河段水流动力轴线弯曲或各汊道的过水通畅程度不同，则往往形成水面横比降，底部泥沙输向水位较低的一侧。由于底部含沙量较大，故水位较低一侧的汊道含沙量通常大于水位较高一侧的汊道含沙量。

只有在分析了较长时期的历史资料和目前演变情况以后，才能对汊道的兴衰作出比较可靠的判断。当缺乏实测资料时，也可用比较简便的办法，根据汊道水下地形图来估算。

汊道的实测水沙资料表明，对于主、支汊比较明显的汊道（分流比大于50%的主汊），主汊的含沙量通常大于支汊的含沙量，主汊的分沙比大于其分流比。这是由于支汊口门淤高后起到拦截底流的作用，使支汊的含沙量一般小于主汊的含沙量，支汊口门淤高后，支汊的分流比随水位上涨而增大。高水的分流比大于低水的分流比，而分沙比小于分流比。这是分汊河道支汊长期处于相对稳定状态，并在一定条件下得以发展的重要原因。

分汊河段的比降较分汊之前为陡，汊道的总水面宽较分汊之前的单一河槽的河宽为大，而水深则较小。在主、支汊基本稳定的情况下，支汊糙率与主汊糙率较为接近。但处在发展阶段的支汊，由于床沙粗化，其糙率大于主汊糙率，而处于淤积阶段的支汊，则由于床沙细化，其糙率小于主汊糙率。

3. 分汊河道兴衰的判断

河床演变的特点：河身较宽广，水下边滩或沙嘴发展较大时，被水流切割形成暗沙，或称潜洲。潜洲洪水时淹没，枯水时其较高部分露出水面，形成枯水汊道。潜洲淤到一定高程就能长草，悬沙也在其上淤积，悬沙的颗粒较细，出水后板结，不易再被冲刷，最后淤高长大成为洪水也不淹没的江心洲。汊道形成之后，一汊逐渐展宽成为顺直微弯的边滩型河段，而另一汊则向弯曲发展，但一般都是有限弯曲。因此，除了两岸地质条件而外，汊道本身就是一种制约：其中一汊弯曲发展较大时，阻力就会增大，另一汊就会分去较多的流量，因而阻滞了该汊的进一步弯曲。由此可见，分汊型河段实际上是一个综合体，其中包括顺直微弯和有限弯曲河型在内。

汊道发生后，只要有两个汊道存在，其中必有一汊在发展，另一汊在衰亡。汊道的发展或衰亡，可按下列条件进行判断：

（1）汊道上游河段的主流深泓发生变化时，主流所向的一汊可能发展。

（2）汊道的流量分配发生变化时，流量增大的一汊可能发展。

（3）汊道口门位于干流泥沙分布较多的一侧（如凸岸一侧），汊道底沙分配较多，故可能衰亡。

（4）汊道内纵向流速沿程减低的一汊可能衰亡，反之发展。

（5）汊道口门底流速指向的一汊，底沙分配较多，汊道可能衰亡。

（6）河床质较粗的一汊往往发展或较稳定。

应当着重指出，上述判断指标只具有参考意义。关于可能兴衰问题，特别是对于较复杂的汊道段，应进行专门的河床演变分析，才能作出比较可靠的判断。

（四）取水地点的选择

（1）直流冷却电厂取水地点应尽量靠近汽机房，以减少供水距离，这可节约循环水泵耗电量及输水管线投资。若江河水位变幅及含沙量较小，有条件时可考虑用明渠或暗沟自流引水到汽机房间前。应将取水地点和电厂厂址选择及厂区总布置三者结合，协调考虑。

（2）选厂时，对河流的水流特点、泥沙运动、河床演变历史、漂浮物及冰凌等情况进行分析研究，选择合理的取水地点及拟订河道整治措施，以保证取水的安全性。

（3）取水河段宜选择在较稳定的弯曲河段或分汊河段，避免选择在发展成熟较易裁弯取直的蜿蜒性河段，以及需要进行大量河道整治工程的游荡性河段。

（4）取水防沙是取水地点选择的重要任务。充分利用弯道横向环流的特点，将取水地点选择在弯道凹岸顶点稍向下游，此位置洪、枯水流均可靠岸，再加上弯道横向水流的作用，含沙量较小的表层水引向取水口，而含沙量较大的底层水推向凸岸。有人认为取水点宜选在图 7-7 所示的Ⅰ地段，图中 $L=(0.6\sim1.0)\times\sqrt{4B(R+B)}$。在弯曲型河道取水要采取稳定现状的措施，防止向不利方向发展。阻止凹岸继续坍塌的工程措施多为平顺护岸。

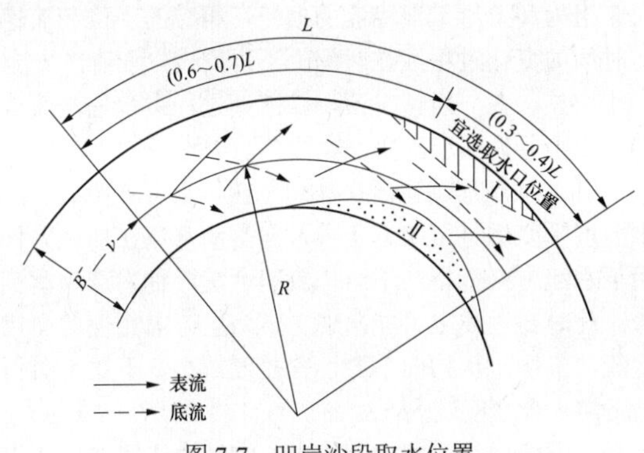

图 7-7　凹岸沙段取水位置

Ⅰ—泥沙最小区；Ⅱ—泥沙淤积区

（5）分汊河道在演变过程中，往往出现主、支汊交替消长的现象，并具有明显的周期性。这会对防洪、取水、航运等都带来不利影响，必须根据汊道水流泥沙运动特点和河床演变规律，研究和制订整治方案与措施：

1）稳定主、支汊的分流比。当分汊河道对国民经济各方面均有利时，可采取措施把汊道的平面形态固定或稳定下来，维持各级水位下的分流比和分沙比，使江心洲得以稳定。主要的整治措施是在上游节点处修建节点控导工程，或修建分水鱼嘴，固定江心洲，并在汊道进口和弯道上修建必要的护岸工程。工程平面布置如图 7-8 所示。

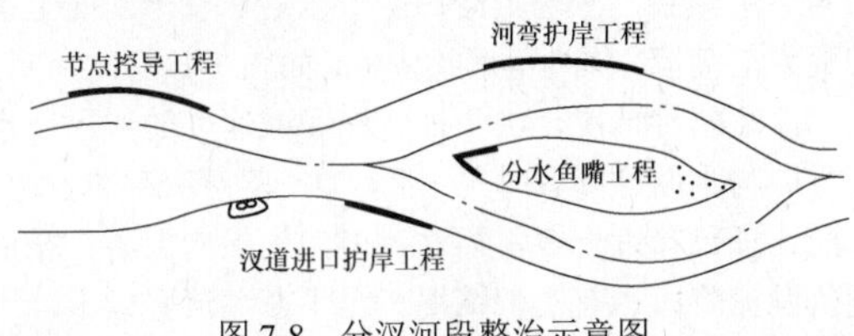

图 7-8　分汊河段整治示意图

2）塞支强干。在一些多汊的河段或两汊道流量相差较大的河道，当取水或通航要求增加某一汊道的流量时，往往采取塞支强干的方法。堵塞的汊道应是正在衰退的汊道。

3）改善分汊河道。当分汊河道在发展演变过程中出现不利情况，而又不能或不允许进行塞支强干时，则往往采取改善汊道的整治措施。一般是在汊道入口处修建护岸工程或顺坝、丁坝工程，以改善汊道入口条件，并采取疏浚及护岸工程措施，以解决泥沙淤积和崩岸问题。

（6）在顺直河段，取水地点应选在主流靠近岸边，河床稳定、水深及流速较大的地段，一般选在河段最窄处。

（7）有支流汇入的河段、因水流的顶托壅水作用，主、支流的泥沙都容易淤积，故应避免在汇合口附近选择取水地点。根据主、支流含沙量、水质及其他取水和输水条件，确定在主流或支流取水。

（8）由于桥梁缩减了水流断面，从而使桥梁上游水流滞缓，造成淤积，河床抬高。冬季易产生冰坝，故取水口应选择在滞流区以上 0.5～1.0km。在山区河流的桥梁上游设置取水口时，更应注意洪水期由于木筏、泥沙、石子阻塞桥孔而突然提高水位。

桥梁下游易形成冲刷区及其后的淤积区，故取水口宜选择在这些区域以外，可根据河流及桥梁特性分析确定。一般选择在桥梁下游 1km 以外。

（9）输煤码头港池水深一般均能满足取水水深要求。在江河深水区长度有限的厂址，将取水与码头结合常是一种可能比较合理的选择方案。但要采取工程措施，防止取到码头附近被污染的水。在江河深水区长度不受限制的厂址，一般宜分开布置，以免施工及运行时相互干扰。

（10）取水口应选择在不受冰凌直接冲击的河段，并应使冰凌顺畅地在其附近顺流而下。在冰凌及流冰较多的河流，取水口不宜选择在冰水混杂的河段，宜选择在冰水分层的河段，从冰层下取水。

（11）取水地点应尽量选择在地质构造稳定、承载力高的地基上，不宜选择在断层、流沙层、滑坡、风化严重的岩层及岩溶发育地段。在有地震影响的地区，取水地点不宜选在过陡的岸边或山脚下及其他易崩塌的地区。

（12）取水地点应选择在对施工有利的地段，尽量做到交通运输方便，有足够的施工场地、较小的土石方和水下工程量。施工方案需考虑施工技术力量、施工机具及动力设备等条件。

（13）当取水区段河床变化较大、流态复杂，或者泥沙、漂浮物含量大，水质差，或者河道整治措施比较复杂，确定取水建筑物的位置和形式有困难时，应通过物理模型试验确定，以保证安全运行。

二、河口水源及取水地点的选择

（一）河口水流特性

河口水流是浅海咸水随潮波进入河口与河川淡水径流相混合而形成的一种周期性不恒定往复水流。海水受日、月引力而引起的水面升降的现象称为潮汐。浅海潮汐具有移动波性质，除水面垂直波动外，水体有水平方向的位移，称浅海潮波。浅海潮波是每日两次周期性波动的旋转水流，称为半日潮；有些地方每天只波动一次，称为全日潮。潮流进入河口以后，受河岸的约束和河川径流的阻力而成为每天两次或一次周期性涨落而流向倒顺变动的往复水流，这种水流的水位和流速都随时间而变化，属不恒定流性质。水位和流速变化过程曲线如图 7-9 所示，它不同于浅海周期性顺时针或逆时针旋转的潮流。在咸水界内，由于河川淡水与海水密度的不同而有各种咸淡水混合的过程，有的河口还出现咸淡水明显的分层现象，称为盐水楔异重流。

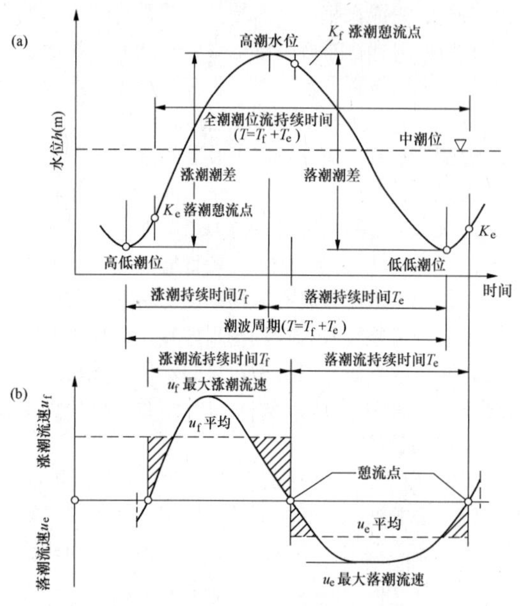

图 7-9　河口水位流速变化过程线

河口水流主要是受径流和潮流的相互作用，至于波浪和沿岸流，在口外海滨段有明显的作用，在河口段如果河面较宽，风浪亦有一定影响。河口水流的特性可概括为以下三个方面。

1. 周期性、往复性和不恒定性

河口水流受浅海潮波影响，每天周期性地涨落，涨潮流指向上游，落潮流指向下游。涨落潮流是方向相反的往复流动，水位和流速都随时间而呈周期性变化，具有不恒定流的特性。在浅海潮波进入河口之前，其水位和流速随时间的变化基本保持一致，即涨潮流最大流速出现在高潮位附近，落潮流的最大流速出现在低潮位附近，如图 7-10 所示。

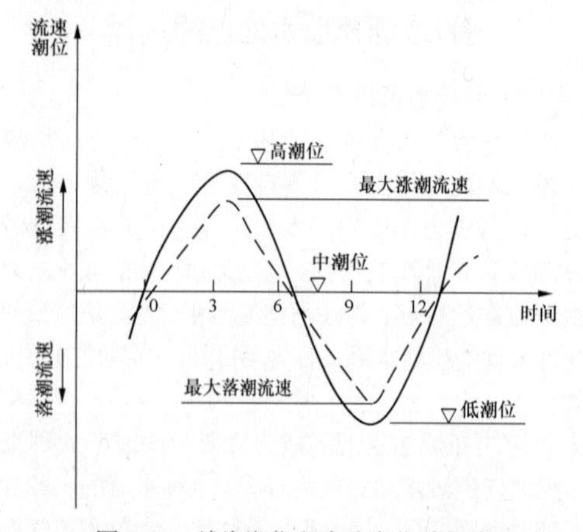

图 7-10　浅海潮位和流速变化过程线

当浅海潮波进入河口以后，受河口边界的约束及河床阻力和上游下泄径流的顶托，相应的水位和流速随时间的变化过程线在时间上不再同步，而存在一定的相位差。在一般情况下，涨落潮过程中水位和流速的变化可分为四个阶段，如图 7-11 所示。

（1）涨潮落潮流：在涨潮之初，水位开始上升，水面坡降变缓甚至接近于零，但落潮水流在惯性力作用下水流方向仍指向下游，流速渐缓，称为涨潮落潮流。此时在垂线上可能出现上下两层方向相反的交错水流，上层水流指向下游，含盐度较小，下层水流指向上游，含盐度较大，如图 7-11（a）所示。从横断面上看，因两岸和底部的流速小，惯性力作用弱，故岸边和底部先涨；主流区的流速大，惯性力作用强，故后涨。

（2）涨潮涨潮流：随水位的不断上升，水面比降已转向上游倾斜，落潮流经历憩流以后在整个断面上水流都转向上溯，称为涨潮涨潮流，如图 7-11（b）所示。

（3）落潮涨潮流：当涨潮流上溯至一定距离后，口外已开始落潮，河口内水位亦随之下降。此时水面比降趋于平缓，涨潮流速逐渐减小，但在涨潮流的惯性力作用下，水流方向仍指向上游，称为落潮涨潮流，如图 7-11（c）所示。此时在横断面上因岸边和河底流速小，惯性力作用弱而先落，主流区流速大，惯性力作用强，因而后落。

（4）落潮落潮流：河口水位继续下降，水面比降转向下游倾斜，涨潮流经历憩流以后在整个断面上都转变为落潮流，称为落潮落潮流，如图 7-11（d）所示。

上述四种情况，由于加速度和减速度的作用，水流方向与水面比降有时不一致，如在落潮涨潮流阶段，水面比降已接近于零，而水流方向仍指向上游；在涨潮落潮流阶段也有类似情况。至于在潮流界以上，不存在涨潮流；口外海滨是由旋转流逐渐转变为往复流，在这两个地区的涨落过程都难以区分为四个阶段。有些河口以潮流为主或以径流为主，也都难以区分为四个阶段。

2. 咸淡水混合的特性

由于河川径流是淡水，与含盐的海水密度不同，在混合过程中视潮流和径流相对的强弱混合的过程有所不同，大体上可分为三种类型，其判别值可用混合指数表达。1969 年，西蒙斯（Simmons，H.B.）将一个潮周期内注入河口的径流量与潮流量之比定义为混合指数 M，以此判别咸淡水混合的类型。根据他的经验，当 $M \geqslant 0.7$ 时为弱混合，$M \leqslant 0.1$ 时为强混合，介于 0.2～0.7 者为缓混合。1975 年，奥菲塞（Officer，C.B.）在西蒙斯经验的基础上指出 $M>1$ 为弱混合，$M \leqslant 0.1$ 为强混合，介于其间者为缓混合。M 值不同，是因所取径流量有差别。根据我国 20 个河口资料取多年平均径流量和多年平均涨潮量之比，与奥菲塞的混合指数较为接近。三种不同类型的水流情况如图 7-12 所示。

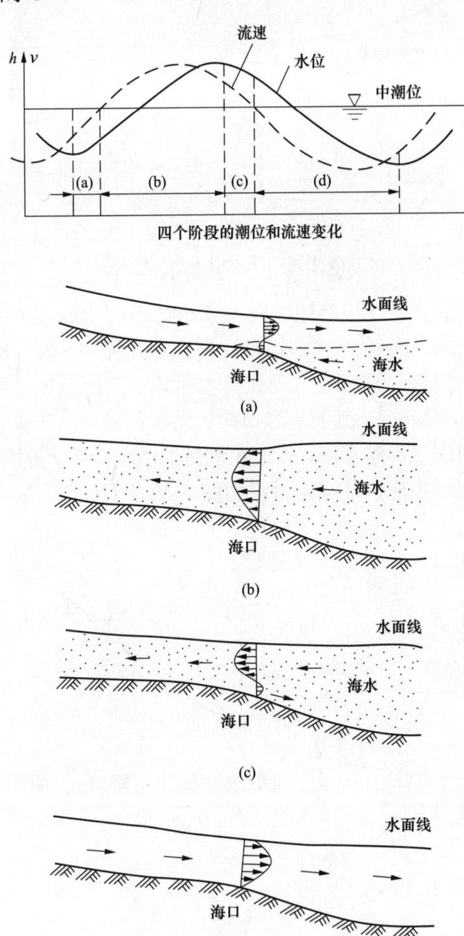

图 7-11 河口潮水涨落四个阶段的水位流速变化过程

（a）涨潮落潮流；（b）涨潮涨潮流；

（c）落潮涨潮流；（d）落潮落潮流

（1）弱混合型：一般发生在潮差较小、潮流较弱而径流相对较强的河口，咸淡水之间有明显的分层现象。密度较小的淡水径流从上层下泄，而密度较大的海水随涨潮流沿底上溯，其交界面由海向陆呈楔状潜入，为盐水楔异重流。在交界面上盐水逐渐稀释而上升介入表层淡水下泄，故在纵剖面上形成循环水流，简称环流，如图 7-12（a）所示。我国珠江口磨刀门有此类现象。

（2）缓混合型：在潮流和径流作用都较明显的河口，在咸淡水之间虽无明显的交界面，但底层含盐度比面层大，纵向含盐度等值线由海向陆倾斜，也呈楔状。在水平和垂直两个方向都存在密度比降，如图 7-12（b）所示。我国长江口及珠江口伶仃洋等河口的水流均属此类型。

（3）强混合型：河口潮差较大、潮流作用较强而径流的作用相对较弱，咸淡水间存在强烈的混合，因此在水平方向有明显的密度比降而在垂直方向的密度比降甚小，如图 7-12（c）所示。我国钱塘江和椒江等河口的水流属此类型。

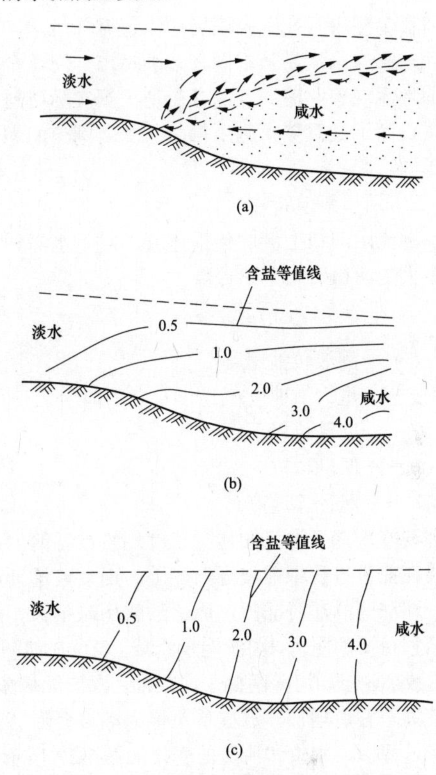

图 7-12 河口咸淡水混合的三种类型

（a）弱混合型；（b）缓混合型；（c）强混合型

同一河口在不同季节、不同河段也会出现不同的类型。例如，长江口在洪季小潮汛期间有时可能出现弱混合，而在枯季大潮汛期间亦有可能出现强混合，但从全年来看，占 75%的时间则属缓混合型。

3. 表底层全潮净流速的循环运动

河口盐水入侵以后，由于咸淡水密度的不同而存在密度比降。在涨潮流期间密度比降与水面比降的方向一致，有加大涨潮流速的作用，在落潮流期间密度比降与水面比降的方向相反，故有减弱落潮流速的作用。在弱混合和缓混合的情况下，因底层密度比降大于表层，所以涨潮流底流速的增加大于面流速、落潮流底流速的减弱大于面流速，对落潮流起阻滞作用，但落潮流必须将水量泄出，因底层阻力大，以致水流主要从阻力较小的表层泄出，使表层落潮流速不仅不减弱，反而加大。密度比降引起涨落潮流垂直流速分布的变化，导致河口地区水流形态发生变化。在一个全潮过程中，面层水流的净流速都是指向下游，而底层水流的净流速从下泄流转变为上溯流。在底层净流速转变过程中，总有一处其净流速为零，称之为滞流点，在滞流点附近为净流速接近于零的滞流区。滞流点的表层和中层都是下泄流，而底层则由下泄流转变为上溯流，这称为全潮净流速的循环运动。滞流点附近的滞流区，往往是河口拦门沙严重淤积的部位。由于河口在全潮内存在有表底层净流速循环运动，使河口水流与平原水流显著不同。必须指出，河口全潮净流速的环流现象和滞流点的存在是根据实际资料分析的结果，而不是直接实测所得，与涨落潮流的憩流点迥然不同。

（二）河口潮波特性

涨潮流沿河口上溯的传播速度，对于水深和河宽变化不大的河口可用下式计算：

$$C=\sqrt{g(H+h)}-u \tag{7-6}$$

式中 C——潮波传播速度；

g——重力加速度；

H——低潮位以下水深；

h——低潮位以上水深；

u——泄径流速度。

因波峰水深及波峰的传播速度均较波谷的大，以致潮波在前进过程中前坡逐渐变陡，而后坡逐渐趋于平缓，即涨潮的历时缩短，而落潮的历时延长。同时受河床和径流的阻力，潮波能量衰减，表现在波幅（潮差）的减小，但如河床两侧平面收缩，潮波能量集中，亦可使潮差有所增加，这些现象称为潮波变形。在潮波变形过程中，水位和流速的变化如图 7-13 所示。

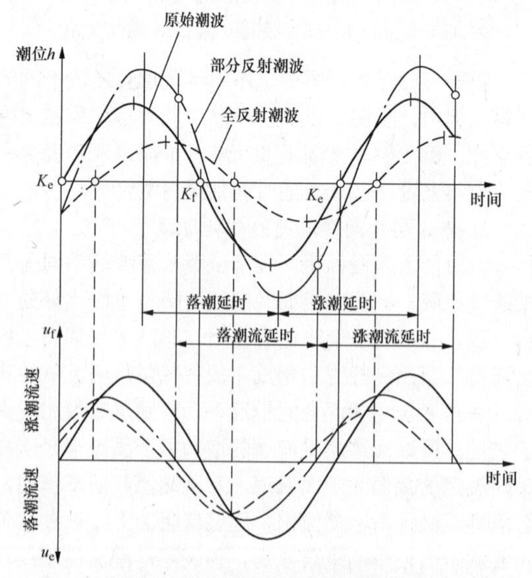

图 7-13 潮波变形中水位和流速的变化

由于感潮河段长短不同，潮波的变形各异，现就两种极端的情况分述如下。

1. 感潮河段的长度远较 1/4 潮波波长大

感潮河段的长度远较 1/4 潮波波长大（见图 7-14）。

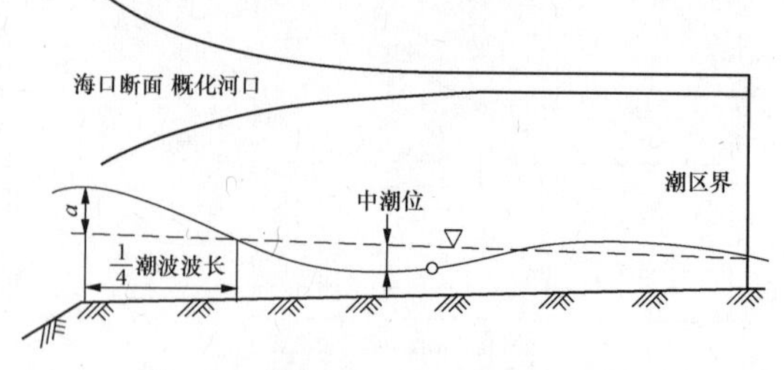

图 7-14 概化河口平面及潮波纵向变化

例如，长江口感潮河段长达 600km 以上，而潮波波长约为 400km。在河口与浅海交界断面——海口断面上的潮位与潮流速过程线基本保持一致的变化，如图 7-11 所示。当潮波自海口向上游传播时，一方面，潮波的能量逐渐衰减，表现在潮差的减小；另一方面，潮波逐渐变形，其变形过程如图 7-15 所示。

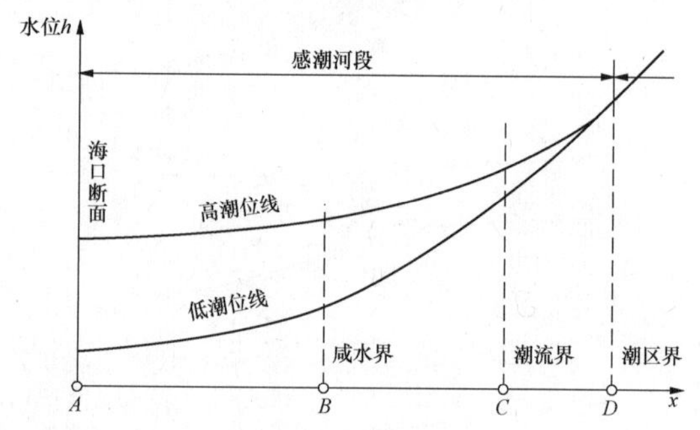

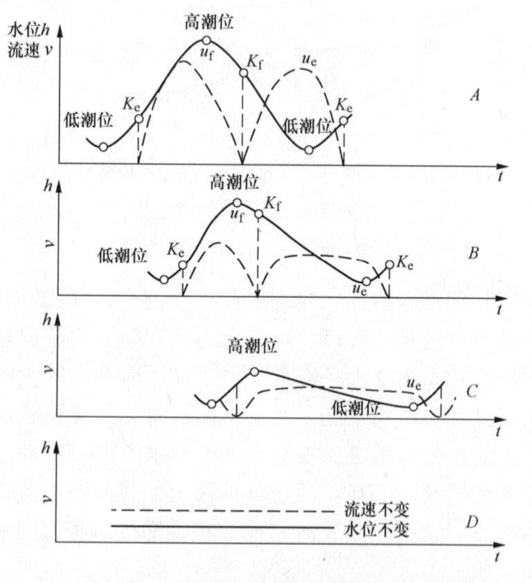

图 7-15 河口水位流速沿程变化示意图

u_f—涨潮流速；u_e—落潮流速

2. 感潮河段的长度小于 1/4 潮波波长

例如，闽江口、瓯江口等山区性河口，或河口筑闸以后的闸下游河段，当浅海潮波进入河口以后，其能量经多次来回反射，使海口断面的潮波发生变形，涨落潮流的最大流速在接近中潮位时出现，而在高低潮位附近憩流、潮差沿程递增而高低潮位沿程同时出现。潮流速与潮位变化过程线有相位差，最大的相位差可达 90°，呈典型的驻波形态。

上述两种情况都是极端的情况，一般河口的潮波变形介于上述两种情况之间，即海口断面的水位和流速过程线的相位差在 0°～90°之间。有些河口，潮波在传播过程中，由于波峰逐渐追上波谷，潮波前坡陡峻以致波峰发生破碎现象，称为涌潮，钱塘江口的涌潮即其一例。

（三）河口泥沙运动

河口泥沙运动是在周期性往复水流和风浪的共同作用下，在咸水界内并受咸水电化学的作用而形成的独具一格的一种泥沙运动。其泥沙来源、运动特点等如下。

1. 河口泥沙来源

（1）流域径流挟运而来的陆相泥沙，其物质组成及数量视流域内的气候、地质、地貌、植被覆盖、人类活动等情况而定。

（2）从口外随涨潮流挟运而来的海相泥沙，其来源有以下几个方面：

1）海岸带滩涂受风浪冲刷洗掘，岸滩坍塌，泥沙随风浪潮流而沿岸漂移，漂至河口外海滨地区后又为涨潮流带入河口。

2）流域来沙进入河口以后除一部分絮凝沉降外，其余都扩散到沿海大陆架落淤。在大潮汛大风浪作用下，在破波带床面受冲刷洗掘而把泥沙掀起，随涨潮流又进入河口。

3）邻近河口的泥沙入海以后随涨潮流而转入口内，或在大陆架落淤后被风浪潮流掀起带入口内。如长江口泥沙入海以后扩散到杭州湾，为杭州湾的涨潮流带进钱塘江口，每年自乍浦随涨潮流进入钱塘江口的泥沙总量可达 70 多亿吨，其中大部分可随落潮流带出，可见随涨落潮流往复搬运的泥沙量是相当大的。

海相泥沙的矿物成分与陆相泥沙基本相同，但在海水环境中经历一定时间后，颗粒表面吸附水的氯离子显著增加，因此用化学分析方法可以进行鉴别。

除上述泥沙来源外，河口疏浚抛泥以及河口段内局部泥沙的搬运，滩槽之间的泥沙交换，常是河口演变的重要因素。

2. 河口泥沙运动的基本形式

在河口往复性水流中，泥沙单个颗粒运动的基本形式和河流泥沙运动一样，是推移运动和悬移运动。泥沙颗粒沿床面运动时亦有沙波出现，至于淤泥的运动形式略有差异，一经扬动即悬浮水中，无推移的过程。

（1）河口泥沙的推移运动。河口是周期性往复水流，在涨潮过程中底沙将向上游推移，在落潮过程中则向下游推移，在一个涨落全潮过程中底沙净移动究竟向上游抑向下游推移，则视涨、落潮流哪一个占优势。如落潮流占优势则底沙净推移指向下游，涨潮流占优势则底沙净推移指向上游。在有一定径流量的河口，落潮流一般都大于涨潮流，底沙净推移常指向下游，这样才能排泄底沙。就涨潮流或落潮流过程来看，潮流速由憩流到涨急或落急，潮流速是逐渐增大然后又逐渐减小呈周期性变化的，底沙的推移运动是不连续的。但从作用在床面泥沙颗粒的力的平衡考虑，在单向恒定流中推移质运动的一些概念和关系式，可以移植到潮汐河口。

（2）河口泥沙的悬移运动。河口地区泥沙粒径一般较细，悬移质运动是河口泥沙运动的主要形式，在悬移质运动中要研究的主要是悬移质含沙量的垂线分布和不平衡输沙问题，如果知道了悬移质的垂线分布及水流的垂线流速分布，就不难推导出悬移质的单宽输沙率。有关河口地区悬移质运动的研究甚少，常沿用无潮河流悬移质运动的一些理论和关系式。

（四）河口的分段

河口地区一般可分为近口段、河口段及口外海滨段三个河段。至于三个河段具体如何划分，则有的着重地貌形态（见图 7-16），有的着重水沙条件，尚无统一的标准。特别是河口段与近口段较难区别，因径流有洪枯之别，潮流有大小潮汛之分，二者又有不同组合，潮流界变动范围较大。以长江口为例，枯季大潮汛潮流界在镇江附近，而洪季小潮汛潮流界下移至横沙岛附近，两处相距达 300km，因此比较合理的分段应取平均情况，即在多年平均径流量和海口断面多年平均潮差的组合情况下，潮流界以上至潮区界为近口段，潮流界以下至海口断面为河口段，在海口断面以下为口外海滨段。各段的水文泥沙条件如下。

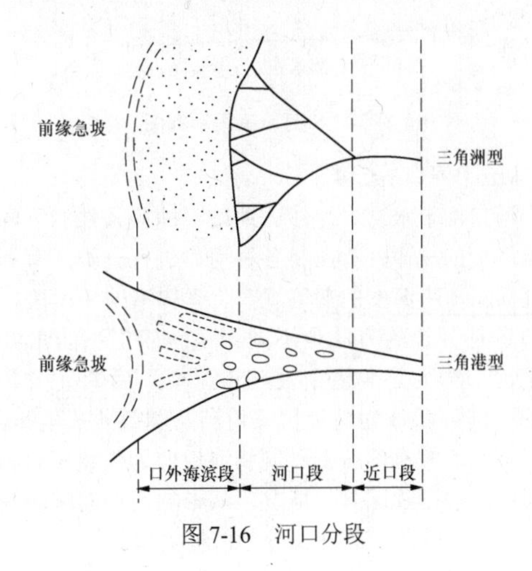

图 7-16　河口分段

1. 近口段

此河段在径流量大于多年平均径流量时已无涨潮

流，但水位仍有周期性起伏，含沙量主要随流域来沙而变，不受潮汛大小的影响，枯季虽有局部涨潮流，但历时短而流速缓，对河床影响不大，而落潮流对河床的作用明显。河床的冲淤取决于落潮流速的大小及含沙量的高低，垂线流速分布和含沙量分布都与无潮河流接近，故亦称河口河流段。

2. 河口段

河口段是径流与潮流两种力量相互消长的河段，在洪季小潮汛以径流作用为主，枯季大潮汛则以潮流作用为主。含沙量一方面随洪枯季流域来水来沙量大小而变，另一方面又随大小潮汛而变，在此河段内，由上往下，含盐量逐渐增加，反映径流与潮流两种力量强弱交替的过渡形态，故也称过渡段，其河床演变最为剧烈，是河口地区的核心河段。

3. 口外海滨段

此河段的动力条件以涨潮流为主，故也称潮流段。在此段径流的作用减弱，而风浪的作用已不可忽视。有的河口还有沿岸流的作用。含沙量的变化主要受制于风浪的强弱和潮汛的大小，在弱混合及缓混合型河口，本河段流速垂线分布和含沙量垂线分布以及河床的冲淤均受盐水的入侵和风浪的明显作用。

上述三个河段的划分如图 7-17 所示。

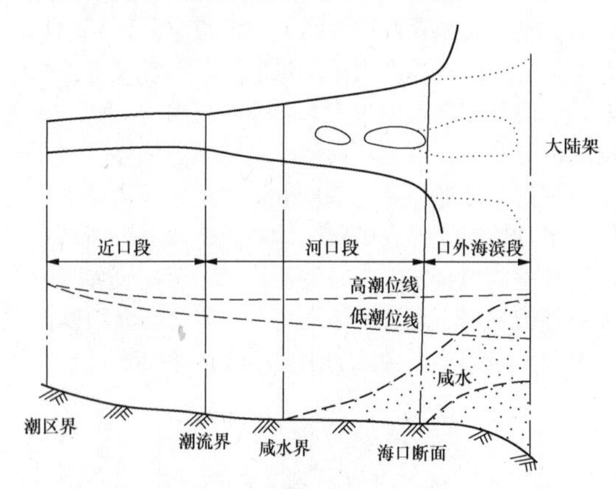

图 7-17　河口三段示意图

（五）河口的分类

河口由于水文、泥沙、地质、地貌条件的不同，河床演变的规律亦异，将各种河口进行分类，有利于研究河口河床演变的普遍规律。但从不同的角度，对河口进行分类的方法也不同。从地貌形态的角度，可把河口分为三角港型及三角洲型，后者又按其外形的不同可以分为鸟趾状三角洲及圆弧状三角洲（见图 7-18）。有按潮流强弱不同将河口分为强潮河口和弱潮河口。根据我国具体情况，从影响河口河床演变的水文泥沙条件，可将河口分为四种类型。

1. 强混合海相河口

此类河口的潮差大，流域来水来沙少而海域含沙量较高，泥沙主要来自口外海滨，分类指标 $\alpha < 0.01$，属强混合海相河口。我国浙江沿海若干河口均属此类型。由于边界条件不同，这类河口又可分为平原型与山区型两个亚类。

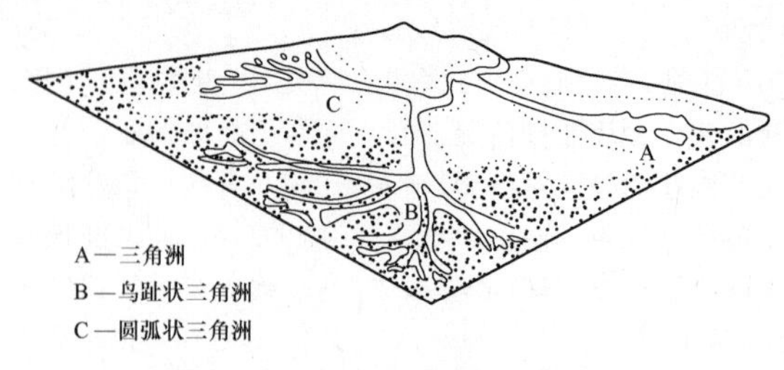

图 7-18　河口平面形状的三种类型

（1）平原型强混合海相河口。在冲积平原上的强混合海相河口，河床得到充分的发育，河槽容积大，潮差又大，因之潮流甚强。钱塘江河口是其典型的代表。其特点之一是潮波向上游传播过程中，由于河床宽线，波峰传播速度大于波谷，前坡陡峻以致破碎而形成举世闻名的钱塘江“涌潮”。波能迅速衰减，河宽与过水断面积随之减小，河床放宽率较大，平面呈显著的喇叭形。其特点之二是径流挟带的陆相泥沙量少，泥沙主要来自口外海滨，而涨潮流速除洪季外都大于落潮流速，在口外有充沛的泥沙补给情况下，大量泥沙随涨潮上溯在河口段落淤，落潮流不能全部带出，以致河床隆起，形成庞大的沙坎（见图 7-19）。

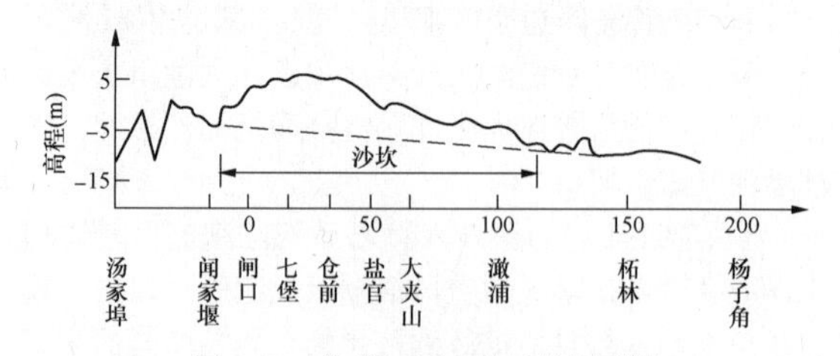

图 7-19　钱塘江河口的沙坎剖面图

此类河口在枯季强潮作用下，口外海滨受到涨潮流的冲刷，泥沙在河口段以上淤积，洪季的落潮流加强，在河口段以上淤积的泥沙受冲刷而下移，因此河口段与近口段都有明显的洪冲枯淤的规律，而口外海滨则为洪淤枯冲。

（2）山溪性强混合海相河口。河床发育受山区地质地貌条件的限制，潮流界以上河床一般由砂砾或岩石组成，底坡陡峻，使潮区界与潮流界位置接近。潮波上溯受河床阻力、河岸约束和径流顶托而强烈反射，潮波变形剧烈，涨落潮最大流速都在中潮位上下出现，而沿程高低潮位同时出现，具有驻波的特性。其特点一是洪水暴涨暴落，径流变幅甚大，以椒江为例，最大洪峰流量达 12100m^3/s，而最小枯水流量不到 1.0m^3/s，咸淡水混合属强混合型；二是流域来沙以底沙为主，以推移的方式向下游移动，数量不大，而海域来沙以悬移为主，随涨潮流进入河口，是构成河口河床的主体。悬沙常在憩流前后落淤，涨急或落急时又受冲悬扬，但心滩或边滩的滩面一旦高出中潮位，流速减缓，有利于泥沙沉积成滩，以至心滩和边滩连叠。

山溪性强混合河口由于潮差大和径流变幅大，洪季宣泄洪水所需的河谷，枯季接纳巨大潮量填充，因而河口段河宽较大，但受基岩节点控制，河槽的横向摆动受到限制，河床的冲淤演变主要表现为纵向变形，当洪峰下泄时，河口段河床发生大幅度冲刷，大量泥沙被冲出口外，而枯季潮流挟带的悬沙又使河床缓慢淤积，在一年内随着季节变化，河口段有“洪冲枯淤”的规律，丰水年偏冲，小水年偏淤，在水流与河床长期相互用下处于相对平衡，无明显的沙坎出现。口外海滨则有洪淤枯冲的规律，冲淤幅度较小，水深普遍较浅，有拦门沙存在。

2. 缓混合海相河口

这类河口的特点是径流经过湖泊或河网的调节，变幅小、潮差中等，按咸淡水混合指数 M（$0.1<M<0.20$）属缓混合型。流域来沙甚少，泥沙主要来自口外海滨，按分类指标 α（$0.01<\alpha<0.05$）属缓混合海相河口，如射阳河、黄浦江、甬江、新洋港等河口。这类河口的进潮量不大，咸水界变动范围小，涨潮流主要是淡水的回溯，河床断面沿程变化小，底坡平缓，潮波上溯沿程衰减和变形都很缓慢，河床的冲淤主要取决于涨落潮流速的对比，洪季偏冲，枯季偏淤，故有“洪冲枯淤”的规律。由于受回水影响，河线一般比较弯曲。这类河口的落潮流与沿岸流成一定角度交汇后流速减缓泥沙落淤而形成口外拦门沙，称为外沙；由咸淡水混合在口门以内形成的拦门沙称为内沙。二者有的重合，有的分开而成为两个拦门沙。例如，黄浦江在整治前有内沙和外沙两个拦门沙。

3. 缓混合陆海双相河口

这类河口的径流与潮流相互消长，力量相当，按咸淡水混合指数（$0.2<M<1.0$）属缓混合型。流域来沙和海域来沙都较丰富，对河床演变都有明显的作用，按分类指标（$0.5>\alpha>0.05$）属缓混合陆海双相河口。由于地质条件和地貌形态的不同，这种类型的河口又可分为两个亚类。

（1）冲积平原上的陆海双相河口。冲积平原上的河口底坡平缓，感潮河段较长，虽然潮差中等，由于河谷容积大，潮流量大。随着径流和潮波两种力量强弱组合不同而有咸淡水不同类型的混合过程，但以缓混合类型为主。在整个感潮河段显著地可划分为三个不同的河段，其中河口段河床展宽，涨落潮槽分离，涨潮槽常早涨早落，落潮时常吸引落潮槽的主流而使主流摆动。另外，由于涨落潮槽分离而容易分汊，各分汊口门都有拦门沙。长江、辽河等河口属此类型。

（2）山溪性陆海双相河口。河床发育受到山区地质条件和地貌形态的限制，河床底坡陡，河谷容积小，潮波变形剧烈，虽然潮差较大，但进潮量不大，径流量变幅大。与山溪性强混合海相河口有类似之处，但咸淡水混合枯季接近强混合，洪季小潮汛有时出现弱混合，但大部分时间呈缓混合。这类河口洪季以径流作用为主；流域来沙以底沙为主，当洪峰下泄时，带来大量底沙，沙洲浅滩普遍发生淤积；枯季以潮流作用为主，海域来沙以悬沙为主，沙洲浅滩受冲而深槽淤浅，一年中随着季节的变化，河床有洪淤枯冲的规律。我国闽江、鸭绿江等河口属此类型。

4. 弱混合陆相河口

此类河口的特点是潮差小、潮流弱，径流相对较强。咸淡水混合指数 $M>1$，属弱混合型，河口泥沙主要来自流域，河口分类指标 $\alpha>1$，属弱混合陆相河口。黄河口是其典型代表，珠江口磨刀门亦属此类。在流域来沙充沛的情况下，在口门附近大量淤浅，河床抬高，随着河身的不断延伸，一旦遇到大洪水河口就要发生改道，水向比较低洼的地方流去。改道之后上述淤积过程又重复出现，周而复始地塑造出众多汊道迅速向外延伸的三角洲。

上述四种类型的河口见图 7-20。

（六）河口取水地点和形式的选择

（1）电厂的冷却水系统可用咸水或淡水，但其他用水，如锅炉补给水、生活用水等需用淡水。河口段厂址及取水地点选择时，需判明全年不同径流流量时取水河段的水质情况，水中氯离子含量是否较淡水有所增加或增加的程度及其历时，以说明取水河段是否被咸水入侵以及入侵的程度。如有入侵情况，需研究厂址向远离河口方向移动的可行性，否则要另行选择淡水水源，例如利用河网水源或就近利用河滩建淡水蓄水库，以避开咸水入侵时期。

（2）淡水与咸水的相对密度差为 $0.025kg/m^3$，而凝汽器出水（将水温升高 12℃后的热水）与冷水的相对密度差仅 $0.0025kg/m^3$，两者相差了一个数量级。在河口地区选择取水地点时，要判明取水地点的咸水与淡水分层或密度梯度分布情况。采取合理的取排水形式，以防止温排水垂向回流到取水口。例如，在淡咸水弱混合或缓混合型河口采用通常的深层取水表层排水的形式，温排水的密度可能比表层淡水大，不利于温排水的扩散。

（3）在河口地区，随涨落潮往复搬运的泥沙量是相当大的，其中大部分是以推移质的形态出现，尤其是强混合海相河口，泥沙冲淤变化常较剧烈。选择取水地点和形式时，要对泥沙冲淤变化进行研究分析。取水口底坎标高应考虑在不利条件下泥沙的淤积高度。取水地点一般不宜选在冲淤变化较大的沙坎或拦门沙的河段。

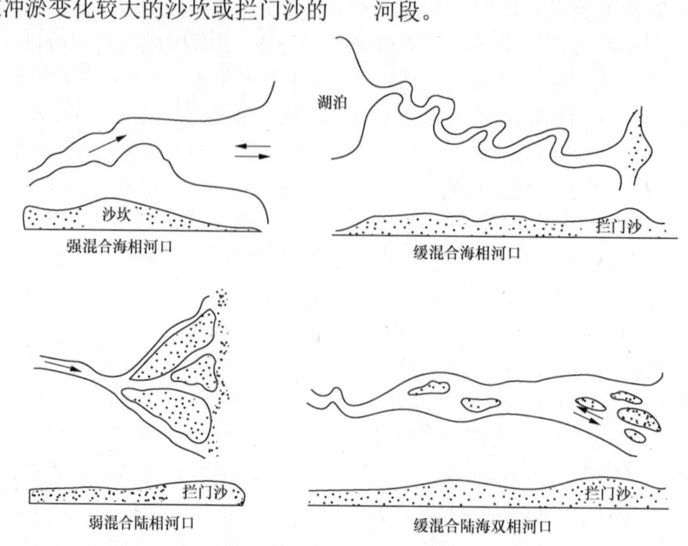

图 7-20　我国河口的四种类型

在河口常有“滩岬相间”的地形，在岬角取水是较好的位置。岬角虽基岩外露，但泥沙运动仍很剧烈。要用引水管沟跨越泥沙活动带，取水头部要设置在底沙活动层以上。

（4）河口水流总体来看是往复流，但每一河口都有其特性。如一些河口，在科氏力作用下存在明显的落潮流偏南、涨潮流偏北的流路分异现象。在涨落潮流路之间为缓流区。电厂取排水口的布置和形式要利用这种特性，使温排水不致回流取水口。

（5）长江河口长达 700km，其中有许多弯道、分汊。取水地点和取排水形式的选择，除考虑河口特性外，还可参照本章第一节中的江河特性进行选择。

三、湖泊、水库水源及取水地点的选择

1. 湖泊、水库的基本特征

湖泊是停滞或缓流的水充填大陆凹地而形成的水体。在工程水文学中，湖泊的重要意义在于它能调节江河径流，减少洪峰流量，增加枯水流量，并可作为发电、灌溉和给水水源以及运输航道等。在水流、风和冰川等外部因素以及风浪、湖流、水中微生物及动物活动等内部因素的共同作用下，其地貌形态是不断变化的。在风浪的作用下，湖的凸岸被冲刷，凹岸（湖湾）产生淤积；从河流等中而来的水流中所携带的泥沙、风吹来的泥沙、湖岸破坏的土石以及水生动植物的残体等沉寂在湖底，颗粒粗的多沉积在湖的沿岸区，颗粒细的则沉积在湖的深水区，会引起湖底地貌形态的改变。

水库实际上是人工湖泊，是一项综合性的水利工程，其主体系由大坝、输水洞和溢洪道组成，可以调节天然径流在时间分配上的不均衡状态，以适应人类生产和生活的需要。水库按其构造可分为湖泊式和河床式两种。湖泊式水库是指被淹没的河谷具有湖泊的形态特征，即面积较宽广，水深较深，库中水流和泥沙运动都接近于湖泊的状态，具有湖泊的水文特征。河床式水库是指淹没的河谷较狭窄，库身狭长弯曲，水深较浅，水库内水流泥沙运动接近天然河流状态，具有河流的水文特征。

湖泊、水库的储水量与湖（库）面、湖（库）区的降水量、入湖（入库）的地面、地下径流量等有关，也与湖（库）面、湖（库）库区的蒸发量、出湖（出库）的地面和地下径流量等有关。

湖泊、水库的水位变化，主要是由水量变化而引起的，其年变化规律基本上属于周期性变化。以雨水补给的湖泊，一般最高水位出现在夏秋季节，最低水位出现在冬末春初。干旱地区的湖泊、水库，在融雪及雨季期间水位陡涨，然后由于蒸发损失引起水位下降，甚至完全干涸。增减水现象，也是引起湖泊、水库水位变化的一个因素。所谓增减水现象，是在风力的作用下，迎风岸增水与背风岸减水使水面发生局部倾斜的现象。在浅水湖（库）中，补偿流势弱，增水与减水现象更为显著，增减水的大小取决于风速、湖泊形态、水深等因素。

在水质方面，由于湖泊、水库的补水主要来自河水、地下水及降雨，其水质与补水的水质直接相关，因而各个湖泊、水库的水质，其化学成分是各不相同。即使是同一湖泊（水库），不同的位置，其化学成分也不完全一样。同时，各主要离子间不保持一定的比例关系，这一点是与海水水质的区别之处。湖（库）水水质化学变化常常具有生物作用，这又是与河水、地下水的不同之处。湖泊、水库中的浮游生物较多，多

分布于水体上层10m深度以内的水域中，如蓝藻分布于水的最上层，硅藻多分布于较深处。浮游生物的种类和数量，近岸处比湖心多，浅水处比深水处多，无水草处比有水草处多。

2. 湖泊、水库取水构筑物位置的选择

从湖泊、水库取水的构筑物与江河取水构筑物基本类似，取水构筑物应设置在基础稳定、水质良好的地方，同样要求取水安全可靠、水质良好。水库取水构筑物的防洪标准与水库大坝等主要构筑物的防洪标准相同，并采用设计和校核两级标准。

湖泊、水库取水构筑物一般可采用隧洞式取水、引水明渠取水、分层取水、自流管式取水及移动式（浮船、缆车等）取水等方式。隧洞式取水构筑物是在选定的取水隧洞的下游一端先行挖掘修建引水隧洞，在接近湖底或库底的地方预留一定厚度的岩石，即岩塞，最后采用水下爆破的办法，一次炸掉预留岩塞，从而形成取水口。隧洞式取水一般适用于取水量大且水深10m以上的大型水库和湖泊取水，水深较浅时，一般会采用引水明渠取水。当湖泊和水库水深较大时，应采取分层取水的取水构筑物。因暴雨过后大量泥沙进入湖泊和水库，越接近湖底泥沙含量越大，而到了夏季，生长的藻类的数量近岸常比湖心多，浅水区比深水区多，因此需在取水深度范围内设置几层进水孔，这样可根据季节不同、水质不同，取得不同深度处较好水质的水。在浅水湖泊和水库取水时，一般采用自流管或虹吸管吧水引入岸边深挖的吸水井内，然后水泵的吸水管直接从吸水井内抽水。泵房与吸水井既可以合建，也可以分建。水位变幅在10～35m范围内，涨落速度小于2m/h，风浪较小、水流平稳。要求施工周期短、建造固定式取水构筑物有困难时，也可以考虑采用浮船、缆车等移动式取水方式。

湖泊、水库中取水时，除满足地表水取水构筑物选址一般要求外，取水口位置的选择还应关注如下几个方面：

（1）湖泊取水口的位置应设置在湖泊流出口附近，远离支流汇入口处，并且不影响航运，尽量不设在渔业区附近。

（2）湖泊取水口应避免设在湖岸芦苇丛生附近，以免影响水质，或因水中动植物的吸入堵塞取水口。因此在湖泊中取水时，在吸水管中应定期加氯，以消除水中生物的危害。

（3）湖泊取水口不要设置在夏季主风向的向风面的凹岸处，因为较浅湖泊的这些位置有大量的浮游生物聚集并死亡，沉至湖底后腐烂，从而致使水质恶化，水的色度增加，且产生臭味。

（4）为了防止泥沙淤积，取水口应靠近大坝。取水口处应有2.5～3.0m以上的水深，深度不足时，可采用人工开挖。当湖岸为浅滩且湖底平缓时，可将取水头部伸入到湖中远离岸边，以取得较好的水质。

（5）取水构筑物应建在稳定的湖岸或库岸处，因在波浪冲击和水流冲刷下，湖岸、库岸会遭到破坏而变形，甚至发生崩塌和滑坡。一般情况下，岸坡坡度较小、岸高不大的基岩或植被完整的湖岸和库岸是较稳定的地方。

（6）北方寒冷地区，湖泊、水库在冬季结冰期和春季解冻期会产生冰凌，堵塞取水口，因此需采取防冰冻措施。

四、海水水源及取水地点的选择

（一）海岸分类及分布

滨海火电厂厂址选择及取水地点选择的关键问题之一是海岸泥沙问题。海岸是陆地与海洋的交界，海岸的自然形态主要受制于海岸泥沙运动，而海上的动力因素（如风浪、潮流等）和入海河流给海岸泥沙运动提供了基本动力来源和重要物质来源。

海岸有多种分类方法，现以组成海岸的泥沙粒径大小为标准，划分成如下四类：

（1）淤泥质海岸。泥沙粒径$D<0.05$mm，具有黏性；海滩坡度平缓，多为1:500～1:2000；泥沙以悬移质为主；一般分布在挟带细颗粒泥沙入海的大河河口附近，如黄河、长江、海河等三角洲海岸。

（2）沙质海岸。泥沙粒径介于0.05～2.0mm之间，海滩坡度较陡（1:5～1:500）。泥沙有推移质和悬移质之分。在通常的海岸动力条件下，颗粒较粗时，以推移质（或跃移质）为主；颗粒较细时，以悬移质为主。一般分布在没有河流入海的海岸，或者仅挟带粗沙入海的中、小河口附近。淤泥质海岸和沙质海岸又统称为平原海岸。这种海岸比较平直、单调，有些地方多沙洲浅滩，湾小水浅，潮间带宽阔，缺乏选择天然良港、良好的取水地点及经济的取水方式的满意条件。我国平原海岸主要分布在杭州湾以北的辽河平原、华北大平原以及江淮平原的前缘；此外，东南沿海和华南沿海也有局部分布。具体来讲，从辽东湾东岸的盖州市经营口至葫芦岛以北、渤海湾沿岸、莱州湾沿岸、长江口、杭州湾、闽江口、韩江口、台湾西岸等，均为平原海岸。

（3）砾卵石海岸。这种海岸泥沙粒径$D\geqslant 2.0$mm，在一般海岸动力条件下，泥沙运动轻微，只有在大风浪情况下才有以推移质形态出现的泥沙运动。其泥沙来源多为当地山岩风化破碎的结果。

（4）基岩海岸。基岩海岸又称港湾海岸，它由海水淹没以前的基岩山地形成。其大部分系受东北—西南向构造线控制而形成的相应走向的华夏式山脉，同时它又受X形断裂以及沿断裂活动的块断运动的影响，从而造成基岩海岸的基本轮廓。这种海岸的基本特点是：地势险峻，岸线岬湾曲折，坡陡水深，岛屿众多，多天然良港，较易选择到良好的取水地点。

我国基岩海岸大多分布在杭州湾以南的南方各省——福建、浙江、台湾、广东、广西沿岸，尤以福建、浙江两省最多。杭州湾以北的山东半岛、辽东半岛以及秦皇岛至葫芦岛一带也是基岩海岸。具体而言，就是从辽宁省的大东沟向西，经大连、老铁山至盖州市一带，再从小凌河口起往南至河北秦皇岛一段；自山东省北部莱州市虎头崖起，向东环绕山东半岛至江苏连云港附近；浙江省的镇南角以南，经福建、广东直至广西的中越边境以及海南岛的四周，除大的河口及局部地区外，大都属于基岩海岸。台湾岛的东岸，山脉走向与海岸平行，那里陡崖逼临深海，是举世闻名的断层海岸；台湾岛的南、北两端也断续出现基岩海岸。

（二）海岸泥沙运动

海岸泥沙输送可按横向输沙和纵向输沙划分。横向输沙又称向岸-离岸输沙，其输沙的平均指向为垂直于海岸线。纵向输沙又称沿岸输沙，其平均指向则为平行于海岸线。在突堤、航道和电厂取排水口工程设计中，要了解现场纵向输沙的情况和海岸线在短期和长期的演变趋势，要了解向海方向泥沙活动范围以及横向、纵向的输沙率等。

海岸泥沙运动也可分为悬移质和推移质两种基本运动形态。通常，砂质泥沙多呈推移质形态，淤泥质或粉砂淤泥质泥沙多呈悬移质形态。这两种运动状态均与波浪作用强度有关，强浪时呈悬移质运动状态的泥沙，在弱浪时可能呈推移质运动状态。

海岸泥沙运动与近岸水流系统密切相关。由于近岸水流复杂，从而导致海岸泥沙运动更为复杂。解决工程实际问题的方法，则多属经验性或半经验方法。

1. *沙质海岸的泥沙运动*

沙质海岸在天然情况下分布较广，海滩坡度较陡，海滩的泥沙运动可分为破波带（surf zone）和近岸带（offshore zone）两区。破波带泥沙运动复杂，兼有推移质与悬移质，与破波形态有关。近岸带波浪不破碎，属有限水深情况下的波浪泥沙运动，也有悬移质泥沙，但主要是推移质泥沙运动。

（1）非破波区的泥沙运动。非破波区（或称近岸带）一般离岸较远，直观上由于水体清澈，人们往往不易觉察该区的泥沙运动，因而往往不被重视。但实际上，非破波区不仅存在泥沙运动，而且输沙率不容忽视。非破波区的泥沙运动需考虑波浪作用下的泥沙起动和波浪输沙问题。现举例说明波浪输沙在工程上的意义。设海滩滩面水深 3m，波高 1.5m，周期 4s，滩面泥沙粒径 0.2mm，可计算出单宽输沙率 q=0.48t/(m·d)。如果在海滩上有一垂直于波向的人工引水渠道，底宽 80m，则每天平均淤积厚度就达 5mm，100 天就会淤积 0.5m，这种淤积是不容忽视的。

（2）破波带的沿岸输沙率问题。破波带的沿岸输沙在沙质海岸占有重要地位，也是工程中经常碰到的问题。沿岸输沙率即单位时间内的沿岸输沙量，沿岸输沙量是沿海岸线通过破碎线以内海岸断面的泥沙数量。沿岸输沙方向为波浪破碎时的波向在海岸线上的投影方向。由于波向的变化，某一海岸断面沿岸输沙方向有时为正向，有时为逆向。在一定时间内，正向与逆向输沙量之和为总输沙量，两者之差为净输沙量。由于季节性的变化，一般要求估算年输沙量。

2. *淤泥质海岸的泥沙运动*

淤泥质海岸在我国分布比较普遍。其特点是海滩坡度平缓，一般为 1:500～1:2000；泥沙颗粒极细且具有黏性；在海水中，被掀起的泥沙聚集成絮状物沉降，其沉降速度比单颗粒时为大；沉落海底的泥沙，由于黏性影响，短时间内不能固结密实而成为一种糊状体，当其密度在 1.05～1.20g/cm^3 时，具有流动性，称为浮泥，多在浅滩开挖的深槽中发现，但它很容易被水流带走。糊状体的密度大于 1.2g/cm^3 后，流动的可能性不大，称为淤泥。浮泥与淤泥在波浪和水流的作用下，存在一系列独特的运动特性。在波浪作用下，浮泥层亦产生相应的波动，但其波陡随浮泥密度而异。在波浪作用下，淤泥被掀扬发展成浮泥。根据现场观测，海水中垂线平均含沙量一般均在 1kg/m^3 以下，最大风速及潮流时可达 2kg/m^3。

（三）海岸剖面特征

图 7-21 所示为典型的海岸剖面，以低潮位破波线为界，向岸区域称为滨岸带；向海至大陆架边缘称为近海，海岸带包括滨岸带直到近岸流能作用到的海底。滨岸带由后滩、前滩和近滩三部分组成。

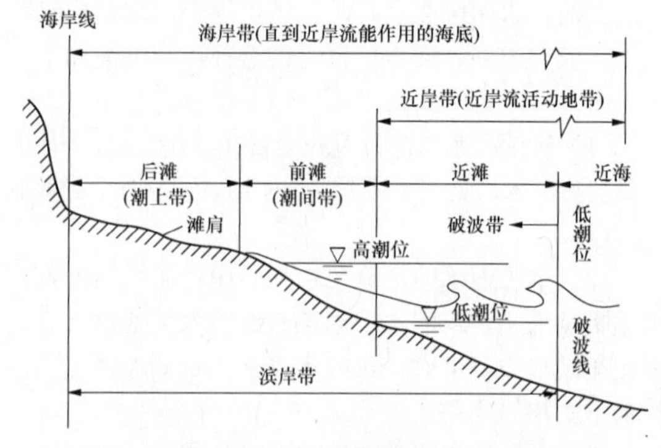

图 7-21　海岸剖面示意图

后滩（backshore）为高潮线以上的陆地，在巨浪暴潮时能被海水淹没。后滩也称潮上带。

前滩（foreshore）为高潮线和低潮之间的海滩，包括高潮线以上波浪上爬区域在内。前滩也称潮间带。

近滩（inshore）为低潮线以下破波作用地带，也称破波带。高潮时，潮间带也是破波带的一部分，这一地带泥沙运动最活跃。

近海为破波线以外至大陆架边缘的海域。

海岸带的泥沙组成不同，它们的剖面形态也不一样。

淤泥质泥沙的组成，主要是具有黏性的泥质泥沙，但往往也含有少量沙质泥沙。其剖面特征主要是坡度平缓（一般为1:500～1:2000），滩面水浅；前滩宽广，有达数公里者；在剖面上一般不存在明显的沙坝。在缺少泥沙来源的淤泥质海岸，整个剖面可能出现下蚀，在波浪作用强烈的岸边，泥沙会发生粗化，使这一段剖面变陡，但整个剖面仍属坡度平缓的淤泥质海岸或粉沙淤泥质海岸。

沙质海岸是由粒径为0.05～2mm的沙质泥沙组成的。岸滩平均坡度较陡（一般为1:5～1:500），其剖面形态世界上有不少学者进行过研究，大都是在探讨所谓的平衡剖面，即处于相对动力平衡中的剖面。

在暴风季节，由于增水和波浪都较大，这种大而陡的波浪打击在滩肩上，使大量泥沙处在滚翻悬浮之中，被回冲水流带向海方，并在破波线外堆积起来，形成所谓的沙坝。水边线向岸侵入。这种剖面称为沙坝型剖面或侵蚀型剖面［见图7-22（a）］。在暴风季节过后，海况多属涌浪性质。在这种平而缓的波浪作用下，沙坝上堆积的泥沙逐步被推向岸边，又形成滩肩。这种剖面称为滩肩型剖面或堆积型剖面，水边线向海方推进［见图7-22（c）］。介于侵蚀型和堆积型之间的剖面，称为中性型剖面［见图7-22（b）］。

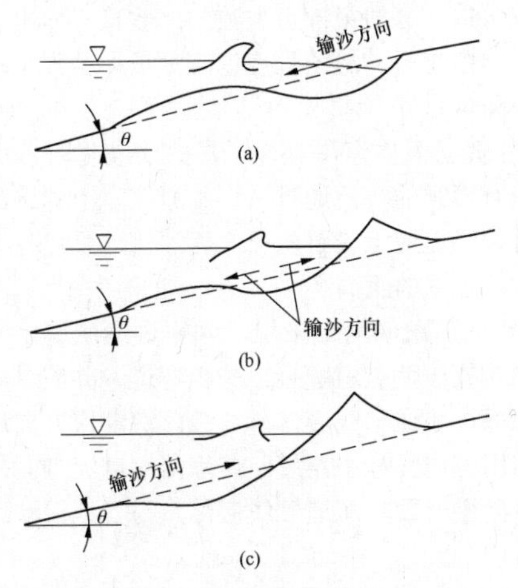

图7-22　沙质海岸剖面类型

不同的剖面类型与不同的岸滩泥沙粒径及波浪要素有关。美国海岸防护手册根据实验资料及现场资料，求得如下的临界值：

$$\frac{H_0}{T\omega}=1\sim2 \qquad (7\text{-}7)$$

式中　H_0——深水波高，m；

T——波浪周期，s；

ω——泥沙沉速，mm/s。

本书中还规定了$\frac{H_0}{T\omega}$的取值条件：细颗粒泥沙取较大的值，粗颗粒泥沙取较小的值，即$\frac{H_0}{T\omega}>1\sim2$为侵蚀型剖面，$\frac{H_0}{T\omega}<1\sim2$时为堆积型剖面，$\frac{H_0}{T\omega}=1\sim2$时为中性型剖面。

1980年服部等人提出了一个新的判别指标，他们根据泥沙被扰动而悬浮时向海输沙形成侵蚀型剖面，泥沙不产生悬浮而以推移方式运动时则向岸输沙形成堆积型剖面这一实际情况出发，用破波水流施于泥沙悬浮所做的功P_f大于、等于和小于悬浮泥沙所消耗的功P_s来判断海滩剖面类型，从而得到如下判别式：

$$\frac{(H_0/L_0)\tan\beta}{\omega/gT}=K \qquad (7\text{-}8)$$

式中　β——破波带内的海滩平均坡角；

L_0——深水波波长，m。

其他符号同式（7-7）。

根据实验室和现场资料的分析，发现K=0.5时，可以作为侵蚀型和堆积型剖面的分界，即$K>0.5$时为侵蚀型剖面，$K<0.5$时为堆积型剖面，K=0.5时为中性型剖面。

式（7-8）统一了实验室和现场资料，而且坡角β的随意性较小。从当前对海滩剖面类型的认识水平来看，可以采用式（7-7）作为判断剖面类型的标准。但需要指出的是，由于现场条件复杂，剖面形态的判断不能绝对化，只能是倾向性的。

（四）海岸取水地点及形式的选择

1. 海岸取水地点的确定原则

（1）直流供水系统循环水泵房宜靠近汽机房；

（2）取水建筑物宜避开有浮冰撞击的区段；

（3）对陆域和水域地形条件应考虑便于施工及运行维护；

（4）应考虑温排水对取水水温和海域环境的影响。

2. 取水与码头港池结合问题

沿海燃煤电厂一般建有专用的卸煤码头。卸煤港池有宽广的水域，一般设有防波堤，有的还开挖进港航道，这为电厂取水提供了有利条件。取水与码头港池结合是沿海电厂首先考虑的方案。

对于海岸港和潮汐作用明显的河口港，设计高水位应采用高潮（即潮峰）累积频率10%的潮位（简称高潮10%），设计低水位应采用低潮（即潮谷）累积频率90%的潮位（简称低潮90%），海港工程的校核高水位采用重现期为50年一遇的高潮位，校核低水位应采用重现期为50年一遇的低潮位。

码头前沿设计水深是指在设计低水位以下的深度，应能保证设计船型在满载情况下安全停靠。在可行性研究或方案阶段，当自然资料不足时，其水深可按下式估算：

$$D=KT \tag{7-9}$$

式中 D——码头前沿设计水深，m；

K——系数，有掩护的码头取1.10～1.15，开敞式码头取1.15～1.20；

T——设计船型满载吃水，m。

一般采用3.5万t级宽浅型运煤船，其吃水为9.5m，则码头前沿水深约为11m，在港池水深受限制时，可采用8000t散装货船，港池水深约6m。对于取水来说水深是足够的。这为取水与码头港池结合创造了基本条件。

建有单独取水口或取水设施时，其口门流速应低于船舶航运侧向流速要求，其口门处应设置拦船网，口门流速可取较小的海流流速；取水建（构）筑物与泊位结合时，进水口流速应满足船舶靠泊作业和系泊码头作业要求，必要时应进行物理模型试验或船舶仿真实验。

设计时需注意港口兼具运送危险品的功能，可能存在船舶泄漏的风险。如果取水建筑物与港池、码头联合修建，建设取水口有悖于防扩散要求，故此类港池不适宜与取水口合建。如合建，则应评估发生事故时对电厂安全取水是否构成影响，以及因电厂取水加重事故的危害程度。

3. 取水防淤问题

（1）取水口淤积原因：

1）波浪的作用。在沙质海岸，波浪是造成泥沙运动的主要动力，大部分泥沙运动发生在波浪破碎区以内。当波浪的传播方向与海岸线斜交时，波浪破碎后所产生的沿岸流将带动泥沙顺岸移动。沿岸泥沙流若遇到突堤等水工建筑物，则将从其根部开始淤积，逐渐改变该处海岸线的走向。如沿岸输沙量不大，新海岸线可不致延伸到堤头即达到新的动力平衡；如沿岸输沙量很大，则新海岸线不断向海方增长，终将达到堤头，在口门附近形成浅滩。对于岛式防波堤，因堤后波浪掩护区内沿岸输沙动力减弱，泥沙将在堤后港域内从岸边向海方淤积，严重时可形成连岛坝。

在淤泥质海岸，波浪掀起的泥沙除随潮进取水口而外，风后波浪削弱又常形成浮泥。此种浮泥除自身可能流动外，又易为潮流掀扬，转化为悬移质，增加了随潮进入取水口的泥沙数量。

2）海流的作用。在淤泥质海岸，潮流是输沙的主要动力。涨潮流强于落潮流的地区，涨潮流方向指向输沙方向。在波浪较弱的海岸区，潮流可能是掀沙的主要因素。潮流挟带泥沙入取水区后，由于动力因素减弱，降低了挟沙能力，导致落淤。

在沙质海岸的狭长海湾及海峡等特定地形条件下，海流流速较大，对泥沙运动起主导作用。这里的海流不仅起输沙作用，还起着掀沙作用。

（2）从防淤角度来说，海岸取水位置宜选择在海岸基本稳定、泥沙来源少、沿岸泥沙流弱和深水线靠近岸边的地段，不应选在两股泥沙流相汇的地段。

1）对于泥沙流较强的一般海湾，不宜选在湾顶，而宜选在靠近湾口岬角的地段。对于泥沙流较强的狭长海湾，宜选在海湾断面束窄段和靠近深泓的地段。

2）在有岛屿掩护的海岸地段，若岛屿与海岸之间有强海流通过，且泥沙颗粒细小，宜选为取水位置。

3）在多沙河流河口外的海岸地段，应选在泥沙下泄出河口后沿岸主要泥沙流的上游一侧。

（3）当取水与港池结合时，设防波堤的布置原则如下：

1）双突堤适用于淤泥质海岸和两个方向均有较强泥沙流的沙质海岸的取水口。对于沙质海岸的双突堤，宜布置成环抱形，堤轴线渐向内拐折，两堤的堤头段不宜在一条直线上，主要泥沙流来向一侧的堤头段宜稍向外挑。对于淤泥质海岸，当两道突堤圈围足够的水域以后，可缩窄两堤间的宽度，以大致平行的布置形式将堤延伸至较深水中，在淤泥质海岸或沙质海岸，堤的长度应尽量伸至常见较大波浪的破碎带以外。

2）单突堤适用于一个方向有较强泥沙流的沙质海岸取水口。堤的根部可大致与岸垂直，伸出一定距离后再向内拐折。堤的长度也应尽量伸至常见较大波浪的破碎带以外。

3）在淤泥质海岸上建造岛式防波堤时，堤与岸之间应有较强的海流通过。在沙质海岸上建造岛式防波堤时，当地应无较强的沿岸泥沙流，且堤与岸之间一般要有足够的距离。

4）从防淤的角度来说，利用进港航道作为取水流道的布置应使航道顺直，减少弯道，并应尽量利用天然深槽，航道轴线应尽量与涨落潮潮流方向和波浪主要作用方向呈最小角度。若涨落潮潮流方向与波浪主要方向不一致，航道轴线应尽量与当地泥沙运移的主要方向一致。

5）取水口与码头结合时，码头岸线应尽量利用自然水深，避免完全在浅滩上开挖港池。当防波堤口门外进潮含沙浓度较高时，在满足使用要求和考虑远景发展的前提下，港池内水域面积可适当缩小，以减少淤积量。对于突堤码头的布置，应尽量减少或减弱港池内的环流，以减轻港池的淤积。

6）取水与港池结合，将会给港池增加纳潮量，因而增加淤积量。设计中要结合当地条件对增加的淤积量进行估算，并对取水与港池结合的可行性进行研究。

7）在沙质海岸选择取水地点和形式时，应根据当地泥沙及波浪特性，判别海岸的类型。由于破波带泥沙运动剧烈，并在一定条件下形成水下沙坝，因此一般宜采用海床式取水，泵房建在岸边，以自流引水管跨越破波带，取水头部建在深水区。

8）在淤泥质海岸，海滩平缓，取水和供水系统设计都有一定难度。当电厂为海运输煤时，取水最好与输煤码头港池结合；当电厂为铁路输煤时，电厂的取水和冷却水系统应进行多方案研究，优化厂址。

9）对于重要工程建筑物布置和整治措施方案，应尽量结合具体条件进行模型试验验证。

4. 海生动物的保护及防止

取水位置的选择既要保护海生动物，又要防止海生动物对供水系统的危害。

（1）海湾的某些区域由于水文、地质等特点，成为某种鱼虾的集中产卵区或索饵区，而在邻近区域可能并非鱼虾密集的产卵区或索饵区。在进行厂址和取水地点的选择时，要进行海生动物的调查，选择合理的取水地点，使电厂取水的卷载效应尽可能地降低。

（2）海水中滋生的几种主要海生物，如海红（紫贻贝）、牡蛎、海蛭、海藻等常常大量繁殖，造成取水头、格网和管道堵塞，对运行维护及取水安全造成很大威胁。主要海生物的特性及危害见表 7-6。

表 7-6 主要海生物的特性及危害

名称	主要产地	生活特性	危害方式
海红（紫贻贝）	东海、黄海、渤海	沿海一带较多，喜欢泥质海岸	能随水泵进入管道，繁殖快，附着力极强，会堵塞管道及凝汽器
新港凿石蛤	北部沿海	生活在低潮线附近的石灰岩中	对海岸边与海水接触的岩石性建筑危害严重，进入吸水管的情况较少
白纹藤壶	沿海港湾极为普遍	可结成片、块，固着在其他构筑物、木板及取水设施上	大量生长，固着能力强，会对管道、格网等形成堵塞，需经常清理
僧帽牡蛎	沿海均产	形状变化很大，群聚固着在岩石或其他附着物上	对海水内的取水设施影响较大，一般不易抽入取水系统
蛤蜊	沿海均有	喜泥质海岸，退潮时钻入泥内	可被水泵吸入系统，但黏附力差，危害性比海红小
泥蚶	沿海均有	喜生活在浅海软泥滩中，退潮时潜入泥层	可被水泵吸入系统，但黏附力差，危害性比海红小
船蛆	沿海均有	喜木质设施，生活在木材中	对木质逆止闸板门危害甚大
石灰虫苔藓虫等	沿海均有	宜于阴暗中滋生，故对管道威胁较大	大量繁殖时会堵塞管道，减少过水断面

海生物中以海红危害最为严重，其繁殖快。如青岛某电厂，1200mm 的管道内，两年后管壁的海红层厚度达 15cm 左右；龙口电厂一级升压泵房后的钢筋混凝土输水沟渠壁上结满了海红层，只能停水清理，用卡车装运。

（3）防治措施：

1）流速及温度控制法。海生物在 1.5～2.0m/s 的流速下最适宜生长，流速大于 3.0m/s 则不适宜生长，而流速太小又会因缺氧而死亡。在海生物产卵期内，可利用循环水排水温度杀死幼卵。

2）化学杀灭法。常用的药剂有液氯、漂白粉等。液氯的投加量控制在余氯 0.5～1.0mg/L 可杀死海红卵及海藻，大于 5mg/L 可杀死大海红，但对设备有腐蚀，所以宜在产卵期加以消灭。

3）人工、机械清理法。对格栅、滤网等设备定期进行清理，大口径管道可采用刮管机刮除。

5. 取水防波设计

（1）取水口应朝向波浪较小的一侧，必要时可设置防浪及防底砂进入取水口的措施。为保证循环水泵平稳地运动，在 100 年一遇高潮位、50 年一遇的波浪作用下，泵房吸水池的有效波高 $H_{13\%}$ 不宜超过 0.3m。

（2）与港池结合的取水建筑物的防波设计可与港池一并考虑，但取水建筑物的水面稳定性要求比船舶高，常要增加附加防波措施。

（3）取水建筑物的主要防波措施是通过长度足够的自流引水管、涵管和底孔等引水，可有效使海域波浪衰减。另外，可在水泵进水前池中设防波措施。

某电厂利用地形在实体码头下埋设涵管，将水引到码头后的水泵房前池，涵管虽不长，但前池面积较大，同样能起到防波的作用。

某电厂通过建造八孔淹没式进水深孔将水引入泵房前池，起到了衰减波浪的作用。

第三节　取水形式及布置

一、取水基本形式及分类

1. 基本形式

取水工程是一门应用科学，不同的目的及特点可以有不同的分类。电厂取水一般是按构造形式分类，即固定式和移动式取水建（构）筑物。

（1）固定式取水建（构）筑物的形式可分为：

1）按有无壅水建（构）筑物分：无坝取水和有坝取水；

2）按位置分：开敞式（包括岸边式和斗槽式）、河（海）床式；

3）按结构类型分：合建式、分建式和直接吸水式；

4）按水位分：淹没式和非淹没式；

5）按采用的泵型分：干式泵房和湿式泵房；

6）按结构外形分：圆形、矩形、椭圆形、瓶形和连拱形泵房等。

（2）移动式取水建（构）筑物可分为：

1）浮船式：按水泵安装位置分为上承式和下承式；按接头形式分阶梯式连接、摇臂式连接、带钢引桥的摇臂式连接及综合式。

2）缆车式：按坡道形式分为斜坡式和斜桥式。

对于电厂直流冷却系统，由于取水量大，基本采用固定式；对于二次循环冷却或空冷的电厂，可根据水源条件采用固定式或移动式取水方式。

2. 固定式取水方式

（1）有坝和无坝取水。火力发电厂直流供水水源水量一般比较充沛，河流上在取水口下游同时还布置有排水口，其排水对取水口水流具有顶托作用，因而一般可用岸边无坝取水。在中、小河流上，当取水量与河流来水量接近且不通航时，可采用有坝取水。有固定坝和活动坝两种，电厂一般采用固定坝。尤其对山区河流，因底沙运动较剧烈，一般采用取水防沙枢纽的形式。

（2）河床式和开敞式取水。平原河流、河口及海岸取水构筑物通过引水管道自水源引水的称河床式取水构筑物，无引水管道的称开敞式取水构筑物。

采用河床式还是开敞式取水构筑物，主要根据取水地点地形、泵房位置、地质条件、水温成层作用、施工条件及运行安全性等条件确定，必要时通过技术经济比较确定。

3. 移动式取水方式

移动式取水方式包括缆车式取水和浮船式取水。

我国西南地区的河流属于流域的上游，河流水位涨幅很大，岸形条件的差异性很大，且上游梯级开发水电工程多，库区内取水的项目也多，现已有较多的工程采用移动式泵船取水形式。

浮船按船舶动力分为自航式和非自航式（即停泊式）两种，目前广泛使用的是后者，即不航行作业，用锚及缆索系固于岸边或特定水域的船舶。在内河船舶建造规范中，这种船舶称为趸船。在火力发电厂中，为与固定式取水建构筑物取水泵房相对应，习惯上将浮船式泵站取名为取水泵船。

二、岸边取水构筑物的布置

1. 取水构筑物的组成

岸边取水构筑物主要由进水间与水泵间组成，进水间中包括进水井、滤网井及吸水井。平原河流、河口及海岸取水构筑物的进水间直接从水源进水的称开敞式取水构筑物。如通过取水头部及引水管道再将水引入进水间，则称河床式取水构筑物。

不论采取何种取水方式，水泵间和进水间都可以是合建布置或分建布置。电厂已建的取水构筑物大多是合建的，少数采用分建布置。合建的水泵间和进水间均称岸边水泵房。

2. 合建式取水构筑物

（1）大型湿井立式水泵要求水泵叶轮在水面下有一定的淹没深度，因此水泵间的底部标高就无法提高，而进水间的吸水井和水泵间在布置上已混为一体，所以湿井立式水泵都采用合建式。

（2）大型卧式水泵常由于吸水头较低，考虑水泵的水温与气压修正及应有的富裕水头后，水泵间底板标高也就很低，因而往往采用合建式。由于采用了有压进水，水泵可保证在备用状态下随时启动，运行安全可靠，管理维护方便。

（3）当地质条件较好时，可把进水间和水泵同底板布置在不同的标高上，使合建式取水建筑物更加经济合理。

3. 分建式取水构筑物

（1）当采用圆形水泵间时，由于进水间布置占有较大的面积，并且在结构计算方法上不易明确，有时把进水间和水泵间分开布置。

（2）由于岸边式一般需围堰施工，有时由于地形条件，如合建式围堰工程量太大或由于对过水断面影响太大而不宜于建合建式时，可采用分建式。水泵间可采用明挖施工，而进水间可采用筑岛沉箱法施工。

（3）当地质条件较差时，采用分建式更为合理，因为分建式水泵间离岸较远些，标高可抬高。当地下水位较高时，采用分建式可减少地下水对水泵间的影响，从而便于施工和减少工程量。

三、开敞式取水构筑物

1. 一般选用条件

（1）对于河流主流或稳定的主流深槽靠近取水岸的取水地点，以及海岸较陡，深水近岸，潮差、波浪较小，海岸稳定的地点，宜采用岸边式取水。

（2）河岸基岩出露、岸坡较陡时，适宜于开挖纵向底流槽取水的取水地点。

（3）当深水区离岸有一定距离，海水中泥沙含量低时，可在岸边及岸内开挖引水明渠，将水引到主厂房附近的引水明渠。

（4）多泥沙河流上采用河床式取水，在取水量小时，引水管易被泥沙堵塞，故宜采用开敞式取水。必要时可采用长引桥河心取水泵房的方案。

（5）河口或沿海电厂厂址附近有港池时，宜与港池结合设置引水明渠或敞开式取水口；条件合适时，宜与港池、码头联合修建。

（6）海床水较浅而地势较平缓时，如风浪及沿岸泥沙补给均较小，可在开敞式取水构筑物前开挖水下引水明渠，渠道两侧建挡泥沙堤。

（7）取水量较大，且河流冰情严重时，含沙量大的河流取水可采取斗槽式取水方式，由进水斗槽及岸边式取水构筑物组成。

2. 开敞式取水构筑物的形式、特点和适用条件（见表 7-7）

表 7-7　开敞式取水构筑物的形式、特点和适用条件

分类	形　式	特　点	适用条件
合建式	底板呈阶梯布置	（1）集水井与泵房合建，设备布置紧凑，总建筑面积较小。 （2）吸水管路短，运行安全，维护方便	（1）河岸坡度较陡，岸边水流较深，且地质条件较好以及水位变幅和流速较大的河流。 （2）取水量大和安全性要求较高的取水构筑物
		（1）集水井与泵房底板呈阶梯布置。 （2）可减小泵房深度，减少投资。 （3）水泵启动需采用抽真空方式，启动时间较长	具有岩石基础或其他较好的地质，可采用开挖施工
	底板水平布置（采用卧式泵）	（1）集水井与泵房布置在同一高程上。 （2）水泵可设于低水位下，启动方便。 （3）泵房较深，巡视检查不便，通风条件差	地基条件较差，不宜作阶梯布置以及安全性要求较高、取水量较大的情况下，可采用开挖或沉井法施工
	底板呈水平布置（采用立式泵）	（1）集水井与泵房布置在同一高程上。 （2）电气设备可置于最高水位以上，操作管理方便，通风条件好。 （3）建筑面积小。 （4）检修条件差	地基条件较差，不宜作阶梯布置以及河道水位较低的情况下
分建式		（1）泵房可离开岸边，设于较好的地质条件下。 （2）维护管理及运行安全性较差，一般吸水管布置不宜过长	（1）河岸处地质条件较差，不宜合建时。 （2）建造合建式对河道断面及航道影响较大时。 （3）水下施工有困难，施工装备力量较差时
顺流式斗槽	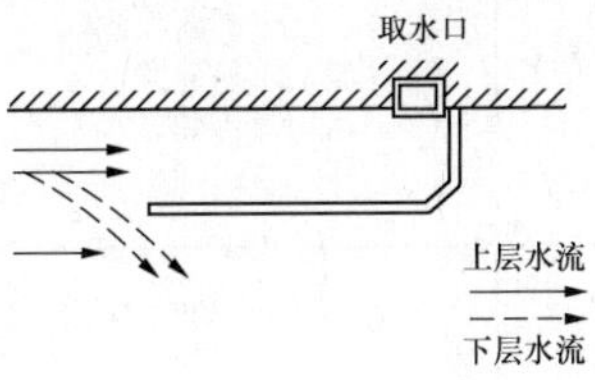 取水口 上层水流 下层水流	（1）斗槽中水流方向与河流流向相反。 （2）水流顺着堤坝流过时，由于水流的惯性，在斗槽进口处产生抽吸作用，使斗槽进口处水位低于河流水位。 （3）由于大量的底层水流进斗槽，故能防止漂浮物及冰凌进入槽内，并能使进入斗槽中的泥沙下沉、潜冰上浮，故泥沙较多、潜冰较少	冰凌情况不严重、含沙量较高的河流

续表

分类	类型	特点	适用条件
逆流式斗槽	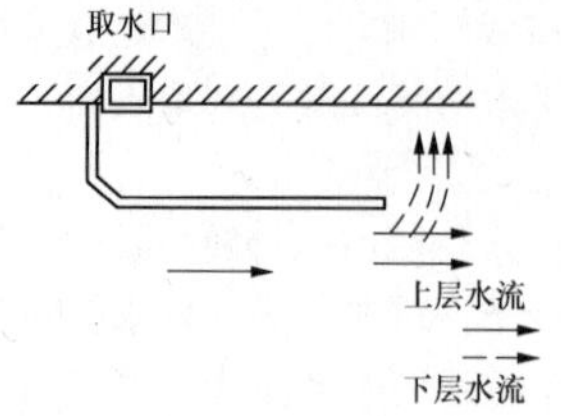	（1）斗槽中水流方向与河流流向相反。 （2）水流顺着堤坝流过时，由于水流的惯性，在斗槽进口处产生抽吸作用，使斗槽进口处水位低于河流水位。 （3）由于大量的底层水流进斗槽，故能防止漂浮物及冰凌进入槽内，并能使进入斗槽中的泥沙下沉、潜冰上浮，故泥沙较多、潜冰较少	冰凌情况严重、含沙量较少的河流
侧坝进水逆流式斗槽	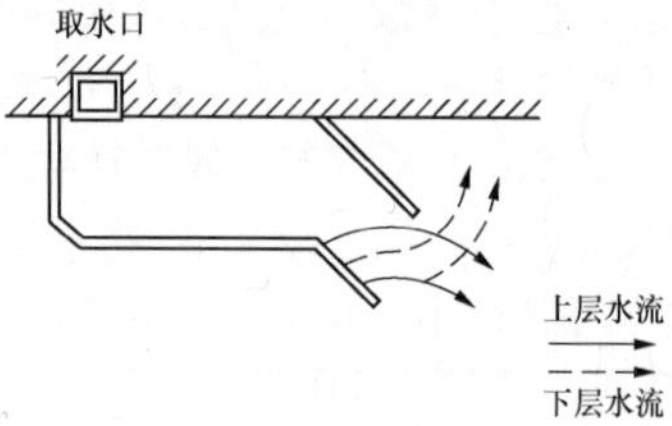	（1）在斗槽渠道的进口端建两个斜向的堤坝，伸向河心。 （2）斜向外侧堤坝能被洪水淹没，斜向内侧堤坝不能被洪水淹没。 （3）发生洪水时，洪水流过外侧堤坝，在斗槽内产生顺时针方向旋转的环流，将淤积于斗槽内的泥沙带出槽外，另一部分河水顺着斗槽流向取水构筑物	含沙量较高的河流
双向进水斗槽	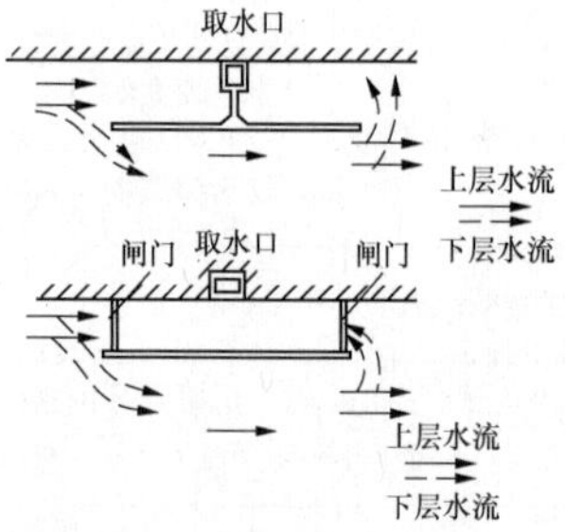	（1）具有顺流式和逆流式斗槽的特点； （2）当夏秋汛期河水含沙量大时，可利用顺流式斗槽进水，当冬春冰凌严重时，可利用逆流式斗槽进水	冰凌情况严重，同时泥沙量也较高的河流

四、河床式取水构筑物

河床式取水建筑物由取水头、自流管（或虹吸管）、进水间及水泵房组成。

1. 一般选用条件

（1）河岸水较浅且河床较平缓，取水点离河岸较远。

（2）在防洪堤外，修建开敞式取水构筑物不经济或施工难度较大时，宜在防洪堤内侧建取水构筑物，而用引水管道穿越防洪堤。

（3）进水间和水泵间在岸边深基开挖可不建或少建施工围堰时，可采用虹吸引水管。

（4）当海岸坡度较为平坦，深水区较远，海生物生长较少时，宜采用海床式取水。

2. 河床式取水构筑物的形式、特点和适用条件（见表 7-8）

表 7-8　河床式取水构筑物的形式、特点和适用条件

分类	形式	特点	适用条件
自流管取水	合建式、分建式	（1）集水井设于河岸上，可不受水流冲刷和冰凌碰击，也不影响河床水流。 （2）进水头部伸入河床，检修和清洗不方便。 （3）在洪水期，河流底部泥沙较多，水质较差，建于高浊度水河流的集水井，常沉积大量泥沙不易清除。 （4）冬季保温、防冻条件比岸边式好	（1）河床较稳定，河岸平坦，主流距河岸较远，河岸水深较浅。 （2）岸边水质较差。 （3）水中悬浮物较少
自流管及设进水孔集水井取水	岸边集水井开设进水孔取水	（1）在非洪水期，利用自流管取得河心较好的水；而在洪水期，利用集水井上进水口取得上层水质较好的水。 （2）比单用自流管进水安全可靠	（1）河岸较平坦，枯水期主流离岸边且较远。 （2）洪水期含砂量较大

续表

分类	形 式	特 点	适用条件
虹吸管取水		（1）减少水下施工工作量和自流管的大量挖方。 （2）虹吸管的施工质量要求较高，在运行管理上也要求保持管内严密不漏气。 （3）需装设一套真空管路系统，当虹吸管径较大时，启动时间长，运行不便	（1）河流水位变幅较大，河滩宽阔，河岸又高，自流管埋设很深时。 （2）枯水期时，主流离岸较远而水位较低。 （3）受岸边地质条件限制，自流管需埋设在岩层时。 （4）在防洪堤内建泵房又不可破坏防洪堤时
桥墩式取水		（1）取水构筑物建在河心，需较长引桥。由于减少了水流断面，使构筑物附近造成冲刷，故基础埋置较深。 （2）施工复杂，造价较高，维护管理不便。 （3）影响航运	（1）取水量较大，岸坡较缓，不宜建岸边取水时。 （2）河道内含沙量高、水位变幅较大时。 （3）河床地质条件较好时

五、低坝式取水构筑物

1. 一般选用条件

低坝式取水建构筑物是为抬高枯水期水位、改善取水条件、提高取水率而修筑的，适用于枯水期流量特别小、水浅、不通航，且河水中推移质不多的小型河流。有固定坝和活动坝两种，电厂一般采用固定坝。固定坝由溢流坝（低坝）、冲沙闸、进水闸或岸边式取水泵房等组成。

低坝取水应保证下游生态流量要求，在抬高水位后，不得对两岸农田生产产生影响。

2. 低坝式取水构筑物的形式、特点和适用条件（见表 7-9）

表 7-9　　低坝式取水构筑物的形式、特点和适用条件

分类	形式	特 点	适用条件
固定坝		（1）在河水中筑垂直于河床的固定式低坝，以提高水位，在坝上游岸边设置进水闸或取水泵房。 （2）常发生坝前泥沙淤积	适用于枯水期流量特别小、水浅、不通航、不放筏，且推移质不多的小型山溪河流
活动坝	水力自动翻板闸低坝式取水	（1）利用水力自动启闭的活动闸门，洪水时能自动而迅速地开启，泄洪排沙；水退时能迅速自动关闭，抬高水位满足取水需要。 （2）大大减少了坝前泥沙淤积，取水安全可靠	适用于枯水期流量特别小、水浅、不通航、不放筏的小型山溪河流
	橡胶低坝	（1）利用柔性薄壁材料做成的橡胶坝改变挡水高度，冲水（气）可挡水，以提高水位，满足取水要求，排水（气）可泄洪。 （2）坝体可预先加工，质量轻，施工安装简便，可大大缩短工期，节省劳动力。 （3）可节省大量建筑材料及投资。 （4）止水效果好、抗震性能好。 （5）坚固性及耐久性差，且易受机械损伤。破裂后水下粘补技术尚未解决，检修困难	适用于枯水期流量特别小、水浅、不通航、不放筏，且推移质较少的小型山溪河流

六、移动式取水设施

1. 一般选用条件

（1）取水点水位涨落幅度很大，一般都在 10m 以上，若建造固定式取水构筑物，由于取水泵房筒体高大而将使工程量及投资都较多。

（2）取水点附近的河岸及河床均由岩石组成，如果建造固定式取水构筑物，需开挖大量土石方，而且施工困难，基建投资也会大大增加。但采用移动式取水构筑物，则水下工程量较少，施工简便。

（3）在河流水文资料不全或者河槽不稳定地段，采用移动式取水构筑物可规避泥沙淤堵取水口的风险。

2. 移动式的取水构筑物的形式、特点和适用条件（见表 7-10）

表 7-10 移动式取水构筑物的形式、特点和适用条件

形式	特　　点	适用条件
缆车式取水	（1）施工较固定式简单，水下工程量小，施工期短。 （2）投资小于固定式，但大于浮船式。 （3）比浮船式稳定，能适应较大风浪。 （4）生产管理人员较固定式多，移车困难，安全性差。 （5）只能取岸边表层水，水质较差。 （6）泵车内面积和空间较小，工作条件差	（1）河水水位涨落幅度较大（10～35m），涨落速度不大于 2m/h。 （2）河床比较稳定，河岸工程地质条件较好，且岸坡有适宜的倾角（一般为 10°～28°）。 （3）河流漂浮物少，无冰凌，不易受漂木、浮筏、船只撞击。 （4）河段顺直、主流靠岸。 （5）由于牵引设备的限制，泵车不宜过大，故取水量较小
浮船式取水	（1）工程用材少、投资小、无复杂水下工程、施工简便、施工期短。 （2）船体构造简单。 （3）在河流水文和河床易变的情况下，有较强的适应性。 （4）水位涨落变化较大时，除摇臂接头形式外，需要更换接头，移动船位，管理比较复杂，有短时停水的缺点。 （5）船体维修养护频繁，怕冲撞，对风浪的适应性较差，供水安全性比固定式低	（1）河水水位涨落幅度较大（10～35m），涨落速度不大于 2m/h。 （2）枯水期水深大于 1m，且流水平稳、风浪较小、停泊条件良好的河段。 （3）河床较稳定，岸边有较适宜的倾角，当联络管采用阶梯式接头时，岸坡角度以 20°～30°为宜；当联络管采用摇臂式接头时，岸坡角度可达 60°或更陡些。 （4）河流漂浮物少，无冰凌，不易受漂木、浮筏、船只撞击

第四节　取水构筑物的设计

一、开敞式取水构筑物

（一）一般设计要求

（1）地表水取水构筑物：对于单机容量在 125MW 及以上的火力发电厂，应按保证率为 97%的低水位设计，并以保证率 99%的低水位校核；对于单台机组容量在 125MW 以下的火力发电厂，应按保证率为 95%的低水位设计，并以保证率 97%的低水位校核。直流供水系统的取水建筑物和水泵房在设计低水位条件下的取水量及当时的水温条件下，能保证汽轮机在设计功率工况下安全连续运行，且运行背压不超过汽轮机的允许最高背压。

（2）岸边水泵房的入口地坪标高（±0.00 层标高）：对于单机容量在 125MW 及以上的火力发电厂，应为频率 1%洪水位（或潮位）+频率 2%浪高+超高 0.5m；对于单机容量在 125MW 以下的火力发电厂，岸边水泵房±0.00m 层标高（入口地面设计标高）应为频率 2%洪水位（或潮位）+频率 2%浪高+超高 0.5m。

1）受风浪潮影响较大的江、河、湖旁发电厂，由于没有如海边区域那样的波浪样本，常用风推算浪，此时浪高采用重现期 50 年的浪爬高。

2）对风浪较大的海域岸边水泵房，在采取防浪措施后，可适当降低泵房的±0.00m 层标高，必要时可通过物理模型试验确定。

3）在河道、湖泊、海域中取水时，对于单机容量在 125MW 及以上的火力发电厂，按上述确定的±0.00m 层标高不应低于频率 0.1%洪水位；对于单机容量在 125MW 以下的火力发电厂，按上述确定的±0.00m 层标高不应低于频率 1%洪水位，否则水泵房应有防洪措施。

4）当设计洪水位与校核洪水位相差很大时，水泵房±0.00m 层标高可经分析论证后合理确定。

（3）取水建筑物±0.00m 层标高应根据水位历时过程、取水建筑物形式、设备布置和运行操作条件等因素确定。非淹没式取水建筑物±0.00m 层标高，对于单机容量在 125MW 及以上的火力发电厂，宜按频率 1%洪水位或高潮位设计；对于单机容量在 125MW 以下的火力发电厂，按 2%洪水位或高水位设计。考虑到有些取水区段河床变化较大，流态复杂，或者泥沙、漂浮物含量大，水质差，或者河道整治措施比较复杂，确定取水建筑物的位置和形式有困难时，应通过物理模型试验确定，以保证安全运行。

（4）开敞式取水构筑物应有与循环水泵台数相等的单独进水流道，流道水流要顺畅、水阻低。各流道进口设置检修闸板。

（5）进水前池前缘与天然水体相接处的设计横向流速不应大于 0.3m/s。

（6）进水孔口设计一般在最低水位下设一层。在水位变幅较大的河流上，为使在历时较多的中水位取到含沙量较少的河水，亦可考虑设两层取水孔口，这时要求平时应关闭低位进水孔口。运行较复杂。

在二级升压的供水系统中的一级水泵房，除设低位进水孔口外，在条件合适时，可设中水位自流到二级水泵房的中水位进水孔口。

在水库中设取水泵房时，在详细分析泥沙淤积和水位变化特征基础上，可考虑设置双层或多层取水孔口。

（7）取水构筑物最低层进水孔口底槛高于河床的

高度，槛高应根据河流水文和泥沙特性及河床稳定等因素确定。

1）一般情况下，进水孔口底槛设计标高应等于或略高于《河（海）床稳定性分析报告》提出的数据。或者根据多年实测的取水河（海）段处的河（海）床剖面图，绘制取水河（海）段的断面淤积高度外包线，再预留 1～2m 的淤积高度后，作为进水孔口底槛设计标高。

2）当取水水域处的河（海）床稳定，冲淤变化不大或含沙量较少时，进水孔口底槛高出设计河床的高度不应小于 0.5m。当水深较浅、河床稳定、取水量不大且水质较清时，可采用 0.3m。

（8）在双向流河道上或排水口位于取水口上游的单向流河道上，温排水掺混后的上层热水层有可能随流迁移到取水位置时，取水孔口的上部边缘宜在热季最低水位时稳定热水层的下面 0.5～1.0m。热水层的厚度根据观测资料或模型试验确定。在规划设计时，热水层厚度可按 3.0～3.5m 考虑。

在上述条件下，进水孔口的流速应按挡热墙或矩形孔沟进行计算。进水孔口的流速一般为 0.2～0.3m/s。

（9）开敞式取水构筑物进水间的水位基本上随进水间外的波浪上下波动。过大的波动会对循环水泵性能和振动产生影响。一般控制进水间水位波幅在 0.3m 以下。在达不到这一要求时，可采取如下消浪措施：

1）输煤码头港池的限制波高为 0.5m，故一般建有防波堤或突堤。与港池结合的取水构筑物，在这一基础上，取水构筑物前可建引水弯道，以便进一步削减波高。

2）取水构筑物前修建一定面积的取水前池，用短涵管或连续沉井间间隙与外部水域连接，可减小外部波浪的影响。

3）取水建筑物前建潜水堤，以削减水域波高。

（10）在通航河、海中，取水口进口流速应满足航运的要求，且最低通航水位下的流速不应大于 0.3m/s。

（11）电厂取水经充分论证需要设置壅水建筑物时，应符合下列要求：

1）应利用原河道的水流特性和河床、河岸的地形特点；

2）宜采取使主流导向取水建筑物的措施；

3）宜利用水力条件减少泥沙进入取水建筑物，并应采取排沙、泄冰措施；

4）应考虑对防洪、淹没、航运的影响；

5）当情况复杂时，宜进行包括冲沙闸位置及形式的物理模型试验。

（二）引水明渠

1. 引水明渠设计时应考虑的因素

（1）在陆地开挖引水明渠可能会对原有的地面排水系统或建筑物产生影响，明渠布置时要考虑必要的措施。不论从陆地或水下明渠的施工和运行的条件考虑，一般均难以扩建，且明渠一次建成的经济性也较好，故引水明渠宜按规划容量一次建成。

（2）直接从河道或海湾自流引入的明渠，其输水能力应按水源保证率为 97%的低水位或低潮位设计，并以保证率 99%的低水位或低潮位校核。

（3）设计引水明渠时，应考虑原有地面排水系统的改变对附近农田和建筑物的影响。

（4）引水明渠应注意避免水生物的生长和太阳辐射的影响，平均低水位或低潮位下的运行水深不宜小于 1.5m。

（5）引水明渠宜避开地质构造复杂、渗透性强和有崩塌可能的地段，并宜避开在冻胀性、湿陷性、膨胀性、分散性以及可溶盐土壤区域。引水段宜坐落在挖方或半填半挖的地基上，若无法避免，则应采取相应的工程措施。

（6）在海域采用取水明渠时，可采用双堤式明渠或沿岸单堤式明渠，双堤式取水明渠宜布置在离深水区较近的地段；沿岸单堤式取水明渠应防止沿岸泥沙流的不利影响。

（7）海域取水明渠口门位置应选在避开波浪破碎带的位置，口门朝向宜避开强浪向和常浪向。

（8）海域取排水明渠的平面布置，应防止对工程区岸滩冲淤的不利影响，并避免波能的集中。

（9）当取水明渠与排水明渠之间采用分隔堤相隔时，分隔堤应采取有效的防渗措施。

（10）在通航河海中，引水明渠进口的流速应满足航运的要求，且不应大于 0.3m/s。

2. 引水明渠纵坡和断面尺寸

引水明渠纵坡和断面尺寸应根据地形、地质、水力、输沙能力和工程量等条件通过技术经济比较确定，并应满足引水流量、行水安全、渠床不冲、不淤和引渠工程量小等要求，宜采用梯形断面。

3. 引水明渠水力计算

引水渠道的基本水力计算，可按下列公式进行：

$$v = C(Ri)^{1/2} \tag{7-10}$$

$$q_v = \omega C(Ri)^{1/2} \tag{7-11}$$

$$C = \frac{R^y}{n} \tag{7-12}$$

$$y = 2.5n^{1/2} - 0.13 - 0.75R^{1/2}(n^{1/2} - 0.1) \tag{7-13}$$

其中 $R = \omega / X$

式中 v ——渠道过水断面平均流速，m/s；

C ——流速系数；

R ——水力半径，m；

i ——渠道的水力坡降；

q_v ——渠道过水流量，m^3/s；

ω ——渠道过水断面面积，m^2；

X——渠道湿周，m；

n——粗糙系数，宜符合表7-11的规定；

y——指数，y也可按下列范围近似选用：当$R<1$m时，$y=1.5n$；当$R=1$m时，$y=1.4n$；当$R>1$m时，$y=1.3n$。

表7-11　　粗糙系数n值

床面性质	n值	
	最大	最小
不加衬砌的岩石	0.045	0.025
土渠（按维护条件而定）	0.030	0.020
混凝土及钢筋混凝土护面	0.018	0.013
砌石护面	0.030	0.017
卵石护面	0.030	0.020

4. 渠道不淤流速

渠道不淤流速应根据渠道水流的含沙量及其颗粒组成、渠道过水断面等因素确定，但不宜低于0.5m/s。渠道不冲流速应根据渠床土壤性质、护面种类及水深确定。

5. 引水明渠末段的超高

引水明渠末段的超高应按突然停机、压力管道倒流水量与引渠来水量共同影响下水位壅高的正波计算确定，必要时设置退水设施。

引渠末段的超高值可按明渠不稳定流计算，采用下式作近似估算：

$$\Delta h_v=\frac{(v_0-v_0')\sqrt{h_0}}{2.76}-0.01h_0 \qquad (7\text{-}14)$$

式中　Δh_v——由于涌浪引起的波浪高度，m；

h_0——突然停机前引渠末端水深，m；

v_0——突然停机前引渠末端流速，m/s；

v_0'——突然停机后引渠末端流速，m/s。

6. 渠道最小转弯半径

渠道最小转弯半径不小于5倍渠道底宽，具体可根据渠道断面尺寸及流速进行计算。

（三）斗槽式取水构筑物

斗槽式取水构筑物由进水斗槽及岸边式取水构筑物组成，适用于取水量较大且河流冰情严重、含沙量大的河流取水。

当采用纵向底流槽引水时，应布置在稳定的凹岸侧，顺河道主流并因势利导开挖纵向底流槽；应有足够的水深，且槽底应高于河底，防止河床的推移质进入槽内；槽内流速应具有挟带进入槽内泥沙的能力；纵向底流槽进出口水流流态应与河道的水流良好衔接。当情况复杂时，应进行物理模型试验。

1. 斗槽形式

（1）斗槽按进水方向可分为顺流式、逆流式及双向进水斗槽。

（2）按斗槽伸入河岸的程度，可分为：

1）斗槽全部设置在河床内，适用于河床较陡或主流离岸较远以及岸边水深不足的河流。设置斗槽后，还应注意不影响洪水排泄。

2）斗槽全部设置在河岸内（见图7-23），适用于河岸平缓、河床宽度不大、主流近岸或岸边水深较大的河流。

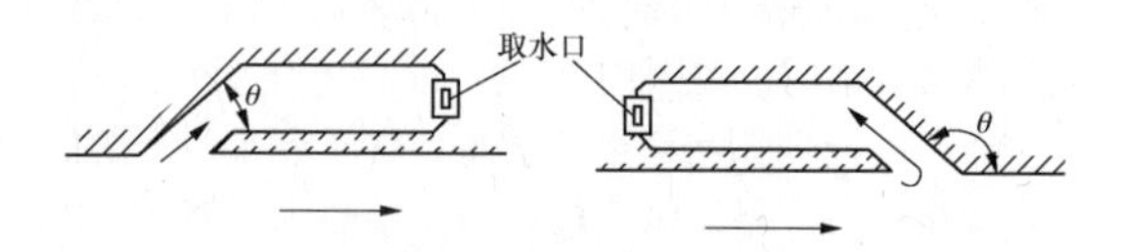

图7-23　全部伸入岸边的斗槽

3）部分伸入河床的斗槽（见图7-24），其适用条件和水流特点界于以上两种形式之间。

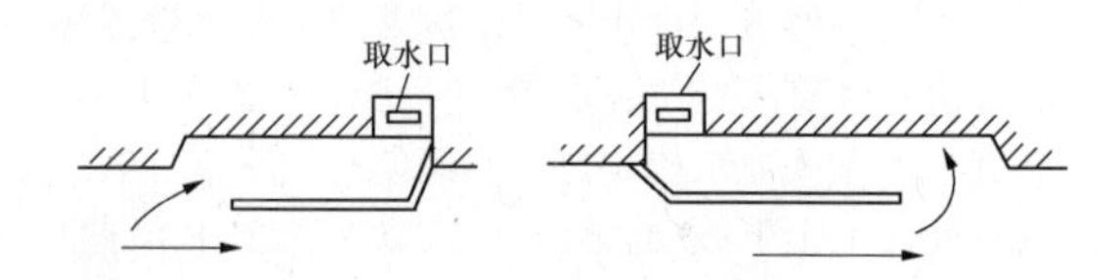

图7-24　部分伸入河床的斗槽

此外，按洪水期间堤坝是否被淹没，还可分为淹没式及非淹没式斗槽。淹没式斗槽造价较低。对河流有效过水断面影响较小。淹没式斗槽一般在其上面设置可以拆卸的盖板，盖板应高出常水位一定距离。

2. 斗槽计算原则

斗槽工作室的大小，应根据在河流最低水位时，能保证取水构筑物正常的工作，使潜冰上浮，泥沙沉淀，水流在槽中有足够的停留时间及清洗方便等因素进行计算。

3. 主要设计指标

（1）槽底泥沙淤积高度一般为0.5～1.0m。

（2）槽中的冰盖厚度一般为河流冰盖厚度的1.35倍。

（3）槽中最大设计流速参见表7-12，一般采用0.05～0.15m/s。

（4）水在槽中的停留时间应不小于20min（按最低水位及沉积层为最大的情况计算）。

（5）斗槽尺寸应考虑挖泥船能进入工作。

表7-12　　斗槽中最大设计流速

取水量（m^3/s）	<5	5～10	10～15	>15
最大设计流速（m/s）	≤0.10	≤0.15	≤0.20	≤0.25

4. 工作室计算

（1）深度 h。一般最低水位以下不小于 3～4m，可按下式计算：

$$h=Z+1.35\delta+h_1+D+h_2 \quad (7\text{-}15)$$

其中

$$Z=\frac{v_0^2}{2g}\sin\frac{\theta}{2}$$

式中 Z——斗槽入口处的水位差；

δ——河流中冰盖最大厚度，m；

h_1——进水孔口顶边至冰盖下的距离，m；

D——进水孔口直径，m；

h_2——进水孔口底栏高度，一般采用 0.5～1.0m；

v_0——河水平均流速，m/s；

θ——斗槽中水流方向与河中水流方向的分叉角，（°）。

（2）宽度 B：

$$B=\frac{Q}{vh} \quad (7\text{-}16)$$

式中 Q——斗槽中的流量，m^3/s；

v——斗槽中设计流速，m/s。

（3）长度 L：

1）按潜冰上浮的要求计算：

$$L=k\frac{h_3v_p}{u} \quad (7\text{-}17)$$

式中 k——考虑涡流及紊流影响的安全系数，可采用 3.0；

h_3——冰凌期最低河水位时斗槽中的水深，m；

v_p——冰凌期最低河水位时斗槽中的水流平均流速，m/s；

u——潜冰的上浮速度，与斗槽所在的河流情况有关，宜采用 0.002～0.005m/s。

2）按沉淀泥沙的要求计算：

$$L=1.4\frac{\varphi v'H}{\mu} \quad (7\text{-}18)$$

式中 φ——斗槽内流速分布的不均匀系数，一般顺流式宜采用 2.0，逆流式宜采用 1.5；

v'——洪水期槽中平均流速，m/s；

H——洪水期斗槽中水深；

μ——斗槽内泥沙的沉降速度，m/s，根据预计需要沉淀泥沙的颗粒确定（可参考表 7-13），一般颗粒大于 0.15～0.20mm 的泥沙应在斗槽中沉淀。

3）槽长应按上述两种要求计算，取其大值。

表 7-13　泥沙颗粒的水力粗度

泥沙颗粒直径（mm）	沉降速度（cm/s）
2.0～1.0	15.29～9.44
1.0～0.5	9.44～5.4
0.5～0.25	5.4～2.7
0.25～0.10	2.70～0.692
0.10～0.05	0.692～0.0173

4）计算所得的长度，尚应以水在斗槽中停留的时间来复核。

5）为使取水口进水均匀，斗槽长度宜为宽度（在最高水位时）的 5 倍以上。

6）当河水流入斗槽时，因水流方向改变而产生旋流区，缩短了斗槽计算长度，故设计时应考虑其影响长度 ΔL。一般影响长度与分叉角 θ 和斗槽入口连接形式有关：

当 θ=20°～40°时，ΔL=（2.0～2.2）B_1（B_1 为斗槽入口处宽度）；当 θ=135°～150°时，ΔL=（1.0～1.5）B_1；当斗槽轴线与斗槽入口段轴线不是直线连接，而采用曲线或折线连接时，则 ΔL=（1.0～1.2）B_1。

斗槽入口处平均流速 v_λ 也与分叉角有关：

当分叉角 θ=15°～60°时，v_λ=（0.35～0.40）v_0（v_0 为河水平均流速）；当分叉角 θ=130°～150°时，$v_\lambda=0.25v_0$。

斗槽中的水流情况十分复杂，它与斗槽的形式、在河段上的位置、斗槽与河水轴线的交角、坝端的形状及堤坝与河岸的连接方式等因素有关。以上介绍的仅是近似的计算方法，设计时宜采用模型试验来确定上述各种因素对斗槽工作的影响。

5. 泥沙淤积量计算

泥沙淤积量（V）计算公式如下：

$$V=\frac{QtPW}{\rho} \quad (7\text{-}19)$$

式中 Q——设计取水量，m^3/s；

t——斗槽清淤周期，s；

P——水流含沙量，kg/m^3；

W——斗槽中泥沙下沉的百分比；

ρ——泥沙密度，kg/m^3。

计算可全部沉淀的泥沙最小沉降速度 μ'：

$$\mu'=1.4\frac{\varphi v'}{L}H \quad (7\text{-}20)$$

式中符号含义同前。

大于 μ'的泥沙颗粒可全部下沉，小于 μ'的颗粒可部分下沉，不能全部下沉的泥沙的平均沉降速度 μ_{av} 为

$$\mu_{av}=(\mu_{max}+\mu_{min})/2 \quad (7\text{-}21)$$

式中 μ_{max}——不能全部下沉泥沙的最大沉降速度（即 μ'），m/s；

μ_{min} ——不能全部下沉泥沙的最小沉降速度，m/s。

不能全部下沉泥沙的组成不均匀系数为：

$$K_0=\frac{1}{2}\left(\frac{\mu_p}{\mu_{max}}+\frac{\mu_p}{\mu_{min}}\right) \tag{7-22}$$

不能全部下沉的泥沙，其中可以在斗槽中下沉的参数 a 为：

$$a=\frac{L\mu_p}{K_0 f v' H} \tag{7-23}$$

根据图 7-25，用参数 a 可以求得此部分泥沙能在斗槽中下沉的百分数 W，然后再计算这一时期内各种不同粒径泥沙下沉的百分数 W_i。通常按下式计算泥沙下沉百分数：

$$W=\Sigma P_i W_i/\Sigma P_i \tag{7-24}$$

式中　P_i——各种不同粒径下沉泥沙的含量，kg/m³。

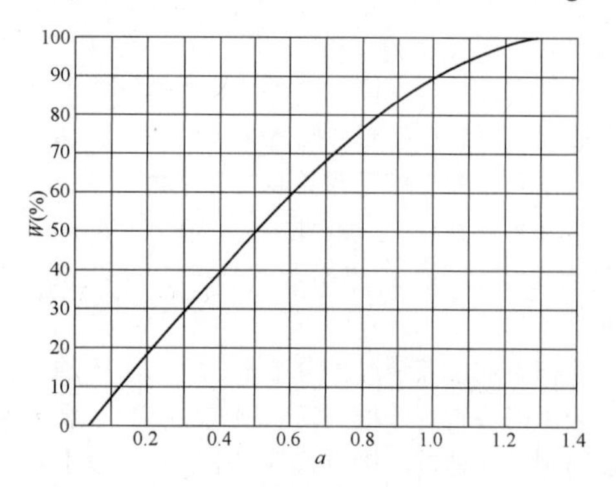

图 7-25　泥沙下沉参数与下沉百分数的关系曲线

6. 堤坝

斗槽的堤坝可用当地的砂质黏土、砂、砂砾、碎石及小块石等材料砌筑。

非淹没式堤坝的坝顶应高出最高水位 0.5～0.75m 以上，宽度一般为 2.0～4.0m。堤坝两侧边坡按筑坝材料而定，一般为：细砂及中砂，1:2～1:3；碎石卵石及砾石，1:1.5～1:2；砂质黏土，1:2.5～1:3.5；石块，1:1～1:1.5。

堤坝边坡（尤其是靠河的一侧）及坝端易遭水流的冲刷及冰块的撞击，应予加固。

7. 斗槽的清淤设施

（1）设计布置时，应考虑最大限度地减少河水中泥沙进入斗槽（如在逆流式斗槽的进水口处设置调节闸板，或在进水口前设置底面比斗槽进水口还低的斜槽）。顺流式斗槽的轴线与水流方向之间的夹角越小越好。

（2）沉积在斗槽中的泥沙应及时清除，以保证斗槽具有正常的过水断面和有效容积，防止沉淀物腐化和增加清淤难度。当斗槽为双向式有闸板控制时，可以引河水清除淤泥。其他形式则需使用清泥设备。清除斗槽中泥沙的设备可根据斗槽规模的大小，选用射流泵、泥沙泵、挖泥船及吸泥船等。

8. 斗槽取水工程示例

图 7-26 所示为某市水厂取水工程，以黄河为水源，采用斗槽为预沉池。设计最大流量为 6.0m³/s，最小流量为 2.5m³/s。斗槽上下游两端均设有控制闸，上游斗槽长为 107m，下游斗槽长为 237m。斗槽底宽为 15m，槽边坡为 1:0.25，最低水位时斗槽水深为 2.15m，槽内设计流速为 0.017～0.086m/s。

河水从下游进入斗槽，预沉效果为 15%～37%。因主流靠近斗槽便于引入河水进行冲洗，槽内冲洗流速可达 1.7m/s，冲洗效果较好。图 7-26 中Ⅰ-Ⅰ、Ⅱ-Ⅱ断面可分别冲去积泥厚度约 75%、65%。

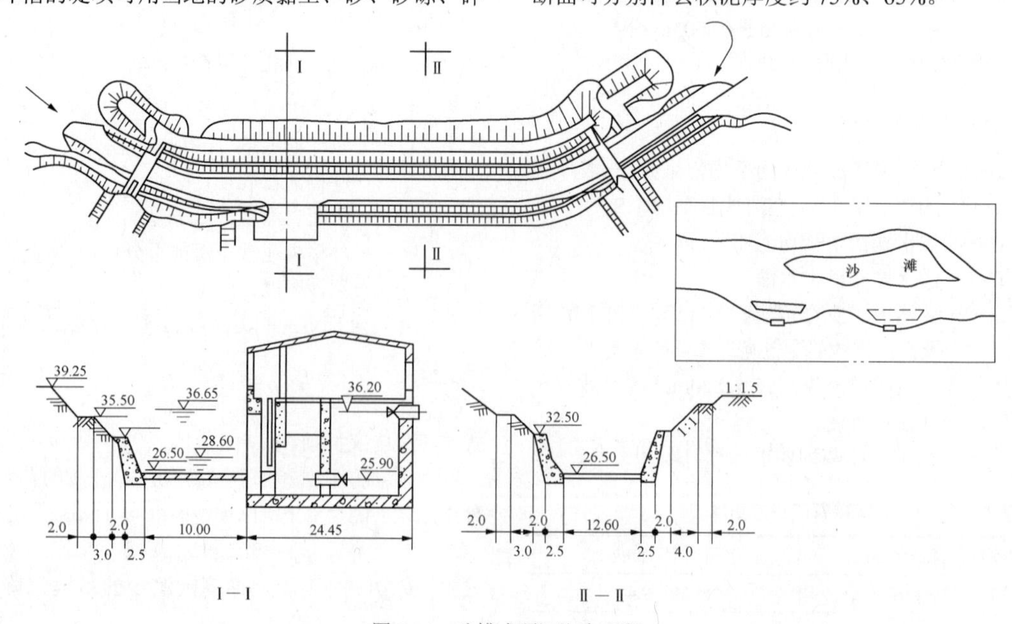

图 7-26　斗槽式预沉取水工程

二、河床式取水构筑物

（一）取水头部

取水头部是河床式取水构筑物的首要部位。要求取水头部长期不间断地直接从河流中取得含沙量较低、漂浮物较少及水温低的优质水。而大部取水头部为淹没式，施工后不进行检修与维护，故取水头部的设计，要在详细的勘察与调查研究和充分论证的基础上进行。

取水头部形式的选择根据河流水文、河床地形和地质、河流在各种水文条件下的冲刷与淤积情况、取排水口布置及施工条件等因素确定。

1. 取水头部的主要形式

根据分类方法的不同，取水头部的主要形式见表 7-14。具体的取水头部是各种分类的组合。

表 7-14　　取水头部主要形式

分类方法	形式	特点或适用条件
淹没程度	1. 非淹没	洪水不淹没取水箱井顶层，可操作防草、防沙、防冰设施
	2. 半淹没	洪水淹没取水箱井顶层，大部时间可操作防草、防沙设施
	3. 淹没	淹没在最低水位以下，大部取水头部采用
格栅布置及进水方向	1. 垂直格栅、水平进水	
	（1）四周进水	大部取水头部采用，进水面积大，有利于取下层低温水及保护鱼类
	（2）平行河流方向，单侧或双侧进水	用于钢筋混凝土箱井结构
	（3）扇形进水	用于水较浅河流，多为钢结构
	2. 水平格栅，由下向上进水	用于蘑菇形取水头部，减少泥沙及漂浮物进入
	3. 水平格栅，顶部进水	用于浅水河流，多与垂直格栅配合使用
施工方法	1. 钢筋混凝土箱井结构	适用于非淹没及半淹没式取水头部，也可用于淹没式取水头部。采用基岩或桩基，稳定性好
	（1）陆上预制，水下拼装	
	（2）钢模浮运，水下浇灌	
	（3）沉井	
	2. 竖直顶升	用于盾构引水隧道头部
	3. 整体吊装	用于钢结构

2. 取水头部设计一般要求

（1）取水头部根据防草、防沙及防冰设施是否需要操作分为非淹没式、半淹没式及淹没式三种。非淹没及半淹没式取水头部的设计和布置与开敞式取水构筑物进口段相似，可在取水头部起吊和清洗格栅；根据取水头部局部冲刷情况及河流水位可调节进水底槛高度；可人为控制取水头部的流冰。

有的河段河岸及河床冲刷较严重，经常需抛石护岸，这些河段宜采用岸边非淹没或半淹没式取水头部。

淹没式取水头部适用于水深较深、河床基本稳定、少泥沙的大部分大中河流。

（2）取水头部的形式与引水管道的形式密切相关。如盾构引水隧道，则用垂直顶升取水头部；用钢筋混凝土管涵引水，则用钢筋混凝土箱井结构取水头部；用钢引水管道时，取水头部形式可多样化。

（3）取水头部格栅是整个取水构筑物滤水设施的一部分，进水间要有清污装置，栅距为 80～100mm，取水头部一般因清污困难，栅距宜放大一些，一般采用 200～300mm。取水头部格栅一般设可用驳船起吊的吊钩。

（4）垂直格栅底部与河床的高差应根据可能的河床淤积高度及河泥沙剧烈活动带的厚度确定。在岸坡较陡的河段，可适当延长引水管道以增加这一高差。垂直格栅与河床的高差一般宜大于 3m。在河床稳定、无底沙活动的河流，这一高差也不宜小于 0.5m。

（5）垂直格栅水平进水的取水头部的特点是利用鱼类逆流回避的特性，可保护鱼类不被抽吸而进入取水头部。过栅流速与被保护鱼类尺寸有关。一般保护鱼类的过栅流速与防止吸入上层热水的过栅流速基本相同，河（海）床式取水建（构）筑物中宜采用 0.2～0.6m/s。

另外，在通航的河、海中，取水口进口流速应满足航运的要求，且最低通航水位下的流速不应大于 0.3m/s。

（6）排水口排放的热水在近区与周围冷水掺混后浮于上层，有可能扩展到取水头部上部，取水头部垂直格栅的过栅流速根据不吸入或少吸入上层热水的要求按有关公式确定，一般选用0.1～0.3m/s。

（7）山前区河流有时水深较浅，为了在低水位时取得所需水量，有时在流线型取水箱井迎水面开进水孔，这会形成取水箱井内水流紊乱。一般在箱井内设隔墙及导流墙，以减少紊流及阻力。

（8）取水头部的稳定是取水可靠性的保证。根据地形、地质、头部形式及施工条件等因素确定头部的稳定措施。有条件时，取水头部最好能坐落在基岩上。软弱地基一般采用桩基及较轻的钢结构头部。采用钢筋混凝土箱井头部时，除有做围堰大开挖的施工条件外，一般采用非围堰的施工方法，如钢模浮运、水下浇灌，或陆上预制、水下拼装及沉井等方法。

（9）虹吸式取水建（构）筑物的进水孔在设计最低水位下的淹没深度不应小于1.0m。顶面进水的淹没式取水建（构）筑物的进水孔在设计最低水位下的最小淹没深度应保证在0.5～1.0m，取水量较小的取水口可采用下限值，侧面进水时不得小于0.3m。

确定取水建（构）筑物的进水孔淹没深度时，还应考虑航运、结冰、风浪及热水回流等因素对设计最低水位（最低潮位）的影响。

3. 几种取水头部工程示例

（1）盾构引水隧道取水头部示例：

某电厂机组容量4×300MW，在长江河口段取水55m³/s。用两条直径为4.5m的盾构引水隧道取水。头部设在距长江大堤约750m等深线–8.0m的长江深槽的边缘。自长江大堤内侧的施工工作井至取水头部盾构的总长度达1000m。

取水头部采用方形立管结构形式。垂直顶升不出土施工（俗称闷顶），上部泥土让其自然向四周挤压和向上顶出。考虑到圆形隧道的顶部开孔布置，方形立管的面积不宜过大，而要求立管总面积与隧道过水断面基本相当，而与进水头部的进水流线互不干扰。因此立管采用分散布置，即在隧道末端35m范围内设6只进水立管，每一立管的净面积为1.54m×1.54m，纵向排列，立管中心距为5.73m。

立管由多节钢筋混凝土预制管节用螺栓连接而成，每一管节上下两端都有连接法兰，节高0.96m，取水立管共由9个管节组成。所有立管顶升完毕后，由潜水员拆除正封顶并安装格栅。为防止上部热水层被吸入，格栅顶部淹没深度为2.3m，格栅过流流速为0.3m/s。

取水河段泥沙颗粒较细，局部冲刷深度将达2.5m。防护工程是先将取水口四周淤泥清除，大致整平后，在距隧道6～7m处两侧构筑与隧道轴线相平行的齿坎，然后抛石以1:3的坡度构成锥体状的保护构筑物，外面浇筑水下混凝土护面。取水头部平剖面图见图7-27。

（2）圆形钢结构取水头部示例：

某电厂从日本三菱引进2×350MW机组，最终容量按3台机组考虑，每台机组的取水量为13m³/s。每台机组配两台动叶可调循环水泵、一根直径为3.0m的钢自流引水管及圆形钢结构取水头部。取水头部由日本东京电力有限公司设计。每只取水头部总重约130t，由一家造船厂加工制造，用300t浮吊安装就位。其下为9根直径600mm的钢管桩支承。

为防止上层自然温度的水及热水层扩展到取水口上部造成影响，取水头部顶部为封闭式。假设在平均低水位时热水层的厚度为3m，取水头部底部为防止吸入泥沙，布置在河床以上3m。顶部和底部均封死，采用垂直格栅，四周进水，进水流速v=0.198m/s。

据日本经验，自然表面温升为3℃，热水回流为温升2℃，故上层热水与下层冷水的总温差Δt=5℃。据此计算上下层相对密度$\Delta\rho/\rho$=0.0016。考虑在平均低水位时取水头部不吸入上层热水，取水头部顶面在热水层以下的距离Δh按下式计算：

$$\Delta h=\frac{0.51v^2}{\Delta\rho/\rho\times g} \tag{7-25}$$

式中　v——过栅流速，m/s；

$\Delta\rho/\rho$——上层热水与冷水相对密度；

g——重力加速度，m/s²。

计算结果Δh=1.28m。

圆形钢结构取水头部布置及剖面图见图7-28。

（3）半圆形钢结构取水头部示例：

某电厂装机容量为2×600MW。每台机组配一只半圆形钢结构取水头部，取水量为17.3m³/s。垂直格栅，半圆扇形水平进水，半圆直径为18.8m，进水高度为2.5m，进水流速0.3m/s。每只头部总重115.3t，由16根DN600的钢管桩支承。半圆形钢结构取水头部布置见图7-29。

（4）流线型钢筋混凝土箱井取水头部示例：

某电厂取水量10m³/s。在山区河流取水，通过模型对比试验，采用流线型钢筋混凝土箱井取水头部。其主要经验是：

1）流速较大的山区河流，以流线型取水头部为最佳，它具有引流量大、进沙量小的优点。

2）为增加枯水期头部的取水量，应尽量利用迎水面入流方式。为减少进沙量，也必须采用迎水面入流方式，减少尾部背流面的入流。

3）设置取水头部的隔墙，可使各进水孔口入流量分配趋于均匀。但在孔口底槛靠近河床的条件下，隔墙的存在增加了头部后室的入流，同时增加了进沙量，设计时要权衡选用。

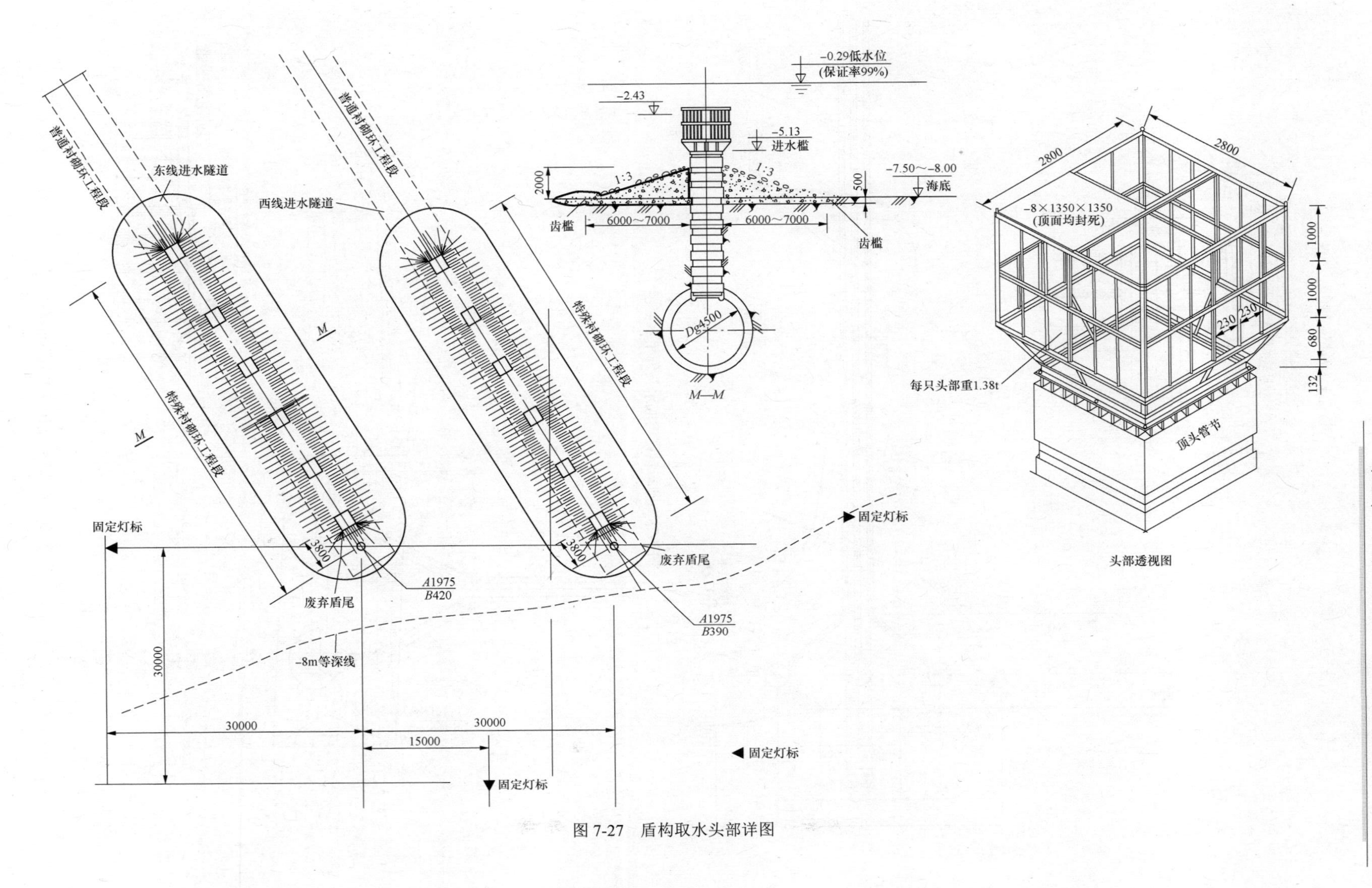

图 7-27 盾构取水头部详图

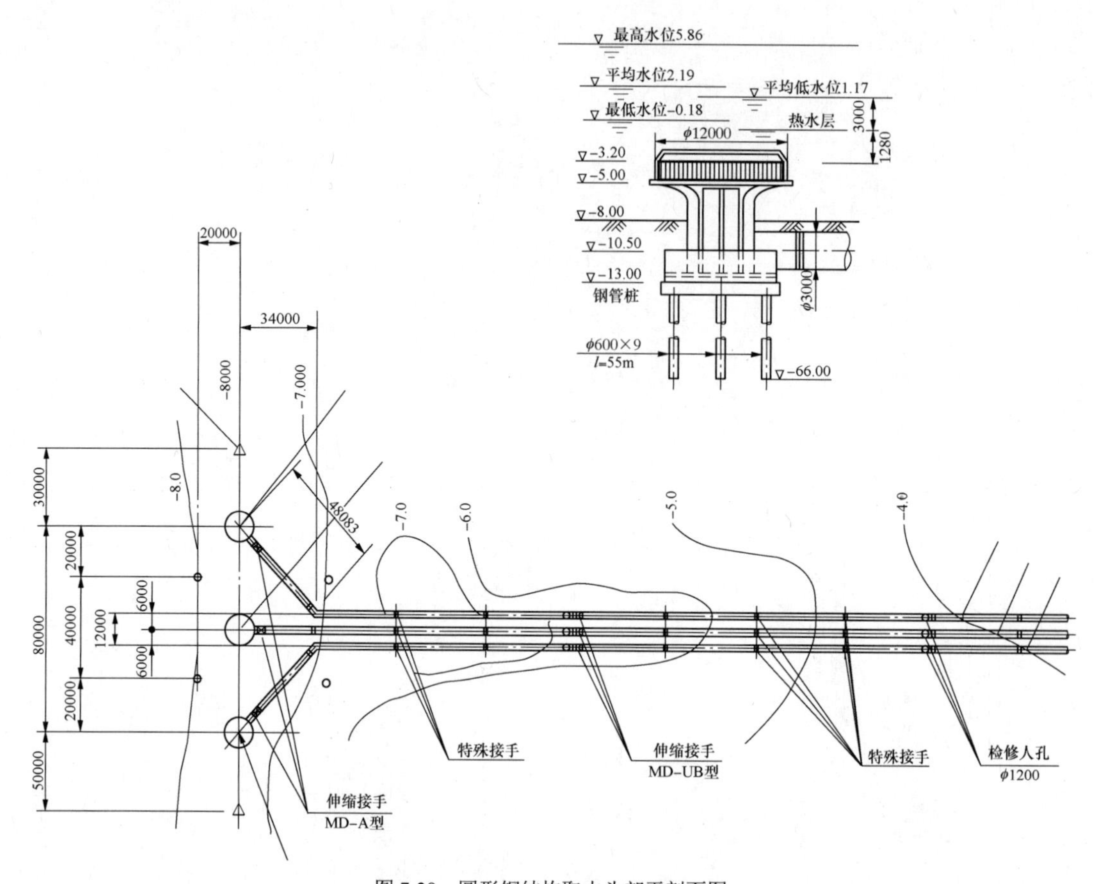

图 7-28　圆形钢结构取水头部平剖面图

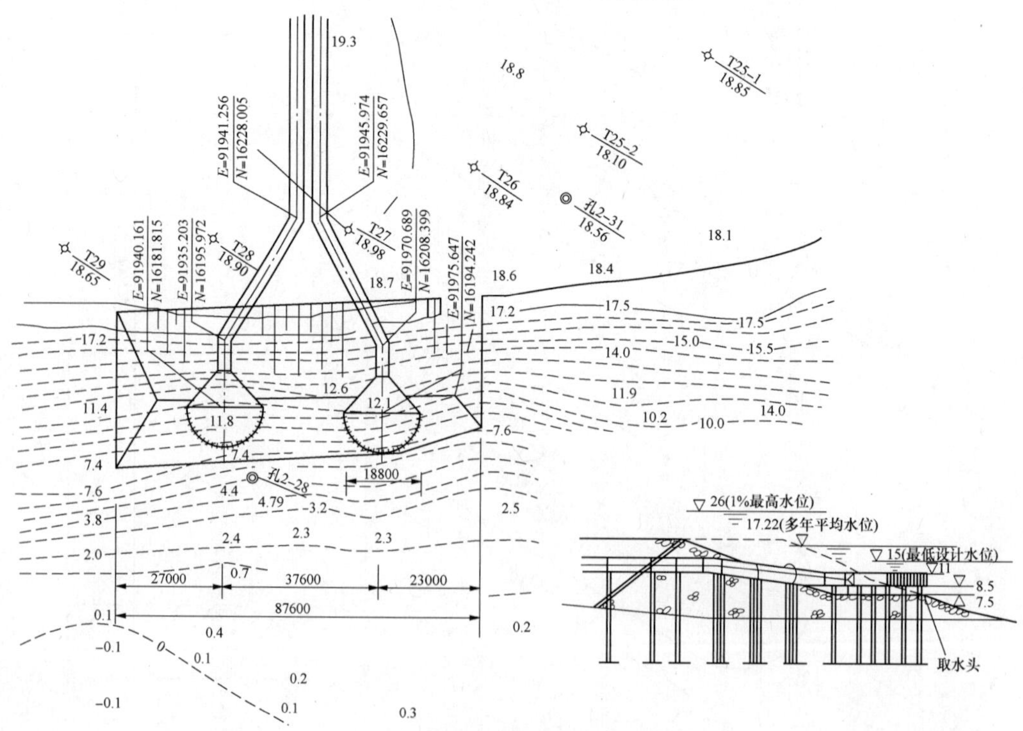

图 7-29　半圆形钢结构取水头部布置图

4）当推移质输沙率较大时，在孔口底槛临近河床外的基础上建造导沙坎，可明显减少底沙进入。

流线型取水头部平剖面图分别见图 7-30 及图 7-31。

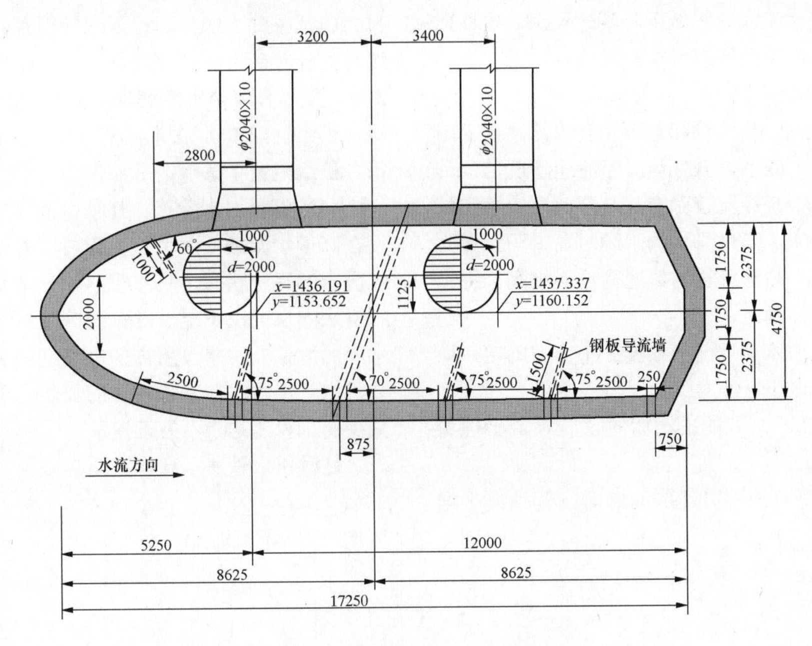

图 7-30 流线型取水头部平面图

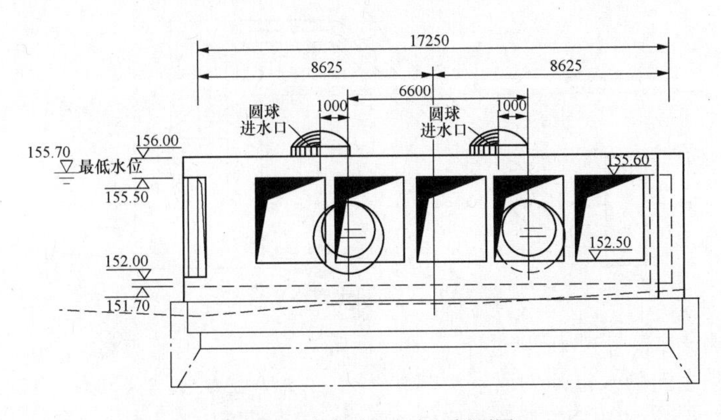

图 7-31 流线型取水头部剖面图

（二）引水管路

引水管路大部分为重力自流引水管路，可采用顶管、盾构、隧洞、沉管法施工；只有在水源水位变幅较大，且基岩开挖工程量大时，可采用虹吸引水管路。为保证在真空状况下的密封性，虹吸利用高度应通过计算确定，但不宜大于 7.0m。虹吸管宜采用钢管。

从供水安全性考虑，达到规划容量时引水管不应少于 2 条。采用直流供水系统且单机 600MW 及以上机组，每台机组宜配置 1 条引水管，也可以根据实际情况，每台机组配置 1 条以上引水管。

1. 引水管路的分类

重力自流引水管路的材质及施工方法根据工程规模、地形、地质、经济及水质等因素确定，一般根据下列条件确定：

（1）大型取水工程，软弱地层，管线较长，可采用盾构引水隧洞。

（2）大、中型取水工程，引水管线穿越防洪堤、软弱地层，在靠近进水间一侧的一段引水管路可采用钢管顶管施工方法。

（3）大、中型取水工程，水下开挖深度中等，在靠近取水头部的一段引水管线可采用水下大开挖，平整管基、浮运管段、水下拼装的施工方法。

（4）海域或近海河口，为防止海水对钢材的腐蚀，管线材质多采用钢筋混凝土管或管涵。

（5）大型取水工程，水域下卧基岩不深，岩性适于隧道开挖的，可采用隧洞引水方案。

2. 引水管线的设计

（1）设计流速。自流管和虹吸管管内流速宜采用1.0～2.0m/s，但不应小于 0.7m/s；当流速超过 2.0m/s时，应根据具体情况经比较确定。必要时自流管和虹吸管应有清淤措施。当以海水为水源时，为防止海生物对管壁的黏附，自流管管内流速需适当提高，提高到多少视工程条件确定。

（2）埋深。引水管埋深应根据施工方案确定，埋设在河底以下的最小埋深为：

1）当敷设在不宜冲刷的河床时，管顶最小埋深在河底以下 0.5m。

2）当敷设在有冲刷可能的河床时，管顶最小埋深应在冲刷深度以下 0.25～0.3m。

3）当直接敷设在河底时，应采取管道加固措施。

（3）根数。自流管（渠）根数应根据取水量、管材、施工条件、操作运行要求等因素，按最低水位通过水力计算确定。达到规划容量时，引水管不应少于2条。采用直流供水系统且单机 600MW 及以上机组，每台机组宜配置 1 条引水管，也可以根据实际情况，每台机组配置 1 条以上引水管。

（4）虹吸引水管路。虹吸引水管的大部分管段敷设在高于水源最低水位处，管内压力处于低于当地大气压力的真空状态，引水管两端分别淹没在水源水位和进水间水位以下至少 1m 作为水封，依靠水源和进水间的水位差将水泵所需的水量虹吸引到进水间。虹吸引水管用在水位变幅较大的长江上游地区，可大大减少引水管线的土石方开挖量。

虹吸引水管路示意图见图 7-32。

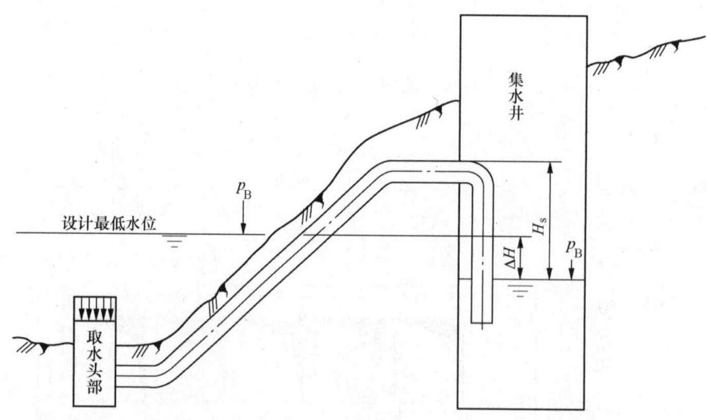

图 7-32　虹吸引水管路示意图

虹吸引水管的水力计算根据下列原则进行：

1）水源与进水间之间的水位差为取水头部和虹吸管路两者阻力之和。为了说明虹吸管最高点的绝对压力，水源与进水间之间的水位差 ΔH 还可用下式表示：

$$\Delta H=\Delta H_1+\Delta H_2 \quad (7\text{-}26)$$

式中　ΔH_1——取水头部及最高点前管段阻力，mH_2O；

ΔH_2——最高点后管段阻力，mH_2O。

2）考虑到水的汽化、空气分离及虹吸效率等因素，虹吸管最高点的绝对压力要大于 $3mH_2O$。

从取水头部到虹吸管最高点前管段计算最高点绝对压力 p_0 可用下式表示：

$$p_0=p_B-\Delta H_1-H_s+\Delta H>3mH_2O \quad (7\text{-}27)$$

式中　p_B——当地大气压力，mH_2O；

H_s——进水间水位与虹吸管最高点的高差，也称虹吸高度，m。

ΔH、ΔH_1 的含义同式（7-26）。

也可以从最高点以后管段计算最高点的绝对压力 p_0，如下式：

$$p_0=p_B+\Delta H_2-H_s>3mH_2O \quad (7\text{-}28)$$

式中符号意义同前。

3）虹吸引水管中的流速选择应根据管路长度、泵房及管路造价、低水位发生季节及历时、水泵特性等因素经优化确定，一般取 1～2m/s。最高点后的垂直管的流速宜大于 1m/s，以便带走分离的空气。

4）虹吸管末端应伸入集水井最低动水位以下 1.0m。

（5）进水管冲洗。自流管取水在停运期间会引起管内淤积，特别是当河道原水浊度大时，更要引起重视。可在取水端安装可启闭的闸门，停运时预先关闭，或设置冲洗措施。进水管冲洗一般可采用正向冲洗或反向冲洗，以清理管道淤积的泥沙。

（三）工程示例

1. 概况

某电厂一期工程装机容量 4×300MW，规划容量 2400MW。厂址位于某市东北 24km 的长江南岸。取长江水为直流供水水源，一期取水量为 $50m^3/s$。

2. 附近河段水文特征

从长江口洪水季潮流界的某地至口门 220km，径流和潮流相互作用，河床分汊多变，为河口段，厂址距口门约 100km。

河段上承南通河段，下接南支河段。河段被通洲沙分汊为东、中、西等水道，从北到南顶冲野猫口附近，河势突然转折向东下泄，平面呈藕节状，江面宽从 13km 缩窄至 5.5km，随后又逐渐放宽至 10km，又被白茆沙分汊。河段多年来深槽和岸滩相对稳定，虽有局部冲淤变化，主槽基本靠近南岸，因此有利于电厂取水。

取水河段受径流和潮汐双重作用为双向流，潮型为不正规半日潮，每日两涨两落，平均潮差 2m，落潮历时大于涨潮历时约两倍。

长江枯季盐水入侵至南北支分汊口处，由于上游水利枢纽的建设，可能出现更枯水季，盐水入侵问题正在研究中。

3. 取排水口位置及形式选择

厂址河段水流流向和水下等高线基本与岸边线保持一致而平行，无特殊有利取水条件的位置。因此，取水口纵向位置应以接近主厂房为主，并与码头有一定距离，以免互相干扰。所以，取水口位置确定在汽机房长度方向的中间。

河床–2m 等高线离现有岸边线约 400m。–2～–8m 等高线比较密集，其宽度为 100～250m。–8～–10m 等高线间距约 600m，–10～–15m 等高线的间距约 200m，紧接着就是–40m 的深泓线。经各方面因素的研究，取水头部设置在离现岸边约 600m 的–8m 处对取水是稳妥可靠的。

排水口设置在主厂房的东端，紧邻防洪堤外侧。即距引水隧洞下游 180m，横向上距取水头部约 400m，斜距约 440m。该工程取排水口位置的特点是取排水口在横断面上保持足够的距离和必要的高差，为横位差式取排水口布置。

经数值模拟及物理模型验证，由于潮流流速较大，涨落潮大部时间，排水口排出的热水掺混降温后形成宽约 300m 的贴岸流。只有当小潮憩流时，1～2℃的超温热水层可扩散到取水头部上面，瞬间取水温度可能上升 0.3℃。

电厂取排水口总体布置见图 7-33。

4. 取水构筑物

河床式取水构筑物由取水头部、取水隧道、工作井、分配流道及岸边水泵房五部分组成。

取水头部由 12 个竖井组成。每条隧道布置 6 个，每个竖井由下部为 1.8m×1.8m 的方管和上部为 2.8m×2.8m 的方管组成，每条竖井长约 10.5m。竖井间距离 4.5m。采用垂直顶升法施工。进水竖井高出河底 2.35m，以防止泥沙淤积而影响进水。考虑到进水竖井在最大冲深时高出河床 7.5m，而且还会受到局部冲刷深度的影响，故在取水头部采用块石护面加以保护。在取水头部上下游和两侧设置 3 个固定式航标灯，以保证建筑的安全。

取水隧道由 2 根 ϕ4.5m 的圆形钢筋混凝土隧道组成。由工作井到取水头部顶端，单根隧道长度为 720m。采用盾构法施工。

工作井是为避免隧道施工与岸边水泵房施工相互干扰而设置的。工作井由 2 根隧道进水，再根据水泵房布置设 8 条进水泵房的流道，以求水流平稳过渡。

岸边水泵房由进水间和水泵间组成，根据长江下游夏、秋季节江水中水草、杂物及工业、生活垃圾较多的特点，进水间内设有移动式格栅清污机一套，且每台水泵前设一套宽度为 4.0m 的正面进水旋转滤网。

进水间为露天布置，跨度为 14.7m，±0.0m 层上设有一台移动桁架式半门吊起重机，起重量为 10t，起吊高度 24m，供安装检修用。

水泵间为屋内式布置，水泵间内安装 8 台立式循环水泵。每台水泵的流量 $Q=6.25m^3/s$、扬程 $H=14.09mH_2O$。配立式电动机（功率 $P=1250kW$）。水泵间的跨度为 12.0m，循环水泵单列布置，水泵中心轴间距为 5.2m（柱距 5.2m），与进水间的旋转滤网对应布置。水泵的两端分别增加一柱距，布置检修间和值班控制间，组成总长度为 52.8m、宽度为 26.7m 的矩形水泵房。

根据取水河段频率为 1%的最高洪水位 4.57m 及保证率 97%最低水位–1.62m 的水文条件，岸边水泵房的±0.0m 层标高为 5.25m 的进水间底板标高为–8.26m。

计算长江最低水位时，经取水头部、引水管、进水井及清污机、旋转滤网等一系列阻力损失后，水泵进水井内的最低设计水位为–3.16m，报警水位为–3.46m。

取水构筑物剖面图见图 7-34。岸边水泵房平剖面图分别见图 7-35 和图 7-36。

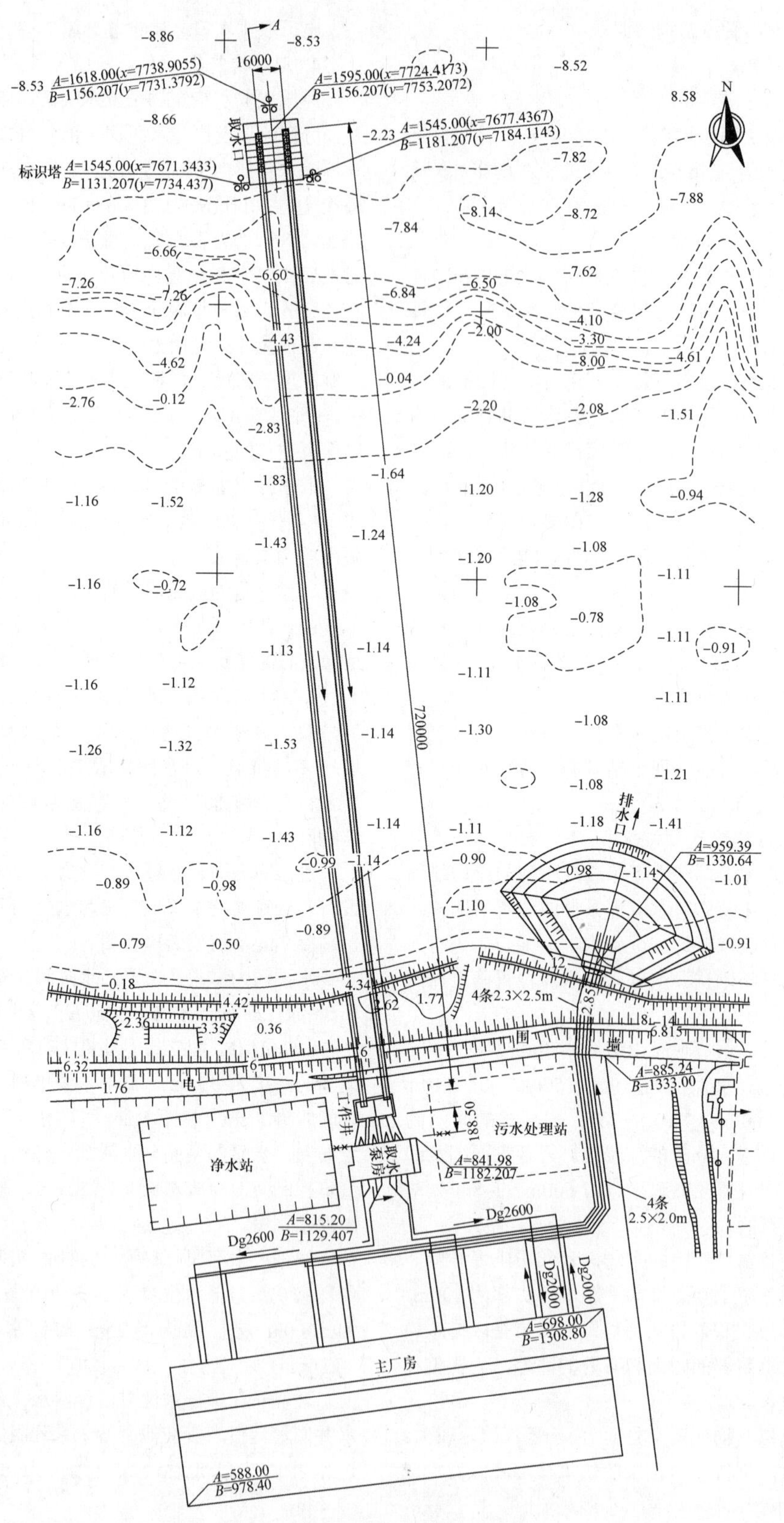

图 7-33　某电厂取排水口总体布置图

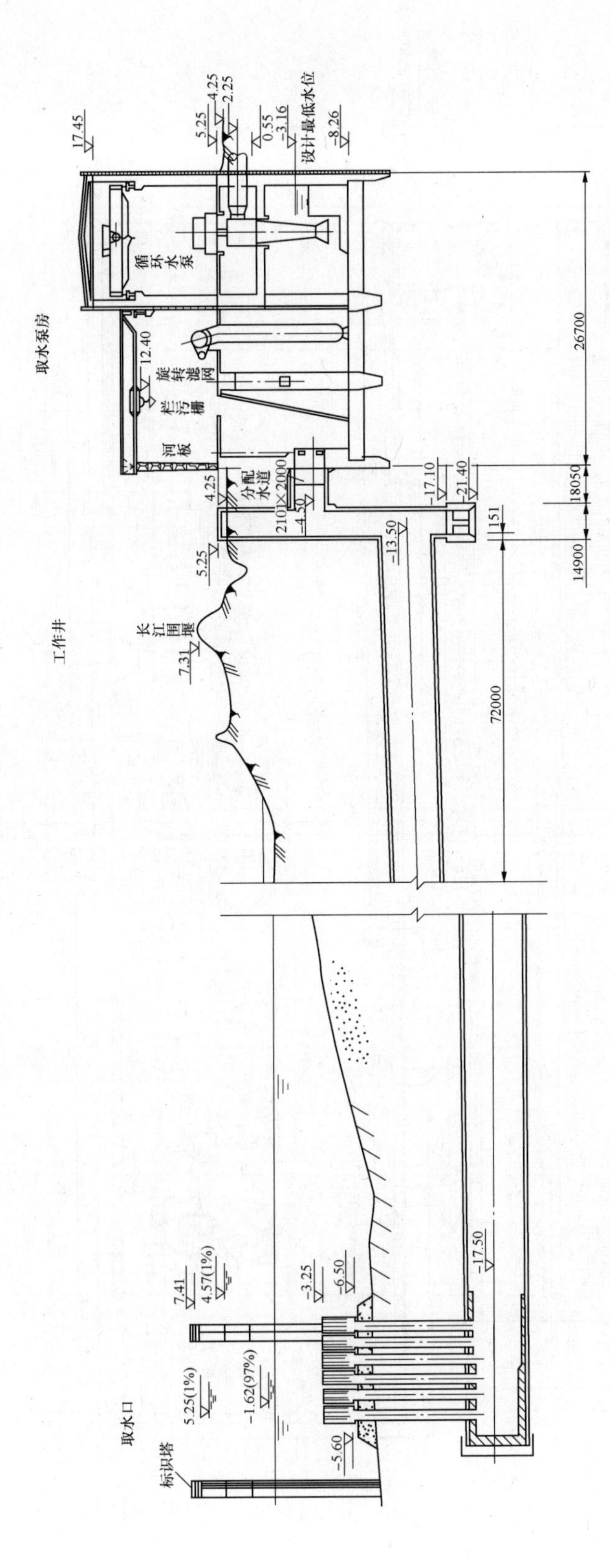

图 7-34　某电厂取水构筑物剖面图

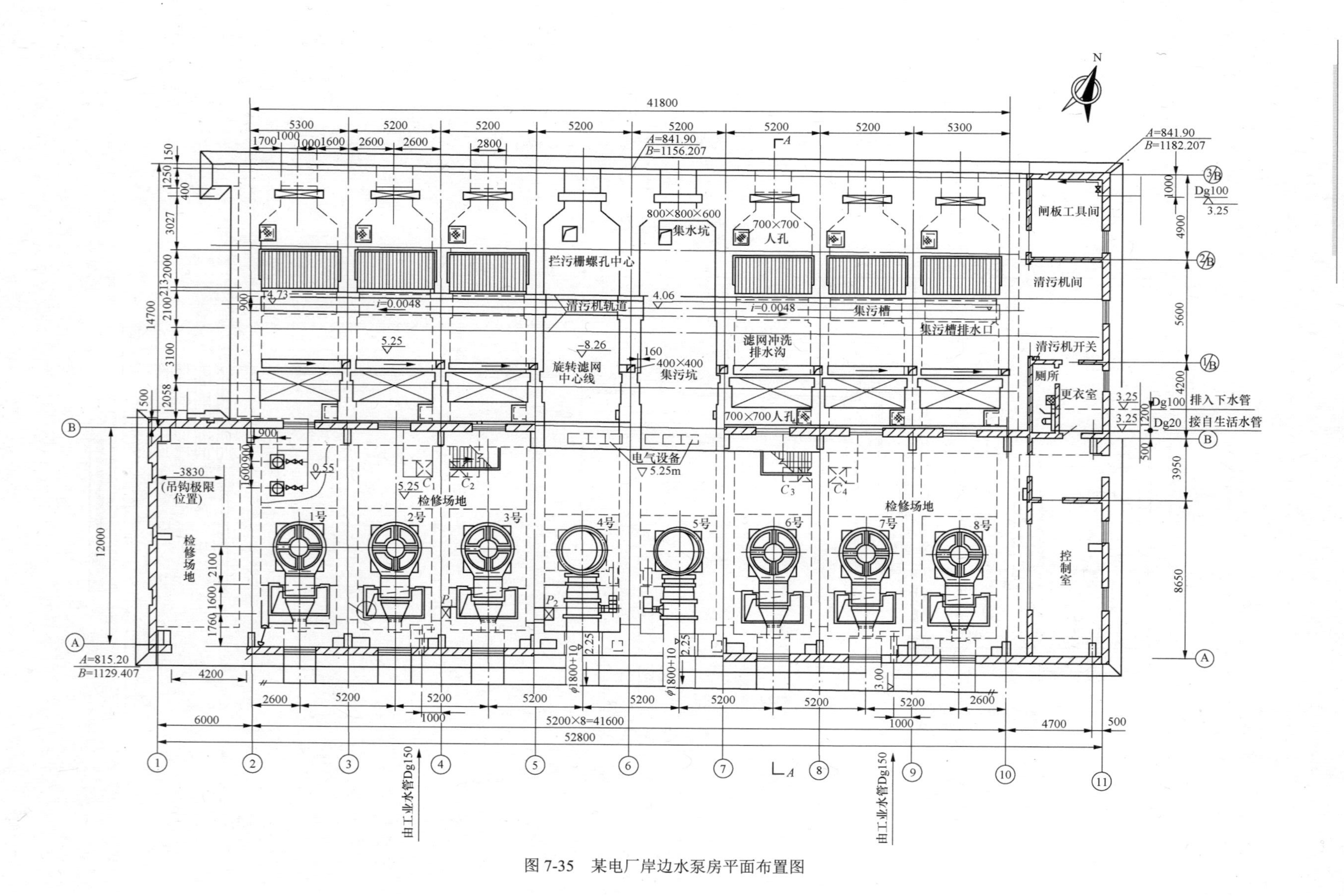

图 7-35 某电厂岸边水泵房平面布置图

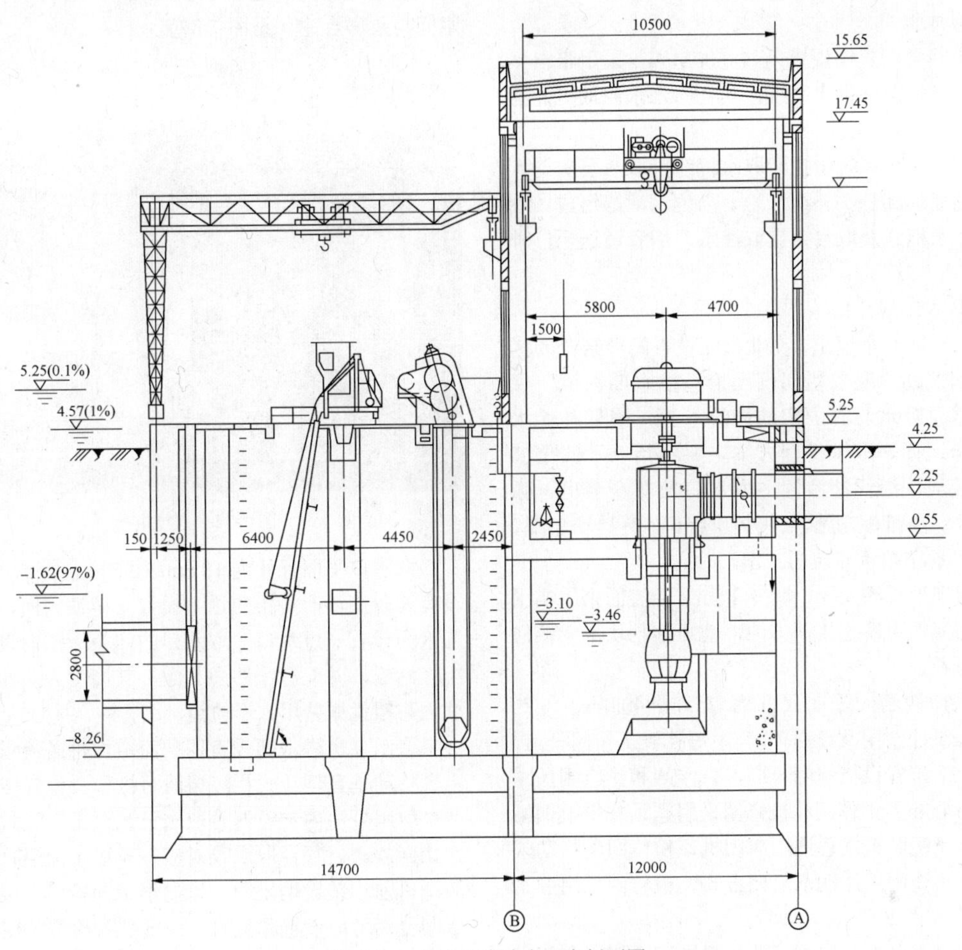

图 7-36　某电厂岸边水泵房剖面图

三、低坝取水

（一）一般设计要求

低坝取水适用于枯水期流量特别小、水浅、不通航、不放筏，且河水中推移质不多的小型山溪河流。

1. 电厂有坝取水时壅水建筑物设置要求

（1）应利用原河道的水流特性和河床、河岸的地形特点。

（2）宜采取使主流导向取水建筑物的措施。

（3）宜利用水力条件减少泥沙进入取水建筑物，并应采取排沙、泄冰措施。

（4）应考虑对防洪、淹没、航运的影响。

（5）当情况复杂时，宜进行包括冲沙闸位置及形式的物理模型试验。

2. 低坝取水的形式

低坝取水分固定坝和活动坝两种。

（1）固定坝：

1）坝高应能满足设计取水深度的要求。

2）在靠近取水口处需设置冲沙孔或冲沙闸，根据河道情况，修建导流整治设施。当常年清澈时，也可不设置冲沙孔或冲砂闸。

3）为确保坝基安全稳定，根据河床地质情况，必要时在溢流坝、冲沙闸下游设消力墩、护坦和海漫等消能措施。

4）固定低坝式取水可采用进水闸或岸边泵站大的取水形式，在寒冷地区还应设有防止冰块、冰凌和漂浮物进入取水口的设施。

（2）活动坝：活动坝取水可防止泥沙淤积，有水力自动翻板闸、橡胶坝等形式。

1）水力自动翻板闸由活动部分［面板、支腿、固定座（上）］、铰座和固定部分［固定座（下）及支墩］组成。

2）橡胶坝由柔性薄壁材料做成，可改变挡水的高度，分为袋形橡胶坝和片形橡胶坝两种，可用于山溪河流的取水。

（二）工程示例

1. 基本概况

贵州某电厂建设规模为 4×600MW，采用带自然通风冷却塔的循环供水系统，其补给水水源取自北盘江。

电厂补给水系统由拦河取水枢纽、取水泵房、厂外净水站处理部分、补给水管、高位水池等组成。利用拦河取水枢纽及取水泵提取江水，用管道送至厂外净水站。

2. 取水工程介绍

（1）拦河取水枢纽。在北盘江设置闸坝结合的拦河水工构筑物，利用拦河闸坝抬高枯水期水位，保证补给水泵吸水具有一定的淹没水深，确保补给水泵的安全运行。取水工程方案主要包括以下四个部分：溢流坝、泄洪冲沙闸、取水口及取水泵房、弧形挡沙坎。溢流坝与泄洪冲沙闸上下游有挡墙相隔，取水泵房紧靠挡水建筑的左岸。

溢流坝坝长约 43m、坝高 2.5m，溢流面采用实用堰型。溢流坝下游连接消力池，消力池挡坎下游接河床防护海漫。

泄洪冲沙闸间平面尺寸为 15.0m×40.0m，深约 17.5m。泄洪冲沙闸共设四孔，其中每孔设工作闸一道，工作闸上下游各设检修闸一道，工作闸和检修闸尺寸均为 5m×4.5m。工作闸和检修闸采用露顶式平板钢闸门，工作闸配卧式增程液压启闭机，检修闸配移动式启闭机，工作闸采用动水启闭方式，检修闸采用静水启闭方式。

从水流方向看，右侧三孔为泄洪冲沙闸，左侧另一孔为取水廊道，四闸孔均有闸门挡水控制。

根据取水枢纽为闸坝枢纽的特点，防沙措施主要依靠冲沙闸及曲线拦沙坎来实现，共设置了三道防线：

第一道防线为导流墙，为了稳定水流流态和冲沙效果，在溢流坝与泄洪冲沙闸间上游设有导流墙，可使进入冲沙闸的水流相对集中，利于束水冲沙。

第二道防线为取水口门前第一道弧形导沙坎，其作用是使进入冲沙闸的泥沙，在高流速（紊动）和拦沙、导沙坎螺旋流的作用下，分散消化于各拦（导）沙坎之间，然后，沿导沙坎束水冲沙导墙方向下泄。

第三道防线为进口拦沙坎，也是取水口的最后一道防线，采用曲线拦沙坎，拦截前两道防沙措施后的少部分底沙，并结合三孔冲沙闸的右孔，将进入取水口门前的少量底沙冲排至下游。

采取上述三道防沙措施后，取水口基本达到“门前清”的防沙效果。

（2）取水口及取水泵房。为了边坡的稳定，尽量减少挖方量，取水泵房与取水枢纽在布置上采用分建式，取水方式按固定式考虑，采用开敞式取水口，进水间与泵房合建（见图 7-37）。

图 7-37　有坝取水

取水口平面尺寸为 18.6m×10.50m，深约 17.5m，设有四条流道，每条流道上设置一铸铁闸门，并在其迎水面设有一进水口。取水口的四个流道前设有一道粗拦污栅，并配有一块叠梁闸，其高度为 0.50m。叠梁闸与粗拦栅共用一个轨道。

取水泵房进水间设有四条流道，每条流道上设置一套移动垂直耙斗式拦污栅清污机和一台旋转滤网。

取水泵房内装设四台取水泵，泵出口设置液控缓闭止回蝶阀。每台取水泵对应一条进水流道，各流道清污机前均装设钢闸门，以便维护和检修。泵房和进水间分别考虑设置起重机，供安装及检修使用。

四、移动式取水构筑物

（一）浮船（趸船）取水

1. 浮船的形式及特点

（1）浮船的形式。火力发电厂取水工程中多采用摇臂式取水泵船，它由趸船船体、船上检修起吊装置、取水泵、管道阀门、万向活络接头、摇臂、锚链停泊系统、电气控制系统、消防系统、生活给排水系统、值班室和休息室、栈桥等组成。这些设备构成了一个完整的设置在船上的取水泵站。典型的浮船取水如图 7-38 所示。

浮船按船舶动力分为自航式和非自航式（即停泊式）两种，目前广泛使用的是后者。本书中的浮船式泵站的船体是指不航行作业、用锚及缆索系固于岸边或特定水域的船舶。

按泵船与岸上输水管的连接方式来分，可分为摇臂式和阶梯式两种，火力发电厂取水工程中多采用摇臂式取水泵船。

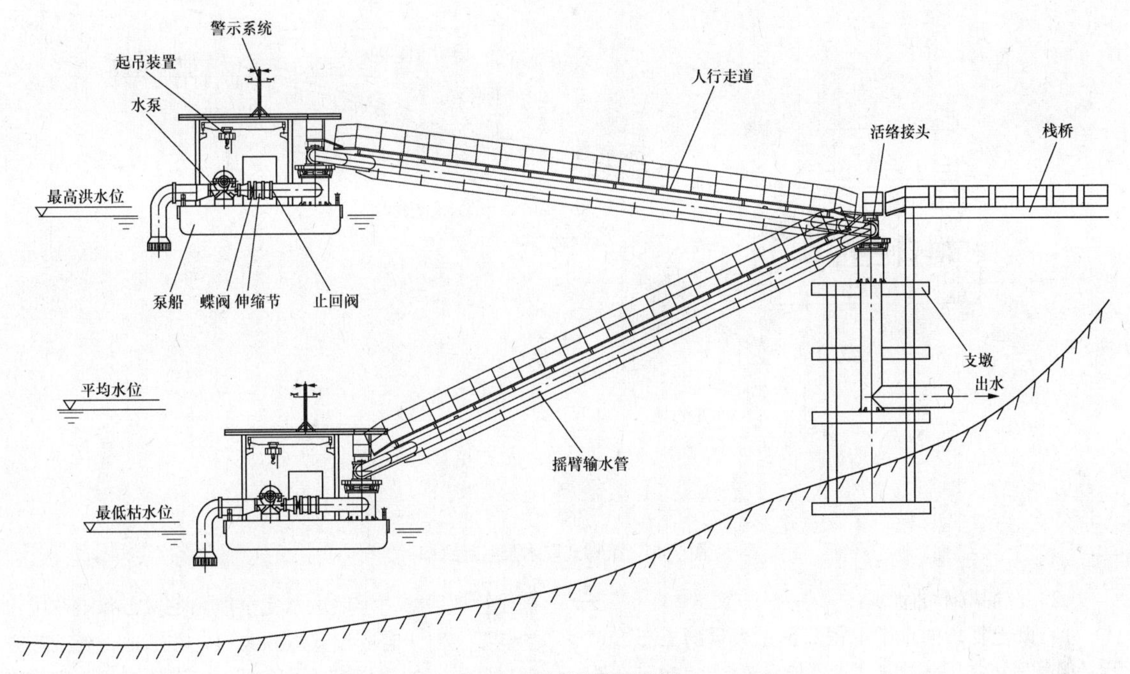

图 7-38　浮船取水示意图

摇臂式取水泵船由趸船船体、船上检修起吊装置、取水泵、管道阀门、万向活络接头、摇臂、锚链停泊系统、电气控制系统、消防系统、生活给排水系统、值班室和休息室、栈桥等组成。这些设备构成了一个完整的设置在船上的摇臂式取水泵站，其工作示意图见图 7-39。也有小型取水泵船采用橡胶软管、钢管及浮箱来取代摇臂联络接头和摇臂联络管，橡胶联络管浮在水面上，下部由多个浮箱支撑，称为浮箱式连接，一般用于取水量不大、联络管较长、水流平缓的项目中。摇臂式与浮箱式的特点是接头和联络管可随着水位的变化自适应调整，一般不需人工操作。

阶梯式取水泵船是在河岸上敷设输水连接管，连接管上每隔一定高差布置多个阶梯接口，泵船采用较短的摇臂管或橡胶软管与阶梯接口连接，可随水位涨落而拆换接头，但更换接头时需移动船位，操作管理麻烦，且更换接头期间需停止供水，这是该方式最大的缺点。这种方式是泵船最早采用的连接方式，目前已基本不用，其工作示意图见图 7-40。

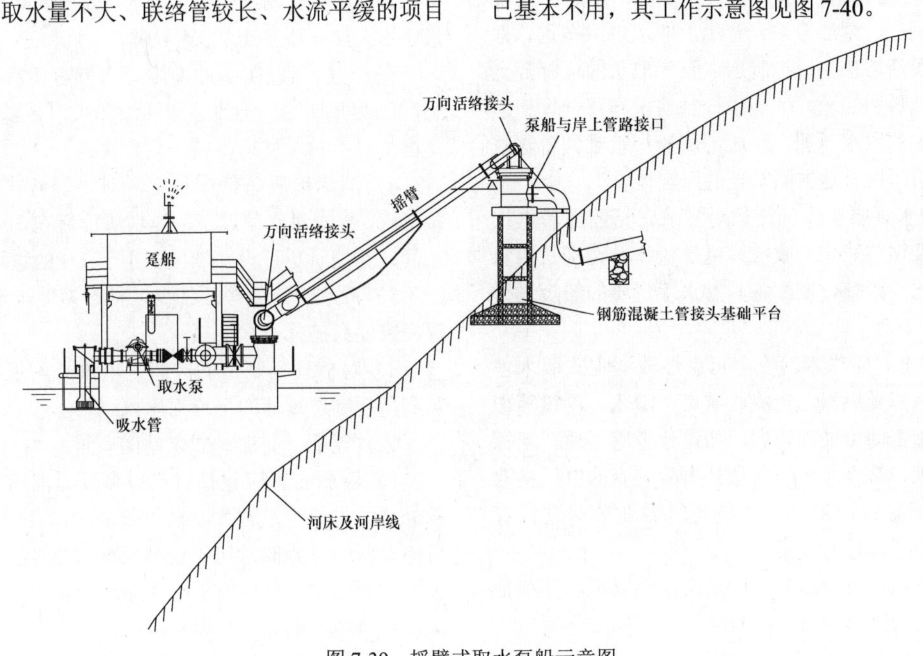

图 7-39　摇臂式取水泵船示意图

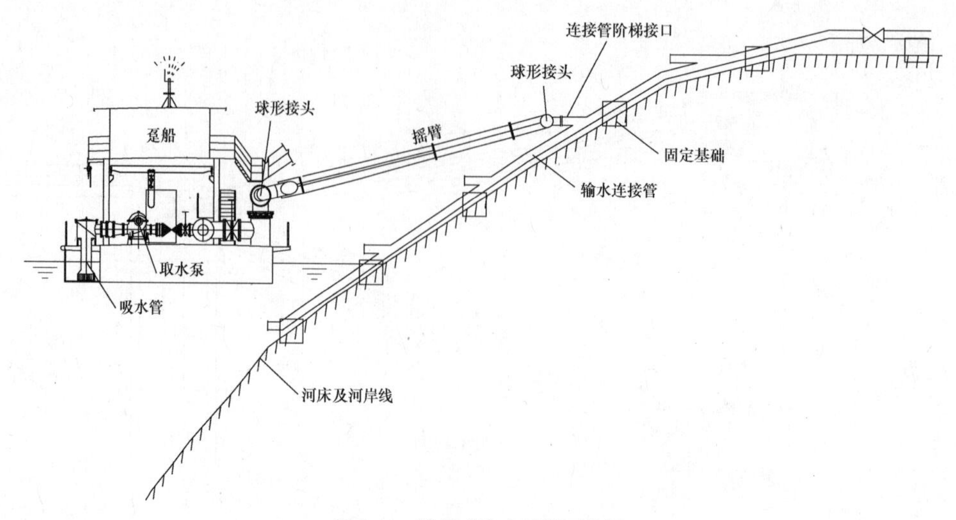

图 7-40 阶梯式取水泵船示意图

（2）浮船取水的优点：

1）既无复杂的水下工程，也无大量的土石方工程；船体既可在现场制造（无通航条件时），也可在造船厂制造（船厂至取水河段有通航条件）；施工简便，工期较短。

2）节约建造材料和劳动力，基建费用较低。

3）适应性广、灵活性大。能随水位涨落而升降；对河势和河岸的要求相对较低，占用岸上土地很少；河床冲淤变化对取水影响小；取河流表面水泥沙含量相对较小等。

（3）浮船取水的缺点：

1）取水浮船相当于一种大型设备，生产厂需要具有船舶制造、趸船停泊、趸船上取水机组布置、摇臂联络管及活络接头设计制造、趸船取水的运行等全面的技术储备和经验，才能设计制造出布置合理、运行安全可靠的取水趸船，一般的制船厂很难具备这些条件，目前国内有这方面专长的厂家较少。

2）取水趸船操作管理相对复杂。趸船随着水位的涨落需要调节船位、收放缆绳等操作，特别是洪水期间操作比较频繁，需配备具有水手资质的船员进行这项操作。

3）取水趸船供水的安全可靠性较固定式取水差一些。因趸船受风浪、急流、航运、漂木、浮筏等影响，受到撞击的可能性较大，如设计考虑不周、运行管理不重视，常会发生一些意外事故。有的电厂将取水趸船的运行管理维护工作外包给专业公司进行管理，也取得了较好的效果。

目前国内已有较多的电厂采用浮船取水，特别是西南地区的山区河流及水库取水工程。实践证明，只要选择合适的制造方、设计周密、取水点选择合理、操作管理严格，浮船取水完全能满足城市和工业用水的需要。对于若固定式取水泵房，在征地、施工等方面有较大困难或投资非常高时，采用浮船式取水方案可体现出明显的优越性。

2. 一般设计要求

（1）浮船式泵站的设置位置要求：

1）浮船应选择在河面宽阔、水流较平稳的河段，不宜选在洪水期有漫坡或枯水位出现浅滩和水脊的地段。

2）水深应根据浮船吨位、吃水深度确定，如水深不足，稍有淤积浮船就要搁浅，轻者造成浮船无法供水，重者将造成浮船损坏漏水，故在最不利情况下，最小水深应按不小于 2.0m 考虑。

3）一般应选在缓冲刷岸，河岸有相应的护坡措施，应避开顶冲、急流、大回流和大浪区以及与支流交汇处，且与主航道保持一定距离。

4）河岸地质条件应稳定。对于摇臂式接头的连接形式，要求洪水位以下的岸坡坡度宜在 1:0.5～1:1.2 之间，必要时也可设在岸坡不小于 1:4 的缓坡地带。

5）取水河段的漂浮物少，且不易受漂木、冰凌、浮筏或船只的撞击。

6）对需现场制造的浮船，取水点附近河段应有可利用作制造场地的平坦河岸。

（2）浮船（趸船）式泵站的布置：

1）浮船布置应包括机组设备间、船首和船尾等部分。当机组容量较大、台数较多时，宜采用下承式机组设备间。浮船首尾甲板的长度应根据安全操作管理的需要确定，且不应小于 2.0m。首尾舱应封闭，封闭容积应根据船体安全要求确定。

2）浮船的设备布置应紧凑合理，在不增加外荷载的情况下，应满足船体平衡与稳定的要求；不能满足要求时，应采取平衡措施。

3）浮船的型线和主要尺寸（包括吃水深、型宽、船长、型深等）应按最大排水量及设备布置的要求选定，其设计应符合内河航运船舶设计规定。在任何情况下，浮船的稳性衡准系数不应小于 1.0。

4）浮船宜采用钢船，浮船使用寿命宜按不小于 30 年设计。

5）浮船艏艉和外舷应设置防撞护舷或其他防撞措施，船上及船外应设置警示装置。船体内应设置足够数量的水密隔舱，并应保证在一舱破裂进水的情况下浮船仍能正常工作。对下承式机组，取水浮船的水密隔舱应按泵组设备间进水后浮船不沉没设计。取水浮船船体用料应在普通趸船的基础上适当提高。

6）浮船的锚固方式及锚固设备应根据停泊处的地形、水流状况、航运要求、气象条件及渣草缠绕等因素经计算确定。锚固计算的水流流速应按频率 0.1% 洪水流速考虑，风速和风压应按频率 1%考虑。当流速较大时，浮船上游方向固定索不应少于 3 根。

7）浮船的输水联络管宜采用桁架加固，联络管最大挠度应不超过管长的 1/400。

8）联络管两端接头形式宜采用可在水平、垂直两个方向转动的带旋转滚轮装置的摇臂活络接头。对水位变幅较小、不做水平位置调整的浮船，经技术论证后也可采用铠装法兰橡胶接头。

9）浮船一般通过摇臂管上的人行通道与岸上交通，若取水河段水位变幅较大，低水位情况下摇臂管上人行通道倾斜角度往往会很大，在上面通行安全隐患较大，故浮船在低水位时，若摇臂联络管与水平面夹角超过 45°，宜考虑在浮船附近的岸边设简易码头，方便运行人员在低水位时通过交通艇与岸上交通。

10）浮船宜配置一个用于大型设备检修运输的浮箱，浮箱平时可与船尾连接。

11）摇臂式联络管应有使囤船在不同水位时作水平移动的措施，两侧顶端应设排气阀。

（二）缆车式取水

由于缆车取水方式运行管理较为复杂，在水位变幅大的河段还需要根据水位涨落人工换接头，因此目前在电厂取水中一般不推荐采用。下面仅对缆车取水设计做概要介绍。

1. 缆车式取水口位置选择

缆车式取水口位置选择原则，除了基本上与固定式相同外，还应注意以下几点：

（1）宜选在河流顺直、主流近岸、水流平稳、河床稳定的河段，避免设在水深不足、冲淤严重的地方，岸边水深不小于 1.2m。

（2）避免在回水区域或在岸坡凸出地段的附近布置缆车道，以防淤积。

（3）河岸稳定，地质条件较好，岸坡坡度为 1:2.5～1:5。

（4）岸坡要适宜，缆车坡道面与原岸坡接近。

（5）漂浮物少，且不易受漂木、浮筏或船只的撞击。

2. 一般设计要求

（1）泵车数量应根据供水量大小、供水保证率要求及调节水池容量等决定。取水量较少时可采用一台泵车，泵车应设不少于两台水泵；取水量较大，且移车次数较多时，应设有调节水池。

（2）牵引设备、卷扬机（绞车）可设在岸边最高水位以上的卷扬机房内，牵引力在 5t 以上的卷扬机宜采用电动操作。

（3）清淤一般可在岸上设冲洗水泵，或利用泵车水泵的压力进行冲洗。

（4）水位变幅大时，输水斜管上每隔 15～20m 高程差设一个止回阀。

（5）泵车上应有拦污、清污设施。从多泥沙河流上取水时，应另设供应清水的技术供水系统。

（6）泵车应设保险装置。对于大、中型泵车，可采用挂钩式保险装置；对于小型泵车，可采用螺栓夹板式保险装置。

（7）水泵出水管均应装设闸阀。出水管并联后应与联络管相接。联络管宜采用曲臂式，管径小于 400mm 时，可采用橡胶管。出水管上还应设置若干个接头岔管。接头岔管间的高差：当采用曲臂联络管时，可取 2.0～3.0m；当采用其他联络管时，可取 1.0～2.0m。

（三）工程示例

西南某电厂新建 4×1000MW 级燃煤发电机组，一期工程按 2×1000MW 级燃煤发电机组实施。电厂取水水源为长江（三峡水库库区），一期取水量约 4000m³/h，一、二期总规划取水量为 8000m³/h。取水泵船在船厂制造，托运至现场，目前已运行多年。

电厂取水泵船布置在电厂大件码头上游约 100m 处，该处岸线地形及水域条件能满足电厂目前设置一条取水泵船的位置，同时还满足电厂远期扩建再设置一条取水泵船的需要。泵船摇臂长度约 56m，最高水位时泵船的位置处于码头前沿控制角点连线右岸一侧，位于大件码头船舶航行边界线以外。

泵船运行的最高河水流速 8.0m/s，泵船运行的水面涨落速度 2.0m/h，泵船运行处的河床标高 125～135m（黄海高程），厂址离地 10m 高 100 年一遇 10min 平均最大风速为 27.3m/s。泵船运行的最高水位 175.50m，最低水位 145.00m，水位差 30.5m。

泵船采用两根 DN900 钢管、摇臂接头与岸边的补给水管相连。泵船通过岸上的地牛与河底的锚链共同将船固系于水面上。运行人员通过摇臂联络管上的交通平台或交通小船往来于泵船与岸上。

1. 泵船船体

泵船为首尾对称的方箱形结构，底部首、尾斜直线起翘，中部为平行中体，甲板四角为方角。泵船主尺度：船体型长 41.20m、总宽 15.00m，船体型深 2.30m、吃水 1.10m。泵船设有 7 道水密横舱壁（水密舱），最大舱长为 8.0m，当泵船发生事故时，亦能确保船体的不沉性。

泵船稳定性满足《内河船舶法定检验技术规则》（2004）及 2008 年修改通报对停泊于内河 A 级航区取水泵船的要求，在受风浪冲击、风压作用及船舶移位时，最大横倾角小于 1.5°，其干舷变化值小于 0.2m，船舶最小干舷大于 0.80m。

船体分三层布置，第一层布置水泵泵房舱、高压电气配电间、低压配电控制间以及卫生间、锚链收放装置等；第二层为高压变频器控制室、船员休息室、会议室（兼餐厅）、卫生间和淋浴间等；第三层为顶层，为会议室及船员活动场所。

泵船防腐：为了提高取水泵船的使用年限确保 30 年以上，并因船体外壳板水下部分终身无法维护，全船水下外板厚度为 10mm，并且选用高级船用防污防腐材料。

2. 取水泵船主要系统

（1）取水系统。泵船内设 3 台取水泵，预留 1 台二期取水泵位置。取水泵为水平中开单级双吸离心泵（Q=2300m^3/h，H=0.55MPa，P=500kW，V=10000V），远期规划为三运一备，未来可更换大泵，泵船的布置和配重要满足本期布置 3 台小泵的要求，同时也满足未来更换为安装 4 台大泵的条件。所配泵型能满足小泵和大泵采用相同泵体，未来小泵换为大泵时，只需更换叶轮和电动机即可。

水泵吸水口设两道拦污设施，船体外侧设粗拦污栅，水泵吸水管喇叭口设不锈钢污栅网罩。

取水泵船上部设起重量为 7t 的起重机行车，岸边摇臂接头平台上设起重量为 20t 的门形架，使用时可在门形架上挂葫芦。

（2）消防系统。泵船在泵舱内设有两台卧式自吸离心泵作为消防总用泵，在主甲板上左舷和首、尾部各设有一只消防栓，二层甲板上设一只消防栓，供本船消防及平时甲板冲洗用。消防水与主输水管系设有互通连接，使消防总用泵和主输水泵都可供消防水。

在船舶主要部位还配有手提式灭火器。

（3）舱底水系统。泵船设有的两台消防总用泵兼用抽吸舱底各舱舱底水，七个底舱各设有一个舱底水吸口和一路支管，通过支管汇集到七联截止止回阀箱，再由消防总用泵抽吸排至舷外。

（4）疏排水系统。顶棚甲板上设甲板漏水口，通过漏水管将积水流到二层甲板上。二层甲板上设甲板漏水口，将积水排到舷外。厨房、浴室、厕所的积水设专用排水管系直接排至污水柜。

（5）生活污水系统。泵船舱底设有粪便污水储存柜及无堵塞粪便污水输送泵，待粪便污水积至一定高度后，通过液位控制器自动控制启动污水输送泵，将粪便污水输送至岸上化粪池储存和处理。

3. 取水泵船安全防护措施

（1）根据三峡库区水流特点，在泵船艏、艉部设置半圆形防撞墙，以抵御上游来袭物体的碰撞。江舷一侧设置护舷，保护主船体不受伤害。泵船各水密舱内均设置进水警报系统。泵船配置水深探测仪，定期检测河床变化，防止泵船搁浅。

（2）泵船设 6 套锚链。其中，艏部配 60t 钢筋混凝土引水锚，艉部正中配 15t 钢筋混凝土地锚，艏、艉部江舷、岸舷均设边锚，艏艉甲板上各配电动系缆绞盘，供收放锚链、钢索用。

（3）在泵船顶层甲板设置警示桅杆灯，提醒过往船只不要靠近行驶。

4. 交通

泵船与岸边的交通以摇臂联络管上人行便桥为主，交通船摆渡为辅。泵船配置一艘机动艇供临时交通用。此外，还配置一艘移动浮台供设备安装检修用。

5. 制造、运行情况

泵船在船厂制造，建成后租用拖轮拖至取水点停泊后，再安装摇臂管等设施，整个工期约 12 个月。目前，泵船采用承包方式委托专业公司进行运行和管理工作，造船厂负责泵船的停泊及船姿态调整，泵船及设备的维护管理和保养（包含设备检修），泵船至厂区的管道、供电线路的巡检和维护，按控制室的指令启停水泵等工作。从现场调查情况看，泵船的管理维护有严格的作业制度，泵船整洁美观、设备状态良好。

第五节　取水泵房的设计

进水流道是用于将流体引入泵吸入口的结构或管道，一般可分为引水段、前池和吸水池三个部分。

引水段是将具有自由表面的水通过管、沟引入前池的工程设施。引水段常用的有敞开式、引水明渠式和引水管（沟）式等多种形式。前池是连接引水段与水泵吸水池的部分，使水流平顺过渡并按需要分配至各水泵吸水池；本部分包括清污设备及闸门孔、隔墙等设施。吸水池是从清污设备后端至水泵后墙的部分，是为水泵或其进水管（流）道提供良好进水流态的水池。其中，引水明渠、引水管及斗槽式取水详见本章第四节相关内容。

敞开式岸边泵房引水应有与循环水泵台数相等的单独进水流道，流道水流要顺畅，水阻要低。各流道进口设置检修闸门。

一、进水流道水力设计

大型立式湿井式水泵要求进水均匀、平稳，不产生空气吸入涡及水中涡带，否则会导致振动和噪声，使水泵设计性能得不到保证。

进水流道的水力设计包括泵房的前池、进水井、滤网井、吸水池及吸水弯道等一系列构筑物的水力设计。影响流道设计的主要因素是来水流态及其在流道中的水流流态和分布的均匀性、稳定性，以及流速大小等。在吸水池沿水流方向有足够的长度和深度时，其上游构筑物对水泵进水条件的影响变弱，问题着重于吸水井及吸水弯道的水力设计。

（一）旋涡形态及临界淹没深度

1. 旋涡形态

由水泵吸水而引起吸水池中水产生的旋涡有水面涡和水下涡两种。根据《火力发电厂循环水泵房进水流道设计规范》，水面涡可分为表面旋涡、表面黏性旋涡、染色核涡、挟物旋涡、间歇吸气涡和连续吸气涡六种，水下涡可分为旋涡、染色核涡旋、空气核或气泡三种。各类涡定义及图例见表7-15。

表7-15　各类涡定义及图例

类型	级别	定　义	图　例	危　害
水面涡	1	表面旋涡——水面不下凹，水流不旋转或很微弱	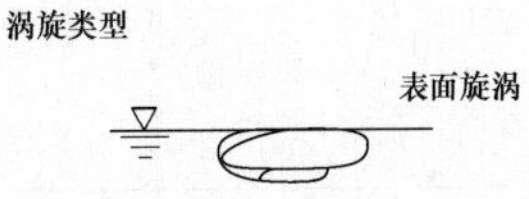 涡旋类型 表面旋涡	即使未吸入空气，但旋涡中心可能伴随一个旋转的核心，如果水泵淹没深度不够，可能会造成水流旋转进入水泵，造成水泵叶轮室内压力的周期性变化
	2	表面黏性旋涡——水面下凹且水下有浅层缓慢旋转水流但向下延伸不明显	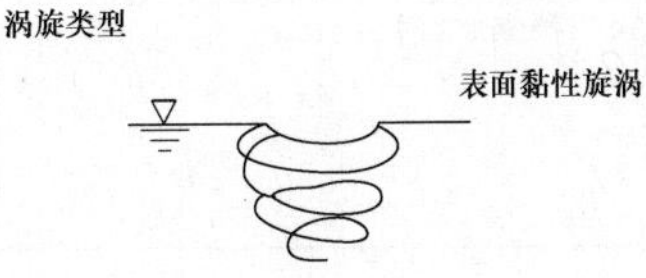 涡旋类型 表面黏性旋涡	
	3	染色核涡——水面下陷，且将染色水注入时，染色水体形成漏斗状旋涡水柱进入吸水口	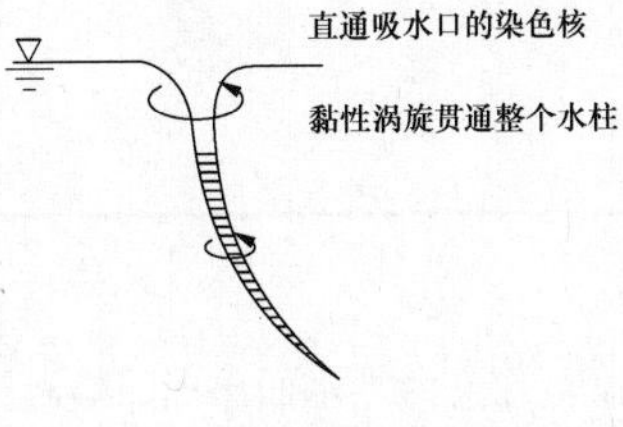 直通吸水口的染色核 黏性涡旋贯通整个水柱	
	4	挟物旋涡——水面下陷明显，杂物落入旋涡后随即下沉被吸入吸水口，但未进入空气	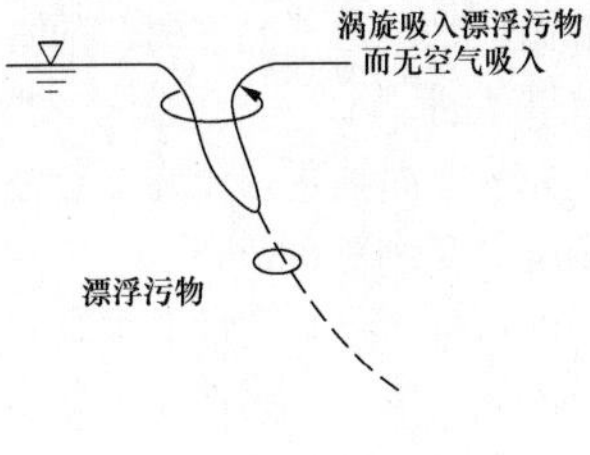 涡旋吸入漂浮污物而无空气吸入 漂浮污物	

续表

类型	级别	定义	图例	危害
水面涡	5	间歇吸气涡——水面下陷较深且间断地吸入空气进入吸水口	涡旋吸入气泡至吸水口	大量空气通过水泵叶轮将引起不稳定荷载，导致振动、噪声和性能下降，可能损坏轴承
	6	连续吸气涡——旋涡中心为漏斗状气柱，空气连续吸入吸水口	空气直通吸水口	
水下涡	1	旋涡		由于涡流的进入，水泵内水流的局部压力迅速变化，可以引起严重的振动和气蚀
	2	染色核涡旋		
	3	空气核或气泡		

2. 临界淹没深度 h_{cr}

水泵的临界淹没深度可定义为当水面出现凹陷涡时吸水管喇叭口的淹没深度。

火力发电厂循环水泵不允许有任何空气吸入，吸入空气对长期连续运行的循环水泵是不允许的，同时空气进入凝汽器对传热效果不利。

不经常运行的水泵，如农业灌溉泵，允许部分空气吸入涡产生。其允许淹没深度约为 $0.8h_{cr}$。

短期运行的水泵（如雨水排水泵）到最低水位时即停泵，允许连续空气吸入涡产生，其允许淹没深度约为 $0.65h_{cr}$。

（二）湿井式水泵前池布置及尺寸要求

进水流道布置对湿井式水泵的振动、噪声及性能影响最大。本节叙述的布置及尺寸要求，对干井式水泵亦可参照使用。

（1）敞开式岸边泵房引水应有与循环水泵台数相等的单独进水流道，流道水流要顺畅，水阻要低。各流道进口设置检修闸门，如图 7-41 所示。

（2）敞开式岸边泵房前缘宜与岸边齐平或适当凹进。进水前池在平面上宜呈矩形布置。

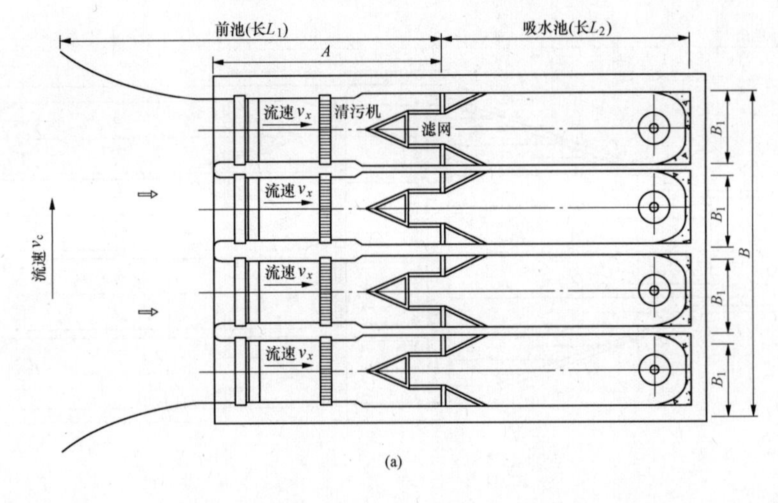

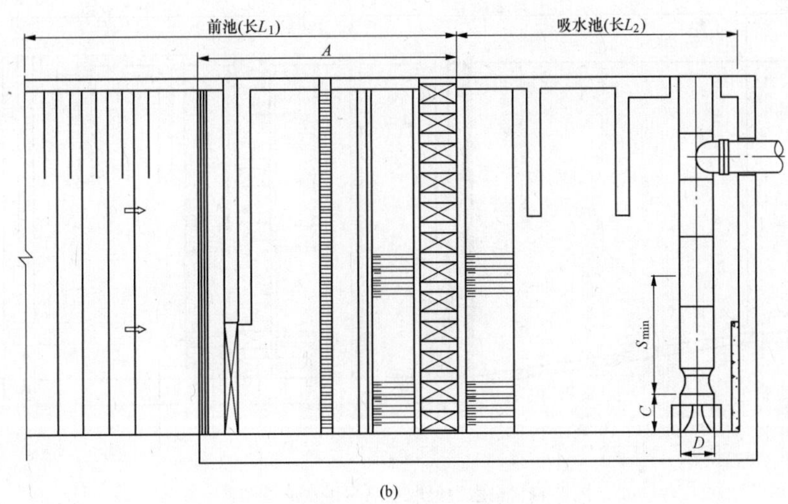

图 7-41　敞开式岸边水泵房进水流道布置

（a）平面布置；（b）立面布置

（3）引水式泵房在明渠或引水管（沟）上正面取水时，进水前池过渡段在平面上宜采用梯形。梯形的进水端底宽应为渠道底宽或引水管的管径（引水沟的宽度），出水端尺寸为水泵房滤网间的宽度减去水泵房两边侧墙的厚度。其平面扩散角 α 宜为 20°～40°，纵向底坡坡度 θ 宜小于 15°。α

前池的布置应符合下列要求（见图 7-42、图 7-43）：

前池长度 L_1 可按下式计算：

$$L_1=[(B-b)/2]/\tan(\alpha/2)+A \qquad (7\text{-}29)$$

式中　L_1——前池长度，m；

B——前池底宽度，m；

b——引水渠出口底宽度，m；

α——前池扩散角，(°)；

A——流道隔墙前缘到清污设备后缘距离，m。

（4）当前池因条件限制难以按上述要求布置，或计算出的前池长度过长时，可采取折线型或曲线前池池壁，也可采取在前池适当部位加设开孔底和分水导流立柱（或导流板）等整流措施，缩短前池的长度。必要时应通过水力模型试验最终确定。

（三）湿井式水泵吸水池布置及尺寸要求

1. 吸水池设计一般规定

（1）水泵的吸水池应根据泵型、泵的台数和当地自然条件等因素综合确定。

（2）湿室式水泵吸水池内布置 2 台或多台泵时，每台泵之间宜设置隔墙，隔墙长度不应小于 4 倍吸入喇叭口直径，高度不小于水泵吸水池内最小水深。

（3）立式混流泵、立式轴流泵宜采用湿室式安装，卧式离心泵、立式蜗壳泵应采用干室式安装。

（4）干室式泵房的吸水池水下容积宜按共用该水池水泵 30～50s 的总设计流量确定。

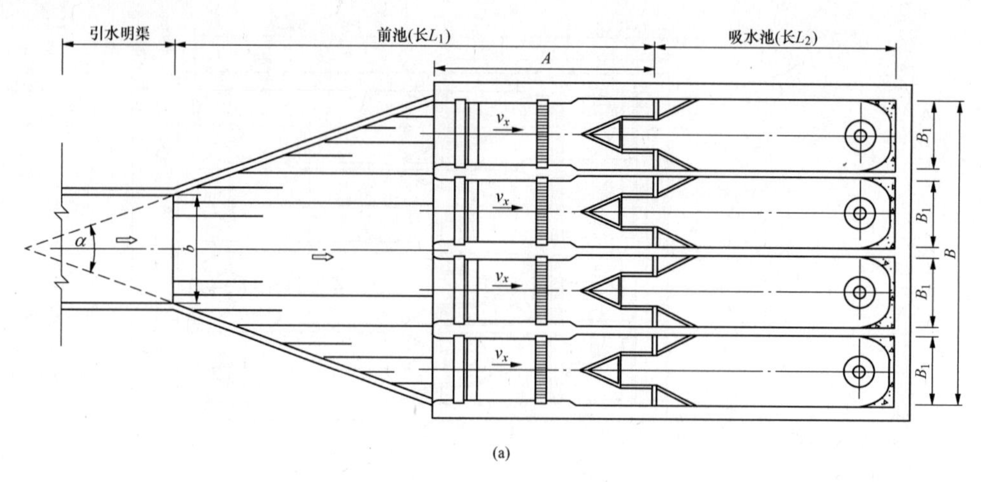

(a)

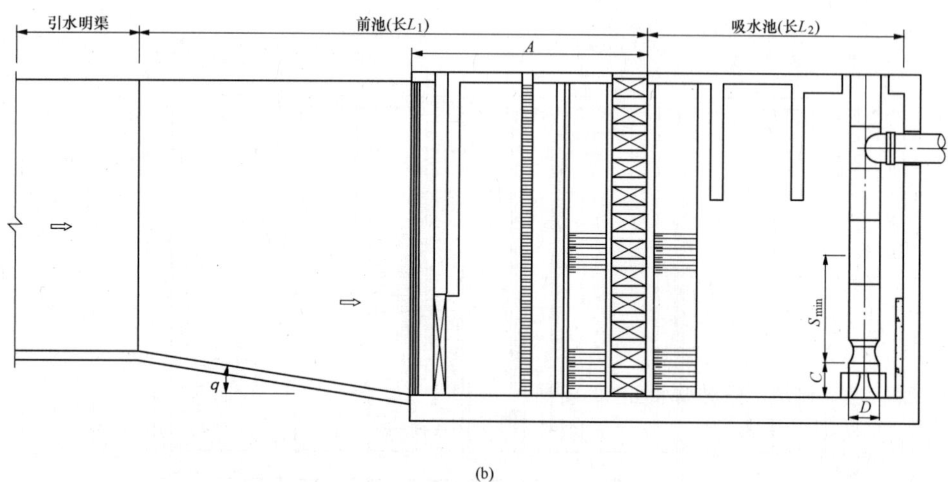

(b)

图 7-42　引水明渠取水泵房进水流道布置

（a）平面布置；（b）立面布置

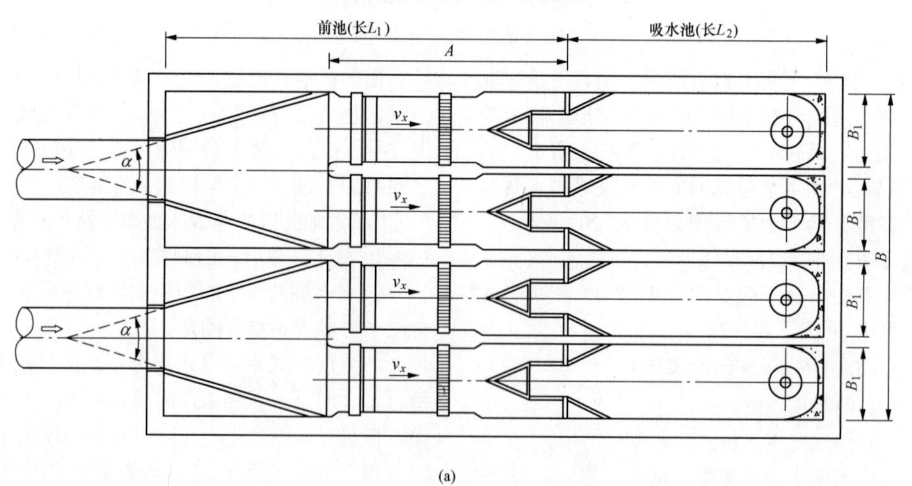

(a)

图 7-43　引水管（沟）式水泵房进水流道布置（一）

（a）平面布置

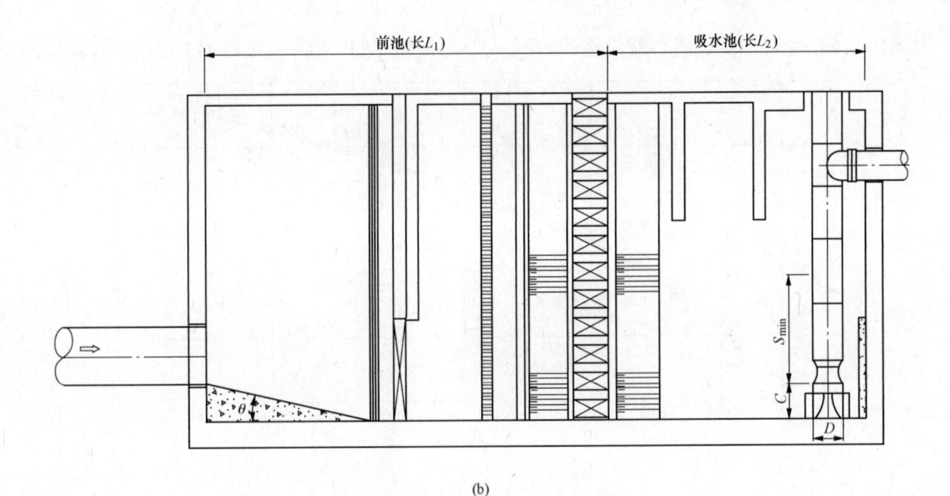

图 7-43　引水管（沟）式水泵房进水流道布置（二）
（b）立面布置

（5）吸水池底板标高的确定应满足最低水位时水泵在不同工况条件下允许吸上真空高度或必需气蚀余量的要求。当电动机转速与水泵额定转速不匹配时，应根据经过修正后的水泵允许吸上真空高度或必需气蚀余量确定。

（6）水泵的淹没深度应考虑取水泥沙含量对水泵吸水性能的影响。

（7）吸水池的水力设计和布置在满足以上要求的前提下，还应满足水泵制造厂商对吸水性能的要求。

2. 立式泵吸水池设计要求

立式泵吸水池的设计按 DL/T 5489—2014《火力发电厂循环水泵房进水流道设计规范》的规定执行：

（1）采用湿室式安装的立式泵吸水池，其尺寸应根据水泵的吸入喇叭口直径（D）确定，见图 7-44。

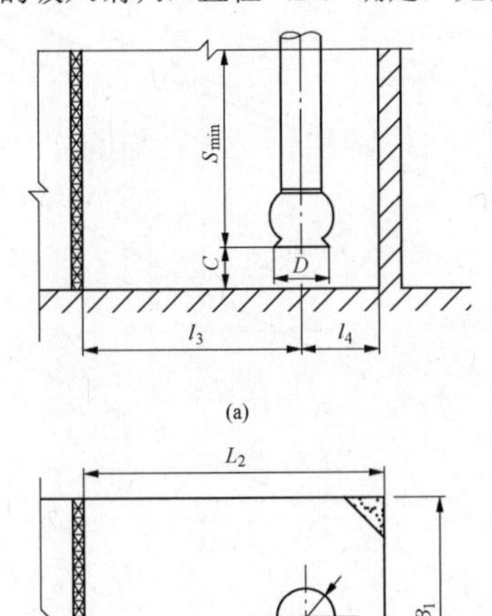

图 7-44　单泵湿式基本设计
（a）立面布置；（b）平面布置

（2）水泵吸水池，相关尺寸见表 7-16。

表 7-16　水泵吸水池尺寸取值范围

序号	项目	取值范围
1	吸水池宽度（B_1）	（2～2.5）D
2	水泵吸入喇叭口与流道后墙间的距离 l_4	（0.65～1.0）D
3	吸入喇叭口悬空高度 C	（0.3～0.5）D
4	吸入喇叭口最小淹没深度 S_{min}	最小淹没深度 1.8D，并且不能小于水泵生产厂商要求的最小值
5	正面进水旋转滤网进水流道 L_2	（4～5）D
	侧向进水旋转滤网 L_2	当不采用整流和增加淹没深度等设施时，取值范围为（7.5～9）D；当采用整流和增加淹没深度等设施后，取值范围为（5.5～7.5）D；取值范围不宜小于 5.5D

（3）当无厂家资料时，吸入喇叭口直径 D 和最小淹没深度 S_{min} 可按下列资料确定，开展进水流道设计：

1）水泵吸入喇叭口直径 D 的最优设计流速及允许流速范围参见表 7-17。

表 7-17　水泵进水喇叭口直径 D 的优设计流速及允许流速范围

水泵流量（Q）范围（L/s）	推荐喇叭口设计流速 v（m/s）	可接受的流速（v）范围（m/s）
Q<315	v=1.7	0.6<v<2.7
315≤Q<1260	v=1.7	0.9<v<2.4
Q≥1260	v=1.7	1.2<v<2.1

注　直径 D 的数值根据公式 $D=[Q/(785v)]^{0.5}$ 计算得到。

2）产生最少水面旋涡的推荐最小淹没深度 S_{min} 与流量 Q 和喇叭口直径 D 的关系曲线见图 7-45。

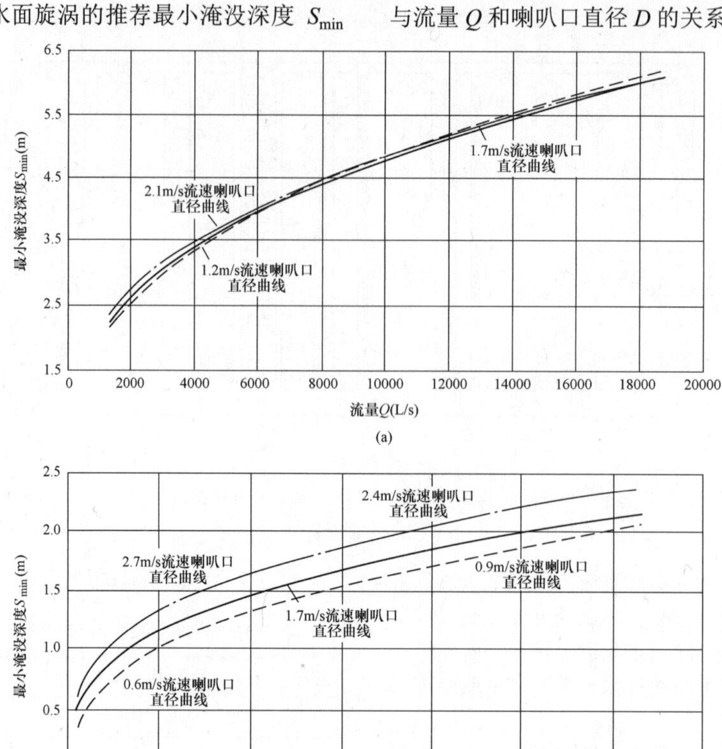

图 7-45　最小淹没深度 S_{min} 与流量 Q 的关系曲线

（a）Q>1400L/s；（b）Q≤1400L/s

（4）多泵型泵房吸水池设计除满足上述规定外，还应考虑清、拦污设备的安装运行要求。

（5）当采用侧面进水旋转滤网时，若水泵吸水池的布置因条件限制，L_2 不能满足 7.5D 的要求，宜通过模型试验确定。

（6）吸入喇叭口后部的一些死水区应加以回填，回填块与吸入喇叭口边缘的净距应保持在（0.15～0.5）D 之间。

3. 美国水力学会推荐尺寸

美国水力学会推荐的进水流道各部尺寸见图 7-46。

以上各部尺寸与水泵流量的关系见图 7-47 和图 7-48。河流流速 v_c 为 0.6m/s。对大部分喇叭口设计，建议 Y 值取约 3 倍喇叭口直径。

由图 7-46 中的水深 H 减去悬空高 C 即为喇叭口淹没深度。美国水力学会推荐的淹没深度似偏大。美国 Ingersoll-Rand 公司为大型循环水泵生产厂商，该公司推荐的淹没深度，当流量接近 20m³/s 时仅为 3.6m。我国长沙水泵厂引进 Ingersoll-Rand 技术制造的水泵喇叭口淹没深度较该公司的推荐值增加 0.5～0.7m 的裕度。对比日本有关单位的推荐值，Ingersoll-Rand 资料似较合理。

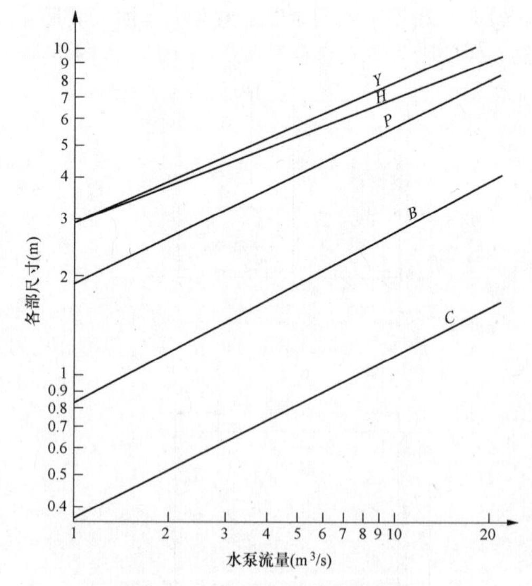

图 7-46　美国水力学会推荐的进水流道各部尺寸

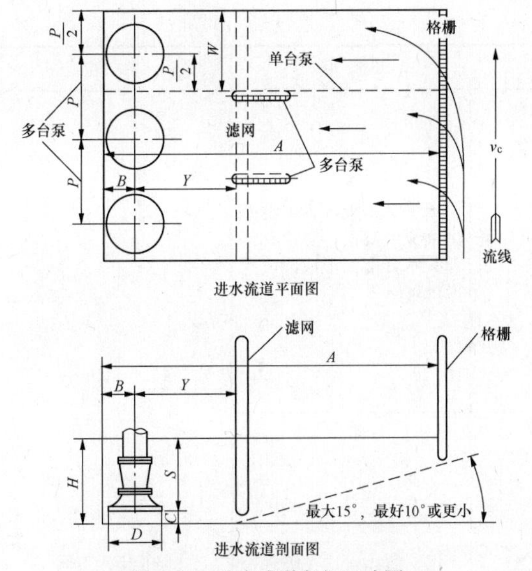

图 7-47　进水流道各部尺寸图

A—吸水井后墙到格栅的距离，m；*B*—吸水井后墙到泵中心的距离，m；*C*—悬空高、喇叭口到池底的距离，m；*H*—最低水位时水深，m；*P*—相邻水泵中心线的距离，m；*S*—喇叭口淹没深度，*S*=*H*–*C*，m；*W*—吸水井宽度，m；*Y*—泵中心到滤网的距离，m

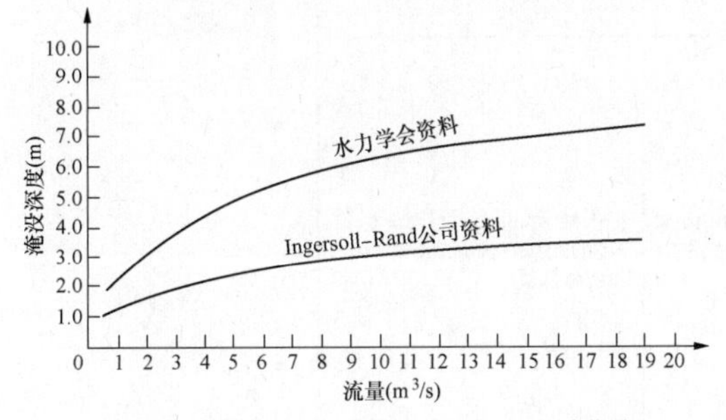

图 7-48　喇叭口淹没深度和流量的关系曲线

4. 防止回流及旋涡的隔墙及装置

当受场地或水泵布置等条件限制时，若吸水井尺寸不能采用最合理的布置及尺寸，应在吸水井中加装隔墙、挡板或其他装置，以防止产生回流、空气吸入涡或水中涡带。不同形式的防涡装置有不同的作用及应用条件（见表 7-18），选择时要充分了解这些作用及应用条件。

（四）干井式水泵流道布置及尺寸要求

1. 大型立式水泵

当水泵出口直径较大，即单泵流量较大，制造管筒式湿井式水泵及建造较大尺寸的吸水井不经济或地形受限制时，可采用封闭式水泵吸水流道，水泵外壳可由钢筋混凝土制作。这时水泵机组的设计就包括了封闭的进水流道、叶轮、外壳及出水流道四部分。水泵本体设计与泵站工程设计要紧密结合，充分考虑各种限制条件。水泵机组各部详细尺寸由制造厂提供。大型立式水泵封闭式进水流道可分为以下几种。

（1）肘形进水流道（见图 7-49）。肘形进水流道由进口直段、弯曲段和出口段三部分组成。根据国内已建和试验资料分析，主要尺寸可在如下范围内选用：

1）H=（1.5～2.2）ϕ，B=（2～2.5）ϕ，ϕ为叶轮直径；

2）L=（3.5～4.0）ϕ，h_k=（0.8～1.0）ϕ；

3）R_0=（0.8～1.0）ϕ，R_1=（0.5～0.7）ϕ；

4）R_2=（0.35～0.45）ϕ，α=12°～30°；

5）β=5°～12°。

进水流道的进口上缘应淹没在进水池最低运行水位以下至少 0.5m。

（2）钟形进水流道（见图 7-50）。钟形进水流道由

表 7-18　　防涡隔墙/装置的形式、特点及应用

序号	形　式	特　点	应　用	备　注
（1）		防止由于吸水管与后墙之间距离过大，在吸水管下游产生旋涡而形成回流，但装隔墙后空气吸入旋涡仍可能产生	用于防止吸水管下游产生回流及旋涡	防止淹没旋涡
（2）		防止由于吸水管与后墙之间距离不足产生淹没旋涡而形成回流	用于防止直接在吸水管下面形成回流及淹没旋涡	

续表

<table>
<tr><th>序号</th><th>形 式</th><th>特 点</th><th>应 用</th><th>备 注</th></tr>
<tr><td>(3)</td><td> 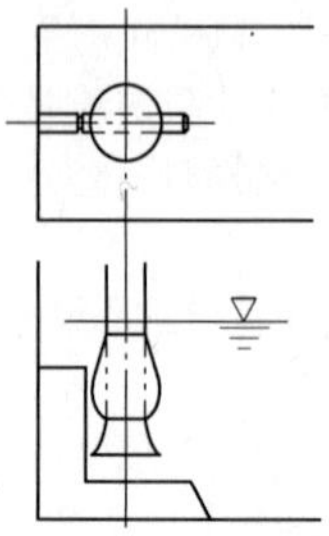</td><td>(1)与(2)的组合，可显著有效地防止回流</td><td>用于防止吸水管下游产生回流及旋涡；防止直接在吸水管下面形成回流及淹没旋涡</td><td rowspan="3">防止淹没旋涡</td></tr>
<tr><td>(4)</td><td> 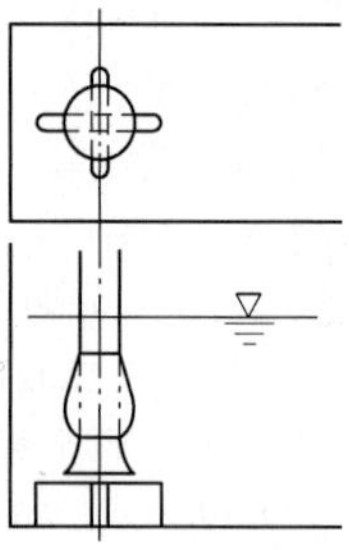</td><td>防止由于吸水管与底板之间距离过大产生淹没漩涡而形成回流</td><td>用于防止直接在吸水管下面形成回流及淹没旋涡</td></tr>
<tr><td>(5)</td><td> 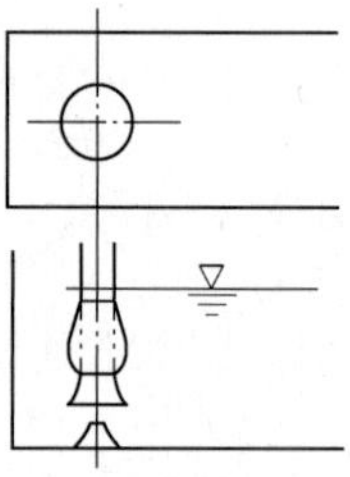</td><td>引导水流从底板进入喇叭口，防止直接在吸水管下面形成回流/旋涡对防止围绕吸水管产生的回流效果较小</td><td>用于防止直接在吸水管下面形成淹没旋涡</td></tr>
<tr><td>(6)</td><td> 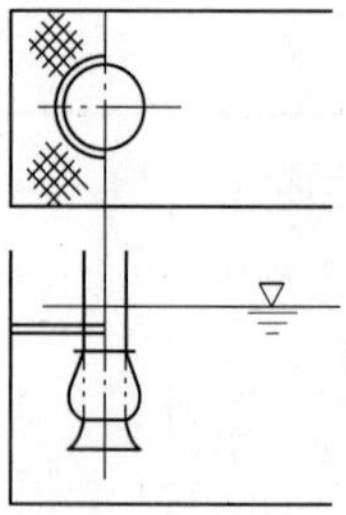</td><td>防止由于吸水管淹没深度不足和/或回流形成的空气吸入旋涡。对防止回流的产生不起作用</td><td>用于防止在吸水管下游形成空气吸入旋涡</td><td rowspan="2">防止空气吸入旋涡</td></tr>
<tr><td>(7)</td><td> 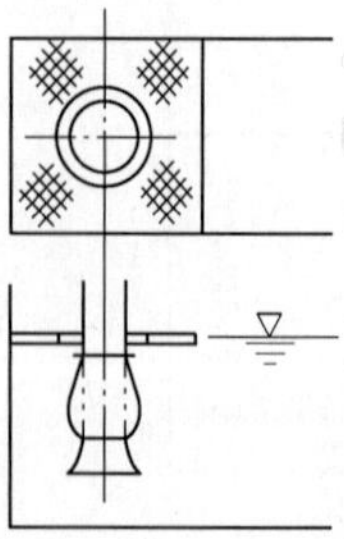</td><td>由于各种原因在水面可能形成旋涡时，面板或穿孔面板如图示放置而防止旋涡</td><td>用于防止水面形成空气吸入旋涡</td></tr>
</table>

续表

序号	形　式	特　点	应　用	备　注
（8）	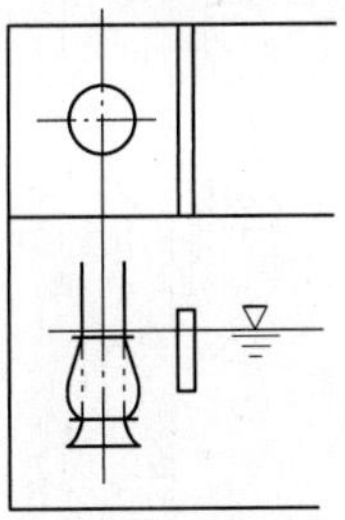	控制水面流速以防止在吸水管后面产生旋涡，已是产生空气吸入旋涡的主要原因。有效防止围绕吸水管产生回流。但不正确的装置位置，能在吸水管后面产生紊流而降低水泵性能	用于防止在吸水管下游的空气吸入旋涡。用于防止围绕吸水管的紊流波	防止空气吸入旋涡
（9）	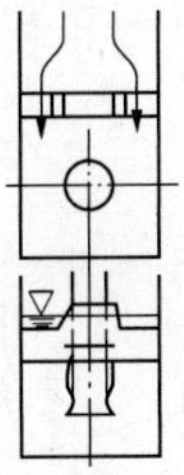 EBARA实用模型	用在吸水管两侧的，近水面处产生的水流切断空气吸入旋涡的形成	用于防止空气吸入旋涡	
（10）	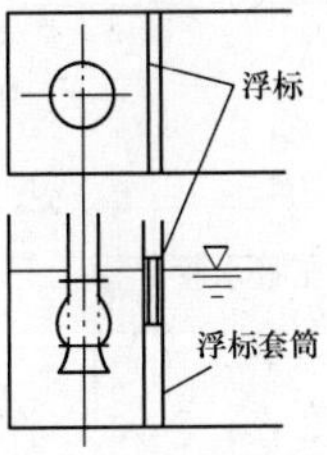 浮标 浮标套筒 EBARA实用模型	（8）的改进型，能根据水位调节前墙装置（浮标）的位置（上或下）	用于防止在吸水管下游的空气吸入旋涡。用于防止围绕吸水管的紊流波	
（11）	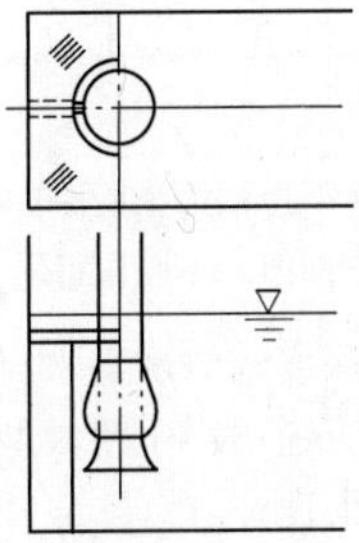	联合（1）和（6）型，防止回流及空气吸入旋涡	用于防止吸水管下游产生空气吸入旋涡和淹没旋涡	防止联合旋涡
（12）	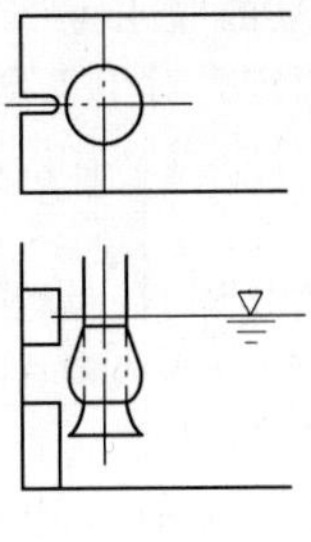 EBARA 实用模型	当后墙较宽时，用干扰吸水管后面水流的方法割断空气吸入旋涡的产生。用在水位变幅较大及围绕吸水管有回流的情况下	用于防止产生空气吸入旋涡和淹没旋涡	

续表

序号	形 式	特 点	应 用	备 注
（13）	EBARA 专利	防止围绕吸水管的回流及割断和破坏小的棒状吸水管形成的从水面到吸入口的长的旋涡	用于防止产生空气吸入旋涡和淹没旋涡	

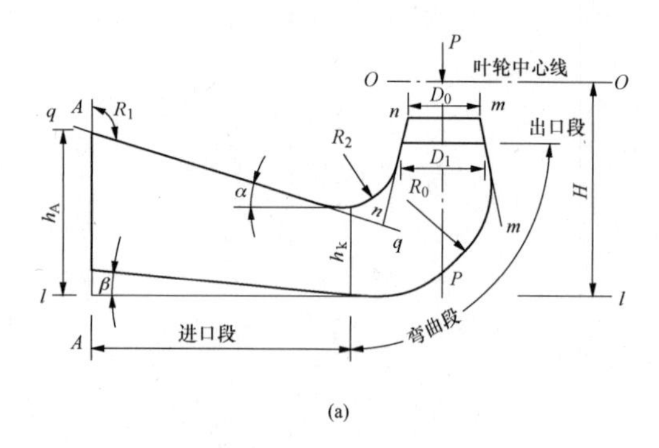

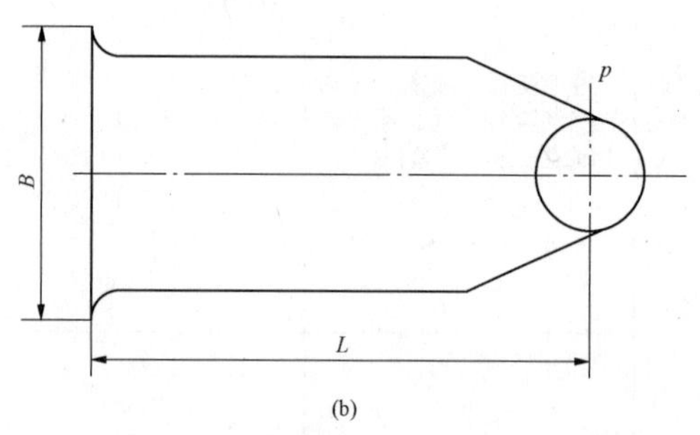

图 7-49 肘形进水流道尺寸图

（a）剖面图；（b）平面图

进口段、吸水室、导流锥和喇叭管等部分组成，其主要尺寸可在下列范围内选用：

1）$H=h_1+h+h_0=$（1.1～1.4）ϕ，ϕ为叶轮直径；

2）$h_1=$（0.4～0.6）ϕ；

3）$h=$（0.3～0.4）ϕ；

4）$B=$（$2a+D_1$）=（2.5～2.8）ϕ；

5）$D_1=$（1.3～1.4）ϕ；

6）$L=$（3.5～4.0）ϕ；

7）$\alpha=12°\sim30°$；

8）$\beta=5°\sim12°$。

进水流道的进口上缘应淹没在进水池最低运行水位以下至少 0.5m。

肘形进水流道由于进水流道阻力较小，故水泵效率较高；由于泵房开挖较深，故建造费较高；如部分流道需用钢衬里，则制造进度要与土建施工进度相配合。

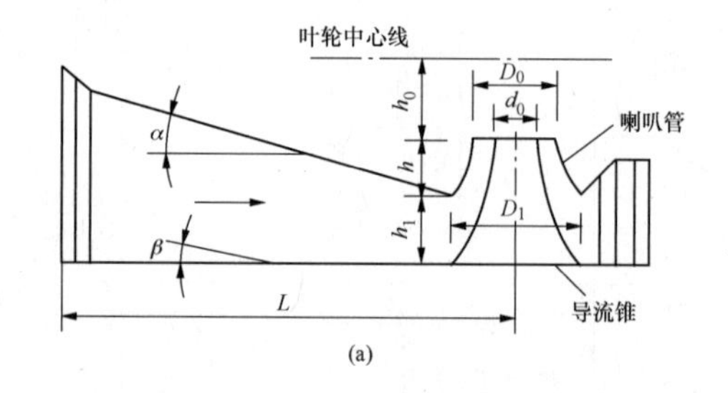

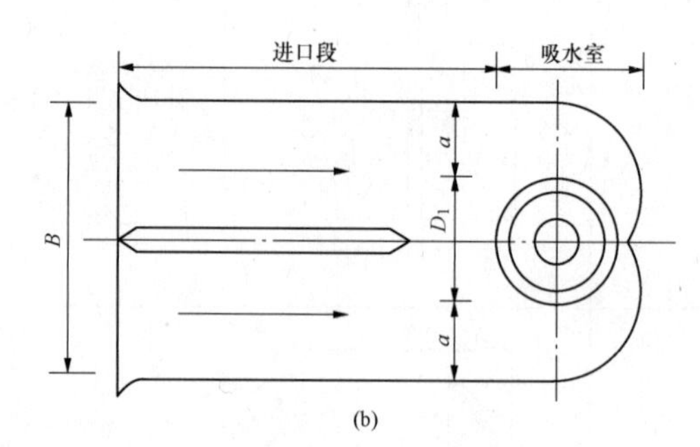

图 7-50 钟形进水流道主要尺寸图

（a）剖面图；（b）平面图

钟形进水流道的深度较肘形进水流道小，故土建费用较低。钟形进水流道适用于特大型水泵，较多进水流道建造后运行效果良好。

2. 卧式水泵

（1）干室式卧式泵的吸水池布置尺寸应根据吸入喇叭口直径 D 确定。对于单泵型吸水池，根据不同水泵的水流条件特点，宜采用表 7-19 中规定的数据。

（2）水泵为非自灌引水时，应设置独立的吸水管。

（3）清拦污设备后缘至吸入喇叭口（中心）的流程长度不小于 $3D$。

（4）吸水池标高设计应满足水泵不同工况下必需气蚀余量的要求。

表 7-19　　干室式卧式泵的吸水池布置尺寸

序号	喇叭口吸水方式	取值范围	图示
1	喇叭口垂直布置	（1）B_1=（2～3）D； （2）D≥1.25d，水泵吸入喇叭口宜采用直线型，其锥角不宜大于30°； （3）C=（0.6～0.8）D； （4）S_{min}≥（1.0～1.25）D； （5）M 宜为 1.0D； （6）l_4=（0.8～1.0）D； （7）喇叭口中心至吸水池进口距离应大于 4D	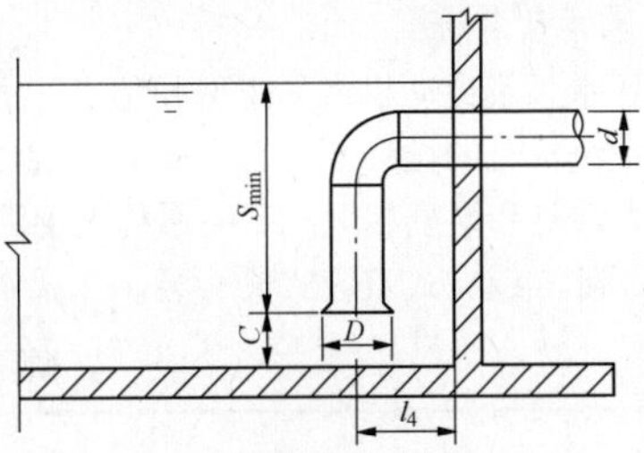 (a) 下弯喇叭口立面布置 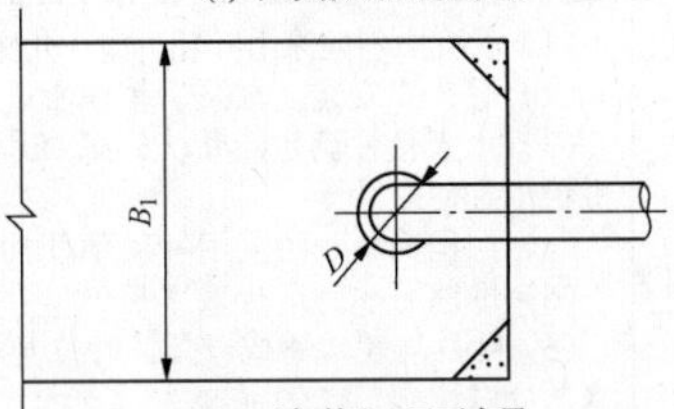 (b) 下弯喇叭口平面布置
2	喇叭口水平布置	（1）B_1=（2～3）D； （2）D≥1.25d，水泵吸入喇叭口可采用直线型，其锥角不宜大于30°； （3）C=（1.0～1.25）D； （4）S_{min}≥（1.8～2.0）D； （5）M 宜为 1.0D； （6）l_4=（0.8～1.0）D； （7）喇叭口中心至吸水池进口的距离应大于 4D	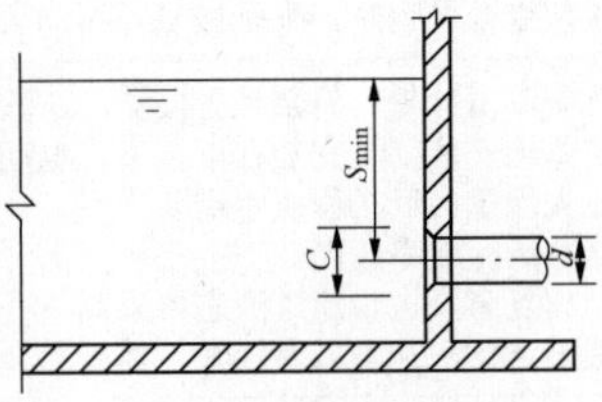 (a) 水平喇叭口立面布置 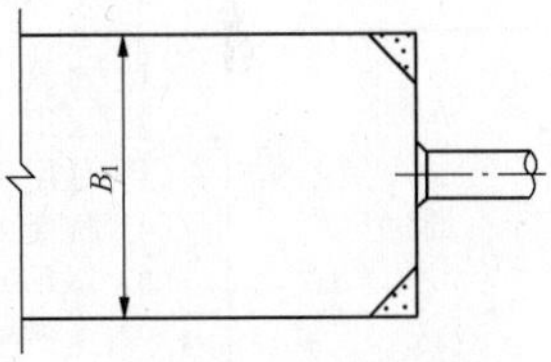 (b) 水平喇叭口平面布置 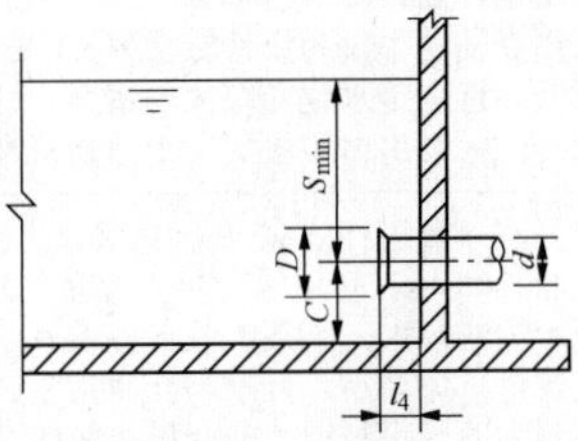 (c) 喇叭口水平布置 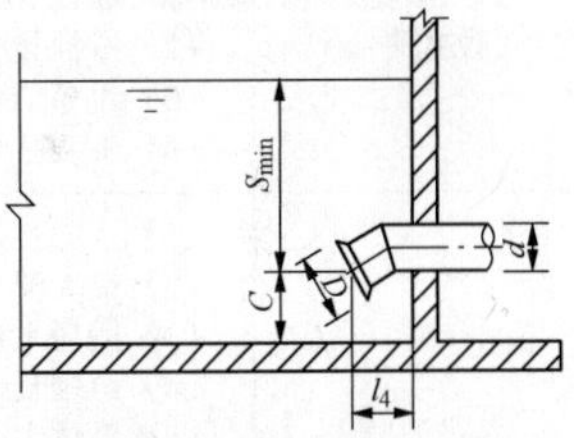 (d) 喇叭口倾斜布置
3	喇叭口倾斜布置	（1）B_1=（2～3）D； （2）D≥1.25d； （3）C=（0.8～1.0）D； （4）S_{min}≥（1.5～1.8）D； （5）M 宜为 1.0D； （6）l_4=（0.8～1.0）D； （7）喇叭口中心至吸水池进口的距离应大于 4D	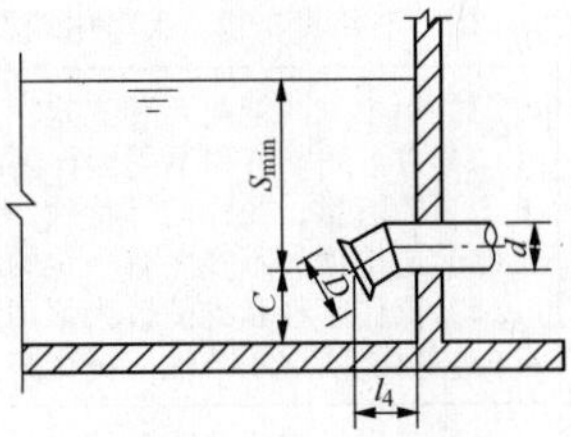
4	多泵吸水管布置	（1）吸入喇叭口与吸水池侧壁间净距 M 宜为 1.0D； （2）两个喇叭口间的净距为（1.5～2.0）D；同时满足喇叭口安装的要求	

二、泵房工艺设计

（一）设备配置与选择

1. 循环水泵及电动机

（1）循环水泵及电动机常见类型和特点。火力发电厂冷却水系统常见的循环水泵有立式导叶混流泵或斜流泵（水力性能和泵型相近，下面通称为混流泵）、立式轴流泵、卧式或立式双吸式离心泵、立式混凝土蜗壳泵等几种类型，均属于叶片式泵，其中立式混流泵、轴流泵多为湿井式安装，离心泵和蜗壳泵为干井式安装。按叶轮类型分，电厂常用的立式混流泵和轴流泵可以分为固定叶、半调节、全调节三种形式；按配套电动机类型分，循环水泵还可以分为定速、双速、变频调速三种类型。循环水泵常见类型和特点见表 7-20。

表 7-20　循环水泵常见类型和特点

设备类型	设备特点	适用工程
立式混流泵或斜流泵（固定叶）	（1）水流由斜向流出叶轮，输送介质在叶轮中既受到离心力的作用，又有轴向升力的作用。 （2）湿井式安装，水泵房体积小。 （3）水泵特性满足流量大、低扬程供水需要，最大流量可达 16.7m³/s，300～1000MW机组均宜使用。 （4）结构简单，当采用转动部件抽芯式结构时，检修维护方便。 （5）性能可靠、运行效率高。 （6）叶片与轮毂铸成一体，叶片角度不能改变，电厂运行中需通过开泵数量调节机组供水量，以达到节能效果。 （7）水泵房进水流道流态要求高。 （8）零流量关闭点扬程和轴功率较大，需采用开阀启动。 （9）当水源水位变幅较大时，泵轴较长，振动大	单机容量为 300MW 及以上的大中型火力发电厂
立式轴流泵（固定叶）	（1）水流由轴向流出叶轮，沿泵轴方向流动，输送介质在叶轮中主要受轴向升力作用。 （2）采用双层基础安装，泵安装在下基础，电动机安装在上基础。 （3）适用于较大流量、低扬程供水需要。 （4）性能可靠、运行效率较高。 （5）水泵房结构复杂，进水流道流态要求高。 （6）零流量关闭点扬程和轴功率较大，需采用开阀启动	中小型火力发电厂
双吸式离心泵	（1）水流由径向流出叶轮，输送介质在叶轮中主要受离心力作用；设计性能适用范围广，运行可靠性和效率也较高。 （2）零流量关闭点轴功率仅为设计轴功率的 30%，采用关阀启动，启动功率小。 （3）设备造价低，特别是水位变幅大的情况。 （4）干井式安装，水泵房体积较大，土建造价高	小型火力发电厂
立式混凝土蜗壳泵	（1）水力性能好，一般运行效率可达 90%以上。 （2）最大流量约 30m³/s，可以满足更大容量的机组供水需要。 （3）适应水源水位变幅大，水泵的吸入特性好，对前池的流态要求较低。 （4）泵轴长度较短，振动小，且不与介质接触。 （5）泵体大部分为混凝土结构，与介质接触的金属部件少，海水条件下防腐性能较好。 （6）起吊设施的高度和起重量较小。 （7）对于大流量泵（特别是海水泵），比通常的混流泵更经济。 （8）泵吸水弯道的土建施工要求高。 （9）进水蜗壳流道及叶轮检修维护不便，需先期关闭进口检修闸门，并抽空水泵房积水。 （10）干井式安装，大型电动机泵坑散热要求高	大流量的大型核电工程
静叶可调泵	（1）用于立式混流泵和立式轴流泵。 （2）按不同季节和不同运行工况，在循环水泵停运后人工进行叶片角度的有级调节，改变水泵的流量、扬程运行特性。 （3）造价增加不多，有一定的节能效果。 （4）操作管理和维护较为烦琐，故障率高。 （5）只能实现季节性工况调整，不能实现最佳节能效果	水温变幅较大的火力发电厂
动叶可调泵	（1）可用于立式混流泵和立式轴流泵。 （2）在不停泵的条件下，通过液压或机械调节机构无级调节叶片或前置导叶的角度来改变水泵的流量、扬程运行特性，但效率变化不大，保证各种工况下循环水泵及循环水系统均在最优状态下运行，达到最佳节能效果。 （3）通过将叶片角度调到最小，有效降低水泵启动功率和系统水锤压力。 （4）设备结构复杂，检修维护要求高。 （5）需配套编制智能化调叶软件，根据电力负荷、水位、水温等运行条件，实现叶片角度的自动调节。 （6）一般为进口，造价高	机组负荷、水温、水位变化大的火力发电厂

续表

设备类型	设备特点	适用工程
双速电动机调节	（1）可用于各类型水泵。 （2）通过电动机转速高低切换，改变水泵的流量、扬程运行特性，以适应水温或机组负荷的季节性变化，实行水泵投运台数和高低转速组合下的多工况运行，较定速泵可提高节能效果。 （3）较静叶和动叶调节方式相比，结构简单可靠，维护工作量小	随季节水温、机组负荷变化较大的火力发电厂
变频调速水泵	（1）可用于各类型水泵。 （2）在不停泵的条件下，通过变频器改变电动机的供电频率实现水泵无级调速，在进水水温、冷源水位、机组负荷变化时自动改变循环水泵的工作点，节能效果最好。 （3）变频调速范围宽、精度高、动态响应快，变频电动机结构简单可靠，安装、维护方便。 （4）循环水泵采用高压变频器和变频电动机，一般需进口，造价最高	

循环水泵配套电动机应采用结构简单、尺寸小的定速或双速鼠笼型三相异步感应电动机。电动机的设计必须与循环水泵的运行条件和维护要求一致，电动机额定功率应至少大于水泵最大运行工况时轴功率的110%。

（2）循环水泵的配置数量：

1）每台汽轮机配置的循环水泵台数，可根据工程具体情况进行技术经济对比后确定，一般宜装设 3 台或 2 台；对应单元制或扩大单元制系统，其总出力应满足该机组额定工况的最大计算用水量。

2）采用母管制供水系统时，安装在集中水泵房中的循环水泵，当达到规划容量时不应少于 4 台，可根据工程情况分期安装，但第一期工程安装的循泵不应少于 2 台，循环水泵总出力应满足额定工况冷却水的最大计算用水量。

3）不同工况投运的循环水泵台数，应根据季节、水温、机组负荷等条件确定。

（3）循环水泵参数的选择方法和标准：

1）循环水泵的设计参数应通过循环水系统冷端优化计算确定，保证机组长期经济运行。同时应保证在冷却水最高计算水温条件下，汽轮机的背压不超过满负荷运行时的最高允许值。

2）确定循环水泵扬程时，水源的水位宜采用多年平均低水位。

3）循泵吸水井设计水位宜按保证率为 97%的低水位设计，并以保证率 99%的低水位校核。当出现校核低水位时，允许减少取水量。

（4）循环水泵及配套电动机的冷却、润滑：

1）循环水泵及配套电动机的冷却、润滑水量、水压和水质宜满足循环水泵供货商提出的要求。电动机冷却水应回收利用。

2）按不同的水质条件，目前电厂混流式循环水泵下部轴承主要采用赛龙（含氟塑料、聚氨酯或类似材质）、陶瓷、耐磨橡胶等，其中橡胶轴承需外接澄清水源润滑，而陶瓷或赛龙轴承可由循环水泵自身过流水润滑，当介质含沙量较高时，赛龙轴承也可外接润滑水，延长使用寿命。

3）循环水泵配套电动机上机架润滑油采用汽轮机油。当环境温度较低时，为确保电动机冷启动时润滑油温度不低于 15℃，应配置供润滑油保温用的电加热器及相应的控制系统。

4）大型火力发电机组配套循环水泵电动机基本采用空水冷方式，电动机及上部轴承冷却水源宜采用循环水泵出口自身循环水，也可以采用主厂房闭式循环水、冷却水泵房独立设置机力冷却塔、厂区工业水等多种配置方案。

2. 水泵出口阀和联络阀

（1）出口阀和联络阀常见形式和特点。循环水泵出口和循环水系统联络管（仅用于扩大单元制系统）上分别设置出口阀和联络阀，一般均设在地下阀门井内，分别用于运行和检修时连通或切断循环水系统。其中，循环水泵出口阀兼有蝶阀和止回阀的功能，可通过快慢开关的启闭方式，改善循环水倒流及泵反转的现象，避免大量倒灌水，减小水锤危害，减少系统失水量。按阀门驱动方式分，常见出口阀和联络阀的类型和特点见表 7-21。

表 7-21　常见循环水泵出口阀和联络阀的类型和特点

设备名称	设备类型	设备特点		使用情况
循泵出口阀	全液控缓闭止回蝶阀	优点	（1）全液控阀配套执行机构为蓄能罐式液控装置，以存储液压能的液压站蓄能器为主要动力源，以油泵机组为辅助动力源，开阀时由油泵电动机提供动力，匀速开启，关阀时由蓄能罐内提供能量驱动阀门关闭，通过二阶段快慢关闭方式减少水锤现象。 （2）失电情况下自动关阀，也可通过手动泵开关阀门，安全可靠，且便于检修。	使用广泛

续表

设备名称	设备类型	设备特点		使用情况
循环水泵出口阀	全液控缓闭止回蝶阀	优点	（3）该阀开阀力矩小，液压系统产生的作用力大，蓄能罐保压时间长、节能效果好。 （4）蝶阀本体安装在泵站间地下阀门井内，阀体卧式安装，液压装置和电气控制部分安装在运转层地坪上，阀门占地面积小，质量轻，布置、检修均较方便	使用广泛
		缺点	（1）液压系统较复杂，油路宜堵塞，油压高，故障点和泄漏量相对较多，蓄能罐需定期充氮维护。 （2）液压系统室外使用时防冻性能差	
	重锤式缓闭止回蝶阀	优点	（1）该阀配套执行机构为重锤式液控装置，开阀时由油泵电动机提供动力，随着阀门的打开同时举起重锤，重锤在开阀过程中起平衡作用，确保开阀平稳、轻载启泵；关阀时由重锤重力提供动力，按程序先快关截断大部分水流起到止回阀的功能，然后慢关至全关，消除水锤危害。 （2）突然停电、事故停泵等紧急情况下也能提供关阀动力，确保关阀到位、关严。该阀还可以利用手摇泵和手动阀等装置，在检修或失电时手动开、关阀。 （3）重锤液压系统为单油路，大大简化了系统，阀门工作时动作元件少且液压压力较低，泄漏量相对较小，液压系统可靠性高。 （4）液压站和蝶阀本体分开安装，阀体卧式安装	使用广泛
		缺点	（1）占地面积大、质量大，安装、检修不方便。 （2）液压系统室外使用时防冻性能差	
	电动	优点	（1）阀体立式安装，阀门执行机构为电动装置，结构最为简单，安装维护方便，阀门口径较小时可以实现分阶段匀速关阀，减少水锤危害。 （2）没有油系统防冻问题，适用于室外低温环境	仅适用于 300MW 及以下机组蝶阀
		缺点	（1）失电危险性大，需保证双电源可靠性。 （2）DN2200 及以上口径蝶阀二阶段关闭所需力矩较大，现有电动执行机构无法实现	
循环水联络阀	电动蝶阀		（1）阀体立式安装，需双向承压。 （2）阀门执行机构为电动装置，根据人工指令匀速开关，结构简单、性能可靠	全部

扩大单元制循环水系统联络管上需设置双联络阀和安装伸缩节，确保不同机组循环水系统分隔关断的严密性。

（2）出口阀和联络阀参数：

1）循环水泵出口阀和联络阀的设计压力应根据循环水系统工作压力和试验压力选定，并考虑水锤现象的影响，一般宜为 0.60MPa。

2）循环水泵出口阀的口径应与循泵设计流量相适应，当管径为1000～1600mm时，设计流速宜采用 1.5～2.0m/s；当管径大于 1600mm 时，设计流速宜采用 2.0～3.0m/s。水源为海水时，阀门设计流速不宜小于 3.0m/s。

3）联络阀口径宜按通过单台循环水泵的最大流量确定，设计流速宜不小于 3.0m/s。

4）卧式水泵应在吸水管上装设阀门，水源为海水时，宜选择明杆耐海水闸阀。

（3）出口阀和联络阀配置和选择中应注意的问题：

1）循环水泵出口阀和联络阀应选用结构简单紧凑、长度短、流阻小、操作平稳、位置准确、关断严密的节能型产品。阀门安装后，不需要拆除阀体及操作机构即可进行密封圈的更换。

2）联络阀门应按双向承压设计，具有全流量、设计压力情况下关闭任一方向的水流的能力。

3）液控蝶阀的快、慢关阀时间和角度应可调节，配套控制电磁阀宜为得电关阀型。

4）当液控阀门开启时，电磁阀常带电并保持关闭不通，液控阀门需关闭或失电时，电磁阀失电打开，保证失电故障时循环水不倒流。

5）循环水泵出口阀应与循环水泵电动机联锁启闭，并应有两路电源。

6）出口阀和联络阀配套执行机构均应有必要的过载保护装置和行程安全装置。

3. 旋转滤网

（1）滤网常见类型和特点。电厂可根据工程条件，特别是水质条件灵活合理地选择滤网设备。直流冷却水泵房常见的滤网包括旋转滤网、平板滤网和网箅式清污机等，二次循环冷却的电厂一般可采用平板滤网和网箅式清污机等。

平板滤网由人工冲洗清污，宜用于循环水泵出水量小于 1.5m^3/s，且水质较好、水中的漂浮物较少时。

网箅式清污机用于拦截水流中直径大于3.6mm以上的污物，通过逆向转动的毛刷清扫网面除污，不易清理塑料袋、稻草之类的漂浮污物，转刷运行一段时间后易弯曲，造成清污效果下降，需定期更换。

大中型电厂直流冷却水泵房宜设置旋转滤网，由驱动传动装置带动过滤网板沿轨道垂直于水流方向进行回转，把水中大于网孔的碎物捞出水面。通过配设的自动高压水冲洗系统，以滤后的压力水进行冲洗，把网上拦截的杂物冲入排污槽、沟中清除。按照进水方式分，目前常见的旋转滤网包括板框式（含侧面进水、正面进水、中央进水）、鼓型滤网等；按照结构形式区分，旋转滤网还可以分为无框架、半框架和有框架三种类型。各种旋转滤网的主要类型及特点见表7-22。

表 7-22　旋转滤网的主要类型及特点

类　型		进水方式	清洗方式	特　点	适用条件
板框式	正面进水	正面进水、正面出水	网内喷嘴水冲洗	（1）水流平稳，断面流速分布均匀，流道阻力小； （2）吸水室流道长度宜选用（4～5）D，布置紧凑，土建投资小； （3）网面利用面积小，过水量小； （4）过滤效果差，滤网上未能及时冲下的污物可能随着网板转动带到循环水泵进口侧，必要时可在后方增加平板滤网或二次滤网	中小型火力发电厂，水源杂物较少
	侧面进水	两侧网外进水、中间网内出水	网内喷嘴水冲洗	（1）网面利用面积大； （2）过滤效果好，滤网上未能及时冲下的污物随着网板转动带到滤网进水的另一侧，仍在上游网外； （3）水流曲折紊乱，过网流态较差，主流流速大，两侧易形成各种旋涡，流道阻力大； （4）吸水室流道长度宜选用 $L_1=(7.5\sim9)D$，水泵房尺寸及土建投资大。但在采取适当的整流措施并进行水力模型试验后，流道长度可至$(5.5\sim7.5)D$	大型火力发电厂
		中间网内进水、两侧网外出水	网外喷嘴水冲洗	（1）引进型产品网板采用 45°折角型，利用面积大； （2）过滤效果好，滤网上未能及时冲下的污物仍留在上游网内； （3）水流曲折紊乱，过网流态较差，流道阻力大； （4）吸水室流道长度宜选用 $L_1=(7.5\sim9)D$，但在采取适当的整流措施并进行水力模型试验后，流道长度可至$(5.5\sim7.5)D$； （5）网内遗留污物不便人工清理	
鼓型滤网		包括单面网内进水、双面网内进水、网外进水	网内进水、向内喷水，网外进水、向外喷水	（1）转轴设在滤网中心，网板和支撑结构整体运转，转动部件少，速度慢，齿轮传动结构简单，运行可靠，便于维修； （2）网板呈鼓形布置，可承受较大的水压差； （3）适应水位变幅小，不超过 12m； （4）网内进水时，污物易留在网内，人工清理不便； （5）结构尺寸大，土建费用增加较多； （6）设备造价稍高	大型核电厂

注　表中吸水室流道长度标准参照 DL/T 5489—2014《火力发电厂循环水泵房进水流道设计规范》中有关规定执行，D 为循环水泵吸入喇叭口直径。

（2）滤网的配置数量。冷却水泵房的下部进水流道按照循环水泵的台数分隔成相应的独立单元，每个进水流道均应设置一道滤网。滤网网板的宽度与进水流道宽度相适应，受网板运转机构结构刚度限制，滤网宽度不宜太大。300～600MW 火力发电厂直流冷却水泵房单台循环水泵的流道宽度为 4～6m，相应配置 1 台旋转滤网；当 1000MW 机组循环水系统采用两泵一机配置方式时，单台循环水泵吸水井流道宽度为 7～8m，宜配置 2 孔进水流道和 2 台旋转滤网。

（3）旋转滤网的选择方法和标准。侧面进水和正面进水旋转滤网基本为定型的系列产品。

旋转滤网应根据取水流量、来水中携带的污物和水生物种类、大小及数量等因素选择合适的形式和尺寸，宜尽量选用标准设备规格。有关设计参数应满足 DL/T 5339—2006《火力发电厂水工设计规范》中的各项技术规定，主要包括：

1）设计水位按 P=97%保证率低水位；

2）过旋转滤网流速应根据水的脏污程度和滤网形式等条件确定，宜采用 0.6～1.0m/s；

3）脏污系数应根据水质脏污程度确定，旋转滤网可选用 0.75～0.80；

4）侧面进水型旋转滤网还应考虑因水流紊乱和压缩的不利条件对网面宽度有效利用的影响，建议的修正系数为 0.40～0.60（网面宽度小的取小值，宽度大的取大值）。

我国火力发电厂直流冷却水泵房所设置的旋转滤

网以侧面进水型最为常见，正面进水滤网也有一定的工程实例。

对于正面进水旋转滤网可能出现的“漏污”缺陷，可以考虑在旋转滤网下游侧增加一道平板滤网，或在汽机房内增设二次滤网，用以拦截和清除余下的少量污物和水生物。二次升压供水系统中的二级水泵房应设置旋转滤网，一级水泵房可视水中漂浮物情况确定。

（4）旋转滤网配置和选择中应注意的问题：

1）旋转滤网宜提供高速、低速两种运转方式，根据来水脏污程度切换，达到节能效果。滤网还宜具有反向点动功能，以便检修维护。

2）滤网标准网板形式为平板网，也可采用非标菱形或弧形网板。滤网框架和网板应有足够的强度和刚度，结构形式和尺寸应根据设计水位差计算确定。

3）旋转滤网宜具有机械、电气过载双重保护功能，以及链板松动报警装置。滤网过载及转动故障时应报警并远传至控制室，及时通知检修人员进行处理，避免污物堵塞导致网板变形并破坏。

4）滤网上部罩壳应采用全封闭形式，设有透明的观察和检修窗孔，罩壳与土建基础连接处应有密封止水措施，防止漏水。

5）旋转滤网各部件材质应适应工程过流介质及环境条件下长期可靠运行。淡水条件下滤网过流部件、二次预埋件和紧固件宜采用 1Cr18Ni9Ti 或 304 不锈钢，上部机架和一次预埋件宜采用 Q235 碳钢及涂料防腐；海水条件下滤网过流部件、二次预埋件和紧固件宜采用 316L 不锈钢，一次预埋件宜采用 Q235 碳钢，上部机架宜采用 316L 或 304 不锈钢或碳钢加耐海水涂料防腐，滤网过流部件还宜设置牺牲阳极保护措施。

6）旋转滤网及配套冲洗水系统应有自动和手动两种控制方式，正常运行时根据滤网前后水位差信号联动或定时运行，且各控制水位和时间可调，便于现场根据来水脏污情况调整。

4. 拦污栅和清污机

（1）拦污栅和清污机常见形式。火力发电厂循环水系统取水构筑物的进水口应设置拦污格栅设备，用于拦截草木、垃圾、冰渣等粗大的漂浮物。河床式取水构筑物的淹没取水头部的格栅清理比较困难，栅距可较大，一般可采用 200mm，如电厂所在地区有成熟的运行经验，也可适当地放大或缩小。冷却水泵房进水间或开敞式取水构筑物进口设置的非淹没式格栅，栅距可采用 50～100mm。

当采用深层取水，全年各时段水质较好、水流中漂浮物均较少时，拦污栅可采用人工方式清理。此时拦污栅宜采用斜立形式，并在拦污栅前后设置液位计，按水位差报警信号或定时人工清污。当水流中漂浮物较多时，冷却水泵房进水间应设置格栅式清污机。

直流冷却水泵房常见的拦污栅分为斜立式和直立式两种，一般用不锈钢扁钢和工字钢制作。常见的清污机形式包括耙斗式清污机（含直耙式和斜耙式、固定式和移动式）、旋转背耙式清污机、旋转格栅等，其中以移动式耙斗清污机最为常见。

（2）拦污栅和清污机的配置数量。冷却水泵房每个进水流道中均应设置拦污栅，栅体的宽度与进水流道宽度相适应。

300～600MW 火力发电厂直流冷却水泵房单台循环水泵流道宽度为 4～6m，相应配置 1 块拦污栅；当 1000MW 机组循环水系统采用两泵一机配置方式时，单台循环水泵吸水井的流道宽度为 7～8m，宜配置 2 孔进水流道和 2 块拦污栅。

一般情况下，宜设置单台公用清污机，采用移动式工作。当水泵房流道数量超过 8 个时，宜设置多台公用清污机，人工操作时互为备用。

（3）拦污栅参数的选择方法和标准。拦污栅的设计应符合 DL/T 5039《水利水电工程钢闸门设计规范》中有关要求；拦污栅的制造、安装和验收可参照 DL/T 5018《水利水电工程钢闸门制造安装及验收规范》中有关要求；清污机的设计、制造、安装和验收可参照 GB/T 3811《IPQ 移动式耙斗清污机》和 DL/T 644《起重机设计规范》中有关要求。

拦污栅的尺寸应根据取水流量、来水中携带的污物和水生物种类、大小及数量等因素确定，主要包括：

1）设计水位按 P=97%保证率低水位。

2）过栅流速应综合水中漂浮物的数量、有无冰絮、取水地点水流的流态与流速、取水量的大小等条件确定，岸边敞开式水泵房中宜采用 0.4～1.0m/s，海床式取水宜采用 0.2～0.6m/s。

3）脏污系数应根据水质脏污程度确定，拦污栅一般选用 0.6～0.75。

4）有效面积系数按照设备结构布置，经计算确定。

5）正常运行时的拦污栅前后水位差应小于 50mm，开始清污时的水位差宜不大于 100～150mm。报警水位差宜为：轻型，300mm；中型，500mm；重型，800mm。拦污栅结构设计的水位差宜为：轻型，600mm；中型，1000mm；重型，1500mm。

拦污栅高度一般等于滤水间的深度。对于海水泵房，也有采用潜水孔口式布置方案的，以减少拦污栅材料和降低设备造价，可视工程具体情况确定。

（4）拦污栅和清污机配置和选择中应注意的问题：

1）清污机宜与拦污栅配套供货。拦污栅宜采用分节制作，每节之间采用定位销定位、销轴连接，便于运输、拆装及准确对接。

2）移动式清污机应具有自动、准确定位功能，以保证清污机和拦污栅的配合精度。

3）移动式清污机应设置夹轨器夹紧轨道，防止大风吹倒机架，保证清污机在清污工作中不移动。清污机横向运行时应能发出声音警示信号，提醒操作人员注意安全。

4）拦污栅和清污机各部件材质应适应工程过流介质及环境条件下长期可靠运行。淡水条件下拦污栅宜采用 Q235 碳钢及涂料防腐，清污机、导轨和全部紧固件宜采用 304 不锈钢；海水条件下拦污栅、清污机、导轨和全部紧固件均宜采用 316L 不锈钢，拦污栅还宜设置牺牲阳极保护措施。

5）清污机应有自动和手动两种控制方式，正常运行时应根据拦污栅前后水位差信号联动或定时运行，各控制水位和时间应可调，便于现场根据来水脏污情况调整；也可在驾驶室内全程、分程手动操作。清污机运行状态、报警及液位信号均应送至程控系统集中监控。

5. 闸门

为便于拦污栅、旋转滤网和循环水泵等水泵房下部流道内设备的检查、维护或维修，冷却水泵房进水间拦污栅上游侧应设置检修闸门槽，用以必要时放下闸门，切断水源。

目前，电厂直流冷却水泵房进口基本采用平面钢闸门，潜孔式布置。闸门宜采用静水条件（上下游水位差不大于 0.3m）启闭，此时选用滑动式检修钢闸门；特殊情况动水条件下，起吊设计水位差较大时选用定轮式钢闸门。按止水方式区分，平面钢闸门还可以分为液压顶紧密封式钢闸门或自密封式钢闸门两种，可根据工程具体条件选择。

一般情况下每四个进水流道宜配置一块钢闸门，每增加两个进水流道宜再增配一扇钢闸门，单座冷却水泵房不宜少于两块。

钢闸门的设计应符合 DL/T 5039《水利水电工程钢闸门设计规范》中有关要求；钢闸门的制造、安装和验收应符合 DL/T 5018《水利水电工程钢闸门制造安装及验收规范》中有关要求。

钢闸门的孔口尺寸应根据过水流量、流道宽度等因素确定，孔口流速宜不大于 0.5m/s。钢闸门的设计水头 H=（进水间进口处的频率 1%洪水位+频率 2%浪高）–（进水间底板标高+1/2 闸门高度）（m），校核水头 H=进水间进口处的频率 0.1%洪水位–（进水间底板标高 + 1/2 闸门高度）（m）。

闸门和闸槽配置中应注意当水中泥沙、漂浮物较多时，应按淤堵情况校核门叶结构的强度和刚度，并适当增加启门力。

6. 起重机械

（1）一般规定：

1）为便于设备安装、维护及检修，泵房间和进水间上部应装设起重设备。但当条件合适，冷却水泵房不设上部结构，设备采用露天布置时，经技术论证可行性、投资比较经济性、设备调研可操作性充分论证后，也可不设置固定式起重设备，而采用移动式汽车起重机。

2）冷却水泵房常见的起重机械有电动桥式起重机、门式（半门式）起重机及汽车起重机。电动桥式起重机适用于有上部结构的泵房及进水间，门式（半门式）起重机适用于露天泵房及进水间，而汽车起重机可全厂公用，布置美观，综合造价低，检修维护不便。

3）冷却水泵房起重机械形式及数量宜结合建筑类型、机组规模、工艺方案、设备条件等因素，综合比较确定。

4）起重机械的设计、制造、安装和验收可参照 GB/T 3811《起重机设计规范》、GB 6067《起重机械安全规程》、GB/T 14405《通用桥式起重机》中有关要求。

（2）起重量的选择。冷却水泵房起重机械的起重量选择应符合下列要求：

1）最大设备（含水泵、电动机、阀门、钢闸门、清污设备、滤水及冲洗设备等）重量不超过 10t 时，起重量宜按最大设备和专用吊具（如有）的总重量确定。

2）最大设备重量超过 10t 时，起重设备应按最大部件和专用吊具的总重量确定，但不应小于 10t；当最大设备的部件组装工作量较大时，起重设备可按最大设备的起吊总重量确定。

3）钢闸门起重量应按其启门力确定，需综合考虑其自重、设计工况下水压力，以及泥沙、漂浮物淤积等特殊荷载。

4）冷却水泵房起重量一般为 5t 及以上，起吊高度一般也超过 10m，宜采用电动起重设备。

起重机的工作制应采用轻级、慢速，制动器及电气设备的工作制应采用中级。

（3）起重机械配置和选择中应注意的问题：

1）起重机结构及所有部件的设计应能承受全部静荷载、动荷载、风荷载、由于碰撞和牵引所引起的内外力，以及大车加速或减速引起的纵向和横向碰撞力。露天安装的半门桥式起重机还应能承受足够的扭转力作用，并具有必要的防风抗滑、抗倾覆稳定性。

2）泵房间起重机主、副钩起升机构及大、小车行走机构宜采用先进的变频控制，保证起吊精度和设备准确安装定位。

3）露天安装的龙门式起重机宜采用两端悬臂，外挂电动葫芦形式，减小主梁跨度，降低设备造价。

4）起重机应设置可靠的制动装置，起升机构应采用双液压制动器；起重机起升机构应设置超载限制器及自动复位式起升高度限位开关；所有运行和起升机构均应分别设置可靠的碰撞缓冲器和终点行程限位开关，以确保起重机在空载全速运行或失电时的安全。

5）当冷却水泵房不设固定式起重机械时，采用汽车起重机安装、检修方案前，应针对泵房间和进水间所有设备起吊要求，严格复核汽车起重机最大起重量、最大起升高度、吊臂伸出长度、最大起升力矩，以及水泵房周围检修空间和地面荷载。

（二）布置和安装设计

1. 水泵房竖向布置

岸边泵房水泵房运转层±0.00m 标高（入口地面设计标高）及进水底槛的确定详见本章第三节。

水泵房应按保证率为97%的低水位（或低潮位，以下相同）设计，并以保证率99%的低水位校核。

确定水泵房进水孔口顶部的淹没深度时，应考虑航运、结冰（盖）、风浪及热水回流等因素对设计最低水位（最低潮位）的影响。

水泵房应设置路堤或栈桥与岸边连接。水泵房与厂区之间道路路面高程的衔接可根据具体情况确定，但洪水时应有保证人行交通的必要措施。

当水泵房地下结构部分的设计深度较大（例如设计深度大于30m），或现有拦污栅和旋转滤网等清污设备产品的型谱和规格不能满足水泵房地下结构部分的设计深度要求，且地形条件合适时，通过论证可采用后置式滤网布置形式。后置式滤网间的标高应根据主厂房±0.00m 层标高、管路系统阻力及有关运行工况等因素确定。后置滤网间的水位应有一定的调节高度，并应考虑溢流措施。

2. 水泵房平面布置

水泵房的平面形状应根据取水方式、地形地质和水文条件、施工方法和运行检修要求、设备条件、水泵房设计深度等资料，通过技术经济比较确定，一般情况下宜选用矩形布置。当水泵房地下结构部分的深度较大（如深度大于20m）时，通过技术经济比较和论证后，可采用圆形布置和椭圆形布置等形式。

当取水水域的岸边坡度较陡时，宜采用敞开式岸边水泵房布置，其进水前池应布置在水泵房外侧，并且前缘宜与岸边齐平或略为向水源突出。进水前池在平面上为矩形布置，其底部的宽度等于水泵房滤网间的宽度减去水泵房两边侧墙的厚度。

当取水水域的岸边坡度较平缓时，宜采用引水式水泵房布置。对于明渠式引水的泵房的进水前池，应布置在水泵房外侧；对于管沟引水的泵房的进水前池，应布置在水泵房内。

在渠道上正面取水时，水泵房的前池在平面上应采用梯形。梯形的长、短边分别与泵房滤网间内宽及渠道底宽相对应。前池的锥度应根据水流条件及水泵性能确定。其平面扩散角不宜大于30°～40°，纵向底坡不宜大于10°～15°。

在渠道上侧面取水时，水泵房的进水前池布置方式与敞开式岸边水泵房相同。

对于管沟式引水泵房的进水前池，在平面上应采用梯形。梯形的短边应为引水管的管径（或引水沟的宽度），前池的锥度应根据水流条件（主要是流速大小）及水泵性能确定。其平面扩散角不宜大于15°～30°，纵向底坡不宜大于10°～15°。

当进水前池受到条件限制，难以按上述要求布置或者设计计算出的前池长度过长，使工程量过大、投资过高时，在采取导流及整流措施的情况下可采取折线型或曲线型前池。

3. 水泵房进水流道布置

水泵房进水流道布置设计的范围包括进水前池、滤网间和水泵间三个部分。流道几何尺寸根据水力设计参数及选定的检修钢闸门、拦污栅和旋转滤网（包括冲洗水泵）等设备资料确定。

轴流式、混流式及大型立式离心式水泵的进水流道应根据制造厂提供的流道特性资料进行设计，当缺乏进水流道特性资料时，应通过物理模型试验确定，并应考虑进水流道的检修和清理泥沙的措施。

4. 水泵间和阀门间的工艺布置和安装设计

（1）水泵房的平面尺寸应根据下列各项确定：

1）高压电动机基础间的净距宜采用1.2～1.5m，低压电动机基础间的净距宜采用0.8～1.0m。当设备外形突出基础时，应以设备外形为准。

2）设备突出部分与墙壁之间的净距不宜小于1.0m，对大型电动机应考虑抽转子的要求。

3）主要通道和平台净宽宜采用1.2m。

4）楼梯宽宜采用1.0m，倾斜角不宜大于45°；当泵房长度超过30m时，可设置两个楼梯（设电梯时除外）。

5）法兰盘与墙壁间的净距，当管径大于或等于800mm时，不宜小于0.5m；当管径小于800m时，不应小于0.3m。

6）水泵房应有检修场地。检修场可布置在±0.00m层或水泵房附近的专用检修间。较浅的水泵房检修场可布置在水泵层。装有立式水泵的圆形水泵房的检修场地宜结合各层特点进行布置。检修场的尺寸应满足检修一套最大设备时周围有不小于0.8m通道的要求。

7）应考虑布置控制盘、电话间、通风采暖或空调设施等的位置。

8）装有大型水泵的水泵房，应设有通到大型水泵轴封的爬梯和平台。装有立式水泵的水泵房，应设有通到立式水泵与电动机各中间轴承、导向轴承、联轴节的爬梯和平台。

9）排水泵及冲洗泵等辅助水泵的布置尺寸净距可适当减小，但应保证安装维修方便。

10）水泵房地下部分深度大于25m时，应设置人货两用电梯。

（2）水泵房和切换间大门的最小宽度和高度，应较最大设备或部件的宽度和高度大0.3～0.5m。当考虑汽车进入泵房内时，应满足汽车进出宽度和高度的要求。进水间的门应考虑闸板和滤网的搬运条件。

（3）水泵房起重机吊钩的位置应符合下列要求：

1）吊钩平面起吊范围的裕度，一般为0.3～0.5m，并不应影响安全运行。

2）在安装好的机组上空或侧面运送设备时，最小净空应保证0.3～0.5m，并不应影响安全运行。

3）应保证在进入泵房±0.00m层的运输工具上可以起卸设备。

（4）为了缩短立式水泵传动轴的长度，可适当降低水泵房电动机层的标高，但应考虑水泵检修的条件。

（5）大型水泵出水管上应有必要的措施，保证水泵和阀门拆装方便。

（6）轴流式、混流式及大型立式离心式水泵的进水流道，应根据制造厂提供的流道特性资料进行设计。当缺乏进水流道特性资料时，应通过物理模型试验确定，并应考虑进水流道的检修和泥沙清理措施。

（7）海水泵进出口采用闸阀时，宜选用明杆楔式闸阀。离心泵出口不宜安装普通止回阀，其出口工作阀门和检修阀门的设置应根据所在系统的重要性、运行及检修方式等因素综合考虑确定。

（8）水泵房内进出口管道的敷设应符合下列要求：

1）管道和阀门应设置必要的支座或支架，防止水管和阀门的重量以及推力（或拉力）传至水泵。

2）管道是否需装伸缩节以及装何种伸缩节，应根据设备（水泵、阀门等）性能、安装维修条件、管道伸缩长短及密封要求等确定。

（9）当循环水含悬浮物和泥沙较多时，应用澄清水作为水泵轴封和电动机冷却水的水源。

（10）水泵房中的离心式循环水泵宜采用正压进水，并应在吸水管上装设阀门。当采用负压进水时，吸水头应留有0.5～1.0m的裕度。

（11）水泵负压进水时，除本身轴封水源外，为保证水泵迅速启动，宜考虑设置启动轴封水源。

（12）循环水泵房内的循环水泵及排水泵供电电源应为Ⅰ类负荷，排水泵应根据集水坑内的水位高低设置自动启闭装置。

（13）水泵负压进水时，水泵房内宜装设真空泵或射水抽气器2台，每台容量可按水泵在5min内启动计算（虹吸管可允许在20～30min内启动）。水泵应处于随时可启动状态，淡水时可用运行泵带抽备用泵。

（14）水泵房内冲洗水泵和排水泵的设置应符合下列规定：

1）当安装在岸边水泵房内循环水泵的压头不能满足滤网冲洗的要求时，必须设置冲洗水泵。一般宜设置2台，其中1台备用。如采用旋转滤网，也可每台旋转滤网设置1台。冲洗水的水质、水压、水量应满足冲洗喷嘴及滤网的设计要求。

2）应设置2台排水泵，其中1台备用。容量与压头可视具体情况确定。集水坑布置应考虑检修和清淤的方便。

3）当条件合适时，冲洗水泵和排水泵可各设1台。在系统布置上，冲洗水泵应作为排水泵的备用。

（15）水泵房及屋内式切换间起重设备的选择应符合下列要求：

1）最大设备（水泵、电机、阀门、闸门等）重量不超过10t时，起重设备宜按最大设备的重量确定。

2）最大设备质量超过10t时，起重设备应按最大部件的质量确定，但不应小于10t；当最大设备的部件组装工作量较大时，起重设备可按最大设备的质量确定。

3）水泵房起重量为5t及以上或起吊高度超过10m时，宜采用电动起重设备。

4）水泵房起重量小于5t时，可视工程条件选用电动或手动起重设备。

5. 平板滤网、旋转滤网或网箅型清污机

（1）水泵房每台泵出水量小于1.5m³/s，且水中漂浮物较少时，宜采用平板滤网，并宜采用电动起吊设施。

（2）水泵房每台泵出水量大于或等于1.5m³/s时，宜采用旋转滤网或网箅型清污机。当水源中的漂浮物较多且难以冲洗干净时，旋转滤网宜采用侧面进水形式。

（3）湿式循环供水系统的循环水泵房宜采用平板滤网或网箅型清污机，并宜采用电动起吊设施。

6. 水位指示装置

滤网前后宜设置水位指示装置，其最大允许水位差为0.3m，并宜设有警报信号装置。滤网是否需要自动冲洗，应根据设备性能及运行要求确定。

（1）滤网网孔的净空尺寸宜采用5mm×5mm～10mm×10mm。

（2）滤网应设有便于冲洗及排出污水的设施。冲洗系统必须将网板冲洗干净，防止污物带入净水侧。清除下来的污物不应再回流至取水口。冲洗水水质不满足要求时，压力冲洗管上应设置滤水器。

7. 升压水泵

（1）升压水泵应采用正压进水。

（2）升压水泵出口管上应视具体情况采取消除水锤的措施。

（3）升压水泵房内应设置起吊、通风、照明设施及检修电源。必要时，升压水泵房内还应设排水设施和采暖设施，集中控制室内宜设空调。

（4）升压水泵宜采用集中控制，每台升压泵还应设就地操作按钮。升压水泵电动机之间应有连锁装置。

当水泵出口无止回阀时，水泵电动机与水泵出口电动阀门之间应有连锁装置。

8. 浮船（趸船）式泵站机组布置

（1）浮船布置应包括机组设备间、船首和船尾等部分。当水泵机组容量较大、台数较多时，宜采用下承式机组设备间；当水泵供水扬程较高或输水管线较长，水锤破坏效应较大时，宜采用上承式机组设备间。

（2）浮船水泵间高度应满足单台设备在不拆卸其他设备的情况下能直接吊出泵舱，在浮船泵舱出口的主甲板上应设置将设备移至检修浮台的起吊设施。

（3）采用负压取水的取水泵宜选用必需气蚀余量较小的泵型，水泵最大安装高度应不超过修正后的水泵允许吸上真空高度，并留有 0.3～0.5m 的裕量。同时，水泵吸入喇叭口应保证有一定的淹没深度。抽真空管道系统宜在起点处设置 Y 形过滤器。

（4）浮船外侧宜设置吸水间，吸水间底标高不宜低于船底标高，吸水间侧面和底部进水面宜设置粗拦污格栅和粗拦污滤网。泵吸入喇叭口外宜设有细滤网罩。

（5）浮船的水泵间、电气设备间应设置起吊、通风、照明设施及检修电源和消防设施，低于甲板的工作车间均应设排水设施。值班控制室、电气设备间宜设空调。

第六节　排水构筑物的设计

一、排水口的位置及形式

循环水温排水的排放可分为表层排放和淹没排放，须根据工程冷却方式、取水条件及排水对受纳水体的环境影响、对取水温升的影响、对水生物的影响等因素综合考虑选择不同的排放方式。这两种排放方式的近区和远区的水力热力特性迥异。如热水排入冷却池、要求掺混水量尽可能少，则采用低流速的表层排放；反之，如环保要求较高、超温范围要小，则可采用高速淹没排放。我国一般工程采用表层排放，但随着环境要求提高，为降低排水口局部地区的温差，淹没排放形式的项目也越来越多。

排水口的结构形式可根据地形地质条件、消能及抗冲刷和散热要求等因素确定。

二、表层排放

1. 概述

图 7-51 所示为表层浮射流排入深水静止受纳水体的热水扩散三维结构，排水口水面与受纳水面齐平。

从图 7-51 可看出，热水从表层排放后在水平及垂向都有较大范围的扩展，这是流体惯性力与浮力共同作用的结果。射流沿程一方面在水平向及垂向呈线性增长，另一方面间歇地卷吸受纳水体进入射流紊动区。在离排水口一定距离后，浮力作用逐渐增加并占主导地位，最终使水流失去射流特性而进入浮力延展阶段。

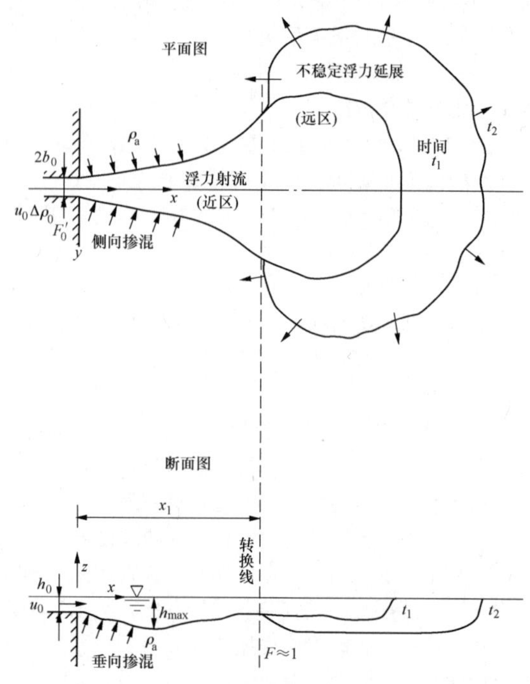

图 7-51　表层浮射流排入深水静止受纳水体的热水扩散三维结构

2. 排水口的布置

排水口平面位置的选择应根据不同冷却水域的特点来确定，应有利于温排水随河水或潮水扩散。在海湾旁建的电厂，排水口平面位置的选择要有利于温排水随潮流出海。

排水口的立面布置，就排水口水面与收纳水体的衔接形式，有表面出流及淹没出流。

表面出流为平射衔接，热水出流平静，掺混弱，有利于形成温差异重流，排水口的底板高程应使得排水口水位与受纳水体最低或平均低潮位相同。

排水出流方向应尽量背离取水口，在平直河道上布置的排水口出水方向应避免顶冲对岸。为使温排水排往下游，排水口轴线与河道主流轴线应有合适的夹角，可根据河道水流流态、岸线条件及工程量综合确定，一般可取 25°左右。

为防止冲刷，排水口的出口流速，一般不宜过大。为减小出口流速，一般在排水沟渠末端加扩散段，扩散角度的大小应保证扩散段内水流均匀，不至于岸壁分离形成回流，一般可取 6°～10°。当排水建（构）筑物紧靠河道、湖泊或海湾的航道时，出口流速宜不大于 0.5m/s，并应根据需要设置标志。

在航运水域设置的排水口应有当地航运管理部门的书面同意文件。

三、淹没排放

1. 概述

电厂温排水通过管道排放到受纳水体表层以下，一般是接近受纳水体的底部，称为淹没排放。排水通过单一的孔口排放称为单口排放，排水通过有一定间隔的一系列孔口排放称为多口排放。

淹没排放通过高速出流产生卷吸作用，使出流与受纳水体强烈掺混，从而使水体表面水温大大降低，超温范围也大大减小。一般采用多口排放将收到比单口排放更好的效果。

2. 单口排放

淹没单口排放的布置见图 7-52。

排水从单一的直径为 D 的圆形孔口中喷排。喷口的形式还可以是矩形的和类缝隙形的。

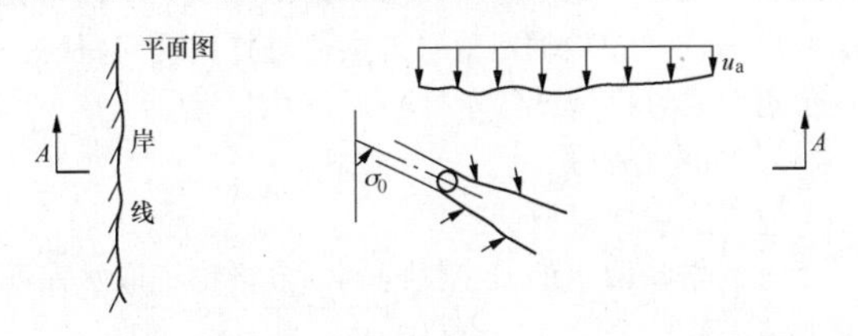

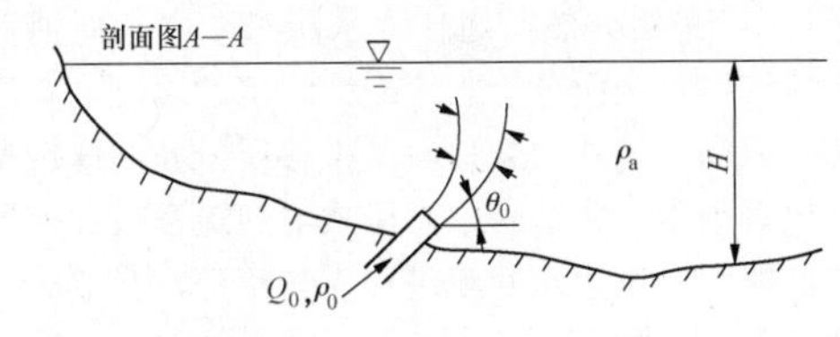

图 7-52　淹没单口排放布置示意

3. 多口排放

淹没多口排放的布置见图 7-53。

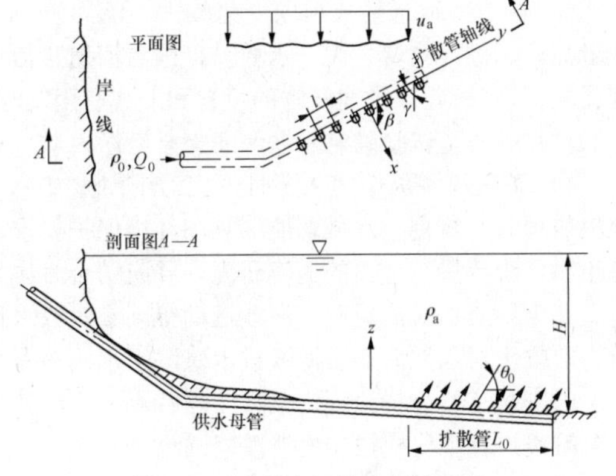

图 7-53　淹没多口排放布置示意

图 7-53 中喷头总数为 n，每个喷头的喷口直径为 D。这些喷头间距为 L，并与敷设在底部的供水母管相连接。各个喷头的出口流速为 u_0，根据供水母管的水力计算各个喷头的 u_0 值可能是不同的。

按喷头的布置方式分类，主要有下列三种形式：

（1）单向布置，全部喷头布置在母管的同一侧，喷头方向与母管轴线近似正交（$\beta\approx90°$）。

单向布置按环境水流条件又可分为两种：

1）喷水方向与环境水流同向，适用于较强的单向流情况。

2）喷水方向与环境水流垂直，即供水母管与扩散管呈 T 形连接，适用于较弱的双向情况。

（2）分级布置，所有喷头朝向母管轴线方向，$\beta=0°$。

（3）交替布置，相邻的喷头分别布置在母管两侧，喷向相反。

按供水母管与环境水流方向的关系分，有：

1）垂直布置，$\gamma=90°$。

2）平行布置，$\gamma=0°$。

3）斜向布置，$0°<\gamma<90°$。

在某些情况下，还可以有其他的布置，如沿母管轴线布置不同角度的喷头或有几根母管分支。

多口排放的出水喷口又称扩散器，扩散器下的供水管称扩散管。

4. 外界条件

影响淹没排放特性的外界条件主要是受纳水体水深，水较浅时，已被出流混合的水体会再次掺混到射流中去；其次是水体密度分布情况，在强的分层水体中，掺混合的热水可能停留在中间的某一层，而不到达水面；最后是外界水体的流速场分布情况，它对浮射流及羽流的外形及轨迹有较大的影响，尤其在潮汐往复流及风成流的情况下更加明显。

电厂热水排放特点是排放流量大、浮力小、水浅及稀释度低。在这种参数条件下排放一般表现为不稳定状态，即已与射流混合的水的一部分又一次垂向掺混到射流中去。不稳定排放亦称浅水排放。

5. 浅水单向多口排放

静止水体中单向多口排放的流态如图 7-54 所示。在扩散管的后侧，环境水体受喷口水流的卷吸作用形成掺混水流流向扩散管，形成背向掺混，其水面标高有些降落。在扩散管前方，掺混合的水出流，形成的水面标高稍有提高。从扩散管的端部开始，水流的剩余压力变换成动能形成一个加速区，形成所谓的滑动流（slip stream）。滑动流断面开始收缩，到加速区成为最小断面，然后扩大与通常的表面射流一样形成侧向掺混。由于底部的摩擦阻力使滑动流消耗其动能而减速，最终达到静止。每个喷口出流形成水体垂向完全混合。当扩散管长度（L_D）与水深（H）之比很大，即 $L_D/H\gg1$ 时，滑动流的长度（x 方向）为（5～10）H。

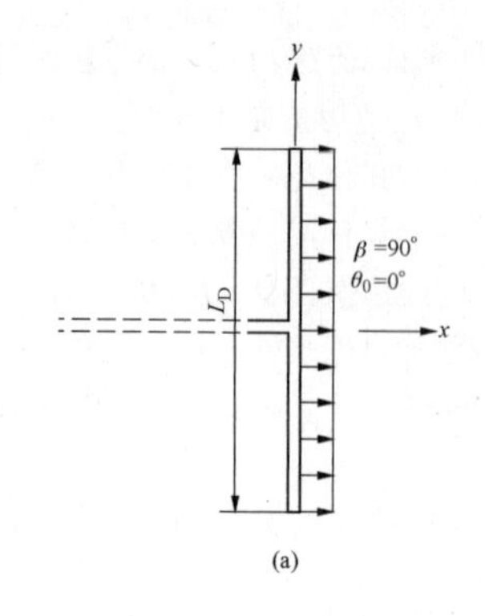

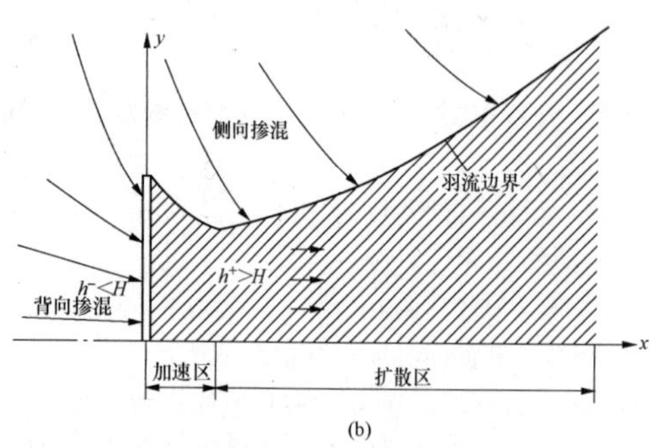

图 7-54　单向排放 T 形连接管路布置及静水流态

（a）管路布置；（b）静水流态

6. 浅水分级多口排放

分级多口排放布置成所有喷口朝向扩散管轴线（$\beta=0$），故分级排放可视为沿管轴线（y 轴）由 0 到 L_0 有分散的动量源分级加入受纳水体。

由试验观察到分级排放的流场如图 7-55 所示。流场由两部分组成，一部分为加速区，喷口的出流动量逐步传给受纳水体；另一部分为离开扩散管后的减速区，在这一区域内混合水流进一步扩散，且因沿程有底部摩阻而消耗动量。在这两个区域内都有侧向掺混使羽流进一步稀释。

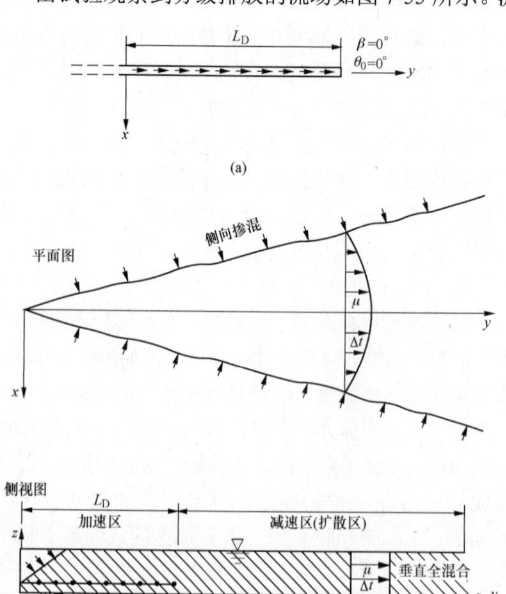

图 7-55　分级排放管路布置及静水流态

（a）管路布置；（b）静水流态

第七节　水工模型试验的技术要求

一、取排水工程模型试验

1. 试验的目的

电厂取排水设计根据不同的水源、冷却方式、取排水口处的河流或海洋特性及周边环境条件、取水泵及附属设备特性，在设计中所遇到的问题各有不同，故在取排水布置、形式及高程的确定、温排水、取排水构筑物稳定、泥沙分析及防治措施等设计中，当无法通过规程及经验确定或对方案需进行优化完善时，常常需要通过模型试验进行验证。

2. 试验的分类

取排水主要模型试验项目有：

（1）解决取水的安全性问题，分析论证取水保证率的可靠性。

1）当采用天然河道作为水源时，必须对河流的水文特性进行全面分析。应根据河流的深度、宽度、流速、流向、泥沙（悬移质及推移质）和河床地形及其稳定等因素，并结合取水形式对河道在设计保证率时的可取水量及排水回流进行充分论证，必要时应进行物理模型试验。

2）对于河道条件复杂，或取水量占河道的最枯流量比例大的大型取水构筑物，应进行水工模型试验，确定可取到所需水量。

3）在有些取水区段河床变化较大、流态复杂，或者泥沙、漂浮物含量大，水质差，或者河道整治措施比较复杂，确定取水建筑物的位置和形式有困难时，应通过物理模型试验确定，以保证安全运行。

4）当采用海水作为水源时，应对滨海水文、当地港航现状与规划、水域功能区划和环境保护要求、海生物资源等进行全面的调查研究，并应结合海岸类型、海床地质、海流流向、泥沙运动等因素对取水水质、取排水对当地海产资源及排水对海水水质与海域生态的影响进行分析论证，根据工程特点和水源条件可分阶段进行数值模拟与物理模型试验。

（2）确定取排水构筑物的布置及形式，分析论证取水口处温排水的影响、热水分层厚度和取水口形式及高程、壅水建筑物（包括冲沙闸）的位置及形式。

（3）根据排水口周围环境（温升、生物）要求，确定排水口形式及预测温排水影响范围。

（4）解决取水口泥沙问题，确定取水口形式及高程，防止大量泥沙进入取水口或在取水口产生淤积。

1）电厂取水口宜靠近主流，应有稳定的河（海）床及河（海）岸、足够的水深、较好的水质，应注意尽量减少改变取水水域的流态，并应考虑建成后尽可能减少水流对河岸、河床或海岸、海床产生局部冲刷或淤积。必要时，冲淤程度及相应措施可通过河工模型试验确定。河工模型可采用变态模型，模型试验按照 SL 99—2012《河工模型试验规程》的规定进行。

2）当采用纵向底流槽引水时，应有足够的水深，且槽底应高于河底，防止河床的推移质进入槽内。槽内流速应具有挟带进入槽内泥沙的能力，纵向底流槽进出口水流流态应与河道的水流良好衔接，必要时纵向底流槽的冲淤程度及其相应的尺寸可通过河工模型试验确定。河工模型可采用变态模型，模型试验按照 SL 99—2012《河工模型试验规程》的规定进行。

（5）取水口与码头船舶的关系问题，取水建（构）筑物与泊位结合时，进水口流速应满足船舶靠泊作业和系泊码头作业要求，必要时应进行物理模型试验或船舶仿真实验。

（6）解决有大风浪的岸边泵房波浪问题，确定泵房防浪措施及合适的±0.00m 高程，降低土建费用。

（7）当波浪较大，对水泵安全运行有影响时，必须采取有效的消浪措施。必要时可通过试验，提出水泵吸水池中的波浪波动幅度不超过 0.3m 的措施，以保证循环水泵的稳定安全运行。

（8）为解决布置局限问题，在水源自然条件复杂、泵房距取水河道或明渠较近、前池采用侧向进水时，若有必要，可通过水工模型试验验证前池水流形态，提出合理的前池尺寸及导流（整流）设施，保证后部各泵进水流道的进水量均匀及流态稳定。水工模型应采用正态模型，模型试验按照 DL/T 286《大型发电厂循环水系统进水流道水力模型试验规程》的要求执行。

（9）对于大容量电厂水泵房进水流道，当因条件限制，难以按照本章中关于流道的取值范围设计或缺乏水泵厂资料时，应通过水工模型试验，提出保证进水流道和水泵吸水室水流条件、消除或减弱水泵吸水室中可能出现的各种有害的涡流（表面涡、水内涡和底部涡等）的工程技术方案和措施。

（10）大型卧式离心水泵的进水间尺寸（进水蜗壳），必要时可通过物理模型试验确定。

（11）排水口冲刷淤积试验，了解排水口区域在水流及排水作用下的冲淤变化规律，确定适宜的防淤抗冲措施。

（12）河（海）床取水头模型试验，在于了解取水头区域河（海）床冲淤变化，确定适宜的防淤抗冲措施及覆盖的范围、形式、块体的大小；有波浪作用的，必要时需测量作用在取水头上的波浪压力。

（13）岸边取水泵房、进水口及其防护、治导设施的模型试验，在于确定水流对该区域的最大冲刷深度、需防护的范围、防护及治导设施布置与形式等。

（14）有坝取水的模型试验，在于确定滚水坝、冲沙闸、进水口、导流墙、消能、护坦与防护设施等的布置、形式、标高及特征尺寸与线形。

3. 试验的技术要求

（1）取排水工程模型试验可采用物理模型试验和数学模型计算两种方法进行。

（2）物理模型试验适用于取排水工程近区水域的水力、热力分析，为取排水工程方案的比选优化提供依据，也可为电厂排水口近区水环境影响评价等提供依据。

（3）数学模型计算适用于大范围水域的水力、热力分析，为取排水工程方案的初步比选和工程水域水环境影响评价等提供依据。

（4）初步可行性研究阶段可采用数学模型计算开展研究工作，可行性研究阶段和初步设计阶段宜采用数学模型计算和物理模型试验相结合的方法。

（5）对于宽浅型水域、取排水远区，电厂水力、热力的数值模拟宜采用平面二维数学模型；对于取排水近区、深水型湖库、水池等三维水流特征明显的水域，宜采用三维数学模型；对于充分混合的河道，可采用一维数学模型。

（6）物理模型试验须满足几何相似、水流运动相似、动力相似和热力相似，试验可采用正态模型或变态模型。

（7）模型试验可按照 SL 160—2012《冷却水工程水力、热力模拟技术规程》和 SL 99—2012《河工模型试验规程》的规定进行。

二、进水流道模型试验

1. 试验条件

（1）当因条件限制，难以满足规范规定的取值范围，且缺少现有的试验成果和已建类似的进水流道和实际资料而进行设计时，应进行相应的物理模型试验。

（2）当泵房前池采用侧向进水且需设置导流设施时。

（3）当泵房前沿波浪较大，泵房前沿需设置消浪措施时。

2. 试验的技术要求

（1）流道试验方法、相似准则、比尺选择和试验验收应执行 DL/T 286《大型发电厂循环水系统进水流道水力模型试验规程》的标准。

（2）物理模型和原型应保持几何相似、水流运行相似和动力相似，水工常规模型试验水流主要受重力和惯性力控制，应满足重力相似准则，保持模型和原型的弗劳德数相等。

（3）河工模型还应满足泥沙运动相似和河床变形相似。

（4）模型材料糙率比尺不能满足要求时，应进行校正。

（5）物理模型试验测量设备应满足精度要求。

（6）当因条件限制，难以满足规范规定的最优取值范围或需要为物理模型试验提供初步优化设计方案或整流方案时，应进行相应的数值模拟试验。

（7）数值模拟试验应对计算方法进行验证，或使用鉴定过的软件进行计算。对数值模拟结果应有合理的评价指标，以评价方案的优劣。

（8）模型试验可按照 SL 99—2012《河工模型试验规程》的规定进行。

3. 试验内容及范围

（1）研究观测流速分布及旋涡的发生情况，预测原型中有无旋涡引起水泵的振动、噪声及性能降低等问题。

（2）研究采取旋涡防止措施，并在模型上验证其效果。

（3）模型试验范围宜包括取水口至吸水池末端，含引水渠（管）道、中间汇水和分水设施、净水设备、调节闸、前池、进水池及进水管（流）道等，循环水泵本体不属于规范规定的试验范围，对水流流态造成影响的水工结构及设施应在模型中得到模拟，且与原型布置形式相同。

（4）引水段与吸水池的衔接、直接连接的进水流道，其模型范围可以从拦污设备至水泵吸水池后墙；引水段有弯曲或急剧变化的，模型的范围宜为从引水段至吸水池后墙。

第八章

取排水建（构）筑物和水泵房结构设计

第一节　取水构筑物结构形式及布置原则

一、取水构筑物常用形式及适用条件

取水构筑物一般指地表水取水工程的进水构筑物，包括取水头部、引水管及其支撑结构以及必要的围护、治导等附属设施。

取水构筑物因建设场地地形、地貌、岩土条件和水文条件的不同而有不同的布置形式，常见的布置形式及适用条件见表8-1。

表8-1　取水构筑物布置形式及适用条件

序号	形式	简　图	主要特点	适用条件
1	引水明渠	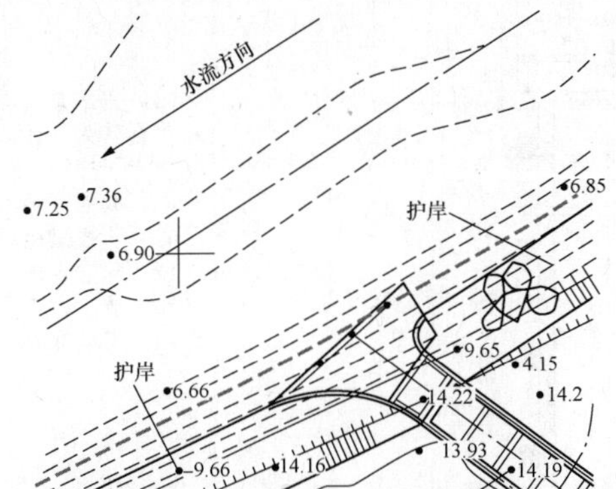	（1）梯形或矩形断面，筑围堰采用大开挖方式施工，施工简单。 （2）漂浮物或淤积便于清理	（1）水源水位不深，水位较稳定。 （2）水源中漂浮物、悬移质、推移质较少
2	引水暗涵	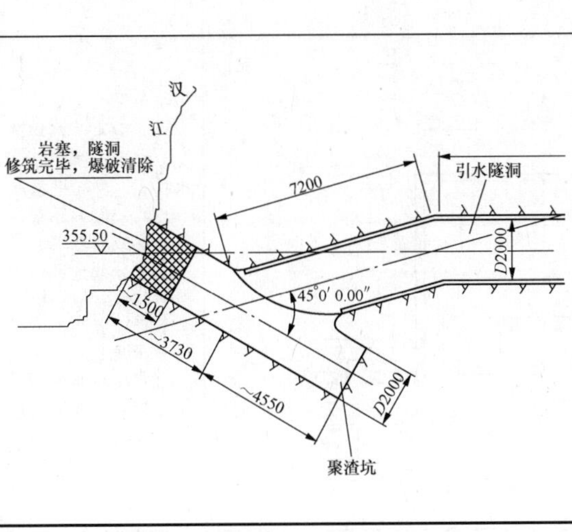	（1）圆形断面或矩形断面。 （2）当为隧洞时，采用机器掘进或人工开凿的方式施工，洞口采用筑围堰大开挖方式施工或岩塞爆破方式施工，内表面用混凝土或喷射混凝土衬砌。 （3）漂浮物或淤积不便清理	（1）水源水深较深。 （2）岸坡坚硬、稳定，主流靠岸。 （3）水源中漂浮物、悬移质、推移质较少

续表

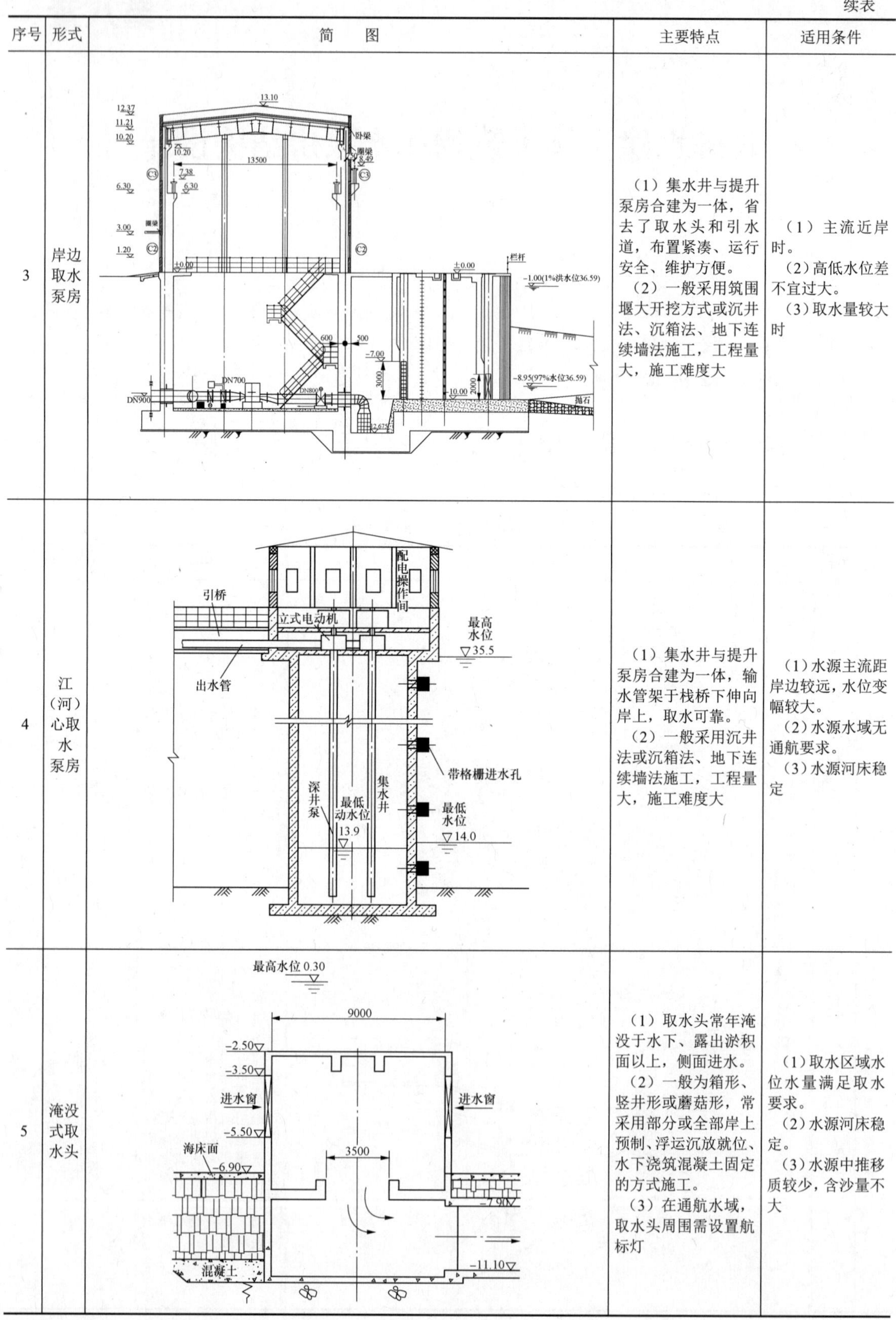

序号	形式	简　图	主要特点	适用条件
3	岸边取水泵房		（1）集水井与提升泵房合建为一体，省去了取水头和引水道，布置紧凑、运行安全、维护方便。 （2）一般采用筑围堰大开挖方式或沉井法、沉箱法、地下连续墙法施工，工程量大，施工难度大	（1）主流近岸时。 （2）高低水位差不宜过大。 （3）取水量较大时
4	江（河）心取水泵房		（1）集水井与提升泵房合建为一体，输水管架于栈桥下伸向岸上，取水可靠。 （2）一般采用沉井法或沉箱法、地下连续墙法施工，工程量大，施工难度大	（1）水源主流距岸边较远，水位变幅较大。 （2）水源水域无通航要求。 （3）水源河床稳定
5	淹没式取水头		（1）取水头常年淹没于水下、露出淤积面以上，侧面进水。 （2）一般为箱形、竖井形或蘑菇形，常采用部分或全部岸上预制、浮运沉放就位、水下浇筑混凝土固定的方式施工。 （3）在通航水域，取水头周围需设置航标灯	（1）取水区域水位水量满足取水要求。 （2）水源河床稳定。 （3）水源中推移质较少，含沙量不大

续表

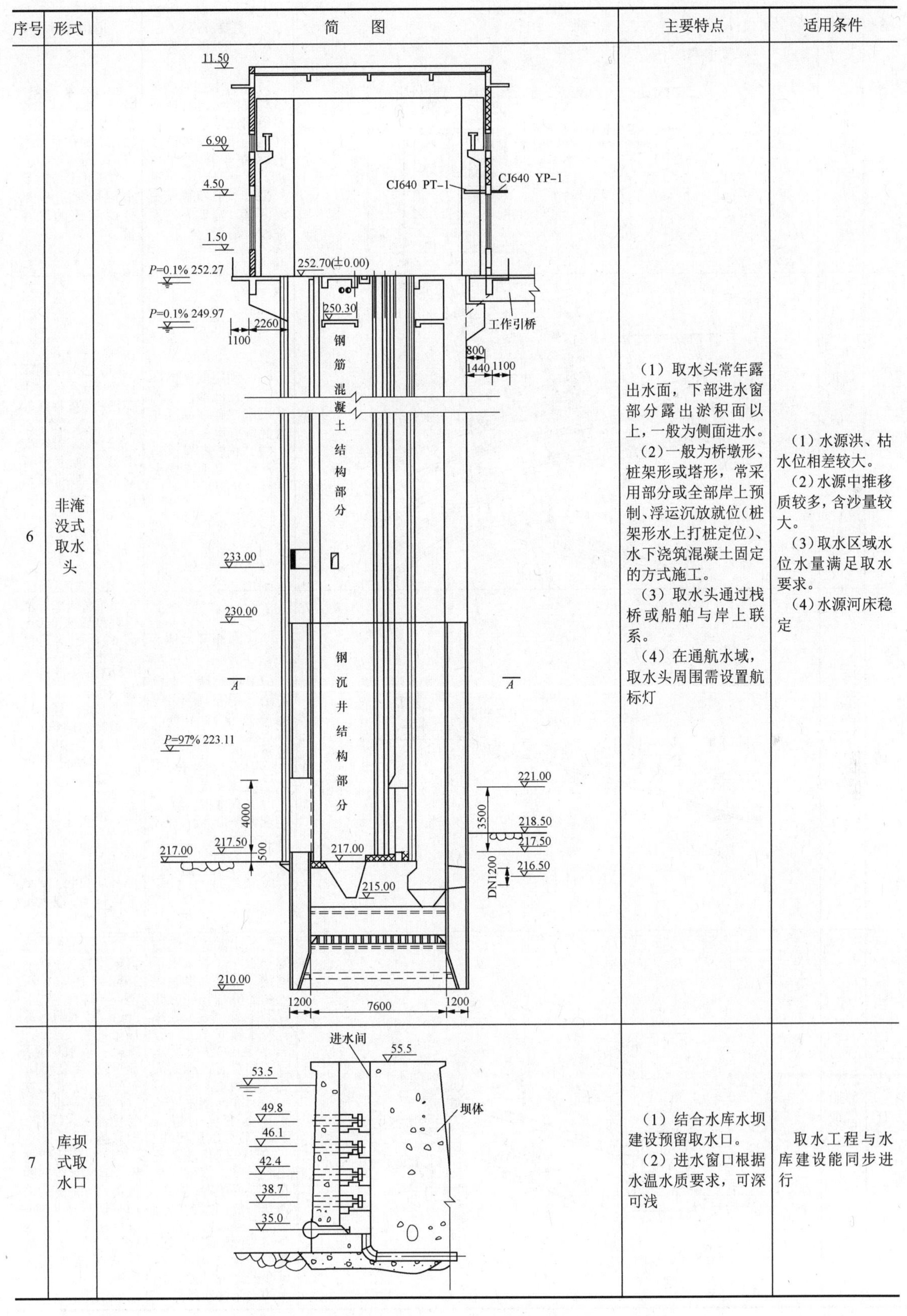

序号	形式	简图	主要特点	适用条件
6	非淹没式取水头		（1）取水头常年露出水面，下部进水窗部分露出淤积面以上，一般为侧面进水。 （2）一般为桥墩形、桩架形或塔形，常采用部分或全部岸上预制、浮运沉放就位（桩架形水上打桩定位）、水下浇筑混凝土固定的方式施工。 （3）取水头通过栈桥或船舶与岸上联系。 （4）在通航水域，取水头周围需设置航标灯	（1）水源洪、枯水位相差较大。 （2）水源中推移质较多，含沙量较大。 （3）取水区域水位水量满足取水要求。 （4）水源河床稳定
7	库坝式取水口		（1）结合水库水坝建设预留取水口。 （2）进水窗口根据水温水质要求，可深可浅	取水工程与水库建设能同步进行

续表

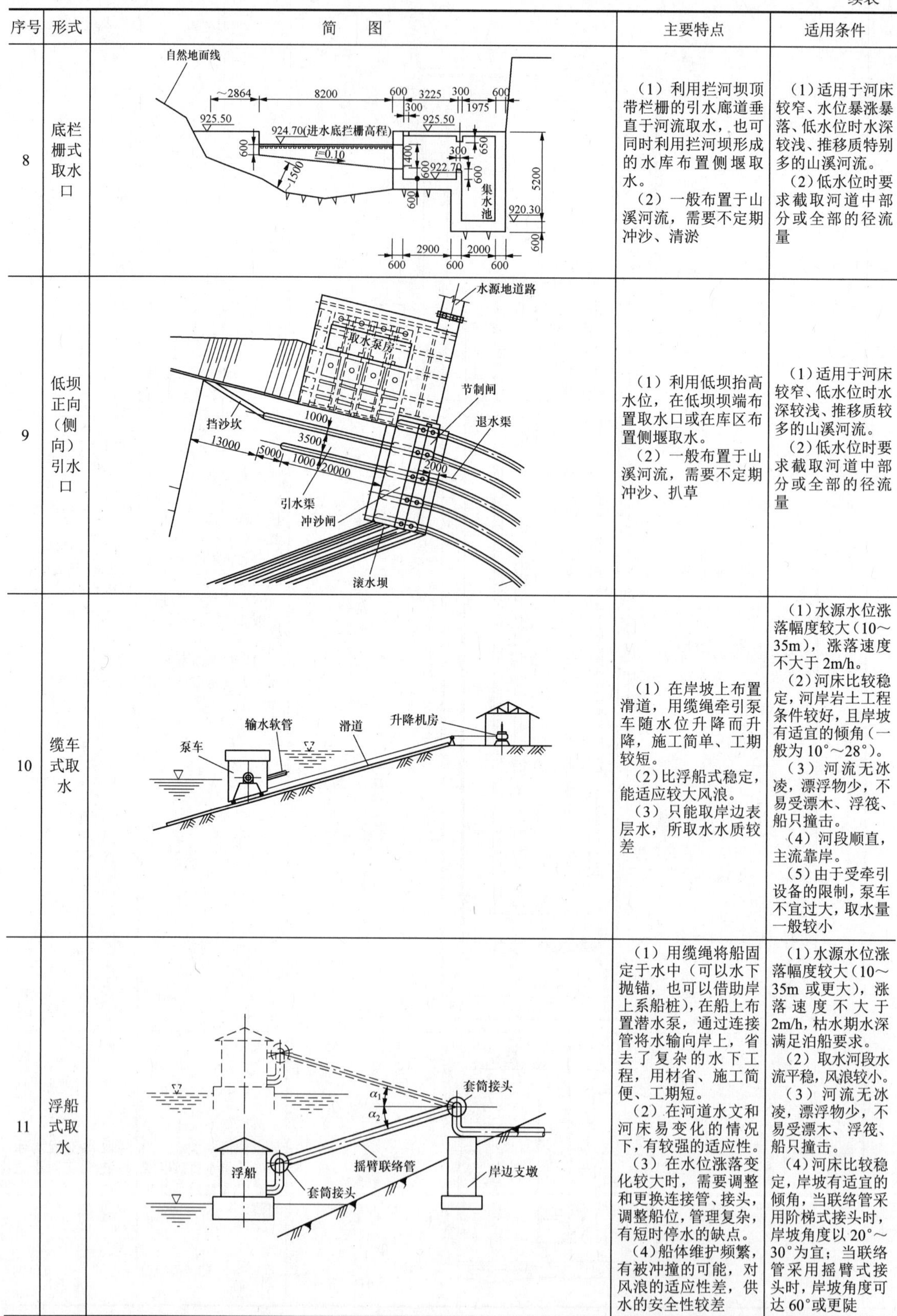

序号	形式	简图	主要特点	适用条件
8	底栏栅式取水口		（1）利用拦河坝顶带栏栅的引水廊道垂直于河流取水，也可同时利用拦河坝形成的水库布置侧堰取水。 （2）一般布置于山溪河流，需要不定期冲沙、清淤	（1）适用于河床较窄、水位暴涨暴落、低水位时水深较浅、推移质特别多的山溪河流。 （2）低水位时要求截取河道中部分或全部的径流量
9	低坝正向（侧向）引水口		（1）利用低坝抬高水位，在低坝坝端布置取水口或在库区布置侧堰取水。 （2）一般布置于山溪河流，需要不定期冲沙、扒草	（1）适用于河床较窄、低水位时水深较浅、推移质较多的山溪河流。 （2）低水位时要求截取河道中部分或全部的径流量
10	缆车式取水		（1）在岸坡上布置滑道，用缆绳牵引泵车随水位升降而升降，施工简单、工期较短。 （2）比浮船式稳定，能适应较大风浪。 （3）只能取岸边表层水，所取水水质较差	（1）水源水位涨落幅度较大（10～35m），涨落速度不大于2m/h。 （2）河床比较稳定，河岸岩土工程条件较好，且岸坡有适宜的倾角（一般为10°～28°）。 （3）河流无冰凌，漂浮物少，不易受漂木、浮筏、船只撞击。 （4）河段顺直，主流靠岸。 （5）由于受牵引设备的限制，泵车不宜过大，取水量一般较小
11	浮船式取水		（1）用缆绳将船固定于水中（可以水下抛锚，也可以借助岸上系船桩），在船上布置潜水泵，通过连接管将水输向岸上，省去了复杂的水下工程，用材省、施工简便、工期短。 （2）在河道水文和河床易变化的情况下，有较强的适应性。 （3）在水位涨落变化较大时，需要调整和更换连接管、接头，调整船位，管理复杂，有短时停水的缺点。 （4）船体维护频繁，有被冲撞的可能，对风浪的适应性差，供水的安全性较差	（1）水源水位涨落幅度较大（10～35m或更大），涨落速度不大于2m/h，枯水期水深满足泊船要求。 （2）取水河段水流平稳，风浪较小。 （3）河流无冰凌，漂浮物少，不易受漂木、浮筏、船只撞击。 （4）河床比较稳定，岸坡有适宜的倾角，当联络管采用阶梯式接头时，岸坡角度以20°～30°为宜；当联络管采用摇臂式接头时，岸坡角度可达60°或更陡

二、取水构筑物布置原则

完整的取水系统构筑物包括取水头部、引水管（涵、洞、渠）、集水井、取水泵房，因建设场地地形、地貌、岩土条件和水文条件的不同，它们可以分开布置，也可以合并布置。取水构筑物［指取水泵房前的取水头部、引水管（涵、洞、渠）、集水井］主要布置原则如下：

（1）因水源水位变幅的不同而采取不同的布置形式：

水源水位变幅包括最高水位与最低水位之差以及水位涨落的速度。

1）如果水位变幅大，可考虑采用引水暗涵、淹没式取水头、非淹没式取水头取水；

2）如果水位变幅不大，可考虑采用引水明渠、岸边取水泵房、江（河）心取水泵房取水；

3）如果水源的最低水位不能满足取水深度要求，可采用低栏栅取水或筑低坝取水；

4）如果水位变幅大，建造固定式取水构筑物确有困难，可采用缆车取水或浮船取水。

（2）因河床及岸坡地形的不同而采取不同的布置形式：

1）如果水源岸坡陡且主流靠岸，可采用引水明渠、引水暗涵、岸边取水泵房取水；如果建造固定式取水构筑物确有困难，可考虑采用浮船取水。

2）如果水源岸坡平缓且主流离岸，可采用江（河）心取水泵房、淹没式取水头、非淹没式取水头取水，必要时，尚需在取水口上游岸边布置丁坝、顺坝等治导设施。

（3）因水源中含沙量的不同而采取不同的布置形式：

1）如果洪水期水源中含沙量较高，且垂直方向上的含沙量分布有明显差异，应考虑采用分层取水的取水构筑物，如岸边式取水泵房、非淹没式取水头进水口设置挡沙叠梁。

2）如果水源含沙量高且主要由粗颗粒泥沙组成，而取水点有足够的水深，也可考虑采用淹没式取水头进水口加斜板（管）的形式取水。

（4）取水构筑物布置方案因水源区域是否通航而有变化。取水构筑物的形式应满足通航水域的航运要求。在船只通航频繁的水域，一般不宜布置江（河）心取水泵房取、非淹没式取水头；在淹没式取水头附近，应设置明显的警示牌、航标灯，以防船只撞击。

（5）取水构筑物布置方案因水源区域冰情条件不同而有不同的布置形式。在有流冰的河道中，不宜采用桩架式、悬壁式取水头取水，其他淹没式取水头、非淹没式取水头，其迎水面应设尖梭或破冰体。

（6）风浪对取水构筑物布置的影响。在风浪大的海边、湖边、水库边或水面宽阔的江（河）边，不宜采用浮船（箱）式取水。

（7）在拟定取水构筑物布置方案时，应考虑施工条件的影响。依据建筑材料来源、施工工期、施工方法、适用的机具、施工技术水平等因素综合权衡，尽可能选择结构简单、易于取材、保证工期、方便施工的取水构筑物布置方案。如在不通航的水域，不宜采用借助浮运法施工的淹没式取水头、非淹没式取水头方案取水；如水源水文条件、岸边地形条件适于布置岸边取水泵房时，一般在适宜沉井的地段采用沉井法施工方案可能比采用围堰、大开挖施工方案施工工期短、造价低。

（8）在不能准确预测河床演变规律和泥沙冲淤变化规律的河道中布置取水方案时，需经河工模型试验验证取水方案的可靠性。

第二节　基　础　资　料

取排水建（构）筑物和水泵房结构设计所需要的资料可分为工艺资料、地形资料、水文气象资料、岩土工程资料、施工及其他资料等，详见表 8-2。

表 8-2　　设计所需基础资料一览表

类别	内容与要求	备注
工艺资料	（1）取水系统图（头部—泵房工艺流程布置）。 （2）建（构）筑物形式、几何尺寸、平/立面布置及其对支承结构的要求。 （3）车间运行方式和维护检修方式。 （4）各种工况时各层楼板的使用荷载（即各层楼板的设备安装及检修荷载）、沉井内水位（沉井为取水建筑物时）。 （5）各种设备的布置及其运行、检修方式以及相应的最大荷载。 （6）各种设备和装置所需的埋件和留孔等资料。 上述资料需要供水、电气、热控、暖通等专业提供	
地形资料	（1）建筑场地地形图（包括水下地形图），比例尺：1:200～1:500。 （2）河床断面图，比例尺：水平向 1:200～1:1000、竖向 1:50～1:100（沉井作为取水泵房时）	

续表

类别	内容与要求	备注
水文气象资料	（1）洪水位（或高潮位）和流速、流向：频率1%、0.1%水位；频率1%、0.1%洪水时河道设计断面最大流速、平均流速、垂线流速分布。 （2）枯水位（或低潮位）：频率95%、97%、99%水位。 （3）施工期最高水位（可选用同期频率为5%或10%的最高水位，并考虑相应水位重现期5～10年的最大浪高）、流量及流速。 （4）取水口处河（海）床年内、年际冲淤变化规律，历年汛期最大含沙量、底沙和卵石的粒径和运动规律。 （5）最大冲刷深度。 （6）冰冻情况、流冰、冰凌、水温等。 （7）波浪：浪高、波长，风向、风速、吹程等气象资料。 （8）气温、土壤冻结深度、风向分布、基本风压、基本雪压	
岩土工程资料	（1）地形地貌、不良地质作用描述，地质构造要素描述：如基岩面的埋深、产状、节理、裂隙发育情况、风化程度等，有无流沙、滑坡、崩塌、断裂等不良地质现象，岸坡的稳定性如何等。 （2）建筑区域工程地质平面图，纵、横剖面图及钻孔柱状图。 （3）地基土的物理力学性质指标：各层土的分类、颗粒组成、比重、容重、孔隙比、含水量、饱和度、塑限、液限、压缩模量、内摩擦角、黏聚力、渗透参数、临界允许渗透坡降、单位摩阻力标准值、承载力特征值及极限承载力值。 （4）地震地质条件及砂土液化可能性的评价等。 （5）地下水埋深、变幅、对混凝土的侵蚀性等。 （6）基底混凝土和地基的摩擦系数	
施工及其他资料	（1）取水头部冲刷或导治水工模型试验报告。 （2）通航河道通航船舶类型、尺度、吃水深度、流木最大尺寸、漂浮物情况及水运主管部门对取水设施的意见。 （3）地方建筑材料、建筑成品及半成品等分布情况、物理力学性质、运输条件及单价。 （4）可能采用的施工方法。 （5）在枯水期施工时允许的施工工期及可能出现的各种不利因素	（1）重要工程需要及早委托试验。 （2）施工图前明确，以免设计返工

上列资料项目及其深度、精度可视工程大小、水域条件和不同设计阶段的实际需要而定。

第三节　取水构筑物荷载

一、荷载分类

作用在取水构筑物上的荷载分类见表8-3。

表8-3　作用在取水构筑物上的荷载分类

永久荷载	可变荷载	偶然荷载
结构自重	静水压力	地震作用
土重	动水压力	爆炸力
设备重	浮力	
土压力	泥沙压力	
	波浪压力	
	漂浮物撞击力	
	风压力	
	流冰压力	
	雪荷载	
	温度变化作用	
	施工及安装临时荷载	

续表

永久荷载	可变荷载	偶然荷载
	建筑物周围地面堆载	
	屋面、楼面活荷载	
	吊车荷载	
	闸门启闭力	

二、荷载计算

（一）结构自重

取水构筑物自重包括结构各部位构件重量和底板以上填料的重量。部分水下施工材料重度可按表8-4取用。

表8-4　部分水下施工材料重度　（kN/m^3）

材料名称	重度	水下重度	备注
导管灌注混凝土	23	13	也可取12
堆码麻袋混凝土	21～22	11～12	
抛块石	17～18	10～11	石块比重2.7，孔隙率35%
抛碎石	16～17	10	
回填砂砾	18	9.0～9.5	直径小于0.1mm的细粒含量不超过10%

（二）动水压力

1. 作用在取水构筑物上的动水压力的合力

$$P = K\frac{\gamma v^2}{2g}A \tag{8-1}$$

式中　P——动水压力的合力，kN；

K——动水压力系数，参照表8-5、表8-6取用，对于顺流排列的取水头部、管道、泵房引桥等，需考虑遮流作用或淹没深度时，应将K乘以遮流影响系数K_m或淹没深度影响系数K_n（见表8-7）；

γ——水的容重，对淡水，γ=10.0kN/m^3，对海水，γ=10.3kN/m^3；

v——设计流速，m/s，取动水压力作用处最大垂线平均流速；

g——重力加速度，9.81m/s^2；

A——计算构件在与流向垂直平面上的投影面积，m^2，应计算至最低冲刷线处。

表8-5　动水压力系数K

名称		简图	K值
墩形	长圆形		0.67
	长菱形		0.67
	圆形		0.73
	长方形		1.33
	方形		1.47

名称	简图	K值
平面桁架		μ：0.1、0.2、0.3；K：2.27、2.19、1.99 注　1. μ=挡水面积/轮廓面积。 2. 计算水流力用轮廓面积。
矩形梁		2.32
T形梁		B/h：0.5、0.7、>0.9；K：2.28、2.12、1.92 注　B/h<0.5时，采用矩形梁的K值。
腹板开孔梁		K=2.32×（μ−0.15） 注　适用于μ=0.7～0.97。

表 8-6　　　　遮流影响系数 K_m

<table>
<tr><th>名称</th><th>简图</th><th>K_m</th></tr>
<tr><td>两片矩形 T 形梁</td><td>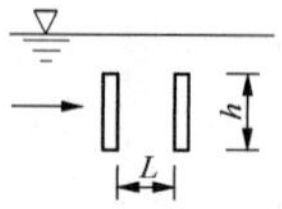</td><td>
<table>
<tr><td>L/h</td><td>1.0</td><td>2.0</td><td>3.0</td><td>4.0</td><td>5.0</td><td>10.0</td><td>>10.0</td></tr>
<tr><td>后片 K_m</td><td>−0.11</td><td>−0.03</td><td>0.58</td><td>0.72</td><td>0.79</td><td>0.82</td><td>1.0</td></tr>
</table>
注　前片 K_m=1.0。</td></tr>
<tr><td>两片腹板开孔梁</td><td>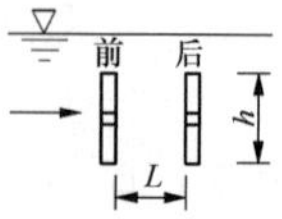</td><td>
<table>
<tr><td>L/h</td><td>1.0</td><td>2.0</td><td>3.0</td><td>4.0</td><td>5.0</td><td>10.0</td><td>>10.0</td></tr>
<tr><td>后片 K_m</td><td>0.15</td><td>0.16</td><td>0.20</td><td>0.72</td><td>0.79</td><td>0.82</td><td>1.0</td></tr>
</table>
注　前片 K_m=1.0。</td></tr>
<tr><td>两片平面桁架</td><td>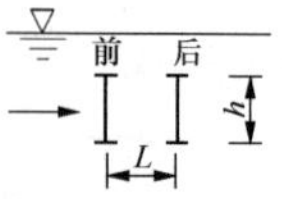</td><td>
<table>
<tr><td>L/h</td><td>1/3</td><td>1/2</td><td>2/3</td><td>1.0</td></tr>
<tr><td>后片 K_m</td><td>0.40</td><td>0.55</td><td>0.65</td><td>0.70</td></tr>
</table>
注　前片 K_m=1.0。</td></tr>
<tr><td>四片矩
T 形梁</td><td>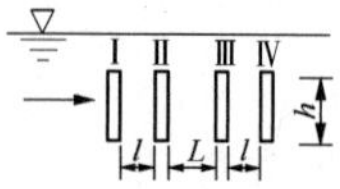</td><td>
<table>
<tr><td colspan="2">间距</td><td colspan="5">K_m</td></tr>
<tr><td>L</td><td>l</td><td>Ⅰ</td><td>Ⅱ</td><td>Ⅲ</td><td>Ⅳ</td><td>总和</td></tr>
<tr><td>≤3h</td><td>≤2h</td><td>0.9</td><td>−0.2</td><td>0.45</td><td>0.4</td><td>1.6</td></tr>
<tr><td>（3～20）h</td><td>（2～3）h</td><td>1.0</td><td>−0.2 或
+0.25</td><td>0.85</td><td>0.6</td><td>2.4</td></tr>
</table></td></tr>
<tr><td>四片腹板
开孔梁</td><td>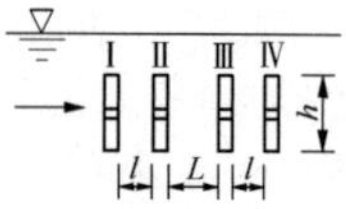</td><td>
<table>
<tr><td colspan="2">间距</td><td colspan="5">K_m</td></tr>
<tr><td>L</td><td>l</td><td>Ⅰ</td><td>Ⅱ</td><td>Ⅲ</td><td>Ⅳ</td><td>总和</td></tr>
<tr><td>≤3h</td><td>≤2h</td><td>0.9</td><td>0.2</td><td>0.55</td><td>0.5</td><td>2.1</td></tr>
<tr><td>（3～20）h</td><td>（2～3）h</td><td>1.0</td><td>−0.3</td><td>0.80</td><td>0.6</td><td>2.6</td></tr>
</table></td></tr>
<tr><td>四片桁架</td><td>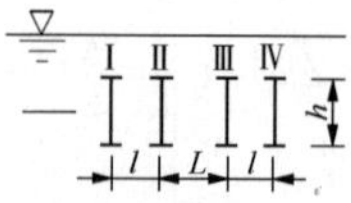</td><td>
<table>
<tr><td colspan="2">间距</td><td colspan="5">K_m</td></tr>
<tr><td>L</td><td>l</td><td>Ⅰ</td><td>Ⅱ</td><td>Ⅲ</td><td>Ⅳ</td><td>总和</td></tr>
<tr><td>≤2h</td><td>≤h/2</td><td>1.0</td><td>0.55</td><td>0.7</td><td>0.6</td><td>2.7</td></tr>
<tr><td>（2～7）h</td><td>（1/2～1）h</td><td>1.0</td><td>0.7</td><td>0.8</td><td>0.6</td><td>3.0</td></tr>
</table></td></tr>
</table>

注　1. 腹板开孔梁适用于μ=0.7～0.97。
　　2. 桁架适用于μ=0.1～0.3。

表 8-7　　　　淹没深度影响系数 K_n

<table>
<tr><td rowspan="2">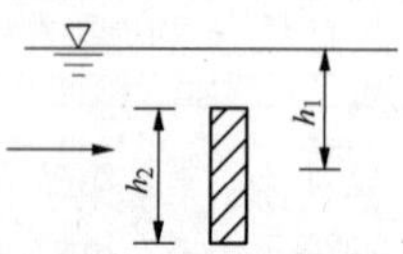</td><td>h_1/h_2</td><td>0.5</td><td>1.0</td><td>1.5</td><td>2.0</td><td>2.25</td><td>2.5</td><td>3.0</td><td>3.5</td><td>4.0</td><td>5.0</td><td>≥6.0</td></tr>
<tr><td>K_n</td><td>0.7</td><td>0.89</td><td>0.96</td><td>0.99</td><td>1.0</td><td>0.99</td><td>0.99</td><td>0.97</td><td>0.95</td><td>0.88</td><td>0.84</td></tr>
</table>

2. 动水压力合力作用点的位置

（1）淹没式、半淹没式取水头部——作用在顶面以下 1/3 高度处。

（2）非淹没式取水头部——作用在设计水位以下 1/3 水深处。

（3）上部构件——作用在阻水面积形心处。

（三）波浪压力

在开阔的水域，特别是滨海取水，波浪压力可能成为控制荷载。当头部前缘长度大于波长的一半时，可按水深条件计算波浪压力。

1. 破碎波（$H_2 \leqslant 2H_1$）

$$p_e = 1.5\gamma H_1 \tag{8-2}$$

式中 p_e——破碎波波压标准值，kPa：

γ——水的重度，kN/m^3；

H_1——设计波高，m：

H_2——静水深，m。

波浪浮托力在头部前趾处按 $1.25\gamma H_1$ 计（见图 8-1），后趾处为零。

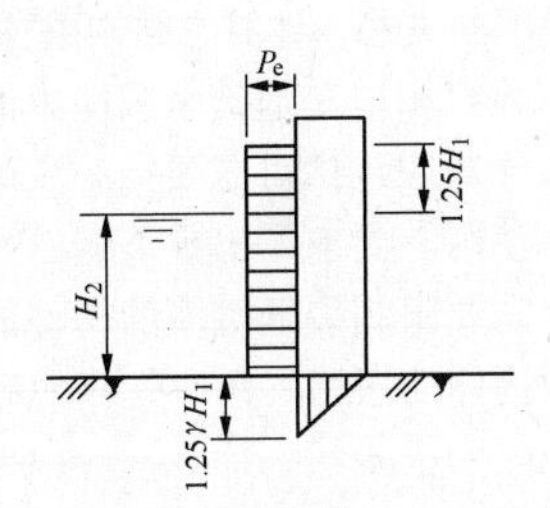

图 8-1　破碎波波压计算简图

2. 立波（$H_2 > 2H_1$）

$$p_d = \frac{\gamma H_1}{\mathrm{ch}\dfrac{2\pi H_2}{L_b}} \tag{8-3}$$

$$H_0 = \frac{\pi H_1^2}{L_b}\mathrm{cth}\frac{2\pi H_2}{L_b} \tag{8-4}$$

$$p_0 = (p_d + \gamma H_2)\left(\frac{H_1 + H_0}{H_1 + H_0 + H_2}\right) \tag{8-5}$$

式中 p_d——水深 H_2 处的立波波压标准值，kPa；

p_0——静水面的立波波压，kPa；

H_0——波浪中心线对静水面超高，m；

L_b——设计波长，m。

波浪浮托力，前趾处等于 p_d，后趾处为零（见图 8-2）。

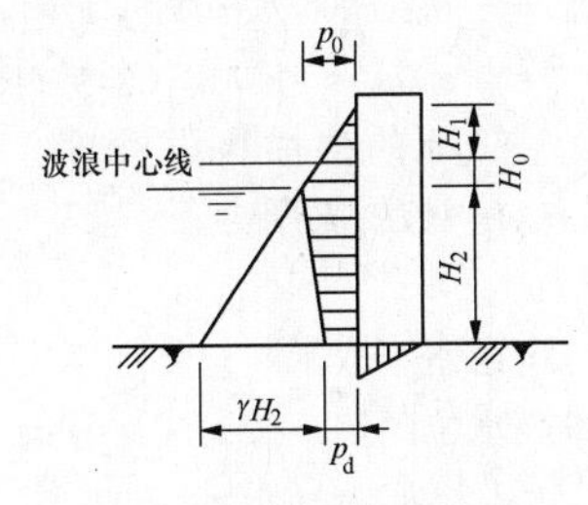

图 8-2　立波波压计算简图

（四）撞击力

1. 船只撞击力 P_c

（1）可能遭受船只撞击的取水头部，应尽可能设护桩保护，不计 P_c。

（2）无防撞措施时，P_c 标准值可参考表 8-8。

表 8-8　　**撞击力 P_c 标准值**

内河航道等级		一	二	三	四	五	六
P_c（kN）	由河心向岸横撞	700	550	400	300	200	90～120
	由上游随流直撞	900	70	550	400	300	110～160

注　1. P_c 假定作用于计算通航水位线上头部长度或宽度的中点。
2. 四、五、六级航道中的单排桩墩，横撞力按表值减少 50%。
3. 内河航道等级划分见 GB 50139《内河通航标准》。

2. 漂浮物撞击力 P_p

$$P_p = 0.1Wv \tag{8-6}$$

式中 W——漂浮物重量，kN，由实地调查确定；

v——表面水流速，m/s。

式（8-6）为估算式；P_p 与 P_c 不同时计算。

（五）流冰压力

头部可能遭受流冰影响时，应考虑顺轴方向冰块的撞击力。

1. 具有竖直边缘的头部

$$P_b = K_2 R_a b_0 h_3 \tag{8-7}$$

式中 P_b——流冰压力标准值，kN；

K_2——墩形系数，上游端方形 K_2=1，圆形 K_2=0.9，尖形应根据分水角 2α 按表 8-9 采用；

b_0——头部在流冰水位线上的宽度，m；

h_3——冰厚，m，可取实地调查的最大结冰厚度；

表 8-9　　　　尖墩形系数 K_2

2α（°）	45	60	75	90	120
K_2	0.60	0.65	0.69	0.73	0.81

R_a——冰的极限抗压强度，kN/m^2。初融流冰水位时，R_a=750kN/m^2；最高流冰水位时，R_a=450kN/m^2；当冰在0℃以下解冻，且冰温为−10℃以下时，R_a应提高1倍。

2. 具有倾斜破冰凌的头部

竖向冰压力　$P_y = R_w h_3^2$　（8-8）

水平冰压力　$P_x = R_w h_3^2 \tan\alpha_b$　（8-9）

式中　P_y、P_x——竖向、水平向流冰压力标准值，kN；

α_b——破冰凌对水平线的倾角，α_b＞82°时，流冰压力按式（8-7）计算；

R_w——冰的挠曲极限强度，kN/m^2，按$0.7R_a$采用。

（六）浮力

作用在地下或水下取水构筑物底板上的浮力，其标准值应按最高水位确定，按下式计算：

$$q_{fw,k} = \gamma_w h_w \eta_{fw} \qquad (8\text{-}10)$$

式中　$q_{fw,k}$——构筑物基础底面上的浮力标准值，kN/m^2；

γ_w——水的重度，kN/m^3，可按10kN/m^3采用；

h_w——地表水或地下水的最高水位至基础底面（不包括垫层）计算部位的距离，m；

η_{fw}——浮力折减系数，对非岩质地基应取1.0；对岩石地基应按其破碎程度决定，一般取η_{fw}=0.7～1.0；当基底设置滑动层时，应取1.0。

当构筑物两侧水位不等时，基础底面上的浮力可按沿基底直线变化计算。

第四节　取水构筑物结构设计

一、基本设计规定

（1）取水构筑物布置的位置、采用的类型和选用的建筑材料，应结合取水点的地形、岩土、水文和取水量大小，按前述的各型取水构筑物的适用条件综合确定，以取水可靠、运行安全、造价适当为原则。

（2）取水构筑物应按规划取水量统一规划和布置。当条件合适时宜分期建设；当施工条件困难，布置受到限制，建设进度较快，且分期建设在经济上不合理时，可按规划取水量一次建成。

（3）取水构筑物设计时，均应进行承载能力极限状态计算和正常使用极限状态计算，并分别满足结构的抗力要求：

$$\gamma_0 S_d \leqslant R_d \qquad (8\text{-}11)$$

式中　γ_0——结构重要性系数，对安全等级为一、二、三级的结构构件，分别取1.1、1.0、0.9；

S_d——作用效应的设计值；

R_d——结构构件抗力的设计值，应按GB 50010《混凝土结构设计规范》、DL/T 5057《水工混凝土结构设计规范》、JTJ 267《港口工程混凝土结构设计规范》、GB 50003《砌体结构设计规范》、GB 50017《钢结构设计规范》中的规定确定。

（4）取水构筑物一般按建筑结构安全等级二级考虑。对重要工程的取水构筑物，其安全等级可按一级考虑，但应报有关主管部门批准或业主认可。

（5）承载能力极限状态计算应包括对结构构件的承载力（包括压曲失稳）计算、结构整体失稳（滑移、倾覆和上浮）验算和地基基础承载能力的验算。正常使用极限状态计算应包括对需要控制变形的结构构件的变形验算，使用上要求不出现裂缝的构件的抗裂度验算，使用上需要限制裂缝宽度的构件的裂缝宽度验算，以及结构构件的振幅、频率、应力等。

（6）承载能力极限状态计算，应根据不同设计状况，采用荷载效应的基本组合、偶然组合和地震作用组合分别进行计算。

对于基本组合，对应持久设计状况，即在正常运行条件下（水位的频率取1%的高水位和99%的低水位，进水闸全部充水），由长期和经常作用的永久荷载和可变荷载组成，应对可能出现的最不利工况进行计算。

对于偶然组合，对应短暂设计状况，应由上述基本荷载组合与可能出现的偶然作用组成；或者上述基本组合中，水位取频率0.1%的校核高水位，在运行情况下进水闸全部充水；或频率为1%的高水位及频率为99%的低水位运行情况下进水闸一间放空；或施工和安装阶段可能出现的不利组合。

对于地震作用组合，应由上述基本荷载组合与地震作用组成，即水位取频率1%的高水位及保证率99%的低水位条件下，进水间全部充水，遭受地震作用时。

荷载基本组合的作用效应设计值应按下式计算：

$$S_d = \sum_{i=1}^{m} \gamma_{Gi} S_{Gik} + \gamma_{Q1} S_{Q1k} + \sum_{j=2}^{n} \psi_{cj} \gamma_{Qj} S_{Qjk} \qquad (8\text{-}12)$$

式中　S_{Gik}——按第i个永久作用标准值G_{ik}计算的荷载效应值。

γ_{Gi}——第 i 个永久作用的分项系数。当作用效应对结构不利时，对结构和设备自重应取 1.2，其他永久作用应取 1.27；当作用效应对结构有利时，均应取 1.0。

S_{Q1k}、S_{Qjk}——按第 1 个和第 j 个可变作用标准值 Q_{1k} 和 Q_{jk} 计算的荷载效应值，其中 S_{Q1k} 为诸可变作用效应中起控制作用者。

γ_{Q1}、γ_{Qj}——第 1 个和第 j 个可变作用的分项系数。地表水或地下水的作用应是取水构筑物的第一可变作用，其分项系数取 1.27；其他可变作用的分项系数取 1.4。

ψ_{cj}——第 j 个可变作用的组合值系数，一般可取 0.9 计算。

荷载偶然组合的作用效应设计值应按下式计算：

$$S_d=\sum_{i=1}^{m}S_{Gik}+S_{Ad}+\psi_{f1}S_{Q1k}+\sum_{j=2}^{n}\psi_{qj}S_{Qjk} \tag{8-13}$$

式中 S_{Ad}——按偶然作用标准值 A_d 计算的荷载效应值；

ψ_{f1}——第 1 个可变荷载的频遇值系数；

ψ_{qj}——第 j 个可变荷载的准永久值系数。

（7）取水构筑物的设计稳定性抗力系数 K_s 不应小于表 8-10 中的规定值。验算时，荷载基本组合的效应设计值和荷载偶然组合的效应设计值计算式中荷载分项系数、组合值系数均取 1.0；可变荷载的频遇值系数、准永久值系数按实际情况采用，但在任何情况下，频遇值系数不应小于 0.7，准永久值系数不应小于 0.6。上浮验算时，取水构筑物侧壁上的摩擦力不应计入。

表 8-10　设计稳定性抗力系数 K_s

稳定验算种类	持久设计状况	短暂设计状况	地震作用组合
浮动	1.10	1.05	1.05
滑动	1.30	1.15	1.05
倾覆	1.60	1.45	1.35
圆弧滑动	1.25	1.15	1.05

注 1. 在施工及安装阶段可能出现的不利情况下，如不能满足表 8-10 的规定，宜在不增加建筑物造价的条件下采取其他措施。

2. 验算浮动、滑动及倾覆稳定时，计算荷载为结构自重（不包括设备、使用荷载及安装荷载）。验算圆弧滑动时，计算荷载为结构自重、动水压力及设备的使用荷载和安装荷载，按其最不利的组合求得最危险的滑裂面。

3. 验算稳定时，不考虑土体与墙壁间的侧面摩擦力和结构上的可变作用。

4. 岩石地基的抗滑稳定安全系数，基本荷载效应组合采用 1.10，偶然荷载效应组合采用 1.05。

（8）计算地表水或地下水对构筑物的作用标准值时，设计水位应根据勘察部门或水文部门提供的数据确定。可能出现的最高水位或最低水位，对地表水位宜按 1%频率统计分析确定；对地下水位，应综合考虑近期内变化及构筑物设计基准期内可能的发展趋势确定。

当取最低水位计算荷载组合的效应值时，水压力的准永久值系数对地表水可取常年洪水位与最高水位的比值，对地下水可取平均水位与最高水位的比值。

流冰压力的准永久值系数，对东北地区和新疆北部地区可取 ψ_q=0.5，对其他地区可取 ψ_q=0。

（9）正常使用极限状态计算，应按照荷载的标准组合、频遇组合或准永久组合分别进行验算，并应分别满足结构的变形、抗裂度、裂缝开展宽度、应力、振幅、频率等计算值不超过规定限值的要求。

荷载标准组合的效应设计值 S_d 应按下式计算：

$$S_d=\sum_{j=1}^{m}S_{Gjk}+S_{Q1k}+\sum_{i=2}^{n}\psi_{ci}S_{Qik} \tag{8-14}$$

式中 S_{Gjk}——按第 j 个永久作用标准值 G_{jk} 计算的荷载效应值；

S_{Q1k}——按第 1 个可变作用标准值 Q_{1k} 计算的荷载效应值，S_{Q1k} 为诸可变作用效应中起控制作用者；

ψ_{ci}——第 i 个可变作用的组合值系数；

S_{Qik}——第 i 个可变作用标准值 Q_{ik} 计算的荷载效应值。

注：组合中的设计值仅适用于荷载与荷载效应为线性的情况。

荷载频遇组合的效应设计值 S'_d 应按下式计算：

$$S'_d=\sum_{j=1}^{m}S_{Gjk}+\psi_{fi}S_{Qik}+\sum_{i=2}^{n}\psi_{qi}S_{Qik} \tag{8-15}$$

式中 ψ_{fi}——第 i 个可变作用的频遇值系数；

ψ_{qi}——第 i 个可变作用的准永久值系数。

注：组合中的设计值仅适用于荷载与荷载效应为线性的情况。

荷载准永久组合的效应设计值 S''_d 应按下式计算：

$$S''_d=\sum_{j=1}^{m}S_{Gjk}+\sum_{i=2}^{n}\psi_{qi}S_{Qik} \tag{8-16}$$

注：组合中的设计值仅适用于荷载与荷载效应为线性的情况。

（10）取水构筑物的使用荷载和安装荷载按表8-11采用。

表8-11　取水构筑物的使用荷载和安装荷载

名称		荷载标准值（kN/m²）	组合值系数 ψ_c	准永久值系数 ψ_q	备注
不上人屋面		0.7	0.7	0.00	
上人屋面		2.0	0.7	0.4	
各层运行平台及检修场地	使用荷载	3.5	1.0	0.85	或按设备实际重量计算
	安装荷载	5～30	1.0	0.85	
人行平台及通道		3.50	0.7	0.6	
电气设备平台		3.5	1.0	0.85	
楼梯及楼梯间		3.5	0.7	0.6	
建筑四周地面	使用荷载	10	1.0	0.85	或按实际堆积荷载计算
	安装荷载	10～20	1.0	0.85	
主要沟道盖板	使用荷载	3.5	1.0	0.85	或按实际荷载计算
	安装荷载	5～10	1.0	0.85	
引桥	使用荷载	3.5	1.0	0.85	或按搬运设备时的最大重量计算
	安装荷载	5～10	1.0	0.85	
操作平台、楼梯的栏杆		水平向1.0kN/m	0.7	0.0	

注　1. 一般搬运、装卸重物的动力系数取1.1～1.3，其动力作用只考虑传至楼板和梁。
2. 设计屋面板、檩条、钢筋混凝土挑檐、雨篷和预制小梁时，施工或检修的集中荷载（人和小工具的自重）应取1.0kN，并应在最不利位置处进行验算。对于轻型构件或较宽构件，当施工荷载超过上述荷载时，应按实际情况验算，或采用加垫板、支撑等临时设施承受。当计算挑檐、雨篷承载力时，应沿板宽每隔1.0m取一个集中荷载；在验算挑檐、雨篷倾覆稳定性时，应沿板宽每隔2.5～3.0m取一个集中荷载。
3. 对操作平台、检修平台等楼面，尚应验算设备、运输工具、堆放物料等施加的局部集中荷载的工况。
4. 对楼梯踏步，尚应验算集中活荷载标准值1.5kN作用的工况。

（11）钢筋混凝土构件的最大裂缝宽度计算值不应超过表8-12中规定的限值。

表8-12　钢筋混凝土构件的最大裂缝宽度计算值

环境类别	环境条件和工作条件	最大裂缝宽度限值 w_{max}（mm）
一	室内正常环境	0.30
二	露天环境；长期处于水下或地下环境	0.25
三	淡水水位变化区；海水水下区	0.20
四	海上大气区；轻度盐雾区；海水水位变化区	0.15
五	海水浪溅区；重度盐雾区	0.15

注　1. 海上大气区与海水浪溅区的分界线为设计最高水位加1.5m；海水浪溅区与水位变化区的分界线为设计最高水位减1.0m；水位变化区与水下区的分界线为设计最低水位减1.0m；重度盐雾区为离涨潮岸线50m内的陆上室外环境；轻度盐雾区为离涨潮岸线50～500m内的陆上室外环境。
2. 冻融比较严重的二类、三类环境条件下的建筑物，可将其环境类别分别提高为三类、四类。
3. 结构构件的混凝土保护层厚度大于50mm时，表列裂缝宽度限值可增加0.05mm。
4. 当结构构件不具备检修维护条件时，表列最大裂缝宽度限值宜适当减小。
5. 当结构构件承受水压且水力梯度 $i>20$ 时，表列最大裂缝宽度限值宜减小0.05mm。
6. 当结构构件表面设有专门可靠的防渗面层等防护措施时，表列最大裂缝宽度限值可适当加大。
7. 对严寒地区，当年冻融循环次数大于100时，表列最大裂缝宽度限值宜适当减小。

（12）钢筋混凝土受弯构件的最大挠度应按荷载的准永久组合并考虑荷载长期作用的影响进行计算，其计算值不应超过表8-13中规定的挠度限值。

表 8-13　　**钢筋混凝土受弯构件的挠度限值**

构件类型		挠度限值
吊车梁	手动吊车	$l_0/500$
	电动吊车	$l_0/600$
工作桥及启闭机下大梁		$l_0/400$（$l_0/500$）
屋盖、楼盖及楼梯构件	当 $l_0<7\text{m}$ 时	$l_0/200$（$l_0/250$）
	当 $7\text{m}\leqslant l_0\leqslant 9\text{m}$ 时	$l_0/250$（$l_0/300$）
	当 $l_0>9\text{m}$ 时	$l_0/300$（$l_0/450$）

注　1. 表中 l_0 为构件的计算跨度；计算悬臂构件的挠度限值时，其计算跨度 l_0 按实际悬臂长度的2倍取用。
2. 表中括号内的数值适用于使用上对挠度有较高要求的构件。
3. 如果构件制作时预先起拱，且使用上也允许，则在验算挠度时可将计算所得的挠度值减去起拱值；对预应力混凝土构件，尚可减去预加力所产生的反拱值。
4. 构件制作时的起拱值和预加力所产生的反拱值，不宜超过构件在相应荷载组合作用下的计算挠度值。

（13）钢吊车梁、楼盖梁、屋盖梁、工作平台梁以及墙架构件的挠度值不应超过表8-14中规定的容许值。

表 8-14　　**钢结构受弯构件挠度的容许值**

项次	构件类别	挠度容许值	
		[v_T]	[v_Q]
1	吊车梁和吊车桁架（按自重和起重量最大的一台吊车计算挠度）。 （1）手动吊车和单梁吊车（含悬挂吊车）。 （2）轻级工作制桥式吊车。 （3）中级工作制桥式吊车。 （4）重级工作制桥式吊车	$l/500$ $l/800$ $l/1000$ $l/1200$	—
2	手动或电动葫芦的轨道梁	$l/400$	—
3	（1）有重轨（质量≥38kg/m）轨道的工作平台梁 （2）有轻轨（质量≤24kg/m）轨道的工作平台梁	$l/600$ $l/400$	—
4	楼（屋）盖梁或桁架、工作平台梁（第3项除外）和平台板： （1）主梁或桁架（包括设有悬挂起重设备的梁和桁架）。 （2）抹灰顶棚的次梁。 （3）除（1）、（2）项外的其他梁（包括楼梯梁）。 （4）屋盖檩条：支撑无积灰的瓦楞铁和石棉瓦屋面者、支承压型金属板、有积灰的瓦楞铁和石棉瓦屋面者、支承其他屋面材料者。 （5）平台板	$l/400$ $l/250$ $l/250$ $l/150$ $l/200$ $l/200$ $l/150$	$l/500$ $l/350$ $l/300$ — — — —
5	墙架构件（风荷载不考虑阵风系数）： （1）支柱。 （2）抗风桁架（作为连续支柱的支承时）。 （3）砌体墙的横梁（水平方向）。 （4）支承压型金属板、瓦楞铁和石棉瓦墙面的横梁（水平方向）。 （5）带有玻璃窗的横梁（竖直和水平方向）	— — — — $l/200$	$l/400$ $l/1000$ $l/300$ $l/200$ $l/200$

注　1. 表中 l 为受弯构件的跨度（对悬臂梁和伸臂梁，l 为悬伸长度的2倍）。
2. [v_T] 为永久和可变荷载标准值产生的挠度（如有起拱应减去拱度）的容许值，[v_Q] 为可变荷载标准值产生的挠度的容许值。

（14）钢框架结构在风荷载标准值作用下的水平位移计算值不应超过表8-15中规定的容许值。

表8-15　　钢框架结构水平位移容许值

项次	构件类别	水平位移容许值
1	无桥式吊车的单层框架的柱顶	$H/150$
2	有桥式吊车的单层框架的柱顶	$H/400$
3	多层框架的柱顶	$H/500$
4	多层框架的层间相对位移	$h/400$

注　1. H为自基础顶面至柱顶的总高度，h为层高。
2. 无墙壁的多层框架结构，层间相对位移可适当放宽。
3. 轻型框架结构的柱顶水平位移和层间相对位移可适当放宽。
4. 地震作用组合下框架结构层间相对位移限值见GB 50011《建筑抗震设计规范》。

（15）取水构筑物的地基计算（承载力、变形、稳定），应按GB 50007《建筑地基基础设计规范》中的规定执行。

（16）非岩石地基上的取水构筑物的基底埋置深度，应根据水文、岩土资料计算河床可能产生的最大冲刷深度，并参考邻近已建工程的实际资料或模型试验资料，经分析研究后确定。基底的埋置深度应在最大冲刷深度线以下2.50m。

二、材料要求

取水构筑物根据其布置形式的不同，可以采用土石结构、混凝土结构、钢筋混凝土结构、钢结构或混合结构。取水构筑物的建筑材料应根据其工作条件、地区气候特点，分别满足抗渗、抗冻、抗侵蚀、抗冲刷、防腐蚀等耐久性要求。

（1）设计使用年限为50年的混凝土结构，其耐久性的基本要求宜符合表8-16中规定。

表8-16　　混凝土耐久性基本要求（摘自SL 191—2008中表3.3.4）

环境类别	混凝土最低强度等级	最少水泥用量（kg/m³）	最大水灰比	最大氯离子含量（%）	最大碱含量（kg/m³）
一	C20	220	0.60	1.0	不限制
二	C25	260	0.55	0.3	3.0
三	C25	300	0.50	0.2	3.0
四	C30	340	0.45	0.1	2.5
五	C35	360	0.40	0.06	2.5

注　1. 环境类别的划分见表8-12。
2. 当混凝土中加入优质活性掺合料或能提高耐久性的外加剂时，可适当减少最少水泥用量。
3. 桥梁上部结构及处于露天环境的梁、柱构件，混凝土强度等级不宜低于C25。
4. 氯离子含量系指其占水泥用量的百分率；预应力混凝土构件中的氯离子含量不宜大于0.06%。
5. 水工混凝土结构的水下部分不宜采用碱活性骨料。
6. 处于三、四类环境条件且受冻严重的结构构件，混凝土的最大水灰比不宜大于0.45。
7. 炎热地区的海水水位变化区和浪溅区，混凝土的各项耐久性基本要求宜按表中的规定适当加严。
8. 素混凝土结构的耐久性基本要求可按本表适当降低。

（2）混凝土的抗渗等级应根据构筑物所承受的水头、水力梯度，以及下游排水条件、水质条件和渗透水的危害程度等因素确定，并不应低于表8-17中的规定值。

表8-17　　混凝土抗渗等级的最小允许值

水力梯度i	淡水环境混凝土	海水环境混凝土
<5	W4	W4
5～10	W6	W6
10～15	W6	W8

续表

水力梯度 i	淡水环境混凝土	海水环境混凝土
15～20	W6	W10
>20	W8	W12

注　1. 水力梯度是指最大作用水头与结构厚度之比。
2. 当结构表层设有专门可靠的防渗层时，表中规定的混凝土抗渗等级可适当降低。
3. 受侵蚀水作用的结构，混凝土抗渗等级应进行专门的试验研究，但不得低于 W4。
4. 对严寒、寒冷地区且水力梯度较大的结构，其抗渗等级应按表中的规定提高一个等级。

（3）对于有抗冻要求的水工结构，其混凝土抗冻等级应根据气候分区、冻融循环次数、表面局部小气候条件、水分饱和程度、构件重要性和检修条件等因素按表 8-18 选用；在不利因素较多时，可按提高一级选用。

表 8-18　　混凝土抗冻等级（摘自 SL 191—2008 中表 3.3.7）

建筑物所在地区	海水环境		淡水环境	
	钢筋混凝土 预应力混凝土	素混凝土	钢筋混凝土 预应力混凝土	素混凝土
严寒地区（最冷月月平均气温低于–8℃）	F400	F300	F250	F200
寒冷地区（最冷月月平均气温在–8～–4℃）	F300	F250	F200	F150
微冻地区（最冷月月平均气温在–4～0℃）	F250	F200	F150	F150

注　1. 混凝土抗冻等级 F_i 是指龄期为 28d 的混凝土试件经冻融循环 i 次以后，其强度降低不大于 25%，质量损失不超过 5%。
2. 年冻融循环次数分别按一年内气温从 +3℃以上降至–3℃以下，然后回升到 +3℃以上的交替次数和一年中日平均气温低于 –3℃期间设计预定水位的涨落次数统计，并取其中的大值。
3. 最冷月平均气温低于–25℃地区的混凝土抗冻等级宜根据具体情况研究确定。
4. 最冷月平均气温高于 2.5℃的地区，混凝土结构可不考虑冻融环境作用。

（4）有抗冻要求的混凝土宜采用普通硅酸盐水泥配制，不得使用火山灰质硅酸盐水泥和粉煤灰硅酸盐水泥。

（5）受冻融循环作用的重要混凝土构件，应采用引气混凝土，其含气量和气泡间隔系数应符合 GB/T 50476《混凝土结构耐久性设计规范》的规定。

海洋环境中的混凝土即使没有抗冻要求，也宜适当掺加引气剂。

（6）水工混凝土不得采用氯盐作为防冻、早强的掺合料。

（7）对防止温度裂缝有较高要求的大体积混凝土结构宜选用低热水泥，或掺加合适的掺合料与外加剂。

（8）为提高混凝土的抗渗性、抗冻性及改善混凝土的和易性，可在混凝土中掺加塑性外加剂（塑化剂、加气剂及减水剂）。采用外加剂时，应符合 GB 50119《混凝土外加剂应用技术规范》中的规定，并应根据试验鉴定，确定其适用性及相应的掺合量。

（9）对可能遭受高浓度除冰盐和氯盐、海水等严重侵蚀的配筋混凝土表面，宜浸涂或覆盖防腐材料；应在混凝土中加入阻锈剂；受力钢筋宜采用环氧树脂涂层带肋钢筋；普通受力钢筋直径不应小于 16mm。

当一般品种水泥均不能满足抗侵蚀性要求时，应进行专门的试验研究，提出特殊的水泥品种或采取特殊的防护措施。

（10）取水构筑物如采用砌体结构，应符合下列要求：

1）砖应采用普通黏土机制砖，其强度等级不应低于 MU10；

2）石材强度等级不应低于 MU30；软化系数不应小于 0.8；

3）砌筑砂浆应采用水泥砂浆，并不应低于 M10。

三、结构计算

（1）取水构筑物首先应满足在最不利工况下整体的抗浮动、抗滑移、抗倾覆等稳定性要求。

1）抗浮验算：

$$\frac{G}{F} \geqslant K_{\mathrm{f}} \tag{8-17}$$

式中　G ——抗浮力设计值，不包括设备重、使用及安装荷载；

F ——浮力设计值，按运行及施工时可能出现的高水位考虑；

K_f——抗浮稳定安全系数。

对岩石地基：

$$F = \eta \gamma_w V_0 \tag{8-18}$$

式中 η——浮力作用面积系数，可根据岩石的构造情况、建筑物底板与基岩接合面的施工条件确定，亦可参考相似工程的已有经验确定，一般取0.7～1.0；

γ_w——水的重度；

V_0——建筑物淹没在水位以下部分的体积。

位于江（河、湖、海、水库）岸边的取水构筑物，若前后两面水平力作用相差较大，则应按以下公式验算其滑移和倾覆稳定性。

2）抗滑移验算：

$$\frac{\text{抗滑力}}{\text{滑动力}} = \frac{\mu \sum p + \sum p'_H}{\sum p_H} \geqslant K_s \tag{8-19}$$

式中 μ——底板与地基土层之间的摩擦系数，重要工程和地基土层物理性质复杂时应由试验确定，一般工程当缺乏试验资料时，可按表8-19选用；

$\sum p$——垂直荷载标准值；

$\sum p_H$——后墙水平荷载标准值，按主动土压力计算；

$\sum p'_H$——前墙水平荷载标准值，按被动土压力计算；

K_s——抗滑稳定安全系数。

表8-19　土对构筑物基底的摩擦系数

土的类别		摩擦系数μ
黏性土	可塑	0.25～0.30
	硬塑	0.30～0.35
	坚硬	0.35～0.45
粉土		0.30～0.40
中砂、粗砂、砾砂		0.40～0.50
碎石土		0.40～0.60
软质岩		0.40～0.60
表面粗糙的硬质岩		0.65～0.75

注 1. 对易风化的软质岩和塑性指数I_p大于22的黏性土，基底摩擦系数应通过试验确定。

2. 对碎石土，可根据其密实程度、填充物状况、风化程度等因素确定。

当底板设有齿墙，并考虑齿墙底部连同齿墙间的土体滑动时，抗滑稳定计算应满足：

$$\frac{\mu_0 \sum p + \sum p'_H + cA}{\sum p_H} \geqslant K_s \tag{8-20}$$

其中

$$\mu_0 = \tan\varphi$$

式中 μ_0——沿滑动面土体颗粒之间的摩擦系数；

φ——土体的内摩擦角；

c——齿墙间滑动面上土体的黏聚力，一般可采用试验值的1/4；

A——齿墙间土体的剪切面积，等于齿墙间的宽度乘以建筑物底板的长度。

3）抗倾覆验算：

$$\frac{M_{kq}}{M_q} \geqslant K_q \tag{8-21}$$

式中 M_q——总倾覆力矩设计值；

M_{kq}——总抗倾力矩设计值；

K_q——抗倾稳定安全系数。

4）靠近江、河、海岸边的取水构筑物，尚应进行土体边坡在构筑物荷重作用下整体滑动稳定性的分析验算。建筑物连同土体一起沿圆弧面滑动时，应满足：

$$\frac{M_f}{M} \geqslant K \tag{8-22}$$

式中 M_f——总抗滑力矩设计值；

M——总滑动力矩设计值；

K——圆弧滑动稳定安全系数，荷载基本组合时取1.25，荷载偶然组合时取1.05。

注：当前墙土体可靠时才能计入前墙土体的被动土压力，并宜根据土体实际情况适当折减。

当按圆弧滑裂面验算稳定时，应考虑水位降落期和渗流稳定期两种工况，并可采用简化法计算。土的重度γ、内摩擦角φ、黏聚力c应按以下规定采用：

a. 土的重度γ：① 浸润线以上用土体的自然重度。② 浸润线以下、静水位以上计算滑动力时，用土体的饱和重度；计算抗滑力时，用土体的浮重度。③ 静水位以下用土体的浮重度。

b. 土的抗剪强度：计算水位降落期时，采用饱和固结不排水的φ、c试验资料的标准值。计算渗流稳定期时，采用固结排水的φ、c有效强度试验资料的标准值。

（2）取水构筑物零米以下的整体结构，可根据其几何形状、几何尺寸及荷载情况，选用合理的力学计算模型进行力学计算。当整体分析有困难时，可将整个结构分为若干单元，按其边界条件分别进行计算，并考虑连接处的不平衡内力的调整和传递。当条件合适时，也可按空间整体结构计算。

（3）矩形取水构筑物零米以下的墙板，可根据其边界支承情况和高度H与宽度B之比，分别按单向板或双向板计算：

1）当$0.7 \leq H/B \leq 1.5$时，按双向板计算；

2）当$H/B > 1.5$时，则在其高度等于$1.5B$的范围内按双向板计算，高于$1.5B$的范围内按单向板计算。

（4）圆形取水构筑物可按旋转对称的薄壳和薄板组合结构的弹性理论计算。计算时，可作如下基本假定：

1）柱壳、底板（包括球壳）与环梁为刚性连接，不计地基对环梁的约束作用和弹性抗力。

2）结构及荷载均沿旋转轴对称。

3）柱壳、球壳及底板均近似视为薄壳、薄板，不考虑厚壳、厚板及扁壳等的影响。环梁属刚性环，承受轴对称荷载作用。

4）地基反力为净的均匀反力，近似按水平投影面积分布计算。

5）当构筑物内布置有进水间等非旋转轴对称构件时，除上述整体计算外，尚应按平面框架计算水平内力。

（5）整体式钢筋混凝土框架结构，在支座配筋计算时，支座边缘处的设计弯矩可按支座中心的计算弯矩减去由支座剪力引起的弯矩折减值ΔM计算：

$$M = M_1 - \Delta M \tag{8-23}$$

$$\Delta M = \frac{1}{3}Qb \tag{8-24}$$

但ΔM不大于M_1的30%。

式中　M——支座边缘处的设计弯矩值；

M_1——支座中心的计算弯矩值；

Q——支座边缘处的剪力设计值；

b——支座宽度。

四、一般构造要求

（1）取水构筑物零米以下部分，当为现浇式钢筋混凝土结构时，其连续长度一般不宜超过以下数值：

1）非岩石地基为40m；

2）岩石地基为25m。

当有可靠论证和措施时，可不受上述规定的限制。

（2）取水构筑物零米以下部分的钢筋混凝土墙板的厚度应按计算确定，同时还应根据地基情况、结构物的形式、水力梯度、耐久性、防渗、防冻及施工运行等因素决定。一般可参照表8-20选用。

表8-20　取水构筑物地（水）下部分外墙最小厚度　（m）

地（水）下部分的深度H	外墙厚度
H=4～6	0.3～0.5
H=6～10	0.5～0.8
H<4；H>10	根据具体情况确定

注　底板厚度一般不小于外墙的最大厚度。

（3）纵向受力钢筋的混凝土保护层厚度（从钢筋外边缘算起）不应小于钢筋直径及表8-21中所列的数值，同时也不应小于粗骨料最大粒径的1.25倍。

表8-21　钢筋的混凝土保护层最小厚度　（mm）

项次	构件类别	环境类别				
		一	二	三	四	五
1	墙、板、壳	20	25	30	45	50
2	梁、柱、墩	30	35	45	55	60
3	截面厚度不小于2.5m的底板及墩墙	—	40	50	60	65

注　1. 环境类别的划分见表8-12。

2. 直接与地基接触的结构底层或无检修条件的结构，保护层厚度宜适当增大。

3. 有抗冲耐磨要求的结构面层钢筋，保护层厚度宜适当增大。

4. 混凝土强度等级不低于C30且浇筑质量有保证的预制构件或薄板，保护层厚度可按表中数值减少5mm。

5. 当构件外表面设有砂浆抹面或其他涂料等质量确有保证的保护措施时，保护层厚度可适当减少，但不得低于一类环境条件的要求。

6. 墙、板、壳内的分布钢筋的混凝土净保护层最小厚度不应小于20mm；梁、柱、墩内箍筋的混凝土净保护层最小厚度不应小于25mm。

7. 严寒和寒冷地区钢筋混凝土结构受冰冻的部位，保护层厚度还应符合GB/T 50662《水工建筑物抗冰冻设计规范》的规定。

（4）结构伸缩缝的间距一般可根据当地的气候条件、结构形式、施工程序、温度控制措施和地基特性等情况按表 8-21 采用。经温度作用计算、沉降计算或采用其他可靠技术措施后，伸缩缝间距可不受表 8-22 的限制。

表 8-22　构筑物伸缩缝最大间距（摘自 SL 191—2008 中表 9.1.3）　（m）

结构类别		室内或地下		露天	
		岩基	土基	岩基	土基
素混凝土结构	现浇式（未配构造钢筋）	15	20	10	15
	现浇式（配构造钢筋）	20	30	15	20
	装配式	30	40	20	30
钢筋混凝土结构	现浇式框架结构	45	55	30	35
	装配式框架结构	60	75	45	50
	装配式排架结构	100	100	70	70
	墙式结构	20	30	15	20
	水闸底板			20	35
	地下涵管、压力水管、倒虹吸管	20	25	15	20
	渡槽槽身、架空管道			25	25
砌体	砖			30	40
	石			10	15

注　1. 在旧混凝土上浇筑的混凝土结构，伸缩缝间距可取与岩基上的结构相同。
2. 位于气候干燥或高温多雨地区的结构、混凝土收缩较大或施工期外露时间较长的结构，宜适当减小伸缩缝间距。
3. 表中墙式结构是指挡土墙、构筑物实体边墙一类结构。当施工期有良好工艺和保温养护措施，并配有足够的水平钢筋时，墙式结构伸缩缝最大间距可适当增加。
4. 当有经验时，例如在混凝土中施加可靠的外加剂或浇筑混凝土时设置后浇带，减少其收缩变形，此时构筑物的伸缩缝间距可根据经验适当放宽。

（5）当构筑物的地基有显著变化或承受的荷载差异较大时，应设置沉降缝加以分割。

（6）构筑物的伸缩缝或沉降缝应上下贯通，在同一剖面上连同基础或底板断开。但具有独立基础的排架、框架结构，当设置伸缩缝时，其双柱基础可不断开。

一般伸缩缝的缝宽不宜小于 20mm，沉降缝的缝宽不应小于 30mm。缝处的防水构造应由止水板材、填缝材料和嵌缝材料组成。止水板材可按 DL/T 5215《水工建筑物止水带技术规范》中的要求选用；填缝材料应选用具有变形能力的板材，如低密度聚苯泡沫板、闭孔塑料板等；嵌缝材料应选用具有一定变形能力且能与混凝土表面黏结牢固的柔性材料，并具有在环境介质中不老化、不变质的性质，如聚硫密封膏、聚氨酯密封膏等。

（7）止水带与混凝土构件表面的距离不宜小于止水带埋入混凝土内的长度。当构件的厚度较小时，宜在缝的端部局部加厚，并宜在加厚截面的突缘外侧设置可压缩型板材。

（8）位于岩基上的构筑物，其底板与地基间应设置可滑动层构造。

（9）混凝土或钢筋混凝土构筑物的施工缝设置，应符合下列要求：

1）施工缝宜设置在构件受力较小的截面处；

2）墙身不得留垂直施工缝（设计考虑预留的临时宽缝除外）；

3）墙身水平施工缝的位置，宜高于底板 500mm；

4）墙身留有孔洞时，施工缝应距孔洞边缘 300mm 以外；

5）底板不得留施工缝。当必须留施工缝时，应采取加强、止水等有效的处理措施。

（10）为了减少混凝土的干缩和硬化时温度变化对结构的不利影响，可在施工期间设置临时宽缝（后浇缝）。临时宽缝应布置在受力最小处，视内力、防水要求等具体情况，可在接缝处采取设键槽、插筋、止水片等加强措施。

（11）钢筋混凝土构筑物的开孔处应按下列规定采取加强措施：

1）当开孔的直径或宽度大于 300mm 但不超过 1000mm 时，孔口的每侧沿受力钢筋方向应配置加强钢筋，其钢筋截面面积不应小于开孔切断的受力钢筋截面面积的 75%；对矩形孔口的四角，尚应加设斜筋；对圆形孔口，尚应在孔周围加设环向筋和径向筋。

2）当开孔的直径或宽度大于 1000mm 时，除按上述规定配置附加钢筋外，宜对孔口四周加设肋梁；当开孔的直径或宽度大于构筑物壁、板计算跨度的 1/4 时，宜对孔口设置边梁，梁内配筋应按计算确定。

第五节　取水头部附属设施

一、导治构筑物

（一）概述

布置在江、河中的取水构筑物，或因工程本身的存在，导致局部流态发生变化，对工程带来冲刷或淘刷破坏；或因条件限制，选址在不利河段，威胁取水安全或工程本身安全；或因人类活动影响或其他因素影响导致运行环境恶化等原因，需要另外布置构筑物，以减小或克服上述不利因素的影响，这些构筑物称为取水河段导治构筑物。导治构筑物的主要作用是：改变冲淤状况，改善取水条件，稳定岸床，防止局部淘刷。常用的导治构筑物有丁坝、顺坝、锁坝、护脚等。

（二）丁坝、顺坝

在弯道河道段，当取水构筑物布置在凸岸，日久淤积、影响取水安全时，即需要在河道对岸布置丁坝，将主流挑向取水岸［见图 8-3（a）］；或当取水构筑物布置在凹岸，水流对河漕造成冲刷，或漂浮物冲击取水构筑物，可能使工程主体失稳或破坏时，即需要在与取水构筑物同岸的上游侧布置顺坝，以顺流固槽、防冲避险［见图 8-3（b）］。

丁坝和顺坝可以按照工程需要布置多道。为避免本岸受冲，可以采用短丁（顺）坝或短丁（顺）坝群；为将主流挑向对岸，可以采用长丁坝或长丁坝群。具体丁（顺）坝的布置位置、高程、间距、挑角［丁（顺）坝轴线与水流流向的夹角］、丁（顺）坝本身的形状和尺寸等设计参数，一般应根据防洪标准和取水设计保证率，结合河势图、取水构筑物位置、水文条件、河槽土性等因素，通过水工模型试验确定，并应取得河道主管部门的同意。

丁（顺）坝材料可选用抛石、土石或混凝土，经综合技术经济比较确定。

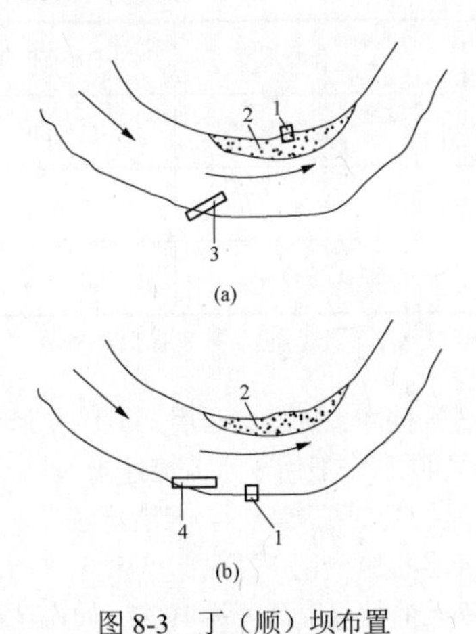

图 8-3　丁（顺）坝布置

（a）丁坝布置；（b）顺坝布置

1—取水泵房；2—原淤积沙滩；3—丁坝；4—顺坝

（三）锁坝

当在江（河）心洲附近布置取水设施、在低水位不能保证取水量时，就需要在江（河）心洲旁的一支或多支河道布置锁坝，以抬高取水侧一支河道的水位（见图 8-4）。

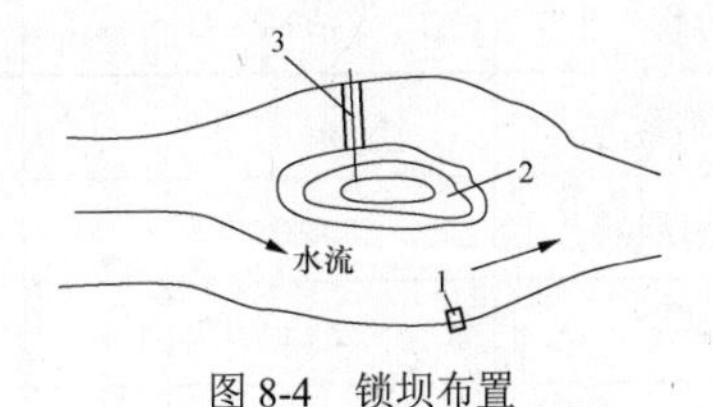

图 8-4　锁坝布置

1—取水泵房；2—原淤积沙洲；3—锁坝

锁坝可以根据防洪标准和取水设计保证率，布置为截流坝或溢流坝形式。筑坝材料可以选用抛石、土石加浆砌石或混凝土护面、混凝土、橡胶气囊等。

（四）护脚

布置在江、河中的取水头部，或布置在江、河、湖边的取水泵房和导治构筑物常受到水流、波浪的冲刷和淘刷影响。当河漕或岸坡为土质结构时，这种淘刷可能会引起取水构筑物整体失稳，因此，需要对取水构筑物所在的河床或岸坡一定范围采取防护措施。常用的防护措施有抛石护脚、砌石护脚、铁丝石笼护脚等。防护的范围和防护层的厚度以被保护对象在设计标准条件下稳定安全为原则，由局部冲刷或淘刷的流态分布、流速、被防护体的形状和尺寸、河道土性等因素决定，一般可通过水工模型试验予以论证。

抛石、砌石护脚施工简单、适应变形、造价较低，是常用的护脚形式。块石粒径与抗冲流速的关系见表 8-23。

表 8-23　　块石粒径与抗冲流速的关系

块石粒径（cm）						
块石粒径（cm）	普通形状	50～55	45～50	40～45	35～40	30～35
	扁平形状	45～50	40～45	35～40	30～35	30
安全抗冲流速（m/s）		4～4.5	3.5～4.0	3.0～3.5	2.5～3.0	2.0～2.5
最大抗冲流速（m/s）		5.8～6.2	5.0～5.5	4.0～4.5	3.5～4.0	—

注　摘自《水工设计手册》（第 8 卷）表 39-6-7，参考 SL 435—2008 中第 J.0.7 条增大。

铁丝石笼抗冲、抗磨、耐用、适应变形、能抵御较大流速的冲刷（一般用于水流流速为 5m/s 左右的冲刷区域），是较好的护脚材料，但造价较高，一般用于抛石护脚表层的加护。

镀锌铁丝的使用寿命可达 10 年，如铁丝石笼一直处于水下，则使用年限更长。

石笼常用直径为 2.5～4mm 的镀锌钢丝编织而成，用直径为 8mm 左右的钢筋作为骨架，网眼尺寸常用 6cm×6cm～12cm×15cm，视笼内填充的块石粒径而定。

石笼可单层或多层铺设，石笼间一般用镀锌钢丝串联。常用铁丝石笼尺寸见表 8-24。

表 8-24　　常用铁丝石笼尺寸

铁丝石笼		表面积（m^2）	容积（m^3）	装石粒径（mm）
形式	尺寸（m）			
箱形	3×1×1	14.0	3.00	50～200
箱形	3×2×1	22.0	6.00	50～200
扁箱形	4×2×0.5	22.0	4.00	50～200
扁箱形	3×2×0.5	17.0	3.00	50～200
扁箱形	2×1×0.25	5.5	0.5	50～200
扁箱形	4×3×0.5	31.0	6.00	50～200
扁箱形	3×1×0.5	10.0	1.5	50～200
圆柱形	ϕ0.5×1.5	2.4	0.3	50～150
圆柱形	ϕ0.6×2.0	3.8	0.57	50～150
圆柱形	ϕ0.7×2.0	4.4	0.77	50～150

注　摘自《给水排水设计手册》（第 7 册）表 4-45。

（五）挡（导）沙堤（坎）

布置在江、河边的取水构筑物，当河道中的推移质较多、有可能进入取水道而影响取水水质和设备运行安全，或布置在海边的取水构筑物，当涨潮或波浪掀起底沙、使底沙有可能进入取水道而影响取水水质和设备运行安全时，就需要在取水构筑物附近布置挡（导）沙堤（坎），使河道推移质或海床底沙远离取水口，以减小河道推移质或海床底沙对取水的影响。

挡（导）沙堤（坎）的布置位置、形状、大小一般根据取水构筑物的位置、河道推移质或海床底沙的比重、粒径、移动轨迹、河水或海水流速分布等因素通过水工模型试验确定，并应取得河道或海域主管部门的同意。

挡（导）沙堤（坎）一般潜没布置，受水流力或波浪力作用，设计应保证其稳定；一般采用水下抛石或水下抛人工块体形成，也可采用水下桩基和人工块体的组合形式。

（六）隔热堤

当火力发电厂主机冷却采用直流冷却方式时，一般采用深取浅排的布置形式。当因条件限制，使排水口距取水口较近、温排水扩散可能影响取水水质，或河口电厂因涨潮使海水倒灌、温排水回流可能影响取水水质时，就需要在取水口下游一定范围布置隔热堤，以阻断温排水回流，减小温排水对取水水质的影响。

隔热堤的布置位置、高程、范围一般根据取水口的位置、取水量和排水量、河道或河口地形、水文条件等因素通过温排水模型试验确定，并应取得河道或海域主管部门的同意。

隔热堤受水流力或波浪力作用，设计应保证其稳定。隔热堤一般采用水下抛石或水下堆码人工块体形成，防渗可采用土工膜袋，也可采用水下桩基和桩间挂混凝土板、联排钢管桩或钢板桩间灌混凝土等形式。

二、保护设施

位于江、河、湖等水域的取水构筑物有可能受到船舶、漂木、流冰撞击而破坏，因此，一般应布置警示或保护设施。

对于船舶航行比较频繁的取水区域，一般在取水构筑物或周围一定范围设置航标。航标分为浮动式和固定式，一般距主航道较近时，设置浮动式航标（一般根据取水头部大小设2～3座），较远时，则设置固定式航标（见图8-5）。该工作通常委托航道管理部门办理。

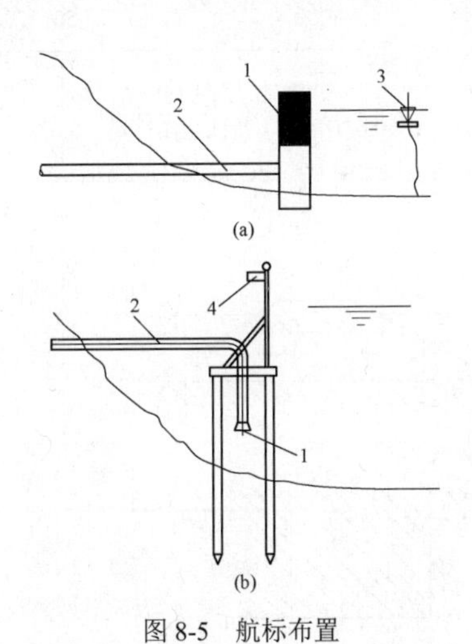

图8-5　航标布置

（a）浮动式航标；（b）固定式航标

1—取水头；2—引水管；3—航标；4—航行警示标

如该水域兼有漂木通行，则一般还应在取水构筑物周围一定范围设置护桩。护桩可以采用独立直桩，也可以采用斜桩组，视可能的撞击力大小而定。护桩一般采用预制钢筋混凝土打入桩（见图8-6）。

在流冰较多的水域取水，取水头部应考虑流冰荷载（见本章第三节），其迎冰面结构应加强，并应布置为破冰凌形式。

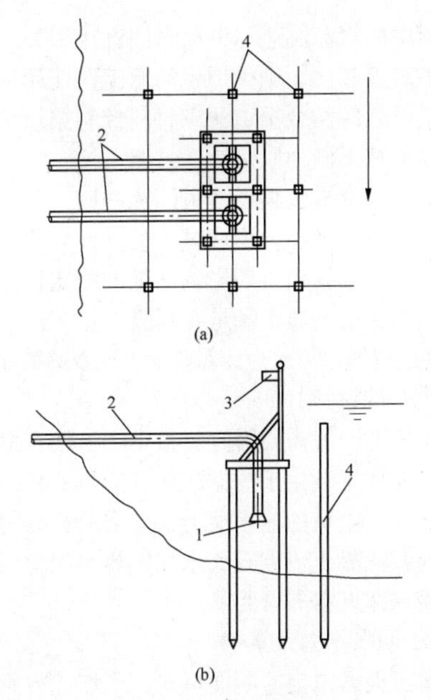

图8-6　护桩布置

（a）浮动式航标；（b）固定式航标

1—取水头；2—引水管；3—航行警示标；4—护桩

第六节　自　流　引　水

一、明渠

明渠是引水工程中常用的一种布置形式。

（一）明渠布置

1. 明渠横断面

明渠横断面可以是倒梯形、多级倒梯形、矩形、半圆弧形、半椭圆形或者是倒梯形与其他形状的复合型。常用的明渠横断面形式多为倒梯形、多级倒梯形、矩形。

明渠横断面形式具体选择要求详见本书第九章第六节。

2. 明渠纵断面

选择渠线时，宜避开地质构造上的断裂破碎带、强烈的褶皱地带、可能出现滑坡和崩塌现象的山坡脚等不良地质地段；选择渠线应避免渠道的高填和深挖，确需高填处，应进行多方案的技术经济比较，必要时可以考虑渡槽跨越方案；当渠道需穿越高地、采用深挖方法不经济且地质条件允许时，可考虑采用隧洞穿越方案。

明渠渠线在平面上应尽可能顺直，纵断面定线一般应做到使挖填方平衡。明渠底坡随地形起伏情况而变化，可以采用一个坡度，也可以有若干次变坡。相邻段底坡和边坡变化不宜过大，变化处相邻渠段的正常水深差不宜超过200mm，流速差不宜超过20%，如不能满足，则应设置渐变段。

渠道中的水流流速与渠道底坡直接相关。一般地，渠道底坡坡度越大，则渠道中的水流流速越高。拟定渠道底坡时，应结合渠道衬砌材料控制渠道中的水流流速，以不冲不淤为原则。

弯道水流会导致渠道弯道凹侧冲刷、凸侧淤泥。过小的弯道弯曲半径会形成过大的横向环流，这不仅使输水动能局部损失，还影响渠道的稳定性，因此，采用较大的弯道弯曲半径是有利的。

具体的弯道水流水力计算要求详见本书第九章。

（二）渠道衬砌

输水渠道一般需要衬砌。衬砌一方面有助于减少渗漏，还能使岸坡免于冲刷，保证岸坡的稳定，同时还有助于提高渠道的输水能力。常用的衬砌材料有混凝土、沥青混凝土、砌石、水泥土等。渠道衬砌材料的选择要求详见本书第九章。

（三）明渠水力计算

渠道应根据拟定的断面形式、底坡、衬砌材料，分段进行水力计算，以求得不同断面形式、不同底坡、不同衬砌材料相应的断面尺寸，保证输水渠道具有所需的输水能力。

明渠水力计算详见本书第九章。

（四）渠系建筑物

输水渠道上因取水、沉沙、量水等目的需设置不同形式的堰（见图 8-7），需设置分水闸、冲沙闸、节制闸等不同形式和功能的闸，因与道路、山体等交叉需设置涵洞、桥梁、倒虹吸等不同形式和功能的交叉建筑物。桥、涵（无压）、倒虹吸（无压）是特殊形式的无底坎宽顶堰（见图 8-8），有压的涵洞（隧洞）、倒虹吸可以视作特殊形式的闸孔。

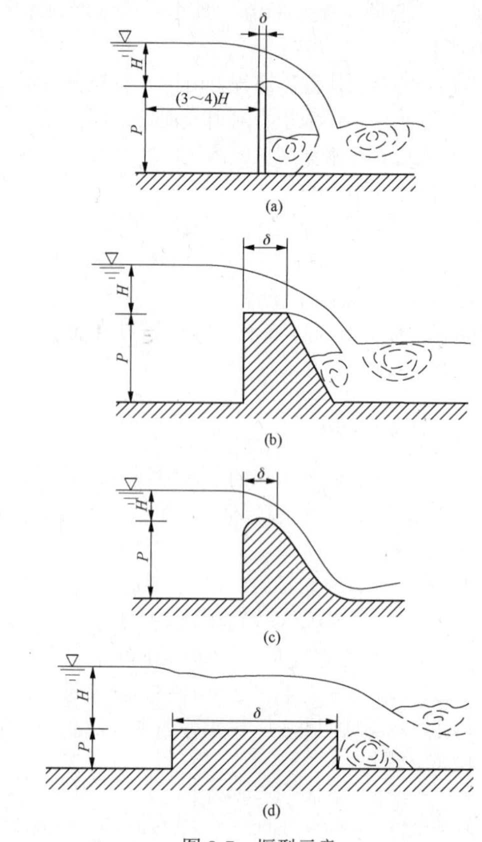

图 8-7　堰型示意

（a）薄壁堰，$\delta<0.67H$；（b）折线型实用堰，$0.67H<\delta<2.5H$；（c）曲线型实用堰；（d）宽顶堰，$2.5H<\delta<10.0H$

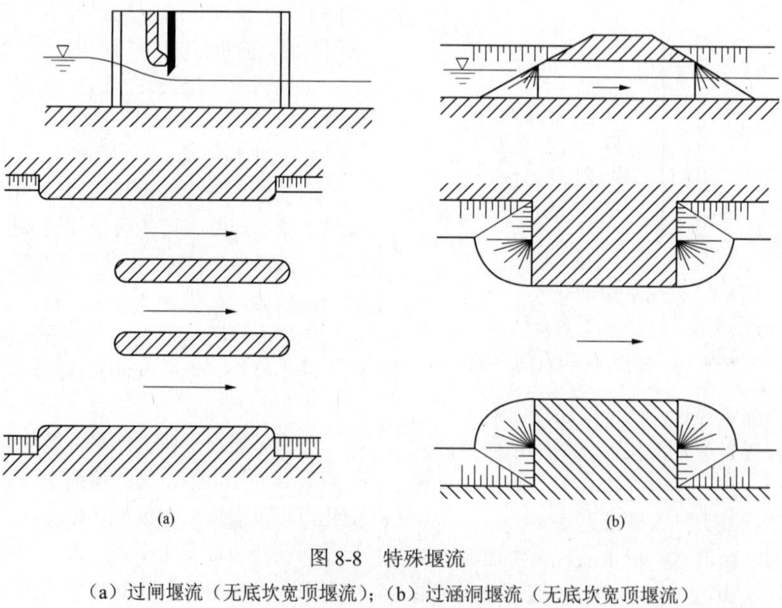

(a)　(b)

图 8-8　特殊堰流

（a）过闸堰流（无底坎宽顶堰流）；（b）过涵洞堰流（无底坎宽顶堰流）

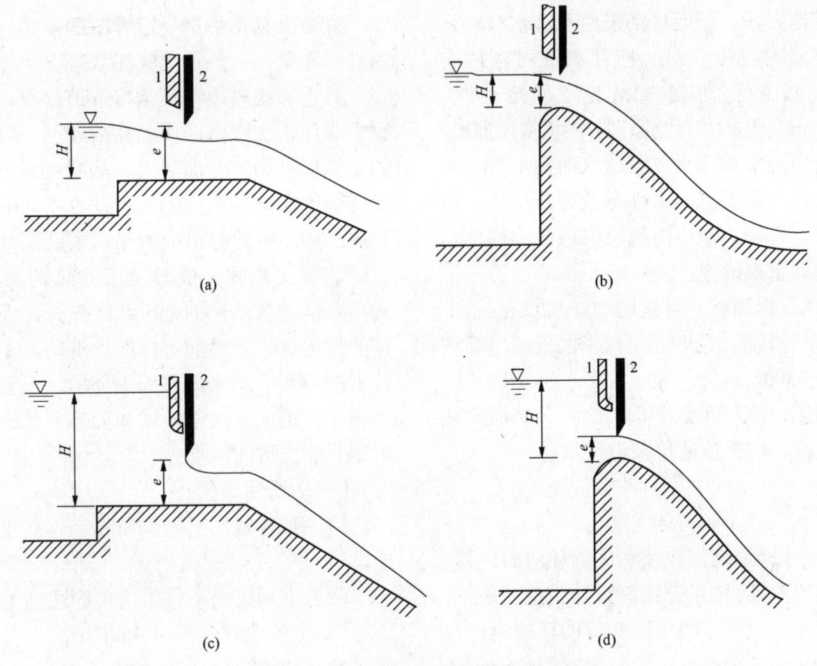

图 8-9　闸门开启高度对流态的影响
（a）、（b）堰流；（c）、（d）闸孔出流

具有自由表面的水流受局部侧向收缩或底坎竖向收缩的影响而形成的局部急变流，称为堰流［见图 8-9（a）］。堰流流量的计算公式如下：

$$Q=\sigma_s\sigma_c mnb\sqrt{2g}H_0^{3/2} \tag{8-25}$$

其中 $$H_0=H+\frac{v_0^2}{2g}$$

式中 Q——堰流流量，m^3/s；

σ_s——淹没系数，当下游水位影响堰的泄流能力时，堰流为淹没堰流，其影响用淹没系数体现，当下游水位不影响堰的泄流能力时，堰流为自由堰流，$\sigma_s=1.0$；

σ_c——侧收缩系数，它反映闸墩（包括边墩、中墩、翼墙）对水流横向收缩的影响，此影响减小了过流宽度，增加了局部能量损失；

m——流量系数，不同的堰型（薄壁堰、宽顶堰、实用堰等）、堰高（堰底坎高度）则有不同的流量系数；

n——闸孔孔数；

b——每个闸孔的净宽，m；

g——重力加速度，一般取 $9.8m/s^2$；

H_0——包括行进流速水头在内的堰前水头，m；

H——堰前底坎以上的水深，m；

v_0——堰前水流的行进流速，m/s。

以上各型系数随堰型、堰高、堰的细部尺寸、堰上下游水位的不同而不同，详见专门的水力学手册。

闸孔出流［见图 8-9（b）］的流量计算公式如下：

$$Q=\sigma_s\mu nbe\sqrt{2g(H_0-\varepsilon e)} \tag{8-26}$$

其中 $$H_0=H+\frac{v_0^2}{2g}$$

式中 Q——闸孔出流流量，m^3/s；

σ_s——淹没系数，自由出流时 $\sigma_s=1.0$；

μ——闸孔自由出流的流量系数，它综合反映闸孔形状和闸门相对开度 e/H 对泄流量的影响；

n——闸孔孔数；

b——每个闸孔的净宽，m；

e——闸门开启高度，m；

g——重力加速度，一般取 $9.8m/s^2$；

H_0——包括行进流速水头在内的闸前水头，m；

H——闸底坎以上的水深，m；

ε——垂直收缩系数。

以上各型系数随闸孔形状、尺寸、细部尺寸、闸上下游水位的不同而不同，详见专门的水力学手册。

（五）明渠构造要求

当采用砌石作为渠道的衬砌材料时，一般应沿渠道纵向每隔 10～15m 设一道横向伸缩缝；当采用混凝土作为渠道的衬砌材料时，一般应沿渠道的纵、横向每隔 5～6m 设一道伸缩缝，并在渠道边坡脚与渠床连接处设变形缝，在渠道与渠系建筑物连接处设沉降缝。缝的宽度一般为 20～30mm，常用的嵌缝材料有沥青油麻、沥青砂胶、聚乙烯胶泥等。

当明渠位于挖方区、渠道衬砌采用不透水材料、区域地下水位高过衬砌岸顶时，应在渠道衬砌内布置排水减压孔。减压孔一般 2～3m 见方布置一个，孔径为 150～200mm，孔内按反滤原则分层填塞反滤料。

当渠道下垫面为中等透水或弱透水的黏土类土壤时，应在渠道衬砌下设置砾石、砂砾或碎石垫层，以防止土壤因冻胀、管涌、崩塌而对衬砌造成的破坏。垫层厚度可按下列原则确定：

1）当地下水位较深时，可采用 100～200mm。

2）当地下水位较高，且可能在衬砌区段溢出渠坡时，可采用 200～300mm。

3）在有可能发生管涌或有可能发生土壤颗粒从渠床内渗出的渠段，应按反滤原则设置垫层。

二、顶管

管道施工中，在管道埋深较浅和周围环境对位移、降水无严格限制的地段，采用开槽埋管的明挖法施工；而在管道埋深较大、交通干线附近和周围环境对位移限制严格的区域，为减少对邻近建筑物、管线或者道路交通的影响，采用顶管法施工。尤其在软土地区，开挖沟槽采取的围护和降水措施不仅影响交通，还会危及临近管线和建筑物的安全。顶管法施工一般在既有道路、地下管线之下，或者穿越防洪墙、铁路、江堤、建筑物和交通干线等情况下进行。

顶管法施工时，先在管道设计路线上施工一定数量的顶管工作井。工作井的出口侧壁设有孔洞作为预制管节的出口，顶管出口孔壁对面侧墙为承压壁，其上安装液压千斤顶和承压垫板。千斤顶将带有切口和支护开挖装置的工具管顶出工作井出口孔壁，然后以工具管为先导，将预制管节按设计要求逐节顶入土层中，直至工具管后第一段管节的前端进入下一工作井的进口孔壁，一条管线就施工完毕。

对于长距离顶管，常将管道分段，在每段之间设置中继环，在管壁四周加注减摩剂，以克服管壁四周的土体摩阻力和迎面阻力，从而克服由于顶推动力和管道强度的限制造成的施工顶力不足的问题。中继环是由一些中继油缸组成的移动式顶推站。

顶管工作井一般采用沉井结构或钢板桩支护结构，除需验算结构的强度和刚度外，还应确保后靠土体的稳定性。若后靠土体产生滑动，不仅会引起地面较大的位移，严重影响周围环境，还会影响顶管的正常施工，可采取注浆、增加后靠土体地面超载等方式限制后靠土体的滑动。

（一）适用范围

（1）顶管适用于淤泥质黏土、黏土、粉土及砂性土。

（2）下列情况不宜采用顶管法施工：

1）土体承载力 F_K＜40kPa；

2）含有建筑垃圾等的人工填土；

3）土层中砾石含量大于 30%或粒径大于 200mm 的砾石含量大于 5%，而且渗透系数又很大。

（3）顶管宜选在基本均匀的土层中顶进，不宜选在较长距离的土层软硬明显的界面上顶进。

（4）对于拟建地震区、冻土地区、湿陷性黄土及膨胀土地区的顶管工程，尚应符合现行有关标准的规定。

（5）应根据工程地质、水文地质、施工要求等，在保证工程质量和施工安全的前提下，合理选用顶管机型。

顶管机和相应施工方法的选择参见表 8-25。

表 8-25　　顶管机选型参考

地层		敞开式顶管机			平衡式顶管机		
		机械式	挤压式	人工挖掘	土压平衡	泥水平衡	气压平衡
无地下水	胶结土层、强风化岩	★★					
	稳定土层	★★		★			
	松散土层	★	★	★★			
地下水位以下地层	淤泥 f_d＞40kPa		★		★★	★	★
	黏性土含水量大于 30%		★★		★★	★	★
	粉性土含水量小于 30%				★	★★	★
	粉性土				★	★★	★
	砂土渗透系数 $K<10^{-4}$cm/s					★★	★★

续表

地　　层		敞开式顶管机			平衡式顶管机		
		机械式	挤压式	人工挖掘	土压平衡	泥水平衡	气压平衡
地下水位以下地层	砂土渗透系数 $K<10^{-4}\sim10^{-3}$cm/s					★	★★
	砂砾渗透系数 $K<10^{-3}\sim10^{-2}$cm/s					★	★
	含障碍物						★

注　★★为首选机型，★为可选机型，无星为不宜选机型。

机型和施工方法的选择应以施工单位选择方案为准。

（二）勘察要求

1. 地质勘察要求

（1）查明沿线地层的地质、地貌、地层结构特征及各类土层的性质、空间分布，为取得准确的地质钻探资料，要以符合标准的仪器和方法采集原状土，必要时做原位测试。

（2）查明顶管地段暗埋的河、湖、沟、坑的分布范围和埋置深度，提供覆盖层的工程地质特性。

（3）查明沿线地层中的松软土层可能产生潜蚀、流沙、管涌、沼气和地震液化地层的分布范围、埋深、厚度及其工程地质特性。

（4）查清对人有害的气体和其他有害物质的分布。

（5）应测定地下水的 pH 值及氯离子、钙离子和硫酸根离子等的含量，检验地下水对混凝土、钢、铸铁及橡胶的腐蚀性。

（6）当地下有承压水分布时，应根据工程需要量测承压水水头高度，评价顶管施工的安全性。

（7）顶管勘探孔应布置在管道设计轴线的两侧，陆上各 10m、水上各 20m 的范围内，但不宜布置在顶管管体范围。

沿轴线方向的钻孔间距宜为 30～50m。管道长度小于 100m 时，钻孔数量不得小于 2 个。对于地层复杂的地段，应适当加密勘探孔。

顶管的勘探孔深度一般应达到管底设计标高以下 5～10m。当土层变化比较大或下卧层不均匀或有不良地质存在时，应适当增加勘探孔数量和钻孔深度。

（8）工作井和接收井勘探孔的间距不宜超过 30m，孔的数量不宜少于 2 个。

2. 环境勘察要求

（1）查明地下障碍物及邻近地段地下埋设物（管道、电缆、桩、沉船、钢渣等）。

（2）提供各种类型的地上及地下建筑物、构筑物、地下管线、地下障碍物，以及其使用状况及变形控制要求等方面的探查资料，然后对采用的顶管法施工引起的地层位移及对周围环境的影响程度作出充分估算。

当预计影响难以确保建筑物、构筑物、管线和道路交通的正常使用时，应制订有效的技术措施进行监测与保护，必要时应采取拆除、搬迁和停用等措施。

3. 资料内容及深度

（1）提供土层分类、分布的地质纵剖面图以及必要数量的勘探点地质柱状图。

（2）提供足够的供地基稳定及变形计算分析的土性参数及现场测试资料。

（3）提供各层土的透水性、与附近大水体连通的透水层分布、各层砂性土层承压水压力和渗透系数、地下贮水层水流速度以及地下水位升降变化等水文地质资料。

（4）提供地基承载力和地基加固等方面的地质勘探及土工试验资料。

（5）初步勘察报告，应阐述场地工程地质条件，评价场地稳定性和适应性，为合理确定平面布置、选择顶进标高和防治不良地质现象提供依据。

（6）详细勘察报告，应提供顶管设计、施工所需的各土层物理力学性质设计参数，以及地下水和环境资料，并作出针对性的分析评价、结论和建议。

（三）管线布置要求

1. 布置原则

（1）顶管管线位于江、河、湖、海边，管线布置必须根据河床滩地的河势分析报告，将管道布置在河床相对稳定的区域。

（2）结合管道的工艺设计（流量、流速、设计内水压力等）要求，并根据地层、地质条件确定管道的（标高、直径、坡度等）布置方案。

（3）焊接钢管不宜用于曲线顶管，钢筋混凝土预制管节顶管可用于曲线顶管。

（4）顶管穿越防汛大堤应遵守大堤管理部门的相关规定，并提出相应的控制大堤沉降及防止渗流等的保护措施。顶管埋深宜在大堤基面以下大于管道外径的 1.5 倍处。

（5）顶管位置应避开地下障碍物及邻近地段地下

埋设物（管道、电缆、桩、沉船、钢渣等）。

2. 设计要求

（1）本书适用于直径为 1.0～3.6m 的钢顶管和钢筋混凝土顶管的管道设计与施工；直径小于 1.0m 或大于 3.6m 的顶管，需经充分论证后参照使用。

（2）管顶覆盖层厚度在不稳定土层中宜大于管道外径的 1.5 倍，并应大于 1.5m。在有地下水地区及穿越江河时，管顶覆盖层的厚度尚应满足管道抗浮要求。穿越江河水底时，覆盖层最小厚度不宜小于外径的 1.5 倍，且不宜小于 2.5m。

（3）互相平行的管道水平净距应根据土层性质、管道直径和管道埋置深度等因素确定，宜大于 1 倍的管道外径，并不宜小于 3m。

空间交叉管道的净间距：钢管不宜小于 0.5 倍管道外径，且不应小于 1.0m；钢筋混凝土管不宜小于 1 倍管道外径，且不应小于 2m。

顶管底与建筑物基础底面相平时，直径小于 1.5m 的管道宜保持 2 倍管径净距，直径大于 1.5m 的管道宜保持 3m 净距。顶管底低于建筑基础底标高时，尚应考虑基底土体平衡。

（4）设有中继环的顶管最小管径不宜小于 DN1400。

（5）管线布置纵向坡度宜小于 4%。

（四）材料要求

1. 管材选择

根据设计管道的直径、水质、地质，遵循安全可靠、经济合理的原则，确定顶管管材。取排水工程管道宜选用钢管或钢筋混凝土管。

2. 钢管

（1）顶进钢管所用钢材可采用 Q235 或 Q345 钢，推荐选用 Q235B。钢材的规格和性能应符合 GB/T 700《碳素结构钢》的要求。

（2）对于钢管管道，管壁厚度应采用计算厚度加腐蚀量厚度，并结合环境要求考虑设置内、外防腐构造。

（3）钢管管壁厚度应采用计算厚度加腐蚀量构造厚度，腐蚀量构造厚度不应小于 2mm。钢管年腐蚀量标准参见表 8-26。

表 8-26　　钢管年腐蚀量（单面）标准

钢顶管外表面年腐蚀量参数					
腐蚀环境	低于地下水位区		地下水位变化区		高于地下水位区
	海水	淡水	海水	淡水	
腐蚀量（mm/年）	0.03	0.02	0.06	0.04	0.03

钢顶管内表面年腐蚀量参数		
管内介质	海水	淡水
腐蚀量（mm/年）	0.12～0.20*	0.02**

*　海水介质时内表面未采取阴极保护的腐蚀量。

**　淡水介质时内表面采取防腐措施后的腐蚀量。

（4）单节管的长度应根据钢板宽度决定，单节管在对接时纵向焊缝错开应大于 300mm。

内、外直缝宜采用埋弧自动焊。埋弧焊时，拼缝两端应装引弧、收弧板，并在焊后切除。切除时不应损伤焊缝表面。

（5）焊接坡口处必须清除铁锈、油污、水分，表面须打磨光，无凹凸不平。焊缝坡口宜采用 V 形，角度宜为 60°（钢板厚度较厚时宜采用 K 形焊接）。焊后焊缝不应有裂缝、气孔、夹渣、融合性飞溅等缺陷。

拼装后待焊缝冷却，应立即进行防腐处理。井内拼装焊接不宜修边。

单节管的拼装应在专用的拼装胎架上进行。

焊缝质量检查应符合设计或钢结构焊接规范要求。

3. 钢筋混凝土管

（1）对于钢筋混凝土管，应满足 CECS 01《呋喃树脂防腐蚀工程技术规程》、GB/T 50476《混凝土结构耐久性设计规范》的规定。

（2）钢筋混凝土顶管的混凝土强度等级不宜低于 C50，抗渗等级不应低于 W8。

（3）混凝土管接头宜使用钢承口 F 形接口，钢套筒宜采用 Q345 钢。钢承口接头见图 8-10。

（4）钢筋混凝土管的防腐在满足混凝土耐久性技术要求的基础上，应适当增加钢筋保护层的厚度，保护层厚度不宜小于 30mm。

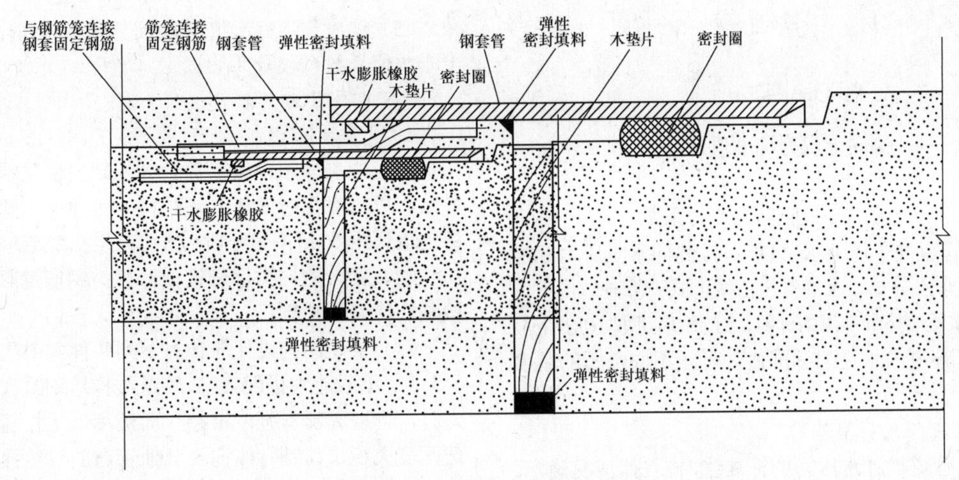

图 8-10　钢承口接头示意图

（五）管道荷载

管道结构上的作用可分为永久作用和可变作用两类。永久作用包括管道结构自重、竖向土压力、侧向土压力、管道内水重和顶管轴线偏差引起的纵向应力。可变作用包括管道内的水压力、管道真空压力、地面堆积荷载、地面车辆荷载、地下水作用、温度变化作用和顶力作用。

管道结构上的作用代表值及作用组合遵照 GB 50332《给水排水工程管道结构设计规范》执行。

1. 永久作用标准值

（1）管道结构自重标准值计算公式如下：

$$G_{0k}=\gamma D_0\pi t \tag{8-27}$$

式中　G_{0k}——单位长度管道结构自重标准值，kN/m；

γ——管材重度，钢管取 78.5kN/m^3，混凝土管取 26kN/m^3；

D_0——管壁中心直径，mm；

t——管壁设计厚度，m。

（2）竖向土压力。作用在管道上的竖向土压力，其标准值应按覆盖层厚度和力学指标确定。

1）管顶覆盖层厚度小于或等于 1 倍管外径或覆盖层均为淤泥土时，管顶上部竖向土压力标准值见式（8-28）：

$$F_{sv,k1}=\sum_{i=1}^{n}\gamma_{si}h_i \tag{8-28}$$

管拱背部的竖向土压力可近似化成均布压力，其标准值见式（8-29）：

$$F_{sv,k2}=0.215\gamma_{si}R_1 \tag{8-29}$$

以上两式中　$F_{sv,k1}$——管拱上部的竖向土压力标准值，kN/m^2；

$F_{sv,k2}$——管拱背部的竖向土压力标准值，kN/m^2；

γ_{si}——管道上部各土层重度，kN/m，地下水位以下取有效重度；

h_i——管道上部第 i 层土层的厚度，m；

R_1——管道外径，m。

2）管顶覆土层不属于上述情况时，顶管上竖向土压力标准值见式（8-30）：

$$F_{sv,k3}=C_j(\gamma_{si}B_t-2c)$$
$$B_t=D_1\left[1+\tan\left(45^\circ-\frac{\varphi}{z}\right)\right] \tag{8-30}$$
$$C_j=\frac{1-\exp\left(-2K_a\mu\frac{H_s}{B_t}\right)}{2K_a\mu}$$

式中　$F_{sv,k3}$——管顶竖向土压力标准值，kN/m^2；

C_j——顶管竖向土压力系数；

γ_{si}——土的重度，kN/m^3，地下水以下取浮重；

D_1——管道外径，m；

B_t——顶管上部管顶上部土层压力传递至管顶处的影响宽度，m；

c——土的黏聚力，kN/m，c 值宜采用保守值（对于同等土壤，c 的变化范围也很大，宜取地质报告中的最小值，无法确定时建议取 0）；

φ——管侧土的内摩擦角，（°）；

H_s——管顶至原状地面埋置深度，m；

$K_a\mu$——原状土的主动土压力系数和内摩擦系数的乘积，一般黏土可取 0.13，饱和黏土可取 0.11，砂和砾石可取 0.165。

（3）侧向土压力。作用在混凝土管道上的侧向土压力，其标准值可按下列几种条件分别计算：

1）管道处于地下水位以上时，侧向土压力标准值可按主动土压力计算。

管中心侧压力见式（8-31）：

$$F_{h,k}=(F_{sv,ki}+\gamma_{si}D_1/2)K_a-2C_j\sqrt{K_a} \quad (8\text{-}31)$$

其中 $$K_a=\tan\left(45°-\frac{\varphi}{2}\right)^2$$

式中 $F_{h,k}$——侧向土压力标准值，kN/m²；

K_a——主动土压力系数；

C_j——管中心处竖向土压力系数。

2）管道处于地下水位以下时，侧向水土压力标准值应采用水土分算，土的侧压力按上式计算，重度取浮重。地下水压力按静水压力计算，水的重度可取 10kN/m²。

（4）管道内水重的标准值，可按不同水质的重度计算。

2. 可变作用标准值

（1）管道设计水压力的标准值，按具体情况确定。

（2）地面堆积荷载与地面车辆轮压可不考虑同时作用。

（3）地面堆积荷载传递到管顶处的竖向压力标准值可按 q_{mk}=10kN/m² 计算，其准永久值系数可取 $\psi_q=0.5$。

（4）地面车辆轮压传递到管顶处的竖向压力标准值，可取准永久值系数 $\psi_q=0.5$。当埋深大于 2m 时，可不计冲击系数。

（5）温度作用标准值，按照运行期实际情况取值，准永久值系数可取 $\psi_q=1.0$。

（六）结构设计

1. 一般规定

（1）本书采用以概率理论为基础的极限状态设计方法，以可靠指标度量管道结构的可靠度，除管道的稳定验算外，均应采用分项系数的设计表达式进行设计。

（2）钢管应按柔性管设计计算；钢筋混凝土管应按刚性管设计计算。

（3）管道结构设计应计算下列两种极限状态：

1）承载能力极限状态。管道结构达到最大承载能力时，管壁因材料强度被超过而破坏，柔性管道管壁截面丧失稳定，钢管纵向及其他管道的管段接头因顶力超过材料强度而破坏。

2）正常使用极限状态。柔性管道的竖向变形超过正常使用的变形量限值，钢筋混凝土管道裂缝宽度超过限值。

（4）管道结构的内力分析均应按弹性体系计算，不考虑由非弹性变形所引起的塑性内力重分布。

（5）承载能力、正常使用极限状态计算的作用组合，应根据顶管实际条件确定，见表 8-27。

表 8-27　　承载能力极限状态计算的作用组合

管材	计算工况	永久作用			可变作用		
		管自重 G_0	竖向和水平土压力 F_{sv}	管内水重 G_w	管内水压 F_{wd}	地面车辆荷载或堆载 q_v、q_m	温度作用 F_t
钢管	空管期间	√	√			√	√
	管内满水	√	√	√		√	√
	使用期间	√	√	√	√	√	√
混凝土管	空管期间	√	√			√	
	管内满水	√	√	√		√	
	使用期间	√	√	√	√	√	

2. 承载能力极限状态计算规定

（1）管道结构按承载能力极限状态进行强度计算时，结构上的各项作用均应采用设计值。作用设计值应为作用代表值与作用分项系数的乘积。

（2）管道按强度计算时，应采用下列极限状态计算表达式：

$$\gamma_0 S \leqslant R \quad (8\text{-}32)$$

式中 γ_0——管道的重要性系数，一般取 1.0；

S——作用效应组合的设计值；

R——管道结构抗力设计值。钢筋混凝土管道按 GB 50010《混凝土结构设计规范》的规定确定，钢管道按 GB 50017《钢结构设计标准》的规定确定。

（3）作用效应的组合设计值见式（8-33）：

$$S=\gamma_{G1}C_{G1}G_{0k}+\gamma_{G,sv}C_{sv}F_{sv,k}+\gamma_{Gh}C_hF_{h,k}+\gamma_{Gw}C_{Gw}G_{wk}+\varphi_c\gamma_Q(C_{Q,wd}F_{wd,k}+C_{Qv}q_{vk}+C_{Qm}q_{mk}+C_{Qt}F_{tk}+C_{Qd}F_{dk}) \quad (8\text{-}33)$$

式中 γ_{G1}——管道结构自重作用分项系数，取 $\gamma_{G1}=1.2$；

$\gamma_{G,sv}$——竖向水土压力作用分项系数，取 $\gamma_{G,sv}=1.27$；

γ_{Gh}——侧向水土压力作用分项系数，取 $\gamma_{Gh}=1.27$；

γ_{Gw}——管内水重作用分项系数，取 $\gamma_{Gw}=1.2$；

γ_Q——可变作用的分项系数，取 $\gamma_Q=1.4$；

C_{G1}——管道结构自重的作用效应系数；

C_{sv}——管道竖向土压力的作用效应系数；

C_h——管道侧面土压力的作用效应系数；

C_{Gw}——管道内水重的作用效应系数；

$C_{Q,wd}$——内水压力的作用效应系数；
C_{Qv}——地面车辆荷载的作用效应系数；
C_{Qm}——地面堆积荷载的作用效应系数；
C_{Qt}——温度变化作用的作用效应系数；
C_{Qd}——顶力的作用效应系数；
G_{0k}——管道结构自重标准值；
$F_{sv,k}$——竖向水土压力标准值；
$F_{h,k}$——侧向水土压力标准值；
G_{wk}——管内水重标准值；
$F_{wd,k}$——管内水压力标准值；
q_{vk}——车行荷载产生的竖向压力标准值；
q_{mk}——地面堆积荷载作用标准；
F_{tk}——温度变化作用标准值；
F_{dk}——顶力作用标准值；
φ_c——可变荷载组合系数，对柔性管道取 φ_c=0.9，对其他管道取 φ_c=1.0。

（4）对柔性钢管管壁截面进行稳定验算时，各项作用应取标准值，并应满足稳定系数不低于 2.0，作用组合应按表 8-28 的规定采用。

表 8-28　管壁稳定验算作用组合

永久作用		可变作用		
竖向土压力	侧向土压力	地面车辆或堆积荷载	真空压力	地下水
√	√	√	√	√

3. 正常使用极限状态验算规定

（1）管道结构按正常使用极限状态进行验算时，各项作用效应均应采用作用代表值。

（2）当验算构件截面的最大裂缝开展宽度时，应按准永久组合作用计算。作用效应的组合设计值应按式（8-34）确定：

$$S=\sum_{i=1}^{m}C_{Gi}G_{ik}+\sum_{j=1}^{n}\psi_{qj}C_{qj}Q_{jk} \tag{8-34}$$

式中　ψ_{qj}——第 j 个可变作用的准永久值系数；
C_{Gi}、C_{qj}——永久荷载和可变荷载的作用效应系数；
G_{ik}、Q_{jk}——永久荷载和可变荷载标准值。

（3）柔性管道在准永久组合作用下的长期竖向变形允许值，应符合下列要求：

1）内防腐为水泥砂浆的钢管，先抹水泥砂浆后顶管时，最大竖向变形不应超过 $0.02D_0$；顶管后再抹水泥砂浆，则最大竖向变形不应超过 $0.03D_0$。

2）内防腐为延性良好的涂料的钢管，其最大竖向变形不应超过 $0.03D_0$。

（4）钢筋混凝土管道在准永久组合作用下，其最大裂缝宽度不应大于 0.2mm。

（七）计算方法

1. 钢管

（1）管道材料允许承受顶力验算。钢管顶管接触面允许承受的最大顶力按式（8-35）计算：

$$F_{ds}=\frac{\phi_1\phi_3\phi_4}{\gamma_{Qd}}f_sA_p \tag{8-35}$$

式中　F_{ds}——钢管管材设计允许顶力，N；
ϕ_1——钢材受压强度折减系数，ϕ_1=1.00；
ϕ_3——钢材脆性系数，ϕ_3=1.00；
ϕ_4——钢管顶管稳定系数，ϕ_4=0.36；
γ_{Qd}——顶力分项系数；
f_s——钢材受压强度设计值，N/mm；
A_p——管道的最小有效传力面积，mm²。

（2）管道强度计算：

1）钢管管壁截面的最大组合折算应力应满足（8-36）的要求：

$$\left.\begin{aligned}&\eta\sigma_\theta\leqslant f\\&\eta\sigma_x\leqslant f\\&\gamma_0\sigma\leqslant f\\&\sigma=\eta(\sigma_\theta^2+\sigma_x^2-\sigma_\theta\sigma_x)^{0.5}\end{aligned}\right\} \tag{8-36}$$

式中　σ_θ——钢管管壁横截面最大环向应力，N/mm²；
σ_x——钢管管壁的纵向应力，N/mm；
η——组合应力折减系数，可取 η=0.9；
f——钢材强度设计值，N/mm²。

2）钢管管壁横截面的最大环向应力 σ_θ 应按式（8-37）确定：

$$\sigma_\theta=\frac{N}{b_0t_0}+\frac{6M}{b_0t_0^2}$$

$$N=\varphi_c\gamma_QF_{wd,k}r_0b_0 \tag{8-37}$$

$$M=\varphi\frac{(\gamma_{G1}k_{gm}G_{1k}+\gamma_{G,sv}k_{vm}F_{sv,k}D_1+\gamma_{Gw}k_{wm}G_{wk}+\gamma_Q\varphi_ck_{vm}Q_{ik}D_1)r_0b_0}{1+0.732\dfrac{E_d}{E_p}\left(\dfrac{r_0}{t_0}\right)^3}$$

式中　b_0——管壁计算宽度，mm，计算中可取 1000mm；
φ——弯矩折减系数，有内水压时取 0.7，无内水压时取 1.0；
φ_c——可变作用组合系数，可取 0.9；
t_0——管壁计算厚度，mm，使用期间取 $t_0=t-2$；施工期间及验水区间取 $t_0=t$；

b_0——管壁计算宽度，mm；
r_0——管道的计算半径，mm；
M——在荷载组合作用下钢管管壁截面上的最大环向弯矩设计值，N^2/mm；
N——在荷载组合作用下钢管管壁截面上的最大环向轴力设计值，N；
E_d——钢管管侧原状土的变形模量，N^2/mm；
E_p——钢管管材弹性模量，N^2/mm；
k_{gm}——钢管管道结构自重作用下管壁截面的最大弯矩系数；
k_{vm}——钢管竖向土压力作用下管壁截面的最大弯矩系数；
k_{wm}——钢管管内水重作用下管壁截面的最大弯矩系数；
D_1——管外壁直径，mm；
Q_{ik}——地面堆载和车载的较大标准值，kN/m^2。

钢管道在各种荷载作用下的最大弯矩系数和竖向变形系数见表8-29。

表8-29　钢管最大弯矩系数和竖向变形系数

项目	弯矩系数			竖向变形系数
	管道自重 k_{gm}	竖向土压力 k_{vm}	管内水重 k_{wm}	竖向压力 k_b
系数值	0.083	0.138	0.083	0.089

注　支承角取 2α=120°。

3）钢管管壁的纵向应力可按式（8-38）核算：

$$\sigma_x = \upsilon_p \sigma_\theta \pm \varphi_c \gamma_Q \alpha E_p \Delta T \pm \frac{0.5E_p D_0}{R_1}$$

$$R_1 = \frac{f_1^2 + \left(\frac{L_1}{2}\right)^2}{2f_1} \tag{8-38}$$

式中　υ_p——钢管管材泊松比，可取0.3；
α——钢管管材线膨胀系数；
ΔT——钢管的计算温差；
R_1——钢管施工变形形成的曲率半径；
f_1——管道顶进允许偏差；
L_1——出现偏差的最小间距，视管道直径和土质决定，一般可取50m。

（3）稳定验算：

1）钢管在真空工况作用下管壁环向的稳定验算应满足式（8-39）的要求：

$$F_{cr,k} \geqslant K_{st}(F_{sv,k} + q_{ik} + F_{vk}) \tag{8-39}$$

2）钢管管壁截面的临界压力应按式（8-40）计算：

$$F_{cr,k} = \frac{2E_p(n^2-1)}{3(1-\upsilon_p^2)}\left(\frac{t}{D_0}\right)^3 + \frac{E_d}{2(n^2-1)(1+\upsilon_s)} \tag{8-40}$$

以上两式中　$F_{cr,k}$——管壁截面失稳临界压力标准值，N/mm^2；
K_{st}——钢管管壁截面设计稳定性系数，可取2.0；
$F_{sv,k}$——管外水土压力标准值，N/mm；
q_{ik}——地面堆载或车辆轮压传至管顶的压力标准值，N/mm^2；
F_{vk}——管内真空压力标准值，N/mm^2；
n——壁失稳时的褶皱波数，其取值应使 $F_{cr,k}$ 为最小并为不小于2的正整数；
υ_p——钢材的泊桑比，υ_p=0.3；
υ_s——管两侧胸腔回填土的泊桑比，应根据土工试验确定；
D_0——管壁中心直径，mm；
E_p——管材的弹性模量，N/mm^2；
E_d——管侧土的变形模量，N/mm^2。

（4）竖向变形验算。钢管管道在土压力和地面荷载作用下产生的最大竖向变形 $\omega_{c,max}$ 应按式（8-41）计算：

$$\omega_{c,max} = \frac{k_b r_0^3 (F_{sv,k} + \psi_q Q_{ik}) D_1}{E_p I_p + 0.061 E_d r_0^3} \tag{8-41}$$

式中　k_b——竖向压力作用下柔性管的竖向变形系数，按表8-29确定；
ψ_q——地面作用传递至管顶压力的准永久值系数；
I_p——钢管管壁单位纵向长度的截面惯性矩，mm^4/m。

2. 钢筋混凝土管

（1）允许承受顶力验算，见式（8-42）：

$$F_{dc} = 0.5\frac{\phi_1'\phi_2'\phi_3'}{\gamma_{Qd}\phi_4'} f_c A_p \tag{8-42}$$

式中　F_{dc}——混凝土管材设计允许项力，N；
ϕ_1'——混凝土材料受压强度折减系数，ϕ_1=0.90；
ϕ_2'——偏心受压强度提高系数，ϕ_2=1.05；
ϕ_3'——材料脆性系数，ϕ_3=0.85；
ϕ_4'——混凝土强度标准调正系数，ϕ_4=0.79；
f_c——混凝土受压强度设计值，N/mm^2；
A_p——管道的最小有效传力面积，mm^2；
γ_{Qd}——顶力分项系数，γ_{Qd}=1.3。

（2）强度计算。混凝土管道在组合作用下，管道横截面的环向内力可按式（8-43）计算：

$$\left.\begin{aligned}M&=r_0\sum_{i=1}^{n}k_{mi}P_i\\N&=\sum_{i=1}^{n}k_{ni}P_i\end{aligned}\right\}\tag{8-43}$$

式中 M——管道横截面的最大弯矩设计值，N²mm/m；

N——管道横截面的轴力设计值，N/m；

r_0——圆管的计算半径，即自圆管中心至管壁中心的距离，mm；

k_{mi}——弯矩系数，应取土的支承角为120°确定；

k_{ni}——轴力系数，应取土的支承角为120°确定；

P_i——作用在管道上的 i 项荷载设计值，N/m。

钢筋混凝土圆形管道的内力系数 k_{mi}、k_{ni} 可按图 8-11 采用，钢筋混凝土管内力系数见表 8-30。

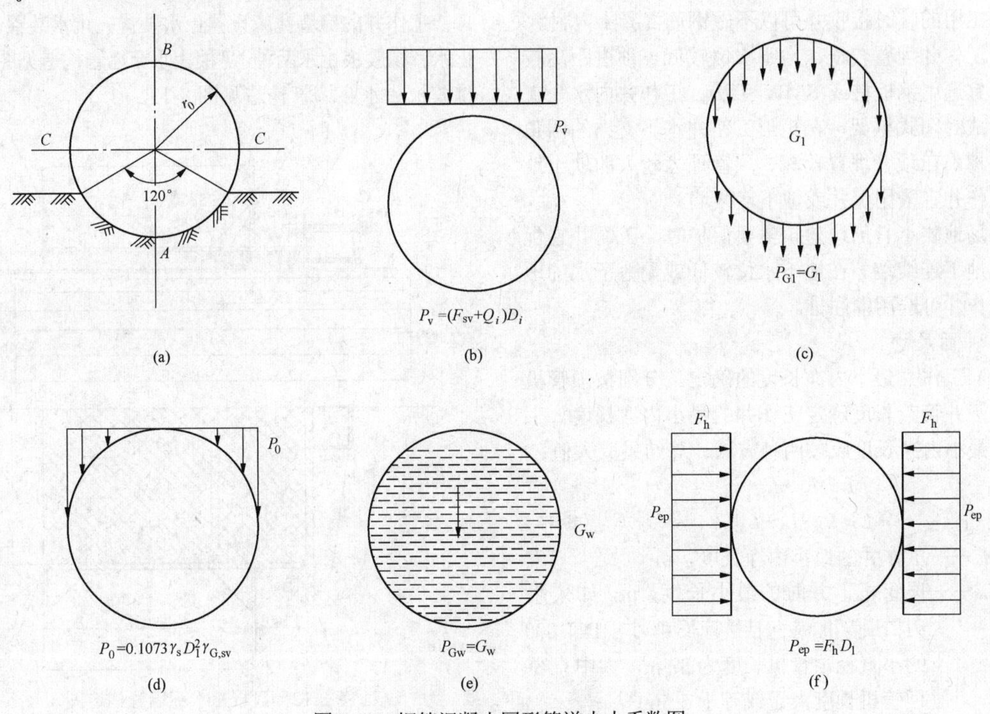

图 8-11 钢筋混凝土圆形管道内力系数图

（a）顶管基础计算图；（b）垂直均布荷载作用；（c）管自重作用；（d）管上腔内土重作用；（e）管内满水重作用；（f）侧向主动土压力作用

表 8-30 钢筋混凝土管内力系数

荷载类别	内力系数					
	k_{mA}	k_{mB}	k_{mC}	k_{nA}	k_{nB}	k_{nC}
垂直均布荷载	0.154	0.136	−0.138	0.209	−0.021	0.500
管自重	0.100	0.066	−0.076	0.236	−0.048	0.250
管上腔内土重	0.131	0.072	−0.111	0.258	−0.070	0.500
管内满水重	0.100	0.066	−0.076	−0.240	−0.208	−0.069
侧向主动土压力	−0.125	−0.125	0.125	0.500	0.500	0

（3）裂缝宽度验算。钢筋混凝土管道结构构件在长期效应组合作用下，计算截面处于大偏心受拉或大偏心受压状态时，最大裂缝宽度按照 GB 50010《混凝土结构设计规范》的相关规定计算。

（八）顶管工作井

1. 顶管工作井的位置

工作井的位置应利用管线上的工艺井，考虑排水、出土和运输方便，避免对周围建（构）筑物和设施产生不利的影响。当管线坡度较大时，工作井宜设置在管线埋置较深一端。在有曲线又有直线的顶管中，工作井宜设在直线段的一端。

2. 结构形式

工作井可分为圆形、矩形和多边形三种。管线交叉的中间井和深度大的工作井宜采取圆形或多边形工作井。工作井的结构形式应根据顶力大小和地下水情况因地制宜地选择，可采用钢板桩、沉井、地下连续墙、灌注桩或 SMW 工法。

工作井承受千斤顶的推力，必须满足在顶力和周边水土压力作用下的强度和变形要求。工作井变形过大会导致顶管轴线偏移，用土坑或板桩替代工作井时要慎重，当顶力较大时，应设置钢筋混凝土后座墙。专为施工用的临时接收井可以不做钢筋混凝土内衬。

当工作井埋置较浅、地下水位较低、顶进距离较短时，宜选用钢板桩或 SMW 工法。工作井内水平支撑应形成封闭式框架，在矩形工作井水平支撑的四角应设斜撑。在顶管埋置较深、顶管顶力较大的软土地区，工作井宜采用沉井或地下连续墙。

当场地狭小且周边建筑需要保护时，工作井宜优先选用地下连续墙。在地下水位较低或无地下水的地区，工作井可选用灌注桩。

3. 平面尺寸

（1）工作井最小内净长度的确定。分别按顶管机长度和下井管节长度确定工作井的最小内净长度。工作井的最小内净长度应按两种方法计算结果取大值：

$$L \geqslant L_1 + L_3 + k$$

$$L \geqslant L_2 + L_3 + L_4 + k \quad (8\text{-}44)$$

式中 L——工作井的最小内净长度，m；

L_1——顶管机下井时的最小长度，m，如采用刃口顶管机，应包括接管长度，小于DN1000的小直径顶管机长度为 3.5m，大中直径顶管机长度大于或等于 5.5m；

L_2——下井管节长度，m，钢管一般可取 6.0m，长距离顶管时可取 8.0～10.0m，钢筋混凝土管可取 2.5～3.0m，玻璃纤维增强塑料夹砂管可取 3.0～6.0m；

L_3——千斤顶长度，m，一般可取 2.5m；

L_4——留在井内的管道最小长度，可取 0.5m；

k——后座和顶铁的厚度及安装富余量，可取 1.6m。

工作井的结构形式可采用钢板桩、沉井、地下连续墙、灌注桩或 SMW 工法。除沉井外其他形式的工作井，当顶力较大时皆应设置钢筋混凝土后座墙，专为施工用的临时接收井可以。

（2）工作井最小宽度的确定。工作井内净宽度可按式（8-45）计算：

$$B \geqslant D_1 + 2S \quad (8\text{-}45)$$

式中 B——工作井的内净宽度，m；

D_1——管道的外径，m；

S——施工操作空间，可取 0.8～1.2m。

（3）工作井深度确定。工作井底板面深度应按式（8-46）计算：

$$H \geqslant H_s + D_1 + h \quad (8\text{-}46)$$

式中 H——工作井底板面最小深度，m；

H_s——管顶覆土层厚度，m；

D_1——管道的外径，m；

h——管底操作空间，钢管可取 0.7～0.8m，钢筋混凝土管可取 0.4～0.5m。

4. 穿墙管止水装置

工作井的穿墙孔应设置止水装置。止水装置有盘根止水及橡胶板止水两种。盘根止水穿墙管构造见图 8-12，橡胶板止水穿墙管构造见图 8-13。

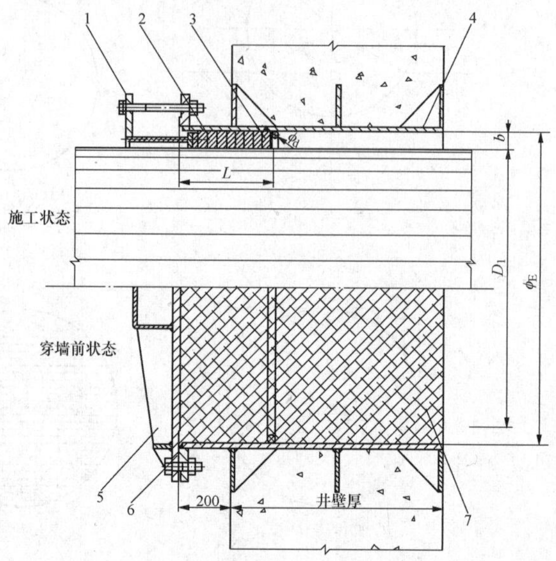

图 8-12 盘根止水穿墙管构造图

1—轧兰；2—盘根；3—挡环；4—穿墙管；5—闷板；6—胶圈；7—封填料

L—轧兰长度；D_1—管道外径；ϕ_E—穿墙管内径；ϕ_d—挡圈断面直径；b—穿墙管与管道间隙

盘根止水穿墙管可用于以下情况：穿墙管处于透水层（包括砂土、粉土和砾石）；地下水压力大于 0.08MPa；穿墙管兼作释放管道温度应力的伸缩机构等。橡胶板止水穿墙管可用于穿墙管处于渗透系数小的黏性土土层、穿墙管处的地下水压力小于或等于 0.08MPa 等情况。在承压水土层中宜采用组合形式止水。

沉井穿墙管临时封填可采用砖砌体或低强度水泥土，地下连续墙穿墙管临时封填可用低强度水泥土或钢板。顶管结束后，管道与穿墙孔的间隙应及时进行封堵，永久性工作井上的橡胶板止水穿墙管应改造成永久性柔性堵头。

5. 接收井平面尺寸

接收井尺寸应满足工艺管道连接的要求。接收井的最小长度应满足顶管机在井内拆除和吊出的要求，接收井的最小宽度应满足顶管机外径加两侧各 1.0m 的操作空间。

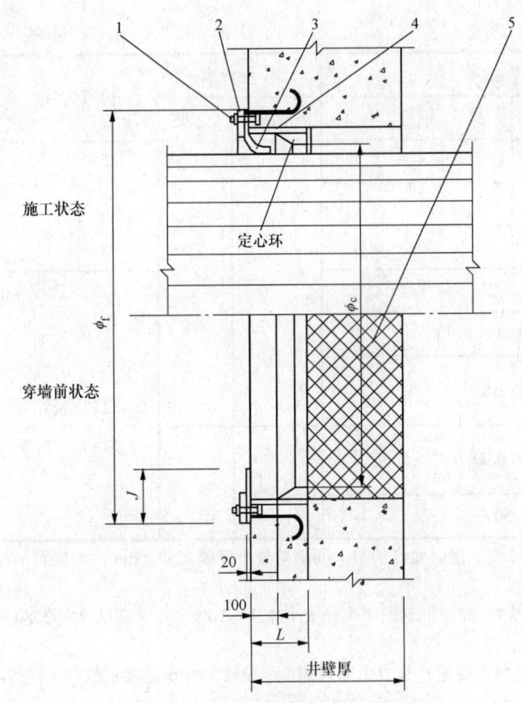

图 8-13　橡胶板止水穿墙管构造图

1—预埋螺栓；2—压板；3—橡胶止水带；4—穿墙管；5—封填料

ϕ_c—定心环内径；ϕ_f—压板外径

接收井的接收口尺寸应按式（8-47）确定：

$$D'=D_1+2(S+0.1) \tag{8-47}$$

式中　D'——接收孔的直径，m；

D_1——管道的外径，m；

S——管道允许偏差的绝对值，m，按表 8-31 确定。

（九）施工要求

1. 中继环

中继环是长距离顶管顶进的关键设备。施工单位应根据管道的长度、所处的地层估算推进阻力大小，确定中继环的数量，并在管轴线上合理布置。设有中继间的曲线顶管最小管径不宜小于 DN1400。焊接钢管不宜用于曲线顶管。

中继间顶力富余量，第一个中继间不宜小于 40%，其余不宜小于 30%。中继间拆除后应将间体复原成管道，原中继间处的管道强度和防腐性能应满足管道原设计功能要求。

钢管中继间拆除后，应在薄弱断面处加焊内环。

2. 施工参数控制

（1）顶管出洞时，应预留穿墙套管，设置可靠的止水措施。根据地质情况，在顶管出洞时应考虑出口处是否加固一定范围的土体。

在饱和含水地层中，特别是在含水砂层、复杂困难地层和临近水体时，需充分掌握水文地质资料。为防止开挖面塌方涌水，应采取防范和应急措施。

（2）在顶进施工过程中，应加强测量，做到“勤测、勤纠”，保证管道轴线符合设计要求。顶进贯通后的管道允许偏差应符合表 8-31 的规定。

表 8-31　　顶管管道顶进允许偏差

检查项目				允许偏差		检查频率		检查方法
				钢筋混凝土管	钢管	范围	点数	
1	直线顶管水平轴线	顶进长度＜300m		50	130	每管节	1 点	用经纬仪，或挂中线用尺测量
		300m≤顶进长度＜1000m		100	200			
		顶进长度≥1000m		L/10	100+L/10			
2	直线顶管内底高程	顶进长度＜300m	D_1＜1500	+30，−40	±60			用水准仪或水平仪测量
			D_1≥1500	+40，−50	±80			
		300m≤顶进长度＜1000m		+60，−80	±100			用水准仪测量
		顶进长度≥1000m		+80，−100	+150，−100，−L/10			
3	曲线顶管水平轴线	R≤150D_1	水平曲线	150	—			用经纬仪测量
			竖曲线	150	—			
			复合曲线	200	—			
		R＞150D_1	水平曲线	150	—			
			竖曲线	150	—			
			复合曲线	150	—			
4	曲线顶管内底高程	R≤150D_1	水平曲线	+100，−150	—			用水准仪测量
			竖曲线	+150，−200	—			
			复合曲线	±200	—			

续表

检查项目				允许偏差		检查频率		检查方法
				钢筋混凝土管	钢管	范围	点数	
4	曲线顶管内底高程	$R>150D_1$	水平曲线	+100，−150	—			
			竖曲线	+100，−150	—			
			复合曲线	±200	—			
5	相邻管间错口	钢管、玻璃纤维增强塑料夹砂管		≤2				用尺测量
		钢筋混凝土管		15%壁厚，≤20				
6	钢筋混凝土管曲线顶管相邻管间接口的最大间隙与最小间隙之差			$\leqslant \Delta S$				
7	钢臂、玻璃纤维增强塑料夹砂管管道环向变形			$\leqslant 0.03D_1$				
8	对顶时两端错口			50				

注 1. L 为顶进长度，m；D_1 为管道外径，mm；ΔS 为曲线顶管相邻管节接口允许的最大间隙与最小间隙之差，mm，一般可取 1/2 木垫圈厚度；R 为曲线顶管的设计曲率半径。

2. 对于长距离的直线钢顶管，除应满足水平轴线和高程允许偏差外，尚应限制曲率半径 R_1，当 $D_1\leqslant1600$ 时，应满足 $R_1\geqslant2080$；当 $D_1>1600$ 时，应满足 $R_1\geqslant1260D_1$。

3. 由于钢管不推荐曲线顶管，因此未列入钢管曲线顶管的顶进允许误差，且表中列入的曲线顶管允许误差要求偏严，钢管曲线顶管的允许误差建议按表中所列数据乘以 1.50 执行。

（3）对于穿越堤防的顶管，为满足堤防的防渗要求，顶管施工结束后，应采取必要的防渗措施。宜采用高喷板墙与管内注浆相结合的方式，形成防渗隔水帷幕。

（4）特殊情况下，为改良土体的力学性能，顶管施工前可进行地基注浆加固预处理。注浆加固施工时应特别注意：加固处理后的土体应能保证顶管施工的顺利推进。

（5）注浆浆液宜采用水泥浆。具体注浆加固设计与施工要求应按现行有关规范执行。

（6）长度超过 40m 的大直径顶管，应采取措施减少管壁摩阻力。扩孔减阻时，扩孔后管周间隙可取 10～30mm；扩孔间隙在地下水以下时应压注减阻泥浆；无地下水处可涂抹非亲水减阻剂。

触变泥浆可用于黏性土、粉质土和渗透系数不大于 10^{-5}m/d 的砂性土。渗透系数较大时，应另加化学稳定剂。

3. 施工监测

（1）施工监测的范围应包括地面以上和地面以下两部分：

1）地面以上应监测地表沉降和建筑物的沉降和位移。

2）地面以下应监测在顶管扰动范围内的地下构筑物、各种地下管线的沉降和位移。

（2）施工监测的重点应放在有关建（构）筑物、大堤、铁路及可能引起严重后果的供水、供气管道等。

（3）监测点设置时，应避开各种可能对其产生影响的因素，以确保不被损坏。所有监测点须在顶管施工开始前进行埋设、布置。

（4）观测点应定时测定，观测数据应保持连续、真实、可靠。

（5）观察裂缝应记录地表和结构裂缝的生成时间、长度、宽度及发展状况。

4. 其他要求

（1）在顶管施工和运行期间，应对河床的地形变化进行监测。当冲淤变化较大时，应采取工程措施，保证工程的安全。

（2）顶管施工管前挖土时，管底土弧在 135°范围内不得挖空，在设计计算时顶管土弧的支撑角 2α 按照 120°计算。

三、盾构

（一）概述

1. 总体要求

（1）盾构的选型和技术性能应考虑符合国家技术政策、安全可靠、适用耐久、经济合理、技术先进、运行安全、施工方便、满足工期等因素，满足工程条件、周边环境安全等要求，并通过技术经济比较确定。

（2）设计使用年限和设计安全等级根据火力发电厂的规模和服务年限确定。循环水取排水盾构的设计使用年限一般为 50 年。取排水盾构的安全等级按二级考虑，重要性系数 γ_0 一般取 1.0。

（3）设计和施工应符合环境保护以及劳动安全与工业卫生的有关规定，施工单位必须编制施工安全措施方案，确保施工人员和设备的安全。施工时应采取必要的环境保护措施和有效的监控量测措施，应对重要的建（构）筑物进行施工阶段的监测，控制地表变形，保证地下管网和邻近建（构）筑物的安全。

（4）盾构适用地层广泛，盾构设计与施工应有完整和正确的基础资料，并与水文地质、岩土、测量等专业密切配合。盾构选型应结合工程实际情况，依据拟建工程规模、工程范围的地质情况、施工人员技术条件、施工区域内环境保护要求、经济性等进行选择。对于欠固结地层及液化土层等，经研究后慎用。

2. 盾构选型

（1）盾构法施工：应根据隧道外径、埋深、地质、地下管线、构筑物、地面环境、开挖面稳定及地表隆陷限值等的控制要求，经经济技术比较后选用盾构设备。

（2）盾构机适应的地层：常见盾构机适应的地层情况如见表 8-32。

表 8-32　　常见盾构机一览表

盾构机机型	适应的地层情况
网格式盾构机	适用于软土地基，对地面沉降控制要求不高时可以选用，包括软土、砂土及 10cm 以下砂砾石层
泥水加压盾构机	（1）细粒土（粒径 0.074mm 以下）含有率在粒径加积曲线的 10%以上。 （2）砾石（粒径 2mm 以上）含有率在粒径加积曲线的 60%以上。 （3）天然含水量为 18%以上。 （4）无 200～300mm 的粗砾石。 （5）渗透系数 $K<10^{-2}$cm/s
土压平衡盾构机	（1）细粒土（粒径 0.074mm 以下）含有率在粒径加积曲线的 7%以上。 （2）砾石（粒径 2mm 以上）含有率在粒径加积曲线的 70%以下。 （3）黏性土（黏土、粉砂土含有率 4%以上）的 N 值在 15 以下。 （4）天然含水量：砂为 18%以上，黏性土为 25%以上。 （5）渗透系数 $K<5\times10^{-2}$cm/s。 （6）适用于 10MPa 以下土层，对地面沉降控制要求高，有削刀
复合式土压平衡盾构机	适用于 120MPa 以下硬土、风化岩石，有削刀、有滚刀，可以轮换使用，但国内使用经验不多
滚刀 TVM 盾构机	适用于全岩石地基，120MPa 或以上都行。使用时滚刀磨损大，要多套备用

（3）经济造价：盾构的制造造价费用在盾构法隧道工程总造价中占有较大比例，以手掘式盾构作为比照基准，盾构的造价系数见表 8-33。

表 8-33　　盾构造价系数

项目	手掘式盾构	挤压盾构	机械盾构	泥水加压盾构	土压平衡盾构
造价系数	1.0	1.07	2.26	3.16	2.82
其他		网格、挤压、半挤压	反铲机械、滚耙机械	其中后续设备费为 0.64	平均系数

（4）机型和施工方法的选择：应以施工单位为准，参见表 8-34。

表 8-34　　盾构施工方法选择

挖掘方式	构造类型	盾构名称	开挖面稳定措施	适用地层	附注
人工开掘（手掘式）	敞胸	普通盾构	临时挡板、支撑千斤顶	地质稳定或松软均可	辅以气压、人工或井点降水及其他土层加固措施
		棚式盾构	将开挖面分成几层，利用砂的安息角和棚的摩擦	砂性土	
		网格式盾构	利用土和钢制网状格栅的摩擦	黏土淤泥	
	闭胸	半挤压盾构	胸板局部开孔，依赖盾构千斤顶推力，上沙自然流入	软可塑的黏性土	
		全挤压盾构	胸板无孔，不进土	淤泥	

续表

挖掘方式	构造类型	盾构名称	开挖面稳定措施	适用地层	附注
半机械式	敞胸	反铲式盾构	手掘式盾构装上反铲挖土机	土质坚硬稳定，开挖面能自立	辅助措施
		旋转式盾构	手掘式盾构装上软岩掘进机	软岩	
机械式	敞胸	旋转刀盘式后构	单刀盘加面板、多刀盘加面板	软岩	辅助措施
	闭胸	局部气压盾构	面板和隔板间加气压		不再另设辅助措施
		泥水加压盾构	面板和隔板间加压力泥水		辅助措施
		土压平衡盾构	面板和隔板间充满土砂容积产生的压力与开挖面处的地层压力保持平衡	淤泥、淤泥混砂	辅助措施

3. 勘察要求

（1）工程地质勘察要求。盾构法隧道地质勘察除执行有关行业工程地质勘察要求外，尚应满足以下要求：

1）钻孔位置应离隧道外侧 3～5m，并在隧道两侧交错布置。隧道在使用气压盾构机或泥水平衡盾构机时，距离宜适当放大，终孔时应立即用黏土封填。

2）钻孔间距不宜大于 50m，在地层变化较大或环境安全要求高的地段尚应适当加密。

3）钻孔深度及控制孔根据下卧层地质条件而定，一般孔深宜钻穿隧道所在持力层。

4）根据土层性质进行必要的静力触探试验及标准贯入试验。在钻孔范围内，应加密取土样或进行原位测试。

5）提供地下水位变化、土层渗透系数，查明承压含水层、天然气分布并测定相应的压力值。

6）穿越卵石层或碎石层时，特别注意卵石或碎石层粒径的大小及含量。

7）穿越岩石时，查明风化程度以及相应的强度。

（2）施工勘察要求：

1）当场地条件复杂或存在不确定因素时，可进行施工勘察。

2）环境保护勘察。环境保护勘察的主要内容应包括：地面沉降要求；地基变形控制；地下管线调查；周边建筑物调查。

3）障碍物勘察。障碍物勘察的主要内容应包括：地层硬、软土变化位置；废除驳岸孤石、桩基、沉船等障碍物；地下气体及压力值；承压水分布及压力值。

（二）盾构隧道布置

盾构法隧道布置由隧道区间和盾构工作井组成，盾构法隧道施工需要通过工作井完成。盾构工作井分为盾构拼装井（始发井）和盾构接受井（到达井）。

（1）盾构拼装井（始发井）在盾构掘进前应完成施工，盾构拼装井（始发井）可结合有关建筑物合建或单独设置。工作井的间距通常为 900～1500m。

（2）隧道的平面布置按使用目的、使用条件进行规划，在水平投影面上的总体线路采用直线布置或缓曲线布置，盾构急弯段施工技术不能满足的平面布置中弯段可设置换向竖井。

（3）隧道管线布置时，宜避开含有有害气体的土层。

（4）隧道的最小曲率半径应结合盾构机、地质及隧道断面尺寸等因素综合确定。

（5）盾构隧道的顶部覆土厚度不宜小于（1～1.5）D（D 为隧道外径，小直径隧道取大值，大直径隧道取小值）。位于江、河、湖、海底部的隧道，当覆土厚度小于 1.5D 时，应验算施工期隧道抗浮稳定性。

盾构隧道平行或立体交叉隧道的净距，应根据地层特性、盾构机类型、施工方法等合理确定，不宜小于 D；当技术上有保证时，可适当减少。

（6）隧道标准段纵坡宜坡向取水头，隧道的纵向坡度不宜大于 3%，变坡线之间需采用竖向曲线段平滑过渡连接。

（7）隧道布置的设计内容：

1）根据地形地质条件和取排水工艺布置要求，合理确定隧道线路，确定各线段的起止点、曲线段曲线要素等；平面图中注明各线段的起止点坐标、长度、曲线段曲线要素（半径、圆心角、弧长、方位角）等。

2）研究地层条件，标注隧道衬砌所处的地层剖面、地面地形起伏情况、地面建构筑物情况、地下水位及地表水位情况等自然条件信息，合理确定各线段的覆土深度、起止点标高、纵向坡度、竖曲线要素。

3）确定各线段的起止点衬砌环编号、衬砌类型组成、衬砌环数量、楔形环的型号、曲线段标准环与楔形环的组合比值，以及变形缝的位置及两侧衬砌环型号，以进一步确定衬砌配筋类型、各配筋类型衬砌环的数量等。

（8）隧道布置注意事项：

1）竖向圆弧曲线一般在拼装过程中采用标准管片环间加垫楔形垫板拟合，因此需严格控制竖向圆弧的弯曲半径和环间楔形量。

2）当采用通用楔形管片设计时，直线段隧道和曲线段隧道只采用一种楔形管片拟合。楔形管片既能满足平面曲线的拟合要求，也能满足竖向曲线的拟合要求，其对线路的拟合是空间拟合。

（三）盾构隧道管片设计

盾构隧道管片又称盾构隧道的一次衬砌。管片设计首先根据隧道直径确定管片的宽度及厚度、圆环的分块、和纵向螺栓位置及数量，确定管片的接头形式，管片的孔洞、螺栓、环向螺栓的数量与截面、防水条槽口、各部位的精度，以及举重臂吊点、拼装形式和管片的断面设计。

1. 管片形式

（1）管片结构可采用单层衬砌、双层衬砌或局部内衬的形式，常用的管片有钢筋混凝土管片、复合管片和球墨铸铁管片。在满足工程使用、结构受力、防水和耐久性等要求的前提下，宜选用单层钢筋混凝土衬砌。

（2）管片从形式上分为通用管片和楔形管片。直线段隧道由标准管片衬砌环拼装组合形成，楔形管片用于隧道的转弯和纠偏。当采用通用楔形管片设计时，直线段隧道和曲线段隧道只采用一种楔形管片拟合。楔形管片既能满足平面曲线的拟合要求，也能满足竖向曲线的拟合要求，其对线路的拟合是空间拟合。

水平曲线段隧道由标准管片环和楔形管片环组合形成的多段折线拟合而成，标准环和楔形环的组合比例应根据曲线弯曲半径、标准环宽、楔形环宽、楔形环的楔形环量等因素确定。当弯曲半径较大、要求的楔形量较小，且曲线段长度较短时，也可不设楔形管片环，而可以采用标准管片环间垫楔形软木橡胶垫板拟合曲线。

（3）管片环分块。标准管片环一般由数块标准块（B）、1块封顶块（F）以及2块邻接块（L1、L2）等数块管片组成，每块管片的宽度均相同，如图8-14所示。管片环的总分块数应根据隧道直径、管片制作、运输、盾构设备、施工方法和受力要求综合确定，宜采用4～8块，多采用6块。

封顶块弧长以600～900mm为宜，封顶块（F）拼装方式宜采用全纵向插入、半纵向插入，插入长度应与盾构设计、施工相匹配，综合考虑拼装设备、千斤顶顶进行程、实践经验等因素选用。

圆环分块需考虑相邻环纵缝和纵向螺栓的互换性，同时尽可能让管片接缝安排在弯矩绝对值较小的位置。

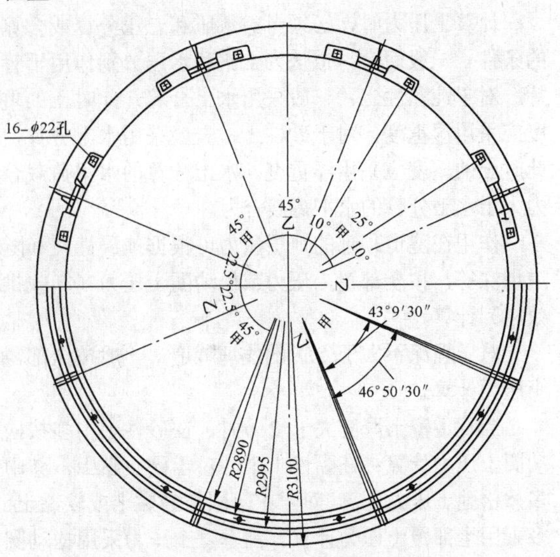

图8-14　管片环构造示意图

2. 管片宽度及厚度

根据实践经验，管片宽度可采用700～1500mm，多采用900～1200mm。管片宽度还应考虑盾构的灵敏度，两者间关系为：

$$S_s=L_s/D_s \tag{8-48}$$

式中　S_s——盾构的灵敏度；

L_s——盾构切口环至盾尾的有效长度；

D_s——盾构的外径。

管片厚度应根据隧道直径、埋深、工程地质及水文地质条件、使用阶段及施工阶段的荷载情况等确定。根据工程经验，对于钢筋混凝土管片，宜为隧道外径的0.04～0.06倍，隧道直径大者取小值，5m以下的小直径隧道取大值。管片的厚度满足：

$$h=(0.04\sim0.06)D \tag{8-49}$$

式中　h——管片的厚度；

D——盾构的外径。

3. 圆形隧道的荷载

设计管片时，用于计算的荷载包括垂直土压、水平土压、水压、地层抗力、自重、地面荷载、施工荷载、地震影响、相邻建筑物施工影响等。

根据计算模型的不同，荷载分布图也有所差异。

（1）衬砌环结构自重G：

$$G=B\gamma_c\delta \tag{8-50}$$

式中　γ_c——衬砌结构的重度标准值，kN/m；

δ——衬砌环厚度，m。

（2）垂直地层土压力p_v。作用于盾构隧道上的地层压力应根据工程地质和水文地质情况、结构形式、埋深、荷载作用下的变形、结构与地层刚度、施工方法、相邻隧道影响、回填压浆情况等因素，结合已有试验、测试和研究确定。

计算土压力时，必须考虑水压和土压分算或合算的条件。一般而言，拟认为土压和水压分别作用于管片。对于纯黏性土，一般采用水土合算，此时土的重度应采用湿重度；对于砂性土，一般采用水土分算，此时土的重度应采用浮重度。水土分算的水平荷载合力大于水土分算的水平荷载合力。

作用在隧道顶部的地层压力可根据地层性质和隧道埋深等，按全部覆土压力或松动圈土压力（卸载拱效应）计算。

对于埋深不大于 $2D$ 的浅埋隧道，一般按全部覆土压力计算。

当隧道覆土厚度大于 $2D$ 时，在砂性土中多按松动圈土压力计算；在黏性土中，对于硬质黏土，其中多按松弛土压力计算，对于中等固结的黏土或软黏土，多采用全部覆土压力计算。当垂直土压力采用松动圈土压力时，土压力计算值不宜小于隧道外径 2 倍的全部覆土压力值。

1）全覆土土压按照下式计算：

$$p_{\rm v}=p_{\rm v1}+p_{\rm v2}$$

$$p_{\rm v1}=q_0+\sum\gamma_i h_i$$

当采用惯用法时：

$$p_{\rm v2}=0.215R_{\rm c}\gamma \tag{8-51}$$

当采用自由变形均质圆环法时：

$$p_{\rm v2}=R_{\rm c}\gamma_{\rm t}(1-\cos\alpha)$$

以上各式中 $p_{\rm v}$——垂直地层压力，kPa。

$p_{\rm v1}$——拱顶上的土压力，kPa。

$p_{\rm v2}$——拱背上的土压力，kPa。

q_0——地面超载，kPa，在水域，应根据滩面可能的淤积情况以及潮差引起的外侧压力变化分析论证滩面超载，不宜小于 20kPa；在陆域，地面超载应根据地面使用情况、地面建（构）筑物、地面道路车辆通行情况按实际情况计算，计算的地面超载在施工期不宜小于 20kPa，在使用期不宜小于 10kPa。

γ_i——隧道顶各层土的重度标准值，kN/m^3，水土合算时采用湿重度，水土分算时采用浮重度。

h_i——隧道顶各层土厚度，m。

$\gamma_{\rm t}$——隧道穿越土层内水平轴线以上各层土的加权平均重度标准值，kN/m^3，水土合算时采用湿重度，水土分算时采用浮重度。

$R_{\rm c}$——隧道计算半径，m。

α——计算截面与竖轴线的夹角，(°)，以逆时针为正。

2）松动圈土压力计算。计算松动圈土压（考虑卸载拱效应）必须同时满足以下 3 个条件：①非互层条件的良好地层构造（砂、砾石）；②无双行隧道和已建相邻结构（包括将来）的影响；③覆土与隧道外径相比较，达到相当深（≥2.0D）。

$$p_{\rm v}=\frac{B_1\left(\gamma-\dfrac{c}{B_1}\right)}{K_0\tan\varphi}-\left(1-{\rm e}^{-K_0\tan\varphi\frac{H}{B_1}}+q_0{\rm e}^{-K_0\tan\varphi\frac{H}{B_1}}\right) \tag{8-52}$$

$$B_1=\frac{D}{2}\cos\left(\frac{45°+\dfrac{\varphi}{2}}{2}\right)$$

式中 $p_{\rm v}$——垂直地层压力（松动土压），kPa；

D——隧道外径，m；

$2B_1$——隧道顶部松动圈宽，m；

K_0——水平土压和垂直土压之比，通常取 1.0；

γ——含水土体的重度标准值，kN/m^3；

c——土的黏聚力，kPa；

φ——土的内摩擦角，(°)；

H——覆土厚度，m；

q_0——地面荷载，kPa。

（3）水平地层压力 $p_{\rm h1}$、$p_{\rm h2}$：

1）施工阶段：

a. 水土合算。当土压力计算采用水土合算时，水平地层压力包含水土及地面超载引起的侧向压力，可采用经验系数法（综合侧压力系数 λ）计算。其中，隧道拱顶以上土层引起的水平地层压力（$p_{\rm h1}$）按矩形分布，隧道拱腰范围内土层引起的水平地层压力（$p_{\rm h2}$）按三角形分布，见式（8-53）和式（8-54）：

$$p_{\rm h1}=\lambda\times p_{\rm v1} \tag{8-53}$$

$$p_{\rm h2}=\lambda\times 2R_{\rm c}\times\gamma_{\rm s} \tag{8-54}$$

式中 λ——隧道所穿越土层综合侧压力系数，无测试资料的情况下，可根据类似工程经验，依据标准贯入试验 N 的参考值选用（见表 8-35)，上海地区多在 0.65～0.75 范围内选用；

$R_{\rm c}$——衬砌环计算半径，m；

$\gamma_{\rm s}$——隧道所穿越土层的加权平均湿重度标准值，kN/m^3。

表 8-35　侧向压力系数（λ值）表

土水计算模式	土的种类	λ	N值大致范围
土水分算	致密类的砂	0.35～0.45	N≥30

续表

土水计算模式	土的种类	λ	N 值大致范围
土水分算	密实的砂性土	0.45～0.55	$15 \leqslant N < 30$
	松散的砂性土	0.50～0.60	$N < 15$
	非常坚硬的黏性土	0.35～0.45	$25 \leqslant N$
	硬的黏性土	0.45～0.55	$8 \leqslant N < 25$
	中硬的黏性土	0.45～0.55	$4 \leqslant N < 8$
土水合算	中硬的黏性土	0.55～0.65	$4 \leqslant N < 8$
	软黏土	0.65～0.75	$2 \leqslant N < 4$
	超软黏土	0.75～0.85	$N < 2$

b. 水土分算。当土压力计算采用水土分算时，水平地层压力可采用朗肯主动土压力，见式（8-55）：

$$p_{h1}=p_{v1}\times\tan^2(45°-\phi/2)-2c\tan(45°-\phi/2)$$

$$p_{h2}=2\gamma'_{t1}\times R_c\times\tan^2(45°-\phi/2) \tag{8-55}$$

式中　γ'_{t1}——隧道所穿越土层的加权平均浮重度标准值，kN/m³；

c——隧道所穿越土层的加权平均黏聚力标准值，kPa；

ϕ——隧道所穿越土层的加权平均内摩擦角标准值，（°）。

2）使用阶段：

使用阶段多采用水土分算，土侧压力系数取静止土压力系数，见式（8-56）：

$$p_{h1}=K_0\times p_{v1}$$

$$p_{h2}=K_0\times 2R_c\times\gamma'_{t1} \tag{8-56}$$

$$K_0=\alpha-\sin\phi'$$

式中　K_0——隧道穿越土层的静止土压力系数，K_0 也由试验测定；

α——土层系数，当隧道穿越砂土、粉土时取1.0，当隧道穿越黏性土时取0.95；

ϕ'——隧道所穿越土层的加权平均有效内摩擦角标准值，（°）。

（4）外侧静水压力 q_{w1}。当土压力采用水土分算时，隧道外侧作用荷载尚应加上外侧水压力，外侧水压力应根据设计地下水位或地表水位按静水压力计算，静水压力 q_w 沿隧道四周布置，方向指向隧道圆心；水土合算时不另计静水压力。在惯用法中，为了简化设计计算，对水压力可按竖向和水平向分开计算。计算时，对采用的地下水位或地表水位进行充分论证，兼顾高水位和低水位的情况。静水压力标准值按式（8-57）计算：

$$q_{w1}=\gamma_w[H_1+R_c(1-\cos\alpha)] \tag{8-57}$$

式中　γ_w——地下水的重度标准值，kN/m³；

H_1——隧道顶部的静水头高度，m。

（5）内侧静水压力 q_{w2}。在使用阶段，隧道内侧的水压力应根据地表水的设计水位计算隧道内侧静水压力，内侧静水压力与外侧静水压力分布相似，但方向相反。在惯用法中，为了简化设计计算，对水压力可按竖向和水平向分开计算。计算时，对采用地表水位进行充分论证，兼顾高水位和低水位的情况，以确定最不利组合。

（6）地层抗力：

1）三角形分布法（p_k）。假定垂直方向的地基抗力与地基位移无关，取垂直方向荷载相平衡的均布反力作为地基抗力。在水平方向上，衬砌环在外荷作用下，两侧产生向地层方向的水平位移，地层阻止衬砌变形而产生抗力。侧向地层抗力分布假设呈等腰三角形，其作用范围为隧道水平直径上下45°之内，按弹性地基基床系数法计算，见式（8-58）：

$$\left.\begin{aligned}p_k&=ky(1-\sqrt{2}\,|\cos\alpha|)\\ y&=\frac{(2p_v+\pi g-p_{h1}-(p_{h1}+p_{h2})R_c^4}{24(\eta EI+0.045\,4kR_c^4)}\end{aligned}\right\} \tag{8-58}$$

式中　k——隧道所穿越土层的地层抗力系数，kN/m³，无测试资料时可参考地层抗力系数 k 参考值选用，见表8-36；

y——衬砌环在水平直径处的变形量，m；

E——隧道衬砌材料的弹性模量，kPa；

I——管片断面的惯性矩，m⁴；

η——隧道衬砌抗弯刚度折减系数，可取0.5～0.8。

表8-36　　地层抗力系数 k 参考值

地基土分类		I_L、e、N 范围	地层抗力系数 k（kN/m³）
黏性土	软塑	$0.75 < I_L \leqslant 1$	3000～9000
黏性土	可塑	$0.25 < I_L \leqslant 0.75$	9000～15000

续表

地基土分类		I_L、e、N范围	地层抗力系数k（kN/m^3）
黏性土	硬塑	$0<I_L\leqslant 0.25$	15000～30000
黏性土	坚硬	$I_L\leqslant 0$	30000～45000
黏质粉土	稍密	$e>0.9$	3000～12000
黏质粉土	中密	$0.75\leqslant e\leqslant 0.9$	12000～22000
黏质粉土	密实	$e<0.75$	22000～35000
砂质粉土、砂土	松散	$N\leqslant 7$	3000～10000
砂质粉土、砂土	稍密	$7<N\leqslant 15$	10000～20000
砂质粉土、砂土	中密	$15<N\leqslant 30$	20000～40000
砂质粉土、砂土	密实	$N>30$	40000～55000

注 I_L—土的液性指数；e—土的天然孔隙比；N—标准贯入试验锤击数实测值。

2）地基弹簧。将管片环与地基间的相互作用通过地基弹簧模型进行考虑，同时引入地基对管片的径向和切向弹性约束，径向和切向弹簧只能受压。依据地基弹簧的分布范围，又可分为局部弹簧模式和全周弹簧模式。全周地基弹簧模型见图8-15。

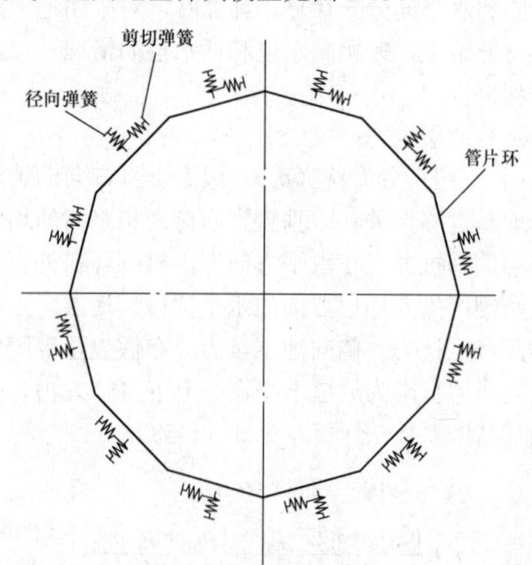

图8-15　全周地基弹簧模型示意图

从应用实例来看，多数只将径向弹簧作为有效弹簧，这时的弹簧系数大多数都是参考惯用计算法的地基抗力系数进行确定。

（7）底部竖向反力K_v。根据隧道与上部承受的垂直荷载相平衡的原则计算底部竖向反力。在均质圆环模型中K_v可按式（8-59）计算：

$$K_v=p_v+\pi G \tag{8-59}$$

（8）施工荷载。施工荷载一般包括盾构千斤顶推力、施工机具荷载、人群荷载、壁后注浆压力、管片装配操作荷载、垂直顶升荷载等。

注浆压力一般以根据隧道覆土厚度算出的水土压力为基准，但在施工时，一般在注浆孔处采用100～300kPa的压力，有时为了防止地表面下沉，注浆压力会提高至500kPa左右。对单孔情况，假设单孔注浆压力对称分布在注浆孔的周围，呈等腰三角形或矩形分布形式作用于管片环，如图8-16所示。设计中根据实际注浆孔的位置和数量将荷载对应施加在管片结构上。

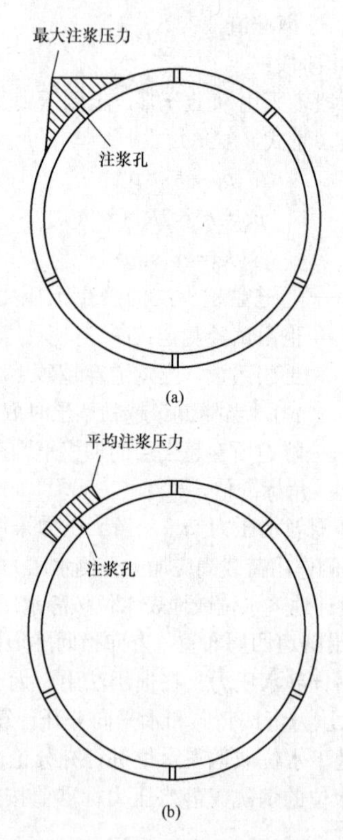

图8-16　单孔注浆压力分布图
（a）单孔注浆压力三角形分布；（b）单孔注浆压力矩形分布

对于整环断面的注浆压力分布，可以假定为非均匀分布与均匀分布（见图8-17）。对于非均匀分布，管

道环上任意点 A 的注浆压力见式（8-60）：

$$P(\theta)=P_s+0.5(P_L-P_s)(1-\sin\theta)\quad(0\leqslant\theta\leqslant2\pi)\tag{8-60}$$

式中　P_s——管片最低点处的注浆压力，kN/m²；

P_L——管片最高点处的注浆压力，kN/m²；

θ——A 点径向线与水平轴的夹角。

通过任意不在同一直径上的两点的注浆压力（P_1 和 P_2），通过线性分布，可以分别得到管片环在最高点和最低点的注浆压力值 P_S、P_L，见式（8-61）：

$$P_S=P_1+(P_2-P_1)(1-\sin\beta_1)/(\sin\beta_2-\sin\beta_1)$$
$$P_L=P_1-(P_2-P_1)(1+\sin\beta_1)/(\sin\beta_2-\sin\beta_1)\tag{8-61}$$
$$(\beta_1\neq\beta_2\text{ 且}\beta_1+\beta_2\neq\pi)$$

（9）地震作用。

管片计算通常不考虑地震作用，但下列条件下应进行验算：

1）当圆隧道附近有构筑物相邻时，拟对管片做地震影响的验算；

2）隧道的线路方向结构有突变的地方（竖井交界处等），地震时结构易产生震动相位差；

3）隧道沿线有覆土突变和可能产生液化的砂土层范围。

地震作用应根据现行抗震规范的规定计算确定。

4. 管片内力计算

管片计算方法与一般土木结构的计算方法相同，假定圆弧环结构符合弹性理论。

（1）弹性铰法计算模型。弹性铰法计算简图见图 8-18。

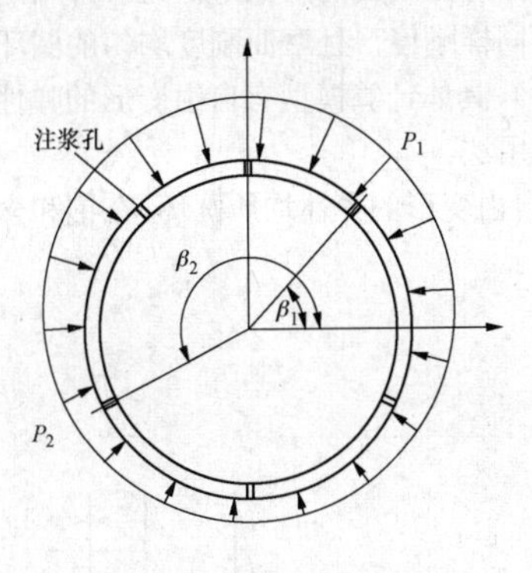

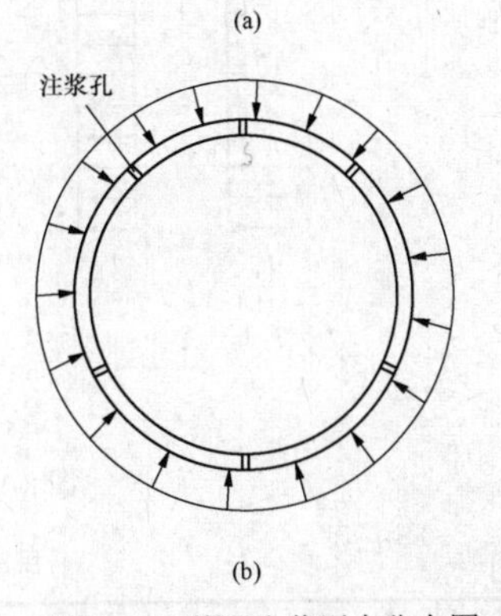

图 8-17　整环注浆压力分布图

（a）非均匀分布；（b）均匀分布

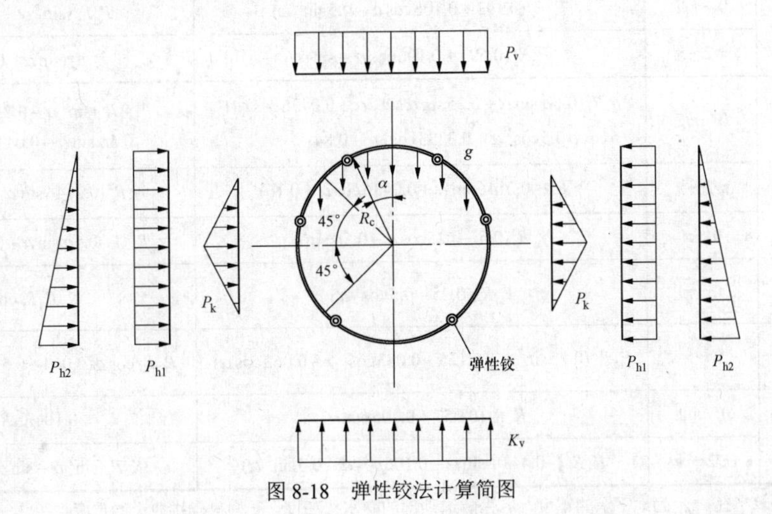

图 8-18　弹性铰法计算简图

弹性铰圆环衬砌结构接头处所承受的弯矩 M 按式（8-62）计算：

$$\left.\begin{aligned}&\text{当}M>0\text{时，}M=K\theta\\&\text{当}M<0\text{时，}M=K'\theta\end{aligned}\right\}\tag{8-62}$$

式中　M——衬砌结构接头处所承受的弯矩，kN·m，以内侧受拉为正，外侧受拉为负；

θ——接头转角，rad；

K——接头的抗正弯矩回转弹簧刚度，kN·m/rad，宜采用试验确定；

K'——接头的抗负弯矩回转弹簧刚度，kN·m/rad，宜采用试验确定。

（2）弹性均质圆环的计算模型。该模型不考虑管片接头部分弯曲刚度的降低，认为管片环是具有和管片主截面同样刚度，且弯曲刚度均匀的圆环（完全均匀刚性环）。具体计算模型有自由变形的弹性均质圆环和日本惯用法。

1）自由变形的弹性均质圆环。在饱和含水的松软地层中修建隧道，地层对隧道衬砌结构的弹性抗力很小，故假定结构可以自由变形，并假定地基反力沿圆环的水平投影为均匀分布。自由变形的弹性均质圆环计算简图见图 8-19，自由变形的弹性均质圆环内力计算见表 8-37。

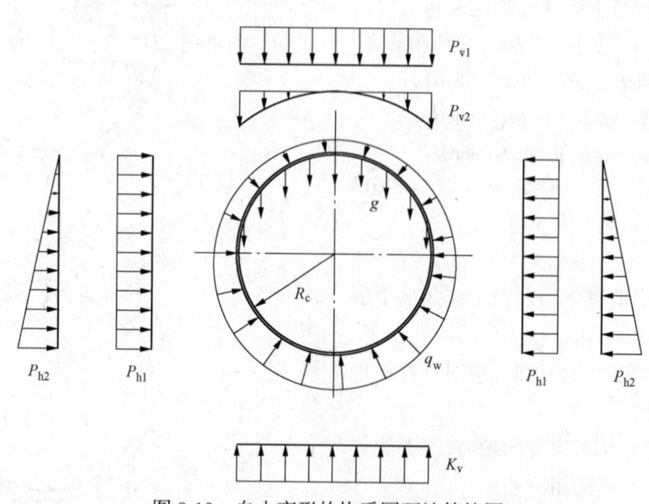

图 8-19　自由变形的均质圆环计算简图

表 8-37　**自由变形的弹性均质圆环内力计算**

荷载	截面位置	内力	
		弯矩 M	轴力 N
自重 g	0～π	$gR_c^2(1-0.5\cos\alpha-\alpha\sin\alpha)$	$gR_c(\alpha\sin\alpha-0.5\cos\alpha)$
竖向地层压力 P_{v1}	0～π/2	$P_{v1}R_c^2(0.193+0.106\cos\alpha-0.5\sin^2\alpha)$	$P_{v1}R_c(\sin^2\alpha-0.106\cos\alpha)$
	π/2～π	$P_{v1}R_c^2(0.693+0.106\cos\alpha-\sin\alpha)$	$P_{v1}R_c(\sin\alpha-0.106\cos\alpha)$
拱背土压力 P_{v2}	0～π/2	$\gamma_t R_c^3(0.5\alpha\sin\alpha+0.25\sin\alpha\sin2\alpha+0.0436\cos\alpha+$ $6\cos\alpha 0.5\cos^2\alpha+0.3333\cos^3\alpha-0.84)$	$\gamma_t R_c^2(\sin^2\alpha-0.25\sin\alpha\sin2\alpha-$ $0.5\alpha\sin\alpha-0.0436\cos\alpha)$
	π/2～π	$\gamma_t R_c^3(-0.2146\sin\alpha+0.0436\cos\alpha+0.16)$	$\gamma_t R_c^2(0.2146\sin\alpha-0.0436\cos\alpha)$
静水压力 q_w	0～π	$-\gamma_w R_c^3(0.5-0.25\cos\alpha-0.5\alpha\sin\alpha)$	$\gamma_w R_c^2(1-0.5\alpha\sin\alpha-0.25\cos\alpha)+\gamma_w h_1 R_c$
水平均布地层压力 P_{h1}	0～π	$P_{h1}R_c^2(0.25-0.5\cos^2\alpha)$	$P_{h1}R_c\cos^2\alpha$
水平三角形地层压力 P_{h2}	0～π	$P_{h2}R_c^2(0.25\sin^2\alpha-0.125+0.083\cos^3\alpha-0.063\cos\alpha)$	$P_{h2}R_c\cos\alpha(0.063+0.5\cos\alpha-0.25\cos^2\alpha)$
地层竖向反力 K_v	0～π/2	$K_v R_c^2(0.057-0.106\cos\alpha)$	$0.106K_v R_c\cos\alpha$
	π/2～π	$K_v R_c^2(-0.443+\sin\alpha-0.106\cos\alpha-0.5\sin^2\alpha)$	$K_v R_c(\sin^2\alpha-\sin\alpha+0.106\cos\alpha)$

注　R_c 为衬砌计算半径，γ_w 为地下水的重度，h_1 为隧道顶部的静水头高度，γ_t 为衬砌拱背土的重度。

2）日本惯用法。日本惯用法计算简图见图 8-20。

错缝拼装时均质圆环弯矩的纵向传递模型计算简图同弹性均质等刚度圆环。衬砌环由于接缝的存在，接缝部位的抗弯能力小于管片主体截面，错缝拼装时通过相邻环面的摩擦力、纵向螺栓或环截面上的凹凸榫槽的剪切力作用，接头纵缝部位的部分弯矩可传递到相邻环的管片截面上。错缝拼装时弯矩的纵向传递模型简图见图 8-21。

衬砌环在接头处的内力按式（8-63）计算：

$$M_{ji}=(1-\zeta)M_i,\ N_{ji}=N_i \tag{8-63}$$

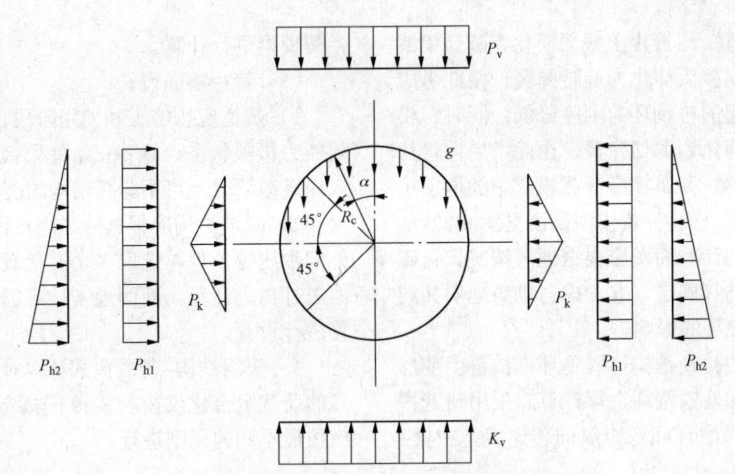

图 8-20 日本惯用法计算简图

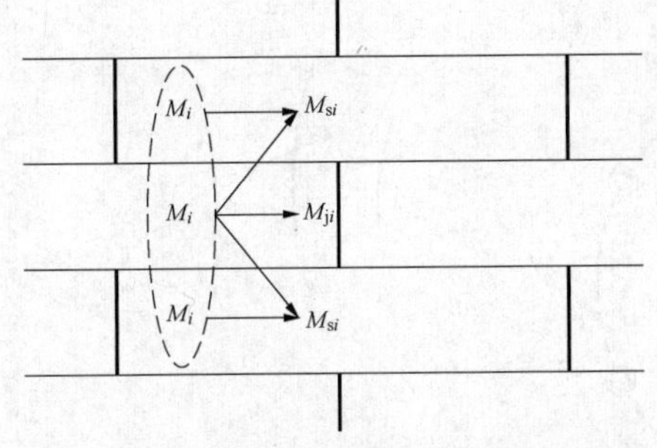

图 8-21 错缝拼装时弯矩纵向传递模型简图

与接头位置对应的相邻管片截面内力按式（8-64）计算：

$$M_{si}=(1+\xi)M_i, N_{si}=N_i \tag{8-64}$$

式中 ξ——弯矩调整系数，ξ=0.2～0.4；

M_i——均质圆环模型的计算弯矩；

N_i——均质圆环模型的计算轴力；

M_{ji}——调整后的接头弯矩；

N_{ji}——调整后的接头轴力；

M_{si}——调整后的相邻管片本体的弯矩；

N_{si}——调整后的相邻管片本体的轴力。

惯用法和修订惯用法的管片截面内力变形计算公式见表 8-38。

表 8-38　　惯用法和修订惯用法的管片截面内力变形计算公式

荷载	截面位置	内力		
		弯矩 M	轴力 N	剪力 Q
垂直荷载 P_v	0～π	$0.25P_vR_c^2(1-2\sin^2\alpha)$	$P_vR_c\sin^2\alpha$	$-P_vR_c\sin\alpha\cos\alpha$
水平矩形荷载 P_{h1}	0～π	$P_{h1}R_c^2(0.25-0.5\cos^2\alpha)$	$P_{h1}R_c\cos^2\alpha$	$-P_{h1}R_c\sin\alpha\cos\alpha$
水平三角形荷载 P_{h2}	0～π	$P_{h2}R_c^2(0.125-0.0625\cos\alpha-0.25\cos^2\alpha+0.083\cos^3\alpha)$	$P_{h2}R_c\cos\alpha(0.063+0.5\cos\alpha-0.25\cos^2\alpha)$	$P_{h2}R_c\sin\alpha(0.063+0.5\cos\alpha-0.25\cos^2\alpha)$
自重 g	0～π/2	$gR_c^2(0.375\pi-0.833\cos\alpha-\alpha\sin\alpha)$	$gR_c(\alpha\sin\alpha-0.167\cos\alpha)$	$gR_c(\alpha\cos\alpha+0.167\sin\alpha)$
	π/2～π	$gR_c^2[-0.125\pi+(\pi-\alpha)\sin\alpha-0.833\cos\alpha-0.5\pi\sin^2\alpha]$	$gR_c(-\pi\sin\alpha+\alpha\sin\alpha+\pi\sin^2\alpha-0.167\cos\alpha)$	$gR_c[(\pi-\alpha)\cos\alpha-\pi\sin\alpha\cos\alpha-0.167\sin\alpha]$
侧向地层抗力 $P_k=ky$	0～π/4	$kyR_c^2(0.2346-0.3536\cos\alpha)$	$kyR_c0.3536\cos\alpha$	$kyR_c0.3536\sin\alpha$
	π/4～π/2	$kyR_c^2(-0.3487+0.5\sin^2\alpha+0.2357\cos^2\alpha)$	$kyR_c\bullet(-0.7071\cos\alpha+\cos^2 a+0.7071\sin^2\alpha\cos\alpha)$	$kyR_c(\sin\alpha\cos\alpha-0.7071\cos^2\alpha\sin\alpha)$
水平直径点的水平方向变位	不考虑衬砌自重引起的地基抗力：$y=\dfrac{[2P_v-P_{h1}-(P_{h1}+P_{h2})]R_c^4}{24(\eta EI+0.0454kR_c^4)}$ 考虑衬砌自重引起的地基抗力：$y=\dfrac{[2P_v+\pi g-P_{h1}-(P_{h1}+P_{h2})]R_c^4}{24(\eta EI+0.0454kR_c^4)}$ 式中：EI 为衬砌单位宽度的抗弯刚度；η 为隧道衬砌抗弯刚度折减系数，可取 0.5～0.8			

（3）梁–弹簧模型。将管片主截面简化为圆弧梁或直线梁，将管片环向接头简化为旋转弹簧，由此考虑由管片环向接头引起的衬砌环的刚度降低；同时，将衬砌环间纵向接头简化为剪切弹簧，由此考虑由管片环错接头拼装效应。梁–弹簧模型荷载模式中的地层抗力采用地基弹簧模型。梁–弹簧模型简图见图 8-22。

（4）隧道结构的计算简图应根据地层情况、衬砌构造特点及施工工艺等确定，宜考虑衬砌与地层共同作用及装配式衬砌接头的影响。

采用通缝拼装的衬砌结构可取单环，按自由变形的弹性均质圆环、弹性铰圆环进行计算。采用错缝拼装的衬砌结构宜按考虑环间弯矩纵向传递模型或梁–弹簧模型进行计算。

（5）管片断面设计：

1）隧道应按施工和使用阶段，分别进行结构的承载能力极限状态计算和正常使用极限状态验算，当计入地震荷载时，可不验算结构的裂缝宽度。

2）隧道结构应根据隧道埋设深度、地质条件、内外部水压等条件，选取多个有代表性的不利位置的断面进行内力计算，断面通常按照圆环受力最不利的位置进行设置。

3）采用结构–荷载模式计算时，隧道衬砌环向计算的荷载组合建议按表 8-39 的规定采用，荷载的组合应按最不利的原则进行。

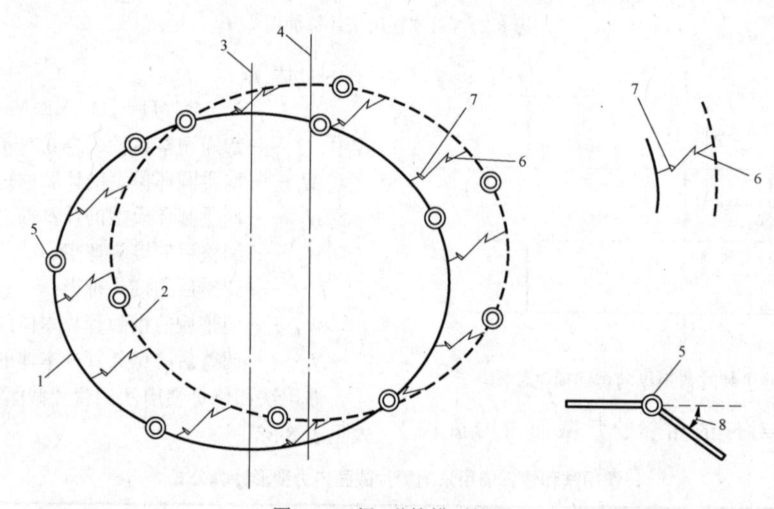

图 8-22 梁–弹簧模型简图

1—衬砌环 A 管片本体；2—相临衬砌环 B 管片本体；3—衬砌环 A 竖轴线；4—衬砌环 B 竖轴线；5—环向接头旋转弹簧；6—环间径向剪切弹簧；7—环间切向剪切弹簧；8—环向接头转角

表 8-39　荷载组合建议

计算工况	永久荷载					可变荷载					地震荷载
	计算工况衬砌环结构自重	地层压力（垂直、水平）	地层抗力	地面以上设施压力	预加应力	外侧水压力	内侧水压力	潮差作用	地面超载	施工荷载	
施工期	√	√	▽	▽	▽	√			√	√	
正常使用期	√	√	▽	▽	▽	√	√	▽	√		
特殊组合	√	√	▽			√	√				√

注　1. 表中“√”标记的荷载为相应工况应予计算的项目，“▽”标记的荷载应按具体设计条件确定采用。

2. 当地层压力采用水土合算时，外侧水压力合并计入地层压力。

3. 设计中要求考虑的其他荷载，可根据其性质分别列入上述三类荷载中。

4）遇下列情况时，尚应对隧道进行纵向结构分析：①后期上部荷载沿隧道纵向有较大变化时；②地基有显著差异时；③其他情况下引起隧道较大不均匀沉降时。

（6）根据所处的环境类别、环境作用等级，采用基于耐久性所需的混凝土原材料、混凝土配合比、混凝土耐久性参数指标，提出对混凝土施工过程的质量控制要求。隧道结构混凝土耐久性设计，包括所处的环境类别的分类、环境作用等级的分级等内容，应符合 GB/T 50476《混凝土结构耐久性设计规范》及其他相关规程、规范的规定。

隧道中的钢结构以及连接螺栓应进行防腐蚀处理，使之达到同等级耐久性要求。

（7）管片内力已知后，进行管片的断面设计。管片必须配置双筋，外排（弧）钢筋按 90°（270°）内力设计，内排（弧）钢筋按 0° 内力设计，或者按最不利内力设计，内、外排钢筋常为等值配置。受压区钢筋通常不参与受压验算。管片主筋直径不得小于 12mm，内排数量不得少于 4 根，外排不宜少于 6 根。

（8）钢筋混凝土管片的最大裂缝宽度，使用阶段不得大于 0.2mm，制作阶段的收缩裂缝深度宜控制在 40mm 以内，施工阶段管片产生的贯穿裂缝宽度在 0.5mm 以内时，其具有自封闭能力，但裂缝数量不得大于 5%。

（9）混凝土强度等级不宜低于 C50，抗渗等级不应低于 W8。钢筋种类宜采用 16Mn 和 25MnSi 和 HRB400 级钢筋，也可采用 HPB300 级钢筋。钢材可采用 Q235 或 Q345 钢，推荐选用 Q235B，钢材的规格和性能符合 GB/T 700《碳素结构钢》的要求。螺纹紧固件的机械性能等级应满足结构和构造受力要求。

（四）盾构隧道管片接头

管片有纵向接头和环向接头。接头的构造形式有直螺栓、弯螺栓、斜插螺栓、榫槽加梢轴等。直螺栓接头是最常用的形式。

1. 纵向接头

影响接缝计算的因素很多（包括施工时螺栓预加应力的大小等），故都采用一种近似的计算方法，实际的接缝张开及承载能力必须通过接头试验和整环试验求得。

（1）接缝张开的验算。最终接缝应力受到两部分应力的组合，即：

1）片拼装时由于拼装螺栓预加应力σ_1 的作用，在接缝上产生预应力σ_{a1}、σ_{a2}，见式（8-65）：

$$\frac{\sigma_{a1}}{\sigma_{a2}}=\frac{N}{A}\pm\frac{Ne_0}{W} \tag{8-65}$$

式中　N——由螺栓预加应力σ_1 引起的轴向力，$N=\sigma_1 S$，一般σ_1=50～100MPa，S 为螺栓的有效面积，mm^2；

e_0——螺栓位置与承载截面中心轴的偏心距，mm；

A——管片接头截面面积，mm^2；

W——管片接头截面模量，mm^3。

2）接缝处受到外荷载后的应力状态在接缝上下边缘产生应力为σ_{c1}、σ_{c2}，见式（8-66）：

$$\frac{\sigma_{c1}}{\sigma_{c2}}=\frac{N'}{A'}\pm\frac{N'e_0}{W'} \tag{8-66}$$

式中　N'——外荷载引起的轴向力，N；

e_0——外荷载引起的偏心距，mm；

A'——管片接头截面面积，mm^2；

W'——管片接头截面模量，mm^3。

3）接缝应力：

上边缘

$$\sigma_1=\sigma_{a1}+\sigma_{c1}$$

下边缘

$$\sigma_2=\sigma_{a2}+\sigma_{c2} \tag{8-67}$$

（2）接缝强度计算。计算接缝强度时，近似地把螺栓看作受拉钢筋，并按钢筋混凝土截面进行计算。一般先假定螺栓直径、数量和位置，然后计算中和轴 x，按偏心受压构件对接缝强度进行验算。

纵向接缝中环向螺栓位置，在只设单排螺栓时，其位置大致为管片厚度的 1/3 处；设双排螺栓时，内外排螺栓的位置离管片内外两侧各不小于 100mm；纵向接头螺栓一般按 1 排配置在离管片内侧管片厚度 1/4～1/2 的位置上。

2. 环向接头

环向接头的螺栓是把相邻分散的管片连接起来的主体。螺栓连接的数量和位置直接影响圆环的整体刚度和强度。

国内盾构隧道的环向直螺栓接头一般采用单排螺栓，布置在管片厚度 1/3 左右的位置，每个接头的螺栓不少于 2 个。

环向接头通常将数个螺栓按一排或两排配置，如图 8-23～图 8-25 所示。螺栓布置时应注意管片的拼装不要给螺栓的紧固作业造成困难。

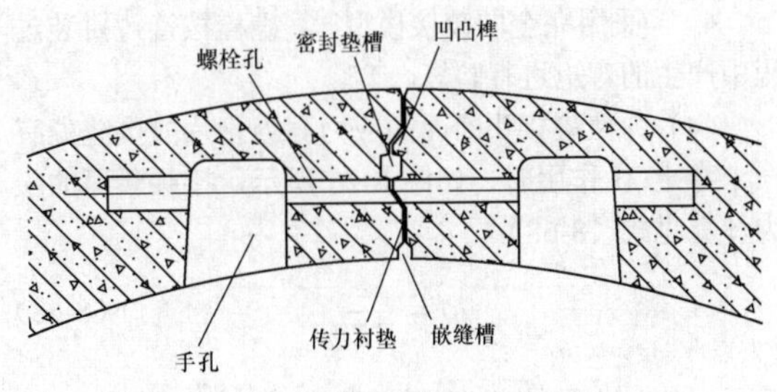

图 8-23　直螺栓环向接头示意图

环向接头的承载能力宜通过接头试验和整环试验获得；当无试验资料时，可以参考下列方法进行接头强度计算：

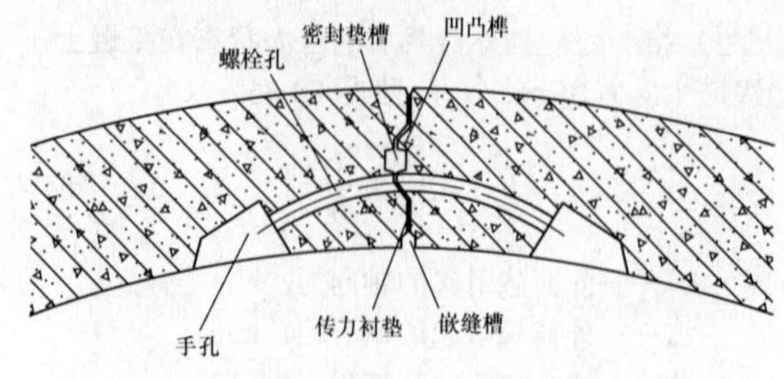

图 8-24　弯螺栓环向接头示意图

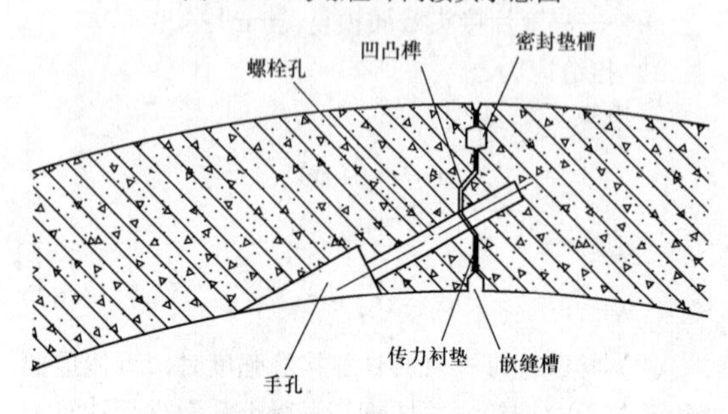

图 8-25　斜螺栓环向接头示意图

（1）钢管片接头，可采用以管片受压区边缘为回转中心的模型计算螺栓的拉力，按 GB 50017《钢结构设计规范》中同时承受剪力和拉力的普通螺栓承载力计算公式验算。

（2）混凝土管片接头，可将螺栓视为钢筋，按 GB 50010《混凝土结构设计规范》提供的单筋截面的偏心受压或偏心受拉公式进行计算。

（3）接头计算内力应按照衬砌圆环内力计算时采用的不同模型分别取值。

1）当采用均质圆环法计算时，接头内力按截面内力取值，但此时接头的构造应使接头具有与管片主截面同等程度的强度和刚度。

2）当采用错缝拼装时均质圆环弯矩的纵向传递模型，接头截面的内力按弯矩调整系数进行折减。

3）当采用具有旋转弹簧的弹性铰或梁–弹簧模型时，所用模型能直接得到接头位置上的内力，此时，接头构造应满足内力计算时所采用的回转弹簧刚度。

4）当采用完全的铰接模型时，螺栓按管片拼装过程中产生的弯矩进行验算。

（4）弹性铰接头断面的应力。当管片的接缝处有一个弯矩 M 作用时，如图 8-26 所示，接头断面的应力计算见式（8-68）：

$$\sigma = \frac{M}{F_c Z} \tag{8-68}$$

$$Z = r_0 h_0;\quad F_c = bc;\quad r_0 \approx 0.87$$

式中　b——管片宽度；

c——衬垫宽度；

h_0——环向螺栓中心到管片受压区衬垫边缘的高度。

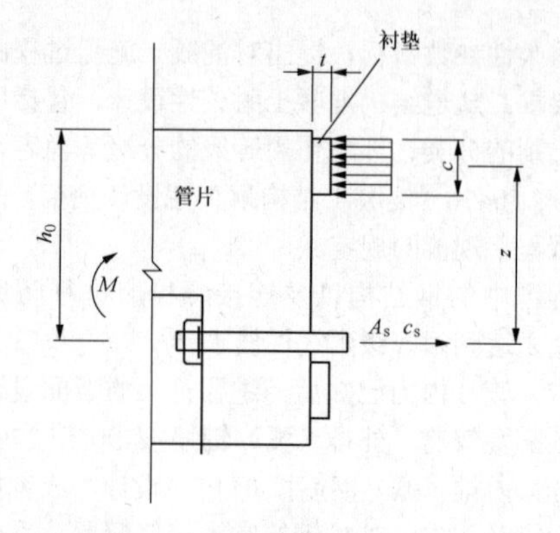

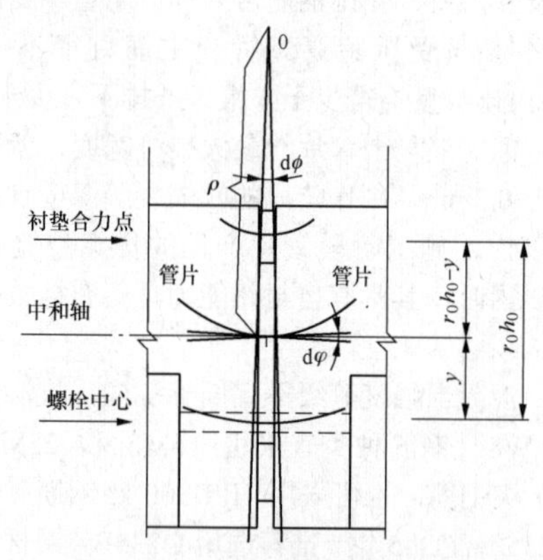

图 8-26　弹性铰接头断面应力图

（5）弹性铰接头的截面刚度 B。根据接头截面的特性可以得到接头的截面刚度 B，见式（8-69）：

$$B = \frac{Z^2 A_s E_s F_c E_c}{A_s E_s + F_c E_c} \tag{8-69}$$

$$E_c = \frac{\sigma_{200}}{\varepsilon}$$

式中　Z——近似取 $0.87h_0$，当 $0.87h_0 < h_0-0.5c$ 时，取 $Z=h_0-0.5c$；

A_s——螺栓截面面积；

E_c——衬垫材料变形模量。

（6）弹性铰接头的有效刚度。计算式（8-69）仅仅反映了接头的截面刚度，管片的接头是通过螺栓的预应力来实现管片连接的，因此，螺栓的长度变化必然会反映到接头的有效刚度。假设反映接头刚度的范围为 t，则接头的有效刚度为：

$$B_i = \frac{Z^2 A_s E_s F_c E_c t}{A_s E_s t + F_c E_c L_s} \tag{8-70}$$

式中　t——衬垫材料的厚度；

L_s——螺栓有效长度。

隧道拼装管片的结构刚度不但与结构的断面形状及材料性质有关，而且还与外力作用的条件有关；在整个圆环内，与接缝的内张和外张有关。整个圆环的接头刚度随着接头所处的位置不同而变化。

（7）接头的强度。通常，接头的强度应考虑三个方面，即螺栓的拉力、端肋的剪力以及受压区的抗压力。当螺栓的拉应力较大时，常还需验算螺母作用范围的局部应力。在无可靠资料的条件下，应做足尺的接头试验进行验证。

3. 管片接缝衬垫

衬垫材料粘贴在管片的环、纵缝内，以达到应力集中时的缓冲作用，同时还能明显改善管片拼装过程中存在的碰撞及混凝土碎裂问题。圆环计算时不考虑衬垫材料的存在。常用的衬垫材料见表 8-40。

表 8-40 盾构管片接缝衬垫材料

衬垫材料	厚度（mm）	硬度（邵尔 A，度）	接缝位置
丁腈橡胶软木垫	2.0	50	环、纵
软质 PVC 板	1.2	60	环、纵
胶粉油毡	2.0	60	环、纵
防腐三夹板	3.0		环

4. 嵌缝槽及榫槽

嵌缝槽位于管片内弧侧的四周，槽深通常为 25～35mm。拼装成环后的槽宽多为 12～16mm。环间及纵缝处设置嵌缝槽，可以避免管片内外弧侧混凝土产生应力集中现象。

管片榫槽设置于管片的侧面和端面，通过其凹凸镶嵌，以达到管片及环与环间的抗剪切及施工中的定位。纵向榫槽以定位和导向为主，环间榫槽以剪切受力为主。

5. 接缝防水

管片防水是盾构法隧道的重要组成部分。管片防水有自身防水和接缝防水两个方面。

管片自身防水主要是靠收缩性小、级配优良的防水混凝土实现，常用的自身防水混凝土最小抗渗等级为 W6。

接缝防水主要有弹性条防水和嵌缝防水两种，其中以弹性条防水为主、嵌缝防水为辅。接缝防水见图 8-27。

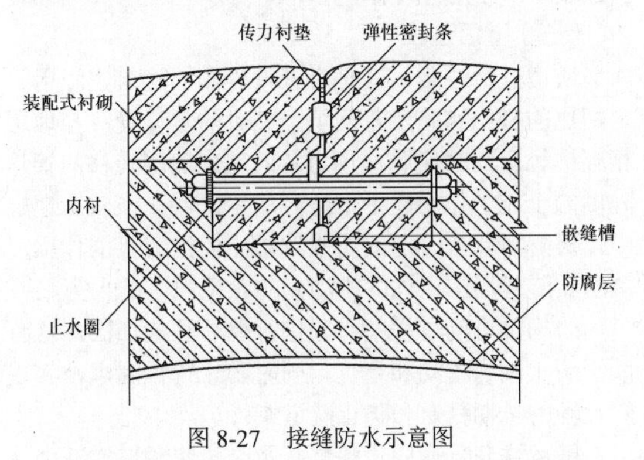

图 8-27 接缝防水示意图

橡胶条防水的方法是：在管片的接缝面设置沟槽，在槽内粘贴橡胶条，管片拼装后，依靠橡胶的弹性压缩和粘接，达到防水的效果。防水沟槽的宽度通常为 20～30mm，深度有浅型（2～3mm）和深型（4～8mm）之分，管片的估计变形量较大时，宜采用深槽形式。橡胶条的品种较常用的有天然橡胶与氯丁橡胶混炼制成的定型品，以及氯丁橡胶条外包丁基橡胶等。

（1）隧道防水等级根据 GB 50108《地下工程防水技术规范》，由环境类别及建筑物使用性质确定，一般不小于二级。

（2）管片间接缝防水宜采用橡胶密封垫和嵌缝，螺栓孔的防水宜采用密封垫圈。为了使密封垫正确就位，并牢固固定在管片上，应在管片环向接头和纵向接头面上设置倒梯形的密封垫沟槽。嵌缝施工在管片环拼装后进行，管片内侧边缘应设置嵌缝槽。

（3）防水密封垫至少需在接头螺栓外侧设置一道，当防水要求高且管片厚度允许时，也可在接头螺栓内侧增设一道。

（4）接缝密封垫宜选择具有合理构造形式、良好弹性或遇水膨胀性、耐久性、耐水性的橡胶类材料，其外形应与沟槽相匹配。

接缝密封垫的止水性应通过模拟一字缝、T 字缝拼装的水密性试验验证。试验技术要求为：在大于或等于 2 倍的隧道结构所承受的水压作用下，接缝张开量大于或等于最大计算变形时不产生渗漏。三元乙丙橡胶、氯丁橡胶弹性密封垫的物理性能指标参考表 8-41 和表 8-42。

表 8-41 弹性橡胶密封垫材料物理性能

项　目	指　标	
	氯丁橡胶	三元乙丙橡胶
硬度（邵尔 A，度）	45±5～60±5	50±5～70±5
扯断伸长率（%）	≥350	≥330

续表

项目			指标	
			氯丁橡胶	三元乙丙橡胶
拉伸强度（MPa）			≥10.5	≥9.5
热空气老化	（70℃，96h）	硬度变化值（邵尔A，度）	≤+8	≤+6
热空气老化	（70℃，96h）	拉伸强度变化率（%）	≥−20	≥−15
热空气老化	（70℃，96h）	扯断伸长率变化率（%）	≥−30	≥−30
压缩永久变形（70℃，24h，%）			≤35	≤28
防霉等级			达到、优于2级	达到、优于2级

注 1. 以上指标均为成品切片测试的数据，若只能以胶料制成试样测试，则其伸长率、拉伸强度的性能数据应达到本规定的120%。
2. 热空气老化的试验条件为70℃下96h。
3. 压缩永久变形的试验条件为70℃下24h。

表 8-42　遇水膨胀橡胶密封垫胶料物理性能

项目		性能要求		
项目		PZ-150	PZ-250	PZ-400
硬度（邵尔A，度）		42±7	42±7	45±7
扯断伸长率（%）		≥450	≥450	≥350
拉伸强度（MPa）		≥3.5	≥3.5	≥3
体积膨胀倍率（%）		≥150	≥250	≥400
反复浸水试验	拉伸强度（MPa）	≥3	≥3	≥2
反复浸水试验	扯断伸长率（%）	≥350	≥350	≥250
反复浸水试验	体积膨胀倍率（%）	≥150	≥250	≥300
低温弯折（−20℃，2h）		无裂纹		
防霉等级		达到、优于2级		

注 1. 成品切片测试应达到本指标的80%。
2. 接头部位的拉伸强度指标不得低于本指标的50%。
3. 体积膨胀倍率是指浸泡后与浸泡前的试样体积的比率。
4. 低温弯折的试验条件为−20℃条件下2h。

（5）管片接缝密封垫应完全压入密封垫沟槽内，密封垫沟槽的截面面积应大于或等于密封垫的截面面积，其关系宜符合式（8-71）：

$$A=(1\sim1.15)A_0 \tag{8-71}$$

式中　A——密封垫沟槽截面面积；

A_0——密封垫截面面积。

（6）嵌缝防水应符合下列规定：

1）嵌缝槽设置在管片内侧环纵向边沿，其深宽比不宜小于2.5，槽深宜为25～55mm，单面槽宽宜为5～10mm。

2）嵌缝材料应有良好的不透水性、潮湿基面黏结性、耐久性、弹性和抗下坠性。

3）嵌缝防水施工应在盾构千斤顶顶力影响范围外进行。

4）嵌缝作业应在接缝堵漏和无明显渗水后进行，嵌缝槽表面混凝土如有缺损，应采用聚合物水泥砂浆或特种水泥修补，强度应达到或超过混凝土本体。嵌缝材料嵌填时，应先刷涂基层处理剂，嵌填应密实、平整。

（五）壁后注浆

所谓壁后注浆，就是对管片外侧的建筑空隙用一定配比的材料实施注浆回填。其目的是让管片与地层相互接触；同时使盾构顶力有效地向地层转移；管片外侧的土压力作用趋于平缓，稳定土层；在软土地层中，对隧道具有一定的防水及防止泥沙流入的作用；可防止隧道周围土体的松动，防止塑性区扩大等。

盾构推进的过程中必须进行壁后注浆加固，这有助于防止围岩松动和下沉，同时防止管片漏水，实现管片环的早期稳定和防止隧道蛇行。

壁后注浆分为同步注浆、及时注浆和二次补强注浆，可根据工程地质、地表沉降情况和环境要求选择其中一种或多种并用。对于地表沉降控制要求高的区域，应采用同步注浆。

1. 同步注浆

同步注浆是在盾构推进的同时，从安装在盾构钢壳外侧的注浆管和管片的注浆孔进行壁后注浆，即盾构推进与壁后注浆同步进行，盾构推进千斤顶与注浆联动。同步注浆的最大优点是对壁后建筑空隙的回填真正做到及时回填，使地表沉降有效地得到控制。但是，对注浆材料本身的收缩性和最佳凝固时间等问题需进一步研究，特别是当采用泥水加压盾构施工时，同步注浆的注浆材料因不能及时凝固而有时会从盾构尾部穿到盾构工作面的泥水中，影响泥水加压盾构的正常施工。

2. 及时注浆

及时注浆是指管片脱出盾尾后，对该环管片或该环管片后部的数环管片实施及时注浆或及时补充压浆。及时注浆的最大缺点就是不能完全有效地把注浆材料填充到理论建筑空隙内。所谓的及时，仅仅是相对而言。因此，及时注浆方式不能完全有效地控制软土地基条件下的地表沉降。

3. 二次补强注浆

二次补强注浆是指当管片拼装成型后，根据隧道稳定、周边环境保护要求进行的二次补强注浆。二次补强注浆的注浆量和注浆速度应根据同步注浆或即时注浆效果确定。

4. 注浆材料选用原则

根据注浆要求进行注浆材料的试验和选择。可按盾构机型、地层条件、工程和环境要求合理选用单液或双液注浆材料。

注浆质量控制宜采用压力控制和数量控制两种手段。注浆量要达到计算空隙量（从盾构外径面积扣除管片外径面积计算的量）的 130%～250%。壁后注浆的其他要求按照 GB 50446《盾构法隧道施工及验收规范》执行。

5. 注浆加固

注浆加固部位：在盾构出洞、特殊段部位、地基不均匀的部位、突变大覆土部位（防汛堤等）以及邻近其他构筑物部位等，当周围土体可能出现较大沉降、承载力降低等不稳定现象时，可根据情况对周围土层或隧道下卧层采取适当的注浆加固措施。

注浆加固方法：静压注浆加固法、高压喷射注浆法、深层搅拌法等。注浆加固的其他要求按照 JGJ 79《建筑地基处理技术规范》的规定执行。

（六）盾构工作井

盾构施工应具备盾构工作井（出洞井）和盾构接收井（进洞井）才能完成区间隧道的掘进施工。设置盾构工作井的目的是：在井内拼装及调试盾构机，然后通过工作井的预留孔口，让盾构机按设计要求进入土层，也作为盾构机掘进中出渣、管片输送、回填注浆、掘进物资器材供应的基地，大多同时兼做通风井。工作井的设置间距可根据使用要求和工程配套要求而定，工作井间距通常为 500～1000m。

1. 盾构工作井尺寸

一般盾构工作井的最小内净尺寸可按图 8-28 确定，各尺寸数据见表 8-43。

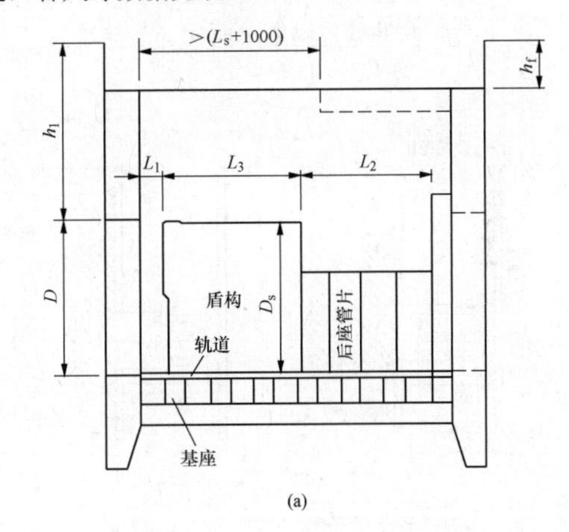

(a)

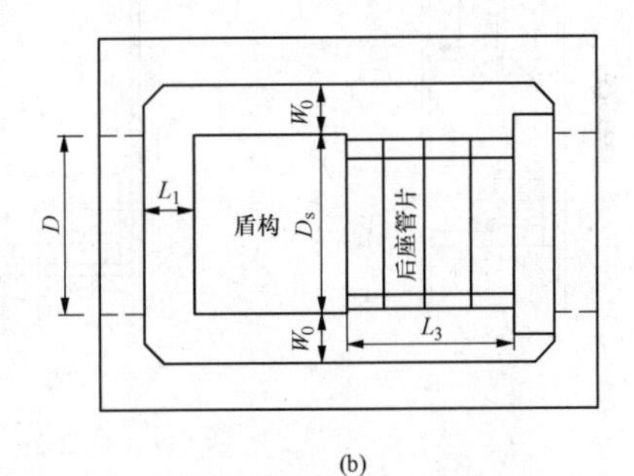

(b)

图 8-28　盾构工作井

（a）盾构拼装井剖面图；（b）盾构拼装井平面图

表 8-43　　盾构工作井数据

项目	盾构外径	取值范围（mm）	备注	项目	取值范围（mm）	备注
h_1	D_s＜5m	500		W_0	1200～2000	直径小者取下限
	D_s＞5m	D_s/10 取整数	模数为 50mm	L_1	1000	净距
h_2	D_s＜5m	D_s	或者按埋深要求	L_2	＞3000	或不小于 3 环管片宽度
	D_s＞5m	（0.7～1.5）D_s		L_3		盾构的最大长度
h_3		铺装层厚度	道路下部时	a	＞400	折返施工限界高度增量
D	D_s+200（300）mm		括号内为有翻板时			

出洞预留孔口大小应考虑通过孔口的间隙条件及测量误差等因素。

2. 工作井结构

工作井施工可采用沉井、地下连续墙、钢板桩或钢筋混凝土井等方案。结构计算时，工作井背墙应考虑盾构千斤顶的作用力影响。

盾构千斤顶的反作用力由工作井井壁（后靠墙）外侧的土体抗力和一部分井壁摩阻力与其平衡。土体抗力的取值不宜过大，否则拼装井将会产生水平位移。盾构工作井后靠背土体近似条件按照式（8-72）确定：

$$P=0.5P_pA+F_f \quad (8\text{-}72)$$

式中 A——后靠背墙体侧向投影面积，当盾构工作井井壁的抗弯刚度较大时，可近似取工作井井壁外侧的总面积（后靠墙）；

F_f——矩形工作井的二侧井壁及底板与土体的摩阻力。

若 $0.5P_pA$ 的值小于静止土压条件时，宜取静止土压作为计算值。

拼装井的平面及高度尺寸必须满足如图8-28所示的条件，当后靠墙外侧的土体不能提供足够的土体抗力时，宜考虑在后靠墙外侧作土体改良，以提高土体的强度指标。

3. 盾构出洞

盾构出洞是盾构法施工的重要环节之一。盾构按设计高程及坡度推出预留孔洞，进入加固土体并逐步向一般土体掘进的过程定义为盾构出洞。盾构出洞方式如图8-29所示。

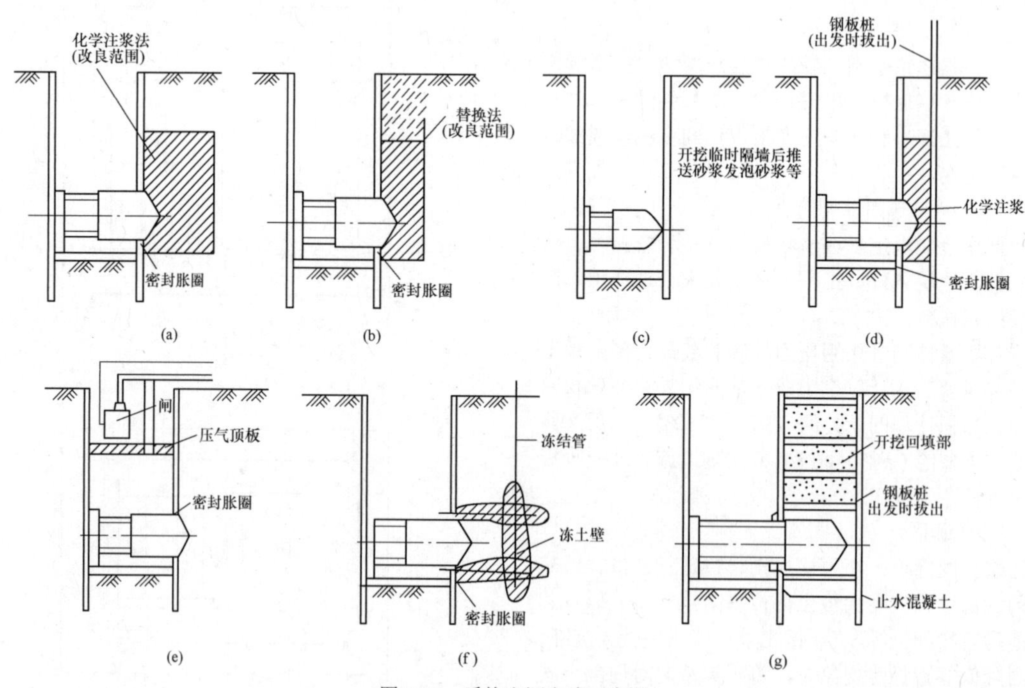

图8-29 盾构出洞方式示意图

当采用半机械式盾构施工时，常采用钢封门或双道钢板桩把洞口加固密封。在可能产生流沙的地区，出洞前常对紧靠出洞井预留孔20m左右的范围作井点降水处理。

当采用泥水加压平衡式盾构施工时，一般先将出洞井预留孔外侧一定范围的土体进行改良，使土体的抗剪、抗压强度提高，透水性减弱，预留孔洞外侧的土体具有自身保持短期稳定的能力。改良土体的方法有深层搅拌桩法、高压喷射法、冻结法等，对渗透系数较大（$K>10^{-3}$cm/s）的土层，也可采用注浆法，但采用单一的注浆法常伴有不稳定因素。

盾构出洞区的土体分为一般土体和容易产生流沙的土体，土体改良的范围可分别按砂性土（$K>10^{-5}$cm/s）和黏性土地层进行加固，如图8-30所示。

黏性土土体改良厚度可按改良土的渗透条件和洞口大小决定，一般取孔口直径的1/5。砂性土改良土厚度超出盾构长的部分可按改良土的渗透条件决定，通常取1m左右。改良土体的侧向厚度可近似取0.5D。改良土体的底部厚度，一般条件下取1m左右即可满足土体止水要求；下部土体若遇到承压水情况时，宜适当加大。

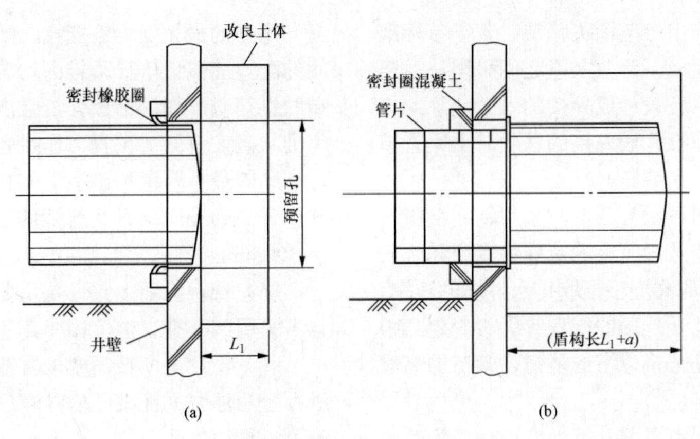

图 8-30　土体改良方式示意图

（a）黏性土；（b）砂性土

（七）隧道取（排）水设计

盾构法取（排）水隧道工程大多没有盾构接收井，隧道末端为取（排）水口建筑物。盾构法取（排）水隧道宜采用多点式取（排）水口，即多个小型取（排）水口呈单列等距布置在取排水隧道轴线上，每个取（排）水口由一根竖管和一个安装其上的头部组成，取（排）水口的数量根据进（排）水流量确定，如图 8-31 所示。

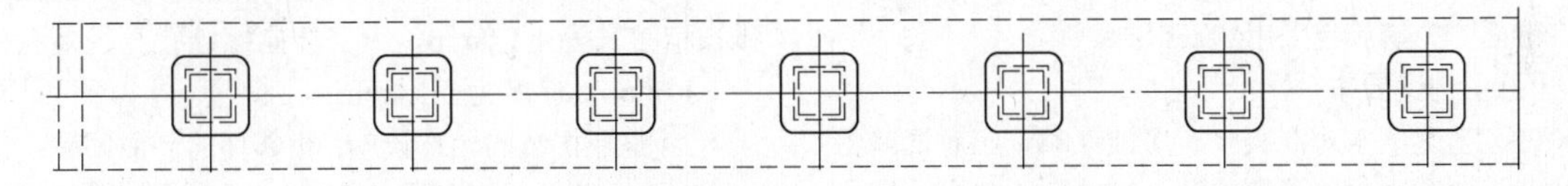

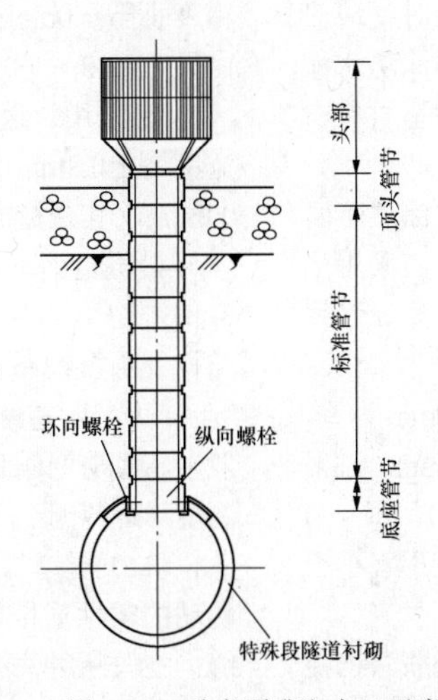

图 8-31　垂直顶升取水口示意图

（1）取水竖管顶部应设置取水头部。取水头一般采用钢结构或铸铁结构，进水一般采用侧面进水方式。进水仓可采用方形或圆形，进水仓的高度、面积、安装标高由设计水位、进水流量和流速等工艺要求确定。取水头底座应设置法兰板，以便能够与垂直顶升竖管顶头管节的上法兰对接。

排水竖管顶部宜设置排水头，排水头宜采用顶面出水方式。排水头底座应设置法兰板，以便能够与垂直顶升竖管顶头管节的上法兰对接。

（2）竖管采用垂直顶升工艺施工。竖管的排列间距根据特殊段管道环的受力要求、取排水工艺的间距要求及顶升施工的要求确定。工程实践中，竖管之间的净距多采用 4～5 环（特殊环）。竖管的长度根据特殊段管道的埋深及取（排）水头部的标高确定。

应根据地质条件估算可能的顶升阻力，如果阻力太大，应分析论证减少阻力的措施，以确保垂直顶升的顺利实施，否则应考虑采用其他的取（排）水口设计方式。

（3）垂直顶升竖管由一节顶头管节、若干节标准管节和一节底部管节组成，管节上下之间采用法兰连接。顶头管节的上法兰应设计成外接的法兰，除此之外，管节上下法兰均需设计成内接的法兰。上下管节连接必须采取可靠的止水措施。

垂直顶升管节断面形状为方形，采用钢筋混凝土结构，断面尺寸应与特殊段管道的特殊块宽度和弦长相适应。垂直顶升管节的高度根据取排水隧道的净空、垂直顶升台架的高度及千斤顶的行程等因素确定。根据现有工程经验，内径 6m 以下的隧道，管节的高度一般取 1.0m 左右。

垂直顶升施工过程中及顶升施工结束后，管节与特殊段管片之间应采取可靠的防水、挡泥措施。

（4）多点式垂直顶升取（排）水头部必须考虑滩面防护措施。滩面防护的范围、厚度及防护结构等设计要求，应根据滩面的冲淤稳定条件、可能的冲刷深度、河流（潮流）的自然流速、排水口出口流速、扩散要求，以及垂直顶升竖管的稳定要求等条件综合确定。滩面防护措施宜采用抛石保护。

（八）构造要求

（1）当地下水对混凝土有腐蚀性时，应对混凝土管片背面侧和密封垫外侧的环、纵缝面涂防水涂层。当地表水（循环冷却水）对混凝土有腐蚀性时，应对混凝土管片内面和密封垫内侧的环、纵缝面涂防水涂层。防水涂层宜采用环氧或改性环氧等封闭型材料、水泥基渗透结晶型或硅烷类等渗透型材料。

隧道钢结构在淡水中的防腐设计宜采用涂层防腐系统及预留腐蚀余量，在海水中的防腐设计宜采用涂层及阴极保护联合防腐系统，并预留腐蚀余量。连接螺栓宜采用涂层防腐。

（2）管片辐射筋与构造筋的直径以 8、10mm 为宜，厚度小于 350mm 的管片辐射筋直径可采用 6mm。辐射筋间距以 150mm 左右为佳（分布筋间距相同）。每一节点必须采用点焊连接。钢筋密集区的最小净距不宜小于 40mm。

（3）管片的混凝土保护层分主筋和构造筋两档控制，主筋保护层以 30mm 为佳，构造筋、辐射筋为 20mm。主筋的最大保护层不宜大于 50mm，以利于控制管片蒸汽养护引起的收缩裂缝，也有利于断面有效高度的控制。

（4）管片端肋及环肋宽度应与相应的环向螺栓和纵向螺栓的最大受力性能相匹配。对于箱型管片，纵肋的配置应保证千斤顶推力均匀传递；管片的环肋和端肋钢筋必须作局部加强，强度要求以足尺结构试验为准，确实有同类工程可作参考时，可免去试验。管片环肋的最小厚度不得小于 120mm，端肋最小厚度不宜小于 200mm，大开孔管片的端肋的最小厚度不得小于 300mm。

（5）管片纵面上宜设置抗剪构件。抗剪构件的设置可采用凹凸榫、定位棒或其他有效构造。

（6）管片上应按需要配置注浆孔，以便能均匀地进行壁后注浆；注浆孔应结合举重臂埋件设置，需要时可增设注浆孔。

（7）管片手孔在管片环拼装后、管道通水前应采用混凝土材料填实。垂直顶升管节安装后，应用防水材料将连接法兰的空腔填实。

（8）管道端头应设置可靠的封堵墙。

（9）衬砌制作和拼装精度要求：

1）单块管片制作的允许误差，宽度为±0.5mm；弧长和弦长为±1.0mm，纵、环向螺栓孔孔径及孔位为±1.0mm，厚度为±1.0mm。

2）整环拼装的允许误差：相邻环的环面间歇小于 1.0mm；纵缝相邻块小于 1.5mm；环向螺栓孔的不同轴度小于 1.0mm；衬砌环外径为 0～+3.0mm，衬砌环内径为–3.0～+0mm。

3）采用错缝拼装时，单块管片制作允许误差，其宽度为±0.3mm，整环拼装相邻环的环面间歇为 0.6～0.8mm，其余标准同 1）、2）。

4）隧道施工轴线与设计轴线水平及垂直方向的允许偏差均小于 100mm。偏差包括施工误差、测量误差、结构变形及线路轴线拟和误差等。

（10）隧道结构在荷载、结构形式和工程地质条件发生显著改变的部位设置变形缝时，应采取工程措施，控制变形缝两侧不产生影响使用和危及安全的差异沉降。

（11）隧道与泵房（或工作井）宜采用拉紧的但可转动的柔性连接构造，并在工作井外侧加密设置变形缝；应分析井与隧道的差异沉降，当差异沉降较大，柔性连接无法克服时，宜对地基采取加固措施。

（12）管片精度（产品精度）直接影响隧道的拼装和防水质量。精度不够时，管片成环后的环向接缝会产生内张或外张条件，影响圆环受力和防水性能。管片各部位精度的参考指标见表 8-44。

表 8-44　盾构管片施工精度　（mm）

形式	厚度	宽度	外径	弧长或弦长	螺孔间距	环缝	纵缝内张或外张
单块	−3.0 −1.0	±1.0 ±0.5		±0.5	±0.5		
水平整环拼装			+15 −0		±1.0	1.5	1.0

（九）施工要求

盾构掘进施工、施工中施工测量要求及监控量测要求参照 GB 50446《盾构法隧道施工及验收规范》。

（1）盾构施工前应根据隧道穿越的地质条件、地表环境情况，通过试掘进确定合理的掘进参数和渣土改良方法，确保盾构刀盘前方开挖面的稳定，做好掘进方向的控制，确保隧道轴线符合设计要求。

（2）盾构始发前，应对洞口经改良后的土体进行质量检查，合格后方可始发掘进；应制订洞口围护结构破除方案，采取适当的密封措施，保证始发安全。盾构始发时应做好盾构的防旋转和基座稳定措施，并对盾构姿态进行复核、检查。

（3）盾构施工时应做到：

1）盾构掘进中应确保开挖面土体稳定；

2）盾构掘进施工应严格控制排土量、盾构姿态和地层变形；

3）土压平衡盾构掘进速度应与进出土量、开挖面土压值及同步注浆等相协调；

4）泥水平衡盾构掘进速度应与进排浆流量、开挖面泥水压力、进排泥浆、泥土量及同步注浆等相协调；

5）当盾构停机时间较长时，应有防止开挖面压力降低的技术措施，维持开挖面稳定；

6）盾构掘进中应严格控制隧道轴线，发现偏离应逐步纠正，使其在允许值范围内。

（4）盾构管片拼装要求和质量控制要求参照 GB 50446《盾构法隧道施工及验收规范》。

（5）盾构掘进过程中遇到施工偏差过大、设备故障、意外的地质变化等如下情况时，应及时处理：

1）盾构前方地层发生坍塌或遇有障碍；

2）盾构本体滚动角不小于 3°；

3）盾构轴线偏离隧道轴线不小于 50mm；

4）盾构推力与预计值相差较大；

5）管片出现严重开裂或严重错台；

6）壁后注浆系统发生故障无法注浆；

7）盾构掘进扭矩发生异常波动；

8）动力系统、密封系统、控制系统等发生故障。

（6）盾构到达前，应制定盾构到达方案，主要包括到达掘进、管片拼装、壁后注浆、洞口外土体加固、洞口围护拆除、洞圈密封等工作的安排。对盾构接收井进行验收并做好接收盾构的准备工作。

（7）盾构掘进施工应建立施工测量和监控量测系统，这是监控和指导施工的重要手段，又是观测施工中地表和原有结构物等变形的基础。

（8）电厂取排水盾构隧道穿越厂区、道路、防汛堤及河（海）床等，施工时应根据不同的穿越环境，严格控制地表变形。当超过允许的变形值时，应校核推进速度、泥浆压力、千斤顶推力、出土量、壁后注浆压力等掘进参数，制定相应的对策。

（9）盾构隧道施工对既有建（构）筑物产生不利影响或穿越防汛河（海）堤等特殊地段时，地表沉降观测断面和观测点的设置应由监测单位编制专项方案，至少满足 GB 50446《盾构法隧道施工及验收规范》的规定。监控测量项目见表 8-45。

表 8-45　盾构隧道施工监控测量项目

类别	监测项目
必测项目	施工线路地表隆沉、沿线建（构）筑物和管线变形测量
	隧道变形测量
	深层位移
选测项目	衬砌环内力
	地层与管片的接触应力

（10）对监测对象的监测应该分为掘进前、掘进中、掘进后三个阶段，测量数据分析处理按照 GB 50446《盾构法隧道施工及验收规范》的要求进行。

四、沉管

取排水建筑物引水管道设计时，水底隧道施工主要方法有围堰明挖法、沉管法、顶管法、盾构法等。沉管法隧道又称沉管隧道、沉埋管段法隧道。沉管法隧道因其埋深小、长度短、结构防水效果好、地质适应性强等优点，越来越受到工程界的青睐。

沉管法又称预制管段沉放法，先在隧址以外的预制场地制作隧道管段，制成后浮运至隧址指定位置；在设计位置处挖好水底沟槽，待管段定位就绪后下沉管段，然后将沉设完毕的管段在水下连接起来，覆土回填，完成隧道施工。

沉管经常与顶管综合使用，水下隧道在埋深不能满足顶管施工要求时，大多采用经济合理的沉管方法。

（一）概述

1. 总的要求

（1）沉管隧道对地基承载能力要求不高，很多沉管建立在软弱地基上，但亦不能忽视软弱地基的河（海）床稳定性，软弱地基的河（海）床稳定性是修建沉管隧道的前提条件。

沉管隧道的最大优点是现场施工工期短，即两岸工程、基槽开挖、管节预制可同时施工，管节的浮运、沉放、水下对接和基础处理等工序相对总工期而言比较短。航道条件（能否有足够水深和足够宽的航道来实施管节浮运、转向）、是否能在隧址附近选到合适的干坞（包括水文、地质条件、足够大的干坞面积）或是否在隧道口部有可能作为干坞利用等，也是采用沉管工法的重要条件。

（2）设计使用年限和设计安全等级根据火力发电厂的规模和服务年限，循环水取排水沉管隧道设计使用年限一般为50年。取排水沉管的安全等级按二级考虑，重要性系数一般取1.0。

（3）设计和施工应符合环境保护以及劳动安全与工业卫生的有关规定。施工单位必须编制施工安全措施方案，确保施工人员和设备的安全。施工时应采取措施避免施工噪声、振动、水质和土壤污染，以及破坏河道及堤岸。

（4）隧道设计应考虑城市、堤防、航道、码头等规划引起周边环境改变对隧道结构的影响。

（5）沉管法隧道设计应开展相关专题研究。例如，编制环境影响评估报告、地质勘察报告、地质灾害危险性评估报告、场地地震安全性评价、压覆矿产报告、水土保持方案报告、节能评估报告、通航尺度及通航安全影响论证报告、水文计算与分析报告、防洪安全评价报告、河势演变分析报告。

2. 调查要求

水底的沉管隧道不会产生由于土体剪切或压缩而引起的沉降，沉管隧道对各种地质条件的适应性远较其他工法修建的水下隧道强，一般水底沉管隧道施工前，不必如同用其他方法施工的水底隧道那样，进行大量的水上钻探工作。

（1）工程调查应根据沉管法隧道不同设计阶段的任务和要求，结合隧道环境、特点和规模，确定搜集、调查的内容和范围。

（2）应对水域工程地质和水文、航道、气象条件等进行分析，对工程附近道路、既有建（构）筑物、管线等进行勘察或探查；对堤（护）岸结构及其基础形式进行详细调查和记录；应调查分析沉管隧道施工过程中可能引起的生态与环境保护问题。

（3）工程调查应包括以下主要内容：

1）现状及规划资料，包括道路交通、城市建设、港区、航运、航道、码头、堤防等；

2）气象资料，包括气温、湿度、降水、雾况、风向和风速等；

3）水文和水质资料，包括水位、波浪、流速、流向、水温、比重、水质、河（海）道资料、河（海）床稳定性、河道整治、河（海）势变化等；

4）工程地质及地震资料，包括工程地质、区域地震历史、抗震设防烈度、设计地震分组、设计基本地震加速度等；

5）沿线地面、地下及水下建（构）筑物资料，包括地形、地貌、建（构）筑物、管线、文物、军事设施、矿产资源、危险爆炸物等；

6）环境资料。

3. 测量资料

水下地形测绘应满足以下要求：

（1）水下地形测量应与陆上地形测量互相衔接。

（2）可行性研究阶段，水下地形测绘以搜集航道主管部门的既有资料和现场调查为主，工程地质测绘比例需满足相关审批部门的具体要求。

（3）初步设计阶段的测绘比例宜采用1:1000～1:2000，测绘范围宜为预选轴线上下游各2～3km范围，当采用异地干坞时，测绘范围应涵盖管节浮运区域。

（4）施工图设计阶段，测绘比例宜采用1:500～1:1000，测绘的范围宜取隧道轴线两侧各0.5～1km，当采用异地干坞时，测绘范围应涵盖管节浮运区域。

4. 勘测资料

隧道勘测应与设计阶段相适应，分阶段进行。勘测阶段可分为可行性研究勘测、初步勘测和详细勘测，必要时应进行施工阶段的补充地质勘察。

（1）可行性研究勘察。可行性研究勘察应以搜集资料、现场踏勘为主，辅以必要的勘探、测试工作，了解隧址段工程地质及水文地质条件，尤其是地质构造、不良地质作用、特殊性岩土的发育情况，初步评价对隧道的影响。勘探应满足以下要求：

1）勘探点平面布置孔距宜为400～500m，勘探点总数量不宜少于2个，且对沿线每一地貌单元及工法分段不应少于1孔。

2）在松散地层中，勘探孔深度应达到拟建隧道结构底板下2.5倍隧道高度，且不应小于20m。

3）在微风化及中等风化岩石中，勘探孔深度应达到结构底板下，且不应小于8m。遇岩溶、土洞、暗河等时，应穿透并根据需要加深。

（2）初步勘察阶段。初步勘察阶段，勘探点的数量和位置应根据区域地质资料分析、地质调查、测绘及物探结果确定，勘探应满足如下要求：

1）对于地质条件复杂的隧道，勘探点总数量不应少于5个，长、特长隧道勘探点间距宜为100～300m。

2）在松散地层中，一般性勘探孔应进入隧道底板以下不小于1.5倍隧道高度，控制性勘探孔应进入隧道底板以下不小于2.5倍隧道高度。

3）在微风化及中等风化岩石中，勘探孔应进入隧道底板以下，且不宜小于1倍隧道高度。遇岩溶、土洞、暗河等时，应穿透并根据需要加深。

（3）详细勘察勘阶段。详细勘察勘阶段，管节底部投影区域勘探孔间距宜为 30～50m；浚挖边坡范围内勘探孔间距宜为 40～60m。勘探应满足如下要求：

1）在松散地层中的一般性勘探孔应进入隧道底板以下不小于 1.5 倍隧道高度，控制性勘探孔应进入隧道底板以下不小于 2.5 倍隧道高度；

2）在微风化及中等风化岩石中勘探孔深度应进入隧道底板以下 0.5 倍隧道高度且不小于 5m。遇岩溶、土洞、暗河等，应穿透并根据需要加深。

（4）当河（海）底存在淤泥时应实测淤泥深度及浮泥密度。

（5）管节浮运区域需疏浚时，疏浚范围内应布设勘探孔，勘探孔深度需满足疏浚工程量计算的需要，勘探孔间距应根据区域地质环境具体确定。

（6）水域段的水文勘察应包括水流速度、比重等内容。

（二）沉管隧道布置

（1）沉管法隧道布置路线应符合规划要求，并协调好与周边建（构）筑物、地下管线、航道间的关系，互有影响时，应采取必要的技术措施。

（2）选择沉管法隧道线路时，应根据地震活动性及工程地质、地震地质的有关情况，对沿线场地作出对抗震有利、不利和危险地段的划分和综合评价。对不利地段，应提出避开要求，无法避开时应采取有效措施；危险地段严禁建造隧道工程。

（3）沉管法隧道位置宜选择在水文、河势稳定以及河床平缓地段，水深不宜大于 50m，管节浮运、沉放施工作业期流速不宜大于 lm/s；条件不满足时，应进行专项论证。

（4）沉管法隧道选择应充分考虑水文条件和航运条件，有利于隧道施工和环境保护，减少对驳岸、码头等既有构筑物的不良影响。

（5）隧道沉管段平面线形宜采用直线，当采用曲线时，半径不宜小于 850m，隧道中心线与航道中心线、堤岸治导线法线宜尽量减小斜交角度。

（6）管节应埋设在规划航道以下，并满足防锚层敷设要求。

（7）管节顶部宜埋置在最深冲刷线以下，当不满足要求或管节顶局部高出河床、海床时，应进行专题研究。

（8）沉管段与接口段分界位置的选择应保证管节结构顶位于施工期最低水位以下，并满足管节水力压接的要求，同时满足相邻顶管段的施工要求。

（9）线路变坡点位置应结合管节分节长度综合确定。

（10）隧道结构尺寸除满足工艺要求外，尚应满足结构受力、变形和管节浮力设计的要求。

（11）管节最终接头的位置和结构形式应根据建设边界条件、工程筹划确定。

（12）管节沉放方式应根据河道环境、管节结构、施工设备等因素综合选定，管节浮运方式应根据干坞形式、航道条件、浮运距离、水文和气象等因素综合选定。

（三）沉管隧道管节设计

1. 一般要求

（1）管节结构应进行预制、系泊、浮运、沉放等施工工况和正常运营工况的结构强度、变形、稳定性和沉降等计算分析。管节结构应就其在施工阶段和运营期不同工况下可能出现的最不利荷载组合，分别进行横向和纵向结构分析，并按承载能力极限状态和正常使用极限状态进行承载力计算和变形、裂缝验算。

（2）沉管法隧道应根据设计使用年限、环境类别和环最大裂缝宽度限值最大裂缝宽度限值最大裂缝宽度限值境作用等级进行耐久性设计。当沉管法隧道结构处于多种环境共同作用的情况时，应对结构所处的不同环境作用分别进行确定，所采取的耐久性技术措施应同时满足每种环境作用的要求，最大裂缝宽度限值为 0.2mm。

（3）抗震设防烈度为 6 度及以上地区的管节结构必须进行抗震设计。沉管法隧道的抗震设防类别不应低于标准设防类。管节结构抗震验算时，在设防地震作用下应进行截面抗震验算和变形验算，在罕遇地震作用下应进行抗震变形验算。

（4）根据所处的环境类别、环境作用等级，采用基于耐久性所需的混凝土原材料、混凝土配合比、混凝土耐久性参数指标；提出对混凝土施工过程的质量控制要求。隧道结构混凝土耐久性设计，包括所处的环境类别的分类、环境作用等级的分级等内容，应符合 GB/T 50476 及其他相关规程规范的规定。隧道中的钢结构以及连接螺栓应进行防腐蚀处理，使之达到同等级耐久性要求。

2. 荷载分类

荷载应根据结构特征、地质特征、埋置深度和施工方法等因素确定。

（1）沉管法隧道结构上作用荷载分类，见表 8-46。

表 8-46　沉管结构作用荷载

荷载分类		荷载名称
永久荷载		结构自重
		地层土压力
		静水压力
		混凝土的徐变和收缩效应
		结构上部建筑物及设施压力荷载
		地基及基础差异沉降影响
可变荷载	基本可变荷载	温差作用
		工后差异沉降作用
		地面超载
	其他可变荷载	系揽力
		水流阻力
		沉放吊点荷载
偶然荷载		地震作用
		沉船、锚击等荷载

（2）永久荷载标准值：

1）隧道结构自重应按结构设计断面尺寸、隧道内压舱混凝土厚度、顶板防锚击混凝土层厚度及材料重度标准值计算。

2）隧道顶板以上覆土压力应根据覆土厚度按全土柱重计算，侧向地层压力应按静止土压力计算，土体容重应按有效容重取值。

（3）可变荷载的标准值。基本可变荷载主要是运营期隧道承受的可变荷载，而其他可变荷载属于施工过程的施工荷载，可用于施工工况计算。

1）温度应力可按工程运行状况及水温统计资料确定的温差变化数据计算，取水管道无此项荷载，排水管道应根据具体工程运行状况确定；

2）工后差异沉降作用应根据地质特点及地基处理方法综合确定；

3）其他可变荷载应充分考虑施工过程及其特点，涵盖施工中的各种最不利情况。水流力、系缆力大小可参照 JTS 144-1《港口工程荷载规范》采用。

（4）偶然荷载：

1）管节结构地震作用应分别计算沿结构横向和纵向的水平地震作用；对于地基刚度或顶荷载突变的管节结构，应计算竖向地震作用。竖向设计地震动峰值加速度不应小于水平向峰值加速度的 65%；管节结构的地震反应计算方法宜根据结构特点采用反应位移法、反应加速度法或时程分析法。

2）沉船荷载和锚击应根据规划航道等级、隧道顶板覆土、水深等因素综合分析确定。

对沉船荷载，须同时考虑沉舶吨位及沉管法隧道顶板覆土厚度或水深的缓冲作用，如广州珠江沉管法隧道段规划通航为 5000t 级沉船荷载按 50kN/m^2 取值，日本东京港沉管法隧道规划通航为 70000t 级沉船荷载按 130kN/m^2 取值，港珠澳沉管法隧道根据沉舶吨位及沉管法隧道顶板覆土厚度或水深分别按 58.5kN/m^2 和 95kN/m^2 取值。在进行沉管法隧道横向计算时，沉船荷载应按左右单洞最不利布置，进行整体计算时可按管节长度跨中均布。

船舶搁浅或靠泊时的锚击荷载与船型、浪高、吃水深度等多种因素有关。锚击荷载应按局部荷载考虑，当无船锚资料时，其作用范围可按如下考虑：万吨级船的作用范围可按 1m×1m，10 万 t 级按 2.5m×2.5m，10 万 t 以上级按 4m×4m，也可参考国外做法，按 30～50kN/m^2 取值。

3）其他可变荷载应充分考虑施工过程及其特点，涵盖施工中的各种最不利情况。

（5）结构设计时，应按下列规定对不同的荷载采用不同的代表值。对永久荷载，应采用标准值作为代表值；对可变荷载，应根据设计要求采用标准值、组合值、频遇值或准永久值作为其代表值；对偶然荷载，应根据沉管法隧道使用的特点确定其代表值。

（6）承载能力极限状态设计或正常使用极限状态

按标准组合设计时，对可变荷载应按组合规定采用荷载的组合值或标准值作为其荷载代表值。可变荷载的组合值应为可变荷载的标准值乘以荷载的组合值系数。

正常使用极限状态设计按频遇组合设计时，应采用可变荷载的频遇值或准永久值作为其荷载代表值；按准永久组合设计时，应采用可变荷载的准永久值作为其荷载代表值。可变荷载的频遇值应为可变荷载标准值乘以频遇值系数。可变荷载准永久值应为可变荷载标准值乘以准永久值系数。

3. 荷载组合

（1）结构设计时，应根据结构在施工阶段和运营期间可能在结构上同时出现的荷载，按承载能力极限状态和正常使用极限状态分别进行荷载组合，并取各自最不利的组合进行设计。

（2）按照 GB 50009《建筑结构荷载规范》的规定，荷载标准值、组合值、频遇值或准永久值作为其代表值，并根据各荷载的变异特性和统计分位值来确定其大小。

（3）承载能力极限状态：

1）对于承载能力极限状态，应按荷载基本组合或偶然组合计算荷载组合的效应设计值，并采用下式进行计算：

$$\gamma_0 S_d \leqslant R_d \tag{8-73}$$

式中　γ_0——管道的重要性系数，对沉管法隧道不应小于 1.1，对干坞结构、护岸及接口段结构不应小于 1.0，对临时结构或结构件不应小于 0.9；

S_d——作用效应组合的设计值；

R_d——结构构件抗力设计值，按照结构设计规范的规定确定。钢筋混凝土管道按 GB 50010《混凝土结构设计规范》，钢管道按 GB 50017《钢结构设计规范》的规定确定。

2）荷载基本组合的效应设计值应从下列荷载组合值中取用最不利的效应设计值确定：

$$S_d = \sum_{j=1}^{m} \gamma_{Gj} S_{Gjk} + \sum_{j=2}^{n} \gamma_{Qj} \varphi_{Cj} S_{Qjk} \tag{8-74}$$

式中　γ_{Gj}——第 j 个永久荷载的分项系数；

γ_{Qj}——第 j 个可变荷载的分项系数；

S_{Gjk}——按第 j 个永久荷载标准值计算的荷载效应值；

S_{Qjk}——按第 j 个可变荷载标准值计算的荷载效应值；

φ_{Cj}——可变荷载 Q_j 的组合系数。

3）永久荷载的分项系数应符合下列规定：当永久荷载对结构不利时，对由可变荷载效应控制的组合应取 1.2，对由永久荷载效应控制的组合应取 1.35；当永久荷载对结构有利时，应不大于 1.0。

4）可变荷载的分项系数应取 1.4。

（4）正常使用极限状态：

1）对于正常使用极限状态，应根据不同设计要求，分别采用荷载效应标准组合、频遇组合或准永久组合，并应按式（8-75）计算：

$$S_d \leqslant C \tag{8-75}$$

式中　S_d——作用效应组合的设计值；

C——结构或结构构件达到正常使用要求的规定限值，如变形、裂缝、位移等。

2）荷载标准组合的效应设计值应按式（8-76）计算：

$$S_d = \sum_{j=1}^{m} S_{Gjk} + \sum_{i=2}^{n} \gamma_{Qi} \varphi_{Ci} S_{Qik} \tag{8-76}$$

式中　S_{Gjk}——按第 j 个永久荷载标准值计算的荷载效应值；

S_{Qik}——按第 i 个可变荷载标准值计算的荷载效应值；

φ_{Ci}——可变荷载 Q_i 的组合系数。

4. 结构设计

（1）浮力计算。管节在施工期和运营期，应按下式进行抗浮计算：

$$\left.\begin{aligned} F_f &\leqslant \frac{G_s + G_b}{\gamma_s} \\ F_f &= \gamma_b \gamma_w V \end{aligned}\right\} \tag{8-77}$$

式中　F_f——按第 j 个永久荷载标准值计算的荷载效应值，kN；

G_s——管节自重标准值，kN；

G_b——舾装、压舱及覆盖层等有效压重标准值，kN；

γ_w——水体重度，kN/m^3；

γ_b——浮力作用分项系数，取 1.0；

V——管节排开水的体积，m^3；

γ_s——抗浮分项系数，沉放、对接阶段为 1.01～1.02，对接完成后为 1.04～1.05，压舱混凝土、回填覆盖完成后为 1.10～1.20。

在管节基槽开挖、浮运、沉放等施工过程中，水体重度往往会有一定的变化。在进行管节抗浮验算时，应实测与监测水体重度，充分掌握施工阶段水体重度变化的影响，如隧道所处水域回淤严重，应适当考虑增大舱内压载物重量，以满足施工阶段水体重度变化情况下的抗浮安全度。

在管内压舱混凝土浇筑完成后，管节抗浮分项系数不宜小于 1.10，在管顶回填覆盖完成后，管节抗浮分项系数不宜小于 1.20。

（2）静力计算：

1）管节横向计算。管节横向计算应分段进行，管节横向分析采用平面应变模型进行计算，以支承弹簧模拟基底反力，见图 8-32。

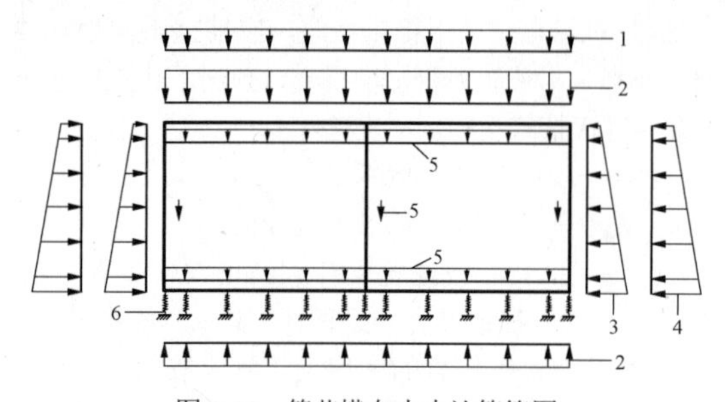

图 8-32　管节横向内力计算简图

1—覆土荷载；2—水压力；3—侧向土压力；4—侧向水压力；5—结构自重；6—基底支承弹簧

2）管节纵向计算。施工阶段管节纵向结构分析应根据管节结构形式、施工工艺、波浪力、水流力等因素进行计算。对于受力状态复杂的施工工况，宜采用三维数值计算方法进行结构分析。

运营期管节纵向结构分析宜采用考虑接头刚度的弹性地基梁模型进行计算，见图 8-33。

应对纵向不均匀沉降、温度变化、混凝土收缩徐变作用下的结构和接头变形进行分析，并满足管节柔性接头的允许变形要求。

沉降量计算中应考虑地基土的承载历史及施工过程的影响。

（3）舾装件计算。为满足管节施工工艺要求，在管节上一般设有端封墙、系缆柱、测量塔、拉合座、吊点、鼻托、压载水舱及临时支承系统等舾装件，因其受力较大且受力条件复杂，应根据受力特点和使用要求进行结构强度、变形及稳定性分析，一般建议可采用三维有限元模型局部分析其对管节的影响。

端封墙应按根据施工期最不利工况条件下的梁板结构进行计算，并以最高水位进行校核。

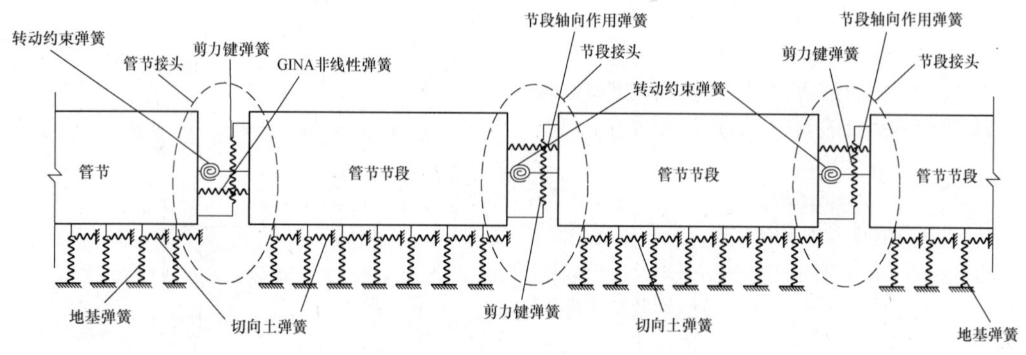

图 8-33　弹性地基梁模型示意图

系缆柱系缆力应按水工模型试验确定的系缆力进行计算。无水工模型试验时，系缆力可根据管节系泊、浮运、沉放过程中，考虑风、波浪和水流对管节的共同作用所产生的横向分力总和与纵向分力总和，按 JTS 144-1《港口工程荷载规范》确定的系缆力进行计算。

测量塔宜按空间体系，在风荷载、水流力作用下进行结构整体分析。测量塔顶部水平变形不宜大于 15mm。

拉合座拉合力应根据选定 GINA 止水带的压缩曲线，按 GINA 鼻尖压缩 20mm 时的压缩力进行计算。

吊点的起吊力应根据管节沉放过程中最不利荷载工况下，按 3 个吊点进行计算。

鼻托应取管节沉放、对接过程中最不利工况下的受力条件，按牛腿进行计算；若鼻托结合管节垂直剪切键设置，应根据相邻管节基础处理的最不利工况确定其计算荷载。

（四）管节接头设计

沉管法隧道接头可分为管节接头、节段接头、最终接头。取排水隧道沉管段接头基本为管节接头。

1. 管节接头

（1）沉管法隧道接头的结构设计应考虑以下因素：沉管段基础下沉产生的变形和应力；混凝土干缩、温度变化的变形和应力；水密性；抗震性；可施工性。

（2）管节接头应设置防水措施和限制接头变位的构造措施，一般设置竖向变位限位装置、横向变位限位装置、纵向限位装置。

柔性接头的变形和变位随着柔性程度和位置不同而异。计算工况应分为正常工况和地震工况，地震工况计算参数宜采用地震反应分析或模型试验确定。

竖向变位限位装置一般称为垂直剪切键。垂直剪切键所承受的垂直剪力宜根据相邻管节荷载、基础差异最不利工况计算确定。

横向变位限位装置一般称为水平剪切键。水平剪切键所承受的总水平剪力宜根据地震工况产生的水平剪力和管节侧向不对称荷载确定。

纵向变位限位装置所承受的拉力、压力和限制位移量宜根据温度应力和地震工况产生的纵向力确定。

2. 节段接头

节段接头宜采用柔性接头，并设置竖向和水平剪切键。

（1）管节接头应进行水密性设计，接头最外侧设置防泥沙措施。

（2）垂直剪切键为混凝土剪切键时，混凝土强度及耐腐蚀性要求不得低于管节主体结构。垂直剪切键为钢剪切键时，其耐腐蚀性应满足管节主体结构设计使用年限要求。

（3）水平剪切键宜设置在管节端头的顶部和底部。

（4）根据防水等级，确定管段接头的结构形式、防水材料及设置方式。对于钢沉管，大多工程采用哈夫接头。

（五）地基和基础设计

1. 一般规定

（1）管节地基与基础应符合管节施工和运营各种设计工况的承载力、变形与稳定性设计要求。

（2）管节地基处理与基础形式应根据工程地质条件、管节结构形式、管节规模、抗震设防要求、航道条件、荷载条件、水文条件等综合确定。

（3）管节位于游泥、游泥质土、冲填土、液化土或其他高压缩性土层时，应按软弱地基进行加固处理。

（4）管节基础可采用垫层基础或桩基础。垫层基础可采用先铺法和后铺法，对于后铺法，宜通过专项试验确定施工工艺参数。

2. 管节基槽开挖设计

（1）基槽断面形式应根据隧址的工程地质、水文条件、隧道断面和埋深等条件综合确定。

（2）基槽横断面底部宜比管节底部单侧宽 2.0～3.0m，曲线段应予以加宽。

（3）基槽底部设计高程应根据隧道底板标高和垫层基础厚度确定。

（4）基槽边坡应通过稳定性验算或成槽试验确定，稳定性验算安全系数不应小于 1.3，在缺乏基础资料时，可按照 JTJ 319《疏浚工程技术规范》的规定选取。

（5）基槽开挖宜结合航道条件纵向分段分层施工，基槽开挖方式和浚挖设备应根据隧址的工程地质、水文条件、航道条件、开挖深度、生态环境和周边控制性建（构）筑物等因素综合确定。

（6）基槽开挖时不应出现欠挖，可根据不同的疏浚开挖设备选择合理的超深值，超深值可参照 JTJ 319《疏浚工程技术规范》的规定，开挖深度偏差不宜超过 0.5m。

（7）对于岩层的基槽开挖，可经过爆破或凿岩处理后再进行清挖，水下爆破可执行 JTS 204《水运工程爆破技术规范》和 GB 6722《爆破安全规程》的规定。

（8）基槽开挖应采取环境保护措施。

3. 管节基础设计

（1）管节基础设计中应进行横向和纵向沉降计算和分析，应满足结构受力、管节沉降控制值的要求。

（2）管节垫层基础设计应满足承载力及变形要求，设计参数宜通过载荷板试验测试获取。

（3）管节垫层基础的最小厚度不宜小于 0.6m，最大厚度不宜大于 1.5m。

（4）管节总沉降量应根据地基沉降量和垫层沉降量综合确定。管节沉降量计算应考虑地基先卸载再回填的效应，以及基槽回淤对沉降的影响。

（5）对有抗震设防要求的沉管法隧道，管节垫层基础应进行抗地震液化设计。

（6）基础垫层铺设整平高程允许偏差：先铺法应满足±40mm，后铺法应满足±50mm。

（7）后铺法管节临时支撑垫块或支撑桩安装精度应符合表 8-47 的规定。

表 8-47　后铺法管节临时支撑安装精度

类型/允许值	高程偏差（mm）	平面位置偏差（mm）	倾斜度
垫块、桩帽	±20	50	1/250
桩	[±100，+0]	100	1%

（8）垫层基础施工与管节沉放前，应检查基槽底有无回淤，基槽底回淤沉积物重度大于 11.0kN/m^3 且厚度大于 0.3m 时应清淤。

（9）当管节基底处于淤泥质或液化地层、基槽回淤速率大于 10mm/d、覆盖层厚度大于 5m 时，宜采用桩基础或基础换填。

4. 管节回填设计

（1）管节沉放后基槽应及时进行回填覆盖，回填前检查基槽回淤情况，选用级配良好、透水性强、不液化、对隧道耐久性无危害的材料。

（2）管节回填施工应根据回填料和回填部位，按先低后高、分段分层、对称均衡的原则进行。各阶段施工中两侧回填高差不应大于 500mm，最终允许偏差应小于 300mm。

（3）管节沉放对接完成后，应及时进行管节两侧锁定回填，管尾 8～10m 的范围在下一节管段对接完成后一起进行锁定回填。

（4）管节保护层回填应考虑船舶抛锚和沉船等因素，并满足使用年限内最大冲刷要求，最小保护层厚度不宜小于1.5m。

（六）构造要求

1. 一般规定

（1）管节结构设计应满足使用年限，并应综合考虑使用条件、结构类型、施工工艺、机械设备等因素，确保设计方案合理、可行。

（2）管节结构设计应充分考虑预留预埋构件的设置，并兼顾施工的可操作性。

（3）管节结构尺寸除应满足各阶段结构受力、变形要求外，还应满足管节施工期浮运及运营期抗浮安全系数要求。

（4）管节舾装设施应满足系泊、浮运、沉放、对接施工工艺的要求。

（5）沉管管节应纵向分段浇筑，整体式管节纵向分段长度不宜大于20m，分段之间采用后浇带连接；节段式管节分段长度不宜大于23m，分段之间采用节段接头连接。

（6）整体式管节横向宜采用分层浇筑，节段式管节横向宜全断面一次性浇筑。

（7）钢剪切键预埋件设计应符合下列规定：

1）平面尺寸应根据抗剪力大小确定。

2）应紧贴管节端部侧墙、隔墙或顶底板呈垂直状布置，竖向倾斜度不应大于0.5%，中心在竖向或水平向位置的偏差不应大于2mm。

3）应具有足够的强度和刚度，以满足基础变形、地震作用要求，同时还应有较强的变形适应能力。

4）钢板厚度、连接螺栓数量应根据剪力大小计算确定。

5）连接螺栓宜选用5.6级或8.8级普通螺栓。

（8）管节结构预埋外灌砂管（见图8-34）应符合下列要求：

1）平面布置应根据砂粒扩散特性及水下流速综合确定，在缺乏相关资料时，可通过沙盘试验或类比工程确定灌砂扩散半径。

2）上端进料口部附近的不锈钢板止水带厚度不应小于3mm，并应与预埋灌砂管连续通焊。

3）下端出料口部应与底钢板齐平并焊接止水。

4）灌砂完成后，应进行管内注浆回填和进料口部的有效封堵。

5）钢管壁厚不宜小于4mm。

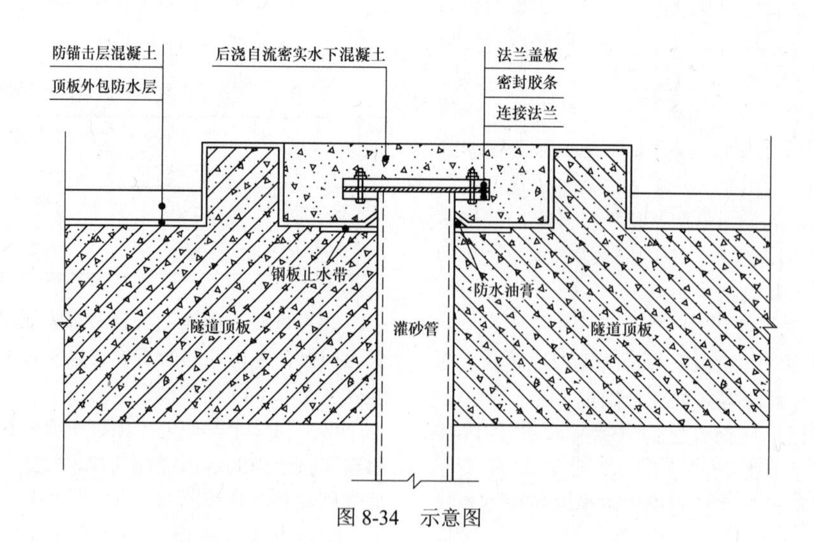

图8-34　示意图

2. 验收

隧道工程竣工验收时，施工单位应提供下列文件及资料：

（1）工程竣工报告。

（2）工程质量检验评定资料。

（3）隧道竣工图及其他文件（隐蔽工程检查证）。

（4）变更设计文件。

（5）各种控制标点的位置与贯通测量成果。

（6）工程材料试验和工程试件的质量鉴定、试验报告单。

（7）重大质量事故处理记录。

（8）书面总结。

第七节　泵房布置及分类

一、泵房布置

火力发电厂取水泵房的结构形式除取决于工艺布

置要求外，还应考虑地形、地质、施工、材料供应等因素。此外，设计方案的比选和确定也常常与施工方案联系在一起。

火力发电厂取水建筑物和水泵房位置的布置形式大致有两种：一种是无引水管的敞开式江心或岸边水泵房，另一种是有引水管道（引水明渠）的岸边水泵房。取水泵房通常由进水间和水泵间两部分组成，水泵间多为屋内式。

1. 进水间

电厂循环水泵房进水间一般都采用不淹没式。进水间的进水室宽度应满足水流平稳条件和检修要求，一般不小于 20m。进水间前设有格栅、闸门等，并应有电动起吊装置，还应考虑冲洗、清污、排泥等措施。进水间应布置爬梯，便于检修人员上下。

进水间按其功能和结构可分成地上和地下两部分。地下部分亦即水下部分，为循环水泵房地下部分的一部分，一般采用钢筋混凝土结构。进水室地下部分可根据水泵台数、滤网形式，用隔墙分成若干独立的小间，以便于检修和清理。在大型泵房中，进水间分格也兼有使水流平稳均匀的作用。进水间地上部分不分格，根据电厂的地理位置、气象条件等因素，决定是用室内式还是室外式，若为室内式，上部建筑就与泵房合并成一个整体，中间不设隔墙。

大型泵房进水间，其地下部分一般采用一台泵一个分格，小型水泵房可以采用数台泵一个分格。单元制供水系统工程的取水泵房，在分格进水间之间不设切换孔。进水间一般在滤网间的进口处布置检修用的平板钢闸门。滤网的作用是拦截粗格栅没有截住的水中漂浮物和悬游物，一般可分平板滤网和旋转滤网两种。

敞开式岸边取水泵房进水间的进水口的下槛高度应考虑河道的水深、流量、流速和泥沙特性、河床稳定性、河床的冲刷深度和淤积高度等因素。当水深较浅，河床稳定，但纵、横向存在冲、淤变化的取水河段，进水孔的下槛还可加设活动式防砂叠梁，调节底槛的进水高度，防止和减少底砂进入进水间内。

有风浪时，进水口上沿还应考虑风浪的影响，使进水孔上槛有一定的淹没水深，一般为 0.3～1.0m。

有引水管道的岸边取水泵房进水口的数量根据自流取水管的数量而定，进水口的大小即自流管的大小。当引水管采用盾构法或顶管法施工，水泵房采用沉井法施工时，在进水间之前的引水隧道末端增设一只施工工作井用管道与之连接，该井既能两者单独分开施工，又能起到两者的输水连接功功能。

2. 水泵间

大型取水泵房一般选用立式水泵。在矩形泵房内立式水泵多采用单列布置，以便与进水间及出水管路对称布置和连接。矩形泵房一般按循环水泵外形尺寸，正面进水旋转滤网尺寸大小，进水间旋转滤网正、侧面布置形式，电动机通风管路等安装，检修运行操作维修要求等主要因素确定泵房的长度；水泵型号确定以后按其流道、前池、技术性能要求及滤网间尺寸确定泵房的宽度。

二、泵房分类

取水泵房的形式根据泵房的平面形状，大体可分为矩形和圆形两种基本类型。

矩形泵房设备布置方便、紧凑，管道转弯少，水力条件好，起吊设备布置和选用方便；平面面积可充分利用，可布置较多数量的水泵，对立式水泵布置尤为方便；目前施工技术、施工工艺和机具都有很大发展的情况下，施工方便，适用于江、河水位变幅不大（一般为 10m 以下）及海域取水的大型火力发电厂取水泵房大部分采用矩形泵房。

圆形泵房的主要优点是简壁结构受力均匀，可减少土建工程量，造价经济，在采用沉井法施工下沉时不易倾斜。其缺点是工艺布置受限制，泵房中设备布置不方便，管道弯头置及留孔条件复杂，一些设备起吊困难；水泵台数受到一定的限制，面积的利用不尽充分；使用上对面积要求不大、水位变幅较大、埋深较深时比较适宜。

取水泵房的布置应根据电厂的规划容量、分期建设进度，以及泵房的地理位置、地形地质条件、施工条件等多方面因素确定泵房的建设规模。取水泵房的土建结构一般应按电厂规划容量一次建成，水泵、机电设备可以分期安装建设。泵房建设容量确定后，泵房建设需要根据循环水泵技术要求、循环水泵的技术要求、采用的滤网形式、运行检修要求及泵房是合建还是分建的，经过技术经济比较后，确定水泵房的布置形式是矩形还是圆形。选用圆形或矩形结构，一般可以 15m 埋深为分界，但应经综合技术经济比较确定。

岸边水泵房地下结构根据施工方案有大开挖现浇结构、沉井和地下连续墙等，采用开挖式施工的循环水泵房埋深一般不超过 15m。

水泵房结构形式的确定，除应满足工艺要求外，还应考虑水文、地形、地质、施工条件和材料供应等。几种常用的泵房结构形式见表 8-48，可供结构选型时参考。

表 8-48　　几种常见的泵房结构形式

型式	示例简图	主要特点	适用条件
圆形带隔墙的平底泵房	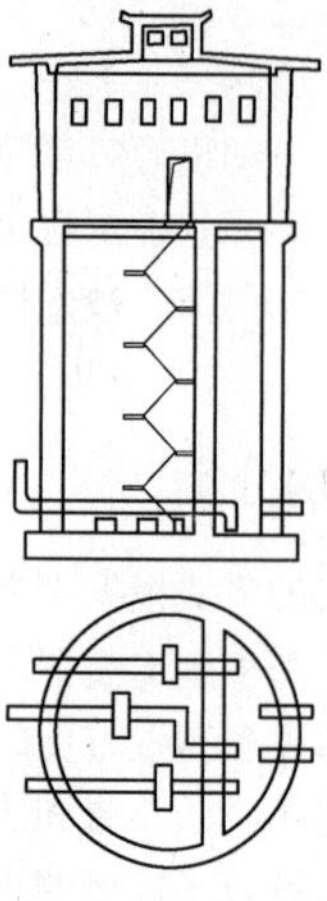	（1）由筒壳、平底板、隔墙组成。 （2）刚度较好。 （3）施工较复杂	（1）适用于平面面积不大、埋置较深的泵房。 （2）用于中、小型电站工程
	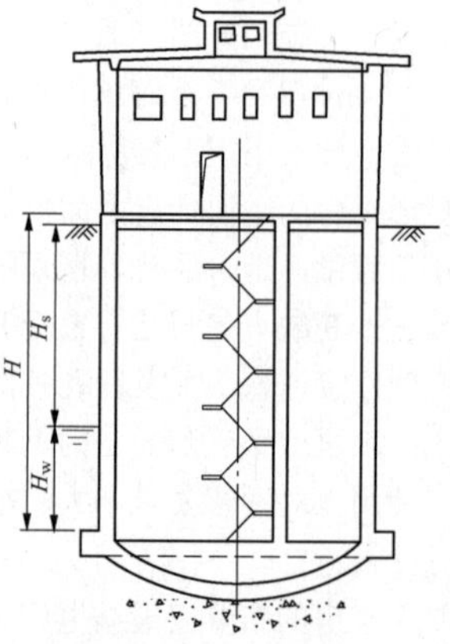 H　H_s　H_w	（1）由筒壳、底环梁及球底壳组成。 （2）受力情况较好，耗材少。 （3）球底施工较复杂	（1）常用于直径大于 15m、埋深大的泵房。 （2）用于大、中型电站工程
矩形挡土墙式泵房	1. 悬臂式 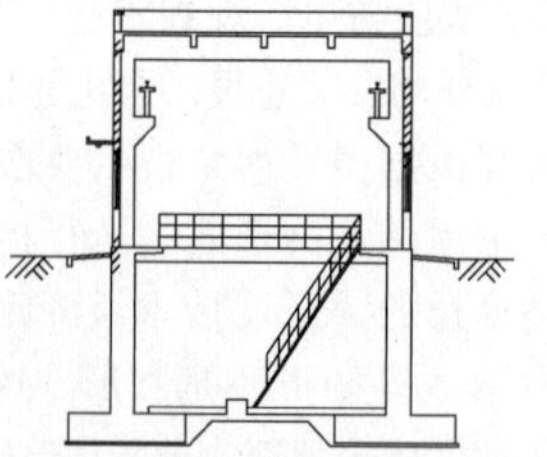 1—1 1｜　检修场地 ±0.00　±0.00　1｜ 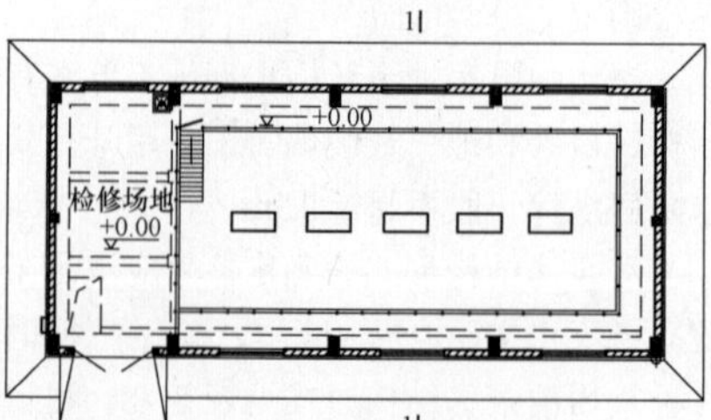 平面图	（1）挡土墙下端嵌固，上端自由。 （2）当墙埋深较大时，下端弯矩较大，通常做成变截面，以节约耗材。 （3）地下结构采用钢筋混凝土材料	（1）用于有地下水影响的地区。 （2）挡土墙高度一般为 4～6m。 （3）可用于地基较差的地区

续表

型式	示例简图	主要特点	适用条件
矩形挡土墙式泵房	2. 扶壁式 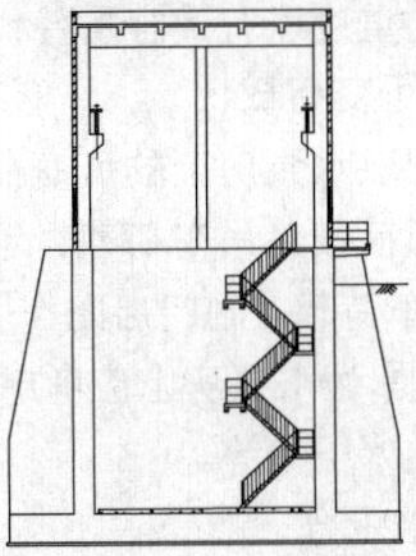 1—1 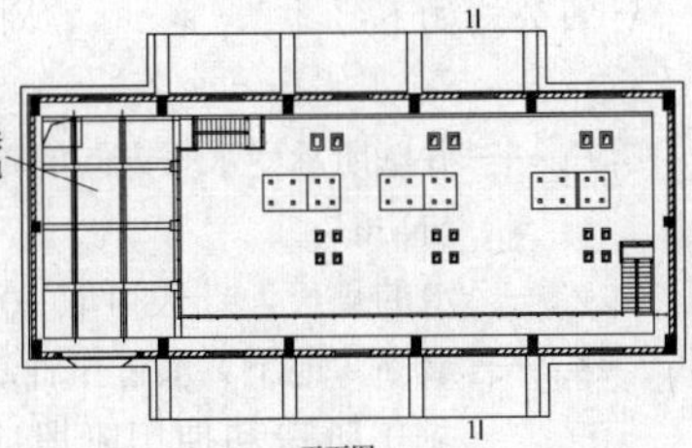 检修场地 平面图	（1）沿墙长隔一定距离设置扶壁作为墙板支座。 （2）墙板受力条件较好，但施工较复杂。 （3）地下结构顶部无横向支撑结构，方便起吊	（1）用于有地下水影响的地区。 （2）埋深为6～8m。 （3）可用于地基较差的地区
板式泵房	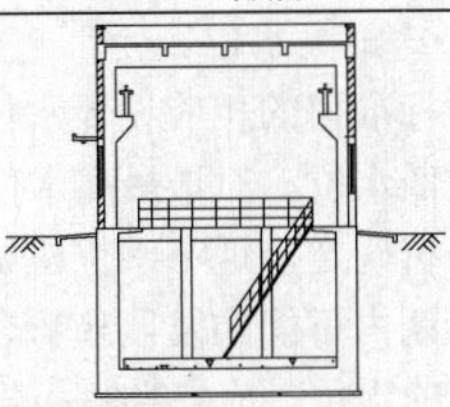 1—1 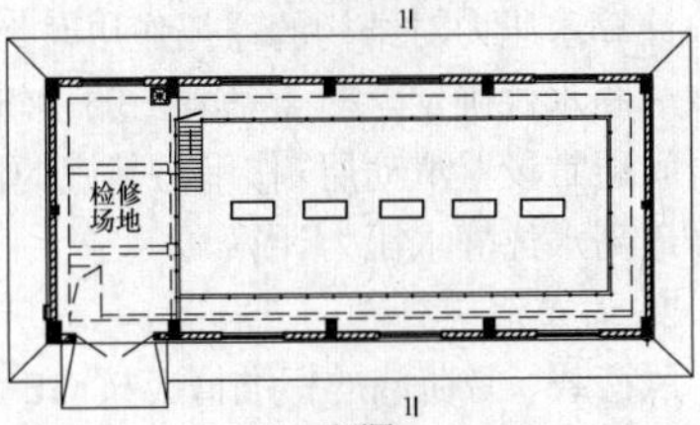 检修场地 平面图	（1）在墙顶可靠的水平支承结构，墙板受力条件较好，上端铰接，下端嵌固。 （2）板式结构，墙板下可高度1.5 倍板宽部位为双向板，以上部为单向板。 （3）受力条件好、刚度大、整体性好	（1）用于有地下水影响的地区。 （2）可用于井点降水大开挖施工地区。 （3）可用于地基较差的地区。 （4）适用于大型电站工程
框架式泵房	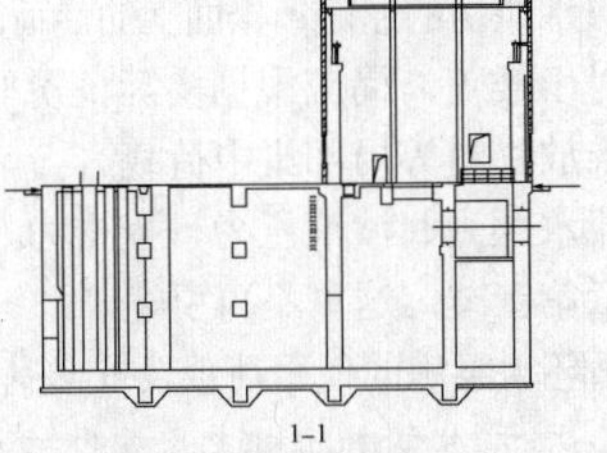 1—1 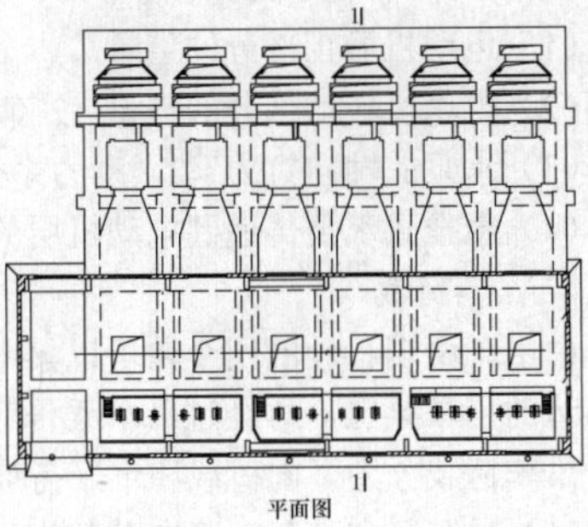 平面图	（1）墙的立桩、泵房楼板梁、中间梁及底梁构成一个框架系统。 （2）刚度大、整体性好、受力明确、节约耗材。 （3）中间横向隔墙，可用于减小滤网和闸门宽度，并作为水泵出水管处水平推力的支承构件。 （4）轴流泵、湿式	（1）适用于平面面积较大、埋置较深的情况。 （2）可用于软土地基，以降低后侧增土高度的卸载方法，达到满足整体稳定性的要求。 （3）用于大、中型电站工程的合建式岸边水泵房

第八节 泵房荷载

一、荷载分类

作用于取水建筑物和水泵房上的荷载，按其随时间的变异性和出现的可能性，可分为永久荷载、可变荷载及偶然荷载。

（1）永久荷载：作用在结构上，其值不随时间变化，或其变化与平均值相比，可以忽略不计，如结构自重、土重、设备重及土压力等。

（2）可变荷载：作用在结构上，其值随时间变化，且其变化与平均值相比，不可忽略，包括：①使用荷载，如屋面活荷载、楼面（平台）活荷载、吊车荷载及闸门启闭力等；②施工及安装荷载，如在施工及安装期间可能受到的荷载及建筑物周围地面的堆积荷载等；③自然荷载，如静水压力、动水压力、渗透压力、泥沙压力、波浪压力、漂木撞击力、风压、冰雪荷载及温度荷载、风荷载、吊车荷载等。

（3）偶然荷载：在设计使用期内不一定出现的作用，但它一旦出现，其量值很大，且持续时间较短，如地震作用等。

（一）永久荷载

作用于取水泵房上的永久荷载有结构自重、设备重、土压力等。

1. 结构自重

计算结构自重时，按照结构构件的设计尺寸乘以钢筋混凝土容重标准值 $25kN/m^3$ 计算。结构荷载按照屋面板系统、屋面梁、外墙、柱、吊车梁、0.00m 层梁板、下部外墙（隔墙）、其他各层梁板、底板、泵基础、底板挑脚以上土重，根据实际情况计算。

2. 设备重

设备重由工艺提供。

3. 土压力

土压力计算：作用在构筑物的侧向土压力通常是主动压力或静止压力，考虑到基槽内是回填土，由于初始变形的存在，经常会形成槽帮土体出现主动极限平衡裂线，因此一般按照主动土压力计算。通常采用简化模型，按照库伦理论或朗金公式计算。

计算作用在水泵房地下部分的土压力时，对黏性土宜同时考虑内摩擦角φ和黏聚力 c 的作用，见式(8-78)：

$$F_{epk}=\gamma_s Z\tan^2\left(45°-\frac{\varphi}{2}\right)-2c\tan\left(45°-\frac{\varphi}{2}\right) \tag{8-78}$$

式中 F_{epk}——地下水位以上的主动土压力标准值，kN/m^2；

γ_s——土的重度，kN/m^3；

Z——自地面至计算截面处的深度，m；

φ——土的内摩擦角，(°)。

地下水位以下的侧土压力，按照水土分离模式计算，但土的重度以有效容重替代。

（二）可变荷载

作用于取水泵房上的可变荷载包括静水压力、各部位均布活荷载、吊车荷载、堆积荷载（含地面人群荷载）、汽车荷载、闸门启闭作用力、风荷载、雪荷载等。开敞式岸边水泵房上应考虑流水压力、波浪压力、撞击力及融冰压力等。

1. 静水压力

计算公式如下：

$$F_w=\gamma_w Z_w \tag{8-79}$$

式中 F_w——井壁所承受水平方向的单位面积水压力，kN/m^2；

γ_w——水的重度，一般可取 $10kN/m^3$；

Z_w——最高（地下）水位至计算点的深度，m，施工阶段和使用阶段应取相应的不同最高水位。

水压力标准值的相应设计水位，应考虑可能出现的最高和最低水位。对于最高水位，地表水宜按 10%频率统计分析确定，地下水位应综合考虑近期内变化及设计使用期内可能的发展趋势合理确定，不可直接引用勘察时的水位，应在勘察报告中予以明确。

计算水压力对结构的浮托作用时，水压力标准值应按最高水位确定。对于基岩上的建筑物，其基底与基岩间通常设置滑动层。作用与基底的浮托力不折减，按照最高水位静水压力计算。

2. 均布活荷载

风荷载、雪荷载的标准值应按 GB 50009《建筑结构荷载规范》的规定采用，这里不再引述。

取水泵房的屋面、楼面上的活荷载标准值见表 8-1。

对于楼盖，尚应根据实际情况验算设备、运输工具、堆放物料等局部集中荷载。

流水压力、波浪压力、撞击力及融冰压力标准值见本章第三节，这里不再引述。

循环水泵房的使用荷载及安装荷载按表 8-11 采用。

3. 立式水泵电动机支承构件的计算荷载

（1）电动机静止部分的重量。

（2）电动机转动部分的重量×2（动力系数）。

（3）水泵的轴向拉力×2（动力系数）。

（4）悬挂式水泵传递到电动机层的重量。

4. 吊车荷载

由吊车两端行驶的四个轮子以集中力的形式作用于两边的吊车梁上，再经过吊车梁传给排架柱的牛腿上。吊车荷载分为竖向荷载和水平荷载两类。

（1）吊车竖向荷载。竖向荷载指吊车重量（大车和小车）与所吊重量经由吊车梁传给柱的竖向压力。应采用吊车最大轮压或最小轮压作为其标准值。最大及最小轮压一般不需计算，可在吊车设备样本中直接查出。

最大、最小轮压确定后，可根据吊车梁（按简支梁考虑）的支座反力影响线，及吊车车轮的最不利位置，计算其作用于柱牛腿上的竖向荷载标准值。

（2）吊车水平荷载。吊车水平荷载又可分为纵向水平荷载和横向水平荷载。

1）吊车纵向水平荷载是指搭车刹车或启动时产生的惯性力，作用于刹车与轨道的接触点上，方向与轨道方向一致，由厂房纵向排架承担。该荷载应按作用在一边轨道上所有刹车轮的最大轮压之和的 10%计算，见式（8-80）：

$$T_{max} = 0.1mnp_{max} \tag{8-80}$$

式中　m——吊车数量，台；

n——每台吊车的车轮数；

p_{max}——最大轮压。

2）吊车横向水平荷载主要指小车刹车和启动时产生的惯性力，其方向与轨道垂直，作用在吊车梁顶面与柱连接处。吊车上每个轮子传递的水平力计算公式见式（8-81）：

$$T = 9.8\frac{\alpha}{n}(G+g) \tag{8-81}$$

式中　α——横向制动力系数，对于软钩对吊车，G≤10t 时取 12%，G=16～50t 时取 10%，G≥75t 时取 8%；对硬钩吊车，取 20%。

n——每台吊车两端的总车轮数，一般为 4。

注：对于悬挂吊，一般其水平荷载由支撑系统承受，计算中不予考虑。

二、荷载效应组合

水泵房建筑结构的极限状态可分为承载能力极限状态和正常使用极限状态两类。水泵房的作用及组合按 GB 50009《建筑结构荷载规范》计算，水工结构部分可按 DL 5077《水工建筑物荷载设计规范》计算。

根据使用过程中在结构上可能出现的荷载，按承载能力极限状态和正常使用极限状态分别进行荷载效应组合。

1. 承载能力极限状态设计

进行承载能力极限状态设计时，应根据不同的设计状况采用不同的作用组合，作用组合可采用下列规定：

（1）基本组合，用于持久设计状况及短暂设计状况：

1）持久设计状况，频率 1%的设计高水位及 99%的设计低水位条件下出现的最不利工况。

2）短暂设计状况，频率 0.1%的校核高水位条件下或施工、安装及检修阶段可能出现的最不利工况。

（2）地震组合，频率 1%的高水位及 99%的低水位条件下，进水间全部充水、遭受地震时工况。

2. 正常使用极限状态

水泵房应按持久设计状况进行正常使用极限状态设计。使用上要求不允许出现裂缝的构件应按标准组合进行混凝土拉应力验算，使用上允许出现裂缝的构件应按标准组合进行裂缝宽度验算，使用上需要控制变形的构件应按准永久组合进行变形验算。

3. 其他要求

（1）电动机层应作振动计算。可将设备转动部分的重量或荷载标准值乘以动力系数后进行静力计算，电动机层的钢筋混凝土支承梁的挠度不应大于 L/750，其中 L 为梁的计算长度。

（2）当立式水泵出水管至切换井之间设有伸缩节时，应将水泵出水管弯头处的推力作为荷载作用在相应的支承构件上。

第九节　泵房结构设计

一、基本规定

（1）循环水泵房结构的设计使用年限应满足结构使用 50 年的功能要求。

（2）取水泵房结构形式的确定，除主要考虑工艺要求外，还应考虑地质地形施工及材料供应等因素。

（3）在设计和施工中，必须执行《中华人民共和国环境保护法》，符合环境保护以及劳动安全与工业卫生的有关规定。

（4）循环水泵房按建筑结构安全等级二级考虑。

（5）循环水泵房建筑防火按二级考虑。

（6）循环水泵房抗震设防类别为重点设防类（乙类），抗震设防烈度为 6 度及以上地区必须进行抗震设计，抗震设防烈度、建筑场地土类别、设计地震动参数、设计特征周期根据工程施工图阶段的《岩土勘察报告》及 GB 50011《建筑抗震设计规范》确定。

（7）水泵房混凝土和钢筋混凝土构件按照 GB 50010《混凝土结构设计规范》执行，水工结构部分混凝土及钢筋混凝土构件按照 SL191《水工混凝土结构设计规范》执行。海边循环水泵房混凝土和钢筋混凝土构件按照 JTJ 267《港口工程混凝土结构设计规范》执行。

二、结构形式

1. 布置方式

水泵房的结构形式大体上可分为圆形和矩形结构，应用于火力发电厂的取水泵房宜为矩形布置，地下结构多为框架式箱型结构。矩形泵房下部结构根据其所用材料和结构受力，可分为重力式挡墙结构、悬臂式钢筋混凝土挡墙结构、扶壁式钢筋混凝土挡墙结构、框架板墙式钢筋混凝土挡墙结构。

循环水泵房多采用板式钢筋混凝土挡墙结构和框架板墙式钢筋混凝土挡墙结构。取水泵房的结构形式除主要考虑工艺要求外，还应考虑地形、地质、施工方案的因素。

2. 施工方案

取水泵房的结构形式与施工方案的选择：除应考虑水文气象、地质条件、周围环境、水泵房的平面布置及埋置深度等因素外，还应考虑引水部分的施工形式对水泵房的要求，经技术经济比较后确定。

（1）大开挖施工方案。当场地开阔，环境条件允许，经设计验算满足边坡稳定性要求时，可采用放坡开挖。当由于地质条件、环境条件等因素，使放坡开挖受到限制时，可采用支护开挖施工。

（2）沉井施工方案。当水泵房埋深较大，地质条件适宜（无坚硬的土层、无大块孤石或其他障碍物），地下水位较高，土壤易产生涌流或塌陷，土壤渗透性大，排水困难，场地狭窄，同时受附近建（构）筑物或其他因素条件限制，采用大开挖施工有困难时，可以采用沉井，其设计见沉井设计导则部分。

（3）地下连续墙施工方案。取水泵房在建（构）筑物密集地区，邻近有对地基变形敏感的重要建（构）筑物及基础，无不适宜地质条件（岩溶地区、含有较高承压水头的夹层细、粉砂地层等）时，可采用地下连续墙施工。

3. 伸缩缝

根据工艺布置资料后，应特别注意结构布置的总长度是否满足伸缩缝最大间距的要求，然后确定合理的结构平面布置形式。

如果厂房的宽度和长度过大，将使内部产生很大的温度应力。为减小厂房结构中的温度应力，上部结构可设置伸缩缝将厂房分为几个温度区段。伸缩缝应从基础顶面开始，将相邻两温度区段的上部结构完全分开。伸缩缝最大间距见表 8-49。

表 8-49　上部钢筋混凝土结构伸缩缝最大间距

（m）

结构类别		室内	露天
排架结构	装配式	100	70
框架结构	装配式	75	50
	现浇式	55	35

下部结构不宜采用伸缩缝、沉降缝分割时，应采用结构措施和施工措施，防止混凝土因温度应力的影响而开裂。

4. 沉降缝

一般情况下可不设置沉降缝，但有如下情况之一时，应考虑设置沉降缝：

（1）厂房相邻两部分高度相差很大，一般大于 10m。

（2）两垮间吊车起重量相差悬殊。

（3）地基承载力或下卧层差别较大。

（4）厂房两部分施工时间先后相差很长。

沉降缝应将结构从屋顶到基础完全分开。沉降缝可兼做伸缩缝。

5. 防震缝

防震缝是减轻厂房地震灾害采取的有效措施之一。当有如下情况之一时，应考虑设置防震缝：

（1）厂房平面、立面复杂。

（2）结构高度或刚度相差很大。

（3）厂房侧边贴建其他附属构筑物。

当结构体型复杂或有贴建的房屋和构筑物时，宜设置防震缝。

在厂房纵横跨交接处，或对大柱网厂房或不设柱间支撑的厂房，防震缝的宽度可采用 100～150mm，其他情况可采用 50～90mm。

地震区的厂房，其伸缩缝、沉降缝兼做防震缝时，应符合防震缝的要求。

三、上部结构计算

（一）结构计算的内容

上部结构可采用混凝土结构或钢结构。上部建筑的结构形式视建筑的跨度而定，可采用排架结构或框架结构。当建筑跨度不大于 12m 时，宜采用框架结构；当建筑跨度大于 12m 时，宜采用排架结构。水泵房上部结构应进行承载能力极限状态计算和正常使用极限状态计算。

水泵房上部结构计算包括几个方面的内容：①排架计算。按荷载基本组合及地震组合，对排架柱进行内力和配筋计算及基础结构计算。②结构的变形计算。③结构构件的裂缝验算。④罕遇地震下的弹塑性变形计算。

1. 承载能力极限状态计算

按承载能力极限状态计算时，考虑下列组合：

（1）基本组合。基本组合荷载包括结构自重、屋面活载或雪荷载（二者不同时考虑，取大者）、风荷载、吊车荷载。

荷载分项系数：屋面活载、风荷载、吊车荷载按可变载考虑，其荷载分项系数取 1.4；其他均按永久荷载考虑，其荷载分项系数取 1.35。

荷载组合系数：可变荷载组合系数取 0.70，风荷载组合系数取 0.60。

（2）地震组合：对于地震烈度 7 度及其以上地区，应进行多遇地震作用下的截面抗震验算。

偶然组合荷载包括结构、顶板雪荷载、吊车荷载和地震力。

荷载分项系数：顶板雪荷载按可变载考虑，其荷载分项系数取 1.4；其他均按永久荷载考虑，其荷载分项系数取 1.20；当仅考虑水平地震作用或仅考虑竖向地震作用时，地震作用分项系数取 1.3，两者同时考虑时，水平地震作用分项系数取 1.3，竖向地震作用分项系数取 0.5。

荷载组合系数：雪荷载及吊车荷载取 0.5。

2. 正常使用极限状态裂缝验算

厂房结构裂缝验算，按荷载基本组合下的荷载效应标准值进行。此时，屋面活荷载的组合系数取 1.0，风荷载的组合系数取 0.6，其他可变荷载的组合系数取 0.7。

3. 弹塑性变形验算

罕遇地震作用下的弹塑性变形验算，按荷载地震组合的荷载效应标准值进行。

分项系数：均取 1.0。

组合系数：活载取 0.5。

（二）计算原则及方法

1. 计算原则

（1）上部结构框、排架柱由于与下部结构的壁柱、侧墙或隔墙的刚度差异较大，可近似地考虑框、排架柱底端的约束形式为固结。

（2）当上部框、排架柱的刚度与下部结构壁柱的刚度差异不大时，则应与下部结构的壁柱进行整体分析。

（3）排架结构，可只按横向排架进行计算，取任意两相邻的排架的中线之间的单元为计算单元，按平面排架计算。

对于等高横向平面排架，可采用结构力学的“剪力分配法”进行简便计算；对于不等高排架，可采用结构力学的“力法”进行结构计算。

排架地震作用计算，可采用简化方法——底部剪力法进行计算。对于 8 度Ⅲ、Ⅳ类场地和 9 度时高大的单层钢筋混凝土柱厂房的横向排架，应进行罕遇地震作用下的弹塑性变形验算。此项计算是保证抗震设防第三水准“大震不倒”目标的重要一环。

罕遇地震下的弹塑性变形计算，应按照 GB 50011《建筑抗震设计规范》的规定进行。

2. 常用的计算程序

排架结构的分析计算，常用的结构内力分析软件有 PKPM、STAAD 等。在采用 PKPM 软件时，计算输入应注意以下参数：

1）软件采用振型分解法进行抗震计算，因此，在输入计算振型个数时，其数值应不大于振型质点数，否则会造成计算异常。

2）地震作用效应增大系数，可按 1.15 取用。

3）由于程序按振型分解反应谱法进行抗震分析计算，因此，吊车桥架引起的地震剪力和弯矩增大系数可取 1.0。

四、下部结构计算

（1）取水建筑物和水泵房±0.00m 层以下的整体结构，可根据其几何尺寸及荷载情况，选用合理的计算简图进行内力计算：当整体分析困难时，可将整个结构分为若干单元，按其边界条件分别进行计算，并考虑连接处的不平衡内力的调整和传递；当条件合适时，也可按空间整体结构计算。

（2）矩形取水建筑物和水泵房 ±0.00m 层以下的墙板，可根据其边界支承情况和高度 H 与宽度 B 之比，分别按单向板或双向板计算：

1）当 $0.7 \leqslant H/B \leqslant 1.5$ 时，按双向板计算；

2）当 $H/B > 1.5$ 时，则在其高度等于 $1.5B$ 的范围内按双向板计算，高于 $1.5B$ 范围内按单向板计算。

（3）圆形取水建筑物和水泵房可按旋转对称的薄壳和薄板组合结构的弹性理论计算。计算时，可作如下基本假定：

1）柱壳、底板（包括球壳）与环梁为刚性连接，不计地基对环梁的约束作用和弹性抗力。

2）结构及荷载均沿旋转轴对称。

3）柱壳、球壳及底板均近似视为薄壳、薄板，不考虑厚壳、厚板及扁壳等影响。环梁属刚性环，承受轴对称荷载作用。

4）地基反力为净的均匀反力，近似按水平投影面积分布计算。

5）当泵房内设有进水间等非旋转轴对称构件时，除上述整体计算外，尚应按平面框架计算水平向内力。

（4）整体式钢筋混凝土框架结构，在支座配筋计算时，支座弯矩可以削减，削减的弯矩 ΔM 可按式（8-82）计算：

$$\Delta M = Qb/3$$

但

$$\Delta M \leqslant 30\% M \tag{8-82}$$

式中 b——支座宽度；

Q——支座边缘处的剪力设计值；

M——构件中线处的支座弯矩设计值。

（5）侧壁结构计算。土水压力按照土水分算进行计算，水压力、土压力计算见式（8-78）、式（8-79）。其中，最高地下水位至计算点的深度，在施工阶段和使用阶段应取相应的不同最高水位。

1）侧墙板结构计算：

a. 当 $0.7B<H<1.5B$ 时，按双向板计算。

b. 当 $H/B>1.5$ 时，则板底端 $H\leqslant1.5B$ 的部分按双向板计算，$H>1.5B$ 的部分按水平单向板计算。

c. 当 $H/B<0.7$ 时，按竖向单向板计算。水平角隅处应计算角隅弯矩。

d. 相邻侧墙板的不平衡弯矩应采用弯矩分配法进行计算。

2）壁柱框架内力计算。侧墙壁上的壁柱与水泵房的楼板梁和地梁构成的框架应采取整体分析的方法进行计算，楼板梁及地梁与横隔墙的交接处可按梁的固定约束考虑，有条件时水泵房可采用有限元法进行整体结构受力分析。

（6）底板结构计算。水泵房底板和地梁的地基反力分布应根据底板的刚度及地基条件确定。当底板或地梁的计算跨度不大时，可按直线分布假定计算；当底板或地梁的计算跨度较大时，按弹性地基梁计算内力；当底板和地梁的情况较为复杂时，可采用有限元方法与侧壁、隔墙及顶板等形成空间结构进行整体计算。

地基反力的计算应分别按施工阶段、正常运行阶段和检修阶段进行分析。计算中应考虑有水和无水的不利工况组合，求得底板和地梁的控制反力。

1）底板结构计算。根据底板长度 L_1 与宽度 L_2 之比，按单向板或双向板计算。当 $L_1/L_2>2.0$ 时，按短跨方向的单跨或多跨连续板计算；当 $L_1/L_2\leqslant2.0$ 时，按双向板计算。

2）地梁结构计算。地梁按端部简支的连续梁进行结构分析。有条件或工程需要时，地梁和底板的内力可通过有限元方法与侧壁、隔墙及顶板等形成空间结构进行整体计算。

（7）顶板结构计算。作用在顶板上的荷载主要为安装活荷载和使用活荷载，两者取其大值。关于循环水泵的荷载计算，具体见 DL/T 5339《火力发电厂水工设计规范》。

根据底板长度 L_1 与宽度 L_2 之比，按单向板或双向板计算：

1）当 $L_1/L_2>2.0$ 时，按短跨方向的单跨或多跨连续板计算。

2）当 $L_1/L_2\leqslant2.0$ 时，按双向板计算。

（8）梁结构计算。梁按端部简支的连续梁进行结构分析。

五、稳定性验算

水泵房的稳定安全系数应采用基本组合和地震组合分别计算，分项系数、组合值系数均取 1.0，稳定安全系数应按表 8-9 采用。

位于江（河、湖、海、水库）岸的水泵房，若前后两面水平力作用相差较大，则应按表 8-9 验算水泵房的滑移和倾覆稳定性。

1. 抗浮验算

$$\frac{G}{F}\geqslant K_{\mathrm{f}} \tag{8-83}$$

式中 G ——抗浮力设计值，不包括设备重、使用及安装荷载；

F ——浮力设计值，按运行及施工时可能出现的高水位考虑；

K_{f} ——抗浮稳定安全系数。

对岩石地基，有：

$$F=\eta\gamma_{\mathrm{w}}V_0 \tag{8-84}$$

式中 η ——浮力作用面积系数，可根据岩石的构造情况、建筑物底板与基岩接合面的施工条件确定，亦可参考相似工程的已有经验确定，一般取 η =0.7～1.0；

γ_{w} ——水的重度；

V_0 ——建筑物淹没在水位以下部分的体积。

2. 抗滑移验算

抗滑稳定应满足：

$$\frac{\text{抗滑力}}{\text{滑动力}}=\frac{\mu\sum p+\sum p'_{\mathrm{H}}}{\sum p_{\mathrm{H}}}\geqslant K_{\mathrm{s}} \tag{8-85}$$

式中 μ——底板与地基土壤之间的摩擦系数，一般由试验确定，当缺乏试验资料时，可参照现行规范采用；

$\sum p$ ——垂直荷载标准值；

$\sum p_{\mathrm{H}}$ ——后墙水平荷载标准值，按主动土压力计算；

$\sum p'_{\mathrm{H}}$ ——前墙水平荷载标准值，按被动土压力计算；

K_{s} ——抗滑稳定安全系数。

当底板设有齿墙，并考虑齿墙底部连同齿墙间的土体滑动时，抗滑稳定计算应满足：

$$\frac{\mu_0\sum p+\sum p'_{\mathrm{H}}+cA}{\sum p_{\mathrm{H}}}\geqslant K_{\mathrm{s}} \tag{8-86}$$

式中 μ_0 ——沿滑动面土体颗粒之间的摩擦系数，$\mu_0=\tan\varphi$（φ 为土体的内摩擦角）；

c ——齿墙间滑动面上土体的黏聚力，一般可采用试验值的 1/4；

A ——齿墙间土体的剪切面积，等于齿墙间的宽度乘以建筑物底板的长度。

3. 抗倾覆验算

$$\frac{M_{\mathrm{kq}}}{M_{\mathrm{q}}}\geqslant K_{\mathrm{q}} \tag{8-87}$$

式中 M_{kq} ——总抗倾力矩设计值；

M_{q} ——总倾覆力矩设计值；

K_q——抗倾稳定安全系数。

4. 整体滑动验算

靠近江、河、海岸边的水泵房，尚应进行土体边坡在水泵房荷重作用下整体滑动稳定性的分析验算。建筑物连同土体一起沿圆弧滑动时，应满足：

$$\frac{M_f}{M} \geqslant K \tag{8-88}$$

式中　M_f——总抗滑力矩设计值；

M——总滑动力矩设计值；

K——圆弧滑动稳定安全系数。

注：当前墙土体有保证时才能计入前墙土体的被动土压力，并宜根据土体实际情况适当折减。

当按圆弧滑裂面验算稳定时，应考虑水位降落期和渗流稳定期两种工况，并可采用简化法计算。

（1）土的重度：

1）浸润线以上用土体的自然重度。

2）浸润线以下、静水位以上计算滑动力时，用土体的饱和重度；计算抗滑力时，用土体的浮重度。

3）静水位以下用土体的浮重度。

（2）土的抗剪强度：计算水位降落期时，采用饱和固结不排水的φ、c试验资料的最小平均值。计算渗流稳定期时，采用固结排水的φ、c有效强度试验资料的最小平均值。

六、地基与基础设计

1. 地基承载力计算

岸边取水泵房下部结构为箱形基础。箱形基础的地基承载力设计的荷载效应按正常使用极限状态下荷载效应的标准组合，箱形基础底面的压力设计值可以按照以下公式计算。

受轴心荷载作用时：

$$p=\frac{F+G}{A} \tag{8-89}$$

受偏心荷载作用时：

$$p_{max}=\frac{F+G}{A}+\frac{M}{W} \tag{8-90}$$

$$p_{min}=\frac{F+G}{A}-\frac{M}{W} \tag{8-91}$$

式中　p——轴心荷载作用下基础底面平均压力设计值；

p_{max}——基础底面边缘最大压力设计值；

p_{min}——基础底面边缘最小压力设计值；

F——上部结构传至基础底面的竖向力设计值；

G——基础自重；

A——基础底面面积；

M——作用于矩形基础底面的力矩设计值；

W——基础底面边缘抵抗矩。

2. 变形计算

对特别软弱的地基，应进行沉降计算。箱形基础地基变形设计的荷载效应按正常使用极限状态下荷载效应的准永久组合，不计入风荷载和地震作用。

计算点的数量可根据建筑物的大小和形状、地基土层的不均匀性，以及建筑物对不均匀沉降的敏感性等特点确定。由地基变形所引起的沉降值不应超过建筑物的容许沉降量和沉降差（倾斜）。

注：地基的容许沉降量和沉降差（倾斜）一般可根据机电设备的使用要求，以及管道结构对地基变形的适应能力确定。

水泵房的地基变形可按分层总和法计算，并应小于有关规定的允许值，计算时活荷载取准永久值。在软弱地基上的建筑物地下部分埋置较深时，应考虑基坑开挖时引起地基的回弹及在加荷后产生的地基的附加沉降量。附加沉降量可参考类似工程并结合经验估计。

当天然地基承载力或变形不能满足设计要求时，可采用桩箱基础或进行地基处理。

七、材料要求

（1）取水建筑物和水泵房±0.00m 层以下部位的混凝土应采用水工混凝土，并应符合以下要求：

1）混凝土应满足强度要求，并应根据建筑物的工作条件、地区气候等具体情况，分别满足抗渗、抗冻、抗侵蚀、抗冲刷等耐久性的要求。

2）混凝土强度等级应按立方体抗压强度标准值确定。混凝土强度等级不宜低于表 8-50 中所列数值。

表 8-50　　混凝土最低强度等级

环境条件类别	素混凝土	钢筋混凝土
一	C15	C20
二 a	C20	C25
二 b	C25	C30（C25）
三 a	C25	C35（C30）
三 b	C25	C40
四	C25	C40
五	—	—

注　1. 各类环境条件如下：

一类：室内正常环境；无侵蚀性静水浸没环境。

二 a 类：室内潮湿环境；非严寒和非寒冷地区的露天环境、与无侵蚀性的水或土壤直接接触的环境。

二 b 类：干湿交替环境；水位频繁变动环境；严寒和寒冷地区的露天环境、与无侵蚀性的水或土壤直接接触的环境。

三 a 类：受除冰盐影响环境；严寒和寒冷地区冬季水位变动区环境；海风环境。

三 b 类：盐渍土环境；受除冰盐作用环境；海岸环境。

四类：海水环境。

五类：受人为或自然的侵蚀性物质影响的环境。

2. 处于严寒和寒冷地区二 b、三 a 类环境中的混凝土应使用引气剂，并可采用括号中的有关参数。

3）混凝土的抗渗等级应根据建筑物所承受的水头、水力梯度以及水质条件、渗透水的危害程度等因素确定，混凝土抗渗等级按表 8-17 的规定执行。

4）混凝土抗冻等级应根据气候分区、冻融循环次数、表面局部小气候条件、水分饱和程度、构件重要性和检修条件按表 8-18 选定。在不利因素较多时，可选用提高一级的抗冻等级。

混凝土抗冻等级按 28d 龄期的试件用快冻试验方法测定，分为 F400、F300、F200、F150、F100、F50 六级。经论证，也可用 60d 或 90d 龄期的试件测定。

（2）取水建筑物和水泵房混凝土的水泥品种可参照下列原则选用：

1）地上结构宜采用普通硅酸盐水泥或矿渣硅酸盐水泥；

2）无侵蚀性环境水中的结构宜采用普通硅酸盐水泥，有防水、抗渗要求的结构不得采用矿渣硅酸盐水泥；

3）海水中结构可选用普通硅酸盐水泥（铝酸三钙含量不宜超过 8%）；

4）严寒地区或处于水位变动范围内的混凝土，宜采用高标号普通硅酸盐水泥，不得采用火山灰质硅酸盐水泥及矿渣硅酸盐水泥；

5）对防止温度裂缝有较高要求的大体积混凝土结构，宜选用低热水泥或掺加合适的掺合料与外加剂。

注：当一般品种水泥均不能满足抗侵蚀性要求时，应进行专门的试验研究，提出特殊的水泥品种或采取特殊的防护措施。

（3）取水建筑物和水泵房地（水）下部分结构应保证混凝土的密实性，具有良好的抗渗防水性能。

（4）取水建筑物和水泵房的钢筋混凝土结构不得掺用氯盐。

为提高混凝土的抗渗性、抗冻性及改善混凝土的和易性，可在混凝土中掺加塑性外加剂（塑化剂、加气剂及减水剂）。采用外加剂时，应符合 GB 50119《混凝土外加剂应用技术规范》的规定，并应根据试验鉴定，确定其适用性及相应的掺合量。

（5）配制抗渗、抗冻混凝土时水胶比应不大于 0.5，海水环境时水胶比不应大于 0.45。骨料应选择良好的级配，粗骨料粒径不应大于 40mm，且不超过最小断面厚度的 1/4，含泥量按重量计不应超过 1%。沙子的含泥量及云母含量按重量计不应超过 3%。

（6）当地下水和水泵房内水对混凝土和钢筋具有腐蚀性时，应按现行有关标准或进行专门试验确定防腐措施。

（7）混凝土的碱含量最大值应符合 GB 50010《混凝土结构设计规范》的规定。

八、构造措施

1. 下部结构

（1）水泵房±0.00m 层以下部分，当为现浇式钢筋混凝土结构时，其长度不宜超过以下数值：非岩石地基为 40m；岩石地基为 25m。

当有可靠论证和措施时，可不受上述规定的限制。

（2）受力钢筋的混凝土保护层的最小厚度，应按表 8-51 采用。

表 8-51　　混凝土保护层最小厚度

项次	构件类别	环境条件类别					
		一	二 a	二 b	三 a	三 b	四
1	板、壳	15	20	25	30	40	40
2	梁、柱	20	25	35	40	50	50
3	底板、墙板、墩、基础		40	50	50	60	60

注 1. 直接与基土接触的结构底层钢筋，保护层厚度应适当增大。
2. 有抗冲耐磨要求的结构面层钢筋，保护层厚度应适当增大。
3. 混凝土强度等级不低于 C20 且浇筑质量有保证的预制构件或薄板，保护层厚度可按表中数值减小 5mm。
4. 钢筋表面涂塑或结构外表面敷设永久性涂料或面层时，保护层厚度可适当减小。
5. 钢筋端头保护层不应小于 15mm。
6. 严寒和寒冷地区受冰冻的部位，保护层厚度还应符合 GB/T 50662《水工建筑物抗冰冻设计规范》的规定。

（3）水泵房的地（水）下部分应尽量不留施工缝。当必须留施工缝时，则应注意：

1）施工缝位置应设在应力较小的断面内。

2）墙身不得留垂直施工缝（设计考虑预留的临时后浇缝除外）。

3）墙身水平施工缝的位置，宜高于底板 500mm。

4）墙身留有孔洞时，施工缝应距孔洞边缘 300mm 以外。

5）底板不得留施工缝。当必须留施工缝时，应采取有效的处理措施。

6）施工缝应按现行施工验收规范的要求处理，其构造可参照下列形式：①平式施工缝，适用于壁厚较薄及防水要求不高的结构；②凹式或凸式施工缝，适用于壁厚较大的结构；③止水片施工缝，适用于防水要求较高或钢筋较多的结构。

（4）为了减少混凝土干缩和硬化时温度变化对结构的不利影响，经过必要的论证后，可在施工期间设置临时后浇缝。临时后浇缝应设置在受力最小处，并应采取必要的处理措施。

（5）钢筋混凝土水泵房的开孔处，应按下列规定采取加强措施：

1）当开孔的直径或宽度不大于 300mm 时，可不设加强钢筋，只需将受力钢筋间距作适当调整，或将受力钢筋绕过孔洞的边缘，不予切断。

2）当开孔的直径或宽度大于 300mm 但不超过 1000mm 时，孔口的每侧沿受力钢筋方向应配置加强钢筋，其钢筋截面积不应小于开孔切断的受力钢筋截面积的 75%；对矩形孔口，四周尚应加设斜筋；对圆形孔口，尚应加设环筋。

3）当开孔的直径或宽度大于 1000mm 时，宜对孔口四周加设肋梁；当开孔的直径或宽度大于水泵房壁、板计算跨度的 1/4 时，宜对孔口设置边梁，梁内配筋应按计算确定。

（6）钢筋混凝土水泵房各部位构件的受力钢筋，应符合下列规定：

1）受力钢筋的最小配筋百分率，应符合 GB 50010 的有关规定；

2）受力钢筋宜采用直径较小的钢筋配置；每米宽度的墙、板内，受力钢筋不宜少于 4 根，且不宜超过 10 根。

（7）钢筋的接头应符合下列要求：

1）对具有抗裂性要求的构件，其受力钢筋不应采用非焊接的搭接接头；

2）受力钢筋的接头应优先采用焊接或机械接头；

3）受力钢筋的接头位置，应按 GB 50010 的规定相互错开。

（8）钢筋混凝土水泵房各部位构件上的预埋件，其锚筋面积及构造要求除应按 GB 50010 的有关规定确定外，尚应符合下列要求：

1）预埋件的锚板厚度应附加腐蚀裕度；

2）预埋件的外露部分必须作可靠的防腐保护。

（9）钢筋混凝土墙（壁）的拐角处的钢筋应有足够的长度锚入相邻的墙（壁）内，锚固长度应自墙（壁）的内侧表面起算，其最小锚固长度应按 GB 50010 的规定采用。

（10）水泵房敞口壁板顶端宜配置水平向加强钢筋。水平向加强钢筋内外两侧各不应少于 3 根，间距不宜大于 100mm，直径不应小于壁板受力钢筋，且不宜小于 16mm。

（11）岩石地基上的水泵房，底板与垫层间应设置隔离层。

（12）岩石地基上的水泵房宜设置外模，以保证混凝土浇筑质量，防止岩石的约束而引起墙壁产生裂缝。

2. 上部结构

（1）基础梁：

1）单层工业厂房一般设置基础梁，以承托围护墙体的重量。

2）当厂房不高、地基比较好、柱基础埋深又较浅时，也可不设基础梁而做砖石或混凝土条形基础。

3）基础梁梁顶标高，一般设置在–0.050m。

4）基础梁底部与土壤表面应预留至少 100mm 的空隙，使梁可随柱基础一起沉降。

5）当基础梁下有冻胀土时，应在梁下铺设一层干砂或矿渣等松散材料，并预留 50～150mm 的空隙。

6）基础梁与柱可不做连接设计，直接搁置于基础或垫块之上。

（2）围护墙体：

1）圈梁。圈梁的作用是将墙体同厂房柱箍在一起，以加强厂房的整体刚度，防止由于地基的不均匀沉降或较大振动荷载对厂房产生不利影响。

a. 圈梁设置于墙体内，和柱仅起拉接作用。圈梁应采用现浇，按上密下疏的原则每隔 4m 左右在窗顶增设一道圈梁。圈梁截面宽度一般与墙厚相同，截面高度不小于 180mm。圈梁的纵筋，6～8 度时不少于 4ϕ12，9 度是不少于 4ϕ14。

b. 梯形屋架端部上弦和柱顶处应各设一道。当屋架端部高度不大于 900mm 时，可合并设置。

c. 对有桥吊的厂房，应在吊车梁处增设一道圈梁。

d. 山墙沿屋面应设置钢筋混凝土卧梁，并应与屋架端部上弦标高处的圈梁连接。

e. 圈梁应连续设置在墙体的同一平面上，并尽可能形成封闭状。当圈梁被门窗洞口切断时，应在洞口上方墙体中设置一道附加圈梁，其截面尺寸不应小于被截断圈梁，两者的搭接长度不应小于其中到中垂直间距离的 2 倍，且不小于 1.0m。

2）联系梁：

a. 联系梁的作用是联系纵向柱列，以增强厂房纵向刚度并传递风荷载到纵向柱列，此外还承受上部墙体重量。

b. 联系梁一般采用预制梁，按照国标图集选用。

c. 联系梁与柱应连接可靠，连接采用焊接连接。

d. 厂房转角处相邻的联系梁应相互可靠连接。

3）过梁：

a. 在门窗洞口上方，均应布置钢筋混凝土过梁，以承托其上方的墙体重量。

b. 过梁按照国标图集选用。

在进行结构布置时，应尽量统一考虑，尽可能将圈梁、过梁、联系梁结合起来，以节约材料、简化施工，使一个构件能够起到两种或三种构件的作用。

（3）柱间支撑：

1）凡有下列情况之一者，应设置柱间支撑：

a. 设有悬臂吊车或不小于 3t 的悬挂吊车；

b. 吊车工作级别为 A6～A8 或吊车工作级别为 A1～A5 且不小于 10t；

c. 厂房跨度不小于 18m 或柱高在 8m 以上。

2）一般情况下，应在厂房单元中部设置上、下柱间支撑，且下柱支撑应与上柱支撑配套设置。有起重机或 8 度和 9 度时，宜在厂房单元两端增设上柱支撑。厂房单元较长或 8 度Ⅲ、Ⅳ类场地和 9 度时，可在厂房单元中部 1/3 区段内设置两道柱间支撑。

3）当抗震设防烈度为 8 度时，要求柱间支撑开间的柱顶处设置刚性系杆。9 度时，要求柱顶设置通长刚性系杆，并能传递由屋架端部竖向支撑传给的水平地震力。

4）柱间支撑宜采用交叉形式，交叉倾角一般在 33°～55°之间。

（4）屋盖支撑。屋盖支撑包括设置在屋面梁之间的垂直支撑、水平系杆，以及设置在上、下弦平面内的横向支撑和通常设置在下弦平面内的纵向水平支撑。

1）有檩屋盖宜按表 8-52 的要求进行支撑布置。

2）无檩屋盖宜按表 8-53 的要求进行支撑布置。

表 8-52　有檩屋盖支撑布置

<table>
<tr><th colspan="2" rowspan="2">支撑名称</th><th colspan="3">烈　度</th></tr>
<tr><th>6、7</th><th>8</th><th>9</th></tr>
<tr><td rowspan="4">屋架支撑</td><td>上弦横向支撑</td><td>单元端开间各设一道</td><td>单元端开间及单元长度大于 66m 的柱间支撑开间各设一道</td><td rowspan="3">单元端开间及单元长度大于 42m 的柱间支撑开间各设一道</td></tr>
<tr><td>下弦横向支撑</td><td colspan="2" rowspan="2">同非抗震设计</td></tr>
<tr><td>跨中竖向支撑</td></tr>
<tr><td>端部竖向支撑</td><td colspan="3">屋架端部高度大于 900mm 时，单元端开间及柱间支撑开间各设一道</td></tr>
</table>

表 8-53　无檩屋盖支撑布置

<table>
<tr><th colspan="3" rowspan="2">支撑名称</th><th colspan="3">烈　度</th></tr>
<tr><th>6、7</th><th>8</th><th>9</th></tr>
<tr><td rowspan="6">屋架支撑</td><td colspan="2">上弦横向支撑</td><td>跨度不小于 18m 时单元端开间各设一道。
跨度小于 18m 时，同非抗震设计</td><td>单元端开间及柱间支撑开间各设一道</td><td>单元端开间及柱间支撑开间各设一道</td></tr>
<tr><td colspan="2">上弦通长水平系干</td><td>同非抗震设计</td><td>沿屋架跨度不大于 15m 设一道。
围护墙在屋架上弦高度有现浇圈梁时，其端部处和不另设</td><td>沿屋架跨度不大于 12m 设一道。
围护墙在屋架上弦高度有现浇圈梁时，其端部处和不另设</td></tr>
<tr><td colspan="2">下弦横向支撑</td><td>同非抗震设计</td><td>同非抗震设计</td><td>同上弦横向支撑</td></tr>
<tr><td colspan="2">跨中竖向支撑</td><td>同非抗震设计</td><td>同非抗震设计</td><td>同上弦横向支撑</td></tr>
<tr><td rowspan="2">两端竖向支撑</td><td>屋架端部高度≤900mm</td><td>同非抗震设计</td><td>单元端开间各设一道</td><td>单元端开间经及每隔 48m 各设一道</td></tr>
<tr><td>屋架端部高度>900mm</td><td>单元端开间各设一道</td><td>单元端开间及柱间支撑开间各设一道</td><td>单元端开间、柱间支撑开间及每隔 30m 各设一道</td></tr>
</table>

3）屋盖支撑除符合上面规定外，尚应符合下列要求：

a. 8 度Ⅲ、Ⅳ类场地和 9 度时，梯形屋架端部上节点应沿厂房纵向设置通长水平压杆。

b. 屋架跨中竖向支撑在跨度方向的间距，6～8 度时不大于 15m，9 度时不大于 12m。当仅在跨中设置一道时，应设在跨中屋架屋脊处；当设置两道时，应在跨度方向均匀布置。

c. 屋架上、下弦通长水平系杆与竖向支撑宜配合设置。

d. 柱距不小于 12m 且屋架间距 6m 的厂房，托架（梁）区段及其相邻开间应设下弦纵向水平支撑。

e. 屋盖支撑杆件宜采用型钢。

第十节　沉　　井

一、沉井及其应用

（一）沉井及其适用条件

沉井是给水排水工程的地下构筑物常用的一种施工方法。其施工过程为：在井内掏土、促使井体下沉，在沉至设计高程后，封底、进行井内其余构件和上部结构的施工。此法适用于：

（1）埋设较深的构筑物。

（2）地下水位较高，易产生涌流或塌陷的不稳定土壤。

（3）场地狭窄、受附近建筑物或其他因素限制、不适宜采用大开挖施工的地点。

（4）位于江心或岸边的取水构筑物，采用围堰、大开挖方式施工不经济时。

（二）沉井分类

1. 按制作材料分类（见表 8-54）

表 8-54　　沉井按制作材料分类

序号	类　别	特　点	适用条件
1	钢沉井	（1）制作简单。 （2）施工快捷	（1）常用于管式取水构筑物的取水头部。 （2）多用于大桥的墩台
2	钢筋混凝土沉井	（1）布置灵活。 （2）结构刚度大。 （3）施工制作较复杂，对施工技术、施工组织要求较高，施工工期长	（1）普遍用于江河湖海给水排水构筑物的地下结构。 （2）多用于桥梁的墩台
3	混凝土沉井		（1）一般制作成圆筒形。 （2）用于小型工程

2. 按形状分类（见表 8-55）

表 8-55　　沉井按形状分类

序号	类别和其形状	特　点	适用条件
1	矩形箱形沉井 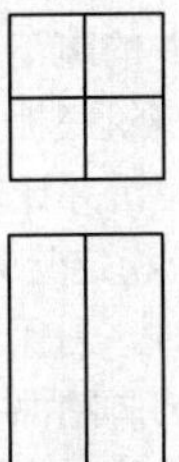	（1）布置灵活。 （2）结构受力明确。 （3）便于同上部建筑布置相协调。 （4）施工制作较复杂，对施工组织、施工技术要求较高	多用于平面尺寸较大的给水排水构筑物
2	圆筒形沉井 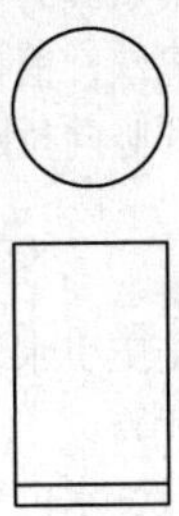	（1）结构受力性能好。 （2）用于泵房下部结构时，平面利用率低	多用于大口井、湿式泵房等构筑物

续表

序号	类别和其形状	特　点	适用条件
3	端圆形箱形沉井 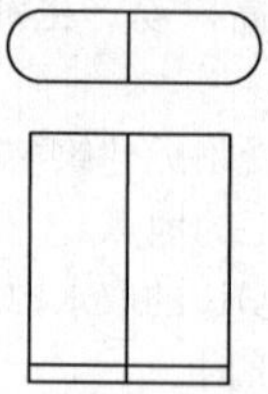	（1）水流条件好。 （2）制作、受力复杂	一般用于取水头部和大中型江心取水泵房，亦常用作桥梁墩台

（三）沉井的施工方法

沉井的施工方法对沉井的设计计算有着直接的关系，设计时应根据工程地质、水文地质条件和施工条件等因素合理选择。沉井的施工方法及其适用条件见表 8-56。

表 8-56　沉井施工方法及其适用条件

序号	方　法	适用条件	备　注
1	排水下沉	当地下水补给量不大，且排水并不困难时选用此法。排水方式常有井内排水及井外排水（如井点排水）等	
2	不排水下沉	当遇到容易产生“涌流”的不稳定土壤，且地下水补给量较大而排水又有困难时，可采用不排水下沉	在无地下水的稳定土层中，沉井不存在排水或不排水施工的问题
3	一次或分段下沉	根据井体高度及施工条件选择。当井体高度较大时，可分段浇筑一次下沉或分段浇筑、分段下沉	
4	配重下沉	沉井一般靠自重下沉。当土壤摩阻力较大时，为减小井壁厚度，可采用配重强迫下沉	
5	浮运沉井	江心等取水构筑物常在岸边制作，然后浮运就位后下沉	

（四）大型电站取水排水工程中常见沉井的形式

大型电站取水排水工程中，岸边取水泵房的下部结构常用钢筋混凝土矩形箱形沉井，管式引水的取水头部常用钢或钢筋混凝土端圆形箱形沉井，也有用圆筒形沉井的。

二、沉井场地选择注意事项

（1）沉井场地要尽可能选在平缓和开阔地带。如果场地坡度太大，则沉井周边土压力的不均匀可能导致下沉时发生倾斜。

（2）沉井不宜布置在地质不均匀或地下障碍物未完全探明的场地，以免给下沉作业带来困难。

（3）沉井不应建造在边坡上或过于靠近边坡，如果不能避免，应进行边坡稳定分析或采取其他保证安全和平稳下沉的措施。

（4）沉井下沉时将带动周边一定范围的土体下沉，如果在此范围内有已建的建（构）筑物或其他设施，则这些建（构）筑物或设施的安全或正常使用将可能受到影响，因此，在这种环境中建造沉井时应采取相应的保护措施。

（5）建在河道中的沉井，应避免布置在冲刷剧烈的地段。

三、沉井计算内容

沉井计算应按施工和使用两个不同阶段进行。

给水排水工程中沉井的施工顺序一般为：制作沉井、掏土下沉、封底、浇筑底板、下部结构的完善和上部结构的施工。因此，沉井计算的内容为：

（1）下沉计算、下沉稳定验算和抗浮验算。另外，在软土地基上制作沉井时，为保证沉井制作期间模板和脚手架的稳定，需在刃脚踏面下布置砂石垫层或垫木，待沉井下沉时移除。这时，需先计算垫层或垫木的厚度或宽度，可参考有关地基基础设计规程进行。地基土的承载力取其极限承载力值。

（2）井体（井壁、隔墙、框架等）的内力计算。

（3）井壁纵向弯曲和竖向拉断计算。

（4）刃脚计算。

（5）封底和底板计算。

（6）当采用顶管法施工引水管并由井壁作为顶管后背时，应做顶管后背计算。

（7）沉井在使用阶段受水位变化等因素的影响，需做强度复核和整体稳定验算。

（8）沉井施工、上部结构施工和设备安装完毕后，进行沉井的地基承载力和变形验算。

四、沉井计算方法和要求

（1）沉井下沉计算：

1）沉井井壁外侧与土层间的摩阻力。沉井井壁外侧与土层间的摩阻力及其沿井壁高度的分布图形，应根据工程地质条件、井壁外形和施工方法等，通过试验或对比积累的经验资料确定。当无试验条件、可靠资料时，可按下列规定确定：

a. 井壁外侧与土层间的单位摩阻力（f_k）可根据土层类别按表 8-57 的规定采用。

表 8-57　单位摩阻力标准值 f_k　（kN/m^2）

项次	土层类别	f_k
1	卵石	18～30
2	砂砾石	15～20
3	砂性土	12～25
4	硬塑状态黏性土	25～50
5	可塑软塑状态黏性土	12～25
6	流塑状态黏性土	10～15
7	泥浆套	3～5

注　1. 当井壁外侧为阶梯形，采用灌砂助沉时，灌砂段的单位摩阻力标准值可取 7～10kN/m^2。
2. 气幕减阻时，可按表中摩阻力值乘以 0.5～0.7 的系数取值。

b. 当沿沉井深度的土层为多种类别时，单位摩阻力的计算值可取各层土的单位摩阻力标准值的加权平均值，即可按下式计算：

$$f_{ka}=\frac{\sum_{i=1}^{n}f_{ki}h_{si}}{\sum_{i=1}^{n}h_{si}} \tag{8-92}$$

式中　f_{ka}——多层土的加权平均单位摩阻力标准值，kN/m^2；

f_{ki}——第 i 层土的单位摩阻力标准值，kN/m^2；

h_{si}——第 i 层土的厚度，m；

n——沿沉井深度不同类别土层的层数。

c. 摩阻力沿沉井外壁的分布图形，当沉井外壁为直壁时，可按图 8-35（a）采用；当沉井外壁为阶梯形时，可按图 8-35（b）采用。

2）沉井的下沉验算。沉井按自重下沉设计时，下沉验算应符合下式要求：

$$\frac{G_k-F_{fw,k}}{F_{fk}}\geqslant K_{st} \tag{8-93}$$

式中　G_k——沉井结构自重标准值（包括外加助沉重量的标准值），kN；

$F_{fw,k}$——地下水的浮托力标准值，kN；

F_{fk}——沉井井壁外侧的总摩阻力标准值，kN；

K_{st}——下沉系数，一般取 1.05。

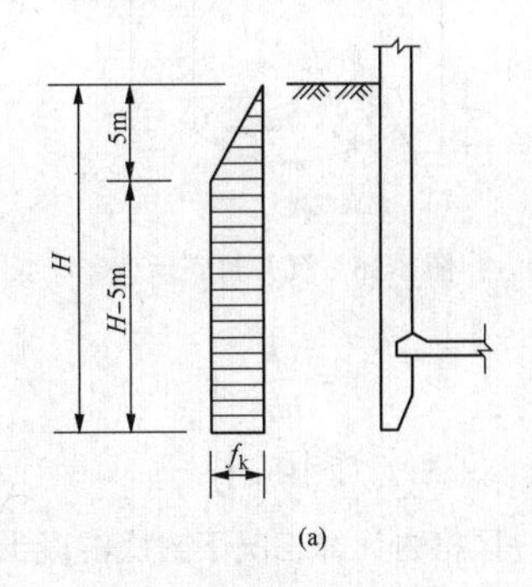

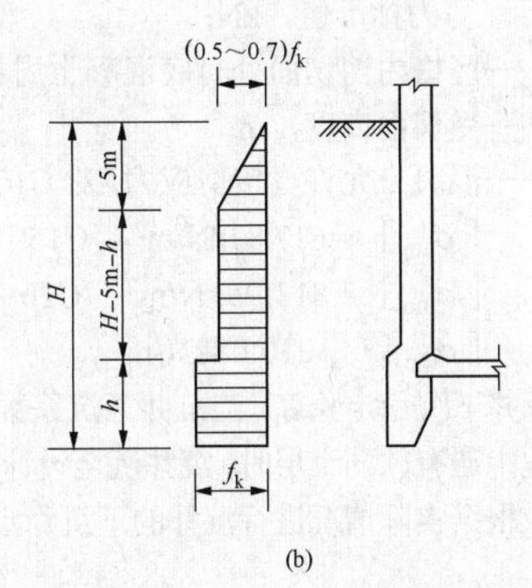

图 8-35　摩阻力沿井壁外侧的分布图形

（a）井壁外侧直壁式；（b）井壁外侧阶梯式

H—沉井地下部分的深度，m；h—沉井外壁阶梯高度，m；

f_k—土壤单位面积摩阻力标准值，kN/m^2

3）沉井封底厚度计算。封底混凝土承受地下水压力的作用，地下水压力使封底内产生弯矩和剪力。

假定封底周边支承为铰支承，封底内力可按《建筑结构静力计算手册》中有关图表计算。

根据内力计算求出封底内的弯矩值，封底厚度 h 按下式计算：

$$h=h_t=\sqrt{\frac{9.09M}{bf_t}}+h_u \tag{8-94}$$

式中　h_t——沉井水下封底混凝土厚度，mm；

M——每米宽度封底混凝土承担的最大弯矩设计值，N·mm；

b——计算板宽，mm，取 1000mm；

f_t——混凝土抗拉强度设计值，N/mm^2；

h_u——考虑井底混凝土呈锅底状封底应增加的安全厚度，一般取 300～500mm。

封底混凝土沿区格周边高度截面上的剪应力应小于封底混凝土的抗剪强度。如剪应力大于抗剪强度，则应考虑增加封底混凝土的厚度（见图 8-36）或采用高强度等级的混凝土或采取其他构造措施，以便封底混凝土在周边支承处满足抗剪要求。

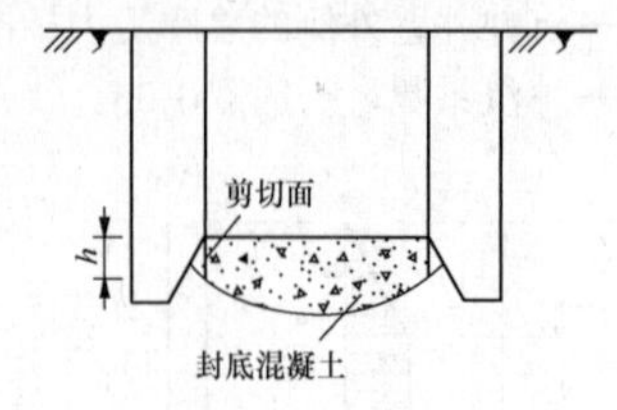

图 8-36　沉井封底示意

$$\left.\begin{aligned}\tau &= \frac{Q}{bh}\\ \tau &< [\sigma_{\mathrm{lim}}]\end{aligned}\right\} \tag{8-95}$$

式中　Q——区格内计算工况下封底混凝土承受的总剪力标准值，kN；

b——区格内剪切面处封底混凝土周长，m：

h——受剪面高度，m；

$[\sigma_{\mathrm{lim}}]$——混凝土允许直接剪应力，对 C10 混凝土，$[\sigma_{\mathrm{lim}}]$ =617.82kN/m²；C15 混凝土，$[\sigma_{\mathrm{lim}}]$ =813.95kN/m²；C20 混凝土，$[\sigma_{\mathrm{lim}}]$ =1010.08kN/m²。

（2）沉井下沉稳定验算。当沉井下沉系数较大，或在下沉过程中遇有软弱土层时，沉井沉至设计高程后能否稳定，应根据实际情况进行沉井的下沉稳定验算。

沉井下沉稳定系数计算公式如下：

$$K_{\mathrm{st,s}} = \frac{G_{\mathrm{k}} - F'_{\mathrm{fw,k}}}{F'_{\mathrm{fk}} + R_1 + R_2} \tag{8-96}$$

其中：

$$R_1 = U_0\left(C + \frac{n}{2}\right) f_{\mathrm{j}} \tag{8-97}$$

$$R_2 = A_1 f_{\mathrm{j}} \tag{8-98}$$

式中　$K_{\mathrm{st,s}}$——下沉稳定系数，一般取 0.8～0.9；

G_{k}——沉井结构自重标准值（包括外加助沉重量的标准值），kN；

$F'_{\mathrm{fw,k}}$——验算状态下地下水的浮托力标准值，kN，井外排水下沉时为零，不排水下沉时按总浮力的 70%计，kN；

F'_{fk}——验算状态下井壁外侧的总摩阻力标准值，kN；

R_1——刃脚踏面及斜面下土的极限支承力，kN；

R_2——隔墙和底梁下土的极限支承力，kN；

U_0——沉井外壁轴线周长，m；

C——刃脚踏面宽度，m；

n——刃脚斜面与土壤接触面的水平投影宽度，m；

f_{j}——土的极限承载力，kN/m²，可按表 8-58 采用；

A_1——隔墙和底梁的总支承面积，m²。

表 8-58　　地基土的极限承载力

土的种类	极限承载力 f_{j}（kN/m²）	备注
淤泥	98.067～196.133	由于受施工方法、地基土扰动程度、沉井深浅等因素的影响，f_{j} 值不易确定，因此，宜根据当地实际经验慎重选用
淤泥质黏性土	196.133～294.20	
细砂	196.133～392.266	
中砂	294.20～490.333	
粗砂	392.266～588.399	
软可塑状态亚黏土	196.133～294.20	
坚硬、硬塑状态亚黏土	294.20～392.266	
软可塑状态黏性土	196.133～392.266	
坚硬、硬塑状态黏性土	294.20～490.333	

（3）沉井抗浮稳定验算。沉井抗浮稳定验算应按沉井封底和使用两个阶段，分别根据实际可能出现的最高水位进行验算，并符合下式的要求：

$k_{\mathrm{fw}} \geqslant 1.0$（不计侧壁摩阻力时；如计侧壁摩阻力，则 $k_{\mathrm{fw}} \geqslant 1.15$）

$$k_{\mathrm{fw}} = G_{\mathrm{k}} / F^{\mathrm{b}}_{\mathrm{fw,k}} \tag{8-99}$$

式中　k_{fw}——沉井抗浮系数；

G_{k}——沉井自重标准值，kN，当封底混凝土与底板间有拉结钢筋等可靠连接时，封底混凝土的自重可作为沉井抗浮重量的一部分；

$F^{\mathrm{b}}_{\mathrm{fw,k}}$——基底的水浮托力标准值，kN。

（4）沉井的抗滑移和抗倾覆稳定验算。位于江（河、湖、水库、海）岸的沉井，若前后两面的水平作用相差较大，则应按下列要求验算沉井的抗滑移和抗倾覆稳定性。

1）抗滑移验算：

$$k_s \geqslant 1.3$$

$$k_s=(\eta E_{pk}+F_{bf,k})/E_{ep,k} \tag{8-100}$$

式中　k_s——沉井抗滑移系数；

η——被动土压力利用系数，施工阶段取 0.8，使用阶段取 0.65；

$E_{ep,k}$——沉井后侧主动土压力标准值之和，kN；

E_{pk}——沉井前侧被动土压力标准值之和，kN；

$F_{bf,k}$——沉井底面有效摩阻力标准值之和，kN。

2）抗倾覆验算：

$$k_{ov} \geqslant 1.5$$

$$k_{ov}=\sum M_{aov,k}/\sum M_{ov,k} \tag{8-101}$$

式中　k_{ov}——沉井抗倾覆系数；

$\sum M_{aov,k}$——沉井抗倾覆弯矩标准值之和，kN・m；

$\sum M_{ov,k}$——沉井倾覆弯矩标准值之和，kN・m。

（5）沉井的浮运稳定性验算。水中浮运的沉井在浮运过程中（沉入河床前）必须验算横向稳定性。沉井浮体在浮运阶段的稳定倾斜角ϕ不得大于 6°，并应满足（$\rho-\iota$）>0 的要求。ϕ角按下式计算：

$$\phi=\arctan\{M/[\gamma_w V(\rho-\iota)]\} \tag{8-102}$$

式中　ϕ——沉井在浮运阶段的倾斜角，（°）；

M——外力矩，kN・m；

γ_w——水的重度，kN/m³；

V——排水体积，m³；

ρ——定倾半径（见图 8-37），即定倾重心至浮心的距离，m；

ι——沉井重心至浮心的距离，m，重心在浮心之上为正，反之为负。

$\rho=I/V$，此处 I 为沉井浸水截面面积对斜轴线的惯性矩（m⁴）。

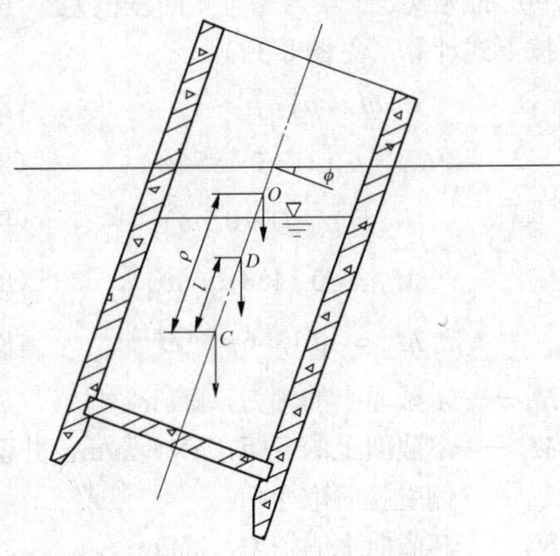

图 8-37　水中浮运沉井

D—重心；C—浮心；O—定倾中心

（6）沉井井壁竖向抗拉断验算。在施工阶段，井壁的竖向抗拉断应按下列规定验算：

1）土质较好、沉井下沉系数接近 1.05 时，等截面井壁的最大拉断力为：

$$N_{max}=G/4 \tag{8-103}$$

式中　G——沉井下沉时的总重量设计值，kN，自重分项系数取 1.2，即 $G'=1.2G$。

2）土质均匀的软土地基，沉井下沉系数较大（≥1.5）时，可不进行竖向拉断计算，但竖向配筋不应小于最小配筋率及使用阶段的设计要求。

3）当井壁上有预留洞时，应对孔洞削弱断面进行验算。

（7）当沉井的下沉深度范围内有地下水时，对下列情况可酌情按不排水施工或部分不排水施工设计：

1）在下沉深度范围内的土层中存在粉土或粉细砂层，排水下沉有可能造成流沙；

2）沉井附近存在已有建（构）筑物，降水施工可能增加其沉降或倾斜，而难以采取其他有效措施。

（8）作用在底板上的反力可假定按直线分布，计算反力时不宜考虑井壁与土的摩阻力作用。底板与井壁间无预留插筋连接时，应按铰接考虑；当用钢筋整体连接时，可按弹性固定考虑。

（9）对建造在软土地基上设有底梁的沉井，应对底梁进行下沉阶段的强度验算。梁下的地基反力设计值可取地基土的极限承载力值（参照表 8-58 选用）。

（10）封底混凝土板的边缘应进行冲剪验算，冲剪处的封底厚度应在设计图中注明，计算厚度必须扣除附加厚度。

（11）沉井可简化为平面体系进行结构分析。

（12）在沉井下沉阶段，不带内框架的井壁结构进行内力计算时，可在垂直方向截取单位高度的井段，按水平闭合结构进行计算；对带内框架的井壁结构，应根据框架的布置情况，按连续的平板或拱板计算。计算可采用下列假定：

1）在同一深度处的侧压力按均匀分布考虑；

2）井壁上设置竖向框架或水平框架时，若框架梁与板的刚度比不小于 4，则框架梁视为井壁的不动铰支承；

3）刃脚根部以上高度等于该处井壁厚度 1.5 倍的一段井壁，施工阶段计算时除考虑作用在该段上的水、土压力外，尚应考虑由刃脚传来的水、土压力作用。

（13）应根据沉井的施工及地质情况，对沉井施工阶段的涌土和流沙进行验算。

（14）在沉井的使用阶段，其结构应根据底板及后浇隔墙浇筑完成后的结构体系和实际作用进行计算。

（15）圆形沉井刃脚的内力应按下列规定计算：

1）刃脚竖向的向外弯曲受力，按沉井开始下沉刃脚已嵌入土中的工况计算［忽略刃脚外侧水、土压力，

图 8-38（a）]。当沉井高度较大时，可采用分节浇筑多次下沉的方法减小刃脚向外弯曲受力。弯曲力矩可按下列公式计算：

$$M_1=P_1(h_1-h_s/3)+R_jd_1 \quad (8\text{-}104)$$

$$N_1=R_j-g_1 \quad (8\text{-}105)$$

$$P_1=R_jh_s/(h_s+2a\tan\theta)\tan(\theta-\beta_0) \quad (8\text{-}106)$$

$$d_1=h_1/（2\tan\theta)-h_s/(6h_s+12a\tan\theta)(3a+2b) \quad (8\text{-}107)$$

2）刃脚竖向的向内弯曲受力，可按沉井已沉至设计标高、刃脚下的土已被全部掏空的工况计算［见图 8-38（b）]：

$$M_1=(2F_{epl}+F'_{epl})h_1^2/6 \quad (8\text{-}108)$$

3）当刃脚以上井壁留有连接底板的企口凹槽时，尚应对凹槽处的截面进行竖向弯曲受力验算。

4）刃脚的环向拉力，可按下式计算：

$$N_\theta=P_1r_c \quad (8\text{-}109)$$

以上各式中 M_1 ——刃脚根部的竖向弯矩计算值，kN·m/m；

P_1 ——刃脚内侧的水平推力之和，kN/m；

h_1 ——刃脚的斜面高度，m；

h_s ——沉井开始下沉时刃脚的入土深度，m，可按刃脚的斜面高度 h_1 计算，当 $h_1>1.0$m 时，h_s 可按 1.0m 计算；

R_j ——刃脚底端的竖向地基反力，kN/m；

d_1 ——刃底面地基反力的合力作用点至刃脚根部截面重心的距离，m；

N_1 ——刃脚根部的竖向轴力计算值，kN/m；

g_1 ——刃脚的结构自重，kN/m；

a ——刃脚的底面宽度，m；

θ ——刃脚斜面的水平夹角，(°)；

β_0 ——刃脚斜面与土的外摩擦角，可取等于土的内摩擦角，(°)，硬土一般可取 30°，软土一般可取 20°；

b ——刃脚斜面入土深度的水平投影宽度，m；

F_{epl} ——沉井下沉到设计标高时，沉井刃脚底端处的水、土侧压力计算值，kN/m²；

F'_{epl} ——沉井下沉到设计标高时，沉井刃脚根部水、土侧压力计算值，kN/m²；

N_θ ——刃脚承受的环向拉力，kN；

r_c ——刃脚的计算中心半径，m，取刃脚截面 P_1 作用点的中心半径。

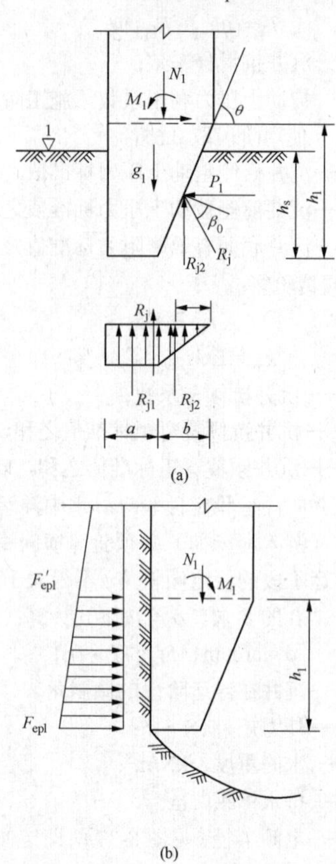

图 8-38 刃脚计算

（a）刃脚竖向的向外弯曲；（b）刃脚竖向的向内弯曲

（16）不带隔墙下沉的圆形沉井，下沉过程中井壁的水平内力可按不同高度截取闭合圆环计算，并假定在互成 90° 的两点处土壤内摩擦角的差值为 5°～10°。内力可按下式计算（见图 8-39）：

$$\omega'=p_B/p_A-1 \quad (8\text{-}110)$$

$$N_A=p_Ar_c(1+0.7854\omega') \quad (8\text{-}111)$$

$$N_B=p_Ar_c(1+0.5\omega') \quad (8\text{-}112)$$

$$M_A=-0.1488p_Ar_c^2\omega' \quad (8\text{-}113)$$

$$M_B=-0.1366p_Ar_c^2\omega' \quad (8\text{-}114)$$

式中 N_A ——A 截面上的轴力，kN/m；

M_A ——A 截面上的弯矩，kN·m/m，井壁外侧受拉时取负值；

N_B ——B 截面上的轴力，kN/m；

M_B ——B 截面上的弯矩，kN·m/m；

p_A、p_B ——井壁外侧 A、B 点的水平向土压力，kN/m²；

r_c ——沉井井壁的中心半径，m。

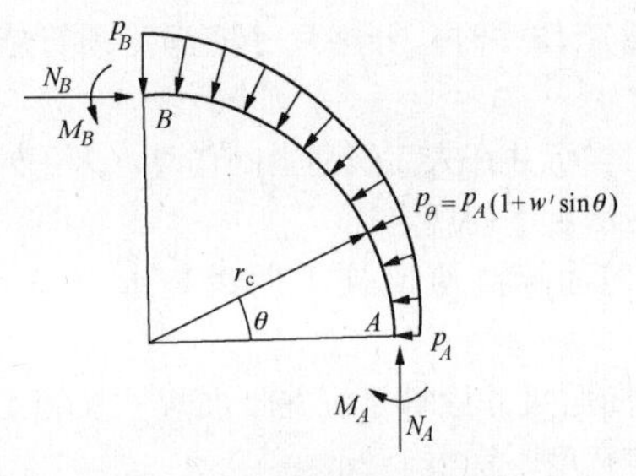

图 8-39　圆形沉井井壁计算

（17）带隔墙下沉的圆形沉井，在下沉过程中和使用阶段的井壁内力可沿不同高度截取闭合圆环按平面结构计算，计算时假定井壁在同一水平圆环上的土压力均匀分布。

（18）单孔、双孔圆端形沉井，在下沉过程中井壁的内力可沿井壁不同高度截取闭合环形按平面结构计算。计算时假定井壁在同一水平环上的水压力和土压力（q）均匀分布。

（19）矩形沉井应根据其下沉前的支承情况，对井壁竖向受力进行强度计算。沉井制作采用垫木支承时，计算时的不利支承点应符合下列规定：

1）长宽比不小于 1.5 的小型矩形沉井，按四点支承计算，定位支承点距端部的距离可取 0.15L（见图 8-40）。

2）长宽比小于 1.5 的小型矩形沉井，定位支点宜在两个方向均按上述原则设置。

3）对于大型矩形沉井，垫木可沿周边均匀布置，支承点数量可根据沉井尺寸、砂垫层厚度和持力土层的极限承载力确定。

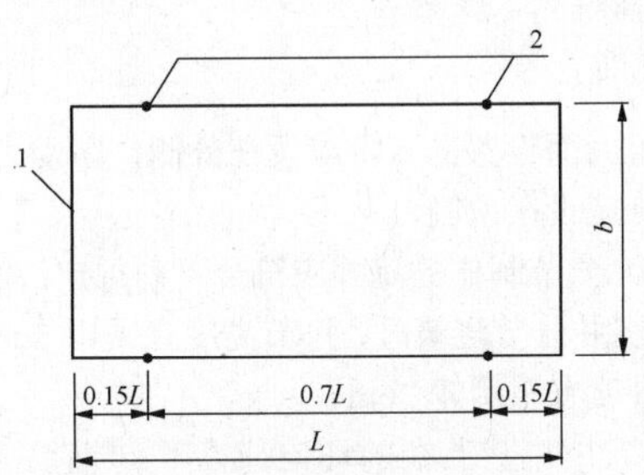

图 8-40　矩形沉井定位支承点布置

1—沉井壁；2—定位支承点

（20）矩形沉井刃脚的竖向弯曲内力计算除应参照第（15）条的规定外，尚应遵守第（21）条规定。

（21）矩形沉井刃脚强度计算时，可按下列规定对水平荷载进行折减：

1）内隔墙的底面距刃脚底面的距离不大于 50cm，或大于 50cm 而有垂直腋角时，作用于垂直悬臂部分的水平荷载应乘以折减系数α：

$$\alpha = 0.1 l_1^4 / (h_1^4 + 0.05 l_1^4) \tag{8-115}$$

当α＞1 时，取α=1。

式中　l_1——刃脚水平向最大计算跨度，m；

h_1——刃脚斜面垂直高度，m。

2）刃脚在水平方向按闭合框架计算，作用于框架上的水平荷载应乘以折减系数β：

$$\beta = h_1^4 / (h_1^4 + 0.05 l_2^4) \tag{8-116}$$

式中　l_2——刃脚水平向最小计算跨度，m。

五、荷载及组合

（1）下沉验算时，荷载按下列规定取用（各荷载项均用标准值，不考虑分项系数和组合值系数）：

1）井外排水施工时，包括结构自重、井壁外侧的摩阻力。

2）不排水施工时，包括结构自重、浮托力和井壁外侧的摩阻力；井内水位应根据具体挖土施工方法确定。

3）井内排水施工时，包括结构自重、浮托力和井壁外侧的摩阻力；井壁外侧的水位应根据具体排水措施及土质条件确定，一般可取 70%的地下水位静水位计算。

（2）封底后的抗浮稳定验算。沉井下沉、封底后应作抗浮稳定验算，荷载应包括结构自重和地下水的浮托力，各荷载项均用标准值，不考虑分项系数和组合值系数。

（3）封底混凝土强度计算。当沉井下沉后先封底再浇筑钢筋混凝土底板时，作用在封底混凝土上的地下水的浮托力可按施工期间的最高地下水位，并考虑浮托力折减系数计算。浮托力折减系数，对非岩质地基取 1.0；对岩石地基，应按其破碎程度确定，当基岩面设置滑动层时取 1.0。浮托力取用标准值，不考虑分项系数。

（4）沉井底板的设计荷载。沉井底板上的设计荷载一般应根据使用阶段的荷载组合确定，对于设有内隔墙的沉井，底板的设计荷载和受力条件尚应根据不同施工阶段确定，对内隔墙浇筑前后的两种不同受力状况分别进行计算。

（5）进行沉井井体结构的强度计算时，取荷载作用效应的基本组合，各荷载项应考虑分项系数和组合值系数；进行沉井井体结构的变形和裂缝宽度验算时，取荷载作用效应的标准组合或准永久组合，各荷载项应用标准值，并应考虑组合值系数或准永久值系数。荷载及组合按下列规定取用：

1）制作阶段应取结构自重。

2）下沉阶段，包括结构自重和井壁外侧的土压力（水下部分应按土的浮重度计算）；对矩形箱形沉井，尚应包括井壁里、外的水压力。

3）封底后，包括结构自重、浮托力、井壁外侧的土压力和水压力。

六、构造要求

(一)一般规定

(1)沉井平面宜对称布置，矩形沉井的长宽比不宜大于2。

(2)沉井平面重心位置宜布置在对称轴上，平面重心的竖向连线宜为竖直线。

(3)现浇钢筋混凝土大型沉井分节制作时，对上节沉井井壁应增加水平构造钢筋。

(4)受力钢筋的最小配筋率，应符合GB 50010《混凝土结构设计规范》和GB 50069《给水排水工程构筑物结构设计规范》的规定。

(5)沉井内受力钢筋的混凝土保护层厚度不应小于35mm。

(6)当沉井位于航道内时，应采取防撞措施或保护措施。

(二)基本构造要求

(1)沉井平面分格净尺寸不宜小于3.0m。沉井作为顶管工作井时，分格尺寸应满足顶管施工工艺要求。

(2)当沉井在人工筑岛上制作时，人工筑岛的基本构造应满足下列规定：

1)岛面标高应比施工期最高水位高500mm以上。

2)岛面尺寸应等于沉井平面尺寸加施工护道宽度，护道宽度不宜小于2m。

3)围堰的设计应考虑沉井重量对围堰产生的附加侧压力作用。

4)筑岛材料宜采用砂土。

(3)应将水位控制在沉井起沉标高以下不小于500mm。

(4)刃脚的踏面底宽宜为150～400mm，刃脚斜面与水平面夹角宜为50°～60°。当遇坚硬土层时，刃脚的踏面底宽可取150mm，刃脚斜面与水平面夹角应取60°，并宜在刃脚的踏面外缘端部设置钢板护角(见图8-41)。

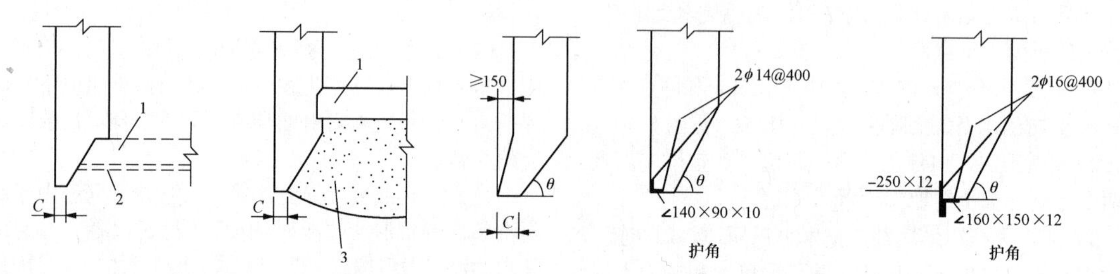

图8-41　刃脚构造

1—底板；2—垫层；3—封底混凝土

θ—刃脚斜面倾角；C—刃脚踏面底宽

(5)沉井下沉前，刃脚内侧(包括凹槽)及底梁和隔墙两侧均应打毛。打毛范围不应小于封底混凝土和底板混凝土的接触面。

(6)刃脚的长度必须满足封底混凝土厚度的要求。

(7)刃脚的配筋应符合下列规定：

1)刃脚的竖向钢筋应设置在水平向钢筋的外侧，并应锚入刃脚根部以上。

2)刃脚的里、外层竖向钢筋间应设置ϕ6～ϕ8拉筋，拉筋的间距可取300～500mm。

(8)沉井的封底应符合下列规定：

1)通过降水进行干封底时，应待封底混凝土强度等级达到设计要求后，方可停止降水。

2)对水下封底混凝土，待强度等级达到设计要求后，方可将井内水抽除。

(9)钢筋混凝土底板的构造应符合图8-42的规定。

(10)沉井井壁变截面台阶宽度可采用100～200mm，沉井最下部台阶宜设在沉井底板以上，距底板面不应小于1.0倍凹槽处壁厚(见图8-43)。为减小下沉摩阻力而设置的台阶应设在外侧，因受力要求设置的台阶应设在内侧。

(11)分节制作的沉井应符合下列规定：

1)沉井分节浇筑时，每节高度宜采用5～6m，底节沉井高度宜采用4～6m。

2)沉井井壁上端的环向或水平向钢筋应加强。沉井分节下沉时，每节井壁上端的环向或水平向钢筋均应加强。沉井的竖向框架在沉井下沉前应形成封闭体系。

(12)在井壁与后浇隔墙的连接处，宜在井壁上加设腋角，并预留凹槽、连接钢筋和止水片。凹槽的深度不宜小于25mm，连接钢筋的直径和间距应与隔墙边的水平向钢筋一致。

(13)因施工要求需弯折的顶留插筋，其直径不宜大于20mm。当直径大于20mm时，插筋接头应采用钢筋接驳器或采用电焊连接。

(14)现浇钢筋混凝土沉井壁板厚度不宜小于300mm。

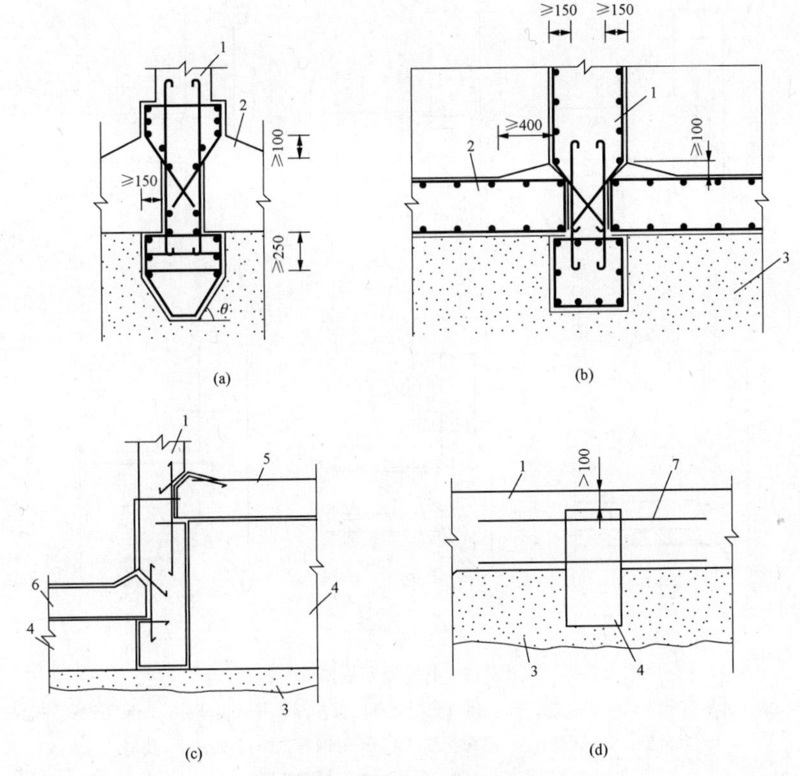

图 8-42　沉井底板构造

（a）带刃脚隔墙与底板连接；（b）无刃脚隔墙与底板连接；（c）错置底板与隔墙连接；（d）底梁与底板连接

1—隔墙；2—底板；3—封底混凝土；4—底梁；5—泵房底板；6—进水间底板；7—插筋

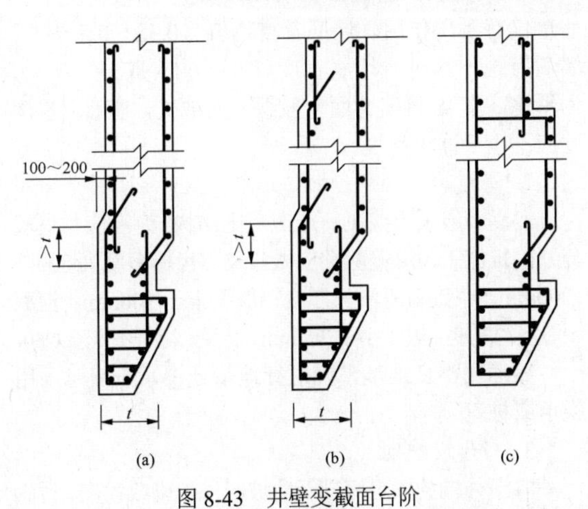

图 8-43　井壁变截面台阶

（a）一级台阶；（b）多级台阶；（c）内置台阶

（15）沉井壁板在底板厚度范围内设凹槽时，其深度不宜小于 150mm。在顶管工作井承受顶力壁板的凹槽内应预留插筋（或采用植筋）与沉井底板连接。沉井壁板在底板面上侧设凸缘时，凸缘宽度不应大于 150mm（见图 8-44）。

（16）不设刃脚的底梁和隔墙的底面距沉井刃脚底的距离，不宜小于 500mm。

（17）沉井隔墙若需设置施工过人洞口，洞口尺寸可采用 1.0m×2.0m。洞口应设预埋插筋，待底板浇筑完成后封闭。新旧混凝土的接缝应根据施工规范采取防渗措施。

（18）为增强沉井下沉刚度所设置的隔墙或上、下横梁应与井壁同时施工。

（19）井壁框架柱宜向沉井内凸出。

（20）沉井作为顶管工作井或接收井时，井壁预留洞口尺寸应符合下列规定：

1）沉井井壁预留顶出洞口的直径：对于钢管顶管不宜小于 0.12m+顶管外径，对于钢筋混凝土顶管不宜小于 0.2m+顶管外径。

2）沉井井壁预留接收洞口的直径：对于钢管顶管不宜小于 0.4m+顶管外径，对于钢筋混凝土顶管不宜小于 0.3m+顶管外径。

3）预留洞口的底与沉井底板面的距离：对于钢管顶管不宜小于 700mm，对于钢筋混凝土顶管不宜小于 600mm。

（21）顶管后座面积不宜小于 3m×3m。对于圆形沉井，在顶管支座处应浇制平整的钢筋混凝土后座。

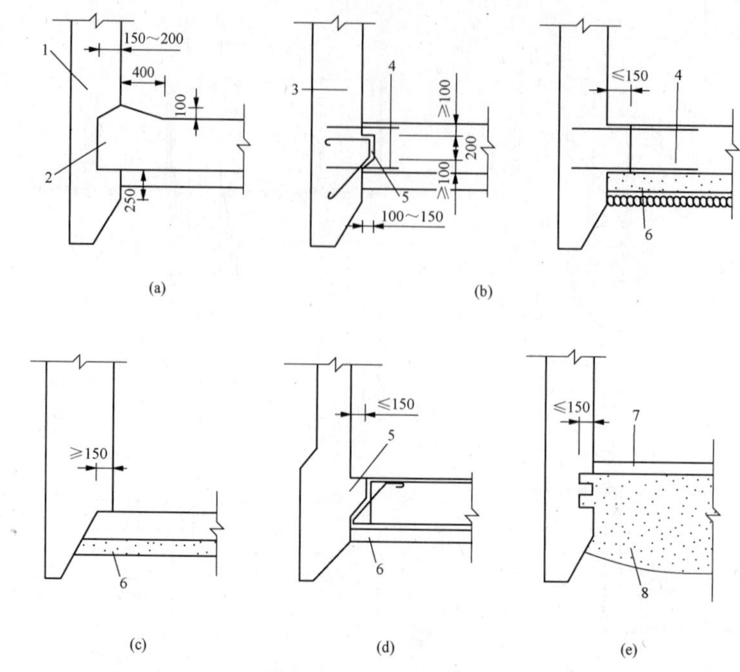

图 8-44 井壁及底板构造

（a）井壁凹槽；（b）井壁设凸缘和插筋；（c）利用壁端支承底板；（d）井壁设凸缘；（e）不设钢筋混凝土底板

1—井外壁；2—凹槽；3—凸缘配筋；4—预留钢筋；5—凸缘；6—垫层；

7—找平层；8—永久性水下封底垫层

第十一节 排水构筑物

本节所述排水构筑物是指管道或渠道的排水口，不涉及排水井、跌水井等其他排水构筑物，因此只适用于一般稳定的天然河道或人工开挖的排水渠。对于大型渠道和不稳定河床上的排水口，必须按相应的水工结构要求进行设计。

一、排水口类型

排水口一般根据出口角度与地形，分为八字形、一字形和门字形三种。

（1）八字形排水口：一般用于排水管道与河道成 90°～135° 相交排入河道，而且河道坡度较缓的条件下。

（2）一字形排水口：一般用于管道与河道顺接的条件下。

（3）门字形排水口：一般用于排水管道与河道成 90°～135° 相交排入河道，而且河道坡度较缓的条件下。

二、排水口结构

1. 翼墙

当采用砖砌筑时，墙顶宽度不小于 360mm。当采用砌石砌筑或采用混凝土时，墙顶宽度不小于 500mm。结构厚度按挡土墙计算确定。一般情况下，墙厚仅有土压作用，墙底宽度可取（0.35～0.5）H；墙后有地下水时，墙底宽度可取（0.5～0.55）H（H 为翼墙高度）。翼墙背面一般做成斜坡式，基础砌筑深度应不小于冻土深度。

2. 海漫

海漫一般采用浆砌石或混凝土结构。海漫应与翼墙分开砌筑施工。海漫两端应做齿墙，齿墙深度为 800～1000mm。浆砌石海漫的厚度一般不小于 300mm；混凝土海漫的厚度一般不小于 200mm，混凝土标号不低于 C30。

如遇到不良地基，应进行地基处理，一般可采用换填或桩基。

3. 衬砌或护砌

海漫外端的渠道底部及边坡应做护砌或衬砌。衬砌采用浆砌石或混凝土，浆砌石厚度不小于 300mm，混凝土厚度不小于 100mm。衬砌及护砌的长度及范围，应根据水流速度、水量、冲刷情况及地形地貌确定。

八字形排水口结构见图 8-45～图 8-47。

三、排水口设计

设计中，可根据工程实际情况，在国标图集 95S517《排水管道出水口》中选择，或参考图集自行设计。

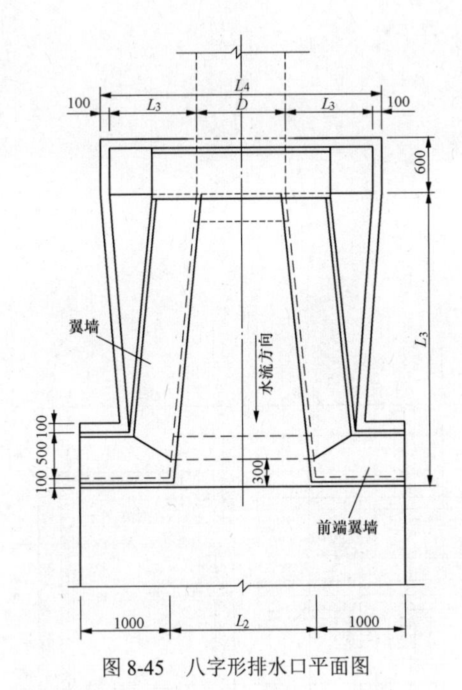

图 8-45　八字形排水口平面图

第十二节　工　程　实　例

一、沉井结构计算实例

以广东省某工程循环水泵房为例，说明沉井的计算步骤。

（一）工程简况和计算说明

该电厂供水系统为开式循环的直流供水系统，循环水泵房布置在西江岸边。该处地层分为五层，从上到下依次为粉细砂、粉质黏土、粉细砂、粉土、砂岩，泵房为岸边开敞式泵房。由于西江水位很高，采用围堰这样的大开挖方式施工很不经济，故泵房下部结构采用钢筋混凝土矩形箱形沉井。沉井的具体布置见图 8-48。

泵房所在处各层土设计参数如下：

（1）粉细砂：c=2kPa，φ=28°，γ=19kN/m^3，E_s=24MPa，f_k=100～120kPa。

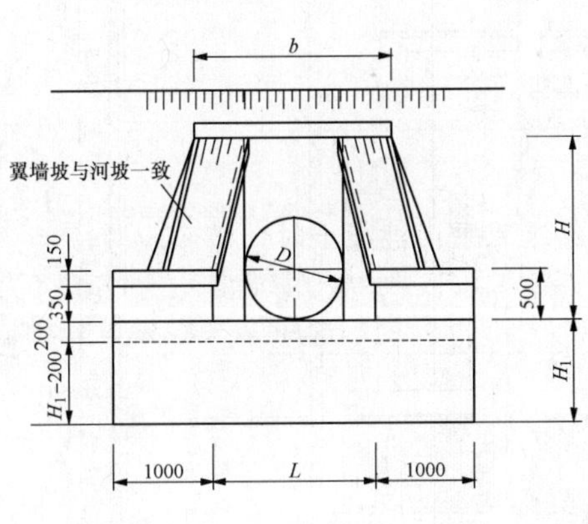

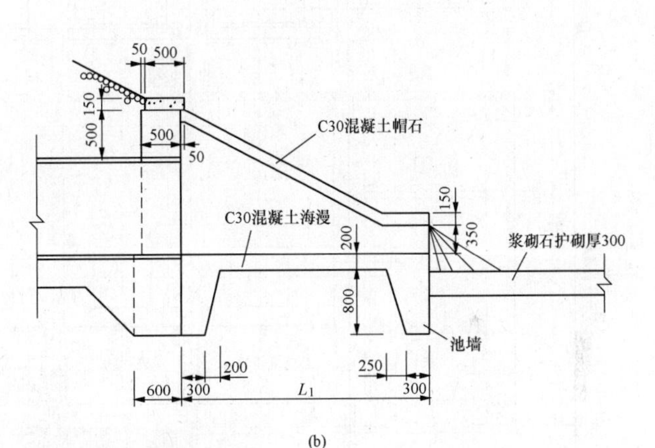

图 8-46　八字形排水口立面、剖面图

（a）立面图；（b）纵剖面

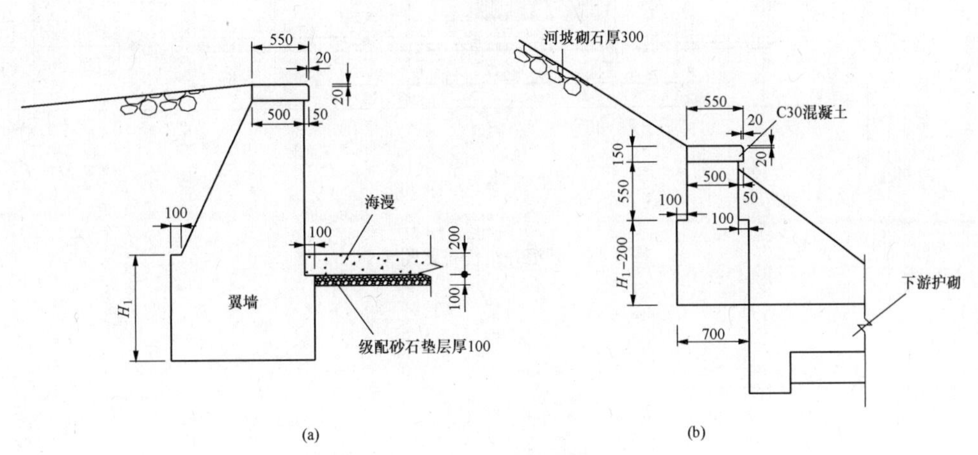

图 8-47　翼墙剖面图

（a）翼墙剖面；（b）前端一翼墙剖面

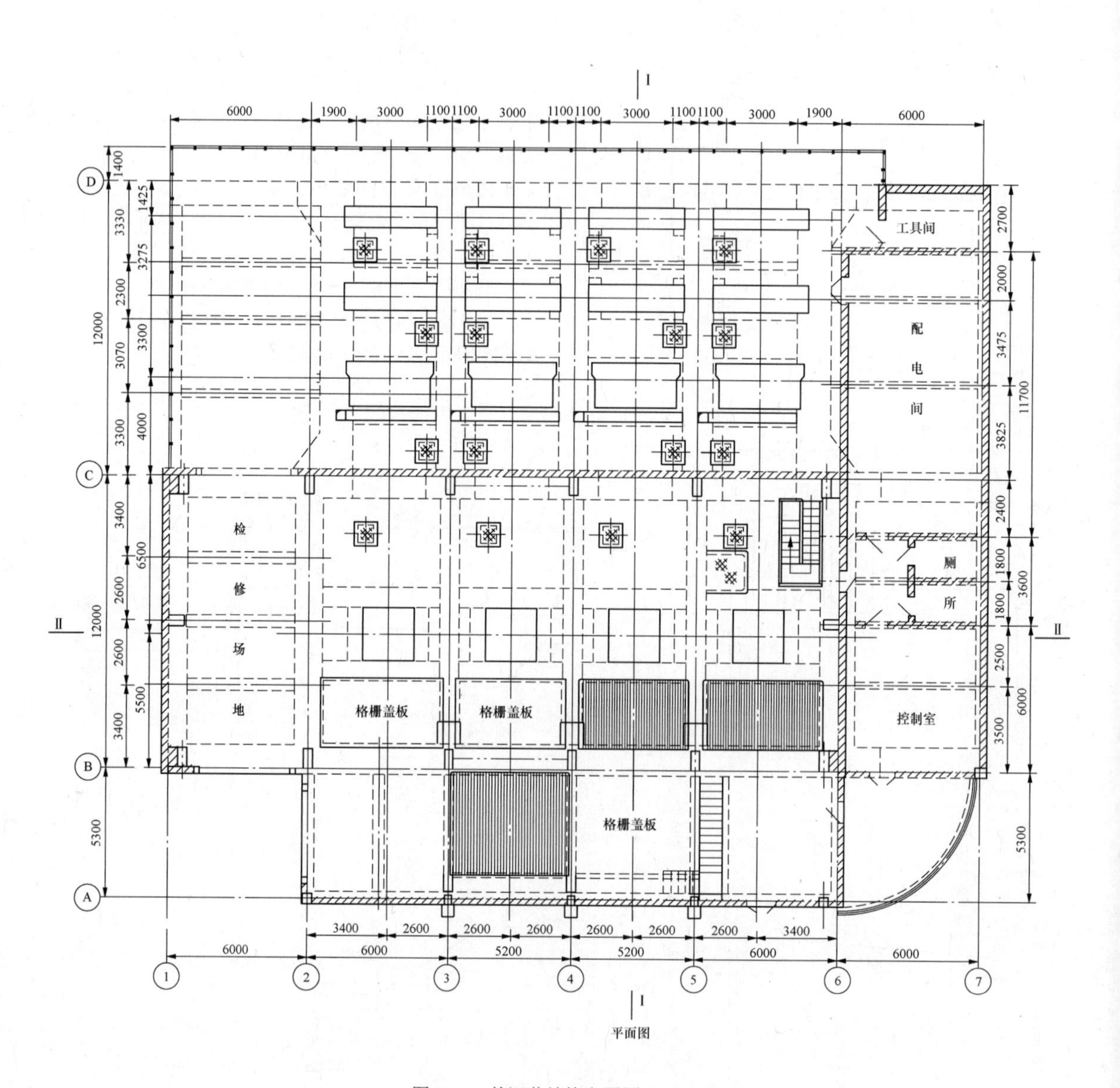

图 8-48　某沉井结构布置图（一）

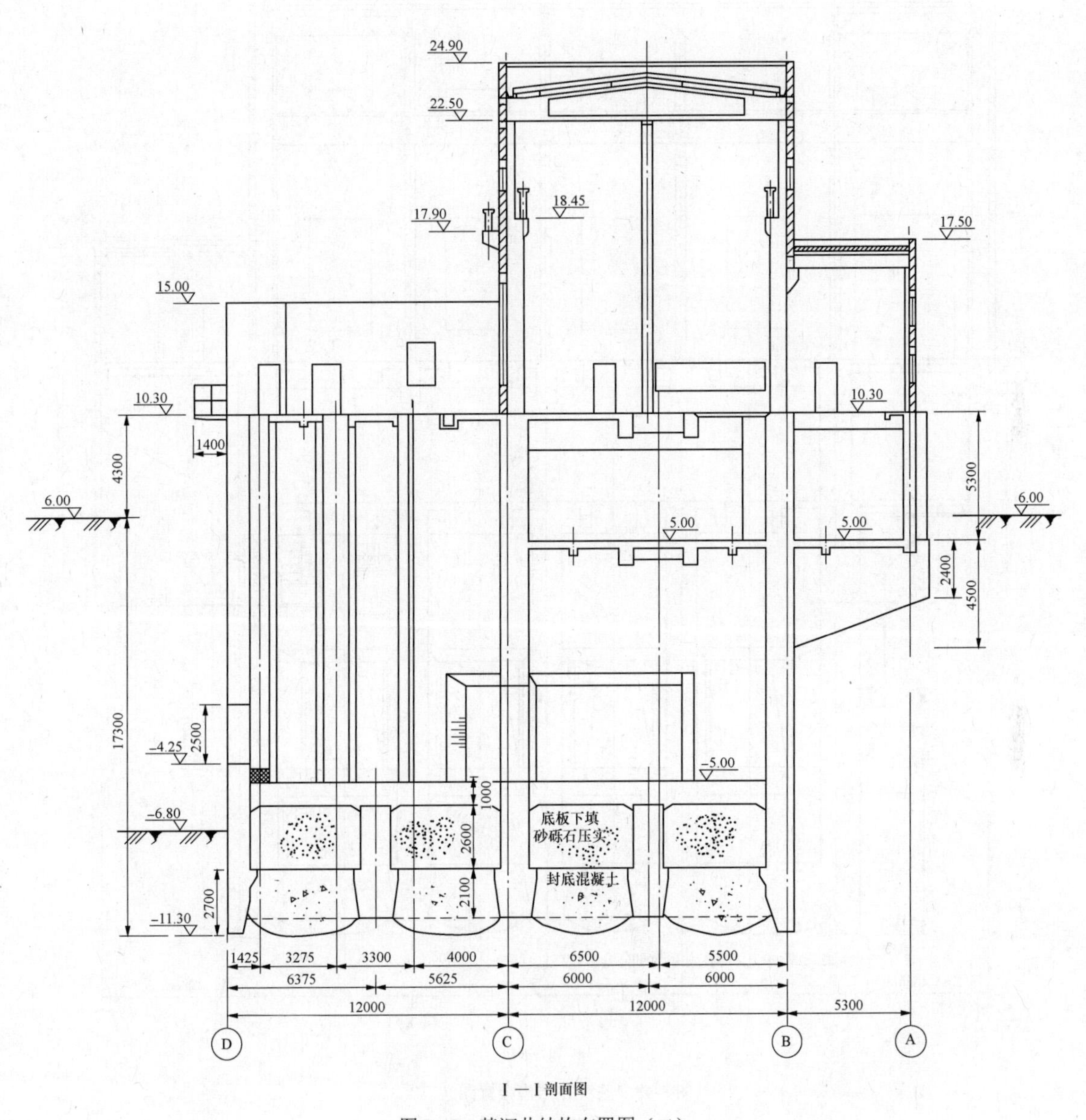

图 8-48　某沉井结构布置图（二）

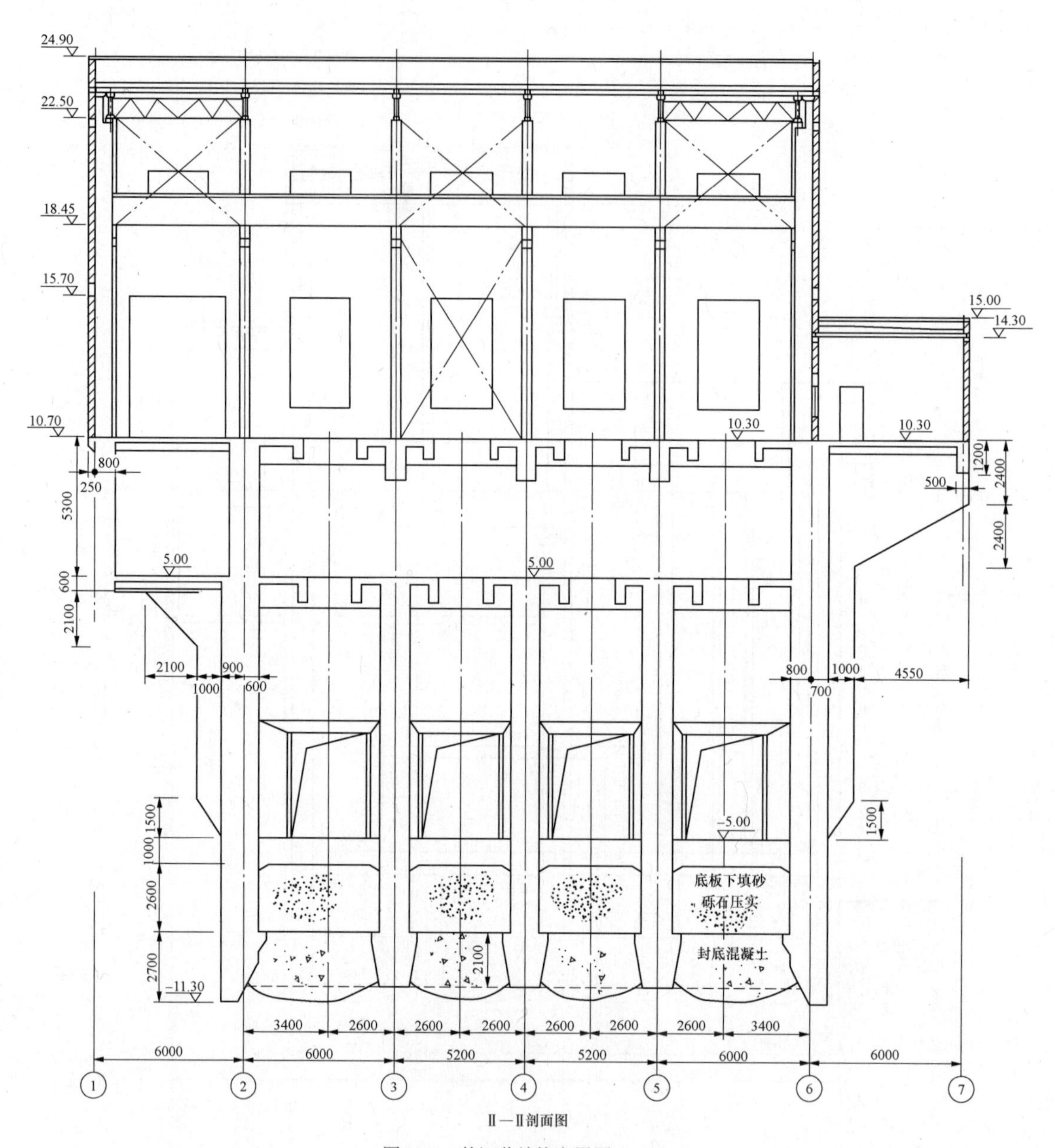

图 8-48　某沉井结构布置图（三）

（2）粉土：c=9.5kPa，φ=19°，γ=18.9kN/m^3，E_s=7.540kPa，f_k=180～200kPa。

（3）沉井井壁与周围土单位面积的摩阻力取20kPa。

（4）取水口处西江洪水位：P=0.1%时为10.30m，P=1%时为9.12m，P=5%时为8.25m。

该算例未附沉井井体和沉井在使用阶段的强度计算和裂缝宽度验算的内容及泵房整体稳定分析的内容，该部分计算同一般泵房的下部结构计算。

（二）沉井结构计算

沉井顶标高6.00m，6.00～10.30m之间的水泵层、电动机层梁和板后浇，所有牛腿后浇。

按以上条件验算下沉系数、抗浮系数、刃脚及侧壁强度、底板及底梁强度和刚度。

1. 沉井自重（计算过程略）

6.0m以下沉井自重标准值（沉井全重）为93686.94kN。

2. 沉井下沉验算

按制作一半下沉一半和全部制作好、下沉至设计标高两种情况分别验算下沉。

（1）制作一半下沉一半的情况（即下部8.5m高段沉至−2.5m标高）。

各土层单位面积摩阻力根据地质报告和本书相关表格确定。

井壁与土壤的单位面积摩阻力

$$f=\frac{2.0\times2.4+2.0\times2.2+3.9\times2.0}{2.4+2.2+3.9}=19.6133\text{（kN/m}^2\text{）}$$

井壁的外围周长

$$U=12.5+11.75+21.6+11.75+12.5+24.0+1.3+1.1+12=108.5\text{（m）}$$

井壁单位周长摩阻力

$$A=(H-2.5)f=(8.5-2.5)\times19.6133=117.680\text{（kN/m）}$$

井壁与土的总摩阻力

$$T=UA=108.5\times117.6798=12768.258\text{（kN）}$$

沉井制作一半的自重标准值 G=48201.01kN

下沉系数

$$K_{st1}=\frac{G}{T}=\frac{48201.01}{12768.258}=3.775$$

如计入地下水产生的浮力（采用不排水下沉），则K_{st1}值要小一些，但还大于规定的1.05，故可以。

（2）全部制作好并下沉至设计标高的情况（即沉井全高17m沉至−11.0m标高）。

井壁与土壤的单位面积摩阻力

$$f=\frac{2.0\times2.4+2.0\times2.2+12.4\times2.0}{2.4+2.2+12.4}=19.6133\text{（kN/m}^2\text{）}$$

井壁单位周长摩阻力

$$A=(17-2.5)\times19.6133=284.393\text{（kN/m）}$$

井壁与土的总摩阻力

$$T=UA=108.5\times284.393=30856.64\text{（kN）}$$

下沉系数

$$K_{st2}=\frac{G}{T}=\frac{93686.94}{30856.64}=3.036>1.05$$

计算结果满足要求。

3. 沉井下沉稳定验算

沉井下沉至设计标高、封底和浇筑底板完成以后，才进行上部楼高和梁板层等的浇筑，故对于沉井下沉稳定而言，下沉至设计标高未封底、遇枯水季节是最不利的工况。

取水口 P=97%的水位为−0.11m，为方便计算，地下水位取0.00m。

沉井自重（全重）93686.94kN，下沉至设计标高时井壁的总摩阻力为30856.64kN。

−2.50～0.00m段沉井重之和为10804.24kN。

地下水产生的浮力=

$$\frac{3537.038+1283.063+1319.018}{2.5}\times10=24556.476\text{（kN）}$$

沉井外壁轴线周长 U_o=108.5−(1.5×2+1.2×2)=103.1（m）

粉土的极限承载力f_j=320kN/m^2（参考表8-58）

则刃脚踏面及斜面下土的支承力 $R_1=U_o\left(C+\frac{n}{2}\right)f_j$

$$=103.1\times\left(0.6+\frac{0.6}{2}\right)\times320=29692.80\text{（kN）}$$

隔墙和底梁的总支承面积 A_1=1.2×21.85×3+1.2×15×2+1.2×17.4=135.54（m^2）

隔墙和底梁下土的支承力 $R_2=A_1f_j$=43372.8（kN）

根据以上数据，求得下沉稳定系数

$$K_{st,s}=\frac{93686.94-24556.476}{29692.8+43372.8}=0.946<1$$（未计入井壁摩阻力）

下沉稳定系数略小于1，说明沉井下沉过程基本稳定，同时说明沉井各部位尺寸拟定基本合理。

4. 沉井抗浮稳定验算

（略）

5. 沉井抗滑稳定验算

当采用沉井结构作为岸边取排水构筑物时，均应进行抗滑移稳定验算，可取最不利工况，按本书有关公式进行。本算例略去其过程。

6. 刃脚计算

B轴线②～③轴线之间的一块刃脚最大（按支承边界计）、厚度最薄（厚1200mm、高5200mm、宽

4800mm），为一块下边自由其他三边弹性固定的板，刃脚计算取此块板进行。

（1）刃脚向外挠曲计算：

1）第一种情况：如图 8-49 所示，沉井开始下沉时，刃脚切入土中，深度假定为 1.0m，刃脚外侧土压可略去。由于井体自重使刃脚产生向外弯曲。沉井分段制作，最不利的第一节沉井高度假定为 8.5m。

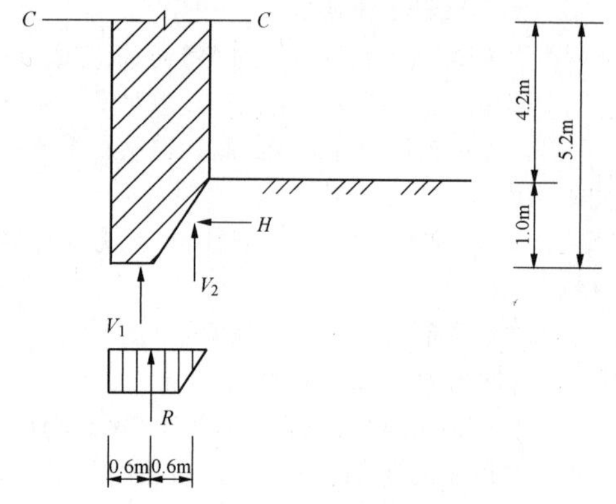

图 8-49　刃脚向外挠曲计算情况一简图

①荷载：第一节沉井单位长度自重 $G=\dfrac{48201.01}{103.1}=467.52\ (\text{kN/m})$

刃脚下土的垂直反力 $R=V_1+V_2=G=467.52$（kN/m）

$$V_2=\frac{Rn}{n+2C}=\frac{467.52\times0.6}{0.6+2\times0.6}=155.84\ (\text{kN/m})$$

$$\alpha=\arctan\frac{1.0}{0.6}=59.036^\circ$$

则刃脚斜面上的水平推力 $H=V_2\tan(\alpha-\beta)=$

$155.84\times\tan(59.036^\circ-25^\circ)=105.26$（kN/m）

②内力：忽略 V_1、V_2 的影响，仅计算 H 对 $C—C$ 截面的悬臂弯矩。

$$M_C=10.526\times\left(5.2-\frac{1}{3}\times1.0\right)=512.27\ (\text{kN}\cdot\text{m/m})$$

③荷载效应组合：结构重要性系数取 1.0；由于略去了刃脚外侧土压力及 V_1、V_2 对 $C—C$ 截面的影响，故荷载分项系数取 1.0。

④配筋：计算断面 $b\times h=1000\times1200$（mm^2），混凝土强度等级为 C25，钢筋 HRB335 级，保护层厚取 35mm。详细的配筋计算可按有关手册进行。

⑤内力值很小，裂缝不再计算。

2）第二种情况：沉井沉至井深的一半时，刃脚承受外侧水压力、土压力、摩阻力（T）及沉井自重（G）（沉井为全高）产生的地基反力（R）和斜面上的水平推力（H）的作用。这些力可能使刃脚产生较大的向外弯曲。

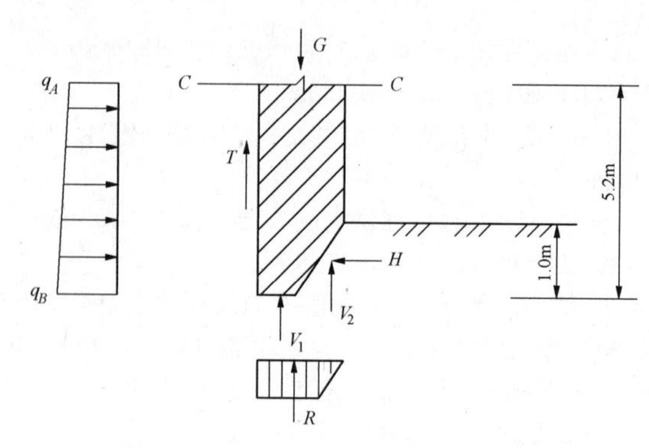

图 8-50　刃脚向外挠曲计算情况二简图

①荷载：沉井壁单位长度自重 $G=\dfrac{93686.94}{103.1}=$ 908.7 (kN/m)

土壤与井壁单位长度摩阻力 $T=120$（kN/m）

则刃脚下土的垂直反力 $R=V_1+V_2=G-T$

$=788.7$（kN/m）

$$V_2=\frac{Rn}{n+2C}=\frac{788.7\times0.6}{0.6+2\times0.6}=262.9\ (\text{kN/m})$$

$H=V_2\tan(\alpha-\beta)=262.9\times\tan(59.036^\circ-25^\circ)$

$=177.57$（kN/m）

②内力：忽略井外水压力、土压力、摩阻力及 V_1、V_2 的影响。

$$M_C=17.757\times\left(5.2-\frac{1}{3}\times1.0\right)=864.17\ (\text{kN}\cdot\text{m/m})$$

③荷载效应组合：取 $\gamma_0=1.0$（结构重要性系数），$\gamma_G=1.0$（恒载分项系数）。

④配筋：计算断面 $b\times h=1000\times1200$（mm^2），混凝土强度等级为 C25，钢筋 HRB335 级，保护层厚 35mm。详细的配筋计算可按有关手册进行。

⑤所计算的内力值相对于刃脚尺寸较小，而此值由于未考虑刃脚的双向传力作用，还是偏大了，故裂缝不再计算。

结论：当刃脚产生最大可能的向外挠曲时，刃脚内侧需配竖向筋 ϕ25@200。

（2）刃脚向内挠曲计算：

其最不利工况为：沉井沉至设计标高、刃脚下土已被掏空、在外侧水土压力作用下，刃脚将产生较大的向内挠曲，如图 8-51 所示。

1）荷载：按重液公式 $q=13h$ 计算井外侧水土压力：

$q_A=13\times11.4=148.2$（kN/m^2）

$q_B=13\times16.7=217.1$（kN/m^2）

2）刃脚除为固定于其端部的悬臂梁外，在水平方向还形成一个封闭框架，因此，所有水平外力应在两个方向进行分配。

刃脚按双向板计算，其边界条件假定为上边固定、下边自由、左右两边简支。

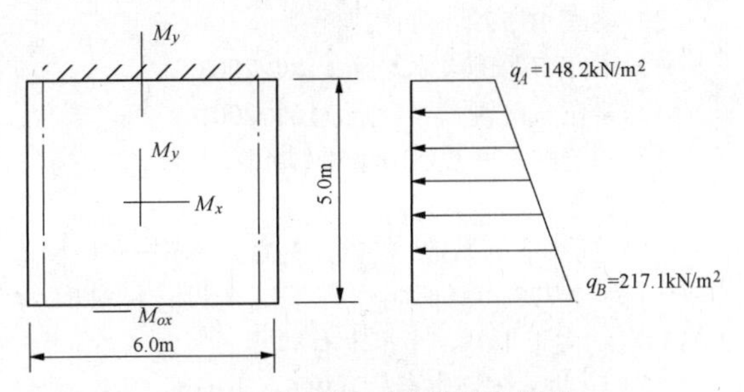

图 8-51　刃脚向内挠曲计算简图

$$l_y / l_x = \frac{5.0}{6.0} = 0.833，取0.825$$

分别按均布荷载 q_A=148.2kN/m²、均布荷载 q=68.9kN/m² 和倒三角形荷载 q_1=68.9kN/m² 计算，然后将各内力叠加，求得梯形荷载作用下刃脚的内力。可查《建筑结构静力计算手册》中有关图表进行计算，这里略去详细过程。

3）荷载效应组合的设计值：结构重要性系数γ_0取 1.0，恒荷载分项系数取 1.2，则刃脚固端弯短的设计值为

$$M_C=73.935\times1.0\times1.2=887.22\ (\text{kN·m/m})$$

4）配筋：计算断面 $b\times h$=1000×1200（mm²），混凝土用 C25 级，钢筋用 HRB335 级，保护层厚 35mm。详细的配筋计算可按有关手册进行。

5）内力值较小，裂缝不再计算。

6）结论：当刃脚产生最大可能的向内挠曲时，刃脚外侧需配竖向筋ϕ25@200（实际刃脚为偏心受压构件，按纯弯构件计算便使配筋偏大了，加上内侧竖向筋的存在，此配筋值并不小）。

（3）刃脚按水平框架计算：为简化计算，刃脚仍按双向板计算，其边界条件假定为上边简支、下边自由、左右两边固定，如图 8-52 所示。

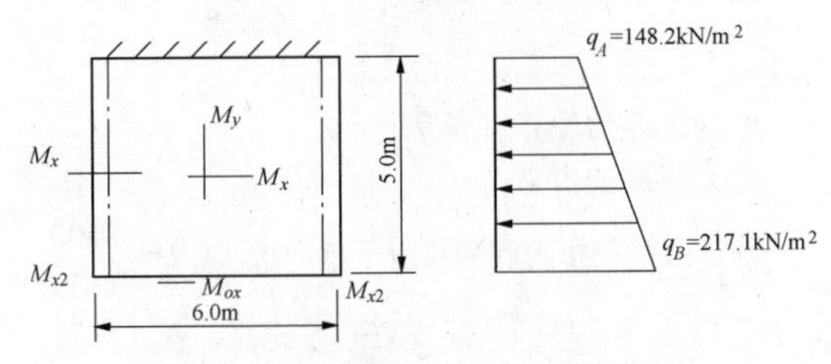

图 8-52　刃脚按水平框架计算简图

1）内力：分别按均布荷载 q_A=148.2kN/m²、均布荷载 q=68.9kN/m² 和倒三角形荷载 q_1=68.9kN/m² 计算，然后将各内力值叠加，求得梯形荷载作用下刃脚的内力。l_y/l_x=0.825，可查《建筑结构静力计算手册》中有关图表进行计算，这里略去详细过程。

2）荷载效应组合的设计值：结构重要性系数γ_0=1.0，荷载分项系数γ_G=1.2，则 M_x=1.0×1.2×22.286=267.43（kN·m/m）

$$M_{ox}=368.71\text{kN·m/m}$$
$$M_x^0=-571.2\text{kN·m/m}$$
$$M_y=106.15\text{kN·m/m}$$

3）配筋：计算断面 $b\times h$=1000×1200（mm²），混凝土采用 C25 级，钢筋用 HRB335 级，保护层厚 35mm，详细的配筋计算可按有关手册进行；刃脚内侧水平筋ϕ22@200（构造 1740mm²，实配 1900mm²）；刃脚外侧水平筋ϕ22@200（构造配）。

4）裂缝不再计算。

7. 沉井底梁强度、刚度计算

底梁所承受的荷载及可能承受的荷载有：①自重；②地反力；③发生突沉时的极限地反力；④丰水期或枯水期时遇检修工况、底板传来的最大浮力或自重反力。

分析沉井处各层土工程性质，并结合沉井的下沉稳定系数看，沉井下沉的过程中不会出现突沉的情况。

底梁的工作状况有两种：①与隔墙一起组成井字梁系；②与隔墙一起形成主次梁的关系。当沉井分节制作下沉时，底梁与隔墙组成的井字梁系均为深梁，且此时地反力值较小，故此种工况不为底梁强度、刚度计算的控制工况。底梁的不利工况为：与隔墙一起形成主次梁的关系。

底梁的不利计算工况为：①沉井沉至设计标高，底梁受自重和地反力作用；②丰水期或枯水期时遇检修工况，底梁承受底板传来的最大浮力或自重反力。

（1）按第一种工况计算：

1）荷载：

①自重：底梁断面尺寸 $b\times h$=1200×6200（mm²），则自重

$$q=1.2\times6.2\times25=186\ (\text{kN/m})$$

②地反力 $$p'=\frac{93686.94}{103.1+21.85\times3+15\times2+17.4}\times1.25=542.044\ (\text{kN/m})$$

2）底梁的净地反力 P=542.044−186=356.044（kN/m）。

（2）按第二种工况计算：

1）荷载：

①丰水期（P=1%的水位 9.12m）时，沉井底部最大浮力（4 台泵全检修）

$$g=(9.12+11.35)\times10=204.7\ (\text{kN/m}^2)$$

②丰水期时，沉井底部自重反力（按均布计，水位 9.12m）

$$g=\frac{176667.677+8541+14606.475-2789.875-5308.501}{553.8}+48.181=394.372\ (\text{kN/m}^2)$$

③枯水期（P=97%的水位-0.11m 时），沉井底部自重反力

$$g=\frac{176667.677}{553.8}+48.181=367.191\ (\mathrm{kN/m^2})$$

取丰水期时沉井底部自重反力计算。

④底板传给底梁的荷载$=4.45\times394.372=1754.9554$（kN/m）

底梁底所受反力$=394.372\times1.2=473.2464$（kN/m）

2）底梁所承受的净地反力：

$P=1754.9554+473.2464-186=2042.202$（kN/m）

（3）底梁按第二种工况计算，荷载为2042.202kN/m。

1）内力：底梁按搁置于隔墙和边墙的两端固定深梁计算。

$$跨中M=\frac{ql^2}{24}=\frac{2042.202\times6^2}{24}=3063.303\ (\mathrm{kN\cdot m})$$

$$支座M'=-\frac{ql^2}{12}=\frac{2042.202\times6^2}{12}=-6126.606\ (\mathrm{kN\cdot m})$$

$$支座边缘剪力V=\frac{ql'}{2}=\frac{2042.202\times4.8}{2}=4901.285\ (\mathrm{kN})$$

$$支座弯矩折减M=M'-\frac{1}{3}Vb=6126.606-\frac{1}{3}\times4901.285\times1.2=4166.092\ (\mathrm{kN\cdot m})$$

2）配筋：$l_0/h=\frac{6}{6.2}=0.97<2$，按深梁情况计算。

计算断面 $b\times h$=1200×6200（mm²），混凝土强度等级为C25，HRB335级筋，保护层厚50mm。

跨中截面内力臂 $Z=0.1\times(l_0+5.5h)=4.01$（m）

支座截面内力臂 $Z=0.1\times(l_0+5h)=3.7$（m）

①梁顶配筋：

$$A_s=\frac{1.2M}{f_yZ}=\frac{1.2\times3063.303\times10^6}{310\times4010}=2957\ (\mathrm{mm^2})$$

构造要求 A_s=0.15%×1200×6150=11070（mm²）。

②梁底配筋：

$$A_s=\frac{1.2M}{f_yM}=\frac{1.2\times4166.092\times10^6}{310\times3700}=4358\ (\mathrm{mm^2})$$

构造要求 A_s=11070mm²。

3）斜截面抗剪验算：

$0.5f_{tk}bh=0.5\times1.79\times1200\times6200=6510$（kN）

$1.2V=1.2\times4901.285\approx5882$（kN）

$1.2V<0.5f_{tk}bh$，斜截面抗剪满足，按构造要求配分布筋。

（4）底梁计算结果：

1）梁断面 $b\times h$=1200×6200（mm²），混凝土采用C25级，钢筋HRB335级，保护层厚50mm；

2）梁顶16ϕ22，分两排配；

3）梁底16ϕ22，分两排配；

4）梁左右两侧设水平筋ϕ18@200；

5）梁左右两侧设竖向筋ϕ16@200；

6）钢筋网片间设ϕ10@500 撑筋。

8. 结论

（1）沉井下沉系数 3.775、3.036（制作一半下沉一半时为 3.775，全部制作好下沉至设计标高时为3.036），均大于1.05，下沉没有问题。

（2）沉井下沉稳定系数0.946，小于1，下沉基本稳定。

（3）沉井抗浮稳定安全系数1.197，大于1.0，抗浮稳定没有问题。

（4）沉井抗滑稳定安全系数2.0，大于1.3，抗滑稳定没有问题。

（5）通过对刃脚、底梁、侧壁板强度、刚度的计算，说明沉井各部位尺寸拟定均比较合理。

9. 封底计算

沉井沉至设计标高后，用素混凝土进行封底。根据工程地质和水文地质条件，采用水下封底。封底完毕后，排干沉井内水，浇筑钢筋混凝土底板。待底板达到设计强度以后，进行上部接高。

在钢筋混凝土底板发挥作用之前，封底混凝土可能承受的最大荷载有：①丰水期地下水位产生的最大浮力；②枯水期（P=97%的水位-0.11m）沉井自重引起的地反力。

（1）荷载：

1）最大浮力 $q=10.0\times17.0=170$（kN/m²）

2）沉井自重反力：

沉井底面积=12.5×24+11.75×21.6=553.8（m²）

沉井自重 93686.94kN

枯水期地下水产生的浮力$=10.0\times(11-0.11)\times553.8=60308.82$（kN）

由此得沉井自重地反力 $q=\frac{93686.94}{553.8}=169.171\ (\mathrm{kN/m^2})$

取最大浮力计算封底厚度。

（2）封底的内力：

Ⓓ轴线的一排封底最接近于单向板，$l_x/l_y=\frac{3800}{4875}=0.779$，取0.75，按四边简支双向板计算。查《建筑结构静力计算手册》中有关图表：

$$M_x'=0.062\times ql_x^2=0.062\times170\times3.8^2=152.198\ (\mathrm{kN\cdot m/m})$$

$$M_y'=0.0317\times ql_x^2=77.817\ (\mathrm{kN\cdot m/m})$$

$$M_x=M_x'+\mu M_y'=165.167\ (\mathrm{kN\cdot m/m})$$

$$M_y=M_y'+\mu M_x'=103.183\ (\mathrm{kN\cdot m/m})$$

（3）按抗弯要求求封底厚度：

封底采用 C20 混凝土。按本书中相关公式计算。

$$h=\sqrt{\frac{9.09\times165.167\times10^{4}}{13\times100}}+30=137.466\text{（cm）}$$，取 1.4m

（4）按抗剪要求求封底厚度：

封底混凝土承受的总剪力 $Q=3.8\times4.875\times170=3149.25$（kN）

封底混凝土周长 $b=(3.8+4.875)\times2=17.35$（m）

假定封底厚度取 140cm，则

$$\tau=\frac{Q}{bh}=\frac{3149.25}{17.35\times1.4}=129.652\ (\text{kN}/\text{m}^2)$$

C20 混凝土允许直接剪应力［σ_j］=1010.08kN/m^2

$\tau<$［σ_j］，140cm 厚封底满足抗剪要求。

（5）结论：封底厚度取 1.4m。后经综合分析，将刃脚踏面标高降至−11.80m，底梁和隔墙底标高降至−11.20m，沉井封底实际厚度取 2.1m。

10. 井壁竖向抗拉计算

当沉井下沉接近设计标高时，刃脚下土已被掏空，沉井靠井壁与土之间的摩阻力维持平衡。这时，沉井井壁在上部某处可能被土层卡住，下部处于悬吊状态，因而井壁可能出现较大的竖向拉力。一般计算假定，最大拉力出现在井高的中部，$S_{max}=0.5G$。

（1）沉井重量（−11.80～6.00m）：据前述计算，$G=97960.74$kN

（2）井壁单位长度最大拉力 $S_{max}=\frac{0.5\times97960.74}{103.1}=475.076$（kN/m）

（3）井壁单位长度抗拉钢筋（HRB335 级钢筋）

$$A_s=\frac{475.076\times1.2\times10^3}{310}=1839\text{（mm}^2\text{）}$$

每侧单位长度配筋 919.5mm^2。

（4）井壁按构造要求每侧配筋（单位长度）1542mm^2，大于 919.5mm^2，满足要求。

二、盾构隧道工程实例

1. 实例一：某工程取排水盾构隧道

该工程采用直流系统，循环水取水引水管采用隧道式盾构法施工，如图 8-53 所示。取水工程循环水泵房和盾构工作井采用分开方案，引水隧道由两根水平长度约为 700m 的盾构隧道组成。隧道内径 4.5m，管节长 0.95m。每个管节由 6 片管片组装而成，管壁厚 0.33m。盾构隧道纵坡坡度约 1%，斜长约 605m，水平段约 95m。

2. 实例二：某工程取水盾构隧道

该工程为两台 1000MW 机组，设两根 DN4200 取水隧道和两根 DN4200 排水隧道，二期两台 1000MW 机组另设两根 DN4200 取水隧道和两根 DN4200 排水隧道，隧道均采用盾构法施工（见图 8-54）。隧道均位于②1、②2 淤泥中，隧道底部局部遇③淤泥质黏土、④2 粉土及④3 黏土。

隧道衬砌标准段采用 C50 钢筋混凝土预制管片，特殊段采用复合管片。管片宽 0.9m、厚 0.3m，环向分为 6 块，纵向采用通缝拼装。纵向和环向均采用单排螺栓连接，管片纵缝和环缝止水均采用橡胶带止水。

对过海堤段隧道和特殊段隧道周围软土进行注浆加固，改善隧道下卧层软土的压缩性能和隧道侧面软土的强度，以减少隧道的纵向变形，改善环向受力特性。对靠近泵房的出洞段隧道下卧层软土进行高压旋喷注浆加固，以减少隧道和泵房的差异沉降。

三、顶管工程实例

1. 实例一：某工程循环水引水顶管

如图 8-55 所示，该工程 4 号机组取水工程设 1 根 ϕ3600mm、长引水钢约 230m 的钢顶管。钢顶管的外径为 3.672m，内径为 3.60m，管壁厚度为 36mm。根据一般施工机具和施工操作空间及板材的规格，管节长度原则上宜定为 8～9m。在管外壁注入触变泥浆，同时沿程设置中继接力管节，以供中继接力油压千斤顶工作。

2. 实例二：某电厂循环水引水顶管

该电厂一期 2 台 600MW 机组设 2 根 ϕ3200mm 的引水钢顶管，管中心距为 14m。一般段管顶覆土层厚 11m，大堤段覆土为 18.5m。

引水管由顶管和水下敷管两部分组成，循环水泵房至大堤外段引水管采用顶管法施工，长约 255.8m，沿循环水泵房至取水头方向为平坡。顶管规格为 ϕ3200mm×36mm，泵房进水间兼作顶管工作井。管道位于②1 号灰色淤泥质粉质黏土土层中，局部有粉砂层，为保证顶管方向正确和控制顶力，每根顶管顶进过程中设中继环。在大堤中心线处设高喷防渗板墙，防止沿管壁渗流。

四、循环水泵房工程实例

某电厂二期 2×600MW 工程冷却系统采用二次循环。循环水泵房上部结构为钢筋混凝土排架结构，轴线尺寸为 40.0m×15m，地面以上高 16.6m。屋面板为预制槽型板，砖围护墙结构，墙厚 0.24m，塑钢门窗。地面以下为现浇钢筋混凝土箱形结构，平面尺寸为 28.0×23.5m，深 8.75m，如图 8-56 所示。

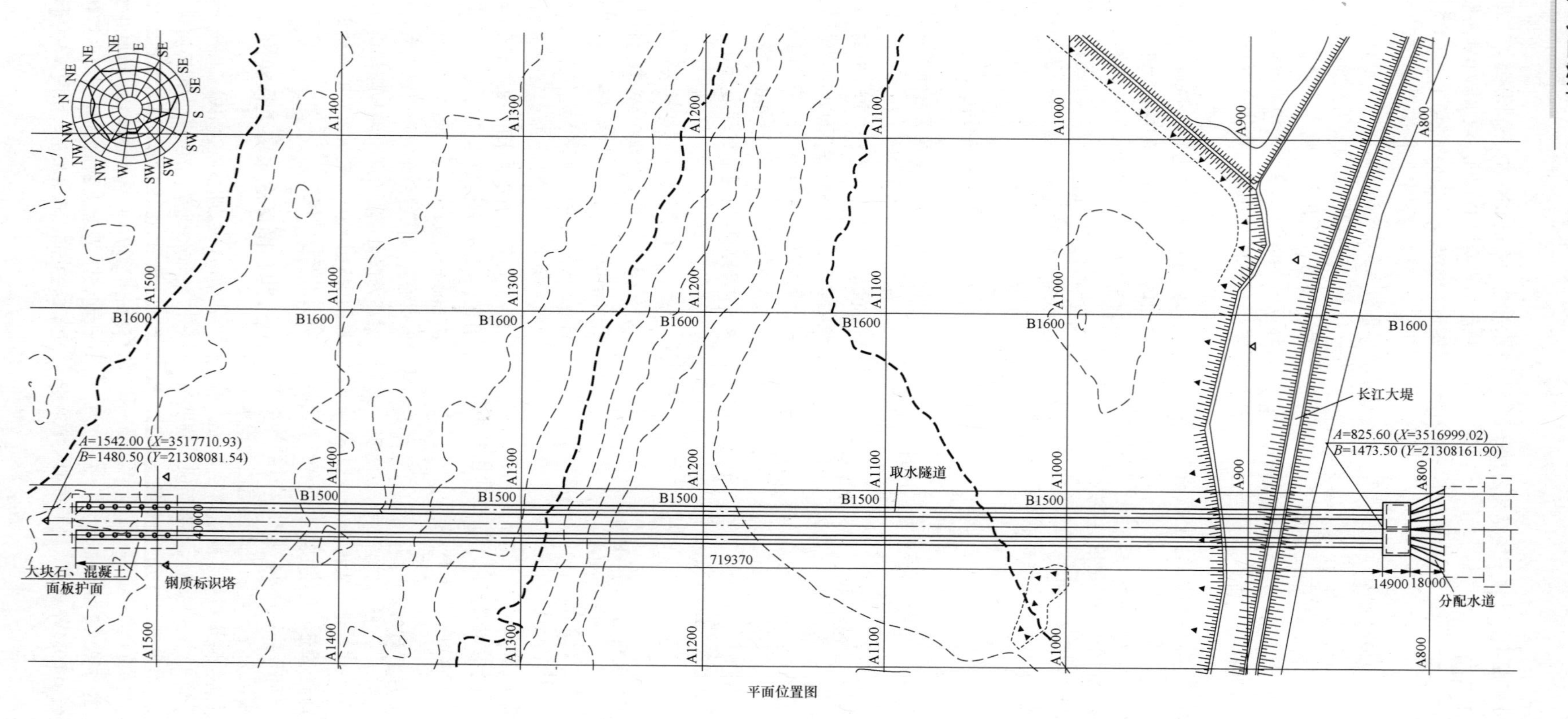

图 8-53　某工程取排水盾构隧道（一）

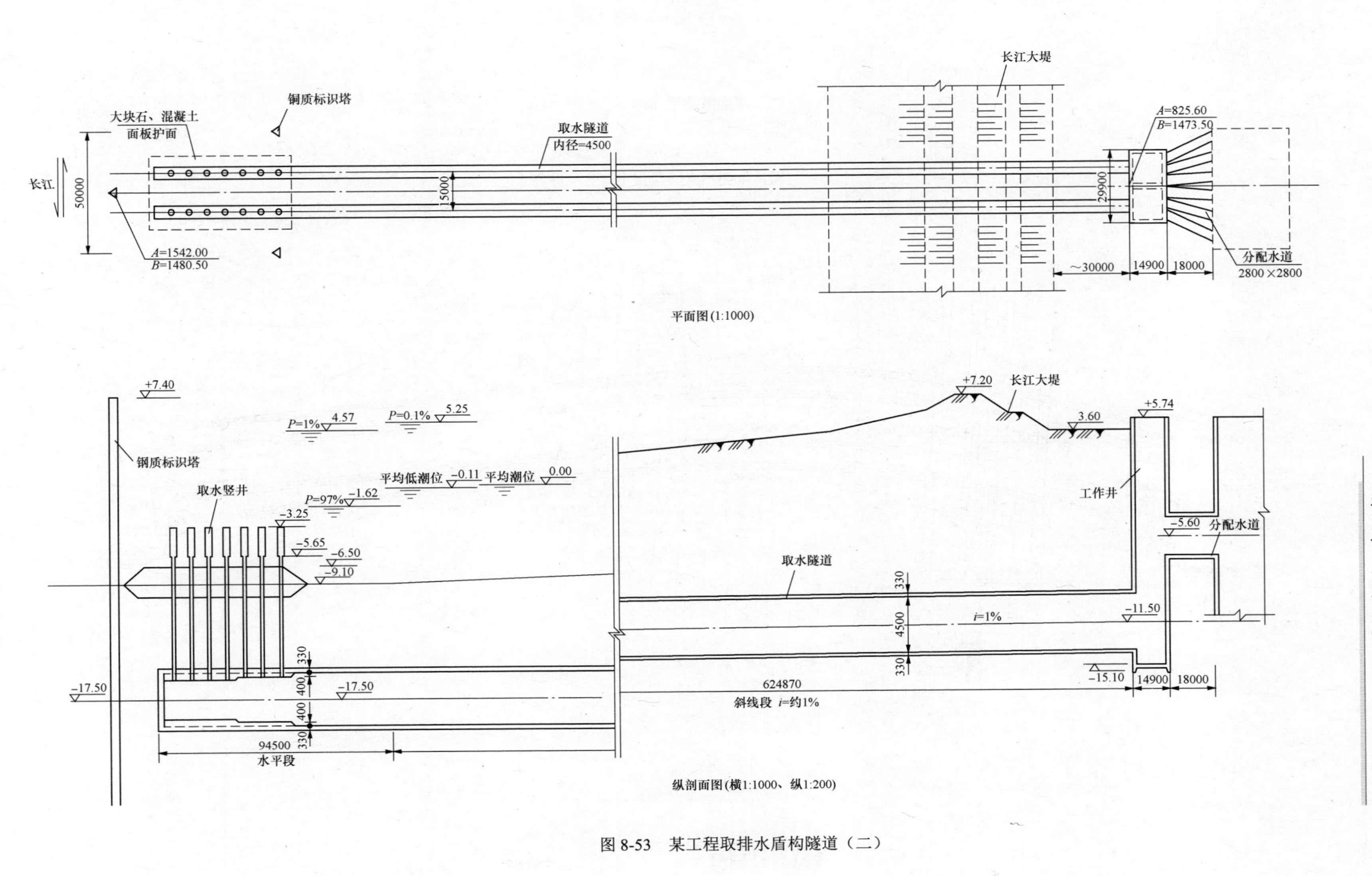

图 8-53 某工程取排水盾构隧道（二）

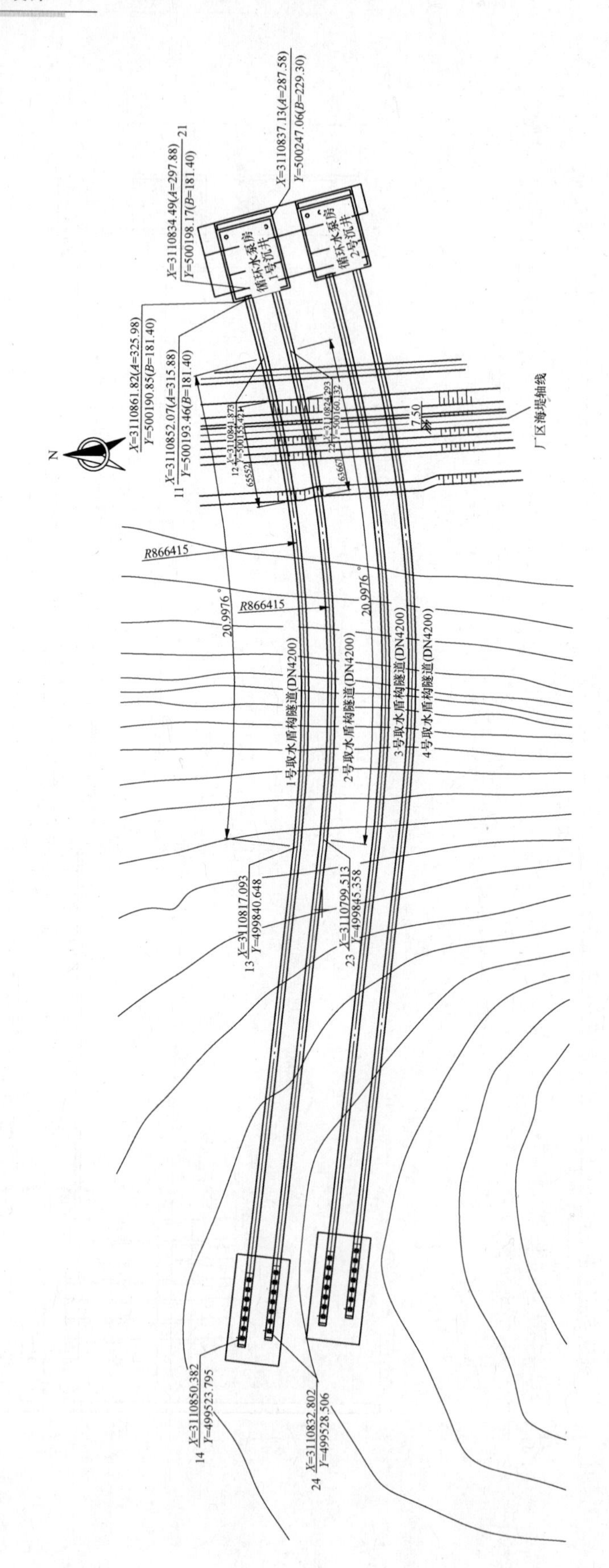

1 号和 2 号取水隧道的平剖面布置图

图 8-54　某工程取水盾构隧道（一）

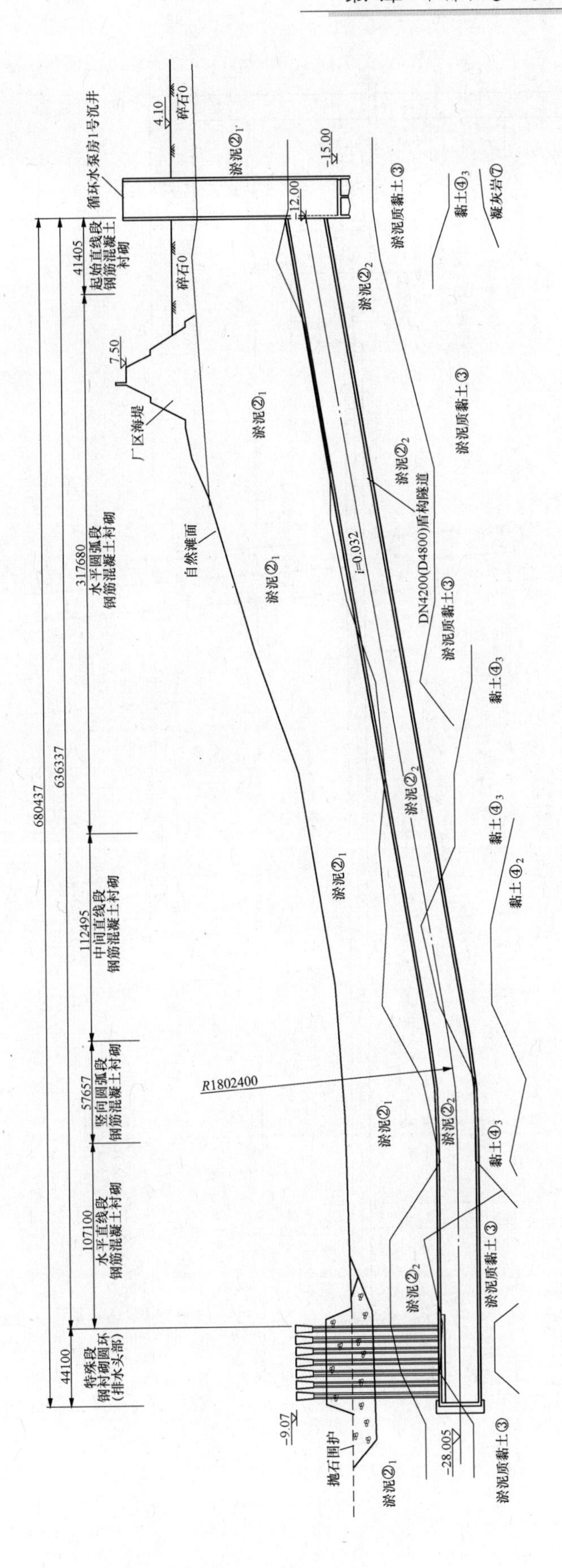

取水盾构隧道纵剖面图

图 8-54　某工程取水盾构隧道（二）

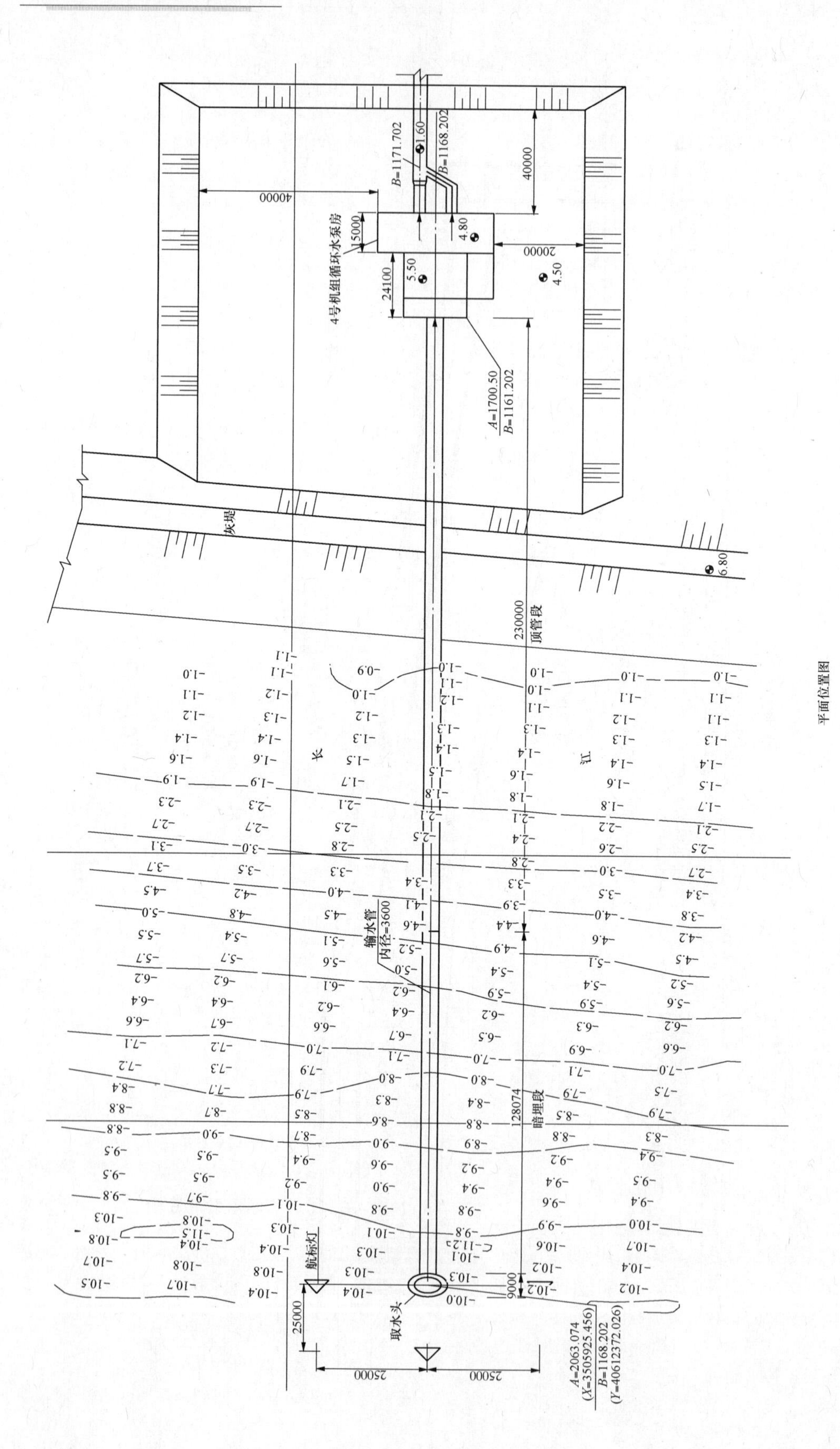

图 8-55　某工程循环水引水顶管（一）

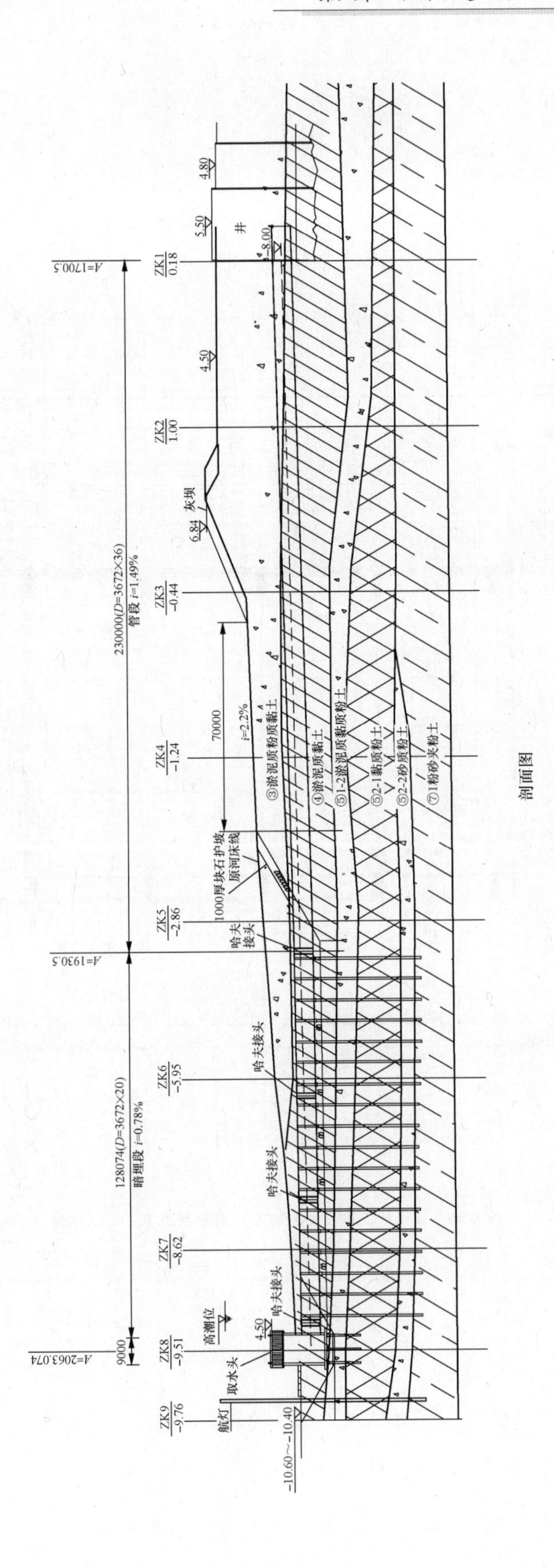

图 8-55　某工程循环水引水顶管（二）

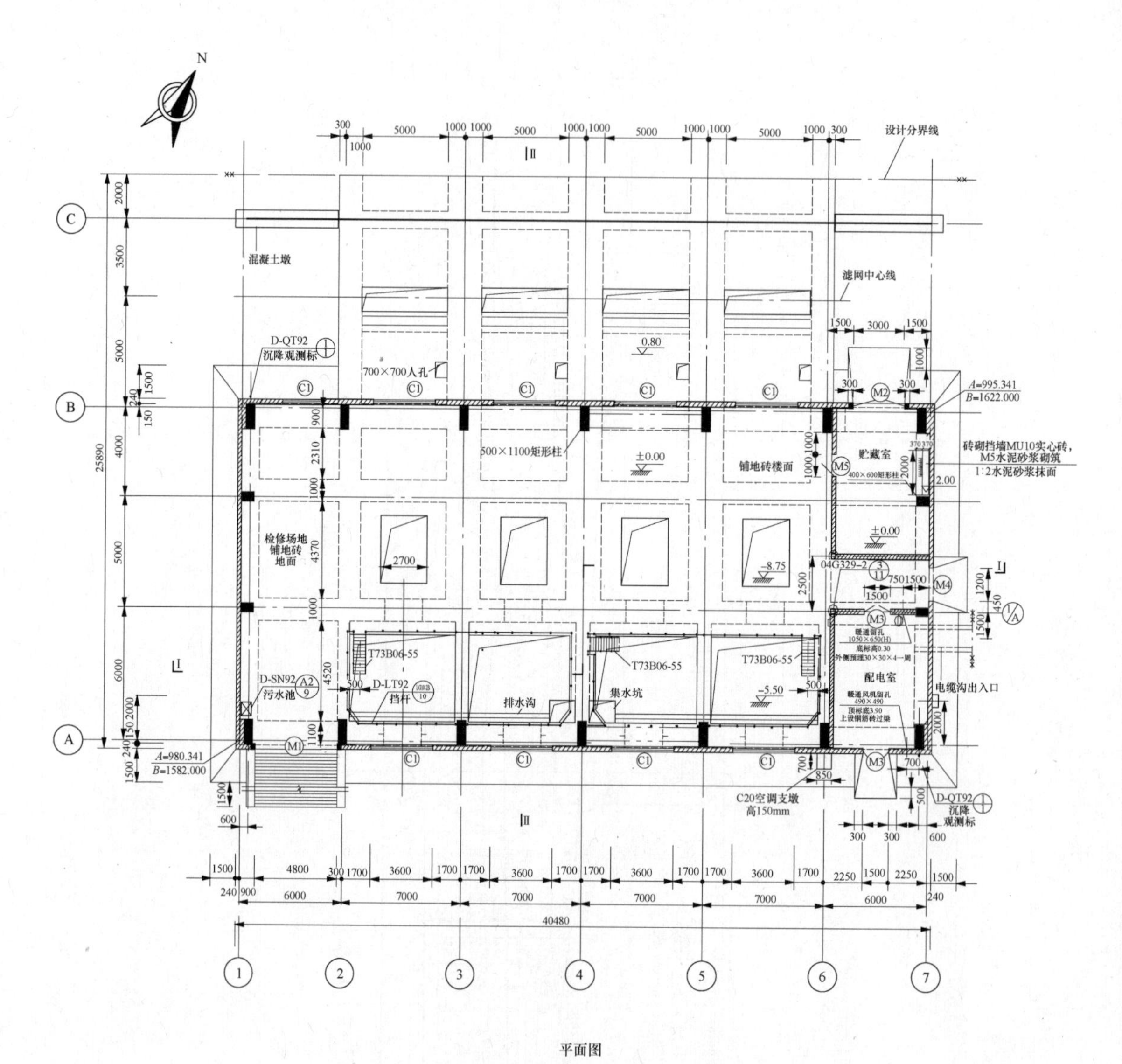

平面图

图 8-56　某电厂二期 2×600MW 工程循环水泵房（一）

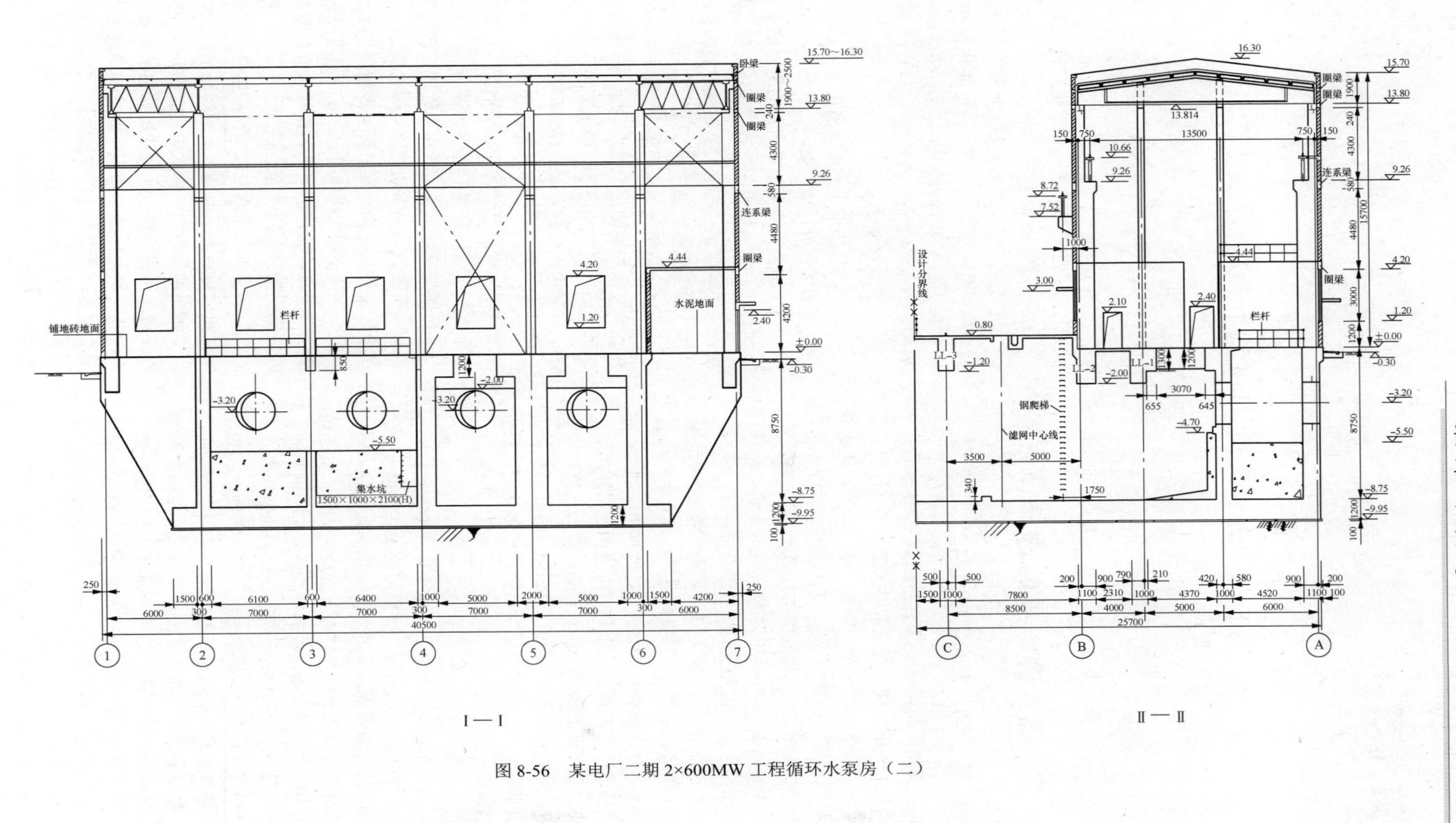

图 8-56　某电厂二期 2×600MW 工程循环水泵房（二）

第九章

管、沟、渠和调蓄构筑物设计

第一节　管、沟、渠的选择和布置

一、管、沟、渠的选择原则

压力管道的材质应根据工艺要求、输送水质、管径、内压、外部荷载和管道敷设区的地形、地质、管材的供应，按照运行安全、耐久、减少漏损、施工和维护方便、经济合理的原则，进行技术、经济、安全等综合分析确定。可选用的管材有钢管、球墨铸铁管、预应力钢筋混凝土管、预应力钢筒混凝土管、玻璃钢管、钢塑复合管、内外喷塑或涂塑钢管等。

排水宜采用重力自流方式，可采用管道、沟或渠，其材质、构造、基础、接口等应根据排水水质、水温、断面尺寸、外部荷载和管道敷设区的地形、地质、材料的供应等因素选择。排水管道可采用塑料排水管、铸铁排水管、钢筋混凝土排水管等；重力自流沟道、暗涵宜采用钢筋混凝土结构；渠道设施宜选择在挖方或半填半挖地区，并宜避免渠道的高填和深挖，且宜按规划容量一次建成。

1. 湿式冷却系统

循环供水系统及直流供水系统具有输送流量大、系统工作压力较低的特点，若冷却水水质为淡水，其系统内的压力输水管道宜采用钢管、钢筋混凝土管或预应力钢筒混凝土管；若冷却水水质为海水，其系统内的压力输水管道宜采用玻璃钢管、预应力钢筒混凝土管、喷塑或涂塑的钢管、带阴极保护的钢管等。

循环供水系统冷却塔至循环水泵房前池之间的重力自流输水方式宜采用混凝土暗涵（沟）。直流供水系统中，虹吸井之后的重力自流输水方式宜采用钢筋混凝土排水暗涵，也可采用管道，同时，在不影响电厂总平面及地下设施布置、通行等情况下，也可采用明渠。厂区外应根据工程条件确定，宜采用造价相对较低的明渠。

独立于主汽轮机冷却系统而设置的辅机冷却水湿冷系统，冷却水水质一般为淡水，输送流量相对较小，此系统冷却水的输送宜采用管道，且宜采用钢管。

2. 干式冷却系统

间接空冷系统，其系统内所输送的冷却水为除盐水，具有对水质要求很高、温度变化幅度较大、系统工作压力较低的特点。该系统的循环水管道宜采用钢管。

3. 厂区管道系统

厂区内压力输水管道宜采用管道，重力自流输水设施可采用管道、沟或渠。

厂区综合管架上架空布置的压力输水管道宜采用金属管道。输送淡水的管道宜采用钢管，输送高含盐废水、脱硫废水、海水等腐蚀性介质的管道，宜采用喷塑、涂塑或衬塑钢管等。

厂区埋地敷设的压力输水管道，若输送的介质为淡水，宜采用钢塑复合管、钢管、球墨铸铁管；若输送的介质为高含盐废水、脱硫废水、海水等腐蚀性介质，宜采用钢塑复合管，玻璃钢管，涂塑、喷塑或衬塑钢管等；若工程地质条件具有较强的腐蚀性，管道材质宜采用钢塑复合管或玻璃钢管，也可采用涂塑或衬塑钢管、带阴极保护的钢管等。

厂区生活污水及工业废水管道系统，其输送介质具有弱腐蚀性，通常还伴有难闻的气味，宜采用重力自流管道收集方式，管道可采用塑料排水管、铸铁排水管、钢筋混凝土排水管等；若有温度高于40℃的排水连续进入，管道应采用铸铁排水管、耐热塑料排水管或钢筋混凝土排水管。

厂区雨水由于水量较大，应结合厂区竖向布置，采用重力自流方式收集。露天煤场区域的雨水，由于会受到煤堆的污染，排水中含有部分煤颗粒，为避免煤颗粒在管道内沉积，造成运行维护困难，宜采用明沟收集。其他区域的雨水可通过明沟或管道收集，根据工程条件确定；进行雨水回收、处理、回用的系统，宜采用管道收集，管道可采用塑料排水管、铸铁排水管、钢筋混凝土排水管等；在地形平坦、埋设深度或出水口深度受限制的地区，宜采用明沟收集。

二、断面及流速

管、沟、渠的经济断面应根据系统优化计算确定。在初步选择断面尺寸时，流速宜根据下列条件选择：

（1）压力输水管道，当管径为1000～1600mm时，宜采用1.5～2.0m/s；当管径大于1600mm时，宜采用2.0～3.0m/s。

（2）钢筋混凝土自流沟道宜采用1.0～2.5m/s。当地形、地质条件合适时，虹吸井后排水沟流速可酌情提高。

（3）水源为江河的直流供水系统或补给水系统，其管、沟的流速宜大于泥沙的不淤流速。

（4）输送海水的压力管道，为避免海生物的黏附，其内设计流速一般宜控制在3.0～3.5m/s；循环水沟的设计流速一般不宜小于2.5m/s。

（5）渠道内不淤流速应根据渠道水流的含砂量及其颗粒组成、渠道过水断面等因素确定，但不宜低于0.5m/s，最低不得低于0.4m/s；当水流深度 h 为0.4～1.0m时，其最大设计流速要求见表9-1；当水流深度 h 在0.4～1.0m范围以外时，表9-1中所列的最大设计流速应乘以如下系数：

1）$h<0.4m$，0.85；

2）$1.0m<h<2.0m$，1.25；

3）$h\geqslant 2.0m$，1.40。

表9-1　　明渠最大设计流速

明渠类别	最大设计流速（m/s）
粗砂或低塑性粉质黏土	0.8
粉质黏土	1.0
黏土	1.2
草皮护面	1.6
干砌块石	2.0
浆砌块石或浆砌砖	3.0
石灰岩和中砂岩	4.0
混凝土	4.0

（6）金属材质的重力流排水管道的最大设计流速不宜超过10.0m/s，非金属材质的不宜超过5.0m/s；非金属材质排水管道的最大设计流速经试验验证可适当提高。

（7）重力流污水排水管道在设计充满度下的最小设计流速不应低于0.6m/s；重力流雨水管道及合流管道在满流时的最小设计流速不应低于0.75m/s。室外重力自流排水管道的最小管径与相应的最小设计坡度见表9-2。

表9-2　室外重力自流排水管道的最小管径与相应的最小设计坡度

管道类别	最小管径（mm）	相应最小设计坡度
污水管	300	塑料管0.002，其他管0.003
雨水管和合流管	300	塑料管0.002，其他管0.003
雨水口连接管	200	0.01
重力输泥管	200	0.01

（8）当采用压力排水时，压力管道的设计流速宜取0.7～2.0m/s。

（9）倒虹吸管的设计流速应大于0.9m/s，并应大于进水管道内的流速；当设计流速不能满足时，应增加定期冲洗措施，冲洗时的流速不应小于1.2m/s。倒虹吸管的最小管径宜不小于200mm。

（10）室外压力输泥管道的最小管径不应小于150mm；压力输泥管道的最小设计流速见表9-3。

表9-3　压力输泥管道的最小设计流速

污泥含水率（%）	最小设计流速（m/s）	
	管径150～250mm	管径300～400mm
90	1.5	1.6
91	1.4	1.5
92	1.3	1.4
93	1.2	1.3
94	1.1	1.2
95	1.0	1.1
96	0.9	1.0
97	0.8	0.9
98	0.7	0.8

三、管、沟、渠的布置

1. 一般要求

厂内管、沟、渠应与电厂总平面及地下设施同时进行规划布置，尽量保证工艺流程顺畅、布置紧凑、路径短、交叉少；重力自流管、沟应尽量沿地坪竖向坡度布置；明露架空管道宜与厂区综合管架统一布置；对于布置空间特别有限的区域，可考虑将管道集中于管沟内布置。

管道宜沿道路布置，地下管道宜敷设在道路行车部分以外。

管道穿过河道时，可采用管桥或河底穿越等方式，有条件时应利用已有桥梁或结合新建桥梁进行架设。

当管、沟布置出现交叉时，压力管、沟宜避让自流管、沟，断面尺寸较小的管、沟宜避让断面尺寸较大的管、沟。

当给水管道与污废水管道、雨水管道交叉时，给水管道应敷设在上面，且不得有接口重叠。当由于工程条件限制，给水管道需敷设在下面时，应采用钢管或钢套管保护，钢套管伸出交叉管的长度，每端不得小于3m，且钢套管的两端应采用防水材料封闭。

当再生水管道与生活给水管道、工业水管道、合流管道和污废水管道交叉时，应敷设在生活给水管道及工业水管道的下面，宜敷设在合流管道和污废水管道的上面。

2. 地下管、沟的水平净距

在主厂房附近管沟比较集中的地带，宜考虑减少土石方量和管线走廊宽度。自流沟间的净距以及压力管、沟与自流沟间的净距可按不小于0.8m考虑。压力管间的净距，当管径小于1000mm时不宜小于0.6m，当管径为1000～2000mm时不宜小于0.7m，当管径大于2000mm时不宜小于0.8m。

厂外输水管、沟的净距应根据施工、检修和地形地质等条件确定。一般情况下，当管径或沟宽为1400mm 及以下时可采用 0.8m，当管径或沟宽大于1400mm时可采用1.0m。

在电厂室外管线的设计过程中，应优先执行表9-4的相关要求，对于表9-4中未明确的，应按表9-5、表9-6的要求执行。

表 9-4　　地下管线间的最小水平净距　　(m)

序号	管线名称	压力水管	自流水管	煤气管	热力管（当采用管沟时从沟壁算起）	压缩空气管	乙炔管	氢气管	天然气管	通信电缆	电力电缆（电压为35kV以下）	油管（当采用管沟时从沟壁算起）
1	压力水管	—	1.5～3.0	1.0	1.5	1.0	1.5	1.5	1.5	1.0	1.0	1.5
2	自流水管	1.5～3.0	—	1.0	1.5	1.5	1.5	1.5	1.5	1.0	1.0	1.5
3	煤气管	1.0	1.0	—	2.0	1.5	1.5	1.5	1.5	1.0	1.0	1.5
4	热力管（当采用管沟时从沟壁算起）	1.5	1.5	2.0	—	1.5	1.5	1.5	1.5	2.0	2.0	1.5
5	压缩空气管	1.0	1.5	1.5	1.5	—	1.5	1.5	1.5	1.0	1.0	1.5
6	乙炔管	1.5	1.5	1.5	1.5	1.5	—	2.0	2.0	1.0	1.0	1.5
7	氢气管	1.5	1.5	1.5	1.5	1.5	2.0	—	2.0	1.0	1.0	1.5
8	天然气管	1.5	1.5	1.5	1.5	1.5	2.0	2.0	—	1.0	1.0	1.5
9	通信电缆	1.0	1.0	1.0	2.0	1.0	1.0	1.0	1.0	—	0.5	1.0
10	电力电缆（电压为35kV以下）	1.0	1.0	1.0	2.0	1.0	1.0	1.0	1.0	0.5	—	1.0
11	油管（当采用管沟时从沟壁算起）	1.5	1.5	1.5	1.5	1.5	1.5	1.5	1.5	1.0	1.0	—

注　1. 表列净距除标明者外，应自管壁或防护设施的外缘算起。
2. 本表同一栏内列有两个数值时，当压力水管直径大于200mm时用大值，水管直径小于或等于200mm时用小值。
3. 煤气管指低压煤气管，对高、中压煤气管的间距要求，见GB 50013—2006《室外给水设计规范》及GB 50014—2006《室外排水设计规范》。
4. 本表根据DL/T 5339—2006《火力发电厂水工设计规范》绘制。

表 9-5　　给水管与其他管线及建（构）筑物之间的最小水平净距　　(m)

序号	建（构）筑物或管线名称	与给水管线的最小水平净距	
		$D\leq200mm$	$D>200mm$
1	建筑物	1.0	3.0
2	污水、雨水排水管	1.0	1.5

续表

序号	建（构）筑物或管线名称			与给水管线的最小水平净距	
				$D≤200mm$	$D>200mm$
3	燃气管	中低压	$p≤0.4MPa$	0.5	
		高压	$0.4MPa<p≤0.8MPa$	1.0	
			$0.8MPa<p≤1.6MPa$	1.5	
4	热力管			1.5	
5	电力电缆			0.5	
6	电信电缆			1.0	
7	乔木（中心）			1.5	
8	灌木				
9	地上杆柱	通信照明电压低于 10kV		0.5	
		高压铁塔基础边		3.0	
10	道路侧石边缘			1.5	
11	铁路钢轨（或坡脚）			5.0	

注　本表根据 GB 50013—2006《室外给水设计规范》绘制，表中 D 为给水管直径，p 为燃气管内压力。

根据 GB 50014—2006《室外排水设计规范》，排　　需满足表 9-6 的要求。
水管与其他管线及建（构）筑物之间的最小水平净距

表 9-6　排水管与其他管线及建（构）筑物之间的最小净距　(m)

名称			水平净距	垂直净距
建筑物			注 3	—
给水管	$D≤200mm$		1.0	0.4
	$D>200mm$		1.5	
排水管			—	0.15
再生水管			0.5	0.4
燃气管	低压	$p≤0.05MPa$	1.0	0.15
	中压	$0.05MPa<p≤0.4MPa$	1.2	0.15
	高压	$0.4MPa<p≤0.8MPa$	1.5	0.15
		$0.8MPa<p≤1.6MPa$	2.0	0.15
热力管线			1.5	0.15
电力管线			0.5	0.5
电信管线			1.0	直埋 0.5
				管块 0.15
乔木			1.5	—
地上柱杆	通信照明及 10kV 以下		0.5	—
	高压铁塔基础边		1.5	—
道路侧石边缘			1.5	—
铁路钢轨（或坡脚）			5.0	轨底 1.2

续表

名称	水平净距	垂直净距
电车（轨底）	2.0	1.0
架空管架基础	2.0	—
油管	1.5	0.25
压缩空气管	1.5	0.15
氧气管	1.5	0.25
乙炔管	1.5	0.25
电车电缆	—	0.5
明渠渠底	—	0.5
涵洞基础底	—	0.15

注 1. 表列数字除标明者外，水平净距均指外壁净距，垂直净距是指下面管道的外顶与上面管道基础底间的净距。
2. 采取充分措施（如结构措施）后，表列数值可以减小。
3. 与建筑物的水平净距，当管道埋深浅于建筑物基础时，不宜小于 2.5m；当管道埋深深于建筑物基础时，按计算确定，但不应小于 3.0m。
4. 本表根据 GB 50014—2006《室外排水设计规范》绘制。

3. 地下管、沟的垂直净距及埋深

管道的埋设深度应根据冰冻情况、外部荷载、管材性能、抗浮要求及与其他管道交叉等因素确定；管、沟中心线宜低于所在地的最大冻土深度；敷设在人行道下的排水管道的管顶最小覆土深度不得小于 0.6m，当敷设在车行道下时，不得小于 0.7m。

给水管道与铁路、公路交叉时，其设计应按铁路、公路行业技术规定执行。管、沟穿越道路时，管、沟顶面与道路面的距离不宜小于 1.0m；穿越铁路时，管沟顶面与轨底的距离不应小于 1.2m，并宜设有必要的防护措施（如套管、涵洞等）。

穿越河底的管道应避开锚地，埋设深度还应在其相应防洪标准的洪水冲刷深度以下，且至少应大于 1.0m。管道埋设在通航河道时，管道的埋设深度应在航道底设计高程 2m 以下，且应符合航运管理部门的技术规定要求。

排水管与其他管线及建（构）筑物之间的最小垂直净距要求见表 9-6。

给水管与其他管线及建（构）筑物之间的最小垂直净距要求见表 9-7。

表 9-7　给水管与其他管线及建（构）筑物之间的最小垂直净距　（m）

序号	管线名称		与给水管线之间的最小垂直净距
1	给水管线		0.15
2	污、雨水排水管线		0.40
3	热力管线		0.15
4	燃气管线		0.15
5	电信管线	直埋	0.50
		管沟	0.15
6	电力管线		0.15
7	沟渠（基础底）		0.50
8	涵洞（基础底）		0.15
9	电车（轨底）		1.20
10	铁路（轨底）		1.20

注 本表根据 GB 50014—2006《室外排水设计规范》绘制。

4. 渠道

明渠转弯处，其中心线的弯曲半径不宜小于设计水面宽度的 5 倍，盖板渠和铺砌明渠的转弯半径不小于设计水面宽度的 2.5 倍。明渠最小转弯半径可按下式计算：

$$R_{\min}=1.1v^2\sqrt{A}+12 \tag{9-1}$$

式中 $R_{\min}$——明渠最小转弯半径，m；
v——明渠过水断面平均流速，m/s；
A——明渠过水断面面积，m^2。

明渠和盖板渠的底宽不宜小于 0.3m，渠道顶部宜高出最高水位 0.5～0.7m。

第二节　管、沟、渠的水力计算

一、概述

管、沟、渠的总水头损失为其沿程水头损失和局部水头损失之和。

一般情况下，当雷诺数大于 5×10^3 时，管、沟、渠内水流为紊流状态；当雷诺数小于 2×10^3 时，为层流状态（即使出现水流扰动后，一般也会回归到层流状态）；当雷诺数介于 2×10^3～5×10^3 之间时，为不确定的过渡段。电厂管、沟、渠内的水流雷诺数一般在 10^6 左右，属于紊流状态。

二、沿程阻力计算

1. 管、沟的沿程阻力计算公式及参数选择

式（9-2）～式（9-7）为 DL/T 5339—2006《火力发电厂水工设计规范》的要求，式（9-8）为 GB 50013—2006《室外给水设计规范》的要求。工程设计中，若工程无明确的沿程阻力计算公式采用要求，建议优先根据管道材质种类等选择采用式（9-2）～式（9-7），国外工程优先采用式（9-8）。

（1）钢筋混凝土压力管和进排水沟道（有压和无压）的沿程水头损失，可按下列公式计算：

$$v=\frac{1}{n}R^{2/3}i^{1/2} \tag{9-2}$$

$$R=\frac{A}{\chi} \tag{9-3}$$

式中　v——流速，m/s；

n——粗糙系数，钢筋混凝土压力管和水泥砂浆抹面的钢筋混凝土沟道可采用 0.013～0.014，不抹面的钢筋混凝土沟道可采用 0.014～0.015；

R——水力半径，m；

i——水力坡度，mH_2O/m；

A——过水断面面积，m^2；

χ——湿周，m。

（2）旧的压力钢（铸铁）管的沿程水头损失，可按下列公式计算：

当 $v<1.2$m/s 时

$$i_0=\frac{0.000912v^2}{d_j^{1.3}}\left(1+\frac{0.867}{v}\right)^{0.3} \tag{9-4}$$

当 $v\geqslant1.2$m/s 时

$$i_0=\frac{0.00107v^2}{d_j^{1.3}} \tag{9-5}$$

式中　i_0——每米管道的水头损失，m/m；

v——流速，m/s；

d_j——管道的计算内径，m。

注：工程设计中，电厂所使用的压力钢（铸铁）管均考虑使用年限的影响，因此统一称为旧的压力钢（铸铁）管。

（3）玻璃钢管、玻璃钢夹砂管、硬聚氯乙烯管等的沿程水头损失，可按下列公式计算：

新的管道

$$i_0=\frac{0.00068v^{1.774}}{d_j^{1.226}} \tag{9-6}$$

使用 t 年以后的旧管道

$$i_0=\frac{0.001v^2}{d_j^{1.25}}\left(\Delta_0+\alpha t+\frac{0.0891}{v}\right)^{0.25} \tag{9-7}$$

式中　i_0——每米管道的水头损失，m/m；

d_j——管道的计算内径，m；

v——流速，m/s；

Δ_0——初始管壁当量粗糙度，mm；

α——管壁当量粗糙度年增长率，与水质和管径有关，mm/年；

t——管道使用年限，年。

注：初始管壁当量粗糙度 Δ_0 和管壁当量粗糙度年增长率 α 由管道生产厂家给定。

（4）输配水管道、配水管网水力平差计算，可按下式进行：

$$i_0=\frac{10.67q^{1.852}}{C_h^{1.852}d_j^{4.87}} \tag{9-8}$$

式中　i_0——每米管道的水头损失，m/m；

C_h——海曾-威廉系数，可按表 9-8 选择；

q——设计流量，m^3/s。

表 9-8　　不同材质管道所对应的海曾-威廉系数（C_h）值

管道种类		粗糙系数 n	海曾-威廉系数 C_h
钢管、铸铁管	水泥砂浆内衬	0.011～0.012	120～130
	涂料内衬	0.0105～0.0115	130～140
	旧钢管、旧铸铁管（未做内衬）	0.014～0.018	90～100
混凝土管	预应力混凝土管（PCP）	0.012～0.013	110～130
	预应力钢筒混凝土管（PCCP）	0.011～0.0125	120～140

续表

管道种类		粗糙系数 n	海曾-威廉系数 C_h
矩形混凝土管DP（渠）道（现浇）	—	0.012～0.014	—
化学管材（聚乙烯管、聚氯乙烯管、玻璃纤维增强树脂夹砂管等）、内衬与内涂塑料的钢管	—	—	140～150

2. 渠道沿程阻力计算公式及参数选择

渠道的水力坡降可采用下列公式计算：

$$i=\frac{n^2v^2}{R^{2y+1}} \tag{9-9}$$

式中 i——水力坡降，mH_2O/m；

n——粗糙系数，可按表9-9取值；

v——流速，m/s；

R——水力半径，见式（9-3），m；

y——指数，$y=2.5\sqrt{n}-0.13-0.75\sqrt{R}(\sqrt{n}-0.1)$，也可按下列范围近似计算：当$R$<1m时，$y=1.5\sqrt{n}$；当$R$=1m时，$y=1.4\sqrt{n}$；当$R$>1m时，$y=1.3\sqrt{n}$。

表9-9　渠道粗糙系数 n 值

渠道内面性质	n值	
	最大	最小
不加衬砌的岩石	0.045	0.025
土渠（按维护条件而定）	0.030	0.020
混凝土及钢筋混凝土护面	0.018	0.013
砌石护面	0.030	0.017
卵石护面	0.030	0.020

三、局部阻力计算

1. 管、沟、渠的局部阻力

管、沟、渠的局部阻力可按下式计算：

$$h_j=\sum\xi\frac{v^2}{2g} \tag{9-10}$$

式中 h_j——局部阻力，mH_2O；

ξ——局部阻力系数；

v——流速，m/s；

g——重力加速度。

2. 管件的局部阻力系数及计算公式

（1）符号注释：

R——弯管中心线转弯半径；

D——管内径；

L_s——组合弯管的间距；

C——组合弯管局部阻力的相邻影响系数，$C=\xi'/(\xi_1+\xi_2)$，ξ'为组合弯管管段的综合局部阻力系数，ξ_1、ξ_2为单个弯管的局部阻力系数；

C_{min}——组合弯管局部阻力相邻影响系数的最小值；

g——重力加速度；

Δh——水头损失；

α——渐扩管扩角；

a——渐扩管或异径三通的管断面积比，对于渐扩管，$a=A_s/A_b$（A_s为小管面积，A_b为大管面积）；对于异径三通，$a=A_1/A_3$（A_1为侧管面积，A_3为直管面积）；

Q——流量；

q——三通流量比，$q=Q_1/Q_3$（Q_1为侧管流量，Q_3为直管流量）；

θ——三通侧管中轴线与直管中轴线的交角；

Re——雷诺数，$Re=vD/\nu$，其中v为管断面平均流速，ν为运动黏滞系数。

（2）同类弯管组合角度示意图，见图9-1。

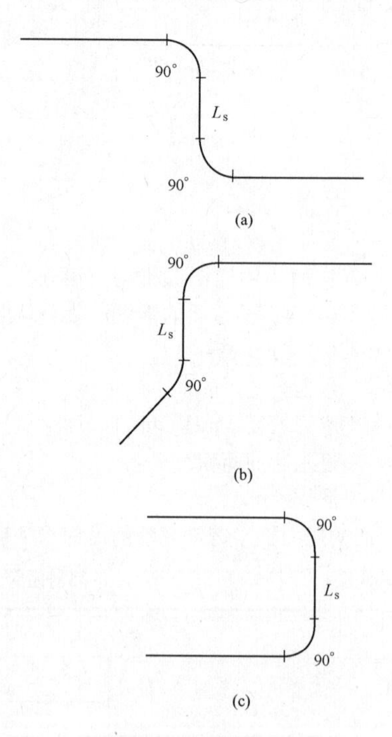

图9-1　同类弯管组合角度示意图（一）

（a）90°弯管组合成0°；

（b）90°弯管组合成空间90°；

（c）90°弯管组合成180°

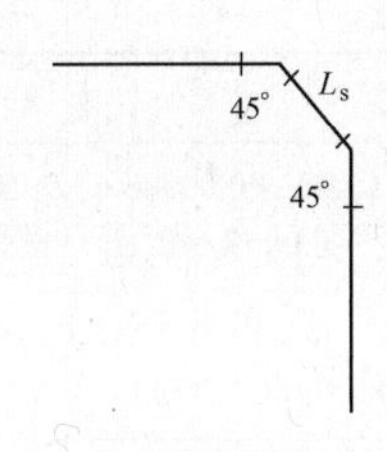

(d)

图 9-1　同类弯管组合角度示意图（二）
（d）45°弯管组合成 90°

（3）管件局部阻力系数推荐值及计算公式，见表 9-10～表 9-28。

表 9-10　　90°弯管局部阻力系数ξ推荐值

类别	R/D				
	0.76	0.84	1.00	1.50	2.00
四片 90°组合弯管	0.36	0.34	0.30	0.21	0.15
五片 90°组合弯管	0.35	0.33	0.29	0.20	0.14
90°圆弧弯管	0.34	0.29	0.24	0.17	0.16

表 9-11　　90°弯管局部阻力系数ξ-R/D 公式

类别	公　式
四片 90°组合弯管	$\xi=-0.22\ln(R/D)+0.3$
五片 90°组合弯管	$\xi=-0.22\ln(R/D)+0.29$
90°圆弧弯管	$\xi=0.25\times(R/D)^{-0.89}$

表 9-12　　60°和 45°弯管局部阻力系数推荐值

类别	R/D				
	0.76	0.84	1.00	1.50	2.00
四片 60°组合弯管	0.20	0.19	0.18	0.16	0.14
三片 45°组合弯管	0.15	0.15	0.14	0.12	0.11

表 9-13　　60°和 45°弯管局部阻力系数ξ-R/D 公式

类别	公　式
四片 60°组合弯管	$\xi=0.18\times(R/D)^{-0.36}$
三片 45°组合弯管	$\xi=0.14\times(R/D)^{-0.35}$

表 9-14　　肘管局部阻力系数的推荐值

角度（°）	90	45	30	15
ξ	1.08	0.32	0.10	0.04

表 9-15　　两个 90°四片弯管 0°组合的相邻影响系数 C 推荐值

R/D	L_s/D							
	0	1	2	3	4	5	6	7
0.76	1.57	1.18	0.90	0.71	0.67	0.73	0.88	0.95
1.00	1.39	1.07	0.84	0.72	0.74	0.81	0.88	0.92
1.50	0.92	0.85	0.79	0.76	0.77	0.83	0.87	0.91
2.00	0.89	0.89	0.895	0.91	0.89	0.88	0.94	0.97

表 9-16　　两个 90°四片弯管 0°组合的相邻影响系数 C-L_s/D 公式

R/D	L_s/D	公　式
0.76	$0\leqslant L_s/D\leqslant3.3$	$C=0.07\times(L_s/D)^2-0.5\times(L_s/D)+1.6$
	$3.3\leqslant L_s/D\leqslant12$	$C=-0.0000783\times(L_s/D)^5+0.0032\times(L_s/D)^4-0.05014\times(L_s/D)^3+0.3674\times(L_s/D)^2-1.184\times(L_s/D)+2.05$
	$L_s/D>12$	$C=1.0$
1.00	$0\leqslant L_s/D\leqslant3$	$C=0.004\times(L_s/D)^3+0.033\times(L_s/D)^2-0.36\times(L_s/D)+1.39$
	$3<L_s/D\leqslant13$	$C=0.0005\times(L_s/D)^3-0.017\times(L_s/D)^2+0.2\times(L_s/D)+0.174$
	$L_s/D>13$	$C=1.0$
1.50	$0\leqslant L_s/D\leqslant3.5$	$C=0.005\times(L_s/D)^3-0.0123\times(L_s/D)^2-0.063\times(L_s/D)+0.92$
	$3.5<L_s/D\leqslant13$	$C=0.00013\times(L_s/D)^3-0.0058\times(L_s/D)^2+0.093\times(L_s/D)+0.49$
	$L_s/D>13$	$C=1.0$

续表

R/D	L_s/D	公　式
2.00	$0 \leqslant L_s/D \leqslant 4.8$	$C=0.000134\times(L_s/D)^6-0.001934\times(L_s/D)^5+0.00988\times(L_s/D)^4-0.0223\times(L_s/D)^3+0.0221\times(L_s/D)^2-0.0047\times(L_s/D)+0.89$
	$4.8<L_s/D \leqslant 13$	$C=0.0000436\times(L_s/D)^5-0.002137\times(L_s/D)^4+0.04125\times(L_s/D)^3-0.3927\times(L_s/D)^2+1.855\times(L_s/D)-2.528$
	$L_s/D>13$	$C=1.0$

表 9-17　两个 90°四片弯管 180°组合的相邻影响系数 *C* 推荐值

R/D	L_s/D							
	0	1	2	3	4	5	6	7
0.76	0.48	0.55	0.67	0.87	0.94	0.97	0.99	1.00
1.00	0.51	0.55	0.65	0.78	0.835	0.87	0.89	0.91
1.50	0.55	0.56	0.59	0.62	0.66	0.70	0.75	0.79
2.00	0.63	0.66	0.70	0.74	0.79	0.83	0.87	0.91

表 9-18　两个 90°四片弯管 180°组合的相邻影响系数 C-L_s/D 公式

R/D	L_s/D	公　式
0.76	$0 \leqslant L_s/D \leqslant 3$	$C=-0.0093\times(L_s/D)^4+0.047\times(L_s/D)^3-0.037\times(L_s/D)^2+0.067\times(L_s/D)+0.48$
	$3<L_s/D \leqslant 9$	$C=-0.000556\times(L_s/D)^4+0.0147\times(L_s/D)^3-0.1452\times(L_s/D)^2+0.644\times(L_s/D)-0.11$
	$L_s/D>9$	$C=1.0$
1.00	$0 \leqslant L_s/D \leqslant 3$	$C=-0.006\times(L_s/D)^3+0.048\times(L_s/D)^2+0.51$
	$3<L_s/D \leqslant 20$	$C=-0.000013\times(L_s/D)^4+0.000654\times(L_s/D)^3-0.0124\times(L_s/D)^2+0.112\times(L_s/D)+0.543$
	$L_s/D>20$	$C=1.0$
1.50	$0 \leqslant L_s/D \leqslant 6$	$C=0.003\times(L_s/D)^3+0.014\times(L_s/D)^2+0.55$
	$6<L_s/D \leqslant 20$	$C=-0.0011\times(L_s/D)^2+0.048\times(L_s/D)+0.486$
	$L_s/D>20$	$C=1.0$
2.00	$0 \leqslant L_s/D \leqslant 3$	$C=0.033\times(L_s/D)+0.63$
	$3<L_s/D \leqslant 13$	$C=0.00013\times(L_s/D)^3-0.0059\times(L_s/D)^2+0.092\times(L_s/D)+0.5$
	$L_s/D>13$	$C=1.0$

表 9-19　两个 90°圆弧弯管 0°、90°、180°组合的相邻影响系数 *C* 推荐值

组合角度（°）	R/D	L_s/D							
		0	1	2	3	4	5	6	7
0	1	1.00	0.86	0.81	0.79	0.79	0.80	0.83	0.86
	2	0.97	0.95	0.92	0.89	0.87	0.85	0.84	0.85
90	1	0.70	0.72	0.74	0.79	0.88	0.95	0.98	0.99
180	1	0.55	0.58	0.62	0.66	0.69	0.73	0.76	0.80
	2	0.73	0.71	0.72	0.74	0.77	0.80	0.84	0.89

表 9-20　　两个 90°圆弧弯管 0°、90°、180°组合的相邻影响系数 C-L_s/D 公式

组合角度（°）	R/D	L_s/D	公　式
0	1	$0 \leqslant L_s/D \leqslant 7$	$C=-0.002\times(L_s/D)^3+0.032\times(L_s/D)^2-0.148\times(L_s/D)+1$
	2	$0 \leqslant L_s/D \leqslant 3$	$C=-0.002\times(L_s/D)^2-0.02\times(L_s/D)+0.97$
	3	$3 < L_s/D \leqslant 7$	$C=0.005\times(L_s/D)^2-0.06\times(L_s/D)+1.03$
90	1	$0 \leqslant L_s/D \leqslant 3$	$C=0.007\times(L_s/D)^2+0.007\times(L_s/D)+0.7$
		$3 < L_s/D \leqslant 7$	$C=-0.014\times(L_s/D)^2+0.192\times(L_s/D)+0.34$
180	1	$0 \leqslant L_s/D \leqslant 7$	$C=0.036\times(L_s/D)+0.55$
	2	$0 \leqslant L_s/D \leqslant 7$	$C=0.005\times(L_s/D)^2-0.008A+0.72$

表 9-21　　90°弯管相邻影响系数 C_{min} 及其 L_s/D

弯管类别	0°							
	0.76		1.00		1.50		2.00	
	C_{min}	L_s/D	C_{min}	L_s/D	C_{min}	L_s/D	C_{min}	L_s/D
四片	0.67	4.00	0.7	3.2	0.76	3.30	0.87	4.80
圆弧			0.72	3.00			0.72	4.80
弯管类别	180°							
	0.76		1.00		1.50		2.00	
	C_{min}	L_s/D	C_{min}	L_s/D	C_{min}	L_s/D	C_{min}	L_s/D
四片	0.48	0	0.51	0	0.54	0	0.63	0
圆弧			0.48	0			0.58	0

表 9-22　　两个 45°三片弯管 90°组合的相邻影响系数 C 推荐值

R/D	L_s/D							
	0	1	2	3	4	5	6	7
0.76	0.58	0.52	0.48	0.47	0.55	0.63	0.70	0.78
1.00	0.60	0.55	0.51	0.51	0.58	0.65	0.72	0.78
1.50	0.74	0.64	0.57	0.58	0.68	0.76	0.82	0.88
2.00	0.93	0.87	0.85	0.86	0.90	0.92	0.95	0.97

表 9-23　　两个 45°三片弯管 90°组合的相邻影响系数 C-L_s/D 公式

R/D	L_s/D	公　式
0.76	$0 \leqslant L_s/D \leqslant 3$	$C=0.07\times(L_s/D)^2-0.044\times(L_s/D)+0.55$
	$3 < L_s/D \leqslant 13$	$C=-0.00044\times(L_s/D)^3+0.0076\times(L_s/D)^2+0.025\times(L_s/D)+0.34$
	$L_s/D > 13$	$C=1.0$
1.00	$0 \leqslant L_s/D \leqslant 4$	$C=0.004\times(L_s/D)^3-0.005\times(L_s/D)^2-0.05\times(L_s/D)+0.6$
	$4 < L_s/D \leqslant 12$	$C=-0.00012\times(L_s/D)^3-0.001\times(L_s/D)^2+0.093\times(L_s/D)+0.22$
	$L_s/D > 12$	$C=1.0$

续表

R/D	L_s/D	公　式
1.50	$0 \leqslant L_s/D \leqslant 2.5$	$C=0.002\times(L_s/D)^3+0.017\times(L_s/D)^2-0.124\times(L_s/D)+0.74$
	$2.5 < L_s/D \leqslant 11$	$C=0.0002\times(L_s/D)^3-0.0074\times(L_s/D)^2+0.12\times(L_s/D)+0.314$
	$L_s/D > 11$	$C=1.0$
2.00	$0 \leqslant L_s/D \leqslant 2$	$C=0.01\times(L_s/D)^2-0.065\times(L_s/D)+0.93$
	$2 < L_s/D \leqslant 11$	$C=-0.0014\times(L_s/D)^2+0.037\times(L_s/D)+0.77$
	$L_s/D > 11$	$C=1.0$

表 9-24　　渐扩管局阻系数ξ推荐值$\{\xi=\Delta h/[v^2/(2g)]\}$

面积比 a	角度α（°）				
	10	15	20	25	30
0.1	0.130	0.243	0.340	0.502	0.616
0.2	0.102	0.192	0.269	0.397	0.486
0.3	0.078	0.147	0.206	0.304	0.372
0.4	0.058	0.108	0.151	0.223	0.274
0.5	0.040	0.075	0.105	0.155	0.190
0.6	0.026	0.048	0.067	0.099	0.122
0.7	0.014	0.027	0.038	0.056	0.068
0.8	0.006	0.012	0.017	0.025	0.030
0.9	0.002	0.003	0.004	0.006	0.008

注　面积比 $a=A_s/A_b$。

表 9-25　　90°异径正三通汇流、分流的局部阻力系数ξ推荐值$\{\xi=\Delta h/[v^2/(2g)]\}$

分流比 $q=Q_1/Q_3$	类　别							
	汇　流				分　流			
	$Q_2 \rightarrow$　$\rightarrow Q_3$；$Q_1 \uparrow$				$Q_3 \rightarrow$　$\rightarrow Q_2$；$Q_1 \downarrow$			
	面积比 $a=0.56$		面积比 $a=0.67$		面积比 $a=0.56$		面积比 $a=0.67$	
	ξ_{13}	ξ_{23}	ξ_{13}	ξ_{23}	ξ_{31}	ξ_{32}	ξ_{31}	ξ_{32}
0.1	−0.46	0.16	−0.48	0.15	0.89	0.01	0.88	0.01
0.2	−0.01	0.28	−0.08	0.26	0.87	0.001	0.84	0.001
0.3	0.42	0.39	0.30	0.36	0.89	0.004	0.83	0.004
0.4	0.83	0.48	0.66	0.45	0.94	0.019	0.86	0.019
0.5	1.23	0.56	0.98	0.53	1.04	0.045	0.92	0.045
0.6	1.61	0.63	1.28	0.59	1.17	0.083	1.02	0.083
0.7	1.97	0.69	1.55	0.65	1.35	0.132	1.15	0.132
0.8	2.31	0.74	1.79	0.69	1.56	0.193	1.31	0.193
0.9	2.64	0.77	2.00	0.72	1.81	0.266	1.51	0.266
1.0	2.95	0.79	2.18	0.75	2.10	0.350	1.74	0.350

表 9-26　45°异径斜三通汇流、分流的局部阻力系数ξ推荐值$\{\xi=\Delta h/[v^2/(2g)]\}$

分流比 $q=Q_1/Q_3$	类别							
	汇流				分流			
	Q_2 → → Q_3，Q_1，45°				Q_3 → → Q_2，Q_1，45°			
	面积比 a=0.56		面积比 a=0.67		面积比 a=0.56		面积比 a=0.67	
	ξ_{13}	ξ_{23}	ξ_{13}	ξ_{23}	ξ_{31}	ξ_{32}	ξ_{31}	ξ_{32}
0.1	−0.47	0.14	−0.49	0.13	0.82	0.01	0.82	0.01
0.2	−0.05	0.20	−0.11	0.19	0.74	0.001	0.71	0.001
0.3	0.33	0.20	0.22	0.21	0.68	0.004	0.64	0.004
0.4	0.68	0.16	0.51	0.18	0.67	0.019	0.60	0.019
0.5	0.99	0.05	0.75	0.10	0.69	0.045	0.59	0.045
0.6	1.26	−0.10	0.95	−0.02	0.74	0.083	0.60	0.083
0.7	1.50	−0.31	1.10	−0.19	0.84	0.132	0.65	0.132
0.8	1.70	−0.57	1.20	−0.40	0.97	0.193	0.73	0.193
0.9	1.86	−0.89	1.25	−0.66	1.13	0.266	0.84	0.266
1.0	1.99	−1.26	1.26	−0.96	1.34	0.350	0.98	0.350

表 9-27　30°异径斜三通汇流、分流的局部阻力系数ξ推荐值$\{\xi=\Delta h/[v^2/(2g)]\}$

分流比 $q=Q_1/Q_3$	类别							
	汇流				分流			
	Q_2 → → Q_3，Q_1，30°				Q_3 → → Q_2，Q_1，30°			
	面积比 a=0.56		面积比 a=0.67		面积比 a=0.56		面积比 a=0.67	
	ξ_{13}	ξ_{23}	ξ_{13}	ξ_{23}	ξ_{31}	ξ_{32}	ξ_{31}	ξ_{32}
0.1	−0.47	0.14	−0.50	0.13	0.81	0.01	0.80	0.01
0.2	−0.06	0.18	−0.12	0.18	0.70	0.001	0.68	0.001
0.3	0.31	0.16	0.20	0.17	0.63	0.004	0.59	0.004
0.4	0.64	0.008	0.48	0.11	0.60	0.019	0.53	0.019
0.5	0.93	−0.06	0.70	0.00	0.60	0.045	0.50	0.045
0.6	1.18	−0.27	0.87	−0.16	0.64	0.083	0.50	0.083
0.7	1.39	−0.54	0.99	−0.38	0.71	0.132	0.53	0.132
0.8	1.56	−0.87	1.07	−0.65	0.82	0.193	0.59	0.193
0.9	1.69	−1.26	1.09	−0.97	0.96	0.266	0.67	0.266
1.0	1.78	−1.72	1.06	−1.35	1.15	0.350	0.79	0.350

表 9-28　三通的局部阻力系数ξ推荐公式（Gardel 公式）

类别	公式
汇流	$\xi_{13}=-0.92\times(1-q)^2-q^2[1.2\times(\cos\theta/a-1)+0.8\times(1-1/a^2)-(1-a)\cos\theta/a]+2\times(2-a)q(1-q)$ $\xi_{23}=0.03\times(1-q)^2-q^2[1+1.62\times(\cos\theta/a-1)-0.38\times(1-a)]+(2-a)q(1-q)$
分流	$\xi_{31}=0.95\times(1-q)^2+q^2\{1.3\cot[(180-\theta)/2]-0.3+(0.4-0.1a)/a^2\}+0.4q(1-q)(1+1/a)\cot[(180-\theta)/2]$ $\xi_{32}=0.03\times(1-q)^2+0.35q^2-0.2q(1-q)$

3. 阀门的局部阻力系数

即便是同一制造厂提供的同一形式的阀门，其在几何尺寸上也可能会有较大范围的变化。基于此，本节给出的阀门局部阻力系数仅为参考值，仅供在缺少制造厂所提供的资料时参考使用，更准确的资料应由制造厂提供。

（1）止回阀。升降式止回阀的局部阻力系数可取7.5，旋启式止回阀的局部阻力系数可参考表9-29，微阻消声球形止回阀的局部阻力系数可参考表9-30。

表9-29　　旋启式止回阀的局部阻力系数ξ

直径d（mm）	150	200	250	300	350	400	500	≥600
ξ	6.5	5.5	4.5	3.5	3.0	2.5	1.8	1.7

表9-30　　微阻消声球形止回阀的局部阻力系数ξ

直径d（mm）	100	150	200	250	300	350	400	500	600	700	800	900	1000
ξ	1.05	0.99	0.91	0.83	0.68	0.57	0.52	0.41	0.39	0.37	0.31	0.26	0.20

（2）闸阀。当闸阀全开始，其局部阻力系数可参考表9-31。

表9-31　　闸阀的局部阻力系数ξ（全开）

直径d（mm）	15	20～50	80	100	150	200～250	300～450	500～800	900～1000
ξ	1.5	0.5	0.4	0.2	0.1	0.08	0.07	0.06	0.05

（3）蝶阀。通常使用的圆形蝶阀，当全开时，其局部阻力系数可取0.1～0.3。

（4）截止阀。当截止阀为全开状态时，普通截止阀的局部阻力系数可在4.3～6.1范围内取值，斜轴杆式截止阀为1.4～2.5，角形截止阀为3.0～5.0。

（5）浮球阀。浮球阀的局部阻力系数可取6.0。

第三节　瞬态水力计算

一、概述

1. 定义及分类

压力管流中因流速剧烈变化引起动量转换，从而在管路中产生一系列急骤的压力交替变化的水力撞击现象，称为水锤。这时，液体（水）显示出它的惯性和可压缩性。

水锤也称水击，或称流体（水力）瞬变（暂态）过程，它是流体的一种非恒定（非稳定）流动。这种非稳定流也称瞬变流，即液体运动中所有空间点处的一切运动要素（流速、加速度、压强、切应力与密度等）不仅随空间位置而变，而且随时间而变。

国内外普遍将压力管路系统中所发生的多种多样的水锤现象称为压力管路系统的“水力过渡过程”，这一名词科学概括了压力管路系统中，从某一稳定状态过渡到另一稳定状态的过程中所发生的一切非稳定状态。

火力发电厂循环水系统及补给水系统中的水锤现象按照成因可分为以下三种情况：

（1）启泵水锤——由于水泵的启动而产生的水锤，常因压力水管路中没有充满水，启泵过程中管路中的空气没有及时排出被压缩而产生，气囊会加剧水流的压力变化。由于水泵水头和转速在启动过程中都是变值，因此，水流会因在管路中流速变化而产生水锤。当几台水泵连续启动而时间间隔较短时，也会产生启动水锤压力，有时会产生较高的启动水锤压力。

（2）停泵水锤——由于水泵停泵而产生的水锤。停泵分为事故停泵和计划停泵。由于工作人员误操作、电网事故断电以及自然灾害（大风、地震、雷击）等原因，致使水泵机组突然断电而产生的事故停泵易导致较大的水锤压力，尤其是水泵出口安装有普通旋启式止回阀时，更容易产生较高的水锤压力，常造成意外事故。据统计，大部分水锤事故都是事故停泵引发的。计划停泵一般先关闭（或部分关闭）水泵出口阀门，停泵时压力平稳可控，一般不会发生水锤事故。停泵水锤与水泵出口阀的关闭特性密切相关，所以工程中关阀水锤与停泵水锤计算应同时进行。

（3）关阀水锤——关闭管路中阀门的过程中产生的水锤称为关阀水锤。通常，按正常操作规程制定的关阀规律操作时不会产生较大的水锤压力，但是，如果违反操作规程，关闭或开启阀门、管道突然被异物堵塞、阀板（突然）掉落等事故及水泵出口阀门关闭规律不当时，有可能产生较大的水锤压力。

上述三种水锤除有可能引起系统中压力升高外，在管道系统中的某些位置还有可能产生负压（真空）。当压力下降到水在该温度下的饱和蒸汽压力之下时，将使部分水或全部水汽化，从而在管内产生断流空腔，使水柱分离；当空管段消失而两股水柱重新弥合时，就会造成很高的断流弥合水锤。这在实际工程中是不允许发生的，必须采取水锤防护措施加以消除。

水锤的分类，除按以上成因分类之外，按关阀历时与水锤相的关系，还可分为直接水锤和间接水锤；按水锤特性，分为刚性水锤理论和弹性水锤理论；按水锤波动的现象，分为水柱连续的水锤现象（无水柱分离）和伴有水柱分离的水锤现象（断流空腔再弥合水锤）。

2. 瞬变流计算的目的

瞬变流主要用来计算和分析供水系统在运行操作、事故等工况下的非恒定流动，即从某一稳定状态过渡到另一稳定状态的过程中所发生的非稳定的一切。工程设计中瞬变流计算的目的有：

（1）计算系统内最大内水压力，以设计和校核管沟与机组设备强度。

（2）计算系统内最小内水压力，作为管道高程布置设计、水锤防护设备选择的依据，避免管道内部产生负压和水柱分离，防止引起破坏性水锤升压。

（3）计算循环水系统在过流状态时凝汽器的最小供水量，以校核供水安全性。

（4）合理确定水泵出口控制阀门的开启和关闭时间，合理确定水泵出口两阶段缓闭止回蝶阀的关阀规律，以求得系统水锤压力等参数在合理范围内，使整个系统瞬变流过程的控制最优。

（5）计算水泵机组在启动和停泵时工况的瞬态参数，将其控制在允许范围内。

（6）确定和研究减小瞬变流过程水锤压力的防护措施。

（7）确定循环水系统自流管沟在水泵启动与停泵时的水位波动情况，校核吸水井中水位是否会降低到允许值之下，以及沟、井是否会溢流，并合理确定吸水井的高度。

（8）直流供水系统凝汽器顶部在正常运行时已处于高真空状态下，发生水锤的过程中容易产生水柱中断，通过计算确定是否要采取防止水柱中断的措施。

（9）根据工程具体情况，拟订其他需要计算的项目。

二、瞬变流计算方法简介

（一）水锤计算基本原理

水锤的计算方法大致出现了解析法、图解法和电算法（数值计算）三个阶段。20 世纪 60 年代以后，随着计算机的普及以及计算方法的发展，便于使用计算机电算化的数解法出现了大的发展，逐渐取代了图解法，出现了有限差分法、特征线法以及有限元法，其中应用最广泛的是特征线法。特征线法（Characteristic Line Method）是由斯特瑞特（Streeter）和怀利（Wylie）经过系统研究而提出的一种数值计算方法。该方法将考虑管道摩阻的水击偏微分方程沿其特征线变换为常微分方程，然后再近似地变换为差分方程，从而进行数值计算。

常用的简化后的有限差分方程为：

$$H_P - H_A + \frac{\alpha}{gA}(Q_P - Q_A) + \frac{f\Delta x}{2gDA^2}Q_A|Q_A| = 0$$

$$H_P - H_B - \frac{\alpha}{gA}(Q_P - Q_B) - \frac{f\Delta x}{2gDA^2}Q_B|Q_B| = 0$$

上述差分方程的物理意义可以按图 9-2 进行解释。瞬变流计算时，对管路划分为多个步段 Δx，对时间划分为多个时段 Δt，逐次地进行求解。

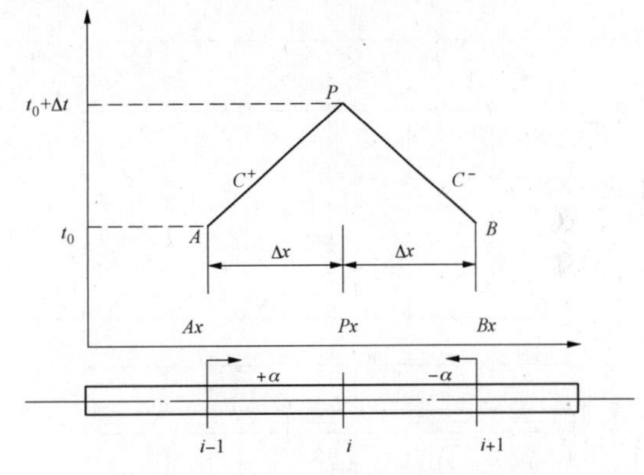

图 9-2　$x-t$ 坐标系中的水锤特征线

如图 9-2 所示，在 t_0 时刻，管路 A 处传出一正水锤波 $+\alpha$，在 $t_0+\Delta t$ 时移动了 Δx 距离而到达 P 点（即对应 $+\alpha$ 线上的 P 点），同理在管路 B 点传出反向水锤波 $-\alpha$，在 $t_0+\Delta t$ 时移动了 Δx 距离而到达 P 点（即对应 $-\alpha$ 线上的 P 点），则 P 点在 $t_0+\Delta t$ 时刻的压力和流量与 A 点、B 点在 t_0 时刻的压力和流量有关，也可根据 A 点与 B 点在 t_0 时刻的压力和流量通过有限差分方程解出。其中，斜率为 $\pm\alpha$ 的直线分别称为正、负水锤特征线。

为了用计算机有次序地计算全部网格节点上的参数，相容性方程中的角标 A、B 分别用序号 i–1、i+1 代替，角标 i 用序号角标“Pi”代替，简化后的差分方程可表示为：

$$C^+ : \ H_{Pi} = C_P - BQ_{Pi} \tag{9-11}$$

$$C^- : \ H_{Pi} = C_M + BQ_{Pi} \tag{9-12}$$

其中

$$C_P = H_{i-1} + BQ_{i-1} - RQ_{i-1}|Q_{i-1}|$$

$$C_M = H_{i+1} - BQ_{i+1} + RQ_{i+1}|Q_{i+1}|$$

$$B = \frac{\alpha}{gA}$$

$$R = \frac{f\Delta x}{2gDA^2}$$

式中 A ——管道截面面积，m^2；

D ——管道直径，m；

Q ——流量，m^3/s。

式（9-11）与式（9-12）只有 H_{Pi}、Q_{Pi} 两个未知数，两个方程联立即可求解。将图 9-2 计算原理推而广之，将整个管道进分段，见图 9-3。对于管道的端点，只存在一条特征线，故端点处的压力与流量需配合管道端点连接设备的特性来计算，即设备的边界条件。所谓边界条件，就是指管沟中水流在非稳定的水力瞬态过渡过程中，管道系统中各管端或设备的流速和压力水头，或者它们之间的相互关系。

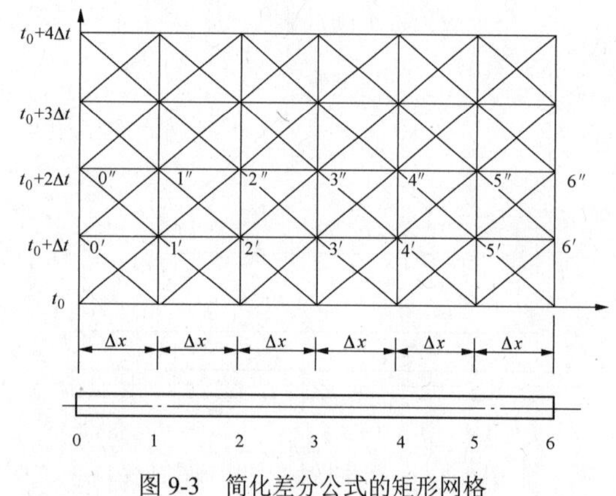

图 9-3 简化差分公式的矩形网格

管道在计算时，分段越细密，其解与原积分越近似，不过计算工作量也越大，故第三步，整个计算工作需通过在计算机上编程进行计算（或在水锤计算软件上建模计算）。

目前，国内外开发的水锤计算软件大都基于特征线法。

此外，帕马金（Parmakian）、刘竹溪、富泽清治等人通过对停泵水锤的计算分析研究，绘制了水锤计算曲线图，提供了简易水锤图表计算法，有助于快速判断和计算系统的水锤压力和关键位置的水锤参数。

（二）水锤的波速

水锤的波速主要取决于水的压缩性和管壁的弹性。一般情况下，水的压缩性较小，压力管道的弹性也不大，因此水锤波传播速度较快，一般钢管为 800～1200m/s，钢筋混凝土管为 900～1000m/s。

均质圆形薄壁（$\delta / D < 1/20$）管道中的水锤波速计算公式如下：

$$\alpha = \frac{1435}{\sqrt{1 + \dfrac{D}{\delta} \times \dfrac{E_0}{E}}} \tag{9-13}$$

式中 α ——水锤传播速度，m/s；

D ——管道内径，m；

δ ——管道壁厚，m；

E_0 ——水的体积弹性模量，其值为 2.059×10^9Pa（水温 20℃时）；

E ——管壁材料弹性模量，Pa，其值见表 9-32。

式（9-13）适用于一般意义上的净化水，并不考虑水中含气的问题。当水中掺入空气后，其体积弹性模量值将减小。由于波速的计算本来并不十分精确，对水力过流暂态的影响也不甚显著，因此，在多管道系统分段时，也往往允许设计人员在一定幅度内自由修正波速值。

表 9-32 常见材料弹性模量

材料	弹性模量（Pa）	材料	弹性模量（Pa）
钢管	19.61×10^{10}	混凝土管	19.61×10^{9}
铸铁管	9.81×10^{10}	钢丝网骨架塑料（PE）复合管	6.5×10^{10}

注 钢丝网骨架塑料复合管弹性模量仅供参考，实际以厂家参数为准。

（三）常见设备边界条件

火力发电厂供水系统水力过渡分析中设备的边界条件一般包括：

（1）水泵——单台及多台水泵并联运行。

（2）阀门——电动蝶阀、缓闭止回蝶阀、闸阀、止回阀、水泵控制阀等。

（3）凝汽器——单流程、双流程和串联凝汽器。

（4）水池——水位恒定或水位变化的水池。

（5）管道节点——串联的管道（不同管径、不同材质或壁厚的管道）、分岔管道等。

除以上边界条件外，还有管道中发生水柱分离，水锤防护设备，如排气阀、单向补水箱、安全阀等设备边界条件，这里仅对常见的边界条件作一说明。

1. 水池

若管端水池稳定状态的水位已知，水池容量足够大（如海洋、湖泊），在很短的水力瞬变计算时间段内，该水位可以近似认为不变，则有：

$$H = H_R \tag{9-14}$$

式中　H_R——水池水面距计算基准面的高度。

当水池的面积 A 较小，水池水位在暂态过程中会发生变化时，在计算步长历时（Δt）较小的情况下，其边界条件可近似为：

$$H = H_R - \frac{Q_1}{A}\Delta t \tag{9-15}$$

式中　H_R——计算时段开始时水池水位；

Q_1——计算时段开始时间刻点进入或流出水池的流量。

当水池在上游时，采用式（9-14）、式（9-15）配合式(9-12)进行计算；当水池在下游时，采用式(9-15)配合式（9-11）进行计算。

2. 上游为正常运行的离心泵

以正常转速运转的离心泵的水头（H_{p1}）和流量（Q_{p1}）间的关系，通常可用抛物线公式近似描述为：

$$H_{p1} = H_{sh} + Q_{p1}(a_1 + a_2 Q_{p1}) \tag{9-16}$$

式中　H_{sh}——流量为零时泵出口截面上的测管水头；

a_1、a_2——拟合性能曲线的常数系数。

泵的性能曲线并不限定要用抛物线公式描述，不过，近似公式的形式不宜复杂，若泵性能曲线的形状比较特殊，也可以用离散的 Q、H 数据表代替公式，输出计算机插值使用。一般情况下，离散数据列表后插值使用，其精确度要比拟合不够理想的近似公式高。

3. 串联管路的连接点

如图 9-4 所示，若系统中有直径不同的支管 1 和支管 2 相串联，连接点满足水流连续条件，且不计连接点处的动能及水头损失，则有：

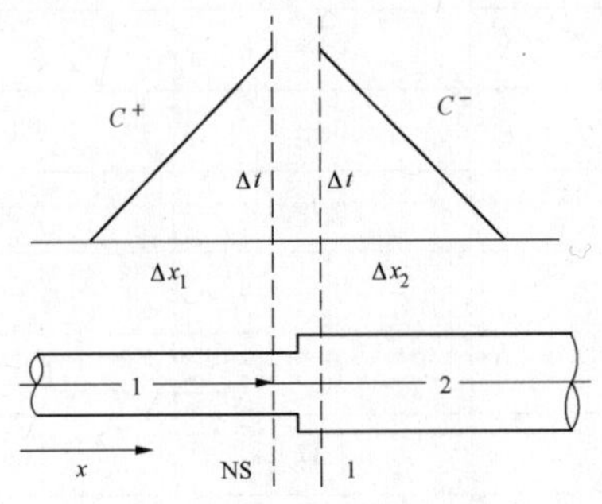

图 9-4　串联管路的连接点

$$Q_p = \frac{C_{p1} - C_{M2}}{B_1 + B_2} \tag{9-17}$$

$$H_p = \frac{B_2 C_{p1} + B_1 C_{M2}}{B_1 + B_2} \tag{9-18}$$

式中　B_1、C_{p1}——管 1 中的参数；

B_2、C_{M2}——管 2 中的参数。

串联主要指管路直径发生变化的情况，但计算原则同样适用于管材、管壁等特性发生变化的场合。

4. 阀门

（1）通用阀门边界条件。阀门启闭规律所对的阀门水头和流量的关系，即为管路中所设阀门的边界条件。若通过阀门的流量为 Q，阀门引起的阻力为 ΔH，则两者之间关系为：

$$\Delta H = \zeta \frac{v^2}{2g} = \zeta \frac{Q^2}{2gA^2} \tag{9-19}$$

或定义：

$$Q = C\sqrt{2g\Delta H} \tag{9-20}$$

式中　ζ——阀门的阻力系数；

v——阀门的过流面积对应的过流流速；

g——重力加速度；

C——阀门的开启面积与流量系数的乘积；

A——阀门的过流面积。

ζ、C 两者间关系为：

$$\zeta = \frac{A^2}{C^2} \tag{9-21}$$

不同型式的阀门，阀门开启度变化规律各不相同时，ζ、C 值也随之不同，设计中应以阀门厂家提供的资料为准。

在阀门边界条件的设计资料中，常常会用到“相对开度”这一概念。阀门的“相对开度”定义为某一开度时该阀的流量系数和过流面积的乘积与该阀为基准开度时的流量系数和过流面积的乘积的比值。

由式（9-20）可推出：

$$\Delta H = \frac{Q^2}{C^2 \times 2g} = \frac{C_0^2 \times \Delta H_0}{C^2}\left(\frac{Q}{Q_0}\right)^2 = \frac{\Delta H_0}{\tau^2}\left(\frac{Q}{Q_0}\right)^2 \tag{9-22}$$

其中：

$$\tau = \frac{C}{C_0}$$

式中，τ 为阀门的相对开度，$\Delta H_0 = \dfrac{Q_0^2}{C_0^2 \times 2g}$ 为阀门处于基准开度时的流量与阻力关系。一般情况下，选取阀门全开时为基准状态。通过式（9-22），可根据阀门的相对开度曲线以及阀门厂家提供的阀门全开时的阻力系数，计算出各开启状态下阀门阻力与流量的关系。

（2）蝶阀的水力特性。火力发电厂水系统中，蝶阀使用广泛。蝶阀的水力特性可用下式表示：

$$Q = C_Q D^2 \sqrt{g\Delta H} \tag{9-23}$$

式中　Q——流量，m^3/s；

C_Q——流量系数；

D——阀门直径，m^3。

C_Q为蝶阀不同开度时的流量系数，该系数与阀芯的几何形状有关，不同形状的阀芯在不同开度的C_Q值差别较大，见图9-5。

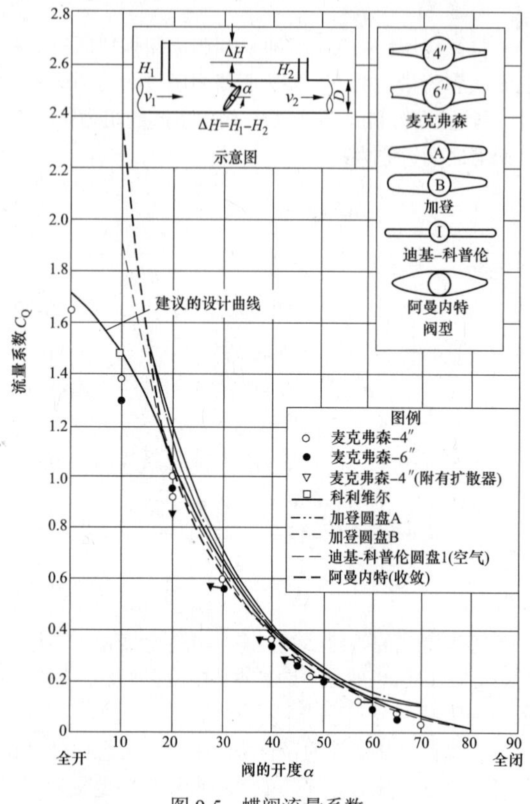

图9-5　蝶阀流量系数

根据式（9-23），有：

$$\Delta H_0=\frac{1}{C_Q^2}\times\frac{1}{gD^4}\times Q^2=\frac{1.234}{C_Q^2}\times\frac{v^2}{2g}=\zeta\frac{v^2}{2g} \quad (9\text{-}24)$$

不同类型蝶阀及建议的阀门开度百分数计的C_Q值及ζ值见表9-33。

5. 凝汽器

根据瞬变流分析的要求不同，凝汽器的分界条件可按以下几种模型来考虑：

（1）集中摩阻模型。我国电力部门于20世纪从美国EBASCO公司引进的“压力管道系统水锤计算程序（WHA）”中，凝汽器边界条件简化为一个集中的摩阻，而凝汽器冷却水管道的长度忽略不计（见图9-6），其水头损失计算公式如下：

$$K_C=\frac{H_d}{Q_R^2} \quad (9\text{-}25)$$

式中　H_d——流量为Q_R时稳定流的水头损失，mH_2O；

Q_R——初始流量，m^3/s。

集中摩阻模型中，管道和水箱容积对整个过渡过程的影响均忽略不计，将凝汽器看作管道中的一个摩阻点，其阻力系数与凝汽器的总阻力系数相等。

（2）单根当量管道模型。凝汽器中平行的冷凝管抽象为一个元件来处理，可以将凝汽器内冷却水管道看作具有当量长度、当量直径、当量水锤波传播速度及摩阻系数的当量管道。当量管道的断面面积等于全部小管断面面积之和，即通过总流量Q时，当量管道与原型小管道的流速不变，管道长度和水锤波速也认为是相同的。

表9-33　　建议设计曲线C_Q值与ζ值统计

开度（%）	C_Q	ζ	开度（%）	C_Q	ζ
5	0.01	12340	55	0.38	8.5
10	0.02	3085	60	0.49	5.1
15	0.035	1007	65	0.63	3.1
20	0.055	409	70	0.78	2.0
25	0.08	193	75	0.96	1.34
30	0.11	102	80	1.16	0.92
35	0.145	59	85	1.37	0.66
40	0.19	34	90	1.52	0.53
45	0.235	22	95	1.635	0.46
50	0.30	13.7	100	1.71	0.42

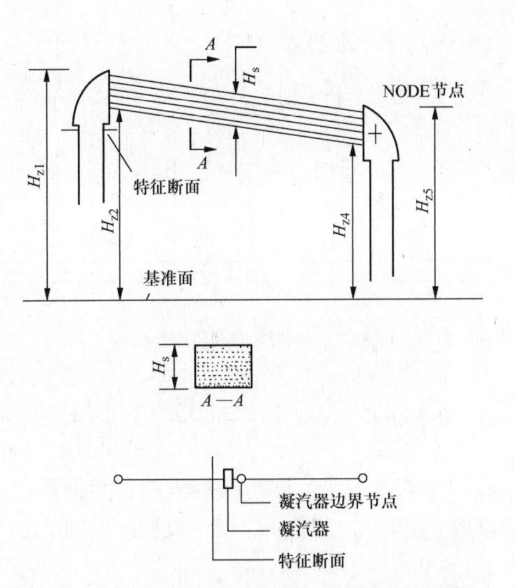

图9-6　WHA程序中简化的凝汽器物理模型

采用这种数学模型，其特征线方程中的常数B和R用下式表示：

$$B=\frac{\alpha_s}{ngA_s} \tag{9-26}$$

$$R=\frac{f_s\Delta x}{2gD_s(nA_s)^2} \tag{9-27}$$

式中　α_s、A_s、f_s、D_s——冷凝器中每根小冷却水管道的水锤波传播速度、断面面积、摩阻系数、管道内径；

n——小冷凝管数量。

（3）考虑凝汽器两侧水箱后的计算模型。单根当量管道模型中的简化计算均未考虑凝汽器两侧水箱的影响。若需要更为精确的计算，考虑两端水箱对水锤的影响，可将凝汽器水箱当作集中流容元件来处理，用一个有效弹性模量K'来表示水箱和水的弹性影响：

$$K'=\frac{\Delta p}{\Delta V/V} \tag{9-28}$$

式中　Δp——Δt时间内水箱压力的增量；

V——水箱的容积；

ΔV——Δt时间内流入水箱的体积增量（设流入水箱的流量为正）。

采用有限差分形式，则为：

$$\Delta V=\frac{Q_P+Q}{2}\Delta t$$

代入式（9-28），得：

$$H_P=H+\frac{K'\Delta t}{2\gamma}Q+\frac{K'\Delta t}{2\gamma}Q_P \tag{9-29}$$

式中　H_P、Q_P——Δt计算时段末需要求解的水箱的压力及净流入水箱的流量；

H、Q_P——Δt计算时段起始点已知的水箱的压力及净流入到水箱的流量；

γ——水的容重。

（4）并联当量管道模型。为了进一步研究水柱分离的影响，对水柱分离产生的再弥合水锤结果进行更精细化的研究。由于标高越高的管束越容易发生水柱分离现象，因此在上述模型的基础上，可以将同一水平高度的管子用当量管道来替代，然后再用解并联管系的办法来处理。

以上边界条件中，模型假设越来越复杂，模型（1）虽将凝汽器抽象为集中摩阻，看似最不精确，但根据我国电力行业应用经验来看，计算结果仍能在一定程度上满足工程设计的要求。若采用模型（1），需密切关注凝汽器边界计算结果，以防出现计算结果与实际情况不符的情况；若超出模型假设，则需使用更为精确的模型假设（边界条件）进行计算。

6. 虹吸井

（1）WHA中溢流堰模型。虹吸井为溢流水池，在边界条件计算中主要考虑溢流堰的过水能力。WHA程序中用下式表示堰的过水能力：

$$Q_R=R_3(H-R_2)^{R_4} \tag{9-30}$$

通常取：　$R_4=1.5$，$R_3=CL$

式中　Q_R——堰的过水水量，m³/s；

H——计算的水面高程，m；

R_2——堰顶高程，m；

C——溢流堰的流量系数；

L——溢流堰的长度，m。

（2）溢流堰。虹吸井堰流也可用溢流堰基本公式进行计算：

$$Q=m_0L\sqrt{2g}H^{3/2} \tag{9-31}$$

式中　Q——堰的过水水量，m³/s；

m_0——堰的流量系数，可通过巴赞公式或布雷克公式计算；

L——堰的长度，m；

H——堰顶水头，m。

数学模型计算中，可对式（9-31）采用有限差分形式，再结合式（9-11）求解。

7. 空气罐

空气罐内气体压力变化可按波义耳定律计算：

$$H^*V^n=H_0^*V_0^n=C \tag{9-32}$$

式中　H^*——水锤过程中气体的瞬时压力（绝对水头）；

V^n——与H^*相对应瞬时的罐内气体容积；

H_0^*——气体的初始压头，一般为空气罐安装位置的正常工作压力（绝对水头）；

V_0^n——空气罐内气体的初始容积；

C ——常数；

n ——气体膨胀多变指数（气压罐内气体为空气时 $n=1.2$，充氮气时 $n=1.4$）。

根据式（9-32）对任何瞬间都适用，利用连续方程，在时段末瞬间有：

$$(H_P+\bar{H}-z)\left(V-\Delta t\frac{Q_P+Q}{2}\right)^n=C \qquad (9\text{-}33)$$

式中 H_P、Q_P ——Δt 计算时段末需要求解的空气罐的压力及净流入空气罐的流量；

$\bar{H}$ ——当地大气压力；

z ——当地位置高程；

V ——Δt 计算时段起始点空气罐中气体的容积；

Q ——Δt 计算时段起始点已知的净流入空气罐的流量。

8. 停泵水泵

突然断电后，水泵机组边界条件是突然断电后水泵机组的瞬态水力及机械特性，这种瞬态问题比较复杂，概述如下：水泵端的边界条件取决于水泵机组的惯性方程和水泵全特性曲线。通过对泵系统的水头平衡方程及机组惯性方程组进行求解，最终解算出各时刻水泵的无因次流量与无因次转速，再根据无因次流量与无因次转速，通过水泵全特性曲线解算出泵及泵连接管道的各项参数。

（1）水头平衡方程式。在事故停泵的暂态过程中，恒定（稳态）流动条件下的水头平衡关系仍适用，则：

$$H_s-\Delta H-\Delta H_v=H_p \qquad (9\text{-}34)$$

式中 H_s ——泵在吸水管一侧的测管水头，m；

ΔH ——泵的扬程，m；

ΔH_v ——阀门引起的水头损失，m；

H_p ——泵在压水总管一侧的测管水头，m。

根据水泵全特性曲线，水泵的扬程：

$$\begin{aligned}\Delta H&=hH_R=H_R(\alpha^2+q^2)WH(x)\\&=H_R(\alpha^2+q^2)(A_0+A_1x)\end{aligned} \qquad (9\text{-}35)$$

式中 h、q、α ——水泵的扬程、流量、转速的无量纲值；

H_R ——水泵额定扬程；

$WH(x)$ ——麦切尔（Marchal）水泵全特性扬程曲线；

A_0、A_1 ——麦切尔水泵全特性扬程曲线插值系数；

x ——麦切尔水泵全性曲线横坐标值。

如图 9-7 所示，将式（9-11）、式（9-12）、式（9-22）及式（9-35）代入式（9-34），对于单泵单管系统有：

$$(C_p-B_sqQ_R)+H_R(\alpha^2+q^2)(A_0+A_1x)-\frac{\Delta H_0q|q|}{\tau^2}=C_M+B_pqQ_R \qquad (9\text{-}36)$$

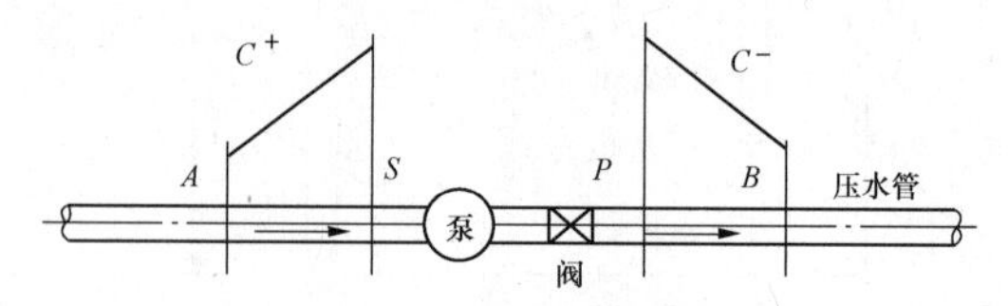

图 9-7 管路中的泵和阀系统

式（9-36）中，$\Delta H=\frac{\Delta H_0}{\tau^2}\left(\frac{Q}{Q_0}\right)^2=\frac{\Delta H_0}{\tau^2}q^2$，$q^2$ 写成 $q|q|$ 的形式是为了反映水头损失的正负性质：当正向流动时，$q>0$，$\Delta H_{(阀门)}>0$；反向流动时，$q<0$，$\Delta H_{(阀门)}<0$。

（2）机组惯性方程。水泵的转速改变率与不平衡的力矩成正比，其关系为：

$$M=-J\frac{d\omega}{dt} \qquad (9\text{-}37)$$

式中 M ——反力矩，可取每一计算时段起始瞬间的力矩（计算时其值已知）与结速瞬间力矩的算术平均值；

J ——水泵机组回转部分的转动惯量；

ω ——水泵的角速度。

根据麦切尔（Marchal）水泵全特性转矩曲线，水泵转矩可表示为：

$$M=(a^2+q^2)WM(x)=(a^2+q^2)(B_0+B_1x) \qquad (9\text{-}38)$$

对式（9-37）有限差分化，转速改变方程最后可表述为：

$$(a^2+q^2)(B_0+B_1x)+M_0-C_3(a_0-a)=0 \qquad (9\text{-}39)$$

其中：
$$C_3=J\frac{n_R}{T_R}\frac{\pi}{15\Delta t}$$

式中 B_0、B_1 ——麦切尔水泵全特性转矩曲线插值系数；

M_0 ——每一计算时段起始瞬间水泵无量纲转矩值，通过麦切尔水泵全特性转矩曲线计算；

n_R ——水泵的额定转速；

T_R ——水泵的额定转矩。

通过对水头平衡方向式（9-36）与机组惯性方程式（9-39）二元方程组进行求解，算出水泵的无量纲流量 q 和无量纲转速 α 的值，再通过水泵全特性曲线算出泵各时刻的扬程、流量、转速等。

三、水泵全特性曲线

（一）水泵全特性曲线概述

在水力瞬变分析中，水泵的边界条件需要使用水泵的全特性曲线。水泵的全特性曲线表示水泵在任意可能的运行条件下的特性，其中包括停泵水锤过程中可能出现的各种工况。

若将水泵正常运行的扬程 H 、流量 Q、转速 n 和转矩 T 取作正值，而将水泵倒转转速、倒流流量及与 H 、T 方向相反的扬程、转矩取作负值，则在特殊情况下，水泵可以在这些工作参数中的一个或几个具有负值的情况下运转。水泵的全特性就是指扬程、流量、转矩和转速在各种不同结合情况下的运行特性。

水泵全特性曲线通常由专门的实验测试后绘制，为方便使用，一般引入无量纲参数：

$$\left.\begin{aligned} h&=H/H_{\mathrm{R}}\\ q&=Q/Q_{\mathrm{R}}\\ \alpha&=n/n_{\mathrm{R}}\\ \beta&=T/T_{\mathrm{R}} \end{aligned}\right\} \tag{9-40}$$

式中　H、Q、n、T——水泵的扬程、流量、转速和转矩，下标带R者为额定参数；

h、q、α、β——水泵的扬程、流量、转速和转矩的无量纲值。

水泵的全特性曲线通常选用无量纲转速 α 和无量纲流量 q 为坐标轴，在 $\alpha-q$ 平面上绘制等扬程 h 及等转矩 β 曲线，如图 9-8 所示。

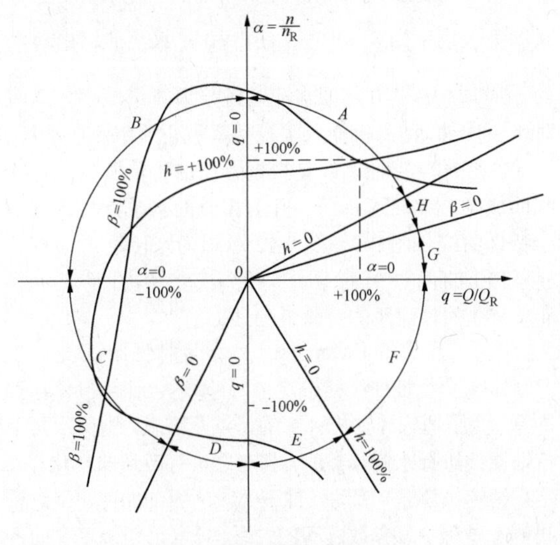

图 9-8　水泵的全特性曲线

由图 9-8 所示，全特性曲线二维坐标平面由无量纲流量 q 轴、无量纲转速 α 轴、零扬程线（$h=0$）及零转矩线（$\beta=0$）分成八个区域，其中有两个水泵工况区——第一象限的正转水泵工况区（A 区）和第四象限的反转水泵工况区（E 区），两个水轮机工况区——第三象限正转水轮机工况区（C 区）和第一象限的反转水轮机工况区（G 区）。在上述四个有效运行区域外，均有制动耗能工况区将其隔开。下面对工况区的运行状态及特点进行简述。

1. 正转水泵工况区——A 区

第一象限 $+\alpha$ 轴与零扬程曲线 $h=0$ 之间的区域，称为正转水泵工况区。在该工况区中，水泵扬程 H 、流量 Q、转矩 T 和转速 n 均为正值，这时水泵吸收动力机的功率 $\left[\text{即}\dfrac{\pi}{30}(+T)\times(+n)>0\right]$，并将能量传递给水，水流通过泵后能量增加［即 $g(+Q)(+H)>0$］。因此，其效率为：

$$\eta_{\mathrm{p}}=\frac{g(+Q)(+H)}{\dfrac{\pi}{30}(+T)\times(+n)}>0$$

与通常的水泵基本性能曲线相比，水泵全特性曲线描述了 A 区描述了水泵各种不同转速情况下的流量、扬程、转矩特性（包括零扬程和零流量），水泵在惯性水泵工况（由正常运行状态到流量为零的过渡过程）的瞬变运行工作点均在正转水泵工况 A 区。

2. 正转逆流制动水泵工况区——B 区

第二象限中，转速 $\alpha>0$ 、流量 $q<0$ 、扬程 $h>0$、转矩 $\beta>0$，即水泵正向旋转、水倒流，压水侧的水头高于吸水侧水头，水泵的转矩为正值。这一区域称为正转逆流制动水泵工况区。在 B 区中水泵由动力机吸收的功率 $\dfrac{\pi}{30}(+T)\times(+n)>0$ ，水泵的输出功率为 $g(-Q)(+H)<0$ 。这就是说，水泵不仅没有给水输送能量，反而从水中吸取能量（即水对水泵做功）。这部分吸收的能量抵消一部分由动力机传递给泵的能量，水泵像制动器一样转动。

在事故停泵过渡过程中，水流在流速降至零之后，在静压水头作用下开始倒流，水泵的转速继续降低，直到为零。这时动力机输出功率为零，倒泄水流给泵以反转力矩 $-T$ 和动力机加于泵的 $+T$ 相平衡，则泵停止转动。由流速为零至转速为零的瞬变过程的运行工作区，位于制动工况 B 区。

3. 正转水轮机工况区——C 区

第三象限中，$-q$ 轴与零转矩曲线之间的区域为正转水轮机工况区，其中流量 $q<0$、扬程 $h>0$、转速 $\alpha<0$、转矩 $\beta>0$，水泵由动力机输入的功率为 $\dfrac{\pi}{30}(+T)\times(-n)<0$，表示水泵向动力机输出功率。水泵向水流输出的功率为 $g(-Q)(+H)<0$，水泵从水流中吸收功率，像水轮机一样运行，其效率为：

$$\eta_{\mathrm{T}}=\frac{\dfrac{\pi}{30}(+T)\times(-n)}{g(-Q)(+H)}>0$$

在零转矩曲线 $\beta=0$（即 $T=0$，$\eta_{T}=0$）时，泵

传给动力机的功率为零，泵在恒定水头下高速反转，其对应的转速为飞逸转速。在事故停泵的水力过渡过程中，水泵从正转转速降至零以后，在倒泄水流作用下开始反转，直到转速达到飞逸转速的瞬变过程的工作点均在水轮机工况区。

4. 倒转逆流水轮机工况区——D 区

第三象限 $\beta=0$ 的零转矩曲线与 $-\alpha$ 轴之间的区域 D 为倒转逆流水轮机工况区。在该区域中流量 $q<0$、扬程 $h>0$、转速 $\alpha<0$、转矩 $\beta<0$，机组反转，水流由压水侧流向吸水侧，压水侧的压力高于吸水侧的压力，水泵从水流中吸收的功率为 $g(+Q)(-H)<0$，水流通过泵后能量减少，水泵由动力机吸收的功率为 $\frac{\pi}{30}(-T)\times(-n)>0$，这时动力机给水一反向转矩使之加速倒转，因此，泵传给水的能量增大（即离心力增大），阻止水流倒泄，使水流传递给水泵的能量越来越小，最后变为零（$q=0$）。

5. 反转水泵工况区——E 区

第四象限 E 区为 $-\alpha$ 轴与 $h=0$ 零扬程线之间的区域。在此区域，水泵由动力机拖动反转，但仍呈现水泵的工作特性。在反转水泵工况中，水泵的转速、转矩均为负值。对于离心泵，将产生正的扬程和流量，水泵由动力机输入的功率为 $\frac{\pi}{30}(-T)\times(-n)>0$，输出功率为 $g(+Q)(+H)>0$，水泵的效率为：

$$\eta_{\mathrm{p}}=\frac{g(+Q)(+H)}{\frac{\pi}{30}(-T)\times(-n)}>0$$

与离心泵不同的是：混流泵和轴流泵的零扬程曲线位于第三象限，其反转水泵工况亦位于第三象限（$h=0$ 的零扬程曲线与 $-\alpha$ 轴之间的区域）。这类水泵倒转时产生负的扬程和流量，其输出效率为：

$$\eta_{\mathrm{p}}=\frac{g(-Q)(-H)}{\frac{\pi}{30}(-T)\times(-n)}>0$$

6. 倒转正流制动工况区——F 区

第四象限中，扬程 $h=0$ 曲线与 $+q$ 坐标轴之间的区域（即 F 区）为倒转正流制动工况区。由图 9-8 可以看出，F 区中流量 $q>0$、扬程 $h<0$、转速 $\alpha<0$、转矩 $\beta<0$，水泵反转，水流由吸水侧流向压水侧，吸水侧的压力高于压水侧压力，水泵由动力机吸入的功率为 $\frac{\pi}{30}(-T)\times(-n)>0$，水泵的输出功率为 $g(+Q)(-H)<0$，即这时水对水泵做功，流量为 $+Q$，并欲使水泵正转；但此时为 $-T$，水泵倒转，故呈制动状态。在此区内，动力机所做的功被正流的水流所损耗，水泵像制动器那样转动，没有做任何有效功，呈制动状态。

7. 倒转水轮机工况区——G 区

倒转水轮机工况区（G 区）位于第一象限 $+q$ 轴与 $\beta=0$ 零转矩曲线之间，此区域中流量 $q>0$、扬程 $h<0$、转速 $\alpha>0$、转矩 $\beta<0$，水泵正转，水由吸水侧流向压水侧，但吸水侧的压力高于压水侧。水泵由动力机吸收的功率为 $\frac{\pi}{30}(-T)\times(+n)<0$，水泵的输出功率为 $g(+Q)(-H)<0$，水流通过泵后能量减少，水流对水泵做功，而水泵向动力机输出功率，如同倒转的水轮机，将水流的能量转换成机械能，其效率为：

$$\eta_{\mathrm{T}}=\frac{\frac{\pi}{30}(-T)\times(+n)}{g(+Q)(-H)}>0$$

当水泵串联工作时，其中一台泵事故停泵，另一台泵继续工作，事故泵将在工作泵正向水流的冲击下继续正向旋转，其工作点将位于 G 区的 $\beta=0$ 线上。

8. 正转正流制动耗能工况区——H 区

在第一象限中，零扬程 $h=0$ 曲线与零转矩 $\beta=0$ 曲线之间的区域（即 H 区），称为正转正流制动耗能工况区。水泵正向旋转，水流由吸水侧流向压水侧，水泵转矩为正，吸水侧的压力高于压水侧的压力，流量 $q>0$、扬程 $h<0$、转速 $\alpha>0$、转矩 $\beta>0$。水泵的吸入功率为 $\frac{\pi}{30}(+T)\times(+n)>0$，水泵的输出功率为 $g(+Q)(-H)<0$，即水流通过泵后能量减小，水流对水泵做功，动力机输入水泵功率被正流水流所消耗。

水泵的全特性曲线是根据专门的实验资料计算绘制而成的，比转速相同、叶型相似的水泵具有相同的全特性曲线。图 9-9～图 9-12 所示为比转速 $n_{\mathrm{s}}=90$、$n_{\mathrm{s}}=130$ 的两种离心泵，以及 $n_{\mathrm{s}}=530$ 的混流泵、$n_{\mathrm{s}}=950$ 的轴流泵的全特性曲线。

（二）麦切尔（Marchal）水泵全特性曲线

水泵全特性曲线比较复杂，并不适合计算机储存和计算。为了适应计算机计算的特点及需求，利用水泵全特性曲线进行水锤计算时，需对之进行改造与转化。假定在恒定（稳态）流动条件下实测所得的曲线，可以反映暂态过程中各参数之间的关系，且水泵相似工况的各参数也能满足水泵的相似律。麦切尔（Marchal）等将水泵全特性曲线转换为适用于计算机程序使用的无因次特性曲线——$WH(x)$ 曲线与 $WM(x)$ 曲线：

$$WH(x)\leftrightarrow x,\quad WM(x)\leftrightarrow x$$

其中 $WH(x)$ 和 $WM(x)$ 为纵坐标，x 为横坐标。

令 $v=q=Q/Q_{\mathrm{R}}$，$m=\beta=T/T_{\mathrm{R}}$

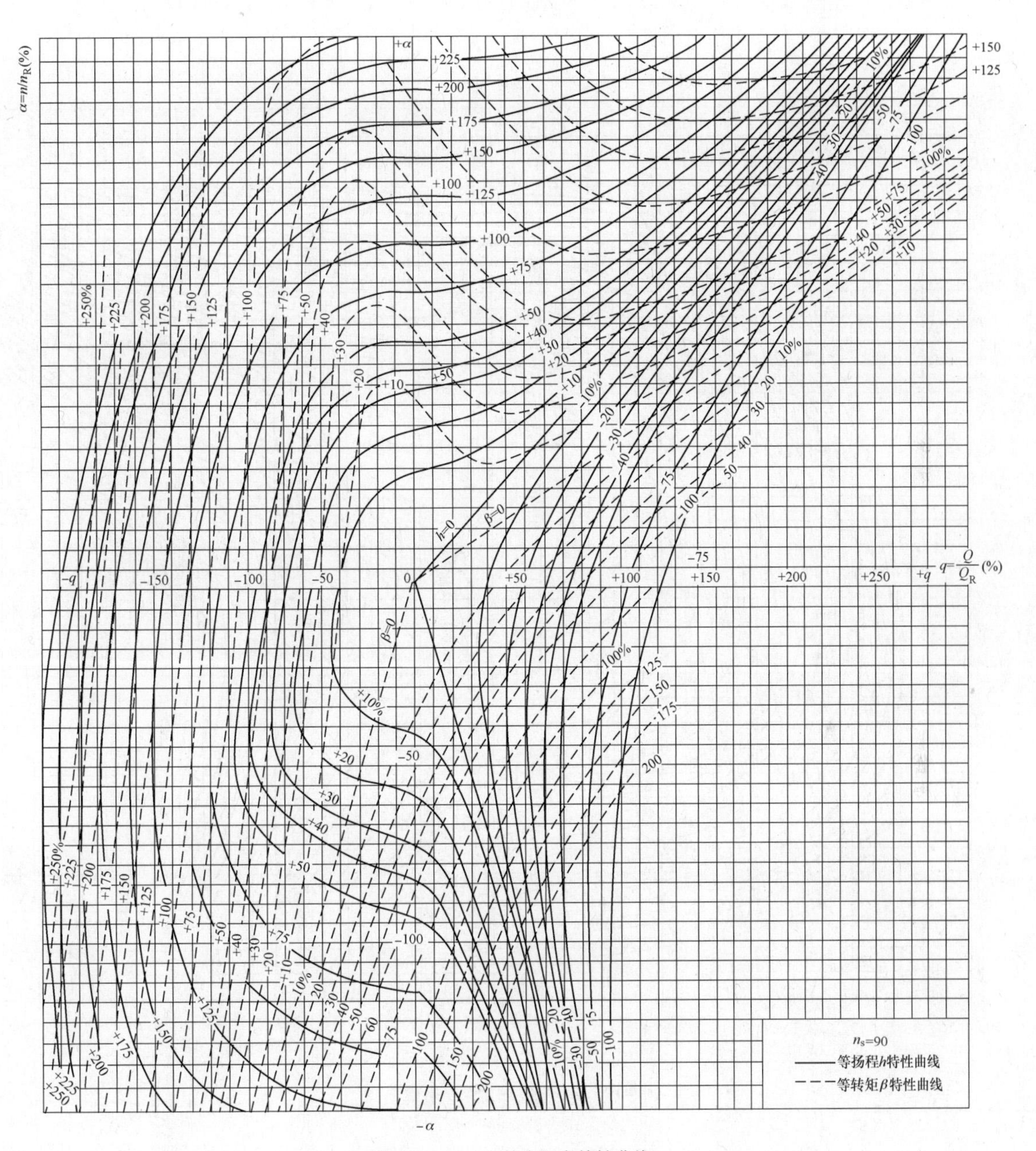

图 9-9　$n_s=90$ 的水泵全特性曲线

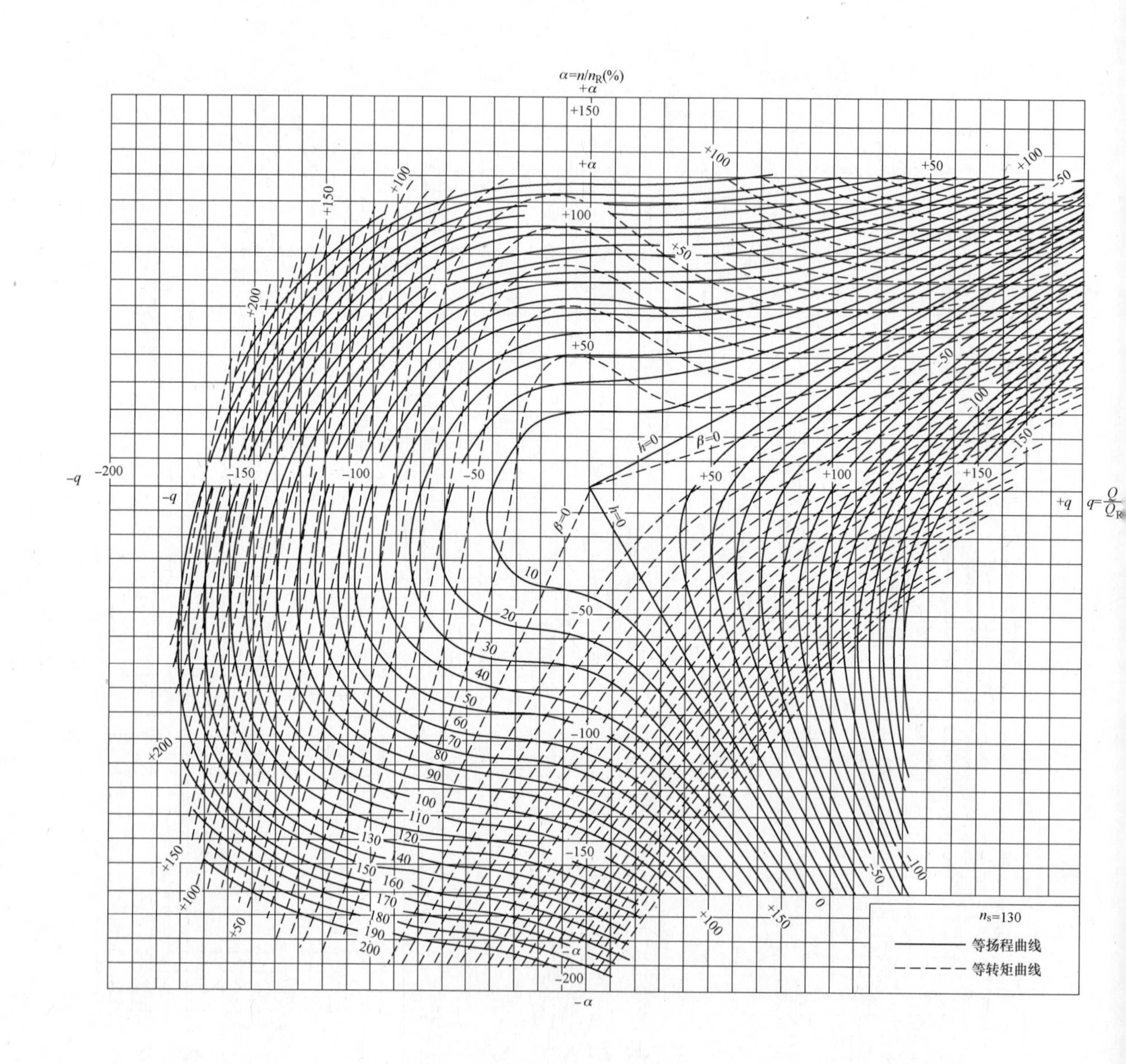

图 9-10　$n_s=130$ 的水泵全特性曲线

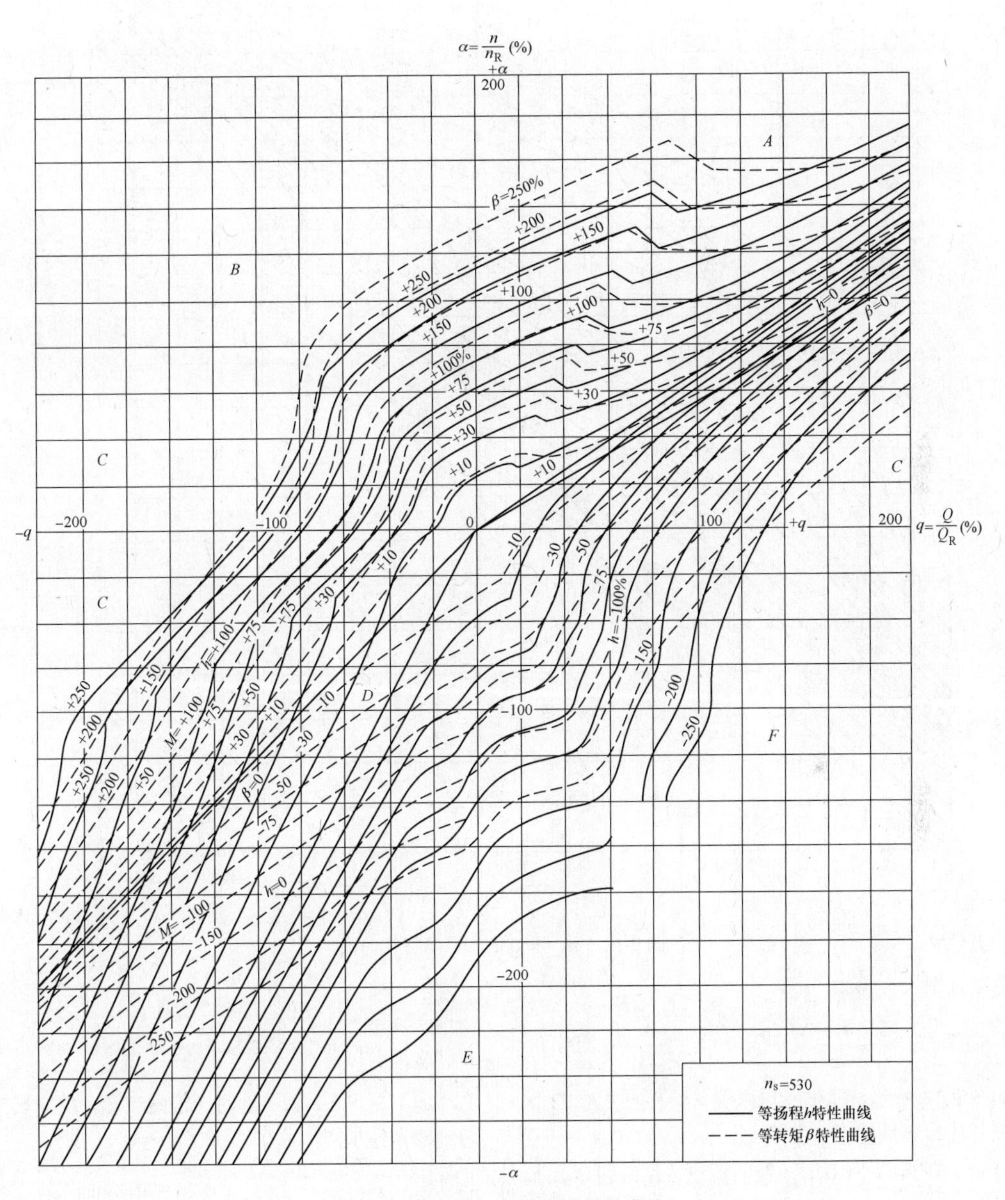

图 9-11 $n_s=530$ 的水泵全特性曲线

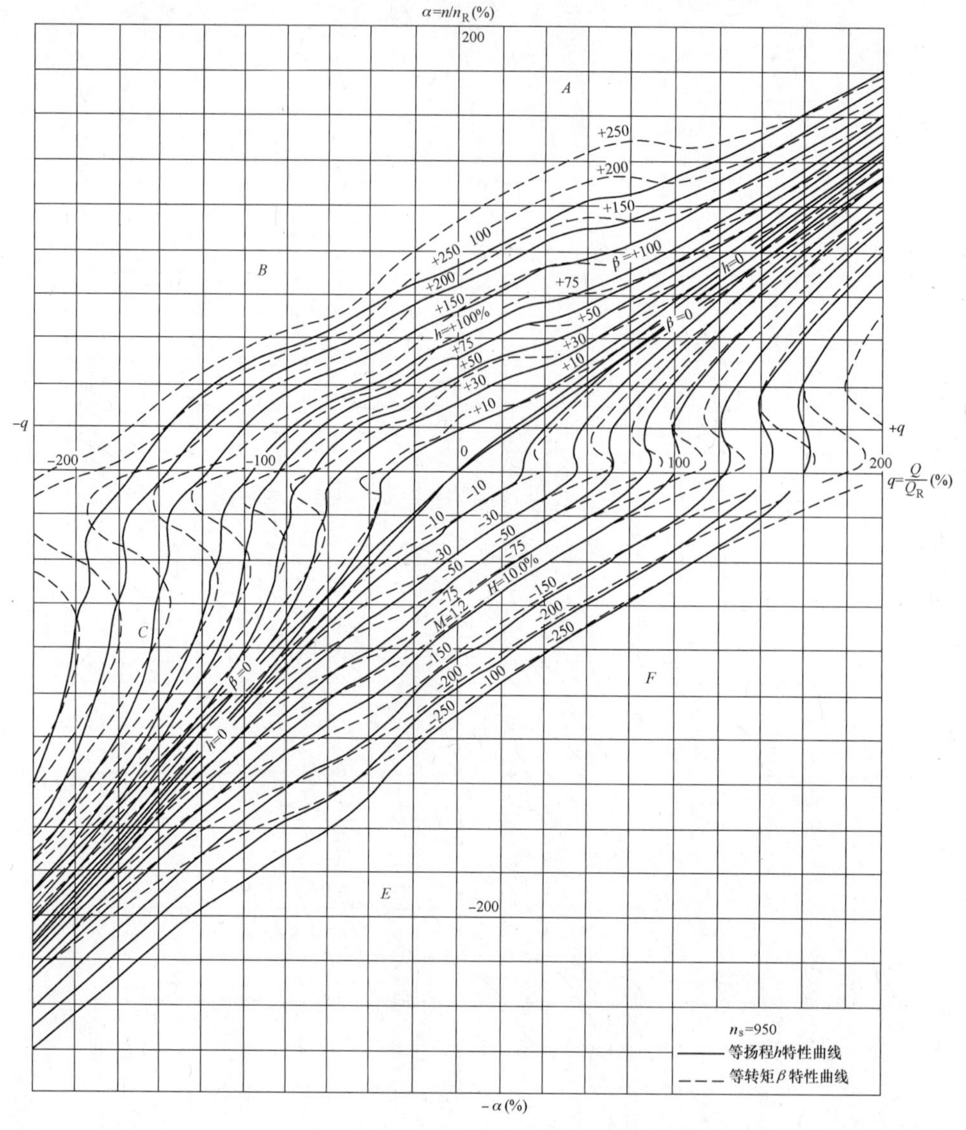

图 9-12　$n_s=950$ 的水泵全特性曲线

纵坐标用下式表示：

$$WH(x)=\frac{h}{v^2+\alpha^2},\quad WM(x)=\frac{m}{v^2+\alpha^2}\qquad(9\text{-}41)$$

如图 9-13 所示，横坐标以弧度计，根据水泵的不同工况，按如下规定：

（1）$v\leqslant0$，$\alpha<0$ 时（反向流量，反向转速，水轮机工况）

$$x=0\sim\frac{\pi}{2};\quad x=\arctan(v/\alpha)$$

（2）$v<0$，$\alpha\geqslant0$ 时（反向流量，正向转速，泵制动工况）

$$x=\frac{\pi}{2}\sim\pi;\quad x=\pi+\arctan(v/\alpha)$$

（3）$v\geqslant0$，$\alpha\geqslant0$ 时（正向流量，正向转速，泵工况）

$$x=\pi\sim\frac{3\pi}{2};\quad x=\pi+\arctan(v/\alpha)$$

（4）$v>0$，$\alpha<0$ 时（正向流量，反向转速，反转制动工况）

$$x=\frac{3\pi}{2}\sim2\pi;\quad x=2\pi+\arctan(v/\alpha)$$

根据相似律，通常可在水泵全特性曲线中选取 $h=\pm1$、$m=\pm1$ 的曲线进行转换后使用。

如此转换之后，横坐标范围为 $0\sim2\pi$。将其等分间距，$\Delta x=\frac{2\pi}{88}=0.0714$，再从其上取下离散数据，取下 89 个 $WH(x)$ 与 89 个 $WM(x)$ 离散数值，按 x 的顺序排列（由 0 至 2π），供计算时使用。

麦切尔水泵全特性曲线目前使用较为普遍，下面给出部分常用曲线类别及参数（见表 9-34～表 9-36），以方便查阅。

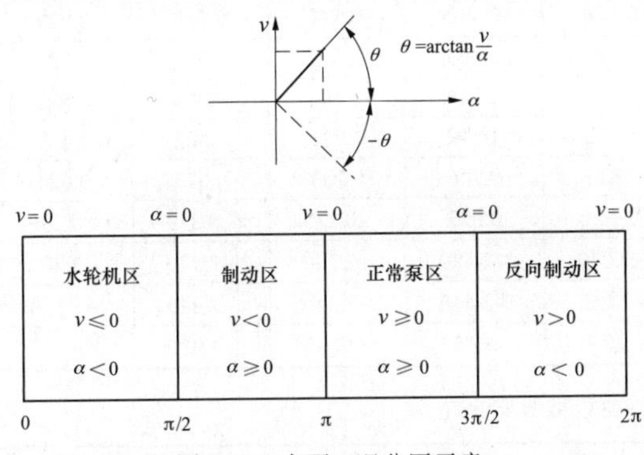

图 9-13　水泵工况分区示意

$n_s=90$ 的麦切尔水泵全特性曲线见图 9-14。

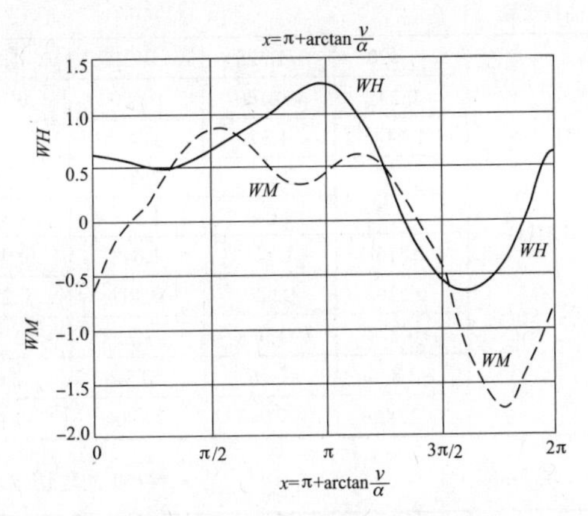

图 9-14　$n_s=90$ 的麦切尔水泵全特性曲线

表 9-34　n_s=90 的麦切尔水泵全特性曲线类别及参数

曲线类别	数值								
WH(x)	0.634	0.643	0.646	0.64	0.629	0.613	0.595	0.575	0.552
	0.533	0.516	0.505	0.504	0.510	0.512	0.522	0.539	0.559
	0.580	0.601	0.630	0.662	0.692	0.722	0.753	0.782	0.808
	0.832	0.857	0.879	0.904	0.930	0.959	0.996	1.027	1.060
	1.090	1.124	1.165	1.204	1.238	1.258	1.271	1.282	1.288
	1.281	1.260	1.225	1.172	1.107	1.031	0.942	0.842	0.733
	0.617	0.500	0.368	0.240	0.125	0.011	−0.102	−0.168	−0.255
	−0.342	−0.423	−0.494	−0.556	−0.620	−0.655	−0.670	−0.67	−0.660
	−0.655	−0.640	−0.600	−0.570	−0.520	−0.470	−0.430	−0.360	−0.275
	−0.160	−0.040	0.130	0.295	0.430	0.550	0.620	0.634	
WM(x)	−0.684	−0.547	−0.414	−0.292	−0.187	−0.105	−0.053	−0.012	0.042
	0.097	0.156	0.227	0.300	0.371	0.444	0.522	0.596	0.672
	0.738	0.763	0.797	0.837	0.865	0.883	0.886	0.877	0.859
	0.838	0.804	0.758	0.703	0.645	0.583	0.520	0.454	0.408
	0.370	0.343	0.331	0.329	0.338	0.354	0.372	0.405	0.450
	0.486	0.520	0.552	0.579	0.603	0.616	0.617	0.606	0.582
	0.546	0.500	0.432	0.360	0.288	0.214	0.123	0.037	−0.053
	−0.161	−0.248	−0.314	−0.372	−0.580	−0.740	−0.880	−1.000	−1.120
	−1.250	−1.370	−1.490	−1.590	−1.660	−1.690	−1.770	−1.650	−1.590
	−1.520	−1.420	−1.320	−1.230	−1.100	−0.980	−0.820	−0.684	

表 9-35　n_s=530 的麦切尔水泵全特性曲线类别及参数

曲线类别	数值								
WH(x)	−0.690	−0.599	−0.512	−0.418	−0.304	−0.181	−0.078	−0.011	0.032
	0.074	0.130	0.190	0.265	0.363	0.461	0.553	0.674	0.848
	1.075	1.337	1.629	1.929	2.180	2.334	2.518	2.726	2.863
	2.948	3.026	3.015	2.927	2.873	2.771	2.640	2.497	2.441
	2.378	2.336	2.288	2.209	2.162	2.140	2.109	2.054	1.970
	1.860	1.735	1.571	1.357	1.157	1.016	0.927	0.846	0.744
	0.640	0.500	0.374	0.191	0.001	−0.190	−0.384	−0.585	−0.786
	−0.972	−1.185	−1.372	−1.500	−1.940	−2.160	−2.290	−2.350	−2.350
	−2.230	−2.200	−2.130	−2.050	−1.970	−1.895	−1.810	−1.730	−1.600
	−1.420	−1.130	−0.950	−0.930	−0.950	−1.000	−0.920	−0.690	

续表

曲线类别	数值								
$WM(x)$	−1.420	−1.328	−1.211	−1.056	−0.870	−0.677	−0.573	−0.518	−0.380
	−0.232	−0.160	0.000	0.118	0.308	0.442	0.574	0.739	0.929
	1.147	1.37	1.599	1.839	2.080	2.300	2.480	2.630	2.724
	2.687	2.715	2.688	2.555	2.434	2.288	2.110	1.948	1.825
	1.732	1.644	1.576	1.533	1.522	1.519	1.523	1.523	1.490
	1.386	1.223	1.048	0.909	0.814	0.766	0.734	0.678	0.624
	0.570	0.500	0.407	0.278	0.146	0.023	−0.175	−0.379	−0.585
	−0.778	−1.008	−1.277	−1.560	−2.070	−2.480	−2.700	−2.770	−2.800
	−2.800	−2.760	−2.710	−2.640	−2.540	−2.440	−2.340	−2.240	−2.120
	−2.000	−1.940	−1.900	−1.900	−1.850	−1.750	−1.630	−1.420	

表 9-36　n_s=950 的麦切尔水泵全特性曲线类别及参数

曲线类别	数值								
$WH(x)$	−2.230	−2.000	−1.662	−1.314	−1.089	−0.914	−0.750	−0.601	−0.440
	−0.284	−0.130	−0.055	0.222	0.357	0.493	0.616	0.675	0.530
	0.691	0.752	0.825	0.930	1.080	1.236	1.389	1.548	1.727
	1.919	2.066	2.252	2.490	2.727	3.002	3.225	3.355	3.475
	3.562	3.604	3.582	3.540	3.477	3.327	3.148	2.962	2.750
	2.542	2.354	2.149	1.909	1.702	1.506	1.310	1.131	0.947
	0.737	0.500	0.279	0.082	−0.112	−0.300	−0.505	−0.672	−0.797
	−0.872	−0.920	−0.949	−0.960	−1.080	−1.300	−1.500	−1.700	−1.890
	−2.080	−2.270	−2.470	−2.650	−2.810	−2.950	−3.040	−3.100	−3.150
	−3.170	−3.170	−3.130	−3.070	−2.960	−2.820	−2.590	−2.230	
$WM(x)$	−2.260	−2.061	−1.772	−1.465	−1.253	−1.088	−0.921	−0.789	−0.632
	−0.457	−0.300	−0.075	0.052	0.234	0.425	0.558	0.630	0.621
	0.546	0.525	0.488	0.512	0.660	0.850	1.014	1.162	1.334
	1.512	1.683	1.886	2.105	2.325	2.580	2.770	2.886	2.959
	2.979	2.962	2.877	2.713	2.556	2.403	2.237	2.080	1.950
	1.826	1.681	1.503	1.301	1.115	0.960	0.840	0.750	0.677
	0.604	0.500	0.352	0.161	−0.040	−0.225	−0.403	−0.545	−0.610
	−1.662	−0.699	−0.719	−0.730	−0.810	−1.070	−1.360	−1.640	−1.880
	−2.080	−2.270	−2.470	−2.650	−2.810	−2.950	−3.040	−3.100	−3.150
	−3.170	−3.200	−3.160	−3.090	−2.990	−2.860	−2.660	−2.260	

计算过程中，$x=\arctan(v/\alpha)$ 的值不一定正好等于 x 的离散值之一，因此需要通过线性内插才能确定 $WH(x)$ 与 $WM(x)$ 值。一般用通过节点参数值的直线近似地代表两节点间的微段曲线，见图 9-15。

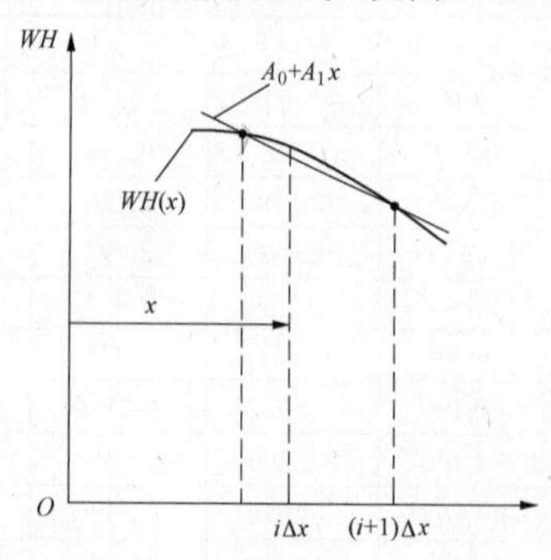

图 9-15　$WH(x)$ 曲线的线性内插

$$WH(x)=(A_0+A_1x) \tag{9-42}$$

$$WM(x)=(B_0+B_1x) \tag{9-43}$$

式中各系数：

$$\left.\begin{aligned} A_1&=\frac{WH(i+1)-WH(i)}{\Delta x} \\ A_0&=WH(i+1)-iA_1\Delta x \end{aligned}\right\} \tag{9-44}$$

$$\left.\begin{aligned} B_1&=\frac{WM(i+1)-WM(i)}{\Delta x} \\ B_0&=WM(i+1)-iB_1\Delta x \end{aligned}\right\} \tag{9-45}$$

四、供水系统水锤防护设计

1. 水锤防护设计内容

火力发电厂所属输水管道系统应根据管道的布

置、地形条件及泵站的重要性程度等情况，有选择性地进行水锤计算。水锤计算或水锤防护方案的制订应符合下列要求：

（1）评价原设计选择的水泵、管径、管材等有关设备及参数的合理性。

（2）给出管线沿程最高及最低压力包络线。

（3）给出具有代表性的管段或控制点，以及特殊元件的压力、流量、水位等水力参数的变化过程线。

（4）兼顾水泵倒转与水锤压力的前提下，给出水泵出口阀门的关闭程序。

（5）当管道系统水锤压力太大，超过限定值或负压太严重可能引起汽化因而要考虑设置调压设施时，应提出合适的调压形式和设置位置的建议，然后再进行修正方案的计算，最终确定各种参数和运行方式。

（6）有可能产生水锤危害的泵站，在各设计阶段均应进行事故停泵水锤计算。

（7）离心泵的最高反转速度不应超过额定转速的1.2倍，超过额定转速的持续时间不应超过2min。

（8）立式水泵机组转速低于额定转速40%的持续时间不应超过2min。

（9）最高压力不应超过水泵出口额定压力的1.3～1.5倍。

（10）输水系统任何部位不应出现水柱断裂。

（11）系统选用的真空破坏阀应有足够的过流面积，动作应准确可靠；用拍门或快速闸门作为断流设施时，其断流时间应满足控制反转转速和水锤防护的要求。

（12）高扬程、长距离压力管道的泵站，工作阀门宜选用两阶段关闭的液压操作阀。

2. 水锤危险程度的判断

进行火力发电厂水工设计时，需要确定哪些系统应进行水锤计算。具体选择水锤防护措施之前，了解并掌握“可能产生水锤危害的水锤发生条件”以判断水锤危害程度非常重要。下面列举两份资料供参考。

（1）《美国给水工程协会会刊》（Journal AWWA）1961年8月刊发表的一篇报告中，提出下列12个问题，用来判断水锤的严重程度：

1）在压力输水管道的纵断面图中，有无任何“驼峰”或“膝部”状升高点；当水泵机组突然事故停泵后，在该点处是否会产生水柱分离与断流弥合水锤现象。

2）压力输水管的长度是否大于水泵扬程的20倍。

3）压力输水管内的最大流速是否超过1.2m/s。

4）管材的安全系数以正常工作压力计算，是否小于3.5。

5）突然事故停泵后，管道中的连续水柱是否在短于一个水锤相 μ 的时段内停止前进并开始倒流。

6）水泵出口若设普通止回阀，是否在小于一个水锤相 μ 的时段内关闭。

7）有没有在5s内开启或关闭的阀门。

8）如果允许水泵电动机机组以飞逸转速反转，机组会不会损坏。

9）水泵会不会在出水阀门完全关闭前停车。

10）水泵会不会在出水阀门开启的情况下启动。

11）在供水系统中，有无同所研究的水泵站运行情况有关的加压水泵站（升压泵站）。

12）在水泵及管路中，有没有任何快速关闭的自动阀门会在需要它时动作失灵。

该报告提出：如果上述问题1）～7）都得到肯定回答，那就很可能产生严重的水锤；如果上述12个问题中有2个或更多个问题得到肯定回答，就可能产生水锤，肯定回答的数目越多，水锤也就越严重。

（2）也有资料提出，凡是与表9-37中所列技术条件中的任何一项均不符合的场合下，一般可不进行水锤危害分析。

表9-37　可能产生的水锤危害的技术条件

总扬程	静扬程（几何供水高程）	输水管线长度	输水管中流速	关阀历时
30m以上	20m以上	大于500m	大于2～2.5m/s	小于3s

以上两份资料中有些项目相当不一致，因此在参考使用时要结合实际情况，综合地从整体上考虑。

参考上述两份资料，并根据火力发电厂各供水系统的运行特点，在系统设计及水锤防护措施选用时要注意以下几点：

（1）循环水和补给水系统一般都应进行瞬变流计算，以合理确定泵房和管线平面和竖向布置，水泵出口阀门形式和启闭特性，管材及设计压力、实验压力等。只有当新设计系统参数与已进行详细瞬变流计算的工程接近时，才可参照类似工程进行。

（2）大型机组宜采用单元制或扩大单元制供水系统，避免采用母管制供水系统。母管制供水系统控制阀门较多，如控制调节不当，易造成系统压力升高较大而引发事故。

（3）供水系统布置设计应避免管路中发生水柱分离和再弥合现象，防止产生断流弥合水锤，避免断流弥合水锤带来的严重危害。

（4）在水源水位变幅较大而采用深基泵房取水时，一般在水泵出口处装设两阶段关闭蝶阀，出水管沿泵房内壁上升到近地面再转弯向前。这种布置形式不可避免地会出现管线布置高于最低压力线的情况，事故停泵时将会产生水柱分离及水柱再弥合。应通过多方案比较，合理确定两阶段的关闭时间及关闭角度，尽可能地降低水锤压力的升高值。在出水管的顶部安装进排气阀，阀门的直径及数量通过计算确定。进排气阀的数量应有裕度，以保证系统安全。

（5）补给水泵供水到高位水池或类似构筑物，应设防止高位水池水倒流的设施，例如设止回阀或拍门等，止回阀及拍门前应设通气管。

（6）循环水系统水锤升压应在正常工作压力的50%以内。循环水系统部分水泵事故停泵，水泵出口蝶阀的关闭程序要求凝汽器失水量较低、历时较短，以防止系统因循环水泵事故造成发电机组事故而停机。

（7）循环水系统运行前，应对系统进行小流量充水，一般工程可将循环水泵出口蝶阀开启 15°，使用循环水泵进行充水。但有条件的情况下，尤其是大中型电厂，应避免使用循环水泵主泵进行充水。建议借用循环水系统内其他较小水泵进行充水，或设置临时充水水泵。充水完成后，再开启循环水泵。充水过程中，排出管道驼峰点和凝汽器顶部的空气。

（8）系统充水后，循环水系统开泵方案，应与水泵厂进行沟通确定。混流泵一般出口蝶阀开启 15°，水泵反转速不超过正常转速的 5%时，启动水泵电动机。混流泵启泵时，也可采用先开启出口阀 5°时同时启泵，然后出口阀匀速按将设定时间持续开启，直到全开。离心式水泵要求关阀启泵。

（9）循环水系统计算停泵时，混流泵可将蝶阀先关到 15°再停泵。离心式水泵要求先关闭出口阀再停泵。

（10）循环供水系统应计算冷却塔到泵房的自流沟在水泵事故停泵时的壅水，尤其是自流沟长度较长、冷却塔水位较高时。循环水泵吸井水水位波动要通过瞬变流计算确定。

五、常见的水锤防护设备及防护方案

1. 水锤防护措施分类

（1）注水（补水）或注空气（缓冲）稳压，从而控制住系统中的水锤压力振荡，防止真空和断流空腔再弥合水锤过高的升压。这种类型的设备有单向调压塔（水池）、气体稳压罐、空气阀以及双向调压塔等。

（2）合理选择阀门种类，延长其启闭历时，进行阀门调节与控制。阀门缓慢地关闭和开启，可减小输水干管中流速的变化率，从而可以减小水锤升压的升高和降低。阀门的开启和关闭历时必要情况下须通过计算机模拟进行水力分析后确定，这种类型的设备有普通缓闭止回阀、两阶段关闭蝶阀、水泵控制阀等。

（3）泄水降压，避免压力升高。这种类型的设备有停泵水锤消除器、防爆膜、旁通管等。

（4）其他方法。例如选用转动惯性较大的水泵机组或增装惯性飞轮，在较长的输水管路中增设止回阀等。

2. 常见水锤防护措施

具体选择水锤防护措施时，表 9-38 中的技术资料可供参考。

表 9-38　　常用停泵水锤防护措施简介

序号	措施	优点	缺点	备注
1	水泵出口设两阶段缓闭蝶阀	在水泵启动和事故停泵过程中，既能消除水锤升压危害，又能防止大量倒流，控制机组的最大反转速，一般是两阶段关闭，选快关 2/3～5/6，剩余慢关	装有复杂的液压系统，需注意日常维护，且常需配合其他后备措施	阀门关闭方式及历时必须经计算后确定
2	缓闭止回阀	通过缓闭止回阀不完全关闭的阀板泄流来消除水锤危害，又能防止大量倒流	构造较复杂，形式多样，有些形式的缓闭止回阀因阀门缺陷有可能成为水锤发生器，带来安全隐患	高扬程、几何高差较大的给水系统慎用
3	设水泵控制阀	在水泵启动和事故停泵过程中，通过大小两片阀板配合，既能消除水锤升压危害，又能防止大量倒流，控制机组的最大反转速	阻力较大，多使用于较小规格（一般不超过 DN400）的管道系统	大阀板的开孔面积及小阀板的关阀时间应通过计算确定
4	水泵增设惯性飞轮，增大机组转动惯量	设备简单，效果较好，稳定可靠	在较长距离输水管的情况下，需设较大尺寸的飞轮，增加电动机启动负荷	仅用于卧式离心泵，需进行综合防护，计算后确定

续表

序号	措施	优点	缺点	备注
5	管路驼峰点设双向调压塔（池）	事故停泵时，能向管道中注水，有效防止了管道中的水柱分离及断流再弥合水锤的升压，构造简单方便，效果好	要对塔中死水采取对策，寒冷地区需注意防冻，有时塔中水面太高，修建不便，造价高，水泵启动和突然停泵时，塔中水位变化大	一般用于大流量、低扬程的长管路系统，应因地制宜，最好建于高地，当塔体高于地面7～8m以上时，不宜采用
6	管路驼峰点设单向调压塔（池）	建筑高度低，节约造价；防水柱分离效果好	要对塔中死水采取对策，需注意防冻。塔与输水管间的止回阀动作要灵敏、及时	设于易产生水柱分离之处
7	设空气罐	不受地点限制，低压时可补水，水锤正压波来临时可缓冲消减水锤压力	需装设安全阀，防止压力过高，且应注意做好日常维护工作。大流量、大流速管道系统中，空气罐体积较大、造价较高，空气罐应满足压力容器相关规范	一般多安装于泵房内水泵出口母管
8	设超压泄压阀	排水泄压，安装方便	对断流再弥合类、脉冲类快速升压的水锤波，阀门打开泄水动作可能滞后	
9	设爆破膜片	排水泄压，安装方便，成本低	动作可能滞后，材质不易选取	辅助措施，不单独使用
10	管道分段多设止回阀	将管线中水柱人为分段，从而减少每段的作用水头，减少水锤压力	浪费能耗，维护麻烦，增加管理维护成本	
11	设进排气阀（或真空破坏阀）	可防止水柱分离后产生的升压过高的断流弥合水锤危害，设备简单	注入的空气在水力过渡过程结束后应能自动排出，不许在管路中形成气囊，若注入的空气排出困难，则再开泵困难加大	适用于管路系统在不可能注水或注水量极大，导致成本过高的情况

六、简易水锤计算方法

停泵水锤计算的简易图解算法是简化的计算方法，精度较差。由于计算机的广泛应用，数解法因求解精度高而广泛应用，简易图解法的应用越来越少，但在某些特定的情况，图解法因其使用方便，有助于快速判断系统出现的水锤压力值。

（一）帕马金（Parmakian）停泵水锤计算曲线

帕马金通过对停泵水锤的计算分析认为，事故停泵过程中的最不利参数主要取决于水泵机组的惯性、管道的特性和水泵的全特性。水泵机组的惯性可用惯性系数 $K(2L/\alpha)$ 来表示，管道的特性可用特性参数 2ρ 来表示。对于一种已知水泵（低比转速的离心泵）的全特性曲线，通过大量的水锤计算，根据不同的 $K(2L/\alpha)$ 和 2ρ 值的计算结果，可以绘制成不同的计算曲线。这些曲线提供了一种计算水泵出口阀门不关闭情况下求解水泵出口和出水管中点的最大水锤升压，以及计算其他最不利参数的简易方法。虽然这些曲线在理论上只适用于特定的离心泵，但也常用它来估算任何水泵系统出水管中的水锤。

帕马金停泵水锤计算曲线的适用条件是：吸水管较短，压水管出口接明渠或水池，忽略管路水头损失；管路上一般没有阀门，或虽设有阀门，但事故停泵后并不关闭而保持原有开启度，一台泵或多台泵并随着工作的同型号泵同时事故停泵，压水管路简单且不很长。

水泵出口装有快速止回阀时，也可用帕马金停泵水锤计算曲线估算。

有资料提出，在满足下列条件时，利用帕马金曲线计算停泵水锤可以得到满意的结果：

（1）离心水泵。

（2）管的长度小于700～800m。

（3）水泵机组转子体的转动惯量 $GD^2>1000\sim1500\text{kg}\cdot\text{m}^2$。

（4）管道水头损失小于10%。

（5）水泵工作点是最高效率点。

曲线中选用 $K(2L/\alpha)$ 为横坐标，绘制 2ρ =常数的各特征参量的计算曲线。其中：

$$2\rho=\frac{\alpha v_0}{gH_0} \tag{9-46}$$

$$K=\frac{1.79\times10^6\times H_R Q_R}{GD^2\eta n_R^2}=\frac{182.5P_R}{GD^2 n_R^2} \tag{9-47}$$

$$K\frac{2L}{\alpha}=\frac{182.5P_{\rm R}}{GD^2n_{\rm R}^2}\times\frac{2L}{\alpha}=\frac{365P_{\rm R}L}{\alpha GD^2n_{\rm R}^2} \tag{9-48}$$

式中 K ——水泵机组的惯性系数；

$\frac{2L}{\alpha}$ ——水锤波往返全管长一次所需的时间，s；

$P_{\rm R}$ ——水泵额定工况下的轴功率，kW；

GD^2 ——水泵机组转子体（包括电动机和水泵转子及水体）的转动惯量，kg・m²；

$H_{\rm R}$ ——水泵的额定扬程，m；

$Q_{\rm R}$ ——水泵的额定流量，m³/s。

帕马金水锤计算曲线图有 8 幅，共 40 条曲线，如图 9-16 所示，每幅图分别绘出管道特性参数 $2\rho=0.5$、1、2、4、8 情况下各有关参数的等值线。当用帕马金曲线计算事故停泵水锤时，首先应根据已知的数据计算出 2ρ 和 K，然后分别由图 9-16（a）～图 9-16（h）查出水泵出口处的最大降压水头和最大升压水头、管道中点处的最大降压水头和最大升压水头、水泵的最大倒转转速、水泵开始倒流的时间、水泵转速为零的时间，以及水泵达到最大倒转转速的时间等参数。

应该注意的是，由计算得到的 $K\frac{2L}{\alpha}$ 和 2ρ 值，在各图中确定纵坐标上的各相应参量均为无量纲相对比值。其中，各压力水头参量的基准值为水泵的初始扬程 H_0，各时间参量的基准值为水锤波传播单程的时间 $\frac{L}{\alpha}$，最大倒转转速的基准值为水泵的额定转速 $n_{\rm R}$。

另外，各曲线在图中均只有 $2\rho=0.5$、1、2、4、8 五条曲线；当所求的 2ρ 值介于某两条曲线之间时，可分别查出这两条曲线所对应的纵坐标值，再用插值的方法求得需求的参数。

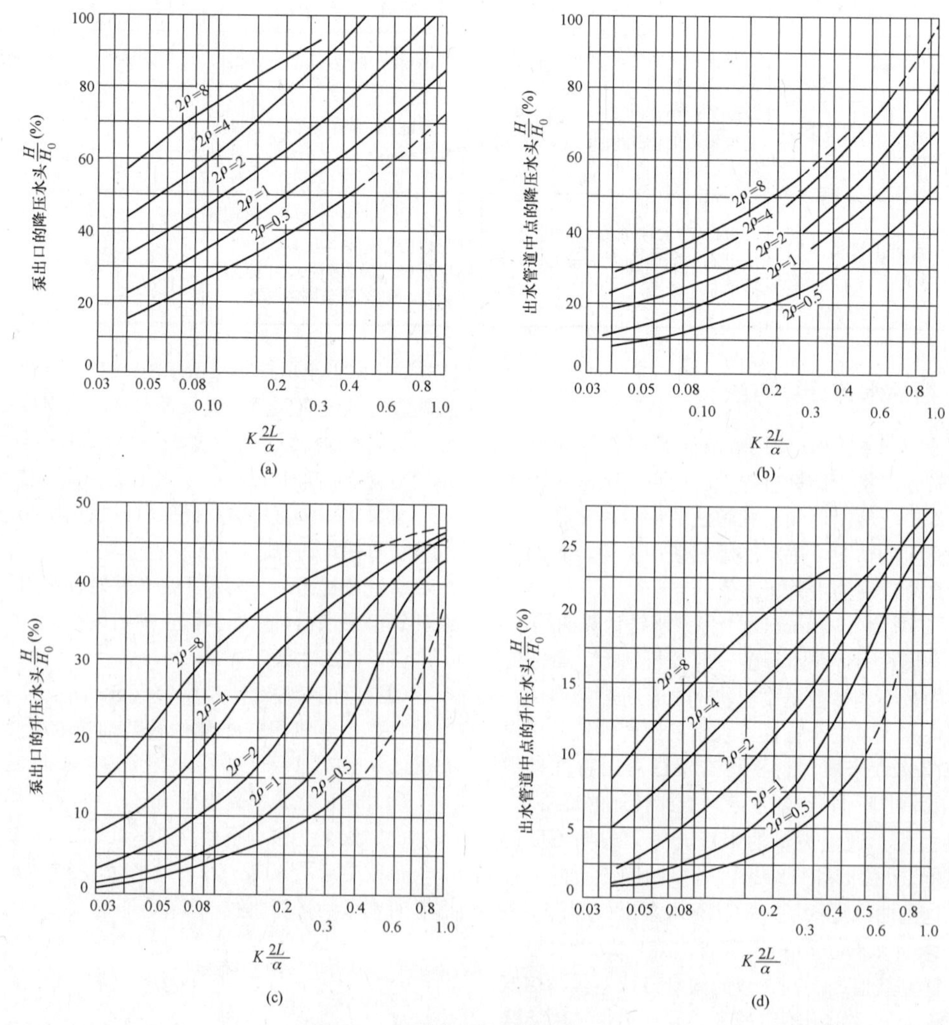

图 9-16 帕马金水锤计算曲线（一）

（a）泵出口的降压水头；（b）出水管道中点的降压水头；（c）泵出口的升压水头；（d）出水管道中点的升压水头

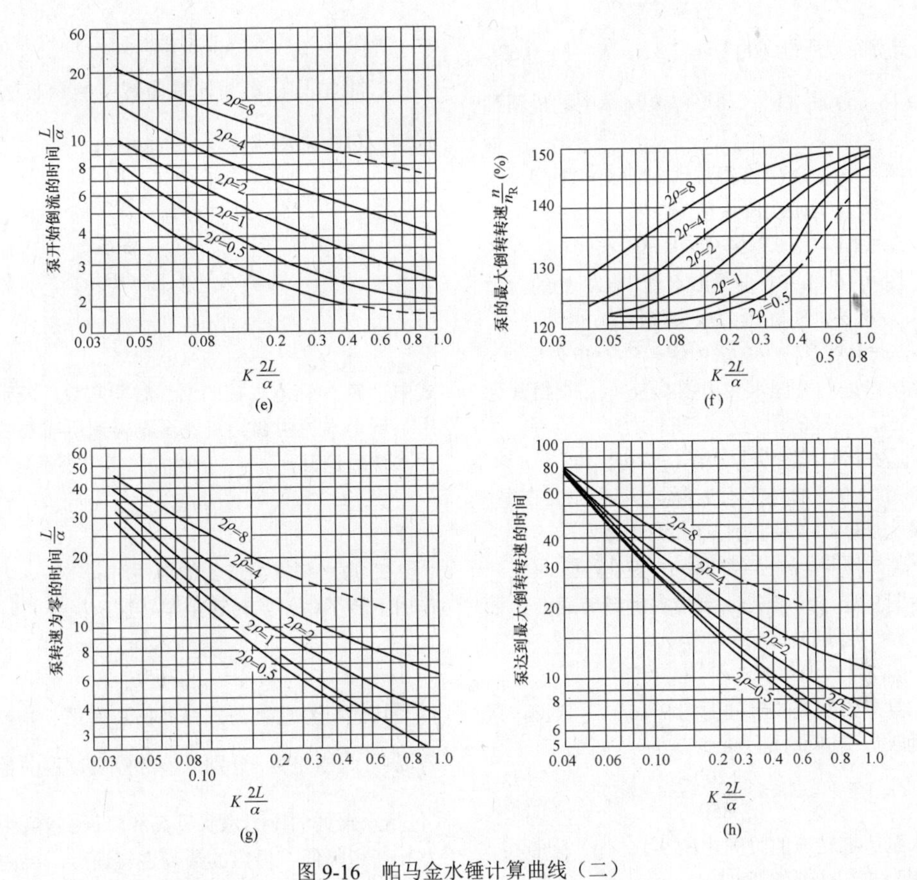

图 9-16　帕马金水锤计算曲线（二）

（e）泵开始倒流时间；（f）泵的最大倒转转速；（g）泵转速为零的时间；（h）泵达最大倒转转速的时间

水泵出口装设有止回阀的情况下，事故停泵过程中水流通过水泵开始倒流之后，在倒泄水流产生的动水压力作用下，止回阀迅速关闭。若忽略管道的摩阻损失，在出水管止回阀处产生的压力水头升高约等于开始倒流瞬间的最大压降水头，估算水泵出口装有止回阀时的停泵水锤值，可用图 9-16（a）和图 9-16（b）分别求出水泵出口处和管道中点处的最大降压水头值，然后将其 $-\Delta h_{min}$ 取绝对值为 Δh_{max}，分别加上水泵处和管道中点处的正常压力水头，即可得到止回阀关闭时水泵处和管道中点处的最大升压水头值。

下面结合工程实例，用帕马金计算曲线求事故停泵水锤过程中的各最不利参数。

【例 9-1】某泵站如图 9-17 所示，三台水泵并联运行，由一条输水管道输水。试分析计算三台泵同时事故断电时事故停泵水力瞬变过程。

水泵出口无止回阀，基本数据如下：

D=829mm；e=4.76mm；a=859m/s；v_0=1.77m/s（三台泵）；Q_0=0.954m³/s（三台泵）；L=1200m；A=0.540m²；H_0=H_R=67.1m；GD^2=64.88kg·m²；n_R=1760r/min；η=84.7%；P_R=298kW。

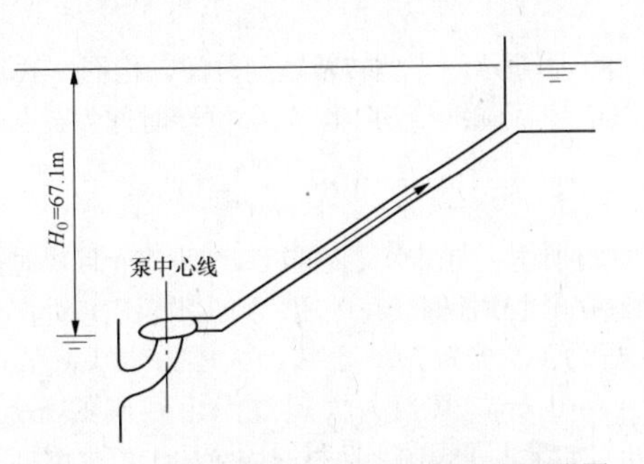

图 9-17　帕马金图表求事故停泵水锤例题附图

计算管道特性常数和水泵的惯性系数：

$$2\rho=\frac{\alpha v_0}{gH_0}=\frac{859\times1.77}{9.8\times67.1}=2.31$$

$$K=\frac{1.79\times10^6\times H_R Q_R}{GD^2\eta n_R^2}=\frac{1.79\times10^6\times67.1\times0.954}{3\times64.88\times0.847\times1760^2}$$
$$=0.2244$$

$$K\frac{2L}{\alpha}=0.2244\times\frac{2\times1200}{859}=0.63$$

由以上计算结果所得到的$2\rho=2.31$、$K\dfrac{2L}{\alpha}=0.63$，分别查图9-16（a）～（h），计算停泵水锤中的最不利参数：

（1）由图9-16（a）中查得泵出口的无量纲降压水头为92%，实际压力水头降低应为：

$$\Delta H_{\min}=0.92H_0=0.92\times67.1=61.7(\text{m})$$

（2）由图9-16（b）中查得出水管中$L/2$处的无量纲降压水头为67%，实际压力水头降低为：

$$\Delta H_{\min}=0.67H_0=0.67\times67.1=45.0(\text{m})$$

（3）泵出口处的升压水头由图9-16（c）查得其无量纲值为43%，实际的压力水头升高为：

$$\Delta H_{\max}=0.43H_0=0.43\times67.1=28.8(\text{m})$$

（4）管道中点处的升压水头由图9-16（d）查得，其无量纲值为23%，实际的压力水头升高为：

$$\Delta H_{\max}=0.23H_0=0.23\times67.1=15.4(\text{m})$$

（5）由图9-16（e）查得水泵最大倒转转速的无量纲值为145%，实际的倒转转速为：

$$n_{\max}=1.45\times1760=2550(\text{r/min})$$

（6）水泵开始倒流的时间由图9-16（f）查得，其无量纲值为3.5，实际时间为：

$$t=3.5\times\frac{L}{\alpha}=3.5\times\frac{1200}{859}=4.9(\text{s})$$

（7）水泵达零转速的时间由图9-16（g）中查得，其无量纲值为5.8，实际时间为：

$$t=5.8\times\frac{L}{\alpha}=5.8\times\frac{1200}{859}=8.1(\text{s})$$

（8）水泵达最大倒转转速的时间，由图9-16（h）中查得，其无量纲值为10，实际倒转时间为：

$$t=10\times\frac{L}{\alpha}=10\times\frac{1200}{859}=14(\text{s})$$

如前所述，当该水泵装置出口装设有止回阀时，如止回阀在产生倒流时迅速关闭，则在水泵出口处产生的最大压力水头升高应等于其最大压力水头降低，即$\Delta H_{\max}$=61.7m，其值大大超过无止回阀的$\Delta H_{\max}$=28.8m。如果止回阀由于某种原因滞后于产生倒流的时间，在倒流量增至一定后再关闭，则在止回阀出口处产生的压力水头升高将更大。此算例也从另一方面说明，快速的止回阀很可能成为产生水锤的发生器。

（二）刘竹溪停泵水锤计算曲线

1. 事故停泵水锤简易计算曲线

分析研究表明，事故停泵水锤过程中的最不利参数——管道最高和最低压力，水泵的最大倒转转速及水泵开始倒流、倒转和达到最大倒转转速的时间等不仅随$K\dfrac{2L}{\alpha}$和2ρ变化，而且随两参数的乘积$\left(K\dfrac{2L}{\alpha}\times2\rho\right)$而变化，即在相同的$K\dfrac{2L}{\alpha}\times2\rho$的情况下，其变化率相等或非常接近。

若将帕马金水锤计算曲线中的参数2ρ与$K\dfrac{2L}{\alpha}$相乘，可得到：

$$2\rho\times K\frac{2L}{\alpha}=\frac{\alpha v_0}{gH_0}\times\frac{182.5P_{\rm R}}{GD^2n_{\rm R}^2}\times\frac{2L}{\alpha}=\frac{Lv_0}{gH_0}\times\frac{365P_{\rm R}}{GD^2n_{\rm R}^2}=\frac{T_{\rm b}}{T_{\rm a}}\tag{9-49}$$

式中，$T_{\rm b}$为管道水柱的惯性时间常数，表示在惯性作用下管中水流由初始流速至零转速所需要的时间（刚性水柱理论）：

$$T_{\rm b}=\frac{Lv_0}{gH_0}\tag{9-50}$$

$T_{\rm a}$为水泵机组转子的惯性时间常数，表示在惯性作用下转子由初始转速至零转速所需要的时间：

$$T_{\rm a}=\frac{GD^2n_{\rm R}^2}{365P_{\rm R}}\tag{9-51}$$

其他符号意义与式（9-46）和式（9-47）相同。若以$\dfrac{T_{\rm b}}{T_{\rm a}}$为横坐标，分别以事故停泵过程中各主要参数（包括水泵处的压力水头升高和降低、管道中点处的压力升高和降低、机组的最高逆转速度、泵内开始倒流的时间、机组开始倒转的时间、最大倒转转速发生的时间）为纵坐标，则可将帕马金水锤计算曲线简化成两张图八条曲线，如图9-18、图9-19所示。

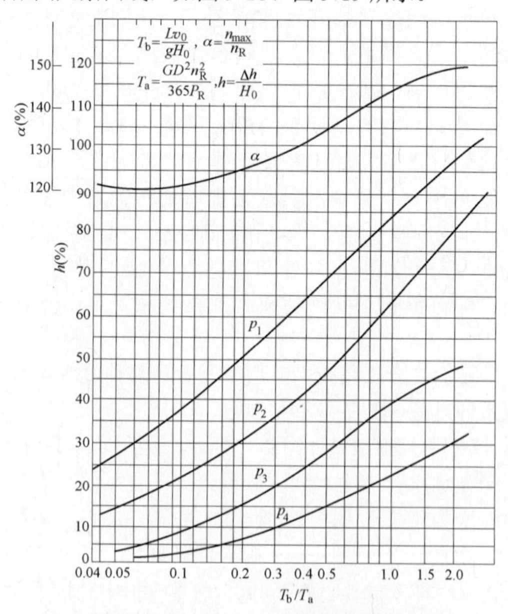

图9-18　事故停泵过程中最不利参数计算图

p_1—水泵处的降压水头；p_2—管道中点处的降压水头；p_3—水泵处的升压水头；p_4—管道中点处的升压水头；α—水泵的最大倒转转速

计算时，可根据泵站管道和水泵特性的参数由式（9-49）计算出$\frac{T_b}{T_a}$，然后由图 9-18 中的p_1、p_2、p_3、p_4曲线，分别求得水泵处和管道中点处的压力水头升高和降低，由α曲线求得水泵的最大倒转速度，由图 9-19 中的T_1、T_2、T_3曲线分别求得泵内开始倒流及机组开始倒转和最大倒转转速发生的时间。

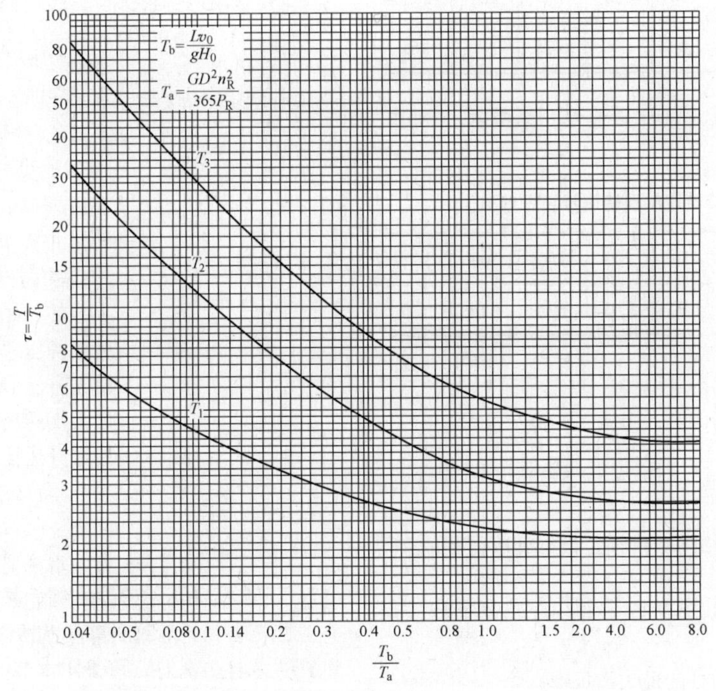

图 9-19　事故停泵最不利参数出现时间计算图

T_1—泵内开始倒流的时间；T_2—开始倒转的时间；T_3—水泵至最大倒转转速的时间

2. 扬程修正

水锤计算曲线的计算结果均是假定其无量纲扬程h、无量纲流量q、无量纲转速α、无量纲转矩β等于 1 的初始条件，然后由水锤计算得出的。计算中忽略了管道摩阻损失，即在水泵工作扬程、静扬程和额定扬程三者均相等和非常接近的条件下，才会得到比较近似的结果。

当水泵的工作扬程小于其额定扬程时，事故停泵后水泵产生的惯性水头降低率小，故引起管中的水柱运动速度的减速率就小。于是，水头降压值减小，出现最大降压值的时间也相应推迟。水泵工作扬程中摩阻损失所占比重大，水泵产生的惯性水头降低率减小，引起管中水柱运动速度的减速率也较小，降低值就小，出现降压也较迟。

由于停泵水锤简易计算曲线是在工作扬程等于额定扬程，即忽略摩阻损失的条件下绘制的，因此，当实际情况不符合上述条件时，可采用计算值乘上以下修正系数进行修正。

最大降压修正系数K_1：

$$K_1=\frac{H_R}{H_Z-H_f} \tag{9-52}$$

最大升压修正系数K_2：

$$K_2=\frac{H_Z-H_f}{H_R} \tag{9-53}$$

最大倒转速修正系数K_3：

$$K_3=\sqrt{\frac{H_Z-H_f}{H_R}} \tag{9-54}$$

以上各式中　H_R——水泵的额定扬程，m；

H_Z——水泵的静扬程，m；

H_f——管道的摩阻损失（水头），m。

3. 比转速修正

水锤计算曲线未考虑水泵比转速对事故停泵水锤的影响，必然导致计算结果相应地产生误差。有关研究表明，不同比转速的水泵全特性曲线存在不同的特点，其对停泵水锤是有影响的。根据水泵全特性曲线的实验资料，建议采用以下比转速修正系数：

（1）最高升压比转速修正系数 K_4，可由表 9-39 查得。

表 9-39　最高升压比转速修正系数 K_4

n_s	60	90	100	130	190	220	280
K_4	1.06	1.04	1.03	1.00	0.75	0.70	0.65

（2）最大倒转转速的比转速修正系数 K_5，可由表 9-40 查得。

表 9-40　最大倒转转速的比转速修正系数 K_5

n_s	60	90	130	200	250	300	350
K_5	0.90	0.94	1.00	1.03	1.10	1.14	1.20

4. 计算过程

（1）时间常数的确定：由式（9-50）和式（9-51）分别求得常数 T_b 和 T_a，然后再求其相对比值 $\frac{T_b}{T_a}$。

（2）各参量无量纲值的确定：根据计算得到的 $\frac{T_b}{T_a}$ 值，分别由图 9-18 和图 9-19 查得以下各参数的无量纲值：

p_1——水泵出口处的最大降压率；
p_2——管道中点处的最大降压率；
p_3——水泵出口处的最大升压率；
p_4——管道中点处的最大升压率；
α——水泵的无量纲最大倒转转速；
T_1——泵内开始倒流的无量纲时间；
T_2——水泵开始倒转的无量纲时间；
T_3——水泵达到最大倒转转速的无量纲时间。

（3）事故停泵过程中最不利参数实际值的计算：

1）水泵出口处最低压力水头 H_{min} 的计算：

$$H_{min} = K_1(1-p_1)H_0 - Z$$

2）管道中点处最低压力水头 H'_{min} 的计算：

$$H'_{min} = K_1(1-p_1)H_0 - Z'$$

3）水泵出口处最高压力水头 H_{max} 的计算：

$$H_{max} = H_Z - Z + K_2K_4p_3H_0$$

4）管道中点处最高压力水头 H'_{max} 的计算：

$$H'_{max} = H_Z - Z' + K_2K_4p_3H_0$$

5）水泵最大倒转转速 n_{max} 的计算：

$$n_{max} = K_3K_5\alpha n_0$$

6）水泵开始倒流的时间 T_1 的计算：

$$T_1 = \tau_1 T_b$$

7）水泵开始倒转的时间 T_2 的计算：

$$T_2 = \tau_2 T_b$$

8）水泵达到最大倒转转速的时间 T_3 的计算：

$$T_3 = \tau_3 T_b$$

以上各式中　H_0——水泵正常工作的初始扬程，m；
H_Z——水泵的净扬程，m；
Z——水泵轴线与进水池正常水位的高程差，m；
Z'——管道中点处管轴中线与进水池水位的高程差，m；
n_0——水泵的初始转速，r/min；
K_1——最大降压修正系数；
K_2——最大升压修正系数；
K_3——最大倒转转速修正系数；
K_4——最大升压比转速修正系数；
K_5——最大倒转转速的比转速修正系数；
T_b——管中水柱惯性时间常数。

（三）富泽清治停泵水锤计算曲线

当需要考虑管道的摩阻损失及长管道系统中有可能产生水柱分离时，可采用本节中介绍的停泵水锤计算曲线，近似计算事故停泵过程中出现的最不利参数。该计算曲线是日本富泽清治以实际的输水管道为研究对象，根据电子计算机对数百个工程的计算结果绘制的。

富泽清治水锤计算曲线根据管道摩阻损失的不同分为 5 组，每组 4 张曲线，其中图 9-20（a）为水泵出口的最低压力水头曲线，图 9-20（b）为管道中点处的最低压力水头曲线，图 9-20（c）为管道 3L/4 处的最低压力水头曲线，图 9-20（d）为水泵内开始倒流的时间曲线。停泵后管道中压力水头的降低，不仅直接影响到倒流开始后压力水头的升高，而且是分析研究是否产生水柱分离的重要数据，因此，以最低压力水头为主要数据绘制计算曲线是有其特殊作用的。

停泵水锤计算曲线是以 $K\mu$ 为横坐标（K 为水泵的惯性系数，μ 为水锤相），以水锤过程中的最低压力水头（无量纲值，$h=\frac{H_{min}}{H_R}$，即实际产生的最低压力水头与水泵额定扬程之比）和开始倒流的相对时间 τ（实际时间 T 与水锤相时间 μ 之比）为纵坐标绘制的。

其中，图 9-20 所示是摩阻损失为零的情况，图9-21～图9-24分别表示管道摩阻损失为水泵工作扬程的20%、40%、60%、80%情况下的停泵水锤计算曲线。由计算曲线可以看出，随着$K\mu$的增大，管道的最低压力水头越来越小。对于相同的管道系统，机组的飞轮惯量越小，则K越大，$K\mu$值也越大，而最低压力水头越小。对于相同的K值，μ值随管道的长度而增大，因为管道越长，最低压力水头越小。当$K\mu$值增至一定值后，其最低压力线渐近于水平线。这意味着，若输水管道相当长，则其压力变化几乎不受机组转动惯量的影响，而主要受管道中水柱的惯性所支配。

上述各图中的曲线（d）绘出了流速为零而开始倒流的时间，这一特征时间对于选择阀门的关闭时间是很有用的；水泵出口阀门在此时刻附近关闭，可有效地防止压力水头的升高。

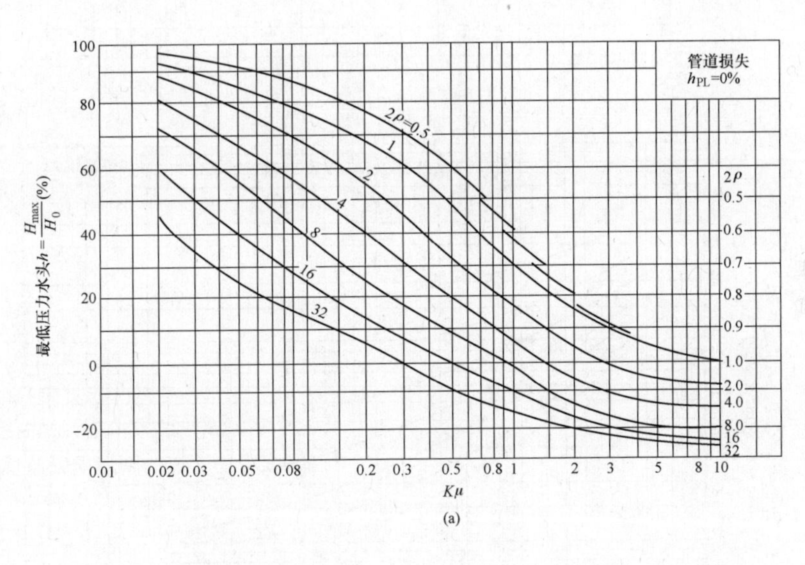

(a)

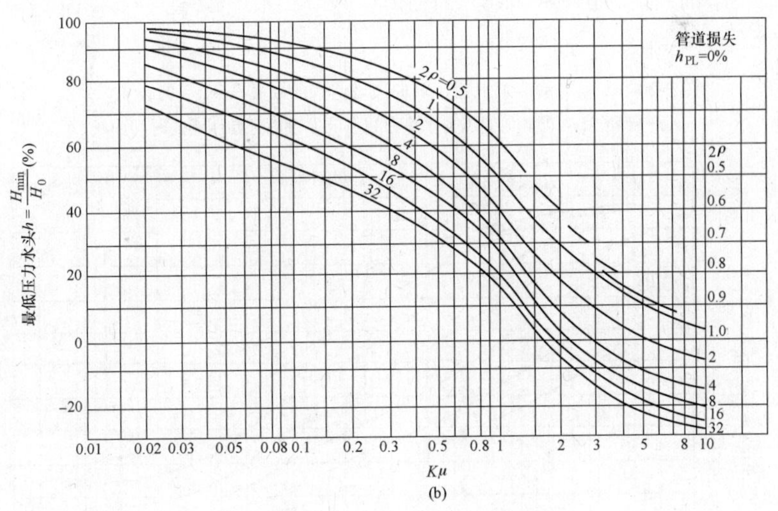

(b)

图 9-20　富泽清治停泵水锤计算曲线之一（管道损失 $h_{PL}=0\%$）（一）

（a）水泵出口的最低压力水头曲线；（b）管道中点处的最低压力水头曲线

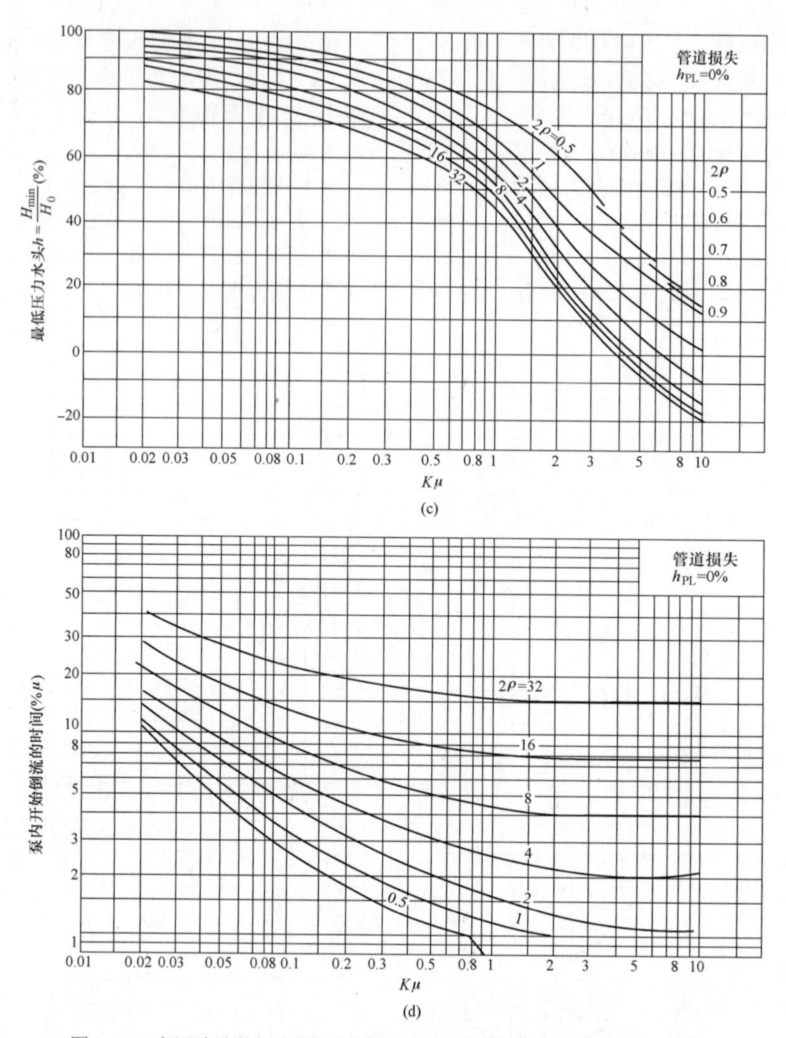

图 9-20　富泽清治停泵水锤计算曲线之一（管道损失 $h_{PL}=0\%$）（二）

（c）管道 3*L*/4 处的最低压力水头曲线；（d）泵内开始倒流的时间曲线

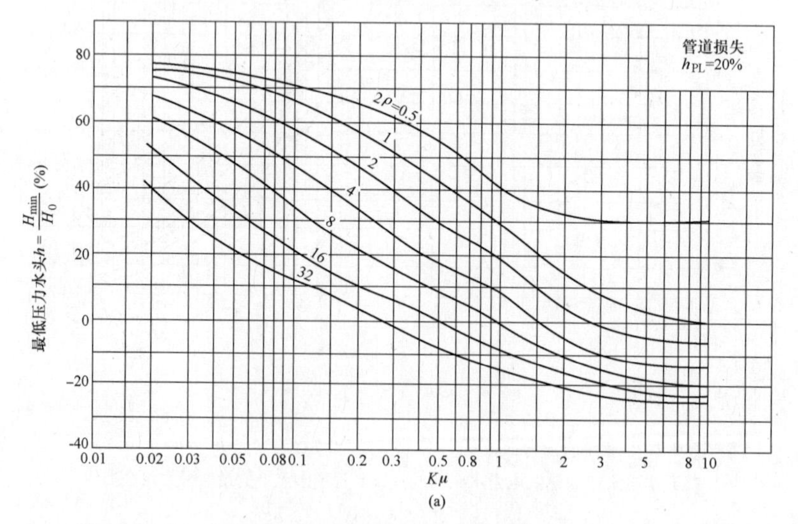

图 9-21　富泽清治停泵水锤计算曲线之二（管道损失 $h_{PL}=20\%$）（一）

（a）水泵出口的最低压力水头曲线

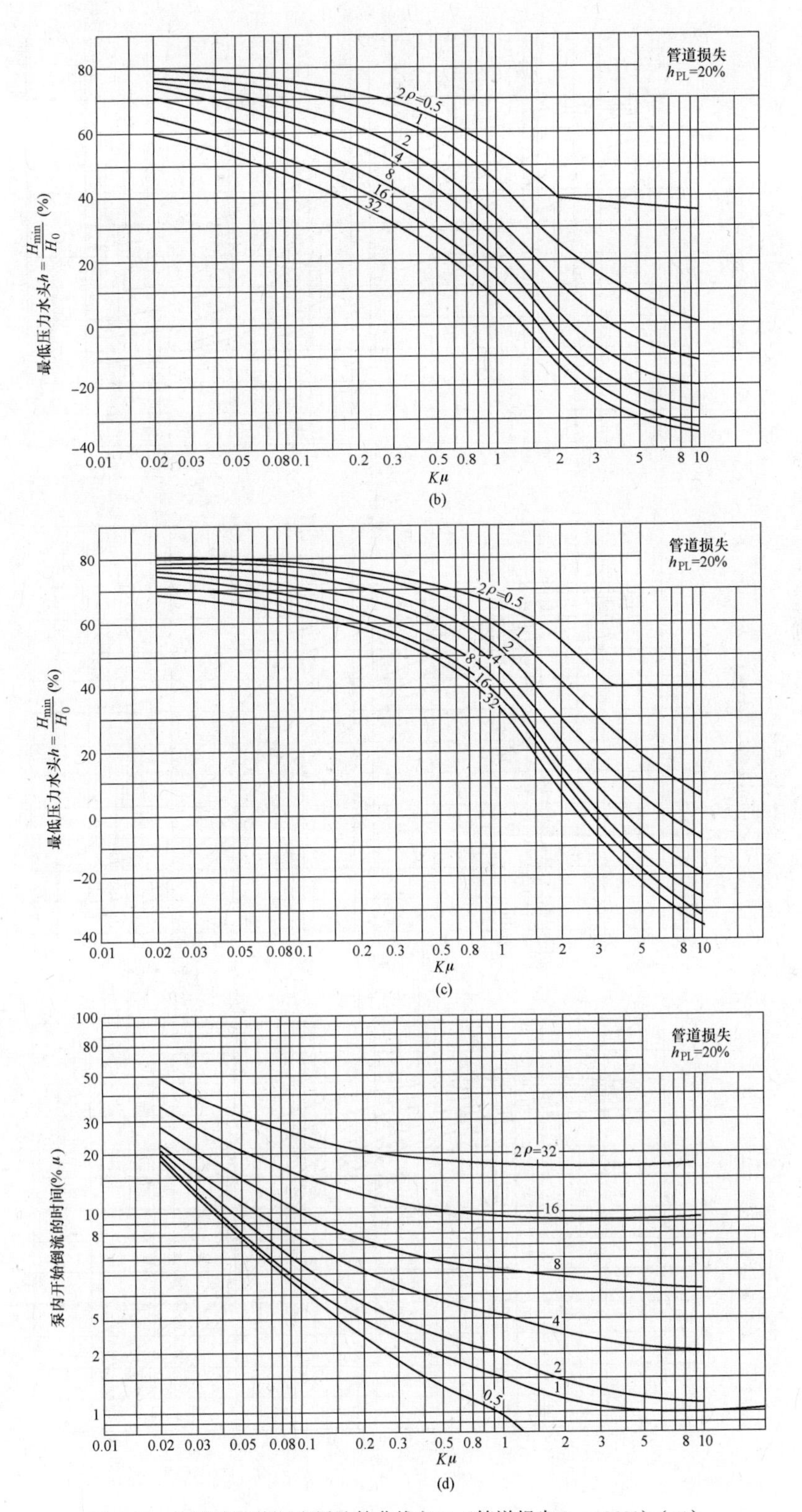

图 9-21 富泽清治停泵水锤计算曲线之二（管道损失 h_{PL} =20%）(二)

(b) 管道中点处的最低压力水头曲线；(c) 管道 3L/4 处的最低压力水头曲线；(d) 泵内开始倒流的时间曲线

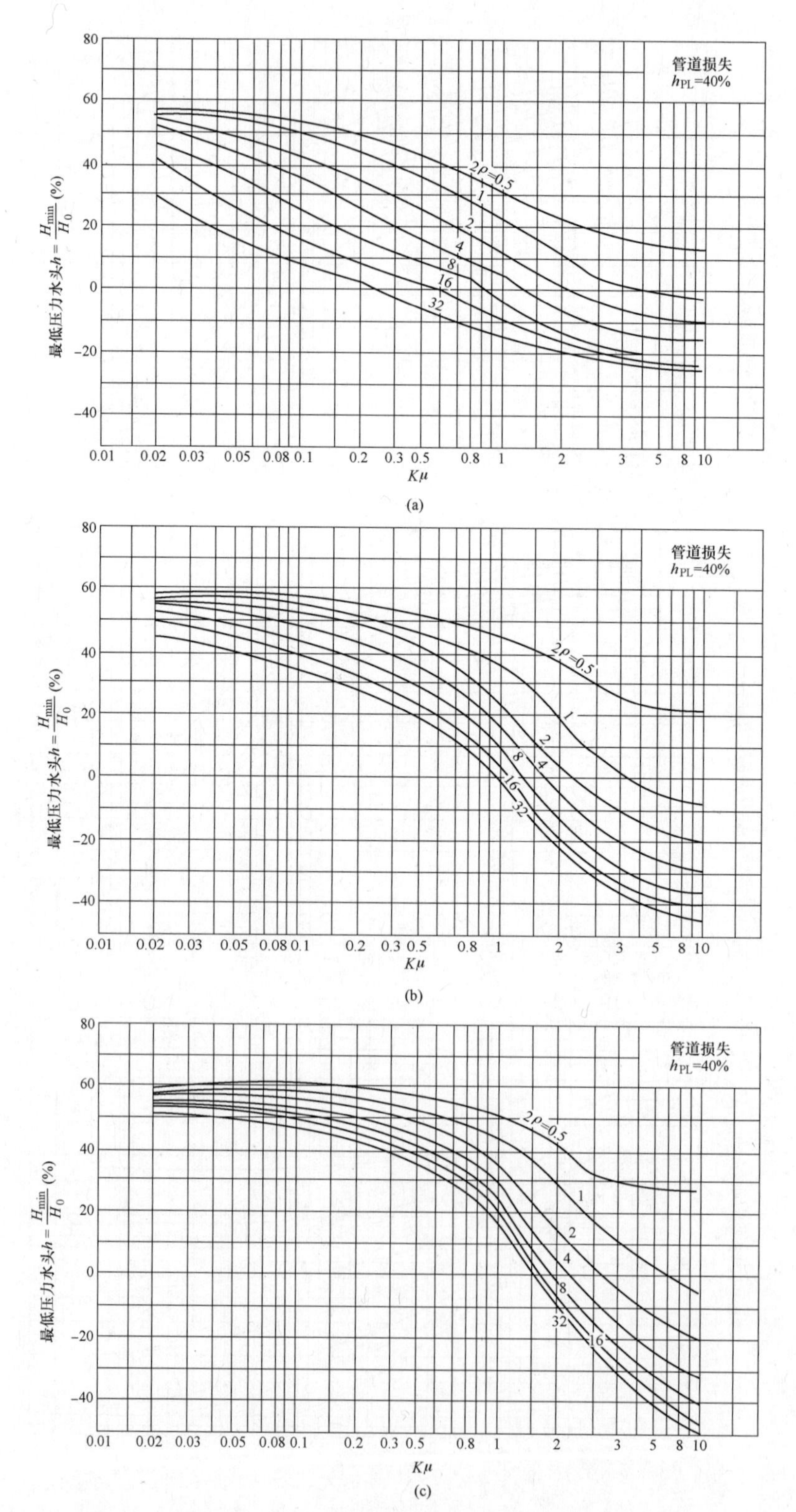

图 9-22　富泽清治停泵水锤计算曲线之三（管道损失 h_{PL} =40%）（一）

（a）水泵出口的最低压力水头曲线；（b）管道中点处的最低压力水头曲线；（c）管道 3L/4 处的最低压力水头曲线

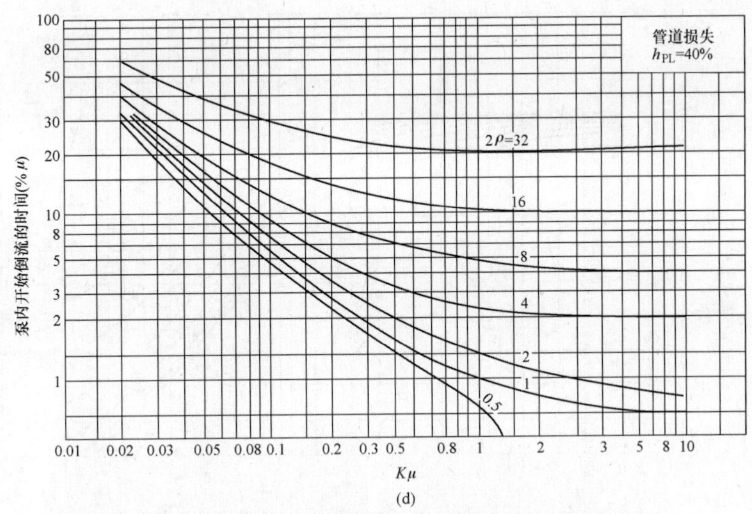

图 9-22　富泽清治停泵水锤计算曲线之三（管道损失 h_{PL} =40%）（二）

（d）泵内开始倒流的时间曲线

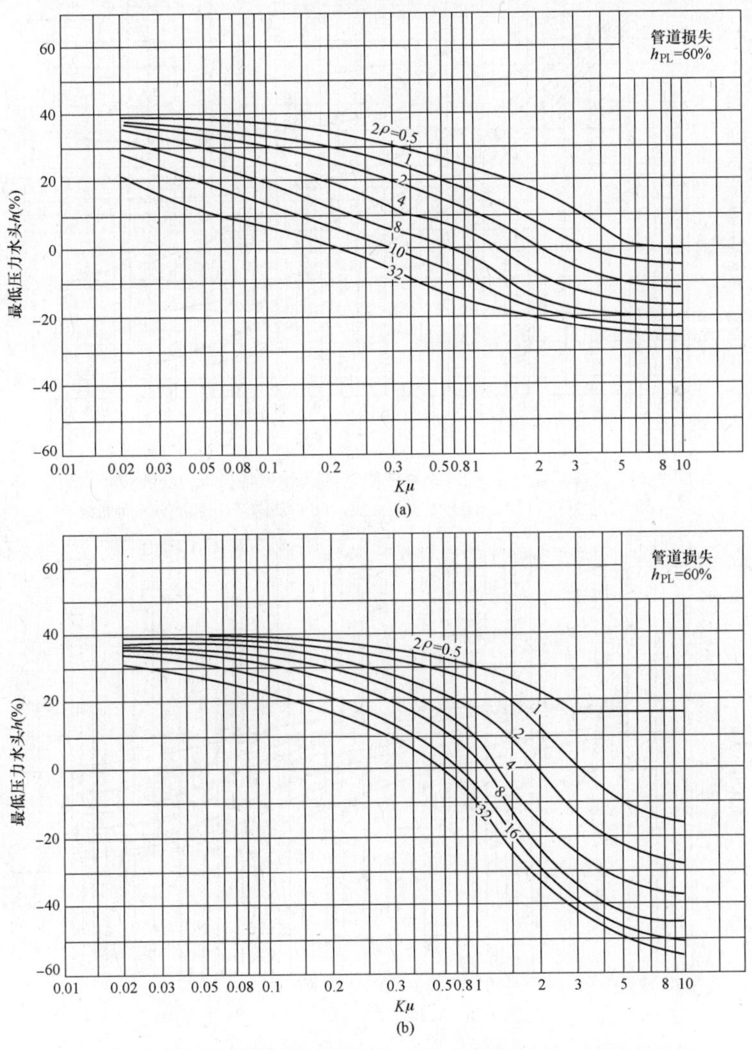

图 9-23　富泽清治停泵水锤计算曲线之四（管道损失 h_{PL} =60%）（一）

（a）水泵出口的最低压力水头曲线；（b）管道中点处的最低压力水头曲线

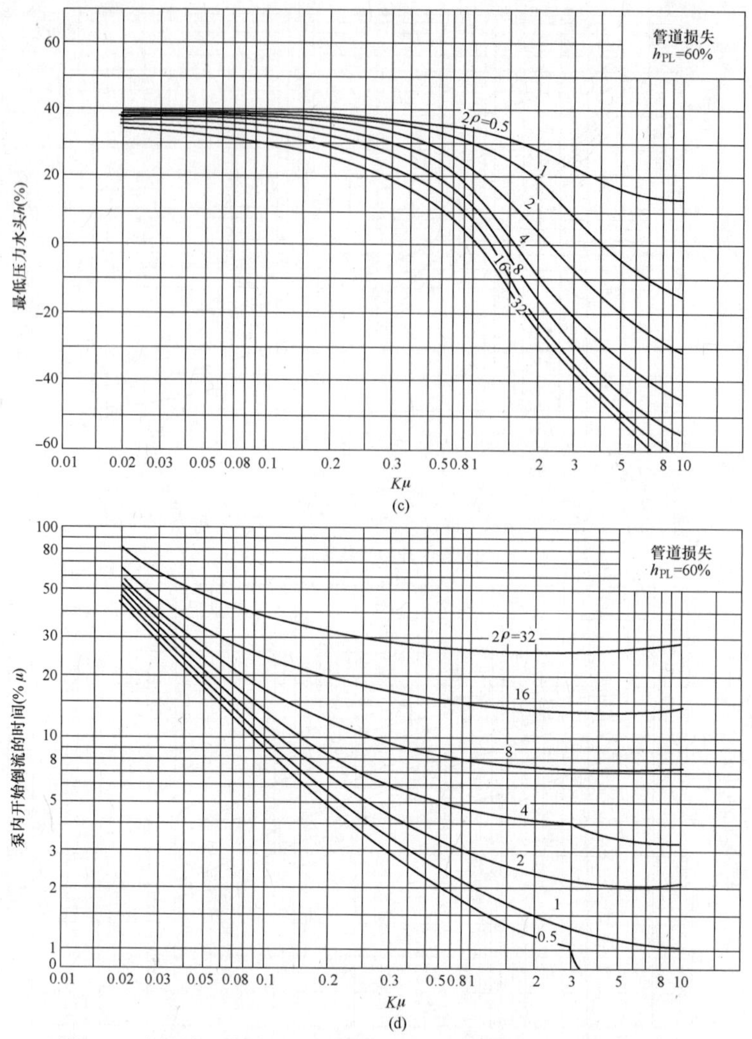

图 9-23　富泽清治停泵水锤计算曲线之四（管道损失 h_{PL}=60%）（二）
（c）管道 3L/4 处的最低压力水头曲线；（d）泵内开始倒流的时间曲线

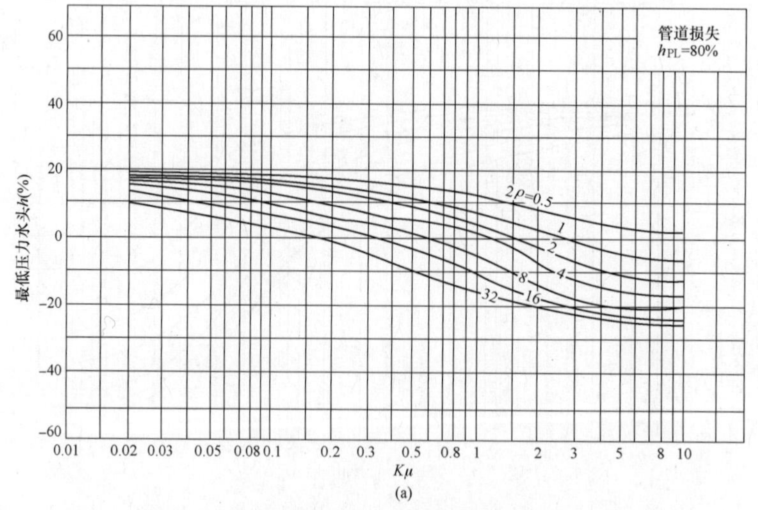

图 9-24　富泽清治停泵水锤计算曲线之五（管道损失 h_{PL}=80%）（一）
（a）水泵出口的最低压力水头曲线

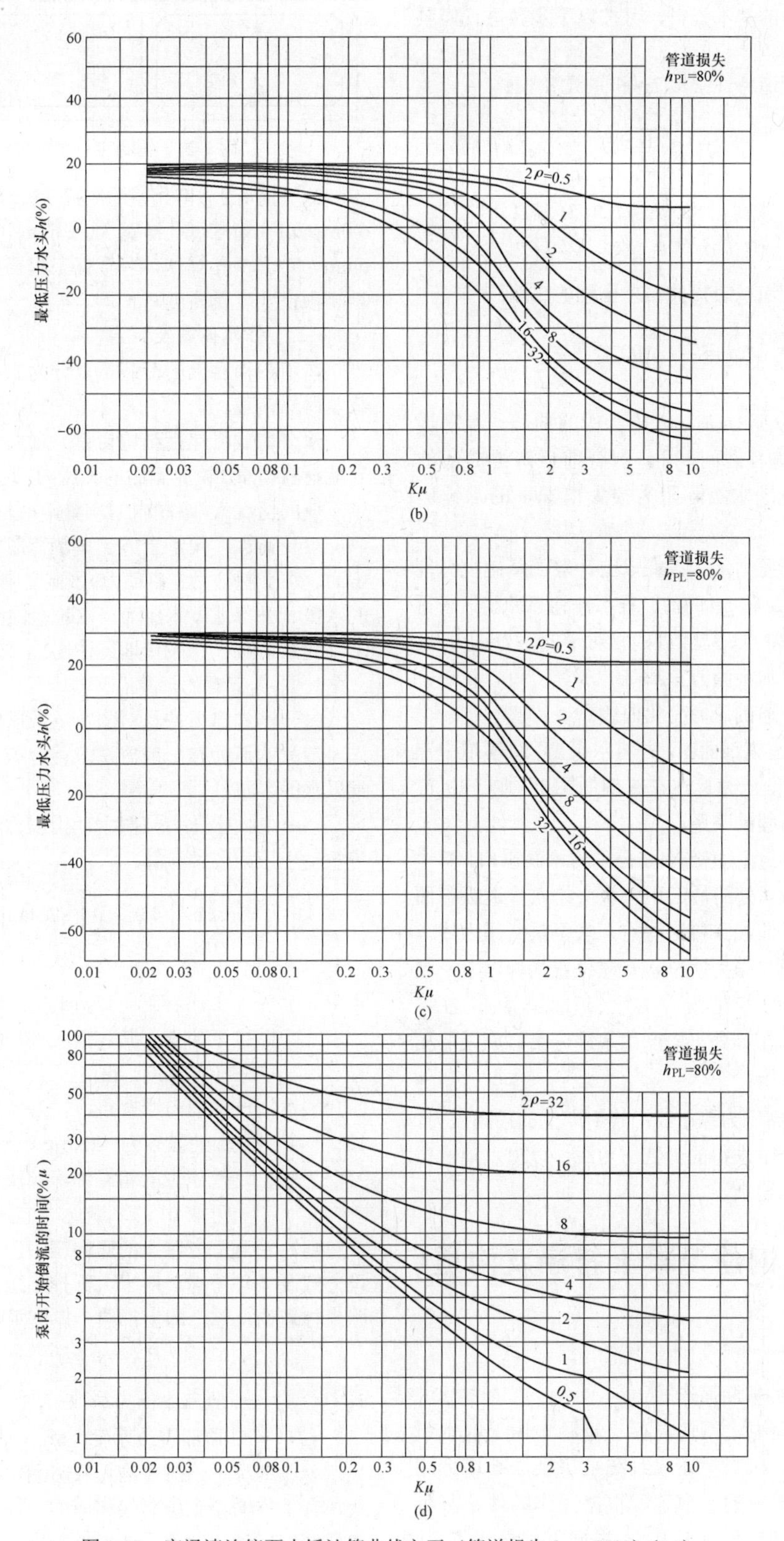

图 9-24　富泽清治停泵水锤计算曲线之五（管道损失 h_{PL} =80%）（二）

（b）管道中点处的最低压力水头曲线；（c）管道 3L/4 处的最低压力水头曲线；（d）泵内开始倒流的时间曲线

若已知泵站的基本资料，可按以下步骤进行停泵水锤的简单计算。

（1）计算管道特性常数 2ρ 和系数 K 值：

$$2\rho=\frac{\alpha v_0}{gH_0} \tag{9-55}$$

$$K\mu=K\frac{2L}{\alpha}=\frac{182.5P_R}{GD^2n_R^2}\frac{2L}{\alpha}=\frac{365P_RL}{\alpha GD^2n_R^2} \tag{9-56}$$

（2）计算管道摩阻损失占总扬程的比例：

$$h_{PL}=\frac{H_f}{H_0}\times100\%$$

根据管道摩阻损失，选择合适的曲线。若管道摩阻损失位于两者之间，可分别查前后两组曲线的值，再用插值方法求实际阻力损失情况下的水锤压力变化。

（3）求最低压力水头：在以上计算的基础上分别根据 h_{PL}、K、μ 和 2ρ 的值，查水锤计算曲线，求得水泵出口、管道中点、$3L/4$ 处的相对最低压力水头 h。实际的最低压力水头为 $H=h\times H_0$。

（4）绘制管道的压力变化曲线：

1）绘出管道纵剖面图，并将水泵出口、管道中点及 $3L/4$ 处的最低压力标注在纵剖面图上，以分析最低压力与管道高程的关系。

2）绘出最低压力包络线：分别将水泵出口、管道中点 $L/2$ 及 $3L/4$ 处的最低压力水头绘入管道纵剖面图中，再用光滑曲线连接这些点，求得最低压力线。若管道中某些最低压力线位于管道位置高程以下，且其差值大于水的汽化压力 H_s（近似计算取 $H_s=8mH_2O$）时，则在刻处可能产生水柱分离，应采取相应的水锤防护措施。

3）绘制最高压力包络线：管中产生的最高压力，可近似地用 2）中求得的最低压力线，以出水池水位线为基准线对称绘制。

第四节 钢筋混凝土箱涵及沟道

一、箱涵

（一）箱涵的横断面形式

在电力工程中，钢筋混凝土箱涵多用于取水引水工程、排水工程、循环水系统泵房至冷却塔之间的输水或者冷却塔的进水等。根据工作条件，其可以是无内压工作或有内压工作。根据工程设计需要，其横断面可以是单孔的或多孔的。箱涵的基本断面形式如图 9-25 所示。

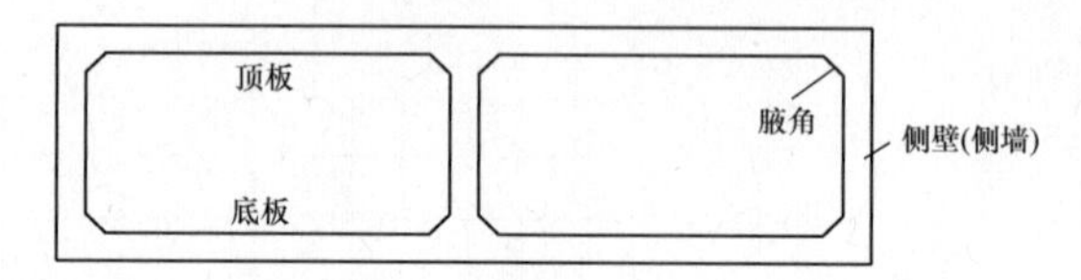

图 9-25 箱涵的基本断面形式

一般情况下，单孔箱涵净宽 3.0～8.0m，净高 2.0～6.0m；双孔箱涵每孔净宽 3.0～6.0m，每孔净高 2.0～6.0m。对于多孔箱涵，可根据工程需要，并参照双孔箱涵预设宽度及高度。

（二）作用荷载及组合

作用在箱涵上的荷载可以分为永久荷载、可变荷载及偶然荷载。

永久荷载：包括结构自重、顶板上的覆土压力或其他材料自重、箱涵侧面的土压力、地下水水压力（水位不变的情况）、箱涵内的水重、地基不均匀沉降等。

可变荷载：箱涵上方的车辆荷载（包括轮压、冲击力、水平制动力、启动力）、温度应力、内部运行时的水压、外部地下水压力（水位会改变的情况）。

偶然荷载：一般指地震作用。

1. 永久荷载的计算

（1）结构自重按材料的容重乘以体积求得；

（2）水压力按一般方法求得，即水压力等于水头乘以水的容重；

（3）侧向土压力按照主动土压力考虑，并按照朗肯主动土压力公式计算：

$$P_{ep,k}=\gamma z\tan^2\left(45°-\frac{\varphi}{2}\right)-2c\tan\left(45°-\frac{\varphi}{2}\right) \tag{9-57}$$

式中 γ ——土的容重，kN/m³，但对于地下水位以下的土，其容重应按浮容重计；

z ——计算深度，m；

φ ——土的内摩擦角，(°)；

c ——土的黏聚力，kN/m²。一般情况下，大开挖施工的箱涵埋深较浅，回填土的 c 值可取 0。

（4）箱涵上方覆土的竖向压力，应根据箱涵的埋设方式及条件考虑。对于大开挖施工的箱涵，一般按照土柱理论计算，即上部覆土厚度乘以土容重求得：

$$P_{sv,k}=n_s\gamma H_s \tag{9-58}$$

式中 n_s ——竖向土压力系数；

H_s ——顶部覆土厚度，m。

一般情况下，对于沟埋式暗涵，箱涵施工基槽较宽，其上方的覆土压力较相应的土柱大。另外，在某些质地较坚硬的地方，或者地下构筑物布置拥挤的地段，施工基槽较窄，其两侧的土体破裂面上回填土体积较小，继而侧压力也小，这样箱涵顶板及底板的跨中弯矩就相应增大。根据相关分析，为安全起见，竖向土压力系数取1.2。

个别情况下，受地形及暗涵布置决定，暗涵采用上埋式，对于此类上埋式暗涵，竖向压力仍然按式（9-58）计算，但竖向土压力系数可按表9-41选用。

表9-41　系数值 n_s

H/B	0.1	0.5	1.0	2.0	3.0	4.0	5.0	6.0	7.0	8.0	9.0	≥10
n_s	1.04	1.2	1.4	1.45	1.5	1.45	1.4	1.35	1.3	1.25	1.2	1.15

注　表中 B 为箱涵宽度。

（5）一般在地基较均匀的情况下，因箱涵的横断面尺寸不大，横向不需要考虑地基的不均匀沉降荷载，沿箱涵纵向在设计时一般采用沉降缝进行处理，因而其不均匀沉降荷载一般也不需要考虑。但当地基不均匀时，应考虑横向及纵向不均匀沉降荷载。

计算中，混凝土容重取25kN/m³，水容重取10kN/m³。

2. 可变荷载的选取与计算

（1）车辆竖向轮压：车辆竖向轮压应根据暗涵的埋置深度考虑，轮压的作用位置可以按照最不利情况布置考虑，并与我国道路桥梁设计标准相协调。

对快速路、主干路，采用城市-A级汽车荷载；对于次干路、支路，采用城市-B级汽车荷载，按表9-42取用。

表9-42　车辆荷载传递到不同埋深的结构上的竖向压力标准值 q_{vk}

城市－A级			城市－B级		
深度 z（m）	竖向压力标准值（kN/m²）	压力面积（m×m）	深度 z（m）	竖向压力标准值（kN/m²）	压力面积（m×m）
0.7	56.46	1.23×2.88	0.7	34.29	2.43×2.88
0.8	48.34	1.37×3.02	0.8	30.92	2.57×3.02
0.9	39.19	1.51×6.76	0.9	26.20	2.71×6.76
1.0	35.13	1.65×6.90	1.0	24.41	2.85×6.90
1.2	28.87	1.93×7.18	1.2	21.36	3.13×7.18
1.4	24.26	2.21×7.46	1.4	18.87	3.41×7.46
1.5	22.40	2.35×7.60	1.5	17.79	3.55×7.60
1.6	20.75	2.49×7.74	1.6	16.81	3.69×7.74
1.8	18.01	2.77×8.02	1.8	15.08	3.97×8.02
2.0	15.80	3.05×8.30	2.0	13.29	4.25×8.50
2.2	14.00	3.33×8.58	2.2	11.80	4.53×8.98
2.4	12.51	3.61×8.86	2.4	10.13	5.01×9.46
2.6	11.15	3.89×9.14			
2.8	10.18	4.17×9.42			

对于电厂厂区箱涵，在可以确定车辆类型的情况下，可根据车辆载重量等级按表9-43取用。

表9-43　汽车荷载传递到不同埋深的结构上的竖向压力标准值 q_{vk}

荷载等级 / 覆土深度（m）	单列（kN/m²）				双列（kN/m²）			
	汽-10级主车	汽-10级重车 汽-15级主车	汽-15级重车 汽-20级主车	汽-20级重车	汽-10级主车	汽-10级重车 汽-15级主车	汽-15级重车 汽-20级主车	汽-20级重车
0.6	34.7	49.57	59.44	54.87	34.70	49.57	59.44	54.87
0.8	22.00	31.44	38.18	35.24	22.95	32.78	41.10	37.99
1.0	15.72	22.45	27.52	25.40	17.55	25.08	31.53	29.05
1.2	12.04	17.20	21.74	21.28	14.28	20.39	25.68	25.98
1.5	9.02	12.88	16.35	17.47	11.72	16.74	21.08	23.28
2.0	6.08	8.68	11.05	13.07	9.05	12.89	16.23	19.85
2.5	4.40	6.27	8.00	10.15	7.33	10.47	13.19	17.30
3.0	3.33	4.75	6.08	8.11	6.18	8.82	11.12	15.33
3.5	2.68	3.83	4.90	6.75	3.60	5.15	6.62	9.12

续表

覆土深度（m）＼荷载等级	单列（kN/m²）				双列（kN/m²）			
	汽-10级主车	汽-10级重车 汽-15级主车	汽-15级重车 汽-20级主车	汽-20级重车	汽-10级主车	汽-10级重车 汽-15级主车	汽-15级重车 汽-20级主车	汽-20级重车
4.0	2.29	3.28	4.20	5.89	3.17	4.53	5.83	8.17
4.5	1.98	2.84	3.65	5.18	2.82	4.02	5.18	7.36
5.0	1.74	2.48	3.19	4.60	2.52	3.59	4.63	6.67

注　对于大件运输车辆通过的箱涵，应采取临时措施，如铺垫钢板等，以扩散车轮压力；或者可以根据大件运输车辆的实际型号，按实际车辆荷载设计箱涵。

（2）车辆冲击力：车辆轮压产生的冲击力也是垂直作用于暗涵顶板的竖向力，其值为轮压乘以冲击系数，冲击系数可按表9-44取用。

表9-44　车辆冲击系数

深度（m）	0.25	0.3	0.4	0.5	0.6	≥0.7
冲击系数	1.3	1.25	1.2	1.15	1.05	1.0

（3）车辆制动力及启动力，其值按照下列公式计算：

制动力=单个轮压×轮数×制动系数/箱涵有效长度

启动力=单个轮压×轮数×启动系数/箱涵有效长度

设计计算中，可以按照以上计算结果中两个值的大者考虑。

箱涵的有效长度，可以理解为车辆荷载的作用宽度，具体可以按照经验的方法估计。从设计安全角度考虑，有效长度可以取得小一些。从电力工程常见的情况看，可以取箱涵上方通过的车辆的轮距宽度，这样取用可以简化计算，而且是偏于安全的。对于埋深较大的箱涵，可以不予考虑。

（4）地面堆载：地面堆积荷载的竖向压力标准值可按10kN/m²考虑。相应的侧向压力可按竖向压力乘以土的侧压力系数 K_a 计算。此项荷载不与车辆活载同时考虑。

（5）温度作用：在电力工程的设计中，一般箱涵均埋于地下，所以温差较小，可以不考虑温度的影响。

3. 地震作用

地震波使箱涵产生惯性力，由此发生剪切变形和弯曲变形。地震作用应采用“反应位移法”计算。

在设计中，对于上埋式或埋深浅的箱涵，也可以简化计算，采用静力法计算地震的影响，即地震对箱涵的影响只是作用于重心的惯性力标准值 S_k：

$$S_k = \frac{a}{g}Q = K_h Q \tag{9-59}$$

式中　a ——地震产生于结构上的加速度；

g ——重力加速度；

Q ——计算构件的重量；

K_h ——水平地震系数。

对于常见的箱涵，地震力分为两部分，一部分作用于顶板，另一部分作用于底板，如图9-26所示。作用于顶板的 S_c 计算式，构件重量取顶板重加侧墙总重的1/2；作用于底板的 S_c 计算式，构件重量取底板重量加侧墙总重的1/2。

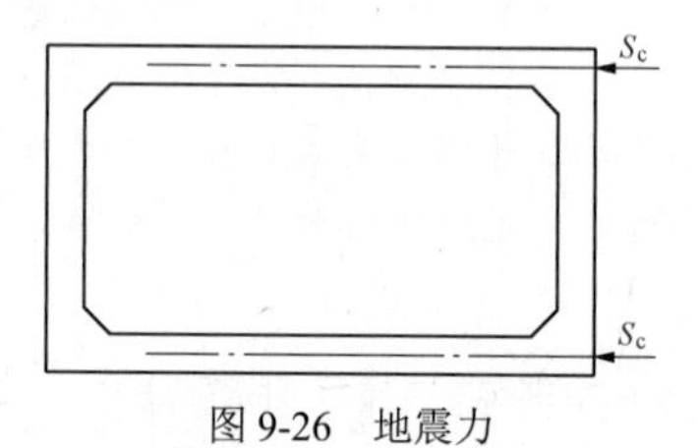

图9-26　地震力

地震时，土壤内摩擦角会减小，从 φ 减小到 $\varphi-\beta$，β 为地震角，其计算公式如下：

$$\beta = \arctan K_h \tag{9-60}$$

为安全计，地震作用下箱涵的主动土压力计算时，土壤容重按无地下水时的容重取用，被动土压力仍按浮容重取用。

4. 荷载组合

箱涵结构按照最不利荷载组合设计。荷载组合及组合系数按照建筑荷载规范的规定执行。

（三）结构内力计算

（1）箱涵的计算应包括承载能力极限状态计算和正常使用极限状态计算。

（2）在外部荷载作用下，箱涵侧壁应按照偏心受压计算，在内部压力作用下，应按照偏心受拉计算。

（3）暗涵的计算模型。暗涵的结构计算一般取1m长暗涵作为一个计算单元，按照单跨闭合框架或者多跨闭合框架进行计算，并按弹性体系分析，不考虑非弹性变形的内力重分布。

整体现浇的板、侧壁的连接视为刚性节点，当连接处加腋时，内力分析时可忽略不计。构件计算长度取截面中心线，计算模型如图9-27所示。

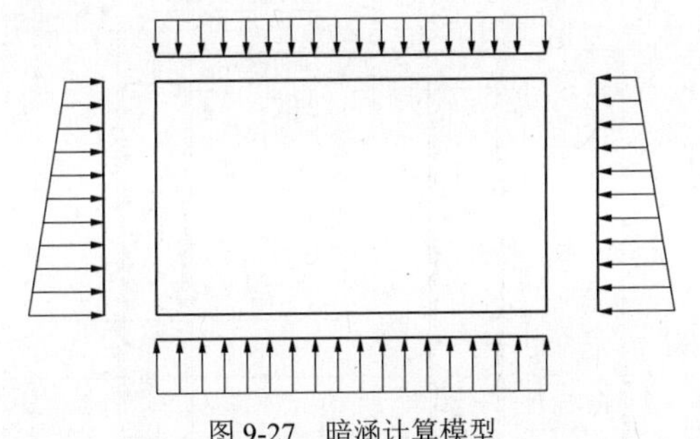

图 9-27　暗涵计算模型

（4）箱涵的计算工况。箱涵计算应根据箱涵的工作环境，分以下工况考虑。

1）单孔箱涵：

a. 工况一：闭水试验工况，即内部有水，外部没有回填土的工况。

b. 工况二：内部无水，外部已经回填的工况。

c. 工况三：运行工况。

2）双孔箱涵：

a. 工况一：投运后一孔无水、一孔有水的工况。

b. 工况二：内部无水，外部已经回填的工况。

c. 工况三：单孔有水，外部无回填土的试水工况。

d. 工况四：双孔有水，外部无回填土的试水工况。

e. 工况五：运行工况。

对于其他情况的多孔箱涵，应按以上原则进行，根据孔数进行不同的工况计算。

应特别注意的是，对于地下水位较高、浅覆土的大断面沟道，尚应复核其放空时的浮力稳定。对于地面以上的暗涵沟道，在转弯处由于内外侧水压不平衡，在高水头作用下，如果在此处设有伸缩缝，就可能产生位移，导致伸缩缝拉裂漏水。对于这类情况，要特别注意并采取结构措施。

（四）地基处理

箱涵设计时应进行地基承载力验算，当不能满足要求时，应进行地基处理。

（五）构造要求

（1）当箱涵穿越道路或铁路时，本着保证安全及节约材料和投资的原则，在条件允许时，箱涵顶面至路面的距离不宜小于 1.0m，距轨底的距离不宜小于 1.2m。

（2）顶板、底板与墙连接处宜设置腋角，腋角边宽不宜小于 150mm，腋角内配置八字斜筋的直径宜与侧墙的受力筋相同，间距可为侧墙受力筋间距的 2 倍。

（3）箱涵长度较长时，应沿长度方向设置伸缩缝，伸缩缝间距不宜超过 25m，缝宽一般为 30mm，伸缩缝处应设置止水带。当考虑差异沉降较大时，伸缩缝间距可适当减小。

（4）对于埋设于土质不均匀地基上的箱涵，顶板上层及底板下层的纵向配筋率应适当增加。

二、沟道

发电厂常见沟道为管沟、电缆沟，以及溶陷性土地区常见的检漏沟。沟道根据地质情况，可采用砖沟道或钢筋混凝土结构。

（一）沟道形式

1. 溶陷性土地区的检漏沟

（1）Ⅰ级非自重湿陷性土地区，采用砖壁、防水混凝土槽型底板检漏沟，如图 9-28 所示。

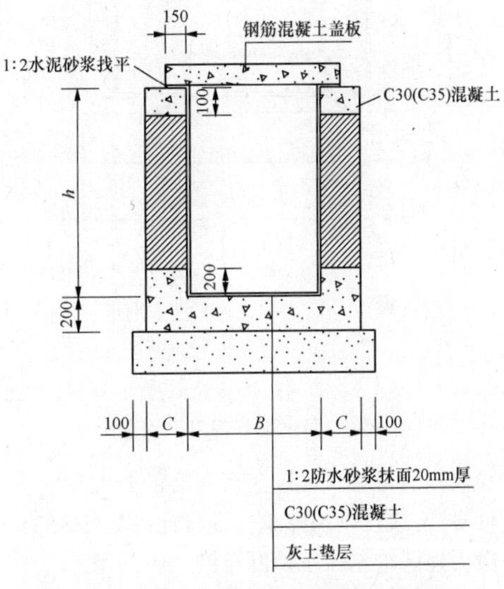

图 9-28　砖壁、防水混凝土槽型底板检漏沟

（2）Ⅱ级非自重湿陷性土地区，采用砖壁、防水钢筋混凝土槽型底板检漏沟，如图 9-29 所示。

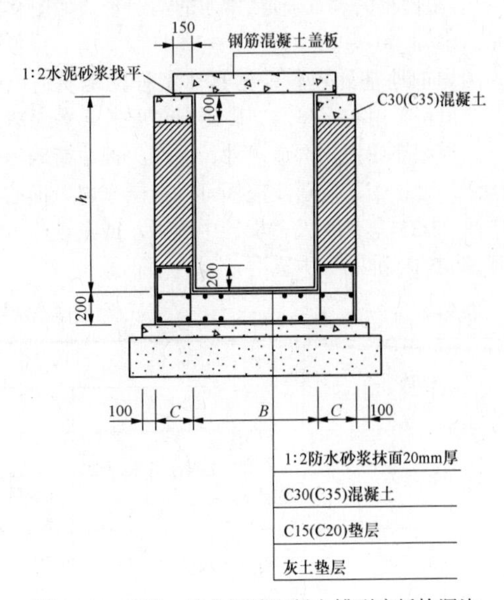

图 9-29　砖壁、防水钢筋混凝土槽型底板检漏沟

（3）Ⅱ、Ⅲ、Ⅳ级自重湿陷土地区及溶陷性土地区，采用防水钢筋混凝土检漏沟，如图 9-30 所示。

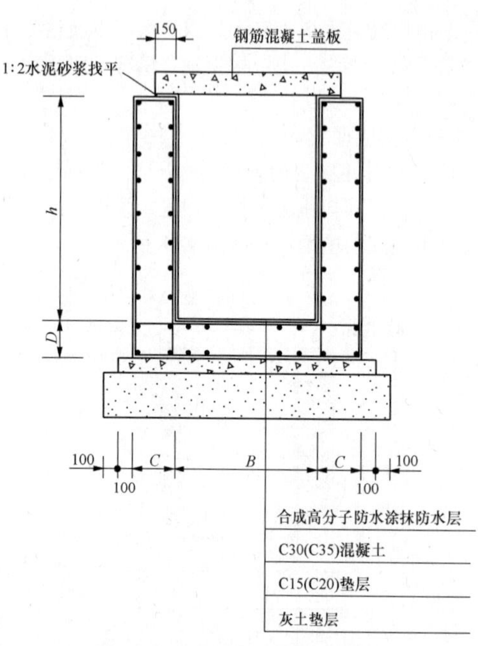

图 9-30　防水钢筋混凝土检漏沟

检漏沟道可根据实际工程需要的断面尺寸、埋深等条件设计，或在国家建筑标准设计图集 04S531-2《湿陷性黄土地区给水排水检漏管沟》中选用。

2. 一般管沟、电缆沟

电厂一般管沟、电缆沟通常采用现浇钢筋混凝土结构。混凝土标号应按照沟道所处的环境类别及腐蚀性情况，根据相关规范确定。常用的沟道形式如图 9-31 所示。

沟道的地基处理应根据具体工程的地质情况确定，一般可采用灰土垫层、砂砾石垫层或天然地基。

沟道配筋应根据沟道尺寸、埋深、顶面荷载等计算确定。设计中，沟道及盖板可以在国家建筑标准设计图集 02J331《地沟及盖板》中选用，或在设计单位自行编制的标准图集中选用。

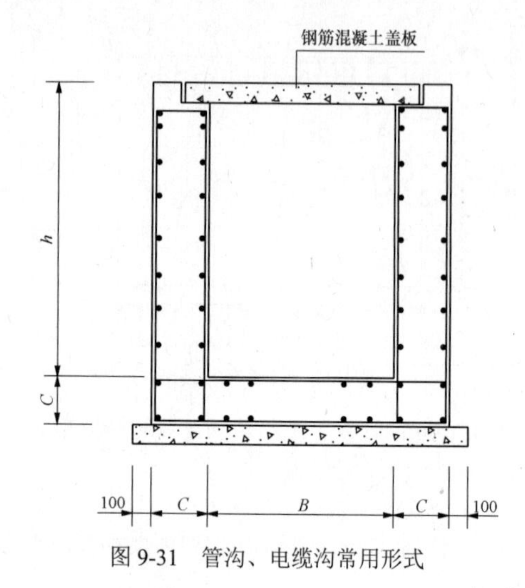

图 9-31　管沟、电缆沟常用形式

（二）计算简图

（1）砖沟道和素混凝土沟道：沟壁上下端按铰接，底板两端按铰接。

（2）钢筋混凝土沟道：沟壁上下端按铰接，下端为刚接，底板两端按刚接。

（3）盖板及地沟梁：两端按铰接。

（三）沟道的转角

设计中，应对沟道转角处的盖板放置做具体的设计说明，以便盖板能安全放置。一般情况下，可在沟道转角处预埋角钢或槽钢。角钢或槽钢顶面标高与盖板底平齐，以支撑盖板，角钢的型号应根据沟道断面宽度及埋深确定；或者可在沟道转角处设置钢筋混凝土地沟梁。

（四）变形缝

沟道变形缝最大间距一般可参考如下数值：砖沟道最大 60m，素混凝土沟道 20m，钢筋混凝土沟道 30m。如果有充分的依据或可靠措施，可根据覆土深度、地区温差变化等条件进行适当调整。

（五）沟道的防水

根据地下水及地表水下渗情况、沟道内管线正常运行要求的环境，结合当地防水材料供应及质量状况，依据表 9-45 确定防水等级及防水材料要求，并确定适当的防水措施和防水材料。

表 9-45　沟道防水等级及防水材料要求

名称	防水等级			
	一级	二级	三级	四级
标准	不允许渗水，结构表面无湿渍	不允许漏水，结构表面有少量湿渍	有少量漏水点，不得有线流和漏泥沙，漏水点最大漏水量小于 2.5L/d	有漏水点，不得有线流和漏泥沙，整个工程平均漏水量小于 2.0L/d
地沟类别	极重要沟道	进风道、机械化运输道	供热沟道、电缆沟道、排风道	排水沟道
防水耐久性年限（年）	25	20	15	10

续表

名称	防水等级			
	一级	二级	三级	四级
设防要求	三道设防：一道防水混凝土、一道柔性防水、一道其他防水	两道设防：一道防水混凝土、一道柔性防水	一道或两道设防：一道防水混凝土或一道柔性防水	一道设防：一道柔性防水或一道刚性防水
选材	防水混凝土一道、合成高分子卷材一层、架空层或加壁墙等一道	防水混凝土一道、合成高分子卷材一层或高聚物改性沥青卷材一层	防水混凝土一道、高聚物改性沥青卷材一层或防水涂料一层	高聚物改性沥青卷材一层或防水涂料一层

第五节　钢　　管

一、概述

电厂给排水系统通常为低压系统（设计压力≤1.0MPa），仅少数情况可能为中压系统（1.0MPa＜设计压力≤10MPa），无高压系统（设计压力＞10MPa），通常所使用的钢管材质为焊接钢管（Q235B）和无缝钢管（20号）两种。

钢管的选择与布置详见本章第一节，钢管水力计算详见本章第二节，钢管敷设详见本章第八节。

二、常用钢管的物理性质

焊接钢管牌号通常采用Q235B，其化学成分中（质量分数）：C含量≤0.20%、Mn含量≤1.4%、Si含量≤0.35%、S含量≤0.045%、P含量≤0.045%，宜用于设计压力不高于1.6MPa的管道系统，推荐使用温度为0～300℃，最低不得低于−10℃，最高不得高于350℃。常用焊接钢管（Q235B）的许用应力、弹性模量、线膨胀系数分别见表9-46～表9-48。

表9-46　常用焊接钢管（Q235B）的许用应力

牌号	壁厚（mm）	常温强度指标		在下列温度（℃）下的许用应力（MPa）							标准号
		抗拉强度σ_b（MPa）	屈服强度σ_s（MPa）	≤20	100	150	200	250	300	350	
Q235B	≤12	375	235	113	113	113	105	94	86	77	GB/T 13793

表9-47　常用焊接钢管（Q235B）的弹性模量

牌号	在下列温度（℃）下的弹性模量（$\times10^3$MPa）							
	-20	20	100	150	200	250	300	350
Q235B	194	192	191	189	186	183	179	173

表9-48　常用焊接钢管（Q235B）的线膨胀系数

牌号	在下列温度（℃）下与20℃之间的平均线膨胀系数（$\times10^6$/℃）								
	−50	0	50	100	150	200	250	300	350
Q235B	10.39	10.76	11.12	11.53	11.88	12.25	12.56	12.90	13.24

无缝钢管牌号通常采用20号，其化学成分中（质量分数）：C含量≤0.17%～0.23%、Mn含量≤0.35%～0.65%、Si含量≤0.17%～0.37%、Cr含量≤0.25%、Ni含量≤0.3%、Cu含量≤0.25%、S含量≤0.035%、P含量≤0.035%，推荐使用温度为−20～425℃，最低不得低于−20℃，最高不得高于450℃。常用无缝钢管（20号）的许用应力、弹性模量、线膨胀系数分别见表9-49～表9-51。

表 9-49　　　　　　　　　　　　　常用无缝钢管（20 号）的许用应力

牌号	壁厚（mm）	常温强度指标		在下列温度（℃）下的许用应力（MPa）										备注
		抗拉强度 σ_b（MPa）	屈服强度 σ_s（MPa）	≤20	100	150	200	250	300	350	4000	425	450	
20 号	≤12.7	390	235	130	130	125	116	104	95	86	—	—	—	GB/T 13793
	≤15	390	245	130	130	130	123	110	101	92	86	83	61	GB/T 8163
	16～40	390	235	130	130	125	116	104	95	86	79	78	61	

表 9-50　　　　　　　　　　　　　常用无缝钢管（20 号）的弹性模量

牌号	在下列温度（℃）下的弹性模量（$\times10^3$MPa）									
	−20	20	100	150	200	250	300	350	400	450
20 号	194	192	191	189	186	183	179	173	165	165

表 9-51　　　　　　　　　　　　　常用无缝钢管（20 号）的线膨胀系数

牌号	在下列温度（℃）下与 20℃之间的平均线膨胀系数（$\times10^6$/℃）										
	−50	0	50	100	150	200	250	300	350	400	450
20 号	10.39	10.76	11.12	11.53	11.88	12.25	12.56	12.90	13.24	13.24	13.58

三、钢管防腐

（一）环境腐蚀评价

钢管所处环境的腐蚀条件主要包括大气、土壤、输送介质等。现行规范中，DL/T 5394—2007《电力工程地下金属构筑物防腐技术导则》及 DL/T 5072—2007《火力发电厂保温油漆设计规程》中对埋地钢管所处环境的腐蚀性判断及对应的钢管防腐等级的选择，均给出了明确规定；DL/T 5339—2006《火力发电厂水工设计规范》中对此部分的规定基本可看作是对上述两规范的整合。

本节主要通过引用上述规范规程的要求，对环境腐蚀和钢管防腐等级的判定标准进行归纳整理，以便使用。由于规范之间存在一定的不统一性，工程使用中应按较高要求执行。

1. 直流干扰

DL/T 5394—2007 中对直流干扰给出了如下规定：

管道受直流干扰的程度判定采用管地电位正向偏移指标或地电位梯度指标表示。

当管道任意点管地电位较自然电位正向偏移大于 20mV，或管道附近土壤的地电位梯度大于 0.5mV/m 时，可确认管道受到直流干扰。当管道任意点管地电位较自然电位正向偏移大于 100mV，或管道附近土壤的地电位梯度大于 2.5mV/m 时，应采取直流排流保护或其他防护措施。

一般采用土壤表面电位梯度来评价直流干扰程度，详见表 9-52。

表 9-52　　直流干扰程度评价指标

杂散电流干扰程度	弱	中	强
土壤表面电位梯度（mV/m）	<0.5	0.5～5.0	>5.0

2. 交流干扰

DL/T 5394—2007 中对交流干扰给出了如下规定：交流对埋地管道的干扰腐蚀程度，可采用管道交流电干扰电位，按表 9-53 所列指标进行判定。

表 9-53　　埋地钢质管道交流电干扰判断指标

土壤类别	严重性程度（级别）		
	弱	中	强
	判断指标（V）		
碱性土壤	<10	10～20	>20
中性土壤	<8	8～15	>15
酸洗土壤	<6	6～10	>10

3. 土壤腐蚀

DL/T 5394—2007 中对土壤腐蚀给出了如下规定：

土壤腐蚀性根据金属材料在土壤中的腐蚀电流密度和平均腐蚀率判定，碳钢平均腐蚀速率与土壤腐蚀性的关系见表9-54。对于一般地区的土壤，土壤的腐蚀性采用土壤电阻率进行判定，土壤电阻率与土壤腐蚀性的关系见表9-55。当土壤存在微生物腐蚀时，其腐蚀性应采用土壤氧化还原电位进行判定，氧化还原电位与土壤腐蚀性的关系见表9-56。另外，土壤腐蚀性还与土壤pH值有关，两者之间的关系见表9-57。

表9-54 碳钢平均腐蚀速率与土壤腐蚀性的关系

土壤腐蚀性	极弱	较弱	弱	中	强
腐蚀电流密度（μA/cm²）	<0.1	0.1～3	3～6	6～9	>9
平均腐蚀速率［g/（dm²·年）］	<1	1～3	3～5	5～7	7

表9-55 土壤电阻率与土壤腐蚀性的关系

土壤腐蚀性	弱	中	强
土壤电阻率（Ω·m）	>50	20～50	<20

表9-56 氧化还原电位与土壤腐蚀性的关系

土壤腐蚀性	弱	中	较强	强
氧化还原电位（mV）	>400	200～400	100～200	<100

表9-57 土壤pH值与土壤腐蚀性的关系

土壤腐蚀性	弱	中	强
土壤pH值	6.5～8.5	4.5～6.5	<4.5

DL/T 5072—2007中对土壤腐蚀性等级和防腐等级的要求见表9-58。

表9-58 土壤腐蚀性等级和防腐等级要求

土壤腐蚀性等级	电阻率（Ω·m）	含盐量质量比（%）	含水量质量比（%）	电流密度（mA/cm²）	pH值	防腐蚀等级
强	<50	>0.75	>12	>0.3	<3.5	特加强级
中	50～100	0.75～0.05	5～12	0.3～0.025	3.5～4.5	加强级
弱	>100	<0.05	<5	<0.025	4.5～5.5	普通级

注 其中任何一项超过表列指标者，防腐蚀等级应提高一级。

DL/T 5339—2006中综合了DL/T 5394—2007及DL/T 5072—2007的相关要求，对埋地钢管防腐等级与土壤腐蚀性的规定见表9-59。

表9-59 埋地钢管防腐等级选用

钢管防腐部位	防腐等级		
	普通防腐	加强防腐	特加强防腐
外表面	土壤电阻率大于50Ω·m	土壤电阻率为20～50Ω·m	土壤电阻率小于20Ω·m
	pH值为6～7.5	pH值为3.0～6.0、7.5～9.5	9.5<pH值<3.0
	不存在硫酸盐还原菌	存在大量硫酸盐还原菌	
	土壤含水量为0～5%或>40%	土壤含水量为10%～40%	
	没有杂散电流	存在杂散电流：当为直流杂散电流时，管地电位较自然电位正向偏移100～200mV，或地电位梯度为2.5～5.0mV/m	存在严重的杂散电流：当为直流杂散电流时，管地电位较自然电位正向偏移大于200mV，或地电位梯度大于5.0mV/m。管道穿越河流、铁路、公路、沼泽地或其他重要建筑物，检修困难
内表面	淡水	海水或淡、海水交替	

从以上资料可看出，DL/T 5339—2006、DL/T 5394—2007及DL/T 5072—2007之间的要求不完全统

一，工程执行过程中建议按较高标准执行。

4. 大气环境腐蚀

影响碳钢大气腐蚀的关键因素，是在碳钢表面形成潮气薄膜的时间和大气中腐蚀性物质的含量。碳钢表面潮气薄膜的形成原因主要有以下几种：

（1）大气相对湿度的增大；

（2）碳钢表面温度达到露点或露点以下产生冷凝作用；

（3）大气的污染，碳钢表面沉积吸潮性污染物，如二氧化硫、氯化物及因工业操作带来的电解质等；

（4）结露、降雨、融雪等直接润湿碳钢表面。

大气中腐蚀性物质的存在加速了碳钢的腐蚀速率，在相同湿度条件下，腐蚀性物质含量越高，腐蚀速率越大。腐蚀性物质的腐蚀性与大气的湿度有关，在较高的湿度（潮湿型）环境中腐蚀性大，在较低的湿度（干燥型）环境中腐蚀性大大降低，如果有吸湿性沉积物（如氯化物）存在，即使环境大气的湿度很低（<60%），也会发生腐蚀。

大气环境按年平均相对湿度可分为潮湿性环境、普通型环境和干燥型环境，对应的年平均相对湿度范围分别为>75%、60%～75%和<60%。按影响碳钢腐蚀的主要气体成分及含量分，环境气体可分为A、B、C、D四种类型，如表9-60所示。

表9-60　环境气体分类

气体类别	腐蚀性物质名称	腐蚀性物质含量（mg/m^3）
A	二氧化碳	<2000
	二氧化硫	<0.5
	氟化氢	<0.05
	硫化氢	<0.01
	氮的氧化物	<0.1
	氯	<0.1
	氯化氢	<0.05
B	二氧化碳	>2000
	二氧化硫	0.5～10
	氟化氢	0.05～5
	硫化氢	0.01～5
	氮的氧化物	0.1～5
	氯	0.1～1
	氯化氢	0.05～5
C	二氧化硫	10～200
	氟化氢	5～10
	硫化氢	5～100
	氮的氧化物	5～25
	氯	1～5
	氯化氢	5～10
D	二氧化硫	200～1000
	氟化氢	10～100
	硫化氢	>100
	氮的氧化物	25～100
	氯	5～10
	氯化氢	10～100

注　当大气中同时存在多种腐蚀性气体时，腐蚀级别按最高的一种或几种为基准。

根据碳钢在不同大气环境下暴露第一年的腐蚀速率（mm/年），可将腐蚀环境分为六大类，见表9-61。

表9-61　腐蚀环境类型

腐蚀类型		腐蚀速率（mm/年）	腐蚀环境		
等级	名称		环境气体类型	相对湿度（年平均，%）	大气环境
Ⅰ	无腐蚀	<0.001	A	<60	乡村大气
Ⅱ	弱腐蚀	0.001～0.025	A	60～7.5	乡村大气、城市大气
			B	<60	
Ⅲ	轻腐蚀	0.025～0.050	A	>75	乡村大气、城市大气和工业大气
			B	60～75	
			C	<60	
Ⅳ	中腐蚀	0.05～0.20	B	>75	城市大气、工业大气和海洋大气
			C	60～75	
			D	<60	

续表

腐蚀类型		腐蚀速率（mm/年）	腐蚀环境		
等级	名称		环境气体类型	相对湿度（年平均，%）	大气环境
Ⅴ	较强腐蚀	0.20～1.00	C	＞75	工业大气
			D	60～75	
Ⅵ	强腐蚀	1～5	D	＞75	工业大气

注　在特殊场合与额外腐蚀负荷作用下，应将腐蚀类型提高等级，如：
（1）风沙大的地区，因风携带颗粒（砂子等）使碳钢发生磨蚀的情况。
（2）碳钢上用于（人或车辆）通行或有机械重负载并定期移动的表面。
（3）经常有吸潮性物质沉积于碳钢表面的情况。

5. 输送介质腐蚀

水中的溶解固体、氯离子、硫酸根等会严重影响碳钢管道的腐蚀。参考DL/T 712—2010《发电厂凝汽器及辅机冷却器管选材导则》，根据水中的溶解固体和氯离子含量，可将天然水分为四类，如表9-62所示。其中，海水是高腐蚀性介质。

表9-62　　水质分类　　（mg/L）

水质分类	淡水	微咸水	咸水	海水
溶解固体	＜500	500～2000	＞2000	35000左右
氯离子	＜200	200～1000	＞1000	15000左右

（二）防腐等级及阴极保护

1. 埋地钢管外壁

埋地钢管外壁的涂层防腐等级应根据土壤环境、输送介质等因素确定，建议按表9-53～表9-59中的较高要求选用。

新建管道区域内的土壤电阻率小于20Ω·m时，若采用钢管，应采用特加强级防腐涂层加阴极保护联合防腐。

根据工程经验，在土壤为盐渍土或地下水位较高、地下水具有较强腐蚀性的（如海水）区域，若采用钢管，也应采用特加强级防腐涂层加阴极保护联合防腐。实际工程中也可通过选用耐腐蚀管材来规避此影响，如采用玻璃钢、塑料复合管道等，具体需经过经济技术比较后确定。

2. 明敷钢管外壁

明敷钢管外壁应根据大气对钢管表面的腐蚀程度进行涂层设计。涂料、干膜厚度、涂覆道数及干膜总厚度应根据其所处的环境、涂料性能以及要求的防腐蚀年限选用，并应考虑日照、低温条件下的老化等问题。当大气腐蚀高于“中腐蚀”时，实际工程中也可通过选用耐腐蚀管材来规避此影响，如采用玻璃钢、塑料复合管道等，具体需经过经济技术比较后确定。

3. 钢管内壁

钢管内表面防腐等级不宜超过加强防腐。建议输送淡水或弱腐蚀性的废水的钢管（如生活污水、常规淡水工业废水等）内表面采用普通级防腐，输送微咸水、咸水、海水的钢管内壁采用加强级防腐加阴极保护联合防腐或采用耐腐蚀管材，如玻璃钢管等。

（三）钢管表面锈蚀等级及处理等级

1. 锈蚀等级

未涂装前的钢管表面锈蚀等级分为A、B、C、D四个等级，分别为：

（1）A级——全面覆盖着氧化皮，几乎没有铁锈的钢材表面。

（2）B级——已发生锈蚀，并且氧化皮已剥落的钢材表面。

（3）C级——氧化皮已因锈蚀而剥落，或者可以刮除，并且在正常视力观察下可见轻微点蚀的钢材表面；

（4）D级——氧化皮已因锈蚀而剥落，并且在正常视力观察下可见普遍发生点蚀的钢材表面。

2. 表面处理

钢管表面处理的常用方法有机械除锈［包括喷射或抛射除锈（Sa）、手工或动力工具除锈（St）等］和化学除锈（Pi）。

喷砂除锈是利用压缩空气为动力（一般为0.4～0.6MPa），将砂子或钢丸通过喷嘴喷射到钢管表面，依靠射出的砂子或钢丸的冲击和摩擦，将钢管表面的铁锈和其他的油脂、污垢、氧化皮、杂物等彻底清除，以得到一个粗糙的显露出金属本色的表面。该方法除锈效率高、速度快、质量好，是表面除锈最常用的方法。喷砂除锈（Sa）的处理等级分为Sa1（轻度的喷射清理）、Sa2（彻底的喷射清理）、Sa2½（非常彻底的喷射清理）、Sa3（使钢材表面洁净的喷射处理）4个级别。

手工除锈是用刮刀、砂布、钢丝刷、锉刀等清除钢管表面的铁锈，适用于防腐要求不高的部位和现场补口部位。动力工具除锈是用动力钢丝刷、动力砂纸盘活砂轮等工具清除钢管表面的铁锈，适用于清除设备毛刺、焊瘤及焊缝不平之处。手工或动力工具除锈（St）分为 St2（彻底的手工和动力工具清理）和 St3（非常彻底的手工和动力工具清理）两个级别。

化学除锈包括酸洗除锈和磷化处理。酸洗除锈是应用无机酸或有机酸与钢管表面的氧化皮、铁锈进行化学反应，生成可溶性铁盐，然后将其从钢管表面清除的方法。磷化处理是用磷酸盐为主的溶液进行处理，在金属表面形成一层难溶于水的结晶型磷酸盐膜，主要目的是给钢管表面提供保护，在一定程度上防止钢管腐蚀，或用于涂装前打底，提高涂膜的附着力和防腐蚀能力。化学除锈的处理等级为一个级别，用 Pi 表示。

钢管表面处理应根据管道的锈蚀等级、除锈方法、所采用的涂料等确定。最低除锈等级需满足表 9-63 的要求。

表 9-63　　钢管表面的最低除锈等级

底层涂料种类	最低除锈等级
沥青底漆	St3 或 Sa2
醇酸树脂底漆、环氧沥青底漆	St3 或 Sa2
其他树脂类底漆	Sa2
各类富锌底漆	Sa2 ½

注　不易维修的重要部件的除锈等级不应低于 Sa2 ½。

电厂给排水管道中，输送介质为除盐水的间接空冷系统（含机械通风干冷系统）管道的内表面推荐采用磷化处理，其外表面及其他系统的管道（不含镀锌钢管）内外表面均推荐采用喷砂除锈，除锈等级推荐不低于 Sa2 ½。

（四）防腐涂料

1. 钢管内壁防腐涂料

输送海水的钢管内壁可采用表 9-64 中所列涂层结构。

表 9-64　　输送海水的钢管内壁涂层

涂料	涂层结构等级	防腐层结构	干膜厚度/涂装道数
环氧煤沥青涂料	特加强级	车间底漆（可省去）	20μm/1 道
		防腐底漆	160μm/2 道
		环氧云铁中间层	80μm/1 道
		防污面漆	240μm/3 道

注　采用电解海水或通氯气防污时，选用环氧煤沥青面漆。

输送淡水的钢管内壁可采用表 9-65 中所列涂层结构。

表 9-65　　输送淡水的钢管内壁涂层

涂料	涂层结构等级	防腐层结构	干膜厚度（μm）
环氧煤沥青涂料	普通级	一底三面	≥300
	加强级	两底三面	≥400
	特加强级	两底四面	≥450
改性环氧涂料	加强级	一底一面	≥400
	特加强级	一底两面	≥600

注　1. 改性环氧涂料是比环氧煤沥青涂料更加环保友好的替代产品，高固体分，单道施工可使干膜厚度达到 150～300μm。
2. 当钢管输送淡水作为饮用水时，涂料应通过国家卫生部鉴定认可，并颁发“涉及饮用水卫生安全的国家产品卫生许可证”。

2. 埋地钢管外壁防腐涂料

埋地钢管外壁防腐可选用环氧煤沥青涂料、改性环氧涂料或环氧粉末涂层等，其涂层结构见表 9-66。

表 9-66　　钢 管 外 壁 涂 层

涂料	涂层结构等级	防腐层结构	干膜厚度（μm）
环氧煤沥青涂料	普通级	一底三面	≥300
	加强级	一底两面一布两面	≥400
	特加强级	一底两面一布两面一布两面	≥600
改性环氧涂料	特加强级	一底两面	≥500
环氧粉末涂层	普通级	一次成膜	300～400
	加强级	一次成膜	400～500

3. 明露钢管外壁防腐涂料

对于不保温的钢管，室内布置的管道可选用醇酸涂料、环氧涂料等，室外布置的可选用高氯化聚乙烯涂料、聚氨酯涂料等；油管道可选用环氧涂料、聚氨酯涂料；管沟内的管道可选用环氧沥青涂料；排汽管道可选用聚氨酯耐热涂料、有机硅耐热涂料等。

对于进行保温的管道，当介质温度低于 120℃时，管道的表面涂刷 1～2 度环氧富锌底漆。

明露钢管外壁防腐涂料可根据使用条件，按表 9-67 选用。

表 9-67　　常 用 涂 料

涂料品种	涂层配套		度数	每度涂层干膜厚度（μm）	适用类型
醇酸涂料	底漆	铁红醇酸底漆	1	40	一般大气腐蚀环境
	中间漆	云铁醇酸防锈漆	1	40	
	面漆	醇酸面漆	2	40	
高氯化聚乙烯涂料	底漆	高氯化聚乙烯铁红底漆	2	30	工业大气腐蚀环境，特别是有硫化物的腐蚀环境
	中间漆	高氯化聚乙烯云铁中间漆	2	40	
	面漆	高氯化聚乙烯面漆	2	30	
环氧涂料	底漆	富锌底漆	1	60	室内腐蚀环境
	中间漆	环氧云铁中间漆	1	80	
	面漆	环氧防腐面漆	2	40	
聚氨酯涂料	底漆	富锌底漆	1	60	工业大气腐蚀环境
	中间漆	环氧云铁中间漆	1	80	
	面漆	脂肪族聚氨酯面漆	2	40	
聚氨酯耐热涂料	底漆	聚氨酯铝粉防腐漆（或富锌底漆）	2（1）	30（60）	耐温 150℃以下的环境
	面漆	聚氨酯耐热防腐面漆	2	30	
酚醛环氧涂料	底漆	酚醛环氧底漆	1	125	200℃以下热水箱内壁
	面漆	酚醛环氧面漆	1	125	
有机硅耐热涂料	底漆	无机富锌底漆	2	30	耐温 400℃以下的环境
	面漆	有机硅铝粉防腐漆	2	25	
	底漆	有机硅铝粉耐热漆	1	25	耐温 600℃以下的环境
	面漆	有机硅铝粉耐热漆	2	25	
环氧沥青厚浆型涂料	底漆	环氧沥青厚浆型底漆	1	150	管沟等潮湿环境、油罐外壁底板防腐蚀、循环水管道内壁防腐蚀
	面漆	环氧沥青厚浆型面漆	1	150	
高固体分改性环氧涂料	底漆	高固体分改性环氧涂料	1	250	循环水管道内、外壁长效防腐蚀
	面漆				
丙烯酸聚氨酯涂料	底漆	富锌底漆	1	100	大气腐蚀环境下长效防腐蚀、油罐外壁防腐蚀、满足“三防”要求
	中间漆	环氧云铁中间漆	1	100	
	面漆	丙烯酸聚氨酯面漆	2	40	
环氧导静电防腐涂料	底漆	富锌底漆	1	60	油罐内表面防腐蚀
	中间漆	环氧导静电防腐中间漆	1	100	
	面漆	环氧导静电防腐面漆	1	100	
太阳热反射隔热涂料	底漆	太阳热反射隔热底漆	2	40	油罐外壁隔热防腐
	中间漆	太阳热反射隔热中间漆	1	30	
	面漆	太阳热反射隔热面漆	3	30	

注　以上富锌底漆可选择环氧富锌、无机硅酸盐富锌或无机磷酸盐富锌底漆，长效防腐优先选用无机富锌底漆。如果选用无机富锌底漆，可涂刷两度，每度干膜厚度为 30～40μm。

4. 阴极保护

新建管道应采用防腐涂层加阴极保护的联合防腐措施或其他已证明有效的腐蚀控制技术，已建带有防腐涂层的管道应限期补加印记保护措施。埋地钢质管道的阴极保护设计应符合 GB/T 21448—2017《埋地钢质管道阴极保护技术规范》的相关要求。

阴极保护通常有牺牲阳极和强制电流两种形式。若仅局部或少量管道需要设置阴极保护设施，推荐采用牺牲阳极的形式。若大范围内管道需要保护，如厂区所有钢管，则推荐采用强制电流形式；对于改造等，如管道系统已敷设完毕，需要再增加阴极保护设施的，也推荐采用强制电流形式。当输送介质为微咸水、咸水、海水时，若管道内壁需采用阴极保护，推荐采用牺牲阳极的形式。

牺牲阳极材料通常有镁、锌、铝三类。其中，镁合金及锌合金阳极最为常用，靠自身腐蚀速率的增加为保护对象提供保护电流，适用于敷设在电阻率较低的土壤里、水中、沼泽或湿地环境中的小口径管道或距离较短的带有优质防腐涂层的大口径管道，其设计寿命应与管道使用年限相匹配，一般为 10～15 年。当土壤电阻率大于 100Ω·m 时，不宜采用牺牲阳极保护。被保护的管道应具有质量良好的覆盖层，新建管道的覆盖层电阻率不得小于 10000Ω·m，否则不宜采用牺牲阳极；对于旧管道，应根据具体需求确定。所有被保护的埋地钢制管道均应根据需要设置绝缘接头或绝缘法兰。对于锌合金牺牲阳极，当土壤电阻率大于 15Ω·m 时，应现场试验确认其有效性；对于镁合金牺牲阳极，当土壤电阻率大于 150Ω·m 时，应现场试验确认其有效性。

四、钢管水压试验

压力钢管投入使用前必须进行水压试验。水压试验分为预试验和主试验两个阶段。试验合格的判定依据分为允许压力降值和允许渗水量值，可根据工程实际情况，选用其中一项或同时采用两项数值作为水压试验合格的判定依据。

（1）预试验阶段：将管道内水压缓缓上升至试验压力并稳压 30min，期间若有压力下降可注水补压，但不得高于试验压力。检查管道接口、配件等处有无漏水、损坏现象；若有漏水、损坏现象，应及时停止试压，待查明原因并采取相应措施后重新试压。

（2）主试验阶段：停止注水补压，稳定 15min；当 15min 后压力无下降时，将试验压力降至工作压力并保持恒压 30min，进行外观检查，若无漏水现场，则认为水压试验合格。

采用允许渗水量作为判定依据时，实测的渗水量应不大于表 9-68 中所列的允许渗水量。

表 9-68 水压试验的允许渗水量（焊接接口钢管）

管道内径 D_i（mm）	允许渗水量［L/（min·km）］
100	0.28
150	0.42
200	0.56
300	0.85
400	1.00
600	1.20
800	1.35
900	1.45
1000	1.50
1200	1.65
1400	1.75

注 若管径超过上述所列规格，可按式 $q=0.05\sqrt{D_i}$ 计算出允许渗水量。

压力管道水压试验的管段长度不宜大于 1.0km，若在冬季进行水压试验，还应采取防冻措施。另外，水压试验前应清除管道内的杂物。

除采用大口径焊接钢管的循环水管道外，钢管的试验压力应不低于工作压力 +0.5MPa，且不得小于 0.9MPa；对于大口径循环水管（焊接钢管），试验压力取工作压力的 1.25 倍，且控制在 0.4MPa 及以上。

第六节 渠道和渠道建（构）筑物

一、概述

渠道是发电厂中常见的结构，一般在直流机组中较为常见，主要用于取水及排水。在厂区防洪工程中，渠道也是常见的排洪结构形式。

渠道应按机组规划容量一次建成，但对于防洪工程，可根据具体情况确定。

渠道的线路关系到工程合理开发、渠道安全输水及降低工程造价等关键问题，应综合考虑地形、地质、施工条件和挖填平衡及便于管理养护等，进行合理选择。具体如下：

（1）渠道选线一般应在满足输水或排水任务的前提下，使工程量小而且造价低。

（2）渠道穿越地形起伏较大的地区时，应大致沿等高线布置，避免深挖和高填。

（3）渠道穿越铁路、公路、河流、渠道时应尽量正交，避免弯线部分出现在这些位置。

（4）为适应地形变化，渠道需要采用弯道时，弯道半径应在可能范围内选择较大值。最小转弯半径按下式计算：

$$R_{\min}=1.1v^2\sqrt{A}+12 \tag{9-61}$$

式中 $R_{\min}$ ——渠线最小转弯半径，m；

v ——渠道流速，m/s；

A——渠道过水有效断面面积，m^2。

衬砌的大型渠道，为使水流平顺，在弯道处可将凹岸处渠底抬高，使渠底具有横比降。弯道中断最大倾角α的正切值可按下式计算：

$$\tan\alpha=v^2/gR \tag{9-62}$$

式中 v ——设计流量时的断面平均流速，m/s；

g ——重力加速度，$9.81m/s^2$；

R ——渠道中心线的转弯半径，m。

未衬砌的渠道，转弯半径应不小于水面宽度的 5 倍，衬砌的渠道转弯半径不应小于水面宽度的 2.5 倍。曲线段需进行衬砌时，衬砌段应外延至直线段，外延长度应为水深的 1～3 倍，外延段的末端应设齿墙，齿墙深度可按 0.5m 考虑。

二、渠道的断面设计

（一）横断面形式

渠道的横断面形式有梯形、矩形、多边形、抛物线形、弧形、U 形及复式断面，如图 9-32 所示。梯形断面广泛应用于电力工程，其优点是施工简单、边坡稳定，便于应用浆砌或混凝土衬砌。

矩形断面适用于坚硬岩石地区，或者用于排水断面小的渠道。对于傍山或塬边渠道及渠道宽度受限制的地区，可以采用矩形断面或者钢筋混凝土矩形断面。

复式断面适用于深挖方去段，渠岸以上部分可将坡度改陡，每隔一段留一平台，以减少土方开挖量。

除梯形断面、矩形断面及复式断面外，其他形式的渠道在电力工程中很少采用。

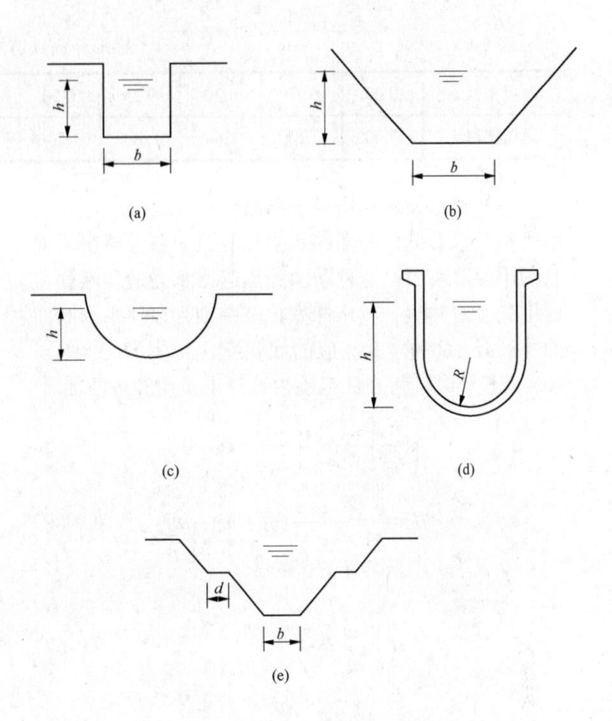

图 9-32 渠道横断面示意图

（a）矩形断面；（b）梯形断面；（c）弧形断面；（d）U 形断面；（e）复式断面

（二）渠道断面的选择

1. 应满足的条件

（1）渠床稳定及冲淤平衡。

（2）有足够的输水能力。

（3）施工管理运行方便。

（4）工程造价低。

（5）满足渠道的结构要求。

2. 横断面尺寸的确定原则

渠道断面可分为宽浅式及窄深式两类。

（1）宽浅渠道断面：水流比较稳定，水深变幅小，不易淤积或冲刷，在适当的地形条件下，挖填方可以平衡。

（2）窄深渠道断面：水流较急，易冲刷，但占地小，渗漏损失及衬砌费用小（近似于水力最佳断面）。

电力工程输水渠道一般可考虑窄深渠道或宽浅渠道，但防排洪渠道一般应考虑采用宽浅渠道。

3. 梯形渠道断面计算

（1）梯形渠道的水力最佳断面：断面面积一定而通过流量最大的断面。水力最佳断面宽深比（β）条件为：

$$\beta=\frac{b}{h_0}=2(\sqrt{1+m^2}-m) \tag{9-63}$$

式中 b ——渠底宽度，m；

h_0 ——渠道水力最佳断面水深，m；

m ——渠道边坡系数。

（2）梯形渠道水力最佳断面水深：

$$h_0=1.189\left[\frac{nQ}{(m'-m)\sqrt{1+m^2}}\right]^{3/8} \tag{9-64}$$

式中 Q ——设计流量，m^3/s；

n ——糙率；

m ——渠道边坡系数；

m' —— $2\sqrt{1+m^2}$ 。

水力最佳断面的渠底宽度可通过将式（9-64）代入式（9-63）求得。

梯形断面渠道的最佳宽深比可按表 9-69 选用。

表 9-69　梯形断面渠道的最佳宽深比

边坡系数 m	0.00	0.10	0.20	0.25	0.50	0.75	1.00	1.25	1.50	2.00	2.50	3.00
最佳宽深比	2.00	1.81	1.64	1.562	1.236	1.00	0.828	0.702	0.606	0.472	0.855	0.325

（3）梯形渠道实用经济断面。实际设计时，多采用既符合水力最佳断面的要求又能适应各种情况需要的实用经济断面。这种断面的流速比水力最佳断面流速增加 2%～4%，其水深变化范围则为最佳水力断面的 68%～160%，其相应的底宽变化范围为 290%～40%。设计时，可在此范围内选择出实用经济断面。

$$\left(\frac{h}{h_0}\right)-2\alpha^{2.5}\left(\frac{h}{h_0}\right)+\alpha=0 \tag{9-65}$$

$$\beta=\frac{b}{h}=\frac{\alpha}{\left(\frac{h}{h_0}\right)^2}(m'-m)-m \tag{9-66}$$

$$\alpha=\frac{\omega}{\omega_0}=\frac{v_0}{v}=\left(\frac{R_0}{R}\right)^{2/3} \tag{9-67}$$

$$R=\frac{\omega}{\chi} \tag{9-68}$$

式中　h ——实用经济断面的水深，m；

h_0 ——渠道水力最佳断面水深，m；

α ——表示实用经济断面对水力最佳断面偏离程度的系数，一般采用 1.0～1.04；

ω ——实用经济断面过水断面面积，m^2；

ω_0 ——水力最佳断面过水断面面积，m^2；

v_0 ——水力最佳断面流速，m/s；

v ——实用经济断面流速，m/s；

R_0 ——水力最佳断面水力半径，m；

R ——实用经济断面水力半径，m；

χ ——渠道湿周，m。

表 9-70 列出了不同面积比 $\frac{\omega}{\omega_0}$ 时，实用经济型断面的宽深比 β 和 $\frac{h}{h_0}$ 值，可供参考。

表 9-70　不同面积比 $\frac{\omega}{\omega_0}$ 时实用经济断面的宽深比 β 和 $\frac{h}{h_0}$

$\frac{\omega}{\omega_0}$	1.00	1.01	1.02	1.03	1.04
$\frac{h}{h_0}$	1.000	0.823	0.761	0.717	0.683
m	β				
0.00	2.000	2.985	3.525	4.005	4.463
0.25	1.562	2.453	2.942	3.378	3.792
0.50	1.236	2.091	2.559	2.977	3.374
0.75	1.000	1.862	2.334	2.755	3.155
1.00	0.828	1.729	2.222	2.662	3.080
1.25	0.702	1.662	2.189	2.658	3.104
1.50	0.606	1.642	2.211	2.717	3.198
1.75	0.531	1.654	2.270	2.818	3.340
2.00	0.472	1.689	2.357	2.951	3.516

（三）渠道边坡

1. 渠道内边坡系数

渠道内边坡系数需根据土质稳定条件、水文地质条件及运行水位变化等因素，通过计算并结合当地已有渠道边坡确定。

当挖方深度小于 5m，且地质构造简单、无显著引起渠坡破的因素存在时，水下边坡系数 m 可按表 9-71 选用。

渠道水深大于 3.0m 时，渠道内边坡要考虑水面骤降对渠道边坡的影响，故应进行稳定验算。

验算渠道边坡稳定时，土壤容重、内摩擦角、内聚力等有关土层的计算指标应按下列要求采用：

（1）土的容重：

1）浸润线以上用土体的自然容重。

2）浸润线以下、静水位以上计算滑动稳定时，用土体的饱和容重；计算抗滑稳定时，用土体的浮容重。

3）静水位以下，用土体的浮容重。

（2）土的抗剪强度指标。计算水位降落期时，采用饱和固结不排水指标 φ、c；计算渗流稳定期时，采用固结排水有效强度指标 φ'、c'。

表 9-71　渠道水下边坡系数 m

土壤类别	边坡系数 m
良好的岩石	0～0.25
风化的及软弱岩石	0.25～1.0
密实的黏土、粉质黏土、密实的非湿陷性黄土	1.0～1.5
砾石、碎石类	1.0～1.5
砂类土	2.0～2.5
软弱的黏土、粉土	2.0～3.0
细砂	3.0～4.0 或更大

2. 土质边坡

渠岸以上的土质边坡分为低边坡和高边坡，一般小于15m的为低边坡，大于15m的为高边坡。对于低边坡，一般可按工程地质比拟法及图表法选择。对于高边坡，应进行稳定分析计算，常用的方法为圆弧条分法；对于黄土边坡，则采用裂隙圆弧法。

岸坡以上土质边坡的土体经常处于干燥状态，土体抗滑强度高，因此边坡可以放陡。低边坡的坡比可以按照地形、地貌、水文地质、工程地质条件相似的已成渠道稳定边坡的总坡比来拟订，或参照表9-72～表9-74选用。

表9-72　渠岸以上黏土低边坡容许坡比值

土的类别	密实度或土的状态	边坡高度（m）	
		<5	5～10
黏土、重黏土	坚硬	1:0.35～1:0.5	1:0.5～1:0.75
	硬塑	1:0.5～1:0.75	1:0.75～1:1
一般黏性土	坚硬	1:0.75～1:1	1:1～1:1.25
	硬塑	1:1～1:1.25	1:1.25～1:1.5

表9-73　岸坡以上黄土低边坡容许总坡比值

年代	开挖情况	边坡高度（m）		
		<5	5～10	10～15
次生黄土 Q_4	楸挖容易	1:0.5～1:0.75	1:0.75～1:1	1:1～1:1.25
马兰黄土 Q_3	揪挖较容易	1:0.3～1:0.5	1:0.5～1:0.75	1:0.75～1:1
离石黄土 Q_2	镐挖	1:0.2～1:0.3	1:0.3～1:0.5	1:0.5～1:0.75
午城黄土 Q_1	镐挖困难	1:0.1～1:0.2	1:0.2～1:0.3	1:0.3～1:0.5

表9-74　碎石土边坡总坡比参考值

土体结合密实度		边坡高度（m）		
		<10	10～20	10～30
胶结的		1:0.3	1:0.3～1:0.5	1:0.5
密实的		1:0.5	1:0.5～1:0.75	1:0.75～1:1
中等密实的		1:0.75～1:1.1	1:1	1:1.25～1:1.5
松散的	大多数块径大于40mm	1:0.5	1:0.75	1:0.75～1:1
	大多数块径大于25mm	1:0.75	1:1	1:1～1:1.25
	块径一般小于25mm	1:1.25	1:1.5	1:1.5～1:1.75

（四）渠岸超高

（1）一般挖填方渠道，渠岸超高可根据加大水深计算：

$$h_b = \frac{1}{4}h + 0.2 \tag{9-69}$$

式中　h_b——渠岸超高，m；

h——渠道水深，m。

一般情况下，电力工程的渠道宜高出最高水位0.5～0.7m；对于大型渠道，实际超高可按0.5～2.0m设计。

（2）衬砌超高。超高加大深水的衬砌高度取决于渠道大小、流量、暴雨流入量、土壤特性、衬砌材料、渠道用途、渠岸所处的位置及渠岸结合道路运用条件等因素，应根据具体情况分别对待，一般可采用0.15～0.65m。对于傍山渠道应用大值，防洪渠岸应采用大值。

（五）取土及弃土

填方渠道的取土坑至渠堤坡脚的距离应不小于2.0m，取土深度不超过1.5m。

挖方段的弃土堆坡脚至开口线的距离，当挖深在10m以内时，不应小于2m；当挖深在10～15m时，不应小于2.5m；当挖深大于15m时，不应小于3.0m。

（六）渠道比降

渠道的比降应尽量接近地面的坡度，避免挖填方量过大。对于土壤易冲刷的渠道，比降应缓；对于地质情况较好的渠道，其比降可适当陡一些。一般应根据渠道的耐冲刷流速按下式确定：

$$i = \frac{v^2}{C^2 R} \tag{9-70}$$

或

$$i = \frac{n^2 v^2}{R^{4/3}} \tag{9-71}$$

式中　v——耐冲刷流速，m/s；

C——谢才系数；

R——水力半径，m；

n——糙率，按表9-75选用。

三、渠道流速

1. 平均流速

渠道的平均流速应在最大和最小极限允许流速之间，平均流速及流量可按谢才公式计算：

$$v = C\sqrt{Ri} \quad (9\text{-}72)$$

$$q_v = \omega v \quad (9\text{-}73)$$

谢才系数通常按满宁公式

$$C = \frac{1}{n}R^{1/6} \quad (9\text{-}74)$$

或者巴甫洛夫斯基公式计算：

$$C = \frac{1}{n}R^{y} \quad (9\text{-}75)$$

$$y = 2.5\sqrt{n} - 0.13 - 0.75\sqrt{n}(\sqrt{n} - 0.1) \quad (9\text{-}76)$$

$$R = \omega / \chi$$

式中 v ——平均流速，m/s；

C ——谢才系数；

R ——水力半径，m；

i ——坡降；

q_v ——渠道过水流量，m^3/s；

ω ——渠道过水断面面积，m^2；

χ ——渠道湿周，m；

y ——指数，y 也可按下列范围近似选用：$R<1m$ 时，$y=1.5\sqrt{n}$；$R=1.0m$ 时，$y=1.4\sqrt{n}$；$R>1.m$，$y=1.3\sqrt{n}$。

渠道的糙率可按表 9-75 选用。

表 9-75　　渠 道 糙 率 *n* 值

流量范围（m^3/s）	渠道特征	*n* 值
一、土渠床		
>25	平整顺直，养护良好	0.020～0.0225
	平整顺直，养护一般	0.0225～0.025
	渠床多植，杂草丛生，养护较差	0.025～0.0275
25～1.0	平整顺直，养护良好	0.0225～0.025
	平整顺直，养护一般	0.025～0.0275
	渠床多植，杂草丛生，养护较差	0.0275～0.030
<1.0	渠床弯曲，养护一般	0.025～0.0275
	小型固定渠道	0.0275～0.030

续表

流量范围（m^3/s）	渠道特征	*n* 值
二、有护面的渠床或岩面		
	不加衬砌的岩面	0.025～0.045
	光滑的混凝土、钢筋混凝土护面	0.013
	粗糙的混凝土、钢筋混凝土护面	0.018
	砌石护面	0.017～0.030
	卵石护面	0.020～0.030

当渠道断面为复式断面时，应将该断面依滩、槽分成若干子断面。各子断面各自作为独立的水流，分别计算其过水断面、湿周和水力半径（子断面之间的界面不计入湿周），并认为各子断面的水流水力坡度相同。分别计算各子断面的流量后，相加求和即可。

2. 过水断面面积及湿周

渠道通常采用梯形断面，形状如图 9-33 所示，此时有：

$$\omega = (b + mh)h \quad (9\text{-}77)$$

$$\chi = b + 2h\sqrt{1 + m^2} \quad (9\text{-}78)$$

当渠道两侧边坡系数不同时，如图 9-34 所示，可取平均后的边坡系数值带入式（9-77）及式（9-78）计算：

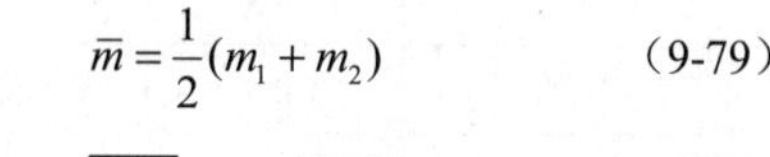

$$\bar{m} = \frac{1}{2}(m_1 + m_2) \quad (9\text{-}79)$$

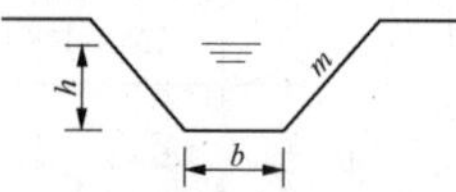

图 9-33　梯形断面渠道

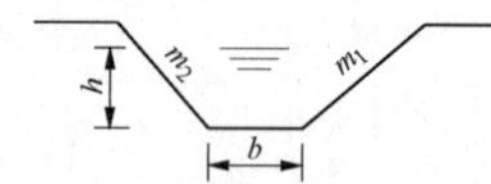

图 9-34　两侧不同边坡系数渠道

3. 渠道临界不冲流速

为使渠道运行时不冲不淤，设计时应以临界不冲条件为依据。渠道临界不冲流速又称最大允许流速，该最大允许流速取决于渠床的土壤及衬砌材料。不同护面渠道的临界不冲流速可按表 9-76～表 9-79 选用。

表 9-76　　不同护面渠道的临界不冲流速

序号	护面类型	水流平均水深（m）			
		0.4	1.0	2.0	3.0
		临界不冲平均流速（m/s）			
1	堆石	1.3	2.2	2.5	2.7
2	单层铺石（石块尺寸 15cm）	2.5	3.0	3.5	3.3
3	单层铺石（石块尺寸 20cm）	2.9	3.5	4.0	4.3
4	双层铺石（石块尺寸 15cm）	3.1	3.7	4.3	4.6
5	双层铺石（石块尺寸 20cm）	3.6	4.3	5.0	5.4

续表

序号	护面类型	水流平均水深（m）			
		0.4	1.0	2.0	3.0
		临界不冲平均流速（m/s）			
6	水泥砂浆砌筑软弱沉积岩块石砌体，石材标号不低于 MU10	2.9	3.5	4.0	4.4
7	水泥砂浆砌筑中等强度沉积岩块石砌体	5.3	7.0	8.1	8.7
8	水泥砂浆砌石材标号不低于 MU30	7.1	8.5	9.8	11.0
9	混凝土或钢筋混凝土标号 C20	7.0	8.0	9.0	10.0
10	混凝土或钢筋混凝土标号 C25	8.0	9.0	10.0	11.0
11	铁丝石笼	达 4.2	达 5.0	达 5.7	达 6.2

注　1. 表中流速不可内插，可采用与实际水深接近值。

2. 当水深大于 3m 时，允许流速按 $v=0.2\bar{H}v_1$ 计算，式中 $\bar{H}$ 为平均水深（m），v_1 为水深 1m 时的允许流速。

表 9-77　　黏性土渠道的临界不冲流速

序号	土壤名称	颗粒成分（%）		土壤的特性															
				不太密实的土壤 孔隙比 1.2～0.9 容重＜$1.2t/m^3$				中等密实的土壤 孔隙比 0.9～0.6 容重＜1.2～$1.66t/m^3$				密实的土壤 孔隙比 0.6～0.3 容重＜1.66～$2.04t/m^3$				极密实的土壤 孔隙比 0.3～0.2 容重＜2.04～$2.14t/m^3$			
				水流平均深度（m）															
		＜ 0.005mm	0.005～ 0.05mm	0.4	1.0	2.0	≥3.0	0.4	1.0	2.0	≥3.0	0.4	1.0	2.0	≥3.0	0.4	1.0	2.0	≥3.0
				临界不冲平均流速（m/s）															
1	黏土	30～50	70～50	0.35	0.4	0.45	0.5	0.7	0.85	0.95	1.1	1.0	1.2	1.4	1.5	1.4	1.7	1.9	2.1
2	重砂质黏土	20～30	80～70																
3	贫瘠的砂质黏土	10～20	90～80	0.35	0.4	0.45	0.5	0.65	0.8	0.9	1.0	0.95	1.2	1.4	1.5	1.4	1.7	1.9	2.1
4	沉陷已结束的黄土	—	—	—	—	—	—	0.6	0.7	0.8	0.85	0.8	1.0	1.2	1.3	1.1	1.3	1.5	1.7

注　1. 表中流速不可内插，可采用与实际水深接近值。

2. 当水深大于 3m 时，允许流速按 $v=0.2\bar{H}v_1$ 计算，式中 $\bar{H}$ 为平均水深（m），v_1 为水深 1m 时的允许流速。

3. 当设计位于易受风化的密实及极密实土壤中的地面排水沟时，匀速流速按中等密实的土壤取值。

表 9-78　　非黏性土渠道的临界不冲流速　　（m/s）

序号	土壤及其特性		土壤颗粒（mm）	水流平均深度（m）					
	名称	特性		0.4	1.0	2.0	3.0	5.0	10.0 以上
1	粉土与淤泥	灰尘及淤泥带细砂、沃土	0.005～0.05	0.15～2.0	0.20～0.30	0.25～0.40	0.30～0.45	0.40～0.55	0.45～0.65
2	细砂	细砂带中砂	0.05～0.25	0.20～0.35	0.30～0.45	0.40～0.55	0.45～0.60	0.55～0.70	0.65～0.80
3	中砂	细砂带黏土、中砂带粗砂	0.25～1.00	0.35～0.50	0.45～0.60	0.55～0.70	0.60～0.75	0.70～0.85	0.80～0.95
4	粗砂	砂夹砾石、中砂带黏土	1.00～2.50	0.50～0.65	0.60～0.75	0.70～0.80	0.75～0.90	0.85～1.00	0.95～1.20
5	细砾石	细砾掺中等砾石	2.5～5.0	0.65～0.80	0.75～0.85	0.80～1.00	0.90～1.10	1.00～1.20	1.20～1.50
6	中砾石	大砾石含砂和小砾石	5.0～10.0	0.80～0.90	0.85～1.05	1.00～1.15	1.10～1.30	1.20～1.45	1.50～1.75

续表

序号	土壤及其特性		土壤颗粒（mm）	水流平均深度（m）					
	名称	特性		0.4	1.0	2.0	3.0	5.0	10.0 以上
7	粗砾石	小卵石含砂和砾石	10.0～15.0	0.90～1.10	1.05～1.20	1.15～1.35	1.30～1.50	1.45～1.65	1.75～2.00
8	小卵石	中卵石含砂和砾石	15.0～25.0	1.10～1.25	1.20～1.45	1.35～1.65	1.50～1.85	1.65～2.00	2.00～2.30
9	中卵石	大卵石掺砾石	25.0～40.0	1.25～1.50	1.45～1.85	1.65～2.10	1.85～2.30	2.00～2.45	2.30～2.70
10	大卵石	小卵石含卵石和砾石	40.0～75.0	1.50～2.00	1.85～2.40	2.10～2.75	2.30～3.10	2.45～3.30	2.70～3.60
11	小圆石	中等圆石带卵石	75.0～100	2.00～2.45	2.40～2.80	2.75～3.20	3.10～3.50	3.30～3.80	3.60～4.20
12	中圆石	中等圆石夹大个鹅卵石	100～150	2.45～3.00	2.80～3.35	3.20～3.75	3.50～4.10	3.80～4.40	4.20～4.50
13	大圆石	大圆石带小漂石及卵石	150～200	3.00～3.50	3.35～3.80	3.75～4.30	4.10～4.65	4.40～5.00	4.50～5.40
14	小漂石	中漂石带卵石	200～300	3.50～3.85	3.80～4.35	4.30～4.70	4.65～4.90	5.00～5.50	5.40～5.90
15	中漂石	漂石夹石	300～400	—	4.35～4.75	4.70～4.95	4.90～5.30	5.50～5.60	5.90～6.00
16	特大漂石	漂石夹鹅卵石	400～500 以上	—	—	4.95～5.35	5.30～5.50	5.60～6.00	6.00～6.20

表 9-79　石质渠道的临界不冲流速　（m/s）

岩　性	水深（m）			
	0.4	1.0	2.0	3.0
砾石、泥灰岩、页岩	2.0	2.5	3.0	3.5
石灰岩、致密的砾石、砂岩、白云石灰岩	3.0	3.5	4.0	4.5
白云砂岩、致密的石灰岩、硅质石灰岩、大理岩	4.0	5.0	5.5	6.0
花岗岩、辉绿岩、玄武岩、安山岩、石英岩、斑岩	15.0	18.0	20.0	22.0

4. 渠道临界不淤流速

临界不淤流速是渠道的最小平均流速，除要求在该流速下水中所含浮沙不致沉落外，同时还要防止渠道杂草丛生。大型渠道的最小平均流速不得小于 0.5m/s，小型渠道的最小平均流速不得小于 0.3m/s，很小的清水渠道的最小平均流速不得小于 0.2m/s。

临界不淤流速的确定与水中含沙量及其泥沙运行规律有关，可按以下经验公式计算：

$$v_{\min}=0.01\frac{\omega}{\sqrt{\bar{d}}}\sqrt[4]{\frac{p}{0.01}}\frac{0.0225}{n}\sqrt{R} \tag{9-80}$$

式中　$v_{\min}$——临界不淤流速，m/s；

ω——直径 $d=\bar{d}$ 的颗粒的水力粗度，即沉降速度，m/s；

$\bar{d}$——悬移质泥沙主要部分颗粒的平均直径，mm；

p——粒度≥0.25mm 的悬移质泥沙质量的百分比；

n——糙率系数；

R——水力半径，m。

悬移质泥沙主要部分的平均直径 $\bar{d}=0.25$mm 时，其最临界不淤流速可按下式计算：

$$v_{\min}=0.5\sqrt{R} \tag{9-81}$$

当水流中所含的 $d>0.25$mm 的泥沙量不超过 1%（质量比）时，水力半径的渠道的临界不淤流速可按表 9-80 近似予以确定。

表 9-80　临界不淤流速

$\bar{d}$（mm）	$v_{\min}$（m/s）	$\bar{d}$（mm）	$v_{\min}$（m/s）	$\bar{d}$（mm）	$v_{\min}$（m/s）
0.1	0.22	1.0	0.95	2.0	1.10
0.2	0.45	1.2	1.00	2.2	1.10
0.4	0.67	1.4	1.02	2.4	1.11
0.6	0.82	1.6	1.05	2.6	1.11
0.8	0.90	1.8	1.07	3.0	1.11

注　对于 $R\neq1.0$m 的渠道，则表中所列的 $v_{\min}$ 值必须相应乘以 $\sqrt{R}$。

四、渠道的衬砌与护面

（一）衬砌与护面的作用和范围

1. 衬砌与护面的作用

渠道衬砌与护面的主要作用有：

（1）减小渗漏损失，提高渠道水的利用系数，防止土壤沼泽化及此生盐碱化。

（2）减小渠道糙率，加大流速，增加输水能力，防止渠道冲刷破坏，减少土方开挖量。

（3）保护渠道边坡，防止水流冲刷破坏渠道。

2. 衬砌与护面的范围

渠道的衬砌与护面有全部防护及边坡防护两类，见图 9-35 和图 9-36。

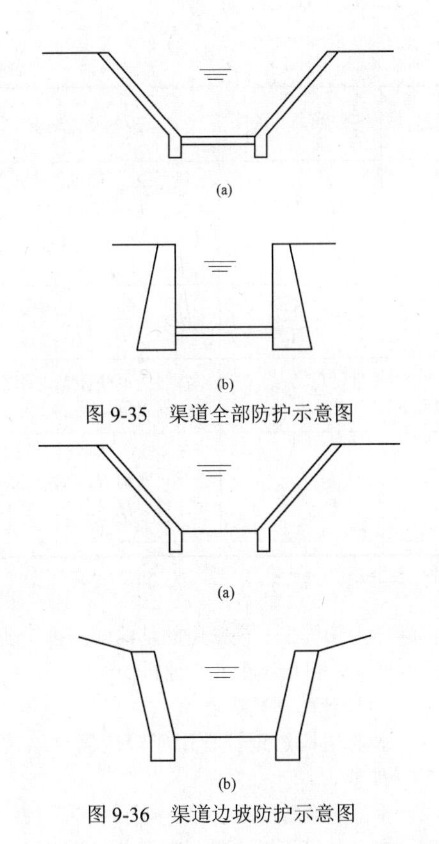
图 9-35　渠道全部防护示意图

图 9-36　渠道边坡防护示意图

（二）衬砌与防护的类型

电力工程常用的渠道衬砌有混凝土衬砌（见图 9-37）、石衬砌和砌块衬砌。

1. 混凝土衬砌

（1）结构尺寸。混凝土衬砌广泛使用板式结构，其厚度与施工方法、气候因素、渠道大小及混凝土标号有关，混凝土标号一般不低于 C20。

现浇混凝土衬砌接缝少、造价低，大多用于挖方渠道；预制混凝土板衬砌常常用于填方渠道。

现浇混凝土衬砌护面厚度一般不宜小于 100mm，钢筋混凝土衬砌护面厚度一般不小于 80mm。

预制混凝土衬砌板的大小，按衬砌时容易搬动、施工方便的原则考虑，一般以最小 500mm×500mm、最大 1000mm×1000mm 为宜。

（2）伸缩缝间距及接缝形式。为适应温度变化、冻胀基础不均匀沉陷等原因引起的变形，混凝土衬砌渠道需要留设伸缩缝。纵向缝一般设在边坡与渠底连接处，渠道边坡一般不设纵向缝。横向伸缩缝间距与基础、气候、厚度、混凝土标号及施工因素有关，可参照表 9-81 设置。

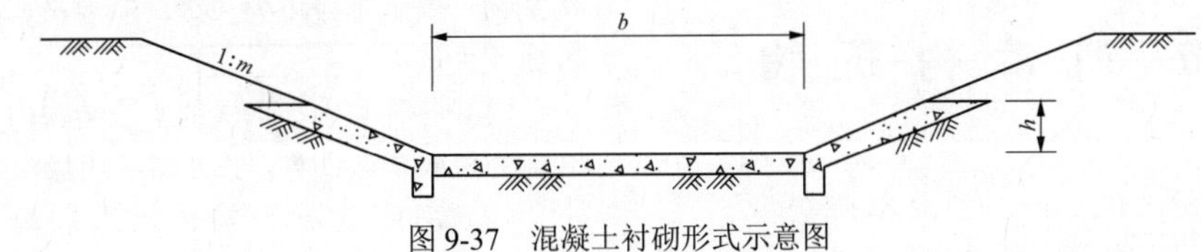

图 9-37　混凝土衬砌形式示意图

表 9-81　混凝土衬砌横向伸缩缝间距

衬砌厚度（mm）	伸缩缝间距（m）
50～70	2.5～3.5
80～90	3.5～4.0
＞100	4.0～5.0

伸缩缝的宽度取决于间距、温度变形、干缩系数、线膨胀系数、施工要求等因素，一般按 10～40mm 设计。电力工程常用做法如图 9-38 所示。

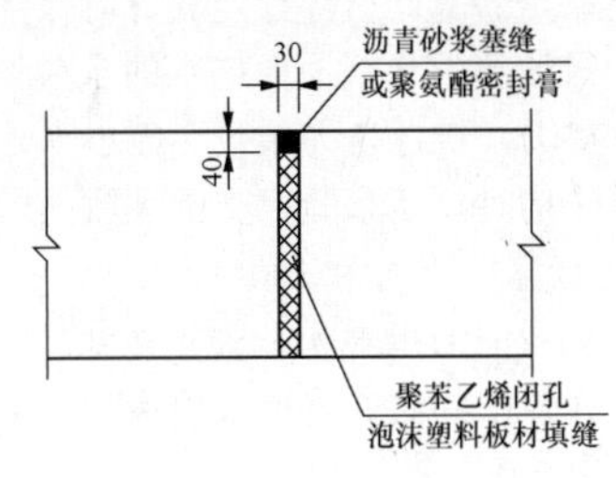

图 9-38　伸缩缝示意图

2. 石衬砌

砌石的最小尺寸一般不小于 0.3m，砌筑时应大面与坡面垂直，彼此嵌紧，自下向上砌筑。砌石分为以下两种：

（1）干砌石。干砌石包括干砌卵石及干砌块石，电力工程一般采用干砌块石，很少或几乎不采用干砌卵石，块石强度等级不应低于 MU30。干砌石衬砌渠道，其糙率 n 一般为 0.0225～0.0300，临界不冲流速一般为 2～4m/s 以内。干砌石渠道设计流速较大时，转弯半径宜大于 10～15 倍的水面宽度，以防凹岸冲刷。

（2）浆砌石。浆砌石单层厚度一般为 250～300mm，可采用 M5、M7.5、M10 水泥砂浆砌筑，块石强度等级不应低于 MU30，伸缩缝间距一般为 10～15m、缝宽 30mm，以沥青砂浆灌注。糙率 n 一般为 0.0225～0.0275，允许流速 2.5～4.5m/s，最大抗冲能力 6～8m/s。

浆砌石护坡应在边坡下部设置排水孔。

3. 砌块衬砌

在有些石材匮乏的地区，也可采用预制砌块衬砌。

4. 防冻胀措施

当渠床由中等透水或微透水的黏土类土壤组成

时，应注意防止土壤的冻胀、管涌、崩塌及消除地下水和渗漏水的破坏作用，护面以下应设置砾石、砂砾石或碎石垫层。

冻胀是由于土壤中水分在负气温下的转移所造成的。当地下水位距冻结面超过 2.0m 左右和土中含水量小于塑限时，将不发生冻胀或只发生少量的水分聚集。冻胀力的大小由冻深上部三分之二的冻胀情况决定，底部影响不大。垫层厚度可按最大冻深的 70%考虑，或结合地区特点，按下式估算：

$$e=\frac{H-\delta}{2} \tag{9-82}$$

式中 e ——垫层厚度；

H ——冻土深度；

δ ——衬砌厚度。

一般情况下，垫层厚度也可按下列条件选用：

（1）地下水位较深地段 0.1～0.2m。

（2）地下水位较高，且可能在垫层区段内溢出渠坡的地段宜采用 0.2～0.3m。

（3）渠床内土层中有承压地下含水层的地段宜采用 0.3～0.4m。

在可能发生管涌现象或有土壤颗粒渠床内渗出的渠段，应按照反滤层的原则设置垫层。

第七节 调 蓄 构 筑 物

一、概述

电力工程中常用的调蓄构筑物为水池，水池一般为现浇钢筋混凝土结构。

1. 水池的结构分类

（1）根据水池结构类型，一般可分为敞口水池、有盖水池、无梁板式水池、多格水池、双层水池、带斗水池、装配式水池。水池大多采用矩形或圆形，当工艺需要时，亦建设诸如辐流式沉淀池、加速澄清池等体型复杂的水池。

（2）按壁板单元的高度比分，一般可分为单向受力壁板（一般竖向受力）、双向受力壁板、混合受力壁板（一部分双向受力，一部分单向受力），区分条件按表 9-82 的规定确定。

表 9-82 池壁在侧向荷载作用下单、双向受力的区分条件

边界条件	$\frac{L_B}{H_B}$ 满足的条件	板的受力情况
四边支承	$0.5\leqslant\frac{L_B}{H_B}\leqslant 2$	按双向板计算
四边支承	$\frac{L_B}{H_B}>2$	按竖向单向计算，计算水平向角隅处负弯矩
四边支承	$\frac{L_B}{H_B}<0.5$	$H_B>2L_B$ 部分按横向单向计算；板端 $H_B<2L_B$ 部分按双向计算；$H_B=2L_B$ 处视为自由端
三边支承一边自由	$0.5\leqslant\frac{L_B}{H_B}\leqslant 3$	按双向板计算
三边支承一边自由	$\frac{L_B}{H_B}>3$	按竖向单向计算，计算水平向角隅处负弯矩
三边支承一边自由	$\frac{L_B}{H_B}<0.5$	$H_B>2L_B$ 部分按横向单向计算；底部 $H_B<2L_B$ 部分按双向计算，$H_B=2L_B$ 处视为自由端

注 表中 L_B 为池壁板的长度，H_B 为池壁板的高度。

实际电力工程中，最常用的是前面四种。随着施工技术的发展，目前装配式水池极少使用。

2. 水池设计的一般要求

（1）水池结构的设计使用年限应满足结构使用 50 年的功能要求。

（2）水池安全等级取二级。对于重要工程的关键构筑物，安全等级可为一级，应当报有关主管部门批准或业主认可。

（3）各种类别、形式的水池结构构件，均应按承载能力极限状态计算，按正常使用极限状态验算。

（4）钢筋混凝土构件最大裂缝宽度限值为 0.2mm。

（5）水池结构按承载能力极限状态计算时，除结构整体稳定验算外，其余均采用分项系数设计表达式。

（6）水池的地基反力可按直线分布计算。水池的地基承载力和变形验算，应按照 GB 50007《建筑地基基础设计规范》的规定执行。

（7）无保温设施地面式水池的强度计算应考虑温（湿）度作用。温度作用应包括壁面温差和湿度当量温差，两者应取其中较大者计算。

（8）当水池承受地下水（含上层滞水）浮力时，应进行抗浮稳定验算。抗浮稳定验算时作用均取标准值，抵抗力只计算不包括池内盛水的永久作用和水池侧壁上的摩擦力，抗浮抗力系数不应小于 1.05。水池内设有支承结构时，还须验算支承区域内周部抗浮。

3. 水池计算中荷载的分项系数

水池按承载能力极限状态进行强度计算时，作用效应组合设计值中的结构自重分项系数取 1.2；当对结构有利时，取 1.0。

除结构自重外的永久作用分项系数，当作用效应

对结构不利时取 1.27，当对结构有利时取 1.0。

地表水或地下水压力分项系数，取 1.27；除地表水或地下水压力外，各项可变作用的分项系数，取 1.40。

二、计算原则

水池结构构件按正常使用极限状态设计时，应分别按作用效应的标准组合或准永久组合进行验算。

对轴心受拉和小偏心受拉构件，应按作用效应标准组合进行抗裂验算；对受弯和大偏心受拉构件，应按作用效应准永久组合进行裂缝宽度验算；对需要控制变形的结构构件，应按作用效应准永久组合进行变形验算。

1. 轴心受拉或小偏心受拉

（1）钢筋混凝土水池结构构件处于轴心受拉状态时，抗裂度验算应满足：

$$\frac{N_K}{A_n+\alpha_E A_S}\leqslant \alpha_{ct} f_{tk} \qquad (9\text{-}83)$$

式中　N_K ——构件在使用效应标准组合下计算截面上的纵向力，N；

A_n ——混凝土净截面面积，mm^2；

α_E ——钢筋弹性模量与混凝土模量的比值；

A_S ——验算截面内纵向受拉钢筋的纵向受拉钢筋的总截面面积，mm^2；

α_{ct} ——混凝土按应力限制系数，取 0.87；

f_{tk} ——混凝土轴心抗拉强度标准值，N/mm^2，按 GB 50010《混凝土结构设计规范》的规定采用。

（2）钢筋混凝土水池结构构件处于小偏心受拉状态时，抗裂度验算应满足：

$$N_K=\left(\frac{e_0}{\gamma W_0}+\frac{1}{A_0}\right)\leqslant \alpha_{ct} f \qquad (9\text{-}84)$$

式中　e_0 ——纵向拉力对截面重心的偏心距，mm；

W_0 ——构件换算截面受拉力边缘的弹性抵抗矩，mm^2；

γ ——受拉区混凝土的塑性影响系数，按 GB 50010 的规定采用，矩形截面取 1.75；

A_0 ——构件换算截面面积，mm^2。

2. 变形验算

当钢筋混凝土水池构件支承竖向传动装置时，应按作用效应准永久组合进行变形验算，其扰度计算值应符合如下要求：

$$\bar{\omega}\leqslant \frac{L}{750} \qquad (9\text{-}85)$$

三、一般规定

（1）混凝土应满足强度要求，并应根据建筑物的工作条件、地区气候等具体情况，分别满足抗渗、抗冻、抗侵蚀等耐久性的要求：

1）水池受力构件的混凝土强度等级不应低于 C25，垫层混凝土不低于 C15。

2）水池混凝土的密实性应满足抗渗要求，不做其他抗渗处理。混凝土的抗渗等级要求，当最大作用水头与混凝土厚度的比值小于 10 时，应采用 W4；当比值为 10～30 时，应采用 W6；当比值大于 30 时，应采用 W8。

3）混凝土抗冻等级应根据气候分区、冻融循环次数、表面局部小气候条件、水分饱和程度、构件重要性和检修条件按表 9-83 选定。不利因素较多时，可选用提高一级的抗冻等级。

表 9-83　　混凝土抗冻等级

气象条件	冻融循环次数（次）	
	≥100	＜100
最冷月平均气温低于−10℃	F300	F250
最冷月平均气温在−3～−10℃之间	F250	F200

4）水池结构的混凝土不得掺用氯盐作为防冻、早强的掺合料。

5）当地下水和水池内水对混凝土和钢筋具有腐蚀性时，应按现行有关标准或进行专门试验确定防腐措施。

6）混凝土的碱含量最大值应符合相关标准的规定。

（2）钢筋混凝土水池的长度、宽度较大时，应设置适应温度变化的伸缩缝。伸缩缝的间距可按表 9-84 采用。

表 9-84　　矩形钢筋混凝土水池的伸缩缝最大间距

工作条件	基岩		土基	
	露天	地下式或有保温措施	露天	地下式或有保温措施
装配整体式	20	30	30	40
现浇	15	20	20	30

注　1. 对地下式或有保温措施的水池，施工闭水外露时间较长时，应按露天条件设置伸缩缝。

2. 当在混凝土中加掺合料或设置混凝土后浇带以减少收缩变形时，伸缩缝间距可根据经验确定，不受表列数值限制。

四、计算模型及简图

1. 结构计算长度

（1）水池池壁的计算长度：矩形水池池壁的水平向计算应按两侧池壁的中线距离计算，圆形水池池壁的计算半径为中心至池壁中线的距离。

（2）池壁竖向的计算高度：

1）池壁与顶、底板整体连接时，计算应按整体分析。池壁上下端为弹性固定时，池壁竖向计算高度应为顶、底板截面中线距离；池壁上端为弹性固定、下端为固定时，池壁竖向计算高度应为净高加顶板厚度的一半。

2）池壁与底板整体连接，顶板简支于池壁顶部或二者铰接，池壁与底板为弹性固定时，池壁竖向计算高度应为净高加底板厚度的一半；池壁下端固定、上端自由时，池壁竖向计算高度应为净高。

3）池壁为组合壳时，池壁竖向计算高度的一端应计算至组合壳中线的连接处。

4）池壁与底板连接，底板视为池壁的固定支承时，底板的厚度必须大于池壁，可根据地基的土质情况取 1.2～1.5 倍池壁厚度，并应将底板外挑。

2. 结构计算简图

（1）敞口水池的池壁顶端应视为自由端。

（2）池壁与顶板的连接：

1）当顶板预制搁置在池壁顶端而无其他连接措施时，顶板应视为简支于池壁，池壁顶端应视为自由端。

2）当预制顶板与池壁顶端设有抗剪钢筋连接时，池壁与顶板的连接点应视为铰支承。

3）当池壁与顶板为整体浇筑并配置连接钢筋时，池壁与顶板的连接点应视为弹性固定；当仅配置抗剪钢筋时，该节点应视为铰支承。

4）敞口水池利用工作平台、走道板作为壁板上端的支撑时，走道板及工作平台的厚度不小于 200mm，并应对其横向受力进行计算。

池壁的不动铰支撑时应符合下式要求：

$$n_g \geqslant 0.25m^4\left(\frac{H_B}{b}\right) \tag{9-86}$$

其中

$$m=\frac{L}{H_B}$$

$$n_g=\frac{I_L}{J_H}$$

走道板或工作平台一般作为池壁的弹性支撑，该弹性支撑的反力系数可按下式确定：

$$\alpha_T=\frac{b}{b+\frac{1}{128}m^4\left(\frac{H_B}{n_g}\right)} \tag{9-87}$$

式中 n_g——走道板或工作平台单位长度的横截面惯性矩（J_L）与池壁单位宽度的截面惯性矩（J_H）的比值；

m——走道板或工作平台的水平向计算跨度（L）与池壁高度（H_B）的比值；

H_B——池壁高度，m；

b——池壁计算宽度，一般取 b=1 作为计算宽度，m；

α_T——弹性支撑反力系数，即弹性支撑反力与不动铰支撑反力的比值。

（3）池壁与底板的连接：

1）圆形水池：当池壁组合壳体时，壳体间的连接应视为弹固定；当池壁与环梁、底板整体连接时，可视为弹固定；当池壁底端为独立环形基础时，池壁底端可视为固定支承。

2）矩形水池：池壁与底板、条形基础或斗槽连接，可视壁池为固端支承；对位于软地基上的水池，应考虑地基变形的影响，宜接弹性固定计算。

3）矩形水池的池壁为双向受力时，相邻池壁间的连接可视为弹性固定。

五、荷载及组合

（一）结构荷载

结构上的作用分为三类：永久作用、可变作用及偶然作用。

1. 水池结构上的永久作用

应包括结构自重、土的竖向压力和侧向压力、水池内的盛水压力、结构的预加应力、地基的不均匀沉降等。

（1）结构自重的标准值，可按结构构件的设计尺寸与相应材料单位体积的自重计算确定，钢筋混凝土的自重可取 25kN/m^3，素混凝土可取 23kN/m^3。水池梁、板上设备自重的标准值可按设备样本提供的数据采用。

在构件上设备转动部分的自重及由其传递的轴向力应乘以动力系数后作为标准值，动力系数可取 2.0。

（2）作用在地下式水池上竖向土压力标准值，应按水池顶板上的复土厚度计算，并乘以竖向压力系数，压力系数可取 1.0；当水池顶板的长宽比大于 10 时，压力系数宜取 1.2。一般回填土的重力密度可按 18kN/m^3 采用。

（3）作用在水池上侧向的土压力标准值，对水池位于地下水以上的部分，可按朗金公式计算主动力土压力，土的重力密度可按 18～20kN/m^3 采用；对水池位于地下水以上部分，侧压力应为主动土压力与地下水静压力之和，此时土的重力密度应按容重计算，可按 10kN/m³ 采用。

（4）水池内的水压力应按设计水位的静水压力计算。对给水处理的水池，水的重力密度可取 10kN/m³；对污水处理的水池，水的重力密度可取 10～10.8kN/m³。对机械表面曝气池内的设计水位，应计入水面波动的影响，可按池壁顶计算。

（5）地基不均匀沉降引起的永久作用标准值，其沉降量及沉降差应按 GB 50007《建筑地基基础设计规范》确定。

2. 水池结构上的可变作用

水池结构上的可变作用包括池顶活荷载、雪荷载、地表或地下水压力（侧压力、浮托力）、结构构件的温（湿）度变化作用、地面堆积荷载等。

（1）地下水（包括上层滞水）对构筑物的作用标准值，应按静水压力计算。

地下水压力标准值的相应设计水位，应根据对结构的不利作用效应确定取最低水位或最高水位。当取最低水位时，相应的准永久值系数应取 1.0；当取最高水位时，相应的准永久值系数，对地下水可取平均水位与最高水的比值。

（2）地面堆积荷载的标准值可取 10kN/m³，其准永久值系数可取 0.5。

（3）水池构筑物的温度变化作用（包括湿度变化的当量温差）标准值。可按下列规定确定：

1）地下或设有保温措施的有盖水池，可不计算温度、湿度变化作用；暴露在大气中符合相关规程变形缝构造要求的水池池壁，可不计算温、湿度变化对壁板中面的作用。

2）暴露在大气中的水池池壁的温度变化作用，应由池壁的壁面温差确定。壁板内侧水的计算温度采用年最低月的平均水温，壁板外侧的大气温度采用当地年最低月的统计平均温度。

3）暴露在大气中的水池池壁的壁面湿度当量温差 Δt 可按 10℃采用。

4）混凝土壁板的热工系数见表 9-85。

表 9-85　　混凝土壁板的热工系数

系数名称	工作条件	系数值
线膨胀系数 α（℃⁻¹）	温度在 0～100℃范围内	1×10^{-5}
导热系数［W/（m·K）］	两侧表面与空气接触	1.55
	一侧表面与空气接触，另一侧与水接触	2.03
热交换系数［W/（m·K）］	冬季混凝土表面与空气之间	23.26
	夏季混凝土表面与空气之间	17.44

3. 偶然作用

偶然作用是指在设计使用期内不一定出现的作用，但它一旦出现，其量值很大，且持续时间较短。对水池而言，主要就是地震作用。当满足下列条件时，可不进行地震作用的计算：

（1）设防烈度为 7 度，各种结构形式的不设变形缝、单层水池。

（2）设防烈度为 8 度的地下式敞口钢筋混凝土、预应力混凝土圆形水池。

（3）设防烈度为 8 度的地下式、平面长宽比小于 1.5、无变形缝构造的钢筋混凝土或预应力混凝土有盖水池。

（二）作用组合

1. 设计工况

水池设计时，作用效应根据水池形式及其工况取不同的作用项目组合。不同项目组合可参照表 9-86 确定。

表 9-86　　结构计算作用组合

水池形式及工况			作用类别									
			结构自重	池内水压力	竖向土压力	池外土侧压力	预加力	不均匀沉降	顶板活载	地面堆积荷载	池外水压力	温（湿）度作用
地下式水池	有盖水池	闭水试验	√	√			△					√
		使用时池内无水	√		√	√	△	△	√	√	√	
	敞口水池	闭水试验	√	√			△					√
		使用时池内无水	√			√	△	△		√	√	√

续表

水池形式及工况			作用类别									
			结构自重	池内水压力	竖向土压力	池外土侧压力	预加力	不均匀沉降	顶板活载	地面堆积荷载	池外水压力	温（湿）度作用
地面水池	有保温设施的有盖水池	闭水试验	√	√			△					√
		使用时池内无水	√	√	√	√	△	△	√			
	无保温设计的有盖水池	闭水试验	√	√			△					√
		使用时池内无水	√	√	√	√	△	△	√			√
	敞口水池	闭水试验	√	√			△					√
		使用时池内无水	√	√		√	△	△				√

注 1. 表中“√”表示相应池型与工况应予计算的项目；“△”表示应按具体设计条件确定采用，当外土压无地下水时，不计 Q。

2. 表中未列入地下式有盖水池池内有水的工况，但计算地基承载力或池壁与池顶板为弹性固时计算池顶板，须予考虑。

2. 分项系数

水池按承载能力极限状态进行强度计算时，作用效应组合设计值中结构自重分项系数取 1.2；当对结构有利时，取 1.0。除结构自重外，各项永久作用的分项系数，当作用效应对结构不利时取 1.27，当对结构有利时取 1.0。

地表水或地下水压力分项系数取 1.27；除地表水或地下水压力外，各项可变作用的分项系数取 1.40；两种或两种以上可变作用的组合系数，取 0.9。

六、结构计算

（一）抗浮验算

$$\frac{G}{F} \geqslant K_1 \tag{9-88}$$

其中，对岩石地基

$$F = \eta \gamma_w V_0 \tag{9-89}$$

式中 G ——抗浮力设计值，不包括设备重、使用及安装荷载，kN；

F ——浮力设计值，按运行及施工时可能出现的高水位考虑，kN；

K_1 ——抗浮稳定安全系数；

η ——浮力作用面积系数，可根据岩石的构造情况，建筑物度板与基岩接合面的施工条件确定，亦可参考相似工程的已有经验确定，一般取 0.7～1.0；

γ_w ——水的重度，kN/m^3；

V_0 ——建筑物淹没在水位以下部分的体积，m^3。

（二）矩形水池

1. 侧壁结构计算

（1）荷载计算。土、水压力按照土、水分算进行计算。

1）水压力：

$$F_w = \gamma_w \times Z_w \tag{9-90}$$

式中 F_w ——井壁所承受水平方向的单位面积水压力，kN/m^2；

γ_w ——水的重度，一般可取 $10kN/m^3$；

Z_w ——最高地下水位至计算点的深度，m（施工阶段和使用阶段应取相应的不同最高水位）。

2）土压力：

$$F_{epk} = \gamma_s Z \tan\left(45° - \frac{\phi}{2}\right) - 2c \tan\left(45° - \frac{\phi}{2}\right) \tag{9-91}$$

式中 F_{epk} ——主动土压力标准值，kN/m^2；

γ_s ——土的重度，kN/m^2；

Z ——自地面至计算截面处的深度，m；

ϕ ——土的内摩擦角，（°）；

c——土的黏聚力。

3）暴露在大气中的水池池壁的温度变化作用，应由池壁的温差确定。壁面温差应按下式计算：

$$\Delta t = \frac{\dfrac{h}{\lambda_c}}{\dfrac{1}{\beta_c} + \dfrac{h}{\lambda_c}} (T_N - T_A) \tag{9-92}$$

式中 Δt ——壁板的内外侧壁面温差，℃；

h ——壁板的厚度，m；

λ_c ——混凝土壁板的导热系数；

β_c ——混凝土壁板与空气间的热交换系数，按表 9-85 采用；

T_N ——壁板内侧水的计算温度，℃，按年最低月的平均水温采用；

T_A ——壁板外侧的大气温度，℃，按当地年最低月的统计平均温度采用。

暴露在大气中的水池池壁的壁面湿度当量温差 Δt 可按 10℃采用。温度、湿度变化作用的准永久值系数取 1.0。

4）在壁面温差或湿度当量温差作用下，壁板两端固定的单向受力壁板的内力按下式计算：

$$M_t = \frac{\alpha_c \Delta t E_c h^2}{12} \eta_s \tag{9-93}$$

式中　M_t ——壁面温差或湿度当量温差 Δt 引起的弯矩，kNm/m；

α_c ——混凝土线膨胀系数；

E_c ——混凝土弹模量，kN/m^2；

η_s ——折减系数，按 0.65 采用；

h ——壁板厚度，m。

5）在壁面温差或湿度当量温差作用下，一端固定、另一端铰支承的半日向受力壁板的内力按下式计算：

$$M_t = \frac{\alpha_c \Delta t E_c h^2}{12} \left(\frac{X}{H} \right) \eta_s \tag{9-94}$$

式中　X ——计算截面至铰支承的距离，m；

H ——壁板的计算长度，m。

6）在壁面温差或湿度当量温差作用下，四边固定的双向受力壁板的内力按下式计算：

$$M_t = \frac{\alpha_c \Delta t E_c h^2}{12(1-\mu_c)} \eta_s \tag{9-95}$$

式中　μ_c ——混凝土的泊松比。

7）在壁面温差或湿度当量温差作用下，四边胶支承、三边固定顶边胶支承、三边固定顶边自由的双向受力壁板的内力按下式计算：

$$M_{xt} = k_{xt} \alpha_c \Delta t E_c h_2 \eta_s \tag{9-96}$$

$$M_{yt} = k_{yt} \alpha_c \Delta t E_c h_2 \eta_s \tag{9-97}$$

式中　M_{xt} ——壁面温差或湿度当量温差引起壁板×方身后弯矩，kN・m/m；

M_{yt} ——壁面温差或湿度当量温差引起壁板×方身后弯矩，kN・m/m；

k_{xt}、k_{yt} ——壁板方向和方向的弯矩系数。

（2）侧墙板结构计算。池壁在侧向荷载作用下，单向或双向受力的区分条件应按表 9-82 的规定确定。

（3）角隅弯矩计算。当四边支承壁板的长度与高度之比大于 2.0 或三边支承、顶端自由壁板的长度与高度之比大于 3.0 时，需计算水平向角处的局部负弯矩。其水平向角隅处的局部负弯矩应按下式计算：

$$M_{cx} = m_c q H_B^2 \tag{9-98}$$

式中　M_{cx} ——壁板水平向角隅处的局部负弯矩，kN・m/m；

m_c ——角隅处最大水平向弯矩系数，按表 9-87 采用；

q ——均布荷载值或三角荷载的最大值，kN/m^2。

表 9-87　角隅处最大水平向弯矩系数 m_c

荷载类别	池壁顶端支撑条件	壁板厚度	m_c
均布荷载	自由	$h_1=h_2$	–0.426
		$h_1=1.5h_2$	–0.218
	铰支	$h_1=h_2$	–0.076
		$h_1=1.5h_2$	–0.072
	弹性固定	$h_1=h_2$	–0.053
三角形荷载	自由	$h_1=h_2$	–0.104
		$h_1=1.5h_2$	–0.054
	铰支	$h_1=h_2$	–0.035
		$h_1=1.5h_2$	–0.032
	弹性固定	$h_1=h_2$	–0.029

注　h_1 和 h_2 分别为壁板底端及顶端的厚度。

（4）暴露在大气中的水池池壁的内力计算结果与壁面温（湿）差作用下的内力叠加。

（5）各侧墙板共同边界上弯矩的平衡采用弯矩分配法进行计算。

2. 底板、顶板结构计算

水池底板的地基反力可按直线分布假定计算，根据底板长度 L_1 与宽度 L_2 之比，按单向板或双向板计算。

（1）当 $L_1/L_2>2.0$ 时，顺短跨方向取单位截条，按单跨或多跨连续板计算；

（2）当 $L_1/L_2 \leqslant 2.0$ 时，按双向板计算。

（三）圆形水池

组合壳体水池中圆柱壳、圆锥壳和球壳的内力，应按壳体的薄膜内力和边缘约束引起的内力叠加计算。壳体的边缘约束力，应根据组合壳体的节点变形协调条件求解。

1. 受力条件

圆柱壳池壁在侧向荷载作用下的受力条件，按表 9-88 确定。

表 9-88 圆柱壳池壁在侧向荷载作用下的受力条件

$\frac{H}{S}$ 的范围	圆柱壳的内力计算方法
$\frac{H}{S}$	圆柱内力计算
$\frac{H}{S}\leqslant 1$	按竖向单向计算
$1<\frac{H}{S}\leqslant 15$	按壳体计算环向和竖向内力
$\frac{H}{S}>15$	顶端为自由端时，$\frac{H}{S}>15$ 部分的圆柱按照无约束的自由圆柱壳计算薄膜内力

注 表中 H 为圆柱壳池壁的高度。S 为圆柱壳的弹体特征系数，即 $S=0.76\sqrt{Rh}$，R 为圆柱壳计算半径，h 为池壁厚度。

2. 底、顶板计算

（1）周边铰支承的钢筋混凝土圆板承受均布荷载时，其弯矩可按下式计算：

$$M_r=\frac{19}{96}(1-p^2)qR^2 \tag{9-99}$$

$$M_t=\frac{1}{96}(19-9p^2)qR^2 \tag{9-100}$$

式中 M_r ——圆板任意截面上的径向弯矩，kN• m/m；

M_t ——圆板任意截面上的切向弯矩，kN• m/m；

q ——均布荷载，kN/m²；

p ——圆板任意截面的计算半径与圆板计算半径的比值；

R ——圆板的计算半径，m。

（2）周边固定支承的钢筋混凝土圆板承受均布荷载时，其弯矩可按下式计算：

$$M_r=\frac{1}{96}(7-19p^2)qR^2 \tag{9-101}$$

$$M_t=\frac{1}{96}(7-9p^2)qR^2 \tag{9-102}$$

（3）周边固定支承的圆板承受三角形荷载时，其弯矩可按下式计算：

$$M_r=\frac{q_0R^2}{16}\left[\frac{7}{6}-\frac{19}{6}p^2+\left(1-\frac{5}{3}p^2\right)p\cos\theta+\frac{1}{18}(1-p^2)p\cos\theta\right] \tag{9-103}$$

$$M_t=\frac{q_0R^2}{16}\left[\frac{7}{6}-\frac{9}{6}p^2+\frac{1}{3}(1-p^2)p\cos\theta+\frac{1}{6}\left(1-\frac{5}{3}p^2\right)p\cos\theta\right] \tag{9-104}$$

$$M_{rt}=\frac{5}{288}q_0R^2(p^2-1)p\cos\theta \tag{9-105}$$

式中 M_{rt} ——圆板任意截面上的扭矩，kN · m/m；

M_t ——圆板任意截面上的切向弯矩，kN · m/m；

q_0 ——三角形荷载的平均值，kN/m²；

θ ——荷载对称轴至计算截面的角度，（°）。

七、构造要求

（1）混凝土水池的受力壁板与底板的厚度不宜小于 20cm，预制壁板的厚度可采用 15cm，顶板厚度不宜小于 15cm。

（2）混凝土水池受力钢筋的混凝土保护层最小厚度应符合表 9-89 的规定。

表 9-89 钢筋混凝土最小厚度 （mm）

构件名称	工作条件	保护层最小厚度
板、壳	与水、土接触	30
	与污水接触	35
梁、柱	与水、土接触	35
	与污水接触	40
底板	有垫层的下层筋	40
	无垫层的下层筋	70

注 当物件外表有水泥砂浆抹面或其他涂料等质量确有保证的保护措施时，表保护层厚度可减小 10mm。

（3）现浇钢筋混凝土水池池壁拐角处的钢筋应有足够长度锚入相邻池壁或顶内，锚固长度应自池壁的内侧算起，其最小锚固长度应按 GB 50010《混凝土结构设计规范》的规定采用。

（4）水池的变形鏠（伸缩缝或沉降缝）应做成贯通式，在同一剖面上连同顶板、底板一起断开。变形缝的宽度可按计算确定。伸缩缝的宽度不宜小于 20mm，沉降缝的宽度不应小于 30mm。

（5）水池伸缩缝或沉降缝的防水构造应由止水带、填缝板和嵌缝材料组成。止水带与构件混凝土表面的距离不宜小于止水带埋入混凝土内的长度。当构件厚度较小时，宜在缝的端部局部加厚。

（6）钢筋接头应符合下列要求：

1）对具有抗裂性要求的构件，其受力钢筋不宜采用非焊接的搭接接头；

2）受力钢筋的接头宜优先采用焊接或机械接头；

3）受力钢筋的接头位置，应按 GB 50010 的规定相互错开。必要时，同一截面上绑扎钢筋的搭接接头面积百分率可达到 50%，相应的搭接长度应增加 30%。接头应设置在构件受力较小处。

（7）敞口中小学池顶端宜配置水平向加强钢筋。水平向加强钢筋内外两侧各不应少于 3 根，间距不宜大于 10cm，直径不应小于池壁受力钢筋，且不宜小于

16mm。

（8）现浇钢筋混凝土水池池壁的拐角及与顶、底板的交接处宜设置腋角。腋角边宽不宜小于150mm，腋角内配置斜筋的直径与池壁受力筋相同，间距宜为池壁受力筋间的2倍。

（9）钢筋混凝土水池备部位构件的受力钢筋，应符合下列规定：

1）受力钢筋的最小配筋百分率，应符合GB 50010的有关规定。

2）受力钢筋宜采用直径较小的钢筋配置，每米宽度不宜小于4根，且不宜超过10根。

（10）钢筋混凝土水池构件内的构造钢筋，应符合下列规定：

1）截面厚度不大于500mm时，其里、外侧构造钢筋的配筋百分率均不应小于0.15%。

2）截面厚度大于500mm时，其里、外侧均可按截面厚度500mm配置0.15%构造钢筋。

（11）当钢筋混凝土水池采用构造底板时，其厚度不宜小于120mm。底板顶面应配置构造钢筋，配筋量不宜少于每米5根直径8mm的钢筋。

（12）钢筋混凝土水泵房的开孔处，应按下列规定采取加强措施：

1）当开孔的直径或宽度不大于300mm时可不设加强钢筋，只需将受力钢筋间距作适当调整，或将受力钢筋绕过孔洞的边予切断。

2）当开孔的直径或宽度大于300mm但不超过1000mm时，孔口的每侧沿受力钢筋方向应配置加强钢筋，其钢筋截面积不应小于开孔切断的受力钢筋截面积的75%；对矩形孔口的四周尚应加设斜筋；对圆形孔口尚应加设环筋。

3）当开孔的直径或宽度大于1000mm时，宜对孔口四周加设边梁，梁内配筋应按计算确定。

第八节　管道的敷设

一、管道的类别

在电力工程中，根据管道的工作状态，管道可分为压力管道和无压自流管道两大类。按照不同材质，常用的管道有以下几类。

（一）压力管道

（1）钢管（SP）：管径可达3.0m以上，对于大直径钢管，一般采用现场焊接卷制，焊接方式有螺旋焊接和直缝焊接。钢管在电力工程中常用于取水、补给水及循环水系统，但用于有腐蚀的环境时，应采用防腐蚀措施。

（2）自应力混凝土管道：一般DN不大于300mm。

（3）预应力混凝土管道：一般有管芯绕丝工艺和振动挤压工艺两种生产工艺。

（4）预应力钢套筒混凝土管（PCCP）：目前在电力工程中有一定的应用，优点是可用于有腐蚀的环境。但由于其管段接头一般采用平口或承插式连接，在地基承载力力低的软土地区，容易出现接口漏水现象。而且在管道转弯处，需要设置较大的镇墩或支墩。因此选用此类管道时，要注意地基处理、管道铺设及接口处理。

（5）热塑性塑料管道：主要包括硬聚氯乙烯管（UPVC）、高密度聚乙烯管（HDPE）、聚丙烯管（PP-R）、聚丁烯管（PB）、ABS工程塑料管。此类管道在电力工程中应用不多。

（6）钢塑复合结构壁管：主要包括钢骨架聚乙烯塑料复合管、钢丝网骨架塑料复合管。对于要求不高、重要性相对不高的系统，有时也会采用，但电力工程总体利用率不高。

（二）无压自流管道

（1）混凝土管道，包括混凝土管道、钢筋混凝土管道及钢筋混凝土顶管。在电力工程排水工程中，此类管道应用最为广泛和常见。但根据地质及接口形式，有时需要做混凝土管床。

（2）离心铸造铸铁管，有承口管和平口管，但管径较小，最大管径一般为300mm。

（3）硬聚乙烯管道（UPVC）：包括UPVC平壁管、UPVC环形肋壁管、UPVC双壁波纹管、UPVC钢肋螺旋复合管等。

（三）埋地管道

1. 分类原则

埋地铺设的圆形管道在管顶及两侧土压力作用下，管环结构中产生的弯矩、剪力等内力由管环结构本身的强度和刚度承受，在外力作用下，管道会发生变形，管顶点处的最大变位不大于1%，这类管道属于刚性管道。

埋地铺设的圆形管道在管顶上部垂直压力作用下，管环产生的垂直（竖向）变位导致水平向直径相应地向两侧伸长，管环水平向直径的伸长变化受到两侧土体的压力来平衡，这种需由管土共同作用支撑管顶上荷载的管道属于柔性管道。

2. 判别方法

尽管在GB 50332《给水排水工程管道结构设计规范》中，对于埋地圆形管道，规定了按照管道结构刚度及管道周围土体刚度的比值来判别刚性及柔性管道，而且国外也有相关的判别方法，但实际上在埋地管道结构设计中，通常并不按照上述方法来判别，而是按照管材材质来判定刚性管道和柔性管道。

刚性管道的管材为：石棉水泥管、陶土管道、混凝土管道及钢筋混凝土管道。

柔性管道的管材为：钢管、以及所有热塑性和热固性塑料管。

二、管道的敷设要求

（一）管道基槽开挖

管道铺设及基槽开挖时，应保证必要的底宽，以确保施工及施工质量。对于有地下水的区域，应在开挖前进行降水，降水深度在基槽范围内应不小于基坑地面以下0.5m。基槽开挖边坡坡度应根据地质情况确定，设计无法确定的，应由施工方根据现场情况确定。

基底部的宽度应按下式确定：

$$B = D_0 + 2(b_1 + b_2 + b_3) \tag{9-106}$$

式中 B ——基槽底部的开挖宽度，mm；

D_0 ——管道外径，mm；

b_1 ——管道一侧的工作面宽度，mm，见表9-90；

b_2 ——有支撑要求时，管道一侧的支撑宽度，可取150～200mm；

b_3 ——现场浇注混凝土或钢筋混凝土管渠一侧模板的厚度，mm。

表9-90　管道一侧的工作面宽度　（mm）

管道外径 D_0	管道一侧的工作面宽度 b_1		
	混凝土类管道		金属类管道、化学建材管道
D_0≤500	刚性接口	400	300
	柔性接口	300	
500＜D_0≤1000	刚性接口	500	400
	柔性接口	400	
1000＜D_0≤1500	刚性接口	600	500
	柔性接口	500	
1500＜D_0≤3000	刚性接口	800～1000	700
	柔性接口	600	

注　1. 槽底需设排水沟时，b_1应适当增加。
2. 管道有现场施工的外防水层时，b_1取800mm。
3. 采用机械回填两侧时，b_1应满足机械作业的要求。

（二）管道敷设设计

1. 柔性管道的铺设

管道一般采用中粗砂人工土弧基础，管底以下的中粗砂垫层厚度一般不小于150mm，但不大于300mm，可按下式计算：

$$h_d = 0.1 \times (1 + D) \tag{9-107}$$

式中 h_d ——管道底以下部分中粗砂垫层厚度，m；

D ——管道内径，m。

柔性管道各部分回填料的压实度情况见表9-91和图9-39。

表9-91　柔性管道各部分回填料的压实度

槽内部位		压实度（%）	回填材料	备注
管道基础	管底基础	≥90	中、粗砂	
	管道有效支撑角范围	≥95		
管道两侧		≥95	中、粗砂、碎石屑，最大粒径小于40mm的砂砾或符合要求的原土	
管顶以上500mm	管道两侧	≥90		
	管道上部	85±2		
管顶500～1000mm		≥90	原土回填	

注　1. 符合要求的原土：一般要求不得采用淤泥、石块、建筑垃圾、冻土及大于100mm的坚硬土块。
2. 回填土的压实度，一般以轻型击实标准试验获得最大干密度为100%。

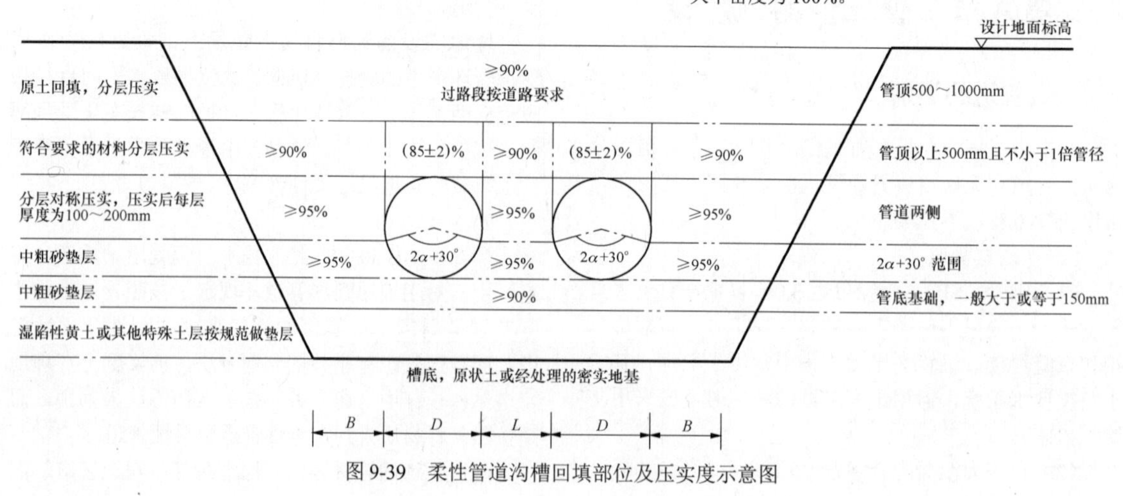

图9-39　柔性管道沟槽回填部位及压实度示意图

对于湿陷性黄土等特殊土，中、粗砂垫层下的灰土垫层等其他类型垫层的要求，应按相关规范要求执行。

2. 混凝土管道铺设

（1）混凝土管道基础做法的选择。对于混凝土管道，其管床做法应根据地基土情况及管道接口的连接情况，采取不同的做法，可按表 9-92 进行选择。

表 9-92　　管道基础及接口选用

<table>
<tr><td colspan="2">施工方法</td><td colspan="6">开槽法施工</td><td colspan="3">顶进法施工</td></tr>
<tr><td colspan="2">管口形式</td><td colspan="3">平口管、企口管</td><td>企口管</td><td colspan="2">承插口管</td><td>双插口管</td><td>承插口管</td><td>企口管</td></tr>
<tr><td colspan="2" rowspan="2">接口形式</td><td rowspan="2">钢丝网水泥砂浆抹带接口</td><td colspan="2">现浇混凝土套环接口</td><td rowspan="2">橡胶圈</td><td rowspan="2">刚性填料</td><td rowspan="2">橡胶圈</td><td rowspan="2">橡胶圈</td><td rowspan="2">橡胶圈</td><td rowspan="2">橡胶圈</td></tr>
<tr><td>整体混凝土</td><td>加止水带</td></tr>
<tr><td rowspan="2">接口类型</td><td>柔性接口</td><td>—</td><td>—</td><td>√</td><td>√</td><td>—</td><td>√</td><td>√</td><td>√</td><td>√</td></tr>
<tr><td>刚性接口</td><td>√</td><td>√</td><td>—</td><td>—</td><td>√</td><td>—</td><td>—</td><td>—</td><td>—</td></tr>
<tr><td rowspan="2">基础形式</td><td>混凝土基础</td><td>√</td><td colspan="2">√</td><td>—</td><td>√</td><td>—</td><td>—</td><td>—</td><td>—</td></tr>
<tr><td>砂石（土弧）基础</td><td>—</td><td colspan="2">—</td><td>√</td><td>—</td><td>√</td><td>√</td><td>√</td><td>√</td></tr>
</table>

注　表中“√”标记为通常使用的情况。

开槽法施工的混凝土管道，当为柔性接口时，在地基承载力特征值 f_{ak}≥100kPa 时，宜优先选用砂石（土弧）基础。当地基承载力特征值 f_{ak}≤100kPa 时，应在管道满足地基支撑强度大于管道的土压力、地面车辆荷载、管道自重及管内水重等作用在地基上的总荷载时，宜采用砂石（土弧）基础，否则应采用混凝土基础或同时进行地基处理。

对于需要采用混凝土基础的，混凝土管床基础做法及结构尺寸可根据管道等级、埋深等按国家标准图集选用。

（2）混凝土管道基槽回填土压实系数要求，见表 9-93 和图 9-40、图 9-41。

表 9-93　　刚性管道沟槽回填土压实度

<table>
<tr><td rowspan="2">序号</td><td colspan="4" rowspan="2">项　目</td><td colspan="2">最低压实度（%）</td><td rowspan="2">检查方法</td></tr>
<tr><td>重型击实标准</td><td>轻型击实标准</td></tr>
<tr><td>1</td><td colspan="4">石灰土类垫层</td><td>93</td><td>95</td><td></td></tr>
<tr><td rowspan="4">2</td><td rowspan="4">沟槽在路基范围外</td><td rowspan="2">胸腔部分</td><td colspan="2">管侧</td><td>87</td><td>90</td><td></td></tr>
<tr><td colspan="2">管顶以上 500mm</td><td colspan="2">87±2（轻型）</td><td></td></tr>
<tr><td colspan="3">其余部分</td><td colspan="2">≥90（轻型）</td><td></td></tr>
<tr><td colspan="3">农田或绿地范围表层 500mm 范围内</td><td colspan="2">不宜压实，预留沉降量，表面平整</td><td></td></tr>
<tr><td rowspan="11">3</td><td rowspan="11">沟槽在路基范围内</td><td colspan="2" rowspan="2">胸腔部分</td><td>管侧</td><td>87</td><td>90</td><td></td></tr>
<tr><td>管顶以上 250mm</td><td colspan="2">87±2（轻型）</td><td></td></tr>
<tr><td rowspan="9">由路槽底算起的深度范围（mm）</td><td rowspan="3">≤800</td><td>快速路及干路</td><td>98</td><td>98</td><td></td></tr>
<tr><td>次干路</td><td>93</td><td>95</td><td></td></tr>
<tr><td>支路</td><td>90</td><td>92</td><td></td></tr>
<tr><td rowspan="3">>800～1500</td><td>快速路及干路</td><td>93</td><td>95</td><td></td></tr>
<tr><td>次干路</td><td>90</td><td>92</td><td></td></tr>
<tr><td>支路</td><td>87</td><td>90</td><td></td></tr>
<tr><td rowspan="3">>1500</td><td>快速路及干路</td><td>87</td><td>90</td><td></td></tr>
<tr><td>次干路</td><td>87</td><td>90</td><td></td></tr>
<tr><td>支路</td><td>87</td><td>90</td><td></td></tr>
</table>

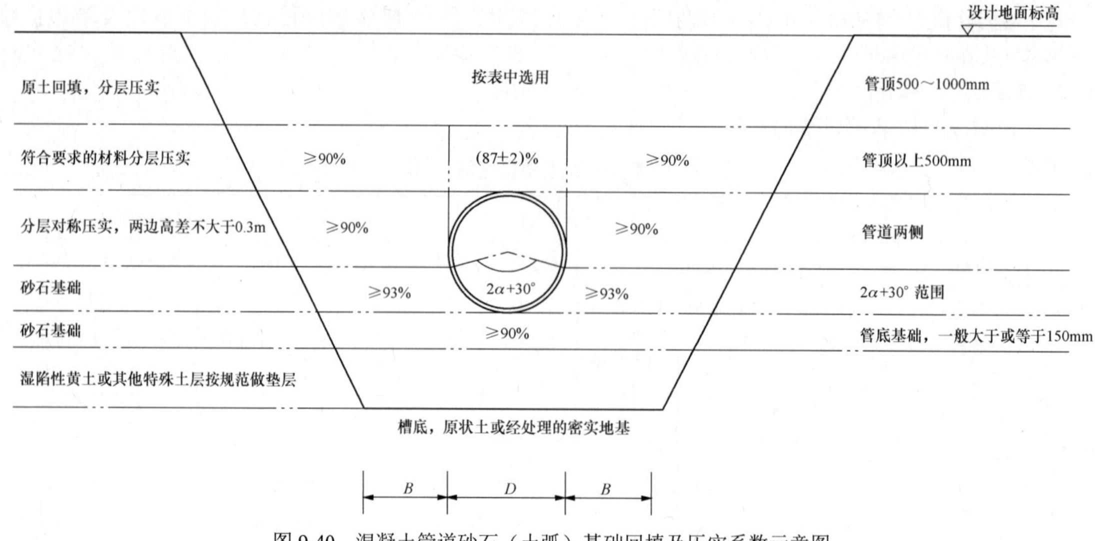

图 9-40　混凝土管道砂石（土弧）基础回填及压实系数示意图

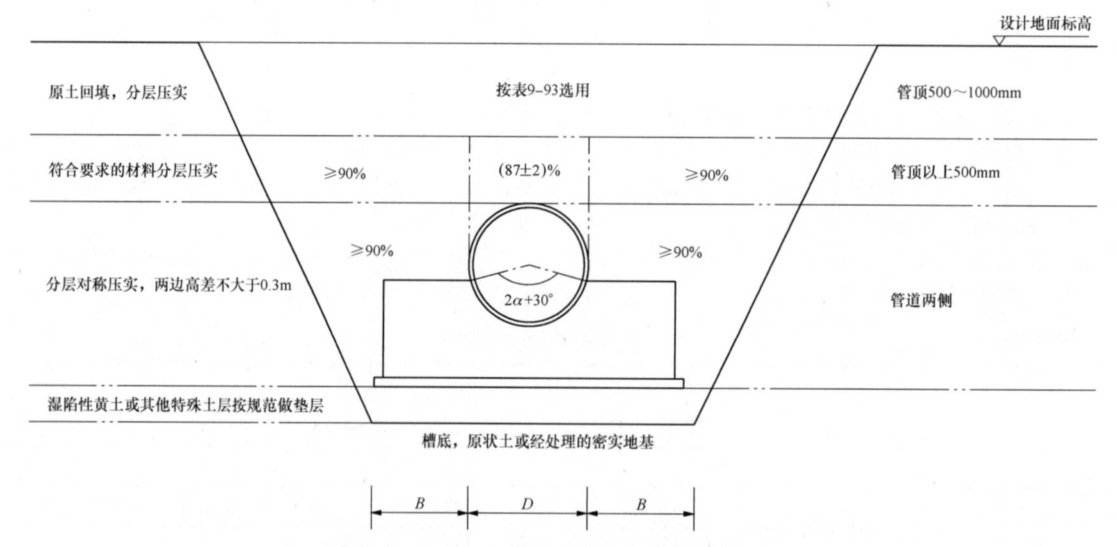

图 9-41　混凝土管床基础回填及压实系数示意图

3. 管道的冲刷防护

对于穿越河道或位于河道河床的埋地管道，原则上应该布置在冲刷深度以下，但有时由于冲刷深度过大或者现场施工等原因，导致无法深埋于冲刷线以下时，就需要采取必要的防冲刷措施，以避免管道在以后的运行中因为河道水流的冲刷而遭到破坏。防冲刷防护措施应该结合当地材料、地质情况去确定，一般常用的防冲刷可采用打桩、浆砌石房冲墙、钢丝笼铺盖等方式。

4. 管道的过路保护

当管道穿越道路时，应考虑路面荷载对管道的影响，必要时应对管道进行加固或采取其他保护措施。对于交通繁忙的道路，为便于以后的检修，可以采用在管道外面再外包管道的方式进行保护或处理。

当大件运输车辆从管道顶通过时，应采取铺设钢板或其他措施，以分散压力，保护管道。

（三）管道地基处理

（1）管道天然地基不能满足承载力强度要求时，应进行地基处理设计。同时未经处理液化土层不能作为天然地基的持力层。对液化土层的处理，应根据管道的使用功能、地基土的液化严重等级，按表 9-94 选择。

表 9-94　　管道抗液化措施

液化等级		轻微液化	中等液化	严重液化
管道	取水管道、循环水管道	D	C	B+C
	主要管道	D	C	B+D
	一般管道	不采取措施	D	C

注　B—部分消除地基液化沉陷；C—减小不均匀沉陷、提高管道对不均匀沉陷的适应能力；D—提高管道结构适应不均匀沉陷的能力。

（2）地基处理的方式应根据场地地质情况确定，一般有以下几种方式：

1）换填法，一般用于地质情况相对较好的地区，比如常用的灰土垫层、砂砾石垫层等。如有软弱下卧层，应进行软弱下卧层的验算。

液化土地区，液化土层埋深及厚度不大的情况，可以采用碎石垫层、砂砾石垫层、石屑垫层等。

2）复合地基，一般用于软土、吹填土地区。

3）桩基，一般用于软土地区，或者需要全部消除地基土液化时。

4）挤密法，如灰土挤密桩、碎石振冲桩、强夯等，主要用于消除湿陷、消除液化，同时提高地基承载能力。

三、管道镇（支）墩

1. 管道镇（支）墩的常见形式（见图9-42、图9-43）

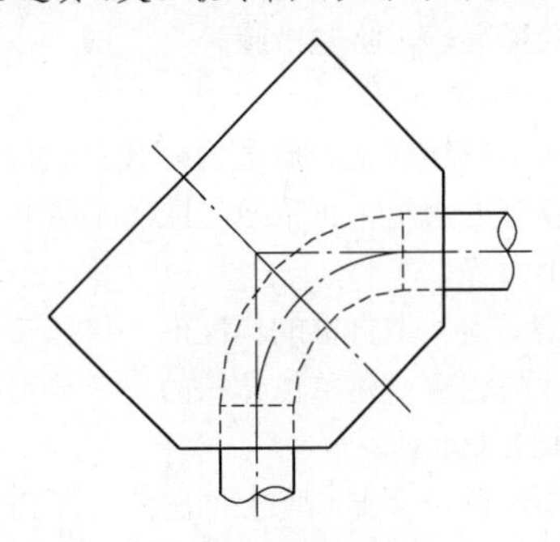

图9-42　固定支墩

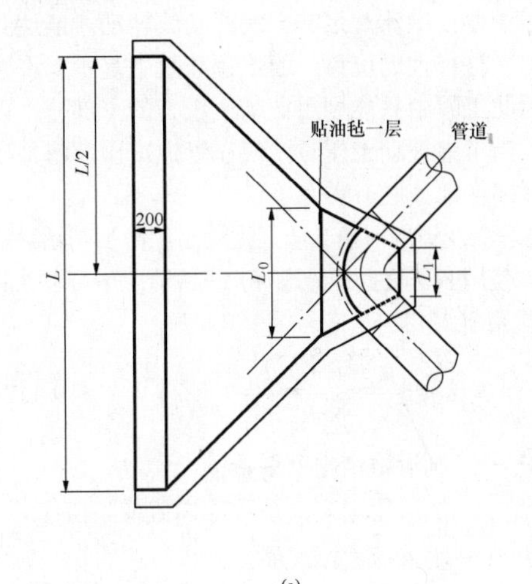

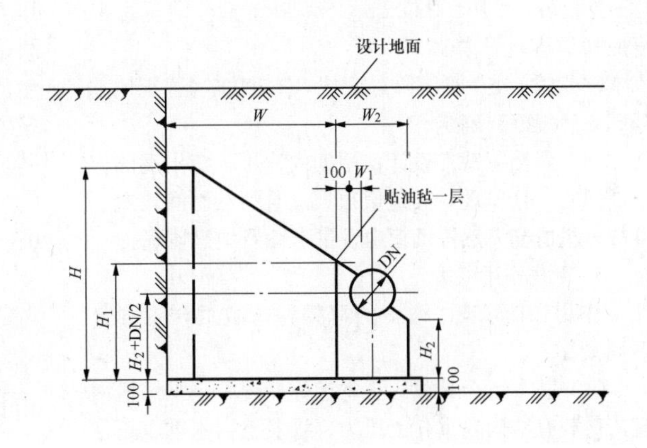

图9-43　镇（支）墩

（a）镇（支）墩平面图；（b）镇（支）墩剖面图

2. 镇（支）墩设计的基本原则

（1）镇（支）墩结构的设计使用年限应满足结构使用50年的功能要求。

（2）镇（支）墩安全等级取二级。

（3）地基基础设计等级：丙级。

（4）镇（支）墩在各级地震烈度下均不设防。

（5）镇（支）墩荷载效应应按承载能力极限状态下荷载效应的基本组合，其分项系数均力1.0。

（6）镇（支）墩计算地基变形时，传至基础底面上的荷载效应应按正常使用极限状态下荷载效应的准永久组合，不应计入地震作用，相应的限值应力地基变形允许值。

（7）验算镇（支）墩的稳定时，可考虑原状土的被动土压力。经夯实后的回填土，可适当考虑被动土压力。

（8）管道镇(支)墩的稳定安全系数可按表9-95采用。

表9-95　镇（支）墩稳定安全系数

稳定类别	荷载组合	
	基本组合	偶然组合
倾覆	1.50	1.20
滑动	1.30	1.10

注　1. 荷载组合时，荷载分项系数与组合值系数均取1.0。
　　2. 水力除灰管道镇（支）墩稳定系数按DL/T 5339—2006《火力发电厂水工设计规范》执行。

3. 镇（支）墩设计的基本参数

（1）环境条件：镇（支）墩结构为干湿交替环境，露天环境、环境类别按照混凝土设计规范或其他相关规范确定类别。

（2）混凝土应满足强度要求，并应根据建筑物的工作条件、地区气候等具体情况，分别满足抗渗、抗冻、抗侵蚀等耐久性的要求。

（3）临时性的混凝土镇（支）墩，不考虑混凝土面耐久性要求。

（4）当地下水对混凝土和钢筋具有腐蚀性时，应按现行有关标准确定防腐措施。

4. 设计荷载

（1）作用在镇（支）墩上的荷载。结构自重、土压力、管及管内水重、正常运行或备用管开始投入时的管道总推力等。

（2）镇（支）墩自重的标准值，可按镇（支）墩的设计尺寸与相应材料单位体积的自重计算确定，素混凝土可取 $23kN/m^3$。

（3）作用在镇（支）墩上侧向的土压力标准值，对镇（支）墩位于地下水以上的部分重力密度可按 $18\sim20kN/m^3$ 采用，对位于地下水以下部分的重力密度应按浮容重计算。

（4）镇（支）墩沉降量应按 GB 50007《建筑地基基础设计规范》确定。

（5）偶然荷载在设计使用期内，不一定出现的作用。但它一旦出现，其量值很大，且持续时间较短，事故停机情况突然停机管内发生水锤及地震情况。

5. 荷载作用组合

作用在镇（支）墩上的荷载和荷载组合应符合下列规定：

（1）基本组合荷载：正常运行情况、正常停机情况，荷载有结构自重、土压力、管及管内水重、正常运行或备用管开始投入时的管道总推力等。

（2）特殊荷载组合：事故停机情况（突然停机，管内发生水锤）、地震情况，荷载有基本组合荷载+出现的某一荷载（管道试压时的推力等）。

6. 荷载计算

（1）土压力计算。目前工程实践中特别是浅埋结构中土压力计算多用朗肯理论的无枯性土公式计算。虽然库伦理论适应更为广泛的填土条件，其数解法表达式繁杂，图解法不便编制程序、朗肯土压力公式建立在土体处于极限平衡状态，概念清晰、表达式简明。由于镇（支）墩墙背直立、光滑、填土面多无坡度等边界条件亦吻合朗肯理论的假定，因此土压力计算用朗肯理论公式。

朗肯主动土压力系数：

$$K_a=\tan^2\left(45°-\frac{\phi}{2}\right) \tag{9-108}$$

朗肯被动土压力系数：

$$K_p=\tan^2\left(45°+\frac{\phi}{2}\right) \tag{9-109}$$

$$E_a=\gamma_s\times Z\times K_a \tag{9-110}$$

$$E_p=\gamma_s\times Z\times K_p \tag{9-111}$$

式中 E_a ——主动土压力标准值，kN/m^2，作用占位于墩底以上 $Z/3$ 处；

E_p ——被动土压力标准值，kN/m^2，作用点位于墩底以上 $Z/3$ 处；

ϕ ——土的内摩擦角，（°）；

γ_s ——土的重度，kN/m^3；

Z ——自地面至计算截面处的深度，m。

（2）被动土压力折减。支墩在推力作用下向着墩后土体移动或转动，墩后土体受到挤压有上滑趋势。为阻止其上滑，土内剪应力反方向增加，使得墩背上的土压力加大。其当墩的位移量足够大时滑动面上的剪应力等于抗剪强度，墩后土体达到破动极限平衡状态。这时作用在墩上的土压力达到最大值是为被动土压力。由于要使墩体有足够大的移动或转动才能达到极限平衡，这样大的位移一般工程建筑中是不允许发生的。因此工程中只能利用被动土压力的一部分，以策安全。当考虑被动土压时，应在管道试压前将基础基坑的后部仔细分层夯实回填。

根据埋深及周围回填土质，被动土压力折减系数取 0.3～0.5，使用者可根据经验选择，一般情况下可取 0.3。

7. 抗滑计算

$$K_o=\frac{\mu\sum P+\sum P_H}{\sum P'_H}>[K_c] \tag{9-112}$$

式中 K_o ——抗滑稳定安全系数；

$[K_c]$ ——抗滑稳定安全系数容许值或限值；

$\sum P$ ——垂直荷载标准值；

μ ——镇（支）墩底板与地基土壤之间的摩擦系数，一般由试验确定，当缺乏试验资料时，可参照现行规范采用；

$\sum P_H$ ——后墙水平荷载标准值，按被动土压力计算；

$\sum P'_H$ ——前墙水平荷载标准值，按主动土压力计算。

8. 抗倾覆计算

$$\frac{M_{kq}}{M_q}\geqslant K_q \tag{9-113}$$

式中 K_q ——抗倾稳定安全系数；

M_q ——总倾覆力矩设计值，kNm；

M_{kq} ——总抗倾力矩设计值，kNm。

9. 地基承载力计算

$$P_{min}^{max}=\frac{F+G}{BL}\left(1\pm\frac{6e}{B}\right)\leqslant[R] \tag{9-114}$$

式中 P_{max} ——作用在地基上的最大应力，kN/m^2；

P_{min} ——作用在地基上的最小应力，kN/m^2；

F ——管道及水的竖向力，kN；

G ——镇（支）墩自重，kN；

B ——镇（支）墩沿管线轴线方向的底面宽度，m；

L ——镇（支）墩垂直管线轴线方向的底面长度，m；

e ——镇（支）墩竖向作用力的偏心距，m；

R ——地基承载力特征值，kN/m^2。

按照式（9-114）进行镇（支）墩地基承载力验算，当天然地基不满足要求时，应进行地基处理。当镇（支）墩进行了相应的地基处理后，应综合评价镇（支）墩地基与管道地基之间的刚度差异和沉降差异，避免两者之间差异过大而引起管道的破坏。

10. 构造要求

（1）镇（支）墩应置于耕植土及淤泥质土之下，在冻土地带应符合 JGJ 118《冻土地区建筑地基基础设计规范》的规定，一般情况下基础埋深不得小于 0.5m。

（2）管道镇（支）墩材料一般用 C25 混凝土或 M5 水泥砂浆砌石。对于腐蚀性环境，应满足相关规范的要求。

（3）镇（支）墩墩背后必须为原状土，并保证镇（支）墩与土体紧密接触。采用砌石镇（支）墩时，原状土与镇（支）墩墩间应以砂浆塞严。

（4）镇（支）墩周围的回填土应分层夯实。

（5）镇（支）墩有开敞式和闭合式两种。开敞式镇（支）墩管道固定在镇（支）墩的表面，闭合式镇（支）墩管道埋设在镇（支）墩内，大中型泵站一般都采用闭合式镇（支）墩。为了加强钢管与镇（支）墩混凝土的整体性，需在混凝土中埋设螺栓及抱箍，待管道安装就位后浇入混凝土中。

由于镇（支）墩是大体积混凝土，为防止温度变化引起镇（支）墩混凝土开裂，破坏其整体性，应在镇（支）墩表面按构造要求布置钢筋网。

坐落在较完整基岩上的镇（支）墩，为减少岩石开挖量和混凝土工程量，可在镇（支）墩底部设置一定数量的锚筋，使部分岩体与镇（支）墩共同受力。锚筋的布置应满足构造要求，并需进行锚固力的分析计算。

第十章

湿式冷却设施工艺设计

第一节　概　　述

一、湿式冷却设施的型式

火力发电厂在发电过程中会产生大量的废热，废热主要为汽轮机排汽凝结为水的过程中放出的热量。湿式冷却设施主要分为湿式冷却塔冷却和水面冷却两种形式。

湿式冷却塔是凝汽冷却系统中冷却设备的一种。湿式冷却塔中的被冷却介质（循环冷却水）与冷却介质（空气）直接接触，被冷却介质在敞开的环境中运行，暴露于大气，属于敞开式冷却设备。

湿式冷却塔及其循环水系统，在运行、控制、操作、维护等方面都较为简单，运行中循环冷却水的损耗量也不太多（大约为循环水总量的 2.0%），对补充水源的水量、水质要求不高，一般工程条件都能满足，投资费用也相对较低，目前国内在水资源较为丰富地区的火力发电厂中被广泛采用。

1. 湿式冷却塔的分类

湿式冷却塔通常可按循环冷却水与空气的相对流向关系和塔内空气流动动力来源进行分类。

（1）按循环冷却水和空气的相对流向分类。

1）逆流塔：循环水流向下，空气流向上，被冷却介质（循环冷却水）和冷却介质（空气）相对逆向流动，故称逆流式冷却塔，简称逆流塔。如图 10-1（a）所示。

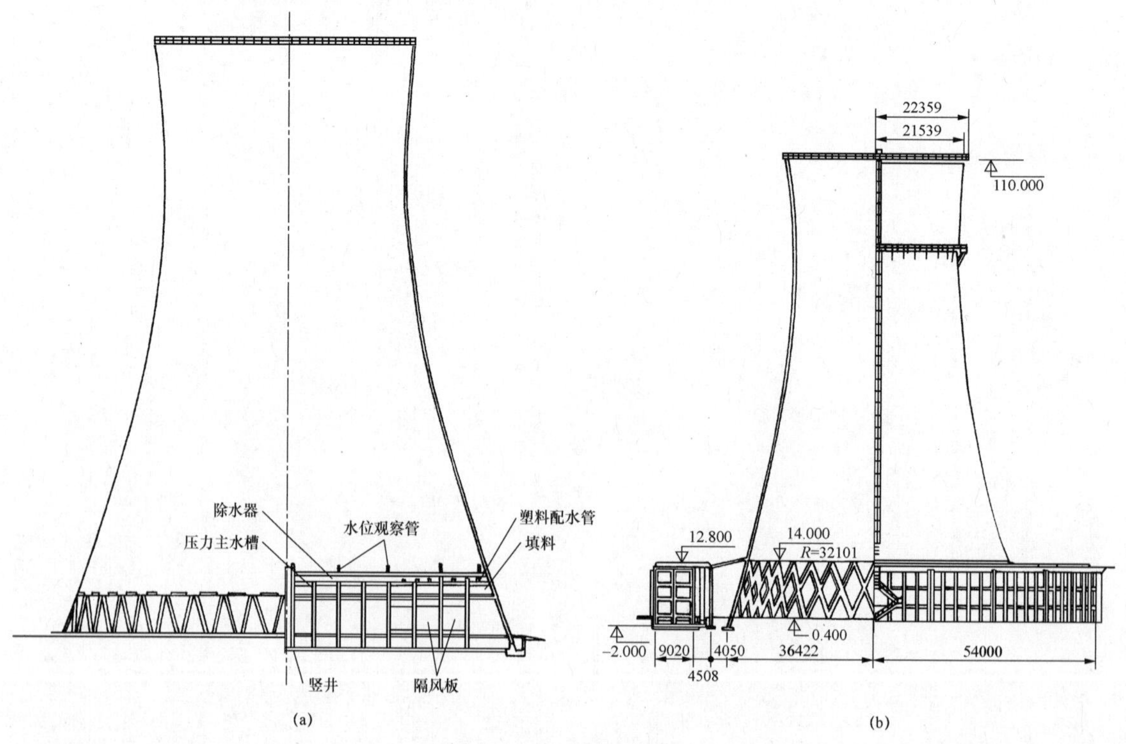

图 10-1　自然通风冷却塔

（a）逆流式自然通风冷却塔；（b）横流式自然通风冷却塔

2）横流塔：循环水流向下，空气横向（水平）流动，故称横流塔。因被冷却介质（循环冷却水）和冷却介质（空气）的流动方向是相互正交的，又称交流塔。如图 10-1（b）所示。

（2）按塔内空气流动动力来源分类。

1）自然通风冷却塔：塔内空气流动动力是由塔内、外空气密度差形成的自然抽力提供的，简称自然塔。如图 10-1 所示。

2）机械通风冷却塔：塔内空气流动动力是由通风机械——风机提供的。一座冷却塔可以安装一台或多台风机，风机可以安装在冷却塔的出风口（抽风式）或进风口（鼓风式）。简称机力塔。如图 10-2 和图 10-8 所示。

3）辅助通风冷却塔：通常情况下，进行自然塔设计时为了满足夏季设计冷却水温要求，需要把塔体做得较大；而根据某些具体工程条件（如气象条件湿热，各季度气温变化大，或大风地区、地质条件差的地区等），为了做到技术经济的合理性，需要把塔体做得小些，同时装设通风机，在炎热的夏季开启风机辅助通风，提高风量以满足冷却水温要求。辅助风机一般安装在进风口。辅助通风冷却塔是根据特殊工程条件要求，由自然塔和机力塔结合形成的塔型。如图 10-3 所示。

4）高位收水冷却塔：也属于逆流自然通风冷却塔，其与常规逆流塔不同的是取消了塔下部集水池，采用高位布置的收水装置收水，抬高了集水池水位也即泵房吸水井水位，减少供水泵扬程。其配水系统和淋水填料与常规塔相似。

常规塔与高位收水冷却塔差异如图 10-4 所示。

（3）机械通风冷却塔的其他型式。机械通风冷却塔由于风机台数、布置形式、风机和电动机的布置位置不同，可组成多种其他型式。如：多边形逆流式冷却塔，如图 10-5 所示；圆形横流式机力塔，如图 10-6 所示；大型逆流式机械通风冷却塔，如图 10-7 所示；鼓风式机械通风冷却塔，如图 10-8 所示。

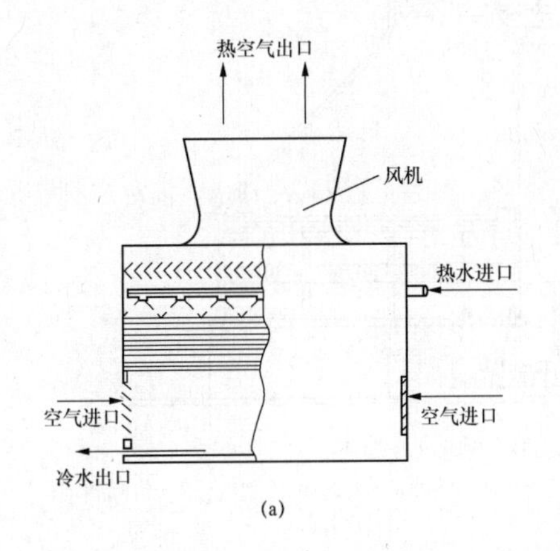

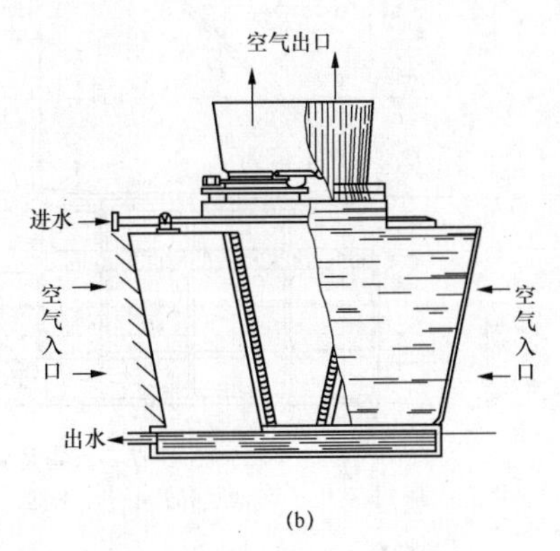

图 10-2　机械通风冷却塔

（a）逆流式机械通风冷却塔；（b）横流式机械通风冷却塔

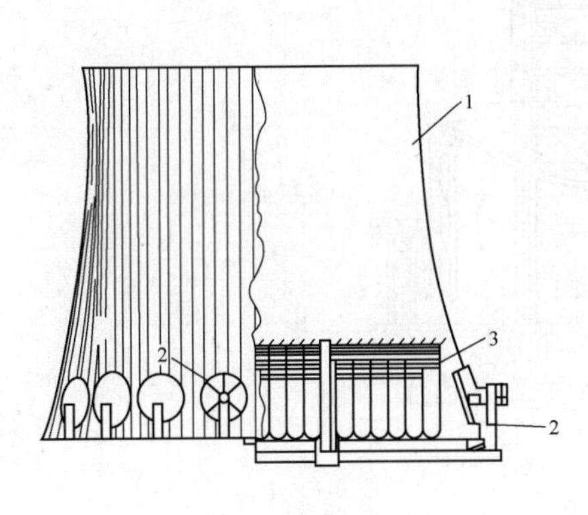

图 10-3　辅助通风冷却塔

1—钢筋混凝土通风筒；2—风机及电动机；3—淋水填料

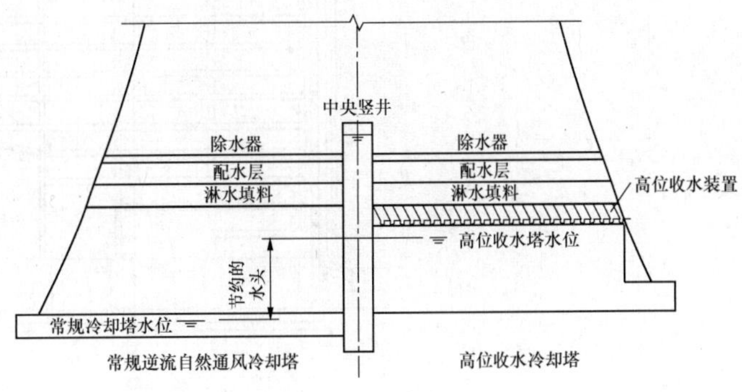

图 10-4　常规塔与高位收水冷却塔差异

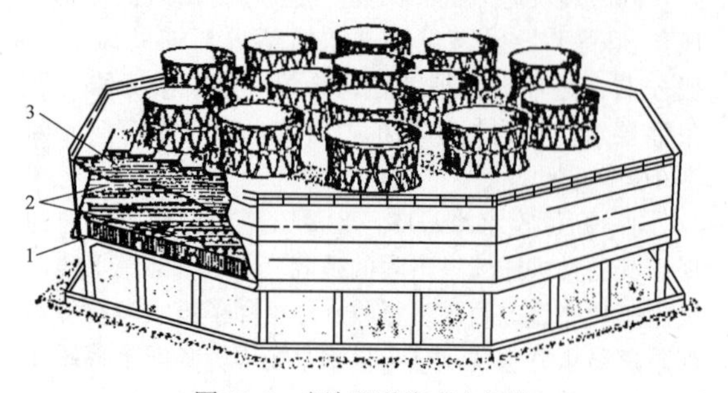

图 10-5　多边形逆流式冷却塔

1—淋水填料；2—配水装置；3—除水器

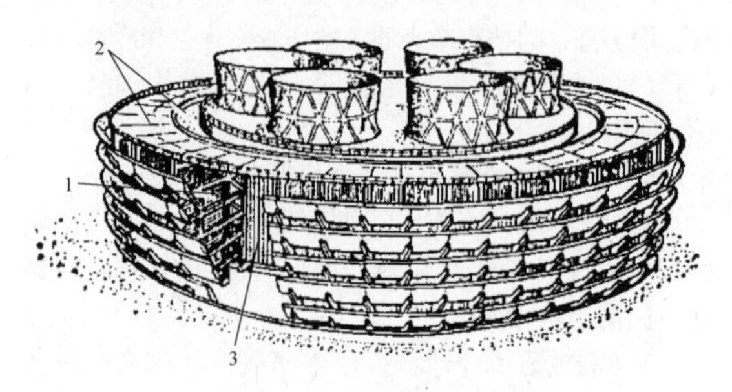

图 10-6　圆形横流式机力塔

1—淋水填料；2—配水装置；3—除水器

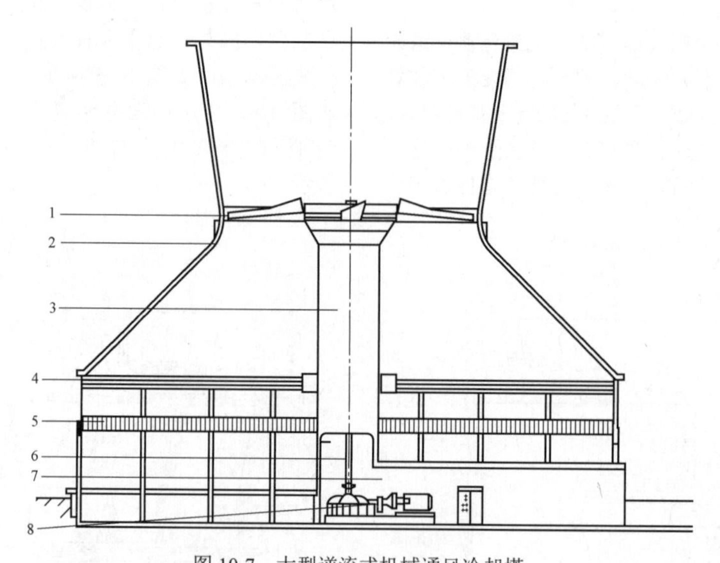

图 10-7　大型逆流式机械通风冷却塔

1—风机；2—塔壳；3—电动机传动轴竖井；4—除水器；5—淋水填料；6—电动机传动轴；7—检修廊道；8—电动机

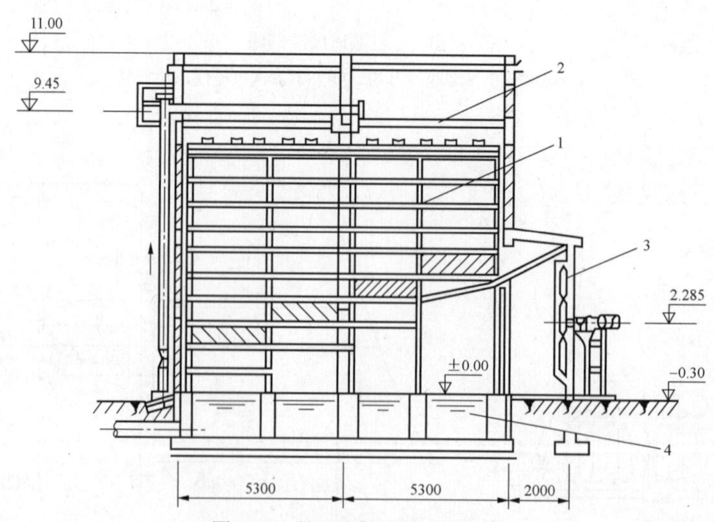

图 10-8　鼓风式机械通风冷却塔

1—淋水填料；2—配水装置；3—鼓风机；4—集水池

2. 水面冷却设计任务和分类

（1）水面冷却的设计任务。一般电厂锅炉燃烧产生的总热量中约有45%转换为电能，其余的55%均由冷却水带走而排入水体，由此可见，排出的废热量是巨大的。

电厂废热主要以汽轮机排汽凝结为水时放出的热量为主，冷却水在凝汽器中吸收此部分废热而使水温升高，水温升幅一般 8～12℃之间，当为直流或冷却池供水系统时，热水要返回到取水的水体中去。受热水体在流动过程中其自由表面与大气直接接触并产生热交换与质交换，在二者的共同作用下使水体得到冷却，这一过程称之为水面冷却。

电厂冷却系统设计中不论采用的是直流还是循环供水系统，受热水体中接受的废热最终都散发到大气中去了。因此，水面冷却的主要任务是将电厂生产过程中产生的废热有效及时地散发至自然界大气中去。

（2）水面冷却设计重点。在工程设计中，封闭的专用冷却池供水系统是典型的水面冷却工程；直流系统中排水的掺混、扩散、回流取水口及热水对环境的影响等都属水面冷却问题。所以设计内容包括较广，其主要设计重点可概括为以下三个方面：

1）水面冷却总体方案因厂址条件而迥异，各方案的投资费可能差别很大，许多厂址还可考虑与码头、港池结合设计，因而在选厂初期就要进行总体方案的规划和优化，以后随工程设计阶段的进展，不断进行深入的试验与研究，最后确定合理的总体方案。

2）合理确定取排水口布置位置、标高及形式。在投资合理的条件下，尽量取用深层低温水，减少温排水回流取水口。

3）预测温排水对受纳水体的影响及温度场的分布情况，研究其对水体环境及水生物的影响程度，以采取措施尽量减少热污染。

（3）水面冷却的分类。按不同的分类方法水面冷却可分为以下三种。

1）按是否形成温差异重流分类。

a. 深水型：水域水深较大，取水口离水面深度较大，水域中形成明显的温差异重流运动。深水型水面冷却可取到水温较低的水。取排水口布置条件不严格。

b. 浅水型：水域水深较浅。全水域基本属平面流运动。取排水口位置要有较远的距离。

c. 过渡型：水域地形较复杂，有一定水深，部分地区水深较浅。水域中部分地区属平面流运动，部分地区属异重流运动。在设计过渡型水面冷却时，要深入研究水域的热力及水力特性。

2）按边界条件分类。

a. 封闭型：除冷却池的补给水及降水外，基本无其他来水。如专用冷却池。

b. 非封闭型：水域有来水。如水库型冷却池，以江河、海湾为冷却水体的取排水工程。

3）按地理条件分类。

a. 水库型：冷却池综合利用水库作冷却池。一般水深较大，水位变幅较大。设计时应根据国家有关标准和规定，考虑水量、水质和水温的变化对工业、农业、渔业、航运和环境的影响。

b. 水池型：冷却池一般为专用冷却池，水深较浅，另需考虑补给水源。冷却池的设计最低水位应根据冷却任务要求的水面面积和最小水深、泥沙淤积和取水口的布置等条件确定。冷却池的正常水位要考虑工程造价、淹没损失和冷却池周边地区地下水位抬高的影响等因素。

c. 河道型：一般为单向流河道。排水口一般布置在取水口的下游。上游来水较小及河道较浅时，温排水可能部分回流取水口。

d. 河口海湾型：潮汐憩流时段，客水基本为零，水域属冷却池性质；涨急落急时段，又属来水充沛的河道型；水流流向周期变化，已没有上下游的概念，取排水口布置要考虑这一特点。双向流的感潮河段也可归入这一类。

二、湿式冷却塔的特点

（1）自然通风冷却塔。

1）一般为双曲线型混凝土结构，因有高大的塔筒，对环境形成视觉障碍，适用于城市以外的地区；

2）占地面积较机力塔大，一次性投资较高；

3）没有机械设备，不耗电，日常运行维护工作量小，运行稳定。

（2）机械通风冷却塔。

1）采用机械通风，机械设备的耗电量大，日常运行的维护工作量大；

2）单位面积的冷却能力较自然塔大，占地面积较小；

3）塔体低，出口风速高，风机噪声和飘滴对环境的影响大；

4）在周围环境不利的条件下，冷却效果容易受湿热空气回流的影响。

（3）逆流式冷却塔。

1）淋水填料的体积比横流塔小，填料多用薄膜式；

2）占地面积比横流塔小；

3）自然塔的风筒较高，对地质条件要求较高。

（4）横流式冷却塔。

1）占地面积较大，自然塔的风筒较逆流式小；

2）淋水填料体积大，填料多用点滴式；

3）供水高度较逆流式冷却塔高。

根据某一特定工程的具体情况，通过技术经济分析，可以将以上不同方法分类的塔型组合成不同的特定塔型，如：逆流式自然通风冷却塔（简称“自然塔”）、横流式机械通风冷却塔等。

三、湿式冷却塔的选择

因为自然塔无风机耗电、运行稳定、维护简单，多年来在设计、施工、运行等方面都积累了较多的经验，所以目前国内在火电厂中应用最广；在气温高、湿度大的地区，或混合供水系统及其他特殊情况，可采用机力塔；横流塔具有一定的特点和优点，在技术可行、经济合理的情况下，也是可以选用的塔型。环境对冷却塔的噪声有限制时，应采取降噪措施。

冷却塔的塔型选择应根据循环水水量、水温、水质和循环水系统的运行方式等使用要求，并结合以下因素，通过技术经济比较确定：

（1）当地的气象、地形和地质等自然条件。

（2）材料和设备的供应条件。

（3）场地布置和施工条件。

（4）冷却塔与周围环境的相互影响及其特殊要求。

四、水体中热的迁移

1. 水体中热迁移方式

水体中热可通过各种方式发生位置的迁移，这些方式主要包括以下各种：

（1）分子扩散（molecular diffusion）。分子扩散是指热水及冷水的随机运动而引起热量的迁移。分子扩散的快慢主要和温度梯度有关。对研究较大尺度的温排水问题，分子扩散引起的热迁移和其他因素引起的热迁移相比，一般是可忽略不计的。

（2）随流输移（advection）。当水体处于流动状态时，热可随着水质点的流动，一起移动到新的位置，这种迁移作用称为随流输移。

（3）紊动扩散（turbulent diffusion）。当水体作紊流运动，或者水体不存在时间平均流动而仅有脉动的情况下，随机的紊动作用也可以引起热在水中的扩散，这种扩散称为紊动扩散。紊动能够传递热的原理与其能够传递动量和其他能量的原理类似，紊动扩散作用的强弱与水流旋涡运动密切有关。紊动扩散是热在水体中迁移的主要因素。

（4）剪切流离散（dispersion of shear flow）。河道实际水流在横断面及垂向流速分布不均匀，即在横向及垂向有流速梯度存在的流动称为剪切流。上述流速的不均匀是由于河底及河岸阻力的影响，以致靠河底和岸边部分流速较低，而中间部分流速较大。在考虑热在水体中迁移和输送作用时，如果把随流输移按平均流速的均匀流计算，那么由于实际上剪切流中各点流速与平均流速不同，将引起附加的热分散。这种附加的热分散称为离散。离散的产生是由于将流场作空间平均的简化处理而引起的，如果不采用空间平均简化，自然也不需要计入离散作用。

（5）对流扩散（convection）。是专指伴随着由于温度差或密度分层不稳定性引起的垂直方向对流运动而产生的热迁移。

自然界水体中多处于流动状态，各种形式的扩散常交织在一起发生。除分子扩散外，所有各种迁移方式都和水的流动特性有密切的联系，因此要研究热的扩散输移规律，必须和研究水体的流动特性联系在一起。

2. 射流

射流是指流体从各种形式孔口或喷嘴射入另一种或同一种流体的流动，因此射流具有过流断面周界不与固体边界接触的特点。

按流动形态分，射流可分为层流射流与紊动射流。实际问题中多为紊动射流。本章中提及的射流均指紊动射流。

按射流周围环境边界条件分，当射流射入无限空间时，称为自由射流；射入有限空间时称为非自由射流。若射流沿下游水体的自由表面层（如河面或池面）射出称为表层射流。电厂温排水以渠道或沟道排到水体表层，一般均按表层射流处理。若射流在水面下一定深度射出称为淹没射流。

射流进入下游环境后将继续运动与扩散，按照其进一步运动与扩散的动力来划分可分为动量射流（简称射流，jet）、浮力羽流（简称羽流，plume）和浮力射流（简称浮射流，bouyant jet）。动量射流是指射流出流速度较高，它依靠出射的初始动量来维持自身的继续运动，所以动量对它的流动起支配作用。浮力羽流是指某些射流的初始出射动量很小，进入环境后靠浮力作用来促使其进一步运动和扩散，所以浮力起着支配作用。电厂温排水的远区就是羽流。这与冷却塔出口形成的雾羽及烟囱出口形成的烟羽相似。浮射流则是兼受动量和浮力两种作用而运动的射流。

3. 温排水的近区与远区

根据距离排水口的远近或水流在不同区域范围内的运动特性，将纳入热水的水域分为近区及远区，两区的水力、热力特性大不相同。

（1）近区是紧邻排水口出流部分的局部地区。由于出流热水的动量，将受纳水体的冷水卷吸（entrainment）入射流中，而使热水与冷水产生强烈掺混，水温骤降，温降可达到进排水温差的60%～70%。在良好的浅水淹没射流的情况下，冷水掺混量可达出流量的10倍，则温降更大。近区的典型流态是表层水辐向外流，底层水辐向内汇，在该区形成冷热水质量、热量的交换中心。近区热量迁移主要是通过掺混作用将排入热量带向远区。与远区相比，近区范围较小。但近区是热污染的重点控制区和环境评价的主要对象。

（2）远区是指近区以外的广阔水域。在该区内温排水的流速及温度沿程变化均较缓慢。从近区带入到远区的热量通过下列途径散发。

1）环境水流的输移：江河水流、风成水流及潮汐流将热量向流动方向输移；

2）由浮力产生输移：由水平方向的水的密度梯度产生的热量输移，主要与梯度大小有关；

3）环境水流产生的紊动扩散；

4）通过自由水表面蒸发及对流向大气散发。

上述过程是不恒定的，在空间上是高度不一致的。

在近区和远区之间存在一过渡区，一般将过渡区归入近区。

大型热排放物理过程如图 10-9 所示。

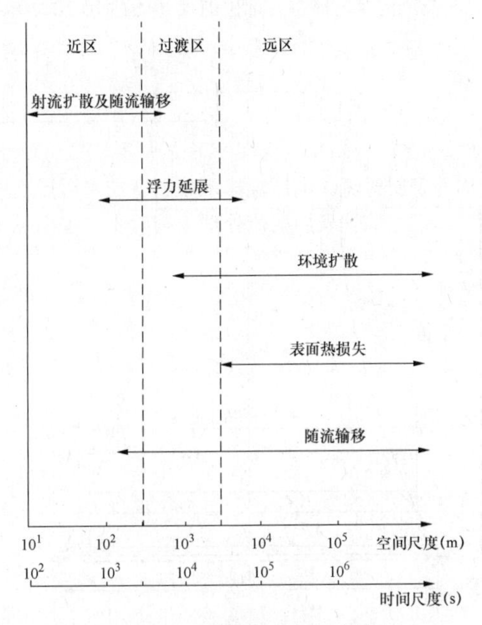

图 10-9　大型热排放物理过程图

五、水面冷却的研究方法

1. 近区水温预测方法

预测温排水在受纳水体中近区温度场的分布情况，是水面冷却主要设计任务之一。主要预测方法有下列 6 种。

（1）物理模型试验。这是解决近区水情预报最直观且行之有效的方法。大量实践证明，如果模型比尺及范围选用得当，模型可以较好地重演原体情况。正确的近区模型要求有正确的水域动力、热力边界条件，做到这一点很不容易；模拟的水域不宜过小，要求包括部分远区水域。但后者的模型相似要求与近区不尽相同，难以将两者统一在同一模型中而对比尺没有影响。近区问题广泛采用正态模型，但在复杂条件下，模型边界条件的设计及模型试验结果的原体换算，仍需慎重。此外，物理模型费时花钱，有时跟不上工程规划的进度需要。

（2）现场观测资料统计分析。比照已有电厂排水口水域的实测资料进行系统分析，利用各物理因素间粗糙的相互关系，估计工程布置、水文及地形条件大致类同的出流情况。这种方法的优点是使用方便，一些系数已综合包括了当地各因素的影响。缺点是目前现场观测资料较少，难以找到类同的工程。

（3）系统现象试验或系统水槽试验。选取简单的边界条件，系统观测不同参数的出流情况，求出能够反应近区水力、热力特征的一些主要物理量之间的关系。此方法性质与上述现场观测资料统计分析相似，只是边界条件过于简化。其优点是试验变量可人为控制，容易看出变量间的相关规律，虽属纯经验公式，仍具有一定的适用性。故本章将重点介绍这一方法和量纲分析法的一些研究成果和水面冷却的一些规律，以便在选厂初期工作中应用。

（4）量纲分析法。根据量纲和谐原理找出无量纲变量组合及有量纲变量组合之间的关系，以此来描述一个物理过程。当无法获得严格的解析时，可以很方便地运用量纲分析法来获得物理过程中各种关变量间的定性关系，然后再根据实验成果来确定有关的系数值。

能否有效地运用量纲分析，关键不在于能否熟练地掌握有关的数学工具，而在于能否深刻地认识有关的物理本质，这样才能确定物理过程中有关变量，并运用数值等级分析的方法舍弃一些次要的变量。量纲分析是求解热输移问题中一种应用很广的有效工具。

（5）积分模型计算。这种模型放弃对水体微观的水力、热力计算，只求对宏观现象的数字模拟。根据直感或由水力试验获得的概念，假定流速、温度的相似剖面；一些复杂的物理现象，如出流与环境水体的掺混、热水层的前沿延展等，也都由事先假设的公式及经验系数来描述，由此使控制流动的基本方程组简化为一组耦合的非线性常微方程组，再用数字解析求解。正是这些假设公式，促成了基本微分方程组的可积性和可解性；也正是这些假设公式，带进了这种近区分析方法的经验性和使用的局限性。对一些物理现象的不同假定和不同处理，构成了不同的积分模型。

（6）微分数字模型计算。用差分法、有限元法或其他数字分析手段，求解控制方程组。此法建立在比较严密的基本方程上，在理论上它能适应各种地形。但由于对湍流结构尚未弄清，直接求解湍流方程有很大困难；仍需通过不同湍流模型来封闭方程组。计算结果的可靠性和精确度主要取决于所利用的湍流模型。各种模型不可避免地需作一些推测和假定，在较复杂的边界条件下，不少问题尚待解决。

上述预测近区温度场的方法各有其特点和优缺点。一般要求资料条件、任务要求和预测精确度三者配合及协调。在满足给定精确度要求的条件下，一般采用简易明确的方法为宜。

2. 远区水温预测

远区水温预测没有近区水温预测那样重要，但在下列情况下远区水温预测就显得也很重要。

（1）不恒定双向流及反向流将上一时段排放的热量带回到近区，如果这一现象周期性地重复出现，会产生长期的热蓄积现象。

（2）需考虑另一电厂的温排水影响。

（3）取水口热水回流反复的取水口热水回流可能产生长期的热蓄积。远区水温预报可以指导设计，确定合理的取水口位置。

（4）受纳水体容量有限对热排放是至关重要的。

（5）低的近区混合如果近区温降较小，则远区冷却任务便加大，这就需要预测远区冷却范围。一般工程均使近区温降很大，只有在特殊情况近区温降较小，如重叠式排取水口。

实际工程情况常与上述情况相反，如：温排水常排入相对大的受纳水体；在单向水流条件下，将取水口布置在排水口上游；近区温降较大；上游无其他电厂。这时可不进行远区的水温预测。

第二节 冷 却 塔

一、冷却塔的主要设计参数

1. 设计气象条件

采用冷却塔循环供水系统时，确定冷却水的最高计算温度，宜采用按湿球温度频率统计方法计算频率为10%的夏季日平均气象条件；气象资料应采用近期连续不少于5年，每年最热季时（一般为6、7、8三个月）的日平均值。这样的气象条件主要包括以下几个参数。

（1）湿球温度（τ）按上述要求统计计算出的频率为10%的夏季日平均湿球温度（℃）；

（2）干球温度（θ）与频率10%的湿球温度相应的干球温度（℃）；

（3）大气压力（p_a）与频率 10%的湿球温度相应的大气压力（hPa）；

（4）相对湿度（ϕ）与频率 10%的湿球温度相应的相对湿度。

当计算冷却塔各月平均冷却水温时，应采用近期连续不少于五年的相应各月的月平均气象条件。

2. 冷却水量（Q）

冷却水量是需冷却塔冷却的进塔水量（m^3/h）。具体数值根据机组运行要求、供水系统优化计算和水量平衡确定。有时以凝汽量的倍数——冷却倍率表示。

3. 冷却水温差（Δt）

冷却水温差是冷却塔的进、出水温差（℃），又称冷却幅度（冷幅）。冷却水温差主要与冷却倍率有关。

4. 冷却水温（t_2）

冷却水温是冷却塔的出水温度（℃），即冷却后水温。设计冷却水温根据循环水系统优化和冷却塔热力计算确定。

5. 塔体尺寸参数的控制

自然通风冷却塔是火电厂中应用最广的一种塔型，自然塔的整个塔体及其塔筒基本尺寸的控制与工艺、结构设计的技术经济性以及施工都密切相关。自然塔双曲线塔筒及塔体主要部位的尺寸如图10-10所示。

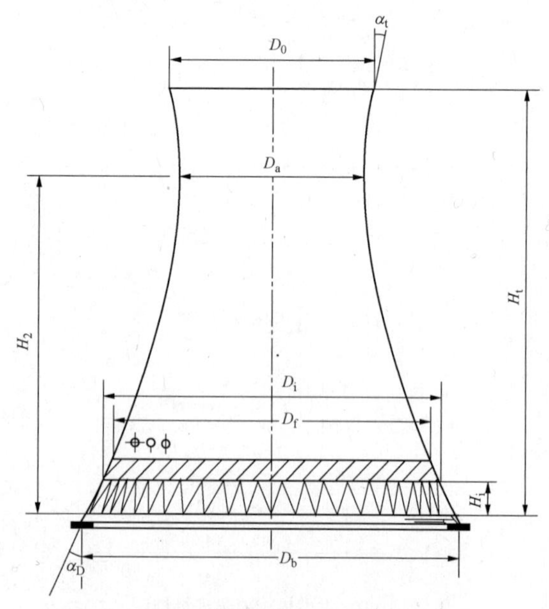

图 10-10 自然塔双曲线塔筒及塔体主要部位尺寸

设计中应注意控制以下一些参数及相关比例。

（1）D_f及A（图10-10阴影部分）：填料顶面塔筒直径（D_f）及相应的面积（淋水面积或冷却面积A），是表示冷却塔规模和冷却能力的标志，通过循环水系统优化和冷却塔本体优化确定。是自然塔设计的基本参数。

（2）D_b：塔底直径，一般指斜支柱中心线在±0.00m标高的直径。

（3）H_t：塔高，以冷却塔±0.00m为基准计算的塔顶高度。我国通常以塔底集水池设计水面标高为

±0.00m。

（4）H_i：进风口高，进风口底坎至风筒壳体底的高度。

（5）H_2：喉部高度，塔筒喉部（塔筒壳体直径最小的部位）相对于±0.00m的高度。

（6）D_a：喉部直径，塔筒喉部直径。

（7）H_t/D_b：这是确定塔筒外形的基本比值，通过优化计算确定。一般情况取H_t/D_b=1.2～1.6。

低值塔高相对较小，多用于大风地区。高值塔高相对较大，多用于地基处理费用高，塔的单位面积投资高的情况。

（8）H_i/D_b：国内外很多研究成果表明，在进风口范围内的空气流态和空气动力阻力主要受这一比例的影响。当H_i/D_b＜0.04时，在塔内进风口区域的空气流态是紊乱的，会造成填料平面上的风速（空气量）分布不均，影响冷却效果；当H_i/D_b＞0.1时，在进风口高度范围内的空气流态和阻力没有明显变化，而使供水高度增加，运行不经济。所以常用的比例范围是H_i/D_b=0.08～0.09，此时，进风口面积（A_i）和冷却面积（A）之比为0.35～0.40。

（9）D_a/D_b和H_2/H_t：喉径（D_a）比底径（D_b）、喉高（H_2）比塔高（H_t）通常取用范围是D_a/D_b=0.5～0.6、H_2/H_t=0.7～0.8。

提高D_a/D_b值，有利于减小出口阻力，但塔外冷空气容易侵入塔内，影响塔内热空气的排放。

（10）α_D：塔筒斜支柱中面和垂向的夹角。主要受风压和基础形式的影响，由结构优化计算确定。一般采用α_D=17°～20°。

（11）α_t：塔筒顶部出口旋转曲面切线与垂向夹角。通常取用范围α_t=6°～8°，α_D和α_t还与施工条件和要求有关。

自然通风冷却塔塔体和塔筒的主要几何尺寸参数及其相关比例，是在热力计算（包括阻力计算）、冷却塔本体优化和循环水系统优化计算的基础上，再对结构选型优化最终确定的。

（12）自然通风逆流式冷却塔的塔体规模可按表10-1规定划分。

表10-1　自然通风逆流式冷却塔塔体规模划分表

淋水面积A（m^2）	A＜4000	4000≤A＜8000	8000≤A＜10000	A≥10000
塔体规模	小型	中型	大型	超大型

6. 冷却塔工艺其余设计要点

（1）大容量汽轮发电机组，每台机宜配用1座自然通风冷却塔，一般不设备用。

（2）冷却塔应装设除水器。除水器应选用除水效率高、通风阻力小、经济耐用的形式和材质。

（3）冷却塔的配水系统应满足在同一配水区域内配水均匀、通风阻力小、能量消耗低和便于维修与控制等要求。

（4）淋水填料应选用热力特性好、通风阻力低、组装刚度高、冷却特性稳定、经济耐用的形式。条件许可时，应采用轻型填料。

（5）冷却塔的淋水面积应按淋水填料顶部标高的面积计算。

（6）自然塔和机力塔进风口支柱以及塔内通风部位的构件宜采用通风阻力小的断面形式。

（7）冷却塔上外露的和与水汽接触的铁件、管道、机械设备均应采取必要的防腐措施。

（8）大风地区的逆流式自然塔，进风口高度内沿径向应设隔风板，隔风板间水平夹角不宜大于120°。

（9）机械通风冷却塔宜采用抽风式，有特殊要求的可采用鼓风式。

（10）冷却塔集水池应符合下列要求。

1）水深不宜大于2m；逆流塔集水池池壁超高宜为0.2～0.3m，横流塔集水池池壁超高应适当加大，使停塔时不产生溢流；

2）集水池应有溢流、排空及排泥措施，出水口有拦污设施；

3）集水池周围应设回水台，台宽宜为1.5～2.0m，坡度宜为1%～3%，台外围设拦沙坝；

4）同一循环水系统中，各冷却塔集水池的水位高程应一致；

5）敷设在集水池内的进水管，应有防空管浮起的措施。

二、湿空气性质

1. 湿空气的组成

空气是冷却塔（包括湿式冷却塔和干式冷却设备）中的冷却介质。空气由两部分组成：干空气和水蒸气，所以空气又称“湿空气”。干空气中主要包含氮、氧等气体，水蒸气是由水蒸发而来。

2. 基本特性

（1）基本特性在工程常用的压力、温度范围内，干空气和水蒸气都可视为理想气体，符合气体状态方程

$$pV=GRT \tag{10-1}$$

$$p=\rho RT \tag{10-2}$$

式中　p——气体压力，Pa；

V——气体体积，m^3；

G——气体质量，kg；

R——气体常数，J/（kg·K）；

T——气体热力学温度，K；

ρ——气体密度，kg/m³。

干空气和水蒸气的气体常数为：干空气，R_d=287.14J/（kg·K）；水蒸气，R_v=461.53J/（kg·K）。

（2）在冷却塔的设计计算中，要考虑空气温度随高度变化的影响。通常情况下，空气温度是随高度增加而降低的，在标准大气压的条件下（在高程±0.00m的地面附近）温度随高度的变化梯度为

$$\frac{d\theta}{dz}=-0.0065$$

式中　$d\theta$——气温变化，℃；

dz——高度变化，m。

式中右侧负号表示随高度增加而温度降低。

自然塔高度一般在100～200m，在此高度范围内工程设计中一般可按下式计算

$$\frac{d\theta}{dz}=-0.01$$

当空气温度随高度增加不是降低而是上升时，即

$$\frac{d\theta}{dz}\geqslant 0.00$$

则认为此时已经出现逆温状态，这时由于空气温度上高下低，空气密度上轻下重，会对自然塔运行产生明显的不利影响。

3. 湿空气的主要参数

（1）温度。

1）干球温度即通常称的空气温度、气温。用温度计直接测得的温度，通常用θ表示，单位为℃。

2）湿球温度是用裹着浸水纱布的温度计测得的，为了减少外部辐射热对测量结果的影响，湿球温度计需要在通风的条件下测量，常用的有阿斯曼通风干湿表。这样测得的湿球温度被视为水的冷却极限温度。

（2）大气压力。由于湿空气是由干空气和水蒸气组成的，所以大气压力也是由两部分组成

$$p_a=p_d+p_v$$

式中　p_a——大气压力，Pa；

p_d——干空气分压力，Pa；

p_v——水蒸气分压力，Pa。

（3）饱和水蒸气压力。当空气中的水蒸气分子含量达到最大时，这时的水蒸气分压力称为饱和水蒸气压力，用P''表示。饱和水蒸气压力只与温度有关，通常用下式计算

$$\lg P''=2.0057173-3.142305\left(\frac{10^3}{T}-\frac{10^3}{373.16}\right)+8.2\lg\frac{373.16}{T}-0.0024804(373.16-T) \quad (10\text{-}3)$$

式中　P''——饱和水蒸气压力，kPa；

T——气体热力学温度，K。

饱和蒸汽压P''值见附录A。

（4）湿度。

1）绝对湿度。1m³湿空气所含水蒸气的质量称绝对湿度，即在水蒸气分压力p_v和热力学温度T条件下的水蒸气密度ρ_v

$$\rho_v=\frac{p_v}{461.53T} \quad (10\text{-}4)$$

饱和状态湿空气的绝对湿度为

$$\rho_v''=\frac{p_v''}{461.53T} \quad (10\text{-}5)$$

2）相对湿度 1m³湿空气所含水蒸气的质量与同温度条件下饱和湿空气的水蒸气含量之比，通常用φ表示，数值用百分比表示。计算公式如下

$$\varphi=\frac{p_\tau''-0.000662p_a(\theta-\tau)}{p_\theta''} \quad (10\text{-}6)$$

式中　p_τ''——湿球温度τ条件下的饱和水蒸气压力，Pa；

θ、τ——空气的干、湿球温度，用阿斯曼温度计测得的，℃；

p_a——大气压力，Pa；

p_θ''——干球温度θ条件下的饱和水蒸气压力，Pa。

用φ值表示干空气及水蒸气的分压力为

干空气分压力　$p_d=p_a-\varphi p_v''$　(10-7)

水蒸气分压力　$p_v=\varphi p_v''$　(10-8)

式中　p_a——大气压力，Pa；

p_v''——干球温度θ条件下的饱和水蒸气分压，Pa。

3）含湿量指1kg干空气中的水蒸气含量，用x表示时

$$x=\frac{\rho_v}{\rho_d} \quad (10\text{-}9)$$

根据前述大气压力p_a、干空气分压力p_d、水蒸气分压力p_v和气体方程关系，则可表述为

$$x=0.622\frac{p_v}{p_a-p_v}=0.622\frac{\varphi p_v''}{p_a-\varphi p_v''} \quad (10\text{-}10)$$

由此看出，在一定的大气压力p_a条件下，含湿量随水蒸气分压力p_v的增大而增大。

（5）湿空气密度。湿空气密度宜按下式计算

$$\rho=\frac{1}{T}(0.003483p_a-0.001316\varphi p_\theta'') \quad (10\text{-}11)$$

式中　ρ——湿空气密度，kg/m³；

φ——空气的相对湿度；

p_a——大气压力，Pa；

p''_θ ——温度为θ时的饱和水蒸汽压力，Pa。

由式中可见，湿空气的密度ρ随大气压p_a的降低和温度T的升高而减小。当大气压和气温不变时，湿空气密度随相对湿度的提高而降低。

（6）湿空气的比焓

$$h = C_d\theta + X(r_0 + C_V\theta) \quad (10\text{-}12)$$

式中　C_d ——干空气的比热容，可取1.005kJ/（kg•℃）；

θ ——空气的干球温度，℃；

X ——空气的含湿量，kg/kg；

r_0 ——水在0℃时的汽化热，可取2500.8kJ/kg；

C_V ——水蒸汽的比热容，可取1.842kJ/（kg•℃）。

三、气水热交换

1. 湿式冷却塔中的气水热交换

湿式冷却塔中水是散热体，空气是受热体，空气从水中吸收热量后排出塔外，进入大气。湿式冷却塔中的气与水之间，通过三种形式进行传热：蒸发传热、接触传热、辐射传热。在冷却塔中以前两种形式为主，辐射传热在热交换的总量中占的比例很小，在设计计算中不予考虑。在夏季气温较高，蒸发传热量占到热交换总量的90%以上。在低温季节接触传热部分占的比例明显增加，可提高到50%～70%。

在蒸发散热过程中，水中高能量的分子逸出水面到空气中，水面附近的水分子总能量减小，从而使水温降低。蒸发过程与水、气温度的高低无关，在水温低于气温（干球温度）的条件下，蒸发仍然存在。接触传热则与水温和气温的高低有密切关系，只有水温高于气温时，热量才能通过接触由水传给空气，否则反之。

蒸发散热的过程存在着“质”的交换——水分子进入空气，水量产生“蒸发损失”。接触散热则只有热量交换，没有“质”交换。

2. 麦克尔（Merkel）方程

麦克尔方程是近代湿式冷却塔热力计算的基础。其特点是把蒸发散热和接触散热作为水—气热交换的主要形式，把质交换和热交换纳入热焓中，以焓差作为气水热交换的推动力。简化了计算，并具有能够满足工程设计要求的准确度。

麦克尔方程的形式为

$$dQ_0 = dQ_1 + dQ_2 = \beta_x(h'' - h)dA \quad (10\text{-}13)$$

式中　Q_0 ——水传给空气的热量，kJ/h；

Q_1 ——通过蒸发形式水传给空气的热量，kJ/h；

Q_2 ——通过接触形式水传给空气的热量，kJ/h；

β_x ——以含湿量差为基准的散质系数，kg/(m²•h)；

h'' ——水面温度条件下的饱和焓，kJ/kg；

h ——湿空气的焓，kJ/kg；

A ——气水接触的面积，m²。

在实际应用中，为了计算方便并适应淋水填料模拟试验的条件，通常用以下形式表达

$$dQ_0 = \beta_{xv}(h'' - h)dV \quad (10\text{-}14)$$

式中　β_{xv} ——淋水填料的容积散质系数，kg/(m³•h)；

V ——填料体积，m³。

β_{xv}值通过淋水填料小型模拟试验取得，与淋水密度和空气质量风速有关，一般表达式如下

$$\beta_{xv} = \alpha g^m q^n \quad (10\text{-}15)$$

式中　α ——系数；

g ——空气质量风速，kg/（m²•h）；

q ——淋水密度，kg/（m²•h）；

m，n ——指数。

α、m、n由填料小型模拟试验确定。不同热力特性（热交换性能）的填料，α、m、n值不同，α、m、n值是填料的热力特性的表征值。

3. 水的冷却极限温度

在通风条件下测得的空气湿球温度，被视为在该气象条件下水冷却的极限最低温度，这是在提供的空气是相对于热交换所需的空气量是无限的条件下测得的湿球温度（τ）。在湿式冷却塔中实际的运行状态下提供的空气量是有限的，所以在冷却塔中被冷却后的循环水温度（t_2）都降不到τ值的水平，而比τ值要高。这个差值通常称为“逼近度”。

一般情况下$t_2-\tau=5～8$℃

冷却塔的冷却性能越好，t_2越接近τ，则$t_2-\tau$也越低。

四、逆流式自然通风冷却塔

（一）冷却塔的空气动力计算

逆流式自然通风冷却塔空气动力计算是冷却塔工艺设计的重要组成部分，也是循环供水系统优化设计和热力设计的依据。在风的作用下，冷却塔内气水流场是三维两相流比较复杂的问题，如何在设计中选用实用可算的方法是冷却塔设计的重要课题。

空气动力计算包括阻力、抽力、大气垂直温度梯度及冷空气入侵的计算。

1. 阻力计算

（1）自然通风冷却塔的通风阻力计算宜按照式（10-16）计算

$$p = K\rho_m\frac{v_m^2}{2} \quad (10\text{-}16)$$

式中　p ——冷却塔的全部或局部通风阻力，Pa；

K——冷却塔的总阻力系数或局部阻力系数；

ρ_m——计算空气密度，当计算全塔总阻力时，ρ_m为进、出冷却塔的湿空气平均密度，kg/m³；当计算冷却塔的局部阻力时，ρ_m

为该处的湿空气平均密度，kg/m³；

v_m——计算风速，当计算全塔总阻力时，v_m为淋水填料计算断面的平均风速，m/s；当计算冷却塔的局部阻力时，v_m为该处的计算风速，m/s。

（2）冷却塔的通风阻力系数应符合下列规定：

1）应采用与所设计的冷却塔相同的原型塔的实测数据。

2）当缺乏实测数据时，应采用与所设计的冷却塔相似的模型塔的试验数据。

3）当缺乏实测数据或实验数据时，可按经验方法计算。

4）自然通风逆流式冷却塔的总阻力系数宜按下列公式计算

$$K=K_a+K_b+K_e$$

$$K_a=(1-3.47\varepsilon+3.65\varepsilon^2)(85+2.51K_f-0.206K_f^2+0.00962K_f^3)$$

$$K_b=6.72+0.654D+3.5q+1.43v_m-60.61\varepsilon-0.36v_mD$$

$$K_e=\left(\frac{A_m}{A_e}\right)^2$$

式中 K——冷却塔的总阻力系数；

K_a——从塔的进风口至塔喉部的阻力系数（不包括雨区的淋水阻力）；

K_b——淋水时雨区阻力系数；

K_f——淋水时的填料、收水器、配水系统的阻力系数；

ε——塔进风口面积与进风口上缘塔面积之比；

D——淋水填料底部塔内径，m；

v_m——淋水填料计算断面的平均风速，m/s；

K_e——塔筒出口阻力系数；

A_m——冷却塔淋水面积，m²；

A_e——冷却塔出口面积，m²。

阻力计算公式是通过实验拟合给出的，其应用有一定的范围，具体应用范围分别如下：

a）进风口面积与进风口上缘塔面积比 $0.35<\varepsilon<0.45$。

b）填料阻力系数 K_f 变化范围为 10～25。

根据计算，进风口面积与进风口上缘面积比由 0.35 下降至 0.30 后，阻力系数变化未出现剧烈波动，因此进风口区域阻力系数计算公式应用范围可以扩延至 0.30～0.45。

对于淋水时雨区阻力系数 K_b，其值是通过试验和数值计算给出的，应用范围如下：

a）塔底直径 60～100m。

b）填料断面平均风速 1.0～1.2m/s。

c）淋水密度 6～9m³/（m²·h）。

当塔底直径、填料断面风速以及淋水密度超出范围时，淋水时雨区阻力系数 K_b 会出现负值，导致计算出现错误，可以通过二维计算方法对雨区阻力系数进行计算。

5）排烟冷却塔的总阻力系数宜按照下列公式计算

$$K=K_a+K_b+K_e+K_d$$

$$K_e=\left(\frac{A_m}{A_e}\right)^2\left(\frac{G_3+G}{G}\right)^2$$

式中 K_d——烟道的局部阻力系数，可以通过物理模型试验给出，当无试验结果时，可忽略不计；

G——填料处的通风量，m³/s；

G_3——烟气量，m³/s。

6）冷却塔的外区配水总阻力系数宜按下列公式计算

$$K=K_{a1}+K_{b1}+K_e$$

$$K_{a1}=(1-3.47\varepsilon+3.65\varepsilon^2)(85+2.51K_{f1}-0.206K_{f1}^2+0.00962K_{f1}^3)$$

$$K_{b1}=(6.72+0.654D+3.5q+1.43v_m-60.61\varepsilon-0.36v_mD)\frac{A_0}{A_f}$$

$$K_{f1}=\frac{G_hK_h+G_cK_c}{G_h+G_c}$$

式中 K_{a1}——外区淋水时从塔的进风口至塔喉部的阻力系数（不包括雨水淋水阻力）；

K_{b1}——外区淋水时雨区阻力系数；

A_f——冷却塔内外区淋水面积之和，m²；

A_0——外区淋水面积，m²；

K_{f1}——外区淋水时的填料、收水器、配水系统的阻力系数；

G_h——外区通风量，m³/s；

G_c——内区通风量，m³/s；

K_h——外区填料淋水时阻力系数；

K_c——内区填料淋水时阻力系数。

7）海水冷却塔的总阻力系数计算公式同常规自然通风冷却塔。

2. 抽力计算

自然通风冷却塔的抽力宜按式（10-17）计算

$$D=H_eg(\rho_1-\rho_2) \tag{10-17}$$

式中 D——塔抽力，Pa；

H_e——塔的有效抽风高度，宜采用淋水填料中部至塔顶的高差，m；

g——重力加速度，m/s²；

ρ_1——进塔湿空气密度，kg/m³；

ρ_2——出塔湿空气密度，kg/m³。

自然通风冷却塔的外区配水的抽力计算可按式（10-18）计算

$$D=\int_0^{H_e}g\left(\rho_1-\rho_2-\frac{\rho_2-\rho_h}{H_e}z\right)\mathrm{d}z=H_eg(\rho_1-\rho_h)-\frac{1}{2}(\rho_2-\rho_h)gH_e \tag{10-18}$$

式中　ρ_h——塔外区填料上的平均湿空气密度，kg/m³。

在塔的出口由于热空气上升还会形成附加抽力，在外界风的作用下塔的抽力也将发生变化。这些问题在工程设计中均可以不考虑。

超大型自然通风冷却塔的外区配水的抽力计算公式在超大塔实测中得到验证，在其他规模塔中可参照使用。

海水冷却塔的抽力计算公式与常规冷却塔相同。

排烟冷却塔的抽力计算公式与常规冷却塔相同。烟气在冷却塔内排放时的附加抽力，可按负阻力系数表达。

考虑逆温影响时宜对抽力计算进行修正。

冷却塔最后是总抽力与总阻力平衡。

3. 不同标高自然风速计算

不同标高处的自然风速可采用式（10-19）计算

$$\frac{w_y}{w_r}=\left(\frac{Z_y}{Z_r}\right)^n \tag{10-19}$$

式中　w_y——标高 Z_y 处的风速，m/s；

w_r——已知标高 Z_r 处的风速，m/s；

Z_y——欲求风速的各处标高，m；

Z_r——已知风速 w_r 处的标高，m；

n——指数，可取 0.18～0.19。

（二）冷却塔的热力计算

1. 冷却塔热力计算要点

（1）自然通风冷却塔热力计算是在冷却塔本体优化基础上进行的，其目的之一，是在冷却塔塔筒各部尺寸、填料高度和特性已确定的条件下，根据各种气象条件、冷却水量和冷却幅高计算出冷却后的水温及相应的空气流量等参数。

（2）冷却塔热力计算的另一目的是求得冷却塔总阻力与总抽力的平衡和系统冷却任务与冷却塔冷却能力的平衡同时成立这一最终结果。

计算过程是先设定一通过填料层的空气流速及一冷却后水温的初始值，经过不断试算及反复迭代修改的过程，最后求得热力特性和空气动力特性都达到平衡时通过填料层空气流速和冷却后水温的最终值。

（3）热力计算采用焓差法。该法为填料模拟试验资料整理及原体塔观测资料整理广泛采用的方法。设计计算采用这一方法，使设计资料得到可靠的验证。

（4）逆流式冷却塔的淋水面积定义为淋水填料顶部标高处的塔壁内缘包围的截面积。冷却塔空气动力计算及热力计算时要扣除进水竖井、配水槽和梁柱所占的阻塞面积。当填料采用悬吊结构时，阻塞面积约为淋水面积的 6%，当填料采用搁置结构时，阻塞面积约为淋水面积的 11%。高位塔阻塞面积约为 10%。

2. 冷却塔的冷却能力

冷却塔的冷却能力由下述三部分组成：

（1）从配水喷头开始到填料顶面，水滴在上升空气流中冷却。这部分冷却能力约占全塔冷却能力的 10%。

（2）填料高度范围内的冷却。这一部分是冷却塔冷却能力的主要部分，约占全塔冷却能力的 70%。

（3）填料以下到水池水面之间水滴的尾部冷却。约占全塔冷却能力的 20%。

3. 冷却塔的热力计算

冷却塔的热力计算采用焓差法时，逆流式冷却塔热力计算宜按式（10-20）计算，公式右侧可采用辛普森（Simpson）近似积分法或其他方法求解。当采用辛普森近似积分法求解时，对水温 t_2 至 t_1 的积分区域宜分为不少于 4 等份；当水温差小于 15℃时，水温 t_2 至 t_1 的积分区域也可分为 2 等份

$$\frac{KK_aV}{Q}=\int_{t_2}^{t_1}\frac{C_w\mathrm{d}t}{h''-h} \tag{10-20}$$

$$K=1-\frac{C_w t_2}{r_{t2}}$$

式中　V——淋水填料的体积，m³；

Q——进入冷却塔的循环水流量，kg/s；

K——计入蒸发水量散热的修正系数；

r_{t2}——与冷却后水温相应的水的汽化热，kJ/kg；

K_a——与含湿量差有关的淋水填料的散质系数，kg/（m³·s）；

C_w——循环水的比热容，kJ/（kg·℃）；

t_1——进入冷却塔的水温，℃；

t_2——冷却后水温，℃；

h——湿空气的比焓，kJ/kg；

h''——与水温 t 相应的饱和空气比焓，kJ/kg。

式（10-20）中等号的右边为对所设计的冷却塔提出的冷却要求，等号的左边为满足右边冷却要求所采用的淋水填料种类和相应冷却水量下淋水填料的体积。

排烟冷却塔、海水冷却塔的热力计算可根据上述逆流塔的计算公式进行计算。

（三）逆流式双曲线自然通风冷却塔塔体优化

湿式自然通风冷却塔的风筒、斜支柱及环形基础的工程费用约占全塔费用的 2/3，在已知冷却任务的条件下，根据工程的风压、地基处理条件及材料单价等经济因素，经济合理地确定风筒各部尺寸在冷却塔设计中是很重要的。塔体优化就是综合空气动力、热力、结构和水力四方面的初步计算提出经济合理的风筒各部尺寸。

1. 塔体优化主要对下列参数进行确定

（1）塔体总高度 H_t 和底部直径 D_b 的比值 H_t/D_b 在地基处理费用较高地区，这一比值取较大值。在大风地区这一比值经优化后一般取较低值。控制条件为 $H_t/D_b<1.45$，一般取 1.15～1.4。

（2）喉部直径 D_a 与底径 D_b 之比值 D_a/D_b。这一比值主要影响壳体的工程量和出口阻力。控制条件为 $D_a/D_b \geqslant 0.52$，一般取 0.54～0.6。

（3）进风口高度 H_i 与底径 D_b 的比值 H_i/D_b 提高进风口高度可减小进风口阻力，同时也使进塔供水扬程提高。控制条件为 $H_i/D_b \leqslant 0.1$，一般取 0.07～0.1。

在优化比较时，除比较冷却塔初期投资费外，还要比较总费用，即投资费加冷却塔部分的水泵扬程形成的电耗在电厂运行时期（一般以 25 年计）内的费用，并把运行时期每年的费用折算到冷却塔投入运行时的现值，即采用复利计算公式中的等额支付序列现值公式。以式（10-21）表示

$$P = A\left[\frac{(1+i)^n - 1}{i(1+i)^n}\right] \tag{10-21}$$

式中 P——现值，元；

A——水泵年运行费，元/年；

i——投资利润率，可取电力工业投资回收率为 0.1；

n——电厂运行时期，取 25 年。

（4）填料层数。塔体优化中还要决定填料层数，填料一般每层为 0.5m 高。现已投产的大型冷却塔和塔体优化结果一般均为三层，即填料高度为 1.5m。增加填料高度可提高冷却效率，冷却效率除按高度比例增加外，还要乘一个修正系数。现在通用的薄膜式波型填料的修正系数可参考表 10-2 的数值。

表 10-2　薄膜式波型填料的修正系数

填料高度（m）	0.5	1.0	1.5	2.0	2.5
修正系数	1.08	1.0	0.9433	0.9025	0.872

在冷却塔淋水装置（包括配水、填料和尾部冷却）的冷却数 N 与风水比 λ 的比值 N/λ 高于 3.2 时，会出现冷却效果不稳定情况。所以在设计自然通风冷却塔时，当考虑增加填料高度以减小冷却塔面积时，应进行必要的试验研究和经济比较。

2. 塔体结构优化

（1）壳底斜率 $\tan\alpha$。建议在大风地区采用 0.32～0.35，小风地区采用 0.30～0.33。

（2）喉部至塔顶高度与塔全高比值（H_2/H_t）。一般为 0.15～0.3。采用较高值可降低壳体和基底的上拔力。现在国内大型冷却塔喉部上、下两段一般采用不同的双曲线，因而比值采用 0.25 较为合适。

（3）塔顶出口角。为避免塔顶横向风造成塔内气流的涡流，要求塔顶出口角不大于 6°～8°。

3. 塔体优化结果示例

（1）某电厂冷却塔。某工程装机容量 2×300MW，取用地表水经处理后作电厂循环供水系统的补给水源。电厂地处中温带，夏季频率 10%湿球温度为 19.9℃，相对湿度 73%，大气压力 881hPa。经优化结果冷却倍率采用 50，冷却后水温 28.2℃。塔体优化结果见表 10-3。

表 10-3　冷却塔塔体优化结果表

优化方案序号	$\frac{H_t}{D_b}$	$\frac{D_a}{D_b}$	$\frac{H_i}{D_b}$	塔总高 H_t（m）	底径 D_b（m）	喉部直径 D_a（m）	进风口高 H_i（m）	基建投资较最小值增加（%）	总费用较最小值增加（%）
32	1.24	0.54	0.086	97.53	78.66	42.47	6.76	0.0	0.0
35	1.22	0.56	0.086	95.98	78.67	44.05	6.77	0.18	0.14
36	1.20	0.56	0.086	94.77	78.98	44.23	6.79	0.37	0.35
52	1.22	0.56	0.084	96.13	78.79	44.12	6.62	0.56	0.13
53	1.20	0.56	0.084	94.8	79.09	44.27	6.64	0.62	0.22
56	1.18	0.58	0.084	93.4	79.15	45.91	6.65	0.78	0.37
19	1.26	0.54	0.09	98.54	78.21	42.23	7.04	3.71	3.49

（2）优化结果绘制费用等值线图。塔体优化组合方案可达上千个，结果比较繁杂，采用投资费或总费用绘制等值线图的方法表示，比较直观明晰。

［例 10-1］某工程条件：冷却水量 51854m³/h，冷却幅高 12.91℃，冷却后水温 31.5℃，大气压力 1000hPa，干球气温 29.2℃，湿球气温 26.4℃，10m 高程风速 4m/s，冷却能力以冷却数 $N=1.616\lambda^{0.571}$ 表示。

塔体优化结果等值线示例图如图 10-11 所示。

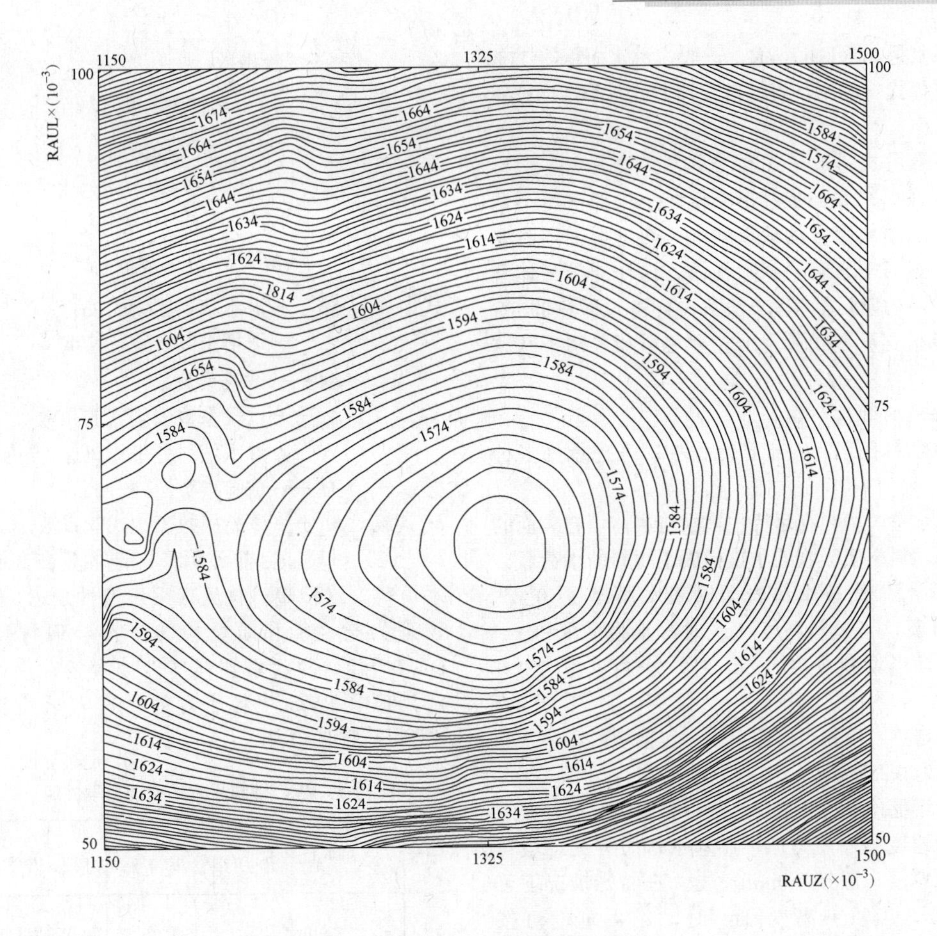

图 10-11　塔体优化结果等值线示例图

从图看出等值线较疏、数值较小的范围就是较优方案。

(四) 淋水填料的技术条件

淋水填料是湿式冷却塔的重要组成部分，是冷却塔中气、水进行热交换的核心部件。循环冷却水在填料中放出的热量占全部散热量的 70%以上，所以淋水填料的技术条件和要求是冷却塔设计中的重要内容之一。

1. 淋水填料的分类

根据水在填料中的运行状态，一般将填料分为三类。

（1）点滴式。水在填料中在重力作用下下落，经过不断的、多次的溅散形成大量水滴，从而增大水与空气的接触面积，达到提高冷却效果的目的。这种填料一般采用板条结构，和薄膜填料相比流通阻力小，具有较好的反污染特性。缺点在于单位体积的冷却能力较差，在同等冷却量下，需要更多的体积，施工和维修难度较大。

（2）薄膜式。水附着在填料表面上形成水膜，在重力作用下沿填料表面向下流动。这种填料呈片状垂直放置，表面压制成各种形状的凹凸条纹，增加冷却水自身的比面积，与空气接触面积大，其次使水膜在流动过程中产生扰动，延缓下行流速，增加与空气的换热时间，从而提高水与气之间的热交换效率。这种填料热交换效率高，目前逆流式冷却塔大多使用这种填料。缺点在于薄膜内的水速相对较慢，容易形成污染，随着时间的延长，可能出现堵塞现象，降低换热效率下降。

（3）点滴薄膜式。这种填料界于以上两种类型之间，热交换效率也居中；水在其中的运行状态有一部分溅散成水滴，同时又有附着填料上的水膜。

目前国内、外在逆流式湿式冷却塔中广泛应用的是薄膜式填料，这种填料多用 PVC 制作，生产工厂化，质轻，便于运输、安装；热交换效率高，阻力较小。

2. 填料支承型式

填料的支承型式一般有支撑式和悬吊式两种。

（1）支撑式。这种方式在填料底部要设由主梁、次梁、托架组成的支撑系统。主、次梁通常用钢筋混凝土预制；托架可用玻璃钢制造或铸铁浇铸而成。支撑式梁系复杂，阻风面积大，一般占淋水面积的 11%以上。支撑式一般用于填料自重较大或冬季结冰严重的地区。

（2）悬吊式。悬吊式的支承方式没有主、次梁系统，只在填料底部装悬吊小梁，小梁通常用不锈钢筋悬吊在填料上方的承重梁上，在这层上同时安装配水系统（配水管）和除水器。这样的悬吊体系减小了梁系的阻风面积，一般只占到淋水面积的 8%以下。悬吊支承方式适用于轻型填料和冬季不结冰地区。

3. 填料的荷载

淋水填料在运行、维护过程中应考虑承受多种荷载。

（1）水重。填料在运行中被水包裹，填料表面的附着水和填料材质吸收的水重构成了填料的水荷载。一般填料水荷载按填料表面附着水膜厚度 0.5～1.0mm 计算，当填料高度 1m 时，水膜重量 0.3～0.6kN/m²，当填料高度 1.5m 时，水膜重量 1.0～2.0kN/m²。

（2）自重。填料组件的自重，包括填料和垫条的重量，宜为 0.25kN/m³。

（3）垢重。填料在常年运行中表面会结垢，其结垢形成的速度和厚度与循环冷却水水质有关。填料表面结垢厚度一般按 1.0mm 考虑，在特殊情况下可酌情增减，当填料高度 1m 时，结垢重度可按 2.5kN/m² 计算；当填料高度 1.5m 时，结垢重度可按 3.7kN/m² 计算。

（4）冰荷载。在寒冷或严寒地区淋水填料下层构件的挂冰荷载，寒冷地区可采用 1.5kN/m²；严寒地区可采用 2.5kN/m²（水平投影面积）。

（5）检修荷载。当冷却塔检修时，在填料顶面上可能会出现检修人员负重的移动荷载，可采用 0.75～1.0kN/m²。这一荷载因是在检修时出现，一般不会与水荷载同时存在。这种荷载既增加了填料顶面承受的重量，又对填料顶面的承载能力也提出了要求，特别对塑料薄膜式填料。为了保护填料顶面不被损坏，检修时应要求在填料顶面上铺板操作。

排烟冷却塔塔内，当烟道支撑布置在中央竖井上方或者构架柱上时，结构计算应计算烟道的荷载。

4. 填料的主要技术特性

（1）冷却塔填料热力特性和阻力特性可按下列公式计算

$$N = A_0 \lambda^r \tag{10-22}$$

式中 N——冷却数；

A_0——试验系数；

λ——单位气水比，g/q；

r——试验指数。

$$\beta_{xv} = \alpha g^m q^n \tag{10-23}$$

$$\frac{\Delta p}{\gamma_a} = A v^M \tag{10-24}$$

$$A = A_x q^2 + A_y q + A_z$$

$$M = M_x q^2 + M_y q + M_z$$

式中 Δp——淋水填料阻力，Pa；

γ_a——进塔空气容重，N/m³；

A——试验系数；

A_x、A_y、A_z——试验系数表达式的系数；

v——淋水填料处平均风速，m/s；

M——试验指数；

M_x、M_y、M_z——试验指数表达式的系数。

（2）材质。目前使用最广泛的是薄膜式塑料淋水填料。这种塑料材质多采用改性 PVC 材质，其物理力学性能和质量检验应符合现行行业标准 DL/T 742《冷却塔塑料部件技术条件》的有关规定。其中 PVC 填料平片的物理力学性能指标要求列于表 10-4 中。

表 10-4　PVC 填料平片的物理力学性能

序号	项目名称		符号	单位	指标	检验方法
1	密度		ρ	g/cm³	≤1.55	GB/T 1033.1
2	加热纵向收缩率		S	%	≤3.0	
3	拉伸强度	纵向	σ_t	MPa	≥42.0	GB/T 1040.3
		横向			≥38.0	
4	断裂伸长率	纵向	ε_t	%	≥60	GB/T 1040.3
		横向			≥35	
5	撕裂强度	纵向	σ_{tr}	kN/m	≥150	QB/T 1130
		横向			≥160	
6	低温对折试验耐寒温度	普通型	t_b	℃	≤−22	
		耐寒型			≤−35	
7*	湿热老化试验后的低温对折耐寒温度	普通型	t_b	℃	≤−8	
		耐寒型			≤−18	
8*	氧指数		OI	—	≥40	GB/T 2406.1

注　带*的项目为型式检验时增加的项目。

表 10-4 中的“技术条件”还要求：PVC 填料平片的设计厚度宜在 0.35～0.45mm 之间选用。平片片厚的

允许偏差为±0.03mm。

（3）承载能力在安装和检修时施工人员需要在填料顶面上行走，特别对塑料填料应采取铺板等保护措施，同时要求填料组装块本身应具有必要的承载能力，以满足安装、检修及运行维护的要求。塑料填料组装块简支条件下的标准试件应能承受 3000N/m^2 的均布荷载。

（4）填料单位体积质量是结构设计的主要影响因素之一，对于塑料填料也是填料经济性指标。塑料填料的片厚大、片距小则单位体积质量就大，但这种填料的承载能力和组装刚度也大，所以塑料填料的这一指标除了考虑经济性以外，应结合填料的其他使用性能进行评价。为了保证塑料填料的技术性能和综合质量满足设计要求，设计文件中应明确设计采用的塑料填料的单位体积质量。

（5）通道尺寸填料通过固体碎屑（如树叶或其他片状、块状固体颗粒等）的能力是保证填料在常年运行中保持优良冷却特性的重要条件。对于由塑料片黏结组装而成的薄膜式塑料淋水填料更是如此。所以通道尺寸大小是选择和评价填料综合性能好坏的一个不可忽视的条件。通道尺寸大，通过污物的能力强，不易堵塞，通道尺寸宜按大于、等于凝汽器铜管外径考虑。

在上述淋水填料的各项技术特性中，热力特性和阻力特性是最基本的和主要的，是优选填料时首先考虑的条件和因素，并将其总称为淋水填料的冷却特性。

5. 淋水填料安装设计要点

在填料的安装设计中应注意以下一些技术要点。

（1）选型。目前国内冷却塔填料，特别是逆流塔使用的塑料薄膜式淋水填料品种很多，所以在初步设计阶段应注意做好填料选型工作。首先要选用冷却特性优良的填料，力求用较小的冷却塔投资获得能满足运行要求的较低的冷却水温；另外要考虑填料应具有良好的各种使用性能。

（2）填料高度的确定：不同类型的淋水填料冷却效率不同。点滴式填料一般采用较高的高度，在逆流式冷却塔中一般用到 3～4m，有的甚至更高；点滴薄膜式填料通常的使用高度稍低一些，一般取 1.5m 左右；薄膜式填料因其热交换效率高，通常采用的高度为 1.0～1.5m，由于薄膜式填料的特性，填料高度大于 1.0m 后，冷却水温降低不多，但会使投资增加，供水高度及电耗也有所提高。

填料高度的确定除了考虑经验和常规取值范围以外，根据塔形可做不同高度的优化计算。

（3）主要设计指标包括以下内容：

1）淋水填料的名称、型式，及其热力、阻力特性（表达式）；

2）塑料淋水填料片材的耐寒性要求（普通型、耐寒型）；

3）塑料淋水填料的平片厚度及其允许误差，片间距及组装块单位体积质量；

4）填料的承载能力要求；

5）填料材质的物理力学性能指标；

6）黏结组装的塑料填料在北方地区使用时，对现场黏结组装环境温度的要求及黏结剂的选型（普通型、低温型）；

7）根据工程具体条件应予明确的填料安装的其他技术要求。

（五）配水系统及水力计算

冷却塔的配水系统应满足在同一设计淋水密度的配水区域内配水均匀、通风阻力小、能量消耗低和便于维修等要求；冷却塔的配水型式应根据塔型、循环水量、水质等条件选择。

1. 配水系统的型式

配水系统主要有槽式、管式和管槽结合式等几种型式。配水系统布置在填料上方。循环冷却水通过管（或沟）引入冷却塔底部，再经过竖井送入配水系统。

（1）竖井布置。小型自然通风塔采用单竖井，布置在塔中央，故称中央竖井。随着冷却塔面积不断扩大，为了把水均匀地送到全塔，在 20 世纪 70 年代开始有的在塔内设置多个竖井（如 2 个、3 个或更多）。实践证明，多竖井对全塔均匀布水的效果并不明显，有时因为各进水分支流量、阻力不均衡或配水系统各区域的水量、阻力分配不均匀，还会造成全塔水量分配的不合理。个别竖井产生溢流。20 世纪 90 年代起至今采用中央竖井配以管式配水系统的方式渐多，配水效果良好。图 10-12 为五竖井的配水系统布置方式。

（2）槽式配水系统。槽式配水系统多用于中、小型冷却塔。有两级配水（主水槽—配水槽）和三级配水（主水槽—分水槽—配水槽）之分。淋水面积较大的冷却塔多用三级配水。分级越多，冷却水从竖井至配水点（喷嘴）之间的转折越多，配水越不易均匀。槽式配水系统的实例如图 10-13 所示。槽式配水系统中不同槽段之间衔接节点的局部阻力受到多种因素的影响，很难计算准确，同时由于施工（尺寸、形状）误差的影响，给槽式配水系统的水力计算造成很大困难。钢筋混凝土槽的沿程阻力较大，槽末端还会产生雍水，致使实际运行效果较难达到设计要求的均匀程度，所以在大型冷却塔中较少使用。

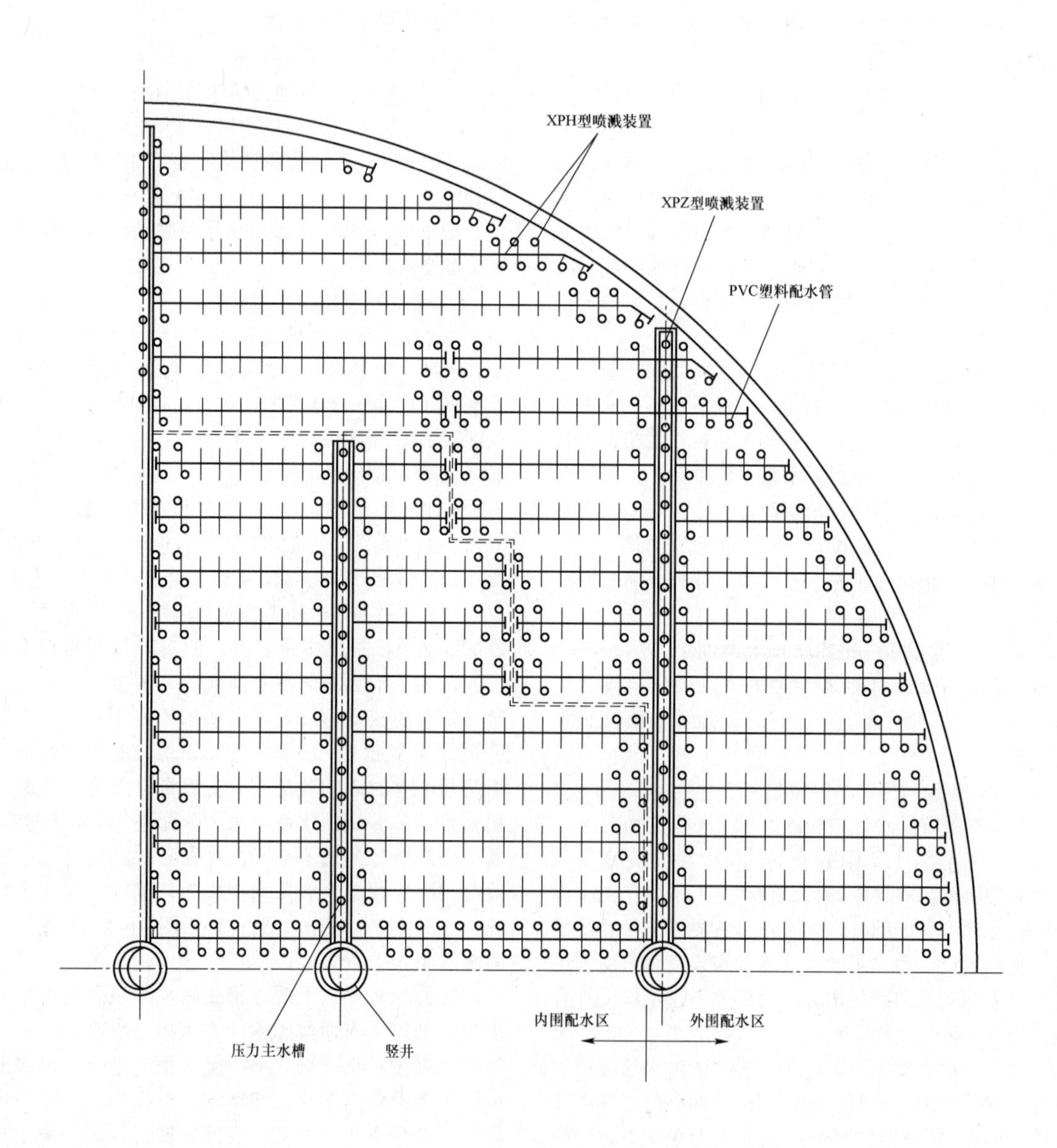

图 10-12　五竖井的配水系统布置方式

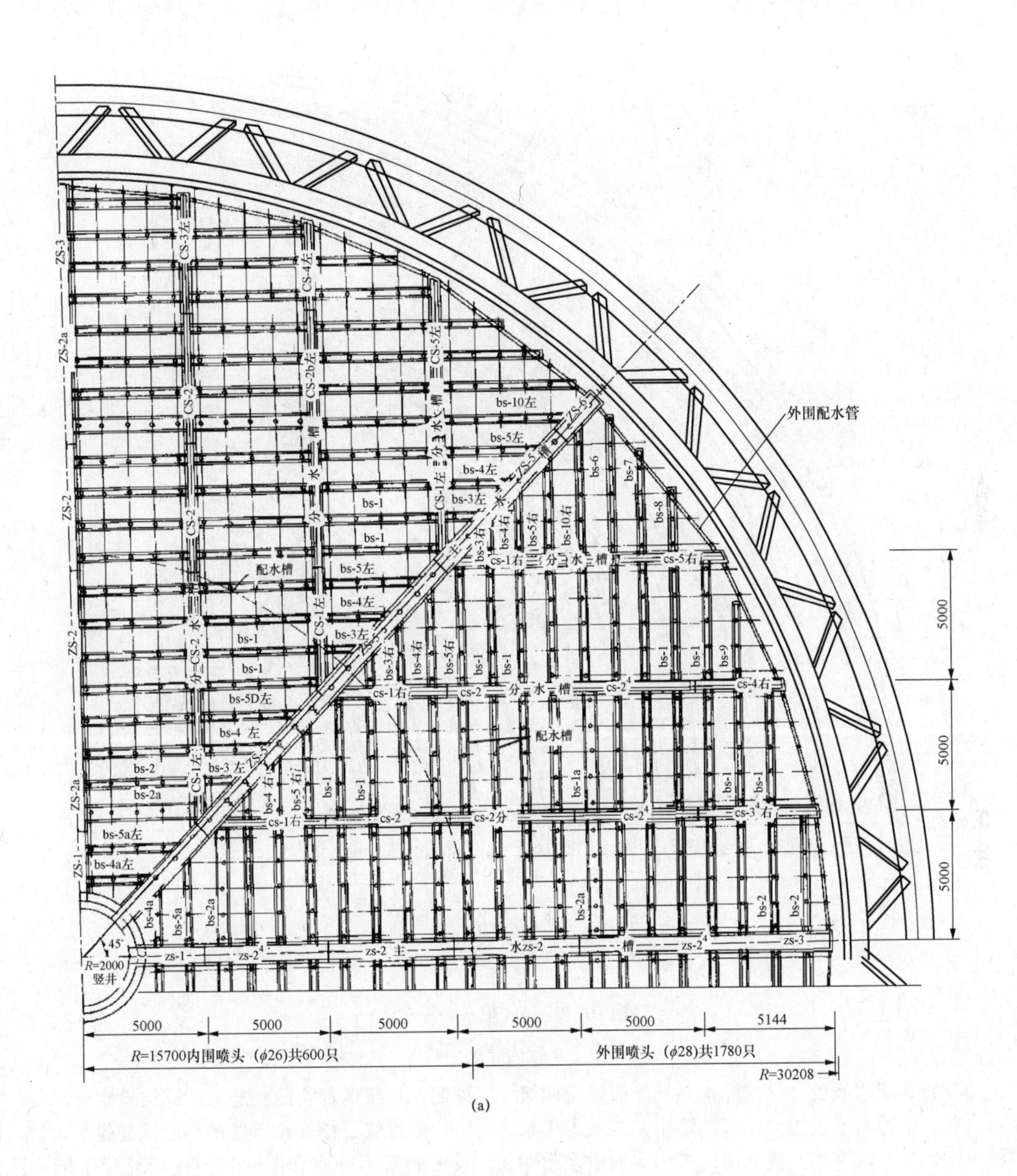

图 10-13 槽式配水系统（一）

（a）鱼骨状布置

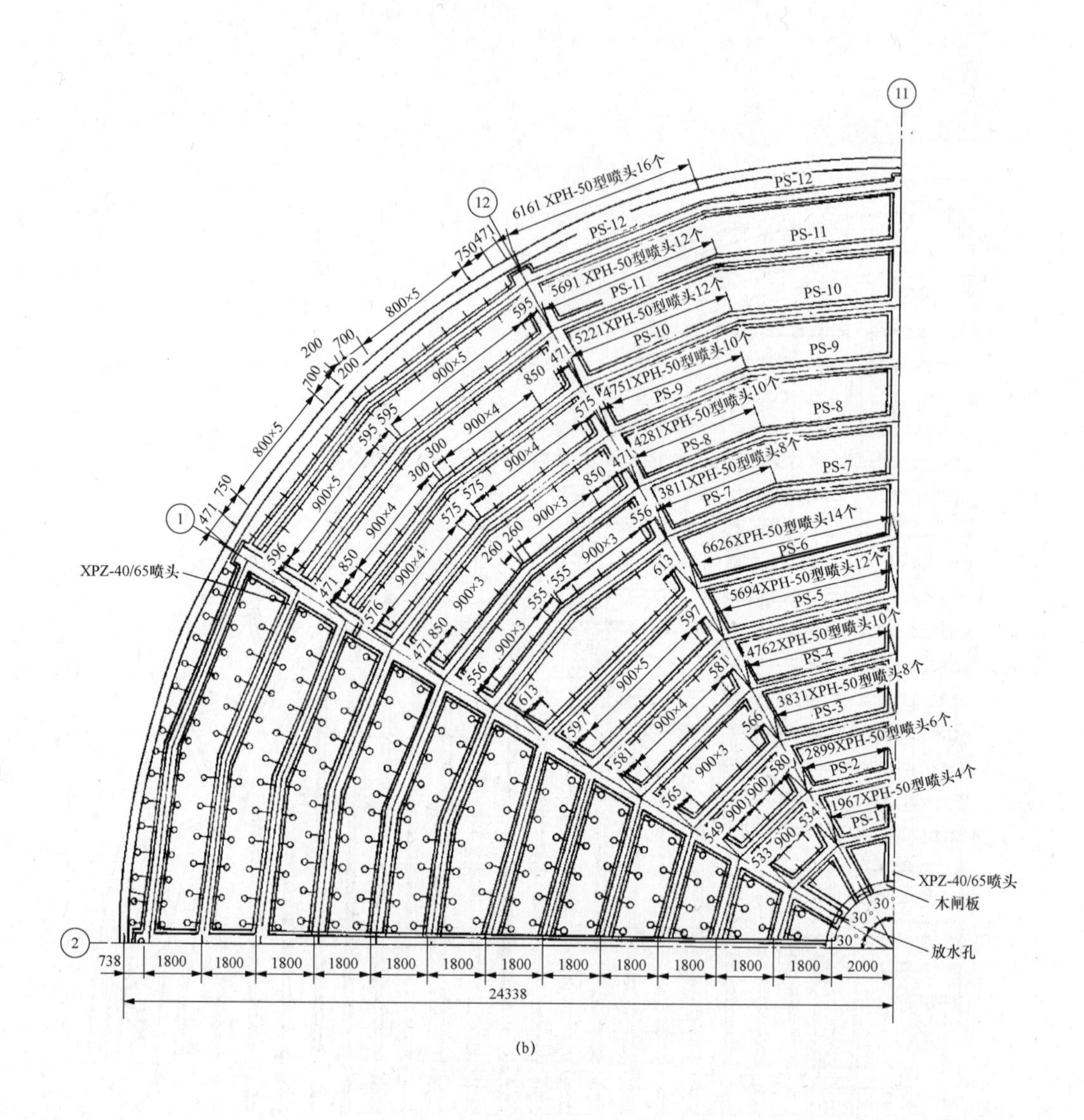

图 10-13　槽式配水系统（二）

（b）辐射状布置

（3）管式配水系统。管式配水系统一般采用两级配水：竖井中的水通过压力主水槽输出，从压力主水槽接出配水管布满全塔。目前国内压力主水槽多用钢筋混凝土浇筑制作；配水管采用塑料材质，多用聚氯乙烯（PVC），质轻、可工厂化生产、施工方便、安装误差小。这样的管式系统阻力小，压力分布均衡，可利用现有程序进行配水系统的水力计算，经运行实测证明，系统运行实际状态与计算结果吻合。

通过管、槽配水系统的小型试验说明，管式配水系统的压力分布和配水均匀性明显优于槽式配水系统；管式配水系统的阻力也小于槽式系统，所以在近年大型冷却塔设计中被广泛采用。管式配水系统实例如图 10-14 所示。

机力塔中多用从进水到配水的全管式配水系统。

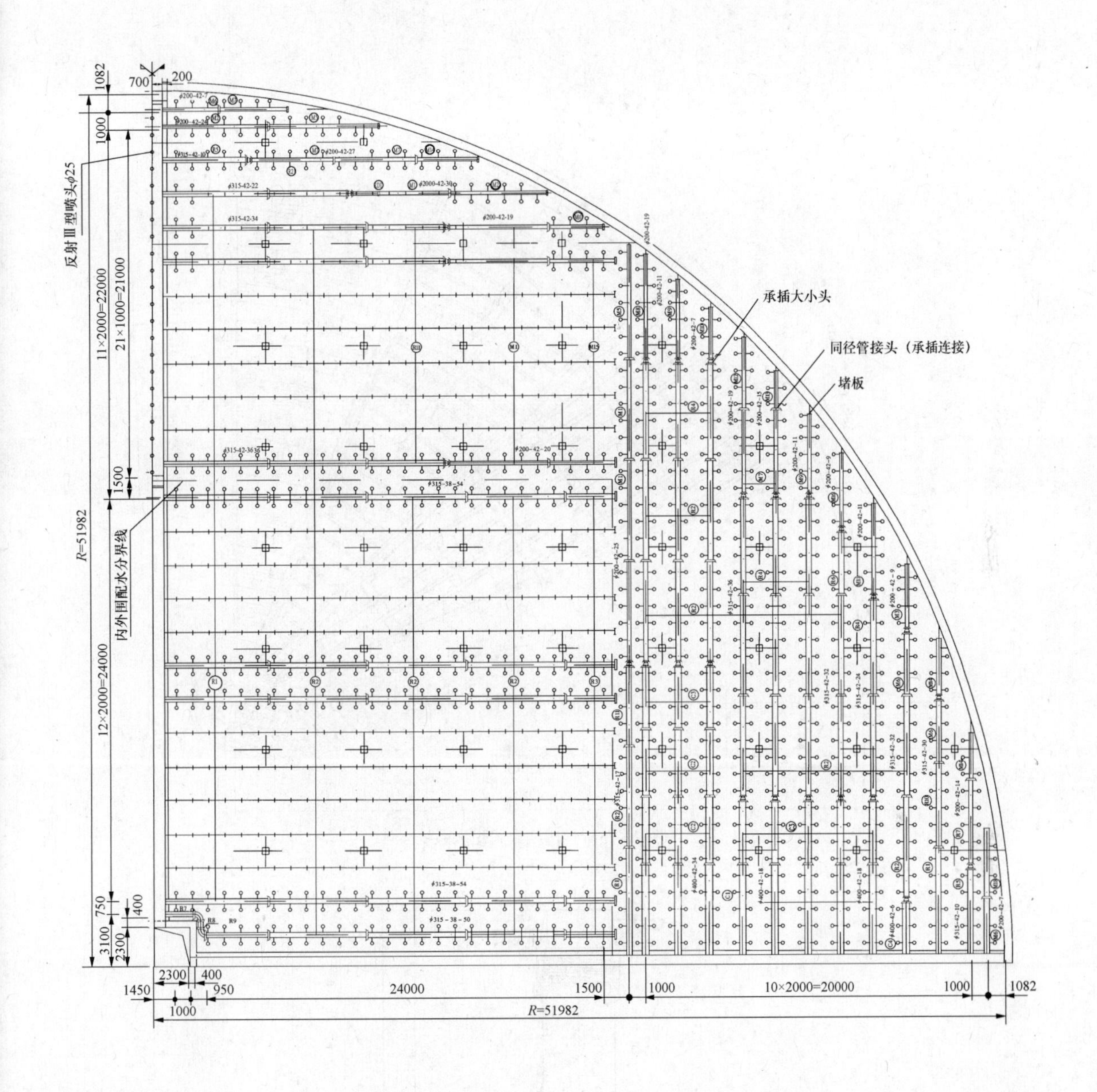

图 10-14　管式配水系统实例

（4）管槽结合式系统。管槽结合式系统是在同一塔内同时布置管、槽两种系统，或在不同的配水级别层次中采用不同的配水方式。图 10-15 为一座淋水面积为 4000m² 的自然通风塔的并联管槽结合式配水系统。塔内中心区为槽式，类似于小型冷却塔中常用的中央竖井辐射状布置的槽式配水系统；外围区为管式配水系统。这一并联系统的设计意图在于利用塔外的一组阀门控制塔内各区水量，达到配水均匀和冬季防冻的目的。

2. 喷溅装置的型式及特性

喷溅装置又称喷嘴，是配水系统将循环冷却水分布到全塔的最终出口。

（1）喷溅装置的常用型式。目前国内常用的喷溅装置根据水流喷溅的机理与形式分类，主要有重力溅散型（如常用的 RC 型）、反射型（如反射Ⅱ型、Ⅲ型）和旋喷型（如常用的 XPH 型）等几种，分别如图 10-16～图 10-18 所示。

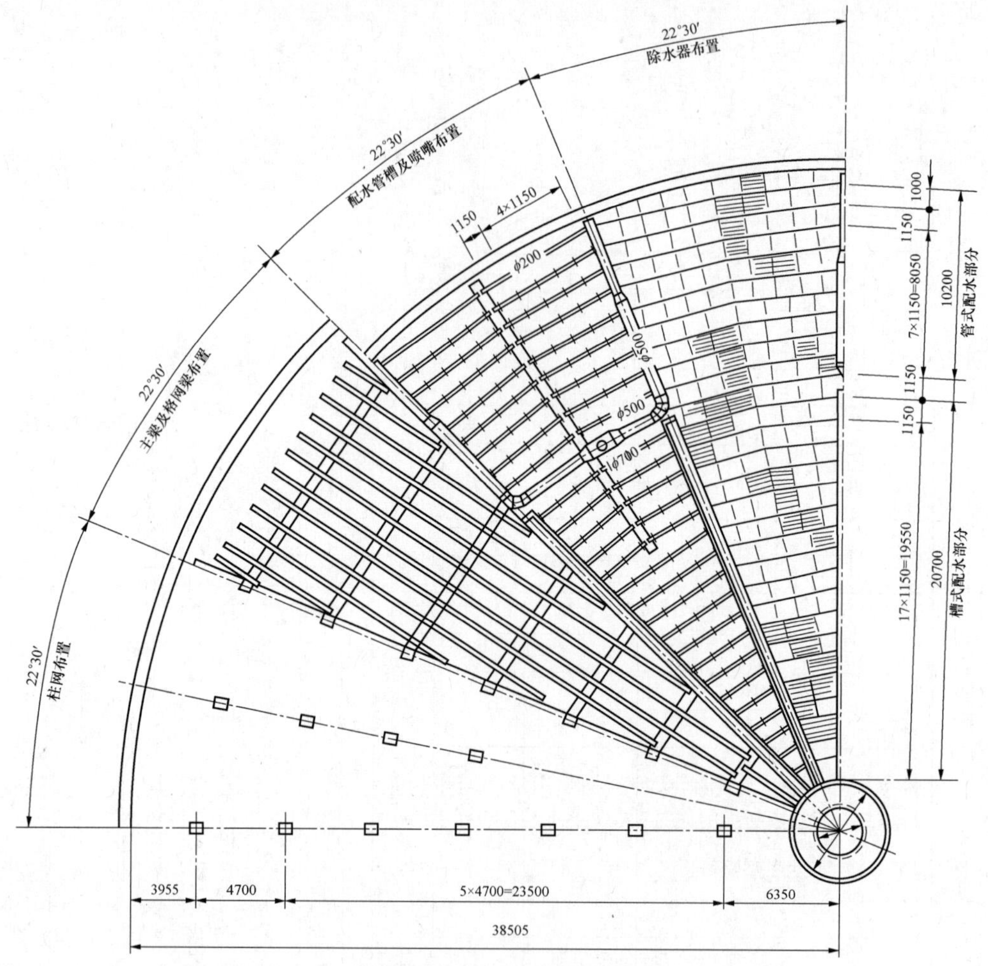

图 10-15　管槽结合式配水系统

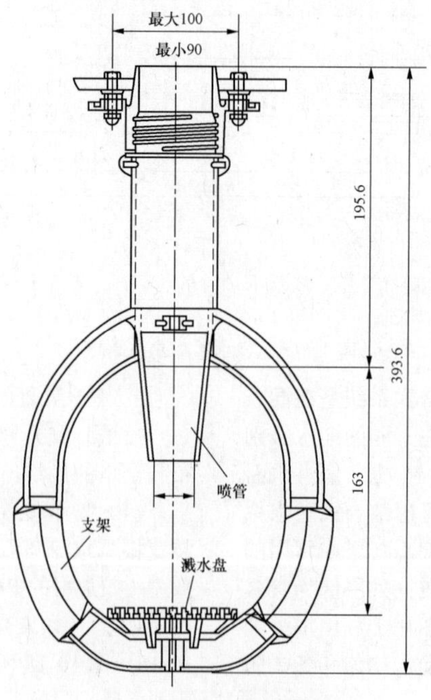

图 10-16　RC 型喷溅装置

除以上几种型式外，还有离心式、多层溅散式、上喷式等多种型式。

1）重力溅散型。水流出喷嘴后在重力和出口压力作用下冲击下方的溅散盘，使水溅散成水滴，故称重力溅散型。这种喷嘴形成的水滴粗大，有的还会形成伞形水膜（水滴溅散不充分便形成水膜，会增加通风阻力），在溅水盘下方有无水的“中空”区，导致单个喷嘴的水量分布和水滴状态不佳。由塔内喷嘴群形成的整体布水情况，因相邻喷嘴的布水相互起到补偿作用，比单个喷嘴的布水状态和效果要好些。

2）反射型。喷嘴下方有上下重叠的两层溅散盘，水向下冲击下层溅散盘后，上溅到上层溅散盘——反射盘，通过两盘之间的溅散与反射形成水滴的直径较小。这种喷溅装置溅散盘周围仍有伞状水膜存在，喷嘴下方仍有“中空”，但比重力溅散型有所改善。

3）旋喷型。喷头从横向进水，喷嘴向下。水流在喷头的蜗形壳体中旋转，在喷嘴出口形成伞状旋转水膜，冲击下方的溅散齿环，水膜溅散成水滴。这种喷头形成的水滴细小、均匀，破碎完全，在喷头下方分布合理，没有“中空”。能使喷嘴群形成的整体的水量分布达到良好的效果。旋喷型喷溅装置在喷头内部消耗了较多的工作水头，所以流量系数较小。为了保证喷嘴有较大流量，则旋喷型喷嘴口径比一般喷嘴大得多，一般喷头口径为 18～26mm，而旋喷型喷头口径可达到 32～50mm，这就使得这种喷头具有了不易堵塞的良好性能。

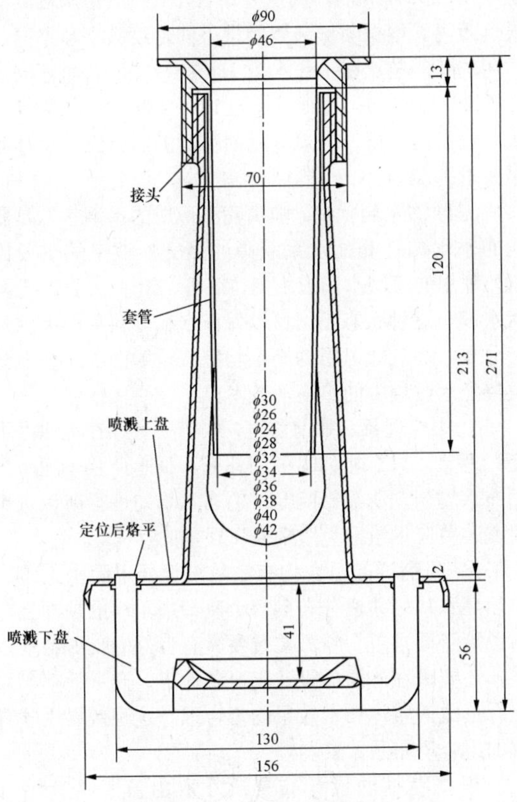

图 10-17　反射Ⅲ型喷溅装置

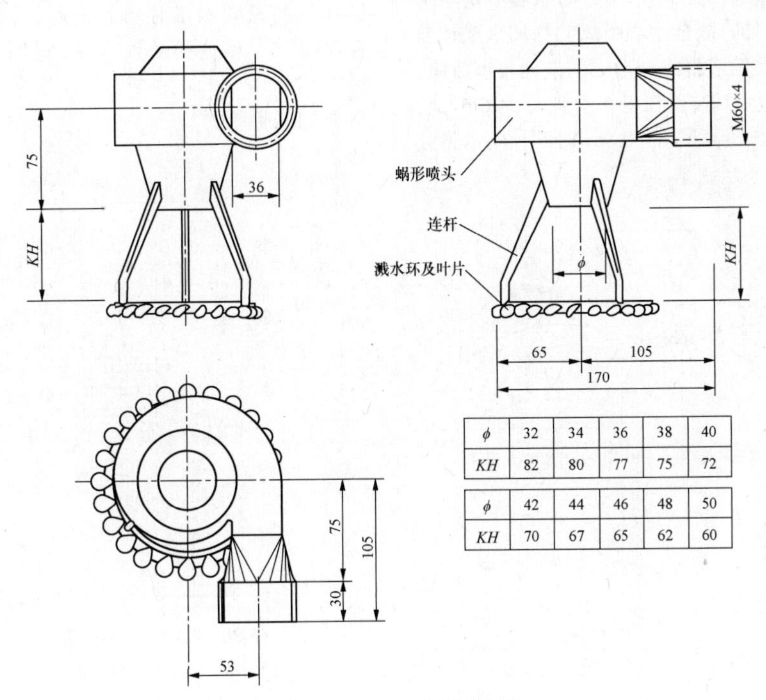

ϕ	32	34	36	38	40
KH	82	80	77	75	72

ϕ	42	44	46	48	50
KH	70	67	65	62	60

图 10-18　XPH 型喷溅装置

（2）喷溅装置的主要技术特性。在评价和选择喷溅装置型式时，主要从以下几方面的技术特性予以考虑。

1）工作水头与泄流量。这是单个喷溅装置的主要特性，也是冷却塔配水系统设计的主要依据之一。喷嘴的工作水头指喷嘴出口以上的运行水头。每一种喷溅装置喷嘴口径一定，工作水头与泄流量的关系通常用式（10-25）表示

$$Q=\mu A\sqrt{2gH} \tag{10-25}$$

式中 Q——喷溅装置泄流量，m^3/s；

μ——喷嘴流量系数，通过小型试验提供；

A——喷嘴出口净面积，m^2；

g——重力加速度，$g=9.81m/s^2$；

H——喷嘴的工作水头，m。

对于一定口径的喷嘴，A=常数。设 $K=\mu A\sqrt{2g}$。则喷溅装置泄流量计算式可简化成

$$Q=K\sqrt{H}$$

流量系数 μ 对同一型式的喷嘴而言是一定的。但实际使用的喷头由于生产制造中的不规范，往往与标准试件所得的 μ 值有较大偏差，在设计中应予注意。

2）喷溅特性。喷溅特性主要指单个喷嘴的水滴溅散效果和布水状态。一般包括以下内容。

a. 径向水量分布。径向水量分布是指单个喷嘴在一定口径、一定工作水头、一定溅落高度（溅散面至受水面的高度）条件下，以喷嘴为中心沿半径方向各点的水量分布。一般以单位时间的落水累积深度为单位，如 mm/min。理想的径向水量分布状态应是喷嘴下方最大，向外延伸，随至中心距离的增加水量逐渐减小，这样可以得到喷嘴群组合形成的最佳布水效果。图 10-19 是 XPH 型喷溅装置在工作水头 H=1.0m，喷嘴口径 ϕ=40mm，溅落高度 h_j=0.8m 时的径向水量分布柱状图及工作状态示意图。

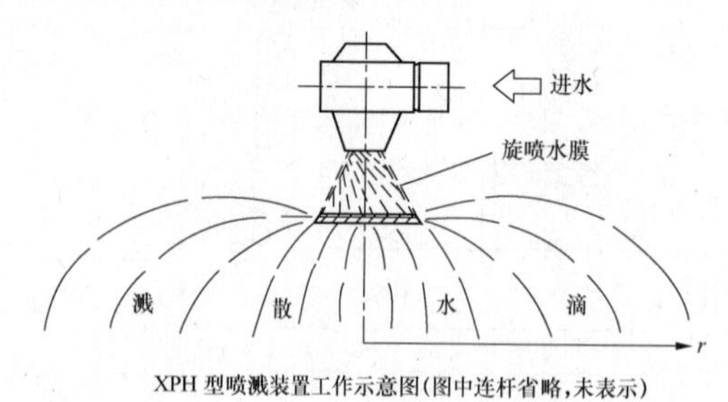

图 10-19　XPH 型喷溅装置径向水量分布图

b. 喷溅半径。喷溅半径是指以喷嘴为中心，在一定工作水头 H 和溅落高度 h_j 条件下，喷溅水滴达到的最远距离。根据喷溅装置类型不同，喷溅半径不同。常用的喷溅装置在工作水头 H=0.6～0.8m、溅落高度 h_j=0.7～1.0m 时，喷溅半径为 1.0～2.0m。喷溅半径过大、过小都不好，应以满足喷嘴群的组合配水总体效果要求为准则。

c. 喷溅水滴状态。喷嘴喷溅形成的水滴状态是影响布水均匀性和配水系统中的热交换效率的重要因素。理想的喷溅水滴应均匀、细小，无“中空”，无伞状水膜。这种状态不但可以保证水在填料顶面上的均匀分布，而且通风阻力小，与空气接触面积大，充分发挥配水过程中的热交换效率。

d. 中空现象。如前所述，喷嘴下方存在无水“中空”现象，只靠相邻喷嘴的补充，很难使整个配水平面布水均匀，明显影响全塔的布水均匀性。所以选用喷溅装置应尽量避免“中空”现象的存在。

3）喷嘴群的组合均布系数设计要求配水系统应将循环水均匀喷洒分布到整个冷却塔填料的顶面上，所以除了要求单个喷溅装置要具有良好的喷溅特性以外，还要求在确定的设计工况条件下，全塔的喷嘴群组合形成的整体布水效果均匀合理。这种效果用喷嘴群的组合均布系数表示。

根据喷嘴的设计布置尺寸取由若干喷嘴组合成的方阵（如图 10-20 所示）。在中部设中心计算区，并将其分成若干小格，以单个喷嘴在设计工况条件下的径向水量分布为依据，分别计算周围各喷嘴在每一小格内的叠加水量，进而求出各小方格水量的均方差 σ_0，即为在设计工况条件下的喷嘴群的组合均布系数。

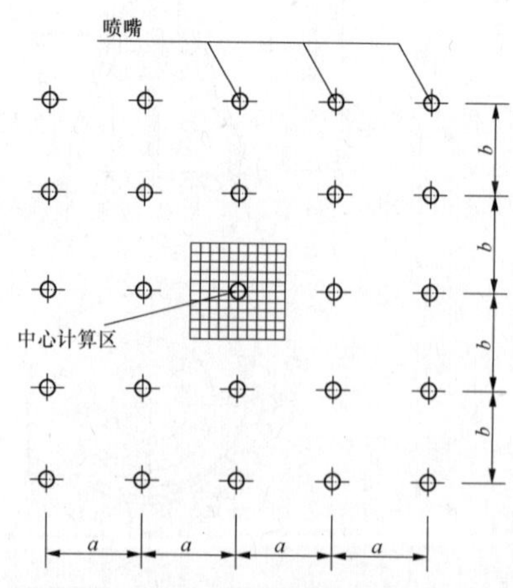

图 10-20　喷嘴群组合均布系数计算示意图

a、b—喷嘴布置间距

喷嘴群组合均布系数计算式如下

$$\sigma_0 = \frac{\sqrt{\frac{\sum_{i=1}^{n}(x_i - \overline{x})^2}{n}}}{\overline{x}}$$

式中　σ_0 ——喷嘴群组合均布系数；

n ——中心计算区域小方格的数量；

x_i ——每一个小方格中在周围喷嘴共同喷淋情况下的叠加水量（水深），mm；

$\overline{x}$ ——所有计算方格中叠加水量的平均值，mm。

σ_0 值越小，说明喷嘴群形成的水量分布越均匀。一般情况下认为 $\sigma_0 \leqslant 0.1$ 配水均匀性良好，$\sigma_0 = 0.1 \sim 0.2$ 配水均匀性一般。取得良好的配水均匀性一方面要选择单个喷嘴喷溅性能好的喷嘴，另一方面可适当调节喷嘴的布置间距，也可改善配水效果。

3. 配水系统的设计要点

配水系统工艺设计应注意以下要点。

（1）全塔的水量分布根据塔内空气流场分布和气水热交换特点，一般要求自然塔在填料顶面上的水量分布内小外大，外区淋水密度较内区约大15%～20%；在同一区域内的水量分布应均匀，单个喷嘴泄流量与同一区域喷嘴的平均流量相差不宜大于±5%。

（2）配水系统布置的总体要求为了运行维护方便，整个配水系统应尽量力求简单、层次明确，部件、设备少，配水分级层次少。

（3）为了保证系统中水流平顺、减小阻力，对系统中的流速应加以控制。槽式配水系统中主水槽起始断面流速宜取 0.8～1.2m/s，配水槽起始断面流速宜取0.5～0.8m/s；管式配水系统中配水管起始断面流速宜取1.0～1.5m/s；竖井中水流上升流速宜控制在0.5m/s左右。

（4）槽式配水系统中，在设计流量工况下，水槽高度应有不低于0.1m的余高，保证不发生溢流；当流量为设计流量的60%时，槽内水深不应小于 50mm，设计流量条件下，槽内水深不应小于喷嘴口径的6倍。为了检修方便，槽内底净宽不宜小于120mm。

（5）配水系统中的管、槽不设底坡（平坡，i=0）。

（6）系统中分流、分支的节点处，水槽之间、管槽之间的连接应圆滑，无尖角，转角不大于 90°，以保证水流通过的平稳、顺畅。

（7）喷嘴宜采用等间距布置方式，喷嘴间距一般取 0.8～1.25m，根据喷嘴特性和设计淋水密度要求确定，喷嘴间距应与配水管、槽的间距协调考虑。

（8）当采用压力水槽做主水槽时，压力水槽顶部应考虑设置排气管，排气管的间距、管径根据工艺要求确定，高度应高于竖井水位。

（9）配水管末端的悬臂长度不应大于该管段固定长度的1/3，保证配水管的稳定、牢固。悬臂长度过大时，应考虑增加支吊点。

（10）配水管的支吊安装方式一般有固定式和悬吊式。当配水管各管段间采用固结方式连接时，可采用悬吊式，当配水管各管段间采用柔性方式连接时，宜采用固定式，以防运行中接口脱落。配水管与压力主槽间的连接，应采取防拔脱措施。

4. 配水系统的水力计算

（1）概述。

1）水力计算的意义如前所述，冷却塔配水系统配水的均匀性、全塔水量分布的合理性直接影响着冷却塔中水气之间的热交换效率和塔的冷却特性，所以配水系统水力计算结果的科学性和准确程度，对冷却塔的高效运行具有明显的、不可忽视的作用，因此配水系统的水力计算在冷却塔设计中是一项重要的内容。

2）水力计算的目的通过水力计算达到以下要求：

a. 配水系统能将冷却塔设计水量全部分配到全塔；

b. 在塔内各规定区域的水量分布满足设计要求；

c. 在同一区域内的各个喷嘴的工作水头及水量分布均匀，单个喷头的配水量与该区域喷嘴平均配水量接近，误差在±5%以内；

d. 冬季分区配水的冷却塔外区配水量满足设计冬季水量要求；

e. 竖井水位高度合理，既能保证设计总水量的合理分配，又满足供水系统打水高度经济性的要求；

f. 管式配水系统保证在设计工况条件下满管运行并使配水管进口有一定的淹没深度；

g. 槽式配水系统中在可能出现的超过设计水量的条件下不产生溢流；在60%设计水量的条件下槽内水深应大于50mm，并不低于喷嘴口径的6倍。

3）配水系统水力计算特点。冷却塔的配水系统主要由输水管沟和泄水喷嘴两大部分组成。在系统正常运行状态下，系统中各个喷嘴和管沟中的水流处于相对平衡的稳定状态，任何一点的流量，压力的变化，都会引起相邻部位的压力、流速、阻力的变化，所以在正常运行中整个系统是一个相对稳定的整体。从而可以看出，为了达到并满足各项水力计算的目的与要求，系统的水力计算不能做到一蹴而就，而是一个需要经过多次调整、计算，逐步接近设计理想状态的过程。配水系统的水力计算虽然难度不大，但是一个反复调整计算的繁复过程。为了快速、准确地完成这一计算任务，取得满意的设计效果，管式配水系统可采用现成的计算机程序计算，计算结果具有满意的精确度，经实测验证，与实际运行状态接近。

机力塔的管式配水系统比较简单，一般用人工进行计算即可得到满意结果。

槽式配水系统，特别是大型自然通风塔的槽式配水系统，输水系统的层次多，各个连接结点的形式、形状、尺寸、角度等变化较大，施工偏差也较大，给阻力计算造成较多困难，计算结果的准确性也难以控制，所以槽式配水系统的水力计算多采用人工估算的方法，必要时可做物理模型试验进行校验或修正。

自然通风冷却塔的水力计算主要包括两大部分：一是进水段部分，二是配水系统部分；机械通风冷却塔的配水系统和进水段都较简单，并且多是直接相连的管式系统，水力计算则一般作为一个整体考虑；横流式冷却塔多用池式配水系统，进水段和配水系统界线清晰，通常也分两部分计算。

（2）冷却塔进水段的水力计算从设计图纸的分工范围和衔接要求考虑，一般以冷却塔水池外 1m 为冷却塔与外围相关部分对接的界线，此界线的内侧属冷却塔部分的设计计算范围，冷却塔进水段即以此为起点，直至竖井顶部（压力主水槽进口）的水位。

进水段一般由进水管（沟）、伸缩节、弯头、垂直竖井组成；当采用多竖井配水系统时，还可能包括分叉管等管件。这部分的水力计算和常规的管、沟计算相似，其阻力由沿程阻力和局部阻力组成。进水段水力计算中的竖井水位应与循环水系统计算协调统一。

（3）管式配水系统的水力计算。目前国内大中型自然塔多采用管式配水系统，且有现成的计算程序可用，本节主要简单介绍中央竖井、输水主槽和配水管组成的管式配水系统的水力计算方法。

配水系统的水力计算是在配水系统总体布置已初步确定的前提下进行的，如竖井个数、位置、截面尺寸；输水主槽的布置尺寸及断面形式、尺寸；配水管和喷嘴的布置间距、高度、口径等基本确定。在此基础上进行计算和调整，以便使配水系统达到设计的运行状态。

1）基本计算式。配水系统水力计算中常用的基本计算式有以下几个。

a. 管道沿程水头损失

$$\Delta H=\lambda\frac{L}{D}\frac{v^2}{2g}$$

$$\lambda=0.1\left(1.46\frac{\varDelta}{D}+\frac{100}{Re}\right)^{0.23}$$

$$Re=vD/\nu$$

式中 ΔH ——管道沿程水头损失，m；

λ ——沿程阻力系数；

L ——管道长度，m；

v ——管道内平均流速，m/s；

D ——管道内径，m；

Re ——雷诺数；

ν ——水的运动黏度，当水温为 40℃时，$\nu=0.659\times10^{-6}\text{m}^2/\text{s}$；

$\varDelta$ ——配水管的粗糙度，与材质有关，塑料管 $\varDelta=0.0001$m，石棉水泥管 $\varDelta=0.0003$m；

g ——重力加速度，$g=9.81\text{m/s}^2$。

b. 变径管水头损失：配水系统中常用的变径管是管径从大到小，如图 10-21 所示。

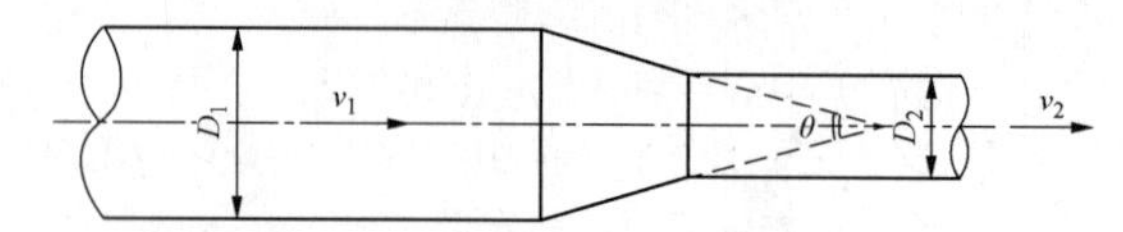

图 10-21 变径管水头损失计算示意图

θ—变径管的收缩角，以弧度表示

计算式如下

$$\Delta H=S\frac{v_2^2}{2g}$$

$$S=\frac{D_1^2}{D_2^2}$$

式中 ΔH ——变径管水头损失，m；

S ——阻力系数，是管径平方比（D_1^2/D_2^2）的函数；

D_1、D_2 ——分别为大、小管管内径，m；

v_2 ——小管的平均流速，m/s；

g ——重力加速度，m/s²。

c. 三通管水头损失计算如图 10-22 所示。

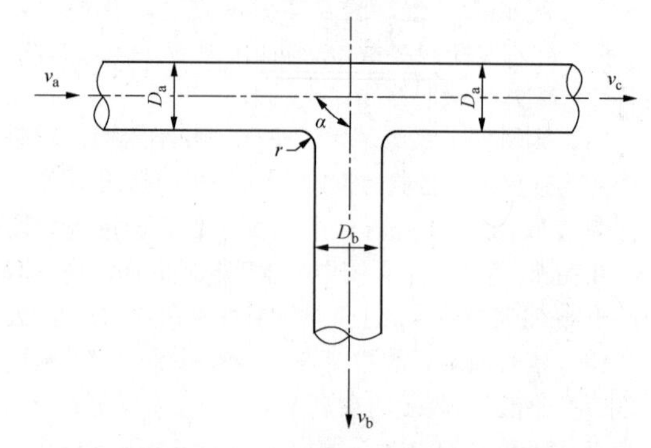

图 10-22 三通管水头损失计算示意图

三通管水头损失计算式如下

$$\Delta H=S\frac{v_a^2}{2g}$$

$$S=f(q,a,p,f)(a\to b)$$

$$S=f(q)(a\to c)$$

$$q=\frac{Q_b}{Q_a}$$

$$p=\frac{r}{D_a}$$

$$f=\frac{A_b}{A_a}$$

式中 ΔH ——三通管水头损失，m；

S ——阻力系数；当计算水流 a 管→b 管的

阻力时 S 是 q、a、p、f 的函数，计算水流 a 管→c 管的阻力时 S 是 q 的函数；

q——流经 b 管的流量 Q_b 与流经 a 管的流量 Q_a 的流量比；

p——a 管至 b 管的内转弯半径 r 与 a 管直径 D_a 的比值；

f——b 管过流面积 A_b 与 a 管过流面积 A_a 之比。

d. 进口水槽和配水管进口的水头损失计算式如下

$$\Delta H = 0.5\frac{v^2}{2g}$$

式中　ΔH——进口水头损失，m；

v——进口流速，m/s；

g——重力加速度，m/s²。

e. 压力主槽沿程损失计算式与管的沿程损失计算式相似。

$$\Delta H = \lambda\frac{L}{D}\frac{v^2}{2g}$$

$$\lambda = 0.1\left(1.46\frac{\Delta}{D} + \frac{100}{R_e}\right)^{0.23}$$

$$R_e = vD/\nu$$

式中　ΔH——槽的沿程水头损失，m；

λ——沿程阻力系数；

L——槽长，m；

v——槽内平均流速，m/s；

D——水力直径，对水槽 $D=\frac{2BH}{B+H}$，B、H 分别为水槽的宽度和高度，m；

R_e——雷诺数，计算方法同前；

Δ——水槽的粗糙度，混凝土 Δ=0.015m；

g——重力加速度，m/s²。

2）输水主槽的水力计算。输水主槽从竖井上部引出，水平走向直至塔的外周。配水管从主槽两侧壁等间距相对引出伸向全塔，如图 10-23 所示。

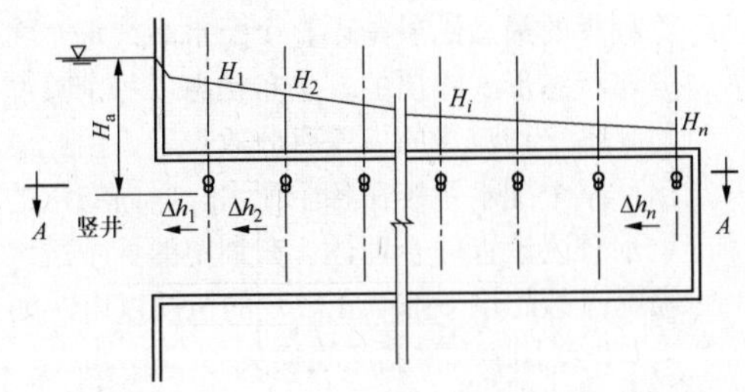

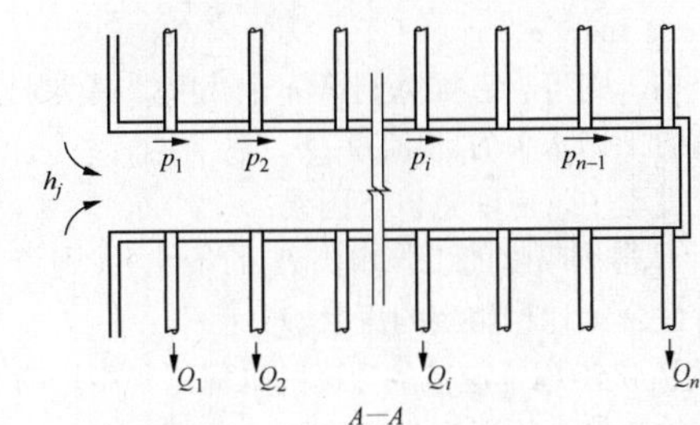

图 10-23　输水主槽水力计算示意图

输水主槽的水力计算，在设定竖井水位 H_a 和每根配水管流量 Q_i 的条件下，由主槽进口向末端逐步推算，计算各部分阻力和配水管进口水头。主要包括以下内容。

a. 主槽进口损失 h_j；

b. 主槽沿程损失 Δh_i，因为每经过一对配水管便从主槽中引出一部分水量，主槽沿途流量是分段递减的，所以主槽的沿程水头损失应分段逐次计算；

c. 流经每根配水管分流的局部水头损失 p_i。

根据以上内容则可计算主槽进口第 1 根配水管的进口压力 H_1 为

$$H_1=H_a-h_j-\Delta h_1$$

第 2 根配水管进口的压力 H_2 为

$$H_2=H_1-\Delta h_2-p_1$$

以此类推，直至主槽末端的最后一根配水管。最终可计算出主槽各段的流量、水头损失及每根配水管的进口压力 H_i。

压力计算的基准点以配水管上喷嘴的出口高度为准。

3）配水管的水力计算。配水管从主槽引出，水平延伸到所需到达的位置，当管路长度较长时，随着管中水量的减少，必要时可在中段合适位置设变径管。在配水管上等距离均匀布置 n 个喷嘴，在喷嘴型式、口径设定的条件下，喷嘴特性为已知

$$Q_i = K\sqrt{H_i}$$

式中　Q_i——喷嘴流量，m³/s；

K——流量系数；

H_i——喷嘴工作水头，以喷嘴出口高度为准计算，m。

在输水主槽水力计算的基础上，进行配水管计算。首先确定配水管进口水头 H_0 和配水管的总配水量 Q_0，水头计算均以喷嘴出口为准。从配水管进口开始，逐步向管末端推算，如图 10-24 所示。

从配水管进口至第 1 个喷嘴，其间有管道进口局部水头损失 h_j，管进口至第 1 个喷嘴的沿程水头损失 Δh_1，则第 1 个喷嘴的工作水头 H_1 为

$$H_1=H_0-h_j-\Delta h_1$$

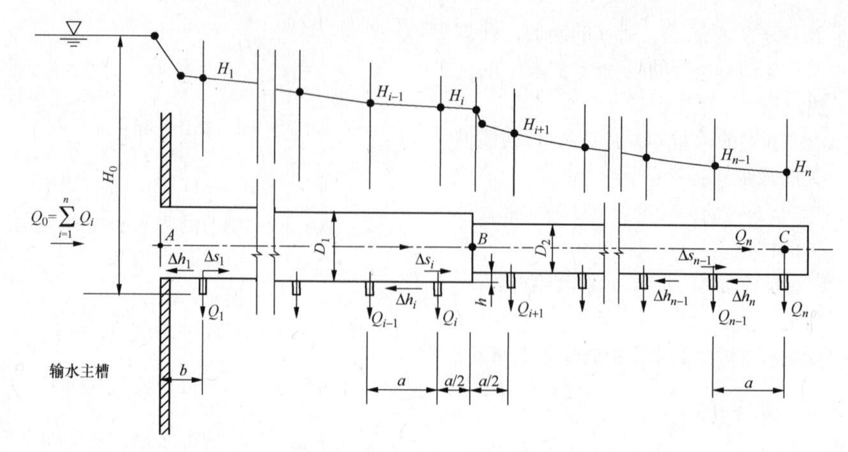

图 10-24 配水管水力计算示意图

随后则可推算第 2 个喷嘴的工作水头 H_2

$$H_2=H_1-\Delta h_2-p_1$$

式中 Δh_2——第 1 个喷嘴至第 2 个喷嘴之间的管路沿程水头损失，m；

p_1——水流经过第 1 个喷嘴的局部水头损失，m。

以此类推，则可一直推算到第 n 个喷嘴。最终求得每个喷嘴的工作水头 H_i 和流量 Q_i。

在推算过程中，应注意以下因素：

a. 在计算得到喷嘴的工作水头 H_i 的条件下，则可利用喷嘴特性公式计算相应的流量 Q_i；

b. 管内流量沿程是逆减的，逐段推算过程中，喷嘴前后管内的流量（流速）是变化的；

c. 当喷嘴间设有变径管时，应考虑变径管产生的局部水头损失；

d. 变径管前后，因管径和管底高度的变化（h），喷嘴出口高度也随之变化，喷嘴的工作水头高度也应做相应调整。

用上述方法从配水管进口逐次推算到管末端，则可依次计算出沿程每个喷嘴的工作水头 H_i 和喷嘴流量 Q_i，当配水管上共安装 n 个喷嘴时，则配水管的总泄水量为 Q_0

$$Q_0=\sum_{i=1}^{n}Q_i$$

当计算所得的该配水管的总泄水量 Q_0 与设计要求的数值有差异时，或各个喷嘴流量分配不均时，应对该配水管的相关设置进行调整重新计算，以便满足设计要求。如：①调整配水管管径；②调整喷嘴口径；③当有大的差异或水量分布不合理时，可考虑调整配水管和喷嘴的间距。

冷却塔配水系统的水力计算虽然分进水段、输水主槽和配水系统等几部分，但各部分之间的水量、水压等边界条件是相互衔接的，如竖井水位是输水主槽的进水位，主槽内的水压又是配水管的进口水压，所以在分段计算中仍应把塔内整个输、配水系统视为一个整体，任何一点水量、水压的变动和调整都会影响到与其相邻和相关的参数的变化。

（4）配水系统水力计算的结果。配水系统水力计算程序的最后结果是以整个配水系统每个喷嘴的流量分布状态形式输出的。分布状态以每个喷嘴的泄流量与喷嘴平均流量的偏差百分数表示。由此结果可以看出，整个配水系统在各个配水分区内布水的均匀性及配水分区设置的合理性；在划定的各个配水分区内，喷嘴流量的偏差控制在限定的范围以内，如±5%。

（六）除水器及风吹损失

1. 冷却塔的风吹损失水量

湿式冷却塔运行中，水、气直接接触。循环冷却水在冷却塔的配水系统和填料中溅散形成大量水滴，被气流挟带飘逸出塔，造成冷却塔的风吹水量损失。机力塔的风速大，风吹损失水量比自然塔更大。风吹损失水量占循环水总量的百分比称之为风吹损失水率 P_d。

对装有除水器冷却塔的风吹损失水率的要求如下：

机械通风冷却塔 P_d=0.1%

自然通风冷却塔 P_d=0.05%

当具体工程条件有特殊要求时（如采用海水冷却塔或在冷却塔附近有居民区），应采用高效除水器，如双波形除水器，可将风吹损失水率降到0.001%以下。

2. 除水器的应用

除水器是湿式冷却塔中消除气流中挟带的水滴并截流回收的一种装置，在机力塔中很早已开始使用。

自然通风塔中安装除水器，只要除水器具有高效、低阻的良好性能，不但不会影响冷却效果，还对冷效有利，实测证明约可降低冷却水温 0.2℃。湿式冷却塔安装除水器已成为工艺设计中必不可少的内容。

3. 除水器型式与特性

（1）除水器型式。目前国内常用的除水器型式有波型（BO 型）、弧型（HU 型）以及横流塔专用的一些型式，如图 10-25 所示。一般除水效率较高，阻力也较小。材质以塑料为主，多用聚氯乙烯（PVC）挤拉成型工艺制作。不论哪种型式都是利用惯性冲击原理达到除水目的的，即水滴随塔中气流经过除水器时，水滴质量大，在惯性作用下，在除水器的弯道中冲击到除水器片上，并附着在上面形成水膜，积聚成大水滴后再回落到塔中。这种型式的除水器结构简单，制作方便，能满足一般的除水要求，所以得到广泛应用。

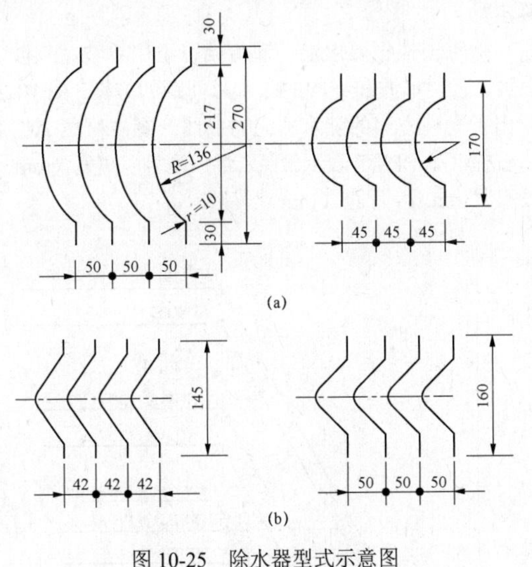

图 10-25　除水器型式示意图

（a）弧形；（b）波形

（2）除水器特性。为了满足设计、运行需要，除水器应具有高效、低阻、耐用、阻燃等基本特性。

1）除水器阻力。气流通过除水器的阻力是冷却塔总阻力的一个组成部分，所以要求除水器阻力不应过大，以免影响冷却塔的冷却效果。除水器阻力用下式表示

$$\Delta h = K_e \rho_2 \frac{v_e^2}{2}$$

式中　Δh ——除水器阻力，Pa；

K_e ——阻力系数，由小型试验提供；

ρ_2 ——通过除水器空气的密度，一般指填料出口的空气密度，kg/m³；

v_e——通过除水器的风速，m/s。

一般小型试验提供的除水器阻力习惯表示为单位空气密度的阻力，即以 $\dfrac{\Delta h}{\rho_1}$ 表示，ρ_1 为塔外空气密度（kg/m³）。为了使用方便，通常用风速 v 和阻力 $\dfrac{\Delta h}{\rho_1}$ 的对应表来表示，或用 $v-\dfrac{\Delta h}{\rho_1}$ 关系曲线表示，如图 10-26 是 BO-42/145A 型除水器的阻力曲线、效率曲线及片型示意图。

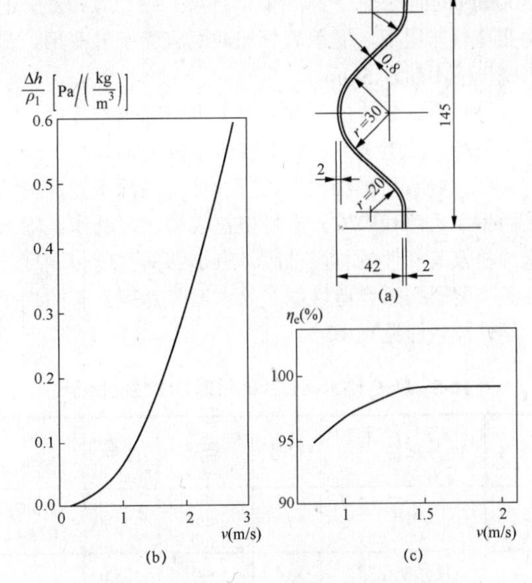

图 10-26　BO-42/145A 型除水器特性曲线

（a）片型示意图；（b）阻力曲线；（c）效率曲线

对于机械通风冷却塔，因为是用机械通风，对除水器的阻力限制不是很严格，主要要求除水效率要高，但对自然通风塔而言则要求除水器阻力不应太大。在自然塔正常运行的风速范围以内（v=0.8～1.5m/s），阻力不应大于 2.5Pa，当阻力大于 3.0Pa 时，就可能影响自然塔的冷效。

2）除水效率。除水器的除水效率和阻力一样，是除水器的主要特性之一。除水效率用下式计算

$$\eta_e = \frac{w_1 - w_2}{w_1} \times 100\%$$

式中　η_e ——除水效率；

w_1 ——除水器前单位体积塔内气流挟带的水滴重量，kg/m³；

w_2 ——除水器后单位体积塔内气流挟带的水滴重量，kg/m³。

目前我国电力工程中常用的几种除水器，风速 v=1.0m/s 左右时的除水效率都在 95%以上。随着风速的提高，除水效率还有所提高。这样的效率水平可满足一般工程对除水、环保的要求。当工程有特殊的更高要求时，应选用高效除水器。

3）组装刚度。除水器在冷却塔中的安装方式类似于简支梁，除水器组装块的两端支承在梁上。在常年运行中除水器组装块承受的荷载包括自重、水重和垢重三部分。如果组装块刚度不够，会产生挠度过大、整体变形、片型倒伏等现象，这样既影响除水效率，同时增大通风阻力，对运行产生不良后果，所以要求除水器（组装块）应具有足够的组装刚度。除水器组

装刚度应满足以下要求：除水器的标准组装块在净跨1300mm的简支条件下，在300N/m²（38℃，72h）的均布荷载作用下，支承处和加载面应无明显变形，最大挠度应不超过5mm。

除水器组装块的刚度大小主要与除水器片型、片厚、材质以及组装方式和组装质量有关。

4）材质。目前国内电力行业使用的除水器片主要采用聚氯乙烯（PVC）塑料挤拉成型工艺制作。除水器片材及其部件的材质都应具有足够的强度和刚度，并具有耐温、阻燃等性能。除水器弧片应具有的物理力学性能指标见表10-5。

表10-5　PVC除水器弧片的物理力学性能指标

序号	项目		符号	单位	指标	检验方法
1	密度		ρ	g/cm³	＜1.60	GB/T 1033.1
2	尺寸变化率		M	%	≤5.0	
3	拉伸强度		σ_t	MPa	≥40	GB/T 1040.3
4	断裂伸长率		ξ_t	%	≥40	GB/T 1040.3
5	悬臂梁冲击强度（缺口）	老化前	a_k	10^{-2}kJ/m	≥45.0	GB/T 1843
		老化后*			≥36.0	
6*	维卡软化温度		t_V	℃	≥82	GB/T 1633
7*	氧指数		OI	—	≥40	GB/T 2406.1

注　带*者为型式检验时增加的项目。

4. 除水器的级别

比利时哈蒙公司根据风吹损失占冷却水量的百分数，将除水器分为4个级别。

（1）级别0：风吹损失水率为0.2%～0.6%。适用于冷却塔飘滴不成为问题的少有的情况下，例如小型冷却塔建于无人居住或荒芜的环境下，而冷却水是无害的和清洁的。在这种情况下冷却塔可不装除水器。

（2）级别1：风吹损失水率为0.01%～0.2%。在大多数情况下火电厂及核电站的大型冷却塔均属于这一级别。冷却水质较好，有时为了防止系统结垢和腐蚀，冷却水是经过处理的。这时电厂环境的最高允许风吹损失率是确定除水器级别的关键。

这一级别通常称为“正常级别”。可安装一层单波除水器。

（3）级别2：风吹损失水率为0.001%～0.01%。当冷却塔位于居民区或冷却水质为盐碱水或海水，这时要采用高效除水器。高效除水器要求片间距要缩小，在某些条件下采用双波，甚至于采用三波。

（4）级别3：风吹损失水率为0.0002%～0.001%。这种极端的高要求用于化工系统的溶液冷却塔。现在可以达到的最低风吹损失水率为0.0002%。

这种高效除水器要根据工程具体条件进行设计，典型的做法是采用三层高效除水器。

5. 某些波形除水器的阻力

为了达到预期的高效除水效果，不可避免地要增加除水器阻力，在冷却塔总体设计中要进行综合优化确定。

除水器根据要求沿气流方向可采用单波、双波、三波、三层单波和不同的除水片间距的方案。图10-27绘出了七种方案的除水器阻力曲线。图中材质AC表示石棉水泥，PVC表示聚氯乙烯。型号以高度（mm）/波高（mm）–片距（mm）表示。

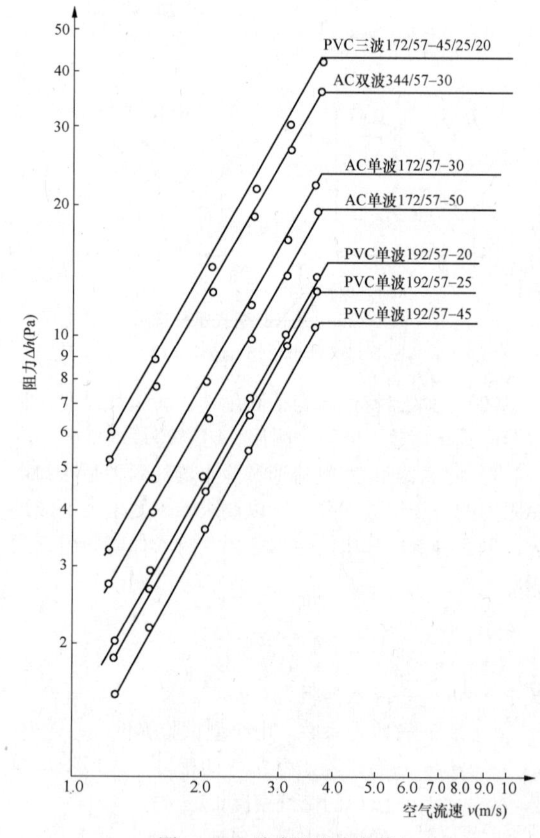

图10-27　除水器阻力曲线

空气流速以除水器前行进流速表示。试验范围的空气流速为1.2～3.5m/s。空气密度为1.2kg/m³。

除水器的阻力以下式表示

$$\Delta h = \exp[f(v) + B]$$

式中　Δh——除水器阻力，Pa；

$f(v)$——空气流速的函数；

B——常数，同一型号的除水器为一定值。

由图 10-27 看出，石棉水泥除水器由于片厚较大均比相似的聚氯乙烯除水器的阻力较大。连续三层单波搁置的除水器比分别三个单波除水器的阻力之和还大。

6. 除水器安装设计要点

（1）除水器安装方式。除水器在逆流式自然通风冷却塔中的安装方式有两种：高位安装和低位安装。国内大多采用低位安装方式，即将除水器安放在配水层的顶部标高。这种方式的安装部位又可分为搁置式和吊装式两种。搁置式是把除水器放在配水系统支吊梁的顶面上，或直接放在配水管和配水槽的顶面上；吊装式通常用在槽式配水系统中，把除水器用专用吊架（勾）吊在两个配水槽之间，顶面与槽顶齐平。除水器低位安装的两种方式如图 10-28 所示。

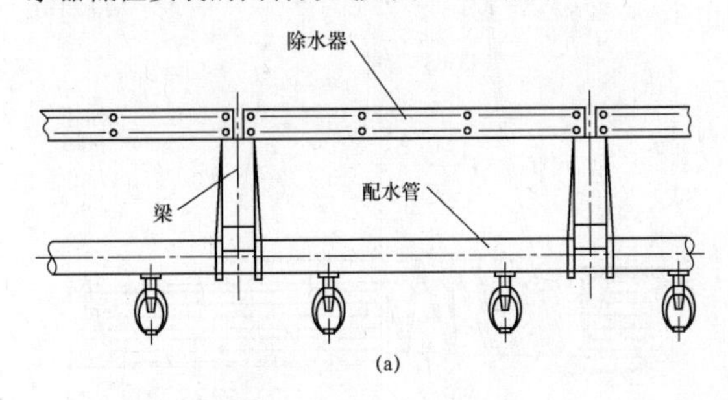

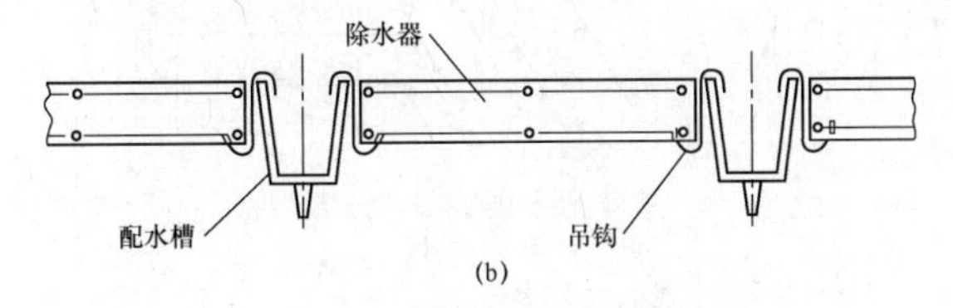

图 10-28 除水器低位安装的两种方式

（a）搁置式；（b）吊装式

搁置式安装简单、严密，但在槽式配水系统中使用时，给水槽的清理维修不便。吊装式安装繁复，不容易覆盖严密，没有搁置式稳妥，但给水槽的维护工作带来不便。

高位安装方式的除水器安装高度在配水系统上方 1.5m 左右，要做专用支承构架，结构复杂，投资大，优点是检查维修配水系统方便。这种方式目前在国内很少使用。

（2）总体布置要求。除水器的总体安装应全面覆盖，严密无漏洞，支撑安放稳妥牢固；全塔除水器弧片的朝向应分区布置，在同一区域内朝向一致，相邻区域应相对或交错，避免塔内上升气流形成旋流。

（3）全塔。除水器由多种形状、尺寸的除水器组装块拼合排列而成，覆盖全塔。除水器组装块可分为标准组装块和异型组装块。以标准组装块为主，约占全塔总量的 90%以上。为了覆盖严密，在竖井、塔的周边和水槽边应根据实际尺寸、形状设计成异型组装块。标准组装块全部为规格的矩形，异型组装块的平面形状一般由矩形（主体部分）与阶梯形（异型部分）组合而成。除水器异型组装件如图 10-29 所示。为了组装、安装方便，应尽量使全塔的组装块类型简化。

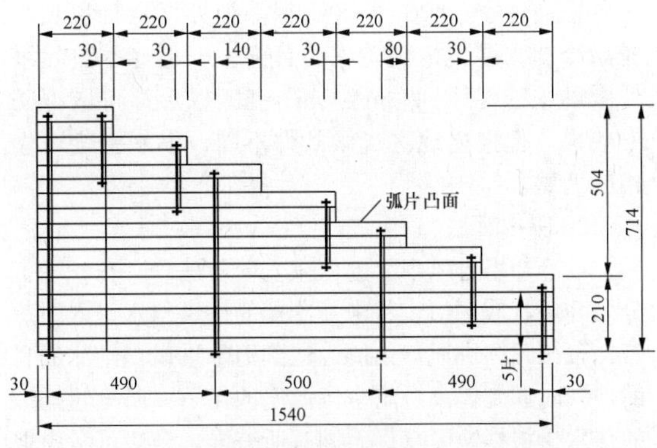

图 10-29 除水器异型组装件示意图

注：以 BO-42/145A 型除水器为例。

（4）除水器组装块设计的基本要求。除水器组装块设计的完整性是除水器设计的基本要求之一，是除水器的严密性、适用性、耐久性的保证。为了组装块的牢固性和稳定性，应选用双拉杆撑板组装的除水器。在设计中应注意以下要点：

1）组装块安装跨度不应大于 2m。局部跨度必须加长的组装块应采取加强措施，如减小拉杆间距，加密拉杆布置等。为安装、组装方便，每件组装块的平面面积不宜大于 $1m^2$。

2）标准组装块拉杆间距不应大于 650mm。每排拉杆串接的每个弧片之间，都应安装撑板，弧片与撑板之间应挤紧压实，以保证片型稳定和整体刚度。

3）异型组装块的异型部分应尽量不用三角形，宜用阶梯形，如图 10-29 所示，以保证整体组装的牢固性。弧片悬出长度（无拉杆串接的伸出长度）不宜大于 200mm；异型部分的每一个短弧片最少应有两组拉杆串接（一个撑板穿两根拉杆为一组），组装件薄弱部分应根据需要加密布置拉杆；异型组装件的阶梯形部分（异型部分）应与矩形部分（主体部分）有足够的拉杆连接，以保证异型组装块的整体性和牢固性。

（七）防冻措施

寒冷地区的湿式冷却塔，冬季应采取防冻措施，以保证冷却塔能正常、安全过冬运行。湿式冷却塔的冬季冻冰主要出现在填料底部、雨区的进风口附近和集水池。严重结冰的存在会影响到运行的安全性。我国北方，特别是东北地区，因气候严寒，很多电厂多年来已取得不少有效的防冻经验。

1. 内、外分区配水

我国北方的湿式冷却塔，大多设计中都考虑了内、外分区的配水方式。把配水系统分成塔中心区（内区）、外围区（外区）两部分，在系统中考虑可以全塔运行和只有外区进行（内区关闭）的切换设施，一般是在竖井中安装关闭内区供水水槽的闸板。

内、外分区配水面积的比例通常采用4:6左右；在冬季结冰季节停止内区运行，把外区水量加大，提高冷却水温，达到防冻的目的。一般冬季自然塔外围淋水密度达到 $8m^3/$（$m^2\cdot h$）以上即可取得防冻效果，但根据地区气候条件不同，淋水密度可做相应调整。

2. 防冻管

沿冷却塔进风口上檐内壁安装防冻管，在管壁上分段开条状放水口，将未被冷却的进塔热水引入防冻管，直接喷向进风口内侧，达到消除进风口结冰的目的，同时起到提高进塔空气温度的作用。防冻管排放的热水量根据地区气候不同有所差异，一般可考虑取进塔循环水总量的30%左右。

3. 旁路管

为解决冬季机组启动问题，可以从冷却塔进水管上引出旁路直接通入集水池底部。旁路管主要用于两种情况。

（1）冬季机组启动过程中，循环水温很低，上塔后很容易造成结冰，这时可开通旁路管，使循环水直接进入集水池，再经循环水泵打回主厂房，形成“短路”运行方式。当机组进入正常运行状态，循环水温上升到20℃左右时，便可关闭旁路，使循环水上塔转入正常循环冷却状态。

（2）在机组停运备用状态时，严寒地区的冷却塔集水池容易结冰，为了保证水池结构不被冻坏，并便于随时启动，应保证集水池中不结冰，使集水池中的水处于流动状态，则可启动旁路运行。在母管制或扩大单元制系统中，也可通过旁路管与运行机组的循环水连通引入温度较高的水起到防冻作用。因旁路运行的水量较大，在旁路出口处应有消能措施。

4. 挡风板

在冷却塔进风口安装挡风板，减小进风面积和进风量，提高冷却水温达到防冰解冻的目的。挡风板根据进风口高度可按上下分设2～4层，根据气温、风向、冷却水温的具体情况，调节挂装挡风板的高度（层数）、数量、方位，以取得防冻的最佳效果。我国东北地区采用挡风板作为冬季防冰措施已有多年经验，效果较好。

使用挡风板应在进风口设置专用的挂装构件，并考虑拆装方便的条件。挡风板材质一般用木板、型压钢板、玻璃钢等制作，近年来多用玻璃钢制作；每块板的尺寸不宜过大，应考虑运输拆装方便的要求。必要时应对挡风板进行在风压作用下的结构计算。

五、横流式自然通风冷却塔

（一）横流式自然通风冷却塔的工艺布置

横流式自然通风冷却塔的工艺流程特点是水在重力作用下，在填料中由上向下流动，将热量传递给水平穿过填料的空气。在淋水填料中水与空气的流动方向是相互垂直的，与水、气流程特点相适应，形成了横流式自然通风冷却塔工艺布置的特点，横流式自然通风冷却塔的部件与组成如图10-30所示。

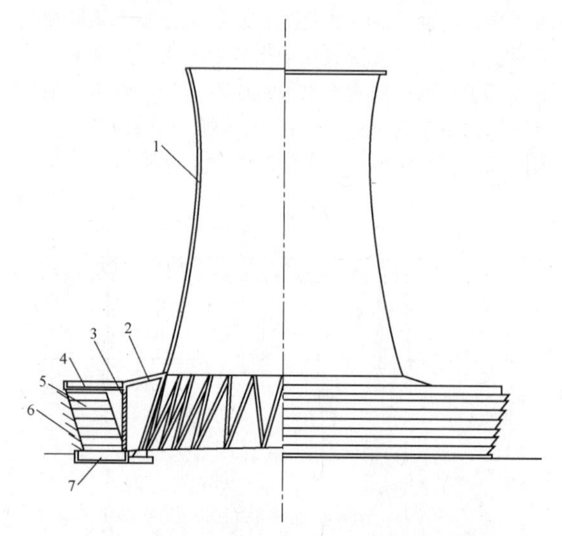

图10-30　横流式自然通风冷却塔的部件与组成

1—塔筒；2—封板；3—除水器；4—配水池；5—填料；6—百叶窗；7—集水池

1. 塔筒

塔筒与逆流式自然通风冷却塔的塔筒外形相同（相似）。配水系统、填料、除水器均布置在塔筒外，塔筒内部是空的，塔体阻力较小，在相同工程条件下，相对于逆流式自然通风冷却塔的塔筒高度低、直径小。

2. 填料

横流式冷却塔的填料主要有点滴式、薄膜式两大类。因薄膜式填料相对投资较高，淋水密度也不宜过大，目前工程中多用点滴式。淋水填料呈环状布置在塔筒底部人字支柱外侧的四周，填料布满塔筒进风口的高度范围，高度略低于塔筒进风口。根据填料安装需要，设置专用的淋水构架，构架同时支撑填料顶部的配水系统。为了避免自然风对运行的影响和分区运行及检修的需要，在填料内部通常沿塔径方向均匀布置多道隔墙，将环形布置的填料分隔成若干个扇形单元。填料的高度和深度（沿径向的厚度）通过优化计算确定，一般高度应大于深度。为了适应运行中填料中的落水被进风推向内斜的要求，通常把填料的进、出风面设计成上突下收的形式，沿径向的填料剖面呈平行四边形。

3. 配水系统

横流塔多采用池式配水。在填料顶部设环形水池，覆盖整个填料顶面，一般与下方填料的扇形单元相对应分格，以方便检修时可分格停水；池底均匀布设落水孔，孔中安装喷溅装置（喷头），通过喷溅装置将水均匀地喷洒到填料顶部。通过均匀分布在塔周的多根立管把水送到配水池内侧（或外侧），再经过调节阀以及整流、溢流等装置输送到配水池的各个单元。有的也可借用中空的填料隔墙代替上水立管。横流塔的配水系统也可考虑用管式配水方案，但实际应用的不多，应进行详细的水力计算，必要时应进行物理模型试验验证设计方案的合理性，以确保配水的均匀性、稳定性和灵活方便的可调节性能。为了防止配水池中生长苔藓等藻类生物，配水池上宜加盖板。

4. 除水器

为了节约用水、保护环境，横流塔中应装除水器。除水器安装在填料的空气出口侧，高度与填料相同。除水器的安装平面是竖直的，使通过填料水平流动的空气全部通过除水器，以确保除水效果。除水器应设置专用的安装构架，可以与填料的淋水构架统一考虑。

5. 集水池

集水池在填料底部，一般深度约2m。集水池的平面布置位置与填料相同，呈环状，保证能收集到从填料下落的全部冷却水；必要时应根据系统蓄水量的要求对集水池容积进行核算。和逆流塔一样，集水池也要考虑溢流、排空等设施。

6. 封板

为了使空气在横流塔内形成密闭通道，在配水池与塔筒（进风口上檐）之间，装设封板。封板应做成内（塔筒侧）高外（配水池侧）低，以保证在环形封板下方形成从填料出口（除水器）至塔筒进风口之间的顺畅流场。要求封板应做得严密不漏，防止塔外空气短路进塔。必要时封板设计应考虑一定的检修荷载。

7. 百叶窗

横流塔对自然风较逆流塔更敏感，为了减轻自然风对横流塔的影响，同时防止沿填料下落的水外溅，一般应在填料外侧（进风侧）设百叶窗，窗页外高内低，向内倾斜。

（二）空气动力计算

横流式自然通风塔的空气动力和逆流式自然通风塔相同，都是由塔筒内、外空气密度差形成的抽力，所以二者的空气动力计算的基本理论和方法也相似。

1. 抽力计算

横流式自然通风塔的抽力 p 计算公式如下

$$p = H_e g(\rho_1 - \rho_2) \tag{10-26}$$

式中　H_e ——有效塔高，塔筒顶至填料中部的高度，m；

g ——重力加速度，g=9.81m/s^2；

ρ_1、ρ_2 ——塔外、塔内空气密度，kg/m^3。

2. 阻力计算

（1）基本公式。横流塔阻力分段（部位）计算，各段阻力的基本计算公式如下

$$\Delta p_i = K_i \rho_i \frac{v_i^2}{2} \tag{10-27}$$

式中　Δp_i ——各段阻力，Pa；

K_i——各段阻力系数；

ρ_i ——各段的空气密度，kg/m^3；

v_i ——各段的空气流速，m/s。

当全塔阻力共分 n 段计算时，则全塔阻力 Δp 为各段阻力之和

$$\Delta p = \sum_{i=1}^{n} \Delta p_i$$

（2）分段阻力系数及阻力。

1）百叶窗阻力系数 K_s。由于各个工程百叶窗的设计尺寸各异，所以百叶窗的阻力系数难以给出一个确定的数字。根据中国水利水电科学研究院为一台600MW机组的横流塔提出的试验报告，给出了特定条件下的百叶窗阻力系数，其百叶窗的布置尺寸为：百叶窗叶片宽度 a=1.5m，叶片间距 l=2.0m，百叶窗安装平面与水平夹角变化范围 α=65°～85°，叶片与水平夹角变化范围 β=30°～50°，如图10-31所示。其阻力系数公式为

$$K_s = 4.00 - 0.02K_f - 0.064\alpha + 0.074\beta$$

式中　K_f ——填料的阻力系数，与淋水密度和通过的风速有关，由填料小型试验得到。

这个计算式反映了填料阻力对相邻的百叶窗阻力的影响。

计算风速采用通过百叶窗的实际风速。

当百叶窗的布置尺寸与上式的试验条件接近时，可参考上式计算，当相差过大时，建议通过试验求出阻力系数。

2）进口阻力系数 K_j。当横流塔进口不设置特殊的导风装置时，进口的阻力系数可采用

$$K_j = 0.5$$

当进口设置特殊的导风装置时，阻力系数应通过物理模型试验求得。

计算风速采用填料进口的平均风速。

3）淋水填料阻力。淋水填料的阻力特性通过填料的小型试验取得，阻力计算式的一般形式为

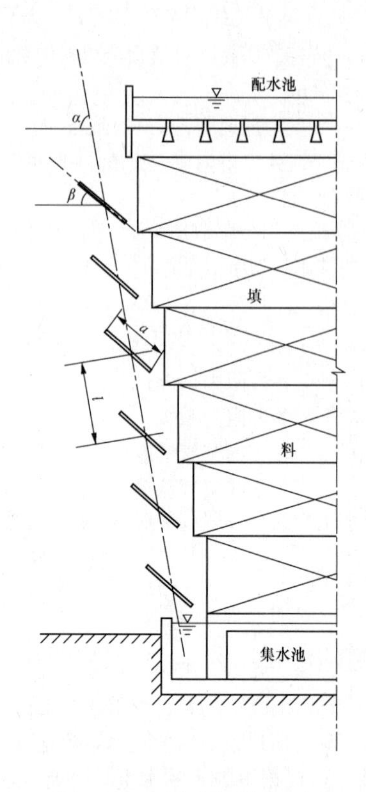

图 10-31　百叶窗的布置尺寸

$$\frac{\Delta p_f}{\rho_1} = a v_f^m$$

式中　Δp_f ——淋水填料阻力，Pa；

ρ_1 ——塔外空气密度，kg/m³；

a、m ——阻力系数及指数，随淋水密度变化，由填料小型试验求取；

v_f ——通过填料的平均风速，m/s。

横流塔填料的阻力不但与淋水密度（q）、通过填料的平均风速（v_f）有关，还与填料的深度（空气穿过填料途径的长度）有关。填料阻力的计算式中 a、m 值是在填料小型试验特定的深度条件下取得的，当工程中使用的填料深度与小型试验不同时，其阻力值应按深度比例进行换算。

4）除水器阻力。除水器阻力 Δp_d 由小型试验取得，试验提供的除水器阻力一般以风速—阻力对应关系表表示，有的也用阻力计算式表示，如

$$\Delta p_d = a v_d^m$$

式中　a、m ——阻力系数及指数，由小型试验求得；

v_d ——通过除水器的风速，m/s。

除水器阻力主要与通过的风速有关，淋水密度对阻力没有明显影响。

计算风速采用通过除水器的实际风速。

5）人字柱的阻力系数。人字柱的阻力系数与人字柱的截面形状以及人字柱的阻风面积有关。阻力系数 K_c 可按下式计算

$$K_c = C f_c / A_0$$

式中　C ——人字柱截面系数，椭圆截面 $C \leqslant 1.5$，圆形截面 $C=2$，矩形截面 $C=3$；

f_c ——人字柱的总阻风面积，m²；

A_0 ——风筒进风口的总面积，m²。

当设计的横流塔相关尺寸已经确定时，可按实际设计尺寸计算 f_c 和 A_0，当相关尺寸未定时，可参照以下数值选用。

根据我国已建的不同面积的部分逆流式自然通风冷却塔资料统计看出，当冷却塔淋水面积 2000～9000m²，塔底±0.00 标高直径 D_b=55～120m 时，f_c/A_0=0.17～0.20。当取 f_c/A_0=0.20 时，则人字柱的阻力系数为：①椭圆形截面人字柱，K_c=0.3；②圆形截面人字柱，K_c=0.4；③矩形截面人字柱，K_c=0.6。

对于大型横流式自然通风塔或某些工程条件的逆流式自然通风塔，要求人字柱根数多或截面大，f_c/A_0 值可能会大到 0.25 以上。

人字柱阻力的计算风速采用通过人字柱处的实际风速。

6）塔筒进风口至喉部（转弯）阻力系数。横流塔的除水器、配水系统及填料全部布置在塔筒外，塔筒内部是空的且不淋水，对这种“空塔”条件的气流流态和进口阻力进行过较多的试验研究工作，其结果相差不大。这部分阻力主要受塔筒进风口上缘直径 D_a 和进风口高度 H_1 比值的影响。阻力系数 K_1 可用下式计算

$$K_1 = \left[-5.60\times\left(\frac{H_1}{D_a}\right)^3 + 3.545\times\left(\frac{H_1}{D_a}\right)^2 - 0.77\left(\frac{H_1}{D_a}\right) + 0.115\right]\times 19.62$$

计算这部分阻力采用的风速为以进风口上缘为直径形成的垂直圆柱侧面面积计算的风速，这部分的侧面积为

$$A_1 = D_a \pi H_1$$

7）塔筒出口阻力系数。塔出口的阻力可按出口空气动能的全部损失计算，阻力系数

$$K_0 = 1.0$$

阻力计算式为

$$\Delta p_0 = K_0 \rho_2 \frac{v_0^2}{2}$$

式中　ρ_2 ——塔内空气密度，kg/m³；

v_0 ——塔筒喉部风速，m/s。

8）自然风的影响。由于横流塔总体布置的特点使

其具有对自然风的特殊敏感性，在运行中自然风通常都是存在的，横流塔的实际运行情况说明自然风的影响是显著的，但对这一影响的定量研究尚少。关于自然风对横流塔运行的影响，设计中可用增加横流塔阻力的方式做等效处理，阻力增加的数值可按横流塔各部位总阻力的 15%～20%考虑，根据具体工程的自然条件选取适当的数值进行计算。

各部位的阻力计算过程及公式见表 10-6。

表 10-6　　**各部位的阻力计算**

序号	部位（示意图）	计算程式			
		过风面积及风速计算式	阻力系数及计算式	空气密度	阻力计算式
1	百叶窗 α　β　$H_f/2$　$H_f/2$　D_{sm}	* 百叶窗过风面积 $A_s=(D_{sm}\pi H_f)S$ 式中　D_{sm}——百叶窗安装平面的平均直径，m； H_f——填料高度，m； S——过风面积系数，一般取 0.95。 * 通过风速 $v_s=G_0/A_s$	* 当百叶窗叶片宽度 b=1.5m 叶片间距 a=2.0m 安装立面与水平夹角 α=65°～85° 叶片与水平夹角 β=30°～50°时阻力系数 $K_s=4.00-0.02K_f-0.064\alpha+0.074\beta$ 式中　K_f——淋水填料阻力系数。 * 当设计百叶窗尺寸与上述条件相近时可参考上式计算；当相差较大时，建议通过物理模型试验求得 K_s 值	采用塔外空气密度 ρ_1	$\Delta p_s=K_s\rho_1 v_s^2/2$
2	进口 $H_f/2$　$H_f/2$　D_{jm}	* 填料进风口过风面积 $A_j=D_{jm}\pi H_f$ 式中　D_{jm}——填料进口平均直径，m。 * 通过风速 $v_j=G_0/A_f$	* 当进口不设置导风装置时，阻力系数 $K_j=0.5$ * 当进口设置导风装置时，建议通过物理模型试验求得阻力系数 K_j	采用塔外空气密度 ρ_1	$\Delta p_j=K_j\rho_1 v_j^2/2$
3	淋水填料 H_f　D_f	* 填料过风面积 $A_f=D_f\pi H_f$ 式中　D_f——填料径向截面重心直径，m。 * 通过风速 $v_f=G_0/A_f$	* 填料阻力系数由填料小型试验提供，阻力计算式一般为 $\Delta p_f/\rho_1=av^m$ $a=a_1+a_2q+a_3q^2$ $m=m_1+m_2q+m_3q^2$ 式中　ρ_1——塔外空气密度，kg/m³； a、m——分别为阻力系数和指数		当填料小型试验的填料深度 L_1 与设计深度 L_2 不同时，阻力应按比例进行换算。 换算系数 $R=L_2/L_1$
4	除水器 H_f　H_d　D_d	* 除水器过风面积 $A_d=D_d\pi H_d$ 式中　D_d——除水器安装平面直径，m； H_d——除水器高度，一般 $H_d=H_f$，m。 * 通过风速 $v_d=G_0/A_d$	* 由除水器小型试验提供，一般小型试验提供风速与阻力对应的特性表，或阻力计算式		阻力计算式的一般形式为 $\Delta p_d/\rho_1=av^m$ 式中　a、m——阻力系数和指数

续表

序号	部位（示意图）	计算程式			
		过风面积及风速计算式	阻力系数及计算式	空气密度	阻力计算式
5	人字柱	* 人字柱过风面积 $A_c = A_0 - f_c$ $A_0 = (R_b + R_a)\pi h$ $h = [(R_b - R_a)^2 + H_1^2]^{1/2}$ $f_c = nD_c l_c$ $l_c = [(2R_b\pi / n)^2 + h^2]^{1/2}$ 式中 A_0 ——塔筒进风口总面积，m^2； f_c ——人字柱的总阻风面积，m^2； R_a、R_b ——进风口上、下缘塔筒半径，m； H_1 ——塔筒进风口高度，m； n ——人字柱根数； D_c ——人字柱直径或迎风面宽度，m； l_c ——人字柱长度，m。 * 通过风速 $v_c = G_0 / A_c$	* 阻力系数 $K_c = Cf_c / A_0$ 式中 C——人字柱截面系数， 矩形截面人字柱 C=3 圆形截面人字柱 C=2 椭圆形截面人字柱 C≤1.5 * 当 A_0、f_c 计算数据不全时，可近似取 矩形截面人字柱 K_c=0.6 圆形截面人字柱 K_c=0.4 椭圆形截面人字柱 K_c=0.3 * 大型横流塔应在上述近似取值的基础上乘以 1.2 的系数	采用塔内空气密度 ρ_2	人字柱阻力 $\Delta p_c = K_c \rho_2 v_c^2 / 2$
6	进风口—塔筒喉部转弯	* 过风面积 $A_1 = D_a \pi H_1$ 式中 D_a ——进风口上缘直径，m； H_1 ——进风口高度，m。 * 通过风速 $v_1 = G_0 / A_1$	* 阻力系数 $K_1 = (-5.60B^3 + 3.545B^2 - 0.77B + 0.115) \times 19.6$ $B = H_1 / D_a$	采用塔内空气密度 ρ_2	转弯阻力 $\Delta p_1 = K_1 \rho_2 v_1^2 / 2$
7	塔筒出口	* 过风面积 $A_o = D_o^2 \pi / 4$ 式中 D_o ——塔筒喉部直径，m。 * 通过风速 $v_o = G_0 / A_o$	* 阻力系数 $K_o = 0.5$	采用塔内空气密度 ρ_2	出口阻力 $\Delta p_o = K_o \rho_2 v_o^2 / 2$
8	自然风影响	* 塔外自然风对横流塔进风、塔内配风、阻力及塔的冷却效果产生综合影响	* 根据工程自然条件的具体情况可取阻力系数为 $K_w = 0.15 \sim 0.20$		风影响阻力 Δp_w =塔体各部位阻力之和×K_w
全塔总阻力		$p = \Delta p_s + \Delta p_i + \Delta p_f + \Delta p_d + \Delta p_c + \Delta p_t + \Delta p_o + \Delta p_w$			

注 表中 G_0 为横流塔总进风量，m^3/s。

（三）热力计算

横流冷却塔热力计算的理论基础与逆流冷却塔相同，是以焓差为热传导的推动力进行水气之间热交换计算的，但由于在淋水填料中水、气的流程是相互垂直交叉的，所以使横流塔的热力计算具有特殊性，计算过程也较繁复。

1. 横流塔热力计算的特点

横流塔水、气热交换全部是在淋水填料中进行的，但由于横流塔工艺布置方式和热交换流程的特殊性，使横流塔热力计算方法具有以下特点。

（1）水在重力作用下在填料中自上而下流动，空气在填料中沿水平方向流过，水、气在运行过程中进行热交换，这就确定了水、气两种介质在填料中的热交换过程必须按二维流场考虑。

（2）横流塔填料顶部紧接配水池和喷溅装置，填料底紧接集水池，填料上、下没有介质进行热交换的其他空间，所以横流塔中的热交换全部是在填料中进行，没有逆流塔中配水和雨区（尾冷）的附加冷却部分。

（3）横流塔中水、气分别穿过填料的横断面和纵断面，穿过的断面面积不同，在计算参与热交换的气、水介质质量比（气水比）时，应以通过填料参与热交换的气、水总量计算。

2. 淋水填料的热力特性

横流塔的淋水填料根据水在其中的运行状态分薄膜式和点滴式两种，由于水、气介质在填料中运行状态与流程的特点，在工程中用点滴式的较多，淋水密度可以用到 30m³/（m²·h）以上，最大可接近到 50m³/（m²·h）。

（1）淋水填料的热力特性表达式。横流塔淋水填料的热力特性表达式与逆流塔填料相同。通常用冷却数（N）和容积散质系数（β_{xv}）表述。

冷却数　$N = a\lambda^m$

容积散质系数　$\beta_{xv} = a_0 g^{m_0} q^{n_0}$

风水比　$\lambda = G/Q$

单位质量风速　$g = \dfrac{G}{A_i}$

淋水密度　$q = Q/A$

以上各式中　a、a_0——系数，通过淋水填料热力特性小型试验取得；

m、m_0、n_0——指数，通过淋水填料热力特性小型试验取得；

G、Q——通过淋水填料参与热交换的空气和水的总质量，kg/h；

A_i——填料的进风口面积，m²；

A——填料的总淋水面积，m²。

（2）横流塔填料热力特性的特点。

1）由于填料特性的小型试验装置受到设备、场地、热源等条件的限制，其规模（试验安装淋水填料的高度、深度）与工业使用的实际尺寸相差较大，特别对于大型横流塔而言，相差更多。在工程设计中采用从小型试验得出的填料热力特性参数时，应注意此差异对工程设计结果产生的影响。有关试验研究指出，横流塔填料的高度、深度对 β_{xv} 值都有一定影响，深度增加，β_{xv} 值降低，高度增加，β_{xv} 值提高，但不同种类的填料，影响的程度不同。工程设计中采用填料的热力特性参数时，最好使用与工程设计相同的高度、深度的小型试验提供的数值，或采用相似工程工业实测的填料热力特性参数。

2）由于水、气介质在填料中的流程是垂直交叉的，填料中各点的焓差分布高低不均，存在着热交换的高效区和低效区，这使横流塔填料的单位体积热交换效率低于逆流塔，对于相同的冷却任务，横流塔需要的填料总体积要大于逆流塔。

3. 热力计算

横流塔热力计算的方法较多，都是以焓差法为依据。本节根据 GB/T 50102《工业循环水冷却设计规范》中对横流塔推荐的计算方法介绍如下：

（1）圆形横流式冷却塔可从圆形横流式冷却塔环形淋水填料中切取中心角为 θ 的填料单元，水从上面淋下，空气从周向进入，宜采用柱坐标系，坐标原点宜为塔的中轴线与淋水填料顶面延长线的交点，Z 向下为正，r 向外为正。圆形横流式冷却塔热力计算宜按式（10-28）计算，式（10-28）可采用解析法或差分法求解

$$C_w q \frac{\partial t}{\partial z} = g_i \frac{r_1}{r} \cdot \frac{\partial h}{\partial r} = -K_a (h'' - h) \qquad (10\text{-}28)$$

式中　q——淋水密度，kg/（m²·s）；

g_i——进风口断面的平均质量风速，kg/（m²·s）；

r——塔半径，m；

r_1——塔进风口半径，m；

h——进入冷却塔的湿空气比焓，kJ/kg。

注：式中边界条件为 Z=0，$t=t_1$；$r=r_1$，$h=h_1$。

（2）矩形横流式冷却塔可从矩形横流式冷却塔切取一填料单元。水从上面淋下，空气从进风口进入，进风口宜在左边。宜采用直角坐标系，坐标原点宜为淋水填料顶面与进风口的交点，Z 向下为正，X 沿气流流向为正。矩形横流式冷却塔热力计算宜按式（10-29）计算，式（10-29）可采用解析法或差分法求解。矩形横流式冷却塔也可利用上述圆形横流冷却塔的公式进行热力计算，此时可设塔的内半径为一极大的数值。

$$-C_w q \frac{\partial t}{\partial z} = g_i \frac{\partial h}{\partial x} = K_a (h'' - h) \qquad (10\text{-}29)$$

注：式中边界条件为 Z=0，$t=t_1$；X=0，$h=h_1$。

（3）排烟冷却塔、海水冷却塔的热力计算可按上述公式进行计算。

4. 淋水填料的高（H）深（L）尺度

横流塔的填料体积较大，在填料体积一定的条件下，横流塔的冷却效果与填料布置的高度 H 和深度 L 尺寸的比例有密切关系。选择合适的 H/L 比值以便取

得良好的技术经济效果，是值得注意的问题。

（1）填料中的热交换效率从热力计算模型的填料剖面中各个分格单元的水、气热参数可以看出，各个单元的焓差和水温变化是不同的，在整个填料剖面中可以分出热交换的高效区和低效区，如图10-32所示。

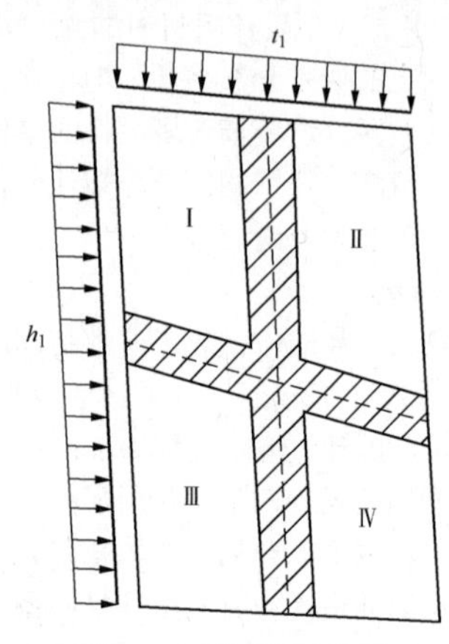

图10-32　填料效率分区

1）Ⅰ区进口空气焓低，进水温度高，焓差大，为高效区；

2）Ⅱ区进口空气经过Ⅰ区焓值升高较大，进水温度仍为塔的进水温度（较高），焓差较Ⅰ区低，为次高效区；

3）Ⅲ区进口空气焓为较低的塔外空气焓，但进水温度经过Ⅰ区的高效热交换有明显的下降，气、水之间的焓差较低，为低效区；

4）Ⅳ区进口空气经过Ⅲ区低效区后，焓值升高不大，进口水温经过Ⅱ区次高效区后，降低不多，在此区内气水焓差相对较大，此区也为较高效区。

不同效率区的界限不是明显和严格的，区域之间存在一个过渡段，而不同效率区域间的热交换效率差异则是明确的。根据不同热交换效率区的分布考虑填料的布置方案，有利于充分发挥填料的热交换性能。

（2）小型横流塔填料总体积较小，H/L 值可考虑小一些，大型横流塔填料总体积较大，H/L 值宜取大些。从计算分析得出 H/L 值不宜小于 1，通常取 H/L=1.2～3.0。高度大可以充分利用低焓值的进口空气与水进行有效的热交换，有利于提高热交换效率，所以在技术经济合理的条件下取较大的 H 值为宜。

（3）在选择 L-H 匹配方案时主要考虑两个因素：①充分发挥填料的热交换效率，在同样填料体积的条件下取得最佳的冷却效果；②在增加填料高度的同时，会增加打水高度，即耗电量和运行费会提高，并会引起塔体投资的相应变化。为了求得以上两个因素的最佳组合，在确定填料布置尺寸时应进行几个方案的优化计算进行比选。

（四）横流塔配水的设计计算

1. 池式配水系统的布置

横流塔配水多用池式配水。水由进水管从塔底部送入塔内，通过均匀分布在塔周的多根立管（竖井）将循环冷却水分别送到填料顶部的各个扇形配水池。为了使循环水能平顺、稳定、均匀地进入各个配水池，一般在立管顶部进入配水池之前设置前池，在前池中采取整流、稳流措施，如消能、扩散、格栅整流等。将水流均匀分布到前池后再经过堰顶溢流的形式将水均匀地输送到配水池。

水流经过堰顶溢流后往往会产生水跃等不稳定现象，有时也可将堰顶溢流改做格栅出流，但格栅的形式与尺寸宜经过物理模型试验确定，以便保证整流效果。

为了保证堰顶溢流的均匀，对堰顶施工的标高应严格控制。为了使在配水池底的喷溅装置正常工作并按设计要求均匀配水，对配水池底的标高也应严格控制。配水池池壁应在设计水位以上留有必要的余度，一般超高可选用0.2m左右。

为了防止水池中生长苔藓等藻类生物，配水池宜加盖板。

2. 溢流堰的计算

从前池到配水池当采用溢流堰形式连接时，通常设计成无侧收缩矩形堰形式。计算可采用巴赞公式，溢流堰形式如图10-33所示。

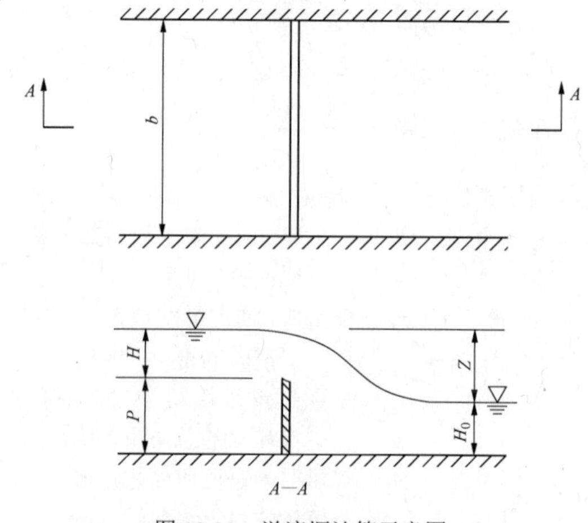

图10-33　溢流堰计算示意图

（1）无淹没式矩形堰（$H_0<P$）。通过堰位流量 Q 的计算式如下

$$Q = mb\sqrt{2g}H^{3/2}$$

$$m = \left(0.405 + \frac{0.0027}{H}\right)\left[1 + 0.65\left(\frac{H}{H+P}\right)^2\right]$$

式中　m——流量系数；

b——堰宽，m；

g——重力加速度，g=9.81m/s²；

H——堰上水头，m；

P——堰高，m。

不同H、P值条件下的流量系数m见表10-7。

表10-7　　溢流堰流量系数 *m*

堰上水头H（m）	堰高P（m）						
	0.2	0.3	0.4	0.5	0.6	0.8	1.0
0.05	0.469	0.464	0.462	0.461	0.461	0.460	0.460
0.06	0.463	0.457	0.454	0.453	0.452	0.451	0.451
0.08	0.458	0.449	0.446	0.443	0.442	0.441	0.440
0.10	0.458	0.447	0.442	0.439	0.437	0.435	0.434
0.12	0.461	0.447	0.440	0.436	0.434	0.432	0.430
0.14	0.464	0.448	0.440	0.436	0.433	0.430	0.428
0.16	0.468	0.450	0.441	0.436	0.432	0.428	0.426
0.18	0.472	0.453	0.442	0.436	0.432	0.428	0.425
0.20	0.476	0.455	0.444	0.437	0.433	0.428	0.425
0.22	0.480	0.459	0.446	0.439	0.434	0.428	0.425
0.24	0.484	0.462	0.443	0.440	0.435	0.428	0.425
0.26	0.488	0.467	0.451	0.442	0.436	0.429	0.425
0.28	0.492	0.468	0.453	0.444	0.438	0.430	0.426
0.30	0.496	0.471	0.456	0.446	0.439	0.431	0.426
0.35		0.479	0.462	0.451	0.444	0.434	0.428
0.40		0.486	0.468	0.457	0.448	0.437	0.430

（2）淹没式矩形堰。淹没式矩形堰应满足以下两个条件：

1）落差小于堰上水头，即$Z<H$；

2）落差与堰高之比（相对落差）小于临界值，即$Z/P<(Z/P)_{cr}$。

相对落差的临界值$(Z/P)_{cr}$取决于相对水头H/P，二者关系见表10-8。

表10-8　　$(Z/P)_{cr}$～H/P对应关系表

H/P	0.00	0.25	0.50	0.75	1.00	1.25	1.50	1.75	2.00
$(Z/P)_{cr}$	1.00	0.80	0.72	0.68	0.66	0.66	0.67	0.69	0.70

通过堰顶流量Q的计算式如下

$$Q=m\delta b\sqrt{2g}H^{3/2}$$

$$\delta=1.05\left(1+0.2\frac{h}{p}\right)^3\sqrt[3]{\frac{Z}{P}}$$

式中　δ——淹没系数；

Z——堰前、后的水头差，m；

P——堰高，m；

h——堰后水位与堰顶的高差，$h=H_0-P$，m。

其他符号意义同前。淹没式矩形堰$H_0>P$。

溢流堰溢流总量应等于它供水范围内所有喷溅装置泄流量的总和。

3. 喷溅装置布置

配水池底均匀有序的布置泄水孔。泄水孔的布置方式通常采用正方格形或等距错位形，如图10-34所示。泄水孔中安装喷溅装置。

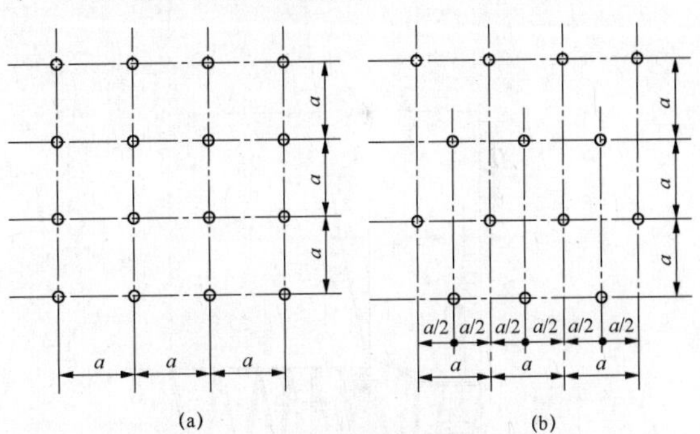

图10-34　喷溅装置布置方式

（a）正方格形；（b）等距错位形

喷溅装置可采用RC型、反射Ⅱ型、Ⅲ型等逆流式冷却塔中常用的一些型式。a=0.8～1.0m。

单个喷嘴的泄流量Q_0用下式计算

$$Q_0=\mu A\sqrt{2gH}$$

式中　μ——流量系数，由小型喷嘴试验得出；

A——喷嘴出口面积，m²；

g——重力加速度，g=9.8m/s²；

H——喷嘴工作水头，由喷溅装置的喷嘴出口至喷嘴上方配水池水面高度计算，m。

设计的配水池水位（底板以上的水深）不应小于

喷嘴内径的 6 倍；在 60%的设计配水量的条件下，配水池水位不应低于 50mm。否则不能保证喷溅装置的正常工作，影响配水的均匀性。

全塔的总配水量等于所有喷嘴泄水量之和。

在配水系统布置合理的情况下，配水池水位按水平考虑。

（五）横流式自然通风冷却塔的设计示例

设计一座与 600MW 级汽轮发电机组配用的横流式自然通风冷却塔。根据设计基本条件，求横流式自然通风冷却塔的塔高。

1. 设计基本条件

（1）夏季频率 10%的气象条件为：干球温度 θ=34.2℃，湿球温度 τ=25.6℃，大气压力 p_a=10.5Pa，相对湿度 φ=50%。

（2）根据循环水系统优化计算确定：冷却水量 Q=59000t/h，冷却水温差 Δt=16.7℃，经济冷却水温 t_2=32.3℃。

（3）初步设计横流塔的主要尺寸如图 10-35 所示。

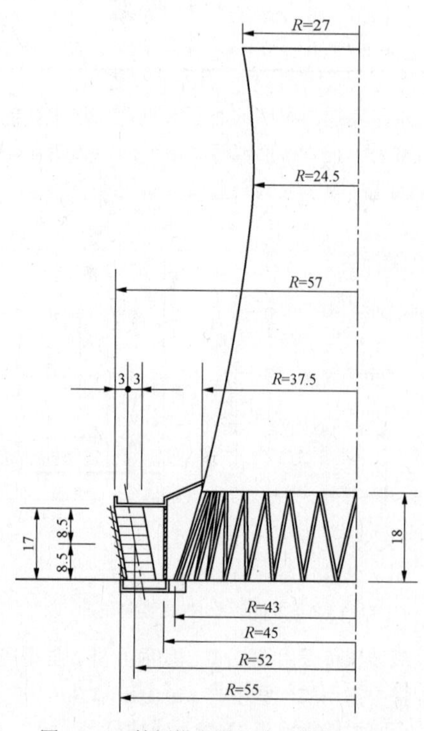

图 10-35　算例塔布置尺寸（单位：m）

填料高度 H=17m，填料深度 L=6m，填料采用点滴式波形石棉水泥板条，该填料容积散质系数 β_{xv} 的计算相关参数为 a_0=123.50，m_0=0.34，n_0=0.61，则

$$\beta_{xv}=123.50g^{0.34}q^{0.61}$$

式中　g、q——通过填料的单位质量风速，t/(m² ·h)；淋水密度，t/（m²·h)。

采用双层高效除水器。

由图 10-35 可以计算得填料淋水面积 A 为

$$A=(57^2-51^2)\frac{\pi}{4}=2035.75\text{m}^2$$

塔筒进风口高度 H_i=18m，支承塔筒设 40 对圆形截面人字柱，截面直径 d=0.7m，人字柱所在斜面与水平夹角 α=73°。

其他尺寸如图 10-35 所示。

2. 热力计算

根据初步设定的填料布置尺寸，将填料划分为若干个单元格，分格情况如图 10-36 所示。水平方向（沿气流方向）分成 6 格，每格长 Δl=1.0m，垂直方向（沿水流方向）分成 17 格，每格长 Δh=1.0m。

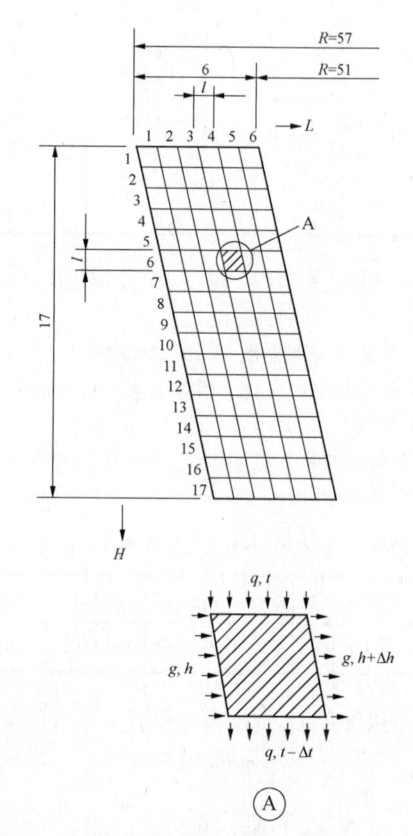

图 10-36　算例塔热力计算模型（长度单位：m）

（1）根据设计基本参数，可以计算得以下各参数。

淋水密度 $q=\dfrac{Q}{A}=\dfrac{59000}{2035.75}=28.98\text{t}/(\text{m}^2\cdot\text{h})$

塔外空气焓

$$h_1=1.005\theta+(2500+1.842\theta)\frac{0.622\varphi p''_\theta}{p_a-\varphi p''_\theta}$$

$$h_1 = 1.005\times34.2+(2500+1.842\times34.2)\frac{0.622\times0.5\times5378}{10^5-0.5\times5378}$$
$$=78.72\text{kJ/kg}$$

其中饱和蒸汽压 $p''_\theta=5378\text{Pa}$，见附录 A。

进水温度 $t_1=t_2+\Delta t=32.3+16.7=49.0$（℃）。

（2）为了求得满足设计要求的工作点，首先假设不同的风水比 λ 并求得相应的 β_{xv}。

填料通风面积 A_f 按填料中部（平均直径 D=104m）计算。

$$A_f=104\times\pi\times17=5554.34\ (\text{m}^2)$$

总进风量　　$G=\lambda Q$

进塔空气质量风速　　$g=\dfrac{G}{A_f}=\lambda\dfrac{Q}{A_f}$

计算结果列入表 10-9。

表 10-9　　计 算 结 果

λ	0.5	0.6	0.7	0.8
G（t/h）	29500	35400	41300	47200
g［t/（m²·h）］	5.311	6.373	7.436	8.498
q［t/（m²·h）］	28.98	28.98	28.98	28.98
β_{xv}［kg/（m³·h）］	1698.390	1807.187	1904.430	1993.008

（3）根据填料分格按横流塔热力计算方法列表计算不同 λ 值条件下的出水温度 t_2。由于计算过程的详表较多且繁复，此处省略，计算过程可参见后面的设计运行点冷却水温验证计算表（见表 10-11）。将计算结果列入表 10-10，并绘出相应的 $\lambda=f(t_2)$ 关系曲线，如图 10-37 所示。

表 10-10　根据填料分格热力计算不同 λ 值下的出水温度 t_2

λ	0.5	0.6	0.7	0.8
t_1（℃）	49.0	49.0	49.0	49.0
t_2（℃）	33.41	32.73	32.17	31.70
Δt（℃）	15.59	16.27	16.83	17.30

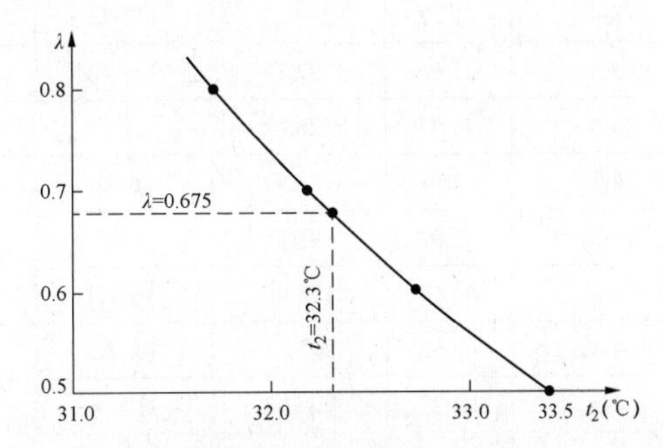

图 10-37　算例 $\lambda=f(t_2)$ 曲线

（4）根据设计要求，从 $\lambda=f(t_2)$ 曲线查出与设计冷却水温 t_2=32.3℃相应的风水比 λ=0.675。

（5）为了验证以上从曲线查得结果的正确性，下面对运行点的冷却水温进行验证计算。计算条件为：

$\lambda=0.675$，Q=59000t/h，$g=\lambda\cdot\dfrac{Q}{A_f}=7.170\text{t/(m}^2\cdot\text{h)}$，

$\beta_{xv}=123.50\cdot g^{0.34}q^{0.61}=1881.11$kg/（m³·h）。计算过程见表 10-11。计算结果：横流塔最终冷却水温 t_2。用图 10-36 中最下一行分格单元 17-1～17-6 出水温度的算术平均值计算 $t_2=\dfrac{30.70+31.37+32.02+32.64+33.24+33.82}{6}=$ 32.298 ℃。

表 10-11　　横流塔冷却水温计算表

分格单元 H-L	T（℃）	h''（kJ/kg）	h（kJ/kg）	$h''-h$（kJ/kg）	K	dt（℃）	dh（kJ/kg）	h+dh（kJ/kg）	t−dt（℃）
1-1	49.00	263.17	78.42	184.75	0.91	2.62	17.76	96.18	46.38
1-2	49.00	263.17	96.18	166.99	0.91	2.37	16.05	112.23	46.63
1-3	49.00	263.17	112.23	150.94	0.91	2.14	14.51	126.74	46.86
1-4	49.00	263.17	126.74	136.43	0.91	1.93	13.12	139.86	47.07
1-5	49.00	263.17	139.86	123.32	0.91	1.75	11.85	151.71	47.25
1-6	49.00	263.17	151.71	111.46	0.91	1.58	10.71	162.43	47.42
2-1	46.38	230.68	78.42	152.26	0.92	2.17	14.64	93.06	44.21
2-2	46.63	233.65	93.06	140.60	0.92	2.00	13.52	106.57	44.63
2-3	46.86	236.33	101.51	129.76	0.92	1.85	12.47	119.05	45.02
2-4	47.07	238.82	119.05	119.77	0.92	1.70	11.51	130.56	45.37
2-5	47.25	241.02	130.56	110.46	0.92	1.57	10.12	141.18	45.68
2-6	47.42	243.07	141.18	101.89	0.92	1.45	9.79	150.97	45.97

续表

分格单元 H-L	T （℃）	h'' （kJ/kg）	h （kJ/kg）	$h''-h$ （kJ/kg）	K	dt （℃）	dh （kJ/kg）	h+dh （kJ/kg）	t−dt （℃）
3-1	44.21	206.93	78.42	128.51	0.92	1.84	12.35	90.77	42.38
3-2	44.63	211.34	90.77	120.56	0.92	1.72	11.59	102.36	42.91
3-3	45.02	215.42	102.36	113.06	0.92	1.61	10.87	113.23	43.40
3-4	45.37	219.22	113.23	105.98	0.92	1.51	10.19	123.42	43.85
3-5	45.68	222.75	123.42	99.33	0.92	1.42	9.55	132.97	44.27
3-6	45.97	226.02	132.97	93.05	0.92	1.33	8.94	141.91	44.65
4-1	42.38	188.72	78.42	110.30	0.93	1.58	10.60	89.02	40.79
4-2	42.91	193.85	89.02	104.82	0.93	1.50	10.08	99.10	41.41
4-3	43.40	198.68	99.10	99.58	0.92	1.43	9.57	108.67	41.89
4-4	43.85	203.21	108.67	94.54	0.92	1.35	9.09	117.76	42.50
4-5	44.27	207.48	117.76	89.72	0.92	1.28	8.63	126.39	42.98
4-6	44.65	211.47	126.39	85.09	0.92	1.22	8.18	134.57	43.43
5-1	40.79	174.30	78.42	95.88	0.93	1.38	9.22	87.64	39.41
5-2	41.41	179.77	87.64	92.13	0.93	1.32	8.86	96.49	40.08
5-3	41.89	184.97	96.49	88.47	0.93	1.27	8.51	105.00	40.71
5-4	42.50	189.88	105.00	84.88	0.93	1.22	8.16	113.16	41.28
5-5	42.98	194.48	113.16	81.32	0.93	1.17	7.82	120.98	41.81
5-6	43.43	198.97	120.98	77.99	0.92	1.12	7.50	128.47	42.31
6-1	39.41	162.62	78.42	84.20	0.93	1.22	8.09	86.51	38.20
6-2	40.08	168.20	86.51	81.68	0.93	1.18	7.85	94.37	38.91
6-3	40.71	173.54	94.37	79.17	0.93	1.14	7.61	101.98	39.57
6-4	41.28	178.63	101.98	76.65	0.93	1.10	7.37	109.35	40.18
6-5	41.81	183.50	109.35	74.15	0.93	1.07	7.13	116.47	40.75
6-6	42.31	188.13	116.47	71.66	0.93	1.03	6.89	123.36	41.29
7-1	38.20	152.96	78.42	74.54	0.93	1.08	7.17	85.59	37.12
7-2	38.91	158.51	85.59	72.93	0.93	1.05	7.01	92.60	37.85
7-3	39.57	163.87	92.60	71.27	0.93	1.03	6.85	99.45	38.54
7-4	40.18	169.01	99.45	69.56	0.93	1.00	6.69	106.14	39.18
7-5	40.75	173.95	106.14	67.81	0.93	0.98	6.52	112.65	39.70
7-6	41.29	178.66	112.65	66.01	0.93	0.95	6.35	119.00	40.34
8-1	37.12	114.85	78.42	66.43	0.94	0.96	6.39	84.81	36.16
8-2	37.85	105.30	84.81	65.49	0.93	0.95	6.30	91.90	36.90
8-3	38.54	155.59	91.10	64.49	0.93	0.93	6.20	97.30	37.60
8-4	39.18	160.69	97.30	63.39	0.93	0.92	6.09	103.40	38.26
8-5	39.70	165.62	103.40	62.22	0.93	0.90	5.98	109.38	38.88
8-6	40.34	170.35	109.38	60.97	0.93	0.88	5.86	115.24	39.46
9-1	36.16	137.94	78.42	59.52	0.94	0.86	5.72	84.14	35.29
9-2	36.90	143.27	84.14	59.13	0.94	0.86	5.68	89.83	36.05

续表

分格单元 H-L	T（℃）	h″（kJ/kg）	h（kJ/kg）	h″−h（kJ/kg）	K	dt（℃）	dh（kJ/kg）	h+dh（kJ/kg）	t−dt（℃）
9-3	37.60	148.43	89.83	58.61	0.94	0.85	5.63	95.46	36.75
9-4	38.26	153.45	95.46	57.99	0.93	0.84	5.57	101.03	37.42
9-5	38.88	158.30	101.03	57.26	0.93	0.83	5.50	106.54	38.05
9-6	39.46	162.98	106.54	56.44	0.93	0.81	5.43	111.97	38.64
10-1	35.29	132.01	78.42	53.59	0.94	0.78	5.15	83.57	34.51
10-2	36.05	137.17	83.57	53.60	0.94	0.78	5.15	88.72	35.27
10-3	36.75	142.19	88.72	53.47	0.94	0.78	5.14	93.86	35.98
10-4	37.42	147.08	93.86	53.22	0.94	0.77	5.12	98.98	36.65
10-5	38.05	151.83	98.98	52.85	0.93	0.76	5.08	104.06	37.29
10-6	38.64	156.43	104.06	52.37	0.93	0.76	5.03	109.10	37.88
11-1	34.51	126.89	78.42	48.44	0.94	0.71	4.66	83.08	33.81
11-2	35.27	131.84	83.08	48.76	0.94	0.71	4.69	87.76	34.56
11-3	35.98	136.70	87.76	48.94	0.94	0.71	4.70	92.47	35.27
11-4	36.65	141.45	92.47	48.98	0.94	0.71	4.71	97.18	35.94
11-5	37.29	146.07	97.18	48.90	0.94	0.71	4.70	101.88	36.58
11-6	37.88	150.56	101.88	48.69	0.93	0.70	4.68	106.56	37.18
12-1	33.81	122.36	78.42	43.94	0.94	0.64	4.22	82.64	33.16
12-2	34.56	127.15	82.64	44.51	0.94	0.65	4.28	86.92	33.91
12-3	35.27	131.85	86.92	44.93	0.94	0.65	4.32	91.24	34.61
12-4	35.94	136.44	91.24	45.20	0.94	0.66	4.34	95.59	35.28
12-5	36.58	140.92	95.59	45.34	0.94	0.66	4.36	99.94	35.92
12-6	37.18	145.29	99.94	45.35	0.94	0.66	4.36	104.30	36.52
13-1	33.16	118.39	78.42	39.97	0.94	0.58	3.84	82.26	32.58
13-2	33.91	123.00	82.26	40.73	0.94	0.59	3.92	86.18	33.31
13-3	34.61	127.52	86.18	41.34	0.94	0.60	3.97	90.15	34.01
13-4	35.28	131.95	90.15	41.80	0.94	0.61	4.02	94.17	34.67
13-5	35.92	136.29	94.17	42.12	0.94	0.61	4.05	98.22	35.31
13-6	36.52	140.54	98.22	42.32	0.94	0.61	4.07	102.29	35.91
14-1	32.58	114.89	78.42	36.47	0.94	0.53	3.51	81.93	32.05
14-2	33.31	119.31	81.93	37.38	0.94	0.55	3.59	85.52	32.77
14-3	34.01	123.65	85.52	38.14	0.94	0.56	3.67	89.19	33.45
14-4	34.67	127.93	89.19	38.74	0.94	0.56	3.72	92.91	34.11
14-5	35.31	132.12	92.91	39.21	0.94	0.57	3.77	96.68	34.74
14-6	35.91	136.22	96.68	39.55	0.94	0.57	3.80	100.48	35.33
15-1	32.05	111.77	78.42	33.35	0.95	0.49	3.21	81.63	31.56
15-2	32.77	116.00	81.63	34.37	0.94	0.50	3.30	84.93	32.26
15-3	33.45	120.18	84.93	35.25	0.94	0.52	3.39	88.32	32.94
15-4	34.11	124.29	88.32	35.97	0.94	0.52	3.46	91.78	33.59

续表

分格单元 H-L	T (℃)	h″ (kJ/kg)	h (kJ/kg)	h″−h (kJ/kg)	K	dt (℃)	dh (kJ/kg)	h+dh (kJ/kg)	t−dt (℃)
15-5	34.74	128.33	91.78	36.55	0.94	0.53	3.51	95.29	34.20
15-6	35.33	132.30	95.29	37.01	0.94	0.54	3.56	98.85	34.80
16-1	31.56	108.97	78.42	30.55	0.95	0.45	2.94	81.36	31.11
16-2	32.26	113.03	81.36	31.67	0.94	0.46	3.04	84.40	31.80
16-3	32.94	117.04	84.40	32.64	0.94	0.48	3.14	87.54	32.46
16-4	33.59	120.99	87.54	33.45	0.94	0.49	3.22	90.75	33.10
16-5	34.20	124.89	90.75	34.14	0.94	0.50	3.28	94.04	33.71
16-6	34.80	128.72	94.04	34.68	0.94	0.51	3.33	97.37	34.29
17-1	31.11	106.47	78.42	28.05	0.95	0.41	2.70	81.12	30.70
17-2	31.80	110.35	81.12	29.23	0.95	0.43	2.81	83.93	31.37
17-3	32.46	114.19	83.93	30.27	0.94	0.44	2.91	86.84	32.02
17-4	33.10	117.99	86.84	31.16	0.94	0.46	3.00	89.83	32.64
17-5	33.71	121.74	89.83	31.91	0.94	0.47	3.07	92.90	33.24
17-6	34.29	125.44	92.90	32.54	0.94	0.47	3.13	96.03	33.82

对表中的计算过程说明如下：①表中第 1 行为图 10-36 中第 1-1 单元块的计算过程，第 2 行为第 1-2 单元块的计算过程……以此类推。②第 1 行计算出的 t-dt 为第 1-1 单元块的出水温度，即为第 2-1 单元块的进水温度。③第一行计算出的 h+dh 为第 1-1 单元块的出口空气焓，即为第 1-2 单元块的进口空气焓。④第 1-1～1-6 各单元块的进水温度 t 相同，均为配水池进入填料的水温 t_1，即为横流塔的进水温度。⑤图 10-36 中左侧一列各单元块的进口空气焓，即单元块 1-1、2-1、3-1……的进口空气焓相同，均为塔外大气的比焓 h_1。⑥横流塔冷却水温 t_2 用图 10-36 中最下面一行各单元块的出水温度的算术平均值计算，计算结果与设计要求冷却水温 t_2=32.3℃相符。

3. 阻力计算

横流塔的总阻力是空气流经的各段阻力之和。为了计算各段阻力，下面先计算有关参数。

（1）进塔空气量。根据热力计算结果：t_2=32.3℃，λ=0.675，计算进塔空气量 $G=\lambda \cdot Q=0.675\times59000=39825$t/h。

根据设计气象参数计算塔外空气密度 ρ_1

$$\begin{aligned}\rho_1 &= (0.003483\times p_a - 0.001316\times\varphi p''_\theta)/(273.15+\theta)\\ &= (348.3-0.001316\times50\%\times5378)/(273.15+34.2)\\ &= 1.1217(\text{kg/m}^3)\end{aligned}$$

进塔空气体积风量 V

$$V=\frac{G\times10^3}{\rho_1\times3600}=\frac{39825\times10^3}{1.1217\times3600}=9862.26\ (\text{m}^3/\text{s})$$

（2）塔内空气比焓 h_2。由冷却塔中热平衡关系可求得塔内空气焓 h_2

$$h_2=h_1+\frac{c\Delta t}{k\lambda}$$

$$K=1-\frac{t}{597.3-0.566t}$$

式中 h_1——塔外空气焓，h_1=78.42kJ/kg；

c——水的比热容，c=4.20kJ/（kg·℃）；

Δt——进、出水温差，Δt=16.7℃；

K——蒸发水量带走的热量系数，本算例中 $t=t_2$=32.3℃，K=0.944；

λ——气、水比，λ=0.675。

$$h_2=78.42+\frac{4.20\times16.7}{0.944\times0.675}=188.50\ (\text{kJ/kg})$$

（3）塔内空气干球温度 θ_2。根据焓差与空气干球温度基本成正比的关系，可求得塔内空气干球温度 θ_2

$$\theta_2=\theta_1+(t_m-\theta_1)\frac{h_2-h_1}{h''_m-h_1}$$

$$h''_m=1.00t_m+(2500+1.842t_m)\frac{0.622p''_{tm}}{p_a-p''_{tm}}$$

式中 θ_1——塔外空气干球温度，θ_1=34.2℃；

t_m——平均水温，$t_m=\dfrac{49.0+32.3}{2}=40.65$（℃）；

h''_m——与平均水温 t_m 相应的饱和焓，当 t_m=40.65 ℃时，相应的饱和蒸汽压 p''_{tm}=7634Pa，h''_m=173.22kJ/kg。

$$\theta_2 = 34.2 + (40.65 - 34.2)\frac{188.50 - 78.42}{173.22 - 78.42} = 41.69℃$$

（4）塔内空气密度 ρ_2。塔内空气密度 ρ_2 的计算公式与塔外空气密度 ρ_1 相同，其中相对湿度取 φ=98%，查附录A求得与 θ_2 相应的饱和蒸汽压 p''_θ=8067Pa，计算得

ρ_2=（$0.003483\times10^5-0.001316\times0.98\times8067$）/（273.15+41.69）=1.0733kg/m^3

（5）阻力计算。按第（二）小节介绍的分段方法计算各部分阻力，各段阻力叠加得总阻力。各段阻力计算见表10-12。

表10-12　横流塔算例阻力计算表

序号	部位	过风面积 A_i（m^2）	风速 v（m/s）	阻力系数	条件	阻力 Δp_i（Pa）	备注
1	百叶窗	$A_{s0}=110\times\pi\times17=5874.78\text{m}^2$ $A_s=0.95A_{s0}=5581.04\text{m}^2$	1.77	$K_s=4.0-0.02K_f-0.064\alpha+0.074\beta=2.0$	百叶窗面积系数为0.95 $K_f=1.77$， α=77，β=40， $\rho_1=1.1217\text{kg/m}^3$	3.51	百叶窗安装平面的平均直径 D_{sm} 可取填料进风口平均直径 D_{jm}=110m 百叶窗安装总面积 A_{s0}
2	进口	$A_j=110\times\pi\times17=5874.78\text{m}^2$	1.68	$K_j=0.5$	$\rho_1=1.1217\text{kg/m}^3$	0.79	填料进风口平均直径为110m
3	填料	$A_f=104\times\pi\times17=5554.34\text{m}^2$	1.78	波形石棉水泥板条填料阻力根据试验资料求得	$q=28.98t/(\text{m}^2\cdot\text{h})$ $\rho_m=(1.1217+1.0733)/2=1.0975\text{kg/m}^3$	20.15	填料中部直径为104m
4	除水器	$A_d=90\times\pi\times17=4806.64\text{m}^2$	2.05	双联除水器阻力根据试验资料求得	$\rho_2=1.0733\text{kg/m}^3$	8.38	除水器布置直径90m 除水器布置高度17m
5	人字柱	$A_0=(75+86)/2\times\pi18.87=4772.19\text{m}^2$ $f_c=19.17\times0.8\times80=1226.88\text{m}^2$ $A_c=4772.19-1226.88=3545.31\text{m}^2$	2.78	$K_c=(f_c/A_0)C=(1226.88/4772.19)\times2=0.51$	圆形人字柱断面 C=2 人字柱实（斜）长=19.17m 进风口斜高为18.87m ρ_2=1.0733kg/m^3 人字柱直径0.8m 人字柱对数为40	2.13	人字柱处进风总面积 A_0 人字柱占用面积 f_c 人字柱处净过风面积 A_c 塔筒底径为86m 塔筒进风口上缘直径为75m
6	转弯	$A_1=75\times\pi\times18=4241.15\text{m}^2$	2.33	$K_1=(-5.60\times0.24^3+3.545\times0.24^2-0.77\times0.24+0.115)\times19.6=1.12$	进风口上缘塔筒直径 D_a=75m 进风口高 H_1=18m $\rho_2=1.0733\text{kg/m}^3$	3.26	H_1=D_a=0.24
7	出口	$A_o=49^2\times\pi/4=1885.74\text{m}^2$	5.23	$K_o=0.5$	喉部直径为49m $\rho_2=1.0733\text{kg/m}^3$	7.34	
8	风影响	按较大风地区考虑，取塔各段阻力之和的18%			塔各段阻力之和为45.56Pa	8.20	
	全塔阻力合计					53.76	

4. 求横流塔塔筒高度（总高）H_t

冷却塔运行点应满足抽力—阻力平衡条件。

抽力计算式

$$SD = H_e g(\rho_1 - \rho_2)$$

式中 SD——塔筒抽力，Pa；

H_e——塔筒有效高度，按填料中部至塔筒顶部的高度，m；

g——重力加速度，g=9.81m/s^2；

ρ_1、ρ_2——分别为塔外、内空气密度，kg/m^3。

计算得塔的总阻力 Δp=53.76Pa。

则　53.76=9.81×（1.1217−1.0733）H_e

H_e=113.23m

填料高度 H=17m。

则塔筒总高度 H_t=113.23+17/2=121.73m。

六、机械通风冷却塔

(一)冷却塔塔型选择

1. 通风方式选择

冷却塔通风方式应根据循环水的水量、水温和循环水系统运行方式等使用要求选择，并结合下列因素，通过技术经济比较确定：

(1)当地气象、地形和地质等自然条件；

(2)材料和设备供应情况；

(3)场地布置和施工条件；

(4)冷却塔与周围环境的相互影响；

(5)地区电价及其他经济因素。

一般情况宜采用自然通风冷却塔。在机械通风冷却塔风机能较长期安全可靠运行、除水效果较好和噪声较低的情况下，在下列条件下可考虑采用机械通风冷却塔：

(1)场地布置及周边环境允许采用噪声较自然通风塔高的机械通风塔；

(2)对视觉障碍环保要求较高不宜建高大自然通风冷却塔的地区；

(3)大电力系统中的调峰电厂，年运行小时数较少；

(4)采用混合式供水系统，冷却塔运行时间较短；

(5)在气温高、湿度大的地区。

机械通风冷却塔的建造费用为自然通风冷却塔的50%～60%。风机的耗电量以单位水量电耗表示，称为电耗比。一般逆流式机械通风塔的电耗比为0.025～0.035kW·h/m^3。

2. 机械通风冷却塔塔型选择

(1)气水流态选择。机械通风冷却塔可设计成逆流式或横流式。这两种冷却塔的特点见表10-13。

表10-13　逆流式和横流式冷却塔特点

气水流态	逆流式	横流式
空气供给方式	抽风式	抽风式
填料型式	薄膜式	点滴式
配水方式	管式或槽式	池式
供水高度	8～9m	12～19m

由于横流式采用点滴式填料，其体积较大，而使供水高度较高。故一般工程采用逆流式；但当机组容量较大塔型较大时，为便于风机群集布置以减少出流热湿空气回流的影响，也有采用横流式冷却塔的。

(2)外形选择。单格的或风机群集布置的机械通风冷却塔的平面宜采用圆形或正多边形；多格毗连的机械通风冷却塔的平面宜采用正方形或矩形。当塔的平面为矩形时，边长比不宜大于4:3；进风口宜设在矩形的长边。

(二)逆流式机械通风冷却塔塔体设计

逆流式机械通风冷却塔塔体设计的要求是：通过淋水填料和除水器水平断面的空气流速比较均匀，以求冷却塔有较好的热力特性和除水效率；尽量降低各部件的通风阻力，以求降低电耗比和风机噪声。为了达到上述要求，主要应设计好塔体各部位的尺寸。

图10-38为多格毗连的逆流式机械通风冷却塔的横剖面图。

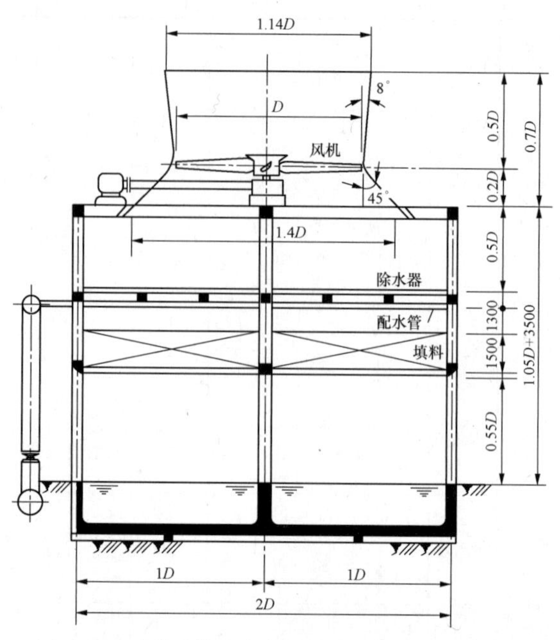

图10-38　多格毗连的逆流式机械通风冷却塔横剖面图

1. 风筒尺寸

风筒由塔体气流进入风机前的圆形渐缩进口段和风机后的扩散段两部分组成。根据工程经验，渐缩进口段的高度最好有0.2*D*，*D*为风机直径。这要求风机减速齿轮箱的基础稍高于塔体框架中心十字梁。风机出口扩散段高度要有0.5*D*，风筒在塔顶板上总高为0.7*D*。渐缩进口段的中心渐缩角为90°左右，这样使风筒与塔顶板连接处的直径扩大到1.4*D*，可与塔顶板下的气流较平稳地衔接。风筒出口扩散段的中心扩散角为14°～18°，以求气流不发生脱离现象。

2. 除水器层到风机进口的高度

除水器铺放平面根据塔体外形为方形或矩形，而风机进口为圆形，为了上升气流的顺利过渡，减少涡流阻力，两者之间要有一定的高差，根据模型试验，这一高差建议为0.5*D*。

3. 冷却塔平面尺寸

根据设计经验，风筒进风口以下以90°中心角投射到除水器平面，至少能覆盖80%以上的面积。按此要求计算方形塔塔边长约为2*D*。

冷却塔平面最好是正方形。当平面形状为矩形，边长比为4:3时，冷却塔的空气阻力可能增加10%。

4. 进风口高度

双面进风的正方形机力通风冷却塔进风口高度 H_i 与进风口长度 L 的比值 H_i/L，也即是单侧进风口面积 A_i 与淋水面积 A_f 的比值。

加大进风口高度，可改善填料下部的气流状态，但同时加大了循环水泵的扬程。逆流塔进风口高度的确定，一般以进风口面积与淋水面积比值的推荐值为依据。20 世纪 50 年代苏联的推荐值为 0.35～0.45。20 世纪 60 年代后期较多电厂采用 8m 风机机械通风冷却塔，首批设计的面积比采用 0.4。这批塔投产后，发现进风口流速过大，填料下部产生空气的涡流区，气流比较混乱，填料层和除水器部分的风速严重不均匀，除水效果较差。此后有关单位进行了一系列的现场测试和试验研究工作，提出面积比（A_i/A_f）值在 0.5 以上为宜。

压力比与填料层风速分布不均匀系数的关系曲线，如图 10-39 所示。

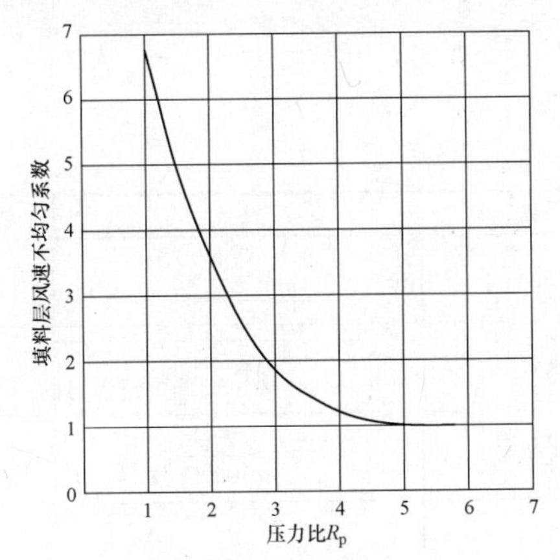

图 10-39　压力比与填料层风速分布不均匀系数的关系曲线（外界风速为零）

图中横坐标为压力比 R_p，以下式表示

$$R_p = \sum \Delta h / \left(\frac{v_i^2 \rho}{2g} \right)$$

式中　Δh——从进风口至除水器顶面通风阻力之和，mmH_2O；

v_i——进风口风速，m/s；

ρ——空气密度，kg/m^3；

g——重力加速度。

从上式看出：分子为除水器之前（对空气流动而言）各部空气阻力之和，分母为进风口的速度头。两者比值应大于 5，这时风速不均匀系数接近于 1。即当填料层和除水器阻力相对大一些时，气流进入填料层时比较均匀。

试验研究表明，面积比大于 0.5 时，在进风口上缘加装水平导风檐作用已不大。

（三）轴流式通风机

1. 概述

轴流通风机能在较低的压力（小于 300Pa）下，供给大流量的冷却空气（可达 1000m^3/s），是湿式机械通风冷却塔理想的通风设备。

湿式机械通风冷却塔一般均为抽风式布置，冷却塔的填料、配水管和除水器等主要阻力部件都布置在风机的进风侧。风机的出风侧只有扩散出风筒。湿式冷却塔的风机布置如图 10-40 所示。减速齿轮箱直接装在风机叶片的下部，通过空心的传动轴与风筒外的卧式电动机连接。大型风机传动轴中部应加装轴承。图 10-40 中 A、B、C、D、E、F、G、H 根据工程条件确定。

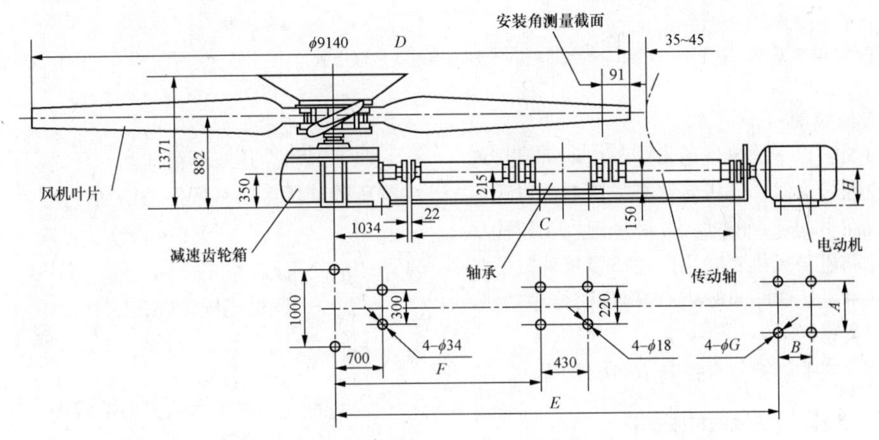

图 10-40　湿式机械通风冷却塔 ϕ 9140 风机安装布置图（尺寸单位：mm）

通常轴流式风机具有 4～10 个叶片，增加叶片数其价格和提供的空气量都要增加。当空气流量维持不变时，降低风机转速就要增加叶片数量，这对减少噪声和提高效率都是有利的。

2. 通风机相似性能换算基本公式

通风机相似性能换算基本公式列于表 10-14。

表 10-14　通风机相似性能换算基本公式

条件	$D=D_m$ $n=n_m$ $\rho\neq\rho_m$	$D=D_m$ $\rho=\rho_m$ $n\neq n_m$	$n=n_m$ $\rho=\rho_m$ $D\neq D_m$	$D\neq D_m$ $n\neq n_m$ $\rho\neq\rho_m$
公式	$Q=Q_m$	$\frac{Q}{Q_m}=\frac{n}{n_m}$	$\frac{Q}{Q_m}=\left(\frac{D}{D_m}\right)^3$	$\frac{Q}{Q_m}=\frac{n}{n_m}\left(\frac{D}{D_m}\right)^3$
	$\frac{p}{p_m}=\frac{\rho}{\rho_m}$	$\frac{p}{p_m}=\left(\frac{n}{n_m}\right)^2$	$\frac{p}{p_m}=\left(\frac{D}{D_m}\right)^2$	$\frac{p}{p_m}=\left(\frac{n}{n_m}\right)^2\left(\frac{D}{D_m}\right)^2$
	$\frac{P_i}{P_{im}}=\frac{\rho}{\rho_m}$	$\frac{P_i}{P_{im}}=\left(\frac{n}{n_m}\right)^3$	$\frac{P_i}{P_{im}}=\left(\frac{D}{D_m}\right)^5$	$\frac{P_i}{P_{im}}=\left(\frac{n}{n_m}\right)^3\left(\frac{D}{D_m}\right)^5$
	$\eta_i=\eta_{im}$	$\eta_i=\eta_{im}$	$\eta_i=\eta_{im}$	$\eta_i=\eta_{im}$

注　D —叶轮直径，m；
n —叶轮转速，r/min；
ρ —空气密度，kg/m³；
p —风扇压力，Pa；
P_i —内功率，kW；
η_i —内效率；
下角标 m —模型。

3. 风量调节

调节风机风量一般采用以下两种方法。

（1）改变转速。这种调节方式没有调节损失，相应工况点的效率不变，但不能超过风机的最高转速，改变转速后的性能变化见表 10-14。

（2）改变叶片安装角度，可扩大性能的适应范围。调节方式有：

1）不停机自动调角式。通过仪表信号及压力变化，控制风机在运行中自动调节叶片角度以改变风量。

2）不停机半自动调角式。在风机运行中，手动调节工作气源压力，可随时调节叶片角度。

3）停机手调式。

4. 风机功率及效率

风机功率及效率计算公式见表 10-15。

表 10-15　风机功率及效率计算公式

项目	公式	单位	项目	公式	单位
有效功率	$P_e=\frac{pQ}{1000}$	kW	内效率	$\eta_i=\frac{P_e}{P_i}$	
内功率	$P_i=\frac{pQ}{1000\eta_i}$	kW	全压效率	$\eta=\frac{P_e}{P_b}$	
轴功率	$P_i=\frac{pQ}{1000\eta_i\eta_m}$	kW	静压效率	$\eta_{st}=\frac{P_{st}Q}{1000P_b}$	
电动机功率	$P_i=\frac{pQ}{1000\eta_i\eta_m}\cdot K$	kW			

注　p —全压，Pa；
Q —风量，m³/s；
η_m —传动机械效率，见表 10-16；
K —电动机储备系数，取 1.05～1.20，大电动机取下限，小电动机取上限。

5. 风机传动装置

直径在 1.5m 以下的风机通常是与电动机直接连接的。风机直径较大时，风机转速必须降低，以避免叶尖速度过大而引起噪声的增大。降低速度比较简单的方法是在电动机与风机之间用三角皮带传动。三角皮带传输的功率可达 30～40kW。对更高的传输功率，可用齿轮减速装置。

各种连接方式的机械效率按表 10-16 选用。

表 10-16　各种连接方式的机械效率

连接方式	机械效率 η_m	连接方式	机械效率 η_m
电动机直连	1.0	齿轮减速	0.97
联轴节	0.98	三角皮带	0.92

6. 风机特性

（1）风机全压等于静压和动压之和，在通风系统中静压和动压可以有条件地相互转换

$$p = p_{dy} - p_{st} \tag{10-30}$$

式中　p——风机全压，Pa；
p_{dy}——风机动压，Pa；
p_{st}——风机静压，Pa，一般为负值，故其前为“–”号。

风机的流量与压力的关系曲线中的压力有的以静压表示，有的以全压表示。

（2）图 10-41 表示轴流通风机的工作范围。

图 10-42 表示一台风机叶轮直径为 3658m（12ft），6 个叶片，叶端速度为 50m/s，空气密度为 1kg/m³ 时的特性曲线。

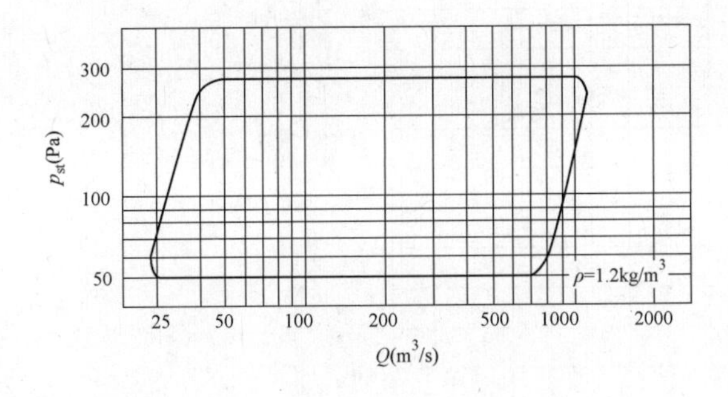

图 10-41　轴流通风机工作范围图

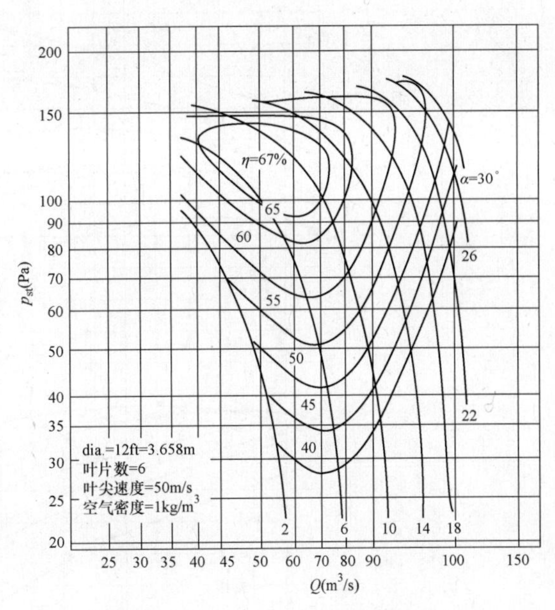

图 10-42　直径 3.658m 风机特性图

（3）主要轴流通风机性能。主要轴流通风机性能见表 10-17。表中所列通风机叶轮转速一般为固定，其中 LF-92R 型采用三速电动机，但生产厂可配置双速、三速电动机或变频器，通过改变叶轮转速达到调节风量、风压的目的。表 10-17 中所列叶片安装角是代表性的。风机全面特性曲线如图 10-43～图 10-47 所示。

表 10-17　　冷却设备用主要轴流通风机性能表

风机型号	LF-77Ⅱ	LF-77ⅡA	LF-77ⅢB	LF-80B	LF-80A	LF-80	LF-85	LF-92R	LF-92Ⅱ	L92D
叶轮直径（m）	7.70	7.70	7.70	8.00	8.00	8.00	8.534	9.14	9.14	9.144
轮毂直径（m）	2.13	2.13	2.13	2.13	2.13	2.13	2.13	2.285	2.285	
叶轮转速（r/min）	149	149	149	1 49	149	149	149	110	127	127
叶尖速度（m/s）	60.07	60.07	60.07	64.41	64.41	64.41	66.57	52.64	60.77	60.77
叶片安装角（°）	6	9.5	10	7	10	12	9	13	12	13
叶片数	4	4	4	4	6	6	6	8	8	10
风量（$\times10^4$m³/h）	135	152	190	160	250	255	273	273	315	286
全压（Pa）	127	152.4	127	137	135	167	152	147	176.4	114.4
全压效率（%）	83.8	83.8	83.8	83.5	86	86	85.6	88	87.97	
轴功率（kW）	57	77	80.5	73	109	137.3	135	126.7	175.6	132.1
电机功率（kW）	75	90	90	90	132	160	160	160/80/30	200	200

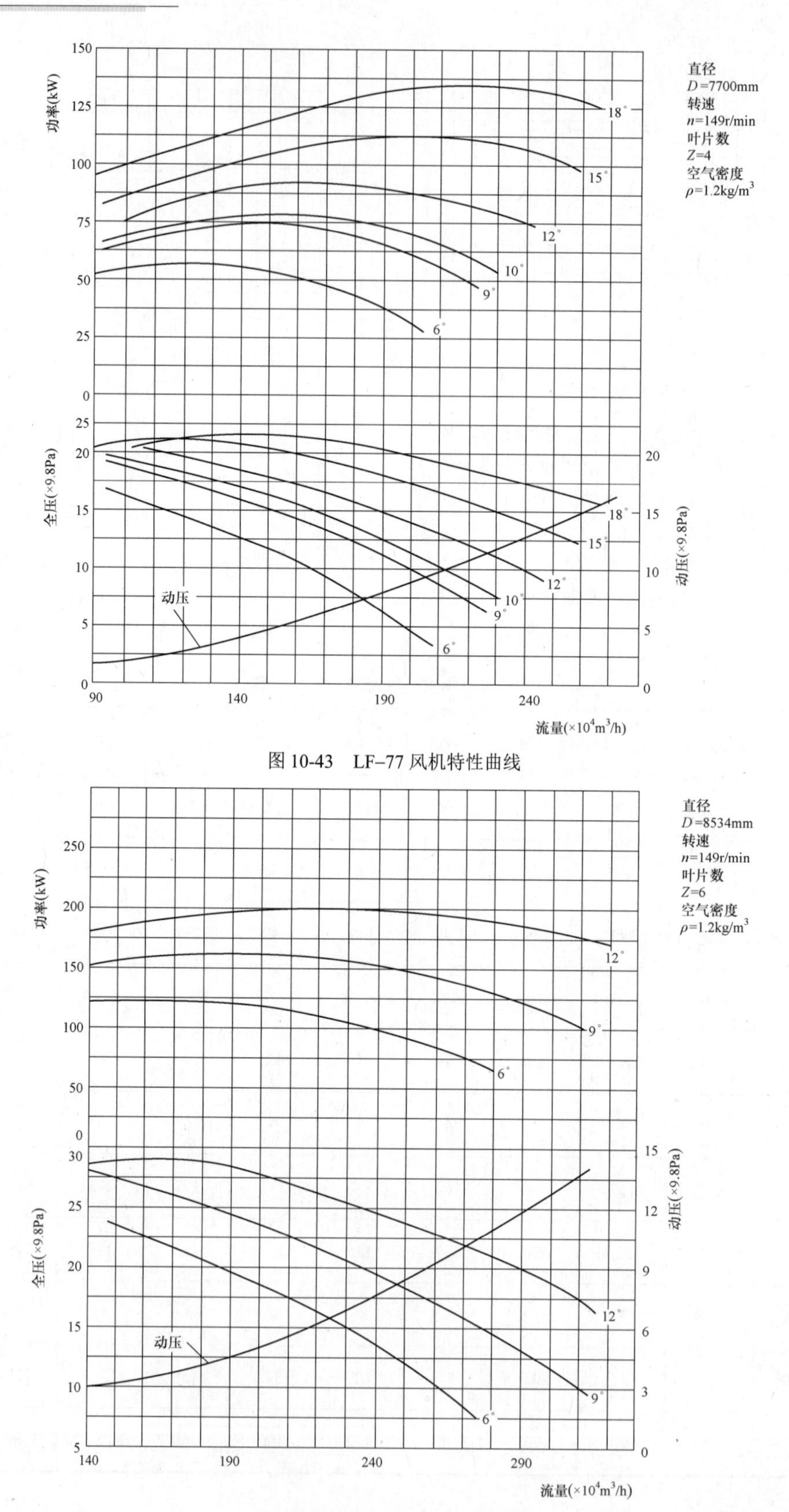

图 10-43 LF−77 风机特性曲线

图 10-44 LF−85 风机特性曲线

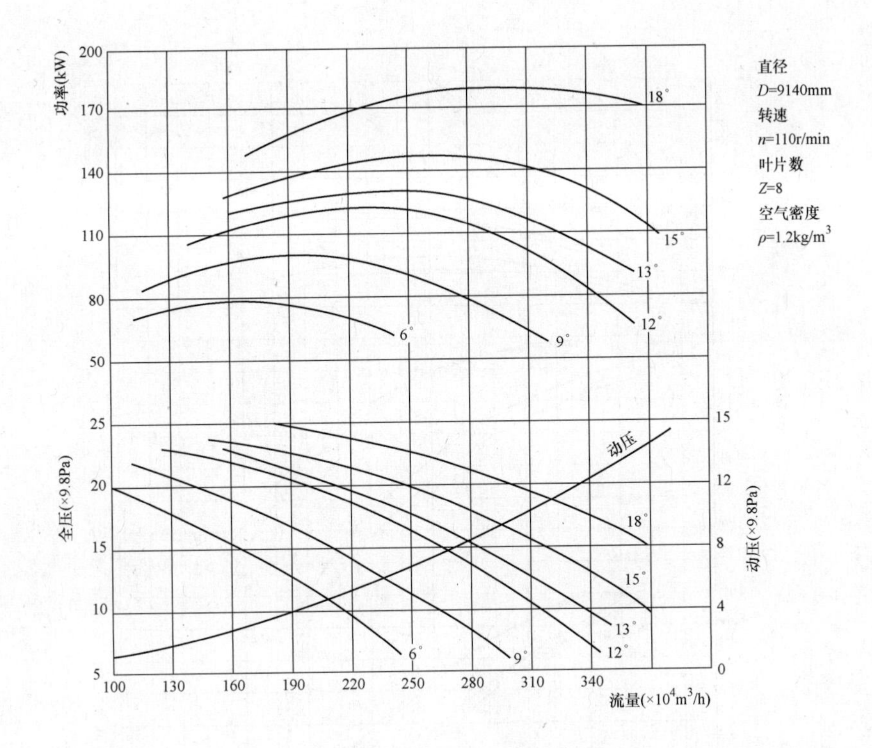

图 10-45　LF–92R 风机特性曲线

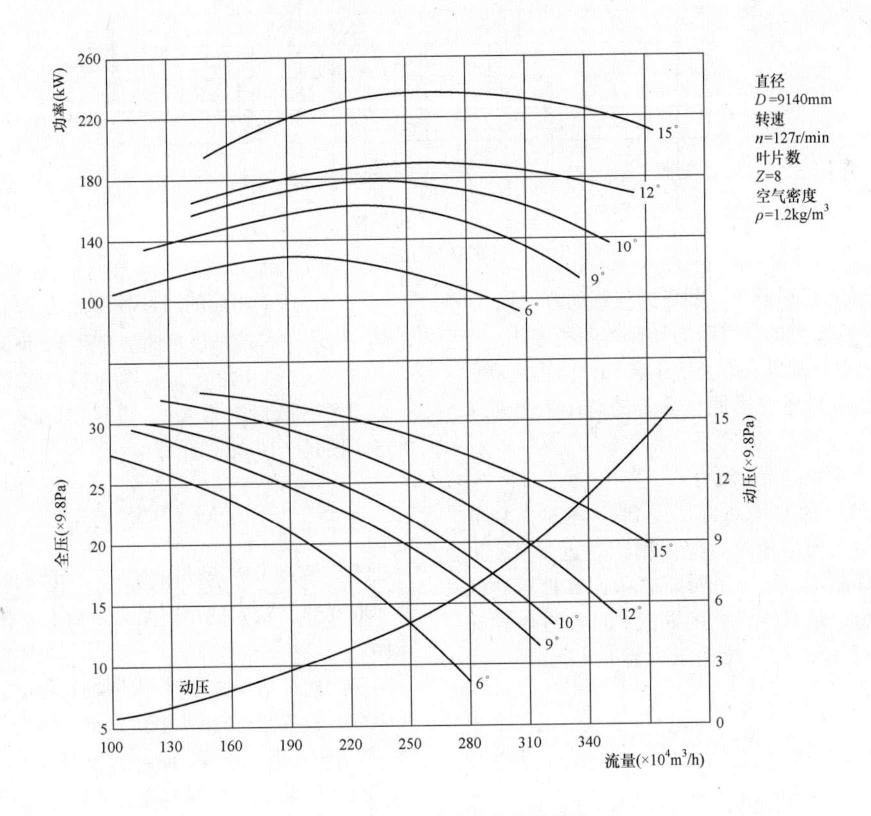

图 10-46　LF–92 Ⅱ 风机特性曲线

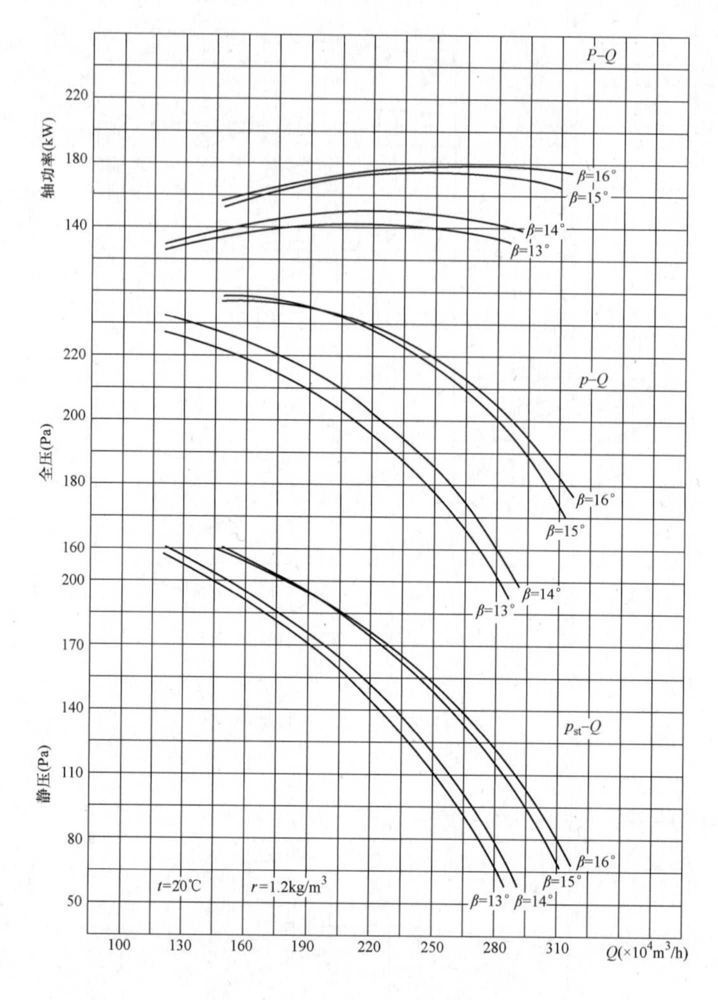

图 10-47　L92D 风机空气性能曲线

（四）逆流式机械通风冷却塔的空气动力计算

机械通风冷却塔的空气阻力计算有两种方法：一种是近似地假设冷却塔总阻力等于各部件阻力之和。另一种是利用类似冷却塔原体测定的总阻力系数来计算。

1. 分别计算各部件的阻力

实际上风机前塔的总阻力不等于各部件独立的阻力叠加，原因是各阻力部件相距较近，不能形成独立的部件阻力。关于如何确定和计算机械通风冷却塔的阻力，是有待研究的课题。目前近似的计算方法仍是分别计算各部件阻力然后相加。以式（10-31）表示

$$\Delta p_t = \sum K_j \frac{v_j^2 \rho_m}{2} \tag{10-31}$$

式中　Δp_t ——冷却塔总空气阻力，Pa；

K_j——各部件的阻力系数；

v_j ——相应的通过各部件的空气流速，m/s；

ρ_m ——冷却塔平均空气密度，可近似地取 $\rho_m = 0.98\rho_1$，ρ_1 为进口空气密度，kg/m³。

（1）进风口阻力 Δp_i。进风口阻力系数 K_i 可取 0.55。按式（10-32）计算

$$\Delta p_i = 0.55 \frac{v_j^2 \rho_m}{2} \tag{10-32}$$

（2）填料下方雨区阻力 Δp_r。由雨区平均空气流速（取 $0.5v_i$）决定的雨区阻力系数 K_r，按式（10-33）计算

$$K_r = (0.1 + 0.025q)\,L \tag{10-33}$$

式中　q——冷却塔淋水密度，m³/（m²·h）；

L——进风长度，m。

（3）进入淋水填料气流转弯阻力 Δp_b。由填料断面空气流速决定的气流转弯阻力系数 K_b 可取 0.5。

（4）填料支承梁阻力 Δp_s。由支承梁处有效面积

的空气流速（v_s）决定的支承梁阻力系数 K_s，以式（10-34）计算

$$K_s = \left[0.5 + 1.3\left(1 - \frac{A_s}{A_f}\right)^2\right]\left(\frac{A_s}{A_f}\right)^2 \quad (10\text{-}34)$$

式中　A_s ——支承梁处气流有效面积，m^2；

A_f ——塔壁内的横截面积，m^2。

（5）填料阻力 Δp_f。填料阻力 Δp_f 与淋水密度和通过填料的空气流速有关。按试验求得的阻力公式计算。

（6）配水管阻力 Δp_d。由配水管处有效面积的空气流速（v_d）决定的配水管阻力系数 K_d 可采用式（10-34）计算，但以配水管处气流有效面积 A_d 替代式中的 A_s。

（7）除水器支承梁阻力 Δp_s。由支承梁处有效面积空气流速（v_s）决定的支承梁阻力系数同式（10-34）。

（8）除水器阻力 Δp_e。除水器阻力由试验求得的公式计算。

（9）风筒渐缩段阻力损失 Δp_c。由风筒安装风机处截面积的空气流速（v_{fan}）决定的风筒渐缩段阻力系数 K_c 以式（10-35）计算

$$K_c = C\left(1 - \frac{A_{fan}}{A_c}\right) + f \quad (10\text{-}35)$$

$$f = \frac{\lambda\left[\left(1 - \frac{A_{fan}}{A_c}\right)^2\right]}{8\sin\frac{\alpha}{2}} \quad (10\text{-}36)$$

式中　C ——由渐缩段中心角 α 和相对长度 L/D 确定的系数，见表 10-18；

A_{fan} ——风筒风机处截面积，m^2；

A_c ——风筒渐缩段进口截面积，m^2；

f ——摩擦阻力系数；

λ ——摩擦系数，可采用 0.03。

表 10-18　　系　数　*C*　值

L/D	中心角 α（°）			
	30	40	60	100
0.050	0.36	0.33	0.30	0.35
0.100	0.25	0.22	0.18	0.27
0.150	0.20	0.16	0.15	0.25
0.600	0.13	0.11	0.12	0.23

（10）风筒扩散段包括出口排放到大气的阻力 Δp_{du}。由风筒安装风机处截面积的空气流速（v_{fan}）决定风筒扩散段阻力，阻力系数 K_{du} 以式（10-37）计算

$$K_{du} = (1 + \delta)R \quad (10\text{-}37)$$

式中　δ ——考虑到风筒内速度分布不均匀的修正系数，见表 10-19；

R ——系数，由表 10-20 查得。

表 10-19　　修　正　系　数　δ

相对长度 *L/D*	修正系数 δ 值	相对长度 *L/D*	修正系数 δ 值
0.0	0.6	2.0	0.4
0.5	0.55	3.0	0.35
1.0	0.5	4.0	0.3

表 10-20　　系　数　*R*　值

L/D	扩散中心角 α（°）		
	12	16	20
1.0	0.56	0.52	0.52
1.5	0.45	0.43	0.45
2.0	0.39	0.38	0.43
2.5	0.34	0.35	0.42
3.0	0.31	0.34	0.42
4.0	0.27	0.33	0.42

根据以上各项计算及式（10-31），全塔总阻力为

$$\Delta p_t = K_i\frac{v_i^2\rho_m}{2g} + K_r\frac{v_r^2\rho_m}{2g} + K_b\frac{v_b^2\rho_m}{2g} + K_s\frac{v_s^2\rho_m}{2g} + \Delta h_f +$$

$$K_d\frac{v_d^2\rho_m}{2g} + K_s\frac{v_s^2\rho_m}{2g} + \Delta h_e + K_c\frac{v_{fan}^2\rho_m}{2g} + K_{du}\frac{v_{fan}^2\rho_m}{2g}$$

2. 利用类似冷却塔实测总阻力系数进行计算

当新设计的冷却塔与一些已建并通过测试的冷却塔在塔体设计、填料型式和淋水密度等方面都比较接近时，采用这些塔的实测数据做参考，有足够的精确度。可采用式（10-38）进行计算

$$\Delta p_t = K_t\frac{v_f^2\rho_m}{2} \quad (10\text{-}38)$$

式中　Δp_t ——全塔总阻力，Pa；

K_t ——相似冷却塔实测总阻力系数；

v_f ——通过填料的空气流速，m/s；

ρ_m ——空气平均密度，kg/m^3。

现已建造的冷却塔当塔体设计较合理，采用塑料

薄膜式填料，淋水密度在15m³/（m³·h）左右，通过填料空气流速在2m/s左右时，由通过填料空气流速决定的全塔总阻力系数一般在60～70之间。

3. 确定风机运行点

用上述方法计算冷却塔阻力时，风机运行点为未知，可先假设几个空气流量，计算相应的全塔阻力后绘制冷却塔阻力曲线，该线与风机特性曲线交点即为风机运行点。根据运行点的空气流量再进行冷却塔的热力计算。

（五）逆流式机械通风冷却塔热力计算

1. 填料选择

（1）PVC薄膜式填料有多种型式和波形，但大多数是针对自然通风塔抽力较小的特点而研制和开发的。机械通风塔抽力较大且有较广的变化范围，一般宜选阻力稍大但热力特性有较大提高的填料。

（2）机械通风冷却塔的填料高度一般为1.5m，最大高度可选用2m左右，视高度增大后热力特性提高的程度而定。

（3）机械通风冷却塔的填料型式、填料高度和风机功率应结合试验资料、塔体设计和允许噪声水平等因素由优化设计确定。

2. 热力计算方法

（1）机械通风冷却塔填料模拟试验和冷却塔原体测试的热力特性资料的整理一般都采用焓差法。设计计算也宜采用焓差法，以求与试验资料的统一与验证。

（2）采用焓差法热力计算的方法，冷却水系统要求达到的冷却任务，以冷却数N'表示，N'的计算公式如下

$$N'=\int_{t_2}^{t_1}\frac{c_{\mathrm{w}}\mathrm{d}t}{h''-h} \tag{10-39}$$

式中 t_1——冷却塔进水温度，℃；

t_2——冷却塔出水温度，℃；

c_{w}——冷却水比热容，kJ/（kg·℃）；

h''——冷却水饱和比焓，kJ/kg；

h——相应空气比焓，kJ/kg。

（3）电厂用冷却塔进出水水温差一般$\Delta t<15$℃，这时式（10-39）可用两段辛普逊积分法求解

$$N'=\frac{c_{\mathrm{w}}\mathrm{d}t}{6}\left(\frac{1}{h_2''-h_1}+\frac{4}{h_{\mathrm{m}}''-h_{\mathrm{m}}}+\frac{1}{h_1''-h_2}\right) \tag{10-40}$$

式中 c_{w}——冷却水比热容，可取4.186kJ/（kg·℃）；

h_2''——与出水水温t_2相应的饱和比焓，kJ/kg；

h_1''——与进水水温t_1相应的饱和比焓，kJ/kg；

h_{m}''——与进出水平均水温$t_{\mathrm{m}}=\frac{t_1+t_2}{2}$相应的饱和比焓，kJ/kg；

h_1——进塔空气比焓，kJ/kg；

h_2——出塔空气比焓，$h_2=h_1+\frac{c_{\mathrm{w}}(t_1-t_2)}{\lambda}$，kJ/kg，$\lambda$为气水比；

h_{m}——塔内空气平均比焓，$h_{\mathrm{m}}=h_1+\frac{c_{\mathrm{w}}(t_1-t_2)}{2\lambda}$，kJ/kg。

辛普逊二段积分法计算简单，又具有足够的精确度，所以在设计计算和试验数据整理中被广泛采用。

（4）冷却塔的冷却能力由填料冷却能力、填料前的配溅水冷却和填料后的尾部冷却三部分组成。其中以填料冷却为主，在自然通风冷却塔设计计算时，将三部分分开计算。在机械通风冷却塔设计计算时，因工业塔尾冷高度与填料模拟试验时相差不多，故可近似地采用模拟试验的资料。

冷却塔的冷却能力N以式（10-41）表示

$$N=A_0\lambda^r \tag{10-41}$$

式中 A_0——系数，由试验确定；

λ——风水比，单位面积空气质量流量与水质量流量之比；

r——指数，由试验确定。

（5）一般情况下，热力计算之前风机运行点已确定，即λ值为已知，根据式（10-41）可求得冷却塔的冷却能力N。热力计算的任务就是假设2～3个冷却后水温t_2根据式（10-40）求冷却任务N'，使冷却任务等于冷却能力，即试求$N'=N$时的冷却后水温t_2。试算后也可用插入法较精确地确定t_2值。

（六）ϕ9.14m风机逆流式方形塔工程示例

设计多段毗连布置的逆流式机械通风冷却塔，以满足300MW机组循环供水系统循环水冷却的要求。

1. 原始资料

（1）气象条件。夏季频率为10%日平均湿球气温τ_1：25.3℃；相应干球气温θ_1：29.5℃；相应相对湿度φ：70%；相应大气压力p_{a}：1000hPa。

（2）循环水参数。冷却倍率：55；总循环水量：36000m³/h；冷却水进出水温差：10.0℃；冷却后水温：<32.0℃。

2. 塔体设计

（1）选用目前成熟的较大直径轴流风机，以减少冷却塔段数。选用ϕ9.14m风机。

（2）设计淋水密度宜在目前热力和阻力试验资料最大淋水密度15m³/（m²·h）以下。为了使冷却塔内

气流较平顺均匀，方形单段每边尺寸为2倍风机直径左右，选用18m×18m。冷却塔段数暂定为8段，待最后校核冷却水温是否符合要求。每段塔冷却水量为4500m³/h，淋水密度为13.89m³/（m²·h）。

（3）设置双面进风口。为了使填料断面空气流速较均匀，进风口面积宜大于0.5倍填料层面积。选用进风口高度为5m，面积比为0.56。

（4）淋水填料选用1.5m高PVC薄膜式填料，其冷却能力为$N=1.812\lambda^{0.667}$。

（5）采用管式配水系统，选用水平旋喷带溅水环的XPH型喷头，溅落高度1m，配水管中心标高8.50m。

（6）除水器层标高9.00m，除水器层离塔顶层平台距离选用0.5倍风机直径，为4.5m，塔顶平台标高为13.50m。

（7）风筒渐缩进口段高度为0.2D取1.8m，渐缩中心角为90°。风筒扩散出口段高度为0.5D取4.5m，扩散中心角为16°。

3. 空气阻力计算

（1）经计算进口空气密度ρ_1=1.1389kg/m³。塔内平均空气密度ρ_m=1.1389×0.98=1.1161kg/m³。

（2）初步假设风机空气流量为248.0×10⁴m³/h=688.89m³/s。

（3）冷却塔各部件有效面积、空气流速、阻力系数及阻力值计算结果见表10-21。

表10-21　　ϕ9.14m风机逆流式方形塔空气阻力计算表

部件名称	有效面积（m²）	空气流速（m/s）	阻力系数	计算公式	阻力（Pa）
进风口	180.0	3.83	0.55	设定	4.51
填料下雨区		平均1.92	4.03	式（10-33）	8.23
气流转弯	324.0	2.13	0.5	设定	1.27
填料支承梁	259.2	2.66	1.51	式（10-34）	5.98
填料	324.0	2.13	$\Delta h_f=1.59v_f^{1.99}$	试验求得	70.2
配水管	248.4	2.77	1.76	式（10-34）	7.55
除水器支承梁	259.2	2.66	1.51	式（10-34）	5.98
除水器	324.0	2.13	1.30	试验求得	3.33
风筒进口渐缩段	128.9	5.34	0.12	式（10-35） 式（10-36）	7.15
风筒风机处	66.6	10.34	—	—	—
风筒出口扩散段	85.9	8.02	0.75	式（10-37）	44.7
				合计	158.9

（4）考虑到塔内气流分布不均匀和涡流损失等因素，增加10%的总阻力值作为裕量，故冷却塔最后总阻力为1.1×158.9=174.8Pa。

4. 风机运行点的确定

风机特性曲线是在空气密度ρ=1.2kg/m³条件下绘制的。故需将上述求得的阻力值转换为ρ=1.2kg/m³时的数值，再根据阻力随空气流量的平方成正比变化的关系绘制阻力曲线，与风机转速为110r/min，叶片安装角度为13°的特性曲线的交点的空气流量为242.0×10⁴m³/h，全压力为178.482Pa。

5. 热力计算

（1）空气流量：G=242.0×10⁴（m³/h）=672.22（m³/s）

通过填料流速：v_f=672.22/324=2.07（m/s）

淋水密度：q=4500/324=13.89m³/（m²·h）=3.858kg/（m²·s）

λ=2.07×1.1161/3.858=0.5988。

（2）冷却塔冷却能力。

$N=1.812\lambda^{0.667}=1.2871$。

（3）冷却塔湿空气比焓。

湿空气入口含湿量：

$$x_1=0.622\frac{\phi p''_\theta}{p_a-\phi p''_\theta}=0.622\frac{0.7\times4.122}{100-0.7\times4.122}=0.0185\text{kg/kg}$$

湿空气入口比焓：

$h_1=1.00\times\theta_1+x_1$（2500+1.846×$\theta_1$）

=29.5+0.185×（2500+1.846×29.5）=76.76kJ/kg。

湿空气出口比焓：$h_2=h_1+4.186\Delta t/\lambda$

$=76.76+4.186\times10.0/0.5988=146.67$kJ/kg。

冷却塔湿空气平均比焓：$h_m=h_1+4.186\Delta t/2\lambda$

$=76.76+4.186\times10.0/(2\times0.5988)=111.71$kJ/kg。

（4）系统冷却任务。

1）假设冷却后水温：t_2=32.0℃，则

水温（℃）：t_2=32.0，t_m=37.0，t_1=42.0

相应饱和比焓（kJ/kg）：h_2''=111.43，h_m''=143.91，h_1''=185.15

将求得的h_2''、h_m''、h_1''及湿空气比焓h_1、h_m、h_2代入式（10-40）得冷却任务N'

$$N'=\frac{c_w\Delta T}{6}\left(\frac{1}{h_2''-h_1}+\frac{4}{h_m''-h_m}+\frac{1}{h_1''-h_2}\right)$$

$$=\frac{4.186\times10}{6}\left(\frac{1}{111.43-76.76}+\frac{4}{143.91-111.71}+\frac{1}{185.15-146.67}\right)$$

$$=1.2488$$

第一次试算冷却任务（N'）不等于冷却能力（N），需进行第二次试算。

2）第二次试算假设冷却后水温 t_2=31.8℃，重复上述步骤，求得N'=1.3060。

3）根据上述二次试算结果内差可得 t_2=31.87℃时，$N'=N$。

（5）热力计算结果表明冷却后水温为31.87℃，满足小于32.0℃的要求。

七、高位收水冷却塔

（一）高位收水冷却塔设计

高位收水冷却塔（简称高位塔）也属于逆流自然通风冷却塔，收水装置是高位塔特有的部分。高位塔中除水器、配水系统及淋水填料与常规逆流塔相似，从上到下分层布置，填料以下即为收水装置部分。收水装置的总体作用是把从填料底部落下的冷却水直接截留、疏导、通过收水槽收集最后汇集到集水槽中，抬高了循环水泵吸水位，降低了水泵扬程；同时没有了雨区，使进入塔内的空气沿收水装置平行斜板间形成的上斜通道顺利导入淋水填料参加热交换，水滴落的噪音也减少了。

因此高位塔的空气动力计算、热力计算方法与逆流自然通风冷却塔相同，只是热力和阻力计算要修正进风口区域没有雨区而增加收水装置的影响。根据高位塔模型试验结果，高位塔的热力特性比常规冷却塔低约20%；高位塔的总阻力是比常规冷却塔低40%～50%；故高位收水冷却塔总的冷却效果比同等面积常规塔要好约20%。噪声也比常规逆流自然塔要低8～10dB，是一种节能环保型冷却塔。

高位塔由于增加了高位收水装置使得造价较高，运行维护要求更高。因此从经济比较来说，更适用于冷却水量较大的湿冷塔。如火电厂一般至少单台发电量600MW机组以上才经济。

高位塔配风均匀，总阻力小，与常规塔相比，增加填料高度可以获得更大的冷却效益，但填料高度的选择也受填料自身强度和其支撑形式影响，搁置式填料可以增加高度在1.5m以上，但悬吊式填料除了吊杆强度要增加外，如何保证填料不挤压变形对设计和填料自身强度的要求更高。

高位塔还可以通过增加进风口高度增加进风量而不会使水泵扬程增高，但进风口高度增加会引起塔内支撑柱也相应增高，土建费用增加。另外，可以在满足结构设计高度要求的情况下尽量提高塔整体高度以增加抽力，即提高塔高径比，减少塔面积从而减少收水装置的使用量。这些都需要工艺和结构进行综合优化设计，通过经济比较确定。

根据模型试验，与常规塔相比，高位塔可以适应于更高的淋水密度，但淋水密度的选择需要相应的收水槽尺寸、坡度和渐变高度配合满足要求。

因此高位塔在工程应用中可采用优选填料型式、增加填料高度、尽量提高塔总高度、适当抬高进风口高度、增加淋水密度等方法来提高冷效，降低塔面积，从而降低总造价。

（二）高位收水冷却塔的工艺布置

高位塔中除水器、配水系统及淋水填料的布置和型式选择与常规塔相似，从上到下分层布置，填料层下紧接着收水装置。填料布置可根据环境条件采用悬吊或搁置方式。

收水装置主要由悬吊装置、收水斜板、防溅层及收水槽等组成。图10-48为收水装置示意图。

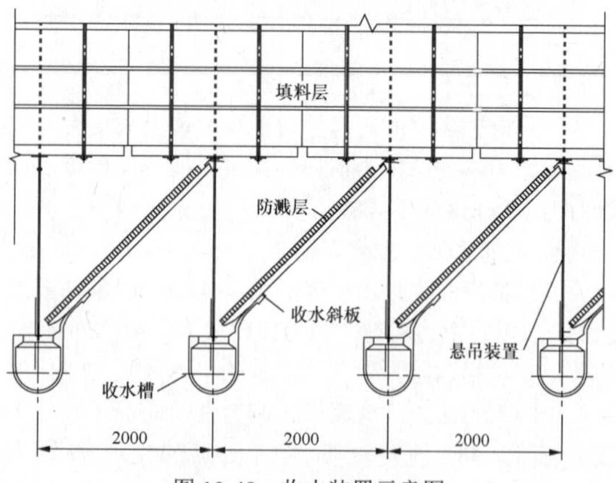

图10-48　收水装置示意图

悬吊装置：主要作用是将收水斜板及斜板上面的防溅垫层、收水槽组合悬吊在填料下。通常是由不锈钢材质做成的金属构架。

收水斜板：在全塔中成排倾斜布置，排间相互平

行。收水斜板上端固定在悬吊装置上，下端搭接在收水槽一侧上伸的斜壁上。收水斜板的主要作用是把从填料中下落的循环水截流收集、沿斜板下淌流入收水槽。收水斜板通常可用 PVC 或玻璃钢波形板制成。

防溅层：为了防止落到斜板上的水外溅，保证收水效果，在收水斜板上铺设一层防溅装置，使下落水滴透过防溅层滑落到斜板上，可采用 PVC 等材质。防溅层有三个作用：①防溅——防止下落的水滴飞溅；②防冲——下落水滴不会直接冲击斜板；③减噪——减少由于水滴冲击斜板产生的噪声。

收水槽：收水槽位于收水斜板下缘相互平行，与斜板配套布置。收水槽主要作用是汇集沿斜板下淌的冷却水，并将其输导至沿塔径方向布置的集水槽中。收水槽一般采用玻璃钢材质制作。

收水槽间距、水槽宽度、收水斜板截面型式、收水斜板和防溅材料安装倾角及型式、挡水装置安装型式等选择既要符合塔整体结构梁柱距离尺寸要求，还要求通风阻力小、收水率高，这些都依靠试验测试研究的成果。目前高位塔应用工程一般收水槽间距 2m，收水斜板和防溅层倾角约 44°～45°，收水槽宽度 0.55～0.6m，收水槽高度根据淋水密度、水槽坡度及不同位置汇流需要的水深加超高确定。

收水装置整体设计制造和安装还需要考虑防晃、防溅、防漏等措施。

高位塔内设集水槽代替常规塔下部集水池，大型高位塔集水槽在塔内呈十字形沿塔径方向布置，高度在进风口之下，可兼做塔内十字隔墙。十字形集水槽汇集塔内各区收水槽的来水，通过塔中心从两侧绕过中央竖井，最后汇入其中一条主集水槽，进入循环水泵的高位吸水井。

由于高位塔没有常规塔那样大容量的下部调节集水池，集水槽容积有限，大流量的循环水泵启停都会使集水槽内水位变幅较大。故配有高位塔的循环水系统中循环水泵容量和数量配置要充分考虑系统运行的各种工况，必要时进行瞬变流等计算水位波动幅度，同时计算旁路、溢流、补水设施容量，确定水泵与水位连锁关系和系统运行方式。

高位塔内采用分区配水方式有利于减少水位波动幅度，利于分区检修，也利于寒冷季节较少泵运行时防冰冻。

溢流设施可设在进水中央竖井和集水槽，另外塔零米周边应设集水沟和挡水坎以防非正常情况溢流。

寒冷风大地方的高位塔进风口可设置挡风板。

八、冷却塔原体测试

（一）概述

冷却塔是一种受多种复杂因素影响的冷却设备。它除了与设计、施工、运行以及部件特性等有密切关系外，还与复杂多变的自然条件（如气温、气压、地形、自然风等）有关，同时冷却塔还与环境存在着不可忽视的相互影响。为了准确把握冷却塔特性，不断提高冷却塔的技术水平，满足工业技术发展和社会、环保的要求，需要对冷却塔进行的科学试验包括的内容很广。冷却塔试验主要分项内容见表 10-22。

表 10-22 中列出的内容不论是常规试验还是专项试验，随着冷却塔技术的发展还将不断扩展。

冷却塔工业试验中的考核（验收）试验和性能试验是设计、施工、运行各方面关心的焦点，是冷却塔常规试验中的重要内容，针对此两项试验的技术要求，在 DL/T 1027《工业冷却塔测试规程》中有详细规定，本节主要对此部分内容作简略介绍。

表 10-22　　冷却塔试验主要分项表

室内试验														工业试验									
物模试验											数模试验			专项试验									
专项试验					配水试验		除水器试验		填料试验														
塔型试验	塔外气流流场模拟试验	塔内气流流场模拟试验	自然风影响模拟试验	噪声试验	喷溅装置试验	塔内配水系统及排水流道试验	阻力特性试验	除水效率试验	阻力特性试验	热力特性试验	热力计算模拟	塔外气流流场模拟计算	塔内气流流场模拟计算	配风配水试验	雾羽试验	逆温影响试验	噪声试验	自然风影响试验	飘滴影响试验	塔内部件特性试验（填料、除水器、喷头等）	冷却能力考核（验收）试验	冷却性能试验	风机特性试验

（二）冷却塔原体测试分类

1. 分类

冷却塔常规的工业试验根据试验目的、要求不同一般分两类。

（1）冷却塔的考核试验。试验目的是为检验新建或改建的冷却塔的冷却能力是否达到设计、运行的要求。此项试验围绕设计工况进行，因而测试范围小，工况单一，测试项目少，测试时间短。因为试验是为了检测在设计工况或接近设计工况的条件下竣工后的冷却塔的实际冷却能力，所以有时又被称为验收试验。

（2）冷却塔的性能试验。试验目的是为取得冷却塔在不同的运行条件下（包括气象条件、水温、水量、热负荷，机力塔风机的不同叶片角度等）完整的热力、阻力特性，因而测试工况条件变化范围大、测试项目多、测试时间长。试验的最终结果可以提供一套完整而翔实的冷却塔运行特性的系统资料，为电厂运行调控提供依据，为安全经济运行创造条件。

2. 冷却塔工业试验的作用

冷却塔工业试验除了最终提供具有明确针对性的成果和结论以外，在试验、资料的整理、分析、计算和取得结论的过程中，对设计、运行、施工还可提供很多有用的信息和资料，发挥良好作用。

（1）在试验准备和测试过程中，可以发现被测冷却塔存在的问题，为运行、维护的消缺工作提供依据。

（2）通过对冷却塔运行状态的观测和测试数据的分析整理，发现设计中存在的不足，总结设计经验，改进设计方法，为提高设计水平创造条件。

（3）从工业塔的特性系数可以对被测冷却塔进行综合特性评价，给予科学定位，明确改进方向，推动冷却塔技术的发展。

九、冷却塔与环境

冷却塔是把凝汽系统中的排汽热量排入大气的大型冷却设备，所以它与环境，特别是大气环境存在着相互影响，关系密切。

（一）自然风对自然通风冷却塔运行的影响

1. 风对自然通风冷却塔运行的影响

自然通风冷却塔的抽力是由塔内外空气密度差形成的，抽力很小，一般仅为60Pa左右。由于塔筒出口处于一百多米的高空，所以风对自然通风塔运行的影响不可忽视。某电厂一座 6500m² 自然通风塔（配600MW机组）的实测资料表明，在气象和运行条件基本稳定的情况下，塔顶自然风速每升高 1m/s，可引起冷却水温升高 0.2～0.4℃，如图 10-49 所示。相对而言，机械通风冷却塔受自然风的影响就没有自然通风塔那么敏感。

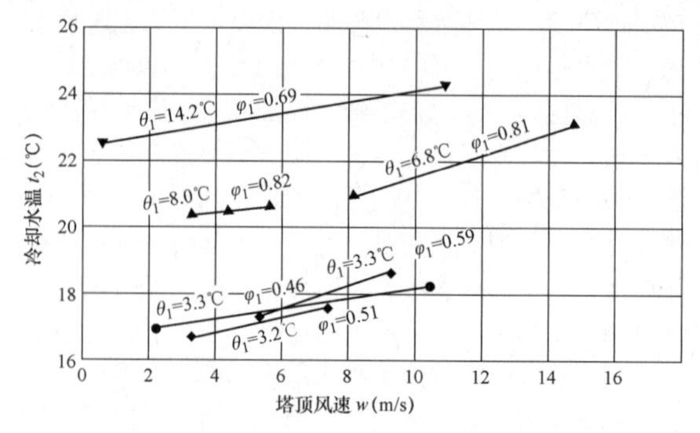

图 10-49　某电厂 6500m² 自然通风冷却塔自然风影响

θ_1—干球温度；φ_1—相对湿度

关于自然风对自然通风冷却塔运行的影响，国内外都做过不少工作，但由于自然风的大小、方向、分布在空间和时间上都是随机变化的，没有规律，所以对自然通风冷却塔运行影响产生的后果（冷却水温变化）也是随机变化的。

自然风对自然通风冷却塔的影响，主要表现在以下三个方面。

（1）自然风对自然通风冷却塔风筒出口的影响。自然风横向吹过自然通风冷却塔风筒顶部时，阻碍了塔内热气顺利排放，同时，破坏了产生附加抽力的热气抬升，增加排气阻力，减小了附加抽力，使通风条件变坏。

（2）自然风从塔顶沉入塔筒的影响。自然风从塔顶吹过时，会从逆风面的塔筒内侧沉入下部，严重时会沉到喉部以下，缩小了塔筒出流断面，破坏了塔内流场，增加了通风阻力。由于冷空气混入使抽力减小。据有关资料介绍，以阿基米德数（Ar）为标准，可以判断空气沉入的可能性。公式如下

$$Ar = \frac{D_o g}{v_o^2} \cdot \frac{\Delta\rho}{\rho_1}$$

式中　D_o——冷却塔出口直径，m；

g——重力加速度，取 g=9.81m/s²；

v_o——塔出口空气流速，m/s；

$\Delta\rho$——冷却塔进、出口空气密度差，kg/m³；

ρ_1——冷却塔进口空气密度，kg/m³。

当 $Ar<3$ 时不会发生冷空气沉入；当 $3<Ar<5$ 时为过渡区；当 $5<Ar$ 时会发生冷空气沉入。

由自然通风冷却塔的空气动力平衡方程式

$$\Delta\rho H_e = K\frac{v_f^2}{2g} \cdot \rho_m$$

和阿基米德数（Ar）的定义公式，经推导演算可得下面的关系式

$$\frac{D_o}{D_f}=\sqrt[5]{\frac{2ArH_e}{KD_f}}$$

以上两式中　H_e——自然塔有效塔高，m；

K——自然塔总阻力系数；

v_f——淋水填料出口空气流速，m/s；

ρ_m——塔筒内、外空气平均密度，kg/m³；

D_f——淋水填料顶部断面塔筒内径，m。

将上式中的 $\frac{D_o}{D_f} \sim \frac{K}{H_e/D_f}$ 关系绘成曲线，如图 10-50 所示。

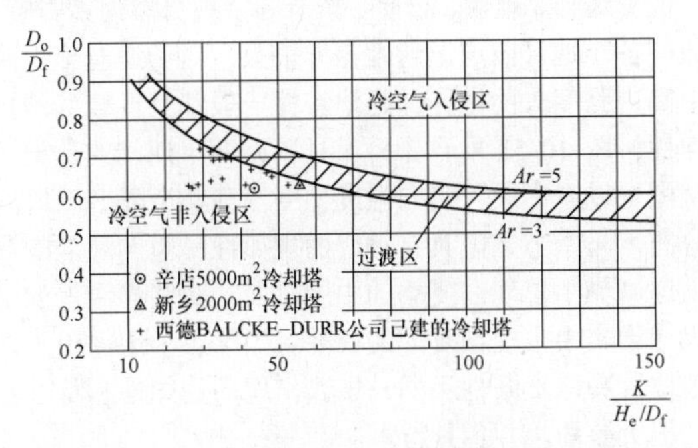

图 10-50　判别冷空气从塔顶入侵可能性关系图

从图 10-50 中可以看出，Ar=5 以上的区域为冷空气入侵区，Ar=3 以下的区域为冷空气非入侵区，二者之间为过渡区。将德国 BALCKE–DURR 公司和我国辛店电厂、新乡电厂已建成的自然通风冷却塔设计运行工况点绘在图上，可以看出都在非入侵区内。在设计自然通风冷却塔时可用此图初步判断外界冷空气由塔顶沉入塔筒内部的可能性。

（3）自然风对进风口的影响。自然风对进风口的迎风面的进风有利；在侧面及偏后的进风口部位形成负压，产生不利影响。在自然风的影响下，从各个方向进入进风口的风量相差很大，从而在整个填料平面造成风速分布不均，影响全塔的热交换效率，使冷却水温上升；自然风横穿进风口还会把雨区的落水吹出塔外，风大时，会形成大量的水量损失。

2. 自然风对自然通风冷却塔运行影响的算例分析

以渭河电厂已建的 5000m² 自然通风冷却塔为例，用西北电力设计院 CTT 程序计算在运行参数相同的条件下自然风对冷却水温的影响。自然风速与冷却水温的关系曲线如图 10-51 所示。图中纵坐标 w_{10}、w_2 分别表示距地面 10m、2m 高度的自然风速（m/s）。横坐标为冷却水温 t_2（℃）。

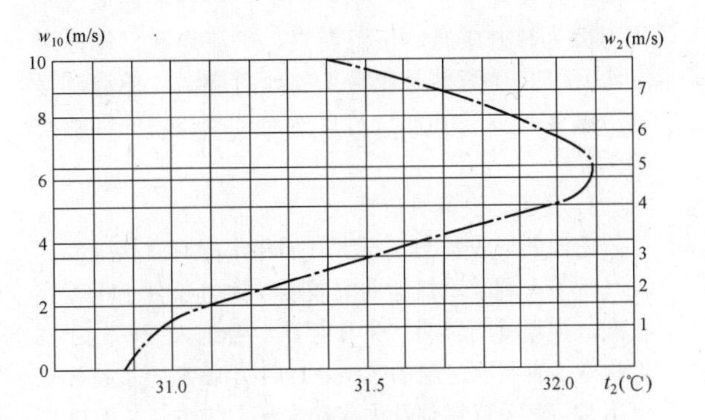

图 10-51　渭河电厂 5000m² 自然通风冷却塔自然风速与冷却水温的关系曲线

从图 10-51 中可以看出，随着自然风速的提高，冷却水温从升高到降低的几个变化阶段，见表 10-23。

表 10-23　自然风速对自然通风冷却塔运行的影响

自然风速 w_{10}（m/s）	对自然通风冷却塔运行的影响	影响程度 w_{10} 升高 1m/s，t_2 变化值（℃）
0→2	t_2↑逐渐上升，自然风产生不良影响	0.12t_2↑
2→5	t_2↑↑明显上升，自然风产生不良影响	0.29t_2↑
5→7	t_2 上升至最高值，开始转为下降	t_2→（t_2）max
7→10	t_2↓↓明显下降，自然风产生有利影响	0.20t_2↓

从表 10-23 中看出，当自然风速不大时，产生的不良影响也较弱，冷却水温上升速度较缓；随着自然风速的不断增加，对 t_2 的影响加剧；自然风速增加到 w_{10}=5～7m/s，冷却水温升高到最大值并开始回落，这是由于大风在塔筒出口形成负压，提高了抽力的结果，但仍很难恢复到无风或小风的状态，所以自然风对自然通风冷却塔运行（冷却效果）的影响，总是不利的。

3. 减小自然风影响的措施

（1）为了减小自然风从塔筒顶部沉入的影响，塔筒出口筒壁的扩散角不宜过大。根据阿基米德数（Ar）的要求，适当减小塔筒出口直径、提高水温和塔内空气流速，对减小冷空气从塔筒出口沉入塔内都是有利的。

（2）在自然通风冷却塔进风口的高度内，沿径向布置隔风板，相邻隔风板夹角一般为 90°、120°、180°

(即在半径方向布置4个、3个或2个隔风板)，根据工程具体情况和需要而定。

(3) 机力塔在相对两面进风时，应在两个相对进风的中间位置，在进风口高度范围内，设置与进风口平行的隔风板，阻断穿堂风；必要时，进风口还可考虑设置百叶窗。

(4) 自然通风横流塔的填料部分，可用沿径向布置呈辐射状的隔墙分成相等的多个扇形，必要时可将隔墙伸出进风口，对减小自然风对进风口的影响有较好的作用。

(二) 逆温对自然通风冷却塔的影响

大气在正常的绝热状态下，随着高度增加温度逐渐降低，下降梯度为–0.005～–0.01℃/m。在特殊情况下，大气的竖向温度分布出现随高度的增加而升高的逆反现象，这就是“逆温”。根据逆温成因不同可分为辐射逆温、下沉逆温、平流逆温、峰面逆温等几类。前两种是较常见的地面逆温，逆温层厚度一般为200～300m，对自然通风冷却塔的影响也较大。

1. 逆温与大气稳定度

逆温的形成及消失与大气的稳定度有直接关系。大气状态有利于垂直运动的发展，大气就处于不稳定状态，逆温就不容易产生和存在，否则大气就处于稳定状态，有利于逆温的产生。1961年帕斯奎尔首先提出用常规气象资料估计大气稳定状态的方法，1972年美国核电局提出用大气温度垂直梯度来确定大气稳定度，两种方法的关系见表10-24。

表10-24　　大气稳定度分级

帕斯奎尔分级	美核电局规定的温度梯度(℃/m)	稳定度
A	$d\theta/dZ \leqslant -0.019$	强不稳定
B	$-0.019 < d\theta/dZ \leqslant -0.017$	中不稳定
C	$-0.017 < d\theta/dZ \leqslant -0.015$	弱不稳定
D	$-0.015 < d\theta/dZ \leqslant -0.005$	中性
E	$-0.005 < d\theta/dZ \leqslant +0.015$	中稳定
F	$+0.015 < d\theta/dZ \leqslant +0.040$	稳定
G	$+0.040 < d\theta/dZ$	强稳定

根据表10-24中关系可以由常规的气象资料判断大气的稳定程度。表中 $d\theta$ 是在高差dZ范围内的大气竖向温差，数字前的负号表示随高度增加气温降低，正号则相反。D级为正常(中性)状态，此时 $d\theta/dZ \approx -0.01$℃/m。在夏季频率10%的气象条件下的夜晚常属于F～G的稳定状态，这时逆温出现的概率较高，强度较大。

国外实测资料表明，风速和云量对110m以下低空的大气竖向温度分布影响较大。图10-52是美国伯鲁克海文国立实验室根据两年实测资料绘制的。图中显示逆温与天气、自然风速、时间的关系，晴天无云的夜晚有利于强逆温的形成，而当自然风速大于6m/s时，则会阻止逆温的形成，逆温主要出现在夜间。

2. 逆温的特性

逆温对自然通风冷却塔影响的大小主要与逆温出现的概率、延续时间、逆温强度等特性有关。逆温的形成受地形、地貌、日照、季节等多种自然因素影响，致使各个地区的逆温特性差异很大。对于逆温出现频率高、强度大的地区，逆温特性一般都呈现较好的规律性。图10-53取自国外某试验站两年期间的数据，从图可以看出大气竖向温度梯度及其在全天各时段的分布，与季节之间具有良好的规律性，竖向温差的最大递减集中出现在夏季的中午时段，而竖向温差的最大递增集中出现在夏季的夜晚。当然各个地区由于地理位置和自然条件不同，逆温出现的规律性和特性会有很大差异，并各具特点。

3. 逆温对自然通风冷却塔运行的影响

大气竖向温度分布状态与(塔外)空气密度分布密切相关，所以对自然通风冷却塔的抽力以及冷却效果(冷却水温)必然产生影响。这一影响主要表现在以下几个方面。

(1) 自然通风冷却塔的冷却能力是以接近地面的大气温度计算的，在逆温存在的情况下，高空气温高于下部气温，使得在有效塔高范围内的塔外空气密度减小，致使自然通风冷却塔抽力降低，实际冷却效果低于理论计算效果。当逆温强度较大($d\theta/dZ$ 值高)、延续时间较长时，对自然通风冷却塔的冷效影响是明显的。

(2) 自然通风冷却塔在运行中，地面附近的空气进入塔内，塔外上部空气下沉补充。在逆温情况下，上部空气温度高，密度小，下沉趋势明显减弱，不利于自然通风冷却塔进风。

(3) 在高空逆温条件下，高空气温高，削弱了自然通风冷却塔出口的附加抽力；严重时，高空逆温会形成一个稳定的隔离层，增加出口排气阻力，影响排气扩散。

4. 逆温影响程度

只要逆温存在，则必然对自然通风冷却塔运行产生影响，其影响最终表现为冷却水温的提高(δt_2)。各地区的逆温特性不同，则产生的影响程度也各异。有资料指出，当在塔高范围内存在逆温时，会使一台600MW机组的自然通风冷却塔抽力降低5.4%，冷却水温提高 $\delta t_2 \approx 0.3$℃；我国某电厂6500m² 自然通风冷却塔实测资料表明，当 $d\theta/dZ$ 变化时，自然通风冷却塔特性系数 C 相应发生同步变化，说明 $d\theta$ 与自然通风冷却塔的冷却效果有明显的并具有规律性的相关关系，如图 10-54 所示。

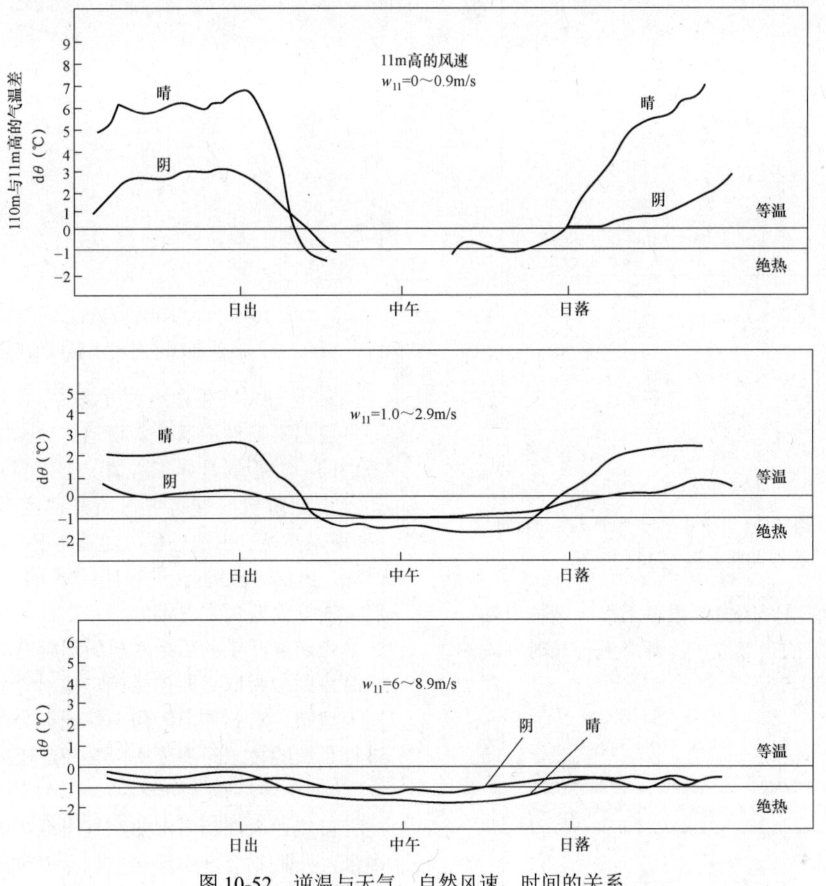

图 10-52　逆温与天气、自然风速、时间的关系

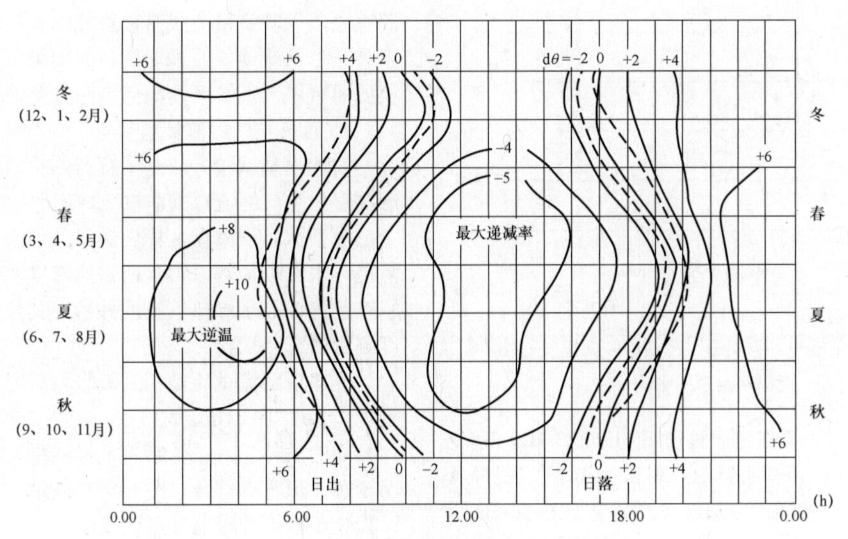

图 10-53　国外某试验站两年的实测数据资料

注：$d\theta$—120m 和 1.5m 高度之间的温差。

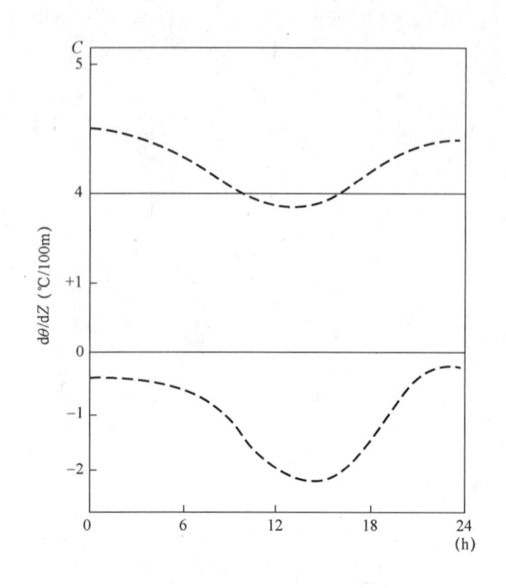

图 10-54　我国某电厂 6500m² 自然通风冷却塔特性系数 C 与竖向温差 dθ 的关系

国外曾对逆温影响做过很多工作。某核电站对一台 900MW 机组的自然通风冷却塔进行长时间观测，将资料绘成图 10-55。

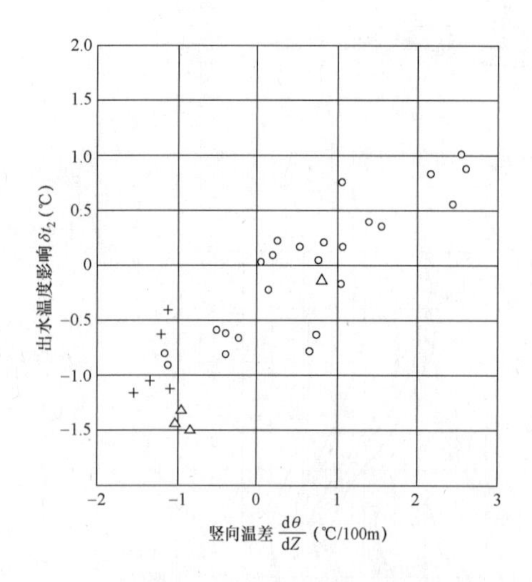

图 10-55　某核电站自然通风冷却塔竖向温差 dθ/dZ 对出水温度的影响

图 10-55 中表明在逆温情况下（dθ/dZ>0），dθ/dZ 变化+1℃/100m，冷却水温约升高 $\delta t_2\approx$0.5℃；另外 A 国对某电站的自然通风冷却塔观测结果如图 10-56 所示。从图中可以看出，有逆温时 dθ/dZ 变化+1℃/100m，冷却水温升高 δt_2=0.4℃。逆温强度 dθ/dZ>+2℃/100m 时，对 t_2 的影响有减弱的趋势。

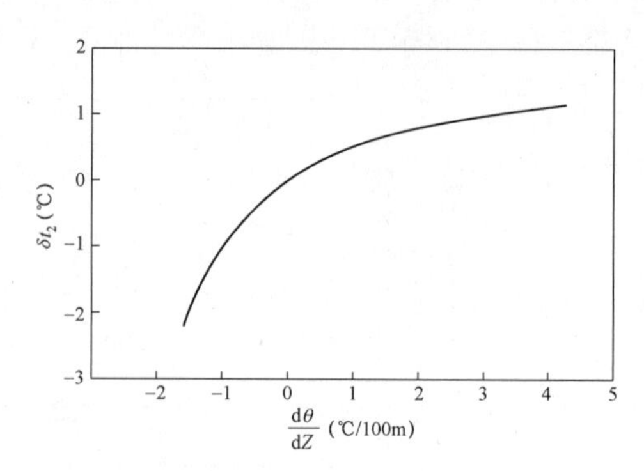

图 10-56　A 国电站自然通风冷却塔竖向温差 dθ/dZ 对出水温度的影响

5. 设计对逆温影响的考虑

逆温对自然通风冷却塔运行的影响程度是设计应考虑的，并根据具体工程情况进行分析，必要时，在初步设计阶段应搜集电厂所在地区有关逆温的资料（如逆温类型、出现频率、逆温高度、逆温强度、延续时间、出现时段等），进行计算分析，评价逆温影响程度，根据需要制定对策。

当逆温产生的后果对机组运行造成严重的不良影响时，则应采取必要的措施。如对设计气象参数进行适当调整；对强逆温时段自然通风冷却塔的运行状态进行系统的技术经济分析，并制定相应的应对措施。

（三）湿热空气回流

自然通风冷却塔湿热空气出流在进风口以上一百多米，一般不会产生湿热空气回流进风口的情况。机械通风冷却塔湿热空气出流标高较低，距进风口距离较小，当风向垂直于多段冷却塔长边时就容易产生回流现象，尤其是横流式多段直线布置的机械通风塔更容易产生回流现象。试验资料表明圆形多风机群集型机械通风塔，不管风向如何，回流率均较低。

1. 湿热空气回流试验研究

物理模型试验方法是了解湿热空气流近区特性及解决湿热空气回流冷却塔进风口问题的有效方法。

模型试验一般在水槽中进行。用水作为介质的优点是，水可以加热以得到所需的密度变化和水中加入示踪剂可以显示湿热气流的外形，其外形也可以用温度测量的方法求得。

冷却塔回流试验是在某国水力研究院进行的。水槽工作长度 19.81m、宽 3.05m、高 2.29m。在边界条件相同的条件下，试验装置模拟结果与现场测得的雾羽轮廓外形基本符合。图 10-57 表示现场观测到的和试验装置模拟的雾羽外形比较图。

模型采用两种塔型进行试验，一种为直线形布置的多段机械通风冷却塔，模型比尺为 1:150 及 1:450

两种；另一种为圆形多风机群集型机械通风塔，模型比尺为 1:150。直线形多段机械通风塔是根据格斯顿（Gaston）800MW 燃煤电厂冷却塔布置模拟。共两列冷却塔，每列有 9 段塔，每列长 100m，两列间的距离为 104m。冷却塔附近地势较平坦。

2. 湿热空气回流率

回流率 R 定义为从风筒排出的湿热气流被进风口吸入的比例，用试验数据按下式进行计算

$$R=\frac{\overline{t}-t_a}{t_j-t_a}$$

式中 $\overline{t}$ ——进风口实测各点平均温度，℃；

t_a——行近空气流温度，℃；

t_j——风筒排出气流温度，℃。

不同试验条件的回流率汇总在图 10-58～图 10-60 中。

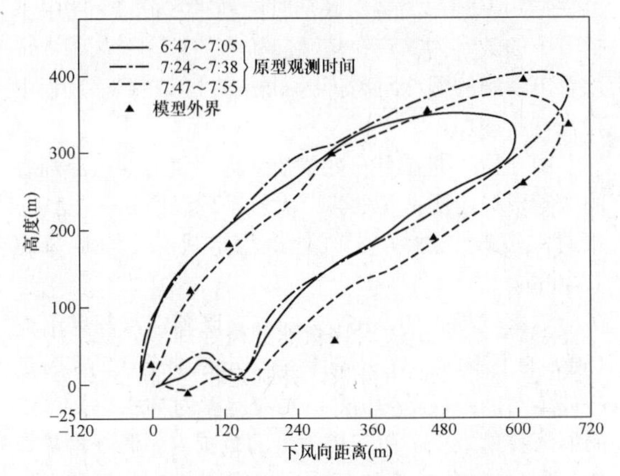

图 10-57 现场观测和试验装置模拟雾羽外形比较图

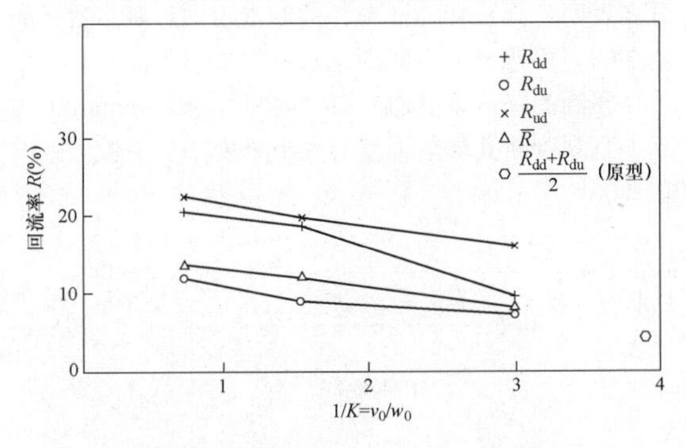

图 10-58 直线形多段塔回流率 R 与 $1/K$ 关系（F_0=2.47）

图 10-58～图 10-60 中 $1/K=\frac{v_0}{w_0}$，为风筒出口气流速度 v_0 与风筒出口处外界风速 w_0 之比；F_0 为密度弗劳德数；R_{dd} 为下风向塔下风向进风口回流率；R_{du} 为下风向塔上风向进风口回流率；R_{ud} 为上风向塔下风向进风口回流率；$\overline{R}$ 为两列塔平均回流率。直线形多段塔试验风向垂直于长边。

由图 10-60 看出湿热空气浮力增加（即 F_0 值减小）和风筒出口流速增加（即 $1/K$ 值增大）均有利于回流率的降低。设计良好的圆形多风机群集型冷却塔回流率可降至很低的百分数，且与风向没有关系。

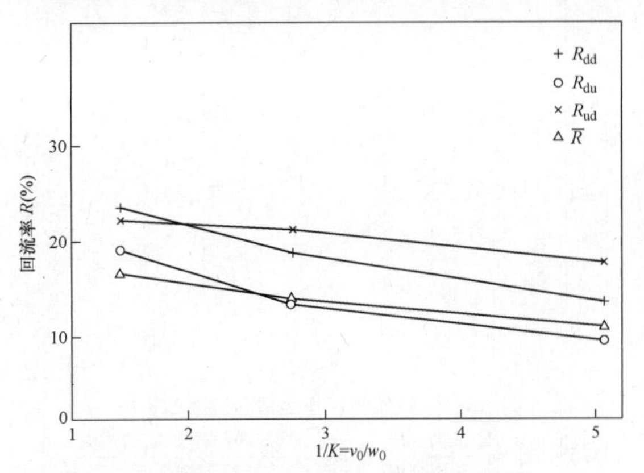

图 10-59 直线形多段塔回流率 R 与 $1/K$ 关系（F_0=7）

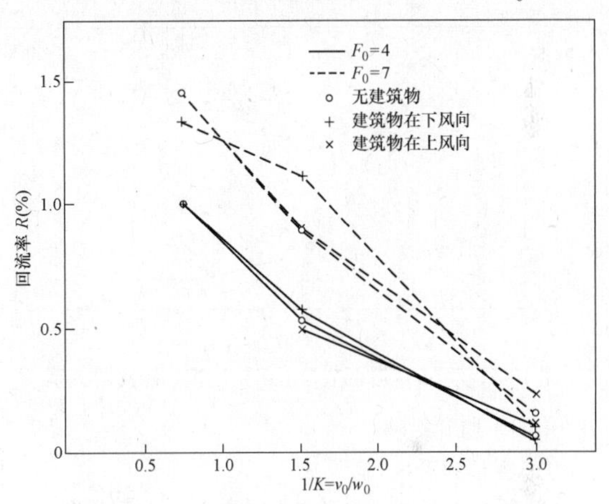

图 10-60 圆形多风机群集型塔回流率 R 与 $1/K$、F_0 和建筑物位置关系

3. 建筑物对回流率的影响

如果冷却塔位于建筑物的下风向，冷却塔雾羽可能受流过建筑物上面和周围的气流影响而向下，或受建筑物的掩蔽作用而使雾羽向上。

试验采用模型比尺为 1:450 的直线形多段机械通风单列塔，建筑物长度等于一列塔长度，建筑物高度采用 2 倍和 4 倍冷却塔高度。建筑物位于上风向，风向垂直于长边，排出气流密度弗劳德数为 2.5。试验结果如图 10-61 所示。

所有试验表明上风向建筑物的存在降低了冷却塔的回流率。较高的建筑物则降低得较多。

图 10-62 表示建筑物位置对降低回流率的影响。建筑物高度为 2 倍塔高。由图看出，如建筑物在塔上风向的距离为 10 倍建筑物高度时，能可观地降低冷却塔回流率。图中 R_0 为无建筑物时的回流率，R_b 为有建筑物时的回流率。

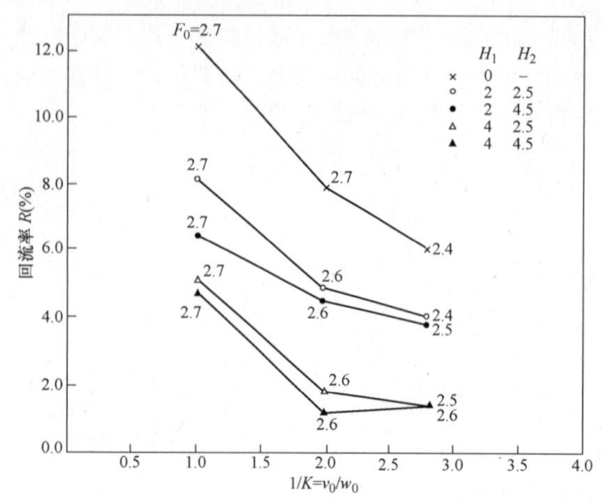

图 10-61 建筑物对冷却塔回流率的影响

注：$H_1=\frac{建筑物高度}{冷却塔高度}$，$H_2=\frac{冷却塔与建筑物的距离}{建筑物高度}$，$H_1$=0 表示无建筑物情况。

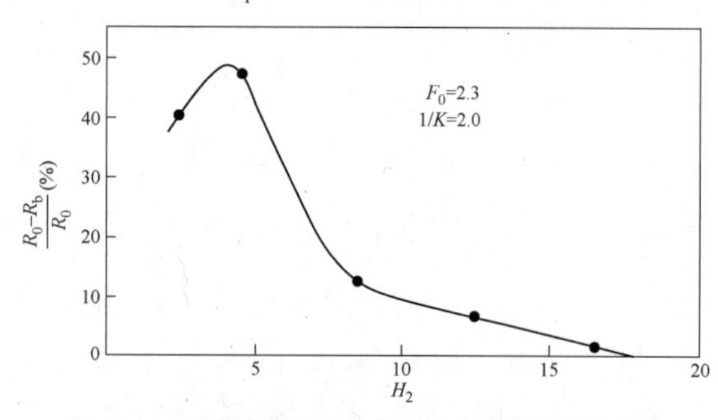

图 10-62 回流率降低值与上风向建筑物距离的关系

（四）飘滴影响

1. 飘滴的形成

循环水在塔内溅散形成大量水滴，在不采取相应的技术措施的情况下，在冷却塔周围会形成明显的降水现象，特别是机力塔更加严重。根据理论分析和实际观测，这些水主要是塔内气流挟带的液态水滴在出塔后随气流扩散飘移过程中落到地面的。这些水滴粒径大部分大于 200μm，更大的有超过 1mm 的，且这些水滴的含盐成分与循环水一致；而从塔顶逸出的雾羽中的水滴粒径一般仅为 2～100μm，这样的水滴下降速度很慢（每秒不到 1cm），在自然风的作用下，很容易被顶托吹送到很高很远的范围，很难落地形成降水。塔周的落地飘滴是由塔内风吹损失水滴形成的。

飘滴随塔内的湿热气流（雾羽）逸出塔外，在飘移过程中会与雾羽中的小水滴合并使粒径有所增大，采用经验公式计算可以得出飘滴随雾羽飘移过程中粒径增长的情况，如图 10-63 所示。图中的计算条件为：雾羽及飘滴来自于容量为 2000MW 电厂的自然塔（群），自然风速 4m/s，气象条件为湿冷天气，气温 0～10℃，设雾羽最大升高为 600m。

图 10-63 中实线为雾羽中心飘滴的飘落曲线，线上数据为飘滴脱离雾羽底部时的粒径（μm），图中小括号中的数字为飘滴在塔顶起始点的粒径。从图中可以看出飘滴的飘移距离可达 6km 以上，在飘移过程中粒径有所增加。

图 10-64 是国外一座横流式海水机力通风冷却塔的实测资料。测试条件为：大气干球温度 θ=17.2℃，相对湿度 φ=50%，大气处于稳定状态，自然风速 $\bar{v}$=9m/s。

测试结果表明，68.7%的飘滴降落在冷却塔附近 150m 的范围内，31.3%的飘滴被出塔的湿热气流带走并被蒸发；当气温为 0℃，相对湿度为 80%时，带走的飘滴数量减少，而在塔附近的范围内飘滴降落量增加（图 10-64 中的虚线表示）。实测的飘滴粒径和水量分布表明：小于 100μm 粒径的飘滴占到总飘滴数量的 98.37%，而水量只占飘滴总水量的 11.62%。

飘滴的降落强度通常取“雨强”单位（mm/h）表示。直观判断其降落强度的大小见表 10-25 做大致的估计。

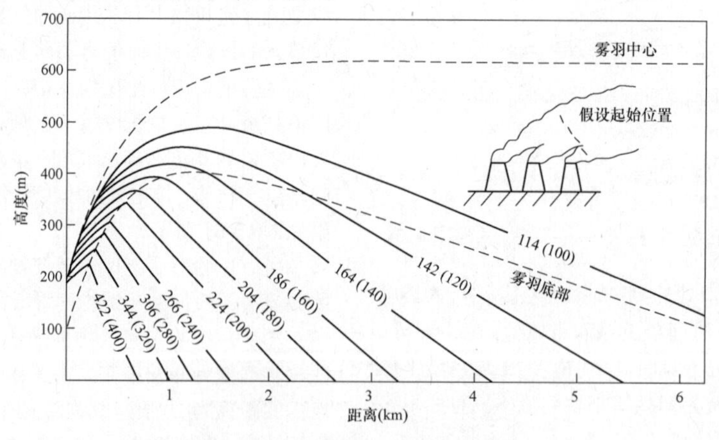

图 10-63 冷却塔雾羽中飘滴的轨迹

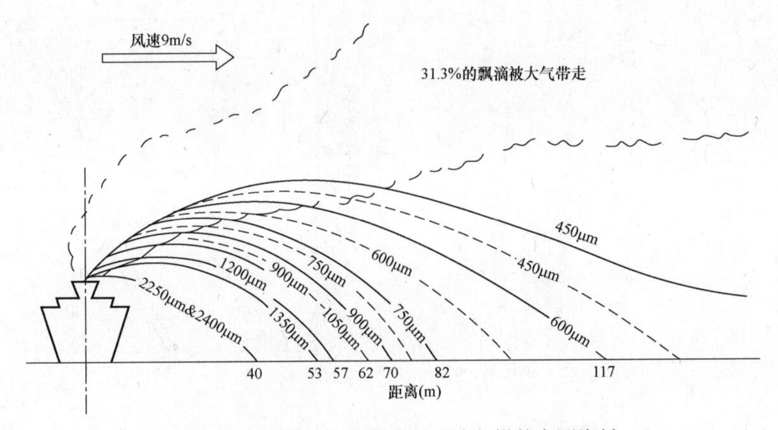

图 10-64　横流式海水机力通风冷却塔的实测资料

表 10-25　　**降水量与直观察觉的对照**

降水量（mm/h）	现象和觉察程度	降水量（mm/h）	现象和觉察程度
13	大雨	0.005～0.012	在脸部有轻微感觉，不引起大的影响
超过 0.05	地湿，有些水坑；很易察觉	0.0005～0.005	用试纸可观测，较难引起注意
0.025～0.05	高湿度条件下地湿；可察觉	低于 0.0005	用试纸较难观测
0.012～0.025	光滑表面（如玻璃）湿润；轻微察觉		

在干燥高温的气象条件下，飘滴会因蒸发在飘移过程中粒径有所减小，小粒径飘滴还有可能因蒸发而消失，在这种情况下，在距塔较远的地方就不会发生明显降水。

飘滴的粒径大小、数量多少，与塔内风速、循环水溅散状态有关；塔外飘滴洒落的范围和降水量与自然风速、气温、湿度等因素有关。

2. 飘滴的物理状态

根据我国在 20 世纪 70 年代末开展的《冷却塔除水器型式与效果的研究》项目对工业塔的实测结果说明，从 QX-1 型滴谱仪实拍的全息摄影分析统计得出，在有、无除水器时塔内飘滴重量级配曲线、粒径级配曲线和水滴粒径分布状态如图 10-65～图 10-67 所示。

从图 10-65 和图 10-66 中可以看出，在没有除水器的情况下，即冷却塔内的原始状态，在实测的特定条件下最大水滴粒径达到 300μm，最小的为 25μm（再小粒径的水滴因仪器分辨率所限难以取得准确的数值分析结果）。而其中粒径小于 50μm 的飘滴个数（塔内风速 v=0.98m/s 时）约占 90%，而其水量只占飘滴总水量的 10%左右；从图 10-67 看出，当塔内风速 v=1.78m/s 时，水滴个数仍以 25μm 的占比例最大，但有、无除水器的明显不同之处是水滴粒径的分布宽度（范围）发生了质的变化：安装除水器后由于除水器截留水滴的作用，除水器出口（即塔内）飘滴的粒径大大减小，最大的只有 100μm，且数量所占比例很小，25μm 小粒径的飘滴数量所占比例明显增大，在没有除水器的情况下，最大飘滴粒径达到了 300μm，且 100～300μm 之间的飘滴也有相当数量，其个数虽然不多，但其水量占了风吹损失水量的 90%左右。

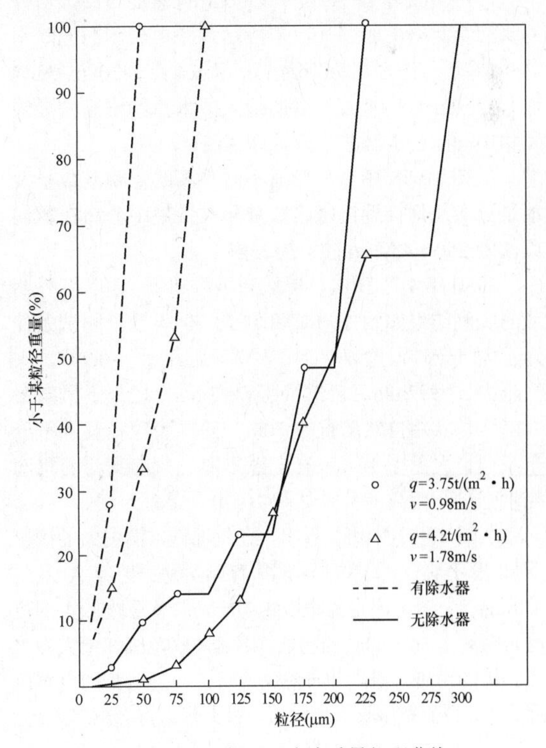

图 10-65　两组工况水滴重量级配曲线

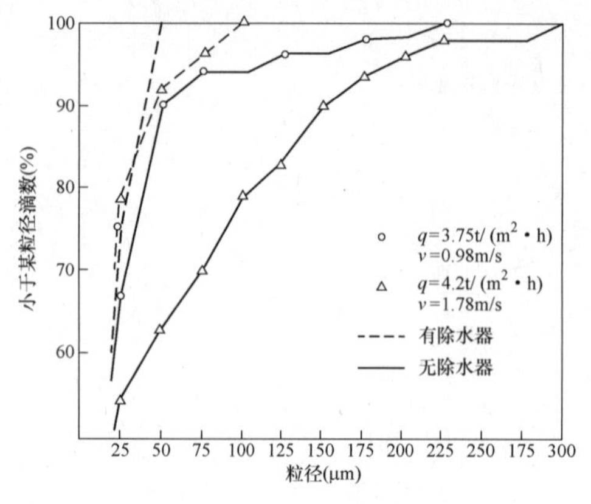

图 10-66　两组工况水滴粒径级配曲线

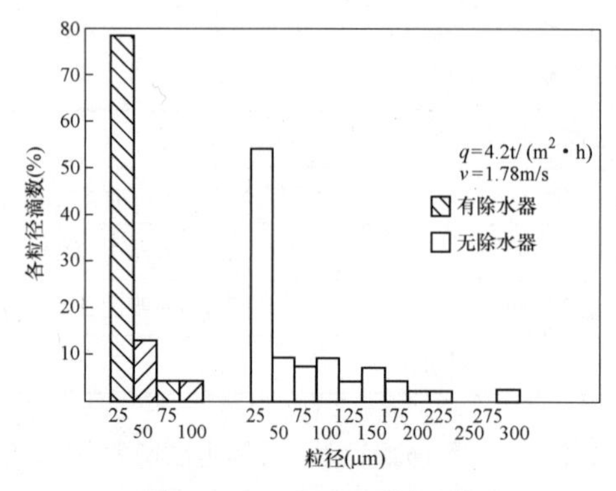

图 10-67　一组工况水滴分布

3. 工业塔的实测资料

1979 年冬季在 A 电厂 3500m² 自然通风冷却塔外的飘滴实测结果如图 10-68 所示。图中表示在无除水器的情况下，在距塔分别为 170m（№4 点）、200m（№14 点）、250m（№24 点）处的最大降水点的飘滴粒径级配和不同粒径水滴的水量累计曲线。

从图 10-68 中看出到塔不同距离的点飘滴数量及水量分布比例接近，水滴数量和水量集中分布在飘滴粒径为 250～450μm 的范围之内。

1980 年 4 月 B 电厂自然通风冷却塔（群）塔外飘滴的实测结果如图 10-69 和图 10-70 所示。测试条件为：大气干球温度 θ=0.8℃，湿球温度 τ=−0.2℃，大气压力 p=997hPa，自然风速 $\overline{w}$=2m/s。塔外下风向最大降水点（距自然塔群约 70m）的飘滴粒径及水量分布累计情况见图 10-69。在自然塔群下风向测得的飘滴降水强度与距离的关系如图 10-70 所示。

从图 10-70 中可以看出，在气温低，湿度大的情况下，没有除水器的塔外飘滴落水强度最大达到 0.86mm/h，最大降水点距塔约 70m，降水强度较大的范围是距离塔 50～80m 的区域。飘滴降落范围和最大降水点到塔的距离与塔高和自然风速有关，当塔高和自然风速大时，降水范围会有所扩大，最大降水点会离塔更远。

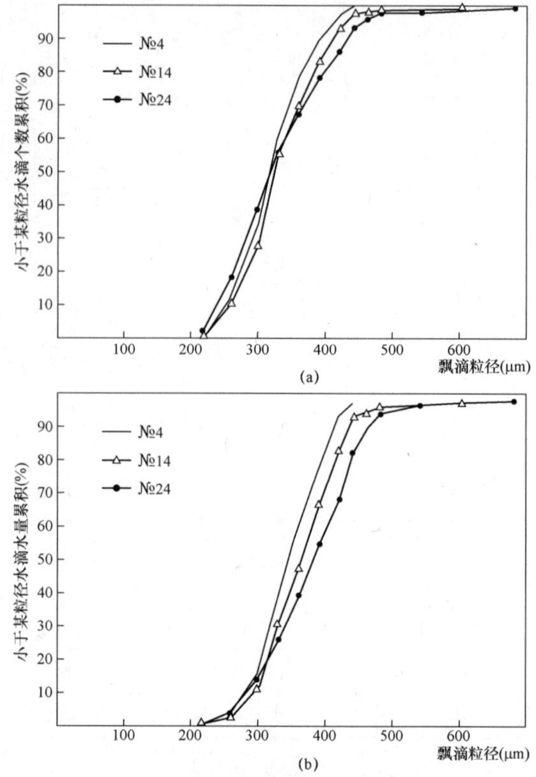

图 10-68　A 电厂冷却塔塔外飘滴实测结果
（a）最大降水点水滴粒径级配；
（b）最大降水点不同粒径水滴水量分布

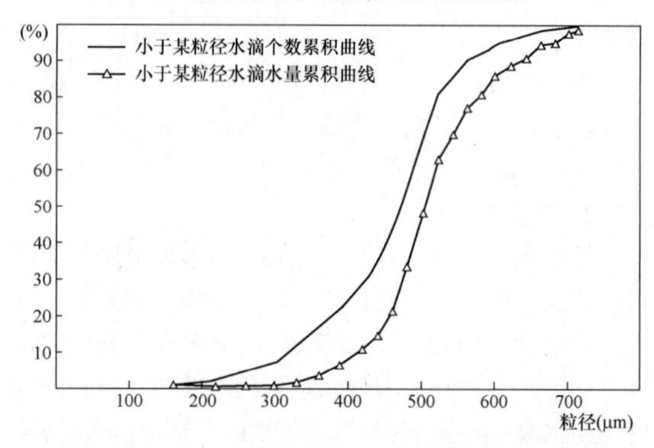

图 10-69　B 电厂塔外最大降水点飘滴级配及水量分布

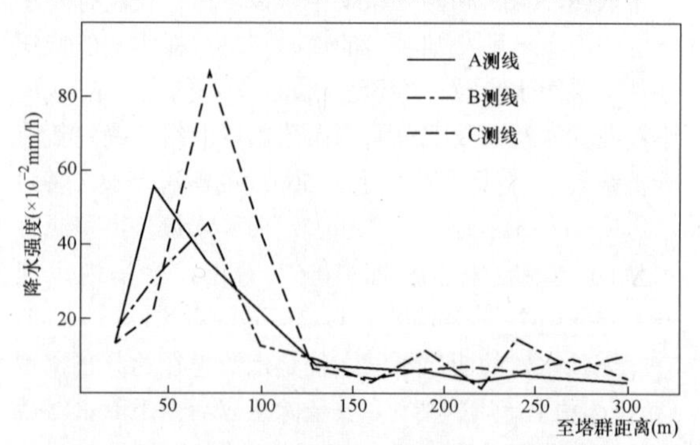

图 10-70　B 电厂塔外飘滴降水强度与距离的关系

4. 飘滴的危害

飘滴洒落在冷却塔周围相当范围的环境中，会产生各种危害，同时产生相当数量的水量损失。其对环境的危害程度与气象条件有明显的关系，在气温高、湿度低的情况下，飘滴容易蒸发缩小或消失，对环境影响相对减小，否则反之，对环境影响会加大。

冬季飘滴会造成路面大范围结冰，引发交通事故；升压配电设备上积冰会导致发生闪络，造成停电事故，对电厂和电力系统的安全运行构成威胁；有的因屋面冰盖过厚，将屋面压垮；飘滴在空中与烟气掺混会形成酸雨，损害农作物和牲畜，影响居民生活等。这些都是在过去多年运行中实际发生和常见的问题。由此可见飘滴对环境的影响、危害是多方面的、明显的，有时甚至是严重的。

5. 飘滴的防治

机械通风冷却塔因为塔内风速大，塔体高度低，飘滴的数量大，对周围环境的影响很大，这一问题很早就被人们所重视，并安装除水器加以解决。

自然通风冷却塔因塔筒高，淋水密度相对较小，飘滴对环境的影响过去不被人们关心。随着冷却塔规模的不断扩大，淋水密度的增加，以及人们环保意识的增强，自 20 世纪 70 年代才引起我国设计、运行的注意。英国于 20 世纪 50 年代开始研究并在自然通风冷却塔中使用除水器。我国自 1979 年立题并开展了《冷却塔除水器型式与效果的研究》课题，对除水器的型式、材质、效果以及相关的测试手段进行了系列研究，进行了大量的小型试验和工业测试，同时通过理论计算分析证明：自然通风冷却塔安装除水器增加了阻力，也提高了抽力，只要除水器具有高效低阻的特性，常规情况下其最终的结果对冷却塔运行是有利的，约可降低冷却水温 0.2℃，此结果得到了工业塔实测的验证。由此打消了在自然通风冷却塔中增设除水器的种种疑虑，为除水器的推广使用创造了条件。

表 10-26　　试　验　数　据

试验条件	№1 塔无除水器	№2 塔有除水器
热负荷（kcal/h）	78×10^6	83×10^6
水负荷（m^3/h）	11.8×10^3	11.3×10^3
相对湿度（%）	84	84
平均风速（m/s）	4.95	3.60
阵风速（m/s）	9.9	8.1

实践证明冷却塔安装除水器是消除飘滴及其对环境危害的简单而有效的措施。图 10-71 是国外 N 电厂的两座自然通风冷却塔在安装和不装除水器时塔外飘滴降水量的实测结果，可以看出安装除水器的冷却塔外的最大降水量约为未装除水器冷却塔的 1%；从我国 A 电厂安装除水器的自然通风冷却塔在 1979 年冬季实测到的塔外最大降水强度为 46.5×10^{-5}mm/h，和我国 B 电厂未装除水器的自然通风冷却塔（群）在 1980 年 4 月实测到的塔外最大降水强度为 86.7×10^{-2}mm/h 对比看，都说明冷却塔安装除水器后在消除飘滴危害影响上具有显著效果。我国电力行业规定：新建的自然通风和机械通风冷却塔，应装设除水器。

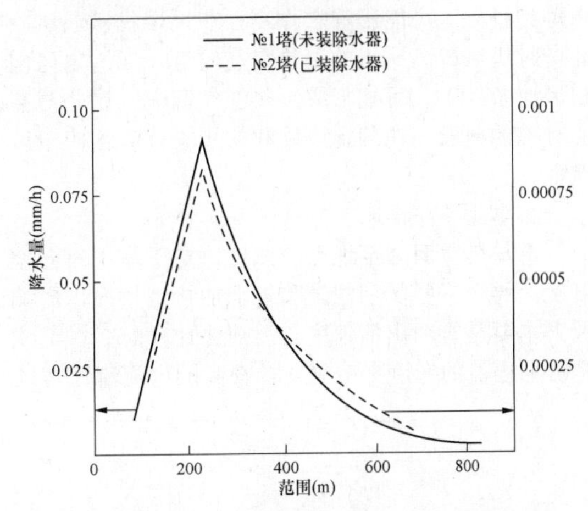

图 10-71　N 电厂除水器在自然通风冷却塔上的效果

注　图中数据来自表 10-26。

（五）雾羽

1. 雾羽的形成

从冷却塔排出的湿热空气流，可上升到数百米的高空，在自然风的吹动下可向水平方向扩展数百米甚至 1km 以上。在冷却塔中由于冷却水的蒸发，湿热空气带走大量热量和水蒸气，出塔后与冷空气掺混，可部分凝结成小水滴而形成可见的雾羽。

雾羽的形成如图 10-72 所示，图中曲线为空气饱和含湿量线，设出塔气流为饱和的，在图上为 A 点。出塔湿热空气密度较周围冷空气轻并有一定的动量，因而带动周围冷空气上浮并相互掺混，形成在无限空间的浮射流，与温排水从排水口出流到半无限空间的

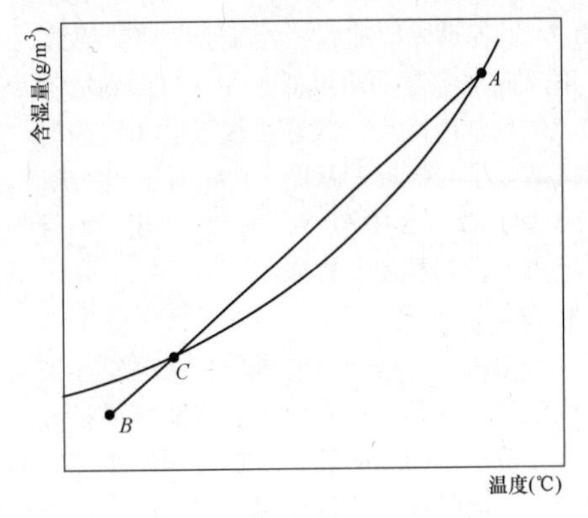

图 10-72　雾羽形成过程

浮射流相似。由于冷空气的掺入，雾羽中的湿热空气产生冷凝，从点 A 趋向点 C，最后达到点 B，与大气完全融合。AC 段为空气、水蒸气和小水滴共存的可见部分，CB 为空气和水蒸气共存的看不见的湿空气部分。

由于雾羽阻挡阳光，影响四周环境日照。在冷却水含盐量较高或冷却水中含有有害的阻垢防腐剂（如铬盐）时，随雾羽飘移出塔的细小水滴——飘滴降落到塔外，可能影响农作物。在采用机械通风冷却塔时进风口离排出的湿热空气较近，在一定风向和风速条件下，可能形成湿热空气回流。这些与雾羽有关的问题，在确定厂址和初步设计时均应予以重视。

2. 雾羽下降接地

冷却塔雾羽降至地面的浓度决定于塔下风向空气旋涡卷吸下坠雾羽的量和雾羽的接地情况，影响因素主要是雾羽出流速度与风速之比（1/K），其次是雾羽出流的密度弗劳德数。在高的出流流速与风速比的条件下，既没有卷吸情况，也没有出现雾羽接地情况，地坪上雾羽浓度均为零。在中等出流速度与风速比时，只有卷吸作用而没有雾羽接地。在低的出流速度与风速比的情况下，卷吸下坠作用和雾羽接地都会发生。

测量地坪上的雾羽浓度的相对温升表示。相对温升用下式计算

$$\frac{\Delta t}{\Delta t_0}=\frac{t-t_a}{t_0-t_a}$$

式中 t——地坪上雾羽的温度，℃；

t_a——大气温度，℃；

t_0——冷却塔出口气流温度，℃。

沿直线形布置的多段机力塔下风向中心线处测得的相对温升 $\frac{\Delta t}{\Delta t_0}$ 值如图 10-73 所示。其密度弗劳德数为 F_0=2.5。从图中可以看出，下风向的相对温度升高值与到塔距离的关系为单调下降曲线。

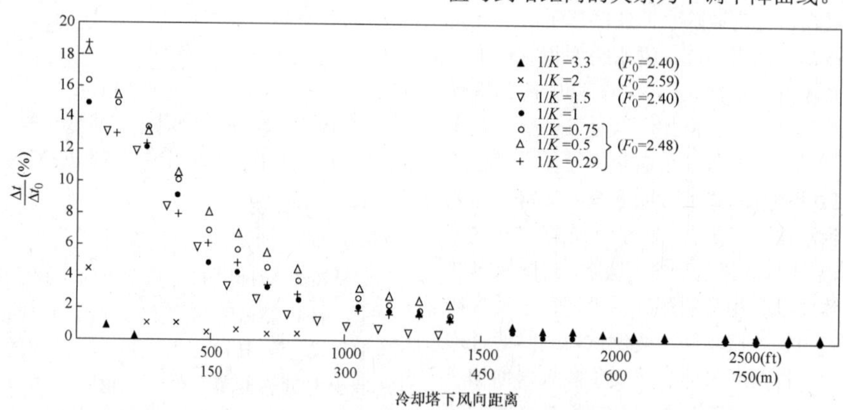

图 10-73 当 F_0=2.5 时地坪上部相对温升

图 10-74 表示下风向地坪 $\frac{\Delta t}{\Delta t_0}$=2%时的相对距离（$L/H$）和出流速度与自然风速之比（1/$K$）的关系，$H$ 为塔高。2%相对温升的选择是考虑在大多数气象条件下，在这一相对温升条件下没有任何可见的雾羽。图 10-74 上各点标明的数字为其密度弗劳德数。

下风向地坪雾羽浓度低于 2%的点到塔的距离随着 1/K 的增加而减小，除非在很低的 1/K 值时，高速自然风增大了稀释度。从图 10-74 看出当 1/K>1.1 和 F_0=2.5 及 1/K>1.5 和 F_0=4.8 时，地坪相对温升为 2%，处于尾流区，而雾羽不接地。

3. 雾羽的治理

自然通风冷却塔形成的雾羽处在高空，当周围的自然地理条件较为平坦开阔时，雾羽容易扩散，一般情况对环境产生的影响较小。机力通风冷却塔形成的雾羽较低，同时伴有飘滴和湿热空气回流，对环境影响较大。当建厂地区对环境有特别要求时，应对雾羽

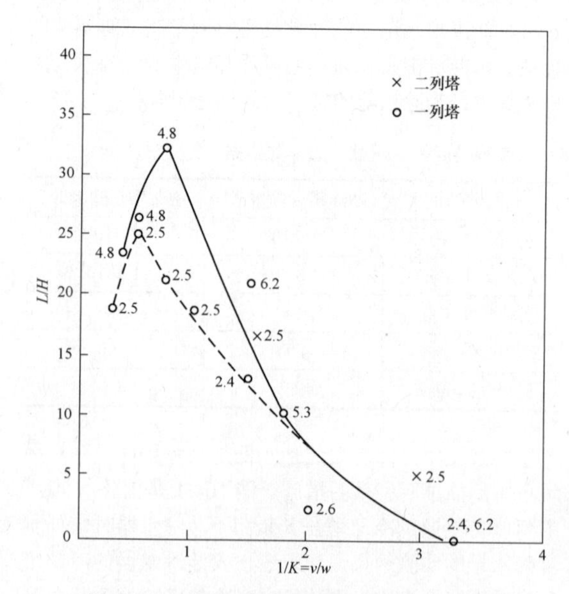

图 10-74 雾羽下降接地相对距离与 1/K 关系

采取相应的防治措施。如：选择合适的建厂位置和建塔位置，将冷却塔布置在居民区和主要厂区主导风向的下侧；国外采用干湿式冷却塔取得了消除雾羽的较好效果。在干湿式冷却塔内部包括干式冷却和湿式冷却两部分，由于内部系统较为复杂，阻力较大，多用机械通风。进入塔内的热水分别进入干式和湿式系统，经过干式系统冷却的水再进入湿式系统二次冷却，由于两个系统的联合运行，提高了塔出口排气的温度，降低了湿度，可使冷却塔出口雾羽明显减小。干湿式冷却塔如图 10-75 所示。

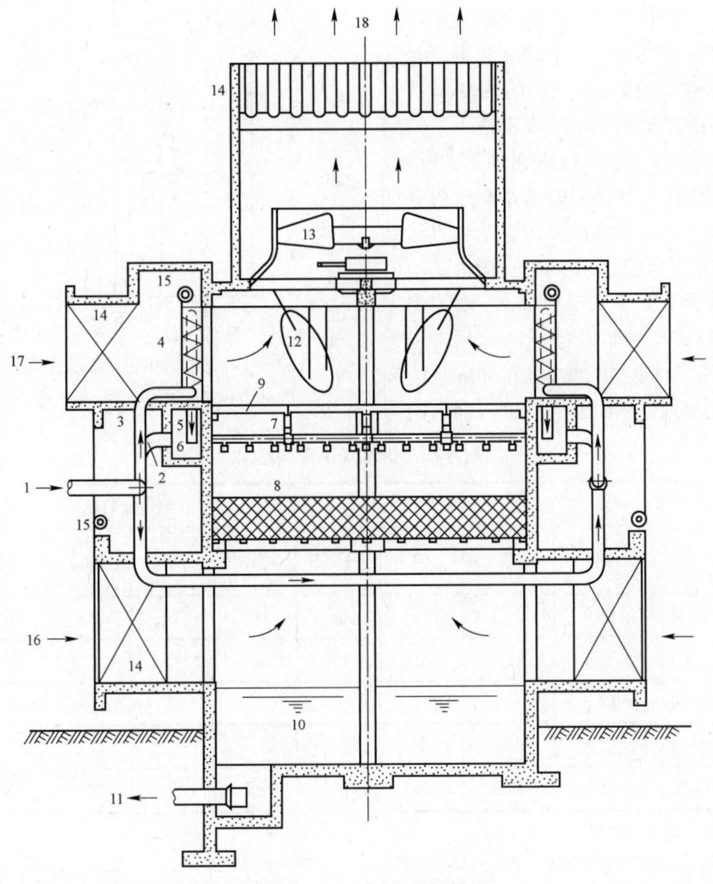

图 10-75　干湿式冷却塔

1—热水进口；2—湿式冷却段热水进口；3—干式冷却段热水进口；4—干式冷却段热交换器；5—干段冷却水返回管；6—湿段配水沟道；7—湿段配水系统；8—湿段热交换器（填料）；9—湿段除水器；10—冷水池；11—冷水返回管道；12—空气混合装置；13—风机；14—消声器；15—活动闸阀；16—湿段空气进口；17—干段空气进口；18—空气排出口

（六）噪声的影响

1. 噪声的形成与性质

冷却塔在运行中产生噪声，声源主要来自于水、机械以及自然风。自然风掠过塔的某些构件时，会由空气的弹性力学现象产生噪声；输水管道布置和流速设计不当，运行中管道也会因振动发生噪声；冷却塔的主要噪声源是由风机机械转动和落水形成。

自然通风冷却塔中的下落水冲击产生的噪声为主要声源，属宽频带噪声，低、高频的噪声级都较高，而相对中、高频的声级更高些，峰值一般在 700～8000Hz 的范围，噪声水平达到 70～80dB，且昼夜不变，全天稳定，如图 10-76 所示。从图可以看出在很宽的音频范围内表现的声级都较高。

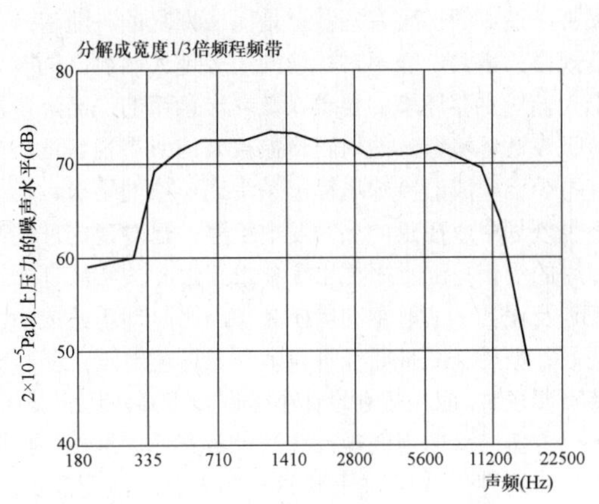

图 10-76　自然通风冷却塔落水噪声的特性

机力塔除了落水产生的噪声外，还有机械产生的噪声，其中包括风机、电动机、变速箱等，风机转动和气流会引起薄壁风筒产生振动，也会形成噪声。机力塔由于声源特点，其产生的噪声属于低频噪声，噪声水平较强的噪声（70～90dB）的音频一般分布在500Hz 以下。由于在声音传播过程中低频衰减慢，所以传播距离远，减小机力塔噪声源中的低频部分是有效的降噪措施。图 10-77 是机力塔噪声的特性。

逆流式冷却塔中的冷却水从填料底部落下，直接冲击底部集水池中的水面，产生强度大而稳定的噪声，其强度与淋水密度成正比，在常用的落水高度内（如8m）与落水高度也成正比。标准测点的落水噪声达到80dB（A）以上，有的甚至超过 100dB。国内某电厂5000m² 自然通风冷却塔，进风口高度 8m，淋水密度5.8m³/（m²·h），在标准测点（距池边 1m，地面以上1.5m）的实测落水噪声为 84.2dB，距池边 50m 处的噪声水平仍有 71.2dB。实测资料说明这样的冷却塔附近的噪声强度大大超过了国家标准中关于工业集中区的允许值。我国部分自然通风冷却塔落水噪声的实测结果见表 10-27。

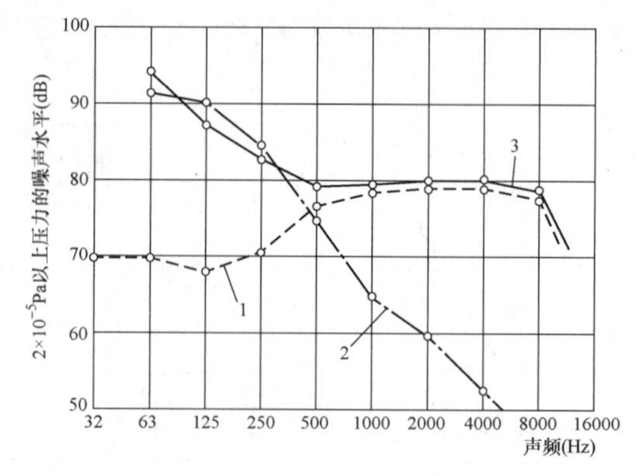

图 10-77 机力塔的噪声特性

1—落水噪声；2—风机噪声；3—全部噪声

表 10-27 部分自然通风冷却塔落水噪声实测结果（平均值） （dB）

指标名称 实测值 塔名及面积（m²）		声级		倍频程（Hz）							
		A	C	63	125	250	500	1000	2000	4000	8000
仪化电厂	2000	84.0	83.3	61	64	67	74	75.6	76.6	78.8	76.1
仪化电厂	3500	86.1	85.2	61	61	64	75	77.9	78.8	80.7	77.5
南京热电厂	3500	83.8									
戚墅堰电厂	5000	82.4									
吴泾电厂	9000	85.5	84.3	65	62	65	76	78.1	78.0	79.3	75.2

注 1. 测点高 1.2m、距池边 1m 处。
2. 戚墅堰电厂及吴泾电厂的冷却塔为环板基础，进风口（人字柱）在水池边以内 5m 左右，故测得声级偏小。

2. 噪声的危害

环境中长时间较强噪声的存在，不但直接影响人们的工作、学习、生活和休息，对身体健康也有极大损害，造成的伤害有些甚至是无法恢复的。随着冷却塔规模的增大，噪声对环境的危害越加明显，同时由于人们对生存环境的要求以及环保意识的提高，冷却塔噪声对环境影响的问题日益被人们所重视。近年来有不少已建成的冷却塔提出了治理噪声的要求，还有不少规划中或在建的火力发电工程，已对建成后的冷却塔的噪声控制水平提出了要求和限制。实践证明，规划及设计中采取主动措施减噪，比冷却塔建成后再采取补救措施减噪要经济得多。当环境对消声降噪有特殊要求时，应在规划设计中做好技术经济综合分析，优化方案，从选用低噪系统及设备着手，尽量降低降噪设施的投资。对于冷却塔这样的大型冷却设备而言，这样更具有突出的技术和经济意义。

3. 国家标准对噪声控制的要求

为了保持社会生产和生活正常健康的进行，国家标准对环境噪声的允许水平做了规定。以下是GB 3096《声环境质量标准》中，对不同类区噪声标准等效声级进行的规定，可供设计参考，见表10-28。

表 10-28 城市区域环境噪声标准等效声级 dB（A）

类别	适 用 区 域	昼间	夜间
0	康复疗养区等特别需要安静的区域	50	40
1	以居民住宅、医疗卫生、文化教育、科研设计、行政办公为主要功能，需要保持安静的区域	55	45
2	以商业金融、集市贸易为主要功能，或者居住、商业、工业混杂，需要维护住宅静的区域	60	50

续表

类别	适　用　区　域	昼间	夜间
3	以工业生产、仓储物流为主要功能，需要防止工业噪声对周围环境产生严重影响的区域	65	55
4a	高速公路、一级公路、二级公路、城市快速路、城市主干路、城市次干路、城市轨道交通（地面段）、内河航道两侧区域	70	55
4b	铁路干线两侧区域	70	60

4. 噪声治理

根据噪声声源特点以及具体工程条件和技术要求，理论上关于噪声治理的方法可有以下措施。

（1）声源治理——减弱或消除噪声声源。

（2）阻隔传播途径：①隔声处理，隔离、阻断噪声传播的途径；②消声处理，在噪声传播过程中，把噪声吸收、消除。

（3）避让——噪声声源与有降噪要求的受体之间相互避让。

关于冷却塔噪声治理的具体措施分述如下。

（1）声源治理。为消除落水冲击产生的噪声，可以在冷却塔底部集水池水面上，设置如楔状斜面、毛刺、绒球之类的消声装置；在机力塔中可采用大直径、多叶片、低转速的风机，采用单向风扇电动机（约降低噪声 4～12dB）等，都可以降低机械噪声。

（2）在冷却塔进风口安装消声器，是有效的阻隔消声措施，一般可以降噪 12～18dB，阻力约为 5Pa。消声器设计的型式、结构不同，其特性参数和效果也不同。消声器应考虑专用基础、安装构架和顶部的封闭顶棚，这种装置投资大、效果较好，适用于降噪要求高，塔周环境较拥挤的情况。设计消声器应保证消声效果，并限制其通风阻力，同时考虑消声装置的耐水、耐冻、防尘、防火等技术要求。

（3）在距塔一定距离设隔声墙、隔声堤或种树是常用的阻隔降噪方法，这种设施一般情况下可以降噪 10～20dB。投资比消声器便宜，但需要有开阔的环境条件；采用吸声型的隔声屏蔽比单纯的阻隔型的降噪效果约可提高一倍。隔声墙距离噪声源越近、越高，降噪效果越好，但会影响冷却塔的进风条件，确定距离和高度时应特别慎重，必要时可通过物理模型试验论证。

（4）小型机力塔风机出口可加消声帽；机力塔电动机可加消声罩等措施阻隔机械噪声的向外发散。

（5）电厂选厂和总平面布置时，在规划中就要考虑那些对噪声敏感的受体的特殊要求，在可能条件下，使噪声源与有特殊要求的受体相互避让（远离）。这是消减噪声危害简便有效的措施。

（七）海水冷却塔与环境

1. 海水冷却塔的应用与特点

随着电厂规模不断增大和循环冷却水量的增加，有些火电厂和核电厂建造在海边，取海水做循环冷却水及补充水，采用海水冷却塔作为循环水系统的冷却设备。在设计使用海水冷却塔时对以下特点需要注意。

（1）循环水系统中与海水接触的管道、设备及建构筑物等应考虑防腐要求，如循环水管沟、循环水泵、凝汽器以及冷却塔内部的部件、构件等。

（2）冷却塔的含盐飘滴在周围地面上降落沉积对环境产生的影响。

2. 海水冷却塔与环境

（1）海水冷却塔含盐飘滴的扩散。海水冷却塔对环境的影响主要是从塔出口逸出的含盐飘滴在周围的降落沉积造成的。冷却塔内产生的细小水滴在冷却塔内上升气流的托举和外部自然风的吹送共同作用下，从塔出口上升，继而向水平方向扩展飘移，在运动过程中由于蒸发使飘滴粒径逐渐缩小，并在一定距离内下落地面。飘滴移动的距离与飘滴粒径大小、抬升高度以及自然风速的大小有关，近的有几十米，远的可达到 1km 以上，这使飘滴洒落范围很大而单位面积的沉积量较小。

冷却塔内产生的飘滴粒径由几十微米至几百微米都有。在装有良好性能的除水器的情况下，可把 100μm 以上的飘滴截留在塔内，逸出塔外的飘滴粒径一般为 30～100μm，且相对较大粒径的飘滴数量很少。

安装除水器后，从冷却塔出口随气流逸出的飘滴造成的水量损失很小，即风吹损失水量很小。目前性能较好的除水器除水效率都可达到 90%以上，高效除水器可把风吹损失水率降到 0.002%～0.008%，日本在海水冷却塔上使用除水器，风吹损失水率可降到 0.0001%。

（2）海水冷却塔含盐飘滴在塔周的沉积量。海水冷却塔含盐飘滴对环境的影响，在 20 世纪中叶国外开始研究，对一座距海边约 200m 的机械通风海水冷却塔进行了模拟计算，主要计算条件是：循环冷却水量 Q=30000m^3/h，循环水含盐浓度 48600mg/L，排气高度 16m，自然风速 1.8m/s，大气稳定度 D，飘滴损失水率为 0.0005%。计算结果说明：在距塔 1km 的厂区边界处，由冷却塔飘滴引起的空气最大附加盐分浓度为 1.018μg/m^3。据推算此盐分浓度附加值相当于海风风速增加 0.15m/s 时空气自然含盐浓度的增加量。可见此数量是很小的。这一计算结果是在特定条件下得出的，当条件变化时，其飘滴引起的附加盐分浓度会有所变化。

根据国外某电厂对海水冷却塔投运近 20 年（1955

年开始投运）的观测资料，海水循环水含盐量约为40000mg/L。如果按照我国1980年对安装除水器冷却塔飘滴的测试结果，距塔下风向250m处的飘滴沉积量为30×10^{-5}mm/h计算，此处的盐分沉积量约为12mg/（m^2·h）。

（3）沿海地区自然形成的大气含盐量。在海边及近海陆地地区由于海风自然挟带形成的大气含盐量，美、英、日等国在20世纪70年代已开始进行观测研究。沿海地区大气中的盐分主要来源于波浪撞击破碎形成的水珠、飞沫在空气中飘浮带到陆地所致。沿海自然形成的大气含盐量及其在地面的沉积量与自然风速、风向、地形等因素密切相关，与气温、湿度的关系不明显。距海边越近，大气含盐量和地面沉积量越大。据大量观测资料说明，海边附近大气盐分沉积量达到1000mg/（m^2·h）以上，而到了距海边500m处，则沉积量会降低到100mg/（m^2·h）以下。而到了距海边2km处则大气含盐量降到了50～120μg/m^3。该项研究认为：一般情况下当电厂建在距海边2km左右，风速为3～13m/s（风向为从海上吹向海岸）时，大气含盐浓度可按10～70μg/m^3考虑。

3. 海水冷却塔对环境影响的评价

（1）近海地区空气的自然含盐浓度一般为10～70μm/m^3，浓度大小与自然风速、风向以及海域位置有关。

（2）海水冷却塔安装除水器后，可使风吹损失率降到0.03%～0.06%，当使用特殊的高效率除水器时，可降到0.01%以下。当循环水含盐量按40000mg/L计算时，在距塔250m处的盐分沉积量约为12mg/（m^2·h），而这一数值明显小于日本实测的距海边247m处空气自然形成的盐分沉积量37.4mg/（m^2·h）。

（3）根据欧美已建成运行的20多座海水冷却塔的调查结果，海水冷却塔飘滴对环境，对植物、动物、河流、土壤及输电设备等，都没发现明显影响。

（4）从目前资料看海水冷却塔含盐飘滴对环境尚未发现明显影响，但由于各地区自然条件差异的存在，各个具体工程条件和要求不同，在设计采用海水冷却塔时，这仍是值得关注的一个问题。

第三节 水 面 冷 却

利用水面冷却循环水时，宜利用已有水库、湖泊、河道或海湾等水体，也可根据自然条件新建冷却池。利用水库、湖泊、河道或海湾等水体冷却循环水时，应征得水利、农业、渔业、航运、海洋、海事和环境保护等有关部门的同意。

取水、排水建（构）筑物的布置和型式应有利于冷水的吸取和热水的扩散冷却。有条件时，宜采用深层取水。排水口应使出流平顺，排水水面与受纳水体水面宜平缓衔接。

本节着重于对水面冷却的形式以及相关的理论计算进行介绍。

一、水面热交换

（一）概述

在研究冷却水远区问题及设计冷却池时，都要进行水面与大气的热交换的计算。水面热交换过程是水面冷却的基本原理。

水面与大气的热交换由辐射、蒸发和对流三部分组成。图10-78为水面与大气热交换示意图。

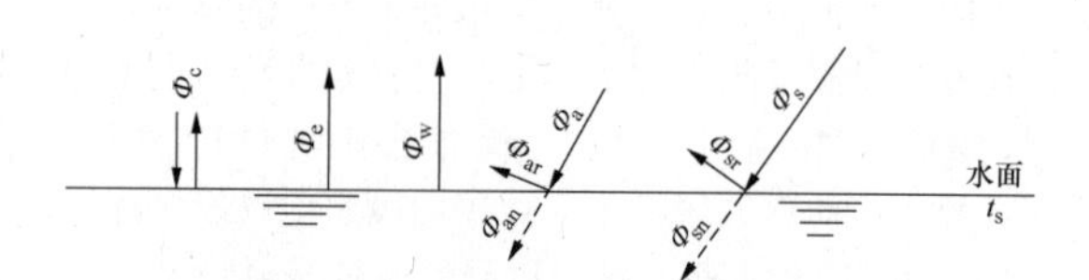

图10-78 水面与大气热交换示意图

Φ_s—投射到水面的太阳短波辐射热通量；Φ_{sr}—水面反射太阳短波辐射热通量；Φ_a—投射到水面的大气长波辐射热通量；Φ_{ar}—水面反射大气长波辐射热通量；Φ_w—水面长波辐射热通量；Φ_e—蒸发散热通量；Φ_c—对流传热通量；Φ_{sn}—太阳短波净辐射热通量；Φ_{an}—大气长波净辐射热通量；θ—2m高处大气干球温度

图10-78中各热通量主要取决于地理位置、气象及水文条件，一般的变化范围见表10-29。

表10-29 水面热通量变化范围

项目	热通量（W/m^2）	项目	热通量（W/m^2）
瞬时Φ_s	0～1000	Φ_w	250～500
日平均Φ_s	60～300	自然Φ_e	0～350
Φ_{sr}	7～20	强迫Φ_e	0～1000
Φ_a	200～450	Φ_c	−70～200
Φ_{ar}	6～14		

表10-29中的内容未考虑降水加入的热量及冷却池底的渗漏和热传导的热损失。

下面分别介绍辐射、蒸发及对流热通量的计算。

（二）辐射散热

1. 太阳短波辐射热通量

（1）天空无云时，投射到水面的太阳短波总辐射（包括直射及散射）热通量 Φ_{sc} 的月平均值是比较稳定的，基本随纬度及季节变化。其数值见表 10-30。

表 10-30　　天空无云时太阳短波总辐射热通量 Φ_{sc}　　（W/m^2）

纬度	月份											
	1	2	3	4	5	6	7	8	9	10	11	12
56	73.64	129.8	210.8	287.3	345.4	371.6	351.7	293.1	229.2	150.2	9351	59.11
45	103.2	162.8	240.8	306.7	353.2	376.5	358.0	314.0	258.2	181.2	124.5	89.15
40	136.1	199.1	265.5	323.2	258.0	379.4	362.4	329.9	284.4	209.3	156.5	120.2
35	168.6	235.5	289.2	339.2	359.5	379.4	364.3	340.6	303.8	236.0	190.4	150.2
30	198.6	263.1	304.8	348.8	359.5	379.4	364.3	346.9	319.8	257.8	219.5	178.3
25	218.5	285.4	317.3	352.2	358.0	379.4	361.0	348.4	330.9	275.2	242.3	204.5
20	242.3	302.8	325.1	352.2	353.2	369.7	354.7	346.9	339.2	289.2	263.1	226.7

（2）天空有云时，投射到水面的太阳短波辐射热通量 Φ_s 可用下列公式之一计算：

1）用云量资料 C 计算

$$\Phi_s = \Phi_{sc}(1-0.65C^2) \tag{10-42}$$

式中　Φ_{sc}——天空无云时太阳短波总辐射热通量，W/m^2；

C——总云量，以小数表示。

2）我国中央气象局提出用日照率 S 计算

$$\Phi_s = \Phi_{sc}(0.248+0.752S) \tag{10-43}$$

式中　S——日照率，即实照时数与可照时数的比值，以小数表示。

（3）水面反射太阳短波辐射热通量 Φ_{sr}。太阳投射至水面的总辐射热通量，并不能被水体全部吸收，一部分辐射能被反射至大气。反射辐射与投射辐射的比值称为反射率。我国 4～9 月份的反射率可取 0.06，即 $\Phi_{sr}=0.06\Phi_s$。

（4）太阳短波净辐射热通量 Φ_{sn} 指水面吸收的净太阳短波辐射热通量。计算公式如下

$$\Phi_{sn} = \Phi_s - \Phi_{sr} = 0.94\Phi_{sc}(1-0.65C^2) \tag{10-44}$$

2. 大气长波辐射热通量

（1）天空无云时，大气长波辐射热通量 Φ_{ac} 可以式（10-45）计算

$$\Phi_{ac} = 5.31\times10^{-13}(\theta+273)^6 \tag{10-45}$$

式中　θ——2m 高处大气干球温度，℃。

（2）天空有云时，大气长波辐射热通量 Φ_a 用式（10-46）计算

$$\Phi_a = \Phi_{ac}(1+0.17C^2) \tag{10-46}$$

式中　C——总云量，以小数表示。

（3）水面对大气长波辐射的反射率一般为 3%，故 $\Phi_{ar}=0.03\Phi_a$。

（4）大气长波净辐射热通量 Φ_{an} 以式（10-47）表示

$$\Phi_{an} = \Phi_a - \Phi_{ar} = 5.15\times10^{-13}(\theta+273)^6\times(1+0.17C^2) \tag{10-47}$$

当总云量 $C=0.5$ 时可用下列线性近似式计算 Φ_{an} 值，误差在 $\pm7W/m^2$ 之内

$$\Phi_{an} = 233+6.6\theta \tag{10-48}$$

式中　θ——1.5m 高处大气温度，℃。

3. 水面长波辐射热通量 Φ_w

水面长波辐射热通量是水体热量平衡中数值最大的一项，可直接用式（10-49）计算

$$\Phi_w = 5.51\times10^{-8}(t_s+273)^4 \tag{10-49}$$

式中　t_s——水面温度，℃。

水温在 0～32℃时，Φ_w 值可用下列线性关系式计算，误差在 $\pm4W/m^2$ 之内

$$\Phi_w = 307+5.4t_s \tag{10-50}$$

式中　t_s——水面温度，℃。

（三）蒸发散热

水面蒸发是由风形成的强迫对流和由浮力形成的自由对流联合产生的结果。在无废热排入的自然水面上，强迫对流是主要的。而在纳热的水体水面上，强迫对流和自由对流都是重要的。

1. 水面蒸发散热通量一般表达式

（1）水面蒸发量 E 一般以式（10-51）表示

$$E = f(w,\Delta t)\cdot(e_s-e_a) \tag{10-51}$$

式中　E——水面蒸发量，mm/d；

w——水面上 1.5m 高的风速，m/s；

Δt——水、气温差（$t_s-\theta$），℃；

$f(w,\Delta t)$——风速和水、气温差的函数；

e_s——相应于水面温度的饱和蒸汽压力，hPa，1hPa=1mbar；

e_a——空气中水蒸气分压力，hPa。

（2）式（10-51）以水面蒸发散热通量Φ_e表示时为

$$\Phi_e = 28.05 f(w,\Delta t) \cdot (e_s - e_a) \quad (10\text{-}52)$$

2. 水面蒸发散热通量全国通用公式

式（10-51）及式（10-52）中的风速和水、气温差的函数$f(w,\Delta t)$，国内外有很多经验公式，但大多数公式只考虑风速，少数公式两者都考虑。有的公式在某些条件下，有较大差异。

中国水利水电科学研究院冷却水研究所和有关单位协同，经十多年的试验研究，于1990年总结提出水面蒸发与散热系数的全国通用公式，并通过部级鉴定。在常见的水面冷却工况条件下，通用公式能比较全面地统一自由对流与强迫对流的蒸发机理，较好地体现了自由对流和强迫对流的综合作用，并得到国内、外加热水体观测资料的验证。由于较好地反映了水、气温差的作用，更适合于水面冷却工程的计算。

水面蒸发散热通量Φ_e的全国通用公式如下

$$\Phi_e = [22.0 + 12.5w^2 + 2.0(t_s - \theta)]^{1/2}(e_s - e_a) \quad (10\text{-}53)$$

式中 w——水面上1.5m高度风速，m/s；
t_s——水表面温度，℃；
θ——水面上1.5m高度空气温度，℃；
e_s——相应于水表面温度的饱和蒸汽压力，hPa；
e_a——水面上1.5m高度空气中水蒸气分压力，hPa。

（四）对流传热通量

对流传热是由于水面温度t_s与大气温度θ之间的差而引起的对流传热。一般假定热的紊动扩散系数与物质的紊动扩散系数相等，由此看出对流传热直接同蒸发散热相关。

$$\Phi_c = B\Phi_e \quad (10\text{-}54)$$

其中

$$B = 0.62\left(\frac{t_s - \theta}{e_s - e_a}\right)\left(\frac{p_a}{1000}\right) \quad (10\text{-}55)$$

式中 Φ_c——对流传热通量，W/m²；
B——波文比；
Φ_e——蒸发散热通量，W/m²；
t_s——水表面温度，℃；
θ——空气温度，℃；
e_s——相应于水表面温度的饱和水蒸气压力，hPa；
e_a——空气中的水蒸气分压力，hPa；
p_a——大气压力，hPa。

当$t_s > \theta$时，B值为正，水体因对流而散热。$t_s < \theta$时，B值为负，水体处于受热状态。

（五）水面热交换计算

1. 水面热交换平衡计算

水体的净输入热通量Φ_n可以用水面热交换的各组成部分来表示

$$\begin{aligned}\Phi_n &= (\Phi_s - \Phi_{sr}) + (\Phi_a - \Phi_{ar}) - \Phi_c - \Phi_e - \Phi_w \\ &= (\Phi_{sn} + \Phi_{an}) - (\Phi_c + \Phi_e + \Phi_w)\end{aligned} \quad (10\text{-}56)$$

式（10-56）中（$\Phi_{sn}+\Phi_{an}$）项为太阳及大气输入水体的总辐射通量，它只与气象条件有关。（$\Phi_c+\Phi_e+\Phi_w$）项为水体散发的热通量，它除与气象条件有关外，还和水面温度t_s有关。

令式（10-56）中

$$\Phi_{sn} + \Phi_{an} = \Phi_R$$
$$\Phi_c + \Phi_e + \Phi_w = \Phi_L$$

式（10-56）则变成

$$\Phi_n = \Phi_R - \Phi_L \quad (10\text{-}57)$$

2. 掺混良好的水体水温计算

如水体没有入流及出流，仅能由水面的热交换获得或散发热量Φ_n。由热守恒原理可知，水体蓄热量的变化率等于通过表面积的热交换率。如水体温度均匀，其掺混水温为t_m。则

$$\rho c V \frac{t_m}{\Delta t} = 86.4\Phi_n A \quad (10\text{-}58)$$

式中 ρ——水的密度，kg/m³；
c——水的比热容，kJ/（kg·℃）；
V——水体体积，m³；
t_m——掺混均匀时水温，℃；
t——计算时间，d；
Φ_n——净输入热通量，W/m²；
A——水体水面面积，m²。

如在时间t=0时，t_m为已知，则可根据式（10-58）分段积分，计算各时段的t_m值。对于自然水体，净入射热量在春季及初夏为正，而在晚夏或秋季为负，水温略滞后于热的输入变化，通常在夏末达到最大值。这样可根据一年的气象条件计算各月的自然水温。通常由于水体有入流和出流及温度分层的影响而使计算变得复杂，下面是假定掺混良好的自然水体的水温随季节变化的算例。

3. 计算示例

设一湖泊无入流及出流，位于北纬35°附近，湖总容积为3084600m³，水面面积为202350m²，3月1日的起始水温为4.4℃，3～12月份气象条件见表10-31。大气压力全年均为1000hPa。

表10-31 计算示例气象条件

月	气温θ（℃）	相对湿度φ	风速w_2（m/s）	日照率S	云量C
3	12.6	0.63	3.1	0.66	0.59
4	17.1	0.62	3.0	0.70	0.58
5	17.6	0.79	2.5	0.51	0.70

续表

月	气温 θ（℃）	相对湿度 φ	风速 w_2（m/s）	日照率 S	云量 C
6	22.9	0.80	2.2	0.52	0.66
7	22.1	0.85	2.1	0.48	0.77
8	22.9	0.80	19	0.57	0.70
9	18.7	0.78	1.7	0.62	0.63

续表

月	气温 θ（℃）	相对湿度 φ	风速 w_2（m/s）	日照率 S	云量 C
10	14.6	0.74	2.0	0.68	0.50
11	6.8	0.68	2.4	0.54	0.52
12	7.0	0.80	2.4	0.27	0.77

求该湖逐月平均掺混水温。解逐月水温计算依据的公式及结果列于表10-32。

表10-32　　计算示例热通量及水温计算

月	表10-30	式（10-44）	式（10-47）	式（10-49）	式（10-53）	式（10-54）	式（10-56）	式（10-58）		
	Φ_{sc}（W/m²）	Φ_{sn}（W/m²）	Φ_{an}（W/m²）	Φ_w（W/m²）	Φ_e（W/m²）	Φ_c（W/m²）	Φ_n（W/m²）	$\Delta t_m/\Delta t$（℃/d）	$\sum\Delta t_m$（℃/月）	t_m（℃）
3	289.2	210.3	296.0	326.3	−8.85	−57.0	246.2	0.28	8.7	4.4
4	339.4	249.3	324.5	369.2	34.5	−27.9	198.0	0.22	6.6	13.1
5	359.5	230.3	336.0	404.4	73.0	13.3	75.6	0.085	2.6	19.7
6	379.4	255.7	371.3	419.0	40.6	−0.08	167.4	0.19	5.7	23.1
7	364.4	210.5	374.4	452.3	154.2	57.0	−78.6	−0.09	−2.8	28.0
8	340.6	218.2	374.5	435.7	138	12.1	−13.2	0.01	0.24	25.2
9	303.8	211.9	338.7	436.9	131.1	35.1	−52.5	−0.06	−1.8	25.4
10	236.0	185.8	303.8	426.4	160.3	52.9	−150.0	−0.17	−5.3	23.6
11	190.4	147.5	358.5	396.7	154.7	77.1	−222.5	−0.25	−7.5	18.3
12	150.2	86.8	273.2	357.4	50.4	23.7	−71.5	−0.08	−2.5	10.8

计算说明：

（1）计算 Φ_e 及 Φ_c 时表面水温条件下的饱和水蒸气压力由附录A查得。空气中水蒸气分压力先由附录A查得空气饱和水蒸气压力，再以该值乘以相对湿度 φ 值求得。

（2）式（10-58）中水的密度 ρ=1000kg/m³。水的比热容 c=4.19kJ/kg。

（六）平衡水温、自然水温

1. 平衡水温

水体对流传热、蒸发散热及长波辐射的总损失热通量等于净辐射输入总热通量时的水体表面温度称为平衡水温 t_e。这时的水面温度 t_s 用 t_e 代替。

由以上定义及式（10-57）可得

$$\Phi_n = \Phi_R - \Phi_L = 0$$

即

$$\Phi_R = \Phi_L \tag{10-59}$$

式中　Φ_R——输入水体的总辐射热通量，W/m²；

Φ_L——水面总散热通量，W/m²。

将式（10-54）、式（10-53）及式（10-49）分别代入

$$\Phi_n = \Phi_R - \Phi_L = 0$$

由式（10-59）可得

$$\Phi_R = (B+1)\cdot f(w,\Delta t)\cdot(e_e - e_a) + 5.51\times10^{-8}(t_e+273)^4 \tag{10-60}$$

其中

$$B = 0.62\left(\frac{t_e-\theta}{e_e-e_a}\right)\frac{p_a}{1000}$$

$$f(w,\Delta t) = [22.0 + 12.5w^2 + 2.0(t_s-\theta)]^{\frac{1}{2}}$$

式中　t_e——平衡水温，t_e=t_s，℃；

θ——空气温度，℃；

e_e——相应于平衡水温 t_e 的饱和水蒸气压力，hPa；

e_a——空气中的水蒸气分压力，hPa；

p_a——大气压力，hPa。

式（10-60）左侧 Φ_R 只与厂址位置及气象条件有关，可以求得。公式右侧的 t_e 与 e_e 因非线性关系，故式（10-60）不能直接求解。可用试算法求得 t_e 值。试

算过程虽烦琐，但编制程序后用计算机求解还是便捷的。

2. 自然水温

自然水温是指给定水域在当时当地水文气象条件下所自然形成的水面温度 t_n。

从自然水温和平衡水温的定义可知，当水面净热通量 $\Phi_n=0$ 时，则 $t_n=t_e$。

在水体升温过程中，平衡水温高于自然水温，即 $t_e>t_n$。反之，在水体降温过程中，平衡水温低于自然水温，即 $t_e<t_n$。平衡水温与自然水温的差值反映水体的蓄热调节作用。

自然水温是水面冷却计算的重要参数，但其影响因素较多，用计算方法推求可能误差较大。所以自然水温一般根据实测资料或条件相似水体观测资料确定。当缺乏上述资料时，可按热量平衡方程或经验公式计算确定。

（七）综合散热系数

1. 定义

水面综合散热系数是计算水面冷却能力、水体对废热自净能力的基本参数，直接影响电厂规划装机容量、工程布置和环境评价的确定。水面综合散热系数 K 综合体现了水、气交面对流、蒸发及辐射三种散热能力，用对流、蒸发、辐射三个散热系数和的方式表示，定义为单位水面面积单位温差的散热量。目前国内外已普遍采用。

将散热总通量公式变换为只与水温变化有关的公式，可得

$$\Phi_L=\Phi_c+\Phi_e+\Phi_w=(\alpha_1+\beta\alpha_2+\alpha_3)\Delta t_s \quad (10\text{-}61)$$

式中 Φ_L ——水面总散热通量，W/m^2；

α_1 ——对流散热系数；

β ——饱和水蒸气压力 e_s 与水面温度 t_s 关系曲线的斜率，$\beta=\mathrm{d}e_s/\mathrm{d}t_s$；

α_2 ——蒸发散热系数；

α_3 ——辐射散热系数；

Δt_s ——水面温度的变化，℃。

如 α_1、α_2、α_3 均与水温（或水、气温差）无关，则式（10-61）微分得

$$K=\frac{\mathrm{d}\Phi_L}{\mathrm{d}t_s}=\alpha_1+\beta\alpha_2+\alpha_3 \quad (10\text{-}62)$$

大量试验资料证明水面散热能力可表示为

$$H=\int_A K(t_s-t_n)\mathrm{d}A \quad (10\text{-}63)$$

式中 H ——总散热量，W；

A ——水面面积，m^2；

K ——水面综合散热系数，W/（m^2·℃）；

t_s ——水面温度，℃；

t_n ——废热排入前水域的自然水温，℃。

由式（10-63）可以看出，在给定的水域面积 A，在正确确定 K 与 t_n 后，只要知道废热排入后的温度场的分布，便可计算水域的总散热能力。

2. 计算公式

如前所述，水面总散热通量是对流、蒸发及辐射三项散热通量之和。蒸发散热系数 α_2 也即式（10-60）中的 $f(w\cdot\Delta t)$。对流散热系数 α_1 可通过波文比 B 由 α_2 求得。辐射散热系数 α_3 只与水面温度有关，根据这些关系可求得

$$\begin{aligned}\Phi_L&=\Phi_c+\Phi_e+\Phi_w\\&=\alpha_2[(e_s-e_a)+b(t_s-\theta)]+5.51\times10^{-8}(t_s+273)^4\end{aligned} \quad (10\text{-}64)$$

其中
$$b=B(e_s-e_a)/(t_s-\theta)$$

式中 Φ_L ——水面总散热通量，W/m^2；

α_2 ——蒸发散热系数，W/（m^2·hPa）；

e_s ——水面饱和水蒸气压力，hPa；

e_a ——空气水蒸气分压力，hPa；

B ——波文比，见式（10-55）；

b ——波文比系数，由式（10-55）知 $b=0.62$（p_a/1000）；

t_s ——水面温度，℃；

θ ——空气温度，℃。

将式（10-64）对 t_s 微分，即可求得综合散热系数 $K=\mathrm{d}\Phi_L/\mathrm{d}t_s$，并考虑 α_2 与 Δt 有关。则全国通用综合散热系数公式表达如下

$$K=(b+\beta)\alpha_2+22.0\times10^{-8}(t_s+273)^3+\frac{\partial\alpha_2}{\partial t_s}(b\Delta t+\Delta e) \quad (10\text{-}65)$$

式中 K ——水面综合散热系数，W/（m^2·℃）；

b ——波文比系数，$b=0.62$（p_a/1000）；

β ——饱和水蒸气压力 e_s 与水面温度 t_s 关系曲线的斜率，$\beta=\mathrm{d}e_s/\mathrm{d}t_s$；

α_2 ——蒸发散热系数，W/（m^2·hPa）；

Δt ——水面温度 t_s 与气温 θ 之差，℃；

Δe ——相应水面温度的饱和水蒸气压力 e_s 与空气水蒸气分压力 e_e 之差，hPa。

式（10-65）与式（10-62）比较，由于考虑 α_2 与 Δt 有关，故微分后多了第三项 $\frac{\partial\alpha_2}{\partial t_s}(b\Delta t+\Delta e)$。该项也可以 ΔK 表示。

3. β 值和 $\frac{\partial\alpha_2}{\partial t_s}$ 值表

为便于计算将 $\beta=\frac{\mathrm{d}e_s}{\mathrm{d}t_s}$ 值列于表 10-33。将 $\frac{\partial\alpha_2}{\partial t_s}$ 值列于表 10-34。

表 10-33　$\beta=\frac{de_s}{dt_s}$　值　表

t_s（℃）	e_s（hPa）	$\beta=\frac{de_s}{dt_s}$	t_s（℃）	e_s（hPa）	$\beta=\frac{de_s}{dt_s}$
5	8.72	0.627	14	15.97	1.07
6	9.35	0.667	15	17.04	1.13
7	10.12	0.708	16	18.17	1.19
8	10.72	0.750	17	19.36	1.26
9	11.47	0.800	18	20.62	1.34
10	12.27	0.84	19	21.96	1.41
11	13.11	0.90	20	23.37	1.48
12	14.01	0.96	21	24.85	1.57
13	14.97	1.00	22	26.42	1.66

续表

t_s（℃）	e_s（hPa）	$\beta=\frac{de_s}{dt_s}$	t_s（℃）	e_s（hPa）	$\beta=\frac{de_s}{dt_s}$
23	28.08	1.74	34	53.18	3.04
24	29.82	1.84	35	56.22	3.18
25	31.66	1.94	36	59.40	3.34
26	33.60	2.04	37	62.74	3.50
27	35.64	2.14	38	66.24	3.67
28	37.78	2.26	39	69.91	3.84
29	40.04	2.37	40	73.75	4.02
30	42.41	2.50	41	77.77	4.21
31	44.91	2.62	42	81.98	4.41
32	47.53	2.76	43	86.39	4.61
33	50.29	2.89	44	91.00	

表 10-34　$\frac{\partial\alpha_2}{\partial t_s}$　值　表

	$t_s-\theta$（℃）		20	18	16	14	12	10	8	6	4	2
风速	w=9m/s	α_2	32.78	32.72	32.66	32.59	32.53	32.47	32.41	32.35	32.29	32.23
		$\frac{\partial\alpha_2}{\partial t_s}$	0.030	0.030	0.035	0.030	0.030	0.030	0.030	0.030	0.030	0.035
	w=7m/s	α_2	25.97	25.89	25.81	25.74	25.66	25.58	25.50	25.43	25.35	25.27
		$\frac{\partial\alpha_2}{\partial t_s}$	0.040	0.040	0.035	0.040	0.040	0.040	0.035	0.040	0.040	0.040
	w=5m/s	α_2	19.35	19.24	19.14	19.04	18.93	18.83	18.72	18.61	18.51	18.40
		$\frac{\partial\alpha_2}{\partial t_s}$	0.055	0.050	0.050	0.055	0.050	0.055	0.055	0.050	0.055	0.056
	w=3m/s	α_2	13.21	13.06	12.90	12.75	12.59	12.43	12.27	12.10	11.94	11.77
		$\frac{\partial\alpha_2}{\partial t_s}$	0.075	0.080	0.075	0.080	0.080	0.080	0.085	0.080	0.085	0.085
	w=1m/s	α_2	8.63	8.39	8.15	7.90	7.64	7.38	7.11	6.82	6.52	6.20
		$\frac{\partial\alpha_2}{\partial t_s}$	0.120	0.120	0.125	0.130	0.130	0.135	0.145	0.150	0.160	0.160
	w=0	α_2	7.87	7.61	7.35	7.07	6.78	6.48	6.16	5.83	5.47	5.10
		$\frac{\partial\alpha_2}{\partial t_s}$	0.130	0.130	0.140	0.145	0.150	0.160	0.165	0.180	0.185	0.200

4. 计算示例

计算下列条件下的水面散热系数 K 值，θ=30℃和20℃；φ=80%，p_a=1000hPa，风速 w=3.0m/s，$t_s-\theta$=1～8℃。

计算结果见表 10-35 和表 10-36。

表 10-35　计算示例计算成果表（一）

θ=30℃　φ=80%　p_a=1000hPa　w=3m/s　e_a=33.93hPa

t_s（℃）	38	37	36	35	34	33	32	31
α_2	12.27	12.9	12.10	12.02	11.94	11.85	11.77	11.68
$\frac{\partial\alpha_2}{\partial t_s}$	0.08	0.09	0.08	0.08	0.09	0 .08	0.09	0.08
β［取（$t_s+\theta$）/z］	3.04	2.96	2.89	2.84	2.76	2.69	2.62	2.56
$b+\beta$	3.65	3.57	3.50	3.45	3.37	3.30	3.23	3.17
①（$b+\beta$）α_2	44.79	43.52	42.35	41.47	40.24	39.11	38.02	37.03
② α_3 =22.0×10^{-8}（t_s+273）^{3}	6.54	6.47	6.41	6.35	6.29	6.23	6.61	6.10
$b\Delta t$	4.88	4.27	3.66	3.05	2.44	1.83	1.22	0.61
$\Delta e=e_s-e_a$	32.31	28.81	25.47	22.29	19.2 5	16.36	13.60	10.98
③$\Delta K=\frac{\partial\alpha_2}{\partial t_s}\cdot(b\Delta t+\Delta e)$	2.98	2.65	2.33	2.03	1.74	1.46	1.19	0.93
K=①+②+③	54.31	52.64	51.09	49.85	48.27	46.80	45.37	44.06
$\Delta K/K$(%)	5.5	5.0	4.6	4.1	3.6	3.1	2.6	2 .1

表 10-36　计算示例计算成果表（二）

θ=20℃　φ=80%　p_a=1000hPa　w=3m/s　e_a=18.70hPa

t_s（℃）	28	27	26	25	24	23	22	21
α_2	12.27	12.90	12.10	12.02	11.94	11.85	11.77	11.68
$\frac{\partial\alpha_2}{\partial t_s}$	0.08	0.09	0.08	0.08	0.09	0 .08	0.09	0.08
β［取（$t_s+\theta$）/z］	1.84	1.79	1.74	1.70	1.66	1.62	1.57	1.53
$b+\beta$	2.45	2.40	2.35	2.31	2.27	2.23	2.18	2.14
①（$b+\beta$）α_2	30.06	29.26	28.44	27.77	27.10	26.43	25.66	25.00
② α_3 =22.0×10^{-8}（t_s+273）^{3}	5.93	5.87	5.8 1	5.75	5.69	5.64	5.58	5.52
$b\Delta t$	4.88	4.27	3.66	3.05	2.44	1.83	1.22	0.61
$\Delta e=e_s-e_a$	19.08	16.94	14.90	12.96	11.12	9.38	7.72	6.15
③$\Delta K=\frac{\partial\alpha_2}{\partial t_s}\cdot(b\Delta t+\Delta e)$	1.92	1.70	1.48	1.28	1.08	0.90	0.72	0.54
K=①+②+③	37.91	36.93	35.73	34.80	33.87	32.97	31.96	31.06
$\Delta K/K$(%)	5.1	4.6	4.1	3.6	3.2	2.7	2.2	1 .7

二、表层排放

循环水温排水可分为表层排放和淹没排放，须根据工程冷却方式、取水条件及环保要求等因素选择不同的排放方式。这两种排放方式的近区和远区的水力热力特性迥异。如热水排入冷却池，要求掺混水量尽可能的少，则采用低流速的表层排放；反之，如环保要求较高，超温范围要小，则可采用高速淹没排放。我国一般工程采用表层排放。

1. 概述

图 10-79 表示表层浮射流排入深水静止受纳水体的热水扩散三维结构图。排水口水面与受纳水面齐平。

排水渠水深 h_0，水面宽 $2b_0$，出口流速 u_0，排水密度 ρ_0，受纳水体密度 ρ_a。

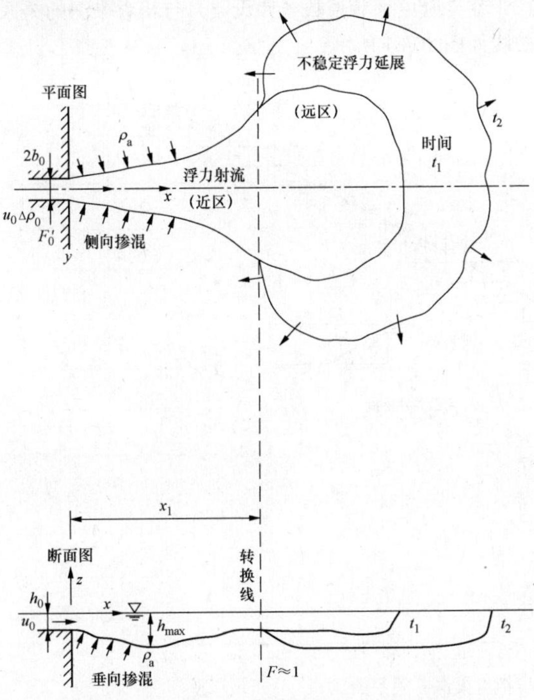

图 10-79　表层浮射流排入深水静止深受纳水体的热水扩散三维结构图

令 L_0 为排水口特征长度

$$L_0=\sqrt{b_0h_0}$$

浮射流惯性力与浮力的关系以无量纲密度弗劳德数表示。密度弗劳德数有下列三种。

（1）排水口密度弗劳德数 F_0

$$F_0=u_0/\sqrt{g_0'h_0} \tag{10-66}$$

$$g_0'=(\rho_a-\rho_0)g/\rho_a$$

（2）排水口修正密度弗劳德数 F_0'

$$F_0'=u_0/\sqrt{g_0'L_0} \tag{10-67}$$

$$g_0'=(\rho_a-\rho_0)g/\rho_a$$

$$L_0=\sqrt{b_0h_0}$$

（3）受纳水体局部密度弗劳德数 F_1

$$F_1=u/\sqrt{g_1'h} \tag{10-68}$$

$$g_1'=(\rho_a-\rho)g/\rho_a$$

式中　u_0——排水口断面平均流速，m/s；

h_0——排水口水深，m；

ρ_a——受纳水体密度，kg/m³；

ρ_0——排水密度，kg/m³；

g——重力加速度，m/s²；

b_0——排水口半宽，m；

g_1'——密度修正重力加速度，m/s²；

ρ——浮力射流局部水的密度，kg/m³；

h——浮力射流局部热水层厚度，m；

u——浮力射流局部热水层平均流速，m/s。

从图 10-79 看出，热水从表层排放后在水平及垂向都有较大范围的扩展，这是流体惯性力与浮力共同作用的结果。浮射流的特征可以用沿浮射流轨迹中心离排水口距离为 x 的浮射流的局部密度弗劳德数来表示。在初始区内（小的 x 区间），动量比浮力占优势，即 $F_1(x)\gg1$，射流表现为动量射流的形式。射流沿程一方面在水平向及垂向呈线性增长，另一方面间歇地卷吸受纳水体进入射流紊动区。在离排水口一定距离后，浮力作用逐渐增加并占主导地位。最终使水流失去射流特性而进入浮力延展阶段。可大致认为当 $F_1(x)\approx1$ 时，卷吸作用中止，热水在浮力作用下向三个方向延展，这时可以认为是近区结束而远区开始，即图 10-79 上 x_1 位置。

2. 有限水深二元温差出流的局部掺混

中国水利水电科学研究院冷却水研究所从 20 世纪 60 年代初到 70 年代对有限水深二元（以下按原文称“渠道”）温差出流的局部掺混进行了试验研究。有限水深二元温差出流如图 10-80 所示。

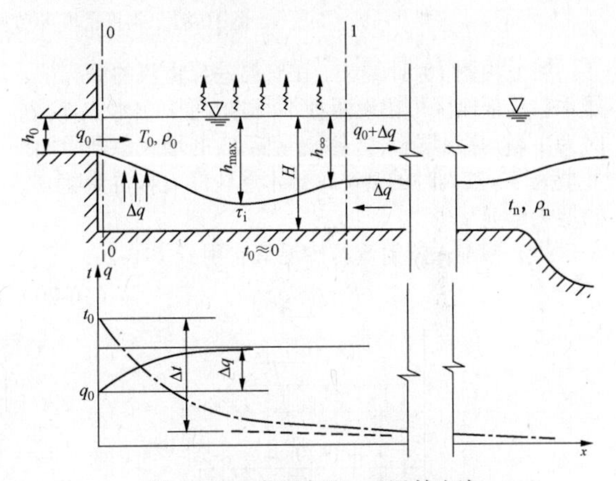

图 10-80　有限水深二元温差出流

（1）渠道温差出流在排水口局部地区的流动特征应充分考虑渠底的影响，它不同程度地限制了底层冷水的掺混来水量。当排水口出流密度弗劳德数 F_0 达到一定数值时，渠内不再出现冷热水上下分层流动，其水力、热力特性完全转入平面流范畴。渠内温差异重流形成或消失的平均临界条件可用式（10-69）表达

$$(F_0)_{cr}=C\beta^{4/3} \tag{10-69}$$

其中　$\beta=H/h_0$

式中　$(F_0)_{cr}$——排水口临界密度弗劳德数；

C——系数，C=0.54；

β——渠深比；

H——渠深（即受纳水体水深），m；

h_0——排水口水深。

当 $F_0>(F_0)_{cr}$ 时，无温差异重流；$F_0<(F_0)_{cr}$ 时，有温差异重流。

考虑到水流的惯性作用，并考虑给予一定的安全系数，在设计应用时建议采用：$C=0.6$，异重流完全消失；$C=0.4$，异重流充分形成。

临界密度弗劳德数（弗氏数）与相对渠深的关系曲线如图 10-81 所示。

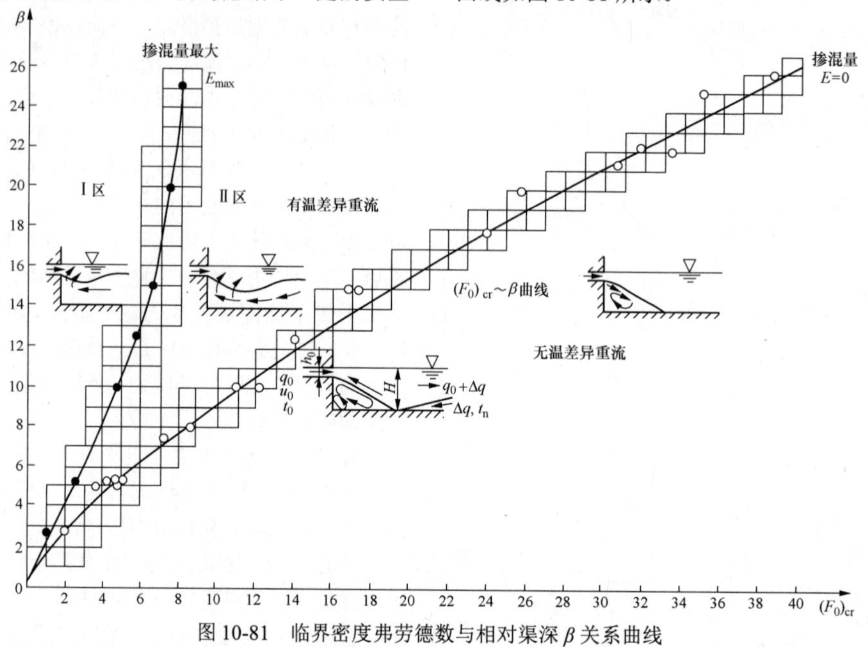

图 10-81 临界密度弗劳德数与相对渠深 β 关系曲线

（2）由图 10-81 看出，在有温差异重流的情况下，排水口局部地区可出现两种不同的流型：出水 F_0 较小时为Ⅰ型，热水层较薄，掺混量随 F_0 的增大急剧增加；Ⅱ型为 F_0 较大时的情况，热水层较厚，掺混量随 F_0 的增大逐渐减少。

（3）掺混入浮射流的掺混率 E 用式（10-70）表示

$$E=\Delta q/q_0 \tag{10-70}$$

式中 Δq——掺混入浮射流的下层水量，m^3/s；

q_0——排水口排出水量，m^3/s。

排水口区域下层低温水的掺入量主要与出水 F_0 及渠道水深比（相对渠深）β 有关，两者为有限水深二元表面温差出流掺混率的决定性参数。已知出水条件及渠道条件，局部掺混率可用图 10-82 及图 10-83 得出。

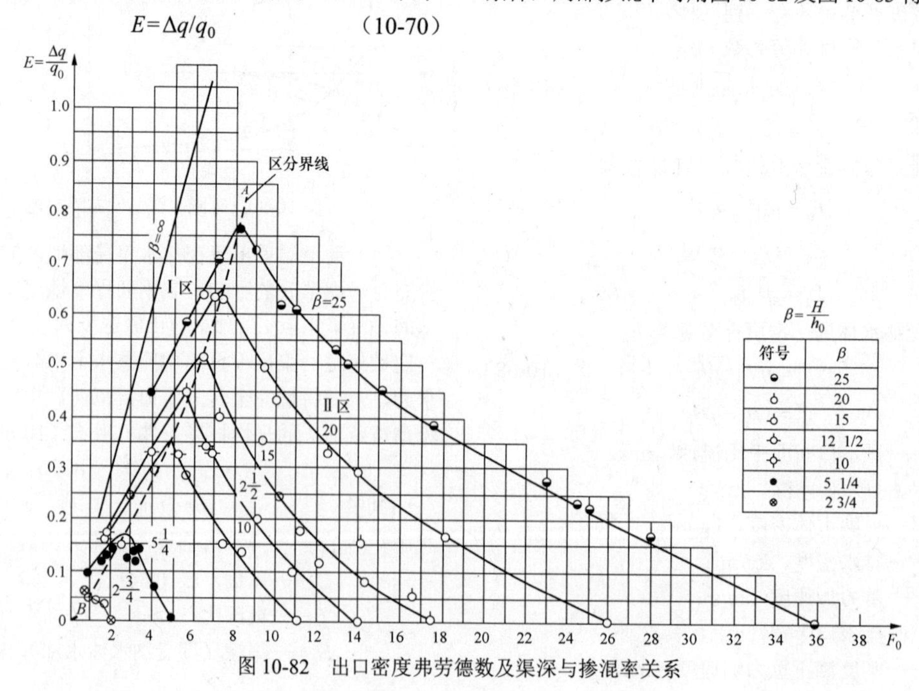

图 10-82 出口密度弗劳德数及渠深与掺混率关系

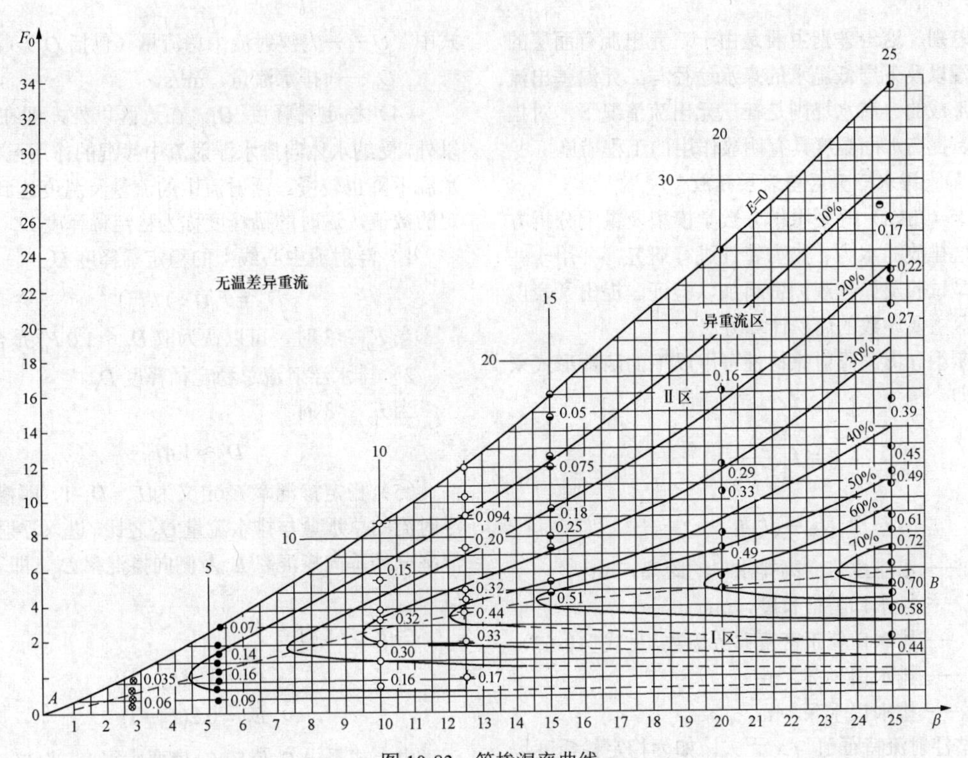

图 10-83　等掺混率曲线

掺混率也可由下列公式估算

Ⅰ区：$$E=\frac{1}{15}(\beta-1)\frac{F_0}{(F_0)_{cr}}\left[2-\frac{F_0}{(F_0)_{cr}}\right] \tag{10-71}$$

Ⅱ区：$$E=0.15(\beta-1)^{2/3}\frac{F_0}{(F_0)_{cr}}\left[1-\frac{F_0}{(F_0)_{cr}}\right]^{4/3} \tag{10-72}$$

（4）热水由排水口出流后，厚度不断增大，到最大厚度后，逐渐过渡到基本厚度不变的热水层，这一厚度为 h_s，与排水口水深 h_0 的比值 h_s/h_0 与 F_0、β 的关系曲线如图 10-84 所示。

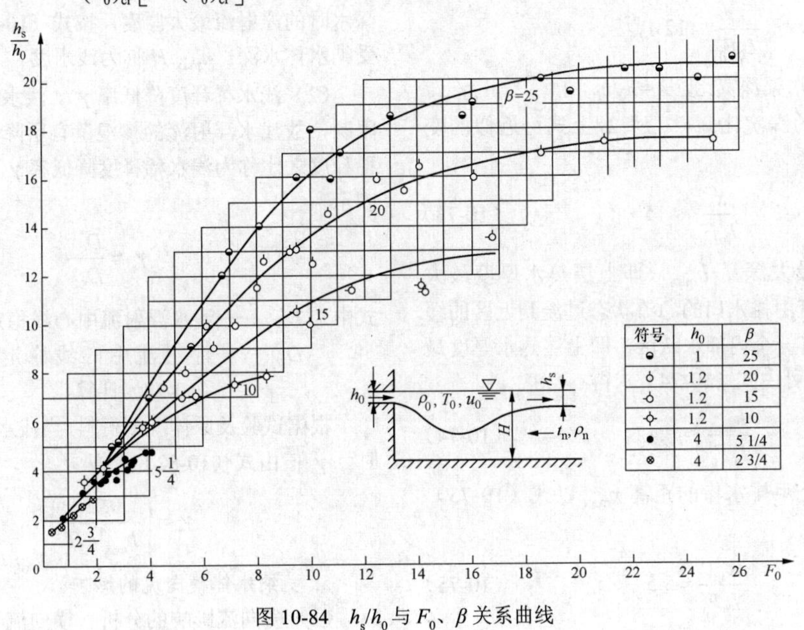

图 10-84　h_s/h_0 与 F_0、β 关系曲线

（5）电厂的温差出水，F_0 一般在 10 以下。二元试验结果说明，F_0 较小时的掺混率不大，特别是在 β 值较小的情况下，与三元冷却水排水口区域经常出现明显的局部温降不同，这反映了三元温差出流掺混跟

二元的差别。这一差别主要是由于三元出流有面层的侧向掺混以及下层低温水的来水途径与二元温差出流不同而形成的。潜水堤则是在三元出流情况下，对挡冷溢热、提高水面温度具有明显作用的工程措施。

3. 静止深水三元温差表层排放

乔卡（Jirka）等采用积分数学模型及量纲分析方法对表层排放的水力、热力特性进行研究，并用一些物理模型试验及原体观测资料加以验证。提出了表层排放近区主要参数的简易计算方法。

经量纲分析，浮射流特性可用以下的函数形式来表达，即

$$\phi = f\left(\frac{x}{L_0 F_0'}\right)$$

其中 $L_0 = \sqrt{b_0 h_0}$

式中 x ——沿排水方向离排水口的距离，m；

L_0 ——排水口特征长度，m；

F_0' ——排水口修正密度弗劳德数，见式（10-67）；

b_0 ——排水口半宽，m；

h_0 ——排水口水深，m。

有些浮射流特征值与 x 无关，如为稳定稀释度，则 ϕ =常数。

下面介绍排放近区主要参数的确定。

（1）近区长度 x_t 在数学模型中，当排水浮射流中心线上某一点的 $F_1 \approx 1$ 时，或侧向热水延展明显加强，即 db/dx_1 时，则认为是近区的结束。b 为浮射流的半宽。x_t 值可用下式表示

$$\frac{x_t}{L_0 F_0'} \approx 12 A^{-0.2}$$

式中 A——排水渠深宽比，$A = h_0/b_0$。

对于中等的深宽比 $0.1 \leqslant A \leqslant 2$，上式可近似的变换为

$$\frac{x_t}{L_0 F_0'} \approx 15 \tag{10-73}$$

（2）射流最大深度 h_{max}（即上层热水厚度最大处）。表层浮射流由排水口的急流状态过渡到近区的缓流状态，中间有一个内部水跃区，即上层热水厚度最大处 h_{max}，h_{max} 可由式（10-74）求得

$$\frac{h_{max}}{L_0 F_0'} \approx 0.42 \tag{10-74}$$

h_{max} 发生处距排水口的距离 x_{max} 以式（10-75）表示

$$\frac{x_{max}}{L_0 F_0'} = 5.5 \tag{10-75}$$

（3）近区稀释度 D 的定义为

$$D = Q / Q_0 \tag{10-76}$$

式中 Q ——为浮射流中总流量（包括 Q_0），m^3/s；

Q_0 ——排水流量，m^3/s。

（4）稳定稀释度 D_s。在近区以外，即在距离 x_t 以外，受纳水体向排水浮射流中掺混的作用已很微弱，水温下降也较慢。浮射流中的流量及温度达到比较稳定的数值，这时的稀释度称为稳定稀释度 D_s。

1）浮射流中心线上的稳定稀释度 D_{sc}

$$D_{sc} = F_0'(1 + 1 / F_0')^{1/2} \tag{10-77}$$

当 $F_0' \geqslant 3$ 时，可以认为取 $D_{sc} \approx 1.0 F_0'$ 是合理的。

2）排水浮射流总稳定稀释度 D_s。

当 $F_0' \geqslant 3$ 时

$$D_s \approx 1.4 F_0' \tag{10-78}$$

（5）稳定掺混率 E_s 定义为 $E_s = D_s - 1$，即掺混进入浮射流的总水量与排水流量 Q_0 之比。进入浮射流的掺混率分为垂向掺混率 E_V 及侧向掺混率 E_L，即 $E_s = E_V + E_L$。

当 $F_0' > 1$ 时

$$E_V = 1.2(F_0' - 1) \tag{10-79}$$

$$E_L = 0.2(F_0' + 1) \tag{10-80}$$

由上式看出 E_L 值较 E_V 值要小得多，当 $F_0' \to \infty$ 时，$E_V/E_L = 6$。

4. 静止浅水三元温差表层排放

（1）受纳水体深水与浅水的判别。热水排入浅水受纳水体，射流特性（如掺混率等）在很大程度上受池底的影响。根据试验资料可以下式判别：$h_{max}/H \leqslant 0.75$ 时为浅水；$h_{max}/H > 0.75$ 时为深水。其中 h_{max} 为深水时的浮射流最大厚度，按式（10-74）计算。H 为受纳水体水深。h_{max}/H 称为浅水度。

（2）浅水稀释度降低率 γ_s。浅水时下层来水受到限制，故浅水浮射流的掺混量有所降低，与深水时的稀释度之比称为浅水稀释度降低率 γ_s。以式（10-81）表示

$$\gamma_s = \frac{D_{SC}^*}{D_{SC}} \tag{10-81}$$

式中 D_{SC}^* ——浅水浮射流中心线稳定稀释度；

D_{SC} ——浮射流中心线稳定稀释度，按式（10-77）计算。

根据试验及原体观测资料，当浅水度 $h_{max}/H \geqslant 0.75$ 时，γ_s 值由式（10-82）求得

$$\gamma_s = \left(\frac{0.75}{h_{max} / H}\right)^{0.75} \tag{10-82}$$

5. 受纳水体横向流的影响

（1）横向流影响的分析。横向流不但影响近区的几何形态和掺混，并影响远区的随流输移和扩散。有横向流时浮射流的轨迹会产生弯曲如图 10-85 所示。

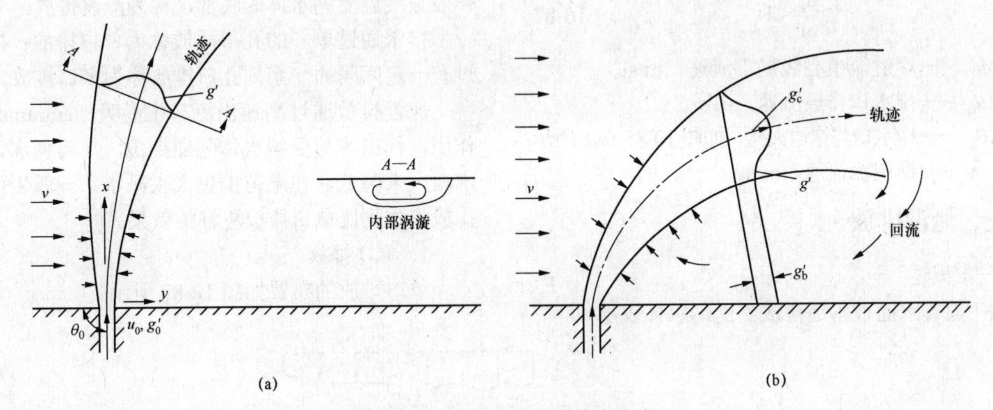

图 10-85　有横向流时浮射流轨迹

（a）自由流；（b）贴岸流

在深受纳水体中，使浮射流弯曲的力一是横向流的动量传递入浮射流，另一是剪切拖曳力及浮射流周边不均匀受压，如图 10-85（a）所示。掺混量与静水时相近。但在离排水口较远时，由于剪切力及扩散的作用会引起掺混量的增加。

在浅受纳水体中，整个浮射流占了有限水深的一部分。横向流流态被破坏，并对浮射流产生较大静压，与深水时相比，使之产生较大弯转。同时浮射流下游侧的掺混被抑制，这导致更大的压力变化，最后使浮射流贴岸而流，并有部分超温水回流而降低稀释度，如图 10-85（b）所示。

（2）是否贴岸流的判别。确定出流是否贴岸流是较重要的问题，这影响进一步的分析研究和模型的选择。决定是否贴岸流的主要参数：①受纳水体横向流速（v）与出口流速（u_0）的比值 R，$R=v/u_0$；②受纳水体的浅水度 h_{max}/H。根据现有六个分析及试验资料，将结果点在图 10-86 上。实心点为贴岸流的，空心点是非贴岸流的。在水很深时，即 $h_{max}/H<0.1$，R 值达到 1 时仍属非贴岸流。

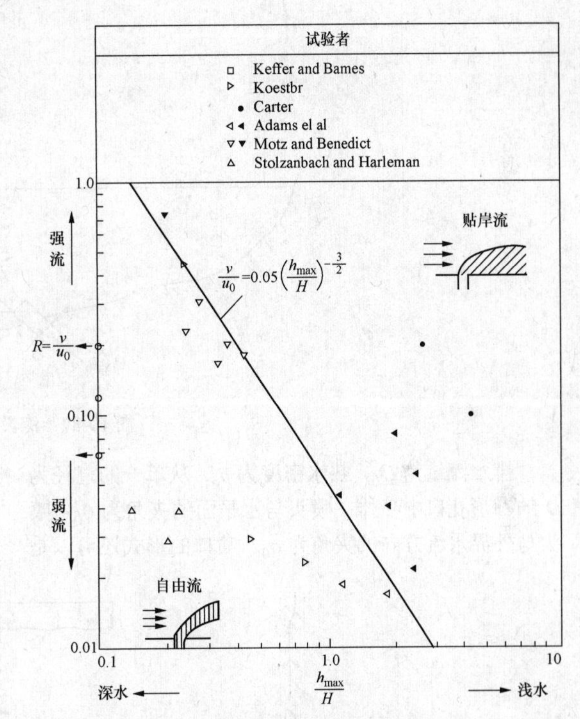

图 10-86　浮力表层射流流态与速度比 R、浅水度 h_{max}/H 的关系

根据图 10-86，贴岸流出现的条件以式（10-83）表达

$$R > 0.05(h_{max}/H)^{-3/2} \tag{10-83}$$

式（10-83）用于排水方向垂直于横向流（$\theta=90°$）。判别贴岸流的标准是岸边的密度修正重力加速度 g_0' 达到轨迹中心线的密度修正重力加速度 g_c' 值一半，如图 10-85（b）所示。

（3）深水横向流的浮射流轨迹。在初始状态浮射流弯转不明显，$yR/L_0<1$ 时，浮射流轨迹以式（10-84）表示

$$\frac{xR}{L_0}=2.0\left(\frac{yR}{L_0}\right)^{1/2} \tag{10-84}$$

当 yR/L_0 变化在 1～100 时称终结状态，浮射流轨迹以式（10-85）表示

$$\frac{xR}{L_0}=2.0\left(\frac{yR}{L_0}\right)^{1/3} \tag{10-85}$$

式中　x,y——分别为射流坐标点，如图 10-85（a）所示。

（4）深水横向流的近区和远区分界。同时满足下列两个判别式时，便认为是远区的开始。

$$\frac{u_c}{u_0-v\cos\theta_0}<0.1 \tag{10-86}$$

$$\frac{u_c}{v}<1 \tag{10-87}$$

式中 u_c ——浮射流中心线局部流速，m/s；

u_0 ——排水口排放流速，m/s；

θ_0 ——排水口与岸边夹角，如图 10-85（a）所示；

v ——横向流流速，m/s。

三、淹没排放

（一）概述

电厂温排水通过管道排放到受纳水体表层以下，一般是接近受纳水体的底部，称为淹没排放。

排水通过单一的孔口排放称为单口排放；排水通过有一定间隔的一系列孔口排放称为多口排放。

淹没排放通过高速出流产生卷吸（entrainment）作用，使出流与受纳水体强烈掺混，从而使水体表面水温大大降低，超温范围也大大减小。一般采用多口排放将收到比单口排放更好的效果。

1. 单口排放

单口排放的布置如图 10-87 所示。

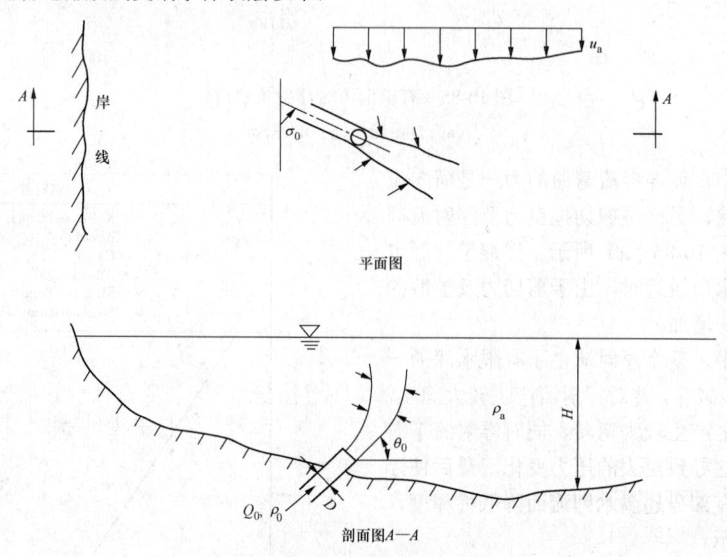

图 10-87　淹没单口排放布置

排水流量为 Q_0，热水密度为 ρ_0，从单一的直径为 D 的圆形孔口中喷排。喷头与水平面的夹角为 θ_0，喷头与外界水流方向的夹角为 σ_0。喷口的形式还可以是矩形的和类缝隙形的。

2. 多口排放

多口排放布置如图 10-88 所示。

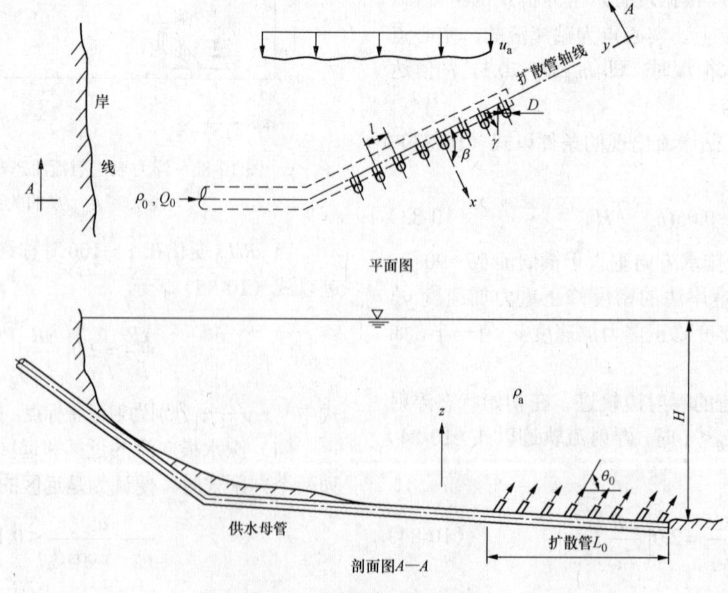

图 10-88　淹没多口排放布置

图 10-88 中喷头总数为 n。每个喷头的喷口直径为 D。这些喷头间距为 l，并与敷设在底部的供水母管相连接。各个喷头出口流速为 u_0，根据供水母管的水力计算各个喷头的 u_0 值可能是不同的。

喷头与水平面的夹角为 θ_0，喷头轴线与母管轴线的水平交角为 β，母管轴线与外界主导水流方向的夹角为 γ。

按喷头的布置方式分类主要有下列三种形式。

（1）单向布置全部喷头布置在母管的同一侧，喷头方向与母管轴线近似正交（$\beta \approx 90°$）。

单向布置按环境水流条件又可分为两种。

1）喷水方向与环境水流同向，适用于较强的单向流情况。

2）喷水方向与环境水流垂直，即供水母管与扩散管成 T 形连接。适用于较弱的双向情况。

（2）分级布置所有喷头朝向母管轴线方向，$\beta=0°$。

（3）交替布置相邻的喷头分别布置在母管两侧，喷向相反。

按供水母管与环境水流方向的关系分。

（1）垂直布置，$\gamma=90°$。

（2）平行布置，$\gamma=0°$。

（3）斜向布置，$0° < \gamma < 90°$。

在某些情况下，还可以有其他的布置，如沿母管轴线布置不同角度的喷头或有几根母管分支。

3. 外界条件

影响淹没排放特性的外界条件主要是受纳水体水深，水较浅时，已被出流混合的水体会再次掺混到射流中去；其次是水体密度分布情况，在强的分层水体中，掺混后的热水可能停留在中间的某一层，而不到达水面；最后是外界水体的流速场分布情况，它对浮射流及羽流的外形及轨迹有较大的影响，尤其在潮汐往复流及风成流的情况下更加明显。

4. 电厂热水淹没排放的特点

淹没排放用于滨海城市的污水排放入深海，已有几十年历史，其特点是排放流量较小、浮力大、水深大及高的稀释度。在这种条件下排放，一般表现为稳定状态，即浮射流上升到水面，转而向四周延展，成为稳定的分层流。如水体上下层密度变化较大，则浮射流可能在某一中间层转向，这与烟囱的烟羽及冷却塔的雾羽排入大气中相似。稳定排放也称深水排放。

电厂热水排放与污水排放特点相反，其特点是排放流量大、浮力小、水浅及低的稀释度。在这种参数条件下排放，一般表现为不稳定状态，即已与射流混合的水的一部分又一次垂向掺混到射流中去。不稳定排放也称浅水排放。

多口排放的出水喷口又称扩散器（diffuser），扩散器下的供水管称扩散管。

表 10-37 列出一座 2000MW 核电站热水扩散器和一座 100 万人口城市的生活污水扩散器多口排放主要设计参数的比较。

表 10-37　　城市污水和核电站热水淹没排放设计参数比较表

设计参数	单位	污水扩散器	热水扩散器	设计参数	单位	污水扩散器	热水扩散器
设计流量 Q_0	m^3/s	8	80	要求的近区稀释度 D	—	≥100	≤10
相对密度差 $\Delta\rho_0/\rho_a$	—	0.025（淡水向盐水的扩散）	0.0025（$\Delta\rho_0 \approx 12$）	水深 H	m	50	10
				环境流速 u_a	m/s	0.3	0.3
总浮力通量 P_0	m^4/s^3	2	2	扩散管长度 L_0	m	500	500
排放流速 u_0	m/s	5	5	分布动量通量 M_0/L_0H	m^3/s^2	0.0016	0.08
总动量通量 M_0	m^4/s^2	40	400	感应流速	m/s	0.04	0.3

注　1. ρ_a —环境水密度，kg/m^3。

2. $\Delta\rho_0$ —密度差，$\Delta\rho_0=\rho_a-\rho_0$，$kg/m^3$；其中 ρ_0 为排水密度，kg/m^3。

3. $P_0=Q_0(\Delta\rho_0/\rho_a)g$。

4. $M_0=Q_0u_0$。

5. 淹没排放的设计计算

（1）根据电厂热排放的特点，一般为浅水多口排放。1982 年乔卡提出总结性计算方法。以下主要介绍三种不同布置的多口排放主要参数的计算。

（2）某些电厂采用浅水圆形单口水平排放。其主要优点是布置比较简单，排放管路较短。但排放口离底床及水面的距离对排放流态及各主要参数有明显影响。

（3）电厂水路运煤码头及取水口布置一般只要求水深为10m左右，故采用深水排放的机会较少。在有可能采用深水单口或多口排放时可参考环境水力学文献。

（二）多口排放近区的稳定性

1. 概述

由于排放喷口喷出的水流的浮力作用和动量作用的大小不同，在喷口附近受纳水体内的流态明显不同。当浮力作用较小而动量作用较大时，在喷口近区形成回流旋涡或在整个水深范围内混合，这时称近区是不稳定的；相反，当喷口喷出水流的浮力作用较强，而动量作用相对较弱时，喷口水流在受纳水体中形成浮射流，浮射流可到达水面，并继续在水面延展成分层流，这时称近区是稳定的。

2. 等效缝隙宽度及稳定性因素

多口排放单个喷口的直径为 D，喷口间距为 l，根据二维分析，可将多口出流看作等效缝隙出流，等效缝隙宽度 $B=(\pi D^2)/(4l)$。从缝隙宽度为 B，喷口与水平夹角为 θ_0，受纳水体水深为 H 的多口排放的近区稳定性，主要取决于单位长度的浮力通量 $P_0=u_0 Bg'$［式中 $g'=(\Delta\rho_0/\rho_a)g$］作为稳定因素，而单位长度的动量通量 $m_0=u_0^2 B$ 作为不稳定因素。在受纳水体有与喷口方向同向流速 u_a 时，单位长度受纳水体的动量通量 $m_a=u_a^2 H$ 也为近区的不稳定因素。

3. 静止水体判别式

确定近区稳定性的界限如图10-89所示。横坐标为排放孔口的等效缝隙密度弗劳德数 F_s，纵坐标为相对水深 H/B，第三个变数为排放角 θ_0。由图看出，小的 F_s 及大的 H/B 可形成稳定的近区，也称为深水排放。相反，大的 F_s 及小的 H/B 值可形成不稳定的近区，也称浅水排放。由图还可看出对称排放，即垂直排放（θ_0=90°）时，较不对称排放（θ_0<90°）时要稳定得多，静水稳定的判别式可以式（10-88）表示

$$\frac{H}{B}=1.84F_s^{4/3}(1+\cos^2\theta_0)^2 \tag{10-88}$$

其中

$$F_s=u_0\sqrt{g'B}$$

式中 H——受纳水体水深，m；

B——等效缝隙宽度，m；

F_s——等效缝隙密度弗劳德数；

u_0——喷口实际出流流速，m/s；

g'——密度修正重力加速度，$g=g\dfrac{\Delta\rho_0}{\rho_a}$；

θ_0——排放喷口与水平夹角。

图10-89中将表10-37中所列的城市污水深水排放和核电站冷却水浅水排放分别以点Ⓢ和点Ⓣ表示。

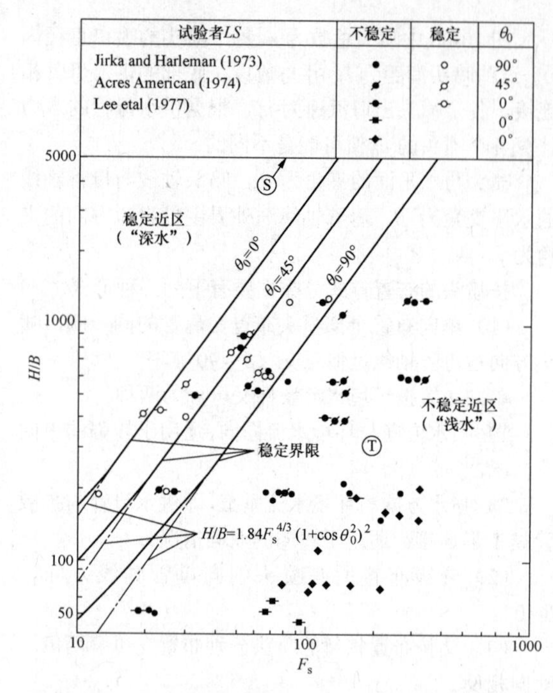

图10-89 多口浮力排放至有限水深静止水域稳定性图

（三）浅水单向多口排放

1. 静止水体中的流态

静止水体中单向排放T形连接管路布置及静水流态如图10-90所示。在扩散管的后侧，环境水体受喷口水流的卷吸作用形成掺混水流流向扩散管，形成背向掺混，其水面标高有些降落。在扩散管前方，掺混后的水出流，形成的水面标高稍有提高。从扩散管的端部开始，水流的剩余压力变换成动能形成一个加速区，形成所谓滑动流（slip stream）。滑动流断面开始收缩，到加速区结束为最小断面。然后扩大与通常的表面射流一样形成侧向掺混。由于底部的摩擦阻力使滑动流消耗其动能而减速，最终达到静止。每个喷口出流形成水体垂向完全混合。当扩散管长度（L_D）与水深（H）之比很大时，即 $L_D/H\gg 1$ 时，滑动流的长度（x 方向）为5～10H。

2. 静水稀释度

用螺旋桨理论分析滑动流，其最小收缩断面的平均流速 u_N 及宽度 L_N 以式（10-89）和式（10-90）表示

$$u_N=\left(\frac{2m_0}{H}\right)^{1/2} \tag{10-89}$$

$$L_N=\frac{1}{2}L_D \tag{10-90}$$

$$m_0=Bu_0^2$$

式中 m_0——单位长度运动动量，m³/s；

H——水深，m；

L_D——扩散管长度，m；

B——等效缝隙宽度，m；

u_0——喷口流速，m/s。

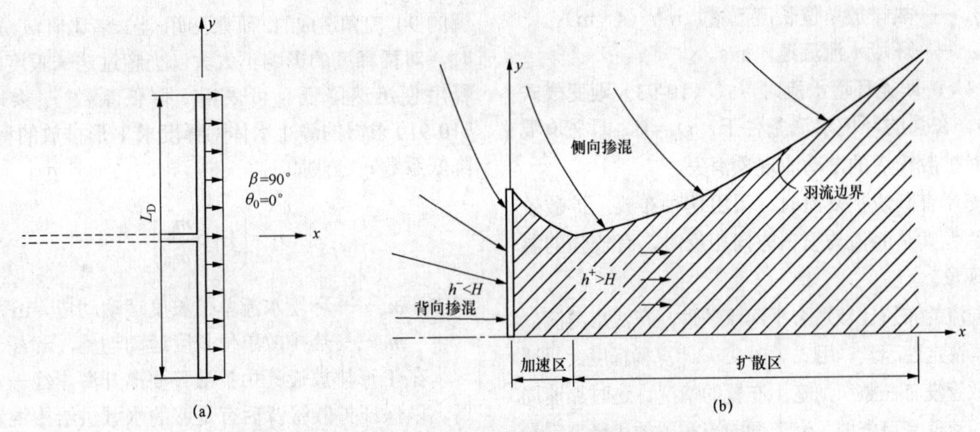

图 10-90　静止水体中单向排放 T 形连接管路布置及静水流态

（a）管路布置；（b）静水流态

滑动流的总稀释度 D 定义为滑动流流量 Q_N 与排放流量 Q_0 之比，以式（10-91）表示

$$D=\frac{\Delta t_0}{\Delta t_N}=\frac{Q_N}{Q_0}=\frac{1}{q_0}\left(\frac{m_0 H}{2}\right)^{1/2} \qquad (10\text{-}91)$$

其中 $$Q_0=q_0 L_D$$

式中　Δt_0 ——温排放水与环境水体超温，℃；

Δt_N ——滑动水流的超温，℃；

q_0 ——热排放单位长度流量，m^3/（s・m）。

从设计观点，总稀释度最好以扩散管的几何尺寸来表示，如式（10-92）所示

$$D=\left(\frac{lH}{2a_0}\right)^{1/2} \qquad (10\text{-}92)$$

其中 $$a_0=\frac{\pi D^2}{4}$$

式中　l ——喷口间距，m；

H ——水深，m；

a_0 ——喷口面积，m^2；

D ——喷口直径，m。

3. 过渡区羽流等温线面积

单向排放过渡区羽流等温线面积以图 10-91 表示。图中 Φ 为扩散管过渡区参数，$\Phi=\lambda L_D/H$，λ 为底部摩擦系数，$\lambda=f_0/8$，f_0 为壁达西-韦白巴哈（Darcy-Weisbach）摩擦因子。

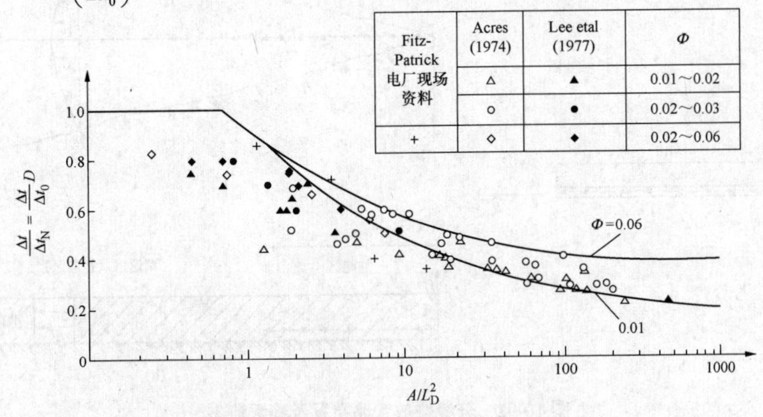

图 10-91　单向排放过渡区羽流等温线面积

4. 扩散管与环境水流垂向布置（同向流）

同向流是指单向排放的扩散管与环境水流方向垂向布置，即排放喷口的水流方向与环境水流方向相同。与在静止水体的流态相似，这种布置的总稀释度以式（10-93）表示

$$D_a=\frac{1}{2}V+\frac{1}{2}\left(V^2+\frac{2m_0 H}{q_0^2}\right)^{1/2} \qquad (10\text{-}93)$$

其中 $$V=\frac{u_a H}{q_0} \qquad (10\text{-}94)$$

式（10-93）和式（10-94）中

D_a ——有环境水流时的总稀释度；

V ——环境水体与热排放的单宽流量比；

m_0 ——热排放单位长度运动动量；

H ——水深，m；

q_0 ——热排放单位长度流量，m³/（s·m）；

u_a ——环境水流流速，m/s。

当 V=0 即无环境水流时，式（10-93）则变成式（10-91）。在强的环境水流条件下，$D_a=V$，即强迫混合，此时扩散管后的滑动流现象消失。

在海岸有潮汐往复流时，采用这种布置，扩散效果较差，尤其是海流与喷口方向相反时，有较强的温度累积现象。

同向流的布置比较适合于河流条件。在浅水河流，河宽成了决定性因素。用式（10-93）计算稀释度，只适合于扩散管没有在整个河宽上布置的情况，这时加速局部河宽的流速是可能的。河流同向流布置的稀释容量最终决定于河流流量 Q_R，当排放的感应流量 $D_aQ_0>Q_R$ 时，则产生回流，下游水流返回到扩散管的背侧而进入掺混区，稀释度由河流控制，此时稀释度 D_R 为

$$D_R=Q_R/Q_0$$

5. 扩散管与环境水流平行布置（T 形布置）

海岸的热排放设计，通常要考虑提供足够的动量将热水推到远离海岸线的地方。在海流静止或近似静止时，采用 T 形排放可达到这种要求。但在有较强海流的情况下，这种布置将大大降低初始稀释度，这是由于热排放单位长度运动动量（排水动量 m_0）与环境水流单位长度运动动量（海流动量 m_a）方向存在不协调的 90°交角造成的。研究表明，当二者比值 $m_a/m_0<0.1$ 时，对稀释度的影响不太大，当超过这一限度时，稀释度便迅速降低。可采用一降低系数 r_s 乘以由式（10-91）求得的静止水体稀释度求 T 形排放的稀释度，降低系数 r_s 公式如下

$$r_s=\left(1+5\frac{m_a}{m_0}\right)^{-1/2} \tag{10-95}$$

式中 m_a ——环境水流单位长度运动动量，m³/s²；

m_0 ——热排放单位长度运动动量，m³/s²。

在 T 形排放设计中扩散管要离开海岸线一定的距离，以保证扩散管背后有足够的水域供给掺混水。否则可能产生排放的羽流贴岸而导致热量积蓄。

（四）浅水分级多口排放

分级多口排放布置成所有喷口朝向扩散管轴线（β=0），故分级排放可视为沿管轴线（y 轴）由 0 到 L_D 有分散的动量源分级加入受纳水体。

1. 静止水体中的流态

分级排放管路布置及静水流态如图 10-92 所示。流场由两部分组成，一部分为加速区，喷口的出流动量逐步传给受纳水体。另一部分为离开扩散管后的减速区，在这一区域内混合水流进一步扩散，且因沿程有底部摩阻而消耗动量。在这两个区域内都有侧向掺混使羽流进一步稀释。

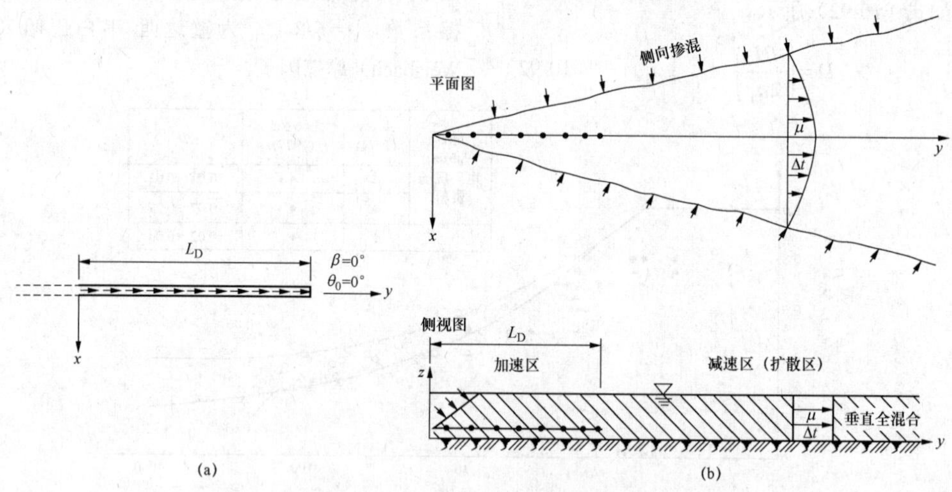

图 10-92 分级排放管路布置及静水流态

（a）管路布置；（b）静水流态

2. 稀释度

下面的稀释度 D_c 表达式较简单，且与大部分试验资料接近。公式如下

$$D_c=\frac{\Delta t_0}{\Delta t_c}=0.38\left(\frac{H}{B}\right)^{1/2} \tag{10-96}$$

式中 D_c——中心线稀释度，沿中心线可视为不变；

Δt_0 ——热排放水超温，℃；

Δt_c ——中心线超温，℃；

H ——水深，m；

B ——等效缝隙宽度，m。

中心线上流速可用下式表示

$$\frac{u_c}{v_0}=\frac{1}{D_c} \tag{10-97}$$

式中 u_c——中心线流速，m/s；

v_0——扩散管单位长度出流流速，m/s。

总稀释度（bulk dilution）D 用下式表示

$$D=0.67\frac{(m_0H)^{1/2}}{q_0}=0.67\left(\frac{lH}{a_0}\right)^{1/2} \quad (10\text{-}98)$$

式中 m_0——热排放单位长度运动动量，m^3/s^2；

q_0——热排放单位长度流量，$m^3/(s \cdot m)$；

H——水深，m；

l——喷口间距，m；

a_0——喷口面积，m^2。

3. 过渡区羽流等温线面积

在加速区以外（$y>L_D$），流场逐渐变为侧向扩散的羽流，在较短的加速区可以忽略的底部摩阻变为重要的影响因素，这与同向排放的扩散区很相似。按式（10-98）和式（10-92）计算的总稀释度都是同一数量级的；起始宽度也相近，同向排放为 $0.5L_D$，而分级排放为 $0.44L_D$。因而经过长度约 $1.5L_D$ 的过渡段调整后，这两种排放的扩散段是基本一致的。图 10-93 表示分级排放过渡区羽流超温等温线面积的关系曲线。

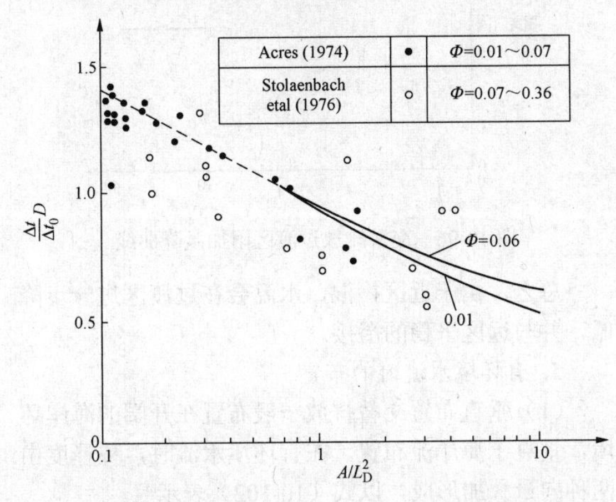

图 10-93 分级排放过渡区羽流超温等温线面积的关系曲线

4. 交角变化的影响

有些工程设计的喷口与扩散管的轴线交角不是 0°，如美国太平洋沿岸的圣奥诺弗里（San Onofre）核电站的分级排放 $\beta=\pm25°$，喷口与水平交角亦稍向上（$\theta>0°$）。在这种情况下，羽流的形态没有太大的变化，各个射流很快转向羽流中心，其稀释度与全分级排放（$\beta=0°$、$\theta=0°$）相比，也没有变化。

5. 扩散管与环境水流垂向布置

扩散管垂直于海岸线是分级排放的唯一选择。在静水时可将排放水流推向远离海岸的方向，不管哪个方向的沿岸流都能适应。排放的动量和环境水流的动量成正交，因而求总的混合作用要矢量叠加。故总稀释度为

$$D_a=0.67\frac{(m_0H)^{1/2}}{q_0}\left(1+2.23\frac{V^2q_0^2}{m_0H}\right)^{1/2} \quad (10\text{-}99)$$

式中 m_0——热排放单位长度运动动量，m^3/s^2；

q_0——热排放单位长度流量，$m^3/(s \cdot m)$；

H——水深，m；

V——容积通量比，也是环境水体与热排放的流量比，$V=q_a/q_0$。

式（10-99）右侧方括号内第二项也可写为环境水流单位长度运动动量与热排放单位长度运动动量之比 m_a/m_0。

（五）浅水交替多口排放

交替多口排放是浮力占优势的一种排放方式，是生活污水向海洋排放的一种传统设计，20 世纪 70 年代初才开始用于电厂热排放。

1. 静止水体中的流态

静止水体中交替排放的流态可采用较简单的二维渠道模型来分析。一个正确设计的交替排放特性，其主要的控制条件是要在不稳定的近区之外的过渡区形成上下分层流，上层热水向扩散管四周扩散，而下层冷水由四周向扩散管汇流以作为掺混水量之用，这样总的稀释度可望达到最大。因而总的稀释度决定于浮力作用，而单向排放和分级排放的稀释度主要决定于动量作用。

图 10-94 表示交替排放管路布置及水流特性。由于喷口方向是交替布置的，所以流场对扩散管是对称的。试验表明，存在不稳定回流掺混的近区长度大约为 $2.5H$，在这之后则为上下层流向相反的过渡区。近区的主要作用是消耗过量的排水动量。从三维观点分析，总稀释度是下层回流水量 q_1 与排放水量 q_0 之比，即 $D=2q_1/q_0$。其值决定于过渡区的动力参数，即浮力通量，回流水量 q_1，克服底部摩阻 τ_b 及上下层层间的摩阻 τ_i。

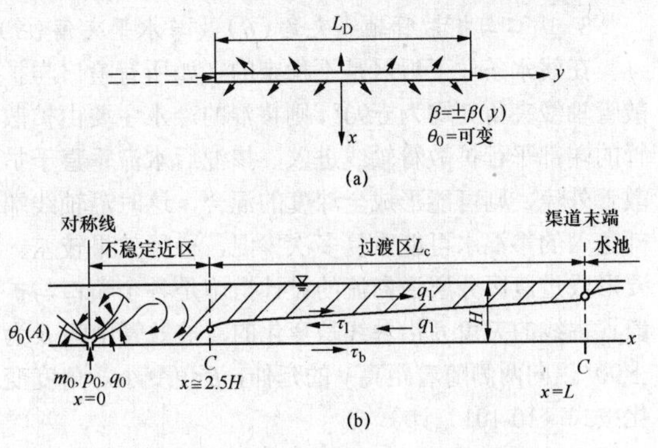

图 10-94 交替排放管路布置及水流特性

（a）管路布置；（b）二维渠道模型分层逆流情况

2. 稀释度

根据经典的分层流公式求得稀释度的公式如下

$$D=(2F_{\mathrm{H}})^{2/3}\frac{P_0^{1/3}H}{q_0} \quad (10\text{-}100)$$

其中
$$F_{\mathrm{H}}=f\left(\Phi_{\mathrm{c}}=\frac{\lambda L_{\mathrm{c}}}{H},\lambda_{\mathrm{i}}/\lambda\right)$$
$$P_0=u_0Bg$$
$$L_{\mathrm{c}}=L-2.5H$$

式中 F_{H}——分层反向流的密度弗劳德数，为渠道相对长度及摩阻系数的函数；

P_0——热排放单位长度浮力通量，$\mathrm{m^4/(s^3\cdot m)}$；

H——水深，m；

q_0——热排放单位长度流量，$\mathrm{m^3/(s\cdot m)}$；

λ——底床摩擦系数；

λ_{i}——上下层层间摩擦系数；

L_{c}——二维渠道模型过渡区渠道半长，m。

上式中最大 F_{H} 值出现在上下层反向分层流为 0（即 $\Phi_{\mathrm{c}}=0$）时，该时初始 $F_{\mathrm{H}}=1/4$。随着 Φ_{c} 的增加，F_{H} 值随之减小，也即减小稀释度。

将式（10-100）改为归一化（normalized）形式，并假定 $\lambda_{\mathrm{i}}/\lambda=0.5$，可绘制曲线如图 10-95 所示。

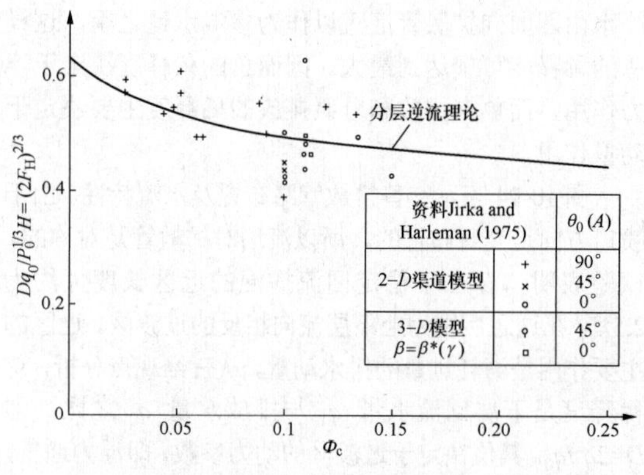

图 10-95　交替排放稀释度曲线

3. 喷口与扩散管轴线夹角（β）及与水平夹角（θ）

在浅水条件下近区是不稳定的。如所有喷口与扩散管轴线夹角 β 均为±90°，则掺混的冷水主要由扩散管的端部平行扩散管轴线进入，掺混后水流垂直于扩散管外流，则可能形成全深度的混合，这时沿轴线端部进入的掺混水可能重复多次掺混，稀释效果较差。要形成过渡区分层逆向流的设计措施是各个喷口与扩散管轴线的夹角 β 沿轴线是变化的，扩散管中间 β 为±90°，向两侧随着距离 y 的延伸，β 角变小。角度变化按式（10-101）计算

$$\beta^*_{(y)}=\pm\left(\frac{1}{\pi}\lg\frac{1+\dfrac{2y}{L_{\mathrm{D}}}}{1-\dfrac{2y}{L_{\mathrm{D}}}}\right) \quad (10\text{-}101)$$

式中 $\beta^*_{(y)}$——夹角 β（°）沿扩散管轴线坐标 y 的变化，扩散管段中央 $y=0$，*号表示按该式计算可得最好的稀释度；

y——喷口离扩散管段中央的距离，m；

L_{D}——扩散管全长，m。

由分析得知，对于不稳定近区，喷口与水平夹角（θ）最大为 45°，一般要小于该值，以保证较快地形成过渡区的分层流；当近区为稳定时，则不需要对 $\beta(y)$ 及 θ 角进行角度的控制。

4. 过渡区水温的进一步降低

上述关于过渡区分层流的分析是基于假设分层交界面是稳定的，层间无扩散或掺混。实验证明过渡区水温有进一步的降低，如图 10-96 所示。图中表示无量纲值 $\dfrac{\Delta t}{\Delta t_0}D$ 与等温线面积无量纲值 A/A_{m} 的关系，A_{m} 为近区混合区的面积，$A_{\mathrm{m}}=5HL_{\mathrm{D}}$。

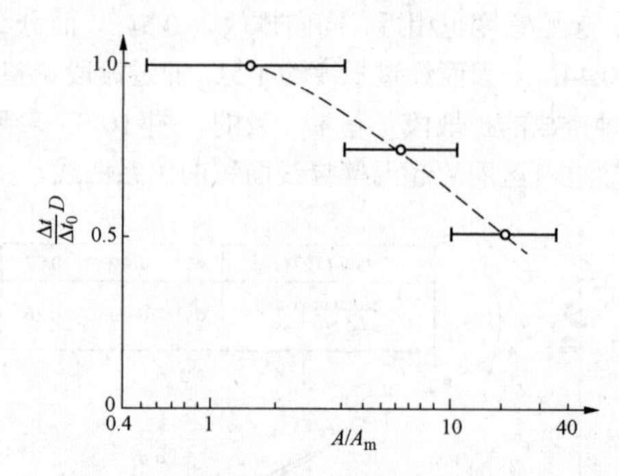

图 10-96　交替排放过渡区附加温降曲线

总之，由于近区掺混，水温会在过渡区进一步降低，并与远区平稳的衔接。

5. 有环境水流时的布置

（1）垂直布置交替排放一般布置在开阔的海岸环境，垂直于海岸流布置。在有环境水流时，稀释度由两种向量叠加形成，以式（10-102）表示

$$D_{\mathrm{a}}=(D^2+V^2)^{1/2} \quad (10\text{-}102)$$

式中 D_{a}——有环境水流时的稀释度；

D——静水中稀释度，按式（10-100）计算；

V——容积通量比，$V=q_{\mathrm{a}}/q_0$。

（2）平行布置只有受到环境条件限制时，例如航运条件，才采用平行于水流的布置方式。与垂直布置相比较，稀释度一般下降 20%。

（六）浅水多口排放规划设计

1. 规划设计一般要求

（1）电厂热水多口排放一般属于浅水排放，其特点是高的 F_{s} 值和低的 H/B 值，表面稀释度为 5～10。而滨海城市生活污水排放与之相反，为低的 F_{s} 值和高的 H/B 值，表面稀释度可大于 100，属深水排放。规划设计时要根据排放条件判别排放的类型和排放

形式。

（2）多口排放的投资费用主要是河、海床下排水管及扩散管的建造费。而对环境影响最重要的是近区受纳水体表面的超温值。所以多口排放规划设计是在满足温度限制的条件下，尽量缩短管道长度。设计中要进行多方案比选优化。

（3）在感潮水域要考虑往复流形成的热积累对远区的影响问题。

（4）由喷口出流产生的水体感应流速可能影响航运，或使泥沙输移机理改变，从而影响海岸或河流的动力地貌。

（5）长的排水管线及喷口高速出流而引起打水费用的升高也是规划设计应考虑的重要的经济因素。

2. 扩散管长度计算

三种排放形式的喷口方向均按最优方向布置，即单向排放 $\beta=90°$；分级排放 $\beta=0°$；交替排放按式（10-101）计算，变角度 $\beta^*_{(y)}$ 布置。最不利的环境条件是受纳水体静止时，要求排放稀释度为 $D=\dfrac{\Delta t_0}{\Delta t_{\max}}$，式中 Δt_0 为排水温升，$\Delta t_{\max}$ 为近区掺混后的温升。$\Delta t_{\max}$ 根据环保要求确定。已知电厂排放流量为 Q_0，温升 Δt_0，$g_0'=(\Delta\rho_0/\rho_a)g$，排放喷口流速 u_0 及水深 H。根据前面的介绍，可推导出有关排放形式所需扩散管长度 L_D 如下：

（1）单向排放

$$L_D=\left(\frac{\Delta t_0}{\Delta t_{\max}}\right)^2 2\frac{Q_0}{Hu_0} \quad (10\text{-}103)$$

（2）分级排放

$$L_D=\left(\frac{\Delta t_0}{\Delta t_{\max}}\right)^2 (2.28I^{1/2})^2\frac{Q_0}{Hu_0} \quad (10\text{-}104)$$

式（10-104）中 $I^{1/2}$ 为分级排放的速度分布积分，对扩散管长度影响较弱，其典型值在 1.0～1.5 之间。

（3）交替排放

$$L_D=\left(\frac{\Delta t_0}{\Delta t_{\max}}\right)^{3/2}\frac{1}{(2F_H)^{2/3}}\frac{Q_0}{H^{3/2}(g'V)^{1/2}} \quad (10\text{-}105)$$

式（10-105）中 $(2F_H)^{2/3}$ 从图 10-95 求得，是摩擦参数 Φ 的函数，其典型值为 0.45～0.55 之间，则 F_H 为 0.15～0.20 之间。

上述计算公式中 $\Delta t_{\max}$ 对于不同的排放条件含义不同：对单向排放而言，$\Delta t_{\max}$ 表示滑动流中的平稳温升；对分级排放而言，$\Delta t_{\max}$ 表示扩散管端部温度升高集中处的温升；对交替排放而言，$\Delta t_{\max}$ 表示扩散管两侧（总宽度为 $5H$）混合区的温升。上述计算仅限于受纳水体为静止或只有较小流速时。

3. 设计示例

某电厂，其排水特征参数列于表 10-37，图 10-97 所示为海岸条件不同排放方式设计比较。海岸坡度为 500m 范围内等坡度下降到 10m 深的水平海床。海岸流的最大强度为 0.3m/s，可能是双向流，也可能为单向流。设计近区最大温升为 1.5℃，也即要求稀释度为 8。要求设计三种排放形式的扩散管长度及总管道长度 TPL（其中包括扩散管长度），超温面积及感应流速等，并加以评论。

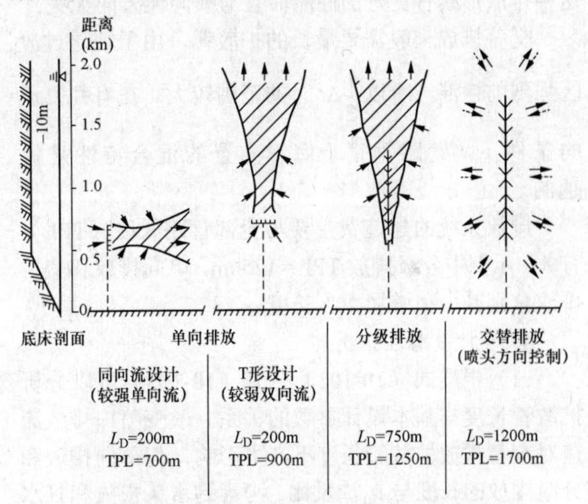

图 10-97　海岸条件不同排放方式设计比较

（1）设计结果见表 10-38。

表 10-38　扩散器设计比较表（按对环境的影响程度）

扩散器型式	静水或接近静止				环境水流		
	超温面积		感应流速	评论	Δt		评论
	$\Delta t_{\max}$ =1.5℃	$\Delta t_{\max}$ /2=0.75℃			u_a=0.1m/s	u_a=0.3m/s	
单向	＜3ha 按图 10-91	35ha 按图 10-91	0.63m/s	集中垂向完全混合流场；底部温度影响	1.3℃ 按式（10-93）	0.9℃ 按式（10-93）	同流设计适合于非双向流条件；T 形设计不合适于有沿岸流条件

续表

<table>
<tr><th rowspan="3">扩散器型式</th><th colspan="4">静水或接近静止</th><th colspan="3">环境水流</th></tr>
<tr><th colspan="2">超温面积</th><th rowspan="2">感应流速</th><th rowspan="2">评论</th><th colspan="2">Δt</th><th rowspan="2">评论</th></tr>
<tr><th>$\Delta t_{max}=1.5℃$</th><th>$\Delta t_{max}/2=0.75℃$</th><th>$u_a=0.1m/s$</th><th>$u_a=0.3m/s$</th></tr>
<tr><td>分级</td><td>忽略不计</td><td>4.5ha
按图 10-93</td><td>0.63m/s</td><td>集中垂向完全混合流场；底部温度影响</td><td>0.7℃
按式（10-99）</td><td>0.4℃
按式（10-99）</td><td>适用于双向流条件</td></tr>
<tr><td>交替</td><td>6ha
按图 10-96</td><td>120ha
按图 10-96</td><td>小</td><td>分层流场；底部温度影响最小</td><td>0.7℃
按式（10-102）</td><td>0.3℃
按式（10-102）</td><td>适用于双向流条件</td></tr>
</table>

（2）分析。单向排放所需的管路长度常为最小，其布置决定于受纳水体的流向。对非往复流（如河流喷口方向与受纳水体流向相同显然是合理的。在弱的往复流条件下，扩散管与排水管 T 形连接是可能的。在强的往复流条件下，任何单向排放方案似均不可取。当采用 T 接方式时，扩散管的离岸距离要适当增大（本示例 200m），以求在扩散管背部提供足够的卷吸水量。

分级排放管路长度居中。在有横向流的情况下，这种排放形式有良好的性能而且与横向流方向无关。

交替排放一般需要最长的扩散管，由于缺乏过渡区强烈的掺混，所以 $\frac{1}{2}\Delta t_{max}$ 的范围较大。在有往复流的条件下，管路垂直于海岸布置的混合特性是优越的。

排放系统的建造费主要与全部管路长度（TPL）有关。示例中分级排放 TPL=1250m，单向排放和交替排放分别减少和增加 40%长度。

4. 设计敏感性分析

（1）根据式（10-103）～式（10-105）可以分析扩散管长度与基本设计参数的关系。改变喷口排放流速对交替排放扩散管长度不产生影响，但单向排放和分级排放的长度与 u_0 成反比。考虑到水头损失和打水费用的增加，实用的排放流速以 5～6m/s 为上限。高的排放流速在受纳水体中产生较高的感应流速。

（2）增加受纳水体水深 H 对扩散管长度的影响，交替排放对 H 有较强的敏感（$H^{-3/2}$），而单向排放和分级排放只与（H^{-1}）成正比。

（3）增大近区稀释度需较长的扩散管。交替排放增加较小，按 $D^{3/2}$ 比例增加。单向和分级排放按 D^2 比例增加。

（4）排放流量与排水温升 Δt_0 的乘积表示电厂稳定的热排放量，所以这两参数的选择也是重要的。交替排放扩散管长度与单独的 Q_0 及 Δt_0 的选择无关，只与其乘积有关。而单向和分级排放扩散管长度则与 Δt_0 的增加成比例增长。

四、冷却池

（一）冷却池水力及热力特性

冷却池按地理条件可分为：

（1）水库型冷却池在河流上筑坝蓄水而成。水库多为综合利用而建。一般水深较深；水面形状不规则；冷却水温按国家有关规范控制。

（2）水池型冷却池通常为电厂专用。可利用洼地或小湖泊建造。一般水深较浅；平面形状较规则；冷却水温和面积主要按汽轮机效率和建造费用经优化设计确定。

以上两种冷却池水力热力特性迥异。冷却池定义图如图 10-98 表示。

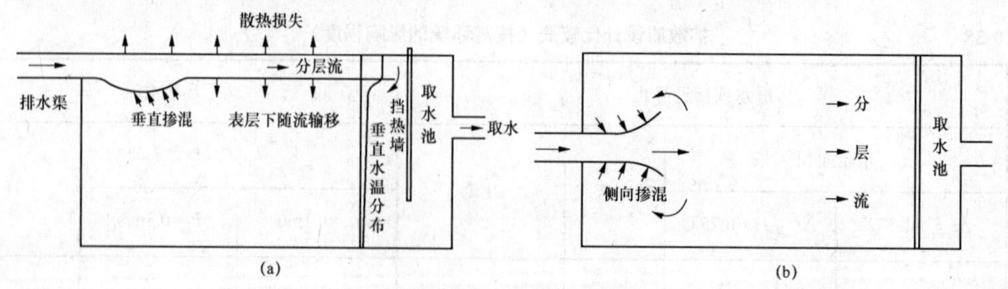

图 10-98　冷却池定义图

（a）剖面图；（b）平面图

热水经排水渠以表层浮力射流进入冷却池，由于射流作用使底部垂向及侧向水流被卷吸、掺混进入射流中，从而使水温下降。在掺混区外为一分层流，表层水温高于下层水温。水面散热使水温沿程下降，到离排水口有足够距离时，表层水下降回流下层，在这一区域同时由于取水口的抽吸也使表层水向下流动。取水口前的挡热墙可阻挡表层水直接进入取水口，使电厂可取得下层低温水。

上述仅为冷却池一般情况，冷却池的水深、池内分流隔堤的布置、径流、排取水口的形式与布置等因素均因工程而异，需要进行具体分析。根据试验室及原体观测资料，对冷却池的热力及水力特性定性地归纳如下。

1. 热力特性

密度较小的热水排入冷却池后，由于浮力作用有延展到冷水层上面的趋势，这一机理使受纳水体有了形成分层流的可能，这是冷却池的固有特性。深型冷却池有良好的分层流；而浅型冷却池只有部分或没有分层流。冷却池中有无分层流决定于池深、面积、形状、热负荷及卷吸掺混等因素。

深型冷却池在稳态时，下层水温是一致的，并等于表层水温最低区的水温。

图 10-99 表示一个分层良好的深型冷却池试验室资料。

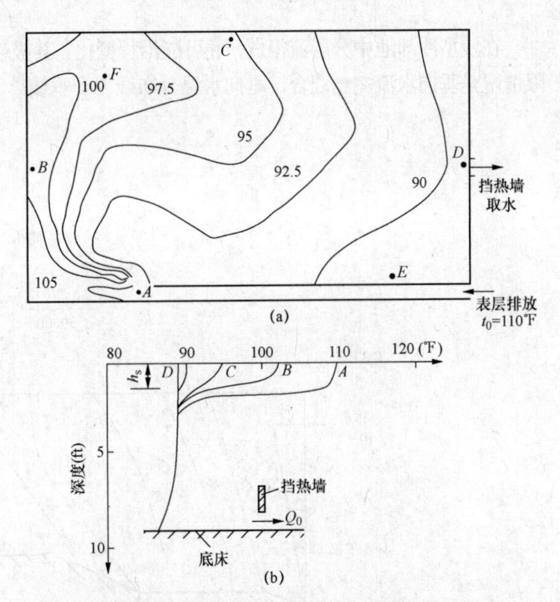

图 10-99　分层良好的深型冷却池水温分布

（a）平面图；（b）水温分布图

图 10-100 表示 A 冷却池的原体观测资料。图中 $A \sim G$ 点表示垂向温度分布的测点位置。可以看出，图 10-100 中的冷却池为分层良好的深型冷却池。

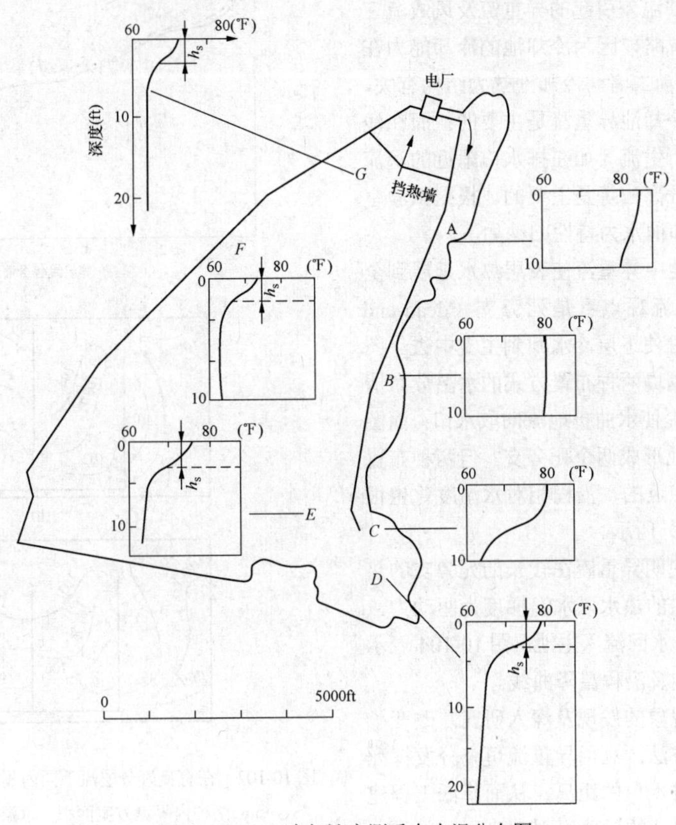

图 10-100　A 冷却池实测垂向水温分布图

在浅型冷却池中分层流很弱，并可能沿程变化。其极限情况是垂向水流完全混合，垂向水温分布线为一垂线。

图 10-101 表示 B 冷却池的原体观测资料。不难看出这是一个分层较弱的浅型冷却池。

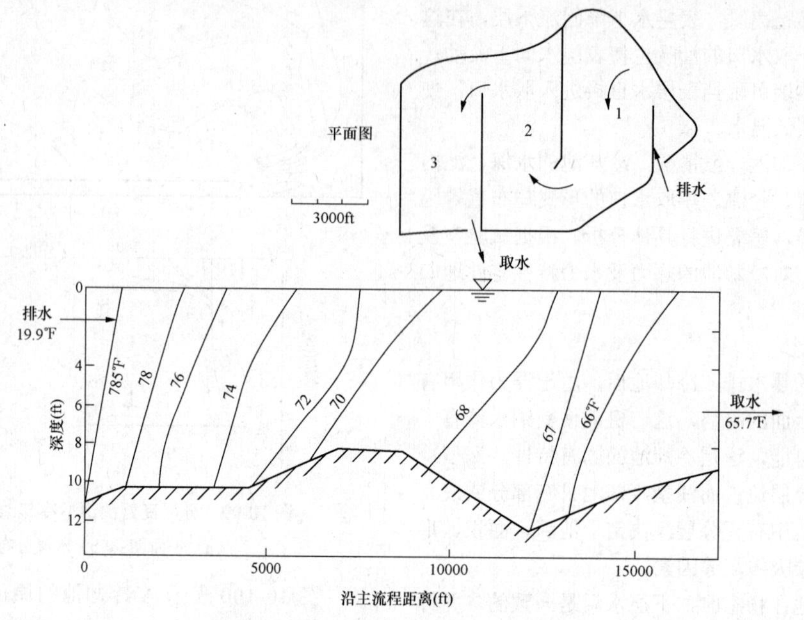

图 10-101　B 冷却池垂向水温分布图

2. 水力特性

冷却池中的流态由水泵抽吸引起的贯流（throughflow current）、温差引起的异重流及风成流三部分形成。风成流可忽略，因为冷却池的冷却能力在低风速时是控制条件。前二者与冷却池热力结构有关，所以较重要。在深型冷却池异重流是主要的；而在浅型冷却池中贯流及其衍生流（如在排水口附近的涡流及在障碍物处的水流分离）等是主要的。根据试验室及原体观测资料将冷却池水力特性归纳如下。

（1）异重流冷却池中异重流使表层热水延展到全池，甚至到达从平面流观点看是死旁支（dead-end sidearm）的水面，同时使下层冷水回到主支中去。图 10-102 表示冷却池内隔堤两种布置方式的水温分布情况。图 10-102（b）隔堤使水曲折地流向取水口；而图 10-102（c）隔堤使水池形成两个死旁支。但两种布置形式的取水口水温是相近的，沿程相对水温度化也很接近，如图 10-102（a）所示。

图 10-103 进一步说明异重流在较长的死旁支的热迁移基本机理。主池中的热水以水温梯度为驱动力，不断进入旁支，下层冷水回流入主池。图 10-104 表示死旁支纵剖面的等温线及沿程温降曲线。

冷却池中异重流现象的发现及深入研究，改变了国内外冷却池的设计方法。利用异重流可充分发挥死旁支作用，缩短进、排水口的距离，从而降低工程建造费用，这是冷却池设计的重要原则之一。

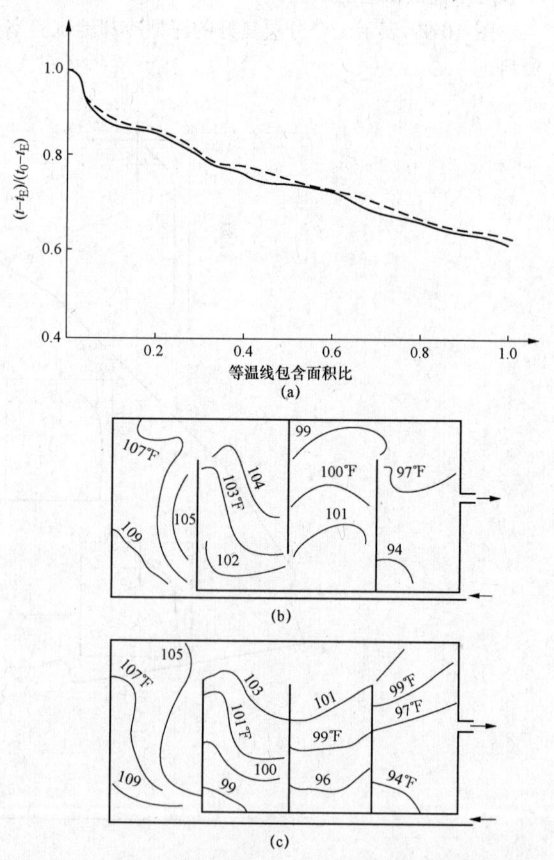

图 10-102　在有良好分层流不同内隔堤的冷却池中水温分布图
（a）两种内隔堤方案面积—水温降比较；（b）通流池表面等温线；（c）背流池表面等温线

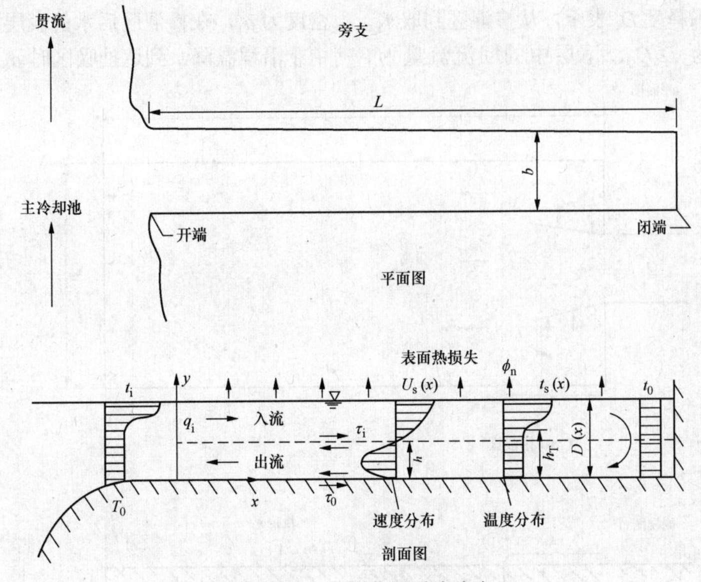

图 10-103　死旁支异重流流态

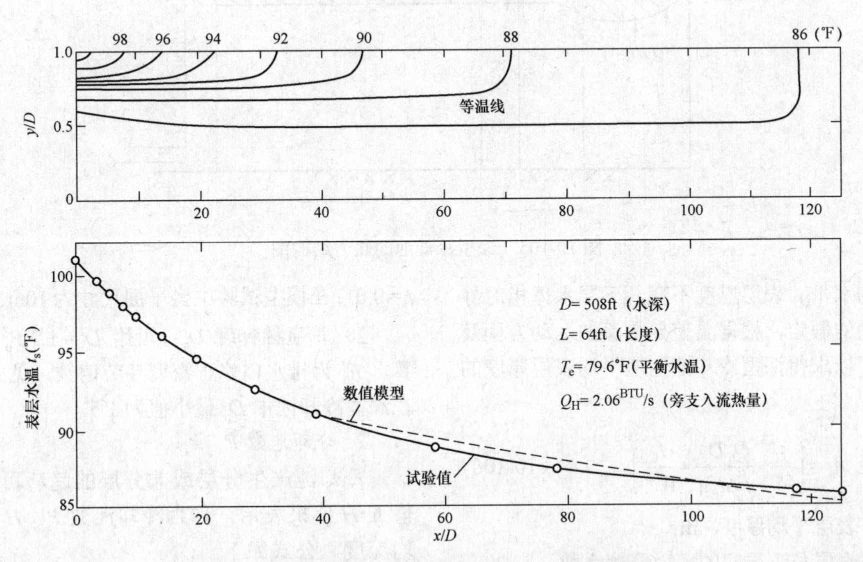

图 10-104　死旁支纵剖面等温线及沿程温降曲线

（2）卷吸混合的影响。卷吸混合影响冷却池的性能是明显的。如热排水强烈地与受纳水体混合，排水口附近水的超温值将减小而使冷却池散热能力降低。卷吸混合的水量取决于排水口的形式、排水的浮力弗劳德数及排水口附近的水池形状等因素。试验证明强的卷吸混合主要在下述三方面影响冷却池的性能：

1）降低冷却池冷却能力，从而提高取水口水温。

2）增加热水表层的厚度，从而降低水池分层的良好程度。

3）缩短水池温度反应时间，当热负荷变化时会较快地影响取水水温。

（3）风的影响。风使冷却池形成表层风成流，大风时的风成流比贯流和异重流还强劲。风可使冷却池散热能力增加。风改变了表层等温线的分布，并使表层和下层交界面下降，尤其是在冷却池的下风侧。研究表明只有当风速大于 6m/s 时，才有可能破坏表面热水层。关于风对冷却池产生的利弊两方面影响的评价目前还不成熟。

（二）深、浅型冷却池的判别

1. 深型冷却池表层厚度

图 10-105 表示深型冷却池的热力结构图。

图 10-105 中冷却池宽度为 W，长度为 L，水深为

H。排入水量为 Q_0，水的密度为 ρ_0，取排水的密度差为 $\Delta\rho_0$。垂向掺混以稀释度 D_v 表示，从掺混区到取水抽吸区之间的流量为 D_vQ_0。下层中的回流流量为 $Q_0(D_v-1)$。下层水体的密度为一常数 ρ_2，表层水体的密度为 ρ_1，在掺混区后水的表层密度 $\rho_1=\rho_2-\Delta\rho_0/D_v$，由于沿程温降，到达抽吸区时 $\rho_1=\rho_2$。

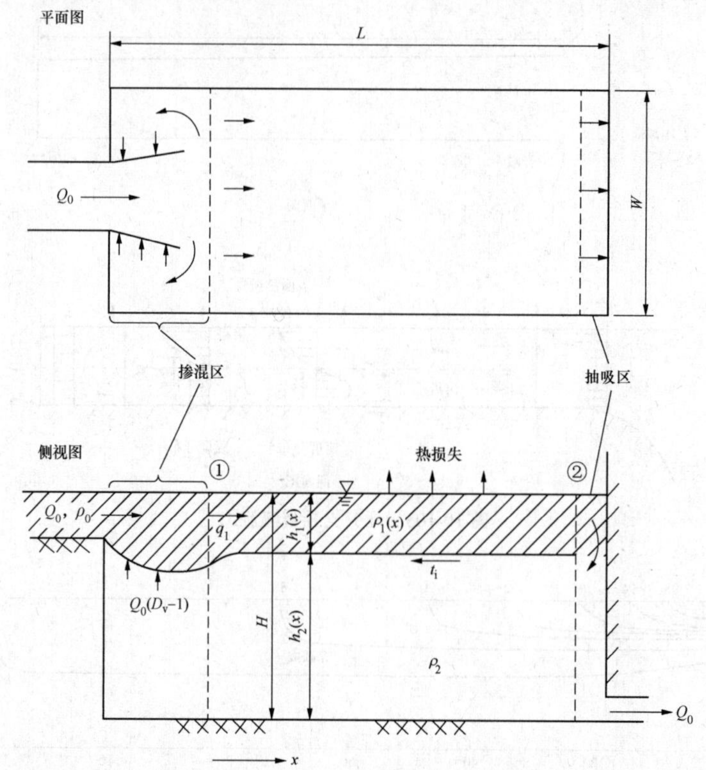

图 10-105　深型冷却池的热力结构图

按池底为水平、表层厚度不变、下层水体相对静止及其他合理的假定，根据温差异重流的运动方程及连续方程，可以求得深型冷却池全池平均表层厚度的公式如下

$$h_s=\left(\frac{f_i}{4}\cdot\frac{Q_0^2D_v^3}{\beta\Delta t_0g}\cdot\frac{L}{W^2}\right)^{1/4}\qquad(10\text{-}106)$$

式中　h_s——表层平均厚度，m；

f_i——表层与下层间的剪力摩擦系数；

Q_0——循环水量，m^3/s；

D_v——垂向稀释度；

β——水的热膨胀系数，水温 t=20～40℃时，$\beta=3.02\times10^{-4}$；

Δt_0——循环水温差，℃；

L——水池长度，m；

W——水池宽度，m。

式（10-106）经过较多的试验室及原体观测资料验证，当 $h_s/H\leqslant0.3$ 时（H 为冷却池平均深度），该公式可用。

式（10-106）中有关参数取值如下：

1）层间剪切摩擦系数 f_i 值：在原体观测时 $f_i=0.01$；在模型试验中当平面尺寸为10m级时，$f_i=0.1$。

2）垂直稀释度 D_v：可用 $D_v=1.2F_0'-0.2$ 公式计算，F_0' 为排水口修正密度弗劳德数，见式（10-67）。在深型冷却池中 D_v 最小值为1.5。

2. 冷却池数 P

冷却池产生分层或非分层的趋势可以用无量纲值 h_s/H 值来表示，称为冷却池数 P，H 为冷却池平均深度。公式如下

$$P=h_s/H=\left(\frac{f_i}{4}\cdot\frac{Q_0^2}{\beta\Delta t_0gH^3W^2}\cdot D_v^3\cdot\frac{L}{H}\right)^{1/4}\qquad(10\text{-}107)$$

由式（10-107）看出冷却池数 P 由四部分无量纲数组成：

（1）密度弗劳德数 $Q_0^2(\beta\Delta t_0gH^3W^2)^{-1}$ 表示由水泵抽吸流形成的动能 $Q_0^2(HW)^{-2}$（不稳定因素）和由 $\beta\Delta t_0gH$ 形成的势能（稳定因素）之间的关系。

（2）D_v^3 表示掺混入流涡流搅拌作用的不稳定因素。

（3）参数 $f_i/4$ 表示层间剪力作为对分层流不利的机理作用在相对水池长度 L/H 上。

3. 冷却池分类的判别

（1）$P \leqslant 0.3$ 良好分层的深型冷却池，有明显的薄的表层，表层水沿程下降，下层为温度均匀的水体。表层厚度（h_s）按式（10-106）计算。

（2）$0.3 \leqslant P \leqslant 1.0$ 部分混合浅型冷却池，有连续的垂直分层。按沿程纵向位置不同而变化。平均分层情况以 $\Delta t_v / \Delta t_0$ 表示，式中 Δt_v 为垂直水温的平均值，一般可采用某一垂线位置表层水温和底层水温的平均值；Δt_0 为排、取水口温差，即纵向总温差。根据试验研究

$$\frac{\Delta t_v}{\Delta t_0} = 0.45(1-P) \tag{10-108}$$

（3）$P=1.0$ 垂直完全混合浅型冷却池，仅有纵向的温度变化。纵剖面上的等温线为一系列铅直线。

4. 冷却池数在工程设计中的应用

（1）按池型不同选择不同的热力计算模型。

（2）根据冷却池数综合考虑水池面积、池深、取排水口形式及导流建筑物的设置等问题。以冷却池数指导各分项工程的设计，以求得较好的综合效果。

（3）按冷却池数评估水池水质及生态环境。

（4）设计示例。某一核电站在给定条件下，考虑不同的内隔堤布置方案，求冷却池为深型池及浅型池时的最小水深。

1）计算条件：一容量为 1000MW 的核电站，其冷却水排放热量为 2000MW（热效率为 33%）。冷却水量为 $57m^3/s$。冷却水温差 $\Delta t_0 = 8.4℃$，冷却池为长方形，宽度 1423m，长宽比（L/W）为 2，冷却池总面积为 405ha（即冷却池热负荷面积为 $4.05m^2/kW$）。

2）求解。内隔堤考虑三个方案：

①无内隔堤 $L/W=2$；②中等导流布置 $L/W=8$；③强导流布置 $L/W=32$。

深型冷却池取 $P=0.3$；浅型冷却池取 $P=1.0$。D_v 值取值为：深型冷却池具有良好设计的排水口 $D_v=1.5$，高的排水口密度弗劳德数时 $D_v=3.0$；浅型冷却池 $D_v=1.0$。

计算中取 $f_i=0.01$；$\beta=0.00032K^{-1}$。

计算结果见表 10-39。

表 10-39　设计示例冷却池最小计算水深　（m）

导流布置	深型池 $P=0.3$		浅型池 $P=1.0$，$D_v=1.0$
	$D_v=1.5$	$D_v=3.0$	
无隔堤 $L/W=2$	3.7	6.1	0.8
中等导流 $L/W=8$	6.1	10.3	1.3
强导流 $L/W=32$	10.3	17.4	2.3

3）讨论：

a. 以上计算只是在给定的 P 及 D_v 条件下的计算。具体工程方案的确定尚要对热力计算、建造费、池深及水温对环境的影响等一系列问题进行研究。

b. 内隔堤的布置对冷却池的特性有明显影响。强的导流布置，需较深的水才能维持分层流。

c. 排水的卷吸混合作用也对分层流有较大的影响，稀释度由 1.5 增加到 3.0 时，相当于水池长宽比 L/W 增加到 4 倍。

d. 浅型冷却池要求的水深一般都较小。

（三）冷却池稳态热力计算

（1）冷却池稳态或瞬态热力计算模型现只能计算深型冷却池（$P \leqslant 0.3$）及垂向完全混合的浅型冷却池（$P>1$）。目前尚无可应用于有部分掺混的冷却池（$0.3<P<1$）的计算模型。在计算中可将深型冷却池的模型扩展应用到 $P \leqslant 0.5$；而将垂向完全混合的冷却池模型扩展应用到 $P \geqslant 0.5$ 的情况。当工程中遇到 $0.3<P<1$ 时，可分别采用深型及浅型冷却池模型计算。

（2）在新冷却池设计时，应选择合理的池形、水深、导流布置及取排水口布置等因素，将冷却池尽可能设计成深型的。这不仅使工程设计合理，也可解决计算模型选择的困难。

（3）稳态热力计算一般可满足初步设计的要求。计算成果可给出冷却池所需的面积或取水温度。同时可说明冷却池设计各参数间的关系。稳态模型一般应用线性化的综合散热系数及平衡水温的概念计算水面的散热量，如取值不当，可能使计算成果偏差较大。

瞬态热力计算可考虑水池的蓄热作用以及气象和电厂运行条件剧烈变化的情况。在合理确定计算条件及合理选择计算参数的条件下，可得到较好的结果。但瞬态计算一般要用数值模型计算。

（4）早期的冷却池计算从一维流或推流的概念出发，冷却水温按传统的指数温降计算。可以下式表示

$$\frac{t_i - t_e}{t_0 - t_e} = e^{-r} \tag{10-109}$$

其中

$$r = \frac{KA}{\rho c_P Q_0}$$

式中　t_i——取水水温，℃；

t_0——排水水温，℃；

t_e——未排入废热时水体平衡水温，℃；

r——冷却池传热单元数；

K——综合散热系数，W/（$m^2 \cdot ℃$）；

A——冷却池有效面积，m^2；

ρ——水的密度，kg/m^3；

c_P——水的比热容，kJ/（kg • ℃）；

Q_0——排水水量，m^3/s。

式（10-109）中的冷却池有效面积（A）指平面流区和涡流区折合成一维流的面积，有各种的折算方法。传统计算方法没有考虑冷却池各种水力及热力特性，因而一般不宜采用。

（四）冷却池瞬态热力计算

冷却池实际上不可能是稳态的。随着气象条件及电厂运行工况的变化，冷却池表层水温相应也在变化，而深型冷却池深层取水温度由于水体蓄热作用可能较长时间不变，浅型冷却池取水温度则可能较短时间内就发生变化。只有瞬态的热力计算才能较真实地反映这种复杂的特性。

稳态计算所取的时段较长，一般 15～30 天为一时段，气象条件取时段平均值。瞬态计算所取的时段较短，一般为一天，但需逐天连续计算 100～200 天，计算内容较多，只能由计算机来完成。

（五）冷却池设计

1. 物理模型和分析模型

冷却池物理模型可以用于了解、研究及分析冷却池热力及水力特性，分析排水口掺混、导流设施及挡热墙等的作用。但物理模型难以满足传热过程的相似要求，同时在试验室条件下不可能模拟气象条件的瞬态变化及深型冷却池巨大的蓄热作用，因而物理模型有一定的局限性。

分析模型有一定的假设及简化，但分析模型可以计算各种流态的散热量，同时可以根据工程设计条件灵活地研究冷却池在不同气象条件下的瞬态各参数。

工程设计中宜根据工程条件及设计阶段分别采用物理模型、分析模型或两者相结合的设计方法。

2. 热力计算标准及方法

（1）传统的冷却池热力计算采用稳态方法。先确定冷却水最高计算温度的计算标准，一般采用下列方法之一。

1）深型冷却池可采用多年平均的年最热月月平均自然水温和相应的气象条件；浅型冷却池采用多年平均的年最炎热连续 15 天平均自然水温和相应的气象条件。

2）考虑冷却水在池中停留时间，同时与其他因素相结合确定计算标准。

（2）使用上述传统方法不可能得出冷却池真实的运行特性、确定取水水温及池内水温分布。尤其是采用综合利用水库作为冷却池时，需要有较详细的计算成果，以适应循环水系统优化设计及温排水对水体、水生物影响评估工作的要求。稳态计算方法无法满足以上要求。

（3）设计冷却池时可采用下述方法及步骤。

1）根据厂址条件，采用稳态的计算方法初步选定几组可行的冷却池方案及相应的参数，如面积、水深及凝汽器温升等。

2）选择一设计典型年，采用瞬态计算方法，逐日输入气象水文资料，对上述几个可行的冷却池方案进行计算。求得各方案的取水水温的频率分布曲线及池内各月水温垂向分布情况。

3）选择最有可能实施的方案，用瞬态计算方法进行长期的计算。所谓长期是指可选用几个连续平枯水年或整个电厂经济运行期（约 20 年）。用计算结果来校验原来的取水温度频率曲线及池内水温分布情况。这些结果可用来进行循环水系统优化设计及生态环境评估之用。

3. 冷却池面积、水深选择

如上文所述，完整的冷却池设计宜用瞬态计算方法，求得多年取水水温的频率曲线及全池年水温垂直分布图形，结合其他因素来确定冷却池面积和水深的方法是比较合理的。

冷却池在可能条件下应设计成深型的。从而充分利用冷却池水体的蓄热作用，而降低不良气象条件下的取水水温。

一般而言，有冷却池的供水系统在满足环保及汽轮机对水温的要求下应采用较低的冷却倍率，即较小的水量和较高的凝汽器温升。这样，冷却池数较小，有利于形成分层流。

适当增加冷却池单位面积热负荷可减小冷却池的面积，除可降低造价外还有下列的好处。

1）水温较高时，冷却池散热效率明显提高。

2）所需补给水量较少，因为由面积减少而减少的自然蒸发量足以补偿因水温升高而增加的较小的蒸发量。

3）较高的热负荷将促使分层流的形成，从而使表面积充分得到利用。

4. 排取水口设计

排取水口设计及布置因工程而异，下列是一般通用的原则。

（1）排水口的出流流速应较低，以求较小的稀释度。出口的密度弗劳德数要小于 0.5。

（2）排水口出流要与冷却池水面平稳衔接。排水口的高宽比要尽可能的低，最好小于 0.1。

深型冷却池水位变幅较大，宜修建多级跌水或其他形式构筑物，使在任何水位时排水均能平稳低速地流入冷却池。

浅型冷却池水位变幅一般较小，可在池中建潜水堤，使水流平稳出流。

（3）虽然表层异重流有可能将热水扩展到全池，

但下列布置原则仍宜遵循：

1）排取水口布置要使全池水流形成收缩流，从而可减少涡流及回流。

2）排水避免在池中突然扩散。

3）排水口出水方向宜背离取水口。

4）当采用综合利用水库为冷却池时，排水口宜设置在水库出水口附近，以便将热水及时带向下游，减少水库热负荷。

（4）取水口宜设置在冷却池的最深处，以便充分利用水体蓄热作用。取水口前水下地形应较开阔，以免局部地形妨碍取到水库中水温最低的水。

（5）取水口一般采用胸墙式取水建筑物，胸墙下取水孔口上缘的淹没深度及取水孔口进水流速按挡热墙原则设计。挡热墙可视为胸墙式取水建筑物的特例。

（6）挡热墙后的水体容积不宜过大。如水的交换时间超过几小时，气象条件的日变化可能重新影响到取水水温。

第十一章

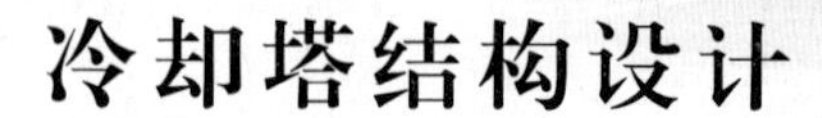

冷却塔结构设计

第一节　概　　述

对于建设在水源不十分充足或对环境水体温排放有较高限制要求地区的火力发电厂或有类似冷却需求的其他行业，往往需要采用循环水冷却系统，以使得从冷却器或凝汽器中排出的热水在循环水冷却系统中冷却后重复再使用。冷却塔就是利用水和空气的直接或间接接触，通过蒸发或热传导作用来排放冷却器或凝汽器排水中废热的一种循环水冷却设施。冷却塔是集空气动力学、热力学、流体学、材料学、静动态结构力学、化学、生物化学、施工技术等多种学科为一体的构筑物。

在19世纪中叶，冷却塔主要作为煤矿开发的配套设施而存在，在塔筒外形方面曾经出现过方形、圆筒形、锥形、多边形柱体等型体结构，材料多选用木材或钢材。1918年荷兰（Emma Colliery，Limburg，Netherlands）建成了世界上第一座钢筋混凝土双曲线自然通风冷却塔。20世纪20～30年代，混凝土冷却塔建造技术开始在英国、法国、德国等国普及，二战以后，冷却塔技术得到快速发展，大型双曲线钢筋混凝土冷却塔的结构分析、设计及建造技术日趋完善，设计建造了数量众多的冷却塔，冷却塔的规模不断被刷新，自然通风冷却塔塔高历史演变进程如图11-1所示。

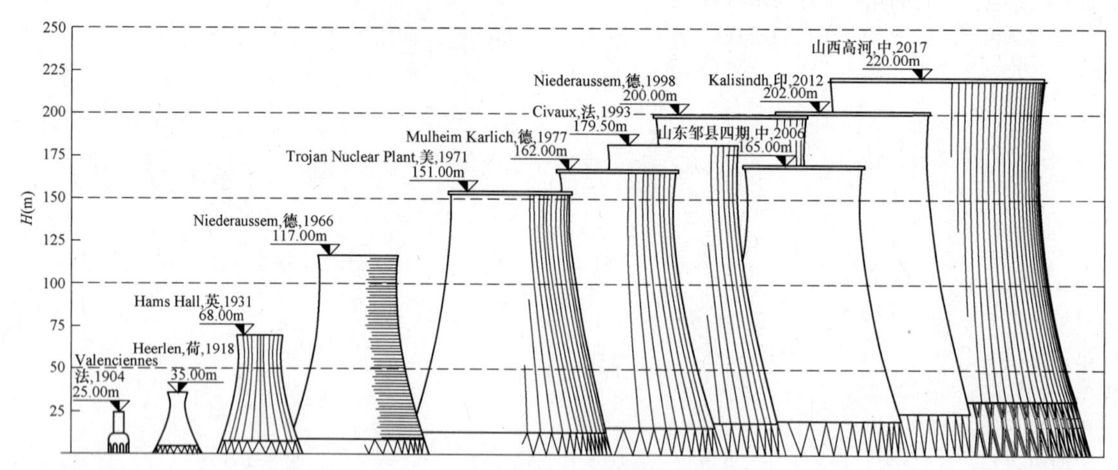

图11-1　自然通风冷却塔塔高历史演变进程

国内对自然通风冷却塔的研究及应用起步较晚，但发展迅速，各个历史时期我国典型冷却塔的高度见表11-1。1931年辽宁抚顺发电厂建成了国内第一座自然通风冷却塔，1952年我国自行设计、自行施工的第一座双曲线冷却塔在辽源电厂建成。随着我国大容量发电机组的普及应用，特别是进入21世纪以来，大型、超大型冷却塔的应用进入了黄金发展期，截止到2017年年底，国内已建成近千座的钢筋混凝土自然通风冷却塔，其中最大塔高已达220m。

表11-1　　各个历史时期我国典型冷却塔的高度　　（m）

年　份	1960	1967	1976	1978	1986	1989	1990～1999
最大塔高	40	51.5	70	84.8	125	130	132

续表

年　份	2000～2004	2005～2009	2010～2013	2014～2015	2016	2017
最大塔高	150.6	177.2	182	191	210	220

一、冷却塔的分类

冷却塔技术经过近一个世纪的发展，取得了长足的进步，建造了数量繁多、种类各异的冷却塔。根据其建筑材料、水和空气的接触方式、工作介质流动方向、循环水水质特点、结构形状等，冷却塔有多种不同的分类。

（一）按照建筑材料分类

1. 木结构冷却塔

在冷却塔发展的早期，木结构冷却塔（冷却塔主体结构及塔内淋水结构全部或主要采用木结构）是一种应用较多的冷却塔结构型式。木结构冷却塔具有重量较轻以及抗振动性能好等优点，但是同时需要使用大量木材，木材还需要经过专门的化学处理后才能在湿热环境中使用，并且木材具有易燃、耐久性较差等缺点。

20 世纪 50 年代，我国曾从苏联引进了这种结构型式的冷却塔，但是由于我国木材资源相对匮乏、木材价格较高以及木材的化学处理技术落后等原因，制约了这种结构型式的冷却塔在我国成规模地应用。随着其他建筑材料的发展和应用，目前国内木结构冷却塔已很少采用。

2. 钢筋混凝土冷却塔

钢筋混凝土冷却塔是目前国内外应用最为广泛的工业冷却塔结构型式。塔内所有冷却工艺系统的支撑构架梁柱以及塔筒或者风机运转层平台以及围护结构等均采用钢筋混凝土结构。

钢筋混凝土冷却塔具有整体稳定性好，运行可靠性高，使用寿命较长，维护工作量小等优点，一般情况下冷却塔防腐蚀性能也较好，但结构本体粗重，施工周期较长，工程造价相对较高。

钢筋混凝土冷却塔可分自然通风冷却塔和机械通风冷却塔，如图 11-2 和图 11-3 所示。

- 混凝土结构冷却塔
  - 自然通风冷却塔（双曲线型冷却塔）
    - 自然通风湿式冷却器
    - 自然通风干式冷却塔（间接空冷塔）
  - 机械通风冷却塔（框架结构）
    - 机械通风湿式冷却塔
    - 机械通风干式冷却塔

3. 钢结构冷却塔

钢结构冷却塔自 20 世纪 80 年代在国内工程中开始逐渐应用，目前国内已有少量的中小型湿式和干式冷却塔采用这种结构型式。

图 11-2　钢筋混凝土自然通风干式冷却塔

图 11-3　钢筋混凝土机械通风湿式冷却塔

钢结构冷却塔主体结构可以是单层或双层钢桁架、框架或网架等结构型式，体型上可以是双曲面冷却塔（如图 11-4 所示）或圆筒直锥面钢塔（如图 11-5 所示）等。塔筒围护板的材质为复合材料、铝合金或碳钢压型板等材料。钢构件通常在工厂预加工，运输至现场后采用焊接或螺栓连接组装，施工周期较短。钢结构冷却塔具有结构轻巧、对地基承载力要求较低、回收残值高等优点。但其长期耐久性由于受气候、空气污染程度、材料及防腐工艺等诸多因素的影响，尚待工程实践验证。

在苏联和东欧国家，也有一些采用钢结构外骨架蒙皮内置型式的湿式自然通风冷却塔，如 20 世纪 70 年代建造的亚美尼亚沙摩尔（Armenia Metsamor）核电站冷却塔［如图 11-6（a）所示］、2018 年建成的陕能麟游低热值煤发电工程排烟塔［如图 11-6（b）所示］、波黑加茨科（Gacko）电厂冷却塔等。

图 11-4　空间钢桁架主结构双曲面冷却塔

图 11-5　圆筒直锥面钢塔

(a)

(b)

图 11-6　钢结构外骨架蒙皮内置的冷却塔

（a）美尼亚米沙摩尔核电站冷却塔；（b）陕能麟游排烟钢塔

世界上采用悬索网结构冷却塔的实际工程很少，目前仅知 20 世纪 70 年代 Balcke-Dürr 在德国 Schmehausen 核电站建造了一座悬索网结构的间接空冷冷却塔（如图 11-7 所示），中心塔柱高 181m，塔筒高 145m，底部直径 141m，塔筒采用铝合金板围护。该塔于 1974 年建成，1991 年拆除。

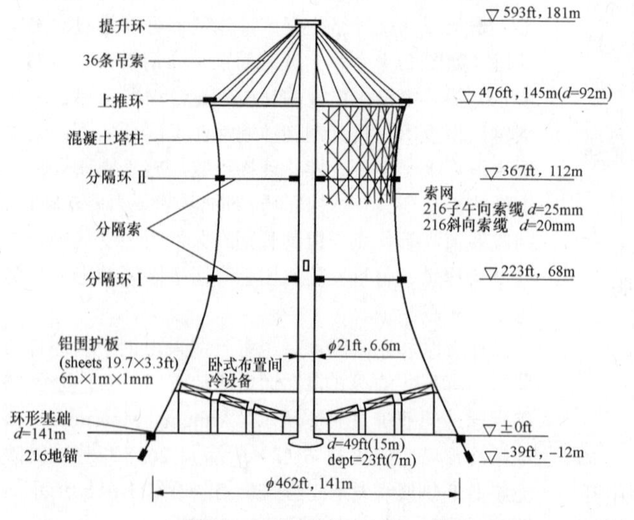

图 11-7　索网结构冷却塔（德国 Schmehausen 核电站，1974 年建成，1991 年拆除）

4. 复合材料冷却塔

随着复合材料技术的日益发展，复合材料越来越多的应用到冷却塔领域，特别是机械通风湿式冷却塔。复合材料型材具有优良的防腐蚀性能，在腐蚀性程度较高的特殊领域优势尤为突出。

复合材料冷却塔既有大部分构件为复合材料仅连接及紧固件采用不锈钢或其他金属构件的冷却塔（如图 11-8 所示），也有主体结构采用钢结构，围护结构采用复合材料的冷却塔（如图 11-9 所示）。

图 11-8 玻璃钢机械通风湿式冷却塔

图 11-9 混合结构自然通风湿式冷却塔
（主结构采用钢桁架，塔筒围护板采用玻璃钢）

复合材料冷却塔，耐腐蚀性好，多数构件工厂化生产，现场组装快捷，施工周期短。但此类冷却塔整体刚性较差，且复合材料在低温及日照作用下容易老化，影响到冷却塔使用寿命。

（二）按照冷却介质分类

（1）淡水或中水冷却塔：冷却塔的冷却介质是淡水或中水，需要根据浓缩后的冷却介质腐蚀特性采取相应的防腐措施。

（2）海水冷却塔：冷却塔的冷却介质是海水或者高盐水等。由于海水中含有大量盐分，对海水冷却塔的结构部分以及冷却水系统中的金属零部件都有较强的腐蚀作用，应考虑冷却塔飘滴对周围环境的影响。

导致海水冷却塔混凝土腐蚀的因素主要分为：化学腐蚀、结晶压力及海洋微生物作用等。

（三）按照是否排烟冷却塔分类

1. 常规冷却塔

烟气不引入冷却塔进行排放。

2. 湿式排烟冷却塔

利用湿式冷却塔排放烟气——国内称之为“烟塔合一”，即取消烟囱，将除尘、脱硫等净化处理后的洁净烟气引入冷却塔，利用塔内巨大的热空气对脱硫后的净烟气形成一个环状气幕，在热空气的包裹和抬升作用下增加烟气的抬升高度，从而促进烟气中污染物的扩散，降低落地浓度。排烟冷却塔既能维持原有的冷却散热功能，又能替代烟囱排放净化处理后的烟气。利用冷却塔排放烟气技术可以简化火电厂的烟气系统，减少设备投资和脱硫系统的运行维护费用，但烟气中残留的酸性成分与塔内高湿的空气结合，凝结后的液滴水具有较强的腐蚀性，对接触到的筒壁、塔芯支撑梁柱等形成腐蚀威胁，需要针对性的采用防腐措施，土建成本较高。

此项技术发源于 20 世纪 70 年代的欧洲，1982 年德国首次将冷却塔排放烟气技术应用于实际工程（Volkingen 电厂）。经过三十多年的发展，技术已趋于成熟。在欧洲，特别是德国，新建的燃煤发电厂已经广泛地利用冷却塔排放烟气技术。2003 年建成投产的 Niederaussem 电厂湿式冷却塔塔高 200m，是目前世界上已建成的塔高最高的排烟湿式冷却塔。

在国内，2006 年华能北京热电厂首先应用此项技术，成为我国首个取消烟囱的火电厂，此后陆续有十多个工程采用此项技术，取得了不错的效果，投运机组单机容量覆盖 300、600、1000MW 等多个等级。

3. 干式排烟冷却塔

利用干式冷却塔排放烟气的机理与利用湿式冷却塔排放烟气大同小异，区别在于干式排烟冷却塔内为干热空气。与湿式排烟冷却塔相比，由于塔内空气湿度小，烟气中残留的酸性成分的腐蚀作用大为减轻，塔筒内侧中上部及塔筒外侧顶部与烟气有接触可能的区域需要采用较为简单的防腐措施。同时，由于干式冷却塔内部局部地面空置，脱硫岛等设施可以布置在塔内（如图 11-10 和图 11-11 所示），节省了厂区占地面积。

利用干式冷却塔排放烟气，既可以把脱硫吸收塔、湿法电除尘等设施布置在塔内（俗称“三塔合一”或“四塔合一”，如陕西某电厂、山西某电厂等工程），也可以把脱硫吸收塔布置在塔外（如宁夏某电厂等工程）。

图 11-10　干式排烟冷却塔（两机一塔）

图 11-11　干式排烟冷却塔（一机一塔）

二、常见的结构形式

（一）双曲线型冷却塔

大型火力发电厂、核电站的二次循环冷却系统绝大多数采用双曲线型钢筋混凝土自然通风冷却塔。

双曲线型自然通风冷却塔是一种典型的大型空间薄壳结构构筑物，根据循环水和空气的接触方式可分为湿式冷却塔和干式冷却塔两大类，二者外观上通常有明显的不同，最显著的区别是塔筒出口有没有白雾冒出（如图 11-12 所示）。

湿式冷却塔由冷却塔塔筒、支撑塔筒的斜支柱、冷却塔基础、集水池和淋水装置组成。集水池多为在地面以下深约 2m 的圆形敞口水池。塔筒为有利于自然通风的双曲线型空间薄壳结构，多采用钢筋混凝土浇筑。冷却塔塔筒通常可分为塔筒下环梁、筒壁、塔顶刚性环三大部分。下环梁位于冷却塔塔筒壳体的下边缘处，塔筒的自重及所承受的其他荷载都通过下环梁传递给斜支柱，再传到基础。塔筒是承受以风荷载、温度作用为主的高耸空间薄壳结构，对风十分敏感。

图 11-12　自然通风干式冷却塔和湿冷塔外观对比
（图中左一为自然通风干式冷却塔，右侧的其余四座塔为自然通风湿冷塔）

其壳体的形状、壁厚，需同时满足屈曲稳定性、承载力状态和正常使用状态要求，是结构优化计算的重要内容。塔顶刚性环位于塔筒壳体顶端，是筒壳在顶部的加劲箍，它加大了壳体顶部的刚度，改善了塔筒的稳定性，通常兼做塔顶检修维护走道。

根据双曲线型冷却塔塔筒母线的曲线段数，可分为：单条单叶双曲线、上下两条单叶双曲线（以喉部为界）、上下两条单叶双曲线（以喉部为界）+塔筒底部截锥段等几种型式。小型冷却塔塔筒母线多采用单条单叶双曲线，而大型、超大型冷却塔的塔筒母线多为第三种。

斜支柱为连接塔筒与塔基础的离散支撑结构，主要承受塔筒传来的自重、风荷载和温度应力等。斜支柱为空间双向倾斜构件，国内外常见的斜支柱（对）的布置型式有：人支柱（或称 A 支柱）、V 支柱、X 支柱、I 支柱等。为方便施工，除 I 支柱外，其他型式的斜支柱沿轴线方向大都采用等截面设计，常用的支柱横截面有：圆形、矩形（直角或圆角）、方形（用于小型塔）、正多边形（如八边形等，现已很少采用）。

塔基础主要承受斜支柱传来的全部荷载，按其结构形式分有环形基础（包括倒 T 型基础）和独立基础。基础的沉降或位移对壳体应力的分布影响较大、敏感性强。故斜支柱和塔基础在冷却塔结构优化计算和设计中处于十分重要的地位，除非冷却塔坐落于整体性很好的基岩上，通常不采用独立基础。

淋水构架包括压力进水沟、竖井、配水槽和支撑淋水装置的梁柱等，多采用钢筋混凝土结构。

相比湿式冷却塔，干式冷却塔是将循环介质通过闭式散热器系统将热量传给大气，空气和循环介质不直接接触，所以不需要配水槽、淋水装置和支撑的梁柱系统以及集水池。

空冷散热器的布置型式通常有两种：

（1）空冷散热器垂直布置在冷却塔外周［如

图 11-13（a）所示]，需要设置空冷散热器的设备基础及封闭空冷散热器顶与塔体之间的展宽平台结构。

（2）空冷散热器卧式布置在塔内［如图 11-13（b）所示]，需要设置支撑空冷散热器的设备支架。一般空冷散热器的设备基础或者设备支架均采用钢筋混凝土结构。

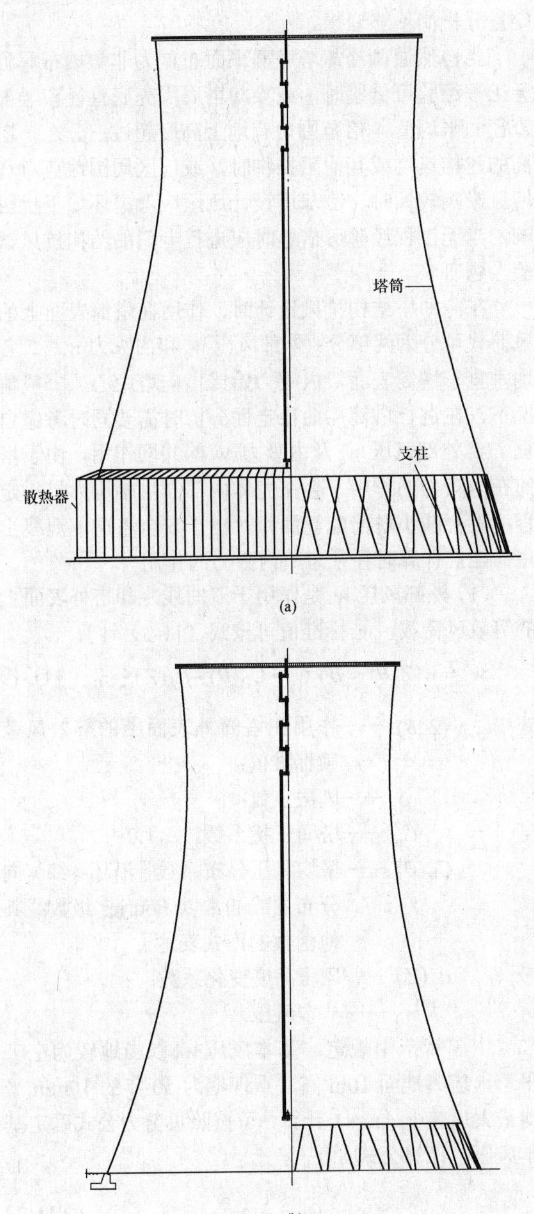

图 11-13　自然通风干式冷却塔

（a）空冷散热器布置在塔筒外；（b）空冷散热器布置在塔筒内

（二）机械通风冷却塔

机械通风逆流冷却塔在平面布置上可以布置为长方形（如图 11-14 所示）、正方向、多边形和圆形等任何一种形状，而在长方形或者正方形的情况下大多做成多格的。机械通风横流冷却塔或机械通风干式冷却塔在平面是通常呈长方形或者正方形，并且是多格的。

图 11-14　机械通风湿式冷却塔布置图

机械通风湿式冷却塔包括：风机系统、配水系统、淋水填料、收水器及塔体。

塔体是冷却塔的骨架，小型塔一般采用玻璃钢结构或者钢结构，大型塔一般采用钢筋混凝土结构或者钢结构。

钢筋混凝土机械通风冷却塔一般采用双向框架结构；钢结构机械通风冷却塔一般采用双向平面桁架结构，柱可采用钢管或型钢。

塔体的围护结构，可采用玻璃钢墙板、钢筋混凝土墙板或其他轻质高强且耐腐蚀材料的墙板。

机械通风湿式冷却塔下的水池多采用钢筋混凝土结构。

第二节　荷载及结构设计原则

一、一般规定

设计使用年限：冷却塔结构设计使用年限为 50 年。

设计等级：冷却塔结构的安全等级为二级。

冷却塔结构的抗震设防烈度按基本烈度考虑，抗震设防类别按重点设防类别（乙类）考虑。

二、荷载及作用

冷却塔设计和计算的主要荷载如下。

1. 自重

自重是一种相当准确的荷载。计算自重时，钢筋混凝土重度可取 $25kN/m^3$。

受施工模板受压变形等因素的影响，实际建成的钢筋混凝土冷却塔各部分构件的体积很少会出现负偏差，而总体呈现少许的超差。对塔筒和斜支柱而言，自重超差对配筋的影响经常是正面的，故在计算内力时，通常忽略施工允许误差范围内的施工偏差对结构自重带来的影响。

2. 风荷载

大型自然通风冷却塔是典型的高耸空间薄壳结构，具有柔度大、自振频率低且分布密集的特点；大型冷却塔的抗风安全性分析与设计涉及风荷载特性、塔群干扰效应、风致动力响应、结构稳定性和承载能力等一系列问题。

一般情况下，风荷载往往是冷却塔结构设计的控制性荷载。结合厂区布置及电厂周围环境，针对性地研究冷却塔（群）的结构风工程特性，真实、恰当地考虑风的作用，对冷却塔的结构安全和造价具有重要意义。

在冷却塔结构风工程领域，对于风荷载特性的研究主要通过现场原型测试、大气边界层风洞试验及数值模拟（计算风工程、数值风洞）三种方法来进行。

现场原型测试是风工程研究中最直接最有效的方法，但其实施代价也最为昂贵，费时费力，同时实测对外界环境和冷却塔自身条件要求非常苛刻。但实测的数据极具参考价值，是检验模型试验和理论分析方法准确与否的重要标准。

在大气边界层风洞中对冷却塔进行的风洞试验研究手段主要有：刚体模型测力、刚体模型测压和气动弹性模型测振试验三种。刚体模型测压风洞试验是目前冷却塔表面风荷载研究最常用的实验手段，模型制作较为简单，不需要考虑材料强度和模型的动力特性，按照一定的缩尺比对表面风压分布进行测定，实施方便快捷，理论和技术都比较成熟。通过刚体测压风洞试验测得的脉动风压数据较为全面，既可以用于研究冷却塔表面的风压分布特征，也可用于时域和频域的全动力分析。气动弹性模型测振试验可以直接获取冷却塔结构的风振响应，但气动弹性问题涉及气动、惯性及结构力间的相互作用，气弹模型设计方法复杂，加工制作困难，很难同时兼顾多参数间的相似关系。

计算风工程是一门崭新的交叉学科，其核心内容是计算流体动力学（简称 CFD），其发展得益于计算方法的改进和硬件技术的发展。与传统的风洞试验相比，计算风工程具有自己的优势：操作方便、成本低、速度快、周期短，可任意改变试验中的各个参数，能够避免风洞试验前期模型制作的繁杂工作，不受到测量仪器的灵敏度和测量手段的限制，对流场没有人为干扰，具有模拟真实和理想条件的能力，可进行足尺模拟，不受“缩尺效应”的影响，可以得到整个计算流域内任意位置的流场信息，计算成果可视化，形象直观，便于设计人员参考。在进行多方案、多工况下的分析和比较时，与物理风洞相比其费用相对较低。但由于计算流体力学中反映黏性流体流动基本力学规律的 Navier-Stokes（N-S）方程是一个非线性偏微分方程，求解非常困难和复杂，采用计算机进行数值模拟实际上是对该方程在某些条件下进行简化后的求解，而简化往往会带来误差。根据以往自然通风冷却塔物理风洞和数值风洞研究的经验，目前工程界比较统一的观点是：数值风洞在定性研究方面具有较大的优势，定量分析尚不够理想。

当自然通风冷却塔塔群平面布置为非常规布置且无工程经验可借鉴时，或冷却塔周围壳底直径和喉部直径的平均值 4 倍范围内有地上高度超过三分之一塔高的建构筑物或其他阻挡物时，或厂区周围地势对环境风影响较大时，冷却塔设计风压应考虑环境干扰影响，当无工程经验可借鉴时应进行专门的结构抗风试验专题研究。

在冷却塔结构抗风设计时，作用在塔筒表面上的风荷载可分为两部分：外部风压 w_e 和内吸力 w_i，二者均垂直于塔筒表面，内吸力始终指向塔中心。一般情况下，在进行塔筒屈曲稳定性分析时需要同时考虑自重 G、外部风压 w_e 及内吸力 w_i 的共同作用，由于塔筒在内吸力的作用下会在壳体内部产生轴压力，一定程度上会减小塔筒配筋面积，出于安全考虑，混凝土塔筒配筋计算时往往忽略内吸力的作用。

（1）外部风压 w_e 是作用于双曲线冷却塔外表面上的等效风荷载，w_e 标准值可按式（11-1）计算

$$w_e = w(Z,\theta) = \beta \cdot C_g \cdot C_P(\theta) \cdot \mu_z(Z) \cdot w_0 \quad (11\text{-}1)$$

式中 $w(Z,\theta)$ ——作用在塔筒外表面上的等效风荷载标准值；

β ——风振系数；

C_g ——塔间干扰系数，≥1.0；

$C_P(\theta)$ ——平均风压分布系数［沿环（纬）向分布曲线通常以 Fourier 级数或其他函数的形式表达］；

$\mu_z(Z)$ ——风压高度变化系数；

w_0 ——基本风压。

中国规范中规定：基本风压 w_0 以当地较为空旷平坦地貌离地面 10m 高、重现期为 50 年的 10min 平均最大风速 v_0（m/s）计算，可按照贝努力公式确定基本风压。计算公式如下

$$w_0 = \frac{1}{2}\rho v_0^2 \quad (11\text{-}2)$$

式中 ρ ——空气密度，$\rho = 1.25\text{kg/m}^3$。

对于大中小型冷却塔设计风压不得小于 0.3kN/m^2，对于超大型冷却塔不得小于 0.35kN/m^2。当冷却塔建在不同地形处，其基本风压值应按 GB 50009《建筑结构荷载规范》中有关规定调整。

不同国家的冷却塔设计规范中对于风荷载的取值

存在差异：在印度规范、德国规范中规定：最大风速应采用五十年一遇的3s的平均最大风速。在英国荷载规范中，在结构设计时，使用的是经海拔、季节、风向和概率保证率这四个因素修正得到的场址风速。在冷却塔设计时，英国规范是以场址平均风速$v_{m.z}$为基准，只是在脉动效应系数的计算中使用了场址阵风风速$v_{g.z}$；德国规范是以阵风风速v_g为基准；中国规范的参考风速为平均风速v_0。具体差异见表11-2。

冷却塔属空间薄壳结构，风荷载对其影响很大，风对冷却塔结构作用的大小，主要取决于风的来流特性、塔的几何形状以及塔表面粗糙度等。

表11-2　　中国、英国、德国规范风荷载标准值计算方法

规范		中国	英国	德国
风荷载标准值		$w(Z,\theta)$ $=\beta C_{pc}(\theta)\mu_Z(Z)w_0$	$w_m(Z,\theta)=C_p(\theta)\times0.613(v_sS_{m.z})^2\varphi$	$w_c(Z,\theta)=C_{pc}(\theta)\varphi F_{1qb}(Z)$
			$w_g(Z,\theta)=C_p(\theta)\times0.613(v_sS_{g.z})^2\varphi$	$w_i(Z,\theta)=C_{pi}(\theta)F_{1qb}(H)$
风速指标及时距		基本风速v_0（10min）	基本风速v_b（1h），$v_b/v_0=0.94$ 场址风速v_s（1h）；有效风速v_c（3s）	基本风速v_0（10min） 阵风风速v_g（3s） 沿海：$v_g/v_0=1.4$ 内陆：$v_g/v_0=1.5$
冷却塔设计参考风速		$v_{0.Z}$（10min），平均风剖面	场址平均风速v_{mz}（1h），平均风剖面 场址阵风风速v_{gz}（3s），阵风剖面	$v_{g.Z}$（3s），阵风剖面
外压系数C_{pc}（θ）		Fourier级数8项式； 区分无肋塔和加肋塔	Fourier级数8项式（已包含内吸力）； 不区分无肋塔和加肋塔	分段函数式，按表面粗糙度区分
内吸力系数C_{pi}		取$C_{pi}=-0.5$	取$C_{pi}=-0.4$（已包含在外压Fourier级数中，无须单独考虑），同时计入动力放大效应和干扰效应	取$C_{pi}=-0.5$，不考虑风剖面，以塔顶风压为参考；不计动力放大效应但仍计入干扰效应
脉动效应系数		β，仅分场地类别给出经验取值	φ，考虑阵风效应、结构动力特性和干扰效应	φ，考虑阵风效应和结构动力特性
干扰效应	相关规定	塔间干扰系数C_g	体现于脉动效应系数，且仅有1.5D塔距时的取值；塔高超过120m时，应进行气弹风洞试验	$L/D_m\geqslant4$，$F_1=1.0$；$L/D_m=2.5$，$F_1=1.1$；$L/D_m=1.6$，$F_1=1.3$；$L/D_m<1.6$，风洞试验
	适用性	均适用于相邻冷却塔和相邻建筑且适用于多个冷却塔组合		

冷却塔按壳体外表面是否沿子午线设置加糙肋条可分为“加肋塔”和“无肋塔/光滑塔”两种。塔筒外表面糙率不同，沿环向的平均风压分布曲线也不同。作用于塔筒外表面的外部风压分布系数$C_P(\theta)$与表面糙率有关，不同国家的冷却塔设计规范给定的风压分布曲线也有些差异。一般认为，在同等风压、相同屈曲安全系数条件下，加肋塔塔筒的结构内力值较无肋塔有所降低，因而配筋量也有所降低。

加肋塔在国外采用较为普遍，国内过去采用较多的是无肋塔，近几年，也有一些加肋塔已陆续建成，施工单位在施工加肋塔方面，也积累了一定的工程经验。塔筒外表面的子午向肋条如图11-15所示。

图11-15　塔筒外表面的子午向肋条

国内现行冷却塔设计规范中光滑冷却塔的风压分布曲线来源于“北大S_{32}风压分布曲线”，一般由式（11-3）确定

$$C_P(\theta)=\sum_{k=0}^{m}\alpha_k\cos(k\theta) \tag{11-3}$$

式中光滑塔风压分布曲线傅里叶级数展开式系数α_k见表11-3。

表 11-3　光滑塔风压分布曲线傅里叶级数展开式系数 α_k

系数 α_k	α_0	α_1	α_2	α_3	α_4	α_5	α_6	α_7
光滑塔	−0.4426	0.2451	0.6752	0.5356	0.0615	−0.1384	0.0014	0.0650

注　不包括内吸力。

国内现行冷却塔设计规范中加肋冷却塔的风压分布曲线及其适用范围参考自德国 VGB-R610Ue：Structural design of cooling tower（冷却塔结构设计导则），有肋塔风压分布曲线选用及其 α_k 见表 11-4 和表 11-5。

表 11-4　有肋塔风压分布曲线选用表

塔筒外表面粗糙度系数 h_R/a_R	0.025～0.1	0.016～0.025	0.010～0.016
曲线编号	K1.0	K1.1	K1.2

表 11-5　有肋塔不同风压分布曲线的傅里叶级数展开式系数 α_k

系数 α_k	曲线编号 K1.0	曲线编号 K1.1	曲线编号 K1.2
α_0	−0.31816	−0.34387	−0.37142
α_1	0.42197	0.40025	0.37801
α_2	0.48519	0.51139	0.54039
α_3	0.38374	0.41500	0.44613
α_4	0.13956	0.13856	0.13427
α_5	−0.05178	−0.06904	−0.08635
α_6	−0.07171	−0.07317	−0.07074
α_7	0.00106	0.01357	0.02727
α_8	0.03127	0.03466	0.03500
α_9	−0.00025	−0.00851	−0.01798

注　未包括内吸力。

h_R 和 a_R 由图 11-16 求得。

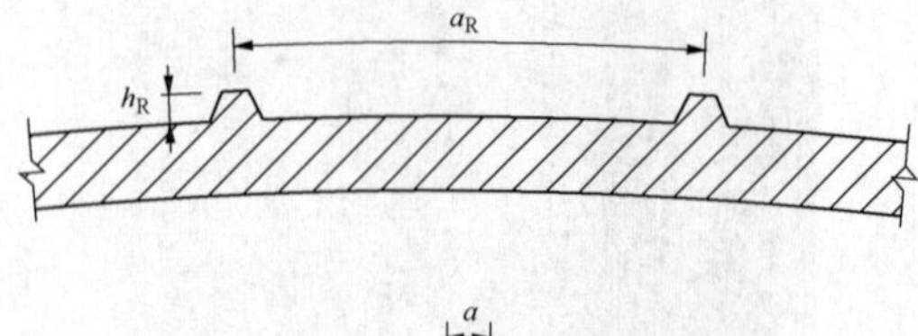

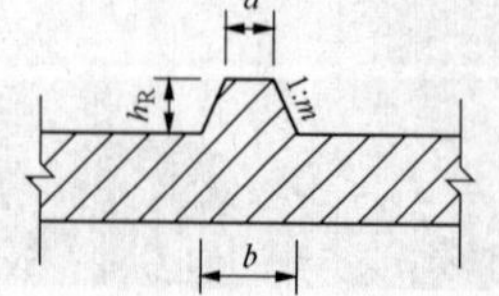

图 11-16　h_R 和 a_R（子午向肋条布置及截面图）

1）风振系数 β。大气运动是一种典型的湍流运动，其中必然包含了脉动的成分。风速可分成准定常的时均风速和非定常的脉动风速，相应地，作用在建（构）筑物上的风荷载包括平均风荷载和动态风荷载两部分。

对建（构）筑物影响最大的是大气边界层中的近地面层（常通量层），厚度约 50～100m。这一层大气受地表动力和热力影响强烈，气象要素随高度变化激烈，运动尺度小，大气运动呈现明显的湍流性质，脉动性较大。湍流强度与地面粗糙度类别和离地面高度有关，并随高度的增加而降低。

湍流的相关性简单地讲就是指空间两点处风速的相关联程度。湍流的空间相关性分为侧向（水平横风向）相关性、竖向相关性（竖直横风向）和前后（顺风向）相关性。定性地讲，两点空间相距越远，那么它们之间的风速相关性就越小。一般认为，随着高度的增加，高处脉动位移相对于平均位移来说比例较小，物体越大脉动风压就越是相互不一致而相互抵消。因此结构物越是高宽，所受的突风危险便要减小。

对于高耸结构，第一振型对振动响应的贡献起决定性作用，高阶振型对振动响应的影响比第一振型小，故一般情况下自然通风冷却塔可仅考虑第一振型的影响。由于在目前高耸土建结构的风振响应计算中，往往不考虑风与结构的耦合作用，这一处理对于一阶频率高于 0.5Hz 的悬臂结构是可以接受的。随着冷却塔规模的进一步增加，其各阶自振频率也趋于降低，某些工程 600MW 等级间接空冷机组配置的冷却塔其一阶自振频率已低于 0.7Hz，220m 高间接空冷塔的基频更已接近 0.6Hz。对于超大规模的冷却塔，可从壳体形状选择、布置加劲环、提高材料弹性模量等方面采取措施，适当提高冷却塔的一阶自振频率。

在我国的冷却塔设计规范中，采用等效静力荷载来表示脉动风引起的动态风荷载，即用平均风荷载乘以荷载风振系数（简称风振系数）β。现行冷却塔设计规范规定："对于塔高 190m 及以下的双曲线冷却塔，在不同地面粗糙度类别条件下的风振系数 β 值，一般可按表 11-6 用。当塔高大于 190m 时，风振系数的取值应通过弹性模型风洞实验研究确定"。

表 11-6 风振系数 β

地面粗糙度类别	A	B	C
风振系数	1.6	1.9	2.3

近些年，不同工程所做的超大型冷却塔风振系数研究结论基本趋于一致，多数超大型冷却塔的风振系数采用规范值是安全的。

2）塔间干扰系数。近年来，我国出现了许多巨型发电厂，有些电厂发电机组的数量达到 6 台、8 台甚至更多，随之产生超大型、高密度的冷却塔塔群，塔与塔之间、塔与毗邻的高大建构筑物之间的气动干扰使风场变得更为复杂，尤其是“通道”和“屏蔽”效应的存在，可导致塔身承受更加不利的风荷载。因此，当塔与塔之间、塔与毗邻的高大建构筑物之间的间距过小，塔群非常规布局布置或冷却塔临近高大山体布置而无类似工程经验可供借鉴时，就有必要进行针对性的冷却塔群间干扰效应的风洞试验研究，评估冷却塔受到的环境干扰影响，为冷却塔的抗风设计提供依据。

一般常规塔距、常规布局的冷却塔塔群之间的干扰系数在无风洞试验的情况下可参考表 11-7。

表 11-7 塔间干扰系数 C_g

L/d_m	1.6	2.5	4.0
C_g（串列）	1.25	1.10	1.0
C_g（方阵）	1.3	1.15	1.0

注 1. L 为临近两座冷却塔的中心距离。
2. C_g 中间数值可通过线性内插得到。
3. $d_m = \frac{d_u + d_t}{2}$，式中，$d_u$ 为壳底直径，d_t 为喉部直径；当相毗邻的 2 座塔的规模不同时，应取较大塔的直径。
4. 表中系数系根据风洞试验资料整理。用于两座及以上冷却塔的塔群，塔群为串列或方阵布置。根据风洞试验资料，串列或方阵布置的塔间干扰系数是不同的，方阵布置的塔间干扰系数相对较大。

3）风压高度变化系数。风压沿高度方向的变化规律与地貌有关，国内工程应根据地貌粗糙类别按照 GB 50009《建筑结构荷载规范》相关规定确定。不同国家规范采用的风压高度变化系数不尽相同，在进行涉外工程冷却塔设计时应遵循当地规范。

（2）内吸力 w_i。为方便使用，冷却塔内吸力假定为垂直作用于塔筒表面、方向指向塔内且沿塔筒纬向（环向）及子午向皆均匀分布的吸力。

冷却塔内吸力绝对值的大小与填料或散热器的透风率密切相关，受环境风速影响较小。透风率越低即塔筒底部的空气补充效果越差，内吸力的绝对值越大。根据已有的风洞试验研究成果，不同透风率下内吸力的大小约在塔顶标高参考风压的-0.3～-0.65 倍。对于湿式冷却塔，中国和德国冷却塔设计规范中内吸力系数均取-0.5。对于干式冷却塔，正常运行条件下内吸力系数绝对值会小于 0.5；而冬季百叶窗全关条件下由于散热器间、百叶窗、展宽平台等密封不严的原因也存在一定的漏风量，此时内吸力系数绝对值可能会介于 0.5～0.6。内吸引力系数 C_{pi} 与透风率 η（%）及环境风速 v（m/s）之间的关系如图 11-17 所示。

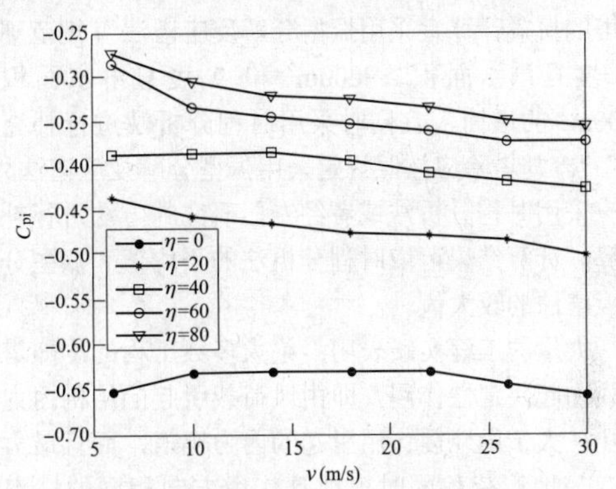

图 11-17 内吸力系数 C_{pi} 与透风率 η（%）及环境风速 v（m/s）之间的关系

内吸力标准值按式（11-4）计算

$$w_i = C_{pi} \cdot q(H) \tag{11-4}$$

$$q(H) = \mu_H \beta C_g w_0$$

式中 $q(H)$ ——塔顶处的风压标准值；
C_{pi} ——内吸力系数，一般取 $C_{pi} = -0.5$；
μ_H ——塔顶标高处风压高度变化系数。

3. 地震作用

目前国内外冷却塔设计规范中结构抗震分析均以采用振型分解反应谱法理论为主。

反应谱方法是一种拟静力方法，虽然能够同时考虑冷却塔结构各频段振动的振幅最大值和频谱两个主要要素，但并未体现持续时间这一要素；反应谱方法还忽略了地震作用的随机性，不能考虑冷却塔结构在罕遇地震下逐步进入塑性时，因其周期、阻尼、振型等动力特性的改变，而导致结构中的内力重新分布这一现象；再者，反应谱方法假设结构所有支座处的地震动完全相同，忽略基础与土层之间的相互作用。我国抗震规范给出的设计反应谱影响曲线，考虑了场地的类型、地震分组、结构阻尼等影响，是数百条地震波的地震反应的平均值，而非包络值，体现的是共性，无法反映结构进入塑性的整体结构性能。

时程分析方法是一种相对比较精细的方法，不但可以考虑结构进入塑性后的内力重分布，而且可以考察结构响应的整个过程。但这种方法只反映冷却塔结构在一条特定地震波作用下的性能，往往不具有普遍性，这就需要针对具体场地的特点，恰当地选择若干条具有场地代表性的地震波用于结构抗震动力分析，而所选地震波的选择质量直接影响到时程动力分析结果的可信性。

冷却塔抗震设计时应根据设防烈度、结构类型和淋水面积等，按构筑物抗震规范确定其抗震等级，并应符合相应的抗震计算规定和抗震构造措施要求。

GB 50191《构筑物抗震设计规范》明确规定“冷却塔的抗震计算宜采用振型分解反应谱法”，规范规定“8 度且淋水面积＞9000m^2 和 9 度且淋水面积＞7000m^2 的塔筒，宜同时采用时程分析法进行补充计算”。冷却塔除应按照规定采用振型分解反应谱法外，尚应采用时程分析法或者经专门研究的方法进行补充计算。计算结果可取时程分析法的平均值和振型分解反应谱法的较大值。

大量的工程实践表明：绝大多数工程的冷却塔风荷载均起决定性作用，即由风荷载引起的结构内力幅值往往大于由地震作用引起的内力幅值，而且最大风荷载与地震荷载同时出现且作用方向相同的概率很低，故对于位于地震烈度 8 度及以下区域和目前已经达到的冷却塔规模来说，当前所采用的地震计算方法是可行的。

4. 温度作用

冷却塔设计时应考虑运行和受日照时的温度影响。

当计算冬季运行工况筒壁温度应力时，其筒壁内外温差按照以下要求进行计算。

（1）冬季塔外计算气温按照 30 年一遇极端最低气温计算。

（2）湿冷塔冬季塔内计算温度按进风口、淋水填料及淋水填料以上不同部位分别确定，见 GB/T 50102《工业循环水冷却设计规范》；干式冷却塔的塔内计算温度现行规范中尚未给出取值规定，根据中国电力工程顾问集团电站冷却塔技术中心的初步研究成果，其数值明显高于湿式冷却塔。

（3）塔筒筒壁内、外表面温度差按式（11-5）和式（11-6）计算

$$\Delta t_{\mathrm{b}}=\frac{h}{\lambda_{\mathrm{h}}}K_{\mathrm{ch}}\Delta t \tag{11-5}$$

$$\frac{1}{K_{\mathrm{ch}}}=\frac{1}{\alpha_0}+\frac{h}{\lambda_{\mathrm{h}}}+\frac{1}{\alpha_{\mathrm{i}}} \tag{11-6}$$

式中 Δt_{b}——筒壁内、外表面温度差，℃；

K_{ch}——传热系数，W/（m^2•℃）；

Δt——筒壁内、外空气温度差，℃；

α_0，α_{i}——筒壁外面、内面空气的换热系数，可取 $\alpha_0=\alpha_{\mathrm{i}}$=23.26W/（m^2•℃）；

h——筒壁厚度，m；

λ_{h}——混凝土的热传导系数，可取 1.98W/（m^2•℃）。

（4）当需要验算夏季日照下的温度应力时，日照筒壁温差可近似按照塔高为恒值计算

$$\Delta t_{\mathrm{b}}(\theta)=\Delta t_{\mathrm{b0}}\sin\theta \tag{11-7}$$

式中 $\Delta t_{\mathrm{b}}(\theta)$——计算点处日照筒壁温差，℃，$\Delta t_{\mathrm{b}}(\theta)=0\sim\Delta t_{\mathrm{b0}}$；

θ——计算点与日照壁温差为 0 处的夹角，(°)，θ=0°～180°逆时针增大；

Δt_{b0}——日照筒壁温差最大值，位于 θ=90° 处，可采用 10～15℃，热带取较大值，温带如计算可取较小值，寒冷及严寒地区可不考虑日照温度应力。

1985 年，西北电力设计院对陕西秦岭电厂 4000m^2 湿式冷却塔进行了筒壁日照温度现场测试研究，研究结果直接影响了当时国内冷却塔设计规范相关参数的制定，并影响至今。值得注意的是，德国冷却塔设计导则 VGB R610 中建议采用的夏季日照壁面温差取值（25℃）明显大于国内规范（10～15℃）。

5. 施工和安装荷载

冷却塔施工和安装过程中，可能出现下列荷载。

（1）模板和脚手架荷载（旋转对称的边缘力和边缘力矩）；

（2）拆除模板和脚手架时的荷载（集中荷载或局部线型荷载以及上部边缘力矩）；

（3）起重机锚索的锚定荷载（作用在壳面上的集中荷载）；

（4）输送混凝土的工作平台的荷载（有动力影响的集中荷载和集中力矩）。

（5）材料堆积、人员荷载。

施工荷载的类型、大小和荷载组合应结合冷却塔施工所采用的施工工艺确定。塔筒翻模施工工艺和滑模施工工艺施工荷载就存在较大差异。

三、结构设计

（一）荷载效应组合

设计双曲线自然通风冷却塔塔筒时，应对承载能力极限状态和正常使用极限状态分别进行荷载效应组合，并应分别取其最不利工况进行设计。

（1）按承载能力极限状态设计时，荷载效应组合选用应符合下列规定。

1）基本组合应满足 $\gamma_0 S\leqslant R$（其中，γ_0 是结构重

要性系数，取 1.0；R 是结构构件抗力的设计值），荷载效应组合的设计值应按式（11-8）和式（11-9）计算

$$S=\gamma_G S_{GK}+\gamma_W S_{WK}+\gamma_t\varphi_t S_{TK} \tag{11-8}$$

$$S=\gamma_G S_{GK}+\gamma_W\varphi_W S_{WK}+\gamma_t S_{TK} \tag{11-9}$$

2）地震作用组合应满足 $S\leqslant R/\gamma_{RE}$（γ_{RE} 是承载力抗震调整系数），荷载效应组合的设计值应按式（11-10）计算

$$S=\gamma_G S_{GE}+\gamma_W\varphi_{WE}S_{WK}+\gamma_t\varphi_t S_{TK}+\gamma_E S_E \tag{11-10}$$

式中 S——荷载效应组合的设计值；

γ_G——永久荷载分项系数，当其效应对结构有利时取 1.0；当其效应对结构不利时，在基本组合中对由可变荷载效应控制的组合应取 1.2；对由永久荷载效应控制的组合，应取 1.35；在地震作用组合中取 1.2；

S_{GK}——按永久荷载标准值计算的荷载效应值；

γ_W——风荷载分项系数，取 1.4；

S_{WK}——按风荷载标准值计算的荷载效应值；

γ_t——温度作用分项系数，取 1.0；

φ_t——温度作用组合值系数，一般地区可取 0.6，对于历年最大风速出现在最冷季节即 12 月、1 月、2 月的地区，按气象统计资料确定，取 50 年一遇最大风荷载时相应的低气温与 30 年一遇最低气温的比值且不小于 0.6；

S_{TK}——按计入徐变系数的温度作用标准值计算的效应值；

φ_W——风荷载的组合值系数，一般地区可取 0.6，对于历年最大风速出现在最冷季节即 12 月、1 月、2 月的地区，按气象统计资料确定，取 30 年一遇最低气温时相应的大风荷载与 50 年一遇最大风荷载的比值且不小于 0.6；

S_{GE}——重力荷载代表值的效应；

φ_{WE}——与地震作用效应组合时，风荷载的组合值系数取 0.25；

γ_E——地震作用分项系数，取 1.3；

S_E——按地震作用标准值计算的效应值。

（2）按正常使用极限状态计算时，裂缝验算应符合下列规定。

1）短期效应组合应按式（11-11）和式（11-12）计算

$$S_K=S_{GK}+S_{WK}+\varphi_t S_{TK} \tag{11-11}$$

$$S_K=S_{GK}+\varphi_w S_{WK}+S_{TK} \tag{11-12}$$

式中 S_K——荷载效应标准组合的设计值。

2）短期最大裂缝宽度应按式（11-13）计算

$$\omega_{s\max}=\frac{1}{\tau_1}\omega_{\max} \tag{11-13}$$

式中 $\omega_{s\max}$——短期最大裂缝宽度，mm；

$\omega_{\max}$——最大裂缝宽度，mm，应按现行 GB 50010《混凝土结构设计规范》的相关规定计算；

τ_1——长期作用扩大系数，对于塔筒取 1.5；对于斜支柱及环基取 1.0。

（3）塔筒上、下刚性环环向验算时，可按照正常使用极限状态下裂缝对刚度的影响，温度效应可乘以 0.6 的折减系数后再进行验算。

（二）地基

（1）超大型冷却塔及复杂地基的地基基础设计等级为甲级，其他规模冷却塔的地基基础设计等级按乙级；位于湿陷性黄土地基上的冷却塔按甲类考虑，其他特殊土地基上的冷却塔分类见相应的地基规范。

（2）同一座冷却塔宜布置在同一地质单元上；不宜布置在截然不同的地基上。

（3）当遇有不均匀地基时，应复核地基不均匀沉降对塔筒、斜支柱及基础的承载能力和裂缝宽度的影响。

（4）冷却塔地基承载力计算时，其荷载组合应按式（11-14）计算

$$S=1.1S_{GK}+S_{WK}/\beta+\varphi_t S_{TK} \tag{11-14}$$

（三）塔筒稳定性设计

自然通风冷却塔塔筒是典型的空间薄壳结构，对结构失稳破坏敏感，冷却塔塔筒的抗屈曲失稳能力是自然通风冷却塔结构设计时必须保证的最重要的性能之一。

屈曲分析主要用于研究结构在特定载荷下的稳定性以及确定结构失稳的临界载荷，屈曲分析包括：线性屈曲和非线性屈曲分析。线弹性失稳分析又称特征值屈曲分析，非线性屈曲分析包括几何非线性失稳分析、弹塑性失稳分析、非线性后屈曲（snap-through）分析。实际工程分析及设计中通常采用线性屈曲分析方法。

不同历史时期、不同国家的冷却塔设计规范对屈曲安全验算方法及容许安全系数取值的规定存在差异。现行的中国冷却塔设计规范中，双曲线冷却塔塔筒的弹性稳定验算采用整体稳定验算和局部弹性稳定验算两种方法，要求二者的弹性稳定安全系数 K_B 同时满足≥5。

（1）塔筒整体稳定验算

$$q_{cr}=CE_c\left(\frac{h}{r_0}\right)^{2.3} \tag{11-15}$$

$$K_B=\frac{q_{cr}}{q}\geqslant 5 \quad (11\text{-}16)$$

式中 q_{cr} ——塔筒屈曲临界压力值；
C ——经验系数，0.052；
E_c ——混凝土弹性模量，kPa；
h ——塔筒喉部处壁厚，m；
r_0 ——塔筒喉部半径，m；
K_B ——弹性稳定安全系数；
q ——塔顶设计风压值，kPa。

式（11-15）为学者 T. J. Der 和 R. Fidler 在 1960 年通过模型试验研究得出的经验公式。该实验并未考虑塔筒壁厚的变化，模型无顶部边缘刚性环，未考虑壳体底部斜支柱离散支撑的情况，也未探讨双曲线几何形状对塔筒屈曲的影响。不同国家的冷却塔设计规范中上述公式的参数并不统一。譬如常数 C 的取值，印度取 0.07，美国早期取 0.077，当前德、英、中、美取 0.052。又如设计风压 q，英国标准取喉部设计风压，而中国规范中取塔顶设计风压。

（2）塔筒局部弹性稳定验算

$$0.8K_B\left(\frac{\sigma_1}{\sigma_{cr1}}+\frac{\sigma_2}{\sigma_{cr2}}\right)+0.2(K_B)^2\left[\left(\frac{\sigma_1}{\sigma_{cr1}}\right)^2+\left(\frac{\sigma_2}{\sigma_{cr2}}\right)^2\right]=1 \quad (11\text{-}17)$$

$$\sigma_{cr1}=\frac{0.985E_c}{\sqrt[4]{(1-\upsilon_c^2)^3}}\left(\frac{h}{r_0}\right)^{4/3}K_1 \quad (11\text{-}18)$$

$$\sigma_{cr2}=\frac{0.612E_c}{\sqrt[4]{(1-\upsilon_c^2)^3}}\left(\frac{h}{r_0}\right)^{4/3}K_2 \quad (11\text{-}19)$$

应满足 $K_B\geqslant 5$。

式中 σ_1，σ_2 ——由 $S_{GK}+S_{WK}+S_{wsog}$ 组合产生的环向、子午向压力，其中 S_{wsog} 为内吸力引起的压力，kPa；
σ_{cr1}，σ_{cr2} ——环向、子午向的临界压力，当为拉应力时，取 0，kPa；
h ——筒壁厚度，m；
υ_c ——混凝土泊松比；
K_1，K_2 ——几何参数，见表 11-8。

表 11-8 几何参数表

几何参数	r_u/z_T	r_0/r_u						
		0.517	0.6	0.628	0.667	0.715	0.800	0.833
K_1	0.25	0.105	0.102	0.098	0.092	0.081	0.063	0.056
	0.333	0.162	0.157	0.150	0.138	0.124	0.096	0.085
	0.146	0.222	0.216	0.210	0.198	0.185	0.163	0.151
K_2	0.25	1.280	1.330	1.370	1.450	1.560	1.760	1.850
	0.333	1.200	1.250	1.300	1.370	1.490	1.730	1.830
	0.146	1.130	1.170	1.230	1.310	1.430	1.680	1.820

注 r_u—壳底半径，m；r_0—喉部半径，m；z_T—塔筒喉部至壳底的垂直高度，m。

塔筒局部弹性验算方法是一个半试验、半数值相综合的方法，其实验模型及所施加的荷载，特别是边界条件及荷载分布型式等，与实际冷却塔存在很大差异，数值分析也只能处理轴对称荷载。随着计算方法的不断改进，2005 年版、2010 年版德国冷却塔设计导则 VGB R610 已经摈弃了塔筒局部弹性稳定验算方法，改为经典屈曲计算方法。中国冷却塔设计规范中塔筒屈曲验算采用了局部弹性验算方法，GB 50102《工业循环水冷却设计规范》仍继续沿用了这一方法，但不排除未来规范修订的可能性。

塔筒壁厚的确定首先要满足塔筒屈曲稳定安全的要求，其次还要满足结构承载能力极限状态和正常使用极限状态的要求。根据塔筒厚度的变化特点，冷却塔可分为等厚塔和变厚塔；为了提高塔筒的环向刚度，减小风荷载作用下的径向变形，国内外一些工程在塔身上设置了若干道水平加劲环梁，称之为加劲环冷却塔。

（1）变厚塔。我国设计的冷却塔塔筒大多数采用指数变厚，其厚度变化规律可表示为

$$H=h_{min}+(h_{max}-h_{min})e^{-\frac{\eta\Delta z}{r_0}} \quad (11\text{-}20)$$

式中 h_{min} ——最小壁厚，m；
h_{max} ——最大壁厚，m；
η ——厚度变化指数，取 2～3；
Δz ——计算点至壳底的距离；
r_0 ——塔筒喉部半径。

变厚塔塔筒下部壁厚大，屈曲稳定性好，但其截面温度应力大，配筋多且工程量大。

在实际工程设计中，一些设计院为了减少塔筒内外模板间的预制支撑块或金属支撑管的长度种类，塔筒壁厚的变化经常采用 5mm 或 10mm 的变厚步长，采

用这种设计处理后的塔筒形式上就像分段等厚塔。

（2）等厚塔。塔筒除上下两端为加厚段外，其余均为等壁厚，塔筒施工时不需要频繁调整壁厚，施工方便。大型冷却塔塔筒大多为变厚或分段等厚。

（3）加劲环塔。20 世纪 80 年代前后，国内外学者及工程界对设置加劲环的双曲线冷却塔进行了分析研究并在多个工程中实践应用，其中包括比利时多伊尔核电站（Doel Ⅲ）、美国密西西比核电站（Mississippi Ⅰ）和德国慕尼黑伊萨尔核电站（Isar Ⅱ）冷却塔等。如图 11-18 所示。

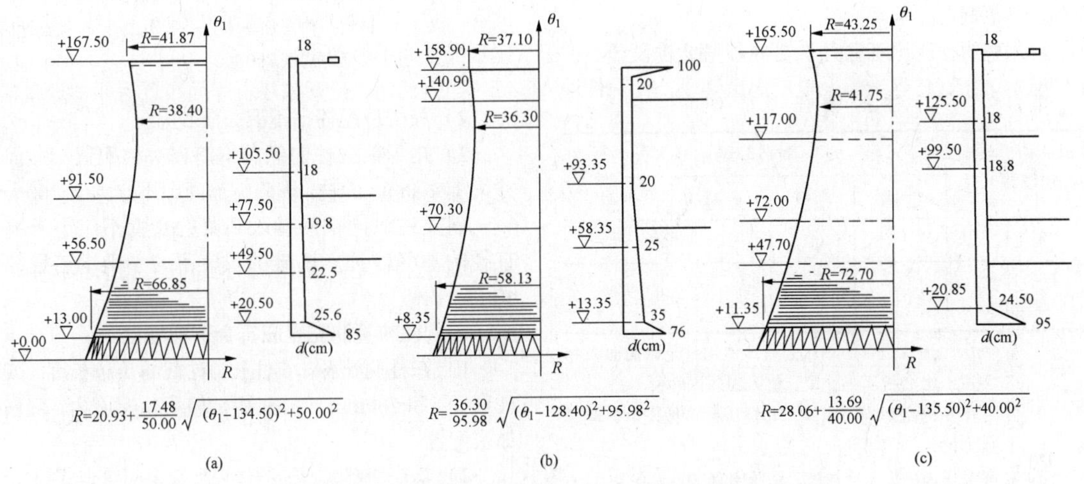

图 11-18　国外典型的采用加劲环双曲线冷却塔的工程

（a）Doel Ⅲ；（b）Mississippi Ⅰ；（c）Isar Ⅱ

研究表明：塔筒加劲环对于由于初始缺陷引起的应力增大现象具有一定的“抑制”作用；可以明显提高冷却塔塔筒的失稳临界载荷及最小固有频率。

设置加劲环的目的是提高塔筒的稳定性、减小塔筒结构位移及降低塔筒工程量。加劲环可明显改善塔筒的抗屈曲失稳的能力，在保证塔筒稳定性的前提下，减小冷却塔的土建工程量，从而降低工程造价。

（四）斜支柱设计

冷却塔斜支柱顶部离散支撑着塔筒，承受上部筒壳传来各项内力。一般情况下，斜支柱一般沿塔筒底部圆周均匀布置，特殊情况下也可根据需要局部调整支柱间的间隔。斜支柱横截面宜采用通风阻力较小截面型式，如圆形、矩形、圆角矩形以及长圆形等。

自然通风冷却塔遭受地震破坏时，斜支柱是主要部位，壳体、基础为次要部位，而最薄弱环节为斜支柱顶与环梁接触处。有抗震设计要求时，为了减少柱顶径向位移，布置斜支柱时要注意倾斜角的选择，倾斜角为每对斜支柱组成的斜平面内夹角的 1/2，倾斜角大小将影响塔的自振频率和振动幅值，倾斜角不宜小于 11°。对采用 X 支柱的冷却塔而言，上述斜平面为相邻毗邻 X 支柱组成的∧平面。

斜支柱应按承载能力极限和正常使用极限两种极限状态，对塔筒传给支柱的各项内力进行组合计算，并分别取其最不利情况进行设计。斜支柱通常为钢筋混凝土按双向偏心受压或偏心受拉杆件计算，截面配筋计算时应根据长细比按 GB 50010—2010《混凝土结构设计规范》计算并考虑偏心距增大系数的影响。

我国北方及西北内陆五省区，大部分处于寒冷及严寒地区，冬季寒冷，极端最低气温很低。冬季停运工况下，冷却塔地上结构暴露在大气中，上部结构与冷却塔基础所处的地温存在较大温差，会在塔结构（主要是塔筒支柱和塔筒底部）中产生较大的内力，故需要验算冬季停运工况。验算时宜采用有限元方法，地上部分结构作用温度取 30 年一遇最低气温，基础作用温度可取当地地温。

计算冷却塔人支柱和 V 支柱斜支柱纵向弯曲长度时，支柱纵向弯曲计算长度 L_0：径向取 $0.9L$，环向取 $0.7L$。计算 X 支柱纵向弯曲长度时，沿径向不考虑 X 支柱交点的作用，其计算长度 L_0 取 $0.9L$，此处 L 为塔筒支柱自支墩顶至塔筒下环梁底的轴线斜长；对于 X 柱下支柱，沿环向其计算长度 L_0 取 $=0.7L$，此处 L 为塔筒支柱自支墩顶至塔筒支柱 X 交点段的轴线斜长；对于 X 柱上支柱，沿环向其计算长度 L_0 取 $=0.7L$，此处 L 为塔筒支柱自塔筒支柱 X 交点至塔筒下环梁底段的轴线斜长。

冷却塔斜支柱的长细比，应满足以下要求，地震烈度为 8、9 度时宜取较小值。

$L_0/b=12\sim20$ 用于矩形支柱；

$L_0/d=10\sim17$ 用于圆形支柱；

$L_0/i=42\sim69$ 用于其他支柱。

其中：

L_0——斜支柱纵向计算长度，m；

b——矩形支柱横截面的短边长度，m；
d——圆形支柱横截面的直径，m；
i——支柱横截面的最小回转半径，m。

斜支柱的轴压比、纵向钢筋最小总配筋率、箍筋的体积配箍率、箍筋间距、肢距、箍筋加密区长度等应符合以下规定要求。

（1）柱的轴压比不宜大于表11-9规定的限值。

表11-9　柱的轴压比

结构类型	抗震等级			
	一级	二级	三级	四级
斜支柱	0.6	0.7	0.8	
框架柱、排架柱	0.7	0.8	0.9	

注 1. 轴压比指柱组合的轴压力设计值与柱全截面面积和混凝土轴心抗压强度设计值乘积之比的值。
2. 在不受冻融影响的地区，其轴压比可按表中数值增加0.05。
3. Ⅳ类场地的大型冷却塔，轴压比宜适当减少。

柱的纵向钢筋配置应符合以下规定。

1）柱的纵向钢筋最小总配筋率应按表11-10采用。

表11-10　柱的纵向钢筋最小总配筋率　（%）

结构类型	抗震等级			
	一级	二级	三级	四级
斜支柱	1.2	1.0	0.9	0.8
框架柱、排架柱	1.0	0.8	0.7	0.6

续表

注 当采用HRB400级钢筋时，纵向钢筋最小配筋率可减少0.1%，同时一侧配筋率不宜小于0.2%；Ⅳ类场地时，最小总配筋率宜增加0.1%。

2）最大总配筋率不应大于5%。

3）矩形截面柱的纵向钢筋宜对称配置；截面尺寸大于400mm的柱，纵向钢筋间距不宜大于200mm。

斜支柱纵向钢筋伸入环梁的长度不应小于钢筋直径的60倍，伸入基础的长度不应小于钢筋直径的40倍。

（2）柱的箍筋配置应符合下列规定。

1）在柱两端各1/6柱长、柱截面长边长度（或圆柱直径）和500mm长三者中的较大值范围内，箍筋应加密配置。

2）箍筋加密区箍筋的体积配箍率应符合式（11-21）规定

$$\rho_v \geqslant \lambda_v \frac{f_c}{f_{yv}} \tag{11-21}$$

式中 ρ_v——箍筋加密区箍筋的体积配箍率；
λ_v——最小配箍特征值，宜按表11-11采用；
f_c——混凝土轴心抗压强度设计值，强度等级低于C35时，应按C35计算；
f_{yv}——箍筋和拉筋抗拉强度设计值。

表11-11　柱箍筋加密区箍筋的最小配箍特征值

抗震等级	箍筋形式	轴压比							
		≤0.3	0.4	0.5	0.6	0.7	0.8	0.9	1.0
一级	普通箍、复合箍	0.1	0.11	0.13	0.15	0.17	—	—	—
	螺旋箍、复合或连续复合矩形螺旋箍	0.08	0.09	0.11	0.13	0.15	—	—	—
二级	普通箍、复合箍	0.08	0.09	0.1	0.13	0.15	0.17	—	—
	螺旋箍、复合或连续复合矩形螺旋箍	0.06	0.07	0.09	0.11	0.13	0.15	—	—
三级、四级	普通箍、复合箍	0.06	0.07	0.09	0.11	0.13	0.15	0.17	0.22
	螺旋箍、复合或连续复合矩形螺旋箍	0.05	0.06	0.07	0.09	0.11	0.13	0.15	0.20

注 中间值按照内插法确定。

3）柱箍筋加密区箍筋的最小体积配箍率应符合表11-12。

表11-12　柱箍筋加密区箍筋的最小体积配箍率　（%）

结构类型	抗震等级			
	一级	二级	三级	四级
斜支柱	1.0	0.8	0.6	
框架柱、排架柱	0.8	0.6	0.4	

4）加密区箍筋间距不应大于纵向钢筋直径的6倍或100mm；箍筋直径不宜小于8mm，但截面边长或直径小于400mm时，三级、四级可采用6mm。

5）非加密区的箍筋体积配箍率不宜小于加密区的50%，且箍筋间距不宜大于纵向钢筋直径的10倍。

6）斜支柱宜采用螺旋箍；采用复合箍和普通箍时，每隔一根纵向钢筋应在两个方向设置箍筋或者拉筋约束。

（五）塔顶刚性环及下环梁的设计

常见的塔顶刚性环型式如图 11-19 所示，图 11-19（a）常用在大中型冷却塔上，最为常见；图 11-19（b）多用在寒冷地区或小型冷却塔上；图 11-19（c）欧美有些冷却塔采用这一型式。塔顶刚性环的设计要兼顾足够的环刚度和施工方便性。为检修及运行安全，在塔顶刚性环上通常设有扶手栏杆、航空障碍灯、避雷针（带）等设施。

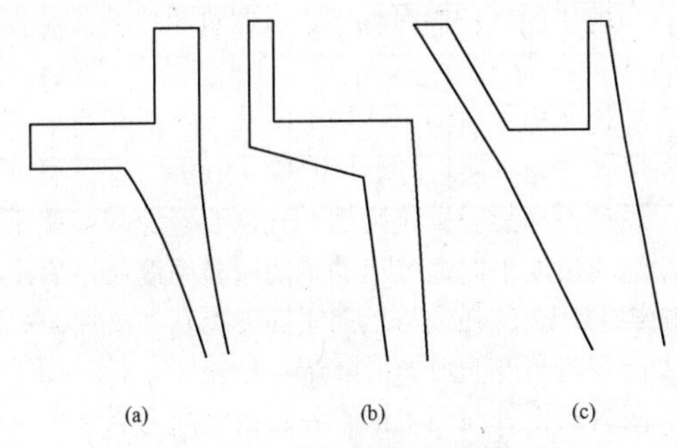

图 11-19　塔顶刚性环型式图

（a）反 L 型；（b）L 型；（c）U 型

下环梁处于塔筒壳体的下边缘处，塔筒在自重、风、地震以及其他荷载或作用下产生的各种内力均通过下环梁下传给斜支柱，再传到塔基础上。下环梁是自然通风冷却塔极为重要构件，是抗震的薄弱环节，设计时必须重点关注。

欧美有些工程的自然通风冷却塔采用过梁型下环梁（单侧或双侧加厚），而国内冷却塔下环梁通常表现为暗梁，并不单独出现几何意义上的梁。由于斜支柱离散支撑着塔筒，下环梁起到连接过渡作用，应力状态十分复杂。在使用通用有限元软件对冷却塔结构进行分析时，下环梁在模型中通常并不出现，更多采用与塔筒其他部位相同的壳单元而不是梁单元。建立有限元模型时，下环梁处宜考虑斜支柱支撑宽度的影响，以避免柱顶局部产生过大的集中应力，在进行下环梁配筋设计时通常并不采用有限元分析结果中的柱顶的应力极值。

（六）冷却塔基础

塔体承受的所有荷载最终都通过基础传递到地基中去，塔基础设计时需要考虑塔筒、斜支柱、塔基础和地基的共同作用整体分析。冷却塔环形基础通常按弹性地基梁或桩承地基梁进行计算。计算中应同时考虑地基的垂直刚度和侧向刚度，采用不同方向的土弹簧来模拟，采用桩基时也应考虑共同变形共同受力。

由于冷却塔塔筒壳体内力对基础的不均匀沉降很敏感，除非在结构分析时已经考虑了不均匀沉降的不利影响，否则在进行地基处理时应须力求均匀。

常见的冷却塔环形基础有环板基础、倒 T 型基础。其中环板基础应用最为广泛，倒 T 型基础多用于小型冷却塔。独立基础由于应用条件苛刻，实际工程中很少采用。

除结构内力外，由于地基土的水平约束，环形基础还应叠加由于施工闭合温度与运行最低温度之间存在的温差而导致钢筋混凝土环形基础收缩时产生的环向拉力。冷却塔环形基础施工闭合时宜安排在春秋季，以减小闭合温差所产生的应力。计算温度应力时考虑混凝土的徐变可将温度应力乘以 0.5 的折减系数。

塔体基础内力应按塔筒、斜支柱、基础和地基整体分析计算，并宜考虑基础与地基的变形协调。

塔体基础上拔力平衡验算应符合下列规定。

（1）对于环板型和倒 T 型基础，基础底面出现上拔力的平面范围应控制圆心角不大于 30°，验算时承载能力极限状态荷载组合应按式（11-22）计算

$$S = S_{GK} + 1.2S_{WK} \tag{11-22}$$

（2）对于单独基础，基础底面不应出现净上拔力，且自重产生的压力与风荷载产生的上拔力之比不应小于 1.20。

（七）施工期稳定验算

由于冷却塔施工工期的限制，塔筒浇筑施工速度通常很快，早龄期混凝土的弹模和强度比较低，如果施工速度过快，可能会导致施工中的塔筒发生坍塌的严重事故。施工期稳定验算的目的：对于给定的施工荷载、环境风压等，在满足塔筒壳体安全的前提下，确定翻模或滑模施工时塔筒上端的混凝土必须达到的最低弹性模量。

混凝土的弹性模量与强度之间为非线性关系，一般来说，混凝土抗压强度越高弹性模量越大，养护温度越高弹性模量增长越快，但是早期养护温度对混凝土弹性模量的影响比对强度的影响要更为明显。

对配合比已确定的混凝土而言，最主要的影响因素是温度（见表 11-13）。在接近冰点时，混凝土的强度和弹性模量增长缓慢甚至不增长，历史上国内外曾发生多次因低温导致因早龄期混凝土强度或弹性模量不足而发生冷却塔塔筒垮塌的事件。在冷却塔建设过程中，尤其需要注意低温特别是突然大幅度降温对施工安全的不利影响。冬春及秋冬换季时，应密切关注天气预报，根据同条件试块实际强度决定拆模时机。一旦发生温度骤降，必须采取降低施工速度、减小施工荷载等措施，条件许可时还可采取适当的混凝土保温、增加悬挂模板层数等。必须高度重视塔筒混凝土同条件养护试块的留置及试验工作，以留置试块的实际达到强度为准绳，达不到规范及设计文件要求的最低强度要求，严禁进行下一步施工。

表 11-13　　某配合比混凝土在不同温度下硬化时的相对强度　　（%）

水泥种类	混凝硬化日期（日）	425 号水泥							
		1℃	5℃	10℃	15℃	20℃	25℃	30℃	35℃
		混凝土强度对正常条件下硬化 28 天强度的百分率							
425 普通水泥	1	*5.5*	*6.5*	*9.9*	*10.7*	*14.8*	*18.3*	*20*	*25.6*
	2	*10.5*	*13.6*	*18.5*	*21.5*	*26.6*	*32.1*	*35.3*	*41.7*
	3	14	20	26	31	38	43	49	53
	5	25	32	38	46	51	58	61	67
	7	31	40	49	55	61	69	73	77
	10	41	51	59	69	74	79	81	85
	15	52	62	72	79	88			
	28	69	77	87	93	100			

第 1、2 天混凝土强度数值（表 11-13 中斜体字）是根据混凝土硬化曲线趋势推算得来。425 普通水泥拌制混凝土在不同温度下养护历时与强度关系曲线如图 11-20 所示。

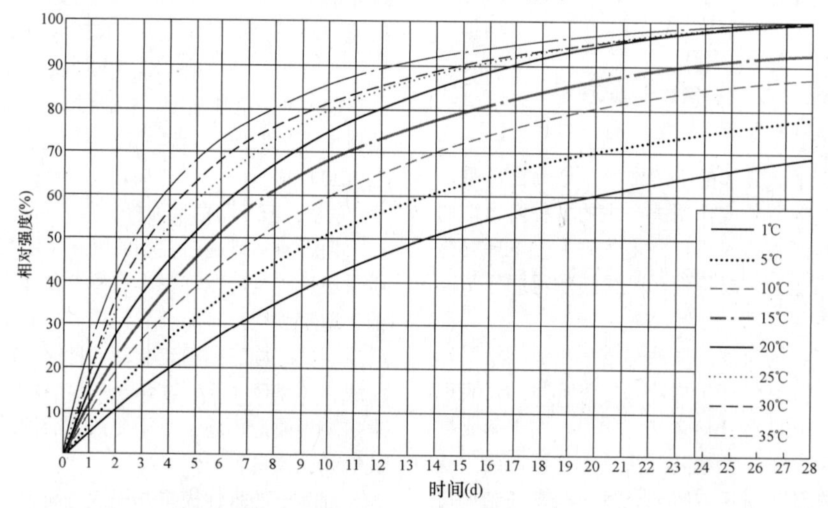

图 11-20　425 普通水泥拌制混凝土在不同温度下养护历时与强度关系曲线

混凝土早龄期强度和弹性模量的增长跟混凝土所处的养护温度、湿度、水泥品种（强度、细度）、集料的性质、配合比、外加剂等诸多因素有关。以下收集了两个实际工程的施工实测数据，仅作参考。

表 11-14 为 2014 年 5 月山东某工程冷却塔塔筒各龄期同条件试块实测得到的强度及弹性模量，塔筒采用 C35 F150 W8 混凝土。

表 11-14　　山东某工程冷却塔塔筒各龄期混凝土的强度及弹性模量

龄期	项目					
	抗压强度（MPa）		轴心抗压强度（MPa）		轴心抗压强度（MPa）	
1d	18.6	41.0%	8.2	18.1%	2.06×10^4	64.2%
2d	22.6	49.8%	12.6	27.8%	2.25×10^4	70.1%
3d	27.4	60.4%	17.5	38.5%	2.52×10^4	78.5%
5d	32.1	70.7%	26.8	59.0%	2.77×10^4	86.3%
7d	34.0	74.9%	30.4	67.0%	2.96×10^4	92.2%
14d	38.1	83.9%	33.0	72.7%	3.12×10^4	97.2%
21d	38.4	84.6%	34.2	75.3%	3.15×10^4	98.1%
28d	45.4	100.0%	35.4	78.0%	3.21×10^4	100.0%

表 11-15 及图 11-21 为 2017 年 7 月（平均气温 27℃）山西某工程冷却塔塔筒早龄期同条件试块实测得到的强度值，塔筒采用 C40 W6 混凝土。

表 11-15 山西某工程冷却塔塔筒混凝土早龄期的强度

养护时长（h）	35.5	20.0	18.5	18.0	38.0	34.0	18.5	19.3	18.5
抗压强度（MPa）	19	13.4	11.1	10.1	19.5	23.2	10.6	14.1	11.8
混凝土强度参考百分比（%）	47.5	33.5	27.7	25.2	48.7	58.0	26.5	35.2	29.5

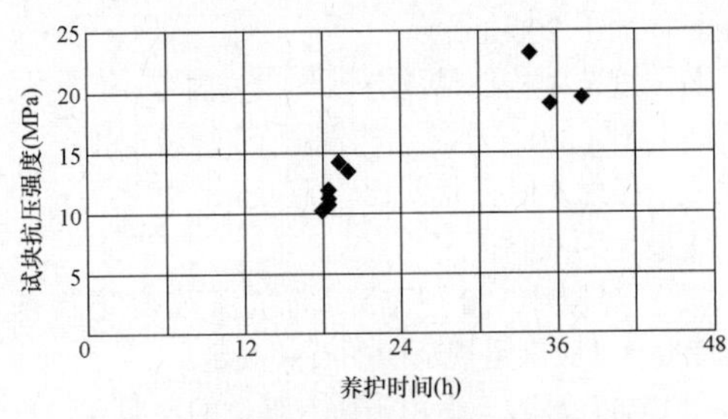

图 11-21 养护时间和抗压强度（MPa）的对应关系（数据见表 11-15）

（八）构造措施

中国规范有以下相关措施要求：

（1）自然通风冷却塔筒壁厚度应根据强度、稳定性及施工条件确定，筒壁最小厚度按照现行规范执行。

（2）塔筒内外层钢筋网片之间应间隔设置拉结筋，拉筋的直径不应小于 6mm，间距不应大于 700mm。

（3）冷却塔环形基础、斜支柱及塔筒钢筋接头宜采用机械连接、焊接或绑扎连接，受力筋直径较大时，如不小于 22mm 时，宜采用机械连接或焊接。

（4）湿式排烟冷却塔筒壁上孔洞宜按以下规定的原则确定：

1）塔筒洞口应采取加固措施。

2）应计入风荷载和地震荷载作用方向对塔筒结构安全的影响。

3）开洞大小应满足烟道安装要求，斜支柱布置宜满足烟道安装运输通道的要求。

（5）冷却塔钢筋保护层最小厚度应符合表 11-16～表 11-18 的要求。

表 11-16 常规及超大型冷却塔钢筋保护层最小厚度

部位	钢筋保护层最小厚度（mm）
塔筒、墙板（机械塔）	25
塔筒斜支柱	35
环板型、倒 T 型、单独基础	40
框架（机械塔）	30
集水池壁、水池底板	25
淋水装置构架	25

表 11-17 排烟冷却塔钢筋保护层最小厚度

部位	钢筋保护层最小厚度（mm）
塔筒内壁	45
塔筒外壁	35
塔筒斜支柱	45
环板型、倒 T 型、单独基础	40
淋水装置构架	40

表 11-18 海水冷却塔钢筋保护层最小厚度

部位	环境划分	循环水盐度（mg/L）	钢筋保护层最小厚度（mm）
塔筒内壁	重度盐雾区	55	50
		100	55
塔筒外壁	海洋大气区		≥35
斜支柱、淋水装置构架	淋水区	55	55
		100	60
环基、水池及底板内壁	水下区	55	50
		100	55
环基、水池及底板外壁	有地下水		50
	无地下水		40

注 1. 本表所列保护层厚度是指自受力钢筋外侧表面至结构外表面的净保护层厚度。
2. 当介质或环境具有腐蚀性时，宜增加保护层厚度。
3. 冻融环境的结构构件最小保护层厚度宜增加 5mm。

计算上述保护层的厚度时，塔筒从内外侧纬向钢筋外皮算起，环基从径向箍筋外皮算起。

当塔筒内外侧、水池及环基内外侧的使用环境、作用等级有较大差异时，内外侧钢筋可采用不同的保护层厚度。

自然通风湿式冷却塔集水池底板与塔基础和配水槽、竖井等荷重差异较大的结构基础板之间应设沉降缝。伸缩缝与沉降缝宜采用止水带或填柔性防水填料。

自然通风冷却塔基础沿环向应设置不少于 4 个用于监测环基沉降的观测点，配水竖井应设置沉降观测点。机械通风冷却塔框架柱宜设置沉降观测点。

自然通风冷却塔环形基础应采用分段跳仓法浇筑混凝土，间隔时间不得少于2周。

环形基础施工完毕应及时回填。寒冷地区冷却塔冬季停运时，水池及环形基础采取覆盖保温、热水循环等措施。

英国规范中构造措施有以下相关内容：

（1）塔筒上环梁：冷却塔风筒最顶部一段的壁厚设计应采用平滑过渡的方式，从主体筒壁厚度逐渐过渡到冷却塔顶部筒壁厚度（一般为2.5倍主体筒壁厚度）。

（2）冷却塔塔筒上开洞时，孔洞壁面应与塔筒筒壁中面垂直。当洞口尺寸大于2m时，在塔筒的分析中应考虑洞口因素。对开口尺寸不大于2m的洞口，应设置加强钢筋，洞口每侧水平筋或垂直筋的截面应不小于开孔处被截断钢筋截面的0.5倍。两个洞口的净距离应尽可能地大于较大洞口的尺寸。如果净距达不到要求，两洞应按一个洞口处理，其尺寸为两洞直径加上两者之间的混凝土尺寸。

（3）当塔筒壁厚等于或大于160mm时，应贴近筒壁外表面和内表面，配置双层钢筋网。子午向及环向的最小配筋率在塔筒底部2/3段分别为混凝土计算截面的0.3%、0.3%，塔筒顶部2/3段分别为混凝土计算截面的0.3%、0.4%。钢筋应均匀分布于两层钢筋网中。

（4）子午向钢筋的搭接应沿圆周分布，确保出现在同一节模板段的搭接面积不超过总面积的1/3。如果采用组搭接，每组对应的弧度不应超过3°。

（5）环向钢筋直径不应小于8mm，子午向钢筋直径不应小于10mm。对于钢筋纵横交错布置的钢筋网片，水平钢筋应置于子午向钢筋的外侧。

（6）水平环向钢筋的间距，不得大于两倍筒壁厚度和250mm两者之较小值；子午向钢筋的间距，不得大于两倍筒壁厚度和300mm两者之较小值。

德国规范中构造措施有以下相关内容：

（1）对所有的部分，都应当至少满足下列要求：水灰比小于等于0.5；强度等级≥C25/30；水泥用量≥280kg/m^3；当掺入粉煤灰时，水泥用量≥270kg/m^3；除了满足常规要求，抗冻等级F_2及碱敏感度等级EI附加性能也须满足。

（2）对于所有归类于XC级的构件，包括塔筒，通常$c_{min}+\Delta_c \geq 25mm+10mm$是安全的，对于暴露于海水或对滨海的冷却塔外表面而言，需要$c_{min}+\Delta_c \geq 40mm+10mm$。

（3）塔筒筒壁最小厚度不应小于180cm。

（4）塔筒子午向最小配筋率为混凝土计算截面的0.3%，环向最小配筋率对于塔筒顶部1/2段为混凝土计算截面的0.4%，塔筒底部1/2段为混凝土计算截面的0.3%，对于多塔组合时，应根据相关规定对上述最小配筋率进行修正。

（5）在任一搭接长度的区段内，有接头的受力钢筋截面面积占受力钢筋总截面面积子午向、环向均不应超过50%。

（6）冷却塔塔筒应双面配筋，每面钢筋网应由水平（环向）和竖向（子午向）钢筋组成。环向钢筋直径不应小于8mm，子午向钢筋直径推荐不小于10mm。水平环向钢筋的间距不得大于150mm；子午向钢筋的间距不得大于200mm。

美国规范中构造措施有以下相关内容：

（1）ACI 301《建筑结构混凝土规范》规定，当防水混凝土接触水时，水灰比宜为0.50，接触海水时，水灰比最大为0.45。

（2）混凝土28天龄期的抗压强度不得低于27.6MPa，且应满足规范中的有关规定。

（3）加气混凝土适用于所有部位的混凝土。

（4）钢筋保护层厚度不应小于19mm。

（5）当钢筋被洞口切断时，须在靠近洞口部位配不少于1.5倍被切断钢筋量，而且在洞口拐角处要配斜钢筋。

（6）塔筒每个方向断面上布置的钢筋数量都不得小于该断面总面积的0.35%。

（7）钢筋的纵向搭接沿塔筒周围布置，混凝土浇筑一次不大于支柱间距的1/2，并设纵向钢筋接头，在同一水平面内，搭接的纵筋不得超过一半，其余要求按ACI－318《钢筋混凝土建筑技术规定》执行。

（8）塔筒子午向和环向钢筋网应靠近塔筒内外表面布置。钢筋的最大间距不得超过2倍的塔筒厚度或457mm。

四、附属设施

根据不同塔的类型和具体条件，冷却塔应有以下设施。

（1）通向塔内的塔门或者人孔。

（2）从地面通向塔门和塔顶的扶梯或爬梯。

（3）配水系统顶部的人行道和栏杆。

（4）避雷保护装置。

（5）航空警示装置。

（6）运行监测的仪表。

（7）机械通风冷却塔上塔扶梯和塔顶平台照明。

（8）海水冷却塔内可设置填料淡水冲洗装置。

第三节　自然通风湿式冷却塔

一、结构选型

自然通风冷却塔通常采用双曲线型塔筒。双曲线型塔筒是典型的空间薄壳结构，呈现空间受力状态，在垂直于壳体表面均匀外力的作用下，壳体内力主要表现为薄膜力，除上下边缘区域外，壳体截面弯矩和扭矩都很小，所以混凝土的抗压和钢筋的抗拉强度能得到充分的利用。但是，由于风荷载等平面外荷载的不对称性，塔筒壁面温差的作用，以及斜支柱、刚性环的反作用等，有些区域的壳体截面弯矩也是必须要考虑的。

冷却塔主要尺寸，如塔高、填料顶直径及标高、进风口高度、喉部直径、出口直径等热力参数，应满足工艺设计的要求，塔筒喉部高度、壳底斜率等几何参数则应通过结构优化确定。塔筒喉部高度和壳底斜率是塔筒结构优化时最重要的参变量，一般根据多方案试算结果并结合施工便利性等因素比选确定。喉部高度与塔高的比宜控制在 0.75～0.85；壳体底部子午线倾角（壳底斜率）湿冷塔宜控制在 15°～20°，间接空冷塔 14°～17°，风压较大时宜取较大值。

塔筒筒壁厚度的确定主要是满足屈曲稳定要求；壁厚可采用指数变厚或分段等厚，厚度变化宜平缓。塔筒筒壁的顶部应设置刚性环，中间部位是否设置刚性环由结构分析论证确定。

当风压较大时，冷却塔塔筒外表面宜设置子午向加糙肋条。

冷却塔进风口较低时斜支柱可采用人字形，当进风口高度较高时宜采用 X 支柱，经论证也可采取其他型式。有抗震要求或设计风压较大时，不宜采用 I 支柱。

冷却塔基础宜采用环板型基础，当地基为岩石时，通过论证也可采用独立基础。

双曲线冷却塔剖面图如图 11-22 所示。

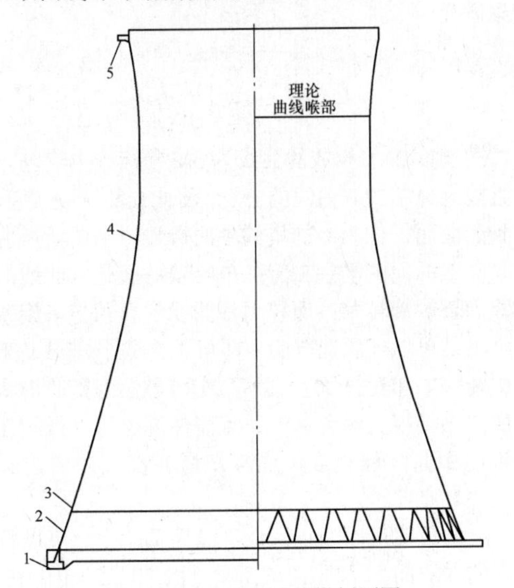

图 11-22　双曲线冷却塔剖面图

1—基础；2—人支柱；3—下环梁；4—筒壁；5—上环梁

二、结构分析

（一）分析理论及分析方法

双曲线自然通风冷却塔塔筒内力计算方法，宜按下列规定。

（1）冷却塔的结构静力分析宜采用基于小变形弹性基本假定薄壳有矩理论的拟静力分析方法。

（2）建立计算模型时，塔筒壳底应考虑斜支柱离散支承对壳体的影响。

（3）冷却塔的结构静力分析应考虑自重、风载、温度的影响；需要进行抗震计算时，还需考虑地震作用。

（4）塔筒的地震作用应采用有限元方法进行计算，宜采用振形分解反应谱法，抗震设防烈度 8 度及 9 度区的超大型冷却塔宜同时采用时程分析法进行补充计算。

（5）当采用振型分解反应谱法时，当按冷却塔专用有限元程序计算时每阶谐波宜取不少于 7 个振型；按通用有限元程序计算时宜取不少于 300 个振型。

（6）冷却塔分析计算时，计算模型应考虑冷却塔本体（塔筒、斜支柱、基础）与地基的相互作用。

（二）冷却塔优化计算及选型

1. 优化目的

薄壳的结构效能归功于曲面的曲率和几何特征。

冷却塔结构优化是在工艺专业循环水系统优化的结果的基础上，考虑风荷载、温度、塔体自重和施工要求等因素，对通风筒的形状（包括选用的曲线）、壁厚、塔底倾角、塔顶倾角及人支柱对数、直径、基础型式和宽度等设计参数进行优化选择，得出技术合理及混凝土和钢筋用量最省的塔型，以保证冷却塔设计的安全、经济、合理性。

2. 冷却塔结构优化选型

冷却塔结构优化选型一般分为两个阶段：在工艺系统优化和热力选型时，进行冷却结构总体的前期优化，即所谓热力优化选型；冷却塔经热力计算选型后，应对冷却塔结构本体进行全面优化选型，即所谓结构本体优化选型。

（1）热力优化选型。应根据循环水系统优化结果确定的各基本技术参数、水文气象、场地地质等工程具体条件，选择技术、经济合理的塔体主要尺寸，即塔体应是工艺设计与结构计算的良好结合体，具有技术可靠性和经济合理性。一般应考虑以下原则。

1）塔高与淋水面积的合理选配。

a. 塔芯投资或地基处理费用较贵时，可考虑适当减少塔的淋水面积和相应提高塔的高度。

b. 大风地区建塔，为了改善结构的受力条件，可考虑适当减少塔的高度和增加塔的淋水面积。

c. 在地震烈度高的地区建塔，为了结构的安全并节省投资，应充分考虑地基条件和水塔的淋水面积与塔高之间的关系，通常采用减少塔高，增加淋水面积的方法。

2）选取合理的塔筒主要部位几何尺寸的相关比值。

a. 水塔总高度与塔底直径的比值 H/D_b。这是确定塔筒外形比例的基本比值，根据优化计算，一般情况下取：湿冷塔 H/D_b=1.2～1.6；间接空冷塔 H/D_b=1.0～1.5；低值用于大风地区；高值用于地基处理费用高、塔的单位面积造价高的塔。

b. 进风口的高度与塔底直径的比值 H_1/D_b。该值直接影响进风口高度范围内的空气流态和空气动力阻力，优化计算时，该值一般取 H_1/D_b=0.08～0.09。

c. S_a/S_b 和 H_a/H 值。S_a/S_b 即喉部面积与壳底面积的比值，H_a/H 为喉部高度与塔总高之比。这两个比值主要影响塔筒出口直径 D_o。S_a/S_b 增大，H_a/H 减小，会使 D_o 增大，有利于减小出口阻力，但会加大塔筒钢筋混凝土用量和子午向应力，同时也会干扰塔顶气流流态，影响冷却效率，一般常用比值：湿冷塔为 S_a/S_b=0.3～0.5；H_a/H=0.70～0.85；间接空冷塔为 S_a/S_b=0.4～0.6；H_a/H=0.75～0.85。

（2）结构本体优化选型。在冷却塔结构优化计算选型时一般应考虑以下原则。

1）保证热力选型所确定的冷却塔主要尺寸：①淋水填料的直径及其相应标高；②塔的总高度；③喉部直径；④进风口高度。

2）选取风筒几何尺寸比值。喉部至塔顶距离与塔总高的比值（I）直接影响到壳体的应力和冷却塔基底的上拔力，在塔筒优化时，应慎重选用。一般该值可取 0.15～0.25。采用较高值可降低风应力和冷却塔基底的上拔力，当 I 值过大时会引起喉部及以下部位应力增大，此时应仔细比较塔体内应力状态。

3）塔筒曲线的拟定。

a. 典型双曲线方程。壳体中面母线方程有多种，我国常用的自然通风冷却塔筒壳 $R=\sqrt{az^2+b^2}$，绕其虚轴 z 旋转而成的旋转曲面体。工程设计中，塔体筒壳各部分尺寸如图 11-23 所示。

旋转壳上任意一点的中面半径 r_c 通常按照式（11-23）计算

$$r_c = a\sqrt{1+\left(\frac{Z_c}{b}\right)^2} \tag{11-23}$$

式中 r_c——壳体中面上任意点 c 的半径，m；

a——双曲线的实轴半径，即为冷却塔喉部的中面半径；

Z_c——壳体中面上任意点 c 的 z 坐标，m；

b——双曲线的虚轴半径。

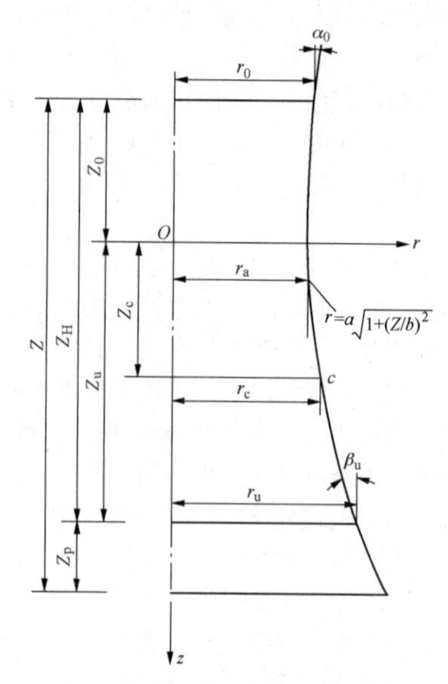

图 11-23 双曲面冷却塔各部尺寸的定义

式（11-23）构成的旋转曲面，就是目前国内自然通风冷却塔普遍采用的塔体筒壳，称之为“单叶旋转双曲面冷却塔”。

双曲线冷却塔的淋水面积、塔高、进风口的高度由热力计算确定。

考虑到施工方便可行，顶部筒壁切线与垂直线夹角宜采用 2°～8°，常采用 6°。

b. 移轴双曲线优化。为保持壳体中面母线的双曲特性，又能比原双曲型曲面有更多的自由调整的参数，得到更多曲率的壳体方案，可以从如下的旋转曲面方程来研究

$$r_c = \sqrt{1+\left(\frac{Z_c}{b}\right)^2} + d_r \tag{11-24}$$

式（11-24）构成的曲线为 ozr 坐标系中，以 $r=d_r$ 的直线为虚轴的双曲线的一支，将此曲线绕 oz 轴旋转得到的曲面，作为冷却塔的中面母线，由此所得曲面与单叶双曲面的区别在于：单叶双曲面是双曲线的虚轴即为塔的旋转轴；而移轴双曲线的虚轴与塔旋转轴的距离是可以任意选取的，即可以选取不同的 d_r 来改变旋转轴的相对位置。这种改变，显然为塔筒形状的可变提供了很大的灵活性，从而使筒壳可以得到任意曲率的中面。移轴双曲面冷却塔各部尺寸的定义如图 11-24 所示。

d_r 的数值可以为正，也可以为负，由此可以得出不同的双曲面。不同 d_r 值所得到的双曲面如图 11-25 所示。

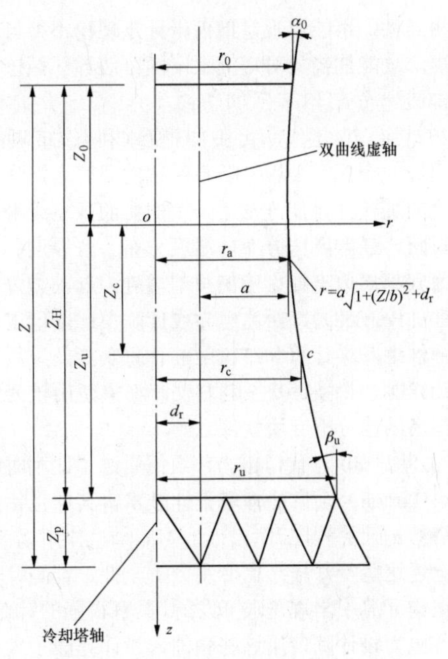

图 11-24　移轴双曲面冷却塔各部尺寸的定义

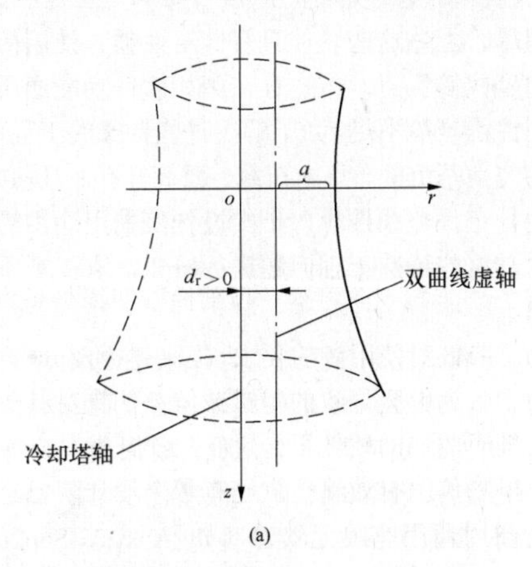

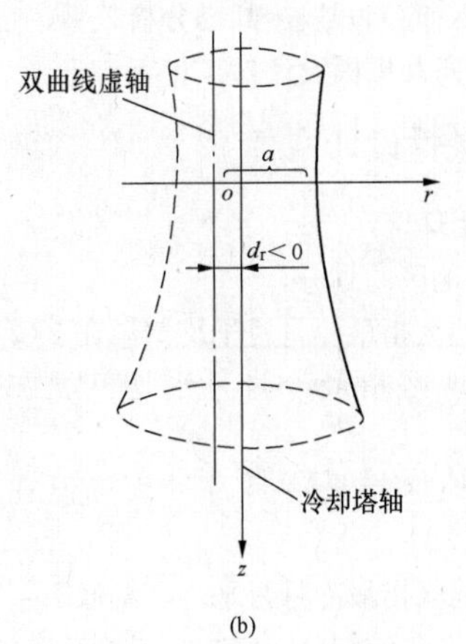

图 11-25　不同 d_r 值所得到的双曲面

（a）$d_r>0$；（b）$d_r<0$

经过求导计算整理后，可以得到

$$a=\frac{(r_u-r_a)\left[Z_u\tan\beta_u-(r_u-r_a)\right]}{2(r_u-r_a)-Z_u\tan\beta_u} \tag{11-25}$$

$$b=\frac{Z_u}{\sqrt{\left(\dfrac{r_u-r_a}{a}+2\right)\left(\dfrac{r_u-r_a}{a}\right)}} \tag{11-26}$$

β_u 的取值范围如下

$$\frac{r_u-r_a}{Z_u}\leqslant\tan\beta_u\leqslant\frac{2(r_u-r_a)}{Z_u}$$

β_u 的几何解释如图 11-26 所示。

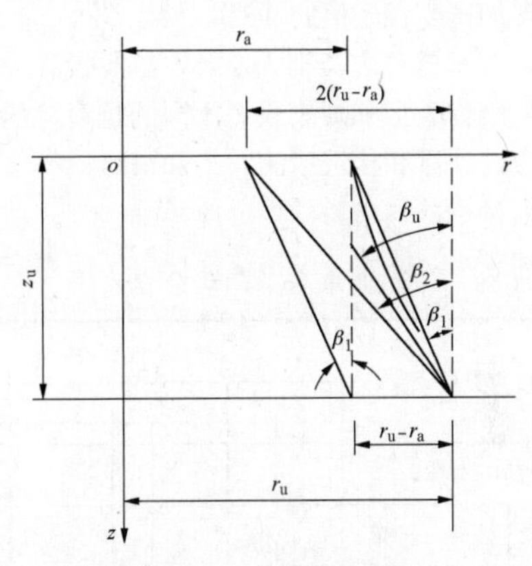

图 11-26　β_u 的几何解释

由图 11-26 可以看出：$\beta_1\leqslant\beta_u\leqslant\beta_2$。

c. 两种双曲线的应用结果对比：

a）用移轴双曲线设计冷却塔，在工程中的应用是完全合理和可行的。它可以在不改变已给定的某些几何尺寸情况下，取不同的 a、b、d_r 来获得任意曲率的壳体中面母线。

b）在给定条件下的某一塔型，按其承载能力考虑，用移轴双曲线设计可以获得冷却塔筒壳的最佳壳底倾角。

c）用移轴双曲线设计冷却塔来降低 Z_u 或减小 r_a 所取得的筒壳，以某 4500m² 冷却塔为例，其子午向的薄膜应力组合值，可以减少约 10%～20%，其中以改小 r_a 比降低 Z_u 效果来得好。而且，此时的塔筒壳底的倾角 β_u 并不会因此增加而相应的加大基础环拉力。所以，在塔型设计时，从静力计算考虑，只要在不影响热力特性的情况下，尽量改小喉部半径是有利的。

d)用移轴双曲线设计冷却塔不但可以实现过去无法做到的选型；而且可以在满足给定条件下，通过不同情况的排列组合，从筒壳的承载力出发，选取较为合理的经济最优的壳体曲线。

e）壳底斜率 $\tan\beta_u$ 是指壳体底部边缘与垂直轴夹角的正切。采用较大的斜率能降低风应力从而减少壳体和基底的上拔力，但采用过大的斜率 $\tan\beta_u$ 会使斜支柱建造困难，影响壳体稳定并在斜支柱柱底产生较大的水平力。一般采用值为 0.20～0.32，大风地区宜采用较大值，以减少自重和风荷载组合作用下斜支柱横截面的拉力。在优化选型时，应采用多个 $\tan\beta_u$ 进行对比。

(三)抗震分析

(1) 冷却塔的地震影响系数，应根据烈度、特征周期、设计地震分组和结构自振周期按 GB 50191《构筑物抗震设计规范》相关规定确定。

(2) 冷却塔结构应同时考虑水平和垂直两个方向上的地震加速度作用，竖向地震加速度代表值，采用水平地震加速度代表值的 2/3。

(3) 冷却塔抗震类别为乙类，抗震设计应根据设防烈度、结构类型和规模采用不同的抗震等级，并应符合相应的计算和构造措施。冷却塔抗震等级划分见表 11-19。

表 11-19　冷却塔抗震等级表

结构类型		设防烈度			
		6 度	7 度	8 度	9 度
冷却塔本体		三	二	一	一
塔内淋水装置	框架、排架、竖井等	四	三	二	一

(4) 采用线弹性时程分析法进行补充计算时，其加速度时程的最大值可按表 11-20 选取。

表 11-20　时程分析所用地震加速度时程曲线的最大值

烈度	6	7	8	9
多遇地震	$0.018g$	$0.035g$ ($0.055g$)	$0.07g$ ($0.11g$)	$0.14g$

注　括号内数值分别用于设计基本地震加速度为 $0.15g$ 和 $0.30g$ 的地区。

(5) 塔筒的地震作用计算，宜考虑地基与冷却塔本体结构整体计算。

(6) 塔筒的水平、竖向地震作用标准值效应，按 GB 50191《构筑物抗震设计规范》确定。

(四)常用软件

20 世纪 70 年代以前，受制于当时的软硬件水平，国内在对冷却塔结构进行分析时大都采用基于 50 年代罗比锡（Rabich）等人提出旋转壳的无矩理论（薄膜理论）。该理论假定壳体上的应力沿其厚度方向均匀分布，壳体截面上仅存在薄膜力，而忽略弯矩和剪力的作用。由于壳体平衡方程中忽略了弯矩与横向剪力，因而计算工作量大大简化，甚至可以采用手算，但其计算精度不高，特别是在上下两个边界区域，实际弯矩还相当大，不能忽视。但苦于无矩理论不得计算得到弯矩，只能凭经验对塔筒上下两个边界区域进行修正和构造配筋处理。

20 世纪 70 年代，北京大学受水利电力部规划设计管理局的委托，采用基于直法线的薄壳有矩理论和高精度的旋转壳元，开发了一个能考虑任意光滑曲线母线形状、任意风压分布、温度分布、变厚度、可考虑塔筒底部离散支柱影响的冷却塔静力与动力分析通用程序（BS/BSD），西北电力设计院在此基础上，增加了弹性地基梁计算和结构配筋计算功能，发展成为 LBS/LBSD，成为全国各电力设计院中使用较为广泛的冷却塔结构分析专用软件之一。

20 世纪 80 年代，电力部组织引进了比利时哈蒙公司（Hamon）全套冷却塔设计技术，其中包括多个冷却塔结构计算程序。

上述这些冷却塔结构专用分析软件，都是针对冷却塔结构计算中常规需求开发的，具有很强的针对性。国内各电力设计院使用这些软件，设计完成了大大小小数百座冷却塔，发挥了重要的作用。

但尽管上述这些软件具有针对性强、使用简单、计算速度快等优点，但也存在诸如软件功能通用性差及扩充性困难等不足。为了解决某些特殊的工程问题，如不均匀地基沉降、集中荷载、塔筒开孔、几何缺陷、施工期稳定、非线性等，不少设计院采用通用的有限元软件对这些特殊工程问题进行研究，取得了不少研究成果。

为了降低对使用者的要求，提高建模及分析效率，降低由于人为因素导致的差错或偏差，针对具体工程问题，基于成熟的软件平台进行二次开发是一种常见的、事半功倍的有效途径。已有数个设计院已经或正在基于商用通用有限元软件（如 Ansys、Sap2000、Adina、Abaqus 等）开发冷却塔分析软件，已广泛应用于冷却塔研究及工程设计。

三、耐久性设计

(一)作用环境

(1) 低温地区的划分。

1) 微冻地区指最冷月月平均气温在 2℃～-3℃；

2) 寒冷地区指最冷月月平均气温在-3℃～-8℃；

3) 严冷地区指最冷月月平均气温在-8℃～-25℃；

4) 酷寒地区指最冷月月平均气温低于-25℃。

(2) 冻融次数的划分。常规湿式冷却塔中与水池水面接触且近距离直接接触冷空气的构件，如水池壁、压力沟、构架柱；可能挂冰的构件，如外区下层梁；相对重要构件，如塔筒、斜支柱，视为冻融次数大于 100。

中央竖井及内区梁等远距离接触冷空气的构件、环基等间接接触空气的构件，视为冻融次数不大于100。

高位收水冷却塔的结构部件可根据其使用环境及重要程度确定其混凝土抗冻等级。

（二）工程措施

（1）冷却塔结构的混凝土应采用水工混凝土。

（2）水泥宜选用低水化热和铝酸三钙（C_3A）含量不大于8%的普通硅酸盐水泥；有硫酸盐腐蚀时宜选用铝酸三钙（C_3A）含量不大于5%的水泥；并宜避免使用高强水泥及早强水泥。混凝土的骨料宜选用坚固耐久、级配合格、粒型良好的洁净骨料。

（3）混凝土添加剂不应选用氯盐类的添加剂。

（4）混凝土最小强度等级可按照表11-21的规定确定。

表11-21 混凝土最小强度等级

结构部位	混凝土最小强度等级	
	常规冷却塔	超大型冷却塔
塔筒	C30	C35
斜支柱	C30	C35
集水池池壁、倒T型、环板型基础	C30	C30
单独基础及水池底板	C30	C30
淋水装置构架、框架及墙板	C30	C35
垫层	C15	C15

注 本表混凝土最小强度等级适用于一般环境及冻融环境。

（5）混凝土的最低抗冻和抗渗等级见表11-22。在混凝土中可掺塑化剂、减水剂等外加剂。当有抗冻要求时，应掺加引气剂。

表11-22 混凝土的最低抗冻和抗渗等级

结构部位	最小抗冻等级						最小抗渗等级
	淡水环境						
	微冻地区		寒冷地区		严寒地区		
	冻融次数		冻融次数		冻融次数		
	≤100	>100	≤100	>100	≤100	>100	
塔筒	F100	F150	F100	F200	F200	F300	W8
斜支柱	F100	F150	F150	F200	F200	F300	W8
环板型、倒T型基础、集水池池壁	F50	F100	F100	F150	F150	F200	W6
单独基础及水池底板	F50	F50	F50	F50	F50	F100	W4
淋水装置构架、框架及墙板	F100	F150	F150	F200	F200	F300	W8

注 对于酷寒地区，混凝土抗冻等级应根据具体情况研究确定。

（6）混凝土的水胶比可按照表11-23规定。

表11-23 混凝土的最大水胶比

结构部位	最大水胶比 *W/C*	
	常规冷却塔	超大型冷却塔
塔筒	0.5	0.45
斜支柱	0.5	0.45
环板型、倒T型基础、集水池池壁	0.5	0.5
单独基础及水池底板	0.5	0.5
淋水装置构架、框架及墙板	0.5	0.5

（7）冷却塔防水防腐涂层应采用成熟、安全、可靠的技术和材料，免维护使用期不宜少于10年。冷却

塔混凝土表面防水防腐层应满足表 11-24 的规定，防腐涂层性能指标要求见表 11-32 中的 1～8 项。

表 11-24　常规冷却塔防护分区、腐蚀性等级和涂层最小干膜厚度表

区域	工程部位	环境作用等级	涂层最小干膜厚度
重点防护区	塔筒内表面、下环梁底面、下环梁底面往上 6m 的塔筒外表面	1-D	200μm
标准防护区	中央竖井内外表面、水槽内外表面、淋水构架梁柱表面、压力进水沟内外表面、水池内壁表面、斜支柱及其支墩表面	1-B 或 1-D	0 或 200μm
一般防护区	除重点防护区外的塔筒外表面	1-B	—

注　1. 常规冷却塔与再生水或水汽接触的湿润环境为环境类别 1。

2. 腐蚀性分级按其对冷却塔结构长期作用下腐蚀的严重程度可分为 6 级；腐蚀性等级 A 指腐蚀程度为轻微；腐蚀性等级 B 指腐蚀程度为轻度；腐蚀性等级 C 指腐蚀程度为中度；腐蚀性等级 D 指腐蚀程度为严重；腐蚀性等级 E 指腐蚀程度为非常严重；腐蚀性等级 F 指腐蚀程度为极端严重。

3. 当循环水中的 SO_4^{2-}的含量大于 1500mg/L 或循环水 pH 值小于 4，或 Mg^{2+}含量大于 3000mg/L 时，环境作用等级宜选用 1-D。

4. 当循环水中的 SO_4^{2-}的含量在 500～1500mg/L 间，或循环水 pH 值在 4～5 间，或 Mg^{2+}含量在 2000～3000mg/L 时，环境作用等级宜选用 1-B 或 1-D。

5. 涂层厚度与涂料的种类和特性有关，上表所列出的常规冷却塔涂层最小干膜厚度是基于环氧类涂料的涂层最小干膜厚度要求，仅供参考。

（8）冷却塔外的金属爬梯及栏杆，宜采用镀锌防腐；塔内的爬梯及栏杆，宜采用非金属材料。

（9）耐久性的施工要求。

1）施工单位应根据混凝土耐久性设计的各项要求，结合工程具体实际，会同监理、混凝土供应等各方，共同制定完善的施工全过程的质量控制与质量保证措施以及相应的施工技术条例。

2）混凝土的施工应满足 GB 50573《双曲线冷却塔施工与质量验收规范》的相关要求。

3）应注意混凝土保护层厚度的准确性及混凝土保湿养护措施。

4）除根据相关施工规程的要求检测混凝土常规指标外，尚应抽样检测到达现场的混凝土来料的抗冻性、抗渗性指标。

5）对于氯盐环境，应按规定进行氯离子侵入性的扩散系数测定。

第四节　间接空冷塔

间接空冷系统（indirect air/dry cooling system）是以环境空气作为冷源，以密闭的循环水作为中间介质，将汽轮机排汽的热量首先传给循环水，然后密闭循环水通过空冷散热器将热量传给大气的系统。根据凝汽器配置的不同，可分为：混合式凝汽器间接空冷系统和表面式凝汽器间接空冷系统。

1950 年，匈牙利 Heller 教授提出海勒间接空冷系统，1954 年在匈牙利出现了首座间接空冷电站。1962 年，英国拉格莱电厂在一台 120MW 机组上投运了海勒式间接空冷系统。1985 年联邦德国 Schmehausen 电站配表面式凝汽器及自然通风冷却塔的 300MW 间接空冷机组投入运行。

我国于 20 世纪 80 年代末期，开始引进匈牙利海勒式间接空冷系统和设备，应用于大型空冷技术项目大同第二发电厂 5、6 号机组（2×200MW），1987 年和 1988 年相继投产。1993 年内蒙古丰镇电厂 4×200MW 混凝式间接空冷机组第一台投产。1993 年和 1994 年山西太原第二热电厂的国家“八五”攻关项目 2×200MW 表凝式间接空冷机组投产。2007 年 11 月，陕西华能铜川电厂一期工程 2×600MW 直接空冷机组投产，它是国内最早采用汽动给水泵及小汽机排汽冷却为自然通风间冷系统的大型空冷电站。2008 年 9 月，当时我国第一台单机容量最大的间冷机组——山西阳城电厂 2×600MW 亚临界表凝式间接空冷机组投产。2010 年 12 月，国内首座主机冷却水系统采用自然通风间接空冷和辅机冷却水系统采用机械通风间接空冷的大型空冷机组——山西左权电厂一期（2×660MW）工程投产。2011 年 1 月和 12 月，国内首座采用海勒式间接空冷系统并且为“三塔合一”（空冷塔、烟囱、脱硫塔）布置的大型工程——宝鸡第二发电厂 2×660MW 机组投产。

间接空冷散热器组可以水平布置在自然通风冷却塔风筒内，也可以垂直布置于冷却塔进风口周边，采用何种布置宜根据系统特点、场地条件及技术经济比较确定。

一、空冷塔本体结构

空冷塔（dry cooling tower）是指空冷系统中布置空冷散热（凝汽）器，形成具有自然通风或者机械通风能力的构筑物。

（一）一般规定

钢筋混凝土间接空冷塔的耐久性设计应按现行 GB/T 50476《混凝土结构耐久性设计规范》及 DL/T

5545《火力发电厂间接空冷系统设计规范》相关条文执行。

自然通风间接空冷塔宜采用现浇钢筋混凝土结构，经过论证也可采用钢结构。机械通风间接空冷塔宜采用钢筋混凝土结构，也可采用钢结构。

混凝土间接空冷塔的混凝土要求应满足下列规定。

（1）水泥品种宜采用普通硅酸盐水泥，其熟料中铝酸三钙含量不宜超过 8%。

（2）常规间接空冷塔地上结构混凝土最大水胶比不应大于 0.45，自然通风排烟空冷塔地上结构混凝土最大水胶比不应大于 0.40，地下结构混凝土水胶比应根据地基土及地下水的腐蚀性确定。

（3）混凝土最小强度等级应符合表 11-25 的规定。

表 11-25　　混凝土最小强度等级

结构部位	混凝土最小强度等级		
	常规自然通风空冷塔	超大型自然通风空冷塔、自然通风排烟空冷塔	机械通风空冷塔
塔筒	C35	C40	—
塔筒支柱	C40	C45	—
倒T型、环板型基础、单独基础	C30	C30	—
框架、单独基础及墙板	C30	C30	C30
空冷器基础或支架	C30	C30	C30
垫层	C15	C15	C15

注　在混凝土中可掺加塑化剂、高效减水剂，有抗冻要求时应掺加引气剂。

（4）自然通风间接空冷塔的混凝土最低抗冻等级应符合表 11-26 的规定。

表 11-26　　自然通风间接空冷塔的混凝土最低抗冻等级

气候分区	严寒		寒冷		微冻
年冻融循环次数（次）	≥100	<100	≥100	<100	—
地下结构	F50				—
地上结构	F200	F150	F100		F50

注　低温地区的划分：微冻地区指最冷月月平均气温在 2～-3℃；寒冷地区最冷月月平均气温在-3～-8℃；严寒地区最冷月月平均气温低于-8℃。

（5）自然通风间接空冷塔的混凝土最低抗渗等级不应低于 W6，排烟间接空冷塔混凝土最低抗渗等级不应低于 W8。

（二）结构选型及分析

冷却塔基础、支柱以及塔筒的荷载选取、组合及计算方法同第二、三节。

结构分析时需考虑展宽平台传递的各种荷载及作用，详见本节相关内容。

二、散热器卧式布置空冷塔附属结构设计

当间接空冷散热器水平布置在自然通风冷却塔风筒内时，散热器管束宜以一定坡度坡向塔中心方向。可参照图 11-27 工程实例中布置。

图 11-27　工程实例（某工程给水泵汽轮机间接空冷塔塔内散热器卧式布置）

冷却三角在空冷塔内的布置有多种形式，如图 11-28 所示，图 11-28（a）为冷却三角以矩形方阵水平布置于塔内，冷却三角与塔筒壁之间的空隙用板封闭；图 11-28（b）为冷却三角以扇形水平布置于塔内，冷却三角之间的间隙用板封闭；图 11-28（c）为冷却三角以扇形倾斜布置于塔内，冷却三角之间的间隙用板封闭，塔内中央区域用架空圆形密封板密封；图 11-28（d）为冷却三角以扇形倾斜布置于塔内，冷却三角之间的间隙用板封闭，塔内中央区域采用垂直落地圆筒墙封闭；图 11-28（e）为冷却三角以扇形倾斜和中心垂直结合方式布置于塔内。

1. 基本规定

（1）根据建筑结构破坏后果的严重程度，空冷散热器卧式布置支撑结构安全等级应划分为二级。

（2）空冷散热器支撑结构及其他附属建（构）筑物设计使用年限为 50 年。

（3）空冷散热器支撑结构平面宜采用规则、对称的布置形式，在两个主轴方向动力特性宜接近，力求使结构刚度中心与质量中心重合。

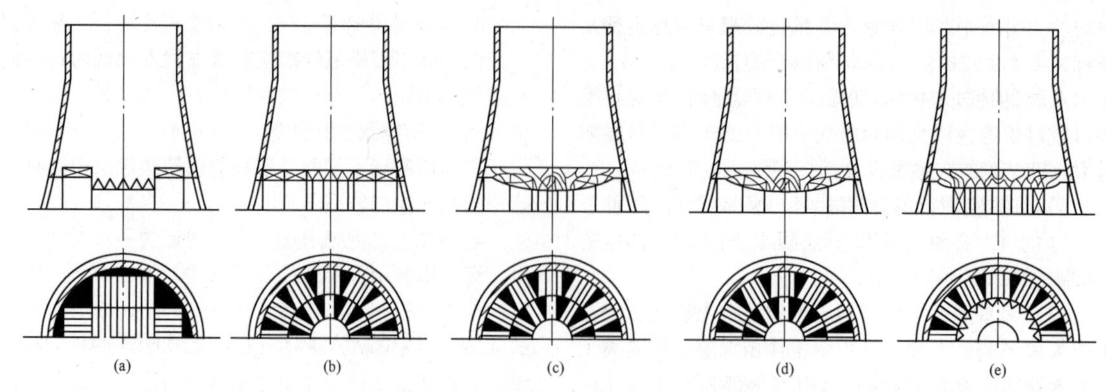

图 11-28　间接空冷塔水平布置形式示意图

（a）冷却三角形以矩形方阵水平布置于塔内；（b）冷却三角形以扇形水平布置于塔内；（c）、（d）冷却三角形以扇形倾斜布置于塔内；（e）冷却三角形以扇形倾斜和中心垂直结合方式布置于塔内

（4）空冷散热器支撑结构的计算模型和基本假定宜符合下列要求：

1）空冷散热器支撑结构应进行整体计算，计算模型应包含下部支撑结构、平台等。

2）空冷散热器支撑结构的计算模型和基本假定应尽量与构件连接的实际性能相符合。

（5）耐久性设计要求可按 GB 50010《混凝土结构设计规范》执行。

（6）当支撑结构下部为混凝土框架结构时，结构构件的裂缝控制等级及最大裂缝宽度的限值应根据结构类型和环境类别按 GB 50010《混凝土结构设计规范》执行。

2. 荷载及荷载组合

（1）永久荷载。永久荷载指在结构使用期间，其值不随时间变化，或其变化与平均值相比可以忽略不计，或其变化是单调的并能趋于限值的荷载。在散热器水平布置系统支承结构中，恒荷载包括如下内容。

1）结构平台及设备自重。平台及设备自重荷载主要包括：空冷散热器自重、百叶窗重量、密封板重量以及支撑结构自重等。支撑结构及密封板可采用钢筋混凝土结构，也可采用钢结构。钢结构的支撑结构包含钢梁和钢支撑、花纹钢板。

2）其他设备自重。其他设备自重包括水冲洗管道、电缆桥架等的设备自重。其荷载可按照实际出现的方位以节点荷载或线荷载的形式加入。

（2）可变荷载。可变荷载又称活荷载，是指在结构使用期间，其值随时间变化，或其变化与平均值相比不可忽略不计的荷载。在散热器水平布置系统支承结构中，活荷载包括如下内容。

1）一般活荷载。一般活荷载包括检修活荷载和设备活荷载。门形支架间密封板上的检修活荷载，包括人群和检修荷载。其中活荷载可取 3.50kN/m²（检修及安装时）和 2.0kN/m²（正常运行时）。设备活荷载指散热器管束中冷却水重，此部分荷载由设备厂家提供。

2）雪荷载。由积雪引起的一种可变荷载称作雪荷载。在散热器水平布置系统支承结构中，雪荷载包括如下内容：密封板上的雪荷载和散热器管束雪荷载。

密封板上的雪荷载，可采用线荷载施加到散热器所在的支撑结构上。

散热器管束雪荷载是指在 A 字形散热器的积雪荷载，由于空冷凝散热器与支撑结构存在夹角，其值决定于积雪分布系数与基本雪压的乘积的大小。其荷载可按照线荷载施加到散热器所在的支撑结构上。

3）风荷载。由风引起的垂直于建筑物表面上的可变荷载称作风荷载。在散热器水平布置系统支承结构中，风荷载应考虑塔内吸力对于密封板所引起的向上的荷载。

（3）地震作用。地震作用分为结构自身地震作用和工艺专业提供的设备地震作用。地震作用计算时宜考虑水平和竖向地震的联合作用。

（4）均匀温度作用标准值可按 GB 50009《建筑结构荷载规范》规定取值。温度作用的组合值系数、频遇值系数和准永久系数可分别取 0.6、0.5 和 0.4。

（5）荷载组合按照 GB 50009《建筑结构荷载规范》和 DL 5022《火力发电厂土建结构设计规程》执行。可变荷载组合值系数除风荷载和温度作用取 0.6、设备管道取 1.0 外，其他情况取 0.7。

3. 支撑结构计算分析

（1）散热器支撑结构的计算应符合下列各项要求。

1）对初次采用的新型结构体系，应采用不少于两个合适的不同力学模型进行分析，并应进行弹塑性分析确定其大震作用下的抗震性能。

2）有条件时，宜采用包含主要设备及管道的联合计算模型进行分析。

3）地震作用采用振型分解反应谱法进行计算。

（2）钢结构构件计算应符合下列各项要求。

1）常规钢构件的计算可按照 GB 50017《钢结构设计规范》的规定进行计算。

2）桁架构件宜按照拉压弯构件复核，桁架杆件设计时应考虑次弯矩的影响。

3）混凝土柱顶节点可参考钢结构柱脚进行设计计算。

4. 抗震设计

（1）支撑结构应根据设防烈度、结构类型和结构高度采用不同的抗震等级，并应符合相应的计算和构造措施要求。重点设防类散热器水平布置支撑结构的抗震等级按表 11-27 确定。

表 11-27 重点设防类散热器水平布置支撑结构的抗震等级

结构类型	设防烈度		
	6 度	7 度	8 度
混凝土框架结构体系	三	二	一
钢结构体系	四	三	二

注 1. 建筑场地为 I 类（参见 GB 50011《建筑抗震设计规范》分类定义）时，除 6 度外应允许按表内降低一度所对应的抗震等级采取抗震构造措施，但相应的计算要求不应降低。

2. 一般情况，构件的抗震等级应与结构相同；当某个部位各构件的承载力均满足 2 倍地震作用组合下的内力要求时，7～9 度的构件抗震等级应允许按降低一度确定。

（2）混凝土柱轴压比不应超过表 11-28 的规定。

表 11-28 混凝土柱轴压比限值

结构类型	抗震等级			
	一	二	三	四
混凝土框架结构柱	0.65	0.75	0.85	0.90

（3）空冷凝汽器支撑结构采用混凝土结构体系时阻尼比可取 0.05。

（4）当空冷凝汽器支撑结构下部为混凝土框架结构时，构件的抗震构造措施可按 GB 50011《建筑抗震设计规范》执行。

（5）钢结构构件抗震构造措施应符合下列各项要求。

1）钢结构体系的钢构件抗震构造措施可按 GB 50011《建筑抗震设计规范》执行。

2）平台钢桁架弦杆长细比不应大于 $120\sqrt{235/f_{ay}}$，腹杆长细比不应大于 $150\sqrt{235/f_{ay}}$。

3）采用钢斜撑体系中的钢斜撑，其长细比不应大于 $80\sqrt{235/f_{ay}}$。

5. 钢结构防护

（1）空冷钢结构宜采用防腐设计使用年限不低于 15 年的重防腐涂装体系；防腐措施宜采用防腐蚀涂料涂层保护或金属涂层保护，如冷喷锌或性能优良的涂料涂层。

（2）钢结构柱脚构造做法应符合 GB 50017《钢结构设计标准》的要求。

（3）钢材表面的除锈等级，应符合 GB/T 8923.1《涂覆涂料前钢材表面处理 表面清洁度的目评定 第 1 部分：未涂覆过的钢材表面和全面清除原有涂层后的钢材表面的锈蚀等级和处理等级》的规定；连接处的缝隙，应嵌刮耐蚀密封膏。

6. 地基与基础设计

（1）散热器水平布置支撑柱的地基基础设计等级为甲级。其他建构筑物按相关规范的规定执行。

（2）散热器水平布置支撑平台建筑地基变形应按正常使用极限状态下荷载效应的准永久组合（不计入地震作用），计算可按照 GB 50007《建筑地基基础设计规范》进行。

（3）地基变形允许值应符合下列各项规定。

1）相邻基础的沉降差为 $0.002L$（L 为相邻基础的中心距）。

2）基础容许沉降量为 200mm（非桩基）、150mm（桩基）。

三、散热器垂直布置空冷塔附属结构设计

散热器水平布置的空冷塔存在一个不容易克服的缺点，空冷三角只能组合为矩形而塔内的形状为圆形，必然存在一些面积无法利用。使得冷却塔的规模和造价增大。而将空冷散热器垂直布置于塔进风口处，就可以克服这一缺点。

空冷散热器在塔周垂直布置时，散热器顶部至间接空冷塔塔体之间应设展宽平台。展宽平台支撑结构宜采用下撑式钢结构，水平封板可采用混凝土板、镀锌花纹钢板、夹芯板等。展宽平台的平台排水方向可采用向内或向外的布置形式，并设置雨水落水管。展宽平台封板应有足够的刚度，采用镀锌花纹钢板时，板下应设置垂直于檩条方向的加劲肋。有檩条的展宽平台沿环向应采取释放温度应力的措施。展宽平台封板采用夹芯板等轻型材料时，展宽平台封板上应布置检修巡视通道，宽度不宜小于 800mm，并应设置栏杆。预制混凝土封板间的缝隙应采取密封措施，混凝土封板与展宽平台钢梁之间应采取拉结措施。

展宽平台荷载应符合下列规定。

（1）自重。

（2）50 年一遇基本雪荷载，雪荷载组合值系数宜为 0.5；检修活荷载不应小于 $0.5kN/m^2$，组合值系数宜

为0.7；二者不同时出现，取较大值。

（3）作用在展宽平台水平封板上的风荷载，应同时考虑外部风压和内吸力的共同作用，荷载重现期为50年一遇，且应符合以下规定。

1）外部风压最大值应取平台封板标高处的平均风压，作用方向垂直于封板，向下为正；迎风侧体型系数可取1.1，背风侧体型系数可取−0.5；外部风压荷载组合值系数应为1.0。

2）内吸力应取塔顶高度处设计风压的0.5倍，沿塔圆周均匀分布，作用方向垂直于封板向下，内吸力荷载组合值系数应为1.0。

（4）空冷散热器顶部支撑传来的水平点荷载，应包括直接作用在空冷散热器上的外部风荷载、内吸力、地震荷载等。

（5）布置在展宽平台上的设备荷载应按空载及满载两种工况分别计算。

（6）地震作用。

（7）温度作用。

附属结构有散热器设备基础、电缆廊道、散水、排水沟、高位水箱支架、上展宽平台爬梯及塔内地下设施。其中，电缆桥架（廊道）、排水沟、上展宽平台爬梯根据工艺方案，可布置在塔内也可以布置在塔外。散热器设备基础及散水在塔外布置，高位水箱支架及塔内地下设施在塔内布置。

散热器设备基础一般为梁板结构，根据工艺资料，可结合冷却塔X柱柱底支墩布置。设备基础梁板沿环向应根据规范要求适当设置伸缩缝。

高位水箱支架可采用钢筋混凝土结构或者钢筋混凝土基础的钢结构支架，并应设置从塔内地面至支架顶的楼梯或者钢梯。

第五节　湿式排烟冷却塔和海水冷却塔

一、排烟冷却塔的设计

（一）排烟冷却塔设计条件

1. 设计基本条件

（1）排烟冷却塔设计应满足循环水冷却和烟气排放要求，符合烟气排放高度、扩散等环保标准，并考虑烟气排放对冷却塔的影响。

（2）排烟冷却塔宜布置于炉后，在满足建筑间距的前提下减少烟道长度。

（3）排烟冷却塔结构设计主要影响因素有：烟道开孔大小、数量及其标高，以及进塔烟气的腐蚀性化学成分等。

（4）排烟冷却塔除增加烟气系统外，其他与常规冷却塔一致。

2. 排烟冷却塔特点

（1）排烟冷却塔的配水系统与常规冷却塔基本一致，中央竖井及配水方式要考虑烟道支撑结构的影响。

（2）为提高烟气抬升高度和降低烟气对塔筒的腐蚀，烟气气流在冷却塔内不宜扩散，排烟口的烟气流速宜控制在15～25m/s。

（3）当进塔烟道以塔壁作为支点时，冷却塔结构分析时应考虑烟道传来的荷载及作用。

（二）排烟冷却塔和烟道布置

1. 排烟冷却塔的布置

（1）对于逆流式自然通风排烟冷却塔，脱硫装置宜布置在冷却塔外。

（2）排烟冷却塔的位置应靠近脱硫吸收塔，以缩短塔外烟道长度，降低烟道的费用。

（3）排烟冷却塔的外露铁件、管道和机械设备均应采取有效防腐蚀措施。

（4）排烟冷却塔及烟道应有供验收、测试、监测使用的仪表设备的安装位置及设施。

2. 烟道布置方式

（1）排烟冷却塔烟道的进塔标高应根据脱硫塔出口标高确定。进塔烟道宜采用高位布置，以减小烟道的压力损失；当进塔烟道采用低位布置时，应减少烟道弯头数量。

（2）烟道数量和直径应根据烟气量和流速计算确定，并经技术经济比较后确定。

（3）排烟口应布置在除水器上部和冷却塔中央；当采用双烟道布置时，排烟口宜对称布置。

（4）在排烟冷却塔的烟道上应设置人孔，其位置宜设在便于出入的烟道侧壁下部。

（5）排烟冷却塔内的烟道在容易积灰处应设除灰孔，除灰孔宜设在烟道底部。

（6）烟道布置应便于运行时的检修和维护。

（7）湿法脱硫装置与冷却塔间的烟道宜设置不小于1%的纵向坡度，且坡向脱硫装置，以便于烟道内凝结水的收集和处理。

二、结构设计

（一）排烟冷却塔结构设计特点

（1）由于大直径烟道横穿排烟冷却塔塔筒的需要，筒壁上需要相应开筒，洞口应采取加固措施，以保证塔筒的结构安全。

（2）排烟冷却塔塔筒上开洞后破坏了壳体的旋转对称性，因此，需考虑不同风荷载和地震荷载方向对塔筒结构安全的影响。

（3）排烟冷却塔的结构设计必须考虑烟道安装的影响。主要包括开孔的大小和支柱的布置方式等。

（4）为保证排烟冷却塔的耐腐蚀性，需要在塔筒材料选择、塔筒构造上采取必要措施。

（二）排烟冷却塔烟道开洞的影响及其加固方法

（1）排烟冷却塔开洞的大小须根据烟道的直径及安装工艺确定，在满足安装工艺要求的前提下，洞口应尽可能小。一般情况下，开洞直径＝烟道直径＋1.5～2.0m。

（2）排烟冷却塔开洞的形状宜采用圆形，当烟道支撑在塔筒上时，为支座设置方便也可考虑采用门洞形。

（3）排烟冷却塔开洞的标高应综合考虑脱硫塔出口烟道标高、烟道排水方向、烟道安装工艺等因素确定。

（4）排烟冷却塔开洞后，塔的稳定安全系数明显下降，因此应采取一定的加固措施，以保证塔筒稳定性满足规范要求。

（5）排烟冷却塔开洞处的加固方法主要包括洞口周围适当加厚或加设肋梁。

（6）排烟冷却塔开洞后，洞口周围一定范围内产生应力集中，应力峰值明显提高，通过对洞口周围适当加厚可以大幅度消减应力峰值，但仍高于常规冷却塔。因此，应加大洞口周围的配筋，以保证壳体强度满足规范要求。

（7）洞口周围加厚的范围、厚度及方式应根据稳定计算结果分析确定，加厚方案还应考虑施工的方便性。

（8）洞口周围配筋增大的范围、增大的量及配筋方式须根据排烟冷却塔的整体内力计算结果确定。

（三）湿式排烟冷却塔结构分析

由于湿式排烟冷却塔筒壁上烟道开孔、斜支柱非均匀布置破坏了结构的轴对称性，在进行抗风及抗震分析时，需考虑结构的方向性与风的作用方向、地震的激励方向之间的相互组合。

当计算冬季运行工况塔筒温度应力时，进风口到淋水装置顶的气温取值方式同 GB/T 50102—2014《工业循环水冷却设计规范》附录 A，淋水装置顶以上部分考虑烟气温度的影响气温较 GB/T 50102—2014 附录 A 提高 3～5℃。

当烟道支撑在塔筒上时，还应考虑烟道对塔筒的作用，按极限状态设计时，应考虑以下几种荷载效应组合。

（1）按承载能力极限状态设计时，应考虑以下几种荷载效应组合情况。

1）当考虑基本组合时

$$S=\gamma_G S_{GK}+\gamma_W S_{W\theta 1K}+\gamma_t\varphi_t S_{TK}+\gamma_p S_{PK} \tag{11-27}$$

$$S=\gamma_G S_{GK}+\gamma_W\varphi_W S_{W\theta 1K}+\gamma_t S_{TK}+\gamma_p S_{PK} \tag{11-28}$$

以上两项基本组合应满足 $\gamma_0 S\leqslant R$。

2）当考虑地震偶尔组合时

$$S=\gamma_G S_{GE}+\gamma_W\varphi_{WE} S_{W\theta 1K}+\gamma_t\varphi_t S_{TK}+\gamma_E S_{E\theta 2}+\gamma_p\varphi_{PE} S_{PK} \tag{11-29}$$

地震作用偶然组合应满足 $S\leqslant R/\gamma_{RE}$。

式中 S_{GK}——按永久荷载标准值计算的荷载效应值；当烟道支撑在塔筒上时，应包括烟道传来的永久荷载标准值作用；

$S_{W\theta 1K}$——按风荷载标准值计算的荷载效应值，其中 θ_1 表示风的方向角；

S_{PK}——按烟道传来的可变荷载标准值计算的效应值；

S_{GE}——重力荷载代表值的效应；当烟道支撑在塔筒上时，应包括烟道传来的重力荷载代表值；

$S_{E\theta 2}$——按地震作用标准值计算的效应值；按式（5-6）计算；其中 θ_2 表示水平地震的方向角；

γ_p——烟道可变荷载作用分项系数，取 1.4；

φ_{PE}——与地震作用效应组合时，烟道传来的可变荷载的组合值系数取 0.6。

其余参数见第二节三（一）。

（2）按正常使用极限状态计算时，塔筒设计应按荷载效应标准组合，并考虑长期作用影响验算裂缝。允许裂缝宽度见 DL/T 5339—2006《火力发电厂水工设计规范》的 9.3.4。

荷载效应组合

$$S_K=S_{GK}+S_{W\theta 1K}+\varphi_t S_{TK}+S_{PK} \tag{11-30}$$

$$S_K=S_{GK}+\varphi_W S_{W\theta 1K}+S_{TK}+S_{PK} \tag{11-31}$$

式中 S_K——荷载效应标准组合的设计值。

（3）双曲线排烟冷却塔塔筒的弹性稳定验算按以下要求进行：

1）塔筒整体稳定验算：详见第二节中二、结构设计部分。

2）在满足上一条要求的基础上，还应对排烟冷却塔整体有限元模型进行特征值屈曲稳定验算，要保证其屈曲稳定安全系数应不小于同等荷载条件下相同几何尺寸的未开洞常规冷却塔的屈曲稳定安全系数。验算采用的荷载组合为：$S_{GK}+S_{W\theta 1K}+S_{WSog}+S_{PK}$，其中 S_{WSog} 为内吸力引起的效应。

排烟冷却塔地基承载力计算时其荷载组合为

$$S=1.1S_{GK}+\frac{S_{W\theta 1K}}{\beta}+\varphi_t S_{TK}+S_{PK} \tag{11-32}$$

（4）排烟冷却塔塔筒基础应进行上拔力平衡验算时，按 $S=S_{GK}+1.2S_{W\theta 1K}+S_{PK}$ 荷载组合进行，基础底面出现上拔力的平面范围应控制在圆心角小于或等于 30°内。

（5）塔内烟道支架及淋水装置架构：

1）排烟冷却塔塔内烟道支架须根据烟道的结构安全及安装工艺要求设置，同时要避免与淋水装置架构发生矛盾。

2）当在中央竖井正上方设置烟道支架，竖井的结构计算应考虑烟道作用荷载。

3）淋水架构的结构设计除耐久性要求以外，其他要求与常规冷却塔相同。

4）排烟冷却塔结构设计时应考虑进塔烟道的安装，必要时斜支柱处预留临时或永久性烟道进塔通道。

三、耐久性设计

（一）排烟冷却塔的构造要求、材料选择及施工要求

（1）排烟冷却塔塔筒厚度应根据强度、稳定性及施工条件确定，并应考虑塔筒保护层比常规塔加厚的影响，塔筒最小厚不应小于表 11-29 中给出最小厚度。

表 11-29　排烟冷却塔塔筒最小厚度

淋水面积 A（m²）	排烟淡水冷却塔（mm）	排烟海水冷却塔（mm）
$A<2500$	160	170
$2500 \leqslant A<4000$	170	180
$4000 \leqslant A<8000$	180	190
$8000 \leqslant A<10000$	200	210
$A \geqslant 10000$	210	230

注　引自 GB/T 50102《工业循环水冷却设计规范》。

（2）排烟冷却塔支柱布置方式需考虑施工期间烟道进入塔内的吊装条件。布置方式可采用支柱不均匀布置或均匀布置（施工期间采取临时措施）。

（3）受力钢筋保护层最小厚度应按照相关现行规范执行，可参见表 11-7。

（4）排烟冷却塔的混凝土强度不低于以下标准。

1）塔筒 C40；支柱 C45。

2）塔筒基础 C30；淋水装置架构 C35。

（5）排烟冷却塔的最大水胶比 W/C 见表 11-30。

表 11-30　排烟冷却塔最大水胶比

结构部位	排烟冷却塔最大水胶比 W/C
塔筒	0.4
斜支柱	0.4
环板型、倒 T 型基础、集水池池壁	0.4
单独基础及水池底板	0.5
淋水装置构架、框架及墙板	0.45

（6）排烟塔、海水塔塔内栏杆及爬梯宜采用非金属材料，塔内烟道支座、冷却塔塔顶栏杆及上塔爬梯喉部以上宜采用不锈钢结构；护笼、上塔爬梯以下部分可采用碳钢结构，但应镀锌或喷涂可靠的防腐涂料。

（7）为保证排烟冷却塔防腐涂料的施工质量，要求塔筒内外壁模板接缝错台小于 5mm。

（8）当塔内烟道采用吊装工艺时，淋水装置架构及其基础宜在塔内烟道吊装完成后施工，以保证烟道吊装时塔内有足够的空间和平整的场地。

（9）其他构造要求、材料选择要求及施工要求同常规冷却塔。

（二）排烟冷却塔的防腐

湿式排烟冷却塔的混凝土性能是耐久性设计的基础，当混凝土自身的耐防腐性能不能满足使用要求时，应采取附加防腐措施。

1. 排烟冷却塔附加防腐基本要求

（1）排烟冷却塔腐蚀影响因素。

1）硫酸根离子腐蚀；

2）氯离子腐蚀；

3）紫外线作用；

4）冻融循环作用；

5）碳化作用。

（2）排烟冷却塔防腐体系设计原则：

1）防腐体系应采用成熟安全可靠的技术，免维护使用不少于 10 年；

2）防腐涂层与混凝土基层有良好的附着力、漆膜致密、坚固耐久、屏蔽作用好、对腐蚀介质稳定；

3）防腐涂层应耐化学介质、耐低温、耐冻融、耐水、耐湿热、耐冲刷、耐气候老化；

4）防腐涂层保光、保色性优；

5）施工方便、容易操作。

（3）排烟冷却塔防腐分区。根据排烟冷却塔的特点和实测数据表明，排烟冷却塔不同区域防腐层最小厚度见表 11-31。

表 11-31　排烟冷却塔不同区域防腐层最小厚度

区域	防腐层干膜最小厚度（μm）
塔壁内表面喉部以上	400
塔壁内表面喉部以下至收水器	350
塔壁内表面收水器至壳底	350
塔壁外表面自壳顶向下 15m	300
塔壁外表面自壳底向上 6m	200
斜支柱及支墩	350

续表

区域	防腐层干膜最小厚度（μm）
塔体基础（环型或倒T型）	根据地下水侵蚀性确定
中央竖井、水槽、淋水构架、压力进水沟、水池内壁	300

（4）排烟冷却塔防腐涂料。涂层具有良好的附着力、老化后的再涂性、面漆的抗二氧化碳渗透性、抗水蒸气渗透性、抗基层粉化性、固化时对临时的恶劣条件的不敏感性等。排烟冷却塔防腐涂料的一般性能指标见表11-32。

表11-32　排烟冷却塔防腐涂料的一般性能指标

序号	项目名称	指标	标准	涂刷基面
1	附着力	≥1.5MPa	JTJ 275《海港工程混凝土结构防腐蚀技术规范》	混凝土
2	耐磨性	磨耗量<0.18g（500g/100r）	JC/T 1015《环氧树脂地面涂层材料》	混凝土
3	抗冲击	H=1.5m 冲击无裂纹、无剥落	GB/T 1732《漆膜耐冲击测定法》	混凝土
4	抗渗性	≥0.5MPa	GB/T 23440《无机防水堵漏材料》	混凝土
5	耐老化性	经过1000h 测试后无明显变化	GB/T 1865《色漆和清漆　人工气候老化和人工辐射曝露滤过的氙弧辐射》	
6	耐冻融性	28/54次循环后无明显变化	JG/T 25《建筑涂料涂层耐温变性试验方法》	混凝土
7	耐湿热性	经过3000h 测试后无明显变化	GB/T 1740《漆膜耐湿热测定法》	混凝土
8	耐化学腐蚀性	经过1000h 测试后无明显变化	GB/T 9274《色漆和清漆　耐液体介质的测定》	混凝土

2. 排烟冷却塔自身防腐工程实践

目前国内外采用自身防腐的排烟冷却塔不多。德国Niederaussem电厂湿式排烟冷却塔采用了耐烟气腐蚀的混凝土（SRB85/35）自身防腐，没有涂层保护。模拟试验显示：在烟气的作用下，当保护层为40mm厚时，该混凝土的保护作用可以持续40年以上。

四、海水冷却塔

海水冷却塔是以海水作为冷却介质和补充水的冷却塔，其特点是冷却介质的含盐量较高，具有一定的腐蚀性，塔的热力特性与循环水的含盐量有关，提高浓缩倍数有一定难度。早在20世纪50年代中期，英国Flet Wood电厂就建成了世界上第一个海水冷却塔，至今已有近60年的历史。到目前为止，国内已建成了数个海水冷却塔。

海水冷却塔主要塔型参数的确定原则同淡水冷却塔，应符合GB/T 50102—2014《工业循环冷却设计规范》及DL/T 5339—2006《火力发电厂水工设计规范》的要求。海水冷却塔塔型参数宜根据工程具体条件对进风口高度、塔总高度等进行技术经济比较后确定。海水冷却塔位于海滨多风地区，冷却塔受横向自然风影响较大，应结合当地风速等参数对塔出口的流态进行研究，必要时应结合塔出口流态试验确定塔出口尺寸，避免出现冷空气倒流现象。

（一）结构构造要求

（1）海水冷却塔塔筒壁厚应根据强度、稳定性及施工条件确定，筒壁厚度不应小于表11-33中给出的最小厚度。

表11-33　海水冷却塔塔筒最小厚度

序号	淋水面积 A（m^2）	塔筒最小厚度(mm)
1	1000～2000	170
2	2500～4500	180
3	5000～10000	200
4	11000～15000	230

（2）海水冷却塔壳底厚度应满足钢筋摆放要求。超大型海水冷却塔壳底厚度宜比斜支柱直径大120～160mm；非超大型海水冷却塔壳底厚度宜比斜支柱直径大100～130mm。

（3）海水冷却塔塔筒筒壁、支柱、环基、压力水沟、中央竖井、淋水构架、水槽和池壁等构件允许最大裂缝宽度为0.2mm。

（二）结构材料要求

1. 金属构件与非金属构件材质选择

（1）海水冷却塔宜选用玻璃钢等非金属构件替代金属构件。

（2）海水冷却塔椭圆门以下进塔爬梯宜采用非钢结构型式，当采用钢制爬梯时应采取“碳钢+重防腐涂层体系”或不锈钢材质；埋件、椭圆门、椭圆门以上上塔顶爬梯、塔顶栏杆可采用316L、双相不锈钢、超级奥氏体不锈钢等。

（3）海水冷却塔隔风板、托架宜采用玻璃钢制品。

（4）冷却塔水池池壁栏杆、塔内栏杆宜采用玻璃钢制品或衬钢聚丙烯复合塑料制品。

2. 混凝土材料

为提高混凝土结构密实性能，防止碳化和氯离子渗透，要求采用硅酸盐水泥或者普通硅酸盐水泥，添加粉煤灰、硅粉及微细矿渣粉，控制水胶比及胶凝材料用量，选择合适的粗细骨料，加强混凝土养护等。

（1）海水冷却塔混凝土强度等级、抗冻等级和抗渗等级应不低于表11-34。

表11-34　　混凝土的强度等级、抗冻等级和抗渗等级

序号	结构部位	混凝土强度等级	抗冻等级				抗渗等级
			寒冷地区冻融次数		严寒地区冻融次数		
			≤100	＞100	≤100	＞100	
1	塔筒及支柱	C40	F250	F300	F300	F350	W8
2	水池池壁、底板及环基	C30	F250	F250	F250	F300	W6
3	压力进水沟、中央竖井、淋水装置构架及水槽	C40	F250	F300	F300	F350	W8
4	垫层	C15	—	—	—	—	—

（2）海水冷却塔各部位保护层厚度及水胶比要求见表11-35。

表11-35　　海水冷却塔各部位保护层厚度及水胶比

部位	环境划分	循环水盐度	保护层厚度（mm）	氯离子扩散 D_{RCM}（$\times10^{-12}m^2/s$）	水胶比 W/C
塔筒内壁	重度盐雾区	55	≥50	≤7	≤0.40
		100	≥55		
支柱、压力水沟、中央竖井、配水槽、淋水构架	浪溅区	55	≥55	≤4	≤0.34
		100	≥60		
环基、水池及底板内壁	水下区	55	≥50	≤7	≤0.40
		100	≥55		
环基、水池及底板外壁	有地下水		≥50	≤7	≤0.40
	无地下水		≥40		
塔筒外壁	海洋大气区		≥35	≤7	≤0.40

（3）海水冷却塔混凝土电通量应小于1000C。

（4）为了确保海水冷却塔的耐久性，应严格控制混凝土所用原材料的质量，各种原材料严格满足相应的标准。海水冷却塔原材料控制如下。

1）水泥品种为硅酸盐水泥或者普通硅酸盐水泥，其熟料中铝酸三钙含量不宜超过8%，强度等级≥42.5级。

2）骨料应选用质地坚固耐久，具有良好级配的天然河沙、碎石或卵石，其余要求见DL/T 5144《水工混凝土施工规范》、JTS 202《水运工程混凝土施工规范》及GB/T 50476《混凝土结构耐久性设计规范》。

3）拌和和养护用水应采用淡水，Cl^-含量≤200mg/L，硫酸盐含量（以SO_4^{2-}计）含量≤0.22%，pH值≥4。

4）宜采用高效减水剂，减水剂不小于30%。

5）宜采用大掺量矿物掺合料，其掺量约为凝胶材料的 40%～60%；单掺时，以占胶凝材料总重计，磨细矿渣约为 20%～60%，粉煤灰约为 16%～60%，火山灰质材料约为 9%～60%，并应尽量降低水泥和矿物掺合料中的含碱量和粉煤灰中的 CaO 含量，粉煤灰为Ⅰ级粉煤灰；实际工程掺量按最终的试配确定。

6）外加剂对混凝土性能应无不利影响，各种外加剂中的 Cl^-含量不得大于混凝土胶凝材料总重的 0.02%。

（5）海水冷却塔所用混凝土不得掺用氯盐，混凝土中氯离子的最大含量（用单位体积混凝土中氯离子与胶凝材料的重量比表示）不超过 0.08%。

（6）混凝土的抗冻性与其含气量和 *W/C* 密切相关。混凝土中掺加引气剂，有利于提高混凝土的抗冻性能，但过高的掺量将降低混凝土的强度和抗氯离子渗透能力。北方寒冷地区海水冷却塔宜采用含气量为 4%～6%的混凝土。

（三）防腐设计

1. 一般要求

（1）为了保证冷却塔的使用年限，除对混凝土有严格要求外，尚需要对混凝土表面采取涂层防腐措施，有效降低海水冷却塔混凝土体系的氯离子扩散系数，确保混凝土的耐久性，涂层使用年限要求不少于 15 年。

（2）金属构件表面按照不同部位，采取相应的涂层防腐措施。

（3）涂层防腐方案一般应由底层、中间层和面层配套涂料涂膜组成，选用的配套涂料之间应具有良好的相容性和可重涂性。

（4）应选用符合要求的涂料产品、适宜的涂层厚度，采取严格的施工工艺和质量控制，以保证达到预期的涂层使用寿命。

2. 涂层体系性能指标

涂层体系性能指标要求见表 11-36。

表 11-36　涂层体系性能要求

序号	项目名称	指标	标准	涂刷基面
1～8	详见表 11-32			
9	耐盐雾性	经过 3000h 测试后无明显变化	GB/T 1771《色漆和清漆 耐中性盐雾性能的测定》	混凝土
10	耐碱性	经过 30d 测试后无明显变化	JTJ 275《海港工程混凝土结构防腐蚀技术规范》	混凝土
11	抗氯离子渗透性	氯离子渗透量＜ 5.0×10^{-3}mg/（cm^2·d）	JTJ 275《海港工程混凝土结构防腐蚀技术规范》	混凝土

3. 涂层体系选择

在实际工程中应针对工程具体情况筛选涂料，同时应根据不同结构部位的腐蚀特点，确定各部分的涂层体系，可考虑选用无机类和有机类的涂层，如环氧树脂、丙烯酸、聚氨酯、矿物类涂层体系，以及试验确定的其他涂层体系。

4. 防腐涂料的选用

海水塔各部分所处的环境条件差别较大，防腐涂料的选用应根据环境条件变化分别确定，必要时通过试验研究确定，试验研究应充分考虑海水水质、温度、湿度、饱和蒸汽作用、海洋大气、日照以及施工工艺等因素。

（1）海水冷却塔混凝土表面按照各部位所处的环境可按表 11-37 划分为混凝土表干区、混凝土表湿区、混凝土外表面区。

表 11-37　海水冷却塔混凝土表面分区表

序号	名称		工程部位
1	混凝土表干区	喉部以上	喉部以上塔筒内壁、塔顶向下 10m 塔筒外壁
		喉部以下	除水器部位以下、喉部以下塔筒内壁
2	混凝土表湿区		除水器部位以下塔筒内壁、淋水构架、配水槽、中央竖井、压力进水沟、水池内壁、支柱
3	混凝土外表面区		塔壁外表面自壳顶向下 15m
			塔壁外表面自壳底向上 6m

注　1. 表干区（喉部以上）和混凝土外表面区涂料要求应考虑抗紫外线。
　　2. 外壁是否设涂层根据工程情况具体论证确定。

（2）涂层的确定宜通过相关筛选试验，选择符合要求的涂料产品。

（3）涂层体系的厚度与涂层寿命具有直接关系，对于同一涂层体系，随海水盐度的增加，其混凝土中氯离子渗透量增加，应针对海水冷却塔结构的环境特点，研究确定适宜的涂层厚度。海水冷却塔不同区域防腐层最小厚度见表 11-38。

表 11-38　海水冷却塔不同区域防腐层最小厚度

区域	防腐层干膜最小厚度（μm）
塔壁内表面喉部以上	400
塔壁内表面喉部以下至收水器	350
塔壁内表面收水器至壳底	400

续表

区域	防腐层干膜最小厚度（μm）
塔壁外表面自壳顶向下 15m	350
塔壁外表面自壳底向上 6m	300
斜支柱及支墩	350
塔体基础（环型或倒 T 型）	300
中央竖井、水槽、淋水构架、压力进水沟、水池内壁	400

第六节　塔　芯　结　构

一、一般规定

塔内结构包括：集水池、压力进水管沟、冷却水出水口、淋水架构、竖井、配水槽、附属结构等。淋水架构宜采用井字形布置；结构平面、立面宜规则对称；梁系应正交于柱，并与柱有可靠的连接。

（一）水池

（1）集水池的深度宜为 2.0m。

（2）逆流式冷却塔池壁超高宜为 0.2～0.3m。当冷却塔停止运行，配水系统的水泄流至集水池时，集水池不应溢流。

（3）水池底板可采用整体式或分离式底板。

（4）整体式底板主要考虑淋水构架荷载和水重，当地下水位较高时，尚应考虑地下水浮力的影响；底板一般按弹性地基板计算，厚度不宜小于 300mm。

（5）分离式底板的厚度不宜小于 150mm，并设置构造钢筋，同时满足抗渗及抗浮要求。

（6）底板与混凝土垫层间宜设柔性防水层。

（7）水池底板与塔筒基础、竖井等荷重差异较大的结构间应设沉降缝。

（8）水池底板宜设伸缩缝，伸缩缝的最大间距可参考 GB 50010《混凝土结构设计规范》中的相关规定。经过超长设计的其伸缩缝的间距可加。

（9）伸缩缝、沉降缝处均应采取可靠的柔性止水措施。

（10）集水池周围应设回水台，其宽度宜为 2.0～3.0m，坡度宜为 3%～5%。回水台外围应有防止周围地表水流入池内的措施。沿池壁周围宜设安全防护栏杆。

（11）冷却塔集水池应有溢流、排空及排泥措施。

（12）出水口应有安全防护栏栅。

（二）竖井

（1）竖井的平面位置、数量及截面型式由工艺设计确定。常见的竖井截面有正方形和圆形。

（2）竖井主要承受内水压力、内外温差应力，以及支撑其上的配水槽、淋水构架梁系和顶部启闭机等荷载。

（3）竖井结构应满足承载能力和允许裂缝开展宽度的要求，并应满足水平抗滑和整体抗倾覆要求。

（4）竖井顶部应设有平台和盖板，周边应设高度不低于 1.2m 的栏杆。

（三）压力进水管沟

（1）压力进水管沟通常采用圆形钢管或矩形钢筋混凝土沟道。

（2）压力进水管沟主要承受内外水压力、内外温差应力，以及配水槽框架柱传来的荷载。

（3）钢筋混凝土压力进水沟应满足承载能力和允许裂缝开展宽度的要求；与竖井连接处应设沉降缝，沿纵向宜设伸缩缝；沉降缝、伸缩缝处均应采取可靠的柔性止水措施。

（4）钢制压力进水管当满足强度和稳定性要求，并应有防浮管措施。

（四）压力水槽

（1）压力水槽宜采用矩形钢筋混凝土结构。

（2）压力水槽主要承受自重、内水压力、内外温度应力、淋水构架梁系传递的荷载及检修荷载。

（3）压力水槽整体按多跨连续梁计算，横向按压力沟计算，也可按有限元分析。其结构应满足承载能力和允许裂缝开展宽度的要求。

（4）压力水槽顶部兼作检修通道时，两侧应设高度不低于 1.2m 的栏杆。

（五）淋水构架

（1）淋水构架宜采用预制装配式钢筋混凝土框排架结构；柱距可取 6m 或 8m；每一柱列应有可靠的抗侧力体系。

（2）作用于淋水构架上的主要荷载有：

1）淋水构架自重；

2）塔内全部部件的自重（如淋水填料、配水装置、除水器、托架等）；

3）配水管槽内的水重；

4）淋水填料上的水重和垢重；

5）淋水填料下部的挂冰重量（寒冷地区）；

6）检修荷载；

7）地震引起的荷载。

（3）淋水构架可按平面框排架结构进行计算，也可按空间结构进行分析。

（4）淋水构架各构件间应有可靠的连接，有抗震设防要求的地区，其连接节点应符合 GB 50191《构筑物抗震规范》的有关要求。

二、荷载及工况组合

(一)荷载类型

自然通风冷却塔塔芯淋水装置构架计算时应考虑以下荷载。

(1)自重。

(2)水膜重。淋水填料表面水膜厚度每侧按 0.5～1.0mm 考虑，当填料高度 1m 时，水膜重量 0.6～1.3kN/m²；当填料高度 1.5m 时，水膜重量 1.0～2.0kN/m²。

(3)结垢重。淋水填料表面结垢厚度每侧宜按 1.0mm 考虑，在特殊情况下可酌情增减。当填料高度 1m 时，结垢重度可按 2.5kN/m² 计算；当填料高度 1.5m 时，结垢重度可按 3.7kN/m² 计算。

海水冷却塔中淋水填料表面结垢厚度大于淡水冷却塔淋水填料表面结垢厚度，宜根据类似工程经验确定。如没有类似工程资料，海水冷却塔填料表面结垢厚度可按 1.3～2.0mm 考虑。

(4)检修荷载。检修荷载可采用 0.75kN/m²。自然通风冷却塔塔筒检修时，作用在水槽上的检修荷载可采用 2～3kN/m²。

(5)覆冰荷载。寒冷地区淋水填料下层构件的挂冰荷载(见表 11-39)，可采用 1.5～2.5kN/m²(水平投影面积)。

表 11-39　寒冷地区淋水填料下层构件的挂冰荷载

最冷月平均气温值(℃)	−3～2	−8～−3	−8 以下
裹冰及挂冰荷载标准值(kN/m²)	1.5	2.0	2.5

(6)其他荷载。排烟冷却塔塔内，当烟道支撑布置在中央竖井上方或构架柱上时，结构计算应计算烟道的荷载。

(7)地震荷载。

(二)工况组合

(1)荷载组合时，风筒检修荷载与挂冰荷载不同时组合。

(2)荷载组合时，风筒检修荷载与主、配水槽水重不同时组合。

三、常规冷却塔淋水构架

(一)常规冷却塔淋水构架布置

淋水构架位于塔筒内，一般采用钢筋混凝土梁柱作承重结构，采用井字形布置。

淋水架构梁系结构包括淋水层梁系结构与配水层梁系结构：淋水层梁系结构支撑着托架与淋水填料，一般布置在进风口以上部位，是冷却塔进行热水冷却的主要场所；配水层梁系布置在配水系统上方，结构支撑着除水器以及配水系统(管槽)。

当淋水填料采用搁置式时，支撑填料的淋水构架柱距一般为 6～8m，支撑填料的梁系通常由主梁和次梁组成，梁系顶面布置填料托架，材质可选用玻璃钢或者铸铁，托架上面放置填料。当淋水填料采用悬吊式时，一般平面尺寸按 2m×2m 拼装成一个单元吊装块，下设两根小梁支托，通过吊件悬吊在填料上面的梁上。塔内淋水构架梁柱结构布置图如图 11-29 所示。

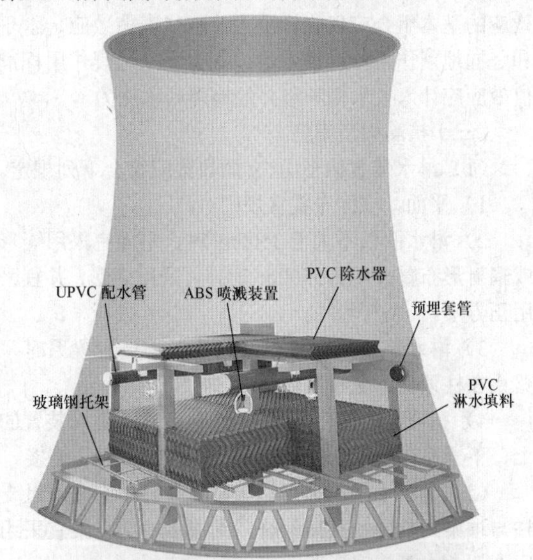

图 11-29　塔内淋水构架梁柱结构布置图

(二)抗震计算要点

(1)设防烈度为 7 度Ⅰ、Ⅱ类场地或抗震设防烈度为 7 度时地基承载力特征值大于 160kPa 的Ⅲ类场地，淋水装置可不进行抗震验算，但应符合相应的抗震措施要求。

（2）淋水构架宜按平面框排架进行抗震计算，并应符合下列规定。

1）淋水构架的地震剪力应由水槽下的Π形架承受。

2）支承于竖井上的梁或水槽，相对于竖井应可转动和水平移动。

3）当梁支撑在筒壁牛腿上时，梁相对于筒壁牛腿应可转动和水平移动。

（3）淋水装置的地震作用标准值效应和其他荷载效应的基本组合应仅包含重力荷载代表值效应、水平和竖向地震作用标准值效应。其中水平地震作用标准值效应应计入主水槽和竖井的地震动水压力。

（三）抗震构造措施

（1）淋水装置的平面、立面布置应符合下列规定。

1）平面、立面布置宜规则对称。

2）淋水面积不大于3500m²时，平面宜采用矩形或辐射形布置；大于3500m²时，可采用矩形，并宜采用正方形。

3）淋水装置采用悬吊结构且仅顶层有梁系时，梁系在柱顶宜正交布置。

4）抗震设防烈度为8度和9度时，淋水装置的上、下梁系在柱子处宜正交布置，且应有可靠连接。

（2）当淋水填料采用塑料材料并悬吊支撑，且支柱与顶梁为单层铰接排架时，支撑水槽的支架宜采用门形架；水槽与门形架应有可靠连接。

（3）抗震设防烈度为8度和9度时，淋水构架的梁和水槽不宜搁置在筒壁牛腿上，当有可靠的减震和放倒措施时，淋水构架梁可搁置在筒壁牛腿上。

（4）搁置在筒壁和竖井牛腿上的梁和水槽宜采取下列抗震构造措施。

1）梁与水槽底部与牛腿接触处宜设置隔震层。

2）抗震设防烈度为8度时，梁端宜贴缓冲层或在梁端与筒壁的空隙中填充缓冲层。

3）抗震设防烈度为9度时，筒壁和竖井的牛腿在梁的两侧宜设置挡块，挡块与梁间宜设置缓冲层或在梁端两侧与牛腿之间设置柔性拉结装置。

（5）抗震设防烈度为7、8、9度时，淋水装置的梁、柱和水槽外缘与塔筒内壁间的防震缝，分别不应小于70、90、120mm。

（6）塔筒基础及竖井与水池底板之间应设置沉降缝，进水池、水池隔墙等跨越沉降缝的结构均应设置防震缝。穿越池壁的大直径进水管道宜采用柔性接口。

（7）预制主水槽的接头应焊接牢靠；配水槽伸入主水槽的搁置长度不应小于70mm；抗震设防烈度为8度和9度时，主、配水槽的接头处应采用焊接连接或其他防止拉脱措施。

（8）抗震设防烈度为8度和9度时，除水器、淋水填料、填料格栅均不得浮搁，除水器、填料与梁及填料格栅与梁之间应有可靠连接。

（9）淋水构架柱的柱顶、柱根（或杯口顶面以上）500mm范围内，以及牛腿全高、牛腿顶面至构架顶面以上300mm区段范围内，箍筋均应加密，其间距不应大于100mm，加密区的箍筋最小直径应符合表11-40的规定。

表11-40　箍筋加密区的箍筋最小直径　（mm）

加密区区段	抗震等级和场地类别					
	一级	二级	二级	三级	三级	四级
		Ⅲ、Ⅳ类场地	Ⅰ、Ⅱ类场地	Ⅲ、Ⅳ类场地	Ⅰ、Ⅱ类场地	
一般柱顶柱根区段	8（柱根10）		8		6	
牛腿区段	10		8		8	
柱变位受约束的部位	10		10		8	

（10）淋水构架柱的牛腿除应进行配筋计算并符合抗震构造措施外，尚应符合下列规定。

1）承受水平拉力的锚筋，一级不应少于2ϕ16；二级不应少于2ϕ14；三级不应少于2ϕ12。

2）牛腿受拉钢筋锚固长度应按计算确定。

3）牛腿水平箍筋最小直径不应小于8mm，最大间距不应大于100mm。

（11）淋水构架梁的两端箍筋应加密，加密区长度不应小于梁高。加密区的箍筋，抗震设防烈度为6度时最大间距不应大于150mm，直径不应小于6mm；抗震设防烈度为7～9度时最大间距不应大于100mm，直径不应小于8mm。

（12）在梁的侧面承受竖向的集中荷载时，其梁内应增设附加横向钢筋（箍筋、吊筋），附加横向钢筋的总截面面积和布置范围应通过计算确定，并应符合抗震构造措施要求；其计算的附加横向钢筋的总截面面积应乘以增大系数，一级的增大系数应取1.25，二级应取1.15。

四、耐久性设计

详见第三节相关内容。

第七节 湿式机械通风冷却塔

一、荷载及作用

（一）结构组成

1. 塔体

（1）塔体可采用钢筋混凝土结构、钢结构。

（2）钢筋混凝土结构塔，宜采用双向框架结构。

（3）钢结构塔宜采用双向桁架结构。若工艺条件限制，也可采用钢架结构。

（4）塔体的结构形式、布置和各部位尺寸，应按生产和结构设计要求综合确定。常见形式如图 11-30～图 11-33 所示。

2. 柱网

柱网布置应按照工艺条件确定。

3. 梁

（1）塔内支承淋水填料的梁应平行于进风方向布置，在满足支承淋水填料要求的条件下，应加大梁的间距。

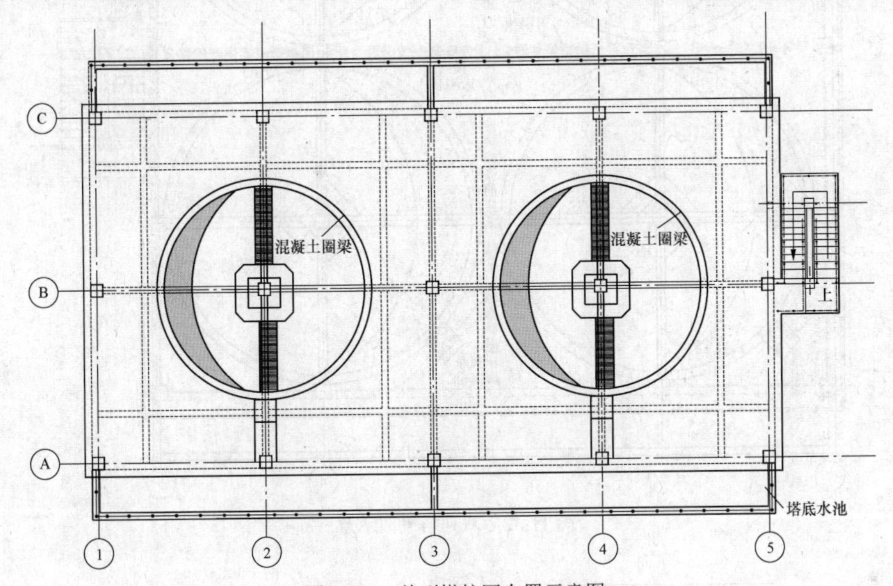

图 11-30 单列塔柱网布置示意图

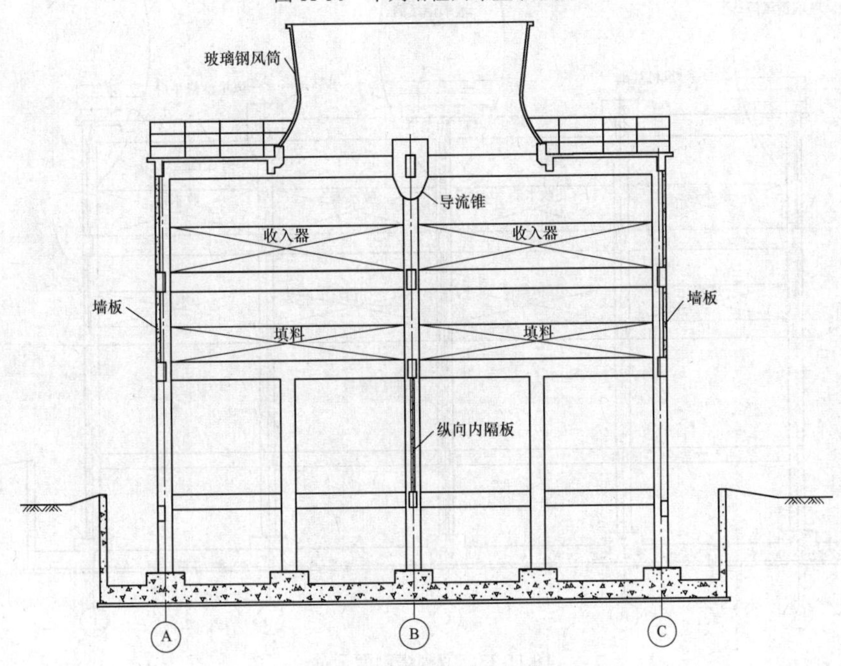

图 11-31 单列塔剖面示意

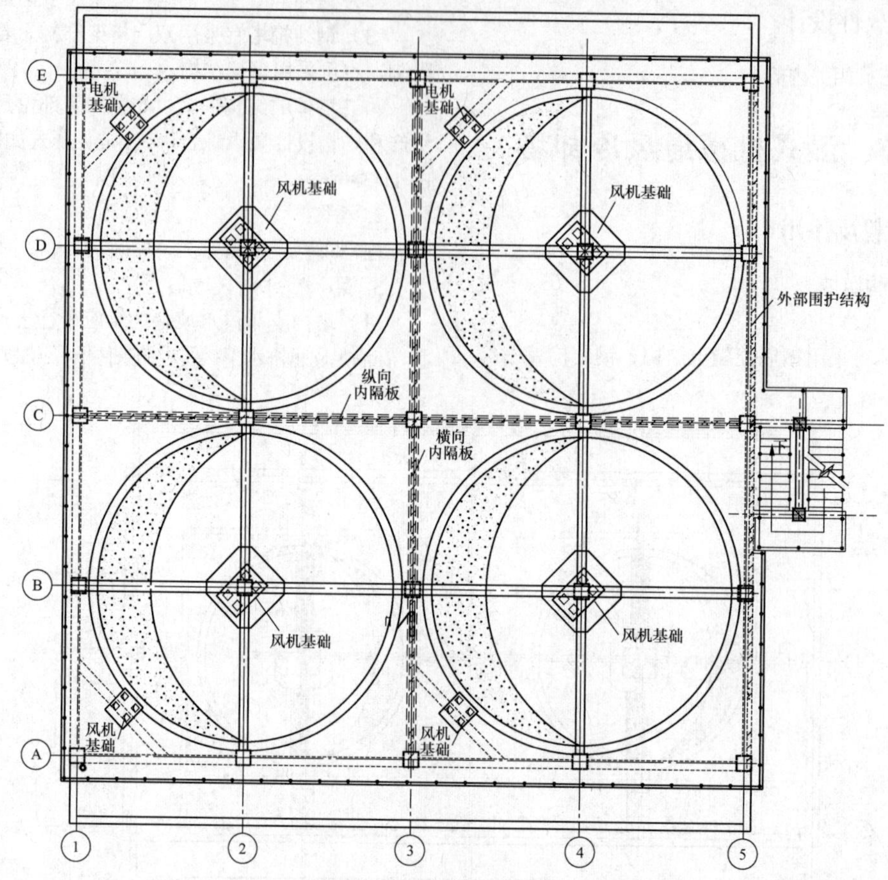

图 11-32　双列塔平面示意

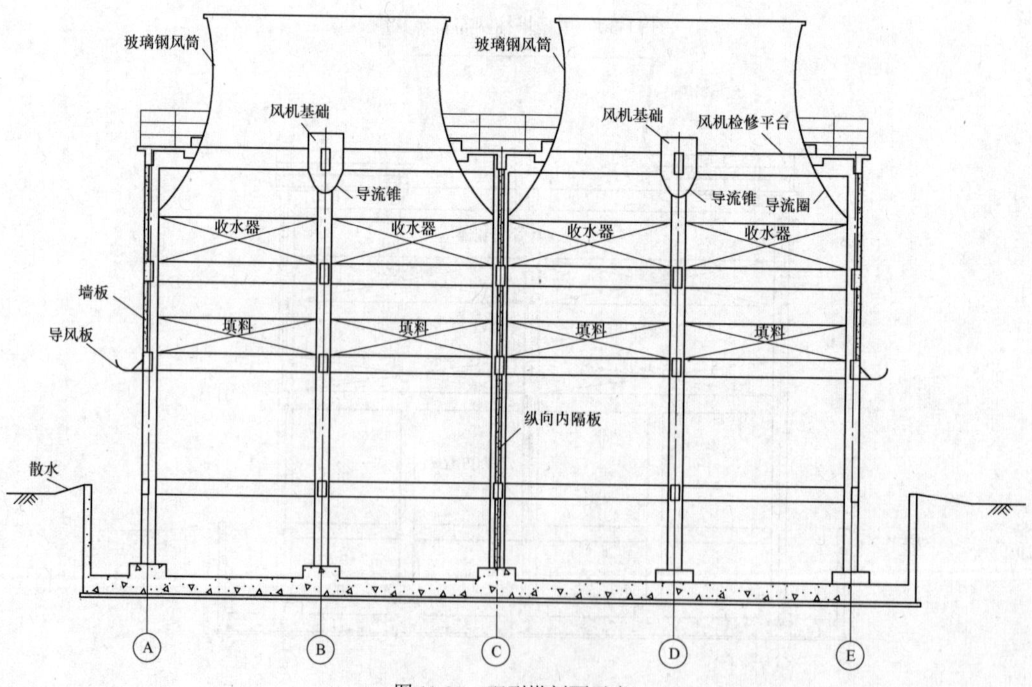

图 11-33　双列塔剖面示意

（2）塔内支承淋水填料的梁，应为窄而高的矩形截面。

（3）填料支承结构的水平投影面积，不宜大于塔轴线间面积的15%。

4. 塔体围护结构

（1）塔体围护结构，宜采用钢筋混凝土墙板、玻璃钢墙板或其他轻质高强度且耐腐蚀材料的墙板。

（2）内隔板应采用钢筋混凝土板。

（3）塔顶板应符合下列要求。

1）钢筋混凝土结构塔顶板，应采用现浇钢筋混凝土板。

2）钢结构塔顶板，应采用封闭耐腐蚀材料，确保其顶板刚度。

5. 导风系统配件

（1）塔体导风系统包括风筒、导流锥、导流圈水平导风板等配件。

（2）风筒宜采用玻璃钢结构。

（3）异流锥的设置，应符合：当风机基座下设柱时，基座底面应设置倒角或导流椎。

（4）进风口上缘的水平导风板可采用玻璃钢或者钢筋混凝土。钢筋混凝土水平导风板如图 11-34 所示。

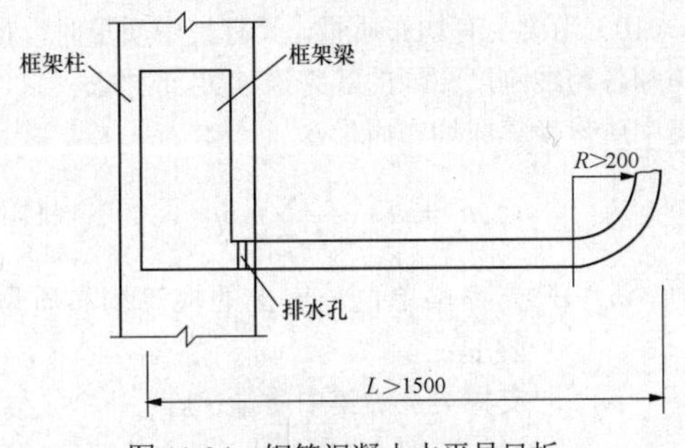

图 11-34　钢筋混凝土水平导风板

6. 柱基础及机器基座

（1）塔体框架柱基础，应根据地基、水池埋置深度和施工等条件选用以下形式。

1）基础（台阶置于底板上或下）与水池底板现浇成整体。

2）基础在水池底板下与底板分离。

（2）风机和电动机基座，可采用下列结构。

1）钢筋混凝土结构塔的风机和电机基座，宜采用现浇钢筋混凝土结构。

2）钢结构塔的风机和电动机基座，宜采用整体钢支座。

7. 塔底水池

塔体下的水池，应符合下列要求。

（1）水池应采用现浇钢筋混凝土结构。

（2）池壁顶部根据工艺操作要求设置外挑平台、溢流槽等。

（二）一般规定

（1）冷却塔的结构安全等级为二级，设计基准期为50年，设计使用年限为50年。

（2）发电厂循环水系统机械通风冷却塔的抗震设防分类为重点设防类（乙类）。

（三）荷载类型

冷却塔塔体应考虑以下荷载。

（1）自重。包括结构和设备自重。

（2）顶部活荷载和检修荷载。塔顶平台活荷载标准值一般可取 $4kN/m^2$；框架和基础采用 $2kN/m^2$；顶板的检修荷载可按照设备检修的具体情况确定，但不少于 $5kN/m^2$。这两项荷载不同时组合。

计算框架时，顶板的活荷载或检修荷载可乘 0.7 的折减系数。

（3）风荷载。

1）风筒和塔体所受风荷载应按 GB 50009《建筑结构荷载规范》计算。

2）计算横向框架时，应考虑进风口下纵向内隔板的挡风面积。

3）平台、栏杆及爬梯所受风荷载可不考虑。

（4）震动荷载。风机和电动机的震动荷载可按当量荷载计算。

竖向当量荷载标准值：可将风机和电动机的总重力乘以动力系数作为竖向当量荷载标准值。动力系数的取值，风机取2，电动机取1.5。

风机水平当量荷载标准值：简化计算可取风机的总重力乘以动力系数 0.15（用于钢筋混凝土结构）和 0.20（用于钢结构）。

常用的技术数据及公式见 SH/T 3031《石油化工逆流式机械通风冷却塔结构设计规范》。

（5）淋水装置支撑于塔体结构上的荷载。淋水装置的荷载可参照塔芯结构章节相关内容要求。

（6）降噪装置作用于塔体结构上的荷载。

（7）地面活荷载：根据施工和生产检修实际情况确定，但不得小于 $10kN/m^2$。

（8）地震作用。

1）在冷却塔支撑结构的两个主轴方向分别计算水平地震作用并进行抗震验算；冷却塔支撑结构可不考虑竖向地震作用。

2）6 度时的冷却塔支撑结构应符合有关的抗震措施要求，但应允许不进行截面抗震验算。

3）计算水平地震作用时，宜采用振型分解反应谱法，一般取不少于 3 个振型。

4）冷却塔塔体支撑结构可不进行抗震变形验算。

（四）工况组合

按承载能力极限状态计算框架时，荷载组合应符合下列规定。

（1）基本组合荷载应包括：结构和设备自重、顶板活荷载或检修荷载、风机和电动机的震动荷载、淋水填料支撑于框架上的荷载和风荷载。

（2）地震作用组合荷载应包括：结构和设备自重、顶板活荷载或检修荷载、风机和电动机的震动荷载、淋水填料支撑于框架上的荷载和地震力。地震作用组合在地震设计烈度7度及7度以上时应计算。

（3）荷载分项系数、组合效应系数应按照现行国家标准 GB 50009《建筑结构荷载规范》的有关规定执行。

（五）其他规定

机械通风冷却塔的规模可参照表 11-41 进行分类。

表 11-41　机械通风冷却塔的规模划分

塔型	小	中	大
机力塔单格冷却水量 Q（m^3/h）	$Q<1000$	$1000 \leqslant Q<3000$	$Q \geqslant 3000$

二、结构分析

（1）结构内力或应力验算可采用结构力学方法、弹性力学方法或有限元方法。

（2）对于地震作用组合，塔体框架应进行振幅计算，最大振幅不宜超过 0.5mm。

（3）计算框架内力时，风机和电动机的动荷载应按当量荷载采用，可按集中荷载考虑；水平当量荷载，可按作用在框架梁轴上的集中荷载考虑。

（4）框架计算应按承载能力极限状态和正常使用极限状态分别进行荷载效应组合，并应取各自最不利的效应组合进行设计。

（5）当采用钢筋混凝土结构塔，可不验算框架顶部的水平位移；当采用钢框架结构塔时，应验算顶部水平位移在正常使用极限状态下，不大于塔高 h 的 1/250（塔高 h 从基础顶面至顶层平台）。

（6）钢筋混凝土结构塔的主要承重构件和水池按正常使用极限状态计算时，按荷载基本组合下的荷载效应标准值进行，最大裂缝宽度不得大于 0.2mm。

（7）塔体结构的自振频率应与风机的工作频率错开 25%以上。当风机或电动机直接支撑在梁上时，梁的自振频率与风机或电动机的工作频率应错开 30%以上，如不能满足上述条件时，应对梁进行振动分析。塔的整体或风机支承结构的允许水平振幅为 0.2mm；电动机支承结构的允许垂直振幅为 0.1mm，且不大于 $60/n_d$（n_d 为电动机转速 r/min）。

（8）当风机基座下不设柱而安装在梁上时，该梁的挠度不应大于梁计算跨度的 1/500。

（9）风机或电动机的支撑梁的自振频率，应按式（11-33）计算

$$f_0 = 1.57\sqrt{\frac{D}{ml_0^4}} \tag{11-33}$$

式中　f_0——支撑梁的自振频率，Hz；

D——支撑梁的截面刚度，$N \cdot m^2$；

m——支撑梁单位长度上的均匀质量，kg/m；当有集中质量时，应按第（11）条的规定计算；

l_0——支撑梁的计算跨度，m。

（10）当梁上有均布质量，又有集中质量时，对于单跨和各跨线刚度相同的等跨连续梁，应按式（11-34）将集中质量换算成均布质量

$$m_u = m + \frac{1}{n_0 l_0}\sum_{j=1}^{n} k_j m_j \tag{11-34}$$

式中　m_u——支撑梁单位长度上的换算均布质量，kg/m；

m_j——支撑梁上的集中质量，kg；

n_0——梁的跨数；

k_j——集中质量换算系数。

（11）集中质量换算系数 k_j 按表 11-42 采用。计算多跨连续梁的自振频率时，集中质量换算系数 k_j 可按单跨梁选用。

表 11-42　集中质量换算系数 k_j

α_j	0	0.10	0.20	0.30	0.40	0.50	0.60	0.70	0.80	0.90
k_j	0	0.191	0.691	1.31	1.81	2.00	1.81	1.31	0.691	0.191

注　表中 α_j 为集中荷载距本跨梁左边支座的距离与本跨梁的计算跨度之比。

（12）柱基础和水池底板，应根据地基情况和基础形式，按下列方法计算。

1）当基础与水池底板现浇成整体时，底板可按弹性地基上的板或倒无梁楼盖计算。当柱网尺寸较大时，底板宜按弹性地基上的板计算，并应进行柱基础对底板的冲切验算；当地下水位高于底板时，应考虑地下水对底板的浮力作用。

2）单独基础且与水池底板整体连接，计算时可将水池底板作为基础的一部分，底板与基础配筋应综合考虑。

（13）钢桁架可按照平面桁架计算。受压构件的长细比，不应大于150，受拉构件的长细比不应大于250；在抗震设防区，尚应满足抗震构造措施的要求。

三、耐久性设计

（一）材料要求

（1）混凝土。

1）钢筋混凝土塔的混凝土强度等级不应低于C30，抗渗等级不应低于W6；混凝土抗冻等级应符合表11-43的要求。

2）二次灌缝、灌浆采用高一级的细石混凝土或高强无收缩水泥基灌浆料。

表11-43　　混凝土抗冻等级要求

构件名称	抗冻等级	
	历年最冷月平均气温（℃）	
	−5～−15	−15以下
梁、柱、顶板、墙板	F200	F250
基础	F150	F200
水池	F150	F200

注　当基础与水池浇在一起时，混凝土抗冻、抗渗等级按照水池要求执行。

（2）钢材。

1）有抗震设防要求的钢筋混凝土塔结构构件中的纵向受力钢筋宜选用符合抗震性能指标的不低于HRB400级的热轧钢筋，也可采用符合抗震性能指标的HRB335级热轧钢筋；箍筋宜选用符合抗震性能指标的不低于HRB335级的热轧钢筋，也可选用HPB300级热轧钢筋；吊环（钩）应采用未经冷加工HPB300级热轧钢筋制作。

2）钢结构塔承重结构宜选用Q235-B或Q345-B钢。对焊接构件不应选用沸腾钢。

3）钢结构梁、柱、斜撑和支撑设备的平台及其连接材料的钢材应具有抗拉强度，伸长率，屈服点和硫、磷极限含量的合格保证，对焊接结构尚应具有含碳量和冷弯试验的合格保证。

4）当有抗震要求时，钢材的屈服强度实测值与抗拉强度实测值的比值不应大于0.85；钢材应有明显的屈服台阶，且伸长率不应小于20%；钢材应有良好的焊接性和合格的冲击韧性。

5）连接螺栓宜为半精制镀锌螺栓（4.8级）；地脚螺栓应采用未经冷加工的Q235-B钢。

6）焊条：钢塔主体结构可采用E43或者E50系列焊条。

（3）玻璃钢件。

1）织物增强的不饱和聚酯玻璃钢件的巴柯尔硬度不小于35。

2）织物增强的不饱和聚酯玻璃钢件的弯曲强度不小于147MPa。

3）树脂含量（质量含量）不小于45%（不计胶衣层和富树脂层）；富树脂层树脂含量不小于70%。

（4）冷却塔应采用阻燃型的填料、收水器和风筒，其氧化指数不应小于30。

（二）构造要求

（1）风机基座的地脚螺栓位置应准确并锚固可靠，卧式电动机基座与塔顶板（或顶层梁）应有可靠连接。

（2）检修平台和塔顶板，均应设置栏杆；塔体外应设置通塔顶的斜梯；风筒应设通向塔内的人孔；塔内应设置风机检修平台和通往除水器层的直爬梯。

（3）塔顶板宜应设不小于0.3%排水坡。

（4）冷却塔结构伸缩缝的最大间距，可按表11-44规定采用。

表11-44　　冷却塔结构伸缩缝的最大间距

结构类别	伸缩缝最大间距（m）
钢筋混凝土塔体	40
钢结构塔体	90

注　当有经验或者采取措施时，间距可适当增大。

（5）钢筋的混凝土保护层最小厚度按现行的GB 50046《工业建筑防腐蚀设计规范》取用，且不小于中腐蚀要求。

（6）冷却塔外墙板采用玻璃钢板时，其搭接应采用下搭接。

（7）冷却塔纵向外墙板下端可设置防溅水格栅或其他有效措施。

（三）防腐、防冻措施

（1）冷却塔应采取防腐措施，并应符合下列规定。

1）钢筋混凝土塔的塔体进风口处梁和柱的外露部分，均应刷防腐涂料，涂料膜层厚度不得小于160μm。

2）钢筋混凝土塔的塔体填料支撑结构及连接件的外露部分，均应刷防腐涂料，膜层厚度不得小于200μm。

3）钢筋混凝土塔的塔体内部其他构件的外露部分，均应刷防腐涂料，膜层厚度不得小于120μm。

4）塔体外部辅助钢结构宜采用防腐涂料，膜层厚度不得小于120μm。

5）钢结构塔内钢结构可采用热镀浸锌，锌的厚度不宜小于125μm。

6）水池内表面宜采用防腐涂料。

（2）钢结构塔承重结构的基层处理，宜采用喷砂或抛丸除锈。附属结构可采用手工和动力工具除锈。

（3）历年最冷月份平均气温值在−5℃以下地区，塔体进风口处的混凝土梁和柱应采取防冻措施。

（4）塔体围护结构在塔体内侧接缝处可采用防冻措施，再与塔体一起刷防腐涂料。

（5）预制内隔墙的板缝，可采用水泥砂浆填塞，历年最冷月份平均气温在−5℃以下地区，宜采用环氧砂浆堵塞。

第八节 干式机械通风冷却塔

与自然通风干式冷却塔相比，干式机械通风冷却塔无须建设庞大的自然通风冷却塔塔体，初投资少，布置位置灵活，对地基承载力要求低。干式机械通风冷却塔防冻调节手段灵活，可以通过调节风机转速、调节散热器百叶窗开度进行水温调节，环境风对冷却塔换热性能影响较小。但干式机械通风冷却塔风机耗电量大，运行成本高，设备运行存在低频噪声，且治理困难。

干式机械通风冷却塔宜采用钢筋混凝土结构，也可采用钢结构。一般情况下，钢筋混凝土结构的机械通风冷却塔工程造价低于钢结构冷却塔，后期维护工作量也大大低于钢结构；因机械通风间接空冷塔配有直径较大的风机及大功率的驱动机构，考虑到旋转设备对土建的动力作用，为了避免动力设备引起整个结构的振动及引发的低频噪声，往往需要土建结构具有足够的刚度和较大的质量，而不是过于轻巧。鉴于此，机械通风间接冷却塔宜优先采用钢筋混凝土结构。采用钢筋混凝土结构时，塔基础、框架、墙板、设备基础及支架混凝土最小强度等级不宜小于C30。钢筋保护层最小厚度：框架为30mm，塔基础及设备基础为40mm，侧墙板及平台板为25mm。

干式机械通风冷却塔框架结构设计塔应考虑下列荷载及作用。

（1）结构和设备自重。

（2）顶板活荷载和检修荷载。

（3）风荷载。

（4）风机和电动机振动荷载。

（5）散热器作用在塔体上的荷载。

（6）地震作用。

（7）降噪装置作用于塔体结构上的荷载。

干式机械通风冷却塔的框架结构设计宜符合下列规定。

（1）围护墙板及内隔墙墙板宜采用钢筋混凝土墙板，也可采用轻质墙板。

（2）钢筋混凝土顶板宜采用现浇梁板结构。

（3）风机和电动机基座宜采用现浇钢筋混凝土结构，风机基座下宜设置立柱。

（4）钢筋混凝土机械通风间接空冷塔按温度区段应设置伸缩缝，伸缩缝处毗邻的两个单元可共用一道隔墙板。

结构计算原则、振幅控制标准等内容参见第七节。

第九节 工 程 实 例

本章收录了其中8家设计单位设计的近70座典型的自然通风冷却塔结构相关的数据，机组规模覆盖300、600、1000MW等级的湿冷及空冷发电机组，冷却塔类型包括：湿冷塔、排烟湿冷塔、海水湿冷塔、空冷塔、排烟空冷塔、高位收水塔等。其中冷却塔配置方案既有一机一塔方案，也有两机一塔方案。工程实例各项数据见表11-45。

第十节 自然通风冷却塔工程算例

一、工程概况

该工程为2×600MW机组，主机及给水泵汽轮机均采用间接空冷系统，2台机组配备一座钢筋混凝土间接空冷塔。

主要热力尺寸见表11-46。

表11-46 主要热力尺寸

热力尺寸 \ 方案	两机一塔，主机、给水泵汽轮机合并
空冷塔斜支柱中心轴线与零米平面交点所在的圆直径（m）	173
空冷塔散热器外缘直径（m）	183
空冷塔出口直径（m）	113
空冷塔喉部直径（m）	109
空冷塔塔高（m）	198
空冷塔进风口高度（m）（最小高度）	30.5
两台机组塔的座数	1

二、荷载

（1）结构自重。计算结构自重时，钢筋混凝土容重采用25kN/m^3。

表 11-45　　　　工程实例各项数据

工程代号	所在地	机组容量	建成/商用时间	标称面积①（m^2）	塔高（m）	50年一遇基本风压②（kN/m^2）	地震烈度	场地类别	环基			支柱			塔筒						冷却塔类型
									混凝土等级	中心直径（m）	地基型式	混凝土等级	支柱型式	对数	塔筒型式③	喉部直径（m）	出口直径（m）	混凝土等级	最大壁厚（m）	最小壁厚（m）	
DB-1	辽宁	2×350MW	2009	4000	105.0	0.65	6	Ⅱ	C25, F200, W6	81.044	桩基	C30, F300, W8	人支柱	40	光滑塔	42.1	44.73	C30, F300, W8	0.65	0.16	湿冷塔
DB-2	天津	1×350MW	2010	5500	124.0	0.5	8	Ⅲ	C35, F200, W6	91.568	桩基	C45, F200, W8	人支柱	43	光滑塔	55.26	56.87	C40, F200, W8	0.9	0.2	排烟湿冷塔
DB-3	安徽	1×600MW	2013	9500	160.0	0.35	7	Ⅱ	C30, F150, W6	126.034	天然地基	C40, F200, W8	人支柱	48	光滑塔	69.874	75.4	C40, F150, W8	1.09	0.26	湿冷塔
DB-4	黑龙江	2×350MW	2013	4250	105.0	0.55	6	Ⅲ	C30, F200, W6	85.32	桩基	C45, F300, W8	人支柱	43	光滑塔	43.8	46.96	C40, F300, W8	0.67	0.2	排烟湿冷塔
DB-5	新疆	2×350MW	2014	12600	168.0	0.46	8	Ⅱ	C35, F150, W6	151.6	天然地基	C45, F200, W8	X支柱	48	48（200+350）×150	87.7	89.4	C40, F300, W8	1.9	0.3	空冷塔
DB-6	新疆	2×660MW	2014	14900	178.0	0.6	6	Ⅱ	C40	160.986	天然地基	C45, F200, W8	X支柱	52	52（200+350）×150	96.0	97.6	C40, F200, W8	1.75	0.34	空冷塔
DB-7	新疆	2×350MW		12650	180.6	0.86	7	Ⅱ	C40, F100	150.4	天然地基	C45, 150	X支柱	44	88（200+350）×150	93.4	97.4	C40, F150	1.6	0.38	空冷塔
DB-8	内蒙古	2×660MW		12500	178.0	0.55	6	Ⅱ	C30, F150, W6	147.43	天然地基	C40, F300	X支柱	44	光滑塔	88.9	92.6	C35, F200	1.55	0.3	空冷塔
HB-1	天津	2×1000MW	2009	12000	165.0	0.55	8	Ⅳ	C30, W8, F250	135.894	桩基	C45, W8, F250	人字柱	48	光滑塔	75.0	80.093	C40, W8, F250	1.3	0.27	海水塔
HB-2	河北	2×300MW	2011	5000	103.0	0.35	7	Ⅱ	C30, W6, F200	89.882	灰土换填	C45, W8, F300	人字柱	39	光滑塔	49.038	53.138	C45, W8, F250	0.7	0.18	排烟湿冷塔
HB-3	新疆	2×350MW	2013	8132	158.0	0.9	7	Ⅱ	C40, W6, F250	121.1	级配碎石换填	C45, F250, W6	X支柱	44	88（150+200）×120	74.5	78.499	C45, W8, F250	1.3	0.269	空冷塔
HB-4	安徽	2×1000MW	2015	12500	189.0	0.4	7	Ⅲ	C40, F150, W8	140.295	桩基	C60, F200, W8	人支柱	45	66（150+200）×120	82.5	86.6	C45, F200, W8	1.3	0.26	高位收水

续表

工程代号	所在地	机组容量	建成/商用时间	标称面积[1]（m^2）	塔高（m）	50年一遇基本风压[2]（kN/m^2）	地震烈度	场地类别	环基			支柱			塔筒						冷却塔类型
									混凝土等级	中心直径（m）	地基型式	混凝土等级	支柱型式	对数	塔筒型式[3]	喉部直径（m）	出口直径（m）	混凝土等级	最大壁厚（m）	最小壁厚（m）	
HB-5	内蒙古	2×350MW	2016	7640	159.0	0.6	6～7	Ⅱ	C35, F250, W6	117.11	天然地基+部分换填	C45, F250, W6	X支柱	44	光滑塔	69.8	74.2	C45, F250, W6	0.9	0.22	空冷塔
HB-6	河南	2×1000MW	2017	12000	165.0	0.4	7	Ⅱ	C35, F150, W8	135.318	桩基	C40, W8, F300	人支柱	44	光滑塔	75.422	80.036	C45, W8, F250	1.25	0.24	湿冷塔
HB-7	辽宁	2×350MW	2017	4000	130.0	0.55	7	Ⅱ	C40, W8, F250	80.902	复合地基CFG	C45, W8, F300	人字柱	33	光滑塔	41.761	43.645	C45, W8, F250	0.85	0.18	排烟湿冷塔
HB-8	河北	2×350MW		12780	190.0	0.45	7	Ⅱ	C35, F200, W6	149.082	CFG桩复合地基	C45, F200, W8	X支柱	46	92（200+300）×200	93.805	99.0	C45, F200, W8	1.85	0.27	排烟空冷塔，两机一塔
HB-9	天津	2×1000MW		12000	170.0	0.55	8	Ⅳ	C35, W8, F250	135.666	桩基	C45, W8, F251	人字柱	44	光滑塔	74.295	80.0	C40, W8, F251	1.3	0.27	海水塔
HB-10	安徽	2×660MW		9500	185.0	0.35	7	Ⅱ	C35, F150, W8	129.942	天然地基	C45, F150, W8	人支柱	43	光滑塔	64.65	71.56	C45, F150, W8	1.25	0.2	高位收水排烟塔
HB-11	宁夏	2×1000MW		16045	210.0	0.4	7	Ⅲ	C40, W6, F250	168.016	天然地基+部分换填	C45	X支柱	48	96（200+300）×200	105.4	110.74	C45, W8, F250	1.95	0.29	空冷塔
HB-12	宁夏	2×1000MW		15310	206.0	0.45	7	Ⅱ	C40, W6, F250	164.428	天然地基+部分换填	C45	X支柱	48	96（200+300）×200	103.5	108.948	C45, W8, F250	1.95	0.3	空冷塔
HB-13	内蒙古	2×660MW		20000	225.0	0.55	6	Ⅱ	C35, F250, W6	189.32	换填	C45, F250, W6	X支柱	56	加肋塔	120.601	127.966	C45, F250, W6	2.0	0.39	排烟空冷塔
HB-14	新疆	2×660MW		11600	186.0	0.52	7	Ⅱ	C35, F250, W6	144.058	天然地基（中风化砂岩层）	C45, F250	X支柱	44	88（200+500）×150	91.3	96.0	C45, F250	1.85	0.29	间接空冷塔

续表

工程代号	所在地	机组容量	建成/商用时间	标称面积①（m²）	塔高（m）	50年一遇基本风压②（kN/m²）	地震烈度	场地类别	环基			支柱			塔筒						冷却塔类型
									混凝土等级	中心直径（m）	地基型式	混凝土等级	支柱型式	对数	塔筒型式③	喉部直径（m）	出口直径（m）	混凝土等级	最大壁厚（m）	最小壁厚（m）	
HD-1	江苏	2×1000MW	2010	12000	167.16	0.35	7	Ⅰ	C45	135.7	天然地基	C45, F250, W8	人支柱	52	光滑塔	76.79	83.088	C45, F250, W8	1.2	0.22	排烟湿冷塔
HD-2	河南	2×1000MW	2012	11000	162.322	0.45	7	Ⅲ	C30	130.274	桩基	C40, F200, W8	人支柱	48	光滑塔	73.432	74.904	C35, F200, W8			湿冷塔
HD-3	安徽	2×1000MW	2015	12500	182.053	0.35	7	Ⅱ	C30	138.058	天然地基	C40, F200, W8	人支柱	52	光滑塔	77.9	82.408	C35			湿冷塔
HD-4	浙江	2×1000MW	2015	13000	171.331	1.1	6	Ⅲ	C35	141.6	天然地基/桩基	C45	人支柱	48	光滑塔	79.812	85.17	C40			海水湿冷塔
HD-5	江苏	2×300MW	2016	5500	142.0	0.35	7	Ⅲ	C30	92.8	桩基	C40	人支柱	48	光滑塔	52.15	55.08	C35			湿冷塔
HD-6	江苏	2×600MW		9000	150.598	0.4	8	Ⅲ	C30	116.66	换填	C40	人支柱	48	光滑塔	66	70	C35			湿冷塔
HD-7	山东	4×330MW		11000	161.427	0.5	6	Ⅲ	C40	130.38	桩基	C45	人支柱	48	光滑塔	73.432	74.878	C40			海水湿冷塔
HD-8	江苏	2×350MW		10000	190.091	0.35	7	Ⅲ	C35	122.068	桩基	C30, F150, W8	人支柱	48	光滑塔	66.4	70.986	C35, F150, W8			湿冷塔
JS-1	江苏	2×395MW	2005	2600	117.5	0.45	6	Ⅲ	C25, W6, F100	62.72	碎石桩	C35, W8, F150	人支柱	26	光滑塔	30.602	36.27	C35, W8, F150	0.8	0.15	湿冷塔，瘦高塔
JS-2	江苏	2×1000MW	2012	12000	165.0	0.55	7	Ⅱ	Ca35, DF ≥80%（不低于F300），W8	136.73	毛石混凝土	Ca40, DF ≥80%（不低于F300），W8	人支柱	48	光滑塔	75.21	80.14	Ca40, DF ≥80%（不低于F300），W8	1.2	0.27	湿冷塔
JS-3	江苏	2×1000MW		10000	178.5	0.5	7	Ⅲ	Ca40, DF=60%, W8	131.708	灌注桩	Ca60, DF=60%, W8	人支柱	48	光滑塔	84.36	88.3	Ca40, DF=60%, W8	1.3	0.27	高位收水塔
SD-1	新疆	4×360MW	2013	17259	179.0	0.52	7 0.10g	Ⅱ	C35, W10, , F150	168.146	毛石混凝土	C40, W8, F200	X 支柱	48	光滑塔	102.0	106.0	C40, W8, F200	1.85	0.33	间冷塔，两机一塔
SD-2	山东	1×660MW	2014	9000	150.0	0.62	7 0.12g	Ⅲ	C40, W6, F50	121.672	管桩	C45, W8, F200	人字柱	44	光滑塔	66.5	72.044	C40, W8, F200	1.1	0.25	湿冷塔

续表

工程代号	所在地	机组容量	建成/商用时间	标称面积①（m²）	塔高（m）	50年一遇基本风压②（kN/m²）	地震烈度	场地类别	环基			支柱			塔筒						冷却塔类型
									混凝土等级	中心直径（m）	地基型式	混凝土等级	支柱型式	对数	塔筒型式③	喉部直径（m）	出口直径（m）	混凝土等级	最大壁厚（m）	最小壁厚（m）	
SD-3	印度 Jhajjar	2×660MW	2015	10500	160.0	0.75	7	Ⅱ	C35, W6	128.282	天然地基	C45, W8	人字柱	46	光滑塔	72.258	76.67	C40, W8	1.25	0.27	湿冷塔
SD-4	山东	2×1000MW	2015	11000	160.0	0.4	7 0.10g	$Ⅰ_1$～Ⅱ	C40, W8, F100	130.266	灌注桩+天然地基	C40, W8, F200	人字柱	46	光滑塔	72.216	77.648	C40, W8, F150	1.15	0.23	湿冷塔
SD-5	山东	2×350MW	2015	9000	150.0	0.5	7	Ⅲ	C40, W6, F150	121.552	预制方桩基础	C45, W8, F200	人字柱	44	光滑塔	66.28	76.67	C40, W8, F150	1.0	0.22	湿冷塔
SD-6	青海	2×350MW	2015	12576	172.0	0.35	7 0.153g	Ⅱ	C40, W6, F150	148.554	换填	C40, W8, F200	X 支柱	44	光滑塔	96.0	96.116	C40, W8, F200	1.9	0.27	间冷塔，两机一塔
SD-7	巴基斯坦 Shahiwa	2×660MW	2016	9000	172.0	0.55	7	Ⅱ	C35, W6	117.03	换填	C40, W8	人字柱	44	光滑塔	67.0	70.0	C40, W8	1.1	0.22	湿冷塔
SD-8	安徽	2×1000MW	2016	13000	177.0	0.4	6	Ⅲ	C35, W8, F100	141.996	管桩复合地基	C40, W8, F150	人字柱	48	光滑塔	79.032	83.394	C40, W8, F150	1.35	0.26	湿冷塔
SD-9	印度 Talwandi	3×660MW	2016	9500	155.0	0.7	7	Ⅱ	C35, W6	123.478	灌注桩	C45, W8	人字柱	46	光滑塔	68.0	72.0	C40, W8	1.2	0.27	湿冷塔
SD-10	山东	2×660MW		8500	164.8	0.55	7	$Ⅰ_0$～Ⅱ	C35, W6, F250	113.724	天然地基	C45, W8, F300	人字柱	44	光滑塔	67.198	70.384	C40, W8, F250	1.1	0.25	海水湿冷塔
SD-11	内蒙古	2×350MW		12861	186.0	0.55	8 0.279g	Ⅲ	C35, W6, F150	148.144	振冲碎石桩+CFG	C40, W8, F200	X 支柱	44	光滑塔	97.28	102.18	C40, W8, F200	1.8	0.31	间冷塔，两机一塔
SD-12	内蒙古	2×1000MW		13289	190.0	0.6	7 0.150g	Ⅱ	C35	151.052	天然地基	C45	X 支柱	48	光滑塔	92.35	96.366	C40	1.95	0.3	间冷塔
XB-1	山东	2×300MW	1986	5000	105.02	0.35（30a）	6	Ⅱ	#200, S6, D200	90.196	基岩/素混凝土	#300, S8, D200	人支柱	40	光滑塔	47.138	49.604	#250, S8, D200	0.65	0.16	湿冷塔
XB-2	山东	2×300MW	1986	6500	125.0	0.4	6	Ⅱ	#300, S6, D200	101.81	碎石换填	#300, S8, D200	人支柱	40	光滑塔	53.282	57.692	#250, S8, D200	0.75	0.18	湿冷塔

续表

工程代号	所在地	机组容量	建成/商用时间	标称面积[1]（m²）	塔高（m）	50年一遇基本风压[2]（kN/m²）	地震烈度	场地类别	环基			支柱			塔筒						冷却塔类型
									混凝土等级	中心直径（m）	地基型式	混凝土等级	支柱型式	对数	塔筒型式[3]	喉部直径（m）	出口直径（m）	混凝土等级	最大壁厚（m）	最小壁厚（m）	
XB-3	宁夏	2×300MW	1996	4000	93.311	0.51	8	Ⅱ	#300, S8, D200	80.312		#300, S8, D200	人支柱	36	光滑塔	43.7	46.742	#300, S8, D200	0.7	0.16	湿冷塔
XB-4	陕西	2×330MW	1996	4750	131.48	0.44	7	Ⅱ	#300, S8, D150	88.844	强夯	#300, S8, D150	人支柱		光滑塔	46.9	51.834	#300, S8, D150	0.85	0.17	海水高位收水塔
XB-5	山东	2×600MW	1997	9246	150.1	0.4	6	Ⅱ	C25, D100, S6	120.572	碎石换填	C30, D150, S8	人支柱	44	光滑塔	66.5	71.21	C30, D150, S8	1.0	0.2	湿冷塔
XB-6	山东	2×1000MW	2006	12000	165.0	0.4（100a）	6	Ⅱ	C30, F100, W6	135.092	碎石换填	C40, F150, W8	人支柱	48	光滑塔	75.21	80.078	C35, F150, W8	1.2	0.22	湿冷塔
XB-7	河南	2×600MW	2007	8500	149.7	0.55	7	Ⅱ	C30, F150, W6	115.356	砂砾石换填	C30, F200, W8	人支柱	46	光滑塔	62.5	67.179	C30, F200, W8	1.0	0.215	湿冷塔
XB-8	安徽	2×1000MW	2010	12500	170.0	0.48	6	Ⅱ	C30, F100, W6	137.832	碎石换填	C40, F150, W8	人支柱	48	光滑塔	76.75	81.881	C35, F150, W8	1.2	0.25	湿冷塔
XB-9	陕西	2×600MW	2011	12065	170.0	0.40（100a）	7	Ⅱ	C30, F50, W4	145.292	钻孔挤密桩复合地基	C40, F50, W8	X支柱	41	82（150+200）×125	82.2	84.466	C40, F150, W8	1.9	0.25	空冷塔
XB-10	安徽	2×1000MW	2012	12000	171.9	0.55	7	Ⅱ	C30, F150, W6	135.824	砂砾石换填	C40, F200, W8	人支柱	48	光滑塔	75.21	79.272	C35, F200, W8	1.2	0.65	湿冷塔
XB-11	陕西	2×660MW	2012	9629	179.8	0.41	8	Ⅱ	C30, F100, W6	131.512	碎石+毛石混凝土换填	C40, F200, W8	X支柱	38	光滑塔	82.966	84.356	C40, F200, W8	2.05	0.27	空冷塔
XB-12	山西	2×300MW	2012	14753	165.0	0.60（100a）	7	Ⅱ	C30, F100, W6	160	强夯	C40, F100, W8	X支柱	40	80（200+400）×150	94.0	94.732	C40, F150, W8	2.1	0.31	空冷塔
XB-13	安徽	2×660MW	2014	8500	150.0	0.42	7	Ⅱ	C30, F100, W10	115.504	天然地基	C45, F150, W16	人支柱+I	43+2（I）	光滑塔	112.5	60.203	C45, F150, W16	0.95	0.21	排烟湿冷塔
XB-14	山东	2×1000MW	2015	12800	190.0	0.45	7	Ⅱ	C40, F150, W10	142.2	灌注桩	C45, F200, W10	人支柱	48	光滑塔	84.04	86.883	C45, F200, W10	1.4	0.28	海水高位收水塔

续表

工程代号	所在地	机组容量	建成/商用时间	标称面积[①]（m^2）	塔高（m）	50年一遇基本风压[②]（kN/m^2）	地震烈度	场地类别	环基			支柱			塔筒						冷却塔类型
									混凝土等级	中心直径（m）	地基型式	混凝土等级	支柱型式	对数	塔筒型式[③]	喉部直径（m）	出口直径（m）	混凝土等级	最大壁厚（m）	最小壁厚（m）	
XB-15	山西	2×660MW	2017	21500	220.0	0.50（×1.1）	7	Ⅱ	C35, W8	188.092	PHC管桩复合地基	C45, W6	X支柱	64	96（150+200）×150	123.0	128.097	C40, W6	1.85	0.335	空冷塔
XB-16	陕西	2×1000MW	2017	13180	196.0	0.54（100a）	6	Ⅱ	C35, F150, W6	152.12	灌注桩	C45、F200、W8	X支柱	46	光滑塔	96.0	100.0	C40, F200, W8	1.9	0.27	空冷塔
XB-17	陕西	2×1000MW	2017	13300	204.0	0.54（100a）	6	Ⅱ	C35, F150, W6	151.974	灌注桩	C45、F200、W8	X支柱	46	92（175+250）×150	96.0	100.0	C40, F200, W8	1.9	0.27	空冷塔
XN-1	重庆	2×600MW	2006	10000	159.803	0.36	7	Ⅰ	C25, F50, W8	126.47	天然地基	C25, F50, W8	人字柱	48	光滑塔	66.872	72.198	C30, F50, W8	1.05	0.22	湿冷塔
XN-2	浙江	2×1000MW	2009	13000	177.2	0.68（100a）	6	Ⅲ	C30, F50, W8	144.986	组合地基	C45, F50, W8	人字柱	48	光滑塔	77.962	79.732	C40, F50, W8	1.4	0.28	海水塔
ZN-1	贵州	4×300MW	2005	4500	105.0	0.45	6	Ⅱ	C25, F150, W6	85.308	桩基	C30, F200, W8	人支柱	44	光滑塔	43.8	46.902	C30, F200, W8	0.6	0.16	湿冷塔
ZN-2	湖北	2×1000MW	2011	13000	175.0	0.40	6	Ⅲ	C30, F100, W6	138.802	桩基	C35, F150, W8	人支柱	48	光滑塔	78.256	81.418	C35, F150, W8	1.2	0.26	湿冷塔
ZN-3	广西	2×1045MW	2012	13000	175.0	0.40	6	Ⅱ	C30, F100, W6	138.802	桩基	C35, F150, W8	人支柱	48	光滑塔	78.256	81.418	C35, F150, W8	1.2	0.26	湿冷塔
ZN-4	新疆	2×350MW	2016	13968	171.0	0.55	7	Ⅱ	C35, F150, W6	157.843	天然地基	C40, F200, W8	X支柱	50	光滑塔	94.976	99.45	C40, F200, W6	1.85	0.325	空冷塔，两机一塔
ZN-5	湖北	2×600MW	2016	9000	150.0	0.40	6	Ⅱ	C25, F100, W6	117.94	桩基	C30, F150, W8	人支柱	48	光滑塔	65.776	69.478	C30, F150, W8	1.0	0.2	湿冷塔
ZN-6	安徽	2×660MW		8700	157.65	0.40	7	Ⅱ	C30, F100, W6	118.912	桩基	C40, F150, W8	人支柱	48	光滑塔	70.0	74.54	C40, F150, W8	1	0.2	高位收水塔

① 湿冷塔为填料顶标高塔筒横截面积，间冷塔为进风口顶标高塔筒内壁横截面积。

② 当设计风压采用非50年一遇设计重现率时注明。

③ 非光滑塔时为“加肋条数（肋条截面顶宽×截面底宽）×截面高度”。

（2）风荷载。本工程冷却塔主要风荷载设计参数取值如下：

1）基本风压：按 50 年一遇设计基本风压 $0.4kN/m^2$ 考虑。

2）地貌类型按 B 类地貌。

3）风振系数 β 按 1.9 采用。

4）塔群影响系数 $C_g=1.1$。

5）本工程间接空冷塔采用光滑塔，平均风压分布系数按照 GB/T 50102—2014《工业循环水冷却设计规范》中光滑塔风压曲线考虑。

（3）温度荷载。本工程 30 年一遇极端最低气温为 –31.4℃。对应塔内运行最高气温为 38.6℃（设备厂家提供）。

（4）地震。本工程建设场地 50 年超越概率 10% 的地震动峰值加速度为 0.05g（相对应的地震基本烈度为 6 度），Ⅱ类场地对应的地震动反应谱特征周期为 0.45s。

根据国家 GB 50191—2012《构筑物抗震设计规范》之“12.2.2”条的相关规定，本塔的规模已超出可不进行抗震验算的规模，需要进行冷却塔结构的抗震分析验算，抗震设防烈度按 6 度考虑，抗震类别按重点设防类（乙类）。

（5）设计工况。荷载分项系数和荷载组合系数按 GB/T 50102—2014《工业循环水冷却设计规范》第 3 节中的有关规定采用。

对于塔筒优化计算，其荷载组合如式（11-35）和式（11-36）所示（引自 GB/T 50102—2014）

$$S=\gamma_G S_{Gk}+\gamma_W S_{WK}+\gamma_t\ \psi_t S_{TK} \qquad (11\text{-}35)$$

$$S=\gamma_G S_{Gk}+\gamma_W\ \psi_W S_{WK}+\gamma_t S_{TK} \qquad (11\text{-}36)$$

地震作用按 GB 50191—2012《构筑物抗震设计规范》要求进行考虑。

对于地基承载力验算，其荷载组合如式（11-37）所示（引自 GB 50102—2014）

$$S_K=1.1S_{GK}+S_{WK}/\beta+\ \psi_t S_{TK} \qquad (11\text{-}37)$$

对于基础上拔力平衡验算，应采用下列组合（引自 GB 50102—2014）：

$$S=S_{GK}+1.2S_{WK} \qquad (11\text{-}38)$$

三、结构设计研究

冷却塔结构选型时考虑静载、外部风压及内吸力的共同作用，满足塔筒壳体屈曲安全系数≥5.0，同时满足抗倾、抗拔和地基承载力要求，并考虑施工的便利性，通过比选结构方案，使得冷却塔结构工程量较小。

冷却塔塔筒壳体母线为两段移轴双曲线（以喉部为界）+一段直线锥体段组成。

（一）塔型选择

考虑到本工程冷却塔风压较小，本工程间接空冷塔采用无肋塔作为设计方案。

（二）稳定分析塔型优化

在满足冷却塔热力尺寸的前提下，通过选定塔筒合理的形状、尺寸，达到降低工程造价、缩短施工工期的目的。

冷却塔塔筒稳定分析包括塔筒整体稳定分析和塔筒局部弹性稳定分析两部分，二者必须同时满足稳定要求。

1. 塔筒整体稳定分析公式（引自 GB 50102—2014）

$$q_{cr}=CE\left(\frac{h}{r_0}\right)^{7/3} \qquad (11\text{-}39)$$

$$K_B=\frac{q_{cr}}{\omega}\geqslant 5 \qquad (11\text{-}40)$$

从式中可知，在风压一定的情况下，塔筒整体稳定主要与喉部塔筒壁厚 h 和塔筒混凝土弹性模量 E 成正比，提高混凝土强度或加大筒壁厚度均可达到提高整体稳定系数的目的。本工程推荐的冷却塔方案整体稳定安全系数计算见表 11-47。

表 11-47 推荐冷却塔方案整体稳定安全系数计算表

计算参数	参数取值	说明
C	0.052	经验系数
β	1.9	风振系数
E（kPa）	3.25E+07	混凝土弹性模量（塔筒 C40）
ω_0（kPa）	0.40	设计基本风压
Z（m）	198.0	塔高
d_0	109.0	喉部内模直径
h（m）	0.290	喉部处壁厚（最小壁厚）
r_0（m）	54.645	喉部中面半径
ω（kPa）	1.954	塔顶标高处设计风压
q_{cr}（kPa）	9.886	塔筒屈曲临界压力值
K_B	5.059	整体稳定安全系数，规范要求≥5

2. 塔筒局部弹性稳定分析及塔型优化

冷却塔塔筒作为薄壳结构，满足屈曲稳定是壳体设计的重要工作。

根据冷却塔设计规范（GB/T 50102《工业循环水冷却设计规范》及 DL/T 5339《火力发电厂水工设计规范》）的要求，除满足塔的整体稳定外，尚应验算塔筒的局部稳定，以保证壳体各个部位满足稳定要求。

局部屈曲文件验算方法采用屈曲应力状态方法[Buckling stress state（BSS）approach]（公式引自GB 50102—2014）

$$0.8K_B\left(\frac{\sigma_1}{\sigma_{cr1}}+\frac{\sigma_2}{\sigma_{cr2}}\right)+0.2K_B^2\left[\left(\frac{\sigma_1}{\sigma_{cr1}}\right)^2+\left(\frac{\sigma_2}{\sigma_{cr2}}\right)^2\right]=1 \tag{11-41}$$

$$\sigma_{cr1}=\frac{0.985E}{\sqrt[4]{(1-\upsilon^2)^3}}\left(\frac{h}{r_o}\right)^{4/3}K_1 \tag{11-42}$$

$$\sigma_{cr2}=\frac{0.612E}{\sqrt[4]{(1-\upsilon^2)^3}}\left(\frac{h}{r_o}\right)^{4/3}K_2 \tag{11-43}$$

应满足：$K_B\geqslant 5$。

冷却塔结构选型计算采用冷却塔结构选型程序。程序采用薄膜理论、数解法分析壳体应力，计算时除可考虑静载、风荷载作用外，还可计算内吸力产生的应力，对塔型进行选型分析和局部屈曲稳定验算。控制局部屈曲稳定安全系数≥5。

在塔型优化时，主要热力尺寸由工艺专业通过热力系统优化确定，结构优化主要是确定的冷却塔喉部位置及壳底斜率。

冷却塔结构设计不同标高处的局部屈曲稳定系数见表11-48。

表11-48　冷却塔结构不同标高处的局部屈曲稳定系数

标高（m）	壁厚（m）	屈曲安全系数	备注
197.242	0.51	35.13	塔顶
190.750	0.290	8.211	
182.965	0.290	8.188	
171.285	0.290	8.37	
160.895	0.290	8.891	
152.46	0.290	9.37	喉部
143.998	0.290	7.027	
129.726	0.290	5.000	
106.517	0.330	5.045	
77.196	0.355	5.110	
58.257	0.360	5.000	
45.696	0.370	5.038	
33.08	1.179	48.483	
30.500	1.950	111.965	壳底

从上述屈曲稳定分析结果可以看出，冷却塔整体稳定系数及各标高的局部屈曲稳定安全系数均≥5.0，满足规范要求（规范要求系数不小于5.0）。

在优化过程中，综合考虑塔筒的应力分布、风产生的上拔力、塔体工程量的大小及施工难易程度等因素，并参考国外同规模冷却塔塔型，拟定了本工程现阶段的设计方案，见表11-49。

（三）冷却塔斜支柱型式的选择

国内常见的冷却塔斜支柱类型有三种：人字柱、V支柱、X支柱。

V字柱（或人字柱）的特点是施工相对容易，技术成熟，但由于进风口高度大，难以满足柱长细比要求，故本工程不采用。

X柱相对于V字柱（或人字柱）施工相对困难，受力筋存在交叉问题，交叉点钢筋密集，但由于交叉点的存在，把支柱分成上下两段，有效地减少支柱沿环向的计算长度，减小了支柱横截面的径向尺寸。本工程冷却塔结构的斜支柱采用X型柱。

（四）推荐方案冷却塔结构基本尺寸

根据初步分析和工程经验，并参考国内外大塔资料，初步确定现阶段冷却塔结构尺寸见表11-49。

表11-49　间接空冷推荐方案结构优化尺寸汇总表（散热器垂直布置）

项目		单位	参数	备注
冷却塔本体主要几何参数	塔筒混凝土强度等级		C40	
	冷却塔塔高	m	198.0	
	±0.0m直径	m	173.0	
	喉部直径	m	109.0	
	喉部标高	m	152.46	
	塔顶出口直径	m	113	
	进风口高度	m	30.5	进风口上沿最低点标高
	进风口直径	m	151.388	
	最小壁厚	m	0.290	
	壳底最大壁厚	m	1.95	
	壳底斜率		0.28	
	斜支柱型式		X支柱	
	斜支柱对数		50	
	冷却塔基础型式		环板基础	

四、有限元模型

采用通用有限元分析软件Ansys进行建模分析。全塔有限元模型如图11-35所示，X支柱有限元模型如图11-36所示。

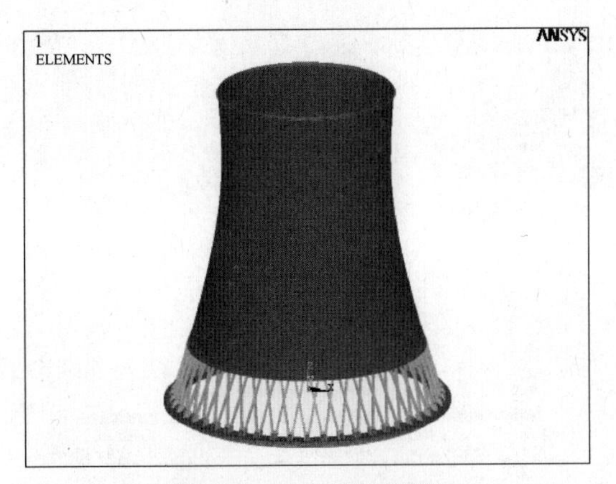

图 11-35 全塔有限元模型

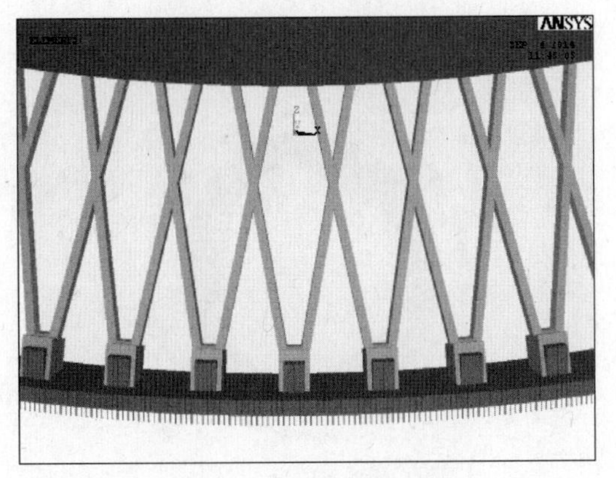

图 11-36 X 支柱有限元模型

冷却塔结构按线弹性结构进行分析，塔筒筒壁采用 shell63 单元，环基、斜支柱、上环梁采用 beam188 单元，地基土弹簧及桩基采用 matrix27 单元来模拟，风及温度的加载采用 APDL 命令流加载，内力的提取采用 APDL 命令流模块提取，从内力到配筋的计算采用基于 GB 50010—2010《混凝土结构设计规范》自编程序完成。

特征值屈曲分析：屈曲荷载组合 $\lambda \cdot (G+W_{\mathrm{e}}+W_{\mathrm{i}})$，安全系数 λ=7.925≥5.0，满足规范要求。

屈曲模态如图 11-37 和图 11-38 所示。

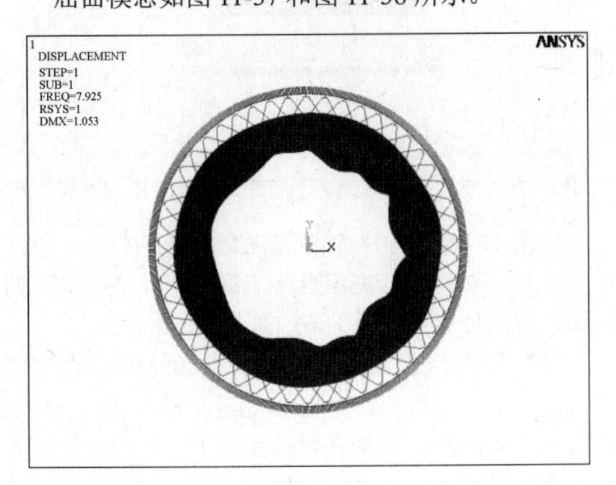

图 11-37 冷却塔屈曲模态（俯视）

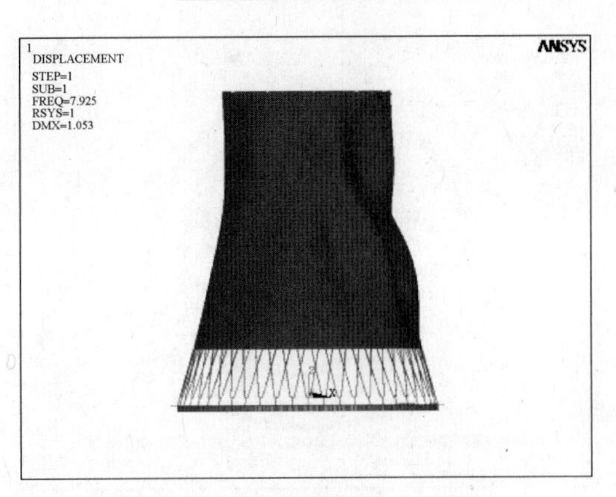

图 11-38 冷却塔屈曲模态（侧视）

（一）间接空冷塔三维有限元静力分析

1. 主要组合 1（G+1.4W+0.3T）下的变形及 Von Mises 应力图

主要组合 1（G+1.4W+0.3T）作用下，变形图如图 11-39 和图 11-40 所示；Von Mises 应力分布图如图 11-41～图 11-44 所示。G 为结构自重，W 为风压，T 为温度。

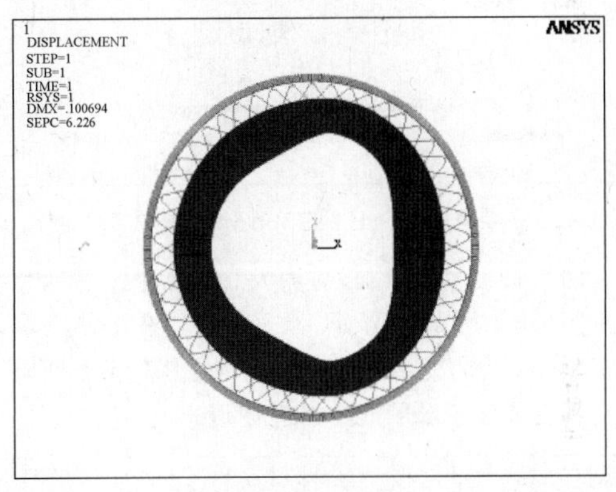

图 11-39 主要荷载组合 1 下的冷却塔变形图（俯视）

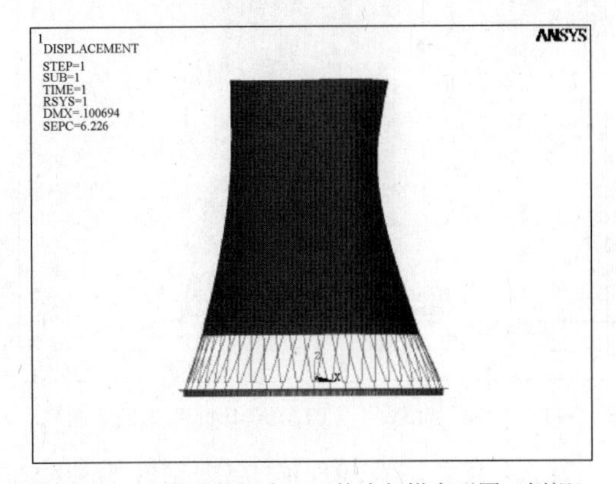

图 11-40 主要荷载组合 1 下的冷却塔变形图（侧视）

由图 11-39～图 11-44 可以看出：

（1）间接空冷塔在组合 1 工况下，在塔筒喉部迎风面位置处位移最大值为 100.7mm。

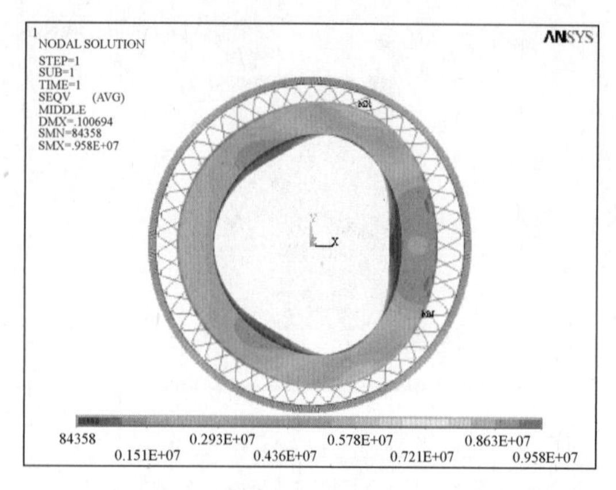

图 11-41　主要荷载组合 1 下的 Von Mises 应力图（俯视）

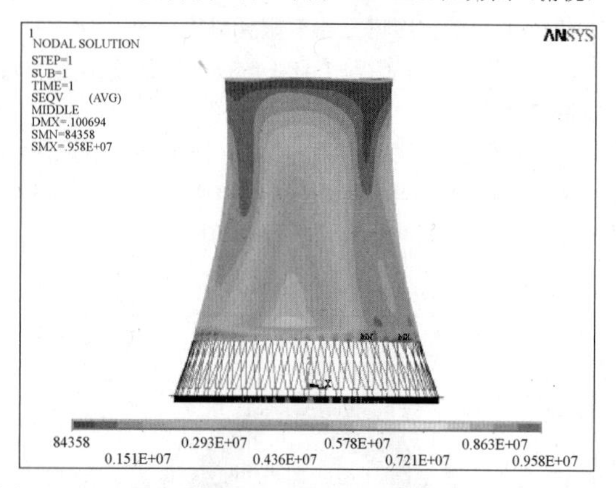

图 11-42　主要荷载组合 1 下的 Von Mises 应力图（侧视一）

（2）最小 Von Mises 应力为 0.084MPa，出现塔筒底部下环梁与支柱交界处，水平位置约在 28.8°；最大 Von Mises 应力为–9.58MPa，出现在塔筒底部下环梁与支柱交界处，水平位置 295° 附近。

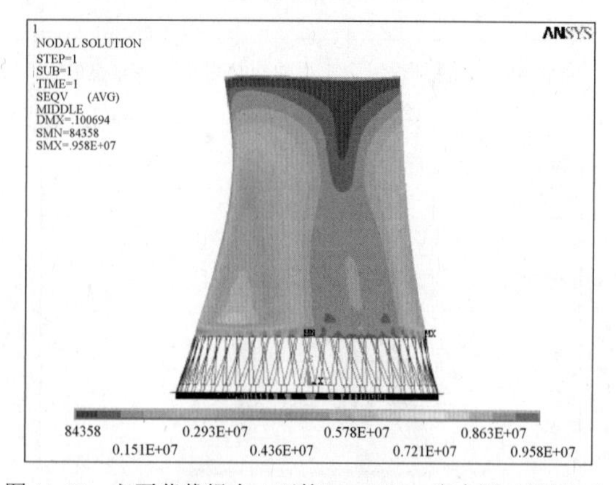

图 11-43　主要荷载组合 1 下的 Von Mises 应力图（侧视二）

2. 主要组合 2（G+0.84W+0.5T）下的变形及 Von Mises 应力图

主要组合 1（G+1.4W+0.3T）作用下，变形图如图 11-45 和图 11-46 所示；Von Mises 应力分布图如图 11-47～图 11-50 所示。

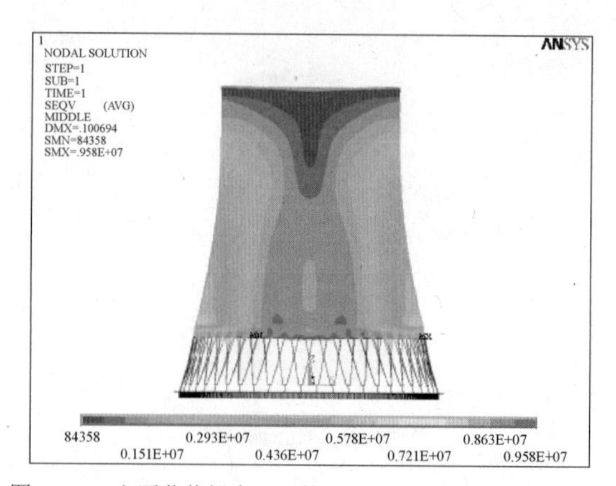

图 11-44　主要荷载组合 1 下的 Von Mises 应力图（侧视三）

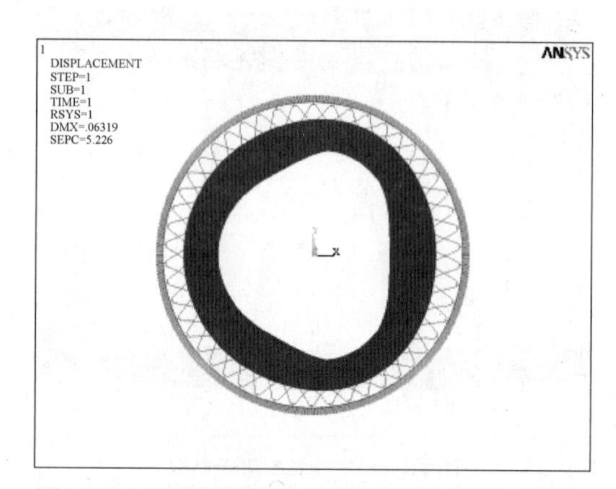

图 11-45　主要荷载组合 2 下的冷却塔变形图（俯视）

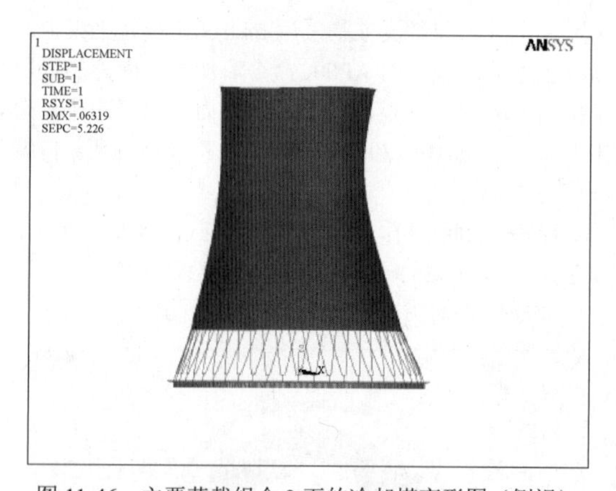

图 11-46　主要荷载组合 2 下的冷却塔变形图（侧视）

由图 11-45～图 11-50 可以看出：

（1）间接空冷塔在组合 2 工况下，在塔筒喉部迎风面位置处位移最大值为 63.19mm。

（2）最小 Von Mises 应力为 0.0899MPa，出现塔筒顶部，水平位置约在 248.4° 附近；最大 Von Mises 应力为–7.46MPa，出现在塔筒底部下环梁与支柱交界处，水平位置 295° 附近。

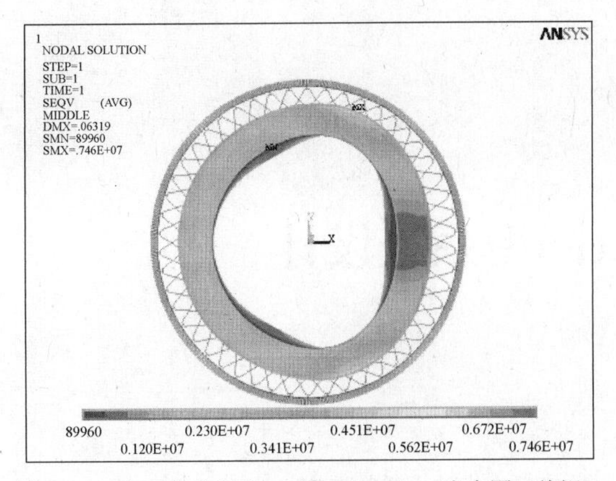

图 11-47 主要荷载组合 2 下的 Von Mises 应力图（俯视）

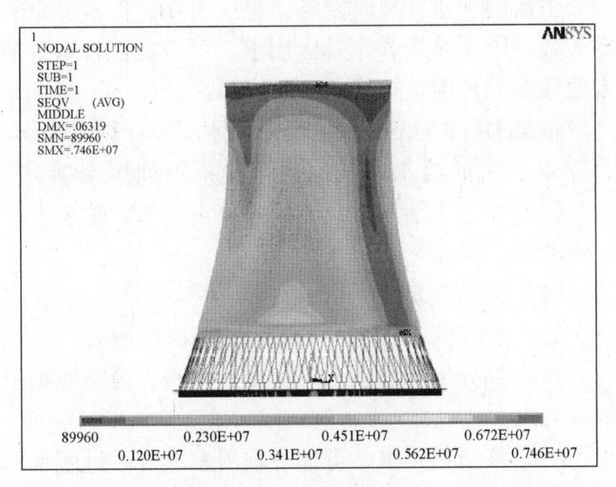

图 11-48 主要荷载组合 2 下的 Von Mises 应力图（侧视一）

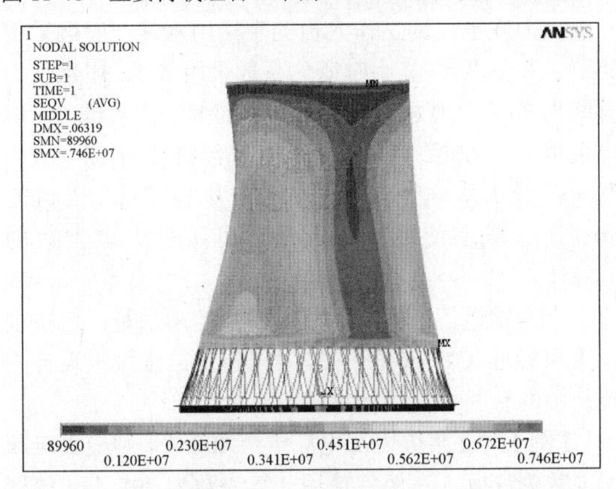

图 11-49 主要荷载组合 2 下的 Von Mises 应力图（侧视二）

经计算分析，根据内力分析结果，X 型柱对数为 50 对，混凝土标号为 C40。X 型柱截面取 1.0×1.8m 时，最大轴压力为 16804.09kN，轴压比为 0.50＜0.80；满足 GB 50191《构筑物抗震设计规范》关于双曲线冷却塔斜支柱轴压比的技术要求。

（二）间接空冷塔三维有限元动力分析

按照规范，振型个数可以取振型参与质量之和不小于总质量的 90%所需的振型数。

根据地质报告，本工程动力计算时地震烈度为 6 度，特征周期 0.35s，共计算 300 阶。

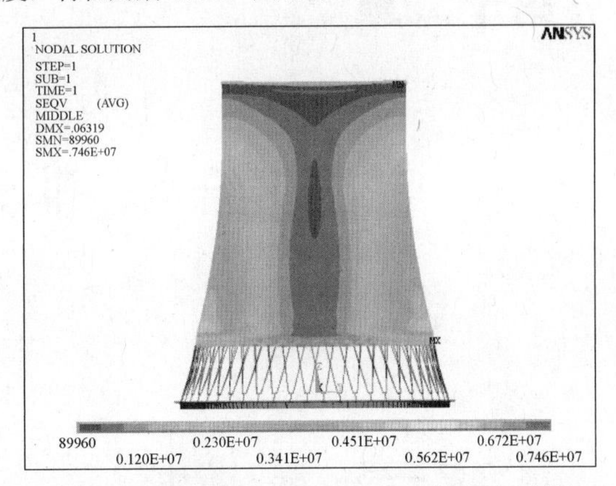

图 11-50 主要荷载组合 2 下的 Von Mises 应力图（侧视三）

模态分析间接空冷塔的前 20 阶频率值见表 11-50。

表 11-50 模态分析间接空冷塔的各阶频率

阶数	频率	阶数	频率	阶数	频率	阶数	频率
1	0.706500	6	0.782888	11	0.947403	16	0.999419
2	0.706513	7	0.788866	12	0.947404	17	1.001425
3	0.735543	8	0.788868	13	0.963860	18	1.001436
4	0.735807	9	0.928769	14	0.963862	19	1.150743
5	0.782877	10	0.928770	15	0.999332	20	1.150766

五、间接空冷塔地基处理方案

针对本工程场地的湿陷特性，结合一期工程成功经验，本期空冷塔采用灌注桩对地基进行处理。

根据 D1000 灌注桩试桩报告，当桩长为 35m 时，水平承载力特征值为 247.5kN，竖向承载力特征值为 3500kN。D1000 桩布置图如图 11-51 所示。

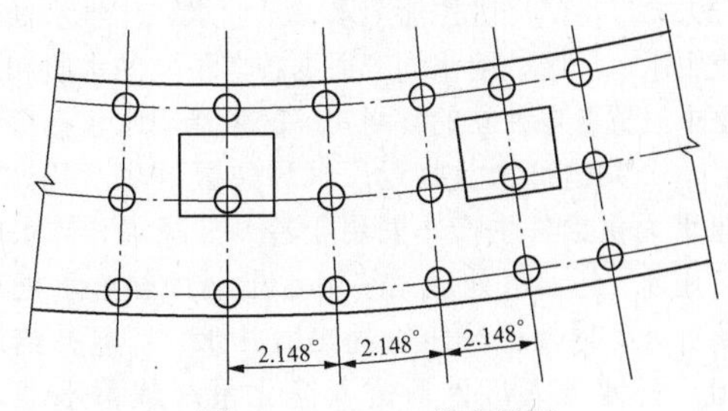

图 11-51 D1000 桩布置图

按照上述灌注桩布置方案，对本工程冷却塔进行整体建模分析，计算得到：最大竖向力 2661.71kN，最大水平力 330.391kN，均小于 D1000 灌注桩的承载力特征值，满足水平及竖向承载力要求。

第十二章

厂区给水、排水及回用系统设计

第一节　概　　述

厂区给水、排水及回用水系统是实现火力发电厂水务管理的具体方式。除了要满足生产生活需要，还应遵循和执行国家现行的法律、法规、标准，并考虑电厂所在地的有关规定要求。绘制水量平衡图，合理计算各专业各项用水量、用水时间，因地制宜采取成熟可靠经济可行的节水措施，按照清污分流原则分类回收和重复利用各种排水，减少污水排放。

厂区给水系统包括：生活用水、工业水、化学水处理系统用水、厂区补给水等管道设施。

厂区排水系统包括：生活污水、工业废水、含油废水、循环水排污水、含煤废水、脱硫废水、化学废水、雨水等，按照不同的排水水质分类设置独立的管网。

电厂回用水系统即为将以上各类排水经过合理分配，在排水温度和水质都满足工艺要求时直接回用，有条件时经过处理再利用。即将排水循环使用、分级梯次使用以及处理后回用。

第二节　厂区给水系统

火力发电厂厂区生活用水、工业水、化学水处理系统用水、厂区补给水均应根据各自不同的水质和水压要求设置各自独立的管网。厂区生活用水包括厂内职工、公共建筑物及临近厂区居住区的生活用水。工业水为供给各生产车间用于冷却、降温、补水等生产用水。化学水处理系统用水指锅炉补给水处理系统补水，以及供热机组的热网补水。厂区补给水管指厂外水源入厂区后进入净化系统或蓄水池之前的管道。

一、生活用水量计算

生活给水系统水泵流量、扬程及管网设计均要满足厂内最大设计流量的要求。

生活用水量计算时要考虑电厂本期、扩建机组额定人数，落实是否含家属区用水，厂内是否含有容纳人数较多的宾馆、招待所、餐厅等。

根据DL/T 5339《火力发电厂水工设计规范》，火力发电厂生活给水系统一般可包括下列用水项目。

（1）职工生活用水（饮用水、淋浴水、洗涤水、便溺冲洗水等）。

（2）公共建筑物用水。

（3）居住区的用水（当邻近厂区时考虑）。

（4）部分生产用水（各种化验室和实验室零星用水等）。

（5）未预见用水，可按各项用水组合后日用水总量的15%～25%计算。

火力发电厂内工作人员的生活用水量一般可采用35L/（人·班），其小时变化系数采用2.5，用水使用时间为8h。火力发电厂工作人员的淋浴用水量，一般可采用40～60L/（人·班），其延续时间为1h。火力发电厂最大班职工人数，按火力发电厂职工人数的80%计。浴室使用计算人数，可按最大班人数的93%计。

火力发电厂厂内其他建筑的生活用水量，应按现行国家标准GB 50015—2003《建筑给水排水设计规范》中的有关规定经计算确定。

【例12-1】某火力发电厂定员400人，则最大班职工人数为320人；浴室使用计算人数为298人。该厂生活区与厂区相连，生活区约600人用水也由厂区供应。生活用水量计算见表12-1。

电厂生活给水系统可参照GB 50015—2003《建筑给水排水设计规范》对小区生活用贮水池的要求，贮水池的容积根据生活用水调节量和安全贮水量等确定。其中生活用水调节量按流入量和供出量的变化曲线经计算确定，资料不足时可按最高日供水量的15%～20%确定。安全贮水量根据各工程供水可靠程度及对供水的保证要求自行确定。

表 12-1　　某火力发电厂生活用水量计算表

序号	项目	用水时间段平均时用水量（m³/h）	最大时用水量（m³/h）	最大日用水量（m³）	时变化系数	备　注
1	车间最大班 320 人生活用水	1.4	3.5	14	2.5	生活用水量：35L/（人・班）
2	最大班淋浴 298 人用水量	14.9	14.9	14.9		淋浴用水量，取 50L/（人・班），延续时间为 1h
3	厂内 400 人餐厅用水量	0.733	1.1	8.8	1.5	按 GB 50015—2003 表 3.1.10 餐饮业最高日用水定额选择。取 22L/人次，使用时间 12h
4	厂内招待所、宿舍等，人数按 100 人	0.833	2.08	20	2.5	按 GB 50015—2003 表 3.1.10 宿舍选用最高日用水定额。取 200L/（人・日）
5	临近居住区 600 人用水	6.5	16.25	156	2.5	按 GB 50015—2003 表 3.1.9 用水定额。取 260L/（人・日）
6	以上总计			213.7		
7	总用水量			256.44		未预见用水按以上各项 20%

注　该含有临近居住区的工程算例最大日用水量为 256.44m³。

当生活饮用水池（箱）内的贮水 48h 内不能得到更新时，要设有水消毒处理装置。

如果生活用水水源为市政管网直接供水，已经消毒处理，建议贮水池容积参照最高日用水量。如 48h 内不能用完则需增加消毒处理装置。

如果电厂采用自备净化站设施处理生活用水，可适当增大贮水池容积并设消毒处理装置。

二、生活用水

电厂生活给水系统的设计流量应根据选定的供水方式确定。当采用变频调速供水方式时，系统按最大设计流量（设计秒流量）选泵，调速泵时额定转速的工作点应位于水泵运行高效区的末端。

当采用高位水箱调节的供水方式时，水泵的最大出水量不应小于最大小时用水量。

生活给水泵的型式，建议为 *Q-H* 特性曲线随着流量的增大，扬程逐渐下降的曲线型式。根据管网水力计算进行选泵，水泵的工作点应在其高效区内。设一台备用泵，备用泵的容量，不小于最大一台运行水泵的供水能力。水泵宜自动切换交替运行。

电厂车间、浴室、食堂、值班室宿舍等处生活给水管道设计秒流量按式(12-1)(引自 GB 50015—2003）计算

$$q_g = \sum q_0 n_0 b \tag{12-1}$$

式中　q_g——计算管段设计秒流量，L/s；

q_0——同类型一个卫生器具给水额定流量，L/s；

n_0——同类型卫生器具数；

b——类型卫生器具的同时给水百分数，按 GB 50015—2003 表 3.6.6-1～表 3.6.6-3 采用。

电厂酒店式公寓、宾馆生活给水管道设计秒流量按式（12-2）（引自 GB 50015—2003）计算

$$q_g = 0.2\alpha\sqrt{N_g} \tag{12-2}$$

式中　q_g——计算管段设计秒流量，L/s；

N_g——计算管段的卫生器具给水当量总数；按 GB 50015—2003 表 3.1.14 采用；

α——根据建筑物用途而定的系数，按 GB 50015—2003 表 3.6.5 采用。

【例 12-2】 某电厂生活水供水范围包括车间、浴室、食堂、宾馆，生活水量计算如下。

（1）电厂车间、浴室、食堂等处卫生器具位置及数量统计见表 12-2。

表 12-2　电厂车间、浴室、食堂等处卫生器具位置及数量统计表

序号	名称	额定流量 q_0（L/s）	数量 n_0	同时给水百分数 b	设计秒流量（L/s）
1	办公楼及车间洗脸盆	0.15	56	0.7	5.88
2	厨房灶台水嘴	0.2	10	0.3	0.6
3	餐厅水嘴	0.15	40	0.7	4.2
4	办公楼及车间洗涤盆、污水池	0.2	30	0.33	1.98
5	办公楼及车间自闭冲洗阀蹲式大便器	1.2	70	0.02	1.68
6	办公楼及车间自闭冲洗小便器	0.1	36	0.1	0.36
7	公共浴室、宿舍双管管件淋浴器	0.15	50	1	7.5
8	化验室双联水嘴	0.15	4	0.5	0.3
9	总计				22.5

（2）宾馆标准间 50 个，每个标间内设洗脸盆、淋浴器、冲洗水箱式坐便各一套，即每个标准间当量数为 2；公共洗涤盆（DN15，当量数为 1）共 6 套，则宾馆生活给水管道设计秒流量计算如下

$$q_g=0.2\times2.5\times(50\times2+6\times1)^{0.5}=5.148\ (\text{L/s})$$

给水管道设计流量，按照 GB 50015—2003《建筑给水排水设计规范》3.6 节计算，对于人数小于表 3.6.1 中数值的室外给水管段，应按该规范 3.6.3、3.6.4 条计算管段流量；即当建筑物内的生活用水全部由室外管网直接供水时，应取建筑物内的生活用水设计秒流量。由于电厂人数较少，生活用水建筑物也少，计算时可将该电厂当成一个大的建筑物，即给水系统供水泵设计流量为 Q=22.5+5.148=27.648（L/s）。生活给水管网各段管径也应满足该管段最大设计流量。

生活给水管道的水流速度见表 12-3。

表 12-3　生活给水管道的水流速度

公称直径（mm）	15～20	25～40	50～70	≥80
水流速度（m/s）	≤1.0	≤1.2	≤1.5	≤1.8

注　此表引自 GB 50015—2003 表 3.6.9。

给水泵扬程应满足最不利用水点卫生器具所需最低工作压力。

如上述电厂最不利用水点为某建筑最高用水点洗手盆，生活给水泵扬程计算如下：

最高用水点洗手盆与生活给水泵吸水池最低水面标高水压差：0.27MPa。

洗手盆最低工作压力：0.05MPa。

生活给水泵从吸入口到最不利用水点室内外管网水损：0.22MPa。

在忽略大气压力、最高气温饱和蒸汽压、水泵气蚀余量折算系数的条件下，该电厂生活给水泵扬程为 H=0.27+0.05+0.22=0.54（MPa）。

管网最低处卫生器具的工作压力不宜超过 0.44MPa。

该电厂在采用变频调速供水方式时，可选用 3 台变频水泵，2 运 1 备，每台泵流量约 14.4L/s。扬程约 0.54MPa。

如增配气压水罐，其调节容积按式（12-3）（引自 GB 50015—2003）计算

$$V_{q2}=\frac{a_n q_b}{4n_q} \tag{12-3}$$

式中　V_{q2}——气压水罐的调节容积，m³；

a_n——安全系数，宜取 1.0～1.3；

q_b——水泵（或泵组）出流量，m³/h；

n_q——水泵在 1h 内的启动次数，宜采用 6～8 次。

厂内自备生活水源的供水管道严禁与城镇自来水管道直接连接。如电厂需要城镇自来水作为备用生活水源或补水水源时，应将自来水放入厂内生活水蓄水池，经生活水泵加压后使用，放水口与蓄水池溢流水位之间必须有有效的空气隔断。

中水、回用雨水等非饮用水管道严禁与生活饮用水管道连接。

电厂给水设计中要特别注意严格执行 GB 50015—2003 3.2 关于水质和防水质污染中的强制性条文（黑体字）规定。

三、工业用水

厂区工业水主要供给各生产车间用于冷却、降温、补水等。工业给水系统的设计流量需要根据全厂各用户如热机、锅炉、除灰、运煤、暖通、脱硫、化水等各专业提出的水量、水质、水压以及用水时间、连续性、频率、扩建容量等要求，按照多重复利用，减少新鲜水耗水量的原则进行水量平衡设计，并根据厂区各车间位置优化各供水路线方案。水量平衡图中所反映的工业需水量为电厂在纯凝、供热、抽气等正常运行工况时的需水量，工业水供水系统总容量还要满足电厂在部分机组正常运行、部分机组在启动或需要大量冲洗水（如空预器冲洗）等需要最大用水量时的工况。

【例 12-3】根据某夏季纯凝、冬季供热机组（2×350MW）工程各专业用水资料绘制的水量平衡图、技术供水图汇总的工业给水系统各工况用水量见表 12-4。

表 12-4　　某发电工程工业水给水系统各工况用水量

序号	项　目	二台机同时运行时水量（m^3/h）（夏季纯凝工况）	二台机同时运行时水量（m^3/h）（供热工况）	一台机运行，一台机启动运行时水量（m^3/h）（纯凝工况）	一台机运行，一台机启动运行时水量（m^3/h）（供热工况）	一台机运行，一台机检修时水量（m^3/h）（纯凝工况）	一台机运行，一台机检修时水量（m^3/h）（供热工况）
1	脱硫系统用水	40	40	20	20	20	20
2	配药用水	2	2	2	2	2	2
3	机力塔补水	60	48	30	24	30	24
4	油泵房冷却用水	15	15	15	15	15	15
5	油库区喷淋	40		40		40	
6	除灰专业冷却水	13	13	13	13	13	13
7	锅炉补给水系统	104	208	52	104	52	104
8	抑尘用水量	2.5	2.5	2.5	2.5	2.5	2.5
9	空调机用水量	2.5		2.5		2.5	
10	未预见用水	30	30	20	20	20	20
11	一台机启动时补水量			311	311		
12	空气预热器冲洗水量					400	400
13	锅炉疏水扩容器掺混水（启动时，最大）			320	320		
14	用水量总计	309	358.5	828	831.5	597	600.5

从［例 12-3］可看出，电厂工业水系统运行工况组合较多，最大用水工况与最小用水工况的水量相差较大，需要合理配置工业水泵数量和单泵容量，使系统运行安全经济。通常工业水泵总台数不宜少于三台，可大泵小泵相配，也可采用同一型号的水泵，其中一台为备用泵，但备用泵容量不小于最大单台泵的容量。目前多采用变频泵。如［例 12-3］当二台机正常运行纯凝工况和供热工况分别需工业水量 309m^3/h 和 358.5m^3/h，一台机运行时纯凝工况和供热工况分别需工业水量 197m^3/h 和 200.5m^3/h（不算空气预热器冲洗量），如选择定速泵，可选择 4 台约 210m^3/h 工业水泵，分别运行 1、2、3、4 台泵时可满足全部工况；也可以 4 台水泵中 2 台定速 2 台变频，运行更经济。或采用 3 台水泵，每台流量约 350m^3/h，定速 1 台，变频 2 台等方案。

工业水泵扬程要满足各用水点压力要求，通常电厂工业水泵扬程在 60～65m 时能满足各用水点压力要求。对于工业用水系统中个别用水量不大但所需压力相对于其他用水压力较高的用水点，也可采用在该用水点局部升压的方式供水。

工业水系统应设置贮水池。水池容积根据补水能力和工业用水量确定。在水源保证率较高的条件下，通常保证不小于 3～4h 的机组正常运行用水量。如电厂设两根补给水管，当一条事故时，另一条能满足 60%～70%的补水量。当只有 1 根补给水管时，根据检修时间尽可能多的留些安全贮水量。安全贮水量根据各工程供水可靠程度及对供水的保证要求合理确定。

四、化学水处理系统用水与厂区补给水

电厂化学水处理系统用水的设计流量和供水压力要满足后续工艺设备的要求，由化水专业根据处理工艺和用水要求配置，厂区化学水处理系统用水管道一般为压力管，布置在沟道内及综合管架上。

厂区补给水管指厂外水源入厂区后接入净化站或蓄水池之前的管道。湿冷机组在补给水水质及水压符合循环水补水要求时还可直接补入再循环冷却系统。补给水管入电厂时应有水量计量装置。

循环水系统补水、厂区绿化、汽车冲洗、输煤系统冲洗、掺混、加湿等补水可优先考虑采用经处理后的回用水，不足部分再用工业水补充。

第三节　厂 区 排 水 系 统

火力发电厂厂区的排水管道可分为生活污水、工业废水、雨水三大类无压排水管道以及循环水排污水、脱硫废水、化学废水、含煤废水等有压排水管道。不同水质管道应采用分流制，以最经济合理的方式输送到相应的污水处理站或排放或回用。

所有排水管道与生活给水管道交错布置时，要将生活给水管道布置在排水管道上方。污水管道和附属构筑物应保证其密实性，防止污水外渗和地下水入渗。

一、生活污水

厂区生活污水排水管网接纳各建筑物卫生间、浴室、厨房、餐厅、零散洗手池等卫生设备排水，各建筑物出户管根据其室内接出管道排水当量计算接出的排水管径，室外生活污水排水管径可选择所在区域生活排水系统的排水定额，按其相应的生活给水系统用水定额的90%确定。

电厂生活污水排水管道规划时要顺厂区地势坡向生活污水处理设备，采用独立的重力流排水管网，当无法采用重力流或用重力流不经济时，可采用压力流。

电厂生活污水通常经过生物接触氧化法进行处理，生活污水管道尽量不要布置在道路下，以免大量雨水进入生活污水处理系统后对活性生物膜或活性污泥造成冲击。

处理后可根据水质用于绿化和其他用水水质要求不高的系统补水或喷洒加湿用水。

道路上的井盖一般采用具有足够承载力的重型井盖，盖顶与路面持平，其他区域的井盖一般高出地面100～150mm。

管道基础应根据管道材质、接口形式和地质条件确定，对地基松软或不均匀沉降地段，管道基础应采取加固措施。

污水管道接口宜采用柔性接口。

承插式管道应根据管径、流速、转弯角度、试压标准和接口的摩擦力等因素，通过计算确定是否在垂直或水平方向转弯处设置支墩。

排水管道最小覆土厚度：在车行道下一般不小于0.7m，但在土壤冰冻线很浅时，在采取结构加固措施、保证管道不受外部荷载损坏情况下，也可小于0.7m，但应考虑管材以及是否需要保温，常用混凝土360°满包或加装刚性套管。

无保温设施时，管内底可埋设在冰冻线之上0.15m，但不宜小于管道最小覆土厚度要求。

不同直径的管道在检查井内宜采用管顶平接或水面平接；管道转弯和交界处，其水流转角不应小于90°。检查井应设在管道交汇处、转弯处、管径或坡度改变处、跌水处以及直线段上每隔一定距离处。检查井口应设有防止物品落入的装置。

生活污水重力流排水管渠水力计算，管道、检查井、跌水井、水封井设计要求见GB 50014—2006《室外排水设计规范》4.2～4.6节。

二、工业废水

厂区工业废水管道一般接纳主厂房、油库区的少部分设备冷却水无压排放、设备检修、主厂房或其他设备间地面冲洗（不含运煤系统）、锅炉连排、定排、机组启动、检修时锅炉、空预器等设备冲洗、净化站及化水区域调蓄设施溢流排水、超滤或反渗透设备排放的低含盐高悬浮物的废水、沟道排水等。

厂区工业废水量按各排水点工艺最大时排水要求确定，即所选的排水管径和调蓄设施容量除应考虑经常性排水量外，尚应考虑非经常性排水量，特别是炉后区域，要考虑启动、检修、冲洗等非经常性排水。各区域排水干管的设计流量宜按经常性排水流量加非经常性排水项目中最大一项流量计算。

厂区工业废水管道采用独立的重力流排水管网，当无法采用重力流或用重力流不经济时，可采用压力流。炉后区域、浴室等接纳热水排放的排水管材要具有良好的耐热性能。输送腐蚀性污水的管渠必须采用耐腐蚀材料，其接口及附属构筑物必须采取相应的防腐蚀措施。

厂区工业废水管道布置、设计原则与厂区生活污水管道相同。

三、雨水排水

如果电厂地面雨水不能采用直接散排至厂区外的方式，厂区内通常需要用管道或沟道组织排放。厂区雨水管网的布置，要按照厂区地形地势、道路和建筑物分区方式，根据水文气象提供的厂区降雨量公式计算雨水管道，尽量能使厂区雨水直接通过重力雨水管道外排（或部分收集回用）。如局部因地势限制不能直接重力排出，可设雨水泵房提升。雨水重力流管道按满流计算，并考虑排放水体水位顶托的影响。

1. 电厂雨水量计算

雨水量按式（12-4）（引自GB 50014—2006）计算

$$Q_s = q\varphi A \tag{12-4}$$

式中　Q_s ——雨水设计流量，L/s；

q ——设计暴雨强度，L/（s・hm²）；

φ ——径流系数；

A ——汇水面积，hm²。

注：当有允许排入雨水管道的生产废水进入雨水管道时，应将其水量计算在内。

（1）一般暴雨强度为式（12-5）（引自 GB 50014—2006）

$$q = \frac{167A_1(1 + C\lg P)}{(t+b)^n} \qquad (12\text{-}5)$$

$$t = t_1 + t_2$$

$$t_2 = \sum (L/60v)$$

式中　q ——设计暴雨强度，L/（s·hm²）；

P ——设计重新期（年），电厂设计可根据不同区域选择 2～5 年，对于大容量或带有基本负荷的机组、电厂主厂房区域及厂前区有硬化要求等重要区域，重现期可取较大值；

t ——降雨历时，min；

t_1——地面集水时间，min，t_1 选用过大，将会造成排水不畅，致使管道上游地面经常积水；选用过小，又将加大雨水管渠尺寸，从而增加工程造价；在一般雨水计算中，划分地面集水距离的合理范围是 50～150m，采用的集水时间为 5～15min，比较适中的是 80～120m，当地面集水距离小于 50m 时集水时间按 5min 采用；

t_2——管渠内雨水流行时间，min；

L ——各设计管段的长度，m；

v——各设计管段满流时的流速，m/s；

60 ——单位换算系数；

A_1，C，b，n——根据统计方法进行计算确定的参数，由水文专业提供。

地面集水时间如图 12-1 所示。图上数据是按华北平原的平均降雨强度计算，基本适用于东北平原、华北平原、长江中下游平原的城市。西北内陆、岭南沿海的平坦地形城市参用时可将集水时间适当调整，山区城市不适用。

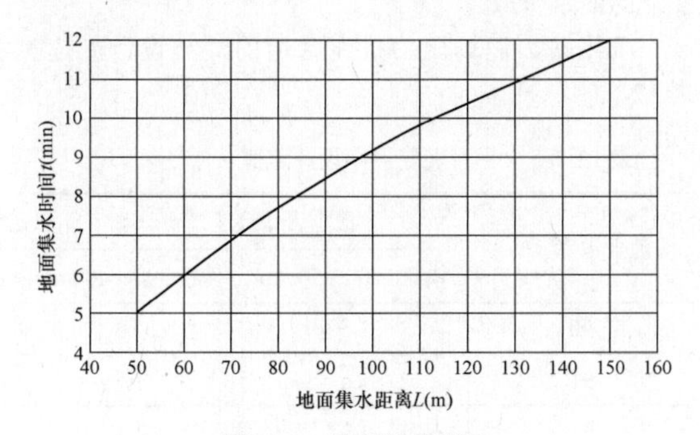

图 12-1　地面集水时间

（2）径流系数。地面径流系数见表 12-5。汇水面积的平均径流系数按地面种类加权平均计算。

表 12-5　　地面径流系数

地面种类	φ
各种屋面、混凝土或沥青路面	0.85～0.95
大块石铺砌路面或沥青表面处理的碎石路面	0.55～0.65
级配碎石路面	0.40～0.50
干砌砖石或碎石路面	0.35～0.40
非铺砌土路面	0.25～0.35
公园或绿地	0.10～0.20
贮煤场	0.15～0.30

（3）汇水面积。即雨水管渠汇集降雨的流域面积。

2. 雨水管道水力计算

雨水管道水力计算见 GB 50014—2006《室外排水设计规范》4.2 节。

雨水管道满流设计时最小设计流速一般不小于 0.75m/s，如起始管段地形非常平坦，设计流速可减少到 0.6m/s。

最大设计流速宜采用：非金属管≤5m/s，金属管≤10m/s。

厂区室外最小管径 DN300 最小设计坡度 0.003，雨水口连接管管径不宜小于 200mm，坡度不小于 0.01。

雨水管道最小覆土与生活污水、工业废水规定相同。

3. 计算步骤

（1）根据水文专业提供的资料确定当地的暴雨强度公式。

（2）划分排水流域，进行雨水管渠的定线。根据电厂竖向布置图，按地形划分排水流域。结合建筑物及雨水口分布，充分利用各排水流域内的自然地形，布置管道，使雨水以最短距离靠重力流就近排入水体。在总平面图上绘出各流域的主干管、干管和支管的具体位置。

（3）划分设计管段，计算各设计管段雨水设计流量。根据管道的具体位置，在管道转弯、管径或坡度改变、有支管接入、管道交汇等处以及超过一定距离的（电厂通常不超过 50m）直线管段上都应设置检查井。并从各管段上游往下游依次进行检查井的编号，每段支管汇入干管时都作为独立的设计管段，最终排编号到雨水排出口。

（4）确定各设计管段的汇水面积。各设计管段汇水面积的划分应结合地形坡度，汇水面积的大小以及雨水管道布置等情况而划定。地形较平坦时，可按就近排入附近雨水管道的原则划分；地形坡度较大时，应按地面雨水径流的水流方向划分。并将每块面积进行编号，计算其面积并将数值标注在图上。汇水面积除包括建（构）筑物外，还应包括道路、绿地等。

（5）确定各排水区域的平均径流系数、重现期。

（6）进行管渠的水力计算，确定各设计管段的管径、坡度、标高及埋深。管道标高考虑与其他管道交叉处合理避让；最终排出口底标高不低于接纳沟道洪水位。

【例 12-4】 某电厂暴雨强度公式为

$$q=\frac{975(1+0.745\lg P)}{t^{0.442}}$$

根据厂区平面建筑物及道路布置、雨水口位置、场地竖向，划分各区域雨水流向，布置雨水管道干管、支管，各雨水管交叉处设置检查口，并为各段雨水管编号；本算例排水方向由西向东排入厂外天然排洪沟，排洪沟洪水位不影响厂区雨水排入。

选用钢筋混凝土排水管材，粗糙系数 $n=0.013$。

确定各段汇流面积重现期：升压站、煤场等区域取 3 年，主厂房区域取 4 年。

径流系数：本算例均按 0.65 设计。

计算管段雨水管起点 1 以上地面汇流长度 120m，地面积水时间采用 10min。该计算管段没有其他支流或排水接入。

根据暴雨强度公式、重现期、汇水面积和径流系数计算出各管段雨水设计汇水量，再根据各段管道直径、坡度（不小于最小坡度要求）、管长、粗糙系数（0.013）算出各段管道实际可通流量，计算结果要求可通流量大于雨水设计汇水量。雨水计算汇总表见表 12-6。

表 12-6　　雨水计算汇总表

管段编号		管段长度（m）	汇水面积		径流系数	累计面积×径流系数	设计降雨				设计汇水流量（L/s）	设计管道				管渠粗糙系数
起	终		本段面积（hm²）	累计面积（hm²）			重现期（年）	历时（min） 汇流时间 t	管渠内雨水流行时间 t_2	暴雨强度 q L/（s•hm²）		直径	坡度	流速（m/s）	可通流量（L/s）	
1	2	45	0.3	0.3	0.65	0.195	3	10	0.82625	477.6281	93.1	0.4	0.003	0.908	114.1	0.013
	3	48	0.7	1	0.65	0.65	3	10.8	0.67259	461.1587	300	0.6	0.003	1.189	336.3	0.013
	4	36	0.55	1.55	0.65	1.008	4	11.5	0.45517	479.8709	483	0.7	0.003	1.318	507.3	0.013
	5	46	1.45	3	0.65	1.95	4	12	0.45853	471.7071	920	1	0.003	1.672	1313	0.013
	6	50	1.2	4.2	0.65	2.73	4	12.4	0.4984	463.9242	1267	1	0.003	1.672	1313	0.013
	7	50	1.1	5.3	0.65	3.445	4	12.9	0.44136	455.9216	1571	1.2	0.003	1.888	2135	0.013
	8	49	0.99	6.29	0.65	4.085	4	13.4	0.43253	449.198	1835	1.2	0.003	1.888	2135	0.013

如计算管段中某检查井并入其他支管雨水量或排水汇流时，雨水量要直接加在该井设计汇水流量中。后续管道设计可通流量要大于设计汇水流量。

地势平坦或较缓处上下游管段检查井连接处标高采用管顶平接，当上下游管道标高落差大于 1.5m 时设跌水井，与其他管道交叉处合理避让。

四、其他污废水

主厂房某些含油区域区域冲洗水含有较多油污，经过油水分离装置分离油污后，油污另外收集，经过隔油后的废水方能排入工业废水下水道。变压器事故油池的排水管管底出口标高与进水管管底标高之差值应根据油水密度计算确定。

变压器事故排油，应按最大一台变压器的油量考虑油水分离装置中的贮油容积。排油管管径宜按不超过 20min 将变压器油排尽选择，当变压器设有水喷雾灭火系统时，尚应考虑水喷雾水量。

与变压器、油箱直接相接的第一个检查井，应做成水封井，以免着火时火焰逆流到设备引起火灾。水封深度不应小于 0.25m。

含油污水设计坡度一般设计不小于 0.006，以利于黏滞的油水排放。

净化站、泥场压力排泥管道的最小设计流速见表 12-7。

表 12-7　　排泥管最小设计流速

污泥含水率（%）	最小设计流速（m/s）	
	管径 150～250mm	管径 300～400mm
90	1.5	1.6
91	1.4	1.5
92	1.3	1.4
93	1.2	1.3
94	1.1	1.2

续表

污泥含水率（%）	最小设计流速（m/s）	
	管径 150～250mm	管径 300～400mm
95	1.0	1.1
96	0.9	1.0
97	0.8	0.9
98	0.7	0.8

煤场区域设置专门的含煤废水排水管道。当电厂采用水力清扫输煤建筑地面时，其一次冲洗排水量，可按与冲洗水量等量计算。

运煤系统水力清扫的含煤废水排水通常含有较粗的煤粒，应就近在栈桥、煤仓间等各自冲洗排水汇集处设计集水坑沉淀并设拦污栅拦截粗大煤粒，减少含煤废水在管道输送时堵塞的概率，含煤废水通常经由各集水坑处搅拌升压泵送至煤水处理间处理。

排水点接入含煤废水管道时最好顺水流方向接入，避免 90°转弯，建议不要多处排水接入同一含煤废水管，造成选择排水管径时困难。因为冲洗时间、频次、位置不定，管径大了可能造成流速太低容易沉淀，管径小了通流能力差，排水泵压力也不好选择。

化水处理区域排出的化学废水含盐量高、脱硫区域的脱硫废水腐蚀性强，硫酸根、氯根、悬浮物很多，通常经过化水车间调蓄（处理）后，设置专门的耐腐蚀的化学废水管道及脱硫废水管道，用于除灰除渣系统喷洒抑制灰尘、降温等。

第四节　厂 区 回 用 水

厂区回用水要根据水量平衡图经济合理地分配适用的水质水量，还要考虑实际用水点压力、位置及管道布置要求，优化各回用水系统配置。电厂回用水管道系统一般包括污废水回用水、运煤系统冲洗回用水、循环水排水、化学废水、脱硫废水管道。

一、污废水回用、雨水收集回用

厂区工业废水（包括地面冲洗水、设备冷却水无压放水）、生活污水、净化设备排水等淡水污废水分别通过独立设置的管网系统收集经处理达到相应的回用水标准后可优先用于厂区绿化、地面冲洗、循环水系统补给水等需要淡水补充的地方。也可用于运煤、除灰系统冲洗、喷洒补充水。

干旱地区如果工程需要，经济比较认为合适，可以收集利用雨水作为回用水。

当采用雨水作为回用水时通常设置雨水收集、储存和提升回用的设施。在设计雨水收集、存储同时还要考虑设有雨水能直接外排的旁路，以确保厂区不发生内涝。电厂雨水经处理可用于：景观用水、绿化用水、各种冲洗用水、喷洒用水，也可经过深度处理满足工业循环冷却水水质标准后用于循环水补充水等电厂工艺系统用水。

厂区绿化、地面冲洗用水量根据路面种类、绿化、气候和土壤等条件确定，一般可采用 2.0L/（m^2·d）。供水压力要求不高，不经常运行。如绿化、冲洗地面管网系统单独设置，建议设变频升压泵。

循环水系统补水、运煤系统补充用水等一般补充在循环水池、煤水回用水池，供水压力不高，经常连续运行。当循环水系统采用回用水补水时通常要设工业水备用补充，以保证补水连续稳定。

二、循环水排水

循环水系统排水压力约为 0.2MPa，通常利用余压直接供运煤系统冲洗回用水补水、脱硫系统喷洒参混等补水，如供除灰系统喷洒搅拌一般要经过升压。

循环水排污水也可经淡化处理后回用于锅炉补给水和循环水系统补水。

三、运煤系统冲洗回用水

运煤系统冲洗栈桥、煤仓层用水经由煤水处理设备处理过后，经煤水回用水泵升压继续回用在运煤系统冲洗、煤场喷洒。如果与灰库、渣库及脱硫区域距离近，且所需压力相近，水量平衡图允许，也可以同时给灰库、渣库喷洒搅拌，脱硫系统供水。

煤水回用水泵设在煤水处理设备附近回用水池处。煤水回用水泵要满足所有用水点的压力和流量要求。

煤水回用泵建议选用变频水泵，并设一台备用泵。

四、化学废水及脱硫废水

化水高含盐废水升压后可用于脱硫系统喷洒掺混等补水，除灰系统喷洒搅拌以及灰库干灰喷洒加湿，干灰场喷洒；或再处理脱盐脱硫作为淡水回用。

脱硫废水水质特点是悬浮物、COD 含量很高，呈弱酸性，超标项目主要为悬浮物、pH、汞、铜、铅、镍、锌、砷、钙、镁、铝、铁以及氟根、氯根、硫酸根、碳酸根等。通常直接用于灰库干灰喷洒加湿，干灰场喷洒；实在用不尽又无处接收时，可采用水池存储晾晒蒸发或深度处理脱盐去离子为淡水后回用。

除灰系统的灰库、渣库喷洒搅拌用水通常与运煤冲洗喷洒的用水点水质压力相当，约为 0.5MPa，如水量平衡图中其需要循环排污水补充，且与运煤用水点靠近，可与运煤系统一起共用煤水回用水泵和管路。

如果灰库、渣库喷洒搅拌用水点距离运煤系统较远而与化学废水池距离较近，或水量平衡所示其与化学废水利用系统合并更加合理，可在化学废水池处统一升压供给灰库、渣库喷洒搅拌用水和脱硫系统用水，供给脱硫系统的压力要求通常较低 0.2～0.3MPa（供至水箱内），选择升压泵时要注意匹配合理。

输送化学废水及脱硫废水的管材必须耐腐蚀。

第十三章

防洪（潮）堤及排洪沟设计

第一节　概　　述

电厂防洪工程总体设计的主要任务是：根据该电厂所在流域或地区规划中的地位和重要性以及电厂总体规划要求，在充分分析洪水特性、洪灾成因的基础上，按照电厂厂址自然条件，从实际出发、因地制宜选用防洪措施，制定可行方案，并进行技术、经济论证，推荐出最佳方案。

一、基本原则

（1）总体设计必须在电厂总体规划的基础上，根据洪水特性及其影响，结合电厂自然地理条件和电厂的总体发展需要，全面规划、综合治理、统筹兼顾、讲求效益。

（2）方案布置设计应实行工程防洪措施与非工程防洪措施相结合，根据不同洪水类型（河洪、海潮、山洪和泥石流），选用各种防洪措施，组成完整的防洪体系。

（3）涉及电厂防洪安全的各项工程建设，如港口码头、桥梁、取水工程等，其防洪标注不得低于电厂的防洪标准；否则，应采取必要的措施，满足电厂的防洪安全要求。

（4）电厂防洪工程是电厂总体规划的组成部分，电厂防洪总体设计应与工程建设密切配合，各项防洪措施在确保防洪安全的前提下，兼顾建设单位的要求，发挥防洪措施的多功能作用，提高投资效益。

（5）电厂防排洪总体设计应注意节约用地、保护自然环境和生态平衡。防洪设施选型应因地制宜，就地取材，降低工程造价。

（6）对于河洪防治应避免或减少对水流流态、泥砂运动、河岸等不利影响，防止河道产生有害的冲刷和淤积，并应与上下游、左右岸流域防洪设施相协调，尤其注意不同防洪标准的衔接处理。

（7）对于山洪防治应以小流域为单元进行综合治理，坡面汇水区应以生物措施为主，沟壑治理应以工程措施为主。排洪渠道平面布置应力求顺直，就近直接排入下游河道。当排洪渠道出口受外河洪水顶托时，应设挡洪闸或回水堤，防止洪水倒灌。

（8）对于海潮防治应分析风暴潮、天文潮涌潮的特性和可能的不利遭遇组合，合理确定设计潮位。设计应分析海流和风浪的破坏作用，确定设计风浪侵袭高度，采取有效的消浪措施和基础防护措施。防潮堤防布置应与当地防潮建设相配合，结构选型应与海滨环境相协调。

二、主要依据

基础资料：设计主要依据的基础资料有测量、地质、水文气象及其他资料。

1. 测量资料

（1）地形图：地形图是设计的最基本资料，收集齐全后，还要到现场实地踏勘、核对，并熟悉与工程有关的地形情况。各种平面布置图，在各设计阶段对地形图的比例要求不同，见表13-1。

表 13-1　各种平面布置图对地形图的比例要求

设计阶段	项目		比例
初步设计阶段	汇水面积（km^2）	≥20	1:25000～1:50000
		<20	1:5000～1:25000
	工程总平面布置图、滞洪区平面图		1:1000～1:5000
	堤防、护岸、山洪沟、排洪道、截洪沟平面及走向布置图		1:1000～1:5000
施工图设计	工程总平面布置图、滞洪区平面图		1:1000～1:5000
	构筑物平面布置图	堤防、山洪沟、排洪渠道、截洪沟	1:1000～1:5000
		谷坊、护岸、丁坝组	1:500～1:1000
		顺坝、防洪闸、涵闸、排洪泵站	1:200～1:500

（2）河道、山洪沟纵、断面图：对拟设防和整治的河道或山洪沟，必须进行纵、横断面的测量，并绘制纵、横断面图。纵、横断面图的比例要求见表 13-2。

表 13-2　纵、横断面图的比例要求

图名	比例		图名	比例	
纵断面图	水平	1:1000～1:5000	横断面图	水平	1:100～1:500
	垂直	1:100～1:500		垂直	1:100～1:500

2. 地质资料

（1）水文地质资料。

1）设防地段的覆盖层、透水层厚度以及覆盖层、透水层和弱透水层的渗透系数。

2）设防地段的地下水埋藏深度、坡降、流速及流向。

3）地下水的物理化学性。

（2）工程地质资料。

1）设防地段的地质构造。

2）设防地段的地貌条件。

3）滑坡及塌落情况。

4）地基岩石和土壤的物理力学性质。

5）天然建筑材料（土料和石料）场地、分层厚度、质量、储量及其开采和交通条件等。

6）天然建筑材料的物理力学性质。

（3）地震烈度。

3. 水文气象资料

（1）历年最大洪峰流量及洪水过程线。

（2）历年暴雨量。

（3）历史最高洪水位。

（4）设防河段控制断面的水位、流量关系曲线。

（5）特征潮位：

1）历年最高高潮位。

2）历年最低低潮位。

3）平均高潮位。

4）平均低潮位。

5）平均潮位。

6）涨潮最大潮差。

7）落潮最大潮差。

8）平均涨潮时间。

9）平均落潮时间。

（6）特征波浪。

1）历年最大波高。

2）年最大波高。

3）平均波高。

（7）历史洪水调查资料。

（8）历年最大风速、雨季最大风速及风向。

（9）气温、气压、温度及蒸发量。

（10）河流含砂量（包括砂峰）。

（11）地区水文图集及水文计算手册。

（12）土壤冻结深度。

（13）河流结冰冰厚及开河融化流冰情况。

（14）河道变迁情况。

4. 其他资料

（1）流域防洪规划。

（2）现有防洪工程的设计资料及运行情况。

（3）当地建筑材料的价格和运输条件。

（4）当地施工技术水平级施工条件。

（5）当地施工技术水平级施工条件。

（6）关于河道管理规定和发令。

三、防洪标准

电厂厂址的选址及电厂防洪规划应满足 GB 50660—2011《大中型火力发电厂设计规范》中 4.3.14 的要求，防洪标准应按表 13-3 选用（即规范中的表 4.3.14）。

表 13-3　发电厂等级和厂区防洪标准

火力发电厂等级	规划容量（MW）	厂区防洪标准（重现期）
Ⅰ	＞2400	≥100 年、200 年一遇的高水（潮）位
Ⅱ	400～2400	≥100 年一遇的高水（潮）位
Ⅲ	＜400	≥50 年一遇的高水（潮）位

注　Ⅰ级火力发电厂中对位于广东、广西、福建、浙江、上海、江苏、海南风暴潮严重地区的海滨发电厂，取 200 年一遇；其中江苏省包括长江口至江阴的沿长江江岸电厂。

当厂区受洪（涝）水、风暴潮影响时，应采取防洪（潮）措施，并符合下列规定。

（1）当场地标高低于设计高水（潮）位，或场地标高虽高于设计高水（潮）位，但厂址受波浪影响时，厂址应设置防洪堤或采取其他可靠的防洪设施，并应符合下列规定。

1）对位于海滨的火力发电厂，其防洪堤（或防浪墙）的顶标高应按设计高水（潮）位加 50 年一遇波列累积频率 1%的浪爬高和 0.50m 的安全超高确定。经论证，在保证越浪水量对防洪堤安全无影响，且堤后越浪水量排泄畅通的前提下，堤顶标高确定时可允许部分越浪，并宜通过物理模型试验确定堤顶标高、堤身断面尺寸、护面结构。

2）对位于江、河、湖旁的火力发电厂，其防洪堤的堤顶标高应高于设计高水位0.50m；当受风、浪、潮影响时，应再加50年一遇的浪爬高。

（2）在有内涝的地区建厂时，防涝围堤堤顶标高应按100年一遇内涝水位加0.50m的安全超高确定；当100年一遇内涝水位难以确定时，可采用历史最高内涝水位；如有排涝设施时，应按设计内涝水位加0.50m的安全超高确定。

（3）对位于山区的火力发电厂，应按100年一遇设计洪水采取防洪措施。

（4）火力发电厂位于水库下游且水库的防洪标准低于电厂防洪标准或水库为病险水库时，在水库溃坝形成的洪水对厂区产生影响的情况下，应采取相应的工程措施。

（5）防排洪设施宜在初期工程中按规划容量一次建成。

抗震设防烈度一般由工程建设场地的地震等级来确定。

四、防排洪构筑物的安全超高

（1）防排洪构筑物的安全超高见表13-4。

表13-4　防排洪构筑物的安全超高　（m）

防排洪构筑物级别	1	2	3	4
防洪堤安全超高	1.0	0.8	0.6	0.5
排洪渠道安全超高	0.8	0.6	0.5	0.4
海堤不允许越浪安全超高	1.0	0.8	0.7	0.6
海堤允许越浪安全超高	0.5	0.4	0.4	0.3

注　1. 安全超高不包括波浪爬高。
2. 越浪后不造成危害时，安全超高可适当降低。

（2）建在防排洪堤上的防洪闸和其他构筑物，其挡水部分的顶部高程不得低于堤防（护岸）的顶部高程。

（3）临时性防排洪构筑物的安全超高，可较同类型构筑物降低一级。海堤允许越浪时，超高可适当降低。

五、防排洪构筑物的稳定安全系数

防排洪构筑物的稳定安全系数的规定，是参考了GB 50286《堤防工程设计规范》、DL/T 5339《火力发电厂水工设计规范》和《给水排水工程结构设计手册》等规定，结合防排洪构筑物的特点确定。

（1）堤防工程的级别应根据其防洪（潮）标准见表13-5。

表13-5　堤防工程的级别

防潮（洪）标准［重现期（年）］	≥100	100～50	50～30
堤防工程的级别	1	2	3

（2）堤（岸）坡抗滑稳定安全系数见表13-6。

表13-6　堤（岸）坡抗滑稳定安全系数

建筑物级别	1	2	3
基本荷载组合	1.25	1.20	1.15
特殊荷载组合	1.20	1.15	1.10

（3）建于非基岩上的混凝土或砌体防排洪建构物与非岩面接触面的水平抗滑稳定安全系数见表13-7。

表13-7　非基岩抗滑稳定安全系数

建筑物级别	1	2	3
基本荷载组合	1.30	1.25	1.20
特殊荷载组合	1.15	1.10	1.05

（4）建于基岩上的混凝土或砌体防排洪建构物与非岩面接触面的水平抗滑稳定安全系数见表13-8。

表13-8　基岩抗滑稳定安全系数

建筑物级别	1	2	3
基本荷载组合	1.10	1.10	1.05
特殊荷载组合	1.05	1.05	1.00

（5）防排洪建构物抗倾覆稳定安全系数见表13-9。

表13-9　抗倾覆稳定安全系数

建筑物级别	1	2	3
基本荷载组合	1.5	1.5	1.3
特殊荷载组合	1.3	1.3	1.2

六、总体设计方法与步骤

（一）电厂厂址防排洪的分类及设计原则

1. 防排洪的分类

电厂厂址的防排洪按电厂场地位置的不同分为：位于山谷、丘陵及坡地地区的电厂防排洪，位于江、河、湖旁的电厂防排洪和位于滨海及河口地区的电厂防排洪的设计。

2. 电厂防排洪的规划原则

（1）电厂厂址的选址及电厂防排洪规划应符合 GB 50660—2011《大中型火力发电厂设计规范》4.2.7 的要求；同时必须符合当地城市建设总体规划和江河流域规划的要求。

（2）电厂防排洪应注意节约用地，征地应按国家有关规定和当地的具体情况办理。

（3）防洪设施选型应因地制宜，就地取材，降低工程造价。

（4）电厂防排洪设施应按电厂规划容量的厂址范围统一规划，宜在初期工程中按规划的规模一次建成，在条件允许的情况也可分期分块建设。

（二）电厂防排洪的设计文件应明确的内容

1. 电厂厂址的自然条件

（1）应说明地形、地貌、河流、水系等一般自然条件。

（2）应说明现有防洪（涝）工程设施、标准、运转使用状况及存在的问题。

（3）应说明工程地质条件及当地材料料源、种类。

2. 电厂厂址的水文气象条件

（1）位于江、河、湖旁的电厂防洪应说明历史洪水水位、流量，设计洪水位、流量、流速，施工洪水位、流量、流速，最大冲刷深度及河流特性等。

（2）位于滨海及河口地区的电厂防护应说明潮汐资料、潮汐特征值、滩地资料、海岸水深、风速、波浪等。

（3）位于山区、丘陵区的电厂防洪应说明洪水的流域特征、上游汇流方向、沿程设计洪水流量、下游泄洪能力、有蓄滞洪要求的说明洪水过程等。

（4）位于内涝区的电厂应说明内涝水位。

（三）基础资料的搜集、整理与分析

设计时应对取得的外部资料进行整理分析，并对其可靠性及精度作出评价。一般包括以下内容。

（1）对拟建电厂厂址区域洪水的特点进行分析，包括洪水位、洪峰流量、持续时间、洪水频率等。

（2）自然资料的整理分析。

（3）拟建电厂厂址区域现有防洪设施，如堤防等工程情况、抗洪能力的分析。

（四）防洪标准的选定

电厂防洪标准的选定，应以 GB 50660—2011《大中型火力发电厂设计规范》及 DL/T 5339《火力发电厂水工设计规范》为准。

（五）总体设计方案的拟定、比较与选定

在拟定电厂防洪的总体设计方案时，应根据电厂的装机容量、电厂所在区域现有的防洪设施、电厂所在区域的防洪规划，拟定可行的防洪方案，通过技术经济分析比较，选定最优方案。

七、防排洪措施和防排洪体系

（一）防排洪措施

工程防洪措施主要有：①防洪堤和防洪墙；②护坡和护岸工程；③防洪闸，包括分洪闸、泄洪闸、挡潮闸等；④水库拦洪工程；⑤谷坊和跌水；⑥排洪渠道；⑦拦挡坝、排导沟等。目前在陆域的火力发电厂工程防洪措施广泛使用的为排洪渠道或防洪河堤，而滨海电厂的工程防洪措施广泛使用的为堤防（护岸）工程，其他所列的防洪措施基本很少采用或不用，因此，本手册主要介绍排洪渠道、防洪河堤和防潮海堤等防洪工程措施的设计。

（二）防（排）洪体系

电厂防洪工程是一个系统工程，它由各种防洪措施共同组成。不同类型电厂和不同洪灾成因，防洪体系的构成是不同的，需要因地制宜综合考虑。

山区电厂的防洪一般采用防排洪渠防洪，防排洪渠的布置应根据防洪规划，地形、地质条件，结合生态环保具体要求、施工、建筑材料条件，已有工程现况，考虑防汛抢险、征地拆迁、文物保护、防洪设施维修管理等因素综合拟定防排洪渠线路，经技术经济比较后综合确定。

沿河及沿江电厂一般采用修筑堤防防洪，堤线布置应根据防洪规划，地形、地质条件，滩涂河口海岸演变规律，结合生态环保具体要求、施工、建筑材料条件，已有工程现况，考虑防汛抢险、征地拆迁、文物保护、堤岸维修管理等因素综合拟定堤线线路，经技术经济比较后综合确定。

第二节 排洪渠道、截洪沟及附属设施

一、排洪渠道

排洪渠道在火力发电厂的实际工程中使用广泛的主要为排洪明渠和截洪沟。厂区排洪沟应按 100 年一遇洪水设计。排洪沟的纵坡及横断面设计，应根据沿线的地形、地质条件，以及环境、施工等要求，通过水力计算和技术经济比较确定。

（一）基础资料

（1）流域地形图：规划及初步可行性设计阶段，采用比例尺为 1:25000～1:50000 的地形图；可行性设计阶段，采用比例尺为 1:5000～1:10000 的地形图；初步设计阶段及施工图设计阶段，采用比例尺为 1:500～1:1000 的地形图。

（2）地貌：调查地貌和植被等。

（3）地质：调查土壤性质及其分布情况，并注意有无溶洞、暗河、泉水、泥石流等情况。

（4）洪水：对当地的洪水情况进行广泛的调查，有条件时应进行测流并收集当地的暴雨资料。

（5）与排洪工程有关情况：地区建设规划、设防标准及原有防洪设施等。

（二）排洪设施的布线原则

（1）排洪渠布置应按照国家有关法律法规，结合省、市、地区对区域防洪的统一规划，综合开发利用的目的要求进行合理布置。

（2）防洪设施的布置实行全面规划、统筹兼顾、预防为主、综合治理的原则。

（3）排洪渠布置应结合当地的地质、地形、地貌、施工、建材等实际情况，选取综合效益最优的方案，一般应拟定排洪渠线路比较方案进行对比选择。

（4）排洪渠的布线应力求平滑顺直，避免曲折转点过多，转折段连接应平顺圆滑，一般不应出现折线和凹凸。堤线较长时，可以考虑分段采用不同断面型式，但在不同断面型式衔接部位，应有相应的过渡段或过渡部位的处理措施。

（5）在排洪渠的布置需要与城市景观、道路结合时，应统一规划布置，相互协调，尽量减少渠身、渠顶的附属构筑物。应结合排涝、涵闸及过渠构筑物的需要统一规划布置、合理安排、综合选线。

（6）排洪渠的布置应尽量利用原有洪水的排泄线路和有利地形。

（7）排洪渠的布置应选取地质条件较好，冲淤稳定的地段，避开古河道、古冲沟和尚未稳定的冲沟等地层复杂的地段。

（8）排洪渠道线宜沿天然沟道布置，宜选择地形平缓、地质条件稳定、拆迁量少、渠线顺直的地带。渠道较长的宜分段设计，两段排洪明渠断面有变化时，宜采用渐变段衔接，其长度可取水面宽度之差的 5～20 倍。

（9）排洪明渠设计纵坡，应根据渠线、地形、地质以及与山洪沟连接条件和便于管理等因素，经技术经济比较后确定。当自然纵坡大于 1:20 或局部渠段高差较大时，可设置陡坡或跌水。

（10）排洪明渠渠道边坡应根据地质稳定条件确定。

（11）排洪明渠进出口平面布置，宜采用喇叭口或八字形导翼墙，其长度可取设计水深的 3~4 倍。

（12）排洪明渠的安全超高可按有关标准的规定采用，在弯曲段凹岸应分析并计入水位壅高的影响。

（13）排洪明渠宜采用挖方渠道。对于局部填方渠道，其堤防填筑的质量要求应符合有关标准规定。

（14）当排洪明渠水流流速大于土壤允许不冲刷流速时，应采取防冲措施。防冲形式和防冲材料，应根据土壤性质和水流流速确定。

（15）排洪渠道进口处宜设置拦截山洪泥沙的沉沙池。

（三）排洪明渠布置

1. 渠线走向

（1）在设计流量确定后，渠线走向是工程的关键，要多做些方案比较。

（2）与城市总体规划密切结合。

（3）从排洪安全角度，应选择分散排放渠线。

（4）尽可能利用天然沟道，如天然沟道不顺直或因城市规划要求，必须将天然沟道与城市总体规划部分或全部改道时，则要使水流顺畅。排洪沟的转弯半径宜不小于底宽的 5 倍。

（5）渠线走向应选在地形较平缓，地质稳定地带，并要求渠线短；最好将水导至城市下游，以减少河水顶托；尽量避免穿越铁路和公路，以减少交叉构筑物；尽量减少弯道；要注意应少占或不占耕地，少拆或不拆房屋。

2. 进出口布置

（1）选择进出口位置时，充分研究该地带的地形和地质条件。

（2）进口布置要创造良好导流条件，一般布置成喇叭口形。排洪明渠进口如图 13-1 所示。

（3）出口布置要使水流均匀平缓扩散，防止冲刷。排洪明渠出口如图 13-2 所示。

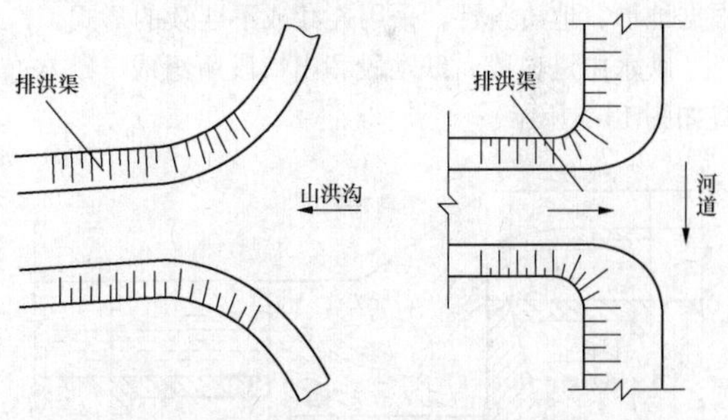

图 13-1　排洪明渠进口　　图 13-2　排洪明渠出口

（4）当排洪明渠不穿越防洪堤，直接排入河道时，出口宜逐渐加宽成喇叭口形状，喇叭口可做成弧线或八字形。

（5）排洪明渠穿越防洪堤时，应在出口设置涵洞。

（6）出口高差大于 1m 时，应设置跌水，排水口应考虑消能防冲措施。

3. 构造要求

（1）排洪明渠的安全超高，排洪沟在设计流量时，超高应不小于 0.3m，一般采用 0.3～0.5m，如果保护对象有特殊要求时，安全超高可以适当加大。

（2）排洪明渠沿线截取几条山洪沟或几条截洪沟

的水流时，其交汇处尽可能斜向下游，并成弧线连接，以便水流均匀平缓地流入渠道内。

（3）渠底宽度变化时，设置渐变段衔接，为避免水流速度突变，而引起冲刷和涡流现象，渐变段长度可取底宽差的5～20倍，流速大者取大值。

（4）设计流量较大，为了在小流量时减少淤积，明渠宜采用复式过水断面，使排泄小流量时，主槽过水仍保持最小允许流速。

（5）进水段长度可取渠中水深的5～20倍，最小不得小于3m。

（6）出口经常处于两股水流冲刷，应设置于地质、地形条件良好的地段，并采取护砌措施。

（7）在纵坡过陡或突变地段，宜设置陡坡或跌水来调整纵坡。其计算可参照《跌水与陡坡》。

（8）流速大于明渠土壤最大容许流速时，应采取护砌措施防止冲刷。

二、跌水及消力池

跌水一般修建在纵坡较陡、流速较大的沟槽段，纵坡突然变化的陡坎处，台阶式沟头防护及支沟入干沟的入口处。设置迭水消能，避免深挖高填的情况。

（一）跌水的布置

跌水下游水流速度很大，脉动剧烈，有很大的冲刷能力，常用砌石或混凝土做护面。跌水跌差小于或等于5m时，可采用单级跌水，跌水跌差大于5m，采用单级跌水不经济时，可采用多级跌水。多级跌水可根据地形、地质条件，采用连续或不连续的形式。

跌水由进口段、跌水段和出口段所组成，跌水布置如图13-3所示。

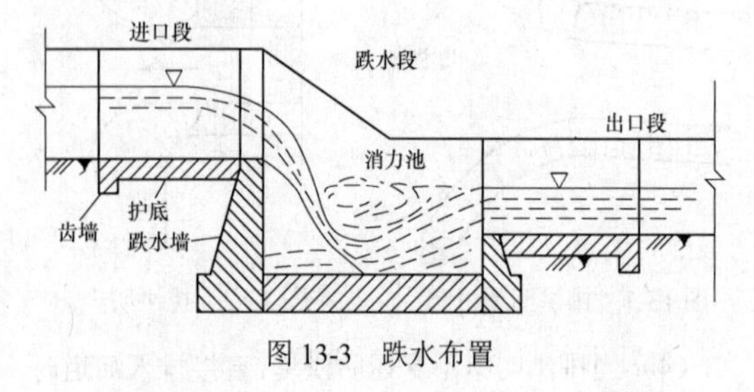

图13-3 跌水布置

（1）进口段。

1）进口翼墙。

a. 进口翼墙主要是起导流作用，促成水流的良好收缩，保证水流均匀进入跌水口，并防止跌水口前发生危害性的冲刷。

b. 在平面布置上最好是采用弧形扭曲面，但施工复杂。另外还可以采用变坡式、角墙式和八字直墙式等。

c. 翼墙在平面上的扩散角度一般为30°～45°。

d. 翼墙高度一般高出设计水位0.3～0.5m。

e. 翼墙长度L与沟底宽度b、水深H有关：

当$\frac{b}{H}\leqslant 2$时，$L=2.5H$；

当$\frac{b}{H}=2.1\sim 3.5$时，$L=3.0H$；

当$\frac{b}{H}>3.5$时，$L=3.5H$。

f. 进口始端，应设刺墙伸入沟岸内，以减少两侧边坡的渗流和防止进口处沟岸发生冲刷。刺墙深度一般为水深的0.5～1.0倍。

2）护底。

a. 护底能防止进口沟底冲刷和减少跌水墙、侧墙及消力池的渗透压力。

b. 一般多采用砌石或混凝土结构，其长度可取等于进口翼墙的长度，厚度应视沟中水的流速和砌护材料而定。一般砌石材料护底厚度取0.3～0.6m，混凝土护底厚度取0.15～0.4m。在寒冷地区应考虑土壤冻涨问题。

c. 在护底开始端，要设防冲齿墙，伸入沟底的深度，一般为0.5～1.0m。

3）跌水口：通过跌水口的任一流量，在跌水口前不应产生雍水和落水，保持沟道中水流均匀性；水流出迭水口后，应均匀扩散，以利下游消能防冲。跌水口的形式有矩形、梯形和台堰式3种，如图13-4所示。

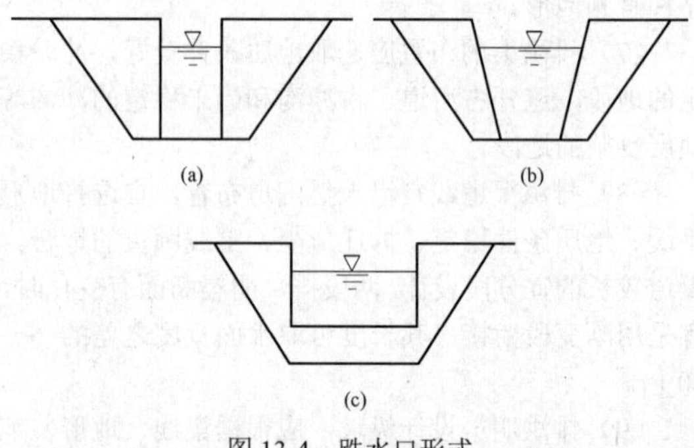

图13-4 跌水口形式

（a）矩形跌水口；（b）梯形跌水口；（c）抬堰式跌水口

a. 矩形跌水口：跌水口底与沟渠底齐平，并利用两侧边墙收缩，使通过设计流量时不产生雍水和落水。

b. 梯形跌水口：跌水口是按两个特征流量设计的，以便更近似地适应各种流量，不致产生大的雍水和落水，同时可以减少单宽流量。

c. 抬堰式跌水口：过水断面为矩形，但底部设底槛，较沟渠底为高。利用两边侧墙及底槛共同来缩小过水断面，通常取底槛的宽度等于上游沟渠的平均水面宽度。其缺点与矩形跌水口相同。上游水位也将产生不同程度的雍水或落水。但抬堰式跌水口的单宽流量较小，对下游消能有利。

（2）跌水段。

1）跌水墙：有三种形式。

a. 直墙式：水流出跌水口后，自由跌落至消力池中，如图 13-5 所示。这种形式跌水，下游消能情况较其他几种常见的跌水墙为好。但当落差较大时，跌水墙工程量较大，造价较高。

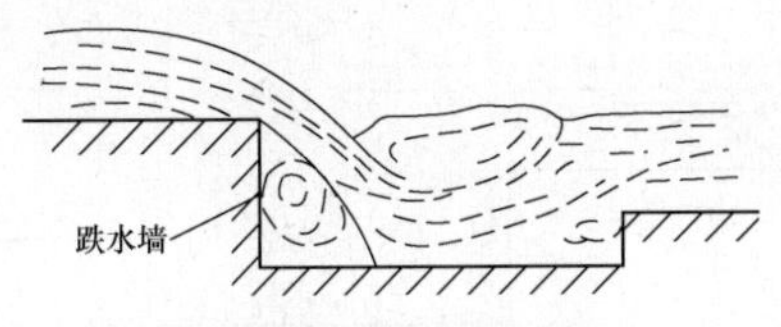

图 13-5　直墙式跌水墙

b. 斜坡式：水流出跌水口后，沿斜坡下泄至消力池，斜坡有直线和曲线两种，如图 13-6 所示。斜坡坡度一般小于 1:3，当单宽流量和跌差都较大时，采用曲线式。这种形式的跌水墙，其下游消能情况一般不如直墙式，但斜坡段为砌护段，较直墙式节约材料，减少挖方量，目前广泛采用。

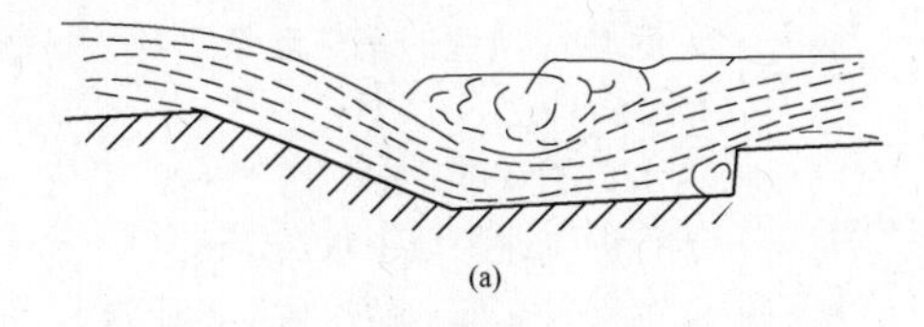

(a)

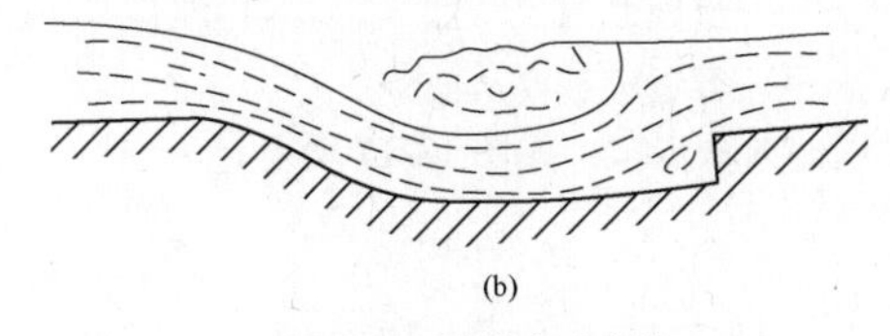

(b)

图 13-6　斜坡式跌水墙

（a）直线斜坡式；（b）曲线斜坡式

c. 悬臂式：当地形非常陡峻时，由于地面的纵坡过大，不可能在其上敷设沟渠，因为高速水流有可能脱离沟渠而变成瀑布，在这种情况下最好修建悬臂式跌水，如图 13-7 所示。悬臂式跌水在易冲刷土壤地区不宜修建，但当地质条件较好时，一般比修建斜坡式经济。

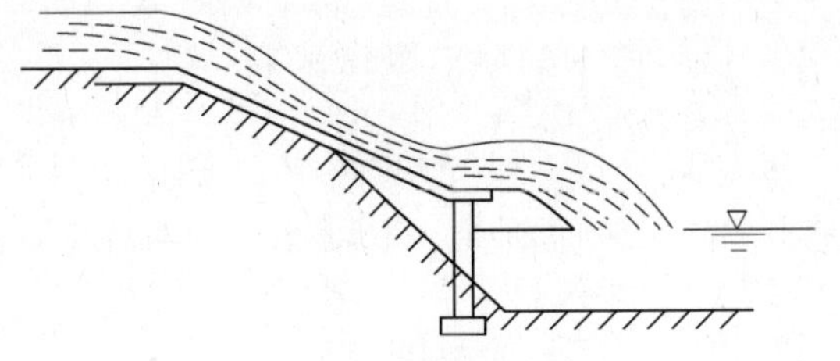

图 13-7　悬臂式跌水墙

2）消力池。消力池的作用是促成淹没式水跃，消除能量，使水流平顺地过渡到下游而不产生为害的冲刷。当跌水下游沟渠尾水深度不能满足淹没水跃要求时，可采用消力池加深尾水深度，造成淹没式水跃，消力池如图 13-8 所示。

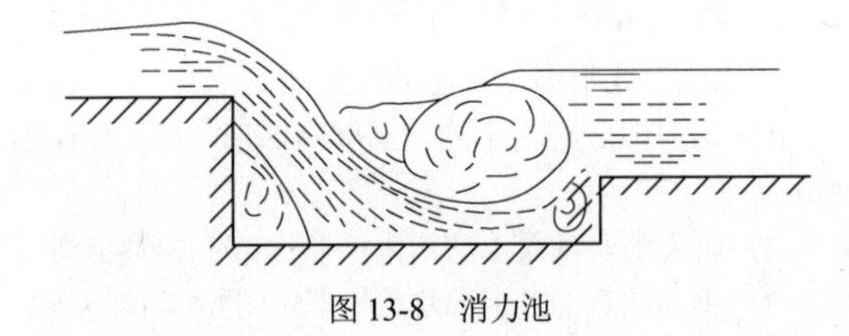

图 13-8　消力池

消力池通常采用砌石、混凝土和钢筋混凝土结构。消力池底板厚度取决于水工计算，初估时可参照表 13-10 所列经验数据选用。

表 13-10　　消力池底板厚度

单宽流量 q（m^3/s）	跌差（m）	底板厚度（m）
＜2	＜2	0.35～0.40
＞2	＜2	0.50
	2	0.60～0.70
＞5	3.5	0.80～1.00

如果跌水下游水深已足够产生淹没式水跃，可不设消力池，而做成平底护坦，如图 13-9 所示。当水深相差不多时，可在护坦末端设消力槛或消力池，如图 13-10 和图 13-8 所示。护坦的砌护厚度，可参照消力池底板厚度。其长度由水力计算决定，初估时可取沟渠设计水深 2～3 倍。消力槛高度由水力计算决定。

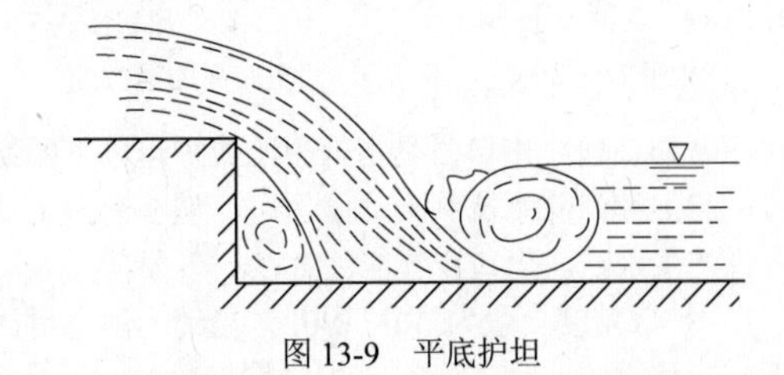

图 13-9　平底护坦

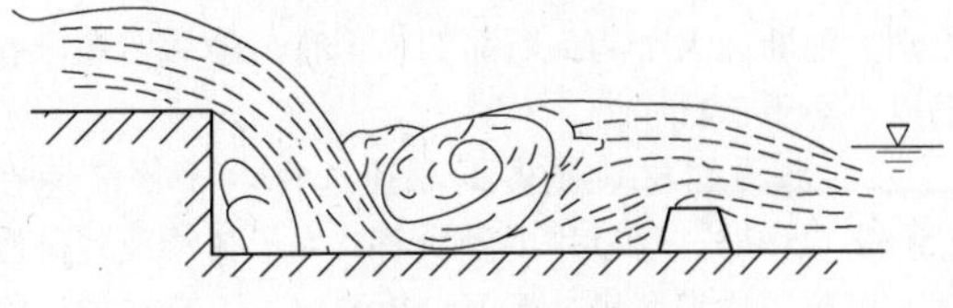

图 13-10　消力槛

如果消力池的深度根据计算需要很深，或根据计算在一个高的消力槛后面，还需要设置一个或几个较低的消力槛时，最好设置综合式消力池。即在消力池末端加消力槛，如图 13-11 所示。实践证明综合式消力池不仅消能效果较好，而且造价也比较低。

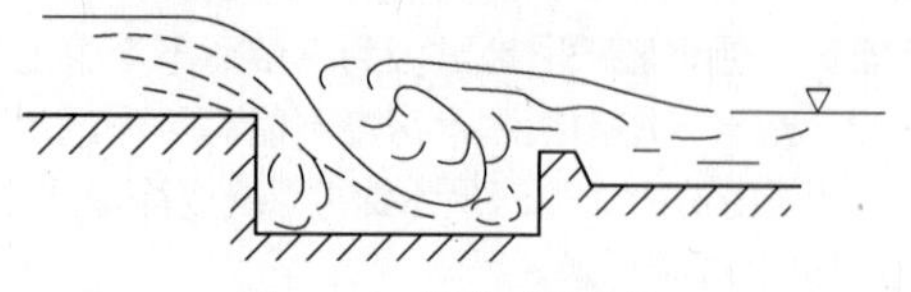

图 13-11　综合式消力池

消力池形式很多，常用的形式如下：

1）消力池底部为矩形，上部为梯形，如图 13-12 所示。

2）消力池底部及上部均为梯形，如图 13-13 所示。

3）消力池底部及上部均为矩形，如图 13-14 所示。

4）消力池底部及上部为矩形，出口段为扭曲面与沟渠相接，如图 13-15 所示。

实践证明，前两种形式消能效果较好，后两种形式较差。

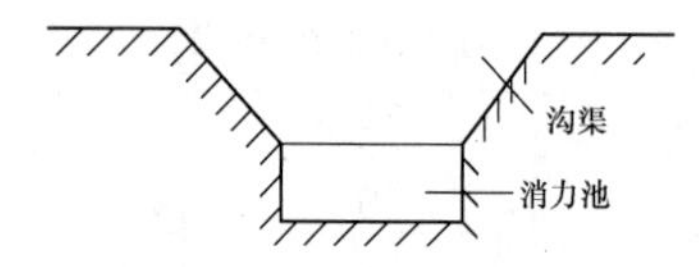

图 13-12　底部为矩形，上部为梯形的消力池

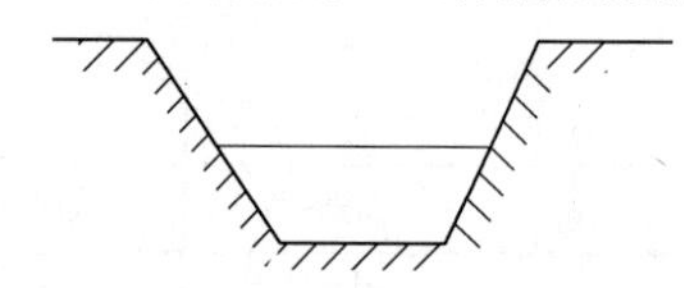

图 13-13　底部及上部均为梯形的消力池

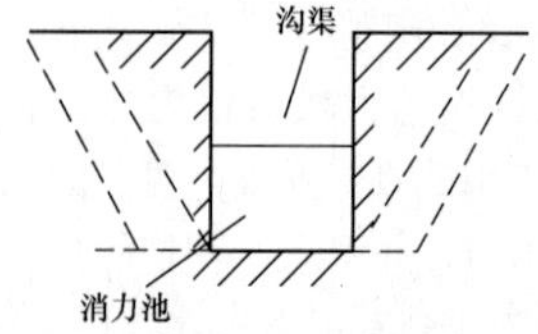

图 13-14　底部及上部均为矩形的消力池

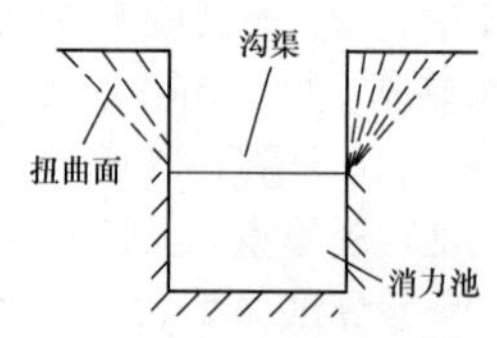

图 13-15　出口段为扭曲面的消力池

（3）出口段：出口段是指消力池或护坦以下的海漫段，起继续消除水流剩余动能作用，但在海漫上决不容许产生水跃。出口布置应注意以下事项。

1）扩散角度一般为 30°～40°，当消力池宽度比沟渠底宽相差较大时，平面上的扩散度可取 1:4～1:5，若消力池断面大于沟渠断面的梯形时，池后衔接段收缩以不小于 3:1 为宜。

2）海漫的材料应根据流速选择，平均流速在 2.5m/s 以内时，可以用干砌块石，为了排渗及减薄厚度，可应用透水海漫，下面设反滤层，海漫与护坦相接处应加厚。

3）海漫长度决定于引导水流从护坦到达渠道时，使水流速度减至沟渠容许的要求，初估时可取沟渠设计水深的 2～6 倍。

（二）跌水水力计算

（1）跌水口水力计算。

1）矩形跌水口：按无底槛宽顶堰计算，如图 13-16 所示。

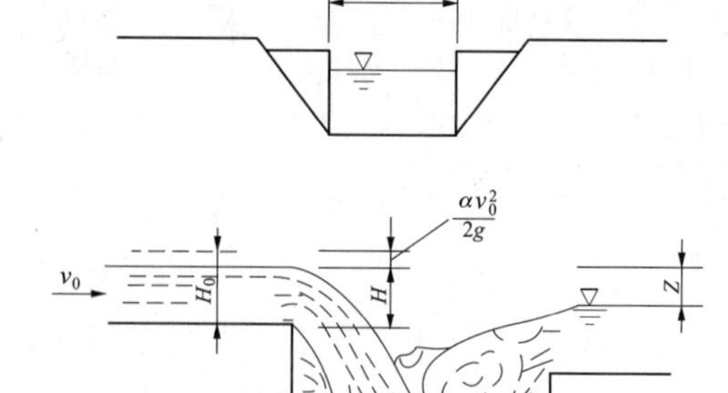

图 13-16　无底槛矩形跌水口

$$Q = \varepsilon M b H_0^{\frac{3}{2}} \tag{13-1}$$

$$H_0 = \frac{\alpha v_0^2}{2g} + H$$

式中　Q——设计流量，m³/s；

ε——侧收缩系数，一般采用 0.85～0.95；

M——无底槛宽顶堰的第二流量系数，一般可取 M=1.62；

b——跌水口的宽度，m；

H_0——计行近流速的堰顶水头，m；

H——堰顶水深（即上游沟道中的水深）；

α——流速系数，一般采用 α=1.05；

v_0——行近流速，m/s。

2）梯形跌水口：如图 13-17 所示。

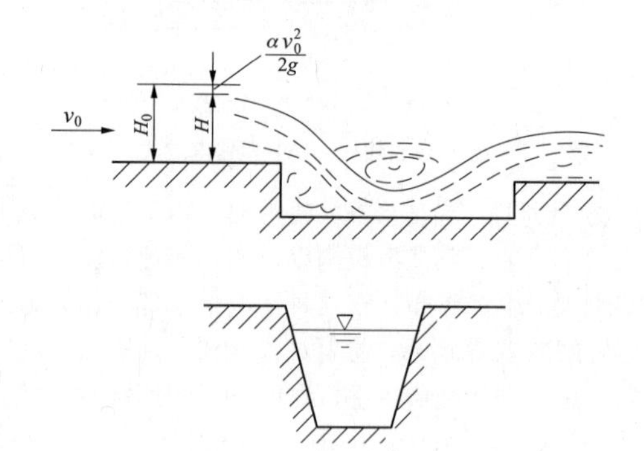

图 13-17　梯形跌水口

$$Q = \varepsilon M (b + 0.8nH) H_0^{\frac{3}{2}} \tag{13-2}$$

式中　M——梯形堰的第二流量系数，$M = m\sqrt{2g}$，见表 13-11；

b——跌水口宽度，m；

n——梯形跌水口的边坡系数；

H——堰顶水深（即上游沟道中的水深）。

表 13-11 梯形堰的第二流量系数

H/b	0.5	1.0	1.5	2.0	＞2.0
m	0.37	0.415	0.43	0.435	0.45
M	1.68	1.84	1.91	1.93	2.00

在式（13-2）中，b 与 n 值均为未知数，故欲求解式（13-2），必须代入两个流量 Q_1 和 Q_2 及其相应的水深 H_1 和 H_2，并按式（13-3）列出方程联立求解，即

$$\left.\begin{aligned} b&=\frac{Q_1}{\varepsilon M_1 H_{01}^{\frac{3}{2}}}-0.8nH_1 \\ b&=\frac{Q_2}{\varepsilon M_2 H_{02}^{\frac{3}{2}}}-0.8nH_2 \end{aligned}\right\} \tag{13-3}$$

$$\left.\begin{aligned} n&=1.25\frac{\dfrac{Q_1}{M_1 H_{01}^{1.5}}-\dfrac{Q_2}{M_2 H_{02}^{1.5}}}{H_1-H_2} \\ H_{01}&=H_1+\frac{v_1^2}{2g} \\ H_{02}&=H_2+\frac{v_2^2}{2g} \end{aligned}\right\} \tag{13-4}$$

式中 v_1、v_2——流量为 Q_1 和 Q_2 时，渠中的流速，m/s；

ε——侧收缩系数，可取 $\varepsilon=1.00$。

流量 Q_1 及 Q_2 应具有代表性，即根据按式（13-2）、式（13-3）计算所得的 b 和 n 值，能满足任何流量的要求，不产生水面下降，或水面下降极其微小。要满足这一条件，H_1 及 H_2 值应按（13-5）计算

$$\left.\begin{aligned} H_1&=H_{max}-0.25(H_{max}-H_{min}) \\ H_2&=H_{min}+0.25(H_{max}-H_{min}) \end{aligned}\right\} \tag{13-5}$$

当 H_{min} 未知时，可采用 $0.33\sim0.50H_{max}$ 为最小水深。

按式（13-5）确定水深 H_1 和 H_2 以后，即可按渠道水位－流量关系曲线或明渠计算公式，求出相应于 H_1 和 H_2 的流量 Q_1 和 Q_2。

3）矩形抬堰式跌水口。

a. 当底槛较低时（$a\leqslant H$），按隆起的宽顶堰计算

$$Q=\varepsilon MbH_0^{\frac{3}{2}}$$

仅第二流量系数采用 M=1.50～1.70，a/H 值接近于 1 为小值；a/H 值接近于 0 为大值。a 为底槛高（m）。

b. 当底槛较高时（$a>H$），按薄壁堰计算

$$Q=\varepsilon MbH_0^{\frac{3}{2}}$$

式中 M——第二流量系数，采用 M=1.86。

以上跌水口计算均未考虑淹没条件，当下游水深较大，以致影响跌水口泄流时，必须考虑淹没影响。但一般这种情况较少。

（2）消力池水力计算。消力池的水力计算包括共轭水深、消力池深度和长度计算。

在计算消力池尺寸之前，首先要计算共轭水深 h_1 和 h_2 值，以判断是否需要设置消力池。

1）共轭水深计算。

a. 梯形消力池。试算法：平底沟渠上的水跃基本方程式为式（13-6）

$$\frac{\alpha_0 Q^2}{g\omega_1}+y_1\omega_1=\frac{\alpha_0 Q^2}{g\omega_2}+y_2\omega_2 \tag{13-6}$$

式中 α_0——动力系数，平均等于 1～1.1；

Q——设计流量，m³/s；

ω_1——水流断面Ⅰ-Ⅰ的面积，m²，如图 13-18 所示；

y_1——水流断面Ⅰ-Ⅰ的重心离水面的深度，m；

ω_2——水流断面Ⅱ-Ⅱ的面积，m²；

y_2——水流断面Ⅱ-Ⅱ的重心离水面的深度，m，水流断面重心离水面的深度 y，可用下式决定：$y=\dfrac{h}{6}\dfrac{3b+2mh}{b+mh}$，其中，$h$ 为水深，m；b 为沟渠底宽，m。

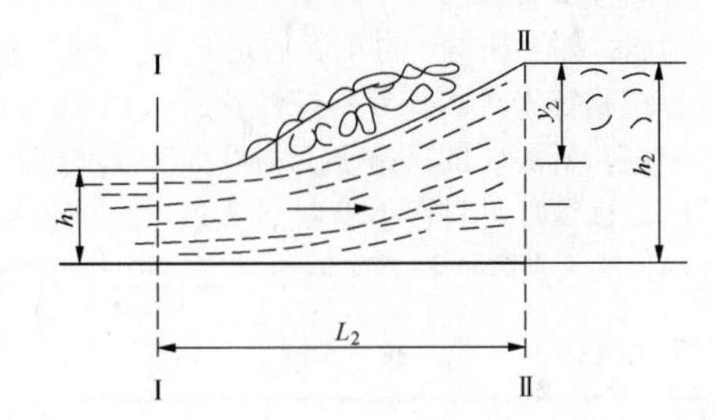

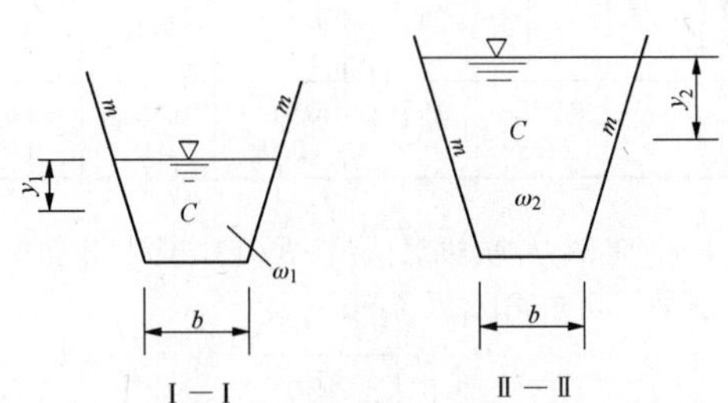

图 13-18 在水平底面梯形沟渠中的水跃

式（13-6）中 Q 是已知的，y_1、ω_1 和 y_2、ω_2 分别为水深 h_1 和 h_2 的函数，式中两边具有相同的形式，当流量 Q 及沟渠断面形状已知时，它仅是水深 h 的函数，称为水跃函数，以 $f(h)$ 表示。

则

$$f(h_1)=\frac{\alpha_0 Q_2}{g\omega_1}+y_1\omega_1 \tag{13-7}$$

$$f(h_2)=\frac{\alpha_0 Q_2}{g\omega_2}+y_2\omega_2 \tag{13-8}$$

$$f(h_1)=f(h_2) \tag{13-9}$$

在已知共轭水深之一时，即若已知 h_1，则等式的一边为已知，另一边则是 h_2 的函数。用试算法可求出 h_2 的值，求出 $f(h_2)$ 的数值，然后和已知的 $f(h_1)$ 值比较，如两者相等，则假定的 h_1 即为所求值，反之重假定 h_2，直到算得两者相等为止。

收缩水深 h_1 可按式（13-10）计算，如图 13-19 所示。

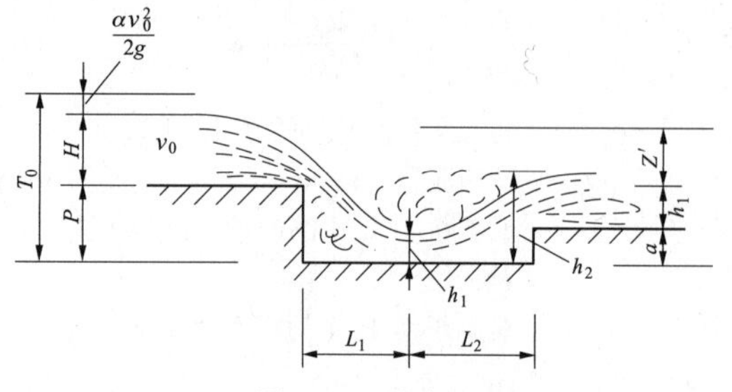

图 13-19　消力池

$$T_0 = h_1 + \frac{Q_2}{2g\varphi^2\omega_1^2} = h_1 + \frac{q^2}{2g\varphi^2 h_1^2} \qquad (13\text{-}10)$$

式（13-10）通过试算法求 h_1 值。T_0、Q 及 ω_1 为已知，在选定 φ 值后，可假定一个 h_1 值，求得 ω_1，则公式右边算得的数值等于已知的 T_0 值，则所设的 h_1 即为所求。如不相等，再重新假定 h_1 值，重复上述计算，直至相等为止。计算中应注意式（13-10），可以有三个根，所需要的只是小于临界水深 h_0 的那个 h_1 值，所以试算时可只在小于 h_0 的数值中取假设值。

根据跌水高度选择流速系数 φ 值见表 13-12 选用。

表 13-12　　　φ　值

跌水壁高度（m）	1.0	2.0	3.0	4.0	5.0
φ	0.97～0.95	0.95～0.91	0.91～0.88	0.88～0.86	0.86～0.85

b. 矩形消力池。试算法：按式（13-11）和式（13-12）进行试算，可求得 h_1 及 h_2 值

$$h_1 = \frac{h_2}{2}\left(\sqrt{1+\frac{8\alpha q^2}{g h_2^3}} - 1\right) \qquad (13\text{-}11)$$

$$h_2 = \frac{h_1}{2}\left(\sqrt{1+\frac{8\alpha q^2}{g h_1^3}} - 1\right) \qquad (13\text{-}12)$$

2）消力池深度计算：消力池深度应保证下游水深足以使水跃淹没，即满足下列条件

$$d = \sigma h_2 - (h_1 + \Delta Z) \qquad (13\text{-}13)$$

$$\Delta Z = \frac{q^2}{2g\varphi^2 h_t^2}$$

式中　d——消力池深度，m；

h_2——水跃第二共轭水深，m；

h_t——下游沟渠中尾水深，m；

σ——保证水跃淹没的安全系数，一般采用 σ = 1.05～1.10；

ΔZ——水流从消力池流出时形成的落差，m。

梯形断面消力池深度计算，一般 ΔZ 值可忽略不计，则消力池深度为

$$d = \sigma h_2 - h_1 \qquad (13\text{-}14)$$

3）综合式消力池计算。

a. 确定消力槛高度：使槛下游形成临界水跃，即 h_2=h_t，如图 13-20 所示，则收缩水深为

$$h_1 = \frac{h_1}{2}\left(\sqrt{1+8\frac{q_2}{g h_1^2}} - 1\right)$$

消力槛高度为

$$C = T_{01} - H_{01} = h_1 + \frac{q^2}{2g\varphi h_1^2} - \left(\frac{q}{m\sqrt{2g}}\right)^{\frac{2}{3}}$$

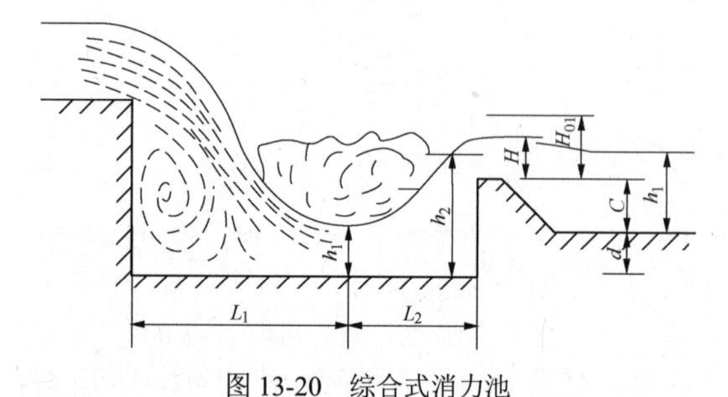

图 13-20　综合式消力池

求出槛高 C 之后，为安全起见，设计取值可降低一些，以使槛后形成稍有淹没的水跃。

b. 消力池深度计算：使池内形成稍有淹没的水跃，则

$$d = \sigma h_2 - H_1 - C$$

4）消力池长度计算：为了保证消力池的消能作用，消力池要有适宜的长度，消力池长度按式（13-15）计算

$$L = L_1 + 0.8L_2 \qquad (13\text{-}15)$$

式中　L——消力池长度，m；

L_1——水舌射流长度，m；

L_2——水跃长度，m。

a. 水舌射流长度：对于有垂直跌水的水舌射流长度。

a）宽顶堰时

$$L_1 = 1.64\sqrt{H_0(P + 0.24H_0)}$$

式中　H_0——堰上总水头，m；

P——跌水高度，算至消力池底，m。

b）实用断面堰时：如堰顶的宽度很小，即：$\delta < 0.7H_0$，且 $S \leqslant 0.5$，或 $\delta < 0.5H_0$，且 $2 \geqslant S \geqslant 0.5$，$\delta$ 为堰顶宽；S 为堰受压面与水平间倾角的余切，则溢流水舌将飞越堰顶，故射程计算与薄壁堰的情况相同，起算断面取堰顶起端，按下式计算

$$L_1 = 0.3H_0 + 1.25\sqrt{H_0 + (P + 0.45H_0)}$$

如堰顶宽度较大，即 $\delta > 0.7H_0$，则水舌不发生飞越现象，起算断面可取堰顶末端的边缘上，射程按下式计算

$$L_1 = 1.33\sqrt{H_0(P + 0.3H_0)}$$

b. 水跃长度计算。计算公式如下

$$\left.\begin{aligned} &当1.7 < F_r \leqslant 9.0时 \\ &L_2 = 9.5h_1(F_r - 1) \\ &当9.0 < F_r < 16时 \\ &L_2 = [8.40(F_r - 9) + 76]h_1 \end{aligned}\right\} \quad (13\text{-}16)$$

式中　F_r——跃前断面弗劳德数 $F_r = \dfrac{v_1}{\sqrt{gh_1}}$；

v_1——跃前断面平均流速。

三、排洪暗渠

（一）分类

（1）按断面形状分类：暗渠断面形状较多，一般常用的有以下 3 种。

1）圆形暗渠，如图 13-21（a）所示。

2）拱形暗渠，如图 13-21（b）所示。

3）矩形暗渠，如图 13-21（c）所示。

（2）按建筑材料分类。

1）钢筋混凝土结构暗渠，如图 13-21（a）、（b）所示。

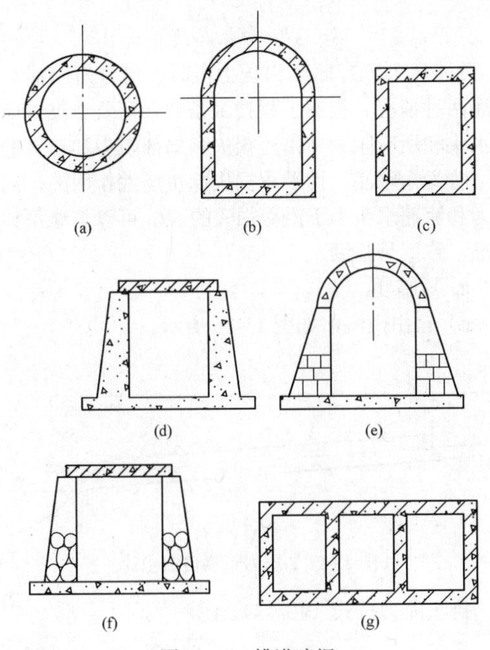

图 13-21　排洪暗渠

（a）圆形（单孔）暗渠；（b）拱形暗渠；（c）矩形暗渠；（d）混凝土结构暗渠；（e）、（f）砌石混合结构暗渠；（g）多孔暗渠

2）混凝土结构暗渠，如图 13-21（d）所示。

3）砌混凝土预制块结构暗渠，如图 13-21（e）所示。

4）砌石混合结构暗渠，如图 13-21（f）所示。

（3）按孔数分类。

1）单孔暗渠，如图 13-21（a）所示。

2）多孔暗渠，如图 13-21（g）所示。

（二）布置

（1）布置要求。除满足排洪明渠布置要求外，还要注意以下事项。

1）排洪暗渠纵坡变化处应保持平顺，避免产生壅水或冲刷。

2）排洪暗渠应设检查井，其间距可取为 50～100m。暗渠走向变化处应加设检查井。

3）排洪暗渠为无压流时，断面设计水位以上的净空面积不应小于断面面积的 15%。

4）季节性冻土地区的暗渠，其基础埋深不应小于土壤冻结深度，进出口基础应采取适当的防冻措施。

5）要特别注意与道路布置相结合。

6）在水土流失严重地区，在进口前可设置沉砂池，以减少渠内淤积。

7）暗渠内流速不得小于 0.7m/s。

8）在进口处要设置安全防护设施，以免泄洪时发生人身事故。但不宜设置隔栅，以免杂物堵塞格栅造成洪水满溢。

9）进口与山洪沟相接处，应设置喇叭口形或八字形导流墙，如图 13-22 所示；如与明沟相接，进口

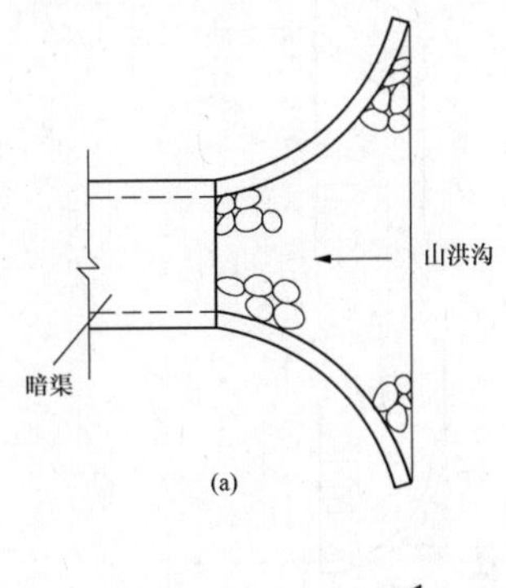

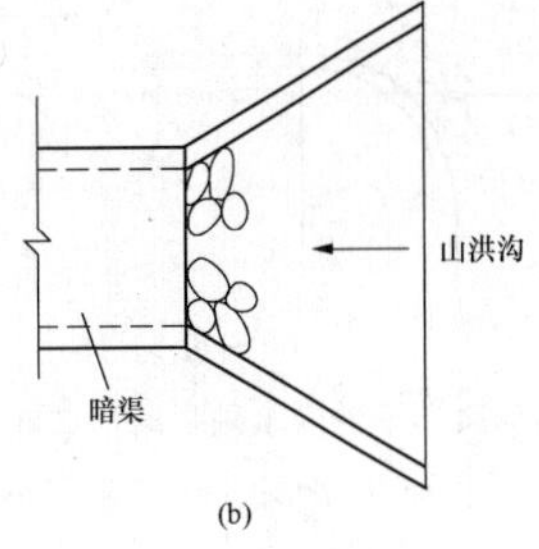

图 13-22　进口与山洪沟相接

（a）喇叭口形；（b）八字形

导流墙可为一字墙式、扭曲面、喇叭口、八字形等，如图 13-23 所示。

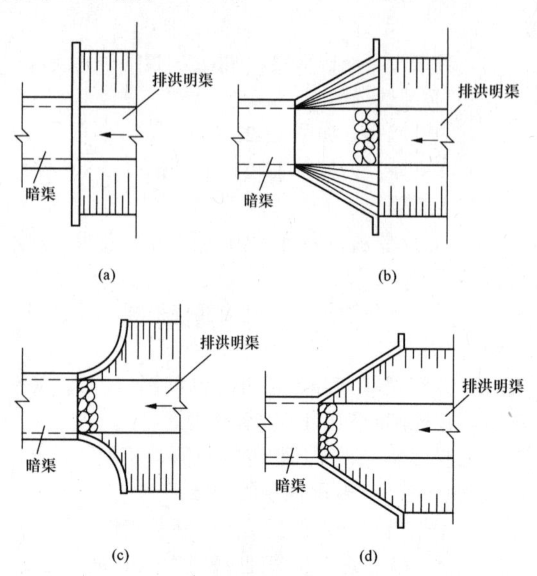

图 13-23　进口与明沟相接

（a）一字墙式；（b）扭曲面；（c）喇叭口形；（d）八字形

10）当出口不受洪水顶托时，布置形式如图 13-24 所示。受洪水顶托时，布置形式如图 13-25 所示。

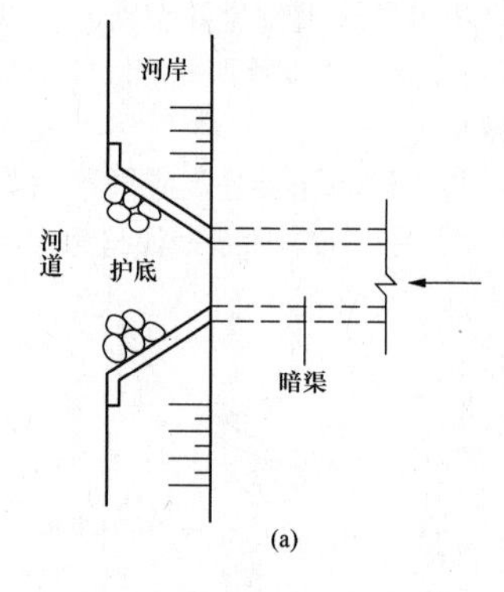

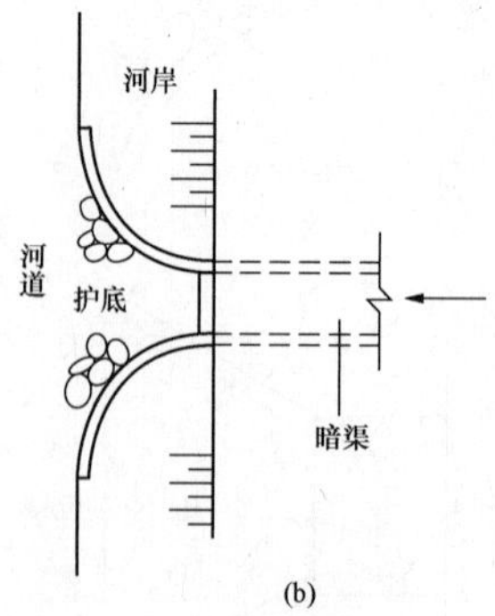

图 13-24　不受洪水顶托时出口布置形式

（a）八字形；（b）喇叭口形

（三）水力计算

（1）排洪能力计算。

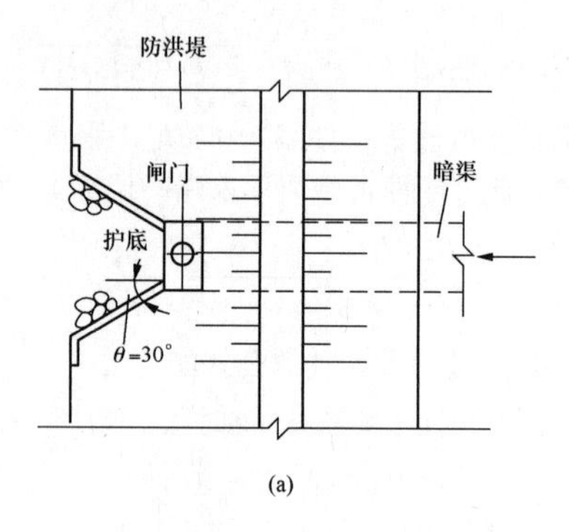

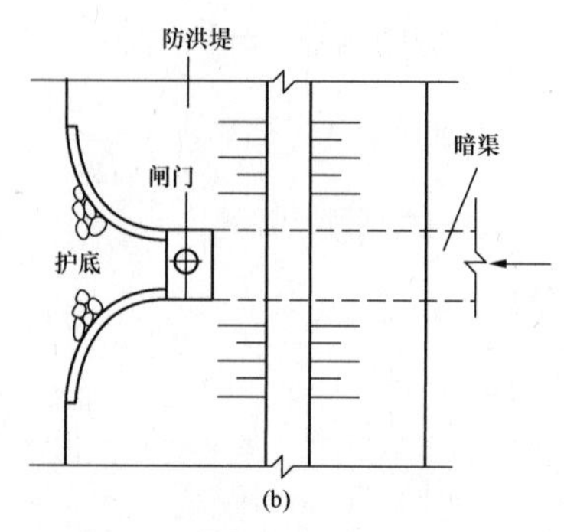

图 13-25　受洪水顶托时出口布置形式

（a）八字形；（b）喇叭口形

1）无压流：暗涵为无压流时，排洪能力对矩形和圆形暗涵是指满流时通过的流量，对拱形暗涵是指沟道内水位与直墙齐平时通过的流量，可按下式计算，即

$$Q = \omega C\sqrt{Ri}$$

2）压力流：暗涵为压力流时，可分短暗涵与长暗涵两种情况。根据工程技术条件，需要详细考虑流速水头和所有阻力（沿程损失和局部阻力）计算的情况，称为短暗涵；而沿程损失起决定性作用的，局部阻力和流速水头小于沿程损失的 5%，可以忽略不计的情况，称为长暗涵。

a. 短暗涵。

a）自由出流，如图 13-26 所示。

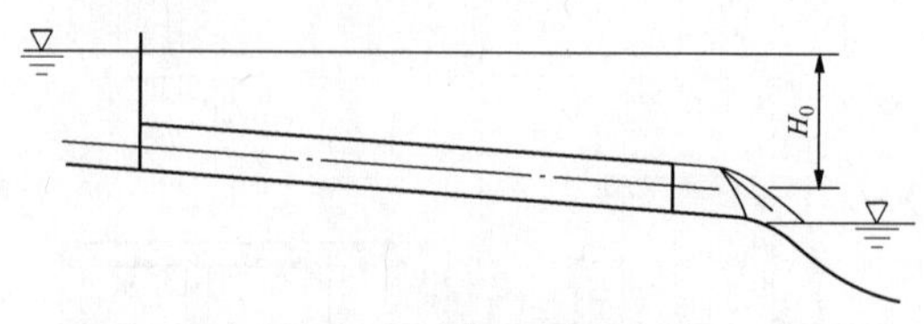

图 13-26　压力暗涵自由出流

排洪能力按式（13-17）计算

$$Q = \mu_0 \omega \sqrt{2gH_0} \tag{13-17}$$

$$H_0 = H + \frac{v_0^2}{2g} = \frac{v^2}{2g} + h_f + \sum h_j$$

$$h_f=\lambda\frac{l}{4R}\frac{v^2}{2g}$$

$$\sum h_j=\sum\xi\frac{v^2}{2g}$$

式中 μ_0——流量系数，$\mu_0=\dfrac{l}{\sqrt{1+\lambda\dfrac{1}{4R}+\sum\xi}}$；

ω——暗渠横断面面积，m^2；

g——重力加速度，m/s^2；

H_0——总水头，m；

H——上游水位与暗渠出口中心高程之差，m；

v_0——暗渠进口前流速，m/s；

h_f——沿程损失，m；

$\sum h_j$——各局部损失总和，m；

λ——沿程阻力系数，$\lambda=\dfrac{8g}{C^2}$；

l——暗渠长度，m；

R——水力半径，圆管暗渠 $R=\dfrac{d}{4}$，d 为直径，m；

v——暗渠流速，m/s；

$\sum\xi$——各局部阻力系数之和，ξ 见表 13-13。

表 13-13　局部阻力系数 ξ 值

名称		ξ
进口	边缘未作成圆弧形	0.50
	边缘微带圆弧形	0.20～0.25
	边缘轮廓很圆滑	0.05～0.10
平板式闸门及门槽		0.20～0.40
弧形闸门		0.20
折角	$\theta=15°$	0.025
	$\theta=30°$	0.110
	$\theta=45°$	0.260
	$\theta=60°$	0.490
	$\theta=90°$	1.200
转弯	$\xi=K\dfrac{\theta}{90°}$ 式中 θ—转角 K—系数	
斜分岔汇入		0.5
直角分岔汇入		1.5
出口		$\xi=1-\dfrac{\omega_1}{\omega_2}$ ω_1—暗渠断面积，m^2； ω_2—出口断面积，m^2

$b/2R$	0.1	0.2	0.3	0.4	0.5	0.6	0.7	0.8	0.9	1.0
K	0.12	0.14	0.18	0.25	0.40	0.64	1.02	1.55	2.27	3.23

注　R—转弯半径，m；b—渠宽，m。

当行进流速 v_0 很小时，行进流速水头 $v_0^2/2g$ 可以忽略不计，则流量按式（13-18）计算

$$Q=\mu_0\omega\sqrt{2gH}\qquad(13\text{-}18)$$

b）淹没出流，如图 13-27 所示。

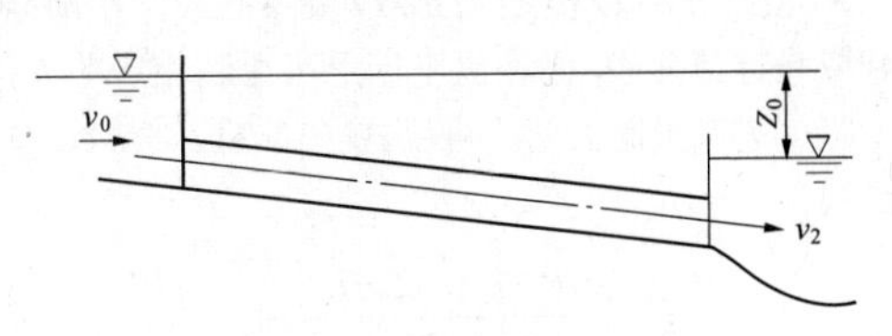

图 13-27　压力暗渠淹没出流

排洪能力按式（13-19）计算

$$Q=\mu_0\omega\sqrt{2gZ_0}\qquad(13\text{-}19)$$

式中 Z_0——包括行近流速水头在内的作用水头，m，

$$Z_0 = Z + \frac{v_0^2}{2g} = \frac{v_2}{2g} + h_f + \sum h_j$$

其中　v_2——暗渠出口流速，m/s。

当 v_0 和 v_2 较小时，$\frac{v_0^2}{2g}$ 及 $\frac{v_2^2}{2g}$ 可以忽略不计时，则式（13-19）可写成

$$Z = h_f + \sum h_j = \frac{v_2}{2g}\left(\lambda \frac{l}{4R} + \sum \xi\right) \qquad (13\text{-}20)$$

b. 长明渠。

a）自由出流：在不考虑行进流速水头、局部损失和流速水头情况下，则

$$Q = K\sqrt{\frac{H}{l}} = \omega C\sqrt{RJ} \qquad (13\text{-}21)$$

式中　J——水力坡降，H/l。

b）淹没出流

$$Q = K\sqrt{\frac{Z}{l}} = \omega C\sqrt{RJ} \qquad (13\text{-}22)$$

式中　J——水力坡降，Z/l。

（2）计算步骤：暗涵水力计算常遇到的有压暗涵和无压暗渠两种情况。

1）无压暗渠：无压暗渠两种情况水力计算与明渠水力计算相同。

2）有压暗渠。

a. 新建暗渠：新建暗渠水力计算的条件是已知设计流量 Q、总水头 H_0、暗渠长度 L，计算横断面尺寸。

a）短暗渠：自由出流，暗渠为矩形断面时，按式（13-23）计算

$$Q = bh\sqrt{\frac{2gH_0}{1 + \lambda \frac{l}{4R} + \sum \xi}} \qquad (13\text{-}23)$$

式中　b——矩形暗渠底宽，m；

　　　h——矩形暗渠高度，m。

由式（13-23）绘制 $h-Q$ 关系曲线，其计算步骤如下：

➢ 先确定底宽 b。

➢ 假设不同的 h 值，代入式（13-23）中，求出相应的 Q 值。

➢ 根据 h 和 Q 值绘制 $h-Q$ 关系曲线，在横坐标上截取设计流量 Q，则在纵坐标上可得到相应的 h 值。

暗渠为圆形断面时，可用式（13-24）绘制 d-Q 关系曲线

$$Q = \frac{\pi d^2}{4}\sqrt{\frac{2gH_0}{1 + \lambda \frac{l}{4R} + \sum \xi}} \qquad (13\text{-}24)$$

淹没出流：将式（13-24）中的 H_0 换为 Z_0，其计算方法与自由出流相同。

b）长暗渠：自由出流用式（13-21）绘制 h-Q 关系曲线，淹没出流用式（13-22）绘制 h-Q 关系曲线，其计算方法同短暗渠，若暗渠为圆管，则绘制 d-Q 关系曲线。

b. 已建暗渠：已建暗渠水力计算条件是已知暗渠横断面面积为 ω、总水头为 H_0、暗渠长度 L，通过的流量 Q 计算如下。

a）短暗渠：自由出流可由式（13-18）直接求出流量 Q，淹没出流可由式（13-19）直接求出流量 Q。

b）长暗渠：自由出流可由式（13-21）直接求出流量 Q，淹没出流可由式（13-22）直接求出流量 Q。

四、截洪沟

截洪沟是拦截山坡上的径流，使之排入山洪沟或排洪渠内，以防止山坡径流到处漫流，冲蚀山坡，造成危害，截洪沟平面如图 13-28 所示。

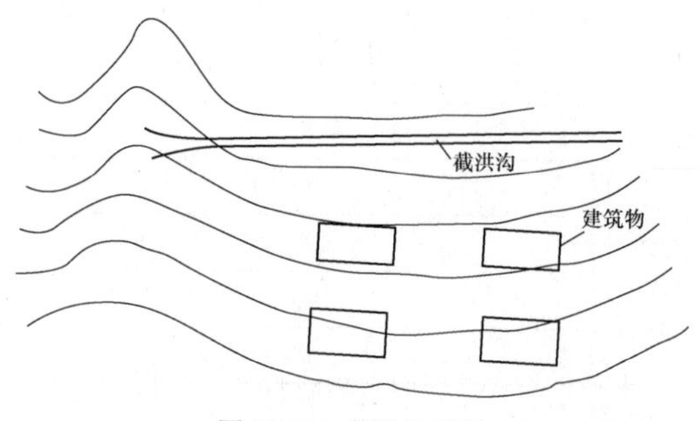

图 13-28　截洪沟平面

（一）布置

（1）设置截洪沟的条件。

1）根据实地调查山坡土质、坡度、植被情况及径流计算，综合分析可能产生冲蚀的危害，设置截洪沟。

2）建筑物后面山坡长度小于 100m 时，可作为市区或厂区雨水排出。

3）建筑物在切坡下时，切坡顶部应设置截洪沟，以防止雨水长期冲蚀而发生坍塌或滑坡，切坡上截洪沟如图 13-29 所示。

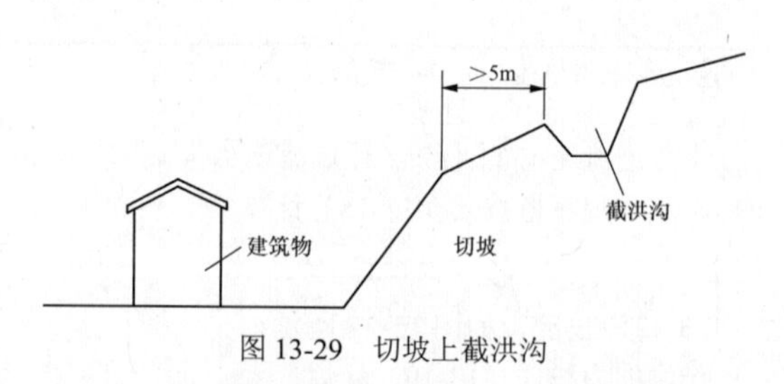

图 13-29　切坡上截洪沟

（2）截洪沟布置基本原则。

1）必须密切结合城市规划或厂区规划。

2）应根据山坡径流、坡度、土质及排出口位置等因素综合考虑。

3）因地制宜、因势利导、就近排放。

4）截洪沟走向宜沿等高线布置。

5）截洪沟以分散排放为宜，线路过长、负荷大，易发生事故。

（3）构造要求。

1）截洪沟起点沟深应满足构造要求，不宜小于0.3m；沟底宽应满足施工要求，不宜小于0.4m。

2）为保证截洪沟排水安全，应在设计水位以上加安全超高，一般不小于0.2m。

3）截洪沟弯曲段，当有护砌时，中心线半径一般不小于沟内水面宽度的2.5倍；当无护砌时，用5倍。

4）截洪沟沟边距切坡顶边的距离应不小于5m，如图13-29所示。

5）截洪沟外边坡为填土时，边坡顶部宽度不宜小于0.5m。

6）截洪沟内水流流速超过土质允许流速时，应采取护砌措施。

7）截洪沟排出口应设计成喇叭口形，使水流顺畅流出。

（4）截洪沟构造形式：截洪沟的构造形式主要决定于山坡的坡度和流速。主要构造形式如图13-30所示。

（二）水力计算

截洪沟水力计算按明渠均匀流公式计算，其计算方法和步骤与排洪明渠相同。

截洪沟沿途都有水流加入，流量逐渐增大，为了使设计的断面经济合理，当截洪沟较长时，最好分段计算，一般以100～300m分为一段。在截洪沟断面变化处，用渐变段衔接，以保证水流顺畅。

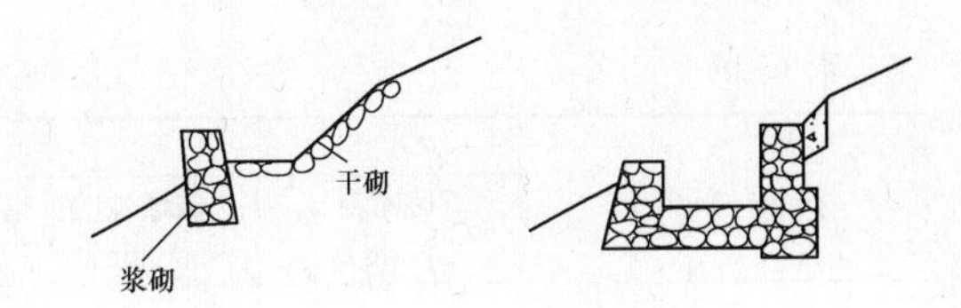

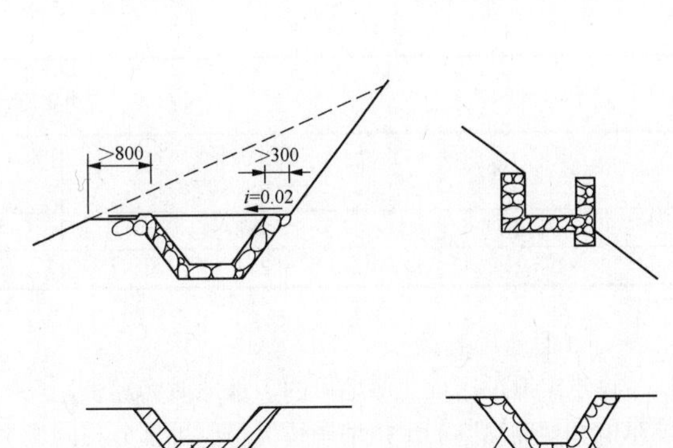

图13-30　截洪沟构造形式

五、电厂排洪渠道工程设计实例

（一）概述

某电厂厂址地面标高在875～920m之间，东北高，西南低，地势起伏不平，土地多为农田。厂址北面为一小山洪沟——上敞沟；东北角有坡面洪水；西面则为浒洋河，是排泄浒洋水库下泄洪水的通道。厂址主要受来自这三个方向洪水的威胁。为防止这三个方向洪水冲向厂址，必须修建排洪渠截断并排除这三个方向的洪水，以保护厂址的安全。

1. 工程水文概况

上敞沟流域，沟口附近有一小水塘，其流域特性及设计洪峰流量见表13-14。

表13-14　上敞沟流域特性及设计洪峰流量

设计地点	项目					
	流域面积 A（km^2）	流域长度 L（km）	流域比降 J（‰）	设计标准 P_T	雨量 P_H（mm）	洪峰流量 Q_p（m^3/s）
上敞沟	0.37	1.1	92	1%	220	13.8
				2%	198	12.2

东北角有坡面，流域呈椭圆形，植被较少。其流域特性及设计洪峰流量见表13-15。

表13-15　东北角有坡面流域特性及设计洪峰流量

设计地点	项目					
	流域面积 A（km^2）	流域长度 L（km）	流域比降 J（‰）	设计标准 P_T（%）	雨量 P_H（mm）	洪峰流量 Q_p（m^3/s）
东北角有坡面	0.38	0.82	56	1	220	13.4
			56	2	198	11.6

厂址处设计洪峰流量见表13-16。排水口断面设计水位见表13-17。

表 13-16　　厂址处设计洪水

设计地点	项目					
	流域面积 A（km^2）	流域长度 L（km）	流域比降 J（‰）	设计标准 P_T	雨量 P_H（mm）	洪峰流量 Q_p（m^3/s）
鸭溪厂址处	39.7	14.6	178	1%	220	282
				2%	198	246

表 13-17　　排水口断面设计水位

设计标准 P_T（%）	设计流量 Q_p（m^3/s）	A—A 断面水位 H（m）	B—B 断面水位 H（m）
1	282	869.95	869.96
2	246	869.85	868.67

2. 工程地质概况

排洪渠通过厂址北侧地段的工程地质为黏土，厂址东侧和南侧地段的工程地质情况与厂址部分相同，均为黏土。

（二）厂址防洪标准

GB 50660—2011《大中型火力发电厂设计规范》的 4.3.15 规定："对位于山区的发电厂，应按 100 年一遇设计洪水位采取防洪措施" 因此，厂址的防洪标准应按 1%的洪水流量设计。

（三）排洪渠设计

1. 北侧防洪渠

北侧防洪渠沿厂址西北侧围墙外山体的坡脚延伸与厂址西侧的乡村排水渠相接，直线进入浒洋河布置，渠道全线总长约 0.8km。

排洪渠按 1%洪水流量 $13.80m^3/s$ 进行设计，渠道断面为梯形，比降平均为 0.012，设计水深 1.155m，超高 0.3m，底宽 1.50m，边坡 1:1.0，采用现浇混凝土板护面（坡）。

北侧防洪渠水力计算。

已知 $Q=13.80m^3/s$

$i=0.012$

渠道过水断面面积 $\omega=(b+mh)h$

$b=1.50m$

$h=1.155m$

$m=1$

$\omega=3.067m^2$

梯形断面湿周 χ：$\chi=b+2h(1+m^2)^{1/2}$

$\chi=4.767m$

现浇混凝土板护面的糙率 $n=0.018$

流速系数 C 计算

$C=R^{1/6}/n$

$C=51.617$

北侧防洪渠水流流速计算

$v=C(R_i)^{1/2}$

$v=4.535m/s$

在正常水深下明渠通过的流量为

$Q=\omega v$

$Q=13.907m^3/s>13.80m^3/s$

满足排洪要求。

最小容许弯曲半径 R_{min}

$$R_{min}=1.1v^2\sqrt{\omega}+12$$

$R_{min}=51.619m>5b=7.5m$

北侧防洪渠设计为梯形渠道断面，渠道深取为 1.50m，底宽为 1.50m，边坡 1:1.0，采用现浇混凝土板护面（坡）。

2. 东侧防洪渠

东侧防洪渠沿厂址西北侧围墙外山体的坡脚延伸与厂址西侧的乡村排水渠相接，直线进入浒洋河布置，渠道全线总长约 1.9km。

东侧排洪渠按 1%洪水流量 $13.40m^3/s$ 进行设计，渠道断面为梯形，东侧渠道比降平均为 0.005，设计水深 1.50m，超高 0.3m，底宽 1.50m，边坡 1:1.0，采用现浇混凝土板护面（坡）。

东侧防洪渠水力计算。

已知 $Q=13.40m^3/s$

$i=0.005$

渠道过水断面面积 $\omega=(b+mh)h$

$b=1.50m$

$h=1.42m$

$m=1$

$\omega=4.146m^2$

梯形断面湿周 χ：$\chi=b+2h(1+m^2)^{1/2}$

$\chi=5.516m$

现浇混凝土板护面的糙率 $n=0.018$

流速系数 C 计算

$C=R^{1/6}/n$

$C=52.974$

东侧防洪渠水流流速计算

$v=CR_i^{1/2}$

$v=3.248\text{m/s}$

在正常水深下明渠通过的流量为

$Q=\omega v$

$Q=13.466\text{m}^3/\text{s}>13.40\text{m}^3/\text{s}$

满足排洪要求。

最小容许弯曲半径 $R_{\min}$

$R_{\min}=1.1v^2\sqrt{\omega}+12$

$R_{\min}=35.623\text{m}>5b=7.5\text{m}$

东侧防洪渠设计为梯形渠道断面，渠道深取为1.80m，底宽为1.50m，边坡1:1.0，采用现浇混凝土板护面（坡）。

第三节 防洪（潮）堤

一、一般规定

（1）防洪（潮）堤设计标准应按下列规定执行。

1）防洪（潮）堤标准应根据发电厂等级及规划容量按表13-3确定。

2）设计波浪标准应包括设计波浪的重现期和设计波高的波列累积频率。

a. 设计波浪的重现期应采用50年一遇。

b. 设计波高的波列累积频率标准见表13-18。

表13-18 设计波高的波列累积频率标准

防洪（潮）堤型式	部位	计算内容	波列累积频率 f（%）
直立式	防浪胸墙；墙身；闸门；闸墙	强度和稳定性	1
	基础垫层；护底块石	稳定性	5
斜坡式	防浪胸墙；墙身；闸门；闸墙；混凝土板护坡	强度和稳定性	1
	浆砌石、干砌块石、块体护坡	稳定性	13
	护底块石、块体	稳定性	13
堤前潜堤	护面块石、块体	稳定性	13

注 当平均波高与水深的比值 $\bar{H}/d_{前}<0.3$ 时，f 宜采用5%。

c. 设计风速的重现期应采用50年一遇。

d. 防洪（潮）堤工程的级别应根据其防洪（潮）标准按表13-5确定。

e. 位于地震烈度7度及其以上地区的滨海电厂1级防洪（潮）堤工程应进行抗震设计，防洪（潮）堤的抗震设计应符合现行国家行业标准GB 51247《水工建筑物抗震设计标准》的有关规定，并按本地区抗震设防烈度确定其地震作用。

（2）防洪（潮）堤设计原则应符合下列规定。

1）防洪（潮）堤设计应满足稳定、渗流、变形、挡潮、防浪和抗冲刷等方面的要求，还应考虑电厂周边生态、环境以及总体景观要求。

2）应根据地形、地质、潮汐、波浪、筑堤材料和运行管理要求，分段进行堤断面设计；堤各部位的结构与尺寸应经计算和技术经济比较后确定。

3）堤结构应安全、经济、耐久，就地取材，并有利于防浪消能。断面轮廓应简单、美观、实用，便于施工和维修。

4）堤断面设计应结合景观、生态方面的要求，并遵循下列原则。

a. 斜坡式断面的防洪（潮）堤背水侧堤身高度大于6m时，背水侧坡面宜设置马道；对波浪作用强烈的堤段，宜在临水侧设置消浪平台。

b. 直立式的防洪（潮）堤断面临水侧挡墙可采用重力式、板式或空箱式挡墙支挡，背水侧回填土石料。挡墙底部基础宜采用抛石基床。挡墙材料可采用混凝土、浆砌块石等。空箱式挡墙内宜采用砂或块石充填。

c. 混合式断面的防洪（潮）堤可用于临水侧滩面标高低、波浪大，堤身高度大于5m的堤段。

d. 土石混合堤临水侧宜设置堆石棱体或袋装砂土棱体，棱体的顶高程和宽度应根据施工要求并结合消浪平台确定。

5）堤身不同填料与土体之间应满足反滤过渡要求，反滤料可采用砂砾料和石渣或土工织物等材料。

6）应采取措施减小波浪爬高和越浪量。

二、防洪堤的堤线布置

堤线布置应根据防洪规划，地形、地质条件，滩涂河口海岸演变规律，结合生态环保具体要求、施工、建筑材料条件，已有工程现况，考虑防汛抢险、征地拆迁、文物保护、堤岸维修管理等因素综合拟定堤线线路，经技术经济比较后综合确定。

（1）堤线布置应按照国家有关法律法规，结合省、市、地区对海堤区域的统一规划，综合开发利用的目的要求进行合理布置。

（2）堤线布置应对海堤形成后因地形地貌的改变而造成滩涂、河口的冲、淤变迁进行必要的预测，重点地段或重点滩涂、河口，必要时应进行专题研究。

（3）堤线布置应结合当地的地质、地形、地貌、施工、建材等实际情况，选取综合效益最优的堤线方案，一般应拟定堤线比较方案进行对比选择。

（4）堤线应力求平滑顺直，避免曲折转点过多，转折段连接应平顺圆滑，一般不应出现折线和凹凸。堤线较长时，可以考虑分段采用不同断面型式，但在不同断面型式衔接部位，应有相应的过渡段或过渡部位的处理措施。

（5）在堤线布置需要与城市景观、堤路结合时，应统一规划布置，相互协调，尽量减少堤身、堤顶的附属构筑物。应结合排涝、涵闸及过堤构筑物的需要统一规划布置、合理安排、综合选线。

（6）堤线布置应利用已有旧堤线路和有利地形。在河口区，堤线布置应服从河口治导线的要求。

（7）堤线布置应选取地质条件较好，冲淤稳定的地段，避开古河道、古冲沟和尚未稳定的潮流沟等地层复杂的地段。

三、防洪河堤设计

（一）堤身断面设计

在有足够土料来源的情况下，宜优先采用均质土坝方案。常见土坝型式如图 13-31 所示。

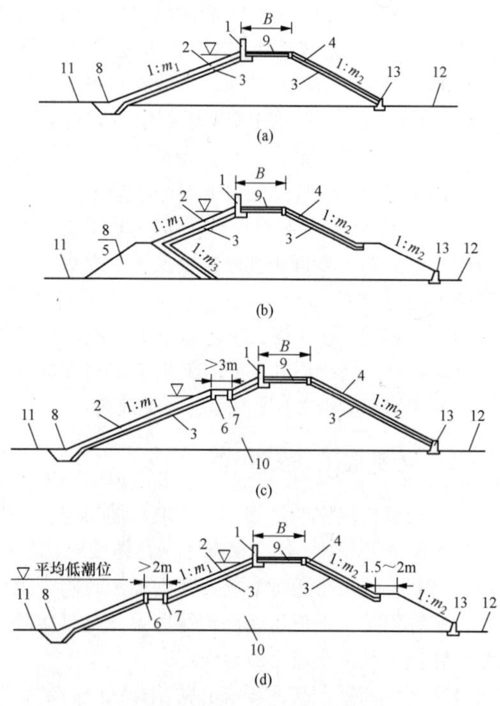

图 13-31　河堤土坝型式

（a）斜坡式堤；（b）有堆石棱体及马道的斜式堤；（c）有消浪平台的斜坡式堤；（d）在平均低潮位处设置平台的斜坡式堤
1—防浪墙；2—迎海侧护坡；3—反滤；4—背海侧护坡；5—棱体；6—平台外转角；7—平台内转角；8—护脚；9—堤顶；10—填土；11—前滩；12—后滩；13—矮挡墙

（二）防浪墙

为了减少堤身工程量，或减轻软基所受荷重，降低堤顶高程，并且满足设计标准，可在堤顶设置防浪墙。防浪墙一般设在堤顶外侧，也可设在堤顶内侧，堤顶起消浪作用。通常堤顶略高于设计洪水位，防浪墙高度应满足波浪侵蚀高度和安全超高的要求。防浪墙高度一般为 1.2m 左右，防浪墙结构形式有直墙式、陡坡式及反弧式等。

（1）直墙式防浪墙：适用于波浪作用较小的河堤及湖堤，一般采用浆砌石结构。墙顶宽度通常为 0.5m，每隔 20～30m，设一道变形缝，缝宽为 10～30mm，从基础到墙顶，缝两侧接触面应力求平整，缝内应填塞柔性材料。直墙式防浪墙如图 13-32 所示。

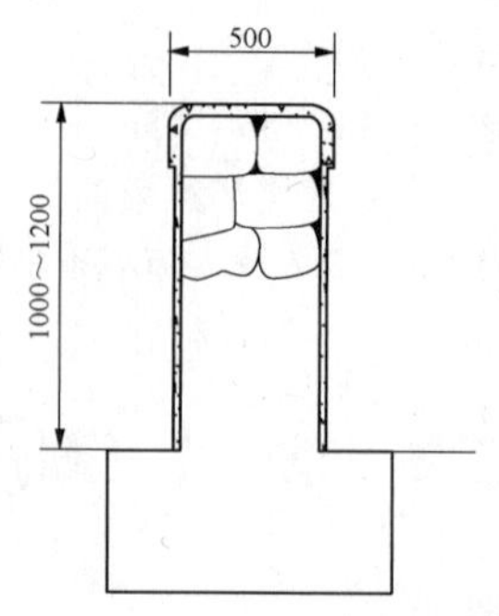

图 13-32　直墙式防浪墙（单位：mm）

（2）陡坡式防浪墙：适用于波浪作用很强的海堤或受海潮影响的河口堤防，通常陡坡式防浪墙为浆砌石结构，顶部用浆砌条石或混凝土预制块压顶，顶宽一般为 0.6～1.0m，变形缝设置同直墙式防浪墙。

（3）混凝土防浪墙：适用于波浪作用很强的海堤或受海潮影响的河口堤防。墙体为钢筋混凝土结构。混凝土强度一般不低于 C20，墙体每隔 15～20m 设置变形缝一道，缝宽为 10～20mm，缝内应填塞柔性材料。反弧式防浪墙，墙顶向前伸出，形成挑浪鼻坎，似弧形挑浪墙一样。能使波浪上卷时大量回流大海（江、河）减少越顶水量及防止冲刷堤顶。混凝土防浪墙如图 13-33 所示。

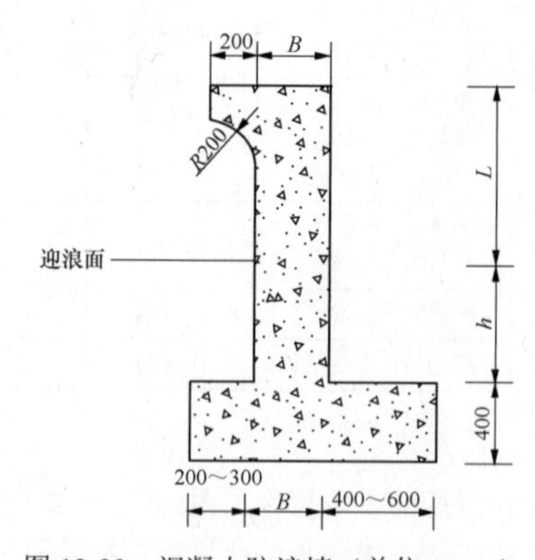

图 13-33　混凝土防浪墙（单位：mm）

（三）土堤防护

1. 堤顶防护

（1）为了防止降雨冲刷堤顶，堤顶上一般铺设干砌石或浆砌石护面，或做成路面。

（2）堤顶应具有向两侧倾斜的排水坡度，坡度一般为 2%～3%。当设置防浪墙时，可向一侧排水。

（3）有风浪越过防浪墙冲刷堤顶时，堤顶要进行保护以防止冲刷，确保堤身安全。

2. 边坡防护

（1）有边坡防护应考虑的事项：迎水坡经常遭受到水流和风浪的冲刷，需要防护。背水坡一般可不防护，而设排水设施。边坡高度超过 6m 时，宜在常水位稍高部位设置戗道，将常水位上下分开，以便护坡维修。

（2）边坡防护种类：边坡护砌种类有干砌石护坡、浆砌石护坡、混凝土或钢筋混凝土护坡、草皮护坡、土工织物模袋混凝土护坡等。

1）干砌石护坡：干砌石的块石粒径，应根据风浪大小，通过计算确定，一般厚度为 250～400mm，斜坡式海堤最小厚度不得小于 400mm。

风浪作用下斜坡堤干砌块石护坡的护面层厚度 t（m）可按式（13-25）计算

$$t = K_1 K_r \frac{H}{\sqrt{m}} 3\sqrt{\frac{L}{H}} \tag{13-25}$$

式中 K_1——系数，对一般干砌石取 0.266，对砌方石、条石取 0.225；

K_r——重度系数，$K_r = \frac{r}{r_b - r}$，r_b 和 r 分别为块石和水的重力密度，kN/m³；

H——计算波高，m，当 $d/L > 0.125$，取 $H_{4\%}$；当 $d/L < 0.125$，取 $H_{13\%}$，d 为堤前水深，m；

L——波长，m；

m——斜坡坡度系数，$m = \cot\alpha$，α 为斜坡坡角（°）。

式（13-25）适用于 $1.5 < m < 5.0$。

护坡通常采用单层竖砌石形式，以增加嵌固力。

干砌块石的石料，应选用坚固、未风化，并能抵抗冰冻作用，有良好抗水性的石料，如花岗岩、辉长岩、闪长岩、斑岩等。密度大的玄武岩、沉积岩中的硅质砂岩、石英石和石灰岩等均可采用。

对抗水性弱、容重小、强度低、抗风化能力低的岩石，如页岩、泥灰岩、黏土岩、熔岩、角砾岩、千枚岩、粗砂岩等均不宜采用。

为了保护边坡的稳定，护坡末端必须设置基脚，通常采用的形式为矩形断面，宽 1.0～1.5m，深 0.6～0.8m，如果堤脚挖槽困难，可采用先抛石再进行浆砌石作为基脚，并根据堤前波浪大小，对基脚进行抛石防冲保护。

海堤块石护坡的接头处，应采取封边措施，一般是砌筑边槽，宽 1.5～2.5m，深 0.6～1.0m，边坡顶部应进行封顶，封顶宽度 1.0～1.5m，堤顶设有防浪墙的，可结合做成防浪墙基础。

垫层或反虑层：垫层厚度一般为 100～300mm 的碎石层或砾石层。为防止堤身材料被淘刷，有时需要设置反滤层，砌石下反滤层设置应满足下列条件：

a. 各层内部颗粒不应发生移动。较细一层颗粒不应穿过较粗一层的空隙。除极细颗粒外，被保护的土壤颗粒不应带入滤层。允许被带走的细小颗粒不应在滤层中停留；为了满足反滤层的要求，可按下列方法计算：

单层反滤层：单层反滤层颗粒的有效粒径，d_{60} 按式（13-26）计算

$$d_{60} \geqslant 0.2\sqrt[3]{\frac{G}{r_s}} \tag{13-26}$$

式中 G——铺砌或堆石的石块重力，kN；

r_s——石块重力密度，kN/m³。

同时要求材料不均匀系数

$$\eta = \frac{d_{60}}{d_{10}} \leqslant 5 \sim 10$$

d_{60}、d_{10} 为通过筛孔 60%及 10%的粒径。

b. 多层反滤层：多层反滤层相邻两层的层间系数 Φ 及层间的不均匀系数 η，应满足下列条件，而且末层与滤层的平均粒径 d_{50} 应小于铺石粒径的 0.2 倍。

$$\Phi = \frac{d'_{50}}{d_{50}} \leqslant 10 \sim 15 \tag{13-27}$$

$$\eta = \frac{d_{60}}{d_{10}} \leqslant 5 \sim 10 \tag{13-28}$$

式中 d'_{50}——相邻层中较粗层颗粒平均粒径，mm；

d_{50}——相邻层中较细层颗粒平均粒径，mm。

在实际工程中，反滤层厚度一般为 200～400mm，层数为 2～3 层。图 13-34 为 3 种反滤层做法。

边坡护砌高度：通常护砌至设计洪水位以上，若河道水面较宽，洪水期风浪较大，或雨水冲刷较严重，可砌护至堤肩。

非黏土防冻层：在北方寒冷地区，黏性土料筑堤在冬季会发生冻胀，对护坡有很大的破坏作用。因此，最好在边坡距结冰水位以上 1.5m 左右范围内设置一层不产生冻胀的非黏性土的防冻层。

2）浆砌石护坡。浆砌石护坡具有很好的抗风浪冲刷和抗冰层推力的性能，但水泥用量大，造价高。为了节省水泥用量，也有采用干砌后勾缝，勾缝深度为 150mm 左右，同时留出约 15%的缝长作为排水缝，但在寒冷地区勾缝易脱落。护坡厚度一般为 250～400mm。

浆砌石护坡下面的垫层，最小厚度为 150mm，垫层材料为碎石或砾石，粒径为 20～80mm。在护面下全铺垫层有困难时，可采用在护面下设置斜向交叉的排水盲沟。排水盲沟交叉处，砌石留有排水孔，但要求浆砌石护坡具有比较高的不透水性。砌石水泥砂浆应不低于 M5 号，浆砌石表面勾缝的水泥砂浆应比砌

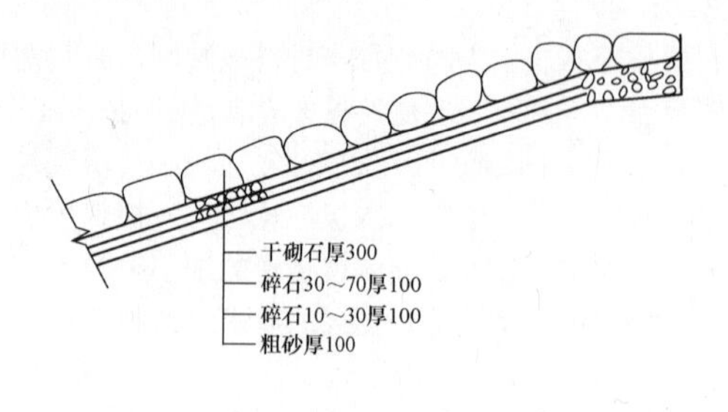

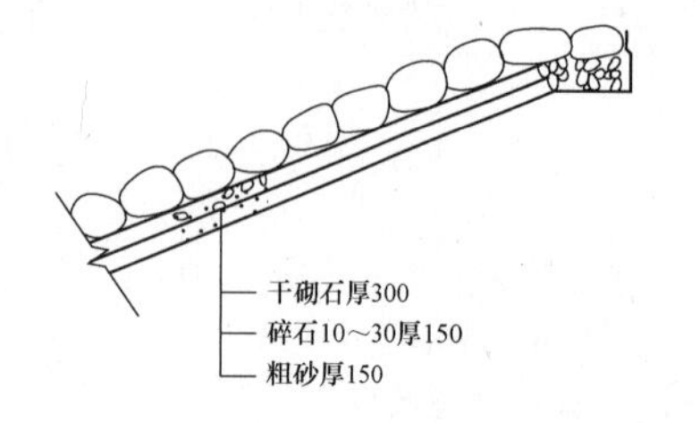

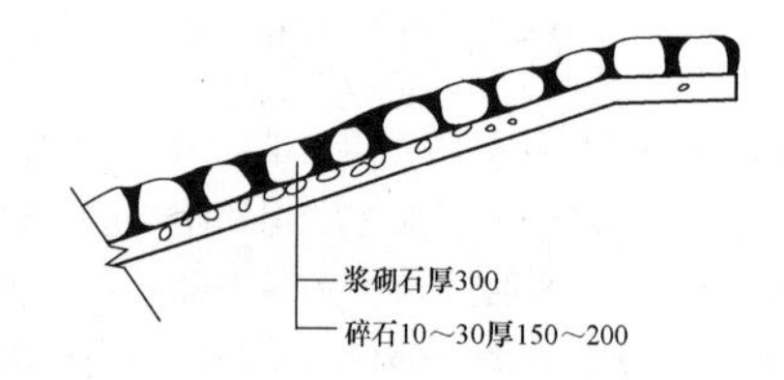

图 13-34　边坡护砌下的反滤层（单位：mm）

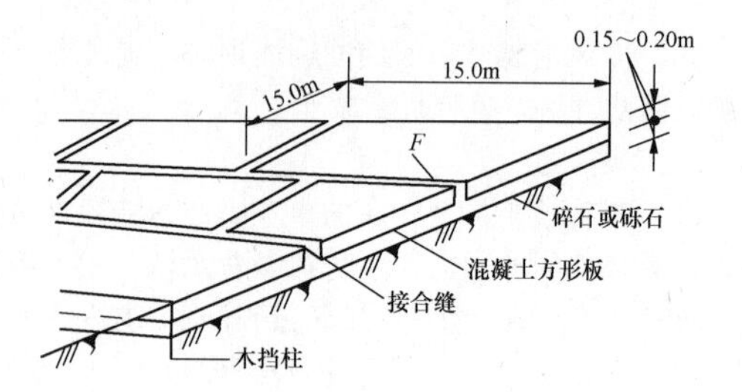

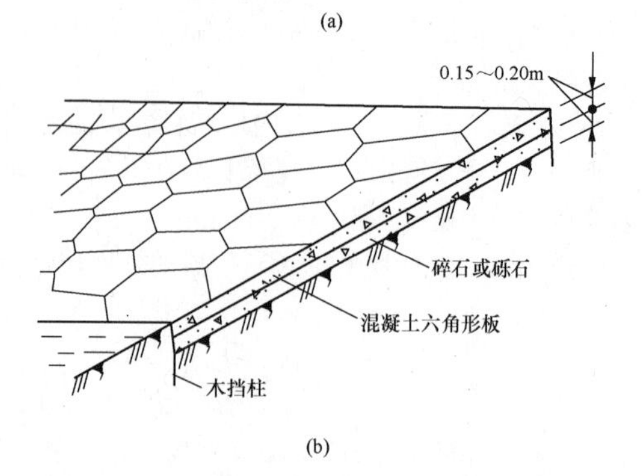

图 13-35　混凝土或钢筋混凝土预制板护坡

（a）方形板；（b）六角形板

体水泥砂浆高一挡。在寒冷地区要根据抗冻要求选用M8 号以上的水泥砂浆。

3）混凝土板护坡、钢筋混凝土板护坡。混凝土板护坡和钢筋混凝土板护坡，比浆砌石具有较强的整体性、抗风浪冲刷和抗冰层推力的性能，在风浪冲刷严重，冰层推力大的河道上可采用，但造价较高。

混凝土或钢筋混凝土预制板：预制板一般采用方形板或六角形板，板的平面尺寸通常采用（0.8～1.5）m×（0.8～1.5）m，板厚为 0.15～0.20m。板的尺寸取决于施工起吊能力。六边形每边长度为 0.30～0.40m，厚为 0.15～0.20m。预制板下面的垫层（或反滤层）同浆砌石护坡。铺设平面尺寸较大的预制板时，在接缝处填放厚为 5～10mm 的沥青木板条，形成伸缩缝。在寒冷地区需要铺设非黏性土防冻层。混凝土强度等级为 C20 号以上。混凝土或钢筋混凝土预制板护坡如图 13-35 所示。

现浇混凝土板护坡：与预制板比较，平面尺寸较大，一般采用（5×5）m～（10×10）m，故现浇混凝土板的抗风浪冲击和冰层推力性能强，板厚为 0.15～0.25m，大尺寸的现浇板一般需要配置钢筋。在寒冷地区，在板下全面铺设垫层，在垫层下设一层非黏性土防冻层。如没有冻胀情况，则只在板接缝处设置垫层或反滤层。为防止由于温度变化和堤坡的不均匀沉陷造成裂缝，应在板的接缝处填沥青木板条。混凝土强度等级一般为 C20 号以上。

3. 堤脚防护

堤脚的稳定程度直接影响到堤坡的稳定，为了防止堤脚被水流淘刷，引起堤坡的塌陷或滑动，对堤脚要采取防护措施。

（1）砌石护脚。砌石护脚坚固耐久，适用于有滩地和缓坡的河岸段内，防护效果较好，维修方便。堤脚护砌深度应在冲刷线以下 0.5～1.0m，否则应有防冲措施。在寒冷地区还要满足土壤冻层要求，或采用防冻措施。当水流流速为 4～5m/s 时，宜采用浆砌石，砂浆标号为 M5 以上。护脚埋置深度一般不小于 0.7m。砌石护脚如图 13-36 所示。

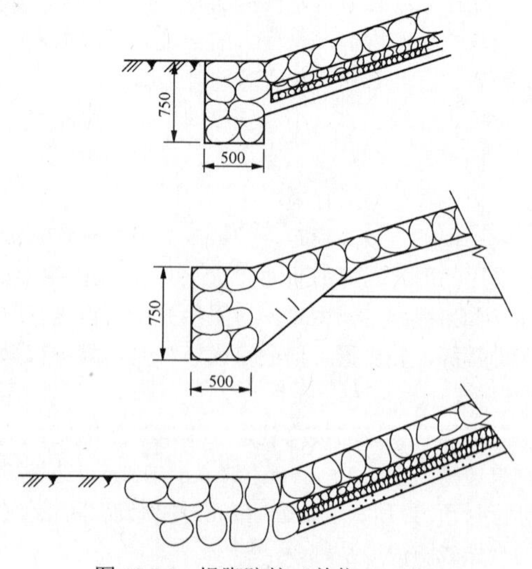

图 13-36　堤脚防护（单位：mm）

（2）打桩护脚。打桩护脚适用于冲刷严重的陡岸，护脚护砌较深，单靠砌石防护有困难，可采用打桩来固定砌石或抛石。打桩护脚如图 13-37 所示。

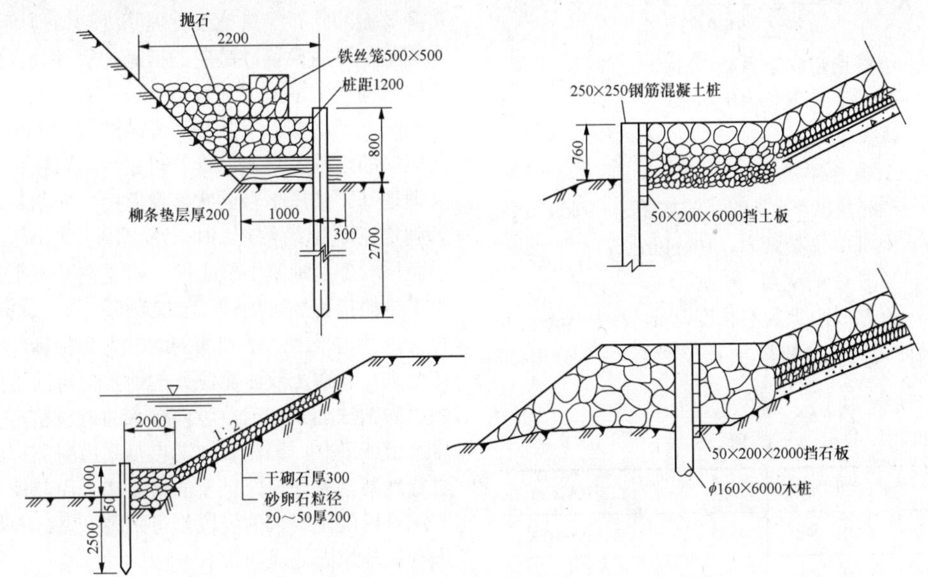

图 13-37　打桩护脚（单位：mm）

钢筋混凝土桩：桩的断面尺寸不小于 0.25m，桩距为 1.0～2.0m，有时桩与桩之间放置挡板，以防止石块被水流冲落。在北方寒冷地区对钢筋混凝土桩还需要考虑抗冻问题，一般混凝土强度等级应在 C20 号以上。

木桩：一般采用直径为 0.16～0.20m 圆木，桩距为 1.0～2.0m，木桩使用年限比钢筋混凝土桩短，且耗费大量木材，所以逐渐被钢筋混凝土桩所代替。

（3）铅丝石笼护脚。铅丝石笼抗冲性能好，一般用于流速为 5m/s 左右，适应河床变形能力强，防护效果稳定，铅丝石笼下面通常垫柳条排，以便更好地适应河床变形。防护型式一般采用堆砌或平铺。

铅丝石笼的结构形式有箱形和圆柱形，其构造尺寸，见表 13-19。石笼可用铅丝或镀锌铅丝编织。铅丝使用年限一般为四年左右，镀锌铅丝使用年限可达十年左右，如铅丝石笼一直处于水下，使用年限较长。

表 13-19　常用铅丝石笼尺寸表

铅丝石笼		表面积（m^2）	容量（m^3）	装石粒径（mm）
形式	尺寸（m×m×m/m×m）			
箱形	3×1×1	14.0	3.00	50～200
箱形	3×2×1	22.0	6.00	50～200
扁箱形	4×2×0.5	22.0	4.00	50～200
扁箱形	3×2×0.5	17.0	3.00	50～200
扁箱形	2×1×0.25	5.5	0.50	50～200
扁箱形	4×3×0.5	31.0	6.00	50～200
扁箱形	3×1×0.5	10.0	1.50	50～200
圆柱形	ϕ0.5×1.5	2.4	0.30	50～150
圆柱形	ϕ0.6×2.0	3.8	0.57	50～150
圆柱形	ϕ0.7×2.0	4.4	0.77	50～150

铅丝石笼一般使用直径为 6mm 钢筋作骨架，用 2.5～4.0mm 铅丝编网，其孔眼通常为 60mm×60mm、80mm×80mm 或 120mm×150mm。为了节省钢材，在南方产竹地区，可用竹石笼代替铅丝石笼，其防护作用相同，其坚固性不如铅丝石笼，但造价低廉，故常用于临时性防护工程，如能在短期内被泥沙淤塞固结，则仍可用于永久性防护工程。

（四）土堤边坡稳定计算

（1）稳定安全系数 K 值计算。边坡稳定安全计算方法很多，一般按圆弧法计算。取 1m 长土堤，将坍塌体分成许多小土条，使坍塌体滑动力为土堤自重和渗透压力；抵抗其滑动的力为滑动面上的土壤摩擦力和土壤凝聚力，取这些力对滑动圆心“O”的抵抗力矩和滑动力矩之比，即为稳定安全系数。

任意取一滑动弧圆心“O”及滑动半径 R，不计算渗透压力时，则该滑动弧的稳定安全系数为

$$K=\frac{\sum G\cos\alpha\tan\varphi+\sum Cl}{\sum G\sin\alpha} \tag{13-29}$$

或

$$K=\frac{\gamma b\sum(h\cos\alpha)\tan\varphi+\sum Cl}{\gamma b\sum(h\sin\alpha)} \qquad (13\text{-}30)$$

式中 K——边坡稳定安全系数；

G——考虑了含水饱和层土重变化的小土条重量，kN；

φ——土壤内摩擦角，°；

γ——浸润线以下土条的浮重力密度，$10kN/m^3$；

C——土壤单位凝聚力，$10kN/m^3$；

α——N与G的交角，°；

l——所分成小土条的长度，m，$l=b\times\sec\alpha$。

初步设计无试验资料时，γ、φ、C值可参考表13-20取值。

表13-20　　γ、φ、C值表

土壤名称	γ（$10kN/m^3$）	φ（°）	C（$10kN/m^3$）
黏土	18.0～20.0	10～20	90～100
亚黏土	16.0～17.5	14～24	20～50
亚砂土	16.0～17.5	15～30	
砂	15.0	28～36	

在进行迎水坡稳定计算时，应复合当水位骤然下降时的危险情况。

在进行背水坡稳定计算时，如高水位持续时间较长，应考虑渗透压力的影响，即

$$K=\frac{\sum G\cos\alpha\tan\varphi+\sum Cl}{\sum G\sin\alpha+\sum\omega\bar{i}\frac{r}{R}} \qquad (13\text{-}31)$$

式中 ω——滑动圆弧以内渗流面积，m^2；

$\bar{i}$——在面积ω内渗流的平均水力坡降；

r——作用到渗流土壤骨料上的动水压力（$\omega\bar{i}$）臂，m；

R——滑动圆弧的半径，m。

（2）最危险滑动面圆弧的确定。上述稳定安全系数，是根据任意选取的滑动面计算出来的，因而它不是最危险滑动面的稳定安全系数，但做相当多的滑动圆弧计算后，画出许多滑动圆弧，则可由这组曲线中选出一条相当于安全系数最小的曲线来，这条曲线就是最危险滑动面圆弧。

土堤边坡稳定计算，可采用由中国水利水电科学研究院编写的稳定分析程序《土质边坡稳定分析程序——STAB》进行计算。

四、地基处理

地基处理应根据海堤工程级别、地质条件、堤高、稳定要求、施工条件等选择技术可行、经济合理的处理方案。建于软土地基上的海堤工程，可采用换填砂垫层、铺设土工织物、设镇压平台、排水预压、爆破挤淤及振冲碎石等措施进行堤基处理。厚度不大的软土地基，可用换填砂垫层的措施加固处理，也可采用在地面铺设水平垫层（包括砂、碎石排水垫层及土工织物、土工格栅）堆载预压固结法加固处理。在软土层较厚的地基上填筑海堤，可采用填筑镇压平台措施处理地基。镇压平台的宽度及厚度，应由稳定分析计算确定，堤身高度较大时，可采用多级镇压平台。在淤泥层较厚的地基上筑堤时，可采用铺设土工织物、土工格栅措施加固处理。土工织物、土工格栅材料的强度以及与堆土及基础间的摩擦力等指标，应满足设计要求。软弱土或淤泥深厚的地基，可采用竖向排水预压固结法加固处理。竖向排水通道材料可采用塑料排水板或砂井。淤泥质地基也可采用爆炸挤淤置换法进行地基置换处理。重要的堤段或采用其他堤基处理方法难以满足要求的堤段，可采用振冲碎石桩等方法进行堤基加固处理。

为了防止在软弱地基上建造的防波堤出现沉降过大、承载力不足和失稳等问题，须进行软基加固处理。软基加固的方法有很多，需根据实际情况选择。用于防波堤工程的主要有抛石挤淤、排水砂垫层、排水砂井、土工织物、爆炸挤淤及深层拌和法等。软基加固方法的选定，应综合考虑土层条件、防波堤类型、材料来源、施工机具、施工期限和加固费用等。对于斜坡式防波堤，如果地基是淤泥且厚度较小时，可直接抛石，依靠堤身的重量或超载将基础下的淤泥挤出。当淤泥厚度大于3m时，采用抛石挤淤则是不经济的，可采用砂垫层或砂井或铺设土工织物加固地基。对于土质极差，属高灵敏度、高压缩性软土，施工全部采用陆填开山石时，可采用爆炸排淤填石法进行处理。对于直立式防波堤，如果软弱土层不太厚，则可采用清淤置换砂（或石）垫层的方法；如果软土层较厚，可采用排水砂井（或袋砂井）和深层拌和法等加固地基。

轻基加固主要加固方法简介。

（1）砂垫层法。排水砂垫层系指在地基表面铺一层排水材料，形成通畅的排水面，加速地基固结。砂垫层的厚度，水下一般为1～2m，采用抛填方法。设计时，砂垫层的宽度应大于堤底宽度。砂垫层的最大固结排水距离一般小于5m，超过此数则排水效果不显著，应采用其他方法处理。排水砂垫层的地基固结度，可用一维固结理论公式进行计算。

（2）排水砂井法。对于深厚的软基（大于5m，主固结为主的黏性土）采用砂井法加固地基是非常有效的。但砂井只能加速主固结而不能减少次固结，对有机质土和泥炭等次固结土，不宜采用砂井，可采用

其他方法，如超载法。

粗砂井井距一般不小于 1.5m，井径一般为 25～40cm（井径比多采用 6～8）。井径和井距应考虑土的固结特性、固结压力、黏性土的灵敏度、施工方法和工期等因素。砂井的长度根据土层分布、地基附加应力大小、压缩层厚度以及地基可能发生滑动面的深度等确定；如果软弱土层厚度较大，则应根据防波堤对地基的稳定和沉降的要求确定。若从稳定性方面考虑，砂井长度应穿过地基可能滑动的范围；从沉降来考虑，砂井长度应穿过压缩层。如果软土层厚度不大且下卧层有透水层（砂或砾石层）时，则砂井长度应打至透水层。砂井一般布置在建筑物基础之下，但有时为了防止地基产生过大的侧向变形或防止基础边缘附近地基发生剪切破坏，砂井的布置范围可适当扩大。

为了保证砂井排水通畅，在砂井的顶部应设置排水砂垫层。

袋砂井和塑料排水板可使砂井直径和间距缩小，可加快地基的固结。目前袋装砂井的直径可采用 7cm，间距为 1.5～2.0m。

袋装砂井的砂袋须用透水性和耐水性好、韧性较强的麻布或聚丙烯编织布制作。灌入砂袋的砂，应振捣密实，袋口应用麻绳或铅丝扎紧，砂袋长度须露出砂垫层顶面 50cm。

因袋装砂井能保证在地基变形时保持其密实性和连续性，使排水畅通；砂井直径小，成孔时对土层的扰动小，有利于地基的稳定；施工工艺及机具简单，施工速度快，因此已被工程界广泛应用。

（3）铺设土工织物法。

1）性能和优点。土工织物是应用在岩土工程中的一种新型建筑材料。它的优点是质地柔软、重量轻、整体连续性好、抗拉性强度高、耐腐蚀性和抗微生物侵蚀性好，施工方便。无纺型织物的当量直径小、反滤性好，它能与土壤良好结合；其缺点是原材料不经特殊处理时抗紫外线能力差。

土工织物的作用有四个方面：渗透排水作用；对不同材料起隔离作用；网孔的过滤作用；抗拉强度的加固作用。

用土工布加固软基，突出的优点是：施工简便且可快速施工，能有效地增加堤体的稳定性和减少差异沉降，造价便宜，目前已被广泛推广应用。

2）堤基稳定性分析。当采用土工布加固软基时，其铺设方式一般采用在堤底与砂垫层之间或砂垫层中间，铺设 1～2 层。为防止堤高施工时抛石砸坡土工布，在土工布表面宜设一层碎石。

关于用土工布加固软基的稳定性分析方法，目前工程上采用的瑞典法、荷兰法等都是基于圆弧滑动破坏的假设，且假定圆弧中心不变，人为地将土工布的拉力或由其拉力增加的抗滑力矩加于稳定计算公式的分子上，因而安全系数 K 值增加甚微。

a. 瑞典法：计算图如图 13-38 所示，该法假定土工织物的拉应力总是保持在原来铺设方向。由于土工织物产生拉力 S，因而增加了两个稳定力矩。按常规方法求出增加土工织物后最危险圆弧的最小安全系数

$$K=\frac{M_{抗}+M_{土工布}}{M_{倾}}=\frac{M_{抗}+S(\alpha+b\tan\varphi)}{M_{倾}} \quad (13\text{-}32)$$

b. 荷兰法（图 13-39）：

荷兰法假定土工织物在滑弧切割处形成一个与滑弧相适应的扭曲，且土工织物的抗拉强度 S 可认为是直接切于滑弧（如图 13-39 所示）。此时抗滑稳定安全系数为

$$K=\frac{\sum(C_i l_i+Q_i\cos\alpha_i\cdot\tan\varphi_i)+S}{\sum Q_i\sin\alpha_i} \quad (13\text{-}33)$$

式中　C_i ——填料的黏聚力；

l_i ——某分条滑弧长度；

Q_i ——某一分条的质量；

α_i ——某分条与滑动面的倾斜角；

φ_i ——土的内摩擦角。

尚须注意的是，除了验算滑弧穿过土工织物的稳定性外，还应计算圆弧通过土工织物的切点至端点即锚固长度是否足够。

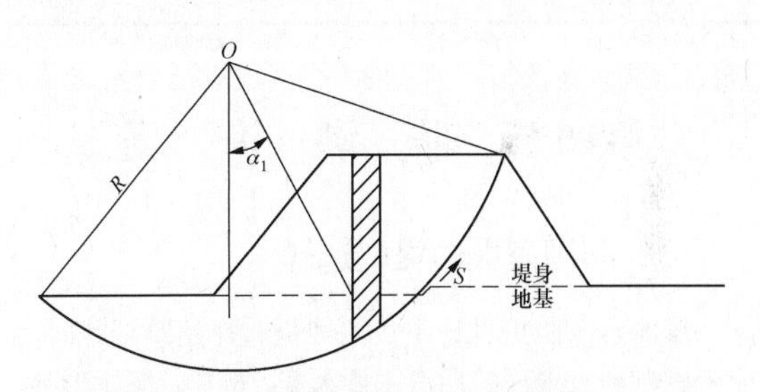

图 13-38　软基加固稳定分析（瑞典法）

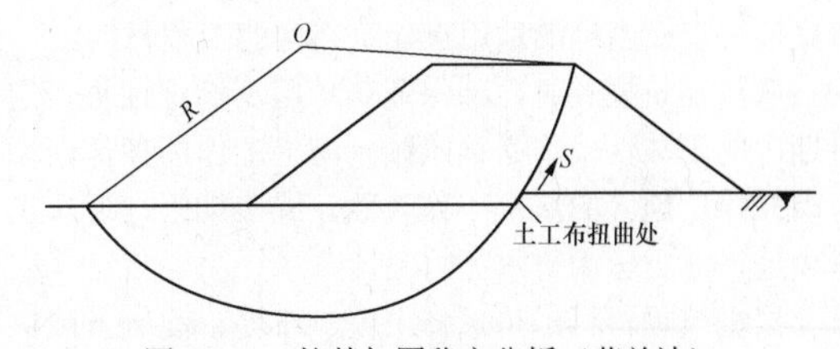

图 13-39　软基加固稳定分析（荷兰法）

c. 爆炸排淤填石法。这是一种水下软基处理的新技术。该法的显著优点是：不需挖泥、堤身填石全为陆填、施工速度快、投资少、工程质量好。该项技术可应用于防波堤、护岸等水工构筑物的软基处理，也可应用于抛石基床的夯实。

爆炸排淤填石法的机理是在抛石堤推进的前方淤泥中的适当位置埋置药包群，药包群宽度控制在一定

范围之内，根据淤泥的深度计算所需药包数量，然后在适当的水深处起爆药包，在淤泥内形成一个爆炸空腔，产生负压，使抛填体一侧倾石流向爆炸空腔落去，形成一定范围和厚度的“石舌”置于下卧持力层上，再在“石舌”上抛填石方，循环上述作业，逐步筑成堤身。

五、防洪河堤施工控制

（1）堤防工程施工质量控制应符合 SL 260《堤防工程施工规范》要求。

（2）堤防工程施工期应设置必要的监测项目及监测设施，临时监测设施应考虑与永久监测设施相结合。

（3）在软土地基上筑堤时，应根据地基和堤身的沉降、水平位移及孔隙水压力等参数来控制施工加荷速率，控制标准见表 13-21，或根据现场实测资料经论证后确定。

表 13-21　施工加荷控制标准

项目	地基有排水通道	地基无排水通道
孔隙水压力系数	＜0.6	＜0.6
地表垂直沉降（mm/d）	＜30	＜10
地表水平位移（mm/d）	＜10	＜5

第四节　防潮海堤

一、防潮海堤的堤型选择

滨海电厂防护设计中，尤其是选择建筑型式时，应考虑到所在地区的所有主要因素，例如：海岸形势、深度、计算水位、冰凌、淤沙与水流关系、波浪情况、海底情况以及当地的适用于建筑结构的工程材料。

选择建筑型式时，除保证其功用及稳定性与一定时期内的耐久性外，必须照顾到海上工作的条件，如考虑在指定地区的海上工作天数，施工期限与现有工作场地，陆上运输与水上的工具。

根据筑堤材料，可选择土堤、石堤、混凝土或钢筋混凝土防洪墙、分区填筑的混合材料堤等；根据堤身断面型式，可选择斜坡式堤、直墙式堤或直斜复合式堤等三种基本型式；根据防渗体设计，可选择均质土堤、斜墙式或心墙式土堤等。

（1）当海堤较长，地质、水文条件变化较大时，宜采用分段设计。同一堤线的各堤段可根据具体条件采用不同的堤型，按各段的侧重点可采用不同的断面型式和堤顶高程，优化设计方案。在堤型变换处应做好连接处理，不同的断面型式的结合部应设置渐变段，做好渐变衔接处理。

（2）在允许部分越浪的堤段，海堤堤顶及背海坡应增加保护措施以抵抗越浪水体的冲击。堤后应设置排水沟等排水系统，及时排泄越浪水量。

（3）施工地区及其他地区现有的相似类型的建筑修建经验宜首先作为滨海电厂防护设计的根据。在个别情况下，采用新的结构而无类似者，建议先做工程模型，进行实验室的研究。

（4）斜坡堤适用于地基较差和石料来源丰富的情况；正砌方块和矩形沉箱直立堤，适用于水深较深和地基较好的情况；当采用其他型式直立堤，如透空沉箱、圆筒式、桩式、透空式等时，应通过模型试验或专门论证。

（5）斜坡式防波堤多由填石筑成，必要时用抛填方块覆盖在斜坡上，或用数行规整安置的方块。由于基础宽大，斜坡式防波堤比直墙式堤具有分布均匀和数量较小的地基应力，即使沉落时，受到填石混乱的损害也较小，更适用于土质软弱的地基。同时由于有比直墙式堤较小的底流速度，更利于防护底部土壤的冲刷，而且容易用抛石或抛填方块在断面内添加来进行修复。然而深度大的斜坡型防波堤需要大量的材料。

（6）直墙式防波堤多半采用于深度 $H>H_{KP}$（H——海底水深，H_{KP}——波浪破碎时的水深）之处，且地基土强度足够坚固。在易受冲刷的地基上设计直墙式防波堤，应注意波浪在墙上放射会形成重复波而引起底流速度的显著增加。

（7）断面选型。

1）堤防断面选型应按因地制宜、就地取材的原则，根据堤断面所处位置的重要程度、地形地质条件、地基处理型式、筑堤材料、水流及波浪特性、施工条件，结合施工管理、生态环境及景观等要求，综合比较确定。

2）海堤和护岸断面型式按断面外形可分为斜坡式、直立式（陡墙式）和混合式（半直立式）等基本型式，按主要筑堤材料可分为土（砂）堤、堆石堤、土石混和堤或混凝土墙。

3）斜坡式海堤基本断面型式主要有带反压平台的“宽扁型”的复式斜坡堤和无反压平台的“窄高型”的斜坡堤。斜坡式海堤断面型式如图 13-40 所示。

a. 当地基条件为软弱土地基，地基处理采用排水固结、反压平台、加筋土工布等方式，堤前水深不大时，可采用“宽扁型”的复式斜坡堤型，消浪平台要根据消浪要求设置。

b. 当地基条件良好，或软弱土地基采用挤淤填石置换法处理时，宜采用“窄高型”的斜坡堤堤型，消浪平台根据消浪要求设置。

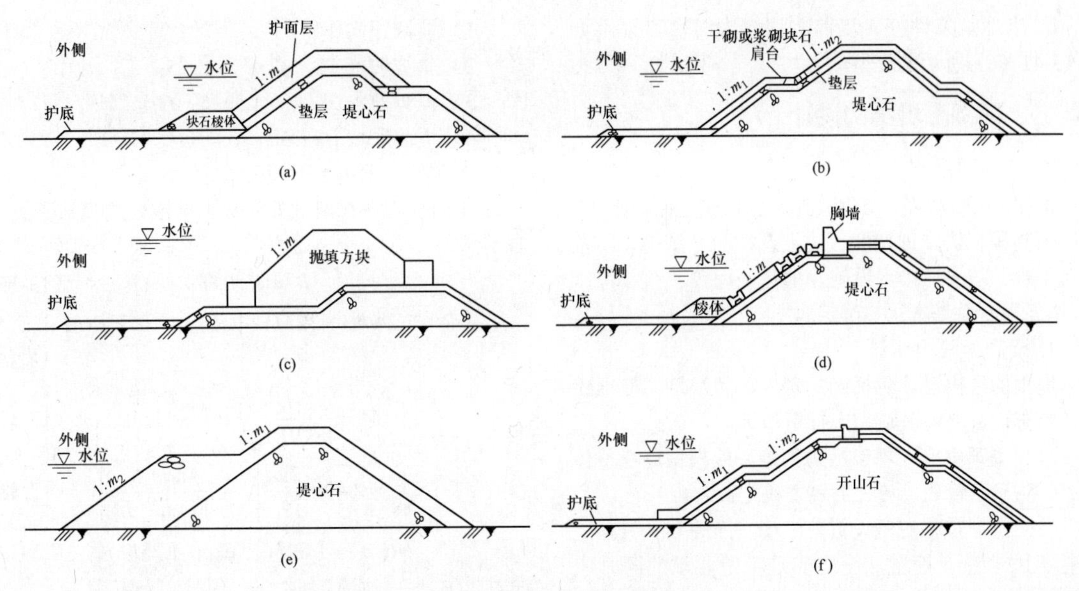

图 13-40　斜坡式海堤断面型式

（a）人工块石护面斜坡堤；（b）砌石护面斜坡堤；（c）抛填方块斜坡堤；（d）堤顶设胸墙的斜坡堤；（e）宽肩台斜坡堤；（f）深水斜坡堤

4）直立式海堤基本断面型式可根据临海侧挡墙的型式分为：重力式挡墙直立堤、板式挡墙直立堤、空箱式挡墙直立堤。直立式海堤断面型式图如图 13-41 所示。

a. 当地基条件好，滩面标高较高时，可采用如图 13-41（a）或图 13-41（b）所示的堤型。

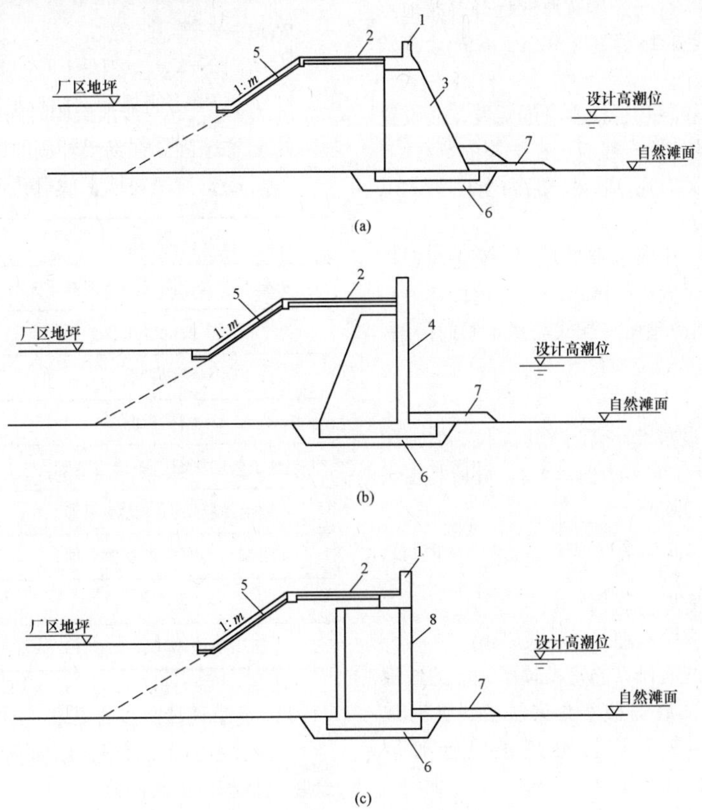

图 13-41　直立式海堤断面型式

（a）重力式挡墙直立堤；（b）板式挡墙直立堤；（c）空箱式挡墙直立堤

1—防浪墙；2—堤顶；3—重力式挡墙；4—板式挡墙；5—背海侧护坡；6—基床；7—护脚；8—空箱式挡墙

b. 当地基条件好，堤前水深较大时，可采用如图 13-41（c）所示的堤型。

二、防潮海堤结构设计

（一）一般规定

护岸（或防波堤）工程设计应包括确定断面形式、护岸顶高程、护岸顶宽度、边坡及护面、护脚、防浪墙、平台、防渗与排水设施、地基处理等。

（二）断面基本尺寸确定

1. 堤顶的结构设计

堤顶的结构设计包括确定宽度、防浪墙、堤顶路面、错车道、上堤坡道、人行道口等。

（1）堤顶宽度（不包括防浪墙）应根据堤身整体稳定、防汛、管理、施工的需要确定。

（2）护岸在临海侧设置防浪墙，净高 0.8～1.0m，不宜超过 1.2m，埋置深度应满足稳定要求的同时应大于 0.5m，结构可采用干砌石勾缝，浆砌石、混凝土砌筑。

（3）堤顶路面结构应根据用途、防潮、管理的要求，结合堤身土质条件进行选择。

（4）错车道应根据防潮交通需要设置。对于宽度不大于 4.5m 的护岸顶，宜在护岸背海侧选择有利地点设置错车道。错车道处的路基宽度不小于 6.5m，有效长度不应小于 20m。

（5）根据防潮、管理和群众生产的需要，应设置上堤坡道。上堤坡道的位置一般应设在护岸的背海侧，可采用加铺转角式交叉形式，道宽一般为 3m，最大纵坡不宜大于 8%。

（6）当人们生产、生活确有需要时，可考虑在护岸顶防浪墙上开口，设置人行道口。人行道口宽 1～1.2m，开口两侧防浪墙应预留装配式简易木闸门门槽，宽度 8～10cm。

2. 堤顶高程

（1）堤顶高程应根据设计高潮（水）位、波浪爬高及安全加高值按式（13-34）计算确定，并应高出设计高潮（水）位 1.5～2.0m。

$$Z_P = h_P + R_f + A \tag{13-34}$$

式中 Z_P——设计频率堤顶高程，m；

h_P——设计频率的高潮（水）位，m；

R_f——按设计波浪计算的累积频率为 f 的波浪爬高值，海堤按不允许越浪设计时取 f=1%，按允许部分越浪设计时取 f=13%，m；

A——安全加高值，取 0.5m。

（2）R_f 波浪爬高计算。单一坡度的斜坡式海堤在正向规则波作用下的爬高可按下列规定确定。

1）波浪正向作用；

2）斜坡坡度 1：m，m 为 1～5；

3）堤脚前水深 d=（1.5～5）H；

4）堤前底坡 i≤1/50。

上述条件适用于下列公式。

正向规则波在斜坡式海堤上的波浪爬高按下列公式计算

$$R_f = K_\Delta R_1 H \tag{13-35}$$

$$R_1 = 1.24th(0.432M) + [(R_1)_m - 1.029]R(M) \tag{13-36}$$

$$M = \frac{1}{m}\left(\frac{L}{H}\right)^{1/2}\left(th\frac{2\pi d}{L}\right)^{-1/2} \tag{13-37}$$

$$(R_1)_m = 2.49th\frac{2\pi d}{L}\left[1+\frac{4\pi d/L}{\mathrm{sh}(4\pi d/L)}\right] \tag{13-38}$$

$$R(M) = 1.09M^{3.32}\exp(-1.25M) \tag{13-39}$$

式中 R_f——波浪爬高，m，从设计水位算起，向上为正；

H——波高，m；

L——波长，m；

$(R_1)_m$——相应于某一 d/L 时的爬高最大值，m；

M——与斜坡的 m 值有关的函数；

$R(M)$——爬高函数；

R_1——K_Δ=1、H=1 时的波浪爬高值，m；

K_Δ——与斜坡护面结构形式有关的糙渗系数，见表 13-22。

表 13-22　糙渗系数 K_Δ

护面类型	K_Δ
光滑不透水护面（沥青混凝土）	1
混凝土及混凝土板护面	0.9
草皮护面	0.85～0.90
砌石护面	0.75～0.80
抛填两层块石（不透水基础）	0.60～0.65
抛填两层块石（透水基础）	0.50～0.55
四脚空心方块（安放一层）	0.55
栅栏板	0.49
扭工字块体（安放二层）	0.38

3. 堤顶设计高程的要求

（1）堤顶标高宜根据断面波浪模型试验结论，结合越浪量和波浪爬高确定。

（2）堤按允许部分越浪设计时，堤顶高程按式（13-34）计算后，还应按 SL 435—2008《海堤工程设计规范》的方法计算越浪量。计算采用的越浪量不应大于允许越浪量，允许越浪量根据堤表面防护情况确定，当堤顶有保护，背水侧为生长良好的草地时，允许越浪量≤0.02m³/（s·m）；当堤三面有防护时，允许越浪量≤0.05m³/（s·m）。

（3）当堤顶临水侧设有稳定坚固的防浪墙时，堤顶高程可算至防浪墙顶面。但不计防浪墙的堤顶高程仍应高出设计高潮（水）位 0.5 倍的 $H_{1\%}$且不宜小于 0.5m。

（4）防洪（潮）堤设计可根据堤基地质、堤身土质及填筑密度等因素分析计算确定或类似工程经验综合分析后确定预留工后沉降量。

4. 堤顶宽度的要求

（1）不包括防浪墙的堤顶宽度应根据堤身整体稳定、防汛、管理、施工需要确定，不应小于表 13-23 的规定。当有车辆通行要求时，应满足道路相关要求。

表 13-23　　堤 顶 顶 宽 度

堤工程的级别	1	2	3
堤顶宽度（m）	5	4	3

（2）错车道应根据防汛和管理需要设置。堤顶宽度不大于 4.5m 时，宜在堤背水侧选择有利位置设置错车道。错车道处的路基宽度应不小于 6.5m，有效长度应不小于 20m。

5. 防潮海堤边坡

堤两侧边坡坡比应根据堤身材料、护面结构型式，经稳定分析确定。

（1）边坡坡比按整体稳定计算确定，初步拟定时可按表 13-24 选取。

表 13-24　　堤 两 侧 边 坡 坡 比 表

堤型	临水侧坡比	背水侧坡比
斜坡式	1:1.5～1:3.5	水上：1:1.5～1:3.0 水下：海泥掺砂 1:5～1:10 砂性黏土 1:5～1:7
直立式	1:0.1～1:0.5	
混合式	按斜坡式和直立式	

（2）背水侧坡面马道宽度宜为 1.5～2m。下级坡的坡比与上级坡的坡比宜相等或略大。

（3）临水侧消浪平台的高程宜为设计高潮位或略低于设计高潮位，平台宽度可为设计波高的 0.5～2.0 倍，且不宜小于 3m。对重要的防洪（潮）堤，其消浪平台的高程和尺寸应经试验确定。

（4）当堆石棱体后方的闭气土采用滩涂淤泥填筑时，坡比根据当地经验确定，可取 1:6.0～1:15.0。

（5）管袋水力冲填棱体坡比可取 1:2.0～1:2.5，水力冲填土填筑坡比可取 1:2.5～1:3.0。

（6）反压平台高度和宽度应由稳定计算确定。初步拟定时，反压平台的宽度宜为 2～3 倍堤身高度，反压平台的厚度宜在堤身的 1/3～1/4 高度之间。初级加载的厚度根据软土的不排水抗剪强度确定。

6. 边坡坡脚

临水侧边坡护脚和护滩的设置要求按 JTS 154《防波堤设计与施工规范》第 4.3 条的规定执行。

7. 堤身防渗

堤身防渗可采用心墙、斜墙或主堤均质黏性土等型式。防渗材料可采用黏性土、水泥土、混凝土、沥青混凝土、塑性混凝土、土工膜等材料。防渗体应满足下列构造要求：

（1）堤身防渗体顶高程应高于设计高潮（水）位 0.5m。

（2）堤身的防渗体的布设应与堤基防渗设施统筹布置，并应使两者紧密结合。

（3）土质防渗体的断面，应自上而下逐渐加厚。其顶部最小水平宽度不宜小于 1m。

（4）砂、土质防渗体的顶部和斜墙的临水侧应设置保护层。保护层的厚度不应小于当地冻结深度。

8. 堤身及坡面设置排水设施的要求

（1）堤高高于 6m 且无抗冲刷护面的土质坡面，宜在堤顶、背水侧堤坡、堤脚以及堤坡与山坡或者其他建筑物结合部设置排水沟。

（2）非土质边坡可根据防护及排水要求设置排水沟。

（3）平行堤轴线的排水沟可设在马道内侧及近背水侧坡脚处。坡面竖向排水沟可每隔 50～100m 设置一条，并应与平行堤轴向的排水沟连通。平行堤轴线的排水沟纵向坡降不宜小于 0.12%。

（4）按允许部分越浪设计的堤，宜设置坡面纵横向排水系统，汇水的排水沟断面尺寸根据越浪量大小及边坡坡度计算确定。平行堤轴线的排水沟可设在背水侧马道或坡脚处。

（5）排水沟可采用砌石或混凝土结构，断面型式可采用梯形、矩形。排水沟泄水能力可按 SL 435—2008《海堤工程设计规范》附录 L 计算确定。

（6）排水沟应预留 0.1～0.2m 超高值，在转弯半径较小的堤段，凹向侧超高宜适当增加。

9. 越浪排水设计一般要求

（1）当堤防越浪水量低于 0.0001m³/（s·m）时，可不考虑越浪导致的影响，否则应采取减少或排除越浪水量的措施。

（2）在允许部分越浪的堤段，堤后应设置排水沟等排水系统，及时排泄越浪水量。

（3）滨海电厂堤防按允许部分越浪设计时，应通过模型试验验证允许越浪量及越浪水量，以及堤顶和背水护坡面的防冲稳定性。

（4）按允许部分越浪设计的堤防顶部护面分缝宜适当加密，缝距宜为5m。必须注意堤顶护面与防浪墙间的沉降分缝的防渗处理。

（5）按允许部分越浪设计的堤防顶面应向临水或背水坡侧倾斜，坡度宜采用1%～2%。

（6）按允许部分越浪设计的海堤，当背海侧坡为草皮护坡时，堤顶、背海侧坡面应设坡面排水系统。

（三）筑堤材料要求

（1）堤工程的主要材料宜就地取材，质量要求应符合国家标准和有关设计规定。

（2）采用淤泥质土及粉细砂作为筑堤材料时，可采取加大堤身断面、放缓边坡或堤身分层水平排水固结等措施保证堤身稳定。

（3）堤身土料选用黏性土时，填筑土料含水量与最优含水量的偏差宜为±3%，且不得含植物根茎等杂质，均质堤身土料和防渗土料的水溶盐含量不大于3%，有机质含量不大于5%。

（4）用于护面、垫层、基床和挡墙结构的石料应选用强度高、质地新鲜坚硬、耐风化、具有良好抗水性的块石，页岩、泥灰岩、黏土岩以及已经风化的块石均不得使用，并应满足下列要求。

1）石料应不成片状，无严重风化和裂纹。

2）单轴饱和极限抗压强度，对于护面块石和需要进行夯实的基床块石应不低于40MPa，对于垫层块石和不进行夯实的基床块石应不低于30MPa。

3）石料天然密度不小于24kN/m^3，最大吸水率不大于10%，软化系数不小于0.8。

4）浆砌块石结构，其石料在水中浸透后的强度不应低于40MPa；泥砂浆的强度等级不应低于M15，当有抗冻要求时不应低于M20；勾缝水泥砂浆强度等级不应低于M20。

（5）海砂不宜作为钢筋混凝土骨料；用于素混凝土时，应进行专题论证。

（6）素混凝土强度等级不宜小于C25；钢筋混凝土强度等级不宜小于C30；用于1级、2级防洪（潮）堤的混凝土应按照GB/T 50476《混凝土结构耐久性设计规范》或JTJ 275《海港工程混凝土结构防腐蚀技术规范》进行耐久性设计。

（7）反滤料、过渡层料应质地坚硬、耐风化、具有良好抗水性，并具有要求的级配和透水性，反滤料中粒径小于0.075mm的颗粒含量应不超过5%。

（8）堤身或护岸结构采用充砂管袋、砂肋软体排分层吹填时，冲填土料的含泥量不宜大于10%。

（9）用于反滤、防渗、加筋的土工织物、土工膜、编织布、土工格栅等土工合成材料，应满足GB 50290《土工合成材料应用技术规范》的规定要求。

（10）对于可能发生地震液化的堤防工程，堤身主要填筑材料不宜采用无黏结的粉砂、中细砂等，若采用粉砂、中细砂作为填筑材料，应进行抗震分析及采取必要的抗震措施和防止流失的措施。

（四）堤填筑标准

（1）土堤的填筑密度应根据堤防工程的级别、堤身结构型式、土料特性、自然条件、施工机具及施工方法等因素综合分析确定。水中筑堤、软弱地基上的土堤，设计填筑密度应根据采用的施工方法、土料性质以及击实试验等条件，结合已建成的类似堤防工程的填筑标准分析确定。

（2）除淤泥及淤泥质土外的黏性土及石渣料的填筑标准应按压实度确定，压实度值见表13-25。

表13-25　黏性土压实度

工程的级别及高度	压实度
1级堤	≥0.95
2级堤和高度不低于6m的3级堤	≥0.93
3级以下堤及高度低于6m的3级堤	≥0.91

（3）当堆石棱体后方的闭气土采用滩涂淤泥填筑时，可采用薄层轮加工艺施工，由最低部开始水平分层填筑，均衡上升，分层厚度不宜超过0.3m，培土间歇时间应足够。闭气土体自然密实，无特殊干密度要求。

（4）砂性土的填筑标准应按相对密实度确定，相对密实度值见表13-26。有抗震要求的堤应按国家现行标准GB 51247《水工建筑物抗震设计》的有关规定执行。

表13-26　砂性土相对密度

工程的级别及高度	相对密实度
1级、2级堤和高度不低于6m的3级堤	≥0.65
3级以下堤及高度低于6m的3级堤	≥0.60

（5）抛填块石的孔隙率应小于30%。

（6）水力充填土的设计干密度要求宜根据现场充填试验确定，无试验资料时可按充填土料原状土的干密度确定。

三、防潮海堤的防护结构设计

（一）防护结构设计的原则

（1）应根据工程的级别和型式、堤前地形、堤前水深、堤前设计波浪、越浪水量、消减波浪爬高要求、堤身填筑材料等条件确定护面型式。临水侧坡面应采用工程措施保护。对允许越浪的堤，堤顶面应采用工程措施保护，背水侧坡面可采用工程措施或生物措施保护。

（2）堤的护面应满足坚固耐久、就地取材、方便施工及维护管理以及经济美观的要求。对堤线较长的堤工程，宜根据保护地段的水深、波浪、地质条件，分段设计防护结构型式。

（3）对于受水流、波浪影响较大的凸、凹堤段，应加强护面结构强度。

（4）浆砌块石、灌砌块石、混凝土护面和防浪墙应设置沉降缝、伸缩缝，临水侧护面以及防浪墙的沉降缝和伸缩缝可合并设置，间距宜为 8～12m；钢筋混凝土结构分缝间距宜为 20m。

（5）堤工程护坡为浆砌石、灌砌块石、现浇混凝土板等不透水面层时，应设置排水孔。排水孔孔径可采用 50～100mm，孔距可采用 2.0～3.0m，宜按梅花形布置。

（二）堤顶防护的规定

（1）堤顶应根据堤工程的级别、越浪标准、防汛及管理要求确定具体的护面型式。

（2）新建堤顶护面应在堤身沉降基本稳定后方可进行，期间采用过渡性工程措施保护。

（3）按不允许越浪设计的堤，堤顶可采用混凝土、沥青混凝土、干砌块石、碎石、泥结石作为护面材料。

（4）允许部分越浪设计的堤，堤顶应采用抗冲护面结构，不应采用碎石、泥结石作为护面材料，不宜采用沥青混凝土作为护面材料。

（5）按允许部分越浪设计的堤顶部护面分缝宜适当加密，缝距宜为 5m。

（6）堤顶结构应符合以下规定。

1）防浪墙宜设置在临水侧，堤顶以上净高不宜超过 1.2m，埋置深度应满足稳定和抗冻要求，并应大于 0.5m。防浪墙应进行强度和稳定性核算。风浪大的防浪墙临水侧，宜做成反弧曲面。

2）堤顶护面结构应根据用途和管理的要求，结合堤身土质条件进行选择。堤顶与交通或厂区道路相结合时，其路面结构应符合交通部门的有关规定，并满足厂区道路要求。

3）在保证堤工程安全的前提下，可在堤顶防浪墙上开口，但应采取相应的防浪措施。

（三）迎水面防护的要求

（1）斜坡式堤临水侧护面应采用整体性好、抗冲刷能力强、消浪效果好的护面型式，并应符合下列要求。

1）波浪小的堤段可采用干砌块石或条石护面，其最小厚度不应小于 400mm。可采用混凝土、浆砌石框格固定干砌石来加强干砌石护坡的整体性，并应设置沉降缝。护面砌石的始末处及建筑物的交接处应采取封边措施。

2）浆砌块石或灌砌块石护坡厚度不应小于 300mm。

3）对不直接临水堤段，护坡设计宜沿堤线采取生态恢复措施。

4）反滤层可采用自然级配石渣铺垫，其厚度为 200～400mm，底部可铺土工织物。

5）当设计波高大于 4m 时，不宜选用四脚空心方块护面型式。

（2）直立式堤临水侧挡墙应符合下列要求。

1）挡墙基底宜设置垫层。

2）挡墙应设置沉降缝、伸缩缝，并根据需要设置排水孔。

3）对原有干砌块石、浆砌块石直立式挡墙采用混凝土加固护面时，护面厚度应根据作用的波浪大小分析确定，且不宜小于 200mm。

4）挡墙应进行稳定计算。

（3）混合式堤临水侧护面，斜坡面应符合斜坡式堤护面设计的有关规定，直立墙应符合直立式堤设计的有关规定。坡面转折处宜采取加强保护措施。

（四）背水面防护的要求

（1）背水侧坡面应根据是否越浪及越浪水量，采用工程措施和生物措施相结合的方法，对其进行保护。

（2）按不允许越浪设计的堤，背水侧坡可采用生物措施保护，可选择适合本地区环境的草本植物。

（3）按允许部分越浪设计的堤，背水侧坡面防护应符合有关规定。

（五）堤身的边坡设计

堤身的边坡设计包括确定边坡系数、护坡、反滤层等。

（1）护岸边坡系数应根据断面结构、地基、波浪、筑堤材料、施工及运用条件经稳定计算确定。稳定计算包括整体稳定和边坡内部稳定两部分。

（2）护岸工程临海侧坡应设置工程护坡，有消浪平台的平台外转角处受波浪作用强烈，内转角处受回浪冲刷，是护坡须重点加强的部位。护坡材料可采用干砌石、浆砌石、现浇混凝土板或人工混凝土块体。背海坡根据工程实际也可采用草皮护坡。

（3）在护坡材料与护岸体土体之间必须设置有一定级配的反滤层作为护面块体的铺垫。反滤层一般由碎石、砂或土工织物组成。

（4）干砌石护坡的反滤层厚度一般为 0.5m，陡墙式挡墙墙后反滤层厚度一般为 0.6～1.0m。当采用粒径 5cm 及以下的且有一定级配的砂、碎石材料时，厚度可为 0.3m。

（5）土工织物的孔径要求既要保土、保砂，又要充分透水，还要防止孔眼淤堵失效，且强度应能满足施工时不扯破、不顶破。一般宜选用厚度较厚、质量不小于 300g/m^2 的土工织物，抗拉强度符合相应规格的企业质量控制标准。

（6）为保证护坡的稳定，在临海面护坡的末端应设置护脚，护脚材料一般采用块石，护脚块石的稳定质量应通过计算确定。

（六）排水设施的设计

孔距 2～3m，宜按梅花形布置。

（1）护岸工程高于 6m 的坡面，宜在护岸顶、护岸边坡、坡脚以及护岸边坡与山坡或者其他构筑物结合部设置排水沟。平行护岸轴线的排水沟可设在马道内侧及背海侧坡脚处。坡面竖向排水沟可每隔 50～100m 设置一条，并应与平行护岸轴向的排水沟连通。排水沟可采用浆砌预制混凝土块或块石砌筑，断面型式有梯形、矩形，采用梯形断面时，边坡一般为 1:1～1:1.5，底宽不宜小于 0.4m，平行堤轴线的排水沟纵向坡降不宜小于 0.5%。

（2）消浪措施的设计。护岸（或防波堤）工程临海侧遇波浪作用强烈时，可根据地形、护岸断面型式，采用工程消浪措施削减波浪能量。

1）对斜坡式、混合式断面堤身，可设置消浪平台消浪，降低波能，平台设置位置及平台宽按规定设计。

2）对陡墙式断面护岸，陡墙临海侧面可做成圆弧形，或将防浪墙做成悬挑的反弧形，具体尺寸，应根据冲刷线及波高等参数计算决定。

3）可在斜坡式护岸临海侧坡面设置消力齿（墩），或浆（混凝土）砌外凸块石增加糙率，以利破浪消能。

4）根据波浪作用的强烈程度，可采用人工混凝土块体护坡、护脚破浪消能。

四、防潮海堤的稳定及沉降计算

（一）护岸（或防波堤）主要计算内容及方法

1. 护岸（或防波堤）应计算的主要内容

（1）堤顶高程。

（2）护面块体的稳定质量和护面层厚度。

（3）护面的强度。

（4）护底块石的稳定质量。

（5）挡墙及防浪墙的抗滑、抗倾稳定性及承载力。

（6）护岸（或防波堤）工程的稳定计算。

以上（1）～（5）条内容可参照相关专业规范进行计算，以下主要介绍护岸（或防波堤）工程稳定计算的要点和要求。

2. 护岸工程的稳定计算

护岸（或防波堤）工程的稳定计算包括渗流及渗透稳定计算、抗滑及抗倾覆稳定计算、沉降计算。

（1）渗流及渗透稳定计算。

1）护岸工程应根据实际情况进行渗流及渗透稳定计算，计算求得渗流场内的水头、压力、坡降、渗流量等水力要素，进行渗透稳定分析，并应选择经济合理的防渗、排渗设计方案或加固补强方案。

2）应以地形地质条件、断面型式、护岸高度以及波浪条件等基本相同为原则，将全线护岸划分为若干段，每个区段选择一两个有代表性的断面进行渗流计算。计算方法可参考 GB 50286—2013《堤防工程设计规范》附录 E 进行。

3）渗流及渗透稳定计算内容如下：

a. 应核算在设计高潮持续时间内浸润线的位置，当在背海侧堤坡逸出时，应计算出逸点的位置、逸出段与背海侧护岸地基表面的出逸坡降。

b. 当护岸体或地基土渗透系数 $K \geqslant 10^{-3}$cm/s 时，应计算渗透量。

4）渗流计算应计算下列水位的组合：

a. 以设计潮水位或台风期大潮平均高潮位作为临海侧水位，背海侧水位为相应的水位、低水位或无水等情况。

b. 以大潮平均高潮位计算渗流浸润线。

c. 以平均潮位计算渗流量。

d. 潮位降落时对临水侧堤坡稳定最不利的情况。

5）进行渗流计算时，对比较复杂的地基情况可作适当简化，并按下列规定进行：

a. 对于渗透系数相差 5 倍以内的相邻薄土层可视为一层，采用加权平均的渗透系数作为计算依据。

b. 双层结构地基，当下卧土层的渗透系数比上层土层的渗透系数小 100 倍及以上时，可将下卧土层视为不透水层；表层为弱透水层时，可按双层地基计算。

c. 当直接与护岸底连接的地基土层的渗透系数比护岸体的渗透系数大 100 倍及以上时，可认为护岸体不透水，仅对护岸基按有压流进行渗透计算，护岸浸润线的位置可根据地基中的压力水头确定。

6）渗透稳定应进行以下判断和计算：

a. 土的渗透变形类型。

b. 护岸体和护岸地基土体的渗透稳定。

c. 进行护岸背海侧渗流逸出段的渗透稳定。

7）土的渗透变形类型的判定应按国家现行标准 GB 50487—2016《水力发电工程地质勘察规范》的有关规定执行。

8）背海侧护岸边坡及地基表面逸出段的渗流比降应小于允许比降；当出逸比降大于允许比降，应设置反滤层、压重等保护措施。

（2）抗滑及抗倾稳定计算。

1）护岸工程设计应进行下列各项稳定计算：

a. 护岸整体抗滑稳定分析。

b. 护岸整体抗倾覆稳定分析。

2）护岸整体抗滑、抗倾覆稳定计算可分为正常运行情况和施工期情况。计算时应根据工程实际情况确定计算工况和相应的水位组合。

3）护岸整体抗滑和抗倾覆稳定计算均参考 GB 50286—2013《堤防工程设计规范》中附录 F 进行。其抗滑稳定安全系数不应小于 GB 50286—2013 中表 3.2.3 规定的数值。抗倾覆稳定安全系数不应小于 GB 50286—2013 中表 3.2.5 和表 3.2.7 规定的数值。

4）护岸整体抗滑及抗倾覆稳定计算代表性断面的选取原则与渗流计算代表性断面的选取原则相同。将全线护岸划分为若干段，每个区段选择一两个有代表性的断面进行稳定分析。

5）护岸顶若有堆载、交通荷载时，应将这两种荷载按有关规范换算成护岸体荷载。

6）在进行护岸圆弧滑动稳定分析时，可采用如下简化处理方法反映浮力和渗透力对抗滑稳定的影响：外坡水位以下的土体取浮重度；浸润线以上的土体取天然重度；浸润线与外坡水位之间的土体，在计算滑动力矩时采用饱和重度，但在计算抗滑力矩时用浮重度。

（二）防洪（潮）堤渗流及渗透稳定计算的要求

（1）防洪（潮）堤应根据实际情况进行渗流及渗透稳定计算分析，选择经济合理的防渗、排渗设计方案。

（2）应以地形地质条件、断面型式、堤高以及波浪条件基本相同为原则，将全线护岸划分为若干段，每个区段选择 1～2 个有代表性的断面进行渗流计算。

（3）受洪水影响较大的堤渗流计算应计算下列水位的组合。

1）临水侧应采用设计洪水位，背水侧应采用相应水位、低水位或无水。

2）应考虑洪水降落时对临水侧堤坡稳定最不利的情况。

（4）海堤或感潮河流河口段的堤渗流计算应计算下列水位的组合。

1）临水侧应采用设计潮位或台风期大潮平均高潮位，背水侧应采用相应水位、低水位或无水。

2）应以大潮平均高潮位计算渗流浸润线。

3）应以平均潮位计算渗流量。

（5）进行渗流计算时，对比较复杂的地基情况可作适当简化，并按下列规定进行。

1）对于渗透系数相差 5 倍以内的相邻薄土层可视为一层，采用加权平均的渗透系数作为计算依据。

2）双层结构地基，当下卧土层的渗透系数比上层土层的渗透系数小 100 倍及以上时，可将下卧土层视为不透水层；表层为弱透水层时，可按双层地基计算。

3）当直接与堤底连接的地基土层的渗透系数比堤身的渗透系数大 100 倍及以上时，可认为堤身不透水，仅对堤基按有压流进行渗透计算，堤身浸润线的位置可根据地基中的压力水头确定。

（6）渗透稳定应进行以下判断和计算。

1）土的渗透变形类型。

2）堤身和堤基土体的渗透稳定。

3）堤背水侧渗流出逸段的渗透稳定。

（7）土的渗透变形类型的判定应按国家现行标准 GB 50287—2016《水力发电工程地质勘察规范》的有关规定执行。

（8）背水侧堤坡及地基表面逸出段的渗流坡降应小于允许坡降；当出逸坡降大于允许坡降，应设置反滤层、压重等保护措施。

（9）无黏性土防止渗透变形的允许坡降应以土的临界坡降除以安全系数确定，安全系数宜取 1.5～2.0。无试验资料时，无黏性土允许坡降可按表 13-27 选用，有滤层时可适当提高。特别重要的堤段，其允许坡降应根据试验的临界坡降确定。

表 13-27　　无黏性土允许坡降

渗透变形型式	流土型			过渡型	管涌型	
	$C_u<3$	$3 \leq C_u \leq 5$	$C_u>5$		级配连续	级配不连续
允许坡降	0.25～0.35	0.35～0.50	0.50～0.80	0.25～0.40	0.15～0.25	0.10～0.15

注　1. C_u 为土的不均匀系数。

2. 表中的数值适用于渗流出口无反滤层的情况。

（10）黏性土流土型临界水力坡降接近破坏水力坡降宜按式（13-40）计算。其允许坡降应以土的临界坡降除以安全系数确定，安全系数不宜小于 2.0。

$$J_{cr}=(G_s-1)(1-n) \tag{13-40}$$

式中　J_{cr} ——土的临界水力坡降；

G_s ——土的颗粒密度与水的密度之比；

n ——土的孔隙率，%。

（三）防洪（潮）堤的稳定计算分析的规定

（1）防洪（潮）堤应进行整体抗滑稳定分析，防浪墙的抗滑、抗倾覆稳定分析，直立式堤的挡墙抗滑、抗倾覆稳定分析和地基承载力验算。

（2）堤整体抗滑稳定计算应考虑持久设计状况、短暂设计状况及地震设计状况。各种设计状况下的计算工况及其临水侧、背水侧水位组合见表13-28。

表13-28　整体抗滑稳定计算工况及其临水侧、背水侧水位组合

设计状况	运用情况	计算边坡	临水侧潮（水）位	背水侧水位
持久设计状况	运行期高潮位	背水坡	设计高潮（水）位	常水位
		临水坡	设计低潮（水）位或滩涂面高程 设计高潮（水）位降落至压载平台顶或滩涂面高程	最高水位
短暂设计状况	施工期	背水坡	施工期高潮（水）位或设计高潮（水）位	最低水位或无水
		临水坡	施工期低潮（水）位或设计低潮（水）位或滩涂面高程	施工期最高水位
地震设计状况	地震	背水坡	平均潮（水）位	平均水位
		临水坡	平均潮（水）位	平均水位

注　1. 设计低潮（水）位可采用100年一遇低潮（水）位。
2. 施工期高潮（水）位可采用10～20年一遇高潮（水）位。

（3）整体抗滑稳定计算可采用瑞典圆弧法，当地基存在软弱夹层时，应采用改良圆弧滑动法予以计算。

（4）采用瑞典圆弧滑动法时，整体抗滑稳定安全系数不应小于表13-29规定的数值。

表13-29　堤整体抗滑稳定安全系数

工程的级别		1	2	3
安全系数	持久设计状况	1.30	1.25	1.20
	短暂设计状况	1.20	1.15	1.10
	地震设计状况	1.10	1.05	1.05

注　地震计算可按GB 51247—2018《水工建筑物抗震设计标准》执行。

（5）堤抗滑稳定计算代表性断面的选取原则应将全线护岸划分为若干段，每个区段选择一至两个有代表性的断面进行稳定分析。

（6）堤顶若有堆载、交通荷载时，应将这两种荷载按有关规范换算成堤身荷载。

（7）防浪墙及直立式堤上的作用包括自重、设计潮（水）位时的静水压力、风（波）浪压力、扬压力、冰压力、土压力及地震作用等。

（8）作用于防浪墙及直立式堤上的波浪作用力可按SL 435—2008《海堤工程设计规范》规定的方法计算。

（9）直立式堤、防浪墙应按持久、短暂及地震设计状况设计，各种情况下的计算工况及其临水侧、背水侧水位组合见表13-30和表13-31。计算时应根据实际情况确定计算工况和相应的水位组合。

表13-30　直立式堤稳定计算工况及其临水侧、背水侧水位组合

设计状况	运用情况	滑动、倾覆方向	临水侧潮（水）位	背水侧水位
持久设计状况 短暂设计状况	运行期 施工期	向临水侧	设计低潮（水）位或滩涂面高程	最高水位
		向背水侧	施工期高潮（水）位或设计高潮（水）位	最低水位或无水
		向临水侧	施工期低潮（水）位或设计低潮（水）位或滩涂面高程	最高水位
地震设计状况	地震	向临水侧	平均潮（水）位	平均水位

表13-31　防浪墙稳定计算工况及其临水侧水位

设计状况	运用情况	倾覆方向	临水侧潮（水）位
持久设计状况	运行期	向背水侧	设计高潮（水）位
地震设计状况	地震	向背水侧	平均潮（水）位
		向临水侧	平均潮（水）位

（10）直立式堤及防浪墙抗滑稳定安全系数不应小于表13-32的规定。

表 13-32 直立式堤及防浪墙抗滑稳定安全系数

地基性质		岩基			土基		
堤工程的级别		1	2	3	1	2	3
安全系数	持久设计状况	1.15	1.10	1.05	1.35	1.30	1.25
	短暂设计状况	1.05	1.05	1.00	1.20	1.15	1.10
	地震设计状况	1.03	1.03	1.00	1.10	1.05	1.05

（11）直立式堤、防浪墙抗倾稳定安全系数不应小于表 13-33 的规定。

表 13-33 直立式堤、防浪墙抗倾稳定安全系数

堤工程的级别		1	2	3
安全系数	持久设计状况	1.60	1.50	1.50
	短暂设计状况	1.50	1.40	1.40
	地震设计状况	1.40	1.30	1.30

（四）沉降计算的规定

（1）对新建堤应计算整个堤身荷载引起的沉降，对老堤加固的沉降计算宜仅考虑新增荷载引起的沉降。

（2）沉降计算应包括堤顶中心线处堤身和堤基的最终沉降量，并对计算结果按地区经验加以修正。对地质、荷载变化较大或不同地基处理形式的交界面等沉降敏感区尚应计算断面的沉降及沉降差。

（3）根据堤基的地质条件、堤身的断面尺寸、地基处理方法及荷载情况等，可将堤分为若干段，每段可选取代表性断面进行沉降计算。

（4）可取用平均低潮（水）位时的工况作为荷载计算条件进行简化计算。

（5）堤身和堤基的最终沉降量计算可按现行标准 GB 50286—2013《堤防工程设计规范》或 SL 435—2008《海堤工程设计规范》执行。

（6）软土地基工后沉降量应结合固结计算和类似工程经验等综合分析确定。在堤施工过程中，当有实测沉降量—时间曲线时，可采用双曲线法通过反演计算后期沉降量。

（7）沉降计算。

1）对新建护岸工程计算整个护岸体荷载引起的沉降，对旧护岸工程加固的沉降计算一般只考虑新增荷载引起的沉降。

2）沉降计算应包括护岸顶中心线处护岸体和护岸基的最终沉降量，并对计算结果按地区经验加以修正。对地质、荷载变化较大或不同地基处理形式的交界面等沉降敏感区尚应计算断面的沉降及沉降差。

3）根据护岸地基地质条件、土层压缩性、护岸体断面尺寸、地基处理方法及荷载情况等，可将护岸分为若干段，每段选取代表性断面进行沉降计算。

4）为了简化计算，取用平均低潮位时的工况作为荷载计算条件。

5）一般情况下护岸体和护岸地基的最终沉降量，可按式（13-41）计算，但若填筑速度较快，堤身荷载接近极限承载力时，地基产生较大的侧向变形和非线性沉降，此时沉降计算应考虑变形参数的非线性进行专题研究。

$$S = m\sum_{i=1}^{n} \frac{e_{1i} - e_{2i}}{1 + e_{1i}} h_i \tag{13-41}$$

式中 S——最终沉降量，mm；

m——修正系数，一般堤基的 m=1.0，对软土地基可采用 m=1.3～1.6，护岸体较高、地基土较软弱时取较大值，否则取较小值；

n——压缩层范围的土层数；

e_{1i}——新建护岸时为第 i 土层在平均自重应力作用下的孔隙比，旧护岸加固时为第 i 土层在平均自重应力和旧堤平均附加应力共同作用下的孔隙比；

e_{2i}——第 i 土层在平均自重应力和平均附加应力共同作用下的孔隙比；

h_i——第 i 土层的厚度，mm。

6）护岸地基压缩层的计算厚度，可按下列条件确定

$$\frac{\sigma_z}{\sigma_B} = 0.20 \tag{13-42}$$

式中 σ_B——护岸地基计算层面处的附加应力，kPa；

σ_z——护岸地基计算层面处的自重应力，kPa。

实际压缩层的厚度小于式（13-42）计算值时，应按实际压缩层的厚度计算其沉降量。

五、斜坡堤设计

（一）断面型式的选择

（1）天然材料（块石、砾石、砂）的斜坡堤。用天然材料抛填的斜坡堤，一般用于波高不超过5m的地区。

1）抛石斜坡堤。常用于中、小工程，可根据当地施工设备具体情况采用分级或不分级的抛石堤断面，如图13-42所示。

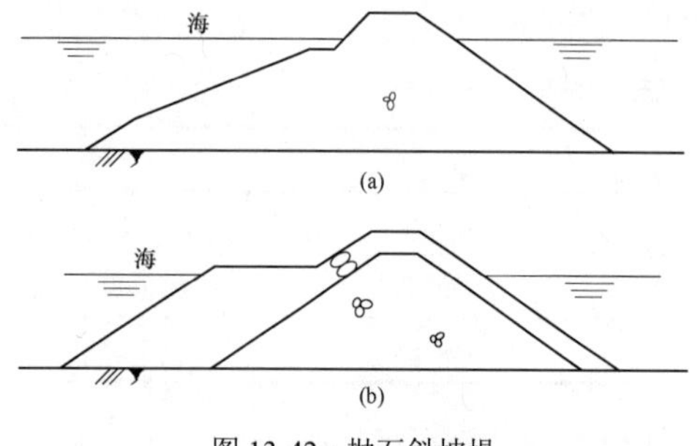

图13-42 抛石斜坡堤
（a）不分级；（b）分级

2）砂石斜坡堤。只在波高不超过2m及顺斜坡纵轴方向流速较小的情况，可采用不做护面的砂土堤或砂心堤，如图13-43所示。

（2）砌石护面斜坡堤。为了增加抗浪能力，对有加工条件的地区可采用干砌块石、干插条石护面的斜坡堤，如不具备条件也可采用浆砌块石护面的斜坡堤，如图13-44所示。

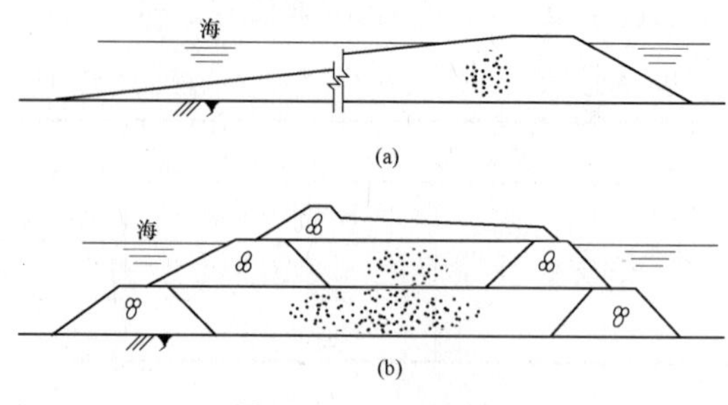

图13-43 砂石斜坡堤
（a）砂土堤；（b）砂心堤

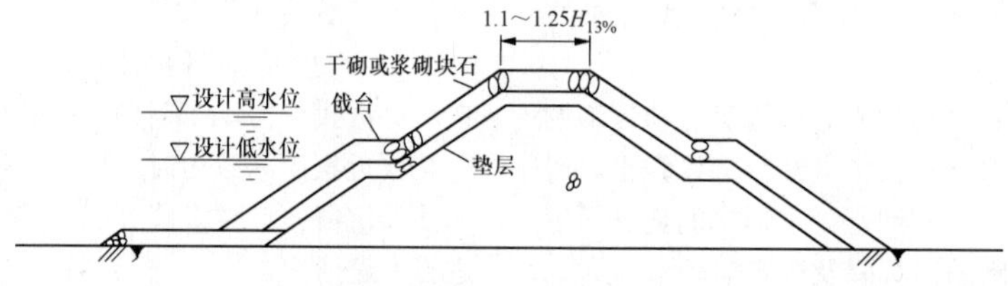

图13-44 砌石护面斜坡堤

（3）抛方块（或块体）斜坡堤。对于施工期波浪经常较大，当地石料来源缺乏，但起重设备条件较好的情况下，可采用抛填普通方块的斜坡堤断面，如图13-45所示。

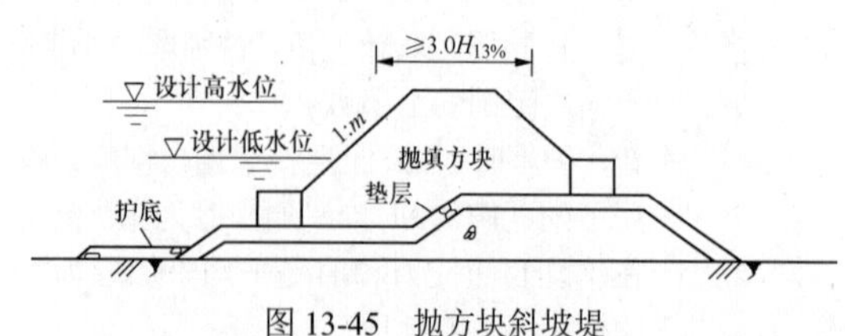

图13-45 抛方块斜坡堤

（4）人工块体护面斜坡堤。用于水深和波浪都比较大的地区，其断面型式如图13-46所示。

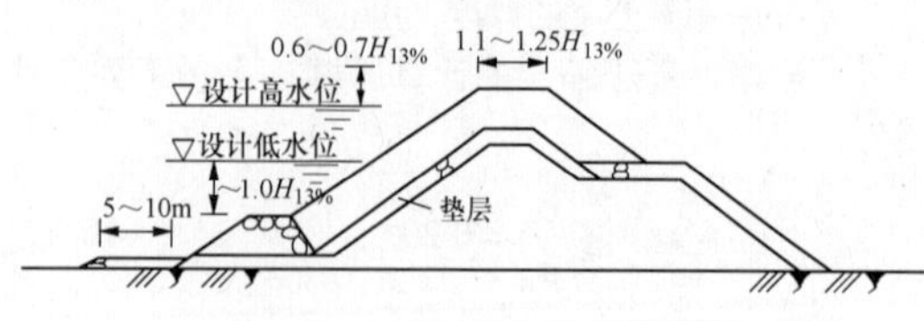

图13-46 人工块体护面斜坡堤

（5）堤顶设置胸墙的斜坡堤。当堤顶做通道时，为防止堤顶越浪影响使用，一般在堤顶临海侧设置胸墙，如图13-47所示。

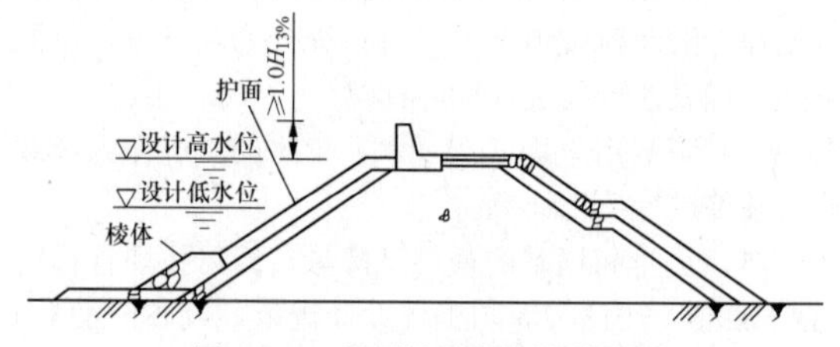

图13-47 堤顶设置胸墙的斜坡堤

（二）断面尺寸的确定

（1）堤顶高程。堤顶高程应根据设计高潮（水）位、波浪爬高及安全加高值按式（13-34）计算确定，并应高出设计高潮（水）位1.5～2.0m。

（2）堤顶宽度。堤顶宽度同防潮海堤结构设计。

（3）边坡。斜坡堤边坡坡度的确定原则一般为，外坡比内坡缓，抛填块石护面比安放、砌石护面缓，块石护面比人工块体护面缓，堤头坡度比堤身坡度缓，设计时可按表13-34采用。

表13-34 边坡坡度

护面类型	坡度
抛填或安放块石	1:1.5～1:3
干砌或浆砌块石	1:1.5～1:2

续表

护面类型	坡度
干插条石	1:0.8～1:3
安放人工块体	1:1.25～1:2
抛填方块	1:1.0～1:1.25

（4）支承棱体和消浪平台的尺寸。戗台的位置一般定在施工水位附近，宽度一般取 2m 左右。如果为了有效地减少波浪的爬高，则戗台的位置宜定在设计高水位以上，其宽度可采用 2～3 倍设计波高。

（5）有胸墙斜坡堤的断面尺寸。胸墙型式一般有 L 形和反 L 形（向海侧拐折），其海侧面也可做成折线形或弧形。胸墙结构可为浆砌石、混凝土或钢筋混凝土的整体结构。胸墙结构一般在堤顶面以上 2m 左右，胸墙底面一般嵌入堤顶以下约 1m。胸墙前一般有块石或块体做掩护，其尺寸规定如下：

1）当胸墙前为块石或单层四脚空心方块掩护时，其坡顶高程宜定在设计高水位以上 0.6～0.7 倍设计波高值处，坡顶宽度应大于 1m，且在构造上至少应放置一排护面块体。

2）当胸墙前为四脚锥体或工字型人工块体掩护时，其坡顶高程则不宜低于胸墙顶高程，其坡肩宽度也需安放二排二层护面块体。

由于胸墙本身承受破碎波的波压力的作用，因此，胸墙本身的断面尺寸需通过稳定验算来确定。胸墙型式图如图 13-48 所示。

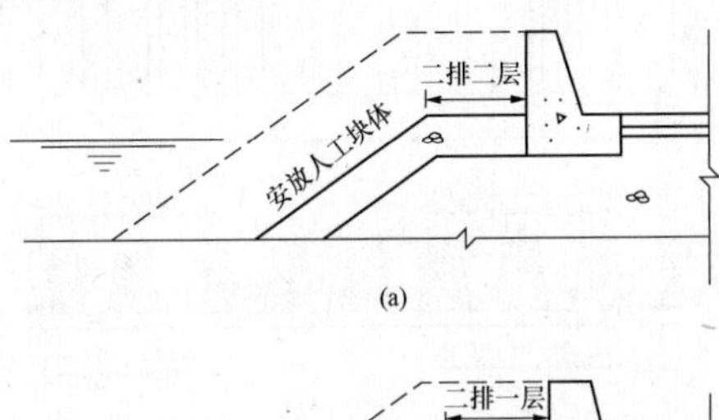

(a)

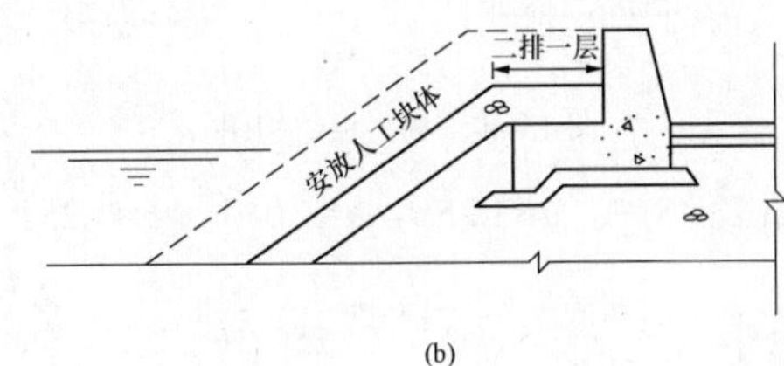

(b)

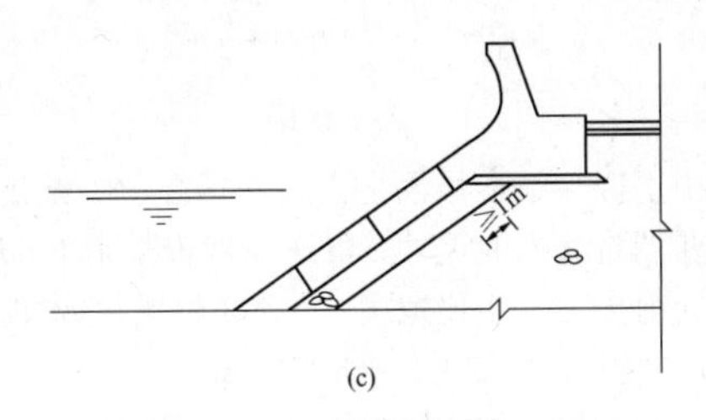

(c)

图 13-48　胸墙型式图

（a）L 形胸墙；（b）反 L 形胸墙；（c）弧形胸墙

（三）护面块体设计计算

（1）人工块体。除有条件的地方采用巨石作护面以外，目前国内外应用最多的还是人工块体。

人工块体的特点是彼此间有一定的嵌固作用而使护面层具有良好的整体性。选择人工块体的原则为：消浪效果好、稳定性高、施工方便、造价便宜。

（2）人工块体质量计算。采用预制混凝土异型块体作为斜坡式堤的护面时，应按下列公式计算单个块体的稳定质量和护面层厚度，异型块体个数和混凝土量。

当坡向线与斜坡堤纵轴线法线的夹角小于 22.5°且堤前波浪不破碎，斜坡堤堤身在计算水位上、下 1.0 倍设计波高之间的护面块体，迎水面单个块体的稳定质量可按式（13-43）计算。对于设计波浪平均周期大于 10s 或设计波高与设计波长之比小于 1/30 的坦波，块体质量应进行模型试验验证。

$$W = 0.1\frac{\gamma_b H^3}{K_D\left(\frac{\gamma_b}{\gamma}-1\right)^3 m} \tag{13-43}$$

式中　W——单个块体的稳定质量，t；

γ_b——块体材料的重度，kN/m³；

H——设计波高，m；

K_D——块体稳定系数，见表 13-35；

γ——水的重度，kN/m³；

m——斜坡坡度系数。

表 13-35　块体稳定系数 K_D

护面型式		护面块体允许失稳率 n（%）	K_D
护面块体	构造型式		
块石	抛填两层	1～2	4.0
	安放两层	0～1	5.5
方块	抛填两层	1～2	5.0
四脚锥体	安放两层	0～1	8.5
四脚空心方块	安放一层	0	14
扭工字块体	安放两层	0	18

对于其他部位的护面块体稳定质量，可按以下经验方法确定。

1）堤顶块体一般可取与外坡块体相同的稳定重量。但如果堤顶标高较低，在设计高水位以上不足 0.2 倍设计波高时，其堤顶块体需加大至外坡块体稳定重量的 1.5 倍。

2）对一般允许少量越浪的斜坡堤的内坡护面（从堤顶内边至背坡设计低水位附近）也可取与外坡相同的稳定质量。

3）对于水下部位的外坡护面块体，当和水上部位坡度一致，块体型式也相同时，其设计低水位以下1.0～1.5倍设计波高值之间的块体质量，可取式（13-43）计算所得稳定质量的1/5～1/10。再往下一直到堤底则可取按式（13-43）计算的质量的1/10～1/15。

4）对于堤顶不允许越浪的内坡护面，原则上应按堤内侧的波浪要素进行计算。一般至少取与外护面垫层块石质量相同。

5）当堤顶允许越浪时，其设计低水位以下部位的内坡护面块石稳定质量，也可采用与外坡护面垫层块石相同质量，但不应小于150～200kg。

6）水下支承棱体的块石质量，当棱体的标高在设计低水位以下1.0倍波高附近时，其块石质量可取计算所得稳定质量的1/5～1/10。

7）堤头部分的块石质量，可按式（13-43）计算结果增加20%～30%。

8）位于波浪破碎区的堤身和堤头部分块石质量，均应按式（13-43）计算结果再增加10%～25%。

（3）砌石（干砌或浆砌块石、插砌条石）护面设计计算。砌石护面由于块石间的相互挤压和摩擦，因而增加了护面结构的整体性。在波浪作用下，它的失稳是由于在护面法线方向内、外出现压力差，使个别砌石跳出坡面所致。

根据单个砌石临界稳定状态的力学平衡方程式，得出砌石护面厚度t的计算公式如下。

1）干砌或浆砌块石护面。按港工海港水文和防波堤规范的有关规定

$$t=1.30\frac{\gamma}{\gamma_b-\gamma}\cdot H(K_{md}+K_\delta)\frac{\sqrt{m^2+1}}{m} \tag{13-44}$$

其中，K_{md}为与斜坡m值及d/H有关的系数，见表13-36；$m=\cot\alpha$，α为斜坡与水平面的夹角；K_δ为波坦系数，见表13-37。

表13-36　系　数　K_{md}

d/H	m				
	1.5	2.0	3.0	4.0	5.0
1.5	0.311	0.238	0.130	0.080	0.054
2.0	0.258	0.180	0.087	0.048	0.031
2.5	0.242	0.164	0.076	0.041	0.026
3.0	0.235	0.156	0.070	0.037	0.023
3.5	0.229	0.151	0.067	0.035	0.021
4.0	0.226	0.147	0.065	0.034	0.020

表13-37　系　数　K_δ

L/H	10	15	20	25	30
K_δ	0.081	0.122	0.162	0.202	0.243

注　式（13-44）中的H，当$d/L\geq0.125$时，取$H_{4\%}$；当$d/L\leq0.125$时，取$H_{13\%}$。

2）插砌条石护面。

a. 采用斜缝插砌时

$$t=0.744\frac{\gamma}{\gamma_b-\gamma}\cdot\frac{\sqrt{m^2+1}}{m+1.2}\cdot H\left(0.476+0.157\frac{d}{H}\right) \tag{13-45}$$

b. 采用平缝插砌时

$$t=0.744\frac{\gamma}{\gamma_b-\gamma}\cdot\frac{\sqrt{m^2+1}}{m+0.85}\cdot H\left(0.476+0.157\frac{d}{H}\right) \tag{13-46}$$

式（13-45）和式（13-46）适用于$m=0.8\sim2$；$d/H=1.66\sim3.33$的情况。

（4）栅栏板护面设计计算。

1）栅栏板厚度t（m）的确定

$$t=0.235\frac{\gamma}{\gamma_b-\gamma}\cdot\left(0.61+0.13\frac{d}{H}\right)H/m^{0.27} \tag{13-47}$$

2）栅栏板平面尺寸确定，如图13-49所示。

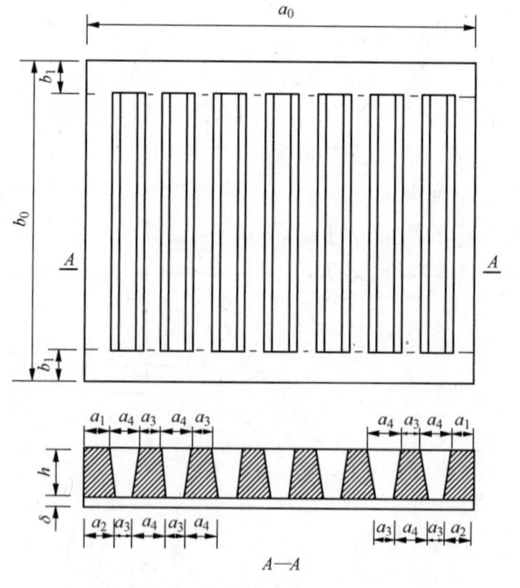

图13-49　栅栏板结构图

图13-48中，$a=1.25H$，$b=1.0H$，$a/b=1.25$；

$$a_1=\frac{a}{15}-\frac{t}{16},a_2=\frac{a}{15}+\frac{t}{16};$$

$$a_3=\frac{a}{15}-\frac{t}{8},a_4=\frac{a}{15}+\frac{t}{8};$$

$$b_1=0.1b$$

由于栅栏板在坡面上需要选择合适的模数，因此如果要调整其平面尺寸，可在保持长宽比（$a/b=1.25$）不变的前提下，变化宽度b，使之每增加或减少1m，而使块体厚度相应减少或增加5cm。

（5）斜向波作用时护面块体质量的确定。当波峰线与斜坡堤轴线间的夹角β大于45°时，波浪的作用

一般有所减弱，对抛石堤和砌石堤可近视地用沿波向线的 $\cot\alpha'$ 来代替 $\cot\alpha$，而

$$\cot\alpha' = \frac{\cot\alpha}{\cot\beta} \tag{13-48}$$

但对于人工块体护面的斜坡堤，特别是对工字型块体护面，斜向波的作用不一定减弱，因此不宜考虑其质量的折减。

（6）护面层工程量确定。计算护面层工程量时，需分别计算护面层厚度 t，人工块体个数 N 及混凝土用量 Q。

1）护面厚度 t（m）

$$t = nc\left(\frac{W}{0.1\gamma_b}\right)^{\frac{1}{3}} \tag{13-49}$$

式中　n——护面块体层数；

c——系数，列于表 13-41。

2）人工块体的个数 N

$$N = Anc(1-P)\left(\frac{0.1\gamma_b}{W}\right) \tag{13-50}$$

式中　A——垂直于厚度 t 的护面层平均面积，m^2；

P——护面层的空隙率，见表 13-38。

3）人工块体混凝土用量 Q（m^3）

$$Q = N\left(\frac{W}{0.1\gamma_b}\right) \tag{13-51}$$

表 13-38　系数 c 和护面层空隙率 P

护面块体	构造型式	c	P（%）	备注
块石	抛填二层	1.0	40	
四脚锥体	安放二层	1.0	50	
工字型块体	安放二层	1.20	60	随机安放
		1.10	60	规则安放
块石	安放（立放）一层	1.3～1.4	—	
勾连块体	安放一层	1.4	60	随机安放

（四）垫层块石质量确定

堤心石与护面之间的垫层一般至少设置一层，以保证在正常使用或施工期间里层块石不被波浪抽出。

垫层块石大小一般按几何不透过护面层空隙的原则确定。垫层块石的质量应不小于护面块体质量的 1/20～1/40，且需校核在施工期波浪作用下的稳定性。

垫层的厚度一般至少采用二层块石的尺度。

（五）堤前护底块石质量的确定

当斜坡堤堤前波浪底流速大于地基泥沙启动流速时，堤前海底土壤可能被淘刷，这将危机堤身的稳定，因此需要护底。

堤前最大波浪底流速度 v_{max}（m/s）

$$v = \frac{2\pi H}{\sqrt{\frac{\pi L}{g}\sinh\frac{4\pi d}{L}}} \tag{13-52}$$

护底块石的稳定质量，可根据堤前最大波浪底流速度数值查表 13-39 确定。

表 13-39　护底块石的稳定质量

堤前波浪底流速 v（m/s）	护底块石稳定质量 W（kg）
1.0	10
2.0	60
3.0	150
4.0	400
5.0	800

注　破碎波区的堤前护底块石质量宜适当加大。

（六）胸墙稳定性计算

在进行胸墙稳定性验算时，可按如下原则和方法。

（1）作用在胸墙上的波压力，可按波浪力的有关方法进行计算。

（2）当胸墙埋入堤顶下不超过 1m 时，可不考虑墙后填石的有利作用，即作用在胸墙上的波压力取与不埋入的情况相同。

（3）当胸墙埋入堤顶深度大于 1m 时，其稳定计算应考虑墙后填石的有利作用，填石压力可按静止土压力计算。

（4）对于胸墙前有人工块体掩护的情况，当掩护的宽度和高度满足二排二层时，才可考虑作用于胸墙上的波压力的折减，其折减系数可采用 0.7。

（七）构造要求

（1）堤心和护面。斜坡堤的堤心，一般采用 10～100kg 的不分级块石。为经济起见，也可采用石场碎渣。对工程量较大、石料来源缺乏的地区，堤心石也可部分地采用抛砂。

对于采用二层工字型块体的护层面，目前国外多采用随机安放的形式，虽然其稳定性比规则安放时稍差，但施工方便。因此，设计时这两种形式均可采用。建议当采用随机安放时，对上层块体应尽量使 60%以上的块体垂直杆件在堤坡下方，水平杆件在堤坡上方；当采用规则安放时，其全部块体应保持垂直杆件在堤坡下方，水平杆件在堤坡上方的形式。

对于二层四脚锥体护面层，其安放形式以下层正放，即其中一行一脚向坡顶，另一行两脚坡顶相互靠紧，上层则插空正放，个别可以倒放（数量为该层的

5%～20%）。

对采用砌石护面的斜坡堤，除浆砌块石以外，均要求石料比较规整，尤其是对插砌的条石。砌石的断面宜采用方形，一般不小于 25cm×25cm。干砌石的长宽比为 2～3；条石的长宽比为 1.6～4.8，且两端边长相差不大于 1.5cm。

对于采用浆砌块石的护面层，一般需设置变形缝和排水孔，以改善其受力条件。变形缝的纵向间距一般为 5～10m；排水孔的纵、横向间距一般为 2～3m，孔径不小于 10cm。

对于抛填混凝土方块的防波堤，其方块各边尺寸的比值为 1:1:1.5。

抛填防波堤的石料应满足下列要求。

1）护面块石浸水后其强度不低于 50MPa，垫层块石不低于 30MPa。

2）不成片状，无严重风化和裂纹。

对于堤心石，可根据具体情况，适当降低要求。

因为防波堤经常遭受波浪的影响并长期受海水的侵蚀，因此它的混凝土和钢筋混凝土构件的混凝土标号均比其他水工建筑物高，对于无防冻要求的防波堤混凝土构件标号不应低于 C20 号，钢筋混凝土构件标号不应低于 C25 号。

对于浆砌块石结构，其石料浸水后的强度应不低于 50MPa；水泥砂浆的强度标号不低于 10 号，有抗冻要求时不应低于 20 号；勾缝水泥砂浆的强度标号不应低于 20 号。

对在波浪作用下的可冲刷地基，其护面块体和抛石棱体大块石，均不得直接抛在海底面上，特别是对易被冲刷的沙质土壤，其上需覆盖一层不少于 0.3m 的碎石或砾石层，对黏性土壤则可将堤心石直接延伸做护底覆盖层。

斜坡堤堤前护底块石层的宽度，对堤身段一般采用 5～10m，堤头段一般采用 10～15m。

（2）堤头和堤根。堤头一般位于深水和离岸较远的地方，它三面环水、水流紊乱、受力复杂，因此堤头设计应予以加强。

斜坡堤堤头结构一般仍为斜坡式，但对有缩窄口门宽度要求的情况，则可采用直墙式堤头。

斜坡式堤头其堤头段的长度，一般为 15～30m，堤头顶面设置灯标，如无其他使用要求，堤头断面可不必加大。

国内外的工程实例和模型试验，均证明堤头段内、外两侧的护面块体的稳定性要比堤身外坡为差，这主要是因为越过堤头的波浪破碎水流将直接把护面块体从堤坡上向外推，而不同于波浪对堤身的护面块体作用。因此，在结构处理上需要加强，可采取加大护面块体的质量（按计算结果增加 20%～30%）或将边坡放缓而不增加块体质量的方法。

对于斜坡堤采用直立式堤头时，其斜坡段与直立段的连接处其外侧坡度也应适当放缓。

斜坡堤的堤根，通常处于浅水区域，因此堤根段结构一般不另加强。如果堤根段所处水深较大，又有可能出现波能集中时，堤根段及相邻的海岸地带则应采取加强和防护措施。

当斜坡堤的纵轴线向港外拐折形成凹角时，此处将出现波浪能量集中现象，因此需在凹角处采取加强措施。设计时，两段堤轴线的外夹角不宜小于 150°。

六、直立堤设计

（一）断面型式

直立式防波堤就其在波浪作用下的工作状态来说多属于重力式结构。一般重力式直力堤均由上部结构、墙身和基床组成。其他各种型式的直立堤则由上部结构和墙身两部分组成。

直力堤的上部结构（平台加挡浪墙）通常为现浇或装配整体式混凝土结构。胸墙的外侧面分直墙型、削角型和弧形，削角型胸墙虽然越浪程度稍大，但其可有效地增加堤身的稳定性，因此，在一般情况下应优先采用。

基床一般用抛石整平，它可分为明基床、暗基床和混合基床，如图 13-50 所示。

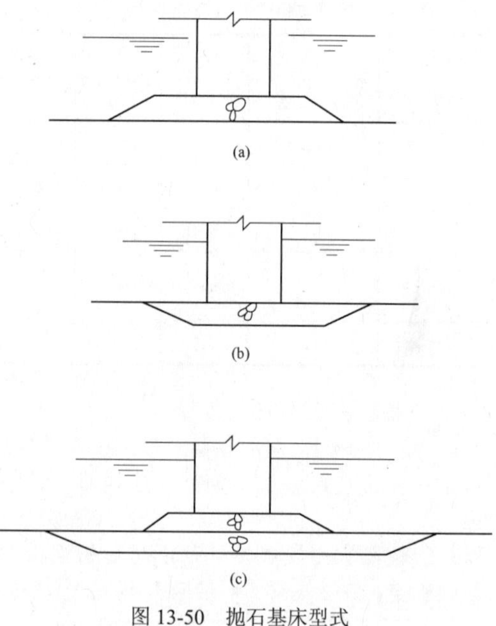

图 13-50　抛石基床型式

（a）明基床；（b）暗基床；（c）混合基床

明基床适用于水深较大、地基承载力较好的情况；暗基床适用于水深较小或表层土质很差的情况。

（1）方块式直立堤。方块式墙身主要有：沉箱式直立堤、削角方块直立堤、正砌方块直立堤，如图 13-51 所示。

方块结构的优点是：堤身坚固耐久、施工简便；其缺点是：自重大、地基应力大，混凝土用量多，水上安装和潜水工作量大，施工进度较慢，堤身整体性较差易随地基沉降而变形。

方块式直立堤适用于施工期波浪不大，现场起重设备能力较大的情况。

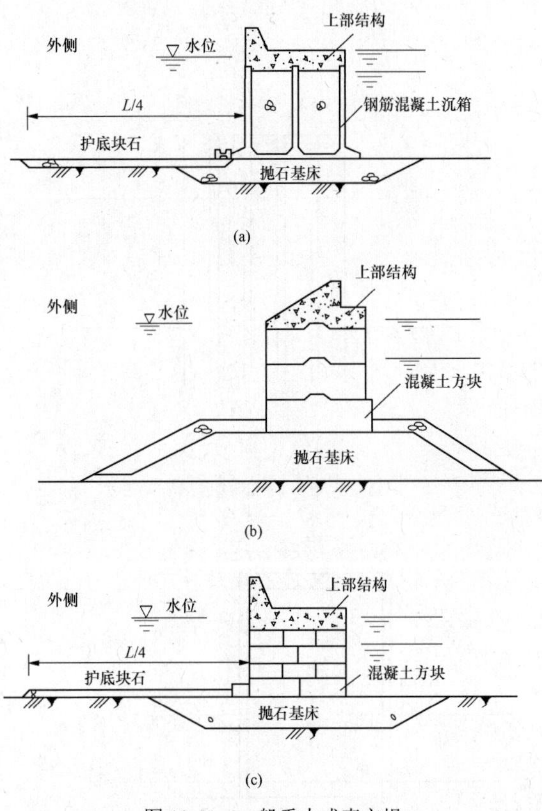

图 13-51　一般重力式直立堤

（a）沉箱式直立堤；（b）削角方块直立堤；（c）正砌方块直立堤

（2）沉箱式直立堤。沉箱式墙身主要有：矩形、圆形和带消能室的钢筋混凝土沉箱。

沉箱结构的优点是：堤身整体性好，水上安装工作量小，施工进度快，箱中填以砂、石可降低造价等。缺点是：沉箱的预制和水下需要有相应的场地和设备，如滑道、船坞等。如需新建一套沉箱预制装置和下水设施，需要的投资较大，若工程量不大，则不宜采用。另外，从预制场地浮运到安装地点，需要有足够水深的航道。沉箱一旦遭到破坏，修理也较困难。因此沉箱式直立堤应在有条件的地区采用。

矩形沉箱因其制作、浮运和安装均较其他两种方便且设计、施工经验都较成熟，因此采用较多；圆形沉箱受力条件较好，对波浪、水流的反射较小，但其制作、浮运及安装均较麻烦；带消能室的沉箱，即在前墙一定范围内开孔，使舱格形成消能室，它适用于须消减波浪或减少墙前反射或岸线夹角处波能集中的地方。

（3）大直径圆筒式直立堤。墙身直径为 3m 以上的薄壁、无底的钢筋混凝土圆筒，置于抛石基床之上或部分沉入地基之中。

置于抛石基床上的圆筒结构及其工作原理与一般重力式直立堤基本相同，如图 13-52 所示。

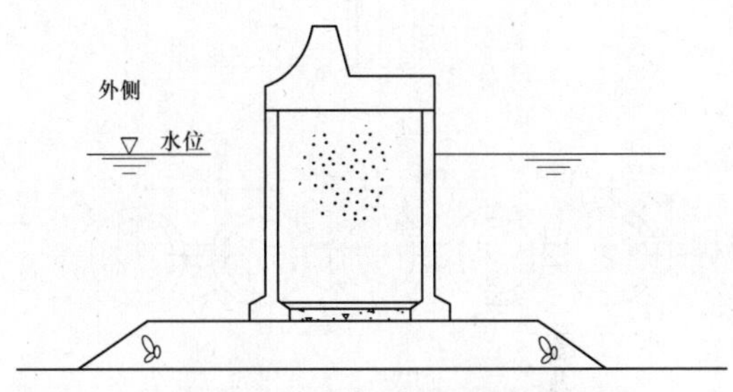

图 13-52　大直径圆筒式直立堤

部分沉入地基中的圆筒直立堤，适用于软基和持力层较深的情况。对于沉入地基较浅（1.5～3.0m 以内）的圆筒，其工作状态同重力式直力堤；沉入较深的圆筒，由于受土的嵌固影响较大，其工作状态则不同于重力式结构。

近年来，大直径圆筒结构得到迅速发展，因为这种结构型式有许多其他结构无法比拟的优点：

1）结构材料用量少。每延米结构材料用量 $V=\pi Dth/D=\pi th$（D 为圆筒直径，t 为壁厚，h 为圆筒总高度）。由此可见，圆筒结构材料用量与圆筒直径大小无关，只与壁厚和高度有关。

2）结构受力状态较好，因此可以减少壁厚和节省钢筋。

3）结构形状简单，预制方便，构件数量少，施工速度快。

4）对直接沉入地基的圆筒，可省去基槽挖泥、基床抛石、夯实整平等工序，不但大大节省工程费用，也大大加快了施工进度。

（4）桩式直立堤。桩式直立堤由桩或板桩做成。桩或板桩通常采用钢或钢筋混凝土制作。根据桩的工作状况，可分为单排桩结构（图 13-53）、双排桩结构（图 13-54）、梳式排桩结构（图 13-55）和格式钢板桩结构（图 13-56）。

单排或双排桩结构型式简单、施工迅速方便、造价低廉，但其缺点是结构整体性较差。该种直立堤由于受板桩尺寸和承载力的限制，只适用于水深和波高都不大且土质较差的情况。

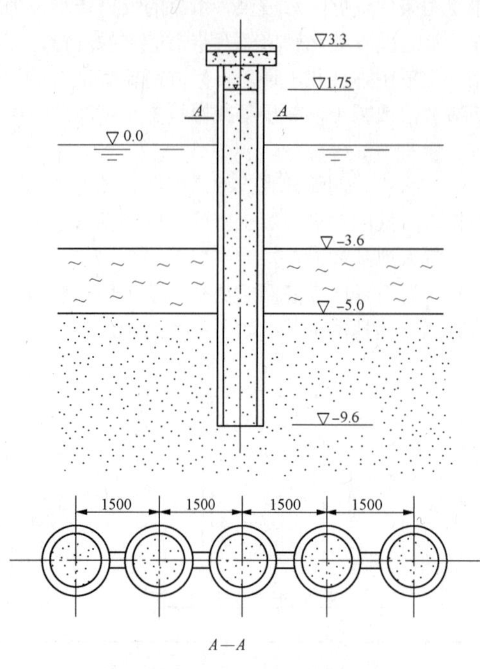

图 13-53 单排桩结构

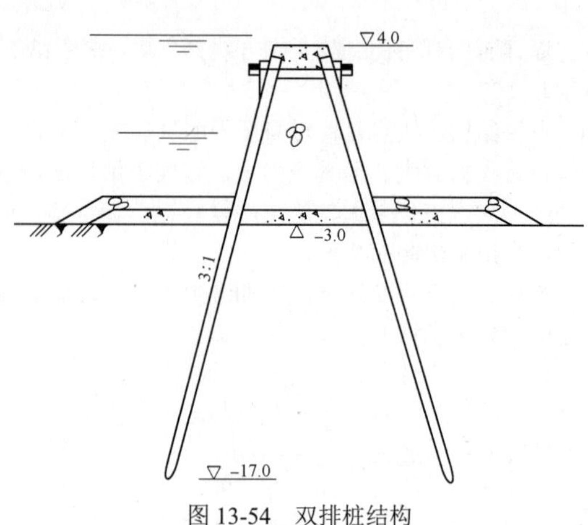

图 13-54 双排桩结构

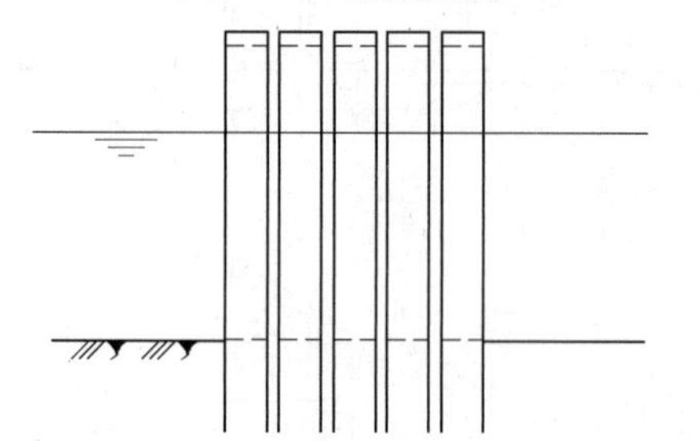

图 13-55 梳式排桩结构

格式钢板桩结构由于整体稳定性较好，因此适用于水深较大、波浪较强的情况。它的缺点是施工较困难、耗费钢材多、结构腐蚀快、耐久性较差。

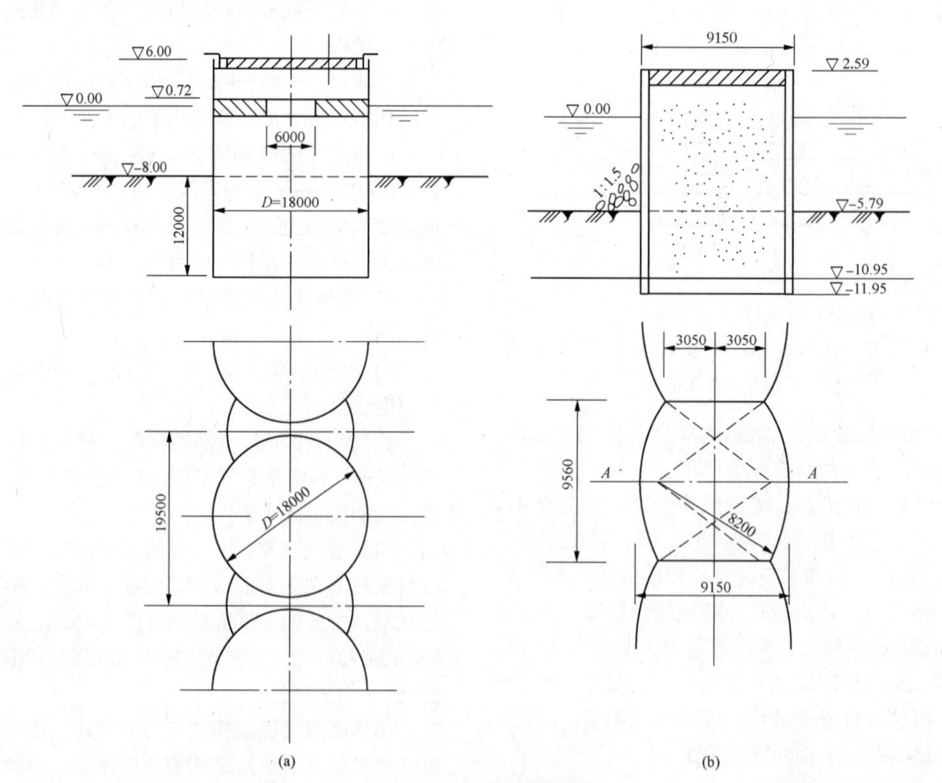

图 13-56 格式钢板桩结构

（a）柱形；（b）弧形

梳式排桩结构是近年国外研制的一种新型直立堤。该堤的特点是，波浪在梳式排桩之间破碎，因而可以起到削弱波浪的效果。但它的采用只限于施工条件相当的情况，目前应用很少，且尚在试验研究阶段。

（二）荷载组合

作用在直立堤上的荷载（外力）主要是建筑物本身的自重、水压力、波浪力和冰压力。直立堤荷载分为设计荷载（正常工作条件下，经常发生的或长期作用于建筑物上的荷载，包括自重、水压力和波浪力）和校核荷载（不经常发生的或短期作用于建筑物上的荷载）。其荷载组合也分为设计组合和校核组合。

（1）设计组合。

1）当计算水位采用设计高水位时，波高采用相应的设计波高。

2）当计算水位采用设计低水位时，波高采用分为以下两种情况。

a. 当有推算出来的外海设计波浪要素时，可取设计低水位绘制波浪折图，求出堤前的设计波高。

b. 当只有建筑物附近不按水位分级统计出来的设计波高，则可取与设计高水位时相同的设计波高（但不应超过低水位时的浅水极限波高）。

当设计高水位时，堤前波态为立波，而在设计低水位时，波态为破碎波（远坡波或近坡波），此时尚应对设计高、低水位之间可能产生的最大波浪力的水位情况进行计算。

（2）校核组合。

1）当计算水位采用校核高水位时，波高采用相应的设计波高。

2）当计算水位采用校核低水位时，可不考虑波浪的作用。

七、防潮海堤运行管理要求

防排洪设施的运行是长期的过程，运行中必须事先制定有效可靠的措施，保证其正常运行。

（1）堤防工程应根据工程级别、地形地质、水文气象条件、堤型、穿堤建筑物特点按 GB 50286—2013《堤防工程设计规范》的要求设置安全监测项目及监测设施，进行工程安全监测，并对监测点进行维护管理。

（2）堤防工程应定期进行日常检查，对检查出来的结果和问题，应及时研究分析，并采取妥善的处理措施。

（3）摸清防洪工程管理现状，实行全面规划、统筹兼顾、预防为主、综合治理。

（4）防排洪设施要定期巡视检查，特别汛期前后，发现故障及时排除整修。要求进行岁修，应当在枯水季节对出现的诸如淤堵、坍塌等状况进行清理修补。

（5）汛前掌握可能出现的雨情、水情，组织有关技术人员制定防洪方案；提出需要进行定期断面测量和水位观测的防洪控制点。

（6）每年汛前要组织防汛安全检查，发现问题及时处理，并掌握防洪安全中的薄弱环节，做到心中有数，注意加强巡视检查，确保安全度汛。

（7）对于滨海及河口区电厂还应做好发电厂防洪、防汛的应急预案。

八、设计实例

（一）工程概况

某电厂规划容量为 4×1000MW+2×1000MW 机组，本次建设规模为一期工程建设的 2×1000MW 超临界燃煤机组。

厂址为部分填海造地，厂址前沿已到达–5.0～–7.0m 水深海域。

（二）设计范围

本方案的设计范围为取水明渠防波堤、排水明渠边坡、厂区护岸及其吹填。

厂区护岸根据其位置分为东内护岸、东外护岸、北护岸（内）、南护岸和西护岸。排水明渠边坡分为北边坡和隔堤。各结构布置如图 13-57 所示。

（三）主要内容

1. 结构设计标准

（1）取水明渠防波堤。

1）取水明渠防波堤设计水位标准：①设计高水位为 100 年一遇高水位；②防洪水位为 200 年一遇高水位；③设计低水位为 100 年一遇低水位。

2）取水明渠防波堤设计波浪标准。重现期为 50 年一遇的波浪进行设计。

3）取水防波堤堤顶高程。①堤顶高程满足在 200 年一遇防洪水位条件下取水明渠内无越浪；②堤顶高程满足在 200 年一遇防洪水位条件下取水明渠内越浪量不大于 $0.2m^3/(s \cdot m)$。

（2）厂区护岸。

1）厂区护岸设计水位标准：①设计高水位为 100 年一遇高水位；②防洪水位为 200 年一遇高水位；③设计低水位为 100 年一遇低水位。

2）厂区护岸设计波浪标准：重现期为 50 年一遇的波浪进行设计。

3）厂区护岸堤顶高程：①堤顶高程满足在 200 年一遇防洪水位条件下护岸内无越浪；②堤顶高程满足在 200 年一遇防洪水位条件下护岸内越浪量不大于 $0.05m^3/(s \cdot m)$。

2. 护岸工程设计思路

与取水明渠防波堤类似，护岸工程也遵循以下设计原则。

（1）满足地基稳定的要求。

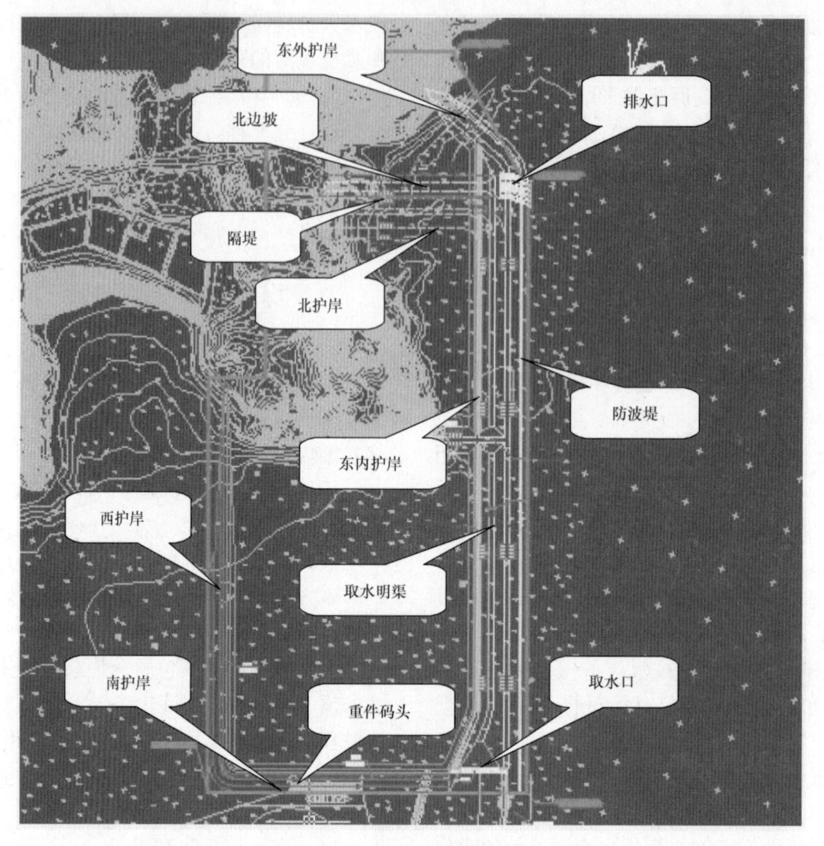

图 13-57　各结构布置图

（2）满足 200 年一遇高水位条件下的防洪要求。

（3）满足相应波浪条件下的稳定要求。

（4）考虑土方平衡的要求。

（5）在满足以上条件下，尽量进行结构优化，降低工程造价。

厂区地面高程为 4.62m（当地理论基准面）。

（四）自然条件

1. 工程地理位置

厂址位于汕尾市海丰县小漠镇东南海湾，北面靠山，西南为浅滩，东、南面毗邻南海。

2. 气象

（1）气候特征。厂址位于汕尾市海丰县小漠镇，红海湾西岸，面临南海，地处北回归线以南，属亚热带季风性气候，光热充足，气候温和，雨量充沛，但降雨量的年内分配很不均匀，其中汛期的 4～9 月约占全年降雨量的 85%，降雨多属锋面雨和热带气旋雨；季风盛行，全年盛行偏北风，年内风向随季节转换明显，大致 4～8 月盛行东南风，9～次年 3 月盛行东北偏北风，每年的夏、秋季节常受强烈热带风暴的影响，当热带风暴在当地登陆时，风力强劲，风速很大，并伴有暴雨天气过程。

（2）气象要素。主要气象要素如下：

历年极端最高气温　38.5℃（1982 年 7 月 29 日）

历年极端最低气温　1.6℃（1967 年 1 月 17 日）

平均气温　22.2℃

年平均降水量　1937.0mm

历年最大年降水量　2953.9mm（1983 年）

历年最小年降水量　894.7mm（1963 年）

历年最大一日降水量　475.7mm（1983 年 6 月 18 日）

历年最大 1h 降水量　107.3mm（1983 年 5 月 14 日）

历年最大 10min 降水量　38.2mm（1975 年 10 月 14 日）

最小相对湿度　3%（1963 年 1 月 6 日）

多年平均雨日数　131d

多年平均雷暴日数　59d

多年平均冰雹日数　0.0d

多年平均雾日数　7d

多年平均大风日数　8d

多年平均霜日数　0.1d

多年平均晴天日数　47d

多年平均阴天日数　174d

年平均蒸发量　1824.0mm

历年最大年蒸发量　　2084.3mm

历年最小年蒸发量　　1432.6mm

平均风速　　3.1m/s

10m 高 10min 平均最大风速　　45m/s（E）

3. 水文

（1）设计潮位。根据汕尾海洋站 1970～2006 年逐年最高潮位，采用 P-Ⅲ频率方法统计计算得到：

P=0.1%的设计高潮位　　3.01m

P=0.5%的设计高潮位　　2.80m

P=1%的设计高潮位　　2.65m

根据汕尾海洋站 1970～2006 年逐年最低潮位，采用 Gumbel 频率方法统计计算得：

P=97%的设计低潮位–0.99m

P=99%的设计低潮位–1.06m

（2）潮汐特性。工程厂址处潮汐属于混合潮，相邻高潮或低潮不等以及涨落潮历时不等的情况每日都在改变，涨潮历时长，落潮历时短。

根据距离厂址最近的汕尾海洋站多年实测资料分析，本海湾属于弱潮海区，潮差不大，汕尾海洋站实测累年平均潮差为 94cm，最大潮差为 258cm，潮差年变化不大。

各潮汐特征值见表 13-40。

表 13-40　　各潮汐特征值

特征值＼季节	冬季	夏季
最高潮位	170	122
最低潮位	–57	–45
平均水位	42	35
平均高潮位	76	72
平均低潮位	–03	–10
平均潮差	78	82
最大潮差	212	156
涨潮历时	6.88	8.46
落潮历时	5.84	5.66

（3）波浪。厂址附近海域波浪特征。工程所在地附近进行长期波浪观测的海洋站有遮浪海洋站（距本工程约 55km，东偏南方向，测波水深约–20m），根据遮浪海洋站长期的目测波浪资料进行分析的结果，认为本海域的波浪以风浪为主，其常浪向为 ENE～E，强浪向为 ENE～ESE。年平均波高（$H_{1/10}$）为 1.4m，年平均周期为 4.2s。波浪季节性变化情况大致是：冬季常浪向为 E，强浪向也为 E，频率为 33%，平均波高为 1.5m，平均周期为 4.2s；春季常浪向为 ENE～ESE，频率为 22%～27%，年平均波高 1.2m，平均周期为 4.1s，最大波高可达 4.5m，强浪向为 ENE 与 E；夏季常浪向为 SW，出现频率为 22%，强浪向为 SE，平均波高为 1.2m，平均周期为 4.0s，最大波高可达 9.5m；秋季常浪向为 ENE，频率为 26%，强浪向为 ESE 及 SE，平均波高为 1.5m，平均周期为 4.3s，最大波高为 9.0m。

根据本工程所处的地理位置，E～SSW 向波浪对工程海域影响较大。由于遮浪海洋站所处位置的 NE 方向是开阔的海域，所以该站的 NE 向为常浪向，而且波高也较大，对于电厂码头工程来说，NE 向为红海湾的湾顶水域，水域范围较小，其 NE 向浪的频率及波高都应该比遮浪站的要小一些，即电厂码头处的常浪向及强浪向浪应该是偏 SE 向浪。

4. 工程地质

（1）地形地貌。场地地貌可划分为两个大的地貌单元，即陆域所在的滨海残丘台地和海域所在的潮间浅海带。

海域部分分别位于厂址的东侧、南侧和西侧，可见少量礁石，海底标高一般在–3.8～–7.8m。地貌特征以低缓或陡峭的岩岸、沙滩等海蚀地貌为主。岩岸主要分布在厂区东侧、南侧海岸线一带，由火山凝灰岩及英安岩组成，局部可见侵入岩出露。除了东侧局部受严重的海蚀而造成凹岸外，其他地段岩质坚硬，岩岸稳定。沙滩分布于厂区西侧，介于潮间带，一般宽度约 60m，以中细砂为主。测绘表明，海域地段存在饱和砂层的液化问题。

（2）水文地质条件。厂区地下水类型可划分为第四系松散岩类孔隙水和基岩裂隙水两种类型。

1）陆域地段。

a. 第四系松散岩类孔隙水。主要赋存于陆域内第四系地层之中，主要含水层由上及下依次为残积土、坡积土及冲洪积成因的卵石、细砂等地层。

b. 基岩裂隙水。基岩裂隙水主要赋存于凝灰岩风化裂隙和构造带裂隙中。根据区域水文地质资料，该岩类的地下水水质类型为淡水，富水性贫乏。调查表明，基岩裂隙水的埋深一般在 0～21.9m（标高 1.69～11.43m），地下水年变幅约 2.0m。

基岩裂隙水与松散岩类孔隙水的动态变化基本相同，与大气降水关系密切，随着季节变化较大，受气象因素的影响显著，其浅部变化幅度大，深部变化幅度小，这是陆域地下水动态变化的主要特点。

2）海域地段。

a. 第四系松散岩类孔隙水。主要赋存于海域第四系地层之中，主要含水层由上及下依次为粉细砂、卵石、淤泥质粉细砂等地层。

卵石主要分布在沿海海岸沙滩的后缘地带，局部分布，且不连续，厚度约1.0m；粉细砂主要分布在海滩及海床，分布连续而广泛，厚度0.6～6.7m；淤泥质粉砂主要分布在海滩及海床上，含较多的淤泥，厚度1.4～4.8m。其中，粉细砂层是主要的含水层，其在海域地段分布广泛，厚度相对稳定，具备较好的储水条件，渗透性也较好。海域地段浅部地下水的补给来源为海水的垂直渗漏，属于潜水，深部则为侧向径流补给和越流补给，具有承压性。海域地下水的径流条件较差，水的排泄和交换以侧向径流为主。地下水水质为海水（咸水）。水位的变幅与海平面的变幅基本一致。

b. 基岩裂隙水。基岩裂隙水主要赋存于凝灰岩风化裂隙中。强风化、中风化凝灰岩带是最主要的含水岩组，由于裂隙连通性较好，上部有相对隔水的粉质黏土分布，故地下水具有承压性。根据区域水文地质资料，该岩类的富水性属于贫乏至中等。

陆域潜水和基岩裂隙水经常性的侧向补给海水。此外，基岩裂隙水和海水之间在沿岸一带还存在互相影响和补给的关系，即在海水上涨时，海水会局部反向补给陆域基岩裂隙水。现场调查表明，地表潜水、基岩裂隙水和海水均没有污染的迹象。

5. 地震

（1）地震动参数。

拟建场地50年超越概率2%、10%、63%场地地震动峰值加速度分别为0.289*g*、0.168*g*、0.054*g*，地震动反应谱特征周期分别为0.50s、0.40s、0.35s，相应的地震基本烈度为7度。

（2）地震液化。该场地海域地段水深2.0～8.0m，海床以下至20m深度范围内有多层饱和砂土分布，饱和砂层在地震基本烈度为7度的条件下经过初判存在液化的可能性，可以看出现状条件下场地液化存在如下规律：

1）从垂直方向上看，主要液化地层为$④_2$层饱和含淤泥粉砂，$⑥_1$层细砂和$⑥_2$层中粗砂的中、上部局部有液化的情况。可见，除了③层细砂外，由上及下各个饱和砂层均有液化现象。

2）从水平方向上看，现有地坪条件下，液化等级与岸边的距离成正比关系，即距离岸边越远则液化等级越高，这和饱和砂层的分布规律是一致的，即饱和砂层的厚度随着距离岸边的远近而增减，甚至在岸边附近出现缺失；厂平后，液化范围缩小，主要分布在厂区边线附近。

3）统计表明：按照GB 50011—2010《建筑抗震设计规范》的规定，在0.10*g*条件下，液化钻孔约占总钻孔数的44.4%，其中中等液化和轻微液化各占液化钻孔数目的一半。场地的液化深度为2.0～17.5m，液化等级为轻微至中等，总体上按照中等考虑；在0.15*g*条件下，液化钻孔的数量和液化等级均有所增加，液化钻孔约占总钻孔数的61.0%，其中中等液化钻孔约占液化钻孔总数的64%。场地的液化深度为2.0～17.5m，液化等级为轻微至中等，总体上按照中等考虑。

6. 地基土、地下水和海水的腐蚀性

该厂址地基土对混凝土结构、对钢筋混凝土结构中的钢筋具微腐蚀性；对钢结构具有弱腐蚀性。

地下水对混凝土结构、对钢筋混凝土结构中的钢筋（在干湿交替状态下）均具微腐蚀。

海水对混凝土结构具有中等腐蚀性；在长期浸水条件下，海水对钢筋混凝土结构中的钢筋具有弱腐蚀性，在干湿交替状态下，海水对钢筋混凝土结构中的钢筋具有强腐蚀性。此外，近岸建构筑物要注意海风夹带的海水颗粒的腐蚀性问题。

（五）护岸及防波堤

1. 概述

厂区护岸包括南护岸、东内护岸和北护岸（内）。防波堤和东外护岸均为厂区的东侧边界，考虑到施工方便和厂区的布置，该两部分采用同一结构，即：基础采用“控制加载爆炸挤淤置换”法块石基础，上部为抛石斜坡堤结构形式，外坡采用“扭王字块”护面。厂区东内护岸长度约996m，厂区南护岸长约441m。

2. 结构设计标准

（1）南护岸。

1）结构安全等级。I级。

2）设计水位标准见表13-41。

表13-41　设计水位标准（一）

设计水位		56黄海（m）	当地理论
设计高水位	100年一遇高水位	2.65	3.27
设计低水位	100年一遇低水位	–1.06	–0.44
极端高水位	200年一遇高水位	2.80	3.42

3）设计波浪标准。

a. 设计波浪重现期采用50年。

b. 设计波浪的波列累计频率见表13-42。

表13-42　设计波浪的波列累计频率（一）

结构型式	部位	设计内容	波列累积频率*f*（%）
斜坡式	胸墙	强度和稳定性	1
	护面块体	稳定质量计算	13*
	护底块石	稳定质量计算	13

* 当平均波高与水深的比值小于0.3时，*f*宜采用5%。

4）堤顶高程及越浪量标准。

a. 堤顶高程满足在200年一遇防洪水位条件下护岸内无越浪；

b. 堤顶高程满足在200年一遇防洪水位条件下护岸内越浪量不大于0.05m³/（s•m）。

5）结构安全准则。在持久状况下，构筑物各部分不允许出现任何损坏，在短暂情况下，也不出现破坏，但各部位的安全储备与持久状况相比可减小。

在200年一遇极端高水位与相应的波浪作用下，以构筑物主体稳定和不丧失总体防浪功能为原则，并且总体防浪功能持续时间需满足至少3h以上，允许个别护面块体位移或滚落。

（2）东外护岸。

1）结构安全等级。I级。

2）设计水位标准见表13-43。

表13-43　设计水位标准（二）

设计水位		56黄海（m）	当地理论
设计高水位	100年一遇高水位	2.65	3.27
设计低水位	100年一遇低水位	−1.06	−0.44
极端高水位	200年一遇高水位	2.80	3.42

3）设计波浪标准。

a. 设计波浪重现期采用50年。

b. 设计波浪的波列累计频率见表13-44。

表13-44　设计波浪的波列累计频率（二）

结构型式	部位	设计内容	波列累积频率 f(%)
斜坡式	胸墙	强度和稳定性	1
	护面块体	稳定质量计算	13*
	护底块石	稳定质量计算	13

* 当平均波高与水深的比值小于0.3时，f宜采用5%。

4）堤顶高程及越浪量标准。

a. 堤顶高程满足在200年一遇防洪水位条件下护岸内无越浪；

b. 堤顶高程满足在200年一遇防洪水位条件下护岸内越浪量不大于0.05m³/（s•m）。

（3）结构安全准则。在持久状况下，构筑物各部分不允许出现任何损坏，在短暂情况下，也不出现破坏，但各部位的安全储备与持久状况相比可减小。

在200年一遇极端高水位与相应的波浪作用下，以构筑物主体稳定和不丧失总体防浪功能为原则，并且总体防浪功能持续时间需满足至少3h以上，允许个别护面块体位移或滚落。

3. 结构形式

（1）块石斜坡堤方案。采用抛石斜坡堤，堤顶路面结构自下而上依次为200mm厚级配碎石垫层、100mm厚C15素混凝土垫层、220mm厚C30混凝土路面。该段防波堤靠海测边坡为1:1.5，采用8t扭王字块体护面，垫层块石规格为400～800kg；内坡采用规格为400～800kg的护面块石，内坡边坡也为1:1.5。堤心石采用0～300kg开山石，结构断面如图13-58所示。

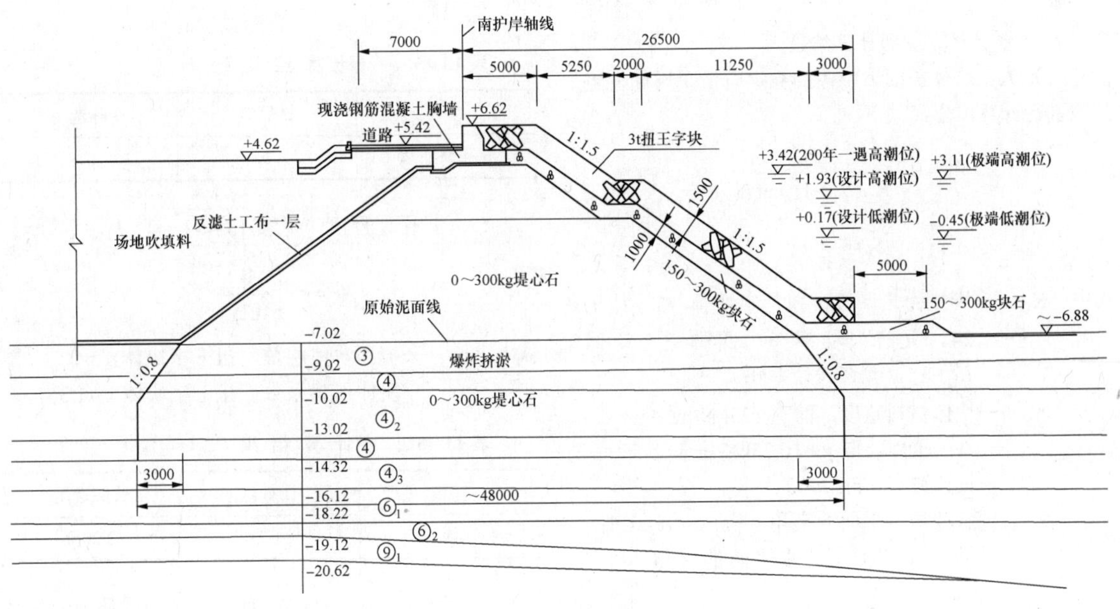

图13-58　南护岸斜坡堤

堤顶高程 +5.42m，挡浪胸墙顶标高为 +6.62m，堤顶设 7.0m 宽道路。该段防波堤靠海测边坡为 1:1.5。西南转角方向采用 3t 扭王字块体护面，垫层块石规格为 150～300kg；取水口方向采用 500～1000kg 块石护面，垫层块石规格为 60～100kg。内坡边坡也为 1:1.5。堤心石采用 0～300kg 开山石。

（2）东外护岸防波堤结构。防波堤采用抛石斜坡堤和 L 形挡浪胸墙结构型式，堤顶高程 +7.12m，挡浪胸墙顶标高为 +8.62m，堤顶设 6.0m 宽道路。

堤顶路面结构自下而上依次为 200mm 厚级配碎石垫层、100mm 厚 C15 素混凝土垫层、220mm 厚 C30 混凝土路面。该段防波堤靠海测边坡为 1:1.5，采用 8t 扭王字块体护面，垫层块石规格为 400～800kg；内坡采用规格为 400～800kg 的护面块石，内坡边坡也为 1:1.5。堤心石采用 0～300kg 开山石，结构断面如图 13-59 所示。

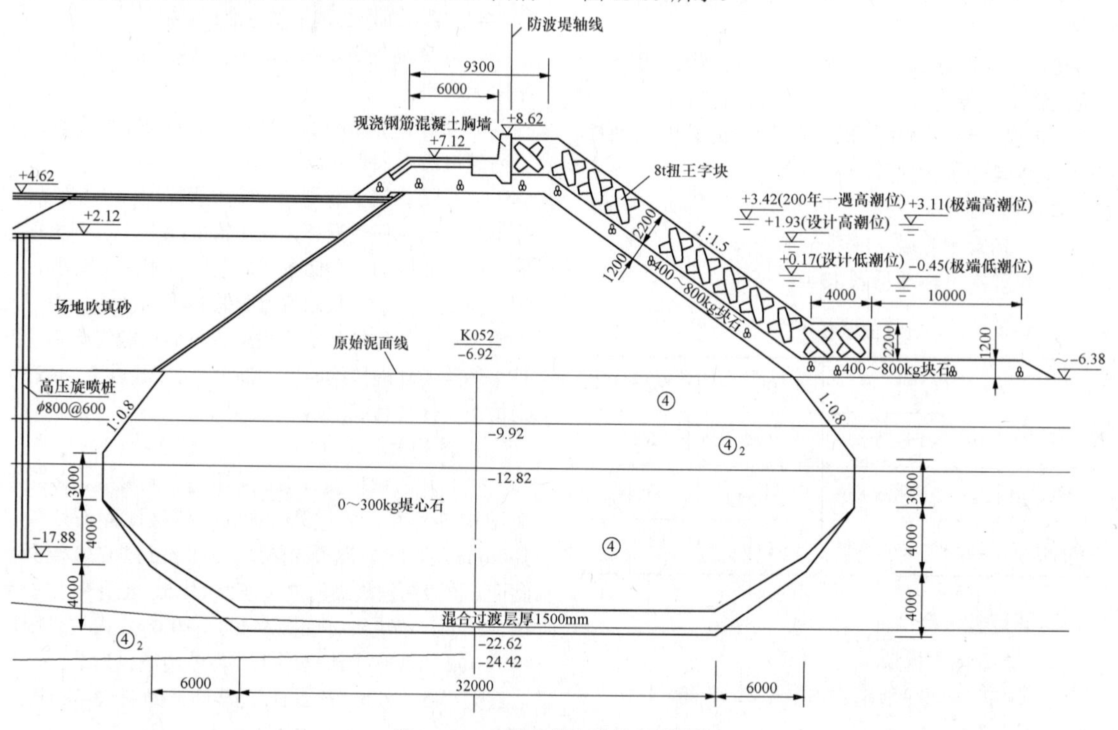

图 13-59 东外护岸防波堤典型结构

4. 主要计算方法和计算结果

（1）人工块体护面。块体的稳定质量采用赫德逊公式进行计算，公式如下

$$W = 0.1\frac{\gamma_b H^3}{K_D (S_b - 1)^3 \cot\alpha}$$

$$S_b = \frac{\gamma_b}{\gamma}$$

式中 K_D——块体稳定系数，扭王字块体 K_D=18～24，允许失稳率 0；四脚空心块体 K_D=14，允许失稳率 0；

γ_b——块体材料重度，取 γ_b=23kN/m^3；

γ——水的重度，取 γ=10.25kN/m^3；

H——设计波高，m；

α——斜坡与水平面的夹角，°，$\cot\alpha$=1.5；防波堤和护岸与水平面的夹角，°，$\cot\alpha$=1.5。

计算结果见表 13-45：

表 13-45　计算结果（一）

参数	计算值	实际选用
扭王块质量	4t	8t

（2）护面层厚度（见表 13-46）。

$$h = n'c\left(\frac{W}{0.1\gamma_b}\right)^{1/3}$$

式中 n'——护面块体层数，扭王字块体 n'=1；

c——块体形状系数，扭王字块体 c=1.36。

表 13-46　计算结果（二）

参数	计算值	实际选用
扭王块厚度	2.06m	2.20m

（3）垫层块石。外坡护面垫层块石的质量取护面块体质量的 1/20～1/10，因此取 400～800kg。

（4）堤前护底块石的稳定质量。根据 JTS 154-1—2011《防波堤设计与施工规范》式 4.2.19，斜坡堤前最大波浪底流速为

$$v_{max}=\frac{\pi H_{4\%}}{\sqrt{\frac{\pi L}{g}\mathrm{sh}\frac{4\pi d}{L}}}$$

式中　H——波高；

L——波长；

d——静水深。

根据 JTS 154-1—2011《防波堤设计与施工规范》表 4.2.20，计算得护底块石质量为：400～800kg。

（5）胸墙稳定性计算。

1）主要计算公式。

根据 JTS 154-1—2011《防波堤设计与施工规范》表 4.2.3-1 及表 4.2.3-2，结构重要性系数 $\gamma_0=1.1$，水平波浪力分项系数 $\gamma_P=1.2$，波浪浮托力分项系数 $\gamma_u=1.0$，自重分项系数 $\gamma_G=1.0$，被动土压力分项系数 $\gamma_E=1.0$，结构系数 $\gamma_d=1.25$，摩擦系数 f=0.6。

沿墙底抗滑稳定性的承载能力极限状态设计计算公式如下

$$\gamma_0\gamma_P P\leqslant(\gamma_G G-\gamma_u P_u)f+\gamma_E E_P$$

沿墙底抗倾稳定性的承载能力极限状态设计计算公式如下

$$\gamma_0(\gamma_P M_P+\gamma_u M_u)\leqslant\frac{1}{\gamma_d}(\gamma_G M_G+\gamma_E M_E)$$

2）计算结果。根据极端高水位的计算结果如下：

抗滑稳定验算：54.05kN/m＜56.20kN/m。

抗倾稳定验算：121.4kN・m/m= 121.4kN・m/m。

计算结果满足要求。

（6）整体稳定性计算。整体稳定计算采用圆弧滑动法（简化 Bishop 法），地震荷载计算根据 JTS 146—2012《水运工程抗震设计规范》第 5.5.3 条。

东外护岸防波堤计算剖面如图 13-60 所示。

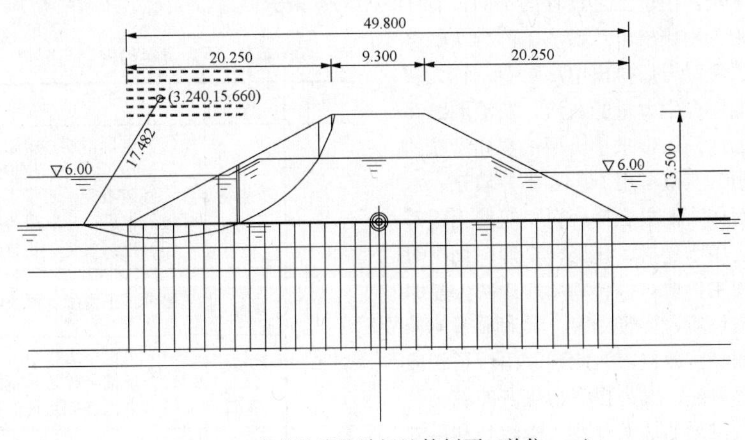

图 13-60　东外护岸防波堤计算剖面（单位：m）

计算结果见表 13-47。

表 13-47　　计 算 结 果（三）

参数	安全系数	说明
持久组合	1.260	不考虑地震
偶然组合	1.166	考虑地震

计算满足要求。

（7）沉降计算。

工后沉降：0.134m。

最终沉降：0.355m。

（8）南护岸人工块体护面。块体的稳定质量采用赫德逊公式进行计算

$$W=0.1\frac{\gamma_b H^3}{K_D(S_b-1)^3\cot\alpha}$$

$$S_b=\frac{\gamma_b}{\gamma}$$

式中　K_D——块体稳定系数，扭王字块体 K_D=18～24，允许失稳率 0；四脚空心块体 K_D=14，允许失稳率 0；

γ_b——块体材料重度，取 γ_b=23kN/m^3；

γ——水的重度，取 γ=10.25kN/m^3；

H——设计波高，m；

α——斜坡与水平面的夹角，(°)，$\cot\alpha$=1.5；防波堤和护岸与水平面的夹角，°，$\cot\alpha$=1.5。

计算结果见表 13-48。

表 13-48　　计 算 结 果（四）

参数	计算值	实际选用
扭王块质量	3t	3t

第十四章

贮灰场及外部水力除灰管设计

第一节　概　　述

燃煤火力发电厂投运后，被磨细的煤粉吹入锅炉中燃烧，燃烧的结果使粗颗粒落入炉底的料斗中，称为炉底渣；细灰颗粒随气流进入烟囱之前，经过除尘器送进灰仓，称为飞灰。由于工艺过程的不同，有的电厂将炉底渣与飞灰分别排出电厂贮放，称为灰渣分除；有的电厂则将二者混合后排出电厂贮存，称为灰渣混除。由于燃煤电厂产生大量的灰渣，灰渣的贮存不仅挤占了大量的土地，还带来了资源浪费和潜在的环境污染。研究表明，灰渣可用于废弃矿井填充、水泥制作、墙体材料制作、混凝土掺合料、筑路工程等多个领域，可广泛应用于建材、建工、交通、化工等行业，具有较高的利用价值。综合利用粉煤灰，能够节约资源、改善生态环境、变废为宝，具有显著的社会效益、环境效益和经济效益，为此国家出台了相应的政策、规定和管理办法，大力提倡粉煤灰的综合利用。然而，由于区域发展的局限性及灰渣综合利用支撑项目建设投产滞后的制约，相当数量的燃煤电厂难以达到灰渣全部综合利用，仍有大量灰渣需要排出电厂贮存。

一、贮灰方式

无论采用何种除灰工艺，电厂产出的灰渣均为干燥状态。因此，既可大量掺水后通过除灰管道以湿法输送至贮灰场存放，即水力除灰，相应的贮灰场称为湿式贮灰场（水灰场）；也可少量掺水调湿拌和后通过汽车、皮带运输机等方式运至贮灰场碾压堆放，即干除灰，相应的贮灰场称为干式贮灰场（干灰场）。

二、贮灰场分类

（1）按灰渣输送及贮存方式，可分为湿式贮灰场和干式贮灰场。

（2）按贮灰场周围的地形、地貌及地理位置，可分为山谷灰场、滩涂灰场、平原灰场。

第二节　基　础　资　料

一、灰渣资料

根据工程的具体特点，按实际需要取得表14-1所列有关资料。

表14-1　所需资料的内容与要求（一）

用途	项目	内容与要求
一般	灰渣量	（1）电厂本期、规划装机容量； （2）电厂设计、校核煤种下日除灰量、渣量、脱硫石膏、石子煤量（对分期建设达到规模的电厂，应取得各期的日除灰渣量）； （3）电厂设计、校核煤种下年灰渣量总量
	灰渣的特性	比重、干密度、颗粒组成、灰水比
	除灰工艺	（1）火电厂运行小时数； （2）灰渣分除还是混除； （3）灰水在贮灰场的排放位置
当采用灰渣筑坝方案时，对灰坝的稳定性进行计算	灰渣的物理力学性质	（1）灰渣的抗剪强度； （2）灰渣的压缩性（最大试验压力应与灰坝总堆积高度时的灰渣土压力相当）； （3）灰渣的渗透性（分别给出水平与垂直渗透系数）； （4）应力——应变性能 E–μ 模式：c（黏聚力），φ（摩擦角），K（模量系数），N（模量指数），R_f（破坏比），G、F、D（泊松比参数）； （5）应力——应变性能 E–B 模式：c、φ、K、N（模量指数），R_f、K_b（体积模量系数）； （6）动力变形特性：应力——应变关系，液化应力比和振幅次数 N 的关系

二、水文气象资料

根据工程的具体特点，按实际需要取得以下所列有关资料。

1. 可行性研究阶段

（1）山谷灰场流域特征值，包括流域面积、长度、比降等。

（2）设计重现期洪水的特征值包括洪峰流量、洪水总量及洪水历时和洪水过程线。

（3）泥石流资料。

（4）滩涂灰场所处地的滩涂江河海洪水位及潮位，包括设计重现期特征水位、施工期及历史最高洪水位。

（5）滩涂灰场所处河道（滩岸）的变迁及其稳定性、岸线整治规划、已有水利设施的设计标准、防洪影响评价意见。

（6）滩涂灰场岸坡侧影响灰场的汇流区域及设计重现期洪水的特征值。

（7）不同历时的设计暴雨计算。

（8）平原灰场的内涝水位。

（9）道路、管线跨河的设计洪峰流量及相应水位、流速、水深、自然冲刷深度。

（10）通航河道对过河设施的要求。

2. 初步设计阶段

（1）山谷灰场按规模及等级提供坝址处（挡灰坝、拦洪坝）设计重现期的洪水资料（包括峰量、总量和过程线）。

（2）当有施工导流需要时，尚需提供施工导流的洪水资料（一般按重现期为5～10年一遇）。

（3）已有水利设施的设计标准及对灰场的影响。

（4）平原灰场设计暴雨量。

（5）滩涂灰场。

1）按灰场等级提供灰场所在河段设计重现期的河道水位、流速、冲刷深度资料。

2）提供不同设计堤线建堤后水位壅高值及影响范围、水面曲线、堤前最大流速及对河道的影响。

3）进一步评价河道（滩岸）的变迁及其稳定性。

4）提供岸线整治规划、已有水利设施（堤防）的设计标准、防洪影响评价意见。

5）按灰场不同等级提供所在海域设计重现期的潮位及重现期为五十年一遇的风浪。

（6）山谷干灰场截洪沟频率10%的洪峰流量、洪水过程线。

（7）灰管线跨越河槽频率50%、1%、0.1%的设计最高水位及与管桥方案相适应的设计流速。跨河处的河道变迁，河床、岸边的稳定性，河道自然冲刷深度。

（8）全年及各季的主导风向、平均风速、最大风速。

（9）多年平均蒸发量。

以上的频率或重现期按 DL/T 5339《火力发电厂水工设计规范》中规定的灰场级别选定。

3. 施工图阶段

对初步设计审定的场址、坝址，如设计资料不满足施工图精度要求，应进行必要的补充。

三、测量资料

各阶段所需的测量资料可视工程的具体情况参照表 14-2 确定。

表 14-2　所需资料的内容与要求（二）

阶段	资料名称	要　求
可研	灰场区域地形图	比例：1:10000～1:5000。 范围：①包括可能用作灰场的各部分及从电厂到灰场的沿线地段；②最终堆灰库容高程以下地形。 坐标及高程系统：与厂区取得一致或取得换算关系公式
初设	贮灰场及其设施地形图	比例：1:1000 或 1:2000。 范围：山谷灰场应包括灰坝最终坝顶（堆灰）标高上 10m 以下全部区域及灰场内外布置的泄洪排水设施，运行管理站，灰水回收等建（构）筑物地段。 滩涂灰场应包括岸侧汇入沟汊在最终坝高上 10m 以下的地形及堤脚外 50～100m 的地形图测量
	坝址区地形图	比例：1:1000～1:500（按设计需要及图幅大小选定）。 范围：视坝高（堆灰高）和坝后有无构筑物而定；上、下游可测到坝坡脚外 50～100m。 两坝肩可测量最终坝顶（堆灰）高程以上 10～15m
	拟定坝（堤）轴线的纵断面图	比例：水平为 1:1000～1:500。 垂直为 1:200～1:100。 可视地形条件在上、下游增补断面
	料场地形图	比例不小于 1:5000。 当料场位于灰场区域外时，对料场区域进行测量
	排水构筑物带状地形图	比例：1:1000～1:500。 范围：100～200m
	排水构筑物纵断面图	比例：水平为 1:1000～1:500。 垂直为 1:200～1:100
	除灰管线及回收水管线带状地形图	比例：水平为 1:2000～1:1000。 范围：100～150m
	管理站	比例：1:200。 范围：100×100m
施工图		根据初设情况对建（构）筑调整段及不能满足设计要求段进行增补和补充测量

四、工程地质勘测资料

勘测资料包括勘察报告及勘察测绘图，其内容详见表 14-3～表 14-5。

表 14-3　勘测细目一览表

资料内容		编号
地貌条件	山谷类型	1
	地貌特征	2
地质构造	各地层的时代、成因、岩性与分布	3
	各地层的含水性及浸水软化性	4
	可致滑动的软弱土层的分布	5
	可致滑动的软弱结构带（面）的分布	6
	地质构造的类型、产状与展布规律	7
	地质岩层构成	8
	岩层产状、厚度	9
	节理、裂隙构造发育情况	10
	有无岩石破碎带	11
	断裂破碎带的宽度及其岩性特征	12
	断裂、裂隙系统的发育程度、结构面的产状与力学性质	13
自然地质现象	滑坡、崩塌等不良地质现象对场地的影响程度	14
	泥石流对场地的影响程度	15
	泥石流的成因、发育程度、活动规律、类型、固体量、最大平均粒径，今后的速度变化、对工程的影响程度	16
	流砂对场地的影响程度	17
	岩溶发育规律，构造与岩溶的关系，特别是控制岩溶发育的构造带的渗漏和塌陷对场地的影响程度	18
	各种可溶岩的溶化程度	19
	溶洞的类型、分布情况及延伸方向	20
	溶洞的大小、分布具体位置及充填情况	21
	上覆土层及风化层的分布规律及性质	22
	岩石的风化程度及风化深度	23
	人工洞穴的分布位置与大小	24
	地震等级	25
水文地质条件	透水层的分布情况、性质及埋藏条件	26
	透水层的透水性	27
	岩层含水性，含水层的位置，涌水量及补给条件	28
	地下水的类型和动态	29
	泉水的位置，涌水量及建库后的变化	30
	地下水对混凝土的侵蚀性	31
	地下通道的走向、出口	32
实验与分析	土的抗水性	33
	稳定性	34
	地基土的压缩均匀性	35
	地基标准承载能力	36
	湿陷性黄土的湿陷类型及湿陷起始压力	37
	岩土的物理力学性质	38
	对场地的工程水文地质评价意见	39
	防治和处理措施的建议	40
	预测工程建筑后所引起的稳定性的变化	41

表 14-4　基础岩土的分析和实验项目

建（构）筑物	坝基			排水管		
基础土壤	黏土类	砂土类	黄土	黏土类	砂土类	黄土
比重	+	+	+	+	+	+
天然容重	+	+	+	+	+	+
孔隙比	+	+	+	+	+	+
天然含水量	+	+	+	+	+	+
饱和度	+		+	+		+
可塑性	+		+	+		+
稠度	+		+	+		+
相对密度		+			+	
颗分		+			+	
收缩						
剪力	+1		+1			
压缩	+		+	+		+
干湿休止角		+2				
湿化	+		+			
可溶岩含量	+		+			
有机质含量	+		+			
渗透系数	+		+			
临界孔隙比		+				
孔隙水压力系数	+		+			
软化系数						
相对湿陷系数			+			+
饱和自重压力下湿陷系数			+			+
湿陷起始压力						
干湿状态极限抗压强度						
弹性模量						
泊桑比						

续表

建（构）筑物	坝基			排水管		
基础土壤	黏土类	砂土类	黄土	黏土类	砂土类	黄土
弹性抗力系数						
管涌实验	+	+	+			

注　1. 表内为“+”号为需要者，其右数标为 1 的是浸水剪切，右数标为 2 的指有地下水的深挖或浸水填方时才需要湿休止角。

2. 砂土类的实验项目是指能采用原状土样时的项目，如只能采取扰动样，只进行颗分和干湿休止角实验。

3. 红土（西南地区）实验项目，一般可参照黏土确定，但应按工程具体情况适当增加膨胀、收缩等项目。

表 14-5　筑坝材料的分析和实验项目

项目	材料			
	石料	砾石	砂土	黏质土
颗粒组成	–	+	+	+1
岩石成分	+	+	+	–
可溶岩及亚硫酸化合物含量	+	–	+	+
比重	+	+	+	+
容重	+	+	+	+
吸水性	+	–	–	–
渗透性	–	–	+	+
有机物含量	–	+	+	+
干湿状态下极限抗压强度	+	+	–	–
抗冻性	+	+	–	–
天然含水量	+	–	+	+
击实	–	–	–	+
孔隙比	–	–	+	+
可塑性（塑限、液限）	–	–	–	+
剪力	–	–	+	+2
压缩	–	–	–	+2
软化系数	+	–	–	–
孔隙水压力系数	–	–	–	+
临界孔隙比	–	–	+	–
安息角（水下及干的）	–	–	+	–
膨胀及崩解	–	–	–	+
最大分子吸水量	–	–	+	–
管涌实验		+	+	+

注　表内为“+”号为需要者，其右数标为 1 的是比重计颗分或水析；标为 2 为在最佳含水量时的实验。

由于在实际工程的各个阶段中所要解决的问题不同，因此，所需要的工程地质资料也不同。

可行性研究阶段，要求取得对两个方案的贮灰场主要工程地质条件进行评价的资料，对能影响场址取舍的不良地质问题作出明确的结论，以作为选定场址的依据。

初步设计、施工图阶段，要求取得建（构）筑物地基稳定性、渗透性、压缩均匀性等方面的资料，以作为建（构）筑物设计依据。

各阶段所需资料的内容可视工程的具体情况参照表 14-6 确定。

表 14-6　各设计阶段所需勘测资料的内容

设计阶段	工程项目	所需资料内容或编号（见表 14-3）	
初步设计		1、2、5、7、8、12、14、15、18、20、24、25、26、27、29、39	
施工图	贮灰场	对可能成为向临谷渗漏途径的狭窄分水岭①	8、9、10、26、27、40
		对被水淹没后可能不稳定的陡薄鞍部地段	3、4、6、13、16、21、32、38②、40、41
	灰坝③	（1）坝址工程地质纵、横剖面图（平行于坝轴线的纵剖面一般不少于二个，视地形地质条件可适当增减）； （2）钻探点的工程地质柱状图（一般深度应为初期坝坝高的 1～15 倍或穿过强风化裂隙带，如遇淤泥层等不良地质现象则应穿透至较坚实的岩层，对于高坝还需考虑灰坝对坝基的影响）； （3）其他 21、23、24、27、30、38、40	
	排水管	（1）沿线工程地质纵剖面图（必要时须做横剖面）； （2）钻探点的工程地质柱状图（其深度视基础砌置深度、灰渣最大堆积高度和地基土的性质而定，一般为 10～15m 或至基岩，如有淤泥层则应穿透至较坚实的岩层）； （3）其他 2、6、13、23、31、35、36、38、41	
	筑坝材料	（1）取料场的位置、范围、材料种类； （2）材料的可开采量及厚度（初步设计探明储量≥2 倍设计用料，施工图阶段探明储量≥1.5 倍设计用料）； （3）其他 38	

注　土的物理力学性质分析测定，对于不同成因类型的每一主要地层，在尾矿坝地段不应少于 6～10 件（次），在排水构筑物地段不应少于 6 件（次）。

① 对不需回水及渗漏水对下游无危害的尾矿库可不要。

② 可参照表 14-4 坝基栏的内容确定。

③ 对于初期坝高度小于 6m，尾矿堆积总高度不超过 30m，且坝基地质条件简单的尾矿坝，可用地表踏勘代替工程地质测绘。

五、调查资料

1. 当地自然经济调查

（1）贮灰场淹没范围内是否有耕地，其耕地种类、亩数、单产量、征购价格及赔偿费用。

（2）筑坝料场范围内是否有耕地，其耕地种类、亩数、单产量、征购价格及赔偿费用。

（3）（1）、（2）范围内的林木种类、面积或株数、经济价值、征购价格及赔偿费用。

（4）贮灰场淹没范围内及灰坝下游附近房屋间数、居民户数、人数、居民可迁往的去向、搬迁费及房屋拆迁费用。

（5）贮灰场淹没范围内水井、坟墓等的数量及其赔偿费用。

（6）灰坝下游农田种类，灌溉用水情况及需水量。

（7）贮灰场附近圾灰坝下游民用井的分布、供水量及使用情况。

2. 其他调查

（1）当地材料的生产供应情况及价格。

（2）交通运输条件。

（3）施工单位的技术力量及机械设备情况。

（4）改建、扩建工程原有的贮灰场设施情况及必要的实测图，原设施的使用经验等。

（5）贮灰场范围内是否有压矿及矿藏情况。

（6）当地的地震情况。

（7）拟建坝址附近筑坝土、石料可能的取料场地、运输距离、土石科的种类。

（8）贮灰场建成后对下游工业、农业（包括林、牧、副、渔）的生产及人民生活可能带来的影响或损害。

第三节　场　址　选　择

一、场址选择基本原则

（1）燃煤电厂的贮灰场场址选择宜靠近火力发电厂，应本着节约用地和保护自然生态环境的原则。

（2）贮灰场对周围环境的影响应符合现行国家有关环境保护法规的有关规定。特别对大气环境、地表水、地下水的污染必须有防治措施，并应满足当地环境保护要求。

（3）贮灰场场址应符合当地城乡建设总体规划要求。灰场征地应按国家有关规定和当地的具体情况办理。

二、贮灰场选择的一般要求

（1）贮灰场用地应本着不占、少占或缓占耕地、果园和树林，不占用江河、湖泊的蓄洪和行洪区的原则，尽量避免迁移居民。

（2）贮灰场场址宜选用发电厂附近的山谷、洼地、荒地、河（海）滩地、塌陷区和废矿井等区域，并应避免多级输送。

（3）宜选择容积大、洪水量少、坝体工程量小、便于布置防排洪构筑物及排水系统的场址。

（4）贮灰场内或附近有足够的筑坝材料，并有提供灰渣贮满后覆盖灰渣层表面的土源。

（5）采用山谷灰场时，应结合当地规划的防洪能力考虑泄洪构筑物对下游的影响。当灰场置于江、河滩地时，应考虑灰堤修筑后对河道产生的影响。

（6）贮灰场的主要建筑物宜具有较好的地质条件，场区宜具有较好的水文地质条件。

（7）灰渣输送设施易于布置，运灰道路易于修筑。

（8）宜具备分期分块贮灰或灰渣筑坝的条件。

（9）燃煤电厂产生的灰渣（含脱硫副产品）属于一般工业固体废料，应符合 GB 18599《一般工业固体废物贮存、处置场污染控制标准》的规定：

1）应选在工业区和居民集中区主导风向下风侧。

2）应避开地下水主要补给区和饮用水源含水层。

3）应避开断层、断层破碎带、溶洞区以及天然滑坡或泥石流影响区。

4）禁止选在江河、湖泊、水库最高水位线以下的滩地和洪泛区。

5）禁止选在自然保护区、风景名胜区和其他需要特别保护的区域。

第四节　设　计　标　准

一、湿式贮灰场的设计标准

贮灰场的建筑物等级及设计标准应根据灰场类型、库容大小、灰坝高度和灰坝失事后对附近和下游的危害程度综合考虑确定。在进行贮灰场灰坝的建筑物等级划分时，贮灰场的库容、灰坝的高度应按贮灰场最终的库容和坝高来考虑。

1. 湿式山谷贮灰场

（1）湿式山谷贮灰场灰坝的设计标准见表 14-7。

（2）对一级贮灰场，灰坝至少应有 1.5m 的坝顶超高，对二、三级贮灰场，灰坝应有 1～1.5m 的坝顶超高。

（3）最终坝高一般按贮灰场的自然地形和地质条件确定。当条件优越时，可按火力发电厂机组设计寿命 30 年的贮灰要求确定。

表 14-7　　湿式山谷贮灰场灰坝设计标准

灰场级别	分级指标		洪水重现期（年）		坝顶安全加高（m）		抗滑稳定安全系数			
	总库容 V（$\times 10^8 m^3$）	最终坝高 H（m）	设计	校核	设计	校核	外坡		内坡	
							正常运行条件	非常运行条件	正常运行条件	非常运行条件
一	$V>1$	$H>70$	100	500	1.0 （1.5）	0.7	1.25 （1.30）	1.05 （1.10）	1.15	1.0
二	$0.1<V\leqslant 1$	$50<H\leqslant 70$	50	200	0.7 （1.0）	0.5	1.20 （1.25）	1.05	1.15	1.0
三	$0.01<V\leqslant 0.1$	$30<H\leqslant 50$	30	100	0.5 （0.7）	0.3 （0.4）	1.15 （1.20）	1.00 （1.05）	1.15	1.0

注　1. 用灰渣筑坝时，各级别灰场的坝顶安全加高和抗滑稳定安全系数应按 DL/T 5045《火力发电厂灰渣筑坝设计技术规定》的规定执行，采用表中括号内数据。
2. 当贮灰场下游有重要工矿企业和居民集中区时，通过论证可提高一级设计标准。
3. 当坝高与总库容不相应时，一般以高者为准，当级差大于一个级别时，按高者降低一个级别确定。
4. 坝顶应高于堆灰标高至少 1～1.5m。

（4）当最终坝高远大于本期设计坝高，如按分期建设的设计坝高和容积确定灰坝设计级别时，应进行灰场分期建设直至最终坝高的全面规划，并使各期灰坝的安全性满足设计级别提高后的要求。

2. 滩涂湿灰场

（1）滩涂湿灰场围堤设计标准应与当地堤防工程相协调。围堤设计应按现行国家标准 GB 50286《堤防工程设计规范》的有关规定执行，其级别与当地堤防工程的级别相同，并应符合表 14-8 的规定。

（2）当采用灰渣筑坝时，堤顶（防浪墙顶）安全加高和抗滑稳定安全系数应按 DL/T 5045—2006《火力发电厂灰渣筑坝设计规范》的规定执行，采用表 14-8 中括号内的数据。

（3）滩涂湿灰场堤顶（防浪墙顶）距限制贮灰标高至少应留有 1m 的安全超高。

（4）滩涂湿灰场的设计应符合 JTS 145《港口与航道水文规范》和 JTS 154-1《防波堤设计与施工规范》的相关规定。

表 14-8　　滩涂湿灰场围堤设计标准表

灰场级别	总容积 V（$\times 10^8 m^3$）	堤内汇水、堤外潮位重现期（年）		堤外风浪重现期（年）		堤顶（防浪墙顶）安全加高（m）				抗滑安全系数			
						堤外侧		堤内侧		外坡		内坡	
		设计	校核	设计	校核	设计	校核	设计	校核	正常运行条件	非常运行条件	正常运行条件	非常运行条件
一	$V>0.1$	50	200	50	50	0.4	0	0.7 （1.0）	0.5	1.20 （1.25）	1.05	1.15	1.00
二	$V\leqslant 0.1$	30	100	50	50	0.4	0	0.5 （0.7）	0.3 （0.4）	1.15 （1.20）	1.00 （1.05）	1.15	1.00

（5）当为海滩灰场时，设计波高的累积频率可按下列标准采用：

1）确定堤顶标高时取 13%。

2）计算护面、护底块体稳定时取 13%。

3）计算胸墙、堤顶方块强度和稳定性时取 1%。

3. 平原湿灰场

平原湿灰场围堤的设计标准应参照表 14-8 执行，堤顶距限制贮灰标高应留有一定的安全超高值。

二、干式贮灰场的设计标准

1. 山谷干灰场

（1）山谷干灰场灰坝设计标准应根据各使用期灰场的级别、容积、坝高、使用年限及对下游可能造成的危害等综合因素，按照表 14-9 执行。

（2）当灰场下游有重要厂矿或居民集中区，或因其他原因一旦坝体失事可能造成特别严重后果的，可提高一级设计标准。

（3）当坝高与容积分级不同时，一般以高者为准，当级差大于一个级别时，按高者降低一个级别确定。

（4）当采用子坝加高方式时，初期挡灰坝限制堆灰标高以下的容积不宜少于 6 个月的贮存量。

2. 滩涂干灰场

（1）滩涂干灰场初期挡灰堤的迎水面应满足防洪（潮）及防浪要求，堤内堆灰高度应根据贮灰容积、运行方式及周围环境等要求确定。

（2）滩涂干灰场初期挡灰堤的设计标准应按照表 14-10 的规定执行，并应与当地堤防设计标准相协调。

表 14-9　　山谷干灰场灰坝设计标准表

灰场级别	分级指标		洪水重现期（m）		坝顶安全加高（m）		抗滑安全系数			
							下游坡		上游坡	
	总容积 V（$\times 10^8 m^3$）	最终坝高 H（m）	设计	校核	设计	校核	正常运行条件	非常运行条件	正常运行条件	非常运行条件
一	$V>1$	$H>70$	100	500	1.0	0.7	1.25	1.05	1.15	1.05
二	$0.1<V\leqslant 1$	$50<H\leqslant 70$	50	200	0.7	0.5	1.20	1.05	1.15	1.05
三	$0.01<V\leqslant 0.1$	$30<H\leqslant 50$	30	100	0.5	0.3	1.15	1.0	1.15	1.00

表 14-10　　滩涂干灰场初期挡灰堤设计标准表

灰场级别	总容积 V（$\times 10^8 m^3$）	堤内汇水、堤外潮位重现期（年）		堤外风浪重现期（年）		堤顶（防浪墙顶）安全加高（m）				抗滑安全系数		
						堤外侧		堤内侧		外坡		内坡
		设计	校核	设计	校核	设计	校核	设计	校核	正常运行条件	非常运行条件	正常运行条件
一	$V>0.1$	50	200	50	50	0.4	0	0.7	0.5	1.20	1.05	1.15
二	$V\leqslant 0.1$	30	100	50	50	0.4	0	0.5	0.3	1.15	1.00	1.15

（3）滩涂干灰场堤顶（防浪墙顶）距限制贮灰标高至少应留有 1m 的安全超高。

（4）确定堤顶或防浪墙顶高程时，波高采用的波列累积频率斜坡堤为 13%，直立堤为 1%。

（5）滩涂干灰场初期挡灰堤堤顶标高应按照 GB 50286《堤防工程设计规范》和现行行业标准 JTS 145《港口与航道水文规范》、JTS 154-1《防波堤设计与施工规范》、JTJ 300《港口及航道护岸工程设计与施工规范》、SL 435《海堤工程设计规范》计算确定，必要时可通过模型试验论证确定。

3. 平原干灰场

平原干灰场挡灰堤设计标准应按照表 14-11 的规定执行，并与当地堤防设计标准相协调。

表 14-11　　平原干灰场初期挡灰堤设计标准表

灰场级别	总容积 V（$\times 10^8 m^3$）	堤外设计洪水重现期（年）		堤内汇入洪水重现期（年）		堤顶安全加高（m）				抗滑安全系数		
						堤外侧		堤内侧		外坡		内坡
		设计	校核	设计	校核	设计	校核	设计	校核	正常运行条件	非常运行条件	正常运行条件
一	$V>0.1$	50	100	50	200	0.4	0.0	0.7	0.5	1.20	1.05	1.15
二	$V\leqslant 0.1$	30	100	30	100	0.4	0.0	0.5	0.3	1.15	1.00	1.15

第五节　贮灰场库容

一、贮灰场库容规定

（1）贮灰场的总容积不应超过按贮存电厂本期设计容量、设计煤种计算的 3 年灰渣量。

（2）当灰渣和脱硫副产品确能全部综合利用时，可按贮存本期机组容量 1 年灰渣量和脱硫副产品量建设事故备用贮灰场。

（3）当只建设应急粉煤灰库时，灰库的容积可按贮存本期电厂容量 3 个月灰渣量考虑。

二、贮灰场库容计算

贮灰场库容应按式（14-1）计算

$$V=V_{YX}+u=\frac{(G-G_1)\cdot t}{k\cdot \rho}+u \tag{14-1}$$

式中　V——贮灰场总容积，m^3；

V_{YX}——贮灰场有效容积，m^3；

u——汇入贮灰场洪水调洪容积，m^3；

G——年设计煤种的灰渣量（含脱硫副产品），kg/年；

G_1——年实际综合利用灰渣量（平均值），kg/年；

t——贮灰年限，年；

k——容积系数，应根据灰场地形、运行方式等选取，无资料时可选用 0.9；

ρ——沉积灰、压实灰渣的干密度，kg/m^3。按运行实测资料选取，无资料时可选用 $1000kg/m^3$。

第六节 干式贮灰场

一、干式贮灰场的总体规划

1. 总体要求

（1）干式贮灰场的规划应综合考虑灰渣的运输方式及路径，灰场的地形、地貌、水文、环保等因素。

（2）灰场的总体规划主要包括挡灰坝（堤）、截洪沟、拦洪坝、排水设施、运灰道路、灰场管理站及防护林带的布置，灰场运行机械设备的选取，灰场库区防渗设计，以及灰场施工、运行、管理的措施要求等。

（3）灰渣输送方式的选择应根据厂内除灰系统的选型、当地气象条件，结合外部地形地质条件、灰渣量大小、运输距离、技术经济性等因素综合确定。

（4）山谷灰场采用汽车运输灰渣时，应选择合理、安全的道路路径。

（5）灰渣采用管带、气力管道输送时，宜沿输送路径设检修道路。

2. 山谷干灰场

（1）根据初期、终期所要求的堆灰容积，结合灰场的地形、地貌及地质条件，选择和优化上游拦洪坝和下游出口挡灰坝坝址位置，确定最终堆灰高程。地震烈度 7 度及以上区域，挡灰坝坝轴线布置宜用直线或向上游弯曲的曲线，不宜采用向下游弯曲的曲线、折线。

（2）上游拦洪坝所滞洪水通常采用贯穿灰场的涵管调洪排泄，需进行优化比较，确保灰场安全运行及方案经济合理。灰场坡面洪水由规划设置的截洪沟引至灰场下游排出。

（3）灰场内的排水采用竖井—涵管、斜槽—涵管等方式的排水系统排出灰场，竖井或斜槽的设置位置及数量应根据灰场地形及分区堆灰的要求，使灰场内雨水能尽快排干，避免形成积水，同时须满足灰场堆灰达到最终高程后，仍能顺利排放灰面雨水的要求。

（4）进出灰场的道路规划，应根据来灰的方向、灰场的地形地貌、灰场分区堆灰要求确定进、出口位置。

3. 平原（滩涂）干灰场

（1）堆灰高度根据灰场区域的地形地貌、防洪要求、防浪要求及环保要求，通过技术经济比较确定。

（2）平原（滩涂）干灰场应合理规划，根据工程分期建设，分期分块使用，以达到及时覆土造田的目的。

（3）灰场四周规划 10～15m 宽防护林带，避免飞灰污染。

（4）平原（滩涂）干灰场分区分块时，应考虑主导风向及地面坡度的影响，分区应从主导风向的上风向开始，使灰体逐渐堆高，在灰场内形成风障，使得后期堆灰始终处于下风向，减少飞灰污染。

二、干灰场初期挡灰坝设计

1. 坝（堤）顶高程确定

（1）山谷灰场。山谷干灰场初期挡灰坝的高度应按贮存一次设计洪水总量，并应预留不小于 0.5m 安全超高确定，其高度不应小于 3m。设计洪水标准应取重现期为 30 年。

当采用子坝加高方式时，初期挡灰坝限制堆灰标高以下的容积不少于 6 个月的贮灰量。

（2）滩涂灰场。按贮灰要求：限制贮灰标高+至少 1m 的安全超高；按堤防要求：设计高水位+设计高水位时波浪爬高+设计堤顶安全加高。取二者较大值，同时满足当地堤防设计标准。

（3）平原灰场。初期挡灰堤高度不宜小于 1.0m，堤顶标高不应低于该区域百年一遇洪水位。

2. 坝型选择

（1）坝型选择应综合考虑下列因素。

1）当地可利用筑坝材料的种类、性质、储量、分布、埋深、开采运输条件。

2）坝址区的地形、地质条件。包括河谷地形、坝基岩石性质、覆盖层厚度、分层及其性质、地震烈度等。

3）干灰场下游环境条件及环境保护要求。

4）施工进度、施工场地、施工机具、施工技术水平和经验等条件。

5）坝基处理方式。

6）总工程量、工期和总造价。

（2）初期坝坝型。干灰场初期坝通常采用上游坡面设防渗的均质土坝、砂砾石坝、石渣坝、堆石坝等，当初期坝需作为后期灰渣堆积体的排水棱体坡趾时，应按透水坝设计。滩涂灰场应采用不透水坝。

1）透水坝。

a. 均质透水坝。若当地砂石材料丰富，价格低廉，宜采用均质透水坝。根据填筑材料不同，可设计为堆石坝、石渣坝、砂砾石坝、干砌石坝等。均质透水坝坝型简单，施工质量易控制，坝体填筑工程量小。

b. 分区透水坝。若当地弱透水材料丰富时，初期坝宜采用弱透水材料建造，若设计为透水坝时，应在坝体内设置排渗结构形成分区透水坝，排渗结构材料可采用块石、碎石、砂砾石等，排渗结构型式包括棱体排水、水平褥垫排水、斜墙排水等。分区透水坝可有效扩展筑坝材料的可选范围，灰场征地范围内的土石料均可用于筑坝，既可就地取材、降低造价，又可增加灰场库容。

2）坝体设排渗体的不透水坝。因下游环境条件及环保要求，初期坝需要设计成不透水坝时，为提高坝体的抗滑稳定和渗流稳定安全性，可将坝型设为坝体设排渗体的不透水坝，以防止灰场内灰水污外渗污染环境。灰场内的渗水通过坝体设置的排渗体汇集后排入灰水回收系统。

3）不透水坝。若坝址或附近有丰富的黏性土料时，坝体可采用当地黏性土料碾压填筑形成不透水坝。该坝型防渗性能好，可将灰场内的渗水与灰场外部环境有效隔离，利于环境保护。为降低坝体浸润线，必要时可在坝体下游设排水棱体，以满足坝体渗流稳定要求。

3. 筑坝材料料场的选择

灰坝的设计，须依据筑坝材料的勘探试验工作来进行，并依据材料的数量、远近及性质设计灰场。筑坝材料的勘探工作必须与测量、试验等工作密切配合，确保数量和质量上满足设计的要求。

（1）筑坝材料料场的选择。筑坝材料料场距离坝轴线越近越好，但需结合运输条件，必要时也可调查选用比较远的料场。在距坝脚一定的范围内，如作为料场，应根据对渗流控制、坝体及坝肩稳定以及采石场爆破对坝基、坝肩的振动影响等条件来决定，料场的选择应不危及灰坝的安全。

料场的剥离层不宜太厚，以免增加成本，最好不超过可用材料层厚度的 15%～20%，但如果经过经济比较，剥离层虽厚，仍比自远距离的料场取料更为经济时，也可采用。

料场应不占、少占良田、树林，应具有良好的开采运输条件。

（2）筑坝料料场的储量。所选可用料场的储量，应大于实际用量。一般黏性土调查数量为需用量的 2 倍，水下材料调查数量为需用量的 2～3 倍，石料调查数量为需用量的 1.5～2.0 倍。

4. 筑坝材料

（1）对筑坝材料应有调查和土工试验，查明所需筑坝材料的种类、性质、储量、分布、埋深及开采、运输条件，提供筑坝材料的物理力学指标和抗剪强度指标。

（2）选择筑坝材料应遵守下列原则。

1）应充分利用干灰场附近的材料，少占或不占农田，优先使用干灰场内的材料。

2）应结合筑坝材料开采、运输、压实和季节等施工条件，择优选取经济合理的材料。

3）应结合初期坝、后期加高子坝、排渗设施施工和环境保护措施等要求，进行全面技术论证。

（3）坝体材料应符合下列规定。

1）坝型为堆石坝、砌石坝时，坝体应采用强度等级不低于 30MPa、原岩风化系数大于 0.75、岩石软化系数大于 0.80 的石料。

2）坝型为石渣坝时，各种开挖石渣或山坡风化岩均可作坝体材料，对于一级灰场坝体，原岩风化系数应大于 0.40，岩石软化系数应大于 0.8；对于二、三级灰场坝体，原岩风化系数应大于 0.20，岩石软化系数应大于 0.65。

3）坝型为碾压式土坝时，按质量计的有机质含量不大于 5%、水溶盐含量不大于 3%的黏性土料、砂性土、砾质土、风化料等压实后具有较高强度和稳定性的土石料均可采用。当采用软岩石风化土、湿陷性黄土、膨胀土等做坝体材料时，应采取适当的工程措施。对沼泽土及含有未完全分解的有机质的土料不宜采用。

（4）排渗体材料应采用抗压强度大于 40MPa，原岩风化系数大于 0.80，岩石软化系数大于 0.85 的石料。

（5）反滤材料应符合下列规定。

1）当采用砂石料为反滤材料时，各层滤料应具有符合设计要求的颗粒级配，粒径小于 0.075mm 的颗粒含量不大于 5%，质地应致密坚硬，具有高度的抗水性和抗风化能力，风化料不得用作反滤料。

2）当采用土工布为反滤材料时，应满足被保护土所要求的有效孔径和渗透系数，且材料强度应满足设计要求。

（6）坝体防渗材料应符合下列规定。

1）渗透系数小于 1×10^{-7}cm/s，具有较好塑性和渗透稳定性的黏性土及含砾石的黏性土均可作为防渗材料。

通常，防渗土料要求水溶盐含量不大于 3%，有机质含量不大于 5%。

2）塑性指数大于 20 和液限大于 40%的冲积黏土、浸水后膨胀软化较大的黏土、开挖压实困难的干硬黏土、分散性土、冻土，不宜做防渗材料；若必须采用时，应进行专门论证，并采取相应措施。

3）在当地防渗土料不足时，可采用土工膜等人工防渗材料。土工膜的渗透系数应小于 1×10^{-11}cm/s。

并应满足设计要求的物理性能、力学性能、水力学性能和耐久性能。

（7）护面材料应符合下列规定。

1）当采用石料护面时，应选用质地致密、耐风化的石料，抗压强度大于 30MPa，母岩风化系数应大于 0.80，岩石软化系数应大于 0.80。

2）当采用草皮护面时，应选用易生根、蔓延、耐旱的草类。

3）当采用混凝土护面时，应满足强度及抗冻要求。

5. 填筑标准

（1）对于黏性土料，应以设计填筑干密度作为设计控制指标。设计填筑干密度应按标准击实试验的最大干密度乘以压实系数确定。压实系数对一、二级挡灰坝要求不低于 0.96，三级挡灰坝不低于 0.95。对于抗震设防烈度大于 7 度的地区，压实系数应适当提高。填筑土料含水量应按最优含水量控制，允许偏差为 –2%～3%。

（2）对于砾石土，应以设计填筑干密度作为设计控制指标，可采用大型击实仪进行全样击实试验，求得全样的最大干密度和最优含水量，并按上述填筑标准第（1）条确定设计填筑干密度。没有条件进行大型压实试验时，可根据粗料含量的不同，按下述两种情况确定。

1）对于粗料含量小于 30%的砾石土，可取细料（d<5mm）部分进行击实试验，确定细料的最大干密度和最优含水量，用（式 14-2）和（式 14-3）算出相应于不同粗料含量的砾石土全样最大干密度和最优含水量，乘以压实系数，得到砾石土的设计填筑干密度。

$$\gamma_{\max}=\frac{1}{\dfrac{p}{G_{\mathrm{s}}}+\dfrac{(1-p)}{(\gamma_0)_{\max}}} \tag{14-2}$$

$$W_0=(W_0)_0\times(1-p) \tag{14-3}$$

式中 $\gamma_{\max}$——砾石土的最大干密度；

p——粒径 d>5mm 的粗粒含量，以小数计；

G_{s}——粒径 d>5mm 的粗粒比重（砾石块重度）；

$(\gamma_0)_{\max}$——粒径 d<5mm 的细粒土的最大干密度；

W_0——砾石土的最优含水量；

$(W_0)_0$——粒径 d<5mm 的细粒土的最优含水量。

2）对于粗料含量大于 30%的砾石土，先用式（14-2）和式（14-3）换算最大干密度和最优含水量，然后对算出的全样最大干密度和最优含水量进行修正，或适当降低压实系数，依此确定设计填筑干密度。

（3）对于无黏性土（砂砾石和砂）的填筑标准应以相对密度作为设计控制指标。相对密度对于砂砾石不低于 0.75，砂不低于 0.70。在抗震设防烈度 7 度以上的地区，要求浸润线以下不低于 0.75。

（4）对于堆石料，填筑标准宜以孔隙率作为设计控制标准，孔隙率不宜大于 30%。

（5）对于石渣料的填筑标准，用设计干密度控制，压实系数不低于 0.96。

6. 坝体结构

（1）坝顶构造。

1）坝顶最小宽度应符合 DL/T 5339《火力发电厂水工设计规范》的要求。当有布置巡视、检修道路、施工机械行走等要求时，不宜小于 4.0m。

2）坝顶应铺以盖面材料，可采用压密的砂砾石、石渣或泥结石。当滩涂干灰场堤顶考虑越浪时，宜采用干砌块石、浆砌块石或混凝土块。当有交通要求时应按相应道路标准确定。

3）坝顶面应设有坡向两侧或一侧的排水坡，坡度宜采用 2%～3%。

4）滩涂干灰场堤顶设置防浪墙时，墙体应设置伸缩缝、并做好缝间处理。

（2）坝坡构造

1）坝坡坡度应按坝高、坝体材料、地震烈度等因素，经稳定验算确定。

2）挡灰坝在坡度变化处应设置马道，马道宽度不宜小于 1.5m。下游坡无变化时，坝高小于 10m 可不设马道；坝高大于 10m 小于 20m 时，可在坝中部设一条马道；坝高大于 20m 时，第一条戗道设在 10m 处，以上每隔 10～20m 高设一条马道，上游坡可不设马道。当滩涂灰场外侧有消浪戗台时，其顶部可兼做马道。

3）当挡灰坝下游坡材料易遭受雨水冲刷、大风剥蚀、冻胀干裂等因素的破坏时，应设置护坡。当下游坝坡由块石、卵石、碎石组成时可不设护坡。

4）挡灰坝上游坡面由石料组成时可不设护面；由土料组成时在下列情况下宜设护面：

a. 坝面材料由粉土、砂土等易冲刷材料组成时。

b. 干灰场内经常蓄水的区域。

5）初期坝顶以上的坝体由干灰渣填筑碾压而成，其外坡坡度一般为 1:3～1:4，护坡型式按就地取材、经济适用的原则，可选用干砌块石，浆砌块石、碎石或卵石，种植草皮，混凝土护面，混凝土网格或砌石网格间植草等形式。

6）挡灰坝下游坡面应设置上坝人行阶梯，上游坡面根据需要确定是否设置人行阶梯。

7）坝体下游坡可能产生坡面径流时，应布置竖向及纵向排水沟。竖向排水沟沿坝长每隔 50～100m 设置一条，纵向排水沟宜设在马道的内侧。纵、竖向排水沟应互相连通，可采用浆砌石或混凝土块砌筑。坝体与岸坡连接处应设置排水沟，其集水面积应包括岸坡的有效集水面积。

7. 坝体排渗

（1）挡灰坝应合理设置排渗设施，并满足以下要求。

1）降低坝体浸润线，减小孔隙水压力，控制渗流，增加坝体稳定性。

2）具有充分的排水能力，保证自由地排出全部渗水。

3）按反滤原则设计，防止坝体与地基土产生渗透破坏。

4）排渗材料应满足本节“4. 筑坝材料”相关要求。

（2）排渗体型式的选择应结合坝型、筑坝材料、坝基工程地质及水文地质条件、排渗材料供应情况、施工条件等因素综合考虑确定，可采用上游排渗体和下游排渗体。

（3）坝体下游排渗体可选用棱体排水、贴坡式排水、褥垫排水等型式及其组合型式：

1）当选用棱体排水时，排水棱体的高度应保证坝体浸润线距下游坡面的距离大于该地区的冻结深度，且不宜小于初期坝最大坝高的1/4，棱体顶标高应超出下游最高水位，且大于坡浪在坡面的爬高；棱体顶面宽度不小于1.0m，且满足施工要求；排水棱体上游坡脚处应避免出现锐角，下游坡脚应设排水沟，以导出排入的渗水；排水棱体与坝体、坝基及岸坡之间应设置反滤层。

2）当选用贴坡排水时，贴坡排水顶标高应高于坝体浸润线的逸出点，超出的高度应大于该地区冻结深度，且不小于1.5m，贴坡排水的厚度应不小于冻结深度，贴坡顶标高应超出下游最高水位，且大于波浪在坡面的爬高；坡脚应设排水沟或排水体。

3）当选用褥垫式排水时，其厚度和伸入坝体内的深度应根据渗流计算或渗流试验确定，褥垫厚度及纵向坡度可按排出2.0倍灰坝入渗量确定，褥垫最小厚度不宜小于0.3m，褥垫伸入坝体内的极限长度，在没有资料时，对均质土坝可按坝底宽度的1/3～1/2考虑；褥垫下游坡脚应设排水沟。

4）当选用网状组合排水时，其纵横向排水带的厚度和宽度应根据渗流计算确定，其排水能力应不小于坝体入渗量的2.0倍。横向排水带的宽度应不小于0.5m，间距为30～100m，坡度不超过1%。

（4）坝体上游排渗设施应根据初期坝的透水程度及后期子坝的加高高度，经渗流计算或渗流试验合理确定其型式及设置位置。排渗设施的型式可选用水平排渗管、竖向排渗井、网状排渗管（沟）、坝坡排渗层、岸坡排渗层及其组合型式，并应符合下列要求：

1）当坝址区或边坡区岸坡地下水出露、形成渗流时，应考虑设置排渗设施。

2）当采用水平排渗管时，应平行坝轴线敷设于坝前，管材宜选用开孔的钢筋混凝土管、塑料管，排渗管外应敷设石料及反滤层。

3）当水平排渗管不能满足排渗要求时，可采用网状排渗管（沟）或竖向排渗井配合网状排渗管（沟）的组合型式。

4）当需要增加排渗能力时，可在坝上游坡设坝坡排渗层、两岸设岸坡排渗层，并与排渗管网相衔接，共同作用。

8. 坝体防渗

（1）当需要修筑不透水坝以阻止灰水渗至下游时，需设置防渗体。可根据当地材料情况采用土质防渗体或人工防渗体。

（2）土质防渗体的结构型式有设在坝体内的防渗斜墙和防渗心墙。土质防渗体结构形式型式应结合防渗土料的允许渗透比降、塑性、抗裂性能等性质及料源储量、坝基条件、抗震设防烈度等因素综合确定。

土质防渗体的断面应自上而下逐步加厚，顶部宽度宜满足施工机具的需要，底部最小厚度按防渗土料的允许渗透比降确定。通常情况下，底部厚度对斜墙不宜小于作用水头的1/5，心墙不宜小于作用水头的1/4。防渗体顶部标高应不低于限制贮灰标高以上的蓄洪水位。

（3）在土质防渗体的顶部和上游坡应设置保护体，保护体应采用透水材料，除防止防渗土冰冻和干裂外，可将防渗体前截住的渗水顺保护层导至坝前排渗设施。保护体的厚度应不小于该地区的冻结或干燥深度。

（4）人工防渗体当选用防渗土工膜时，应在土工膜上铺设保护层，其下设置支持层，保护层分面层和垫层。保护层应能保护土工膜不受紫外线辐射；支持层应使土工膜受力均匀，免受局部集中应力的破坏。土工膜物理力学性质要求应符合GB 50290《土工合成材料应用技术规范》的规定。

（5）防渗土工膜应与坝基、岸坡或其他混凝土构筑物形成封闭的防渗系统，故土工膜与周边的接缝应有可靠的接缝处理措施；土工膜铺设要求平整，膜与膜接缝一般采用黏结、热焊接，接缝宽度不小于100mm且不漏水。

（6）反滤层。

1）坝体上下游排渗设施与坝体接触面、土质防渗体与坝体或透水坝基之间、坝体各种土料之间、坝体与地基土料之间当不满足层间系数要求时，应设置反滤层。

2）砂砾料反滤层设计应满足下列要求：

a. 反滤层每层的颗粒不应穿过粒径较大的相邻层，要求满足保土原则

$$D_{15}/d_{85} \leqslant 4 \sim 5 \quad (14\text{-}4)$$

式中 D_{15}——保护层土料的粒径，mm（小于该粒径的土料占总质量的 15%）；

d_{85}——被保护层土料的粒径，mm（小于该粒径的土料占总质量的 85%，当渗流方向由上向下时取小值，由下向上时取大值）。

b. 反滤层应具有良好的透水性，要求满足透水准则

$$D_{15}/d_{15} \geqslant 5 \quad (14\text{-}5)$$

式中 D_{15}——保护层土料的粒径，mm（小于该粒径的土料占总质量的 15%）；

d_{15}——被保护层土料的粒径，mm（小于该粒径的土料占总质量的 15%）。

c. 每一层内的颗粒不应发生相对移动，每层反滤料的不均匀系数 C_u 为 5～8。

3）土工布（无纺布）反滤层设计应满足：

a. 保土准则

$$O_{95} \leqslant d_{85} \quad (14\text{-}6)$$

b. 透水准则

$$O_{95} \geqslant d_{15} \quad (14\text{-}7)$$

$$K_g \geqslant 25K_s \quad (14\text{-}8)$$

式中 O_{95}——土工布的等效孔径，mm（表示在土工布上的筛余量为 95%的粒料直径）；

d_{85}——被保护土料的粒径，mm（小于该粒径的土料占总质量的 85%）；

d_{15}——被保护土料的粒径，mm（小于该粒径的土料占总质量的 15%）；

K_g——土工布的渗透系数，cm/s；

K_s——被保护土的渗透系数，cm/s。

9. 坝体与坝基、岸坡、埋管的连接

（1）坝体与土质地基及岸坡的连接。

1）应彻底清除坝断面范围内地基与岸坡上的草皮、树根、含有机质的表土、垃圾或其他废料，对水井、洞穴、试坑、钻孔等进行处理，清理后地基表土应进行压实。开挖的岸坡应大致平顺，不应呈台阶状、反坡或突然变坡，清理后的岸坡应不小于自然稳定边坡。与土质防渗体连接的岸坡不宜陡于 1:1.5。

2）防渗体应坐落在相对不透水的土基上，或经过防渗处理的坝基上，使其形成完整的防渗体。

（2）坝体与岩石地基及岸坡连接时应符合下列要求。

1）与坝体接触范围内的岩石地基与岸坡应清除表面松动石块、突出的石块和凹处积土，清理后的边坡不陡于自然安息角。与土质防渗体连接的岸坡不宜陡于 1:0.5。

2）坝体设有土质防渗体时，防渗体与岩石地基及岸坡连接处可开挖齿槽，在开挖清理完毕后，用混凝土或砂浆封堵节理裂隙和断层，使其结合良好。

（3）坝体与排水管连接时应符合下列规定。

1）混凝土排水管应采用柔性连接，不得漏水，管体设置混凝土截水环，截水环宜设于管节的中部。

2）钢管应做好防腐处理，管体应设置钢止水环。

3）管体周围坝体土料要仔细分层夯实，防止接触面的集中渗流或因不均匀沉陷而产生坝体裂缝。

4）排水管通过堆石体时，管周围应分层填以砂砾或碎石，块石不得直接接触管壁。

10. 坝基处理

（1）当坝基遇到下列不良地基时应进行处理。

1）淤泥层或承载力低、压缩性大、抗剪强度低的软弱土层。

2）位于地震区的饱和粉、细、中砂地基以及少黏性土（如饱和砂壤土、粉质砂壤土、轻壤土、轻粉质壤土等）地基在地震时可能液化的土层。

3）湿陷性黄土。

4）岩溶。

（2）对软弱土层地基：当软弱土层厚度不大且埋深较浅时，可采用挖除换填方法。当软弱土层厚度较大，视具体情况可采用砂井加水平排水褥垫法、插塑料排水板加水平排水褥垫法、加载预压法、真空预压法、振冲置换法以及调整施工速率等方法处理。

（3）对可能液化土层地基，当液化土层厚度不大且埋深较浅时，可采用挖除换填方法。当土层较厚时，视具体情况可采用振动压密法、强夯法、振冲加固法、砂桩挤密法、设置砂石桩等方法处理。

（4）对湿陷性黄土地基，当土层厚度不大时可采用挖除、翻压或表面夯实的方法。当土层较厚时，视具体情况可采用预浸水法、强夯法、振冲法、灰土挤密桩等方法进行处理。

（5）当地基为断裂破碎的岩石或山坡土时，应根据其在渗漏、管涌、溶蚀方面对坝基和坝体的影响，确定是否需要处理。需处理时可采用水泥灌浆、铺土工膜等方法处理。

（6）对不透水挡灰坝处于砂卵石透水地基、需要控制渗漏水量时，可采用坝基开挖截水槽回填黏土或建混凝土截水墙的截流措施，深度至相对不透水层。当坝体设有防渗体时，其位置应和防渗体紧密相接。当坝体为均质坝时，可设在离上游坝脚 1/3～1/2 坝底宽度处。

11. 坝体安全监测设计

（1）浸润线监测设计。

1）干灰场一般可不设挡灰坝浸润线监测设施。当挡灰坝前蓄滞洪且洪水位较高（如库尾堆灰）、滞洪时间有可能较长时（如排洪道失效），山谷干灰场挡灰坝应设浸润线监测设施。

2）浸润线监测布置。山谷干灰场浸润线监测点应沿坝轴线方向埋设在最大坝高及浸润线变化有代表性的部位，不宜少于3排。垂直坝轴线方向应能控制上游入渗点、中间点、下游逸出点及其他有代表性的位置，不宜少于4点。

当平原和滩涂干灰场需设置浸润线监测设施时，不宜少于2排，每排不少于3点。

3）浸润线监测设施。

a. 观测灰场内水位的标尺。

b. 坝内埋设的测压管和孔隙水压力计。

c. 测量测压管水位的水位计。

注：水位标尺可以在排水竖井井壁或岸边固定的山体上标出。

（2）变位监测设计。

1）坝体应按坝高、坝型、地形、地质等条件设置变位监测设施。各级别的山谷干灰场均应设置。平原干灰场和滩涂干灰场可按坝高、地基情况等工程具体条件确定是否需要设置。当平原干灰场和滩涂干灰场需要加高时应设置变位监测设施。

2）变位监测应包括水平位移监测和沉降监测。两种监测标点可设在同一标点桩上。

3）变位监测断面及测点布置。

a. 山谷干灰场变位监测标点桩应布置在最大坝高处、设排水管处及地形地质变化较大地段的横断面上，监测横断面不宜少于3个。每个横断面上标点不宜少于3个，布置在坝顶下游坝肩及马道外缘，为便于用视线法观测，各断面同位置标点应在一条直线上。

b. 当平原和滩涂干灰场需设置变位观测设施时，应按地基及堤高情况布置观测标，监测横断面不少于2个。

c. 工作基点应布置在便于对标点进行监测的岩石或坚实的土基上，必要时可增设校核基点。

三、干灰场堆灰运行设计

（一）灰渣特性

1. 化学特性

灰渣的主要化学成分为硅、铝和铁的氧化物，其次为钙、镁、钠、钾等氧化物以及未燃烧的碳。其中硅的氧化物含量最高，而镁、钠、钾氧化物的含量较低。在粉煤灰的主要化学成分中，钙常常与硅、铝化合而发生凝硬作用，提高了粉煤灰的强度，降低压缩性。所以在一般情况下粉煤灰中氧化钙或硫酸钙的含量越高，它的凝硬作用就越大，而未燃烧的碳（烧失量）却会提高粉煤灰的最优含水量和降低最大干容重，并减弱凝硬作用。由此可见，粉煤灰的化学成分对其力学性质有一定影响。由于各燃煤发电厂煤质及燃烧方式不同，所产生灰渣的化学成分及含量有所差异，通过对部分已运行的燃煤发电厂灰渣化学成分进行统计分析，灰渣主要化学成分及含量见表14-12。部分典型燃煤发电厂灰渣化学成分及含量见表14-13。

表14-12　灰渣主要化学成分及含量

成分（%）	SiO_2	Al_2O_3	Fe_2O_3	CaO	MgO	SO_3	Na_2O	K_2O	燃烧值
平均值	50.6	27.2	7.0	2.8	1.2	0.3	0.5	1.3	8.2
范围	33.9～59.7	16.5～35.4	1.5～15.4	0.8～4.0	0.7～1.9	0～1.1	0.2～1.1	0.7～2.9	1.2～23.5

表14-13　部分典型燃煤发电厂灰渣主要化学成分及含量

典型电厂		主要化学成分（%）								
		SiO_2	Al_2O_3	Fe_2O_3	CaO	MgO	SO_3	Na_2O	K_2O	燃烧值
电厂一		45.01	44.53	5.32	1.43	0.48	0.30	0.25	0.32	1.15
电厂二		55.24	20.37	10.89	5.95	1.53	0.89	0.50	1.72	—
电厂三	粗灰	62.50	11.99	5.19	2.12	0.50	0.32	13.54	1.70	3.60
	细灰	58.10	15.33	4.4	1.76	0.59	0.20	15.52	1.90	3.80
电厂四		45.38	29.44	9.71	2.93	0.60	0.40	0.23	0.99	6.63
电厂五		51.44	32.19	4.90	1.97	1.03	0.28	0.25	0.94	6.36
电厂六		51.78	21.74	14.75	4.53	1.46	—	0.21	1.63	2.62
电厂七		50.48	33.23	7.34	2.30	0.60	0.53	0.54	0.33	2.80
电厂八		45.40	36.50	7.0	3.20	0.90	0.50	0.30	0.90	4.30
电厂九		49.90	33.35	6.73	2.58	0.70	0.35	0.30	0.65	4.86

2. 灰渣的物理特性

（1）灰渣的颗粒组成。灰渣的颗粒组成首先取决于电厂的除灰方式，灰渣分排时灰的颗粒相对较细，灰渣混排时灰渣的颗粒较粗；其次取决于煤源的种类、煤的磨细程度、锅炉的类型及除灰设备的性能等。因此，不同的电厂灰渣的颗粒组成有一定差别，部分电厂灰渣颗粒组成测试见表14-14。从表中可知，灰渣颗粒组成以0.005～0.25mm为主。

表14-14　　部分电厂灰渣颗粒组成测试表

电厂序列		灰渣的颗粒组成（%）						限制粒径 d_{60}（mm）	平均粒径 d_{50}（mm）	有效粒径 d_{10}（mm）	不均匀系数 C_u
		2～0.5	0.5～0.25	0.25～0.1	0.1～0.05	0.05～0.005	＜0.005				
1					22.0	68.0	10	0.045		0.005	9
2					8.5	78.5	13	0.021		0.003	7
3	粗灰				64.5	35.5	0		0.106	0.019	7.4
	细灰				30.6	69.4	0		0.043	0.012	4.8
4			0.5	35.7		59.3	4.5	0.046	0.032	0.008	5.75
5			2.77	14.19	28.7	53.74	0.6	0.055		0.01	5.5
6			10.2	19.8	21.0	42.0	7.0	0.073	0.054	0.0085	8.59
7	粉煤灰		6.3	42.2		51.5		0.057	0.05	0.031	1.84
	灰渣		16.5	58.0		25.5		0.228	0.18	0.065	3.51
8	粉煤灰			52		48			0.05	0.022	2.7
	灰渣		18	64		18			0.11	0.034	4.3

（2）灰渣比重及液限、塑限。根据水科院对五个不同电厂的测试，灰渣的比重及液限、塑限见表14-15。

表14-15　　五个电厂灰渣的比重及液限、塑限测试表

灰种	比重	液限 W_L（%）	塑限 W_P（%）
1	2.11	46	35
2	2.18	59	47
3	2.21	34	25
4	2.47	38	27
5	2.29	29	20

从表14-15可知，灰渣比重大致在2.1～2.5之间，液限、塑限均较大，主要原因是灰粒的孔隙中可贮存大量水分，这些水分不能起增塑作用。

3. 干灰调湿碾压后的工程特性

（1）压实特性。

1）振动对粉煤灰压实性能的影响。由于粉煤灰介于黏性土与非黏性土之间，因此水科院在室内试验中采用了适用于黏性土的击实试验和适用于非黏性土的相对密度试验对试验灰样进行了测试及对比分析，试验灰样取至高井、渭河等五个电厂，试验结果见表14-16。从试验结果可知，五种粉煤灰采用相对密度试验得出的最大干容量，均大于采用击实试验得出的最大干容重，说明用相对密度试验过程中的振动作用有利于粉煤灰的压实。

表14-16　　五个电厂灰样室内击实试验、相对密度试验测试表

灰种	相对密度		击实试验	
	最大干容重（g/cm³）	最小干容重（g/cm³）	最大干容重（g/cm³）	最优含水量（%）
1	1.22	0.75	1.11	33.2
2	1.04	0.61	1.01	42.3
3	1.38	0.98	1.30	23.0
4	1.30	0.69	1.26	26.0
5	1.37	0.81	1.33	22.0

2）调湿灰含水量控制。五种粉煤灰的击实曲线如图14-1所示。

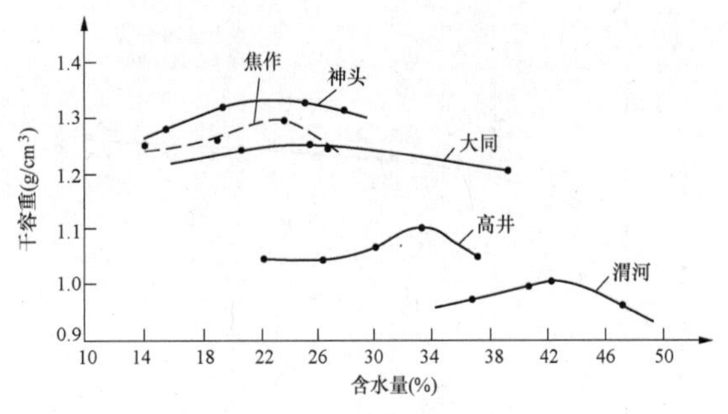

图14-1　五种粉煤灰击实曲线图

从图 14-1 看出：五种灰样的击实曲线有较大的差异，不同的灰样，其击实特性不尽相同。但所有灰样的共同点是，干容重受含水量的影响较小，且无论哪一种灰样曲线，在最优含水量的左侧，其干容重随着含水量的增大而提高，而在最优含水量右侧其干容重随着含水量的增大而下降，可得出结论：在确定调湿灰的含水量时，应控制含水量小于或等于最优含水量。

灰种 1 粉煤灰现场碾压试验：粉煤灰干容重－含水量关系曲线如图 14-2 所示。

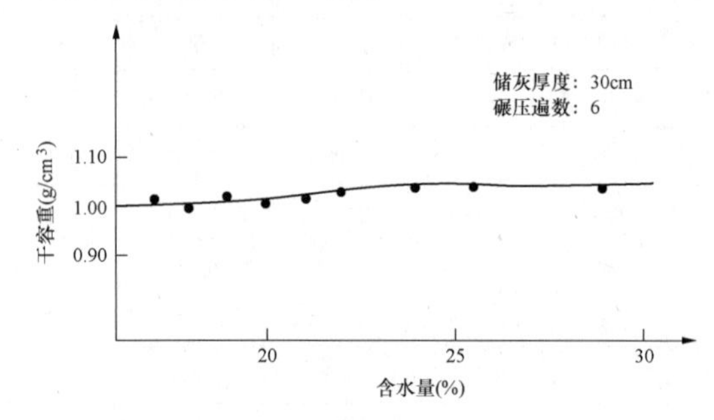

图 14-2　粉煤灰干容重－含水量关系曲线

从图 14-2 可以看出，含水量在 16%～30%范围内干容重随含水量增加而略有增加，由 0.98g/cm³ 增至 1.05g/cm³，说明含水量对碾压干容重不是敏感参数，其原因是粉煤灰颗粒内孔隙较多，能贮存较多水分，压实过程中这些水在颗粒之间不起润滑作用。通过试验当含水量达到 33%及以上时，有黏车现象。

灰种 2 粉煤灰击实试验中，采用用轻型击实，最大干容重为 1.014g/cm³，最优含水量达 42%；采用重型击实，最大干容重为 1.147g/cm³，最优含水量下降为 30.5%。

考虑到节约用水及防止湿灰黏车、冻结、飞灰污染等因素，在碾压贮灰过程中，含水量控制范围可放宽到 20%～30%为宜。

3）碾压遍数对压实效果的影响。灰种 1 粉煤灰碾压试验：当调湿灰含水量为 20%～25%，铺灰厚度 30cm，碾压工具为 12t 振动碾时，粉煤灰随碾压遍数的增多而逐渐密实。但碾压 4 遍以后，再增加碾压遍数，干容重增加缓慢。粉煤灰干容重－碾压变数关系曲线如图 14-3 所示。

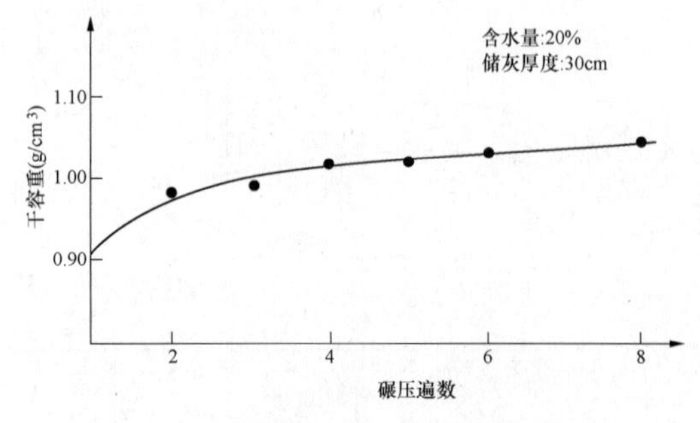

图 14-3　粉煤灰干容重－碾压遍数关系曲线

灰种 2 粉煤灰碾压试验：干容重与碾压遍数的关系见表 14-17。

表 14-17　灰种 2 粉煤灰碾压试验测试表

强振碾压遍数	铺灰厚度（m）		
	0.4	0.6	0.8
	干容重（g/cm³）		
1	0.89	0.91	0.89
2	0.90	0.89	0.92
3	0.91	—	0.91
4	0.95	0.97	0.94
5	0.95	0.94	0.92
6	—	0.98	0.94
7	0.94	0.98	0.94

从表 14-17 中看出，在铺灰厚度和碾振强度一定的情况下，干容重随碾压遍数的增加而增加，当遍数大于 4 遍时，干容重一般不再增加。

一般情况下，调湿粉煤灰采用强振碾压遍数以 4 遍为宜。

4）铺灰厚度对压实效果的影响。一般情况下，在含水量、碾压遍数、振动强度一定的条件下，铺灰厚度较薄，压实效果较好，干容重随铺灰厚度的增加而降低。铺灰厚度较薄时，干容重随铺灰厚度的增加而降低不明显，但当铺灰厚度达到一定程度时，干容重明显下降。由于铺灰厚度较薄时，碾压工作量大幅增加，碾压效率低，但铺灰厚度过大，压实效果降低，且碾压施工容易出现雍灰现象，因此一般铺灰厚度以 0.4～0.6m 为宜。

5）振动强度对压实效果的影响。在铺灰厚度、碾压变数一定的条件下，压实效果以强振最好、弱振次之、不振（平碾）最差。

4. 渗透特性

五种灰样室内渗透实验结果见表 14-18。

表 14-18　五种灰样室内渗透试验结果表

灰种	含水量（%）	相对密度	干密度（g/cm³）	渗透系数（cm/s）
1	24.8	0.45	0.91	5.20×10^{-4}
	24.8	0.65	1.00	1.20×10^{-4}
	24.8	0.80	1.08	0.90×10^{-4}
2	41.7	0.45	0.69	4.71×10^{-4}
	41.7	0.65	0.83	4.06×10^{-4}
	41.7	0.80	0.91	0.82×10^{-4}
3	22.1	0.45	1.13	1.72×10^{-4}
	22.1	0.65	1.21	0.64×10^{-4}
	22.1	0.80	1.28	0.54×10^{-4}

续表

灰种	含水量（%）	相对密度	干密度（g/cm^3）	渗透系数（cm/s）
4	25.3	0.45	0.87	2.16×10^{-4}
	25.3	0.65	0.99	1.84×10^{-4}
	25.3	0.80	1.11	0.48×10^{-4}
5	21.6	0.45	0.99	1.11×10^{-4}
	21.6	0.65	1.10	0.28×10^{-4}
	21.6	0.80	1.20	0.14×10^{-4}

从表 14-18 中可以看出，干密度越大，渗透系数越小，在相对密度 0.80 处于密实状态时，渗透系数 $i\times10^{-5}$ 数量级，属于弱透水性材料。

5. 压缩特性

中国水利水电科学研究院对五种灰样的压缩性能试验结果见表 14-19。

表 14-19　五种灰样压缩性能试验结果表

灰种	制备含水量（%）	相对密度	干密度（g/cm^3）	浸水与否	压缩系数 a_v 0.1～0.4MPa（MPa^{-1}）
1	24.8	0.45	0.91	浸	0.08
	24.8	0.65	1.00	不浸	0.05
				浸	0.05
	24.8	0.80	1.08	浸	0.05
2	41.7	0.45	0.69	浸	0.71
	41.7	0.65	0.83	不浸	0.29
	41.7	0.80	0.91	不浸	0.10
				浸	0.10
3	22.1	0.45	1.13	浸	0.10
	22.1	0.65	1.21	不浸	0.05
				浸	0.05
	22.1	0.80	1.28	不浸	0.04
				浸	0.05
4	25.3	0.45	0.87	浸	0.28
	25.3	0.65	0.99	不浸	0.19
				浸	0.47
	25.3	0.80	1.11	不浸	0.09
				浸	0.13
5	21.6	0.45	0.99	浸	0.56
	21.6	0.65	1.10	不浸	0.11
				浸	0.44
	21.6	0.80	1.20	不浸	0.06
				浸	0.08

从表 14-19 中可以看出，干灰的干密度越大，压缩系数越小，当灰体碾压至相对密度 0.65 以上时，无论浸水与否，其压缩性均较低，当干灰达到密实状态时，属低压缩性土。

6. 抗剪特性

水科院对五种灰样的抗剪性能试验结果见表 14-20。

表 14-20　五种灰样抗剪性能试验结果表

灰种	相对密度	试样			剪切时饱和度 S_r（%）	有效抗剪强度	
		含水量（%）	饱和度（%）	干密度（g/cm^3）		C_d（kPa）	φ_d（°）
1	0.45	24.8	0.45	0.91	100	0	33.0
	0.65	24.8	0.65	1.00	98	35	34
					非饱和	75	32.0
	0.80	24.8	0.80	1.08	98	55	39.5
2	0.45	41.7	0.45	0.69	100	0	32.0
	0.65	41.7	0.65	0.83	非饱和	40	31.5
	0.80	41.7	0.80	0.91	非饱和	60	33.0
3	0.45	22.1	0.45	1.13	96	0	31.0
	0.65	22.1	0.65	1.21	非饱和	60	31.0
	0.80	22.1	0.80	1.28	非饱和	50	34.5

续表

灰种	相对密度	试样			剪切时饱和度 S_r (%)	有效抗剪强度	
		含水量 (%)	饱和度 (%)	干密度 (g/cm³)		C_d (kPa)	φ_d (°)
4	0.45	25.3	0.45	0.87	100	0	32.0
	0.65	25.3	0.65	0.99	非饱和	30	32.0
	0.80	25.3	0.80	1.11	非饱和	60	32.0
5	0.45	21.6	0.45	0.99	100	0	31.0
	0.65	21.6	0.65	1.10	非饱和	50	28.5
	0.80	21.6	0.80	1.20	非饱和	60	29.5

从表 14-20 中可以看出，干灰的干密度越大，其抗剪强度越高。

（二）总体堆灰作业顺序

（1）对平原及滩涂干灰场堆灰作业顺序一般先从靠近电厂侧开始，并考虑主导风向的影响。

（2）对于山谷干灰场应视山沟的地形条件、周围环境、洪水情况及灰场与电厂的地理位置关系等确定，采用自上而下或自下而上的运行方式，两者各有利弊，条件不同采取不同的运行方式。原则上推荐采用自下而上的运行方式。

1）两种运行方式的优缺点比较见表 14-21。

表 14-21　两种运行方式的优缺点比较表

运行方式	优　点	缺　点
自上而下	（1）可以充分利用地形提高贮灰高程，实现分区运行，从而少占地。 （2）随堆灰随覆土的运行方法，及时造地还田。 （3）灰面容易控制，灰面暴露时间短，飞灰污染性小	（1）一般在贮灰高程以上修建截洪沟，土建工程量大，初期投资高。截洪沟设防标准低，存在山坡洪水集中冲击灰面的威胁。 （2）在灰场底部需修建挡灰坝，防止雨水夹带灰渣漫溢
自下而上	（1）灰场从底部初期坝开始，逐渐向顶部分层作业，堆灰作业顺序比较简单。 （2）作业面逐渐升高，作业顺序简单，施工人员便于操作掌握。 （3）洪水量较小时可不修建截洪沟，工程量小，初投资少	（1）灰面暴露时间长，到最终高程覆土的时间长，因此需有防止扬灰污染的措施。 （2）虽然设置了排水设施，但雨季时山洪仍可能对现场的施工管理带来影响及干扰

2）两种运行方式的示意简图如图 14-4 和图 14-5 所示。

（三）区块堆灰方式

为减少扬灰，干贮灰必须尽量减少干灰暴露面积和暴露时间，因此堆灰方式的设计原则为分区分块堆放，当区块灰面达到设计贮灰标高时及时覆土造田。区块运行作业方式可采用进占法或后退法。

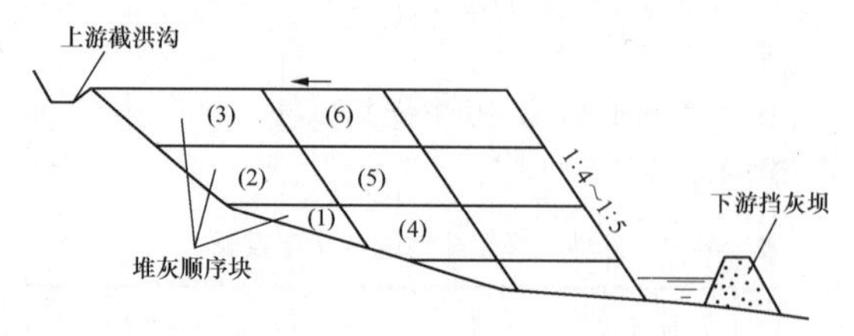

图 14-4　自上而下堆灰方式示意简图

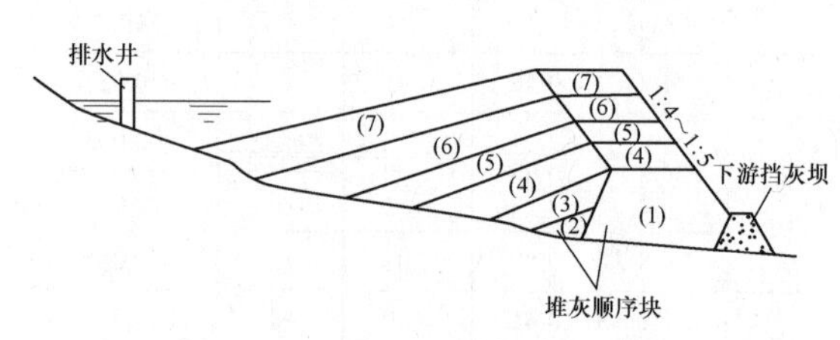

图 14-5　自下而上堆灰方式示意简图

（1）斜坡堆积进占法。该法运行作业时在某一设计标高的堆放面上利用推土机和自卸汽车的配合从岸边逐渐向前推进，在推进中先用推土机将自卸汽车卸下的灰渣逐渐向前推向斜坡并整平，同时进行初步碾压，然后在设计标高的灰面上利用振动碾碾压，以保证后续车辆驶入作业。为防止扬灰污染，随着堆灰的推进，及时覆土。

该法的特点是分层厚度大、灰面外露少、碾压机械运行费用较少等。在滩涂灰场及自上而下运行方式的山谷干灰场宜采用此方法。但在使用中，应注意堆积高差不宜过大，并应加强运行安全控制。斜坡堆积进占法示意图如图 14-6 所示。

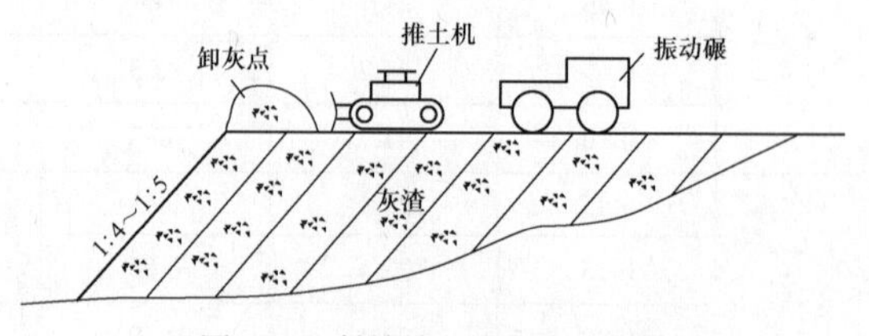

图 14-6　斜坡堆积进占法示意图

（2）分层平起进占法。该法是推土机将自卸汽车卸下的灰渣整平后，然后在整平的灰渣上面用振动碾碾压，分层堆放分层碾压，直至达到设计贮灰标高，在平面上以每小区为单位进行堆放。该法的特点是分层厚度小、碾压密实、灰体干密度大，但灰面外露多、碾压机械运行费较高。对于灰渣筑坝区应采用此方法。分层平起进占法示意图如图 14-7 所示。

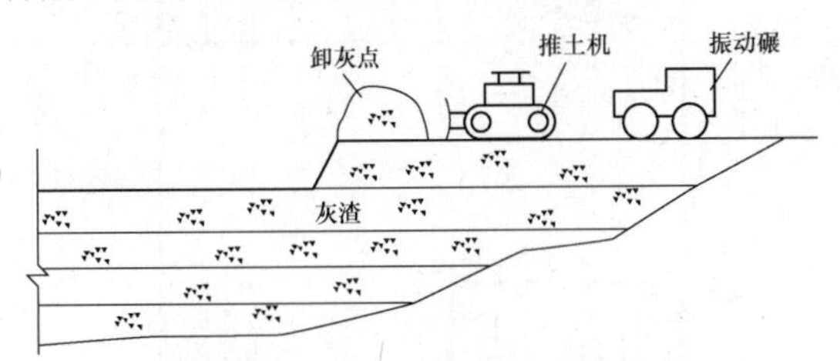

图 14-7　分层平起进占法示意图

（3）分层平起后退法。在汽车行走的作业面上自卸汽车卸料用后退法，之后推土机整平，振动碾碾压，目的在于经碾压的灰面不受汽车行走的影响，防止扬灰污染。分层平起后退法示意图如图 14-8 所示。

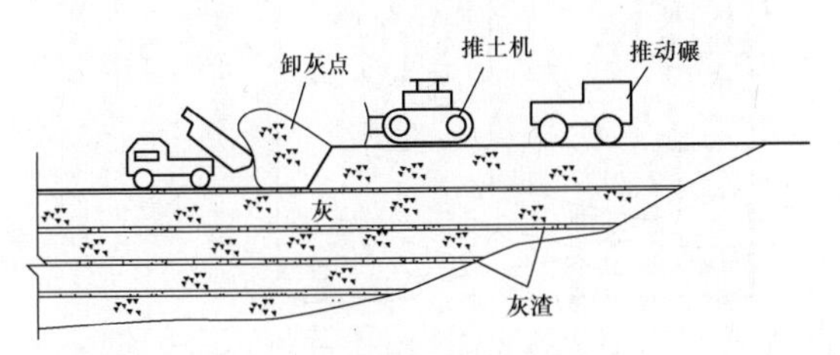

图 14-8　分层平起后退法示意图

在运行作业中，如在已碾压的灰面上自卸汽车用进占法铺一层炉底渣，碾压成临时路面，之后在其上用后退法卸灰，分层平起，这样，汽车始终在炉底渣层面上行走，可避免车辆轮胎对压实灰面的扰动，防止扬灰污染更为有效。灰场内临时道路可采用此法形成。

（四）堆灰作业环节

（1）运输。灰渣一般采用专用装灰自卸车（或皮带）运输，从电厂运至灰场区域内各点。为适应汽车运输，灰场内宜修建炉底渣或泥结石临时道路。

往返于灰场的运灰车、车厢板和轮胎上粘留的灰渣是沿途灰渣污染的主要原因，而且黏结在车厢板的灰渣具有一定的强度，一旦板结不易清除，所以应在灰场派专职人员，清理冲洗车厢、轮胎，减少灰渣污染。

压实洒水后的灰面避免人为扰动。要求运灰车辆进入灰场后，按规定路线行驶，转弯、调头时半径要大，车速要缓。

（2）整平。运灰车将灰渣运到灰场区域内以后，由推土机进行疏散整平，推土机的适宜距离为 50m 左右，因此要求每个区域卸灰应按铺灰厚度、每车灰量等，划定每堆灰的间距，矩阵式排列，定点卸灰。推铺、碾压灰渣沿灰堆序列往返进行，使车辆在现场依次有序。严禁乱堆乱卸，卸而不摊，摊而不压的现象发生。

（3）喷洒。对运行过程中暴露时间较长的灰面进行喷洒，可防止飞灰污染环境。有关试验表明：在含水量大于 5%时，表面平整的压实灰渣可抵御 20m/s 左右的风速。因此，对灰场暂不堆灰的灰渣表面，要定时洒水。洒水周期和水量应根据季节和天气，适时调整，避免因风吹而扬灰。例如干燥多风季节应勤洒多洒，阴雨天气可以少洒或不洒。一般情况下，建议每天洒一遍水，每遍洒水深度 5mm。

另外，当灰渣含水率保持在 25%～30%左右时，可达到最佳碾压效果。一般根据卸到灰场灰渣含水量的大小，决定是否需要洒水及洒水量大小。最佳含水量应在工程投运后，从实践中试验确定，同时还应根据气候条件随时进行调整。例如阴雨和干旱炎热天气，应适当减少或增加含水量，冬季也适当减少含水量，减缓冻害。

（4）碾压。调湿灰经推土机整平后随即用振动碾碾压，其碾压质量要求应视堆灰体的部位和碾压的目的确定。现按“碾实”“碾压”及“碾平”三种不同的碾压质量要求选用。

1）碾实。在灰渣筑坝坝体及永久坡面一定范围内的灰体，应对调湿灰分层碾压密实。抗震设防烈度 7 度及以下地震区的压实系数不小于 0.95。抗震设防烈度 8 度及以上地震区宜适当提高碾压标准。

2）碾压。对灰场内大范围的灰渣堆筑体，碾压的目的是满足运灰汽车的作业和表面防止扬灰污染。因此，碾压要求以满足运灰汽车行走为准，压实系数一般要求不小于 0.90。

3）碾平。当干灰场采用皮带运输进行堆灰时，调湿灰经推土机推成预定外形，然后在表面碾压平整，使灰渣有一定密实性，以达到防止扬灰和便于随后覆土造地的目的。这样，对灰的铺厚和碾压遍数无严格要求，碾压设备也可选用较轻型的。

4）碾压试验及指标。为保证压实灰的干密度满足设计要求，需确定调湿灰最优的含水量、铺灰厚度、碾压遍数三个参数。干灰场运行之前，必须进行碾压试验工作，以确定碾压参数。不同煤种灰分、不同颗粒组成，都会影响到碾压参数，所以不能简单地确定，要经过现场碾压试验确定。另外各工程选用碾压机械的不同，也会得出不同的碾压结果。

a. 主要实验项目：自然干灰的颗粒分析、化学成分分析及其物理力学性质；同一含水量、同一碾压遍数，对不同铺层厚度碾压试验，测定压实后的灰渣物理力学指标；同一含水量、同一铺层厚度，对不同碾压遍数碾压试验，测定压实后的灰渣物理力学指标；同一铺层厚度、同一碾压遍数，对不同含水量碾压试验，测定压实后的灰渣物理力学指标；室内击实试验，给出灰渣最大干密度与最优含水量关系曲线。

b. 干灰调湿碾压试验成果要求。

a）灰渣的压缩特性：①碾压灰渣干密度与含水量的关系；②碾压灰渣干密度与碾压遍数的关系；③碾压灰渣干密度与铺层厚度的关系。

b）灰渣的工程特性：①碾压灰渣干密度与抗剪强度的关系；②碾压灰渣干密度与压缩性的关系；③碾压灰渣干密度与渗透性的关系。

四、干灰场管理站的设置

（1）为保证贮灰场安全、正常运行，在灰场附近应设置灰场管理站。当灰场紧邻电厂边缘时，可由厂区总平面统一考虑布置管理站。

（2）灰场管理站的位置应根据灰场自然地理条件和当地情况，并结合工程运行实际情况而确定，力求管理、运行两方便。

（3）管理站占地面积的大小应根据各附属建筑物面积的大小而确定。

（4）管理站一般应包括区域围墙及大门、值班室、办公室、供热站、灰车库、车辆冲洗间、推土机库、碾压设备库、配电间、蓄水池、厕所、浴室等附属建筑。各运行检修车辆的车库面积大小可根据所选车辆及机械的尺寸确定。

（5）管理站区域内道路应按混凝土路面或沥青路面设置，宽度不小于 7m。

（6）管理站区域占地面积一般不宜小于 $2500m^2$，建筑物面积一般不宜小于 $500m^2$（运灰车库除外）。国内目前采用干灰场的部分电厂情况可参见表 14-22。

（7）典型管理站区域布置图如图 14-9 和图 14-10 所示。

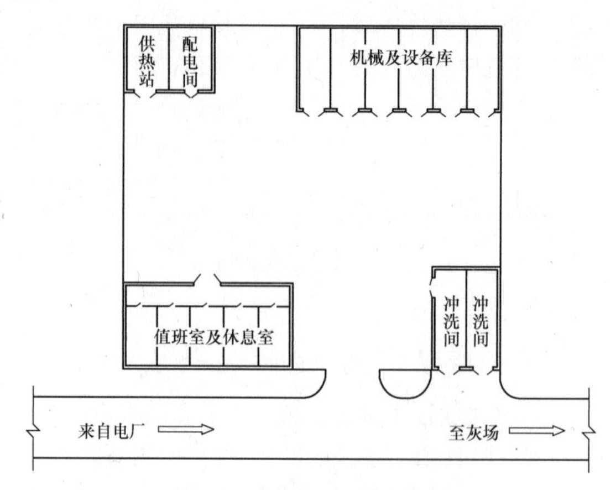

图 14-9　管理站典型布置图 1

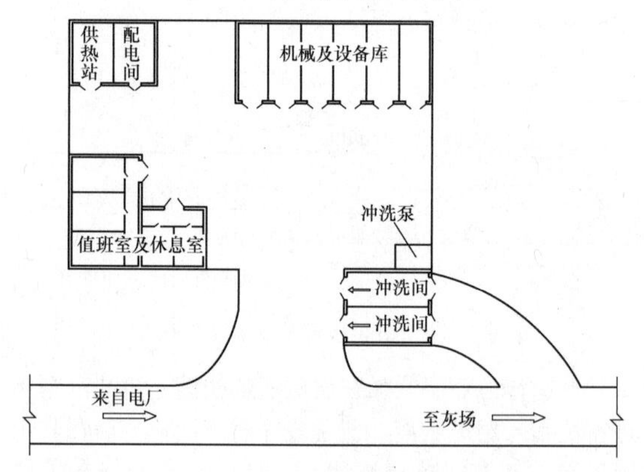

图 14-10　管理站典型布置图 2

表 14-22　国内目前采用干灰场的部分电厂情况汇总表

电厂编号	机组容量（MW）	灰场类型	管理站		堆灰机具设备							
			占地面积（m^2）	建筑面积（m^2）	推土机（台）	碾压机（台）	装载机（台）	洒水车（辆）	自卸车（辆）	工具车（辆）	喷洒机（台）	小碾压机（台）
1	2×350	山谷	5000	1750	2	2	2	2	2		1	
2	4×300	滩涂	2689		5	2	2	2		2		
3	2×300	山谷	4800		2	2		2				2
4	2×300	山谷	2080	432	2	1	1					
5	2×550	山谷	10000	5000	3	3	1	1		1	7	
6	2×350	平原	25954	1678	3	2	1	2		1		
7	2×600	山谷	4200	1408	3	3	3	3	1	1	7	2
8	2×100	山谷	1400	671	3	3		2				2
9	1×100	山谷	2630	346	3	1		1				1
10	2×350	山谷	6300		2	2		2				1

续表

电厂编号	机组容量（MW）	灰场类型	管理站		堆灰机具设备							
			占地面积（m²）	建筑面积（m²）	推土机（台）	碾压机（台）	装载机（台）	洒水车（辆）	自卸车（辆）	工具车（辆）	喷洒机（台）	小碾压机（台）
11	4×300	山谷	3050	320	3	2		4				1
12	2×200	丘陵	3060		2	2						
13	2×100	山谷	5100	1250	3	3	1	3	2	1		

注　本表中有些电厂资料尚未齐全，仅供使用参考。

五、其他

（1）坝体抗滑稳定计算见本章第七节。

（2）干灰场排水系统见本章第八节。

（3）干灰场环境保护设计见本章第九节。

（4）干灰场的运行管理要求及机械设备的配置见本章第十节。

第七节　湿式贮灰场

一、概述

前面对干式贮灰场做了一些介绍，由于我国是水资源严重短缺国家，近些年来新建电厂的贮灰场采用干式贮灰的居多，但对于水资源比较丰富的地区，水力除灰仍是一种选择。本节就水力除灰的湿式贮灰场的选择及设计中的一些问题进行阐述。

二、湿式贮灰场的类型及选择

1. 湿式贮灰场的类型

根据目前已经投入运行的贮灰场情况看，结合灰场周围的地形、地貌，按贮放地点划分，湿式贮灰场同干式贮灰场一样，可分为三大类型：①山谷型；②平原型；③滩涂型。湿式贮灰场的型式及特点见表14-23。

表 14-23　　湿式贮灰场的型式及特点

库型	灰坝平面形式	特　　点	备注
山谷型	在谷口一面筑一主坝	优点：坝体短，工程量小，相对于平原灰场占地面积小，不占良田，基建费用低。 缺点：管理维护工作复杂，一般灰水的输送高程也比较高；受山洪影响大，排洪、排水设施比较复杂	如图14-11所示
平原型	在平地四周筑连续堤坝形成	优点：灰水的输送高程比较低，有时可采用自流的方式；管理维护工作相对于山谷型灰场较容易；库外洪水不进入灰场，受洪水影响相对小。 缺点：堤坝长，工程量大，相对于山谷灰场占地面积大，基建费用高	如图14-12所示
滩涂型	在江、河、海滩地四周筑连续堤坝，或在滨海（河）设防波（洪）堤，其余侧设围堤形成	优点：灰水的输送高程比较低，有时可采用自流的方式；管理维护工作相对于山谷型灰场较容易；库外洪水不进入灰场。 缺点：堤坝长，工程量大，相对于山谷灰场占地面积大，基建费用高	

注　1. 有的山谷贮灰场汇雨面积很大，如地形条件合适，也可根据地形在上游合适地段设拦洪坝及排洪沟，使洪水不进入库区内。

2. 有的河、海滩平地灰场，由于受河流、洪水及海水潮汐的影响，可能造成贮灰场排水的倒灌或排水口的淤堵，故在选场中应特别注意。

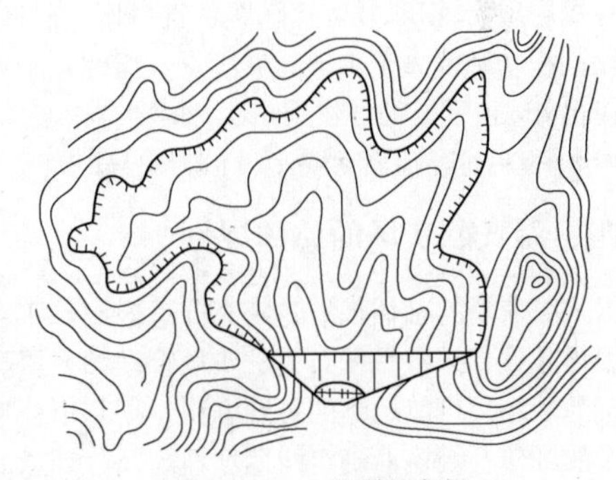

图 14-11　山谷型贮灰场

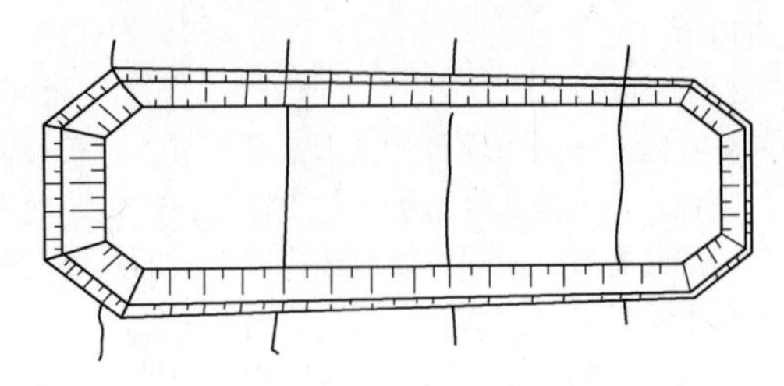

图 14-12　平原型贮灰场

2. 湿式贮灰场的选择

湿式贮灰场的选择同干式贮灰场选择原则基本一致，湿式贮灰场的选择在干式贮灰场选择的原则基础上，还应考虑以下几点。

（1）对于水力除灰来说，厂外除灰管线的基建费往往比较高，故在贮灰场的选择时，尽可能地选择库容大的一处，若确实有困难，可分为两处，但不宜多于两处。

（2）距电厂近，尽可能采用自流输送灰渣，以减少输送灰渣的基建费，降低输送灰渣的运行费。

（3）考虑到湿式贮灰场内灰水的渗透作用，贮灰场避免设在大型工矿企业和城镇的水源地的上游位置，并宜设在工业区和居民集中区常年主导风向的下方。

（4）湿式贮灰场更宜避开断层、断层破碎带、溶洞区，主要建（构）筑物地段宜具有良好的地质条件；库区宜具有良好的水文地质条件，应避开地下水主要补给区和饮用水源含水层；优先选在防渗性能好的地基上。

三、湿式贮灰场内粉煤灰的特性

（1）粉煤灰的基本性质。参见本章第六节。

（2）水力除灰排放口沉积规律：灰渣离开排放口在滩面随水流不断沉积，离排灰口越近，则沉积的颗粒越粗，具有较好的分选性，干滩越长，水灰比越大分选性越好，灰浆主流从滩面进入水下后，灰流打散，流速降低，灰粒迅速形成陡坡，这一陡坡随时间向前推进，犹如河口淤积一样，其沉积是一个复杂的过程，但具有成层现象，沉积物容重随颗粒直径增大而增大，干坡段沉积物密度大于水下陡坡段。其原因除干坡段颗粒较粗外，由于湿循环作用，对沉积物有压密作用，一般为8～9.9kN/m^3，个别高达11.8kN/m^3。

四、湿式贮灰场的总体规划

湿式贮灰场的总体规划时应充分考虑到贮灰场库容、坝体布置、排水系统布置、灰场管理站布置等。在拟定的坝址，可能达到的最终容积，规划出分期分块建设的顺序及规模，确定初期坝坝高及分期加高方式。并合理规划排水系统，灰水回收系统及其他综合利用设施。

1. 贮灰场库容

湿式贮灰场的库容可参见本章第五节。对于水力除灰来说，厂外除灰管线的基建费往往比较高，故在贮灰场的选择时，应尽可能地选择库容大的一处。若确实有困难，可分为两处，但不宜多于两处。

由于机组的分期投入和负荷的不均衡性，其总年限将超过20年，灰场投资、工程量和占地等均很大，考虑到经济效益，可分期分块建设。

2. 坝体布置

对于山谷型湿式灰场，一期工程的灰坝布置应根据场区地形，并考虑后期子坝加高、排水系统、施工条件和环境影响等因素确定；对于山坡型及平地、滩涂型湿式灰场围堤布置应考虑地形、设计容积、地质条件、洪水（潮）位及风浪、占地范围、施工条件和环境影响等因素。

一期工程的灰坝，视具体情况，经技术经济比较，可以一次建成，也可以分期筑坝。当采用分期筑坝时，其初期坝高应根据坝型、分期加高方式等条件确定，初期坝形成的库容宜满足发电厂实际排入3年左右的灰渣量。根据调查研究，山谷灰场在设计中已普遍采用分期筑坝，积累了不少经验，具有很好的经济效益。

有的山谷型灰场灰水面积很大时，如果地形条件合适，可根据实际地形，在上游谷口合适位置布置拦洪坝及排洪沟，使上游洪水不进入库区，实现清浊分流。

3. 排水系统布置

设计贮灰场时，排水设施和灰坝应统一规划。排水系统选线力求短直、地基均一，无断层、破碎带及软弱地基，对于山谷型湿式灰场，选线应尽量靠贮灰场一侧山坡进行布置，当管线平行于陡坡布置时，应无产生横向滑坡的可能。进水构筑物的布置，应满足排水系统在使用过程中任何时候均能澄清灰水的要求；当后期采用灰渣加高时，还应满足排水系统在初期坝使用后期保证坝前产生设计要求的干滩长度。

对于山谷型灰场如果洪水较大，还应考虑泄洪建筑物。泄洪建筑物与排水建筑物可采取分开或合并设置的方案。对于上游适合设拦洪坝的山谷灰场，泄洪建筑物宜与排水建筑物分开布置。

4. 灰场管理站布置

为了满足湿式贮灰场的日常运行、维护要求及现代化管理需要，湿式贮灰场宜设灰场管理站。灰场管理站的布置应根据灰场总体规划、地形地貌、地质条件、水文条件及交通便利、便于灰场管理等条件进行布置。

五、湿式贮灰场坝体设计

挡灰坝设计的主要工作内容包括确定坝型、选择坝址、确定坝高、选择筑坝材料、进行坝体渗流分析及坝体排水设计，稳定分析及坝体断面设计，反滤设计，坝体观测设计及坝基坝肩设计、工程量计算等。

其设计分可为三大部分即总体规划设计、初期坝设计和后期加高设计。

总体规划设计：在拟定的坝址，可能达到的最终容积，规划出分期分块建设的顺序及规模，确定初期坝坝高及分期加高方式。并合理规划排水系统，灰水回收系统及其他综合利用设施。

初期坝设计应结合加高规划，确定初期坝型、坝高，进行坝体、坝基设计。

现针对山谷灰场初期坝设计介绍挡灰坝设计的主要内容及设计方法和步骤。

1. 灰坝的坝型

挡灰坝的坝型按其透水性、断面结构、筑坝材料及筑坝方式可分不同类型。

（1）按透水性分。

1）透水坝：坝体由透水材料筑成，其渗透系数大于灰渣的渗透系数50倍或$K \geq 1 \times 10^{-2}$cm/s为强透水坝，其渗透系数接近灰渣的可视为弱透水坝。

2）不透水坝：坝体由不透水材料筑成，其渗透系数小于灰渣渗透系数50倍或$K < 1 \times 10^{-2}$cm/s。

3）坝体设排渗体的不透水坝：初期坝需要设计成不透水坝时，为提高坝体的抗滑稳定和渗流稳定安全性，可将坝型设为坝体设排渗体的不透水坝，以防止灰场内灰水污外渗污染环境。灰场内的渗水通过坝体设置的排渗体汇集后排入灰水回收系统。

（2）按坝体断面结构分。

1）均质坝：坝体由大体上均一的材料筑成。

2）分区坝：坝体由若干透水性不同的土料混合或分区构成，可筑成透水坝、不透水坝或坝前排渗的不透水坝。

（3）按筑坝材料分。

1）堆石坝、砌石坝、砂砾石料筑成的坝，这些为强透水坝。

2）石渣坝，一般为弱透水坝。

3）黏性土料筑成的坝，为不透水坝。

（4）按填筑方式。

1）碾压坝。

2）水力冲填坝。

根据调查了解的情况，目前已经投入运行的灰坝均为当地材料土石坝。如果按其施工过程看也可分为两大类。

（1）一类是初期坝用当地土、石材料筑成，后期随着灰渣的沉积再进行加高。初期坝可做成透水坝（有利于灰渣排水固结，但渗漏水量比较大，对下游环境不利），也可做成不透水坝（坝体设计中应考虑降低浸润线的措施）。后期加高子坝一般采用上游法筑坝（如图14-13所示），材料可采用灰渣，也可用当地土石料。对于地震区，当使用此方案时，应对灰坝的地震液化问题进行认真的研究分析。另外，子坝加高也可采用下游法加高（如图14-14所示）。

（2）另一类是整个坝体全用当地土、石料筑成。

2. 坝型的选择

坝型的选择要综合考虑多种因素，早在20世纪70年代农田水利工程的水坝设计多选择为不透水坝。随着填坝实践研究的深入，到20世纪80年代设计多为透水坝。近年来在此基础上进行改进，设计为坝前设排渗体的不透水坝。但总的原则要有利于降低浸润线，加速灰渣的固结，提高沉积灰的强度，从而提高挡灰坝的抗滑、抗震稳定性，并为上游法加高创造条件。

（1）坝型的选择要素。

1）应考虑当地材料资源情况的种类、性质、储量、分布、开采运输等条件，因地制宜就地取材。

2）应考虑贮灰场下环境条件及环境保护要求。

3）后期加高要求，特别是上游加高时，应采用有利于降低浸润线，加速灰渣固结，提高承载力和强度等的坝型。

4）尚应结合坝址等地质条件、地震烈度、施工（水平）条件综合考虑，定出技术可靠、经济合理的坝型。

（2）坝型的选择指导思想。

1）在满足环保要求上，当地有丰富的砂石料资源时，应优先选用透水坝。当不满足下游环保要求时，在采取了有效的防渗措施后仍可采用透水坝。

2）任何情况下新建初期坝不宜采用不透水坝。

3）当有丰富土料资源，或下游环保要求需要建不透水坝时，应选用坝前设排渗体的不透水坝。

初期坝是在基建时，由施工单位负责修筑的，而后期坝通常是由生产单位在整个生产过程中逐年修筑的。因此，灰坝的设计不但要选择合理的初期坝坝型，做好初期坝的设计。更重要的是根据灰渣特性、坝址地形、地质条件、地震烈度、气候条件、施工条件等因素选好灰坝的整体坝型，做好整体坝的设计，确保整体坝的稳定与安全。

3. 灰坝坝址的选择和对地基的要求

（1）坝址的选择。山谷灰场与平地灰场在确定坝轴线的位置上有较大的不同，平地灰场在贮灰场场址选定后其灰坝的位置也就基本确定，但山谷贮灰场在选定场址后，灰坝坝址的位置仍有较大的选择范围。如何选择灰坝的坝轴线将直接影响到整个工程的安全性和经济比。故在坝址选择中需考虑的主要因素分列如下。

1）应尽量选择地形上最有利的坝址，如坝轴线短、坝体工程量少、后期加高方便量小、易于排水系统布置、具备施工条件、环境影响小等。选择地形上较有利的坝址，就有可能节省工程造价，除非在坝基地质情况很坏，并考虑了施工条件以后，才能决定放弃。

2）坝址的地质条件是影响坝址选择的重要因素之一，必须将可能筑坝的地段进行详细的地质勘探和研究。如：坝址处地质条件要好，坝基处理简单，两岸山坡稳定，尽量避开泉眼、淤泥、活断层、滑坡等不良地质构造。

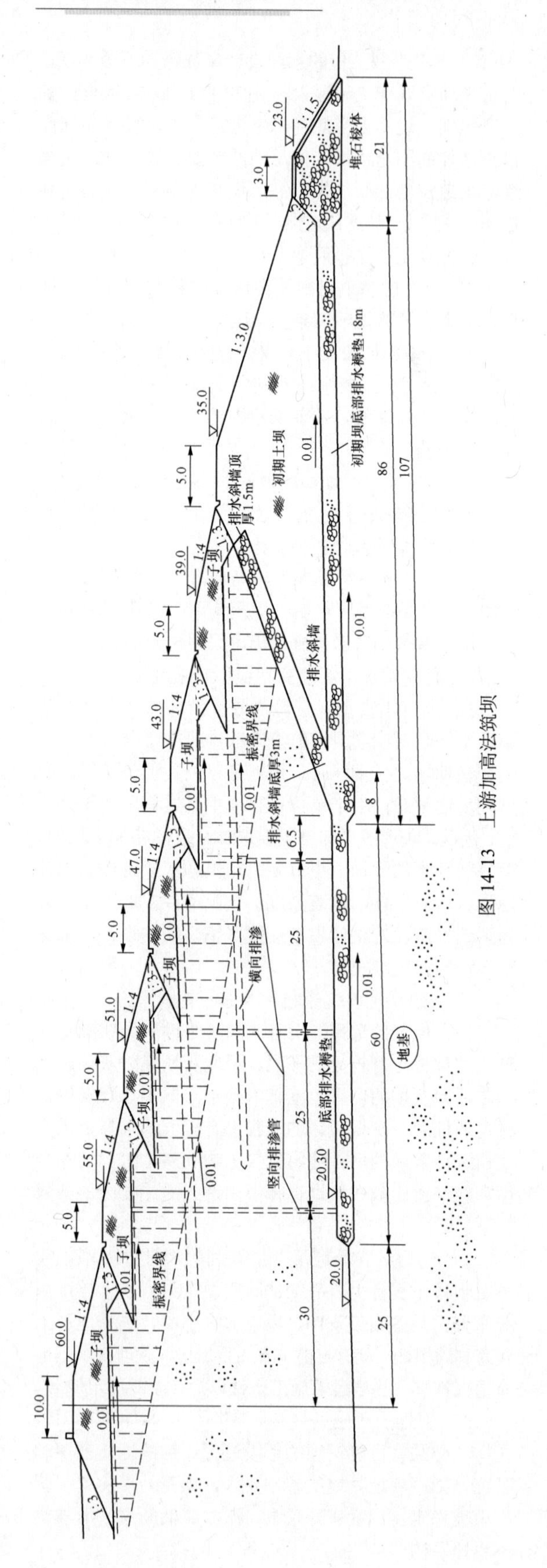

图 14-13　上游加高法筑坝

图 14-14　下游加高法筑坝

3）贮灰场的淹没情况也是选择坝址的重要因素。有些地形和地质条件很好的坝址，就因为淹没损失过大而被放弃，或者降低坝高。

4）以最小的坝高能获得较大的库容。

（2）灰坝对地基的要求。

1）对岩基的要求。除非是在天然基岩露头的地方，一般情况下并不需要将灰坝全部建筑在岩基上。有时为阻止冲积层的渗漏或渗透变形而在条件许可时，多半将灰坝的阻水部分延伸到岩基面上。如果岩基地质条件不良，也会造成坝的毁坏。对岩基提出的一般要求如下。

a. 足够的岩石强度：单从岩石的抗压强度来讲，即使对于高坝，一般岩石强度都是足够的。风化了的坚硬岩石，强度虽然稍低，但作为灰坝的坝基，一般也都可以满足强度的要求。但页岩和黏土岩则应作为软基加以研究。

b. 岩石的整体性：必须避免活断层，岩层中不能有大的缝隙和裂口，对严重的风化带和破碎软化的岩层，应仔细研究加以处理。

c. 没有造成坝滑动的夹层：当坝基由不同的岩层构成时，要避免可能造成坝体滑动的条件，尤其应当避免有可能造成坝基滑动的软弱夹层和自上游至下游容易形成集中渗漏或易产生渗透变形的夹层。

d. 岩石有足够的抗水性：岩石浸水后应不至于溶解和软化。如在坝基中有石膏、酸酐。含石膏很多的岩石及岩盐层对筑坝非常不利，应当避免在这类岩石上筑坝；石灰岩和白云岩也易被水溶解，产生溶洞，应仔细研究加以处理；黏土质岩石遇水易软化而引起灰坝滑动，也应注意。

2）对土基的要求。

a. 有足够的地基承载力。在细砂、软黏土、淤泥和泥炭上修筑灰坝时，应考虑到这些土层的承载力很弱，必须加以处理甚至挖除。同时，研究坝基的承载力时应判断出坝建成后地基的沉陷数量。

b. 坝基土应有较好的均匀性，没有被渗透水冲刷的夹层或土层。

c. 坝基中没有造成坝体滑动条件的软弱夹层。

d. 坝基土的压缩性不应过大，并且越均匀越好。

e. 坝基土应具有足够的抗水性，在水中不溶解，不软化，不产生显著的体积和密度的变化。

f. 坝基土中的渗透水的水力坡降不应超过危险极限，坝基中部分土体应不至于因水压力作用而被冲刷或浮起。

4. 筑坝材料的选择

湿式贮灰场灰坝筑坝材料料场的选择参见本章六节中关于料场的选择说明。

目前所提到的灰坝，其初期坝（如分期筑坝）一般为土坝、石坝或土石混合坝。也就是就地取材的建筑物。筑坝地点大都有几种土料或石料。因此选择哪一种或几种土料、石料作为筑坝材料，是设计土坝的一个重要组成部分。

虽然任何土料、石料只要不含大量有机混合物和水溶性盐类都可以用来筑坝。但是，由于不同性质的土料有其不同的适用条件，如：透水性大的土料不适于做防渗材料，易风化的石料不适于做灰坝内的排水体，黏粒含量太大的土料不适于放在坝的坡面上，细砂、粉砂用来筑坝须要具备一定的技术条件，而达到这些条件往往要花费很大的代价，以致使得用这种土料筑坝实际上成为不合理，因而筑坝土料应该按照灰坝的重要性及各种不同部位来合理选择。

（1）碾压式不透水灰坝土料的选择。

1）有机混合物及水溶性盐类含量。按照 DL/T 5395《碾压式土石坝设计规范》的规定：有机质含量（按质量计）对均质坝不大于 5%，对心墙或斜墙不大于 2%；水溶盐含量（指易溶盐和中溶盐的总量，按质量计）不大于 3%。

实际上有机混合物含量较大时，对筑坝并无不良影响，而且降低了土的渗透系数，并增加了它的抗剪强度和抗压强度、减低湿化性、减低压缩性、改良了土的物理技术性质。根据工程经验认为有机混合物含量不超过 5%的土料筑坝是合适的。

对于水溶性盐类，也可放宽标准，只要易溶盐类和中溶盐类的总和不超过 8%，就可用于筑坝，水溶性盐类所以不允许含量太大，是因为当其溶滤后会降低土的各种强度，如果黏土中含有不溶盐类，对土的性质是有利的。

2）颗粒组成。颗粒组成是土料最重要的性质。因为土的力学性质是由其颗粒组成、颗粒形状、矿物成分所决定的，而颗粒组成是影响土的力学性质的主要因素。土的级配好，则压实性能好，可以得到较高的干容重，较小的渗透系数及较大的抗剪强度。所以选择级配优良的土料就可以得到优良的物理力学性质。通常认为，不均匀系数 η 达到 30～100 的土料（$\eta=d_{60}/d_{10}$）。就是级配好的土料。

对于均质土坝，黏粒含量（＜0.005mm）10%～30%的砂质或粉质壤土最为适宜。黏粒含量达 50%～60%的肥黏土，不宜用于均质坝，如果采用，必须在其表面覆盖非黏性土作保护层，以免黏土干裂。最好避免采用这种肥黏土，尤其当这种黏土的天然含水量太高或太低时，更应特别注意。如果天然含水量太高，则需要晾干。晾干时土块不易粉碎，故含水量不易均匀，晾干后，需经过堆积的过程，以使其水分分布均匀。如果天然含水量太低，是需在土料场加水增湿，上坝前，也需堆积的过程。要处理这种土料，将花费极大的代价。故最好避免采用这种土料，黏粒含量<15%，粉粒（0.005～0.05mm）含量大于 40%时，由于黏粒含量太少，其土料适应于变形的能力比较差，用这种砂质或粉质土壤土料筑成的均质土坝，对开挖的要求比较高，即要求设计基础开挖线尽可能平顺，变化不能太大。

当然，颗粒组成或级配不好的土料，也可以用来筑坝。但要采取正确的设计措施。颗粒组成是影响土料动力性质的主要因素，故在地震区，要慎重研究土料颗粒组成或级配对振动液化的影响。例如，天然孔隙率在 43%～45%以上，有效直径（d_{10}）小于 0.1mm 及不均匀系数小于 5 的圆粒细砂，是特别容易液化的；粒径 d=0.001～0.25mm 范围内，平均粒径 d_{50}=0.023～0.074mm 之间的粉砂和轻粉质壤土，抗液化能力也很低，对地震荷载反应极为灵敏。相反，粒径很粗或很细的，抗液化强度都会大大提高。如果当地只有这种土料，则必须研究在一定的动力荷载强度作用下，可能采取的提高相对密度等措施，以避免液化。

总之，只要对筑坝材料的性质了解清楚，因地制宜、因材设计，原则上各种土料都可以用来筑坝。

3）可塑性。土的可塑性是指土体在外力作用下，虽改变其形状而不破坏其连续性的能力，当外力消失后，能保持原来的形状。土仅在一定的含水量范围内时，其黏滞含水量才足以使颗粒产生相互滑动而不破坏其连续性，即表现其塑性。这就说明土的塑性决定于土体中黏滞水的含量。土的可塑性的大小，可用塑性指数来表示，塑性指数>7 的土一般可用作防渗材料；塑性指数过大，则因其黏粒含量太高，一般不宜采用；塑性指数<7 的土，可用作弱透水料或半透水料。土的可塑性大小对土坝裂缝将起着重要的作用。

4）渗透性。灰坝对筑坝材料在渗透性方面的要求与水库的土坝截然不同，水库中水的流失可能使水库的运行产生经济损失，如果严重的活可能使工程的建设目的付诸东流。而灰坝则不同，如果渗漏对下游环境的影响允许，且对坝的安全没有危害时，甚至可以用很透水的土料用于筑坝，如果两种土料的渗透系数的差异在 100 以上，则可以互称为防渗材料或排水材料。即如果用作透水料的土料，其渗透系数为 10^{-2}～10^{-4}cm/s，则渗透系数小于 10^{-2}～10^{-6}cm/s 的土料即能满足不透水料的要求。由此可见，较好的砂质土壤就可适用。如果用砂砾料作透水料，其渗透系数一般为 10^{-2}～10^{-3}cm/s，则不透水料的渗透系数小于 10^{-4}～10^{-5}cm/s 即可。这样的不透水性一般黏性土都可达到。对于均质灰坝渗透系数不大于 1×10^{-4}cm/s，对于铺盖防渗，其渗透系数宜小于地基的 1000～2000 倍以上。

但渗透系数大了，渗透流速就大，这是否会发生管涌，对均质灰坝则应加以注意。用砂性土料作均质坝。管涌是很重要的问题，坝的断面可能由管涌坡降决定。

5）其他。土料的物理性质也常随采土方法而变，故在选择土料的同时应考虑到采土方法。例如：冲积砂常常是深层颗粒较粗，表层较细。如分层采砂，则所采的表层砂常是均匀的细砂，如能采用立面开采，将表层砂与深层砂掺合，则可以得到级配良好的砂砾料。如果必要，在设计中，应规定采挖方法，以便得到设计上所要求的土料标准。又如，一般表土中有机混合物含量较高，深层中有机混合物含量较低，如将上下层土料掺合起来，则有机混合物含量可能降至 5%以下，成为适合标准的土料。对于某些不合标准的土料，应研究改变其性质的办法，并与放弃该土料而取用远距离土料作经济比较，然后决定取舍。

6）均质不透水灰坝中的石料。不透水灰坝中所用的石料包括堆石排水体，护坡块石以及滤水坝址块石。护坡及滤水坝址的块石料软化系数应大于 0.80，岩石的孔隙率不应大于 3%，吸水率（按孔隙体积比例计）不应大于 0.8，岩石的重度应大于 22kN/m³。块石的形状应越近于正方形越好，片状和针状的块石容易挠曲而折断，所以块石的最大边长与最小边长比例不应大于 1.5～2.0。此外，卵石也可用作护坡及滤水坝址的材料，但因其摩擦角较堆石小，所以护坡及滤水坝址必须有平缓的坡度，否则会发生坍滑。

（2）堆石透水灰坝的材料选择。石料施工有抛填、碾压和堆砌三种不同的方法。对于堆砌和抛填的石料，质量要求较高；对于碾压的石料，质量要求可低一些。因为石料砌体承受压力较大，所以要求较高质量的石料；抛填的石料的压实情况不好，如石料质量不好则易破碎引起较大沉陷危及坝体的安全。碾压的石料由于在施工中压实较好，坝建成后的沉陷不大，故对石料质量的要求可低于抛填石料。

1）抗压强度。抗压强度有三种，即干抗压强度、饱和抗压强度和冻融（一般为 25 次循环）后的抗压强度。在较寒冷地带，堆石灰坝表层受气候影响的部分，应以冻融抗压强度为检验石料质量的标准；不受气候影响的坝体内部或在气候温和的区域，可用干抗压强度或饱和抗压强度（视石料是否接触水而定）作为检验标准。一般情况下石料的抗压强度要求，可参考表 14-24。

表 14-24　石料抗压强度要求

坝高（m）	抗压强度（kN/m²）	坝高（m）	抗压强度（kN/m²）
<10	2×10^4	50～100	4×10^4
10～50	3×10^4	>100	6×10^4

注　试样为边长 20cm 的立方体。

2）硬度。石料要有较高的硬度。太软的岩石容易破碎，易风化，强度也往往较低。石料的硬度不应低于莫氏硬度的第3级。

3）重度。如果其他条件相同，重度较大的石料较为优良。因为重度大的石料，其孔隙率小，抵抗气候影响的性能强；较致密，抗压强度也较大。同时，石料的重度越大，越增加坝的稳定性。堆石灰坝所用石料的重度不小于22kN/m³。

4）抗风化能力。石料应能抵抗风化。所谓风化，就是在堆石灰坝可能存在的期限内，经常作用于坝体的气候因素、地下水和渗漏水等使石块产生的综合变化。一般情况下，水上部分的堆石的软化系统（即饱和抗压强度与干抗压强度之比值），一般不宜小于0.8；水下部分的堆石材料时，最好不低于0.85。

5）石料级配的要求。用抛填方法施工时，堆石中的碎石，包括填筑时碰碎的碎石（质量小于0.1kg）在内，不应超过5%，小块石（质量0.1～0.3kg）不应超过25%。因为，坝体中含有大量碎石，这些碎石除了充填在大块石间的孔隙中外，还将垫夹在大块石接触点之间，在大负荷重压下将被压碎而使坝发生剧烈的沉陷。同时，还降低了坝体的渗透能力。所以，含有大量碎石的石料不宜用抛填法填筑。坝的边坡和坝基上铺的一层块石应当用形状比较整齐的石块铺砌。所用石料的最小厚度应为0.2m。长度不大于厚度的3～4倍，宽度不小于厚度的2倍。对于坝的下游部分堆石因承受极少的水压力，即使堆石发生沉陷，对于上游影响较小，所以下游部分石料可以采用较小尺寸。

采用碾压施工方法时，并不要求石料粒径必须满足某一规定，而只要求石料有适当的级配。根据现有压实机械的功能，压实层厚一般为60～100cm，所以石料尺寸也不宜过大。振动碾压的效果与堆石级配有密切关系。堆石最大粒径受填筑层厚的限制，一般为层厚的1/2～2/3；细粒土（小于0.05mm），砂粒（0.05～2mm）不大于10%；不均匀系数为30～150。

5. 灰坝筑坝材料的设计

土料设计的基本原则是根据土料的性质，进行合理选用。就是因材设计，而不是根据设计指标去寻找土料。因此，设计前必须充分掌握土料的数量和性质。

黏性土的设计质量指标是干重度和含水量；非黏性土的设计质量指标是相对紧度、干重度及砾石含量和含泥量（指粒径小于0.1mm的含量）。

土料设计标准，对黏性土是以控制最优含水量于塑限附近为宜；填筑密度按压实度确定。无黏性土的压实标准按相对密度确定，要求不低于0.7～0.75。无黏性土中粗料含量小于50%，应保证细料（小于5mm的颗粒）的相对密度满足要求。由于相对密度的测试比较复杂，因此，实际施工控制是按相对密度的设计要求换算或实测出填筑密度值进行现场控制。对于地震区，应根据设计烈度的大小按照有关的规定设计。

对于排水不良的无凝聚性土料，如粉砂、极细砂或砂质、砾质土中含有大量粉砂的土料，采用何种方法确定其最大干重度值得讨论研究。能自由排水的无凝聚性土料，如纯砂、纯砾等，可以通过相对密度的试验，求得最大、最小干重度及填筑干重度，来控制回填施工的质量。但对于排水不良的极细砂、粉砂或砂质、砾质土中含有大量粉砂的土料，有时在高的击实功能下得到的最大干重度大于振动法得到的最大干重度。一般建议对于这种土料应采用相对密度和击实试验两种方法同时试验，取其孔隙比最小值时的干重度为该土料的最大干重度。美国材料试验学会曾规定：细粒（小于0.074mm）含量不超过12%，且能自由排水的土料，宜用相对密度试验。美国水道试验站建议：细粒（小于0.074mm）含量超过5%时，分别做标准击实试验和相对密度试验，当击实试验所得的最大干重度的85%比相对密度85%时的相应干重度大时，则用击实试验来确定其最大干重度。

6. 灰坝断面设计

在水力除灰系统中，贮灰场灰坝在设计中所采用的主要原则与灰水在贮灰场内的排放方式有着密切的关系。若灰水在灰场的上游排放灰水集中在坝前，则灰坝上游侧的防渗将成为主要问题。且后期的加高只能采用下游法施工，这时灰坝的设计与水库中土石坝的设计比较类似。如果灰水是在坝前均匀排放，灰坝上游的防渗将变得不十分关键，因为沉积的灰渣本身就是一种较好的防渗材料；而排水和反滤的设计将是十分重要的。这时后期的加高可以采用上游法。目前，采用这种方案的工程较多，且比较经济。

（1）灰坝坝高的确定。山谷灰场灰坝顶标高按式（14-9）～式（14-11）计算选取大者（对于坝前均匀排放灰渣的运行方式，不考虑澄清灰水的风浪爬高）

$$H=h+h_1+\Delta_1 \tag{14-9}$$

$$H=h+h_2+\Delta_2 \tag{14-10}$$

$$H=h+1.0\sim1.5\text{m} \tag{14-11}$$

式（14-9）～式（14-11）中

H——坝顶标高，m；

h——灰场限制贮灰标高，m，即为满足电厂设计灰渣量在灰场内所占容积的相应标高值；

h_1——设计蓄洪深度值，m，即设计洪量经调洪演算后在限制贮灰标高以上所占深度；

h_2——校核蓄洪深度值，m，即校核洪量经调洪演算后在限制贮灰标高以上所占深度；

Δ_1——坝顶设计超高值，m；

Δ_2——坝顶校核超高值，m。

江、河、湖、海滩灰场的堤顶标高应按堤内外侧分别计算，经协调后选用：

1）堤内。同式（14-9）～式（14-11）。

2）堤外。堤顶标高按式（14-12）和式（14-13）计算选取大者

$$H=L_1+R_1+\varDelta_1 \tag{14-12}$$

$$H=L_2+R_2+\varDelta_2 \tag{14-13}$$

式（14-12）和式（14-13）中

H——堤顶标高，m；

L_1——设计潮（洪水）位标高值，m；

L_2——校核潮（洪水）位标高值，m；

R_1——设计潮位下设计风浪在堤前产生的波浪爬高值，m；

R_2——校核潮位下校核风浪在堤前产生的波浪爬高值，m；

$\varDelta_1$——坝顶设计超高值，m；

$\varDelta_2$——坝顶校核超高值，m。

（2）坝坡和栈道。灰坝坝坡率根据坝体及坝基土砂料的压实密度和力学性质通过稳定计算确定。黏性土料坝坡应当上部陡、下部缓。一般15m以上的灰坝才变坡，变坡处设马道，马道的宽度不宜小于1.5m。但坝基存在软弱岩层、软弱砂层或黏性土层，则坝的下部变成较平缓的坡；下部坝坡也可不变缓，而在上下游坝脚设盖重。初步设计前期初估坝坡，可参考表14-25，然后进行坝坡稳定计算，加以修正。

表14-25　初估坝坡参考表

坝料种类		新鲜的堆石	均质土坝
碾压干密度（kN/m^3）		19～22	17～18
坡级＼坝坡		上下游坝坡	上下游坝坡
一级		1:1.3～1:1.5	1:2.0
二级		1:1.3～1:1.5	1:2.0～1:2.5
三级		1:1.3～1:1.5	1:2.5～1:2.75
子坝	土料	1:3.0～1:4.0	
	灰渣	1:3.5～1:4.5	

注　此表考虑的条件是坝基没有软弱土层或软弱岩层，不是强地震区。

（3）坝顶布置。坝顶盖面的类型取决于敷设灰管的宽度及是否供其他事业之用。如在坝顶设置道路时，其顶面则按道路的型式与等级而设置，并按照道路的有关设计规定进行设计。坝顶不供其他事业用时，坝顶盖面可用单层砌石或铺一层密实的砾石。

坝顶应具有向两侧或一侧倾斜的坡度，一般为2%～3%。

坝顶的最小宽度见表14-26。

表14-26　坝顶最小宽度　（m）

坝高	坝顶最小宽度	坝高	坝顶最小宽度
<10	2.0	20～30	3.0
10～20	2.5	>30	3.5

（4）下游坡面排水。为了避免雨水漫流坝坡坡面，造成坝坡冲刷。除了需要设置护坡外，灰坝下游坡面还须设置纵横连接的排水沟。但下游坡为堆石或为砌石护坡时，则不必设置排水沟。

排水沟可用浆砌石或钢筋混凝土预制件拼置。平行坝轴线纵向排水沟的设置高程最好与栈道一致，即设于马道的内侧。垂直坝轴线方向，每隔一定距离设置与纵向排水沟连接的横向排水沟，将雨水摊向下游。

沿灰坝与岸坡的接合处也必须设置排水沟，以防止山坡雨水流下冲刷接合处的坝体和岸坡。

（5）护坡。设置护坡的目的，是为了防止坝体黏性土发生冻结、膨胀和收缩，防止坝坡被雨水冲刷。防止无黏性土料被风吹散。防止蛇、鼠、土白蚁等类动物在坝坡中造成洞穴，防止根部发达的植物在坝坡上生长。对于上游坝坡还需保护因排放灰水而产生的冲刷。当灰水从贮灰场的上游排放时，保护上游坡细粒土免受坝前澄清水产生的波浪冲刷。

用于上游护坡有下列几种：①堆石护坡；②干砌石护坡；③浆砌石护坡。

用于下游护坡者通常为草皮、植草护坡和碎石护坡等。

堆石护坡是用车辆将适当级配的石块倾倒在坝面的垫层上，不加以人工铺砌。由于不要人工铺砌，既可大大节约人力，又可加快施工速度。但由于堆石块径比砌石的大，需要量可能又比砌石护坡多一倍，所以需要适宜的运输车辆。当具有适用的施工机械而又缺少人力时，堆石护坡就显得比砌石护坡优越。通常堆石护坡的厚度为500～900mm，垫层厚450mm。

干砌石护坡是由人工铺砌块石于碎石或砾石垫层上。石块应力求紧密嵌紧，通常干砌石厚度为0.2～0.6m。在砌石下垫厚为0.15～0.25m的碎石或砾石垫层。根据坝坡土壤及垫层材料的性质和粒径，为防止被淘刷，可能需要2～3层垫层。

7. 灰坝排渗设施

灰坝坝体应设置合理可靠的排水设施，其用途为：

（1）有计划地改善坝体渗流运动情况，降低浸润线高度，使下游坡干燥，增加坝的稳定，防止在下游坝上发生管涌、液化和坝坡坍滑等现象。

（2）改善坝基渗流运动情况，降低坝基地下水头，

避免坝址下游发生管涌和流土。

（3）当灰坝后期采用上游法进行加高的灰渣坝，排水设施除了降低浸润线外，还可以改善沉积灰渣的排水，加快沉积灰渣的固结，提高灰渣坝体的抗剪强度，防止灰渣的地震液化。

排水设施包括下游排渗设施和上游排渗设施。排渗体构造应防止堵塞，有效地排出渗透水。

下游排渗设施的形式按坝形、坝体材料、坝基性质、气候条件、石料供应情况，可选用排水棱体、贴坡排水层、坝内褥垫式排水层。排水棱体的高度应保证坝体浸润线距下游坡面的距离大于该地区的冻结深度，一般可取灰坝（或初期坝）最大坝高的1/4，棱体顶面宽度不小于1.5m。贴坡排水层的顶标高应高于坝体浸润线的逸出点，超出的高度应大于该地区冻结深度，且不小于1.5m。坝内采用褥垫式排水时，其厚度和伸入坝体内的深度应根据渗流计算确定；采用网状排水时，其纵向排水带（平等坝轴线）的厚度和宽度应根据渗流计算确定。横向排水宽度应不小0.5m，间距30～100m，坡度不超过1%。

上游排渗设施的形式有水平渗管、网状排渗管或竖向排渗管配合网状排渗管的混合形式。应根据初期坝的透水程度，后期子坝的加高高度，经渗流试验或渗流计算，合理选用形式及确定合理位置。当采用水平排渗管时，应平行于坝轴线敷设于坝前，可选用开孔的钢管、钢筋混凝土管、塑料管等，其管径一般不小于 400mm。当采用钢管时，一般开孔范围在管顶240°圆心角范围内，孔径不大于外围石料粒径，并不小于40mm，孔距不大于150mm。排渗管外围石料以粒径100～150mm的块石组成，其厚度不小于500mm，石料外铺碎（卵）石垫层及反滤层。

8. 反滤层

灰坝坝体上下游排渗设施与坝体或灰渣接触面，土质防渗体与坝体或透水坝基之间，坝体各种土料之间，坝体与坝基土料之间，当不满足层间系数要求时应设置反滤层。

（1）砂砾石料反滤层。砂砾石料要求参考前面所述。

（2）土工布反滤层。应用土工纤维的反滤在很多方面类似于砂料反滤的设计。但除了要求符合反滤条件的标准外，还必须同时考虑在隔离、平面摊水和补强加固作用的必要要求，以便保证其反滤层的稳定、连续和正常工作，从而达到预期的效果。

土工布反滤层设计应满足式（14-14）～式（14-16）要求

防止管涌　$O_{90} \leqslant D_{85}$　（14-14）

渗透畅通　$O_{90} \geqslant D_{15}$　（14-15）

$K_b > 10K_t$　（14-16）

式（14-14）～式（14-16）中

O_{90}——土布的有效孔径；

D_{85}——被保护土的粒径，小于该粒径的土料占总重量的85%；

D_{15}——被保护土的粒径，小于该粒径的土料占总重量的15%；

K_b——土工布的渗透系数；

K_t——被保护土的渗透系数。

土工纤维用作排水反滤层的功效主要取决于基本物理和水力特性，其力学性能虽属次要，但仍应作强度的校核。

9. 灰坝的稳定与渗流分析

（1）灰坝的渗流分析。灰坝坝体及坝基的渗流分析计算，是灰坝设计中的重要内容，其主要的任务为：

1）确定灰坝坝体浸润线的位置，作为灰坝坝体稳定计算和排渗设施设计的依据。

2）确定坝体、坝基出逸段的水力坡降，核算坝体、坝基的临界比降，以便防止坝体、坝基发生管涌和流土破坏。

3）确定坝体和坝基的渗流量。坝体及坝基的渗流分析，既可以通过模型试验进行，也可以用计算的方法解决。

（2）灰坝渗流计算工况。坝体渗流应对干灰场堆灰面为限制贮灰标高时的下列各种工况，进行必要的计算和分析：

1）坝前纳入设计洪水的稳定渗流和非稳定渗流工况。

2）坝前纳入校核洪水的稳定渗流和非稳定渗流工况。

3）排渗设施的型式及设置位置不同的工况，以及排渗设施可能淤堵失效的工况。

（3）灰坝渗流主要特点。

1）坝体由初期坝、排渗设施、防渗设施等多种介质组成，并非均匀介质，且渗透性上也存在各向异性。

2）坝基土分层较多，参差不一，其渗透性难以准确反映。

3）山谷灰场的渗流方向有自上游渗向下游的，也有自两岸坡渗向谷底的，即既有二维渗流，也有三维渗流。

（4）灰坝渗流计算方法。为适应灰场复杂地形条件、多介质坝体以及渗透的各向异性、非稳定渗流等灰坝渗流特点，挡灰坝渗流宜采用数值模型计算，即利用有限元法进行渗流分析，也可以进行电模拟渗流试验。开阔的山谷干灰场、平原干灰场和滩涂干灰场可采用二向渗流数值计算，V形、U形、窄深的山谷干灰场宜采用三向渗流数值计算。在子坝加高设计中，尚应与现场实测浸润线对比。

采用有限元法进行渗流分析时宜采用经鉴定的“坝体渗流计算程序”进行计算。其中东北电力设计院有限公司与大连理工大学合作开发的有限元渗流计算程序 SEPAGE 已通过规划院组织的技术鉴定，更具有针对性。

（5）灰坝的稳定分析。灰坝坝体稳定性破坏有滑动、液化及塑性流动三种状态。

灰坝坝坡的滑动是由于边坡太陡，坝体填土的抗剪强度太小，致使坍滑面以外的土体滑动力矩超过抗滑力矩，因而发生坍滑；或由于坝基土的抗剪强度不足，因而坝基坝体一同发生滑动，尤其是当坝基存在软弱土层时，滑动往往是沿着该软弱层发生，坝坡的滑动面可能是圆柱面、折面、平面或更加复杂的曲面。

灰坝的液化是发生在用灰渣筑坝的坝型或用细砂、均匀的不够紧密的砂料作成的灰坝中，或由这种砂料形成的坝基中。液化的原因是由于饱和的松砂受振动或剪切而发生收缩，这时砂土孔隙中的水分不能立即排出，部分或全部有效应力即转变为中和应力（孔隙压力），砂土的抗剪强度也即减小或变为零，砂粒也就随着水的流动而向四周流散了。土的有效粒径越小，不均匀系数越小，孔隙比越大，透水性越小，受力体积越大和受力越猛，砂土发生液化的可能必也越大。液化往往是突然发生的，当受到地震、爆炸或振动时，或由于其他原因而发生部分剪切时，就可能造成巨大体积的液化。

灰坝的塑性流动，是由于坝体或坝基内的剪应力超过了土料实际具有的抗剪强度，变形超过弹性限值，不能承受荷重，使坝坡或坝脚地基土被压出或隆起。因而使坝体和坝基产生裂缝、沉陷等情况。软黏土的灰坝或坝基，如果设计不良，就容易产生这种破坏。

进行坝坡稳定计算时，应该杜绝以上三种破坏稳定的现象。尤其是对前两种。必须加以计算及研究。对于大型灰坝，建议进行塑性流动计算。尤其是对软黏性土的坝体或坝基要做这种计算。

1）滑动稳定分析。对于较重要的灰坝和高的灰坝都应采用“有效应力法”，对于低坝或重要的坝，为了简化计算工作和试验工作，可用“总应力法”进行坝坡稳定计算。土的抗剪强度指标应用三轴剪力仪测定，也可用直剪仪测定。

坝体边坡滑动稳定分析的方法很多，且各有不同的适用性，如果采用手算工作量相当大，目前多采用计算机，利用程序进行分析计算。

2）静动力分析。静动力分析的目的是在地震区子坝加高工程设计中判断坝体液化的可能性，确定液化范围，全面评价子坝加高后坝体的抗震安全性。

静动力分析以应力分析为计算原理。可采用总应力法或有效应力法计算。DL/T 5045《火力发电厂灰渣筑坝设计规范》中推荐的是采用总应力法。

（6）抗滑稳定计算。

1）坝体抗滑稳定计算应根据坝型、坝体材料及地基土的物理力学性质和各种运行工况，验算坝体及边坡的稳定性，以满足抗滑安全系数的要求，寻求合理的坝体断面。

2）坝体边坡抗滑稳定应按表 14-27 所列工况验算。

表 14-27　　坝体抗滑稳定计算工况

边坡	运行条件	山谷灰场	滩涂灰场	平原灰场
上游边坡	正常运行条件	挡灰坝建成＋尚未贮灰	围堤建成＋尚未贮灰＋堤外设计洪水（潮）位	围堤建成＋尚未贮灰
	非常运行条件	挡灰坝建成＋尚未贮灰＋校核洪水	围堤建成＋尚未贮灰＋堤外校核洪水（潮）位	围堤建成＋尚未贮灰＋堤外校核内涝洪水位
			围堤建成＋尚未贮灰＋堤外平均水（潮）位＋地震	
下游边坡	正常运行条件	限制贮灰标高＋长期降雨	围堤建成＋尚未贮灰＋堤外设计洪水（潮）位骤降	围堤建成＋尚未贮灰＋堤外设计内涝洪水位骤降
		限制贮灰标高＋设计洪水	限制贮灰标高＋堤内高水位＋堤外设计低水（潮）位	限制贮灰标高＋堤内设计水位＋堤外设计低水位
			限制贮灰标高＋堤内高水位＋堤外高水位骤降	
	非常运行条件	限制贮灰标高＋校核洪水	限制贮灰标高＋堤内校核洪水位＋堤外平均低水（潮）位	限制贮灰标高＋堤内校核洪水位
		限制贮灰标高＋降雨＋地震	限制贮灰标高＋降雨＋地震＋堤外平均水（潮）位	限制贮灰标高＋降雨＋地震

3）抗滑稳定计算方法。

a. 灰坝抗滑稳定计算宜采用瑞典圆弧法或简化毕肖甫法，也可采用滑楔法。

a）瑞典圆弧法

$$K=\frac{\sum\{[(W\pm V)\sec\alpha-ub\sec\alpha]\tan\varphi'+c'b\sec\alpha\}[1/(1+\tan\alpha\tan\varphi'/k]}{\sum[(W\pm V)\sin\alpha+M_{\mathrm{c}}/R]}\tag{14-17}$$

b）简化毕肖甫法

$$K=\frac{\sum\{[(W\pm V)\cos\alpha-ub\sec\alpha-Q\sin\alpha]\tan\varphi'+c'b\sec\alpha\}}{\sum[(W\pm V)\sin\alpha+M_{\mathrm{c}}/R]}\tag{14-18}$$

式中 W——条块重量；

Q、V——水平和垂直地震惯性力（向上为负，向下为正）；

u——作用于条块底面的孔隙压力；

α——条块重力线与通过此条块底面中点的半径之间的夹角；

b——条块宽度；

c'——条块底面的有效应力抗剪强度指标；

M_{c}——水平地震惯性力对圆心的力矩；

R——圆弧半径。

圆弧滑动法（瑞典圆弧法和简化毕肖甫法）如图 14-15 所示。

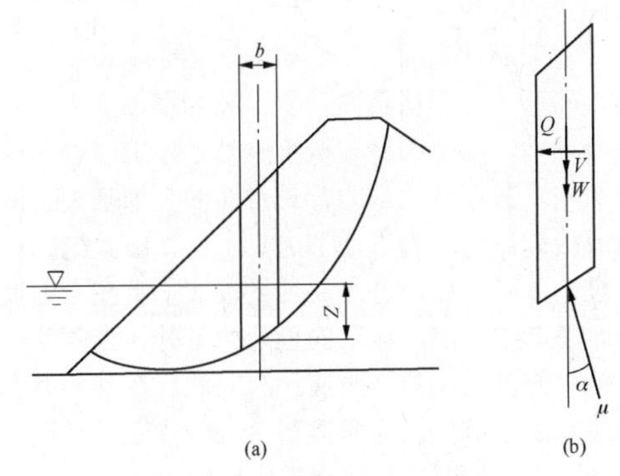

图 14-15 圆弧滑动条块示意图

c）滑楔法

$$P_i=\sec(\varphi'_{ei}-\alpha_i+\beta_i)[P_{i-1}\cos(\varphi'_{ei}-\alpha_i+\beta_{i-1})-(W_i\pm V_i)\sin(\varphi'_{ei}-\alpha_i)+u_i\sec\alpha_i\sin\varphi'_{ei}\Delta x-c'_{ei}\sec\alpha_i\cos\varphi'_{ei}\Delta x+Q_i\cos(\varphi'_{ei}-\alpha_i)]\tag{14-19}$$

$$c'_{ei}=\frac{c'_i}{K}\tag{14-20}$$

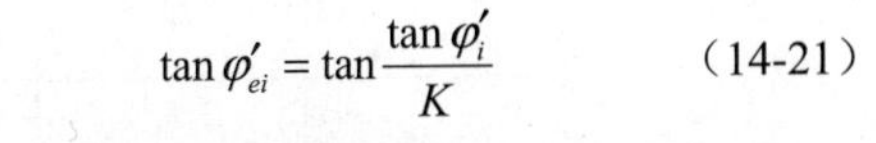

$$\tan\varphi'_{ei}=\tan\frac{\tan\varphi'_i}{K}\tag{14-21}$$

式中 P_i——条块一侧的抗滑力；

P_{i-1}——条块另一侧的下滑力；

W_i——条块的重量；

u_i——作用于条块底部的孔隙压力；

Q_i、V_i——作用于条块的水平和垂直地震惯性力（向上为负，向下为正）；

α_i——条块底面与水平面的夹角；

β_i——条块一侧的 P_i 与水平面的夹角；

β_{i-1}——条块一侧的 P_{i-1} 与水平面的夹角。

滑楔法计算示意图如图 14-16 所示。

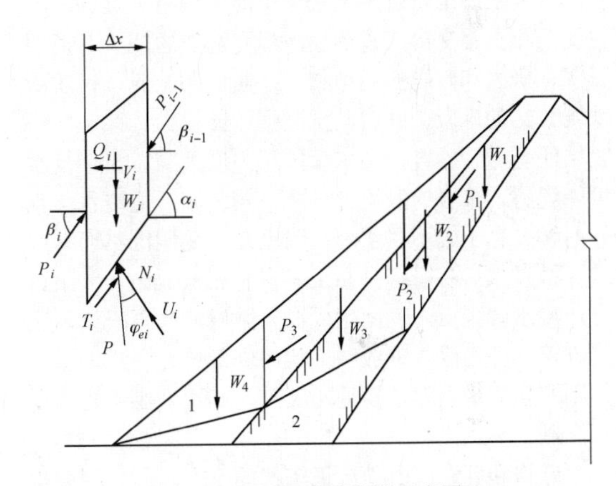

图 14-16 滑楔法计算示意图

b. 抗滑稳定计算宜采用总应力法。当需考虑孔隙水压力消散和强度增长时，可采用有效应力法。计算所采用的抗剪强度指标测定方法应与计算方法相符。抗剪强度指标测定方法选用见表 14-28。

表 14-28 抗剪强度指标测定方法

强度计算方法	土的类别	使用仪器	试验方法	强度指标	试样起始状态
总应力法	无黏性土	直剪仪	固结快剪	c_{cu} φ_{cu}	（1）坝体材料。 1）含水量及密度与原状一致； 2）浸润线以下和水下要预先饱和； 3）试验应力与坝体应力相一致。
		三轴仪	固结不排水剪 *cu*		
	黏性土	直剪仪	固结快剪		
		三轴仪	固结不排水剪 *cu*		
	灰渣	直剪仪	固结快剪		
		三轴仪	固结不排水剪 *cu*		

续表

强度计算方法	土的类别	使用仪器	试验方法	强度指标	试样起始状态
有效应力法	无黏性土	直剪仪	慢剪	c_{cd} φ_{cd}	（2）灰渣。取原状灰样，其他同坝体。 （3）坝基土。坝基土试样用原状土
		三轴仪	固结排水剪 cd		
	黏性土	直剪仪	慢剪		
		三轴仪	固结不排水剪 cu，测孔隙水压	c' c	
	灰渣	直剪仪	慢剪	c_{cd} φ_{cd}	
		三轴仪	固结排水剪 cd		

注 c—黏聚力，kPa。

φ—内摩擦角，（°）。

c. 地震作用下坝体滑动的稳定计算可采用计入地震惯性力的拟静力法，地震惯性力的确定方法应符合现行的NB 35047《水电工程水工建筑物抗震设计规范》的规定。

10. 灰坝的地基

（1）砾岩、砂岩、页岩及黏土岩地基。砾岩、砂岩、页岩及黏土岩自中生代至第四纪均有。这些岩层往往互相重叠交错，有的地区尚有泥灰岩或夹有薄层石灰、砾岩和砂岩的胶结物。铁质或黏土质、钙质或铁质胶结的砾岩、砂岩，抗压强度比较大。黏土质所胶结的砾岩、砂岩，浸水后抗压强度大减，长期浸水可能崩解。页岩一般均含钙质，较坚固，但浸水后也易崩解。黏土岩不具层理，因系黏土受压固结而非胶结，故浸水后易崩解；黏土岩富有孔隙，但非肉眼可见，浸水膨胀后，表面生成泥浆薄层，如再干燥，则又收缩，表面泥浆干成鳞片状而剥落；经多次干湿交替则产生大量裂隙，易受压破碎，其次，黏土岩易受水冲刷，易风化。

砾岩和砂岩，由于沉积年代的不同，固结程度也有所不同，岩石的坚硬度就差别很大。在第三纪以前年代的砾岩和砂岩上建坝，由于其强度一般较大，对灰坝的稳定是没有问题的。其主要问题是渗漏，特别是胶结不良或严重裂隙的砾岩和砂岩，渗漏问题更加突出，第三纪或第四纪砾岩和砂岩，固结很差，除了渗漏问题以外，强度也比较低，但对于灰坝坝基，漏水并不担心，渗透变形则应特别注意。通常可采用截水墙、上游铺盖等措施降低地基内水力坡降，防止坝基的渗透变形。

黏土岩和页岩容易风化，浸水时泥浆化，浸水后再干燥又会破裂。这都会使建筑物基础难于与新鲜的黏土岩或黏土质页岩紧密接合，为了保证工程质量，只有设法使基坑中所遇到的这类岩石避免浸水，不直接或长期与日光接触。

页岩或黏土岩承受荷重后，可能发生沉陷或有其他原因产生的不均匀沉陷，必须事先考虑周密。为了估算坝基的不均匀沉陷，应查明岩层的分布情况、厚度及物理力学技术指标。

胶结不良的页岩，往往是在较大压力下处于紧密状态的黏土，在其上筑灰坝也应视为黏土的坝基。这种坝基，当在其上有较深的挖方时，由于荷载减轻，会产生较大的回弹，特别是在其上修建坝下涵管，须考虑回弹的影响。

（2）非黏性土坝基。非黏性土主要有漂砾、块石、卵石、碎石、碎石屑及砂，砂可分为细砂、中砂、粗砂及极细砂。除了细砂和极细砂外，建造在非黏性土上的灰坝，其坝基承载力都是足够的。坝基夹有薄层细砂或极细砂时，为了谨慎起见，往往将其挖除或妥善处理。砂基主要问题是渗漏量较大，且在水力坡降较大时易产生管涌或流土的危险。另外，当砂的孔隙完全被水充满时，易产生液化。因此，在砂、卵石、砾石等基础上筑坝，通常需要做好防渗工程（主要目的是减小水力坡降）和防止液化措施。

通常坝基防渗措施有以下几种。

1）截水槽。截水槽是最简单和最普通的坝基防渗措施，它稳妥可靠地使用于许多灰坝工程中，截水槽的做法，是在透水坝基上开挖梯形断面的槽，直达不透水层表面或岩层面，槽内回填不透水土料，当防渗土料不足时可用防渗土工布代替。通常截水槽只设一道，至于其位置，则应根据坝的特点来确定。

截水槽的底宽根据两个条件确定：①所用回填土料的允许渗透比降（砂壤土可采用3，填土可采用3～5，黏土可采用5～10）。②槽底回填时的施工条件。通常槽底的最小宽度为3m，这时根据槽内碾压土料的施工条件决定的。截水槽的边坡首先根据坝基的稳定坡度来决定，其次应使回填土料与坝基土能适当的结合，通常不陡于1:1。

2）铺盖。铺盖也是灰坝坝基防渗措施中最常用的一种，它并不能完全截断水流，但可以增加渗透途径，或减小坝基渗流的水力坡降至允许的安全值范围以内。铺盖材料必须是较不透水的，并且不致因坝基变形而招致开裂。灰坝的铺盖可用黏土、砂质黏土、防渗土工布（必须在顶部加设保护层）。

铺盖在前端处的厚度不应小于 0.5m，其余各处的厚度应根据铺盖上下水压计算确定。

预防坝基土液化可采取下列措施：

1）挖除液化砂层，对于表层的、较薄的易液化的松散中、细砂，可以采用挖除方法。

2）压实液化砂层，对于表层的，较薄的易液化的松散中、细砂，也可以通过碾压加密进行处理。

3）增加压重。在饱和松砂上增设透水土料的压重以增大垂直压力，对防止液化有显著作用。

11. 沉降计算

（1）黏性土坝体和坝基的竣工时的沉降量和最终沉降量可根据坝体和坝基的压缩曲线采用分层总和法按式（14-22）计算

$$S_{\mathrm{t}}=\sum_{i=1}^{n}\frac{(e_{io}-e_{it})}{(1+e_{io})}h_i \tag{14-22}$$

式中 S_{t}——竣工时或最终的坝体和坝基总沉降量，m；

n——土层分层数；

e_{io}——第 i 层土的起始孔隙比；

e_{it}——第 i 层土相应于竣工时或最终的竖向有效应力作用下的孔隙比；

h_i——第 i 层土层厚度，m。

（2）非黏性土坝体或坝基的最终沉降量可根据变形模量 E_{i} 按分层总和法用式（14-23）估算

$$S_{\infty}=\sum_{i=1}^{n}\frac{P_i}{E_i}h_i \tag{14-23}$$

式中 S_{∞}——坝体或坝基的最终沉降量；

P_i——第 i 计算土层由坝体荷载产生的竖向应力；

E_i——第 i 计算土层的变形模量；

h_i——第 i 计算土层的厚度，m。

（3）采用分层总和法计算坝基和坝体的沉降量时，分层厚度按 SL 274《碾压式土石坝设计规范》规定执行。

（4）施工期坝体的沉降量，根据经验资料对于土坝可取最终沉降量的 80%。对于堆石坝或砂砾石坝取最终沉降量的 90%。将总沉降量减去施工期沉降量，得竣工后沉降量。

（5）湿陷性黄土和黄土状土、软弱黏性土坝基的沉降量应根据地基的条件进行专门研究。

六、湿式贮灰场灰渣筑坝设计

灰渣筑坝是燃煤发电厂湿式贮灰场的灰坝采用上游法施工的分期筑坝，即贮灰场先期建成初期坝，在坝前沉积的灰渣滩面上加筑子坝，逐级加高坝体的筑坝技术。从 20 世纪 70 年代以来，我国各电力设计院与科研、高校、电厂运行单位共同努力，对灰渣筑坝技术做了大量工作，从工程实践到理论研究积累了许多成功经验，获得了显著的社会效益和经济效益。灰渣筑坝与一次建成的相同容积的高坝相比，可节约投资 35%～60%，灰渣筑坝技术已在我国广泛应用。

1. 灰渣筑坝基本设计规定

（1）灰渣筑坝一般要求。灰渣筑坝应具备一定的基本条件才能保证安全运行。就总体而言，初期坝及加高后的坝体都必须具有在各方面满足设计标准要求的稳定性。多年灰渣特性的研究成果表明：灰渣粒细、组成均匀、质轻疏松、处于饱和状态下的灰渣，在静动力作用下易于液化；而粒粗、非饱和、密实状态下的灰渣，其静动强度有明显提高。故采用灰渣筑坝技术必须创造能降低浸润线，减少饱和区；沉积粗颗粒灰渣，加大密实度；保持干滩长度，提高固结程度的运行环境。对于山谷灰场，由于坝体较高且不能间断运行，坝体应设置有效的排渗体，坝前合理布置放灰管，灰场设可靠排水系统。对于平原及滩涂灰场，由于堤体较矮且具有分格运行的条件，可根据工程具体情况执行。

（2）灰坝设计及设计条件。

1）灰坝设计。灰坝设计应根据筑坝材料、施工方法及环保要求进行坝型和排渗设施选型，并结合限制贮灰标高、干滩长度及洪水、地震等因素，进行多方案的坝体渗流计算、抗滑稳定计算、静动力分析，从而确定最优坝体断面和限制干滩长度。

2）灰坝设计条件。根据灰场实际运行情况，灰坝设计条件可分为正常运行条件和非正常运行条件。各种工况均在灰场灰面为限制贮灰标高时，对设定的坝体断面及排渗体布置进行坝体渗流及稳定性计算。

正常运行条件 A 是灰场内可能发生的各种计算干滩长度 0～200m，可以每 50m 为一档进行计算。计算结果可以提供不同干滩长度时，坝体的安全度处于何种状态，从中可选取一种满足设计标准的计算干滩长度作为灰场的限制干滩长度。

正常运行条件 B 是在限制干滩长度时纳入设计洪水。计算的目的和结果是找出洪水期灰场运行的限制干滩长度。即此时纳入经调洪计算的设计洪水后达到某一种计算干滩长度，形成稳定渗流或非稳定渗流，坝体仍能满足正常运行条件设计标准的安全度。

非正常运行条件 A 是在限制干滩长度时纳入校核洪水。计算的目的和结果也是找出洪水期灰场运行的限制干滩长度，即此时纳入经调洪计算的校核洪水后达到某一种计算干滩长度。形成稳定渗流或非稳定渗流，坝体仍能满足非正常运行条件设计标准的安全度。

非正常运行条件B是在限制干滩长度时与地震遭遇。计算目的和结果是找出遭遇设计地震烈度时，坝体能满足非正常运行条件设计标准安全度的某一种计算干滩长度，作为灰场的限制干滩长度。

从上述满足设计标准安全度的两种运行条件选出一种控制运行条件，即最长的计算干滩长度的运行条件，将此计算干滩长度定为本灰场的限制干滩长度。

在地震区一般是非正常运行条件为控制运行条件。当限制干滩长度确定得不够合理时（干滩长度大于200m），应修改坝体断面尺寸及排渗设施布置，重新计算，最终确定经济合理的坝体设计断面。

这样就可能出现为了满足地震时的坝体安全，灰场将长年处于较长的限制干滩长度下运行，为了防止干滩面扬灰，污染周围环境，可采取导流灰水、喷水湿润灰面等工程措施。

（3）灰渣筑坝设计标准。灰渣筑坝设计标准见本章第四节有关内容。

（4）灰渣筑坝设计内容。灰渣筑坝设计应包括总体规划、初期坝设计和子坝加高设计。

总体规划应就所选灰场，对近期和远期建设规模、灰坝及灰场全部配套设施作出总体规划和全面统筹安排。山谷灰场的总体规划，当所选场址的自然条件或地质条件较优越时，宜按火力发电厂机组设计寿命30年的贮灰需要确定总体容积和最终坝高，并规划坝体分期建设顺序及规模，划定规划用地范围，通过技术经济比较优化确定初期坝坝高及分期加高方式，合理规划排渗系统、排水系统、灰水回收系统及其他设施。灰场内排水管的安全性不满足贮灰增高要求时，加固比较困难，故宜按最终贮灰标高的要求进行强度设计。灰场内排水管的安全性宜满足最终贮灰标高的要求。例如：福建某电厂的排水管直径3.0m，在规划贮灰30年的贮灰标高下，经充分论证进行了加固。另一电厂贮灰场排水管按贮灰10年设计，继续加高贮灰，排水管安全性不满足要求，又未预留扩建条件，经论证新建了高位隧洞排水系统。

初期坝设计应按总体规划初拟的坝高，结合后期子坝加高进行贮灰不少于10年的具体安排，最终确定初期坝坝高、坝型，进行初期坝坝体结构设计。

子坝加高设计应在两个阶段内进行，第一个阶段是初期坝设计时在没有沉积灰渣资料的情况下，参照类似灰渣资料，结合本地区筑坝材料情况进行规划和估算。第二阶段是待上一级坝已临近贮满，需要加筑子坝时，在充分掌握沉积灰渣特性的基础上分期进行设计。当一次子坝加高设计多于一级子坝时，由于电厂运行中煤质变化、综合利用灰渣程度不同、贮灰场运行中灰水位的提高、排灰沉积的变化，使沉积灰渣特性和浸润线位置与子坝加高设计时的状况可能有所变化，故在下一次子坝加高施工前应进行设计复查。

（5）灰渣筑坝基本资料。灰渣筑坝初期坝设计所需的基本资料与前面论述的湿式贮灰场所需资料基本相同。只是灰渣筑坝进行子坝加高设计时应掌握原坝体设计的基础资料及施工运行资料，并应进行本期子坝坝基即沉积灰渣的勘测试验。

2. 灰渣筑坝初期坝设计

灰渣筑坝初期坝坝轴线确定、坝高确定、坝型选择、筑坝材料、排渗设计、防渗体、坝基处理等与前面已经论述的湿式贮灰坝体设计基本相同，同时灰渣筑坝初期坝设计应符合DL/T 5045《火力发电厂灰渣筑坝设计规范》中的要求。

3. 灰渣筑坝子坝设计

（1）子坝加高设计。在初期坝设计时，由于合理选择了坝型、设置了排渗设施、降低了浸润线、为灰渣固结创造了良好的条件，因此当贮满灰渣需要加筑子坝时，初期坝前已经具备了沉积良好的灰渣滩面。

子坝的分级和每级高度在总体规划时虽已做了统筹安排，在具体加高设计中尚应综合各方面的因素来确定。子坝分级及每级高度应综合考虑灰场地形、贮灰年限、子坝材料、施工条件、灰渣固结程度、坝体稳定、电厂运行经验及工程费用等因素确定。考虑到电厂运行期基建管理的复杂性及一次施工管理的合理性，子坝坝高不宜过大也不宜过小，并与经济子坝高度相协调，子坝加高的贮灰年限，一般以3年左右加高一次为适宜。每级子坝的高度应满足设计贮灰年限灰量和调蓄洪量的要求。

子坝坝体对于整个灰渣筑坝坝体而言，仅仅是下游坡面的一级级护体，一般而言，子坝级数分得越多则子坝越矮、投资越少，而施工则越频繁，对运行管理的要求也越高。设计实践表明，由于各级坝体必须留有坝顶超高，尤其是洪水量大的贮灰场，其坝顶超高较大，因此，子坝高度越小，加高获得的贮灰容积也越小，虽本期投资小，但坝顶超高的工程量所占比例越大，施工费用（如施工道路、施工围堰、施工电源、施工水源、灰管路拆迁等）所占比例也越大，因而，实际上并不是子坝高度越低越经济，应有一个合理的经济指标最好的子坝高度，即贮每立方米灰渣所耗费用较小的子坝高度。所以，应进行技术经济比较，选用贮每立方米灰渣所耗费用较省的子坝高度，即经济子坝高度。同时按满足贮灰年限要求确定子坝高度。例如：辽宁某发电厂四号贮灰场一级子坝加高设计中，将子坝不同高度分别计算其工程量、建筑工程费、贮每吨灰所需工程费用以及贮灰年限。

具体计算数据见表14-29，一级子坝经济坝高曲线如图14-17所示。

表 14-29　　子坝坝高优化计算表

方案	坝高（m）	坝顶标高（m）	限制贮灰标高（m）	灰场容积（万 m^3）	设计灰量（万 t）	子坝投资（万元）	每吨灰投资（元）	贮灰年限（年）
1	2.0	200.40	198.20	59.97	48.04	193.70	4.03	0.97
2	2.5	200.90	198.70	77.61	62.16	217.70	3.50	1.26
3	3.0	201.40	199.20	95.25	76.29	244.00	3.19	1.55
4	3.5	201.90	199.70	112.88	90.42	272.80	3.01	1.83
5	4.0	202.40	200.20	130.52	104.55	303.60	2.90	2.12
6	4.5	202.90	200.70	148.16	118.68	336.00	2.83	2.41
7	5.0	203.40	201.20	165.84	132.84	375.30	2.82	2.69
8	5.5	203.90	201.70	183.44	146.93	415.20	2.82	2.98
9	6.0	204.40	202.20	201.07	161.06	455.30	2.82	3.27
10	6.5	204.90	202.70	218.71	175.19	499.00	2.84	3.55
11	7.0	205.40	203.20	236.35	189.32	548.30	2.89	3.84
12	7.5	205.90	203.70	253.99	203.44	602.20	2.96	4.13
13	8.0	206.40	204.20	271.63	217.57	664.50	3.05	4.41
14	8.5	206.90	204.70	289.26	231.70	729.00	3.14	4.70

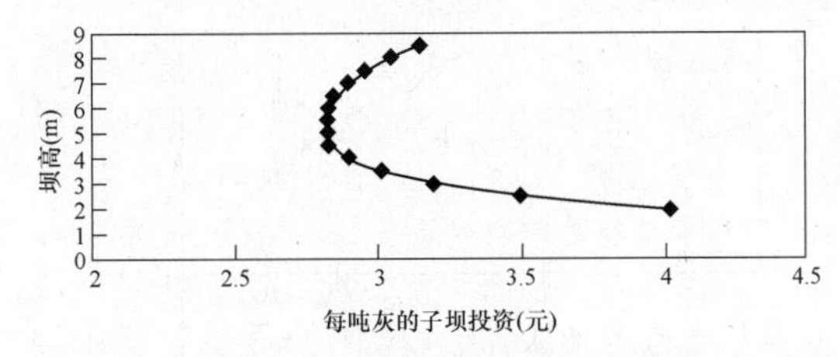

图 14-17　一级子坝经济坝高曲线

由表 14-29 及图 14-17 可知：一级子坝高度在 4.5m 与 6.0m 间贮每吨灰的子坝建筑工程费较省，处于经济坝高区段，其中以子坝高度 5.0m 的经济指标最好，且可满足设计灰渣量贮存 2.69 年。故工程设计中一级子坝高度选用 5.0m。

子坝轴线宜紧靠前一级坝的坝顶上游侧平行布置，灰渣筑坝浸润线研究试验结果表明，子坝距上一级坝的距离越远、浸润线位置越低、滑动安全系数越大，但灰场的容积损失也相应增大。因此，为获得较大容积，子坝宜紧靠前一级坝上游平行布置，一般坝轴线中心距离为 5.0 倍子坝高度。当坝体稳定不能满足要求时，子坝轴线可根据实际情况适当调整。

另外，子坝加高的施工期应考虑汛期影响，一般要求在汛期前完成坝体填筑，至少坝体填筑高度能满足设计标准的防洪要求。在寒冷及严寒地区，子坝加高土方填筑应避开冬季施工，在初春施工时，应注意检测灰渣坝基内是否存在冰层，若有冰层应进行处理。

子坝加高施工一般采用碾压法。沉积灰渣是子坝的坝基，又是坝体的一部分，在沉积灰渣上筑子坝，首先应对沉积灰的工程性能进行勘探。如初期坝设计不当将会使沉积灰的工程性能很差，因而在子坝加高时需先对其进行加固处理。一般是在坝基处对灰渣进行碾压，以增加灰渣的密实度，在碾压灰渣地基上再进行子坝坝体填筑。从运行的工程情况看，对子坝加高采用分层碾压法具有密实度高、干密度大等优点；当采用灰渣进行子坝加高时，也可采用水力冲填法。近年来采用灰渣水力冲填筑坝技术取得成功经验，可使冲填灰渣得到较高的密实度，故采用水力冲填法施工也较为适宜。

当子坝加高超过原规划的高度时，应对已建排水构筑物的安全性进行复核。不满足加高要求的应进行加固或改建。

（2）子坝材料与构造要求。

1）子坝材料。对于灰渣筑坝的坝体，在坝前逐渐排放灰渣，当达到限制贮灰标高时，在坝前沉积的灰渣滩面上加筑下一级子坝。灰渣筑坝坝体的大部分是由沉积灰渣组成，且贮灰的过程就是筑坝的过程，每级子坝坝体对于整个坝体而言仅仅是下游坝坡的一级护体，其材料宜就地取材，除采用当地土石料外，灰场内的沉积灰渣也是较好的筑坝材料。

子坝材料对浸润线影响的研究成果表明，子坝透水强，当坝前有灰水时，其渗水易于从子坝下游坡逸出，因此当采用土石料时宜选择弱透水性的材料筑成均质子坝，当地缺乏弱透水材料时，可在子坝上游面设置人工防渗体。而当用灰渣筑子坝时，为防止雨水冲刷和扬灰，坝坡表面应设保护盖面，其上游坡面应设防渗护面。

国内子坝材料早期采用当地土石料的为多数，如浑江电厂太平沟、江油电厂一灰场、娘子关电厂十里沟等采用黏性土；浑江通天沟、江油二灰场等采用石渣料；十里泉电厂后逐渐采用灰场灰渣筑子坝，如十里泉电厂 1 号、2 号灰场，取坝前冲填灰渣分层碾压筑坝，并采取了外坡块石压盖的措施。首阳山省庄灰场、朝阳电厂一灰场二期子坝等是采用碾压灰渣及坡面盖土石料筑的子坝。

近些年来，不少电厂采用灰渣水力冲填筑坝，如石嘴山电厂平原灰场子坝加高工程等。采用灰渣填筑的坝体上下游坝坡必须进行防渗和反滤，并设保护盖面，主要是防止灰水淘刷和雨水冲刷灰渣坝体，危及坝体安全。

2）构造要求。子坝坝坡的确定，除考虑子坝的个体稳定外，尚需考虑连同前各级坝体的灰坝整体稳定，随着坝高、材料、地基灰渣固结程度、浸润线位置、地震设防烈度等因素的不同，稳定边坡也各异。但考虑灰渣筑坝坝体大部分是由沉积灰渣组成的特点，结合国内各灰渣筑坝工程的设计运行情况，个体子坝上游边坡不宜陡于 1:1.5，一般采用 1:2.0。下游边坡不宜陡于 1:2.0，一般采用 1:3.0。初期坝以上各级子坝的下游平均坡度不宜陡于 1:3.0。

为防止子坝下游坝脚处的渗透破坏，保证足够的渗径和压重，子坝下游坡脚与前期坝坝坡的接触面不仅应结合紧密，并应有足够的厚度，其厚度不宜小于 2m。如厚度不足 2m 时，可将坝前沉积灰渣挖除其不足深度，使子坝下游坡脚嵌入。

子坝坝顶宽度、坝顶材料、坝顶坡度、子坝与岸坡的连接等均与初期坝相同。另外，子坝与岸坡的连接处应妥善处理，安排清基彻底，开挖大致平顺。子坝防渗体应坐落在相对不透水土基上，或嵌入岸坡开挖到强风化岩层下部的齿槽内，或沿岸坡向上游适当延伸，增加渗径。

（3）子坝排渗设计。子坝是否设置排渗设施应结合前期坝坝型和前期坝坝体实测浸润线，经渗流计算或渗流试验确定。当初期坝为透水坝或坝前设排渗体的不透水坝，且坝体实测浸润线较低时，初期子坝可不设排渗设施，后期子坝是否设置排渗设施尚应经渗流计算或渗流试验确定，以满足坝体稳定性要求。

对于前期坝透水性较弱、实测浸润线较高的情况，为控制现有坝体浸润线位置，不使贮灰水位提高而抬高坝体浸润线，所以，子坝上游必须设置排渗设施。其型式及设置位置需经渗流计算或渗流试验合理确定。

对于子坝前洪水持续时间长，或难以长期保持干滩的情况，子坝内浸润线位置较高，影响坝体稳定性，也可能从子坝坝坡溢出，形成渗透破坏，故应在子坝底部设置排渗设施，以降低子坝的浸润线。排渗设施的型式及位置，需经渗流计算或渗流试验合理确定。排渗设施的型式一般选用水平排渗管，并由横向排水管将渗水引至子坝下游。

水平排渗管应平行坝轴线敷设。排渗管可选用开孔的钢管、塑料管，管外铺设卵（碎）石和土工布滤层，或采用带滤层的软式透水管。排渗管管径及渗水能力由渗流计算或渗流试验确定。

当排渗管的结构型式采用排渗钢管时，可采用简化的水力学公式计算确定。下述计算公式供设计参考。

1）排渗量可按式（14-24）管式排渗单宽渗流量公式计算，计算简图如图 14-18 所示。

$$q=\frac{KH^2}{2L} \tag{14-24}$$

式中 q——单宽渗流量，$m^3/（s \cdot m）$；

K——灰渣渗透系数，m/s；

H——上游水深，m；

L——渗透长度，m。

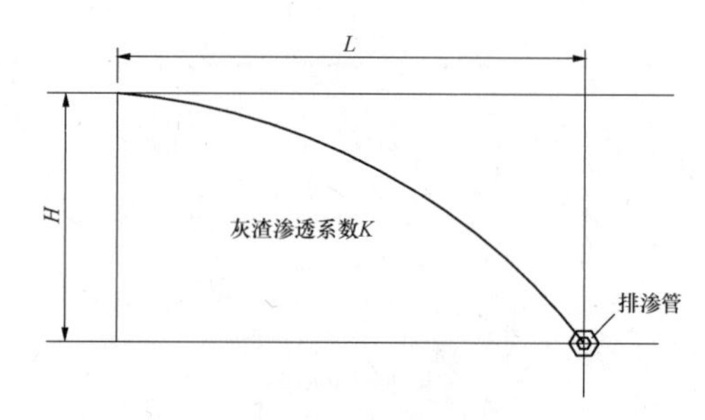

图 14-18 计算简图

2）排渗钢管管径由水力计算确定。

a. 排渗管要求的排渗能力为

$$Q=qL_p \tag{14-25}$$

式中 Q——排渗管的渗流量，m^3/s；

q——单宽渗流量，$m^3/（s \cdot m）$；

L_p——排水管每侧的排渗管长度，m。

b. 排渗钢管管径按式（14-26）确定

$$Q=c\omega(Ri)^{1/2} \tag{14-26}$$

式中 ω——钢管过水断面面积，m^2；

c——谢才系数；

R——水力半径，m（管充满度可按 0.5 计算）；

i——排渗管坡度。

3）排渗钢管孔眼数量应能满足渗流量进入的要求。

a. 靠近管壁的粒料选用 d=20～40mm 的卵石。卵石渗透系数 K=0.15m/s，其允许渗透流速按式（14-27）计算

$$v_y=\frac{\sqrt{K}}{15}=\frac{\sqrt{0.15}}{15}=0.026\ (m/s) \tag{14-27}$$

b. 每米长钢管要求的一侧进水面积为

$$A=\frac{q}{v_y} \tag{14-28}$$

c. 每米长每排开孔数目

$$m_0=\frac{\xi A}{NF_0} \tag{14-29}$$

式中　A——进水面积，cm^2；

ξ——备用系数，一般取 $\xi=6$；

F_0——每个孔眼面积，cm^2；

N——孔眼排数，一般取 $N=7$ 排。

（4）灰渣水力冲填筑坝。灰渣水力冲填筑坝，是依据20世纪70年代的水坠坝成坝原理，并结合河道疏浚的造浆输浆技术，以贮灰场的沉积灰渣为材料，用水力冲填法建造灰坝的技术。此项筑坝技术，经过科研、设计和施工单位近20年的努力和发展，日趋完善成熟。国内采用灰渣水力冲填筑坝的工程有：山东胜利电厂灰场子坝加高工程、内蒙古呼和浩特电厂贮灰场、广西合山电厂贮灰场、哈尔滨热电厂贮灰场灰坝加高、佳木斯发电厂五期贮灰场、山西漳泽电厂贮灰场、山西永济电厂二期灰场、陕西秦岭发电厂贮灰场等工程。

1）水力冲填筑坝适用范围。

a. 一般适用于子坝加高。

b. 必须有足够的水源，一般为灰场内的澄清水。

c. 有足够的机械动力源，一般为灰场专用动力电源。

d. 适用于室外日平均气温不低于5℃的气候条件。

e. 具有一定特征的沉积灰渣。

f. 适用于抗震设防烈度为7度及以下地区，7度以上地区应进行专门论证。

2）灰渣取样与试验。由于电厂煤质的变化带来灰的特征的变化，加之灰浆流动的分选作用，使得灰场中灰的颗粒在距离和深度两个方向分布很不均匀。而设计数值只能采用有代表性的一组数据，故须在采取灰样时，最大限度地采到沉积灰的不同位置，不同深度上分布的不同颗粒组成的灰样，有利于试验后为设计提供最具代表性灰样的物理力学特征值。灰渣取样与试验应满足如下要求。

a. 水力冲填筑坝的灰渣采用灰场内干滩区域沉积灰，应取代表性灰样进行试验。

b. 灰渣坝料试验应按SL 237《土工试验规程》的有关规定进行；

c. 灰渣土工试验（包括相对密度、干密度、含水率、颗粒分析、渗透试验、击实试验、剪切试验等）。

3）灰渣水力冲填筑坝设计控制标准。灰渣水力冲填坝的设计控制标准由灰渣的压实度和相对密实度两项指标来控制，须同时满足。水力冲填坝与碾压坝的坝体密实度要求是一致的，仅施工方法不同而已。

相对密实度可按式（14-30）计算

$$D_r=\frac{\rho_{dmax}(\rho_d-\rho_{dmin})}{\rho_d(\rho_{dmax}-\rho_{dmin})} \tag{14-30}$$

式中　ρ_{dmax}——最大干密度；

ρ_{dmin}——最小干密度；

ρ_d——实测干密度。

需要说明，灰渣平均颗径 d_{50} 较大时（较粗的灰）干密度较大，相对密实度较小，反之，d_{50} 较小时（较细的灰），干密度相对较小，相对密实度值大。其次在测试最小干密度 ρ_{dmin} 时，往往所得数值偏大，故一定要严格遵守相关试验规程和试验方法测试 ρ_{dmin}。

4）灰渣水力冲填筑坝构造要求。

a. 应满足坝体稳定性要求。

b. 上游坝坡应铺设防渗层，一般采用土工膜，并与坝肩有可靠连接。

c. 下游坝坡应铺设反滤层，一般采用土工布。

d. 坝体坡面可采用碎石、干砌块石、浆砌块石、混凝土板等护面。

e. 坝顶铺设可靠的盖面材料。

f. 坝体与岸坡连接宜设齿槽，槽宽和深度不宜小于1.0m，坡度不宜陡于1:1.0。

5）灰渣水力冲填筑坝设计对施工工艺的要求。灰渣水力冲填坝施工工艺要求的规定，是与设计技术要求相对应的，是对施工工艺过程的最基本要求。设计对施工工艺的要求如下。

a. 工艺过程必须包括制浆冲填、挠动振密、脱水固结。

b. 施工工艺具体要求为：取灰坑距离施工坝体坝坡脚应大于40m，深度不宜超过5m；灰浆灰水比要求一般1:3～1:4；输灰距离过长可加接力泥浆泵；分层冲填畦块宽度一般与坝面宽度相适应，长度沿坝轴线方向，一般不宜大于50m；冲填畦块围埂宜采用人工堆积灰渣修筑，分层夯实，层厚一般30cm，埂底宽度大于1.0m，高0.6m，中间分隔围埂上下层位置宜错开2.0m以上；内外坝坡处冲填时需加不小于0.3m的超填量，宜一次削坡成形；冲填分层厚度宜不大于0.4m；畦块排浆口宜不少于两个，且宜对角布置；明水拍完后的畦块，必须进行挠动，挠动点密度不大于1m；当采用振动棒挠动时，移动速度不宜大于1m/min，排距不宜大于0.5m；当采用人工挠动后，应采用平板振动器纵横震密处理各两遍，振动器移动速度不宜大于2m/min。

c. 取水泵、泥浆泵宜采用灰场专用动力电源。

d. 工程施工前应进行现场冲填试验，确定符合设计要求的质量参数和工艺细则。

e. 施工期坝体中心日最大沉降量小于15mm，两日累积沉降量小于 20mm。

f. 坝体冲填速度不能过快，每三日最大升高小于 0.4m，平均日冲填高度小于 0.15m，经试验并论证后速度可适当提高，但不超过 0.2m/d。

根据实践工程经验，灰渣水力冲填筑坝施工工艺过程框图如图 14-19 所示。

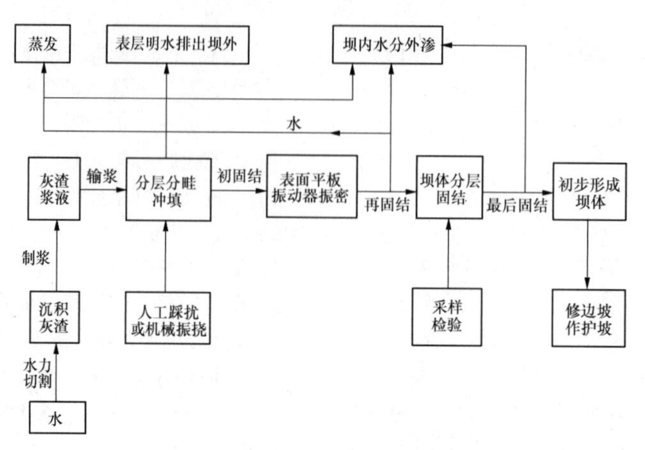

图 14-19　灰渣水力冲填筑坝工艺流程框图

6）灰渣水力冲填筑坝施工质量控制。

a. 施工中应重点检查泥浆浓度、冲填速度、填筑标准等是否满足设计要求。

b. 坝体水平位移及沉降量是否满足设计要求。

c. 施工期应监测坝体渗水量，掌握坝体排水设施的排水情况和灰渣的固结情况。

d. 施工前应制定安全管理措施、防护措施及应急处理措施。

e. 畦块边埂的填筑质量按压实度不小于 0.95 控制，多雨地区可采用土布袋装灰渣堆筑。

f. 水力冲填筑坝日平均气温不低于 5℃，当最低气温低于 0℃时应停止施工。

g. 冲填灰渣坝体高度应预留 3%～5%的坝高沉降量。

h. 施工测试的灰样选取每块畦干密度试点不少于三组，每组分上、中、下三个原状灰样，测点位置应具有代表性；采样时间应为平板振动器振密 24h 后进行。

（5）子坝坝基。据全国已完成子坝加高的灰渣筑坝工程统计，绝大多数灰场是在沉积的灰渣滩面上直接加筑的。它们的共同点是在坝前均匀放灰，使坝前沉积粗颗粒；运行时保持足够的干滩长度，保证坝基灰渣是非饱和的；沉积灰渣的密实度较大，经碾压后承载力一般能达到 100kPa 左右。根据多年理论研究和运行实践经验，满足上述条件，在七度地震区，可在灰渣滩面上直接加筑子坝是安全的。

由于早期工程的原有状况，使有些灰场不能直接在沉积灰渣滩面上加筑子坝时，则需进行灰渣地基的处理，处理措施应根据灰渣特性、加坝高度、抗震设防烈度、施工条件，经技术经济比较确定，处理方法力求经济可行、安全可靠。如一般情况下可采用填石碾压加固，必要时可采用铺设加筋布、土工格栅、排水砂井、振冲碎石桩、振动挤密二灰桩等措施，并应进行专门论证。

当灰渣坝基为细粒松散的饱和灰渣层，无法满足坝体的稳定要求及坝体抗液化要求时，采用振冲碎石桩进行处理，既能提高灰渣强度，又可防止灰渣液化，既经济适用又安全可靠，是一种比较适宜的处理方法。灰渣坝基已采用振冲碎石桩进行处理的电厂有：谏壁电厂松林山灰场、仪征化纤工业联合公司热电厂贮灰场、景德镇电厂贮灰场、浑江电厂通天沟灰场、抚顺发电厂豆地沟灰场等。

这几个电厂灰场的坝基处理效果均达到预期目的。谏壁电厂松林山灰场、仪征化纤工业联合公司热电厂贮灰场灰渣层相对密实度只有 0～0.3，处于松散或极松散状态，标准贯入击数 0～3 击，静力触探比贯入阻力大都小于 0.2～1.0MPa，承载能力低，只有 40～60kPa，在地震作用下灰渣极易液化，必须加固处理。采用振冲碎石桩加固后灰渣的相对密实度提高到 0.65 以上，标准贯入击数增长数倍，达 7 击以上，静力触探比贯入阻力达到 0.6～3.0MPa 或 3.5MPa。灰渣层的抗剪强度、承载能力与抗液化能力也成数倍显著增加，承载能力达到 150～250kPa，满足了加高子坝及贮灰场抗御地震的要求。

因此，下面对灰渣坝基处理的振冲碎石桩法要求做一些说明。

1）灰渣坝基在下列情况下可采用振冲碎石桩法处理。

a. 子坝远离初期坝和上一级子坝，坝基为细颗粒松散的灰渣层。

b. 浸润线位置高，灰渣强度低，无法满足坝体抗液化要求。

2）振冲碎石桩处理的地基承载力特征值的确定应符合下列规定。

a. 对一级坝体应按复合地基载荷试验确定。

b. 对于二、三级坝体应根据单桩和桩间土载荷试验按复合地基承载力公式计算。

c. 无载荷试验资料时，复合地基承载力特征值可按式（14-31）确定

$$f_{sp}=[1+a_c(n-1)]f_{sk} \tag{14-31}$$

式中　f_{sp}——复合地基承载力特征值，kPa；

a_c——桩土面积比；

n——桩土应力比，无实测资料时可取2～4，天然地基承载力低时取大值，反之取小值；桩间土承载力特征值可用天然地基承载力特征值代替；

f_{sk}——桩间土地基承载力特征值，kPa。

3）复合地基的压缩模量和变形模量以及抗剪强度指标等按DL/T 5045—2006中有关公式确定。

4）振冲碎石桩的布桩范围，应根据坝体稳定计算确定，上下游坝脚外不得少于三排桩。

5）振冲碎石桩的桩径与振冲器的功率有关，对于30kW的振冲器，振冲直径一般可取80～100cm，对于采用75kW的振冲器，振冲直径一般可取100～120cm，振冲效果及经济性都有明显提高。

6）振冲碎石桩的桩间距，应根据荷载大小和灰渣坝基的承载力要求，并通过现场试验确定；对振冲置换桩桩距，目前尚无计算公式，只能按2～3倍桩径经验值设计。荷载大或原土强度低时，宜取较小间距，反之宜取较大间距。

7）由于振冲器在土中传播的振动能量与距离的平方成反比，加固效果随距离增加而逐渐减弱，为了与邻近振冲点的加密范围重合，一般采用等边三角形布桩效果最好，但根据基础形式和需要，对条形或小范围基础，也可采用正方形、矩形或等腰三角形（梅花形）布置。

8）灰渣坝基的桩长主要是满足坝体的稳定计算要求，即为合理的桩长。振冲碎石桩桩长不宜超过18m，也不宜短于4m；当坝基下持力层埋藏深度不大时，应按持力层埋藏深度确定，一般桩尖进入持力层深度不小于500mm；当坝基灰渣很深，无法进入持力层时，桩长应按液化层厚度确定，桩深入非液化层深度不应小于2m。对地震加速度不小于0.1g（抗震设防烈度为七度或以上）时，桩长应按GB 50011《建筑抗震设计规范》的要求进行设计。振冲处理深度是决定处理工作量、进度和费用的关键因素，所以要根据抗震等相关规范进行综合论证。

9）桩体材料的选择是振冲桩设计中的重要环节，应坚持就地取材的原则，选料恰当与否，不仅与桩的质量和处理效果有紧密联系，而且直接影响工程造价。填料选择应符合以下条件。

a. 宜选择比重大、颗粒粗的材料。如填料颗粒太细或重量太小，则施工时因喷射水向上流动的影响，填料不易下沉。

b. 填料纯净，黏粒杂质含量较少（不大于5%），以保证桩体良好的透水性。

c. 填料颗粒有足够的强度，在外荷载作用下不至于压碎，以碎石、卵石、砾石、粗砂、矿渣或其他无腐蚀性和性能稳定的硬质材料为宜。禁止使用强风化易软化的石料。一般采用碎石，粒径要求为3～10cm，最大粒径不宜大于15cm。

d. 填料应有良好的水稳定性和抗腐蚀性，长期浸泡地下水中不至于软化或崩解。

在满足上述条件下，填料应就地取材，以减少运输费用和劳力。

10）坝基处理表层有一定高度密实效果不稳定桩头，可采用重型振动碾碾压达到设计要求。

11）振冲桩上部应铺设压实的碎石垫层，碎石垫层厚度400～500mm，桩间距小于2m时垫层厚400mm，桩间距大于2m时垫层厚度500mm。碎石垫层一方面可作为复合地基排水通道，加速桩间土的固结，提高桩间土的强度；另一方面可以同时起到扩散应力的作用，使基础底面压力均匀分布到桩与桩间土上。垫层施工质量按承载力要求，用压实度进行控制，以便于控制质量。

由于碎石层和灰渣直接接触，灰渣易被挤入碎石空隙，这样不仅影响碎石层的排水，而且也会加大沉降量。因此，在振冲桩和碎石垫层下铺设一层无纺土工布隔离灰渣进入碎石层，同时铺设一层土工格栅以保护土工布不被破坏。

（6）坝体浸润线。

1）浸润线是贮灰场内的水体在灰坝中渗流形成的稳定地下水位线。在浸润线以下坝体处于饱和状态，浸润线以上为非饱和状态。由于非饱和灰的抗剪强度远高于饱和灰的抗剪强度，因而渗流分析与控制浸润线直接关系灰坝安全稳定、经济合理。坝体浸润线位置应通过渗流计算或渗流实验确定。

2）根据多年来对浸润线研究和工程实践的成果与结论：灰渣筑坝技术的关键和保证灰坝安全的根本是降低浸润线，以减少饱和区、加速灰渣团结、增强坝体强度；降低浸润线的有效工程措施是选择透水性强的初期坝、透水性弱的子坝、合理设置排渗设施、坝前均匀放灰、保持足够的干滩长度。

（7）坝体稳定验算。

1）一般规定。

a. 坝体稳定验算应视坝的级别、坝址所处地区的抗震设防烈度、不同设计阶段，选择进行坝体抗滑稳定计算和在地震作用下判断坝体是否液化的静动力分析。

b. 初期坝稳定验算应结合子坝加高一并考虑；在灰场可行性研究阶段，一般参照类似灰场的资料进行规划，可不进行稳定验算；在灰场设计阶段，一般按类似灰场灰渣物理力学性质，进行初期坝和子坝加高后的抗滑稳定计算，可不进行静动力分析。

c. 子坝加高稳定验算应在子坝加高工程初步设计阶段进行。子坝加高设计应进行子坝个体的稳定验算，以及连同灰渣地基和初期坝一起的坝体总体稳定验算；对七度抗震设防烈度区的子坝加高设计应进行静动力分析，对八度抗震设防烈度区的子坝加高设计必须进行专项技术经济论证。

d. 坝体应进行渗透稳定计算，满足允许临界坡降和渗透稳定的要求，防止发生流土和管涌。

2）坝体抗滑稳定计算。

a. 坝体抗滑稳定计算应根据坝型、坝体材料以及地基土的物理力学性质和各种运行工况，验算坝体稳定性，满足抗滑安全系数要求，寻求合理的坝体断面。

b. 抗滑稳定计算宜采用瑞典圆弧法或简化毕肖甫法。当坝体为堆石坝时可采用折线法。当地基有软弱夹层时，可采用改良圆弧法。

c. 抗滑稳定计算宜采用总应力法。当需考虑孔隙水压力消散和强度增长时，可采用有效应力法。计算所采用的强度指标测定方法应与计算方法相符。

3）坝体静动力分析。

a. 在抗震设防烈度七度及以上地区进行子坝加高工程设计时，应进行静动力分析，判断坝体、坝基液化可能性，确定液化范围，全面评价子坝加高后坝体的抗震安全性。

b. 静动力分析可采用总应力法或有效应力法，进行数学模型计算研究。

（8）坝体安全检测设施。

1）一般规定。

a. 坝体应按坝的级别、坝高、坝型、地形、地质等条件设置浸润线及变位线检测设施，各级山谷灰场均应设置，平原灰场和滩涂灰场需要加高时也应设置。坝体监测设施包括浸润线监测和变位监测，是在灰场运行过程中监视坝体安全度的重要手段，尤其对坝高较大、坝型较复杂、地形变化较大、地质条件较差的坝体更为重要。山谷灰场由于坝体较高、子坝加高级数较多，浸润线的高低是坝体安全程度的重要标志，因此要求各种级别的坝均需设置浸润线及变位监测设施。平原灰场及滩涂灰场由于坝体较矮、子坝加高级数不会很多，可根据具体情况和需要设置浸润线及变位监测设施。

b. 监测设施应与坝体同时进行竣工验收，对各项监测设施应有妥善的保护措施。坝体竣工时应同时交付完整的监测设施及其竣工资料，如埋设位移、标高、原始读数等。由于过去对坝体监测尚不正规，对监测设备也缺乏应有的看管，如从现在运行的灰场来看，由于测压管管口未及时保护，被路人将石子土块抛入管内，致使管被堵塞无法观测的现象比较普遍，因此对各项监测设施应妥善保护，保证能随时进行测读。

2）浸润线监测设施。

a. 监测设施：监测水位的标尺、监测干滩长度的仪器、坝内埋设的测压管或孔隙水压力计、测量测压管水位的仪器。

b. 浸润线监测设施设置参考前面论述。

3）坝体变位监测设施。坝体变位监测参考前面论述。

（9）施工质量控制要求。

1）一般要求。

a. 初期坝及子坝坝基和岸坡清基后，由监理工程师主持，勘测设计人员和地质人员参与工程验收，验收合格后方可进行下道工序施工。

b. 坝基和岸坡的开挖范围、坡度、高程等均应符合设计要求。坝肩岸坡开挖清理自上而下一次完成的要求，有利于施工安全，有利于施工管理和提高工程质量。

c. 当黏性土坝基开挖后不能立即进行坝体填筑时，宜预留保护层或采取其他保护措施，在坝体填筑时再进行清除。冬季施工时，保护层厚度应考虑土槽受冻害的影响。

d. 坝区附近料场取料范围：山谷灰场坝肩上下游附近不宜取土，必要时取土范围必须在坝体规划范围坡脚线50m以外，并保持适当坡度；需要在坝脚外取土时，应离开坝脚边线3倍坝高以上，取土深度不宜大于0.5倍坝高；在灰场内取灰渣时，取灰坑距坝脚应大于40m，且深度不宜超过5m。

e. 黏性土坝雨季填筑是土石坝施工难点，降雨量充沛地区尤为突出。切实可行的雨季施工措施和经验是保证黏性土坝在雨季顺利施工的关键。黏性土坝在雨季施工时应做好雨情预报。雨前应采用碾压设备快速压实表层松土，并应保持填筑面平整。防止雨水下渗和避免积水。雨后应进行适当晾晒或处理；填筑面上的大型施工机械，宜在雨前开出填筑面；下雨或雨后应注意坝面保护，不得践踏或在其上通行车辆。

f. 坝体在负温下施工应制定适当的防护措施，并重点检查以下内容：填筑面的防冻措施；已压实土层有无冻结现象；填筑面上积雪是否清除；对气温、土温、风速等进行观测记录；春季应对冻结深度内的土层质量进行复查。

2）填筑要求。

a. 筑坝土石料特性各异，筑坝方法有其特殊性，坝体填筑质量应对具有代表性的坝料进行室内试验，依此提出设计要求，通过施工碾压试验确定施工工艺和参数，按此进行填筑质量的控制。

b. 坝体施工应加强各工序的衔接管理，严密组织，分段流水，层次清楚，均衡上升，减少接缝。土料铺筑及碾压，应沿平行坝轴线方向依次向外扩展，并铺筑均匀，及时平整，不得垂直坝轴线方向碾压，以防漏压而形成贯穿上下游的渗流通道。

c. 为使均质土坝、砂砾石坝、石渣坝等坝体断面内的压实指标达到设计要求，在上下游坝坡处的铺料宜适当留有余量，并在铺筑坝体护坡前，按设计断面进行削坡。

d. 土石坝的填筑应力求各种坝料全断面平起施工，跨缝碾压，均衡上升。土质防渗体与坝体、反滤料同步填筑，按顺序铺设各种材料。

e. 坝体填筑的质量控制，应重点检查如下项目：对各种筑坝材料的质量控制指标进行检查；坝体每层铺土前，对压实土体的表面情况进行检查；对铺土厚度、压实参数执行情况检查；判断含水量与碾重是否合适，检查有无层间光面、剪力破坏、弹簧土、漏压、欠压和土层裂缝等情况；检查坝体与坝基、岸坡、构筑物、坝下埋管的连接；检查坝体各部位坝料的施工质量；对坝坡坡度检查以及冬季、雨季施工措施执行情况检查。

f. 护坡垫层材料及尺寸应符合设计要求，铺筑块石或其他面层时，不得破坏垫层。

g. 干砌块石及浆砌块石石材质量及尺寸应符合设计要求，长度30cm以下石块，连续使用不得超过4块，且两端须加丁字石；砌筑自下而上、错峰砌筑、塞垫稳固、紧靠密实、表面平整；浆砌石采用坐浆法施工；砂浆原材料、配合比、强度应符合设计要求，未砌筑砂浆达到初凝时应做废料处理。

h. 混凝土预制板（块）护坡，其强度应符合设计要求；混凝土预制板铺砌应平整、稳定、缝隙紧密、缝线规则。

i. 反滤土工布和防渗土工膜的种类、规格、物理力学特性、渗透性等应符合设计要求，对到场的材料应分批进行抽样检查。铺设前应进行外观检查，不得有破口；土工材料铺设基面须平整，不得有尖角、树根，防止施工工程中土工材料受损；土工布拼接采用缝接或搭接；土工膜应采用黏结搭接，黏结缝的宽度不应小于10cm；土工合成材料上的覆盖材料应及时铺设，其暴露时间不得超过产品技术要求的规定值；铺设覆盖材料宜采用进占法，坝坡上宜由下至上铺设。铺设人员必须穿软底鞋。

3）质量控制要求。

a. 坝体压实检查项目及取样次数按表14-30执行。

表14-30 坝体压实检查项目及取样次数表

坝料	部位	检查项目	取样次数
黏性土	边角夯实	干密度、含水率	2～3次/层
	坝体碾压		1次/200m³～1次/500m³
砾质土	边角夯实	干密度、含水率、砾石含量	2～3次/层
	坝体碾压		1次/200m³～1次/500m³
反滤料	坝体碾压	干密度、颗粒分析、含泥量	1次/200m³～1次/500m³
堆石料	坝体碾压	孔隙率、颗粒分析	1次/10000m³
砌石料	坝体碾压	孔隙率	1次/10000m³
石渣	坝体碾压	干密度、含水率	1次/400m³～1次/1000m³
灰渣	坝体碾压	干密度、含水率	1次/200m³～1次/500m³

b. 坝体竣工验收应包括施工期间分部工程验收及竣工验收，验收时主要项目施工允许偏差应符合表14-31规定。

表14-31 施工验收允许偏差值

项次	项　目	允许偏差值
1	竣工坝顶标高	不大于20cm，不低于设计标高
2	坝体埋管中心标高	可低于5cm，不得高于设计标高
3	坝体埋管长度	不得小于设计长度
4	坝顶宽度	±10cm
5	坝体坡度	±2%
6	护坡厚度	±15%
7	干密度	合格率小于90%，不合格干密度不小于95%
8	施工含水率与最优含水率差	–4%～+2%
9	碾压（非碾压）堆石孔隙率	+2%（+5%）
10	岸坡削坡坡度	不陡于设计坡度
11	坝轴线	按二级导线精度测设

七、湿式贮灰场管理站的设计

为了便于对湿式贮灰场的运行，进行有效管理和监测，湿式贮灰场应设灰场管理站。由于湿式贮灰场运行过程中不需要碾压、摊铺、喷洒及运灰车辆，因此湿式贮灰场管理站不同于干式贮灰场管理站，管理站内应配有必要维护机具、交通工具、通信设施。站区同时应设有值班休息室、修理间、仓库、道路以及必要的生活设施。

1. 湿式贮灰场管理站的选址

湿式贮灰场管理站的选址应结合贮灰场位置，充分考虑到管理站区域地理位置、地形地貌、地质条件、水文条件、交通条件等。

（1）地理位置：灰场管理站位置应以不影响灰场后期灰坝加高或灰场加高为宜。

（2）地形地貌：灰场管理站选址应选择地形大致平坦，管理站施工整平土方量小的区域。同时又距离灰坝不太远，便于灰场运行管理监测。

（3）地质条件：灰场管理站选址应选择地质条件良好区域，管理站内基本都是单层建筑，承载力要求不高，站区整平后站内建筑物不再进行地基处理或进行简单的地基处理为宜。

（4）水文条件：灰场管理站选址应避开洪水影响区域或选择仅需设简单防洪措施区域。

（5）交通条件：灰场管理站在选址上应充分考虑到交通，从管理站附近道路引接至管理站的道路易于修筑，少跨越，新修道路长度尽量短为宜。

2. 湿式贮灰场管理站的设计

湿式贮灰场管理站内宜设值班休息室、修理间、仓库、道路等。站内建筑物应布局紧凑合理，排水流畅，交通车辆进出停放方便。各建筑物可按单层砖混结构设计。建筑色彩与工程相协调或与周围建筑协调。管理站围墙可采用清水墙面。

站内应配有必要的生产设施和生活设施，以方便灰场管理、与电厂联系以及管理人员的日常生活。

第八节 排 水 系 统

一、概述

贮灰场按灰渣的存放方式分为干式贮灰场和湿式贮灰场。对于干式贮灰场内的水为灰场区域内的降雨水或灰场径流面积内降雨汇入灰场内的山洪水；对于湿式贮灰场内的水不仅有降雨形成的水，还有灰渣澄清水。当灰场内的水威胁到灰场安全运行时就应将这部分水及时排出灰场外。此时，贮灰场就需要设必要的排水系统。

另外，根据近些年来的工程运行实际情况及我国环境保护意识的逐步提高，在年降雨量较少，而蒸发量很大的地区，干式贮灰场有时也可不设排水系统，将贮灰场内的雨水拦蓄在灰场内自然蒸发排干。特别是平原型干式贮灰场，灰场四周设有围堤围挡，贮灰场区域外的客水不进入灰场，灰场内水仅为灰场区域内的降雨的情况。

二、系统类型及选择

1. 排水系统的类型

对于干式贮灰场，排水系统基本有两种：①溢流式竖井——涵管式；②堆石渗井——盲沟式。

对于湿式贮灰场，排水系统也基本有两种：①溢流式竖井——涵管式；②斜槽——涵管式。

其中溢流式竖井的溢流方式又有叠梁式、井圈式、窗口式；涵管有预制混凝土管和现浇混凝土管。

2. 排水系统的选择

贮灰场选择何种排水方式，应视工程具体情况而定。下面分别对干式贮灰场和湿式贮灰场排水系统的选择做一些介绍。

（1）干式贮灰场排水系统。

1）设计原则。

a. 山谷灰场。

a）山谷灰场宜在灰场内设排水设施，并在灰场周围设截洪沟，以拦截灰场一定高程以上流域面积的洪水并导致灰场之外排出。

b）截洪沟设计标准宜按洪水频率十年一遇设计。截洪沟的断面及结构型式可结合地形、地质、当地建筑材料等情况确定。通常采用矩形或梯形浆砌石结构。

c）当灰场上游流域面积范围内洪水量较小，洪水全部进入灰场内不影响灰场正常运行时，洪水可直接进入灰场，通过灰场内设置的排水系统排出。

d）当灰场上游流域面积较大，洪水量较大，洪水全部进入灰场影响灰场正常运行时，可在上游设置拦洪坝的截洪措施。

e）拦洪坝设计标准可参照本章第四节山谷湿灰场灰坝设计标准执行。

f）拦洪坝的设计应通过调洪演算确定调蓄库容、坝高和排洪设施。

g）拦洪坝坝型设计可参照本章第六节初期挡灰坝（不透水坝）。

h）与拦洪坝配套的排洪设施的设计应根据地形、地质条件，经过技术经济优化比较确定。型式一般采用排水管将洪水引至灰场下游，也可采用溢洪道或泄洪隧洞将洪水排至邻近山沟。

i）排洪管或排洪隧洞的断面按计算确定，其最小敷设坡度不宜小于 0.3%。现浇钢筋混凝土排水管的内径不宜小于1.6m；排水隧洞的净高不宜小于1.8m，净宽不宜小于1.5m。

j）排水出口段宜设消力池及集水池。

b. 滩涂灰场。

a）当滩涂灰场有外来洪水时宜设置截洪沟，截洪沟设计标准参照山谷干灰场截洪沟。

b）通常情况下灰场内不设排水系统，雨水可导致远端灰格用于灰场喷洒。

c. 平原灰场。平原灰场一般可不设排水系统，当受客水汇入影响或当地降雨量大时，可视具体情况设截洪沟或灰场内设排水系统。

2）系统选择。干式贮灰场内的水为灰场区域内的降雨水或灰场径流面积内降雨汇入灰场内的山洪水。

对于平原型干式贮灰场，灰场四周设有围堤，灰场外的客水不进入灰场内，灰场内水仅为灰场区域内的降雨。如果地区年降雨量不大，而蒸发量较大，可在选择堆石渗井——盲沟式排水系统，将灰场内的水排出灰场外；对于年降雨量较大的平原干式贮灰场，可采用溢流式竖井——涵管式排水系统，将灰场内大面积积水排出灰场外。

对于山谷型干式贮灰场，往往由于受山洪影响较大，基本都选择溢流式竖井——涵管式排水系统。

（2）湿式贮灰场排水系统。湿式贮灰场内的水不仅有灰场内的雨水或山洪水，还有灰渣澄清水。对于湿式贮灰场来说，往往排水指排灰渣澄清水，而泄洪指排泄灰场内的洪水。湿式贮灰场的排水和泄洪构筑物可合并设置，也可分开设置，至于分设还是合并，应视工程具体情况通过技术经济比较后确定。

对于平原型湿式贮灰场，可采用溢流式竖井——涵管式排水系统，将灰场内水排出灰场外。

对于山谷型湿式贮灰场，可采用溢流式竖井——涵管式排水系统，也可采用斜槽——排水系统。溢流竖井式运行中需要通过灰水沉淀池去加高，操作运行较麻烦；斜槽式虽然可以在岸边加高，操作运行较方便，但必须要有合适的地形。因此，设计中采用何种方式要视具体情况再定。

三、系统水力计算

（1）竖井——管式排洪系统。

1）泄流量计算。竖井——管式排洪系统的工作状态，随泄洪水头的大小而异，当水头较低时，泄流量较小，竖井内水位低于最低工作窗口的下缘，此时为自由泄流；当水头增大，井内被水充满，但排水管尚未呈满管流，泄流量受排水管的入口控制，此时为半压力流；当水头继续增大，排水管呈满管流，即为压力流。不同工作状态时的泄流量按表14-32中的公式计算。

表14-32 竖井——管式排水系统不同工作状态时泄流量计算公式

排水井型式	工作状态	计算公式
窗口式井	自由泄流，水位在两层窗口之间时	$Q_a=Q_2=2.7\times n_c\times\omega_c\times\sum\sqrt{H_i}$
	自由泄流，水位在窗口部位时	$Q_b=Q_1+Q_2$ 对于方孔：$Q_1=1.8\times n_c\times\varepsilon\times b_c\times H_0^{1.5}$ 对于圆孔：$Q_1\approx n_c\times A\times D_c^{2.5}$
	半压力流	$Q=\varphi\times F_s\times\sqrt{2gH}$ $\varphi=\dfrac{1}{\sqrt{1+\lambda_j\times\dfrac{l}{d}\times f_1^2+\xi_1 f_2^2+\xi_2+2\xi_3 f_1^2}}$ $F_s=\varepsilon_b\times F_e$ $\lambda_j=8g/C^2$ $d=4R_j$ $f_1=F_s/\omega_j$ $f_2=F_s/\omega$
	压力流	$Q=\mu\times F_x\times\sqrt{2gH_z}$ $\mu=\dfrac{1}{\sqrt{1+\sum\lambda_g\dfrac{L}{D}f_3^2+\sum\xi f_3^2+\xi_1 f_4^2+\xi_2 f_9^2+2\xi_3 f_5^2}}$ $\lambda_g=8g/C^2$ $D=4R_g$ $\xi_1=(1.707-\omega_1/\omega_2)^2$ $f_3=F_x/F_g$ $f_4=F_x/\omega$ $f_5=F_x/\omega_j$ $f_9=F_x/F_e$

注 n_c—同一横断面上排水口的个数；
ω_c——一个排水窗口的面积，m^2；
H_i—第i层全淹没工作窗口的泄流计算水头，m；
ε—侧向收缩系数，按有关资料确定；
b_c——一个排水口的宽度，m；
H_0—最上层未淹没工作窗口的泄流水头，m；
A—系数，根据H_0/D_c由图14-20查取；
D_c—排水窗口直径，m；
F_s—排水管入口水流收缩断面面积，m^2；
H—计算水头，为库水位与排水管入口断面中心标高之差，m；
ε_b—断面突然收缩系数，按有关资料查取；
F_e—排水管入口断面面积，m^2；
λ_j—排水井沿程水头损失系数；
C—谢才系数，根据管壁粗糙系数n、水力半径R查有关资料确定；

l—排水井内管顶以上的水深，m；

d—排水井内径，m，对于非圆形井取 $d=4R_j$；

R_j—排水井井筒断面的水力半径，m；

F_x—排水管下游出口断面面积，m²；

H_z—计算水头，为库水位与排水管下游出口断面中心标高之差，m，当下游有水时，为库水位与下游水位的高差；

λ_g—排水管沿程水头损失系数；

L—排水管计算管段的长度（断面无变化时，即为管道的全长），m；

D—排水管计算管段的内径，m，对于非圆形管取 $D=4R_g$；

R_g—排水管计算管段的水力半径，m；

ξ—排水管线上的局部水头损失系数，包括转角、分叉、断面变化等，按有关资料查取；

ξ_1—排水窗口局部水头损失系数；

ξ_2—排水管入口局部水头损失系数。直角入口 $\xi_2=0.5$，圆角或斜角入口 $\xi_2=0.2\sim0.25$，喇叭口入口 $\xi_2=0.1\sim0.2$；

ξ_3—排水井中水流转向局部水头损失系数，按有关资料查取；

ω_1—排水井窗口总面积，m²；

ω_2—排水窗前水深区域排水井井筒外壁表面积，m²；

ω—排水井中水深范围内的窗口总面积，m²；

ω_j—排水井井筒横断面面积，m²。

当竖井较高时，除了进行上述泄流能力的计算外，对于竖井内的消能问题要给予重视，必要时可通过水力模型试验确定安全、合理的竖井布置方案。

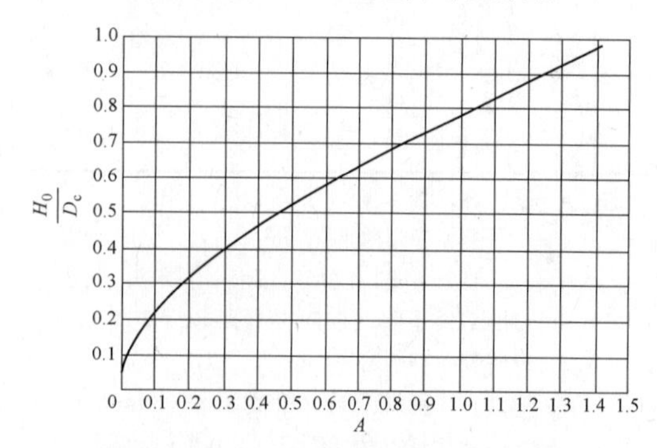

图 14-20 圆孔堰系数 $A\sim H_0/D_c$ 关系曲线图

2）排洪管及下游连接的水力计算。

a. 正常水深计算。压力流排洪系统的管道为满管流，而自由泄流和半压力流则为非满管流，其正常水深等水力学参数可按隧洞的水力计算公式计算。

无压流的排水管，在通气良好的条件下，对于稳定流充满高度不应大于 85%，且空间高度不小于 0.40m；对于非稳定流充满高度不大于 90%，空间高度不小于 0.20m。

当排水管内水流为高速无压流时，其直径或高度，建议考虑掺气的影响，并宜通过水工模型试验确定。

b. 下游连接计算。排水管出口收缩断面水深可按式（14-32）求解

$$h+\frac{\alpha v^2}{2g}+\Delta z=h_c+\frac{\alpha v_c^2}{2g}+h_w=h_c+\frac{\alpha Q^2}{2gw_c^2\varphi^2} \tag{14-32}$$

式中 h——排水管出口断面的水深，m；

v——排水管出口断面的流速，m/s；

Δz——排水管出口处水流跌差，m；

α——流速水头修正系数，$\alpha=1.0\sim1.1$；

g——重力加速度，g=9.80665m/s²；

h_c——排水管出口下游收缩断面水深，m；

v_c——排水管出口下游收缩断面处的流速，m/s；

h_w——由排水管出口断面至收缩断面的水头损失，m；

Q——流量，m³/s；

w_c——排水管出口下游收缩断面面积，m²；

φ——流速系数，可取 $\varphi=0.97\sim1.0$ 计算。

用式（14-32）求解 h_c 需用试算法。求出 h_c 后，即可进行共轭水深计算和消力池的设计。

（2）斜槽——管式排水系统。当斜槽上水头较低时，为自由泄流，由水位以下的斜槽侧壁和斜槽盖板上缘泄流；当水位升高、斜槽入口被淹没时，泄流量受斜槽断面控制，成为半压力流；当水位继续升高、排水斜槽和排水管均呈满流状态时，即为压力流。各种流态的泄流量按表 14-33 中的公式计算。

表 14-33 斜槽——管（或隧洞）式排水系统泄流量计算公式

工作状态	计算公式
自由泄流，水位未超过盖板上沿最高点时	$Q_a=Q_Z=0.8\sigma_n m_1(\tan\beta+\cot\beta)\sqrt{2g}H_s^{2.5}$ $\beta=\arctan i$
自由泄流，水位超过盖板上沿最高点时	$Q_b=Q_1+Q_2$ $Q_1=m_1(b+0.8H_t\cot\beta)\sqrt{2g}H_t^{1.5}$ $b=b_1+\frac{2h}{\sin\beta}$
半压力流	$Q=m_2\omega_x\sqrt{2gH_b}$
压力流	$Q=\varphi\omega_c\sqrt{2gH_y}$ $\varphi=\frac{1}{\sqrt{1+\left(0.92+\xi_1+2g\frac{l}{C_x^2R_x}\right)P_1^2+\left(\xi_2+\xi_3+\sum n\xi_4+2g\frac{L}{C_g^2R_g}\right)P_2^2}}$

续表

工作状态	计算公式
压力流	$P_1=\omega_c/\omega_x$ $P_2=\omega_c/\omega_g$

注 σ_n—淹没系数，按 h_n/H 查图 14-21 确定；

m_1—堰流量系数，对于宽顶堰 $\left(2.5<\dfrac{\delta}{H'}<10\text{，}H'\right.$ 为堰顶泄流水头$\left.\right)$，直角堰口，$m_1=0.30+0.08\dfrac{1}{1+\dfrac{P}{H'}}$；圆角堰口，$m_1=0.36+0.01\dfrac{3-\dfrac{P}{H'}}{1.2+1.5\dfrac{P}{H'}}$；

对于薄壁堰与实用堰取 $m_1=m_e$；

P—堰高，m；

m_e—堰流系数，$\dfrac{\delta}{H_{y'}}<0.67$ 时，按薄壁堰计算，$m_e=0.405+\dfrac{0.0027}{H_{y'}}$；$0.67<\dfrac{\delta}{H_{y'}}<2.5$ 时，按实用堰计算，$m_e=0.36+0.1\left(\dfrac{2.5-\dfrac{\delta}{H_{y'}}}{1+\dfrac{2\delta}{H_{y'}}}\right)$；

δ—堰顶宽，m；

$H_{y'}$—溢流堰泄流水头，m；

H_s—自由泄流水头，m，自斜槽侧壁过水部分的最低点起算；

b—梯形堰的底宽，m；

h—平盖板的厚度或拱形盖板的外缘拱高，m；

b_1—斜槽的净空宽度，m；

β—斜槽的倾角，度（°）；

i—斜槽的坡度；

H_t—自由泄流水头，m，自斜槽盖板上缘的最高点起算；

m_2—孔口流量系数，平盖板 $m_2=0.52$，拱形盖板 $m_2=0.55$；

ω_x—斜槽断面面积，m^2；

H_b—半压力流泄流水头，m，为库水位与斜槽进口断面中心的标高差；

ω_c—排水管出口断面面积，m^2；

H_y—压力流泄流水头，m，为库水位与排水管下游出口断面中心的标高差。当下游淹没时，为库水位与下游水位的标高差；

ω_g—排水管断面面积，m^2；

ξ_1—排水斜槽末端局部水头损失系数，槽与管为相同断面直接连接时，按转角考虑，取 $\xi_1=\xi_4$；当用井连接时，则按水流突然扩大考虑，可按水力学有关图表查取；

ξ_2—排水管入口局部水头损失系数，当槽与管为相同断面直接连接时，$\xi_2=0$；用井连接时，按水流突然缩小考虑，可按水力学有关图表查取；

ξ_3—排水管断面变化的局部水头损失系数，可按水力学有关图表查取；

ξ_4—排水管转角局部水头损失系数，可按水力学有关图表查取；

n—管洞粗糙系数；

R_x、C_x、l—斜槽的水力半径、谢才系数、长度；

R_g、C_g、L—排水管的水力半径、谢才系数、长度。

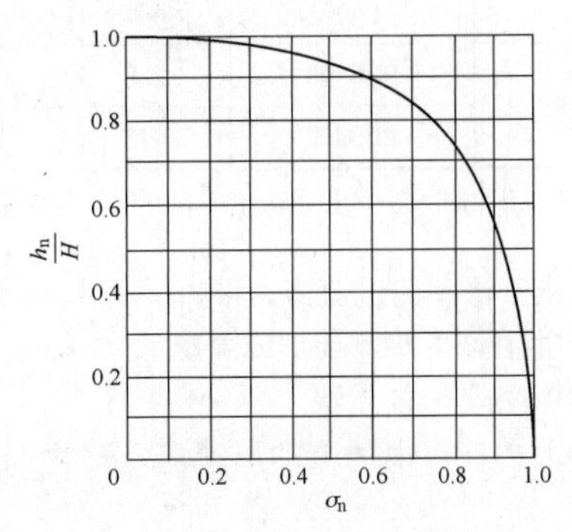

图 14-21 淹没系数 σ_n～h_n/H 关系曲线图

h_n—斜槽进水断面处槽内水面高出溢流沿最低点的高度，m；

H—斜槽进水断面处两侧三角形断面堰的泄流水头，m

（3）渗井——盲沟式排水系统。

1）渗井——盲沟排水系统所需的排洪能力根据允许的排洪历时确定。排洪能力取决于渗井和盲沟的断面尺寸，如果滞洪时间过长、对灰场运行有影响时，可将渗井和盲沟的断面尺寸取大一点；反之，可将渗井和盲沟的断面尺寸取小一点。

渗井——盲沟排水系统的排洪能力控制于入口处土工织物的过流能力和盲沟的过流能力，以二者计算值的小值为准。一般情况下，渗井本身的过流能力很大，不起控制作用。

2）通常情况下，水在土工织物中的流动属层流，符合达西（H.Darcy）定律。垂直于土工织物平面的渗流量

$$q_i=\psi\Delta h_{gn}A_e \text{ 或 } q_i=k_n(\Delta h_{gn}/\delta_g)A_e \qquad (14\text{-}33)$$

$$A_e=nA$$

式中 q_i——垂直于土工织物平面的渗流量，m^3/s；

ψ——土工织物的透水率，s^{-1}；

k_n——与土工织物平面垂直方向的土工织物渗透系数，m/s；

δ_g——土工织物的厚度，m；

Δh_{gn}——土工织物上下游表面的水头差值，m；

A_e——垂直于土工织物表面的有效渗水面积，m^2；

n——渗井堆石的孔隙率；

A——垂直于土工织物表面的渗水面积，m^2。

常用土工渗透性可见表 14-34。

表 14-34　　常用土工织物渗透特性一览表

生产厂	型号	单位质量（g/m^2）	有效孔径 O_{95}（mm）	孔隙率（%）	渗透系数（cm/s）	厚度（mm）
河北省某无纺织物厂	300 型	291～308	0.13		1.87×10^{-1}	
	400 型	386～418	0.101		1.7×10^{-1}	
湖南某厂	P280	271～291	0.10～0.12	94.2	4.2×10^{-1}～5.9×10^{-1}	3.5～3.67
	P400	401～414	0.09～0.10	91.7	1.1×10^{-1}～1.4×10^{-1}	3.58～3.65
山东丙纶厂	PES300	288～302	0.08～0.10	92	2.21×10^{-1}	2.61～2.81
	PES400	413～423	0.09～0.11	92.1	4.12×10^{-1}	3.78～3.91

注　土工织物材质应为白色涤纶中长纤维，其单位面积质量宜为 300～400g/m^2，等效孔径 $O_{95}\leqslant$0.09～0.10mm。

3）由于渗井的过流能力很大，雨水透过土工织物后，一般在渗井中不能形成固定水位，Δh_{gn} 值可假定为土工织物上游的水深。

4）水在盲沟中的流动属紊流，盲沟断面的过流量

$$q_o=Aki^{0.5} \tag{14-34}$$

式中　q_o——盲沟断面的过流量，m^3/s；

A——盲沟断面的有效过流面积，m^2，按盲沟断面尺寸计算；

k——堆石的渗透系数，m/s（见表 14-35）；

i——盲沟的坡度。

表 14-35　常用块石的渗透系数 *k* 值

石块的特性			
按形状	圆形的	圆形的与棱角的之间的	棱角的
按组成	冲积的	冲积的与开采的之间的	开采的
孔隙率	0.40	0.46	0.50
球状石块的平均直径 d（mm）	渗透系数 k 值（m/s）		
50	0.15	0.17	0.19
100	0.23	0.26	0.29
150	0.30	0.33	0.37
200	0.35	0.39	0.43
250	0.39	0.44	0.49
300	0.43	0.48	0.53
350	0.46	0.52	0.58
400	0.50	0.56	0.62
450	0.53	0.60	0.66
500	0.56	0.63	0.70

注　1. 渗井用石料其粒径宜在 200～300mm 范围内，级配应均匀，不宜有棱角和尖角，强度等级应在 MU30 以上，软化系数应大于 0.8，且不易风化。

2. 盲沟用石料其粒径宜在 150～250mm 范围内，级配也应均匀，不宜有棱角和尖角，强度等级应在 MU30 以上，软化系数应大于 0.8，且不易风化。

5）排水能力计算。雨水在灰场内的排泄过程是一个边汇集边排泄的过程，其排洪历时可参照水库调洪计算的原理计算。具体计算可用半图解法（即双辅助曲线法）。其计算公式如下

$$(Q_1+Q_2)/2+(V_1/\Delta t-q_1/2)=(V_2/\Delta t+q_2/2) \tag{14-35}$$

式中　Q_1、Q_2——计算时段初、末的入库流量，m^3/s；

q_1、q_2——计算时段初、末的下泄流量，m^3/s；

V_1、V_2——计算时段初、末渗井周围的蓄水量，m^3；

Δt——计算时段，一般可取 300～600s；总的排洪历时等于各计算时段之和，即 $\Sigma\Delta t$。

注：q_1、q_2 均取 q_i 和 q_o 中的较小值；为便于集水和计算，渗井周围始终摊铺碾压成漏斗状坡。

四、系统结构计算

（1）排水竖井。

1）排水竖井承受下列荷载。

a. 永久荷载：自重。

b. 可变荷载：风载、灰渣压力、水压力、浮力。

c. 偶然荷载：地震。

2）排水竖井强度计算时荷载组合按下列情况分别计算。

a. 排水井已建但未投产使用。基本组合：1.2 自重+1.4 风载；偶然组合：25%风荷+自重+地震荷载。

b. 排水井已投产。基本组合：1.2 自重+1.4 风载+1.2 灰渣压力+1.2 水压力+1.2 浮力；偶然组合：25%风荷载+自重+灰渣压力+水压力+浮力。

3）排水竖井应进下列计算。

a. 抗倾覆、抗浮、稳定验算。

b. 竖井结构强度计算。

c. 地基承载力验算。

（2）排洪管和隧洞。

1）排洪管和隧洞的荷载有土压力（管顶垂直土压力、管腔土压力和侧向土压力）、水压力（外水压力、静止内水压力）、地基反力和管自重。这些荷载的计算可参考土力学的有关公式进行。

2）排洪管的结构计算可按工业与民用建筑工程有关规范执行。隧洞的结构计算可按《水工隧洞设计规范》（DL/T 5195—2004）执行。

第九节 环 境 保 护

一、贮灰场对环境的影响及环境保护机理

贮灰场对环境的影响主要为：排放的灰水对地表水影响；灰水下渗对地下水的影响；飞灰飞扬对环境的影响。贮灰场环境保护就是针对上述影响所采取的治理措施，同时也包括为进行上述影响计算及分析所需的基础资料或所要进行的现场测试工作。

对于灰水排放对地表水的影响，需要对排放的灰水进行回收利用或进行处理，确定污染因子，进行针对性处理，处理达标后再进行排放或利用。

对于灰水下渗对地下水的影响，就是通过设置防渗体切断灰水下渗途径或减小灰水下渗速度，达到环保要求。防渗处理可采用水平防渗或垂直防渗方式。水平防渗就是在灰场底部及库区设计堆灰高度以下岸坡铺设防渗体，防渗体可采用天然黏性土或人工防渗材料。垂直防渗可采用深层搅拌桩、高喷灌浆截渗墙和混凝土截渗墙等。

对于飞灰飞扬对环境的影响，在实际运行的灰场中是存在的。水灰场尽管有水浸没，但由于灰水流径、堆灰方位不是所理想的均匀状况，会出现部分裸露的灰体，时间一长，加风一吹，就会造成二次飞扬，污染环境。对干灰场，由于干灰加水调湿掌握不好，运到灰场未及时碾压等原因，也易形成二次污染。因此对于飞灰影响主要是通过控制裸露灰面，防止起尘。

二、灰水水质及污染因子的确定

为进行排放灰水对环境的影响分析，必须要掌握灰水的水质，以便确定污染因子，一般可通过类比分析或煤灰浸出试验及煤灰淋溶试验、土壤吸附试验等确定。

1. 类比分析

类比分析是常用的方法，可直接提取灰场或排放口的灰水，进行相关项目的化验分析以确定水质，但要注意类比的条件，应是除灰方式相同，煤种也相同，若原来灰水水质资料齐全，也可不化验直接引用。

2. 煤灰浸出试验

作为试验用的灰样，应是设计煤种的煤灰，可取自燃烧相同煤种的除尘器下的灰，也可取一定数量的设计煤种，用球磨机磨细，经模拟炉燃烧成灰。一般来说，为便于比较，也做煤及灰样中微量元素分析。某电厂的微量元素分析见表14-36。

表14-36 某电厂的微量元素 (mg/kg)

元素	Cu	AS	Ni	Zn	Pb	Cd	HG（ppb）	Cr	Mn	F	备注
煤	20.0	3.7	10.0	37	24.5	0.088	124	10.5	78.9	260.2	山西晋东南煤
灰	53.3	7.1	35.5	80.5	70.0	0.242	32	58.2	207.9	156.9	

浸出试验是将备用的灰样，置于浸取容器中，加入一定量的浸取用水，然后将浸取容器密闭，放置于往复式水平振荡器连续振荡一定时间，振荡结束后。进行灰水的分装、静置。待各浸取水样到规定的静置时间后，进行灰水分离、过滤，滤液进行有关项目的化验。

浸取用水应是拟建电厂的除灰用水，若取不到此水，也可用蒸馏水代替，调整 pH 后作为试验用水。并对此水进行有关项目的化验，以了解原水水质，便于分析。浸取用水的水量应是除灰方式的灰水比，在除灰方式尚未明确时，可按灰水比 1:2、1:4、1:10 等方案进行试验，振荡时间可以为 2h 及 8h，静置时可以开口或密闭，以开口为好，时间可为 0、24、72h 等方案。浸取试验一般要做一组平行试验。

对于灰场来说，灰场中排出的水主要暴雨时的雨水。平时一般不排水，因此浸取用水应为下雨的雨水，但取雨水有一定困难，也可取蒸馏水代替。也可参照上述灰水比确定下雨时灰水排放的污染因子。

根据浸取试验的化验结果，将与排放标准及当地水环境（受纳水体）的本底值比较，就可确定评价的污染因子。

3. 煤灰淋溶试验

淋溶试验是了解在动态条件下，水中各污染因子的迁移情况，并可与土壤吸附试验结合起来，进一步确定评价的污染因子。淋溶试验是将煤灰装入内径 50mm、高 lm 的淋溶柱，装入 0.5m 灰柱（约 500～600g），将试验用水或调整过 pH 的蒸馏水动态地注入，在柱底出水后静置 15h，以使灰柱溶涨，而后控制出

水流量（约300mL/d），每天测定化验一次流出水质。

4. 土壤吸附试验

为了解灰场灰水下渗过程中，通过土壤或地层时，各污染物的变化情况，以便确定对地下水影响的评价污染因子，需做土壤吸附试验。一般分静态和动态吸附试验，静态试验是将征灰场采集的土样与原制作好的灰水（灰水比确定同上，经8h振荡后密闭16h的澄清灰水）按1:10的比例分别装入试验柱，在往复式水平振荡器上振荡2h，然后过滤，取清液化验；动态实验是将试验用水，动态地通过0.5m高的灰柱后，直接进入0.22m高从灰场采集的土层试验柱，一天一次分别化验灰柱与土层柱流出液，直至土层柱出水中某因子浓度等于灰柱出水中浓度时，试验中止。

山于灰场面班较大，有时地层结构变化较大，要结合灰场现场踏勘情况，采集不同地层的土壤，分别进行静态和动态实验。

三、灰水对地表水的影响

灰水对地表水的影响是指灰水排放对江河湖海的影响。根据水质中污染因子，将其分成持久性污染物（在水环境中难降解，毒性大，易长期积累的物质）、非持久性污染物、酸和碱及热污染（温度）等。上述各种情况都有不同的工作量和不同的预测计算模式，且有些模式非常烦琐或解析较难，有些还没有模式。同时，现在的环评已要求定量地给出影响，就要做数模计算或物模试验。一般对环评做数模计算能满足要求，但是数模计算也是较复杂。这里仅介绍简单常用的模式。

1. 完全混合稀释模式

一般适用于相对窄而浅的河流，污染物为不分解也不沉淀。假定排放的灰水能与河水完全混合。计算公式如下

$$C=\frac{C_{\mathrm{W}}Q_{\mathrm{Q}}+C_{\mathrm{u}}Q_{\mathrm{u}}}{Q_{\mathrm{W}}+Q_{\mathrm{u}}} \qquad (14\text{-}36)$$

式中 C——完全混合后河流中某物质浓度，mg/L；

C_{W}——废水浓度，mg/L；

Q_{W}——废水排放量，m^3/s；

C_{u}——河水浓度，mg/L；

Q_{u}——河水流量，m^3/s。

2. 一维河流水质模式

用得较多的有费洛罗夫公式，适用于较宽浅的大中河流均匀排放，以稀释混合为主的污染物，但假定河流为稳态条件，即同一地点在不同时间里水质相同。计算公式如下

$$C_{\max}=C+(C_{\mathrm{W}}-C)\exp(-a^3\sqrt{x}) \qquad (14\text{-}37)$$

式（14-37）也可用下式表达

$$C_{\max}=\frac{C_{\mathrm{W}}Q_{\mathrm{W}}+C_{\mathrm{u}}Q_{\mathrm{u}}a}{Q_{\mathrm{W}}+Q_{\mathrm{u}}a} \qquad (14\text{-}38)$$

$$a=\frac{1-\exp(-a^3\sqrt{x})}{1+\dfrac{Q_{\mathrm{u}}}{Q_{\mathrm{W}}}\exp(-a^3\sqrt{x})}$$

式中 $C_{\max}$——某断面最大浓度，mg/L；

C——完全混合时浓度，mg/L；

C_{W}——废水浓度，mg/L；

x——排放口至计算断面的距离，m；

a——取决于水力条件的系数；

Q_{W}——废水流量，m^3/s。

3. pH值预测模式

目前，水力除灰方式所排放的灰水pH值都较高，大多超过排放标准，除了采取措施使灰水pH值能达到9排放外，还要了解灰水外排对地表水pH值的影响，因此常常用到pH值预测模式。计算公式如下

$$\mathrm{POH}=-\lg\frac{C_{\mathrm{w}}Q_{\mathrm{w}}+C_{\mathrm{u}}Q_{\mathrm{u}}a}{Q_{\mathrm{w}}+Q_{\mathrm{n}}a} \qquad (14\text{-}39)$$

$$\mathrm{pH}=14-\mathrm{POH}$$

符号含义同上。

四、灰水下渗对地下水的影响

灰水下渗对地下水的影响一般有以下内容：①通过灰场工程地质、水文地质条件分析及测试，取得必要的基础数据；②预测模式的选用、边界条件和初始条件的确定，计算污染物的影响范围及程度。

1. 基础资料

（1）灰水下渗水质。灰水下渗水质由煤灰的浸出试验及土层的吸附试验确定，同时还要根据灰场或灰场附近地下水、井水质监测资料，以便确定影响的污染因子。

（2）工程地质、水文地质资料。通过灰场的现场普查，了解灰场类型，如为平地、山谷或紧靠地表水系等，地貌、植被、大小、高差、坝址等，还要从水文地质资料，了解灰场潜水、承压水、各层结构厚度、岩性分布、潜水底板厚度、渗透系数等。

由于对灰场一般仅做坝址的勘测，此工作不一定能满足灰场评价的要求，一般还要再做工作，如灰场普查、渗水实验等，必要时，可在做坝址勘测时，在灰场内多布一个钻探孔，获取有关资料。

渗水试验一般做双环渗透试验，分别在灰场不同的地质条件又有代表性的土层上进行，以求取渗透系数。某电厂灰场的渗水试验结果见表14-37。

表 14-37 某电厂灰场的渗水试验结果

渗透系数	粉砂	细砂	坡洪积物	碾压黄土状轻亚黏土	原状黄土状轻亚黏土	原状黄土状轻亚黏土
m/d	0.250	0.777	1.061	0.622	0.174	0.1802
cm/s	2.89×10^{-4}	8.99×10^{-4}	1.23×10^{-3}	7.2×10^{-5}	2.01×10^{-4}	2.09×10^{-4}

对于靠地下水系的灰场，了解地下水的走向、水位线，必要时应做附近地下水井位调查及水位测试，要注意灰场出口附近有村庄居民时，更要慎重，要预测对其影响。在灰场附近做过水文地质的，要尽量收集有关资料及图纸。

2. 计算模式及预测

这部分内容由于起步较晚，尚未形成一套较完善的方法和模式，现就做过的工作予以介绍。

（1）混合稀释模式。当灰场灰水通过地层下渗能较快地与地下水混合，可采用式（14-40）

$$C=\frac{C_wQ_w+C_dQ_d}{Q_w+Q_d} \tag{14-40}$$

式中 C——预测的地下水浓度值，mg/L；

C_w——灰水下渗的某因子的浓度，mg/L；

Q_w——灰水下渗量，m^3/s；

C_d——地下水本底浓度，mg/L；

Q_d——地下水量，也可取实际开采量，m^3/s。

灰水下渗的某因子浓度可根据灰水浸取试验、吸附试验确定。灰水下渗量一般为灰水通过灰场底地层或灰坝坝底地层而渗入地下水，其下渗量可通过灰水水量平衡计算获取。对于有些扩建电厂或者拟建灰场与原灰场同属一地貌地质单元，也可通过对老灰场灰水入、排水量实际测试而获取，再采用类比法确定下渗量。为保守计算，可忽略蒸发量。若要考虑蒸发量，那降雨量也要计算。

（2）有限单元法。常用的为一维有限差分法，一般要考虑弥散作用。内容：①通过对地质及水文地质的分析（要现场调查或测试），确定其边界条件和初始条件；②建立水流模式，确定不同时间及空间上的流场，建立水质输送模式，计算水质输送的空间范围和影响深度；③在建立水流模式的基础上，建立水质弥散模式，确定主要污染物浓度沿水流线上随时空的分布。

五、干灰场对地下水的影响

随着环境保护要求的提高，由于水力除灰给环境带来的影响，也使环评工作复杂化，因而有条件时宜采用干灰碾压灰场。干灰场在晴天情况下，灰体含水量在25%左右，其含水量比灰场底部（土层或砂层）含水量低得多，由于灰体与底层有水力联系，此时以地下水毛细上升为主，水分由底层向上通过灰体表面蒸发，所以一般不存在灰水通过地层对地下水产生影响。

在降水情况下，灰场有了水的来源，降水会否通过灰体下渗，将灰水淋溶出的污染物质带入底部地层，对地下水产生影响。这与灰体厚度、降水时间、降水量及底部地层的土层或岩性有关，一般也要作定量的计算分析。

（1）降水量确定。收集近5年当地气象台的观测资料，选取最不利的连续降雨情况，包括降雨天数、降雨量。

（2）灰体饱和层厚度确定

$$H_0=\frac{H_2}{W_{v1}-W_{v2}} \tag{14-41}$$

式中 H_0——灰体饱和层厚度，m；

H_2——最大降水量，m；

W_{v1}、W_{v2}——干灰体含水量、饱和灰体含水量，%。

若灰体饱和层厚度小于堆灰高度，则表示在最不利的降水条件下，仅在 H_0 厚度的灰体内达到饱和状态，在 H_0 厚度外的灰体及灰场底层均未达到饱和状态，即在 H_0 厚度以下不会形成自由水渗流场，水分运移也只能是毛细水入渗或蒸发，这样的水力联系相当微弱，因此，对灰场底部地下水影响甚小。若灰体饱和层厚度大于堆灰高度时，即在堆灰初期情况下，要进一步计算。

（3）不同厚度灰体下渗量确定

$$Q_w=\frac{[H_z-H_i(W_{vi}-W_{v2})]A}{mN} \tag{14-42}$$

式中 Q_w——干灰场降水在不同灰厚度时的下渗量，m^3/d；

H_z——最大降水量，m；

H_i——堆灰层厚度，m；

A——灰场底部面积，m^2；

m——堆灰年限；

N——堆灰分块数；

其余同式（14-41）。

（4）预测计算

$$C=\frac{C_wQ_w+C_dQ_d}{Q_w+Q_d} \tag{14-43}$$

式中 Q_w——不同厚度灰层降水的下渗量，m^3/s；

C_W——降水下渗的灰水浓度，mg/L。

其余同前公式。

六、灰场飞灰飞扬对大气环境的影响

灰场的飞灰飞扬对大气环境的影响，在实际运行的灰场中是存在的。也要通过计算确定影响情况。

（1）灰特性确定。要收集设计煤质经除尘后从灰斗排出粉煤灰的粒径分析，可通过类比调查获取，若没有现成资料。应提取灰样做粒径分析。

（2）飞灰地面浓度计算

$$C_{i(x,y)} = \frac{Q_i}{2\pi U_a \sigma_y \sigma_z} \exp\left(-\frac{y^2}{2\sigma_y^2}\right) \exp\left[-\frac{(H - v_{gi} x / U_a)^2}{2\sigma_2^2}\right] \tag{14-44}$$

式中 $C_{i(x,y)}$——飞灰粒径 di 在 x，y 点的地面一次浓度，mg/Nm³；

Q_i——代表粒径 di 灰的起尘量，mg/s；

U_a——风速，可取灰场半高处的风速，m/s；

σ_y，σ_z——扩散系数，可按国标中性取值；

H——堆灰高度，m；

v_{gi}——代表粒径 di 的沉降速度，m/s，可按斯托克斯公式［式（14-45）］计算。

$$v_{gi} = \frac{rd^2}{18u} \tag{14-45}$$

式中 r——灰粒的比重，kg/m³；

u——空气黏性系数，kg·s/m²。

起尘量 Q 计算公式较多，在几工程中用过以下的公式

$$Q = a_1 U_a^{b_1} r^c s^d W^e (P - E)^2 \tag{14-46}$$

式中 s——灰场面积，m²；

W——面源宽度，m；

a_1、b_1、c、d、e——经验系数；

$P\text{–}E$——指数，指数小，起尘量大，可按式（14-47）计算。

$$P - E = 21.56\left(\frac{P_m}{T_m + 12.2}\right)^{10/9} \tag{14-47}$$

式中 P_m——月降水量，mm；

T_m——月平均气温，℃。

七、减少灰场对环境影响的防治措施

1. 防止对地表水影响的措施

（1）不排放灰水，可采取灰水回收方式，但对回水灰管的结垢要给予重视，目前尚无好的办法。

（2）灰水应达到排放标准才能排放，如 pH 值要在 6～9。目前灰水的 pH 值稍高，一般大于 9 的居多。降低灰水 pH 值一般有：①采取延长在灰场逗留时间，利用空气中 CO_2 予以中和，降低 pH 值；②灰水出口处加酸处理，应建加酸小室、计量装置等，此方法能符合排放标准，但也会增加水中盐类，需要一定的运行费用；③也可提取江河中 HCO_3 的水予以中和。但都不是理想的处理方式。

（3）采取干灰碾压方式，可不排放灰水。

2. 防止对地下水影响措施

（1）选择灰场场址时，要注意周围水文地质条件，尤其是对取水口、水源地及其保护范围，尽量避开这些地方。

（2）当采用水力除灰，又涉及水源地时，经环境影响评价后须防渗处理的，要加防渗层，防渗层可用黏土、黄土、土工膜等。

（3）采用干灰碾压方式。

3. 防止对大气环境影响措施

（1）干灰碾压灰场应严格按设计要求进行管理，要控制好调湿灰的水分，及时分块碾压，并给灰场表面经常洒水。

（2）灰场周围营造防风林带，降低地面风速，也可减少起尘量。

（3）水灰场要及时堵上溢流孔，保持灰面水位在 500mm 高度。

八、干灰场环境保护设计

干灰场的环境保护一般可采取如下措施。

（1）灰渣的运输车辆宜采用密闭式，可防止运输过程中灰渣飞扬污染环境。

（2）为防止灰尘污染运灰道路，在电厂内灰库下应设置冲洗车辆的设备和人员，及时冲洗装灰后的车身和车轮，当车辆从灰场作业区卸灰后，返回进入运灰道路前，在灰场管理站冲洗，使车辆保持在干净状态下运行。运灰道路应定期进行洒水和清扫，保证路面清洁。

（3）干灰场防止飞灰污染最简单、最现实、最有效的措施就是压实灰面并洒水湿润，洒水周期和水量应根据季节和天气而定，尤其在春季干燥多风季节，洒水显得尤为重要。

（4）压实喷洒后的灰面，避免人为扰动。压实的灰面洒水后，在灰体内的氧化钙、氧化铝的水解胶结作用下，于灰渣表面形成一层保护薄壳，增加了压实灰渣表面的抗风能力，减少了飞灰污染。要求运灰车辆进入灰场后，按规定的路线行驶，转弯、调头时半径要大些，且减速行驶，避免扰动灰面硬壳。

（5）干灰场的运行应分区、分块使用，使施工作业区面积较小，每一块达到堆灰标高及时覆土造田，以防止灰面暴露时间长，扬灰污染环境。

（6）暴露时间稍长的临时灰面可采用灰场内砂土进行简单覆盖，防止飞灰对周围环境造成污染。

（7）临时灰面尚可采用粉煤灰固化剂，使灰面形成一层保护薄壳，增加压实灰渣表面的抗风能力，减少飞灰污染。

（8）灰面永久外边坡应及时进行护坡工作，采取切实可行、经济可靠的护坡型式，防止边坡长时间暴露扬灰及雨水冲蚀灰面。

（9）在山谷灰场终期堆灰面以上的山腰设置截洪沟，将雨水有组织地排出灰场外，减少雨水通过灰场的排水量。截洪沟的设计标准可按重现期为十年一遇洪水考虑。

（10）在干灰场周围植树形成林带，一般不小于10m宽，可由乔木、灌木组成，形成高中低立体防护林，起到降低风速，减少飞灰的作用。由于灰场边界较长，一次种植全部防护林带较困难，可采取分步种植。

（11）为满足原国家环境保护总局GB 18599《一般工业固体废物贮存、处置场污染控制标准》中有关规定，干灰场应有防渗处理措施。防渗措施应根据灰场区域地质情况，通过技术经济比较确定。当采用黏性土防渗时，其渗透系数不大于 1.0×10^{-7}cm/s，厚度不小于1.5m；采用其他防渗措施时，其防渗能力应不低于黏性土的防渗能力。贮灰场工程中一般采用铺设土工膜防渗。土工膜的渗透系数应小于 1.0×10^{-11}cm/s，其厚度对一级灰坝不应小于0.75mm，二、三级灰坝不应小于0.5mm。初期所需的防渗工程量宜与初期灰场年限相匹配，即可随贮灰进度逐步实施。

九、水灰场库底防渗设计

1. 水灰场库底防渗设计的目的

水灰场库底防渗主要是为了满足环境保护方面的要求，当水灰场工程环境影响报告书要求水灰场底部必须构筑防渗层时，按GB 18599《一般工业固体废物贮存、处置场污染控制标准》，防渗层的厚度应相当于渗透系数 1.0×10^{-7}cm/s 和厚度1.5m的黏土层的防渗性能。

水灰场库底防渗设计和干式贮灰场库底防渗设计基本相同，干式贮灰场库底防渗主要为防止灰场区域内降水下渗而形成对地下水的污染，而水灰场库区不仅有灰场区域内的降水，还有水灰场运行期灰场内的澄清水。但不管是干式贮灰场还是水灰场，库底防渗都是为了阻止库内水下渗而污染地下水。

2. 水灰场防渗层材料选择

（1）土工膜防渗。一般湿式贮灰场防渗层采用土工膜。采用土工膜防渗具有以下优点。

1）不占用或少占用贮灰场容积。

2）便于施工铺设，特别是山谷型灰场岸坡较陡时。

3）不受地区限制，可在任何地方使用。

4）整个防渗层工程造价往往比1.5m厚碾压黏土层低。

但采用土工膜防渗也具有以下一些劣势。

1）土工膜铺设工程中遇尖状物易破损，形成渗漏。

2）土工膜的黏结搭接接缝长，特别是对库区地形复杂、大面积铺设时接缝不一定会完全达到黏结要求。

3）铺设前需要对库区进行清基整平处理，以防止基底植物根须、尖状块体等对土工膜的破坏。

4）土工膜铺设好后，须在土工膜上再铺设一层素土或中粗砂砾保护层。

（2）黏土层防渗。对于黏土土料比较丰富的地区，水灰场防渗层也可采用厚度不小于1.5m碾压黏土防渗。采用黏土层防渗同土工膜一样具有一定的优缺点。

优点。

1）可在灰场库区或灰场附近就地取材。

2）施工容易，特别是对平原灰场，施工前可不进行大面积清基整平或仅小范围内进行就地整平。

缺点。

1）占用部分贮灰场容积。

2）受地区限制，仅在贮灰场附近有丰富黏土土料地方可使用。

3）对于山谷型灰场岸坡较陡时，岸坡铺设碾压困难。特别是对山谷型湿式贮灰场，由于后期运行在靠近灰水排放区的库区岸坡处可能存在一定的澄清水，铺设碾压更困难。

4）土方工程单价，1.5m厚碾压黏土防渗层造价并不低。

根据以上优缺点的对比，我国目前已建的贮灰场的防渗层设计，无论是干式贮灰场还是湿式贮灰场基本都贮灰场采用土工膜防渗。

3. 水灰场库底防渗层设计

水灰场库底防渗层基本都采用土工膜防渗，对于土工膜防渗设计，水灰场和干灰场基本相同。防渗土工膜的种类、规格、物理力学特性、渗透性等应符合设计要求。其铺设和验收同干灰场一样，也应符合相关要求。

十、地下水监测

为监控渗滤液对地下水污染，贮灰场周边至少应设置四口地下水质监控井。当地质和水文地质资料表明含水层埋藏较深，经论证认定地下水不会被污染时，可以不设置地下水质监控井。监测井应设在灰场的实际最近距离上，并且位于地下水上下游相同水力坡度上，深度应足以采取具有代表性的样品。

监控井设置应满足下列要求。

1）对照井一口：宜设在灰场地下水流向上游30～50m处。

2）污染监视监测井二口：沿地下水流向宜设在填埋场下游30m处、50m处各一口井。

3）污染扩散监测井一口：宜设在最可能出现扩散影响的灰场周边30～50m。

在灰场投入使用前监测一次本底值；灰场运行的第一年，应每月至少取样一次；在正常情况下，取样频率为每季度至少一次。

第十节　运　行　管　理

一、概述

贮灰场的运行管理是一个长期的过程，也是贮灰场安全运行的重要保障。贮灰场运行管理得当，贮灰场则会长期安全稳定的健康运行；若贮灰场运行管理不当，贮灰场发生事故的危险性将增大。因此，必须重视贮灰场的运行管理。

燃煤发电企业是贮灰场安全生产责任主体，应遵守国家有关法律法规和标准规范，落实安全生产责任制，保障安全生产投入，明确贮灰场的安全管理机构，配备熟知贮灰场安全知识、具备贮灰场相应专业技能的技术人员。贮灰场运行管理单位具体负责贮灰场安全运行管理，建立健全贮灰场安全生产规章制度，加强贮灰场安全巡视检查和日常维护工作，积极消除缺陷和隐患，确保贮灰场运行安全。

二、干式贮灰场的运行管理

干灰场的运行是长期、连续的堆灰施工过程，必须事先制定可靠的运行措施，保证其正常运行。

1. 一般要求

（1）为减少灰面暴露面积和暴露时间，干灰场运行时应分区块进行，每一堆灰区宜分条带，按次序铺灰碾压。条带宽度应根据运灰车辆回转半径、铺灰机具施工效率、喷洒机具的喷洒宽度等因素确定，一般为50m左右。

（2）灰渣贮放区的灰渣开始填筑时，应以一定的坡度坡向排水竖井或排水设施，以利于雨、洪水排放，运行过程中灰面高程一般低于排水井或排水斜槽溢流口0.5m左右，以免灰渣进入排水涵管（洞）内。

（3）灰场内堆灰时，一般可先在灰场底部铺设一层炉底粗渣，在雨季起到排水固结灰体作用。如果炉底粗渣较少，可在底部铺设块石排水盲沟，也可达到排渗的效果。

（4）灰场如需在夜间运行，应根据地形条件，在灰场区域内至少布置2～3点照明设施，以利于运行安全。

2. 冬季运行措施

（1）冬季运行时一般应集中较小堆灰工作面，连续铺碾，减少裸露面积，可有效减轻冻害。

（2）低温天气运行时，应根据碾压实验结果适当降低灰渣含水量，既保证灰渣碾压效果，又不使灰渣产生冻结现象。

（3）寒冷结冰季节，干灰场运行过程要做到“五快”，即快装、快跑、快卸、快摊、快碾。卸到现场的调湿灰及时铺平、碾压。现场试验证明，在调湿灰冻结之前，有足够时间完成上述各道工序。卸到现场的调湿灰不能堆放时间过长，更不能过夜。尤其应注意，在灰渣坝的边坡区，不能有冻结的灰渣块。

（4）在隔夜的压实灰面上继续摊灰前，应先振碾和静碾各一遍，使新旧灰渣表面结合良好。对于暂不继续堆灰的压实表面，形成冰层甚至冰盖后，可抑制飞灰。所以只要尚未风干，不可洒水，不可人为扰动。

（5）冬季寒冷季节尽可能避免灰渣坝体（即灰面永久边坡）的堆灰碾压工作，以保证灰渣坝体的密实度。

（6）运灰罐车内的粘灰要及时清理，一旦冻结在罐车内清理起来非常困难。为此，北方寒冷地区宜选用具有保温的运灰罐车。

（7）注意喷洒水管道的防冻。如果喷水系统使用管道，一般应直埋铺设，可解决冻结问题。临时管道在地面敷设的，要采用放空过夜的防冻办法，或其他有效防冻措施。

（8）运灰道路的喷洒不得使路面结冰，一般可安排在每日中午一段时间喷洒冲洗道路。

3. 雨季运行措施

（1）阴雨天，卸到现场的调湿灰应及时铺平、碾压。现场不能施工时，应停止运灰，避免雨天时将松散灰堆在现场。试验证明，大雨时，松散灰会流失，甚至找不到灰堆；中雨时影响也比较大，增湿深度达300mm左右，必须经过晾晒才能继续施工。

（2）中到大雨时，压实灰面可能产生径流。要求压实后灰表面要平整，避免径流汇集冲蚀灰面。

（3）永久坡面随灰面增高及时砌护，避免坡面被雨水冲蚀。

（4）阴雨天气应适当降低调湿灰的含水量，并可适当减少灰面碾压过程的洒水量。

（5）雨天运行不得在积水区卸灰，以免造成隐患。雨季碾压工作必须在积水区边缘30m以外进行。

（6）雨季到来之前，坡度较陡的灰面临时边坡应做好防护措施，消缓雨水下冲速度，防止边坡被冲坏，造成灰渣流失。

（7）雨天不得在灰渣永久边坡（灰渣坝体）处堆灰作业，以免降低灰渣坝体的碾压效果，影响灰渣坝体的安全。

（8）阴雨天气运行时，运灰车辆必须按指定路线进出灰场，不可在灰面上任意行驶，以免灰车陷入灰渣中及人为扰动灰面。山谷灰场应避免在陡崖下作业。

4. 管理要求

（1）干灰场运行成功的关键在于工程管理。要求必须配备专职运行管理人员，全面负责运行管理的日常工作，运行组织必须分工明确、组织严密以保证灰场运行有条不紊地进行。

（2）灰场运行管理应定岗定员。运行负责人应负责全盘行政、技术工作，应制定严密的施工组织计划，并按其实施。现场应有值班技术人员，负责现场调度指挥，并控制施工运行质量；司机按运灰车、碾压设备、喷洒设施等设备及轮班制而配备；另外还需配备灰场运行中的各项辅助劳动人员，如施工机具的清扫、排洪构筑物的维护修补、机械修理、灰渣边坡的砌护、运灰道路的清扫、树木栽培灌溉等人员。

（3）干灰场运行中，要经常对一些环保项目进行监测，如地表水、地下水及飞灰情况等，一方面可对灰场运行后的周围环境污染情况作出评价，另一方面用于指导灰场运行施工。

（4）在灰场运行中，应注意人和车辆的安全，特别在雨季施工运行期间，对陡峭岸坡要进行严密监测，对不稳定坡体进行卸荷处理，雨天尽可能避免在陡崖下作业，以防止陡峭岸坡等危险体的塌滑造成对生命财产的危害。

（5）为确保灰场安全运行，从贮灰开始应对灰坝坡体、排洪设施、运灰道路等进行经常性安全检测，消除安全隐患。安全检测包括巡视检查和变形监测两部分。

1）巡视检查。贮灰场巡视检查的主要内容包括：碾压灰坝坡体有无裂缝、隆起、塌坑、异常变形，以及雨淋冲沟等现象；排水系统是否畅通；运灰道路侧山体坡面是否稳定。巡视检查分为日常巡视检查、年度巡视检查和特别巡视检查三类。

a. 日常巡视检查应根据灰场的具体情况（如贮灰高度等），制定切实可行的巡查制度，具体规定巡视检查的时间、部位和检查路线，并由有经验的技术人员负责进行。日常巡视检查的次数一般每月1～2次。

b. 年度巡视检查应在每年的汛期前后，按规定的检查项目，进行比较全面的巡视检查。检查次数一般每年1～2次。

c. 特别巡视检查指当灰坝遇到严重影响安全运行的情况（如发生特大暴雨、大洪水、有感地震、强沙尘暴等）、发生比较严重的破坏现象或出现其他危险迹象时，应由主管单位负责组织特别检查。

对巡视检查中发现的问题应及时解决，对建筑物一般的损坏应立即修复；汛前检查如发现排水设施淤堵应尽快疏通；汛后检查中发现被雨水冲蚀部位应及时修补；对于严重的破坏应会同设计、运行等有关单位分析原因，并制订相应的修复措施。

每次巡视检查均应作出记录，现场记录应及时整理，并将本次巡视检查结果与以往检查结果进行比较分析，如有问题或异常现象应立即进行复查。各种巡视检查的记录、修复情况和报告等均应整理归档。

2）变形监测。每年度对沉降位移的观测不应少于三次。对每次观测发现不安全因素应会同设计、运行等有关单位分析原因，制定相应整改措施；并将整理的记录、报告及时存档。

5. 干灰场观测项目的设置

干灰场宜设置下列观测项目。

（1）堆灰过程中调湿灰的含水量及压实灰的干密度。

（2）大气环境的漂尘、降尘、总悬浮颗粒等。

（3）地表水及地下水情况的分析。

（4）坝体及灰渣坡面的沉降、位移等。

（5）坝体及永久性灰渣坡面的裂缝、滑坡、塌陷及表面侵蚀情况。

（6）拦洪坝的沉降及坝体的安全情况。

（7）截洪沟及排水系统的畅通、故障的排除与维修情况。

6. 干灰场机械设备的配置

（1）为了保证正常运行，干灰场应配备必需的整平、碾压、喷洒灰渣的施工机具，并根据情况考虑适当的备用。

（2）干灰场运行施工机具的数量应根据各电厂设计灰渣量的大小、灰渣综合利用情况、设备运行能力情况和灰场的实际方式等确定，选用的推土机数量、碾压机数量及洒水设备的数量之间应达到工作效率互相匹配。

（3）在选择机具时要注意设备性能，根据灰场运行特殊环境，力求适用。对机具要有计划地定期维修、保养，保证机具的完好率，避免机具运行中出现大故障、抢修时间过长而影响正常运行工作。

（4）灰渣喷洒方式一般有绞盘式喷洒机、罐式洒水车和管道自动喷洒系统。喷洒设施应根据喷洒方式的不同分别选取。

（5）用推土机对卸到现场调湿灰的推平工作与推土机平整场地并不一样，平整场地经常遇到的是原状土，有的是比较坚硬的，而卸到现场的调湿灰是松散的，用土方工程常用的推土机其动力不能充分利用，效率低、不经济，可将推土机的铲刀加高加宽，以提高工作效率。干灰场运行中推土机是必不可少的，推土机的实际工作时间也是比较长的，对设备稍加改进会收到明显的经济效益。

（6）干灰场堆灰作业机具数量可参考筑坝施工定额初步计算确定。参考定额指标拟定灰渣坝体碾实作业区指标如下（灰场内大面积灰渣的机械的工作效率可取下列指标的 2～3 倍），推土机（75kW）：$400m^3$/台班；振动压路机（15t）：$700m^3$/台班；洒水车（4000L）：$500m^3$/台班。

设备数量选取设计中，根据灰渣量资料，干灰场每 24h 内运行 2 班，每班 6.5h，2 班 13h。如每个台班 6.5h 处理灰渣量 Vm^3，则需推土机 $V/400$ 台；需振动压路机 $V/700$ 台；需洒水车 $V/500$ 台，并适当考虑检修备用量。按此估算出的设备数量可根据实际情况增减。

（7）干灰场堆灰作业机具最低数量一般不低于表 14-38 中的值。

表 14-38　干灰场堆灰作业机具数量

机具名称	推土机（台）	碾压机（台）	洒水车（喷洒机）（辆）
机具数量	2	2	1

注　热电联产项目或灰渣综合利用落实可靠的电厂，其备用灰场作业机械的配置可不受此限制。

三、湿式贮灰场的运行管理

湿式贮灰场的运行管理相对于干式贮灰场较为简单些，主要为灰场运行后的设备日常维护维修、位移观测以及灰场安全运行的日常巡检工作。湿式贮灰场的运行设备主要为输灰设备、灰水回收设备等。对于输灰设备及灰水回收设备应定期检查、定期维护，发现破损应及时维修。对灰场挡灰坝、排水设施等与干式贮灰场基本相同，可参考干式贮灰场的运行管理，此处不再赘述。

第十一节　贮灰场封场

一、概述

随着一批又一批大中型火力发电厂的投运，越来越多的贮灰场将会达到贮满状态，亟待进行闭库设计。而我国电力行业现行规程规范或技术导则对于贮灰场封场标准及封场方案目前还未有统一的明文规定。目前国内大中型火力发电厂规模上以大机组大容量为主，燃煤煤质灰分含量及硫分较高，每年排放的灰渣量（含脱硫副产品）很大。特别是山区山谷灰场由于受地区社会经济发展水平限制，灰渣综合利用程度不高，所需库容一般都在几百万乃至数千万立方米，往往形成高坝大库（有的灰场高度达 100 多米）。当贮灰场运行至设计使用年限期末，即贮灰贮满最大设计库容时，贮灰场将停止使用，停用后的灰场若不进行封场闭库处理，随意闲置，必将引起环境污染和生态破坏，山谷灰场停用后的安全稳定关系到下游村庄、农田、路桥安全以及库区下游人民群众生命财产安全，关系到社会稳定和经济发展，一旦失事，后果不堪设想。

贮灰场封场治理，是实现灰坝稳定、防洪安全、环境保护、水土保持以及生态恢复的重要保证，关系到贮灰场封场后的长期安全稳定，具有显著的社会效益、经济效益和环境效益。

二、贮灰场封场的设计原则

1. 贮灰场封场

贮灰场运行到设计最终标高或者不再进行贮灰作业的，应当在一年内完成封场（或闭库）。特殊情况不能按期完成封场的，应当报经相应的电力监管部门和安全生产监督管理部门同意后方可延期，但延长期限不得超过 6 个月。贮灰场运行到设计最终标高的前 12 个月内，生产经营单位应当进行封场前的安全现状评价和封场设计。

拟封场的贮灰场应当严格按照国家现行相关法律、法规、标准、规范的要求进行封场。

2. 封场流程

贮灰场运行到设计最终标高或者不再贮灰停止使用时，应实施灰场封场。封场的前提条件：

（1）贮灰场运行到设计最终标高或者不再贮灰停止使用。

（2）完成了封场前的安全现状评价报告。封场流程为：封场前的安全现状评价→封场设计→封场实施→封场竣工验收→封场后的运行管理。

3. 封场基本原则

贮灰场封场基本原则：确保灰场防排洪能力和灰坝的稳定性，保证灰场封场后长期安全稳定，促进生态环境恢复，以利于土地利用。

贮灰场进行封场设计时除需满足灰场封场后长期安全稳定外，还应考虑区域环境、地表径流、排水防渗、植被类型、灰场的稳定及土地利用等。

4. 封场标准

（1）闭库贮灰场的工程级别、建（构）筑物级别划分。贮灰场封场工程级别及建（构）物等级与其建设标准一致，山谷灰场按最终贮灰高度及贮灰总容积确定，平原灰场与滩涂灰场由总容积确定。

（2）封场贮灰场的防洪标准。贮灰场封场工程的防洪标准与其建设标准一致。

（3）封场贮灰场的稳定安全标准。贮灰场封场工程的稳定安全标准与其建设标准一致。

（4）封场贮灰场的封场覆盖及防渗标准。根据GB 18599《一般工业固体废物贮存、处置场污染控制标准》中Ⅱ类场封场覆盖及防渗要求，参考GB 51220《生活垃圾卫生填埋场封场技术规范》及尾矿库封场工程实例，结合火力发电厂贮灰自身特点，将贮灰场封场覆盖分为两个区，一区为贮灰场边坡坡顶以上平台库区，二区为边坡部分。

一区封场覆盖系统由堆灰体表面至顶表面顺序为：防渗层、植被层。

各层设计标准如下：

1）防渗层标准：防渗层可采用土工膜，也可单独使用压实黏性土层。土工膜技术标准应符合现行国家标准GB/T 17643《土工合成材料　聚乙烯土工膜》、GB/T 17642《土工合成材料　非织造布复合土工膜》。

单独使用压实黏性土作为防渗层，渗透系数应小于1×10^{-7}cm/s。

2）植被层标准：植被层能维持天然植物和保护封场覆盖系统不受风、霜、雨、雪和动物的侵害，同时也能绿化美化环境，促进生态修复。

植被层应由营养植被层和覆盖支持土层组成。营养植被层的土质材料应利于植被生长，厚度应不小于15cm，营养植被层应压实。覆盖支持土层由压实土层构成，渗透系数应大于1×10^{-4}cm/s，厚度应不小于450cm。

封场绿化可采用草皮和具有一定经济价值的灌木，不得使用根系穿透力强的树种，应根据所种植的植被类型的不同而决定最终覆土层的厚度和土壤的改良。土层厚度的选择应根据当地土壤条件、气候降水条件、植物生长状况进行合理选择。封场覆盖系统根据贮灰场边坡的特点，结合边坡稳定计算结果，确定覆盖做法。通常情况下，灰坝坝坡在建设时已采取了护面措施，比较常见的有干砌块石护面、植草护面等形式，一般不需再进行覆盖，但应检查护面措施是否完好，如有损坏的，应进行整治和修复。

（5）封场贮灰场的复垦标准。贮灰场封场后的土地复垦方向应为林地、草地、公园与绿地，对于部分滩涂灰场或者平原灰场，经相关部门研究论证批准，也可考虑封场复垦为建设用地。

土地复垦质量控制标准根据复垦类型区及复垦方向，其控制指标为土壤有效土层厚度、土壤容重、土壤质地、砾石含量、pH值、有机质、配套设施。

复垦类型区土地复垦质量控制标准见TD/T 1036《土地复垦质量控制标准》。

三、贮灰场封场设计

1. 封场贮灰场安全现状评价

贮灰场安全现状评价报告是封场设计的重要依据，根据《燃煤发电厂贮灰场安全监督管理规定》（电监安全〔2013〕号），贮灰场安全评价结果安全度分为正常灰场、病态灰场、险情灰场，其划分标准如下：

正常灰场，需符合下列条件的贮灰场，评定为正常灰场：

（1）设计标准：符合现行规范要求。

（2）防洪能力：满足灰坝设计级别所规定的洪水标准，运行贮灰标高不超过限制贮灰标高，有足够的防洪容积和安全超高。

（3）排水设施：排水系统（含排洪系统）设施符合设计要求，运行正常。

（4）坝体结构：坝体结构完整，坝体变形稳定，未发现裂缝和滑移现象，坝体稳定安全系数满足规范要求；

（5）渗透稳定：运行干滩长度、浸润线位置符合设计要求，坝脚渗流水量平稳，水质清澈，下游坡面无出溢点。

病态灰场，符合下列任一条件的贮灰场，评定为病态灰场：

（1）设计标准：不符合现行规范要求，已限制贮灰场运行条件。

（2）防洪能力：运行贮灰标高超过限制贮灰标高。

（3）排水设施：排水构筑物出现裂缝、钢筋腐蚀、管接头漏泥或局部损坏的状况。

（4）坝体结构：坝体整体外坡陡于设计值、坝坡冲刷严重并形成冲沟或坝体稳定安全系数小于规范允许值但不小于0.95倍规范允许值。

（5）渗透稳定：运行干滩长度不符合设计要求、坝体浸润线位置过高、有高位出溢点或坡面出现湿片。

险情灰场，出现下列任一条件的贮灰场，评定为险情灰场：

（1）设计标准：低于现行规范要求，明显影响贮灰场安全。

（2）防洪能力：运行贮灰标高超过限制贮灰标高，安全超高不满足要求或防洪容积不满足要求。

（3）排水设施：排水系统存在局部堵塞、排水不畅的情况，存在大范围破损状况，严重影响排水系统安全运行，甚至丧失排水能力的情况。

（4）坝体结构：坝体出现裂缝、坍塌、滑坡现象，或坝体稳定安全系数小于0.95倍规范允许值。

（5）渗透稳定：坝坡存在大面积渗流，或出现管涌流土现象，形成渗流破坏。

因此闭库设计应针对闭库前的贮灰场安全现状评价报告确定的安全度、不安全因素及整治要求，进行安全设施设计，提出相应的安全治理方案及措施，保证闭库后灰场长期安全稳定，同时进行环境修复措施及生态修复措施设计，以达到闭库目标。

2. 封场设计所需原始资料

贮灰场封场工程设计时，应充分掌握灰场施工和运行过程中的各项技术资料，进行贮灰场的现状调查、把握其实际状况，进行技术经济比较，选择最佳方案，满足技术、经济、安全、环保各方面的要求。贮灰场封场工程设计应收集的资料有：

（1）贮灰场建设项目的批复文件，包括灰场的用地批复、环境影响评价批复、水土保持方案批复。

（2）项目建设的技术资料，包括建设项目概况、环评报告、水保报告、可行性研究报告及审查纪要、初步设计报告及审查纪要、地质资料及水文资料、施工图及竣工图、运行说明等相关资料。

（3）建设和运行时间以及在建设和运行中曾出现的重大问题和处理措施。

（4）贮灰场封场前现状调查。了解贮灰场封场前的现状，包括运行情况，各构筑物是否存在明显的安全隐患。

（5）贮灰场及附近的地表水、地下水、大气、降水等水文气象资料。

（6）地形、地貌、地质资料以及周边公共设施、建筑物、构筑物等资料。

（7）贮灰场及附近地区的土石料条件。

（8）贮灰场环境监测资料。

（9）其他相关资料。

3. 贮灰场稳定安全加固整治设计

贮灰场失稳类型主要分为坝坡质量差造成的失稳、洪水漫顶引起的失稳、渗流破坏导致的失稳、排洪设施损坏及场内高边坡垮塌引发的失稳，究其原因主要有：不满足设计标准、防（排）洪能力不够、灰坝坝体施工质量差、运行不规范及管理制度不完善，应根据拟闭库贮灰场安全评价报告评定的安全度、不安全因素及整治要求，进行贮灰场的稳定安全加固整治设计。

影响贮灰场安全度因素及相应的整治方案如下。

（1）设计标准：根据拟封场贮灰场现状的坝高、库容及周边条件等因素，按相应的设计标准，确认原设计标准是否满足现状要求。

（2）防洪能力：根据现状确定的洪水标准，复核洪水资料及现状排洪系统的排洪能力是否满足要求。若防洪能力不足，可在坡顶平台增设排洪沟、加高截洪沟、设溢洪道或在岸坡增设梯级排洪沟等措施加大排洪能力。

（3）排水设施：排水构筑物出现裂缝、钢筋腐蚀、管接头漏泥、局部或大范围损坏的状况，排水系统存在堵塞、排水不畅的情况，会影响排水系统安全运行。排水构筑物如排洪卧管、排洪竖井、斜槽、拦洪坝等钢筋混凝土结构出现裂缝、钢筋腐蚀时，应分析其发生原因，根据具体情况，采用外包钢筋混凝土、钢纤维混凝土等加固措施，当裂缝、腐蚀特别严重或结构使用年限达到其设计使用年限，可委托第三方进行测试鉴定，满足要求后方可整治继续使用，否则报废封堵该排水设施，并在闭库排水系统方案中总体考虑。当排水系统出现堵塞、排水不畅时，可进人检修，若堵塞物为灰或泥等沉积物，直接人工清除，若为结垢物可采用酸洗等化学方法清除。

（4）坝体结构：坝体结构的稳定安全是贮灰场安全的关键，灰坝坝体结构的常见表观问题有坝体整体外坡陡于设计值，坝坡冲刷严重并形成冲沟，坝体出现裂缝、坍塌、滑坡等，其内在问题为地基及坝体材料的物理力学参数不满足要求，需结合地质资料等分析其表观问题的形成原因，甄别是否为灰坝坝体整体稳定不够的表象，判定是否影响灰坝坝体的整体稳定，采取有效的整治方案。

1）坝体结构的主要表观问题的原因及影响如下：

a）坝坡坡陡问题，贮灰场初期坝（堤）系在电厂建设中实施，其外形尺寸不应陡于设计值，否则竣工验收通不过，一般不会出现该情况，而运行中形成的压实堆灰体边坡易出现陡于设计值，主要是由于运行未按设计要求造成，直接影响灰场的整体稳定。

b）坝坡表面冲刷问题，贮灰场初期坝（堤）护坡系在电厂建设中实施，不易被冲刷。坝坡表面冲刷问题主要出现在运行中形成的压实堆灰体灰坝边坡部分，是由于运行中堆灰边坡碾压不实或未碾压，护坡达不到要求或未做护坡，受雨水侵蚀造成，需及时处理，任其发展将影响灰场的整体稳定。

c）坝坡局部坍塌、滑坡问题，造成坝坡局部坍塌、局部滑坡问题的主要原因有：坝坡牲畜的践踏，坝坡局部施工质量差形成渗透通道，岸坡洪水直接冲刷坝坡，蚁穴鼠洞等。特别是渗透通道及蚁穴鼠洞这类问题应及时进行全面的排查处理，以免引起坝坡整体失稳。

d）坝坡裂缝问题，对于采用散粒体筑成的灰坝，出现裂缝是较为常见的现象，裂缝宽窄、长短不一，有的宽度可达数十厘米，长度可达数十米，有平行于坝轴线的纵缝、垂直于坝轴线的横缝或倾斜的裂缝。裂缝的成因主要是由于坝基承载力能力不均衡、坝体质量差、受外力剪切作用、结构断面设计不当所引起，按成因可将裂缝分为沉陷裂缝、滑坡裂缝、干缩裂缝、冷冻裂缝及震动裂缝，各类裂缝特征为：沉陷裂缝多发生在坝体与岩坡结合段、河床与台地结合面、坝体分区分段交接面、坝下埋管等可能出现不均匀沉降处；滑坡裂缝接近平行于坝轴线，缝的两端逐渐向坡脚延伸，在平面上略呈弧形，缝较长，多出现在坝顶、坝肩及下游坝坡，在地震情况下，裂缝也可能出现在上游坡，形成过程短，缝口有明显的错动，下部土体移动，有离开坝体的倾向；干缩裂缝多出现在坝坡表面，密集交错，没有固定的方向，分布均匀，呈龟纹型，降雨后裂缝变窄或消失；冷冻裂缝发生在冰冻影响深度以内，表层呈破碎、脱空现象，缝宽及缝深随气温而异；震动裂缝多发生在受外力作用或地震之后，横向裂缝的缝口随时间延长逐渐变小或弥合。显然有的裂缝可以愈合，有的裂缝会继续发展，甚至影响坝体的安全稳定，需特别注意辨别裂缝是否会引起坝坡滑动，干缩裂缝和冷冻裂缝不会直接造成坝坡失稳，滑坡裂缝初期发展较慢而后期突然加快，会直接造成坝坡失稳，沉陷裂缝及震动发展缓慢，不受其他影响时，发展到一定程度会停止，但各类裂缝可能互相影响，导致边坡失稳，故需要通过系统的检查观测和分析研究后方能判断其影响。

2）坝体结构的主要内在问题原因及影响如下。

a）地基物理力学参数不够，主要体现在由于地基土饱和后引起的压缩模量、黏聚力及内摩擦角的降低，会导致坝体稳定计算指标偏高。

b）坝体材料物理力学参数不够，主要是由于施工或运行过程虚铺土层太厚、碾压不实、含水量不符合要求，干密度未达设计标准，造成力学参数不够，导致坝体稳定计算指标偏高。

3）坝体结构稳定问题整治方案：针对上述影响坝坡安全的问题，根据现场踏勘资料、封场地质资料，结合位移观测资料及测压管资料，进行整体稳定分析和计算，判断坝坡是否安全。若整体稳定，则仅需对坝坡进行整治，坝坡整治应根据原护坡形式结合封场时坝坡方案进行，对于坝坡表面冲刷问题，坝坡局部坍塌、滑坡问题，清除损坏部分表层坡体，采用与坝体一样的材料回填，再设置反滤层、过渡层及护面层，填土应严格掌握施工质量、含水量及干密度符合设计要求，新旧结合面应刨毛，填土采用分层人工夯实，施工开挖回填时宜分段进行，并保持允许的开挖边坡。对于坝坡裂缝问题，不管是否滑动性裂缝，都应采取临时防护措施，如上覆土工膜、黏土等防止雨水或冰冻加剧裂缝的开展，对于裂缝是否是滑动性裂缝的判断，应根据裂缝的形状、成因及发展规律，通过系统的检查观测和分析确定。若属于滑动性裂缝，其处理方案应结合坝坡稳定分析统一考虑处理。若属于非滑动性裂缝，常采用开挖回填方法处理，裂缝的开挖长度应超过裂缝两端 1m 以外，开挖深度应超过裂缝尽头 0.5m，开挖坑槽底宽不小于 0.5m，开挖边坡应满足稳定及新旧填土结合要求，开挖前可向裂缝内灌入适量白灰水，以利于掌握开挖边界，挖出料严禁堆积在坑边，开挖后应立即回填处理，回填料根据坝体材料特性及裂缝性质选用。对于裂缝较深时也可采用灌浆处理。若整体稳定安全系数不满足要求时，根据计算结果，结合地勘资料及观测资料，分析影响因素，找出引起灰坝整体稳定不够的主要原因，处理办法如下：

a）根据地勘资料复核计算所采用参数，必要时采取灌浆、砂桩等工程措施提高坝体力学指标。

b）根据观测测压管水位，修正边坡稳定计算所用浸润线。

c）采用上部削坡、下部压坡、放缓坡比、压坡加固、碎石桩、灌浆等工程措施提高坝体抗剪强度，提高抗滑安全系数常采用放缓坡比和压坡方法。

d）对于滑动性裂缝的处理，模拟裂缝的位置，采用材料残余强度，进行边坡稳定计算，采用压坡使抗滑安全系数满足要求，同时按非滑动性裂缝进行裂缝处理。

（5）渗透稳定：坝坡存在大面积渗流，或出现管涌流土现象，形成渗流破坏，由于封场后贮灰场坡顶表面将作覆盖处理，灰场内将不会有大量积水，渗透稳定问题肯定会有所缓解，但考虑到山谷灰场存在裂隙渗水，结合坝坡整治时设导渗和滤水设施处理。

（6）排渗水系统，由于封场时贮灰场已停止使用，且排渗水系统修复较难，由于排渗水系统容易堵塞，计算时应考虑该工况时整体稳定计算，并结合测压管观测资料确定渗流场，一般不用专门修复。

四、封场贮灰场截、排水系统设计

封场贮灰场截、排水系统设计应根据滩涂灰场、平原灰场及山谷灰场的不同特点，结合灰场的水文资料、当地材料确定，其设计原则为封场区域的汇水应通过场区内集、排水设施收集，排入灰场排洪系统或直接排至场外，避免封场区域汇水流入灰渣或石膏内而被污染。

1. 滩涂灰场截、排水系统设计

滩涂灰场最终贮灰一般与陆域基本齐平，灰场不受客水影响或客水的影响较小，灰场汇水较小，场区雨水采用散排方式，以 2%～3%的坡度坡向四周，进入四周环形集排水沟，环形集排水沟的布置、断面和坡度及出口应依据其水文资料和地形地质条件确定，其典型做法如图 14-22 所示。

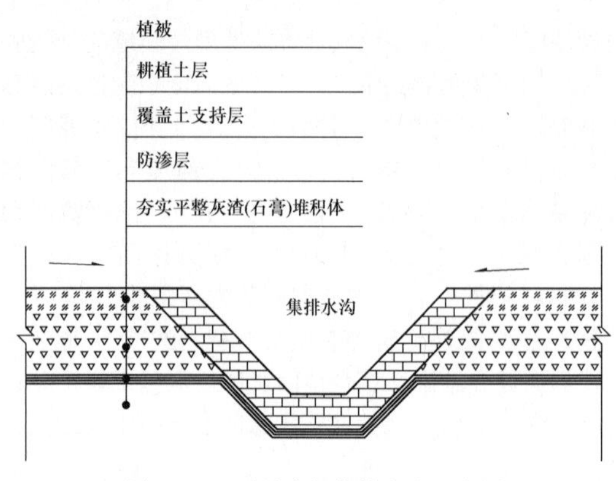

图 14-22　滩涂灰场集排水沟示意图

2. 平原灰场截、排水系统设计

平原灰场贮灰高于地面，灰场不受客水影响或客水的影响较小，灰场汇水较小。若灰场内无井（斜槽）——管式排水设施，或排水设施需报废封堵，场区雨水可采用散排方式，以 2%～3%的坡度坡向四周，若直接通过灰场边坡排至地面，由于汇水的不均匀性，会冲刷坡面，造成边坡失稳，故在周边设置环形集排水沟，收集场区雨水及场外雨水，通过设置坡面排水沟将水排至场外。场区内雨水也可采用分区设置排水沟引入四周环形排水沟，排水沟的布置、断面和坡度及出口应依据其水文资料和地形地质条件确定。若灰场内已设有井（斜槽）——管式排水设施，且该设施安全可用，场区雨水及客水通过散排排至排水设施进水口处，坡度为 2%～3%，也可采用分区排水沟引至进水口处，在进水口设置积水坑，积水坑的大小及深度根据调洪演算确定，积水坑坑底及边坡采用块体护面，边坡坡度采用 1:10，或根据稳定计算确定，坡顶设安全护栏等警示标志。

3. 山谷灰场截、排水系统设计

山谷干灰场往往具有山洪历时短、流量大的特点，洪水是影响山谷灰场安全的重中之重。山谷灰场排洪系统分为场内排洪（水）系统及场外排洪系统，场外排洪（水）系统常采用截洪沟，洪水量大时，还会增设上游拦洪坝——管式排洪（水）系统；场内排洪系统通常采用竖井（斜槽）——管式排洪（水）系统。

场外排洪（水）系统采用原有设施。场内坡顶场区排水优先采用已有排洪系统，由于灰场客水量大，截洪沟仅能排十年一遇的洪水，远小于灰场防洪标准，且截洪沟长容易漏水，甚至局部损坏，故在灰场坡顶平台周边设置环形截排水沟，收集截洪沟未排走客水，场区雨水采用分区集排水沟收集，采用排水沟将汇水引至排水设施进水口处，洪水量小时也可采用 2%～3%的坡度散排至排水设施进水口处，在进水口设置积水坑，积水坑的大小及深度根据调洪演算确定，积水坑坑底及边坡采用块体护面，边坡坡度采用 1:10，或根据稳定计算确定，坡顶设安全护栏等警示标志。

场内排水设施需报废封堵时，在灰场坡顶平台周边设置环形截排水沟，收集截洪沟未排走客水。由于环形集水沟洪水量大，场区汇水不均匀，坝坡又高，雨水直接从坡面散排会冲刷坡面，造成边坡失稳，因此，场区雨水采用分区集排水沟收集后引至环形排水沟，或在坡顶设置集水沟后，通过设置边坡横向排水沟排至坡脚外；同理，环形集排水沟收集的汇水也需通过新设的坝坡横向排水沟排至坡脚外，并进行消能后，排至场外。所有集排水沟的布置、断面和坡度及出口应依据其水文资料和地形地质条件计算确定。

灰坝坝坡面的永久排水设施，应根据灰场灰坝坡面现状，对原有排水沟进行修补整治，必要时可加大岸坡排水沟，在坡面每隔约一定距离增设横向排水沟，并与各级马道处纵向排水沟形成排水沟网，使洪水有组织排走，以保护永久坡面不受雨水冲刷破坏。

对于场外排（洪）水系统设有上游拦洪坝——管式排洪（水）设施时，若该排水设施需报废封堵，由于拦洪坝下游通常会堆灰形成边坡，边坡高度至最终堆灰标高，一般大于 20m，若采取将洪水从灰场顶面排洪，工程量巨大，应另行专题论证。

五、封场贮灰场配套设施整治方案

贮灰场的配套设施主要有灰管线、运灰公路、喷洒水管、位移观测点、测压管观测点、环保监测设施及灰场管理站等。位移观测点、测压管观测点、环保监测设施系封场后灰场的安全、环保监测设施，应进行完善，必要时可增设。灰场管理站可供运行管理用，对其进行整治修缮，对于无用设施可报废拆除。

灰管线因闭库后无用处，建议报废拆除，以避免形成安全隐患；喷洒水管若可继续用作种草喷洒设施，则予以保留，否则报废拆除；运灰公路建议与当地相关部门协商移交。

六、封场贮灰场集水回收利用系统方案

湿式贮灰场集水回收利用系统流程为收集排水系统正常运行时溢流澄清水及灰场渗水→管道输送回电厂→作灰渣拌和用水→灰管打回灰场。干灰场流程为渗水收集→泵送至灰场管理站→喷洒灰场。

由于灰场闭库后无灰水进入灰场，地表水已通过排水系统排出场外，避免了灰渣的污染，受灰渣污染的水仅为地下水，当灰场库底设有避免地下水被污染的设施时，封场后雨水可直接排放。但很多灰场底部未设避免地下水被污染的设施，故贮灰场集水回收利用是沿用原有设施还是新增设施，应根据环保要求及电厂的实际情况确定。

七、贮灰场封场覆盖及防渗设计

封场覆盖一区的覆盖系统方案按照防渗材料和排水材料的不同可分为4种形式，即纯黏土防渗覆盖和复合防渗覆盖，每种覆盖系统又可分为粗粒排水和土工材料排水。封场覆盖一区的覆盖系统方案由下至上为：1mm厚HDPE土工膜或300mm厚压实黏性土，三维复合排水网或300mm厚 d=20～150卵石碎石排水层，450mm厚覆盖土支持层，150mm厚耕植土层。封场覆盖构造如图14-23所示。

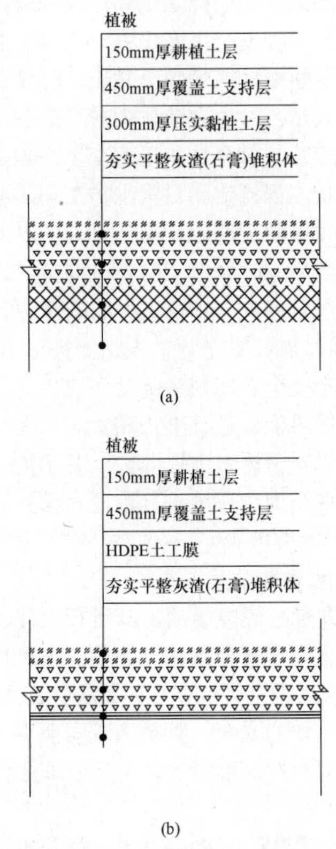

图14-23　封场覆盖层构造示意图
（a）黏土防渗层；（b）土工膜防渗层

土工膜宜采用符合GB/T 17643《土工合成材料　聚乙烯土工膜》规范的环保用糙面高密度聚乙烯土工膜。土工排水网或卵石碎石排水层应与封场库区的排水沟渠相连。

考虑到贮灰场灰坝下游坡面在建设期已设置护面构造措施，因此闭库覆盖二区原则上不再增加覆盖层。

八、封场贮灰场复垦方案

贮灰场封场后的土地复垦方向应以林地、草地、公园与绿地为主。依据贮灰场封场后的地形、环境等特点，将贮灰场封场土地复垦分为两个区，复垦一区为贮灰场灰坝坝顶以上平台库区，复垦二区为灰坝坝坡。

一区复垦方案：在封场覆盖系统表层直接种植地被植物和树木。复垦植物措施要因地制宜，乔灌草相结合，多林种、多树种、多层次相结合，营造混交林，增加生物多样性。为保护封场覆盖系统和减少覆土厚度，复垦植物应当以优良乡土灌木树种和草种为主，乔木树种为辅，充分利用外来树种和草种，适地适树适种源，以利于促进复垦生态恢复和环境保护功能，维护生物多样性，提高生态效益和社会效益，同时兼顾与库区周围的自然植被或景观保持和谐与一致。

二区复垦方案：可采用在灰坝坡面铺堆植生袋绿化护面，也可采用喷混植生植物护坡技术进行坡面绿化。

九、贮灰场封场水土保持措施

针对贮灰场封场产生水土流失的特点，选择合适的水土保持措施。

（1）取土场应尽量布置在库区内，料场开采完毕后应进行土地整治，恢复植被。

（2）尽量做到挖填平衡，不产生或少产生弃渣。施工期产生的土石弃渣可作为封场覆盖材料使用。

（3）通过贮灰场封场绿化复垦，防治水土流失。

（4）通过贮灰场封场截、排水系统，实现防洪排导，有组织排水，避免冲刷造成水土流失。

（5）利用贮灰场封场集水设施进行集水回收利用，实现降水蓄渗。

（6）贮灰场封场库区周边环境治理，加强植树造林，严禁滥砍滥伐，做好植被保护，减少水土流失。

十、贮灰场封场环境保护措施

针对贮灰场封场产生环境影响的特点，选择合适的环境保护措施。

（1）通过贮灰场封场截、排水系统和封场覆盖防渗系统，实现清污分流，杜绝雨水下渗，减少灰渣（石膏）渗滤液产生量，同时也避免了飞灰扬尘造成空气污染。

（2）利用贮灰场封场集水设施进行灰渣（石膏）渗滤液回收利用，不外排，不对周边环境造成影响。

（3）贮灰场封场工程建设期间可能会产生少量粉尘和噪声，但持续时间较短，可以通过安全文明施工，严格管理，合理组织，尽量把对周围环境的影响降至最低限度。

十一、贮灰场封场监测方案

运行管理单位应保持灰场观测设施齐全、完好，并定期进行灰场边坡位移、沉降、浸润线埋深及其出溢点变化情况等安全监测。

（1）位移监测。在贮灰场闭库竣工三年内，可以每月监测一次；竣工三年后，一般情况下，每季度监测一次；在汛期及发生地震的等特殊情况下应加强监测。

（2）沉降监测。一般情况下，每季度监测一次；在汛期及发生地震等特殊情况下应加强监测。

（3）浸润线监测。正常情况下，每月测量一次，汛期及发生地震等特殊情况下，应增加观测次数。根据浸润线监测数据，应及时绘出坝体浸润线。

（4）环保监测。对贮灰场排放水、渗透水及地下水的水质监测，每季度测量一次，直到水污染物浓度连续两年低于相应的环保排放标准限值。

十二、封场的施工、验收要求

贮灰场封场施工是维持封场后灰场后长期安全稳定的关键环节，应严格遵守 DL 5190.9《电力建设施工技术规范　第 9 部分：水工结构工程》和现行版本的 DL/T 5129《碾压式土石坝施工规范》中的有关规定。

为了确保工程质量和安全运行，施工须由资质在二级及其以上的施工单位进行，同时具备大型火力发电厂贮灰场施工的相应业绩，严禁转包。施工队伍必须取得相应的资质，从事特种设备操作工种的如挖掘机工、推土机工、装载机工、电工等要持证上岗。

施工前应编制施工方案及监理方案，对施工设备、材料的质量和施工质量进行监督检查，防止不合格的材料使用；对隐蔽工程进行阶段验收，未经阶段验收和验收不合格的，不得进行下一阶段施工。通过加强施工管理工作，确保工程质量和进度。

施工应当按照批准的封场设计进行。对施工中需对设计进行局部修改的，应当经原设计单位认可；对设计进行重大修改的，应由原设计单位重新设计，并报审批封场设计的安全生产监督管理部门批准。

施工期间，做好灰场闭库治理工程施工档案管理，做好施工原始记录、试验记录、隐蔽工程记录、质量检查记录和施工监理记录和竣工报告、竣工图、监理报告等资料的编制、收集与归档工作。

闭库施工完成后，应报安全生产监督管理部门申请封场验收。应建立灰场闭库工程档案，档案应包括闭库设计、施工、监理记录及验收等文件。

十三、封场贮灰场的运行管理

贮灰场闭库治理为其长期安全稳定打下一个坚实的基础，但闭库后的贮灰场仍是一个危险源，要维持贮灰场长期安全稳定还必须进行长期维护管理。可以概括为：闭库是基础，管理是保证，两者缺一不可。

闭库后的贮灰场，必须做好坝体及排洪设施的维护。严禁在灰坝和库区进行乱采、滥挖、违章建筑和违章作业，严禁在贮灰场安全管理范围内进行爆破、打井、采石、采矿、取土等危及贮灰场安全的活动。未经技术论证和批准，严禁在库内蓄水，重新启用或改作他用。同时，还应设置警戒线，并设立安全警示标示。

1. 运行管理责任

根据《燃煤发电厂贮灰场安全监督管理规定》（电监安全〔2013〕3 号），燃煤发电企业是贮灰场安全生产责任主体，对于解散或者关闭破产的发电企业，贮灰场安全管理由出资人或其上级主管单位负责。发电企业应遵守国家有关法律法规和标准规范，落实安全生产责任制，保障安全生产投入，明确贮灰场安全管理机构，配备熟知贮灰场安全知识、具备贮灰场专业技能的技术人员。发电企业作为封场后灰场的安全管理负责人，应建立健全贮灰场安全生产规章制度，加强贮灰场安全巡视检查和日常维护工作，积极消除缺陷和隐患，确保贮灰场运行安全。其主要工作如下：

（1）封场后及时到电力监管机构备案。

（2）组织开展安全评估，并将安全评估报告报所在地电力监管机构，安全评估原则上每三年进行一次。

（3）制定安全管理规章制度。

（4）对排洪设施进行维护和管理，保证其安全畅通；对灰场的安全设施进行维护，保证其有效可靠。

（5）对灰场周边环境进行治理和维护，避免灰场受到自然和人为的破坏。

2. 运行管理制度及措施

贮灰场即使封场复垦后，其运行条件也存在很多不确定性，也不是一劳永逸。例如贮灰场排水系统是否有淤堵，截洪沟是否有损坏，都需要巡视检查整治，否则影响贮灰场的安全，甚至造成安全事故。故必须有健全的管理制度，落实责任到具体单位和个人。

第十二节　外部水力除灰管

一、一般规定

（1）管材的选择。

1）灰渣管道宜采用钢管或根据灰水性质（灰、渣、灰渣）采用耐磨、防结垢的复合管材；灰水回收管道宜采用钢管、复合管或预应力钢筋混凝土管。

2）对于磨损严重的灰渣管段，宜采用钢管内衬铸石管或其他耐磨复合管。

3）在灰水结垢、磨损不严重时，灰渣管宜采用钢管或防结垢复合管。

4）当采用钢管时，管壁厚度应经计算确定，但渣管壁厚不应小于 10mm，灰管壁厚不应小于 7mm，并应采取相应的防腐蚀措施。

（2）灰渣管管线的选择。灰渣管管线的选择应符合下列要求：

1）应注意不占或少占耕地，避免通过居民区。宜沿道路、铁路、堤坝敷设。

2）沿灰渣管应设有便于施工和运行维护的检修道路，并应考虑尽量不影响农田耕作、充分利用现有道路等因素，新建检修道路宜按简易道路修筑，道路标准可参照表14-39。

表14-39　　专用道路标准

道路名称	道路等级	计算行车速度（km/h）	路面宽度（m）	路面结构
灰渣管检修道路	四	20～40	4.0	沥青或混凝土路面
	四	—	3.5	泥结碎石路面
汽车运灰渣道路	三	30～60	7.0	沥青或混凝土路面

注　1. 采用汽车运灰渣的专用道路，其宽度、标准，还应根据车型、载重量、地质、运距等综合因素考虑。

2. 道路等级参照GB J22《厂矿道路设计规范》中的厂外道路标准。

3）应尽量避免跨越河渠、道路、铁路或其他建筑物，当必须跨越时宜成直角相交。当需要修建管桥时，宜利用已有或结合新建桥梁进行架设。

4）应注意缩短管线长度、减少管线转角数目及纵向起伏，管线转角角度不宜大于60°。

（3）水灰场澄清水宜进行回收。回收水系统应根据地形、地质、水量、水质和贮灰场排水建筑物等条件确定。

（4）长距离且工作压力较高的灰渣管道，宜按分段压力设计。

（5）灰渣管穿越铁路和道路时应敷设在套管中，并应符合有关部门的规定和要求。

套管可采用专用钢筋混凝土管，其内径应符合有关部门的规定，敷设在套管中的灰渣管应采用钢管或钢管内衬铸石管。

当穿越几条平行的铁路或道路时，视检修要求可在中间设置检查井或将灰渣管敷设在通行地沟内。

（6）当灰渣管穿越农村大车道且需要抬高原路面时，道路的纵向坡度不应大于6%。

（7）灰渣管的通行地沟（隧道），其人行通道净宽宜为0.5m，高度宜为1.8m，并应有排水设施。

（8）灰渣管架空敷设时，与铁路、公路、河道及高压线交叉的最小净空可按表14-40～表14-42采用。

表14-40　与铁路、公路交叉的净空要求

路别	与路面（或轨顶）净空（m）
人行道	2.50～3.00
公路	5.00
铁路（蒸汽及内燃牵引区段）	6.00
铁路（电力牵引区段）	6.55

表14-41　与不通航和不流筏河道交叉的净空要求

与最高洪水位的净空（m）			与最高流冰面的净空（m）
一般情况	有泥石流时	有较大漂浮物时	
0.50	1.00	1.50	0.75

注　1. 洪水的设计频率可取2%～5%，并应满足当地河道防洪需要。

2. 对通航的河道应满足通航要求。

表14-42　与高压线路交叉的净空要求

线路电压（kV）	35～110	154～220	330	500
最大弧垂时的最小垂直距离（m）	4.50	5.00	6.00	8.00

（9）灰渣管敷设在明槽或不通行地沟内时，其一侧应设排水沟。排水沟的纵向坡度不应小于0.1%。

（10）灰渣管道之间，管道与沟壁、沟底及地面（设支墩时）之间的净空不应小于300mm。

（11）灰渣管停止运行时，应用清水将管内冲洗干净。管道应根据地形条件敷设成不小于0.1%的纵向坡度。

当管道的纵向坡度有起伏时，应根据具体情况在管道上设置排气装置，但在每一最低点应设放水装置。

（12）灰渣管固定支墩、管桥、高支架等可按灰渣管条数一次建成，并考虑管道分期安装的条件。

（13）厂区内的灰渣管宜敷设在有活动盖板的不通行地沟内。厂区外的灰渣管宜沿地面敷设；有条件时可直埋敷设，但应设置标志。

二、灰渣管道的计算

（1）灰渣管的补偿计算。

1）两个伸缩节间的最大间距计算。非直接埋入土中的钢管及复合管应进行补偿计算，管道的伸缩可采用填函式套筒伸缩节、快速管接头或连续弯头（自补偿），并应符合下列规定：

a. 两伸缩节间的最大距离可按式（14-48）计算

$$L_{max} = \frac{L_k}{\alpha_1(t_{max} - t_{min})} \quad (14\text{-}48)$$

式中 L_{max}——两伸缩节间的最大距离，m；

L_k——伸缩节的最大伸缩长度，m，单伸缩节可取 0.2m，双伸缩节可取 0.4m；

α_1——管道的线膨胀系数，钢管可取 1.2×10^{-5}℃$^{-1}$；复合管的线膨胀系数根据供货厂家资料选取；

t_{max}——管道中灰水混合物的温度，可取 60℃；

t_{min}——当地最低气温，℃。

b. 快速管道接头的间距可采用 6～12m 或根据每个快速接头的最大伸缩长度乘以安全系数 0.75 后代入式（14-48）中计算确定。

c. 当有充分论证时，沿地面敷设的灰渣管可不设伸缩节等设施，但应计算管道的温度应力。

2）伸缩节的安装长度和快速接头的安装间隙，应根据管道中灰水混合物的温度（或当地最低气温）与安装时的气温差计算确定。设计文件中应注明不同气温时的安装长度和间隙。

3）当钢管需要设置法兰接头时，宜每隔 20～30m 设一接头。对有严重结垢的灰管，法兰接头的间距应为 10～15m。

4）架空管道上的伸缩节处的支座，当高度超过 3m 时，应在支座上设置检修小平台，并应有栏杆和爬梯。

5）灰渣管支座型式可按下列规定确定。

a. 支座型式的定义。固定支座：用于管道上不允许有任何方向的线位移和角位移的支撑点；滑动支座或刚性支座：用于不允许有垂直位移的支撑点；滚动支座：用于不允许有垂直位移且需减小支座摩擦力的支撑点；导向支座：又称导向滑动支座，用于需引导管道某方向位移而限制其他方向位移的支撑点。

b. 灰渣管支座型式的选择。

a）当灰渣管利用伸缩节补偿时，在两个伸缩间的管段中点（或接近中点）和管道转弯处应设置固定支座。伸缩节两侧的第一个支座应为导向支座，其他部分的支座应为滑动支座或滚动支座。

b）当灰渣管利用快速管道接头补偿时，在管道转弯处应设置固定支座。直线段每隔 150m 左右宜设置固定支座，每隔 50m 左右应设置导向支座，其他部分的支座应为滑动支座或滚动支座。

c）当灰渣管利用大于 30°的弯头自补偿时，弯头附近的支座应考虑管道的侧向位移；弯头两侧的第一个固定支座推力应根据自补偿方法进行计算。

6）管道支座间的距离，应根据管材的强度和允许挠度经计算确定。钢管的支座间距一般可采用 10～12m，允许挠度可采用支座间距的 1/300。

在强度和挠度计算中，管壁厚度应采用磨损以后的厚度，但不应小于 4mm。

当采用快速管道接头钢管和钢管内衬铸石管时，每节管至少应设置一个支座，支座与接头的间距宜采用 0.70m。

（2）刚性滑动、滚动支座的轴向推力。按式（14-49）计算

$$F = \mu G l \cos\theta \quad (14\text{-}49)$$

式中 F——支座的轴向推力，kN；

μ——管壁与支座的摩擦系数，滑动支座时，钢与钢（或生铁）可取 0.3，钢与混凝土可取 0.6；滚动支座时，钢与钢（或生铁）可取 0.1；

G——单位长度灰管自重加管内灰水重，kN；

l——支座间的距离，m；

θ——灰管轴线与水平面的夹角，（°）。

（3）固定支座上承受的轴向推力。

1）固定支座两侧伸缩节范围内的中间支座与管道间产生的摩擦阻力 F_1（kN）。

对于直线段的固定支座

$$F_1 = \mu G(l_1 - 0.8 l_2)\cos\theta \quad (14\text{-}50)$$

式中 l_1——固定支座至伸缩节距离较大的一侧的管道长度，m；

l_2——固定支座至伸缩节距离较小的一侧的管道长度，m；

0.8——考虑两侧管段上温度及摩擦力的不均匀性的系数。

其他符号的意义和计量单位同式（14-49）。

对于转角处的固定支座

$$F_1 = \mu G l \cos\theta \quad (14\text{-}51)$$

式中 l——固定支座至伸缩节间的距离，m。

其他符号的意义和计量单位同式（14-49）。

2）填函式伸缩节产生的摩擦阻力 F_2（kN）。对于转角固定支座或仅一侧装有伸缩节的直线段固定支座

$$F_2 = \pi D b \mu p_0 \quad (14\text{-}52)$$

式中 D——灰管外径，m；

b——伸缩节填料长度，m；

μ——填料与管壁的摩擦系数，可取 0.3；

p_0——相应管道内的工作压力，kPa。

对于两侧装有伸缩节的直线段固定支座

$$F_2 = 0.2\pi D b \mu p_0 \quad (14\text{-}53)$$

注：在任何情况下，式（14-52）与式（14-53）中 $b\mu p_0$ 不应小于 7.5kN/m。

3）管道内压力产生的轴向推力 F_3（kN），仅在转角固定支座或附近有阀门的固定支座上产生

$$F_3 = \frac{1}{4}\pi d^2 p_0 \quad (14\text{-}54)$$

式中 d ——灰管内径，m；

p_0 ——相应管道内的工作压力或试验压力，kPa。

4）液体摩擦管壁产生的阻力 F_4（kN）

$$F_4 = \frac{1}{4}\pi d^2 i_0 L\gamma \quad (14\text{-}55)$$

式中 i_0 ——单位长度的水头损失；

γ ——灰水混合物的容重，kN/m^3；

L ——灰管长度，对于直线段的固定支座可取相邻两伸缩节的间距，对于转角处的固定支座可取固定支座至伸缩节的间距，m。

5）管道敷设坡度超过5‰时，管道自重加管道灰水重量产生的轴向推力 F_5（kN）

$$F_5 = GL\sin\theta \quad (14\text{-}56)$$

式中 G、θ ——同式（14-49）符号注释。

注：当采用快速管道接头时，l_1、l 可取 3 节管长，l_2 可取 1 节管长；式（14-56）中的 L 值可取固定支座前后各 3 节管长，实际节数少于 3 节时，计算中应采用实际值；b 值可取密封胶圈与一端管端节接触承受水压的宽度，密封胶圈与管壁的摩擦系数 μ 可取 0.8。

（4）敷设 3 条及以上管道时，支座上因温度变化引起的轴向推力，应乘以牵制系数 K：

3 条管道 $K=0.67$；

4 条管道及以上 $K=0.50$。

（5）作用在固定支墩（架）上的灰渣管的总推力，应根据下列工况计算确定：

1）正常运行时

$$\sum F = n[K(F_1 + F_2) + F_{3G} + F_4 + F_5] + \sum F' \quad (14\text{-}57)$$

2）备用管开始投入时

$$\sum F = (n+1)[K(F_1 + F_2) + F_{3G} + F_4 + F_5] \quad (14\text{-}58)$$

3）最后安装的管道试压时

$$\sum F = n[K(F_1 + F_2) + F_{3G} + F_4 + F_5] + F_{3S}\sum F' \quad (14\text{-}59)$$

式中 $\sum F$ ——作用在固定支墩（架）上的灰渣管总轴向推力，kN；

n ——支墩（架）上最终正常运行灰渣管总条数；

F_{3G} ——相应管段的工作压力产生的轴向推力，kN；

F_{3S} ——相应管段的试验压力产生的轴向推力，kN；

$\sum F'$ ——1 条备用灰渣管在空管时的总轴向推力，kN。

$$\sum F' = F_1 + F_2 + F_5 \quad (14\text{-}60)$$

注 1：当备用灰渣管多于 1 条时，式（14-60）应作相应修改。

注 2：第三工况中“最后安装的管道”指的是备用灰渣管。

注 3：工作压力和试验压力应分别考虑计算。

注 4：直线段的推力 $\sum F$ 即为合成推力，转角处的推力 $\sum F$ 仅为一个方向的分推力。

（6）灰渣管应进行水压试验，并应符合下列规定。

1）灰渣管道应在外观检查合格后再进行压力试验。

2）钢管的试验压力：应为工作压力的 1.25 倍，但不应小于工作压力加 500kPa，并不应小于 900kPa。

3）钢筋混凝土管的试验压力：当工作压力小于或等于 600kPa 时，应为工作压力的 1.5 倍；当工作压力大于 600kPa 时，应为工作压力加 300kPa。

4）当灰渣管或灰水回收管管线长、起伏大、压力高时，应根据设计中采用的消除水锤措施等因素，分段确定管道的工作压力和试验压力。

三、灰水回收系统

（1）灰水回收水泵台数不宜少于 3 台，其中 1 台备用；灰水回收管道可敷设 1 条，不设备用。

（2）灰水回收水系统应设置水量计量装置。回收水泵出口管上应视具体情况采取消除水锤的措施。回收水量可按 60%～70%考虑。

（3）灰水回收管道宜沿灰渣管布置，结垢严重时应采取防结垢措施，并宜采用直埋式布置。

四、自流灰渣沟

（1）在地形条件许可时，可采用自流灰渣沟将灰渣送往贮灰场，且灰渣沟不设备用。灰渣沟水平转角的角度不应大于 60°，弯曲半径不宜小于 5 倍沟宽。

（2）灰渣沟的水力计算可按式（14-61）和式（14-62）进行

$$v = KC\sqrt{Ri} \quad (14\text{-}61)$$

$$q_v = KC\omega\sqrt{Ri} \quad (14\text{-}62)$$

式中 v ——沟内灰水混合物流速，m/s；

q_v ——沟内灰水混合物体积流量，m^3/s；

C ——流速系数；

R ——水力半径，m；

ω ——沟的过水断面面积，m^2；

i ——水力坡降；

K ——修正系数，当沟内灰水混合物体积流量 $q_v \leqslant 0.075m^3/s$ 时，$K = 0.0025q_v - 0.013g_z + 0.82$；当沟内灰水混合物体积流量 $q_v > 0.075m^3/s$ 时，$K = 1-$

$0.013g_z$，其中，g_z是渣占灰水混合物重量的百分比，%。

（3）灰渣沟的工作断面和坡度应根据水力计算确定。选用的坡度应比计算的水力坡度大1%。

输送液态渣的渣沟沟底坡度不应小于2%。

（4）灰渣沟的灰水最低流速、始点最小深度及最高水位至沟顶的超高应按表14-43采用。

表14-43　灰渣沟的灰水最低流速、最小深度及超高

沟类	项目		
	灰水最低流速（m/s）	始点最小深度（m）	超高（m）
灰沟	1.0	0.4	0.2～0.3
渣沟	1.6	0.5	0.3～0.4

（5）灰渣沟的工作断面宜采用铸石镶板衬砌。

五、灰管支墩、支架

1. 基础资料

（1）测量、水文、地质资料见本章第二节相关内容。

（2）工艺专业布置资料、管道安装资料及各类支墩受力资料等。

2. 支墩分类

通常，灰管支墩根据所起的作用不同，分为固定支墩（直线段固定支墩、转角固定支墩）、滑动支墩、导向支墩等。

3. 结构设计

（1）材料选型。灰渣管的支墩宜采用混凝土结构，支架宜采用钢筋混凝土结构，支墩和支架可按国家标准GB 50010《混凝土结构设计规范》执行。

（2）支墩荷载组合。用在支墩上的荷载采用基本荷载组合，不同设计状况的作用应符合下列规定：

1）持久设计状况作用包括结构自重、土压力、灰渣管及灰水重、正常运行或备用管开始投入时的管道总推力等；

2）短暂设计状况作用包括结构自重、土压力、灰渣管及灰水重、管道试压时的推力等；

3）地震设计状况作用包括持久设计状况时的荷载及地震作用。

（3）支架荷载组合。作用在支架上的荷载采用基本荷载组合和地震组合，其不同设计状况应符合下列规定：

1）持久设计状况作用包括结构自重、灰渣管及灰水重、风荷载、检修荷载（可采用2kPa）、正常运行或备用管开始投入时的管道总推力、水压力、流冰和漂浮物等的冲击力；

2）短暂设计状况作用包括结构自重、土压力、灰渣管及灰水重、管道试压时的推力等；

3）地震设计状况作用包括持久设计状况时的荷载及地震作用。

（4）支墩和支架基础的稳定验算。

1）验算支墩和支架基础的稳定时，可考虑原状土的被动土压力。经夯实后的回填土，可适当考虑被动土压力。

2）根据埋深及周围回填土质，被动土压力折减系数取0.3～0.5，使用者可根据经验选择。一般情况下可取0.3。

3）原状土的被动土压力是指原地坪以下高度范围内的被动土压力，而不能考虑原地坪以上新回填部分的被动土压力。当考虑被动土压力时，应在管道试压前将基础基坑的后部仔细分层夯实回填好。

4）支墩和支架基础的抗滑安全系数可按表14-44的规定采用。

表14-44　支墩和支架抗滑安全系数

荷载组合	基本组合		地震组合
设计状况 / 稳定类别	持久设计状况	短暂设计状况	地震设计状况
倾覆	1.10	1.05	1.05
滑动	1.05	1.00	1.00

注　荷载组合时，荷载分项系数与组合值系数均取1.0。

5）抗滑计算

$$K_o = \frac{\mu\sum P + \sum P_H}{\sum P_H'} > [K_c] \qquad (14\text{-}63)$$

式中　K_o——抗滑稳定安全系数；

μ——镇墩底板与地基土壤之间的摩擦系数，一般由试验确定，当缺乏试验资料时，可参照现行规范采用；

$\sum P$——垂直荷载标准值；

$\sum P_H$——后墙水平荷载标准值，按被动土压力计算；

$\sum P_H'$——前墙水平荷载标准值，按主动土压力计算；

$[K_c]$——抗滑稳定安全系数容许值或限值。

6）抗倾覆计算

$$\frac{M_{kq}}{M_q} \geqslant K_q \qquad (14\text{-}64)$$

式中　M_{kq}——总抗倾力矩设计值，kN·m；

M_q——总倾覆力矩设计值，kN·m；

K_q——抗倾稳定安全系数。

第十三节　水力除灰系统计算示例

2×300MW 电厂水力除灰系统计算示例如下。

一、计算依据

1. 主要计算原则

（1）管道采用非直接埋地的金属灰（渣）管。

（2）管道的伸缩采用快速管道接头进行补偿。

（3）对于长距离的输送灰（渣）管道，由于其前后段工作压力或试验压力均有较大的差异，在计算时应分段计算。

2. 计算工况

灰（渣）管道的设计工况包括正常运行工况、备用管道开始投入运行工况、最后安装的管道试压工况；本算例对以上几种工况均进行计算，设计中应选取最不利工况（最大推力组合工况）作为计算工况。

3. 计算简图

支墩（架）受力方向示意图（仅表示水平推力）。

（1）导向和中间固定支墩（架）如图 14-24 所示。

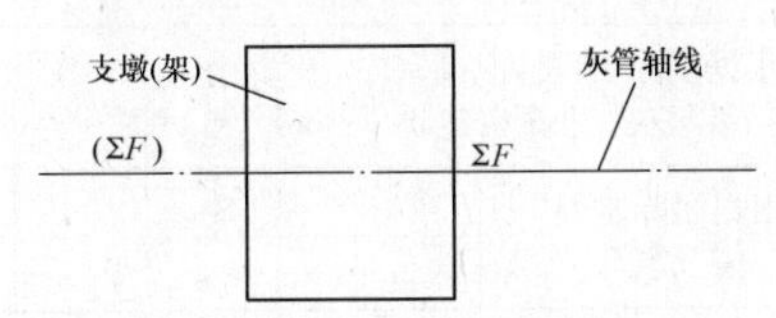

图 14-24　导向和中间固定支墩（架）

注：支墩（架）两个受力方向均可能出现，但不可能同时出现。

（2）竖向下转转角处固定支墩（架）如图 14-25 所示。

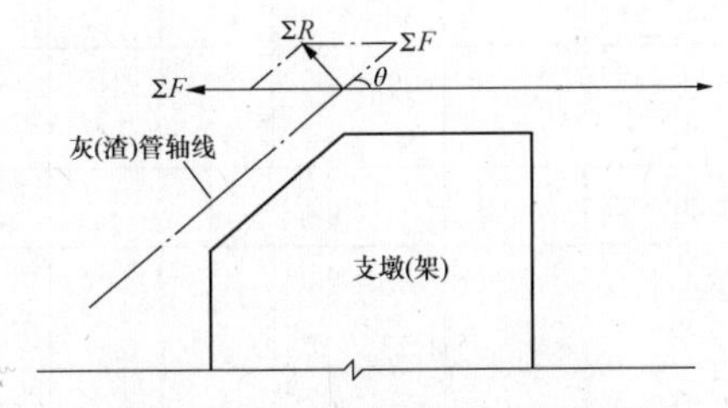

图 14-25　竖向下转转角处固定支墩（架）

（3）竖向上转转角处固定支墩（架）如图 14-26 所示。

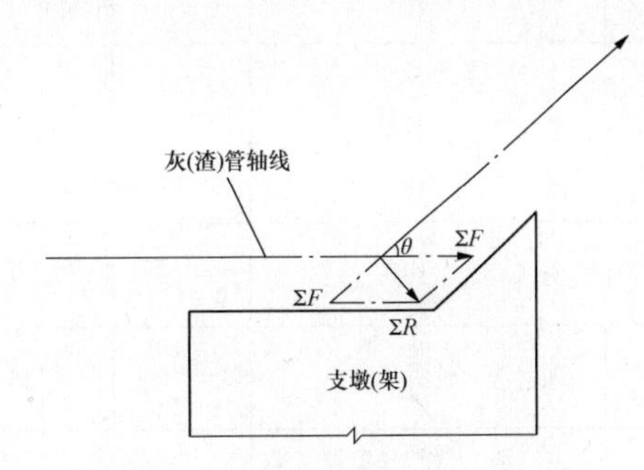

图 14-26　竖向上转转角处固定支墩（架）

（4）平面转角处固定支墩（架）如图 14-27 所示。

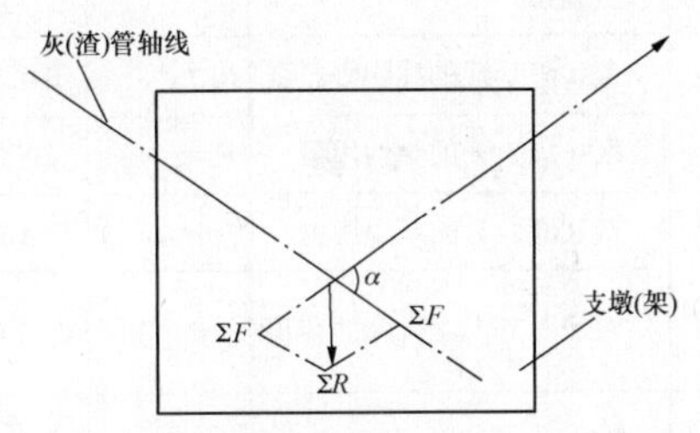

图 14-27　平面转角处固定支墩（架）

（5）立体转角处固定支墩（架）如图 14-28 所示。

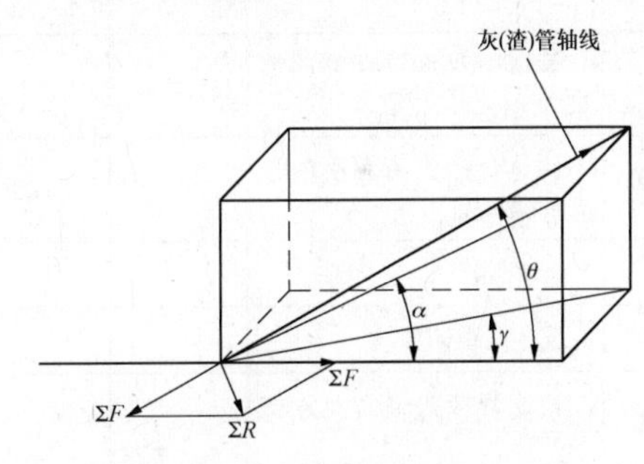

图 14-28　立体转角处固定支墩（架）

注：在实际应用中应尽量避免设置立体转角。

4. 标准及规范

DL/T 5399《火力发电厂水工设计规范》。

二、计算过程及结果

计算过程及结果见表 14-45。

表 14-45　　计 算 过 程 及 结 果

1	输入数据								
1.1	灰（渣）管的安装数量	n_a=	3	根	根据实际工程情况填写				
1.2	其中备用灰（渣）管的数量	n_b=	1	根	根据实际工程情况填写				
1.3	灰（渣）管工作压力	P_0=	1.1	MPa	根据实际工程情况填写				

续表

1.4	灰（渣）管试验压力	$P_{sh}=$	1.6	MPa	钢管的试验压力为工作压力的 1.25 倍或工作压力加 0.5MPa 两者的较大值，且不应小于 0.9Mpa					
1.5	灰（渣）管材质		Q235		Q235	A10	A20	钢管内衬铸石管		根据实际工程情况填写
1.6	灰（渣）管比重	$\rho_g=$	7850	kg/m^3	根据实际工程情况填写，钢管比重为 $7850kg/m^3$					
1.7	灰（渣）管外径	$D=$	0.325	m	根据实际工程情况填写					
1.8	灰（渣）管校核壁厚（即设计中选择的壁厚）	$\delta_h=$	0.009	m	根据实际工程情况填写					
1.9	灰（渣）管最小计算壁厚（磨损后）	$\delta_j=$	0.004	m						
1.10	灰（渣）管的线膨胀系数	$\alpha_L=$	0.000012	$℃^{-1}$						
1.11	灰（渣）管的弹性模量	$E=$	2070000	kg/cm^2						
1.12	灰（渣）管的许用应力	$[\sigma]=$	1267	kg/cm^2						
1.13	灰（渣）水混合物的容重	$\gamma=$	1.06	t/m^3	10.3986	kN/m^3	根据实际工程情况填写，需除灰专业配合提供			
1.14	单位长度的水头损失	$i_0=$	0.013	mH_2O/m	根据实际工程情况填写，需除灰专业配合提供					
1.15	当地最低气温	$T_{min}=$	–25	℃	根据实际工程情况填写					
1.16	管道中灰水混合物的温度	$T_h=$	60	℃	根据实际工程情况填写，无资料时可按 60℃					
1.17	快速管接头可利用的最大伸缩长度	$L_K=$	0.02	m	根据实际选用的管接头参数填写，无资料时可采用 0.02m					
2	计算过程									
2.1	支座间距计算									
2.1.1	快速管接头最大允许安装间距									
	$L_1=0.75\times0.02/\{0.000012\times[60-(-25)]\}=$				14.705882	m				
2.1.2	管材强度允许的最大支墩（架）间距									
2.1.2.1	单位长度管道自重	$G_g=$	70.14	kg/m	即 0.69	kN/m	公式：$G_g=1/4\pi[D^2-(D-\delta_h)^2]\times\rho_g$			
2.1.2.2	单位长度灰（渣）水混合物的重量	$G_h=$	83.66	kg/m	即 0.82	kN/m	公式：$G_h=1/4\pi(D-2\delta_j)^2\times\gamma\times1000$			

续表

2.1.2.3	单位长度管道自重加管内灰（渣）水混合物重	$G=$	153.80	kg/m	即 1.51	kN/m	公式：$G=G_g+G_h$			
2.1.2.4	管道强度计算内径	$d=$	31.7	cm						
2.1.2.5	管道强度计算外径	$D=$	32.5	cm						
2.1.2.6	管道强度允许的最大支墩（架）间距	$L_2=$	14.66	m						
2.1.3	管材允许挠度允许的最大支墩（架）间距	$L_3=$	12.22	m						
2.1.4	支座的最大允许间距									
2.1.4.1	支座的最大允许间距	$L'_{max}=$	12.22	m						
2.1.4.2	支座间距取	$L_{max}=$	12	m	一般控制在 10～12m					
2.2	刚性滑动、滚动及导向支座的轴向推力									
2.2.1	支座形式		滑动		滑动	滚动	导向			根据实际工程情况填写
2.2.2	支座材质		钢/生铁		钢/生铁	混凝土				根据实际工程情况填写
2.2.3	管壁与支座的摩擦系数	$\mu=$	0.3							
2.2.4	灰（渣）管敷设坡度	$i=$	0.001		最小坡度不可小于 0.001					
2.2.5	灰（渣）管与水平面的角度	$\theta=$	0.057	°						
2.2.6	牵制系数	$K=$	0.67							
2.2.7	支座轴向推力（备用管道空管时）建议增加公式	$\Sigma F_1=$	8.94	kN						
2.2.8	支座轴向推力（备用管道投入运行时）	$\Sigma F_2=$	10.92	kN	取大值					
2.2.9	支座轴向推力（一根管道试压，其余管道充水时）	$\Sigma F_4=$	10.92	kN						
2.2.10	支座轴向推力	$\Sigma F=$	10.92	kN						
2.3	直线段固定支座的轴向推力									
2.3.1	牵制系数	$K=$	0.67							
2.3.2	管壁与支座的摩擦系数	$\mu=$	0.3							
2.3.3	直线段固定支座承受的轴向推力为以下几项的合力									
2.3.3.1	固定支座两侧管接头范围内的中间支座与管道间产生的摩擦阻力 F_1									

续表

	$F_1=\mu G(L_1-0.8L_2)\cos\theta$									
	L_1——固定支座至管接头距离较大的一侧的管道长度，一般取3节管长，当实际节数少于3节时，计算中应采用实际值，m									
	L_2——固定支座至管接头距离较小的一侧的管道长度，取1节管长，m									
	θ——灰（渣）管与水平面的角度，(°)									
	G——单位长度管道自重加管内灰（渣）水混合物重，kN									
2.3.3.2	管接头伸缩产生的摩擦反力F_2									
	$F_2=\pi Db\mu P_0$（仅一侧设置管接头时）									
	$F_2=0.2\pi Db\mu P_0$（两侧均设置管接头时）									
	b——管接头密封胶圈与一端管端接触承受水压的宽度，取值参考如下：									
	DN=50～175mm时，b=12mm									
	DN=200～600mm时，b=15mm									
	DN=700～1000mm时，b=19mm									
	D——灰（渣）管外径，m									
	μ——密封胶圈与管壁的摩擦系数，无详细资料时可取0.8									
	P_0——管道内的工作压力，kPa									
	注：在任何情况下，上面两式中的$b\mu P$不应小于7.5kN/m									
2.3.3.3	管道内压力产生的轴向推力F_3（仅在附近有阀门的直线段固定支座上产生）									
	$F_3=1/4\pi d^2P_0$									
	d——灰（渣）管内径；按校核壁厚计算									
	P_0——管道内的工作压力或试验压力									
2.3.3.4	液体摩擦管壁产生的阻力F_4									
	$F_4=1/4\pi d^2i_0L\gamma$									
	γ——灰水混合物的容重									
	L——取支座前后各3节管长，当实际节数少于3节时，计算中应采用实际值，m									
	i_0——单位长度的水头损失									
	d——灰（渣）管内径；按校核壁厚计算，m									

续表

2.3.3.5	管道敷设坡度超过 5‰时，管道自重加灰水重量产生的轴向推力 F_5									
	$F_5 = GL\sin\theta$									
	G——单位长度管道自重加管内灰（渣）水混合物重，kN									
	L——取支座前后各 3 节管长，当实际节数少于 3 节时，计算中应采用实际值									
	θ——灰（渣）管与水平面的角度，（°）									
2.4	转角固定支座的轴向推力									
2.4.1	牵制系数		$K=$	0.67						
2.4.2	管壁与支座的摩擦系数		$\mu=$	0.3						
2.4.3	转交固定支座承受的轴向推力为以下几项的合力：									
2.4.3.1	固定支座两侧管接头范围内的中间支座与管道间产生的摩擦阻力 F_1									
	$F_1 = \mu Gl\cos\theta$									
	l——固定支座至管接头距离，取 3 节管长，m									
	θ——灰（渣）管与水平面的角度，（°）									
	G——单位长度管道自重加管内灰（渣）水混合物重，kN									
2.4.3.2	管接头伸缩产生的摩擦反力 F_2									
	$F_2 = \pi Db\mu P$									
	b——管接头密封胶圈与一端管端接触承受水压的宽度，取值参考如下									
	DN＝50～175mm 时，b＝12mm									
	DN＝200～600mm 时，b＝15mm									
	DN＝700～1000mm 时，b＝19mm									
	D——灰（渣）管外径，m									
	μ——密封胶圈与管壁的摩擦系数，无详细资料时可取 0.8									
	P_0——管道内的工作压力									
	注：在任何情况下，上面两式中的 $b\mu P$ 不应小于 7.5kN/m									

续表

2.4.3.3	管道内压力产生的轴向推力 F_3									
	$F_3=1/4\pi d^2P_0$									
	d——灰（渣）管内径；按校核壁厚计算									
	P_0——管道内的工作压力或试验压力									
2.4.3.4	液体摩擦管壁产生的阻力 F_4									
	$F_4=1/4\pi d^2i_0L\gamma$									
	γ——灰水混合物的容重，kN/m^3									
	L——取支座前后各3节管长，当实际节数少于3节时，计算中应采用实际值，m									
	i_0——单位长度的水头损失									
	d——灰（渣）管内径；按校核壁厚计算，m									
2.4.3.5	管道敷设坡度超过5‰时，管道自重加灰水重量产生的轴向推力 F_5									
	$F_5=GL\sin\theta$									
	G——单位长度管道自重加管内灰（渣）水混合物重，kN									
	L——取支座前后各三节管长，当实际节数少于三节时，计算中应采用实际值，m									
	θ——灰（渣）管与水平面的角度，（°）									
3	计算结果									
3.1	支座间距				$L_{max}=$	12	m			
3.2	刚性滑动、滚动及导向支座的轴向推力	$\Sigma F=$	10.92	kN						

第十四节 工 程 实 例

一、干式贮灰场

1. 实例1

（1）概述。该电厂贮灰场位于开阔的潮汐海滩上，临海向三面筑堤，垂直岸边的围堤西侧长351m，东侧长342m，平行岸边的南侧堤长745m，围堤全长1438m。采用汽车运输的干式贮灰，设计使用年限10年。

贮灰场平面布置图如图14-29所示。

（2）贮灰场自然条件。

1）地形：灰场位于开阔的潮汐海滩上，该地区地势北高南低，平缓降低。南侧围堤的滩面高程在–0.50～0.40m之间。

2）地质：灰场围堤地质结构主要为六层：①淤泥混砂（砂混淤泥）；②砾砂；③粉质黏土；④残积黏性土；⑤全风化花岗岩；⑥强风化花岗岩。

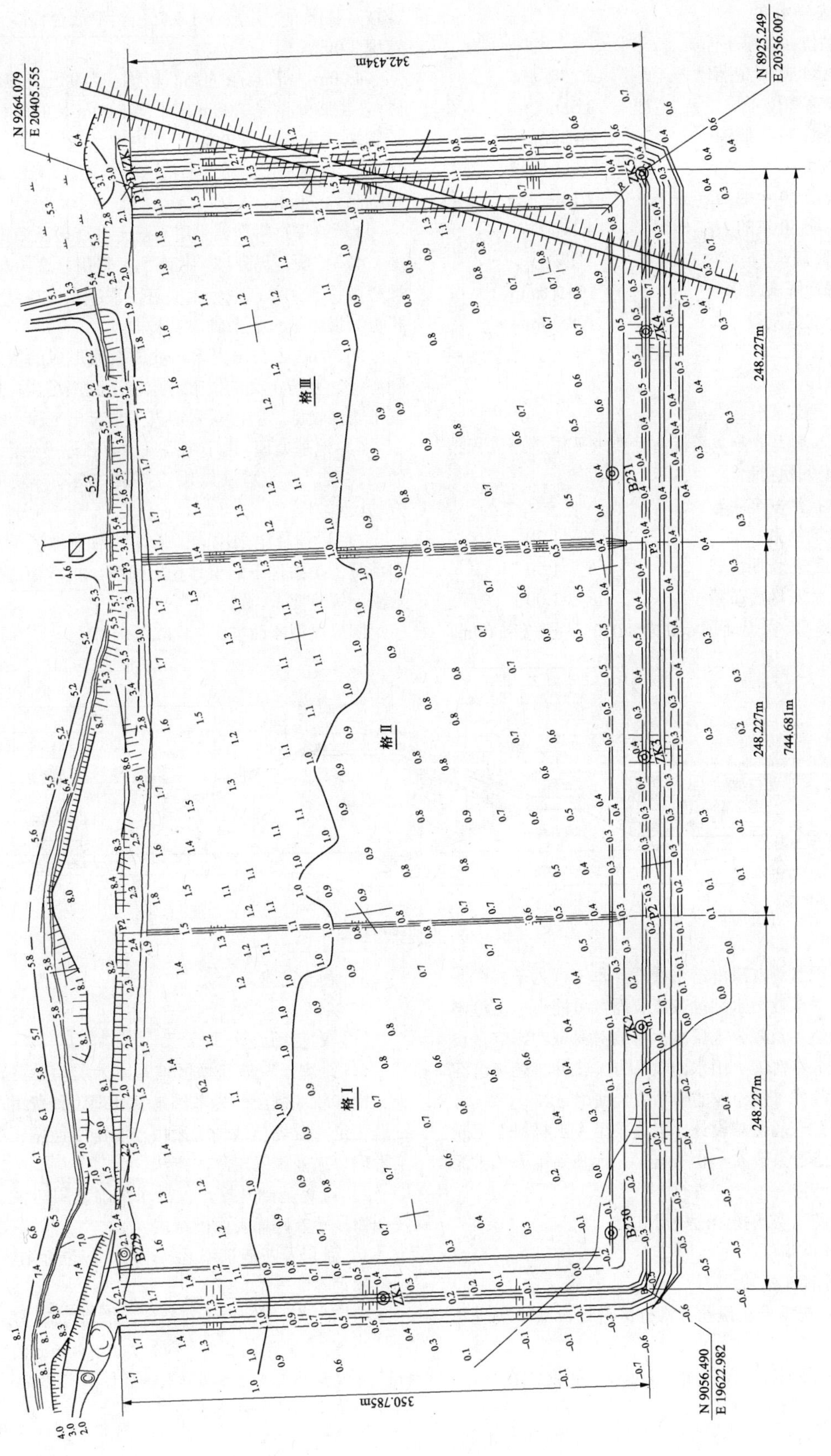

图 14-29　贮灰场平面布置图

3）海洋水文。

a. 潮位（黄海平面）。

重现期 50 年高潮位	5.05m
设计高潮位	3.55m
重现期 50 年低潮位	–4.34m

b. 波浪。

重现期 50 年的 $H_{13\%}$波高	2.13m
重现期 50 年的 $H_{13\%}$周期	4.7s

4）降雨。

年平均降雨量	1045.1mm
年平均蒸发量	1988.0mm

5）地震。本工程基本地震烈度为 7°，水平地震加速度 0.1g。

（3）围堤设计。

1）本工程按业主招标文件要求采用港口工程技术规范的设计标准。

堤体抗滑安全系数：

建设期结束	$F_s \geqslant 1.30$
最大贮灰长期荷载	$F_s \geqslant 1.50$
最大贮灰地震荷载	$F_s \geqslant 1.00$

2）堤型。围堤堤顶标高为 8.00m，堤顶宽 5.00m，外坡（临海面）边坡为 1:1.75。消浪戗台标高 4.00m，宽度 3.00m。

4.00m 标高以下为抛石棱体。为防止波浪淘刷堤脚，在堤脚处设置 1.00m 厚平均 5.00m 长的抛石护脚，护脚块石重 100～200kg。堤内坡（灰场侧）边坡为 1:1.75，堤体采用均质的石渣土分层碾压填筑。堆灰最终标高为 9.0m。

3）筑堤材料坝体采用石渣土分层碾压填筑。

4）护面。堤外坡（临海侧）采用厚度 400mm 的栅栏板护面，并在戗台上安置了混凝土方块以支承栅栏板。堤内坡设置干砌块石护面。

5）为防止灰场内雨水冲刷灰渣形成的灰水渗透到海域，并防止高潮位时海水渗透到灰场内，堤体设置了防渗设施。防渗层采用人工复合土工膜。

6）地基处理。由于围堤底面存在厚度约为 1.92m 的淤泥层，本工程采用块石挤淤、振动压实的处理方法。

7）堤体稳定采用圆弧滑动法对堤体在正常工况和地震工况条件下的整体稳定验算，抗滑稳定安全系数满足规范要求。

围堤典型断面如图 14-30 所示。

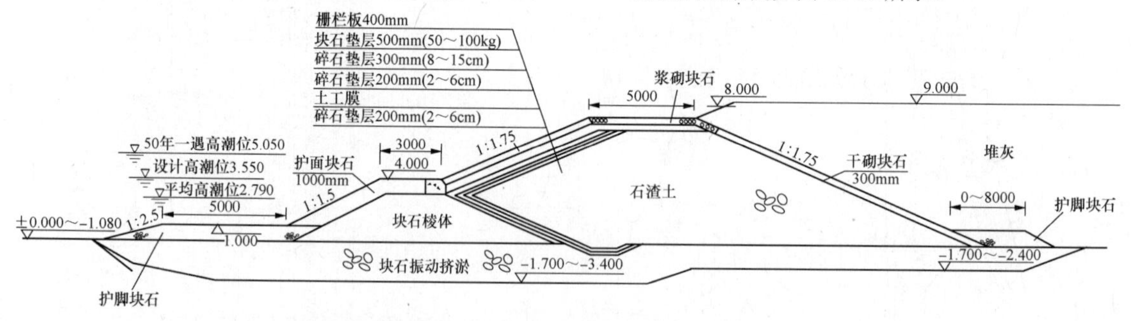

图 14-30　围堤典型断面

（4）贮灰场灰渣淋溶水处理。本工程为干式贮灰场，仅有季节性雨水冲蚀灰渣表面，可能形成灰渣淋溶水。为避免及减少电厂废水排放对海域的影响，设计采用“分格沉淀、雨水回收”方案，并将初步沉淀的雨水回收作堆灰作业的喷洒防尘使用。

（5）贮灰场防渗设计。围堤采用人工材料土工膜防渗层（渗透系数 $K=10^{-10}$cm/s），地基采用天然淤泥层作铺盖防渗。

（6）防止灰场扬尘污染措施。

1）干灰调湿。

2）密闭车运输。

3）贮灰场堆灰作业分格分区进行，减少灰渣暴露面。

4）灰面碾压，使灰面压平压实，可防止扬灰。

5）喷洒压尘。

6）覆土防尘。

2. 实例 2

（1）贮灰场设计。

1）趾堤及灰渣筑坝区地基土上层为淤泥质亚粉土、饱和软亚黏土。为节约地基处理工程费用，保证趾堤稳定，趾堤填筑施工采用控制施工速率、严格施工管理、加强施工监测的方法。

2）趾堤基础开挖，仅要求清除表层树根、草皮及杂物，不宜破坏表面硬结层。

3）趾堤及灰渣筑坝区的岸坡，应进行削坡处理，削坡要求不陡于 1:1.5。

4）趾堤上下游设块石棱体，堆填时应分层碾压。

5）碎石垫层的石料，粒径为 5～40mm 的自然级配。含泥量不大于 5%，每次铺设厚度 300mm。碾压后碎石垫层的相对密度不小于 0.7。

6）趾提填筑土料。每层铺土厚度250～300mm，填筑时根据碾压机具、现场试验，确定碾压参数，每层铺土碾压完成后，应按规定进行取样检查。

7）灰渣筑坝的碾压参数由碾压试验确定。

8）灰渣堆筑时，应以1:30的坡比坡向各排水竖井，以利雨洪排放。

9）灰渣筑坝下游坝面干砌块石，随着坝体升高依次砌筑。

10）趾堤和灰渣堆筑区的黄土陷穴，除削坡时挖除者外，均应进行处理。

11）马道设纵向排水沟，向坝肩排水，在坝肩处设横向排水沟，其沟底坡与坝坡一致。

12）无纺织物应当边铺设边覆土，防止暴晒老化。

13）库区滑坡较多，为保证贮灰安全，对所有滑坡进行监测，一旦发现滑动迹象，应及时进行处理。

14）两岸岸坡的趾堤轴线下设岸坡结合槽一道。

15）为保证干灰贮放碾压时的安全，库区岸坡陡于1:0.75的坡段，均应进行削坡处理。

16）本期贮灰高程为457.0m，贮灰容积750万m^3，满足一期贮灰10年要求。

17）运行中，灰面高程应始终比排水竖井碟梁低0.5m。

18）设计洪水流量$Q_{1\%}=10.9m^3/s$。

（2）灰场灰库及灰坝断面图如图14-31和图14-32所示。

二、湿式贮灰场

1. 实例3

（1）工程概述。实例3电厂采用水力除灰渣系统。初期工程贮灰场1988年建成使用，贮灰场原设计坝顶高程1121.5m，限制贮灰标高为1120.5m，坝体为碾压戈壁土弱透水坝，坝下游设堆石棱体。灰场设有竖井涵管式排水系统。贮灰场占地98lm，设计容积为690万m^3。二期工程于2002年建成投运，灰场一、二级子坝加高于2008年完成；年灰渣量约为76.0万m^3。

（2）二期子坝加高方案。二期贮灰场位于初期灰场南侧，毗邻而建，占地125公顷。初期挡灰坝为透水坝，筑坝材料采用当地戈壁砂砾料，灰场设有竖井涵管式排水系统，并且具有完备的盲沟棱体等排渗系统，为后期加高奠定了基础。灰场初期灰场坝顶标高1116.0m，限制贮灰标高为1115.0m。子坝加高采用上游法加高，其中：第一级子坝高度为3.30m，使得灰坝顶标高达到1119.30m，与初期老灰场灰坝的坝顶齐平，此时限制贮灰顶面标高为1118.30m。二级子坝和三级子坝加高采用水力冲填粉煤灰振密法筑坝，冲填筑坝材料为现有灰场内的沉积灰渣，子坝坝高5.0m，坝顶宽度5.0m，上下游边坡均为1:3.0，子坝底部均设排水褥垫，子坝内坡面用土工膜包裹，以降低子坝内部浸润线，子坝上游设置集渗盲沟，并与坝底排水褥垫相连，加速坝前沉积灰的固结，为下一阶段子坝的加高创造条件，子坝上下游护面材料均采用干砌块石。终期最大坝高为40m，坝顶标高为1134.0m，限制贮灰顶面标高为1133.0m，灰场容积可满足电厂堆灰约20年的要求。

（3）坝体材料。

1）初期坝采用戈壁碾压土坝，子坝加高采用灰场内的粉煤灰。

2）干砌块石。石料饱和抗压强度不小于Mu30，软化系数大于0.80，不能采用风化石料。

3）砂砾石垫层。最大粒径100mm，小于5mm的颗粒含量控制在25%～35%，天然的、磨圆度好的、级配良好的砂砾石。

4）碎石层。最大粒径不超过200mm，剔除小于2mm的颗粒，级配良好。不能采用风化石料。

5）土工布。土工布反滤层采用单层长纤维无纺土工布，其每平方米重量不小于400g，等效孔径$O_{90}<0.09mm$，抗拉强度大于20kN/m，顶破强度CBR≥3.5kN。土工布连接采用折叠双道缝合法。

6）土工膜（防渗用）。土工膜采用两布一膜复合土工防渗膜，渗透系数$K<10^{-12}cm/s$。

（4）戈壁土坝及堆石棱体。

1）坝基的开挖及处理。

坝基处粉煤灰及角砾施工时全部清除。另外需将表层植物根须及腐殖土清除。粉土属中等压缩性，部分具湿陷性，层次极不稳定，施工时也全部清除。圆砾层属低压缩性、力学性能好、强度高、工程性能优良，是良好的坝基持力层和下卧层。

2）坝体的施工。

a. 筑坝料的填筑。坝体填筑戈壁砂砾相对密度D_R不小于0.75，最优含水量控制由现场碾压试验确定；坝体填筑竣工时，坝顶预留沉陷超高按坝高的1%考虑（从设计开挖线算起）；戈壁砂砾碾压顺坝轴线一个方向进行，采用进退错距法碾压。

b. 堆石填筑。堆石铺料可采用顺坝轴线方向卸料、平铺，并应铺筑均匀平整。

c. 砂砾石过渡层、碎石层的填筑。铺筑坝面上的砂砾石料时，自底部向上进行。过渡层料每1000m^3取样一次。

（5）水力冲填筑坝。

1）施工准备。施工单位在进行灰坝施工前，首先进行现场调查，分析工程特点和施工条件，通过现场坝段试验等手段，确定施工参数，施工结合灰场放灰排水，做好工程施工组织设计，做好施工准备工作，使工程顺利进行。并应制定安全管理措施、防护措施和事故应急处理措施。

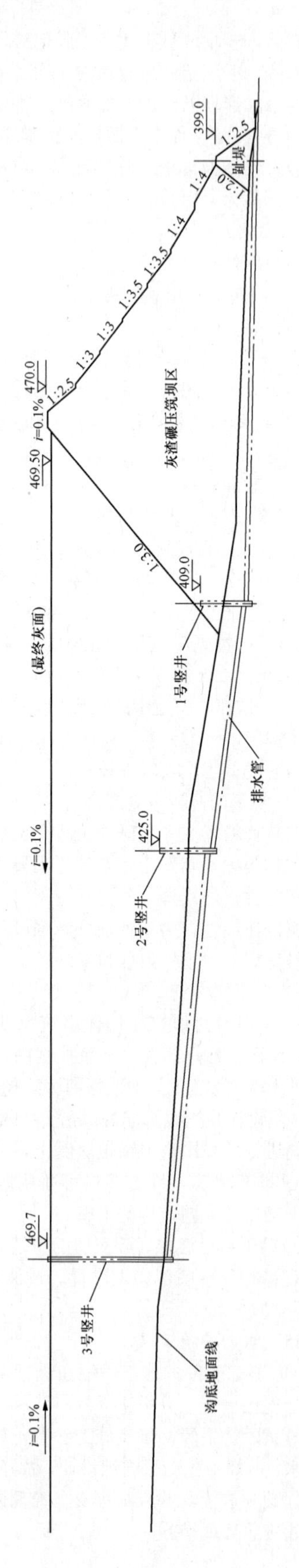

图 14-31　实例 2 灰场灰库断面图

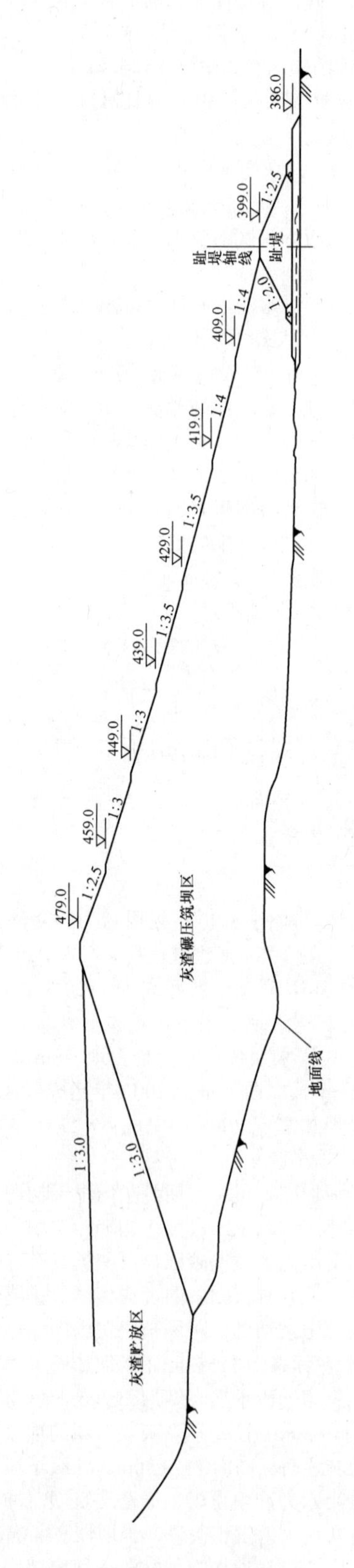

图 14-32　实例 2 灰场灰坝断面图

正式冲填前，进行现场冲填试验，确定符合设计要求的质量参数和工艺施工细则。

2）坝基的处理。

a. 灰坝加高前，应首先进行如下施工：清基除杂，清除现有沉积灰面的覆盖黄土层。

坝前干滩应基本平整，对于沉积灰面与原设计限制灰面高程相差较大的地段，可在子坝施工前冲填至原设计灰面高程，冲填范围应根据现场实际情况确定，冲填灰要求同坝体要求。

b. 施工临时围堰。为了方便施工，施工时根据现场情况设临时围堰将灰场分成前后两个区域，靠近坝体的一侧排干后施工，另一侧运行。

c. 施工期气温要求。水力冲填灰渣筑坝适用于日平均气温≥5℃天气条件，当日最低气温在0℃以下时应停止施工。

3）施工工艺流程。修筑围埂、划分畦块→水力冲挖切割、粉碎造浆→泥浆泵、输泥管吸送灰浆→灰浆吹填畦块→沉淀、排水→人工踩挠→排水固结→平板振动器振密→机械振密。

4）施工主要质量控制措施。

a. 冲填速度应根据施工经验并通过冲填试验确定，用相对密实度控制冲填速度。

b. 施工时应现场测定每一层冲填粉煤灰的相对密实度不低于0.75。

c. 挖灰时，要求挖灰边界距上游坝脚不得小于50m，取灰深度不大于5m。

d. 水力冲填振密加高子坝时，上下游坡面外放预留不小于0.3m的削坡量，冲填完成后通过削坡达到设计图纸要求。冲填灰渣坝体高度预留20cm的沉降量。

e. 保持灰颗粒级配良好，合理布置取灰泵，同一吹填层中粉煤灰的粗、中、细颗粒搭配，形成良好的颗粒级配。

f. 冲填畦块围埂，采用人工堆积灰渣修筑，分层夯实。

g. 分层吹填厚度一般可按工程高度将其分为上部和下部，下部每层吹填厚度不宜超过40cm，至顶部1.5m厚范围内每层吹填厚度不宜超过30cm。

h. 每个畦块冲填时排浆口不少于两个，对角布置。

5）运行管理。

a. 监控灰坝的运行状态，确保灰坝安全。

b. 监控灰场排水系统，严格控制灰场水位。确保灰场排水畅通。避免澄清灰水掏涮坝坡。

灰场正常运行时坝前干滩长度应不小于100m（汛期除外）。

c. 观测坝体的变位。

d. 灰水在坝前必须均匀排放，灰水不得直接冲刷坝体坡面。

e. 监控灰水回收系统工作情况。

f. 作好记录与分析工作，出现异常情况时及时汇报并处理。

g. 汛期及时检查排水设施，若有损坏及时修复。

6）坝体的观测。

a. 坝体的观测应按《水工建筑物观测工作手册》进行。

b. 在进行坝体的变位观测时，垂直位移观测与水平位移观测必须配合进行，同时观测上游水位。

c. 经常检查下游坝坡有无渗透水、渗漏现象或湿片。

d. 如果发现坝体产生裂缝或有滑坡预兆，及时进行处理。

e. 监视坝下排水棱体渗透水量与水质，发现水量突然增大或渗透水浑浊时应立即报告，并加强监测。

f. 如发现坝坡局部塌方或雨水集中汇流冲刷坝坡，应立即进行处理。

g. 观测坝前蓄灰高程，坝顶高程距蓄灰水面至少应有0.5m的安全超高。

h. 加强坝体上游坡面和上游50m范围内沉积灰面的观测。

7）实例3电厂贮灰场平面布置图，如图14-33所示。

8）实例3电厂灰场初期坝、子坝典型剖面图，如图14-34所示。

图 14-33 实例 3 电厂贮灰场平面布置图

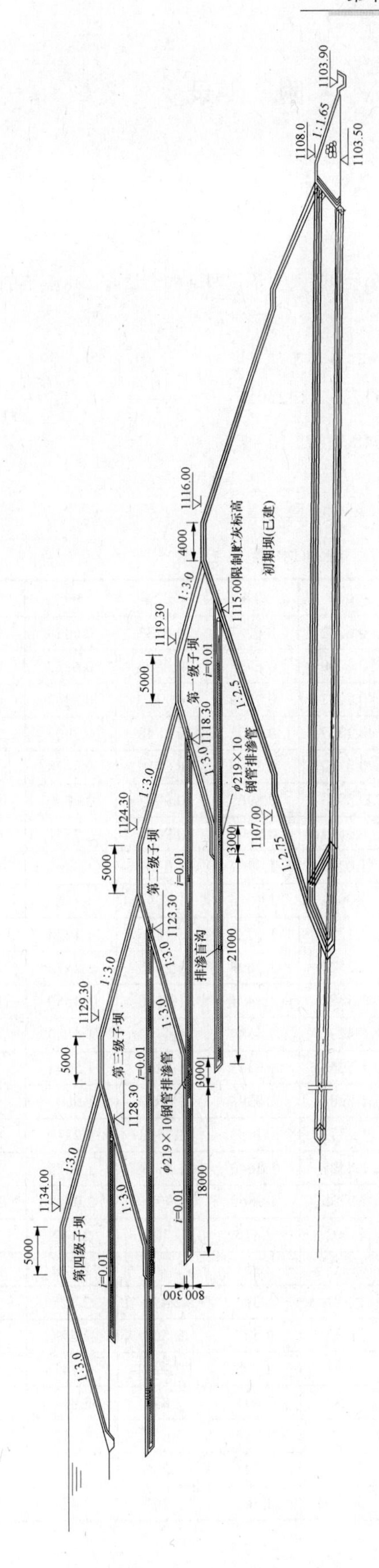

图 14-34　实例 3 贮灰场坝体典型剖面

附　录

附录A　水及饱和水蒸气性质

1. 饱和水蒸气压力

饱和水蒸气压力：空气中水蒸气分子达到最大含量，即饱和含量时，水蒸气的分压力为饱和水蒸气压力。饱和水蒸气压力表见表A-1。

饱和水蒸气压力可按下式计算

$$\lg(P'') = 2.0057173 - 3.142305\left(\frac{10^3}{T} - \frac{10^3}{373.16}\right) + 8.2\lg\left(\frac{373.16}{T}\right) - 0.0024804(373.16 - T)$$

式中　P'' ——饱和水蒸气压力，kPa。

T ——水的开尔文温度，K；T=273.15+摄氏温度（℃）。

表A-1　　饱和水蒸气压力表　　（kPa）

t（℃）	0.0	0.1	0.2	0.3	0.4	0.5	0.6	0.7	0.8	0.9
0	0.6107	0.6152	0.6197	0.6242	0.6287	0.6333	0.6379	0.6425	0.6472	0.6519
1	0.6566	0.6613	0.6661	0.6709	0.6758	0.6806	0.6855	0.6905	0.6954	0.7004
2	0.7054	0.7105	0.7156	0.7207	0.7259	0.7310	0.7363	0.7415	0.7468	0.7521
3	0.7575	0.7629	0.7683	0.7737	0.7792	0.7848	0.7903	0.7959	0.8015	0.8072
4	0.8129	0.8186	0.8244	0.8302	0.8360	0.8419	0.8478	0.8538	0.8598	0.8658
5	0.8719	0.8780	0.8841	0.8903	0.8965	0.9027	0.9090	0.9154	0.9217	0.9281
6	0.9346	0.9411	0.9476	0.9542	0.9608	0.9674	0.9741	0.9808	0.9876	0.9944
7	1.0012	1.0081	1.0151	1.0220	1.0291	1.0361	1.0432	1.0504	1.0576	1.0648
8	1.0721	1.0794	1.0868	1.0942	1.1016	1.1091	1.1167	1.1242	1.1319	1.1396
9	1.1473	1.1551	1.1629	1.1707	1.1786	1.1866	1.1946	1.2027	1.2108	1.2189
10	1.2271	1.2353	1.2436	1.2520	1.2604	1.2688	1.2773	1.2858	1.2944	1.3031
11	1.3118	1.3205	1.3293	1.3382	1.3471	1.3560	1.3650	1.3741	1.3832	1.3923
12	1.4015	1.4108	1.4201	1.4295	1.4389	1.4484	1.4580	1.4676	1.4772	1.4869
13	1.4967	1.5065	1.5164	1.5263	1.5363	1.5463	1.5564	1.5666	1.5768	1.5871
14	1.5974	1.6078	1.6183	1.6288	1.6394	1.6500	1.6607	1.6715	1.6823	1.6932
15	1.7041	1.7151	1.7262	1.7373	1.7485	1.7598	1.7711	1.7825	1.7939	1.8054
16	1.8170	1.8286	1.8404	1.8521	1.8640	1.8759	1.8878	1.8999	1.9120	1.9242
17	1.9364	1.9487	1.9611	1.9735	1.9860	1.9986	2.0113	2.0240	2.0368	2.0497
18	2.063	2.076	2.089	2.102	2.115	2.128	2.142	2.155	2.169	2.182
19	2.196	2.210	2.224	2.237	2.251	2.265	2.280	2.294	2.308	2.322
20	2.337	2.351	2.366	2.381	2.395	2.410	2.425	2.440	2.455	2.470
21	2.486	2.501	2.516	2.532	2.547	2.563	2.579	2.594	2.610	2.626
22	2.642	2.659	2.675	2.691	2.708	2.724	2.741	2.757	2.774	2.791
23	2.808	2.825	2.842	2.859	2.877	2.894	2.912	2.929	2.947	2.965
24	2.982	3.000	3.018	3.037	3.055	3.073	3.092	3.110	3.129	3.147
25	3.166	3.185	3.204	3.223	3.243	3.262	3.281	3.301	3.320	3.340
26	3.360	3.380	3.400	3.420	3.440	3.461	3.481	3.502	3.522	3.543

续表

t（℃）	0.0	0.1	0.2	0.3	0.4	0.5	0.6	0.7	0.8	0.9
27	3.564	3.585	3.606	3.627	3.648	3.670	3.691	3.713	3.735	3.757
28	3.779	3.801	3.823	3.845	3.867	3.890	3.913	3.935	3.958	3.981
29	4.004	4.028	4.051	4.074	4.098	4.122	4.145	4.169	4.193	4.217
30	4.242	4.266	4.291	4.315	4.340	4.365	4.390	4.415	4.440	4.466
31	4.491	4.517	4.543	4.569	4.595	4.621	4.647	4.674	4.700	4.727
32	4.754	4.781	4.808	4.835	4.862	4.890	4.917	4.945	4.973	5.001
33	5.029	5.057	5.086	5.114	5.143	5.172	5.201	5.230	5.259	5.289
34	5.318	5.348	5.378	5.408	5.438	5.468	5.499	5.529	5.560	5.591
35	5.622	5.653	5.684	5.716	5.747	5.779	5.811	5.843	5.875	5.908
36	5.940	5.973	6.006	6.039	6.072	6.105	6.139	6.172	6.206	6.240
37	6.274	6.308	6.343	6.377	6.412	6.447	6.482	6.517	6.553	6.588
38	6.624	6.660	6.696	6.732	6.769	6.805	6.842	6.879	6.916	6.953
39	6.991	7.028	7.066	7.104	7.142	7.181	7.219	7.258	7.297	7.336
40	7.375	7.414	7.454	7.494	7.534	7.574	7.614	7.655	7.695	7.736
41	7.777	7.819	7.860	7.902	7.943	7.985	8.028	8.070	8.113	8.155
42	8.198	8.242	8.285	8.329	8.372	8.416	8.460	8.505	8.549	8.594
43	8.639	8.684	8.730	8.775	8.821	8.867	8.913	8.959	9.006	9.053
44	9.100	9.147	9.195	9.242	9.290	9.338	9.386	9.435	9.484	9.533
45	9.582	9.631	9.681	9.731	9.781	9.831	9.881	9.932	9.983	10.034
46	10.085	10.137	10.189	10.241	10.293	10.346	10.398	10.451	10.505	10.558
47	10.612	10.666	10.720	10.774	10.829	10.884	10.939	10.994	11.050	11.105
48	11.162	11.218	11.274	11.331	11.388	11.445	11.503	11.561	11.619	11.677
49	11.736	11.794	11.853	11.913	11.972	12.032	12.092	12.152	12.213	12.274
50	12.335	12.396	12.458	12.519	12.582	12.644	12.707	12.770	12.833	12.896
51	12.960	13.024	13.088	13.153	13.218	13.283	13.348	13.414	13.479	13.546
52	13.612	13.679	13.746	13.813	13.881	13.949	14.017	14.085	14.154	14.223
53	14.292	14.362	14.432	14.502	14.572	14.643	14.714	14.785	14.857	14.929
54	15.001	15.074	15.147	15.220	15.293	15.367	15.441	15.515	15.590	15.665
55	15.740	15.816	15.892	15.968	16.044	16.121	16.198	16.276	16.353	16.431
56	16.510	16.589	16.668	16.747	16.827	16.907	16.987	17.068	17.149	17.230
57	17.312	17.394	17.476	17.558	17.641	17.725	17.808	17.892	17.977	18.061
58	18.146	18.232	18.317	18.403	18.490	18.576	18.663	18.751	18.838	18.927
59	19.015	19.104	19.193	19.282	19.372	19.462	19.553	19.644	19.735	19.827
60	19.919	20.011	20.104	20.197	20.291	20.384	20.479	20.573	20.668	20.764
61	20.859	20.955	21.052	21.149	21.246	21.343	21.441	21.540	21.638	21.738
62	21.837	21.937	22.037	22.138	22.239	22.340	22.442	22.545	22.647	22.750
63	22.854	22.958	23.062	23.166	23.271	23.377	23.483	23.589	23.696	23.803
64	23.910	24.018	24.126	24.235	24.344	24.454	24.564	24.674	24.785	24.896
65	25.008	25.120	25.232	25.345	25.459	25.573	25.687	25.801	25.917	26.032
66	26.148	26.265	26.381	26.499	26.616	26.735	26.853	26.972	27.092	27.212
67	27.332	27.453	27.574	27.696	27.818	27.941	28.064	28.188	28.312	28.436

续表

t（℃）	0.0	0.1	0.2	0.3	0.4	0.5	0.6	0.7	0.8	0.9
68	28.561	28.687	28.813	28.939	29.066	29.193	29.321	29.449	29.578	29.707
69	29.837	29.967	30.098	30.229	30.360	30.493	30.625	30.758	30.892	31.026
70	31.160	31.295	31.431	31.567	31.704	31.841	31.978	32.116	32.255	32.394
71	32.533	32.673	32.814	32.955	33.097	33.239	33.381	33.524	33.668	33.812
72	33.957	34.102	34.248	34.394	34.541	34.688	34.836	34.984	35.133	35.283
73	35.433	35.583	35.734	35.886	36.038	36.191	36.344	36.498	36.652	36.807
74	36.962	37.118	37.275	37.432	37.590	37.748	37.907	38.066	38.226	38.386
75	38.547	38.709	38.871	39.034	39.197	39.361	39.526	39.691	39.856	40.023
76	40.189	40.357	40.525	40.693	40.862	41.032	41.203	41.373	41.545	41.717
77	41.890	42.063	42.237	42.412	42.587	42.762	42.939	43.116	43.293	43.472
78	43.650	43.830	44.010	44.191	44.372	44.554	44.736	44.919	45.103	45.288
79	45.473	45.658	45.845	46.032	46.219	46.408	46.597	46.786	46.976	47.167
80	47.359	47.551	47.744	47.937	48.131	48.326	48.521	48.718	48.914	49.112
81	49.310	49.509	49.708	49.908	50.109	50.310	50.513	50.715	50.919	51.123
82	51.328	51.534	51.740	51.947	52.155	52.363	52.572	52.782	52.992	53.203
83	53.415	53.628	53.841	54.055	54.270	54.485	54.701	54.918	55.135	55.354
84	55.573	55.792	56.013	56.234	56.456	56.679	56.902	57.126	57.351	57.577
85	57.803	58.030	58.258	58.486	58.716	58.946	59.177	59.408	59.641	59.874
86	60.108	60.342	60.577	60.814	61.051	61.288	61.527	61.766	62.006	62.247
87	62.488	62.731	62.974	63.218	63.463	63.708	63.954	64.201	64.449	64.698
88	64.948	65.198	65.449	65.701	65.954	66.207	66.462	66.717	66.973	67.230
89	67.487	67.746	68.005	68.265	68.526	68.788	69.050	69.314	69.578	69.843
90	70.109	70.376	70.643	70.912	71.181	71.451	71.722	71.994	72.267	72.541
91	72.815	73.091	73.367	73.644	73.922	74.201	74.480	74.761	75.042	75.325
92	75.608	75.892	76.177	76.463	76.750	77.037	77.326	77.615	77.906	78.197
93	78.489	78.782	79.076	79.371	79.667	79.964	80.261	80.560	80.859	81.160
94	81.461	81.764	82.067	82.371	82.676	82.982	83.289	83.597	83.906	84.215
95	84.526	84.838	85.151	85.464	85.779	86.094	86.411	86.728	87.047	87.366
96	87.686	88.008	88.330	88.653	88.978	89.303	89.629	89.956	90.285	90.614
97	90.944	91.275	91.608	91.941	92.275	92.610	92.947	93.284	93.622	93.961
98	94.302	94.643	94.985	95.329	95.673	96.018	96.365	96.712	97.061	97.411
99	97.761	98.113	98.465	98.819	99.174	99.530	99.887	100.245	100.604	100.964

2. 水的密度

（1）淡水密度。水的密度与温度参量关系密切，我国从 1994 年起采用 1990 年国际温标（ITS-90）纯水密度表，1990 年国际温标纯水密度见表 A-2。

表 A-2　　1990 年国际温标纯水密度　　（kg/m³）

t（℃）	0.0	0.1	0.2	0.3	0.4	0.5	0.6	0.7	0.8	0.9
0	999.840	999.846	999.853	999.859	999.865	999.871	999.877	999.883	999.888	999.893
1	999.898	999.904	999.908	999.913	999.917	999.921	999.925	999.929	999.933	999.937
2	999.940	999.943	999.946	999.949	999.952	999.954	999.956	999.959	999.961	999.962

续表

t（℃）	0.0	0.1	0.2	0.3	0.4	0.5	0.6	0.7	0.8	0.9
3	999.964	999.966	999.967	999.968	999.969	999.970	999.971	999.971	999.972	999.972
4	999.972	999.972	999.972	999.971	999.971	999.970	999.969	999.968	999.967	999.965
5	999.964	999.962	999.960	999.958	999.956	999.954	999.951	999.949	999.946	999.943
6	999.940	999.937	999.934	999.930	999.926	999.923	999.919	999.915	999.910	999.906
7	999.901	999.897	999.892	999.887	999.882	999.877	999.871	999.866	999.880	999.854
8	999.848	999.842	999.836	999.829	999.823	999.816	999.809	999.802	999.795	999.788
9	999.781	999.773	999.765	999.758	999.750	999.742	999.734	999.725	999.717	999.708
10	999.699	999.691	999.682	999.672	999.663	999.654	999.644	999.634	999.625	999.615
11	999.605	999.595	999.584	999.574	999.563	999.553	999.542	999.531	999.520	999.508
12	999.497	999.486	999.474	999.462	999.450	999.439	999.426	999.414	999.402	999.389
13	999.377	999.384	999.351	999.338	999.325	999.312	999.299	999.285	999.271	999.258
14	999.244	999.230	999.216	999.202	999.187	999.173	999.158	999.144	999.129	999.114
15	999.099	999.084	999.069	999.053	999.038	999.022	999.006	998.991	998.975	998.959
16	998.943	998.926	998.910	998.893	998.876	998.860	998.843	998.826	998.809	998.792
17	998.774	998.757	998.739	998.722	998.704	998.686	998.668	998.650	998.632	998.613
18	998.595	998.576	998.557	998.539	998.520	998.501	998.482	998.463	998.443	998.424
19	998.404	998.385	998.365	998.345	998.325	998.305	998.285	998.265	998.244	998.224
20	998.203	998.182	998.162	998.141	998.120	998.099	998.077	998.056	998.035	998.013
21	997.991	997.970	997.948	997.926	997.904	997.882	997.859	997.837	997.815	997.792
22	997.769	997.747	997.724	997.701	997.678	997.655	997.631	997.608	997.584	997.561
23	997.537	997.513	997.490	997.466	997.442	997.417	997.393	997.396	997.344	997.320
24	997.295	997.270	997.246	997.221	997.195	997.170	997.145	997.120	997.094	997.069
25	997.043	997.018	996.992	996.966	996.940	996.914	996.888	996.861	996.835	996.809
26	996.782	996.755	996.729	996.702	996.675	996.648	996.621	996.594	996.566	996.539
27	996.511	996.484	996.456	996.428	996.401	996.373	996.344	996.316	996.288	996.260
28	996.231	996.203	996.174	996.146	996.117	996.088	996.059	996.030	996.001	996.972
29	995.943	995.913	995.884	995.854	995.825	995.795	995.765	995.753	995.705	995.675
30	995.645	995.615	995.584	995.554	995.523	995.493	995.462	995.431	995.401	995.370
31	995.339	995.307	995.276	995.245	995.214	995.182	995.151	995.119	995.087	995.055
32	995.024	994.992	994.960	994.927	994.895	994.863	994.831	994.798	994.766	994.733
33	994.700	994.667	994.635	994.602	994.569	994.535	994.502	994.469	994.436	994.402
34	994.369	994.335	994.301	994.267	994.234	994.200	994.166	994.132	994.098	994.063
35	994.029	993.994	993.960	993.925	993.891	993.856	993.821	993.786	993.751	993.716
36	993.681	993.646	993.610	993.575	993.540	993.504	993.469	993.433	993.397	993.361
37	993.325	993.280	993.253	993.217	993.181	993.144	993.108	993.072	993.035	992.999
38	992.962	992.925	992.888	992.851	992.814	992.777	992.740	992.703	992.665	992.628
39	992.591	992.553	992.516	992.478	992.440	992.402	992.364	992.326	992.288	992.250
40	992.212									
t（℃）	0	1	2	3	4	5	6	7	8	9
40	992.212	991.826	991.432	991.031	990.623	990.208	989.786	987.358	988.922	988.479
50	988.030	987.575	987.113	986.644	986.169	985.688	985.201	984.707	984.208	983.702

续表

t (℃)	0	1	2	3	4	5	6	7	8	9
60	983.191	982.673	982.150	981.621	981.086	980.546	979.999	979.448	978.890	978.327
70	977.759	977.185	976.606	976.022	975.432	974.837	974.237	973.632	973.021	972.405
80	971.785	971.159	970.528	969.892	969.252	968.606	967.955	967.300	966.639	965.974
90	965.304	964.630	963.950	963.266	962.577	961.883	961.185	960.482	959.774	959.062
100	958.345									

（2）海水氯度（chlorinity）。海水氯度为海水中卤素离子（Cl^-、Br^-及 I^-）含量的标度。使用银盐容量滴定法测定海水中氯离子时，除氯离子与银离子生成氯化银沉淀外，溴和碘离子也同时生成溴化银和碘化银沉淀。实用上把海水中能与银离子生成沉淀的离子全部当作氯离子。据此，1902 年将海水氯度定义为：1kg 海水中，以氯置换溴和碘后氯离子的总克数，称为氯度。以符号“Cl‰”表示，单位为 g/kg。

（3）海水盐度（salinity）。海水盐度是海水中含盐量的一个标度。海水盐度定义为：1kg 海水中的溴和碘全部被当量的氯置换，而且所有的碳酸盐都转换成氧化物之后，其所含无机盐的克数。以符号“S‰”表示，单位为 g/kg。

这种测定方法的操作繁杂，需较长的时间，不适用于海洋调查。为了应用方便起见，在海水组成恒定的基础上，在不同海区采集表层水样，测定它们的盐度和氯度，从这些数据归纳出盐度和氯度的关系式

$$S‰ = 0.030 + 1.8050Cl‰ \quad \text{(A-1)}$$

这样就可通过测定海水样品的氯度，然后按式（A-1）计算盐度。

1963 年国际组织为了保持历史资料的统一性，将盐度公式改为

$$S‰ = 1.80655Cl‰ \quad \text{(A-2)}$$

1966 年后此法已被电导法所代替。在 1978 年建立了实用盐度标度之后，才使盐度和氯度分别成为海水的两个独立参数。它们在海域中的分布和变化规律是一致的。本书仍用式（A-1）关系表示盐度。

（4）海水密度。海水密度见表 A-3。

表 A-3 海 水 密 度 （t/m³）

氯度 (‰)	盐度 (‰)	0℃	5℃	10℃	15℃	20℃	25℃	30℃	35℃
1	1.84	1.00140	1.00149	1.00120	1.00058	0.99966	0.99849	0.99708	0.99545
2	3.64	1.00287	1.00293	1.00261	1.00197	1.00104	0.99985	0.99842	0.99678
3	5.45	1.00433	1.00436	1.00402	1.00335	1.00241	1.00120	0.99976	0.99811
4	7.25	1.00579	1.00579	1.00542	1.00474	1.00377	1.00256	1.00110	0.99944
5	9.06	1.00725	1.00722	1.00683	1.00612	1.00514	1.00391	1.00245	1.00077
6	10.86	1.00871	1.00865	1.00823	1.00751	1.00651	1.00526	1.00379	1.00210
7	12.67	1.01016	1.01007	1.00963	1.00889	1.00787	1.00661	1.00513	1.00343
8	14.47	1.01162	1.01150	1.01103	1.01027	1.00924	1.00796	1.00647	1.00476
9	16.28	1.01307	1.01292	1.01243	1.01165	1.01060	1.00931	1.00780	1.00608
10	18.08	1.01452	1.01434	1.01383	1.01303	1.01196	1.01066	1.00914	1.00741
11	19.89	1.01597	1.01577	1.01523	1.01441	1.01333	1.01201	1.01048	1.00874
12	21.69	1.01742	1.01719	1.01663	1.01579	1.01469	1.01336	1.01182	1.01007
13	23.50	1.01887	1.01861	1.01803	1.01717	1.01605	1.01472	1.01316	1.01140
14	25.30	1.02032	1.02003	1.01943	1.01855	1.01742	1.01607	1.01450	1.01274
15	27.11	1.02177	1.02146	1.02083	1.01993	1.01879	1.01742	1.01585	1.01407
16	28.91	1.02322	1.02288	1.02223	1.02131	1.02016	1.01878	1.01720	1.01541
17	30.72	1.02468	1.02431	1.02364	1.02270	1.02153	1.02014	1.01855	1.01675
18	32.52	1.02613	1.02574	1.02504	1.02408	1.02290	1.02150	1.01989	1.01809
19	34.33	1.02758	1.02716	1.02644	1.02547	1.02427	1.02286	1.02124	1.01944

续表

氯度（‰）	盐度（‰）	0℃	5℃	10℃	15℃	20℃	25℃	30℃	35℃
20	36.13	1.02904	1.02859	1.02785	1.02686	1.02564	1.02422	1.02260	1.02079
21	37.94	1.03049	1.03002	1.02926	1.02825	1.02701	1.02558	1.02395	1.02214
22	39.74	1.03195	1.03145	1.03067	1.02964	1.02839	1.02695	1.02531	1.02349
23	41.55	1.03341	1.03289	1.03208	1.03104	1.02978	1.02831	1.02667	1.02484

3. 水的黏度

水的黏度见表 A-4。

表 A-4　　水的动力黏度 μ 和运动黏度 ν

t（℃）	$10\times\mu$（Pa·s）	$10^6\times\nu$（m^2/s）	t（℃）	$10\times\mu$（Pa·s）	$10^6\times\nu$（m^2/s）
0	1.792	1.792	25	0.894	0.897
1	1.731	1.731	26	0.874	0.877
2	1.673	1.673	27	0.855	0.858
3	1.619	1.619	28	0.836	0.839
4	1.567	1.567	29	0.818	0.821
5	1.519	1.519	30	0.801	0.804
6	1.473	1.473	31	0.784	0.788
7	1.428	1.428	32	0.768	0.722
8	1.386	1.386	33	0.752	0.756
9	1.346	1.346	34	0.737	0.741
10	1.308	1.308	35	0.723	0.727
11	1.271	1.271	36	0.709	0.713
12	1.236	1.237	37	0.695	0.700
13	1.203	1.204	38	0.681	0.686
14	1.171	1.172	39	0.668	0.673
15	1.140	1.141	40	0.656	0.661
16	1.111	1.112	41	0.644	0.649
17	1.083	1.084	42	0.632	0.637
18	1.056	1.057	43	0.621	0.627
19	1.030	1.032	44	0.610	0.616
20	1.005	1.007	45	0.599	0.605
21	0.981	0.983	46	0.588	0.594
22	0.958	0.960	47	0.578	0.584
23	0.936	0.938	48	0.568	0.574
24	0.914	0.917			

4. 饱和溶解氧浓度

物理大气压下溶解氧浓度见表 A-5。

表 A-5　　物理大气压（0.10133MPa）下饱和溶解氧与温度的关系　　（mg/L）

t（℃）	0.0	0.1	0.2	0.3	0.4	0.5	0.6	0.7	0.8	0.9
0	14.16	14.12	14.08	14.04	14.00	13.97	13.93	13.89	13.85	13.81
1	13.77	13.74	13.70	13.66	13.63	13.59	13.55	13.51	13.48	13.44
2	13.40	13.37	13.33	13.30	13.26	13.22	13.19	13.15	13.12	13.08
3	13.05	13.01	12.98	12.94	12.91	12.87	12.84	12.81	12.77	12.74
4	12.70	12.67	12.64	12.60	12.57	12.54	12.51	12.47	12.44	12.41
5	12.37	12.34	12.31	12.28	12.25	12.22	12.18	12.15	12.12	12.09
6	12.06	12.03	12.00	11.97	11.94	11.91	11.88	11.85	11.82	11.79
7	11.76	11.73	11.70	11.67	11.64	11.61	11.58	11.55	11.52	11.50
8	11.47	11.44	11.41	11.38	11.36	11.33	11.30	11.27	11.25	11.22
9	11.19	11.16	11.14	11.11	11.08	11.06	11.03	11.00	10.98	10.95
10	10.92	10.90	10.87	10.85	10.82	10.80	10.77	10.75	10.72	10.70
11	10.67	10.65	10.62	10.60	10.57	10.55	10.53	10.50	10.48	10.45
12	10.43	10.40	10.38	10.36	10.34	10.31	10.29	10.27	10.24	10.22
13	10.20	10.17	10.15	10.13	10.11	10.09	10.06	10.04	10.02	10.00
14	9.98	9.95	9.93	9.91	9.89	9.87	9.85	9.83	9.81	9.78
15	9.76	9.74	9.72	9.70	9.68	9.66	9.64	9.62	9.60	9.58
16	9.56	9.54	9.52	9.50	9.48	9.46	9.45	9.43	9.41	9.39
17	9.37	9.35	9.33	9.31	9.30	9.28	9.26	9.24	9.22	9.20
18	9.18	9.17	9.15	9.13	9.12	9.10	9.08	9.06	9.04	9.03
19	9.01	8.99	8.98	8.96	8.94	8.93	8.91	8.89	8.88	8.86
20	8.84	8.83	8.81	8.79	8.78	8.76	8.75	8.73	8.71	8.70
21	8.68	8.67	8.65	8.64	8.62	8.61	8.59	8.58	8.56	8.55
22	8.53	8.52	8.50	8.49	8.47	8.46	8.44	8.43	8.41	8.40
23	8.38	8.37	8.36	8.34	8.33	8.32	8.30	8.29	8.27	8.26
24	8.25	8.23	8.22	8.21	8.19	8.18	8.17	8.15	8.14	8.13
25	8.11	8.10	8.09	8.07	8.06	8.05	8.04	8.02	8.01	8.00
26	7.99	7.97	7.96	7.95	7.94	7.92	7.91	7.90	7.89	7.88
27	7.86	7.85	7.84	7.83	7.82	7.81	7.79	7.78	7.77	7.76
28	7.75	7.74	7.72	7.71	7.70	7.69	7.68	7.67	7.66	7.65
29	7.64	7.62	7.61	7.60	7.59	7.58	7.57	7.56	7.55	7.54
30	7.53	7.52	7.51	7.50	7.48	7.47	7.46	7.45	7.44	7.43
31	7.42	7.41	7.40	7.39	7.38	7.37	7.36	7.35	7.34	7.33
32	7.32	7.31	7.30	7.29	7.28	7.27	7.26	7.25	7.24	7.23
33	7.22	7.21	7.20	7.20	7.19	7.18	7.17	7.16	7.15	7.14
34	7.13	7.12	7.11	7.10	7.09	7.08	7.07	7.06	7.05	7.05
35	7.04	7.03	7.02	7.01	7.00	6.99	7.89	6.97	6.96	6.95
36	6.94	6.94	6.93	6.92	6.91	6.90	6.89	6.88	6.87	6.86
37	6.86	6.85	6.84	6.83	6.82	6.81	6.80	6.79	6.78	6.77
38	6.76	6.76	6.75	6.74	6.73	6.72	6.71	6.70	6.70	6.69
39	6.68	6.67	6.66	6.65	6.64	6.63	6.63	6.62	6.61	6.60
40	6.59	6.58	6.57	6.56	6.56	6.55	6.54	6.53	6.52	6.51

主要量的符号及其计量单位

量 的 名 称	符号	计量单位	量 的 名 称	符号	计量单位
长度	L（l）	m	温升（温差）	Δt	℃
高度	H（h）	m	转矩	T	N·m^2
半径	R（r）	m	热耗率	q	kJ/（kW·h）
直径	D（d）	m	导热系数	λ	W/（m·K），W/（m·℃）
公称直径	DN	mm	传热系数	K	W/（m·K），W/（m·℃）
厚度（壁厚）	δ	m，mm	比热容	c	kJ/（kg·℃）
面积	A	m^2	比焓	h	kJ/kg，J/kg
体积，容积	V	m^3	煤耗率	b	g/（kW·h）
密度	ρ	kg/m^3	单位发电	b	L/（kW·h），m^3/（MW·h）
力矩	M	kN·m	功率	P	W，kW
压力	p	kPa，MPa	热负荷	Q	W，MW
热力学温度	T	K	厂用电率	ξ	%
摄氏温度	t	℃	效率	η	η

参 考 文 献

[1] 本书编辑委员会. 电力工程水务设计手册. 北京：中国电力出版社，2005.

[2] 本书编辑委员会，本书编辑部. 中国电力百科全书：火力发电卷. 3版. 北京：中国电力出版社，2014.

[3] 上海市政工程设计院. 给水排水设计手册：第3册. 北京：中国建筑工业出版社，2006.

[4] 丁尔谋. 发电厂空冷技术. 北京：水利电力出版社，1992.

[5] Heat Exchange Institute，INC. Standards of steam surface Condensers.Ninth Edition.Ohio：HEI，2011.

[6] 马义伟. 发电厂空冷技术的现状与进展. 电力设备，2006，7（3）.

[7] 朱江. 新型干湿冷却塔联合系统经济性的综合分析. 电力技术，1979.

[8] 王佩璋. 干湿联合冷却在西北地区火电厂应用探讨. 西北电力技术，1997（3）.

[9] 张炳文，王雪莲. 新型干、湿联合冷却塔设计及节水量计算. 热力发电，2013.

[10] 章立新，姬翔宇，沈艳，等. 干湿交替运行的闭塔设计与节水方案的计算研究. 玻璃钢/复合材料，2015（5）.

[11] 朱冬生，涂爱民，李元希，等. 蒸发式冷却器/闭式冷却塔的应用前景及其设计计算. 中国制冷学会2007学术年会，2007.

[12] 韩龙娜，史永征，李德英，等. 浅谈湿式空冷器. 建筑节能，2015（1）.

[13] 金锥，姜乃昌，汪兴华，等. 停泵水锤及其防护. 2版. 北京：中国建筑工业出版社，2004.

[14] 王学芳，叶宏开，汤荣铭，等. 工业管道中的水锤. 北京：科学出版社，1995.

[15] 刘竹溪，刘光临. 泵站水锤及其防护. 北京：中国水利水电出版社，1988.

[16] 怀利，斯特里特. 瞬变流. 清华大学流体传动与控制教研室译. 北京：中国水利水电出版社，1983.

[17] 陈韶章，陈越. 沉管隧道设计与施工. 北京：科学出版社，2002.

[18] 夏明耀、曾进伦. 地下工程设计施工手册. 2版. 北京：中国建筑工业出版社，2014.

[19] 赵振国. 冷却塔. 北京：中国水利水电出版社，1997.

[20] 赵顺安. 冷却塔工艺原理. 北京：中国建筑工业出版社，2015.

[21] 孙湘平. 中国沿岸海洋水文气象概况. 北京：科学出版社，1981.

[22] 李龙元，卢文达. 加肋双曲冷却塔动力响应的渐近分析法——摄动有限元解. 应用数学和力学，1987（7）.

[23] 李龙元，卢文达. 加肋钢筋混凝土双曲冷却塔阵风响应的有限元分析计算. 振动与冲击，1987（2）.

[24] 李龙元，卢文达.加肋双曲冷却塔的非线性稳定分析. 应用数学和力学，1989（2）.

[25] 卢文达，顾皓中. 带有环向肋的双曲冷却塔的线性稳定分析. 应用数学和力学，1989（7）.

[26] 郭维胜. 超大型冷却塔结构设计中值得关注的问题. 电力建设，2009（3）.

[27] Peters H L. Ring-Stiffened Shell Constructions-a Structural Alternative or a Technical and Economical Necessity Engng Struct., 1986, Vol.8, January 17.

[28] Journal of the International Association for Shell and Spatial Structures（J.IASS）Vol.57（2016）No.1 March.

[29] 中国市政工程东北设计研究院. 给水排水设计手册：第7册 城镇防洪. 2版. 北京：中国建筑工业出版社，2000.

[30] 严恺，梁其荀. 港口工程. 北京：海洋出版社，1996.

[31] 交通部第一航务工程勘察设计院. 海港工程设计手册：中册. 北京：人民交通出版社，1994.

[32] 林昭. 碾压式土石坝设计. 郑州：黄河水利出版社，2003.

[33] 郦能惠. 灰坝工程. 北京：中国水利水电出版社，2012.